Fachwörterbuch
Energie- und Automatisierungstechnik
Teil 1 Deutsch/Englisch

Dictionary of
Power Engineering and Automation
Part 1 German/English

Die Deutsche Bibliothek — CIP-Einheitsaufnahme

Bezner, Heinrich:
Fachwörterbuch Energie- und Automatisierungstechnik =
Dictionary of power engineering and automation / bearb. von
Heinrich Bezner. Siemens-Aktienges. — Berlin; München:
Siemens-Aktienges., [Abt. Verl.].
NE: HST

Teil 1. Deutsch-englisch. — 3., überarb. und erw. Aufl. — 1993
ISBN 3-8009-4118-X

In diesem Wörterbuch sind eingetragene Warenzeichen oder Handelsnamen nicht besonders gekennzeichnet. Wenn ein solcher Hinweis fehlt, bedeutet das nicht, daß derartige Bezeichnungen frei sind oder frei verwendet werden können.

In this dictionary, registered trademarks or trade names are not indicated as such. This must not be taken to imply that no proprietary rights are attached to any such names or words.

ISBN 3-8009-4118-X

3. Auflage, 1993

Herausgeber und Verlag: Siemens Aktiengesellschaft, Berlin und München

Textbearbeitung und Lichtsatzsteuerung erfolgten mit dem Siemens-Programmsystem TEAM

Printed in the Federal Republic of Germany

Vorwort

Das Fachwörterbuch, das nunmehr in der 3. Auflage vorliegt, behandelt im wesentlichen die folgenden Sachgebiete:

Elektrotechnische Grundbegriffe und Normen
Elektrische Maschinen (mit Transformatoren)
Schaltgeräte
Elektrische Netze
Installationstechnik (mit Licht- und Beleuchtungstechnik)
Kabeltechnik
Leistungselektronik
Schutzeinrichtungen und Relais
Elektrische Meß- und Analysentechnik
Fernwirktechnik (einschl. Rundsteueranlagen)
Kraftfahrzeugelektronik
Halbleiterbauelemente, integrierte Schaltungen
Automatisierungstechnik (Regelungstechnik, programmierbare und numerische Steuerungen, Prozeßführung)
Bussysteme, Kommunikationsnetze, Datenübertragung und -übermittlung
Prüftechnik
Qualitätssicherung und Zuverlässigkeit

Weitere Gebiete, die im Sachgebietsschlüssel auf den folgenden Seiten aufgeführt sind, wurden überdies berücksichtigt.

Für die 3. Auflage wurde der Bestand des Wörterbuchs gründlich überarbeitet. Veraltete Begriffe wurden — neueren Veröffentlichungen entsprechend — geändert, weniger relevante Einträge wurden entfernt. Etwa 2000 neue Begriffe wurden aufgenommen. Der deutsch-englische Teil des Buches enthält jetzt etwa 64 300 Einträge.

Wichtige Quellen für die Erarbeitung des Wörterbuchs waren: VDE-Vorschriften, Regelwerke wie DIN, VDI, IEC, BS, ANSI, CEE, ISO sowie einschlägige Fachliteratur, Beschreibungen, Betriebsanleitungen von deutschen, britischen und amerikanischen Firmen. Die Ergebnisse der europäischen Harmonisierung der elektrotechnischen Bestimmungen (DIN/VDE/IEC/CEE) wurden weitgehend berücksichtigt.

Die Arbeit an diesem Wörterbuch wurde von Mitarbeitern des Übersetzerbüros und vielen Fachleuten aus dem Hause Siemens unterstützt. Ihnen allen sei an dieser Stelle gedankt.

Für Verbesserungs- und Ergänzungsvorschläge, die bei einer Neuauflage des Buches berücksichtigt werden können, sind wir dankbar. Wir bitten, Hinweise und Anregungen an den Verlag zu richten.

Erlangen, März 1993 — Siemens Aktiengesellschaft

Foreword

This dictionary, now in its 3rd edition, essentially covers the following subjects:

Basic electrotechnical terms and standards
Electrical machines (including transformers)
Switchgear
Electrical systems and networks
Electrical installation practice (including lighting)
Power cables
Power electronics
Protective devices and relays
Electrical measuring and analysis technology
Telecontrol
Automotive electronics
Semiconductor devices, integrated circuits
Automation technology (control engineering, programmable and numerical controls, process control)
Bus systems, communication networks, data transmission and communication
Test engineering
Quality assurance and reliability

Further subjects, included in the list of abbreviations on the following pages, have also been taken into account.

For the 3rd edition, the body of the dictionary has been thoroughly revised. Obsolete terms have been altered in accordance with the latest publications; entries which have lost their relevance have been omitted. About 2000 new terms have been newly included. The German-English part of the dictionary now contains approximately 64 300 entries.

Sources referred to for this dictionary include: VDE specifications, DIN, VDI, IEC, BS, ANSI, CEE and ISO standards, technical literature and descriptions and operating instructions from German, British and American companies. The results of the European harmonization of electrotechnical regulations (DIN/VDE/IEC/CEE) have been taken into account.

Not only members of the Translation Department, but also many experts throughout Siemens have lent their support in the preparation of this dictionary; thanks are due to them all.

Any corrections or suggestions for improvement will be gratefully received. Please address these to the Publisher.

Erlangen, March 1993 — Siemens Aktiengesellschaft

Sachgebietsschlüssel

Subjects and Abbreviations

Abl.	Ableiter	Surge arrester
Akust.	Akustik, Schallmessung	Acoustics, sound measurement
Ausl.	Auslöser	Release, tripping device
Batt.	Batterie	Storage battery
Blechp.	Blechpaket elektrischer Maschinen	Laminated core of electrical machines
BSG	Bildschirmgerät, Bildschirmanzeige	Visual display unit, screen display
BT	Beleuchtungstechnik	Illumination engineering, lighting
DL	Druckluft, Druckluftanlage	Compressed air, compressed-air system
DT	Drucktaster	Pushbutton
DÜ	Datenübertragung	Data transmission
el.	elektrisch	Electrical
elST	elektronische Steuerung	Electronic control
ET	Einbautechnik, Einbausystem (für elektronische Ausrüstung)	Packaging system (for electronic assemblies)
EZ	Elektrizitätszähler	Electricity meter
FLA	Freiluftanlage	Outdoor installation
Flp.	Flugplatz	Airport
FWT	Fernwirktechnik	Telecontrol
Gen.	Generator	Generator, alternator
gS	gedruckte Schaltung	Printed circuit
GR	Gleichrichter	Rectifier
Hebez.	Hebezeug	Crane, hoisting gear
HG	Haushaltsgerät	Household appliance
HL	Halbleiter, Halbleiterbauelement	Semiconductor, semiconductor component
HSS	Hilfsstromschalter	Control switch
I	Installationstechnik, -material, Gebäudeinstallation	Electrical installation, wiring practice, wiring accessories
IK	Installationskanal (einschl. Schienenverteiler)	Trunking and duct system (incl. busways)
IR	Installationsrohr	Electric wiring conduit
IRA	Innenraumanlage	Indoor installation
Isol.	Isolierung, Isolation	Insulation
Komm.	Kommutator	Commutator
KT	Klimatechnik	Air conditioning
Kuppl.	Kupplung (mechanisch)	Coupling (mechanical)
KW	Kraftwerk	Power station
LE	Leistungselektronik	Power electronic
Lg.	Lager	Bearing
LM	Linearmotor	Linear motor
LS	Leistungsschalter	Circuit-breaker
LSS	Leistungsschutzschalter	Circuit-breaker, miniature circuit-breaker
LT	Lichttechnik	Lighting engineering
magn.	magnetisch	Magnetic
Masch.	Maschine, rotierende Maschine	Machine, rotating machine
Math.	Mathematik	Mathematics
mech.	mechanisch	Mechanical
MG	Meßgerät	Measuring instrument
Mot.	Elektromotor	Electric motor
MSB	Magnetschwebebahn	Magnetic levitation system
NS	Näherungsschalter	Proximity switch

Osz.	Oszilloskop	Oscilloscope
PC	programmierbares Steuergerät	Programmable controller
Phys.	Physik	Physics
PMG	programmierbares Meßgerät	Programmable measuring apparatus
Prüf.	Prüfung	Testing
PS	Positionsschalter, Endschalter	Position switch, limit switch
Reg.	Regelung	Automatic control
Rel.	Relais	Relay
RöA	Röntgenanalyse	X-ray analysis
Rob.	Roboter	Robot
RSA	Rundsteueranlage	Ripple control system
SA	Schaltanlage	Switching station, switchgear
SG	Schaltgerät	Switching device, switchgear
Sich.	Sicherung, Schmelzsicherung	Fuse
SR	Stromrichter	Static converter
SS	Sammelschiene	Busbar
ST	Schalttafel	Switchboard
StT	Stromtarif	Electricity tariff
StV	Steckvorrichtung	Plug-and-socket device, connector
SuL	Supraleitung, Supraleiter	Superconductivity, superconductor
Thyr.	Thyristor	Thyristor, SCR
VS	Vakuumschalter	Vacuum switch or circuit-breaker
Wickl.	Wicklungen elektrischer Maschinen	Windings of electrical machines
WKW	Wasserkraftwerk, Wasserkraft-generator	Hydroelectric power station, water-wheel generator
WZ	Werkzeug	Tool
WZM	Werkzeugmaschine	Machine tool
ZKS	Zugangskontrollsystem	Acces control system
≗	großer Anfangsbuchstabe	Capital letter

Weitere qualifizierende Abkürzungen und Akronyme, die auch in Texten anstelle der sie bezeichnenden Begriffe verwendet werden, sind im Buch mit dem Hinweis auf den vollen Wortlaut des Haupteintrags enthalten.

Liste der allgemeinen Abkürzungen

Abbreviations used in this dictionary

A.	Abkürzung, Akronym	abbreviation, acronym
a.	auch	also
adj.	Adjektiv	adjective
adv.	Adverb	adverb
f.	Femininum	feminine noun
f.	für	for
GB	britischer Sprachgebrauch	British usage
m.	Maskulinum	masculine noun
m.	mit	with
n.	(Deutsch:) Neutrum (Englisch:) Substantiv	(German:) neuter noun (English:) noun
o.	oder	or
pl.	Plural	plural
plt.	Pluraletantum	plural noun
s.	siehe	see
s. a.	siehe auch	see also, confer
US	US-amerikanischer Sprachgebrauch	American usage
v.	Verb	verb

A

A (Buchstabensymbol für Luft) / A (letter symbol for air)
A (s. Ausgang)
AA (air-air cooling; Luft-Selbstkühlung) / AA (air-air cooling; self-cooling by natural circulation of air)
A-Abhängigkeit (s. Adressen-Abhängigkeit)
AA/FA (air-air/forced-air cooling; Luft-Selbstkühlung mit zusätzlicher erzwungener Luftkühlung) / AA/FA (air-air/forced-air cooling)
AASS (s. arbeitsplatzabhängiger Segmentspeicher)
a-Auslöser *m* (Siemens-Typ; stromabhängig o. thermisch verzögerter Überstromauslöser) / a-release *n* (Siemens type; inverse-time (o. thermally delayed) overcurrent release)
AB (s. Ausgangsbyte) ‖ ≗ (s. Aussetzbetrieb)
abarbeiten *v* (Programm) / process *v*, execute *v* ‖ ≗ *n* (Programm, Satz) / processing *n*, execution *n*, automatic mode
Abarbeitungsfolge *f* (Fabrik) / routing *n*
abätzen *v* / cauterize *v*, to remove with caustics, corrode *v*
Abbau *m* (Chem.) / degradation *n*, decomposition *n* ‖ ≗**anforderung** *f* (DÜ) / disconnect request ‖ ≗**beleuchtung** *f* (Bergwerk) / coal-face lighting ‖ ≗**bestätigung** *f* (DÜ) / disconnect confirmation
abbauen *v* (demontieren) / dismantle *v*, disassemble *v*, dismount *v*, detach *v*, remove *v* ‖ ~ (A, V) / suppress *v*, reduce *v*, extinguish *v*, allow to decay ‖ **eine Verbindung** ~ (DÜ) / to release (o. clear) a connection, disconnect *v* ‖ **Parallelabfrage** ~ (PMG, DIN IEC 625) / parallel poll unconfigure (PPU)
Abbauzeit *f* (Datenleitung) / release delay, (connection) clearance time
Abbeizmittel *n* (Metall) / pickling agent ‖ ≗ (Farbe) / paint remover, paint stripper, paint and varnish remover
AB-Betrieb *m* (ESR) / class AB operation
Abbiegebock *m* (Spulenfertig.) / former *n*
Abbild *n* / replica *n*, image *n*, indicator *n* ‖ ≗ (Ersatzschaltbild) / equivalent circuit ‖ ≗ (Impulse, Schwingungen) / waveform *n* ‖ **E/A-**≗ / I/O map ‖ **Feuchte-**≗ / moisture indicator, moisture indicating strip ‖ **Impuls**~ / pulse waveshape ‖ **Prozeß**~ / process image ‖ **thermisches** ≗ / thermal replica, thermal image ‖ **thermisches** ≗ (Trafo, Anzeigegerät) / winding temperature indicator ‖ **Übergangs**~ (Impulsmessung) / transition waveform
abbildbares Zeichen (Bildschirm) / displayable character
Abbildbaustein *m* / image block
Abbilden, Betriebsart ≗ (Osz.) / display mode (of operation) ‖ **einen Eingang** ~ / to map an input
abbildender Sensor / imaging sensor
Abbildfunkenstrecke *f* / tell-tale spark gap, auxiliary control gap
Abbildung *f* (Osz.) / display *n* ‖ **direkte** ≗ (PC) / direct mapping
Abbildungs·maßstab *m* (Kamera) / object-to-image ratio ‖ ≗**sensor** *m* / imaging sensor ‖ ≗**zeit** *f* (Osz.) / display time
abbinden *v* (Beton) / set *v*
Abblasdruck *m* / blow-off pressure
Abblasen *n* / blowing off *n*, venting *n*
abblättern *v* / scale *v*, flake *v*, peel off *v*, chip *v* ‖ ≗ *n* (Zahnrad) / spalling *n*
Abblend·kappe *f* (Autolampe) / anti-dazzle device ‖ ≗**licht** *n* (Kfz) / dipped beam (GB), meeting beam (GB), lower beam (US), passing beam (US) ‖ ≗**schalter** *m* / dip switch, dimming switch ‖ ≗**schürze** *f* / shade *n* ‖ ≗**zylinder** *m* / anti-glare cylinder
Abbrand *m* / burn-off *n*, flashing *n* ‖ ≗ (Kontakte) / contact erosion, arc erosion, erosion *n* ‖ ≗**anzeiger** *m* (Kontakte) / contact erosion indicator ‖ ~**fest** *adj* (Kontakte) / arc-resistant *adj*, resistant to erosion, resistant to burning
abbrechen *v* (Programm) / abort *v* ‖ ≗ *n* (Kürzen einer Zahl, Rechnerprogramm) / truncation *n*
Abbrechfehler *m* / truncation error
abbremsen *v* / brake *v*
Abbrenn·kontakt *m* / arcing contact ‖ ≗**prüfung** *f* (Blitzlampen) / flash test ‖ ≗**ring** *m* / arcing ring ‖ ≗**schaltstück** *n* / arcing contact
Abbruch des Programms / program abort, discontinuation of program, program stop ‖ ≗ **einer Bewegung** (NC) / discontinuation of a movement (o. motion) ‖ ≗**fehler** (s. Abbrechfehler) ‖ ≗**kriterium** *n* (PC) / abort criterion ‖ ≗**text** *m* (PC) / abort message (o. text)
Abdeck·blech *n* / cover sheet, sheet-metal cover, blanking plate, masking plate, cover *n* ‖ ≗**haube** *f* (el.Masch.) / jacket *n*, cover *n*, outer casing ‖ ≗**haube** *f* (Leuchte) / canopy *n* ‖ ≗**haube** *f* (Reihenklemme) / shrouding cover ‖ ≗**kappe** *f* / cap *n*, blanking cap ‖ ≗**mittel** *n* (gS) / resist *n* ‖ ≗**platte** *f* / cover plate, cover *n* ‖ ≗**platte** *f* (Reihenklemme) / cover plate ‖ ≗**platte** *f* (I-Schalter) / cover plate, switch plate, fascia panel, faceplate *n* ‖ ≗**ring** *m* (Sich.) / collar *n* ‖ ≗**tuch** *n* (zum Isolieren spannungsführender Metallteile) / flexible cover
Abdeckung *f* / covering *n*, cover *n*, guard *n*, enclosure *n* ‖ ≗ (Teil zum Schutz gegen direktes Berühren; VDE 0100, T.200) / barrier *n* (IEC 50(826)) ‖ ≗ (Teil der äußeren Kapselung einer metallgekapselten SA) / cover *n* (IEC 298) ‖ ≗ (Verbundmaterial) / facing *n* ‖ ≗ (Reihenklemmen) / shrouding *n* ‖ ≗ (abnehmbares Teil des Schutzgehäuses eines Lasergerätes; VDE 0837) / access panel (IEC 825) ‖ ≗ (I-Schalter) (s. Abdeckplatte) ‖ ≗ (gS) (s. Abdeckmittel) ‖ **isolierende** ≗ (f. Arbeiten unter Spannung) / insulating cover
Abdeckwanne *f* (Leuchte) / diffuser *n*, enclosing bowl
Abdrängung *f* / deflection *n*
Abdrängungsprüfung *f* / deflection test
abdrehen *v* (Drehteile) / turn down *v*, turn off *v*, dress *v* ‖ ~ (Komm., SL) / skim *v*, re-surface *v*, true *v*
Abdreh·festigkeit *f* / resistance to torsion, torsion resistance, torsional strength, torque strength ‖ ≗**prüfung** *f* / torsion test, torque test
abdruckbares Zeichen / printable (o. printing) character
abdrücken *v* (abziehen) / force off *v*, extract *v* ‖ ~ (hydraul. Druckprüf.) / to test hydrostatically, pressure-test *v*

Abdrück·schraube *f* / jack screw, forcing-off screw, ejector screw || **≈vorrichtung** *f* / extractor *n*, forcing-off device, forcing-off tackle, pressing-off device, puller *n*
ABD-Technik *f*(ABD = alloy bulk diffusion) / alloy bulk diffusion technique (ABD technique)
ABD-Transistor *m* / alloy bulk diffused-base transistor (ABD transistor)
abdunkeln *v* / darken *v*, black out *v* || ~ (Lampe) / dim *v*
Abdunkelungsblende *f* / darkening diaphragm
abdunsten *v* / evaporate *v*, vaporize *v*
Abel-Test *m* / Abel flash-point test
Abendbeleuchtung *f* / dusk lighting
aberregen *v* / de-energize *v*, to suppress the field
A-Betrieb *m*(ESR) / class A operation
A-bewertet *adj* / A-weighted *adj* || **≈er Schalldruckpegel** / A-weighted mean sound-pressure level || **≈er Schalleistungspegel** / A-weighted sound-power level
A-Bewertung *f* / A-weighting *n*
A-Bewertungsnetzwerk *n* / A-weighting network
abfahrbare Kapselung (el. Masch.) / end-shift enclosure
abfahren *v*(stillsetzen, Prozeß) / shut down *v*
Abfall *m*(Absenkung, Spannungsabfall) / drop *n*, depression *n*, droop *n*, dip *n*, decay *n*
Abfall *m*(mech. Bearbeitung) / chippings *n pl*, chips *n pl*, scrap *n*, swarf *n*
Abfall *m*(DV) / garbage *n* || **Dach~** *m*(Impuls) / pulse droop
abfallen *v*(Rel.) / drop out *v*, release *v* || ≈ *n*(Rel.) / drop-out *n*, releasing *n*, release *n*
Abfall·flanke *f*(Impuls) / falling edge || **≈sicherheitsfaktor** *m*(Rel.) / safety factor for dropout || **~verzögertes Relais** / dropout-delay relay, OFF-delay relay, relay with dropout delay, slow-releasing relay (SR relay) || **≈verzögerung** *f* (Rel.) / OFF delay, dropout delay || **≈verzögerungszeit** *f*(DIN 41785) / fall delay || **≈wert** *m*(Rel.) / dropout value, release value || **≈zeit** *f*(Rel.) / dropout time, release time || **≈zeit** *f* (Impuls, HL) / fall time, (pulse) decay time || **≈zeit** (Impulsabbild) (s. Letztübergangsdauer) || **≈zeit eines Arbeitskontakts** / make contact release time
Abfang·blech *n* / locating plate, terminating plate || **≈diode** *f* / clamping diode
abfangen *v*(unterstützen) / support *v*, prop *v*, underprop *v*
Abfangung, Ausdehnungskasten mit ≈ / expansion section with base support || **Kabel~** *f*(StV) / cable clamp
Abflug·fläche *f* / take-off climb surface || **≈sektor** *m* / take-off climb area
Abfluß *m*(Vorrichtung, durch die Flüssigkeit aus einem Gehäuse abfließen kann; a. FET) / drain *n*
abförderndes Band / discharging belt
Abfrage *f* / interrogation *n*, inquiry *n*, scan *n*(PC), query *n* || ≈ **auf Signalzustand „1"** (PC) / scan for "1" || ≈ **mit Richtungsumkehr** (MPU) / line reversal technique || **Kontakt~** / contact interrogation || **Übertragung auf** ≈ (FWT) / transmission on demand || **Zeittakt~** / clock scan || **≈befehl** *m*(FWT) / interrogation command || **gezielter ≈befehl** (FWT) / selective interrogation command || **≈betrieb** *m*(FWT) / transmission on demand || **≈dialog** *m* / interactive query || **≈eingang** *m*(Speicher) / query input, interrogation input || **≈einrichtung** *f*(a. EZ) / scanner *n* || **≈ergebnis** *n*(zyklische Abfrage) / scan result
Abfragehäufigkeit *f*(Speicherröhre) / read number
abfragen *v*(DV) / interrogate *v* || ~ (abtasten) / scan *v*
Abfrage·protokoll *n* / inquiry log || **≈rate** *f* (Eingangskanal, Analog-Digital-Umsetzung) / revisit rate || **≈speicher** *m* / scanning memory || **≈system** *n*(FWT) / polling (telecontrol) system, interrogative system || **≈wiederholungsbaugruppe** *f*(zykl. Abfrage) / scan repetition module || **≈zustand** *m*(PMG) / poll state
abführbare Verlustleistung / dissipatable heat loss, thermal rating
Abführen der Verlustwärme / dissipation of heat, heat removal
Abgabeleistung *f* / output *n*, power output
Abgang *m*(Stromkreis) / outgoing circuit, outgoing feeder, load circuit, feeder *n* || ≈ (FSK, FIV) / outgoing unit, outgoing section || ≈ (IK) / tap-off *n* (facility) || **Motor~** (Stromkreis) / motor circuit, motor feeder
Abgangs·baugruppe *f* / outgoing unit, outgoing section || **≈einsatz** *m*(ST) / non-withdrawable outgoing unit, fixed-mounted branch-circuit unit || **≈feld** *n*(FLA) / outgoing feeder bay, feeder bay, line bay || **≈feld** *n*(IRA) / feeder panel (BS 4727), outgoing feeder panel, outgoing unit || **≈feld** *n* (Station) / outgoing feeder || **≈kasten** *m*(IK) / tap-off unit, tap box, plug-in tap-off unit || **steckbarer ≈kasten** (IK) / plug-in tap-off unit || **≈klemme** *f* (SG) / outgoing terminal, output terminal || **Verbraucher-≈leitung** *f* / load feeder || **≈leitung** *f* (v. SS) / outgoing circuit, outgoing feeder, load feeder || **≈raum** *m*(SA) / outgoing compartment, outgoing-circuit compartment || **~seitig** *adj* / in outgoing circuit, outgoing *adj* || **≈stromkreis** *m* / outgoing circuit, outgoing branch circuit, load circuit, outgoing feeder, feeder *n* || **≈trenner** (s. Abgangs-Trennschalter) || **≈-Trennkontakt** *m* / outgoing isolating contact, isolating load contact || **≈-Trennschalter** *m* / outgoing-feeder disconnector, outgoing isolator || **≈-Verteilerraum** *m* / distribution compartment
Abgas·-Bypassventil *n*(Kfz) / waste gate || **≈emission** *f* / exhaust emission || **≈entgiftung** *f*(s. Abgasreinigung) || **≈meßgerät** *n* / exhaust gas analyzer, exhaust gas tester || **≈messung** *f* / exhaust gas analysis || **≈reinigung** *f*(Kfz) / exhaust emission control || **≈rückführung (EGR)** (Kfz) *f* / exhaust gas recirculation (EGR) || **≈rückführventil** *n*(Kfz) / exhaust gas recirculation valve
abgeben, Leistung ~ / to supply power || **Wärme** ~ / to give off heat, to dissipate heat
abgebremstes Drehmoment / stalling torque, breakdown torque
abgebrochene Prüfung (QS) / curtailed inspection
abgedeckt·er Druckknopf (VDE 0660,T.201) / covered pushbutton (IEC 337-2) || **~e Fassung** (DIN IEC 238) / ordinary lampholder (IEC 238) || **~es Gerät** (HG) / ordinary appliance || **~e Steckvorrichtung** / ordinary accessory (socket

outlet, plug) || **~er Transformator** / shrouded transformer

abgedichtet·e Kunststoffleuchte / sealed plastic luminaire, plastic luminaire for corrosive atmospheres || **~e Wicklung** / sealed winding || **Maschine mit ~en Bauteilen** / canned machine

abgegeben·e Blindleistung / reactive power supplied, reactive power generated || **~es Drehmoment** / torque delivered, shaft torque || **~e Leistung** / output *n*, power output || **~e Motorleistung** / motor output || **~e Nachricht** / output message || **~e Wärme von Personen** / heat loss from man, heat from occupants

abgeglichen·e Brücke / balanced bridge || **~e Schaltung** / balanced circuit || **~e Zuleitungen** (MG) / calibrated instrument leads

abgehängte Decke / suspended ceiling

abgehend·e Leitung / outgoing feeder (o. circuit) || **~er Ruf** (DIN 44 302, T.13) / call request

abgehörter Zustand der Ruffunktion (PMG, DIN IEC 625) / affirmative poll response state (APRS)

abgelegte Werte (gespeicherte W.) / stored values

abgeleitet·e Einheit / derived unit || **~e Größe** / derived quantity || **~er Referenzimpuls** / derived reference pulse waveform || **~e SI-Einheit** / SI derived unit

abgerolltes Wicklungsschema / developed winding diagram

abgerufene Leistung / demand set up

abgerundeter Kopf (Bürste) / rounded top, convex top

abgeschirmt·e Drucktaste / shrouded pushbutton (IEC 337-2) || **~e Leuchte** / screened luminaire || **~e Lichtausstrahlung** / screened luminous distribution || **~es Meßgerät** / screened measuring instrument || **~er Pol** / shielded pole, shaded pole || **~er Steckverbinder** / shielded connector || **elektrisch ~** / electrically screened

abgeschlossen·e elektrische Betriebsstätte (VDE 0100, T.200) / closed (o. locked) electrical operating area || **~er Zweig** (Programmablauf) / closed branch

abgeschmolzene Lampe / sealed-off lamp

abgeschnitten·e Blitzstoßspannung / chopped lightning impulse, chopped-wave lightning impulse || **~er Stoß** (Stoßwelle) / chopped impulse, chopped-wave impulse || **~e Stoßspannung** / chopped impulse, chopped-wave impulse voltage, chopped-wave impulse, tail-of-wave impulse test voltage || **~e Stoßwelle** / chopped impulse wave

abgeschrägt *adj* (Kante) / bevelled *adj*, chamfered *adj* || ~ (konisch) / tapered *adj* || **~er Pol** / skewed pole

abgesetzt·e Ladung (s. Zweischrittladung) || **~e Tafel** (ST) / projecting (control) board

abgesichert *adj* (m. Sicherung) / fused *adj*, protected by fuses || ~ (geschützt) / protected *adj* || **~er Ausgang** / fused output || **~e Steckdose** (s. Sicherungssteckdose)

abgespannter Stützpunkt (Freiltg.) / stayed support, guyed support

abgespeichertes Programm / stored program

abgesteuert *adj* (Ausgang) / reset *adj*

abgestimmt·er Kreis / tuned circuit || **~e Schutzfunkenstrecke** / coordinating spark gap, standard sphere gap || **Baureihe aufeinander ~er Kombinationen** / series of compatible assemblies || **hoch ~** (Resonanz) / set to above resonance || **tief ~** (Resonanz) / set to below resonance

abgestuft·er Grenzwert (Statistik, QS) / stepped limiting value || **~er Höchstwert** (Statistik, QS) / stepped upper limiting value || **~e Isolation** (Trafo) / non-uniform insulation (IEC 76-3), graded insulation || **~ isolierte Wicklung** / graded-insulated winding || **~er Mindestwert** (Statistik, QS) / stepped lower limiting value || **~e Toleranz** (QS, DIN 55350, T.12) / stepped tolerance || **~er Toleranzbereich** (QS, DIN 55350, T.12) / stepped tolerance zone || **~e Wicklung** / graded winding || **~e Zeiteinstellung** / graded time setting

abgetastetes Signal (s. Abtastsignal)

abgeteilte Phasen / segregated phases

abgewickelte Länge / developed length

Abgleich *m* / balancing *n*, adjustment *n*, compensation *n*, balanced condition, calibration *n*, calibrated condition || ≗ (MG) / adjustment *n*, adjusted condition || ≗ (NC) / calibration adjustment *n*, compensation *n* || ≗ (zeitlicher A. in Systemen) / alignment *n* || **90°-≗** / quadrature adjustment, quadrature compensation, quadrature correction, inductive-load adjustment, phase-angle adjustment || **Drift~** (s. Driftausgleich) || **elektrischer ≗** (MG, DIN 43782) / electrical balance || **Konvergenz~** (s. Konvergenzkorrektur) || **mechanischer ≗** (MG) / mechanical balance || **Phasen~** (Leistungsfaktoreinstellung) / power-factor adjustment || **Versetzungs~** (ADU, DAU) / offset adjustment || **≗arbeiten** *f pl* (QS) / adjusting operations

abgleichbarer ADU / adjustable ADU

Abgleichbrücke *f* / balancing bridge

abgleichen *v* / balance *v*, adjust *v*, trim *v*, compensate *v* || ~ (MG) / adjust *v* || ~ (kalibrieren; Meßgeräte-Zuleitungen) / calibrate *v* || ~ (fein einstellen) / trim *v* || ≗ *n* (MG) / adjustment *n*, adjusting *n*

abgleichende Rückkopplung / compensating feedback

Abgleich·indikator *m* (Nullindikator) / null indicator, null detector || **≗klemme** *f* / compensating terminal || **≗kondensator** *m* / tuning capacitor, trimming capacitor || **≗motor** *m* / balancing motor || **≗netzwerk** *n* / balancing network, compensating network || **≗potentiometer** *n* / balancing potentiometer, trimming potentiometer || **≗regler** *m* / compensating controller || **≗schaltung** *f* / balancing circuit, compensating circuit || **≗schaltung** *f* (NC) / compensating circuit || **≗vorgang** *m* (PC) / matching procedure || **≗vorrichtung** *f* (DIN 43782) / servomechanism *n* || **≗wicklung** *f* / equalizing winding || **≗widerstand** *m* / trimming resistor

abgraten *v* / deburr *v*, trim *v*, deflash *v*

Abgratmaschine *f* / trimming machine

abgreifen *v* (Spannung o. Strom an Abgriff o. Anzapfung) / pick off *v*, pick up *v*, tap *v*

Abgreif·schelle *f* / pick-off *n* || **≗zange** *f* (f. Batteriepole) / clip *n*

Abgriff *m* / pick-off *n*, tap *n* || **Meßgerät mit ≗** (s. kontaktgebendes Meßgerät) || **optischer ≗** /

optical scanner
Abgriffverfahren *n* / pick-off method
abhaken *v* / check off *v*, tick off *v*
abhängig·er Betrieb (v. Stromversorgungsgeräten im Verbundbetrieb) / slave operation || **~es Bussignal** / interlocked bus signal || **~er elektrischer Kraftantrieb** / electrical dependent-power mechanism || **~e Handbetätigung** (SG) / dependent manual operation (IEC 157-1) || **~er Kraftantrieb** (SG) / dependent power mechanism || **~e Kraftbetätigung** (SG) / dependent power operation || **~e Kühlvorrichtung** / dependent circulating-circuit component || **~es Meßrelais** / dependent-time measuring relay || **~es Schleichschaltglied** (Geschwindigkeit der Kontaktbewegung von der Betätigungsgeschwindigkeit abhängig) / dependent-action contact element || **~es Überstromrelais** (s. abhängig verzögertes Überstromrelais) || **~er Überstrom-Zeit-Schutz** / inverse-time overcurrent protection, inverse-time-lag overcurrent protection || **~ verzögerte Auslösung** / inverse-time tripping, inverse time-lag tripping || **~ verzögerter Überstromauslöser** (VDE 0660, T.101) / inverse time-delay overcurrent release (IEC 157-1), inverse-time overcurrent release || **~ verzögertes Überstromrelais** / inverse-time overcurrent relay || **~ verzögertes Meßrelais** / dependent-time measuring relay || **~ verzögertes Relais** (Meßrelais; Relaiszeit von Wirkungsgröße abhängig) / dependent-time-lag relay || **~e Verzögerung** / inverse-time delay, dependent-time delay || **~er Wartebetrieb** (Dü) / normal disconnected mode (NDM) || **~es Zeitrelais** / dependent time-delay relay, dependent time-lag relay, inverse time-delay relay
Abhängigkeit *f* / dependency *n*, dependence *n* || **Frequenz~** *f* (Rel.) / frequency sensitivity, line-frequency sensitivity || **Spannungs~** (s. Spannungseinfluß) || **Temperatur~** *f* / temperature sensitivity, effect of temperature, temperature dependance, variation due to temperature changes
Abhängigkeits·notation *f* (DIN 40700) / dependency notation (IEC 117-15) || **²schaltung** *f* („Slave", -Servoschaltung) / slave circuit, servo circuit
Abhebebewegung *f* (WZM-Werkzeug) / (tool) retracting (o. withdrawal) movement
abheben *v* (Rel., DIN IEC 255-1-00) / disengage *v* || **²** *n* (Kontakt) / disengaging *n*, repulsion *n* || **die Bürsten ~** / to lift the brushes
Abhebe·vorrichtung *f* (Bürsten) / lifter *n* || **²wert** *m* (Rel.) / disengaging value || **²zeit** *f* (Rel.) / disengaging time
Abhilfemaßnahmen *f pl* / remedial measures, corrective measures, individual measures for eliminating nonconformances
A-Bild *n* (Ultraschallprüfung) / A scan
abisolieren *v* / to strip (the insulation), to bare (a conductor)
Abisolier·gerät *n* / insulation stripper || **²pistole** *f* / wire stripping gun
abisoliert·es Leiterende / bared (o.stripped) conductor end
Abisolierzange *f* / cable stripper
Abkantung *f* / edge folding, folded edge
Abkappen *n* (Impuls) / clipping *n*
abkippen (s. außer Tritt fallen) || **² des Stroms** / current chopping
Abkippstrom *m* / chopping current, chopped current
abklappbar *adj* / swing-down *adj*
abklemmbar·e Kupplungsdose / rewirable portable socket-outlet, rewirable connector || **~er Schnurschalter** (VDE 0630) / rewirable flexible-cord switch (CEE 24) || **~er Stecker** / rewirable plug
abklemmen *v* (el. Anschluß) / disconnect *v*
abklingen *v* / decay *v*, die down *v*, die out
Abkling·geschwindigkeit *f* / decay rate || **²koeffizient** *m* / decay coefficient || **²konstante** *f* / decay factor || **²strom** *m* / transient decay current || **²toleranz** *f* (Verstärker) / ripple tolerance
Abklingzeit *f* (Schwingung) / relaxation time, time constant || **²** (Strom) / decay time || **²** (trip; Verstärker, nach Überschwingen) / ripple time || **²** (Zeit zwischen einer sprungartigen Änderung einer Regel- o. Störgröße und dem Augenblick, an dem die Ausgangsgröße den Beharrungszustand erreicht) / recovery time
Abklingzeit *f* (Fotostrom) / fall time
abklopfen *v* / tap *v*
Abklopfer *m* (Filter) / rapping mechanism
abkneifen *v* / pinch off *v*
abknickende Kennlinie / inflected characteristic, knee-point characteristic
abkoppeln *v* / uncouple *v*, decouple *v*
Abkühldauer *f* / cooling time
abkühlen *v* / cool down *v*, cool *v*
Abkühlungsgeschwindigkeit *f* / cooling rate
Abkühlzeitkonstante *f* / thermal time constant
abkuppeln *v* / uncouple *v*, decouple *v*
Ablage *f* (in Datei) / filing || **²** (Ablagefach f. Papier) / tray *n* || **² eines Programms** / storage of a program || **Briefhüllen~** / envelope stacker || **²fach** *n* / tray *n* || **²platz** *m* (FFS) / buffer *n*
Ablagerung elektrisch aufgeladener Teilchen / electrostatic precipitation || **Staub~** *f* / dust deposit, dust accumulation
ablängen *v* / to cut to length
Ablängzange *f* (f. Kabel) / cable cutter, wire cutter
ablassen *v* (Flüssigk.) / drain *v* || ~ (senken) / lower *v*
Ablaß·hahn *m* / drain cock || **²schraube** *f* / drain plug || **²stopfen** *m* / drain plug || **²ventil** *n* / drain valve, discharge valve || **²vorrichtung** *f* / draining device, drain plug, drain *n*
Ablauf *m* (Folge) / sequence *n*, functional sequence || **²** (Funktionskette) / run *n* || **²** (Rel., Ausl.) / operation *n* || **²** (s. Programmablauf) || **² einer Schrittsteuerung** / sequence control operation || **Arbeits~** / sequence of work, sequence of operations, process *n*
Ablaufauswahl *f* (Reg.) / sequence selection
Ablauf·daten *plt* (elST) / sequence data, run-time data, job data || **²diagramm** *n* (DIN 40719) / sequence chart || **²diagramm** *n* (PC) / flowchart *n* || **²dokumentation** *f* / job documentation
ablaufen *v* (Zeitrel. - Übergang von Ausgangsstellung in Wirkstellung; DIN IEC 255-1-00) / operate *v* || ~ (Zeit) / elapse *v*, expire *v* || ~ (Programm) / run *v*, to be executed
ablaufen *v* (Riemen) / leave *v*, to go off line

ablaufend·e Kante (Bürste, Pol) / leaving edge, trailing edge, heel *n*
ablauf·fähig *adj* (Programm) / runnable *adj*, executable *adj*, loadable *adj* ‖ **≗glied** *n* (DIN 19237) / step logic element, sequential control element ‖ **~invariant** (s. eintrittsinvariant) ‖ **≗kette** *f* / sequence cascade, sequencer *n*, drum sequencer ‖ **≗kettenorganisation** *f* / sequencer organization ‖ **≗kettensteuerung** *f* / sequential control, sequence cascade control ‖ **≗kontrolle** *f* (PC) / program check, debug(ging) function ‖ **≗linie** *f* (NC) / flow line ‖ **≗logik** *f* / sequencing logic
Ablaufplan *m* (Flußdiagramm) / flow diagram, flowchart *n* ‖ ≗ (NC) / planning sheet ‖ ≗ (QS) / process plan ‖ ≗ (s. Ablaufdiagramm) ‖ **Arbeits~** / work schedule, work sequence schedule, flow diagram ‖ **Arbeits~** (NC, DIN 66257) / planning sheet (ISO 2806-1980) ‖ **Programm~** / program flowchart ‖ **Prüf~** (DIN 55350, T.11) / inspection and test plan (ITP), inspection and test schedule, test flow chart
Ablauf·planung *f* / scheduling *n* ‖ **≗programm** *n* / sequential program ‖ **≗routine** *f* / executive routine ‖ **≗schaltwerk** *n* (DIN 19237) / sequence processor ‖ **≗schritt** *m* (elST) / sequence step, sequencer step ‖ **≗steuerung (ALS)** *f* / sequence control system (SCS), sequential control, sequencing control ‖ **≗system** *n* / execution system ‖ **≗tabelle** *f* (DIN 40719) / sequence table ‖ **≗teil** *m* (Programm) / executive routine ‖ **≗überwachung** *f* (Fertigung) / operations monitoring and control ‖ **≗unterbrechung** *f* (DÜ) / exception condition ‖ **≗verfolger** *m* / tracer *n* ‖ **≗warteschlange** *f* / run queue
Ablaufzeit *f* (Zeitrel.; Zeit zwischen dem Anlegen der Ansprecherregung und dem Erreichen der Wirkstellung; DIN IEC 255-1-00) / operating time, functioning time ‖ ≗ (Netzumschaltgerät) / operating time ‖ ≗ (PC) / run time ‖ ≗ **des Umschaltvorganges** (Netzumschaltgerät) / operating transfer time
ablegen *v* (in Datei) / file *v*
ablehnen *v* / reject *v*
Ablehngrenze *f* (QS) / limiting quality
ablehren *v* / gauge *v*, caliper *v*
AB-Leistung (s. Leistung bei Aussetzbetrieb)
Ableitelektrode *f* (pH-Messer, Bezugselektrode) / reference electrode
ableiten *v* (Math.) / derive *v*, differentiate *v* ‖ ~ (Strom) / discharge *v* ‖ ~ (Wärme) / dissipate *v*, lead off *v* ‖ ≗ *n* (Überspannung) / discharging *n*, diverting *n*
Ableiter *m* / arrester *n*, diverter *n* ‖ ≗ **mit nichtlinearen Widerständen** / non-linear-resistor-type arrester, valve-type arrester ‖ **Ladungs~** / charge bleeder ‖ **Teil≗** / arrester section ‖ **≗-Abtrennvorrichtung** *f* / arrester disconnector ‖ **≗-Bauglied** *n* / arrester unit, prorated unit (depr.) ‖ **≗-Dauerspannung** *f* / continuous operating voltage capability of a surge arrester ‖ **≗-Funkenstrecke** *f* / arrester spark gap ‖ **≗-Schutzwerte** *m pl* / protective characteristics of arrester ‖ **≗strom** *m* / discharge current
Ableit-Gleichspannung *f* / d.c. discharge voltage, d.c. component of discharge current
Ableitstoßstrom *m* / discharge current ‖ **Bemessungs-≗** *m* / rated discharge current
Ableitstrom *m* (einer Anlage, VDE 0100, T.200) / leakage current ‖ ≗ (Entladestrom, Abl.) / discharge current ‖ **≗-Anzeiger** *m* / earth-leakage detector, leakage current detector ‖ **≗-Prüfgerät** *n* (zur Prüfung der Oberfläche von isolierten Werkzeugen) / surface leakage tester
Ableitung *f* (Anschlußleitung) / terminal lead, end lead ‖ ≗ (Gen.) / generator main leads, generator connections ‖ ≗ (math.) / derivation *n*, derivative *n* ‖ ≗ (Abgangskabel, Stromkreis) / outgoing cable, connecting cable ‖ ≗ (Blitzschutzanl.) / down conductor, down lead ‖ ≗ (Streuung) / leakage *n* ‖ ≗ (Wickl.) / end lead, terminal lead ‖ ≗ (Kabel, Streuung) / leakance *n* ‖ **dielektrische** ≗ / dielectric leakage
Ableitungs·belag *m* / leakance per unit length
Ableit·vermögen *n* / discharge capacity ‖ **≗werkstoff** *m* (Ableitelektrode) / reference-electrode material
Ableitwiderstand *m* (Streuung) / leakage resistance ‖ ≗ (Gerät) / bleed resistor, bleeder *n*, discharge resistor
Ablenk·defokussierung *f* / deflection defocusing ‖ **≗elektrode** *f* / deflecting electrode
ablenken *v* / deflect *v*, divert *v*, diffract *v*
Ablenk·generator *m* (Osz.) / sweep generator (oscilloscope) ‖ **≗geschwindigkeit** *f* (Osz.) / spot velocity, sweep rate
Ablenkkoeffizient *m* / deflection factor, deflection coefficient (oscilloscope, IEC 351-1) ‖ **relativer** ≗ (Osz., bei Nachbeschleunigung) / post-deflection acceleration factor
Ablenk·linearität *f* (Osz., DIN IEC 151, T.14) / deflection uniformity factor ‖ **≗periode** *f* (Osz.) / sweep period ‖ **≗platte** *f* (Osz.) / deflector plate ‖ **≗platte** (s. Ablenkelektrode) ‖ **≗rolle** *f* (Riementrieb) / deflector sheave, diverting sheave ‖ **≗spannung** *f* / deflection voltage ‖ **≗sperre** *f* (Osz.) / sweep lockout ‖ **≗spule** *f* / deflector coil ‖ **≗strom** *m* / deflection current
Ablenkung *f* / deflection *n* ‖ ≗ **in der X-Achse** / x-deflection *n*
Ablenkungs·empfindlichkeit *f* / deflection sensitivity ‖ **≗winkel** *m* / deflection angle
Ablenkverstärkerröhre *f* / beam deflection tube
Ablesbarkeit *f* / readability *n*
Ablese·einheit *f* (EZ) / meter unit ‖ **≗fehler** *m* / reading error, error of observation ‖ **≗intervall** (s. Ablesezeitraum) ‖ **≗lineal** *n* (Schreiber) / reading rule, reference reading rule
ablesen *v* / read *v*, read off *v*, to take a reading
Ableseperiode (s. Ablesezeitraum)
Ableser *m* (f. EZ) / meter reader
Ablese·schieber *m* / target *n* ‖ **≗wert** *m* / reading *n*, read *n* ‖ **≗zeitraum** *m* (EZ) / demand-assessment period
Ablesung *f* / reading *n*, read *n*
Ablieferungs·prüfung *f* / user's inspection ‖ **≗zeichnung** *f* / as-made drawing, as-delivered drawing
Ablösedrehzahl *f* (Anwurfmot.) / starting-motor cut-out speed ‖ ≗ (Anfahr-SR) / starting-converter cut-out speed
ablösen, Datensignal ~ (DÜ-Schnittstellenleitung) / return to non-data mode data interchange

circuit

ablösend·e Bremsung / substitutional braking

Ablöse·regelung *f* / alternating control, override control || ≗**schaltung** *f* / transfer circuit

ablöten *v* / unsolder *v*

Abluft *f* / exhaust air, air discharged, outlet air || ≗ (KT) / extracted air, vitiated air, exit air || ≗**dom** *m* / extraction chamber || ≗**krümmer** *m* / exhaust bend, discharge elbow || ≗**leistung** *f* / extracted air flow rate || ≗**seite** *f* / air discharge side || ≗**stutzen** *m* / air discharge duct || ≗**volumenstrom** *m* / extracted-air flow rate

abmagnetisieren *v* / demagnetize *v*, neutralize *v* || ~ (s. neutralisieren)

abmanteln *v* (Kabel) / to strip the insulation, to remove the sheath

Abmantelungsmesser *n* / sheath stripping knife

Abmaß *n* (DIN 7182,T.1) / deviation *n* || **einseitiges** ≗ / unilateral deviation, unilateral tolerance || **Lehren-**≗ *n* / gauge deviation || **Nenn-**≗ *n* / nominal deviation, nominal allowance || **Plus- und Minus**≗ / plus and minus limits || **zweiseitiges** ≗ / bilateral tolerance

abmelden *v* (Bediener - System; Bediener - Rechneranlage) / sign off *v*, log off *v*

Abmeldung *f* (einer Person über ein Terminal) / sign-off *n*, clock-out *n*

abmessen *v* / measure *v*

Abmessung *f* / dimension *n*, measurement *n*

Abnahme *f* (Prüf.) / acceptance *n*, acceptance inspection, acceptance tests || ≗**beamter** *m* / inspector *n*, acceptance inspector || ≗**beauftragter** *m* (des Kunden) / inspector *n* || ≗**behörde** *f* (im Sinne der CSA-Vorschriften) / Acceptance Jurisdiction || ≗**grenzen** *f pl* (VDE 0715) / acceptance limits (IEC 64) || ≗**lehre** *f* / purchase inspection gauge, acceptance gauge || ≗**menge** *f* (VDE 0715) / batch *n*, acceptance batch || ≗**messungen** *f pl* / acceptance measurements, acceptance gauging || ≗**protokoll** *n* / acceptance report, acceptance certificate, official acceptance certificate || ≗**prüfprotokoll** *n* / inspection certificate, certificate of acceptance || ≗**prüfung** *f* / acceptance test, acceptance inspection, conformance test || ≗**prüfzeugnis** *n* / inspection report, acceptance test certificate || ≗**punkt** *m* (QS) / witness point || ≗**rate** *f* (Spannung) / droop rate

Abnahmetafel *f* (el.) / tapping board

Abnahme·verfahren *n* / acceptance procedure || ≗**verweigerung** *f* / rejection *n* || ≗**zeichnung** *f* / acceptance drawing

abnehmbar *adj* / detachable *adj*, removable *adj*, demountable *adj* || ~**e Abdeckung** (ST) / detachable panel

abnehmen *v* (Spannung an Anzapfung o. Abgriff) / tap *v* (off), pick off *v* || ~ (prüfen) / accept *v*, acceptance-inspect *v* || **Spannung** ~ / to tap a voltage, to pick off voltage

abnehmende Steigung (Gewinde) / degressive lead, degressive pitch

Abnehmer *m* (Verbraucher) / consumer *n* || ≗ **mit hoher Benutzungsdauer** / high load factor consumer || ≗ **mit niedriger Benutzungsdauer** / low load factor consumer

abnehmerabhängige Kosten / consumer-related cost

Abnehmer·anlage *f* / consumer's installation || ≗**anschluß** *m* / consumer's terminal || **gemeinsame** ≗**leitung** / common trunk (line) || ≗**risiko** *n* (DIN 55350, T.31) / consumer's risk || ≗**teil** *m* (im Zählerschrank) / consumer's compartment

abnutzen *v* / wear *v*, wear out *v*

Abnutzung *f* / wear *n*, wear and tear, rate of wear

Abnutzungsausfall *m* / wear-out failure, ageing fault

abordnen *v* (z.B. einen Monteur) / assign *v*, send *v*

abpacken *v* (Blechp.) / unstack *v*

abplatzen *v* / scale *v*, flake *v*, peel off *v*, chip *v*

abpressen *v* (Druckölverfahren) / force off *v* || ~ (s. abdrücken)

abpumpen *v* / evacuate *v*

Abquetschschutz *m* / anti-sever device, cable grip

Abrechnungsperiode *f* (StT) / billing period

Abregeldrehzahl *f* (Kfz, Diesel) / limit speed

abregen (s. aberregen)

Abreiß·bogen *m* / interruption arc || ≗**diode** *f* / snap-off diode

abreißen *v* (Pumpe) / to lose prime || ≗ *n* (Strom) / chopping *n*

Abreiß·funken *m* / break spark, contact-breaking spark || ≗**gebiet** *n* (Lüfter; Mot.) / stall region, stall range || ≗**kante** *f* (Drucker) / tear-off edge || ≗**kontakt** (s. Abbrennschaltstück) || ≗**kraft** *f* (gS) / pull-off strength || ≗**lichtbogen** *m* / interruption arc || ≗**messer** (s. Lichtbogenmesser) || ≗**punkt** *m* (Mot., Pumpe) / stall point || ≗**sicherung** *f* (Kondensator) / internal overpressure disconnector || ≗**spannung** *f* (Löschspannung) / extinction voltage || ≗**strom** *m* / chopping current, chopped current

Abrichtbetrag *m* (NC) / dressing amount, dressing depth

abrichten *v* / straighten *v*, true *v*, planish *v*, dress *v* || ≗ *n* (Schleifscheibe) / dressing *n*, wheel dressing, trueing *n* || ≗ (NC; CLDATA-Wort) / dress (ISO 3592)

Abricht·gerät *n* / dressing device, trueing device || ≗**lineal** *n* / straight-edge *n* || ≗**unterbrechung** *f* (NC) / dressing interrupt

Abrieb *m* / abrasion *n*, metal-to-metal wear || ≗ (abgeriebenes Material) / abraded matter, scuff *n* || ≗**festigkeit** *f* (s. Abriebwiderstand) || ≗**festigkeitsprobe** *f* / abrasion test || ≗**prüfung** *f* / abrasion test, wear resistance test || ≗**widerstand** *m* / resistance to abrasion, abrasion resistance, scrub resistance, resistance to abrasive wear, metal-to-metal wear resistance

Abriegelmatrix *f* (FWT) / interposing matrix

Abriegelung (s. Abriegelungsbaugruppe) || ≗ **gegen Beeinflussungsspannungen** / isolation from interference voltages

Abriegelungsbaugruppe *f* (Entkoppler) / isolating module, decoupler module

Abriegelungswandler *m* / isolating transformer

Abriß (Strom) (s. Abreißen)

Abroll·bahn *f* (Flp.) / exit taxiway, turn-off taxiway || ≗**bock** *m* (Auswuchtgerät) / gravitational balancing machine || ≗**probe** *f* (SchwT) / button test

Abruf *m* (QS) / requisition *n* || **Produktion auf** ≗ / just-in-time production (JIT) || ≗**betrieb** *m* / polling mode

abrufen *v*(Daten) / retrieve *v* || ~ *n*(„Polling") / polling *n*

abrunden *v*(Zahl, Summe; nach unten a.) / to bring down to a round figure, round off *v*

Abrundung *f*(CAD) / fillet *n* || ~ (Pulsformung) / rounding *n*

Abrundungs·fehler *m* / round-off error || ~**radius** *m* (NC) / corner radius

abrupter Übergang (HL) / abrupt junction

ABS (s. äußeres Betrachtungssystem) || ~ (s. Anti-Blockier-System)

Absatz *m*(mech.) / shoulder *n*, offset *n*, recess *n*, step *n* || ~**prognose** *f* / sales forecast

Absatzwiderstand (s. Absetzwiderstand)

Absaugen von Oberwellen / filtering of harmonics, harmonics suppression

Abschälen *n* / peeling off

Abschälkraft *f*(gS) / peel strength

Abschaltautomatik bei Spannungsausfall / automatic loss-of-voltage tripping equipment (IEC 50(448))

abschaltbar·e Last (s. abschaltbarer Verbraucher) || ~**es Moment** (Kuppl.) / dynamic torque || ~**er Neutralleiter** / switched neutral, separating neutral || ~**e Steckdose** / switched socket-outlet, switch socket-outlet || ~**e Steckdose mit Verriegelung** / interlocked switched socket-outlet || ~**er Thyristor** / gate turn-off thyristor (GTO) || ~**er Verbraucher** / interruptible load, sheddable load, non-vital load

Abschalt·dauer (Sich.) (s. Ausschaltzeit) || ~**diode** *f* / turn-off diode || ~**drehmoment** *n* / tripping torque || ~**drehzahl** *f* / cutoff speed, tripping speed || ~**druck** *m* / cut-out pressure, shut-off pressure

abschalten *v*(Gerät) / switch off *v*, turn off *v* || ~ (Stromkreis, Netz) / disconnect *v*, interrupt *v* || ~ (el. Masch.) / disconnect *v*, stop *v*, shut down *v* || ~ (Ein- oder Ausgang) / disable *v* || ~ (Thyr) / turn off *v* || ~ (Trafo) / disconnect *v*, to take off the line || ~ (mech.; Kuppl.) / disengage *v*, declutch *v*, release *v*, uncouple *v*, disconnect *v* || **allpoliges** ~ / all-pole disconnection (IEC 335-1), interruption in all poles || **die Last** ~ / to disconnect the load, to throw off (o. shed) the load || **die Stromzufuhr** ~ / to disconnect the power

Abschalt·energie *f* / breaking energy || ~**geschwindigkeit** *f* / cutoff speed, tripping speed || ~**grenze** *f*(Kfz) / trip limit || ~**induktivität** *f* (Kurzschlußinduktivität) / short-circuit inductance || ~**-I²t** (Sich.) / operating I²t, clearing I²t, total I²t || ~**kommando** *n* / tripping command (o. signal) || ~**kontakt** *m* / tripping contact

Abschaltkreis *m* / trip circuit, de-energizing circuit, (closed-loop) stop control || ~ (Reg.) / switch-off circuit || **binärer** ~ (DIN 19226) / binary de-energizing circuit

Abschalt·leistung (s. Ausschaltleistung) || ~**merker** *m*(PC) / shutdown flag || ~**moment** (s. Abschaltdrehmoment) || ~**-Polaritätsumkehr** *f* (DIN 41745) / turn-off polarity reversal || ~**prüfung** *f*(Sich.) / interrupting test, breaking test || ~**routine** *f*(PC) / shutdown routine || ~**schwimmer** *m* / trip float || ~**spannung** *f* / breaking voltage, interrupting voltage, cut-off voltage, transient voltage || ~**spannung** *f*(Thyr, Mindestabschaltspannung) / gate turn-off voltage || **induktive** ~**spannung** / voltage induced on circuit interruption || ~**strom** *m*(Thyr, Mindestabschaltstrom) / gate turn-off current || ~**strom** *m*(Temperatursicherung) / interrupting current (thermal link) || ~**stromstärke** *f* / breaking current, current on breaking || ~**temperatur** *f* / cut-out temperature, opening temperature || ~**temperatur** *f*(el.Masch) / shutdown temperature || ~**thyristor** *m* / turn-off thyristor || ~**thyristor** (s. abschaltbarer Thyristor) || ~**-Überschwingweite** *f* (DIN 41745) / turn-off overshoot || ~**überspannung** *f* / opening overvoltage, switching overvoltage

Abschaltung *f* / switching off, cut-off *n*, disconnection *n*, interruption *n* || ~ (Masch.) / stopping *n*, shutdown *n* || ~ (Kurzschluß) / clearing *n* || ~ (Schalter) / opening *n*, tripping *n* || ~ (Stromkreis) / interruption *n*, opening *n* || ~ **in Schnellzeit** (Distanzschutzrelais) / undelayed tripping, instantaneous tripping, first-zone tripping || ~ **vom Netz** / disconnection from supply, isolation from supply || ~ **zur mechanischen Wartung** (VDE 0100, T.46) / switching off for mechanical maintenance || **allseitige** ~ / disconnection from all sources || **Fehler**~ (Netz) / fault clearing (o. clearance), disconnection on faults, short-circuit interruption || **Gütefaktor der** ~ (Verstärkerröhre, DIN IEC 235, T.1) / turn-off figure of merit || **Schub**~ (Kfz) / overrun fuel cutoff, fuel cutoff on deceleration (o. on overrun) || **Schutz durch automatische** ~ / protection by automatic disconnection of supply || **volle** ~ / full disconnection

Abschalt·versuch *m*(el. Masch.) / test by disconnection of applied low armature voltage || ~**vorrichtung** *f*(Geräte nach VDE 0860) / interrupting device

Abschaltzeit *f*(LSS, VDE 0641) / break time || ~ (Sich.) / operating time (IEC 291), clearing time (ANSI C37.100), total clearing time (ANSI C37.100) || ~ (Trennen vom Netz) / disconnecting time || ~ (Thyr) / turn-off time || ~ (Netzumschaltgerät; E VDE 0660, T.114) / off time || ~ (Fehlerabschaltung) / (fault) clearance time || **Ausgangs**~ / output disable time

Abschattung *f* / shadowing *n*, shading *n* || **Bild**~ *f* / image shading

Abschätzung (QS) *f* / estimation *n*

Abscherbolzen *m* / shear pin, safety bolt, breaker bolt

abscheren *v* / shear *v*, shear off *v*

Abscher·festigkeit *f* / shear strength || ~**kupplung** *f* / shear-pin coupling || ~**probe** *f* / shear test || ~**probe** *f*(an gepunktetem Blech) / button test || ~**stift** *m* / shear pin, breaker bolt

Abschirm·effekt *m*(magn.) / screening effect || ~**elektrode** *f* / screening electrode || ~**haube** *f* / screening cover || ~**leiter** *m* / screening conductor, screening bus || ~**schleife** *f* / screening loop

Abschirmung *f* / screening *n*, screen *n*, shield *n*, barrier *n* || ~ (z.B. in VDE 0660, T.500) / screening *n* || ~ (EB, VDE 0160) / shield *n* || ~ (Leuchte) / cut-off *n*, shielding *n* || ~ (Kabel) (s. Schirm) || ~ **gegen Erde** / earth screen || ~ **gegen Kriechströme** / leakage current screen || **elektrostatische** ~ / electrostatic shielding || **Röntgenstrahl**~ / X-ray shielding

Abschirmungs·kontakt *m* / segregation contact

Abschirm·wicklung *f* / shield winding || **≗winkel** *m* (Leuchte) / cut-off angle, shielding angle
Abschleifbock *m* / grinding-rig support, grinding-rig pedestal
abschleifen *v* / grind off *v*, grind *v* || ~ (Komm., SL) / to resurface by grinding, resurface *v*, grind *v*
Abschleifvorrichtung *f* / grinding rig, grinding device
abschließbar *adj* / lockable *adj*, locked *adj*, with lock || **~er Drucktaster** / locking-type pushbutton || **~er Griff** (m. Zylinderschloß) / lockable handle, handle with cylinder lock || **~er Griff** (m. Vorhängeschloß) / padlocking handle
abschließen *v* (z.B. ein Archiv) / close *v*
abschließendes Leerzeichen / trailing space
Abschliff *m* / abrasion *n*
Abschluß, vollständiger ≗ (durch Gehäuse) / complete enclosure || **≗blech** *n* / cover plate, blank(ing) plate || **≗deckel** *m* (Motorgehäuse) / end guard, fender *n* || **≗element** *n* (el.) / matching device, terminating element || **≗funktion** *f* (Programm) / termination function of a subroutine, conclusion *n* (of a subroutine) || **≗glas** *n* / glass cover || **≗glied** (s. Abschlußelement) || **≗immittanz** *f* / terminating immittance || **≗impedanz** *f* / terminating impedance || **≗kasten** *m* (f. Kabelabschlüsse) / terminal box || **≗-Netzwerk** *n* / termination network || **≗platte** *f* (ET) / blanking plate || **≗platte** *f* (SK, VDE 0660, T.500) / cover plate (IEC 439-1) || **≗platte** *f* (Reihenklemme) / end cover plate || **≗stecker** *m* (elST-, PC-Geräte) / terminating resistor connector *n* || **≗wanne** *f* (Leuchte) / diffuser bowl, enclosing bowl || **≗widerstand** *m* / matching resistor, terminator *n* (LAN), matching resistor || **≗winkel** *m* / masking angle, angular trim || **≗zyklus** *m* (PC) / termination cycle
Abschmelzen *n* (Dichtschmelzen) / sealing off *n*
Abschmelzschweißung *f* / flash welding, flash butt welding
abschmieren *v* / grease *v*, lubricate *v*
Abschneide·fehler *m* / truncation error || **≗funkenstrecke** *f* / chopping gap
abschneiden *v* / cut off *v*, cut *v* || ~ (Teile von Zeichenfolgen am Anfang o. Ende weglassen) / truncate *v* || ~ (stanzen) / shear *v* || ≗ *n* (Impuls, Bildteil) / clipping *n* || ≗ (Entfernen v. Teilen einer Bildschirmdarstellung) / clipping *n*, scissoring *n* || ≗ (Stoßwelle) / chopping *n*
Abschneide·zeit *f* (Stoßwelle) / time to chopping, chopping time, virtual time to chopping || **≗zeitpunkt** *m* (Stoßwelle) / instant of chopping
Abschnitt *m* (Netz, LAN) / section *n* || **Parabel~** *m* (NC) / parabolic span || **Programm~** *m* / program section || **Rezept~** *m* / recipe phase
Abschnittstrennung *f* (DÜ) / alignment function
Abschnürspannung *f* / pinch-off voltage || ≗ (FET, DIN 41858) / cut-off voltage (FET) || **Drain-Source-≗** (Transistor) / drain-source cut-off voltage
abschotten *v* / partition *v*, compartment *v*
Abschottung (SA, Unterteilung in Teilräume) (s. Schottung)
abschrägen *v* / bevel *v*, chamfer *v*
Abschrägung *f* (an Kante) / bevel *n*, chamfer *n* || ≗ (Kegel) / taper *n*
abschranken *v* / safeguard *v*, barrier *v*, to provide with barriers, fence *v*
Abschrankung *f* / safeguarding *n*, barrier *n*, fence *n*
abschrauben *v* / screw off *v*, unscrew *v*
abschraubsicher *adj* / pilfer-proof *adj*
Abschreckbiegeversuch *m* / quenched-specimen bend test
Abschwächer *m* / attenuator *n*
Abschwächung *f* (Abnahme der Amplitude eines Signals) / attenuation *n*
Abschwächungsimpedanz *f* / attenuating impedance
Absender *m* (DÜ, Sendeprogramm) / sending program, program identifier || ≗ (einer Meldung) / sender *n*, originator *n*
absenkbar *adj* / lowerable *adj* || **~er Kessel** (Trafo) / drop-down tank
Absenken des Öls / lowering of oil level, oil draining || **Frequenz ~** / to lower the frequency
Absenkmaß *n* / lowering dimension
Absenkung der Energieversorgung / power supply depression
Absenkvorrichtung *f* / lowering device, lowering mechanism
absetzen *v* (Meldung, Signal) / transmit *v* || ~ (auf eine Unterlage) / place *v*, set down *v* || ~ (Kabelisolierung) / to cut back, to strip the end insulation, to bare the core ends || ~ (Spannung) / buck *v*, reduce *v* || ~ (Gen., außer Betrieb nehmen) / shut down *v* || ~ (Staub) / deposit *v*, settle *v*
Absetz·länge *f* (Kabelisol.) / stripping length, bared length || **≗maschine** *f* / negative booster, sucking transformer, sucking booster, track booster || **≗regelung** *f* / buck control || **≗regler** *m* / bucking controller || **≗schaltung** *f* / bucking connection || **≗stelle** *f* (Kabelisolierung) / strip-off point, circumferential cut || **≗stellung** *f* (SK, VDE 0660, T.500) / removed position (IEC 439-1) || **≗stellung** *f* (Trafo) / buck position, negative boost position || **≗transformator** *m* / bucking transformer || **≗- und Zuschaltung** / buck and boost connection, reversing connection
Absetzung *f* (Bürste) / shoulder *n*
Absetzwiderstand *m* (Spannungsregler) / by-pass resistor, shunt resistor
absichern *v* (m. Kurzschlußschutz versehen) / to protect against short circuits, fuse *v*
Absicherung *f* (Baustelle) / guarding *n*, fencing *n*, provision of safety arrangements || ≗ (Schutz) / protection *n* || ≗ (m. Sicherungen) / protection by fuses, fusing *n*
Absicherungs·baugruppe (Überwachungsb. m. Sicherungen) / monitoring module with fuses, monitoring and fuse module || **≗leuchte** *f* / warning light
absichtliches Berühren / intentional contact
absolut·e Abweichung (Rel.; E VDE 0435, T.110) / absolute error || **~er Aufruf** / unconditional call || **~e Blendung** / absolute glare || **~e Dichte** / specific gravity || **~e Dielektrizitätskonstante des leeren Raums** / electrical space constant, absolute permittivity of free space || **~e Dielektrizitätskonstante** / absolute dielectric constant, absolute capacitivity || **~e Durchschlagfestigkeit** / intrinsic dielectric strength || **~er Fehler** (MG) / absolute error || **~er Fehler** (Rel.) (s. absolute Abweichung) || **~e Feuchte** / absolute air humidity, absolute

humidity, humidity *n* || ~**e Genauigkeit** / absolute accuracy, zero-based accuracy || ~**er Genauigkeitsfehler** (a. ADU, DAU) / absolute accuracy error, total error || ~**er Grenzwert** (DIN 41848) / absolute limiting value || ~**e Häufigkeit** (DIN 55350,T.23) / absolute frequency || ~**e Häufigkeitssumme** (DIN 55350,T.23) / cumulative absolute frequency || ~**er Maschinennullpunkt** (NC) / absolute zero (of machine) || ~**e Maßangaben** (NC) / absolute dimension data, absolute dimensions (preparatory function, ISO 1056) || ~**er Nullpunkt** / absolute zero, absolute zero of temperature || ~**e Permeabilität** / absolute permeability || ~**e Spannungsänderung** (s. Spannungsänderung bei gleichbleibender Drehzahl) || ~**e spektrale Empfindlichkeit** / absolute spectral sensitivity || ~**e Viskosität** / absolute viscosity || ~**e Wahrnehmungsschwelle** (LT) / absolute threshold of luminance || ~**er Wert** (einer komplexen Zahl) / absolute value, modulus *n*

Absolutdehnung *f* / absolute expansion

Absolut·druckaufnehmer *m* / absolute-pressure pickup || ≗**druckmesser** *m* / absolute pressure gauge, barometer *n* || ≗**maß-Programmierung** *f* (NC) / absolute programming, absolute data input || ≗**meßgerät** *n* (RöA, f. Absolutintensität) / absolute-intensity measuring device || ≗**-Meßverfahren** *n* (NC) / absolute measuring system, zero-based measuring system || ~**-selektives Schutzsystem** (s. Schutzsystem mit absoluter Selektivität)

Absolutwert *m* / absolute value || **mittlerer** ≗ (DIN IEC 469, T.1) / average absolute || ≗**bildner** *m* / absolute-value device (o. generator) || ≗**bildung** *f* / absolute-value generation

Absolutzeit·erfassung *f* (FWT) / absolute chronology (IEC 50(371)), time tagging (IEC 50(371)) || ≗**uhr** (s. Realzeituhr)

Absonderung *f* (QS) / segregation *n*

Absorber *m* / absorber *n*, damper *n* || ≗**halle** *f* / anechoic chamber || ≗**zange** *f* / absorbing clamp

Absorptions·beiwert *m* / absorption coefficient || ≗**grad** (LT) (s. Absorptionsmaß) || ≗**koeffizient** *m* / linear absorption coefficient || ≗**maß** *n* (LT) / absorptance *n*, absorption factor || ≗**rohr** *n* (m. Trockenmittel) / desiccant tube || ≗**strecke** *f* / absorption train || ≗**verfahren** *n* / energy absorption method || ≗**verhältnis** (s. Polarisationszahl) || ≗**verluste** *f* (LWL) / absorption loss, absorption attenuation || ≗**vermögen** *n* / absorptive capacity, absorptivity *n*

Absorptivität *f* / absorptivity *n*

Abspanen aus dem vollen / cutting from solid stock

Abspann·abschnitt *m* (Freiltg.) / section *n* || ≗**anker** *m* (Freiltg.) / stay *n* (GB), guy *n* (US)

abspannen *v* (heruntertransformieren) / step down *v* || ~ (Maste) / guy *v*, stay *v*

Abspanner (s. Abspanntransformator)

Abspann·gelenk *n* (Freileitungsmast) / tower swivel clevis || ≗**isolator** *m* / tension insulator, strain insulator || ≗**-Isolatorkette** (s. Isolator-Abspannkette) || ≗**kette** (s. Isolatorabspannkette) || ≗**klemme** *f* (Freiltg.) / anchor clamp, tension clamp, dead-end clamp || ≗**mast** *m* / terminal tower, dead-end tower, tension tower, strain pole, anchor support, section support || ≗**portal** *n* / dead-end portal structure, strain portal structure || ≗**seil** *n* / guy cable, guy wire || ≗**station** *f* / step-down substation, step-down transformer substation || ≗**stützpunkt** *m* (Freiltg.) / tension support, strain support, angle support || ≗**transformator** *m* / step-down transformer

Abspannung *f* (Leiter) / straining *n*, dead-ending *n* || ≗ (Mast) / stay *n*, guy *n*

Abspann·verbinder *m* (s. Endabspannverbinder)

Abspan·tiefe *f* / cutting depth, depth of cut || ≗**zyklus** *m* / cutting cycle, machining cycle, stock removal cycle

Abspeichern *n* (Datei) / storing *n*, saving *n*

Abspeicherzyklus *m* / storing cycle

Absperr·hahn *m* / stopcock *n* || ≗**mittel** *n* (DIN 55945) / sealer *n* || ≗**ventil** *n* / shutoff valve, stop valve

Absprengwulst *f* (Lampe) / bulb bead

Abspringen des Scherenstromabnehmers / pantograph bounce

Abspritzeinrichtung *f* (f. Starkstromanlagen) / live-line washing system

Abspritzen unter Spannung / live washing

Abstand *m* / distance *n*, clearance *n* || ≗ (Zwischenraum, Intervall) / spacing *n*, interval *n* || ≗ (Strecke) / distance *n* || ≗ **der äußeren Kopfkegelkante bis zum Schnittpunkt der Achsen** / crown to crossing point distance || ≗ **der Kegelspitze von der Bezugsfläche am Rücken eines Kegelrades** / apex to back distance || ≗ **im Verguß** / distance through casting compound || ≗ **Leiter-Erde** / phase-to-earth clearance, phase-to-ground clearance || ≗ **Leiter-Leiter** / phase-to-phase clearance || ≗ **Tellerunterkante bis Leuchtkörpermitte** / flange to light centre length || ≗ **vom Teilkegelscheitel bis zur äußeren Kante des Kopfkegels** / pitch-cone apex to crown distance || ≗ **vom unteren Rand der Perle bis zum Einschmelzknick** (Perlfußlampen) / bead-to-bend distance || ≗ **zwischen Anschlußfahnen** / tag pitch, tag spacing || ≗ **zwischen Widerlagern** (Prüf.) / test span || **Farb**~ / colour difference || **Schaltstück**~ / contact gap, clearance between open contacts || **Schutz durch** ≗ / protection by placing out of reach (HD 384), protection by provision of adequate clearances (IEC 439) || **zeitlicher** ≗ / interval *n*

Abstände durch die Isolierung (VDE 0700, T.1) / distances through insulation (IEC 335-1)

Abstandhalter *m* (a. Batt.) / spacer *n* || ≗ (Lg.) / cage *n*

Abstandschelle *f* / distance saddle, spacing saddle, conduit hanger || ≗ (Hängeschelle) / conduit hanger

Abstandskurzschluß *m* / short-line fault, kilometric fault, close-up fault || ≗**faktor (AK-Faktor)** *m* / short-line fault factor

Abstands·messung *f* (Rob.) / ranging *n*, range finding || ≗**platte** *f* / spacing plate, spacer *n* || ≗**rohr** *n* / spacing tube, distance tube || ≗**sensor** *m* / ranging sensor, range finder || ≗**stück** *n* / distance piece, spacer *n*, spacer block || ≗**warngerät** *n* (Kfz) / anti-collision device, distance warning device || ≗**warnsystem** *n* (Kfz.; Radar, Laser) / anti-collision radar, laser-based collision avoidance system

absteigender Ast / descending branch

Abstellautomatik *f* / automatic shut-down control, automatic shut-down gear
abstellen *v*(ausschalten) / switch off *v*, stop *v*, cut out *v*, shut down *v* || ~ (Hupe) / silence *v*, cut out *v*
Abstellfläche, gekühlte ⸛ / refrigerated shelf area
Abstellmagnet *m* / shut-down solenoid
Abstellplatz *m*, **Luftfahrzeug-**⸛ / aircraft parking position
Abstellschalter *m* / cutout switch, STOP switch
absteuern *v*(Befehle) / end *v*, terminate || **einen Ausgang** ~ / to reset an output
Absteuerung *f*(Fahrschalter) / run-back *n*(of controller), notching down || **Befehls~** *f*(FWT) / command release (o. disconnection) || **Befehls~** *f* (elSt) / command ending
Abstiegphase *f*(Nocken) / return *n*
Abstimm·bereich *m* / tuning range || ⸛**diode** *f* / tuning diode, tuning variable-capacitance diode || ⸛**einrichtung** *f* / tuner *n* || ⸛**empfindlichkeit** *f* / tuning sensitivity
Abstimmen *n* / tuning *n* || ~ (s. abgleichen) || **auf Resonanz** ~ / to tune to resonance || **hoch** ~ (Resonanz) / to set to above resonance || **tief** ~ (Resonanz) / to set to below resonance
Abstimm·frequenz *f* / centre frequency, mid-frequency *n* || ⸛**geschwindigkeit** *f* / tuning rate, tuning speed
Abstimmittel *n* / tuning device
Abstimmkupplung *f* / timing clutch
Abstimmung *f* / tuning *n*
Abstoßung *f* / repulsion *n*
Abstoßungskraft *f* / force of repulsion, repulsive force
abstrahlen *v* / radiate *v*, emit *v* || ~ (m. Stahlsand) / shot-blast *v*, shot-peen *v*, steel-shot-blast *v* || ~ (s. aussenden)
Abstrahlungs·bereich *m*(Störquelle) / emission margin || ⸛**grenze** *f*(Störquelle) / emission limit || ⸛**pegel** *m*(Störquelle) / emission level
Abstrahlwinkel *m*(IR-Gerät) / transmission angle
abstrakter Syntax (s. darstellungsunabhängiger Syntax)
Abstreichtaste *f* / round-down key
Abstreifer *m*, **Mantelmoden-**⸛ (LWL) / cladding-mode stripper
Abströmkegel *m*(Lüfter) / diffusor cone
abstufen *v* / step *v*, grade *v*, graduate *v*
Abstufung *f* / stepping *n*, grading *n*, graduation *n* || ⸛ (Isol.) / grading *n* || ⸛ (Farbtöne) / shading *n*
Abstütz·bock *m*(Wickelkopf) / bracket *n* || ⸛**stück** *n* (Wickl.) / overhang packing, supporting element, bracing element || ⸛**- und Preßkonstruktion** (Trafo) / constructional framework, supporting and clamping structure, bracing and clamping frame
Abstützung *f*(Wickl.) / packing *n*(element o. block), support(ing element), bracing (element), spacing element, spacer
Abtast·befehl *m* / scan command, scan instruction || ⸛**befehl** *m*(Reg.) / sampling command || ⸛**bereich** *m*(Fernkopierer) / scanning field || ⸛**darstellung** *f* (Schwingungsabbild, DIN IEC 469, T.2) / sampled format || ⸛**einrichtung** *f*(a. NC) / scanning device, scanner *n*
abtasten *v*(lesen von Aufzeichnungsträgern; photoelektrisch; TV, Fernkopierer) / scan *v* || ~ (Reg., Abtastsystem) / sample *v* || ⸛ *n*(Lesen, photoelektrisch) / scanning *n* || ⸛ (Reg.) / sampling *n*
abtastendes Meßverfahren / sampling method of measurement
Abtaster *m*(f. Abtastregelung; DIN 19226) / sampler *n* || ⸛ („Scanner"; opt. Abtaster) / scanner *n* || **Bild~** / image sensor
Abtast·feld *n*(ESR, Bildschirm) / raster *n* || ⸛**frequenz** *f*(Osz.) / scanning frequency || ⸛**frequenz** *f*(Reg.) / sampling frequency || ⸛**geschwindigkeit** *f* / scan rate, sampling frequency, sampling rate || ⸛**-Halteschaltung** *f* / sample-and-hold circuit || ⸛**-Halte-Verhalten** *n* / sample-and-hold action (S/H action). || ⸛**-Halteverstärker** *m* / sample-and-hold amplifier, S/H amplifier || ⸛**impuls** *m*(„Strobe"-Impuls) / strobe pulse || ⸛**lupe** (s. Fadenkreuzlupe) || **empfangsseitige** ⸛**markierung** / received character timing || ⸛**-Oszilloskop** *n* / sampling oscilloscope || ⸛**periode** *f*(Reg.) / sampling period || ⸛**punkt** *m*(Fernkopierer) / scanning spot || ⸛**rate** *f*(Reg.) / sampling rate || ⸛**rate** *f*(Osz.) / scanning frequency
Abtastregelung *f* / sampling control || ⸛ (zeitdiskrete R.) / discrete control || **Zeitmultiplex-**⸛ / time-shared control
Abtast·regler *m* / sampling controller, sampled-data controller, discrete controller || ⸛**regler mit endlicher Ausregelzeit** / dead-beat-response controller || ⸛**richtung** *f*(Fernkopierer) / scanning track direction || ⸛**röhre** *f* / scanner tube
Abtastsignal *n* / sampled signal
Abtast·system *n*(Reg.) / sampled-data system || ⸛**-Theorem** *n* / sampling theorem, Nyquist theorem
Abtastung mit langsamen Elektronen / low-velocity scanning || ⸛ **mit schnellen Elektronen** / high-velocity scanning
Abtast·verhalten *n*(Reg.) / sampling action || ⸛**zeit** *f* (Reg., ADU) / sampling interval (o. time), aperture time
Abtauen *n* / defrosting *n*
Abteil *n*(SK, VDE 0660, T.500) / compartment *n* (IEC 439-1) || ⸛ (Komponente eines Rahmens der Wissensdarstellung) / slot *n*
abtragen *v*(Metall) / erode *v*, remove *v*(by cutting) || ⸛ *n*(DIN 8580) / removing *n* || **elektrochemisches** ⸛ (s. elektrochemisches Senken)
Abtragung, anodische ⸛ / anodic erosion
Abtragungsrate *f*(Korrosion) / corrosion rate
abtrennen *v*(el.) / disconnect *v*, isolate *v* || ⸛ *n*(StV) / disengagement *n* || ⸛ (Spanen, Abtragen) / parting *n* || **eine Verbindung** ~ (DÜ) / to clear a connection
Abtrennung *f*(vom Netz) / disconnection *n*
Abtrennvorrichtung *f*, **Ableiter-**⸛ / arrester disconnector
Abtrieb *m* / output *n*
Abtriebs·drehzahl *f* / output speed
Abtriebseite *f* / output end, drive end
Abtriebs·gehäuse *n*(Getriebemot.) / output shaft-gland (and bearing) housing || ⸛**welle** *f* / output shaft
Abwälzfräsen *n* / hobbing *n*, gear hobbing
Abwanderung *f*(Drift) / drift *n* || **Schaltpunkt~** *f* (EN 50047) / drift of operating point (EN 50047), repeat accuracy deviation (US)
Abwärme *f* / waste heat

abwärts fließender Strom (Wickl.) / current flowing inwards || **Einschalten durch ≗bewegung** (des Betätigungsorgans) / down closing movement || **≗blitz** *m* / downward flash, stroke to earth || **≗einstellung** *f*(Trafo) / lowering *n*, voltage reduction || **~förderndes Band** / downhill conveyor

abwärtsgerichtet *adj*(LAN) / downlink *adj*

Abwärts·kompoundierung *f* / decompounding *n* || **≗schweißung** *f* / downhand welding || **≗steuerung** *f* / downward control, controlled speed reduction, armature control || **≗transformator** *m* / step-down transformer || **≗transformieren** *n* / stepping down *n* || **≗übersetzung** *f*(Trafo) / step-down ratio || **≗übersetzung** *f*(Getriebe) / reduction ratio || **≗zähler** *m* / decrementer *n*, down-counter *n*

abwaschbare Leitschicht / wash-off conductive layer

Abweichung *f* / deviation *n*, departure *n*, error *n*, variation *n* || ≗ (Reg.) / deviation *n* || ≗ (Differenz zwischen den Werten eines Parameters, wenn eine Einflußgröße nacheinander zwei bestimmte Werte annimmt) / variation *n* || ≗ (QS, DIN 55350,T.12) / deviation *n*, non-conformance *n* || ≗ **im Beharrungszustand** / steady-state deviation, offset *n* || ≗ **von der Sinusform** / departure from sine-wave, deviation from sinoid, deviation factor || **absolute** ≗ (Rel.; E VDE 0435, T.110) / absolute error || **bleibende** ≗ (Reg.) / offset *n*, steady-state deviation || **Führungs~** (DIN 41745) / control deviation (IEC 478-1) || **Kennlinien~** (MG) / conformity error (absolute value of maximum deviation between the calibration curve and the specified characteristic curve) || **meldepflichtige** ≗ (QS) / reportable nonconformance || **Mittelwert der** ≗ (Rel.; E VDE 0435,T.110) / mean error (relay) || **Stabilitäts~** / stability error (IEC 359) || **Stör~** (Änderung im Beharrungswert der stabilisierten Ausgangsgröße eines Stromversorgungsgeräts) / output effect || **vorübergehende** ≗ / transient deviation, transient *n* || **zulässige** ≗ (Toleranz) / tolerance *n* || **≗en der stabilisierten Ausgangsgröße** (DIN 41745) / output effect (IEC 478-1)

abweichungs· *m*, **Führungs~bereich** (DIN 41745) / control deviation band (IEC 478-1) || **≗bereich** *m* (DIN 41745) / effect band (IEC 478-1) || **mittlerer ≗betrag** (Statistik, DIN 55350, T.23) / mean deviation || **statistische ≗grenze** (Rel., DIN IEC 255, T. 1-00) / limiting error (relay) || **≗koeffizient** *m*(DIN 41745) / variation coefficient (IEC 478-1) || **≗mittelwert** (s. Mittelwert der Abweichung)

Abweisen von Einträgen / rejection of entries

Abweisring *m*(f. Öl) / oil thrower

Abweisung *f*(s. Rufabweisung) / call not accepted

abwerfen, ein Relais ~ / to trigger a relay, to operate a relay || **Last** ~ / to throw off the load, to shed the load

Abwesenheit *f*(GLAZ) / absence *n*

Abwickel·gerät *n*(f. Kabel) / dereeler *n* || **≗trommel** *f* / pay-out reel || **≗werkzeug** *n* / unwrapping tool

Abwicklung *f*(geom.) / development *n* || ≗ (Kontakte) / contact arrangement, switching sequence || ≗ **des Datenverkehrs** / handling (o. control) of data traffic || **ohne** ≗ (Nocken) / unshaped *adj*

Abwicklungslänge *f*(geom.) / developed length

Abwurf·spannung *f* / release voltage, reverse operate voltage || **≗wicklung** *f* / triggering winding, reverse operating winding

abwürgen *v*(Mot.) / stall *v*

abzählbar *adj* / denumerable *adj*

Abzählkette *f* / counting chain, counting decade

abziehbar *adj* / withdrawable *adj* || **~e Kupplung** / pull-off coupling

Abziehbild *n* / decalomania *n*

abziehen *v*(z.B. Kuppl.) / extract *v*, pull off *v*, remove *v* || ~ (m. Abziehstein) / hone *v* || **elektrolytisches** ≗ / electrolytic stripping, electrolytic deplating

Abzieh·kraft *f*(StV) / withdrawal force, withdrawing force || **≗kraft** *f*(Wickelverb.) / stripping force || **≗kraft** *f*(z.B. Kupplung) / extraction force, pulling-off force || **≗vorrichtung** *f*(f. Teile auf einer Welle) / pull-off device, puller *n*, draw-off device, extracting device, extractor *n* || **≗werkzeug** *n*(ET, EMB) / extraction tool, extractor *n* || **≗werkzeug** *n*(Wickelverb.) / stripping tool

abzuführende Verlustleistung (Wärme) / (amount of) heat to be dissipated

Abzug *m*(Lüftung) / exhaust *n*, vent *n*

Abzug bei Folgestichprobenprüfung (QS) / penalty *n*

Abzugskraft *f* / withdrawal force

Abzweig *m* / branch *n*, branch circuit, outgoing branch circuit || ≗ (Netz) / feeder *n* || ≗ (I-Leitung) / branch *n*(circuit), spur *n*, final circuit || ≗ (Stichltg.) / tap *n*(line), spur *n*, branch *n*, stub *n* || ≗ (von Hauptleitung) / branch *n*, tap *n*, spur *n* || ≗ (Verteilereinheit) / branch-feeder unit, outgoing unit, outgoing-feeder unit, feeder unit, feeder tap unit || ≗ (v. SS) / outgoing feeder, feeder *n* || ≗ (Verbindung abzweigender Leiter - Hauptleiter) / tapping *n* || ≗ (Abgang, s.u. „Abgang") || **≗ankopplung** *f* / feeder interface || **≗anwahl** *f* / feeder selection, circuit selection || **≗baugruppe** *f* / outgoing (feeder) subassembly, outgoing switchgear assembly, outgoing-feeder unit, feeder assembly || **≗dose** *f*(VDE 0613) / tapping box (IEC 23F.3), branching box || **≗einheit** *f* / outgoing unit, branch-feeder unit, feeder tap unit || **≗einsatz** *m* / non-withdrawable branch-circuit unit, fixed-mounted outgoing unit

abzweigend·er Leiter (VDE 0613) / tapping conductor || **~er Riß** / branch crack

Abzweig·feld *n* / branch-circuit panel, feeder panel || **≗kasten** *m* / junction box || **≗kasten** *m*(IK) / tap box, cable tap box || **≗klemme** *f* / branch terminal, branch-circuit terminal || **≗klemme** *f*(VDE 0613) / tapping block (IEC 23F.3) || **≗koppelgerät** *n* (Nahsteuersystem) / feeder interfacing unit || **≗leitung** *f*(Netz) / branch line, branch feeder, branch *n*, spur *n*, subfeeder *n* || **≗leitung** (s. Abzweigstromkreis) || **≗leitung** (Netz, Stichleitung) (s. Stichleitung)

Abzweigmuffe *f*(f. Kabel) / tap joint || ≗ (f. Hausanschluß) / service box || ≗ (Kabel, T-Muffe) (s. T-Muffe) || ≗ (Kabel, Y-Muffe) (s. Y-Muffe)

Abzweig·schalter *m* / branch-circuit switch, branch circuit-breaker, branch switch || **≗schalter** *m* (Abgangssch.) / outgoing switch, outgoing(-feeder) circuit-breaker || **≗schaltung von L-Zweitoren** / ladder network || **≗scheibe** (s.

Klemmenstein) || **≈schutz** *m* / feeder protection || **≈station** *f* / tapped substation, tee-off substation || **≈stecker** *m* / socket-outlet adaptor || **≈stromkreis** *m* / branch circuit, sub-circuit *n*, final circuit || **≈stromkreis** *m* (I, f. 1 Gerät) / individual branch circuit, spur *n* || **≈stromkreis** *m* (I, f. mehrere Anschlüsse) / general-purpose branch circuit, branch circuit || **≈stromkreis** *m* (f. Steckdose) / spur *n*, branch (circuit) || **≈stromkreis** *m* (zwischen Verteiler u. Gerät) / final circuit

Abzweigung *f* (Straße, Flp.) / junction *n*

Abzweig·verbindung *f* / branch joint || **≈verbindung** *f* (Kabel) / Tee splice, Tee joint || **≈zusatz** *m* (Schutzrel.) / feeder-dedicated attachment

Accupin-Wegmeßgerat *n* / Accupin position measuring device

Achsabstand *m* / shaft-centre distance, distance between axes, distance between pulley centres || ≈ (Radabstand) / wheelbase *n*

Achs·antrieb *m* / axle drive || **≈antrieb** *m* (Wickler) / centre drive || **Motor für ≈aufhängung** / axle-hung motor || **≈belastung** *f* / axle load || **≈drucklager** *n* / thrust bearing

Achse *f* (geom.) / axis *n* || ≈ (mech.) / axle *n*, shaft *n* || ≈ (Koordinate) / coordinate *n* || ≈ (EZ) / spindle *n*, staff *n* || ≈ **der Pollücke** / quadrature axis, q-axis *n*, interpolar axis

Achsen·abstand (s. Achsabstand) || **≈art** *f* (NC, CLDATA) / axis mode || **≈befehl** *m* (NC) / axis command || **≈darstellung** *f* (graf. DV) / coordinate representation || **Überfahren der ≈endlage** (NC) / axis overtravel || **≈feld** *n* (graf. DV) / coordinate system area || **≈feld** *n* (GKS) / coordinate field || **≈größe** *f* (el. Masch.) / axis quantity || **≈kreuz** *n* / axis intersection || **≈richtung** *f* (NC, Bewegungsvektor) / axis vector || **≈steuerung** (NC) (s. Achssteuerung) || **≈tausch** *m* (NC) / axis interchange || **≈winkel** *m* (Getr.) / shaft angle

Achs·generator *m* / axle-driven generator, axle generator || **≈höhe** *f* / shaft height, height to shaft centre

achsial (s.u. „axial")

Achs·last *f* / load per axle || **≈motor** *m* / axle-hung motor, direct-drive motor, gearless motor || **≈motorantrieb** *m* / direct drive

achsparallel *adj* / axially parallel, paraxial *adj*, parallel to axis || **~e Bearbeitung** / paraxial machining || **~e Korrektur** (NC) / paraxial compensation, paraxial tool compensation || **~er Längenverschleiß** / paraxial tool wear || **~es Positionieren** / paraxial positioning || **~er Strahl** / paraxial ray || **~e Werkzeugradius-Korrektur** (DIN 66257) / tool radius offset (ISO 2806-1980)

Achsparallelität *f* / parallelism of axes

Achssteuerung *f* (NC) / axis control || ≈ **im Spiegelbild** (s. spiegelbildliche Achssteuerung)

Achter·spule *f* / octagonal coil

Acht-Stunden-Betrieb *m* / eight-hour duty

„Achtung"-Signal *n* / "Attention" signal

Acrylglas *n* / plexiglass *n*, perspex *n*

ACSR-Seil (s. Aluminium-Stahlseil)

ADAC (s. Analog-Digital-Analog-Umsetzer)

Adapter *m* / adaptor *n* || **≈stecker** *m* / adaptor plug || **≈steckverbinder** *m* / adaptor connector, straight-through connector (depr.)

Adaptionsniveau des Auges / ocular adaptation (level)

adaptiv·e Klopfgrenzregelung (Kfz) / adaptive knocking limit control || **~e Parametervorgabe** / adaptive parameter entry || **~es Regelsystem mit geregelter Adaption** (VDI/VDE 3685) / adaptive control system with closed-loop adaptation || **~es Regelsystem mit gesteuerter Adaption** (VDI/VDE 3685) / adaptive control system with open-loop adaptation || **~e Regelung** / adaptive control (AC) || **~e Regelung mit Zwangsbedingungen** / adaptive control with constraints (ACC) || **~es Spannungsmodell** (LE) / adaptive voltage model || **~e Steuerung** / adaptive control (AC) || **~e Vorgabe** (PC) / adaptive entry, adaptive parameter input || **~e Wertevorgabe** (PC) (s. adaptive Parametervorgabe)

ADB (s. Flugplatz-Leuchtfeuer) || ≈ (s. Adreßbus)

Addierbarkeit *f* / additivity *n*

Addierer *m* / adder *n*, summer *n*

Addiermaschine *f* / adding machine

addiert·e Unklardauer (IEC 50(191)) / accumulated down time || **~e Zeit** (IEC 50(191)) / accumulated time

Addierverstärker *m* / summing amplifier

Additions·befehl *m* / add instruction || **≈punkt** *m* (IS) / summing junction || **≈stelle** (Reg.) (s. Summierstelle) || **≈zähler** *m* / accumulating counter, summating counter

Additiv *n* (a. Isoliermat.) / additive *n* || **~e Eingabe** (NC) / additive input || **~e Farbmischung** / additive mixture of colour stimuli || **~e Nullpunktverschiebung** (NC) / additive (o. cumulative) zero offset || **~e Werkzeuglängenkorrektur** / additive tool length compensation || **≈verfahren** *n* (gS) / additive process

Ader *f* (Kabel) / strand *n*, (in "einadrig", "mehradrig":) core *n* || **C-≈** *f* / P-wire *n*, private wire, private line || **≈bruch** *m* / strand break(age), break of conductor strand(s) || **≈endhülse** *f* / wire end ferrule *n*, ferrule *n*, connector sleeve || **≈kennnzeichnung** *f* / core identification || **≈kennzeichnung** *f* (durch Farbe) / colour coding || **≈leitung** *f* / single-core non-sheathed cable, non-sheathed cable, general-purpose single-core non-sheathed cable (HD 21) || **PVC-≈leitung** *f* (VDE 0281) / PVC-insulated single-core non-sheathed cable || **≈leitung mit ETFE-Isolierung** / ETFE single-core non-sheathed cable || **≈paar** *n* / core pair || **≈querschnitt** *m* / core cross-section, core cross-sectional area || **≈querschnittsfläche** *f* / core cross-sectional area || **≈schluß** *m* / intercore short-circuit || **≈spreizkopf** *m* / dividing box || **≈überwachung** (Schutz- o. Hilfsader) (s. Hilfsaderüberwachung)

Aderumhüllung *f* / core covering, covering *n* || **gemeinsame** ≈ (Kabel) / inner covering

Adervierer *m* / quad *n*

Adhäsionsbeiwert *m* / adhesion coefficient

Adjunktion *f* / OR function, OR operation

administrative Verzugsdauer (Instandhaltung; IEC 50(191)) / administrative delay

Admittanz *f* / admittance *n* || **≈-Anrege-Meßrelais** *n* / mho measuring starter || **≈-Anregerelais** *n* / starting relay with mho characteristic, mho starter || **≈diagramm** (s. Kreisdiagramm) || **≈matrix** *f* / admittance matrix || **≈-Meßschaltung** *f* / measuring circuit with mho characteristic ||

˜relais *n* / admittance relay, mho relay
Adreß·abbildung *f* / address mapping || **˜belegung** *f* / address assignment || **˜bereich** *m* / address range || **˜block** *m* / address block || **˜buchstabe** *m* (NC) / address character || **˜bus (ADB)** *m* / address bus (ADB) || **˜bus-Treiber** *m* (PC) / address bus driver || **˜decoder** (s. Adressendecodierer) || **˜distanz** *f* / address displacement
Adresse *f* / address *n*, logical address
Adreßeintrag *m* / address entry
Adressen·-Abhängigkeit *f* / address dependency, A-dependency *n* || **˜ansteuerung** *f* / address selection || **˜decodierer** *m* / address decoder || **˜eingang** *m* / addressing input || **˜feld** (s. Adreßfeld) || **~frei** / addressless || **˜-Füllstandsanzeiger** *m* / address level indicator || **˜generator** *m* / address generator || **Stop bei ˜gleichheit** (PC) / stop with breakpoints || **˜raumbelegung** *f* (PC) / address area allocation || **˜register (AR)** *n* / address register (AR) || **˜schreibweise** *f* (NC) / address block format (NC, ISO 2806-1980), address code, word address format || **˜-Signalspeicher** *m* / address latch || **˜speicherfreigabe** *f* / address latch enable (ALE) || **˜verhandlung** *f* / address negotiation || **˜verweis** *m* (PC) / address pointer || **˜verzeichnis** *n* / address map || **˜zugriffszeit** *f* / address access time || **˜zuordnung** *f* / address assignment
Adreßfeld *n* / address field
adressierbar *adj* / addressable *adj* || **kleinste ~e Bewegung** (Plotter) / smallest programmable movement
Adressier·bereich *m* (im Speicher) / addressable area || **˜fenster** *n* / addressing window || **˜sockel** *m* (PC) / addressing socket
adressiert·er Einstellzustand der Parallelabfrage (PMG, DIN IEC 625) / parallel poll addressed to configure state (PACS) || **~er Zustand der Steuerfunktion** (PMG, DIN IEC 265) / controller addressed state (CADS) || **~er Zustand des Hörers** (PMG, DIN IEC 625) / listener addressed state (LADS) || **~er Zustand des Sprechers** (PMG, DIN IEC 625) / talker addressed state (TADS)
Adressiervolumen *n* / address capacity, adressing range
Adreß·kennung *f* / address identifier || **˜leitung** *f* / address bus || **˜liste** *f* / address table, address map || **˜liste** *f* (f. Briefe) / mailing list || **˜rangierung** *f* / address decoding || **˜raum** *m* / address space || **˜register** (s. Adressenregister) || **˜teil** *m* / address part, address section || **˜verzeichnis** *n* / (address) directory *n* || **˜-Vorbereitungszeit** *f* / address setup time || **˜zählerstand** *m* / address counter status || **˜zeichen** *n* / address character
Adsorptions·-Chromatogramm *n* / adsorption chromatogram || **˜-Chromatograph** *m* / adsorption chromatograph, liquid-solid chromatograph (LSC), gas-solid chromatograph
ADU (s. Analog-Digital-Umsetzer)
ADV (s. automatische Datenverarbeitung)
AED (s. automatisches Einkristalldiffraktometer)
aerodynamisch·e Bremse (Drehmomentenwaage) / fan dynamometer || **~es Geräusch** / aerodynamic noise, windage noise, air noise, fan noise
Aerosol *n* / aerosol *n*
aerostatisches Lager / air-lubricated bearing, aerostatic bearing
AF (s. Audiofrequenz) || **˜** (forced-air cooling; erzwungene Luftkühlung) / AF (forced-air cooling)
AFA (air-forced-air cooling; Kühlung durch erzwungene Luftumwälzung) / AFA (air forced-air cooling)
AFG (s. analoger Frequenzgeber)
AFM-System *n* (analoge Fernmessung und Meßwertverarbeitung) / analog telemetering and processing system
AFP (s. alternierendes Flanken-Pulsverfahren)
AFR (s. Tonfrequenz-Drosselspule)
AFT (s. Tonfrequenztransformator)
AG (s. Automatisierungsgerät)
AG-Anschaltung (AGAS) *f* / PC interface module
AGAS (s. AG-Anschaltung)
Aggregat *n* (Generatorsatz) / unit *n*, set *n*, generating set, engine-generator unit || **˜** (Zuschlagstoff) / aggregate *n* || **˜schutz** *m* (KW) / (mechanical) equipment protection || **˜zustandsprotokoll** *n* / (mechanical) equipment status log
aggressive Atmosphäre / corrosive atmosphere
Ag-Sintermaterial *n* / silver-sponge material
Ag-Zuschlag (s. Silber-Zuschlag)
Ah (s. Ampèrestunde)
AHK (s. aktive Hinterachskinematik)
Ähnlichkeits·gesetz *n* / similarity law || **˜kennzahl** *f* / similarity criterion, dimensionless group
ähnlichste Farbtemperatur / correlated colour temperature
AH-Schnittstellenfunktion *f* (Handshake-Senkenfunktion; DIN IEC 625) / AH interface function (acceptor handshake function)
AH-Zustandsdiagramm *n* (DIN IEC 625) / AH function state diagram
AID (s. autointeraktive/interaktive Konstruktion)
AIL (s. Ausführungsrichtlinien der Industrie- und Leistungselektronik)
A-Impulsschalldruckpegel *m* / A-weighted impulse sound pressure level
Airbag (s. Luftsack)
AK-Faktor (s. Abstandskurzschlußfaktor)
Akkommodation *f* / accommodation *n*, eye accommodation
Akkuinhalt (s. Akkumulatorinhalt)
akkumulatives Register (s. Akkumulator)
Akkumulator *m* (Batt.) / battery *n*, electrochemical battery || **˜** (Druckspeicher) / accumulator *n* || **˜** (Register) / accumulator (AC) *n* || **˜inhalt** *m* (Register) / accumulator contents
AKS (s. allgemeine Kommunikationsschnittstelle)
Akten·ablagegerät *n* / filer *n* || **˜notiz** *f* / memorandum *n*, memorandum for the records
aktinische Wirkungsfunktion / actinic action spectrum
Aktinität *f* / actinity *n*, actinism *n*
Aktions·radius *m* (Fahrzeug) / operating radius, operating range || **˜turbine** *f* / impulse-type turbine
aktiv·es Aluminium / active alumina || **~es Ausfallverhalten** / active failure mode || **~er Basisableitwiderstand** (TTL-Schaltung) / active pull-down || **~e Begrenzung** (Verstärker) / active bounding || **~er Bereitschaftsbetrieb** / active standby operation || **~e Betriebssicherheit** /

active operational safety || ~er **Busteilnehmer** („Master") / master *n* || ~es **Endglied** (DÜ) / active end-of-line unit || ~er **falscher Wert** (PMG) / active false value || ~er **Fernsteuer-Freigabezustand der Systemsteuerung** (PMG, DIN IEC 625) / system control remote enable active state (SRAS) || ~e **Fläche** (NS) / sensing face, sensing area || ~es **Gewicht** (Trafo) / weight of core-and-coil assembly || ~e **Hinterachskinematik (AHK)** (Kfz) / all-wheel steering system || ~e **Instandhaltungsdauer** / active maintenance time || ~e **Masse** (Magnetkörper) / active mass, effective mass || ~e **Masse** (Batt.) / active material || ~er **Massefaktor** (s. Faktor der aktiven Masse) || ~es **Material** / active material, electrically active material || ~er **Pegel** (IS) / active level (IC) || ~er **Rücksetzzustand der Systemsteuerung** (PMG, DIN IEC 625) / system control interface clear active state (SIAS) || ~er **Serienabfragezustand** (des Sprechers) (PMG, DIN IEC 625) / serial poll active state (SPAS) || ~e **Sicherheit** / active safety || ~es **Stromkreiselement** / active circuit element || ~er **Teil** (el. Masch.) / core-and-winding assembly, electrically active part, active part || ~er **Teil** (Trafo) / core-and-coil assembly || ~es **Teil** (VDE 0100, T.200) / live part || ~er **Teilnehmer** (Bussystem, „Master") / master *n* || ~e **Übertragung** (DIN IEC 625) / active transfer || ~er **wahrer Wert** (PMG) / active true value || ~er **Wartezustand der Steuerfunktion** (PMG, DIN IEC 625) / controller active wait state (CAWS) || ~e **Zahnbreite** / effective face width || ~er **Zustand der Auslösefunktion** (PMG, DIN IEC 625) / device trigger active state (DTAS) || ~er **Zustand der Parallelabfrage** (PMG, DIN IEC 625) / parallel poll active state (PPAS) || ~er **Zustand der Rücksetzfunktion** (PMG, DIN IEC 625) / device clear active state (DCAS) || ~er **Zustand der Steuerfunktion** (PMG, DIN IEC 625) / controller active state (CACS) || ~er **Zustand der Systemsteuerung** (PMG, DIN IEC 625) / system control active state (SACS) || ~er **Zustand des Hörers** (PMG, DIN IEC 625) / listener active state (LACS) || ~er **Zustand des Sprechers** (PMG, DIN IEC 625) / talker active state (TACS)

Aktivbaustein *m* (Mosaikbaustein) / active tile, live tile

Aktiv·fläche (s. aktive Fläche) || **≗gewicht** (s. aktives Gewicht)

aktivieren *v* / activate *v*

Aktivierungs·bit *n* (PMG) / sense bit || **≗energie** *f* (HL) / activation energy

Aktivitätsüberwachung *f* (LAN) / carrier sense

Aktivkohle·behälter *m* (Kfz) / activated-carbon canister || **≗filter** *n* / activated carbon filter || **≗filterventil** *n* (Kfz.) / canister purge solenoid

Aktivteil (s. aktiver Teil)

Aktor *m* (Stellglied) / actuator *n*

aktualisieren *v* / update *v*

Aktualisierungs·stand *m* (graf. DV, DIN 66252) / deferral state || **≗zeit** *f* (FWT) / updating time, refreshment time

Aktualoperand *m* (PC) / actual parameter

aktuell *adj* / current *adj*, up to date || ~er **Maßwert** (logischer Eingabewert) / current value of measure || ~es **Programm** / current program, active program

Akustikkoppler (s. akustischer Koppler)

akustisch·e Achse / acoustic axis || ~es **Brechungsverhältnis** / refractive index || ~e **Dämpfung** / acoustic damping || ~er **Digitalisierer** / sonic digitizer || ~e **Durchlässigkeit** / transmission *n*, transmittance *n* || ~e **Federung** / acoustic compliance || ~e **Grenzkurve** / noise rating curve (n.r.c.) || ~e **Impedanz** / acoustic impedance || ~er **Koppler** / acoustic coupler || ~er **Lärm** / acoustic noise || ~e **Leistung** / acoustic energy, sound energy, sound power || ~er **Leitwert** / acoustic admittance || ~er **Melder** / audible signal device (IEEE Dict.), audible indicator, sounder *n* || ~e **Meldung** / audible signal, audible alarm || ~e **Störmeldung** / audible alarm, audio-alarm *n* || ~er **Strahler** / noise radiating body

Akzeptanzwinkel *m* (LWL) / acceptance angle

Akzeptor *m* (HL) / acceptor *n* || **≗-Ionisierungsenergie** *f* / ionizing energy of acceptor || **≗niveau** *n* (HL) / acceptor level

Alarm *m* / alarm *n* || ≗ (rechnergesteuerte Anlage, PC) / interrupt *n* || ≗ **freigeben** (PC) / enable interrupt || ≗ **sperren** (PC) / disable interrupt || **einen ≗ auslösen** / to sound an alarm || **≗abfrage** *f* (PC) / interrupt scan || **≗bearbeitung** *f* (PC) / interrupt processing || **≗bildung** *f* (PC) / interrupt generation || **≗eingabebaugruppe** *f* (PC) / interrupt input module || **≗eingang** *m* (PC) / interrupt input

alarmfähig *adj* (PC) / with interrupt capability

Alarmfunktion *f* (PC) / interrupt function

alarmgesteuert *adj* (PC) / interrupt-driven *adj*, interrupt-controlled *adj*

Alarm·grenzwert unten (s. untere Gefahrengrenze) || **≗hupe** *f* / alarm horn, alarm sounder

alarmieren *v* (den Bediener) / alert *v*

Alarmierungs·einrichtung *f* (f. Brandmeldungen) / fire alarm device (EN 54)

Alarm·kennung *f* (PLT, PC) / alarm identifier || **≗liste** *f* (PC) / interrupt list || **≗melder** *m* (Anzeiger) / alarm indicator || **≗meldung** *f* / alarm signal, alarm message, alarm indication, alarm *n* || **≗programm** *n* (PC) / interrupt handler, interrupt service routine || **≗relais** *n* / alarm relay || **≗schalter** *m* / alarm switch, alarm contacts || **≗schiene** *f* / alarm bus || **≗signal** *n* (rotes Gefahrensignal) / danger signal || **≗taste** *f* (PC) / interrupt key (o. button) || **≗unterbrechung** *f* / alarm interrupt(ion) || **≗verarbeitung** *f* (Meldung) / alarm processing || **≗weiterleitung** *f* / alarm relaying || **≗wortüberlauf** *m* (PC) / interrupt word overflow

Aldrey·leiter (AlMgSi-Leiter) *m* / all-aluminium-alloy conductor (AAAC) || **≗-Stahlseil** *n* (E-AlMg-Si-Seil) / steel-reinforced aluminium conductor (AACS)

Algebra der Logik / logical algebra

algebraische Eingabe / algebraic entry

Algenwucherung *f* / algae growth

Algorithmus *m* / algorithm *n*

ALI (s. Vorfeldbeleuchtung o.-befeuerung)

Alkali·beständigkeit *f* / resistance to alkalies, alkali resistance || **≗-Metalldampf-Lampe** *f* / alkaline-metal-vapour lamp

alkalischer Akkumulator / alkaline (secondary) battery
Alkydharzlack *m* / alkyd-resin varnish
Alleinbetrieb, Generator im ≗ / generator in isolated operation
alleinstehendes System / stand-alone system, autonomous subsystem
Alles-oder-Nichts-Regelung *f* / bang-bang control
Allgebrauchs·-Glühlampe *f* / general-service tungsten filament lamp, ordinary tungsten-filament lamp || ≗**lampe** *f* / general-lighting-service lamp (GLS lamp), lamp for general lighting service
allgemein·e Beleuchtung / normal lighting (system) || ~**e Bestimmungen** (VDE) / general requirements || ~**er Farbwiedergabeindex** / general colour rendering index || ~**e Feldtheorie** / unified field theory || ~**e Kommunikationsschnittstelle (AKS)** / generic communications interface || ~**e Meldung** (Prozeßleitsystem) / broadcast message || ~**e Prüfbedingungen** (DIN 41640) / standard conditions for testing (IEC 512-1) || ~**es Schaltzeichen** / general symbol || ~**e Sicherheitsbestimmungen** / general requirements for safety || ~**er Tarif** (StT) / normal tariff, published tariff || ~**e technische Belüftung** (IEC 50(426)) / general artificial ventilation || ~**er Vierpol** / four-terminal network
Allgemeinbeleuchtung *f* / general lighting || ≗ (Bahn) / multiple coach lighting
Allgemeinbeleuchtungsstärke *f* / general illuminance
Allgemeintoleranz *f* (DIN 7182,T.1) / general tolerance
Allglasleuchte *f* / all-glass luminaire
allmählich·e Änderung / gradual change || ~**er Übergang** (HL) / progressive junction
Allpaß *m* / all-pass network || ≗**filter** *m* / all-pass filter
allpolig·es Abschalten / all-pole disconnection (IEC 335-1) || ~**er Netzschalter** (VDE 0860) / all-pole mains switch (IEC 65) || ~ **schalten** / to switch (o. operate) all poles || ~**es Schalten** / all-pole switching (o. disconnection), three-pole interruption || ~ **trennen** / to disconnect all poles
Allrad·antrieb *m* / tour-wheel drive, all-wheel drive || ≗**lenkung** *f* (Kfz) / all-wheel steering, four-wheel steering
allseitig·e Abschaltung / disconnection from all sources || ~ **bewegliche Kontakthülse** / floating contact tube || ~ **fertigbearbeiten** / to finish all over || ~ **geschlossener Einsatzort** / enclosed location || ~ **geschlossenes Gehäuse** / enclosure closed on all sides
Allstrom *m* / direct current/alternating current (d.c.-a.c), universal current || ≗**gerät** *n* / a.c.-d.c. apparatus, d.c.-a.c. set || ≗**motor** *m* / universal motor, plain series motor, a.c.-d.c. motor || ≗**relais** *n* / universal relay, relay for a.c.-d.c. operation, a.c.-d.c. relay
Allwagensteuerung *f* / multiple-unit control
Allwellensperre *f* / all-pass filter, universal filter
Allzwecktransformator *m* / general-purpose transformer
AlMgSi-Leiter *m* (s. Aldrey-Stahlseil) || ≗ (s. Aldreyleiter)
Alniko *n* / alnico *n*
alphanumerisch (AN) *adj* / alphanumeric (AN) *adj* || ~**e Nummer** / alphanumerical number || ~**e Ortskennzeichnung** (DIN 40719, T.2) / alphanumeric location (IEC 113-2) || ~**es Sichtgerät** / alphanumeric VDU || ~**e Tastatur** / alphanumeric keyboard (ANKB) || ~**e Umwandlung** / alphanumeric conversion
Alphanummer *f* (DIN 6763,T.1) / alphanumber *n*
ALS (s. Ablaufsteuerung)
altern *v* / age *v*, weather *v* || ~ (künstlich) / season *v*, age artificially || ≗ *n* (GR, in der Durchlaßrichtung) / forward ageing
alternierendes Flanken-Pulsverfahren (AFP) / alternate mark inversion code (AMI code)
Alterung *f* / ageing *n*, weathering *n*, seasoning *n*, deterioration *n* || ≗ (Öl) / oxidation *n*, ageing *n*
alterungs·bedingter Ausfall / ageing failure, wearout failure || ~**beständig** *adj* / resistant to ageing, non-ageing *adj* || ≗**beständigkeit** *f* / resistance to ageing || ≗**beständigkeit** *f* (Öl) / oxidation stability, resistance to ageing || ≗**erscheinungen** *f pl* / ageing phenomena || ≗**faktor** *m* (VDE 0302, T.1) / ageing factor (IEC 505) || ~**frei** *adj* / non-ageing *adj* || ≗**produkt** *n* / deterioration product || ≗**prüfung** *f* / ageing test || ≗**prüfung** *f* (Öl) / oxidation test, ageing test || ≗**prüfung nach Baader** / Baader copper test || ≗**riß** *m* / season crack, fatigue crack || ≗**rissigkeit** *f* / season cracking || ≗**schema** *n* / seasoning schedule || ≗**schutz** *m* / protection against ageing || ≗**versuch** (s. Alterungsprüfung) || ≗**zahl** *f* (DIN 17405) / ageing coefficient
Altöl *n* / used oil
Altseite *f* (BSG) / old page
ALU (s. arithmetisch-logische Einheit)
alu·-hochglanzeloxiert (s. aluminium-hochglanzeloxiert) || ≗**-Mantel** (s. Aluminiummantel)
aluminieren *v* / aluminize *v*
Aluminium·ableiter *m* / aluminium arrester || ≗**-Aldrey-Verbundseil (E-AlMgSi-Seil)** *n* / alloy-reinforced aluminium conductor (ACAR) || ≗**band** *n* / aluminium strip || ≗**bandwicklung** *f* / aluminium strip winding, aluminium strap winding || ≗**bronze** *f* / aluminium bronze, aluminium powder || ≗**-Druckguß** *m* / die-cast aluminium || ≗**fett** *n* / aluminium-base grease || ≗**folie** *f* / aluminium foil || ≗**folienwicklung** *f* / aluminium foil winding || ~**-hochglanzeloxiert (alu-hochglanzeloxiert)** *adj* / polished-anodized aluminium || ≗**-Hochstrom-Trennschalter** *m* / high-current disconnector for aluminium bus systems || ≗**knetlegierung** *f* / wrought aluminium alloy || ≗**legierung** *f* / aluminium alloy || ≗**leiter** *m* (s. Aluminiumseil) || ≗**mantel (Alu-Mantel)** *m* / aluminium sheath || ≗**mantelkabel** *n* / aluminium-sheathed cable || ≗**oxid** *n* / aluminium oxide, alumina *n* || ≗**oxidkeramik** *f* / high-alumina ceramics || ≗**-Parabolspiegel** *m* / parabolic specular aluminium reflector || ≗**paste** *f* / aluminium paste || ≗**-Sandgußlegierung** *f* / sand-cast aluminium alloy || ≗**seil** *n* / all-aluminium conductor (AAC), aluminium conductor || ≗**spiegel** *m* (Leuchte) / aluminium specular reflector || ≗**-Spritzgußlegierung** *f* / die-cast aluminium alloy ||

≗-**Stahlseil (ACSR-Seil)** *n* / steel-reinforced aluminium conductor (ACSR) || ≗/**Stalum-Seil** *n* / aluminium-clad steel-reinforced aluminium conductor (ACSR/AC) || ≗**überzug** *m* / aluminium coating, aluminium plating, aluminium deposit || ~**ummantelter Stahldraht (Stalum-Draht)** / aluminium-clad steel wire

aluminothermisches Schweißverfahren / aluminothermic welding, thermit welding

AM (s. Amplitudenmodulation)

amagnetisch *adj* / non-magnetic *adj*, anti-magnetic *adj*

Amalgam·faktor *m* / amalgam factor || ≗-**Leuchtstofflampe** *f* / amalgam fluorescent lamp

A-Mast *m* (Freiltg.) / A pole, A frame

amerikanische Drahtlehre / American Wire Gauge (AWG)

AMI-Code / AMI code (AMI = alternate mark inversion)

Ammoniumchlorid *n* / ammonium chloride

amorpher Halbleiter / amorphous semiconductor

Amortisseur *m* (Maschinenwickl.) / amortisseur *n*, damper *n* (winding)

Ampel (s. Verkehrsampel)

Ampère·draht *m* / ampere wires || ≗**leiter** *m pl* / ampere-conductors *n pl* || ≗**meter** *n* / ammeter *n* || ~**metrischer Erdschlußschutz** / one-hundred-percent earth-fault protection, unrestricted earth-fault protection || ≗**quadrat-Stundenzähler** *m* / ampere-square-hour meter

Ampèresches magnetisches Moment / magnetic area moment

Ampère·stäbe (s. Ampèreleiter) || ≗**stunde (Ah)** *f* / ampere-hour (Ah) *n* || ≗**stundenzähler** *m* / amperehour meter (AHM), Ah meter || ≗**windungen (AW)** *f pl* / ampere-turns *pl* || ≗-**Windungsbelag** *m* / ampere-turns per metre, ampere-turns per unit length || ≗**windungszahl** *f* / number of ampere turns, ampere turns || ≗**zahl** *f* / amperage *n*

Amplidyne *f* / amplidyne *n*

Amplitude *f* / amplitude *n* || ≗ **des Strombelags** / amplitude of m.m.f. wave || ≗ **einer Spannungsänderung** (s. Betrag einer Spannungsänderung)

amplitudenabhängige Ablaufsteuerung / signal-amplitude sequencing control

Amplitudenauslenkung *f* / amplitude excursion

Amplituden·faktor *m* / crest factor, amplitude factor || ≗**folgesteuerung** *f* / signal-amplitude sequencing control || ≗**frequenzgang** *m* / amplitude frequency response || ≗**gang** *m* / amplitude response || ≗**gang** *m* (Reg.; DIN 19229) / amplitude-log frequency curve || ≗**gang** (s. Amplitudenverhältnis) || ≗**jitter** *m* (s. Amplitudenzittern) || ~**konstanter Frequenzgang** (Kurve) / flat response curve || ≗**maßstab** *m* / amplitude scale

Amplitudenmodulation (AM) *f* / amplitude modulation (AM)

Amplitudenmodulations·grad *m* / amplitude modulation factor || ≗**rauschen** *n* / amplitude modulation noise, AM noise || ≗**verzerrung** *f* / amplitude modulation distortion

amplitudenmoduliert *adj* / amplitude-modulated *adj*

Amplituden·permeabilität *f* / amplitude permeability || ≗**pressung** *f* / amplitude compression || ≗**raster** *m* / amplitude grid || ≗**resonanz** *f* / amplitude resonance, displacement resonance || ≗**tastung** *f* / amplitude change signalling || ≗**umtastung** *f* / amplitude shift keying (ASK), amplitude key shift (AKS) || ≗**vergleichslinie** *f* (Osz.) / amplitude reference line || ≗**verhältnis** *n* (Ausgangssignal-/Eingangssignalamplitude) / gain *n* (IEC 50(351)) || ≗**verzerrung** *f* / amplitude distortion || ≗**zittern** *n* / amplitude jitter

AM-Rauschen *n* / AM noise, amplitude modulation noise

amtlich anerkannte Norm / officially recognized standard || ~**e Ausführung** (MG) / officially approved type || ~**er Güteprüfer** / Quality Assurance Representative, QA representative (QAR) || ~**e Güteprüfung** / government inspection || ~**es Normal** / standard of authenticated accuracy, nationally recognized standard || ~**e Qualitätssicherung** / government quality assurance (AQAP) || ~ **registrierte Norm** / registered standard || ~**er Sachverständiger** / official referee, officially appointed expert

AN (s. alphanumerisch) || ≗ (air-natural cooling; natürliche Luftkühlung o. Selbstkühlung durch Luft) / AN (air-natural cooling)

an Erde legen / to connect to earth, to connect to ground, earth *v*, ground *v* || ~ **Masse legen** / to connect to frame, to connect to ground || ~ **Spannung legen** / energize *v*, to connect to the supply

analog·er Frequenzgeber (AFG) / analog frequency generator (AFG) || ~**es Gleichspannungssignal** (DIN IEC 381) / analog direct voltage signal || ~**er Istwertgeber** (NC) / analog position feedback encoder || ~**e Regelung** / regulatory (closed-loop) control || ~**e Steuerung** / analog control || ~-**absolutes Meßverfahren** (NC) / analog-absolute measuring system

Analog-Analog-Umsetzer *m* / analog-to-analog converter

Analog·anzeige *f* / analog display || ≗**anzeiger** *m* / analog indicator

Analogausgabe *f* / analog output || ≗ (s. Analogausgabebaugruppe) || ≗**baugruppe** *f* / analog output module || ≗**baustein** *m* / analog output block

Analogausgang *m* / analog output

Analog-Digital-Analog-Umsetzer (ADAC) *m* / analog-to-digital-to-analog converter (ADAC)

Analog-/Digitalanzeige, kombinierte ≗ / semidigital readout

Analog-Digital·-Prozessor *m* / analog-to-digital processor || ≗-**Umsetzer (ADU)** *m* / analog-to-digital converter (ADC), A/D converter || ≗-**Umsetzung** *f* / analog-to-digital conversion (A/D conversion) || ≗-**Wandler** (s. Analog-Digital-Umsetzer)

Analogeingabe *f* / analog input || ≗ (s. Analogeingabebaugruppe) || ≗**baugruppe** *f* / analog input module || ≗**baustein** *m* / analog input block || ≗**rangierer** *m* / analog input router, analog-input allocation block

Analog·eingang *m* / analog input || ≗**geberbaugruppe** *f* / analog transmitter (o. sensor) module, analog transmitter-signal routing module || ≗koppelempfangsbaustein *m* / analog linking and receiver block || ≗koppelsendebaustein *m* / analog linking and transmitter block || ≗meßgerät *n* / analog measuring instrument || ≗peripherie *f*(PC) / analog peripherals, analog I/O's || ≗rangierbaustein *m* / analog-signal allocation block, analog-signal router || ≗-Rechenbaugruppe *f* / analog calculation module (o. card) || ≗recheneinheit *f* / analog computing unit || ≗rechner *m* / analog computer || ≗schalter (s. Analogwertschalter) || ≗schreiber *m* / analog recorder || ≗signal *n* / analog signal || ≗system *n* / analog system

Analogwert·ausgabe *f* / analog output || ≗**schalter** *m* / analog-value selector || ≗**verarbeitung** *f* / analog value processing

Analogzeitbaugruppe *f* / analog timer module

Analysatorkristall *m*(RöA) / analyzer crystal

Analyseautomat *m* / automatic analyzer

Analysen·gerät *n* / analyzer *n* || ≗**probe** *f* / analysis sample

analytische Statistik / analytical statistics

ANAN (air-natural, air-natural cooling; für Trockentransformatoren in unbelüftetem Schutzgehäuse mit natürlicher Luftkühlung innerhalb und außerhalb des Gehäuses) / ANAN (air-natural, air-natural cooling; for dry-type transformers in a non-ventilated protective enclosure with natural air cooling inside and outside the enclosure)

anätzen *v* / etch *v*

an-Auslöser *m pl*(Siemens-Typ; stromabhängig o. thermisch verzögerte und unverzögerte Überstromauslöser) / an-releases *pl*(Siemens type; inverse-time and definite-time overcurrent releases)

Anbau·erder *m* / built-on earthing switch, integral grounding switch || ≗**gruppe** *f* / built-on assembly, extension unit || ≗**leuchte** *f* / surface-mounting luminaire, surface-type luminaire || ≗**locher** *m* / tape punch attachment || ≗**maße** *n pl* / fixing dimensions || ≗**motor** *m* / built-on motor || ≗**satz** *m* / mounting kit, extension kit, add-on assembly (o. kit) || ≗**schloß** (s. Kastenschloß) || ≗**seite** *f*(el. Masch.) / mounting end, flange end || ≗**stutzen** *m* / compression gland

Anbauten *m pl*(Trafo) / built-on accessories, transformer-mounted accessories

Anbauzeichnung *f*(DIN 199) / attachment drawing

anbinden *v*(anschalten) / interface *v*

Anblasekühlung *f* / air-blast cooling, forced-air cooling || **Transformator mit** ≗ / air-blast transformer, forced-air-cooled transformer

Anbohrprobe *f* / drilling test, semi-destructive test

anbrennen *v* / scorch *v*, burn *v*

Anbrennung *f* / burn mark, scorching *n*, burning *n*

anbringen *v* / fit *v*, attach *v*

Anbringungsart X (VDE 0700, T.1) / type X attachment (IEC 335-1)

Anbruch *m* / incipient break

änderbares ROM (AROM) / alterable ROM (AROM)

ändern, Daten im Speicher ~ / editing data in storage || **die Schaltstellung** ~ (Rel.; VDE 0435,T.110) / change over *v*(relay) || **ein Programm** ~ / to edit a program || **ein Wort** ~ (NC-Funktion) / to edit a word

Änderung *f*(QS) / change *n* || ≗ **de Spannungsscheitelwerts** (USV, VDE 0558, T.5) / peak voltage variation || ≗ **des Spannungseffektivwerts** (VDE 0558, T.5) / r.m.s. voltage variation || **Rauschfaktor**~ / noise factor degradation || **Schaltpunkt**~ (s. Schaltpunktabwanderung)

Änderungen vorbehalten / subject to change without prior notice

Änderungs·bereich der Spannung / voltage variation range || **Handbuch-**~**dienst** *m* / manual update service || ≗**dienst** *m* / revision service

Änderungsgeschwindigkeit *f* / rate of change, response *n* || ≗ (Reg.; Differentialquotient nach der Zeit) / time derivative || ≗ **der Erregerspannung** / exciter voltage-time response || ≗ **des Frequenzdurchlaufs** / sweep rate || **maximale** ~ (der Ausgangsspannung eines Stromreglers) / slewing rate

Änderungs·mitteilung *f*(QS) / change note || ≗**nachweis** *m*(QS) / record of changes || ≗**speicher** *m* / modification memory

Andrück·fühler *m* / press-on sensor, direct-contact sensor || ≗**kraft** *f* / pressure force

aneinanderreihbar, seitlich ~ / buttable side to side || **stirnseitig** ~ / buttable end to end

Aneinander·reihbarkeit *f* / buttability *n*, suitability for butt-mounting || ~**reihen** *v* / butt-mount *v*, butt *v*, to mount side by side (o. end to end) || ≗**reihen** *n* (Klemmen) / ganging *n* || ~**stoßen** *v* / abut *v* || ~**stoßend** *adj*(gefügt) / butt-jointed *adj*

anerkannt·er nationaler Typ / recognized national type || ~**er privater Netzbetreiber** / recognized private operating agency

Anerkennung *f*(QS) / acknowledgement *n* || ≗ (Konformitätszertifizierung) / approval *n*

anfachen *v*(Schwingungen) / excite *v*, induce *v*

Anfahr·automatik *f* / automatic starting control, automatic starting-sequence control circuit || ≗**bedingungen** *f pl* / starting conditions, starting preconditions || ~**bereit** *adj* / ready to start || ≗**drehmoment** *m* / starting torque

anfahren *v*(s.a. „anlassen" u. „anlaufen") / start *v*, start up *v* || ~ (Kfz.) / drive away, start *v* || ≗ *n* / start-up *n*, start *n*, starting *n* || ≗ (PS) / approach *n*, actuation *n* || ≗ **des Referenzpunkts** (WZM, NC) / approach to reference point (o. to home position) || ≗ **mit vollem Gegendruck** (Pumpe) / starting with discharge valve open, starting at full pressure

Anfahr-Erdschlußschutz *m* / start-up earth-fault protection || ≗**geschwindigkeit** *f*(PS) / approach speed, actuating speed || ≗**kosten** *plt*(KW) / start-up cost || ≗**moment** (s. Anzugsmoment) || ≗**richtung** *f*(WZM, NC) / approach direction, direction of approach || ≗**richtung** *f*(PS) / direction of approach (o. actuation) || ≗**satz** *m* (NC) / approach block || ≗**schalter** (s. Anlaßschalter) || ≗**schiene** *f* / starting bus || ≗**stellung** *f* / starting position || ≗**steuerung** *f* (VDE 0618,4) / start control || ≗**strom** *m* / starting current || ≗**strombegrenzung** *f*(Baugruppe) / starting current limiter || ≗**stufe** *f*(Schalter) / starting notch, starting position || ≗**transformator** (s. Anlaßtransformator) || ≗**umrichter** *m* / starting converter, start-stop converter || ≗**verriegelung** *f*

(Anlauffolge regelnd) / (automatic) starting sequence control, sequence interlocking || ≗**verriegelung** *f* (Anlauf sperrend) / starting block, starting lock-out, start inhibiting circuit || ≗**verriegelung** *f* (nach Einschaltbedingungen) / start preconditioning circuit || ≗**warnung** *f* / starting alarm || ≗**widerstand** *m* / starting resistor || ≗**zugkraft** *f* / tractive effort on starting

Anfang einer elektrischen Anlage (s. Speisepunkt einer elektrischen Anlage) || **Wicklungs~** *m* / line end of winding, start of winding, lead of winding

Anfangs·adresse *f* / start(ing) address, initial address || ≗**-Anschlußspannung** *f* (GR, DIN 41760) / a.c. starting voltage || ≗**baustein** *m* (PC, in der Warteschlange) / first block (in the queue) || ≗**bestand** *m* (QS, DIN 40042) / initials *n pl* || ≗**-Drehwinkel** *m* (SG-Betätigungselement) / dead angle || ≗**druck** *m* / initial pressure || ≗**durchschlag** *m* / initial breakdown || ≗**einschwingspannung** *f* / initial transient recovery voltage (ITRV) || ≗**-/Endsteller** *m* (Fernkopierer) / start/end positioner || ≗**erregung** *f* / initial excitation || ≗**erregungsgeschwindigkeit** *f* / initial excitation-system response || ≗**fehler** *m* (a. NC) / inherited error, inherent error || ≗**feldreaktanz** (s. Subtransient-Längsreaktanz) || ≗**-Ionisierungsereignis** *n* / initial ionizing event || ≗**kennsatz** *m* / header label, header *n* || ≗**kraft** *f* (DT) / starting force || ≗**-Kurzschluß-Wechselstrom** *m* / initial symmetrical short-circuit current, r.m.s. value of symmetrical breaking current || ≗**-Kurzschluß-Wechselstromleistung** *f* / initial symmetrical short-circuit power || ≗**ladung** (s. Erstladung) || ≗**lageneinstellung** *f* (LE, Drehzahlregler) / bias setting || ≗**lagerluft** *f* / initial slackness, initial slack || ≗**leistung** *f* (Lampe) / initial watts || ≗**lichtstrom** *m* / initial luminous flux, initial lumens, lumen maintenance value (o. figure) || ≗**messungen und Kontrollen** (DIN IEC 68) / initial examination and measurements || ≗**-Meßwerte** *m pl* / initial readings || ≗**moment** *n* (DT) / starting moment || ≗**permeabilität** *f* / initial permeability || ≗**punkt** *m* (NC) / starting position || ≗**punkt** *m* (Programmbearbeitung) / start *n* || ≗**punkt des Gewindes** / thread start position || ≗**querschnitt** *m* (Zugversuch) / original cross section || ≗**reaktanz** (s. subtransiente Reaktanz) || ≗**reaktanz** (s. Subtransient-Längsreaktanz) || ≗**resonanzuntersuchung** *f* / initial resonance search || ≗**rolle** *f* (EZ) / first drum, first roller || ≗**spannung** *f* (mech.) / initial stress || **transienter** ≗**-Spannungsabfall** / initial transient reactance drop || ≗**spiel** *n* / initial slackness, initial slack || ≗**spule** *f* / leading coil || ≗**steilheit** *f* / initial steepness, initial rate of rise || ≗**steilheit der Einschwingspannung** / initial transient recovery voltage (ITRV) (IEC 56-4, A.3) || ≗**-Stoßspannungsverteilung** *f* / initial surge-voltage distribution || ≗**strom** *m* (subtransienter Strom) / subtransient current || ≗**suszeptibilität** *f* / initial susceptibility || ≗**temperatur** *f* / initial temperature || ≗**verteilung** *f* / initial distribution || ≗**verzerrungszeit** *f* / initial distortion time || ≗**verzögerungsmoment** *n* / initial retardation torque || ≗**vorgang** (s. subtransienter Vorgang) || **Meßbereichs-**≗**wert** *m* (DIN 43781, T.1) / lower limit of effective range (IEC 51), lower measuring-range value, lower range value || ≗**wert** *m* (unterster Wert einer Meßgröße, auf den ein Gerät justiert ist; DIN IEC 770) / lower range value || ≗**werte** *m pl* (Lampenprüf.) / initial readings || **lichttechnische** ≗**werte** / initial luminous characteristics || ≗**windung** *f* / leading turn || ≗**winkel** *m* (NC) / starting angle || ≗**zeitkonstante** (s. subtransiente Zeitkonstante) || ≗**-Zeitkonstante** (s. Subtransient-Kurzschluß-Zeitkonstante der Längsachse) || ≗**zeitpunkt** *m* (Wechselstromsteller) / starting instant || ≗**zustand** *m* (Rel., VDE 0435, T.110) / initial condition

Anfassen, Einrichtungen zum Heben und ≗ / lifting and handling devices

Anfasung *f* / chamfer *n*, bevel *n*

anfeuchten *v* / moisten *v*, wet *v*, dampen *v*

anflächen *v* / spot-face *v*

anflanschen *v* / flange-mount *v*, flange *v* (to), fixing (o. mounting) by means of a flange

Anfleckung *f* / staining *n*, tarnishing *n*

Anflug·-Befeuerungssystem *n* / approach lighting system || ≗**-Blitzbefeuerung** *f* / approach flashlighting system (AFLS), approach sequence flashlights (SF) || ≗**-Blitzfeuer** *n* / approach flashlight || ≗**feuer** *n* / approach light || ≗**fläche** *f* / approach surface || ≗**gleitweg** *m* / approach slope || ≗**-Grundlinie** *f* / approach base line || ≗**-Hochleistungsbefeuerung (APH)** *f* / high-intensity approach lighting (APH) || ≗**-Hochleistungsfeuer** *n* / high-intensity approach light || ≗**-Leuchtfeuer** *n* / approach light beacon || ≗**-Mittelleistungsbefeuerung (APM)** *f* / medium-intensity approach lighting (APM) || ≗**-Niederleistungsbefeuerung (APL)** *f* / low-intensity approach lighting (APL) || ≗**-Seitenreihe-Befeuerung (APS)** *f* / approach side-row lighting (APS) || ≗**sektor** *m* / approach area || ≗**weg** *m* / approach path || ≗**winkelfeuer** *n* / angle-of-approach lights

Anforderer *m* (MPSB) / requester *n*

Anforderung *f* / requirement *n*, request *n*, demand *n*

Anforderungs·alarm *m* (PC, Anwenderalarm) / user interrupt || **~-alarmgesteuerte Bearbeitung** (PC) / user interrupt processing || **~gesteuert** *adj* (Bussystem) / request-controlled *adj*, request-driven *adj* || ≗**spektrum** *n* (Erdbebenprüf.) / required response spectrum (RRS) || ≗**stufe** *f* (QS) / quality level, quality program category || ≗**zuverlässigkeit** *f* (QS) / demand reliability (QC)

anfressen *v* / corrode *v*, pit *v*

Anfressung *f* / corrosion *n*, pitting *n*, cratering *n*

Anfügen einer Fase (NC) / addition of a chamfer

Angabe des Betriebes (el. Masch., VDE 0530, T.1) / declaration of duty (IEC 34-1)

angebaute Erregermaschine / direct-connected exciter, direct-coupled exciter, shaft-mounted exciter

Angebots·frist *f* / period for tendering, quotation submission deadline || ≗**zeichnung** *f* / quotation drawing

angefedertes Thermometer / spring-loaded thermometer

angeflanscht *adj* / flange-mounted *adj*

angeflexter Stecker / integral(ly moulded) plug, non-rewirable plug

angefordert·e Leistung (Grenzwert der von einem Einzelverbraucher geforderten Leistung) / maximum demand required || **~e Leistung** (Netz) / power demand (from the system), demand *n*

angeformt *adj* / integrally moulded, integral *adj* || **Stecker mit ~er Zuleitung** / cord set

angegeben·er Lichtstromfaktor / declared light output || **~es Übersetzungsverhältnis** / marked ratio || **~er Wirkungsgrad** / declared efficiency

angegossene Leitung / moulded lead

angehängtes Zwischenraumzeichen / trailing space

angehoben·e Breitstrahlung / increased wide-angle radiation (o. distribution) || **~er Nullpunkt** / elevated zero

angekündigte Leistung (Stromlieferung) / indicated demand

angelegt·e Bremse / applied brake || **~e Spannung** / applied voltage

angelernt·er Arbeiter / job-trained worker, semi-skilled worker

Angelpunkt *m* / pivotal point

angemessene Wärmeableitungsbedingungen (VDE 0700, T.1) / conditions of adequate heat discharge (IEC 335-1)

angenähert·es I-Verhalten (Reg.) / floating action || **~es Parallelschalten** / random paralleling || **~es Synchronisieren** / random synchronizing

angepaßte Last / matched load

angerostet *adj* / slightly rusted

angeschmiedet *adj* / integrally forged, forged on || **~er Kupplungsflansch** / integral coupling, integrally forged coupling flange

angeschmolzenes Wärmeschutzgefäß (Lampe) / fixed vacuum jacket

angespritzter Stecker / integrally extruded plug, integral plug, non-rewirable plug

angestellt·es Lager / spring-loaded bearing, preloaded bearing, prestressed bearing || **spielfrei ~es Lager** / zero-end-float spring-loaded bearing

Angestellter *m* / salaried employee *n*

angestrahltes Gebäude / floodlit building

angetrieben *adj* / driven *adj*, powered *adj* || **motorisch ~** / motor-driven *adj*, motorized *adj*, motor-operated *adj*, motor-actuated *adj*

angewachsener Flansch / integral flange

angezapft *adj* / tapped *adj* || **~e Wicklung** / tapped winding

angezeigter Wert / indicated value

angleichen *v* (Kurve) / fit *v*

angreifen *v* (z.B. Abziehvorricht.) / engage with *v*

Angriff *m* (Korrosion) / attack *n* (corrosion)

Angriffs·linie *f* / line of action || **≗tiefe** *f* (Korrosion) / depth of local corrosion attack || **≗winkel** *m* / angle of attack, angle of action

Anhaltebremse *f* / stopping brake

anhalten *v* / stop *v*, to bring to a stop, halt *v* || **~** (PC, Funktion) / hold *v* || **≗ der Anlage** (PC) / system stop

Anhalts·marke *f* / reference mark || **≗wert** *m* / guide value, guidance value, recommended value, approximate value

Anhängelast *f* / trailer load

anhängen *v* (am Kranseil) / attach *v*

anhängende Nullen / trailing zeros

Anhänge·vorrichtung *f* (f. Kran) / lifting device, (lifting) eyebolt, lifting pin || **≗zettel** *m* / tag *n*

Anhebe·bock *m* (hydraul.) / hydraulic jack, jack *n* || **≗haken** *m* / lifting hook || **≗lasche** *f* / jacking strap, lifting strap, jacking lug

anheben *v* / lift *v*, raise *v*, jack up *v*

Anhebe·öse *f* / lifting eye || **≗stelle** *f* / jacking lug, jacking pad, lifting shoulder, lifting boss || **≗vorrichtung** *f* / lifting fitting, lifting gear, jacking device || **≗zapfen** *m* / lifting pin, jacking pin

anhebung *f*, **Nullpunkt~** / zero elevation

Anheizgeschwindigkeit *f* (Kathode) / heating rate

Anheizzeit *f* (BSG, ESR) / warm-up time, starting time

anhysteretisch·e Kurve / anhysteretic curve || **~er Zustand** / anhysteretic state

Anilinpunkt *m* / aniline point

anisotrop *adj* / anisotropic *adj* || **~es Magnetmaterial** / magnetically anisotropic material

Anisotropie *f* / anisotropy *n*

Anisotropiefaktor der magnetischen Feldstärke / magnetic field strength anisotropy factor || **≗ der Verluste** / loss anisotropy factor

anisotropischer Körper / anisotrope *n*

Anker *m* (el. Masch., Rel.) / armature *n* || **≗** (Befestigungselement) / anchor *n*, holding-down bolt || **≗** (EZ) / pallet *n*, lever *n* || **≗** (Uhr) / lever *n* || **≗** (Mastfundament) / anchor *n* (IEC 50(466)) || **≗ mit offener Wicklung** / open-circuit armature || **≗ ohne Eisenkern** / coreless armature

Ankerbandage *f* / armature band

Anker·, lineare ≗belastung (s. Strombelag) || **≗blech** *n* / armature lamination, armature stamping, armature punching || **≗bohrung** *f* / stator bore, inside diameter of stator core || **≗bolzen** *m* / foundation bolt, holding-down bolt || **≗büchse** *f* / foundation-bolt sleeve, foundation-bolt cone || **≗drahtzahl** *f* / number of armature conductors || **≗drehrichtung** *f* / direction of armature rotation || **≗durchflutung** *f* / armature ampere-turns || **≗eisen** *n* / armature iron, armature core || **≗eisenverlust** *m* / armature core loss || **≗fahne** *f* / armature end connector || **≗feld** *n* / armature field || **≗felderregerkurve** *f* / armature m.m.f. curve || **≗flußdichte** *f* / armature flux density, armature induction || **≗gegenfeld** *n* / opposing magnetic field of armature || **≗gegenwirkung** (s. Ankerrückwirkung) || **≗hohlwellenantrieb** *m* / hollow-shaft motor drive || **≗hub** *m* (Rel.) / armature stroke || **≗induktion** *f* / armature induction || **≗klaue** *f* (EZ) / pallet pin || **≗kontakt** *m* / armature contact || **≗kraftfluß** *m* / armature flux || **≗kraftlinie** *f* / armature line of force || **≗kreis** *m* / armature circuit || **≗kreisumschaltung** *f* / armature-circuit reversal, armature reversal || **≗kurzschlußbremsung** *f* / braking by armature short-circuiting || **≗längsfeld** *n* / armature direct-axis field || **≗längsfeldreaktanz** (s. Synchron-Längsreaktanz) || **≗mantel** *m* / armature envelope || **≗mantelfeld** (s. Bohrungsfeld) || **≗mantelfläche** *f* / lateral surface of armature, armature envelope || **≗nutwellen** *f pl* / armature slot ripple || **≗platte** *f* (f. Fundamentanker) / retaining plate, backing plate || **≗prellen** *n* (Rel.) / armature bounce, armature rebound || **≗prüfgerät** *n* / growler *n* || **≗querfeld** *n* / armature quadrature-axis field || **≗querfeldreaktanz** (s. Synchron-Querreaktanz) ||

~**rad** *n*(Uhr) / escape wheel || ~**reaktanz** *f* / synchronous reactance || ~**rückwirkung** *f* / armature reaction || ~**schraube** *f*(f. Befestigung auf Fundament) / anchor bolt, foundation bolt, holding-down bolt || ~**seil** *n*(Mast) / stay *n*(tower, pole) || ~**spannung** *f* / armature voltage || ~**spule** *f* / armature coil || ~**stab** *m*(Fundament) / anchor rod, guy rod, stay *n* || ~**stern** *m* / armature spider || ~**steuerbereich** *m* / speed range under armature control, armature control range || ~**steuerdrehzahl** *f* / speed obtained by control of armature circuit || ~**streufluß** *m* / armature leakage flux || ~**streuinduktivität** *f* / armature leakage inductance || ~**streureaktanz** *f* / armature leakage reactance || ~**streuung** *f* / armature leakage || ~**strom** *m* / armature current || **effektiver** ~**strombelag** / effective armature (kilo-) ampere conductors || ~**stromregler** *m* / armature current controller || ~**stromrichter** *m* / main converter, armature-circuit converter || ~**trommel** *f* / armature drum || ~**verhältnis** *n* / armature ratio || ~**wickler** *m* / armature winder || ~**wicklung** *f* / armature winding || ~**wicklung ohne Eisenkern** / coreless armature || ~**widerstand** *m* / armature resistance || ~**zeitkonstante** *f* / armature time constant, short-circuit time constant of armature winding, primary short-circuit time constant || ~**zugkraft** *f* / armature pull, tractive effort of armature || ~**zweig** *m* / path of armature winding

Anklammerkonstruktion *f*(f. Freileitungsleiter) / bracket *n*

anklemmen *v*(el. Anschluß) / to connect (to the terminals), to make the terminal connections

Anklingkonstante *f* / build-up constant

anknipsen *v*(Licht) / switch on *v*

Anknüpfung (s. Stichleitung)

ankohlen *v* / char *v*

ankommend·e Leitung / supply line, incoming feeder, incoming line, incomer *n* || ~**er Ruf** (DIN 44 302, T.13) / incoming call || ~**e Welle** / incident wave

Ankoppelbaugruppe *f* / coupling module, interface module

ankoppeln *v* / couple *v* || ~ (anschalten) / interface *n* || **an einen Stromkreis** ~ / to couple into a circuit

Ankoppelwiderstand (s. Ankopplungswiderstand)

Ankopplung *f* / coupling *n* || ~ (Schnittstelle) / interfacing *n*, interface *n* || ~ (Prüfkopf-Prüfstück) / probe-to-specimen contact || ~ (LWL) (s. Einkopplung)

Ankopplungs·baugruppe *f*(NC) / adaptor module || ~**kondensator** *m* / coupling capacitor || ~**vierpol** *m* / four-terminal coupling circuit || ~**widerstand** *m* / coupling resistor, adaptor resistor

ankörnen *v* / punch *v*, punch-mark *v*

Ankörnschablone *f* / marking-out template

Ankratzen *n*(des Werkstücks) / scratching *n*, slight contact (with workpiece)

Ankratzmethode *f*(NC) / scratch method

Ankrimpen *n* / crimping *n*

ankuppeln *v* / couple *v*

Anlage *f* / installation *n*, plant *n*, system *n* || ~ (im Kennzeichnungsblock DIN 40719) / system *n* || ~ (System) / system *n* || ~ (DIN 40042) / station *n*, equipment *n* || ~ (DIN 40719,T.2; „übergeordnete Zuordnung") / higher level assignment, plant *n* || ~ **auf Baustellen** (VDE 0100, T.200) / building site installation, construction site installation || ~ **im Freien** (VDE 0100, T.200) / outdoor installation || ~ **mit äußeren Überspannungen** / exposed installation || ~ **ohne äußere Überspannungen** / non-exposed installation || **elektrische** ~ (v. Gebäuden; VDE 0100, T.200) / electrical installation || **elektrische** ~ **im Freien** (DIN IEC 71.5) / electrical installation for outdoor sites (IEC 71.5), outdoor electrical installation, outdoor electrical equipment (IEC 50(25)) || **Kondensator**~ (VDE 0560, T.4) / capacitor equipment (IEC 70) || **technische** ~ (DIN 66201) / plant *n* || **Umspann**~ / transforming station, substation *n* || ~**daten** *n pl* (DIN 66201) / plant data

Anlagefläche *f* / seating face, seating surface, joint surface, contact surface

Anlagen·archiv *n* / plant archive || ~**behälter** *m* (Lastschaltanlage) / (switchgear) container *n* || ~**bild** *n*(PLT) / plant display, process display || ~**bildsteuerung** *f* / mimic-diagram control || ~**dokumentation** *f* / project documentation, plant documentation || ~**externe Hilfsinformation** / external auxiliary information || ~**fahrer** *m* / plant operator, operator *n* || ~**fließbild** *n*(Darstellung einer Anlage am Bildschirm) / plant mimic (diagram) || ~**führer** *m*(FFS) / system supervisor || ~**gliederung** *f* / plant subdivision, plant grouping || ~**interne Hilfsinformation** / internal auxiliary information || ~**kennlinie** *f*(Pumpe) / system-head curve || ~**kennung** *f* / master index || ~**kennzeichen** *n* / plant identifier, project reference, process identifier || ~**kennzeichen** (s. übergeordnete Zuordnung) || ~**konfiguration** *f* (System) / system configuration || ~**koppelgerät** *n* (Nahsteuerungssystem) / multi-feeder interfacing unit || ~**leitschiene** *f* / plant control bus || ~**name** *m* (Fabrikanl.) / plant name || ~**rückmeldung** *f*(PC) / check-back signal from process, feedback from process || **höchste** ~**spannung** / highest voltage for equipment || ~**technik** *f* / industrial and building systems || ~**überlappendes System** / intra-plant system || ~**umgebung** *f* / plant environment

Anlaß·arbeit *f* / starting energy || ~**art** *f* / starting method || ~**befehl** *m* / starting signal, starting command || ~**drossel(spule)** *f* / starting reactor

anlassen *v*(Masch.) / start *v* || ~ (Wärmebeh.) / temper *v*, draw *v*, age *v*, age-harden *v*, anneal *v* || ~ (Stahl) / temper *v* || ~ *n*(Starten; s.a. unter „Anlauf") / starting *n* || ~ **mit Spartransformator** / autotransformer starting || ~ **mit verminderter Spannung** / reduced-voltage starting || ~ **mit voller Spannung** / full-voltage starting || ~ **mit Widerständen** / rheostatic starting, resistance starting

Anlasser *m* / starter *n*, motor starter || ~ (HG, VDE 0730) / controller *n* || ~ **für direktes Einschalten** / direct-on-line starter, full-voltage starter, across-the-line starter, line starter || ~ **mit n Einschaltstellungen** / n-step starter || ~ **mit Spartransformator** / autotransformer starter || ~ **ohne Drehrichtungsumkehr** / non-reversing starter || ~**feld** *n* / starter panel, starter unit || ~**kennzahl** *f* / starter duty factor || ~**motor** *m* / starter motor || ~**schutzschalter** *m* / motor-circuit protector (MCP), starter circuit-breaker ||

≗stellung *f* / starter notch, starter position || ≗stufe *f* / starter step, starter notch

Anlaß·gerät *n* / starter *n*, combination starter || **≗häufigkeit** *f* / permissible number of starts per hour, starting frequency || **≗-Heißleiter** *m* / delaying NTC thermistor, restraining NTC thermistor || **≗kondensator** *m* / starting capacitor || **≗kupplung** (s. Anlaufkupplung) || **≗motor** *m* / starting motor || **≗regelschalter** *m* / controller *n*, automatic starter || **≗regelwalze** *f* / drum controller || **≗regler** *m* / controller *n*, automatic starter || **≗schalter** *m* / starter *n*, starting switch, switch-starter *n* || **≗schalter** *m* (f. Einphasenmot. m. Hilfswickl.; s.a. „Anwerfschalter") / starting-switch assembly || **≗schalter** *m* (m. Anlaßtrafo) / autotransformer starter || **≗schaltung** *f* / starting circuit || **≗schleifringläufer** *m* / fixed-speed wound-rotor motor, slipring motor with brush lifter || **≗schütz** *n* / starting contactor, contactor starter || **≗schützensteuerung** *f* / contactor-type starting control, contactor-type starting sequence control || **≗schützkombination** *f* (Schütz m. handbetätigtem Hauptschalter) / combination starter || **≗schwere** *f* (M_m/M_n) / starting load || **≗schwere** *f* (mittlerer Anlaßstrom/Läufernennstrom) / starting load factor, starter duty rating || **≗spitzenstrom** (s. Einschaltstromspitze) || **≗steller** *m* / controller *n* || **≗steller** *m* (veränderlicher Widerstand) / starting rheostat || **≗stellschalter** *m* / controller *n* || **≗stellwalze** *f* / drum-type controller, drum controller || **≗stromkreis** *m* / starting circuit || **≗stromstoß** *m* / starting-current inrush, inrush current, magnetizing current inrush || **≗stufe** *f* / starting step || **≗transformator** *m* / starting transformer, autotransformer starter, starting compensator || **≗transformator-Schalter** (s. Anlasser mit Spartransformator) || **≗umspanner** (s. Anlaßtransformator) || **≗vorgang** *m* / starting operation, starting cycle || **≗walze** *f* / drum-type starter, drum controller || **≗wicklung** (s. Anlaufwicklung) || **≗widerstand** *m* / starting resistor || **≗zahl** *f* / permissible number of starts in succession

Anlauf *m* / start-up *n*, start *n*, starting *n* || ≗ (Prozeß) / start-up *n* || ≗ (PC, Erstanlauf) / initial start-up || ≗ (Rechnerprogramm, Prozedur) (s. Anlaufprozedur) || ≗ **aus dem kalten Zustand** (Mot.) / start with the motor initially at ambient temperature || ≗ **aus dem warmen Zustand** (Mot.) / start with the motor initially at rated-load operating temperature || ≗ **durch Hilfsmotor in Reihenschaltung** / series-connected starting-motor starting || ≗ **durch Hilfsphase** / split-phase starting, capacitor starting || ≗ **mit direktem Einschalten** / direct-on-line starting (GB), across-the-line starting (US) || ≗ **mit Spartransformator** / autotransformer starting || ≗ **mit verminderter Spannung** / reduced-voltage starting || ≗ **mit voller Spannung** / full-voltage starting, direct-on-line starting || ≗ **über Blocktransformator** / main-circuit-transformer starting || ≗ **über Spartransformator ohne Stromunterbrechung** / closed-transition autotransformer starting (GB), closed-circuit transition autotransformer starting (US) || ≗ **über Spartransformator mit Stromunterbrechung** / open-transition autotransformer starting (GB), open-circuit transition autotransformer starting (US) || ≗ **über Vorschaltdrossel** / reactor starting, reactance starting || ≗ **über Widerstände** / resistance starting, rheostatic starting || ≗ **über Widerstände im Läuferkreis** / rotor resistance starting || ≗ **über Widerstände im Ständer** / stator resistance starting || ≗ **über Zwischentransformator** / rotor-circuit-transformer starting || **System~** / system start-up

Anlaufart *f* (PC) / start-up mode, restart mode

Anlauf·baustein *m* (PC) / start-up block || **≗bedingungen** *f pl* / starting conditions, starting preconditions || **≗bereich** *m* (Schrittmot.) / start-stop region || **~beständig** *adj* (Kontakte) / non-tarnishing *adj* || **≗bund** *m* (Welle) / thrust collar *n* || **≗dauer** (s. Anlaufzeit) || **≗drehmoment der Abstimmeinrichtung** (DIN IEC 235, T.1) / tuner breakaway torque, tuner starting torque || **≗eigenschaften** *f pl* (Lampe) / warm-up characteristics || **≗einstellung** *f* (EZ) / adjustment of starting current, starting-torque adjustment

anlaufen *v* (Masch.) / start *v*, start up *v* || ~ (Metall, blind werden) / tarnish *v*, to become tarnished

Anlauf·farbe *f* / tarnishing colour || **≗fläche** *f* (Lg.) / thrust face, abutment (sur)face || **≗folge** *f* / starting sequence || **≗frequenz** *f* / starting frequency, number of starts in succession || **≗frequenz** *f* (Schrittmot.) / start-stop stepping rate || **≗glas** *n* / temperature-coloured glass || **≗grenzfrequenz** *f* (Schrittmot.) / maximum start-stop stepping rate || **≗grenzfrequenz/Anlaufgrenzmoment-Kennlinie** *f* (Schrittmot.) / start-stop curve || **≗grenzmoment** *m* (Schrittmot.) / maximum start-stop torque || **≗güte** *f* / starting performance, locked-rotor-torque/kVA ratio || **≗häufigkeit** *f* / starting frequency, number of starts in succession || **≗hemmung** *f* (EZ) / anti-creep device || **≗hilfswicklung** *f* / auxiliary starting winding || **≗impedanz** *f* / subtransient impedance, negative-sequence impedance || **≗käfig** *m* / starting cage, starting amortisseur || **≗kante** *f* (Bürste) / entering edge, leading edge || **≗kapazität** *f* / starting capacitance || **≗kennung** *f* (PC) / start-up code, start identifier || **≗kette** *f* (PC) / start-up cascade || **≗kette** *f* (Prozeß) / start-up sequence || **≗kondensator** *m* / starting capacitor || **Einphasenmotor mit ≗kondensator** / capacitor-start motor || **≗kupplung** *f* / centrifugal clutch, dry-fluid coupling, dry-fluid drive || **≗lampenspannung** *f* / warm-up lamp voltage, warm-up voltage at lamp terminals || **≗leistung** *f* / starting power || **≗merker** *m* (PC) / start-up flag || **≗moment** *n* (Mot.; vgl. „Anzugsmoment") / starting torque (IEC 50(441)) || **≗moment** *n* (Mot., Läuferstillstandsmoment) / locked-rotor torque || **≗moment** *n* (Schrittmot.) / start-stop torque || **≗programm** *n* / start-up program, initialization program || **≗prozedur** *f* (Rechnerprogramm o. -system) / initialization procedure, initialization *n* || **≗prüfung** *f* (Lampe) / warm-up test || **≗prüfung** *f* (EZ) / minimum-running-current test || **≗punkt** (el.Masch.) (s. Kurzschlußpunkt) || **≗ring** *m* (Welle) / thrust ring || **≗schaltung** (s. Anlaßschaltung) || **≗scheibe** *f* (Welle) / thrust ring, wearing disc

Anlaufschicht *f* / tarnishing film

Anlauf·schwingung *f* / beat *n* || **≗segment** *n* (KL) /

segment of starting cage, starting-winding segment || ≈**spannung** *f* (cf. „Anzugsspannung") / starting voltage || ≈**sperre** *f* / starting lockout, starting inhibiting circuit, safeguard preventing an unintentional start-up || ≈**stellung** *f* / starting position || ≈**steuerung** *f* / starting control, starting sequence control || ≈**steuerung** *f* (LE, Baugruppe) / start-up module || ≈**steuerung** *f* (Logik) / start-up logic || ≈**strom** *m* (Mot., vgl. „Anzugsstrom") / starting current || ≈**strom** *m* (Lampe) / warm-up lamp current || ≈**strom** IA/IN / starting current ratio || ≈**toleranz** *f* (PS) / pre-travel tolerance || ≈**überwachung** *f* / starting-cycle monitoring circuit, starting-time monitoring (circuit), starting open-phase protection || **Käfigläufermotor mit ≈- und Betriebswicklung** / double-deck squirrel-cage motor || **Kondensatormotor mit ≈- und Betriebskondensator** / two-value capacitor motor || ≈**- und Sicherheitskupplung** / centrifugal clutch, hydraulic clutch, hydrodynamic clutch, dry-fluid coupling || ≈**verhalten** *n* (el. Masch., VDE 0530, T.12) / starting performance (IEC 34-12), starting characteristics || ≈**verriegelung** (s. Anfahrverriegelung) || ≈**versuch** *m* / starting test || ≈**vorgang** *m* / starting operation, starting cycle || ≈**wärme** *f* / starting heat || ≈**wert** *m* (Meßtechnik) / minimum operating value *n*, sensitivity *n* || ≈**wert** *m* (Reg.; DIN 19226) / reaction value

Anlaufwicklung *f* / starting winding, auxiliary winding, high-resistance auxiliary winding, starting amortisseur, auxiliary phase || ≈ **mit Dämpferfunktion** / starting amortisseur

Anlauf·winkel *m* (PS) / approach angle || ≈**zeit** *f* (Masch.) / starting time, acceleration time, run-up period || ≈**zeit** *f* (Reg.) / response time, build-up time, rise time || ≈**zeit** *f* (FWT) / start time || ≈**zeit** *f* (Lampe) / warm-up time || ≈**zeitkonstante** *f* (Mot.) / starting time constant, acceleration constant, inertia constant

anlegen *v* (Bremse) / apply *v* || ~ (Zeichn.) / colour *v* || **Spannung ~ an** / to apply voltage to, to impress a voltage to

Anleger (s. Anlegewandler)

Anlege·skale *f* / feed scale || ≈**stromwandler** *m* / split-core-type current transformer, split-core transformer || ≈**tisch** *m* (f. Papier) / feed table

Anlenk·kontakt *m* (Trafo) / control resistor contact, transition resistor contact || ≈**schalter** *m* (Trafo) / control-resistor switch, transition resistor switch || ≈**widerstand** *m* (Trafo) / transition resistor, control resistor, link resistor

Anlieferungszustand *m* / "as-received" condition, "as-delivered" condition

Anlieger·fahrbahn *f* / service road (GB), frontage road (US) || ≈**straße** *f* / local street, local road

anmelden *v* (Bediener - System; Bediener - Rechneranlage) / log on *v*, sign on

Anmerkung *f* (NC, f. Sätze in Programmen) / remark *n*

Anmerkungs·beginn-Zeichen *n* (NC, DIN 66025,T.1) / control-in character (ISO/DIS 6983/1) || ≈**ende-Zeichen** *n* (NC, DIN 66025,T.1) / control-out character (ISO/DIS 6983/1)

annähernd stromloses Schalten / switching of negligible currents, making or breaking of negligible currents

Annäherung *f* (NS) / approach *n* || **Schutz gegen ≈ an unter Spannung stehende Teile** / protection against approach to live parts

Annäherungs·geschwindigkeit *f* / approach speed, speed of approach || ≈**register** *n* / approximation register, successive approximation register (SAR) || ≈**schalter** (s. Näherungsschalter) || ≈**wert** *m* / approximate value

Annahme *f* (QS, DIN 55350, T.31) / acceptance *n* || ≈**grenzen** *pl* (QS) / acceptable quality limits (AQL) || ≈**kennlinie (OC-Kurve)** *f* / operating characteristic curve (OC curve) || ≈**prüfung** *f* / acceptance test, acceptance inspection, conformance test || ≈**-Stichprobenplan** *m* / acceptance sampling plan || ≈**-Stichprobenprüfung** *f* / acceptance sampling inspection || ~**tauglich** *adj* (QS) / acceptable *adj* || ≈**tauglichkeit** *f* / acceptability *n* || ≈**trapez** *n* / acceptance trapezium || ≈**- und Rückweisungskriterien** / acceptance and rejection criteria || ≈**verfahren** *n* / acceptance procedure || ≈**wahrscheinlichkeit** *f* / probability of acceptance || ≈**zahl** *f* (QS, DIN 55350, T.31) / acceptance number

annehmbar·e Herstellergrenzqualität (s. annehmbare Qualitätslage) || ~**e Qualitätslage (AQL)** / acceptable quality level (AQL)

Annehmbarkeits·entscheidung *f* / decision of acceptability || ≈**nachweis** *m* / evidence of acceptability (AQAP)

Anoden·anschluß *m* / anode terminal, plate terminal || ≈**bogen** *m* / anode arc || ≈**bürste** (s. anodische Bürste) || ≈**drossel** *f* / anode reactor || ≈**fall** *m* / anode fall || ≈**fleck** *m* / anode spot || ≈**gebiet** *n* / anode region, anode space || ≈**-Halbbrücke** *f* / anode half-bridge

anodenseitig·er Gleichstromanschluß (LE) / anode-side d.c. terminal || ~ **steuerbarer Thyristor** / N-gate thyristor

Anoden·spitzenspannung *f* (ESR) / peak forward anode voltage || ≈**spitzenspannung in Sperrichtung** / peak neagative anode voltage || ≈**turm** *m* (RöA) / anode turret || ≈**wirkungsgrad** *m* / anode efficiency || ≈**zündspannung** *f* / anode ignition voltage

anodisch·e Abtragung / anodic erosion || ~ **behandeln** / anodize *v* || ~**es Beizen** / anodic pickling || ~**e Bürste** / anodic brush, positive brush || ~**e Kontraktion** / contraction at the anode || ~**er Teilstrom** / anodic partial current

Anodisieren *n* / anodizing *n*, anodic treatment, anodic oxidation

anodisiertes Silizium / anodized silicon

anomal·e Ausführung / special design, non-standard design, custom-made model || ~**e Gebrauchsbedingungen** (VDE 0660,T.200) / abnormal conditions of use

Anordnung nach phasengleichen Außenleitern (Station) / separated phase layout || ≈ **nach Stromkreisen** (Station) / associated phase layout || **E/A-**≈ *f* / I/0 array || **Isolator**~ (Kettenisolatoren) / insulator set || **Prüf**~ / test set-up, test arrangement || **Resonanz**~ / resonant structure

Anordnungs·plan *m* (DIN 40719) / location diagram || ≈**tabelle** *f* (VDE 0113) / location table

Anpaßelektronik *f* (Schnittstellen-E.) / interface electronics

anpassen *v* / adapt *v*, match *v*, fit *v*, adjust *v*
Anpasser *m* / adaptor *n*
Anpaß·glied *n* / adaptor *n* || **≗glied** (s. Koppelglied) || **≗-Spannungswandler** *m* / voltage matching transformer || **≗-Spartransformator** *m* / matching autotransformer
Anpaßsteuerung *f* (NC, Rob.) / interface control, interface controller || **programmierbare ≗** (PLC) / programmable logic controller
Anpaß·stufe *f* / matching unit, adaptor *n* || **≗teil** *m* (NC, Schnittstelle) / interface unit (o. module), interface *n* || **≗teilschnittstelle** *f* (NC) / control interface, NC interface || **≗transformator** *m* / matching transformer
Anpassung *f* (Signale) / conditioning *n* || **≗ des Auges** / eye accommodation, accommodation *n*
Anpassungs·drossel *f* / load balancing reactor || **~fähige Steuerung** (s.adaptive Steuerung) || **≗fähigkeit** *f* / adaptability *n*, matching capability, flexibility *n* || **≗filter** *n* (LT) / visual correction filter || **≗nullverstärker** *m* / null-balance matching amplifier || **≗prokoll** *n* (DIN ISO 8473) / convergence protocol
Anpassungsschaltung *f* (Schnittstellensch.) / interface circuit || **≗** (NC, Rob.) / interface circuit, interchange circuit
Anpassungs·transformator *m* / matching transformer, coupling transformer || **≗zeit** *f* (Meßgerät) / preconditioning time
Anpaß·verstärker *m* / matching amplifier, signal conditioner || **≗vorrichtung** *f* (Meßgerät) / matching device, adaptor *n* || **≗widerstand** *m* / matching resistor, matching impedance
anquetschen *v* / crimp on *v*, crimp *v*
Anrege·gerät *n* (Schreiber) / trigger unit || **≗glied** *n* (Rel., Schutz) / starting element, starting relay
Anregelzeit *f* / rise time
Anregemeldung *f* (Rel.) / (relay) starting indication
anregen *v* / excite *v*, induce *v*, activate *v* || ~ (Rel., Schütz) / energize; *v*, excite *v*, start *v* || ~ (Schutz) / start *v* || ~ (Schwingungen) / excite *v* || ~ (z.B. Emission) / stimulate *v* || ~ (LWL) / launch *v*
Anrege·relais *n* / starting relay, fault detector || **≗schaltung** *f* (Schutz) / starting circuit, fault detector circuit || **≗sperre** *f* (Rel., Schutz) / restraining feature, starting lockout || **≗strom** *m* (Schutz) / starting current || **≗stufe** *f* (Rel.) / starting relay, fault detector || **≗stufe** *f* (Schutz) / starting element, starting zone, starting relay
Anregung *f* (Schwingungen) / excitation *n* || **≗** (Schutz) / starting *n* || **≗** (LWL) / launching *n*
Anregungs·band *n* (HL) / excitation band || **≗bewegung** *f* / input motion || **≗dauer** *f* / period of excitation || **≗kraft** *f* / exciting force || **≗lampe** *f* / exciter lamp || **≗spektrum** *n* (LT) / excitation spectrum || **≗stärke** *f* / excitation intensity || **≗temperatur** *f* / excitation temperature
Anreicherungs·betrieb *m* (HL, DIN 41858) / enhancement mode operation || **≗-IG-FET** (s. Anreicherungs-Isolierschicht-Feldeffekttransistor) || **≗-Isolierschicht-Feldeffekttransistor** *m* / enhancement-type field-effect transistor || **≗typ-Transistor** *m* / enhancement mode transistor
Anreih·buchsenklemme *f* / modular pillar terminal, modular tunnel terminal || **≗klemme** *f* / modular terminal || **≗klemmenblock** *m* / terminal block, modular terminal block || **≗montage** *f* / butt mounting, mounting side by side (o. end to end) || **≗schellen** *f pl* / line-up saddles
anreißen *v* (markieren) / mark out *v*, set out *v*, mark *v*, scribe *v*
Anreiß·platte *f* / bench plate, surface plate || **≗tisch** *m* / marking table
Anreiz *m* (FWT) / change of state, event signal || **≗** (elST) / initiation *n*, prompting *n* || **≗** (Ereignis) / event *n* || **Melde~** (DÜ, PC) / signal prompting || **Melde~** (FWT) / change-of-state announcement
Anriß *m* (Markierung) / marking *n*, scribed line (o. mark) || **≗** (Rißbildung) / incipient crack, initial cracking || **≗** (Kontakte) / scribing pattern
Anruf *m* (DÜ) / calling *n* || **≗beantwortung** *f* (FWT) / answering *n*
Ansatz·mast *m* / side-mounting mast || **≗punkt** *m* (Lichtbogen) / root point, root *n* || **≗schraube** *f* / shoulder screw || **≗stelle** *f* (f. Hebebock) / pad *n*, lug *n* || **≗stutzen** *m* (Leuchte) / entry socket
Ansaugdruck *m* / intake pressure
ansaugen *v* / draw in *v*, take in *v*, suck *v*
Ansaug·filter *n* / intake filter || **≗höhe** *f* / suction head, suction lift || **≗leitung** *f* / suction pipe, intake line || **≗luft** *f* (a. Kfz) / intake air || **≗rohr** *n* / intake tube || **≗rohr** *n* (Kfz) / intake manifold, inlet manifold || **≗rohrunterdrucksensor** *m* (Kfz) / manifold air pressure sensor || **≗seite** *f* (el. Masch.) / air inlet end, air intake side || **≗seite** *f* (Pumpe) / inlet side, suction side || **≗stutzen** *m* (el. Masch.) / inlet-air adapter, intake flange || **≗stutzen** *m* (Pumpe) / intake stub, suction connection || **≗ventil** *n* / intake valve, suction valve
Anschallung *f* (Ultraschallprüf.) / scanning *n*, scan *n* || **≗ mit Schallstrahlumlenkung** / skip scan
Anschaltbaugruppe *f* / interface module
anschalten *v* / connect *v*, match *v* || ~ (Schnittstelle) / interface *v*
Anschalter *m* / connector *n*
Anschaltung *f* (rechnergesteuerte Anlage) / interface connection, interfacing *n* || **≗ (AS)** (PC, Baugruppe) / interface module (IM) || **Bereich ≗ (BA)** (PC, Anschaltungsdatenbereich im Speicher) / interface data area || **Stanzer-≗** (NC-Steuergerät) / tape punch connection
Anschaltungs·datenbereich *m* / interface data area || **≗prozessor** *m* / communication(s) processor
Anschaltwert (Rel.) (s. Anzugswert)
Anschauungsbild *n* / visual aid chart
Anschlag *m* (WZM, NC) / dead stop, limit stop || **≗** (a. DT, VDE 0660,T.201) / end stop (IEC 337-2), stop *n* || **≗ der Abstimmeinrichtung** (DIN IEC 235, T.1) / tuner stop || **≗eisen** *n* (f. Transport) / fixing pad, reaction pad, fixing strap
anschlagen *v* (Hebez.) / attach *v* || ~ (Tür) / hinge *v*
anschlagende Stellklappe / butterfly valve with stop(s)
Anschlag·festigkeit *f* (HSS) / stop strength, mechanical stop resistance || **≗winkel** *m* (Transportseil) / rope angle
anschließbare Leiterquerschnitte / wire range, connectable (conductor) cross-sections
anschließen *v* (el.) / connect *v*, link *v* || ~ (mech.) / join *v*, attach *v* || ~ (m. Steckverbinder) / plug *v*
Anschluß *m* (allg.; an eine Klemme DIN 44311) / connection *n*, terminal connection || **≗** (Klemme) / terminal *n* || **≗** (permanente Verbindung, DIN

41639) / termination *n* || ² (Sich., VDE 0670,4) / terminal *n* (IEC 282) || ² (Anschlußleiter) / terminal lead || ² (Steckanschluß) / plug-in connection, plug-and-socket connection || ² („Port") / port *n* || ² (Ventil) / end connection || **E/A-²** (Datenkanal) / I/0 port || **Rechner~** / computer link, computer interface || **vorderseitiger ²** / front connection

Anschlußanordnung *f* (IS) / pin configuration, pinning diagram, pinning *n*

Anschluß·art X (VDE 0806) / type X attachment (IEC 380) || **²aufsatz** *m* (IK) / surface (outlet) box || **²baugruppe** (s. Anschaltbaugruppe) || **²bedingungen** *f pl* / supply conditions, terminal conditions || **²bedingungen** *f pl* (FWT) / electrical operating conditions (telecontrol) || **²belegung** *f* / terminal assignment || **²belegung** *f* (Stifte) / connector pin assignment, pin assignment || **²belegung** (IS) / pin configuration, pinning diagram, pinning *n* || **²bereich** (s. Drahtbereich) || **²bezeichnung** *f* (IS) / pin name || **²bezeichnungen** *f pl* (EN 50005) / terminal markings || **²bild** *n* / wiring diagram || **²bolzen** *m* / terminal stud || **²diagramm** *n* (Stifte) / pin-out diagram || **²dose** *f* (DIN IEC 23.F) / junction box, outlet box || **²dose** (s. Steckdose)

Anschlüsse in 2,5 mm Rasterteilung (Rel.) / contact-pin arrangement in a 2.5 mm grid || **² pro Pol** / terminations per pole

Anschluß·ebene zum Prozeß / process boundary || **²einheit** *f* (DIN IEC 625) / terminal unit (IEC 625) || **²element** *n* / connection element, connector block, connector element, terminal component, adapter *n* || **²ende** *n* (Wickl.) / winding termination, terminal *n* || **Kommutator-²fahne** *f* / commutator riser || **²fahne** *f* / terminal lug, terminal *n*, tab *n*, tag *n*, connecting lug || **²fahne für Stromschlaufe** (Freiltg., IEC 50(466)) / jumper lug, jumper flag || **²faser** *f* (LWL) / pigtail *n* || **²feld** *n* (f. Kabelanschlüsse) / termination panel

anschlußfertig *adj* (großes Gerät, SA) / ready for connection, factory-assembled *adj* || ~ (kleines Gerät, elST) / prewired *adj* || **~es Ende** (Kabel) / terminated conductor end(s) || **~es Gerät** (I, m. Stecker) / accessory with integral plug, plug-in device || **~e Gerätezuleitung** / terminated appliance cord || **~e Leuchtstofflampe** / direct-connected fluorescent lamp

Anschluß·fläche *f* / terminal face, tag *n*, palm *n* (of a cable lug) || **²fläche** *f* (gS) / land *n* || **²flansch** *m* / connecting flange, coupling flange, mounting flange || **²fleck** *m* (IS) / pad *n* || **²gehäuse** *n* (f. Ex-Gehäuse) / adapter box || **²gerät** (s. Stromversorgungsgerät) || **²hülse** *f* (Leiter) / conductor barrel || **²impedanz** *f* (a. Diode) / terminal impedance || **²kabel** *n* (konfektioniertes Kabel m. Steckverbindern an beiden Enden) / cable set || **²kabel** *n* (Hausanschluß) / service cable || **²kasten** *m* / terminal box, terminal housing || **²kasten** *m* (IK) / feed unit || **²kasten für Kabel** / cable connection box, cable box, terminal box, pothead compartment || **²kennung „Gerufene Station"** / called line identification || **²kennung „Rufende Station"** / calling line identification || **²klemme** *f* / terminal *n* || **²klemme** *f* (f. äußeren o. Netzanschluß) / supply terminal *n* || **²klemme** *f* (IV) / terminal *n*, lug *n* (US) || **²klemme mit Lockerungsschutz** / locked terminal, self-locking terminal || **²klemme mit Schraubklemmung** / screw-clamping terminal || **~kompatibel** *adj* (IS) / pin-compatible *adj* || **²kopf** *m* (Widerstandsthermometer, Thermoelement) / terminal housing, connection head || **²kostenbeitrag** *m* (StT) / capital contribution to connection costs || **²lampe** *f* (Fotometrie) / working standard of light

Anschlußlasche *f* / terminal saddle, saddle *n* || ² (Klemmenbrücke) / terminal link || ² (Fahne) / terminal lug || ² (gekröpft) / fixing bracket, terminal bracket

Anschluß·leiste *f* / terminal block, terminal strip, multi-point termination || **²leistung** *f* / connected load, installed load || **²leiter** *m pl* (VDE 0700, T.1, VDE 0806) / supply leads (IEC 335-1)

Anschlußleitung *f* / connecting lead, connecting cable, power lead, terminal lead || ² (HG) / cord *n*, flexible cord || ² (Leuchte, DIN IEC 598) / flexible cord, flexible cable || ² (Hausanschluß) / service cable || ² (Verdrahtungsleitung) / wiring cable || **Geräte~** (m. Wandstecker u.Gerätesteckdose) / cord set (IEC 320) || **in die ² eingeschleiftes RS** / in-line cord control || **wärmebeständige ²** (AVMH) / heat-resistant wiring cable

Anschluß·litze (s. Bürstenlitze) || **²loch** *n* (gS) / component hole || **²maße** *n pl* / fixing dimensions || **²muffe** *f* (Hausanschluß) / service box || **²pfosten** *m* / connection post, terminal post || **²plan** *m* (DIN 40719) / terminal diagram (IEC 113-1), terminal connection diagram || **²platte** *f* / terminal board, connecting terminal plate (IEC 23F.3) || **²platte** *f* (Leitungseinführung, EN 50014) / adapter plate || **Erdungs~punkt** *m* / earth terminal, ground terminal || **²punkt** *m* / connecting point, termination point (IEC 50(581)) || **²punkt** *m* (I) / point *n* || **²punkt** *m* (Klemme, Netzwerkpol) / terminal *n* || **kritischer ²punkt** (EMV) / common coupling || **²querschnitt** *m* / wire range, conductor size, cross-sectional area of connecting cable || **Bemessungs-²querschnitt** *m* (Klemme) / rated connecting capacity || **²querschnitt** *m* (Drahtbereich) / wire range || **²raum** *m* (Klemmenraum) / terminal housing, terminal compartment, cable compartment || **²raum** *m* (f. Verdrahtung) / wiring space || **²schaltbild** *n* / diagram of connections || **²schaltung** *f* (Schutz) / connection circuit || **²scheibe** *f* (Klemme) / clamping piece, wire clamp || **²schelle** *f* (f. Rohrleiter) / terminal clamp, connection clamp || **²schiene** *f* / connecting bar, connection strip, terminal bar || **²schnur** *f* / cord *n*, flexible cord || **²schrank** *m* (BV, EN 60 439-4) / incoming supply and metering ACS || **²schraube** *f* / terminal screw, binding screw || **²seite** *f* (Stiftseite) / wiring post side || **²seite** *f* (Kabelschuh) / terminal end, palm *n* || **²sicherung** *f* / service fuse, mains fuse

Anschlußspannung *f* / supply voltage, system voltage || ² (SR) / a.c.-side voltage || **Anfangs-²** (GR, DIN 41760) / a.c. starting voltage || **Nenn-²** (SR) / nominal a.c. voltage (converter)

Anschluß·stab *m* / lead-out conductor bar, terminal conductor bar || **²stecker** *m* / attachment plug, plug cap, cap *n*, plug *n* || **²stecker** *m* (Steckverbinder) / cable connector, connector *n*

Anschlußstelle *f* / point of connection (IEC 477), connecting point, terminal *n* || ≗ (I) / point *n* || ≗ (VDE 0411,T.1) / terminal device (IEC 348) || ≗ (in Bildschirmdarstellung) / connector *n* || **E/A-≗** (Steckplatz im BGT der Zentraleinheit eines MC-Systems) / I/O interface slot || **zentrale ≗** (ZAS) (ET) / main connector block
Anschlußstift *m* / wiring post, terminal post
Anschlußstrom *m* (SR) / a.c.-side current
Anschlußstück *n* (el.) / connector *n*, terminal fitting, link *n* || ≗ (DIN 41639) / terminal *n* || ≗ (Stromschienensystem, VDE 0711,3) / connector *n*
Anschlußstutzen *m* (Kabel) / cable gland, gland *n*, entry fitting || ≗ (Rohr) / coupling *n*, connector *n* || ≗ (Luftkanal; IPR) / duct adapter || ≗ (Druckmesser) / stem *n* || **druckfester ≗** / packing gland
Anschluß·tabelle (s. Anschlußplan) || **≗technik** *f* / connection system, method of terminal connections, wiring technique || **≗technik** *f* (Kabel) / termination system || **≗teil** *n* (Wickelverbindung; DIN 41611,Bl.2) / terminal *n* || **≗teile** *n pl* (EN 50014) / connection facilities || **≗träger** *m* (Rel.) / relay connector, relay base || **≗tülle** *f* / nipple *n* || **≗- und Abzweigdose** (DIN IEC 23F.3) / junction and tapping box (IEC 23F.3) || **≗- und Netzkostenbeitrag** (StT) / connection charge || **≗-Verteilerschrank** *m* / service distribution cabinet || **≗vervielfacher** *m* / heavy-duty connector block || **≗wert** *m* / connected load, installed load || **bezogener ≗wert** (StT) *m* / effective demand factor || **≗winkel** *m* / elbow coupling, T-coupling *n* || **≗zone** *f* (VDE 0101) / terminal zone || **≗zubehör** *n* / accessories for connection, connection accessories, terminal accessories
Anschmierung *f* (Lg.) / wiping *n*, smearing *n*
Anschnitt·kreis *m* (NC, „Annäherungskreis") / approach circle || **≗kreisradius** *m* (NC) / start radius || **≗linie** *f* (NC) / approach line || **≗steuerung** *f* (LE) / generalized phase control (IEC 555-1), phase control
Anschraub·-LS-Schalter *m* / bolt-on circuit-breaker || **≗stutzen** *m* / screw-in gland || **≗typ** *m* (LSS) / bolt-on type
Anschwemmlöten *n* (DIN 8505) / flood soldering
Anschwingzeit *f* (Reg.; DIN 19229) / build-up time (ANSI C85.1), rise time
Ansetzstelle *f* (zum Heben) / jacking lug, lifting lug
Ansicht *f* / view *n*, elevation *n* || **≗ in Pfeilrichtung** / view in direction of arrow
Ansichtendarstellung *f* / projection *n*
Ansichts·fenster *n* (BSG, CAD) / viewport *n* || **≗punkt** *m* (CAD) / viewing point || **≗richtung** *f* (CAD) / view(ing) direction
ansprechbar *adj* (adressierbar) / addressable *adj*
Ansprechbereich *m* (PC) / operating range
Ansprech-Blitzstoßspannung *f* / lightning impulse sparkover voltage, lightning voltage let-through impulse, lightning let-through impulse || **100%-≗** *f* / standard lightning impulse sparkover voltage || **50%-≗** *f* / average lightning impulse sparkover voltage
Ansprech·buckel (s. Ansprechpunkt) || **≗dauer** (Sich.) (s. Ansprechzeit) || **≗druck** *m* / pickup pressure, operating pressure, rupturing pressure || **≗eigenzeit** *f* (unverzögerter Ausl.) / operating time, operate time || **≗einstellung** *f* (Rel.) / setting value || **≗empfindlichkeit** *f* / sensitivity *n*, input resolution, responsiveness *n* || **≗empfindlichkeit** *f* (Fotometer) / overall response, response *n*
ansprechen *v* / respond *v*, operate *v* || ~ (Abl.) / spark over *v*, operate *v* || ~ (Rel., DIN IEC 255, T. 1-00) / operate *v* || ~ (Sich.) / operate *v*, blow *v*, rupture *v*
Ansprech·erregung *f* (Rel.) / specified pickup value || **≗fehler** *m* (Rel.) / pick-up error || **≗fläche** *f* (NS, aktive Fläche) / sensing face || **≗fläche** *f* (Fotometer) / area of response || **≗frequenz** *f* (Rel., Schutz) / operating frequency || **≗genauigkeit** *f* (Rel.) / error in operating value || **≗geschwindigkeit** *f* / response rate, response *n* || **≗-Gleichspannung** *f* (Abl.) / d.c. sparkover voltage || **≗grenze** *f* (LS) / operating limit (IEC 157-1) || **≗-Istwert** *m* (Rel.) / just operate value, measured pickup value (US)
Ansprechkennlinie *f* (NS) / response curve, sensing curve || ≗ (Abl.) / sparkover-voltage/time curve, sparkover characteristic || **≗ der Blitzstoßspannungen** / lightning-impulse voltage sparkover-voltage/time curve || **≗ der Schaltstoßspannung** / switching-impulse sparkover-voltage/time curve, switching voltage/time curve
Ansprech·klasse *f* (Brandmelder) / response grade || **≗leistung** *f* (Rel.) / pickup power, pull-in power || **≗pegel** *m* (Abl.) / sparkover level || **≗pegel der Schaltstoßspannung** / switching(-impulse) voltage sparkover level || **≗-Prüfspannung** *f* (Abl.) / sparkover test voltage || **≗-Prüfwert** *m* (Rel.) / must-operate value, pickup value || **≗punkt** *m* (Abl.) / sparkover point || **≗punkt** (BERO) (s. Schaltpunkt) || **≗-Schaltstoßspannung** *f* (Abl.) / switching impulse sparkover voltage, let-through level
Ansprechschwelle *f* / response (o. operating) threshold || **Synchronisier-≗** *f* (Osz.) / synchronization threshold
Ansprech·sicherheitsfaktor *m* (Rel.) / safety factor for pickup || **≗-Sollwert** *m* (Rel.) / must-operate value, specified pickup value || **≗spannung** *f* / response voltage, operating voltage || **≗spannung** *f* (Abl.) / sparkover voltage || **≗spannungsprüfung** *f* (Abl.) / voltage impulse sparkover test || **≗-Stoßkennlinie** *f* (Abl.) / impulse sparkover voltage-time curve, impulse sparkover characteristic || **≗-Stoßspannung** *f* / impulse sparkover voltage, let-through level || **Prüfung der ≗-Stoßspannung** (U_{mw}) / impulse sparkover test, let-through level test (U_{mw}), let-through test
Ansprechstrom *m* (SG) / operating current || ≗ (Sich.) / threshold current || ≗ (Rel.) / operating current, pickup current
Ansprech·temperatur *f* / response temperature, operating temperature || **≗toleranz** *f* (Rel.) / limits of error of operating value || **≗überschuß** *m* (Schutz) / excess operating current, current above operating value || **≗unsicherheit** *f* (Rel.) / error in operating value || **≗verhalten** *n* (Abl.) / sparkover characteristics, sparkover performance
ansprechverzögert·es additives Zeitrelais (VDE 0435, T.110) / cumulative delay-on-operate time-delay relay || **~es Relais** / delay-on-operate relay,

ON-delay relay
Ansprechverzögerung *f*(elST) / switch-in delay || ≈ (Rel.) / operate delay, pickup delay
Ansprech-Wechselspannung *f*(Abl.) / power-frequency sparkover voltage || **Prüfung der** ≈ / power-frequency voltage sparkover test
Ansprechwert *m*(Rel.; E VDE 0435,T.110) / operate value, pickup value (US), pull-in value (US) || ≈ (Abl.) / sparkover value || ≈ (Meßtechnik, kleinste Änderung der Eingangsgröße, die eine wahrnehmbare Änderung der Ausgangsgröße verursacht) / minimum operating value, sensitivity *n* || ≈ (automatischer HSS, VDE 0660, T.204) / operating value (IEC 337-2B) || ≈ (PC) / ON threshold || ≈ **der Totzone** (PC) / initial value of dead band
Ansprechzähler *m*(Abl.) / surge counter
Ansprechzeit *f*(Antwortzeit; NS; Reg.; Verstärker) / response time || ≈ (SG) / operating time || ≈ (Sich.; Schmelzzeit) / pre-arcing time, melting time || ≈ (Rel.) / operate time (IEC 50(446)) || ≈ (Rel., für einen bestimmten Kontakt; E VDE 0435,T.110) / time to stable closed condition || ≈ (Abl.) / time to sparkover || ≈ (MG, Thermoschalter, Transduktor) / response time || ≈ **eines Öffners** (monostabiles Relais, DIN IEC 255, T.1-00) / opening time of a break contact || ≈ **eines Schließers** (monostabiles Relais, DIN IEC 255, T.1-00) / closing time of a make contact || **effektive** ≈ (Rel.) / time to stable closed condition
Ansprech-Zeitkennlinie *f*(Abl.) / impulse sparkover voltage-time curve, impulse sparkover characteristic
Anspruchsniveau *n*(Statistik, QS) / grade *n*
anspruchsvolle Grafik / high-quality *X*(o. sophisticated) graphics
anstauchen *v* / upset *v*, head *v*
Ansteck-Nebenwiderstand *m* / clip-on (o. plug-in) shunt
anstehen *v*(Spannung, Signal) / to be applied, to be present, to be available
anstehend·e Meldung / non-reset signal (o. alarm), active signal || **~e Spannung** / applied voltage
ansteigende Flanke (Impuls) / positive-going edge, rising edge, leading edge
Anstellbewegung *f*(WZM, NC) / approach motion
anstellen *v*(Lg.) / preload *v*, spring-load *v*, prestress *v*
Anstell·motor *m*(Walzw.) / screw-down motor || ≈**winkel** *m*(NC; a. CLDATA-Wort) / setting angle
Ansteuer·baugruppe *f*(LE) / trigger module, firing-circuit module, gating assembly || ≈**einrichtung** *f* (LE) / trigger equipment || ≈**einrichtungen** *f pl* / control devices, drivers *pl* || ≈**impuls** *m* / drive input pulse, control pulse, trigger pulse || ≈**logik** *f* (LE) / control logic, trigger logic
ansteuern *v* / control *v*, drive *v*, trigger *v* || ~ (PC, setzen) / set *v* || ≈ *n*(LE) / triggering *n*
Ansteuersperrung (LE) (s. Zündsperrung)
Ansteuerung *f* / control *n*, driving *n*, drive circuit, triggering *n*, activation *n* || ≈ (Anwahl) / selection *n* || ≈ (Thyr) / gate control || ≈ **der Stromrichtergruppe** / converter unit firing control || **Adressen~** / address selection || **Werkzeug~** / tool selection
Ansteuerungsfeuer *n*, **Flugplatz-**≈ / aerodrome location light
Ansteuerungs·kreis *m* / control circuit, driving circuit, trigger circuit || ≈**signal** *n*(LE) / control pulse || ≈**verhältnis** *n*(NC) / selection ratio
Anstieg der Leuchtdichte / build-up of luminance
Anstiegs·antwort *f*(Reg.) / ramp response, ramp-forced response || ≈**begrenzer** *m* / velocity limiter (produces an input signal as long as the rate of change (velocity) does not exceed a preset limit), rate-of-change limiter
Anstiegsfaktor der Permeabilität / permeability rise factor
Anstiegs·flanke *f*(Impuls) / rising edge, leading edge || ≈**funktion** *f* / ramp function, ramp *n* || ≈**geschwindigkeit** *f* / rate of rise || ≈**geschwindigkeit** *f*(Steilheit eines Ausgangssignals zwischen 30 und 70 % seines Endwerts nach sprunghafter Änderung der Eingangsgröße) / slew rate (IEC 527) || ≈**rate** (Reg.) (s. Anstiegsgeschwindigkeit) || ≈**steilheit** *f* / steepness *n*, rate of rise || ≈**steilheit der Einschwingspannung** / rate of rise of TRV, transient recovery voltage rate || ≈**steilheit einer in der Stirn abgeschnittenen Stoßspannung** / virtual steepness of voltage during chopping || ≈**unterbrechung** *f* / cut-off *n* || ≈**verzögerung** *f* (Reg., f. rampenförmige Änderung der Eingangsgröße) / ramp response time || ≈**verzögerungszeit** *f*(DIN 41785) / rise delay || **linearer** ≈**vorgang** / unit ramp || **tan** δ-≈**wert** *m* / tan δ value per voltage increment, tan δ angle-time increment, tan δ tip-up value, Δ tan per step of U_n
Anstiegszeit *f*(Impuls, HL) / rise time || ≈ (Impulsabbild) (s. Erstübergangsdauer) || ≈ **des Leuchtschirms** / screen build-up || ≈ **eines Impulses** / pulse rise time
anstoßen *v*(Masch.) / start *v* || ~ (mech.) / butt *v*, abut *v* || ~ (eine Funktion, Reg.) / trigger *v*, initiate *v*, drive *v*, activate *v*
anstoßend·e Bewicklung / edge-to-edge taping, butted taping
Anstoß·schalter *m* / initiator *n* || ≈**verfahren** *n* / impulse acceleration process || ≈**verteilung** *f*(PC) / initiation assignment
anstrahlen *v*(m. Flutlicht) / floodlight *v* || ~ (m. Spitzlicht) / spotlight *v*
Anstrahler (s. Anstrahlleuchte)
Anstrahlleuchte *f*(Engstrahler) / spotlight *n*, spot *n* || ≈ (Flutlicht) / floodlight *n*
Anstrahlungswinkel *m* / radiation angle, beam spread
Anstrich *m* / coating *n*, coat *n*, paint coat, paint finish || **elektrisch leitender** ≈ / conductive coating, electroconductive coating || ≈**system** *n* / paint system
Anteil an Oberwellen / harmonic content || ≈ **der Welligkeit** / ripple content, ripple percentage || ≈ **fehlerhafter Einheiten in der Stichprobe** / sample fraction defective || ≈ **fehlerhafter Einheiten** (QS, DIN 55350, T.31) / fraction nonconforming || **Rot~** *m*(LT) / red ratio
Anteilgrenze *f*(DIN 55350,T.24) / statistical tolerance limit
Anteilsbereich, statistischer ≈ (DIN 55350,T.24) / statistical tolerance interval
Anteilsteller *m* / percentage adjuster, ratio adjuster

Antenne *f* / aerial *n*
Antennensteckdose *f* / aerial socket, aerial receptacle
anthropotechnisch *adj* / anthropotechnical *adj*
Anti·abspleißvorrichtung *f*(Klemme) / anti-spread device || **≈-Aliasing-Filter** *m*(zur Verhinderung von Faltungsfrequenzen) / antialiasing filter || **≈-Blockier-System (ABS)** (Kfz) *n* / anti-skid system, stop control system (SCS) || **≈dröhnmittel** *n* / anti-vibration compound, sound deadening compound
antiferromagnetisch·e Übergangstemperatur / antiferromagnetic Curie point, Néel temperature || **~er Werkstoff** / anti-ferromagnetic material
Anti·ferromagnetismus *m* / anti-ferromagnetism *n* || **≈friktionslager** (s. Wälzlager) || **≈kompoundwicklung** *f* / differential compound winding || **~korrosiv** *adj* / anticorrosive *adj* || **~magnetisch** *adj* / non-magnetic *adj*, anti-magnetic *adj* || **≈oxidans** *n* / antioxydant *n*, oxidation inhibitor || **≈parallelschaltung** (s. Gegenparallelschaltung)
antippen *v*(anfahren eines Elements auf dem Bildschirm) / pick *v* || ~ (Taste) / press *v* (momentarily), touch *v*
Anti·pumpeinrichtung *f*(VDE 0660,T.101) / anti-pumping device (IEC 157-1), pump-free device || **≈pumpschütz** *n* / anti-pump contactor || **≈reflexschicht** *f* / anti-reflecting coat || **≈resonanz** *f* / antiresonance *n* || **≈schlupfregelung** *f*(Kfz.) / anti-spin control, (ASC) || **≈statikmittel** *n* / antistatic agent || **≈statikum** (s. Antistatikmittel) || **~statisch** *adj* / antistatic *adj* || **≈-Stokes-Lumineszenz** *f* / anti-Stokes luminescence
Antivalenz *f* / non-equivalence *n*, exclusive OR || **≈-Element** / exclusive-OR element
Antivibriermasse *f* / anti-vibration compound
antreiben *v* / drive *v*, actuate *v*, operate *v*
antreibendes Rad / driving gear, driving wheel, driver *n*, pinion *n*
Antrieb *m*(Motorantrieb) / drive *n*, motor drive || ≈ (SG) / operating mechanism, mechanism *n*, drive *n* || ≈ (Schiff) / propulsion system || ≈ (Trafo-Stufenschalter; VDE 0532,T.30) / driving mechanism (IEC 214) || ≈ (Stellantrieb) / actuator *n* || ≈ (Betätigungsglied) / actuator *n*, operator *n*, operating head, handle assembly || ≈ (Schütz; Magnetsystem) / magnet system || ≈ **des Aufzeichnungsträgers** (Schreiber) / chart driving mechanism || ≈ **in Blockbauweise** (LS) / unit-construction (operating) mechanism || ≈ **mit Drehzahleinstellung** / adjustable speed drive || ≈ **mit Motoraufzug** (SG) / motor-loaded mechanism || ≈ **mit schwebendem Ring** (Bahn) / floating-ring drive || ≈ **mit Winkelgetriebe** / right-angle drive || **Einschalt~** (LS) / closing mechanism || **Magnet~** (SG) / electromagnetically operated mechanism, solenoid-operated mechanism || **Magnet~** (Stellantrieb) / solenoid actuator || **Schalt~** (WZM) / indexing mechanism
Antriebs·block *m*(LS-Antrieb) / mechanism assembly || **≈drehmoment** *n* / driving torque, input torque || **≈drehmoment der Abstimmeinrichtung** (DIN IEC 235, T.1) / tuner running torque || **≈energie** *f*(Mot.) / motive power, drive power || **≈energie** *f*(SG, f. Betätigung) / operating energy || **≈gruppe** *f* / drive group || **≈hilfsschalter** *m*(SG) / mechanism-operated control switch, handle-operated switch || **≈kopf** *m*(SG) / operating head || **≈kopf** *m*(PS) / actuator *n* || **≈kraft** *f* / motive power, motive force, driving force || **≈kraft** *f*(LM) / propulsion force || **≈-Krafteinheit** *f*(Ventil) / actuator power unit || **≈kurbel** *f* / crank *n* || **≈leistung** *f* / driving power, drive power, motive power || **≈leistung** *f*(Gen.) / input *n*, mechanical power input || **≈leistung** *f*(LM) / propulsion power || **mechanische ≈leistung** / mechanical input || **empfohlene ≈leistung** / recommended drive capacity (r.d.c.) || **≈maschine** *f* / driving machine, drive motor, motor *n* || **≈maschine** *f*(Gen.) / prime mover || **≈moment** *n* / driving torque, input torque || **≈motor** *m* / drive motor, driving motor || **≈ritzel** *n* / driving pinion, pinion *n* || **≈scheibe** *f* / driving pulley, driving sheave || **≈schlupfregelung** *f*(Kfz) / traction control
Antriebsseite *f*(Masch.) / drive end, driving end, D-end *n*, coupling end, pulley end, back *n*(US) || **mit Blick auf die ≈** / (viewed when) facing the drive end, when looking at the drive end
antriebs·seitig *adj*(Mot.) / drive-end *adj*, at the drive end, A-end *adj* || **≈spindel** *f*(Walzw.) / jack shaft || **≈spindel** *f*(Ventil) / actuator stem || **≈staffel** *f* / drive sequence, sectional drive, drive group
Antriebssteuerung *f* / drive control, open-loop drive control || ≈ (Kfz) / power train control || ≈ (Einzelsteuerung, DIN 19237) / individual control
Antriebs·steuerungsebene *f*(DIN 19237) / drive control level, individual control level || **≈strang** *m* / power train, drive train || **≈system** *n*(HSS) / actuating system || **≈technik** *f* / drive engineering || **≈turas** *m* / drive tumbler
Antriebswelle *f*(Motorantrieb) / drive shaft, driving shaft || ≈ (Getriebe) / input shaft || ≈ (SG) / operating shaft, actuating shaft || ≈ (Kfz., Kardanwelle) / cardan shaft
Antriebszylinder *m* / operating cylinder, cylinder *n*
Antwort G (Meßeinrichtung, VDE 0432, T.3) / response G (IEC 60-3) || **≈adresse** *f* / responding address
Antworten *n*(aufgerufene Station) / answering *n*
Antworter *m* / responder *n*
Antwort·gerät *n* / responder *n* || **≈spektrum** *n* (Erdbebenprüf.) / response spectrum, test response spectrum (TRS) || **≈telegramm** *n* / response message || **≈zeit** *f* / response time || **≈zeit** *f* (Datennetz) / acknowledge time
ANV (air, non-ventilated; drucklose Luft-Selbstkühlung) / ANV (air, non-ventilated; self-cooling by air at zero gauge pressure)
anwachsend, langsam ~e Spannung (mech.) / creeping stress, creeping strain
anwählbar *adj* / selectable *adj*
Anwahl·bedienung *f* / operator selection input, preselection input || **≈befehl** *m* / selection command || **≈betrieb** *m* / selective mode
anwählen *v* / preselect *v*, select *v* || ~ (DÜ) / dial *v*
Anwahl·-Löschtaste *f* / reset button, resetting button || **≈messung** *f* / measurement by (measuring-point) selection, selective measurement || **≈-Querbedienung** *f* (gleichzeitiger Aufruf zusammengehöriger Informationen auf einem oder mehreren Bildschirmen) / linked-display mode (o. selection),

display combining mode || ²relais *n* / selector relay || ²rückmeldung *f* / selection accept signal, selection indication || ²schalter *m* / selector switch, selector *n* || ²schaltung *f* / selector circuit, selective control || ²steuerung *f* / selective control || ²tastatur *f* / selector keyboard || ²taste *f* / selector button, selector key || ²- **und Ausführungsbefehl** (FWT) / select and execute command

Anwärm-Einflußeffekt *m* / variation by self-heating

anwärmen *v* / warm up *v* || ² *n* (Werkstück; DIN 17014,T.1) / superficial heating treatment

Anwärmzeit *f* / warm-up period, warming-up time || ² (MG) / preconditioning time (IEC 51)

Anweisung *f* (DIN 44300) / statement *n*

Anweisungen *f pl* (Anleitungen) / instructions *n pl*

Anweisungs·ablaufverfolgung *f* (PC) / statement trace || ²**kommentar** *m* / statement comment || ²**liste (AWL)** (PC) *f* / statement list (STL) || ²**nummer im Teileprogramm** (NC) / part program statement number

Anwender *m* / user *n* || **vom** ² **definiert** / user-defined *adj* || ²**adresse** *f* (DIN ISO 7498) / transport address || ²**alarm** *m* / user interrupt || ²**bild** *n* (vom Anwender projektiertes Bild) / user-configured display || ²**datenbaustein** *m* / user data block || ²**einheit** *f* (Prozeßleitsystem) / application unit || ~**freundlich** *adj* / user-friendly *adj*, easy to operate || ²**funktionstaste** *f* / user function key, user-defined function key || ²**konfiguration** *f* / user configuration, user environment || ²**modul** *n* (PC) / user data submodule || ²**oberfläche** *f* / user environment, user interface || ~**orientiert** *adj* / user-oriented *adj*, application-oriented *adj* || ²**paket** *n* (Programme) / user package

Anwenderprogramm *n* (vom Anwender geschrieben) / user-written program, user program || ² (s. Anwendungsprogramm)

Anwender·protokoll *n* / application protocol || ²**schnittstelle** *f* / user interface *n* || ²**software** *f* (vom Gerätehersteller geliefert) / application(s) software || ²**software** *f* (vom Anwender geschriebene Programme) / user software || ²**speicherausbau** *m* / user memory configuration || ~**spezifisch** *adj* / user-oriented *adj*, personalized *adj*, application-oriented *adj* || ²**verbindung** *f* (DIN ISO 7498) / transport connection || ²**zweig-Zuordnung** *f* (PC) / user branch allocation

Anwendung *f* / application *n*, utilization *n* || **Energie~** *f* / energy utilization, electric power utilization

Anwendungs·bereich *m* / field of application, application *n* || ²**bereich** *m* (Vorschrift) / scope *n* || ²**berichte** *m pl* / application documentation, field reports || ²**dienst** *m* (DIN ISO 7498) / application service || ²**gebiet** *n* / field of application || ²-**Grenzkurven** *f pl* / limiting curves for application || ²**instanz** *f* (DIN ISO 7498) / application entity || ²**klasse** *f* / utilization category || ²**management** *n* (DIN ISO 7498) / application management || ~**orientiert** *adj* / application-oriented *adj*, user-oriented *adj* || ~**orientiertes Kombinationsglied** (DIN 19237) / application-oriented multi-function unit || ²**programm** *n* / application program || ²**protokoll** *n* (DIN ISO 7498) / application protocol || ²**prozeß** *m* (DIN ISO 7498) / application process || ²**richtlinien** *f pl* / application guide || ²**schicht** *f* (DIN ISO 7498) / application layer || ²**zweck** *m* / application *n*, duty *n*

anwerfen *v* (Mot.) / start *v*, start up *v* || ~ (Rel., Schutz) / start *v*

Anwerfschalter *m* (f. Hilfswickl.; drehzahlgesteuert) / centrifugal starting switch

Anwesenheit *f* (GLAZ) / attendance *n*

Anwesenheits·protokoll *n* / attendance printout || ²**zeit** *f* / attendance time

Anwurfglied *n* / starting element, starting relay

Anwurfmotor *m* (Einphasenmot. ohne Hilfswickl.) / hand-started single-phase motor || ² (Hilfsmot.) / starting motor, pony motor

Anzahl der Fehler je Einheit / defects per unit || ² **der Fehlimpulse** / missing-pulse count || ² **der Hochläufe hintereinander** / number of starts in succession || ² **der möglichen Stellungen** (Trafo-Stufenschalter; VDE 0532,T.30) / number of inherent tapping positions (IEC 214) || ² **der Schaltungen** / number of operations || ² **der Stufenschalter-Stellungen** (Trafo) / number of tapping positions (IEC 214), number of taps

Anzapfdrossel *f* / tapped variable inductor

anzapfen *v* / tap *v*

Anzapf·schütz *n* / tapping contactor || ²**transformator** *m* / tapping transformer || ²**umschalter** *m* / tap changer || ²**umsteller** *m* / off-voltage tap changer, off-load tap changer

Anzapfung *f* (Trafo, Wickl.) / tapping *n*, tap *n* || ² **für Bemessungsspannung** (Trafo) / rated kVA tap || ² **für Umstellung im spannungslosen Zustand** (Trafo) / off-circuit tap(ping) || ² **für Umstellung unter Last** (Trafo) / on-load tap || ² **für verringerte Leistung** (Trafo) / reduced-power tapping || ² **für volle Leistung** (Trafo) / full-power tapping || ² **mit größtem Strom** (Trafo) / maximum-current tapping || ² **mit höchster Spannung** (Trafo) / maximum-voltage tapping || **Übersetzung auf den** ²**en** / voltage ratio corresponding to tappings

Anzapfungs·bereich *m* (Trafo, VDE 0532, T.1) / tapping range (IEC 76-1) || ²**betrieb** *m* (Trafo, VDE 0532, T.1) / tapping duty (IEC 76-1) || ²**faktor** *m* (Trafo, VDE 0532, T.1) / tapping factor (IEC 76-1) || ²**größe** *f* (Trafo) / tapping quantity || ²**leistung** *f* / tapping power || ²**spannung** *f* / tapping voltage || ²**strom** *m* / tapping current || ²**stufe** *f* / tapping step || ²**übersetzung** *f* (Trafo) / tapping voltage ratio || ²**wert** *m* / tapping quantity || ²**wicklung** *f* / tapped winding

Anzeige *f* / indication *n*, display *n*, annunciation *n*, readout *n* || ² (BSG, CAD) / display *n* || ² (Indikatorbit) / indicator bit || **Ergebnis~** (PC, Bit) / result bit || **Sicht~** / display *n*, read-out *n* || **Zähler~** (EZ) / meter registration, meter reading

Anzeigebaugruppe *f* (m. Leuchtdioden) / LED module || ² (f. BSG) / display module

Anzeige·bereich *m* (BSG) / display range, display limits || ²**bereichsanfang** *m* (Bildschirm) / lower (display) range limit || ²**bereichsende** *n* (Bildschirm) / upper (display) range limit || ²**beruhigung** *f* / display stabilization || ²**bit** *n* (Indikator) / indicator bit, condition-code bit || ²**daten** *plt* (Display) / display data || ²**dauer** *f* (BSG) / display duration

Anzeigeeinheit *f*(BSG) / visual display unit (VDU) || ≗ (Tafel) / display panel, annunciator panel || ≗ (einzeilig) / display unit, display element
Anzeige·element *n* / display element || ≗**fehler** *m* / indication error || ≗**fehler bei Endausschlag** (EZ) / register error at full-scale deflection
Anzeigefeld *n* / annunciator panel, indicator panel, display section || ≗ (z. B. an einem Programmiergerät) / display panel || ≗ (BSG) / display field || ≗ (Mosaiktechnik, Kompaktwarte) / display tile
Anzeige·fläche *f*(BSG) / display area || ≗**funkenstrecke** *f*(Abl.) / indicating gap
Anzeigegerät *n* / indicating device, indicator *n* || ≗ (BSG) / display device, (visual) display unit
Anzeige·höhe *f*(Echohöhe) / echo height || ≗**instrument** *n* / indicating instrument, indicator *n* || ≗**kopf** *m* / display head || ≗**lampe** *f* / indicator lamp, indicating light, pilot lamp, repeater lamp
Anzeigen·adresse *f*(PC, Indikatora.) / indicator address, condition-code (byte) address || ≗**bewertung** *f* / evaluation of indication, display evaluation || ≗**bildung** *f*(BSG) / display generation
anzeigend·er Drehmomentschlüssel / torque indicating spanner || ~**er Grenzwertmelder** / indicating limit monitor || ~**es Maximumwerk** / indicating maximum-demand mechanism || ~**es Meßgerät** / indicating instrument, indicator *n* || ~**es Thermometer** / dial-type thermometer
Anzeigen·einspiegelung *f*(Kfz) / head-up display || ≗**steuerung** *f* / display control || ≗**wort** *n* (Indikator) / condition-code word, indicator word
Anzeige·pfeil *m* / arrow *n*, direction arrow || ~**pflichtig** *adj* / notifiable *adj*
Anzeiger *m* / indicator *n* || ≗ (anzeigendes Meßgerät) / indicating instrument || ≗ (Sich.) / indicating device, indicator *n* || ≗ **einer berührungsgefährlichen Spannung** / live voltage detector (IEC 50(302)) || **Ableitstrom-**≗ / earth-leakage detector, leakage current detector || **elektrischer** ≗ **für nichtelektrische Größen** / electrically operated measuring indicating instrument
Anzeigeröhre *f* / indicator tube, display tube
Anzeigersicherung *f* / indicator fuse
Anzeige·schwelle *f* / threshold of indication || ≗**tableau** *n* / annunciator *n* || ≗**tafel** *f* / annunciator board, display panel || ≗**treiber** *m* / display driver || ≗**- und Bedieneinheit** / display and control unit || ≗**volumen** *n*(Datensichtgerät) / display capacity || ≗**vorrichtung** *f*(MG, Sich.) / indicating device, indicator *n* || ≗**wiederholung** *f*(PLT, Sammelstatus) / common-status display || ≗**wort** (s. Indikatorwort) || ≗**zyklus** *m*(BSG) / display cycle
anziehen *v*(Mot.) / break away *v*, start up *v* || ~ (Rel.) / pick up *v* || ~ (Schraube) / tighten *v*
Anziehschema *n*(Schrauben) / bolt tightening scheme
Anziehung *f*(magn., elektrostatisch) / attraction *n*
Anziehungskraft *f* / attractive force, force of attraction
Anzugs·drehmoment *n*(Thyr, beim Einschrauben) / stud torque || ≗**drehmoment** (s. Anzugsmoment) || ≗**kraft** *f*(Bahn) / starting tractive effort, starting drawbar pull || ≗**leistung** *f*(Rel.) / pickup power, pull-in power || ≗**moment** *n*(Mot., VDE 0530, T.1) / locked-rotor torque (IEC 34-1), breakaway torque || ≗**moment** *n*(Schraube) / tightening torque || ≗**spannung** *f*(Mot.) / breakaway starting voltage, locked-rotor voltage || ≗**spannung** *f* (Rel.) / relay operate voltage, operate voltage || ≗**strom** *m*(Mot., VDE 0530, T.1) / locked-rotor current (IEC 34-1), breakaway starting current || ≗**strom** *m*(Rel.) / pickup current || ≗**strom** *m* (kurzz. Strom einer Magnetspule beim Einschalten) / inrush current || ≗**strom IA** / starting current IA || ≗**stromverhältnis IA/IN** / starting current ratio IA/IN || ~**verzögert** *adj* / ON-delay *adj*, pickup-delayed *adj*, with ON delay || ~**verzögertes Relais** / on-delay relay, time-delay-after-energization relay (TDE), slow-operating relay (SO relay) || ~**verzögertes Relais** (s. ansprechverzögertes Relais) || ≗**verzögerung** *f* (Rel.) / pickup delay, time delay on pick-up, ON-delay *n* || ≗**wert** *m*(Rel.) / pickup value || ≗**wicklung** *f*(Rel.) / pickup winding || ≗**zeit** *f*(Rel.) / pickup time, operate time
APC (s. Arbeitsplatzcomputer)
APD (s. Lawinenfotodiode)
aperiodisch *adj*(IEC 50(101)) / aperiodic *adj* || ~ **abgetastete Echtzeitdarstellung** (Impulsmessung, DIN IEC 469, T.2) / aperiodically sampled real-time format || ~ **gedämpft** (MG) / dead-beat *adj* || ~**e Größe** / aperiodic quantity || ~**e Komponente** / aperiodic component || ~**e Schwingung** / aperiodic motion, aperiodic oscillation || ~**e Zeitkonstante** / aperiodic time constant
Aperturunsicherheit (s. Öffnungsunsicherheit)
APH (s. Anflug-Hochleistungsbefeuerung)
APL (s. Anflug-Niederleistungsbefeuerung)
APM (s. Anflug-Mittelleistungsbefeuerung)
Apparat *m* / apparatus *n*, device *n*, item of apparatus, item of equipment, appliance *n*
Apparatedose *f*(I) / switch and socket box, device box, switch box, wall box
Approbation *f* / approval *n*, certification *n*
Approbationspflicht *f* / approval requirements, certification requirements
APR (s. Präzisionsanflugradar) || ≗ (s. Arbeitsplatzrechner)
A-Prüfstelle *f* / A-level calibration facility
APS (s. Anflug-Seitenreihe-Befeuerung)
APT-System *n*(APT = automatically programmed tool) / APT system (automatically programmed tool system)
AQL (s. annehmbare Qualitätslage)
äquatoriales Trägheitsmoment / equatorial moment of inertia, axial moment of inertia
äquidistant, Regelung mit ~en Steuerimpulsen / equidistant firing control
Äquidistante *f* / equidistant *n*
Äquijunktion *f* / equivalence *n*
Äquipotential *n* / equipotential *n* || ≗**fläche** *f* / equipotential surface (o. area) || ≗**linie** *f* / equipotential line, equipotential curve || ≗**verbindung** *f* / equipotential connection, equalizer *n*
äquivalent·e Betriebszeit (KW) / weighted operating hours || ~**e Eingangsdrift** / equivalent input voltage/current drift || ~**e Eingangs-Rauschspannung** / equivalent input noise voltage || ~**er elektrischer Stromkreis** / equivalent

electric circuit || ~**e Leistung** (Trafo) / equivalent rating || ~**e Leitfähigkeit** / equivalent conductance || ~**e Leuchtdichte** / equivalent luminance || ~**e Leuchtdichte des Hintergrundes** / equivalent field luminance || ~**es Netzwerk** / equivalent network || ~**es Rauschsignal** / noise-equivalent signal || ~**e Rauschspannung** / equivalent noise voltage || ~**e Reaktanz** / equivalent reactance || ~**e Salzmenge** (Fremdschichtprüfung) / equivalent salt deposit density (ESDD) (IEC 507) || ~**e Schleierleuchtdichte** / equivalent veiling luminance || ~**er Serienwiderstand** (Kondensator, IEC 50(436)) / equivalent series resistance || ~**e Verschleierung** (s. äquivalente Schleierleuchtdichte) || ~**e Zeitdarstellung** (Impulsmessung) / equivalent time format

Äquivalenz *f* / equivalence *n* || ≗**element** *n* (binäres Schaltelement) / logic identity element, coincidence gate

AR (s. Adressenregister)

Aräometer *n* / areometer *n*, hydrometer *n*

Arbeit *f* / work *n*, energy *n* || **elektrische** ≗ / electrical energy || **mechanische** ≗ / mechanical work

Arbeiten an unter Spannung stehenden Teilen / live working, live-line working || ≗ **mit direkter Berührung** / bare-hand method || ≗ **mit isolierender Schutzbekleidung** / insulated gloves method, rubber gloves method || ≗ **mit Schutzabstand** / safe-clearance working, hot-stick working (US)

arbeitsabhängige Kosten (StT) / energy cost

Arbeitsablauf *m* / sequence of work, sequence of operations, process *n* || ≗ (HG) / period of operation, operating period || ≗ (WZM, NC) / work cycle, machining cycle, cycle *n* || ≗**plan** *m* / work schedule, work sequence schedule, flow diagram || ≗**plan** *m* (NC, DIN 66257) / planning sheet (ISO 2806-1980) || ≗**studie** *f* / chronological study

Arbeits·abstand sa (NS) / actuation distance sa || ≗**anweisung** *f* / work instruction || ≗**aufstellung** *f* / work schedule, operating plan || ≗**ausnutzung** *f* (eines Generatorsatzes) / utilization factor of the maximum capacity (of a set) || ≗**baustein** *m* / work block, active block

Arbeitsbereich *m* / operating range, working range || ≗ (Rel., einer Erregungsgröße; VDE 0435, T.110) / operative range || ≗ (SR; VDE 0558, T.1) / d.c.-side operating range || ≗ **der Ausgangsspannung** (Verstärker) / output voltage range || ≗ **der Eingangsgröße** (DIN 44472) / signal input range || ≗ **der Eingangsspannung** (Verstärker) / input voltage range || ≗ **des Ausgangsstroms** (Verstärker) / output current range || ≗ **des Eingangsstroms** (Verstärker) / input current range

Arbeitsbereichs·begrenzung *f* (NC) / operating range limit(ing) || ≗**test** *m* (NC) / operating range test

Arbeits·beschreibung *f* / description of work, work statement || ≗**bewegung** (WZM) (s. Bearbeitungsbewegung) || ≗**bühne** *f* / (working) platform || ≗**code** *m* / operation code || ≗**datei** *f* / work file || ≗**druck (PA)** (DIN 2401,T.1) *m* / operating pressure, working pressure || ≗**einheit** *f* / energy unit || ≗**erder** *m* / work-in-progress earthing switch, maintenance earthing switch || ≗**erdung** *f* / earthing for work, grounding for work || ≗**-Erdungsschalter** (s. Arbeitserder) || ≗**feld** *n* (BSG) / working field || ≗**fläche** *f* (BSG) / viewport *n* || ≗**fluß** *m* / work flow || ≗**folge** *f* / sequence of operations, sequence of work || ≗**gang** *m* / operation *n*, work operation || ≗**gang** *m* (WZM, NC) / machining operation, pass *n* || ≗**gangnummer** *f* (NC) / operation number || ≗**gemeinschaft HGÜ** / HVDCT Working Group || ≗**gerade** *f* (magn.) / load line || ≗**gleichung** *f* / energy equation || ≗**gruppe** *f* / working group || ≗**hebebühne** *f* / aerial lift device || ≗**information** *f* (NC) / functional control information || ≗**karte** *f* / job card, work ticket || ≗**kenndaten** *plt* / operating characteristics || ≗**kenngrößen** *f pl* / performance characteristics || ≗**kennlinie** *f* (el. Masch.) / working curve, dynamic characteristic || ≗**kennlinie** *f* (Rel.) / operating characteristic, characteristic curve || ≗**kennlinie** *f* (ESR) / operating line, operating curve || ≗**kennlinie der Ausgangselektrode** / load line (EBT) || ≗**kontakt** *m* / make contact, make contact element (IEC 337-1), a-contact, normally open contact, NO contact

Arbeitskopf, auswechselbarer ≗ (Handstange) / universal tool attachement (IEC 50(604))

Arbeits·kräfte *pl* / manpower *n*, human resources || ≗**kreis** *m* / working committee || ≗**last** *f* / working load || ≗**lehre** *f* / workshop gauge, working gauge || ≗**leistung** *f* / performance *n* || ≗**maschine** *f* (angetriebene Masch.) / driven machine || ≗**maschine** *f* (Produktionsmasch.) / production machine || ≗**maske** *f* (IS) / working mask || ≗**maßstab** *m* (Zeichnung) / plotting scale || ≗**maßstab** *m* (Karte) / compilation scale || ≗**matrix** *f* (IS) / function matrix || ≗**messung** *f* / energy metering || ≗**normal** *n* / working standard || ≗**physiologie** *f* / human factors engineering || ≗**plan** *m* / work schedule, operating plan || ≗**planung** *f* / work planning, work scheduling

Arbeitsplatz *m* / place of work, workplace *n* || ≗ (m. Bildschirmgerät) / workstation *n* || **Bildschirm-**≗ **(BSA)** / display workstation, VDU-based workstation || **Büro**~ / office workplace || **Graphik**~ / graphic workstation || ~**abhängiger Segmentspeicher (AASS)** (GKS) / workstation-dependent segment storage (WDSS) || ≗**beleuchtung** *f* / local lighting, localized lighting || ≗**beschreibung** *f* / job description || ≗**computer (APC)** *m* / workstation computer, desktop computer, personal computer || **maximale** ≗**konzentration** (MAK-Wert) / maximum allowable concentration (MAC), threshold limit value at place of work (TLV) || ≗**leuchte** *f* / work light, close work luminaire (o. fitting), workplace luminaire || ~**orientierte Allgemeinbeleuchtung** / localized general lighting, orientated general lighting || ≗**-Pflichtanforderung** *f* / workstation mandatory || ≗**rechner (APR)** *m* / workstation computer, desktop computer, personal computer || ~**unabhängiger Segmentspeicher (AUSS) GKS)** / workstation-independent segment storage (WISS)

Arbeits·preis *m* (StT) / kilowatthour rate || ≗**produkt** *n* / scalar product || ≗**prüfung** *f* / operating duty

test
Arbeitspunkt *m*(HL, Dauermagnet) / working point || ≗ (MG, VDI/VDE 2600) / operating point || ≗ (Rob.) / tool centre point (TCP) || **≗-Drift** *f*(MG) / point drift
Arbeitsraum *m*(WZM) / working area || ≗ (Rob.) / working space, work volume, work envelope
Arbeits·register *n* / working register || **≗schutz** *m* / occupational safety and health (US) || **≗schutzgesetz** *n* / Labour Protection Act, Health and Safety at Work Act (HSW Act) (US) || **≗schutzwagen** *m* / safety service trolley, safety repair truck || **≗sicherheit** *f* / occupational safety, labour safety || **≗spalt** *m* / working clearance || **≗spannung** *f* / working voltage, on-load voltage, operating voltage || **≗spannung** *f*(VDE 0711; VDE 0730) / working voltage (CEE 10,1; IEC 598) || **≗speicher (ASP)** *m* / main memory, user memory, active store || **≗speicher** *m* (Anwendersp.) / user memory || **≗spiel** *n* / working cycle, cycle *n* || **≗spielzeit** *f* / work cycle time, cycle time || **≗spindel** *f* / workspindle *n*, main spindle || **≗stange** *f* / working pole, working stick || **≗stange mit Universalanschlüssen** / universal hand stick || **≗stätte** (s. Arbeitsplatz) || **≗stätten** *f pl* / working and business premises, production and office areas || **≗stellung** *f* / working position, actuated position || **≗stellung** *f*(„Ein"-Stellung) / "On" position || **≗stellung** (Rel.) (s. Wirkstellung)
Arbeitsstrom *m* / working current, load current, operating current || **≗-Alarmgerät** *n* / open-circuit alarm device || **≗-Auslösekreis** *m*(VDE 0169,4) / open-circuit trip circuit || **≗auslöser** *m*(f-Auslöser) (VDE 0660, T.101) / open-circuit shunt release, shunt release (IEC 157-1), release with shunt coil || **≗auslöser mit Kondensatorgerät** (fc-Auslöser) / shunt release with capacitor unit, capacitor release || **≗betrieb** *m*(FWT) / open-circuit working || **≗bremse** *f* / magnetically operated brake || **≗kreis** *m* / open circuit, make circuit || **≗schaltung** *f* / open-circuit arrangement, circuit closing connection, make circuit || **≗schaltung** *f*(EZ) / make circuit, open-circuit-to-reset type
Arbeits·tabelle *f*(IC) / function table || **≗tag** *m* / work day, working day || **≗tag-Typ** *m* / working day pattern || **≗takt** *m*(Kfz-Mot.) / power stroke || **≗tarif** *m*(StT) / energy tariff || **≗temperatur (TA)** (DIN 2401,T.1) *f* / operating temperature || **≗trum** *m* / driving strand, tight side || **≗umfang** *m* / scope of work, extent of operations || **≗ventil** *n*(LE) / working valve || **≗verluste** *m pl*(Netz) / energy losses || **≗verlustgrad** *m*(Netz) / energy loss factor, loss factor || **≗vermögen** *n*(KW) / energy capability || **≗vermögen** *n*(Batt.) / working capacity, energy *n* || **≗vermögen-Koeffizient** *m* (KW) / energy capability factor
Arbeitsvorbereitung *f*(WZM, NC) / production planning, process planning, work planning
Arbeits·vorbereitung *f*(Fabrik) / operations planning and scheduling || **≗vorgabe** *f* / work assignment || **≗vorgang** *m* / work operation, operation n., process *n*, cycle *n* || **≗vorrat** *m* (Pumpspeicherwerk) / electrical energy reserve || **≗vorschub** *m*(NC) / machining feed, feedrate *n*, feed *n* || **≗vorschub mit Eilgang** / rapid feed, rapid traverse || **≗weise** *f* / method of operation, mode of operation, operational mode, working method || **≗welle** *f* / output shaft || **≗welle** *f*(el. Welle) / power synchro-tie, power selsyn || **≗wert** *m*(Rel.; E VDE 0435,T.110) / operate value || **≗wicklung** *f* / power winding, load winding || **≗wicklung** *f*(Rel.) / operating coil || **≗widerstand** *m* / load resistance
Arbeitszeit *f* / working hours, work hours || ≗ (Anwesenheitszeit) / attendance time || ≗ (Rel., Schutz; „Kommandozeit") / operating time || **≗element** *n*(GLAZ) / attendance element || **≗erfassung** *f*(GLAZ) / attendance recording, time and attendance recording || **≗form** *f*(Woche) / weekly program || **≗form** *f*(Tag) / daily program, working day pattern, work schedule, attendance pattern, attendance form || **≗modell** *n* / attendance model || **≗regelung** *f* / working-time arrangement || **≗vereinbarung** *f* / working hours agreement
Arbeits·zustand *m*(Rel.) / operate condition, operate state (US) || **≗zustand** *m*(Rel.) / operated condition
Arbeitszyklus *m* / cycle of operation, operating cycle, working cycle, production cycle || ≗ (WZM, NC) / machining cycle, fixed cycle, canned cycle || ≗ (NC-Wegbedingung, DIN 66025,T.2) / cycle *n* (NC preparatory function, ISO 1056) || **fester** (NC) / fixed cycle, canned cycle
Arbeitszylinder *m*(Stellantrieb) / actuator cylinder
Arbiter (s. Zuteiler)
Arbitrationsbus (s. Zuteilungsbus)
Architektur *f*(System) / architecture *n*
Archivdatenträger *m* / archiving medium
archivieren *v*(DV) / archive *v*, file *v*
Archivier-Ladespeicher *m* / filing and loading store
Archivierung *f*(DV) / archiving *n*, filing *n*, off-line storage
Archivierungs·stand *m* / archives version || **≗zyklus** *m* / archiving cycle
Archiv·protokoll *n* / archiving devices log, historical log || **≗stand** *m* / archives version
Archivverwaltung *f* / archives management || ≗ (s. Archivverzeichnis)
Archivverzeichnis *n* / archives directory
Arc-Tangensfunktion *f* / arc tangent function, inverse tangent function
Arcustangens *m* / arc tangent
Argon·arc-Schweißen *n* / argon-arc welding || **≗-Lichtbogen** *m* / argon arc
A-Ring *m*(Schleifring) / negative ring
Arithmetik·-Anweisung *f*(NC) / arithmetic instruction, compute instruction || **≗prozessor** *m* / numeric data processor (NDP), arithmetic (co)processor
arithmetisch·e Durchschnittsabweichung / arithmetic average deviation || **~e Funktion** / arithmetic function, arithmetic operation || **~es Mittel** (s. arithmetischer Mittelwert) || **~er Mittelwert** / arithmetic mean (value) || **~e Verschlüsselung** (der Vorschübe u. Drehzahlen; NC) / magic-three code
arithmetisch-logische Einheit (ALU) / arithmetic logic unit (ALU)
arktisches Klima / arctic climate
Arm *m*(Roboter) / arm *n*
Armatur *f*(Isolator) / metal part || ≗ (Bürste) (s. Kopfarmatur)
Armaturen *f pl*(f. Rohrleitungen) / valves and

fittings || ≗ (Kabel) / accessories *n pl*, fittings *n pl* || **Installationsrohr-≗** / conduit fittings, conduit accessories || ≗**brett** *n* (Kfz) / dashboard *n*, instrument panel || ≗**brettleuchte** *f* / dashboard lamp, panel lamp || ≗**leuchte** (s. Armaturenbrettleuchte)
Armauflage *f* / arm rest
Armdrehen *n* (Manipulator) / azimut rotation
Ärmel, isolierender ~ / insulating arm sleeve
armiert·er Isolator / insulator with integral metal parts || ~**es Kabel** / armoured cable
Armierung *f* (Beton) / reinforcement *n* || ≗ (Kabel) / armour *n*, armouring *n*
Armstern *m* (WKW) / bearing bracket, spider *n*
Arno-Umformer *m* / phase converter
AROM (s. änderbares ROM)
aromatischer Kohlenwasserstoff / aromatic hydrocarbon
Aron-Schaltung *f* / two-wattmeter circuit
Aronzähler *m* / Aron meter
arretieren *v* / arrest *v*, to locate in position, block *v*, clamp *v*
Arretierung *f* / locking (element), arresting device, blocking (element), clamping device
Arrhenius-Diagramm *n* / Arrhenius graph
ARSR (s. Flugstrecken-Rundsichtradar)
Art der Einstellung (Trafo) / method of regulation, category of regulation || ≗ **des Betriebsmittels** (DIN 40719,T.2) / kind of item (IEC 113-2) || ≗ **des Fehlzustands** (IEC 50(191)) / fault mode
Arten·bestimmung für Schruppen und Schlichten (NC) / definition of machining operation for roughing and finishing
Artkennzeichen *n* (DIN 40719) / designation "Kind"
AS (s. A-Seite) || ≗ (s. Anschaltung)
Asbest·band *n* / asbestos tape || ≗**dichtung** *f* / asbestos seal, asbestos packing || ≗**papier** *n* / asbestos paper || ≗**pappe** *f* / asbestos board || ≗**strang** *m* / asbestos roving
A-Schalldruckpegel *m* / A-weighted mean sound-pressure level
A-Schalleistungspegel *m* / A-weighted sound-power level
Aschegehalt *m* (Öl) / ash content
ASCII-Code (amerikanischer Standardcode für Informationsausstausch) / ASCII-Code (American Standard Code for Information Interchange)
ASCII-Tastatur *f* / ASCII keyboard
ASDA (s. verfügbare Startlaufabbruchstrecke)
A-Seite *f* (el. Masch.) / drive end, D-end *n*, driving end, back *n* (US)
aselektiv·er Empfänger (f. optische Strahlung) / non-selective detector || ~**er Strahler** / non-selective raditor
AS-Faser *f* (AS = all silica) / AS fibre (all-silica fibre)
a-Sicherungseinsatz *m* (f. Kurzschlußschutz) / a fuse link
Askarel *n* / askarel *n* || ≗**tranformator** *m* / askarel-filled transformer, askarel transformer
AS-Lager *n* / D-end bearing, drive-end bearing
ASP (s. Arbeitsspeicher)
Aspektverhältnis *n* / aspect ratio
Asphalt·farbe *f* / bituminous paint || ≗**kitt** *m* / asphaltic cement, asphalt mastic || ≗**lack** *m* / asphalt varnish, bituminous varnish || ≗**masse** *f* / asphalt compound, bituminous compound, asphalt paste, bituminous mastic
ASR (s. automatisches Senden und Empfangen) || ≗ (s. Flughafen-Rundsichtradar)
AS-Schild *m* / end shield at drive end, drive-end shield, D-end shield
assemblieren *v* / assemble *n*
Assemblierer *m* / assembler *n*
assoziative Bemaßung (CAD) / associative dimensioning
Assoziativspeicher *m* / associative storage
Ast *m* (Kurve, Netzwerk) / branch *n*
astabil·es Kippglied (DIN 40700) / astable element (IEC 117-15), multivibrator *n* || ~**e Schaltung** / astable circuit
astatisch·es Meßgerät (s. Meßgerät mit magnetischer Schirmung) || ~**e Regelung** / astatic control
Astigmatismus *m* / astigmatism *n*
astronomische Sonnenscheindauer / astronomical sunshine duration
Asymmetrie·grad *m* / asymmetry factor, unbalance factor || ≗**relais** *n* / unbalance relais
asymmetrisch·es Ausschaltvermögen / asymmetrical breaking capacity, asymmetrical rupturing capacity || ~**e Breitstrahlung** / asymmetrical wide-angle radiation, asymmetrical wide-beam radiation || ~**es Element** / asymmetric element, asymmetric-characteristic circuit element || ~**e Funkstörspannung** (Delta-Netznachbildung) / asymmetrical terminal interference voltage, asymmetrical terminal voltage || ~ **gerichtete Ausstrahlung** / asymmetrically directed radiation (o. light distribution) || ~**e Klemmenspannung** (EMV) / asymmetrical terminal voltage || ~**er Kurzschlußstrom** / asymmetric short-circuit current || ~**er Lichtkegel** (Kfz) / asymmetrical beam || ~**es Schaltvermögen** (s. asymmetrisches Ausschaltvermögen) || ~**e Spannung** (EMV) / asymmetrical voltage, common-mode voltage || ~ **sperrender Thyristor** / asymmetric thyristor, asymmetric silicon-controlled rectifier (ASCR) || ~ **strahlender Spiegel** (Leuchte) / asymmetric specular reflector || ~**e Verteilung** (s. schiefe Verteilung) || ~**e, halbgesteuerte Brückenschaltung** / asymmetric half-controlled bridge || ~**e, löschbare Brückenschaltung** / asymmetric bridge with forced turn-off commutation
asymptotische Verfügbarkeit / asymptotic availability
asynchron *adj* / asynchronous *adj*, non-synchronous *adj* || ~ (zur Bezeichnung einer Netzkenngröße; vgl. „Asynchronbedingungen") / out-of-phase *adj* || ~**er Anlauf** / induction start, asynchronous starting, induction starting || ~**er Betrieb** / asynchronous operation || ~**er Betrieb** (Signalverarbeitung) / asynchronous mode || ~**er Binärzähler/Teiler** / ripple-carry binary counter/divider || ~**e Datenübertragung** / asynchronous data transmission || ~**es Drehmoment** / asynchronous torque, damping torque || ~**es Drehmoment** (Oberwellendrehm.) (s. asynchrones Zusatzdrehmoment) || ~**e Fernwirkübertragung** / asynchronous telecontrol transmission || ~**e Impedanz** / asynchronous

impedance || ~er **Lauf** / asynchronous operation || ~e **Meldung** / sporadic message || ~e **Schaltspannung** / out-of-phase switching voltage || ~er **Selbstanlauf** / asynchronous self-starting || ~e **Steuerung** / non-clocked control || ~e **Übertragung** / asynchronous transmission || ~e **Verbindung** (Netz) / asynchronous link || ~er **Zähler** / asynchronous counter, ripple counter || ~es **Zusatzdrehmoment** / harmonic induction torque

Asynchronbedingungen *f pl*(Netz) / out-of-phase conditions || **Einschaltvermögen unter** ≗ / out-of-phase making capacity

Asynchron·betrieb *m* (Synchronmasch.) / asynchronous operation || ≗**blindleistungsmaschine** *f* / asynchronous condenser, asynchronous compensator, asynchronous capacitor || ≗**faktor** *m* / out-of-phase factor || ≗**frequenzwandler** *m* / induction frequency changer (converter) || ≗**generator** *m* / induction generator, asynchronous generator, non-synchronous generator || ≗**impedanz** *f* / asynchronous impedance || ≗**-Linearmotor** *m* / linear induction motor (LIM)

Asynchronmaschine *f* / asynchronous machine, induction machine, non-synchronous machine

Asynchronmotor *m* / asynchronous motor, induction motor, non-synchronous motor || ≗ **mit Anlauf- und Betriebswicklung** / double-deck induction motor || ≗ **mit Käfigläufer** / squirrel-cage induction motor || ≗ **mit Schleifringläufer** / slipring induction motor, wound-rotor induction motor, phase-wound motor || **phasenkompensierter** ≗ / all-Watt motor || **synchronisierter** ≗ / synchronous induction motor, synchronized induction motor, auto-synchronous motor, synduct motor

Asynchron·reaktanz *f* / asynchronous reactance || ≗**sperre** (s. Außertrittfallrelais) || ≗**-Synchron-Umformer** *m* / induction-synchronous motor-generator set || ≗**widerstand** *m* / asynchronous resistance || **binärer** ≗**zähler** / binary ripple counter

Äthylen (s. Ethylen)

atmend *adj* / breathing *adj* || ~e **Verpackung** / ventilated packing

Atmosphärendruck *m* / barometric pressure, atmospheric pressure

atmosphärisch·e Bedingungen / atmospheric conditions || ~er **Durchlaßgrad** / atmospheric transmissivity || ~er **Korrekturfaktor** / correction factor for atmospheric conditions || ~e **Korrosion** / atmospheric corrosion || ~e **Normalbedingungen** / standard atmospheric conditions || ~e **Überspannungen** / surges of atmospheric origin

atmungs·dicht *adj* / hermetically sealed || ≗**einrichtung** *f* / breathing device || ≗**einrichtung** *f* (explosionsgeschützte Betriebsmittel) / breather *n*

Atom·absorptionsspektrometrie *f* / atom absorption spectrometry || ≗**antrieb** *m* / nuclear propulsion system, atomic propulsion

ATS (s. Flugverkehrsdienste)

Attribut *n* (QS) / attribute *n* || ≗**merkmal** *n* / attribute *n* || ≗**prüfung** *f* / inspection by attributes

AT-VASIS (s. vereinfachte T-VASIS)

A-Typ-Transistor (s. Verarmungstyp-Transistor)

Ätzbad *n* / etching solution, etch bath

Ätze (s. Ätzbad)

ätzen *v* / etch *v*

ätzend *adj* / caustic *adj*, corrosive *adj* || ~e **Dämpfe** / corrosive vapours (o. fumes)

Ätz·faktor *m* / etch factor || ≗**lösung** *f* / etching solution || ≗**mittel** *n* / etching agent, etchant *n*, etching medium || ≗**probe** *f* / etch test

Audiofrequenz (AF) *f* / audio frequency (AF)

Audit *n* (QS) / audit *n* || ≗**anweisung** *f* / audit procedure

auditieren *v* (QS) / audit *v*

Auditplan *m* / audit plan

auf den Anfangsbestand bezogene Kenngrößen (DIN 40042) / reliability characteristics with regard to initials || ~ **den Bestand bezogene Zuverlässigkeitskenngrößen** (DIN 40042) / reliability characteristics with regard to survivals || ~ **den Bezugswert bezogene Abweichung** (Rel., VDE 0435, T.110) / conventional error || ~ **den neuesten Stand bringen** / update *v* || ~ **Drehzahl kommen** / to run up to speed, accelerate *v* || ~ **Eigensteuerung schalten** (PMG) / to go to local || ~ **einen Zwischenbestand bezogene Ausfallgrößen** (DIN 40042) / failure characteristics with regard to intermediate survivals || ~ **Einhaltung der Toleranzen prüfen** / to check for specified limits

Auf-/Ab-Zähler (s. Vorwärts-Rückwärtszähler)

aufbandagieren *v* / tape *v*, wind *v*

Aufbau *m* (Bauart) / construction *n*, design *n* || ≗ (Gefüge) / structure *n* || ≗ (Montage) / erection *n*, installation *n*, mounting *n* || ≗ (Zubehör einer Röhre; DIN IEC 235, T.1) / mount *n* || ≗ **der Selbsterregung** / build-up of self-excited field || ≗ **der Spannung** / build-up of voltage || ≗ **des Programms** / structure of program || ≗ **einer Nachricht** (PMG) / message structure || ≗ **eines Feldes** / setting up of a field, creation of a field || **für** ≗ / surface-mounting *adj* || **mechanischer** ≗ / mechanical design, mechanical construction || **zentraler** ≗ (PLT, PC) / centralized configuration || ≗**anschlußdose** *f* (IK) / surface-mounting outlet box, floor-mounting outlet box || ≗**automat** *m* (Kleinselbstschalter) / surface-type m.c.b., surface-mounting m.c.b. || ≗**berufe** *m pl* / advanced trades || ≗**deckel** *m* (IK) / adapter cover, cover *n* (of surface-mounting box) || ≗**-Deckenleuchte** *f* / surface-type ceiling luminaire, ceiling luminaire || ≗**-Empfänger** *m* (RSA, VDE 0420) / consumer's receiver

aufbauen *v* / erect *v*, construct *v*, mount *v*, assemble *v*, set up *v* || **ein Magnetfeld** ~ / to build up a magnetic field, to set up a magnetic field || **eine Verbindung** ~ (DÜ) / to establish a connection

Aufbau·fassung *f* (Lampe) / surface-mounting lampholder || ≗**gerät** *n* (zum Kombinieren mit einem Grundgerät) / add-on unit, combination unit || ≗**gerät** *n* (Auf-Putz-Gerät) / surface-mounting device || ≗**leuchte** *f* (Deckenleuchte) / ceiling luminaire || ≗**-LS-Schalter** *m* / surface-type circuit-breaker || ≗**-LS-Schalter** (Kleinselbstschalter) (s. Aufbauautomat) || ≗**material** *n* / installation accessories, mounting hardware, mounting accessories, mounting and fixing accessories || ≗**raster** *m* (Halterahmen) / retaining frame || ≗**richtlinien** *n* / installation

guideline, recommendations for installation || °~**schalter** *m* / surface-type switch, surface switch || °~**sicherung** *f* / surface-type fuse (base), surface-mounting fuse (base)
Aufbausystem *n* / rack system, packaging system, assembly system, assembly and wiring system || °~ **für Steuertafeln** / modular system for assembling control panels || °~ **in Bausteintechnik** / modular rack-and-panel system, modular packaging system
Aufbauten *m pl* / built-on accessories, machine-mounted accessories || **mechanische** °~ (MSR-Geräte) / constructional hardware
Aufbau·typ *m* (LSS) / surface type || °~**übersicht** *f* / assembly drawing || °~**übersicht** *f* (DIN 6789) / components scheme || °~**zeichnung** (s. Anordnungsplan)
Aufbauzeit *f* (Formierzeit) / formation time || °~ (Datenleitung) / (connection) establishment delay
aufbereiten *v* (Signale) / condition *v*, preprocess *v* || ~ (Text) / edit *v*
Aufbereitung *f* (Isolierflüssigk.) / re-conditioning *n* || °~ (Wickl.) / treatment *n* || °~ **von Impulsen** / pulse conditioning || **Text~** / text composing and editing
Aufbeton *m* / top concrete, concrete topping
Aufbewahrungsfrist *f* (QS) / retention period , filing period
aufblasen *v* (Luftsack) / inflate *v* || °~ **des Kolbens** (Lampe) / bulb blistering
aufblinken *v* / flicker *v*
aufbocken *v* / support *v*, jack *v* (up)
aufbohren *v* / to enlarge a bore, bore *v*, drill *v*, counter-bore *v*
aufbrechbare Verschweißung (Kontakte) / separable welded contacts
Aufdampfen *n* / vapour depositing, evaporation coating, vaporizing metal-coat deposition, vacuum metallizing
aufdaten *v* (aktualisieren) / update *v*
aufdecken *v* (Fehler) / detect *v*, locate *v*
Aufdeckungsvermögen *n* / revealing power
Aufdrück- und Abziehvorrichtung / fitting and extracting tool, pusher-puller *n*
Aufenthaltszeit *f* (QS) / abode time || °~ (GLAZ) / attendance time
Auferregung *f* / build-up of excitation, voltage build-up || **kritische Drehzahl für die** °~ / critical build-up speed
Auferregungs·drehzahl *f* / build-up speed || °~**hilfe** *f* / field-flashing circuit || °~**versuch** *m* / voltage build-up test
auffahren *v* (absenken) / to lower into position, lower *v*
Auffahrkontakt *m* / moving isolating contact, isolating contact, stab *n*
Auffälligkeit *f* (Objekt o. Lichtquelle) / conspicuousness *n*
Auffang·-Flipflop *n* / latching flipflop, latch *n* || **D-**°~**-Flipflop** *n* / D latch || °~**leiter** *m* (Blitzschutz) / lightning conductor, roof conductor, ridge conductor, horizontal conductor || °~**schirm** *m* (Photometer) / photometer test plate || °~**speicher** *m* / buffer memory (o. store), overflow store || °~**stoff** *m* / getter *n* || °~**wanne** (s. Ölauffangwanne)
Aufflackern *n* (Leuchtstofflampe) / blinking *n*
Aufforderung *f* (DÜ) / request for response, response solicitation || °~ (an den Bediener) / prompt(ing) *n* || **DMA-**? DMA request
Aufforderungs·betrieb *m* (DÜ) / normal response mode (NRM) || °~**phase** *f* (DÜ) / polling phase || °~**text** *m* (PC) / prompting message
Auffrischen *n* (Speicher) / refresh mode
Auffrisch·intervall *m* (Speicher) / refresh time interval || °~**zyklus** *m* / refresh cycle
Aufgabe *f* (DV) / task *n* || °~ (Reg.) / object *n*
Aufgaben·bereich *m* (Reg.) / object range || ~**bezogen** *adj* / problem-related *adj*, job-related *adj*, dedicated *adj*, function-related *adj* || °~**größe** *f* (Reg.) / object variable, desired variable || °~**stellung** *f* / task definition, problem definition || °~**vektor** *m* (Reg.) / object vector
aufgebaut *adj* / top-mounted *adj*, machine-mounted *adj*, surmounted *adj*, built on *adj* || ~**e Kühlvorrichtung** (el. Masch.) / machine-mounted circulating-circuit component
Aufgeber *m* (Nachrichten) / originator *n*
aufgefüllte Impulskette / interleaved pulse train
aufgehängt·er Schienenverteiler / overhead busbar trunking (system), overhead busway (system) || **Prüfung mit ~em Läufer** / suspended-rotor oscillation test
aufgelaufene Überstunden / accrued overtime
aufgelöst·e Darstellung (auseinandergezogene D.) / exploded view || ~**e Darstellung** (Stromlaufplan; DIN 40719, T.3) / detached representation || ~**er Sternpunkt** / open star point, open neutral point, open neutral || ~**e Wicklung** (s. aufgeschnittene Wicklung)
aufgenommen·e Blindleistung / reactive power absorbed || ~**e Leistung** / power input *n*, input *n* || ~**e Leistung** (kWh) / power consumption || ~**e Leistung** (Lampe) / wattage dissipated || ~**e Leistung** (Sich.) (s. Leistungsaufnahme) || ~**e Spannung** / input voltage, voltage input, absorbed voltage || ~**er Strom** / input current, current input, entering current
aufgeprägt·e Spannung (s. eingeprägte Spannung) || ~**er Strom** (s. eingeprägter Strom)
aufgerauht *adj* (Preßglas-Oberfläche) / stippled *adj*
aufgesattelt *adj* / overhung *adj*, mounted overhung || ~**e Erregermaschine** / overhung exciter || ~**er Generator** (Bauform A 4) / engine-type generator || ~**er Motor** (Ringmot.) / wrapped-around motor, ring motor
aufgeschnitten·er Kreis / open loop || ~**er Kurzschlußring** (KL) / end ring with gaps || ~**e Wicklung** / open-circuit winding, subdivided winding
aufgeschobene Instandhaltung / deferred maintenance
aufgeschobene Ausführung / postponed execution
aufgeschrumpft *adj* / shrunk-on *adj*, shrunk *adj*, fitted by shrinking
aufgeteilt·es Feld / split field || ~**e Gründung** / separate-footing foundation
aufgliedern *v* / break down *v*
Aufhänge·abstand *m* (IK) / hanger spacing || °~**bügel** *m* / hanger *n*, stirrup *n* || °~**fahne** *f* (Batt.) / suspension lug || °~**lasche** *f* (Tragklemme) / suspension strap
Aufhänger *m* / hanger *n*
Aufhängevorrichtung *f* / suspension device (IEC 238), suspension attachment, hanger *n*
Aufhängung *f* (Stromschienensystem, VDE 0711,3)

/ suspension device (IEC 570)
Aufhängungsarm *m* (Motorlager) / suspension bracket
aufheben *v* (Meldung) / cancel *v* || ~ (löschen) / delete *v*, clear *v*, reset *v* || ~ (automatische Funktionen durch Handeingriff) / override *v* || ≗ **der Selbsthaltung** / de-sealing *n* || ≗ **der Verschiebung** (NC-Wegbedingung, DIN 66025, T.2) / linear shift cancel (ISO 1056), cancellation of linear offset || ≗ **der Werkzeugkorrektur** (NC-Wegbedingung, DIN 66025,T.2) / tool offset cancel (ISO 1056), cancellation of tool compensation || ≗ **des Arbeitszyklus** (NC-Wegbedingung, DIN 66025,T.2) / fixed cycle cancel (ISO 1056), cancellation of fixed cycle || **das Vakuum** ~ / to remove the vacuum || **eine Verriegelung** ~ / to defeat an interlock, to cancel an interlock
Aufhebung einer Verriegelung (NC-Zusatzfunktion, DIN 66025,T.2) / interlock bypass (ISO 1056), interlock release
Aufheizung *f* (des Kühlmittels) / temperature rise
Aufheller (s. Aufhellschirm)
Aufhell·impuls *m* / unblanking pulse, unblanking waveform || ≗**schirm** *m* / reflecting screen
Aufhellung *f* / brightening *n* || **Strahlen~** *f* (Osz.) / trace bright-up
Aufhellverstärker *m* / intensifier *n*
aufholen, Durchhang ~ (Papiermaschine) / take up slack
Aufklären *n* (v. Störungen, Fehlern) / diagnosis *n*, recovery procedure
Aufklebeschild *n* / sticker *n*
aufklemmbar *adj* / clip-on *adj*, snap-on *adj*
Aufknöpfversuch *m* / button test
Aufkompoundierung *f* / cumulative compounding
aufladen *v* / charge *v*, re-charge *v*
Aufladezeitkonstante *f* / charge time constant
Auflage *f* (Stütze) / support *n*, bracket *n*, seating *n* || ≗ (Schaltstück) / facing *n* || ≗ (Wickl.) / spacer block || ≗**druck** *m* / bearing pressure, support pressure || ≗**druck** *m* (Bürste) / brush pressure || ≗**fläche** *f* / supporting surface, bearing area, seat *n*, contact area || ≗**fläche** *f* (Bürste) / face *n* || ≗**platte** *f* / support plate || ≗**platte** *f* (Fundament) / seating plate
Auflager *n* / bearing *n*, support *n* || ≗**druck** *m* / bearing pressure, support pressure || ≗**kraft** *f* / supporting force, support reaction
Auflagerung *f* / support *n*, base *n*
Auflage·schichtstärke *f* (galvan. Überzug) / thickness of plating || ≗**stück** (Bürste) (s. Kopfarmatur)
Auflauf·anschlag *m* / stop *n*, end stop || ≗**bremse** *f* / run-up brake
auflaufend·e Kante (Bürste; Pol) / leading edge, entering edge
Auflauf·fläche *f* (Kontakt) / contact surface || ≗**punkt** *m* / first point of contact
auflegen *v* / place *v*, put on *v* || ~ (Bürsten) / put down *v*, to bring into contact
Auflegeschema (s. Anschlußplan)
aufleuchten *v* / light up *v*, flash *v*, to be flashed
Auflicht·(beleuchtung) *n (f)* (Rob.-Erkennungssystem) / front illumination, frontlighting *n* || ≗**beleuchtung** *f* / incident-light illumination, vertical lighting
aufliegen *v* / to rest against, to be supported by, to rest on
auflisten *v* / list *v* || ~ (am Bildschirm) / show *v* || ≗ *n* / listing *n*, list logging (o. printing)
Auflistung *f* / listing *n*
Auflösung *f* / resolution *n* || ≗ (kleinste Differenz zwischen zwei Ausgangszuständen) / representation unit || ≗ **des Sternpunkts** / opening the star point (o. neutral) || ≗ **in horizontaler Richtung** (Osz.) / horizontal resolution || **Daten~** / data resolution || **Einstell~** (DIN 41745) / discontinuous control resolution || **zeitliche** ≗ (a. FWT) / time resolution, limit of accuracy of chronology
Auflösungs·faktor *m* / resolution factor || ≗**fehler** *m* (DIN 44472) / resolution error, quantization error || ≗**vermögen** *n* / resolution *n* || ≗**vermögen** *n* (Fernkopierer) / system definition || ≗**zeit** *f* (DIN IEC 147-1D) / resolution time (IEC 147-1D)
Auflötverfahren *n* (gS) / surface mounting
aufmagnetisieren *v* / remagnetize *v*, magnetize *v*
Aufmaß *n* (Übermaß) / oversize *n* || ≗ (Zugabe) / allowance *n*
Aufmetallisieren *n* (gS) / plating up
Aufnahme *f* (Crimpwerkzeug) / locator *n* (crimping tool) || ≗ **der Kommutierungsgrenzkurven** / black-band test || ≗ **der Kurvenform** / waveform test || ≗ **der Leerlaufkennlinie** / no-load saturation test || ≗ **der Spannungskurve** / waveform test || **Ladungs~** (Batt.) / charge acceptance || ≗**ausklinkung** *f* (gS) / location hole, location notch || ≗**fähigkeit** *f* (Suszeptibilität) / susceptibility *n* || **magnetische** ≗**fähigkeit** / (magnetic) susceptibility *n*, magnetisability *n* || ≗**gerät** *n* / recording unit, recorder *n* || ≗**loch** *n* (gS) / location hole, location notch || ≗**vorrichtung** *f* (WZM) / workholding fixture, work fixture, fixture *n* || ≗**vorrichtung** *f* (Hebez.) / pick-up attachment, pick-up *n*
aufnehmen *v* (durch Handhabungsgerät) / pick *v* || **eine Kraft** ~ / to take up a force || **Wärme** ~ / to absorb heat
Aufnehmer *m* (el.) / pick-up *n*, sensor *n*, detector *n*, primary element || **Eintauch-**≗ *m* (Meßzelle) / dip cell, immersion measuring cell || **Nachrichten~** *m* („Hörer") / listener *n* (station accepting messages over a data highway)
Aufnehmerpaar, induktives ≗ / inductive pickup couple, pair of inductive sensors
Aufprall *m* / impact *n*
aufprallen *v* / strike *v*, impact *v*, impinge *v*, hit *v*
Aufprall·geschwindigkeit *f* / impact speed || ≗**prüfung** *f* / impact test
aufpressen *v* / press on *v*
Aufpunkt *m* (graf. DV) / reference point, origin *n*
Aufputz·installation *f* / surface wiring, wiring on the surface, exposed wiring || ≗**rahmen** *m* / surface frame, trim frame || ≗**schalter** *m* / surface-type switch, surface switch || ≗**steckdose** *f* / surface-type socket-outlet || ≗**typ** *m* / surface type, surface-mounting type || ≗**verbindungsdose** *f* / surface joint box, surface junction box || ≗**verlegung** *f* / surface mounting, exposed installation || ≗**verteiler** *m* / surface-type distribution board, surface-mounting panelboard
aufquetschen *v* / crimp *v* (on)
Aufrechnung (s. Paketaufrechnung)

Aufreih·-Flachklemme *f* / rail-mounting screw terminal || **≗klemme** *f* / rail-mounting terminal, channel-mounting terminal, bar-mounting terminal, bus-mounting terminal || **≗-Klemmenleiste** *f* / rail-mounting terminal block, channel-mounted terminal block, track-mounted terminal block, terminal block || **≗schiene** (s. Tragschiene)

Aufreißdorn *m* / rupture pin

aufreißen *v* (zeichnen) / draw *v*, sketch *v* || ≗ *n* (Kurzschluß) / breaking *n*, clearing *n*

Aufrichten *n* (bei Montage; Welle, Läufer) / upending *n*, uprighting *n*

Aufriß *m* / elevation *n*

Aufrollvorrichtung *f* (Sicherheitsgurt) / retractor mechanism

Aufruf *m* (a. FWT) / call *n*, polling *n* || ≗ (FWT-Telegramm) / request for information || ≗ (Anweisung) / call instruction || ≗ (Routine) / call routine || **≗anweisung** *f* / call statement

Aufrufbetrieb *m* (DÜ, DIN 44302) / polling/selecting mode || ≗ (FWT) / transmission on demand (NTG 2001)

aufrufen *v* / call *v*, call in *v*, request *v* || ~ (im Kommunikationssystem) / initiate *v*, invoke *v*

Aufruf·länge *f* / call length, call header length || **≗reihenfolge** *f* (PC) / call sequence || **≗staffelung** *f* (PC) / call distribution, call grading || **≗taste** *f* / call button (o. key)

aufrunden *v* (Zahl, Summe) / to bring up to a round figure, round off *v*

Aufrundungsfehler *m* / round-off error

Aufsatz *m* (Schaltschrank) / top unit || **Kunststoff~** *m* (Klemme) / plastic top || **Pult~** *m* / raised rear section, instrument panel, vertical desk panel || **Tisch~** *m* (Prüftisch) / bench instrument panel, back upright (test bench)

aufschalten *v* (Mot.) / to connect to the supply, start *v* || ~ (Strom; Signal) / apply *v*, impress *v*, inject *v* || ≗ *n* (v. Störgrößen) / feedforwarding *n*, feedforward control

Aufschaltung *f* (Telef.) / intrusion *n* || **Blindstrom~** *f* (Spannungsreg.) / reactive-current compensating circuit, cross-current compensating circuit || **Last~** *f* / connection of load, throwing on of load || **Sollwert~** *f* / setpoint feedforward, setpoint injection

Aufschaukeln der Spannung / voltage escalation

aufschiebbar·er Endverschluß / push-on sealing end || **~e Verbindungsmuffe** / push-on straight joint

aufschlagen *v* (DV, eine Liste) / open *v*

Aufschlagwinkel *m* / angle of impact

aufschließen *v* (Leiter eines Kabels) / separate *v*, single out *v*

aufschlüsseln *v* / break down *v*

Aufschmelzen *n* (gS, metallischer Überzug) / fusing *n*

Aufschmelz·lötung *f* / reflow-soldering *n* || **≗tiefungsversuch** *m* / cupping test of surface-deposited bead

aufschnappbares Gerät / snap-on device, snap-fit device, clip-on device

Aufschnappen *n* (Schnappbefestigung) / snapping on *n*, clipping on *n*, snap-mounting *n*

Aufschraub·deckel *m* / screw-down cover, screw-on cover || **≗-Verschraubung** *f* / female coupling

Aufschriften *f pl* / marking *n*, markings *n pl*, nameplates *n pl*

aufschrumpfen *v* / shrink on *v*, to fit by shrinking, shrink *v*

Aufschweiß·biegeprobe *f* / bend test of surface-deposited bead, weld ductility test, surfacing weld ductility test || **≗verfahren** *n* (gS) / surface mounting

Aufseher *m* / supervisor *n*

aufsetzen *v* (Flugzeug) / touch down *v*

Aufsetzer *m* (Chromatograph; Peaktrennung) / shoulder peak

Aufsetzpunkt *m* (Schreibmarke; Lichtgriffel - Bildschirm) / poke point

Aufsetz·zone (TDZ) *f* / touchdown zone (TDZ) || **≗zonenbefeuerung** *f* / touchdown zone lights, runway touchdown zone lighting || **≗zonenmarke** *f* / touchdown zone marking

Aufsicht *f* / supervision *n*, surveillance *n* || ≗ (Person) / supervisor *n* || **≗farbe** *f* / surface colour

Aufsichtsperson *f* / supervisor *n*

aufsitzen *v* / to rest against

aufspalten *v* / split *v*

Aufspaltung *f* (Stelle im Programmablaufplan, von der mehrere Zweige ausgehen; DIN 44300) / fork *n* || ≗ (Datennetz) / splitting *n* || ≗ (s. Verbindungsaufspaltung) || **UND-≗** (DIN 19237) / AND branch

aufspannen *v* / clamp *v* || ~ (hinauftransformieren) / step up *v*

Aufspanner (s. Aufspanntransformator)

Aufspann·platte *f* / clamping plate, clamping table, backing plate || **≗station** *f* / step-up substation || **≗transformator** *m* / step-up transformer

Aufspreizen der Adern / spreading the cores

Aufstanzschnitt *m* / oversize punching die

aufsteckbar *adj* / plug-on *adj*, clip-on *adj*, detachable *adj*

Aufsteck·flansch *m* / slip-fit flange || **≗griff** *m* (f. Sicherungen) / fuse puller, fuse grip || **≗halter** *m* / plug-on holder || **≗kamm** *m* (f. Leitungen) / slip-on cable retainer, cable comb, wire comb || **≗klemme** *f* / snap-on terminal, channel-mounting terminal || **≗montage** *f* / clip-on fitting, snap-on fitting, push-fitting *n*, slip-on mounting || **≗montage** *f* (Leuchte) / slip-fit mounting || **≗rohr** *n* / slip-on tube, plug-on tube || **≗schild** *n* (Klemmen) / snap-on marking tag, clip-on tag

Aufsteckstromwandler *m* / bushing-type current transformer, window-type current transformer || **vollisolierter ≗** / bus-type current transformer (IEC 50(321))

Aufsteck·tachogenerator *m* / hollow-shaft-type tachogenerator || **≗verbinder** *m* / slip-on connector || **≗wandler** *m* / slip-over (instrument) transformer, window-type (instrument) transformer || **≗wechselrad** *n* / change gear, change wheel, pick-off gear

aufsteigender Ast / ascending branch

Aufstelleistung *f* / site rated power

aufstellen *v* / install *v*, erect *v*, mount *v*, set up *v*

Aufstell-Leistung *f* / site rated power

Aufstellung *f* (Montage) / installation *n*, mounting *n* || ≗ **im Freien** / outdoor installation, installation outdoors || **Ausführung für ≗ auf dem Boden** / floor-standing type

Aufstellungshöhe *f* / site altitude

Aufstellungsort *m* / site of installation, installation site, erection site, place of installation, site *n* || ² (Höhe) (s. Aufstellungshöhe) || **Prüfungen am** ² / site tests || **Verhältnisse am** ² / field service conditions, operating conditions || **Wahl des** ²**s** / siting *n*
Aufstellungs·zeichnung *f* / installation drawing, arrangement drawing || ²**zubehör** *n* / mounting accessories, fixing accessories, installation accessories
Aufsteuerung *f* (Fahrschalter) / progression *n*, notching up
Auftasten mittels Torschaltung / gating *n*
Auftautransformator *m* / defrosting transformer
aufteilbares Kabel (LWL) / fan-out cable
Aufteilen *n* (DIN ISO 7498) / segmenting *n*
Aufteilung der Stromkreise / circuit-phase distribution, distribution of phase loads, circuit phasing, phase splitting || ² **in feste** (leistungsabhängige) **und bewegliche** (arbeitsabhängige) **Kosten** (StT) / two-part costing || ² **in leistungsabhängige, arbeitsabhängige und abnehmerabhängige Kosten** (StT) / three-part costing || ² **in Unterbaugruppen** / splitting-up into subassemblies || **Schnitt**~ *f* (NC) / cut segmentation, cut sectionalization || **Zuverlässigkeits**~ / reliability apportionment
Aufteilungs·armatur *f* (f. Kabeladern) / dividing box || ²**dose** *f* (I) / splitting box || ²**kasten** *m* (f. Mehrleiterkabel) / dividing box, splitter box || **Dreier-**² *m* (f. Kabel) / trifurcating box, trifurcator *n*
Aufteilungsmuffe *f*, **Dreier-**² / trifurcating joint
Aufteilungsschelle *f* / spreader box
Auftrag *m* / order *n*, purchase order || ² (PLT, PC) / job *n* || ² (Farbe) / application *n*, coating *n* || ² (galvan.; elektrophoretisch) / deposit *n* || ² (Anforderung) / request *n* || ² (s. Job)
Auftrags·abwicklung *f* (PC) / job processing, job handling || ²**abwicklungsgeschwindigkeit** *f* (PC) / job processing speed || ²**annahme** *f* (Anforderung) / request acceptance || ²**bearbeitung** *f* (PC) / request processing
auftragsbezogener Werkstattbestand / work-in-progress *n* (WIP), in-process inventory
Auftragschweißen *n* / building-up (welding), hard-facing *n*, hard-surfacing *n* || ² (auf andersartiges Metall) / cladding *n* || **durch** ² **instandsetzen** / to resurface by welding
Auftrags·erteilung *f* (PC) / job allocation || ²**kennung** *f* (PC) / job identification || ²**rückstand** *m* / order backlog, sales order backlog || ²**schlange** *f* / job queue || ²**überhang** (s. Auftragsrückstand) || ²**wiederholung** *f* (Wiedereingabe) / job reentry
Auftreff·fläche *f* / target *n* || ²**winkel** *m* / angle of incidence, incidence angle
auftreiben *v* (erweitern) / expand *v*, flare *v* || ~ (montieren) / force on *v*, fit *v*
Auftreib·hülse *f* / flaring sleeve || ²**stift** *m* / drift *n*
auftrennen *v* (mech.) / separate *v*, cut *v* || ~ (Stromkreis) / open *v*, break *v*, open-circuit *v*, interrupt *v* || ~ (Steckverbindung) / unplug *n* || **Sammelschienen** ~ / to split the busbars
Auftrennung *f* (Ringnetz) / (ring) opening *n* || ² (Netz) (s. Inselbildung)
Auftriebs·kraft *f* / buoyant force || ²**-Standmeßgerät** *n* / buoyancy level measuring device
Auf- und Ab-Methode *f* / up-and-down method || ² **und Abziehvorrichtung** / fitting and extracting tool, pusher-puller *n*
Aufwand *m* / expense *n*, expenditure *n*, cost *n*, extent of work, extra work, (degree of) complexity, (degree of) sophistication
Aufwärmspanne *f* / temperature rise, incremental heating
aufwärts fließender Strom (Wickl.) / current flowing outwards || ~ **übersetzen** / step up *v* || **Einschalten durch** ²**bewegung** (des Betätigungsorgans) / up closing movement || ²**blitz** *m* / upward flash || ²**einstellung** *f* (Trafo) / raising *n*, voltage increase
aufwärtsgerichtet *adj* (LAN) / uplink *adj*
aufwärts·kompatibel *adj* / upward compatible || ²**kompoundierung** *f* / cumulative compounding || ²**steuerung** *f* (el. Masch.) / upward control, controlled speed increase, field weakening control || ²**transformator** *m* / step-up transformer || ²**transformieren** *n* / stepping up *n* || ²**übersetzung** *f* (Trafo) / step-up ratio || ²**übersetzung** *f* (Getriebe) / step-up gearing, step-up ratio || ²**zähler** *m* / incrementer *n*, up-counter *n*
Aufweitdorn *m* / expanding mandrel, drift *n*
aufweiten *v* / expand *v*, flare *v*, widen *v*, bell out *v*
Aufweitversuch *m* / drift test, expanding test, drift expanding test
Aufwickelrolle *f* / take-up reel
Aufzeichnung *f* (Schreiber, auf Magnetband) / recording *n*
Aufzeichnungs·art *f* (Schreiber) / recording method, kind of marking || ²**dichte** *f* / recording density || ²**dichte** *f* (Bitdichte) / bit density || ²**gerät** *n* / recorder *n* || ²**geschwindigkeit** *f* / recording speed, writing speed || ²**geschwindigkeit** *f* (Fernkopierer) / scanning speed (on reception) || ²**nadel** *f* / recording stylus
Aufzeichnungsträger *m* (Schreiber) / (recording) chart *n* || ² **für Referenzmessungen** / reference chart || **Material des** ²**s** / recording medium
Aufzeichnungs·verfahren *n* (Schreiber) / method of marking || ²**vorrichtung** *f* (Schreiber) / recording device
aufziehen *v* (heiß) / shrink *v*, shrink on *v* || ~ (kalt) / fit *v*, mount *v* || ~ (Feder) / wind *v*, charge *v*
Aufziehvorrichtung *f* (Kuppl.) / pusher *n*, fitting tool
Aufzug *m* / lift *n*, elevator *n*
Aufzugeinrichtung *f* (EZ) / clock winding mechanism, winding mechanism
Aufzug·motor *m* / lift motor (o. machine), elevator motor || ²**motor** *m* (Uhr) / clock winding motor, winding motor || ²**schacht** *m* / lift well, lift shaft, hoistway *n*
Aufzugsmaschine *f* / lift machine, lift motor
Aufzugsteuerleitung *f* / lift cable, elevator control cable (US) || ² **mit Tragorgan** / lift cable with suspension strand
Auf-Zu-·Klappe *f* / on-off butterfly valve, seating butterfly valve || ²**Regelung** *f* / on-off control, bang-bang control || ²**Ventil** *n* / two-position valve, open-close valve

Auge *n* / eye *n*, ring *n*, loop *n*
Augenanstrengung *f* / eye strain
Augenblicks·frequenz *f* / instantaneous frequency || **≈wert** *m* / instantaneous value || **≈wert der Leistung** / instantaneous power
Augen·empfindlichkeitskurve *f* / eye sensitivity curve, visual sensitivity curve || **≈empfindung** *f* / eye response || **≈lager** *n* / eye-type bearing || **≈mutter** *f* / eye nut, ring nut || **≈scheinprüfung** *f* / visual inspection, visual examination || **~schonendes Licht** / eye-saving light || **≈schraube** *f* / closed eyebolt, eyebolt *n*
Augpunkt *m* (CAD) / camera point
Auinger, polumschaltbarer Dreiphasenmotor nach ≈ / Auinger three-phase single-winding multispeed motor
Ausbau *m* (gerätetechn. Anordnung) / configuration *n*
Ausbauchung *f* / bulge *n*, bulging *n*, bellying *n*, widening *n* || **≈** (Druckprüf.) / lateral buckling
Ausbauchungsfaktor *m* (s. Füllfaktor)
ausbauen *v* (demontieren) / dismantle *v*, disassemble *v*, remove *v*, dismount *v* || ~ (erweitern) / extend *v*, expand *v*, enlarge *v* || ~ (s. ausfügen)
ausbau·fähig *adj* / suitable for extension, open-ended *adj* || **≈grad** *m* (elST) / degree of expansion (o. extension) || **≈stufe** *f* (Projekt) / stage *n*, project stage || **≈werkzeug** *n* (StV) / extraction tool, extractor *n*
Aus-Befehl *m* / OFF command, OFF signal, STOP signal
Aus-Befehl-Mindestdauer *f* (E VDE 0670, T.101) / minimum trip duration
ausbessern *v* / repair *v* || ~ (Farbanstrich) / touch up *v*
Ausbeute *f* (LT) / efficiency *n*, efficacy *n* || **≈** (QS) / yield *n*
Ausbildungsstätte *f* / training centre
Ausblasableiter *m* / expulsion arrester
ausblasen *v* (Lichtbogen) / blow out *v*, extinguish *v* || ~ (m. Luft reinigen) / blow out *v*, to purge with compressed air
Ausblasraum *m*, **Lichtbogen-≈** / arcing space
Ausblas·seite *f* (Mot.) / air outlet end, exhaust end || **≈sicherung** *f* / expulsion fuse
Ausbleiben der Spannung / power failure
ausblendbar·er Satz / skippable block
Ausblendbefehl *m* / extraction command
ausblenden *v* (Bildschirmanzeige) / remove *v* || ~ (CAD-Element) / blank *v* || **≈** *n* (PC, eines Wertebereichs) / masking out || **≈** (Unterdrücken v. Darstellungselementen auf dem Graphikbildschirm) / shielding *n* || **≈** (Impuls, DIN IEC 469, T.1) / gating *n* || **≈** (graf. DV) / shielding *n*, reverse clipping || **≈ von Störungen** / blanking out of noise || **≈ von verdeckten Linien** (GAD) / hidden line removal || **einen Satz ~** / to delete (o. skip) a block
Ausblendsatz *m* / deletable block, skippable block
ausblendung, Mehrtasten~ (s. Mehrtastensperre) || **Sollwert~** *f* (Baugruppe) / setpoint suppressor || **Stör~** *f* / interference suppression
Ausblühung *f* / efflorescence *n*
ausbohren *v* (m. Bohrstahl) / bore *v*, bore out *v* || ~ (m. Spiralbohrer) / drill *v*, drill out *v* || ~ (Probe) / trepan *v*
ausbrechbar·e Leitungseinführung / knockout wire entry || **~e Vorprägung** / knockout (k.o.) *n*
Ausbreitungs·geschwindigkeit *f* / speed of propagation, propagation rate || **≈verhalten** *n* (Signalübertragung; IEC 50(191)) / propagation performance || **≈widerstand** *m* (eines Erders; Widerstand zwischen Erder und Bezugserde, VDE 0100, T.200) / earth electrode resistance, ground resistance, dissipation resistance || **≈zeit** *f* / propagation time
Ausbreitversuch *m* / flattening test
ausbrennen *v* (Bleche) / flame-cut *v* || ~ (Lampe) / burn out *v*
Ausbrenner *m* (Lampe) / burn-out *n* || **≈kurve** *f* (Lampen) / mortality curve
Ausbrennung *f* / deflagration *n*, slow combustion
Ausbringungsgrad *m* (ST) / electrode efficiency, deposition efficiency
Ausdehner (s. Ausdehnungsgefäß)
Ausdehnung *f* (Wärmedehnung) / expansion *n*
Ausdehnungs·bogen *m* / expansion bend || **≈gefäß** *n* / conservator *n*, expansion tank || **≈kasten** *m* (IK) / expansion unit, expansion section, expansion-joint unit || **≈kasten mit Abfangung** / expansion section with base support || **Längen-≈koeffizient** *m* / coefficient of linear expansion || **≈koeffizient** *m* (Wärmeausdehnungsk.) / coefficient of thermal expansion
Ausdrehverriegelung *f* / release lock
Ausdruck *m* (Terminus) / term *n* || **≈** (Programmiersprache) / expression *n* || **≈** (Gedrucktes) / printout *n*, hardcopy printout
ausdrucken *v* / print out *v*, log *v*, list *v*
auseinander·gezogene Darstellung / exploded view, exploded drawing || **~nehmen** *v* / disassemble *v*, to take apart, dismantle *v*
Aus-Einschalteigenzeit *f* / open-close time
Aus-Ein-Schaltung *f* (KU) / trip-close operation
Ausfachung mit Einfachdiagonalen (Gittermast, IEC 50(466) / single warren, single lacing || **≈ mit gekreuzten Diagonalen** (Gittermast, IEC 50(466)) / double warren, double lacing || **≈ mit gekreuzten Diagonalen und Sekundärfachwerk** (Gittermast, IEC 50(466)) / double-warren redundant support, double-lacing redundant support || **≈ zweifach mit gekreuzten Diagonalen** (Gittermast, IEC 50(466)) / triple warren, triple lacing
Ausfahranschlag *m* (ST) / drawout stop
ausfahrbar *adj* / withdrawable *adj*, retractable *adj* || **~er Schalter** (LS) / drawout circuit-breaker
ausfahren *v* (Schaltereinheit) / withdraw *v*, draw out *v*
Ausfahr·feld *n* / withdrawable switchgear assembly (o. panel), drawout switchpanel, drawout switchgear unit || **≈schalter** (LS) (s. ausfahrbarer Schalter) || **≈verriegelung** *f* / drawout interlock
Ausfall *m* / failure *n* || **≈ bei zulässiger Beanspruchung** / permissible stress failure || **≈ einer Sicherung** / rupture of a fuse, blowing of a fuse || **≈ infolge Fehlbehandlung** / mishandling failure || **≈ infolge Fehlnutzung** / misuse failure || **≈ infolge mangelhafter Konstitution** / inherent weakness failure || **≈ infolge unzulässiger Beanspruchung** / misuse failure
Ausfallabstand *m* / time between failures
Ausfallart *f* / failure mode

Ausfall·code (s. fehlender Code) || **~dauer** *f*(DIN 40042) / down time, non-productive time || **~dichte** *f* / failure density
Ausfalldichte, mittlere ~ (IEC 50(191)) / mean failure intensity || **~-Raffungsfaktor** *m* / failure intensity acceleration factor
Ausfall·effekt- und Ausfallkritizitätsanalyse (FMECA) (IEC 50(191)) / failure modes, effects and criticality analysis (FMECA) || **~effektanalyse** *f*(FMEA) (IEC 50(191)) / failure mode and effects analysis (FMEA)
ausfallen *v* / fail *v*, break down *v*
Ausfall·gliederung nach Ablauf der Änderung (DIN 40042) / classification of failures by time function || **~gliederung nach Schwere der Auswirkung** (DIN 40042) / classification of failures by effects || **~gliederung nach technischem Umfang** (DIN 40042) / classification of failures by technical gravity || **~gliederung nach Verlauf der Ausfallrate** (DIN 40042) / classification of failures by failure rate || **auf einen Zwischenbestand bezogene ~größen** (DIN 40042) / failure characteristics with regard to intermediate survivals || **~häufigkeit** *f* / failure frequency || **~häufigkeitsdichte** *f* / failure density || **~häufigkeitsverteilung** *f* / failure-frequency distribution || **~kriterium** *n* / failure criterion || **~kritizitätsanalyse** *f* / failure criticality analysis || **~mechanismus** *m* / failure mechanism || **zulässige ~menge** (VDE 0715) / qualifying limit (IEC 64) || **~modus** *m*(s. Ausfallart) || **~muster** *n* / type sample (CSA Z 299) || **~musterprüfbericht** *m* / type sample inspection and test report || **~quote** *f* (DIN 40042) / failure quota || **~rate** *f* / failure rate, outage rate || **~ratengewichtung** *f* / weighting of failure rates, failure rate weighting || **~ratenniveau** *n* / failure rate level || **~raten-Raffungsfaktor** *m* / failure rate acceleration factor || **~raten-Vertrauensgrenze** *f* / assessed failure rate || **~risiko** *n* / failure risk || **~satz** *m*(DIN 40042) / cumulative failure frequency
ausfallsicher *adj* / fail-safe *adj*, fault-tolerant *adj* || **~e Sicherheitsverriegelung** (VDE 0837) / fail-safe interlock (IEC 825)
Ausfall·sicherheit *f*(Fehlertoleranz) / fault tolerance || **~sicherung** *f* / dropout fuse, fuse cutout || **~sicherungstrenner** *m* / dropout fuse cutout || **~straße** *f* / radial road (GB), radial highway (US) || **~summenhäufigkeit** *f*(DIN 40042) / cumulative failure frequency || **~summenverteilung** *f*(DIN 40042) / distribution of cumulative failure frequency || **~ursache** *f* / failure cause || **~verhalten** *n* / failure mode
Ausfallverhalten, definiertes ~ / fail-safe shutdown
Ausfall·wahrscheinlichkeit *f* / failure probability || **~wahrscheinlichkeitsdichte** *f*(DIN 40042) / failure-probability density || **~wahrscheinlichkeitsverteilung** *f* / failure-probability distribution || **~warnlampe** *f*(a. Kfz) / tell-tale lamp || **~winkel** *m*(LT; Reflexionswinkel) / reflecting angle, angle of reflection
Ausfallzeit *f* / breakdown time, down-time *n*, outage time, non-productive time || **~** (KW) / unplanned unavailability time, unplanned outage time || **~** (mittlere Reparaturdauer, Wartungsintervall) / mean time to repair (MTTR) || **~** (QS) / time to failure || **~punkt** *m*(DIN 40042) / instant of failure
AUS-Feder *f* / opening spring, tripping spring
Ausfeuern *n*(Schleifmaschine) / sparking out *n*
Ausfließen von Elektrolyt / spillage of electrolyte
ausfluchten *v* / align *v*
Ausfransen *n*(Linien einer graf. Bildschirmdarstellung) / jagging *n*
ausfügen *v*(z. B. Anweisungen; Textverarb.) / delete *v*, extract *v*
ausführbare Anweisung / executable statement
Ausführung *f*(Bauart) / design *n*, model *n*, type *n*, pattern *n*, style *n*, version *n* || **~** (Oberflächengüte) / finish *n*, type of finish || **~** (Qualität; nach Fachkönnen) / workmanship *n*, quality *n* || **~** (DIN 41650,1) / variant *n*(IEC 603-1) || **~ eines Befehls** / execution of a command || **handwerkliche ~** / workmanship *n*
Ausführungsart *f* / type of construction, type *n*
Ausführungsbefehl *m*(FWT) / execute command || **~** (NC) / executive instruction || **Anwahl- und ~** (FWT) / select and execute command
Ausführungs·form *f*(Gerätetyp) / style *n* || **~kontrolle** *f*(Sichtprüfung) / general visual inspection || **~merkmal** *n* / design feature || **~nummer** *f* / mark number || **~qualität** *f* / workmanship *n* || **~qualität** *f*(DIN 55350, T.11) / quality of conformance || **~richtlinien der Industrie- und Leistungselektronik (AIL)** / Manufacturing Guidelines for Industrial and Power Electronics || **~taste** *f* / entry key (ENTR key), execute key (EXEC key) || **~zeichnung** *f* / working drawing, workshop drawing, as-built drawing || **~zeit** *f*(Fertigung, CIM) / elapsed time || **~zeit** *f*(Programm) / execution time
ausfüttern *v* / line *v*, coat *v*, pack *v*
Ausgabe *f*(Ausgangssignal) / output *n* || **~** (am Bildschirm) / display *n* || **Daten~** / data output, data-out *n* || **Meldungs~** (zum Bildschirm u. Drucker) / event display and recording || **Programm~** / ..program output, program listing || **Protokoll~** (Druck) / log printout
Ausgabebaugruppe *f* / output module
Ausgabe·baustein *m*(PLT, PC) / output block || **~befehl** *m* / output command (o. statement) || **~befehl** *m*(FWT) / execute command || **~bild** (s. Ausgangsbild) || **~blattschreiber** *m* / output typewriter || **~block** (s. Ausgabebaugruppe) || **~code** *m*(DIN 44472) / output code || **~datenträger** *m* / output medium || **~einheit** *f* / output unit || **~feinheit** *f* / output resolution, output sensitivity || **~feld** *n*(BSG) / display field || **~fenster** *n*(BSG) / display window || **~freigabe-Eingang** *m* / output enable input || **~glied** *n*(DIN 19237) / output element || **~glied** *n*(Treiber) / driver *n* || **~kapazität** *f* / output capacity || **~leitung** *f* / output line || **~merker** (s. Ausgangsmerker) || **~operation** *f* (PC) / output operation || **~rate** *f* / output transfer rate || **~signal** *n* / output signal, command signal || **~speicherbereich** *m* / output storage area || **~sperre** *f*(elST) / output inhibit || **~stand** *m*(SW) / release *n* || **~verstärker** *m* / output amplifier || **~wort (AW)** *n* / output word (QW) || **~zeit** *f* / output time interval
Ausgang (A) (elST) *m* / output (Q) *n* || **~** (EB, VDE 0160) / output terminal (EE) || **~** (Gebäude) / exit *n* || **~** (SA, „Abgang", s. u. „Abgang") || **~ mit Negation** / negating output || **~ mit Öffner- und**

Schließerfunktion / complementary output || ≗ mit O-Signal / O-signal output, low-mode output || ≗ mit 1-Signal / 1-signal output, high-mode output || ≗ rücksetzen (PC) / unlatch output || ≗ setzen (PC) / latch output, set output

Ausgangs·abschaltzeit *f* / output disable time || ≗**abschwächer** *m* / output attenuator || ≗**begrenzungsspannung** *f*(IS) / output clamp voltage || ≗**belastbarkeit** *f* / output loading capability (IEC 147-0D) || ≗**bereich** *m* / output range || ≗**bild** *n* / output image || ≗**block** *m*(DIN 40700, T.14) / common output block || ≗**bürde** *f* / output load || ≗**byte (AB)** *n* / output byte (QB) || ≗**drehmoment** *n*(Anfangsdrehm.) / initial torque || ≗**drehzahl** *f* / output speed, speed of driven machine || **maximale** ≗**strahlung** (Lasergerät, VDE 0837) / maximum output (IEC 825) || ≗**fächerung** *f* / fan-out *n*, drive *n* || ≗**feld** *n* / parent field || ≗**freigabe** *f* / output enable || ≗**größe** *f* / output variable, output quantity || ≗**größe** *f*(eines Empfängers) / output *n* || **Transformierte der** ≗**größe** / output transform || ≗**größeneinsteller** *m* (DIN 41745) / output control element || ≗**gültigkeitszeit** *f* / output (data) valid time || ≗**handwert** *m* / manually simulated value || ≗**information** *f*(DIN 444472) / output information || ≗**kanal** *m*(MPU) / output port (OP) || ≗**kapazität** *f* / output capacitance || ≗**klemme** *f* / output terminal || ≗**klemme** *f*(Verteiler) / outgoing terminal

Ausgangskreis *m* / output circuit || ≗ **mit Öffnerfunktion** (Rel.; VDE 0435, T.110) / output break circuit || ≗ **mit Schließerfunktion** (Rel.; VDE 0436,T.110) / output make circuit

Ausgangskurzschlußstrom *m* / short-circuit output current

Ausgangskurzzeitstrom *m*, **Bemessungs-**≗ (SR) / rated short-time output current

Ausgangslage *f* / original position, neutral position || ≗ (PS, Betätigungselement) / free position || ≗ (PS, Kontakte) / normal contact position || ≗ (Schreibmarke) / home position

Ausgangs·-Lastfaktor (s. Ausgangsfächerung) || ≗**leckstrom** *m* / output leakage current

Ausgangsleistung *f* / output power, power output, output *n* || ≗ (elST) / drive capability || ≗ **bei Vollaussteuerung** (LE) / zero-delay output

Ausgangs-Leistungssteuerung *f* / output power control

Ausgangsleitung *f* / output line || **Buszuteilungs-**≗ *f* / bus grant out line (BGOUT)

Ausgangs·maßstab *m* / extraction scale || ≗**material** *n* / starting material, raw material, base material || ≗**merker** *m*(PC) / output flag || ≗**metall** *n* / parent metal || ≗**-Nennbereich** *m* / nominal output range || ≗**-Nutzleistung** *f* / useful output power || ≗**ort** *m* (im Schaltplan) / source *n* || ≗**pegel** *m* / output level || ≗**peripherie** *f* / output peripherals || ≗**pol** *m* (Netzwerk) / output terminal || ≗**-Prozeßabbild (PAA)** *n* / process output image (POI) || ≗**prüfung** *f*(EZ) / as-left test || ≗**puffer** *m* / output buffer || ≗**punkt** *m*(Schreibmarke) / home position || ≗**rauschen** *n* / output noise || ≗**rauschspannung** *f* / output noise voltage || ≗**-Reflexionskoeffizient** *m* (Transistor, DIN 41854) / output s-parameter || ≗**-Reststrom** *m*(Leitungstreiber) / output leakage current || ≗**rückführung** *f*(Reg.) / output feedback || ≗**-Ruhespannung** *f*(linearer Verstärker) / quiescent output voltage || ≗**-Ruhestrom** *m* (linearer Verstärker) / quiescent output current || ≗**schaltglied** *n* / output switch, output relay || ≗**schaltung** *f* / output circuit, output configuration, output circuitry, arrangement of output circuit || ≗**seite** *f* / output side, output end

Ausgangssignal *n* / output signal || **maximales** ≗ / maximum signal output (IEC 147-1E)

Ausgangsspanne *f*(MG, Meßumformer) / output span

Ausgangsspannung *f* / output voltage, secondary voltage (transformer) || ≗ **an der Nennlast** (Signalgenerator) / matched output voltage || ≗ **bei Belastung** / on-load output voltage || ≗ **bei Leerlauf** / no-load output voltage, open-circuit secondary voltage || ≗ **im H-Bereich** / high-level output voltage || ≗ **im L-Bereich** / low-level output voltage

Ausgangsspannungs·drift *f*(IC-Regler) / output voltage drift

Ausgangs·speicher *m* / output latch || ≗**sprache** *f* / source language || ≗**stellung** *f*(NC; DIN 66025,T.1) / reset state (ISO/DIS 6983/1) || ≗**stellung** *f*(Rel.) / initial condition (IEC 255-1-00) || ≗**stellung** (Rel.) (s. Ruhestellung)

Ausgangsstrom *m* / output current || ≗ **im H-Bereich** / high-level output current || ≗ **im L-Bereich** / low-level output current || ≗**drift** *f*(IC-Regler) / output current drift || ≗**kreis** *m* / output circuit

Ausgangsteil *m*(el.) / output section || ≗ (RSA-Empfänger) / output element || ≗ *n*(mech., unbearbeitet) / unmachined part, blank *n* || ≗ (mech., vorbearbeitet) / premachined part, premachined blank

Ausgangs·temperatur *f* / initial temperature || ≗**tor** *n* (Netzwerk) / output port (OP) || ≗**transformator** *m* / output transformer || ≗**trenner** *m* / outgoing-feeder disconnector, outgoing isolator || ≗**übertrag** *m* / output carry, output carry-over || ≗**übertrager** *m*(Telefon) / telephone transformer || ≗**vektor** *m* / output (state) vector || ≗**verstärker** *m* / output amplifier, output channel amplifier || ≗**verteiler** *m* / output connector block (o. tag block) || **Signal-**≗**wandler** *m*(VDE 0860) / load transducer (IEC 65) || ≗**wechselspannung** *f*(SR) / a.c. output voltage || ≗**wert** *m* / output value, output *n* || ≗**wert** *m*(DV, vorgegebener Wert, der anstelle nichtdefinierter Werte o. Parameter verwendet wird) / default value || ≗**werte** *m pl* (Statistik) / bench marks || ≗**wicklung** *f* / output winding || ≗**wicklung** *f*(Trafo) / secondary winding || ≗**wort** *n*(AW) / output word (QW)

Ausgangszustand *m* / output state || ≗ (Anfangsz.) / starting state, initial state || ≗ (s. Anfangszustand)

Ausgasen *n*(gS) / outgassing *n*

ausgasendes Loch (gS) / blow hole

ausgebaut, Messung bei ~em Läufer / applied-voltage test with rotor removed

ausgeben *v* / output *v* || ~ (am Bildschirm) / display *v* || ~ (auslesen v. Speicher) / read out *v*, fetch out *v*

ausgebrannte Lampe / burnt-out lamp, burn-out *n*

ausgedehnte Quelle (Laserstrahlungsq., VDE 0837) / extended source (IEC 825)

ausgeglichen·e Beleuchtung / well-balanced lighting || **~er Fernsprech-Störfaktor** / balanced telephone influence factor || ~**e Verbunderregung** / level compounding, flat compounding

ausgekreuzte Wicklung / transposed winding, crossover winding, cross-connected winding

ausgelegt·e Bodensignale (Flp.) / ground signal panels || ~**e Signale** (Flp.) / signal panels

ausgeprägt·er Pol / salient pole || ~**es Sattelmoment** / pronounced pull-up torque

ausgerichtet *adj* / aligned *adj*, true *adj*, in line

ausgerundet·e Lauffläche (Bürste) / radiused contact surface, concave contact face || ~**e Zugprobe** / reduced-section tensile test specimen

ausgeschaltet *adj* / switched off *adj*, disconnected *adj*, dead *adj*, shut down *adj*, cut out *adj* || ~**e Leistung** (unmittelbar vor dem Ausschalten von den Verbrauchern aufgenommene Leistung) / cut-off power || ~**er Zustand** (Netz) / supply disconnection

ausgeschnittenes Stanzteil / blank *n*

ausgestrahlte Leistung / radiant power, radiated power, radiant flux, energy flux

ausgezogene Linie / full-line curve, solid line

ausgießen *v* (Lagerschalen) / line *v*, metal *v*, babbit *v* || ~ (dichten) / seal *v*, pack *v*, fill *v* || ~ (m. Beton) / grout *v* || **neu** ~ (Lg.) / re-line *v*, re-metal *v*

Ausgießmasse *f* / sealing compound, filling compound

Ausgleich des Lötauftrags (gS) / solder levelling || **Regelstrecke mit** ≈ / self-regulating process

ausgleichen *v* / compensate *v*, equalize *v*, balance *v* || ~ (nacharbeiten) / level *v*, dress *v*, even out *v*, adjust *v*, take up *v*

Ausgleicher *m* / compensator *n*, balancer *n*

Ausgleichs·aggregat *n* (Gleichstromsystem) / direct-current balancer || ≈**becken** *n* (WKW) / tailwater reservoir || ≈**bewegung** *f* (WZM, NC) / compensating movement || ≈**blech** *n* / shim *n* || ≈**brückenschaltung** *f* / balanced bridge transition || ≈**drossel(spule)** *f* / interphase reactor, balance coil || ≈**feder** *f* / compensating spring || ≈**fläche** *f* (gS) / blind conductor || ≈**futter** *n* (WZM) / compensating chuck || ≈**gefäß** *n* (zum Ausgleich von Öl- o. Masseausdehnungen in Kabelendverschlüssen) / compensator *n* || ≈**gerade** *f* / mean straight line || ≈**getriebe** *n* / differential gearing, differential *n* || ≈**gewicht** *n* / balancing weight || **Generator-**≈**grad** *m* / generator self-regulation || ≈**kupplung** *f* / flexible coupling, resilient coupling, self-aligning coupling || ≈**lademaschine** *f* / battery booster || ≈**ladung** *f* / equalizing charge || ≈**leistung** *f* / transient power || ≈**leiter** *m* / equalizing conductor, equalizer *n*, equalizer bar, equalizer ring || ≈**maschine** *f* (Gleichstromsystem) / direct-current balancer || ≈**moment** *n* / synchronizing torque, restoring torque || ≈**scheibe** *f* (auf Welle, f. Spielausgleich) / end-float washer || ≈**scheibe** *f* (Lg.) / equalizing ring || ≈**scheibe** *f* (DT) / spacer ring, washer *n* || ≈**schwingungen** *f pl* / transient oscillations || ≈**schwungrad** *n* / flywheel equalizer || **Raumtemperatur-**≈**streifen** *m* / temperature compensating strip

Ausgleichsstrom *m* / circulating current, equalizing current || ≈ (transienter Strom) / transient current || ≈ (Trafo; VDE 0532,T.30) / circulating current (IEC 214) || ≈ (zwischen zwei Objekten mit unterschiedlichem Potential) / compensating current

Ausgleichs·ströme im Erdungsnetz / currents circulating in earthing system || ≈**transformator** *m* / balancer transformer, a.c. balancer || ≈**verbinder** *m* / equalizer *n* || ≈**verbindung** *f* / equalizer *n*, equipotential connection || ≈**verfahren** *n* (Auswuchten) / correction method || ≈**vermögen** *n* (Mot., nach Netzstörung) / recovery stability || ≈**vorgang** *m* / transient phenomenon, transient reaction, transient *n*, initial response, response *n* || **elektrische** ≈**welle** / differential selsyn || ≈**wert** *m* (Reg.) / self-regulation value || ≈**wicklung** *f* (el. Masch.) / equalizing winding, equipotential winding || ≈**wicklung** *f* (Trafo) / stabilizing winding, compensating winding || ≈**wicklung** *f* (Wandler) / equalizing winding || ≈**widerstand** *m* / stabilizing resistor || ≈**zeit** *f* (Mot., nach Netzstörung) / recovery time || ≈**zeit** *f* (MG, Verzugszeit) / delay time

Ausguß *m* (Lg.) / lining *n*, Babbit lining, liner *n*, bearing metal, white-metal lining

aushalten, eine Prüfung ~ / to stand a test

aushängbar *adj* / detachable *adj*

aushärtbar *adj* (Metall) / hardenable *adj* || ~ (Kunststoff) / hardening *adj*, hardenable *adj*, thermo-hardening *adj*, thermo-setting *adj*

aushärten *v* (Metall) / harden *v* || ~ (Kunststoff) / cure *v*, allow to cure, set *v*

aushärtend·es Gießharz / hard-setting resin || **kalt** ~ (Kunststoff) / cold-setting *adj*, cold-hardening *adj*, cold-curing *adj* || **warm** ~ (Kunststoff) / thermosetting *adj*

Aushärtungsgrad *m* / degree of curing, degree of hardening

Aushebe·balken *m* (f. Isolatorketten) / tool yoke || ≈**maße** *n pl* (Trafo) / untanking dimensions, lifting-out dimensions

ausheben *v* (Trafo-Teil) / lift out *v*, untank *v*

ausheizen *v* / bake out *v* || ~ (Lampe) / bake *v*, evacuate by baking

Aushilfeenergie *f* / standby electricity supply

Aushilfs·kraft *f* / temporary worker, part-time worker, helper *n*, jobber *n* || ≈**station** *f* (transportables Unterwerk) / transportable substation

Aushöhlung *f* (Abtragung eines Isolierstoffs durch Entladungen) / electrical erosion

Aushub *m* (Fundament) / excavation *n*

AUS-Kette *f* (Ablaufsteuerung) / shutdown cascade

auskitten *v* / to fill with cement, cement *v*, seal *v*

ausklappbarer Bürstenhalter / hinged brush holder

Auskleidung *f* / lining *n*, liner *n*, coating *n*

Ausklinkdrehzahl *f* / cutoff speed, tripping speed

ausklinken *v* / unlatch *v*, release *v*, disengage *v* || ~ (abschalten) / trip *v* || ~ (stanzen) / notch *v*

Ausklinker *m* / notching die

Ausklinkung *f* / notch *n*, notched recess, notching *n*

Ausknicken *n* / buckling *n*

Ausknöpfprobe *f* / spot-weld shear test

Auskolkung *f* / cratering *n*, pitting *n*

„Aus"-Kontakt *m* / trip(ping) contact, opening contact

Auskoppeldämpfung *f* (LWL) / extraction loss

Auskoppelgrad *m* / decoupling factor

auskoppeln, Energie ~ (LE, f. Zündimpulse) / to tap power (o. energy)

Auskoppelverstärker *m* / decoupling amplifier

Auskopplung (s. Wärmeauskopplung)
auskratzen *v* (Komm.) / undercut *v*
auskreuzen *v* (Wickl.) / transpose *v*, cross-connect *v* || ≗ *n* (von Kabeln) / transposition *n* || ≗ (Kabelschirmverbindungen) / cross-bonding *n*
Auskreuzschema *n* (Wickl.) / transposition scheme
Auskreuzung *f* (Wickl.) / transposition *n*, crossover *n*
Auskreuzungskasten *m* (f. Kabel) / link box
Auskunfts·platz *m* (GLAZ-Terminal) / enquiry terminal || **≗system** *n* / information system, enquiry system
Auskunftterminal *n* / information terminal, enquiry terminal
auskuppeln *v* / disengage *v*, de-clutch *v*, uncouple *v*, disconnect *v*
Ausladung *f* / projection *n* || ≗ (Kran) / radius of action, radius *n*, reach *n* || ≗ (Wickl.) / overhang projection, overhang *n* || ≗ (Ausleger eines Lichtmasts) / bracket projection || **Schirm~** (Isolator) / shed overhang
auslagern *v* (Programm) / roll out *v*, relocate *v*, page out *v* || ≗ *n* (aus dem Lagerhaus) / withdrawal from warehouse || ≗ (künstl. Altern) / age hardening, artificial ageing
Auslaß·dose *f* / outlet box || **≗stutzen** *m* (I-Dose) / spout outlet, spout *n* || **≗stutzen** *m* (IK) / outlet collar, outlet gland || **≗ventil** *n* / drain valve, discharge valve
Auslastung *f* / capacity utilization || ≗ (WZM, NC) / utilization *n* || ≗ (Rechner) / workload *n* || **relative** ≗ / utilization factor
Auslauf *m* (Masch.) / coasting *n*, slowing down, running down || ≗ (Metallbearb.) / run-out *n* || **≗becher** *m* (Viskositätsprüf.) / efflux viscosity cup || **≗becherviskosität** *f* / viscosity by cup, flow cup viscosity, efflux cup consistency || **≗drehzahl** *f* / deceleration speed, coasting speed
auslaufen *v* (Flüssigk.) / run out *v*, leak *v*, to run dry || ~ (Lg.) / wear *v*, wear out *v* || ~ (Masch.) / coast *v* (to rest), slow down *v*, decelerate *v*, run down *v* || ≗ *n* (Vergußmasse) / seepage *n*
auslaufender Typ (einer Fertigung) / obsolescent type
Ausläufer (Netz) (s. Ausläuferleitung)
Ausläuferleitung *f* / dead-end feeder, spur *n*
Auslauf·verfahren *n* (el. Masch.) / retardation method, deceleration method || **≗versuch** *m* (el. Masch., VDE 0530, T.2) / retardation test (IEC 34-2), deceleration test || **≗versuch im Leerlauf** / no-load retardation test || **≗weg** *m* (WZM, NC) / overrun distance || **≗zeit** *f* (Masch.) / deceleration time, coasting time
auslaugen *v* / leach *v*, lixiviate *v*
Ausleger *m* (Freileitungsmast) / cross-arm *n* || ≗ (Stütze, Lichtmast) / bracket || ≗ (f. Leitungsmontage) / beam *n* || **fester** ≗ (f. Leitungsmontage) / davit *n* || **schwenkbarer** ≗ (f. Leitungsmontage) / swivel boom || **≗anschluß** *m* (Lichtmast) / bracket fixing (EN 40) || **≗arm** *m* / bracket arm, cantilever *n*, davit arm || **≗mast** *m* (Lichtmast) / column with bracket (EN 40), cantilever mast
Auslegung *f* / design *n*, rating *n*, dimensioning *n*, layout *n* || ≗ **für den ungünstigsten Betriebsfall** / worst-case design
Auslegungs·bedingungen *f pl* / design basis conditions || **≗bestimmungen** *f pl* / design specifications, design requirements, customer's requirements || **≗druck** *m* / design pressure || **≗erdbeben** *n* / operating basis earthquake (OBE) || **≗ereignisse** *n pl* / design basis events (DBE) || **≗induktion** *f* / design flux density || **≗lebensdauer** *f* / design life || **≗überlast** *f* / design overload
Ausleitung *f* (Wickl.-Klemme) / end lead, terminal lead, main lead || ≗ (s. Generatorableitung)
Auslenkung *f* / deflection *n*, displacement n., excursion *n* || ≗ (MSB) / sag *n* || **Amplituden~** / amplitude excursion
auslesen *v* (DV) / read out *v*, fetch out *v*
Auslesepassung *f* / selective fit
Auslesezeit *f* / readout time
ausleuchten *v* / to illuminate fully
Ausleuchtung *f* / illumination *n*
Auslöse·anzeiger *m* (Rel., Schutz) / operation indicator || **≗aufforderung** *f* (DÜ, DIN 44302) / DTE clear request (DTE = data terminal equipment) || **≗bereich** *m* (Schutz) / tripping range || **≗bereich** *m* (Einstellbereich) / setting range || **≗bestätigung** *f* (DÜ, DIN 44302) / clear confirmation || **≗charakteristik** *f* / tripping characteristic || **≗differenzstrom** *m* / operating residual current || **≗distanz** *f* (NS, axiale Entfernung zu Auslöseelement) / axial distance to target || **≗einrichtung** *f* / tripping device, release *n*, tripping mechanism || **≗ereignis** *n* / trigger event || **≗faktor** *m* (MG) / tripping factor || **≗fehlerstrom** *m* (FI-Schutzschalter) / residual operating current || **polygonale ≗fläche** / polygonal tripping area, quadrilateral tripping area || **≗-Flipflop** *n* / trigger flipflop, T-flipflop *n*, toggle flipflop || **≗funkenstrecke** *f* / triggering spark gap || **≗funktion** *f* (PMG, DIN IEC 625) / trigger function, device trigger function || **≗gebiet** *n* (Schutz) / tripping zone, trip region, operating zone || **≗gerät** *n* (f. Thermistorschutz) / control unit, tripping unit || **≗gestänge** *n* / tripping linkage || **≗grenzstrom** *m* / ultimate trip current || **≗grenzwerte** *m pl* (LS) / tripping limits || **≗größe** *f* (FI-Schutzschalter) / energizing quantity || **≗hebel** *m* / tripping lever, operating lever
Auslösekennlinie *f* / tripping characteristic, operating characteristic (e.g., CBE) || ≗ **des Typs H** / type H tripping characteristic || ≗ **des Typs L** / type L tripping characteristic || ≗ **mit Vorlast** (Überlastrelais, DIN IEC 255, T.8) / hot curve || ≗ **ohne Vorlast** (Überlastrelais, DIN IEC 255, T.8) / cold curve
Auslöse·klinke *f* / release pawl || **≗kommando** *n* / tripping command, opening instruction || **≗kontakt** *m* / tripping contact, trip contact || **≗kraft** *f* / release force || **≗kreis** *m* / trip(ping) circuit, trigger circuit || **≗kriterium** *n* (Schutz) / operating (o. tripping) criterion || **≗kupplung** *f* / centrifugal clutch, torque clutch, slip clutch || **≗magnet** *m* / release coil, tripping solenoid || **≗meldung** *f* (DÜ) / DCE clear indication (DCE = data circuit terminating equipment) || **≗motor** *m* / tripping motor
auslösen *v* / trip *v*, open *v*, release *v*, trigger *v*, operate *v*, initiate *v* || ~ (einleiten) / initiate *v* || ~ (Emission) / trigger *v* || ~ (initiieren) / initiate *n* || ≗ *n* / tripping *n*, opening *n*, releasing *n*, triggering *n*, operation *n* || **einen Alarm** ~ / to sound an alarm

Auslösenocken *m* / striker *n*, trip cam
Auslöseprüfung *f*(Schutz) / tripping test
Auslöser *m*(SG) / release *n*, trip element, trip *n*, tripping device || ≗ (Trigger, Eingabegerät) / trigger *n* || ≗ **mit großem Einstellbereich** / high-range release (o. trip element) || ≗ **mit mechanischem Hemmwerk** / mechanically delayed release
Auslöser-Betätigungsspannung *f*(SG) / release operating voltage
Auslöse·relais *n* / tripping relay, initiating relay || ≗**richtung** *f* / operative direction || ≗**schaltung** *f* (elektron.) / trigger circuit, trigger *n* || ≗**schwimmer** *m* / trip float || ≗**signal** *n* / tripping signal, releasing signal || ≗**spannung** *f* / tripping voltage, opening voltage || ≗**sperre eines Crimpwerkzeuges** / full-cycle crimp mechanism || ≗**spule** *f* / trip coil, release coil, trip solenoid, operating coil || ≗**stift** *m* / tripping pin || ≗**stößel** *m* / tripping tappet || ≗**strom** *m* / tripping current, operating current || ≗**strom** *m*(Überlastauslöser o. -relais; VDE 0660, T.101) / conventional tripping current (IEC 157-1) || **festgelegter** ≗**strom** (s. großer Prüfstrom) || ≗**stromkreis** *m* / tripping circuit || ≗**temperatur** *f* / cutout temperature, operating temperature, alarm initiating temperature || ≗**temperaturbereich** *m* / operating temperature range || ≗**vermögen** *n*(f. Fehlerabschaltung) / fault clearing capability || ≗**vorrichtung** *f* / release *n*, trip device, tripping device, tripping mechanism || ≗**vorrichtung** *f* (Sich.) / fuse indicator and signaller || ≗**welle** *f* / tripping shaft
Auslösezeit *f*(Rel.) / release time || ≗ (SG, von Befehlsgabe bis zur Aufhebung der Sperrung) / time to disengagement, releasing time || ≗ (Einstellwert) / time setting || ≗ (Maschinenschutz) / time to trip
Auslösung *f* / tripping *n*, opening *n*, releasing *n*, triggering *n*, operation *n* || ≗ (DÜ) / clearing *n* || ≗ (PMG) / triggering *n* || ≗ **durch künstlichen Fehler** / fault throwing || **Zeit**~ (eingestelltes Intervall, nach dem ein Signal erzeugt wird, wenn bis dahin noch keine Triggerung erfolgt ist) / time-out *n*
Auslötstempel *m* / unsoldering tool
Ausmessen *n* / measuring *n*, dimensional check || ≗ (m. Lehre) / gauging *n*
Ausnahmewörterbuch *n*(Textverarb., f. Silbentrennung) / exception word dictionary
Ausnehmung *f* / recess *n*, opening *n*, cutout *n*
Ausnutzbarkeit nach Isolationsklasse F / class F capability
Ausnutzung *f* / utilization *n*
Ausnutzungsdauer *f*(eines Generatorsatzes) / utilization period at maximum capacity
Ausnutzungsfaktor *m*(Durchschnittslast/Nennlast) / capacity factor || ≗ (KW) / utilization factor || ≗ (Wickl.) (s. Wicklungsfaktor) || ≗ **des Wicklungsraums** / space factor of winding
Ausnutzungs·grad *m*(el. Masch.) / power/space ratio || ≗**verhältnis** *n*(el. Masch.) / power/size ratio, power-for-size ratio, power/weight ratio, horsepower per machine volume
Ausnutzungsziffer *f*(Esson) / output coefficient, specific torque coefficient, Esson coefficient, output factor || ≗ (Gewicht/Leistung) / weight coefficient, volt-ampere rating per unit volume || ≗ (KW) / utilization factor
Ausprägung *f* / instancing *n*, instance *n* || **Sachmerkmal-**≗ *f*(DIN 4000, T-1) / article characteristic value
auspressen *v* / force out *v*, to withdraw under pressure, jack out *v*
Auspuff·rückdruck *m*(Kfz) / exhaust backpressure || ≗**takt** *m*(Kfz-Mot.) / exhaust stroke
auspumpen *v* / evacuate *v*
Ausräumen *n*(Zuckerzentrifuge) / ploughing *n*
ausregeln *v* / correct *v*, compensate *v*, adjust *v*
Ausregelsteilheit *f*(DIN 41745) / maximum output rate of change
Ausregelzeit *f*(Reg., DIN 19226) / settling time (ANSI C85.1), correction time, transient recovery time (IEC 478-1) || ≗ (Gen.) / recovery time || **endliche** ≗ / dead-beat response || **Gesamt**~ (USV, VDE 0588, T.5) / recovery time (IEC 146-4)
Ausreißer *m*(QS) / outlier *n*, maverick *n*
Ausreißkraft *f*(gS) / pull-out strength
Ausrichtabstand *m* / alignment clearance
ausrichten *v*(Masch., CAD) / align *v* || ~ (gerade) / straighten *v*, true *v* || ≗ **nach der Höhe** / aligning to correct elevation, alignment in the vertical plane
Ausrichtung *f*(Masch.) / alignment *n* || ≗ (Kristalle) / orientation *n*
Ausrichtungsfehler *m* / misalignment *n*, malalignment *n*
ausrückbare Kupplung / clutch *n*, loose coupling
ausrücken *v*(Kuppl.) / disengage *v*, declutch *v*, disconnect *v*, trip *v*
Ausrück·kupplung (s. ausrückbare Kupplung) || ≗**vorrichtung** *f*(ET) / rack-out device
Ausrufanlage *f* / paging system
AUSS (s. arbeitsplatzunabhängiger Segmentspeicher)
aussägen *v*(Komm.) / to undercut with a saw
ausschaben *v*(Komm.) / undercut *v*
Ausschalt·abbrand *m* / opening erosion || ≗**bedingungen** *f pl*(SG) / breaking conditions || ≗**bereich** *m*(Sich.) / breaking range
Ausschaltdauer *f*(Sich., VDE 0820) / operating time (IEC 291), clearing time (ANSI C37.100), total clearing time (ANSI C37.100) || ≗ (Netz) / interruption duration || ≗ (s. Ausschaltzeit) || **mittlere** ≗ (s. mittlere Dauer des ausgeschalteten Zustands)
Ausschalt·druck *m* / cut-out pressure, shut-off pressure || ≗**druckknopf** *m* / OFF pushbutton, OFF button || ≗**eigenschaften** *f pl*(Sich.) / clearing characteristics, circuit interrupting performance || ≗**eigenzeit** *f*(Öffnungszeit, VDE 0670, T.101) / opening time (IEC 56-1) || ≗**elektrode** *f* (Kreuzfeldverstärker) / quench electrode || ≗**element** *n*(LS) / breaking unit
ausschalten *v*(Gerät, Stromkreis; vgl. „abschalten") / switch off *v*, disconnect *v*, cut off *v*, turn off *v*, de-energize *v*, interrupt *v*, to make inoperative || ~ (Masch.) / stop *v*, shut down *v*, cut out *v*, disconnect *v*, switch off *v* || ~ (Rel., Schütz) / de-energize *v*, open *v* || ≗ *n*(SG, Vorgang) / breaking operation, opening operation, opening *n*, breaking *n* || ≗ **unter Last** / disconnection under load, load breaking || **Einbruchalarm** ~ / to deactivate the burglar alarm

Ausschalter *m* / on-off switch, single-pole switch, single-throw switch, one-way switch || ≗ (Schalter 1/3, VDE 0630) / one-way switch || **einpoliger** ≗ (Schalter 1/1, VDE 0630) / single-pole one-way switch (CEE 24)

Ausschalt·faktor *m* / tripping factor || ≗**feder** *f* / opening spring, tripping spring || ≗**folge** *f* (Antriebe) / stopping sequence, shutdown sequence || ≗**geräte** *n pl* (VDE 0618,4) / stop controls || ≗**geschwindigkeit** *f* / speed of break, opening speed || ≗**glied** *n* / break contact, break contact element (IEC 337-1), b-contact, normally closed contact, NC contact || ≗**-Hilfsauslöser** *m* / shunt opening release (IEC 694) || ≗**klinke** *f* / tripping latch || ≗**kurve** *f* (vgl. „Auslösecharakteristik") / opening curve, tripping characteristic || ≗**leistung** *f* (LS, TS; vgl. „Ausschaltvermögen") / breaking power, breaking capacity, interrupting capacity, rupturing capacity || ≗**leistung** *f* (Mot.) / cutout power || ≗**leistung** *f* (Rel.) / contact interrupting rating (ASA C37.1) || ≗**lichtbogen** *m* / breaking arc || ≗**moment** *n* / cutoff torque, cutout torque, tripping torque || ≗**potential** *n* (KKS) / off-potential *n* || ≗**prüfung** *f* / breaking test, break test || ≗**prüfung** *f* (Sich.) / interrupting test, breaking test || ≗**punkt** *m* / tripping point, release operating point || ≗**reihenfolge** *f* (Antriebe) / stopping sequence, shutdown sequence || ≗**relais** *n* / tripping relay || ≗**spannung** *f* (SG) / opening voltage, interrupting voltage || ≗**spannung** *f* (Steuerelektrode, Thyr) / turn-off voltage || ≗**spannung** *f* (der Ausschaltelektrode; DIN IEC 235, T.1) / quench voltage || ≗**sperre** *f* / lock-in *n* || ≗**spitzenstrom** *m* (Sich.) / cut-off current || ≗**spule** *f* / tripping coil, opening coil || ≗**stellung** *f* (SG) / open position || ≗**steuerkreis** *m* (VDE 0618, T.4) / stop control circuit || ≗**steuerung** *f* (VDE 0618, T.4) / stop control || ≗**steuerung** (LE) (s. Löscheinsatzsteuerung)

Ausschaltstrom *m* (SG, Sich; IEC 50(441)) / breaking current, interrupting current

Ausschalt·stromkreis *m* / breaking circuit, opening circuit || ≗**temperatur** *f* / cut-out temperature, opening temperature

Ausschaltung *f* / breaking operation, opening operation, opening *n*, breaking *n*

Aus-Schaltung *f* (I-Schalter) / on-off circuit

Ausschaltung, endgültige ≗ (Netz o. Betriebsmittel; nach einer Anzahl erfolgloser Wiedereinschaltungen) / final tripping || **ideale** ≗ / ideal breaking || **selbsttätige** ≗ (LE-Gerät) / automatic switching off

Ausschaltventil *n* / tripping valve

Ausschaltverhalten, Kontrolle des Einschalt- und ≗**s** (LE) / turn-on/turn-off check (IEC 700)

Ausschalt·verlust (Diode, Thyr.) (s. Ausschalt-Verlustleistung) || ≗**-Verlustenergie** *f* (Thyr, DIN 41786) / energy dissipation during turn-off time || ≗**-Verlustleistung** *f* (Diode, Thyr.) / turn-off loss, turn-off dissipation || ≗**-Verlustleistungsspitze** *f* (Thyr) / peak turn-off dissipation

Ausschaltvermögen *n* (SG, Sich.) / breaking capacity (IEC 50 (441)), interrupting capacity (US), rupturing capacity || ≗ (Rel., VDE 0435,T.110) / limiting breaking capacity || ≗ **für ein unbelastetes Kabel** (VDE 0670, T. 101) / cable-charging breaking capacity (IEC 56-1), cable off-load breaking capacity || ≗ **für eine unbelastete Freileitung** (VDE 0670, T. 101) / line-charging breaking capacity (IEC 56-1), line off-load breaking capacity || ≗ **für Einzelkondensatorbatterien** (VDE 0670, T.101) / single-capacitor-bank breaking capacity (IEC 56-1) || ≗ **für Kondensatorbatterien** (VDE 0670, T.101) / capacitor-bank breaking capacity (IEC 56-1) || **Prüfung des** ≗**s** / breaking capacity test (IEC 214)

Ausschalt·verzögerung *f* (elST, DIN 19239) / OFF delay || ≗**verzögerung** *f* (gewollte Verzögerung der Kontaktöffnung) / release delay, tripping delay || ≗**verzug** (s. Öffnungszeit) || ≗**vorgang** *m* (Masch.) / shutdown cycle || ≗**vorrichtung** *f* (SG, VDE 0670, T.2) / opening device (IEC 129) || ≗**wechselstrom** *m* / symmetrical breaking current, symmetrical r.m.s. interrupting current || ≗**wischer** *m* / passing break contact, fleeting NC contact || ≗**zeit** *f* (LS, VDE 0660, T.101) / break-time *n* (IEC 157-1) || ≗**zeit** *f* (Sich.; Gesamtausschaltzeit, Summe aus Schmelzzeit u. Löschzeit; VDE 0670,4) / operating time (IEC 291), clearing time (ANSI C37.100), total clearing time (ANSI C37.100) || ≗**zeit** *f* (Schalttransistor, Thyr, optischer NS) / turn-off time || ≗**zeit-Strom-Kennlinie** *f* / operating time-current characteristic

ausschäumen *v* / foam *v*, to pack with foamed material

Ausschlag *m* (MG) / deflection *n*, pointer deflection, swing *n* || ≗ (Schwingung) / excursion *n*, amplitude *n*

ausschlagen *v* (ausfüttern) / line *v*

Ausschlag·gas *n* / calibration gas || ≗**verfahren** *n* (MG) / deflection method

ausschneidbarer Dichtring / pre-cut sealing ring

ausschneiden *v* (m. Locheisen) / dink *v* || ~ (schlitzen) / slot *v* || ~ (stanzen) / blank *v*

Ausschneidwerkzeug *n* / blanking die

Ausschnitt *m* (CAD, Ansicht) / view *n* || ≗ (Segment) / segment *n* || ≗ (i. Schalttafel) / cutout *n* || ≗ (aus Großbild am Bildschirm; Fenster) / window *n* || ≗**dosierung** *f* (Chromatographie) / heartcutting *n* || ≗**tabelle** *f* (CAD) / view table

Ausschöpfungstyp-Transistor (s. Verarmungstyp-Transistor)

Ausschreibung *f* / invitation to tender, invitation for bids, tender invitation

Ausschuß *m* / scrap *n*, rejects *pl*, waste *n* || ≗**gewindelehrdorn** *m* / no-go screw gauge || ≗**grenze** *f* (QS) / limiting quality || ≗**risiko** *n* / rejection risk || ≗**seite** *f* (Lehre) / no-go side || ≗**teil** *n* / rejected item, sub-standard item

ausschwenkbar *adj* / swing-out *adj*, hinged *adj*, swivelling *adj* || ~**e Tafel** / swing panel, swing-out panel

Ausschwenkung *f* (Schwenkwinkel) / swing *n*, opening angle

Ausschwingen *n* / dying out *n*, decay *n*

Ausschwingverhalten *n* / transient characteristics

Ausschwingversuch *m* / test by free oscillations || ≗ (Erdbebenprüfung) / snap-back test

ausschwitzen *v* / exude *v*, sweat out *v*

Aussehen *n* (Isolierflüssigk.) / appearance *n*

außen erzeugte Steuerspeisespannung / external

control supply voltage || ~ **gelagertes Wellenende** / shaft extension with outboard bearing || ~ **verkettete Zweiphasenschaltung** / externally linked two-phase three-wire connection || **von ~ bedienbar** / externally operated
Außenabmessungen *pl* / outside dimensions, outline dimensions
Außenabnahme *f* / source inspection || ² **beim Zulieferanten** / subcontractor source inspection (CSA Z 299)
Außen·abstützung *f*(der Welle) / outboard support || ²**anlage** *f* / outdoor installation || ²**anlage** *f* (Sportstätte) / outdoor stadium || ²**bearbeitung** *f* (WZM) / external machining || ²**beleuchtung** *f* / exterior lighting
außenbelüfteter Motor (s. außengekühlter Motor)
Außenbürde *f* / external burden, external load
aussenden *v*(von Störungen aus Störquellen) / emit *v*
Außen·druck *m* / external pressure || ²**druckkabel** *n* / compression cable
Aussendung *f*(von Störquellen, Funkverkehr) / emission *n*
Außen·durchmesser *m* / outer diameter, outside diameter, overall diameter || ²**durchmesser** *m* (Gewinde) / major diameter || ²**eck** *n*(IK) / rearward elbow, outside angle unit, external angle (unit) || ²**eck-Winkelstück** (s. Außeneck) || ²**feld** *n* / external field, extraneous field || ²**gehäuse** *n* (el.Masch.) / outer frame, outer casing || ²**gehäuse** *n*(B3/D5, ohne Abdeckhaube) / cradle base
außengekühlt·er Motor (m. Eigenlüfter) (s. oberflächengekühlter Motor) || ~**er Motor** (s. Fremdlüfter) / externally ventilated motor
Außen·gewinde *n* / external thread, male thread || ²**gewinde-Schlitzklemme** *f* / tubular screw terminal || ²**glimmschutz** *m*(Wickl.) / coil-side corona shielding || ²**hautriß** *m* / surface crack || ²**höhe** *f* / external height, overall height || ²**interpolator** *m*(NC) / external interpolator || ²**kabel** *n* / outdoor cable, cable for outdoor use || ²**kabel** *n* / external cable, cable for outdoor use || ²**kapselung** *f*(el. Masch.) / enclosure *n*, jacket *n* || ²**kennlinie** (s. äußere Kennlinie) || ²**kette** *f*(Flp.) / wing bar || ²**kettenfeuer** *n*(Flp.) / wing-bar lights || ²**kontaktsockel** *m* / base with external contacts || ²**kontur** *f* / outside contour || ²**korrosion** *f* / external corrosion || ²**kranz** *m*(Speichenrad) / rim *n*, spider rim || ²**kühlmittel** *n*(Sekundärkühlmittel) / secondary coolant || ²**kühlung** *f* / surface cooling || ²**lager** *n* / outboard bearing || ²**lamelle** *f*(Kuppl.) / externally splined lamination || ²**lamellenmitnehmer** *m*(Kuppl.) / drive ring and bushing || ²**lamellenträger** *m*(Kuppl.) / drive ring || ²**läufermotor** *m* / external-rotor motor, motorized pulley || ²**laufring** *m*(Lg.) / outer ring, outer race
Außenleiter *m*(Mehrphasensystem) / phase *n*, outer conductor, main *n* || ² (Wechselstromsystem) / phase conductor, L-conductor *n* || ² (Kabel) / external conductor, outer conductor, concentric conductor
Außenleiter-Erde·-Kapazität *f* / phase-to-earth capacitance || ²**-Spannung** *f* / phase-to-earth voltage, line-to-ground voltage (US) || ²**-Überspannung** *f* / phase-to-earth overvoltage, line-to-ground overvoltage (US)
Außenleiter·kontakt *m* / line contact || ²**-Mindestabstand** *m* / phase-to-phase clearance || ²**spannung** *f* / phase-to-phase voltage, line-to-line voltage, voltage between phases
Außen·leuchte *f* / exterior luminaire, exterior lighting fitting || ²**leuchte** (s. Straßenleuchte)
außenliegend·er Fehler (s. äußerer Fehler) || ~**es Lager** / outboard bearing
Außen·lüfter *m* / external fan || ²**lufttemperatur** *f* / outside air temperature, outside temperature || ²**mantel** *m*(Kabel) / oversheath *n*, outer sheath || ²**maß** *n* / external dimension || ²**maße** *n pl* / overall dimensions, outline dimensions
außenmattiert *adj* / outside frosted
Außen·mikrometer *n* / external micrometer || ²**pol** *m*(el. Masch.) / stationary pole || ²**polmaschine** *f* / revolving-armature machine, stationary-field machine, rotating-armature machine || ²**-Reflexionsanteil des Tageslichtquotienten** / externally reflected component of daylight factor || ²**ring** *m*(Lg.) / outer ring, outer race || ²**ring** *m* (Timken-Lg.) / cup *n*
Außenrückspiegelverstellung, elektrische ² (Kfz) / door mirror actuator
Außen·rundschleifen *n* / external cylindrical grinding, cylindrical grinding, OD grinding (OD = outer diameter) || ²**schenkel** *m*(Trafo-Kern) / outer limb, outer leg || ²**schirm** *m*(Kabel) / overall shield || ²**schleifen** *n* / external grinding, surface grinding || ²**seite** *f* / outside surface, outside *n*
außenseitiges Lager / outboard bearing
Außen·stellung *f*(SA, eines herausnehmbaren Teils; VDE 0670, T.6) / removed position (IEC 298), fully withdrawn position || ²**taster** *m* / external callipers, outside callipers || ²**temperatur** *f* / outside temperature || ²**toleranz** *f*(NC) / outside tolerance || ²**überschlag** *m* / external flashover || ²**umfang** *m* / circumference *n*, periphery *n*, outer surface
außenventilierter Motor (s. außengekühlter Motor)
Außenversteifung *f* / external stiffening, outer bracing
außenverzahntes Rad / external gear
Außen·verzahnung *f* / external gearing, external teeth || ²**widerstand** *m* / external resistance, series resistance || ²**zündstrich** *m*(Leuchte) / external conducting strip || ²**zylinder** *m*(Lüfter) / cylindrical shroud
äußer·er Anschluß (LE, eines Zweigpaares) / outer terminal || ~**e Bauform** (z.B. SK) / external design || ~**er Befund** / visual inspection result || ~**e Belastungskennlinie** / voltage regulation characteristic || ~**e Beschaltung** / external (circuit) elements || ~**es Betrachtungssystem (ABS)** / external viewing system (VSE)
außer Betrieb / shut down, out of service, out of commission || ~ **Betrieb setzen** / shut down *v*, stop *v*
äußere Einflüsse / external influences (IEC 614-1)
außer Eingriff bringen / disengage *v*, to bring out of mesh
äußer·er Fehler („Durchgangsfehler") / external fault, through-fault *n* || ~**er Fehler** (mech.) / external defect, surface imperfection || ~**es Feld** / external field, extraneous field || ~**er fotoelektrischer Effekt** (s. Fotoemission) || ~**e**

Funkenstrecke / external spark gap, external gap || ~e **Gleichspannungsänderung** / direct voltage regulation due to a.c. system impedance || ~e **Hauptanschlüsse** (LE) / external main terminals || ~e **Hystereseschleife** (Sättigungshystereseschleife) / saturation hysteresis loop || ~e **Isolierung** (VDE 0670, T.3) / external insulation (IEC 265) || ~e **Isolierung für Freiluft-Betriebsmittel** / outdoor external insulation || ~e **Isolierung für Innenraum-Betriebsmittel** / indoor external insulation || ~e **Kennlinie** / external characteristic || ~er **Kühler** / external cooler || ~er **Lagerdeckel** / outer bearing cap, outside cap, bearing cover || ~e **Leitschicht** (Kabel) / insulation screen, core screen || ~e **Leitungen** (z.B. f. Leuchten) / external wiring || ~er **Meßkreis** / external measuring circuit || ~e **Mitkopplung** (Transduktor) / separate self-excitation

außer Phase / out of phase

äußer·e remanente Restspannung (Hallgenerator, DIN 41863) / external remanent residual voltage (IEC 147-0C) || ~er **Schirm** (Kabel) / overall shield || ~e **Schutzhülle** (Kabel) / protective covering || ~er **Schutzleiter** / external protective conductor || ~es **Schwungmoment** / load flywheel effect, load Wk^2 || ~e **Störfestigkeit** (EMV) / external immunity

außer Takt / out of step, out of time

äußeres Trägheitsmoment / load moment of inertia, external moment of inertia

außer Tritt fallen / to pull out of synchronism, to fall out of step, pull out *v*, to loose synchronism

äußer·e Überspannung (transiente Ü. in einem Netz infolge einer Blitzentladung oder eines elektromagnetischen Induktionsvorgangs) / external overvoltage || ~e **Umhüllung** (Kabel) / serving *n* || ~e **Umhüllung einer Verpackung** / overwrap *n* || ~e **Verbindung** (Trafowickl.) / back-to-front connection, external connection || ~er **Wärmewiderstand** (HL, DIN 41858) / external thermal resistance, thermal resistance case to ambient || ~er **Widerstand** / external resistance, series resistance

Außerbetriebnahme *f* / withdrawal from service

Außerbetriebsetzen *n* / shut-down *n*, stopping *n*

außergewöhnlich·e Beanspruchung / abnormal stress || **Widerstandsfähigkeit gegen ~e Wärme** (VDE 0711,3) / resistance to ignition (IEC 507)

außerhalb der Spitzenzeit / off-peak *adj*

außer·mittig *adj* / off centre, eccentric *adj* || **~mittigkeit** *f* / eccentricity *n*, centre offset, off-centre condition

äußerst·es Werkstückmaß / extreme dimension of workpiece || ~e **Zugfaser** / extreme edge of tension side

Außertrittbetrieb (s. Außertrittzustand)

Außertrittfallen *n* / falling out of step, pulling out of synchronism, loss of synchronism, pulling out

Außertrittfall·moment *n* / pull-out torque || **~relais** *n* / out-of-step relay, loss-of-synchronism relay, pull-out protection relay || **~schutz** *m* / out-of-step protection, loss-of-synchronism protection || **~sperre** *f* / out-of-step blocking (o. lockout)

Außertritt·ziehen *n* / rising out of synchronism || **~zustand** *m* (Synchronmaschinen im Parallelbetrieb) / out-of-step operation (IEC 50(603))

Aussetzbelastung *f* / intermittent loading, periodic loading

Aussetzbetrieb (AB) (S 3; el. Masch., VDE 0530, T.1) *m* / intermittent periodic duty (S 3, IEC 34-1) || ~ (Spiel regelmäßig wiederholt) / periodic duty || ~ (HG, VDE 0730) / intermittent operation || ~ **mit Einfluß des Anlaufvorgangs** (S 4, VDE 0530, T.1) / intermittent periodic duty with starting (S 4, IEC 34-1) || ~ **mit elektrischer Bremsung** (S 5, DVE 0530, T.1) / intermittent periodic duty with electric braking (S 5, IEC 34-1) || ~ **ohne Einfluß des Anlaufvorgangs** (S 3) / intermittent periodic duty-type without starting (S 3) ||

Bemessungsleistung bei ~ / periodic rating, intermittent rating, load-factor rating

aussetzen *v* (z.B. Strahlung) / expose *v*

aussetzend *adj* (unregelmäßig) / discontinuous *adj* || ~ (regelmäßig) / intermittent *adj*, periodic *adj* || ~er **Betrieb** (s. Aussetzbetrieb) || ~e **Durchschläge** / non-sustained disruptive discharges || ~er **Erdschluß** (s. intermittierender Erdschluß) || ~er **Fehler** (s. intermittierender Fehler) || ~e **Pufferung** (Batt.) / intermittent re-charging || ~e **Teilentladungen** / non-sustained partial discharges || ~e **Wirkung** (Reg.) / intermittent action

Aussetzer *m* (s. Zündaussetzer)

Aussetz·fehler *m* (Signalausfall) / drop-out *n* || **~leistung** *f* / periodic rating, intermittent rating || **~regelung** *f* / start-stop control || **~schaltbetrieb** *m* / intermittent periodic duty, intermittent multi-cycle duty || **~spannung** *f* (Teilentladung, VDE 0434) / extinction voltage (IEC 270)

aussieben *v* (Oberwellen) / filter *v*, suppress *v*

Aussiebprüfung *f* / screening test

aussondern *v* (QS) / segregate *v*

Aussonderung *f* (QS) / segregation *n*

Ausspannzeit *f* (WZM) / unclamping time

Aussparen durch Einzelbefehl (NC) / pocketing *n*

Aussparung *f* / recess *n*, cut-out *n*, opening *n* || ~ (ET, f. Kodierung) / receptacle *n*

ausstanzen *v* / blank *v*

Aussteifung *f* / stiffening *n*, bracing *n*

aussteigen (s. verlassen)

„Aus"-Stellung *f* / "Off" position

Ausstellungsräume, Beleuchtung von ~n / exhibition lighting

Aussteuerbereich *m* / control range, firing-angle range || ~ (Ausgangsb.) / output range

aussteuern *v* / control *v*, to adjust the control setting, drive *v*, modulate *v*, saturate *v*

Aussteuerung *f* (Drossel) / saturation degree || ~ (Meßtechnik) / modulation *n*, modulation amplitude || ~ (SR; auf den Steuerwinkel bezogen) / firing-angle setting || ~ (SR; Verhältn. der Leerlauf-Ausgangsspannungen bei verzögertem und unverzögertem Steuerwinkel) / terminal voltage ratio || ~ (Methode) / control method || ~ **nach dem Pulsverfahren** (LE) / pulse control, chopper control || **zulässige** ~ (max. Ausgangsspannung) / maximum continuous output (voltage) || **zulässige** ~ (Dauerbelastbarkeit des Eingangs) / maximum continuous input

Aussteuerungs·eingang *m* / control input || **~grad** *m* (LE) / control factor || **~grad bei**

Zündeinsatzsteuerung (LE) / phase control factor
Ausstrahlung, spezifische ≗ / radiant excitance, radiant emittance
Ausstrahlungs·richtung *f* / beam direction || **Licht~winkel** *m* / light radiation angle, angle of light emission || ≗**winkel** *m* / light emission angle
Ausströmöffnung *f* (f. Gas) / exhaust port, discharge port
AUS-Taster *m* (DT) / OFF button, STOP button || ≗ (Drehsch.) / OFF switch, STOP switch
Austastsignal *n* / blanking signal
Austastung *f* (Unwirksammachen eines Kanals) / blanking *n*
austauschbar *adj* (untereinander) / interchangeable *adj*, permutable *adj* || ~ (auswechselbar) / replaceable *adj*, renewable *adj*, exchangeable *adj* || ~**e Logik** / compatible logic || ~**er Sicherungseinsatz** / universal fuse-link (ANSI C37.100), interchangeable fuse-link || ~**es Teil** (SK, VDE 0660, T.500) / removable part (IEC 439-1) || ~**es Zubehör** / interchangeable accessory || **mechanisch** ~ / intermountable *adj*
Austauschbarkeit *f* / interchangeability *n* || ≗ **zwischen Sicherungshalter und Sicherungseinsatz** (VDE 0820) / compatibility between fuse-holder and fuse-link (IEC 257)
Austausch-Chromatographie *f* / ion exchange chromatography
Austauscher *m* / exchanger *n* || **Melder~** *m* (Brandmeldeanl.) / exchanger *n*
Austausch·grad *m* (Wärmetauscher) / efficiency *n* || **gegenseitiger** ≗**koeffizient** (BT) / mutual exchange coefficient, configuration factor || ≗**leistung** *f* (Netz) / interchange power || ~**programmierbare Steuerung mit unveränderbarem Speicher** / ROM-/PROM-programmed controller || ~**programmierbare Steuerung mit veränderbarem Speicher** / RPROM-programmed controller || ~**programmierbare Steuerung** / programmable controller with interchangeable memory || ≗**teil** *n* / replacement part, spare part || ≗**zyklus** *m* („Handshake"-Zyklus) / handshake cycle
austesten *v* (Programm) / test *v*, debug *v*
Aus-Timer *m* (Kfz) / stop timer
Austrag *m*, **WS-**≗ / queue entry removal (o. cancel)
austragen *v* (Fördereinrichtung) / discharge *v* || ~ (aus Datei) / remove *v*, delete
austreibende Drehzahl / output speed
Austritts·arbeit *f* (Elektrodenmaterial einer Elektronenröhre) / work function (electrode material of an electron tube) || ≗**bereich** *m* (von Werten einer stabilisierten Ausgangsgröße symmetrisch zu ihrem Anfangswert; DIN 41745) / transient initiation band || ≗**kante** *f* (Bürste; Pol) / trailing edge, leaving edge || ≗**öffnung** *f* (Lasergerät) / aperture *n* || **Schall~punkt** *m* (Ultraschall-Prüfkopf; DIN 54119) / probe index || ≗**quelle** *f* (v. Stoffen, die die Entstehung einer explosionsfähigen Gasatmosphäre ermöglichen) / source of release || ≗**seite** *f* / discharge end, outlet side || ≗**stutzen** *m* / outlet connection || ≗**temperatur** *f* (Kühlwasser) / outlet temperature
austrudeln *v* (Mot.) / coast *v*
ausüben, eine Kraft ~ / to exert a force
Aus-Verzug *m* / OFF delay
Auswägen *n* (Auswuchten) / static balancing, single-phase balancing
Auswahl der Prüfschärfe / applicability of normal, tightened or reduced inspection, procedure for normal, tightened and reduced inspection || ≗ **der Zustandsgruppe** / status group select (SGS) || ≗**einheit** *f* (QS) / sampling unit
Auswähler *m* (GKS) / choice device
Auswahl·faktor *m* (Kuppl.) / service factor || ≗**menü** *n* (Programm) / menue *n* || ≗**prüfung** *f* (a. QS, „Screening"; DIN IEC 319) / screening *n* (IEC 319) || ≗**prüfung** *f* (Kabel, VDE 0281) / sample test (HD 21) || **Phasen~relais** *n* / phase selection relay || ≗**satz** *m* (CAD) / selection set || ≗**satz** *m* (QS) / sampling fraction || ≗**schaltung** *f* (Baugruppe) / selector module || ≗**system** *n* (Paßsystem) / selected fit system
Auswanderung *f* / excursion *n*, drift *n*
auswechselbar *adj* / replaceable *adj*, exchangeable *adj*, detachable *adj* || ~**er Arbeitskopf** (Handstange) / universal tool attachement (IEC 50(604))
Auswechselbarkeit *f* / interchangeability *n*, replaceability *n*, intermountability *n* || **montagetechnische** ≗ / intermountability *n*
auswechseln *v* / replace *v*, exchange *v*
Ausweichen des Leiters (in Anschlußklemme) / spreading of conductor (in terminal)
Ausweich·stellung *f* (Hauptkontakte eines Netzumschaltgerätes) / alternative position || ≗**versorgung** *f* / alternative supply || ≗**werkstoff** *m* / substitute material || ≗**zeichen** *n* (Schaltz.) / reserve symbol
Ausweisinformation *f* (codierter Ausweis) / information coded on the badge
Ausweiskarte *f* / idendity card, ID card || ≗ (auf der Kleidung getragen) / badge *n*
Ausweiskartenleser *m* / badge reader, badge reading terminal
Ausweisleser (s. Magnetkartenausweisleser) || ≗ (s. Ausweiskartenleser)
Ausweisleseterminal *n* / badge reader terminal
ausweitend, sich ~**er Kurzschluß** / developing fault
Auswertegerät *n* / evaluator *n*, analyzing unit
auswerten *v* / evaluate *v*, analyze *v*, interpret *v*
Auswerte·programm *n* (Bildauswertung) / analysis program || ≗**teil** *m* / evaluation section || ≗**teil** *m* (RSA-Empfänger, Decodierer; VDE 0420) / decoding element
Auswertlogik *f* / evaluating logic
Auswertung *f* / evluation *n*, analysis *n* || **Bild~** *f* / image analysis
Auswertungsglied *n* / evaluation element, evaluator *n*
auswittern *v* / weather *v*
Auswucht·dorn *m* / balancing arbour, balancing mandrel || ≗**ebene** *f* / correction plane, balancing plane
auswuchten *v* / balance *v* || ≗ **an Ort und Stelle** / in-situ balancing, field balancing || **neu** ~ / re-balance *v*
Auswucht·fehler *m* / unbalance *n* || ≗**güte** *f* / balance quality, grade of balance || ≗**gütestufe** *f* / balance quality grade
Auswuchtmaschine *f* / balancing machine
Auswucht·nut *f* / balancing groove || ≗**prüfung** *f* / balance test || ≗**ring** *m* / balancing ring

Auswuchtung *f* / balancing *n*, balance *n*
Auswuchtungs·grad (s. Auswuchtgüte)
Auswucht·waage *f* / direct-reading balancing machine || **≗zustand** *m* / balance *n*
Auswurftaste *f* / eject key
ausziehbar·es Gerät / withdrawable device (o. unit), drawout-mounted device (ANSI C37.100) || **~er Geräteblock** / drawout equipment unit, drawout apparatus assembly || **~e Schaltgerätekombination** / withdrawable switchgear assembly, drawout(-mounted) switchgear assembly || **~e Sicherungsleiste** / pullout fuse block || **~er Teil** (SA, VDE 0670, T.6) / withdrawable part (IEC 298), drawout part
ausziehen *v* (Zeichn.) / ink *v*
Ausziehkraft *f*, **Kontakt-≗** / contact extraction force || **Leiter-≗** *f* / conductor tensile force, conductor pull-out force
AUS-Zustand *m* (a. HL-Schütz) / OFF state
autark·es Bussystem (in einer dezentralen Anlage) / autonomous bus subsystem || **~er Generator** (Dauermagnetmasch.) / permanent-magnet generator, permanent-field generator || **~es Haus** / autarkic house
Auto·abgastester *m* / automobile exhaust-gas analyzer || **≗bahn** *f* / motorway *n* (GB), freeway *n* (US)
Autoelektronik (s. Kraftfahrzeugelektronik)
Autogen·schweißung *f* / autogenous welding, oxy-acetylene welding, acetylene welding
autointeraktive/interaktive Konstruktion (AID) / autointeractive/interactive design (AID)
Autokino *n* / drive-in cinema
Autokorrelations·funktion *f* / autocorrelation function
Auto·kran *m* / mobile crane || **≗lampe** *f* / automobile lamp, car bulb
Automat *m* / automaton *n* || **≗** (Maschine) / automatic machine, automatically controlled machine || **≗** (Kleinselbstschalter) / miniature circuit-breaker, m.c.b. || **≗** (automatische Einrichtung) / automatic device
Automaten·stahl *m* / free-cutting steel || **≗teilung** *f* (Kleinselbstschalter) / m.c.b. module width || **≗theorie** *f* / automata theory || **≗verteiler** *m* / miniature circuit-breaker board, m.c.b. board (BS 5486)
Automatik·-Betriebsart *f* / automatic mode || **≗-Ebene** *f* / automatic control level || **≗getriebe** *n* (Kfz) / automatic transmission || **≗-Hand-Umschaltung** *f* / automatic-to-hand transfer, AUTO-HAND changeover || **≗-Unterbetriebsart** *f* (NC) / automatic submode
automatisch auslösbare Brandschutzeinrichtung / automatic fire protection equipment || **~e Bemaßung** (CAD) / automatic dimensioning || **~es Bestücken** (Leiterplatten) / automatic insertion, auto-insertion *n* || **~er Betrieb** / automatic operation, automatic mode || **~e Brandmeldeanlage** / automatic fire detection system || **~er Brandmelder** / fire detector, flame detector || **~e Datenverarbeitung (ADV)** / automatic data processing (ADP) || **~es Einkristalldiffraktometer (AED)** / automatic single-crystal diffractometer (ASCD) || **~es Einstellverfahren** (Regler) / automatic tuning method || **~es Entflechten** (CAD, Leiterplatten) / autorouting *n* || **~es Filmbonden** / tape automated bonding (TAB) || **~er Hilfsstromschalter** / automatic control switch || **~er Hilfsstromschalter mit Pilotfunktion (PS-Schalter)** (VDE 0660,T.200) / pilot switch (IEC 337-1) || **~e Konstruktionsforschung** / automatic design engineering (ADE) || **~es Laden** (Speicher) / auto-load *n* || **~e Leistungssteuerung** (Kfz) / automatic performance control (APC) || **~er Motorstarter** (VDE 0660,T.104) / automatic starter (IEC 292-1) || **~es Netzumschaltgerät** / automatic transfer switching device (ATSD) || **~e Phasenregelung** / automatic phase control (APC) || **~es Plazieren** / autoplacement *n* || **~e Prüfeinrichtung** / automatic test equipment (ATE) || **~es Regelsystem mit Rückführung** / automatic feedback control system || **~e Schnellwiedereinschaltung** (KU) / high-speed automatic reclosing || **~es Senden und Empfangen (ASR)** / automatic send and receive (ASR) || **~e Spannungsregelung** (Verstärker) (s. automatische Verstärkungsregelung) || **~er Spannungsregler** / automatic voltage regulator (AVR) || **~es Speichern** (Osz.) / auto-store *n* || **~e Steuerung** / automatic control, closed-loop control, feedback control || **~es Umschalten** (VDE 0660,T.301) / automatic changeover (IEC 292-3) || **~e Verstärkungsregelung** / automatic gain control (AGC) || **~ verzögerte Wiedereinschaltung** (Netz) / delayed automatic reclosing || **~er Wiederanlauf** (a. elST) / automatic warm restart, automatic restart || **~es Wiedereinschalten** (KU) / automatic reclosing, auto-reclosing *n*, rapid auto-reclosure || **~es Wiedereinschalten** (Rücksetzen) / self-resetting *n* || **~e Wiedereinschaltung** (KU) / automatic reclosing, auto-reclosing
automatisieren *v* / automate *v*
automatisiert·es Einlagerungs- und Lagerentnahmesystem / automated storage and retrieval system (ASRS) || **~e Flurförderung** / automated guided vehicle system (AGVS)
Automatisierungs·aufgabe *f* / automation task, control problem || **≗gerät (AG)** (programmierbares Steuergerät) *n* / programmable controller || **≗grad** *m* / level of automation || **≗insel** *f* / island of automation, automation island || **≗struktur** *f* / configuration of automation system
Automatisierungssystem *n* / automation system || **≗** (Teilsystem o. Insel in einer dezentralen Anlage) / automation subsystem
Automatisierungs·technik *f* / automation technology, automation engineering, automation *n*, automated manufacturing technology (AMT) || **≗verbund** *m* / automation network, internetworked automation system, computer-integrated automation (system) (CIA)
Automobil·abgasmeßeinrichtung *f* / car exhaust gas measuring equipment || **≗industrie** *f* / automotive industry, motor industry, automotive manufacturers
autonom·e Einheit (MC) / autonomous unit || **~er Rechner** / stand-alone computer
Autopneumatic-SF_6-Leistungsschalter *m* / SF_6 circuit-breaker with electropneumatic mechanism, electropneumatically operated SF_6

circuit-breaker
AUTO-SCOUT-System *n* / AUTO-SCOUT system, AUTO-SCOUT traffic guidance system || **≈-Zeitrechner** *m* / AUTO-SCOUT computer
Autotransduktor (s. Transduktor in Sparschaltung)
Autowaschanlage *f* / car washing plant
Avalanche (s. u. „Lawinen...")
AW (s. Ausgabewort) || ≈ (s. Ampèrewindungen)
AWL (s. Anweisungsliste)
axial·e Annäherung (NS) / axial approach, head-on mode || **~er Druck** / axial thrust || **~e Führung** (Welle) / axial location, axial restraint || **~es Läuferspiel** / rotor float, rotor end float || **~nachgiebige Kupplung** / axially flexible coupling, axially compliant coupling || **~er Schub** (s. Axialschub) || **~es Spiel** (s. Axialspiel) || **~es Trägheitsmoment** / axial moment of inertia || **~er Versatz** / axial misalignment, axial offset || **~e Verschiebekraft** / axial thrust, axial displacement force || **~e Wellenführung** / axial restraint of shaft, axial location of shaft || **~er Wellenvergang** (s. Axialspiel)
Axialabstand *m* / axial clearance, axial distance
Axial·belastbarkeit *f* / thrust capacity || **≈belüftung** *f* / axial ventilation || **≈druck** *m* / axial thrust, axial pressure, end thrust, thrust *n* || **≈drucklager** *n* / thrust bearing || **≈feldkontakt** *m* (V-Schalter) / axial-field contact || **≈kegelrollenlager** *n* / tapered-roller thrust bearing || **≈kugellager** *n* / ball thrust bearing || **≈lager** *n* / thrust bearing, locating bearing || **≈lagersegment** *n* / thrust-bearing segment, pad *n*, shoe *n* || **≈luft** *f* / end float, axial play, axial internal clearance || **≈lüfter** *m* / axial-flow fan || **≈maß** *n* (Bürste) / axial dimension || **≈pendelrollenlager** *n* / self-aligning roller thrust bearing || **≈rollenlager** *n* / axial roller bearing || **≈schlag** *m* / wobble *n* || **≈schnitt** *m* / axial section || **≈schub** *m* / axial thrust, end thrust, thrust *n* || **≈schubbelastung** *f* / thrust load || **≈spiel** *n* (Lg.) / end float, axial play, end play, axial internal clearance || **~spielbegrenzte Kupplung** / limited-end-float coupling || **≈tonnenrollenlager** *n* / spherical-roller thrust bearing || **≈versatz** *m* / axial offset || **≈wälzlager** *n* / rolling-contact thrust bearing, rolling-element thrust bearing, rolling thrust bearing, antifriction thrust bearing || **≈zylinderrollenlager** *n* / cylindrical-roller thrust bearing
az-Auslöser *m pl* (Siemens-Typ; strombahängig verzögerte und stromunabhängig verzögerte Überstromauslöser) / az-releases *n pl* (Siemens type; inverse-time and definite-time overcurrent releases)
Azimutalfeld *n* / azimuthal field
azn-Auslöser *m pl* (Siemens-Typ; stromabhängig verzögerte, stromunabhängig verzögerte und einstellbare unverzögerte Überstromauslöser o. stromabhängig verzögerte, stromunabhängig verzögerte und festeingestellte unverzögerte Überstromauslöser) / azn-releases *n pl* (Siemens type; inverse-time, definite-time and adjustable instantaneous overcurrent releases o. inverse-time, definite-time and non-adjustable instantaneous overcurrent releases)
azyklisch·e Bevorzugung (Schutzauslösung) / acyclic priority (preferential tripping) || **~e Maschine** / acyclic machine

B

B (s. Befehl)
B (Buchstabensymbol für „air-blast cooling" - Anblasekühlung) / B (letter symbol for "air-blast cooling")
BA (s. Bereich Anschaltung) || ≈ (s. Betriebsart)
Baadertest *m* / Baader copper test
Babbittmetall *n* / Babbitt metal, Babbitt *n*
Babyzelle *f* / R14 cell, C-cell *n* (US)
Backen·bremse *f* / block brake, shoe brake || **≈krümmung** *f* (s. Bremsbackenkrümmung)
Backlack *m* / baked enamel || **≈draht** *m* / stoved-enamel wire
Back-up-Grenze *f* / back-up limit || **≈-Regler** (s. Reserveregler) || **≈-Schutz** (s. Reserveschutz) || **≈-Zustand** (s. Reservezustand)
Backwarddiode (s. Rückwärtsdiode)
Badewannenkurve *f* / bath-tub curve
Badschmierung *f* / bath lubrication, sump lubrication
Bahn (CP) (NC) *f* / continuous path (CP), path *n* || ≈ (Rob.) / trajectory *f* || ≈ (Kunststoff-Bahnmaterial) / sheet *n*, sheeting *n* || ≈ (Papierbahn auf der Papiermaschine) / web *n* || **Kreis~** (WZM, NC) / circular path, circular span, circular element
Bahnausführung *f* / railway type, design for traction applications
Bahn·beschreibung *f* (NC) / path definition || **≈ebene** *f* (NC) / path plane
Bahngenerator *m* / traction generator
Bahn·geschwindigkeit *f* (NC) / tool path feedrate (ISO 2806-1980), rate of contouring travel || **≈geschwindigkeitsführung** *f* (NC) / (tool o. cutter) path velocity (o. feedrate) control
bahngesteuert·er Betrieb / continuous-path operation || **~e Maschine** / machine with continuous-path control, contouring machine
Bahnkorrektur *f* (NC) / path correction, contour compensation
Bahnlichtmaschine *f* / train lighting generator
Bahn·material *n* (Folie) / sheeting *n*, sheet material || **≈material** *n* (allg.; Papier, Textil) / web material, full-width material
Bahnmotor *m* / traction motor
Bahn·netztransformator *m* / traction transformer || **≈profil** *n* / railway loading gauge, railway clearances
Bahnrechner *m* (NC) / path computer
Bahn·schütz *n* / railway-type contactor || **≈steuerung** *f* (NC) / contouring control system, contouring control, continuous-path control (CP control) || **≈steuerung** *f* (Rob.) / trajectory control, path control || **zweiphasige ≈steuerung** (NC) / contouring system with velocity vector control
Bahnstromversorgung *f* / traction power supply
Bahntransport *m* / transport by rail, rail(way) transport
Bahnübergang *m* (NC) / path transition, contour transition || **nichttangentialer ≈** (NC) / acute change of contour, atangent path transition || **niveaugleicher ≈** (Straße - Bahnlinie) / level crossing, grade crossing
Bahn·umformer *m* / frequency converter for traction supply || **≈unterwerk** *n* / traction

substation
Bahnverschiebung *f*(NC) / path offset
Bahn·vorschub *m*(NC) / (tool) feed *n*, feedrate *n* || **≈widerstand** *m* / bulk resistance || **≈zerlegung** *f* (NC) / contour segmentation
Bajonett·fassung *f* / bayonet holder || **≈kupplung** *f* / bayonet coupling || **≈-Schnellverschluß** *m* / quick-release bayonet joint || **≈sockel** *m* / bayonet cap (B.C. lamp cap), bayonet base, B.C. lamp cap || **≈sockel für Automobillampen** (BA 15) / bayonet automobile cap || **≈stift** *m* / bayonet pin || **≈system** *n*(StV) / two-ramp system || **≈verschluß** *m* / bayonet lock, bayonet joint, two-ramp lock, bayonet catch
Bake *f* / beacon *n*, traffic beacon
Bakelitpapier *n* / bakelized paper, bakelite paper
bakterientötende Strahlung / bactericidal radiation
Baldachinempfänger *m*(IR-Fernbedienung) / ceiling-rose receiver
Balg *m* / bellows *n pl*
Balgen·membran *f* / bellows *n pl*
Balg·manometer *n* / bellows pressure gauge, bellows gauge || **≈-Meßglied** *n* / bellows element
Balken *m* / beam *n* || **≈** (grafisches Anzeigemittel) / bar *n* || **≈** (Flp.) / bar *n* || **Aushebe~** (f. Isolatorketten) / tool yoke || **≈anzeige** (s. Balkendiagramm) || **≈anzeiger** *m* / semaphore *n* || **≈code** (s. Strichcode) || **≈diagramm** *n* / bar graph, bar chart, bar diagram || **≈leiter** *m* / beam lead || **≈sprung** *m*(Grafikbild) / bar jump, bar shift || **≈wagen** (Bahn) (s. Durchladeträgerwagen)
Ballen *m*(Läufer) / rotor forging, rotor body
ballig *adj* / crowned *adj*, convex *adj*, cambered *adj* || **~ drehen** / to turn spherically, crown *v* || **~e Riemenscheibe** / crown-face pulley
Balligkeit *f* / camber *n*, convexity *n*, curvature *n*
Balligschleifen *n* / convex grinding, crowning *n*
ballistisches Galvanometer / ballistic galvanometer
Ballon *m*(Lampe) / bulb *n*
Ballungs·gebiet *n* / conurbation *n*
ballwurfsichere Leuchte / unbreakable luminaire, gymnasium-type luminaire
BAM (s. Bundesanstalt für Materialprüfung)
Bananenstecker *m* / banana plug, split plug
Band *n*(Metall) / strip *n* || **≈** (Wickelband, Magnetband, Lochstreifen) / tape *n* || **≈** (Bereich) / band *n* || **Elektro~** / magnetic steel strip || **≈ablösung** *f*(Wickl.) / tape separation || **≈abstand** *m*(HL) / energy gap
Bandage *f*(Wickl.) / banding *n*, bandage *n*, lashing *n* || **≈** (Lüfter) / shroud *n*, shrouding *n* || **≈** (Zahnrad) / gear rim
Bandagen·draht *m* / binding wire, tie wire || **≈schloß** *n* / banding clip || **≈schlußblech** *n* / banding end fixing strap || **≈schnalle** *f* / banding clip || **≈unterlage** *f* / banding underlay || **≈verluste** *m pl* / band losses
bandagieren *v* / band *v*, to tie with tape
Band·antriebsmotor *m*(Magnetband) / capstan motor || **LED-≈anzeige** *f* / LED strip display || **≈anzeiger** (Leuchtband) (s. Leuchtbandanzeiger) || **≈bewicklung** *f* / tape serving, tape layer, taping *n*
Bandbreite *f* / bandwidth (BW) *n* || **≈-Verkettungsfaktor** *m*(LWL) / bandwidth concatenation factor
Bandbremse *f* / band brake, flexible-band brake, strap brake
Bändchenfühler *m* / strip sensor
Band·diagramm *n* / band chart || **≈druckpegel** *m* / band pressure level
Bandeisen *n* / steel strip, hoop iron, steel tape || **≈bewehrung** *f* / steel-tape armour
Bänderbildung *f*(Komm.) / banding *n*
Band·erder *m* / earth strip, ground strip, strip-conductor electrode || **≈generator** *m* / belt generator, van de Graaff generator || **~gesteuert** *adj* / tape-controlled *adj* || **≈isoliermaschine** *f* / taping machine || **≈isolierung** *f* / tape insulation, taping *n*, tape serving || **≈kabel** *n* / ribbon cable || **≈kantenenergie** *f* / band-edge energy || **≈kassette** *f* / tape cassette || **≈kern** *m* / strip-wound core, wound strip core, bobbin core, tape-wound core || **≈kupfer** *n* / copper strip, copper strap || **≈kupplung** *f* / band coupling, band clutch || **≈lage** *f* / tape layer || **≈laufwerk** (s. Magnetbandlaufwerk) || **≈leitung** *f* / strip transmission line, stripline *n* || **≈marke** *f*(NC; a. CLDATA-Wort) / tape mark || **≈maß** *n* / tape measure, measuring tape, tape line || **≈material** *n* / tape (material), slit material || **≈paßfilter** *n* / bandpass filter || **≈paßrauschen** *n* / bandpass noise || **≈plotter** *m* / belt plotter || **≈riemen** *m* / flat belt || **≈ringkern** *m* / strip-wound toroidal core || **≈rücklauf** *m*(Lochstreifen) / tape rewind, backward tape wind || **≈schleifmaschine** *f* / belt sander, surface sander || **≈schreiber** (s. Streifenschreiber) || **≈sperre** *f* / band-stop filter || **≈spule** *f* / strip-wound coil || **≈stahl** *m* / steel strip, hoop steel, strip(s) *n*, l) || **≈stahlfeder** *f* / flat steel spring || **≈steuerung** *f*(NC, Lochstreifenst.) / tape control || **≈strahlungspyrometer** *n* / bandpass pyrometer || **≈straße** *f*(Fabrik) / conveyorized line || **≈strömung** *f* / laminar flow || **≈überlappung** *f* (Frequenzb.) / band overlap || **≈umsetzplatz** *m* / tape transfer unit, tape copying unit || **≈vorlauf** *m* (Lochstreifen) / forward tape wind, tape wind || **≈waage** *f* / belt conveyor scale, belt scale, weigh-feeder *n* || **≈wicklung** *f* / strip winding, strap winding, strip-wound coil
Bank *f*(Kondensatoren) / bank *n* || **≈hammer** *m* / cross-pane hammer, fitter's hammer
Barcode (s. Strichcode)
Bargraph (s. Balkendiagramm)
Barium·ferritmagnet *m* / barium-ferrite magnet || **≈fett** *n* / barium-base grease || **≈sulfat** *n* / barium sulphate, barite *n*
Barkhausen-·Effekt *m* / Barkhausen effect || **≈-Sprung** *m* / Barkhausen jump
Barrette *f* / barrette *n*
Barriere mit Schmelzsicherungsschutz / fuse-protected barrier || **≈ mit Widerstandsschutz** / resistor-protected barrier
Barrierendichtung *f* / barrier seal
Bart *m*(„Whiskerbildung") / whisker *n*
Barwert der Verlustkosten / present value of cost of losses (GB), present worth of cost of losses (US)
Barytweiß *n* / barium sulphate, barite *n*
BA-Signal (s. Bildaustastsignal)
Basis *f*(Transistor, Impulsabbild) / base *n* || **≈ der Gleitpunktdarstellung** / floating-point radix || **≈ der Zahlendarstellung** / radix of number representation || **aktiver ≈ableitwiderstand** (TTL-Schaltung) / active pull-down || **≈adresse** *f* /

base address || ~̊**anschluß** *m* / base terminal || ~̊**bahnwiderstand** *m* (Transistor, DIN 41854) / extrinsic base resistance || ~̊**band** *n* / baseband *n*

basisch *adj* / basic *adj*, alkaline *adj*

Basis·dienst *m* / basic utility || ~̊**diffusion** *f* / base diffusion || ~̊**einheit** *f* / base unit || ~̊**elektrode** *f* (Transistor) / base electrode || **~gekoppelte Logik (BCL)** / base-coupled logic (BCL) || ~̊**-Gleichstrom** *m* (Transistor) / continuous base current || ~̊**größe** *f* / base quantity (IEC 50(111)) || ~̊**größe (BG)** (DIN 30798, T.1) *f* / basic dimension || ~̊**größenwert** *m* (Impuls) / base magnitude || ~̊**isolierung** *f* (VDE 0100, T.200; vgl. „Grundisolierung" u. „Betriebsisolierung") / basic insulation || ~̊**kurve** *f* (CAD) / basis spline, B-spline *n* || ~̊**linie** *f* (Impuls, Diagramm) / base line || ~̊**linienkorrektur** *f* / baseline correction || ~̊**material** *n* (gS) / base material || ~̊**-Mittellinie** *f* (Impulse, Zeitreferenzlinie) / base centre line || ~̊**-Mittelpunkt** *m* (Impuls) / base centre point || ~̊**periode** *f* (Impulse) / base period || ~̊**rückwand** *f* (Busrückwand) / primary backplane || ~̊**schaltung** *f* (Transistor) / common base || ~̊**stecker** *m* (an Baugruppen und Rückwandplatine zur Verbindung mit Rückwand im Baugruppenträger) / backplane connector || ~̊**strom** *m* (Transistor) / base current || ~̊**strom** *m* (Rel.) / basic current || ~̊**transformator** *m* / main transformer || ~̊**wert** *m* (Rel., der charakteristischen Größe; VDE 0435, T.110) / basic value || ~̊**zähler** *m* / supporting meter || ~̊**zone** *f* (Transistor) / base region, base *n*

Baskülschloß *n* / espagnolette lock, vault-type lock

BASP (s. Befehlsausgabesperre)

BAS-Signal (s. Bildaustast-Synchronsignal)

Batist *m* / cambric *n*

Batterie *f* / secondary battery (IEC 50(486)), storage battery (US), rechargeable battery || ~̊ (Kondensatoren) / bank *n* || ~̊ **im Erhaltungsladebetrieb** / floating battery, floated battery || ~̊**ausfall (BAU)** (Meldung) *m* / battery low signal || ~̊**betrieb** *m* (Lade-Entladebetrieb) / cycle operation || ~̊**betrieb** *m* (Speisung v. Batterie) / operation from battery, battery supply || **~betriebenes Gerät** / battery-powered appliance || ~̊**+fach** *n* (HG, PC-Geräte) / battery compartment || ~̊**fahrzeug** *n* / battery-operated vehicle || **~gepuffert** *adj* / battery-backed *adj*, battery-maintained *adj* || **~gespeistes Gerät** / battery-powered appliance || **~gestützte Stromversorgung** / battery back-up, battery stand-by supply || ~̊**haube** *f* / battery cover || ~̊**käfig** *m* / battery cradle || ~̊**-Kleinladegerät** *n* / small battery charger || ~̊**ladegerät** *n* / battery charger || ~̊**ladungswarnlicht** *n* / battery charge warning light || ~̊**lampe** *f* / battery lamp || ~̊**pufferung** *f* (Stromversorgung) / battery back-up, battery stand-by supply || ~̊**pufferung** (s. Erhaltungsladebetrieb) || ~̊**stand** *m* / battery base || ~̊**träger** *m* / battery crate || ~̊**trog** *m* / battery tray || ~̊**warnanzeiger** *m* / battery warning indicator

BAU (s. Batterieausfall)

Bauanforderungen *f pl* (SG, z.B. in VDE 0660, T.200) / standard conditions for construction (IEC 337), constructional requirements, standard requirements for construction

Bauart *f* / type of construction, design *n*, model *n* || ~̊ (DIN 41640) / type *n* (IEC 512-1) || **Steckverbinder-**~̊ / connector type || ~̊**norm** *f* (DIN 41640) / detail specification (IEC 512-1) || ~̊**zulassung** *f* / type approval, conformity certificate

Bau·bestimmungen *f pl* (Gebäude) / building construction code, construction code || ~̊**bestimmungen** *f pl* (Geräte) / constructional requirements || ~̊**blech** *n* / structural sheet steel, structural steel plate

Bauch *m* (Schwingungsb.) / antinode *n*

Bauch-Transformator *m* / Bauch transformer, neutral compensator

Baud (Bd) (Einheit f. Datenübertragungsrate) *n* / baud *n*

Baudrate *f* / baud rate

Baueinheit *f* / unit *n*, assembly *n*, sub-assembly *n*, basic unit || ~̊ (SK, VDE 0660, T.500) / constructional unit (IEC 439-1) || ~̊ (Hardware; DIN 44300) / physical unit

Bauelement *n* / component *n* || ~̊ **für Oberflächenbestückung** / surface-mounting device (SMD)

Baufaktor *m* / design factor

Bauform *f* (el. Masch.) / type of construction || ~̊ (SG) / model *n* || ~̊ (Trafo) / type *n*, design *n*, type of construction || ~̊ (DIN 41640) / style *n* (IEC 512-1) || **Steckverbinder-**~̊ / connector style

Bau·gelände *n* / project site, building site || ~̊**größe** *f* (Masch.) / frame size, frame number || ~̊**größe** *f* (Trafo, Sich.) / size *n*

Baugruppe *f* / subassembly *n*, module *n*, hardware module, assembly group, part assembly, unit *n*, assembly *n* || ~̊ (elST, Hardware-Modul) / module *n*, hardware module || ~̊ (LE, Ventilbauelement-Säule) / stack *n* || ~̊ (Hardware-B.; Leitt, MC-Systeme, PC) / module *n*, card *n*

Baugruppen·aufnahme (s. Baugruppenträger) || ~̊**aufnehmer** *m* / module rack, module cage || ~̊**-Interrupt** *m* (PC) / module interrupt || ~̊**kapsel** *f* / module holder || ~̊**magazin** (s. Kassette) || ~̊**-Störungsanzeigelogik** *f* / module fault indication logic || ~̊**strukturierung** *f* / module configuration || ~̊**technik** *f* (Modultechnik) / modular design, modular system

Baugruppenträger (BGT) (DIN 43350) *m* / subrack *n*, card rack || ~̊ (PC-Geräte, Tragschiene) / mounting rack, mounting rail || ~̊ (offenes Gestell) / mounting rack, rack *n* || **einschiebbarer** ~̊ (s. Einschub) || ~̊**zeile** *f* / subrack tier

Bau·höhe *f* / overall height || ~̊**industrie** *f* / construction industry || ~̊**jahr** *n* / year of manufacture, year of construction, date of manufacture, date of build || ~̊**kastenstückliste** *f* / one-level bill of material, quick-stock *n* || ~̊**kastensystem** *n* / modular system, building-block system, unitized construction (system) || ~̊**länge** *f* / overall length || ~̊**leistung** *f* / design rating || ~̊**leistung** *f* (SR-Trafo) / nominal power || ~̊**leiter** *m* / site manager, superintendent of work, supervisory engineer, resident engineer || ~̊**leitung** *f* / site management, project superintendent's office, office of the resident engineer

Baum *m* (Netzwerk) / tree *n* || **Kabel~** *m* / cable harness

Baumaß *n* (Lg.) / boundary dimension

Baumstruktur *f* (Datei) / tree structure

Baum·struktur (s. Baumtopologie) || ~̊**topologie** *f*

(LAN) / tree topology
Baumuster *n* / model *n*, mark *n*, prototype *n* || **~-Kennzeichen** *n* / model identification, mark number || **~prüfung** *f* / prototype test
Baumwoll·band *n* / cotton tape || **~gewebe** *n* / cotton fabric || **~gewebe** *n* (Batist) / cambric *n* || **~papier** *n* / cotton paper
Baureihe *f* / range *n*, type series, line *n* || **~ aufeinander abgestimmter Kombinationen** / series of compatible assemblies || **~ zusammenpassender Baustromverteiler** (EN 60 439-4) / series of compatible assemblies for construction sites
Bausatz *m* / assembly kit, kit *n*
Bauschaltplan für Anschlußleisten (s. Anschlußplan) || **~ für externe Verbindungen** (s. Verbindungsplan) || **~ für Kabelverbindungen** (s. Verbindungsplan)
bauseitig beigestellt / provided by civil-engineering contractor, provided by customer, supplied by others
Bauspannung *f* (VDE 0712,102) / design voltage (IEC 458)
Baustahl *m* / structural steel, structural shapes, structural sections
Baustein *m* / module *n*, building block || **~** (Mosaikbaustein) / tile *n* || **~** (Chip) / chip *n* || **~** (Programmbaustein; DIN 19237) / module *n* || **~** (PLT, PC, Programmbaustein) / block *n*, software block || **Text~** / standard text || **~-Adreßliste** *f* (PC) / block address list || **~anfang** *m* (PC) / block start || **~aufruf** *m* (PC) / block call || **~aufruf, bedingt** (DIN 19239) / block call, conditional || **~aufrufoperation** *f* / block call operation || **~auswahl** *f* (DIN 44476, T.2) / chip select (CS) || **~auswahl-Eingang** *m* / chip select input || **~bearbeitung** *f* / block processing || **~bibliothek** *f* (PLT, PC) / program library || **~breite** *f* (Modul) / module width || **~ende (BE)** (PC) *n* / block end (BE) || **~ende, bedingt (BEB)** (PC) / block end, conditional (BEC) || **~endeoperation** *f* / block end operation || **~freigabe** *f* (Chip) / chip enable (CE) || **~kopf** *m* (PC) / block header || **~länge** *f* (PC) / block length || **~liste** *f* (PLT, PC, NC) / block list, list of program blocks || **~name** *m* (PC) / block name || **~parameter** *m* (PC) / block parameter || **~prinzip** (s. Bausteinsystem) || **~rumpf** *m* (PC) / block body || **~schieben** *n* (PC) / block shift || **~sperre** *f* / chip inhibit
Bausteinstack (B-Stack) (PC) *n* / block stack (B stack) || **~-Inhalt** *m* (PC) / block stack contents || **~-Pointer** *m* (PC) / block stack pointer || **~-Überlauf** *m* (PC) / block stack overflow
Baustein·struktur *f* / block structure, block configuration || **~system** *n* / modular system, building-block system, unitized construction (system) || **~technik** *f* / modular construction (o. design) || **~verteiler** *m* / modular distribution board, unitized distribution board, modular panelboard || **~wechsel** *m* (PC) / block change
Baustelle *f* / worksite *n*, building site, construction site, site *n*, project site
Baustellen·anlage *f* / building site installation, construction site installation || **fabrikfertige Schaltgerätekombination für ~gebrauch** / factory-built assembly of l.v. switchgear and controlgear for use on worksites (FBAC) || **~leiter** *m* / site manager, superintendent of work, supervisory engineer, resident engineer || **~prüfung** *f* / site test, field test || **~verteiler** (s. Baustromverteiler)
Baustrom·versorgung *f* / construction site supply, worksite electrical supply || **~verteiler (BV)** *m* / distribution board for construction sites, low-voltage switchgear and control gear assembly for construction sites (ACS) (EN 60 439-4), worksite switchgear assembly
Bauteil *m* (Baugruppe) / assembly *n*, subassembly *n* || **~** (metallgekapselte SA, z.B. Schalter, Sicherung, Wandler, Sammelschiene; VDE 0670, T.6) / component *n* (IEC 298) || **~** *n* (SG, VDE 0660,T.107) / constructional element (IEC 408) || **~** (Bauelement) / component *n*, part *n*, member *n* || **~gruppe** *f* / assembly *n*, sub-assembly *n*, unit *n* || **~haltbarkeit** *f* / component durability || **~seite** *f* (gS) / component side
Bau·tiefe *f* / overall depth || **~volumen** *n* (Gerät) / unit volume || **~vorschriften** *f pl* (el. Gerät) / design requirements || **~vorschriften** *f pl* (Hochbau) / building regulations || **~weise** *f* (ET) / equipment practice
Bauwerk *n* (DIN 18201) / structure *n*
Bauzeichnung *f* / building drawing, civil-engineering drawing
BBD (s. Eimerkettenschaltung)
B-Betrieb *m* (ESR) / class B operation
B-Bild *n* (Ultraschallprüfung) / B scan
BC (s. Bürocomputer)
BCD (s. binär codierter Dezimalcode) || **~-Binär-Wandelung** *f* / BCD/binary conversion || **~-Code** *m* (binär codierter Dezimalcode) / BCD code (binary-coded decimal code) || **~-Umsetzbaustein** *m* / BCD converter block || **~-Zahl** *f* / BCD number
BCL (s. basisgekoppelte Logik)
BCR (s. Bytezähler-Register)
Bd (s. Baud)
BDE (s. Betriebsdatenerfassung)
BDE-Station *f* / PDA terminal, shopfloor terminal, remote terminal unit (RTU)
BE (s. Bausteinende) || **~** (s. Bestückungseinheit)
Beanspruchbarkeit *f* / stressability *n*, load capability
Beanspruchbarkeitsfeststellung *f* (IEC 50(191)) / step stress test
beanspruchen *v* (elastisch) / stress *v* || **~** (verformend) / strain *v*
beanspruchendes Moment / torque load
Beanspruchung *f* (allg.; el.) / stress *n*, load *n*, loading *n* || **~** (elastisch) / stress *n* || **~** (verformend) / strain *n* || **~** (DIN 41640, Prüfling) / conditioning *n* (IEC 512-1) || **~** (QS) / stress *n* || **Ausfall bei zulässiger ~** / permissible stress failure || **elektrische ~** / electrical stress || **für normale ~** / for normal use || **Isolations~** / insulation stressing || **Prüfung mit stufenweiser ~** / step stress test
Beanspruchungs·analyse *f* / stress analysis || **~beginn** *m* / beginning of stress || **~hypothese** *f* / theory of failure || **seismische ~klasse** / seismic stress class || **~kombination** *f* (QS) / load combination || **~modell** *n* (IEC 50(191)) / stress model || **~zyklus** *m* (DIN 40042) / stress cycle
beanstandet *adj* (QS) / non-conforming *adj*
Beanstandung *f* / complaint *n*, objection *n*, claim *n*,

point(s) objected to || ≗ (QS) / objection *n* ||
Freigabe ohne ≗ / unconditional release
Beanstandungscode *m* (QS) / non-conformance code
Beantworter (s. Nachrichtenbeantworter)
bearbeitbar *adj* (spanend) / machinable *adj* || ~ (spanlos) / workable *adj*
Bearbeitbarkeit *f* (spanend) / machinability *n* || ≗ (spanlos) / workability *n*
bearbeiten *v* (behandeln) / treat *v*, process *v* || ~ (spanend) / machine *v* || ~ (spanlos) / work *v*, shape *v*, treat *v* || ~ (Programm) / process *v*, execute *v* || ~ (s. aufbereiten)
bearbeitete Fläche / machined (sur)face
Bearbeitung *f* (Programm) / processing *n*, execution *n*
Bearbeitungs·angaben *f pl* (NC) / machining data || **≗anweisung** *f* (NC) / machining instruction || **≗baustein** *m* (PLT, PC) / processing block || **≗bewegung** *f* (WZM) / machining motion || **≗ebene** *f* (PC) / processing level || **≗folge** *f* (Fabrik) / routing *n* || **≗folge** *f* (WZM, NC) / machining sequence, sequence of operations || **≗folge** *f* (Programm) / processing sequence || **≗funktion** *f* (PC) / processing function, execute function || **≗güte** *f* (Oberfläche) / surface quality, quality of surface finish || **≗kontrolle** *f* (Programmkontrolle) / program check, debug(ging) *n* || **≗kopf** *m* (WZM) / tool head, head *n* || **≗kopf** (NC; CLDATA-Wort) / head (ISO 3592) || **≗maschine** *f* (Werkzeugmaschine) / machine tool || **≗modus** *m* (PC) / processing mode || **≗muster** *n* (NC) / machining pattern, pattern *n* || **Text~programm** *n* / text editor || **≗programm** *n* (NC) / machining program, part program || **≗riefen** *f pl* / machining marks, tool marks || **≗satz** *m* (NC) / machining block, block *n*, record *n* || **≗sperre** *f* / processing inhibit || **≗toleranz** *f* (NC; a. CLDATA-Wort) / machining tolerance || **≗vorgang** *m* (WZM, NC) / machining process || **Oberflächen-≗zeichen** *n* / surface finish symbol, finish mark || **≗zeichen** *n* (Oberflächengüte) / finish symbol, machining symbol, finish mark || **≗zeit** *f* (WZM) / machining time || **≗zeit** *f* (Programm) / execution time, processing time || **≗zentrum** *n* / machining centre || **numerisch gesteuertes ≗zentrum** / NC machining centre || **≗zugabe** *f* / machining allowance || **≗zyklus** *m* (NC) / machining cycle
beaufschlagen *v* / apply *v* (to), admit *v* (to), pressurize *v*
beaufschlagt, mit einem Signal ~ werden / to see a signal, to receive a signal
Beaufsichtigung, Betrieb ohne ≗ (BoB) (PC) / unattended operation
beauftragt *adj* (QS, berufen) / appointed to || ~ (QS, betraut) / entrusted with || ~ (QS, ermächtigt) / authorized *adj*
BEB (s. Bausteinende, bedingt)
bebautes Gebiet / built-up area
Beben *n* (Kontakte) / vibration *n*
Beblasung, magnetische ≗ / magnetic blow-out
Bebung (s. Beben)
Becher·fließzahl *f* / cup flow figure, moulding index || **≗schließzeit** (s. Becherfließzahl) || **≗zählrohr** *n* / liquid-sample counter tube
Beck-Bogenlampe (H-I-Lampe) *f* / flame arc lamp
Beckengurt *m* (Kfz) / lap belt
Bedachung *f* / roofing *n*
Bedämpfung (s. Dämpfung)
Bedämpfungsmaterial *n* (a. NS) / damping material
Bedarf, nach ≗ gebaute Schaltgerätekombination für Niederspannung (CSK) (E VDE 0660, T.61) / custom-built assembly of l.v. switchgear and controlgear (CBA) (IEC 431)
Bedarfs·automatik *f* / load-demand control || **≗ermittlung** *f* / requirements planning || **≗spitze** *f* / maximum demand
bedeckter Himmel nach CIE / CIE standard overcast sky
Bedeutungslehre *f* / semantics *pl*
Bedien·anforderung *f* / operator prompt, operator input request, operator response request || **≗anweisung** *f* / operator statement, operator command || **≗ausführbit** *n* (PC) / operator-entry-completed bit
bedienbar *adj* / operator-controllable *adj*, operator-accessible *adj* || ~ (ST, FWT) / operator-variable *adj*, operator-controllable *adj* || **von außen** ~ / externally operated
Bedienbarkeit, Prüfung der mechanischen ≗ / mechanical operating test
Bedien·baustein *m* (PC) / operator control block || **≗baustein** *m* (PLT) / operator communication block || **≗berechtigung** *f* (ZKS) / authorization *n* || **≗ebene** *f* / operator communication level, operator control level || **≗eingabe** *f* / operator input || **≗eingabe** *f* / operator input, operator entry || **≗eingriff** *m* / operator action, operator intervention, operator activity || **≗einheit** *f* (PLT, Monitor, Tastatur, Drucker) / operator's communication unit, operator's station, basic operator station (BOS) || **≗eintrag** *m* / operator entry, operator command input, initialization *n*
bedienen *v* (vgl. „Bedienung") / control *v*, operate *v* || ≗ **des Prozesses** / operator control of process || ≗ **und Beobachten** (Prozeßführung) / operator control and (process) monitoring
Bediener *m* / operator *n* || **≗aufforderung** *f* / operator prompting || **≗dialog** *m* / operator communication
bedienerfreundlich *adj* / operator-friendly *adj*
Bedienerführung *f* / operator prompting, operator guidance
bedienergeführt *adj* / operator-controlled *adj* || **~e Programmierung** / interactive programming, operator programming
Bediener·meldung *f* / operator message || **≗oberfläche** *f* / operator environment, operator interface
Bedienfehler (s. Bedienungsfehler)
Bedienfeld *n* / operator panel, operator's panel, control panel || ≗ (Mosaiktechnik, Kompaktwarte) / control tile, operating tile || **≗anschaltung** *f* / operator panel interface (module)
Bedienfläche *f* (MG) / control panel
Bediengerät *n* (PC) / operator panel (OP) || **Hand~** *n* / hand-held controller, hand-held terminal
Bedien·hierarchioe *f* (PLT) / operator interface hierarchy || **≗kanal** *m* (PLT) / operator communication channel || **≗komfort** *m* / ease of operation, operator (o. user) friendliness || **≗konsole** *f* / operator console || **≗markierungen** *f pl* (PC, Eingabebits) / operator input bits || **≗maske**

f / screen form
Bedienmeldung *f* / operator input (o. activity) message || ≗ (Bedienanforderung) / request for operator input, request for service
Bedien·oberfläche (s. Bedieneroberfläche) || ≗**pendel** *n* (WZM) / pendant control station, operating pendant || ≗**platz** *m* / operator terminal
Bedienprogramm *n* (f. den Bediener) / operator control (o. communication) routine, operator routine || ≗ (f. ein Gerät) / operating program
Bedien·protokoll *n* / operator activities log, operator input listing || ≗**schiene** *f* / operator bus || ≗**schnittstelle** *f* / operator-process interface, operator interface || ≗**sperre** *f* / operator input inhibit, operator communication (o.access) inhibit
Bediensystem *n* (PLT) / operator communication system || ≗ (PLT, Teilsystem in einer dezentralen Anlage) / operator communication subsystem
bedient·er Sendebetrieb / manual transmission || ~**e Wählleitung** / attended dial line, manually operated dial line
Bedien·tafel *f* (elST) / operator's panel || ≗**tastatur** *f* / operator communication keyboard, operator keyboard || ≗**taste** *f* (elST) / operator button || ≗**teil** *n* (HSS; VDE 0660,T.200) / actuator *n* (IEC 337-1) || ≗**terminal** *n* / operator terminal || ≗**- und Anzeigeelemente** *n pl* / controls and displays || ≗**- und Beobachtungsgeräte** (PLT, PC) *pl* / operator control and monitoring equipment (o. units) || ≗**- und Beobachtungsstation** (PC) *f* / operator's station || ≗**- und Beobachtungssystem** (PLT) *n* / operator control and (process) monitoring system, operator communication and visualization system || ≗**- und Beobachtungssystem** (in einer dezentralen Anlage) *n* / operator control and (process) monitoring subsystem || ≗**- und Diagnosestation** *f* / operator control and diagnostic terminal || ≗**- und Funktionsfähigkeit** (LS) *f* / operational performance capability || ≗**- und Strukturiersystem** (PLT) *n* / operator control and configuration system || ≗**- und Testalgorithmus** *m* / operator control and test algorithm
Bedienung *f* / operation *n*, control *n* || ≗ (durch Operator) / operator control, operator communication, operator input || ≗ (Prozeßführung) / operator-process communication, operator control || ≗ (Eingabe, Anwahl) / operator input (o. entry), selection *n* || ≗ **eines Kreises** (PLT) / operator control of a loop, loop control input
bedienungs·abhängige Schaltung / dependent manual operation (IEC 157-1) || ≗**achse** *f* (Geräte nach VDE 0860) / operating shaft || ≗**anforderung** *f* / service request (SRQ) || ≗**anforderung** (s. Bedienanforderung) || ≗**anleitung** *f* / instruction manual, operating instructions, instructions *n pl* || ≗**anleitung** *f* (HG) / instructions for use || ≗**anweisung** (s. Bedienungsanleitung) || ≗**aufruf** *m* (PMG, DIN IEC 625) / service request (SR) || ~**aufrufloser Zustand der Steuerfunktion** (PMG, DIN IEC 625) / controller service not requested state (CSNS) || ≗**baustein** *m* / servicing module, operator communication module || ≗**blattschreiber** *m* / console typewriter || ≗**deckel** *m* / servicing cover || ≗**dialog** *m* / operator communication, interactive communication || ≗**ebene** *f* (PC) / operator level || ≗**eintrag** *m* / initialization *n*, operator entry, operator command input || ≗**element** *n* / actuator *n*, actuating element, control element, operator *n* (US), operating device, operating means || ≗**elemente** *n pl* (Sammelbegriff f. Schalter u. Knöpfe) / operator's controls, controls *pl* || ≗**fehler** *m* (Gerät) / faulty operation, maloperation *n*, inadvertent wrong operation || ≗**fehler** *m* (Prozeß, NC, PC) / operator error, operator input (o. communication) error || ≗**feld** *n* / control panel, operator's control panel || ≗**fläche** *f* (Pult) / control panel || ~**freie Anlage** / unattended plant || ≗**front** *f* (ST) / operating face || ≗**funktion** (PMG, Ruffunktion) (s. Bedienungsruffunktion) || ≗**gang** *m* (VDE 0660, T.500) / operating gangway (IEC 439-1), operating aisle, control aisle || ≗**gerät** *n* / control unit || ≗**handbuch** *n* / operating manual || ≗**hebel** *m* (Kfz, Winker, Wischer) / stalk *n* || ≗**hilfen** *f pl* / operating aids || ≗**klappe** *f* / hinged cover of inspection opening, hinged servicing cover || ≗**komfort** *m* / ease of operation, operator (o. user) friendliness || ≗**kommando** *n* / control signal || ≗**kraft** *f* (StV) / engaging and separating force || ≗**mann** *m* / operator *n*, attendant *n* || ≗**mannschaft** *f* / operating crew || ≗**öffnung** *f* / servicing opening || ≗**operation** *f* (PC) / operator control operation || ≗**organ** *n* (vgl. „Betätigungselement") / actuator *n*, operator's control, operator *n* || ≗**peripherie** *f* / operator communication peripherals, man-machine interface || ≗**personal** *n* / operating staff, operating personnel || ≗**platz** *m* (Pult) / operator's desk, operator console, console *n* || ≗**programm** *n* / operator routine, console routine || ≗**protokoll** (s. Bedienprotokoll)
Bedienungspult *n* / operator's console
Bedienungs·ruf-Empfangszustand der Steuerfunktion (PMG, DIN IEC 625) / controller service requested state (CSRS) || ≗**ruffunktion** *f* (PMG) / service request function (SR function), service request interface function || ≗**schalter** *m* / operator's control switch, control switch, operator's control || ≗**schnittstelle** *f* / operator interface || ≗**schrank** *m* / operator's control cubicle (o. panel), control board || ≗**schutz** (s. Fehlbedienungsschutz) || ≗**seite** *f* / operating side, service side || ≗**stand** *m* / operator's station || ≗**tafel** *f* / (operator's) control panel || ≗**tisch** *m* / operator's desk (o. console) || ≗**tür** *f* / servicing door || ~**unbabhängige Schaltung** / independent manual operation (IEC 157-1)
bedingt·er Aufruf / conditional call || ~**e Ausfallwahrscheinlichkeit** (DIN 40042) / conditional probability of failure || ~**er Bemessungskurzschlußstrom** (Stromkreis u. SG) / rated conditional short-circuit current || ~**er Bemessungs-Kurzschlußstrom bei Schutz durch Sicherungen** (VDE 0660, T.107) / rated fused short-circuit current (IEC 408) || ~**e Freiauslösung** (SG) / conditional trip-free feature || ~**e Freigabe** / conditional release || ~**er Halt** (NC) / optional stop || ~ **kurzschlußfest** / non-inherently short-circuit-proof, conditionally short-circuit-proof || ~**er Kurzschlußstrom** (VDE 0660,T.200) / conditional short-circuit current (IEC 337-1) || ~**er Kurzschlußstrom bei Schutz**

durch Sicherungen** (VDE 0660,T.200) / conditional fused short-circuit current, fused short-circuit current || **~e Netzstabilität** / conditional stability of power system || **~er Sprung** / conditional jump, conditional branch || **~e Sprunganweisung** / conditional jump instruction, IF instruction || **~e Stabilität** (Netz) / conditional stability || **~e Verteilung** (DIN 55350,T.21) / conditional distribution || **Leistungsschalter mit ~er Freiauslösung** / conditionally trip-free c.b. || **Leistungsschalter mit ~er Auslösung** (VDE 0660,T.101) / fixed-trip circuit-breaker (IEC 157-1)

bedingt-gleiche Farbreize / metameric colour stimuli, metamers *plt*

Bedingung *f* / condition *n* || ≈ (Math.) / premise *n*, supposition *n*

beeinflußbare Last (Abnehmerlast, die auf Anforderung eines EVU für begrenzte Zeit verringert werden muß) / controllable load (IEC 50(603))

beeinflussende Kenngröße / influencing characteristic

beeinflußter Strom / limited current, controlled current

Beeinflussung *f* (el. Störung) / interference *n*, coupling *n* || ≈ (Starkstromanlage - Fernsprechanlage; VDE 0228) / interference *n* || ≈ **der Vorschubgeschwindigkeit** (durch Handeingriff) / feedrate override || ≈ **durch Übersprechen** / crosstalk interference || ≈ **zwischen den Kreisen eines Oszilloskops** / interaction between circuits of an oscilloscope (IEC 351-1) || ≈ **zwischen X- und Y-Signalen** / interaction between x and y signals (IEC 351-1) || **elektromagnetische** ≈ **(EMB)** / electromagnetic interference (EMI), electromagnetic influence || **elektrostatische** ≈ / electrostatic induction || **gegenseitige** ≈ (Kopplung) / cross coupling || **induktive** ≈ / inductive interference, inductive coupling || **magnetische** ≈ / magnetic effects || **Netz~** (s. Netzrückwirkung) || **ohmsche** ≈ / resistive interference, conductive coupling || **Quer~** (Relaisprüf.) / transversal mode || **Umwelt~** / environmental influence, impact on environment

Beeinflussungs·faktor *m* (Schärfefaktor) / severity factor || ≈**faktor der Schwankung** / fluctuation severity factor || ≈**schwelle** *f* (EMV) / limit of interference || ≈**signal** *n* (EMV) / interfering signal || ≈**spannung** *f* (VDE 0228) / interference voltage

beenden *v* (Archiv) / close *v* || **hören** ~ (PMG, DIN IEC 625) / unlisten (UNL) (IEC 625) *v*

Beendigungssatz *m* (NC, DIN 66215) / termination record, fini record (ISO 3592)

befahrbar·er Bogenhalbmesser / negotiable curve radius || **~er Seitenstreifen** (Straße) / hard shoulder

Befehl (B) (Steuerungsbefehl, DIN 19237; FWT) *m* / command (C) *n* || ≈ (programmierter B.; DIN 44300) / instruction *n* || ≈ (s. Anweisung) || ≈ **mit Selbsthaltung** (FWT) / maintained command || ≈ **ohne Folgenummer** (DÜ, DIN ISO 3309) / unnumbered command (U command) || **Makro~** / macro-instruction *n* || **Rundsteuer~** (s. Rundsteuersignal)

Befehls·ablaufdiagramm *n* / instruction flow chart || ≈**ablaufverfolgung** (s. Anweisungsablaufverfolgung) || ≈**absteuerung** *f* (FWT) / command release (o. disconnection) || ≈**absteuerung** *f* (elSt) / command ending || ≈**adreßregister** *n* / instruction address register || ≈**art** *f* (DÜ) / type of command || ≈**aufbau** *m* (FWT) / command structure || ≈**aufbau** *m* (DV) / instruction format || ≈**ausführung** *f* / instruction execution, command execution || ≈**ausführungszeit** *f* (PC) / command execution time || ≈**ausgabe** *f* / command output || ≈**ausgabesperre (BASP)** (PC) *f* / (command) output inhibit || ≈**ausgang** *m* (PC) / command output || ≈**auslöser** *m* (RSA, Relais) / load switching relay || ≈**block** *m* (DÜ) / command frame || ≈**datei** *f* / command file, instruction file || ≈**dauer** *f* / command duration, command time, control-pulse duration || ≈**decodierer** *m* (MPU) / instruction decoder || ≈**diagramm** (s. Befehlsablaufdiagramm) || ≈**eingabe** *f* / command input || ≈**eingang** *m* / command input || ≈**eingang** *m* (DIN 44472) / strobe input || ≈**einheit** *f* (m. mehreren Steuerschaltern in einem Gehäuse) / control station || ≈**feld** *n* (Mosaiktechnik, Kompaktwarte) / command tile || ≈**freigabe** *f* / command enabling (o. release) || ≈**freigabe (BFG)** (FWT, Baugruppe) *f* / command release module || ≈**gabe** *f* / command initiation, command output || ≈**geber** *m* / control station

Befehlsgerät *n* / control device, control station, pilot device, control unit || ≈ (VDE 0113) / operating device (IEC 204) || ≈ (kastenförmig, m. mehreren Befehlsstellen) / control station

Befehls·gruppe *f* (PMG) / command group || **vorgezogenes** ≈**holen** / pre-fetching *n* || ≈**impuls** *m* / command pulse || ≈**inhalt** *m* (DÜ) / meaning of command || ≈**liste** *f* (DV) / instruction list || ≈**mindestdauer** *f* / minimum command time || ≈**nockenschalter** *m* / cam controller, camshaft controller || ≈**register** *n* / instruction register (IR) || ≈**richtung** *f* / control direction, command direction || ≈**rückmeldung** *f* (Befehlsstatus) / command status signal || ≈**satz** *m* (PC) / operations set || ≈**schalter** *m* / control switch, pilot switch || ≈**speicherung im Durchlaufbetrieb** / command storage during persistent-command mode

Befehlsstelle *f* (Druckknopftafel) / actuator *n*, pushbutton *n*, control *n*

Befehlsstromkreis *m* / control circuit

befehlssynchron *adj* / instruction-synchronized *adj*

Befehls·syntax *m* (PC) / command syntax || ≈**test** *m* / instruction test, command status check || ≈**umsetzung** *f* / command conversion || ≈**verknüpfung** *f* / command logic || ≈**vorrat** *m* (DIN 44300) / instruction set || ≈**vorrat** *m* (PC, Operationsvorrat) / operation set || ≈**wort** *n* / instruction word || ≈**zähler** *m* (DIN 44300) / instruction counter || ≈**zyklus** *m* (MPU) / instruction cycle

befestigen *v* / fix *v*, secure *v*, attach *v*, fasten *v*, mount *v*

befestigt·es Gerät (VDE 0700, T.1) / fixed appliance (IEC 335-1) || **~e Gestellreihe** / fixed rack structure || **~e Piste** (Flp.) / paved runway, hard-surfaced runway, surfaced runway

Befestigung mittels Flansch / flange-mounting *n* || ≈ **mittels Füßen** / foot-mounting *n*

Befestigungs·abstand *m* / fixing centres || **~bolzen** *m* (f. Fundament) / foundation bolt, holding-down bolt || **~dübel** *m* / plug *n* || **~flansch** *m* / mounting flange, attachment flange || **~klammer** *f* / clip *n*, clamp *n* || **~lasche** *f* / clip *n*, fixing strap || **~loch** *n* / fixing hole, mounting hole || **~maße** *n pl* / fixing dimensions, fixing centres || **~material** *n* / fixing material, fixing accessories || **~punkt** *m* / fixing point || **~rand** *m* (MG) / flange *n*, rim *n* || **~schelle** *f* (s. u. „Schelle") || **~schraube** *f* / fixing screw, fixing bolt, fastening screw || **~spieß** *m* / fixing spike, spike *n* || **~teile** *n pl* / fixing accessories, fixing parts || **~winkel** *m* (Reihenklemme) / fixing bracket

befeuchten *v* / wet *v*, moisten *v*, dampen *v*

Befeuchter *m* / humidifier *n*

Befeuchtung *f* / humidification *n*

befeuern *v* (Flp.) / light *v*

Befeuerung *f* (Flp.) / lighting *n*, lighting system || **~** (Schiffahrt) / navigation lights

Befeuerungs·anlage *n* (Flp.) / (airport) lighting system || **~einheit** *f* / light unit || **~hilfe** *f* / lighting aid || **~system** *n* / (airport) lighting system

beflechten *v* / braid *v*

Beflechtung *f* (Kabel; VDE 0281) / textile braid, braid *n*

Befund *m* / findings *n pl* || **~bericht** *m* / report of findings, damage report || **~prüfung** *f* / as-found test

begehbar·e Fläche / accessible area || **~e Netzstation** / packaged substation with control aisle || **~e Netzstation mit Beton-Fertiggehäuse** / concrete-type packaged substation with control aisle || **~e Netzstation mit Kunststoffgehäuse** / plastics-type packaged substation with control aisle || **~e Zweifront-Schalttafel mit Pult** / duplex benchboard, corridor-type benchboard || **~e Zweifrontschalttafel** / duplex switchboard, corridor-type switchboard || **~e, doppelseitige Schalttafel mit Pultvorsatz** / duplex benchboard, corridor-type benchboard || **~e, doppelseitige Schalttafel** / duplex switchboard, corridor-type switchboard

Begehungsbeleuchtung *f* / pilot lighting

Beginn O₁ einer Stoßspannung / virtual origin O₁ of an impulse

Beginnabgleich *m* („Handshaking") / handshake procedure

beglaubigte Ausführung (EZ) / certified type

Beglaubigung *f* / certification *n*

Beglaubigungs·fehlergrenze *f* (MG) / legalized limit of error || **~schein** *m* / certificate of approval || **~zeichen** *n* / certification mark, conformity symbol, certification reference

Begleiter *m* (Kennzeichner, Hilfssignal) / qualifier *n*, auxiliary signal

Begleit·heizung (s. Dampfbegleitheizung) || **~strahlung** *f* (VDE 0837) / collateral radiation (IEC 825)

begrenzend·e Kupplung / limited-end-float coupling || **~es Lager** / locating bearing

Begrenzer *m* / limiter *n* || **~ für Integralanteil** / integral-action limiter || **Temperatur~** / thermal cut-out, thermal relay, thermal release || **~-Baustein** *m* (PC) / limiter block || **~diode** *f* / limiter diode, breakdown diode || **~feld** *n* (Prozeßdatenübertragung) / delimiter field

begrenzt abhängiges Zeitrelais / inverse time-lag relay with definite minimum (IDMTL), inverse time-delay relay with definite minimum || **~ austauschbares Zubehör** / accessory of limited interchangeability || **~e Einwirkung** (HSS, über eine Verbindung zwischen Bedienteil und Schaltglied) / limited drive || **~e Lebensdauer** (im Lager) / limited shelf-life || **~e Nichtauslösezeit** (FI-Schalter) / limiting non-actuating time || **~e wahrscheinliche Lebensdauer** / limited probable life || **Eingang ~ setzen** / set input conditionally

Begrenzung *f* (Impulse, Abkappverfahren) / limiting *n* || **~** (Leiterplatte) / bound *n* || **aktive ~** (Verstärker) / active bounding || **Blendungs~** / glare restriction, restriction of glare intensity

Begrenzungs·bund *m* (Lg.) / locating collar, thrust collar || **~drossel** *f* / limiting reactor || **~feuer** *n* / edge light || **~leuchte** (s. Begrenzungslicht) || **~licht** *n* (Kfz) / side lamp (GB), side marker lamp (US) || **~regelung** *f* / limiting control || **~regelung für die Änderungsgeschwindigkeit** / rate-of-change limiting control || **~regelung nach oben** / high limiting control || **~regelung nach unten** / low limiting control || **~regler** *m* (Erregung) / excitation limiter || **~schaltung** *f* / limiting circuit, protective circuit || **Eingangs~spannung** *f* (IS) / input clamp voltage || **~vorrichtung** *f* (Anschlußklemme) / anti-spread device

Begriffsvorrat *m* (DIN ISO 7498) / presentation image

begutachten *v* (einen Lieferanten) / evaluate *v*

Behälter *m* / container *n*, vessel *n*, tank *n*, reservoir *n* || **~** (f. Lastschaltanlage) / container *n* || **Sammelschienen~** (SF_6-isolierte Anlage) / bus(bar) chamber

behandelte Isolierflüssigkeit / treated insulating liquid

Behandlung fehlerhafter Einheiten (s. Lenkung fehlerhafter Einheiten) || **~ mit festen Absorptionsmitteln** (Isolierflüssigk.) / solid absorbant treatment

Beharrungs·bremse *f* / holding brake || **~dauer** *f* (Datennetz) / persistence time || **~geschwindigkeit** *f* (Bahn) / balancing speed || **~temperatur** *f* / stagnation temperature, equilibrium temperature, steady-state temperature || **~-Übertemperatur** *f* / final temperature rise || **~verhalten** *n* (Reg., MG) / steady-state behaviour || **~wert** *m* (Reg.) / final value || **~zustand** *m* / steady-state condition, steady state, equilibrium *n* || **~zustand** *m* (Reg.) / steady state || **thermischer ~zustand** / thermal equilibrium

Behebung der Dauerbelegung (LAN) / jabber control

Behelfs·antrieb *m* (SG) / auxiliary operating mechanism, emergency operating mechanism || **~beleuchtung** *f* / stand-by lighting || **~betätigung** *f* (SG) / manual operation, emergency operation, operation for maintenance purposes || **~schalthebel** *m* / emergency operating lever, manual operating lever

beherrschen *v* / to have control over

beherrscht·e Fertigung (s. beherrschter Prozeß) || **~er Prozeß** (DIN 55350, T.11) / process under control, controlled process || **technisch ~es Fertigungsverfahren** / technically controlled

production process
Beibuchstabe *m* / index letter
beiderseitig·e Belüftung / double-ended ventilation, symmetrical ventilation || ~ **steuerbarer Thyristor** / tetrode thyristor || ~**es Zahnradgetriebe** / bilateral gear unit
beiderseits gelagerter Rotor / inboard rotor
Beidraht *m* (Kabel) / sheath wire
beidseitig·er Antrieb / double-ended drive, bilateral drive || ~**e Datenübermittlung** / two-way simultaneous communication, both-way communication
Beifahrer-Luftsack *m* / passenger airbag
Beilage *f* (Ausgleichselement) / packing *n*, shim *n*, pad *n* || ≗ (zum Schutz einer Oberfläche) / pad *n*, packing *n* || ≗**blech** *n* / shim *n*, packing plate || ≗**scheibe** *f* (Unterlegscheibe) / washer *n*, plain washer
Beilauf *m* (Kabel) / filler *n*
Beilegscheibe (s. Beilagescheibe)
Beipaßfeder *f* / packing key
Beisatz *m* (NC) / trailer label || ≗**adresse** *f* / trailer address
Beispielprogramm *n* / sample program
Beizahl *f* / coefficient *n*
beizen *v* (Metall) / pickle *v* || **elektrochemisches** ≗ / electrolytic pickling
Beizsprödigkeit *f* / acid brittleness, hydrogen embrittlement
Belag *m* (Bremse) / lining *n* || ≗ (Komm.) / segment assembly, commutator surface || ≗ (Kontakte) / tarnish layer || ≗ (Phys.) / quantity per unit length || ≗ (Überzug) / coating *n*, film *n*, coat *n*, lining *n* || ≗ (Kondensator; Folie) / foil *n* || **halbleitender** ≗ / semiconducting layer
belastbarer Sternpunkt (Trafo) / loadable neutral
Belastbarkeit *f* / loadability *n*, load capability, loading capacity, load rating, load carrying capacity, carrying capacity || ≗ (Kabel; Strombelastbarkeit, VDE 0298,2) / current carrying capacity, ampacity *n* (US), load capability || ≗ (SR, VDE 0558, T.1) / load current carrying capability || ≗ **bei zyklischem Betrieb** (Kabel) / cyclic current rating || ≗ **im Notbetrieb** (Kabel) / emergency current rating || **elektrische** ≗ **Bemessungswerte)** / electrical ratings || **Kontakt**~ / contact rating || **Kurzschlußstrom**~ / short-circuit current carrying capacity || **thermische** ≗ / thermal loading capacity, thermal rating || **Überstrom**~ / overcurrent capability, overload capability
belasten *v* / load *v* || ~ (beanspruchen) / stress *v*, strain *v* || ~ (Gen.) / load *v*, to bring onto load
Belastung *f* (a. el. Masch., VDE 0530, T.1; s.a. „Last" u. Komposita) / load *n* (IEC 34-1), loading *n* || ≗ **außerhalb der Spitzenlastzeit** / off-peak load || ≗ **nach dem Rückarbeitsverfahren** / back-to-back loading || **Ausgangsspannung bei** ≗ / on-load output voltage || **kurz gemittelte** ≗ / demand *n* || **Lärm**~ / noise pollution || **Spannung bei** ≗ / on-load voltage || **spezifische** ≗ / unit load || **Umwelt**~ / environmental pollution || **Wärme**~ / thermal load || **Zeit geringer** ≗ / light-load period
Belastungen, zugelassene ≗ (el. Gerät) / approved ratings
Belastungs·art *f* / type of load || ≗**ausgleich** *m* / load compensation || ≗**bereich** *m* / loading range || ≗**charakteristik** *f* / load characteristic || ≗**dauer** *f* / load period || ≗**dauer** *f* (SG; VDE 0660,109) / in-service period || ≗**dauer, die nicht zum Auslösen führt** (LS) / non-tripping duration
Belastungsfaktor *m* / load factor || ≗ (SK, FSK) / diversity factor || ≗ **für Notbetrieb** (Kabel) / emergency rating factor || ≗ **für zyklischen Betrieb** - (Kabel) / cyclic rating factor
Belastungs·folge *f* / loading sequence, load spectrum || ≗**gebirge** *n* / three-dimensional load diagram || ≗**generator** *m* / dynamometer *n*, dynamometric generator || ≗**geschwindigkeit** *f* (mech.) / rate of stress increase, rate of stressing || ≗**gewicht** *n* (Tragkette) / suspension-set weight, counterweight *n* || ≗**grad** *m* / load factor || ≗**grenze** *f* / loading limit, maximum permissible load || ≗**immittanz** *f* / load immittance || ≗**impedanz** *f* / load impedance || ≗**kapazität** *f* / load capacitance, load-side capacitance
Belastungskennlinie *f* / load curve, load characteristic || ≗ (äußere; Spannung über Laststrom) / voltage regulation characteristic || ≗ (Spannung über Erregerstrom) / load characteristic, load saturation curve || ≗ (Dauermagnetmaterial) / load line (IEC 50(221)) || ≗ **für reine Blindlast** / zero power-factor characteristic
Belastungs·kondensator *m* / loading capacitor, front capacitor || ≗**kurve** *f* / load profile (versus time) || **geordnete** ≗**kurve** / ranged load curve, load duration curve || ≗**maschine** *f* / loading machine, load machine, dynamometer *n* || ≗**probe** *f* / load test, on-load test || ≗**probe** *f* (bis zum Bruch) / proving test || ≗**prüfung** *f* (el. Masch.) / load test || ≗**regler** *m* / load rheostat, loading resistor || ≗**richtlinien** *f pl* (f. Transformatoren) / loading guide || ≗**schwankung** *f* / load fluctuation, load variation || ≗**spannung** *f* / on-load voltage, load voltage || ≗**spiel** *n* / load(ing) cycle, cyclic duty || ≗**spitze** (s. Lastspitze) || ≗**spule** *f* / loading coil || ≗**stoß** *m* (dch. Motoren; vgl. „Laststoß") / motor inrush, inrush current || ≗**unsymmetrie** *f* / load unbalance || ≗**unterschied** *m* / load diversity || ≗**verfahren** *n* (el. Masch.) / dynamometer test, input-output test || ≗**verfahren** *n* (Trafo) / loading method || **Prüfung nach dem** ≗**verfahren** (el. Masch.) / dynamometer test, input-output test || ≗**vermögen** *n* / load capacity, carrying capacity, loadability *n* || ≗**wechsel** *m* / load change, load variation || ≗**widerstand** *m* / loading resistor, load resistor, load rheostat || ≗**zeit** *f* / load period, on-load time, running time
belegbar *adj* (Klemme, Merker) / assignable *adj*, free *adj*
belegen *v* (Klemmen, Steckplätze) / assign *v* || **neu** ~ (Komm.) / replace the segment assembly
belegt *adj* (nach Anwahl; Bus) / busy *adj* || ~ (voll) / full *adj* || ~ (zugeordnet) / assigned *adj* || ~ (Speicherbereich) / occupied *adj*
Belegung *f* (Reservierung) / reservation *n* || ≗ (Füllfaktor) / filling factor || **Anschluß**~ (IS) / pin configuration (IC), pinning diagram (IC), pinning *n* (IC) || **Bus**~ / bus load, bus usage || **Bus**~ (Vorgang) / bus acquisition || **Klemmen**~ / terminal assignment || **Speicher**~ / memory allocation, storage (o. memory) area allocation || **Stecker**~ / connector pin assignment

Belegungs·konfiguration *f* (PC, Zuordnung Schnittstellenleitungen - Anschlußpunkte) / interface/connector assignments, interface/terminal allocation || **Speicher~liste** *f* (PC) / memory map , IQF reference list (IQF = input/output/flag) || **≗plan** *m* (s. „Anschlußplan") || **≗plan** *m* (PC) / input/output flag reference list (I/Q/F reference list) || **E/A-≗tabelle** (s. Belegungsplan) || **≗warteschlange** *f* / reservation queue || **Schnittstellen~zeit** *f* / interface runtime, interface operating time

belegweiß *adj* / paper-white *adj*

beleuchten *v* / illuminate *v*, light *v*

Beleuchterbrücke *f* / footlight bridge

beleuchteter Druckknopf (s. Leuchttaster)

Beleuchtung *f* / lighting *n*, illumination *n* || ≗ (in einem Punkt einer Oberfläche) / luminous exposure, light exposure || ≗ **durch gerichtetes Licht** / directional lighting || ≗ **durch gestreutes** (o. diffuses) **Licht** / diffused lighting || ≗ **von Ausstellungsräumen** / exhibition lighting || ≗ **von Geschäftsräumen** / commercial lighting

Beleuchtungs·abgang *m* / lighting feeder (unit) || **≗abzweig** *m* / lighting branch feeder, lighting branch circuit, lighting sub-circuit || **≗abzweig** *m* (Geräteeinheit) / lighting feeder unit || **≗anlage** *f* / lighting system, lighting installation || **≗anschlußstelle** *f* / lighting point || **≗betonung** *f* / emphasis lighting, highlighting *n* || **≗ingenieur** *m* / lighting engineer || **≗körper** *m* / luminaire *n*, lighting fitting, light fixture (US), fitting || **≗messer** *m* / illumination photometer, illumination meter || **≗niveau** *n* / lighting level, illumination level || **hohes ≗niveau** / high-level illumination || **≗programm** *n* / lighting program, lighting plot || **≗qualität** *f* / lighting quality || **≗regler** *m* / dimmer *n*, fader *n* || **≗stärke** *f* / illuminance *n* || **Kurve gleicher ≗stärke** / isoilluminance curve (GB), isoilluminance line (US), isolux curve (o. line) || **≗stärkemesser** *m* / illuminance meter || **≗station** *f* (f. Steuerung) / lighting control station || **≗stromkreis** *m* / lighting circuit, lighting sub-circuit || **≗technik** *f* / lighting engineering, illumination engineering, lighting technology || **≗transformator** *m* / lighting transformer || **≗verhältnisse** *n pl* / lighting conditions || **≗-Versuchsstraße** *f* / experimental lighting road || **spezifischer ≗wert** / specific lighting index || **≗wirkungsgrad** *m* / utilization factor (lighting), coefficient of utilization (lighting) || **spezifischer ≗wirkungsgrad** / reduced utilization factor (lighting installation)

Belichtung *f* / light exposure, exposure *n* || **Kontakt~** *f* / contact printing

Belichtungsmesser *m* / exposure meter

beliebig·e Brennstellung (Lampe) / any burning position || **~e Reihenfolge der Leiter** / random sequence of conductors

belüften *v* (Raum) / ventilate *v*, aerate *v*

belüftet *adj* / ventilated *adj* || **~es abgedecktes Gehäuse** / double casing || **~e Maschine** / ventilated machine || **~es Rippengehäuse** / ventilated ribbed frame || **drehzahlunabhängig ~** / separately ventilated

Belüftung, beiderseitige ≗ / double-ended ventilation, symmetrical ventilation || **einseitige ≗** (el. Masch.) / single-ended ventilation || **zweiseitige ≗** / double-ended ventilation

Belüftungs·art *f* / ventilation method, method of air cooling || **≗flügel** *m* / ventilating vane || **≗öffnung** *f* / ventilation opening, vent hole || **≗schlitz** *m* (Blechp.) / ventilation duct || **≗wand** *f* / air guide wall

bemaßen *v* / dimension *v*

Bemaßungssystem *n* / dimensioning system

Bemaßungsvariable *f* / dimension variable

Bemerkbarkeits·grenze *f* / perception limit, threshold of visibility || **Flicker-≗schwelle** *f* (VDE 0838, T.1) / threshold of flicker perceptibility

bemessen *v* / dimension *v*, rate *v*, design *v*

Bemessung *f* (Entwurf; Ausführung) / design *n*, rating *n*, design and ratings || ≗ (Maße) / dimensioning *n*

Bemessungs·... (s. auch Nenn...; vgl. DIN 40200) || **≗-Ableitstoßstrom** *m* / rated discharge current || **≗-Ableitstrom** *m* / rated discharge current || **≗-Anfangseinschwingspannung** *f* / rated initial transient recovery voltage || **≗-Anschlußquerschnitt** *m* (Klemme) / rated connecting capacity || **≗-Anschlußspannung** *f* (SR, VDE 0558, T.1) / rated a.c.-side voltage, rated line-side voltage || **≗-Anschlußstrom** *m* (SR VDE 0558, T.1) / rated a.c.-side current, rated current on line side || **≗-Ansprechtemperatur** *f* / rated operating temperature || **≗-Ansprechtemperatur des Fühlers (TNF)** / rated detector operating temperature (TNF) || **≗-Ansprechtemperatur des Systems (TFS)** / rated system operating temperature (TFS) || **≗aufnahme** *f* / rated input (a. IEC 335-1), rated input power, rated watts input (US, electric range) ..rated input VA (o. kVA) || **≗-Ausgangsdauerstrom** *m* (SR) / rated continuous output current || **≗-Ausgangskurzzeitstrom** *m* (SR) / rated short-time output current || **≗-Ausgangs-Leerlaufspannung** *f* (Leistungstrafo) / rated no-load secondary voltage || **≗-Ausgangsleistung** *f* (Leistungstrafo) / rated output power || **≗-Ausgangsspannung** *f* (Leistungstrafo) / rated output voltage || **≗-Ausgangsstrom** *m* (Leistungstrafo) / rated output current || **≗-Auslösecharakteristik** *f* (LSS) / rated tripping characteristic || **≗-Auslösefehlerstrom** *m* (FI-Schutzschalter) / rated residual operating current || **≗-Auslösestrom** *m* / rated operating current, rated trip current || **≗-Auslösevermögen** *n* (Fehlerabschaltvermögen) / rated fault clearing capability || **≗-Ausschaltstrom** *m* / rated breaking current, rated interrupting current, interrupting rating (US) || **≗-Ausschaltstrom für Kondensatorbatterien** / rated capacitor breaking current || **≗-Ausschaltstrom unter Asynchronbedingungen** / rated out-of-phase breaking current || **≗-Ausschaltvermögen** *n* / rated breaking capacity, interrupting rating (US) || **≗-Ausschaltwert für kleine induktive Ströme** / small inductive breaking current || **≗-Aussetzbetrieb** *m* / intermittent rating || **≗belastbarkeit** *f* / load rating || **≗-Belastungsdauer** *f* / rated loading time || **≗-Belastungsfaktor** *m* (VDE 0660, T.500) / rated diversity factor (IEC 439-1) || **≗-Betätigungsspannung** *f* (SG) / rated control voltage, rated coil voltage

Bemessungsbetrieb *m* (el. Masch., VDE 0530, T.1) / rating *n* (IEC 34-1) || ≈ **für nichtperiodisch veränderliche Belastung** (el. Masch., VDE 0530, T.1) / non-periodic duty-type rating (IEC 34-1) || ≈ **für periodisch veränderliche Belastung** (el. Masch., VDE 0530, T.1) / periodic duty-type rating (IEC 34-1)

Bemessungs-Betriebsart *f* / rated duty || ≈-**Betriebsart** *f* (el. Masch.) / duty-type rating (d.t.r.), duty-cycle rating || ≈-**Betriebsdauer** *f* (GR, DIN 41760) / rated service time || ≈-**Betriebs-Kurzschlußausschaltvermögen** *n* / rated service short-circuit breaking capacity || ≈-**Betriebsspannung** *f* (SG) / rated operational voltage (IEC 157-1) || ≈-**Betriebsstrom** *m* (HS) / rated operational current || ≈-**Betriebsstrom** *m* (Trennschalter, Lastschalter) / rated normal current || ≈**bürde** *f* (Wandler) / rated burden, rated load impedance

Bemessungsdaten *plt* (DIN 40200, Okt.81) / rating *n* || ≈ **für Aussetzbetrieb** / intermittent rating || ≈ **für Dauerbetrieb** / (maximum) continuous rating || ≈ **für Kurzzeitbetrieb** / short-time rating (s.t.r) (IEC 34-1) || ≈ **für Nennbetrieb** / nominal rating || ≈ **für Stundenbetrieb** / one-hour rating

Bemessungs-Dauerbetrieb *m* / continuous rating || ≈-**Dauerbetrieb** *m* (el. Masch., VDE 0530, T.1) / maximum continuous rating (m.c.r.) (IEC 34-1)

Bemessungs-Dauerstrom *m* / rated continuous current, continuous current rating || ≈ (LS) / rated uninterrupted current

Bemessungs-Drehmoment *n* (Mot.) / rated-load torque (r.l.t.), full-load torque (f.l.t.), rated torque || ≈**drehzahl** *f* (el. Masch.) / rated speed, rated-load speed, full-load speed || ≈-**Durchgangsstrom** *m* (Leistungstrafo) / rated through-current

Bemessungs-Eingangsleistung *f* / rated input power || ≈**strom** *m* / rated input current

Bemessungs-Einschaltstrom *m* / rated making current || ≈-**Einschalt- und -Ausschaltvermögen** / rated making and breaking capacity || ≈-**Einschaltvermögen** *n* / rated making capacity || ≈-**Einschwingfrequenz** *f* / frequency at rated transient recovery voltage || ≈-**Einschwingspannung** *f* / rated transient recovery voltage || ≈-**Ein- und -Ausschaltvermögen** / rated making and breaking capacity || ≈-**Erregerleistung** (s. Bemessungswert der Erregerleistung) || ≈-**Erregerspannung** (s. Bemessungswert der Erregerspannung) || ≈-**Erregerstrom** (s. Bemessungswert des Erregerstroms) || ≈-**Fehlergrenzstromstärke** *f* / accuracy limit primary current || ≈-**Fehlerstrom** *m* (FI-Schutzschalter) / rated residual current || ≈-**Freileitungsausschaltstrom** *m* (VDE 0670,T.3) / rated line-charging breaking current (IEC 265) || ≈**frequenz** *f* / rated frequency || ≈-**Gleichspannung** *f* (SR) / rated direct voltage || ≈-**Gleichstrom** *m* (SR) / rated direct current || ≈-**Grenzabweichung** *f* (Rel., VDE 0435, T.110) / assigned error || ≈-**Grenzkurzschlußausschaltvermögen** *n* / rated ultimate short-circuit breaking capacity || ≈-**Grenzlast** *f* (Freiltg.) / ultimate design load || ≈-**Grenzlast** *f* (Umbruchlast, Isolator) / rated cantilever strength

Bemessungsgröße *f* / rated quantity || ≈ (zum Kennzeichnen des Bemessungsbetriebes einer el. Masch., VDE 0530, T.1) / rated value (IEC 34-1)

Bemessungs-Isolationspegel *m* (VDE 0111, T.1 A1) / rated insulation level (IEC 129) || ≈-**Isolationsspannung** *f* / rated insulation voltage || ≈-**Kabelausschaltstrom** *m* (VDE 0670,T.3) / rated cable-charging breaking current (IEC 265) || ≈**kapazität** *f* (Batt.) / rated capacity || ≈-**Kondensatorausschaltstrom** *m* / rated single capacitor bank breaking current (IEC 265) || ≈-**Kondensatoreinschaltstrom** *m* / rated capacitor bank inrush current || ≈-**Kondensatorparallelausschaltstrom** *m* / rated back-to-back capacitor bank breaking current || ≈-**Kontaktbereich** *m* / rated contact zone

Bemessungs-Kurzschluß-Ausschaltstrom *m* / rated short-circuit breaking current || ≈-**Ausschaltvermögen** *n* / rated short-circuit breaking capacity, short-circuit interrupting rating, fault interrupting rating || ≈-**Einschaltstrom** *m* / rated short-circuit making current || ≈-**Einschaltvermögen** *n* / rated short-circuit making capacity

Bemessungs-Kurzschlußspannung *f* (Trafo) / impedance voltage at rated current || ≈-**Kurzschlußstrom** *m* / rated short-circuit current, short-circuit current rating || ≈-**Kurzzeitbetrieb** *m* (el. Masch., VDE 0530, T.1) / short-time rating (s.t.r.) (IEC 34-1) || ≈-**Kurzzeit-Steh-Wechselspannung** *f* / rated short-duration power-frequency withstand voltage || ≈-**Kurzzeitstrom** *m* / rated short-time current, rated short-time withstand current || ≈-**Kurzzeitstromfestigkeit** *m* / rated short-time withstand current || ≈-**Kurzzeit-Wechselspannung** *f* (VDE 0111, T.1 A1) / rated short-duration power-frequency withstand voltage

Bemessungslast *f* / rated load, full-load rating, one-hundred-percent-load rating || ≈**betrieb** *m* / rated-load operation, operation at rating, operation under rated conditions || ≈**erregung** *f* / rated-load excitation, full-load excitation || ≈-**Kurzschlußverhältnis** *n* / rated-load short-circuit ratio, full-load short-circuit ratio

Bemessungsleistung *f* / rated power || ≈ (el. Masch., VDE 0530, T.1) / rated output (IEC 34-1), rated power output || ≈ (Rel., eines Erregungskreises; VDE 0435, T.110) / rated power, rated burden || ≈ (Lampe) / rated wattage || ≈ **bei Aussetzbetrieb** / periodic rating, intermittent rating, load-factor rating || ≈ **in kVA** / rated kVA, kVA rating

Bemessungsmeßbereich *m* (Rel.; VDE 0435,T.110) / effective range (IEC 50(446)) || ≈**moment** (s. Bemessungs-Drehmoment) || ≈-**Nichtauslösefehlerstrom** *m* (FI-Schutzschalter) / rated residual non-operating current || ≈-**Oberspannung** *f* (Trafo) / high-voltage rating || ≈-**Ringausschaltstrom** *m* (VDE 0670,T.3) / rated closed-loop breaking current (IEC 265) || ≈-**Schaltabstand** *m* (NS) / rated operating distance || ≈-**Schaltblitzstoßspannung** *f* / rated lightning impulse switching voltage, rated lightning impulse voltage switched || ≈-**Schaltleistungsprüfung** *f* (Trafo) / service duty test (IEC 214) || ≈-**Schaltspannung** *f* (RSA) / rated breaking voltage

|| ≗-**Schaltstoßspannung** *f*(VDE 0111, T.1 A1) / rated switching (impulse) withstand voltage || ≗-**Schaltstrom** *m*(RSA) / rated breaking current || ≗-**Schalttemperatur** *f*(Temperatursicherung) / rated functioning temperature || ≗-**Schaltvermögen** *n* / rated switching capacity, rated making and breaking capacity || ≗-**Schaltvermögen** *n*(Sich.) / rated breaking capacity || ≗-**Schaltvermögen** *n*(LSS, Kurzschlußleistung) / rated short-circuit capacity || ≗**schlupf** *m* / rated-load slip || ≗-**Sekundärspannung** (s. sekundäre Bemessungsspannung) || ≗-**Sekundärstrom** (s. sekundärer Bemessungsstrom) || ≗**sicherheitsstromstärke** *f*(MG) / rated instrument limit primary current (IPL) (IEC 50(321)) || ≗**spannung** *f* / rated voltage || ≗-**Spannungsfaktor** *m* / rated voltage factor || ≗-**Steh-Blitzstoßspannung** *f* / rated lightning (impulse) withstand voltage || ≗-**Steh-Blitzstoßspannung** *f*, **naß** (o. unter Regen) / rated wet lightning impulse withstand voltage || ≗-**Steh-Blitzstoßspannung, trocken** / rated dry lightning impulse withstand voltage (IEC 168), specified dry lightning impulse withstand voltage (IEC 383) || ≗-**Steh-Gleichspannung** *f* / rated d.c. withstand voltage || ≗-**Steh-Schaltstoßspannung** *f* / rated switching impulse withstand voltage || ≗-**Steh-Schaltstoßspannung unter Regen** / rated wet switching impulse withstand voltage (IEC 168), specified wet switching impulse withstand voltage (IEC 168) || ≗-**Steh-Schaltstoßspannung, trocken** / rated dry switching impulse withstand voltage, specified dry switching impulse withstand voltage || ≗-**Stehspannung** *f* / rated withstand voltage || ≗-**Steh-Stoßspannung** (s. Bemessungs-Stoßspannungsfestigkeit) || ≗-**Steh-Wechselspannung** *f* / rated short-duration power-frequency withstand voltage (IEC 76-3), rated short-duration power-frequency withstand voltage, rated power-frequency withstand voltage || ≗-**Steh-Wechselspannung unter Regen** / rated wet power-frequency withstand voltage, specified wet power-frequency withstand voltage (IEC 168) || ≗-**Steh-Wechselspannung, trocken** / rated dry power-frequency withstand voltage, specified dry power-frequency withstand voltage || ≗-**Steuerspannung** *f* / rated control voltage, rated control circuit voltage, rated control supply voltage || ≗-**stoßspannung** *f*(el. Masch., VDE 0530, T.15) / impulse voltage withstand level (IEC 34-15), impulse withstand level || ≗-**Stoßspannungsfestigkeit** *f* / rated impulse strength, rated surge withstand capability || ≗-**Stoßspannungsfestigkeit** *f* / rated impulse withstand voltage || ≗-**Stoßstrom** *m*(2,5 x Bemessungs-Kurzzeitstrom) / rated peak withstand current (IEC 265) || ≗-**Stoßstromfestigkeit** *m* / rated peak withstand current || ≗**strom** *m* / rated current || ≗-**Stufenspannung** *f*(Leistungstrafo) / rated step voltage || ≗-**Transformatorausschaltstrom** *m* / rated no-load transformer breaking current, rated transformer off-load breaking current || ≗**übersetzung** *f*(Leistungstrafo) / rated voltage ratio, rated transformation ratio || ≗-**Unterspannung** *f*(Trafo) / low-voltage rating || ≗**vorschriften** *f pl*(VDI/VDE 2600) / rating rules || ≗-**Wechselstromstellerstrom** *m* / rated controller current || ≗-**Wechselstromstellerstrom bei Dauerbetrieb** / rated continuous controller current

Bemessungswert *m*(DIN 40200, Okt. 81) / rated value || ≗ **der Erregerleistung** (el. Masch) / rated-load excitation power || ≗ **der Erregerspannung** (el. Masch.) / rated field voltage, rated collector-ring voltage, rated-load field voltage || ≗ **des Erregerstroms** (el. Masch.) / rated field current, rated-load field current, full-load excitation current

Bemustern *n* / sampling *n*

benachbarte Metallteile / adjacent metal parts

Benetzbarkeit *f* / wettability *n*

benetzen *v* / wet *v* || ≗ *n* / wetting *n*

benetzt·es Filter / wetted filter, viscous filter || ~**es Thermometer** / wet-bulb thermometer

Benetzungs·fähigkeit *f* / wetting power, spreading power || ≗**mittel** *n* / wetting agent, spreading agent || ≗**winkel** *m*(Lötung) / contact angle

benummern *v* / to allocate numbers

Benutzer *m*(s.a. unter „Anwender") / user *n* || ≗**bereich** *m*(VDE 0806) / operator access area (IEC 380) || ≗**dienstprotokoll** *n* / user service protocol || ≗**klasse** *f*(a. DÜ) / user class of service || ≗**oberfläche** *f* / user environment, user interface || ≗**station** *f* / user terminal

Benutzungsdauer *f*(Stromversorgung) / utilization period || ≗ (Betriebszeit) / operation period, service period || ≗ (EZ) / utilization time || ≗ (QS) / operating time || ≗ (Durchschnittslast/Spitzenlast) / load factor

Benzing·scheibe *f* / snap ring, circlip *n*, spring ring

Benzin·pumpe *f* / petrol pump || ≗**sicherheitslampe** *f*(zum Nachweis von Grubengasen) / mine safety lamp

Benzol *n* / benzene *n*

Benzoylperoxyd *n* / benzoyl peroxide, dibenzoyl peroxide

beobachtbares System (Reg.; DIN 19229) / observable system

Beobachtbarkeit *f* / observability *n*

Beobachten *n*(PLT) / monitoring *n* || ≗ (durch den „Operator") / operator monitoring, observation *n*, process visualization

Beobachter *m* / observer *n* || ≗**rückführung** *f* / observer feedback

beobachtete Ausfallrate / observed failure rate

Beobachtung *f* / observation *n*, monitoring *n* || **Prozeß**~ *f* / process visualization

Beobachtungs·daten *plt* (IEC 50(191)) / observed data || ≗**matrix** *f*(Reg.) / observer matrix || ≗**mikroskop** *n* / viewing microscope || ≗**modell** *n* (Reg.) / observer model || ≗**öffnung** *f* / inspection hole, observation hole || ≗**oszilloskop** *n* / observation oscilloscope || ≗**richtung** *f* / direction of view || ≗**schnittstelle** *f* / monitoring interface || ≗**system** *n* / monitoring system, monitoring subsystem (in a distributed system) || ≗**wert** *m* (DIN 55350,T.12) / observed value || ≗**winkel** *m* / viewing angle, observation angle || ≗**zeit** *f* / observation time

Berandungselement *n*(CAD) / boundary item

beratende Ingenieure / consulting engineers

berechnete Ausfallrate / assessed failure rate
Berechnung der Maschine / machine design calculation, machine design analysis
Berechnungs·büro *n* / design office || **~druck (PR)** (DIN 2401,T.1) *m* / design pressure || **~spannung** *f* (mech.) / design stress || **~temperatur (TR)** (DIN 2401,T.1) *f* / design temperature
Berechtigungs·marke (s. Sendeberechtigungsmarke) || **~weitergabe** *f* („token passing" in einem LAN) / token passing || **~zeitraum** *m* (ZKS) / authorized working hours, authorization period
Berechtigungszeitraum *m* (GLAZ, Arbeitsantritt) / period of authorized entry
beregnen *v* / wet *v*
Beregnungs·einrichtung *f* / spray apparatus || **~prüfung** *f* / wet test || **~prüfung mit hoher Wechselspannung** / high-voltage power-frequency wet withstand test
Bereich *m* / range *n*, span *n*, band *n*, region *n*, scope *n*, zone *n* || **~** (Fabrikanlange, VDI/VDE 3695) / area *n* || **~** (magn.) / domain *n* || **~** (Menge der Werte zwischen der oberen und unteren Grenze einer Größe) / range *n* || **~ Anschaltung (BA)** (PC, Anschaltungsdatenbereich im Speicher) / interface data area || **~ der Abweichung infolge thermischen Ausgleichs** (DIN 41745) / settling effect band (IEC 478-1) || **~ der kombinierten Störabweichung** (DIN 41745) / combined effect band || **~ mit angehobenem Nullpunkt** / elevated-zero range || **~ mit unterdrücktem Nullpunkt** / suppressed-zero range || **explosionsgefährdeter ~** (EN 50014) / hazardous area, potentially explosive atmosphere (EN 50014), area (o. location) subject to explosion hazards || **im ~ der Handhabe** / near the handle || **Laser~** (VDE 0837) / nominal ocular hazard area (NOHA) (IEC 825) || **sicherer ~** / safe area || **Spannungs~** (DAU) / voltage compliance || **Speicher~** / memory area || **~-Anschaltung** *f* (PC) / interface data area
Bereichs·aufspaltung *f* (Reg.) / range splitting, split-ranging *n* || **~bild** *n* (PLT, Fabrikbereich) / area display || **~ebene** *f* (Fertigungssteuerung, CAM-System) / cell level || **~endwert** *m* / range limit value || **~etikett** *n* (Archivbereich) / section label || **~feld** *n* (Prozeßmonitor) / area field || **obere ~grenze** (Signal, DIN IEC 381) / upper limit (IEC 381) || **untere ~grenze** (Signal, DIN IEC 381) / lower limit (IEC 381) || **~meldefeld** *n* (Prozeßmonitor) / area alarm display field || **~melder** *m* (Grenzwertglied) / Schmitt trigger, limit monitor || **~meldung** *f* (PLT, Alarm) / area alarm || **~name** *m* (Fabrikanlage) / area name || **~protokoll** *n* (Archiv) / section log || **~schalter** *m* (LS) / section circuit-breaker, main section switch || **~schalter** *m* (PC) / range switch, range selector || **~störung** (Meldung) (s. Bereichsmeldung)
Bereichsüberschreitung *f* (MG) / over-range *n*
„Bereichsüberschreitung", Signal ~ (PC) / out-of-range signal
Bereichs·übersicht *f* (PLT) / area overview || **~übersichtsbild** *n* (PLT) / area overview display || **~verhältnis** *n* (Verhältnis der maximalen zur minimalen Spanne, für die ein Gerät abgeglichen werden kann) / rangeability *n*
Bereich-System (BS) (PC) *n* / system data area
Bereichs·zahl (s. Kennzahl)
Bereichunterschreitung *f* / (range) underflow *n*
Bereifung (s. Rauhreif)
bereinigen *v* (CAD) / purge *v*
Bereiniger (s. Speicherbereiniger)
bereinigter Wert / corrected value
bereit *adj* (a. DÜ) / ready *adj* || **~gestellte Leistung** / authorized maximum demand
Bereitschaft, in ~ (IEC 50(191)) / standby state || **in ~ stehen** / stand by *v*, to be ready
Bereitschafts·aggregat *n* / stand-by generating set || **~betrieb** *m* (USV) / active standby operation || **~dauer** *f* / standby duration || **~generator** *m* / stand-by generator, emergency generator
Bereitschaftsparallelbetrieb *m* (DIN 40729) / continuous battery power supply || **~ mit Gleichrichter** / maintained rectifier-battery operation || **~ mit Pufferung** / maintained floating operation
bereitschafts·redundante USV / standby redundant UPS || **~schaltung** *f* / stand-by circuit || **~schaltung** *f* (VDE 0108) / non-maintained operation (BS 5266) || **~stellung** *f* (vor der Inbetriebsetzung eines Geräts) / stand-by position || **~tasche** *f* (f. MG) / carrying case, instrument case || **~verzögerung** *f* (NS) / time delay before availability || **~zeit** *f* (KW) / stand-by availability time, stand-by time, reserve shutdown time
Bereitschaftszustand *m* (PMG) / standby state || **~ der Parallelabfrage** (PMG, DIN IEC 625) / parallel poll standby state (PPSS) || **~ der Steuerfunktion** (PMG, DIN IEC 625) / controller standby state (CSBS) || **in ~ gehen** (PMG) / to go to standby
Bereit-Signal *n* / ready signal
bereit·stehen *v* / stand by *v*, to be ready || **~stellen** *n* (Merker, Datenbaustein) / loading *n*, initialization *n* || **~zustand der Senke** (PMG, DIN IEC 625) / acceptor ready state (ACRS)
Bergamt *n* / mining office, mining authority
Bergbaukabel *n* / mine-type cable, mine cable
bergbaulich·er Betrieb / underground mine
Bergbau·motor *m* / mine-type motor, flameproof motor || **~transformator** *m* / mining type transformer, flameproof transformer, explosion-proof transformer
Berggewerkschaftliche Versuchsstrecke / Mines Testing Station
Bergmannsleuchte *f* / miner's lamp
Bergwerkbeleuchtung *f* / mine lighting
Bericht *m* (Prüfbericht) / report *n*
BERO (Firmenname für einen Näherungsschalter) / BERO (tradename for a type of proximity limit switch) || **~-Aufnehmer** *m* / BERO pickup || **~-Geber** *m* / BERO pickup, BERO sensor, BERO proximity switch || **~-Schalter** *m* / BERO proximity switch
Berst·druck *m* / burst pressure, bursting pressure, rupturing pressure || **~druckprüfung** *f* / bursting pressure test || **~festigkeit** *f* / burst strength, crushing strength || **~probe** *f* / burst test || **~scheibe** *f* / bursting disc
Beruhigung *f* (Anzeige) / (display) stabilization *n*
Beruhigungs·strecke *f* / steadying zone || **~wand** *f* (f. Öl) / oil distributor || **~widerstand** *m* / smoothing resistor

Beruhigungszeit *f*(MG) / damping time || ≗ (Osz.) / recovery time || ≗ (integrierte Schaltung) / settling time

berührbar·es inaktives Metallteil / exposed conductive part || ~**es leitfähiges Teil** / accessible (o. exposed) conductive part || ~**e Oberfläche** (VDE 0700, T.1) / accessible surface (IEC 335-1) || ~**es Teil** (VDE 0700, T.1) / accessible part (IEC 335-1)

Berührbarkeit *f* / accessibility *n*

Berühren, absichtliches ≗ / intentional contact || **zufälliges** ≗ / accidental contact, inadvertent contact (with live parts)

berührende Messung / contacting measurement, measurement by contact

Berührung *f* / contact *n*, touch *n* || **gegen** ≗ **geschützte Maschine** / screen-protected machine

Berührungsdimmer *m* / touch dimmer

berührungsempfindlich·er Bildschirm (s. Tast-Bildschirm) || ~**er Digitalisierer** / touch-sensitive digitizer || ~**er Schalter** / touch-sensitive switch || ~**er Sensor** (s. Tastsensor)

Berührungserkennung, taktile ≗ / tactile perception

Berührungs·fläche *f* / contact surface, contact area || ≗**gefahr** *f* / risk of shock, shock hazard

berührungsgefährlich·e Spannung / dangerous contact voltage || ~**es Teil** (VDE 0411, T.1) / live part (IEC 348)

berührungs·geschützt *adj* / shock-hazard-protected *adj*, protected against accidental contact, guarded *adj*, barriered *adj* || ≗**korrosion** *f* / contact corrosion || ≗**linie** *f*(Lg.) / line of action, line of load || ≗**linie der Flanken über die Zahnbreite** / line of contact

berührungslos·er Geber / proximity-type transmitter, non-contact transmitter || ~**er Grenztaster** (s. berührungsloser Positionsschalter) || ~**er Leser** / non-contact scanner, optical (o. magnetic) scanner || ~**e Messung** / non-contact measurement, contactless measurement || ~**e Messung** (optisch) / measurement by optical transmission || ~**es optisches Messen** / optical measurement || ~**er Positionsschalter** / magnetically operated position switch, proximity position switch || ~**er Schalter** / proximity switch || ~**e Temperaturüberwachung** (optisch) / temperature monitoring by optical transmission || ~**e Wegmeßeinrichtung** / contact-free displacement (o. position) measuring device

Berührungsschutz *m*(gegen el. Schlag) / protection against electric shock, shock-hazard protection, shock protection || ≗ (Vorrichtung) / guard *n* (preventing accidental contact), touch guard, barrier *n*, cover *n* || ≗ (Schirm) / shock protection screen || **Maschine mit** ≗ / screen-protected machine || **selbsttätiger** ≗ (Klappenverschluß einer Schaltwageneinheit) / automatic shutter || ≗**gerät** *n*(VDE 0660, T.1) / shock-hazard protective device || ≗**gitter** *n* / guard screen, screen *n*(preventing accidental contact)

Berührungs·sensor (s. Tastsensor) || ~**sicher** *adj* / shockproof *adj*, safe to touch

Berührungsspannung *f*(VDE 0101) / touch voltage, touch potential || **Schutz gegen zu hohe** ≗ **im Fehlerfall** / protection against shock in case of a fault (IEC 439) || **Sperrschicht-**≗ *f* / punch-through voltage, reach-through voltage, penetration voltage || **vereinbarte Grenze der** ≗ (VDE 0100, T.200) / conventional touch voltage limit

Berührungs·taste *f* / touch control, sensor control || ≗**winkel** *m*(Lg.) / angle of contact, contact angle

Beschaffenheitsmerkmal *n*(DIN 4000,T.1) / characteristic of state

Beschallung *f*(Ultraschallprüf.) / ultrasonic inspection, ultrasonic testing

Beschallungsanlage (s. Lautsprecheranlage)

beschalten *v*(verdrahten) / wire *v*, interconnect *v* || ~ (anschließen) / connect *v*

Beschaltung *f*(Schutzschaltung) / protective circuit, protective element, RC circuit || **äußere** ≗ / external (circuit) elements || **Schutz**~ *f*(LE, TSE-Beschaltung) / suppressor circuit (o. network), RC circuit, suppressor *n*, snubber (circuit) || **Trägerspeichereffekt-**≗ *f*(TSE-Beschaltung) / surge suppressor (circuit o. network), anti-hole storage circuit, RC circuit, snubber *n* || **Ventil-**≗ *f* (zur Dämpfung hochfrequenter transienter Spannungen, die während des Stromrichterbetriebs auftreten) / valve damping circuit (IEC 633), valve voltage damper || **Wendepol**~ *f*(m. Nebenwiderstand) / auxiliary pole shunting

Beschaltungsbaugruppe *f*(Leiterplatte) / wiring p.c.b., wiring board, blank wiring board || ≗ (LE, Überspannungsschutz) / surge suppression module, RC network, snubber *n*(circuit)

bescheinigter Wert (DIN 43783,T.1) / certified value (IEC 477)

Bescheinigung *f* / certificate of conformity *n*, certificate *n*, certification *n*

Bescheinigungshinweis *m* / certification symbol, certification reference

beschichtet·er Gewebeschlauch / coated textile-fibre sleeving || **kunststoff**~ *adj* / plastic-coated *adj*

Beschichtung *f* / coating *n*, lining *n*, facing *n* || ≗ (LWL) / primary coating || **dielektrische** ≗ / dielectric coating

Beschichtungspulver *n* / coating powder

Beschicken *n*(WZM) / loading *n*

Beschickungsroboter *m* / loading robot

Beschilderung *f* / plates and labels, labelling *n*

Beschlämmen *n* / flushing *n*

beschleunigen *v* / accelerate *v* || ≗ *n* / accelerating *n*, acceleration *n*

Beschleuniger *m* / accelerator *n*, promoter *n*

beschleunigt·es Altern / accelerated ageing, accelerated deterioration, artificial ageing || ~**e Kommutierung** / forced commutation, over-commutation *n* || ~**e Prüfung** / accelerated test

Beschleunigung *f* / acceleration *n*

Beschleunigungs·anpassung (s. Beschleunigungsausgleich) || ≗**antrieb** *m* / drive for accelerating duty, high-inertia drive || ≗**arbeit** *f* / acceleration work || ≗**ausgleich** *m* / inertia compensation, current-limit acceleration || ≗**begrenzer** *m* / acceleration-rate limiter, acceleration relay, ramp-function generator, rate limiter, speed ramp || ≗**begrenzungsrelais** *n* / acceleration relay || ≗**bereich** *m*(Schrittmot.) /

slew region || ²betrieb *m* / acceleration duty || ²elektrode *f* / accelerating electrode, accelerator *n* || ²empfindlichkeit *f* / acceleration sensitivity || ²fehler *m* (Meßumformer) / acceleration error || ²geschwindigkeit *f* / rate of acceleration || ²kennlinie *f* (a. NC) / acceleration characteristic || ²kraft *f* / force of acceleration, force due to acceleration || ²moment *n* / accelerating torque || ²oszillogram *n* (Erdbeben) / accelogram *n* || ²regler *m* / acceleration rate controller || ²relais *n* / accelerating relay, notching relay || ²spannung *f* / accelerating voltage || ²weg *m* (WZM, NC) / acceleration distance || ²zeit *f* / accelerating time, run-up time

Beschneide·format *n* / trim size || ²**marke** *f* / trim mark

beschneiden *v* (stanzen, Leiterplatten) / trim *v*

Beschneidwerkzeug *n* / trimming die

Beschnittformat (s. Beschneideformat)

beschränkte Quantifizierung / bounded quantification

beschreibbar·e Fläche / printable area || ~**er Steuerspeicher** / writable control store (WCS)

beschreiben, Zelle ~ (PC) / to write into location

beschreibende Statistik / descriptive statistics

Beschreibungsfunktion *f* / describing function

beschriften *v* / letter *v*, label *v*, inscribe *v*

Beschriftung *f* / marking(s) *n*, lettering *n*, labelling *n*, inscription *n* || ² (gS) / legend *n*

Beschriftungsanlage *f*, **Laser-**² / laser-based labelling system

Beschriftungs·feld *n* (BSG) / labelling field || ²**feld** *n* (Mosaiktechnik, Kompaktwarte) / designation tile, labelling tile || ²**platte** *f* / marker plate, label *n* || ²**schablone** *f* / labelling template, labelling mask

besetzt·es Band (HL) / filled band || ~**e Station** / manned substation || **ständig** ~**e Station** / permanently manned substation || **zeitweise** ~**e Station** / attended substation

Besetztkennung *f* / BUSY identifier

Besetzt·signal *n* (a. PMG) / busy signal || ²**status** *m* (Datenkommunikationsstation) / busy state || ²**zustand** *m* (IEC 50(191)) / busy state || ²**zustand** *m* (PMG) / busy function

Besetzung *f* (m. Geräten) / complement *n*, apparatus provided (o. installed), arrangement *n* (of devices o. equipment)

Besetzungs·zahl *f* (absolute Häufigkeit; Statistik, QS) / absolute frequency, frequency *n* || ²**zeichnung** (s. Anordnungsplan)

Besichtigung *f* (Sichtprüfung) / inspection *n*, visual inspection

besondere Ausführung / special design (o. model), custom-built model

Bespinnung *f* / braiding *n*

Bestand *m* (Vorrat an Material u. Erzeugnissen in Werkstätten u. Lägern) / inventory *n* || ² (QS; DIN 40042) / survivals *n pl* || ² **an Fertigerzeugnissen** / finished-product inventory || **Material**~ / material inventory, stock *n* (of materials) || **relativer** ² (QS; DIN 40042) / relative survivals

beständig *adj* (widerstandsfähig) / resistant *adj*, proof *adj*, durable *adj*, stable *adj* || ~**e Versorgung** (USV, VDE 0558; T.5) / continuity of load power || **chemisch** ~ / chemically resistant, non-corroding *adj*, resistant to chemical attack || ~**er Fehler** (s. Dauerfehler)

Beständigkeit *f* / stability *n*, resistance *n*, durability *n* || ² **gegen Gammastrahlen** / gamma-ray resistance || ² **gegen oberflächliche Beschädigungen** / mar resistance || ² **gegen Verschmutzung** (Wickl.) / dirt collection resistance || **Kennlinien**~ / consistency *n*

Beständigkeitseigenschaften, thermische ² / thermal endurance properties

Beständigkeitsprofil, thermisches ² (VDE 0304,T.21) / thermal endurance profile (IEC 216-1)

Bestands·aufnahme *f* / inventory *n*, survey *n* || ²**funktion** *f* (DIN 40042) / survival function || ²**perzentile** *f* (QS) / percentile life || ²**verwaltung** *f* (Fabrik, CIM) / inventory management || ²**wahrscheinlichkeit bestehender Verbindungen** (IEC 50(191)) / connection retainability || ²**zeichnung** *f* / as-built drawing

Bestätigung *f* (DÜ) / confirmation *n* (ISO 8878), acknowledgement *n* (ISO 3309) || ² (QS) / verification *n*, certification *n* || ² **ohne Folgenummer** (DIN ISO 3309) / unnumbered acknowledgement (UA)

Bestätigungsprüfung *f* / confirmatory test, verification *n* || ² (RSA, VDE 0420) / conformity test || ² **mit Stichproben** / sampling verification

Bestätigungston *m* (DÜ) / backword tone

beste Gerade / best straight line

bestellt·e Leistung / subscribed demand

Bestellzeichnung *f* / order drawing

bestimmbare Ursache (QS) / assignable cause

bestimmtes Integral / definite integral

Bestimmung *f* (im Sinn von Prüfung) / test *n* || ² **der Polarisationszahl** / polarization index test || ² **der Wellenform** / waveform test || ² **des Entladungseinsatzes** / discharge inception test || ² **des Trüb- und Erstarrungspunkts** / cloud and pour test || ² **von Wahrscheinlichkeitsgrenzen** (Statistik, QS) / statistical tolerancing || **Leitweg**~ / routing *n*

Bestimmungen *f pl* (z.B. VDE) / specifications *n pl* || ² **für elektrische Maschinen** / specifications for electrical machines, rules for electrical machines || **allgemeine** ² (VDE) / general requirements || **gesetzliche** ² / statutory regulations

bestimmungsgemäß·er Betrieb / normal use (IEC 380), normal operation, usage to the intended purpose || ~**er Gebrauch** / use as prescribed || ~ **richtiger Wert** (Meßgröße) / conventional true value

Bestlast *f* (Generatorsatz) / economical load

Bestleistung *f* (KW) / optimum capacity, maximum economical rating (m.e.r.)

Bestpunkt (s. Bestleistung)

bestrahlen *v* / irradiate *v*

Bestrahlung *f* / irradiation *n* || ² (an einem Punkt einer Fläche) / radiant exposure || **maximal zulässige** ² **(MZB)** / maximum permissible exposure (MPE) || **zylindrische** ² / radiant cylindrical exposure

Bestrahlungs·lampe *f* / erythemal lamp || ²**messer** *m* / radiant exposure meter || ²**stärke** *f* / irradiance *n*

beströmte Vergleichskammer (MG) / flow-type reference cell

bestücken *v* / equip *v*, assemble *v*, fit *v*, implement *v* || ~ (Leiterplatte) / insert *v* (components of a p.c.b.)

bestückt *adj* / equipped *adj*, implemented *adj*, with components fitted || **~e Leiterplatte** / printed board assembly

Bestückung *f* (Bestücken; Einbau, Zusammenbau) / assembling *n*, fitting *n* || ≈ (vorgesehener Bauteil- o. Gerätesatz) / components provided, component set, complement *n*, equipment installed, apparatus provided || **normierte** ≈ / standardized complement || **Werkzeug~** (WZM) / tooling *n*

Bestückungs·einheit (BE) (Relaiskontakte) *f* / contact unit || **≈faktor** *m* (BT) / lamping factor || **≈liste** *f* / list of components, list of materials || **≈maschine** *f* (f. Leiterplatten) / component insertion machine || **≈plan** *m* / component mounting diagram

Beta-Batterie *f* / beta battery, sodium-sulphur battery

betätigen *v* / operate *v*, actuate *v*, control *v* || ~ (ein Relais ansprechen oder rückfallen lassen, oder es rückwerfen) / change over *v* (relay; IEC 255-1-00) || ≈ *n* (SG) / operation *n*, actuation *n*, control *n*

Betätiger *m* / actuator *n*, actuating element, control element, operator *n* (US), operating device, operating means

Betätigung *f* (SG) / operation *n*, actuation *n*, control *n* || ≈ **des Bedienteils** (VDE 0660,T.200) / actuating operation (IEC 337-1) || ≈ **des Schaltgliedes** (VDE 0660, T.200) / switching operation (of a contact element, IEC 337-1) || ≈ **durch abhängigen Kraftantrieb** (VDE 0660, T.101) / dependent power operation (IEC 157-1) || ≈ **durch Speicherantrieb** (VDE 0660,T.107) / stored-energy operation (IEC 408) || ≈ **mit Kraftantrieb** / power operation || **Grenzwerte für die** ≈ (VDE 0660,T.104) / limits of operation (IEC 292-1), operating limits

Betätigungs·-Differenzdruck *m* / operating pressure differential || **≈-Drehmoment** *n* / operating torque || **≈druck** *m* / operating pressure || **≈ebene** *f* / control level, control tier || **≈einheit** *f* (Schaltfehlerschutz) / control module (o. unit)

Betätigungselement *n* / actuator *n*, actuating element, control element, operator *n* (US), operating device, operating means || ≈ (NS) / target *n*

Betätigungs·folge *f* / operating sequence (IEC 337-1, IEC 56-1) || **≈frequenz** *f* / operationg frequency, frequency of operating, switching rate || **≈geschwindigkeit** *f* / speed of actuation, actuating velocity, operating speed || **≈gestänge** *n* / operating linkage, operating mechanism linkage, linkage *n* || **≈hebel** *m* / operating lever || **≈hebel** *m* (PS) / actuating lever, lever actuator || **≈hebel** *m* (Kippschalter) / actuating lever || **≈isolator** *m* / actuating insulator || **≈knopf** *m* / knob *n* || **≈kraft** *f* (SG, VDE 0660, T.200) / actuating force (IEC 337-1), operating force (IEC 512) || **End-≈kraft** *f* (DIN 42111) / total overtravel force (IEC 163) || **≈kreis** *m* / control circuit, operating circuit || **≈luft** *f* / operating air (supply) || **≈magnet** *m* / control electro-magnet (IEC 292-1), solenoid *n*, operating coil || **≈moment** *n* (SG, VDE 0660, T.200) / actuating moment (IEC 337-1), operating torque || **≈motor** *m* / actuating motor, servo-motor *n*, compensating motor || **≈nocken** *m* / operating cam, control cam || **≈organ** *n* / actuator *n*, actuating element, control element, operator *n* (US), operating device, operating means || **≈platte** *f* (NS) / target *n* || **≈platte** (NS) (s. Betätigungselement (NS)) || **≈reihe** *f* (VDE 0660, T.202) / actuating series (IEC 337-2A) || **≈richtung** *f* (a. PS) / actuating direction, direction of actuation, direction of motion of operating device || **≈sinn** (s. Betätigungsrichtung) || **≈spannung** *f* / control voltage, operating voltage, coil voltage || **Auslöser-≈spannung** *f* (SG) / release operating voltage || **≈sperre** *f* / lockout mechanism || **≈spiel** *n* (eines Bedienteils, VDE 0660,T.200) / actuating cycle (of an actuator, IEC 337-1) || **≈spule** *f* / operating coil || **≈strom** *m* / operating current || **≈stromkreis** *m* / control circuit, operating circuit || **≈stufe** *f* (Kommando-Baugruppe) / command module *n* || **≈system** *n* (HSS) / actuating system || **≈temperatur** *f* / operating temperature || **≈ventil** *n* / control valve || **≈-Vorlaufweg** *m* / operating pretravel || **≈vorsatz** *m* (HSS) / (detachable) actuator element || **≈weg** *m* (des Betätigungselements) / actuator travel || **≈welle** *f* / actuating shaft, operating shaft || **≈welle** *f* (Vielfachsch.) / spindle *n* || **≈winkel** *m* (Schaltnocken) / dwell angle, cam angle, dwell *n* (cam) || **≈zeit** *f* / actuating time, operating time || **≈zeit** *f* (bistabiles Rel.) / changeover time

Betauung *f* / dew *n*, moisture condensation || **wechselnde** ≈ / varying conditions of condensation

Betauungs·festigkeit *f* / resistance to moisture condensation

Betaverteilung *f* (DIN 55350,T.22) / beta distribution

Beton, mit ≈ **vergießen** / to grout with concrete, to pack with concrete || **≈ausguß** *m* / concrete packing, concrete filling || **≈auskleidung** *f* / concrete lining || **≈dose** *f* (I) / box for use in concrete, concrete wall box || **≈fundament** *n* / concrete foundation || **≈gründung** *f* / concrete foundation, concrete footing || **≈-Kleinstation** *f* / concrete-type packaged substation || **≈mantel** *m* / concrete shell || **≈mast** *m* (Lichtmast) / concrete column || **≈platte** *f* / concrete slab || **≈träger** *m* (Unterzug) / concrete girder

Betonung *f* (LT) / highlighting *n*, emphasis lighting

Betonunterzug *m* / concrete girder

Betrachtungs·ebene *f* (BT) / inspection table || **≈system** *n* / viewing system || **≈zeit** *f* (Bildschirm) / viewing time

Betrag *m* (bestimmte Menge) / amount *n* || ≈ (Absolutwert) / absolute value || ≈ (absoluter Wert einer komplexen Zahl, Modul) / modulus *n* || ≈ **der Impedanz** / modulus of impedance || ≈ **einer Spannungsänderung** (VDE 0838, T.1) / magnitude of voltage change

Betrags·bildner *m* / absolute-value generator || **≈bildung** *f* / absolute-value generation || **≈reserve** *m* (Reg., E DIN 19266, T.4) / gain margin

Betragszahl *f* / absolute number || ≈ (Zahl ohne Vorzeichen) / unsigned number

betreiben *v* / operate *v*, run *v*, use *v*

Betreiber *m* / user *n*, owner *n*

Betrieb *m* / operation *n*, service *n* || ≈ (el. Masch., Betriebszustände m. Leerlauf u. Pausen; VDE 0530, T.1) / duty *n* (IEC 34-2) || ≈ (Betriebsart) / duty type || ≈ (elektrisch; VDE 0168, T.1) /

operations *n pl*(electrical; IEC 71.4) || ≗ (PC) / run *n* || ≗ (Fabrik) / factory *n*, plant *n* || ≗ **als Generator** / generator operation, generating *n* || ≗ **als Motor** / motor operation, motoring *n* || ≗ **eines Blocks mit Mindestleistung** / minimum safe running of a unit || ≗ **elektrischer Anlagen** / operation of electrical installations || ≗ **mit abgesenktem Kollektor** / depressed-collector operation || ≗ **mit abgetrenntem Netz** / isolated-network operation || ≗ **mit erzwungener Erregung** (Transduktor) (s. erzwungene Ausbildung der Ströme) || ≗ **mit erzwungener Stromform** (Transduktor) (s. erzwungene Ausbildung der Ströme) || ≗ **mit freier Stromform** (Transduktor) (s. freie Stromausbildung) || ≗ **mit Gegentakteingang und Eintaktausgang** / push-push operation || ≗ **mit Mindestlast** (KW) / minimum stable operation || ≗ **mit natürlicher Erregung** (Transduktor) (s. freie Stromausbildung) || ≗ **mit veränderlicher Belastung** / intermittent duty || ≗ **mit verzögerter Zeitablenkung** (Osz.) / delayed sweep operation || ≗ **mit wechselnder Belastung** / varying duty || ≗ **nach Programm** (Generatorsatz) (s. Programmbetrieb) || ≗ **ohne Beaufsichtigung (BoB)** / unattended operation || ≗ **ohne Last** / no-load operation || **asynchroner** ≗ / asynchronous operation || **außer** ≗ / shut down, out of service, out of commission || **außer** ≗ **setzen** / shut down *v*, stop *v* || **automatischer** ≗ / automatic operation, automatic mode || **bestimmungsgemäßer** ≗ / normal use (IEC 380), normal operation, usage to the intended purpose || **einphasiger** ≗ / single-phasing *n* || **in** ≗ (IEC 50(191)) / operating state || **in** ≗ **sein** / to be in operation, operate *v*, run *v* || **in** ≗ **setzen** / commission *v*, to put into operation, to put into service, start *v* || **leichter** ≗ / light duty || **nicht in** ≗ (IEC 50(191)) / non-operating state || **nichtsynchroner** ≗ / non-synchronous operation || **periodisch aussetzender** ≗ (mit gleichbleibender Belastung) / intermittent periodic duty || **reduzierter** ≗ / reduced service || **schwerer** ≗ / heavy-duty operation, rough service, onerous operating conditions || **synchroner** ≗ / synchronous operation

betrieblich *adj* / operational *adj*, operating *adj* || ~**e Grenzen** / operating limits || ~**e Überlast** / operating overload

Betriebs·aggregat *n* / duty set, duty unit || ≗**analyse** *f* / system analysis, production data analysis || ≗**analysen-Meßgerät** *n* / industrial analytical instrument || ≗**anforderungen** *f pl* / service requirements || ≗**anleitung** *f* / operating instructions, instruction manual || ≗**anleitungs-Handbuch** *n* / instruction manual || ≗**anweisung** *f* (Anweisung in der Betriebssprache; DIN 44300) / job control statement || ≗**anweisung** (s. Betriebsanleitung) || ≗**anzeige** (s. Statusanzeige) || ≗**anzeiger** *m* / operation indicator

Betriebsart *f* / operating mode, duty type, service duty, mode *n*, duty *n*, regime *n* || ≗ (el. Masch., VDE 0530, T.1) / duty type (IEC 34-1) || ≗ **(BA)** (elST) / operating mode, control mode || ≗ (FWT, Übertragungsart) / transmission method || ≗ (Steuerung, Prozeßregelung) / control mode || ≗ **Abbilden** (Osz.) / display mode || ≗ **Automatik** / automatic mode || ≗ **Einrichten** (WZM, NC) / setting-up mode, initial setting mode || ≗ **Halt** (PC) / HOLD mode || ≗ **Hand** / manual mode || ≗ **Schrittsetzen** / step setting mode || ≗ **Teilautomatik** / semi-automatic mode || ≗ **Tippen** / jog mode, inching mode || **Bemessungs-** ≗ (SG) / rated duty

Betriebsarten·befehlsformat *n* / mode instruction code || ≗**programm** *n* (PC) / operating mode program || ≗**schalter** *m* / mode selector switch, mode selector, run mode switch || ≗**speicher** *m* (PC) / operating mode memory || ≗**steuerung** *f* (DV, PC) / mode control (MC) || ≗**steuerung** *f* (FWT) / transmission mode control || ≗**teil** *m* / mode section || ≗**umschalter** (f. Stromarten) (s. Stromartenumschalter) || ≗**verwaltung** *f* / operating mode management || ≗**wahl** *f* / mode selection, operating mode selection || ≗**wähler** *m* (Steuerung; DIN 19237) / mode selector || ≗**wechsel** *m* (NC, PC) / mode change, change of operating mode

Betriebsart·wechselschalter *m* / mode selector

Betriebs·-Ausschaltstrom *m* / normal breaking current || ≗**beanspruchung** *f* / operating stress

Betriebsbedingungen *n pl* / service conditions, operating conditions, operational conditions

Betriebs·beleuchtungsstärke *f* / service illuminance || ≗**bereich** *m* (VDE 0168, T.1, DIN IEC 71.4) / operating area || ~**bereit** *adj* / ready for operation, ready to run, available *adj* || ~**bereite Leistung** (KW) / net dependable capability || ≗**bereitmachen** *n* / preparing for service || ≗**bereitschaft** *f* / readiness for service, availability *n* || ≗**bereitschaft** *f* (DÜE, DIN 66020, T.1) / data set ready || ≗**bitleiste** *f* (FWT, Systemfehlerbits) / system error message || ≗**code** *m* (NC) / operation code || ≗**dämpfung** *f* (Verstärkerröhre, DIN IEC 235, T.1) / operating loss

Betriebsdaten *pl* / operating data, working data || ≗ (DIN 66201) / production data || ≗ (s. Prozeßdaten) || ≗**erfassung (BDE)** *f* / production data acquisition (PDA), factory data collection

Betriebsdauer *f* (IEC 50(191)) / operating time, service period, running time || ≗ (Lebensdauer) / service life || ≗ (Zeitspanne, während der eine Betrachtungseinheit innerhalb einer betrachteten Zeitspanne ihre geforderte Funktion erfüllt) / operating duration || ≗ **zwischen Ausfällen** / operating time between failures

Betriebs·dichte *f* (Gas) / operating density || ≗**drehzahl** *f* / operating speed, working speed || ≗**druck** *m* / operating pressure, service pressure, working pressure || ≗**druck** *m* (Lampe) / hot pressure (lamp) || ≗**druckanlagen** *f pl* / service air systems

betriebseigen·es Kraftwerk / captive power plant

Betriebs·eigenschaften *f pl* / operating characteristics, performance characteristics || ≗**einflußgröße** *f* / operating parameter || ≗**elektronik** *f* / control electronics, distributed electronic equipment || ≗**erdanschluß** *m* (VDE 0411, T.1; VDE 0860) / functional earth terminal (IEC 65)

Betriebserde *f* / functional earth, operational earth, station ground (US) || ≗ (DÜ-Systeme, DIN 66020, T.1) / signal ground (CITT V.25)

Betriebs·erdung *f* (VDE 0100, T.200) / operational earthing, system grounding || ≗**ereignis** *n* (Prozeß)

/ process event || ²erfahrungen *f pl* / field experience, practical experience, operational experience || ²erregung *f*(Rel.) / operate excitation

betriebsfähig·er Zustand / working order, availability *n* || **in ~em Zustand** / in operating condition, in service condition, in working order

Betriebs·fähigkeit *f* / serviceability *n*, readiness for operation, working order || **²fehler** *m*(MG, Osz.) / operating error || **²feld** (s. Zündkennfeld) || **²festigkeit** *f* / endurance strength, fatigue limit || **²flüssigkeit** *f*(Pumpe) / sealing liquid || **~freier Klarzustand** (IEC 50(191)) / free state, idle state

betriebsfrequent·er Kurzschlußstrom / power-frequency short-circuit current || **~e Spannung** / power-frequency voltage || **~e Spannungsfestigkeit** / power-frequency withstand voltage || **~e Stehspannung** / power-frequency withstand voltage || **~er Strom** / power-frequency current || **~e wiederkehrende Spannung** / power-frequency recovery voltage, normal-frequency recovery voltage

Betriebsfrequenz *f* / operating frequency, power frequency, system frequency, industrial frequency || **²** (Schrittmot.) / slew rate, operating slew rate

Betriebsführung *f*(Netz) / system management || **²** (Produktion) / production management, management *n* || **technische ²** / engineering management

Betriebsführungssystem *n* / management system

Betriebs·funktion *f*(PC, Start-Funktion) / restart function || **²gas** *n*(Prozeßgas) / process gas || **²gerade** *f*(Schutzrel.) / operating line || **²geräusch** *n*(Drucker) / noise level || **²gewicht** *n* / service mass || **²gleichspannung** *f* / normal d.c. voltage || **²grenzfrequenz** *f*(Schrittmot.) / maximum slew stepping rate, maximum operating slew rate || **²grenzfrequenz-/Betriebsgrenzmoment-Kennlinie** *f*(Schrittmot.) / slew curve || **²grenzleistung** *f*(Schrittmot.) / power output at maximum torque at slew stepping rate || **²grenzmoment** *m*(Schrittmot.) / maximum torque at maximum slew stepping rate || **²größen** *f pl*(DIN 41745) / performance quantities (IEC 478-1) || **²güte** *f* / efficiency/power-factor value || **²güte** *f*(MG, DIN 43745) / performance *n*(IEC 359) || **²handbuch** *n* / instruction manual || **²höhe** *f* / operating altitude, site altitude || **²induktivität** *f* (Kabel) / working inductance || **²ingenieur** *m* / plant engineer || **²isolierung** *f*(VDE 0711, T.101) / basic insulation (IEC 598-1), basic safety insulation, functional insulation

Betriebsjahre *n pl*, **Geräte-²** / unit-years *n pl*

Betriebs·kalender *m* / factory calender, shop calender, manufacturing day calender || **²kapazität** *f*(Kabel) / effective capacitance, working capacitance || **²kapazität** *f*(GR, DIN 41760) / service capacitance || **²kennfeld** (s. Motorkennfeld) || **²kenngrößen** *f pl* / performance characteristics || **²klasse** *f* / duty class || **²klasse** *f*(Sich.) / utilization category

Betriebskondensator *m*(Mot.) / running capacitor || **Kondensatormotor mit Anlauf- und ²** / two-value capacitor motor

Betriebs·kontrolle *f*(elST) / operation check || **²-Kurzschluß-Ausschaltvermögen** *n*(LS) / service short-circuit breaking capacity || **²lage** *f* / service position, ultimate position || **²last** *f* / working load || **²last** *f*(Mot.) / running load

Betriebsleistung *f*(KW) / operating capacity, power produced, utilized capacity

Betriebsleistungs·faktor *m* / operating power factor || **²verstärkung** (s. Übertragungs-Leistungsverstärkung)

Betriebs·leittechnik *f*(KW, vgl. „Sicherheitsleittechnik") / (non-reactor) plant operations instrumentation and control, operations I C || **²leitung** *f*(Kabel) / function cable, function cord || **²liste** *f*(Rundsteueranlage) / system overview list

betriebsmäßig *adj* / operational *adj*, in-service *adj*, under field conditions || **~e Prüfung** / maintenance test || **~es Schalten** (VDE 0100, T.46) / functional switching, normal switching duty || **~es Steuern** (VDE 0100, T.46) / functional control || **~e Überlast** / operating overload, running overload

Betriebsmeldung (Prozeß) (s. Prozeßmeldung)

Betriebsmeßgerät *n* / industrial measuring instrument || **²** (Gerät mit leicht lösbaren Verbindungen zur Montage auf einem Labortisch) / shelf-mounted instrument

Betriebsmittel *n* / equipment *n*, operational equipment (telecontrol), apparatus, device *n*, installation unit, item of apparatus || **²** (Bezeichnungssystem; DIN 40719,T.2) / item *n* (IEC 113-2) || **²** *plt*(Fabrik) / production facilities, resources *pl* || **²** (DIN 66200) / resources *pl* || **² der Kategorie „ia"** (IEC 50(426)) / apparatus of category "ia" || **² der Kategorie „ib"** (IEC 50(426)) / apparatus of category "ib" || **² der Klasse 0** (DIN IEC 536) / Class 0 equipment || **² der Leistungselektronik (BLE)** (VDE 0160) / power electronic equipment (PEE) || **² der Schutzklasse II** / Class II equipment (IEC REPORT 536; BS 2754) || **² für Sicherheitszwecke** (VDE 0100, 313.2) / safety services equipment || **² in Dreieckschaltung** / delta-connected device || **² in Ringschaltung** / mesh-connected device || **² in Sternschaltung** / star-connected device || **² industrieller Meß-, Regel- und Steuereinrichtungen** (DIN IEC 381) / elements of process control systems (IEC 381) || **² mit begrenzter Energie** (Geräte in Zündschutzart) / energy-limited apparatus || **² mit Halbleitern** / semiconductor device, solid-state device, static device || **² mit zwei Betriebszuständen** / two-state operational equipment || **Art des ²s** (DIN 40719,T.2) / kind of item (IEC 113-2) || **Breitband-²** *n* / broadband device || **eigensicheres elektrisches ²** (EN 50020) / intrinsically safe electrical apparatus || **elektrische ²** (VDE 0100, T.200) / electrical equipment || **elektronische ² zur Informationsverarbeitung (EBI)** (VDE 0160) / electronic equipment for signal processing (EES) || **explosionsgeschützte ²** / explosion-protected equipment, hazardous-duty equipment || **fotoelektrisches ²** / photoelectric device (IEC 50(151)) || **OSI-²** *n pl* / OSI resources || **Schmalband-²** *n* / narrow-band device || **²gruppe** *f*(Geräte in Zündschutzart) / apparatus group || **²-Kennzeichen** *n*(DIN 40719) / equipment identifier || **²-Kennzeichnung** *f* / item designation (IEC 113-2) || **²planung** *f*(CAP) /

resources planning (o. scheduling) || ≗**verwaltung** *f*(Fabrik, CIM) / resources management
Betriebs·moment *n* / running torque || ≗**-Netzschema** *n* / system operational diagram || ≗**pause** *f* / plant shutdown, stoppage *n* || ≗**pausenzeit** *f*(Zuverlässigkeit, IEC 50(191)) / non-required time || ≗**phase** *f*(On-line-Betrieb) / on-line phase || ≗**protokoll** *n* / operations log || ≗**prüfung** *f* / in-service test, functional test || ≗**prüfung** (Trafo) (s. Bemessungs-Schaltleistungsprüfung) || ≗**punkt** *m* / working point || ≗**quadrant** *m* / operational quadrant
Betriebsräume, elektrische ≗ (VDE 0168, T.1) / electrical operating areas
Betriebsrauschtemperatur am Eingang / operating input noise temperature
Betriebsrechner *m*(Hauptrechner) / plant computer || ≗ (s. Verarbeitungsrechner)
Betriebs·schaltgerät *n*(VDE 0100, T.46) / functional switching device || ≗**schaltung** *f* / operating connection || ≗**schaltung** *f*(Mot.) / running connection || ≗**schlosser** *m* / workshop fitter || ~**sicher** *adj* / reliable *adj*, dependable *adj*, safe to operate || ≗**sicherheit** *f* / safety of operation, operational reliability, dependability *n*, safe working conditions || ≗**sicherung** *f*(FWT) / transmission securing || ≗**sicherung** *f*(PC) / operations monitoring and securing
Betriebsspannung *f* / operating voltage, working voltage, service voltage, on-load voltage, running voltage || ≗ (SG; VDE 0660) / operational voltage (e.g. in IEC 439) || ≗ (VDE 0806) / working voltage (IEC 380) || **höchste ≗ eines Netzes** / highest voltage of a system, system highest voltage, system maximum continuous operating voltage || **maximal zulässige ≗** (Meßkreis) / nominal circuit voltage || **maximal zulässige ≗** (Meßwiderstand, Kondensator) / temperature-rise voltage || **Nenn-≗** (VDE 0660, T.101) / rated operational voltage (IEC 157-1)
Betriebsspannungs·bereich *m*(a. Rel.) / operating voltage range || ≗**unterdrückung** (s. Versorgungsspannungsunterdrückung)
betriebs·spezifisch *adj* / application-oriented *adj*, user-oriented *adj* || ≗**spiel** *n*(Zyklus) / duty cycle, operating cycle, cycle *n* || ≗**spiel** *n*(„Luft") / working clearance || ≗**sprache** *f*(DIN 44300) / job control language
Betriebsstätte, elektrische ≗ (VDE 0100, T.200) / electrical operating area
Betriebsstellung *f* / normal service position, operating position
Betriebsstellung *f*(SA, eines herausnehmbaren Teils, VDE 0660, T.500, VDE 0670, T.6) / connected position (IEC 439-1), service position (IEC 298)
Betriebs·stellung *f*(Trafo-Stufenschalter) / service tapping position || ≗**steuerung** *f*(Fertigsteuerung, Prozeßrechnersystem) / production control || ≗**störung** *f* / stoppage *n*, failure *n*, malfunctioning *n*
Betriebsstrom *m* / service current, operating current, load current || ≗ (eines Stromkreises; VDE 0110, T.200) / design current || ≗ (SG, VDE 0670, T.101) / normal current || ≗ (Mot.) / on-load current, running current, load current || **Bemessungs-≗** (Trennschalter, Lastschalter) / rated normal current || **Nenn-≗** (HSS, VDE 0660, T.200) / rated operational current (IEC 337-1) || ≗**kreis** *m*(Hauptkreis) / main circuit, active circuit || ≗**kreis** *m*(MG) / auxiliary circuit (IEC 258) || ≗**versorgung** *f* / auxiliary power supply
Betriebs·stufe *f*(Anlasser) / running notch || ≗**stufe** *f* (Flugplatzbefeuerung) / category *n* || ≗**stunden** *f pl* / hours run, operating hours || ≗**stundenzähler** *m* / elapsed-hour meter, hours-run meter, elapsed time meter, elapsed time counter, time-meter *n*, hours-meter *n*
Betriebssystem (BS) (DIN 44300 u. Kfz) *n* / operating system (OS) || ≗ **für Datenfernübertragung** / communication operating system || ≗**kern** *m* / operating system nucleus || ≗**modul** *n*(PC) / operating system submodule
Betriebs·taktfrequenz *f* / operating clock frequency || ≗**taktsignal** *n* / operating clock signal
betriebstechnische Anlage (BTA) (Gebäude) / building services system
Betriebstemperatur *f* / operating temperature, working temperature || ≗ **bei Nennlast** / rated-load operating temperature || **zulässige ≗** (TB) (DIN 2401,T.1) / maximum allowable working temperature || ≗**begrenzer** *m*(VDE 0806) / temperature limiter (IEC 380) || ≗**bereich** *m*(a. Thyr, DIN 41786) / working temperature range, operating temperature range
betriebs·tüchtig *adj* / reliable *adj*, dependable *adj*, serviceable *adj* || ≗**tüchtigkeit** *f* / operational reliability, dependability *n*, serviceability *n* || ≗**überdruck** *m* / working pressure || **zulässiger ≗überdruck (PB)** (DIN 2401,T.1) / maximum allowable working pressure || **zulässiger ≗überdruck der Kapselung** (gasisolierte SA) / design pressure of enclosure || ≗**überlast** *f* / operating overload, running overload || ≗**überstromfaktor** *m* / overcurrent factor || ≗**umgebungstemperatur** *f* / ambient operating temperature, service ambient temperature || ≗**umrichter** *m*(Hauptumrichter) / main converter || ~**unfähig** *adj* / out of order, not in working order || ≗**vereinbarung** *f*(GLAZ) / company-employee agreement, working hours agreement, internal company agreement, company agreement || ≗**verhalten** *n* / operational performance, performance *n*, performance characteristic, operation in service (IEC 337-1), running characteristics || ≗**verhältnisse** *n pl* / service conditions, operating conditions || ≗**wahlschalter** *m* / mode selector || ~**warm** *adj* / at operating temperature, at rated-load operating temperature || **in ~warmem Zustand** (bei Nennlast) / at rated-load operating temperature, at normal running temperature || ≗**-Wechselspannung** *f* / power-frequency operating voltage || ≗**weise** *f*(a. FWT) / operating method, mode *n* || ≗**wert** *m* / operating characteristic, performance characteristic || ≗**wert** *m*(Rel.) / operate value || ≗**wert der Beleuchtungsstärke** / service illuminance || ≗**werte** *m pl*(Prozeß) / process values, process variables || ≗**wicklung** *f*(Mot.) / running winding || **Käfigläufermotor mit Anlauf und ≗wicklung** / double-deck squirrel-cage motor || ≗**winkel** *m* (Schaltnocken) / dwell angle, cam angle, dwell *n*

(cam) || ²wirkungsgrad *m*(Leuchte) / light output ratio, luminaire efficiency || **unterer ²wirkungsgrad** (Leuchte) / downward light output ratio || **²zählung** *f* / statistical metering || **²zeit** *f* / operating time, running period, hours run || **²zeit** *f*(Rechner) / up time || **mittlere fehlerfreie ²zeit** / mean time between failures (MTBF) || **äquivalente ²zeit** (KW) / weighted operating hours || **²zeitfaktor** *m*(IEC 50(25)) / operating time ratio (IEC 50(25))

Betriebszustand *m* / operating state, operating condition, service condition, working condition || ² (die Belastung kennzeichnend) / load *n* || ² (Status) / operational status || ² (ESR) / operating conditions, hot conditions

Betriebs·zustandsmeldung *f* / (operational) status message, circuit status message || **²zuverlässigkeit** *f* / operational reliability, reliability *n*, dependability *n* || **Erdanschluß zu ²zwecken** / connection to earth for functional purposes || **²zyklus** *m* / cycle of operation, operating cycle

Beugung *f* / diffraction *n*

Beugungs·analyse *f* / diffraction analysis, diffractometry *n* || **²aufnahme** *f* / diffraction photograph, diffraction pattern || **²bild** *n* / diffraction image || **²diagramm** *n* / diffraction pattern || **²gitter** *n* / diffraction grating || **²ordnung** *f* / order of diffraction || **²streifen** *m pl* / diffraction fringes

Beul·festigkeit *f* / buckling strength, resistance to local buckling || **²spannung** *f* / buckling stress

Beulung *f* / buckling *n*, local buckling

Beurteilungs·fehler *m*(QS) / error *n* || **Geräusch~kurve** *f* / noise rating curve (n.r.c.)

bevollmächtigt·er gesetzlicher Vertreter / authorized jurisdictional inspector (QA, CSA Z 299) || **~er Vertreter** / authorized representative

Bevorratungstheorie *f* / inventory theory

bevorzugt·e abgeschnittene Blitzstoßspannung / standard chopped lightning impulse || **~e Annahmegrenzen** / preferred acceptable quality levels || **~e AQL-Werte** (s. bevorzugte Annahmegrenzen) || **~e Orientierung** (magn.) / preferred orientation, high-preferred orientation

Bevorzugung, azyklische ² (Schutzauslösung) / acyclic priority (preferential tripping) || **zyklische** ² (Schutzauslösung) / cyclic priority

bewährt *adj* / field-proven *adj*, field-tested *adj*, successful *adj*

bewegbar·er BV / mobile ACS || **~es Schaltstück** (s. bewegliches Schaltstück)

Bewegbarkeit *f* / mobility *n*

bewegende Kraft / motive power, motive force, driving force

beweglich·e Anschlußleitung / flexible wiring cable (o. cord) || **~e Anzapfstelle** / movable tap || **~e Installation** / mobile installation || **~er Kontakt** (s. bewegliches Schaltstück) || **~e Kontakthülse** / floating contact tube || **~es Kontaktsystem** / movable contact system || **~e Kosten** (StT) / energy cost || **~es Lager** / free bearing || **~e Leitung** / flexible cable, flexible cord || **~es Organ** (MG) / moving element || **~es Relaisschaltstück** / movable relay contact, relay armature contact || **~es Schaltstück** / movable contact element, moving contact || **~er Steckverbinder** / free connector || **~er Teil** (ST) / withdrawable part, drawout part, truck *n* || **~es Teil** (Meßwerk) / moving element

Beweglichkeit *f*(HL) / mobility *n*

bewegt·er Primärteil (LM) / moving primary || **~er Sekundärteil** (LM) / moving secondary

Bewegung *f* / movement *n*, motion *n* || ² (WZM) / motion *n*, travel *n*, movement *n*, traversing *n* || ² (Kühlmittel) / circulation *n* || ² **im Raum** / three-dimensional movement || ² **in Minusrichtung** (NC-Zusatzfunktion, DIN 66025,T.2) / motion - (ISO 1056) || ² **in Plusrichtung** (NC-Zusatzfunktion, DIN 66025,T.2) / motion + (ISO 1056) || ² **in Richtung der X-Achse** (NC-Adresse; DIN 66025,T.1) / primary X dimension (NC; ISO/DIS 6983/1) || **in ² setzen** / to set in motion, start *v*, actuate *v*

Bewegungs·ablauf *m*(WZM) / sequence of motions || **²achse** *f*(WZM) / axis of motion || **²anweisung** *f* (NC) / motion instruction, GO TO instruction (o. statement) || **²bahn** *f*(Rob.) / trajectory *n* || **²daten** *plt* / dynamic data || **²energie** *f* / motive energy, kinetic energy || **²fläche** *f*(Flp.) / movement area || **²folge** *f*(WZM) / sequence of motions || **²gleichung** *f* / equation of motion, ponderomotive law || **²kraft** *f* / motive power, motive force, driving force || **²melder** *m* / motion detector || **²messung** *f* / motion measurement || **²raum** *m* / motion space || **²reibung** *f* / dynamic friction || **²richtung** *f* / direction of movement || **²richtung des Werkzeugs** / direction of tool travel || **²rückführung** *f* / motional feedback (MFB) || **²satz** *m*(NC) / motion block, motion record || **²sitz** *m* / clearance fit || **²spannung** *f* / rotational e.m.f.

Bewegungssteuerung *f*(NC, Rob.) / motion control || ² (Rob., in dauerndem Kontakt mit umliegenden Teilen) / resolved motion

Bewegungs·umkehr *f* / reversal of motion, reversing *n* || **~unfähiges Luftfahrzeug** / disabled aircraft || **²verzug** *m*(SG, von Befehlsbeginn bis zum Beginn der Schaltstückbewegung) / time to contact movement

bewehrtes Kabel / armoured cable

Bewehrung *f*(Kabel) / armour *n*, armouring *n* || ² (Beton) / reinforcement *n*

Bewehrungsstäbe *pl*(Beton) / reinforcing rods

beweisen *v*(eine Qualität) / verify *v*

bewertet·er Schalldruckpegel / weighted sound pressure level || **~er Schwingungsgehalt** (Telephonformfaktor) / telephone harmonic factor (t.h.f.)

Bewertung *f* / appraisal *n*, weighting *n*, evaluation *n*, assessment *n*, valuation *n*, rating *n* || ² (Bewichtung) / weighting *n* || **Anzeigen~** / evaluation of indication, display evaluation || **ohne** ² (Bedingung, unter der das Eingangssignal auf einen Kanal für einen bestimmten Zweck nicht berücksichtigt wird) / don't care (DC) || **Puls~** (s. Impulswertigkeit) || **QSS-²** / quality system review || **Zuverlässigkeits~** / reliability assessment, reliability analysis

Bewertungs·charakteristik *f* / weighting characteristic || **²faktor** *m* / weighting factor || **²kurve** *f* / weighting curve || **²programm** *n* / benchmark program || **²schaltung** *f* / weighting network, weighting circuit

Bewichtung *f* / weighting *n*
Bewichtungsnetzwerk *n* / weighting network, weighting circuit
bewickeln *v* (m. Band) / tape *v*, to provide with a tape serving, to cover with tape || ~ (m. Wickl. versehen) / wind *v*
bewickelt (s. gewickelt)
Bewicklung *f* / taping *n*, tape serving, tape layer || ≗ (Kabel) / wrapping *n* (cable) || ≗ (Kabel) (s. Umspinnung)
Bewicklungsart *f* / method of taping
Bewitterung *f* / weathering *n*
Bewitterungs·kurzprüfung *f* / accelerated weathering test || ≗**prüfung** *f* / weathering test, exposure test
bezeichnen *v* / designate *v*, mark *v*, earmark *v*
Bezeichner *m* (Daten) / identifier *n*
Bezeichnung *f* / designation *n*, marking *n*, identification *n*, labelling *n* || ≗ (DIN ISO 7498) / title *n*
Bezeichnungs·code *m* / designation code || ≗**feld** *n* / labelling field || ≗**folie** *f* / labelling foil || ≗**hülse** *f* (Kabel) / identification sleeve || ≗**hülse** *f* (Reihenklemme) / marking sleeve || ≗**material** *n* / marking material (o. accessories) || ≗**schablone** *f* / labelling template, labelling mask || ≗**schild** *n* / label *n*, legend plate, nameplate *n* || ≗**schild** *n* (Reihenklemme) / marking tag || ≗**schild** *n* (DT) / legend plate
Beziehungsmerkmal *n* / relation characteristic
Bezier-Fläche *f* / Bezier surface || ≗**-Spline** *n* / Bezier spline
bezogen *adj* (p.u.-System) / per-unit *adj* || ~ (spezifisch) / specific *adj* || ~**er Anschlußwert** (StT) *m* / effective demand factor || ~**es Drehmoment** (el. Masch.) / per-unit torque || ~**es Drehmoment** (EZ) / torque/weight ratio || ~**e Energie** (Fremdbezug) / imported energy || ~**e Farbe** / related colour, related perceived colour || ~**e Formänderung** / degree of deformation || ~**e Größe** / reference quantity, reference variable || ~**e Größe** (p.u.-System) / per-unit quantity, base value || ~**es Haftmaß** / specific adhesion allowance || ~**er Halbkugelradius** (Akust.) / reference radius || ~**e Leistung** / power demand, power consumption || ~**e Leistung** (Fremdbezug) / imported energy || ~**e Leiter-Erde-Überspannung** / phase-to-ground per-unit overvoltage || ~**e Spannung** (mech.) / unit stress || ~**es synchronisierendes Drehmoment** / per-unit synchronizing torque || ~**es Übermaß** / specific interference || ~**e Unwucht** / specific unbalance || ~**er Wert** (spezifischer Wert) / specific value || ~**er Wert** (p.u.-Wert) / per-unit value, p.u. value || ~**er Wert** (%-Wert) / percentage value, per-cent value || **System der ~en Größen** (el. Masch.) / per-unit system
Bezug *m* (Energie) / import *n*, incoming supply, imported supply
Bezugs·achse *f* (a. NS) / reference axis || ≗**anschluß** *m* (Erde) / earth *n* (terminal), ground *n* (terminal) || ≗**anschluß** *m* (IS) / common reference terminal || ≗**band** *n* (Magnetband, DIN 66010) / reference tape || ≗**bedingungen** *f pl* / reference conditions || ≗**beleuchtung** *f* / reference lighting || ≗**bereich** *m* / reference range || ≗**-Betriebsbedingungen** *f pl* / reference operating conditions || ≗**druck** *m* / reference pressure || ≗**ebene** *f* / reference plane, datum plane || ≗**ebene** *f* (gS) / datum reference || ≗**elektrode** *f* / reference electrode, comparison electrode || ≗**erde** *f* / ground reference plane (IEC 50(161)), remote earth (o. ground) || ≗**fehler** *f* (MG) / fiducial error || ≗**fläche** *f* / reference surface, datum surface || ≗**flächeninhalt** *m* (Akust.) / reference surface area || ≗**gesamtheit** (s. Standardgesamtheit)
Bezugsgröße *f* / reference quantity, reference variable || ≗ (p.u.-System) / per-unit quantity, base value || ≗ (s. Bezugsmenge)
Bezugs·kantenbemaßung *f* (CAD) / baseline dimensioning || ≗**knoten** *m* (Netz) / reference node || ≗**koordinatensystem** *n* (NC) / reference coordinate system
Bezugsleistung *f* / reference power || ≗ (s. bezogene Leistung) || **mittlere** ≗ / mean power demand
Bezugs·leiter *m* / reference conductor, reference common || ≗**lichtart** *f* / reference illuminant || ≗**linie** *f* (Ausgangslinie) / datum line, reference line || ≗**linie** *f* (Hinweislinie) / leader *n* || ≗**linie** *f* (gS) / datum reference
Bezugsloch *n* (Leiterplatte, Montageteile) / indexing hole
Bezugs·maß *n* (Lehre) / gauge *n* || ≗**maß** *n* (NC) / absolute dimension , absolute coordinates || ≗**masse** *f* / earth (o. ground) reference || ≗**maßeingabe** *f* (NC) / absolute position data input, input of absolute dimensions, absolute input || ≗**maßkoordinaten** *f pl* (NC) / absolute coordinates || ≗**maßprogrammierung** *f* (NC) / absolute dimension programming (o. input), absolute programming, absolute date input || ≗**maßstab** *m* / principal scale || ≗**maßsteuerungssystem** *n* (NC) / absolute control system || ≗**maßsystem** *n* (NC) / absolute dimensioning system, fixed-zero system, coordinate dimensioning, base-line dimensioning || ≗**menge** *f* (QS) / basic size || ≗**meßbereich** *m* / reference range || ≗**mittelpunkt** *m* / reference centre || ≗**normal** *n* / reference standard || ≗**-Normalklima** *n* (DIN IEC 68) / standard atmospheric conditions for reference || ≗**ordnung für Flugplatzmerkmale** / reference code for aerodrome characteristics || ≗**parameter** *n* / reference parameter || ≗**pegel** *m* / reference level || ≗**periode** *f* (Energie) / demand period || ≗**potential** *n* / reference potential || ≗**potential** *n* (Erde) / earth *n*, ground *n* || **gemeinsames** ≗**potential** (DIN IEC 381) / signal common || ≗**programmierung** (s. Bezugsmaßprogrammierung)
Bezugspunkt *m* / reference point *n*, datum *n*, origin *n* || ≗ (gS) / datum reference || ≗ (WZM) / home position || ≗ (WZM-Werkzeug) / reference point, control point || ≗ (f. Messungen) / benchmark *n* || ≗**verschiebung** *f* (NC) / reference point shift, zero offset
Bezugs·rauschleistung *f* / reference noise power || ≗**schalldruck** *m* / reference sound pressure || ≗**schalleistung** *f* / reference sound power, reference acoustic power || ≗**schaltung** *f* (Gleichrichtersäule, DIN 41760) / reference rectifier stack || ≗**spannung** *f* / reference voltage, reference potential || ≗**stoff** *m* (DIN 1871) / reference substance || ≗**system** *n* (DIN 30798, T.1)

/ reference system || ≗**system** *n*(Math.) / reference frame, reference system || ≗**system** *n*(p.u.-System) / per-unit system || ≗**temperatur** *f* / reference temperature || ≗**temperatur** *f*(f. Prüfung) / standard temperature (for testing) || ≗**umgebung** *f* (DIN IEC 68) / reference ambient conditions

Bezugswert *m* / reference value || ≗ (MG; DIN 43780; vgl. „Referenzwert") / fiducial value (IEC 51) || ≗ (Rel., einer Einflußgröße o. einer Einflußfaktors) / reference value || ≗ **des Schalldruckpegels** / reference sound pressure level || **auf den** ≗ **bezogene Abweichung** (Rel., VDE 0435, T.110) / conventional error

BFG (s. Befehlsfreigabe)

BG (s. Basisgröße)

BGT (s. Baugruppenträger)

B(H)-Kurve *f* / B(H) curve

BH-Produkt / BH product

B(H)-Schleife *f* / B(H) loop

BI (s. Bitadresse)

Bias (QS) (s. Verzerrung)

Bibby-Kupplung *f* / Bibby coupling, steel-grid coupling, grid-spring coupling

bidirektional·er Bus (DIN IEC 625) / bidirectional bus || ~**er Thyristor** / bidirectional thyristor, triac *n* || ~**er Transistor** / bidirectional transistor

Biege·bank *f* / bending machine || ≗**beanspruchung** *f* / flexural stress, bending stress || ≗**dauerfestigkeit im Schwellbereich** / fatigue strength under repeated bending stresses, pulsating bending strength || ≗**dehnung** *f* / bending strain || ≗**drillknickung** *f* / buckling in combined bending and torsion || ≗**druckrand** *m* / extreme compressive fiber || ≗**eigenfrequenz** *f* / natural bending frequency || ~**elastisch** *adj* / flexible *adj* || **gewundene** ≗**feder** / coiled torsion spring, tangentially loaded helical spring || ≗**festigkeit** *f* / flexural strength, flexural rigidity, bending strength, resistance to bending, stiffness *n* || **Rohr**~**gerät** *n*(IR) / conduit bender, hickey *n* || ≗**grenze** *f* / yield point under bending stress || ≗**kante** *f* / bending line, bending edge || ≗**kraft** *f* (Isolator, Durchführung) / cantilever load || ~**kritische Drehzahl** / critical whirling speed, first critical speed || ≗**last** *f* / bending load || ≗**linie** *f* / elastic line, elastic axis, elastic curve || ≗**linie** *f* (Welle) / deflection line, alignment curve || ≗**moment** *n* / bending moment, flexural torque || ≗**presse** *f* / bending press || ≗**prüfung** *f* / bending test || ≗**prüfung** *f*(Kabel) / flexing test || ≗**radius** *m* / bend (o. bending) radius || ≗**riß** *m* / bending crack, flexural crack || ≗**rißbildung** *f* / flex cracking || ≗**schlagversuch** *m* / bending impact test || ≗**schutztülle** *f*(f. Anschlußschnur) / cord guard || ≗**schwellfestigkeit** *f* / fatigue strength under repeated bending in one direction, fatigue strength under repeated bending stresses, pulsating bending strength || ≗**schwingfestigkeit** *f* / fatigue strength under reversed bending || ≗**schwingung** *f* / flexural vibration, bending vibration, lateral vibration, flexural mode || ≗**spannung** *f* / bending stress || ≗**stanze** *f* / bending die || ~**steif** *adj* / rigid *adj*, flexurally stiff || ≗**steifigkeit** *f* / stiffness under flexure, bending stiffness, flexural strength || ≗**verhalten** *n* / flexural properties || ≗**verlust** *m* (LWL) / bend loss || ≗**versuch** *m* / bending test || ≗**versuch** (s. Umbiegeversuch) || ≗**versuch an T-Stoß** / T-bend test || ≗**versuch mit vorgekerbter Probe** / nick-break test, notch break test || ≗**versuch mit Wurzel auf der Zugseite** / root bend test || ≗**vorrichtung** *f*(Prüf.) / bend test jig || ≗**wange** *f* / bending beam || ≗**welle** *f* / flexural wave || ≗**winkel** *m* / angle of bend || ≗**zahl** *f* / number of bends, bend number || ≗**zugfestigkeit** *f* / flexural tensile strength || ≗**zugrand** *m* / extreme tensile fiber

biegsam *adj* / flexible *adj*, pliable *adj* || ~ (elastisch) / flexible *adj* || ~ (geschmeidig) / pliable *adj* || ~**e Dichtung** / dynamic seal || ~**es Rohr** (IR) / pliable conduit || ~**e Welle** / flexible shaft

bifilar gewickelt / double-wound *adj*, non-inductively wound || ~**e Wicklung** / bifilar winding, double-wound winding, double-spiral winding

Bilanzknoten *m*(Netz) / balancing bus, slack node

Bild *n* / picture *n*, image *n* || ≗ (BSG) / display *n*, picture *n* || ≗ (Grafikgerät, aus Darstellungselementen) / picture *n*, display image || ≗ (Osz.) / trace *n*(oscilloscope), display *n* || ≗ (gS) / pattern *n* || **A-**≗ (Ultraschallprüfung) / A scan || **codiertes** ≗ / coded image || **Fräs**~ / milling pattern, milling routine || **grafisches** ≗ / graph *n*, graphical representation || ≗**abschattung** *f* / image shading || ≗**abtaster** *m* / image sensor || ≗**aktualisierung** *f*(BSG) / display updating, image updating || ≗**anwahlbedienung** *f* / display selection (input)

Bildaufbau *m* (Bildkonstruktion am Bildschirm) / display building || ≗ (Format) / picture (o. image) format || ≗**tastatur** *f* / display building keyboard || ≗**zeit** *f*(graf. DV) / picture formatting time, display building time

Bildaufnahmeröhre *f* / camera tube, image pick-up tube || ≗ **mit Bildwandlerteil** / image camera tube || ≗ **mit langsamen Elektronen** / low-velocity camera tube, cathode-ray-stabilized camera tube || ≗ **mit Photoemission** / photoemission camera tube || ≗ **mit Photoleitung** / photoconductive camera tube || ≗ **mit schnellen Elektronen** / high-velocity camera tube, anode-potential-stabilized camera tube

Bild·ausgabe *f*(BSG) / video output || ≗**austastsignal (BA-Signal)** *n* / picture blanking signal, blanked picture signal || ≗**austast-Synchronsignal (BAS-Signal)** *n* / composite video (o. picture) signal || ≗**auswertung** *f* / image analysis || ≗**baustein** *m*(f. Bildschirmanzeige) / display driver block, CRT driver || ≗**blende** *f* (Monitorrahmen) / screen frame || ≗**darstellung** *f* / pictorial representation, graphical representation, graphic display

Bilddatei *f* / display file, image file || ≗ (GKS) / metafile *n* || ≗ (CAD) / view file || ≗ (Plotter) / plotfile *n*

Bild·datenspeicher *m* / image data store, picture data store || ≗**diagonale** (s. Bildschirmdiagonale)

Bilddurchlauf / panning *n* || **vertikaler** ≗ / rolling *n*, scrolling *n*

Bildelement *n* / pixel *n* || ≗ (s. Darstellungselement) || **grafisches** ≗ (s. grafisches Grundelement) || ≗**matrix** *f* / pixel matrix

Bild·erkennungssystem *n* / imaging system || ≗**erstellung** (s. Bildkonstruktion) || ≗**feld** *n*(BSG) / display field || ≗**fenster** (s. Bildschirmfenster) ||

≗fokussierungsspannung *f* / image focus voltage || ≗format *n* / image format || ≗frequenz *f* / (image) refresh frequency, frame frequency || ≗geometrie *f*(BSG) / image geometry || **Pegel~gerät** *n* / level tracer || ≗gestaltung *f*(am Bildschirm) / display formatting, display building || ≗grenze *f* / image boundary || ≗güte *f*(Durchstrahlungsprüf.) / image quality, radiograph quality || ≗güte-Prüfsteg *m* / penetrameter *n* || ≗helligkeit *f*(BSG) / screen brightness, display brightness || ≗hierarchie *f* (BSG) / visual display hierarchy, display hierarchy || ≗inhalt *m*(Bildschirm) / contents of display, screen content || ≗kanal *m* / video channel, VDU channel || ≗konstruktion *f*(am Bildschirm) / display building || ≗kraft *f* / image force

bildlich·e Darstellung / pictorial (o. graphical) representation || **~e Darstellung** (Impulsmessung, DIN IEC 469, T.2) / pictorial format

Bild·menü (s. Ikonmenü) || ≗**muster** *n* / pattern *n* || ≗**organisation** *f* / video display organization || ≗**projektierung** / display configuration

Bildpunkt *m* / pixel *n* || ≗**generator** *m* / dot rate generator (DRG) || ≗**grafik** *f* / pixel graphics || ≗**koordinate** *f* / pixel coordinate

Bild·rahmen *m*(BSG) / window *n* || ≗**reinigung** *f* / image enhancement

Bildröhre *f* / picture tube, cathode-ray tube (CRT)

Bildrollen *n* / display rolling || ≗ (Betriebsart) / rolling-map mode

Bildrücklauf *m*(BSG) / frame flyback

bildsam·e Formänderung (s. bildsame Verformung) || **~e Verformung** / plastic deformation, permanent set

Bildschirm *m* / screen *n*, display screen, cathode-ray tube (CRT), display device (GKS) || ≗ **mit Direktablenkung** / directed-beam CRT || ≗**anzeige** *f* / screen display, CRT display || ≗**-Anzeigetext** *m* / CRT display text, display text || ≗**-Arbeitsplatz (BSA)** *m* / display workstation, VDU-based workstation || ≗**aufteilung** *f* / screen layout, display assignment || ≗**ausgabe** (s. Bildschirmanzeige) || ≗**befehl** *m* / screen statement || ≗**computer** *m* / video computer || ≗**darstellung** *f* / screen display, soft copy || ≗**diagonale** *f* / screen diagonal || ≗**dialog** *m* / interactive screen dialog, conversational mode at the screen, interactive session || ≗**editor** *m* / display editor || **direkte** ≗**eingabe** / visual mode || **Zeichen-**≗**einheit** *f* / alphanumeric display unit || ≗**einheit** *f* / visual display unit (VDU), video terminal, video display terminal (VDT) || ≗**fenster** *n* / screen window, window *n* || ≗**formatierung** *f* / on-screen formatting || ≗**gerät** *n* / visual display unit (VDU), video terminal, CRT unit

bildschirmgestütztes Bediensystem (PLT) / VDU-based operator communication system

Bildschirm·größe (s. Bildschirmdiagonale) || ≗**inhalt** *m* / screen contents, screenful of information, frame *n* || ≗**konsole** *f* / display console || ≗**leitsystem** *n* / VDU-based (o.CRT-based) control system || ≗**leittechnik** *f* / VDU-based (o. CRT-based) process control || ≗**maske** *f* / screen form || ≗**menü** *n* / screen menue || ≗**programmiergerät** *n* / CRT-based programmer, video programmer, VDU-based programmer || ≗**protokoll** *n* / screen listing || ≗**raster** *m* / screen grid || ≗**schreibmaschine** *f* / display typewriter

Bildschirmtext (Btx) *m* / interactive videotex || ≗ (s. Bildschirm-Anzeigetext)

Bildschirmtreiber *m* / display driver

Bildschirmwarte *f* / VDU-based workstation, CRT workstation || ≗ (Pult) / VDU-based console

Bild·sichtgerät (s. Bildschirmgerät) || ≗**signal** *n* (Videos.) / video signal || ≗**speicher** *m* / image memory || ≗**stillstand** *m*(Osz.) / display stabilization || ≗**symbol** *n*(Ikon) / icon *n* || ≗**tiefensimulation** *f* / depth cueing || ≗**umlauf** *m* / wraparound *n* || ≗**unterschrift** *f* / caption *n* || ≗**verarbeitung** *f* / image processing || ≗**verbesserung** *f* / image enhancement || ≗**vergrößerungslampe** *f* / enlarger lamp || ≗**verschiebung** *f*(BSG, vertikal) / rolling *n*, scrolling *n* || ≗**verschiebung** *f*(Osz.) / display shift, display positioning || ≗**verschiebung** *f*(BSG, horizontal) / panning *n* || ≗**verstärkerröhre** *f* / image intensifier tube || ≗**wandbeleuchtung** *f* / screen illumination || **Fotodioden-**≗**wandler** *m* / photodiode sensor || **CCD-**≗**wandler** *m* / CCD image sensor, charge-coupled imager (CCI) || ≗**wandlerröhre** *f* / image converter tube || ≗**wechsel** *m*(BSG) / display refreshing, display change || ≗**wechselzeit** *f* / display refresh time || ≗**wiederherstellung** *f* / display regeneration || ≗**wiederholfrequenz** *f* / (image) refresh rate || ≗**wiederholschirm** *m* / refreshed-display screen || ≗**wiederholspeicher** *m* / refresh memory, refresh buffer || ≗**zeichen** *n*(DIN 55402) / pictorial marking

Bilux·-As-Lampe *f* / shielded double-filament headlamp with asymmetrical beam || ≗**-Lampe** *f* / shielded double-filament headlamp

Bimetall·draht *m* / bimetal wire || ≗**element** *n* / bimetallic element || ≗**instrument** (s. Bimetall-Meßgerät) || ≗**kontakt** *m* / bimetal contact || ≗**-Meßgerät** *n* / bimetallic instrument || ≗**relais** *n* / bimetal(lic) relay || ≗**relais für Schweranlauf** / bimetal(lic) relay for heavy starting || ≗**schalter** *m* (DIN 41639) / thermal time-delay switch, bimetallic-element switch || ≗**-Sekundärrelais** *n* / secondary bimetal relay || ≗**streifen** *m pl* / bimetal strips || ≗**-Temperaturwächter** *m* / bimetal thermostat, bimetal(lic) relay || ≗**thermometer** *n* / bimetallic thermometer || ≗**wippe** *f* / bimetal rocker

bimodale Wahrscheinlichkeitsverteilung / bimodal probability distribution

binär *adj* / binary *adj* || **~er Abschaltkreis** (DIN 19226) / binary de-energizing circuit || **~er Asynchronzähler** / binary ripple counter || **~ codierter Dezimalcode (BCD)** / binary coded decimal code (BCD) || **~ codierter Maßstab** / binary-coded scale || **~ dargestellte Zustandsinformation** / binary state information || **~er Fehlererkennungscode** / binary error detecting code || **~er Fehlerkorrekturcode** / binary error correcting code || **~e Funktion** / binary function (o. operation), binary logic function (o. operation) || **~es Schaltelement** / binary-logic element || **~es Schaltsystem** / binary-logic system || **~es Signal** / binary signal || **~e Steuerung** / binary control || **~e Verknüpfung** / binary logic operation, binary logic || **~es Verknüpfungsglied** / binary-logic element || **~e Verzögerungsschaltung** / binary delay circuit ||

~**es Zeitglied** / (binary) timing element || ~**es Zeitglied** (Monoflop) / binary monoflop || ~**e Zustandsinformation** / binary state information

Binäranweisung *f* / binary statement

Binärausgabe·baugruppe *f* / binary output module || ⸛**baustein** *m* / binary output block

Binär·ausgang *m* / binary output || ⸛**/BDC-Umsetzung** *f* (o. -Wandlung) / binary/BCD conversion || ⸛**bild** *n* / binary image || ⸛**code** *m* / binary code || ⸛**code für Dezimalziffern** (s. binär codierter Dezimalcode) || ⸛**-Dezimalcode** (s. binär codierter Dezimalcode) || ⸛**-Dezimalumsetzung** *f* / binary-to-decimal conversion

Binäreingabe·baugruppe *f* / binary input module || ⸛**baustein** *m* / binary input block

binär-exponentiell *adj* / binary exponential || ~ **ermittelte Verzichtsdauer** (LAN) / binary exponential backoff

Binär·geberüberwachungsbaustein *m* / binary transmitter (o. encoder) monitoring block || ⸛**koppelempfangsbaustein** *m* / binary linking and receiver block || ⸛**koppelsendebaustein** *m* / binary linking and transmitter block || ⸛**kopplung** *f* / binary interface || ⸛**muster (BM)** *n* / bit pattern || ⸛**rangierer** *m* / binary(-signal) allocation module, binary-signal router || ⸛**schaltung** *f* (DIN 40700) / logic element || ⸛**schreibweise** *f* / binary notation || ⸛**signal** *n* / binary signal || ⸛**stelle** *f* / binary digit || ⸛**stufe** *f* (Zähler) / binary counter stage || ~-**synchrone Übertragung (BSC)** / binary synchronous communication (BSC) || ⸛**system** *n* / binary (number) system, dual system || ⸛**teiler** *m* / binary divider, T bistable element, complementing element || ⸛**untersetzer** *m* / binary scaler || ⸛**wert** *m* / binary value || ⸛**wort** *n* / binary word || ⸛**zahl** (s. Dualzahl) || ⸛**zähler** *m* / binary counter || ⸛**zeichen** *n* / binary character || ⸛**ziffer** (s. Dualziffer)

Binde·draht *m* / lacing wire, binding wire, bracing wire, binding wire || ⸛**lader** *m* / linkage loader

Bindemittel *n* / bonding agent, binder *n*, cement *n* || ~**haltiges Glimmerpapier** / treated mica paper

binden *v* (DV) / link *v*

Binder *m* (Baukonstruktion) / truss *n*, frame(work) *n* || ⸛ (Kunststoff) / binder *n* || ⸛ (Programm) / linker *n*, linkage editor

Binderbauweise *f* / frame construction, steel-framed construction, truss construction

Binderprogramm *n* / linker program, linker *n*

Bindungsenergie *f* / binding energy

binominal·e Grundgesamtheit / binominal population || ⸛**koeffizient** *m* / binominal coefficient || ⸛**verteilung** *f* (DIN 55350,T.22) / binominal distribution || ⸛**wahrscheinlichkeit** *f* / binominal probability

Bio-Chip (s. organisches Chip)

Biohm *n* / two-range ohmmeter

Biolumineszenz *f* / bioluminescence *n*

bipolar·e Betriebsart (A-D-Umsetzer) / bipolar mode || ~**er Binärcode** / sign-magnitude binary code || ~**es HGÜ-System** / bipolar HVDC system || ~**e Leitung** (s. zweipolige Leitung) || ~**er Operationsverstärker (BOP)** / bipolar operational amplifier (BOP) || ~**er Sperrschichttransistor** / bipolar junction transistor || ~**er Transistor** / bipolar transistor

Bipolarschaltung *f* / bipolar circuit

Bipolartransistor (s. bipolarer Transistor)

Biquinärzähler *m* / biquinary counter

Birne *f* (Lampe) / bulb *n*, lamp *n*, incandescent lamp

Birnenlampe *f* / pear-shaped lamp

bistabil·es Kippglied / bistable circuit, bistable element (IEC 117-15), flipflop || ~**e Kippstufe** / bistable element, flip-flop *n* || ~**es Relais** / bistable relay || ~**e Speicherröhre** / bistable storage tube || ~**es Strömungselement** / bistable fluidic device || ~**es System** / bistable system, two-state system || ~**es Verhalten** / bistable characteristic

Bisubjunktion *f* / equivalence *n*

Bit *n* / bit *n* || ⸛**anzeige** *f* (PC) / bit condition code || ⸛-**Anzeigefeld** *n* (Indikatorfeld) / bit condition-code field, bit indicator field || ~-**breite Verknüpfung** / bit-wide operation || ⸛**bündel-Übertragung** *f* / burst transmission || ⸛**dichte** *f* / bit density

Bitfehler·meßplatz *m* / bit error measuring set || ⸛**quote** (s. Bitfehlerrate) || ⸛**rate** *f* / bit error rate (BER) || ⸛**wahrscheinlichkeit** *f* / bit error probability

Bit·folgefrequenz *f* / bit rate || ⸛**geschwindigkeit** *f* / bit rate || ⸛**größe** *f* / bit size || ⸛**kette** (s. Bitreihung) || ⸛-**Kombinationsanalyse** *f* (zur Identifizierung von Logikfehlern bei Bauelementen durch Umwandlung von Bit-Folgen) / signature analysis || ⸛**muster** *n* / bit pattern || ~**orientierte Organisation** / bit-oriented organization || ⸛**platz** (s. Bitstelle) || ⸛**prozessor** *m* / bit processor || ⸛**prozessorbus (BP-Bus)** *m* / bit P bus || ⸛-**Raster** *m* (Wort) / bit word || ⸛**rate** *f* / bit rate || ⸛**reihung** *f* / bit string || ⸛**s pro Sekunde (BPS)** / bits per second (BPS) || ⸛**scheiben-Prozessor** *m* / bit-slice processor

bitserielles Prozeßbus-Schnittstellensystem / bit-serial process data highway interface system

Bit-slice-Prozessor *m* / bit-slice processor

Bit·stelle *f* / bit position || ⸛**teiler** *m* / bit scaler

Bitübertragungs·dienst *m* (DIN ISO 7498) / physical service || ⸛**protokoll** *n* (DIN ISO 7498) / physical protocol || ⸛**schicht** *f* (DIN ISO 7498) / physical layer

Bit·verknüpfung *f* / bit combination || ⸛**versatz** *m* / bit skew

bitweise *adv* / bit by bit, in bit mode, in bits, bit-serial *adj*

Bitwertigkeit *f* / bit significance

bivalentes Heizsystem / fuel/electric heating system

bivariat·e Normalverteilung (DIN 55350,T.22) / bivariate normal distribution || ~**e Wahrscheinlichkeitsverteilung** (DIN 55350,T.21) / bivariate probability distribution

BK (s. Buskoppler)

BK-Schalter (s. Blaskolbenschalter)

Black-band-Versuch (s. Aufnahme der Kommutierungsgrenzkurven)

Blackout (s. Gesamtausfall) || ⸛ (s. Netzzusammenbruch)

blank *adj* (metallisch) / bright *adj* || ~ (unisoliert) / bare *adj*, uninsulated *adj* || ~ (Leiter) / plain *adj*, uninsulated *adj*, bare *adj*

Blank (s. Leerstelle)

Blankabmessung des Leiters / dimensions of uninsulated conductor, bare conductor

dimensions
blank·beizen *v* / pickle *v* || ≗**draht** *m* / bare wire
Blankett *n* / blank form, form *n*
blank·gewalzt *adj* / bright-rolled *adj* || ~**gezogen** *adj* / bright-drawn *adj*
Blanko·skale *f* / blank scale
Blankpolspule *f* / copper-strip field coil
Blase *f* (a. gS) / blister *n* || ≗ (Flüssigk.) / bubble *n*
Blaseinrichtung *f* (f. Lichtbogenbeblasung) / blowout arrangement (o. feature)
Blasen·bildung *f* / blistering *n*, pimpling *n*, bubbling *n* || ~**frei** *adj* / bubble-free *adj*, without bubbles || ≗**kammer** *f* / bubble chamber || ≗**packung** *f* / blister packing || ≗**speicher** *m* / bubble memory, magnetic bubble memory
Blas·feld *n* / blow field, blowout field || ≗**kolben** *m* / blast piston, puffer *n* || ≗**kolben-Druckgas-Schnellschalter** *m* / high-speed puffer circuit-breaker, high-speed single-pressure circuit-breaker || ≗**kolbenschalter** *m* / puffer circuit-breaker, single-pressure circuit-breaker || ≗**magnet** *m* / blowout magnet, blowing magnet, blowout coil || ≗**magnetfeld** *n* / magnetic blow(out) field || ≗**schieber** *m* / blast valve || ≗**sicherung** *f* / blowout fuse || ≗**spule** *f* / blowout coil
Blasung *f* (magn.) / blowout *n*
Blas·wirkung *f* (magn.) / magnetic arc blow || ≗**zylinder** *m* / blast cylinder, puffer cylinder, compression cylinder
Blatt *n* (Kunststoff) / sheet *n*, sheeting *n* || ≗**einzug** *m* (Drucker) / sheet feeder
blättern *v* / page *v*, to turn the pages || ~ (zwischen Speicherbereichen) / swap *v*
Blätterung *f* (Blechp.) / laminated construction
Blatt·feder *f* / flat spring, plate spring, leaf spring, laminated spring || ≗**federkontakt** *m* / reed contact, dry-reed contact || ≗**federschalter** *m* / leaf switch || ≗**fortschaltung** *f* / sheet advance, paper feed || ≗**schreiber** *m* / typewriter *n*, keyboard printer, console typewriter, pageprinter *n* || ≗**zapfen** *m* (Kuppl.) / wobbler *n*
Blau·linie *f* (LT) / blue boundary || ≗**pause** *f* / blue-print *n* || ≗**pausen** *n* / blueprinting *n*
BLE (s. Betriebsmittel der Leistungselektronik)
Blech *n* (dick) / plate *n*, steel plate || ≗ (dünn) / sheet *n*, sheet steel, sheet metal || ≗ (Blechp.) / lamination *n*, punching *n*, stamping *n* || ≗ **erster Wahl** / first-grade sheet (o. plate) || ≗ **ohne Kornorientierung** / non-oriented (sheet) steel || ≗ **zweiter Wahl** / second-grade sheet (o. plate) || ≗**alterung** *f* / magnetic fatigue || ≗**armatur** (Bürste) (s. Kopfarmatur) || ≗**blende** *f* / sheet-steel shutter, shutter *n*, blanking plate || ≗**dicke** *f* / gauge *n*, sheet thickness, plate thickness
blechen *v* (laminieren) / laminate *v*
blech·gekapselt *adj* / sheet-metal-enclosed *adj*, metal-clad *adj* || ≗**harfe** *f* / pressed cooling section || ≗**isolierung** *f* (Blechp.) / inter-laminar insulation, insulation of laminations || ≗**jalousie** *f* / sheet-metal shutter, sheet-metal louvre || ≗**kanal** *m* / metal duct, sheet-metal busway, metal trunking, metal raceway || ≗**kapselung** *f* / sheet-metal enclosure, metal enclosure || ≗**kette** *f* (WKW-Gen.) / segmental ring, laminated rim, free rim, floating-type rim || ≗**kettenläufer** *m* / segmental-rim rotor, segmental-ring rotor, laminated-rim rotor, rotor with floating-type rim, free-rim rotor, chain-rim rotor || ≗**kurzschluß** *m* (Blechp.) / inter-lamination fault, short circuit between laminations || ≗**lamelle** *f* / lamination *n*, core lamination, stamping *n*, punching *n* || ≗**lehre** *f* / sheet-metal gauge
Blechpaket *n* (el. Masch.) / laminated core, core stack, core assembly || ≗**aufhängung** *f* / core attachment || ≗**bohrung** *f* / stator bore, inside diameter of core || ≗**läufer** *m* / laminated rotor || ≗**rücken** *m* / outside diameter of core, core back || ≗**zahn** *m* / core tooth
Blech·ring *m* (Blechp.) / circular lamination, ring punching, integral lamination || ≗**ringpaket** *n* (segmentiert) / segmental-ring core || ≗**rohrharfenkessel** *m* / boiler plate tubular tank, plate tubular tank || ≗**ronde** (s. Blechring) || ≗**schichtplan** *m* / lamination scheme, building scheme || ≗**schnitt** *m* (WZ) / punch and die set, blanking tool, die set || ≗**schraube** *f* / self-tapping screw, sheet-metal screw || ≗**segment** *n* / segmental lamination, segmental stamping || ≗**sorte** *f* / sheet grade, grade of magnetic sheet steel || ≗**spule** *f* / laminated-sheet coil || ≗**stapel** *m* / stack of laminations || ≗**station** *f* (Kiosk) / kiosk substation
Blei·akkumulator *m* / lead-acid battery || ≗**batterie** (s. Blei-Akkumulator)
bleibend·e Abweichung (Reg.) / offset *n*, steady-state deviation || ~**e Bahnverschiebung** (NC) / permanent path offset || ~**e Dehnung** / permanent elongation, elongation *n*, extension *n* || ~**e Drehzahlabweichung** / speed droop, load regulation || ~**e Eindringtiefe** / depth of impression || ~**er Fehler** / permanent fault, persistent fault, sustained fault || ~**er Fehlzustand** (IEC 50(191)) / persistent (o. permanent o. solid) fault || ~**e Formänderung** / plastic deformation, permanent set || ~**e Kalibrierung** / permanent calibration || ~**e Nullpunktabweichung** (MG, DIN 43782) / residual deflection (IEC 484) || ~**e Regelabweichung** / steady-state deviation, offset *n* || ~**e Sollwertabweichung** (DIN 19226) / steady-state deviation from desired value, offset *n* || ~**e Verformung** (s. bleibende Formänderung)
Blei·mantelkabel *n* / lead-sheathed cable, lead-covered cable || ≗**mantelleitung** (s. Bleimantelkabel) || ≗**sicherung** *f* / fusible lead cutout
Blendbegrenzungszahl *f* / glare control mark
Blende *f* (Abdeckung) / mask *n*, cover *n* || ≗ (Drossel) / restrictor *n* || ≗ (Optik, Photo, Spektrometer) / aperture *n* || ≗ (metallgekapselte SA, VDE 0670, T.6) / shutter *n* (IEC 439-1) || ≗ (Leuchtenschirm) / shield *n* || ≗ (LT) / diaphragm *n*, mask *n*, stop *n* || ≗ (Meßöffnung) / orifice *n* || ≗ (rahmenförmig) / bezel *n*, masking frame || ≗ (Frontplatte v. PC-Baugruppen) / frontplate *n* || ≗ (ESR, im Entladungsweg) / baffle *n* || **Abdunkelungs**~ / darkening diaphragm || **Grenz**~ (s. Grenzapertur) || **Lampen**~ / lamp shield, protective screen
blenden *v* / dazzle *v*, blind *v*
Blendenbrücke *f* (Durchflußmessung) / orifice bridge
blendend *adj* / glaring *adj*, dazzling *adj*
Blenden·öffnung *f* (Meßblende) / aperture *n*, orifice

n || ≗**schieber** *m* / aperture slide || ≗**system** *n* (Chromatograph; Kollimator) / collimator system

Blend·lichtquelle *f* / glare source || ≗**rahmen** *m* (Leuchte) / masking frame || ≗**rahmen** *m* (IV) / trim frame, masking frame || ≗**schiene** *f* / trim rail, moulding *n* || ≗**schutz** *m* / anti-glare device, anti-dazzle device || ≗**schutzscheibe** *f* / anti-glare screen, anti-dazzling screen

Blendung *f* / glare *n*

Blendungs·begrenzung *f* / glare restriction, restriction of glare intensity || ≗**begrenzungszahl** (s. Blendbegrenzungszahl) || ~**frei** *adj* / glare-free *adj*, glareless *adj*, non-dazzling *adj* || ≗**schirm** *m* / anti-glare screen, anti-dazzling screen

Blick, mit ≗ auf die Antriebsseite / (viewed when) facing the drive end, when looking at the drive end || ≗**feld** *n* (a. CAD) / field of vision || ≗**richtung** *f* / viewing direction || ≗**winkel** *m* / viewing angle

Blind·abdeckblech *n* / blanking plate || ≗**abdeckung** *f* (a. Leuchte) / blanking cover, blanking plate || ≗**abdeckung** *f* (BGT) / filler panel || ≗**ader** *f* / dummy core || ≗**anteil** *m* / reactive component, quadrature component, wattless component || ≗**anzapfung** *f* / dead-coil connection, dummy tapping || ≗**arbeit** *f* / reactive energy || ≗**arbeit** *f* (VArh) / reactive power demand, kVArh || ≗**arbeitszählwerk** *n* / reactive volt-ampere-hour register, kVArh register || ≗**bürste** *f* / dummy brush || ≗**diode** *f* / free-wheel diode || ≗**energie** *f* / reactive energy || ≗**faktor** *m* / reactive factor || ≗**feld** *n* (Schaltfeld) / unequipped panel, reserve panel, spare panel || ≗**flansch** *m* / blank flange, cover plate || ≗**frontplatte** *f* (Steckbaugruppe) / dummy front plate || ≗**komponente** *f* / reactive component, quadrature component, wattless component || ≗**last** *f* / reactive load, wattless load || ≗**last-Magnetisierungskurve** *f* / zero-power-factor saturation curve || ≗**last-Transduktor** (s. Reaktanz-Transduktor)

Blindleistung *f* / reactive power, wattless power, VAr, kVAr, MVAr || **Magnetisierungs-≗** *f* / magnetizing reactive power, magnetizing VA (o. kVA)

Blindleistungs·abgabe *f* / reactive-power generation, reactive-power supply || ≗**anteil** *m* / reactive(-power) component, wattless component, idle component || ≗**aufnahme** *f* / reactive-power absorption || ≗**aufnahmevermögen** *n* / reactive-power absorbing capacity || ≗**aufteilung** *f* / reactive-power allocation || ≗**ausgleich** (s. Blindleistungskompensation) || ≗**bedarf** *m* / reactive-power demand || ≗**fähigkeit** *f* / reactive-power capability, MVAr capability || ≗**faktor** *m* / reactive power factor, reactive factor || ≗**fluß** *m* / reactive-power flow || ≗**kompensation** *f* / reactive-power compensation, power factor correction || ≗**-Kompensationskondensator** *m* / power-factor correction capacitor || **statischer** ≗**kompensator** / static reactive-power compensator, static compensator || ≗**maschine** *f* (asynchron) / asynchronous condenser, asynchronous compensator, asynchronous capacitor || ≗**maschine** *f* (synchron) / synchronous condenser, synchronous compensator, synchronous capacitor, phase advancer || ≗**messer** *m* / varmeter *n* || ≗**meßumformer** *m* / reactive-power transducer, VAr transducer || ≗**-Regeleinheit** *f* / VAr control unit, power-factor correction unit, p.f. correction unit || ≗**regelung** *f* / VAr control, power-factor correction || ≗**regler** *m* / VAr controller || ≗**relais** *n* / reactive-power relay || ≗**schreiber** *m* / recording varmeter || ≗**verhältnis** *n* (VAr/Amplitude der komplexen Leistung) / phasor reactive factor

Blind·leitwert *m* / susceptance *n* || ≗**loch** *n* / blind hole || ≗**mutter** *f* / box nut || ≗**permeabilität** *f* / reactive permeability || ≗**platte** (s. Blindabdeckblech) || ≗**probe** *f* / dummy test specimen || ≗**probe** *f* (Lösung) / blank solution || ≗**schaltbild** *n* / mimic diagram, mimic bus diagram, mimic system diagram || ≗**schaltsymbol** *n* / mimic-diagram symbol || ≗**sicherung** *f* / dummy fuse || ≗**spannung** *f* / reactive voltage, wattless voltage || ≗**spannungsabfall** *m* / reactance drop || ≗**spule** *f* / idle coil, dummy coil, dead coil || ≗**stab** *m* (Stabwickl.) / idle bar || ≗**stecker** *m* / dummy plug || ≗**stift** *m* (Anschlußstift) / dummy post || ≗**stopfen** *m* / filler plug, blanking plug

Blindstrom *m* / reactive current, wattless current, idle current || ≗**aufschaltung** *f* (Spannungsreg.) / reactive-current compensating circuit, cross-current compensating circuit || ~**freie Last** (s. induktionsfreie Belastung) || ≗**klausel** *f* (StT) / power-factor clause || ≗**kompensation** *f* / reactive-current compensation, power-factor correction

Blind·verbrauch *m* / reactive volt-ampere consumption, VAr consumption || ≗**verbrauch-Dreileiterzähler** (s. Dreileiter-Blindverbrauchszähler) || ≗**verbrauchszähler** *m* / reactive volt-ampere-hour meter, reactive energy meter, varhour meter, VArh meter || ~**verflanschen** *v* / blank-flange *v*, blank off *v* || ≗**verschlußstopfen** *m* / blank plug, dummy plug || ≗**versuch** *m* (Kerbschlagprüf.) / dummy test || ≗**versuch** *m* (Kunststoff) / blank test || ≗**wagen** *m* (ST) / dummy truck || ≗**watt** (s. Blindleistung) || ≗**widerstand** *m* (s.a. unter „Reaktanz") / reactance *n* || ≗**widerstand des Mitsystems** / positive phase-sequence reactance, positive-sequence reactance || ≗**widerstandsbelag** *m* / reactance per unit length || ≗**zone** *f* (NS) / blind zone

blinken *v* / flash *v*, blink *v*

blinkende Schreibmarke / blinking cursor

Blinker *m* (Kfz) / flashing indicator, flasher *n*, blinker *n*

Blink·feuer *n* / blinking light || ≗**frequenz** *f* / flashing frequency, flash rate, flashing-light frequency, blinking frequency (VDU) || ≗**geber** *m* (Rel.) / flasher relay

Blinklicht *n* / flashing light, blinking light, winking light || ≗ (Kfz) / flashing indicator, flashing direction indicator, flasher *n*, blinker *n* || ≗ (Verkehrsampel) / coloured flashing light, flashing signal, flashing beacon || **Wechsel**~ / reciprocating lights || ≗**anzeige** *f* / flashing-light indication || ≗**frequenz** *f* / flashing rate, flash sequence, rate of flash || ≗**meldung** *f* / flashing-light indication || ≗**schalter** *m* (Kfz) / flasher switch, flasher *n*

Blink-/Pausenverhältnis *n* / flash/interval ratio || ≗**relais** *n* / flasher relay || ≗**takt** *m* / flashing frequency, flashing rate || **~takterzeugung** *f* / flashing-frequency generation, flashing-rate generation || **~taktsynchronisierung** *f* / flashing pulse synchronization

Blisterpackung *f* / blister packing

Blitz *m* / lightning flash, lightning *n* || ~ **(SFL)** (Flp.) / sequenced flashlight (SFL) || **~ableiter** *m* / lightning conductor, lightning protection system || **~ableiter** *m* (Überspannungsableiter) / lightning arrester || **~ausbildung** *f* / flash incidence || **~einrichtung** *f* (Osz., f. Zeitordinate) / flash-light (time-ordinate) marker || **~einschlag** *m* / lightning strike, lightning incidence

blitzen *v* / flash *v*

Blitz·-Erdseil *n* / overhead earth wire, overhead protection cable, ground wire || **~feuer** *n* / flashing light, flash signal || **Sperrungs~feuer** *n* (Flp.) / flashing unserviceability light || **~folge** *f* / flashing rate, flash sequence, rate of flash || **~gerät** *n* / flash gun || **~-Hindernisbefeuerung (FOL)** *f* / flashing obstruction light (FOL) || **~kanal** *m* / lightning channel, air channel || **~lampe** *f* / photoflash lamp, flash lamp, flasher lamp || **~leuchte** *f* / photoflash lamp, flash lamp, flasher lamp || **~licht** *n* / flashlight *n* || **~licht** (s. Stroboskoplicht) || **~parameter** *m* / parameter of incidence || **~pfeil** *m* (Hochspannungswarnzeichen) / high-voltage flash, lightning flash

Blitzpresse *f* (zum Crimpen) / crimping gun

Blitz·röhre *f* / electronic-flash lamp, flash tube || **~schlag** *m* / lightning stroke, stroke *n*

Blitzschutz·anlage *f* / lightning protection system || **~erdung** *f* / earth termination(s), earth termination network || **~kabel** *n* / lightning conductor, overhead ground wire || **Gleichspannungs-~kondensator** *m* / d.c. surge capacitor || **~pegel** *m* / lightning protective level || **~seil** *n* / lightning protection cable, overhead earth wire, shield wire || **~stange** *f* / lightning rod

Blitz·spannung *f* / lightning stroke voltage || **~stehstoßspannung** (s. Steh-Blitzstoßspannung) || **~stoßprüfspannung** (s. Prüf-Blitzstoßspannung) || **~stoßprüfung** *f* / lightning impulse test

Blitzstoßspannung *f* / lightning impulse voltage, lightning impulse || ~ **unter Regen** / wet lightning impulse voltage || **~, trocken** / dry lightning impulse voltage

Blitzstoßspannungs·festigkeit *f* / lightning impulse strength || **~prüfung** *f* / lightning impulse withstand voltage test, lightning impulse voltage test, lightning impulse test || **~prüfung mit abgeschnittener Welle** / chopped-wave lightning impulse test || **~prüfung unter Regen** / wet lightning impulse voltage test || **~prüfung, trocken** / dry lightning impulse withstand voltage test (IEC 168), lightning impulse voltage dry test (IEC 466) || **~schutzpegel** *m* / lightning impulse protection level || **~welle** *f* / lightning surge wave

Blitz·strom *m* / lightning stroke current || **~-Überspannung** *f* / lightning overvoltage || **~-Überspannungsschutzfaktor** *m* / protection ratio against lightning impulses (IEC 50(604)), lightning impulse protection ratio || **~-Überspannungsschutzpegel** *m* / lightning impulse protective level || **~zählgerät** *n* / lightning flash counter

BL-Maschine (s. bürstenlose Maschine)

Bloch·-Band *n* (HL, Energieband) / Bloch band || **~-Wand** *f* / Bloch wall

Block *m* (KW) / unit *n*, generating unit, generator-transformer unit || ~ (Reg.) / functional block || ~ (vergossene Baugruppe) / potted block || ~ (Daten) / block *n*, data block || ~ (Folge von Sätzen, Worten o. Zeichen; FWT) / block *n* || ~ (NC, Satz) / block *n* || ~ (zusammenhängender Bereich von Speicheradressen) / block *n* || ~ (LAN, Übertragungsb.) / frame *n* || ~ **für freie Lötung** (elektron. Baugruppe) / potted block for point-to-point soldered wiring || **im ~ geschaltet** / in unit connection, unitized *adj* || **Schalt~** (HSS) / contact unit, contact element || **Text~** / block of text || **USV-~** / UPS unit

Blockabbruch *m* (Dü) / abort *n*

Block·adresse *f* / block address || **~anfangsbegrenzer** *m* (LAN) / starting frame delimiter || **~anfangssignal** *n* (NC) / block start signal, start-of-block signal || **~ausgabe** *f* (DÜ, PC) / block output || **~batterie** *f* / monobloc battery || **~bauform** *f* (el. Masch.) / box-frame type, box-type construction || **~bauform** *f* (PC-Geräte) / block design || **~bauweise** *f* / block-type construction, box-type construction, block design || **Antrieb in ~bauweise** (LS) / unit-construction (operating) mechanism || **~betrieb** *m* / block mode || **~bild** (s. Blockschaltbild) || **~bürste** *f* / solid brush || **~deckel** *m* (Batt.) / one-piece-cover || **~diagramm** (s. Blockschaltbild) || **~-Differentialschutz** *m* (Generator-Trafo) / generator-transformer differential protection || **~eigenbedarfsanlage** *f* / unit auxiliaries system || **~eigenbedarfstransformator** *m* / unit auxiliary transformer

Blocken *n* (Kommunikationsnetz; DIN ISO 7498) / blocking *n*

Block·endebegrenzer *m* (LAN) / ending frame delimiter || **~endezeichen** *n* (PMG) / block delimiter || **~fahrstand** *m* (KW) / unit (control) console || **~fehlerrate** *f* (FWT) / block error rate || **~fehlerwahrscheinlichkeit** *f* (FWT) / block error probability || **~fett** *n* / block grease || **~format** (s. Satzformat) || **~gehäuse** *n* / box frame || **~glimmer** *m* / block mica || **~größe** *f* (Daten) / block size || **~-Hilfsaggregate** *pl* (KW) / unit auxiliaries || **~höhe** *f* (Feder) / height of spring when completely compressed

blockierende Mechanik (SG) / blocking mechanical system

Blockierprüfung *f* (Prüfung bei festgebremstem Läufer) / locked-rotor test

blockierter Motor / locked-rotor motor, blocked motor

Blockierung *f* / blocking *n*, block *n*, locking *n*, locking device || ~ (eines Schalters) / immobilization *n*

Blockierungs·fehler *m* / passive fault

Blockier·zeit *f* (ESR) / blocking time

Block·kasten *m* (Batt.) / monoblock container *n* || **~kraftwerk** *n* / unit-type power station || **~länge** *f* (Anzahl von Sätzen, Worten o. Zeichen in einem Block) / block length || **~längenüberschreitung** *f* / block length exceeded || **~leistung** *f* (KW) / unit capacity || **~-Leistungsschalter** *m* / unit circuit-breaker, circuit breaker of generator-transformer unit || **~leitebene** *f* (PLT, KW) / unit control level, unit coordination level || ≗**motor** *m* / box-frame motor, box-type motor || ≗**nummernanzeige** *f* / block number display, block count readout, sequence number display || ~**orientierte Organisation** / block-oriented organization || ≗**parität** *f* / horizontal parity, longitudinal parity || ≗**prüfung** *f* (DÜ, DIN 44302) / block check || **zyklische** ≗**prüfung (CRC)** / cyclic redundancy check (CRC) || ≗**prüfzeichen** *n* / block check character (BCC) || ≗**prüfzeichenfolge** *f* / block check sequence, frame check sequence (FCS) (packet switching) || ≗**relais** *n* / block relay || ≗**satz** *m* (Textverarb.) / justified block, right-justified format || ≗**schaltbild** *n* / block diagram || ≗**schaltplan** (s. Blockschaltbild) || ≗**schaltung** *f* (KW, Generator-Transformator) / unit connection || ≗**schaltung** *f* (Schaltplan; IS) / block diagram || ≗**schutz** *m* (KW) / unit protection || ≗**schütz** *n* / block contactor || ≗**sicherung** *f* (FWT) / block securing || ≗**stromwandler** *m* / block-type current transformer || ≗**summenprüfung** (s. zyklische Blockprüfung) || ≗**synchronisierung** *f* (FWT) / block synchronisation || ≗**tarif** *m* / block tariff || ≗**transformator** *m* / unit-connected transformer, unit transformer, generator transformer || **Anlauf über** ≗**transformator** / main-circuit-transformer starting || ≗**trennung** *f* (KW) / disconnection of generating unit

blockweise Eingabe / block-serial input || ~ **Verarbeitung** / block-by-block processing, block-serial processing

Blondelsch·e Streuziffer / Blondel leakage coefficient || ≗**e Zweiachsentheorie** / Blondel two-reaction theory

Blowby-Messung *f* (Kfz) / blowby measurement

BM (s. Binärmuster)

BMA (s. Brandmeldeanlage)

BoB (s. Betrieb ohne Beaufsichtigung)

Bock *m* (Lg.) / pedestal *n*, pillow block, plummer *n* || ≗ (Auflage f. Montage) / support *n*, horse *n*, stand *n*, bracket *n*

Bode-Diagramm *n* / Bode diagramm

Boden (s. Erdboden)

Bodenabstand *m* (Freiltg.) / ground clearance

Boden·aggregat *n* / ground power unit || ≗**anschlußdose** (s. Fußbodenanschlußdose) || ≗**ausbreitungswiderstand** *m* (s. Erdausbreitungswiderstand) || ≗**auslaßdose** *f* / floor outlet box, floor service box || **Dauerbetrieb mit** ≗**austrocknung** (Kabel) / continuous operation with soil desiccation || ≗**befestigung** *f* (DT, Leuchtmelder) / base mounting || ≗**belag** (s. Fußbodenbelag) || ≗**belastbarkeit** *f* / bearing capacity of soil || ≗**beleuchtungskurve** *f* / ground illuminance curve, roadway illuminance curve || ≗**dose** (s. Bodenauslaßdose) || ~**eben** *adj* / flush *adj* (with the floor) || ≗**feuer** *n* (Flp.) / ground light || ≗**flansch** *m* (Abl.) / bottom flange || ≗**freiheit** *f* / ground clearance, bulk clearance || ≗**freiheit** *f* (Fußboden) / floor clearance || ≗**freiheit** *f* (unter dem Getriebe) / clearance underneath gear case

Boden-Fußbodeninstallationskanal, bündiger ≗ / flushfloor trunking

Boden·geometrie *f* (Bohrungen) / hole-bottom geometry || ≗**kanal** (s. Unterbodenkanal) || ≗**kontakt** *m* (Lampenfassung) / contact plate, eyelet *n* || ≗**platte** *f* (Gebäude) / floor slab || ≗**satz** *m* (Öl) / sediment *n* || **ausgelegte** ≗**signale** (Flp.) / ground signal panels || **spezifischer** ≗**widerstand** (s. spezifischer Erdwiderstand) || ≗**zeit** *f* (Werkstücke) / floor-to-floor time

Bogen *m* (Blatt) / sheet *n* || ≗ (Kreisbogen) / arc *n* || ≗ (Wölbung) / arch *n* || ≗ (Isoliermaterial, Folie) / sheet *n*, sheet material || ≗ (IR, vgl. „Rohrbogen") / bend *n* || ≗ (Lichtbogen; s.a. unter „Lichtbogen") / arc *n* || ≗ **in der Kontur** (NC) / arc in contour || ≗ **mit Klemmuffe** (IR) / clamp-type coupling bend || ≗**ablenker** *m* / arc deflector || ≗**brenndauer** *f* / arc duration || ≗**dämpfung** *f* (DIN IEC 235, T.1) / arc loss || ≗**element** *n* / element of arc || ≗**entladung** *f* / arc discharge, electric arc || **intermittierende** ≗**entladung** (Schauerentladung) / showering arc || ≗**entladungsröhre** *f* / arc discharge tube

bogenförmig·e Ordinate / curvilinear ordinate

Bogen·-Glimmentladungs-Übergang *m* / glow-to-arc transition || ≗**grad** *m* / degree of arc || **befahrbarer** ≗**halbmesser** / negotiable curve radius || ≗**lampe** *f* / arc lamp || ≗**läufigkeit** *f* / curve negotiability || ≗**löschung** *f* / arc extinction, arc quenching || ≗**maß** *n* / radian measure, circular measure || ≗**maß** *n* (CAD) / radiant *n* || ≗**mauer** *f* (WKW) / arch dam || ≗**minute** *f* / minute of arc || ≗**plasma** *n* / arc plasma || ≗**sekunde** *f* / second of arc || ≗**spannung** *f* (Lichtbogen) / arc-drop voltage, arc voltage, ..arc drop || ≗**strecke** *f* / arc gap || ≗**strom** *m* / arc current, arcing current, current in arc || ≗**verluste** (s. Lichtbogenverluste) || ≗**zahnkegelrad** *n* / conical gear with curved teeth, spiral bevel gear, hypoid gear || ≗**zahnkupplung** *f* / curved-tooth coupling || ≗**zahnwälzkegelrad** *n* / spiral bevel gear, curved-tooth bevel gear

Bogigkeit *f* / camber *n*, bowing *n*

Bohr·achse *f* (WZM) / drilling (o. boring) axis || ≗**bild** *n* / drilling pattern

bohren *v* (Bohrstange oder Drehstahl) / bore *v* || ~ (Gewinde) / tap *v* || ~ (ins Volle) / drill *v*

Bohr·hub *m* (WZM) / drilling stroke, boring stroke || ≗**kern** *m* / plug *n* || ≗**lehre** *f* / drilling jig, boring jig || ≗**lochtiefe** *f* (Sauerstoffbohren) / lancing depth, flame-boring depth, flame-drilling depth || ≗**maschine** *f* (Vollbohren) / drilling machine || ≗**maschine** *f* (Aufbohren) / boring machine || ≗**pfahl** *m* / augered pile, bored pile

Bohrsches Magnetron / Bohr magnetron

Bohrspäne *m pl* / drillings *n pl*, borings n.,pl

Bohrung *f* (m. Bohrmeißel) / bore hole, bore *n* || ≗ (m. Spiralbohrer) / drill hole, drilled hole || ≗ (DIN 7182,T.1) / cylindrical hole || ≗ **ohne Gewinde** / plain hole

Bohrungsdurchmesser *m* / hole diameter, bore diameter || ≗ (el. Masch., Ständer) / inside diameter of stator

Bohrungsfeld *n* (el. Masch.) / field over armature active surface (with rotor removed), pole-to-pole field || **Reaktanz des** ≗**s** / reactance due to flux over armature active surface (with rotor removed)

Boje *f* / buoy *n*

Bolometer *n* / bolometer *n*

Bolzen *m* / bolt *n*, pin *n*, stud *n* || ≗**abstand** *m* / bolt spacing || ≗**gelenk** *n* / pin joint, hinged joint, knuckle joint || ≗**käfig** *m* / pin-type cage || ≗**klemme** *f* / stud terminal || ≗**klemme** *f* (Schraubklemme für Kabelschuhe oder Schienen)

/ bolt-type screw terminal || ≈**kupplung** *f* / pin coupling, pin-and-bushing coupling, stud coupling || ≈**-Leitungsdurchführung** *f* / concentric-stud bushing, stud-type bushing

bolzenlos·er Kern / boltless core

Bolzen·scheibe *f* (Kuppl.) / pinned coupling half, pin half, stud half || ≈**schraube** *f* / stud bolt || ≈**teilung** *f* / bolt spacing

Bonden (s. Kontaktieren)

bondern *v* / bonderize *v*

boolesch *adj* / boolean *adj* || ~**e Algebra** / boolean algebra, boolean lattice || ~**er Verband** / Boolean lattice || ~**e Verknüpfung** / boolean operation || ~**e Verknüpfungstafel** / boolean operation table, truth table

BOP (s. bipolarer Operationsverstärker)

Bord *m* (Flansch, Lg.) / flange *n* || ≈**computer** (s. Bordrechner)

Bördelrand *m* (Lampensockel) / flare *n*

bordfrei *adj* (Lg.) / flangeless *adj*

Bordgenerator *m* (Bahn) / traction generator || ≈ (Flugzeug) / aircraft generator

Bordnetz *n* (Schiff) / ship electrical system, ship system || ≈ (Kfz) / vehicle electrical distribution system, vehicle electrical system, vehicle network, vehicle wiring system || ≈ (Flugzeug) / aircraft electrical system || ≈**generator** *m* (Schiff) / marine alternator, auxiliary generator

Bordoni-Transformator *m* / Bordoni transformer

Bordrechner *m* (Kfz) / on-board computer, trip computer, car computer

Bordscheibe *f* (Lg.) / flange ring, retaining ring

Boucherot-Transformator *m* / Boucherot transformer

Bourdon·-Feder *f* / Bourdon spring, Bourdon tube || ≈**-Rohr** *n* / Bourdon tube, Bourdon spring

Bowdenzug *m* / Bowden cable (o. wire)

BP-Bus (s. Bitprozessorbus)

B-Prüfstelle *f* / B-level calibration facility

BPS (s. Bits pro Sekunde)

Brachzeit *f* / down time, non-productive time

Braggsche Reflexionsbedingungen / Bragg's reflection conditions, Bragg's law

Brand *m* (Brennen im Ofen) / firing *n* || ≈**bekämpfung** *f* / fire fighting || ≈**gas** *n* / combustion gas || ≈**gefahr** *f* / fire hazard, fire risk || ≈**gefahrenprüfung** *f* / fire-hazard test(ing) || ≈**marke** *f* / burn mark || ≈**meldeanlage (BMA)** *f* / fire alarm system, fire detection system

Brandmelder *m* / fire-alarm call point, fire-alarm call box, call point || **automatischer** ≈ / fire detector, flame detector || ≈**zentrale** *f* / control and indicating equipment (EN 54)

Brand·meldung *f* / fire alarm || ≈**punkt** *m* / ignition temperature, ignition point || ≈**rasterdecke** *f* / fire-resistive louvered ceiling

Brandschutz *m* / fire protection || ≈**anstrich** *m* / fireproofing coat, fire coat || ≈**beschichtung** *f* / flame-resistant coating || ≈**einrichtungen** *f pl* / fire protection equipment || ≈**isolierung** *f* / fireproofing *n* || ≈**überzug** *m* / fireproofing coat, fire coat || ≈**wand** *f* / fire protection wall, fire wall

Brand·sicherheit *f* / resistance to fire || ≈**stelle** *f* / burn mark, burn *n*

Brauchbarkeitsdauer *f* (IEC 50(191)) / useful life || ≈ (DIN 400042) / life utility || ≈ (a. Batt.) / service life

Brauchwasser *n* / service water

Break-over-Diode (s. Kippdiode)

Brechbarkeit von Leuchten / frangibility of light fixtures (US)

Brechbolzen *m* / shear pin

brechen, Kanten ~ / to chamfer edges, to bevel edges || **Späne** ~ (WZM) / chip breaking

Brechplatte *f* (Sollbruchstelle) / rupture diaphragm

Brechung *f* (Opt., Akust.) / refraction *n*

Brechungs·gesetz *n* / law of refraction, refraction law, Snell's law || ≈**spektrum** *n* / dispersion spectrum, prismatic spectrum || **akustisches** ≈**verhältnis** / refractive index || ≈**vermögen** *n* / refractivity *n* || ≈**winkel** *m* / angle of refraction

Brechzahl *f* / refractive index || ≈**profil** *n* / refractive index profile, index profile

breiter Einschub (ET) / full-width withdrawable unit

Breitbahn·-Feinglimmerisoliermaterial *n* / mica paper, mica wrapper material || ≈**-Isolationsmaterial** *n* / insulation sheeting, wrapper material

Breitband·-Betriebsmittel *n* / broadband device || ≈**filter** *n* / wide-band pass filter || ≈**-Hintergrund-Netz** *n* / backbone wideband network (BWN)

breitbandig *adj* / wide-band *adj*, broad-band *adj* || ~**e Aussendung** (v. Störsignalen) / broadband emission

Breitband·kabel *n* / broad-band cable, wide-band cable, HF carrier cable || ≈**sperre** *f* / wide-band filter || ≈**verstärker** *m* / wide-band amplifier || ≈**verteilernetz** *n* / broadband distribution network

Breiten·faktor (s. Weitenfaktor)

Breit·feld *n* (ST) / wide section, full-width section || ~**flächiger Kontakt** / large-surface contact || ≈**flachstahl** *m* / wide flats || ≈**schrift** *f* / expanded print, expanded text, double-width print || ~**strahlend** *adj* / wide-angle *adj* || ≈**strahler** *m* / wide-angle luminaire, high-bay reflector, broad-beam reflector (o. spotlight) || ≈**strahler** *m* (Reflektorlampe) / reflector flood lamp || ≈**strahler großer Lichtkegelbreite** / wide floodlight, wide flood || ≈**strahlreflektor** *m* / wide-angle reflector || ≈**strahlung** *f* / wide-angle distribution

Brems·arbeit *f* / braking energy || ≈**backe** *f* / brake shoe || ≈**backenbelag** *m* / brake-shoe lining || ≈**backenkrümmung** *f* / brake-shoe curvature || ≈**backenspiel** *n* / brake-shoe clearance || ≈**band** *n* / brake band || ≈**belag** *m* / brake lining, brake liner || ≈**belagverschleißanzeige (BVA)** *f* / brake-pad wear indicator-system, brake lining meat indicator, brake wear warning || ≈**bock** *m* / brake box || ≈**drossel** *f* / braking reactor || ≈**druckregler** *m* / brake-pressure regulator || ≈**dynamo** *m* / dynamometric generator || ≈**dynamometer** *n* / brake dynamometer, absorption dynamometer

Bremse *f* / brake *n*

Bremseinrichtung *f* (EZ) / braking element

Bremsen *n* (s.a. unter „Bremsung") / braking *n*

Brems·erregermaschine *f* / dynamic brake exciter || ≈**feld** *n* / retarding field || ≈**fläche** *f* / brake friction surface || ≈**flußsystem** *n* (MSB) / brake-flux system || ≈**futter** *n* / brake lining || ≈**generator** *m* (Dynamometer) / dynamometric generator || ≈**generator** *m* (Wickler) / braking generator, unwind motor || **Motor-**≈**gerät** *n* / motor braking unit || ~**gestänge** *n* / brake-rod linkage || ~**gewicht** *n* / braked weight || ~**gitter** *n* / suppressor grid || ~**häufigkeit** *f* / braking frequency, number of braking cycles per hour || ~**klotz** *m* / brake shoe, brake pad || ~**kolben** *m* / brake piston || ~**kraft** *f* / braking force, braking effort || ~**kraftregelung** *f* / braking force control (system) || ~**kraftverstärker** *m* (Kfz) / brake booster || ~**kraftverstärkung** *f* (Kfz) / power-assisted braking || ~**leistung** *f* / braking power, brake horsepower || ~**leuchte** *f* (Kfz) / brake light, stop light || ~**licht** (s. Bremsleuchte) || ~**lüfter** *m* (hydraulisch) / centrifugal thrustor, thrustor *n* || ~**lüfter** *m* (elektro-mechanisch) / centrifugal brake operator || ~**lüftmagnet** *m* / brake releasing magnet, brake magnet || ~**magnet** *m* (a. EZ) / braking magnet, isotropic braking magnet || ~**moment** *n* / braking torque, retarding torque || ~**motor** *m* / brake motor || ~**öffnung** *f* / brake port || ~**-PS** *f* / brake h.p.

Bremsregler *m* / braking controller, decelerator *n* || ~ (Gleichstromsteller) / d.c. brake chopper

Brems·ring *m* (WKW) / brake track || ~**schalter** *m* / brake switch, brake control switch || ~**schalter** *m* (Bahn) / brake switchgroup || ~**schaltwerk** *n* (Bahn) / braking switchgroup, braking controller || ~**scheibe** *f* (a. EZ) / brake disc || ~**schlußleuchte** *f* / stop tail lamp || ~**schuh** *m* / brake shoe, brake pad || ~**schütz** *n* / braking contactor || ~**stand** *m* / brake testing bench || ~**steller** *m* / braking controller || ~**stellung** *f* / braking position, braking notch || ~**strom** *m* (Schutzrel.; Stabilisierungsstrom) / biasing current || ~**stromkreis** *m* / braking circuit || ~**stufe** *f* / braking step, braking notch || ~**trommel** *f* / brake drum || ~**umrichter (BRU)** *m* / braking converter, regenerating converter || ~**- und Hebebock** (WKW) / combined brake and jack unit, braking and jacking unit || ~**- und Hubanlage** (WKW) / braking and jacking system

Bremsung durch Gegendrehfeld / plug braking, plugging *n* || ~ **mittels Netzrückspeisung** (SR-Antrieb) / regenerative braking || ~ **mittels Pulswiderstand** / pulsed resistance braking || **dynamische** ~ / dynamic braking, d.c. braking, rheostatic braking || **elektrische** ~ / electric braking, dynamic braking

Bremsverfahren, Prüfung nach dem ~ / braking test

Brems·verschleißanzeige (s. Bremsbelagverschleißanzeige) || ~**verschleißsensor** *m* / brake wear sensor || ~**versuch** *m* (el. Masch., VDE 0530, T.2) / braking test (IEC 34-2) || ~**versuch mit einer Pendelmaschine** / dynamometer test || ~**verzögerung** *f* / braking rate, deceleration rate || ~**wächter** *m* / zero-speed plugging switch, plugging relay, zero-speed switch || ~**weg** *m* / stopping distance, braking distance, deceleration distance (machine tool) || ~**widerstand** *m* / braking resistor, load rheostat || ~**widerstandsregler** (s. Widerstandsbremsregler)

Bremswirkung *f* / braking effect || ~ (Flüssigk.) / viscous drag

Brems·zaum *m* (Prony) / Prony brake, Prony absorption dynamometer || ~**zeit** *f* / braking time, deceleration time || ~**zylinder** *m* / brake cylinder || ~**zylinder** *m* (Dämpfungszylinder) / dashpot *n*

Brennadel *f* (Aufzeichnungsnadel) / recording stylus

brennbar *adj* (Feststoffe) / combustible *adj* || ~ (Gas) / flammable *adj*

Brennbarkeit *f* / combustibility *n*, flammability *n*

Brennbarkeits·probe *f* / flammability test, burning test, fire test

Brenn·bohren *n* / thermal lancing || ~**dauer** *f* (Lampe, Lebensdauer) / burning life || ~**dauerprüfung** *f* (Lampe) / life test

brennen *v* (Lampe) / to be alight || ~ *n* (Kabelfehlerortung) / burning out, burn-out *n* || ~ (im Ofen) / firing *n*

brennend *adj* (Lampe) / alight *adj* || **frei ~e Lampe** / general-diffuse lamp

Brenn·fleck *m* (Lichtbogen) / arc spot || ~**fleck** *m* (BT) / focussed spot || ~**gas** *n* / combustion gas || **Kabel-~gerät** *n* / cable burn-out unit || ~**geschwindigkeit** *f* / burning rate, rate of flame travel || ~**gestell** *n* (Lampe) / rack *n* || ~**lage** *f* (Lampe) / position of burning, mounting position (of lamp), operating position || ~**lageneinstellung** *f* (Lampe) / lamp position adjustment || ~**luft** *f* / combustion air

Brennpunkt *m* (Optik) / focus *n*, focal point || ~ (Öl, Isolierflüssigkeit) / fire point

Brenn·rahmen *m* (Lampenprüf.) / life-test rack || ~**raum** *m* (Kfz) / combustion chamber || ~**schneiden** *n* / flame cutting, gas cutting, oxygen cutting, oxy-acetylene cutting || ~**schneider** *m* / flame cutter, cutting torch, oxygen cutter || ~**schnitt** *m* / flame cut, gas cut || ~**spannung** *f* (Lampe) / lamp voltage, operating voltage, running voltage, arc voltage || ~**spannung** *f* (Gasentladungsröhre) / maintaining voltage (electron tube) || ~**spannung** (s. Lichtbogenspannung) || ~**stellung** *f* (Lampe) / burning position

Brennstoff·stange *f* / fuel rack || ~**zelle** *f* / fuel cell

Brenn·strecke *f* (Flammenprüf.) / length burned || ~**stunde** *f* / burning hour || ~**stunden pro Start** / hours per start (HPS) || ~**verhalten** *n* / burning behaviour || ~**weite** *f* / focal distance

Brettschaltung *f* / breadboard (circuit)

Briefhüllenablage *f* / envelope stacker

Brinell-Härtezahl *f* / Brinell hardness number

B-Ring *m* (Schleifring) / positive ring

britisch·e Drahtlehre (NBS) / New British Standard (NBS) || **~e Drahtlehre** (SWG) / Standard Wire Gauge (SWG)

Broadcast (s. Sammelaufruf)

Brom·lampe *f* / bromine lamp, tungsten-bromine lamp || ~**silber-Registrierpapier** *n* / silver-bromide (chart) paper

Bronze *f* / bronze *n*, gun metal, bell metal, admiralty metal

BRU (s. Bremsumrichter)

Bruch *m* / break *n*, rupture *n*, fracture *n*, breakage *n*, fissure *n* || ~**ausbeulung** *f* / lateral buckling at failure || ~**dehnung** *f* / elongation at break, elongation *n*, elongation at failure || ~**festigkeit** *f* / ultimate strength, ultimate tensile strength, breaking strength || ~**fläche** *f* / fractured surface, fracture *n*, broken surface || ~**flächenlänge** *f* / fracture length || ~**flächenprüfung** *f* / nick-break test || ~**grenze** *f* / ultimate strength, modulus of rupture

brüchig *adj* / brittle *adj*, friable *adj*

Bruch·kraft *f* / breaking force, force at rupture || **≗kraft** *f* (Isolator, Durchführung) / failing load || **≗last** *f* / (mechanical) failing load, load at break, ultimate load || **≗lastspielzahl** *f* / fatigue life, number of cycles to failure, life to fracture || **≗lastwechsel** *m pl* / cycles to failure || **≗lochwicklung** *f* / fractional-slot winding || **≗mechanik** *f* / fracture mechanics || **≗melder** *m* (f. Leitungs- u. Meßfühlerbruch) / open-circuit monitor || **≗membran** *f* / relief diaphragm, pressure relief diaphragm, rupture diaphragm || **~sicher** *adj* / unbreakable *adj*, shatter-proof *adj* || **≗sicherung** *f* / pressure relief device, rupturing diaphragm || **≗spannung** *f* / ultimate stress, fracture stress || **≗stauchung** *f* / upset at failure || **≗zähigkeit** *f* / fracture toughness

Brücke *f* (SR, Meßbrücke, Schaltung) / bridge *n*, bridge circuit || ≗ (f. Anschlüsse, Strombrücke) / jumper *n*, strap *n*, link *n* || ≗ (Schaltbügel) / link *n*, jumper *n*, strap *n*, bond *n* || **Kontakt~** (Rel.) / contact bridge, contact cross-bar

Brücken·ableiter *m* / bridge arrester || **≗baustein** *m* (elST) / jumper (o. strapping) module || **≗baustein** *m* (DIL-Form) / DIL jumper plug || **≗belegung** *f* / jumper settings, jumper assignments || **≗einstellung** *f* (elST) / jumper position, jumper selection || **≗hälfte** *f* (LE-Schaltung) / bridge half, half-bridge *n* || **≗kontakt** *m* / bridge contact || **≗meßgerät** *n* / bridge instrument || **≗mittelstück** *n* (Bahntransportwagen) / girder structure (between bogies) || **≗mittelstückkessel** *m* (Trafo) / girder structure tank, Schnabel-car tank

Brückenschaltung *f* (Meßtechnik) / bridge circuit || ≗ (Übergangsschaltung) / bridge transition || ≗ (LE) / bridge connection || ≗ (Fahrmotoren) (s. Brückenumschaltung) || **in** ≗ / bridge-connected *adj*

Brücken·scheinwerfer *m* (Bühnen-BT) / portable proscenium bridge spotlight || **≗stecker** *m* (ET, PC) / jumper plug || **≗umschaltung** *f* (Fahrmotoren) / bridge transition || **≗umschaltung im abgeglichenen Zustand** (Fahrmotoren) / balanced bridge transition

Brücker *m* / link *n*

brummen *v* / hum *v*, to make a humming noise || ≗ *n* / humming *n*, hum *n* || ≗ **des Vorschaltgerätes** / ballast hum

brummfrei *adj* / hum-free *adj*

Brumm·frequenz *f* / hum frequency || **≗geräusch** *n* / hum *n*, humming noise, mains hum || **≗spannung** *f* / ripple voltage || **≗störung** *f* / hum *n* || **≗unterdrückung** *f* (Verhältnis der Brummspannungs-Schwingungsbreiten am Eingang und Ausgang) / ripple rejection ratio

Brüstungskanal *m* (IK) / sill-type trunking, dado trunking, cornice trunking

Brutmaschine, elektrische ≗ / electric incubator

Brutto·datenrate *f* (Baud) / gross baud rate || **≗erzeugung** *f* (KW) / gross generation, electricity generated || **≗fallhöhe** *f* (WKW) / gross head || **≗inhalt** *m* / gross volume || **≗intensität** *f* (RöA) / gross intensity || **≗leistung** *f* (KW) / gross installed capacity || **≗leistung** *f* (Generatorsatz) / gross output || **thermischer ≗-Wirkungsgrad** / gross thermal efficiency (of a set)

BS (s. B-Seite) || ≗ (s. Betriebssystem) || ≗ (s. Bereich-System)

BSA (s. Bildschirm-Arbeitsplatz)

BSC (s. binär-synchrone Übertragung)

B-Seite (BS) (el. Masch.) *f* / non-drive end, non-driving end, N-end *n*, dead end, commutator end, front *n* (US)

BS-Lager *n* / N-end bearing, non-drive-end bearing

BS-Schild / N-end shield, non-drive end shield, commutator-end shield

BST (s. Bussteuerstation)

B-Stack (s. Bausteinstack)

BTA (s. betriebstechnische Anlage)

BTR-Schnittstelle *f* (BTR = behind tape reader) / behind tape reader system (BTR system) (ISO 2806-1980)

Btx (s. Bildschirmtext)

Buch·führung (s. Buchhalter) || **≗halter** *m* (PC) / directory *n*

Buchholzrelais *n* / Buchholz relay, Buchholz protector

Buchse *f* / bush *n*, bushing *n*, sleeve *n* || ≗ (Kontaktbuchse, Steckverbinderb., Steckdosenb.) / socket *n*, jack *n*, tube *n* || ≗ (Leitungseinführung, EN 50014) / cable entry body || **fliegende** ≗ / floating gland

Buchsen·bohrung *f* (Buchsenklemme) / pillar hole || **≗feld** *n* / jack panel, patchboard *n* || **≗gewinde** *n* (Buchsenklemme) / pillar thread || **≗klemme** *f* (Schraubklemme) **ohne Druckstück** / tunnel-type screw terminal with direct screw pressure || **≗klemme** *f* / tunnel terminal, pillar terminal || **≗klemme mit Druckstück** / tunnel terminal with indirect screw pressure, indirect-pressure tunnel terminal || **≗klemmenleiste** *f* / pillar terminal block || **≗kontakt** *m* / (contact) tube *n*, jack *n*

Büchsenlager *n* / sleeve bearing

Buchsen·leiste *f* / socket connector || **≗stecker** *m* / female connector || **≗verteiler** *m* / socket distributor, jack distributor

Buchung *f* (GLAZ) / terminal entry, clocking *n*

Buchungs·datenerfassung *f* (GLAZ) / registration of terminal entry data || **≗einheit** *f* (GLAZ) / accounting unit || **≗ereignis** *n* (GLAZ) / entry event || **≗nachweis** *m* (GLAZ) / data entry filing (o. account) || **≗nachweisprotokoll** *n* (GLAZ) / terminal entry printout || **≗verkehr** *m* (GLAZ) / entry and exit recording || **≗versuch** *m* (GLAZ) / attempted terminal entry || **≗vorgang** *m* (GLAZ) / terminal entry, clocking *n*

Buckel *m* / projection *n*, hump *n*, boss *n* || **≗schweißen** *n* / projection welding

Bügel *m* / clip *n*, clevis *n*, U-bolt *n*, bracket *n*, link *n* || **≗klemme** *f* (U-förmig) / U-clamp terminal, clamp-type terminal || **≗kontakt** *m* / bow contact || **≗meßschraube** *f* / external screw type micrometer || **≗presse** *f* (zum Aufbügeln von Isoliermat.) / ironing press || **≗stromabnehmer** *m* / bow-type collector, bow *n*

Bühne *f* (Arbeitsbühne) / platform *n*

Bühnen·beleuchtungsanlage *f* (Theater) / stage lighting system || **≗-Lichtstellanlage** *f* / stage lighting control system || **≗scheinwerfer** *m* / stage projector, stage flood, theatre lantern || **≗stellwerk** *n* / stage lighting console, lighting console

Bums *m* / bump *n*

Bund *m* / shoulder *n*, collar *n* || **Draht~** *m* / wire binding
Bündel (s. Leiterbündel) || **≗ader** *f* (LWL) / buffered fibre || **≗index** *m* (GKS) / bundle index || **≗knoten** *m* (Elektronenstrahl) / crossover point || **≗leiter** *m* / conductor bundle, multiple conductor || **≗leitung** *f* / bundle-conductor line
bündelnd·e Lichtverteilung / concentrating light distribution
Bündel·schelle *f* / bundling saddle, multiple saddle || **≗störung** *f* / burst *n* (of disturbing pulses) || **≗tabelle** *f* (GKS) / bundle table
Bündelung *f* / bundling *n* || **≗** (Strahlen) / concentration *n*, focussing *n* || **≗** (Kollimation) / collimation *n*
Bündelverseilung *f* / bundling *n*
Bundesanstalt für Materialprüfung (BAM) / Federal Institution for Material Testing
bündig *adj* / flush *adj*, even *adj* || **~ abschließen mit** / to be flush with || **~er Druckknopf** (VDE 0660,T.201) / flush button (IEC 337-2), flush-head button || **~ einbaubarer Näherungsschalter** / embeddable poximity switch || **~er Fußboden-Installationskanal** / flushfloor trunking || **~e Isolation** (Komm.) / flush mica, flush insulation || **~ machen** / flush *v* || **~e Taste** (s. bündiger Druckknopf) || **in Metall ~ einbaubarer Näherungsschalter** / metal-embeddable proximity switch
Bündigfahren *n* (Fahrstuhl) / levelling *n*, decking *n* || **Hilfsantrieb zum ≗** / micro-drive *n*
Bündigschalter *m* (Fahrstuhl) / levelling switch
Bund·lager *n* / locating bearing, thrust bearing || **≗schraube** *f* / flange bolt
bunt·e Farbe / (perceived) chromatic colour || **~er Farbreiz** / chromatic stimulus || **~e Farbvalenz** / psychophysical chromatic colour, chromatic colour
Buntheit *f* / chroma *n*
Bunt·metall *n* / non-ferrous metal || **≗ton** *m* / hue *n* || **~tongleiche Wellenlänge** / dominant wavelength
Bürde *f* / burden *n*, load *n* || **≗** (Lastwiderstand) / load impedance || **≗** (Ausgangsbelastung) / output load
Bürden·einfluß *m* (Regler) / effect of load impedance || **≗leistungsfaktor** *m* / burden power factor, load power factor || **≗spannung** *f* (der festgelegten Anforderungen entsprechende Spannungsbereich von Meßumformern mit veränderlicher Ausgangsbürde) / compliance voltage (IEC 85(CO)4) || **≗widerstand** *m* (Gerät) / load(ing) resistor || **≗widerstand** *m* (DIN 19230) / load impedance
Büro·arbeitsplatz *m* / office workplace || **≗computer (BC)** *m* / office computer, business computer (BC) || **≗fernschreiben** *n* (Teletex) / teletex *n* || **≗leuchte** *f* / office luminaire, office lighting fitting || **≗maschine** *f* / office machine (IEC 380), business machine (CEE 10,IIP) || **≗maschine der Schutzklasse II** / Class II (office) machine || **≗maschinenkombination** (s. Büromaschinensatz) || **≗maschinensatz** *m* / office machine set (IEC 380), office appliance set (CEE 10,IIP) || **≗rechner** *m* / business computer (BC)
Bürste *f* (el. Masch.) / brush *n* || **≗ aus zwei Qualitäten** / dual-grade brush || **≗ mit Dochten** / cored brush || **≗ mit Kopfstück** / headed brush || **≗ mit Metallgewebeeinlage** / metal-gauze-insert brush || **≗ mit überstehendem Metallwinkel** / cantilever brush
Bürsten mit 90° Phasenverschiebung / quadrature brushes || **zwei ≗ in Reihe** / brush pair || **≗abhebe- und Kurzschließvorrichtung** / brush lifter with short-circuiter, brush lifting and short-circuiting device || **≗abhebevorrichtung** *f* / brush lifter, brush lifting gear, brush lifting mechanism || **≗apparat** *m* / brush rigging, brushgear *n* || **≗armatur** (s. Kopfarmatur) || **≗auflagedruck** *m* / brush pressure || **≗auflagefläche** *f* / brush contact face, brush face || **≗aufsetzvorrichtung** *f* / brush-arm actuator, brush actuator || **≗bedeckungsfaktor** *m* / brush-arc-to-pole-pitch ratio || **~behaftete Maschine** / machine with brushgear, commutator machine, slipring machine || **≗besetzung** *f* / brush complement, type and number of brushes || **≗block** *m* / brushgear unit || **≗bogen** *m* / brush arc || **≗bolzen** *m* / brush-holder stud, brush-holder arm, brush stud, brush spindle || **≗brille** (s. Bürstenbrücke) || **≗brücke** *f* / brush rocker, brush-rocker ring, brush-holder yoke, brush yoke || **≗fahne** *f* / brush riser, brush terminal, spade terminal || **≗feder** *f* / brush spring || **≗feuer** *n* / brush sparking || **≗führung** *f* / brush box || **≗gestell** *n* / brushgear *n*, brush rocker
Bürstenhalter *m* / brush holder || **≗bolzen** *m* / brush-holder stud, brush spindle, brush-holder arm || **≗druckgeber** *m* / brush-holder finger, brush hammer || **≗fassung** *f* / brush box || **≗feder** *f* / brush-holder spring || **≗gelenk** *n* / brush-holder hinge || **≗kasten** *m* / brush box || **≗klemmstück** *n* / brush-holder clamp || **≗schiene** *f* / brush-holder stud, brush spindle || **≗-Schraubkappe** *f* / screw-type brush cap || **≗spindel** *f* / brush-holder stud, brush spindle, brush-holder arm || **≗staffelung** *f* / brush-holder staggering || **≗teilung** *f* / brush-holder spacing || **≗träger** *m* / brush-holder support, brush rocker
Bürsten·joch *n* / brush-holder yoke || **≗kante** *f* / brush edge, brush corner || **≗kennlinie** *f* / brush potential characteristic || **≗kopf** *m* / brush top || **≗kopfschräge** *f* / brush top bevel || **≗lagerbock** *m* / brush-holder support || **≗lagerstuhl** *m* / brush-holder support || **≗laufbahn** *f* / brush track || **≗lauffläche** *f* / brush contact face, commutator end || **≗lineal** (s. Bürstenhalterbolzen) || **≗litze** *f* / brush shunt, pigtail lead, brush lead
bürstenlos *adj* / brushless *adj* || **~er Erreger** / brushless exciter, a.c. exciter with rotating rectifiers || **~e Erregung** / brushless excitation || **~er Induktionsmotor mit gewickeltem Läufer** / brushless wound-rotor induction motor || **~e Maschine (BL-Maschine)** / brushless machine, commutatorless machine, statically excited machine
Bürsten·marke *f* / brush type, brush grade || **≗potentialkurve** *f* / brush potential curve || **≗qualität** *f* / brush grade || **≗rattern** *n* / brush chatter || **≗reibung** *f* / brush friction || **≗reibungsverluste** *m pl* / brush friction loss || **≗rückschub** *m* / backward brush shift || **≗rückschubwinkel** *m* / angle of brush lag || **≗schiene** *f* / brush-holder stud, brush spindle || **≗schleiffläche** *f* / brush contact face, brush face || **≗sichel** / sickle-shaped brush-holder support, brush-stud carrier || **≗spannungsabfall** *m* / total

single brush drop || **≈staffelung** *f* / brush circumferential stagger, brush staggering || **≈standzeit** *f* / brush life || **≈staub** *m* / carbon dust, brush dust || **≈stern** *m* / brushgear *n*, brush rocker || **≈streustrom** *m* / brush leakage current, parasitic brush current || **≈tasche** *f* / brush box || **≈teilung** *f* / brush pitch, brush spacing || **≈träger** *m* / brush-holder support || **≈trägerhaltevorrichtung** *f* / brush yoke || **≈trägerring** *m* / brush ring, brush-rocker ring || **≈trägersichel** *f* / sickle-shaped brush-holder support, brush-stud carrier || **≈träger-Stromführung** *f* / brushgear conductor assembly, brushgear leads || **≈träger-Verstelleinrichtung** *f* / brush-rocker gear || **≈übergangsspannung** *f* / brush contact voltage || **≈übergangsverluste** *m pl* / brush contact loss || **≈übergangswiderstand** *m* / brush contact resistance || **≈verschiebung** *f* / brush shifting || **≈verschiebung entgegen der Drehrichtung** / backward brush shift || **≈verschiebung in Drehrichtung** / forward brush shift || **≈verschiebungswinkel** *m* / angle of brush shift, brush displacement angle || **≈verschleiß** *m* / brush wear

Bürstenverstell·antrieb *m* (BVA) / brush shifting pilot motor, brush shifting motor || **≈einrichtung** *f* / brush shifting device, brush shifting mechanism || **≈motor** *m* / brush shifting pilot motor, brush shifting motor

Bürstenverstellung *f* / brush shifting, brush displacement

Bürstenverstell·winkel *m* / angle of brush shift, brush displacement angle

Bürsten·voreilung *f* / brush lead || **≈vorsatzgerät** *n* (Staubsauger) / power nozzle || **≈vorschub** *m* / forward brush shift || **≈vorschubwinkel** *m* / angle of brush lead, brush-lead angle || **≈wechsel** *m* / brush replacement || **≈zwitschern** *n* / brush chatter

Bus *m* / bus *n* || **≈** (s. Prozeßdatenbus) || **≈ belegt** / bus busy (BBSY) || **≈ frei** / bus clear (BCLR)

Busabschnitt *m* / bus section

Bus·anforderung *f* / bus request (BRQ) || **≈anpassung** *f* (Baugruppe) / bus adapter || **≈anschaltbaugruppe** *f* / bus interface module || **≈anschaltung** *f* / bus interface, bus interfacing || **≈arbitration** (s. Buszuteilungsverfahren) || **≈-Baugruppenträger** *m* / bus subrack, bus card rack, .basic rack || **≈belegung** *f* / bus load, bus usage || **≈belegung** *f* (Vorgang) / bus acquisition || **≈belegungszeit** *f* / bus usage time || **≈bewilligung** *f* / bus grant (BG) || **≈breite** *f* / bus size

Büschelstecker *m* / multiple-spring wire plug

Bus·datenübertragungsrate *f* / bus data rate || **≈empfänger** *m* / bus receiver || **≈-Empfänger-Sender** *m* / bus transceiver || **≈erweiterung** *f* / bus extender

busfähig·e Schnittstelle / interface with bus capability, busable interface

Bus·fehler *m* / bus error (BERR) || **~förmiges Netz** (LAN) / bus network, tree network || **≈freigabe** *f* / bus enable (BUSEN), bus grant (by arbitration)

busgekoppelt·es System / bus-coupled system, bused subsystem

Bus·kabel *n* / bus cable || **≈koordinator** *m* / bus coordinator || **≈koppelbaustein** *m* (vgl. „Buskoppler") / bus coupler block || **≈koppeleinheit** *f* (vgl. „Buskoppler") / bus coupler unit, transceiver unit, bridge unit, gateway *n* || **≈koppelkennung** *f* (vgl. „Buskoppler") / bus coupler identifier

Buskoppler (BK) *m* / bus coupler || **≈** (Transceiver) / (bus) transceiver || **≈** (zur Verbindung gleichartiger Systeme) / bridge *n*, bridge unit || **≈** (zur Verbindung verschiedenartiger Systeme) / gateway *n* || **≈einschub** *m* / plug-in transceiver module

Buskopplung *f* (Schnittstelle) / bus interface

Bus·kopplungsbaugruppe *f* / bus interface module (o. card), bus coupler module || **≈leitung** *f* / bus line || **≈modul** *n* (PC) / bus unit

Busnetz *n* (LAN) / bus network, tree network || **≈ mit Sendeberechtigungsmarkierung** / token-passing bus, token bus

Bus·platine *f* / bus p.c.b., wiring backplane, bus board || **≈protokoll** *n* / bus protocol || **≈raster** *m* (Einbauplätze je Baugruppe) / bus SPM (SPM = slots per module) || **≈rückwand** *f* / bus backplane || **≈-Ruhezustand** *m* / bus idle (BI) || **≈schnittstelle** *f* / bus interface || **≈signalvergleicher** *m* / bus signal comparator || **≈steuerstation (BST)** (zur Steuerung der Buszuteilung) / bus arbiter || **≈steuerung** *f* / bus controller || **≈steuerung** (s. Buszuteilung) || **≈struktur** (s. Bustopologie) || **≈-Subsystem** *n* / bus subsystem

Bussystem *n* / bus system || **≈** (in einer dezentralen Anlage) / bus subsystem

Busteilnehmer *m* / station *n*, node *n* || **aktiver ≈** („Master") / master *n* || **passiver ≈** („Slave") / slave *n*

Bus·-Teilsystem *n* / bus subsystem || **≈topologie** *f* (LAN) / bus topology || **≈treiber** *m* / bus driver || **≈umsetzer** *m* / bus converter || **≈vergabe** *f* / bus grant, bus arbitration || **≈verkehr** *m* / bus traffic || **≈verstärker** *m* / repeater *n* || **≈verwalter** (s. Buszuteiler) || **≈voter** *m* / bus voter || **≈-Zeitüberschreitung** *f* / bus time-out (BTO) || **≈-Zeitüberwachung** *f* / bus time-out (BTO) || **≈zugriffsprotokoll** *n* / bus access protocol

Buszuteiler *m* / bus arbiter

Buszuteilung *f* (Verfahren) / bus arbitration || **≈** (Freigabe, Sendeerlaubnis) / bus grant (BG) || **≈** (an den „Master") / master transfer || **zentrale ≈** (Master-Slave-Verfahren) / fixed-master method, master-slave method

Buszuteilungs·-Ausgangsleitung *f* / bus grant out line (BGOUT) || **≈-Eingangsleitung** *f* / bus grant in line (BGIN) || **≈-Untersystem** / bus arbitration subsystem || **≈verfahren** *n* / bus arbitration

Butylgummi *n* / butyl rubber

BV (s. Baustromverteiler) || **≈ in geschlossener Bauform** / enclosed ACS || **≈ in Kastenbauform** / box-type ACS

BVA (s. Bürstenverstellantrieb) || **≈** (s. Bremsbelagverschleißanzeige)

B-Verstärker *m* / Class B amplifier

BY (s. Byteadresse)

Bypass·-Schalter *m* / bypass switch || **Abgas-≈ventil** *n* (Kfz) / waste gate

Byte *n* / byte *n*, n-bit byte || **≈adresse (BY)** *f* / byte address (BY) || **≈prozessor** *m* / byte processor || **≈register** *n* / byte register || **≈takt** *m* / byte timing || **~weise** *adv* / byte by byte, in byte mode, in bytes || **≈zähler-Register (BCR)** *n* / byte count register

(BCR)
B-Zustand, Harz im ≗ / B-stage resin

C

C, Faktor ≗ (Maximumwerk) / reading factor C
CA (s. Zelluloseacetat)
CAA (A. f. „computer-aided assembly" - rechnergestützte Montage)
C-Abhängigkeit (s. Steuer-Abhängigkeit)
Cache (s. schneller Pufferspeicher)
CAD (A. f. „computer-aided design" - rechnergestütztes Konstruieren o. rechnergestützter Entwurf) || ≗**-Arbeitsplatz** *m* / CAD workstation
CADD (A. f. „computer-aided design and drafting" - rechnergestütztes Konstruieren und technisches Zeichnen)
CADEM (A. f. „computer-aided design, engineering and manufacturing" - rechnergestützte Konstruktion, Engineering und Fertigung)
C-Ader *f* / P-wire *n*, private wire, private line
CADIS (A. f. „computer-aided design interactive system" - dialogfähiges, rechnergestütztes Konstruktionssystem)
CAD-Zeichnungsprogramm *n* / CAD plotting program
CAE (A. f. „customer application engineering" - kundenspezifisches Engineering) || ≗ (A. f. „computer-aided engineering" - rechnergestütztes Engineering)
CAI (A. f. computer-aided industry - Rechnerunterstützung für Industrieunternehmen)
CAL (A. f. „computer-aided learning" - rechnergestütztes Lernen)
CAM (s. inhaltsadressierbarer Speicher) || ≗ (A. f. „computer-aided manufacturing"- rechnergestützte Fertigungssteuerung)
CAMAC (A. f. „computer-automated measurement and control" - rechnerautomatisiertes Meß- und Steuersystem)
Camping-Verteiler *m* / camping-site distribution board
Candela *f* / candela *n*
Cannon-Stecker *m* / Cannon connector
CAP (A. f. „computer-aided planning" - rechnergestützte Fertigungs- und Prüfplanung)
CAPP (A. f. „computer-aided process planning" - rechnergestützte Fertigungsplanung) || ≗ (A. f. computer-aided process and production planning - rechnergestützte Prozeß- und Produktionsplanung)
CAQA (A. f. „computer-aided quality assurance" - schritthaltende Qualitätssicherung durch Rechnerunterstützung)
CAR (A. f. „computer-aided repair" - rechnergestützter Reparaturdienst; Werkserhaltung)
Carbowax-Speicher *m* (Gas-Chromatograph) / Carbowax (trapping) column
Carterscher Faktor / Carter's coefficient
CASE (A. f. computer-aided software engineering - rechnerunterstütztes Software-Engineering)
CAT (A. f. „computer-aided testing" - rechnergestütztes Prüfen)
CBE (s. Geräteschutzschalter)
C-Betrieb *m* (ESR) / class C operation
C-Bild *n* (Ultraschallprüfung) / C scan
C-Bus (s. Kommunikationsbus)
CCD (A. f. „charge-coupled device" - ladungsgekoppeltes Bauelement)
CCD-Bildwandler *m* / CCD image sensor, charge-coupled imager (CCI)
CCL (s. kollektorgekoppelte Logik)
CCTL (s. kollektorgekoppelte Transistorlogik)
CD-Speicher (s. Kompaktplattenspeicher)
CD-Telegramm *n* / CD message (CD = common data)
C-Eingang *m* / C input
Centiradiant *m* / centiradiant *n*
CERDIP (s. Keramik-DIP-Gehäuse)
CERMET (s. Keramik-Metall-Werkstoff)
CF-Einstellung *f* (Trafo; Einstellung bei konstantem Fluß) / CFVV (constant-flux voltage variation)
C-Feld (s. Kondensatorfeld)
CFT (s. Ladungsflußtransistor)
C-Glied *n* / capacitor (element)
Charakteristik *f* / characteristic *n*, characteristic curve
charakteristisch·er Anschluß (LE) / characteristic terminal || **~e Größe** (Meßrel.) / characteristic quantity || **~er Winkel** (Rel.) / characteristic angle
Charge *f* (Fertigungslos) / lot *n*, batch *n*
Chargen·prozeß *m* / batch process || ≗**rezept** *n* / batch recipe || ≗**streuung** *f* / batch variation || ≗**umfang** *m* / batch size
Charles-Strahlerzeuger *m* / Charles gun
Charpy-Probe *f* / keyhole-notch specimen
Chassis *n* / chassis *n*, frame *n*
Check control (s. Fahrzeugzustandsinformationssystem)
chemikalien·fest *adj* / chemicals-resistant *adj*, resistant to chemicals || ≗**festigkeit** *f* / resistance to chemicals, chemical resistance
Chemilumineszenz *f* / chemiluminescence *n*
chemisch agressive Atmosphäre / corrosive atmosphere || **~er Angriff** / chemical attack, corrosion *n* || **~ beständig** / chemically resistant, non-corroding *adj*, resistant to chemical attack || **~ träge** / chemically inert
Chip-Freigabe *f* / chip enable (CE)
Chi-Quadrat-Verteilung *f* (X^2-Verteilung) (DIN 55350,T.22) / chi-squared distribution, X^2 distribution
Chlorkautschuk *m* / chlorinated rubber
Chloropren-Kautschuk *m* / polychloroprene *n*
Chopper-Übertrager *m* / chopper converter || ≗**-Verstärker** *m* / chopper amplifier || ≗**-Wandler** *m* (Gleichspannungs-Meßgeber) / chopper-type voltage transducer
Chroma *n* / chroma *n*
chromatische Aberration / chromatic aberration
chromatisieren *v* / passivate *v* (in chromic acid)
Chromato·gramm *n* / chromatogram *n* || ≗**graph** *m* / chromatograph *n* || **~graphisches Trennen** / chromatographic separation
Chrominanz *f* / chrominance *n*
Chrom·maske *f* / chrome mask || ≗**-Nickel-Stahl** *m* / nickel-chromium-steel *n*
CIE (A. f. „Commission Internationale de

l'Eclairage" - Internationale Normenstelle für Beleuchtung) || ≗-**Norm des bedeckten Himmels** / CIE standard overcast sky || ≗-**Normlichtart** *f* / CIE standard illuminant || ≗-**Normlichtquelle** *f* / CIE standard source
CIM (A. f. „computer integrated manufacturing" - Fertigungssteuerung im Datenverbund) || ≗-**Verbund** *m* / CIM network, integrated system
Clark-Transformation *f* / Clark transformation, a-b component transformation, equivalent two-phase transformation
CLB (s. Freigabebarren)
CLDATA (engl. A. f. „cutter location data" - Werkzeugpositionsdaten)
Client (s. dienstanforderndes Gerät)
Clipping (s. Abschneiden)
Clophen *n* (Chlordiphenyl) / Clophen *n* (chlorinated diphenyl) || ≗**kondensator** *m* / Clophen-impregnated capacitor || ≗**standsglas** *n* / Clophen level gauge glass || ≗**transformator** *m* / Clophen-immersed transformer, Clophen-filled transformer
Cloudpoint *m* (IEC 50(212)) / cloud point
Cluster Controller (s. Gruppensteuerung)
CML (s. Stromflußlogik)
CMOS (s. komplementärer Metalloxid-Schaltkreis)
CMOS-Speicher *m* / CMOS memory
CNC (A, f. „computerized numerical control", rechnergeführte numerische Steuerung o. rechnergesteuerte NC) || ≗ (Communications Network Coupler - Kommunikationsnetzkoppler) || ≗-**Bahnsteuerung** *f* / CNC continuous-path control, CNC contouring control || ≗-**Handeingabe-Bahnsteuerung** *f* / CNC continuous-path control with manual input || ≗-**Komponenten-System** *n* / CNC modular system || ≗-**Systemprogramm** *n* / CNC executive program
CNMA (communications network for manufacturing applications - Kommunikationsnetz für Fertigungsautomatisierung)
CO_2-Analysegerät *n* / CO_2 analyzer
Coconisierungsverfahren *n* / cocooning *n*, cocoonization *n*, cobwebbing *n*, spray webbing
Code *m* / code *n*
Codec *m* (Codierer-Decodierer) / codec *n* (coder/decoder)
Code·drucker *m* / code printer || ≗**element** *n* / code element || ≗**erkennung** *f* / code recognition || ≗**geber** *m* / encoder *n* || ~**gebundene Darstellung** / standard-code (o. specified-code) representation || ≗**locher** *m* / code tape punch || ≗**rückmeldung** *f* / code feedback || ≗**steuerzeichen** *n* / code extension character || ~**transparente Datenübermittlung** / code-transparent data communication || ≗**umfang** *m* / code space || ≗**umsetzer** *m* / code converter || ≗**umsetzer mit Priorität des höheren Wertes** / highest-priority encoder || ≗**umsetzung** *f* / code conversion || ~**unabhängige Datenübermittlung** / code-independent data communication || ≗**verletzung** *f* / code violation || ≗**wandler** *m* / code converter || ≗**wechsel** *m* / code change || ≗**wort** *n* / code word
Codier·bolzen *m* (ET, StV) / polarizing pin || ≗**bolzen** *m* (Leiterplatte) / coding pin || ≗**brücke** *f* / coding jumper
codieren *v* / code *v*, encode *v* || ≗ *n* / coding *n* || ≗ **dezimal/dual** (DIN 19239) / code decimal/binary, decimal-binary (code) conversion || ≗ **dual/dezimal** (DIN 19239) / code binary/decimal, binary-decimal (code) conversion
Codierer *m* / coder *n*, encoder *n* || ≗ **mit photoelektrischer Abtastung** / optical encoder
Codier-Führungsleiste *f* / polarizing guide || ≗**schalter** *m* / encoding switch, encoder *n*, coding switch || ≗**station** *f* (Terminal) / encoding terminal, coding terminal || ≗**station** *f* (zum Codieren v. Magnetkarten) / coding terminal || ≗**stecker** *m* / coding plug
codiert·es Bild / coded image || ~**er Drehgeber** / encoder *n*, quantizer *n* || ~**er Einbauplatz** / polarized slot, keyed slot
Codierung *f* / coding *n*, code *n* || ≗ (StV, Steckbaugruppe) / polarization *n*, orientation *n*, polarization code || ≗ (s. Nummerung)
Codierungs·regel *f* / encoding rule
Codierzubehör *n* (ET) / polarization keys
Colorimetrie *f* / colorimetry *n*
Common-mode-Ausfall (s. Mehrfach-Primärausfall)
computerunterstützte Schutzstaffelung (CUSS) / computer-aided protective grading
Concentra-„Flood"-Lampe *f* / projector flood lamp || ≗-**Lampe** *f* / reflector lamp || ≗-**„Spot"-Lampe** *f* / projector spot lamp
Container *m* (Kleinschrank f. 19"-Einschübe) / container *n*
Coprozessor *m* / coprocessor *n*
Corbino-Scheibe *f* / Corbino disc
Coriolis-Kraft *f* / Coriolis force, compound centrifugal force
Corotron *n* / corona device
Cosinusfunktion *f* / cosine function
cos φ-Messer *m* / power-factor meter, p. f. meter || ~-**Regelung** *f* / power-factor correction, reactive-power control
Coulomb-Lorentz-Kraft *f* (F) / Coulomb-Lorentz force (F) || ≗**sches magnetisches Moment** / magnetic dipole moment
Cox-Ring *m* / Cox sealing ring
CP (s. Bahn) || ≗ (s. Zentralprozessor)
CPE (s. Zentral-Prozeßelement)
CP/M (Mikrocomputer-Steuerprogramm o. -Betriebssystem) / CP/M (control program, microcomputer)
C-Profilschiene *f* / C-section rail, C-rail *n*
CPU (s. Zentraleinheit)
Crash-Sensor *m* (Kfz) / crash sensor, collision sensor
CRC (s. zyklische Blockprüfung)
Crimp·amboß *m* / crimp anvil || ≗**anschluß** *m* / crimp termination (IEC 603-1), crimp snap-on connection, crimp connection || ≗**anschluß** *m* (Verbinder) / crimp snap-on connector
Crimpen *n* / crimping *n*
Crimp·hülse *f* / crimp barrel || ≗**kammer** *f* / retainer chamber || ≗**kontakt** *m* / crimp contact, crimp snap-in contact || ≗-**Prüfbohrung** *f* / crimp inspection hole, contact inspection hole (depr.) || ≗-**Prüfloch** (s. Crimp-Prüfbohrung) || ≗-**snap-in-Verdrahtungstechnik** *f* / crimp snap-in wiring method || ≗**stempel** *m* / crimp indentor || ≗**verbindung** *f* / crimped connection, crimp

connection, crimp *n* || ²werkzeug *n* / crimping tool || ²**werkzeug-Mechanismus** *m* / crimping-tool mechanism || ²**zange** *f* / crimping tool
CROM (s. Steuer-ROM)
C-Schiene *f* (EN 50024) / C profile
CSK (A. f. „nach Bedarf gebaute Schaltgerätekombination"; VDE 0660, T.61) / CBA (A. f. "custom-built assembly of (low-voltage) switchgear and controlgear"; IEC 439)
CSMA/CD (carrier sense multiple-access/collision detection - Steuerungsverfahren für Vielfachzugriff mit Aktivitätsüberwachung und Kollisionserkennung)
CTA (s. Zellulosetriacetat)
C-tan-δ-Meßbrücke *f* / capacitance-loss-factor measuring bridge, C-tan-δ measuring bridge
CTD (A. f. „charge transfer device" - Ladungsverschiebungsschaltung o. Ladungstransportelement)
C.T.S.-Versuch *m* / controlled thermal severity test, C.T.S. test
Cu-Ko-Thermoelement (s. Kupfer-Konstantan-Thermoelement)
CU-Notierung (s. Kupfernotierung)
CUPAL-Blech *n* / copper-plated aluminium sheet
Curie·-Punkt (s. Curie-Temperatur) || ²-**Temperatur** *f* / Curie point, Curie temperature
CUSS (s. computerunterstützte Schutzstaffelung)
CU-Zuschlag (s. Kupferzuschlag)
Cyanursäure *f* / cyanuric acid, tricyanic acid
cycloaliphatisch *adj* / cycloalyphatic *adj*
C-Zustandsdiagramm *n* (PMG) / C state diagram, controller function state diagram

D

„d" (Kennbuchstabe für „druckfeste Kapselung", EN 50018) / "d" (classification letter for "flameproof enclosure", EN 50018)
D (s. Datum)
DA (s. Konstruktionsautomatisierung) || ² (s. Digitalausgang) || ² (s. Doppeladerleiter)
DAB (s. Durchlaufbetrieb mit Aussetzbelastung)
Dach *n* (Impuls) / top *n* (pulse) || ² (Leuchte; Schutzdach) / canopy *n* || ²**abfall** *m* (Impuls) / pulse droop || ²**blech** *n* (ST) / top plate, top cover || ²**größenwert** *m* (Impuls) / top magnitude (pulse) || ²**linie** *f* (Impuls) / top line (pulse) || ²**mittellinie** *f* (Impuls) / top centre line (pulse) || ²**mittelpunkt** *m* (Impuls) / top centre point (pulse) || ²**schräge** *f* (Impuls) / pulse tilt || ²**ständer** *m* (Hausanschluß) / service entry mast
dachziegelartig überlappend / imbricated *adj*, interleaved *adj* || **Wicklung mit ~ überlappendem Wickelkopf** / imbricated winding
Dahlander·-Schalter *m* / Dahlander pole-changing switch, pole changer for Dahlander winding || ²-**Schaltung** *f* / Dahlander pole-changing circuit, delta-parallel-star circuit, Dahlander circuit || ²-**Wicklung** *f* / Dahlander change-pole winding, Dahlander winding
Dämmer·beleuchtung *f* / low-level lighting || ²**licht** *n* / dimmed light, subdued light
Dämmerungs·beleuchtung *f* / dusk lighting || ²**schalter** *m* / photo-electric lighting controller, sun relay, photo-electric switch || ²**sehen** *n* / mesopic vision
Dämm·stoff *m* / insulating material || ²**wand** (f. Schall) (s. Schalldämmwand)
Dampf·begleitheizung *f* / steam tracing || ²**druckthermometer** *n* / vapour-pressure thermometer
dämpfen *v* (akust.) / dampen *v*, damp *v*, deaden *v*, to absorb sound || ~ (mech.) / dampen *v*, damp *v*, cushion *v*
dämpfender Feldbündelabstandhalter (Freiltg.) / spacer damper (IEC 50(466))
Dämpfer *m* (Wickl.) / damper *n*, damper winding, amortisseur *n*
Dämpferkäfig *m* / squirrel-cage damper winding, damper cage, amortisseur cage || **Synchronmotor mit** ² / cage synchronous motor
Dämpfer·segment *n* (Dämpferwickl.) / segment of damper winding, damper segment, amortisseur segment || ²**stab** *m* (Dämpferwickl.) / bar of damper winding, damper bar, amortisseur bar
Dämpferwicklung *f* / damper winding, amortisseur winding, damper *n*, amortisseur *n* || **Teilkäfig-**² *f* / discontinuous damper winding, discontinuous amortisseur winding
Dämpferwicklungs·-Kurzschlußzeitkonstante der Querachse / quadrature-axis short-circuit damper-winding time constant || ²-**Kurzschlußzeitkonstante der Längsachse** / direct-axis short-circuit damper-winding time constant || ²**lasche** *f* / damper-winding link, amortisseur strap || ²-**Leerlaufzeitkonstante der Längsachse** / direct-axis open-circuit damper-circuit time constant
dampfhaltige Luft / steam-laden atmosphere
Dampf·-Luftgemisch *n* / vapour-air mixture || ²**phasenlötung** *f* / vapour-phase soldering, condensation soldering || ²**schirm** *m* (a. VS) / vapour shield, vapour blanket || ²-**Turbo-Satz** *m* / turbo-alternator set, steam turbine set
Dämpfung *f* / damping *n*, attenuation *n* || **Betriebs**~ *f* (Verstärkerröhre, DIN IEC 235, T.1) / operating loss || **Kalt**~ *f* (Mikrowellenröhre) / cold loss || **relative** ² / damping ratio
dämpfungsarmer magnetischer Kreis (el. Masch.) / laminated magnetic circuit, magnetic circuit designed for high-speed flux response
Dämpfungs·ausgleicher *m* / attenuation equalizer || ²**belag** *m* / attenuation per unit length || ²**drossel** *f* / damping reactor || ²**element** *n* (Bürste) / finger clip, hammer clip || ²**faktor** *m* (el. Masch., Reg.) / damping factor, damping coefficient || ²**faktor** *m* (in Neper pro Längeneinheit) / attenuation constant || ²**feder** *f* / damping spring || ~**frei** *adj* / undamped *adj* || ²**glied** *n* / attenuator *n*, damper *n* || ²**grad** *m* / damping ratio || ²**koeffizient** *m* (LWL) / attenuation coefficient || ²**konstante** *f* (Synchronmasch.) / damping torque coefficient || ²**konstante** *f* (Akust.) / acoustical absorption coefficient, sound absorptivity || ²**konstante** *f* (in Neper o. dB) / attenuation constant || ²**körper** *m* / damping element || ²**kreis** *m* / damping circuit, anti-hunt circuit || ²**legierung** *f* / high-damping alloy || ²**leistung** *f* / damping power || ²**luft** *f* / damping air || ²**maß** *n* / damping factor || ²**material** (s. Bedämpfungsmaterial) || ²**moment** *n*

/ damping torque || ²röhre *f* / attenuator tube || ²spule *f* / damping coil, (damping) inductor || ²stück *n* (Bürste) / finger clip, hammer clip || ²ventil *n* / damping valve || ²verzerrung *f* / attenuation distortion || ²wicklung *f* / damping winding || ²wicklung (s. Dämpferwicklung)
Dämpfungswiderstand *m* / damping resistor || ² (Gerät, DIN 41640) / shunt resistance (IEC 512) || ² (gegen Ferroresonanz) / anti-resonance resistor
Dämpfungs·ziffer *f* (el. Masch.) / damping factor, damping coefficient || **relative ²ziffer** (el. Masch.) / per-unit damping-torque coefficient
Dänemark-Kleinstation *f* / Denmark-type packaged substation
D-Anteil *m* (Reg.) / D component, derivative component, differential component
dargestelltes Bild / display image
Darstellung *f* / representation *n* || ² (am Bildschirm) / display *n* || ² **der Häufigkeitsverteilung der prozentualen Merkmale** / percentile plot || ² **mit explizitem Radixpunkt** / explicit radix point representation || ² **mit impliziertem Radixpunkt** / implicit radix point representation, implicit-point representation || ² **mit Vorzeichen** / signed representation || ² **ohne Vorzeichen** / unsigned representation || ² **von Schwingungsabbildern** / waveform format || **bildliche** ² (Impulsmessung, DIN IEC 469, T.2) / pictorial format || **Informations~** / representation of information, data representation
darstellungsabhängige Syntax / concrete syntax
Darstellungs·art *f* / method of representation || ²**art** *f* (Formatsteuerfunktion) / graphic rendition || ²**attribut** *n* (Darstellungselemente) / primitive attribute || ²**bereich** *m* (Bildschirm) / display space || ²**dienst** *m* (DIN ISO 7498) / presentation service || ²**element** *n* (Grafik) / graphic primitive, output primitive, display element || **verallgemeinertes** ²**element (VDE)** / generalized drawing primitive (GDP) || ²**feld** *n* (Grafikgerät) / viewport *n* || ²**fläche** *f* (BSG) / display surface || ²**kommando** *n* (graf. DV) / display command, display instruction || ²**kontext** *m* / presentation context || ²**protokoll** *n* (DIN ISO 7498) / presentation protocol || ²**schicht** *f* (DIN ISO 7498) / presentation layer
darstellungsunabhängiger Syntax / abstract syntax
Datei *f* / dataset *n*, data file, file *n* || ²**abschnitt** *m* / file section || ²**austausch** *m* / file transfer || ²**menge** *f* / file set || ²**sperre** *f* / file locking || ²**transfer** (s. Dateiübertragung) || ²**übertragung** *f* / file transfer || ²**verwaltungssystem** *n* / file management system
Daten *plt* / data *plt* || ² **ohne Folgenummer** (DIN ISO 3309) / unnumbered information (UI) || ²**archiv** *n* / data archives || ²**aufbau** *m* / data structure || ²**auflösung** *f* / data resolution || ²**aufzeichnung** *f* / data recording || ²**ausgabe** *f* / data output, data-out *n* || ²**ausgang** *m* / data output, data-out *n* || ²**ausgang** *m* (Digitalausgang; DIN 44472) / digital output
datenausgebende Station / master station (ensuring data transfer to one or more slave stations)
Daten·austausch *m* / data exchange, data interchange, data communication || **Register mit** ²**auswahlschaltung** (DIN 40700, T.14) / register with an array of gated D bistable elements (IEC 117-15)
Datenbank *f* / data bank, database *n* || ²-**Verwaltungssystem** *n* / data base management system (DBMS)
Daten·basis *f* / database *n* || ²**basis** (s. Datenbank) || ²**baustein (DB)** *m* / data block (DB) || ~**bedingter Fehlzustand** (IEC 50(191)) / data-sensitive fault || ²**bereich** *m* (des Speichers) / data storage area || ²**beschreibungsbaustein** *m* / data description block || ²**betrieb ablösen** (DÜE, DIN 66020, T.1) / return to non-data mode || ²**betrieb ablösen** (DÜ-Schnittstellenleitung) / return to non-data mode || ²**blatt** *n* / data sheet, form *n* (ISO/DIS 6548) || ²**block** *m* / data block || ²**block** *m* (DÜ, DIN ISO 3309) / information format frame
Datenbus (DB) *m* / data bus (DB), data highway || ²**breite** *f* / data bus width || ²**system** *n* / data bus system || ²**treiber** *m* / data bus driver
Daten·byte links (DL) / left-hand data byte (DL) || ²**byte rechts (DR)** / right-hand data byte (DR) || ²**darstellung** *f* / data representation || ²-**Ein-/Ausgabe** *f* / data input/output, data in/out || ²-**Ein-/Ausgang** *m* / data input/output, data in/out || ²**eingabe** *f* / data input, data-in *n* || ²**eingabe in einen Speicher** / writing data into a store || ²**eingabe von Hand** / manual data input (MDI) || ²**eingabebus** *m* / data input bus (DIB) || ²**eingang** *m* / data input, data-in *n* || ²**einheit** *f* (DIN ISO 7498) / data unit || ²**element** *n* (DIN 44300) / data element
datenempfangende Station / slave station (station receiving data from a master station)
Daten·endeinrichtung (DEE) *f* / data terminal equipment (DTE) || ²**erfasser** (s. Datenerfassungsstation)
Datenerfassung *f* / data acquisition, data collection || ² **mit dezentraler Datenvorverarbeitung** / data acquisition with distributed front-end preprocessing
Datenerfassungs·schiene *f* / data acquisition (o. collection) bus || ²**station** *f* / data acquisition terminal, remote terminal unit (RTU)
Daten·erzeugung *f* / data production, data source || ²**feld** *n* / data field || ²**feld** *n* (DÜ, DIN ISO 3309) / information field || ²-**Fernübertragung (DFÜ)** *f* / long-distance data transmission, data communications || ²-**Fernübertragungsstrecke** *f* (DFÜ-Strecke) / long-distance data transmission link || ²**fernverarbeitung** *f* / data teleprocessing || ²**fluß** *m* / data flow || ²**flußplan** *m* / data flowchart, data flow diagram || ²**format** *n* / data format || ²**haltung** *f* / data management, database organization || ²**integrität** *f* / data integrity || ²**kanal** *m* / data channel, information channel || ²**kanal** *m* (MPU) / data port || ²**karte** *f* (f. Ausweis) / badge data card || ²**kette** *f* / data string || ²**kommunikationsrechner** *m* / communication computer || ²**konzentrator** *m* / data concentrator || ²**kopplung** *f* (Verbindung) / data link || ²**kreis** *m* / data circuit || ²**leitung** *f* / data line, data transfer line, data transmission line || ²**leitungssteuerung** *f* / data link control (DLC) || ²**menge** *f* / data volume, volume of data || ²**nachführung** *f* / data updating || ²**nahtstelle** *f* / data interface || ²**netz** *n* / data network || ²**oberfläche** *f* (Diskette) / recording side || ²**objekt** *n* / data object
Datenpaket *n* / data packet, packet *n* || ²**vermittlung**

f / packet switching
Daten·puffer *m* / data buffer || **˜quelle** *f* / data source || **˜quittung** *f* / data acknowledge (DTACK) || **˜rate** *f* / data rate, data signalling rate || **˜reduktion** *f* / data reduction || **˜rettung** *f* / data saving || **˜richtungsregister** *n* / data direction register (DDR) || **˜rückmeldung** *f* / data feedback || **˜sammelschiene** *f* / data bus, data highway || **˜sammler** *m* / data collector
Datensatz *m* / data record || **˜aufbau** *m* / data record structure || **˜schlüssel** *m* / (data) record key
Daten·schiene *f* / data bus || **˜schnittstelle** *f* / data interface || **˜schutz** *m* / privacy protection || **˜senke** *f* / data sink || **˜sicherheit** *f* / data integrity || **˜sicherung** *f* / data security, data save || **˜sicherungsmodul** *n* (PC) / data backup submodule || **˜sichtgerät** *n* / visual display unit (VDU), video terminal, CRT unit (o. monitor) || **˜sichtstation** *f* / data display terminal, video display terminal (VDT)
Datensignal *n* / data signal || **˜konzentrator** *m* / data signal concentrator || **˜rate** *f* / data signalling rate
Datenspeicher *m* / data memory, data storage || **˜** (Register, PC) / data register (DR)
Daten·standverbindung *f* (DIN ISO 3309) / non-switched data circuit || **˜station** *f* / data terminal, terminal installation for data transmission || **programmierbare ˜station** / intelligent station || **˜stelle** *f* (DIN 6763, Bl.1) / data position || **˜strom** *m* / data stream || **˜suchlauf** *m* / data search
Datenträger *m* / data medium, data carrier, volume *n*, storage medium || **˜bestimmung** *f* / data carrier detect (DCD)
Daten·transfer *m* / data transfer || **˜transfer** (s. Datenübertragung) || **˜transferbus (DTB)** *m* / data transfer bus (DTB) || **˜transparenz** *f* / data transparency || **˜typ** *m* (DIN 44300, T.1) / data type || **˜übergabe** *f* / data transfer || **˜überlauf** *m* / data overflow, data overrun || **˜übermittlung** *f* / data communication || **˜übermittlungsabschnitt** *m* / data communication link, data link || **˜übermittlungssystem** *n* / data communication system || **˜übernahme** *f* / data acceptance || **˜übernahmezustand** *m* (der Senke) (PMG, DIN IEC 625) / accept data state (ACDS)
Datenübertragung *f* / data transmission || **˜** (zwischen Zentraleinheit und Peripherie, a. MPSB) / data transfer
Datenübertragungs·aufforderung *f* / data transfer request (DTR) || **˜baugruppe** *f* / data transfer module, communications module (o. card) || **˜bestätigung** (s. Datenübertragungsquittung) || **˜block (DÜ-Block; DIN 44302)** *m* / data transmission block, frame || **˜bus** *m* / data transfer bus (DTB) || **˜dienst** *m* / data transfer (o. transmission) service || **˜einrichtung (DÜE)** (DIN 44302) *f* / data circuit-terminating equipment (DCE) || **˜geschwindigkeit** *f* / data rate, data signalling rate || **˜leitung** *f* / data transmission line || **˜protokoll** *n* / data transmission protocol || **˜quittung** *f* / data transfer acknowledge (DTACK) || **˜rate** *f* / data transfer rate || **˜steuerung** *f* (Gerät) / data transmission controller, communication controller || **˜umschaltung** *f* / data link escape (DLE) || **˜weg** *m* / data transmission path
Daten·umschaltverfahren *n* / data shift technique || **˜umsetzer** (s. Datenwandler) || **˜umsetzung** (s. Datenumwandlung) || **˜umwandlung** *f* / data conversion
Datenverarbeitung (DV) *f* / data processing (DP), information processing || **grafische ˜** / computer graphics
Datenverarbeitungs·anlage *f* / data processing equipment, computer *n* || **˜-Stromkreis** *m* (VDE 0660, T.50) / data processing circuit (IEC 439)
Daten·verbindung *f* / data circuit || **˜verbund** (s. Kommunikationsverbund) || **˜verdichtung** *f* / data compaction, data reduction || **˜verkehr** *m* / data traffic || **˜verkehr** (s. Datenaustausch) || **˜verlust** *m* / loss of data, overrun *n* || **˜vollständigkeit** (s. Datenintegrität) || **˜vorverarbeitung** *f* / data preprocessing || **˜wahlverbindung** *f* (DIN ISO 3309) / switched data circuit || **˜wandler** *m* / data converter || **˜weg** *m* / data path || **˜wort (DW)** *n* / data word (DW) || **˜ziel** *n* / data destination
Datum (D) (PC) / data (D) || **˜-Doppelwort** *n* / data double word || **˜schlüssel** *m* / date code
Datum- und Uhrzeitgeber *m* / real-time clock
Datumzelle *f* / data location
DAU (s. Digital-Analog-Umsetzer)
Dauer bis zum Abschneiden (Stoßwelle) / time to chopping || **˜ bis zum Scheitel** (Stoßspannung) / time to crest || **˜ der aktiven Instandsetzung** (IEC 50(191)) / active corrective maintenance time || **˜ der aktiven Wartung** (IEC 50(191)) / active preventive maintenance time || **˜ der Fehlerbehebung** (IEC 50(191)) / fault correction time || **˜ der Fehlerlokalisierung** (IEC 50(191)) / fault localization time || **˜ der Funktionsprüfung** (IEC 50(191)) / check-out time || **˜ der Impulskoinzidenz** / pulse coincidence duration || **˜ der Impulsnichtkoinzidenz** / pulse non-coincidence duration || **˜ der Reparaturtätigkeit** / active repair time || **˜ der Spannungsbeanspruchung** / time under voltage stress || **˜ des Bereitschaftszustands** (IEC 50(191)) / standby time || **˜ des betriebsfreien Klarzustands** (IEC 50(191)) / free time, idle time || **˜ des unentdeckten Fehlzustands** (IEC 50(191)) / undetected fault time
Daueranregung, für ˜ (z.B. Spule) / continously rated
Dauer·anriß *m* / fatigue incipient crack, fatigue crack || **˜ausgangsleistung** *f* (VDE 0860) / temperature-limited output power (IEC 65) || **˜aussetzbetrieb** *m* (DAB) / continuous operation with intermittent loading || **˜beanspruchung** *f* / continuous stress, continuous load || **˜beanspruchungsgrenze** *f* / endurance limit || **˜befehl** *m* (FWT) / persistent command
Dauerbelastbarkeit *f* / continuous loading capability, continuous rating || **thermische** (Rel., durch eine Erregungsgröße; VDE 0435, T.110) / limiting continuous thermal withstand value
Dauer·belastung *f* / continuous load, constant load, continuously rated load || **˜belastung** *f* (el. Masch., VDE 0530, T.1) / full load (IEC 34-2)
Dauerbeleger *m* (LAN) / jabber *n*
Dauerbelegung, Behebung der ˜ (LAN) / jabber control
Dauer·beleuchtung *f* / maintained lighting || **˜beständigkeit** *f* / endurance *n*, durability *n*, life *n*
Dauerbetrieb *m* / continuous operation, continuous

running || ≗ (Anlage) / continuous operation, non-stop operation || ≗ (SG; VDE 0660, T.101) / uninterrupted duty (IEC 157-1) || ≗ **(DB)** (S1; el. Masch., VDE 0530, T.1) / continuous running duty (S1, IEC 34-1), continuous duty || ≗ (DB) (Trafo) / continuous duty, continuous operation, uninterrupted continuous operation || ≗ (VDE 0730) / continuous operation || ≗ (Rel., VDE 0435, T.110) / continuous duty || ≗ **mit Bodenaustrocknung** (Kabel) / continuous operation with soil desiccation || **gleichwertiger** ≗ (el. Masch., VDE 0530, T.1) / equivalent continuous rating (e.c.r.) (IEC 34-1) || **Leistung im** ≗ / continuous rating, continuous output

Dauerbetriebs·strom *m* / continuous load current || ≗**temperatur** *f* (Temperatursicherung) / holding temperature

Dauer·biegekraft *f* (Isolator, Durchführung) / permanent cantilever load || ≗**biegewechselfestigkeit** *f* / bending fatigue strength || ≗**biegung** *f* / fatigue bending || ≗**brandbogenlampe** *f* / enclosed arc lamp || ≗**bruch** *m* / fatigue failure, fatigue fracture || ≗**bruchsicherheit** *f* / resistance to fatigue, endurance strength || ≗**bruchversuch** *m* / fatigue-fracture test || ≗**dehngrenze** *f* / ultimate creep, creep limit, fatigue-yield limit || ≗**drehwechselfestigkeit** *f* / torsional fatigue strength || ≗**durchlaßstrom** *m* / continuous forward current

Dauereinschaltung, für unbegrenzte ≗ / continuously rated

Dauer·einstellbefehl *m* (FWT) / persistent regulating command || ≗**erdschluß** *m* / sustained earth fault (GB), continuous earth fault (GB), sustained ground fault (US) || ≗**erdschlußstrom** *m* / sustained earth-fault current (GB), sustained ground-fault current (US) || ≗**ermüdungsfestigkeit** *f* / long-time fatigue strength || ≗**fehler** / permanent fault, persistent fault, sustained fault || ~**fest** *adj* / high-endurance *adj*, endurant, adj., of high endurance strength, durable *adj* || **Spannungs-**≗**festigkeit** *f* / voltage endurance, voltage life || ≗**festigkeit** *f* / endurance strength, fatigue strength || **mechanische** ≗**festigkeit** / mechanical endurance, time-load withstand strength || ≗**festigkeit im Druckschwellbereich** / fatigue strength under pulsating compressive stress || ≗**festigkeitsversuch** *m* / endurance test, fatigue test || ≗**gleichspannung** *f* / d.c. steady-state voltage || **wiederkehrende** ≗**gleichspannung** / d.c. steady-state recovery voltage || ≗**gleichstrom** *m* (Diode, DIN 41781) / continuous d.c. forward current, continuous forward current || ≗**gleichstrom** *m* (Thyr, DIN 41786) / continuous on-state current, continuous direct on-state current || ≗**grenz-Gleichstrom** *m* / maximum continuous direct current || ≗**grenzstrom** *m* / maximum continuous current || ≗**grenzstrom** *m* (Diode, DIN 41781) / maximum rated mean forward current || ≗**grenzstrom** *m* (Thyr, DIN 41786) / limiting value of mean on-state current

dauerhafte Kennzeichnung / durable marking

Dauerhaftigkeit *f* (Geräte nach VDE 0700,0730) / endurance *n* (IEC 335-1; CEE 10) || **Meß~** *f* / long-term measuring (o. metering) accuracy, long-term accuracy

Dauer·höchstleistung *f* / maximum continuous rating (m.c.r.) || ≗**kontaktgabe** *f* / maintained-contact control, maintained-contact operation || ≗**kontaktgeber** *m* / maintained-contact switch || ≗**kurzschluß** *m* / continued short circuit (EN 50020), sustained short circuit, persisting fault || ≗**kurzschlußstrom** *m* / sustained short-circuit current, steady short-circuit current || ≗**kurzschlußversuch** *m* (el. Masch., VDE 0530, T.2) / sustained short-circuit test (IEC 34-2) || ≗**ladung** *f* (Batt.) / trickle charge || ≗**last** (s. Dauerbelastung) || ≗**lastprüfung** *f* / time-load test, steady-load test || ≗**lauf** *m* / continuous running, continuous operation || ≗**laufprogramm** *n* (Kfz-Mot.-Prüf.) / endurance program || ≗**laufprüfstand** *m* / endurance test bed || ≗**leistung** *f* / continuous rating, continuous output || ≗**leistung** *f* (el. Masch., VDE 0530, T.1) / full-load power (IEC 34-1) || ≗**licht** *n* / steady light, maintained light || ≗**licht** (s. Dauerbeleuchtung)

Dauermagnet *m* / permanent magnet (PM) || ~**erregte Maschine** / permanent-field machine || ≗**erregung** *f* / permanent-magnet excitation, permanent-field excitation || ≗**maschine** *f* / permanent-magnet machine || ≗**schrittmotor** *m* / permanent-magnet stepper || ≗**stahl** *m* / permanent-magnet steel || ≗**synchronmotor** *m* / permanent-magnet synchronous motor, permanent-field synchronous motor || ≗**werkstoff** *m* / permanent-magnet material, magnetically hard material

Dauermeldung *f* / persisting indication || ≗ (FWT) / persistent information

dauernd abführbare Leistung / continuous heat dissipating capacity, continuous rating || ~ **aufliegende Bürsten** / brushes in permanent contact || ~ **besetzt** (m. Personal) / permanently manned || ~**e Pufferung** (Batt.) / trickle charging || ~**es Rauschen** (s. Dauerrauschen) || ~**e Wirkung** (Reg.) / permanent action

Dauer·packung *f* (Schmierfett) / prelubricating grease charge || ≗**prüfmaschine** *f* / endurance testing machine, fatigue testing machine || ≗**prüfung** *f* / endurance test, fatigue test || ≗**prüfung** *f* (el. Masch.) / heat run, temperature-rise test || ≗**prüfung bei gleitender Frequenz** / endurance test by sweeping || ≗**prüfung mit Erwärmungsmessung** / heat run, temperature-rise test || ≗**prüfverfahren** *n* / endurance test method || ≗**rauschen** *n* / continuous noise || ≗**schaltprüfung** *f* / life test, endurance test || ≗**schaltung** *f* (m. Batterie) / floated battery circuit || **Sicherheitsbeleuchtung in** ≗**schaltung** / maintained emergency lighting || ≗**schlagfestigkeit** *f* / impact fatigue limit, repeated-blow impact strength, impact endurance || ≗**schlagversuch** *m* / repeated-impact test, repeated-blow impact test || ≗**schlagzahl** *f* / impact fatigue in number of blows || ≗**schluß-Widerstand** *m* (Schlupfwiderstand) / permanent slip resistor || ≗**schmierung** *f* / prelubrication *n*, permanent lubrication || **Lager mit** ≗**schmierung** / prelubricated bearing, greased-for-life bearing || ≗**schock** *m* / repetitive shock || ≗**schocken** *n* (DIN IEC 68) / bumping *n*, bump *n* (IEC 68) || ≗**schockprüfung** *f* / bump test ||

~schwingbeanspruchung *f* / alternating cyclic stress || **~schwingbruch** *m* / fatigue failure, vibration failure, fatigue fracture, vibration fracture || **~schwingfestigkeit** *f* / endurance strength, fatigue limit || **~schwingung** *f* / sustained oscillation, undamped oscillation || **~schwingversuch** *m* / vibration test || **~sender** *m* (LAN) / jabber *n* || **~signal** *n* / continuous signal, maintained signal

Dauerspannung *f* / continuous voltage, constant voltage || **~** (Abl.) / continuous operating voltage

Dauerspannungs·festigkeit *f* / voltage endurance || **~prüfung** *f* / voltage endurance test, voltage life test

Dauerstand·festigkeit *f* (el.) / voltage endurance || **~festigkeit** *f* (mech.) / creep strength, fatigue strength, fatigue limit, creep rupture strength, endurance limit, endurance strength || **Spannungs-~prüfung** *f* / voltage endurance test, voltage life test || **~versuch** *m* / creep test, fatigue test

Dauer·störer *m* / continuous noise source || **~störmeldung** *f* / persistent alarm || **~störung** *f* (Funkstörung) / continuous disturbance, continuous noise

Dauerstrich·-Laser *m* (VDE 0837) / continuous wave laser (CWL) (IEC 825) || **~-Magnetron** *n* / continuous-wave magnetron (c.w. magnetron)

Dauerstrom *m* / continuous current (rating), permanent current || **~** (Relais-Kontaktkreis; DIN IEC 255) / limiting continuous current (of a contact circuit; IEC 255-0-20) || **~ I_a** (EN 50032) / permanent current I_a

Dauer·-Strombelastbarkeit *f* (eines Leiters; VDE 0100, T.200) / continuous current-carrying capacity || **~stromtragfähigkeit** *f* / continuous current carrying capacity, continuous current rating || **~temperatur** *f* / steady-state temperature, stagnation temperature || **zulässiger ~temperaturbereich** (VDE 0605, T.1) / permanent application temperature range (IEC 614-1) || **~test** *m* / continuous test || **~ton** *m* / continuous tone || **~torsionsversuch** *m* / fatigue torsion test, torsion endurance test || **~überlastbarkeit** *f* / continuous overload capacity || **~überlastgrenze** *f* / continuous overload limit (o. rating) || **~überlastung** *f* / continuous overload, sustained overload || **~umschaltung** *f* (DIN 66003) / shift-out *n* || **~unverfügbarkeit** *f* / constant non-availability || **~verfügbarkeit** *f* / constant availability || **~wärmefestigkeit** *f* / thermal endurance || **~wechselfestigkeit** *f* / endurance strength under alternating stress || **~welle** *f* / continuous wave (c.w.) || **~zugkraft** *f* (Bahn) / continuous tractive effort || **~zustand** *m* / steady-state condition, steady state

D-Auffang-Flipflop *n* / D latch

Daumen·rad *n* / thumb wheel || **~regel** *f* / thumb rule || **~schraube** *f* / thumb screw, knurled screw

Davysche Sicherheitslampe / Davy lamp

D-A-Wandler (s. Digital-Analog-Umsetzer)

dB (s. Dezibel)

DB (s. Datenbaustein) || **~** (s. Datenbus) || **~** (s. Dauerbetrieb)

DBC (s. Dezimal-Binärcode)

D-Beiwert *m* (Reg.; DIN 19226) / differential-action coefficient (o. factor)

D-Bild *n* (Ultraschallprüfung) / D scan

DCC (s. direkte Rechnersteuerung)

DC-Flipflop (s. taktzustandgesteuertes Flipflop)

DCTL (s. direktgekoppelte Transistorlogik)

DDA (s. digitaler Differenzensummator)

DDC (s. direkte digitale Regelung) || **~** (s. digitale dynamische Regelung) || **~** (direct digital control - direkte digitale Regelung)

DDC-Regler *m* / DDC controller

d/dt-Relais *n* / rate-of-change relay

DE (s. Digitaleingang)

DE-Abgleich (s. Differential-Erdschlußabgleich)

Deaktivator *m* (zur Erhöhung der Alterungsbeständigkeit) / deactivator *n*

deaktivierte Lampe / deactivated lamp

Debye-Scherrer-Kammer *f* / Debye-Scherrer camera, X-ray powder camera || **~-Verfahren** *n* / Debye-Scherrer method, powder diffraction method, powder method

Deck·anstrich *m* / top coat, finishing coat || **~blech** *n* / cover sheet, sheet-metal cover, blanking plate, masking plate, cover *n*

Deckel *m* / cover *n*, lid *n* || **~** (SK, VDE 0660, T.500) / removable cover (IEC 439-1) || **~** (Steckdose) / lid *n*, cover *n* || **~anschluß** *m* (IK) / flush covered outlet || **~lager** *n* / pillow-block bearing, plummer-block bearing || **~schalter** (s. Deckelverriegelungsschalter) || **~verriegelungsschalter** *m* / lid (o. cover) interlock switch || **~wanne** *f* (IK) / busway trough

Decken·-Abzweigdose *f* / ceiling tapping box || **~-Abzweig- und Auslaßdose** / combined ceiling tapping and outlet box || **~aufbaufluter** *m* / surface-type ceiling floodlight, ceiling floodlight || **~aufbaustrahler** *m* / surface-type ceiling spotlight, ceiling spotlight || **~aufhellung** *f* / ceiling brightening || **~-Auslaßdose** *f* / ceiling outlet box || **~durchführung** *f* / floor penetration, ceiling bushing || **~einbauleuchte** (s. Einbau-Deckenleuchte) || **~einbaustrahler** *m* / recessed ceiling spotlight || **~fluter** *m* / ceiling floodlight || **~haken** *m* (f. Leuchte) / ceiling hook || **~haken mit Platte** / hook plate || **~hohlraum** *m* / ceiling plenum || **~kanalsystem** *n* / ceiling-mounted ducting, ceiling-mounted trunking || **~kappe** *f* / ceiling cap, ceiling rose || **~leuchtdichte** *f* / ceiling luminance || **~leuchte** *f* / ceiling fitting (GB), surface-mounted luminaire (US), ceiling luminaire || **~licht** *n* (Oberlicht) / overhead light, skylight *n* || **~rastermaß** *n* / ceiling grid dimension || **~reflexionsgrad** *m* / ceiling reflectance || **~spannung** *f* (Erregersystem, el. Masch.) / ceiling voltage || **~spannung der Erregerstromquelle** / nominal excitation-system ceiling voltage || **~strahler** *m* / ceiling spotlight || **~strom** *f* (Erregersystem, el. Masch.) / ceiling current || **~zugschalter** *m* / cord-operated ceiling switch, ceiling-suspended pull switch

Decklack *m* / enamel *n*

Decklage *f* (Isol.) / facing *n* || **~** (Leiterplatte) / coverlayer *n* || **~** (Anstrich) / finishing coat, top coat

Decklagen-Zugbeanspruchungsprüfung *f* / face bend test, normal bend test

Deck·platte *f* (Trafo-Kern) / end plate, clamping plate || **~scheibe** *f* (Kuppl.) / cap *n* || **~scheibe** *f*

(Lg.) / side plate || **²scheibe** *f* (Klemme) / clamping piece (terminal), wire clamp || **²schieber** *m* (Wickl.) / drive strip, chafing strip, cap *n* || **²stern** *m* (WK) / top bracket

deckungs·gleich *adj* / in coincidence, coincident *adj* || **²gleichheit** *f* (Druckregister) / in-register condition

deckwassergeschützter Motor / deckwater-proof motor

Decodiereinheit *f* / decoding module, decoder *n*

decodieren *v* / decode *v*

Decodierer *m* / decoder *n*

Decodier·raster *m* / decoder matrix || **²spitze** *f* / decoding spike

DEE (s. Datenendeinrichtung) || **² nicht betriebsbereit** (E DIN 44302) / DTE controlled not ready || **² nicht betriebsfähig** (DIN 44302) / DTE uncontrolled not ready

Deemphasis *f* / de-emphasis *n*

DEE-Rückleiter *m* / DTE common return

DEE-Schnittstelle *f* (LAN) / attachment unit interface (AUI)

Defekt·elektron *n* (HL) / hole *n* || **²leitfähigkeit** *f* (HL) / hole-type conductivity, P-type conductivity || **²leitung** *f* (HL) / hole conduction, P-type conduction

definiert·es Ausfallverhalten / fail-safe shutdown || **~e Nachbildung der Belastungen** / defined simulation of the stresses || **~e Stellung** / defined position, definite position (rotary switch) || **~er Zustand** (Meldung) / determined state

Definitions·bereich *m* (Menge) / domain of definition || **²valenzen** *f pl* / cardinal stimuli

Definitivauslösung *f* / final tripping

Defokussierung *f* / defocusing *n* || **Phasen~** *f* / debunching *n*

Degressionsbetrag *m* / amount of degression

degressiv, quadratisch ~e Zustellung (NC) / squared degressive infeed

dehnbar *adj* / extendible *adj*, elastic *adj*, flexible *adj*, extensible *adj* || ~ (Metall) / ductile *adj*

Dehnbarkeit der Lackschicht (Draht) / elasticity of varnish coating

dehnen *v* (spannen) / tension *v*, stretch *v*, elongate *v*, strain *v* || ~ (Volumen) / expand *v* || ~ (CAD) / extend *v*

Dehner *m* (Vergrößerungselement) / magnifier *n*

Dehn·fähigkeit *f* / expansibility *n* || **²fuge** *f* / expansion joint || **²geschwindigkeit** *f* / strain rate || **²grenze** *f* / yield point || **²rate** *f* / strain rate || **²schraube** *f* / anti-fatigue bolt || **²steifigkeit** *f* / longitudinal rigidity, resistance to expansion

Dehnung *f* (s.a. „dehnen") / elongation *n*, extension *n*, stretch *n*, strain *n* || **² der Zeitablenkung** / sweep expansion || **² im Augenblick des Zerreißens** / elongation at break

Dehnungs·anteil *m* / percentage elongation || **²balg** *m* / expansion bellows || **²band** *n* / expansion strap, expansion loop || **²beanspruchung** *f* / tensile stress || **²bogen** *m* / expansion loop, expansion bend || **²diagramm** *n* / strain variation diagram, stress-strain diagram || **²element** *n* (IK) / expansion unit, expansion section, building expansion section, expansion-joint unit || **²festigkeit** *f* / tensile strength, elasticity *n* || **²grenze** *f* / yield point || **²kupplung** *f* / expansion coupling || **²messer** *m* / extensometer *n*, strainometer *n* || **²meßstreifen (DMS)** *m* / strain gauge, foil strain gauge || **²messung** *f* / extension (o. expansion o. elongation) measurement || **²modul** *m* / modulus of elasticity, Young's modulus || **²prüfung** *f* (VDE 0281) / elongation test || **²riß** *m* / expansion crack || **²-Spannungs-Beziehung** *f* / strain-stress relation || **²streifen** (s. Dehnungsmeßstreifen) || **²tensor** *m* / strain tensor || **²verhältnis** *n* / ratio of expansion || **²wärme** *f* / heat of expansion, expansion heat || **²zahl** (s. Dehnungsmodul)

Dehn·welle *f* / dilational wave || **²wert** *m* / coefficient of linear expansion, creep *n*

deionisieren *v* / de-ionize *v*

Dekade *f* (MG) / decade device

Dekaden·schalter *m* / decade switch || **²schaltung** *f* / decade switching, decade circuit || **²teiler** *m* / decade scaler || **²zähler** *m* / decade counter || **²zählrohr** *n* / decade counter tube

dekadisch·es Absorptionsmaß / internal transmission density || **~e Extinktion** (s. dekadisches Absorptionsmaß) || **~er Logarithmus** / common logarithm || **~er Zähler** / decade counter, divide-by-ten counter || **~e Zählröhre** (s. Dekadenzählrohr)

Dekodierer (s. Decodierer)

dekontaminierbar *adj* / decontaminable *adj*

Dekor·teil *n* / trimming *n* (section), moulding *n* || **²wanne** *f* (Leuchte) / figured trough, decorative bowl diffuser

dekrementieren *v* / decrement *v*

Delaminierung *f* / delamination *n*, cleavage *n*

Delle *f* / dent *n*

Delta·-Anordnung *f* (der Leiter einer Freiltg.) / delta configuration || **~-F-Indikator** *m* / delta-F indicator || **²-Lichtimpuls** *m* / delta light pulse || **²-Netznachbildung** *f* / delta network || **²-Röhre** *f* / delta tube || **²-Schattenmaske** *f* / delta planar mask

„De-Luxe"-Leuchtstofflampe *f* / de luxe fluorescent lamp

Demodulator *m* / demodulator *n*

demontieren *v* / dismantle *v*, disassemble *v*, tear down *v*, remove *v*

Demultiplexer *m* / demultiplexer *n*

Dendrit *n* / dendrite *n*

denkbar, größter ~er Zeitfehler / largest possible time error

Densitometer *n* / densitometer *n* || **²** (s. Schwärzungsmesser)

Depolarisationsstrom *m* / depolarization current

der Instandhaltung unterzogene Einheit (IEC 50(191)) / maintenance entity

Déri-Motor *m* / Déri motor, repulsion motor with double set of brushes

Deroziers Zickzackwicklung / Derozier's zig-zag winding

Derrickausleger *m* / swivel boom

DESA (s. Digitaleingabe mit Sammelalarm)

Desakkommodation *f* / disaccommodation *n*

Desakkommodations·faktor *m* / disaccommodation factor || **²koeffizient** *m* / disaccommodation coefficient

Desensibilisierung *f* (Empfänger, EMV) / desensitization *n*

Designergebnis *n* (QS-Begriff) / design output

Desorption *f* / desorption *n*

Desorptionskühlung *f* / desorption method of cooling
desoxydiertes Kupfer / deoxidized copper, oxygen-free copper
Detail·bilddarstellung *f*(BSG) / detail display || **˜zeichnung** *f* / detail drawing, detailed drawing
Detektivität *f*(Strahlungsempfänger) / detectivity *n*
Detektordiode *f* / detector diode
deterministisches adaptives Regelsystem / deterministic adaptive control system
Deuteronenstrahl *m* / deuteron beam
Deviationsmoment *n* / product of inertia
Devolteur (s. Absetzmaschine)
Dewar-Gefäß *n* / Dewar vessel, vacuum flask
dezentral·er Aufbau (Leitt.-, PC-Geräte) / distributed configuration || **~e Buszuteilung** (Flying-Master-Verfahren) / flying-master method || **~e Datenerfassung** / distributed (o. decentralized) data acquisition || **~e Datenverarbeitung** / distributed data processing (DDP) || **~es Echtzeit-Multiprozessor-System** / distributed real-time multiprocessor system (DRMS) || **~es Prozeßrechnersystem** / distributed process-computer control system || **~e Steuerung** / distributed control, decentralized control
dezentralisierte Datenerfassung / source collection of data
Dezibel (dB) *n* / decibel (dB) *n* || **˜-Meßgerät** *n* / decibel meter
dezimaler Teiler / decimal scaler
Dezimal-Binärcode (DBC) *m* / binary-coded decimal code (BCD code)
Dezimal·-Binär-Umsetzer *m* / decimal-to-binary converter || **˜bruch** *m* / decimal fraction || **~gebrochener Anteil** / decimal-fraction component || **˜punktschreibweise** *f* / decimal-point notation || **˜schreibweise** *f* / decimal notation || **˜schreibweise** *f*(NC) / decimal format || **˜zahl** *f* / decimal number || **˜zähler** *m* / decimal counter || **˜ziffer** *f* / decimal digit
df/dt-Relais *n*(Frequenzanstiegsrelais) / rise-of-frequency relay
D-Flipflop *n* / delay flipflop, latch flipflop
DFÜ (s. Daten-Fernübertragung)
D-Glied *n* / derivative-action element
DHÜ (s. Drehstrom-Hochspannungsübertragung)
Dia (s. Diapositiv)
Diabibliothek *f*(CAD) / slide library
Diac *m* / Diac *n*, bidirectional diode thyristor
Diagnose·baugruppe *f* / diagnosis module, diagnostic module || **˜baugruppe** *f* / diagnosis (o. diagnostic) module || **˜-Datenbaustein** *m* / diagnostic data block || **˜programm** *n* / diagnostic program, diagnostic routine || **˜prozessor** *m* / diagnostics processor || **˜schreiber** *m* / diagnostic recorder || **˜station** *f* / diagnostic terminal || **˜stecker** *m*(Kfz-Motorprüfung) / diagnostic connector || **˜- und Meldesystem** / diagnostics and messaging system || **˜zentrum** *n*(Kfz) / diagnostic panel
diagnostische Beanspruchung (Isolationsprüf., VDE 0302, T.1) / diagnostic factor (IEC 505)
Diagonal·ausfachung *f*(Gittermast) / bracing system, lacing system || **˜bauweise** *f*(SS) / diagonal arrangement
Diagonale (Gittermast) (s. Hauptdiagonale)
Diagonal·koppel *f* / diagonal coupler || **˜paßfeder** *f* / Kennedy key || **˜profil am Mastfuß** (IEC 50(466)) / diagonal leg profile
Diagonalschnittgewebe *f* / bias-cut fabric || **˜ in Tafelform** / panel-form bias-cut fabric
Diagonal, einfacher ˜zug (Gittermast) / single warren, single lacing
Diagramm *n*(DIN 40719,T.2) / chart *n*(IEC 113-1), graph *n*(US) || **˜ gleicher Lichtstärke** / isointensity chart || **˜antrieb** *m*(Schreiber) / chart driving mechanism || **˜blatt** *n* / chart *n*
Dialog *m*(DV) / dialog *n*, conversational mode, interactive mode || **˜betrieb** *m* / interactive mode, conversational mode
dialogfähig *adj*(Terminal) / interactive *adj* || **voll ~** / capable of full interactive communication
Dialog·feld *n*(BSG) / interactive area, dialog field || **˜fenster** *n* / dialog window, dialog box || **˜komponente** *f* / interactive component || **˜maske** *f* / interactive form || **˜software** *f* / interactive software || **˜sprache** *f* / conversational language || **˜station** *f* / interactive terminal, (remote) I/0 terminal || **˜steuerung** *f*(Prozeß) / interactive operator-process communication || **˜verarbeitung** *f* / interactive processing || **˜verkehr** *m* / interactive mode, conversational mode || **˜zyklus** *m*(PMG, „Handshake"-Zyklus) / handshake cycle
diamagnetischer Werkstoff / diamagnetic material, diamagnetic *n*
Diamagnetismus *m* / diamagnetism *n*
Diamantpyramidenhärte (DPH) *f* / diamond pyramid hardness (DPH)
Diaphragmapumpe *f* / diaphragm pump
Diapositiv *n* / slide *n*
Diaprojektor *m* / slide projector, still projector
Diasynchronmaschine (s. Wechselstrom-Kommutatormaschine)
DIAZED·-Einbausatz *m* / DIAZED fuse assembly || **˜-Sicherungseinsatz** *m* / DIAZED fuse-link
dicht *adj* / dense *adj* || ~ (undurchlässig) / tight *adj*, impervious *adj* || ~ (gedrängt) / compact *adj* || **~ bebautes Gebiet** / built-up area || **~ gekapselte Maschine** / sealed machine || **~er Stoff** (keramischer Isolierstoff; VDE 0335, T.1) / impervious material
Dicht-an-dicht-Montage *f* / butt-mounting *n*, mounting side by side (o. end to end)
Dichtbrand *m*(Isolator) / absence of porosity
Dichte der Ausfallwahrscheinlichkeit / failure probability density || **absolute ˜** / specific gravity
Dichtemodulation *f* / density modulation, charge-density modulation
Dichteumfang *m*(s. Schwärzungsdichteumfang)
Dicht·fett *n* / sealing grease || **˜fläche** *f* / sealing surface, sealing face || **˜hammer** *m* / caulking hammer
Dichtheitsprüfung *f*(Kondensator) / sealing test
Dichtigkeitsprüfung *f* / check for leaks, leak test, seal test, seal-tight test || **˜** (durch Abdrücken) / hydrostatic test, high-pressure test, proof test
Dicht·lager *n* / sealed bearing || **˜leiste** *f*(IK) / sealing strip, equalizing strip || **˜naht** *f* / seal weld || **˜öl** *n* / seal oil, sealing oil || **~passend** *adj* / tight-fitting *adj* || **˜profil** *n* / shaped gasket, sealing strip || **˜prüfung** (s. Dichtigkeitsprüfung) || **˜rahmen** *m* / sealing frame || **˜ring** (s. Dichtungsring) || **~schließend** *adj* / sealed *adj*, hermetically sealed ||

≗schneide *f* / sealing lip || ~schweißen *v* / caulk-weld *v* || ≗spalt *m* / packed sealing gap || ≗stoff *m* / sealant *n* || ≗streifen *m* / sealing strip

Dichtung *f* (ruhende Teile) / seal *n*, gasket *n*, static seal || ≗ (rotierende Teile) / packing *n*, dynamic seal, seal *n* || ≗ **am Montageausschnitt** (ET, ST) / panel seal || ≗ **mit Flüssigkeitssperre** / hydraulic packing, hydraulic seal

Dichtungs·band *n* / sealing strip || ≗**binde** *f* / packing bandage || ≗**draht** *m* (Lampe) / seal wire, press lead || ≗**druckhülse** *f* (EMB) / grommet follower, grommet ferrule || ≗**fläche** *f* / sealing area, faying surface || ≗**kappe** *f* / sealing cap || ≗**masse** *f* / sealing compound, sealer *n*, caulking compound, lute *n* || ≗**masse** *f* (f. Zellendeckel einer Batt.) / lid sealing compound || ≗**material** *n* / packing material, sealing material, caulking material || ≗**mittel** (s. Dichtstoff) || ≗**mutter** (s. Tüllenmutter) || ≗**ring** *m* / sealing ring, seal ring, packing ring, gasket *n*, joint ring || ≗**ring** *m* (IR) / sealing washer || ≗**scheibe** *f* / sealing disc, sealing washer, sealer plate, gasket *n* || ≗**schneide** *f* / sealing lip || ≗**schnur** *f* / packing cord || ≗**schweißen** *n* / caulk welding || ≗**stoff** (s. Dichtstoff) || ≗**weichstoff** *m* / compressible packing material

Dichtverpackung *f* / sealed packing, blister packing

dichtverschlossen·e Einrichtung (f. Geräte in Zündschutzart) / sealed device

Dichtwickel *m* / sealing wrapper

Dicke *f* (Schicht) / thickness *n* || ≗ (Blech) / gauge *n*, thickness *n* || ≗ **der Isolierung** / insulation thickness, distance through insulation || **durchstrahlte** ≗ / depth of penetration, penetration *n*

Dicken·lehre *f* / thickness gauge || ≗**lehre** *f* (f. Papier o. Kunststoffolien) / caliper profiler || ≗**schwinger** *m* / thickness-mode transducer

Dick·film-Bauteil *n* / thick-film component || ~**flüssig** *adj* / viscous *adj*, of high viscosity, thick *adj* || ≗**kernfaser** *f* / fat fibre || ≗**öl** *n* / bodied oil || ≗**schichtschaltung** *f* / thick-film (integrated) circuit

Diebstahl (s. Stromdiebstahl) || ≗**-Warnanlage** *f* (Kfz) / anti-theft alarm system

Dielektrikum *n* / dielectric *n*

dielektrisch·e Ableitung / dielectric leakage || ~**e Aufnahmefähigkeit** / dielectric susceptibility || ~**e Beschichtung** / dielectric coating || ~**er Durchschlag** / dielectric breakdown || ~**e Durchschlagsfestigkeit** / dielectric breakdown strength, dielectric strength || ~**e Erregung** / dielectric displacement density || ~**e Erwärmung** / dielectric heating || ~**e Festigkeit** / dielectric strength, electric strength || ~**e Ladecharakteristik** / dielectric absorption characteristic || ~**er Ladestrom** / dielectric absorption current || ~**er Leistungsfaktor** / dielectric power factor, insulation power factor || ~**e Leitfähigkeit** / permittivity *n*, inductivity *n* || ~**e Nachwirkung** / dielectric fatigue, dielectric absorption, dielectric remanence || ~**er Nachwirkungsverlust** / dielectric residual loss || ~**e Phasenverschiebung** / dielectric phase angle || ~**e Prüfung** / dielectric test || ~**e Regenprüfung** / dielectric wet test || ~**es Schweißen** / high-frequency pressure welding, HF welding, radio-frequency welding || ~**e Trockenprüfung** / dielectric dry test || ~**er Verlust** / dielectric loss || ~**er Verlustfaktor** (cos δ) / dielectric power factor || ~**er Verlustfaktor** (tan δ) / dielectric dissipation factor, loss tangent || ~**er Verlustwinkel** / dielectric loss angle || ~**e Verlustzahl** / dielectric loss index || ~**e Verschiebung** / dielectric displacement, electrostatic induction || ~**e Verschiebungsdichte** / dielectric displacement density, dielectric flux density || ~**e Verschiebungskonstante** (s. Dielektrizitätskonstante des leeren Raumes) || ~**e Verschiebungspolarisation** (s. dielektrische Verschiebung) || ~**er Verschiebungsstrom** / displacement current || ~**er Widerstand** / dielectric resistance

Dielektrizitätskonstante *f* / dielectric constant, dielectric coefficient, permittivity *n*, capacitivity *n*, permittance *n*, inductive capacitance, specific inductive capacity || ≗ **des leeren Raumes** / permittivity of free space, capacitivity of free space, electric space constant, electric constant || ≗ **des Vakuums** (s. Dielektrizitätskonstante des leeren Raumes)

Dielektrizitätszahl (s. Dielektrizitätskonstante)

Dienst *m* (DIN ISO 7498) / service *n*

dienstanforderndes Gerät (Bussystem) / client *n*

Dienst·anwendbarkeit *f* (IEC 50(191)) / service operability performance || ≗**benutzer** *m* (DIN ISO 7498) / service user || ≗**bereitschaft** *f* (IEC 50(191)) / service support performance || ≗**beständigkeit** *f* (IEC 50(191)) / service retainability performance || ≗**bestandswahrscheinlichkeit** *f* (IEC 50(191)) / service retainability || ≗**dateneinheit** *f* / service data unit

Dienste *pl* (CAD) / utility *n* || ~**-integrierendes digitales Netz (ISDN)** / integrated services digital network (ISDN)

Dienst·element *n* (DIN ISO 7498) / service primitive || ≗**erbringer** *m* (DIN ISO 7498) / service provider || ≗**funktionen** *f pl* (MC-System) / service functions, utilities *n pl* || ≗**gang** *m* (ZKS) / authorized absence || ≗**gangbuchung** *f* (ZKS) / authorized-absence entry, on-duty entry || ≗**güte** *f* (IEC 50(191)) / quality of service || ≗**integrität** *f* (IEC 50(191)) / service integrity || ≗**leistung** *f* / service *n* || ≗**programm** *n* / service program, utility routine, utilities *n pl* || ≗**programmfunktion** *f* / utility function || ≗**qualität** (s. Dienstgüte) || ≗**signal** *n* (DÜ, DIN 44302) / call progress signal || ≗**verfügbarkeit** *f* (IEC 50(191)) / serviceability performance || ≗**zugänglichkeit** *f* (IEC 50(191)) / service accessibility performance || ≗**zugangspunkt** *m* (DIN ISO 7498) / service access point (SAC) || ≗**zugangsverzug** *m* / service access delay || ≗**zugangswahrscheinlichkeit** *f* / service access probability, service accessibility

Diesel·-Aggregat *n* / diesel-generator set || ≗**-elektrischer Antrieb** / diesel-electric drive, thermo-electric drive, oil-electric drive || ≗**-Generator** *m* / diesel-driven generator, diesel generator

Dieselhorst-Martin-Vierer *m* / multiple-twin quad, DM quad

Diesel·-Kraftanlage *f* / diesel power plant || ≗**motor** *m* / diesel engine || ≗**-Schwungradgenerator** *m* / diesel-driven flywheel generator

Differential *n* (Getriebe) / differential *n*

differential gewickelt / differentially wound
Differential, elektrisches ≗ / electric differential, differential selsyn || ≗**ader** *f* / differential pilot, operating pilot || ≗**anteil** *m* (Reg.) / derivative-action component, differential component || ≗**diskriminator** *m* / differential discriminator || ≗-**Drehmelder** *m* / differential resolver || ≗-**Endschalter** *m* / differential limit switch || ≗-**Erdschlußabgleich (DE-Abgleich)** *m* / adjustment for earth-fault protection, zero-current adjustment || ≗**erregung** *f* / differential excitation, differential compounding || ≗**kolben** *m* / stepped piston, double-diameter piston || ≗-**Linearitätsfehler** *m* / differential non-linearity || ≗**melder** *m* (Brandmelder) / rate-of-rise detector || ≗**meßbrücke** *f* / differential measuring bridge || ≗**operator** *m* / differential operator || ≗-**Punktmelder** *m* / rate-of-rise point detector || ≗**quotient nach der Zeit** / time derivative (dx/dt) || ≗-**Refraktometer** *n* / differential refractometer || ≗**regelung** *f* / derivative-action control, differential-action control, differential control, rate-action control || ≗**regelwerk** *n* (Lampe) / differential arc regulator || ≗**regler** *m* / derivative-action controller, differential-action controller, rate-action controller, derivative controller || ≗**relais** *n* / differential relay, balanced current relay || ≗**relais mit Haltewirkung** / biased differential relay, percentage differential relay, percentage-bias differential relay || ≗**schutz** *m* / differential protection, balanced protection || ≗**schutz mit Hilfsader** / pilot-wire differential protection || ≗**schutzrelais** *n* / differential protection relay, balanced protection relay || ≗**schutzwandler** *m* / biasing transformer, differential protection transformer || ≗**schutzwandler** *m* (Zwischenwandler) / matching transformer (for differential protection) || ≗**sperre** *f* (Kfz) / differential lock || ≗**strom** *m* (Differentialschutz) / differential current || ≗**strom** (s. Differenzstrom) || ≗-**Thermoanalysegerät** *n* / differential thermo-analyzer || ≗**transformator** *m* / differential transformer || ≗**transformator** *m* (Meßumformer) / differential-transformer transducer || ≗**übertrager** *m* / differential transformer || ≗**verhalten** *n* (Reg.) / derivative action, differential action, D-action *n* || ≗**verstärker** *m* / differential amplifier || ≗**wicklung** *f* / differential compound winding, differential winding || ≗**wirkung** (Reg.) (s. Differentialverhalten) || ≗**zeit** (s. Differentialzeitkonstante) || ≗**zeitkonstante** *f* / derivative-action time constant, derivative time constant, differential-action time constant
Differentiation *f* (Impulsformungsverfahren) / differentiation *n*
differentiell·er Durchlaßwiderstand (DIN 41760) / differential forward resistance || ~**e Induktivität** / incremental inductance || ~**e Leistungsverstärkung** / incremental power gain || ~**er Linearitätsfehler** (DIN 44472) / differential linearity error || ~**e Messung** / differential measurement || ~**e Permeabilität** / differential permeability || ~**e Phasenverschiebung** (s. Phasenverschiebungsdifferenz) || ~**er Widerstand** (a. Diode, DIN 41853) / differential resistance
Differenz der Abweichungs-Mittelwerte (Rel., VDE 0435, T.110) / variation of the mean error || ≗**anzeigegerät** *n* / differential indicator || ≗**ätzung** *f* / differential etching || ≗**ausgang** *m* (Verstärker) / differential output || ≗-**Ausgangsimpedanz** *f* / differential-mode output impedance || ≗-**Auslösestrom** *m* / residual operating current || ≗**diskriminator** *m* (s. Differentialdiskriminator)
Differenzdruck *m* / differential pressure, pressure differential || ≗-**Durchflußmesser** *m* / head flowmeter, differential-pressure flowmeter || ≗**geber** *m* / differential-pressure transmitter || ≗**manometer** *n* / differential-pressure manometer, manometer *n* || ≗-**Meßumformer** *m* / differential-pressure transducer
Differenz·eingang *m* (Verstärker, MG) / differential input || ≗-**Eingangsschwellenspannung** *f* / differential input threshold voltage || ≗**flußprinzip** *n* / difference-flux principle || ≗**größe** *f* / differential quantity
Differenzierbeiwert *m* (Reg., DIN 19226) / derivative-action coefficient (o. factor)
differenzierend·es Verhalten (Reg.) / derivative action, D-action *n* || ~**es Verhalten zweiter Ordnung** / second derivative action, D_2 action
Differenzierer *m* / differentiator *n*, derivative-action element || ≗ (Glied, dessen Ausgangsgröße proportional zur Änderungsgeschwindigkeit der Eingangsgröße ist) / derivative unit
Differenzier·schaltung *f* / differentiating circuit || ≗**verstärkung** *f* (Reg.) / derivative action gain, derivative gain || ≗**zeit** *f* (Reg.) / derivative-action time constant
Differenz·-Impulsratenmeter *n* / differential impulse rate meter || ≗**kraft** *f* (a. PS, DIN 41635) / force differential, differential force || ≗-**Kurzschlußstrom** *m* (bei Verwendung einer Kurzschlußschutzeinrichtung) / conditional residual short-circuit current || ≗-**Leerlaufspannungsverstärkung** *f* / open-loop gain || ≗**melder** *m* (Brandmelder) / differential detector
Differenzmeßgerät *n* / differential measuring instrument
Differenz·meßverfahren *n* / differential method of measurement, differential measurement || ≗**moment** *n* (PS) / torque differential || ≗**motor** *m* / differential motor || ≗-**Nichtauslösestrom** *m* / residual non-operating current || ≗-**Puls-Code-Modulation (DPCM)** *f* / differential pulse code modulation (DPCM) || ≗**schaltung** *f* / differential connection || ≗-**Signal-Eingangsspannung** *f* / differential input voltage || ≗**spannung** *f* (U_{ist}-U_{soll}) / error voltage, error signal || ≗-**Spannungsverstärkung** *f* (Verstärker m. Differenzeingang) / differential-mode voltage amplification
Differenzstrom *m* / differential current || ≗ (VDE 0100, T.200) / residual current || ≗ (Schutz, Strom infolge Fehlanpassung der Wandler) / spill current || ≗**anregung** *f* / residual current starting (element) || ≗**auslöser** *m* / residual-current release, differential-current trip || ≗-**Ein- und -Ausschaltvermögen** / residual making and breaking capacity || ≗--**Kurzschlußfestigkeit** *f* / residual short-circuit withstand current || ≗**schalter (DI-Schalter)** *m* / residual-current circuit breaker

Differenz·tonbildung *f* / intermodulation *n* || **²tondämpfung** *f* / intermodulation rejection || **²vektor** *m* / incremental vector || **²verstärker** *m* / difference amplifier, instrumentation amplifier || **²weg** *m* / differential travel (o. movement), movement differential || **²wert** *m* / differential value

Diffraktion *f* / diffraction *n*

Diffraktometer *n* / diffraction analyzer, diffractometer *n*

Diffraktometrie *f* / diffractometry *n*

diffundieren *v* / diffuse *v*

diffundiert·er Transistor / diffused transistor || **~er Übergang** (HL) / diffused junction

diffus·e Beleuchtung / diffuse lighting, directionless lighting || **~e Bezugsbeleuchtung** / reference lighting || **~e Himmelsstrahlung** / diffuse sky radiation, skylight *n* || **~er Metalldampfbogen** / diffuse metal-vapour arc || **~e Reflexion** / diffuse reflection, spread reflection || **~er Schalleinfall** / random incidence || **~e Transmission** / diffuse transmission || **~er Vakuumlichtbogen** / diffuse vacuum arc

Diffusions·glühen *n* / diffusion annealing, homogenizing *n* || **²-Halbwertzeit** *f* / half-value diffusion time || **²-Halbwertzeitprüfung** *f* / diffusion half-time test || **²koeffizient** (HL) (s. Diffusionskonstante) || **²konstante** *f* (HL) / diffusion constant || **²länge** *f* (HL) / diffusion length || **²pumpe** *f* / diffusion pump, vacuum diffusion pump || **²spannung** *f* (HL) / diffusion potential || **²sperre** *f* / diffusion barrier || **²technik** *f* (HL) / diffusion technique, impurity diffusion technique || **²verzinken** *n* / diffusion zinc plating, sherardizing *n*

Diffusor *m* (Lüfter) / diffuser *n* || **Schall~** *m* (Schallpegelmesser) / random-incidence corrector

digital anzeigendes Meßgerät / digital meter || **~er Ausgang** (s. Digitalausgang) || **~e Daten** / digital data, discrete data || **~es Datenverarbeitungssystem** / digital data processing system || **~er Differenzensummator (DDA)** / digital differential analyzer (DDA) || **~e dynamische Regelung (DDC)** / digital dynamic control (DDC) || **~er Eingang** (s. Digitaleingang) || **~e elektrische Größe** / digital electrical quantity || **~e Funktion** / digital function, digital operation || **~e Impulsdauermodulation (DPDM)** / digital pulse duration modulation (DPDM) || **~es Meßverfahren** / digital method of measurement || **~e Präzisionsschaltuhr** / precision-type digital time switch || **~e Rechenanlage** (DIN 44300) / digital computer || **~es Rechensystem** (DIN 44300) / digital computer system || **~e Schrittdauermodulation** (s. digitale Impulsdauermodulation) || **~es Signal** / digital signal, discrete signal || **~er Signalgenerator** (Synthesizer) / frequency synthesizer || **~e Steuerung** / digital control || **~e Verknüpfungsfunktion** / digital logic function || **~e Wegerfassung** (Dekodierer) / digital position decoder, digital displacement decoder

Digital-/Analog·ausgabe *f* (Baugruppe) / digital/analog output module || **²eingabe** *f* (Baugruppe) / digital/analog input module

Digital-Analog·-Umsetzer *m* (DAU) / digital-analog converter (DAC), digital-to-analog converter (DAC) || **²-Umsetzung** *f* / digital-to-analog conversion (D/A conversion)

Digital·anweisung *f* / digital statement || **²anzeige** *f* / digital display, digital readout || **~anzeigendes Meßgerät** / digital indicating instrument || **²anzeiger** *m* / digital indicator

Digitalausgabe *f* / digital output || **²** (Baugruppe) (s. Digitalausgabebaugruppe) || **²baugruppe** *f* / digital output module

Digital·ausgang (DA) *m* / digital output || **²ein-/ausgabe** *f* / digital I/O, discrete I/O

Digitaleingabe *f* / digital input || **²baugruppe** *f* / digital input module || **²-Zeitbaugruppe** *f* (PC) / digital input/timer module

Digital·eingang (DE) *m* / digital input || **~gesteuerter Regler** (s. Digitalregler) || **~-inkrementales Meßsystem** / digital-incremental measuring system

Digitalisierer / digitizer *n*

Digitalisier·gerät *n* / digitizer *n* || **²lupe** *f* / puck *n*

digitalisiert·es Bild / binary image

Digitalisier·tablett *n* / digitizing tablet

Digital·lichtsteller *m* / digital dimmer, digital fader || **²multimeter (DMM)** *n* / digital multimeter (DMM) || **²plotter** *m* / data plotter, digital incremental plotter || **²rechner** *m* / digital computer || **²regler** *m* (DDC-Regler) / digital controller (DDC controller) || **²spannungsmesser** *m* / digital voltmeter (DVM) || **²system** *n* / digital system || **²verknüpfung** *f* / digital logic operation, digital combination (o. gating) || **²-Voltmeter (DVM)** *n* / digital voltmeter (DVM) || **²zähler** *m* / digital counter || **²zähler** *m* (integrierend) / digital meter || **²-Zeit-Zählerbaugruppe** *f* / digital timer-counter module

Dimensionierungsprüfung *f* (E VDE 0670, T.8 A2) / proof test (IEC 517, A2)

Dimensions·analyse *f* / dimensional analysis || **²stabilität** *f* / dimensional stability, thermostability *n* || **²zeichen** *n* (f. die Größe der analogen Auflösung eines ADU) / unit symbol

Dimethyl·imidazol *n* / dimethyl imidazole || **²phtalat** *n* / dimethyl phtalate

Dimmer (s. Helligkeitsregler)

DIN-Schiene *f* / DIN rail

Diode *f* / diode *n*

Dioden·baugruppe *f* (Säule) / diode stack || **²gleichrichter** *m* / diode rectifier || **²grenzfrequenz** *f* / diode limit frequency || **²kennlinie** *f* (ESR, Emissionskennlinie) / diode characteristic, emission characteristic || **²-Leuchtmelder** *m* / LED indicator || **²logik (DL)** *f* / diode logic (DL) || **²perveanz** *f* / diode perveance || **²-Transistor-Logik (DTL)** *f* / diode transistor logic (DTL) || **²ventil** *n* / diode valve

Dipol *m* / dipole *n*, doublet *n* || **²antenne** *f* / dipole aerial, dipole *n* || **elektrisches ²moment** / electric dipole moment

Dirac-Funktion *f* / Dirac function, unit pulse, unit impulse (US)

direkt·e Abbildung (PC) / direct mapping || **~es adaptives Regelsystem** / direct adaptive control system || **~er aktinischer Effekt** / direct actinic effect || **~e Angabe des Vorschubs** (NC-Wegbedingung; DIN 66025,T.2) / direct programming of feedrate, feed per minute (ISO

1056), feed per revolution || ~**er Antrieb** / direct drive || ~**e Auslösung** (s. unmittelbare Auslösung) || ~ **beeinflußte Regelstrecke** (o. Steuerstrecke) / directly controlled system || ~**e Belastung** / direct loading || ~**e Beleuchtung** / direct lighting || ~**es Berühren** (VDE 0100, T.200) / direct contact || ~**e Bestimmung des Wirkungsgrades** (s. direkte Wirkungsgradbestimmung) || ~**e Betriebserdung** (s. unmittelbare Betriebserdung) || ~**e Bildschirmeingabe** / visual mode || ~**er Blitzeinschlag** / direct lightning strike || ~**er Blitzschlag** / direct stroke || ~**e Diagnose** (on line) / on-line diagnosis || ~**e digitale Regelung (DDC)** / direct digital control (DDC) || ~**er Druckluftantrieb** (s. unmittelbarer Druckluftantrieb) || ~**e Eigenerregung** (Gen.) / excitation from prime-mover-driven exciter || ~**es Einführen** (zu Anschlußstellen innerhalb eines Gehäuses) / direct entry || ~**es Einschalten** (Mot.) / direct-on-line starting (d.o.l. starting), full-voltage starting, across-the-line starting || ~ **einschalten** (Mot.) / to start direct on line, to start at full voltage, to start across the line || ~**e Einwirkung** (HSS, über eine Verbindung zwischen Bedienteil und Schaltglied) / direct drive || ~**e Erdung** / direct connection to earth, direct earthing, solid connection to earth || ~**er Frequenzumrichter** / cycloconverter *n* || ~**e Gaskühlung** (Wicklungsleiter) / inner gas cooling, direct gas cooling || ~ **gekoppelte Rechnersteuerung** / on-line computer control || ~ **gekühlter Leiter** / inner-cooled conductor, direct-cooled conductor || ~**es Kommutieren** (LE) / direct commutation || ~**e Kühlung** (Wicklungsleiter) / inner cooling, direct cooling || ~**e Kupplung** / direct coupling || ~**e Leiterkühlung** (el. Masch.) / inner conductor cooling, direct conductor cooling || ~**er Lichtstrom** / direct flux || ~**e Messung** (NC) / direct measurement, linear measurement || ~**e numerische Steuerung** (DNC) / direct numerical control (DNC) || ~**e Prozeßankopplung** / on-line process interface || ~**e Prüfung** / direct test || ~**e Rechnersteuerung (DCC)** / direct computer control (DCC) || ~**es Schalten** / direct operation, direct control || ~**es Schalten** (s. direktes Einschalten) || ~**e Schaltermitnahme** / intertripping *n* || ~**e Selbsterregung** (Transduktor) / auto-self-excitation *n*, self-saturation *n* || ~**er Spannungsregler** / direct-acting voltage regulator || ~**er Speicherzugriff (DMA)** / direct memory access (DMA) || ~**er Steckverbinder** (Leiterplatte) / edge socket connector || ~**er Überstromauslöser** (VDE 0660, T.101) / direct overcurrent release (IEC 157-1) || ~**es Verhalten** (Reg.) / direct action || ~ **wirkender Auslöser** / direct release, direct acting release, direct trip, series release, series trip || ~ **wirkender Regler** / direct-acting controller || ~ **wirkender Schreiber** / direct-acting recording instrument || ~ **wirkendes anzeigendes Meßgerät** / direct-acting indicating measuring instrument (IEC 51) || ~ **wirkendes Meßgerät** / direct-acting measuring instrument || ~**e Wirkungsgradbestimmung** / direct calculation of efficiency, (determination of) efficiency by direct calculation (o. by input-output test) || ~**e Wirkungsrichtung** (Reg.) / direct action

Direktablenkung, Bildschirm mit ≗ / directed-beam CRT

Direkt·ablesung *f* / direct reading, local reading || ≗**anlasser** *m* / direct-on-line starter, full-voltage starter, across-the-line starter, line starter || ≗**anschallung** *f* (DIN 54119) / direct scan || ≗**ansteuerung** *f* (z.B. Ventil) / direct control, local control || ≗**anteil** *m* (BT, Verhältnis direkter Lichtstrom/unterer halbräumlicher Lichtstrom) / direct ratio || ≗**antrieb** *m* / direct drive, gearless drive || ≗**auslöser** *m* / direct release, direct acting release, direct trip, series release, series trip || ≗**bedienung** *f* / local operator control, local operator communication || ≗**blendung** *f* / direct glare || ≗**eintrag** *m* (durch den Bediener) / direct input (o. entry) of commands || ~**gekoppelte Transistorlogik (DCTL)** / direct-coupled transistor logic (DCTL) || ~**gekuppelt** *adj* / direct-coupled *adj*, close-coupled *adj* || ~-**leitergekühlte Wicklung** (el. Masch., VDE 0530, T.1) / direct-cooled winding (IEC 34-1), inner-cooled winding || ≗**lüftung** *f* (Schrank) / direct ventilation, direct air cooling || ≗**melden** *n* (PLT) / local event (o. alarm) indication || ≗**meldung** *f* / local indication, local event (o. alarm) display

Direktor *m* (zentrale Steuereinheit in einem Prozeßleitsystem) / director *n*

Direkt·ruf *m* (DÜ) / direct call || ≗**rufnetz** *n* / leased-circuit data network, public data network || ≗**schalten** (s. direktes Einschalten) || ≗**starter** *m* / direct-on-line starter, full-voltage starter, across-the-line starter, line starter || ≗**startlampe** *f* / instant-start lamp || ≗**startschaltung** *f* (Lampe) / instant-start circuit || ≗**steckverbinder** *m* / edge-socket connector, edge-board connector, edge connector || ≗**steuerung** *f* / direct control, direct-wire control || ≗**steuerung** *f* (Vor-Ort-Steuerung) / local control || ≗**steuerung** *f* (Bahn, Fahrschaltersteuerung) / directly controlled equipment

Direktumrichter *m* / direct converter || ≗ (Frequenzumrichter) / cycloconverter *n* || **Wechselstrom-**≗ / direct a.c. (power) converter || ≗**antrieb** *m* / cycloconverter drive || ~**gespeister Antrieb** / cycloconverter drive

Direkt·zugriff *m* / random access, direct access || ≗**zugriffslogik** *f* / random logic || ≗**zugriffsspeicher** *m* (DIN 44300) / direct-access storage, random-access memory (RAM)

Disassembler *m* / disassembler *n*

DI-Schalter (s. Differenzstromschalter) || ≗ (s. netzspannungsabhängiger Fehlerstromschutzschalter)

Disjunktion *f* / disjunction *n*, OR operation

Diskette *f* / diskette *n*, flexible disk cartridge, floppy disk

Disketten·anschaltung (s. Diskettensteuerung) || ≗**einheit** *f* (DIN 66010) / diskette unit || ≗**etikett** *n* / diskette label, floppy-disk label || ≗**feld** *n* (BSG) / diskette field, floppy-disk field || ≗**inhaltsverzeichnis** *n* / diskette directory || ≗**laufwerk** *n* / diskette drive, floppy-disk drive || ≗**steuerung** *f* / diskette controller

diskontinuierlich *adj* / intermittent *adj*, discontinuous *adj* || ~**e Beeinflussung** (s. unstetige Beeinflussung) || ~**er Prozeß** / batch process

diskret·es Merkmal (QS, DIN 55350,T.12) / discrete characteristic || **~e Schaltung** / discrete circuit || **~e Verdrahtung** / discrete wiring, discretionary wiring || **~e Zufallsgröße** (DIN 55350,T.21) / discrete variate || **~e Zufallsvariable** / discrete random variable
Diskretisierungsfehler *m* / discretization error
dispergierendes Medium / dispersive medium
dispersions·begrenzter Betrieb (LWL) / dispersion-limited operation || **~-Infrarot-Analysator** *m* / dispersive-type infrared analyzer || **~parameter** *m* / parameter of dispersion || **~spektrum** *n* / dispersion spectrum, prismatic spectrum
dispersionsverschobene Einmodenfaser (LWL) / dispersion-shifted single-mode fibre
dispersive Spektrometrie / dispersive spectrometry
Disposition *f* (Produktion) / planning and scheduling || **~** (Planung) / planning *n* || **~** (Plan) (s. Anordnungsplan)
Dispositions- und Prozeßleitebene *f* / coordinating and process control level
Dispositionszeichnung (s. Anordnungsplan)
dispositiver Rechner / planning computer
distaler Bereich (DIN IEC 469, T.1) / distal region
Distallinie *f* / distal line
Distanz zum Ziel (s. Entfernung zum Ziel) || **Adreß~** *f* / address displacement || **Sprung~** *f* / jump displacement || **~buchse** *f* / spacing bush, spacer sleeve, distance sleeve, bearing spacer, spacer *n* || **~geber** *m* (Distanzschutz) / distance detector, distance element || **~hülse** *f* (a. Reihenklemme) / distance sleeve, spacer sleeve
distanzieren *v* / space *v*, to separate by spacers
Distanz·meßrelais *n* / distance measuring relay, distance-to-fault locating relay || **~messung** *f* / distance measurement || **~relais** *n* / distance relay, distance measuring relay || **~ring** *m* / spacer ring, distance ring || **~säule** *f* (Reihenklemme) / distance sleeve || **~scheibe** *f* / spacer (o. spacing) disc
Distanzschutz *m* / distance protection, impedance protection || **~ mit Blockierschaltung ohne Übergreifen** / blocking underreach distance protection system || **~ mit MHO-Charakteristik** / mho distance protection || **~ mit stetiger Auslösekennlinie** / continuous-curve distance-time protection || **~ mit Stufenkennlinie** / distance protection with stepped distance-time curve, stepped-curve distance-time protection || **~relais** *n* / distance protection relay
Distanzschutzsystem *n* / distance protection system || **~ in Mitnahmeschaltung mit Abfrage** / permissive underreach distance protection system (IEC 50(448)) || **~ mit erweitertem Meßbereich und Sperrverfahren** / blocking overreach distance protection system (IEC 50(448)) || **~ mit erweitertem Meßbereich und Freigabeverfahren** / permissive overreach distance protection system (IEC 50(448)) || **~ mit Signalverbindungen** / communication-aided distance protection system, distance protection system with communication link || **~ mit Staffelzeitverkürzung** / accelerated distance protection system (IEC 50(448)) || **~ mit Übergreifen** (o. Überreichweite) / overreach distance protection system || **~ ohne Übergreifen** / underreach distance protection system
Distanz·sensor *m* / distance sensor, ranging sensor || **~sensor** (s. Abstandssensor) || **~steg** *m* (Blechp.) / duct spacer, vent finger || **~stück** *n* / spacer *n*, distance piece || **~stück** *n* (f. Luftschlitze im Blechp.) / duct spacer, vent finger || **~stück** *n* (Wickelkopf) / overhang packing, bracing element || **~verhältnis** *n* / distance ratio || **~verhältnis** *n* (Pyrometrie) / target distance/diameter ratio, ratio of target distance to target diameter
Divergenz *f* / divergence *n* || **~ des Schallbündels** / sound beam spread
diversitäre Redundanz / diversity *n*
Diversität *f* (Zvlk.) / diversity *n*
Dividend *m* / dividend *n*
dividieren *v* / divide *v*
Dividierer *m* / divider *n*
Divisor *m* / divisor *n*
DKB (s. Durchlaufbetrieb mit Kurzzeitbelastung)
D-Kippglied *n* / D bistable element, D-type flipflop
DL (s. Diodenlogik) || **~** (s. Datenbyte links)
D-Lampe *f* / coiled-coil lamp
DMA (s. direkter Speicherzugriff) || **~-Aufforderung** *f* / DMA request
DMAC (s. DMA-Steuerung)
DMA·-fähige Baugruppe / (module) location with DMA capability || **~-Schnittstelle** *f* / DMA interface || **~-Steuerung (DMAC)** *f* / DMA controller (DMAC)
DME (s. Entfernungsmeßgerät)
DML (s. Entfernungsbezeichnungstafel)
DMM (s. Digital-Multimeter)
DMS (s. Dehnungsmeßstreifen)
DMS-Drehmomentaufnehmer *m* / strain-gauge torque transducer
DM-Vierer *m* / DM quad
DN (s. Nennweite)
DNC (A. f. „direct numerical control" - direkte numerische Steuerung)
Docht, Bürste mit ~en / cored brush || **~effekt** *m* / wicking *n* || **~elektrode** *f* / cored electrode || **~kohle** *f* / cored carbon || **~öler** *m* / wick lubricator, wick oiler, felt-wick lubricator, wick-feed oil cup, oil syphon lubricator || **~schmierung** *f* / wick lubrication, wick oiling || **Lager mit ~schmierung** / wick-lubricated bearing
Dokumentation *f* / documentation *n* || **~ des QS-Systems** / quality program documents (CSA Z 299)
Dokumentenaustausch, elektronischer ~ / electronic document exchange (EDI)
dokumentenecht *adj* / indelible *adj*
Dokumentiersatz *m* / documentation package
Dom *m* / dome *n*
Domaindienst *m* / domain service
Domäne *f* / domain *f*
Domänenwand *f* (magn.) / domain wall
dominierend·er R-Eingang / dominating R input || **~e Streckenzeitkonstante** (PC) / dominating system time constant || **~e Wellenlänge** / dominant wavelength
Donator *m* (HL) / donor *n* || **~-Ionisierungsenergie** *f* / ionizing energy of donor || **~niveau** *n* (HL) / donor level, impurity donor level
Doppel·abtastung *f* / double scanning || **~abzweigmuffe** *f* / bifurcating box || **~aderleiter (DA)** *m* / two-core conductor
doppeladrig·es Kabel / two-core cable, two-

conductor cable, twin cable || ~**e Leitung** / twin cord, twin tinsel cord

Doppel·ankermotor *m* / double-armature motor || ≗**anlasser** *m* / twin starter, duplex starter || ≗**anschlag** *m* (Schreibmasch., Textautomat) / double striking || ≗**anschlußstift** *m* / double wiring post || ≗**antrieb** *m* / twin drive, dual drive, duplex drive || ≗**backenbremse** *f* / double-jaw brake

Doppelbaustein *m*, **Thyristor-**≗ / two-thyristor module, twin (o. double) thyristor module

Doppel·befehl *m* / double command || ≗**begrenzer** *m* (Eingangsbegrenzer f. zwei Amplitudengrenzwerte) / slicer *n*, clipper-limiter *n* || ≗**begrenzung** *f* (Impulse, Abkappverfahren) / slicing *n*

Doppelbetätigungsauslösung, Mechanik mit ≗ (DT) / double-pressure locking mechanical system

Doppel·betätigungssperre *f* / double-command lockout || ≗**bettkatalysator** *m* (Kfz) / dual-bed catalytic converter || ≗**blinklicht** *n* / two-frequency flashing light, two-mode flashing light || ~**brechend** *adj* / birefractive *adj*, birefringent (optical fibre) || ≗**brechung** *f* / double refraction, birefringence *n* || ≗**bürstenhalter** *m* / two-arm brush holder, scissors-type brush holder || ≗**bürstensatz** *m* / double set of brushes || ≗**drehregler** (Trafo) (s. Doppeldrehtransformator) || ≗**drehtransformator** *m* / double-rotor induction regulator, double induction regulator, double regulator || ≗**dreieckschaltung** *f* / double delta connection || ≗**-Dreipuls-Mittelpunktschaltung** *f* / double three-pulse star connection || ≗**drucktaster** *m* / two-button station, two-unit pushbutton station || ≗**drucktaster** *m* („Ein"-„Aus") / ON-OFF pushbutton station, start-stop pushbutton station (o. unit) || ≗**einspeisung** *f* (DIN 19237) / two-source mains infeed || ≗**endschalter** *m* / duplex limit switch || ≗**erdschluß** *m* / double fault, phase earth-phase fault, double-line-to-ground fault || ≗**-Europakarte** *f* / sandwich-type Eurocard || ≗**-Europakarte** (s. doppelthohe Europakarte) || ≗**fadenwicklung** *f* / bifilar winding, double-spiral winding, non-inductive winding || ≗**fahnenschuh** *m* (Bürste) / double-shoe terminal || ≗**falzversuch** *m* / reverse-folding endurance test || ≗**fassung** *f* (Lampe) / twin lampholder || ≗**fehler** *m* (elST) / double fault || ≗**feld** *n* (ST) / double panel section, double section

Doppelfeld·-Frequenzumformer *m* / double-field frequency changer || ≗**-Induktionsmotor** *m* / split-field induction motor

Doppelfeldmagnet *m* / double-sided field system

Doppelfeld·maschine *f* / double-field machine, split-field machine, doubly-fed induction machine || ≗**umformer** *m* / double-field converter || ≗**wicklung** *f* / double-field winding, split-field winding

Doppel·flachbaugruppe *f* / dual board (p.c.b.) || ≗**flanke** *f* (Impuls) / double edge || ≗**flanschwelle** *f* / double-flanged shaft

doppelflutiges Gebläse / double-entry blower

Doppel·frequenzmesser *m* / two-range frequency meter, double frequency meter || ≗**frontausführung** *f* (ST) / dual switchboard design, back-to-back design, double-fronted design || ≗**front-Schalttafel** *f* / dual switchboard, back-to-back switchboard, double-fronted switchboard || ≗**gelenk-Bürstenhalter** *m* / two-pivot brush holder || ≗**gitterstab** *m* / double transposed bar || ≗**grenztaster** *m* / duplex limit switch || ≗**hammerkopfpol** *m* / double-T-head pole || ≗**hindernisfeuer** *n* / twin obstruction light || ≗**impuls** *m* / double pulse || ≗**induktor** *m* / dual magneto || ≗**integral** *n* / double integral || ≗**isolator** *m* / duplex insulator || ≗**isolierung** (s. doppelte Isolierung) || ≗**käfiganker** (s. Doppelkäfigläufer) || ≗**käfigläufer** *m* / double squirrel-cage rotor, double-cage rotor || ≗**käfigläufermotor** *m* / double squirrel-cage motor, double-cage motor, Boucherot squirrel-cage motor || ≗**kegelscheibe** *f* / double-cone pulley || ≗**kehlnaht** *f* / double fillet weld || ≗**kernwandler** *m* / two-core transformer || ≗**-Klemmbürstenhalter** *m* / two-arm clamp-type brush holder || ≗**klemme** *f* / double terminal || ≗**klemme** *f* (EZ) / linked terminal || ≗**kolben** *m* / double piston, double-ended piston || ≗**kolben-Druckluftantrieb** *m* / double-acting compressed-air operating mechanism || ≗**kolben-Membranpumpe** *f* / double-piston diaphragm pump || ≗**kommutator** *m* / double commutator || ≗**kommutatormotor** *m* / double-commutator motor || ≗**kontakt** *m* / twin contact, three-terminal contact || ≗**kontaktunterbrechung** *f* / double-break (feature) || ≗**konuskupplung** *f* / twin-cone friction clutch

doppelkonzentrisch *adj* / doubly concentric

Doppel·kristall-Röntgentopographie *f* / double-crystal X-ray topography || ≗**kugelring** *m* (Lg.) / double-row ball race ring || ≗**lackdraht** *m* / double enamelled wire

Doppellagenschaltung *f* (Trafo) / top-to-top, bottom-to-bottom interlayer connection || **Lagenwicklung in** ≗ (Trafo) / front-to-front, back-to-back-connected multi-layer winding, externally connected multi-layer winding

Doppel·lager *n* / duplex bearing || ≗**lappen-Gleitmutter** *f* / double-lobe sliding nut || ≗**leiterplatte** *f* / dual board (p.c.b.) || ≗**leitung** *f* (s. Zweisystemleitung) || ≗**leuchtmelder** *m* / twin indicator light, double pilot light, ON-OFF indicator light || ≗**linie** *f* (BT) / doublet *n* || ≗**meisterschalter** *m* / duplex master controller || ≗**meldung** *f* (FWT) / double-point information, two-state indication || ≗**meßbrücke** *f* / double measuring bridge || ≗**meßwerk** *n* / double (measuring) element || ≗**motor** *m* (Doppelanker) / double-armature motor, two-armature motor || ≗**motor** *m* (2 Mot.) / twin motor, double motor || ≗**motor** (KL) (s. Doppelkäfigläufermotor)

Doppelnut·läufer (s. Doppelkäfigläufer) || ≗**motor** (s. Doppelkäfigläufermotor)

Doppel·ovalnut *f* (el. Masch.) / dumb-bell slot || ~**passive Vorwahl** / dual passive preselection || ≗**platine** (s. Doppelleiterplatte) || ≗**radius-Filmzylinder** *m* / two-radian camera, Straumanis two-radian camera || ≗**rechneranlage** *f* / double-computer configuration, dual-computer system || ≗**rechnersystem** *n* / dual computer service || ≗**ritzelantrieb** *m* / twin pinion drive

Doppelsammelschiene *f* / duplicate busbar(s), double busbar, duplicate bus || ≗ **mit Längstrennung** / sectionalized duplicate busbars

|| ≗ **mit Umgehungstrennern** / duplicate busbars with by-pass disconnectors
Doppelsammelschienen-Schaltanlage *f* / switching station with duplicate bus, duplicate-bus switchgear || ≗**-Station** *f* / double-busbar (o. duplicate-bus) substation
Doppel·schaltfeld *n* / double (switch)panel || ≗**schaltkopf** *m* / double interrupter head, double-break interrupter head || ≗**scheinwerfer** *m* (Kfz) / dual headlamp || ≗**schelle** *f* / twin saddle || ≗**schenkelbürstenhalter** *m* / double-leg brush holder
Doppelschluß·erregung *f* / compound excitation || ≗**maschine** *f* / compound-wound machine, compound machine || **Motor mit** ≗**verhalten** / compound-characteristic motor || ≗**wicklung** *f* / compound winding
Doppel·schneckengetriebe *n* / double-lead worm gearing || ≗**schrägzahnrad** *n* / double helical gear || ≗**schwellwert** *m* / dual-mode threshold || ≗**seitenband (DSB)** *n* / double sideband (DSB)
doppelseitig·er Antrieb / bilateral drive, double-ended drive || ~ **isoliert** / insulated on both sides || ~**e Schalttafel** (s. Doppelfront-Schalttafel)
Doppel·signalmethode *f* (IEC 50(161)) / two-signal method || ≗**sitzventil** *n* / double-seat(ed) valve || ≗**spaltoszillator** *m* (Klystron) / floating-drift-tube klystron || ≗**spannungsmesser** *m* / two-range voltmeter, double voltmeter || ≗**spule** *f* / double coil, compound coil || ≗**spulenschaltung** *f* (Trafo) / top-to-top, bottom-to-bottom intercoil connection || ≗**spulenwicklung** *f* / double-coil winding, double-disc winding || ≗**stabmotor** (s. Doppelkäfigläufermotor) || ≗**ständermaschine** *f* / double-unit machine || ≗**starter** *m* (Lampe) / twin starter, duplex starter || ≗**starterfassung** *f* (Lampe) / twin starter socket || ≗**stator** *m* (LM) / double-sided stator, double stator || ≗**steckanschluß** *m* (Verbinder) / dual-pin connector || ≗**steckdose** *f* / double socket outlet, double outlet, duplex receptacle || ≗**steinlager** *n* (EZ) / double-jewel bearing || ≗**stern-Saugdrosselschaltung** (s. Doppelsternschaltung mit Saugdrossel) || ≗**sternschaltung** *f* / double-star connection, double three-phase star connection, duplex star connection || ≗**sternschaltung mit Saugdrossel (DSS)** / double star connection with interphase transformer, double three-phase star with interphase transformer (IEC 119) || ≗**stichprobenentnahme** *f* / double sampling || ≗**stichprobenprüfplan** *m* / double sampling plan || ≗**stichprobenprüfung** *f* / double sampling inspection || ≗**stockklemme** *f* / two-tier terminal || ≗**stocktransformator** *m* / double-tier transformer || ≗**strahlröhre** *f* / double-beam CRT, split-beam CRT *n* || ≗**strahl-UV-Monitor** *m* / double-beam UV monitor || ≗**strich** *m* (Staubsauger) / double stroke
Doppelstrom *m* / double current, polar current || ≗**betrieb** *m* (FWT) / double-current transmission, polar d.c. system || ≗**generator** *m* / double-current generator, rotary converter || ≗**-Gleichstromsignal** *n* / bipolar d.c. signal || ≗**impuls** *m* / bidirectional current pulse, bipolar pulse || ≗**leitung** *f* / double-current line, polar-current line, polar line
Doppelstromrichter *m* / double converter || ≗**gerät** *n* / double converter equipment, double converter
Doppelstrom-Schnittstellenleitung *f* / double-current interchange circuit || ≗**tastung** *f* / double-current keying, polar current signalling, polar signalling
Doppelsummenschaltung *f* / double summation circuit, summation by two sets of transformers
doppelt·e Amplitude / double amplitude, peak-to-peak amplitude || ~ **durchflutete Kupplung** / doubly permeated coupling || ~**er Erdschluß** (s. Doppelerdschluß) || ~ **gefädelte Liste** / double-chained list || ~ **gekröpfte Spule** / cranked coil || ~ **gespeister Motor** / doubly fed motor, double-fed motor || ~ **hohe Flachbaugruppe** / double-height p.c.b. || ~**e Isolierung** (VDE 0700, T.1) / double insulation (IEC 335-1) || ~**e maximale Laufzeit** (LAN) / round trip propagation time || ~**er Nebenschluß** / double shunt || ~ **polarisiertes Relais** / dual-polarized relay || ~**e Polarisierung** / dual polarization || ~ **überlappt** / double-lapped *adj*, with double overlap || ~ **überlappte Ecke** (Blechp.) / double-lap joint || ~ **überlappte Stoßfuge** / double-lapped joint || ~**e Überschneidung** (Kontakte) / double overlapping || ~ **verkettete Streuung** (s.a. „Oberwellenstreuung" und „Spaltstreuung") / differential leakage, double-linkage leakage, unequal-linkage leakage, bolt leakage, belt leakage, zig-zag leakage || ~ **wirkendes Ventil** / double-acting valve
Doppel-T-Anker *m* / shuttle armature, H-armature *n*, two-pole armature
Doppeltarif *m* (StT) / two-rate time-of-day tariff, day-night tariff || ≗**zähler** *m* / two-rate meter
Doppel-Tatzenabzweigklemme *f* / double-branch claw terminal
doppeltbelüfteter Motor / double-air-circuit motor, double-casing motor
doppeltbreit·e Flachbaugruppe / sandwich module
doppelt·fokussierendes Spektrometer / double-focussing spectrometer || ~**genaue Arithmetik** / double-precision arithmetic || ~**gerichtete Leitung** (DÜ) / two-way line
Doppelthermoelement *n* / twin thermocouple, duplex thermocouple, dual-element thermocouple
doppelt·hohe Europakarte / double-height Eurocard format || ~**hohe Steckplatte** / double-height p.c.b. || ~**-logarithmisches Diagramm** / log-log diagram || ~**ventilierter Motor** / double-air-circuit motor, double-casing motor
doppeltwirkende Bremse / double-acting brake
Doppel-T-Zweitor *n* / twin-T network
Doppel·umrichter *m* / double converter || ≗**unterbrechung** *f* (Kontakte) / double-break (feature) || **Schaltglied mit** ≗**unterbrechung** (VDE 0660,T.200) / double-gap contact element, double-break contact element || ≗**ventil** (s. doppelt wirkendes Ventil) || ~**wandig** *adj* / double-walled *adj* || ≗**wegthyristor** *m* / bidirectional thyristor, triac *n* || ≗**wendel** *f* / coiled-coil filament || ≗**wendellampe** *f* / coiled-coil lamp || ≗**wickler** *m* / double winder, double reeler || ≗**wicklung** *f* / duplex winding || ≗**wicklungs-Asynchromotor** (s. Doppelkäfigläufermotor) || ≗**wort** *n* (DIN 19239) / double word || ≗**wortwandlung** *f* / double-word conversion || **Festpunkt-**≗**wortzahl** *f* / double-

precision fixed-point number || ≗**-Y-Naht** *f* / double-V butt joint with wide root faces || ~**zeilig** *adj*(BGT, IV) / two-tier *adj* || ≗**zeitfunktionsbaugruppe** *f*(Zweikanalb.) / two-channel time-function module || ≗**zündung** *f*(Kfz) / twin-spark ignition

Dorn *m*(zum Schichten v. Blechp.) / building bar, stacking mandrel || ≗**biegeprüfung** *f* / mandrel bending test, bending test over a rod, mandrel test

Dose *f*(I) / box *n* || ≗ **mit abnehmbarem Deckel** / inspection box || ≗ **mit Auslaß im Boden** / back-outlet box

Dosen·deckel *m* / box cover, box lid || ≗**spion** *m* / inspection cover

Dosier·automat *m*(f. Flüssigkeiten u. Mineralöle) / automatic batchmeter || ≗**bandwaage** *f* / weigh-feeder *n*

dosieren *v* / proportion *v*, dose *v*

Dosier·schnecke *f* / proportioning feed screw, feed screw || ≗**spritze** *f*(Chromatograph) / injection syringe || ≗**system** *n*(Chromatograph) / sample injection system, injection system, sample introduction system

Dosierung *f*(Durchstrahlungsprüf.) / intensity *n*, dosage rate

Dosierungs·baugruppe *f*(PC) / proportioning module

Dosier·volumen *n*(Chromatograph) / injected volume || ≗**zählerbaustein** *m* / proportioning counter block

Dosisrate *f* / dose rate

dotieren *v*(HL) / dope *v* || ≗ *n*(HL) / doping *n*

Dotierungsstoff *m*(HL u. zur Änderung des Brechungsindex in einem LWL) / dopant *n*

DPCM (s. Differenz-Puls-Code-Modulation)

DPDM (s. digitale Impulsdauermodulation)

DPH (s. Diamantpyramidenhärte)

D-Prozeß *m*, **3-**≗ / triple diffusion process

DR (s. Datenbyte rechts)

Draht *m* / wire *n* || ≗ (einer Leitung) / conductor *n* || ≗ (Leuchtdraht) / filament *n* || ≗ (s. Teilleiter) || ≗**anschluß** *m* / wire termination || ≗**anschluß** *m* (IS) / lead *n* || ≗**barren** *m* / wire bar || ≗**bereich** *m* / wire range || ≗**bereich des Kontaktes** / contact wire range

Drahtbruch *m* / wire breakage, open circuit || ≗**-Kontrollwiderstand** *m* / line continuity supervisory resistor || ~**sichere Schaltung** / fail-safe circuit || ≗**sicherung** *f*(elST) / broken-wire interlock || ≗**überwachung** *f* / open-circuit monitoring

Draht·brücke *f* / wire jumper, jumper *n* || ≗**bund** *m* / wire binding || ≗**-DMS** *m* / wire-type strain gauge || ≗**-Durchverbindung** *f*(gS) / wire-through connection || ≗**einführung** *f*(Anschlußelement) / wire entry funnel (o. bush) || ≗**farbencode** *m* / wiring colour code || ≗**feder** *f* / wire spring || ≗**geflecht** *n* / wire mesh, wire netting, wire fabric || ≗**gewebe** *n* / wire fabric || ~**gewickelt** *adj* / wire-wound *adj* || ≗**glas** *n* / wire glass || ≗**haspel** *f* / wire reel || ≗**kern** *m* / wire core || ≗**lack** *m* / (wire) enamel || **wirksame** ≗**länge** (Lampenwendel) / exposed filament length || ≗**lehre** *f* / wire gauge || ≗**lehrenumrechner** *m* / wire gauge converter || ≗**litzenleiter** *m* / stranded wire || ≗**modell(CAD)** *n* / wire-frame model || ≗**modelldarstellung** *f* / wire-frame representation || ≗**potentiometer** *n* / wire-wound potentiometer || ≗**schirm** *m* / wire screen || ≗**schutz** *m*(Klemme) / wire protection || ≗**schutzbügel** *m* / wire guard || ≗**schutzkorb** *m* / wire guard, basket guard || ≗**seil** *n* / wire rope || ≗**spion** *m* / wire feeler gauge || ≗**spule** *f* / wire-wound coil || ≗**stärke** *f* / wire size || **Schutz mit** ≗**verbindung** / pilot-wire protection, pilot protection || ≗**wendel** *m* / wire filament || ≗**wickelanschluß** *m* / wire-wrap connection (o. terminal), solderless wrapped connection, wrapped terminal || ≗**wickeltechnik** *f*(„Wire-Wrap") / wire-wrapping technique || ≗**wicklung** *f* / wire winding || ≗**widerstand** *m* / wire-wound resistor

Drain *m*(FET) / drain *n*(FET) || ≗**-Anschluß** *m* (Transistor, DIN 41858) / drain terminal || ≗**-Elektrode** *f*(Transistor, DIN 41858) / drain electrode || ≗**-Reststrom** *m*(Transistor, DIN 41858) / drain cut-off current || ≗**-Schaltung** *f* (Transistor, DIN 41858) / common drain || ≗**-Source-Abschnürspannung** *f*(Transistor) / drain-source cut-off voltage || ≗**-Source-Spannung** *f*(Transistor, DIN 41858) / drain-source voltage || ≗**strom** *m*(Transistor, DIN 41858) / drain current || ≗**-Zone** *f*(DIN 41858) / drain region

Drall *m*(Leiter) / twist *n*, lay *n* || ≗ (WZM, NC; elastischer Verdrehungswinkel) / windup *n* || ≗ (Drehimpuls) / angular momentum

drallfrei·e Nut / twist-free slot, unskewed slot || ~**e Strömung** / swirl-free flow, steady flow

Drallwinkel *m* / angle of twist

DRAM (s. dynamisches RAM)

Draufschalten *n* / making operation, circuit making, fault-making operation

Draufschalter *m* / making switch, make-proof switch, fault-making switch

Draufschaltung *f*, **Kurzschluß-**≗ / fault throwing, making on a short circuit

Draufsicht *f* / plan view, plan *n*, top view

D-Regler *m* / D-action controller, differential-action controller, derivative-action controller

Dreh·achse *f* / rotary axis, axis of rotation, spin axis, axis of gyration || ≗**achse** *f*(Koordinate) / rotation coordinate || ≗**anker** *m*(Rel.) / rotating armature || ≗**anode** *f*(RöA) / rotary anode || ≗**antrieb** *m*(SG) / torsional mechanism, rotary operating mechanism || ≗**antrieb** *m*(Stellantrieb) / rotary actuator || ≗**arbeit** *f*(Drehbank) / turning operation, lathing *n*

Drehbank *f* / lathe *n*

drehbar *adj* / rotatable *adj*, swivelling *adj* || ~**e Dichtung** / rotary seal || ~**es Gehäuse** (el. Masch.) / rotatable frame || ~ **gelagert** / rotatable *adj*, pivoted *adj* || ~**er Synchronisierwandarm** / swivelling synchronizer bracket

Dreh·beanspruchung *f* / torsional stress || ≗**bearbeitung** *f* / turning operation, lathing *n* || ≗**beschleunigung** *f* / angular acceleration || ≗**bewegung** *f* / rotary motion, rotation *n* || **ungleichförmige** ≗**bewegung** / rotational irregularity || ≗**durchflutung** *f* / rotating m.m.f. || ≗**durchmesser** *m*(WZM, NC) / turning diameter, swing *n* || ≗**eigenschwingung** *f* / natural torsional vibration || ≗**einrichtung** *f*(Turbosatz) / turn-drive *n* || ≗**einsatz** (s. Schwenkrahmen)

Dreheisen·instrument (s. Dreheisenmeßgerät) ||

~meßgerät *n* / moving-iron instrument || **~meßwerk** *n* / moving-iron measuring element || **~-Quotientenmeßwerk** *n* / moving-iron quotientmeter

dreh·elastische Kupplung / torsionally flexible coupling, flexible coupling || **~elastizität** *f* / torsional compliance, torsional flexibility

drehen *v* (rotieren) / rotate *v*, turn *v* || ~ (umdrehen) / turn *v*, reverse *v* || ~ (zerspanen) / lathe *v*, turn *v* || **elektrisches ~** (el. Masch.) / inching *n* (IEC 50(411)), jogging *n*

Dreh·entriegelung *f* (HSS) / turn-to-reset (feature) || **~feder** *f* / torsion spring || **~feder** *f* (Befestigungselement) / twist spring clip || **~federnde Kupplung** / torsionally flexible coupling, flexible coupling || **~federung** *f* / torsional resilience, torsional flexibility

Drehfeld *n* / rotating field, rotary field, revolving field || **~abhängig** *adj* / phase-sequence-dependent *adj* (o. -controlled) || **~abhängigkeit** *f* / effect of phase sequence, phase-sequence effect || **~admittanz** *f* / cyclic admittance || **~anzeiger** *m* / phase-sequence indicator, phase-rotation indicator || **~empfänger** *m* (el. Welle) / synchro-receiver *n*, synchro-motor *n* || **~flügel** *m* (EZ) / phase-sequence error compensating vane || **~geber** *m* (el. Welle) / synchro-transmitter *n*, synchro-generator *n* || **~geber** (s. Drehfeldanzeiger) || **~hysteresis** *f* / rotary hysteresis || **~impedanz** *f* / cyclic impedance || **~kontrolle** *f* / phase-sequence test || **~leistung** *f* / rotor power input, secondary power input, air-gap power || **~magnet** *m* / torque motor || **~maschine** *f* / polyphase machine || **~reaktanz** *f* / cyclic reactance || **~richtiger Anschluß** / connections in correct phase sequence, correct phase-terminal connections || **~richtung** *f* / direction of rotating field, phase sequence || **~richtungsanzeiger** *m* / phase-sequence indicator, phase-rotation indicator || **~scheider** *m* / revolving-field discriminator || **~schwingung** *f* / rotating-field oscillation || **~sinn** *m* / direction of rotating field, phase sequence || **~steller** *m* (el. Welle) / synchro motor || **~transformator** *m* / rotating-field transformer || **~überwachung** *f* / phase sequence monitoring || **~überwachungsrelais** *n* / phase sequence relay || **~umformer** *m* / induction frequency converter || **~zeiger** (s. Drehfeldanzeiger)

Dreh·festigkeit *f* / torsional strength, resistance to torsion || **~feuer** *n* / rotating beacon, revolving beacon || **~fläche** *f* / surface of revolution, revolved surface || **~flügel** *m* (EZ) / (rotating) vane

drehfrequent *adj* / at rotational frequency || **~er Anteil** / basic-frequency component

Dreh·frequenz *f* / rotational frequency, speed frequency || **~geber** *m* / rotary transducer, rotary position transducer || **codierter ~geber** / encoder *n*, quantizer *n*

Drehgestell *n* / bogie *n* || **am ~ befestigter Motor** / bogie-mounted motor

Dreh·griff *m* (Hebel) / knob lever, wing lever || **~griff** *m* (Knopf) / knob *n* || **~hebel** *m* (Schaltergriff) / rotary handle, twist handle, handle *n* || **~hebelantrieb** *m* (SG) / rotary-handle-operated mechanism || **~hilfsstromschalter** *m* (E VDE 0660, T.200/7.86) / rotary control switch || **~impuls** *m* / angular momentum, moment of momentum || **~kegelventil** *n* / plug valve || **~keilkupplung** *f* / rolling-key clutch || **~klemme** *f* / twist-on connecting device (t.o.c.d.) || **~knebel** *m* / finger-grip knob || **~knopfschalter** *m* (E VDE 0660, T.200/7.86) / rotary button || **~kolben-Durchflußmesser** *m* / lobed-impeller flowmeter || **~kontakt** *m* / rotary contact, rotating contact || **~kraft** *f* / torsional force, torque force || **~kraftwelle** *f* / torsional force wave || **~kranz** *m* (Lg.) / slewing ring || **~kreuz** *n* (Zugangssperre) / turnstile *n* || **~kreuzwaschmaschine** *f* / agitator-type washing machine || **~kritische Drehzahl** / critical torsional speed || **Steckverbinder mit ~kupplung** / twist-on connector || **~leistung** *f* (WZM, NC) / turning capacity || **~linsenfeuer** *n* / rotating-lens beacon

Drehmagnet *m* / solenoid *n*, moving iron || **~instrument** (s. Drehmagnet-Meßgerät) || **~-Meßgerät** *n* / moving-magnet instrument, moving permanent-magnet instrument || **~-Quotientenmeßgerät** *n* / moving-magnet ratiometer (o. quotientmeter) || **~-Quotientenmeßwerk** *n* / moving permanent-magnet ratiometer (o. quotientmeter) element

Dreh·maschine *f* / lathe *n*, turning machine || **~meißel** *m* / cutting tool, cutter *n* || **~melder** *m* / synchro *n*, synchro-generator *n*, rotary resolver, selsyn *n* || **Differential-~melder** *m* / differential resolver || **~melder-Empfänger** *m* / synchro-receiver *n*, synchro-motor *n* || **~melder-Geber** *m* / synchro-transmitter *n*, synchro-generator *n* || **~melder-Meßgetriebe** *n* / resolver gearbox || **~mitte** *f* (WZM, NC) / turning centre || **~mittellinie** *f* / rotational centre line

Drehmoment *n* / torque *n*, angular momentum || **~ bei festgebremstem Läufer** / locked-rotor torque, blocked-rotor torque, static torque || **~ der Ruhe** / static torque, stall torque || **~ der Torsion** / torsion torque || **~ für das Eindrehen** / insertion torque || **~ für das Herausdrehen** / removel torque || **bezogenes ~** / per-unit torque || **bezogenes ~** (EZ) / torque/weight ratio

Drehmomentabgleich *m* / torque adjustment, torque compensation

drehmoment·abhängig *adj* / torque-dependent *adj*, torque-controlled *adj*, as a function of torque || **~abhängiger Schalter** / torque-controlled switch, torque switch || **~ausgleich** *m* / torque balancing || **~begrenzer** *m* / torque limiter || **~begrenzung** *f* / torque limiting, torque control || **~bezogene Synchronisierziffer** / synchronizing torque coefficient, per-unit synchronizing torque coefficient || **~-Drehzahlkurve** *f* / speed-torque characteristic, speed-torque curve || **~einbruch** *m* / torque dip

Drehmomenten·diagramm *n* / speed-torque curve

Drehmoment·endschalter *m* / torque limit switch || **~freie Pause** (SR-Antrieb) / dead interval, idle interval || **~gefälle** *n* / torque gradient || **~-Istwertrechner** *m* / actual torque computing network || **~kompensator** *m* / torque-balance system || **~kupplung** *f* / torque clutch || **~-Meßnabe** *f* / torsion dynamometer, transmission dynamometer || **~-Meßwandler** *m* / torque transducer || **~motor** *m* / torque motor || **~prüfung** *f* (VDE 0820) / torque test (IEC 257) || **~reserve** *f* /

torque margin || ≗**sattel** *m* / dip on torque curve || ≗**schalter** *m* / torque switch || ≗**schlüssel** *m* / torque spanner, torque limiting spanner, dynamometric wrench || ≗**-Schraubendreher** *m* / torque screwdriver || ≗**schwingungen** *f pl* / torque oscillations, torque pulsation || ≗**spitze** *f* / torque peak, peak torque || ≗**-Stellmotor** *m* / variable-torque motor || ≗**stoß** *m* / torque impulse, sudden torque change, torsional impact, sudden torque application || ≗**-Strom-Kennlinie** *f* / torque-current characteristic || ≗**stütze** *f* (Winkelschrittgeber) / torque arm, torque bracket || ≗**überlastbarkeit** *f* / excess-torque capacity || ≗**überlastschutz** *m* / torque overload protection || ≗**umformer** (s. Drehmomentwandler) || ≗**verhältnis** *n* / torque ratio || ≗**verlauf** *m* / torque characteristic, speed-torque characteristic, torque curve || ≗**waage** *f* / dynamometer *n* || ≗**wandler** *m* / torque converter, torque variator || ≗**wandler** (Meßumformer) (s. Drehmoment-Meßwandler)

dreh·nachgiebige Kupplung / torsionally flexible coupling || ≗**-/Neigefuß** *m* (BSG) / swivel/tilt base || ≗**oberfläche** *f* (Oberfläche nach Drehbearbeitung) / surface finish (obtained by lathing) || ≗**pfannenlager** *n* / bogie swivel bearing || ≗**phasenschieber** *m* / rotary phase shifter || ≗**pol** *m* / centre of rotation

Drehpunkt *m* (Hebelunterlage) / fulcrum *n* || ≗ (der Rotation) / centre of rotation || ≗ (Zapfen) / pivot *n*, pivotal centre, centre of gyration || ≗ **des Schalthebels** / pivot of operating lever

Dreh·rastfassung *f* / twist-lock lampholder || ≗**rastung** *f* (HSS) / turn-to-lock feature || ≗**reaktanz** *f* / reactance due to rotating field || ≗**regler** *m* / induction regulator, rotary regulator, variable transformer || ≗**resonanz** *f* / torsion oscillation resonance, torsional resonance || ≗**richter** *m* (Dreiphasen-Wechselrichter) / three-phase inverter

Drehrichtung *f* / direction of rotation, sense of rotation || **Drehschalter mit einer** ≗ (VDE 0660,T.202) / unidirectional-movement rotary switch (IEC 337-2A) || **Motor für eine** ≗ / non-reversing motor || **Motor für zwei** ≗**en** / reversing motor, reversible motor

drehrichtungs·abhängiger Lüfter / unidirectional fan || ≗**anzeiger** *m* / rotation indicator || ≗**-Hinweisschild** *n* / rotation plate || ≗**pfeil** *m* / rotation arrow || ≗**prüfung** *f* / rotation test || ≗**schalter** *m* (Bremswächter) / zero-speed plugging switch || ≗**schutz** *m* / direction of rotation protection (IEC 214), reversal protection || ≗**umkehr** *f* / reversal *n*, reversing *n* || **Nachweis des Schaltvermögens bei** ≗**umkehr** (VDE 0660,T.104) / verification of reversibility (IEC 292-1) || ~**umkehrbarer Motor** (s. drehrichtungsumschaltbarer Motor) || ≗**umkehrschalter** *m* / reversing switch, reversing controller, reverser *n* || ~**umschaltbarer Motor** / reversible motor, reversing motor || ~**unabhängiger Lüfter** / bi-directional fan || ≗**wendeschalter** (s. Drehrichtungsumkehrschalter)

Drehriegel *m* / espagnolette *n* || ≗**verschluß** *m* / espagnolette lock

Drehschalter *m* (VDE 0660,T.201) / rotary switch (IEC 337-2), rotary control switch, turn switch || ≗ **mit begrenztem Drehweg** (VDE 0660,T.202) / limited-movement rotary switch (IEC 337-2A) || ≗ **mit einer Drehrichtung** (VDE 0660,T.202) / unidirectional-movement rotary switch (IEC 337-2A)

Dreh·scheibenfassung *f* (Lampe) / rotary-lock lampholder || ≗**scheinwerfer** *m* / rotating beacon, revolving beacon || ≗**schleifer** *m* (f. Komm.) / rotary grinding rig, commutator grinder || ≗**schub** *m* (tangentiale Schubkraft) / tangential force || ≗**schwingung** *f* / torsional vibration, rotary oscillation || ≗**schwingungsbeanspruchung** *f* / stress due to torsional vibration, torsional stress || ≗**schwingungsberechnung** *f* / torsional vibration analysis || ≗**schwingungstyp** *m* / torsional mode || ≗**sinn** *m* / direction of rotation, sense of rotation || ≗**spannung** *f* (el.) / three-phase voltage || ≗**spannung** *f* (mech.) / torsional stress || ≗**sperre** *f* / turnstile *n* || ≗**spindel** *f* / main spindle, workspindle *n*

Drehspul·-Galvanometer *n* / moving-coil galvanometer || ≗**instrument** (s. Drehspul-Meßgerät) || ≗**-Meßgerät** *n* / permanent-magnet moving-coil instrument, moving-coil instrument || ≗**-Meßwerk** *n* / permanent-magnet moving-coil element, moving-coil element || ≗**-Quotientenmeßwerk mit Dauermagnet** / permanent-magnet moving-coil ratiometer element || ≗**relais** *n* / moving-coil relay, magneto-electric relay

Drehstabilität *f* / rotational stability, steadiness of rotation

drehstarr (s. drehsteif)

drehsteif *adj* / torsionally stiff, torsionally rigid || ~**e Kupplung** / torsionally rigid coupling

Dreh·steifigkeit *f* / torsional stiffness, torsional rigidity || ≗**stellantrieb** *m* / rotary actuator || ≗**strecker** *m* / tensor *n*

Drehstrom *m* / three-phase current, three-phase alternating current, three-phase a.c., polyphase current, rotary current || ≗ **mit unsymmetrischer Belastung** / three-phase alternating current circuit with unbalanced load || ≗**-Asynchronmotor** *m* / three-phase induction motor, three-phase asynchronous motor || ≗**-Asynchron-Pendelmaschine** *f* / three-phase asynchronous cradle dynamometer || ≗**bank** *f* / three-phase bank || ≗**-Brückenschaltung** *f* (LE) / three-phase bridge connection, six-pulse bridge connection || ≗**-Erregermaschine** *f* / three-phase a.c. exciter || ≗**filter** *m* / a.c. filter (IEC 633) || ≗**generator** *m* / three-phase generator, three-phase alternator, alternator *n* || ≗**-Gleichstrom-Kaskade** *f* / cascaded induction motor and d.c. machine || ≗**-Gleichstrom-Umformer** *m* / three-phase-d.c. converter, a.c.-d.c. converter, a.c.-d.c. motor-generator set || ≗**-Hochspannungsübertragung (DHÜ)** *f* / three-phase high-voltage transmission || ≗**-Käfigläufermotor** *m* / three-phase squirrel-cage motor, three-phase cage motor || ≗**-Kommutator-Kaskade** *f* / cascaded induction motor and commutator machine, Scherbius system, Scherbius motor control system || ≗**-Kommutatormotor** *m* / polyphase commutator motor, three-phase commutator motor, a.c.

commutator motor || ≗**kreis** *m* / three-phase circuit || ≗**leitung** *f* (Freiltg.) / a.c. line (IEC 50(466)) || ≗**maschine** *f* / three-phase machine, polyphase machine || **Schwebe-**≗**motor** *m* / amplitude-modulated three-phase synchronous induction motor || ≗**motor** *m* / three-phase a.c. motor, three-phase induction motor || ≗**motor** (s. Drehstrom-Käfigläufermotor) || ≗**-Nebenschlußmotor** *m* / polyphase commutator shunt motor, three-phase commutator motor with shunt characteristic, Schrage motor || ≗**netz** *n* / three-phase system, three-phase mains || ≗**-Pendelmaschine** *f* / three-phase cradle dynamometer, three-phase swinging-frame dynamometer || ≗**-Reihenschlußmotor** *m* / polyphase commutator series motor, three-phase commutator motor with series characteristic || ≗**-Reihenschlußmotor mit Begrenzung der Leerlaufdrehzahl** / three-phase compound commutator motor || ≗**-Reihenschlußmotor mit Zwischentransformator** / three-phase series commutator motor with rotor transformer || ≗**satz** *m* / three-phase set || ≗**-Schleifringläufermotor** *m* / three-phase slipring motor, three-phase wound-rotor motor

drehstromseitig *adj* / in three-phase circuit, three-phase *adj*, in a.c. line, a.c.-line *adj*

Drehstrom·steller *m* / three-phase a.c. power controller || ≗**-Stellerschaltung** *f* (LE) / three-phase (a.c.) controller connection || ≗**-Synchrongenerator** *m* / three-phase synchronous generator, three-phase alternator, alternator *n* || ≗**-Synchronmotor** *m* / three-phase synchronous motor || ≗**system** *n* / three-phase system || ≗**transformator** *m* / three-phase transformer || ≗**-Wechselstrom-Universalmaschine** *f* / single-phase/three-phase universal machine || ≗**-Wendermotor** (s. Drehstrom-Kommutatormotor) || ≗**wicklung** *f* / three-phase winding, primary winding || ≗**zähler** *m* / three-phase meter, polyphase meter || ≗**-Zugförderung** *f* / three-phase a.c. traction

dreh·symmetrisch *adj* / rotationally symmetric || ≗**taster** *m* (VDE 0660,T.201) / rotary switch (IEC 337-2), momentary-contact rotary switch, (momentary-contact) rotary control switch || ≗**teil** *n* / turned (o. lathed) part || ≗**tisch-Palettenwechsler** *m* / rotary-table pallet changer || ≗**transformator** *m* / rotary transformer, induction regulator, rotatable transformer || **Zweistützer-**≗**trenner** *m* / two-column disconnector, centre-break rotary disconnector || ≗**trenner** (s. Drehtrennschalter) || ≗**trennschalter** *m* / centre-break disconnector, rotary disconnector, side-break disconnector || ≗**umsteller** *m* (Trafo) / drum-type ratio adjuster, drum-type off-circuit tapping switch || ≗**- und Schleifvorrichtung** (f. Komm.) / skimming and grinding rig

Drehung *f* / rotation *n*, torsion *n* || ≗ (Vektor) / circulation *n*, circuitation *n* || ≗ **des Bezugssystems** / rotation of reference system || ≗ **im Gegenuhrzeigersinn** / counter-clockwise rotation, anticlockwise rotation, minus rotation || ≗ **im Uhrzeigersinn** / clockwise rotation, plus rotation

Drehvektor *m* / rotational vector

Drehverriegelung, Steckverbinder mit ≗ (s. Steckverbinder mit Drehkupplung)

Dreh·verschluß *m* (a. Leuchte) / twist lock, rotary lock || ≗**verstärker** *m* / rotary amplifier || ≗**vorrichtung** *f* (f. Maschinenläufer) / barring gear, turning gear || ≗**wächter** *m* / tachometric relay, tacho-switch *n*, speed monitor || **Edelmetall-Motor-**≗**wähler** *m* / noble-metal uniselector (switch) || ≗**wähler** *m* / uniselector *n* || ≗**wahlschalter** *m* / rotary selector switch || ≗**wartezeit** *f* (Plattenspeicher) / rotational delay, rotational latency || ≗**weg** *m* / rotation angle, angle of rotation || **Drehschalter mit begrenztem** ≗**weg** (VDE 0660,T.202) / limited-movement rotary switch (IEC 337-2A) || ≗**welle** *f* / torque shaft || ≗**werkzeug** *n* / turning tool, lathe tool || **Schicht-**≗**widerstand** *m* / non-wire-wound potentiometer || ≗**widerstand** *m* / rotary rheostat, potentiometer *n*

Drehwinkel *m* / angle of rotation, angle of revolution || ≗ (Rob.) / rotation angle || ≗**aufnehmer** *m* / sensor (o. resolver) for angles of rotation, angular resolver || ≗**-Meßumformer** *m* / angle resolver, angle-of-rotation transducer, shaft encoder, position sensing transducer || ≗**synchro** *n* / torque-synchro *n*

Drehwucht *f* / rotational inertia

Drehzahl *f* / speed *n*, rotational speed, revolutions per unit time || ≗ **bei Belastung** / on-load speed, full-load speed || ≗ **bei Dauerleistung** / speed at continuous rating || ≗ **bei Leerlauf** / no-load speed, idling speed || ≗ **bei Stundenleistung** / one-hour speed, speed at one-hour rating || ≗ **pro Minute (Upm)** / revolutions per minute (r.p.m.) || **auf** ≗ **kommen** / to run up to speed, accelerate *v* || **Produkt aus** ≗ **und Polpaarzahl** / speed-frequency *n* || ≗**abfall** *m* / speed drop, drop in speed, falling-off in speed || **bleibende** ≗**abweichung** / speed droop, load regulation || ≗**änderung** *f* (allg.) / speed variation, speed changing || ≗**änderung** *f* (bei gleichbleibender Spannung und Frequenz) / inherent regulation || ≗**änderung** *f* (bei Lastwechsel) / regulation *n* || **statische** ≗**änderung** / steady-state speed regulation || ≗**anstieg** *m* (allg.) / speed rise, speed increase || ≗**anstieg** *m* (Vollast-Leerlauf) / speed regulation, regulation *n* || ≗**begrenzer** *m* / speed limiter, overspeed limiter || ≗**bereich** *m* / speed range || ≗**-Drehmoment-Kennlinie** *f* / speed-torque characteristic, speed-torque curve || ≗**-Drehmomentverhalten** *n* / speed-torque characteristic || ≗**einstellung** *f* / speed adjustment || **Motor mit** ≗**einstellung** / adjustable-speed motor, variable-speed motor || **Motor mit** ≗**einstellung** (n etwa konstant) / adjustable-constant-speed motor || **Motor mit** ≗**einstellung** (n veränderlich) / multi-varying-speed motor || ≗**erfassung** *f* / speed measurement || ~**fest** *adj* / burst-proof *adj* || ≗**fortschaltung** *f* / speed stepping || ≗**frequenz** *f* / r… speed frequency

drehzahlfreudig *adj* (Kfz-M…

Drehzahl·geber *m* (Tacho-G… generator, tacho-genera… ~**geregelter Antrieb** / va… ~**geschaltete Kupplung** … „Sicherheitskupplung") / …

Grenzwertgerät *n* / target-speed responder || **~̊haltung** *f* / speed holding, speed locking || **~̊hub** *m* / speed range, speed ratio || **~̊istwert** *m* / actual (o. instantaneous) value of speed || **~̊istwertanpassung** *f* / (actual-)speed signal adapter || **~̊istwertbildung** *f* (Rechenbaustein) / speed actual value calculator || **~̊kennlinie** *f* (Drehzahl-Moment) / speed-torque characteristic || **~̊kennlinie** *f* (Drehzahl-Last) / speed regulation characteristic || **~̊konstanz** *f* / speed stability || **~̊korrektur** *f* (NC, Spindeldrehzahlk.) / spindle override || **~̊maschine** (s. Tachogenerator) || **~̊messer** *m* / tachometer *n*, revolutions counter, r.p.m. counter, rev counter || **~̊messung** *f* / rotational speed measurement || **~̊niveau** *n* / speed level, working speed || **~regelbarer Motor** / variable-speed motor, adjustable-speed motor || **~̊regelbereich** *m* / speed control range, speed range || **~̊regelbereich** *m* (Turb.-Reg.) / governing speed band || **~̊regelbereich im stationären Betrieb** / steady-state governing speed band || **~̊regelung** *f* / closed-loop speed control, automatic speed control, speed variation, speed regulation, speed governing || **Motor mit ~̊regelung** / variable-speed motor, adjustable-speed motor || **~̊regelung mit unterlagerter Stromregelung** / current-controlled speed limiting system, closed-loop speed control with inner current control loop

Drehzahlregler *m* (el.) / speed controller, speed regulator || **~̊** (mech.) / speed governor, governor *n*

Drehzahl·relais *n* / tachometric relay || **~̊schwankungen** *f pl* (Pendeln) / hunting *n* || **~̊sollwert** *m* / setpoint value of speed, speed setpoint, desired speed || **~stabil** *adj* / constant-speed *adj* || **~stabilisierende Schwungradkupplung** / speed-stabilizing flywheel coupling || **~̊stabilisierung** *f* / constant-speed control, speed stabilization || **~̊stabilität** *f* / speed stability, speed steadiness || **~̊starrheit** *f* / speed stability || **~̊statik** *f* / speed droop, speed offset, load regulation || **~stellbarer Motor** / variable-speed drive, adjustable-speed drive || **~̊steller** *m* / speed regulating rheostat, field rheostat || **elektronischer ~̊steller** / solid-state speed controller || **~̊steuerung** *f* / open-loop speed control, speed control || **~̊stufe** *f* / speed step || **Motor mit mehreren ~̊stufen** / change-speed motor, multi-speed motor || **~̊überschreitungsschutz** *m* / overspeed protection || **~umschaltbarer Motor** / multi-speed motor || **~umschaltbarer Motor mit einer Wicklung** / single-winding multi-speed motor || **~unabhängig belüftet** / separately ventilated || **~̊-Unendlichkeitspunkt** *m* / point of infinite speed || **~veränderlicher Motor** / variable-speed motor, adjustable-speed motor || **~̊veränderung durch Polumschaltung** / pole-changing control || **~̊verhältnis** *n* / speed ratio || **~̊verminderung** *f* / speed reduction, slowdown *n*, deceleration *n* || **~̊verminderung durch dynamisches Bremsen** / dynamic slowdown || **~̊-Verstelleinrichtung** *f* / speed changer, governor speed changer, speeder gear || **~̊-Verstellmotor** *m* (f. Drehzahl-Verstelleinrichtung) / speed-changer motor, speeder motor || **~̊-Verstellmotor** (s. drehzahlveränderlicher Motor) || **~̊verstellung** *f* / speed adjustment, speed variation, speed control || **~̊wächter** *m* (el.) / tachometric relay, speed monitor, tacho-switch *n* || **~̊wächter** *m* (f. n etwa 0) / zero-speed switch, zero-speed relay || **~̊wächter** *m* (mech., Turbine) / overspeed trip, overspeed governor, emergency governor || **~̊wandler** *m* / speed variator || **~̊-Zeitsteuerung** *f* / speed-time program control

Dreh·zapfen *m* / pivot *n*, pivot pin || **~̊zapfen** *m* (Zapfenlg., Tragklemme m. Gelenk) / trunnion *n* || **~̊zapfen** *m* (Lagerstelle einer Welle) / journal *n* || **~̊zentrum** *n* / centre of rotation

Drei·achsen-Bahnsteuerung *f* (NC) / three-axis contouring control, three-axis continuous-path control || **~achsige Prüfung** (Erdbebenprüf.) / triaxial testing || **~achsiger Spannungszustand** (s. dreidimensionale Spannung) || **~̊ader-Differentialschutz** *m* / three-pilot differential protection || **~adriges Kabel** / three-core cable || **~̊ankermotor** *m* / triple-armature motor || **~̊-Balken-VASIS** *n* / three-bar VASIS || **~̊beinmarker** *m* / tripod marker || **~̊beinschaltung** *f* (Leitungsschutz) / three-end pilot-wire scheme || **~̊bereichs-Farbmeßgerät** *n* / three-colour colorimeter, tristimulus colorimeter || **~̊bleimantelkabel** *n* / (three-core) separately lead-sheathed cable (S.L. cable) || **~̊bolzen-Bürstenhalter** *m* / three-stud brush holder || **~̊bürstengenerator** *m* / third-brush generator, Sayer generator

dreidekadische Digitalanzeige / three-decade digital display

dreidimensional·e Bahnsteuerung / 3D contouring control, 3D continuous-path control, contouring (control), three-dimensional contouring control, three-dimensional continuous-path control || **~e Bewegung** / three-dimensional movement || **~e Interpolation** / three-dimensional interpolation, 3D interpolation || **~e Orientierung** / three-dimensional orientation || **~e Spannung** / volume stress

Dreidimensional-Linearinterpolation *f* / three-dimensional linear interpolation

Dreiebenenwicklung *f* / three-plane winding

Dreieck, in ~̊ geschaltet / connected in delta, delta-connected *adj* || **~̊anordnung** *f* (der Leiter einer Freiltg.) / triangular configuration || **~̊-Feldwicklung** *f* / winding producing a triangular field, delta winding || **~förmig** *adj* / triangular *adj* || **~förmiger Ausleger** (f. Leitungsmontage) / triangular beam || **~̊gewinde** *n* / triangular thread, V-thread *n*, Vee-thread *n* || **~̊kerbschlagprobe** *f* / triangular-notch impact test || **~̊linearität** *f* (Funktionsgenerator) / triangle linearity

Dreiecks·anordnung *f* (Freiltg.) / triangular configuration || **~̊anordnung** *f* (Kabel) / trefoil formation || **~̊ausgleichswicklung** *f* / delta stabilizing winding, delta tertiary winding

Dreieck·schaltung *f* / delta connection || **~̊schütz** *n* / delta contactor || **~̊spannung** *f* / delta voltage, line-to-line voltage, phase-to-phase voltage || **~̊-Sternschaltung** *f* / delta-star connection, delta-wye connection || **~̊-Stern-Umwandlung** *f* (Netz) / delta-star conversion, delta-wye conversion || **~̊verstärker** *m* / triangle amplifier || **~̊welle** *f* /

triangular wave || ²wicklung *f* / delta winding
Dreieinhalbleiter-Kabel *n* / three-and-a-half core cable
Dreier-Aufteilungskasten *m* (f. Kabel) / trifurcating box, trifurcator *n* || **²-Aufteilungsmuffe** *f* / trifurcating joint || **²block** *m* / block of three, triple-unit assembly || **²block** *m* (StV) / three-connector block || **²bündel** *n* (Bündelleiter) / triple bundle, three-conductor bundle, triple conductor || **²satz** *m* (Dreiphasen-Trafogruppe) / three-phase bank
Dreietagenwicklung *f* / three-plane winding, three-tier winding
Drei-Exzeß-Code *m* / excess-three code || **²-Gray-Code** *m* / Gray excess three code
dreifach diffundierte MOS / triple-diffused MOS (TMOS) || ~ **geschirmtes Kabel** / triple-shield cable || ~ **geschlossene Wicklung** / trebly re-entrant winding || ~ **parallelgeschaltete Wicklung** / triplex winding || ~ **polumschaltbarer Motor** / three-speed pole-changing motor || **~er Tarif** (s. Dreifachtarif) || **~es Untersetzungsgetriebe** / triple-reduction gear unit || **~er Wickelkopf** / three-plane overhang, three-tier overhang || ~ **wiedereintretende Wicklung** / trebly re-entrant winding
Dreifachanzeiger *m* / three-scale indicator, triple indicator
Dreifach·-Befehlsgerät *n* / three-unit control station || **²-Bürstenschaltung mit einfachem Bürstensatz** / three-phase connection with single set of brushes || **²-Diffusionsverfahren** *n* / triple diffusion process || **²fassung** *f* (Lampe) / triple lampholder || **~hohe Europakarte** / triple-height Eurocard || **²käfigläufer** *m* / triple-cage motor || **²motor** *m* / triple motor || **²motor** *m* (3 Anker) / triple-armature motor || **²-Sammelschienen-Station** *f* / triple-busbar (o. triplicate-bus) substation || **²-Sammelschienen-System** *n* / triple-busbar system, triplicate bus system || **²schreiber** *m* / three-channel recorder
dreifachseriell *adj* / triple-serial *adj*
Dreifach·steckdose *f* / triple socket-outlet, triple receptacle outlet || **²-T-Anker** *m* / three-T-tooth armature || **²tarif** *m* / three-rate tariff, three-rate time-of-day tariff || **²tarifzähler** *m* / three-rate meter || **²untersetzung** *f* / triple reduction
Drei·feld-Erregermaschine *f* / three-field exciter || **²feldgenerator** *m* (Krämer) / three-winding constant-current generator, Kraemer three-winding generator || **~feldrige Schalttafel** / three-panel switchboard
Dreifingerregel der linken Hand / left-hand rule, Fleming's first rule || **² der rechten Hand** / right-hand rule, Fleming's second rule
Drei·flankenwandler (s. Dreirampenumsetzer) || **~gliedriger Tarif** / three-part tariff || **²kammer-Geräteanschlußdose** *f* / three-compartment joint and wall box || **²kesselschalter** *m* / three-tank circuit-breaker, three-tank bulk-oil circuit-breaker || **²klanggong** *m* / three-tone door chime || **²komponentenregler** *m* / three-component controller || **²lagermaschine** *f* / three-bearing machine
Dreileiter·-Blindverbrauchszähler *m* / three-wire kVArh meter || **²-Drehstrom-Blindverbrauchszähler** *m* / three-wire three-phase reactive volt-ampere-hour meter, three-wire polyphase VArh meter || **²-Drehstrom-Wirkverbrauchszähler** *m* / three-wire three-phase watthour meter || **²kabel** *n* / three-conductor cable, three-core cable || **²ölkabel** *n* / three-conductor oil-filled cable || **²-Steuerkreis** *m* / three-wire control circuit || **²wandler** *m* / three-wire transformer
Drei·lochwicklung *f* / three-slots-per-phase winding, three-slot winding || **²mantelkabel** *n* / three-core separately sheathed cable, three-core separately leaded cable || **²maschinensatz** *m* / three-machine set || **²nutläufer** *m* / triple-cage rotor, trislot rotor || **²perioden-Unterbrechung** *f* / three-cycle interruption
Dreiphasen·-Dreileiter-Stromkreis *m* / three-phase three-wire circuit || **²generator** (s. Drehstromgenerator) || **²kabel mit konzentrischem Neutralleiter** / three-phase concentric-neutral cable || **²-Lichtschienensystem** *n* / three-phase luminaire track system, three-phase lighting trunking (system) || **²maschine** (s. Drehstrommaschine) || **²-Netzschema** *n* / three-phase system diagram || **²-Pulswechselrichter** *m* / pulse-controlled three-phase inverter || **²-Spannungsquelle** *f* / three-phase voltage source || **²strom** (s. Drehstrom) || **²-Stromschienensystem für Leuchten** / three-phase luminaire track system, three-phase lighting trunking (system) || **²transformator** *m* / three-phase transformer || **²-Vierleiter-Stromkreis** *m* / three-phase four-wire circuit || **²wicklung** *f* / three-phase winding
dreiphasig *adj* / three-phase *adj*, triple-phase *adj*, polyphase *adj* || **~er Fehler** / three-phase fault || **~er Kurzschluß** / three-phase short circuit, three-phase fault, symmetrical fault || **~er Kurzschluß mit Erdberührung** / three-phase-to-earth fault, three-phase fault with earth, three-phase grounded fault (US) || **~er Kurzschluß ohne Erdberührung** / three-phase fault without earth, three-phase ungrounded fault (US) || **~er Stoßkurzschlußstrom** / maximum asymmetric three-phase short-circuit current
dreipolig *adj* / three-pole *adj*, triple-pole *adj* || **~e Abschaltung** / disconnection in three poles, three-phase interruption || **~er Ausschalter** (Schalter 1/3, VDE 0630) / three-pole one-way switch (CEE 24) || **~er Ausschalter mit abschaltbarem Mittelleiter** (VDE 0632) / three-pole one-way switch with switched neutral (CEE 24) || **~er Fehler** / three-phase fault || ~ **gekapselte Schaltanlage** / three-phase encapsulated (o. enclosed) switchgear || **~e Kapselung** / phase-segregated enclosure || **~er Kurzschluß** (s. dreiphasiger Kurzschluß) || **~e Kurzunterbrechung** / triple-pole autoreclosure, three-phase autoreclosing || **~er Lastschalter** / three-pole switch, triple-pole switch || **~er Leistungsschalter** / three-pole circuit-breaker, triple-pole circuit-breaker, three-phase circuit-breaker || **~er Leitungsschutzschalter** / three-pole circuit-breaker, triple-pole m.c.b. || ~ **schaltbar** / for three-pole operation || **~er Schalter** / three-pole switch, triple-pole switch || **~er Schalter mit abschaltbarem Mittelleiter** / three-pole plus switched neutral switch || **~er**

Stufenschalter (Trafo) / three-pole tap changer || ~**es Wechselstromschütz** / triple-pole contactor
Dreipol-Stufenschalter (s. dreipoliger Stufenschalter (Trafo))
dreipulsiger Umkehrstromrichter / triple-pulse reversible converter
Dreipuls-Mittelpunktschaltung *f*(LE) / three-pulse star connection
Dreipunktbefestigung *f* / three-point fixing
Dreipunkte·gurt *m*(Kfz) / three-point seatbelt || ≗-**Zug** *m*(NC) / three-point cycle (o. definition)
Dreipunkt·glied *n* / three-step (action) element || ≗-**Pendelkontakt** *m* / three-point spring-loaded contact || ≗**regelung** *f* / three-step control, three-position control || ≗**regler** *m* / three-step controller, three-position controller || ≗**signal** *n* (DIN 19226) / three-level signal || ≗**verhalten** *n* / three-step action, three-level action
Drei·rampenumsetzer *m* / triple-slope converter || ≗**raumschottung** *f*(SA) / three-compartment design || ~**reihige Verteilung** / three-tier distribution board || ≗**säulen-Trennschalter** *m* (VDE 0670,T.2) / three-column disconnector (IEC 129) || ≗**schaltermethode** *f* / Korndorfer starting method, three-breaker method || ≗-**Schalter-Ringsammelschienen-Station mit Umgehung** / three-switch mesh substation with by-pass || ≗**schenkeldrossel** *f* / three-limb reactor, three-leg choke (o. coil) || ≗**schenkelkern** *m* / three-limb core, three-leg core || ~**schenkliger Kern** (s. Dreischenkelkern) || ≗**schichtmaterial** *n* / triplex material || ≗**schleifenwicklung** *f* / triplex lap winding, triplex winding || ≗**spur-Inductosyn** *n* / three-speed inductosyn || ≗-**Status-Schaltkreis** *m* / tristate circuit || ≗**stellungsschalter** (TS) (s. Dreistellungs-Trennschalter) || ≗**stellungs-Trenner** (s. Dreistellungs-Trennschalter) || ≗**stellungs-Trennschalter** *m* / three-position disconnector || ≗**stiftsockel** *m* / three-pin cap || ≗**stiftstecker** *m* / three-pin plug || ≗**stofflager** *n* / three-metal bearing || ≗**stofflegierung** *f* / three-component alloy
dreisträngig *adj*(dreiphasig) / three-phase *adj*, triple-phase *adj*, polyphase *adj* || ~**er Kurzschluß** (s. dreiphasiger Kurzschluß) || ~**e Kurzunterbrechung** (s. dreipolige Kurzunterbrechung) || ~**e Wicklung** / three-phase winding
Dreistufen·-Distanzschutz *m* / three-step distance protection (system o. scheme) || ≗**kennlinie** *f* (Schutz) / three-step characteristic || ≗**kern** *m* / three-stepped core || ≗**motor** *m* / three-speed motor || ≗**wicklung** *f* / three-range winding, three-tier winding
dreistufig·es Distanzrelais / three-step (o. three-stage) distance relay || ~**es Untersetzungsgetriebe** / triple-reduction gear unit
dreisystemig·er Distanzschutz / three-system distance protection (system o. relay) || ~**es Relais** / three-element relay
Drei·-T-Anker *m* / three-T-tooth armature || ≗-**Tarif** *m* (dreifacher T.) / three-rate tariff
Drei-Überschuß·-Code *m* / excess-three code || ≗-**Gray-Code** *m* / Gray excess three code
Drei·wegekatalysator *m*(Kfz) / three-way catalytic converter || ≗**wegeventil** *n* / three-way valve || ≗**wegschalter** *m* / three-way switch, three-position switch || ≗**wickler** (s. Dreiwicklungstransformator) || ≗**wicklungstransformator** *m* / three-winding transformer || ~**zeiliger Aufbau** (ET, elST) / three-tier configuration
dreizügig·er Kabelzugstein / three-compartment duct block, three-duct block || ~**er Kanal** / three-duct raceway (o. conduit), triple-compartment trunking
Drei-Zustands·-Ausgang *m* / three-state output || ≗-**Trennstufe** *f* / tri-state buffer
Drift *f* / drift *n*, droop *n* || ≗ **bei Skalenmitte** / midscale drift || ≗**abgleich** (s. Driftausgleich) || ≗**ausfall** *m* / drift failure, gradual failure || ≗**ausfall** *m* (s. Driftteilausfall) || ≗**ausgleich** *m* / drift compensation || ≗**beweglichkeit** *f* / drift mobility || ≗**feld** *n*(HL) / drift field || ~**frei** *adj*(IS) / droopless *adj* || ≗**geschwindigkeit** *f*(HL) / drift velocity || ≗**rate** *f*(IS) / droop rate (IC) || ≗**rate bei Halte-Betrieb** / hold-mode droop rate || ≗**raum** *m*(ESR) / drift space || ≗**strom** *m*(IS) / droop current (IC) || ≗**teilausfall** *m*(IEC 50(191)) / degradation failure || ≗**transistor** *m* / graded-base transistor
Drilleiter (s. verdrillter Leiter) || ≗**bündel** *n* / transposed-conductor bundle
Drillings·bürste *f* / triple split brush || ≗**bürste aus zwei Qualitäten mit Kopfstück** / dual-grade triple split brush with separate top-piece || ≗**bürste mit Kopfstück** / triple split brush with separate top-piece || ≗**leitung** *f* / three-core cord
Drill·moment *n* / torsional moment, moment of torsion, torsion torque, torque moment || ≗**resonanz** *f* / resonance with torsional vibration || ≗**schwingung** *f* / torsional vibration, rotary oscillation || ≗**schwingungstyp** *m* / torsional mode || ≗**stab** *m*(Wickl.) / transposed bar, twisted conductor || ≗**steifigkeit** *f* / torsional stiffness, torsional rigidity
Drillung *f*(Drall) / angular twist || ≗ (Drillstab) / transposition *n*
dritt·e Bewegung parallel zur X-Achse (NC-Adresse; DIN 66025,T.1) / tertiary dimension parallel to X (NC; ISO/DIS 6983/1) || ~**e Harmonische** / third harmonic || ~**er Schall** / third sound || ~**e Wicklung** / tertiary winding, tertiary *n*
Drittelspannungsmotor *m* / third-voltage motor
Drossel *f*(el.) / reactor *n*, reactance coil, inductor *n*, choke *n* || ≗ (klein; im Vorschaltgerät) / choke *n* || ≗ (mech.) / throttle *n*, restrictor *n* || ≗ **mit veränderlichem Luftspalt** / adjustable-gap inductor || **Transduktor**~ / half-cycle transductor || ≗**anlasser** *m* / reactor-type starter || **Motor mit** ≗**anlasser** / reactor-start motor || ≗**anlauf** *m* / reactor starting, reactance starting || ≗**flansch** *m* / reducing flange, reducer *n* || ≗**gerät** *n* (Durchflußmesser) / restrictor *n* || ≗**klappe** *f* (Ventil) / throttle valve *n*, throttle *n* || ≗**klappe** *f* (Stellklappe) / butterfly control valve, butterfly valve || ≗**klappenpotentiometer** *n*(Kfz) / throttle potentiometer || ≗**kopplung** *f* / choke coupling, inductance-capacitance coupling, L-C coupling || ≗**körper** *m*(Ventil) / closure member, restrictor *n*
drosseln *v* / throttle *v*, reduce *v*, restrict *v*
Drossel·öffnung *f* / orifice *n*, throat *n* || ≗**regelung** *f* (Verdichter) / throttle control || ≗**scheibe** *f* / restrictor plate, restrictor *n* || ≗**schraube** *f* /

throttle screw
Drosselspule *f* / reactor *n*, reactance coil, inductor *n*, choke *n* || ≗ **mit Anzapfungen** / tapped reactor, tapped inductor || ≗ **mit Eisenkern** / iron-core reactor || ≗ **mit Mittelanzapfung** / centre-tapped reactor || ≗ **mit verstellbarem Kern** / moving-core reactor
Drosselspulen·ausschaltvermögen *n* (E VDE 0670, T.302) / shunt reactor breaking capacity (IEC 265-2)
Drossel·transformator *m* / constant-current transformer || ≗**ventil** *n* / throttle valve, throttle *n*, reducing valve
Druck *m* / pressure *n*, compression *n*, thrust *n* || ≗ (Druckhöhe) / head *n* || ≗ (nach unten; Fundamentbelastung) / downward force, compression *n* || ≗ (s. Druckspannung) || **axialer** ≗ / axial thrust || **einem** ≗ **standhalten** / to withstand pressure || **hydraulischer** ≗ / hydraulic thrust || **unter** ≗ **setzen** / to put under pressure, pressurize *v*
Druckabfall *m* / pressure drop
Druck·ablaßventil *n* / pressure release valve || ≗**änderungs-Halbwertszeit** *f* / half-value pressure change time || ≗**anschluß** *m* (Pumpe) / pressure (o. delivery o. discharge) connection, delivery stub || ≗**anstieg** *m* / pressure rise, pressure increase || ≗**anzeiger** *m* / pressure indicator, indicating pressure gauge || ≗**aufnehmer** *m* / pressure pick-up, pressure sensor || ≗**aufnehmer** (s. Drucksignalgeber) || ≗**ausgleich** *m* / pressure compensation || **Klemmenkasten mit** ≗**ausgleich** / pressure-relief terminal box || ≗**ausgleichsgefäß** *n* (f. Ölkabel) / expansion tank (o. vessel) || ≗**ausgleichskammer** *f* / pressure equalizing chamber || ≗**ausgleichsventil** *n* / pressure compensating valve || ≗**beanspruchung** *f* / compressive stress, unit compressive stress, pressure *n* || ≗**beanspruchung** *f* (IR; VDE 0605,1) / mechanical stresses (conduit; IEC 614-1) || ≗**begrenzer** *m* / pressure limiter, pressure reducer || ≗**behälter** *m* / pressure vessel, receiver *n* || ≗**behälterprüfbuch und Druckbehälterverzeichnis** / receiver register || ≗**belastung** *f* / compressive load, compression load || ≗**belastung** *f* (axial) / thrust load || ≗**bereich** *m* / pressure range || **zulässiger** ≗**bereich** / allowable pressure limits || ≗**berg** *m* / pressure envelope || ≗**-Biegebeanspruchung** *f* / combined compressive and bending stress
Druckbild des Manuskripts (am Bildschirm) / display of manuscript
Druck·bolzen *m* / thrust bolt, clamping bolt || ≗**bügel** *m* (Klemme) / pressure clamp
druckdicht *adj* / pressure-proof *adj*, pressure-tight *adj* || **~e Kabeldurchführung** / pressure-tight bulkhead cable gland (IEC 117-5, A.1)
Druck·dichtung *f* / pressure seal || ≗**differenzmelder** *m* (empfängt und vergleicht zwei pneumatische Eingangssignale und gibt ein Signal, wenn der vorgegebene Wert überschritten wird) / pneumatic limit operator || ≗**-Dreh-Schloßzylinder** *m* / press-and-twist barrel lock || ≗**einheit** *f* / pressure unit, unit of pressure
druckempfindlich *adj* / pressure-sensitive *adj* || **~er Steuerknüppel** / force-operated joystick
drucken *v* / print *v* || ~ (protokollieren) / log *v*, list *v* || ≗ *n* / printing *n* || ≗ (Ausdrucken) / hardcopy listing, logging *n*, listing *n*
druckend·es Meldesystem / event recording system || **~er Schreiber** / printing recorder
Druckenergie *f* / pressure energy
Druckentlastung *f* / pressure relief, stress relief
Druckentlastungs·kanal *m* / pressure release duct || ≗**öffnung** *f* (metallgekapselte SA) / vent outlet || ≗**prüfung** *f* / pressure relief test || ≗**ventil** *n* / pressure relief valve || ≗**vorrichtung** *f* / pressure relief device
Druckentnahme *f* (Meßblende) / pressure tapping
Drucker *m* / printer *n*
Drücker *m* (Motordrücker) / thrustor *n* || ≗ (s. Druckknopf)
Druckerhöhungspumpe *f* / booster pump
Drucker·kopie *f* / hard copy || ≗**protokoll** *n* / printout *n* || ≗**-Spooling** (s. Drucker-Spulbetrieb) || ≗**-Spulbetrieb** *m* / printer spooling
Druck·feder *f* / compression spring, pressure spring || ≗**feder** *f* (Lg.) / preloading spring || ≗**feinregler** *m* / precision pressure regulator
druckfest *adj* / pressure-resistant *adj*, pressure-containing *adj*, pressure-proof *adj* || ~ (Ex; Sch) / flameproof *adj* (GB), explosion-proof *adj* (US) || **~er Anschlußstutzen** / packing gland || **~e Durchführung** / flameproof bushing || **~es Gehäuse** / flame-proof enclosure, explosion-proof enclosure || ~ **gekapselt** / flameproof *adj*, explosion-proof *adj*, pressure-containing *adj* || ~ **gekapseltes Bauelement** / explosion-containing component (IEC 50(581)) || ~ **gekapselte Maschine** / flameproof machine (GB), explosion-proof machine (US) || ~ **kapseln** / flameproof *v* || **~e Kapselung** (Ex d; EN 50018) / flameproof enclosure (EN 50018), explosion-proof enclosure || **~er Klemmenkasten** / pressure-containing terminal box
Druckfestigkeit *f* / compressive strength, pressure resistance || ≗ (Druckgefäß) / pressure retaining strength || ≗ (Ventil) / pressure integrity || **Prüfung der** ≗ **des Gehäuses** / test of ability of enclosure to withstand pressure
Druck·finger *m* (Bürste) / pressure finger, brush hammer *n*, spring finger || ≗**finger** *m* (Blechp.) / pressure finger, end finger || ≗**fingerplatte** *f* (Blechp.) / tooth support || ≗**fläche** *f* / area under pressure, thrust face, contact surface
Druckformat *n* / print format
Druckgas·antrieb *m* / pneumatic operating mechanism, compressed-gas operating mechanism || ≗**-Leistungsschalter** *m* / gas-blast circuit-breaker, compressed gas-blast circuit-breaker || ≗**-Löschsystem** *n* / compressed-gas arc quenching system || ≗**schalter** (s. Druckgas-Leistungsschalter) || ≗**versorgung** *f* / compressed-gas supply || **Nenndruck der** ≗**versorgung für die Betätigung** / rated pressure of compressed-gas supply for operation, rated operating air pressure
Druck·geber *m* / pressure transmitter, pressure sensor || ≗**geber** (s. Druckaufnehmer) || ≗**gefälle** *n* / pressure drop
Druckgeschwindigkeit *f* / printing speed, print speed
druck·gespeistes Lager / externally pressurised bearing || ≗**gießen** *n* / pressure die-casting, die-casting *n* || ≗**gießharz** *n* / pressure-cast resin ||

²glas-Kabeldurchführung f / prestressed-glass cable penetration || ²glasverschmelzung f / prestressed-glass seal || ²gußkäfig m(KL) / die-cast cage || ²gußspiegel m / die-cast reflector || ²hebel (s. Druckfinger)

Druckhöhe f / pressure head, head n, static head

Druck·hülse f / thrust sleeve, clamping sleeve || **²hülse** f(Kabel) / ferrule n || **²kabel** n / pressure cable || **²kappe** f(DT) / pressure cap, actuator cap

Druckkarte f(Belegkarte) / ticket n

Druckknopf m(VDE 0660,T.201) / button n(IEC 337-2), pushbutton n, press button || **² mit verlängertem Hub** / pushbutton with extended stroke || **²antrieb** m / pushbutton actuator, pushbutton operator || **²betätigung** f / pushbutton operation, pushbutton control || **²kasten** m / pushbutton box || **²melder** m(Brandmelder) / pushbutton call point || **²schalter** m / pushbutton switch, maintained-contact pushbutton switch || **²schalter-Mechanik** f / mechanical system of a pushbutton switch || **²steuerung** f / pushbutton control || **²tafel** f(eingebaut) / pushbutton plate || **²tafel** f(Einzelgerät) / pushbutton station || **²taster** (s. Drucktaster)

Druck·kolben m(trennt die Prozeßflüssigkeit vom Meßumformergehäuse) / pressure seal || **²kompensator** m / pressure compensator || **²komponente** f / component of compressive force, thrust couple || **²kontakt** m / butt contact, pressure contact

Druckkopf m(Drucker) / print head

Druckkörper-Durchführung f / pressure-hull penetration

Druckkraft f / compressive force, pressure force, thrust n || ² (Drucker) / impact n

Druck·krümmer m(Pumpe) / delivery elbow || **²kugellager** n / thrust ball bearing || **²kupplung** f (Rohr) / compression coupling || **²lager** n / thrust bearing || **²lagerkamm** m / thrust-bearing collar || **²lasche** f / clamping strap, thrust lug || **²leitung** f / pressure pipe, pressure tubing || **²leuchte** f / air-turbo lamp (GB), pneumatic luminaire (USA)

drucklos·e Dichtigkeitsprüfung / unpressurized test for leaks || ~ **fließen** / to flow by gravity || ~ **gekühlter Transformator** (Kühlungsart ANV) / non-ventilated transformer

Druckluft·antrieb m(SG) / pneumatic operating mechanism, pneumatic mechanism, pneumatic drive, compressed-air operating mechanism, compressed-air drive, pneumatic actuator || **mit ²antrieb** / compressed-air-operated adj, pneumatically operated || **Schütz mit ²antrieb** (VDE 0660,T.10c) / pneumatic contactor (IEC 158-1) || **²behälter** m / compressed-air receiver, receiver n || **~betätigt** adj / compressed-air-operated adj, pneumatically operated

Drucklüfter m / forced-draft fan

Druckluft·erzeuger m / air compressor, compressor n || **²kanal** m / compressed-air duct, air duct || **²kühlung** f / forced-air cooling || **²-Leistungsschalter** m / air-blast circuit-breaker, compressed-air circuit-breaker || **²material** n / accessories for compressed-air systems || **²netz** n / compressed-air (pipe) system || **²-Regelschrank** m / compressed-air control cabinet || **²schalter** m (LS) / air-blast circuit-breaker, compressed-air circuit-breaker || **²-Schmierapparat** m / pneumatic lubricating device || **²-Schnellschalter** m / high-speed compressed-air circuit-breaker, high-speed air-blast breaker || **²schrank** (s. Druckluft-Regelschrank) || **²speicherantrieb** m / pneumatic stored-energy mechanism, pneumatically charged mechanism || **²speicherung** f / compressed-air storage || **²-Sprungantrieb** m / pneumatic snap-action mechanism || **²-Steuergerät** n / pneumatic control unit || **²steuerung** f / pneumatic control

Drucklüftungssystem n(Klimaanl.) / plenum system

Druckluft·-Versorgungsnetz n / compressed-air supply system || **²-Verteilungsnetz** n / compressed-air distribution system || **²-Widerstandsschalter** m / air-blast resistor interrupter || **²-Zwischenbehälter** m / air distribution receiver

Druckmesser m / pressure gauge || ² (f. Vakuum o. Teilvakuum) / vacuum gauge || **Pirani-²** / Pirani vacuum gauge

Druck·meßumformer m / pressure transducer || **²minderer** m / pressure reducer, pressure reducing valve || **²minderung** f / pressure reduction || **²minderungsventil** n / pressure reducing valve, pressure reducer || **²mittelantrieb** m / pneumatic operating mechanism || **²mittelpunkt** m / pressure centre || **²mittelspeicherantrieb** m / pneumatic stored-energy mechanism, pneumatically charged mechanism || **²mittel-Sprungantrieb** m / pneumatic snap-action mechanism || **²motor** (EZ) (s. Druckzählwerkmotor) || **²niveaumeßgerät** n / pressure level measuring device

Drucköl n / pressure oil, oil under pressure || **²entlastung** f / oil-lift system, high-pressure oil lift, hydrostatic oil lift, jacking-oil system || **Lager mit ²entlastung** / oil-lift bearing, oil-jacked bearing || **²-Entlastungspumpe** f / oil-lift pump, jacking pump, jacking-oil pump || **²kupplung** f / coupling fitted by oil-injection expansion method || **²leitung** f / forced-oil line, pressure-oil piping || **²schmierung** f / pressure lubrication, forced-oil lubrication, forced lubrication, force-feed lubrication || **Lager mit ²schmierung** / pressure-lubricated bearing, forced-lubricated bearing || **²teller** m / jacking-oil distributor || **²überwachung** f / pressure-oil monitoring (facility), oil pressure switch || **²verband** m / assembly completed by oil-injection expansion method || **²verfahren** n / oil-injection expansion method, oil-hydraulic fitting method

Druckoriginal n(gS) / original production master

Druck·platte f / clamping plate, end plate, thrust plate || **²platte** f(Anschlußklemme) / pressure plate || **²probe** f / pressure test, hydrostatic test || **²prüfung** f(hydraul.) / hydrostatic test, hydraulic test, pressure test, high-pressure test || **²prüfung** f (mech.) / compressive test || **²prüfung** f(IR; DIN IEC 23A.16) / compression test || **²punkt** m(Taste) / tactile touch, tactile feedback || **²rahmen** m(Pol) / clamping frame || **²regler** m / pressure regulator || **²ring** m / thrust ring, clamping ring, end ring || **²ring** m(Axiallg.) / thrust collar || **²ring** m (Leitungseinführung, EN 50014) / clamping ring || **²ring** m(Trafo-Blechpaket) / clamping ring, stress ring, flange n || **²rohr** n / pressure pipe ||

~rohr *n*(WKW) / penstock *n* || **~rolle** *f* (Bürstenhalter) / finger roll, hammer roll || **~rückgewinnung** *f* / pressure recovery || **~schalter** *m* / pressure-operated switch, pressure switch || **~schalter** (s. Druckknopfschalter) || **~schelle** *f* / pressure saddle || **~schlitz** *m* / discharge port || **~schmierkopf** *m* / pressure lubricator, pressure oiler || **~schmierung** *f* / pressure lubrication, forced lubrication, forced lubrication system, force-feed lubrication, pressure-feed lubrication || **~schraube** *f* / clamping bolt, clamping screw, through-bolt *n*, pressing screw, set screw || **~schubfeder** *f* / compression-shear spring || **~schutz** *m*(Kabel) / reinforcement *n*, reinforcing tape (o. strip o. wire) || **Dauerfestigkeit im ~schwellbereich** / fatigue strength under pulsating compressive stress || **~schwingung** *f* / compressive oscillation || **~segment** *n*(Blechp.) / clamping segment, edgeblock packing || **~seite** *f*(Beanspruchung) / side under compression, pressure side, side under pressure || **~seite** *f*(Pumpe) / discharge end, discharge *n* || **~sensor** *m* / pressure sensor, pressure pickup || **~sicherer Klemmenkasten** / pressure-containing terminal box || **~signalgeber** *m* / pressure transducer || **~spannung** *f* / compressive stress, unit compressive stress, pressure *n* || **~speicher** *m* / accumulator *n* || **~stelle** *f* / pressure mark

Druckstern *m*(Schreiber) / printwheel *n*, recording head

Druckstock-Zeichnung *f* / block drawing

Druck·stoß *m* / pressure surge, pressure impulse, sudden pressure change || **~stößel** *m* / plunger *n* || **~stoßminderer** *m* / pulsation snubber || **~stoßrelais** *n* / pressure surge relay || **~streifen** *m* (Wickl.) / packing strip, preloading strip || **~-/Strom-Signalumformer** *m* / pressure-current signal converter || **~stück** *n*(Bürste) / guide clip, finger clip, hammer clip || **~stück** *n*(DIN 6311) / thrust pad || **~stück** *n*(Klemme) / clamping member, pressure plate, washer *n* || **Buchsenklemme mit ~stück** / tunnel terminal with indirect screw pressure, indirect-pressure tunnel terminal || **~stufe** *f* / pressure stage || **~stutzen** *m*(Pumpe) / discharge stub, delivery end || **~tank** *m*(Ölkabelsystem) / pressure tank, pressure reservoir || **~taste** *f* / button *n*, key *n* || **~tastenschloß** *n* / pushbutton lock

Drucktaster *m*(VDE 0660, T.201) / pushbutton *n* (IEC 337-2), momentary-contact pushbutton, press button || **~** (m. mehreren Befehlsstellen) / pushbutton station || **~ mit Entklinkungstaste** / maintained-contact pushbutton || **~ mit Rastung** / latching pushbutton || **~ mit Schloß** / locking-type pushbutton || **~ mit Schutzrohrkontakt** / sealed-contact pushbutton || **~ mit verzögerter Befehlsgabe** (VDE 0660, T.201) / delayed-action pushbutton (IEC 337-2) || **~ mit verzögerter Rückstellung** (VDE 0660, T.201) / time-delay pushbutton (IEC 337-2)

Drucktypenregistrierung *f*(Schreiber) / printing-head recording

Druck·überhöhung *f* / pressure piling || **~übertragungsteil** *n*(Klemme) / pressure exerting part, clamping member || **~überwachungsgerät für zu hohen Druck** (SG) / high-pressure interlocking device || **~überwachungsgerät für zu niedrigen Druck** (SG) / low-pressure interlocking device || **~umformer** (s. Druckmeßumformer) || **~umlaufschmierung** *f* / circulating forced-oil lubrication || **~- und Führungslager** / combined thrust and guide bearing || **~unterschied** *m* / pressure difference, differential pressure || **~ventil** *n* / discharge valve

Druckverfahren, mechanisches ~ (Fernkopierer) / impact recording

Druck·verlauf *m* / pressure characteristic || **~verlust** *m* / pressure loss, pressure drop || **~versuch** *m* (mech.) / compression test || **~-Volumen-Kennlinie** *f* / pressure-volume curve

Druckvorlage *f*(gS) / artwork master, photographie master, photomaster *n*

Druckvorrichtung *f*(Schreiber) / printing device

Druckwaage *f* / dead-weight tester, manometric balance

Druck·wächter *m* / pressure-operated switch, pressure switch || **~wandler** *m* / pressure repeater || **~wandler** (s. Druckmeßumformer)

druckwasserdicht *adj* / pressure-water-tight *adj*, proof against water under pressure, pressurized-water-tight *adj* || **~e Maschine** (überflutbare M.) / submersible machine

Druck·wasserkühlung *f* / pressurized-water cooling || **~wasserturbine** *f* / pressurized-water turbine

Druckwegoptimierung *f*(Drucker) / printhead movement optimization

Druckwellen·lader *m*(Kfz) / pressure-wave supercharger || **~schutz** *m* / pulsation snubber, pressure surge protection

Druckwerk *n*(Datendrucker) / printing element, printing mechanism, printer *n* || **~** (Druckmasch.) / printing unit

Druckwerkmotor (EZ) (s. Druckzählwerkmotor)

Druckwerkzeug *n*(gS) / production master || **Mehrfachnutzen~** *n* / multiple image production master

Druck·zählwerk *n* / printing register || **~zählwerkmotor** *m* / printing register motor || **~zeichen** *n* / print character, character *n*

Druckzug *m* / forced draft

Druck-Zug·-Schalter *m* / push-pull button (IEC 337-2) || **~-Taster**

DSB (s. Doppelseitenband)

D-Sicherungshalter *m* / type D fuse-carrier

D-Speicherglied *n* / D flipflop, delay flipflop

DSS (s. Doppelsternschaltung mit Saugdrossel)

D-SUB-Stecker (s. Miniaturstecker)

DTB (s. Datentransferbus) || **~-Verwalter** *m* / DTB arbiter

DTL (s. Dioden-Transistor-Logik)

DT-Zustandsdiagramm *n*(PMG) / DT state diagram, device trigger function diagram

Dual·addierer *m* / binary adder || **~-ASCII-Ausgabe** *f* / binary/ASCII display || **~code** *m* / binary code || **~dividierer** *m* / binary divider || **~-in-line-Gehäuse** (s. Steckgehäuse)

Dualitäts·theorie *f* / duality theory

Dual·multiplizierer *m* / binary multiplier || **~radizierer** *m* / binary root extractor || **~-Slope-ADU** (s. Zweirampen-ADU) || **~subtrahierer** *m* / binary subtractor || **~zahl** *f* / binary number ||

≈zähler *m* / binary counter || **≈ziffer** *f* / binary digit
Dübel *m* (Befestigungsd.) / plug *n* || **≈maße** *n pl* (Befestigungsabstände) / plug spacings
DÜ-Block (s. Datenübertragungsblock)
DÜE (s. Datenübertragungseinrichtung) || **≈ nicht bereit** / DCE not ready (DCE = data circuit terminating equipment)
DÜE-Information *f* / DCE-provided information || **≈Rückleiter** *m* / DCE common return
dunkel *adj* (Körperfarbe) / dark *adj* || ~ (Selbstleuchter) / dim *adj* || **≈adaptation** *f* (s. Dunkelanpassung) || **≈anpassung** *f* / dark adaptation || **≈aussteuerung** *f* / blanking *n*, ripple blanking || **≈kammerlampe** *f* / darkroom lamp || **Synchronisier-≈schaltung** *f* / synchronizing-dark method, dark-lamp synchronizing || **≈steuerung** *f* / blanking *n*, ripple blanking || **≈steuerungssignal** *n* / blanking signal || **Ultraviolett-≈strahler** *m* / black light lamp, black light non-illuminant lamp || **≈strom** *m* / dark current (DC) || **~stromäquivalente Strahlung** / equivalent dark-current irradiation || **~tasten** *v* / blank *v*
Dünnfilm-FET (s. Dünnschicht-Feldeffekttransistor) || **≈schaltung** (s. Dünnschichtschaltung)
dünnflüssig *adj* / low-viscosity *adj*, thin *adj*, low-bodied *adj*
Dünnschicht·chromatographie *f* / thin-layer chromatography (TLC) || **≈-Feldeffekttransistor (TF-FET)** *m* / thin-film field-effect transistor (TF FET), insulated-gate thin-film field-effect transistor || **≈schaltung** *f* / thin-film (integrated) circuit, thin-film circuit || **≈transistor** *m* / thin-film transistor (TFT) || **≈-Widerstandsnetzwerk** *n* / thin-film resistance network
dünnwandig *adj* / thin-walled *adj*, thin-section *adj*
Dünnwandzählrohr *n* / thin-wall counter tube
Duodezimalziffer *f* / duodecimal digit
Duo-Dosenplatte *f* (IK) / twin outlet plate || **≈schaltung** *f* (Lampen) / twin-lamp circuit, lead-lag circuit || **≈-Vorschaltgerät** *n* / lead-lag ballast
Duplex·betrieb *m* / duplex operation || **≈rechnersystem** *n* / duplexed computer system || **≈übertragung** *f* / duplex transmission
duplizieren *v* / duplicate *v*
Duplizierfunktion *f* (NC) / duplicating function
Duraluminium *n* / duralumin *n*, hard aluminium
Durchbiegung *f* (Nachgeben unter Last) / compliance *n* || **≈** (Durchhang) / sag *n* || **≈** (Isolator; VDE 0674,2) / camber *n*
Durchbiegungsfestigkeit *f* / transverse bending strength
durchblättern (s. blättern)
Durchbrechöffnung *f* / knock-out *n*
durchbrennen *v* (Sich.) / blow *v*, fuse *v* || ~ (Lampe) / burn out *v*
Durchbrennspeicher *m* / fusible-resistor memory
Durchbruch *m* (Isol., HL) / breakdown *n* || **≈** (Öffnung) / opening *n*, cutout *n* || **≈** (s. Durchschlag) || **≈festigkeit** (s. Durchschlagfestigkeit)
Durchbruchs·bereich *m* (HL) / breakdown region || **≈feldstärke** (s. Durchschlagfeldstärke)
Durchbruchspannung *f* (HL) / breakdown voltage || **≈** (s. Durchschlagspannung) || **≈ in Rückwärtsrichtung** (rückwärtssperrender Thyristor, DIN 41786) / reverse breakdown voltage
durchdrehen *v* (m. Durchdrehvorrichtung) / bar *v*, turn *v* || **≈** *n* (Fahrzeugräder) / spinning *n*
Durchdreh·motor *m* / barring motor || **≈vorrichtung** *f* / barring gear, turning gear
durchdringen *v* / penetrate *v*
Durchdringung *f* (Passung) / interference *n*
Durchdruck *m*, **Schaltstück-≈** / contact spring action, contact resilience
Durchfederung *f* (Federweg) / spring deflection, deflection *n*, resilience *n* || **≈ der Kontakte** / contact follow-through travel
Durchfluß *m* / flow *n*, flow rate || **induktiver ≈aufnehmer** / magnetic flow transmitter || **≈begrenzung** *f* (Ventil) / choked flow || **≈beiwert** *m* (k_v-Wert) / flow coefficient (C_v), orifice coefficient || **≈geber** *m* / flow sensor, flow transmitter || **≈geber** (s. Durchfluß-Meßumformer) || **≈geschwindigkeit** *f* / flow velocity || **≈kammer** (s. Durchlaufkammer) || **≈kennlinie** *f* / flow characteristic || **≈koeffizient** *m* / flow coefficient || **≈kolonne** *f* / flow column || **≈-Korrekturrechner** *m* / flow correction calculator || **≈menge** *f* / flow rate || **≈mengenmesser** *m* / flow-rate meter, rate meter, flow indicator || **≈messer** *m* / flow meter, flow-rate meter, rate meter || **≈-Meßumformer** *m* / flow transducer || **≈messung** *f* / flow measurement, flow-rate measurement || **≈probe** *f* / flow test || **≈querschnitt** *m* / flow area || **≈rate** *f* / flow rate || **≈regler** *m* / rate regulator || **≈wandler** *m* (Schaltnetzteil) / forward converter || **≈zahl** (s. Durchflußbeiwert) || **≈-Zählrohr** *n* / flow counter tube, gas-flow counter-tube || **≈zelle** (s. Durchlaufzelle)
durchfluten *v* (magn.) / magnetize *v*, permeate *v*
Durchflutung *f* / ampere-turns *pl*, electric loading, current linkage, magnetomotive force || **≈** (Prüf.) / magnetic-particle test, magnetic inspection || **≈ pro Längeneinheit** / electric loading, ampere turns per unit length || **elektrische ≈** (eines geschlossenen Pfades) / current linkage (IEC 50(121)) || **magnetische ≈** / ampere turns, magnetomotive force, magnetic potential || **Wendepol~** / commutating-pole ampere turns
Durchflutungs·empfindlichkeit *f* (Hallmultiplikator, DIN 41863) / magnetomotive force sensitivity || **≈gerät** *n* / magnetic inspection set-up, magnetic particle tester || **≈gesetz** *n* / Ampère's law, first circuital law || **≈kurve** / m.m.f. curve || **≈prüfung** *f* / magnetic-particle test, magnetic-particle inspection, magnetic testing, magnetic inspection, electromagnetic testing || **≈welle** *f* / m.m.f. wave || **Raumharmonische der ≈welle** / m.m.f. space harmonic
Durchführbarkeit *f* / feasibility *n*
Durchführbarkeitsstudie *f* / feasability study
Durchführung *f* (f. el. Leiter; Trafo) / bushing *n*, insulating bushing || **≈** (f. Kabel) / penetration *n* || **≈** (Gumminippel) / grommet *n* || **≈** (Isolator f. Wanddurchführung) / lead-in insulator || **≈ aus harzimprägniertem Papier** / resin-impregnated paper bushing || **≈ aus laminiertem Hartpapier** / resin-bonded paper bushing || **≈ aus Nebelporzellan** / bushing with anti-fog sheds || **≈ aus ölimprägniertem Papier** / oil-impregnated paper bushing || **≈ der Prüfung** / conduct of test ||

≗ **mit Gießharzisolation** / cast-resin bushing, cast insulation bushing
Durchführungs·bolzen *m* / bushing conductor stud, bushing stem (EN 50014), terminal stud || ≗-**Bolzenklemme** *f* / bushing-type stud terminal || ≗**buchse** *f* / bushing pocket || ≗**dichtung** *f* / grommet *n* || ≗**dom** *m* / bushing dome, turret *n* || ≗**funkenstrecke** *f* / bushing gap || ≗**hülse** *f* / fairlead *n* || ≗**isolator** *m* (in Wand) / lead-in insulator || ≗**isolator** *m* (z.B. einer Trafo-Durchführung) / bushing insulator || ≗**klemme** *f* / bushing terminal, lead-out terminal || ≗**klemme** *f* (im Chassis) / through-chassis terminal || ≗**kupplung** *f* (LWL) / barrel coupler || ≗**stromwandler** *m* / bar primary bushing-type current transformer (IEC 50(321)), bushing-type current transformer || ≗**tülle** *f* / grommet *n*, bush *n*
Durchgang *m* (Stromdurchgang) / continuity *n* || ≗ (WZM, NC; Arbeitsgang) / operation *n*, pass *n*, machining operation || ≗ **der Erdverbindung** / earthing continuity || ≗ **des Schutzleiterkreises** / continuity of protective circuit || **magnetischer** ≗ / magnetic continuity
Durchgängigkeit *f* / continuity *n*
Durchgangs·bohrung *f* / through-hole *n*, clearance hole || ≗**dämpfung** *f* (LAN) / throughput attenuation, throughput loss || ≗**dose** *f* / through-way box, through-box *n*
Durchgangsdrehzahl *f* / runaway speed || ≗ **bei bestehendem Leitrad-Laufrad-Zusammenhang** / on-cam runaway speed
Durchgangs·höhe *f* / passage height, headroom *n* || ≗**klemme** *f* / feed-through terminal || ≗**klemme mit Längstrennung** / sliding-link feed-through terminal || ≗**leistung** *f* / throughput rating, load *n*, load kVA, output *n* || ≗**loch** *n* / through-hole *n*, clearance hole
Durchgangsmuffe (s. Übergangsmuffe) || ≗ (s. Verbindungsmuffe)
Durchgangs·öffnung *f* (f. Leiter) / conductor entry (diameter), feed-through opening || ≗**prüfer** *m* / continuity tester || ≗**prüfung** *f* / continuity test || ≗**straße** *f* / radial road (GB), radial highway (US) || ≗**strom** *m* (Trafo) / through-current *n* (IEC 76-3) || ≗**strom** *m* (bei „äußerem" Fehler) / through-fault current || ≗**ventil** *n* / straight-way valve, straight-through valve || ≗**verdrahtung** *f* / through-wiring *n*, looped-in wiring || ≗**verkehr** *m* / transit traffic
Durchgangswiderstand *m* / volume resistance || ≗ (s. Übergangswiderstand) || ≗ **bei Gleichstrom** / volume d.c. resistance || **spezifischer** ≗ / volume resistivity, mass resistivity, specific internal insulation resistance
Durchgangswiderstandsprüfung *f* (DIN 41640) / contact resistance test
durchgebrannte Lampe / burnt-out lamp, burn-out *n*
durchgehen *v* (Masch.) / overspeed *v*, run away *v*
durchgehend·er Betrieb / uninterrupted operation (o. service), 24-hour operation || ~**es Blechpaket** / non-sectionalized core || ~**e elektrische Verbindung** / electrical continuity, continuity *n*, electrical bonding || ~**e Erdverbindung** / earth continuity || ~**es Gewindeloch** / tapped through-hole || ~**e Leitung** (zur Verbindung v. Kupplungspunkten eines Zuges) / bus line || ~**es Schutzleitersystem** / continuity of protective circuit || ~**e Tür** / full-length door || ~**e Verbindung** (el.) / continuity *n*, electrical continuity || ~**e Verfahrenskette** / computer-integrated system, computer-integrated manufacturing system (CIM) || ~**e Welle** / through-shaft *n*
Durchgehschutz *m* (rotierende Masch.) / overspeed protection
durchgeschaltet *adj* (HL, leitend) / conductive *adj* || ~ (Strompfad im Kontaktplan) / with signal flow || ~**er Ausgangskreis** (Rel.) / effectively conducting output circuit || **fest** ~**e Leitung** / dedicated line, permanent line || **galvanisch** ~ (Standleitung) / d.c.-coupled *adj*
durchgeschlagener Isolator / punctured insulator
Durchgreifspannung *f* (HL, DIN 41854) / punch-through voltage, reach-through voltage, penetration voltage
Durchgriff *m* (HL, Leitfähigkeit zwischen den Raumladungszonen von zwei PN-Übergängen) / punch-through *n* || ≗ (reziproker Wert des Verstärkungsfaktors) / inverse amplification factor, reciprocal of amplification || ≗ (IS; Betrag der Eingangsspannung, der über parasitäre Kapazitäten auf den Ausgang einwirkt) / feedthrough *n*, feedover *n* || ≗ (Elektronenröhre) (s. Steuerfaktor)
Durchgriffs·fehler *m* (ADU, DAU) / feedthrough error || ≗**kapazität** *f* (ADU, DAU) / feedthrough capacitance
Durchhang *m* / sag *n* || ≗ (Riementrieb) / slack *n* || ≗ **aufholen** (Papiermaschine) / take up slack
Durchhärtung *f* (Kunststoff) / complete curing || ≗ (Metall) / full hardening
Durchklingeln *n* (Verdrahtungsprüf.) / continuity test, wiring test
durchkontaktiertes Loch / plated-through hole, plated hole
Durchladeträger *m* / high girder || ≗**wagen** *m* / high-girder wagon
Durchlaß·band *n* / pass band || ≗**bereich** *m* (HL) / conducting state region, on-state region || ≗**bereich** *m* (LT) / transmission range || ≗**bereich** *m* (el. Filter) / passband *n* || ≗**breite** *f* (Durchlaßband) / pass-band width || ≗**grad** *m* (LT) / transmission factor
durchlässig *adj* / permeable *adj*, pervious *adj*
Durchlässigkeit *f* (el.) / permeability *n*, permittivity *n* || ≗ (HL) / conductivity *n*, conductive properties || ≗ (LT) / transmission *n* || ≗ (Flüssigkeiten) / perviousness *n* || **akustische** ≗ / transmission *n*, transmittance *n* || **magnetische** ≗ / permeability *n*
Durchlässigkeits·faktor *m* (Akust.) / transmission factor (acoustics) || ≗**grad** *m* (Akust.) / transmittance factor
Durchlaßkennlinie *f* (Sich.) / cut-off current characteristic, current limiting characteristic || ≗ (Diode, DIN 41781) / conducting-state voltage-current characteristic, forward characteristic || ≗ (Thyr) / on-state characteristic, conducting-state characteristic, forward characteristic || ≗ **für die Rückwärtsrichtung** (Thyr) / reverse conducting-state characteristic || ≗ **für die Vorwärtsrichtung** (Thyr.) / forward on-state characteristic
Durchlaß·kennwerte *m pl* (DIN 41760) / characteristic forward values || ≗**richtung** *f* (HL, LE) / conducting direction || ≗**richtung** (HL) (s. Vorwärtsrichtung) || ≗**spannung** *f* (Diode, DIN

41781) / conducting-state voltage || **≗spannung** *f* (Thyr, DIN 41786) / on-state voltage || **≗spannung in Rückwärtsrichtung** / reverse conducting voltage || **≗-Spitzenstrom** *m* / peak forward current

Durchlaßstrom *m* (SG, Sich.) / cut-off current, let-through current (US), instantaneous peak let-through current || ≗ (Diode, DIN 41781) / conducting-state current || ≗ (Thyr, DIN 41786) / on-state current || ≗ (s. Vorwärtsstrom) || ≗ **in Rückwärtsrichtung** / reverse conducting current || ≗ **in Vorwärtsrichtung** / forward on-state current || **≗dichte** *f* (GR, DIN 41760) / forward current density || **≗-Effektivwert** *m* (Thyr, DIN 41786) / r.m.s. on-state current || **≗-Kennlinie** *f* (SG, Sich.) / cut-off current characteristic, let-through current characteristic || **≗-Mittelwert** *m* (Thyr, DIN 41786) / mean on-state current

Durchlassung (LT) (s. Durchlässigkeit)

Durchlaß·verlust *m* (SR, DIN 41760) / forward power loss || **≗verlust** (Diode) (s. Durchlaßverlustleistung) || **≗verlust** (Thyr) (s. Durchlaßverlustleistung) || **≗verlustleistung** *f* (Diode, DIN 41781) / conducting-state power loss || **≗verlustleistung** *f* (Thyr, DIN 41786) / on-state power loss || **≗verzögerungszeit** *f* (HL, DIN 41781) / forward recovery time || **≗verzug** (Diode) (s. Durchlaßverzögerungszeit) || **≗wert** *m* / let-through value

Durchlaßwiderstand *m* (Diode, DIN 41853) / forward d.c. resistance || ≗ (Thyr, DIN 41786) / on-state resistance || ≗ (SR, DIN 41760) / forward resistance || ≗ **in Rückwärtsrichtung** (Thyr) / reverse conducting resistance

Durchlaß·zeit *f* (Elektronenröhre) / conducting period, on period || **≗zustand** *m* (Thyr, Diode) / on-state *n*, conducting state || **≗zustand in Rückwärtsrichtung** (Thyr) / reverse conducting state || **≗zustand in Vorwärtsrichtung** (Thyr) / forward conducting state, on-state *n*

Durchlauf *m* (WZM) / pass *n*, repetition *n* || ≗ (Rob.) / loop *n* || ≗ (aller Umstellerstufen) / continuous cycle || ≗ **des Einstellbereichs** (Trafo) / cycle of operation || **Frequenz~** / frequency sweep || **Programm~** / program execution, program run, computer run || **pH-≗armatur** *f* / flow-type pH electrode assembly || **≗armatur** *f* (Leitfähigkeitsmesser) / flow-type conductivity cell, flow cell assembly || **≗aufnehmer** *m* / flow cell, flow sensor || **≗aufnehmer** (s. Durchlaufzelle)

Durchlaufbetrieb *m* / continuous duty, continuous running || ≗ (Betrieb m. Dauerbefehl) / persistent-command mode, latched mode || ≗ (s. ununterbrochener Betrieb) || ≗ **mit Aussetzbelastung (DAB)** / continuous duty with intermittent loading || ≗ **mit Aussetzbelastung** (s. ununterbrochener periodischer Betrieb mit Aussetzbelastung) || ≗ **mit Kurzzeitbelastung (DKB)** / continuous operation with short-time loading

durchlaufend *adj* (Dauerbetrieb) / operating continuously || ~ (Mot., nicht reversierbar) / non-reversing *adj* || **~er Betrieb** (s. ununterbrochener Betrieb) || **~e Kehlnaht** / continuous fillet weld || **~e Welle** / transmitted wave || **~e Wicklung** / continuous winding

Durchläufer *m* (Prüf.) / "passed" component, fatigue-tested specimen without rupture

Durchlauf·erhitzer *m* / flow-type heater, through-flow heater, continuous-flow heater || **≗gefäß** *n* (Leitfähigkeitsmesser) / flow cell, flow chamber || **≗geschwindigkeit** *f* (Frequenzen) / sweep rate || **≗-Glühofen** *m* / continuous annealing furnace || **≗kammer** *f* / flow chamber || **≗kühlung** *f* / once-through cooling || **≗schaltbetrieb** *m* / continuous periodic duty, continuous multi-cycle duty || **~sichere Schaltung** (Trafo-Stufenschalter) / intertap interlocked operation, tap-to-tap interlock || **≗steuerung** *f* (Fertigung) / operations monitoring and control || **≗tränkung** *f* / continuous impregnating || **≗zahl** *f* (WZM, NC) / number of passes, (number of) repetitions *n pl*

Durchlaufzeit *f* (Programm) / run time || ≗ (Zeit zwischen Auftragserteilung an eine Instanz und dem Vorliegen des Auftragsergebnisses; DIN 44300) / turnaround time || ≗ (Produktion) / throughput time || ≗ (zwischen Anlieferung eines Teils, Bearbeitung und Liegezeit) / floor-to-floor time || ≗ (s. Vorlaufzeit) || **Schleifen-≗** / iteration time

Durchlaufzelle *f* / flow cell, flow chamber

durchlegieren *v* (HL) / fail *v*, break down *v*

durchleiten *v* / transmit *v*, transfer *v*

Durchleitungsgebühr *f* / transit charge

Durchleuchtbarkeit *f* / radiosity *n*

Durchleuchtung *f* (RöA) / fluoroscopy *n*, roentgenoscopy *n*, fluoroscopic examination

Durchlicht·(beleuchtung) *n(f)* (Rob.-Erkennungssystem) / rear illumination, backlighting *n* || **≗beleuchtung** *f* / transparent lighting || **≗melder** *m* / transmitted-light detector

Durchmesser·bürste *f* / diametral brush || **≗korrektur** *f* (NC) / diameter compensation || **≗korrektur** *f* (NC, Korrekturwert) / diameter offset || **≗maßeingabe** *f* (NC) / diameter input || **≗schaltung** *f* / diametral connection, double bridge connection || **≗spannung** *f* / diametral voltage, diametric voltage || **≗spiel** *n* / diametral clearance, radial clearance || **in ≗stellung** / diametrically opposed || **≗teilung** *f* / diametral pitch || **≗wicklung** *f* / full-pitch winding, diametral winding

durchpausen *v* / trace *v*, transfer *v*

durchprüfen *v* / check *v*, inspect *v*, test *v*, examine *v*

Durchprüfung *f* / complete check, inspection *n*, test *n*, examination *n*

Durchreißen *n* (Stanzen) / lancing *n* || ≗ **des Schalters** / whipping through the switch handle

Durchrieb *m* / abrasive action

Durchsatz *m* / throughput *n*, flow rate (fluids) || ≗ (Produktion) / production rate, quantity per unit time || **≗menge** *f* (Flüssigkeit je Zeiteinheit) / mass rate of flow || **≗rate** *f* / throughput rate || **≗steuerung** *f* (Fabrik) / throughput control

Durchschallung *f* / sound testing, ultrasonic testing, stethoscopic testing, acoustic testing || **V-≗** *f* / V transmission

Durchschallungs·technik *f* (DIN 54119) / through-transmission technique || **≗tiefe** *f* / ultrasonic penetration

Durchschaltabhängigkeit *f* (binäres Schaltelement) / transmission dependency

durchschalten *v* / switch through *v*, connect *v*, to complete the circuit, enable *v* || **schrittweises ≗**

(PC-Funktionen) / stepping through (the functions)
Durchschaltfilter *n* / bandpass *n*
Durchschaltung *f* (Multiplexing) / multiplexing *n* || ≗ (v. Kanälen) / switching *n* || ≗ **von Schutzleitern** / interconnection of protective conductors || **Meßkreis~** / measuring-circuit multiplexing
Durchschaltzeit *f* (Thyr, DIN 41786) / gate-controlled rise time
durchscheinendes Medium / translucent medium
Durchschlag *m* (Lichtbogendurchschlag bei Isolationsfehler) / disruptive discharge (IEC 60-1) || ≗ (festes Dielektrikum) / puncture *n*, breakdown *n* || ≗ (an der Oberfläche eines Dielektrikums in gasförmigen o. flüssigen Medien) / flashover *n* || ≗ (in gasförmigen o. flüssigen Dielektrika) / sparkover *n* || ≗ (LE, eines Ventils o. Zweigs) / breakdown *n* || ≗ (Durchschrift) / copy *n* || ≗ **in Rückwärtsrichtung** (HL) / reverse breakdown || ≗ **in Vorwärtsrichtung** (HL) / forward breakdown || **elektrischer** ≗ (IEC 50(212)) / electric breakdown || ≗**-Blitzstoßspannung** *f* / disruptive lightning impulse
durchschlagen *v* (Isol.) / puncture *v*, break down *v*
durchschlagende Stellklappe / swing-through butterfly valve
Durchschlag·feldstärke *f* / disruptive field strength, breakdown field strength, disruptive strength, electric strength || **~fest** *adj* / puncture-proof *adj*
Durchschlagfestigkeit *f* / electric strength (IEC 50(212)), disruptive strength, puncture strength, breakdown strength || **absolute** ≗ / intrinsic dielectric strength
Durchschlag·kanal *m* (IEC 50(212)) / puncture *n* || ≗**prüfung** *f* / breakdown test, time-to-puncture test, puncture test || ≗**prüfung mit Wechselspannung** (VDE 0674,1) / power-frequency puncture voltage test || ≗**punkt** *m* (Kugelfunkenstrecke) / sparkover point || **~sicher** (s. durchschlagfest) || ≗**sicherung** *f* / overvoltage protector
Durchschlagspannung *f* (VDE 0432, T.1) / disruptive discharge voltage (IEC 60-1), breakdown voltage || ≗ (festes Dielektrikum, VDE 0674,1) / puncture voltage (IEC 168) || ≗ (HL) / breakdown voltage, punch-through voltage
Durchschlag·versuch (s. Durchschlagprüfung) || ≗**wahrscheinlichkeit** *f* / disruptive discharge probability || ≗**weg** *m* / puncture path || ≗**widerstand** *m* (Innenisolationswiderstand) / internal insulation resistance, volume resistance || ≗**zeit** *f* / time to puncture, time to breakdown
Durchschleif·betrieb *m* (Monitore) / loop-through arrangement (o. connection), cascaded arrangement || ≗**dose** *f* / looping-in box
durchschleifen *v* (Leiter) / loop through *v*, loop in *v*, connect through v.
Durchschlupf, maximaler ≗ (DIN 55350, T.31) / average outgoing quality limit (AOQL)
durchschmelzen *v* (Sich.) / blow *v*, melt *v*
Durchschmelzverbindung *f* (Speicherbaustein) / fusible link
Durchschnitt *m* (arithmetischer Mittelwert) / arithmetic mean
Durchschnitt *m* (CAD) / intersection *n*
durchschnittlich·e Abweichung (vom Mittelwert) / average deviation (from the mean) || **~e Anzahl der geprüften Einheiten je Los** / average total inspection (ATI) || **~er Fehleranteil** (QS) / process average defective || **~e Fertigungsqualität** / process average || **~er Gesamtprüfumfang** / average total inspection (ATI) || **~e Nutzungsdauer** / average life || **~e Regenmenge** / average precipitation rate || **~er Stichprobenumfang** / average sample number (ASN)
Durchschnittsabweichung, arithmetische ≗ / arithmetic average deviation
Durchschnitts·ergebnis *n* / average result, average outcome || ≗**erlös pro kWh** (s. Durchschnittspreis pro kWh) || ≗**preis pro kWh** / average price per kWh || ≗**probe** *f* (DIN 51750) / average sample || ≗**wert** *m* / average value || **geometrischer** ≗**wert** / root-mean-square value, r.m.s. value
Durchschrift *f* / copy *n*
Durchschubkraft *f* (Durchzugleser) / push-through force
Durchschwingen *n* (Impuls) / back swing
Durchsenkung *f* / sag *n*
durchsetzen *v* (magn.) / permeate *v*
Durchsicht *f* (Prüf.) / visual inspection
durchsichtiges Medium / transparent medium
Durchsichtigkeitsgrad *m* / internal transmission factor (GB), internal transmittance (US)
Durchsickern *n* / seepage *n*
durchspülen *v* (m. Flüssigk.) / flush *v*, rinse *v* || ~ (m. Luft, Gas) / purge *v*, scavenge *v*
Durchspülung, Überdruckkapselung mit dauernder ≗ / open-circuit pressurized enclosure || **Überdruckkapselung mit ständiger** ≗ **von Zündschutzgas** / pressurization with continuous circulation of the protective gas
Durchstartfläche *f* (Flp.) / balked landing surface
durchstechen *v* (lochen) / pierce *v*
Durchsteck·fassung *f* (Lampe) / push-through lampholder || ≗**schraube** *f* / through-bolt *n* || ≗**stromwandler** *m* / bar-type current transformer, straight-through current transformer || ≗**träger** (s. Durchladeträger) || ≗**wandler ohne Primärleiter** / winding-type transformer
Durchsteuern *n* (Schutz, erzwungene Auslösebefehle) / forced tripping
durchstimmbar *adj* / tunable *adj*
Durchstimmbereich *m* (Oszillator, Verstärker) / tuning range
Durchstimmen *n* / tuning *n*
Durchstrahlaufnahme *f* (RöA) / transmission exposure
durchstrahlen *v* (Prüf.) / to examine radiographically, radiograph *v*, X-ray *v*
Durchstrahl-Probenträger *m* / transmission specimen holder
durchstrahlte Dicke / depth of penetration, penetration *n*
Durchstrahlung (s. Durchstrahlungsprüfung)
Durchstrahlungs·bild *n* / radiograph *n*, radiographic image || ≗**dicke** *f* / depth of penetration, penetration *n* || ≗**mikroskop** *n* / transmission microscope, transmission electron microscope || ≗**prüfung** *f* / radiographic examination, radiography *n*, X-ray testing, gamma-ray testing || ≗**tiefenmesser** *m* / penetrameter *n*
durchsuchen *v* (Speicher, Datei) / search *v*, scan *v*

Durchtränkung *f* / impregnation *n*, degree of impregnation
Durchtrittsfrequenz (s. Durchtrittskreisfrequenz (E DIN 19226, T.4))
Durchtrittskreisfrequenz *f*(E DIN 19226, T.4) / gain crossover frequency
durchverbinden *v* / interconnect *v*
Durchverbindung *f*(gS) / through-connection *n* || **≈ des Schutzleiters** / earthing continuity || **Schirm~** (StV.) / screen continuity
durchverbundener Schirm (StV.) / continuous screen
durchwärmen *v* / heat-soak *v*, soak *v*
Durchwärmungsdauer *f* / soaking period
durchzeichnen *v* / trace *v*
Durchzieh·-Ausweiskarte *f* / push-through badge, push-through identity card || **≈draht** *m*(f. Leiter) / fishing wire, fish tape, snake *n*
durchziehen *v*(Ausweiskarte) / push through *v*, pass *v*
durchziehende Last / overhauling load
Durchziehwicklung *f* / pull-through winding
Durchzug *m*(Schraubbefestigung) / plunging *n* || **≈probe** *f* / running sample
durchzugsbelüftete Maschine / open-circuit air-cooled machine, enclosed-ventilated machine || **~ Maschine mit Eigenlüfter** / enclosed self-ventilated machine || **~ Maschine mit Fremdlüfter** / enclosed separately ventilated machine
Durchzugsbelüftung *f*(el. Masch.) / open-circuit cooling, axial ventilation, mixed ventilation || **≈** (Schrank) / through-ventilation *n*, open-circuit ventilation || **≈ durch Eigenkonvektion** (Schrank) / through-ventilation by natural convection
Durchzugs·kühlung *f*(Ex p) / open-circuit cooling by pressurizing medium || **Maschine mit ≈kühlung** (Ex p) (s. Maschine mit innerem Überdruck) || **≈leser** *m* / push-through reader, push-through terminal || **≈spannung** *f*(Schütz, Ausl.) / seal-in voltage
Durchzünden, schlagartiges ≈ (LE) / crowbar firing
Durchzündung *f*(ESR) / arc-through *n* || **≈** (LE) / conduction-through *n* || **≈** (s. Wiederzündung)
Duromer (s. Duroplast)
Duroplast *m* / thermoset *n*, thermosetting plastic
Düse *f* / nozzle *n* || **≈** (Staubsauger) / cleaning head || **≈** (Drossel f. Durchflußmessung) / flow nozzle, nozzle *n*
Düsen·öffnung *f*(Meßdüse) / throat *n* || **~ziehen** *v* / burr *v* || **≈ziehwerkzeug** *n* / burring die
DV (s. Datenverarbeitung)
D-Verhalten *n*(Reg.) / D-action *n*, derivative action, differential action
D2-Verhalten *n*(Reg.) / D2 action, second derivative action
DVM (s. Digital-Voltmeter)
DW (s. Datenwort)
Dynamik *f* / dynamic response, dynamic performance, response *n* || **≈bereich** *m* / dynamic range || **≈vorsatz** *m*(elST) / differentiating filter stage, capacitor-diode input gate
dynamisch *adj* / dynamic *adj*, transient *adj* || **~ abmagnetisierter Zustand** (s. dynamisch neutralisierter Zustand) || **~e Abweichungen** / transients *n pl* || **~e Ansteuerung** / dynamic control || **~er Ausgang** / dynamic output || **~es Auswuchten** / dynamic balancing, running balancing, two-plane balancing || **~e Auswuchtmaschine** / dynamic balancing machine, two-plane balancing machine || **~e B(H)-Schleife** / dynamic B(H) loop || **~e Belastung** / dynamic load, impulse load || **~er Bemessungsstrom** / rated dynamic current, dynamic rating, mechanical rating, mechanical short-circuit rating || **~e Bemessungsstromstärke** (Wandler) / rated dynamic current || **~es Bremsen** / dynamic braking, d.c. braking, rheostatic braking || **~e Dichtung** / dynamic seal, packing *n* || **~e Eigenschaften** / dynamic properties || **~er Eingang** (DIN 40700, T.14) / dynamic input (IEC 117-15) || **~er Eingang mit Negation** / negated dynamic input || **~e Empfindlichkeit** / dynamic sensitivity || **~e Festigkeit** / dynamic strength, short-circuit strength || **~e Fundamentbelastung** / dynamic load on foundation || **~e Genauigkeit** / dynamic accuracy || **~er Grenzstrom** (EN 50019) / dynamic current limit, instantaneous short-circuit current || **~er Grenzwert** (Rel., einer Erregungsgröße; VDE 0435, T.110) / limiting dynamic value || **~er Grenzwert des Kurzzeitstroms** / limiting dynamic (value of) short-time current || **~es Grundgesetz** / fundamental law of dynamics || **~e Hystereseschleife** / dynamic hysteresis loop, dynamic B-H (J-H) (M-H) loop || **~e Kennlinie** / dynamic characteristics, transient characteristic, constant saturation curve || **~e Kippleistung** / transient power limit || **~e Konvergenz** / dynamic convergence || **~er Kurzschluß-Ausgangsstrom** (SR) / dynamic short-circuit output current || **~e Kurzschlußfestigkeit** / short-circuit strength, dynamic strength, mechanical short-circuit rating || **~er Lastwinkel** (Schrittmot.) / dynamic lag angle || **~e Magnetisierungskurve** / dynamic magnetization curve || **~es Netzmodell** / transient network analyzer (TNA), transient analyzer || **~ neutralisierter Zustand** / dynamically neutralized state || **~e Prüfung** / dynamic test || **~es RAM (DRAM)** / dynamic RAM (DRAM) || **~e Reaktanz** / transient reactance || **~er Schwingungsaufnehmer** / electrodynamic vibration pick-up || **~es Skalieren** (graf. DV) / zooming *n* || **~er Spannungsregler** / dynamic voltage regulator || **~e Stabilität** / transient stability, dynamic stability || **~e Stabilitätsgrenze** / transient stability limit || **~er Störabstand** / dynamic noise immunity || **~e Tragfähigkeit** / dynamic carrying capacity || **~e Tragzahl** (Lg.) / basic dynamic load rating, dynamic load rating || **~e Unwucht** / dynamic unbalance || **~es Verhalten** / dynamic response, dynamic performance, transient response, behaviour under transient conditions, dynamic behaviour || **~e Viskosität** / dynamic viscosity || **~er Vorgang** / dynamic process, transient condition, transient *n* || **~e Zähigkeit** (s. dynamische Viskosität) || **Stabilität bei ~en Vorgängen** / transient stability, dynamic stability || **~-mechanische Beanspruchung** (DIN 41640) / dynamic stress (IEC 512)
Dynamo *m* / dynamo *n*, d.c. generator || **≈blech** *n* / electrical sheet steel, electrical sheet, magnetic

sheet steel || ≈**draht** *m* / magnet wire || ~**elektrisches Prinzip** / dynamoelectric principle || ≈**maschine** *f* / dynamo *n* || ≈**meter** *n* / dynamometer *n* || ~**metrisch** *adj* / dynamometric *adj*, dynamometrical *adj* || ≈**regel** *f* / right-hand rule, Fleming's right-hand rule

Dynamotor *m* / dynamotor *n*, rotary transformer

Dynode *f* / dynode *n*

„dz" (Kennbuchstaben für „zünddurchschlagsichere Kapselung") / "dz" are classification letters for a type of flameproof enclosure

E

„e" (Kennbuchstabe „erhöhte Sicherheit", EN 50019) / "e" (classification letter for "increased safety", EN 50019)

E (s. Eingang)

E/A (s. Ein-/Ausgang) || ≈**-Abbild** *n* / I/O map || ≈**-Anordnung** *f* / I/0 array || ≈**-Anschluß** *m* (Datenkanal) / I/0 port || ≈**-Anschlußstelle** *f* (Steckplatz im BGT der Zentraleinheit eines MC-Systems) / I/O interface slot || ≈**-Baugruppe** *f* / I/O module || ≈**-Belegungstabelle** (s. Belegungsplan) || ≈**-Bus-Anschaltbaugruppe** *f* / I/O bus interface module || ≈**-Bus-Protokoll** *n* / I/O bus protocol || ≈**-Busvoter** *m* / I/O bus voter || ≈**-intensiv** *adj* / I/0-bound *adj*

E-AlMgSi-Seil (s. Aluminium-Aldrey-Verbundseil)

EAP (s. E/A-Prozessor)

EAPROM (A. f. „electrically alterable PROM" - elektrisch änderbarer PROM)

E/A·-Prozessor (EAP) *m* / I/O processor (IOP) || ≈**-Rangierliste** (s. E/A-Zuweisungsliste) || ≈**-Schnittstelle** *f* / I/O interface, input/output interface || ≈**-Steuerprogramm** *n* / I/O handler || ≈**-Steuersystem** *n* / I/O control system (IOCS)

E-Ausgang *m* (NS m. eingebautem Kippverstärker, antivalent, npn) / E output

E2-Ausgang *m* (NS m. eingebautem Kippverstärker, antivalent, pnp) / E2 output

E/A-Zuweisungsliste *f* / I/O allocation table (controls input and output data relative to channel number and address index position), traffic cop

EB (s. Einstellbereich) || ≈ (s. elektronische Betriebsmittel) || ≈ (s. Einbaubezugspunkt)

eben *adj* / level *adj*, even *adj*, plane *adj*, flat *adj* || ~**e Anordnung** (Kabel) / flat formation || ~**er Graph** / planar graph || ~**er Spalt** (Ex-Geräte, EN 50018) / flanged joint || ~**es Spannfeld** (Freiltg.) / level span || ~**er Spiegel** / plane mirror || ~**er Vektor** / two-dimensional vector || ~**e Welle** / plane wave

Ebene *f* (Wickl.) / plane *n*, tier *n*, range *n* || ≈ (s. Schicht)

Ebenen·auswahl *f* (a. NC-Wegbedingung; DIN 66025,T.2) / plane selection (ISO 1056) || ≈**einstellung** (Auswuchtmasch.) (s. Ebenentrennung) || ≈**größe** *f* / bivector *n* || ≈**struktur des Softwaresystems** / software level structure || ≈**technik** *f* (CAD) / layer technique, layering *n* || ≈**trennung** *f* / plane separation

ebenerdiger Zugang / grade-level access

Ebenheit *f* / evenness *n*, planeness *n*, levelness *n*, flatness *n*

Ebenheits·abweichung *f* / deviation from plane || ≈**toleranz** *f* / flatness tolerance, surface roughness tolerance

EBGT (s. Erweiterungs-Baugruppenträger)

EBI (s. elektronische Betriebsmittel zur Informationsverarbeitung)

EC-Aluminium (s. Leitaluminium)

ECD (s. Elektroneneinfangdetektor)

Echo·anzeige *f* / echo indication || ≈**betrieb** *m* (FWT) / transmission with information feed-back (echo principle) || ≈**dynamik** *f* / echo dynamics || ≈**höhe** *f* / echo height || ≈**impuls-Einflußzone** *f* (tote Zone nach einem Echo; DIN 54119) / dead zone after echo || ≈**schaltung** *f* / echo circuit || ≈**schar** *f* / cluster echo || ≈**schleife** *f* / echo loop || ≈**signal** *n* / echo signal, reflected signal || ≈**verfahren** *n* (Impulsechov.) / (pulse) reflection method, (pulse) echo technique

echt·e Klassengrenzen (Statistik, QS) / true class limits, class boundaries || ~**er Nullpunkt** / true zero || ~**er Sternpunkt** / true neutral point

Echt-Effektivwertmessung *f* / true r.m.s. measurement

Echtheitsnachweis *m* (DÜ, DIN ISO 8348) / authentication *n*

Echtzeit *f* / real time || ≈**bearbeitung** *f* / real-time processing || ≈**betrieb** *m* / real-time mode || ≈**darstellung** *f* (Impulsmessung) / real-time format || ≈**durchlauf** *m* / real-time run || ≈**system** *n* / real-time system (RTS) || ≈**-Taktgeber** *m* / real-time clock (RTC) || ≈**telegramm** *n* / dated message || ≈**uhr** *f* / real-time clock (RTC) || ≈**verarbeitung** *f* / real-time processing

Eck·beleuchtung *f* / cornice lighting || ≈**blech** *n* / corner plate || ≈**drehzahl** *f* / transition speed

Ecke *f* (a. CAD) / corner *n* || **Polyeder~** *f* / polyhedral angle

Ecken·entnahme *f* (Meßblende) / corner tap || ≈**fase** *f* / corner chamfer || ≈**rundung** *f* / corner radius || ≈**verrundung** *f* (CAD) / fillet *n*

Eckfrequenz *f* (Bode-Diagramm) / corner frequency || ≈ (SR-Antrieb) / transition frequency

eckig·e Klammer / square bracket, bracket *n*

Eck·kasten *m* (IK) / angle unit || ≈**leuchte** *f* / cornice luminaire || ≈**punkt** *m* (Kurve) / vertex *n* || ≈**punkt** *m* (CAD) / corner *n* || ≈**-Rückschlagventil** *n* / angle-type non-return valve || ≈**stiel** *m* (Gittermast) / main leg || ≈**stielneigung** *f* (Freileitungsmast) / leg slope || ≈**stoß** *m* / corner joint || ≈**ventil** *n* / angle-type valve, angle valve || ≈**ventil** *n* (Rückschlagventil) / angle-type non-return valve || ≈**verbindung** *f* (a. IK) / corner coupling, angle unit, corner joint

ECL (s. emittergekoppelte Logik)

ED (s. relative Einschaltdauer)

Edelfestsitz *m* / finest force fit

Edelgas *n* / inert gas, rare gas

Edel·gleitsitz *m* / slide fit, snug fit || ≈**haftsitz** *m* / finest keying fit

Edelmetall *n* / noble metal || ≈**-Motor-Drehwähler** *m* / noble-metal uniselector (switch)

Edel·passung *f* / close fit || ≈**schubsitz** *m* / push fit || ≈**stahl** *m* / high-grade steel, high-quality steel || ≈**treibsitz** *m* / heavy drive fit, tight fit

Edison·-Fassung *f* / Edison screw holder || ≈-

Gewinde *n* / Edison thread, Edison screw (E.S.) || **≗-Sockel** *m* / Edison screw cap, Edison cap, medium cap
Editierprogramm *n* / editor program
ED-Prozent *n* / cyclic duration factor (c.d.f.), load factor
EDr (s. Sternpunkt-Erdungsdrosselspule)
EDS (s. elektrodynamisches Schwebesystem)
EdT (s. Erdungstransformator)
EDV (s. elektronische Datenverarbeitung)
EECL (s. Emitter-Emitter-gekoppelte Logik)
EEPROM (electrically erasable programmable read-only memory - elektrisch löschbares, wiederprogrammierbares ROM)
effektiv·e Abmessungen (magn. Kreis) / effective dimensions || **~er Ankerstrombelag** / effective armature (kilo-) ampere conductors || **~e Ansprechzeit** (Rel.) / time to stable closed condition || **~er Eisenquerschnitt** / effective core cross section || **~er Erregergrad** (el. Masch.) *m* / effective field ratio || **~e Last** / effective load, r.m.s. load || **~e Lichtstärke** / effective intensity || **~er Luftspalt** / effective air gap || **~e Luftspaltlänge** / effective length of air gap, effective gap length || **~e Masse** (Magnetkörper) / effective mass || **~e Permeabilität** (IEC 50(221)) / effective permeability || **~e Rückfallzeit** / time to stable open condition || **~e skalare Permeabilität** / effective scalar permeability || **~e Strahlungsleistung** (EMV) / effective radiated power || **~e Trennschärfe** / effective selectivity || **~e Welligkeit** / r.m.s. ripple factor, ripple content
Effektivbereich (s. Meßbereich)
effektive Masse (Magnetkörper) / effective mass, active mass
Effektiv·leistung *f* (el. Masch.) / effective output, useful power, brake horsepower || **≗strom** *m* (Gleichstrom) / effective current || **≗strom** *m* (Wechselstrom) / r.m.s. current, root-mean-square current
Effektivwert *m* (quadratischer Mittelwert) / root-mean-square value, r.m.s. value || **≗ der Wechselspannung** / r.m.s. power-frequency voltage || **≗-Amplitudenpermeabilität** *f* / r.m.s. amplitude permeability || **Prüfung der ≗bildung** / r.m.s. accuracy test || **≗-Detektor** *m* / r.m.s. detector, root-mean-square detector || **≗instrument** (s. Effektivwert-Meßgerät) || **≗-Meßgerät** *n* / r.m.s.-responding instrument, r.m.s. instrument || **Echt-≗messung** *f* / true r.m.s. measurement || **≗-Spannungsabweichung** *f* (s. Änderung des Spannungseffektivwerts)
Effektor *m* / effector *n*, actuating element
Effekt·projektor *m* / effects projector || **≗rahmen** *m* (Leuchte) / contrast frame, effects frame || **≗scheinwerfer** *m* / profile spotlight, effect spotlight || **≗steuerung** *f* (BT) / effects control
EFL (s. Emitterfolgerlogik)
EFM (s. Endlagenfehlermeldung)
EFTL (s. Emitterfolger-Transistorlogik)
EG (s. Erweiterungsgerät)
EG-Anschaltung *f* (Baugruppe) / EU interface module (EUIM)
EGB (s. elektrostatisch gefährdete Bauteile)
EGR (s. Abgasrückführung)
EH (s. elektronisch-hybride Auslöseart)
Eich·beglaubigung *f* / certificate of calibration || **≗diagramm** *n* / calibration plot
eichen *v* / calibrate *v*, gauge *v*
Eich·fehler *m* / calibration error || **≗fehlergrenzen** *f pl* / limits of error in legal metrology, calibration error limits || **≗frequenz** *f* / standard frequency || **≗gas** *n* / calibration gas || **≗geber** (s. Eichwertgeber) || **≗generator** *m* / calibration pulse generator || **≗gerade** *f* / straight calibration line, calibration line || **≗gerät** *n* / calibrator *n*, standard (instrument) || **≗impuls** *m* / calibrating pulse, standard pulse || **≗kabel** *n* / calibration cable, matched calibrator cable || **≗kurve** *f* / calibration curve, calibrating plot || **≗maß** *n* / standard measure, standard *n* || **≗normale** *f* / standard measure, working standard ..standard *n*, etalon *n* || **≗normale nach Labormaßstäben** / laboratory working standard || **≗ordnung** *f* / calibration regulations || **≗plakette** *f* / calibration label, calibration sticker || **≗protokoll** *n* / calibration report || **≗raum** *m* / calibration room || **≗reihe** *f* / calibration series || **≗spannung** *f* / calibration voltage, reference voltage || **≗stelle** *f* / calibration facility
Eichung *f* / calibration *n*, gauging *n*
Eich·wert *m* / calibration value, standard value || **≗wertgeber** *m* / calibrator *n* || **≗zähler** *m* / standard watthour meter, standard meter, portable standard (watthour) meter || **≗zähler** *m* (f. Umdrehungsmessung) / rotating standard (meter), rotating substandard (r.s.s.)
eigen·e Höreradresse (PMG, DIN IEC 625) / my listen address (MLA) (IEC 625) || **~e Speicheradresse** (PMG, DIN IEC 625) / my talk address (MTA) (IEC 625) || **~e Zweitadresse** (PMG, DIN IEC 625) / my secondary address (MSA) (IEC 625)
Eigenabweichung *f* (Meßumformer) / intrinsic error
Eigen·anregung *f* / self-excitation *n* || **≗austauschkoeffizient** *m* (BT) / self-exchange coefficient
Eigenbedarf *m* / station service, auxiliaries service || **gesicherter ≗** / essential auxiliary circuits || **ungesicherter ≗** / non-essential auxiliary circuits || **≗-Sammelschiene** *f* / station-service bus, station auxiliaries bus
Eigenbedarfsanlage *f* / auxiliaries system, station auxiliaries, auxiliaries *n pl*, station-service system || **Block~** *f* / unit auxiliaries system
Eigenbedarfs·ausrüstung *f* / auxiliaries *n pl*, station-service equipment || **≗generator** *m* / auxiliary generator || **≗leistung** *f* / station service load, power station internal load, auxiliaries load || **≗leistung** *f* (KW) / generating-station auxiliary power, station auxiliaries power || **≗schaltanlage** *f* / auxiliary switchgear, station-service switchgear, station-auxiliaries switchgear || **≗schalttafel** *f* / auxiliary switchboard, station-service switchboard, auxiliary supplies board || **≗transformator** *m* / station-service transformer, auxiliaries transformer || **≗transformator eines Blockes** / unit auxiliary transformer || **≗verteilung** *f* / auxiliary switchboard, station-service distribution board, station-auxiliaries distribution board
eigenbelüftete Maschine / self-ventilated machine
Eigenbelüftung *f* / self-ventilation *n* || **völlig**

geschlossene Maschine mit äußerer ≈ (s. völlig geschlossene, oberflächengekühlte Maschine)

Eigen-Bestätigung *f* / self-certification *n* || **≈bürde** *f* / inherent burden, burden *n* || **≈dämpfung** *f* / intrinsic damping || **≈diagnose** *f* / self-diagnosis *n*, self-diagnostics *plt* || **≈diagnose** *f* (Kfz) / on-board diagnosis

eigenerregte Maschine / machine with direct-coupled exciter, self-excited machine

Eigenerregung *f* (el. Masch.) / excitation from direct-coupled exciter, self-excitation *n* || **direkte ≈** (Gen.) / excitation from prime-mover-driven exciter || **indirekte ≈** / excitation from separately driven exciter || **Maschine mit ≈** / machine with direct-coupled exciter, self-excited machine

Eigen·erwärmung *f* / self-heating *n* || **≈erzeugung** *f* / in-plant generation || **≈fehler** *m* / intrinsic error, inherent error (a. ADC, DAC) || **≈fehler** *m* (Schutzrel.; Bereichsfehler) / inherent reach error || **≈feld** *n* / self-field *n* || **≈frequenz** *f* / natural frequency || **≈frequenz des gedämpften Systems** / damped frequency || **≈frequenzmodulation** *f* (DIN IEC 235, T.1) / incidental (or self-generated) frequency modulation || **~gekühlte Leuchte** / self-cooled luminaire || **~gekühlte Maschine** / self-ventilated machine, self-cooled machine || **~gesteuert hören beenden** (PMG, DIN IEC 625) / local unlisten (lun) || **~getakteter Stromrichter** / self-clocked converter || **≈gewicht** *n* (Fahrzeug) / tare mass || **≈halbleiter** *m* / intrinsic semiconductor || **≈harmonische** *f* / inherent harmonic || **≈impedanz** *f* / self-impedance *n* || **≈induktivität** *f* / self-inductance *n* || **≈kapazität** *f* / self-capacitance *n*, inherent capacitance, internal capacitance || **≈konvektion** *f* / natural convection, convection *n* || **≈kopie** *f* / local copy || **≈kraftwerk** *n* / captive power station, in-plant power station || **≈-Kreisfrequenz** *f* / natural angular frequency

Eigenkühlung *f* / self-ventilation *n*, self-cooling *n* || **Maschine mit ≈ durch Luft in geschlossenem Kreislauf** / closed air-circuit fan-ventilated air-cooled machine || **völlig geschlossene Maschine mit ≈ durch Luft** / totally-enclosed fan-ventilated air-cooled machine

Eigen·leistung *f* (Trafo) / equivalent kVA, equivalent rating || **≈leitfähigkeit** *f* (Eigenhalbleiter) / intrinsic conductivity || **≈leitung** *f* (HL, DIN 41852) / intrinsic conduction || **≈leitungsdichte** *f* (HL, DIN 41852) / inversion density

eigenleitungslose Übertragung / mains signalling

Eigenlüfter *m* (el. Masch.) / integral fan, main-shaft-mounted fan, shaft-mounted fan

Eigenlüftung, völlig geschlossene Maschine mit ≈ / totally-enclosed fan-ventilated machine

Eigenmagnetfeld *n* / self-magnetic field

eigenmagnetisch *adj* / self-magnetic *adj* || **~e Beblasung** / self-generated magnetic blow-out

Eigen·masse *f* / mass *n* || **≈merkmal** *n* (DIN 4000,T.1) / natural characteristic || **magnetisches ≈moment** / intrinsic magnetic moment || **≈polarität** *f* / auto-polarity *n* || **≈-Quantisierungsfehler** (s. Quantisierungs-Eigenfehler) || **≈rauschen** *n* / background noise || **≈rauschleistungsdichte** *f* / noise-equivalent power (NEP) || **≈reaktanz** *f* / self-reactance *n* || **≈reflexionsgrad** *m* / reflectivity *n* || **≈resonanz** *f* / natural resonance, self-resonant frequency || **≈resonanzfrequenz** *f* / self-resonant frequency

Eigenschaft *f* / property *n*, characteristic *n*, quality *n* || **≈en im Beharrungszustand** (MG) / properties in steady state, static properties

Eigenschmierung, Gleitlager mit ≈ (s. Ringschmierlager)

Eigen·schwingung *f* / natural oscillation, natural vibration || **Periode der ≈schwingung** / natural period of oscillation || **≈schwingungsfrequenz** *f* / natural frequency || **≈schwingungszahl** (s. Eigenschwingungsfrequenz) || **≈schwungmoment** *n* (Mot.) / motor flywheel effect

eigensicher·es elektrisches Betriebsmittel (EN 50020) / intrinsically safe electrical apparatus || **~er Stromkreis** (Ex i) / intrinsically safe circuit || **~er Transformator** / flameproof transformer, explosion-proof transformer

Eigensicherheit *f* (EN 50020) / intrinsic safety

Eigen·spannung *f* (el.) / natural voltage || **≈spannung** *f* (mech.) / internal stress || **≈spannung** *f* (nach dem Schweißen) / residual stress, locked-up stress || **≈stabilisierung** *f* / intrinsic stabilization || **≈stabilität** *f* (el. Masch.) / inherent stability

eigenständig·es Einplatzsystem / independent single-user system || **~es Gerät** / stand-alone unit, self-contained unit

Eigensteuerung *f* (DIN IEC 625) / local control || **≈ hören beenden** (PMG, DIN IEC 625) / local unlisten (lun) || **≈ verriegeln** (PMG, DIN IEC 625) / local lockout (LLO) (IEC 65) || **auf ≈ schalten** (PMG) / to go to local

Eigen·steuerzustand *m* (PMG, DIN IEC 625) / local state (LOCS) || **≈steuerzustand mit Verriegelung** (PMG, DIN IEC 625) / local with lockout state (LWLS) || **≈strahlung** *f* / self-radiation *n*, natural radiation, characteristic radiation || **≈strom** *m* / induced current, natural current || **≈strukturierung** *f* (Konfiguration) / self-configuration *n* || **≈temperatur** *f* / characteristic temperature || **≈thermik** *f* / natural thermal convection || **≈trägheitsmoment** *n* (Mot.) / motor moment of inertia || **≈überwachung** *f* / self-monitoring *n*, self-supervision *n* || **≈- und Fremdbelüftung** (el. Masch.) *f* / combined ventilation

Eigenverbrauch *m* / power consumption, consumption *n*, burden *n* || **≈** (Meßgerät, VDI/VDE 2600) / intrinsic consumption || **Kraftwerks-≈** / station-service consumption, power station internal consumption

Eigenwärme *f* / specific heat capacity || **≈** (s. spezifische Wärme)

Eigenzeit *f* (SG) / mechanical delay, time to contact separation || **≈** (Schutz, Ventil) / operating time || **≈** (Verlustzeit infolge Trägheit der mechanischen Glieder oder der Steuerung) / inherent delay || **Ansprech~** (unverzögerter Ausl.) / operating time, operate time || **Ausschalt~** (Öffnungszeit, VDE 0670, T.101) / opening time (IEC 56-1) || **Ein-Ausschalt-≈** / close-open time || **Einschalt~** (Schließzeit, VDE 0670, T.101) / closing time (IEC 56-1) || **Rückfall~** (s. Rückfallzeit) || **≈konstante** *f* (Transduktor) / residual time constant (IEC 50(12))

Eignungsprüfung *f* / performance test

Eiisolator *m* / strain insulator

Eilablauf *m* (PC) / rush sequence

Eildatenübertragung *f* / expedited-data transmission

Eilgang *m* (WZM) / rapid traverse, rapid feed ‖ ≗ (NC; CLDATA-Wort) / rapid (CLDATA word; ISO 3592) ‖ ≗ **konventionell** (NC-Funktion, „Tippen") / rapid jog ‖ ≗**bewegung** *f* / rapid traverse movement (o. motion) ‖ ≗**geschwindigkeit** *f* / rapid traverse rate ‖ ≗**korrektur** *f* (von Hand) / rapid traverse override ‖ ≗**korrektur** *f* (automatisch) / rapid traverse compensation ‖ ≗**korrekturschalter** *m* / rapid traverse override switch

Eimerkettenschaltung (BBD) *f* / bucket-brigade device (BBC)

einachsiger Spannungszustand / single-axial stress, mono-axial stress

einadrig·es Kabel / single-conductor cable, single-core cable ‖ ~**e Leitung** / single-core cable (o. cord) ‖ ~**e Leitung mit Mantel** (VDE 0281) / single-core sheathed cable

Einankermotor *m* / single-armature motor

Einankerumformer *m*, **Gleichstrom-Gleichstrom-**≗ / dynamotor *n*, rotary transformer ‖ **Gleichstrom-Wechselstrom-**≗ *m* / rotary inverter, d.c.-a.c. rotary converter, synchronous inverter ‖ **Wechselstrom-Gleichstrom-**≗ *m* / rotary converter, synchronous converter, genemotor *n*

Einanoden-Ventilbauelement *n* / single-anode valve device

Ein-Aus·-Anzeiger *m* / ON-OFF indicator ‖ ≗**-Automatik** *f* (LE) / automatic start-stop control, automatic on-off control ‖ ≗**-Automatik** *f* (Logik) / start-stop logic ‖ ≗**-Befehl** *m* / closing and opening command, ON-OFF signal

Ein-/Ausgabe·baugruppe *f* / input/output module, I/O module ‖ ≗**-Ebene** *f* / input-output level ‖ ≗**feinheit** *f* (NC) / input/output resolution ‖ ≗**schnittstelle** *f* / I/O interface ‖ ≗**-Verkehr** *m* / input/output operation, I/O operation ‖ ≗**zähler** *m* / input/output counter

Ein-/Ausgang (E/A) *m* / input/output (I/O) *n*

Ein-Aus·-Kontaktzeit *f* (E VDE 0670, T.101) / close-open time ‖ ≗**-Regelung** *f* / on-off control, start-stop control, bang-bang control ‖ ≗**-Regler** *m* / on-off controller

Ein-Ausschalt-Eigenzeit *f* / close-open time

Ein-Aus-Schalter *m* / on-off switch, one-way switch, make-break switch

Ein-Ausschaltlogik *f* / start-stop logic (module)

Ein-Aus-Schaltsteuerung *f* / on-off switching control

Ein-Ausschaltung *f* / make-break operation

Ein-Ausschaltvermögen *n* / make-break capacity ‖ **kombiniertes** ≗ (Rel.; DIN IEC 255) / limiting cycling capacity

Ein-Ausschaltzeit *f* (VDE 0660,T.101) / make-break time (IEC 157-1)

Ein-Aus·-Steuerung *f* / on-off control ‖ ≗**-Stromflußdauer** *f* (LS, E VDE 0670, T.101) / make-break time ‖ ≗**-Verhalten** *n* (Reg.) / on-off action

Ein-/Aus-Verhältnis *n* / on/off ratio ‖ ≗ (s. Impuls-Ein-/Ausverhältnis)

Einbahnkommutator *m* / single-track commutator

Einbau *m* / installation *n*, fitting *n*, mounting *n* ‖ ≗ (in Schränke eines Einbausystems) / packaging *n* ‖ ≗ **in Metall** (NS) / embedding in metal ‖ **für** ≗ (Wandeinbau; unter Putz) / flush-mounting *adj*, flush type, for sunk installation, sunk *adj*, concealed *adj*, recessed *adj* ‖ **für** ≗ (versenkt, in Nische) / recessed *adj*, cavity-mounting *adj*, sunk *adj* ‖ **für** ≗ (in Tafel) / panel-mounting *adj* ‖ **versenkter** ≗ / sunk installation, recess(ed) mounting, cavity mounting

Einbauanleitung *f* / installation instructions, mounting instructions, assembly instructions

Einbau·-Ansprechwert *m* (einer Regeleinrichtung in einem HG) / response value ‖ ≗**automat** *m* (Kleinselbstschalter) / flush-mounting m.c.b., panel-mounting m.c.b. ‖ ≗**bezugspunkt (EB)** *m* / reference point for (mounting) location, location reference point ‖ ≗**breite** *f* (Standard-Einbauplatz) / module width, modular width, module *n*, width of one standard plug-in station ‖ ≗**breite** *f* („Teilung", s. „Teilung" u. „Teilungsmaß") ‖ ≗**-Deckenleuchte** *f* / recessed ceiling luminaire, troffer luminaire ‖ ≗**dose** *f* (Wanddose) / mounting box, accessory box, device box ‖ ≗**-Drehrastfassung** *f* / built-in twist-lock lampholder

einbauen *v* / install *v*, fit *v*, mount *v*, embed *v* ‖ ~ (s. einfügen)

Einbau·fassung *f* (Lampe) / built-in lampholder, recessed lampholder ‖ ≗**feld** *n* (DIN 43350) / mounting station ‖ ~**fertig** *adj* / ready for installation, preassembled *adj* ‖ ≗**form** (s. Einbautyp, bündig, unter Putz) ‖ ≗**gehäuse** *n* (SK, FSK) / bay *n* (IEC 439)

Einbaugerät *n* (EN 50017) / built-in device (o. unit) ‖ ≗ (bündig, unter Putz) / flush-type device ‖ ≗ (HG, VDE 0700,T.1) / appliance for building in (IEC 335-1), fitted appliance, built-in appliance, in-built appliance ‖ ≗ (I; f. Dosen) / box-mounting accessory, flush-mounting accessory ‖ ≗ (IV) / built-in device, panel-mounting device ‖ ≗ (LE, Chassis) / chassis unit ‖ ≗**e** *n pl* (in Kapselung) / enclosed apparatus, built-in equipment ‖ ≗**e** *n pl* (FSK) / built-in apparatus

Einbau·gruppe *f* (NS-Schaltanlage) / fixed part ‖ ≗**-Haubenverteiler** *m* / flush-mounting hood-type distribution board ‖ ≗**-Hindernisfeuer** *n* / recessed obstruction light ‖ ≗**höhe** *f* / mounting height ‖ ≗**-Kippschalter** *m* / flush-type tumbler switch ‖ ≗**-Kleinselbstschalter** *m* / flush-type m.c.b., panel-mounting m.c.b. ‖ ≗**-Kugelstrahler** *m* / recessed spherical spotlight ‖ ≗**lage** *f* / mounting position, position *n* ‖ ≗**lampe** *f* (Natriumlampe mit angeschmolzenem Wärmeschutzgefäß) / integral sodium lamp ‖ ≗**länge** *f* / mounting length ‖ ≗**länge** *f* (Thermometer) / positioned length, immersed length ‖ ≗**lebensdauer** *f* / installed life ‖ ≗**lehre** *f* / fitting gauge, template *n* ‖ ≗**leuchte** *f* / recessed luminaire, built-in luminaire, built-in fitting ‖ ≗**-Leuchtmelder** *m* / built-in indicator light ‖ ≗**-Lichtsignal** *n* / flush-mounting indicator light ‖ ≗**maße** *n pl* / mounting dimensions ‖ ≗**-Meßgerät** *n* / fixed instrument (IEC 51), flush-mounting instrument, switchboard instrument ‖ ≗**motor** *m* / integrated motor, built-in motor ‖ ≗**motor** *m* (ohne Welle und Lager) / shell-type motor ‖ ≗**öffnung** *f* (in Schalttafel) / (panel) cutout ‖

≗**platte** *f* (ET, SK, senkrecht; VDE 0660, T.500) / mounting panel (IEC 439-1) || ≗**platte** *f* (waagrecht) / mounting plate
Einbauplatz *m* (BGT, ET) / slot *n*, mounting station, plug-in station, rack position, module location, slot module location, module slot, module position || ≗ (Mosaiktechnik, Kompaktwarte) / location *n*, tile location || **Standard-**≗ (SEP) / standard plug-in station (SPS), standard mounting station
Einbauplätze je Baugruppe / slots per module (SPM)
Einbaurahmen *m* (ET, SK, VDE 0660, T.500) / mounting frame (IEC 439-1)
Einbauräume, Einteilung in ≗ / compartmentalization *n*
Einbau·satz *m* (Sich.) / fuse assembly || ≗**schalter** *m* (bündig) / flush-type switch, flush-mounting switch || ≗**schalter** *m* (LS) / flush-mounting c.b., flush-type circuit-breaker, panel-mounting circuit-breaker || ≗**schalter** (s. Unterputzschalter) || ≗**schiene** *f* / mounting channel, fixing rail || ≗**-Steckdose** *f* / flush-type socket-outlet, semi-flush socket-outlet || ≗**-Steckfassung** *f* / built-in plug-in lampholder || **Kurzschlußstrom an der** ≗**stelle** / prospective short-circuit (o. fault) current || ≗**system** *n* / modular packaging system, modular enclosure system, packaging system || ≗**technik** (s. Einbausystem) || **Zähler~teil** *m* (EZ) / meter mounting unit, meter support, meter wrapper || ≗**teile** *n pl* / built-in components, enclosed apparatus, enclosed components || ≗**teilung** *f* (vgl. Teilung) / module spacing, pitch *n*
Einbauten *plt* / built-in components, apparatus installed, equipment and devices accommodated, interior components, enclosed components
Einbau·tiefe *f* / mounting depth, depth of (wall) recess || ≗**tiefe** *f* (Nutztiefe f. Geräte) / useful depth || **lichte** ≗**tiefe** (in Wand) / depth of wall recess || ≗**toleranz** *f* / fitting tolerance || ≗**transformator** *m* (EN 00742) / incorporated transformer, transformer for built-in applications, unshrouded transformer || ≗**-Trenntransformator** *m* / incoporated isolating transformer || ≗**typ** *m* (bündig, unter Putz) / flush type, flush-mounting type, concealed type || ≗**typ** *m* (LSS, VDE 0641) / flush type || ≗**typ** *m* (in Gehäuse o. Schrank) / built-in type, enclosed type || ≗**typ** *m* (f. Tafeleinbau) / panel-mounting type, switchboard mounting type || ≗**typ** *m* (versenkt, in Nische) / recessed type, cavity-mounting type || ≗**- und Schranksystem** / packaging system, modular packaging system || ≗**-Verteiler** *m* / flush-mounting distribution board || ≗**vorrichtung** *f* / fitting device, fitting tackle, mounting device || ≗**-Vorschaltgerät** *n* / built-in ballast (IEC 598) || ≗**-Wannenleuchte** *f* / troffer luminaire
Ein-Befehl *m* / ON command, closing signal || ≗**-Mindestdauer** *f* (E VDE 0670, T.101) / minimum close duration
Einbereichs-Meßgerät *n* / single-range instrument
einbetonieren *v* / to embed in concrete
einbetten *v* / embed *v* || ≗ *n* / embedding *n*
Einbettisolierstoff *m* / embedding compound
Einbettkatalysator *m* (Kfz) / single-box catalytic converter
Einbettungsfähigkeit *f* / embedability *n*
Einbeulversuch *m* / indentation test, Erichsen test, Erichsen indentation test, Erichsen distensibility test
Einbildschirmsystem *n* / single-screen configuration
einbinden *v* (el.) / interconnect *v* || ~ (Textteil) / merge *v* || ~ (Programm) / link *v* || ≗ *n* (Steuerfunktionen) / linking *n*
Ein-Bit-Volladdierer *m* / single-bit full-adder
einblenden *v* (BSG, Feld) / overlay *v* || ~ (BSG, Teilbilder) / insert *v*
Einblicktubus *m* / viewing hood
Einblockgründung *f* (IEC 50(466)) / block foundation
Einbolzen-Bürstenhalter *m* / single-stud brush holder
einbördeln *v* / clinch *v*
einbrennen *v* (IS, Lampe) / burn in *v* || ~ (Lack) / stove *v*, bake *v* || ≗ **der Trägerplatte** (o. Speicherschicht; Osz.) / target burn || ≗ **des Leuchtschirmes** (Osz.) / screen burn || ≗ **eines Abtastfelds** (ESR) / raster burn
Einbrenn·fleck *m* (BSG) / screen burn || ≗**lackdraht** *m* / stoved-enamel wire || ~**lackieren** *v* / stove-enamel *v*, stove *v*, bake *v* || ≗**lackierung** *f* / stoved enamel coating, baked enameling || ≗**prüfung** *f* (IS) / burn-in test || ≗**zeit** *f* (IS) / burn-in time
Einbruch·alarm *m* / burglar alarm || ≗**meldeanlage** *f* / burglar alarm system, intruder detection system
Einbuchtung *f* (Kurve) / notch *n*
Einbügelung *f* (Wickl.) / ironed-in trough
Ein-Bus-System *n* / one-bus system
Ein-Chip-Mikrocomputer *m* / single-chip microcomputer
eindeutiger Fehlzustand (IEC 50(191)) / determinate fault
eindiffundieren *v* / diffuse *v*
eindrähtig·es Kabel *adj* / single-core (o. single-conductor) cable || ~**er Leiter** / solid conductor
Eindrahtnachricht *f* (DIN IEC 625) / uniline message
Eindrehen, Drehmoment für das ≗ / insertion torque
Eindrehung *f* / recess *n*, neck *n*, undercut *n*
Eindringen *n* (von Fremdkörpern, Wasser) / ingress *n*
Eindring·rate *f* (Korrosion) / penetration rate || ≗**tiefe** *f* (Fühlerlehre) / engaged depth || ≗**tiefe** *f* (Fett) / penetration *n* || ≗**tiefe** *f* (magnet. Fluß) / penetration depth, skin depth || **bleibende** ≗**tiefe** / depth of impression || ≗**verfahren** *n* / liquid penetrant test, penetrant inspection
Eindruck *m* (z.B. bei Kugeldruckprüf.) / impression *n* || ≗**fläche** *f* / impression area || ≗**größe** *f* (Härteprüf.) / hardness number
Ein-Druck-·Schalter *m* / single-pressure breaker, puffer circuit-breaker || ≗**Schmierung** *f* / one-shot lubrication, one-shot oiling || ≗**Schnellschalter** *m* / high-speed single-pressure circuit-breaker, high-speed puffer circuit-breaker || ≗**System** *n* / single-pressure system
Eindrucktiefe *f* / depth of indentation
Eindrückung *f* / indentation *n*, impression *n*
Ein-Ebenen-·Auswuchten *n* / single-plane-balancing *n*, static balancing || ≗**-Wicklung** *f* / single-plane winding
Eineinhalb-Leistungsschalter-Anordnung *f* / one-and-one-half breaker arrangement

Ein-Energierichtung-Stromrichter *m* / non-reversible converter, one-way converter
Einer-Komplement *n* / one's complement
Einetagenwicklung *f* / single-plane winding
einfach·e Einspeisung / single infeed || ~**e Fehlerbehebungsklasse** (Datennetz) / basic error recovery class || ~ **gefädelte Liste** / single-chained list || ~ **geschlossene Wicklung** / simplex winding, singly reentrant winding, single winding || ~ **gespeister Repulsionsmotor** / singly fed repulsion motor, single-phase commutator motor || ~ **gewickelt** / single-wound *adj* || ~**e Hypothese** (DIN 55350,T.24) / simple hypothesis || ~**er Nebenschluß** / single shunt || ~ **offene Steuerung** / open-loop control (system) || ~**e Schleifenwicklung** / simplex lap winding, single-lap winding || ~**er Tachogenerator** / non-compensated tacho-generator || ~ **überlappt** / single-lapped *adj* || ~**es Untersetzungsgetriebe** / single-reduction gear unit || ~**e Viererverdrillung** / twist system || ~**e Wellenwicklung** / simplex wave winding || ~ **wiedereintretende Wicklung** / singly re-entrant winding
Einfachantrieb *m* / individual drive, single drive, one-motor drive
Einfach·baugruppe (s. Steckplatte) || ≗-**Befehlsgerät** *n* / single(-unit) control station || ≗-**Betätigungsventil** *n* / single-acting control valve || ≗**blinklicht** *n* / single-frequency flashing light, single-mode flashing light || ≗-**Bürstenhalter** *m* / single-box brush holder, lever-type brush holder || ≗-**Bürstensatz** *m* / single set of brushes || ≗-**Drucktaster** *m* / single pushbutton, single-station pushbutton || ≗**fehler** *m* (NC, PC) / single fault, single-chance fault, single-channel fault || ≗**fehlersicherheit** *f* / fail-safe function on single faults, single-fault fail-safe condition || ≗-**Feldmagnet** *m* / single-sided field system
einfachfokussierendes Spektrometer / single-focussing spectrometer
einfachgenaue Arithmetik / single-precision arithmetic
einfachhohe Flachbaugruppe / single-height p.c.b.
Einfach·käfigwicklung *f* / single squirrel-cage winding || ≗**kette** *f* (Isolatoren) / single string || ≗**klasse** *f* (Datennetz) / simple class || ≗**kolbenantrieb** *m* / single-piston mechanism || ≗**kontakt** *m* / single contact || ~**konzentrisch** *adj* / singly concentric || ≗**leiter** *m* / single conductor || ≗**leitung** *f* (s. Einsystemleitung) || ~-**logarithmisches Diagramm** / logarithmic diagram || ≗**meßgerät** *n* / single-element measuring instrument, single instrument || ≗**meßwerk** *n* / single element (type) || ≗**motor** *m* (1 Anker) / single-armature motor || ≗**quittierung** *f* / single-mode acknowledgement || ≗**rechneranlage** *f* / single-computer configuration
Einfachsammelschiene *f* / single busbar, single bus || ≗ **mit Längstrennung** / sectionalized single busbar
Einfachsammelschienen·-Schaltanlage *f* / switching station with single bus, single-bus switchgear || ≗-**Station** *f* / single-busbar substation
Einfach·schalter *m* (I-Schalter) / single-gang switch, one-gang switch || ≗**schreiber** *m* / single-channel recorder || ≗**speisung** *f* / single infeed || ≗**spule** *f* / single coil || ≗**spule** *f* (nicht verschachtelt) / non-interleaved coil || ≗**stator** *m* (LM) / single-sided stator, single stator || ≗**steckdose** *f* / single socket-outlet, single receptacle
Einfachstichprobe *f* / single sample
Einfachstichproben·entnahme *f* / single sampling || ≗**prüfplan** *m* / single sampling plan || ≗**prüfung** *f* (DIN 55350, T.31) / single sampling inspection
Einfach·stößel *m* / plain plunger, pin plunger, plunger *n* || ≗**strom** *m* / single current, neutral current, make-break current || ≗**strombetrieb** *m* (FWT) / single-current transmission || ≗**stromleitung** *f* / neutral-current line || ≗-**Stromrichter** *m* / non-reversible converter, one-way converter || ≗**stromtastung** *f* / single-current keying, neutral-current signalling || ≗**summenschaltung** *f* / single summation circuit || ≗**tarif** *m* (StT) / flat-rate tariff || ≗**tarifzähler** *m* / single-rate meter || ≗**übermittlungsverfahren** *n* (DÜ, DIN ISO 7776) / single-link procedure (SLP) || ≗**übertragung** *f* / simplex transmission
Einfachunterbrechung, Schaltglied mit ≗ (VDE 0660,T.200) / single-break contact element (IEC 337-1)
Einfach·verbindung *f* (Verbundnetz) / single transmission link, single link || ≗**versorgung** *f* (Einspeisung über 1 Verbindung) / single supply || ≗**wendel** *f* / single-coil filament || ≗**wendel für Vakuumlampen** / vacuum coil (VC) || ≗**wendellampe** *f* / single-coil lamp
einfachwirkend·es Betätigungsventil / single-acting control valve
Einfach·zeile *f* (ET) / single tier || ~**zeilig** (s. einzeilig)
einfädeln *v* / thread *v*
Einfadenlampe *f* / single-filament lamp
einfahren *v* (Läufer) / insert *v*, thread *v*, install *v* || ~ (Masch.) / break in *v*, run in *v* || ≗ **aus beiden Richtungen** (WZM, NC) / bidirectional approach || ≗ **aus einer Richtung** (WZM, NC) / unidirectional approach || ≗ **des Läufers** / rotor insertion, threading rotor into stator
Einfahr·genauigkeit *f* (NC) / positioning accuracy || ≗**geschwindigkeit** *f* (WZM, NC) / approach speed, creep speed || ≗**kontakte** *m pl* / isolating contacts, self-coupling separable contacts, disconnecting contacts, primary disconnecting device(s) (ANSI C37.100) || ≗**öl** *n* / running-in oil || ≗**schalter** *m* (Aufzug) / slowing switch || ≗**schaltstücke** *n pl* / isolating contacts, self-coupling separable contacts, disconnecting contacts, primary disconnecting device(s) (ANSI C37.100) || ≗**spindel** *f* (SA, f. Kontakte) / (contact) engagement spindle || ≗**toleranz** *f* (NC) / positioning tolerance, positioning accuracy || ≗**zeit** *f* / breaking-in period, running-in period || ≗**zeit** *f* (WZM, NC) / approach time
einfallen *v* (Bremse) / to be applied
einfallend·e Strahlung / incident radiation || ~**e Welle** / incident wave
Einfall·richtung *f* / direction of incidence || ≗**strahl** *m* / beam of incidence || ≗**straße** *f* / radial road (GB), radial highway (US) || ≗**winkel** *m* / angle of incidence || ≗**winkel** *m* (BT) / angle of illumination || ≗**zeit** *f* (Bremse) / application time
einfangen *v* (v. Bildpunkten; CAD) / snap *v*

einfarbig *adj* / monochrome *adj*
EIN-Feder *f* / closing spring
einfeldriger Kommutator / single-track commutator, non-sectionalized commutator
einfetten *v* / to coat with grease, grease *v*
Einflächen·bremse *f* / single-disc brake || **≗kupplung** *f* / single-disc clutch
einflankengesteuertes JK-bistabiles Element / edge-triggered JK-bistable element
Einfluß (s. Einflußeffekt) || **≗ der Eigenerwärmung** / influence of self-heating || **≗ der Rohrrauhheit** / roughness criterion || **≗ der Wellenform** / influence of waveform || **≗ vertauschter Phasenfolge** / influence of reversed phase sequence || **magnetischer ≗** / magnetic influence, magnetic interference || **≗bereich** *m* (VDE 0228) / zone of exposure
Einflußeffekt *m* (MG, DIN 43745, DIN 43780) / influence error (IEC 359), variation due to influence quantity (IEC 51, 688), variation || **≗** (auf die mittlere Abweichung; Rel., DIN IEC 255, T.1-00) / variation *n* (of the mean error) || **≗ der Signalspanne** / variation due to signal span, influence of signal span || **≗ der Umgebungstemperatur** / variation with ambient temperature || **≗ durch die Frequenz** / variation due to frequency || **≗ durch gegenseitige Beeinflussung** / variation due to interaction || **≗ durch Spannung, Strom und Leistungsfaktor** / variation due to the (simultaneous) influence of voltage current and power factor || **≗ in Prozent des Bezugswerts** (MG) / percentage of the fiducial value (IEC 51) || **Anwärm-≗** / variation by self-heating || **Größe des ≗s** / degree of variation || **zulässige Grenzen der ≗e** / permissible limits of variations
Einfluß·faktor *m* / factor of influence (e.g., in IEC 505), influencing factor || **≗fehler** *m* (MG, Osz.) / influence error (IEC 351-1) || **≗größe** *f* / influencing quantity (o. variable) || **≗größe** *f* (Betriebs- o. Umwelteinflußgröße) / parameter *n* || **≗koeffizient** *m* (MG) / influence coefficient || **Maxwellsche ≗zahl** / influence coefficient || **Echoimpuls-≗zone** *f* (tote Zone nach einem Echo; DIN 54119) / dead zone after echo
einfrequente Spannung / single-frequency voltage
Einfrieren *n* / freezing *n*
Einfront·anordnung *f* (ST) / front-of-board layout || **Schalttafel für ≗bedienung** / single-fronted switchboard, front-of-board design, vertical switchboard
Einfügemodus *m* (Textverarb.) / insertion mode
einfügen *v* (z.B. Anweisungen; Textverarb.) / insert *v* || **≗** *n* (NC; CLDATA-Wort) / insert (ISO 3592) || **eine Fase ~** (NC) / to insert a chamfer
Einfügungs·dämpfung *f* (DIN 41640) / insertion loss || **≗dämpfung bei Verbindung unterschiedlicher LWL** / intrinsic junction loss || **≗dämpfung bei Verbindung identischer LWL** (VDE 0888, T.1) / extrinsic junction loss || **≗dämpfung ohne Vorionisierung** (DIN IEC 235, T.1) / cold (or unprimed) insertion loss || **≗-Leistungsverstärkung** *f* / insertion power gain || **≗verlust** (s. Einfügungsdämpfung) || **≗verlust bei Verbindung gleicher LWL** / extrinsic junction loss || **≗verstärkung** *f* / insertion gain
Einführung *f* (f. Leitungen) / entry *n*, inlet *n*, entry fitting || **≗ mit Panzerrohrgewinde** / screwed conduit entry
Einführungs·buchse *f* (zum Abdichten einer Kabeleinführung) / cable gland, stuffing box || **≗isolator** *m* / lead-in insulator, bushing insulator, bushing *n* || **≗kopf** *m* (Dachständer) / service entrance head || **≗lager** *n* / input bearing, entry bearing || **≗öffnung** *f* (f. Kabel) / cable entry, cable entry hole, entry *n*
Einführungsstutzen *m* / entry gland, entry fitting || **druckfester ≗** / packing gland
Einführungstülle *f* / entry bush
Einfüll·rohr *n* / filler tube || **≗stutzen** *m* / filler stub, filler *n* || **≗verschraubung** *f* / filler plug
Eingabe *f* / input *n*, entry *n* || **≗ fortlaufender Werte** (NC) / sequential input || **≗ löschen** / clear entry (CE) || **Daten~ in einen Speicher** / writing data into a store || **Lichtgriffel~** / light-pen hit, light-pen detection || **Programm~** / program input
Eingabeabbild *n* / input image
Eingabe·aufforderung *f* / input request, input prompting || **≗aufruf** *m* / input prompt
Eingabe-/Ausgabe·baugruppe *f* (E/A-Baugruppe) / input/output module (I/O module) || **≗-Schnittstelle** *f* / input/output interface, I/O interface
Eingabe·baugruppe *f* / input module || **≗befehl** *m* / input command (o. statement) || **≗daten** *plt* / input data || **≗einheit** *f* (DIN 44300) / input unit || **≗einheit** *f* (zur Signalaufbereitung) / signal conditioning unit || **≗element** *n* (graf. DV) / input primitive || **≗fehler beheben** / clear and correct entry || **≗feinheit** *f* / input resolution, input sensitivity || **≗feld** *n* / input panel || **≗feld** *n* (PC, am Programmiergerät) / entry field || **≗feld** *n* (BSG) / input field || **≗folge** *f* / input sequence
Eingabeformat *n* / input format || **≗ in Adreß-Schreibweise** (NC) / (input in) address block format || **≗ in fester Wortfolgeschreibweise** (NC) / (input in) fixed sequential format || **≗ in Satzadreßschreibweise** / (input in) fixed block format || **≗ mit fester Satzlänge** (NC) / fixed-block format (ISO 2806-1980)
Eingabe·geometrie *f* (NC) / input geometry || **≗gerät** *n* (DIN 44300) / input device || **≗gerät** *n* (zur Signalaufbereitung) / signal conditioning device || **≗glied** *n* / input element, signal conditioning element || **≗glied** *n* (DIN 19237) / signal conditioning element, signal conditioner || **≗kettung** *f* / sequential input, multiple input || **≗klasse** *f* (GKS) / input class || **≗maske** *f* (BSG) / screen form || **≗medium** *n* / input medium || **≗protokoll** *n* / input printout || **≗puffer** *m* / input buffer || **≗rate** *f* / input transfer rate || **≗signal** *n* / input signal, primary input signal || **≗speicherbereich** *m* / input storage area || **≗taste** *f* / input key, operator's key || **≗teil** *m* / input section || **≗überwachung** *f* / input monitoring, input check || **≗verstärker** (s. Eingangsverstärker) || **≗verzug** *m* / input time-out || **≗weiche** *f* (NC) / input switch, input gate || **≗wunsch** *m* / input request || **≗zähler** *m* / input counter || **≗zeichen** *n* / input character, character entered || **≗zeile** *f* (BSG) / input line || **≗zeit** *f* / input time interval
Eingang (E) (elST) *m* / input (I) *n* || **≗ begrenzt setzen** / set input conditionally || **≗ mit Negation** / negating input || **≗ mit zwei Schwellwerten** / bi-

threshold input

eingängig·e Labyrinthdichtung / single labyrinth seal || **~e Parallelwicklung** / simplex parallel winding, simple lap winding || **~e Schleifenwicklung** / simplex lap winding, single-lap winding || **~e Spule** / single-turn coil || **~e Wellenwicklung** / simplex wave winding, simplex two-circuit winding, simplex spiral winding || **~e Wicklung** / single-conductor winding, simplex winding

Eingangs·abbild *n* / input image || **≗abfrage** *f* / input scan || **≗admittanz** *f* / input admittance, driving-point admittance || **≗anpassung** *f* (Baugruppe) / input adaptor, input signal matching module || **≗-/Ausgangsgrößenpaar** *n* / input-output pair || **≗-Auslösegröße** *f* (FI-Schutzschalter) / energizing input quantity || **≗begrenzungsspannung** *f* (IS) / input clamp voltage || **≗belastbarkeit** *f* / input loading capability (IEC 147-0D) || **≗bereich** *m* / input range || **voller ≗bereich** (IS, D-A-Umsetzer) / full-scale range (FSR), span *n* || **≗dauerleistung** *f* / continuous input rating, continuous input || **≗dauerstrom** *m* / continuous input current || **≗drehzahl** *f* / input speed || **≗drift** *f* / input drift, input voltage/current drift || **≗einschwingzeit** *f* (IC-Regler) / input transient recovery time || **≗element** *n* (Anpaßelement) / input adaptor || **≗element** *n* (Prozeßsignalformer; empfängt und wandelt Signalinformationen) / receiver element || **≗-Erregungsgröße** *f* (Rel.) / input energizing quantity || **≗fächerung** *f* / fan-in *n* || **≗-Fehlspannung** *f* (DIN IEC 147,T.1E) / input offset voltage || **≗-Fehlstrom** *m* / input offset current || **≗filter** *n* / input filter || **≗gleichspannung** *f* (SR) / d.c. supply voltage (IEC 411-3)

Eingangsgröße *f* / input variable, input quantity, input parameter, input *n* || **≗** (s. Eingangs-Erregungsgröße) || **Arbeitsbereich der ≗** (DIN 44472) / signal input range || **rauschäquivalente ≗** / noise-equivalent input || **Transformierte der ≗** / input transform

Eingangs·höchstleistung *f* / maximum input power, maximum input kVA || **≗höchststrom** *m* / maximum input current || **≗immittanz** *f* (eines Mehrtors) / driving-point immittance || **≗immittanz** *f* (eines Zweitors) / input immittance

Eingangsimpedanz *f* / input impedance || **≗** (Netzwerk) / driving-point impedance || **≗ bei Sollabschluß** / loaded impedance

Eingangs·kanal *m* (MPU, PC) / input port || **≗kapazität** *f* / input capacitance || **≗klemme** *f* / input terminal || **≗kontrolle** (s. Eingangsprüfung) || **≗koppelmerker** *m* / input interprocessor communication flag || **≗-Kopplungskapazität** *f* / capacitance to source terminals || **≗kurzschlußleistung** *f* / short-circuit input power, short-circuit input kVA || **≗-Lastfaktor** (s. Eingangsfächerung) || **≗leistung** *f* / input power, power input, input *n*, input kVA || **≗-Leistungssteuerung** *f* / input power control

Eingangsleitung *f* / input line || **Buszuteilungs-≗** *f* / bus grant in line (BGIN)

Eingangs·leitwert *m* / input admittance || **≗leuchte** *f* / entrance luminaire || **≗-Nennstrom** *m* / nominal input current || **≗-Offsetspannung** (s. Eingangs-Fehlspannung) || **≗-Offsetstrom** (s. Eingangs-Fehlstrom) || **≗pol** *m* / input terminal || **≗-Prozeßabbild (PAE)** (PC) *n* / input process image (PII) || **≗prüfung** *f* (DIN 55350,T.11) / receiving inspection and testing, receiving inspection, on-receipt inspection, incoming inspection, user's inspection || **≗prüfung** *f* (EZ) / as-found test || **≗rauschen** *n* / input noise || **≗-Rauschspannung** *f* / input noise voltage || **≗-Reflexionskoeffizient** *m* (Transistor, DIN 41854,T.10) / input s-parameter || **≗regelbereich** *m* (IC-Regler) / input regulation range || **≗regelfaktor** *m* (IC-Regler) / input regulation coefficient || **≗register** *n* / input register, channel register || **≗-Reststrom** *m* (Treiber) / input leakage current || **≗-Ruhespannung** *f* (Verstärker, Eingangs-Gleichspannung im Ruhepunkt) / quiescent input voltage || **≗-Ruhestrom** *m* (HL, IS) / input bias current || **≗-Ruhestrom** *m* (Verstärker, Eingangs-Gleichstrom im Ruhepunkt) / quiescent input current || **≗schalter** *m* (LS) / incoming circuit-breaker, incoming-feeder circuit-breaker || **≗schalter** *m* (TS) / incoming disconnector, incoming-feeder isolator || **≗schalter mit Sicherungen** (TS) / incoming disconnector-fuse, incoming-line fusible isolating switch (US) || **≗-Schaltspannung** *f* (IS) / input threshold voltage || **≗schaltung** *f* / input configuration, input circuit || **≗schutz** *m* / input protection (device) || **≗seite** *f* / input side, input end || **≗seite** *f* (SA, IV) / supply side, incoming side (o. circuit) || **≗sicherung** *f* / mains fuse, line-side fuse || **≗signal** *n* / input signal || **≗signal** *n* (Reg.; der Führungsgröße) / actuating signal

Eingangsspannung *f* / input voltage || **≗ im H-Bereich** / high-level input voltage || **≗ im L-Bereich** / low-level input voltage || **Gitter-≗** / grid input voltage, grid driving voltage

Eingangs·spitzenspannung *f* (SR) / supply transient overvoltage (IEC 411-3) || **≗sprung** *m* / input step || **≗spule** *f* / line coil, line-end coil, leading coil, first coil || **≗stabilisierungsfaktor** *m* (IC-Regler) / input stabilization coefficient || **≗steuerkreis** *m* / control input circuit || **≗strom** *m* / input current, current input, entering current || **≗strom im H-Bereich** / high-level input current || **≗strom im L-Bereich** / low-level input current || **≗stromkreis** *m* / supply circuit, primary circuit, input circuit, incoming feeder, feeder *n* || **≗stromkreis** *m* (Reg., Rel.) / input circuit || **≗stufe** *f* (Verstärker) / input stage || **≗stufe** *f* (Baugruppe) / input module || **≗teil** *m* / input section (power converter), input element (ripple control receiver) || **≗transformator** *m* / input transformer || **≗-Trennschalter** *m* / incoming disconnector, incoming-feeder isolator || **≗überspannungsenergie** *f* (SR) / supply transient energy (IEC 411-3) || **≗übertrag** *m* / input carry, input carry-over || **≗übertrager** *m* / input transformer || **≗umformer** *m* / input converter || **≗umschaltspannung** *f* / input triggering voltage || **≗vektor** *m* / input (state) vector || **≗verstärker** *m* / input amplifier || **≗verzweigung** *f* / fan-in *n* || **Signal-≗wandler** *m* (VDE 0860) / source transducer (IEC 65) || **≗wechselspannung** *f* / a.c. input voltage || **≗wicklung** *f* (Trafo) / input winding || **≗zeitkonstante** *f* / input time constant

eingebaut *adj* / built-in *adj*, integral *adj*, incorporated *adj* || **~er Heizkörper** (HG) /

incorporated heating element || ~e **Kühlvorrichtung** (el. Masch.) / integral circulating-circuit component || ~**es RS** / incorporated control || ~**es Schaltgerät** (Schaltersteckdose) / integral switching device || ~**er Temperaturfühler (ETF)** (in. Wickl.) / embedded temperature detector (e.t.d.) || ~**es Thermoelement** (in Wickl.) / embedded thermocouple || ~**er Transformator** (VDE 0713, T.6) / built-in transformer || ~**er Wärmeschutz** (el. Masch.) / built-in thermal protection || **fest** ~ / stationary-mounted *adj*, permanently installed || **im Kondensator** ~**e Sicherung** / internal fuse
„eingebaute" Qualität / "built-in" quality (AQAP)
eingeben *v* / input *v*, enter *v*, feed *v* || **neu** ~ / re-enter *v*
eingebettete Spulenseite / embedded coil side
eingeengtes Klima für die Nachbehandlung (DIN IEC 68) / controlled recovery conditions
eingefädelte Wicklung / threaded-in winding, pin winding
eingefrorener Fluß / frozen flux
eingefügt·er Radius (NC) / inserted radius || ~**es Zwischenraumzeichen** / embedded space
eingefüllte Isolierflüssigkeit / filled insulating liquid
eingegossene Wicklung / encapsulated winding
eingehängte Zugpreßplatte (Trafo) / self-locking clamping plate
Eingehäuse-Bauart *f* / single-housing type, single-frame type || ≗-**Schwungradumformer** *m* / single-frame flywheel motor-generator set || ≗**umformer** *m* / single-frame motor-generator set
eingeknöpfte Dichtung / pressbutton gasket (o. seal)
eingekoppelte Störsignale / strays *plt*, parasitic signals
eingeprägt·e EMK / impressed e.m.f., injected e.m.f., open-circuit e.m.f. || ~**e Spannung** (Spannung, die auch bei stärkster Belastung der Quelle ihren Wert beibehält) / load-independent voltage || ~**er Strom** / load-independent current || ~**er Strom** (Prüfstrom) / injected current
eingeschleift, in die Anschlußleitung ~**es RS** / in-line cord control
eingeschlossen·er Fluß / trapped flux || ~**er Lichtbogen** / enclosed arc
eingeschmolzener Kontakt / sealed contact
eingeschnürt·e Entladung / constricted discharge || ~**er Lichtbogen** / squeezed arc
eingeschobene Wicklung / push-through winding
eingeschränkte Verwendung / restricted application
eingeschwungener Zustand (stationärer Z.) / steady-state condition, steady state
eingespeiste Leistung (Netz) / input to network
eingespritzte Gleitschicht (Lg.) / injection-moulded liner
eingestellter Wert der Führungsgröße / setpoint *n*
eingestrahlte Leistung / radiant energy received
eingetrübtes Kunststoffglas / opal acrylic-plastics diffuser
eingewalzt *adj* (in Rohrböden) / expanded into
eingießen *v* (in Harz) / cast in, pot *v* || ~ (Lg.) / re-metal *v*, re-line *v*
eingipflige Verteilung / unimodal distribution
eingliedriger Tarif / one-part tariff
eingrabbarer Transformator / buried transformer
Eingrabtiefe *f* (Lichtmast) / planting depth (EN 40)
eingreifen (in) *v* / engage *v* (with), mesh *v* (with), gear *v* (into), mate *v* (with)
eingrenzen *v* (Fehlerstelle) / locate *v*, localize *v*
Eingriff *m* (durch den Bediener) / operator action, operator intervention ..operator activity || ≗ (mech.) / engagement *n*, gear tooth engagement, gear mesh, mesh of teeth, mesh *n* || ≗ **der Störgrößenaufschaltung** (Strompfad) / feedforward path || ≗ **durch Handsteuerung** / intervention by manual control, manual interference || ≗ **durch Unbefugte** / illicit interference, tampering *n* || ≗ **von Hand** / manual interference, manual intervention, manually initiated function, human intervention || ≗ **von Hand** (NC) / manual override || **außer** ≗ **bringen** / disengage *v*, to bring out of mesh || **im** ≗ **sein** (el.) / to be operative, to be in circuit || **in** ≗ **bringen** / engage *v*, to bring into engagement, mesh *v* || **in** ≗ **stehen** / to be engaged, mesh *v* (with), to be in mesh || **sofortiger** ≗ / prompt action || **Stell**~ / control action || **gegen unbefugte** ≗**e gesichert** / tamper-proof *adj*
Eingriffs·grenzen *f pl* (QS) / action limits
eingriffsicher *adj* / tamper-resistant *adj*
Eingriffs·länge *f* / line of action, line of contact, length of arc || ≗**lehre** *f* / engagement gauge || ≗**linie** *f* / line of contact, path of contact, line of action || ≗**strecke** *f* / path of action, active portion of path of contact, path of contact || ≗**tiefe** *f* (Zahnrad, Summe der Kopfhöhen) / working depth
Eingriff-Stirnfläche *f* (Stecker) / engagement face
Eingrößenregler *m* / single-variable controller
Eingußkasten *m* / wall box for grouting, wall box for embedding in concrete
einhalten *v* (Vorschriften) / comply with *v*, conform to *v*, meet *v*, satisfy *v*
Einhaltung, auf ≗ **der Toleranzen prüfen** / to check for specified limits
Einhänger·motor *m* / unit-construction motor, cradle motor, fully accessible motor, FA motor || ≗**teil** *m* (B 3/D 5, mit Läufer) / removable stator-rotor assembly || ≗**teil** *m* (B 3/D 5, ohne Läufer) / inner frame, drop-in stator pack
Einhebelsteuerung *f* / single-lever control, one-hand control
Einheit *f* (Maßeinheit, Maschinensatz) / unit *n* || ≗ (QS, IEC 50(191)) / item *n*, entity *n* || ≗ **mit einem oder mehreren Hauptfehlern** / major defective || ≗ **mit einem oder mehreren Nebenfehlern** / minor defective || **in sich abgeschlossene** ≗ / self-contained unit
Einheiten·gleichung *f* / unit equation || ≗**leistung** *f* / unit rating || ≗**system** *n* / system of units, system of measures
einheitlich·e Brücke (SR) / uniform bridge || ~**e Feldtheorie** / unified field theory || ~**e NC-Sprache** / unified (o. standard) NC language || ~**e Schaltung** (LE) / uniform connection
Einheits·bauweise *f* / unit construction, modular construction || ≗**bohrung** *f* / basic hole, unit bore, standard hole || ≗**fluß** *m* / unit magnetic flux || ≗**gehäuse** *n* / standard case || ≗**gewicht** *n* / unit weight || ≗**last** *f* (a. PMG) / equivalent standard

load, standard load || ≗leistung *f*(el. Masch.) / specific output, unit rating || ≗-**Meßumformer** *m* / transmitter *n* || ≗-**Meßumformer für Konsistenz** / consistency transmitter || ≗-**Meßumformer für Mischungsabweichungen** / composition deviation transmitter || ≗-**Netzstation** *f* / unit substation || ≗**pol** *m* / unit pole || ≗**röhre** *f*(magn.) / unit tube, Maxwell tube || ≗**schaltfeld** *n* / standard switchpanel, standard switchgear assembly || ≗**schraubengewinde** *n* / unified screw thread
Einheitssignal *n* / standardized signal || **Gleichstrom-**≗ *n*(DIN 19230) / upper limit of d.c. current signal
Einheits·-Sprungantwort *f* / unit step response, indicial response || ≗-**Sprungfunktion** *f* / unit step, Heaviside unit step || ≗**stoß** *m*(Dirac-Funktion) / unit pulse, unit impulse (US) || ≗**strom** *m* / unit current || ≗**system von Steckern und Steckdosen** / unified system of plugs and socket-outlets || ≗**tarif** *m* / all-in tariff || ≗**vektor** *m* / unit vector || ≗**vektor in Achsenrichtung** (NC) / axis unit vector || ≗**verteiler** *m*(ST) / standard distribution board, unitized distribution board || ≗**vordruck** *m* / standard form || ≗-**Wechselstoß** *m* / unit doublet
Einheitswelle *f*(ISO-Paßsystem) / basic shaft, standard shaft
einhüllende Kurve / envelope curve
Einhüllende *f* / envelope *n*, envelope curve || ≗ **der Basen eines Pulses** / pulse train base envelope || ≗ **der Basen eines Pulsbursts** / pulse burst base envelope || ≗ **der Dächer eines Impulses** / pulse train top envelope || ≗ **der Dächer eines Pulsbursts** / pulse burst top envelope
Einkanal·betrieb *m* / single-channel mode (o. operation) || ≗-**Oszilloskop** *n* / single-trace oscilloscope || ≗-**Y-Verstärker** *m* / one-channel vertical amplifier
einkeilen *v* / key *v*, wedge *v*, chock *v*
einkerben *v* / notch *v*, indent *v*, nick *v*
Einkerbungen *f pl*(in einem Leiter) / nicks *n pl*(in conductor)
Einkern-Stromwandler *m* / single-core(-type) current transformer
Einkessel-Ölschalter *m* / single-tank bulk-oil circuit-breaker
EIN-Kette *f*(Ablaufsteuerung) / start-up sequence
einkitten *v*(befestigen) / cement *v* || ~ (dichten) / lute *v* || ~ (Wickl.) / to embed in cement, cement into *v*
einklinken *v*(einrasten) / latch *v*, to lock home
Einknopf-Meßbrücke *f* / single-knob measuring bridge
einkoppeln *v*(Signale) / inject *v* || ~ (LWL, Signale) / launch *v*
Einkoppelwirkungsgrad *m*(LWL) / launch efficiency
Einkopplung *f* / coupling *n*, interference *n* || ≗ (LWL) / launching *n* || ≗ **von Rundsteuersignalen** / injection of ripple-control (o. centralized telecontrol) signals || ≗ **von Störsignalen** (Nebensprechen), crosstalk *n* || **kapazitive** ≗**en** / capacitive coupling, capacitive interference || **numerische Apertur der** ≗ (LWL) / launch numerical aperture || **Öffnungswinkel der** ≗ (LWL) / launch numerical angle
Einkopplungswinkel *m*(LWL) / launch angle
Ein-Körper-Abbild *n* / homogenous-body replica
Einkreisfilter *n* / single-tuned filter
Einkristall *m* / single crystal, monocrystal *n* || ≗-**Diffraktometer** *m* / single-crystal diffractometer || ≗**untersuchung** *f* / single-crystal investigation || ≗**ziehen** *n* / single-crystal growing
einkugeln *v*(Lagerschale) / turn in *v*, to lock home
einkuppeln *v* / clutch *v*, engage *v*
Einlage *f*(IR) / liner *n*
Einlagenwicklung *f* / single-layer winding
Einlagermaschine *f* / single-bearing machine
Einlagerungs·kanal *m* / intraband channel || ≗- **und Lagerentnahmesystem** / storage and retrieval system
einlagig *adj* / single-layer *adj*, one-layer *adj* || ~**er Treibriemen** / single belt || ~**e Wicklung** / single-layer winding
einlampige Leuchte / single-lamp luminaire
einlappige Rohrschelle / conduit clip, clip *n*
Einlaßventil *n* / inlet valve || ≗ (Kfz) / intake valve
einlaufen *v*(Masch.) / break in *v*, run in *v* || ~ (Bürsten) / run in *v*, to become properly seated
einlaufend·e Welle / incoming wave
Einlauf·-Frequenzdrift *f*(Mikrowellenröhre) / warm-up frequency drift || ≗**stollen** *m*(WKW) / inlet tunnel || ≗**verhalten der Ausgangsleistung** (Verstärkerröhre, DIN IEC 235, T.1) / power stability || ≗**weg** *m*(NC, Beschleunigungsweg beim Gewindeschneiden) / acceleration distance
Einlaufzeit *f*(Masch.) / run-in period || ≗ (Kontakte) / wear-in period
Einlaufzeit *f*(ESR) / warm-up time (CRT, microwave tube), starting time
Einlege·brücke *f* / insertable jumper, jumper plug || ≗**gerät** *n*(Automat) / pick-and-place robot, loading robot || ≗**kappe** *f*(DT) / insertable cap, insertable lens cap || ≗**keil** *m* / sunk key
einlegen *v*(Wickl.) / insert *v* || ~ (SG, schließen) / close *v* || ~ (Diskette) / load *v* || ≗ *n*(DIN 8580) / laying in *n*, inserting *n*
Einlege·paßfeder *f* / sunk key || ≗**schild** *n*(DT) / insertable legend || ≗**vorrichtung** *f*(Wickl.) / fitting device
Einleiter·kabel *n* / single-conductor cable, single-core cable || ≗-**Ölkabel** *n* / single-conductor oil-filled cable || ≗**spule** *f* / single-conductor (continuous) coil || ≗-**Stabstromwandler** *m* / single-wire bar-type current transformer || ≗**transduktor** *m* / single-conductor transductor || ≗**wandler** *m* / bar-type current transformer, single-turn transformer
Einleitungs·steuerung *f*(Logik) / initialization logic || ≗**vorgang** *m*(„Handshaking") / handshake procedure
Einlernen *n*(Rob.) / teach-in *n*, teaching *n*
Einlesefreigabe fehlt (NC) / read-in enable missing , read-in inhibited
einlesen *v*(Programm) / read *v*, read in *v*, write *v* (in), input *v*
Einloch·befestigung *f* / single-hole mounting || ≗**wicklung** *f* / single-coil winding, one-slot-per-phase winding
Einlöt·stift *m* / solder(ing) pin || ≗**typ** *m*(GSS, LSS) / solder-in type
Einmal·-Drucktaste *f* / single-shot pushbutton || ≗**fertigung** *f* / non-repetitive production
einmalig·er Anschlußkostenbeitrag (StT) / capital contribution to connection costs || ~**e**

Kurzunterbrechung (s. einmalige Wiedereinschaltung) || ~**er Netzkostenbeitrag** (StT) / capital contribution to network costs || ~**e Wiedereinschaltung** / single-shot reclosing, open-close operation || ~**e Zeitablenkung** (Osz.) / single sweep, one shot

Ein-Mann-Bedienung *f* / one-man operation || ≗-**Montage** *f* / one-man installation

Einmantelkabel *n* / single-layer-sheath cable

einmessen *v* / calibrate *v*

Einmetall-Leiter *m* / plain conductor

Ein-Minuten-Prüfwechselspannung *f* / one-minute power-frequency test voltage || ≗-**Stehwechselspannung** *f* / one-minute power-frequency withstand voltage

Einmodenfaser *f* / monomode fibre, single-mode fibre

Einmotorenantrieb *m* / single-motor drive, individual drive

Ein- oder Ausschaltvermögen unter Asynchronbedingungen / out-of-phase making or breaking capacity

einpassen *v* / fit *v* (a. CAD), adapt *v*

einpegeln *v* / to adjust itself

einpendeln, sich ~ / to adjust itself

Einphasen-Brückenschaltung *f* / single-phase bridge connection, two-pulse bridge connection || ≗**gerät** *n* (HG, VDE 0730) / single-phase appliance || ≗**kabel mit konzentrischem Neutralleiter** / single-phase concentric-neutral cable || ≗**lauf** *m* / single-phasing *n* || ≗-**Mittelpunktschaltung** *f* / single-phase midpoint connection, single-phase centre-tap connection, single-phase full-wave connection

Einphasenmotor *m* / single-phase motor, single-phase a.c. motor || ≗ **mit abschaltbarem Kondensator in der Hilfsphase** / capacitor-start motor || ≗ **mit abschaltbarer Drosselspule in der Hilfsphase** / reactor-start motor || ≗ **mit Anlaufkondensator** / capacitor-start motor || ≗ **mit Anlauf- und Betriebskondensator** / two-value capacitor motor || ≗ **mit einem Kondensator für Anlauf und Betrieb** / capacitor-start-and-run motor, permanent-split capacitor motor || ≗ **mit Hilfswicklung und Drosselspule** / reactor-start split-phase motor || ≗ **mit Hilfswicklung und Widerstand** / resistance-start split-phase motor || ≗ **mit Hilfswicklung** / split-phase motor || ≗ **mit Widerstands-Hilfsphase** / resistance-start motor || ≗ **ohne Hilfswicklung** („Anwurfmotor") / hand-started single-phase motor

Einphasen-Netzschema *n* / single-line system diagram || ≗-**Reihenschlußmotor mit kurzgeschlossener Kompensationswicklung** / single-phase series commutator motor with short-circuited compensating winding || ≗-**Reihenschlußmotor mit Kompensationswicklung** / single-phase commutator motor with series compensating winding || ≗**schaltung** *f* (LE) / single-phase connection || ≗-**Spartransformator** *m* / single-phase autotransformer || ≗**strom** *m* / single-phase current || ≗-**Stromkreis** *m* / single-phase circuit || ≗**transformator** *m* / single-phase transformer

Einphasen-Wechselstrom *m* / single-phase a.c. current, single-phase current || ≗**kreis** *m* / single-phase a.c. circuit || ≗**motor** *m* / single-phase a.c. motor || ≗**zähler** *m* / single-phase kWh meter || ≗-**Zugförderung** *f* / single-phase a.c. traction

Einphasen-Zweileiter-Stromkreis *m* / single-phase two-wire circuit

einphasig *adj* / single-phase *adj*, one-phase *adj*, monophase *adj* || ~**er Betrieb** / single-phasing *n* || ~**e Einwegschaltung** (LE) / single-phase half-wave connection, two-pulse centre-tap connection || ~**er Erdschluß** / phase-to-earth fault, phase-to-ground fault, single-phase-to-earth fault, one-line-to-ground fault || ~**e Erregung** (Trafo) / single-phase supply || ~**er Fehler** (s. einphasiger Erdschluß) || ~**e Flüssigkeit** / Newtonian liquid || ~ **gekapselte Generatorableitung** / phase-segregated generator-lead trunking || ~ **gekapselte Sammelschiene** / isolated-phase bus (duct), phase-segregated bus || ~**er Stoßkurzschlußstrom** / maximum asymmetric single-phase short-circuit current

Einplatinen-Mikrocomputer *m* / single-board microcomputer (SBμC) || ≗-**Rechner** *m* (SBC) / single-board computer (SBC)

Einplatz-Multitasking-Echtzeit-Betriebssystem *n* / single-user multi-tasking real-time operating system || ≗**system** *n* / single-user system, stand-alone system

Einplatz-Textautomat *m* / single-user text processor, stand-alone word processor

einpolig *adj* / single-pole *adj*, one-pole *adj*, monopole *adj* || ~**er Ausschalter** (Schalter 1/1, VDE 0630) / single-pole one-way switch || ~**e Darstellung** / single-line representation, one-line representation || ~**er Ein-Aus-Schalter** / single-pole single-throw switch (SPST) || ~**er Erdkurzschluß** (s. einpoliger Erdschluß) || ~**er Erdschluß** / phase-to-earth fault, phase-to-ground fault, single-phase-to-earth fault, one-line-to-ground fault || ~**er Fehler** (s. einpoliger Erdschluß) || ~ **gekapselte Schaltanlage** / single-pole metal-enclosed switchgear || ~ **gesteuerte Brückenschaltung** (LE) (s. einpolig steuerbare Brückenschaltung) || ~**e HGÜ** / monopolar HVDC system || ~**es HGÜ-System** / monopolar (o. unipolar) HVDC system || ~**e HGÜ-Verbindung** / monopolar HVDC link, monopolar d.c. link || ~ **isolierter Spannungswandler** / earthed (o. grounded) voltage transformer, single-bushing potential transformer || ~**e Kapselung** (SF_6-Anl.) / phase-unit encapsulation, isolated-phase construction || ~**er Kurzschluß** / single-pole-to-earth fault (GB), one-line-to-ground short circuit (US) || ~**e Kurzunterbrechung** / single-pole auto-reclosing, single-phase auto-reclosing || ~**er Lastschalter** / single-pole switch || ~**er Leistungsschalter** / single-pole circuit-breaker || ~**e Leitung** / monopolar line || ~**er Leitungsschutzschalter** / single pole circuit-breaker, one-pole m.c.b. || ~**er Netzschalter** (VDE 0860) / single-pole mains switch (IEC 65) || ~**es Relais** / single-pole relay, single-contact relay || ~**es Schaltbild** (s. einpoliger Schaltplan) || ~**er Schalter** / single-pole switch || ~**er Schaltplan** / single-line diagram || ~**es Schütz** / single-pole contactor || ~ **steuerbare Brückenschaltung** (LE) / single-pole controllable bridge connection

|| ~**er Umschalter** / single-pole double-throw switch (SPDT) || ~**er Wechselschalter** (Schalter 6/1, VDE 0630) / two-way switch || ~**er Wechselstromzähler** (s. Einphasen-Wechselstromzähler)
einprägen *v* (Signal) / inject *v* || ~ (Strom) / impress *v*, apply *v*, inject *v*
Einprägung *f* (Markierung) / embossing *n*, debossing *n*, debossed marking || **Strom~** *f* (Prüf.) / current injection
Einpreßdiode *f* / press-fit diode
einpressen *v* / press-fit *v*, press in *v*, force in *v*
Einpreß·kraft *f* (DIN 7182,T.3) / assembling force || ²**verbindung** *f* (DIN 41611,T.5) / press-in connection
Einpuls·-Verdopplerschaltung *f* (VDE 0556) / one-pulse voltage doubler connection (IEC 119) || ²**-Vervielfacherschaltung** *f* (VDE 0556) / one-pulse voltage multiplier connection (IEC 119)
Einpunktverbindung *f* (Kabelschirme) / single-point bonding
einputzen *v* / to mount flush with plaster surface, flush-mount *v*, to embed in plaster
Einputz·gehäuse *n* / recessed housing || ²**rahmen** *m* / recessed mounting frame
Ein-Quadrant·-Antrieb *m* / one-quadrant drive, single-quadrant drive, non-reversing, non-regenerative drive || ²**-Stromrichter** *m* / one-quadrant converter
Einrampenumsetzer *m* / single-slope converter
einrasten *v* / to lock home, to latch tight, to snap into place
Einraststrom *m* (Thyr) / latching current
einreihig·e Anordnung (ET) / single-tier arrangement || ~**es Kugellager** / single-row ball bearing, single-race ball bearing || ~**er Steckverbinder** / single-row connector
einreißen *v* (schlitzen) / slit *v* || ~ (stechen) / lance *v* || ~ (zerreißen) / tear *v*
Einreißfestigkeit *f* / tear resistance
Einrenken *n* / engaging *n*
Einrichte·betrieb *m* (WZM) / setting-up operation || ²**betriebsart** *f* (WZM, NC) / setting-up mode
Einrichten *n* (WZM, NC, PC) / setting up *n*, setting-up mode
Einrichter *m* (WZM) / tool setter, machine setter, setter *n*
Einrichteschalter *m* (NC) / setting-up mode selector switch
Einrichtung *f* (Gerät) / device *n*, facility *n*, apparatus *n*, fixture *n* || ² (Vorrichtung) / device *n*
Einrichtungen der Informationstechnik / information technology equipment (ITE)
Ein-Richtung-HGÜ *f* / unidirectional HVDC
Ein-Richtungs·-Antrieb *m* / non-reversible drive, non-reversing drive || ²**-Bus** *m* / unidirectional bus || ²**-HGÜ-System** *n* / unidirectional HVDC system
Ein-Richtung-Stromrichter *m* / non-reversible converter, one-way converter
Ein-Richtungs·-Ventil *n* / unidirectional valve || ²**-Verkehr** *m* / unidirectional traffic || ²**-Zweig** *m* (LE) / unidirectional arm
Einrichtzeit *f* (WZM) / setting-up time, setting time
einrücken *v* (Kuppl.) / engage *v*, clutch *v*, throw in *v*, couple *v*, connect *v* || ~ (Getriebe) / engage *v* || ² *n* / engaging *n* || ² (v. Textzeilen) / indentation *n*
Einrück·sperre *f* / engagement lockout || ²**vorrichtung** *f* (ET) / rack-in device
Eins, Leistungsfaktor ² / unity power factor, unity p.f. || **Übersetzungsverhältnis** ² (Trafo) / one-to-one ratio
Einsattelung *f* (Kurve) / dip *n*, depression *n* || ² (Impulsabbild) / valley *n*
Einsatz *m* (SK, VDE 0660, T.500) / fixed part (IEC 439-1), non-drawout assembly || ² (Schaltereinsatz; HSS) / basic switch, contact unit || ² (Schaltereinsatz; LS) / basic breaker || ² (Sich.) / fuse link || ² (mech. Teil) / insert *n* || ² (StV) / insert *n* || ² (Chassis) / chassis *n* || ² (Verwendung) / application *n*, duty *n*, duty type || **Abgangs~** (ST) / non-withdrawable outgoing unit, fixed-mounted branch-circuit unit || **Geräte~** (I-Schalter) / contact block (with mounting plate) || **Steckverbinder-**² / connector insert || **Steuerfunktion im** ² (PMG, die jeweils aktive Steuerfunktion) / controller in charge || ²**baugruppe** (s. Steckblock) || ²**bedingungen** *f pl* / field service conditions, operating conditions || ²**bereich** *m* / field of application || ²**block** (s. Steckblock) || ²**daten** *plt* (QS) / field data || ²**dichtring** *m* / replaceable sealing ring || ²**entfernung** *f* (Scheinwerfer) / working distance
Einsatzforderungen, Festlegung der ² / statement of operational requirements (AQAP)
Einsatz·jitter (s. Einsatzzittern) || ²**klasse** *f* (VDE 0109) / installation category || ²**ort** *m* / location *n*, site *n* || **wechselnder** ²**ort** / changeable site || **allseitig geschlossener** ²**ort** / enclosed location || **Kraftwerks-**²**plan** *m* / generation schedule || **Teilentladungs-**²**prüfung** *f* / partial-discharge inception test || ²**prüfung** *f* / field test || ²**schalter** *m* (Schaltereinsatz; s. „Schaltereinsatz") || ²**spannung** *f* / inception voltage, threshold voltage || ²**spannung** (ESR) (s. Sperrspannung) || ²**spiegel** *m* (Leuchte) / detachable specular reflector || ²**technik** *f* (ST) / fixed-assembly design, non-withdrawable unit design, non-drawout design || ²**wert der Strombegrenzung** (DIN 41745) / current limiting threshold || ²**zittern** *n* / starting jitter
einsaugen *v* / to take in *v*, to draw in
Einsäulen·-Scherentrenner *m* / single-support pantograph disconnector, pantograph disconnector || ²**trenner** (s. Einsäulen-Trennschalter) || ²**-Trennschalter** *m* / single-support disconnector (o. isolator), single-column disconnector (o. isolator), single-stack disconnector
Eins-aus-Zehn-Code *m* / one out of ten code
Einschachteln *n* (Blechp.) / interleaved (o. overlapped) stacking || ² (s. Schachtelung)
Einschallrichtung *f* / direction of incidence
Einschallung *f* / intromission of sound
Einschallwinkel *m* / angle of incidence, incidence angle
Einschalt·abbrand *m* / (contact) erosion on closing, (contact) burning on making || ²**antrieb** *m* (LS) / closing mechanism || ²**augenblick** *m* / instant of closing || ²**auslöser** *m* / closing release || ²**bedingungen** *f pl* (SG) / making conditions || **Prüfung der** ²**bedingungen** (Mot.) / preconditional check || ²**befehl** *m* (Mot.) / starting signal, starting command

einschaltbereit *adj* (SG) / ready for closing || ~ (Mot.) / ready to start
Einschaltbereitschaft *f* (Zustand eines Anlagenteils, der sofort unter Spannung gesetzt werden kann) / availability *n*
Einschaltdauer *f* (Stromkreis) / ON period, ON duration, duration of current || ≈ (Mot.) / operating time *n*, running time, ON-time *n* || ≈ (eines Stromes) / time of application || **relative ≈ (ED)** (el. Masch., VDE 0530, T.1) / cyclic duration factor (c.d.f.), load factor || **relative ≈** (Trafo) / duty ratio (IEC 50(15)) || **relative ≈** (Schütz, VDE 0660, T.102) / on-load factor (OLF) (contactor, IEC 158-1) || **relative ≈** (Rel.) / operating factor (relay) || **relative ≈** (s. Tastverhältnis)
Einschalt·druck *m* / cut-in pressure || ≈**druck** *m* (LS m. Druckluftantrieb) / closing pressure, operating pressure || ≈**eigenzeit** *f* (Schließzeit, VDE 0670, T.101) / closing time (IEC 56-1) || ≈**element** *n* (LS) / making unit
einschalten *v* (Schalter, durch Betätiger) / close *v*, switch on *v* || ~ (Gerät, Licht) / switch on *v*, turn on *v* || ~ (Mot.) / start *v*, switch on *v* || ~ (ein Gerät, z.B. einen Widerstand, in einen Stromkreis) / switch in *v*, cut in *v*, to bring into circuit, insert *v* || ~ (Schütz) / energize *v*, close *n* || ~ (Diode, Thyr) / turn on *v* || ~ (Trafo) / energize *v*, to connect to the supply (o. system) || ≈ *n* (SG, Einschaltvorgang) / closing operation, making operation || ≈ **auf einen Kurzschluß** / fault throwing, making on a short circuit || ≈ **durch Abwärtsbewegung** (des Betätigungsorgans) / down closing movement || ≈ **durch Aufwärtsbewegung** (des Betätigungsorgans) / up closing movement || **direkt** ~ (Mot.) / to start direct on line, to start at full voltage, to start across the line || **direktes ≈** (Mot.) / direct-on-line starting (d.o.l. starting), full-voltage starting, across-the-line starting || **einen Strom** ~ / to make a current, to establish a current || **unbeabsichtigtes ≈** (VDE 0100, T.46) / unintentional energizing
Einschalter *m* / on-off switch, one-way switch, make-break switch
Einschalt·faktor *m* (el. Masch.) / duty-cycle factor || ≈**feder** *f* / closing spring || ≈**fehlimpuls** *m* / spurious switch-on pulse, spurious signal, switch-on transient
einschaltfest *adj* / make-proof *adj*, suitable for closing onto a short circuit || ~ (Mot.) / suitable for direct-on-line (o. full-voltage) starting || ~ (Erdungsschalter) / make-proof *adj*
Einschalt·folge *f* (Mot.) / starting sequence, operating sequence on starting || ≈**geschwindigkeit** *f* (SG) / speed of make, closing speed || ≈**glied** *n* / make contact, make contact element (IEC 337-1), a-contact, normally open contact, NO contact || ≈**häufigkeit** *f* (Mot.) / starting frequency || ≈**-Hilfsauslöser** *m* / shunt closing release (IEC 694) || ≈**leistung** *f* / making capacity (IEC 157-1) || ≈**leistung** *f* (Rel.) / contact current closing rating (ASA C37.1) || ≈**logik** *f* (Mot.) / preconditioning logic, starting logic || ≈**magnet** *m* / closing solenoid, closing coil || ≈**moment** (s. Anlaufmoment) || ≈**motor** *m* / starting motor || ≈**phasenlage** *f* (Rel.) / connection angle (IEC 255-12) || ≈**-Polaritätsumkehr** *f* (DIN 41745) / turn-on polarity reversal || ≈**prüfung** *f* / making test || ≈**prüfung** *f* (Prüf. von Systemfunktionen beim Einschalten der Stromversorgung) / power-up test || ≈**relais** *n* / closing relay || ≈**rush** *m* (Trafo) / magnetizing inrush, inrush current || ≈**spannungsspitze** *f* (Schaltdiode) / forward transient voltage (IEC 147-1)
Einschaltsperre *f* (SG) / closing lock-out, lock-out preventing closing || ≈ (Mot.) / starting lockout, starting inhibiting circuit, safeguard preventing an unintentional start-up
Einschalt·spitze (s. Einschaltstromspitze) || ≈**spule** *f* / closing coil || ≈**stabilisierung** *f* / inrush stabilization || ≈**stabilisierung** *f* (Schutz; Oberwellenstabilisierung) / harmonic restraint (feature) || ≈**stellung** *f* / closed position || ≈**steuerung** *f* (SR-Mot.) / start-up control, starting sequence control
Einschaltstoßstrom *m* (LS) / peak making current || ≈ (Mot., Trafo) / (starting) inrush current, (transformer) magnetizing inrush current
Einschaltstrom *m* (SG, VDE 0670, T.2) / making current (IEC 129), peak making current || ≈ (Mot.) / starting current || ≈ (Trafo u. DIN 41745) / inrush current || ≈ (Kondensatoren) / inrush making current || **Faden~** (Lampe) / filament starting current || ≈**auslöser** *m* (VDE 0660, T.1) / making-current release (IEC 157-1), closing release
Einschaltströme, Stabilisierung gegen ≈ („Rush-Unterdrückung") / inrush restraint, harmonic restraint
Einschaltstrom·kreis *m* / making circuit, make circuit, closing circuit || ≈**spitze** *f* / inrush peak, peak inrush current, switch-on peak || ≈**stabilisierung** *f* (Rel.) / harmonic restraint (function), current restraint (function) || ≈**stoß** *m* (el. Masch.) / starting current inrush, magnetizing current inrush
Einschalt·synthetik *f* (Prüfschaltung) / synthetic circuit for closing operations || ≈**temperatur** *f* / cut-in temperature, closing temperature || ≈**-Überschwingweite** *f* (DIN 41745) / turn-on overshoot || ≈**überspannung** *f* / closing overvoltage, closing surge || ≈**überstrom** *m* (Kondensator) / inrush transient current || **Kontrolle des ≈- und Ausschaltverhaltens** (LE) / turn-on/turn-off check (IEC 700)
Einschaltung *f* (SG, Einschaltvorgang) / closing operation, making operation
Einschalt·ventil *n* / closing valve || ≈**verhältnis bei Pulsbreitensteuerung** (LE) / pulse control factor || ≈**verhältnis bei Vielperiodensteuerung** (LE) / multicycle control factor || ≈**verluste** (Diode, Thyr) (s. Einschalt-Verlustleistung) || ≈**-Verlustenergie** *f* (Thyr) / energy dissipation during turn-on time || ≈**-Verlustleistung** *f* (Diode, Thyr) / turn-on loss, turn-on dissipation || ≈**-Verlustleistungsspitze** *f* (Thyr) / peak turn-on dissipation
Einschaltvermögen *n* (VDE 0660,T.101) / making capacity (IEC 157-1) || ≈ (Rel.; VDE 0435,T.110) / limiting making capacity || ≈ **unter Asynchronbedingungen** / out-of-phase making capacity
Einschaltverriegelung *f* (SG) / closing lock-out, lock-out preventing closing || ≈ (Mot.) / start preconditioning circuit, circuit preventing

unintentional starting || ≈ **für Phasenausfall** (Mot.) / starting open-phase protection
Einschaltverzögerer *m* / closing delay device (o. element)
Einschaltverzögerung *f*(SG) / closing delay || ≈ (elST) / ON delay || ≈ (Rel.) / pickup delay, ON delay, time delay in pickup
Einschaltverzug (s. Einschaltzeit) || ≈ (s. Einschaltverzögerung)
Einschaltvorgang *m*(SG) / closing operation, making operation || ≈ (Mot.) / starting operation, starting cycle
Einschalt·vorrichtung *f*(VDE 0670,T.2) / closing device (IEC 129) || ≈**wicklung** *f*(Mot.) / starting winding, auxiliary winding, high-resistance auxiliary winding, starting amortisseur, auxiliary phase || ≈**wicklung** *f*(SG, Rel.) / closing winding, pick-up coil || ≈**wicklung** *f*(Spule) / closing coil || ≈**widerstand** *m*(SG) / closing resistor || ≈**winkel** *m* / making angle || ≈**wischer** *m* / passing make contact (IEC 117-3), fleeting NO contact
Einschaltzeit *f*(LS, VDE 0660, T.101) / make-time *n* (IEC 157-1) || ≈ (Mot., Laufzeit) / running time, on-time *n*, operating time, load period || ≈ (im Schaltbetrieb eines Wechselstromstellers) / operating interval || ≈ (Schalttransistor, Thyr, optischer NS) / turn-on time || ≈ **des Stellers** (Ts) / on-state interval of controller (Ts)
Einscheiben·bremse *f* / single-disc brake || ≈**kupplung** *f* / single-disc clutch
einschenkelig *adj*(Trafo-Kern) / single-leg *adj*, one-leg *adj*, single-limb *adj*
Einschichtwicklung *f* / single-layer winding
einschiebbar·e Baueinheit (s. Einschub) || ~**er Baugruppenträger** (s. Einschub)
Einschieben *n*(z.B. Wörter) / insertion *n*
Einschlag *m*(Blitz) / strike *n* || ≈**-Brandmelder** *m* / break-glass call point
einschlagen *v*(Blitz) / strike *v*
Einschlagisolierung *f* / folded insulation
Einschlag·mechanismus *m*(Blitz) / strike mechanism || ≈**stelle** *f*(Blitz) / point of strike
einschleifen *v*(Bürsten) / bed in *v*, seat *v*
einschleifen *v*(Leiter) / loop in *v*
Einschleifenwicklung *f* / simplex winding
Einschluß *m* / inclusion *n* || ≈ (Plasma) / confinement *n*
Einschmelzautomat *m* / sealing machine
einschmelzen *v*(abdichten) / seal in *v*
Einschmelzglas *n* / sealing glass
Einschmelzung, vakuumdichte ≈ / vacuum-tight seal
einschnappen *v* / to snap into place, to latch tight, to lock home, to engage with
einschneiden *v*(stanzen) / slit *v* || ~ **und ziehen** (stanzen) / lance *v*
Einschnüreffekt, magnetischer ≈ / pinch effect
einschnüren *v* / constrict *v*
Einschnürung *f*(magnet.) / pinch *n*, contraction *n* || ≈ (mech.) / constriction *n*, constrictive action
Einschnürungsdurchmesser *m*(Meßblende) / vena contracta
Einschraub-Automat (s. Einschraub-Sicherungsautomat)
einschraubbar·er Schutzschalter (s. Einschraub-Sicherungsautomat)
Einschraub·gewinde *n* / internal thread || ≈**länge** *f* / length of engaged thread, length of thread engagement, length of engagement || ≈**-LS-Schalter** *m* / screw-in type circuit-breaker || ≈**-Schutzschalter** *m* / screw-in miniature circuit-breaker, screw-in m.c.b. || ≈**sicherung** *f* / screw-in fuse || ≈**-Sicherungsautomat** *m* / screw-in miniature circuit-breaker, screw-in m.c.b. || ≈**-Stabsicherung** *f* / screw-in fuse pin || ≈**stutzen** *m* / screw-in gland || ≈**stutzen** *m* (Widerstandsthermometer) / mounting fitting, union *n*, mounting threads || ≈**thermometer** *n* / screw-stem thermometer, screw-in thermometer || ≈**tiefe** *f* / depth of engagement || ≈**typ** *m*(LSS) / screw-in type || ≈**-Verschraubung** *f* / male coupling
Einschreibfreigabe *f* / write enable (WE)
Einschub *m*(ET, DIN 43350) / drawer *n*, drawer unit, withdrawable part || ≈ (SK, VDE 0660, T.500) / withdrawable part || ≈ (steckbare Einheit) / plug-in unit || ≈ (Elektronikmodul) / plug-in (o. withdrawable) module || ≈ (Zeichn.) / insert *n* || **MCC-**≈ / MCC withdrawable unit, MCC drawout unit || **Programm**~ / program patch || **Zweikanal**~ (LAN-Komponente) / two-channel module
Einschubanlage (s. Einschub-Schaltanlage)
Einschub·ausführung *f* / withdrawable type (o. model), drawout type, plug-in type || ≈**fach** *n*(ST) / subsection *n*, bay *n* || ≈**führung** *f*(LS) / guide frame || ≈**führung mit Spindelantrieb** (LS, ST) / guide frame with contact engagement spindle || ≈**gerät** *n* / withdrawable unit, rack-mounting unit || ≈**-Leistungsschalter** *m* / withdrawable circuit-breaker || ≈**-Schaltanlage** *f* / withdrawable switchgear, withdrawable switchgear assembly || ≈**schalter** (LS) (s. Einschub-Leistungsschalter) || ≈**-Steckverbinder** *m* / rack-and-panel connector, unitor connector (depr.) || ≈**technik** *f* / withdrawable-unit design, drawout-unit design || ~**verriegelter Antrieb** / operating mechanism with insertion interlock || ≈**verriegelung** *f* / insertion interlock || ≈**verteiler** *m*(MCC) / motor control centre (with withdrawable units) || ≈**zeile** *f* (MCC) / row of withdrawable units, tier *n* || ≈**zeile** *f*(ST) / withdrawable tier
einschwallen *v* / flow-solder *v*
Einschweißthermometer *n* / weldable thermometer, welded-stem thermometer
Einschwimmer-Relais *n* / single-float relay
Einschwingen *n* / transient condition
Einschwingfrequenz *f* / natural frequency, frequency of restriking voltage
Einschwingspannung *f* / transient recovery voltage (TRV) || ≈ (Wiederzündspannung) / restriking voltage || ≈ **nach Abstandskurzschlußabschaltung** / short-line-fault transient recovery voltage
Einschwing·-Spitzenstrom *m* / peak transient current || ≈**verhalten** *n* / transient response, response *n* || ≈**vorgang** *m* / transient phenomenon, transient reaction, transient *n*, initial response, response *n*
Einschwingzeit *f* / settling time, transient recovery time || ≈ **bei Haltebetrieb** / hold-mode settling time || **Eingangs**~ (IC-Regler) / input transient recovery time || **Last**~ (IC-Regler) / load transient recovery time || ≈**fehler** *m* / settling time error
Einschwingzustand *m* / transient condition

Einseitenband *n* / single sideband (SSB) || **≗übertragung (ESB)** *f* / single sideband transmission
einseitig·es Abmaß / unilateral deviation, unilateral tolerance || **~er Antrieb** / unilateral drive, unilateral transmission, single-ended drive || **~e Belüftung** (el. Masch.) / single-ended ventilation || **~er Betrieb** (PC) / one-sided mode || **~e Datenübermittlung** / one-way communication || **~ eingestelltes Relais** / biased relay || **~ geführtes Ventil** / single-guide valve || **~ gerichtet** / unidirectional *adj* || **~ gespeister Fehler** / fault fed from one end || **~es Getriebe** / unilateral gear(ing) || **~e Kehlnaht** / single fillet weld || **~er Linear-Induktionsmotor** / single-sided linear induction motor (SLIM) || **~er Linearmotor** / one-sided (o. single-sided) linear motor || **~er magnetischer Zug** / unbalanced magnetic pull || **~e Speisung** / single-end infeed, single infeed || **~e Verzerrung** / bias distortion || **~e Wimpelschaltung** (s. unsymmetrische Wimpelschaltung) || **~ wirkendes Axiallager** / one-direction thrust bearing, single thrust bearing || **~ wirkendes Axial-Rillenkugellager mit ebener Gehäusescheibe** / one-direction thrust ball bearing with flat seat, one-direction flat seat thrust bearing
Einsenkung *f* / counterbored hole
Einsetz·feldstärke *f* / inception field strength || **≗spannung** *f* / inception voltage || **≗werkzeug** *n* (f. Kontakte) / insertion tool
Einsfrequenz *f* (Verstärker) / unity-gain frequency, frequency for unity gain, frequency of unity current transfer ratio
Einsignalmeßgerät *n* / single-channel instrument
Ein-Sitz-Ventil *n* / single-seat(ed) valve
Einspannung (NC; CLDATA-Wort) / clamp (ISO 3592) || **Werkstück~** *f* / workpiece clamping
Einspannvorrichtung *f* (WZM, f. Werkstücke) / work holding device
einspeichern *v* / store *v*, roll in (secondary storage - primary storage) *v*
Einspeise·druck *m* / initial pressure || **≗einheit** *f* / incoming unit (IEC 439-1) || **≗feld** *n* (IRA) / incoming panel (BS 4727,G.06), incoming-feeder panel, incoming section || **≗feld** *n* (FLA) / incoming-line bay, incoming-feeder bay, incoming-supply bay || **≗feld** *n* (Schrank) / incoming cubicle, incoming-feeder cubicle || **≗feld** *n* (Station) / incoming feeder unit || **≗kabel** *n* / incoming-feeder cable, incoming cable, supply cable, feeder cable || **≗leitung** *f* / supply line, incoming feeder, incoming line, incomer *n*
einspeisen *v* / supply *v*, feed *v* || **≗ eines betriebsfrequenten Stroms** / power-frequency current injection || **≗ eines kapazitiven Stroms** / capacitance current injection
Einspeise·pegel *m* (RSA) / injection level || **≗schalter** *m* (LS) / incoming-feeder circuit-breaker, feeder circuit-breaker, incoming circuit-breaker || **≗schalter** *m* (TS) / incoming-feeder disconnector, incoming disconnector || **≗schutz** *m* / incoming-feeder protection || **≗spannung** *f* (elST, DIN 19237) / input terminal voltage || **≗stelle** *f* / infeed point, feeding point, distributing point, supply terminal(s) || **≗versuch** *m* (KKS) / drainage test || **≗wandler** *m* (RSA) / injection transformer
Einspeisung *f* / supply *n*, infeed *n*, feed-in *n*, incoming supply || **≗** (SK-, IV-Einheit; VDE 0660, T.500) / incoming unit (IEC 439-1) || **≗** (Feld, Schrank) / incoming panel || **≗** (Leitung) / incoming feeder, line entry || **≗** (Rundsteuersignale, Blindleistung) / injection *n* || **≗ einer Steuerungseinrichtung** (DIN 19237) / mains infeed of controller
Einspeisungs·kanal *m* / feeder busway, feeder bus duct, incoming-feeder duct, entry duct, feeder duct || **≗kasten** *m* (IK) / feeder unit, feed unit
einsperren *v* (QS) / quarantine *v*
einspielen, sich ~ / to adjust itself
Einspritz·düse *f* (Diesel) / injection nozzle || **≗düse** *f* (Otto-Motor) / injection valve, injection nozzle || **≗ende-Kennfeld** *n* (Kfz) / fuel injection cut-off characteristic || **≗pumpe** *f* / injection pump || **≗steuerung** *f* (Kfz) / fuel injection control || **≗ventil** *n* / injection valve, fuel injector
Einspulentransformator (s. Spartransformator)
Einstabmeßkette *f* (pH-Messung) / combined electrode, combined measuring and reference electrode
Einstecharbeit *f* / recessing *n*, plunge-cutting *n*, necking *n*, grooving *n*
einstechen *v* (drehen) / recess-turn *v*, recess *v*, neck *v*, groove *v* || **~** (stanzen) / lance *v*
Einstech·schleifen *n* / plunge-cut grinding, plunging *n* || **≗spitze** *f* (Widerstandsthermometer) / knife-edge (probe) tip
einsteckbar·e Einheit / plug-in unit
Einsteck·fassung *f* (Lampe) / push-in lampholder || **≗fehler** *m* (Elektronikbaugruppen) / insertion fault, plug-in fault || **≗fühler** *m* / penetration sensor, knife-edge sensor (o. probe) || **≗klemme** *f* / plug-in terminal, clamp-type terminal || **≗kontrolle** *f* / (board o. card) insertion check, plug-in check || **≗-LS-Schalter** *m* / plug-in circuit-breaker, plug-in m.c.b. || **≗montage** *f* (Leuchte) / slip-fit mounting || **≗-Schutzfassung** *f* / push-in protected lampholder || **≗-Schutzschalter** *m* / plug-in circuit-breaker, plug-in m.c.b. || **≗sockel** (s. Stecksockel) || **≗tiefe** *f* / engaged length || **≗typ** *m* (LSS) / plug-in type (circuit-breaker) || **≗verriegelung** *f* / plug-in interlock (element o. facility)
Einsteinlager *n* (EZ) / single-jewel bearing
Einstellachse *f* (EZ) / adjustment spindle
Einstellager *n* / self-aligning bearing
Einstellampe *f* / prefocus lamp
Einstell·anleitung *f* / adjustment instructions || **≗auflösung** *f* (DIN 41745) / discontinuous control resolution
einstellbar *adj* / adjustable *adj*, settable *adj*, variable *adj* || **~er Auslöser** / adjustable release, adjustable trip || **~er Bimetallschalter** (DIN 41639) / variable thermal time-delay switch || **~e Drehzahl** / adjustable speed, variable speed || **~er Meßanfang** / adjustable lower measuring-range limit, adjustable lower-range limit || **~es Meßende** / adjustable higher measuring-range limit, adjustable higher-range limit || **~er Überstromauslöser** / adjustable overcurrent release || **~e Verzögerung** (Schaltglied; VDE 0660, T.203) / adjustable delay || **~er Widerstand** / adjustable resistor, rheostat *n*, trimming resistor ||

Messung mit ~em Läufer / applied-voltage test with rotor in adjustable position || **Messung mit nicht ~em Läufer** / applied-voltage test with rotor locked
Einstellbarkeit *f* / adjustability *n*, variability *n* || ≗ (des Ausgangs, DIN 41745) / output controllability || ≗ (Trafo) / variability *n*
Einstell·befehl *m* (FWT) / regulating command || **≗beilage** *f* (Lg.) / float limiting shim
Einstellbereich (EB) (a. Rel.) *m* / setting range || ≗ (mech.) / adjustment range || ≗ (Trafo) / tapping range || **Durchlauf des ≗s** (Trafo) / cycle of operation
Einstell·blech *n* (Ausgleichsblech) / shim *n* || **≗drehwiderstand** *m* / rotary trimming resistor, variable resistor || **≗druck** *m* / set pressure
Einstellehre *f* / adjusting gauge, setting gauge, set-up gauge
Einstellempfindlichkeit *f* (Verhältnis Änderung der stabilisierten Ausgangsgröße/Änderung der Führungsgröße; DIN 41745) / incremental control coefficient
einstellen *v* / adjust *v*, set *v*, calibrate *v*, bring into position || ~ (Regler) / tune *v* || ≗ *n* / adjusting *n*, setting *n*, calibration *n* || ≗ **der Betriebsart** / operating mode selection || ≗ **nach einer Skale** / scaling *n* || ≗ **zur Parallelabfrage** (PMG) / parallel poll configure
Ein-Stellen-Messung *f* / single-terminal measurement
Einsteller *m* (MG; DIN 19226; NS) / adjuster *n* || ≗ **für den elektrischen Nullpunkt** (MG) / electrical zero adjuster || ≗ **für den mechanischen Nullpunkt** (MG) / mechanical zero adjuster || ≗ **zur gegenseitigen Anpassung von Anzeige- und Registriervorrichtung** / indicating device to recording device adjuster
Einstell·fehler *m* / setting (o. adjusting) error, permissible setting error || **≗genauigkeit** *f* / tolerance of setting, setting tolerance || **≗getriebe** *n* (EZ) / adjusting gear, setting device
einstellig *adj* (Zahl) / one-digit *adj*, one-figure *adj* || **~e Zahl** / digit *n*
Einstell·marke *f* / adjustment mark, setting mark, reference mark || **≗maß** *n* / alignment dimension, reference dimension || **≗maß** *n* (Lehre) / reference gauge, standard gauge || **≗maß** *n* (gS) / photographic reduction dimension || **≗moment** *n* / controlling torque || **≗organ** *n* (VDE 0860) / preset control (IEC 65) || **≗prüfung** *f* / calibration test || **≗schlitz** *m* / actuating slot || **≗schraube** *f* / setting screw, adjusting screw, setting knob || **≗sockel** *m* (Lampe) / prefocus cap, prefocus base || **≗stoß** *m* / calibrating shot || **≗strom** *m* (VDE 0660,T.101) / current setting (IEC 157-1), set current || **≗transformator** *m* (m. Stufenschalter) / tap-changing transformer, regulating transformer || **≗trommel** *f* / (setting) knob *n*
„Ein"-Stellung *f* / "On" position, closed position
Einstellung bei konstantem Fluß (Trafo, CF-Einstellung) / constant-flux voltage variation (CFVV) || ≗ **bei veränderlichem Fluß** (Trafo, VF-Einstellung) / variable-flux voltage variation (VFVV) || ≗ **der Phasenverschiebung** (Relaisabgleichung) / phase angle adjustment || **Art der** ≗ (Trafo) / method of regulation, category of regulation || **gemischte** ≗ **(M-Einstellung)** (Trafo) / mixed regulation (m.r.)
Einstellunsicherheit *f* / setting tolerance
Einstellverhältnis *n* (Rel.) / setting ratio
Einstellvorrichtung *f* (Spannungsregler) / adjuster *n* || ≗ (Trafo-Umsteller) / operating mechanism || ≗ (Bürstenträgerring) / brush-rocker gear, brush-yoke gear
Einstellwert *m* / set value, setting value, setting *n* || **auf den** ≗ **bezogene Abweichung** (Rel., DIN IEC 255, T.1-00) / relative error || **Strom-≗** *m* / current setting
Einstell·wicklung *f* (Trafo) / tapping winding, tapped winding || **≗widerstand** *m* / rheostat *n*, variable resistor
Einstellzeit *f* (MG, Meßumformer) / response time, step repsonse time, response lag || ≗ (MG, Beruhigungszeit; VDI/VDE 2600, VDE 0410, T.3) / damping time || ≗ (Meßbrücke) / balancing time || ≗ (WZM, Werkzeug) / (tool) setting time, adjustment time || ≗ (s. Einrichtzeit) || ≗ (s. Einschwingzeit) || ≗ **bei Vollausschlag** / full-scale response time
Einstellzustand *m* (PMG) / configure state
Einstich *m* (Dreharbeit; vgl. „Einstecharbeit") / (turned) recess *n*, groove *n*
einstieliger Mast / pole *n*
Einstiftsockel *m* / single-pin cap, single-contact-pin cap
Ein-Strahler (s. Einstrahl-Oszilloskop)
einstrahliges Feuer / unidirectional light
Einstrahl-Oszilloskop *n* / single-beam oscilloscope, single-trace oscilloscope
einsträngig *adj* (einphasig) / single-phase *adj*, one-phase *adj*, monophase *adj* || **~er Fehler** (s. einphasiger Erdschluß) || **~e Kurzunterbrechung** / single-pole auto-reclosing, single-phase auto-reclosing
Einstrangspeisung *f* / single infeed
Einstreichharz *n* / facing resin, coating resin
Einstreuungen *f pl* / parasitics *plt*, interference *n* || **induktive** ≗ / inductive interference
Einström·düse *f* / inlet cone, inlet nozzle || **≗leitung** *f* / supply tube, inlet line
Einstückläufer *m* / solid rotor, solid flywheel
Einstufen·anlasser *m* / single-step starter || **≗wicklung** *f* / one-range winding, single-tier winding
einstufig·e Kurzunterbrechung (s. einmalige Wiedereinschaltung) || **~er Schutz** / single-stage protection || **~er Verdichter** / single-stage compressor || **~er Wähler** / single-step selector, one-step selector || **~er Wandler** / single-stage transformer || **~e Wicklung** / single-stage winding, single-step winding
Einstufung *f* (SG, nach Nennwerten; VDE 0100) / rating *n*
Ein-Stunden-Leistung *f* / one-hour rating
Einsturzbeben *n* / subsidence earthquake
Eins-Verstärker *m* / unity-gain amplifier
Eins-Verstärkungsfrequenz *f* / unity-gain frequency, frequency for unity gain, frequency of unity current transfer ratio
Eins-von-Zwei-Aufbau *m* (redundante Geräte) / one-of-two configuration, hot standby design
einsystemig·er Meßumformer / single-element transducer || **~es Relais** / single-element relay
Einsystemleitung *f* (Freiltg.) / single-circuit line

Eintakt·ausgang *m* / single-ended output || **Betrieb mit Gegentakteingang und** ≗**ausgang** / push-push operation || ≗**-Ausgangsimpedanz** *f* / single-ended output impedance || ≗**-Durchflußwandler** *m* (Schaltnetzteil) / single-ended forward converter || ≗**eingang** *m* / single-ended input || ≗**-Eingangsimpedanz** *f* (Verstärker) / single-ended input impedance
Eintarif·-Summenzählwerk *n* / single-rate summator || ≗**zähler** *m* / single-rate meter
„Ein"-Taster *m* / "On" button, "Start" button
Eintauch·armatur *f* (MG) / immersion fitting (o. probe), dip cell || ≗**-Aufnehmer** *m* (Meßzelle) / dip cell, immersion measuring cell
eintauchbar *adj* / immersible *adj*, submersible *adj*
eintauchen *v* / immerse *v*, submerge *v*, dip *v* || **Schutz beim** ≗ / protection against the effects of immersion
Eintauch·fühler *m* / immersion sensor (o. probe) || ≗**motor** (s. Tauchmotor) || ≗**tiefe** *f* / depth of immersion, engaged length
einteilig *adj* / single-part *adj*, unsplit *adj*, one-part *adj*, made in one part || ~**er Blechring** (Blechp.) / integral lamination, circular stamping, ring punching || ~**er Kommutator** / non-sectionalized commutator, single-track commutator || ~**er Läufer** / solid rotor
Einteilung *f* (Klassifizierung) / classification *n* || ≗ **in Einbauräume** / compartmentalization *n* || ≗ **in Gruppen** / grouping *n*
Eintor *n* / one-port network
eintouriger Motor / single-speed motor
Eintrag *m* (durch den Bediener) / input *n*, entry *n*
Eintragversuch *m* (des Bedieners) / attempted entry
eintreffen *v* (Meldung) / to be received
eintreibende Welle / input shaft
Eintritts·bereich *m* (DIN 41745) / transient recovery band || ≗**echo** *n* / entry echo || ≗**häufigkeit** *f* / probability of occurrence || ~**invariant** *adj* (Programm) / reentrant *adj* || ≗**kante** *f* (Bürsten, Pole) / leading edge || **Schall**~**punkt** *m* (DIN 54119) / beam index || **Kühlwasser-**≗**temperatur** *f* / cooling-water inlet temperature || ≗**wahrscheinlichkeit** *f* (einer Beschädigung o. eines Fehlers) / risk of occurrence || ≗**winkel** *m* (Lüfter) / intake angle
Ein- und Ausbauvorrichtung / fitting and dismantling device || ≗ **und Ausschaltprüfungen** / making and breaking tests
EIN-Verzug *m* / ON-delay *n*, starting delay
einwalzen *v* / roll in *v*, expand into *v*
einwandfrei *adj* / faultless *adj*, correct *adj*, proper *adj*, perfect *adj*
Einweg·dämpfer *m* / one-way attenuator, isolator *n* || ≗**-Dynamikbereich** *m* / single-way dynamic range (SWDR) || ≗**gleichrichter** *m* / half-wave rectifier, one-way (o. single-way) rectifier || ≗**kommunikation** (s. einseitige Datenübermittlung) || ≗**leitung** *f* / one-way attenuator, isolator *n* || ≗**schalter** *m* / one-way switch || ≗**schaltung** *f* (SR) / single-way connection, one-way connection || ≗**stromrichter** *m* / single-way converter || ≗**übertragung** *f* (DÜ) / simplex transmission || ≗**verbindung** *f* (Informationsverkehr in einer Richtung) / simplex communication || ≗**verpackung** *f* / non-reusable packing || ≗**zelle** *f* (Diode) / diode *n*
Einwellen-Doppelgenerator *m* / single-shaft twin generator
einwelliger Strom / simple harmonic current, single-frequency current
Einwicklungstransformator *m* / single-winding transformer, autotransformer *n*
Einwirkdauer *f* / exposure time, application time || ≗ (Rißprüf.) / penetration time
Einwirkung von elektrischen Feldern / effect of (o. exposure to) electric fields || ≗ **von Kleintieren** / attack by small creatures || ≗ **von Pilzen** / attack by fungi || **direkte** ≗ (HSS, über eine Verbindung zwischen Bedienteil und Schaltglied) / direct drive || **nichtbegrenzte** ≗ (HSS, über eine Verbindung zwischen Bedienteil und Schaltglied) / positive drive
einzeilig *adj* / one-line *adj*, single-line *adj* || ~ (Baugruppenträger) / single-tier *adj*
Einzel·-Abdeckplatte *f* (f. I-Schalter) / one-gang plate || ≗**abzweig** *m* / individual branch circuit || ≗**achsantrieb** *m* (Bahn) / individual drive, independent axle drive || ≗**anschluß** *m* (Klemme) / single terminal, individual terminal || ≗**anschluß** *m* (Punkt-zu-Punkt-Anschluß) / point-to-point (wire) connection || ≗**antrieb** *m* / individual drive, single drive, independent drive || ≗**aufstellung** *f* / individual mounting, installation as a single unit || ≗**-Ausgangsimpedanz** (s. Eintakt-Ausgangsimpedanz)
Einzelbefehl *m* / single command || **Aussparen durch** ≗ (NC) / pocketing *n*
Einzel·bestimmung *f* / detail specification (IEC 512-1) || ≗**betrieb** *m* („Stand-alone"-Geräte) / stand-alone operation || ≗**bild** *n* (Prozeßmonitor) / loop display, object display, detail display, point display || ≗**bitrangierer** *m* / single-bit (o. router allocation block) || ≗**blatteinzug** *m* (Drucker) / sheet feeder || ≗**blattzuführung** *f* (Drucker) / single-sheet feed || **Kern in** ≗**blechschichtung** / (stacked) single-lamination core || ≗**-Blitzentladung** *f* / single-stroke flash || ≗**daten** *pl* *t* / unit data (UD) || ≗**-Eingangsimpedanz** (s. Eintakt-Eingangsimpedanz) || ≗**einspeisung** *f* (elST, DIN 19237) / single-source mains infeed || ≗**elementleiter** *m* / single-element conductor || ≗**-Erregeranordnung** *f* / unit-exciter scheme || ≗**fehler** *m* (MG) / individual error || ≗**fertigung** *f* / job production, unit production, single-part manufacture, special manufacture, product made to order || ≗**funke** *m* / separate spark || ≗**funkenstrecke** *f* / series-gap unit, quenching-gap unit || ~**gefertigte Maschine** / custom-built machine, non-standard machine || ~**gekapselt** *adj* / individually enclosed || ≗**geräte** *n pl* (Elektronik) / discrete equipment || ~**geschirmtes Kabel** / individually screened cable
Einzelheit *f* / detail *n* || ≗ (Schwingungsabbild) / feature *n*
Einzelkompensation *f* / individual p.f. correction
Einzelkondensatorbatterie *f* (VDE 0670,T.3) / single capacitor bank (IEC 265)
Einzel·lagenschaltung *f* (Trafo) / back-to-front connection || **Lagenwicklung in** ≗**lagenschaltung** (Trafo) / back-to-front-connected multi-layer winding, internally connected multi-layer winding || ≗**last** *f* / individual load, segregated load

|| ²lastbetrieb *m* / segregated-load operation || ²leitebene *f*(KW) / plant component control level || ²leiter *m* / strand *n*, component conductor || ²leitung *f*(Nachrichtenübertragungsl.) / discrete circuit || ²los *n* / isolated lot || ²meldung *f*(FWT) / single-point information
einzeln·es Triplett (NC) / single triplet
Einzel-Ort-Fern-Umschaltung *f* / individual-local-remote selection || **²platzbeleuchtung** *f* / localized lighting || **²pol** *m*(el. Masch., Schenkelpol) / salient pole || **²pol** *m*(SG) / independent pole, individual pole || **mit ²polantrieb** / with one mechanism per pole || **²polkapselung** *f* / individual-pole enclosure || **²polmaschine** *f* / salient-pole machine || **²polprüfung** *f*(SG) / single-pole test(ing) || **²pol-Stufenschalter** *m*(Trafo) / one-pole on-load tap changer || **²probe** *f* / spot sample, increment *n*(QA method) || **²prüfung** *f* / individual test, routine test || **²punkt** *m*(NC) / single point || **²regelung** *f*(PLT) / individual closed-loop control, single-loop controller || **²sammelschiene** (s. Einfachsammelschiene) || **²satz** *m*(PC, NC) / single block, single record || **²schrittsteuern** *n* (PC) / single-step control, single-step mode || **²schrittverarbeitung** *f* / single-step mode, single-stepping *n* || **²schützsteuerung** *f*(Gerät) / individual contactor equipment (GB), unit switch equipment (US) || **²schwinger-Prüfkopf** *m* / single probe || **²schwingung** *f* / cycle *n* || **²signalmethode** *f*(IEC 50(161)) / single-signal method || **²spule** *f* / individual coil || **²spule** *f* (Wickl. m. Komm.) / section *n* || **²spule** *f*(Wickl. ohne Komm.) / coil *n* || **²spule** *f*(Trafo, f. Reihenschaltung) / crossover coil || **²spulenschaltung** *f*(Trafo) / back-to-front intercoil connection || **Wicklung in ²spulenschaltung** / winding with crossover coils || **²spulenwicklung** *f* / single-coil winding, single-disc winding (transformer) || **²steckdose** *f* / single socket-outlet, single receptacle
Einzelsteuerung *f* / unit control, individual control
Einzelsteuerungs·baugruppe *f*(PC) / individual control module (ICM) || **²baustein** (f. Ventil) (s. Ventilsteuerungsbaustein) || **²ebene** *f* / control-loop level, individual control level (PC) || **²ebene** *f* (maschinenorientierte Prozeßsteuerung) / machine-oriented control (level)
Einzel·störabweichungsbereich *m*(DIN 41745) / individual effect band || **²störmeldung** *f* / individual alarm indication || **²-Stromrichter** *m* / single converter || **²teil** *n* / single part, piece part, part *n* || **²teilfertigung** *f* / single-part production, single piece production, one-off production || **²teilzeichnung** *f* / single-part drawing, part drawing, component drawing || **²übergang** *m* (Impulse) / single transition || **²-USV** *f* / single UPS || **²ventil** *n*(LE) / single valve unit (IEC 633) || **²verfahren** *n*(QS) / detailed procedure || **²verluste** *m pl* / separate loss(es), individual loss(es) || **²verluste** *m pl*(Leerlauf bzw. Kurzschlußverluste) / component losses || **²verlustverfahren** *n*(el. Masch., VDE 0530, T.2) / summation-of-losses method, segregated-loss method, loss-summation method, efficiency from summation of losses || **²wagenbeleuchtung** *f* (Bahn) / individual coach lighting || **²widerstand** *m* / single resistor (IEC 477) || **²ziehkraft mit Lehre** (DIN 41650, T.1) / gauge retaining force (IEC 603-1) || **²-Zufallsausfall** *m* / single random failure || **²zyklus** *m*(PC, Abfragez.) / single scan
einziehen *v*(Kabel) / draw in *v*, pull *v*(in)
Einzieh·kasten *m*(f. Kabel) / pull box || **²verfahren** *n* (Wickl.) / pull-in method || **²wicklung** *f* / pull-in winding
einzügiger Kanal / single-duct raceway, single-way duct, single-compartment duct
Einzugleser *m* / pull-in reader
Einzugsvorrichtung *f*(Drucker) / feeder *n*
EIN-Zustand *m*(HL-Schütz) / ON state
Einzwecklastschalter *m* / definite-purpose switch
Einzweigschaltung *f*(LE) / individual principal valve arm (connection)
Eisbildung *f* / ice formation
Eisen *n*(Blechp.) / core *n*, iron *n*
Eisenbahn·wagenbeleuchtung *f* / coach lighting
Eisen·bandkern *m* / iron ribbon core || **²blech** *n* / iron sheet, sheet steel || **²brand** *m*(Kern) / core burning || **²drossel** *f* / iron-cored reactor || **~fertig** *adj*(Blechp.) / with the core in place, with the completed core || **~freier Abstand** / ironless clearance, magnetic clearance || **~freier Raum** / ironless zone || **²füllfaktor** *m* / lamination factor, stacking factor, building factor || **~geschirmt** *adj* / magnetically screened, with magnetic screening
eisengeschlossen·es elektrodynamisches Meßwerk / iron-cored electrodynamic measuring element || **~es elektrodynamisches Meßgerät** / iron-cored electrodynamic instrument, ferrodynamic instrument || **~es ferrodynamisches Quotientenmeßwerk** / iron-cored ferrodynamic ratiometer (o. quotientmeter) element || **~es Meßgerät** / iron-cored instrument || **~er Wandler** / closed-core transformer
Eisen·höhe *f*(Blechp.) / core depth || **²kern** *m* / iron core || **mit ²kern** / iron-cored *adj* || **²kernspule** *f* / iron-core coil || **²kerntransformator** *m* / iron-core(d) transformer || **²-Konstantan-Thermopaar** *n*(o. Thermoelement) **(FeCo-Thermopaar)** / iron-constantan thermocouple || **²körper** *m*(Trafo-Kern) / core assembly || **²kreisdurchmesser** (Eisenkern) (s. Kerndurchmesser) || **²-Kupfer-Nickel-Thermopaar** *n*(o. Thermoelement) **(Fe-CuNi-Thermopaar)** / iron-copper-nickel thermocouple || **²länge** *f*(Kern) / length of core || **²lichtbogen** *m* / iron arc
eisenlos *adj* / ironless *adj*, coreless *adj*, air-cored *adj* || **~e Drosselspule** / air-core(d) reactor, air-core inductor || **~er elektrodynamischer Zähler** / ironless dynamometer-type meter || **~es elektrodynamisches Meßgerät** / ironless electrodynamic instrument || **~es elektrodynamisches Quotientenmeßwerk** / ironless electrodynamic ratiometer (o. quotientmeter) element
Eisen·nadelinstrument (s. Eisennadel-Meßgerät) || **²nadel-Meßgerät** *n* / polarized moving-iron instrument || **²nadel-Meßwerk** *n* / polarized moving-iron measuring element || **²probe** *f* (Blechp. einer el. Masch.) / core test || **²pulver** *n* / magnetic powder, ferromagnetic powder, ferrous powder || **²querschnitt** *m*(Blechp.) / core cross section, iron cross section || **²rückschluß** *m* /

magnetic yoke, back-iron *n*, keeper *n* || **elektrodynamisches Relais mit ²schluß** / ferrodynamic relay || **²schlußprobe** *f* / core test, flux test || **²transformator** *m* / iron-core(d) transformer || **²transformator mit Luftspalt** / open-core transformer || **²verluste** *m pl* / core loss, iron loss, no-load loss || **spezifische ²verluste** / iron loss in W/kg, total losses in W/kg, W/kg loss figure || **²verluste im Leerlauf** / open-circuit core loss || **²wandler** *m* / iron-cored transformer || **²-Wasserstoff-Widerstand** *m* / barretter *n* || **²weg** *m* (magn. Kreis) / magnetic circuit || **²zahn** *m* (Blechp.) / core tooth

Eis·falle *f* / ice trap || **~geschützt** *adj* / sleetproof *adj* || **²last** *f* / ice load || **²punkt** *m* / ice point || **²schicht** *f* (auf Leitern) / ice coating

EKS (s. elektrische Korrosionsschutzanlage)

EKS-Relais *n* (Edelmetall-Schnell-Kontakt-Relais) / relay with noble-metal contacts, high-speed noble-metal-contact relay

Elastanz *f* / elastance *n*

elastisch·e Deformation / elastic deformation || **~e Dehnung** / elastic elongation, stretch *n* || **~er Druckring** (EMB) / pressure sleeve || **~e Durchbiegung** / elastic deflection || **~e Erholung** / elastic recovery || **~er Frequenzumformer** / variable-frequency converter || **~ gekuppelt** / flexibly coupled || **~e Hohlwelle** / quill shaft, quill *n* || **~e Hysteresis** / dynamic hysteresis || **~e Konstante** / elastic constant || **~e Kupplung** / torsionally flexible coupling, flexible coupling || **~es Meßglied** (Druckmesser) / elastic element || **~es Moment** (el. Masch.) (s. synchronisierendes Moment) || **~e Montage** / resilient mounting, anti-vibration mounting || **~e Nachwirkung** / creep recovery, elastic hysteresis || **~er Netzkupplungsumformer** / variable-ratio system-tie frequency changer || **~e Verformung** / elastic deformation || **~e Welle** / flexible shaft

Elastizität *f* (Datennetz) / resilience *n* || **²** (Kuppl.; Nm/rad) / elastic constant, angular flexibility

Elastizitäts·grenze *f* / elastic limit, yield point || **²modul (E-Modul)** *m* / modulus of elasticity, elastic modulus, Young's modulus

Elastomer *n* / elastomer *n* || **~** *adj* / elastomeric *adj*

Elektret *n* / electret *n*

Elektrifizierung *f* / electrification *n*

Elektriker *m* / electrician *n*, electrical fitter

elektrisch *adj* / electric *adj*, electrical *adj* || **~ abgeschirmt** / electrically screened || **~er Abgleich** (MG, DIN 43782) / electrical balance || **~ änderbarer Festwertspeicher** (EAROM) / electrically alterable read-only memory (EAROM) || **~e Anlage** (v. Gebäuden; VDE 0100, T.200) / electrical installation || **~e Anlage für Sicherheitszwecke** (E VDE 0100, T.35) / safety supply system || **~e Anlage im Freien** (DIN IEC 71.5) / electrical installation for outdoor sites (IEC 71.5), outdoor electrical installation, outdoor electrical equipment (IEC 50(25)) || **~e Anlage von Gebäuden** (VDE 0100, T.200 A1) / electrical installation of buildings || **~er Antrieb** / electric drive || **~er Anzeiger für nichtelektrische Größen** / electrically operated measuring indicating instrument || **~e Anziehung** / electrical attraction || **~e Arbeit** / electrical energy || **~e Arbeitswelle** / power synchro-tie, power selsyn || **~e Ausgleichswelle** / differential selsyn || **~e Ausrüstung** / electrical equipment || **~e Außenrückspiegelverstellung** (Kfz) / door mirror actuator || **~e Beanspruchung** / electrical stress || **~e Belastbarkeit** (Bemessungswerte) / electrical ratings || **~e Belastung** / electrical load || **~e Betriebsmittel** (VDE 0100, T.200) / electrical equipment || **~e Betriebsmittel für explosionsgefährdete Bereiche** (IEC 50(426)) / electrical apparatus for explosive atmospheres, explosion-protected electrical apparatus, hazardous location equipment || **~e Betriebsräume** (VDE 0168, T.1) / electrical operating areas || **~e Betriebsstätte** (VDE 0100, T.200) / electrical operating area || **~e Bremsung** / electric braking, dynamic braking || **~e Bürde** / electrical burden || **~es Differential** / electric differential, differential selsyn || **~er Dipol** / electric dipole, electric doublet || **~es Dipolmoment** / electric dipole moment || **~es Drehen** (el. Masch.) / inching *n* (IEC 50(411)), jogging *n* || **~e Durchflutung** (eines geschlossenen Pfades) / current linkage (IEC 50(121)) || **~er Durchgang** / electrical continuity, circuit continuity || **~er Durchschlag** (IEC 50(212)) / electric breakdown || **~e Durchschlagfeldstärke** (eines Isolierstoffes) / disruptive electric field strength || **~e Energie** / electrical energy, electrical power || **~e Entladung** / electric discharge || **~ erregt** / electrically excited, d.c.-excited *adj* || **~er Ersatzstromkreis** / equivalent electric circuit || **~e Fahrzeugausrüstung** (Bahn) / electrical traction equipment || **~e Federspeicherbremse** / electrically released spring brake || **~es Feld** / electric field || **~e Feldkonstante** / electric constant, permittivity *n*, capacitivity of free space, permittivity of the vacuum || **~e Feldkraft** / electrical force acting in a field || **~e Feldstärke** / electric field strength, electric force, electric field intensity || **~e Feldstärke** (Isol.) / electric field intensity, voltage gradient || **~e Festigkeit** / electric strength, dielectric strength || **~e Flächendichte** / surface density of electric charge || **~er Fluß** / electric flux || **~e Flußdichte** / electrical flux density || **~e Freiauslösung** / electrically release-free mechanism, electrically trip-free mechanism || **~e Freiluftanlage** / electrical installation for outdoor sites (IEC 71.5), outdoor electrical installation, outdoor electrical equipment (IEC 50(25)) || **~es Fremdfeld** / external electric field || **~ gesteuerte Vakuumbremse** / electro-vacuum brake || **~ getrennte Schaltglieder** (VDE 0660, T.302) / electrically separated contact elements (IEC 34-11-2) || **~er Grad** / electrical degree || **~e Größe** / electrical quantity || **~es Handwerkzeug** / electric hand tool || **~e Induktion** / electric induction || **~e Influenz** *f* / electrostatic induction, electric influence, electric induction phenomenon || **~e Installation** (DIN IEC 71.4) / electrical installation || **~ isolierte Schaltglieder** (s. elektrisch getrennte Schaltglieder) || **~e Isolierung** / electric insulation || **~e Kopplung** / electric coupling || **~e Korrosionsschutzanlage (EKS)** / cathodic protection system || **~e Kraftdichte** / electric force density || **~e Kraftlinienzahl** / electric flux density || **~e**

Kraftübertragung / electric power transmission, electric transmission || ~e **Kraftverteilung** / electric power distribution || ~e **Kupplung** (die Stromkreise von mechanisch gekuppelten Fahrzeugen verbindend) / electric coupler || ~e **Ladung** / electric charge || ~er **Ladungsbelag** / surface charge density || ~e **Ladungsdichte** / electrical charge-density || ~e **Länge** (Phasenverschiebung) / electrical length || ~er **Lärm** / man-made noise || ~e **Lebensdauer** / electrical endurance, electrical durability, voltage life, voltage endurance || ~e **Lebensdauer** (Kontakte) / contact life || ~e **Lebensdauerprüfung** / voltage endurance test, voltage life test || ~e **Leistung** / electric power, electric power output || ~e **Leistung** (Arbeit je Zeiteinheit) / electrical energy || ~ **leitende Verbindung** / electrically conductive connection, bond *n*, bonding *n* || ~ **leitender Anstrich** / conductive coating, electroconductive coating || ~er **Leiter** / electric conductor || ~e **Leitfähigkeit** / electric conductivity || ~e **Leitung** / electric line || ~e **Linearmaschine** / linear-motion electrical machine (LEM) || ~e **Maschine** / electrical machine, electric machine || ~e **Meßeinrichtung für nichtelektrische Größen** / electrically operated measuring equipment (IEC 51) || ~es **Meßgerät** / electrical measuring instrument (IEC 51) || ~es **Moment** / electrical moment || ~ **neutral** / electrically neutral || ~er **Nullpunkt** (MG) / electrical zero || ~e **Nutzbremsung** / regenerative braking || ~er **Polradwinkel** / electrical rotor angle, rotor electrical angle || ~es **Potential** / electric potential || ~es **PS** / electrical horsepower (e.h.p.) || ~es **Relais** / electrical relay || ~es **Rückarbeitsverfahren** / electrical back-to-back test || ~e **Scheinarbeit** / apparent amount of electric energy || ~er **Schlag** / electric shock || ~er **Schock** (s. elektrischer Schlag) || ~er **Schreiber für nichtelektrische Größen** (DIN 43781) / recording electrically measuring instrument (IEC 258) || ~e **Schwingung** / electric oscillation || ~e **Spannung** / voltage *n*, electromotive force, e.m.f. *A*, tension *n*, potential *n*, potential difference || ~e **Standfestigkeit** / electrical endurance, voltage life, voltage endurance || ~e **Störgröße** (äußere Störung) / electrical transient || ~er **Strom** / electric current || ~er **Stromkreis** / electrical circuit || ~es **System** (Stromkreis einer Freileitung) / circuit *n* || ~e **Trennung** (Schutztrennung, VDE 0100) / electrical separation || ~ **unabhängiger Erder** (VDE 0100, T.200) / electrically independent earth electrode || ~e **Verbrauchsmittel** (VDE 0100, T.200) / current-using equipment (IEC 50(826)), electrical utilization equipment, current consuming apparatus || ~e **Verbrennung** / electric burn || ~e **Verriegelung** / electrical interlock || ~ **versorgte Büromaschine** (VDE 0806) / electrically energized office machine (IEC 380) || ~e **Welle** / synchro system, synchro-tie *n*, self-synchronous system, selsyn system, selsyn *n* || ~er **Widerstand** / electrical resistance, resistance *n*, impedance *n* || ~e **Widerstandsbremsung** / rheostatic electric braking, rheostatic braking || ~e **Zugförderung** / electric traction

Elektrisiermaschine *f* (Influenzmaschine) / influence machine, continuous electrophorous, Wimshust machine, electrostatic generator

Elektrisierung *f* / electrification *n*

Elektrisierungsstrom *m* / electrification current

Elektrizitäts·konstante (s. Dielektrizitätskonstante) || **≗menge** *f* / quantity of electricity, electric charge || **≗tarif** *m* / tariff for electricity, electricity tariff || **≗versorgung** *f* / supply of electrical energy || **≗versorgungsnetz** *n* / electrical power system, electricity supply network, power supply system || **≗versorgungssystem** *n* / electrical power system, electricity supply system || **≗versorgungsunternehmen (EVU)** *n* / supply undertaking, distribution undertaking, utility company, power supply company || **≗werk** (s. Kraftwerk) || **≗wirtschaft** *f* / power economics || **≗zähler** *m* / electricity meter, integrating meter, meter *n*, supply meter || **≗zähler für Meßwandleranschluß** / transformer-operated electricity meter || **≗zähler für unmittelbaren Anschluß** / whole-current meter, meter for direct connection, transformeter *n*

Elektro·- / electrical (IEC 50(151)) || **≗aggregat** *n* (Generatorsatz) / generating set

elektroakustisch·er Wandler / electro-acoustical transducer

Elektro·anlageninstallateur *m* / general electrician, electrical fitter || **≗ausrüstung** *f* / electrical equipment || **≗ausrüstung** *f* (HG, VDE 0730) / electrical set (CEE 10) || **≗band** *n* / magnetic steel strip || **≗berufe** *m pl* / electrical trades || **≗blech** *n* / magnetic sheet steel, electric sheet steel || **≗block** *m* (Geräteb.) / electrical assembly || **≗chemie** *f* / electrochemistry *n*

elektrochemisch·es Abtragen (s. elektrochemisches Senken) || ~es **Beizen** / electrolytic pickling || ~e **Korrosion** / electrochemical corrosion, electrolytic corrosion || ~es **Senken** / electro-chemical machining (e.c.m.), electro-forming *n*, electro-erosion machining

Elektro-Coating (s. elektrophoretische Beschichtung)

Elektrode *f* / electrode || ≗ (Glühlampe) / inner lead (lamp) || ≗ (HL-Steueranschluß, „Gate") / gate electrode, gate *n* || ≗ **mit schwebendem Potential** / floating gate || **Speicher~** (Osz.) / storage target

Elektroden·abstand *m* / electrode spacing, anode-to-cathode distance || **pH-≗baugruppe** *f* / pH electrode assembly || **≗-Ersatzwiderstand** *m* / dummy cathode resistor || **innerer ≗-Gleichstromwiderstand** / electrode d.c. resistance || **≗halter** *m* / electrode holder || **≗-Innenwiderstand** *m* / electrode a.c. resistance || **≗kapazität** *f* / inter-electrode capacitance, electrode capacitance

elektrodenlos *adj* / electrodeless *adj*

Elektroden·-Nachsetz- und Regulierbühne / electrode slipping and regulating floor || **≗schluß** *m* / electrode short circuit || **≗strom in Sperrichtung** / reverse electrode current, inverse electrode current (US) || **≗überschlag** *m* / arcing between electrodes || **≗verlustleistung** *f* / electrode dissipation || **≗wagen** *m* / electrode carriage, electrode truck || **innerer ≗wirkleitwert** / electrode conductance

elektrodynamisch *adj* / electrodynamic *adj*,

electrodynamical *adj* || ~**e Aufhängung** / electrodynamic suspension, magnetic levitation || ~**es Instrument** (s. elektrodynamisches Meßgerät) || ~**e Kraft** / electrodynamic force, Lorentz force, electromechanical force || ~**es Meßgerät** / electrodynamic instrument || ~**e Nutzbremsung** / regenerative braking || ~**es Relais** / electrodynamic relay || ~**es Relais mit Eisenschluß** / ferrodynamic relay || ~**es Schwebesystem (EDS)** / magnetic levitation system || ~**e Schwebung** / magnetic levitation, electrodynamic suspension || ~**er Wandler** / electrodynamic transducer || ~**e Widerstandsbremsung** / rheostatic braking || ~**er Zähler** / electrodynamic meter, dynamometer-type meter, Thomson meter

elektroerosive Bearbeitung (s. elektrolytische Bearbeitung)

Elektro·fahrzeug *n* / electric truck, electrical vehicle || ²**filter** *n* / electrostatic precipitator || ²-**Förderbandtrommel** *f* / motorized conveyor pulley || ²**formung** *f* / electroforming *n*, galvanoplasty *n*, galvanoplastics *plt*, electrotyping *n* || ~**fotographisches Aufzeichnen** / electrophotographic recording || ~**fotographisches Papier** / electrophotographic paper || ²**funkenmethode** *f* / sparking method || ²**gerätemechaniker** *m* / electrical fitter || ²**gewinde** *n* / Edison thread, Edison screw (E.S.) || ²**graphit** *m* / electrographite *n* || ²**graphitbürste** *f* / electrographitic brush || ²-**Hausgerät** (s. Elektro-Haushaltgerät) || ²-**Haushaltgerät** *n* / electrical appliance, household electrical appliance, (electrical) domestic appliance

elektrohydraulisch·es Anpaßteil (NC) / electro-hydraulic interface || ~**er Drücker** / electro-hydraulic thrustor

Elektro·installateur *m* / electrician *n*, electrical fitter || ²**installation** *f* / electrical installation || ²**installationskanal** *m* / ducting for electrical installations, trunking *n*, ducting *n*, raceway *n* || ²**installationsplan** *m* / architectural diagram || ²**installationsrohr** *n* / electric wiring conduit, conduit for electrical purposes || ²-**Kettenzug** *m* / electric chain pulley block || ²**kupplung** *f* / electromagnetic clutch || ²-**Lamellenkupplung** *f* / electromagnetic multiple-disc clutch || ²**lötung** *f* / electric soldering || ²**lumineszenz** *f* / electroluminescence *n* || ²**lumineszenzplatte** *f* / electroluminescent panel

Elektrolyt *m* / electrolyte *n* || ²**ableiter** *m* / electrolytic arrester || ²**anlasser** *m* / electrolytic starter, liquid starter, liquid-resistor starter || ²**anlasser mit schneller Elektrodenbewegung** / electrolytic starter with rapid electrode positioning || ²**dichtheit** *f* (Batt.) / electrolyte retention

elektrolytisch·es Abziehen / electrolytic stripping, electrolytic deplating || ~**es Aufzeichnen** / electrolytic recording || ~**e Bearbeitung** / electro-chemical machining (e.c.m.) || ~**e Entrostung** / electrolytic derusting, electrolytic rust removal || ~**es Entzundern** / electrolytic descaling || ~**er Niederschlag** / electrodeposit *n*, electroplated coating, plated coating || ~**e Reinigung mit periodischer Umpolung** / periodic reverse-current cleaning || ~**e Reinigung mit Umpolung** / reverse-current cleaning || ~**es Senken** / electro-chemical machining (e.c.m.) || ~**er Trog** / electrolytic tank || ~**er Überspannungsableiter** / electrolytic arrester

Elektrolyt·kondensator (ELKO) *m* / electrolytic capacitor || ²**kondensatorpapier** *n* / electrolytic capacitor paper || ²**kupfer** *n* / electrolytic copper, standard copper || **zähgepoltes** ²**kupfer** / electrolytic tough-pitch copper (e.t.p. copper) || ²**stahl** *m* / electrolytic steel || ²**standsanzeiger** *m* / electrolyte level indicator || ²**widerstand** *m* / electrolyte resistance || ²**zähler** *m* / electrolytic meter

Elektromagnet *m* / electromagnet *n* || ²**filter** *n* / electromagnetic filter

elektromagnetisch *adj* / electromagnetic *adj* || ~**er Auslöser** / electromagnetic release (o. trip) || ~**e Aussendung** / electromagnetic emission || ~**e Beeinflussung (EMB)** / electromagnetic interference (EMI), electromagnetic influence || ~ **betätigter Hilfsstromschalter** (VDE 0660,T.200) / electromagnetically operated control switch (IEC 337-1) || ~**e Dämpfung** / electromagnetic damping || ~**e Einheit (EME)** / electromagnetic unit (e.m.u.) || ~**e Energie** / electromagnetic energy || ~**es Feld** / electromagnetic field || ~**er Impuls des Blitzes** / lightning electromagnetic impulse (LEMP) || ~**e Induktion** / electromagnetic induction || ~**e Kompatibilität** (s. elektromagnetische Verträglichkeit) || ~**e Kraft** / electromagnetic force || ~**e Kupplung** / electromagnetic clutch || ~**e Masse** / electromagnetic mass || ~**e Polstärkeeinheit** / unit magnetic mass in electromagnetic system || ~**es Rauschen** / electromagnetic noise || ~**er Schirm** / electromagnetic screen || ~**es Schütz** / electromagnetic contactor || ~**e Schwebetechnik (EMS)** / magnetic levitation technique || ~**e Störempfindlichkeit** / electromagnetic susceptibility || ~**e Störung** / electromagnetic interference (EMI), electromagnetic disturbance || ~**e Strahlung** / electromagnetic radiation || ~**e Stromeinheit** / electromagnetic unit (e.m.u.) || ~**er Überstrom-Schnellauslöser** / instantaneous electromagnetic overcurrent release || ~**e Umgebung** (EMV) / electromagnetic environment || ~**e Verkettung** (s. magnetische Verkettung) || ~**er Verträglichkeitsbereich** / electromagnetic compatibility margin || ~**er Verträglichkeitspegel** / electromagnetic compatibility level || ~**e Verträglichkeit (EMV)** / electromagnetic compatibility (EMC) || ~**e Welle** / electromagnetic wave

Elektromagnetismus *m* / electromagnetism *n*

Elektro·maschine *f* / electrical machine || ²**maschinenbau** *m* / manufacture of electrical machines, electrical machine construction || ²**maschinenlabor** *n* / electrical machine laboratory || ²**maschinenwickler** *m* / electrical machine winder, coil winder and installer

elektromechanisch *adj* / electromechanical *adj* || ~**es Bauelement** / electro-mechanical component || ~**e Bruchkraft** (VDE 0446, T.1) / electromechanical failing load || ~**es Relais** / electromechanical relay, electromagnetic relay || ~**e Schaltvorrichtung** / electromechanically operated contact mechanism || ~**er Verstärker** /

mechanical amplifier || ~**es Zeitrelais** / electromechanical time-delay relay, motor-driven time-delay relay
Elektro·meter *n* / electrometer *n* || ²**meterröhre** *f* / electrometer tube || ²**motor** *m* / electric motor, electro-motor *n*
elektromotorisch *adj* / electromotive *adj* || ~ **angetriebenes Gerät** / electric motor-driven appliance, electric motor-operated appliance, motor-driven appliance || ~**e Kraft** (EMK) / electromotive force (e.m.f.)
elektronegativ·e Anziehung / electronegative attraction || ~**es Gas** / electronegative gas
Elektronen·beugungsdiagramm *n* / electron diffraction pattern || ²**einfangdetektor (ECD)** *m* / electron capture detector (ECD) || ²**emission** *f* / electron emission || **thermische** ²**emission** / thermionic emission || ²**halbleiter** *m* / electron semiconductor, N-type semiconductor || ²**kanone** *f* / electron gun || ²**lawine** *f* / electron avalanche || ²**leitfähigkeit** *f* / electron conductivity, N-type conductivity || ²**leitung** *f* / electron conduction, N-type conduction || ²**linse** *f* / electron lens || ²**röhre** *f* / electron tube, electronic tube || ²**stoßprozeß** *m* / electron collision process || ²**strahlbündel** *n* / electron beam || ²**strahlerzeuger** *m* / electron gun || ²**strahl-Oszilloskop** *n* / cathode-ray oscilloscope || ²**strahlröhre (ESR)** *f* / electron-beam tube (EBT), cathode-ray tube (CRT) || ²**strahl-Schaltröhre** *f* / beam deflection tube || ²**strahl-System** *n* (Osz.) / electron gun || ²**strahltransmission** *f* / electron-beam transmission frequency || ²**strom** *m* / electron emission current || ²**übergang** *m* / electron transition, jump of electrons || ²**vervielfacher** *m* / electron multiplier || ²**volt (eV)** *n* / electron volt (eV)
Elektronik *f* / electronics *n*, electronic engineering || ²**-Baugruppe** *f* / electronic module (o. assembly) || ²**erdung (TE)** (VDE 0160) *f* / electronic ground, functional earthing (TE) || ²**masse** (s. Elektronikerdung) || ²**motor** *m* / electronic motor, electronically commutated motor
elektronisch·e Ausrüstung (z.B. VDE 0113) / electronic equipment (EE) || ~**e Betriebsmittel (EB)** (VDE 0160) / electronic equipment (EE) || ~**e Betriebsmittel zur Informationsverarbeitung (EBI)** (VDE 0160) / electronic equipment for signal processing (EES) || ~**e Datenverarbeitungsanlage** / electronic data processing equipment (EDP equipment) || ~**e Datenverarbeitung (EDV)** / electronic data processing (EDP) || ~**er Dokumentenaustausch** / electronic document exchange (EDI) || ~**er Drehzahlsteller** / solid-state speed controller || ~**es Gaspedal** (Kfz) / accelerator-controlled electronic system || ~**es Getriebe** (Kfz) / electronically controlled automatic gearbox || ~**er Gleichstromschalter** / electronic d.c. switch, electronic d.c. power switch || ~**es Handrad** (NC) / electronic handwheel || ~**e Klemmenleiste** / electronic terminator || ~**er Leistungsschalter** / electronic power switch || ~**es Meßgerät** / electronic instrument || ~**e Motorleistungsregelung** (Kfz) / electronic engine management, electronic engine power control || ~**e Nebenstelle** (zur Fernbedienung eines elektron. Schalters) / electronic extension unit || ~**es Relais** (s. statisches Relais) || ~**er Schalter** / electronic power switch (IEC 146-4), electronic switch, solid-state switch || ~**es Schaltkreissystem** / electronic switching system, solid-state switching system, static switching system || ~**e Sicherung** / electronic fuse || ~**e Störunterdrückung (ESU)** / electronic noise suppression || ~**er Taster** / electronic momentary-contact switch || ~**es Temperaturregelsystem (ETC)** / electronic temperature control system (ETC) || ~**es Überstromrelais** (s. statisches Überstromrelais) || ~**er USV-Schalter** / electronic UPS power switch (EPS) || ~**es Ventil** / electronic valve || ~**es Ventilbauelement** / electronic valve device || ~**er Vergaser** / electronically controlled carburettor || ~**es Vorschaltgerät (EVG)** / electronic control gear, electronic ballast || ~**er Wechselstromschalter** / electronic a.c. switch, electronic a.c. power switch || ~**er Zähler** / solid-state meter, static meter || ~**er Zeichenstift** (s. Lichtgriffel) || ~**es Zeitrelais** / solid-state time relay, electronic timer
elektronisch-hybride Auslöseart (EH) / electronic-hybride mode of tripping (EH)
Elektroofen *m* / electric furnace, arc furnace
elektro-optisch *adj* / electro-optic(al) *adj* || ~**er Wandler** / electro-optical transducer || ~**er Wandler** (Emitter einer GaAs-Siode) / emitter *n*
Elektro·paste *f* / electro-lubricant, electrolube *n* || ²**phorese** *f* / electrophoresis *n*
elektrophoretisch·e Beschichtung / electrophoretic coating, electro-coating *n*, electrophoretic deposition, electro-painting *n*, anodic hydrocoating || ~**e Verglimmerung** / electrophoretic mica deposition
Elektroplattierung *f* / electrodeposition *n*
elektropneumatisch *adj* / electropneumatic *adj* || ~**er Regler** / electropneumatic controller || ~**es Schütz** / electropneumatic contactor (EP contactor) || ~**er Stellungsregler** / electropneumatic positioner || ~**er Umformer** / electropneumatic converter
Elektro·reparaturwerkstatt *f* / electrical repair shop || ²**rohr** *n* / electric wiring conduit, conduit for electrical purposes || ²**satz** *m* / generating set, engine-generator set || ²**schaltwarte** *f* (Raum) / electrical control room || ²**schaltwarte** *f* (Tafel) / control board || ²**-Schlacke-Umschmelzverfahren** *n* / electroslag refining, electroslag remelting (e.s.r.) || ²**schrauber** *m* / power screwdriver, electric screwdriver
elektrosensitiv·e Aufzeichnung / electrosensitive recording || ~**es Papier** / electrosensitive paper
Elektroskop *n* / electroscope *n*
Elektrostahl *m* / electric furnace steel, electric steel
elektrostatisch·e Ablenkung / electrostatic deflection || ~**er Abscheider** / electrostatic precipitator || ~**e Abschirmung** / electrostatic shielding || ~**e Anziehung** / electrostatic attraction || ~**es Aufzeichnen** / electrostatic recording || ~**er Bandgenerator** / electrostatic belt generator || ~**e Beeinflussung** / electrostatic induction || ~**e Einheit** / electrostatic unit (ESU) || ~**e Entladung** / electrostastic discharge (e.s.d.) || ~ **gefährdete Bauteile (EGB)** / electrostatic

sensitive devices (ESD) || ~**er Generator** / electrostatic generator, electrostatic accelerator || ~**es Instrument** (s. elektrostatisches Meßgerät) || ~**es Meßgerät** / electrostatic instrument || ~**es Relais** / electrostatic relay || ~**e Schirmung** / electrostatic screening (o. shielding) || ~**e Schreibeinheit** / electrostatic recording unit || ~**er Spannungsmesser** / electrostatic voltmeter || ~**e Überspannung** / static overvoltage

Elektrostriktion *f* / electrostriction *n*

Elektrotechnik *f* / electrical engineering, electrotechnology *n*

elektrotechnisches Erzeugnis / electrotechnical product

elektrothermisch·er Auslöser / electrothermal release (o. trip) || ~**es Meßgerät** / thermal instrument, electrothermal instrument (US) || ~**es Relais** / electrothermal relay

Elektro·trommel *f* / motorized pulley || ≗**wärme** *f* / electroheat *n* || ≗**wärmegerät** *n* / electric heating appliance || ≗**werkzeug** *n* / electric tool, portable motor-operated tool, electrical hand tool || ≗**zaun** *m* / electric fence || ≗**zaungerät** *n* / electric fence controller || ≗**zaungerät mit Batteriebetrieb** / battery-operated electric fence controller || ≗**zaungerät mit Netzanschluß** / mains-operated electric fence controller || ≗**zug** *m* / electric hoist, electric pulley block

Element *n* / element *n* || ≗ (Bauelement) / component *n* || ≗ (f. Verbindungen in einem Kommunikationssystem) / primitive *n* || ≗ (QS, DIN 40042) / component *n*, element *n* || ≗ (CAD) / entity *n* || ≗ (s. Glied) || **Darstellungs~** (Grafik) / graphic primitive, output primitive, display element || **Dienst~** (DIN ISO 7498) / service primitive || **Korrosions~** / corrosion cell || **Speicher~** / memory cell, memory element || **Weg~** (NC) / path increment

elementar·er Leitungsstrom / elementary conduction current || ~**er linearer Zweipol** / linear two-terminal circuit element || ~**er Zweipol** / two-terminal circuit element || ≗**ladung** *f* / elementary charge, electronic charge || ≗**probe** *f* / spot sample, increment *n* (QA method)

elementbildende Werkstoffe / materials forming electrolytic element couples between components

Elementen·analyse *f* / element analysis || ≗**koordinatensystem** *n* (CAD) / entity coordinate system || ≗**liste** *f* (CAD) / entity list

Element·prüfung *f* (LS, Einschalt- o. Auschaltelement) / unit test || ≗**-Schranksystem** *n* / modular packaging system, unitized cubicle (o. cabinet) system

ELKO (s. Elektrolytkondensator)

Ellipse *f* / ellipse *n*, elliptical curve

Ellipsen·bogen *m* / spline *n* || ≗**getriebe** *n* / elliptical gear train

Ellipsoidreflektor *m* / ellipsoidal reflector

elliptisch·es Drehfeld / elliptical field || ~**e Schwingung** / elliptical vibration, four-node mode

eloxieren *v* / anodize *v* || ≗ *n* / anodizing *n*, anodic treatment, anodic oxidation

eloxierter Spiegel / anodized-aluminium reflector, anodized mirror

ELT (Nenn-Stehwechselspannung des leitungsseitigen Endes der Transformatorwicklung) / ELT (test voltage of line end of transformer winding)

Eluens *n* / eluent *n*, eluting agent

Elutions·chromatographie *f* / elution chromatography || ≗**mittel** *n* / eluting agent, eluent *n*

Email *n* (auf Metall) / vitreous enamel

emailliert·er Draht / enamelled wire || ~**e Leuchte** / enamel-coated luminaire

Emailschirm *m* / enamelled reflector

EMB (s. elektromagnetische Beeinflussung)

EMD-Schalter *m* / noble-metal uniselector (switch)

EME (s. elektromagnetische Einheit)

Emissionsdauer *f* / emission duration

Emissionsgrad *m* (Emittanz) / emittance *n* || ≗ (DIN IEC 68,3-1) / emissivity coefficient || **gerichteter** ≗ / directional emissivity

Emissions·kennlinie *f* / emission characteristic, diode characteristic || ≗**minderung** *f* / emission control || ≗**quelle** *f* / emittent *n*, emission point, point source || ≗**spektrometer** *n* / emission spectrometer || ≗**spektrometrie** *f* / emission spectrometry || ≗**spektrum** *n* / emission spectrum || ≗**stabilität** *f* / emission stability || ≗**vermögen** *n* (LT) / emissivity *n*

Emittanz *f* / emittance *n*

Emittent *m* / pollution source, pollution emitter

Emitter *m* (Transistor) / emitter *n* || ≗ (Lampe) / emissive material || ≗**anschluß** *m* / emitter terminal || ≗**bahnwiderstand** *m* / emitter series resistance || ≗**-Basis-Reststrom** *m* / emitter-base cut-off current, cut-off current (transistor) || ≗**-Basis-Zonenübergang** *m* / emitter junction || ≗**elektrode** *f* / emitter electrode || ≗**-Emitter-gekoppelte Logik (EECL)** / emitter-emitter-coupled logic (EECL) || ≗**folger** *m* / emitter follower || ≗**folgerlogik (EFL)** *f* / emitter follower logic (EFL) || ≗**folger-Transistorlogik (EFTL)** *f* / emitter-follower transistor logic (EFTL) || ~**gekoppelte Logik (ECL)** / emitter-coupled logic (ECL), current-mode logic (CML) || ≗**-Reststrom** *m* / emitter-base cut-off current, cut-off current (transistor) || ≗**schaltung** *f* (Transistor) / common emitter || ≗**-Sperrschicht** *f* / emitter depletion layer, emitter junction || ≗**-Sperrschichtkapazität** *f* / emitter depletion layer capacitance || ≗**strom** *m* / emitter current || ≗**übergang** *m* / emitter junction || ≗**zone** *f* (Transistor) / emitter region, emitter *n*

emittierende Sohle (ESR) / emitting sole

EMK (elektromotorische Kraft) / e.m.f. (electromotive force) || ≗ **der Bewegung** / rotational e.m.f. || ≗ **der Kommutierung** / e.m.f. of commutation, reactance voltage of commutation || ≗ **der Rotation** / rotational e.m.f. || ≗ **der Ruhe** / transformer e.m.f. || ≗ **der Selbstinduktion** (Stromwendespannung) (s. Reaktanzspannung der Kommutierung) || ≗ **der Transformation** / transformer e.m.f. || ≗ **des Luftspaltfelds** / Potier e.m.f. || ≗ **des Polradfeldes** / synchronous e.m.f.

E-Modul (s. Elastizitätsmodul)

Empfang *m* / reception *n*

empfangen, Schall ~ / to receive sound, to receive an ultrasonic signal

Empfänger *m* / receiver *n* || ≗ (Senke) / sink *n* || ≗

(„Slave" in einem Bussystem) (s. Slave) || **Drehmelder-**≗ / synchro-receiver *n*, synchro-motor *n* || **lichtelektrischer** ≗ / photoreceiver *n*, photo-detector *n*, photoelectric detector || **physikalischer** ≗ / physical receptor || **selektiver** ≗ (f. optische Strahlung) / selective detector || **thermischer** ≗ / thermal detector, thermal receptor || ≗**baustein** *m* / receive(r) block || ≗**empfindlichkeit** *f* / receiver sensitivity || ≗**prüfgerät** *n* / receiver test unit || ≗**puffer** *m* / receive buffer || ≗**sperrröhre** *f* / transmit/receive tube (T/R tube)

Empfangs·antenne *f* / receiving aerial || ≗**aufruf** *m* (DÜ, DIN 44302) / selecting (call) || ≗**auslöser** *m* (EZ) / receiver trip, receiver relay

Empfangsbestätigung *f* (DÜ) / receipt confirmation || **Übertragung mit** ≗ (FWT) / transmission with decision feedback

Empfangs·bestätigungsanzeige *f* (Fernkopierer) / message confirmation indicator || ≗**daten** *plt* / received data || ≗**einrichtung** *f* (EZ) / receiving device, receiver *n*, receiver assembly || ≗**fach** *n* („Mailbox") / receive mailbox || ≗**freigabe** *f* / receive enable (RE) || ≗**frequenzlage** *f* (DÜ, DIN 66020) / receive frequency || ≗**gerät** *n* / receiver *n* || ≗**güte** *f* (DÜ) / data signal quality || ≗**kopie** *f* / received copy || ≗**motor** *m* (EZ) / booster motor || ≗**pegel** *m* / receiving level || ≗**puffer** *m* (Eingangsp.) / input buffer || ≗**schrittakt** *m* / receiver clock (RC), receiver signal element timing || ≗**schwinger** *m* / receiver transducer || ≗**seite** *f* / receiving end || ~**seitige Abtastmarkierung** / received character timing || ≗**speicher** *m* (Bussystem) / receive memory, LIFO (last-in/first-out memory) || ≗**station** *f* (DÜ) / slave station || ≗**steuerwerk** *n* (Anschaltbaugruppe) / receive controller || ≗**stromschleife** *f* / current loop receive || ≗**telegramm** *n* / receive message, message received || ≗**zentrale für Brandmeldungen** / fire alarm receiving station || ≗**zentrale für Störungsmeldungen** (EN 54) / fault warning receiving station

empfindlich *adj* / sensitive *adj* || ~ (schadensanfällig) / fragile *adj*, delicate *adj* || ~**es Relais** / sensitive relay

Empfindlichkeit *f* / sensitivity *n* || ≗ (Verhältnis Ausgangswert/eingestrahlte optische Leistung eines Empfangselements) / responsivity *n* || ≗ **der Phase gegen Spannungsänderungen** / phase sensitivity to voltage || ≗ **einer Feldplatte** / magnetoresistive sensitivity || ≗ **im Kniepunkt** / knee sensitivity, knee luminous flux || **Einstell**~ (Verhältnis Änderung der stabilisierten Ausgangsgröße/Änderung der Führungsgröße; DIN 41745) / incremental control coefficient || **relative** ≗ (Strahlungsempfänger) / relative responsivity || **spektrale** ≗ / spectral responsivity, spectral sensitivity

Empfindlichkeits·bereich *m* / sensitivity range, range of sensitivity || ≗**faktor** *m* (Fernmeldeleitung, VDE 0228) / sensitivity factor || ≗**kurve** *f* (Fotometer) / sensitivity curve || **spektrale** ≗**kurve** / spectral response curve, spectral sensitivity curve

Empfindung *f* / sensation *n*

empfindungsgemäß gleichabständige Farbtafel / uniform-chromaticity-scale diagram (UCS diagram)

Empfindungsgeschwindigkeit des Lichtreizes / speed of sensation of light stimulus

empfohlene Antriebsleistung / recommended drive capacity (r.d.c.)

empirische Verteilungsfunktion (DIN 55350,T.23) / empirical distribution function

EMS (s. elektromagnetische Schwebetechnik)

Emulations- und Testadapter (ETA) / in-circuit emulator (ICE)

Emulator *m* / emulator *n*

emulieren *v* / emulate *v*

Emulsionsmaske *f* / emulsion mask

EMV (s. elektromagnetische Verträglichkeit)

EN (s. Europäische Norm)

EN-Abhängigkeit (s. Freigabe-Abhängigkeit)

Endabdeckung *f* (IK) / end closure, end cap, sealing end

Endableitung *f* (Batt.) / terminal connector

End·abnahme *f* / final acceptance || ≗**abnehmer** *m* / final customer || ≗**abspannverbinder** *m* / dead-end tension joint || ≗**adresse** *f* / end address, right-hand end address || ≗**anflug** *m* / final approach || ≗**anschlag** *m* / end stop || ≗**anschlagbolzen** *m* / end stop pin, stop pin || ≗**antriebsritzel** *m* / final drive pinion || ≗**ausbau** *m* / ultimate layout || ≗**ausschalter** *m* / limit switch, position switch

Endausschlag *m* (MG) / full-scale deflection (f.s.d.)

Endbearbeitung *f* / finishing *n*, finish-machining *n*

Endbegrenzung, mechanische ≗ (Trafo-Stufenschalter) / mechanical end stop (IEC 214)

Endbegrenzungsgetriebe *n* / travel limiting mechanism

End·-Betätigungskraft *f* (DIN 42111) / total overtravel force (IEC 163) || ≗**bohrtiefe** *f* / final depth of bore || ≗**bügel** *m* (Reihenklemme) / retaining clip || ≗**dose** *f* / terminal box || ≗**dose mit Auslaß im Boden** / terminal box with back-outlet || ≗**druck** *m* / discharge pressure

Ende-Anweisung *f* / END statement, END instruction

Endeffekt *m* (LM) / end effect || ≗ **der einlaufenden Kante** / entry-end effect

Endeinrichtung (s. Datenendeinrichtung)

Endeinspeisungseinheit *f* (IK) / end-feed unit

Endekennsatz *m* / end-of-file label

Endenabschluß *m* (Kabel) / (cable) termination || ≗ (s. Kabelendverschluß) || ≗ **mit Wickelkeule** / stress-cone termination

End-End·-Konfiguration *f* (FWT) / point-to-point configuration || ≗**-Verkehr** *m* (FWT) / point-to-point traffic

Endenglimmschutz *m* (el. Masch.) / overhang corona shielding, resistance grading

Enderwärmung *f* / final temperature rise, stagnation temperature, limit temperature

Enderzeugnis *n* / finished product

Endezeichen *n* (Nachrichten, Text) / end-of-text character (ETX) || ≗ (PMG-Nachricht) / delimiter *n* || ≗ **der Zeichenkette** (PMG) / string delimiter

End·fassung *f* (Lampe) / end-holder *n* || ≗**feld** *n* (IRA) / end panel, end cubicle || ≗**feld** *n* (FLA) / end bay || ≗**feuer** *n* (Flp.) / end light || ≗**form** *f* (nach der Bearbeitung) / finished form, finishing form || ≗**geräte für Textkommunikation** / text communication terminals || ≗**glied** *n* / terminal element, terminal unit || ≗**glied** *n* (DÜ) / end-of-

line unit
endgültig·e Ausschaltung (Netz o. Betriebsmittel; nach einer Anzahl erfolgloser Wiedereinschaltungen) / final tripping, lock-out *n* || **~e Überprüfung** (einer Anlage) / precommissioning checks
End·hülse *f*(Kabel) / ferrule *n*, end sleeve, connector sleeve || **²induktivität** *f*(Komm.) / short-circuit inductance || **²inspektion der Aufstellung** / final installation inspection || **²kabel** *n*(Batt.) / output cable || **²kappe** *f*(Läufer) / end bell || **²kappe** *f* (Sich.; Kontakt des Sicherungseinsatzes) / end cap, fuse-link contact || **²kontakt** *m*(Rel., Hauptkontakt) / main contact || **²kontaktdruck** *m* / final contact pressure || **²kontrolle** (s. Endprüfung) || **²kontur** *f*(NC) / finished contour, final contour || **²konturbearbeitung** *f* / finishing contouring cycle, contour finishing, final contour machining || **²konturbeschreibung** *f* / finished-contour description || **²konturzyklus** *m*(NC) / contour finishing cycle
Endlagenfehler *m*(Statusabweichung) / status discrepancy || **²** (Zwischenstellungsmeldung eines Schaltgerätes) / intermediate state signal (o. alarm) || **²** (Meldung von einem Ventil) / OPEN/CLOSED discrepancy signal (o. alarm) || **²meldung (EFM)** *f* / status discrepancy alarm (SDA)
Endlagen·schalter *m* / limit switch || **²speicher** *m*(f. Notbetätigung eines Stellantriebs) / stored-energy emergency positioner, accumulator-type emergency actuator || **²stellung** *f* / end position, limit position
Endlagenüberwachung *f*(Leitt.) / status discrepancy monitoring || **²** (spricht bei Lageänderung eines Schaltgerätes an) / change-of-position monitoring
endlich *adj* / finite *adj* || **~e Ausregelzeit** / dead-beat response || **~er Automat** / finite automaton || **~e Eisenlänge** / finite core length || **~e Schwingung** / dead-beat oscillation || **Abtastregler mit ~er Ausregelzeit** / dead-beat-response controller
Endlos·formular *n* / continuous form || **²papier** *n* (Schreiber) / continuous stationary, fan-fold paper || **²vordruck** *m* / continuous form
End·maß *n* / finishing dimension || **²maß** *n*(Lehre) / gauge block || **²mast** *m* / terminal tower, dead-end tower, terminal support || **²messungen und Kontrollen** (DIN IEC 68) / final examination and measurements || **²montage** *f* / assembly *n* || **²muffe** *f* / end sleeve || **²paket** *n*(Blechp.) / end packet, end section of core || **²platte** *f*(Blechp.) / end plate, clamping plate || **²platte** *f*(Reihenklemme) / end plate (modular terminal block), end barrier (modular terminal block) || **²pole** *m pl*(Batt.) / terminals *n pl*
Endprodukt *n* / finished product || **²bestand** *m* / finished-product inventory
Endprüfung *f*(E DIN 55350, T.16) / final inspection and testing
Endpunkt *m*(NC) / terminal point, end position, end point, extreme point || **² des Gewindes** / thread end position
endpunktbezogene Linearität / terminal-based linearity
Endpunkt·kennung einer Mehrpunktverbindung (DIN ISO 7498) / multi-connection end-point identifier || **²koordinate** *f*(NC) / end position coordinate || **²kriterium** *n*(Isolationsprüfung, VDE 0302, T.1) / end-point criterion (IEC 505) || **²-Linearitätsfehler** *m*(ADU, DAU) / end-point linearity error
End·regelgröße *f* / final controlled variable || **²ring** *m*(Käfigläufer) / end ring, cage ring, short-circuiting ring || **²satz** *m*(NC) / termination record, last block || **²schalter** *m* / limit switch, maintained-contact limit switch, position switch, reset switch || **²schalter** (s. Positionsschalter) || **²scheibe** *f*(Lg.) / locking plate || **²schild** *m* (Reihenklemme) / retaining clip || **²-Sicherungseinrichtung** *f*(Trafo-Stufenschalter) / anti-overrun device || **²stellenmeßplatz** *m* / terminal test set || **²stellung** *f* (Betätigungselement, Schnappschalter; DIN 42111) / total travelled position || **²stromkreis** *m* (eines Gebäudes, VDE 0100, T.200) / final circuit, branch circuit (US) || **²stück** *n*(IK; VDE 0711,3) / end cover (IEC 570), sealing end, terminal stop end || **²stück** *n*(Wickelverb.) / end tail || **²stück** *n* (Roboter) / end effector || **²stufe** *f*(elST) / output stage (o. element o. module), output *n* || **²stufe** *f* (Trafo-Stufenschalter) / extreme tapping || **²stufentransistor** *m* / power transistor || **²stützpunkt** *m*(Freiltg.) / terminal support
Endsystem *n*(DIN ISO 7498) / end system || **²adresse** *f*(DIN ISO 7498) / network address || **²verbindung** *f*(DIN ISO 7498) / network connection || **²verbindungsabbau** *m* / network connection release (NC release) || **²verbindungsaufbau** *m* / network connection establishment (NC establishment)
End·taster *m* / momentary-contact limit switch, momentary-contact position switch, position switch, position sensor || **²taststellung** *f*(HSS, VDE 0660,T.202) / biased position (IEC 337-2A) || **²temperatur** *f* / final temperature, ultimate temperature || **²temperatur** (s. Beharrungstemperatur) || **²transistor** *m* / power transistor || **²übertemperatur** *f* / temperature-rise limit, limit of temperature rise, limiting temperature rise || **²umschalter** *m* / travel-reversing switch, reversing position switch || **²verbinder** (s. Endableiter) || **²verbraucher** *m* / ultimate consumer
Endverschluß *m*(Kabel) / sealing end, (cable) entrance fitting, pothead *n* || **Schaltanlagen-²** *m* / switchgear termination || **steckbarer ²** (Kabel) / plug-in termination, separable termination
End·verstärker *m* / output amplifier, output channel amplifier || **²verteilerschrank** *m*(BV) / final distribution ACS || **²verteilung** *f* / ultimate distribution || **²wand** *f* / end wall, end panel || **²welle** *f* / output shaft
Endwert *m*(höchster Wert einer Meßgröße, auf den ein Gerät eingestellt ist; DIN IEC 770) / upper range value || **²** (QS) / target *n* || **² der Ausgangsgröße** / final value of output quantity || **größter Meßbereichs-²** / upper range limit || **Meßbereichs-²** (DIN 43781, T.1) / upper limit of effective range (IEC 51,258), higher-measuring-range value, upper range value || **Meßbereichs-²** (in Einheiten der Meßgröße; DIN 43782) / rating *n* (IEC 484) || **²fehler** *m*(Regler) / full-scale error
End·windung *f* / end turn || **²winkel** *m**

(Reihenklemmen) / retaining clip, end bracket

Endzählerwert *m* / final counter value || **°~vorgabe** *f* / final counter value setting

Endzeit *f* (VDE 0435; längste Kommandozeit) / maximum operating time, back-up time

Endzeitstufe *f* (Schütz) / back-up time stage, stage for maximum operating time

End·zustand *m* (nach einem Bearbeitungsvorgang) / finished state, finishing state || **°~zustand** *m* (Rel.; VDE 0435,T.110) / final condition, final state (US)

EN-Eingang (s. Freigabeeingang)

energetischer Wirkungsgrad / energy efficiency

Energie *f* / energy *n*, work *n*, power *n* || **°~ auskoppeln** (LE, f. Zündimpulse) / to tap power (o. energy) || **°~ der Lage** / potential energy || **°~ freisetzen** / to release energy || **°~ vernichten** / to dissipate energy || **elektrische °~** / electrical energy, electrical power

Energieabgabe *f* / energy export

Energie·abstand *m* / energy gap || **°~anlagenelektroniker** *m* / power electronics installer || **°~anwendung** *f* / energy utilization, electric power utilization

Energieaufnahme *f* / energy absorption, energy dissipation || **°~ (Verbrauch)** / energy consumption

Energie·aufnahmevermögen *n* / energy absorption capacity, energy dissipating capacity || **°~auskopplung** *f* / isolation from power circuit || **°~auskopplung** *f* (LE, f. Zündimpulse) / power (o. energy) tapping || **°~austausch** *m* / energy exchange, exchange of electricity || **°~band** *n* / energy band || **°~bedarf** *m* / energy demand, power demand, power required || **°~bedarfsvorausschau** *f* / energy demand anticipation || **°~betrag** *m* / amount of energy || **~bewußt** *adj* / energy-conscious *adj* || **°~bezug** *m* / energy import || **°~bezugsoptimierungssystem** *n* („Energy Management") / energy management system || **°~dichte** *f* / energy density, density of electromagnetic energy || **~dispersive Diffraktometrie** / energy-dispersive diffractometry || **~dispersive Röntgen-Fluoreszenzanalyse** / energy-dispersive X-ray fluorescence analysis || **°~durchlaßgrad** *m* / energy transmittance || **°~einsparung** *f* / energy saving || **°~erhaltungssatz** *m* / energy conservation law || **°~erzeugung** *f* / generation of electrical energy, generation of electricity, power generation || **°~fluenz** *f* / radiant fluence || **°~fluß** *m* / energy flow, power flow || **°~flußrichtung** *f* / energy flow direction, direction of power flow || **°~fortleitung** *f* / power transmission || **°~freisetzung** *f* / energy release || **°~führungssystem** *n* / energy management system || **°~gefahr** *f* (VDE 0806) / energy hazard (IEC 380) || **°~geräteelektroniker** *m* / power electronics fitter

energiegleich·es Spektrum / equi-energy spectrum || **Punkt des ~en Spektrums** / equal energy point

Energie·-Hauptverteiler *m* / main power distribution board || **°~inhalt** *m* / energy content || **°~inhalt des magnetischen Felds** / magnetic energy || **°~kabel** *n* / power cable || **°~-Kapazität** *f* / energy capacity || **°~kosten** *plt* / energy costs, power costs || **°~leistung** *f* / energy output || **°~leitsystem** *n* / energy management system || **°~leittechnik** *f* / energy management

Energielücke *f* / energy gap || **Supraleiter ohne °~** / gapless superconductor

Energie·mangel *m* / energy shortfall, energy shortage || **°~-Maximumwächtersystem** *n* („Energy Management") / energy management system || **°~menge** *f* / quantity of energy, amount of energy, demand *n* || **°~niveau** *n* / energy level || **°~niveau** (s. Energieterm) || **°~niveauschema** *n* (HL) / energy level diagram || **°~preis** *m* / kWh price || **°~produkt BH** (s. BH-Produkt) *n* || **°~quantelung** *f* / energy quantization || **°~quelle** *f* / power source || **°~reserve** *f* / energy reserve || **°~richtung** *f* / energy flow direction, direction of power flow || **Wirkverbrauchszähler für eine °~richtung** / kWh meter for one direction of power flow || **°~richtungsrelais** *n* / directional power relay, power reversal relay || **°~rückgewinnung** *f* / power recovery, energy recovery, power reclamation || **°~rückspeisung** *f* / energy recovery, power recovery, regenerating *n* || **~sparend** *adj* / energy-saving *adj* || **°~speicher** *m* / energy store, energy storage mechanism || **°~speicherkondensator** *m* / energy storage capacitor || **°~stromdichte** *f* / energy flow per unit area, Poynting vector || **°~system** *n* / power system || **°~technik** *f* / power engineering, heavy electrical engineering || **°~term** *m* / energy term || **°~träger** *m* / source of energy, fuel *n* || **°~transport** *m* / energy transport, power transmission || **°~übertragung** *f* / power transmission || **°~übertragungsleitung** *f* / power line, power transmission line, electric line || **°~umformung** *f* / energy conversion || **°~umwandlung** *f* (s. Energieumformung) || **°~verbrauch** *m* / energy consumption, power consumption || **Schaltanlagen für °~verbrauch** (IEC 50(441)) / controlgear *n* || **°~verlust** *m* / energy loss, power loss || **°~verrechnung** *f* / energy billing, demand billing || **°~versorgung** *f* / electricity supply, power supply || **Laser-°~versorgung** *f* / laser energy source || **°~versorgungsnetz** *n* / electricity supply system (o. network), power supply system, electrical power system (o. network) ..power system || **°~verteiler** *m* / power distribution board || **°~verteilung** *f* / power distribution || **Schaltanlagen für °~verteilung** (IEC 50(441)) / switchgear *n* || **°~wandler** *m* (Meßwertumformer) / energy transducer || **°~widerstand** *m* / constriction resistance || **°~wirkungsgrad** *m* (Batt.) / energy efficiency, watt-hour efficiency || **°~wirtschaft** *f* / power economics

eng gebündelt (fokussiert) / sharply focused || **~er Gleitsitz** / snug fit || **~er Laufsitz** / snug clearance fit, snug fit || **~er Schiebesitz** / close sliding fit, wringing fit || **~er Sitz** / tight fit || **~e Toleranz** / close tolerance || **~bündelnder Scheinwerfer** / narrow-beam spotlight

Engler-Grad *m* / Engler degree, degree Engler

Engpaß *m* / bottleneck *n* || **°~leistung** *f* (KW) / maximum capacity (power station), maximum electric capacity || **°~planung** *f* (Produktion) / optimized production technology (OPT) || **°~teil** *n* / bottleneck component

Engstrahler *m* / spotlight *n*

Engst·spalt *m* / minimum gap

engtoleriert *adj* / close-tolerance *adj*

ENR (Nenn-Stehwechselspannung des Sternpunkts des einstellbaren Transformators) / ENR (test

voltage of neutral point of regulating transformer)
entadressieren *v*(a. PMG) / unaddress *v*
entarteter Halbleiter / degenerate semiconductor
Entblendung *f* / glare suppression
Entblocken *n*(Kommunikationsnetz; DIN ISO 7498) / deblocking *n*
entdämpft·er magnetischer Kreis (el. Masch.) / laminated magnetic circuit, magnetic circuit designed for high-speed flux change || **~e Maschine** / machine with a laminated magnetic circuit, machine designed for quick-response flux change
Entdämpfungsfrequenz *f*(Diode) / resistive cut-off frequency
entdröhnen *v* / silence *v*
Entdröhnungsmittel *n* / anti-vibration compound, sound deadening compound
Enteisung *f* / de-icing *n*
Entfernung zum Ziel (Kfz) / distance to destination
entfernungs·abhängiger Schutz / zoned distance protection || **≗bezeichnungstafel (DML)** (Flp.) *f* / distance marker light (DML) || **≗feuer** *n*(Flp.) / distance marking light || **≗meßgerät (DME)** *n* / distance measuring equipment (DME) || **≗messung** *f* / distance measurement
Entfestigung *f* / strength reduction || ≗ (Kontakte) / softening *n*
Entfestigungs·spannung *f* / softening voltage || **≗temperatur** *f* / softening temperature
entfetten *v* / degrease *v*, to remove grease
Entfettungsmittel *n* / degreasing agent, degreaser *n*
Entfeuchter *m* / dehydrator *n*, dehydrating breather
Entfeuchtung *f*(KT) / dehumidification *n*
Entfeuchtungsgerät *n* / dehumidifier *n*
Entflammbarkeit *f* / flammability *n*
Entflammungs·punkt *m* / flash point || **~sicherer Transformator** (E VDE 0551, T.1) / fail-safe transformer
Entflechten (s. automatisches Entflechten)
Entflechter *m*(Leiterplatten, CAD) / router *n*
Entflechtung *f*(Leiterplatten, CAD) / routing *n*
Entflechtungsraster *m*(CAD) / routing grid
Entfroster *m* / defroster *n*
entgasen *v* / degass *v*, evacuate *v*
Entgasung *f* / degassing *n*, gas release
Entgasungs·kessel *m* / degassing tank || **≗stopfen** *m* (Batt.) / vent plug
entgegen dem Uhrzeigersinn / anti-clockwise *adj*, counter-clockwise *adj*
entgegengesetzt *adj*(Bewegung) / reverse *adj* || ~ (örtlich) / opposite *adj* || ~ **gepolt** / oppositely poled, of opposite polarity || ~ **magnetisiert** / inversely magnetized || ~ **parallel geschaltet** / anti-parallel-connected *adj*, connected in inverse parallel || **~e Phasenlage** / phase opposition || **~e Polarität** / opposite polarity || **~es Vorzeichen** / opposite sign
entgegenwirken *v* / counteract *v*
Entgelt für Meßeinrichtungen / meter rent
Entglasung *f* / devitrification *n*
entgraten *v* / deburr *v*, burr *v*, deflash *v*, remove fins
Enthalpierechner *m* / enthalpy calculator
Enthärten *n*(Wasser) / softening *n*
entionisieren *v* / de-ionize *v*
entionisiertes Wasser / de-ionized water
Entionisierungs·elektrode *f* / de-ionizing grid || **≗zeit der Lichtbogenstrecke** / de-ionizing time of arc
Entkeimungslampe *f* / bactericidal lamp, germicidal lamp
entklinken *v* / unlatch *v*, release *v*
Entklinkungs·druck *m* / unlatching pressure, release pressure || **≗magnet** *m* / latch release solenoid, unlatching solenoid || **≗spule** *f* / latch release coil
Entklinkungstaste, Drucktaster mit ≗ / maintained-contact pushbutton
entkoppeln *v*(el.) / decouple *v*, isolate *v* || ~ (schwingungsmechanisch) / isolate *v*
entkoppelt·er Ausgang / decoupled output, isolated output || **~e Mehrgrößenregelung** / non-interacting control
Entkoppler *m*(Trennstufe) / buffer *n*, isolator *n*, isolating amplifier
Entkopplung *f* / decoupling *n*, isolation *n*, buffer *n* || ≗ **der Steuerkreise** / control-to-load isolation || **ADB-**≗ / ADB buffer || **induktive** ≗ / inductance decoupling, reactor decoupling || **magnetische** ≗ / magnetic decoupling || **schwingungsmechanische** ≗ / vibration isolation || **Signal~** / signal isolation
Entkopplungs·diode *f* / decoupling diode, isolating diode || **≗drossel** *f* / interaction limiting (phase) reactor || **≗faktor** *m* / decoupling factor || **≗faktor** *m* / decoupling factor || **≗kondensator** *m* / decoupling capacitor || **≗maß** *n*(s. Entkopplungsfaktor) || **≗schaltung** *f* / decoupling network || **≗verstärker** *m* / isolation amplifier, buffer amplifier || **≗widerstand** *m* / decoupling resistor
entkuppeln *v*(abkuppeln) / uncouple *v*, disconnect *v* || ~ (EZ, rückstellen) / reset *v* || ~ (mech. Kupplung) / disengage *v*, declutch *v*
Entkupplungs·einrichtung *f*(EZ) / disconnecting element, tripping element, detent element || **≗zeit** *f* (EZ) / detent time || **≗zeit** *f*(Schaltuhr) / resetting interval
Entlade·-Anfangsspannung *f*(Batt.) / initial voltage || **≗geschwindigkeit** *f* / rate of discharge
entladen *v*(el.) / discharge *v* || ≗ *n*(Kondensator) / discharging *n* || ≗ (NC; CLDATA-Wort) / unload (ISO 3592)
Entlade·nennstrom *m* / nominal discharge current-rate || **≗rate** *f*(Batt.) / discharge rate || **≗schlußspannung** *f*(Batt.) / final voltage, cut-off voltage || **≗spannung** *f* / discharging voltage || **≗strom** *m* / discharging current || **≗verlauf** *m* / progress of discharge || **≗verzug** *m*(Transistor) / carrier storage time || **≗vorrichtung** *f* (Kondensator) / discharge device || **≗wandler** *m* / discharge voltage transformer || **≗widerstand** *m* / discharge resistor || **≗zeitkonstante** *f* / discharge time constant
Entladung *f*(el., Batt.) / discharge *n*, discharging *n* || **kurzzeitige** ≗ / snap-over *n*
Entladungs·-Aussetzspannung *f* / discharge extinction voltage || **≗einsatz** *m* / discharge inception || **≗einsatzbeanspruchung** *f* / discharge inception stress || **Bestimmung des ≗einsatzes** / discharge inception test || **≗einsetzfeldstärke** *f* / discharge inception field strength || **≗einsetzspannung** *f* / discharge inception voltage || **≗erscheinung** *f* / discharge phenomenon, partial

discharge, corona *n* || **≗lampe** *f* / discharge lamp || **≗leistung** *f* / discharge power || **≗schalter** *m* / dumping switch || **≗schaltung** *f* (A-D-Wandler) / charge dispenser || **≗spannung** *f* / discharging voltage || **≗spur** *f* / discharge tracking || **≗stärke** *f* / discharge intensity || **≗strecke** *f* / gap *n*, discharge path || **≗weg** *m* / discharge path

entlasten *v* / unload *v* || ~ (mech.) / unload *v*, relieve *v*, to remove pressure || ~ (Last abwerfen) / .to shed the load, to throw off (o. reject) the load || **teilweise** ~ / reduce the load

entlasteter Anlauf / reduced-load starting, no-load starting

Entlastung *f* / unloading *n*, taking off load, disconnection *n* || ≗ (mech.) / unloading *n*, relieving *n* || **magnetische** ≗ (Lg.) / magnetic flotation

Entlastungs·kanal (s. Druckentlastungskanal) || **≗leitung** *f* / relieving line

Entlastungspumpe *f*, **Drucköl-≗** / oil-lift pump, jacking pump, jacking-oil pump

Entlastungsventil *n* / relief valve, by-pass valve

entleeren *v* / drain *v*, evacuate *v*

entleerte, entladene Batterie / discharged drained (secondary) battery (IEC 50(486)) || **~, geladene Batterie** / charged drained (secondary) battery (IEC 50(486)), conserved-charge battery

Entleerungs·druck *m* (Druckluftbehälter) / minimum receiver pressure || **≗hahn** *m* / drain cock || **≗leitung** *f* / drain tube || **≗pumpe** *f* / emptying pump, evacuating pump || **≗ventil** *n* / drain valve, discharge valve

entlüften *v* (Trafo) / vent *v*

Entlüfter *m* / vent valve, open-air breather, air bleeder, breather *n*

Entlüftung *f* / ventilation *n*, venting *n*, deaeration *n*, air vent, breathing *n*

Entlüftungs·armatur *f* / vent fitting, venting device || **≗bohrung** *f* / vent hole, vent *n* || **≗hahn** *m* / vent valve, petcock *n*, draw cock || **≗öffnung** *f* / air discharge opening, ventilation opening, vent port, breather *n*, vent *n* || **≗schraube** *f* / vent plug || **≗stutzen** *m* / venting stub, vent pipe, vent *n* || **≗ventil** *n* / vent valve, air relief valve

entmagnetisieren *v* / demagnetize *v* || ~ (BSG, Schiff) / de-gauss *v*, deperm *v*

Entmagnetisierungs·faktor *m* / demagnetizing factor || **≗feld** *n* / demagnetizing field, self-demagnetizing field || **≗kurve** *f* / demagnetization curve || **≗taster** *m* (BSG) / degaussing key

Entmischungskryostat *m* / dilution cryostat

Entnahme *f* (Probe) / sampling *n* || **Druck~** *f* (Meßblende) / pressure tapping || **≗abstand** *m* (Proben) / sampling interval || **≗stelle** *f* (Meßblende, Drosselgerät) / tapping *n*, tap *n* || **≗stutzen** *m* (Meßblende) / pipe tap, tapping *n*

entnehmen *v* (Strom aus dem Netz) / draw *v* (current from the system) || **eine Probe** ~ / to take a sample

Entnetzen *n* / de-wetting *n*

entprellen *v* (Kontakte) / debounce *v* || ≗ *n* / debouncing *n*

entrasten *v* / unlatch *v*, release *v*

Entregung *f* (el. Masch.) / de-excitation *n*, field suppression, field discharge || ≗ (Rel., Schütz) / de-excitation *n*

Entregungs·einrichtung *f* (el. Masch.) / field suppressor, de-excitation equipment, field-discharge equipment || **≗schalter** *m* / field discharge switch, field circuit-breaker || **≗widerstand** *m* / field discharge resistor

entrelativieren *v* / derelativize *v*

entriegelbar, rückseitig ~er Kontakt / rear-release contact || **von vorn ~er Kontakt** / front-release contact

entriegeln *v* (SG) / to deactivate an interlock, to cancel an interlock || ~ (rückstellen) / reset *v* || ~ (z.B. Druckknopf) / release *v* || ~ (Schloß) / unlock *v* || ≗ *n* (Ausl., Rückstellen) / resetting *n* || ≗ (SG) / interlock deactivation, defeating *n*, interlock cancelling, interlock bypass, releasing *n*

Entriegelung (s. Entriegeln) || ≗ (Vorrichtung) (s. Entriegelungsvorrichtung)

Entriegelungs·dorn *m* (Steckverbinder) / pin extracting tool || **≗druckknopf** *m* (Rückstellknopf) / reset button, resetting button || **≗einrichtung** (s. Entriegelungsvorrichtung) || **≗gerät** *n* (Ortssteuerschalter) / local control switch || **≗knopf** *m* (Rückstellknopf) / reset button, resetting button || **≗kolben** *m* / release piston || **≗schalter** *m* / interlock bypass switch || **≗schlüssel** *m* / interlock deactivating key, defeater key || **≗taste** *f* (Rückstelltaste) / resetting button, resetting key || **≗vorrichtung** *f* / interlock deactivating means, defeater *n*, interlock cancelling means, interlock bypass || **≗welle** *f* (f. Überstromauslöser) / resetting shaft || **≗werkzeug** *n* (f. Federkontakte) / extracting tool

entrosten *v* / derust *v*, to remove rust, descale *v*

Entrostungsmittel *n* / rust remover

Entschäumungszusatz *m* / defoamant *n*

Entscheidbarkeit *f* / decidability *n*

Entscheiderschaltung *f* / decision circuit

Entscheidungs·funktion *f* / decision function || **obere ≗grenze** (QS) / upper control limit || **≗prozeß** (a. adaptive Reg.) *m* / decision process || **≗tabelle** *f* / decision table || **≗träger** *m* / decision-maker *n* || **≗verfahren** *n* / decision procedure

entschlüsseln *v* / decode *v*

Entschlüßler *m* / decoder *n*, resolver *n*

Entsorgung *f* / waste disposal

entspannen *v* (Feder) / release *v*, unload *v* || ~ (Metall) / stress-relieve *v*, normalize *v*, anneal *v* || ~ (Glas) / anneal *v*

entspannt·e Luft / expanded air || **~es Wasser** / low-surface-tension water, water containing a wetting agent

entspannungs·glühen *v* / stress-relieve *v*, anneal *v*, normalize *v* || **≗mittel** *n* (f. Wasser) / wetting agent || **niedrigste ≗temperatur** (Glas) / strain temperature || **höchste ≗temperatur** (Glas) / annealing temperature, annealing point

Entsperrdruckknopf *m* (Rückstellknopf) / reset (o. resetting) button

entsperren *v* (Rel.) / reset *v* || ≗ *n* (SG) / unlatching *n*, deblocking *n*, resetting *n* || ≗ **der Stromrichtergruppe** / converter deblocking || ≗ **des Ventils** (LE) / valve deblocking

Entsperrungstaste *f* (Rückstellt.) / reset (o. resetting) button, resetting button

entspiegelter Bildschirm / anti-glare screen, non-reflecting screen

Entspiegelung *f* (BSG) / glare suppression

entsprechende Anschlüsse (Trafo, VDE 0532, T.1) /

corresponding terminals (IEC 76-1)
entspröden *v* / anneal *v*, malleableize *v*
Entstaubungsgrad *m* / filtration efficiency
Entstehungsgeschichte des Fehlers *f* / fault history
Entstickung *f* / nitrogen oxide control, NO_x control
Entstör·diode *f* / interference suppression diode || **≗drossel** *f* / interference suppression coil
entstören *v* / to suppress interference, clear *v*
Entstörer *m* / suppressor *n*
Entstörfilter *n* / interference suppressor filter
Entstörgrad *m*, **Funk-≗** / radio interference (suppression) level
Entstör·kondensator *m* / radio interference suppression capacitor (IEC 161), suppression capacitor, anti-noise capacitor, capacitive suppressor, interference-suppression capacitor || **≗mittel** *n* / interference suppressor
entstört *adj* / radio-interference-suppressed *adj*, interference-suppressed *adj* || **~e Zündkerze** / suppressed spark plug
Entstörung *f* / radio and television interference suppression, radio interference suppression, interference suppression || ≗ (s. Fehlerbeseitigung)
Entstörwiderstand *m* / resistive suppressor, interference-suppression resistor || **stetig verteilter ≗** / distributed resistance
Entwärmung *f* / heat dissipation, cooling *n*
Entwässern *n* (a. Waschmaschine) / water extraction
Entwässerungs·einrichtung *f* (in Gehäuse) / draining device || **≗öffnung** *f* / drain opening, drain hole, drain *n*
Entwicklung *f* (v. Leiterplatten) / (board) design *n*
Entwicklungs·muster *n* / development sample || **≗prüfstand** *m* / development test bed, experimental test bed || **Mikroprozessor-≗system (MES)** *n* / microprocessor development system (MDS) || **≗terminplan** *m* / development schedule || **≗zeit der Bremse** / build-up time of brake
Entwirrungstaste *f* / anti-clash key
Entwurf *m* / draft *n*, design *n*, design study, plan *n*, sketch *n* || ≗ (einer Vorschrift) / draft *n*
Entwurfs·leistung *f* / design rating, dimensional output || **≗prüfung** *f* (QS, E DIN 55350, T.16) / design review || **≗qualität** *f* / quality of design || **≗überlast** *f* / design overload
entwurfsunterstützende, prozeßorientierte Spezifikation (EPOS) / design-supporting, process-oriented specification
Entwurfs·zeichnung *f* / draft drawing, design drawing, preliminary drawing, sketch *n* || **≗zuverlässigkeit** *f* (DIN 40042) / inherent reliability
Entwurfüberprüfung *f* / design review
entzerren *v* / equalize *v*, correct *v*, to eliminate distortion
Entzerrer *m* / equalizer *n*
Entzerrungsschaltung *f* / equalizing circuit || ≗ (Signalformer) / signal shaping network
entzündbar *adj* / inflammable *adj*, flammable *adj*
Entzündbarkeit *f* / inflammability *n*, flammability *n*
entzündend *adj* / igniting *adj*
entzündlich·e Atmosphäre / flammable atmosphere || **leicht ~es Material** (s. leicht entflammbares Material)
Entzündungstemperatur *f* / ignition temperature
(EN 50014)
EOR (s. exklusives ODER)
EP-Diagramm (s. Equivalent-Positions-Diagramm)
Epi-Schicht (s. epitaktische Schicht)
epitaktisch *adj* / epitactical *adj* || **~e Schicht (Epi-Schicht)** / epitactical layer || **~er Silizium-Planar-Transistor** / silicon planar epitactical transistor || **~er Transistor** / epitactical transistor
Epitaxie *f* / epitaxy *n*
epitaxisch (s. epitaktisch)
Epoche *f* (Schwingungsabbild) / waveform epoch
Epochen·-Expansion *f* (Impulsmessung) / waveform epoch expansion, epoch expansion || **≗-Kompression** *f* (Impulsmessung) / waveform epoch contraction, epoch contraction
EPOS (s. entwurfsunterstützende, prozeßorientierte Spezifikation)
Epoxid·esterharz *n* / epoxy ester resin || **≗-Gießharz** *n* / epoxy casting resin || **≗-Hartpapier** *n* / epoxy laminated paper || **≗harz** *n* / epoxy resin, epoxide resin, araldite *n*, ethoxylene resin || **≗harz-Bindemittel** *n* / epoxy resin binder || **≗harzkitt** *m* / expoxy-resin cement || **≗harz-Pulverbeschichtung** *f* / epoxy resin powder coating || **≗harzverklebung** *f* / expoxy-resin bonding
EPR (s. Ethylen-Propylen-Kautschuk)
EPROM (A. f. „erasable PROM" - löschbares PROM)
EPROM-Löscheinrichtung *f* / EPROM erasing facility
E^2PROM-Speichermodul *m* / EEPROM submodule
EPROM-Speichermodul *n* / EPROM memory module
Epstein·-Apparat *m* / Epstein hysteresis tester, Epstein tester || **≗-Prüfung** *f* / Epstein test || **≗-Rahmen** *m* / Epstein test frame, Epstein square || **≗-Wert** *m* / Epstein value, W/kg loss figure
EP-Zusatz (s. Hochdruckwirkstoff)
equivalent·er Rauschwiderstand / equivalent noise resistance || **≗-Positions-Diagramm (EP-Diagramm)** *n* / equivalent position diagram (EP diagram)
ERAB (s. Erstabfrage)
Erd·ableitstrom *m* / earth leakage current || **≗ableitwiderstand** *m* / earth leakage resistance || **≗anschluß** *m* / earth connection (GB), earth terminal, ground connection (US) || **Steckverbinder mit ≗anschluß** / earthing connector, grounding connector || **≗anschluß zu Betriebszwecken** / connection to earth for functional purposes || **≗anschluß zu Schutzzwecken** / connection to earth for protective purposes || **≗ausbreitungswiderstand** *m* / earth-electrode resistance, resistance to ground, dissipation resistance
Erdbeben *n* / earthquake *n*, earth tremor || **≗alterung** *f* / seismic ageing || **≗festigkeit** *f* / seismic withstand capability, aseismic capacity || **~gefährdete Umgebung** / seismic environment || **≗prüfung** *f* / seismic test
erdbebensicher *adj* / resistant to earthquakes, aseismic *adj* || **~e Ausführung** / aseismic design || **~er Einbau** / installation resisting earthquakes, aseismic installation

Erdberührung, zweiphasiger Kurzschluß mit ≈ / two-phase-to-earth fault, line-to-line-grounded fault, phase-to-phase fault with earth, double-phase fault with earth || **zweiphasiger Kurzschluß ohne** ≈ / phase-to-phase fault clear of earth, line-to-line ungrounded fault

Erd·beschleunigung *f* / acceleration due to gravity, gravitational acceleration || ≈**blitz** *m* / ground flash || ≈**blitzdichte** *f* (Zahl der Erdblitze je km² und Jahr) / ground flash density

Erdboden *m* / ground *n*, soil *n* || ≈**beschleunigung** *f* / ground acceleration || ≈**wärmewiderstand** *m* / thermal resistance of soil || **spezifischer** ≈**wärmewiderstand** / thermal resistivity of soil || ≈**widerstand** *m* / earth resistance, ground resistance || **spezifischer** ≈**widerstand** (s. spezifischer Erdwiderstand) || ≈**widerstands-Meßdose** *f* / soil-box *n*

Erddamm *m* / earth dam

Erde *f* (VDE 0100, T.200) / earth *n*, ground *n* || **an** ≈ **legen** / to connect to earth, to connect to ground, earth *v*, ground *v* || **künstliche** ≈ / counterpoise *n* || **Verlegung in** ≈ / underground laying, direct burial, burying in the ground

Erdelektrode (s. Erder)

erden *v* / earth *v* (GB), ground *v* (US) || ≈ *n* / earthing *n*, grounding *n* (US), connection to earth

Erder *m* (VDE 0100, T.200) / earth electrode, ground electrode, grounding electrode || ≈**spannung** *f* / earth-electrode potential, counterpoise potential || ≈**widerstand** *m* / earth-electrode resistance || ≈**wirkung** *f* / earth-electrode effect

Erde-Wolke-Blitz *m* / upward flash

Erdfehler *m* / earth fault, ground fault (GF), fault to earth, fault to ground, short-circuit to earth, earth leakage || ≈**faktor** *m* / earth-fault factor || ≈**-Schleifenmessung nach Varley** / Varley loop test || ≈**strom** *m* / earth fault current

Erdfeld *n* / terrestrial field || **magnetisches** ≈ / geomagnetic field

erdfrei *adj* / earth-free *adj*, non-earthed *adj*, ungrounded *adj*, floating *adj* || ~**er Ausgang** / floating output || ~**er Betrieb** / earth-free operation || ~ **betriebene Steuerung** / floating control system || ~**er Eingang** (MG) / floating input || ~**es Netz** / floating network || ~**er örtlicher Potentialausgleich** / non-earthed (o. earth-free) local equipotential bonding || ~**er Potentialausgleich** / earth-free (o. non-earthed) equipotential bonding || ~**e Stromquelle** / isolated supply source || ~**e Umgebung** / earth-free environment

Erd·freiheit *f* / isolation from earth || ~**gekoppelte Störung** / earth-coupled (o. ground-coupled) interference || ≈**gleiche** *f* / ground-level line, grade line || ≈**impedanzanpassung** *f* / earth impedance matching || ≈**induktivität** *f* / earthing inductor, grounding inductor || ≈**kabel** *n* / underground cable, buried cable || ≈**kapazität** *f* / earth capacitance, distributed capacitance, capacitance to earth, capacitance to ground, stray capacitance || ≈**klemme** *f* / earth terminal, ground terminal || ≈**klemme** *f* (Schweißgerät) / earth (o. ground) clamp || ≈**kopplung** *f* / earth coupling, ground coupling || ≈**kurzschluß** *m* / short-circuit to earth, earth fault, ground fault, ground fault in grounded-neutral system || ≈**kurzschlußstrom** *m* / earth-fault current, ground-fault current || ≈**leiter** *m* / earth wire, ground wire, earth conductor || ≈**leiter** (s. Erdungsleiter) || ≈**leitung** (s. Erdleiter) || ≈**leitungsinduktivität** *f* / inductance of earth conductor || ≈**leitungsschalter** *m* (HGÜ) / metallic return transfer circuit-breaker || ≈**leitungsstrom** *m* / earth current, earth leakage current || ≈**oberflächenpotential** *n* / ground-to-electrode potential || ≈**potential** *n* / earth potential, potential to ground || ≈**potentialanhebung** *f* / ground potential rise || ≈**punkt** *m* / neutral point

Erdreich *n* / mass of earth, mass of soil, earth *n*, soil *n* || **im** ≈ **verlegte Leitung** / underground line

Erd·rückleiter *m* / earth return conductor, ground return conductor, ground return system || ≈**rückleitung** *f* / earth return, ground return, earth return path || ≈**-Sammelleiter** *m* / earth continuity conductor || ≈**schleife** *f* / earth loop, ground loop

Erdschluß *m* / earth fault, ground fault (GF), fault to earth, fault to ground, short-circuit to earth, earth leakage || ≈ **einer Phase** (s. einphasiger Erdschluß) || ≈ **mit Übergangswiderstand** / high-resistance fault to earth, high-impedance fault to ground || **einphasiger** ≈ / phase-to-earth fault, phase-to-ground fault, single-phase-to-earth fault, one-line-to-ground fault || **innerer** ≈ (Fehler innerhalb einer Schutzzone) / internal earth fault, in-zone ground fault || **innerer** ≈ (Maschine; Gestellschluß) / winding-to-frame fault, short circuit to frame, frame leakage || **Lichtbogen-**≈ / arc-over earth fault, arcing ground || **Mehrfach**~ / multiple fault, cross-country fault || **schleichender** ≈ / earth leakage, ground leakage || **zweipoliger** ≈ / double-phase-to-earth fault, two-line-to-ground fault, double-line-to-earth fault, phase-earth-phase fault, double fault

Erdschlußabschaltung *f* / earth-fault (o. ground-fault) clearing

Erdschluß·anzeigegerät *n* („Wächter") / earth-fault monitor || ≈**anzeiger** *m* / earth-fault indicator, earth-leakage indicator, ground indicator || ≈**ausschaltvermögen** *n* / earth-fault breaking capacity || ~**behaftet** *adj* / earth-faulted *adj* || ≈**beseitigung** *f* / clearing of earth fault, ground-fault quenching || ≈**bestimmung** *f* / earth-fault location || **Prüfung bei** ≈**betrieb** / testing under ground-fault conditions || ≈**-Brandschutz** *m* / earth-fault fire protection || ≈**drossel** *f* / neutral earthing reactor || ≈**erfassung** *f* / earth-fault detection, ground-leakage detection || **Hilfswicklung für** ≈**erfassung** / auxiliary winding for earth-fault detection, ground-leakage winding || ≈**erfassungs-Wicklung** *f* / earth-fault detection winding, ground-leakage winding || ~**fest** *adj* / earth-fault-proof *adj*, earth-fault-resistant *adj*, ground-fault-resistant *adj* || ≈**freiheit** *f* / absence of earth (o. ground) faults || ≈**kompensation** *f* / earth-fault neutralization, ground-fault compensation || **Netz mit** ≈**kompensation** / arc-suppression-coil-earthed system, ground-fault-neutralizer-grounded system, resonant-earthed system || ≈**lichtbogen** *m* / earth-fault (o. ground-fault) arc || ≈**löscher** (s. Erdschlußlöschspule) || ≈**löschspule (ESp)** (VDE 0532, T.20) *f* / arc suppression coil (IEC 289), earth-fault neutralizer, ground-fault neutralizer

(US), arc extinction coil || ²löschung *f* / earth-fault neutralizing, ground-fault neutralizing, extinction of earth faults || ²**meldeeinheit** *f* / earth-fault indicator module || ²**meldelampe** *f* / ground detector lamp || ²**melder** *m* / earth-fault indicator, earth-leakage indicator, ground indicator || ²**melderelais** *n* / earth-fault alarm relay, ground indicator relay || ²**messer** *m* / earth-leakage meter, ground-leakage indicator || ²**ortung** *f* / earth-fault (o. ground-fault) locating || ²**prüfer** *m* / earth detector, ground detector, leakage detector || ²**prüfung** *f* / earth-fault test, ground-leakage test || ²**relais** *n* / earth-fault relay, earth-leakage relay, ground-fault relay || ²**reststrom** *m* / unbalanced residual current || ²**richtungsbaugruppe** *f* / directional earth-fault detection (o. protection) module || ²**richtungsrelais** *n* / directional earth-fault relay || ²**schutz** *m* / earth-fault protection, ground-fault protection (GFP), ground-fault circuit protection, earth-leakage protection || **zusätzlicher** ²**schutz** / stand-by earth-fault protection, back-up earth-fault protection || ²**schutz mit 100 % Schutzumfang** / one-hundred-percent earth-fault protection, unrestricted earth-fault protection || ²**schutzgerät** *n* / earth-fault protection unit, ground-fault protector || ²**schutzrelais** *n* / earth-fault protection relay, ground-fault relay, earth-leakage relay || ~**sicher** *adj* (VDE 0100, T.200) / inherently earth-fault-proof, inherently ground-fault-resistant || ²**sperre** *f* / earth-fault lock-out || ²**strom** *m* (VDE 0100, T.200) / earth-fault current, ground-fault current || ²**stromanregung** *f* / earth-fault starting, relay starting by ground fault || ²**suchgerät** *n* / earth-fault locator, ground-fault detector || ²**suchschalter** *m* / fault initiating switch, high-speed grounding switch, fault throwing switch || ²**überwachung** *f* / earth-fault monitoring, earth-leakage detection, ground-fault detection || ²**überwachungsgerät** *n* / earth-leakage monitor, ground-fault detector, earth-fault monitor, earth-fault alarm relay || ²**wächter** *m* / earth-leakage monitor, earth-leakage relay || ²**wischer** *m* / transient earth fault, transient ground || ²**wischerrelais** *n* / transient earth-fault relay

Erd·schutzleiter *m* / earth-continuity conductor, ground-continuity conductor || ²**seil** *n* (Freiltg., zum Schutz gegen Blitzeinschläge) / overhead earth wire, shield wire, overhead ground wire || ²**seilschutzwinkel** *m* / angle of shade, shielding angle || ²**seilspitze** *f* (Freileitungsmast) / earth-wire peak, overhead ground wire peak || ²**sohle** *f* / ground plane || ²**spannung** *f* (Phase-Erde) / phase-to-earth voltage || ²**spannungsrelais** *n* / phase-to-earth voltage relay, ground relay || ²**spieß** *m* / earth spike, ground spike

Erdstrom *m* / earth current (IEC 50(151)), ground current || ² (Fehlerstrom) / earth-fault current, earth (o. ground) leakage current || ² (Phase-Erde) / phase-to-earth current || ²**anregung** *f* / earth-fault starting (element), ground-fault starter || ²**ausgleicher** *m* / earth-current equalizer || ²**-Meßschaltung** *f* / earth-current measuring circuit || ²**pfad** *m* / earth-current circuit || ²**-Reserveschutz** *m* / earth-fault back-up protection (o. relay) || ²**-Richtungsschutz** *m* / directional earth-fault protection || ²**-Richtungsvergleich** *m* / directional earth-fault comparison || ²**-Richtungs-Vergleichsschutz** *m* / directional comparison earth-fault protection, directional balanced ground-fault protection || ²**schaltung** (s. Erdstrom-Meßschaltung) || ²**-Schutzdrossel** *f* / earthing reactor || ²**waage** *f* / earth-fault differential relay || ²**wandler** *m* / earth-leakage current transformer

Erdstück *n* (Lichtmast) / planted section

erdsymmetrisch *adj* / balanced to earth, balanced to ground || ~**e Leitung** / balanced line || ~**e Spannung** / balanced-to-earth voltage || ~**er Strom** / balanced-to-earth current || ~**er Vierpol** / balanced two-terminal-pair network

Erdübergangswiderstand *m* / earth contact resistance (IEC 364-4-41), earth-leakage resistance

Erdung *f* (Gesamtheit der Mittel u. Maßnahmen zum Erden; VDE 0100, T.200) / earthing arrangement(s), grounding system (US), earthing || ² **mit Potentialausgleich** / equipotential earthing (o. grounding) || ² **mit Schutzfunktion** (PE) / protective earth (PE), protective ground (US), safety earth || **unmittelbare** ² / direct connection to earth, direct earthing, solid connection to earth

Erdungs·anlage *f* (VDE 0100, T.200) / earthing system, grounding system, earth-electrode system || **gemeinsame** ²**anlage** / common earthing system, interconnected grounding system || ²**anschluß** *m* (Verbindung) / earth connection, ground connection || ²**anschluß** (Klemme) (s. Erdungsklemme) || ²**anschlußpunkt** *m* / earth terminal, ground terminal || ²**art** *f* / method of earthing, method of grounding || ²**bandschelle** *f* / earthing clip, earthing clamp || ²**bolzen** *m* / earthing stud, ground stud || ²**brücke** *f* / earthing jumper, grounding strap || ²**draufschalter** *m* / fault initiating switch, fault making switch, make-proof earthing switch || ²**drossel** *f* / earthing reactor, grounding reactor, discharge coil, drainage coil || ²**elektrode** (s. Erder) || ²**fahne** *f* / earthing lead || ²**faktor** *m* (VDE 0670, T.101) / factor of earthing (IEC 56-1), earthing factor || ²**garnitur** *f* / earthing (o. grounding) accessories || ²**impedanz** *f* / impedance of earth-electrode system || ²**kabel** *n* / earthing cable, grounding cable || ²**klemme** *f* / earth terminal, ground terminal || ²**klemmenplatte** *f* / earthing pad || ²**kontakt** (Klemme) (s. Erdungsklemme) || ²**kreis** *m* / earthing circuit, earth return circuit, ground loop || ²**lasche** *f* / earthing jumper, ground strap

Erdungsleiter *m* / earth (o. earthing) conductor, ground conductor, grounding electrode conductor || ² (Erderanschlußl.) / earth electrode conductor, grounding electrode conductor || ² *n* (mit der Gründung eines Freileitungsmasts verbunden; IEC 40(466)) / counterpoise *n* || **kontinuierlicher paralleler** ² / parallel earth-continuity conductor

Erdungs·leitung (s. Erdungsleiter) || ²**messer** *n* (am SG) / earthing blade, grounding blade || ²**messer** (s. Erdungs-Meßgerät) || ²**-Meßgerät** *n* / earth resistance meter, earth tester || ²**muffe** *f* (IR) / earthing coupling, ground coupling || ²**netz** *n* /

earthing network, grounding network || ≗**platte** *f* / earthing pad, grounding pad || ≗**prüfer** *m* / earth tester
Erdungspunkt, möglicher ≗ (VDE 0168, T.1) / earthable point (IEC 71.4) || **Netz~** *m* / source earth, power system earthable point
Erdungs·ring *m* / earthing ring bus || ≗**rohr** *n* / tubular earth electrode, grounding pipe || ≗**rohrschelle** *f* / earthing clamp, ground clamp, earthing clip, earth electrode clamp || ≗**sammelleitung** *f* (VDE 0100, T.200) / earth bus, ground bus, main earth (o. ground) bus || ≗**sammelschiene** (s. Erdungssammelleitung) || ≗**schalter** *m* (VDE 0670,T.2) / earthing switch (IEC 129), grounding switch || **geteilter** ≗**schalter** (VDE 0670,T.2) / divided-support earthing switch (IEC 129) || ≗**schalterwagen** *m* / earthing-switch truck, grounding-switch truck || ≗**schelle** *f* / earthing clamp, ground clamp, earthing clip, earth electrode clamp || ≗**schellenleiste** *f* / earthing (o. grounding) clamp assembly || ≗**schiene** *f* (Anschlußschiene) / earthing bar, grounding bar, earth bar, bonding bar || ≗**schiene** (s. Erdungssammelleitung) || ≗**schraube** *f* / earthing screw, earth-terminal screw, bonding screw || ≗**seil** *n* / earthing cable, grounding cable || ≗**spannung** *f* (Anstieg) / rise of earth potential, ground potential rise || ≗**spule** (s. Erdschlußlöschspule) || ≗**stab** *m* / rod-type earth electrode, earth rod, ground rod || ≗**stange** *f* / earthing stick, grounding pole, temporary earth || ≗**steckverbinder** (s. Steckverbinder mit Erdanschluß) || ≗**stellung** *f* (SA, eines herausnehmbaren Teils; VDE 0670, T.6) / earthing position (IEC 298), earthing location, grounding position || ≗**stichleitung** *f* / earth tap conductor, ground tap (o. stub) || ≗**transformator (EdT)** *m* / earthing transformer, grounding transformer || ≗**trenner** (s. Erdungstrennschalter) || ≗**trennschalter** *m* / earthing disconnector || ≗**verbinder** *m* / earthing jumper, ground connector || ≗**wagen** *m* / earthing switch truck, earthing truck || ≗**widerstand** *m* (Summe von Ausbreitungswiderstand des Erders und Widerstand der Erdungsleitung) / earthing resistance, grounding resistance || ≗**widerstand** (s. Erderwiderstand) || ≗**zahl** *f* / coefficient of earthing (o. grounding) || ≗**zeichen** *n* / earth symbol, ground symbol
Erdverbindung, durchgehende ≗ / earth continuity
Erdverlegung, Kabel für ≗ / direct-buried cable, cable for burial in the ground, buried cable
Erd·widerstand *m* / earth resistance, ground resistance || **spezifischer** ≗**widerstand** (VDE 0100, T.200) / soil resistivity, earth resistivity
Ereignis *n* / event *n* || **Zufalls~** *n* / random phenomenon || ≗**dichteverteilung** *f* (Statistik) / occurrence density distribution || ≗**folgen** *f pl* (QS) / runs *n pl* || **~gesteuert** *adj* / event-driven *adj*, event-controlled *adj* || ≗**markierer** *m* (Schreiber, Osz.) / event marker || ≗**markier-Startselektor** *m* / event marking start selector || ≗**meldung** *f* (FWT) / event information || ≗**-Nachgeschichte** *f* / post-event history || ≗**protokoll** *n* / event log || ≗**schreiber** *m* / event recorder || ≗**-Vorgeschichte** *f* / pre-event history || ≗**zählung** *f* / event counting
Erfahrungsbericht *m* / field report
erfassen *v* / detect *v*, acquire *v*, measure *v*, meter *v*, sense *v*, record *v*
Erfassung *f* (z.B. Rest- o. Differentialstrom) / detection *n*
Erfassungs·bereich *m* (NS) / sensing range || ≗**formular** *n* (Fertigungssteuerung) / data capture form || ≗**maske** *f* (BSG) / screen form || ≗**zeit** *f* (DV) / acquisition time || ≗**zyklus** *m* / acquisition cycle, data collection cycle
erfolglose Wiedereinschaltung / unsuccessful reclosure
erfolgreiche Wiedereinschaltung / successful reclosure
Erfolgs·kontrolle *f* (QS) / check on results || ≗**quotient** *m* / success ratio
Erfolgswahrscheinlichkeit, Vertrauensgrenze der ≗ / assessed reliability
erforderlich·e Anregungsbewegung / required input motion (RIM) || **~es Antwortspektrum** / required response spectrum (RRS) || **~es Anzugsmoment** / specified breakaway torque
Erfragefunktion *f* (GKS) / inquiry function
ergänzend·e Kennzeichnung / supplementary designation || **~er Kurzschlußschutz** / back-up protection || **~e Operation** (PC) / supplementary operation || **~er Schutz** (s. Schutz gegen elektrischen Schlag im Fehlerfalle)
Ergänzung *f* (berichtigende E.) / amendment *n*
Ergänzungs·bausatz *m* / extension (o. expansion) kit, add-on kit || **Tageslicht-**≗**beleuchtung** *f* / permanent supplementary artificial lighting (PSAL) || ≗**paket** *n* (NC-Geräte) / option package || ≗**speicher** *m* / auxiliary storage || ≗**zeichnung** *f* / supplementary drawing
Ergebnis *n* (a. Statistik, QS) / result *n* || ≗**abweichung** *f* (QS) / error of result
Ergebnisanzeige *f* (PC, Bit) / result bit
ergodisches Rauschen / ergodic noise
Erhaltung der Isolierung / preservation of insulation || ≗ **der Reihenfolge** (Kommunikationsnetz, DIN ISO 7498) / sequencing *n*
Erhaltungsladebetrieb *m* (Batt.) / floating operation
Erhebung *f* (a. CAD) / elevation *n* || ≗ (gS) / bump *n* || ≗ (QS) / survey *n*
Erhebungseinstellung *f* (Flp.) / elevation setting
Erhebungswinkel *m* (Rob.) / lift angle || ≗ (Flp.) / angle of elevation, elevation angle
erhellen *v* / light *v* (up), to shed light upon, illuminate *v*
erhöhen, Spannung ~ / to raise (o. increase) the voltage, to boost the voltage, boost *v*
erhöht·e Feuergefahr / increased fire risk || **~e Schreibgeschwindigkeit** / enhanced (o. fast) writing speed || **~e Sicherheit** (Ex e; EN 50019) / increased safety (EN 50019)
Erhöhungsgetriebe *n* / step-up gearing, speed-increasing gear unit
Erholung *f* / recovery *n*
Erholungs·geschwindigkeit *f* / recovery rate || ≗**strom** *m* / recovery current || ≗**verhältnis** *n* / recovery ratio || ≗**zeit** (s. Erholzeit)
Erholzeit *f* / recovery time || ≗ (Einschwingzeit nach einer sprunghaften Änderung der zu messenden Größe) / restoration time || ≗ (Speicher-Oszilloskop) / recycle time || ≗ (Sperröhre) /

recovery period
Erichsen-Prüfung *f* / Erichsen test, indentation test, distensibility test
erkennbarer Fehleranteil (IEC 50(191)) / fault coverage
Erkennbarkeit *f* / perceptibility *n*, detectability *n* || **Grad der** ≗ (s. Sichtbarkeitsgrad)
erkennen *v* (DV, PC) / recognize *v* || **einen Fehler** ~ / to detect (o. identify) a fault
Erkennung *f* (z.B. eines Codes) / recognition *n* || **Zustands**~ *f* (Netz) / state estimation
Erkennungs·feuer *n* / recognition light || ≗**kode** *m* / detecting code
Erkennungssystem *n* / recognition system || ≗ **mit Sichtsensoren** / vision system
Erkennungszeichen *n*, **Flugplatz-**≗ / aerodrome identification sign
Erkennungs·zeit *f* / recognition time || ≗**zeit** *f* (DÜ) / input-signal delay
Erlangmeter *n* / Erlang meter
Erlangsche Verteilung / Erlang distribution
erlaubtes Band (HL) / permitted band
erläuternd·es Diagramm / explanatory chart || ~**er Schaltplan** / explanatory diagram
erleuchtet *adj* / illuminated *adj*, alight *adj*
Erlöschen des Lichtbogens / extinction of the arc
Ermeto-Verschraubung *f* / Ermeto self-sealing coupling, Ermeto coupling
ermitteln *v* / determinate *v*, establish *v*
ermittelte Verzichtszeit (LAN) / backoff *n*
Ermittlung des Oberschwingungsgehalts / harmonic test || ≗ **des Wirkungsgrades** (s.a. „Wirkungsgradbestimmung") / calculation of efficiency
Ermittlungsergebnis *n* (QS) / result of determination
Ermüdung *f* / fatigue *n*, fatigue phenomenon
Ermüdungs·bruch *m* / fatigue failure || ≗**erscheinungen** *f pl* / fatigue phenomena, precracking *n* || ≗**festigkeit** *f* / fatigue strength || ≗**grenze** *f* / fatigue limit, endurance limit || ≗**prüfung** *f* / fatigue test || ≗**riß** *m* / fatigue crack || ≗**zuschlag** *m* / fatigue allowance
erneuern *v* / renew *v*, replace *v*
erneuerte Kennung (FWT) / updated identification
Erneuerung *f* (Aktualisierung, z.B. v. Telegrammen) / updating *n* || ≗ **der Qualifikation** (s. Wiederholungsqualifikation)
Eröffnungs·menü *n* / top menu || ≗**zeichen** *n* (Nachrichten, Text) / start-of-text character
Erosionskorrosion *f* / corrosion-erosion *n*
Erprobung *f* / trial *n*, test *n*
Erprobungsträger *m* (MSB) / test track
erregen *v* (Masch.) / excite *v* || ~ (Rel., Schütz) / energize *v*
erregend·e Drehfrequenz / rotational exciting frequency || ~**e Wicklung** / exciting winding
Erreger *m* / exciter *n* || **Schwingungs**~ *m* (el.) / exciter of oscillations, oscillator *n* || **Schwingungs**~ *m* (mech.) / vibration generator, vibration exciter || ≗**abstand** *m* (MSB) / magnet-to-winding clearance || ≗**anordnung** *f* (el. Masch.) / excitation system || ≗**ausfallschutz** *m* / field failure protection, loss-of-field protection || ≗**deckenspannung** *f* / nominal exciter ceiling voltage, exciter ceiling voltage || ≗**durchflutung** *f* / field ampere turns, ampere turns of exciting magnet, excitation strength || ≗**einrichtung** *f* / excitation equipment, excitation system || ≗**energie** *f* (s. Erregerleistung) || ≗**feld** *n* (GM u. Synchronmasch.) / field system, exciting field, field *n* || ≗**feld** *n* (Erregermasch.) / exciter field || ≗**feld-Zeitkonstante** *f* / field time constant || ≗**fluß** *m* / excitation flux || ≗**geschwindigkeit** *f* / exciter response || ≗**gleichrichter** *m* / field-circuit rectifier, field rectifier, static exciter || ≗**grad** *m* (el. Masch.) / field ratio, effective field ratio || ≗**gruppe** (s. Erregersatz) || ≗**kreis** *m* / field circuit, excitation circuit, exciter circuit, exciting circuit || ≗**kreisunterbrechung** *f* / field failure || ≗**kurve** (s. Felderregerkurve) || ≗**laterne** *f* / exciter dome || ≗**leistung** *f* / excitation power, exciter rating, exciter output || ≗**leitung** *f* / exciter leads, field leads || ≗**magnet** *m* / exciting magnet, field magnet || ≗**maschine** *f* / exciter *n* || ≗**maschinenkapsel** *f* / exciter enclosure, exciter housing || ≗**maschinensatz** *m* / exciter set || ≗**-Motor-Generator** *m* / exciter motor-generator set, exciter set || ≗**satz** *m* / motor-exciter set, exciter set || ≗**schutz** *m* / (motor) field protection || ≗**seite (ES)** (el.Masch.) *f* / exciter end || ≗**seite** *f* (Rel.) / energizing side (o. circuit), coil circuit || ≗**sockel** *m* / exciter platform
Erregerspannung *f* / field voltage, excitation voltage, collector-ring voltage || **Änderungsgeschwindigkeit der** ≗ / exciter voltage-time response || **höchste** ≗ / exciter ceiling voltage
Erregerspannungs·dynamik *f* / exciter voltage-time response || ≗**grad** *m* / field voltage ratio || ≗**transformator** *m* / excitation voltage transformer
Erreger-Spannungs-Zeitverhalten *n* / exciter voltage-time response || ≗**spule** *f* (el.Masch.) / field coil || ≗**spule** *f* (Rel.) / operating coil, coil *n* || ≗**spulenkasten** *m* / field spool || ≗**stoß** *m* / exciting inrush
Erregerstrom *m* (el.Masch.) / field current, excitation current, exciting current || ≗ (Trafo) / exciting current, secondary exciting current || **sekundärer** ≗ (Wandler) / exciting current (IEC 50(321)) || ≗**begrenzer** *m* / excitation limiter || ≗**belag** *m* / field ampere turns || ≗**grad** *m* / field current ratio || ≗**klemme** *f* / field terminal || ≗**kompoundierung** *f* / current-compounded self-excitation || ≗**kreis** *m* (el. Masch.) / field circuit, exitation field circuit, exciter circuit || ≗**kreis** *m* (Fernschalter, Zeitschalter) / control circuit || ≗**leitung** *f* / field lead, slipring lead || ≗**quelle** *f* / excitation system || ≗**regler** *m* / field-current regulator
Erregerstromrichter *m* / static exciter, field rectifier
Erregerstrom·steller *m* / field rheostat || ≗**transformator** *m* / excitation current transformer
Erregersystem *f* (el. Masch.) / excitation system || ≗**-Bemessungsspannung** *f* / excitation system rated voltage || ≗**-Bemessungsstrom** / excitation system rated current || ≗**-Deckenspannung** / excitation system ceiling voltage
Erreger·transformator *m* / field-circuit transformer || ≗**umformer** *m* (rotierend) / motor-exciter set, exciter set || ≗**umformer** *m* (statisch) / static exciter, field-circuit converter || ≗**untersatz** *m* /

exciter platform, exciter base || ≈**verhalten** *n* / exciter response || ≈**-Verstärkermaschine** *f* / amplifying exciter, control exciter
Erregerwicklung *f*(Hauptmasch.) / field winding, excitation winding || ≈ (Erregermasch.) / exciter winding || ≈ (Trafo) / energizing winding || ≈ (Rel.) / excitation winding, excitation coil || **Streureaktanz der** ≈ / field leakage reactance || **Widerstand der** ≈ / field resistance
Erreger·widerstand *m* / exciter resistance, field resistance || ≈**widerstand** *m*(Steller) / field rheostat || ≈**widerstand** *m*(Gerät) / excitation resistor || ≈**windung** *f* / field turn || ≈**zusatzspannung** *f* / field boosting voltage, field forcing voltage || ≈**zusatzstrom** *m* / field boosting current, field forcing current
erregt für Haltung / energized for holding || ~**er Zustand** (Rel.) / energized condition || **elektrisch** ~ / electrically excited, d.c.-excited *adj*
Erregung *f*(Masch.) / excitation *n*, field excitation || ≈ (Rel., Schütz) / energization *n*, excitation *n* || **dielektrische** ≈ / dielectric displacement density || **einphasige** ≈ (Trafo) / single-phase supply || **maximale** ≈ (el. Masch.) / maximum field
Erregungs·art *f* / method (o. type) of excitation || ≈**ausfall** *m* / field failure, loss of field, excitation failure || ≈**ausfallrelais** *n* / field failure relay, loss of excitation relay, field loss relay || ≈**ausfallschutz** *m* / field-failure protection || ≈**begrenzung** *f* / field limitation, excitation limiting || ≈**fähigkeit** *f* / excitation capacity, excitation capability || ≈**funktion** *f* / excitation function || ≈**geschwindigkeit** *f* / exciter response, excitation response || **mittlere** ≈**geschwindigkeit** / excitation response ratio || ≈**größe** *f*(Rel.) / energizing quantity, input energizing quantity || ≈**koeffizient** *m* / exciter response || ≈**kondensator** *m* / excitation capacitor || ≈**kreis** *m*(Rel.) / input circuit
erregungslos·er Synchronmotor (s. Reluktanzmotor)
Erregungs·stoßspannung *f* / shock excitation voltage, field forcing voltage || ≈**strom** *m* / excitation current, field current || ≈**tafel** *f* / excitation table, excitation matrix || ≈**variable** *f* / excitation variable || ≈**verluste** *m pl* / exciting-circuit loss, excitation loss, field loss || ≈**ziffer** *f* / nominal exciter response
erreichbare Fertigungsgenauigkeit / process capability
errichten *v* / install *v*, erect *v*, construct *v* || ≈ **elektrischer Anlagen** / installation of electrical systems and equipment, construction (or erection) of electrical installations
Errichtungsbestimmungen *f pl* / regulations for installation, regulations for electrical installations, installation rules, code of practice || ≈ (Hausinstallation) / wiring regulations, wiring rules || ≈ **für elektrische Anlagen** / regulations for electrical installations
Ersatz·ausrüstung *f* / spare equipment || ≈**ausschaltzeit** *f*(VDE 0670, T.4) / virtual operating time || ≈**batterie** *f* / replacement battery || ≈**beleuchtung** *f* / stand-by lighting || ≈**bild** (s. Ersatzschaltbild) || ≈**bürde** *f* / equivalent burden || ≈**gerät** *n*(PC) / back-up device
Ersatzgröße *f*(DÜ, DIN ISO 8208) / default size || ≈ **ohne Vereinbarung** (DÜ, DIN ISO 8208) / standard default size
Ersatz· *f*, **Reihen-**≈**induktivität** / equivalent series inductance || ≈**kanal** *m* / stand-by channel, back-up channel || ≈**kapazität** *f* / equivalent capacitance || ≈**kreis** (s. Ersatzstromkreis)
Ersatzlänge *f*(DÜ, DIN ISO 8208) / default length || ≈ **ohne Vereinbarung** (DÜ, DIN ISO 8208) / standard default length
Ersatz·last *f* / dummy load, circuit cheater || ≈**mantel** *m*(LWL) / recladding *n* || ≈**netz** *n* / equivalent network (IEC 50(603)), artificial network (EN5006) || ≈**probe** *f* / retest specimen || ≈**prüfkreis** *m* / simulated test circuit || ≈**prüfung** *f* / special test || ≈**quellenmethode** *f* / charge simulation method (CSM) || ≈**reaktanz** *f* / equivalent reactance || ≈**-Reihenwiderstand** *m*(Kondensator) / equivalent series resistance || ≈**schaltbild** *n* / equivalent circuit diagram, equivalent network || ≈**schalter** *m* (LS) / substitute breaker || ≈**schalterabzweig** *m* / substitute breaker circuit || ≈**schaltplan** *m* / equivalent circuit diagram
Ersatzschaltung *f* / equivalent circuit, equivalent network || **thermische** ≈ (HL, DIN 41862) / equivalent thermal network
Ersatz·schiene *f*(Sammelschiene) / substitute bus, by-pass bus || ≈**schmelzzeit** *f*(VDE 0670, T.4) / virtual prearcing time || ≈**-Sperrschichttemperatur** *f*(HL, DIN 41853, DIN 41862) / equivalent junction temperature, virtual junction temperature || ≈**sternschaltung einer Dreieckschaltung** / star connection equivalent to delta connection
Ersatzstrom·anlage *f* / stand-by generating plant, emergency generating set || ≈**erzeuger** *m* / stand-by generator, emergency generator || ≈**erzeugungsanlage** *f* / stand-by power generating plant || ≈**kreis** *m* / equivalent circuit || ≈**schiene** *f* / stand-by bus || **wichtiger** ≈**verbraucher** (s. wichtiger Verbraucher) || ≈**versorgung** *f* / stand-by supply, stand-by power (IEC 146-4) || ≈**versorgungsanlage** *f* / stand-by power supply system, stand-by power generating plant
Ersatzsystem (s. Reservesystem)
Ersatzteil *n* / spare part, spare *n*, replacement part, renewal part || ≈**ausrüstung** *f* / spare equipment || ≈**bestand** *m* / spare-parts inventory || ≈**haltung** *f* / spare-parts service, spare-parts inventory, stocking of spare parts || ≈**lager** *n* / spare-parts store, stock of spare parts || ≈**liste** *f* / spare-parts list
Ersatz·temperatur *f*(Thyr, DIN 41786) / virtual temperature || **innere** ≈**temperatur** (HL; DIN 41853, DIN 41786) / internal equivalent temperature, virtual temperature || ≈**versorgung** *f* / standby supply || ≈**weg** *m*(FWT) / stand-by transmission route || ≈**werkstoff** *m* / substitute material || ≈**wert** *m*(DV, PC) / substitute value || ≈**wert** *m*(für eine außer Betrieb genommene Meßstelle vorgegebener Wert als Ersatz f. den Istwert) / default value || ≈**-Wicklungsprüfung** *f* / equivalent separate-source voltage withstand test, equivalent applied-voltage test, special applied-voltage test || **Elektroden-**≈**widerstand** *m* / dummy cathode resistor || ≈**widerstand** *m* / equivalent resistance || **Vorwärts-**≈**widerstand** *m*

(Diode, DIN 41781) / forward slope resistance || ²widerstand *m* (Thyr, DIN 41786) / on-state slope resistance, forward slope resistance || ²zeitkonstante *f* / equivalent time constant
erschöpfte Batterie / exhausted battery
Erschütterung *f* / vibration *n*, shaking *n*
Erschütterungs·aufnehmer *m* / vibration pick-up || **~empfindlich** *adj* / sensitive to vibration || **~fest** *adj* / vibration-proof *adj*, immune to vibration || **²festigkeit** *f* / resistance to vibration, vibration strength, vibration resistance, vibrostability *n*, immunity to vibration
erschütterungsfrei *adj* / free from vibrations, non-vibrating *adj*, non-oscillating *adj* || **~e Befestigung** / anti-vibration mounting, vibration-proof mounting
erschütterungsunempfindlich *adj* / insensitive (o. immune) to vibration
erschwert·e Bedingungen / onerous (operating) conditions, severe (operating) conditions || **~er Betrieb** / heavy duty || **~e Prüfung** / tightened inspection
erst·er Basispunkt (Impulsepoche) / first base point || **~e biegekritische Drehzahl** / first critical speed || **~es Kirchhoffsches Gesetz** / first Kirchhoff law, Kirchhoff's current law || **~er Übergang** (Impulsabbild) / first transition || **Blech ~er Wahl** / first-grade sheet (o. plate)
Erstabfrage (ERAB) (PC) *f* / first input bit scan || **²** (zyklische A.) / first scan || **² eines Bit** / first bit scanned || **²kennung** *f* / first scan identifier
Erstabsperrventil *n* / primary shut-off valve, main shut-off valve
erstadressiert·er Zustand des Hörers (PMG, DIN IEC 625) / listener primary addressed state (LPAS) || **~er Zustand des Sprechers** (PMG, DIN IEC 625) / talker primary addressed state (TPAS)
Erstanlauf *m* / cold (o. initial) start
erstarren *v* / set *v*, solidify *v*
Erstarrungs·punkt *m* / setting point, congealing point, solidification point, shell freezing point
Erstausführung *f* / prototype *n*, first unit of each type and design
Erstausrüstungs-Batterie *f* / original equipment battery
erstellen *v* (Bilder am Bildschirm) / build *v*, create *v*
Ersteller *m* (Nachrichtenquelle) / originator *n*
Erstellsoftware *f* / generation software
Erstellung des Programms / generation (o. development o. preparation) of program
Erst·impuls *m* / first pulse || **²kreis** *m* / primary circuit || **²ladung** *f* (Batt.) / initial charge
Erstlauf *m* (PC) / cold start (o. restart) || **²flanke** *f* (PC) / pulse edge in first scanning cycle || **²zweig** *m* (PC) / initialization branch
Erst·lizenz *f* (Software) / initial licence || **²magnetisierung** *f* / initial magnetization || **²meldung** *f* / first-out alarm
erstöffnender Pol / first pole to clear
Erstprüfung *f* / original inspection
erstschließender Pol / first pole to close
Erst·übergangsdauer *f* (Impulsabbild, DIN IEC 469, T.1) / first transition duration || **²wert** *m* / first-up value, first-up signal || **²wertmeldung** *f* / first-up signal (o. message) || **²wertquittieren** *n* / first-up signal acknowledgement || **²wicklung** *f* / primary winding

ertüchtigen *v* / improve *v*, upgrade *v*, enhance *v*
Erwärmung *f* / heating *n* || **²** (Übertemperatur) / temperature rise || **² durch Thermometer gemessen** / temperature rise by thermometer || **² durch Widerstandserhöhung gemessen** / temperature rise by resistance
Erwärmungs·fehler *m* (Widerstandsthermometer) / self-heating error || **²grenze** *f* / temperature-rise limit, limit of temperature rise, limiting temperature rise || **²kennlinie** *f* / temperature-rise characteristic || **²lauf** *m* / temperature-rise test, heat run || **²messung** *f* / measurement of temperature rise, temperature-rise test || **Dauerprüfung mit ²messung** / heat run, temperature-rise test || **²prüfung** *f* / temperature-rise test, heat run (el. machine) || **²prüfung im Leerlauf** (Trafo) / open-circuit temperature-rise test || **²prüfung mit Nachbildung durch Widerstände** / temperature-rise test using heating resistors with an equivalent power loss || **²prüfung mit Strombelastung aller Bauteile** / temperature-rise test using current on all apparatus || **²spiel** *n* / thermal cycle || **²zeit** *f* (tE-Zeit) / safe locked-rotor time, locked-rotor time, tE time
erwartend, zu ~e Berührungsspannung (VDE 0100, T.200) / prospective touch voltage || **zu ~er Strom** / prospective current, available current (US)
Erwartung *f* (QS) / expectation *n*
erwartungs·gesteuerte Inferenzen / expectation-driven reasoning || **~treue Schätzfunktion** (DIN 55350, T.24) / unbiased estimator || **²wert** *m* / expected value, expectation *n* || **²wert einer Zufallsgröße** (DIN 55350,T.21) / expectation value of a variate
Erweichungs·punkt *m* / softening point, fusion point || **²temperatur** *f* / softening temperature || **Prüfung der ²** (Lackdraht) / cut-through test
erweitern *v* / extend *v*, expand *v*
erweitert·er Bereich (a. Ausl.) / extended range || **~er Hörer** (DIN IEC 625) / extended listener || **~e Hörerfunktion** (PMG) / extended listener function || **~er Leiter** / expanded conductor || **~es NAND-Glied** (DIN 40700) / extended NAND (IEC 117-15) || **~e Peripherie** (PC) / extendend I/O memory area || **~er Pfahl** (Bohrpfahl) / expanded pile, bulb pile, reamed pile || **~er Sprecher** (DIN IEC 625) / extended talker || **~e Sprecherfunktion** (PMG) / extended talker function || **~er Systembereich** (PC) / expanded system data area
Erweiterungs·baugruppe *f* (Leiterplatte) / expansion board, expansion card || **²-Baugruppenträger (EBGT)** *m* / expansion rack (ER) || **²bausatz** *m* / extension kit || **²eingang** *m* / extension input, expander input || **²einheit** *f* / extension (o. expansion) unit || **~fähig** *adj* / extendable *adj*, extensible *adj*, expandable *adj*, open-ended *adj* (e.g. program) || **²gerät (EG)** (PC) *n* / expansion unit (EU), extension unit || **²gerät (EG)** (PC, Baugruppenträger) *n* / expansion rack (ER) || **²muffe** *f* (IR) / adaptor *n* || **²schaltung** *f* (IS) / expander *n*, extender *n* || **²stück** *n* (IR) / adaptor *n*, expansion fitting || **²system** *n* / extension (o. expansion) system
erzeugen *v* (Strom) / generate *v* || **~** (a. CAD) / create *v*

erzeugendes Rad / generating gear
Erzeuger von Spannungsoberschwingungen / source of harmonic voltages
Erzeugerdruck *m* (Druckluftanlage) / main-receiver pressure
Erzeuger-Zählpfeilsystem *n* / generator reference-arrow system
Erzeugnis, elektrotechnisches ≗ / electrotechnical product || **technisches** ≗ / technical product || ≗**qualität** *f* / product quality
erzeugte Leistung (KW) / power produced
Erzeugung eines Kraftwerks / energy production of a power station, generation of a power station || ≗ **elektrischer Energie** / generation of electrical energy, generation of electricity, power generation
Erzeugungs·ausfall *m* / loss of generating capacity || ≗**kosten** *f* / cost of generation || ≗**prognose** (s. Kraftwerkspark-Prognose) || ≗**zustand der Quelle** (PMG, DIN IEC 625) / source generate state (SGNS)
erzwungen·e Ausbildung der Ströme (Transduktor) / constrained-current operation, forced excitation || ~**e Ausfallrate** / forced outage rate || ~**e Bewegung** (Kühlmittel) / forced circulation || ~**e Erregung** (el. Masch.) / forced excitation || ~**e Erregung** (Transduktor) / constrained-current operation || ~**e gerichtete Ölströmung** / forced-directed oil circulation || ~**e Kennlinie** (LE) / forced characteristic || ~**e Kommutierung** / forced commutation, self-commutation *n* || ~**e Luftkühlung** / forced-air cooling, air-blast cooling || ~**e Luftkühlung und Ölumlauf** / natural-oil/forced-air cooling || ~**e Luftumwälzung** / forced-air circulation || ~**e Magnetisierung** (Transduktor) / constrained-current operation, forced excitation || ~**e Ölkühlung** / forced-oil cooling || ~**er Ölumlauf** / forced-oil circulation || ~**e Schwingung** / forced oscillation || ~**e Stillsetzung** / forced outage || ~**er Strom** / forced current || ~**e Strömung** / forced flow
ES (s. Erregerseite) || ≗ (s. Eingabebaugruppe mit Sammelsignal)
ESB (s. Einseitenbandübertragung)
E-Schnittkern *m* / cut E core
ESp (s. Erdschlußlöschspule)
ESR (s. Elektronenstrahlröhre)
Esson-Ziffer *f* / Esson coefficient, output coefficient
Esterimid *n* / esterimide *n*
Estrich *m* / screed *n*, floor fill, topping *n*, floor finish || ~**bündig** *adj* / flush with screed, flushfloor *adj* || ~**überdeckbarer Kanal** / under-screed trunking (o. duct), under-screed raceway || ~**überdeckt** *adj* / under-screed *adj*
ESU (s. elektronische Störunterdrückung)
ETA (s. Emulations- und Testadapter)
Etage *f* (Wickl.) / plane *n*, tier *n*, range *n* || ≗ (ET, DIN 40719) / tier *n* || ≗ (BGT) (s. Baugruppenträger)
Etagen·bogen *m* (Wickl.) / swan-neck bend || ≗**heizer** *m* / apartment heater, flat heater || ≗**lüfter** *m* (ET, elST) / fan assembly || ≗**verteilung** *f* / storey distribution board, floor panelboard
Etat (s. Fehleretat)
ETC (s. elektronisches Temperaturregelsystem)
ETF (s. eingebauter Temperaturfühler)
ETFE (s. Ethylen-Tetra-Fluor-Ethylen) || ≗-**Aderleitung** *f* / ETFE single-core non-sheathed cable
Ethylen *n* / ethylene *n* || ≗-**Propylen-Kautschuk (EPR)** *m* / ethylene propylene rubber (EPR) || ≗-**Tetra-Fluor-Ethylen (ETFE)** *n* / ethylene tetrafluoride ethylene (ETFE) || ≗-**Vinylacetat (EVA)** *n* / ethylene vinyl acetate (EVA)
Etikett *n* (zur maschinellen Interpretation von Daten) / tag *n*
Euronorm (s. Europäische Norm)
Europa·-Flachstecker *m* / Euro flat plug || ≗**format** *n* / Euroformat *n*, European standard size, Eurocard format
Europäische Norm (EN) / European Standard (EN)
Europakarte *f* / Euro-card *n* || ≗ **in Doppelformat** / double-size Eurocard, double-height Eurocard
Europaplatte *f* / European standard-size p.c.b.
Eutektikum *n* / eutectic *n*
eutektisches Kontaktieren / eutectic bonding
euzentrisch *adj* / eucentric *adj*
eV (s. Elektronenvolt)
EVA (s. Ethylen-Vinylacetat)
Evakuierungsanlage *f* / evacuating system, evacuating equipment
EVG (s. elektronisches Vorschaltgerät)
Evolventen·-Keilverzahnung *f* / involute splines || ≗-**Kerbverzahnung** *f* / involute serrations || ≗**rad** *n* / involute gear || ≗**schnecke** *f* / involute worm || ≗**verbindung** *f* (Wickl.) / evolute connection, involute connection
EVU (s. Elektrizitätsversorgungsunternehmen)
E-Welle *f* / E-wave *n*, transverse magnetic wave
Ex-Bereich (s. explosionsgefährdeter Bereich)
Excess-Gray-Code *m*, **3-**≗ / 3-excess Gray code
Excitron *n* / excitron *n*
exemplarbedingte Toleranz / manufacturing tolerance
Exemplarstreuung *f* / manufacturing tolerance
Ex-geschützt *adj* (Schutzart „d") / flameproof *adj*, protected for use in explosive atmospheres || ≗ (Schutzart „e") / increased-safety type, protected for use in hazardous locations
Exhaustor *m* / exhaustor *n*, extraction fan
exklusives ODER (EOR) / exclusive OR (EOR), non-equivalence *n*
Exklusiv-ODER·-Aufspaltung *f* / exclusive-OR branch || ≗-**Element** *n* / exclusive-OR element
Ex-Leuchte *f* (druckfest) / flameproof lighting fitting, explosion-proof luminaire
expandierter Leiter (s. erweiterter Leiter)
Expansions·schalter *m* / expansion circuit-breaker || ≗**trenner** *m* / expansion disconnector, expansion interrupter || ≗**unterbrecher** *m* / expansion interrupter || ≗**zahl** *f* (Durchflußmessung) / expansibility factor, expansion factor
experimentell·e Antwortzeit T_n / experimental response time T_n || ~ **ermittelte Grenzspaltweite (MESG)** / maximum experimental safe gap (MESG)
Expertensystem, wissensbasiertes ≗ / knowledge-based expert system
explizit·e Daten / explicit data || ~**er Dezimalpunkt** / explicit decimal sign || ~**er Radixpunkt** / explicit radix point
explodierte Darstellung / exploded view

Explosionsdruck *m* / explosion pressure || **auf den ≗ ansprechender Schalter** / explosion pressure switch
explosionsfähig *adj* / explosive *adj*, flammable *adj* || **~e Atmosphäre** / explosive atmosphere || **~e Gasatmosphäre** / explosive gas atmosphere || **~es Gemisch** / explosive mixture || **~e Staubatmosphäre** / explosive dust atmosphere
explosionsfähigstes Gemisch / most easily ignitable mixture
Explosionsgefahr *f* / explosion hazard
explosionsgefährdet·er Bereich (EN 50014) / hazardous area, potentially explosive atmosphere (EN 50014), area (o. location) subject to explosion hazards || **~e Betriebsstätte** / hazardous location, explosive situation
explosionsgeschützt·e Ausführung / explosion-protected design, hazardous-duty design || **~e Ausführung** (druckfest) / flameproof design (o. type), explosion-proof design (o. type) || **~e Ausführung** (erhöhte Sicherheit) / increased-safety design (o. type) || **~es Bauelement** / explosion-proof component (IEC 50(581)) || **~e Betriebsmittel** / explosion-protected equipment, hazardous-duty equipment || **~er Klemmenkasten** (Teil einer druckfesten Kapselung) / flameproof terminal box || **~e Maschine** (druckfest) / flameproof machine (GB), explosion-proof machine (US) || **~e Maschine** (erhöhte Sicherheit) / increased-safety machine
Explosions·grenze *f* (E VDE 0165, T.102) / explosive limit || **≗klasse** *f* / class of inflammable gases and vapours, danger class || **≗schutz** *m* / explosion protection || **≗schutz** *m* (Sammelbegriff für (Sch)- u. (Ex)-Ausführungen / explosion-protected type, hazardous-duty type || **≗schutzvorrichtung** *f* (Trafo) / explosion vent || **≗zeichnung** (s. explodierte Darstellung)
Explosivformung *f* / explosive forming
explosivstoffgefährdeter Bereich (VDE 0166) / area potentially endangered by explosive materials
Exponent *m* / exponent *n*
Exponentenprofil *n* (f. eine Gruppe von Brechzahlprofilen) / power-law index profile
Exponential·baustein *m* / exponential-function block || **≗verteilung** *f* (DIN 55350,T.22) / exponential distribution
exportfreundlich *adj* / export-oriented *adj*
Expositionsdauer *f* (Lasergerät, VDE 0837) / exposure time (IEC 825)
Exsikkator *m* / desiccator *n*
Extender *m* (Füllstoff) / extender *n*
extern bedingte Unbrauchbarkeitsdauer (IEC 50(191)) / external disabled time, external loss time || **~e Hilfsinformation** (s. anlagenexterne Hilfsinformation) || **~er Meßpfad** / external measuring circuit || **~e Nachricht** (DIN IEC 625) / remote message (IEC 625) || **~e Stromversorgung** / external power supply || **~e Synchronisierung** (Osz.) / external synchronization || **~e Systembeeinflussung** (EMV) / inter-system interference || **~e Triggerung** (Osz.) / external triggering
Externspeicher *m* / external storage, peripheral memory || **≗anschaltung** *f* (PC-Baugruppe) / peripheral memory interface module
Extinktion *f* (Infrarotstahlung) / absorbance *n*
Extinktionsmodul *m* / linear absorption coefficient
Extrafeingewinde *n* / extra-fine thread
extrapoliert·e Ausfallrate / extrapolated failure rate || **~e Erfolgswahrscheinlichkeit** (Statistik, QS) / extrapolated reliability
extrem hoher Integrationsgrad (IS) / super-LSI (SLSI)
Extrembereich *m* (Rel., einer Einflußgröße; VDE 0435, T.110) / extreme range
Extremwert *m* / extreme value, extremum *n* || **≗auswahl** *f* (Reg., PC) / high-low value selection, maximum/minimum value selection, extreme-value selection || **≗auswahlbaustein** *m* (PC) / high-low signal selector block, minimum/maximum selection block || **≗auswähler** *m* / extremal-value selector, minimum/maximum selector, high/low selector || **≗regelung** *f* / high-low-responsive control, extremal control, peak-holding control || **≗regler** *m* / high-low-responsive controller, peak-holding controller || **≗speicher** *m* / minima/maxima memory || **≗verteilung** *f* (DIN 55350,T.22) / extreme value distribution
extrudiert·e gemeinsame Aderumhüllung (VDE 0281) / extruded inner covering (HD 21) || **~e Isolierung** (Kabel) / extruded insulation
Exzenter *m* (EZ) / eccentric movement || **≗ringbefestigung** *f* (Y-Lg.) / eccentric locking collar || **≗welle** *f* / eccentric shaft
Exzentrizität *f* / eccentricity *n*
Exzess *m* (DIN 55350,T.21) / excess *n*

F

F (Buchstabensymbol für erzwungene - forced - Kühlmittelbewegung) / F (letter symbol for forced coolant circulation)
FA (s. Fabrikautomatisierung)
FAB (s. Fabrikations- und Konstruktionsrichtlinien)
F-Abhängigkeit *f* / F dependency, free-state dependency
Fabrikatbezeichnung *f* / product designation, type designation
Fabrikatetechnik *f* / product engineering
Fabrikations·nummer (s. Fabriknummer) || **≗- und Konstruktionsrichtlinien (FAB)** / manufacturing and design guidelines
Fabrik·automatisierung (FA) *f* / factory automation (FA) || **≗ebene** *f* / factory level
fabrikfertig *adj* / factory-built *adj*, factory-assembled *adj* || **~er Baustromverteiler (FBV)** / factory-built worksite distribution board || **~er Installationsverteiler (FIV)** / factory-built distribution board, factory-built consumer unit, factory-assembled panelboard || **~er Motorenschaltschrank** *m* / motor control centre (MCC) || **~e Schaltanlagen** (VDE 0670,T.6) / factory-assembled switchgear and controlgear (IEC 298) || **~e Schaltgerätekombination für Baustellengebrauch** / factory-built assembly of l.v. switchgear and controlgear for use on worksites (FBAC) || **~e Schaltgerätekombination** (SFK) / factory-built assembly (of l.v. switchgear

and controlgear) (FBA)

Fabrik·garantie *f* / maker's warranty || **≈leuchte** *f* / factory luminaire (o. fitting) || **≈nummer** *f* / serial number || **≈prüfung** *f* / factory test, works test || **≈schild** *n* / nameplate *n*

Facettenspiegel *m* / facet reflector (o. mirror)

Fach *n* (SK, ET; VDE 0660, T.500 u. DIN 43350) / sub-section *n* (IEC 439-1), compartment *n* (E IEV 443) || **≈** („Mailbox") / mailbox *n* || **≈** (s. Schottfach) || **Batterie~** (HG) / battery compartment

Facharbeiter *m* / skilled worker, skilled operator

Fachausdruck *m* / technical term

Fächerung (s. Ausgangsfächerung) || **≈** (s. Eingangsfächerung)

Fach·grundnorm *f* (DIN 41640) / basic specification (IEC 512-1) || **≈können** *n* / proficiency *n*, workmanship *n* || **≈kraft** *f* / skilled person || **≈leute** *plt* / authorized personnel || **≈mann** *m* / expert *n* || **≈personal** *n* / qualified staff

Fachwerk *n* (Gittermast) / bracing *n*, panel *n* || **doppeltes ≈ mit Stützstäben** (Gittermast) / double-warren redundant support, double-lacing redundant support || **≈knoten** *m* (Gittermast, IEC 50(466)) / node *n*, panel point

Fädel·liste *f* / chained list || **≈schalter** *m* (DIP-Schalter) / DIP-FIX switch *n* || **≈speicher** *m* / braided ROM, woven ROM

Fädelung *f* (Wickelanschluß) / wire-up *n*, manual wrapping

Fädel·wandler *m* / pin-wound transformer || **≈wicklung** *f* / threaded-in winding, pin winding, tunnel winding

Faden·aufnahmevermögen *n* (Staubsauger) / thread removal ability || **≈einschaltstrom** *m* (Lampe) / filament starting current || **≈kreuz** *n* / crosshair(s) *n(pl)*, reticle *n* || **≈kreuzlupe** *f* (CAD) / puck *n*

Fadenlunker *m* / pinhole *n* || **≈bildung** *f* / pinholing *n*

Faden·maß *n* / thread measure || **≈thermometer** *n* / filament thermometer || **≈transistor** *m* / filament transistor

Fahne *f* (Anschlußstück) / lug *n*

Fahnen·schaltung *f* (Trafo) / flag cycle (IEC 214) || **≈schild** *n* / marking tag || **≈schuh** *m* (Bürste) / flag terminal

Fahr·achse *f* / axle *n*, wheel axle || **≈anlage** *f* (Schiff) / propulsion system

Fahrbahn *f* / carriageway *n*, roadway *n*, road surface || **≈leuchtdichte** *f* / road-surface luminance || **mittlere ≈leuchtdichte** / average maintained road-surface luminance

fahrbar *adj* / mobile *adj* || **~er Koffer** / transport case with castors || **~er Transformator** / mobile transformer || **~e Unterstation** / mobile substation

Fahr·betrieb *m* (Kran) / travel operation, travelling *n* || **≈bremse** *f* / service brake || **≈-Bremsschalter** *m* / power/brake changeover switch || **≈dieselmotor** *m* / traction diesel engine

Fahrdraht *m* / contact wire, trolley wire || **~abhängige Bremsung** / braking dependent on line supply || **~unabhängige Bremsung** / braking independent of line supply

Fahren *n* (Kran) / travelling motion, travelling *n* || **eine Maschine ~** / to run a machine, to operate a machine || **einen Versuch ~** / to conduct a test, to carry out a test || **Frequenz ~** / to hold frequency || **konventionelles ≈** (NC) / manually controlled traversing, traversing in jog mode || **Satz ~** (NC) / block mode

Fahrer-Informationssystem *n* (Kfz) / driver information system || **≈-Leitsystem** *n* (Kfz) / navigation and travel control system, guidance system || **~loses Transportsystem** / automated guided vehicle system (AGVS) || **≈-Luftsack** *m* / driver airbag || **≈pult** *n* / driver's console || **≈raum-Bedienteile** *n(m),pl* / cab equipment || **≈tisch** *m* / driver's console

Fahr·gastraum *m* (Kfz) / passenger compartment || **≈geschwindigkeit** *f* (Kran) / travelling speed || **≈geschwindigkeit** *f* (Kfz) / driving speed, road speed || **≈geschwindigkeitsregelung** *f* (Kfz) / cruise control, vehicle speed control, road speed governing || **≈gestell** *n* (Kfz) / chassis *n* || **≈gestell** *n* (Trafo, Schaltwagen) / truck *n* || **≈informationssystem** *n* (Kfz) / driver information system || **≈kilometer** *m pl* / kilometres travelled || **≈komfort** *m* (Kfz) / ride quality, ride comfort, driver comfort || **≈korb** *m* / car *n*, cabin *n* || **≈leitung** *f* / contact line, overhead traction (o. trolley) wire || **Speisefreileitung für ≈leitungen** (VDE 0168, T.1) / overhead traction distribution line (IEC 71.4) || **≈licht** *n* (Kfz) / headlight *n* || **≈motor** *m* (Bahn) / traction motor || **≈motor** *m* (Kran) / travelling motor || **≈motor** *m* (Bagger) / propelling motor, track motor, propel motor || **≈motoren-Gruppenschaltung** *f* (Bahn) / motor combination || **≈motoren-Trennschalter** *m* / traction motor disconnector (o. isolating switch) || **≈pedal** *n* (Kfz) / accelerator pedal, accelerator *n* || **≈pedalgeber** *m* (Kfz) / accelerator pedal sensor || **≈platte** *f* (Schalterwagen) / track plate || **≈programm** *n* (Kfz) / driving program || **≈programm** (s. Schaltprogramm) || **≈pult** *n* / driver's desk

Fahrrad·lampe *f* / bicycle lamp || **≈lichtmaschine** *f* / bicycle dynamo || **≈scheinwerferlampe** *f* / bicycle headlight lamp

Fahr·richtung *f* (Kran, Trafo) / direction of travel, direction of motion || **≈rohr** *n* (Rohrpost) / conveyor tube (o. tubing) || **≈rolle** *f* / castor *n*, wheel *n* || **≈schacht** *m* (Aufzug) / lift well, lift shaft, hoistway *n* || **≈schalter** *m* / controller *n* || **≈schalterstellung** *f* / controller notch (o. position) || **≈scheinwerfer** *m* / headlight *n* || **≈schiene** *f* / rail *n* || **≈schreiber** (s. Fahrtenschreiber) || **≈sicherheit** *f* (Kfz) / driving safety || **≈situation** *f* (Kfz) / road situation, driving situation || **≈sperre** *f* (Schalterwagen) / truck lock || **≈stabilität** *f* (Kfz) / directional stability, driving stability || **≈stellung** *f* (Steuerschalter) / running notch || **≈stellung in Parallelschaltung** / full parallel notch || **≈stellung in Reihenschaltung** / full series notch || **≈-Steuerschalter** *m* / master controller || **≈stromgenerator** *m* / traction generator || **≈stromkreis** *m* (Bahn) / traction circuit, power circuit || **≈stromregler** *m* / traction current controller, traction current control unit (TCCU) || **≈stufe** *f* (Fahrschalter) / (running) notch || **≈stufe** (s. Übersetzungsstufe)

Fahrstuhl *m* / lift *n*, elevator *n* || **≈ mit automatischer Druckknopfsteuerung** / automatic pushbutton lift, automatic pushbutton elevator (US) || **≈ mit Selbststeuerung** / automatic self-service lift (o. elevator) ||

~antriebsmaschine *f* / lift machine (GB), elevator machine (US) || **~motor** *m* / lift motor (o. machine), elevator motor
Fahrten·schreiber *m* / trip recorder, tachograph *n*
Fahrt·rechner *m* (Kfz) / trip computer || **~regler** *m* (Fördermasch.) / winder controller
Fahrtreppe *f* / escalator *n*, electric stairway
Fahrt·richtung *f* / direction of travel (o. motion), driving direction || **~richtungsanzeiger** *m* (Kfz) / direction indicator, turn-signal light (US) || **~richtungsblinker** *m* (Kfz) / direction indicator flasher, flashing indicator || **~richtungsschalter** *m* / reverser *n* || **~wende- und Motortrennschalter** / reverser-disconnector *n*, disconnecting switch reverser
Fahr- und Sicherheitsbremse / service and safety brake || **~- und Verriegelungseinrichtung** (SA) / handling and interlocking facility || **~verriegelung** *f* (Schalterwagen) / truck interlock || **~wagenanlage** (s. Schaltwagenanlage) || **~wasserfeuer** *n* / channel light
Fahrwerk *n* (Kfz) / chassis *n*, chassis frame || **~dämpfungsregelung** *f* (Kfz) / ride control, electronically controlled suspension (ECS), variable-ride device
Fahrwiderstand, spezifischer ~ (Bahn) / specific train resistance
Fahrzeugausrüstung, elektrische ~ (Bahn) / electrical traction equipment
Fahrzeug·beleuchtung *f* / vehicle lighting, motorcar lighting, automobile lighting || **~eigengewicht** *n* / tare mass (of vehicle) || **~informationssystem** *n* / vehicle information system || **~prüfstand** *m* / chassis dynamometer || **~scheinwerfer** *m* / headlight *n*, headlamp *n* || **~steuerungseinrichtung** *f* (Bahn) / automatic traction control equipment || **~technik** *f* / vehicular technology || **~transformator** *m* (Bahn) / traction transformer (mounted on rolling stock) || **~zustandsinformationssystem** *n* (Kfz) / vehicle information system, vehicle condition monitoring (VCM)
Fail-safe-Transformator *m* (EN 60742) / fail-safe transformer
Faksimile *n* / facsimile (FAX)
Faktor C (Maximumwerk) / reading factor C || **~ der aktiven Masse** (IEC 50(221)) / active mass factor || **~ der effektiven Masse** (IEC 50(221)) / effective mass factor || **~ K_V** (s. Geschwindigkeitsverstärkungsfaktor)
Faktorenaddition *f* / factor totalizing
faktorieller Versuch / factorial experiment
fakultativ *adj* / optional *adj*
Fall·beispiel *n* / case study || **~beschleunigung** *f* / acceleration of free fall || **Normal-~beschleunigung** *f* / gravity constant || **~bügelrelais** *n* / chopper-bar relay, loop drop relay
falle *f*, **Prozessor~** / processor trap
fallend·e Flanke (Impuls, Signal) / falling edge, trailing edge || **~e Kennlinie** / falling characteristic
Fall·gewichtsbremse *f* / gravity brake || **~gewichtsprüfung** *f* / falling weight test
Fallhöhe *f* / height of fall || **~** (WKW) / head *n*
Fall·klappe *f* / drop indicator || **~klappenrelais** *n* / drop indicator relay, annunciator relay || **~prüfung** *f* / drop test (EN50014), bump test, falling-weight test || **~prüfung** *f* (Kabel, VDE 0281) / snatch test (HD 21) || **~register** *n* / first-in/first-out memory (FIFO memory)
Fallregister *n* / FIFO register, buffer register
Fall·register mit variabler Tiefe / variable-depth FIFO register || **Lochstreifen-~schacht** *m* / tape tumble box || **~studie** *f* / case study || **~trommel** *f* / tumbling barrel || **~versuch** *m* / drop test
falsch·e Ausrichtung / misalignment *n* || ~ **senden** (PMG) / to send false || **~e Triggerung** / false trigger || **~er Wert** (a. DIN IEC 625) / false value
Falschluft *f* / recirculated air, vacuum breaking air, leakage air
Falsch·meldung *f* (FWT) / erroneous information, erroneous monitored binary information || **~strom** *m* / error current, current due to transformer error || **~wahlwahrscheinlichkeit** *f* (IEC 50(191)) / dialling mistake probability || **~zündung** *f* (LE) / false firing
Faltband *n* / folded tape || **~platte** *f* (Batt.) / folded-strip electrode
Faltenbalg *m* / bellows *plt* || **~anzeiger** *m* / bellows-type indicator || **~manometer** *n* / bellows pressure gauge, bellows gauge || **~meßwerk** *n* / bellows(-type) element
Falten·band-Registrierpapier *n* / folded-pack chart paper || **~bildung** *f* / wrinkling *n*, rippling *n*, curling *n* || **~filter** *n* / plaited filter, prefolded filter
Faltpapier *n* (Schreiber) / fan-fold paper
Faltungs·algorithmus *m* / convolution algorithm || **~frequenz** *f* / alias frequency || **~integral** *n* / convolution integral || **~satz** *m* / convolution theorem
Falt·versuch *m* / bend test || **~versuch** *m* (mit Wurzel auf der Zugseite) / root bend test || **~versuch** *m* (in umgekehrter Richtung wie beim Normalfaltversuch) / reverse bend test || **~wellenkessel** *m* (Trafo) / corrugated tank
Falz *m* / flange *n*, bead *n* || **~anschlag** *m* / rabbet *n*
falzen *v* (stanzen) / seam *v* || ~ (umlegen) / fold *v*, bead *v*, seam *v*
Falz·festigkeit *f* / folding endurance, resistance to folding || **~versuch** *m* / folding endurance test || **~zahlprüfgerät** *n* / folding tester
Familie *f* (DIN 41640) / family *n*
FAMOS-Speicher *m* (Metall-Oxid-Halbleiterspeicher mit schwebendem Gate und Lawineninjektion) / FAMOS memory (floating-gate avalanche-injection metal-oxide semiconductor memory)
Fang·anordnung (s. Fangeinrichtung) || **~arm** *m* (EZ) / detent lever || **~einrichtung** *f* (Blitzschutz) / air terminations, air terminal(s) || **~entladung** *f* (Blitz) / upward leader || **~haken** *m* / arresting hook || **~leiter** *m* (Blitzschutz) / lightning conductor, roof conductor, ridge conductor, horizontal conductor || **~leitungs-Maschennetz** *n* (Blitzschutz) / air termination network || **~loch** *n* (Leiterplatte, Montageteile) / indexing hole || **~modus** *m* (CAD) / snap mode || **~raster** *m* (CAD) / snap setting || **~schaltung** *f* (zur Zuschaltung eines Stromrichters auf eine laufende Maschine) / flying restart circuit || **~stange** *f* (Blitzschutz) / lightning rod, lightning spike, air-termination rod || **~stelle** *f* (eine einen Sprung auslösende Adresse festhaltend) / trap *n* || **~stoff** *m* / getter *n* || **~strahl**

m (Blitz) / upward leader
Faraday-Drehung *f* / Faraday rotation || **~-Effekt** *m* / Faraday effect, Faraday rotation || **~-Richtungsleitung** *f* / wave rotation isolator, rotation isolator || **~-Rotator** *m* / polarization rotator, wave rotator || **~sche Scheibe** / Faraday's disc || **~-Zirkulator** *m* (s. Zirkulator mit Faraday-Rotator)
Farb·abgleich *m* / colour matching || **~abmusterung** *f* / colour matching || **~abstand** *m* / colour difference || **~anpassung** *f* / colour adaptation || **~anstrich** *m* / paint finish, coat of paint, paint coating || **~art** *f* / chromaticity *n* || **~art** *f* (Lampe) / colour appearance || **~atlas** *m* / colour atlas || **~aufbau** *m* (Anstrich) / paint structure
Farbband *n* / inking ribbon, ink ribbon || **~behälter** *m* / ribbon container || **~kassette** *f* / ribbon cartridge || **~spule** *f* / ribbon reel || **~transporteinrichtung** *f* / ribbon feed mechanism || **~transporthebel** *m* / ribbon advancing lever
Farb·bereich *m* / colour gamut || **~beständigkeit** *f* / colour fastness
Farbbild·generator *m* / colour image (o. display) generator || **~röhre** *f* / colour picture tube
Farbcodierer *m* (graf. DV) / video look-up table (VLUT)
Farbdichte, spektrale ~ / colorimetric purity
Farbdreieck *n* / colour triangle, chromaticity diagram (o. chart)
Farbe *f* / colour *n*, perceived colour || **~ eines Nichtselbstleuchters** / non-self-luminous colour, surface colour, non-luminous colour
Farb·eigenschaften *f pl* (Lampe) / colour characteristics || **~eindruck** *m* / colour perception || **~empfindung** *f* / perceived colour, colour *n*
Farben·entferner *m* / paint remover, paint stripper, paint and varnish remover || **~fehlsichtigkeit** *f* / anomalous colour vision || **~gleichheit** *f* / equality of colours || **~karte** *f* / colour atlas || **~lehre** *f* / colour theory || **~raum** *m* / colour space || **~sehen** *n* / colour vision || **~zusammenstellung** *f* / colour scheme
Farb·festlegungen *f pl* / colour specifications || **~filter** *n* / colour filter || **~fülle** *f* / colourfulness *n*, chromaticness *n* || **~gleichheit** *f* / colour balance, colorimetric equivalent || **~gleichung** *f* / colour equation
Farbgrafik *f* / colour graphics || **~drucker** *m* / colour graphics printer
farbig·er Körper / coloured body
Farb·kennzeichnung *f* / colour coding || **~kissenbehälter** *m* / ink-pad container || **~klima** *n* / luminous environment || **~kodierung** *f* / colour coding || **~körper** *m* / colour solid || **~-Korrekturfaktor** *m* / colour correction factor || **~korrigierender Leuchtstoff** / colour-improving phosphor || **~korrigierte Beleuchtung** / colour-corrected illumination
farblos *adj* / colourless *adj*
Farb·maßsystem *n* / colorimetric system || **~meßgerät** *n* / colorimeter *n* || **~meßtechnischer Normalbeobachter** / standard colorimetric observer || **~meßtechnisches Umfeld** / surround of a comparison field || **~messung** *f* / colorimetry *n* || **~metrische Verzerrung** / illuminant colorimetric shift, colorimetric shift || **~mischung** *f* / mixture of colours, mixture of colour stimuli || **~monitor** *m* / colour monitor || **~palette** *f* / colour palette || **~patrone** *f* (f. Grafikdrucker) / ink cartridge || **~prüfgerät** *n* / colour tester || **~prüfleuchte** *f* / colour matching unit || **~pyrometer** *n* / two-colour pyrometer, colour radiation pyrometer, ratio pyrometer, two-band pyrometer || **~rahmen** *m* / coloured frame || **~reiz** *m* / colour stimulus || **~reizfunktion** *f* / colour stimulus function || **~scheibe** (Filter) (s. Farbfilter) || **~sehen** (s. Farbensehen) || **~-Sichtgerät** *n* / colour monitor, colour CRT unit
Farbstoff·laser *m* / dye laser, organic dye laser || **~verträglichkeit** *f* / pigment compatibility, pigment affinity
Farb·tabelle *f* (CAD) / colour map || **~tafel** *f* / chromaticity diagram, colour chart, chromaticity scale diagram, colour triangle, UCS diagram || **~temperatur** *f* / colour temperature || **~temperaturskala** *f* / temperature colour scale
Farbton *m* / hue *n* || **~gleiche Wellenlänge** / dominant wavelength || **~unterschied** *m* / difference of hue
Farb·träger *m* (Drucker) / ink(ing) medium || **~treue** *f* / colour fidelity
Farbtripel *n* (Farbbildröhre) / colour triad || **~abstand** *m* / colour triad spacing
Farb·überzug *m* (Lampe) / coloured coating || **~umschlag** *m* / change in colour || **~umstimmungstransformation** *f* / adaptive colorimetric shift || **~unterscheidung** *f* / colour discrimination, chromaticity discrimination || **~valenz** *f* / psychophysical colour || **~valenzeinheit** *f* / trichromatic unit || **~valenz-System** *n* / colorimetric system, trichromatic system || **~verbesserte Beleuchtung** / colour-corrected illumination || **~verschiebung** *f* / resultant colour shift || **~verzerrung** *f* / illuminant colour shift || **~wandlung** *f* / adaptive colour shift || **~wechsel** *m* / colour change || **~wechselvorsatz** *m* / colour changer || **~wertanteile** *m pl* / chromaticity coordinates || **~werte** *m pl* / tristimulus values
Farbwiedergabe *f* / colour rendering || **~** (BSG) / colour reproduction || **~eigenschaften** *f pl* / colour rendering properties || **~-Index** *m* / colour rendering index || **~stufe** *f* / colour rendering grade || **~zahl** *f* / figure of merit (colour)
Fase *f* / chamfer *n*, bevel *n* || **~ bei Konturzug** (NC) / chamfer between two contour elements
fasen *v* / chamfer *v*, bevel *v*
Faser *f* (optische F.) / fibre, optical fibre || **~aufnahmevermögen** *n* (Staubsauger) / fibre removal ability || **~bündel** *n* / fibre bundle || **~dämmstoff** *m* / fibrous insulating material || **~fett** *n* / fibre grease
faserfrei *adj* (Tuch) / non-linting *adj*
Faser·hülle *f* (LWL) / fibre buffer || **~isolation** *f* / fibre insulation, fibrous insulation, fibre-material insulation || **~litze** *f* / fibre bundle || **~optik** *f* / fibre optic, optical fibre
faseroptisch·es Netzwerk / fibre-optic network
Faser·parameter *m* (LWL) / intrinsic parameter || **~schichtfilter** *n* / laminated fibrous filter || **~schicht-Luftfilterzelle** *f* / fibrous laminated air-filter element || **~schreibeinsatz** *m* (Schreiber) / fibre pen element || **~stift** *m* / fibre pen, felt-tip pen
Faserstoff *m* / fibrous material, fibre material ||

~industrie *f* / textile and paper industries || **~- und Kunststoffindustrie** / paper, rubber and plastics industries (PRP industries)
Faservliesstoff *f* / non-woven fabric
Fassadenbeleuchtung *f* / frontal lighting, front lighting
Faß·gitterstabwicklung *f* / transposed-bar barrel winding, transposed-bar drum-type winding || **~schraube** *f* / grip screw || **~spule** *f* / diamond coil, drum coil || **~spulenwicklung** *f* / barrel winding, drum winding
Fassung *f* (Lampe) / lampholder *n*, holder *n*, socket *n* (US, depr.) || **~** (Sich.) / base *n* || **~** (Steckverbinder, el. Röhre) / socket *n* || **~** (Bürste) / box *n* || **~ mit Schalter** / switched lampholder
Fassungs·ader *f* / flexible wire for luminaires (o. lighting fittings) || **~dom** *m* (Lampe) / lampholder dome || **~gewinde** *n* (Lampe) / holder thread || **~oberteil** *n* (Lampe) / holder top || **~ring** *m* (Lampe) / lampholder ring, holder ring, lampholder *n* || **~ring** *m* (Meßblende) / carrier ring || **~stecker** *m* (Lampe) / lampholder plug || **~teller** *m* (Lampe) / lampholder plate, holder plate || **~träger** *m* (Lampe) / lampholder carrier
Fassungsvermögen *n* / capacity *n*, content *n*, load *n* (washing machine)
Faßwicklung *f* / barrel winding, drum winding
FASTON-Anschluß *m* / FASTON terminal, FASTON quick-connect terminal || **~-Steckklemme** *f* / FASTON plug terminal || **~-Steckzunge** *f* / FASTON tab || **~-Zunge** *f* / FASTON tab
Fauré-Platte *f* (Batt.) / Fauré plate
f-Auslöser *m* (Siemens-Typ; Arbeitsstromauslöser) / f-release *n* (Siemens type; shunt release o. open-circuit shunt release)
Faust·formel *f* / rough formula, rule-of-thumb formula || **~regel** *f* / rule of thumb
FB (s. Funktionsbaustein)
FBE (s. Fernbetriebseinheit)
FBG (s. Flachbaugruppe)
FBV (s. fabrikfertiger Baustromverteiler)
FBZ (s. flexibel, flexibles Bearbeitungszentrum)
fc-Auslöser *m* (Siemens-Typ; Arbeitsstromauslöser mit Kondensatorgerät o. Maschennetzauslöser) / fc-release *n* (Siemens type; shunt release with capacitor unit or capacitor-delayed shunt release for network c.b.)
FD (s. Fotodiode) || **~** (s. Flächendiode)
FDDI (fibre-distributed data interface - (Hochgeschwindigkeits-)**Schnittstelleneinheit mit Signalrangierung über LWL)**
FDM (s. Frequenzmultiplexen)
FeCo-Thermopaar (s. Eisen-Konstantan-Thermopaar (o. Thermoelement))
Fe-CuNi-Thermopaar (s. Eisen-Kupfer-Nickel-Thermopaar (o. Thermoelement))
Feder und Nut (Holz) / tongue and groove || **~ und Nut** (Metall) / featherkey and keyway
Federanstellung *f* (Lg.) / spring loading || **mit ~** (Lg.) / spring-loaded *adj*
Federantrieb *m* / spring drive, (SG auch:) spring mechanism
Feder·arbeit *f* / spring energy || **~balg** *m* / bellows *plt* || **~batterie** *f* / spring assembly, multi-spring mechanism
federbelastet *adj* / spring-loaded *adj* || **~er Kolbenantrieb** / spring-opposed piston actuator || **~er Membranantrieb** / spring diaphragm actuator, spring-opposed diaphragm actuator
Feder·bremse (s. Federdruckbremse) || **~deckel** *m* (I-Dose) / snap-on cover, snap lid || **~draht** *m* / spring wire || **~drahtrelais** *n* / wire-spring relay
Federdruck·bremse *f* / spring-operated brake, spring-loaded brake, fail-to-safety brake || **~klemme** *f* / spring-loaded terminal || **~lager** *n* / spring-loaded thrust bearing || **~thermometer** *n* / pressure-spring thermometer
Feder·dynamometer *n* / spring dynamometer || **~-Fernthermometer** *n* / distant-reading pressure-spring thermometer || **~gehäuse** *n* / spring cage, spring barrel || **~gehäuse** *n* (Bürstenhalter) / spring barrel, spring box || **~gelagert** *adj* / spring-mounted *adj* || **~gespeicherte Kraft** / spring-stored energy || **~hammer** *m* / spring-operated impact-test apparatus || **~haus** *n* / spring barrel, spring cage, spring casing || **~käfig** *m* / spring cage, spring barrel || **~kegelbremse** *f* / spring-loaded cone brake || **~keil** *m* / featherkey *n*, parallel key, untapered key || **~kennlinie** *f* / characteristic curve of spring || **~klappdübel** *m* / hinged spring toggle || **~konstante** *f* (Feder) / spring constant, spring rate, spring rigidity, force constant || **~konstante** *f* (MSB) / suspension stiffness, stiffness *n* || **~konstante** *f* (Walzwerk) / elastic constant || **~kontakt** *m* / spring contact, spring-mounted contact, clip *n* || **~kontakt** *m* (Crimptechnik) / (crimp) snap-in contact || **~kraftspeicher** *m* / spring energy store || **~kugellager** *n* / spring-loaded bearing, preloaded bearing, prestressed bearing || **~kupplung** *f* / spring clutch || **~lager** *n* / spring bearing || **ungespannte ~länge** *f* / unloaded spring length
Federleiste *f* / socket connector, female multi-point connector, edge connector, jack strip || **~ für Drahtwickeltechnik** / socket connector for wire-wrap connections || **~ für Lötverdrahtung** / socket connector for soldered connections
federlos·er Kolbenantrieb / springless piston actuator
Feder·manometer *n* / spring manometer, spring pressure gauge || **~-Masse-Dämpfungssystem** *n* / spring-mass damper system || **~-Masse-System** *n* / spring-mass system || **~meßwerk** *n* / elastic element, spring-type element || **~motor** *m* / spring motor, spring drive
federnd·e Aufhängung / spring suspension, resilient suspension || **~e Formänderung** / elastic deformation || **~es Getriebe** / resilient gearing || **~er Kontakt** / resilient contact, spring contact (depr.) || **~er Kontakt** (Lampenfassung) / spring-loaded plunger || **~e Kontakthülse** / self-adjusting contact tube, self-aligning contact tube || **~e Taste** / spring-loaded key || **~e Unterlage** / elastic foundation, anti-vibration mountings
Feder·paket *n* / set of springs, bank of springs, assembly of strings, laminated spring || **~paketkupplung** *f* / laminated spring coupling || **~platte** *f* (Lg.) / preloading disc || **~plattenpumpe** *f* / diaphragm pump || **~rate** *f* / spring rate, spring constant || **~reserve** *f* / spring reserve || **~ring** (s. Federscheibe) || **~ringkommutator** *m* / spring-ring commutator, commutator with spring-loaded fixing bolts || **~rückstelleinrichtung** *f* /

spring return device || ²rückzug *m* / spring return || ²scheibe *f* / spring lock washer, spring washer, lock washer || ²scheibe *f*(Lg.) / resilient preloading disc || ²spannzeit *f* / spring charging time, spring winding time || ²speicher *m* / spring energy store || ²speicherantrieb *m* / stored-energy spring mechanism, spring mechanism || ²speicherbremse *f* / spring-operated brake, spring-loaded brake, fail-to-safety brake || ²stab *m*(PS) / wobble stick || ²steifigkeit *f* / spring stiffness, spring constant || ²steifigkeit *f*(MSB) / levitation stiffness, system stiffness, guidance stiffness || ²teller *m* / spring cup, spring retainer || ²thermometer *n* / pressure-spring thermometer, filled-system thermometer || ²topf *m* / spring cup, spring barrel

Federuhrwerk *n* / spring-driven clockwork || ² **mit elektrischem Aufzug** / spring-driven electrically wound clockwork || ² **mit Handaufzug** / spring-driven hand-wound clockwork

Federung *f*(Akust.) / compliance *n* || ² (mech.) / resilience *n* || ² (Nachgiebigkeit der Feder) / compliance *n*

federverspanntes Lager / spring-loaded bearing, preloaded bearing, prestressed bearing

Feder·vorspannung *f* / spring bias || **unter ²vorspannung** / spring-biased *adj* || **²waage** *f* / spring balance, spring scale || **²waage** (s. Federdynamometer) || **²weg** *m* / spring excursion || **²werkuhr** *f* / spring-driven clock

FEE (s. Frontplatten-Einbauelement)

fehl·angepaßte Last / mismatched load || **²anpassung** *f* / mismatch *n* || **²anpassungsunsicherheit** *f* / mismatch uncertainty || **²ansprechen** *n* / spurious operation, spurious tripping, malfunction *n* || **²anwendungsausfall** *m* (s. Ausfall infolge Fehlnutzung) || **²auslösung** *f* / false tripping, spurious tripping, nuisance tripping || **²auslösung der Abschaltung** (Stillsetzung) / spurious shutdown || **²ausrichtung** *f* / misalignment *n* || **²aussage** *f*(IEC 50(191)) / error *n*

Fehlbarkeit *f* / fallibility *n*

Fehl·bedienung *f* / maloperation *n*, inadvertent wrong operation, wrong operation || **²bedienungsschutz** *m* / protection against maloperation (o. false operation)

Fehlbedienungs·wahrscheinlichkeit *f*(Dienst; IEC 50(191)) / service user mistake probability

Fehl·behandlung *f* / mishandling *n* || **²code** (s. fehlender Code) || **²echo** (s. Fehlerecho)

fehlend·e Buchung (ZKS) / forgotten (terminal) entry || **~er Code** / missing code, skipped code

Fehler *m* / fault *n*, error *n*, defect *n*, disturbance *n* || ² (Meßfehler; a. in DIN 44300) / error *n* || ² (Kurzschluß) / fault *n* || ² (Schaden) / defect *n*, fault *n*, trouble *n*, disturbance *n* || ² (Störung) / disturbance *n*, fault *n* || ² (Steuerung; DIN 19237) / fault *n* || ² (QS, Nichterfüllung einer Forderung, DIN 55350, T.11) / non-conformity *n* || ² (s. Maßabweichung) || ² **bei Skalennull** / zero scale error || ² **dritter Art** (Statistik, QS) / error of the third kind || ² **durch Polaritätswechsel** (ADU) / roll-over error || ² **durch Umgebungseinflüsse** / environmental error || ² **erster Art** (DIN 55350,T.24) / error of the first kind || ² **gegen Erde** / fault to earth (GB), short-circuit to earth, fault to ground (US) || ² **im Ansatz** (Statistik, QS) / error of the third kind || ² **in Prozent des Bezugswerts** (MG) / error expressed as a percentage of the fiducial value (IEC 51) || ² **innerhalb der Schutzzone** / in-zone fault, internal fault || ² **mit Schadenfolge** / damage fault || ² **ohne Schadenfolge** / non-damage fault || ² **ohne Selbstmeldung** / non-self-revealing fault || ² **unter der Oberfläche** / subsurface defect || ² **zweiter Art** (DIN 55350,T.24) / error of the second kind || **Bedienungs~** / faulty operation, maloperation *n*, inadvertent wrong operation || **gefährlicher** ² / dangerous fault, fatal fault || **mitgeschleppter** ² / inherited error, inherent error || **Oberflächen~** / surface imperfection || **passiver** ² / passive fault || **ungefährlicher** ² / harmless fault

Fehlerabschaltung *f*(Netz) / fault clearing (o. clearance), disconnection on faults, short-circuit interruption

Fehler·abschaltzeit *f* / fault clearance time || **²adreßregister** *n* / error address register || **²anteil** *m*(QS) / fraction defective || **²anzahl pro Einheit** / defects per unit || **²anzeige** *f*(Prozeßmonitor, Eingabefehler) / error display || **²anzeigeeinrichtung** (s. Prüfanzeigeeinrichtung) || **²aufbereitung** *f*(PC) / error processing || **²aufdeckung** *f* / fault detection

Fehlerbaum *m* / fault tree || **²analyse** *f* / fault tree analysis (FTA)

Fehler·baummethode *f* / fault-tree method || **²bearbeitung** *f*(PC) / error processing

fehlerbedingter Spannungsübertritt / accidental voltage transfer

fehlerbehaftet *adj*(el.) / faulty *adj*, faulted *adj* || ~ (mech.) / defective *adj*

Fehlerbehebung *f* / fault correction || ² (Kommunikationsnetz) / error recovery || ² (s. Fehlerbeseitigung)

Fehler·bericht *m* / defect note, defect report || **²berichterstattung** *f*(QS) / nonconformance reporting

Fehlerbeseitigung *f* / fault clearing, fault recovery, remedying of faults, trouble shooting || ² (Abschaltung eines fehlerhaften Geräts zur Aufrechterhaltung der el. Versorgung) / fault clearance || ² (Software, Hardware) / debugging *n*

Fehlerbeseitigungs·dauer *f* / fault clearance time

Fehler·bit *n*(PC) / error bit || **²code** *m* (Fehlfunktionen, a. Kfz) / malfunction code || **²codefeld** *n* / error-code field || **²dämpfung** *f* (Reflexionsdämpfung) / return loss || **²diagnose** *f* / fault diagnosis || **²dokumentation** *f* / fault documentation, defect documentation || **²dreieck** *n* / error triangle || **²echo** *n* / flaw echo || **²effektanalyse** *f* / failure mode and effect analysis (FMEA) || **²eingrenzung** *f* / locating of faults || **Schutzsystem-²ereignis** *n* / protection system failure event || **²erfassung** *f* / fault detection, error detection || **²erkennbarkeit** *f*(Durchstrahlung, Durchschallung) / sensitivity *n*, ability to reveal defects, image quality || **²erkennung** *f* / fault recognition (IEC 50(191)), error detection || **²erkennungscode** *m* / error detecting code || **²etat** *m*(zur Bestimmung des ungünstigsten Fehlers) / error budget || **²fortpflanzung** *f* / error propagation

fehlerfrei *adj* / faultless *adj*, healthy *adj*, sound *adj*, free from defects, satisfsactory *adj* || ~ (Durchschallung, Durchstrahlung) / indication-free *adj* || **~e Betriebszeit** (mittlere Zeit zwischen Ausfällen) / mean time between failures (MTBF)

Fehler·grenzen *f pl* (MG, Rel.) / limits of error || **≗grenzenfortpflanzung** *f* / propagation of errors || **≗grenzfaktor** *m* (Wandler) / accuracy limit factor || **≗grenzstrom** *m* / accuracy limit current

fehlerhaft *adj* / faulty *adj*, defective *adj* || ~ (QS) / defective *adj*, non-conforming *adj* || **~er Betrieb** / faulty operation || **~e Einheit** (QS; DIN 55350, T.31) / non-conforming item || **~es Fernwirktelegramm** / erroneous telecontrol message || **~es Material** / defective material

Fehler·häufigkeit *f* / error frequency, fault frequency || **≗häufigkeit** (DÜ, Rate) (s. Fehlerrate) || **≗häufung** *f* / error burst || **≗häufung** (s. Fehlerhäufigkeit) || **≗impedanz** *f* / fault impedance

Fehlerklassifizierung *f* (QS, DIN 55350, T.31) / classification of non-conformance || ≗ (DIN 41640) / classification of defects (IEC 512)

Fehler·knoten *m* / fault node || **≗korrekturcode** *m* / error correcting code (ECC) || **≗kurve** *f* (Meßgerät) / error characteristic, error curve, error characteristic curve || **≗lichtbogen** *m* / accidental arc, arcing fault, internal fault || **≗lokalisierung** *f* / fault localization || **≗maskierung** *f* (IEC 50(191)) / fault masking || **≗meldebus** *m* / fault signalling bus, alarm bus || **≗meldeschalter** *m* (E VDE 0660, T.101/7.85) / alarm switch

Fehlermeldung *m* (PC, NC) / error message, fault message || ≗ *f* (Anzeige) / fault indication, fault display || ≗ (Signal) / fault signal || ≗ (FWT) / error alarm (IEC 50(371)), defect information (NTG 2001) || ≗ (QS) / defect note, defect report

Fehler·merker *m* (Register) / error flag register || **≗nachbildung** *f* / fault simulation || **≗orter** (s. Fehlerortungsgerät) || **≗ort-Meßgerät** *n* / fault locator || **≗ortung** *f* / fault localization, locating of fault || **≗ortungsgerät** *n* / fault locator || **≗potential** *n* / fault potential || **≗prognose** *f* / error forecasting

Fehlerprüfung *f*, **Quelle-zu-Senke-≗** / source-to-sink error check

Fehler·quelle *f* / source of error || **≗quittierung** *f* / fault acknowledgement || **≗quote** *f* / error rate || **≗rate** *f* / error rate || **≗rate** *f* (QS) / failure rate || **≗schleife** *f* / fault loop, earth-fault (o. ground-fault) loop || **Impedanz der ≗schleife** / earth-fault loop impedance, ground-fault loop impedance

fehlersicher *adj* / fail-safe *adj*, immune *adj*, fault-tolerant *adj*, troubleproof *adj*, reliable *adj*

Fehlersignal *n* / error signal

Fehlerspannung *f* / fault voltage

Fehlerspannungs·-Schutzschalter *m* / voltage-operated earth-leakage circuit-breaker, fault-voltage-operated circuit-breaker || **≗-Schutzschaltung** *f* / voltage-operated e.l.c.b. system, voltage-operated g.f.c.i. system || **≗-Schutzvorrichtung** *f* / fault-voltage-operated protective device

Fehlerstelle *f* / point of fault, fault location

Fehlerstrom *m* / fault current, leakage current || ≗ (Differenzstrom, FI-Schutzschalter) / residual current || ≗ (Strom, der durch die Fehlerstelle fließt; vgl. „Teilfehlerstrom") / current in the fault (IEC 50(603)) || **≗begrenzer** *m* (f. Erdschlußstrom) / ground current limiter || **≗erfassung** *f* / fault-current detection || **≗kompensation** *f* / fault-current compensation || **≗kompensation** *f* (lastabhängige Kompensation der Wandlerfehler beim Erdschlußschutz) / error current compensation, load biasing || **≗relais** *n* / fault-current relay, leakage-current relay || **≗-Schutzeinrichtung** *f* / residual-current device (r.c.d.), residual-current-operated protective device, current-operated protective device || **≗-Schutzeinrichtung mit Rückstelleinrichtung** / reset residual current device || **≗-Schutzeinrichtung mit Hilfsspannungsquelle** / residual-current device with auxiliary source || **≗-Schutzeinrichtung mit beabsichtigter Zeitverzögerung** / residual-current device with intentional time delay || **≗-Schutzeinrichtung mit integriertem Überstromschutz** / residual-current device with integral overcurrent protection || **≗-Schutzeinrichtung ohne integrierten Überstromschutz** / residual-current device without integral overcurrent protection || **≗-Schutzeinrichtung ohne Hilfspannungsquelle** / residual-current device without auxiliary source || **≗-Schutzschalter (FI-Schutzschalter)** *m* / residual-current-operated circuit-breaker (r.c.c.b.), earth-leakage circuit-breaker (e.l.c.b.), ground-fault circuit interrupter (g.f.c.i.) (US), current-operated e.l.c.b. || **≗-Schutzschalter mit Überstromauslöser (FI/LS-Schalter)** (VDE 0664, T.2) / current-operated earth-leakage circuit breaker with overcurrent release || **≗-Schutzschaltung** *f* / current-operated e.l.c.b. system, r.c.d. protection, current-operated g.f.c.i. system, g.f.c.i. protection

Fehler·suche *f* / fault locating, trouble shooting, locating faults, debugging *n*, diagnostic program || **≗suchprogramm** *n* / diagnostic program, diagnostic routine || **≗suchtabelle** *f* / fault diagnosis chart

fehlertolerant *adj* / fault-tolerant *adj*

Fehler·toleranz *f* / fault tolerance || **≗überwachung** *f* (DÜ, DIN 44302) / error control procedure || **≗überwachungseinheit** *f* (DÜ, DIN 44302) / error control unit || **≗untersuchung** *f* / fault analysis || **≗verhütung** *f* (QS) / prevention of (further) nonconformance || **≗-Vorortung** *f* / approximate fault locating

Fehlerwahrscheinlichkeit *f* / error probability || ≗ **beim Abbau** (DÜ-Verbindung) / release failure probability || ≗ **beim Aufbau** (DÜ-Verbindung) / establishment failure probability

Fehler·widerstand *m* / fault impedance, fault resistance || **≗winkel** *m* / fault angle

Fehl·funktion *f* / maloperation *n*, misoperation *n* || **≗funktionsprüfung** *f* (Rel.) / malfunction test, high-frequency disturbance test, disturbance test || **≗impuls** *m* / missing pulse || **≗impulse** *m pl* (NC, Verlust oder unerwünschter Gewinn von Schrittimpulsen) / slipped cycle || **≗impulsfaktor** *m* / missing-pulse factor || **≗nutzung** *f* / misuse *n*

Fehlnutzung, Ausfall infolge ≗ / misuse failure

Fehl·ordnung *f* (HL) / imperfection *n* || **≗schaltung** *f* / maloperation *n*, inadvertent wrong operation, wrong operation || **~sicher** *adj* / fail-safe *adj* || **≗signal** *n* / spurious signal, false signal

Fehlspannung *f* / offset voltage
Fehlstelle *f* / defect *n* || ≗ (Kontakt) / vacancy *n* || ≗ (gS) / void *n* || ≗ (in der Umhüllung; Beschädigung o. Pore in el. Isolation) / holiday *n*
Fehl·steuerung *f* / maloperation *n* || ≗**synchronisation** *f* / incorrect synchronization, synchronizing failure || ≗**verbindung** *f* (DÜ) / misconnection *n* || ≗**verhalten** *n* (menschliches Versagen) / mistake *n*, human error
Fehlwinkel *m* (Phasenverschiebung; Wandler) / phase displacement, phase displacement angle || ≗ (δ) (s. dielektrischer Verlustwinkel) || ≗**grenze der Genauigkeitsklasse** / rated phase angle || ≗**-Korrekturfaktor** *m* / phase angle correction factor
Fehlzeit *f* / non-productive time
Fehlzustand *m* / fault *n* (IEC 50(191)) || ≗ **infolge Fehlbehandlung** / mishandling fault || ≗ **infolge Fehlnutzung** / misuse fault
Feil·spanbild *n* / magnetic figure || ≗**späne** *m pl* / filings *n pl*
Fein·abschwächer *m* / fine attenuator || ≗**anteil** *m* / fines content || ≗**antrieb** *m* / slow-motion drive, micro-drive *n* || ≗**ausrichten** *n* / precision aligning, final alignment || ≗**auswuchtung** *f* / precision balancing || ~**bearbeiten** *v* / finish-machine *v*, finish *v* || ≗**bearbeitung** *f* / finish-machining *n*, finishing *n* || ≗**bereich** *m* (MG) / incremental range || ≗**blech** *n* (bis 5 mm) / sheet *n* || ≗**blech** *n* (bis 3 mm) / thin sheet, light-gauge sheet || ≗**dehnungsmesser** *m* / precision strain gauge
feindrähtig·er Leiter / flexible conductor, finely stranded conductor
Fein·drehen *n* / high-precision cutting || ≗**drehzahl** *f* (Hebez.) / spotting speed || ≗**einsteller** *m* / fine adjuster, vernier adjuster || ≗**einstellskala** *f* / vernier scale || ≗**einstellung** *f* / fine adjustment, precision adjustment, fine control, precision positioning || ≗**einstellung** *f* (nach Noniusskala) / vernier adjustment || ≗**einstellung** *f* (WZM, NC) / micrometer adjustment || ≗**endtaster** *m* / sensitive limit switch, precision micro-switch, micro-switch *n* || ≗**fahrantrieb** *m* / micro-drive *n* || ≗**filter** *n* / micro-filter *n* || ≗**folie** *f* / film *n* || ~**fühliges Einstellen** / precision adjustment
Feingang *m* (WZM) / fine feed || ≗**drehzahl** *f* / micro-speed *n*, fine-feed speed || ≗**geschwindigkeit** *f* (WZM) / fine feed rate || ≗**getriebemotor** *m* / micro-speed geared motor, micro-speed unit
Fein·geräteelektroniker *m* / electronic devices fitter || ≗**gewinde** *n* / fine thread || ≗**glimmer** *m* (gemahlen) / ground mica || ≗**glimmer-Glasgewebeband** *n* / integrated-mica glass-fibre tape || ≗**glimmer-Isoliermaterial** *n* / integrated-mica insulating material, reconstituted-mica insulating material
Feinheit *f* (Auflösung; F. der Messung, Regelung) / resolution *n*
Fein·honen *n* / superfinishing *n* || ~**körnig** *adj* / fine-grained *adj*, finely grained || ~**kristallin** *adj* / fine-crystalline *adj* || ≗**leck** *n* / micro-leak *n*, fine leak || ≗**mechaniker** *m* / precision fitter || ≗**meßdiagramm** *n* / stress-strain diagram || ≗**meßlehre** *f* / micrometer gauge || ≗**meßmanometer** *n* / precision pressure gauge || ≗**meßschraube** *f* / micrometer screw || ≗**meßuhr** *f* / micrometer dial, micrometer gauge || ≗**meß- und Prüfmittel** / precision measuring and testing equipment || ≗**parallelschalten** *n* / ideal paralleling || ≗**passung** *f* / close fit || ≗**planung** *f* / finite planning || ≗**polieren** *n* / fine polishing, mirror polishing || ≗**positionieren** *n* (NC) / fine positioning || ≗**relais** *n* / sensitive relay || ≗**schaltung** *f* / fine-step connection, fine-step operation || ≗**schleichgang** *m* / precision-controlled slow-speed step, fine inching step || ≗**schleifen** *n* / finish-grinding *n*, polishing *n*, honing *n* || ≗**schlichten** *n* / smooth-finishing *n* || ≗**sicherung** *f* / miniature fuse, fine-wire fuse, pico fuse || ≗**stanzen** *n* / precision blanking
Feinst·auswuchtung *f* / high-precision balancing || ~**bearbeiten** *v* / precision-machine *v*, micro-finish *v*, super-finish *v* || ≗**blech** *n* / backplate *n* || ~**drähtiger Leiter** / extra finely stranded conductor, highly flexible conductor
Feinsteller (s. Feineinsteller)
Feinst·filter *n* / micro-filter *n* || ≗**gewinde** *n* / extra-fine thread
Feinstopmotor *m* / precision-type brake motor
Feinstruktur *f* (Kristallstruktur) / crystal structure || ≗ (Mikrostruktur) / microstructure *n* || ≗ (Spektrallinie) / fine structure (spectral line) || ≗**untersuchung** *f* (Kristallstrukturanalyse) / crystal structure analysis (o. determination)
Feinst·schlichten *n* / extra-fine finishing, superfinishing *n*
Fein·stufe *f* (Trafo) / fine step, fine-step tapping || ≗**stufenlage** *f* / fine-step layer || ≗**stufenwicklung** *f* / fine-step winding
feinstufig regelbar / variable in fine steps, finely adjustable || ~**e Steuerung** (Entladung) / finely stepped potential grading
Feinstufigkeit *f* (Steuerschalter) / notching ratio
Feinst·wuchtung *f* / high-precision balancing
Fein·synchronisieren *n* / ideal synchronizing || ≗**taster** *m* (Meßwerkzeug) / comparator *n* || ≗**teilung** *f* (Skale) / fine graduation || ≗**trübungsmessung** *f* / low-concentration turbidity measurement || ≗**vermahlautomat** *m* / automatic pulverizer || ≗**verstellung** *f* / fine control, fine adjustment, precision adjustment, precision positioning || ≗**wähler** *m* (Trafo) / tap selector || ≗**wasser** *n* / de-ionized water
Feinwerktechnik *f* / precision mechanics
Feld *n* (s. Spannfeld) || ≗ (el., magn.) / field *n*, field system || ≗ (ET, SK; DIN 43350, VDE 0660, T.500) / section *n* (a. IEC 439-1) || ≗ (Schalttafel) / panel *n*, switchboard section, cubicle *n* || ≗ (SA, Einzelfeld) / panel *n*, section *n*, vertical section, unit *n* || ≗ (FLA) / bay *n* || ≗ (MCC) / vertical section, section *n* || ≗ (Schrank, Schrankbreite) / cubicle *n*, cubicle width || ≗ (Freileitung, Teil zwischen zwei Leiterbefestigungspunkten) / span *n* || ≗ (Einsatzort) / field *n* || ≗ (Rechnerprogramm; Anordnung von Zeichen in geometrischer Form) / array *n* (computer program; arrangement of objects or symbols in a geometric pattern) || ≗ (Bildschirm) / field *n*, display field || ≗ (Mosaiktechnik, Kompaktwarte; Steuerfeld, Meldefeld) / tile *n* || **Daten**~ / data field || **Prüf**~ / test bay, testing station, test floor, testing laboratory, test berth || **Spann**~ (Freileitung) / span *n* || **Steuer**~ (Steuerbitstellen in einem

Rahmen) / control field || **Verstärkungs~** (Verstärkerröhre) / gain box

Feldabbau *m* / field decay

Feld·abbauversuch *m* / field-current decay test, field extinguishing test || **≈abdeckung** *f*(ST) / panel cover, section cover || **≈abfall** *m* / field decay || **≈ausfallrelais** *n* / field failure relay, loss of excitation relay, field loss relay || **≈ausfallschutz** *m* / field failure protection || **≈beschleunigung** *f* / field acceleration || **≈besetzung** *f*(MCC) / section complement, apparatus arrangement of section || **≈bild** *n* / field form, field pattern, field distribution, magnetomotive force pattern || **≈bildaufnahme** *f* / field distribution measurement || **≈bündelabstandhalter** *m*(Freiltg.) / spacer *n* (IEC 50(466)) || **≈bus** *m* / field bus || **≈dichte** *f* / field density, density of lines of force || **≈drossel** *f* / field kicking coil || **≈durchflutung** *f* / field ampere turns, ampere turns of exciting magnet, excitation strength || **≈durchmesser** *m*(LWL) / mode-field diameter || **≈durchschlag** *m* / field breakdown

Feldeffekttransistor (FET) *m* / field-effect transistor (FET) || **≈ mit isolierter Steuerelektrode** / insulated-gate field-effect transistor (IG FET) || **≈ mit Metall-Oxyd-Halbleiter-Aufbau** (MOS-FET) / metal-oxide semiconductor field-effect transistor (MOS FET) || **≈ mit Metall-Nitrid-Halbleiter-Aufbau** (MNS-FET) / metal-nitride semiconductor field-effect transistor (MNS FET) || **≈ mit PN-Übergang** (PN-FET) / junction-gate field-effect transistor (PN FET) || **≈tetrode** *f* / tetrode field-effect transistor || **≈triode** *f* / triode field-effect transistor

Feld·elektronenemission *f* / autoelectronic emission, cold emission || **≈emission** *f* / field emission || **≈energie** *f* / magnetic energy || **≈erhöhung** *f* / field forcing || **≈erregerkurve** *f* / m.m.f. curve || **≈erregung** *f* / field excitation || **≈faktor** *m* / field factor || **≈formfaktor** *m* / field form factor || **~frei** *adj* / field-free *adj*, fieldless *adj* || **≈gerüst** *n*(MCC) / vertical section (MCC) || **≈gleichrichter** *m* / field-circuit rectifier, field rectifier, static exciter || **≈größe** *f* / field quantity, field variable || **≈größe** *f*(BSG) / field size || **≈größenrechner** *m*(analog) / field-variable converter || **≈intensität** *f* / field intensity || **≈kern** *m* / pole core || **≈kondensator** *m* / excitation capacitor

Feldkonstante, elektrische ≈ / electric constant, permittivity *n*, capacitivity of free space, .permittivity of the vacuum || **magnetische ≈** / magnetic constant

Feld·kraft *f* / force acting in a field, magnetic force || **magnetische ≈kraft** / magnetic force acting in a field || **≈kreis** *m* / field circuit || **≈kreisumschaltung** *f* / field-circuit reversal, field reversal || **≈kurve** *f* / field distribution curve, field form, gap-flux distribution curve || **≈länge** *f*(Freiltg.) / span length || **≈linie** *f* / field line, magnetic line of force, line of force, line of induction, line of flux || **≈linienbild** *n* / field pattern || **≈liniendichte** *f* / density of lines of force, field density || **≈linienverlauf** *m* / flux distribution characteristic, field form, field pattern || **≈linse** *f* / field lens

Feldmagnet *m* / field magnet || **≈** (gewickeltes Bauteil zur Erzeugung des Erregerflusses) / field system || **Einfach-≈** / single-sided field system

Feld·marke *f*(Positioniermarke) / cursor *n* || **≈montage** *f*(Montage am Einbauort) / field mounting || **≈multiplexer** *m* / remote multiplexer terminal, field multiplexer || **≈nachführung** *f* / field forcing, field control || **≈netz** *n*(Netzelektrode) / field mesh, mesh electrode || **≈oberwelle** *f* / field harmonic

feldorientierte Regelung / field-oriented control

Feld·orientierung *f* / field orientation || **≈orientierungsregelung** *f* / field-orientation control, field-vector control || **≈platte** *f* (magnetischer Widerstand) / magnetoresistor *n* || **≈plattengeber** *m* / magnetoresistive transducer || **≈plattenpotentiometer** *n* / magnetoresistive potentiometer || **≈plattenwandler** *m* (Meßwertumformer) / magnetoresistive transducer || **≈pol** *m* / field pole || **~programmierbar** *adj* / field-programmable *adj* || **≈regelung** *f* / field control, field regulation || **≈regler** *m* / field rheostat, exciter field rheostat, field regulator, speed regulating rheostat || **≈röhre** *f* / tube of force || **≈rückgangsrelais** *n* / field failure relay, loss-of-field relay || **≈schalter** *m* / field circuit-breaker, field switch || **≈schiene** *f*(MCC) / vertical bus(bar) || **≈schritt** *m* / field pitch || **≈schütz** *n* / field-circuit contactor || **≈schwäch-Drosselspule** *f* / inductive shunt || **≈schwächegerät** *n* / field weakening switchgroup

feldschwächend·e Verbunderregung / differential compounding || **Maschine mit ~er Verbunderregung** / differential-compounded machine

Feldschwächeregelung *f* / field-shunting control, speed variation by field control, field weakening control, shunted-field control

Feldschwächung *f* / field weakening, field suppression, field control || **≈ durch Anzapfung** / field weakening by tapping || **≈ durch Nebenschluß** (s. Feldschwächung durch Parallelwiderstand) || **≈ durch Parallelwiderstand** / field shunting

Feldschwächungs·automat *m* / field suppressor || **≈bereich** *m* / speed range under field control, field weakening range, field shunting range || **≈einrichtung** *f* / field weakening device, field suppressor || **≈grad** *n* / field weakening ratio || **≈schalter** *m*(Bahnmotoren) / field weakening switchgroup || **≈verhältnis** (s. Feldschwächungsgrad)

Feld·sonde *f*(Suchspule) / magnetic test coil, search coil, exploring coil || **≈sonde** *f*(Hall) / Hall flux-density probe || **≈spannung** *f* / field voltage, excitation voltage, inductor voltage || **≈spannungsteiler** *m* / potentiometer-type field rheostat || **≈spule** *f* / field coil

Feldstärke *f* / field strength, magnetic force, field intensity || **≈** (in dB) / signal strength, power level || **elektrische ≈** (Isol.) / electric field intensity, voltage gradient || **magnetische ≈** / magnetic field strength, magnetic field intensity, magnetic force, magnetic intensity, magnetizing force, H-vector *n* || **≈-Meßgerät** *n*(Störfeld) / interference-field measuring set || **≈-Meßplatz** *m*(EMV, IEC 50(161)) / radiation test site || **≈verlauf** *m* / field strength distribution

Feld·steller *m* / field rheostat, field regulator, speed regulating rheostat || ≈**steuerdrehzahl** *f* / speed obtained by field control || ~**steuernde Elektrode** / field-control electrode, potential-grading electrode || ≈**steuerung** *f* / field control || ≈**steuerung** *f* (Maßnahmen zur Steuerung des el. Feldes im Bereich einer Kabelgarnitur) / stress control || ≈**strom** *m* / field current || ≈**stromempfindlichkeit** *f* (Elektroakustik) / free-field current sensitivity || ≈**stromkreis** *m* / field circuit, excitation circuit || ≈**stromüberwachung** *f* / field failure protection || ≈**stromumschaltung** *f* / field current reversal, field reversal || ≈**system** *n* / field system || ≈**teilung** *f* (FLA) / bay width || ≈**teilung** *f* (IRA) / panel width, cubicle width || ≈**transistor** (s. Feldeffekttransistor) || ≈**tür** *f* / panel door, section door, unit door || ≈**übertragungsfaktor** *m* / free-field voltage response || ≈**umkehr** *f* / field reversal || ≈**umschaltung** *f* / field reversal || ≈**verbinder** *m* (Freiltg.) / mid-span tension joint || ≈**verdrahtung** *f* (Unterstationsverdrahtung v. Sekundärgeräten, die bestimmten Primärkreisen zugeodnet sind) / dedicated l.v. wiring (IEC 50(605)) || ≈**vereinbarung** *f* (Programm) / array declaration || ≈**verlauf** *m* / field-strength distribution, field pattern || ≈**verschiebung** *f* / field displacement || ~**verstärkende Verbunderregung** / cumulative compounding || ≈**verstärkung** *f* / field forcing, forced field, field strengthening, field boosting || ≈**verteilung** *f* / field distribution || ≈**verzerrung** *f* / field displacement, field distortion || ≈**verzerrungs-Richtungsleitung** *m* (IEC 50(221)) / field-displacement isolator || ≈**verzögerung** *f* / field deceleration || ≈**weite der Strahldivergenz** / beam divergence || ≈**welle** *f* / harmonic force wave || ≈**wicklung** *f* / field winding, excitation winding || ≈**widerstand** *m* / field resistance || ≈**widerstand** *m* (Gerät) / field resistor, exitation resistor || ≈**widerstand** *m* (Stellwiderstand) / field rheostat || ≈**windungszahl** *f* / number of field-winding turns || ≈**winkel** *m* / field angle, field-vector angle || ≈**zerfall** *m* / field decay

FEM (s. Finitelementmethode)

Fenster *n* (Chromatograph) / window *n*, peak window || ≈ (Trafo, EZ, BSG) / window *n* || ≈**bankkanal** *m* / sill-type trunking, dado trunking, cornice trunking || ≈**baustein** *m* / window block || ≈**füllfaktor** *m* / window space factor || ≈**hebermotor** *m* / window actuator motor, window lift motor || ≈**öffnung** *f* / window size || ≈**transformation** *f* (GKS) / window-to-viewport transformation || ≈**zählrohr** *n* / end-window counter tube

FEP (s. Fluorethylenpropylen)

ferne Prüfschleife (DÜE, DIN 66020, T.1) / remote loopback

Fernantrieb *m* / remote-controlled mechanism

Fern·anwahl *f* / remote selection || ≈**anweisen** *n* / teleinstructing *n*, teleinstruction *n* || ≈**anweisung** *f* / teleinstruction *n* || ≈**anzeige** *f* / remote indication, remote annunciation || ≈**anzeigen** *n* / teleindication *n*, telesignalization *n* (depr.) || ≈**anzeiger** *m* / remote indicator, distant-reading instrument || ≈**aufnehmer** *m* / remote pickup, remote sensor || ≈**auslöser** *m* / remote release, remote trip || ≈**auslösung** *f* (MG) / remote triggering, external triggering || ≈**auslösung** *f* (Ausschalten) / remote tripping, distance tripping || ~**bediente Station** / remotely controlled substation || ≈**bedienung** *f* / remote control || ≈**bedienungsschalter** *m* / remote control switch (r.c.s.) || ≈**bedienungstafel** *f* / remote control board (o. panel) || ≈**bereich** *m* (Anlage, System, Netz) / plant-wide area, field environment, system-wide area, network-wide area

fernbetätigt·es Gerät / remotely operated apparatus || ~**er Schalter** / remote-controlled switch, remotely actuated switch || ~**er Sollwerteinsteller** / remote set-point adjuster

Fern·betätigung *f* / remote control || ≈**betätigungskreis** *m* / remote control circuit || ≈**betriebseinheit (FBE)** (DIN 443029 *f* / communication control unit

Fernbus *m* / data highway (DH), long-distance bus || ≈ (busförmiges LAN) / bus network, bus-type LAN, tree network || ≈**anschaltbaugruppe** *f* (Fernbus - Nahbus) / bridge module, gateway *n* || ≈**kabel** *n* / DH cable, multi-drop cable || ≈**schnittstelle** *f* / DH interface

Fern·-Busverstärker, remote repeater || ≈**dimmer** *m* / remote control dimmer || ≈**dreher** *m* / synchro *n*, selyn *n* || ≈**dreher-Empfänger** *m* / synchro receiver || ≈**dreher-Geber** *m* / synchro transmitter || ≈**/Eigen-Umschaltfunktion** *f* (DIN IEC 625) / remote/local function (IEC 625) || ≈**einschlag** *m* (Blitz) / remote strike || ≈**einstellen** *n* / teleadjusting *n*

Fernentriegelung der Heckklappe (Kfz) / internal tailgate release, remote-controlled tailgate release || ≈ **der Tankklappe** (Kfz) / remote-controlled (o. internal) filler-flap release

Fern-Entstörung *f* / long-distance interference suppression

Fernerfassen *n*, **Istwert-**≈ / remote sensing

Fern·feld *n* / distant field, far field || ≈**fühlen** *n* / remote sensing || ≈**führung** *f* (DIN 41745) / remote control || ≈**gas** *n* / grid gas || ≈**geber** *m* / remote pickup, remote sensor

ferngesteuert·e Instandhaltung / remote maintenance

Fern·greifer *m* / remote handling tongs (o. gripper) || ≈**heizkraftwerk** *n* / district heating power station || ≈**heizung** *f* / district heating || ≈**kabel** *n* / trunk cable || ≈**kopie** *f* / facsimile copy, facsimile *n* || ≈**kopieren** *n* / facsimile transmission, facsimile communication

Fernkopierer *m* / facsimile communication unit, facsimile unit, facsimile communication equipment || ≈**-Empfänger** *m* / facsimile receiver || ≈**-Sender** *m* / facsimile transmitter || ≈**-Sender/Empfänger** *m* / facsimile transceiver || ≈**-Trommelgerät** *n* / drum-type facsimile unit

Fern·kopplung *f* (rechnergesteuerte Anlage) / remote interfacing || ≈**kurzschluß** *m* / remote short-circuit

fernladen *v* (Rechner - Rechner, Rechner - Endgerät) / download *v*

Fernleitung *f* / trunk line || ≈ (zum Anschluß eines Feldmultiplexers) / remote-multiplexer link

Fern·licht *n* (Kfz) / main beam (GB), upper beam (US), main light, driving light || ≈**lichtkontrollampe** *f* / main beam warning lamp || ≈**lichtscheinwerfer** *m* / main-beam headlight (GB), high-beam headlight (US)

Fernmelde·abteil *n* (IK) / telephone service duct (o. compartment) || **≗ader** *f* / telephone-type pilot || **≗anlage** *f* / telecommunications system || **≗-Außenkabel** *n* / outdoor cable for telecommunication systems || **≗einrichtungen** *f pl* / telecommunication facilities, communication means || **≗elektroniker** *m* / communication electronics installer || **≗installateur** *m* / telephone and telegraph installer || **≗kabel** *n* / telecommunications cable || **≗kanal** *m* / communication channel, telephone channel || **≗leitung** *f* / telecommunication line || **≗-Luftkabel** *n* / telecommunications aerial cable || **≗schnur** *f* / telecommunication cord

Fern·meldung (s. Fernanzeige) || **≗meßeinrichtung** *f* / telemeasuring equipment (IEC 50(301)), telemetering equipment || **≗messen** *n* / telemetering *n*, telemetry *n*, remote metering || **≗meßgeber** *m* / remote sensor (o. pickup), transmitter *n* || **≗meßgerät** *n* / telemeter *n* || **Temperatur-≗messung** *f* / remote temperature sensing || **≗messung** *f* / telemetry *n*, telemeasuring *n*, telemetering *n*, telemetered value || **≗-Ort-Umschalter** *m* / remote-local selector || **≗potentiometer** *n* / remote control potentiometer || **~programmierbar** *adj* / remotely programmable || **≗programmierung** *f* / teleprogramming *n*, remote programming || **≗regeln** *n* / teleregulation *n* || **≗-Reserveschutz** *m* / remote back-up protection || **~rückstellbarer Melder** (EN 54) / remotely resettable detector || **≗rückstellung** *f* / remote reset(ting) || **~schalten** *v* / remote-control *v* || **≗schalten** *n* / teleswitching *n* (NTG 2001), remote-controlling *n*

Fernschalter *m* / remote control switch, magnetic remote control switch || **≗** (Handsteuergerät) / hand-held controller *n* || **≗** (s. fernbetätigter Schalter) || **Infrarot-≗** / infrared controller

Fernschaltsystem (s. Infrarot-Fernbedienungssystem)

fernschreiben *v* / teletype *v*

Fernschreiber (FS) *m* / teletypewriter *n*, teletyper *n*, teletype *n*, teleprinter *n* || **≗anlage** *f* / telex system || **≗anschlußdose** *f* / telex connector box

Fernseh·bildröhre *f* / television tube || **≗norm** *f* / TV standard || **≗-Störspannung** *f* / television interference voltage (TIV) || **≗überwachungsanlage** *f* / closed-circuit TV monitoring system

Fernsprech·anlage *f* / telephone system || **≗-Formfaktor** *m* (VDE 0228) / telephone harmonic (form) factor (t.h.f.) || **≗-Störfaktor** *m* / telephone influence factor (t.i.f.), telephone interference factor || **≗störung** *f* / telephone interference

Fernstapelverarbeitung *f* / remote batch processing, remote job entry (RJE)

Fernsteuer·freigabe-Ruhezustand *m* (PMG, DIN IEC 625) / remote enable idle state || **≗freigabe-Ruhezustand der Systemsteuerung** (PMG, DIN IEC 625) / system control remote enable idle state (SRIS) || **≗-Freigabezustand** *m* (PMG, DIN IEC 625) / remote enable state || **≗kreis** *m* / remote control circuit

fernsteuern *v* / remote-control *v* || ~ (FWT) / telecommand *v*

Fernsteuer·schalter *m* / remote control switch (r.c.s.) || **≗-Sperrzustand der Systemsteuerung** (PMG, DIN IEC 625) / system control remote enable not active state (SRNS)

Fernsteuerung *f* / remote control || **≗ freigeben** (PMG, DIN IEC 625) / remote enable (REN) (IEC 625) || **≗ mit drahtloser Übertragung** / radio control || **≗ über das Netz** / mains signalling

Fernsteuerungs·freigabe *f* / remote enable (REN) || **≗freigabe senden** (PMG, DIN IEC 625) / to send remote enable (sre) || **≗zustand mit Verriegelung** (PMG, DIN IEC 625) / remote with lockout state (RWLS)

Fernsteuer·zentrale *f* / remote control centre || **≗zustand** *m* (PMG, DIN IEC 625) / remote state (REMS) (IEC 625)

Fern·thermometer *n* / distant-reading thermometer, telethermometer *n* || **≗tongeber** *m* / remote alarm initiator

Fernübertragung *f* / teletransmission *n*, long-distance transmission || **Daten-≗** *f* (DFÜ) / long-distance data transmission, data communications || **HGÜ-≗** *f* / HVDC transmission system

Fern·überwachen *n* / telemonitoring *n* || **≗verarbeitung** *f* / teleprocessing (TP) *n* || **≗wärmesystem** *n* / district heating (system) || **≗wartung** *f* / teleservice (TS) *n*

Fernwirk·anlage *f* / telecontrol installation (o. system) || **≗anschaltung** *f* (f. Meßgeräte) / telecontrol interface, remote control interface || **≗empfänger** *m* / telecontrol receiver

Fernwirken *n* / telecontrol *n*, supervisory remote control, supervisory control, selective supervisory control

Fernwirk·-Funktionseinheit *f* / telecontrol functional unit || **≗gerät** *n* / telecontrol unit, telecontrol equipment || **≗information** *f* / telecontrol information || **≗kopf** *m* (Schnittstellenbaugruppe) / telecontrol interface module || **≗leitstelle** *f* / telecontrol centre || **≗netz** *n* / telecontrol network, telecontrol configuration || **≗raum einer Station** / substation telecontrol room || **≗satz** *m* / telecontrol sentence || **≗sender** *m* / telecontrol transmitter || **≗station** *f* / telecontrol station || **≗stelle** *f* / location with telecontrol station(s) || **≗steuerung** *f* (Gerät) / telecontrol unit || **≗störung** *f* / malfunction *n* (of telecontrol equipment) || **≗strecke** *f* / telecontrol route || **≗strecke** *f* (Kanal) / telecontrol channel || **≗strecke** *f* (Verbindung) / telecontrol link || **≗system** *n* / telecontrol system, supervisory remote control system, supervisory control system, selective supervisory control system || **≗system mit Spontanbetrieb** / quiescent telecontrol system || **≗technik** *f* / telecontrol engineering, telecontrol *n*, supervisory remote control || **≗telegramm** *n* / telecontrol message || **≗-Übermittlungszeit** *f* / telecontrol transfer time || **≗übertragung** *f* / telecontrol transmission || **synchrone ≗übertragung** / synchronous telecontrol transmission || **≗-Übertragungstechnik** *f* / telecontrol transmission techniques || **≗-Unterstation** *f* / outstation *n*, controlled station, remote station || **≗verbindung** *f* / telecontrol link || **≗warte** *f* / telecontrol centre, telecontrol room || **≗-Zentralstation** *f* / (telecontrol) master station

Fern·zählausgang *m* / telecounting output, duplicating output || **≗zählen** *n* (Übermittlung integrierter Meßwerte) / telecounting *n*, remote metering, transmission of integrated totals || ~**zähler** (s. Fernzählgerät) || ~**zählgerät** *n* / duplicating meter, duplicating register, telecounter *n* || ~**zählrelais** *n* / duplicating meter relay || ~**zählung** *f* / telecounting *n* || ~**zählverstärker** *m* / telecounting pulse amplifier, duplicating amplifier || ~**zählwerk** *n* / duplicating register, repeating register

Ferraris-Motor *m* / Ferraris motor, shaded-pole motor || ~**-Relais** *n* / Ferraris relay, induction relay || ~**-Zähler** *m* / Ferraris meter

ferrimagnetischer Werkstoff / ferrimagnetic material

Ferrimagnetismus *m* / ferrimagnetism *n*

Ferrit *n* / ferrite *n* || ~**-Dauermagnet** *m* / ferrite permanent magnet || ~**magnet** *m* / ferrite magnet || ~**stab** *m* / ferrite rod

Ferroaluminium *n* / ferroaluminium *n*

ferrodynamisch·es Instrument (s. ferrodynamisches Meßgerät) || ~**es Meßgerät** / ferrodynamic instrument, iron-cored electrodynamic instrument || ~**es Relais** / ferrodynamic relay

Ferroelektrikum *n* / ferroelectric *n*

ferroelektrisch *adj* / ferroelectric *adj* || ~**e Curie-Temperatur** / ferroelectric Curie temperature || ~**e Domäne** / ferroelectric domain

Ferroelektrizität *f* / ferroelectricity *n*

ferromagnetisch *adj* / ferromagnetic *adj* || ~**e Resonanz** / ferromagnetic resonance || ~**er Werkstoff** / ferromagnetic material

Ferro·magnetismus *m* / ferromagnetism *n* || ~**resonanz** *f* / ferroresonance *n*

fertig montiert / factory-assembled *adj*, pre-assembled *adj*

Fertigbauinstallation *f* / wiring (system) of prefabricated buildings

Fertig·bearbeiten *n* / finish-machining *n*, finishing *n*, finish-cutting *n*, finish-turning *n* || ~**bearbeitungszyklus** *m* / finishing cycle || ~**erzeugnis** *n* / finished product || ~**form** *f* / finished form || ~**maß** *n* / finished dimension, finished size || ~**teil** *n* / finished part || ~**teilbeschreibung** *f*(NC) / finished-part description || ~**teil-Vorbereitungssatz** *m*(NC) / finished-part preparation record

Fertigung *f* / manufacture *n*, production *n* || ~ **von Teilefamilien** („Gruppentechnologie") / group technology (GT)

Fertigungs·ablauf *m* / production procedure, job routing, operations path || ~**ablauf** *m*(WZM, NC) / machining procedure || ~**angaben** *f pl* / manufacturing specifications, machining details || ~**automatisierung** *f* / production automation, automated manufacturing technology (AMT)

fertigungsbedingt·er Ausfall / manufacturing failure || ~**er Fehlzustand** / manufacturing fault

Fertigungs·beobachtung *f* / production surveillance, production monitoring || ~**disposition** *f* / production planning and scheduling || ~**fehler** *m* / manufacturing defect, deficient workmanship || ~**feinplanung** *f* / detail scheduling (of manufacture) || ~**fluß** *m* / production flow

Fertigungsfreigabe *f* / production release || **Verfahren zum Rückruf bei bedingter** ~ / positive recall system

Fertigungs·grobplanung *f* / master scheduling || ~**insel** *f* / island of production, production island || ~**kapazität** *f* / production capacity || ~**kontrolle** (s. Fertigungsprüfung) || ~**kontrolle** (s. Fertigungssteuerung) || ~**leitebene** *f* / production management level, plant management level, operations management level || ~**leiter** *m*(FFS) / system supervisor || ~**leitrechner** *m* / production control computer, host computer || ~**leitsteuerung** *f* / coordinating production control || ~**leittechnik** *f* / production control system, production management || ~**leittechnik** *f* (CAM) / computer-aided manufacturing (CAM) || ~**los** *n* / lot *n*, batch *n* || ~**mittel** *n pl* / production facilities || ~**nummer** *f* / serial number || ~**plan** *m* / production schedule, production plan || ~**planung** *f* / production planning, process planning || ~**präzision** *f*(QS, DIN 55350,T.11) / process capability || ~**protokoll** *n* / production report || ~**prüfer** *m* / in-process inspector || ~**prüfplan** *m* / in-process inspection plan || ~**prüfung** *f*(DIN 55350,T.11) / process inspection, in-process inspection || **fliegende** ~**prüfung** / patrol inspection || ~**qualität** *f* / quality of manufacture || ~**regelkreis** *m* / logistic control loop of production || ~**revision** *f*(Abteilung) / inspection department || ~**revision** (s. Fertigungsprüfung) || ~**spannweite** *f*(QS) / process range || ~**steuerung** *f* / production control || ~**steuerung im Datenverbund** (CIM) / computer-integrated manufacturing (CIM) || ~**straße** *f* / production line

fertigungssynchrone Lieferung („JIT") / just-in-time delivery

Fertigungssystem, flexibles ~ (FFS) / flexible manufacturing system (FMS)

Fertigungs·technik *f* / production engineering, manufacturing engineering, production technology || ~**toleranz** *f*(DIN 55350,T.11) / manufacturing tolerance, process tolerance || ~**überwachung** *f* / process inspection || ~**vorbereitung** *f* / production engineering, process planning || ~**zeichnung** *f* / manufacturing drawing, production drawing

fest abgespeichertes Unterprogramm / permanently stored subroutine || ~**er Anschluß** (VDE 0100, T.200) / fixed termination, non-detachable connection || ~**e Anschlußleitung** (VDE 0730,1; DIN IEC 598) / non-detachable flexible cable (o. cord) (CEE 10; IEC 598) || ~**e Anschlußleitung** (VDE 0806) / power supply cord (IEC 380) || ~**e Arbeitszeit** / fixed working hours, normal working hours || ~**er Arbeitszyklus** (NC) / fixed cycle, canned cycle || ~**er Ausleger** (f. Leitungsmontage) / davit *n* || ~**es Bauelement** / fixed component || ~**es Bild** (BSG) / permanent display || ~**es Dielektrikum** / solid dielectric || ~ **durchgeschaltete Leitung** / dedicated line, permanent line || ~**es Eingabeformat** / fixed input format || ~ **eingebaut** / stationary-mounted *adj*, permanently installed || ~**e Fremdstoffe** / foreign solids || ~**es H-Signal** / fixed H-signal || ~**e Installation** / fixed installation, fixed wiring || ~**er Isolierstoff** / solid insulating material || ~**e Kosten** (StT) / fixed costs || ~**e Kupplung** (Antrieb) / permanent coupling, fast coupling || ~**es L-Signal** / fixed L-signal || ~**es Satzformat** (NC) / fixed-block format (ISO 2806-1980) || ~e **Satzlänge** (NC) / fixed block length || ~e **Satzschreibweise** (s. festes Satzformat) || ~es **Schaltstück** / stationary contact member, fixed contact || ~er **Schiebesitz** / tight push fit || ~e **Schirmverbindung** (Kabel) / solid bond || ~er **Schmierring** / disc-and-wiper lubricator, collar oiler || ~er **Steckverbinder** / fixed connector || ~e **Taktgebung** (LE; SR-Antrieb) / fixed-frequency clocking || ~e **Triggerquelle** / fixed trigger source || ~e **Verdrahtung** / fixed wiring || ~e **Verlegung** (Kabel, Verdrahtung) / fixed installation, permanent installation, fixed wiring (o. cabling) || ~er **Zyklus** / fixed cycle, canned cycle || **Lager mit ~em Sitz** / straight-seated bearing

Festabstand·feuer *n* (Flp.) / fixed distance lights || **≗marke** *f* (Flp.) / fixed distance marking

festangebrachte Betriebsmittel (VDE 0100, T.200) / fixed equipment (IEC 50(826))

festangeschlossen·e flexible Leitung / non-detachable flexible cord (o. cable) || ~e **Leitung** / non-detachable cable (o. cord) || ~er **Selbstschalter** / fixed circuit-breaker (CEE 19)

Festanschluß *m* / non-detachable connection, permanent connection, permanent terminal connection

Festbeleuchtung *f* / festoon lighting, gala illumination

Festbremsmoment *n* / locked-rotor torque, stalled torque

Festbrennstoff *m* / solid fuel

Feste-Betriebsart-Eingang *m* / fixed-mode input

Festeinbau *m* / fixed mounting, permanent installation || **für ≗** / for permanent mounting, fixed *adj*, stationary *adj*

Festeinbauanlage (s. Festeinbau-Schaltanlage) || **Leistungsschalter-≗** *f* (Übergriff, Anlage) / non-withdrawable circuit-breaker switchgear, switchboard with non-withdrawable circuit-breakers, stationary-mounted circuit-breaker switchboard || **Leistungsschalter-≗** *f* (Gerätekombination, Einzelfeld) / non-withdrawable circuit-breaker assembly, non-withdrawable circuit-breaker panel, stationary-mounted circuit-breaker assembly

Festeinbau-Schaltanlage *f* / non-withdrawable switchgear, non-withdrawable switchgear assembly, stationary-mounted switchgear

festeingebaut·e Einheit (Schalteinheit) / stationary-mounted unit, non-withdrawable unit, non-drawout unit, fixed-mounted unit || ~es **Gerät** / stationary-mounted device (ANSI C37.100), non-withdrawable unit || ~er **Leistungsschalter** / fixed circuit-breaker, non-drawout circuit-breaker

festeingestellt *adj* / non-adjustable *adj*, with a fixed setting, fixed-setting *adj*, fixed *adj* || ~er **Auslöser** / non-adjustable release || ~er **Thermoschalter** / non-adjustable thermostatic switch || ~er **Überstromauslöser** / non-adjustable overcurrent release

Festeinstellung *f* / fixed setting

festelektrolytisches Sauerstoffanalysegerät / solid-electrolyte oxygen analyzer

Fester-Zustand·-Ausgang *m* / fixed-state output

Fest·feld (s. Schaltschrank mit festeingebauten Schaltgeräten) || **≗feuer** *n* / fixed light

festfressen, sich ~ / seize *v*, jam *v*

festgebremst·er Läufer / locked rotor, stalled rotor, blocked rotor || ~er **Motor** / stalled motor || ~er **Zustand** (Mot.) / locked-rotor condition, stalled-rotor condition, blocked-rotor condition || **Drehmoment bei ~em Läufer** / locked-rotor torque, blocked-rotor torque, static torque

festgelegt·er Auslösestrom (LS, LSS) / conventional tripping current || ~er **Nichtauslösestrom** (LS, LSS) / conventional non-tripping current || ~er **Parameter** / fixed parameter || ~es **Verfahren** (QS) / routine *n* || ~e **Werte** (konventionelle Größen) / conventional quantities || ~e **Zeit** (konventionelle Zeit) / conventional time || ~es **Zeitverhalten** (Rel.) / specified time

festgeschaltete Leitung / dedicated line, permanent line

Festhaltevorrichtung *f* / retaining device, restraining device || **Stecker mit ≗** / restrained plug

Festhaltung (s. Festhaltevorrichtung)

festigen *v* (Passung; Sitz) / tighten *v*

Festigkeit *f* / strength *n*, resistance *n* || ≗ (Zähigkeit) / tenacity *n* || ≗ **bei Querbeanspruchung** / transverse strength || ≗ **bei Verdrehungsbeanspruchung** / torsional strength || ≗ **der Schaltstrecke** (s. Spannungsfestigkeit der Schaltstrecke) || **elektrische ≗** / electric strength, dielectric strength || **Langzeit~** / endurance strength || **mechanische ≗** (Material) / mechanical strength || **mechanische ≗** (Gerät) / mechanical stability

Festigkeits·berechnung *f* / stress analysis || **≗klasse** *f* / property class, strength class

fest·keilen *v* / chock *v*, key *v* || **~klemmen** *v* (befestigen) / clamp *v* || **~klemmen** *v* (blockiert werden) / jam *v*, to jam tight, seize *v*

Festkomma (s. Festpunkt)

Fest·kondensator *m* / fixed capacitor || **≗kontakt** (s. festes Schaltstück)

Festkörper *m* / solid *n* || **≗-Bildwandler** *m* / monolithic image sensor || **≗elektronik** *f* / solid-state electronics || **≗laser** *m* / solid-state laser || **≗physik** *f* / solid-state physics || **≗reibung** *f* / solid friction, dry friction || **≗schaltung** *f* / solid-state circuit || **≗strahler** *m* / solid-state radiator, solid-state lamp

Fest·lager *n* / locating bearing || **~legen** *v* / fix *v*, to locate in position, locate *v*

Festlegung der Einsatzforderungen / statement of operational requirements (AQAP) || ≗ **des Referenzpunktes** (NC) / definition of reference point, definition of home position

Fest·maß *n* / solid measure || **≗mengenimpuls** *m* / fixed-weightage pulse

Festplatte *f* (Speicher) / hard disk, Winchester disk

Festplatten·anschaltung (s. Festplattensteuerung) || **≗laufwerk** *n* / fixed-disk (o. hard-disk) drive, Winchester drive || **≗steuerung** *f* / Winchester drive controller

festprogrammiert·er Festwertspeicher / fixed-programmed read-only memory || ~e **Steuerung** / fixed-programmed controller

Festpunkt *m* (f. Vermessung) / reference point, bench mark || ≗ **(FP)** (Radixschreibweise) / fixed point (FP) || ≗ (Auflager) / fixed support || **≗addition** *f* / fixed-point addition || **≗-Doppelwort**

n / fixed-point double word || ≗**-Doppelwortzahl** *f* / double-precision fixed-point number || ≗**-Dualzahl** *f* / fixed-point binary number || ≗**konstante** *f* / fixed-point constant || ≗**rechnung** *f* / fixed-point calculation, fixed-point computation, fixed-point arithmetic || ≗**schreibweise** *f* / fixed-point representation, fixed-point notation || ≗**wandlung** *f* / fixed-point conversion || ≗**zahl** *f* / fixed-point number

Festring *m* (Lg.) / locating ring

Festringschmierung *f* / disc-and-wiper lubrication || **Lager mit** ≗ / disc-and-wiper-lubricated bearing

Fest·sitz *m* / medium-force fit, interference fit || ≗**sollwert** *m* / fixed setpoint || ≗**spannungswicklung** *f* / fixed-voltage winding

Festspeicher *m* (DIN 44300) / read-only storage || ≗**baustein** *m* (Chip) / read-only memory chip, ROM chip

feststehend *adj* / fixed *adj*, stationary *adj* || ~**er Anker** / stationary armature || ~**e Anzapfstelle** / fixed tap || ~**er Einfahrkontakt** / fixed contact, stab *n* || ~**er Kontakt** (s. festes Schaltstück) || ~**es Schaltstück** / stationary contact member, fixed contact || ~**er Teil** (ST) / stationary part, stationary structure, cubicle *n*

Feststell·bremse *f* / parking brake || ≗**einrichtung** *f* / arresting device

feststellen *v* (arretieren) / arrest *v*, to fix in position, locate *v*

Feststell·mutter *f* / lock nut, locking nut, check nut || ≗**ring** *m* / locating ring, locking ring || ≗**schraube** *f* / lock screw, locking screw, setscrew *n* || ≗**vorrichtung** *f* / arresting device, locking device

Feststoff·e *m pl* / solid particles, solid matter, foreign solids, solids *n pl* || ≗**-Gasprinzip** *n* / hard-gas method || ≗**gehalt** *m* / solids content || ≗**isolierung** *f* / solid insulation || ≗**laser** *m* / solid-state laser, solid laser || ≗**-Luft-Isolierung** *f* / solid-insulant-air insulation || ≗**-Schmiermittel** *n* / solid lubricant || ≗**schmierung** *f* / solid-film lubrication

Festtransformator *m* / fixed-ratio transformer, untapped transformer

Festtreibstoff *m* / solid fuel

festverbundenes einadriges Kabelsystem / solidly bonded single-core cable system

festverdrahtet·es Programm / hard-wired program, wired program

festverlegte Verdrahtung / fixed wiring, permanent wiring

Festwert·kondensator *m* / fixed-value capacitor || ≗**regelung** *f* / fixed setpoint control, set value control, fixed-command control || ≗**regler** *m* / fixed setpoint controller, set value controller, fixed-command controller || ≗**speicher** (s. Festspeicher)

Fest·wicklung *f* / fixed-voltage winding || ≗**widerstand** *m* / fixed resistor, invariable resistor, fixed-value resistor || ≗**winkelinterpolation** *f* (NC) / fixed-angle interpolation || ≗**wort (F-Wort)** *n* / fixed-length word

FET (s. Feldeffekttransistor)

Fett *n* / grease *n*, lubricating grease || ≗**begrenzer** (s. Fettmengenregler) || ~**beständig** *adj* / resistant to grease, grease-resistant *adj* || ≗**büchse** *f* / grease cup || ~**dichtes Papier** / greaseproof paper || ≗**füllung** *f* / grease packing, grease charge, grease filling || ~**gedruckt** *adj* / in bold-face type || ~**geschmiert** *adj* / grease-lubricated *adj* || ≗**lösungsmittel** *n* / grease solvent || ≗**mengenregler** *m* (Lg.) / grease slinger, grease valve || ≗**presse** *f* / grease gun || ≗**schmiernippel** *m* / greasing nipple, grease nipple || ≗**schmierung** *f* / grease lubrication || **Lager mit** ≗**schmierung** / grease-lubricated bearing || ≗**spritze** *f* / grease gun || ≗**standzeit** *f* / grease stability time || ≗**vorkammer** *f* / sealing grease compartment

feucht·er Raum / damp location, damp situation || ~**es Thermometer** / wet-bulb thermometer || ~**e und nasse Räume** (VDE 0100, T.200) / damp and wet locations || ~**e Wärme** (DIN IEC 68) / damp heat || ~**e Wärme, konstant** (DIN IEC 68) / damp heat, steady state || ~**e Wärme, zyklisch** (DIN IEC 68) / damp heat, cyclic

Feuchte *f* / humidity *n*, moisture content || ≗**abbild** *n* / moisture indicator, moisture indicating strip || ≗**aufnehmer** *m* / humidity sensor || ≗**-Durchlaufzelle** *f* / humidity flow cell

Feuchteeinwirkung, Isolationsfestigkeit nach ≗ / insulation resistance under humidity conditions

Feuchte·geber *m* / humidity detector || ≗**gehalt** *m* / moisture content || ≗**grad** (s. Feuchtigkeitsgrad) || ≗**-Hitze-Prüfung** *f* / damp heat test || ≗**indikator** *m* / moisture indicator || ≗**klasse** (s. Feuchtigkeitsklasse) || ≗**-Korrekturfaktor** *m* / humidity correction factor || ≗**messer** *m* / moisture meter *n*, hygrometer *n* || ≗**schutz** *m* / protection against ingress of moisture || ~**sicher** (s. feuchtigkeitsbeständig)

Feuchtfestigkeit (s. Feuchtigkeitsbeständigkeit)

Feuchtigkeit *f* / humidity *n*, moisture *n*, dampness *n*

Feuchtigkeits·aufnahme *f* (o. -absorption) / moisture absorption || ~**beständig** *adj* / moisture-resistant *adj*, damp-proof *adj*, proof against humid conditions || ≗**beständigkeit** *f* / moisture resistance, resistance to moisture (o. humidity), dampproofness || ≗**gehalt** *m* / moisture content || ≗**grad** *m* / degree of humidity, relative humidity || ≗**klasse** *f* / humidity rating || ≗**-Korrekturfaktor** *m* / humidity correction factor || ≗**messer** *m* / moisture meter, hygrometer *n* || ≗**prüfung** *f* / humidity test || ≗**regler** *m* / humidistat *n* || ≗**schutz** *m* / protection against moisture || ≗**schutzart** *f* / degree of protection against moisture (o. humid conditions)

Feuchtraum *m* / damp location, damp situation || ≗ (Prüfraum) / humidity cabinet || ≗**fassung** *f* / damp-proof lampholder, moisture-proof socket || ≗**kabel** *n* / damp-proof cable || ≗**leuchte (FR-Leuchte)** *f* / damp-proof luminaire, luminaire for damp interiors || ≗**transformator (FR-Transformator)** *m* / damp-proof transformer

feucht·warmes Klima / damp tropical climate || ≗**warmfestigkeit** *f* / resistance to heat and humidity, suitability for tropical conditions

Feuer *n* (Leuchtfeuer) / light signal, light *n*, beacon *n* || ≗ **„höher fliegen"** / "fly up" light || ≗ **„niedriger fliegen"** / "fly-down" light || ≗**abschnitt** *m* (Flp.) / section of lights || ≗**alarm** *m* / fire alarm || ≗**ausfall** *m* (Flp.) / light failure || ≗**bake** *f* / beacon *n* || ≗**bekämpfung** *f* / fire fighting || ≗**beständigkeit** *f* / resistance to fire, resistance to burning (IEC 614-1), flame resistance || ≗**einheit** *f* (Flp.) / light unit || ≗**einheit „höher fliegen"** / "fly-up" unit || ≗**einheit**

„tiefer fliegen" / "fly-down" unit
Feuerfestigkeit *f* / fireproofness *n*, resistance to fire
Feuer·gefahr *f* / fire hazard, fire risk || **~gefährdete Betriebsstätte** / location exposed to fire hazards, operating area (o. location) presenting a fire risk, operating area subject to fire hazards || **~gefährlich** *adj* / inflammable *adj*, presenting a fire risk || **~hemmend** *adj* / fire-retardant *adj*, flame-retardant *adj* || **≗löscher** *m* / fire extinguisher || **≗meldeanlage** (s. Brandmeldeanlage) || **≗melder** (s. Brandmelder) || **≗meldung** (s. Brandmeldung)
feuern *v* (Bürsten) / spark *v*
feuerraffiniertes, zähgepoltes Kupfer / fire-refined tough-pitched copper (f.r.t.p. copper)
Feuer·schiff *n* / light vessel, light ship || **≗schutzabschluß** *m* / fire barrier || **≗schutzanstrich** *m* / fireproofing coat, fire coat || **≗schutzisolierung** *f* / fireproofing *n* || **≗schutzwand** *f* / fire protection wall, fire wall || **≗schweißung** *f* / forge welding, fire welding, pressure welding || **~sicherheitliche Prüfung** / fire-risk testing, fire hazard test || **~verzinken** *v* / hot-galvanize *v*, to hot-dip galvanize || **~verzinnen** *v* / hot-tin *v*, tin-coat *v* || **≗widerstandsklasse** *f* / fire resistance rating
FF (s. Flipflop)
FFS (s. flexibles Fertigungssystem)
FFT-Verfahren *n* (FFT - Fast Fourier Transformation - Verfahren der schnellen Fourier-Transformation) / FFT method
FFZ (s. flexibel, flexible Fertigungszelle)
FG (s. Funktionsgenerator)
FID (s. Flammenionisationsdetektor)
FID-Verstärker *m* / FID amplifier
fiktiv·e Spannung / fictitious voltage || **~er Wert** / fictitious value
Filamentleiter *m* / filamentary conductor, multi-filament conductor
Filetransfer (s. Dateiübertragung)
Film *m* / film *n* || ≗ (Komm.) / skin *n*, film *n*, oxide film, tan film
Filmbonden, automatisches ≗ / tape automated bonding (TAB)
Film·festigkeit *f* (Schmierst.) / film strength || **≗kammer** *f* / film chamber || **≗studiolampe** *f* / studio spotlight || **≗träger** *m* (IS) / film carrier || **Doppelradius-≗zylinder** *m* / two-radian camera, Straumanis two-radian camera
FI/LS-Schalter (s. Fehlerstrom-Schutzschalter mit Überstromauslöser)
Filter *n* / filter *n* || **≗baugruppe** *f* / filter module, capacitor module || **≗eingang** *m* / filter input, filtered input || **≗einsatz** *m* / filter cartridge || **≗kondensator** *m* / filter capacitor, smoothing capacitor || **≗kreis** *m* / filter circuit, filter network || **≗kreisdrossel** *f* / filter reactor || **≗kreiskondensator** *m* / filter capacitor, smoothing capacitor || **≗kühler** *m* / combined filter and cooler || **≗matte** *f* / filter mat || **≗presse** *f* / filter press || **≗tuch** *n* / filter cloth
Filz·dichtung *f* / felt gasket, felt seal, felt packing || **≗docht** *m* (Schmierung) / wick lubricator || **≗ring** *m* / felt ring, felt washer, felt seal
Finger·mutter *f* / thumb nut, finger nut || **≗schieber** *m* / finger slide || **≗schraube** *f* / thumb screw, finger screw || **~sicher** *adj* / safe from finger-touch || **≗spitzentablett** *n* / touch panel
Finitelementmethode (FEM) *f* / finite-element method (FEM)
FI-Prüfer *m* / fault-current tester
Firmen·ausweiskarte *f* / company identification card, company badge || **≗marke** *f* / manufacturer's symbol || **≗schild** *n* / maker's nameplate, nameplate *n*
Firmware *f* / firmware *n*
Firstleiter *m* / ridge conductor, roof conductor
FI-Schalter (s. Fehlerstrom-Schutzschalter)
FI-Schutz-Prüfer *m* / e.l.c.b. tester
FI-Schutzschalter mit Freiauslösung / trip-free r.c.c.b. || ≗ **mit integriertem Überstromschutz** / r.c.c.b. with integral overcurrent protection || ≗ **ohne integrierten Überstromschutz** / r.c.c.b. without integral overcurrent protection
FI-Schutzschaltung *f* / current-operated e.l.c.b. system, r.c.d. protection, current-operated g.f.c.i. system, g.f.c.i. protection
FIV (s. fabrikfertiger Installationsverteiler) || ≗ **für Wandaufbau** / surface-mounting distribution board || ≗ **für Wandeinbau** / recess-mounting distribution board
Fixator *m* / erection mount
fixieren *v* / fix *v*, locate *v*, to fix in position
Fixierstift *m* / locating pin, alignment pin, dowel *n*
flach *adj* / flat *adj*, even *adj*, level *adj*, plane *adj* || **~er Druckknopf** / flat button || **~ gewickelt** / wound on the flat, wound flat, flat-wound *adj* || **≗ankerrelais** *n* / flat-type armature relay, flat-armature relay || **≗anschluß** *m* / flat termination, tag termination, terminal pad || **≗anschluß** (s. Flachklemme) || **≗anschlußgröße** *f* / size of flat termination || **≗anschlußklemme** *f* (Anschlußfahne) / tab terminal || **≗automat** *m* / slim-line m.c.b.
Flachbahn·anlasser *m* / face-plate starter, face-plate rheostat || **≗-Anlaßsteller** *m* / face-plate controller || **≗steller** *m* (LT) / wafer dimmer, wafer fader || **≗-Stufenschalter** *m* / face-plate step switch
Flach·bandkabel (s. Bandkabel) || **~bauend** *adj* / slim *adj*, shallow *adj* || **≗baugruppe (FBG)** *f* / printed-circuit board (p.c.b.) || **≗baugruppe** (s. Steckplatte)
Flachbettgerät *n*, **Fernkopierer-≗** / flatbed facsimile unit
Flachbettplotter *m* / flatbed plotter
Flachbiege-Wechselprüfung *f* / rectangular bending fatigue test
Flach·dichtung *f* / flat gasket, flat packing || **≗draht** *m* / flat wire, strip *n* || **≗drahtkupfer** *n* / copper strip, rectangular-section copper || **≗drahtwicklung** *f* / strip winding || **≗drahtwicklung** *f* (Hochkantwickl.) / edge winding
Flächen·auflockerung *f* (gS) / cross-hatching *n* || **≗belastung** *f* (W/m^2) / connected load (per unit area), maximum demand (per unit area) || **spezifische ≗belastung** / load per unit area
flächenbezogen·e Masse / weight per unit area, grammage *n*, substance *n* || **~e Schalleistung** / surface-related sound power, surface-related acoustic power
Flächen·darstellung *f* (CAD) / surface display || **≗deckung** *f* (LAN) / area coverage || **≗dichte** *f* / surface density || **≗dichte** *f* (Masse) / mass per unit

area || ²**dichte des Stroms** / surface current density || ²**diode (FD)** *f* / junction diode || ²**druck** *m* / unit pressure, bearing pressure || ²**durchgangswiderstand** *m* / volume resistance per unit area || ²**einheit** *f* / unit area, unit surface || ²**element** *n* (CAD) / surface entity || ²**entladung** *f* / sheet discharge

flächenförmiger Leuchtkörper / uniplanar filament, monoplane filament

Flächen·galvanisieren *n* / panel plating || ²**gewicht** *n* / mass per unit area || ²**gewicht** *n* (Papier) / basis weight || ²**integral** *n* / surface integral || ²**isolierstoff** *m* / insulating sheet(ing), wrapper material, insulating plate || ²**ladungsdichte** *f* / surface charge density || ²**leuchte** *f* / surface lighting luminaire || ²**leuchtstofflampe** *f* / panel-type fluorescent lamp || ²**masse** *f* / mass per unit area, surface density || ²**messung** *f* / planimetering *n* || ²**modell** *n* (CAD) / surface model || ²**modul** *n* (DIN 30798, T.1) / surface-area module || ²**moment** *n* / moment of plane area || ²**multimodul** *n* (DIN 30798, T.1) / surface-area multimodule || ²**-Näherungsschalter** *m* / flat proximity switch || ²**pressung** *f* / compressive load per unit area

Flächenraster, modularer ² (DIN 30798, T.1) / modular surface-area grid

Flächen·schleifer *m* / surface grinder || ²**schnitt** *m* (WZM) / surface cut(ting) || ²**schwerpunkt** *m* / area centre of gravity || ²**schwund** *m* / shrinkage per unit area || ²**segment** *n* / patch *n* || ²**spannung** *f* / plane stress

Flächenstrahler *m* / large-area radiator || ² (IR-Gerät) / wide-angle transmitter

Flächen·strom *m* / surface current || ²**trägheitsmoment** *n* / planar moment of inertia || ²**transistor** *m* / junction transistor

flächentreue Darstellung / equal-area diagram

Flächen·verfahren *n* (Chromatographie) / peak area method, area method, planimeter method || ²**verrundung** *f* (CAD) / surface fillet || ~**zentriert** *adj* / face-centered . *adj*

Flachfeder *f* / flat spring, leaf spring

flachgängig *adj* (Gewinde) / square-threaded *adj*

Flach·gehäuse *n* (IS) / flat package || ²**gewinde** *n* / square thread || ²**kabel** *n* / flat cable, flat multi-core cable, flat flexible cable || ²**kabel** (s. Bandkabel) || ²**kammer** *f* (RöA, Laue-Kammer) / flat camera, Laue camera || ²**kern** *m* / flat core

Flachklemme *f* (Schraubklemme) **mit Anschlußscheibe** / flat-type screw terminal with clamping piece || ² (Schraubklemme) **ohne Druckübertragungsteil** / flat-type screw terminal without pressure exerting part || ² (Anschlußklemme) / flat-type screw terminal, screw terminal || ² (Anschlußfahne) / tab terminal || ² **für Kabelschuh** / cable-lug-type screw terminal || ² **für Schienenanschluß** / busbar-type screw terminal || ² **mit Druckstück** (Schraubklemme) / saddle terminal with indirect pressure, indirect-pressure saddle terminal || ² **ohne Druckstück** (Schraubklemme) / screw terminal with direct pressure through screw head

Flach·klemmenleiste *f* / screw terminal block || ²**kompoundierung** *f* / flat compounding, level compounding || ²**kupfer** *n* / flat copper (bar), copper flats || ²**kupferschiene** *f* / flat copper bar || ²**lager** *n* (Gebäude) / low-rise warehouse || ²**lehre** *f* / caliper gauge || ²**leiter** *m* / flat conductor

Flachleitung (s. Bandkabel) || ² (s. Flachkabel) || **PVC-**² *f* (VDE 0281) / flat PVC-sheathed flexible cable

Flach·leitungsstecker *m* / ribbon cable connector || ²**leuchte** *f* / shallow luminaire, flat luminaire || ²**meißel** *m* / flat chisel, chipping chisel || ²**motor** *m* / pancake motor, face-mounting motor, flat-frame motor || ²**passung** *f* / flat fit || ²**plotter** (s. Flachbettplotter) || ²**probe** *f* / rectangular test specimen || ²**relais** *n* / flat-type relay, flat relay || ²**riemen** *m* / flat belt || ²**schieber** *m* / flat slide valve, plain slide valve || ²**schiene** *f* / flat bar || ²**schienenanschluß** *m* / flat-bar terminal || ²**schleifen** *n* / surface grinding || ²**schutzschalter** *m* / slim-line m.c.b. || ²**sicherung** *f* / blade-type fuse || ²**spul-Meßgerät** *n* / flat-coil measuring instrument || ²**stab** *m* / flat bar || ²**stahl** *m* / flat steel bar(s), flats *n pl* || ²**steckanschluß** *m* / push-on connection, slip-on terminal || ²**steckanschluß** *m* (Faston-Anschluß) / Faston quick-connect terminal

Flachstecker *m* (Verbinder m. Flachstiften) / tab connector, flat-pin plug, flat connector || ² (an Bauelement) / tab *n* || ² (Klemme) / push-on blade || ² (Bürste) / flat-pin terminal, spade terminal || ²**anschluß** *m* / plug-type terminal(s)

Flach·steckhülse *f* / push-on receptacle, tab receptacle, receptacle *n* || ²**steckhülse** *f* (Faston-Anschluß) / Faston connector || ²**-Steckleitung** *f* / flat connecting cable, ribbon cable || ²**steckverbinder** *m* / blade connector, flat push-on connector || ²**steckverbindung** *f* / tab-and-receptacle connection, tab connector || **lösbare** ²**steckverbindung** / flat quick-connect termination || ²**stelle** *f* / flat spot, flat *n* || ²**stellenbildung** *f* / forming of flats || ²**stellentiefe** *f* / depth of flat || ²**stift** *m* (Steckerstift) / flat-sided pin, flat pin || ²**stift** *m* (an Bauelement) / tab *n* || ²**stift-Steckdose** *f* / flat-pin socket || ²**strahlreflektor** *m* / flat-beam reflector || ²**tastatur** *f* / low-profile keyboard, flat-panel keyboard || ²**verbunderregung** *f* / flat-compound excitation, level-compound excitation || ²**wickel** *m* (Kondensator) / flat section (capacitor) || ²**winkel** *m* (IK) / flat right-angle (unit), horizontal angle (unit) || ²**zeug** *n* / flat product, flats *pl* || ²**zugprobe** *f* / rectangular tensile specimen, flat plate specimen

Flackern *n* / flicker *n*, unsteadiness *n*

Flammen·absorptionsspektrometrie *f* / flame absorption spectroscopy || ²**beständigkeit** *f* / flame resistance || ²**bogenlampe** *f* / flame arc lamp || ²**detektor** *m* / flame detector || ²**ionisation** *f* / flame ionisation || ²**ionisationsdetektor (FID)** *m* / flame ionization detector (FID) || ²**leuchte** (s. Benzinsicherheitslampe) || ²**melder** *m* / flame detector || ²**photometrie** *f* / flame photometry

flammenphotometrischer Detektor (FPD) / flame-photometric detector (FPD)

Flammen·wächter *m* / flame detector

Flammlöten *n* / flame soldering, flame brazing

Flammpunkt *m* / flash point || ² **nach Abel** / Abel closed-cup flash point || ²**prüfgerät mit geschlossenem Tiegel** / closed flash tester || ²**prüfgerät nach Pensky-Martens**

(geschlossener Tiegel) / Pensky-Martens closed flash tester
Flammrohr *n* / torch *n*
Flammschutzstopfen *m* (Batt.) / flame arrester vent plug
flammwidrig *adj* / flame-retardant *adj*, fire-inhibiting *adj*, non-flame-propagating *adj*, slow-burning *adj* || **~es Rohr** (IR) / non-flame-propagating conduit
Flammwidrigkeitsprüfung *f* (Kabel) / flame retardance test
Flanke *f* (Impuls) / edge *n*, transition *n* || **≈** (Kurve) / edge *n*, slope *n* || **≈** (IS, Umsetzer; Rampe) / slope *n* || **≈** (Zahnrad) / flank *n*, tooth surface
Flanken·abfallzeit *f* (HL, DIN 41855) / fall time || **≈anstiegszeit** *f* (HL, DIN 41855) / rise time || **≈auswertung** *f* / (pulse-)edge evaluation || **~gesteuerter Eingang** / edge-triggered input, transition-operated input || **~gesteuertes Flipflop** (s. taktflankengesteuertes Flipflop) || **≈linie** *f* (Zahnrad) / tooth trace || **≈merker** *m* (PC) / edge trigger flag || **≈merkerbyte** *n* / edge-triggered flag byte || **≈mittellinie** *f* / pitch line || **≈modulation** *f* / (pulse) edge modulation || **≈scherversuch** *m* / longitudinal shear test || **≈spiel** *n* / backlash *n*, flank clearance
Flankensteilheit *f* (Impuls, Signal) / edge steepness || **≈** (Änderungsgeschwindigkeit) / rate of change || **≈** (DAU, Verstärker) / slew rate || **größte ≈ der Ausgangsspannung** (Verstärker) / maximum rate of change of output voltage
Flankensteuerung *f* / edge triggering, transition control || **Takteingang mit ≈** / edge-triggered clock input
Flankenwechsel *m* (Impuls) / edge change || **positiver ≈** / positive-going edge (of signal)
Flanken·winkel *m* (Gewinde) / angle of thread, thread angle || **≈zeit** *f* (DIN IEC 147,T.1E) / slope time
Flansch *m* / flange *n* || **≈-Anbausteckdose** *f* / flange-mounting socket-outlet, flanged receptacle || **≈anschluß** *m* / flanged end || **≈bauform** *f* / flange-mounting type || **≈bürstenhalter** *m* / flange-mounting brush holder, lug-mounting brush holder || **≈dichtung** *f* / flange gasket, rim gasket, flange seal || **≈-Einbausteckdose** *f* / flange-mounting recessed socket-outlet || **≈fläche** *f* / flange face, flange surface || **≈kupplung** *f* / flange coupling, flanged-face coupling, compression coupling || **≈lager** *n* / flange-mounted bearing, flanged bearing || **≈lagerschild** *m* (el. Masch) / flanged endshield, endshield flange
flanschlos·er Anschluß (Ventil) / flangeless end
Flansch·motor *m* / flange-mounting motor, flange motor || **≈platte** *f* / flange plate, (flange) blanking plate || **≈schraube** *f* / flange bolt || **≈steckdose** *f* / flange-mounting socket-outlet (o. receptacle), flanged socket-outlet || **≈transformator** *m* / flange-mounting transformer || **≈verbindung** *f* / flanged joint || **≈verschraubung** *f* / bolted flange joint || **≈welle** *f* / stub shaft, flanged shaft || **≈wellenende** *n* / flanged shaft extension
Flasche *f* (Zylinder) / cylinder *n*
Flaschenzug *m* / rope block, block and tackle, differential pulley block
Flat-pack·-Gehäuse (s. Flachgehäuse) || **≈-Thyristor** *m* / flat-pack thyristor, disc-type thyristor
flattern *v* (Welle) / wobble *v* || **≈** *n* (Rel.) / chatter *n*
Flatter·satz *m* (Textverarb.) / ragged-right format, unjustified matter || **≈zeilen** *f pl* (Textverarb.) / ragged lines
Fleck *m* (Osz., Leuchtfleck) / spot *n* || **≈** (Bildpunkte) / blob *n* || **Kontakt~** (IS) / bonding pad, bonding island || **Stör~** (ESR) / picture blemish, blemish *n*
fleckig *adj* / stained *adj*, spotty *adj*, patchy *adj*
Fleck·korrosion *f* / patchy corrosion || **≈verschiebung** *f* (Osz.) / spot displacement
Flexband *n* / flexible lead
flexibel *adj* / flexible *adj*, pliable *adj*, adaptable *adj* || **flexibles Bearbeitungszentrum (FBZ)** / flexible machining centre (FMC) || **flexibles Fertigungssystem (FFS)** / flexible manufacturing system (FMS) || **flexible Fertigungszelle (FFZ)** / flexible manufacturing cell (FMC), flexible production cell || **flexibles Installationsrohr** / flexible conduit || **flexibler Isolierschlauch** (DIN IEC 684) / flexible insulating sleeving || **flexibles Kabel** / flexible cable || **flexible Kupplung** / flexible coupling, self-aligning coupling || **flexibler Leiter** / flexible conductor || **flexible Leiterplatte** / flexible printed board || **flexible Leitung** / cord *n* || **flexible Mehrlagenleiterplatte** / flexible multi-layer printed board || **flexibler Mehrschicht-Isolierstoff** / combined flexible insulating material || **flexible PVC-Schlauchleitung** / PVC-sheathed flexible cord || **flexibles Rohr** (IR) (s. flexibles Installationsrohr) || **flexibles Schutzrohr** / flexible metal tubing || **flexibles Stahlrohr** (IR) / flexible steel conduit
Flexibelmikanit *n* / flexible mica material
flexible Leiterplatte mit Leiterbild auf einer Seite / flexible single-sided printed board || **~ Leiterplatte mit Leiterbildern auf beiden Seiten** / flexiblc double-sided printed board
Flexo-Stecker *m* / plug made of resilient material, rubber plug
Flexscheibe *f* / polishing wheel (with hard-paper facing)
Flickbüchse *f* / temporary bush
flicken *v* (Sich.) / rewire *v*
Flicker *n* / light flicker, flicker *n* || **~äquivalente Spannungsschwankung** / equivalent voltage fluctuation (flicker range) || **≈-Bemerkbarkeitsschwelle** *f* (VDE 0838, T.1) / threshold of flicker perceptibility || **≈dosis** *f* / flicker dose || **~freie Beleuchtung** / flickerless lighting, flicker-free lighting || **~freier Lichtbetrieb** / flicker-free lighting service || **≈meter** *n* / flickermeter *n*
flickern *v* / flicker *v*
Flicker-Reizbarkeitsschwelle *f* / threshold of flicker irritability
Flicker·spannung *f* / flicker voltage || **≈-Störschwelle** *f* (s. Flicker-Reizbarkeitsschwelle)
Flicker-Störschwelle (s. Flicker-Reizbarkeitsschwelle)
flickerverursachende Spannungsschwankung / flicker voltage range (IEC 50(604))
Flicker-Wahrnehmbarkeitsschwelle (s. Flicker-Bemerkbarkeitsschwelle)
„Fliege-Höher"-Feuereinheit *f* / fly-up light unit
fliegend angeordnet / overhung *adj*, mounted overhung || **~e Buchse** / floating gland || **~e**

Fertigungsprüfung / patrol inspection || **~e Gebäude** / temporary buildings || **~ gelagerter Rotor** / overhung rotor, outboard rotor || **~e Riemenscheibe** / overhung pulley || **~es Schwungrad** / overhung flywheel
„Fliege-Niedriger"-Feuereinheit *f* / fly-down light unit
Fliegenschutzgitter *n* / insect screen
Fliehkraft *f* / centrifugal force || **≈anlasser** *m* / centrifugal starter || **≈beschleunigung** *f* / centrifugal acceleration || **≈bremse** *f* / centrifugal brake || **≈gewicht** *n* / centrifugal weight || **≈kupplung** *f* / centrifugal clutch, dry-fluid coupling, dry-fluid drive || **≈lüfter** *m* / centrifugal fan || **≈regler** *m* / centrifugal governor || **≈schalter** *m* / centrifugal switch, centrifugal controller, tachometric relay || **≈schmierung** *f* / centrifugal lubrication || **≈versteller** *m* (Kfz-Zündsystem) / centrifugal advance mechanism
Fließband *n* / assembly line || **≈bearbeitung** *f* (DV) / pipelining *n*
Fließ·beschichtung *f* / flow-coating *n* || **≈bild** *n* / flow diagram, mimic diagram || **≈druck** *m* / flow pressure
Fließen *n* (Metall) / yield *n*, creeping *n*
fließend·er Verkehr / driving continuity || **Verfahren mit ~er Fremdschicht** / saline fog test method, salt-fog method
Fließ·fertigung *f* / assembly line production, flow-line production || **≈festigkeit** *f* / yield strength || **≈fett** *n* / low-viscosity grease || **≈geschwindigkeit** *f* / flow velocity || **≈grenze** *f* / yield point, yield strength, proof stress || **≈härte** *f* / yield hardness || **≈komma** (s. Gleitpunkt) || **≈punkt** *m* (Fett) / pour point || **≈punkt** (s. Gleitpunkt) || **≈schaubild** *n* / (mimic) flow diagram || **≈vermögen** *n* (U-Rohr-Methode) / U-tube viscosity || **≈vermögen in der Kälte** / cold flow || **~ziehen** *v* (stanzen) / iron *v*
Flimmer·fotometer *n* / flicker photometer || **~frei** *adj* / flicker-free *adj* || **~freie Beleuchtung** / flickerless lighting, flicker-free lighting || **≈frequenz** *f* / flicker frequency || **≈kurve** *f* (Stromschwingungen) / current oscillation diagram || **≈licht** *n* / flicker(ing) light
flimmern *v* / flicker *v*
Flimmer·schwelle (s. Herzkammerflimmerschwelle) || **≈strom** *m* (die Herztätigkeit beeinflussend) / fibrillating current
flink·e Sicherung / fast fuse, quick-acting fuse, quick-blow fuse || **~er Sicherungseinsatz** / fast fuse link, quick-acting fuse link, quick-blow fuse link, type K fuse link
Flintglas *n* / flint glass
Flipflop (FF) *m* / flipflop (FF) *n* || **≈ mit einem Eingang** / single-control flipflop, single-control bistable trigger circuit || **≈ mit zwei Eingängen** / dual-control flipflop, dual-control bistable trigger circuit
Flocktest *m* / flocculation test
Floppy-Disk·-Laufwerk *n* / floppy-disk drive || **≈-Steuerung** *f* / floppy-disk controller (FDC)
FLOPS (floating-point operations per second - Gleitpunktoperationen pro Sekunde)
Floß *n* (schiffsförmige Boje) / float *n*
Flotationsprodukt *n* / flotation product
FLPA (A. f. „field-programmable logic array" - frei programmierbares logisches Feld)
Fluchtabweichung *f* / misalignment *n*
fluchten *v* / to be in alignment, to be in line
fluchtend *adj* / aligned *adj*, in alignment, in line
Fluchtfehler (s. Fluchtungsfehler)
Fluchtfunktion *f* (GKS) / escape *n* (function)
fluchtgerecht *adj* / truly aligned
flüchtig *adj* / volatile *adj* || **~er Befehl** / fleeting command || **~er Fehler** / transient fault, non-persisting fault, temporary fault || **~er Speicher** / volatile memory
Fluchtung *f* / alignment *n*
Fluchtungs·fehler *m* / misalignment *n*, alignment error || **≈prüfung** *f* / alignment test
Fluchtweg *m* / escape route || **≈beleuchtung** *f* / escape lighting
Flug·asche *f* / flue dust || **≈betrieb** *m* / aircraft operations
Flügel·barren *m* (Flp.) / wing-bar *n*, inset wing-bar || **≈griff** *m* / wing handle || **≈mutter** *f* / wing nut, butterfly nut, winged nut, thumb nut || **≈radanemometer** *n* / windmill-type anemometer, vane anemometer || **≈tür** *f* (zweiflügelig) / double-wing door
Flugfeld *n* / airfield *n*
Flughafen *m* (s.a. unter „Flugplatz") / airport *n*, aerodrome *n* || **≈-Befeuerungsanlage** *f* / airport lighting system, aerodrome lighting system, aviation ground lighting || **≈-Drehfeuer (ROB)** *n* / aerodrome rotation beacon (ROB) || **≈-Leuchtfeuer** (s. Flugplatz-Leuchtfeuer) || **≈-Rundsichtradar (ASR)** *m* / airport surveillance radar (ASR)
Flugplatz *m* / airport *n*, aerodrome *n*, airfield *n* || **≈-Ansteuerungsfeuer** *n* / aerodrome location light || **≈-Befeuerungsanlage** *f* / aerodrome lighting system, airfield lighting system, aviation ground lighting || **≈-Bezugspunkt** *m* / aerodrome reference point || **≈-Erkennungszeichen** *n* / aerodrome identification sign || **≈höhe** *f* / aerodrome elevation || **≈-Leuchtfeuer (ADB)** *n* / aerodrome beacon (ADB), airport beacon || **≈sicherheit** *f* / aerodrome security
Flugrost *m* / film rust
Flugsicherungs·anlage *f* / air navigation system
Flug·staub *m* / air-borne dust, entrained dust || **≈strecke** *f* / air route, flight route || **≈streckenfeuer** *n* / air-route beacon, airway beacon || **≈strecken-Rundsichtradar (ARSR)** *m* / air route surveillance radar (ARSR) || **≈verkehr** *m* / air traffic || **≈verkehrsdienste (ATS)** *m pl* / air traffic services (ATS) || **≈warnbefeuerung** *f* / obstruction and hazard lighting || **≈warnmarker** *m* (Freiltg.) / aircraft warning marker
Flugzeugpositionslicht *n* / aircraft navigation light
Fluidik *f* / fluidics *plt*, fluidic logic
fluidischer Melder / fluidic indicator
Fluidverstärker *m* / fluid amplifier
Fluktuation *f* (unerwünschte nicht-periodische Abweichung von einem gemessenen Mittelwert) / fluctuations *n pl* || ≈ (Instabilität der Impulsamplitude) / fluctuation *n*
Fluoreszenz *f* / fluorescence *n* || **≈analyse** *f* / fluorescence analysis || **Röntgen-≈analysegerät** *n* / X-ray fluorescence analyzer || **Leuchtstofflampe für ≈anregung** / indium-amalgam fluorescent lamp || **≈anzeige** *f* / fluorescent display || **≈lampe** *f* / fluorescent lamp

(FL) || ≗licht *n* / fluorescent light || ≗linie *f* / fluorescence line, fluorescent line || ≗prüfung *f* / fluorescent inspection, fluorescent penetrant inspection || ≗spektroskopie *f* / fluorescence spectroscopy || ≗strahlung *f* / fluorescent radiation, characteristic X-ray radiation

Fluor·ethylenpropylen (FEP) *n* / fluorine ethylene propylene || **≗kohlenstoff** *m* / fluor carbon, carbon tetrachloride || **≗kohlenwasserstoffmischung** *f* / fluorenated hydrocarbon compound

flur·bedientes Hebezeug / floor-controlled crane || **automatisierte ≗förderung** / automated guided vehicle system (AGVS) || **≗förderzeuge** *n pl* / industrial trucks || **≗verteilung** *f* / storey distribution board, floor panelboard

Flusen *f pl* / flyings *plt*

Fluß *m* (magn.) / flux *n* || **≗ des Bohrungsfelds** / flux over armature active surface (with rotor removed) || **geometrischer ≗** (s. geometrischer Leitwert)

Flußbannung *f* / flux retention

Fluß·bild *n* / flux plot || **≗bügel** *m* / flux plate || **≗diagramm** *n* / flowchart *n*, flow diagram || **≗dichte** *f* / flux density || **≗eisen** *n* / ingot iron, ingot steel, mild steel || **≗empfindlichkeit** *f* (Hallgenerator, DIN 41863) / flux sensitivity || **≗faden** *m* / flux thread, fluxon *n*, flux line, quantitized superconducting electron current vortex

flüssige Reibung / fluid friction, liquid friction, hydrodynamic friction, viscous friction

Flüssig-Flüssig-Chromatographie *f* / liquid-liquid chromatography

Flüssigkeits·absorption *f* / liquid absorption || **≗anlasser** *m* / liquid starter, liquid-resistor starter || **≗anlaßregler** *m* / liquid controller || **≗bremse** *f* / fluid-friction dynamometer, Froude brake, water brake, hydraulic dynamometer || **≗chromatograph** *m* / liquid chromatograph, stream chromatograph || **≗dämpfung** *f* / viscous damping || **~dicht** *adj* / liquid-tight *adj* || **≗dichtung** *f* / liquid seal || **≗druckmesser** *m* (U-Rohr) / U-tube pressure gauge

flüssigkeitsgefüllt·e Durchführung / liquid-filled bushing || **~e Maschine** / liquid-filled machine || **~er Schalter** / liquid-filled switch || **~er Transformator** / liquid-immersed transformer

flüssigkeitsgekühlt *adj* / liquid-cooled *adj*

Flüssigkeits·getriebe *n* / hydraulic transmission, fluid power transmission, fluid drive, hydraulic drive || **~isolierte Durchführung** / liquid-insulated bushing || **≗isolierung** *f* / liquid insulation || **≗kontakt** *m* / liquid-metal contact, liquid-metal collector || **≗kühlung** *f* / liquid cooling || **≗kupplung** *f* / fluid clutch, fluid coupling, hydraulic coupling, hydrokinetic coupling || **≗mengenmeßgerät** *n* / liquid volume meter, volumetric liquid meter || **≗motor** *m* / fluid motor, hydraulic motor || **≗reibung** *f* / fluid friction, liquid friction, hydrodynamic friction, viscous friction || **≗reibungsverlust** *m* / liquid-friction loss, fluid loss || **≗schalter** *m* / liquid-level switch || **Dichtung mit ≗sperre** / hydraulic packing, hydraulic seal || **≗spiegel** *m* / liquid level || **≗stand** *m* / liquid level || **≗standanzeiger** *m* / liquid level indicator (o. gauge), liquid level monitor || **≗standregler** *m* / liquid-level controller || **≗stopfbuchse** *f* / liquid seal || **≗strahl-Oszillograph** *m* / liquid-jet oscillograph || **≗sumpf** *m* / liquid sump || **≗thermometer** *n* / liquid-in-glass thermometer || **≗wächter** (s. Flüssigkeitsschalter) || **≗widerstand** *m* / liquid resistor

Flüssigkristallanzeige *f* / liquid-crystal display (LCD), liquid XTAL display

Flüssigmetallkontakt *m* / liquid-metal contact, liquid-metal collector || **Maschine mit ≗en** / liquid-metal machine

Fluß·konzentratormotor *m* / flux-concentrating motor || **≗leitstück** *n* / flux concentrating piece || **≗linie** *f* (magn.) / flux line || **≗linie** *f* (NC) / flow line || **≗linienverankerung** *f* / vortex pinning, pinning *n* || **≗messer** *m* / fluxmeter *n*

Flußmittel *n* (Löten) / soldering flux, flux *n* || **≗** (Schweißen) / welding flux, flux *n* || **~frei** *adj* / fluxless *adj* || **≗stift** *m* / flux pen

Fluß·plan *m* / flowchart *n* || **≗pumpe** *f* / flux pump || **≗quant** *n* / fluxon *n* || **≗regelung** *f* (Kommunikationsnetz; DIN ISO 7498) / flow control

Flußrichtung (HL) (s. Vorwärtsrichtung) || **≗** (HL) (s. Durchlaßrichtung)

Fluß·röhre *f* / tube of flux || **≗rückhaltung** *f* / flux retention || **≗spannung** (s. Vorwärtsspannung) || **≗sprung** *m* / flux jump || **≗stahl** *m* / ingot steel, mild steel, plain carbon steel || **≗streuung** *f* / flux leakage || **≗strom** (Diode) (s. Durchlaßstrom) || **≗strom** (HL) (s. Vorwärtsstrom) || **≗verdrängung** *f* / magnetic skin effect, flux displacement, flux expulsion || **≗verkettung** *f* / flux linkage || **≗verkettung** *f* (Summengröße) / flux linkages, total flux linkages, total interlinkages || **≗verlauf** *m* / flux distribution, flux direction, flux path || **≗verteilung** *f* / flux distribution || **≗wechsel** *m* / flux transition || **≗winkel** *m* (Wechselspannungsperiode - ausgedrückt als Winkel - in der Strom fließt) / angle of flow || **≗zusammendrängung** *f* / flux crowding

Flutelektrodensystem *n* (Osz.) / flood gun

Flutlicht *n* / floodlight *n* || **≗anstrahlung** *f* / floodlighting *n* || **≗beleuchtung** *f* / floodlighting *n* || **≗lampe** *f* / floodlight lamp, floodlighting lamp || **≗mast** *m* / floodlight tower || **≗scheinwerfer** *m* / floodlight *n*

Flutsystem (Osz.) (s. Flutelektrodensystem)

Fluxen *n* (Magnetpulverprüf.) / magnetic-particle testing

Flying-Master-Funktion *f* (dezentrale Buszuteilung) / flying-master principle

FM (s. Frequenzmodulation)

FMECA (s. Ausfalleffekt- und Ausfallkritizitätsanalyse)

FM-Rauschen *n* / FM noise, frequency modulation noise

FM-Rauschzahl *f* / FM noise figure, frequency-modulation noise figure

FOA (forced-oil/air cooling; Kühlung durch erzwungenen Ölumlauf mit äußerem Öl-Luft-Kühler) / FOA (forced-oil/air cooling; forced-oil circulation through external oil-to-air heat exchanger)

Fokalkreis *m* / focal circle

Fokusprüfkopf *m* / focusing probe

Fokussierpotential *n* / focusing potential

Fokussierung *f* / focusing *n* || **Phasen~** *f* / bunching *n*

Fokussierungs·elektrode *f* / focusing electrode || **²güte** *f* / focus quality || **²magnet** *m* / focusing magnet
FOL (s. Blitz-Hindernisbefeuerung)
Folge·anläufe *m pl* / starts in succession || **²antrieb** *m* / follower drive, slave drive || **²ausfall** *m* (DIN 40042) / secondary failure || **²blitz** *m* / subsequent stroke, successive stroke || **²fehler** *m* / secondary fault, sequential fault || **²frequenz** *f* / repetition rate || **²kontakt** *m* / sequence-controlled contact || **²lichtbogen** *m* / secondary arc || **²maske** *f* (PC) / auxiliary mask || **²motor** *m* / follower motor, slave motor
Folgen bilden (Impulse) / sequencing *n*
Folge·polmaschine *f* / consequent-pole machine || **²potentiometer** *n* / slave potentiometer || **²prüfung** *f* / sequential test, sequence checking || **²reaktion** *f* (PC) / continuation response || **²regelsystem** *n* / follow-up control system, servo-system *n*
Folgeregelung *f* / follow-up control, servo control || **²** (Kaskade) / cascade control
Folge·regler *m* / follower controller, servo follower || **²rückzündung** *f* / consequential arc-back || **²satz** *m* (NC) / subsequent block || **²schäden** *m pl* / consequential damage
Folgeschaltung *f* (DIN 44300) / sequential circuit || **²** (Steuerstromkreis, Anlaufsteuerung) / sequence control (circuit), sequencing circuit, sequence starting control
Folge·schnitt *m* / progressive die, tandem die || **²signalbildung** *f* (Baugruppe) / sequencing module || **Injektions~spannung** *f* (Diode, DIN 41781) / post-injection voltage || **²station** *f* (DÜ) / secondary station
Folgesteuerung *f* / sequencing control, sequence control || **²** (Servo) / servo-control *n* || **²** (LE) / sequential phase control || **²** (DÜ) / secondary control || **²** (s. Ablaufsteuerung)
Folge·stichprobenentnahme *f* / sequential sampling || **²stichprobenplan** *m* / sequential sampling plan || **²strom** *m* / follow current || **²telegramm** *n* (PC) / response message || **²wechsler** *m* / changeover make-before-break contact, make-before-break changeover contact, bridging contact (depr.) || **²zündung** *f* (Lampen) / sequence starting || **²zweig** *m* (LE) / subsequent arm
Folie *f* (Kunststoff) / film *n*, foil *n* || **²** (Metall) / foil *n*
Folien·-DMS *m* / foil-type strain gauge || **~gefüllte Lampe** / foil-filled lamp || **²isolierung** *f* / foil insulation, film insulation, sheet insulation || **²material** *n* / sheeting *n*, film material, foil *n* || **²schalter** *m* (E DIN 42115) / membrane switch || **²schutzschirm** *m* / foil screen || **²tastatur** *f* / membrane keyboard, sealed keypad, membrane switch keyboard || **²tastelement** *n* (E DIN 42115) / membrane switch element || **²tastfeld** *n* (E DIN 42115) / membrane switch array || **²wicklung** *f* / foil winding, sheet winding
forcierte Kühlung / forced cooling
Förder·höhe *f* / delivery head || **²leistung** *f* (Fördereinrichtung) / conveyor capacity || **²leistung** *f* (Pumpe, Lüfter) / delivery rate, volumetric capacity || **²maschine** *f* (Förderhaspel) / winding machine, winder *n* || **²menge** (s. Förderleistung) || **²motor** *m* (f. Förderer) / conveyor motor || **²motor** *m* (Förderhaspel) / winder motor || **²motor** (Kran) (s. Hebezeugmotor) || **²richtung** *f* (Lüfter) / discharge direction || **²strecke** *f* / conveyor section || **²- und Lagertechnik** *f* / handling and warehousing systems || **²weg** *m* / conveying route
Form (s. Kurvenform) || **² der Spannungsschwankung** (s. Kurvenform der Spannungsschwankung)
Formabweichung *f* / geometrical error, form variation || **zulässige ²** / form tolerance
formaler Parameter / formal parameter, dummy parameter
Formaloperand *m* (PC) / assignable parameter, formal operand
Formänderung *f* / deformation *n* || **bleibende ²** / plastic deformation, permanent set
Formänderungs·arbeit *f* / energy of deformation, strain energy of distortion || **spezifische ²arbeit** / resilience per unit volume || **²energie** *f* / strain energy || **²festigkeit** *f* / yield strength || **²geschwindigkeit** *f* / rate of deformation, strain rate || **²verhältnis** *n* / deformation ratio
Form·angaben *f pl* (NC, Teilebeschreibung) / part description, workpiece description || **~angepaßter Prüfkopf** / shaped probe
Format *n* / format *n* || **² mit variabler Satzlänge** (NC) / variable-block format || **Zeilen~** (Drucker) / characters per line || **²anfang** *m* / format start || **²anfangkennzeichen** *n* / format start identifier || **²anfangsadresse** *f* / format starting address || **²anweisung** *f* / format statement || **²bearbeitung** *f* / format processing
Formatekupfer *n* / copper shapes
Formatendekennzeichen *n* / format end identifier
formatieren *v* / format *v* || **²** *n* / formatting *n*
Formatierer *m* / formatter *n*
Formations·feuer *n* / formation light
Formatprüfung *f* / format check
Formatsteuerzeichen *n* (DIN 44300) / format effector, layout character
Form·ätzen *n* / contour-etching *n*, chemical milling, photo-etching *n* || **~beständig** *adj* / dimensionally stable, stable under heat, thermostable *adj* || **²beständigkeit** *f* / dimensional stability, thermostability *n* || **²beständigkeit unter Wärme** / thermal stability, thermostability *n* || **²blatt** *n* / form *n*, standard form || **²brief** *m* / form letter || **²dehngrenze** *f* / yield strength under distortional strain energy, modified yield point || **²echo** *n* / form echo || **²elementenmodell** *n* / form feature model
formen *v* / form *v*, shape *v* || **~** (in Gießform) / mould *v* || **~** (stanzen) / stamp *v*
Formenwahrnehmungsgeschwindigkeit *f* / speed of perception of form
Form·erkennung *f* / shape recognition || **²exponent** *m* / shape exponent
Formfaktor *m* (IEC 50(101)) / form factor, electrical form factor || **²** (mech.) / stress concentration factor, shape factor, form factor || **²** (Wellenform) / harmonic factor
Form·fehler *m* (DÜ) / framing error || **plastische ²gebung** / plastic shaping, reforming *n* || **²gebungs-Zeichnung** *f* / form-design drawing || **²genauigkeit** *f* / geometrical accuracy, accuracy to shape || **²gestaltung** *f* (CAD) / form design
Formierdrehzahl *f* (Komm.) / seasoning speed

formieren *v*(Widerstand, Kommutator) / season *v* || **≗** *n*(Batt., Gleichrichterplatte) / forming *n*, formation *n*
Formier·gas *n* / forming gas, anti-slag gas
Form·kabel *n* / cable harness || **≗lehre** *f* / form gauge || **≗litze** *f* / compressed strand || **≗masse** *f* / moulding material, moulding compound || **≗mikanit** *n* / moulding mica material (IEC 50(212)), heat-formable rigid mica material || **≗presse** *f* / forming press, moulding press
formschlüssig·er Antrieb / positive drive, non-slip drive, positive no-slip drive, geared drive || **~e Bauart** / form-fit design || **~ befestigt** (auf der Welle) / keyed *adj* || **~e Verbindung** / keyed connection, keyed joint
formschön *adj* / attractive *adj*
Form·schwindmaß *n* / mould shrinkage || **≗spule** *f* / former-wound (o. form-wound) coil, preformed coil || **≗spulen-Motorette** *f* / former-wound motorette, formette *n* || **≗spulenwicklung** *f* / former winding, preformed winding, diamond winding || **≗stabilität** (s. Formbeständigkeit) || **≗stahl** *m* / sectional steel, steel sections, steel shapes, structural steel, structural shapes || **~stanzen** *v* / stamp *v* || **≗stanzteil** *n* / stamping *n* || **≗stanzwerkzeug** *n* / stamping die || **Kabelkanal-≗stein** *m* / cable duct block, duct block
Formstoff *m* / moulding *n*, moulded material, plastic material || **~gekapselt** *adj* / moulded-plastic-clad *adj*, plastic-clad *adj* || **≗teil** *n* / moulded part, plastic part
Form·stück *n*(IK) / fitting *n*, adaptor unit || **Isolierstoff-≗teil** *n* / insulating moulding, moulded-plastic component || **≗teile** *n pl*(aus Glimmer) / shaped pieces || **≗text** *m* / matrix document, matrix *n*, invoking document || **≗toleranz** *f* / tolerance of form
Formular *n* / form *n*, standard form || **≗** (graf. DV) / form *n*, form overlay || **≗einblendung** *f*(graf. DV) / form overlay, form flash || **≗vorschub** *m* / form feed
Formung *f*(Impulse) / shaping *n*
Form·verzerrung *f*(Wellenform) / waveshape distortion || **≗welle** *f* / profiled shaft, stepped shaft, taper shaft, shouldered shaft
formzurückgewinnendes Rohr (IR) / self-recovering conduit
Forschungsstätte *f* / research centre
Förster-Sonde *f* / Förster probe
Fortescue·-Komponenten / Fortescue components, symmetrical components || **≗-Schaltung** *f* / Fortescue connection || **≗-Transformation** *f* / Fortescue transformation, symmetrical-component transformation, sequence-component transformation, phase-sequence transformation
fortlaufend gewickelte Spule / continuously wound coil, continuous coil || **~ numerieren** / number consecutively || **~e Nummer** (s. Zählnummer) || **~e Verarbeitung** / consecutive processing || **~e Wicklung** / continuous winding
Fortleitung elektrischer Energie / transmission of electrical energy, transmission of electricity
Fortluft *f* / outgoing air
Fortpflanzungsgeschwindigkeit *f* / speed of propagation, propagation rate
Fortschalt·bedingung *f* / step enabling condition, stepping condition, progression condition || **≗impuls** *m*(Taktimpuls) / clock pulse || **≗kriterien** *n pl*(PC) / stepping conditions || **≗relais** *n* / notching relay, accelerating relay || **≗taste** *f* / stepping key (o. button), incrementing button (o. key)
Fortschaltung *f*(Zähler) / incrementing *n* || **≗** (Drehzahl) / (speed) stepping *n* || **≗** (elST) / step enabling, stepping *n*, sequence control function || **≗** (WZM) / indexing *n* || **Blatt~** / sheet advance, paper feed || **eine ≗ durchführen** (PC, PMG) / to execute a sequence control function, to execute sequences || **~, Kurzschluß~** (Abschaltung) / short-circuit clearing, fault clearing || **~, Kurzschluß~** (Kurzunterbrechung) / automatic reclosing (under short-circuit conditions) || **Schritt~** (PC) / step sequencing, progression to next step || **Zähler~** / counter advance, meter advance
Fortschaltwinkel *m*(WZM, NC) / indexing angle
fortschreitend·e Bemaßung / progressive dimensioning || **~e Welle** / travelling wave, progressive wave || **~e Wellenwicklung** / progressive wave winding
Fortsetzungsstart (s. Wiederanlauf)
Fortzündschaltung *f* / re-ignition circuit, multi-loop re-ignition circuit
Foto·aufnahmelampe *f* / photoflood lamp || **≗desensibilisierung** *f* / photodesensitization *n* || **≗detektor** *m* / photodetector *n* || **≗diode (FD)** *f* / photodiode *n* || **≗dioden-Bildwandler** *m* / photodiode sensor || **≗effekt** *m* / photoeffect *n*, photoelectric effect || **Sperrschicht-≗effekt** *m* / photovoltaic effect || **≗elastizität** *f* / photoelasticity *n*
fotoelektrisch·es Betriebsmittel / photoelectric device (IEC 50(151)) || **~er Effekt** / photoelectric effect || **~er Empfänger** / photoreceiver *n*, photo-detector *n*, photoelectric detector || **~er Leser** / photoelectric reader || **~es Relais** / photoelectric relay || **~es Strichgitter** / optical grating
Foto·elektronenstrom *m* / photoelectric current, photocurrent *n* || **~elektronische Röhre** / photosensitive tube, photoelectric tube || **≗element** *n* / photoelement *n*, photovoltaic cell || **≗elementeffekt** *m* / photovoltaic effect || **≗emission** *f* / photoemissive effect, photoelectric emission || **≗-EMK** *f* / photo-EMF *n*, photovoltage *n* || **≗empfänger** *m* / photoreceiver *n*, photo-detector *n*, photoelectric detector || **≗kathode** *f* / photocathode *n* || **≗kopie** *f* / photocopy *n* || **≗kopiergerät** *n* / photocopier *n* || **≗lack** *m*(gS) / photo-resist *n* || **≗leiter** *m* / photoconductor *n*, photoconductive cell || **≗leitung** *f* / photoconduction *n*, photoconductive effect || **≗leitungseffekt** *m* / photoconductive effect || **≗leitwert** *m* / photoconductance *n* || **≗lumineszenz** *f* / photoluminescence *n* || **≗lumineszenz-Strahlungsausbeute** *f* / photoluminescence radiant yield
fotomagnetischer Effekt / photomagnetoelectric effect
Foto·meter *n* / photometer *n* || **≗meterbank** *f* / photometer bench || **≗meterkopf** *m* / photometer head || **≗metrie** *f* / photometry *n*
fotometrisch·es Arbeitsnormal / working photometric standard || **~er Normalbeobachter** /

standard photometric observer || ~es **Primärnormal** / primary photometric standard || ~**es Sekundärnormal** / secondary photometric standard || ~**es Strahlungsäquivalent** / luminous efficacy of radiation || ~**es Umfeld** / surround of a comparison field

Fotoperiode *f* / photoperiod *n*

fotopisch·es Sehen / photopic vision

Foto·plotter *m* / photoplotter *n*, (graphic) film recorder || ≈**sensibilisierung** *f* / photosensitization *n* || ≈**spannung** *f* / photovoltage *n* || ≈**strom** *m* / photoelectric current, photocurrent *n* || ≈**transistor** *m* / phototransistor *n* || ≈**vervielfacher** *m* / photomultiplier *n*, multiplier phototube || ~**voltaischer Effekt** / photovoltaic effect || ≈**widerstand** *m* / photoresistor *n*, light-sensitive resistor, photoconductive cell || ≈**zelle** *f* / photocell *n*, phototube *n*, photoemissive cell

Fourier-Analyse *f* / Fourier analysis, harmonic analysis || ≈**-Integral** *n* / Fourier integral, inverse Fourier transform || ≈**-Phasenspektrum** *n* / Fourier phase spectrum || ≈**-Reihe** *f* / Fourier series || ≈**-Spektrum** *n* / Fourier spectrum, harmonic spectrum || ≈**-Transformation** *f* / Fourier transform

FOW (forced-oil-water cooling; Kühlung durch erzwungenen Ölumlauf mit Öl-Wasser-Kühler) / FOW (forced-oil-water cooling; forced-oil cooling with oil-to-water heat exchanger)

FP (s. Festpunkt)

FPD (s. flammenphotometrischer Detektor)

FPS (s. freiprogrammierbare Steuerung)

Fraktil einer Verteilung (DIN 55350,T.21) / fractile of a probability distribution

Fraktionssammler *m* / fraction collector

Francisturbine *f* / Francis turbine

Fräs·arbeit *f* / milling work || ≈**automat** *m* (f. Probenvorbereitung) / automatic (specimen) miller || ≈**bild** *n* / milling pattern, cutting pattern

Fräser·durchmesserkorrektur *f* / cutter diameter compensation || ≈**mittelpunktbahn** *f* / cutter centre path, path of cutting centre || ≈**radius-Bahnkorrektur** *f* (NC) / cutter compensation (ISO 2806-1980), cutter radius compensation on contour || ≈**radiuskorrektur** *f* (NC) / cutter compensation, cutter radius compensation

f-Rauschen *n*, **1**~ / 1/f noise

Fréchet-Verteilung, Typ II (DIN 55350,T.22) / Fréchet distribution, type II, extreme value distribution

frei *adj* (SG-Antrieb, unverklinkt) / unlatched *n* || ~**e Anzeigen** (am Bildschirm) / optional (o. free) displays || ~**es Bauelement** / free component || ~**er Baustein** (PC) / unassigned block || ~ **belegbarer Merker** / freely assignable flag || ~ **brennende Lampe** / general-diffuse lamp || ~**er Fall** / free fall || ~**e Farbe** / aperture colour, non-object colour || ~ **in Luft verlegtes Kabel** / cable laid in free air || ~**e Kommutierung** (SR) / natural commutation, phase commutation || ~**er Kontakt** / unassigned contact || ~**e Konvektion** / free convection || ~**er Kupplungssteckverbinder** / free coupler connector, receptacle *n* (depr.) || ~**e Ladung** / free charge || ~**es Leitungsende** / lead tail, free lead end || ~**e Lötung** (Verdrahtung) / point-to-point soldered wiring || ~**e Luftzirkulation** (Prüf.; DIN IEC 68) / free air conditions || ~**e Magnetisierung** (Transduktor) / free current operation, natural excitation || ~**er Parameter** / arbitrary parameter, unassigned parameter || ~**e Pendelung** / free oscillation || ~ **programmierbar** / user-programmable *adj*, field-programmable *adj*, programmable *adj* || ~ **programmierbare Taste** / softkey *n* || ~**es Schallfeld** / free sound field || ~**e Schwingung** / free oscillation || ~**e Spannung** / transient voltage || ~**er Steckplatz** / unassigned slot || ~**er Steckverbinder** / free connector, plug connector (depr.) || ~**er Sternpunkt** / isolated neutral, floating neutral, unearthed neutral (o. star point) || ~**er Strom** / transient current || ~**e Stromausbildung** / free current operation, natural excitation || ~ **strukturierbar** (PLT) / user-configurable *adj*, field-configurable *adj* || ~**er Ventilquerschnitt** / effective cross-sectional area of valve || ~ **verfügbar** (Anschlußklemmen, Kontakte) / unassigned *adj* || ~**er Vorgang** (Übergangszustand, nichtstationärer Zustand) / transient condition || ~ **wählbar** / freely selectable, optional *adj* || ~**es Wellenende** / (free) shaft extension || ~**e Wicklungsenden** / loose leads || **Bus** ~ / bus clear (BCLR)

Freiätzung *f* (gS) / clearance hole

Freiaufstellung *f* / free-standing installation

Freiauslösung *f* (Vorrichtung) / trip-free mechanism, release-free mechanism || **Leistungsschalter mit** ≈ (VDE 0660; T.101) / trip-free circuit-breaker (IEC 157-1), release-free circuit-breaker

Freibewitterungsprüfung *f* / field weathering test, field test, natural weathering test, natural exposure test

Freibiegeversuch *m* / free bend test

freidrehen *v* (Lg.) / to machine to an oval clearance, to machine to a larger diameter

Freifahrabstand *m* (WZM, NC) / clearance distance

Freifallstellung *f* (Kran) / free position for gravity lowering, free position

Freifeld *n* / free field || ≈**raum** *m* / free-field room, anechoic room || ≈**übertragungsmaß** *n* / free-field frequency response

Freifläche *f* (Flp.) / clearway *n*

Freiflächenbeleuchtung *f* / outdoor area lighting (o. illumination)

Freiflugkolbenverdichter *m* / free-piston compressor

Freiformfläche *f* (CAD) / freeform surface, sculptured surface

Freigabe *f* (elST; DIN 19237) / enabling *n* || ≈ (Schutz, Programm, QS) / release *n* || ≈ **auf Anforderung** / release on request (ROR) || ≈ **des Ventils** (s. Entsperren des Ventils) || ≈ **mit Beanstandung** / conditional release || ≈ **nach Ausführung** / release when done (RWD) || ≈ **ohne Beanstandung** / unconditional release || **schriftliche** ≈ (zur Ausführung v. Arbeiten) / permit to work || ≈**-Abhängigkeit** *f* / enable dependency *n*, EN-dependency *n* || ≈**balken** *m* (Flp.) / clearance bar || ≈**balkenfeuer** *n* (Flp.) / clearance bar light || ≈**barren (CLB)** (Flp.) *m* / clearance bar (CLB) || ≈**baustein** *m* / enable chip, enabling module || ≈**eingang (EN-Eingang)** *m* / enable input (EN input) || ≈**eingang** *m* (Strobe) / strobe input || ≈**kraft** *f* (Schaltstück) / releasing force || ≈**kriterium** *n* / enable criterion ||

Schutzsystem mit ≈schaltung / permissive protection system || **≈signal** *n* (elST) / enable signal, enabling signal || **≈signal** *n* (Schutz) / release signal || **≈spannung** *f* / enabling voltage, enabling supply || **≈taste** *f* / enabling button, enabling key || **≈zeit** *f* / enable time
freigeben *v* (Stromkreis) / enable *v* || ~ (Signal) / release *v* || ~ (mech.) / clear *v*, release *v* || ~ (genehmigen) / approve *v*, release *v* || ~ (Bussteuerung) / relinguish *v*
freigesetzte Wärme / heat released
freigestellt·e Anwesenheit (GLAZ) / optional attendance || **~e Prüfung** / optional test
Freihaltezeit *f* (LE) / hold-off interval || ≈ (PC) / keep-free time
Freihand·linie *f* (CAD) / free-hand line || **≈zeichnen** *n* / free-hand drawing
Freiheitsgrad *m* / degree of freedom || **System mit einem ≈** / single-degree-of-freedom system
Freilagerversuch *m* / weathering test, exposure test
Freilandversuch *m* / field test
Freilastwert *m* / off-load value
Freilauf (s. Freiauslösung) || **≈diode** *f* / free-wheeling diode
freilaufend·e Abfrage (PC) / asynchronous scan || **~er Auftrag** / decoupled job || **~e Ausgabe** (DÜ) / unsolicited output || **~er Betrieb** (Osz.) / free-running mode || **~e Meldung** (DÜ) / unsolicited message || **~er Taktgenerator** / free-running clock || **~e Zeitablenkeinrichtung** / free-running time base
Freilauf·getriebe *n* / free-wheeling mechanism || **≈hebel** *m* (SG) / trip-free lever || **≈kupplung** *f* / free-wheeling clutch, overrunning clutch, free-wheel clutch || **≈strom** *m* (LE) / free-wheeling current || **≈ventil** *n* (LE) / free-wheeling valve, free-wheeling diode || **≈-Zahnkupplung** *f* / free-wheeling gear coupling || **≈zweig** *m* (LE) / free-wheeling arm
freilegen *v* / expose *v*, uncover *v*
Freileitung *f* / overhead line, overhead power transmission line, open-wire line, open line || **Starkstrom-≈** *f* / overhead power line || **Übertragungs-≈** *f* / overhead power transmission line
Freileitungs·abzweig *m* / overhead line feeder || **≈-Ausschaltprüfung** *f* / line-charging current breaking test || **≈-Ausschaltstrom** *m* (VDE 0670, T.3) / line-charging breaking current (IEC 265) || **≈-Ausschaltvermögen** *n* (VDE 0670, T.3) / line-charging breaking capacity (IEC 265), line off-load breaking capacity || **≈-Hausanschluß** *m* / overhead service || **≈-Hausanschlußkasten** *m* / house service box for overhead line connection || **≈-Ladestrom** *m* / line charging current || **isolierter ≈leiter** (IEC 50(461)) / bundle-assembled aerial cable || **≈monteur** *m* / lineman *n* || **≈netz** *n* / overhead system || **≈-Schaltprüfung** *f* / line switching test || **≈seil** *n* / conductor for overhead transmission lines, overhead-line conductor || **≈seil mit Aluminiumleiter** / aluminium conductor for overhead transmission lines || **≈stützer** *m* (Isolator) / line post insulator
Freiluftanlage *f* (VDE 0101) / outdoor installation || ≈ (SA) (s. Freiluft-Schaltanlage) || **elektrische ≈** / electrical installation for outdoor sites (IEC 71.5), outdoor electrical installation, outdoor electrical equipment (IEC 50(25))
Freiluft·aufstellung *f* / outdoor installation, installation outdoors || **≈ausführung** *f* / outdoor type || **≈durchführung** *f* / outdoor bushing || **~eingetauchte Durchführung** / outdoor-immersed bushing || **≈-Erdungsschalter** *m* (VDE 0670,T.2) / outdoor earthing switch (IEC 129), outdoor grounding switch || **≈-Innenraum-Durchführung** *f* / outdoor-indoor bushing || **≈-Kessel-Durchführung** *f* / outdoor-immersed bushing || **≈klima** *n* / open-air climate || **≈-Lastschalter** *m* (VDE 0670,T.3) / outdoor switch (IEC 265) || **≈-Leistungsschalter** *m* / outdoor circuit-breaker, outdoor power circuit-breaker (US) || **≈-Schaltanlage** *f* (Station) / outdoor switching station, switchyard *n*, outdoor switchplant, (outdoor) substation, outdoor switchgear || **≈-Schaltanlage** *f* (Geräte) / outdoor switchgear || **≈-Schaltgeräte** *n pl* / outdoor switchgear and controlgear (IEC 694), outdoor switchgear || **≈station** *f* / outdoor substation, outdoor switching station || **≈-Stützisolator** *m* / outdoor post insulator || **≈transformator** *m* / outdoor transformer || **≈trenner** (s. Freiluft-Trennschalter) || **≈-Trennschalter** *m* / outdoor disconnector, outdoor isolator
Freimaß *n* / size without tolerance, free size, untoleranced dimension || **≈toleranz** *f* (DIN 7182) / free size tolerance
Freimeldung bei Arbeitsende / notice of completion of work
freiprogrammierbar·es Automatisierungsgerät / programmable controller, user-programmable controller || **~e Steuerung (FPS)** / user-programmable controller, programmable controller, RAM-programmed controller
Freiraum *m* (f. Montage) / clearance *n*
freischalten *v* / isolate *v* || ≈ *n* (VDE 0100, T.200) / safety isolation, isolation *n*, safety disconnection
Freischaltvorrichtung *f* / isolating facility
freischneiden *v* (stanzen) / punch *v* || ≈ *n* (WZM) / relief-cutting *n*, relief-milling *n*, relief-turning *n*
freisetzen, Energie ~ / to release energy
freistehend *adj* / free-standing *adj*, unsupported *adj* || **~e Aufstellung** / free-standing installation, installation as a free-standing unit
Freistich *m* / undercut *n*
freistrahlend·e Leuchte / general-diffuse luminaire, non-cutoff luminaire || **~es Lichtband** / general-diffuse luminaire row
Freistrahlturbine *f* / Pelton turbine
freitragende Wicklung / coreless winding, moving-coil winding
freiwerden *v* (Stromkr.) / to become enabled
freiwerdende Wärme / heat released
Freiwerdezeit *f* (Thyr, DIN 41786) / critical hold-off interval, circuit-commutated recovery time || ≈ (Gasentladungsröhre) / recovery time
Freiwinkel *m* (DIN 6581) / clearance angle
Freizone *f* (NS) / free zone, metal-free zone
freizügige Verdrahtung / point-to-point wiring
Frei-Zustand *m* (PMG) / ready condition
fremd·es leitfähiges Teil (VDE 0100, T.200) / extraneous conductive part || **~e Sprecheradresse** (PMG, DIN IEC 625) / other talk address (OTA) (IEC 625) || **~e Zweitadresse** (PMG, DIN IEC 625) / other secondary address (OSA) (IEC 625)

fremdangetrieben *adj* / separately driven, independently driven
Fremdantrieb *m* / auxiliary drive, drive from external source
Fremd·atom *n* / impurity atom, impurity *n* || **Rastmechanismus mit ≗auslösung** (DT) / accumulative latching mechanical system
fremdbelüftet·e Maschine / forced-ventilated machine || **~e Maschine** (m. angebautem Lüfter) / externally ventilated machine || **~e Maschine** (m. Überdruck) (s. Maschine mit innerem Überdruck) || **~e Maschine** (Lüfter getrennt) / separately ventilated machine, separately air-cooled machine || **~e Maschine** (m. Rohranschluß) / pipe-ventilated machine, duct-ventilated machine || **~er Transformator** / forced-air-cooled transformer, air-blast transformer
Fremdbelüftung *f* / forced ventilation || ≗ (el. Masch.) / separate ventilation, forced air-cooling || ≗ (m. Überdruck; Explosionsschutz) / pressurization *n* || ≗ (Trafo) (s. erzwungene Luftkühlung) || **völlig geschlossene Maschine mit ≗** / totally-enclosed separately fan-ventilated machine
fremdbewegtes Kühlmittel / forced coolant, forced-circulated coolant
Fremd·bezug *m* (Energie) / imported energy, energy import || **≗einspeisung** *f* / separate feed, supply from a separate source, supply from an external system || **Sekundärprüfung durch ≗einspeisung** / secondary injection test || **~erregte Maschine** / separately excited machine || **≗erregung** *f* / separate excitation, external excitation || **Maschine mit ≗erregung** / separately excited machine || **Maschine mit ≗erregung und Selbststeuerung** / compensated self-regulating machine, compensated regulated machine || **≗erschütterung** *f* / externally excited vibration || **≗feld** *n* / external field, interfering field, disturbance field, stray field || **induziertes ≗feld** / induction field || **magnetisches ≗feld** / external magnetic field, magnetic field of external origin, external magnetic induction || **≗feldeinfluß** *m* / influence of magnetic induction of external origin || **≗führung** *f* (LE) / external commutation || **~geführter Stromrichter** / externally commutated converter || **~gekühlt** *adj* / separately cooled, separately ventilated || **~gelöschtes Zählrohr** / externally quenched counter tube || **≗geräusch** *n* / background noise || **≗geräuschpegel** *m* / background noise level || **~geschaltete Kupplung** (s. Schaltkupplung) || **~getakteter Stromrichter** / externally clocked converter || **≗kathode** *f* (Korrosionselement) / external cathode || **≗kontakt** *m* (unbeabsichtigte metallene Berührung) / unintentional bond
Fremdkörper *m* / foreign matter, foreign particle, foreign body || **Schutz gegen große ≗** / protection against solid bodies greater than 50 mm || **Schutz gegen kornförmige ≗** / protection against solid bodies greater than 1 mm || **Schutz gegen mittelgroße ≗** / protection against solid bodies greater than 12 mm || **≗schutz** *m* / protection against ingress of solid foreign bodies
Fremdkühlung *f* / separate cooling, forced-air cooling, separate ventilation || **Maschine mit ≗ durch Luft in geschlossenem Kreislauf** / closed-air-circuit separately fan-ventilated air-cooled machine
Fremdleuchter *m* / secondary light source, secondary source
Fremdlicht *n* (Nebenlicht) / light from external source || ≗ (künstliches L.) / artificial light
Fremd·lüfter *m* / separately driven fan || **≗lüftung** (s. Fremdbelüftung)
fremdmagnetische Beblasung / permanent-magnet blow-out
Fremd·netz *n* / external system, public supply system || **≗-Prozeßrechner** *m* / external (o. non-system) process computer || **≗rechner** *m* / non-system computer || **≗rechner** *m* (Rechner einer Fremdfirma) / non-company computer
Fremdschicht *f* (Isol.) / pollution layer, contamination layer || ≗ (künstliche) / artificial pollution layer || ≗ (Kontakt) / tarnishing film || **Verfahren mit fließender ≗** / saline fog test method, salt-fog method || **≗bildung** *f* / formation of pollution layers, surface contamination || **≗grad** *m* (Isolator) / pollution severity || **≗klasse** *f* (Isolator) / pollution severity level, pollution level || **≗prüfung** *f* / artificial pollution test || **≗-Stehspannung** *f* / artificial pollution withstand voltage, layer withstand voltage || **≗strom** *m* / surface current || **≗überschlag** *m* / pollution flashover
Fremdschluß (s. Fremderregung) || **≗maschine** (s. Maschine mit Fremderregung)
Fremdspannung *f* (Störsp.) / interference voltage, noise voltage || ≗ (VDE 0228) / disturbing voltage, voltage liable to cause malfunction || **Prüfung mit ≗** / separate-source voltage-withstand test, applied-voltage test, applied-potential test, applied-overvoltage withstand test
fremdspannungs·arme Erde / low-noise earth || **~behaftetes Netz** / noisy system, dirty mains || **≗einfluß** *m* / noise effect, interference *n* || **~freie Erde** / noiseless earth, clean earth || **≗-Meßgerät** *n* / noise-level meter, noise measuring set || **≗prüfung** (s. Prüfung mit angelegter Spannung)
Fremdstoffe *m pl* / foreign matter || **feste ≗** / foreign solids
Fremdstrom *m* / interference current, parasitic current || **≗anode** *f* (Korrosionsschutz) / impressed-current anode || **≗-Kathodenschutz** *m* / power-impressed cathodic protection || **≗korrosion** *f* / stray-current corrosion || **≗schutzanlage** *f* (Korrosionsschutz) / impressed-current installation
Fremd·trägheitsmoment *n* / external moment of inertia, external inertia, load moment of inertia || **≗- und Eigenbelüftung** / combined ventilation || **≗-Zertifizierungssystem** *n* / third-party certification system
Freon *n* / Freon *n* || **≗schalter** *m* / Freon-filled circuit-breaker
frequenter Strom (pulsierender S.) / pulsating current
Frequenz *f* / frequency *n* || **≗ bei Stromverstärkung 1** / frequency of unity current transfer ratio || **≗ der Versorgungsspannung** / power supply frequency || **≗ der Vielperiodensteuerung** / cyclic operating frequency || **≗ der Welligkeit** / ripple frequency || **≗ fahren** / to hold frequency || **Pulsburst~** / pulse burst repetition frequency

Frequenzabgleich *m* / frequency adjustment, frequency balancing
Frequenzabgleicher *m* / frequency balancer, frequency adjuster
frequenzabhängig *adj* / frequency-dependent *adj*, varying with frequency, frequency-sensitive *adj*, as a function of frequency || ~**er Drehzahlwächter** / frequency-sensitive speed monitor
Frequenz·abhängigkeit *f* (Rel.) / frequency sensitivity, line-frequency sensitivity || ≗**abhängigkeit** (MG) (s. Frequenzeinfluß) || ≗**abhängigkeitscharakteristik** (s. Frequenzgangkennlinie) || ≗**absenkung** *f* / frequency reduction || ≗**abstand** *m* / frequency spacing || ≗**abwanderung** *f* / frequency drift || ≗**abweichung** *f* / frequency deviation || ≗**abweichung** *f* (zul. Normenwert) / variation from nominal frequency || ≗**analyse** *f* / harmonic analysis || **Geschwindigkeit der** ≗**änderung** / sweep rate || ≗**anlauf** *m* / synchronous starting || ≗**anstiegsrelais** *n* / rise-of-frequency relay, rate-of-frequency-change relay || ≗**auswertungsbaugruppe** *f* / frequency evaluation module || ≗**band** *f* / frequency band || ≗**bandzerlegung** *f* / frequency band analysis || ≗**bereich** *m* / frequency range, frequency band || ≗**bereich** *m* (Meßgerät, Empfindlichkeitsbereich) / frequency response range || **Verstärkungsdifferenz in einem** ≗**bereich** / gain flatness || ≗**bewertung** *f* / frequency weighting || ≗**-Bezugsbereich** *m* / reference range of frequency || ≗**codemodulation** *f* / frequency-code modulation || ≗**drift** *f* / frequency drift || ≗**drift bei Impulsbetrieb** / frequency drift under pulse operation || ≗**durchlauf** *m* / frequency sweep || ≗**einfluß** *m* (MG) / frequency influence (ANSI C39.1), variation due to frequency, effect of frequency variations
frequenzempfindlich *adj* / frequency-sensitive *adj*
Frequenz·erhöher *m* / frequency raiser, frequency changer || ≗**erniedriger** *m* / frequency reducer, frequency changer
Frequenzgang *m* / frequency response, harmonic response, frequency response characteristic || ≗ **der Amplitude** / amplitude frequency response || ≗ **der Phase** / phase-frequency response || ≗ **des aufgeschnittenen** (o. offenen) **Kreises** / open-loop frequency response || **Diagramm des** ≗**s in der komplexen Ebene** / phase-plane diagram, state-phase diagram || **Ortskurve des** ≗**es** / frequency response locus, polar plot || ≗**kennlinie** *f* / frequency response characteristic, Bode diagram
Frequenz·geber *m* / frequency generator || ≗**gemisch** *n* / frequency spectrum, harmonic spectrum, Fourier spectrum || ≗**generator** *m* / frequency generator, standard-frequency generator
frequenzgestellter Antrieb / variable-frequency drive
frequenzgetakteter Drehzahlregler / frequency-based speed regulator
Frequenz·gleiten *n* / frequency variation || ≗**gruppe** *f* (DÜ) / frequency group || ≗**haltung** *f* / frequency stability || ≗**hochlauf** *m* (SR-Antrieb) / synchronous acceleration, synchronous starting, converter-controlled start-up || ≗**hub** *m* (bei Frequenzmodulation) / frequency deviation || ≗**-Index** *m* / frequency index || ≗**jitter** (s. Frequenzzittern) || ≗**kennlinien** *f pl* / frequency response characteristic || ≗**konstanthaltung** *f* / frequency stabilization || ≗**konstanz** *f* / frequency stability, constancy of frequency || ≗**lage** *f* / frequency position || ≗**-Leistungs-Regelung** *f* / power/frequency control, load-frequency control || ≗**messer** *m* / frequency meter || ≗**meßumformer** *m* / frequency transducer
Frequenzmodulation (FM) *f* / frequency modulation (FM) || ≗ (SR, periodische Abweichung der Ausgangsfrequenz von der Nennfrequenz, VDE 0558, T.2) / periodic frequency modulation (IEC 411-3)
Frequenzmodulations·-Rauschen *n* / frequency-modulation noise, FM noise || ≗**-Rauschzahl** *f* / frequency-modulation noise figure, FM noise figure || ≗**-Verzerrung** *f* / frequency-modulation distortion
Frequenz·multiplexen (FDM) *n* / frequency-division multiplexing (FDM) || ≗**nachführung** *f* / frequency adjustment, frequency correction || ≗**pendelung** *f* / frequency swing || ≗**regelung** *f* / frequency control, frequency regulation || ≗**regler** *m* / frequency regulator, frequency controller || ≗**relais** *n* / frequency relay || ≗**rückgang** *m* / frequency reduction || ≗**rückgangsrelais** *n* / underfrequency relay || ≗**schreiber** *m* / recording frequency meter || ≗**schutz** *m* / frequency protection, underfrequency protection, overfrequency protection || ≗**schwankung** *f* / frequency variation, frequency fluctuation || ≗**schwankung** *f* (Veränderung der Frequenz gegenüber der normalen Betriebsfrequenz im Versorgungsnetz; E VDE 0660, T.114) / frequency supply deviation || ≗**-Spannungs-Umsetzer (f/U-Umsetzer)** *m* / frequency-voltage converter, frequency-to-voltage converter || ≗**-Spannungs-Wandler** (s. Frequenz-Spannungs-Umsetzer) || ≗**spektrum** *n* / frequency spectrum, harmonic spectrum || ≗**sprung** *m* / sudden frequency change || ≗**stabilisierung** *f* (DIN 41745) / frequency stabilization
frequenzstarr *adj* / frequency-locked *adj*, fixed-frequency *adj*
Frequenz·-Streubereich *m* / frequency spread || ≗**stufe** (s. Frequenzgenerator) || ≗**stützung** *f* / frequency back-up control || ≗**teiler** *m* / frequency divider, frequency scaler || ≗**teilerdiode** *f* / subharmonic generator diode || ≗**teilungsverhältnis** *n* / ratio of frequency division, frequency division ratio || ≗**transformator** *m* / frequency transformer || ≗**überwachungsgerät** *n* / frequency monitor, frequency supervisory unit
Frequenzumformer *m* / frequency converter, frequency changer, frequency changer set || ≗ **mit Kommutator** / commutator-type frequency converter, commutator-type frequency changer || ≗**-Maschinensatz** *m* / frequency changer set || ≗**station** *f* / frequency converter substation
Frequenz·umformung *f* / frequency conversion || ≗**umrichter** *m* / frequency converter || ≗**umrichter** *m* (Direktumrichter, Hüllkurvenumrichter) / cycloconverter *n* || **direkter** ≗**umrichter** / cycloconverter *n* ||

~umschaltung f(50-60 Hz) / frequency selector || ~umsetzer n (s. Frequenzumformer) || ~umtastung f / frequency shift keying (FSK)
frequenzunempfindlich *adj* / non-frequency-sensitive *adj*
Frequenz·verdoppler *m* / frequency doubler || **~verdopplerschaltung** *f* / frequency doubler connection || **~verdreifacher** *m* / frequency tripling transformer, frequency tripler || **~verdreifachung** *f* / frequency tripling || **~verhalten** (s. Frequenzgang) || **~verhältnis** *n* / frequency-response ratio || **~versatz** *m* / frequency shift || **~vervielfacher** *m* / frequency multiplier || **~vervielfacherdiode** *f* / frequency multiplication diode, harmonic generator diode || **~verwerfung** *f* / shift in frequency || **~verzerrung** *f* / frequency distortion || **~vielfach** *n* / frequency division multiplex (FDM) || **~wächter** *m* / frequency monitor || **~wanderung** *f* / frequency drift || **~wandler** (s. Frequenzumformer) || **~wandlung** *f* / frequency conversion || **~zerlegung** *f* / harmonic analysis, Fourier analysis || **~ziehen** *n* / frequency pulling || **~ziehwert** *m* (Lastverstimmungsmaß) / pulling figure || **~zittern** *n* / frequency jitter || **~zusammensetzung** *f* / frequency spectrum || **~zyklus** *m* (Erdbebenprüf., Durchlauf im vorgegebenen Frequenzbereich einmal in jeder Richtung) / sweep cycle
Fresnel-Linsenscheinwerfer *m* / Fresnel spotlight, Fresnel spot || **~-Verluste** *m pl* / Fresnel reflection loss
fressen *v* (Gleitführung) / seize *v*, seize up *v*, bind *v* || **~** *n* (Lg.) / fretting *n*, seizing *n* || **~** (Zahnrad) / welding *n*, seizing *n*, galling *n* || **~** (Kontakt) / corrosion *n*
Freßlaststufe *f* / seizing load
Friktionskupplung (s. Reibungskupplung)
Frischluft *f* / fresh air
Frischlüfter *m* / forced-draft fan
Frischluft·kühlung *f* / open-circuit ventilation, fresh-air cooling || **~stutzen** *m* / ventilating inlet, fresh-air inlet
Fritten *n* / fritting *n*
Frittspannung *f* / fritting voltage
FR-Leuchte (s. Feuchtraumleuchte)
Frontabdeckung *f* / front cover
Frontal·beleuchtung *f* / frontal lighting, front lighting || **~schnitt** *m* / frontal section
Front·anschlußklemme *f* / front connection terminal || **~anschlußstecker** *m* / front connection plug || **~antrieb** *m* (SG) / front-mounted operating mechanism, front-operated mechanism, panel-mounted mechanism, cover-mounted mechanism
Frontbefestigung, für ~ / front-mounted *adj*
Frontdrehantrieb *m* (SG) / front-operated rotary-handle mechanism, front-operated lateral-throw handle mechanism
Fronteinbau, für ~ (ET, elST) / for front-panel mounting
Frontentriegelung, Kontakt für ~ / front-release contact
Frontglas *n* (Leuchtschirm) / face-plate *n*
Frontplatte *f* (Gerät) / front panel, front plate, face-plate *n* || **~** (ST) / front cover, front panel, fascia *n*, front *n* || **~** (ET, BGT) / front panel
Front·plattenantrieb *m* (SG) / front-panel-mounted mechanism || **~platten-Einbauelement (FEE)** *n* / front-plate element, panel-mounted element || **~rahmen** *m* (HSS, DT) / collar *n*, bezel *n* || **~ring** *m* (DT) / mounting ring, bezel *n* || **~scheibe** *f* (Leuchtschirm) / face-plate *n* (luminescent screen) || **~stecker** *m* / front(-panel) connector || **~steckerbelegung** *f* / front connector pin assignment || **~stecker-Messerleiste** *f* / front(-panel) plug connector || **~steckverbinder** *m* / front-panel connector
Frosch·beinverbindung *f* / butterfly connection || **~beinwicklung** *f* / frog-leg winding || **~klemme** *f* (f. Leiterseil) / automatic come-along clamp, wire grip
frost·beständig *adj* / resistant to frost, frost-proof *adj* || **~schutzfett** *n* / non-freezing grease, anti-freeze lubricant || **~schutztransformator** *m* / anti-freezing transformer
FR-Transformator (s. Feuchtraumtransformator)
Frühausfall *m* (DIN 40042) / early failure
Frühausfall·phase *f* / early failure period
Früherkennung von Fehlern / detection of incipient faults, early fault diagnosis
frühes Schreiben / early write mode
Frühstücks·pause *f* / morning break
Früh·warnsignal *n* / early warning alarm || **~wendung** (s. Überkommutierung) || **~zündung** *f* (Leuchtstofflampe) / pre-ignition *n*
FS (s. Fernschreiber)
FSK (fabrikfertige Schaltgerätekombination) / FBA (factory-built assembly) || **~ in Pultbauform** / desk-type FBA || **~ in Schrankbauform** / cubicle-type FBA, cabinet-type FBA
FTZ-Nr. *f* (Zulassungsnummer des Fernmeldetechnischen Zentralamts) / Post Office Approval Number, PO approval number
Fuge *f* / join *n*, joint *n*
Fügefläche *f* / joint surface, seating area
fügen *v* / join *v*, assemble *v*
Fugendicke *f* / gap *n*
Fügetemperatur *f* (beim Schrumpfen) / shrinking temperature, jointing temperature
fühlbare Kühllast / sensible heat load
Fühler *m* (el.) / sensor *n*, detector *n*, pick-up *n*, detecting device || **~** (mech., Taster) / feeler *n*, probe *n* || **~** (NC, Kopierfühler) / tracer *n* || **~** (schaltender Meßfühler f. Drehmaschinen) / touch trigger probe || **~ansprechtemperatur** *f* / detector operating temperature || **~lehre** *f* / feeler gauge || **~steuerung** *f* (NC) / tracer control
Fühl·hebelmeßlehre *f* / dead-weight micrometer || **~schwelle** *f* / threshold of feeling, threshold of tickle || **Rückkopplungs-~spannung** *f* (IC-Regler) / feedback sense voltage
führen *v* (Prozeß) / control *v* || **einen Leiter zur Klemme ~** / to take (o. run) a lead to a terminal || **einen Strom ~** / to carry a current
führende Null / leading zero, high-order zero, left-hand zero
Führerschalter *m* / master controller
Führung *f* (Kommutierung, SR) / commutation *n*, method of commutation || **~** (Steuerung) / control *n* || **~** (Bussystem, Masterfunktion) / master function || **~** (WZM) / slideway *n*, guideway *n* || **~** (mech.) / guide *n*, guideway *n*, track *n* || **~ des Zeitkontos** / updating of time account || **axiale ~** (Welle) / axial location, axial restraint || **Bediener~** / operator prompting || **Netz~** / power system

management, network control || **Sollwert~** / setpoint control (SPC) || **visuelle ~** / visual guidance

Führungs·abweichung *f* (DIN 41745) / control deviation (IEC 478-1) || **~abweichungsbereich** *m* (DIN 41745) / control deviation band (IEC 478-1) || **~bereich** *m* (Reg.; DIN 19226, Bereich der Führungsgröße) / range of reference variables || **~betrieb** (s. Führungssteuerung) || **~bolzen** *m* / guide pin, guide bolt || **~bord** *n* (Lg.) / locating flange, guiding flange

Führungsebene *f* / control level, management level || **~** (Unternehmen) / corporate management level

Führungs·generator *m* / reference generator || **~geschwindigkeit** *f* (DIN 41745) / control rate, correction rate || **~größe** *f* / reference input variable (IEC 27-2A), reference variable (IEC 50(351)), command variable || **eingestellter Wert der ~größe** / setpoint *n* || **~größensprung** *m* / step change of reference variable || **~halter** *m* (ET; DIN 43350) / guide *n*, retainer *n* || **~koeffizient** *m* (DIN 41745) / control coefficient (IEC 478-1) || **~kraft** *f* (Lg.) / design thrust || **~kraft** *f* (MSB) / guidance force || **~lager** *n* (axial) / locating bearing || **~lager** *n* (radial) / guide bearing, radial bearing || **~leiste** (ET) (s. Führungsschiene) || **~linie** *f* (CAD) / leader *n* || **~motor** *m* / master motor || **~nase** *f* (Klemme) / anti-spread device || **~nase** *f* (ESR) / key *n* || **~regelung** *f* / pilot control, setpoint control || **~regler** *m* / master controller || **~rippe** *f* (Lampensockel) / base orienting lug || **~rolle** *f* / guide roller, guide pulley || **~schiene** *f* (ET; DIN 43350) / guide rail, guide *n*, guide support || **~signal** *n* / reference signal || **~sollwert** *m* / reference setpoint, master setpoint || **~spannung** *f* (LE, Kommutierungssp.) / commutation voltage || **~spule** *f* / guider coil, guidance loop || **~stange** *f* / guide rod || **~stern** *m* (WKW) / guide bracket || **~steuerung** *f* (DIN 19226) / command variable control, pilot control || **~stift** *m* / guide pin, register pin || **~transformator** *m* / master transformer || **~- und Dispositionsebene** *f* / corporate management level, management and scheduling level || **~vektor** *m* (Reg.) / reference vector || **~verhalten** *n* / response to setpoint changes || **~walze** *f* (EZ) / guide drum, tape guide drum || **~wand** *f* / baffle *n*, guide wall, guide partition || **~wicklung** *f* / guidance winding, guider winding || **~zapfen** *m* (ESR) / spigot *n* || **~zeitkonstante** *f* (DIN 41745) / control time constant

FU-Kühlung *f* (alte Bezeichnung für „Fremdlüftung mit Ölumlauf"; entspricht der Kühlart FOA)

Füll·byte *n* / filler byte || **~dichte** *f* / bulk density, apparent density, loose bulk density || **~druck** *m* (Druckluftanlage) / filling pressure

Füllfaktor *m* (bezogen auf Flußdichte o. Polarisation) / fullness factor (IEC 50(221)) || **~** (eines geblechten o. gewickelten Kerns, IEC 50(221)) / lamination factor || **~** (Wickl.) / space factor

Füll·gebiet *n* (Darstellungselement) / fill area || **~gebietsbündeltabelle** *f* (GKS) / fill-area bundle table || **~geschwindigkeit** *f* / filling rate || **~masse** *f* / filling compound, filter *n*, sealing compound || **~modus** *m* (CAD) / fill mode || **~stand** *m* / level *n*, liquid level, oil level || **~standmessung** *f* / level measurement

Füllstands·anzeiger *m* / liquid level indicator || **Adressen-~anzeiger** *m* / address level indicator || **~anzeiger** *m* (f. Öl) / oil level gauge || **~schauglas** *n* / liquid-level indicator, level gauge, level sight-glass

Füll·stoff *m* / filler *n* || **~stoff** *m* (Extender) / extender *n* || **~stopfen** *m* / filler plug || **~streifen** *m* (Nut) / packing strip, filler strip, filler *n*, slot packing || **~stück** *n* (Wickl.) / packing block || **~überdruck** *m* (Gas) / gauge pressure of gas filling

Füllzeichen *n* (DÜ-Block) / filler *n*

Functiongenerator (s. Funktionsgenerator)

Functionmeter *n* (Effektivwert- u. Wirkleistungsmesser) / function meter (RMS ammeter/voltmeter and wattmeter)

Fundament *n* / foundation *n*, base *n*, bed *n* || **Tisch~** *n* (f. Masch.) / machine platform, steel platform

Fundamental·e *f* / fundamental *n*

Fundament·anker (s. Fundamentbolzen) || **~balken** *m* / foundation transom, base beam || **~belastung** *f* / foundation load || **~berechnung** *f* / foundation stress analysis || **~bolzen** *m* / foundation bolt, holding-down bolt, anchor bolt || **~erder** *m* (VDE 0100, T.200) / foundation earth, concrete-encased electrode, concrete-footing (ground) electrode (the steel reinforcement of the foundation is often used as an electrode) || **~grube** *f* / foundation pit || **~kappe** *f* (Freileitungsmast) / muff *n* (IEC 50(466)), reveal *n* || **~klotz** *m* / foundation block || **~planum** *n* / foundation subgrade || **~platte** *f* (Beton) / foundation slab || **~platte** *f* (Grundplatte) / baseplate *n*, bedplate *n* || **~rahmen** *m* / baseframe *n*, subframe *n* || **~schale** *f* / foundation shell || **~schiene** *f* / foundation rail, base rail || **~schraube** *f* / foundation bolt, holding-down bolt, anchor bolt || **~sohle** *f* / foundation subgrade || **~tisch** *m* / foundation platform, mounting platform || **~zelle** *f* / foundation cubicle, cubicle in generator pit

Fünfer *m* (Kabel) / quintuple *n*

Fünffach·-Sammelschiene *f* / quintuple bus

Fünf·leiter-Sammelschiene *f* (s. Fünffach-Sammelschiene) || **~leitersystem** *n* / five-wire system || **~schenkelkern** *m* / five-limb core, five-leg core || **~schenkeltransformator** *m* / five-limb transformer, five-leg transformer

fünfstelliges Rollenzählwerk / five-digit roller cyclometer

Fünftakt-Stufenschalter *m* (VDE 0630) / five-position regulating switch (CEE 24)

Funke *m* / spark *n*

Funkel·effekt *m* (ESR) / flicker noise (CRT) || **~feuer** *n* / quick flashing light

Funken, einen ~ ziehen / to strike a spark

Funkenableiter *m* / gap arrester

Funken·abtragung *f* / spark erosion, spark machining || **~bildung** *f* / sparking *n* || **~entladung** *f* / spark discharge, sparking *n* || **~erosion** *f* / spark erosion, spark machining || **~erosionsbearbeitung** *f* / electrical discharge machining (EDM) || **~form** *f* / spark pattern

funkenfrei *adj* / non-sparking *adj*, sparkfree *adj*, sparkless *adj* || **~e Abschaltung** / clean break, sparkfree break || **~e Kommutierung** / black commutation, sparkless commutation

funkengebend·es Betriebsmittel (Ex nC) / sparking apparatus

Funken·generator *m* / spark generator || **~generator**

m (Störgenerator) / noise generator || **Prüfung mit ≗generator** / showering arc test || **≗grenze** *f* (Komm.) / limit of sparkless commutation || **≗grenzkurve** *f* / spark limit curve || **≗horn** *n* / arcing horn || **≗induktor** *m* / induction coil, Ruhmkorff coil || **≗kammer** *f* / spark chamber || **≗kontinuum** *n* / spark-discharge continuum || **≗löscheinrichtung** *f* / spark suppressor, spark-quenching device, spark extinguisher, spark blowout || **≗löscheinrichtung** *f* (Ex-Masch.) / spark trap || **≗löschkondensator** *m* / spark-quenching capacitor || **≗löschung** *f* / spark quenching, spark suppression || **≗probe** *f* / spark test || **≗prüfgerät** *n* / spark test apparatus || **≗spannung** *f* / sparking voltage, sparking potential || **≗sperre** *f* / spark barrier || **≗sprühen** *n* / scintillation *n*

Funkenstrecke *f* / spark gap, bushing gap || ≗ (Abl.) / series gap || **Stab-Platte-≗** / rod-plane gap

Funkenstreckenlehre *f* / gap gauge

Funk-Entstör·baugruppe *f* / radio interference suppression module || **≗drossel** *f* / radio interference suppression reactor, RFI reactor, interference suppression choke, interference suppressor || **≗element** *n* / interference suppressor || **≗grad** *m* / radio interference (suppression) level || **≗kondensator** *m* / radio interference suppression capacitor (IEC 161), RFI capacitor, suppression capacitor, anti-noise capacitor, capacitive suppressor, interference-suppression capacitor || **≗mittel** *n* / radio interference suppressor, radio interference suppression device, interference suppressor

funk·-entstört *adj* / radio-interference-suppressed *adj*, interference-suppressed *adj* || **≗-Entstörung** *f* / radio and television interference suppression, radio interference suppression, interference suppression

Funken·überschlag *m* / spark-over *n*, arc-over *n* || **≗ziehen** *n* / spark striking, spark drawing, sparking *n* || **≗zündung** *f* / spark ignition

Funk·fernsteuerung *f* / radio control || **≗feuer** *n* / beacon *n* || **~gesteuert** *adj* / radio-controlled *adj* || **≗rauschen** *n* / radio noise

Funkschaltröhre, gesteuerte ≗ / trigatron *n*

Funk·schutzzeichen *n* / interference suppression symbol || **≗steuerung** *f* / radio control

funkstörend·e Anlage (s. Störquelle)

Funkstör·feld *n* / radio noise field || **≗feldstärke** *f* / interference field strength, disturbance field strength || **≗festigkeit** *f* / immunity to interference || **≗grad** *m* / radio interference level || **≗grenzwert** *m* / limit of interference || **≗leistung** *f* / radio interference power, disturbance power || **≗meßgerät** *n* / radio interference meter, radio noise meter || **≗pegel** *m* / radio interference level

Funkstörspannung *f* / radio interference voltage (RIV), radio noise voltage || ≗ (an den Klemmen der Netznachbildung) / terminal interference voltage, terminal voltage || **asymmetrische ≗** (Delta-Netznachbildung) / asymmetrical terminal interference voltage, asymmetrical terminal voltage || **symmetrische ≗** / symmetrical terminal interference voltage

Funkstörung *f* / radio interference, radio disturbance, noise *n* || **naturgegebene ≗** (s. natürliches Rauschen) || **technische ≗** / man-made noise

funktioneller Aufbau (NC-Programm; logischer A.) / logical structure

funktionieren *v* / function *v*, work *v*

Funktions·abbild *n* / mimic diagram, wall diagram || **≗ablauf** *m* / functional sequence, sequence of functions, operational sequence || **≗anzeiger** *m* / function indicator || **≗baugruppe** *f* / functional module || **≗baustein (FB)** (PLT, PC) *m* / function block (FB) || **≗bausteinpaket** *n* (PC) / function block package

funktionsbedingte Beanspruchung (DIN 40042) / functional stress

funktionsbeeinträchtigende Instandhaltung / function-affecting maintenance

funktionsbereit *adj* / ready for operation, ready to run, available *adj*

funktionsbeteiligte Redundanz (DIN 40042) / functional redundancy, active redundancy

Funktionsbild *n* / function chart, function diagram || ≗ (einer elektron. Baugruppe) / block diagram

Funktionsbildner *m* (Ausgangsgröße, durch eine vorgegebene Funktion mit der Eingangsgröße verknüpft) / signal characterizer || **≗ für Lastaufschaltung** / load compensator || **≗ für Sollwertaufschaltung** / set-point compensator

Funktions·block *m* (MC-System) / function block || **≗code** *m* / function code, action code || **≗diagramm** *n* (NC) / action chart, flow chart, function chart || **linearer ≗drehmelder** (induktiver Steller) / inductive potentiometer (IPOT) || **≗einheit** *f* (E DIN 19266, T.5/1.86, DIN 44300, T.1/10.85; a. SK, VDE 0660, T.500) / functional unit || **~einschränkende Instandhaltung** (IEC 50(191)) / function-degrading maintenance || **Instandhaltung ohne ≗** (IEC 50(191)) / function-permitting maintenance || **≗erdung** *f* (VDE 0100, T. 540) / functional earthing, operational earthing || **≗erhalt** *m* / functional endurance

funktionsfähig *adj* / operational *adj*, available *adj*

Funktionsfähigkeit *f* (IEC 50(191)) / reliability performance

Funktionsfehler *m* / malfunction *n* || **≗signallogik** *f* / malfunction signal logic

Funktions·feld *n* / function field || **≗geber** *m* (Resolver) / resolver *n* || **≗geber** (s. Funktionsgenerator) || **≗generator (FG)** *m* / function generator, signal characterizer || **≗generator** *m* (f. Wellenformen) / waveshape generator || **≗glied** *n* / function element || **≗gliederung** *f* / functional grouping || **≗gruppe** *f* (SK, VDE 0660, T.500) / functional group (IEC 439-1) || **≗gruppensteuerung** *f* / function group control || **≗güte** *f* / functional quality || **≗kennzeichen** *n* (DIN 40700, T.14) / qualifying symbol for function (IEC 117-15) || **≗kleinspannung** *f* (VDE 0100, T.200) / functional extra-low voltage (FELV) || **≗kontrolle** *f* / functional test, performance test, test for correct functioning || **≗linie** *f* (NC) / action line || **≗minderung** *f* / degradation *n*, degradation of performance || **≗muster** *n* / function specimen || **≗pfeil** *m* (Bildzeichen) / function (o. functional) arrow

Funktionsplan (FUP) *m* / sequential function chart (SFC), control system flowchart (CSF), control system function chart || ≗ (Logikfunktionen) /

logic diagram || ≗ **einer Steuerung** / control system function diagram (Rev. IEC 113-1)

Funktions·probe (s. Funktionsprüfung) || ≗**prüfgerät** *n* / function tester

Funktionsprüfung *f* / function checkout (IEC 50(191)), functional test, operating test (IEC 337), test for correct functioning || ≗ (Lampenstarter) / starting test || ≗ (Schutz) / general operating test || **mechanische** ≗ / mechanical operation test, verification of mechanical operation

Funktions·reserve *f* (NS) / excess gain || ≗**schalter** *m* (VDE 0860) / functional switch (IEC 65) || ≗**schema** *n* / function chart, flow chart || ≗**spannung** *f* (RSA-Empfänger, VDE 0420) / operate voltage || ≗**störung** *f* / malfunction *n* || ≗**tabelle** *f* / function table || ≗**tabelle** *f* (Wahrheitstafel) / truth table || ≗**tafel** *f* / function table || ≗**tastatur** *f* / function keyboard, control keyboard || ≗**taste** *f* / function key, control key || ≗**test** *m* (DIN 66 216) / validity check (ISO/DIS 6548)

funktionstüchtig *adj* / reliable *adj*, in proper service condition, serviceable *adj*

Funktions·überspannung *f* (VDE 0109) / functional overvoltage (IEC 664A) || ≗**überwachung** *f* (elST, „watchdog") / watchdog functions, watchdog timer || **~verhindernde Instandhaltung** (IEC 50(191)) / function-preventing maintenance || **~verhindernder Fehlzustand** (IEC 50(191)) / function-preventing fault, complete fault || ≗**versagen** *n* / failure to operate || ≗**weise** *f* / mode of operation, method of functioning || ≗**zeit** *f* (NC) / processing time, action period || ≗**ziffer** *f* (EN 50005) / function number || ≗**zusammenhang** *m* / functional relationship, logic *n* || ≗**zustandsdiagramm** *n* (PMG) / function state diagram

Funk·uhr *f* / radio clock || ≗**umwelt** *f* (EMV) / radio environment || ≗**verbindung** *f* / wireless link, radio link

FUP (s. Funktionsplan)

FU-Schutzschaltung *f* / voltage-operated e.l.c.b. system, voltage-operated g.f.c.i. system

Fuß *m* (el. Masch.) / mounting foot, frame foot, foot *n* || ≗ (Holzmast) / stub *n* || **Röhren~** / tube base

Fußantrieb *m* / foot-operated mechanism

Fuß·aufstellung *f* (el. Masch) / foot mounting, mounting by feet || ≗**bauform** *f* (el. Masch.) / foot-mounted type

Fußboden·anschlußdose *f* / floor service box, outlet box || **für** ≗**befestigung** / floor-mounting *adj*, floor-fixing *adj* || ≗**belag** *m* / floor covering, floor finish || **~eben** *adj* / flush *adj* (with the floor) || **~ebene Steckdose** / floor-recessed socket outlet, flush-floor receptacle || ≗**steckdose** *f* / floor-mounted socket-outlet, floor receptacle

Fuß·druckknopf *m* / foot-operated button || ≗**drucktaster** *m* / foot-operated button || ≗**elektrode** *f* (Entladungslampe) / pinch wire

Fusseln *f pl* / lint *n*, fluff *n*

Fußgänger·überweg *m* / pedestrian crossing || ≗**zone** *f* / pedestrian precinct

Fuß·hebel *m* (Schalter) / pedal || ≗**höhe** *f* (Lampe) / stem height || ≗**höhe** *f* (Zahnrad) / dedendum *n* || ≗**kegel** *m* (Zahnrad) / root cone || ≗**kegellinie** *f* (Zahnrad) / root line || ≗**kegelscheitel** *m* (Zahnrad) / root apex || ≗**kegelwinkel** *m* (Zahnrad) / root angle || ≗**kontakt** *m* / foot contact, pedal *n* || ≗**kontakt** *m* (Sich.) / base contact || ≗**kontaktzapfen** *m* / base contact stud || ≗**kreis** *m* / root circle || ≗**kreisdurchmesser** *m* / root diameter || ≗**lager** *n* / foot bearing, footstep bearing, block bearing || ≗**leiste** *f* (Schaltschrank) / kickplate *n*, plinth *n* || ≗**leiste** *f* (Versteifungselement) / bottom (bracing) rail, bottom brace || ≗**leiste** (s. Fußleistenkanal) || ≗**leistenkanal** *m* / skirting trunking, skirting duct || ≗**licht** *n* / footlight *n* || ≗**loch** *n* (el. Masch.) / mounting-foot hole || ≗**lochabstand** *m* (el. Masch.) / distance between mounting-hole centres || ≗**platte** *f* (el. Masch.) / foot plate || ≗**platte** *f* (Schrank) / plinth *n* || ≗**punkt** *m* / base point, root *n* || ≗**punkt** *m* (Leuchte) / nadir *n* || ≗**punktelektronik** *f* (LE) / valve-base electronics || ≗**raste** *f* / foot rest || ≗**schalter** *m* (VDE 0660,T.201) / foot switch (IEC 337-2), pedal switch (BS 4727,G.06), pedal || ≗**schraube** *f* / holding-down bolt || ≗**taster** *m* / (momentary-contact) foot switch, foot-operated button || ≗**tiefe** *f* (Zahnrad) / dedendum *n* || ≗**ventil** *n* / foot valve || ≗**winkel** *m* (Zahnrad) / dedendum angle || ≗**zylinder** *m* (Zahnrad) / root cylinder

f/U-Umsetzer (s. Frequenz-Spannungs-Umsetzer)

F-Verteilung *f* (DIN 55350,T.22) / F-distribution *n*

F-Wort (s. Festwort)

G

G (Buchstabensymbol für Gas) / G (letter symbol for gas)

GA (s. Grafikarbeitsplatz) || ≗ (gas or air cooling; Selbstkühlung durch Gas oder Luft in einem abgedichteten Kessel) / GA (gas or air cooling; self-cooling by gas or air in a hermetically sealed tank)

GaAs-Diode (s. Gallium-Arsenid-Diode)

GAB (s. Grundlastbetrieb mit zeitweise abgesenkter Belastung)

Gabel *m* (LAN) / splitter *n* || ≗ *f* (Wickl.) / end loop, butterfly *n* || ≗ (Mastkopf) / fork *n* (IEC 50(466)), K frame

Gabelhebel *m* (PS) / fork lever

Gabel·kabelschuh *m* / fork-type cable lug, fork-type socket || ≗**kontakt** *m* / tuning-fork contact || ≗**muffe** *f* (f. Kabel) / breeches joint, Y-joint *n* || ≗**-Rohrkabelschuh** *m* / tubular fork-type socket (o. cable lug) || ≗**schlüssel** *m* / open-ended spanner || ≗**schuh** *m* (Bürste) / spade terminal || ≗**stößel** *m* / fork plunger || ≗**verbindung** *f* (Wickl.) / butterfly connection

G-Abhängigkeit (s. UND-Abhängigkeit)

Galettenmotor *m* / godet motor, feed-wheel motor

Gallium-Arsenid-Diode (GaAs-Diode) *f* / gallium-arsenide diode

Galvanik·dynamo *m* / plating dynamo || ≗**steg** *m* (gS) / plating bar || ≗**stromrichter** *m* / converter for electroplating plants

galvanisch·e Beeinflussung (Kopplung) / galvanic coupling || **~ durchgeschaltet** (Standleitung) / d.c.-coupled *adj* || **~ getrennt** / metallically separated, isolated *adj* || **~e Kopplung** /

conductive coupling, direct coupling, galvanic coupling || ~**es Sekundärelement** / electric storage battery || ~**e Spannungsreihe** / electrochemical series of metals, electromotive series || ~**e Trennung** / electrical isolation, metallic isolation, isolation *n* || ~**e Trennung** (Kontakte) / contact separation || ~**es Überziehen** / electroplating *n*, plating *n* || ~**er Überzug** / plating *n*, (electro-)plated coating, electrodeposit *n* || ~**e Verbindung** / electrical connection, common electrical connection, conductive connection, metallic connection || ~ **verzinken** / galvanize *v*
Galvanispannung *f* / galvanic voltage
Galvano·meter *n* / galvanometer *n* || **≗meterschreiber** *m* / galvanometer recorder || ~**metrischer Abtaster** / galvanometric pick-off || **≗plastik** *f* / galvanoplasty *n*, electroforming *n*
Gamma-Durchstrahlung *f* / gamma-ray testing, gamma-ray radiography, gamma-ray examination || **≗-Filmaufnahme** *f* / gammagraph *n*, radiograph *n*, gamma-ray radiograph || **Beständigkeit gegen ≗strahlen** / gamma-ray resistance || **≗verteilung** *f* (DIN 55350,T.22) / gamma distribution
Gang *m* (Bedienungs- oder Wartungsgang) / gangway *n*, aisle *n* || ≗ (Betrieb) / running *n*, operation *n* || ≗ (Spule) / section *n*, turn *n*, convolution *n* || ≗ (Gewinde) / thread *n*, pitch *n* || ≗ (Getriebestufe) / speed *n* || **in ≗ setzen** / start *v*, start up *v* || **Werkzeug~** (Abnutzung) / tool wear
Gangabweichung *f* (Uhr) / clock error, time error
Gang·dauer *f* (Uhrwerk) / running time (clockwork) || **≗dichte** (s. Gangzahl) || **≗feder** *f* (Uhr) / driving spring || **≗fehler** *m* (Uhr) / clock error, time error || **≗genauigkeit** *f* (Uhr) / accuracy *n* || **≗gewicht** *n* (Uhr) / time weight || **≗höhe** *f* (Steigung) / lead *n*, pitch *n* || **≗linie** *f* (graph. Darstellung des zeitlichen Verlaufs der Belastung) / load curve, output curve || **≗rad** *n* (Uhr) / escapement wheel, ratchet wheel, balance wheel || **≗regler** *m* (Uhr) / regulator *n* || **≗reserve** *f* (Uhr) / reserve power, running reserve, power reserve, spring reserve || **≗schalthebel** *m* (Kfz) / shift lever || **≗schaltung** *f* (Getriebe) / gear change || **≗wechsel** *f* (Kfz) / gear change || **≗wechselgeschwindigkeit** *f* (Kfz) / gear change rate || **≗zahl** *f* (Gewinde) / number of threads per unit length || **≗zeit** *f* (NC, Zykluszeit) / cycle time
Ganzbereichssicherung
ganze Zahl / integer *n*
Ganz·formspule *f* / integral coil || **≗lochwicklung** *f* / integral-slot winding, integer-slot winding || **≗metall...** / all-metal *adj* || **≗metallrohrverbindung** *f* / metal-to-metal joint || **≗rißprüfung** *f* / leak test
Ganzseiten·darstellung *f* (Bildschirm) / full-screen display || **≗-Textverwaltungsprogramm** *n* / full-screen editor
ganztägige feste Arbeitszeit / full day with normal working hours
ganztränken *v* (Wickl.) / post-impregnate *v*, to impregnate by total immersion
Ganztränkung *f* / impregnation by total immersion, post-impregnation *n*
Ganzzahl (s. ganze Zahl) || **≗darstellung** *f* / integer number representation
ganzzahlig·er Anteil / integer component || ~**e Komponente** / integer component || ~**e Oberwelle** / integer-frequency harmonic
Ganzzeichendrucker *m* / fully formed character printer
Garagen, Meßeinrichtungen für ≗- und Tunnelüberwachung / monitoring equipment for garages and tunnels
Garantie·fehlergrenzen *f pl* (MG) / guaranteed limits of error || **≗werte** *m pl* / guaranteed values, warranted values, guaranteed characteristics
Garn *n* / yarn *n*
Garnitur *f* (Ventil) / trim *n* || **≗ für Schutzart P 54** / hoseproofing kit
Garnrollenwicklung *f* / moving-coil winding
Gartenbaubetrieb, Installation in ≗en / horticultural installation
Garten·fluter *m* / garden floodlight || **≗leuchte** *f* / garden luminaire
Gas, gegen ≗e und Dämpfe dichte Maschine / gas- and vapour-proof machine
Gasabscheider *m* / gas separator
Gasabschluß *m* / gas seal, inert-gas seal
gasabspaltende Flüssigkeit / gas-evolving liquid
Gas·analysegerät *n* / gas analyzer || **≗aufbereitung** *f* (f. Meßzwecke) / gas preparation, gas preconditioning || **≗außendruckkabel** *n* / external gas pressure cable || **≗außendruckkabel im Stahlrohr** / pipeline compression cable
Gasbeblasung, Lichtbogenlöschung durch ≗ / gas-blast arc extinction
gas·beständig *adj* / gas-resisting *adj*, gas-proof *adj*, gas-resistant *adj* || **≗beständigkeit** *f* / resistance to gases, gas resistance || ~**betätigt** *adj* / gas-operated *adj* || **≗bildung** *f* / gas formation || **≗chromatograph (GC)** *m* / gas chromatograph (GC)
gasdicht·e Leuchte / gas-tight luminaire, gas-tight fitting || ~**e Maschine** / gas-proof machine, vapour-proof machine || ~**er Steckverbinder** / sealed connector, pressurized connector (depr.) || ~**e Zelle** (Batt.) / valve-regulated sealed cell (IEC 50(486)), sealed cell
Gasdichtigkeitsprüfung *f* / gas leakage test, air leakage test (IEC 512)
Gasdichtung *f* / gas seal
Gas·durchflußrechner *m* / gas-flow computer || ~**durchlässig** *adj* / pervious to gas || **≗einschluß** *m* / gas inclusion, gaseous inclusion, gas pocket
Gasen *n* / gassing *n*
Gasentladung *f* / gas discharge, gaseous discharge || ≗ (elektr. Entladung in einem Gas) / electric discharge (in a gas)
Gasentladungs·ableiter *m* / expulsion-type arrester, expulsion-tube arrester || **≗lampe** *f* / gas discharge lamp, gaseous discharge lamp || **≗röhre** *f* / gaseous discharge tube, gas-filled tube || **≗röhre mit ausgedehnter Wechselwirkung** / extended-interaction plasma tube || **≗spannung** (Batt.) (s. Gasungsspannung)
Gas·entnahmegerät *n* / gas sampler, gas sampling device || **≗entwicklung** *f* / gas formation, gassing *n*
gasexplosionsgefährdet·er Bereich / location with explosive gas atmosphere
Gas·fernleitung *f* / gas pipeline, gas transmission line || ~**fest** (s. gasbeständig) || **≗-Festkörper-Chromatographie** *f* / gas-solid chromatography, adsorption chromatography || **≗flasche** *f* / gas cylinder || **≗-Flüssig-Chromatographie (GLC)** *f* /

gas-liquid chromatography (GLC) || ≗-**Folien-Isolierung** *f* / gas-foil insulation
gasförmig·e Isolierung / gaseous insulation
Gasgebläse *n* / gas blower, gas circulator
gasgefüllt·e Lampe / gas-filled lamp || ~**e Maschine** / gas-filled machine || ~**e Rauschröhre** / noise generator plasma tube || ~**e Röhre** / gas-filled tube
Gas·gehalt *m* (a. Isolierflüssigk.) / gas content || ≗**innendruckkabel** *n* / internal gas-pressure cable, gas-filled internal-pressure cable
gasisoliert·e Durchführung / gas-insulated bushing || ~**e Leitung** / gas-insulated line (o. link), gas-insulated circuit (GIC) || ~**e Schaltanlage (GIS)** / gas-insulated switchgear (GIS), gas-filled switchgear || ~**er Transformator** / gas-insulated transformer || ~**e, metallgekapselte Schaltanlage** / gas-insulated metal-enclosed switchgear
Gas·kissen (s. Gaspolster) || ≗**konstante** *f* / gas constant || ≗**kreislauf** *m* / gas circuit || ≗**lager** *n* / gas-lubricated bearing || ≗-**Lastschalter** *m* / gas-interrupter switch || ≗-**Luftgemisch** *n* / gas-air mixture || ≗**maschine** *f* / gas engine || ≗**melder** *m* / gas detector || ≗**meldung** *f* / gassing alarm || ≗**mitschleppung** *f* / gas entrainment
Gasphasenband *n*, **Niobium-Zinn-**≗ / vapour-deposited niobium-tin tape
Gas·phasenepitaxie *f* / vapour-phase epitaxy (VPE) || ≗**polster** *n* / gas cushion, inert-gas cushion, gas blanket || ≗**probenzählrohr** *n* / gas-sample counter tube || ≗**prüfgerät** *n* / gas analyzer || ≗**pumpe** *f* / gas pump || ≗**raum** *m* (SF_6-Sch.) / gas compartment || ≗**raum** *m* (Trafo) / gas-filled space || ≗**rohr** *n* / gas tube, gas pipe, wrought-iron tube || ≗**ruß** *m* / carbon black || ≗**schmierung** *f* / gas-film lubrication || ≗**schweißung** *f* / gas welding || ≗**spurenanalysator** *m* / high-sensitivity gas analyzer || ≗**spürgerät** *n* (f. Kabel) / cable sniffer || ≗**turbinensatz** *m* / gas-turbine set || ≗**umlenker** *m* / gas diverter
Gasung *f* / gassing *n*
Gasungs·spannung *f* / gassing voltage, voltage at commencement of gassing
Gas·verflüssiger *m* / cryoliquefier *n* || ≗**verlust** *m* (SF_6-Sch., pro Zeiteinheit) / gas leakage, gas leakage rate || ≗**verstärkungsfaktor** *m* / gas multiplication factor || ≗**warneinrichtung** *f* / gas alarm device || ≗**wartung** *f* / gas servicing || ≗**waschflasche** *f* / gas wash bottle || ≗**zähler** *m* / gas meter
Gate *n* (FET, DIN 41858) / gate *n* || ≗-**Anschluß** *m* (FET, DIN 41858) / gate terminal || ≗-**Drain-Spannung** *f* (FET, DIN 41858) / gate-drain voltage, gate-collector voltage || ≗-**Elektrode** *f* (FET, DIN 41858) / gate electrode || ≗-**Isolierschicht** *f* (FET, DIN 41858) / insulating layer || ≗-**Leckstrom** *m* (FET, DIN 41858) / gate leakage current || ≗-**Reststrom** *m* (FET, DIN 41858) / gate cut-off current || ≗-**Schaltung** *f* (Transistor, DIN 41858) / common gate || ≗-**Source-Spannung** *f* (Transistor, DIN 41858) / gate-source voltage || ≗-**Steuerung** *f* / gate control || ≗-**Strom** *m* (Transistor, DIN 41858) / gate current (transistor) || ≗-**Übertrager** *m* (f. Zündimpulse) / (firing-) pulse transformer
Gateway (s. Buskoppler) || ≗ (s. Fernbusanschaltbaugruppe) || ≗ (s. Netzübergangseinheit) || ≗ (s. Protokollumsetzer) || ≗ (s. Netzkoppler)
Gate·-Widerstand *m* (Transistor, DIN 41858) / gate resistance || ≗**zone** *f* (FET, DIN 41858) / gate region (FET)
Gatt (s. Gate) || ≗**anschluß** (s. Gate-Anschluß)
Gatter (s. Gate) || ≗**feld** *n* (Gate Array) / gate array
Gattungsadresse *f* / generic address
gaußisch *adj* / gaussian *adj*
Gauß·sche Verteilung / Gaussian distribution, Gaussian process (IEC 50(101)) || ≗**scher Strahl** / Gaussian beam || ≗**sches Strahlenbündel** / gaussian beam
GBS (s. Grundbetriebssystem)
G-Bus (s. Globalbus)
GC (s. Gaschromatograph)
geänderte Krämer-Kaskade / modified Kraemer system
Gebäude·automatisierung *f* / building services automation || ≗**betriebstechnik** *f* / building services management system || ≗**front** *f* / frontage of buildings || **Leitsystem für** ≗**heizung** / fuel cost management system (FMS) || ≗**installation** *f* / building installation, building services || ≗**leitsystem** *n* / building services control system || ≗**leittechnik** *f* / building services management system
Geber *m* / sensor *n*, detector *n*, transmitter *n*, transducer *n*, primary element, pickup *n*, encoder *n*, field device, signal contact || ≗ (s. Aufnehmer) || **Code**~ / encoder *n* || **Differenzdruck**~ / differential pressure transmitter || **Drehmelder-**≗ / synchro-transmitter *n*, synchro-generator *n* || **Durchfluß**~ / flow sensor, flow transmitter || **Eichwert**~ / calibrator *n* || **Feldplatten**~ / magnetoresistive transducer || **Funktions**~ (s. Funktionsgenerator) || **Grenzwert**~ (s. Grenzwertmelder) || **Impuls**~ / pulse generator, pulser *n*, pulse initiator || **Kommando**~ / command initiator, command output module || **Konstantspannungs**~ / constant-voltage source || **Kontakt**~ / contact maker, contact mechanism, contactor *n* || **Kontakt**~ (Sensor mit Kontaktausgang) / sensor with contact(s) || **Meß**~ (NC, Codierer) / encoder *n* || **Meßwert**~ / sensor *n*, detector *n*, pick-up *n*, measured-value transmitter, transducer *n*, scanner *n*, feedback device || **Programm**~ (Zeitplangeber) / program set station (PSS) || **Programm**~ (f. Analysengeräte) / programmer *n* || **Signal**~ (Meßumformer, DIN 19237) / transducer *n* || **Strom**~ / current sensor, current detector, current comparator || **Synchro-**≗ / synchro-transmitter *n*, synchro-generator *n* || **Takt**~ / clock generator (CG), clock-pulse generator (CPG), clock || **Text**~ (GSK-Eingabegerät) / string device || **Wert**~ (Eingabegerät für reelle Zahlen) / valuator device || **Zeit**~ **(T)** / timer *n*, timing element, timing module, clock *n* || **Zeitbasis**~ / time-base generator || **Zeitintervall**~ / interval timer
Geberanpaßmodul *n* / sensor (o. encoder) matching module
Geber·-Datenbaustein *m* (PC) / sensor (o. encoder) data block || ≗**dynamo** *m* / tachometer generator, tacho-generator *n* || ≗**gerät** (s. Geber) || ≗**stromversorgung** *f* (elST) / sensor power supply || ≗**stufe** *f* (elST) / sensor module

gebeugte Welle / diffracted wave
Gebilde *n*(Leitung, Netz) / (line o. network) configuration *n*
Gebinde *n*(z.B. f. Kunststoffmassen) / container *n*
Gebläse *n* / blower *n*
geblätterter Eisenkern / laminated iron core
geblecht *adj* / laminated *adj* || **~es Gehäuse** / laminated frame || **~er Kern mit 45°-Schnitt** / laminated core with 45°corner cut, 45°mitre laminated core, D-core *n* || **isoliert ~** / made of insulated laminations || **Motor mit ~em Gehäuse** / laminated-frame motor
Gebots·schild (s. Gebotszeichen) || **≗- und Verbotszeichen** (Flp.) / category II or III holding position sign || **≗zeichen** *n* / mandatory sign
gebräuchlich·e Nennspannungen (EZ) / standard reference voltages || **~e Nennströme** (EZ) / standard basic currents
Gebrauchs·anleitung *f* / instructions for use, directions for use || **≗bedingungen** *f pl* / conditions of use, specified conditions || **unzulässige ≗bedingungen** (DIN 41745) / non-permissible conditions of operation || **≗bereich** *m* / range of use || **≗dauer** *f* / service life || **≗dauer** *f*(Kunstst.) / working life, pot life, spreadable life || **≗energie** *f* (Energie, die dem Verbraucher nach der letzten Umwandlung zur Verfügung steht) / energy supplied, energy available || **~fähig** *adj* / in (full) service condition, in working order, usable *adj* || **≗fähigkeit** *f* / service ability, usability *n* || **≗fehler** *m*(MG) / operating error || **≗fehlergrenzen** *f pl* / operational limits || **≗kategorie** *f* / utilization category || **≗lage** *f* / position of normal use, normal position || **≗muster** *n* / utility model || **≗normal** *n* / working standard || **≗normallampe** *f* / working standard lamp (WS-lamp) || **≗normalzähler** *m* / working standard meter, standard meter, reference meter, portable standard watthour meter || **≗prüfung** *f* / normal operation test || **≗spannung** *f* / utilization voltage || **≗tauglichkeit** *f* (DIN 55350,T.11) / fitness for use
Gebrauchstemperatur *f*(Gerät) / service temperature, operating temperature, working temperature || **≗** (Kunststoff) / spreading temperature, application temperature || **≗** (Schmierstoff) / service temperature
Gebrauchs·wert *m* / service value, serviceability *n*, present value || **≗wert** *m*(BT) / maintained value
gebrauchte Isolierflüssigkeit / used insulating liquid
gebrochen·er Anteil / fractional component || **~e Lamellenkante** (Komm.) / chamfered segment edge, beveled bar edge || **~e Welle** / refracted wave
gebrückt *adj*(durch Strombrücke) / jumpered *adj*, short-circuited *adj*, shunted out *adj*
gebündelt·e Anordnung (Kabel, Verlegung berührend im Dreieck; VDE 0298) / trefoil arrangement (IEC 287) || **~es Licht** / focussed light, concentrated light || **~er Strahl** (VDE 0837) / collimated beam (IEC 825)
gebunden·e Farbe / object colour || **~e Verbindung** / bound connection || **~e Zwillingsstift-Verbindung** / bound twin-post connection
Gedächtnis *n*(Speicherglied) / memory *n*(element) || **≗funktion** *f*(Rel.) / memory function
Gedächtnisfunktion, Relais mit ≗ / memory-action relay || **vollständige ≗** (Rel.) / total memory function
gedämpft·er kapazitiver Spannungsteiler / damped capacitive voltage divider || **~er Kurzschluß** / limited short circuit || **~es Licht** / dimmed light, subdued light || **~ schwingendes Gerät** (MG) / damped periodic instrument || **~e Schwingung** / damped oscillation
gedrängte Skale (MG) / contracting scale (IEC 51)
gedruckt·es Bauteil / printed component || **~es Kontaktteil** / printed contact || **~er Leiter** / printed conductor || **~e Randkontakte** / edge board contacts || **~e Schaltung** / printed circuit || **~e Verdrahtung** / printed wiring
gedrungene Bauweise / compact construction
geeicht, Verfahren mit ~er Hilfsmaschine (VDE 0530, T.2) / calibrated driving machine test (IEC 34-2)
geerdet·er Eingang / earthed (o. grounded) input, single-ended input || **~es Netz** / earthed-neutral system, grounded-neutral system || **~er Nullpunkt** / earthed neutral, grounded neutral || **~es Schutzkleinspannungssystem** / separated extra-low voltage system, earthed (SELV-E) || **~er Sternpunkt** / earthed star point, earthed (o. grounded) neutral
gefachtes Glasseidengarn / doubled glass-filament yarn
gefädelt·er Anker / tunnel-wound armature || **~er Leiter** / wound-through conductor, threaded conductor
gefahrbringende Temperatur / unsafe temperature
gefährdendes Teil (VDE 0660,T.102) / accidentally dangerous part (IEC 158-1)
gefährdete, elektrostatisch ~ Bauteile (EGB) / electrostatic sensitive devices (ESD)
Gefährdungsspannung *f*(VDE 0228) / voltage liable to cause danger
gefahrene Polspule / wound field coil
Gefahrenfeuer *n* / hazard beacon, danger light
Gefahrengrenze, obere ≗ (Leitt.) / upper alarm limit
Gefahren·klassifizierung *f* / danger classification || **≗potential** *n* / hazard potential || **≗schalter** *m* / emergency switch || **≗schalter** *m*(Aufzug) / emergency stop switch || **≗schild** *n* / danger notice || **≗signal** *n* / alarm signal, alarm indication, alarm *n*
gefährlich·es aktives Teil / hazardous live part || **~er Fehler** / dangerous fault, fatal fault || **~er Körperstrom** (VDE 0100, T.200) / shock current (IEC 50(826))
gefährlicher Zustand (IEC 50(191)) / critical state
gefahrlos bei Ausfall (IEC 50(191)) / fail safe
Gefahrmeldeeinrichtung *f* / alarm unit, alarm signalling system || **≗** (m. Lautsprechern) / emergency announcing system
Gefahrmeldung *f* / alarm indication, danger alarm, alarm signal, alarm annunciation || **≗ bei Grenzwertüberschreitung** / absolute alarm || **≗ bei unzulässiger Regelabweichung** / deviation alarm
Gefälle *n*(Potentialg.) / (potential) gradient *n* || **≗bremse** *f* / holding brake || **≗bremskraft** *f* / holding brake effort
Gefällskraft *f* / gradient force
gefalzt *adj* / seamed *adj*, folded *adj* || **~es Rohr** / lock-joint tube

Gefäß *n* (Trafo-Stufensch.) / tank *n*, vessel *n*
gefedert·er Antrieb / flexible drive || **~es Vorgelege** / resilient gearing
Geflechtschirm *m* (Kabel) / braided shield
geflickte Sicherung / rewired fuse
geflochtene Litze / braided lead, litz wire
gefordert·e Anwendungsdauer (IEC 50(191)) / required time || **~e Funktion** (QS) / required function (IEC 50(191)) || **~e Genauigkeit** / required accuracy || **~e Lebensdauer** (Isoliersystem, VDE 0302, T.1) / intended life (IEC 505)
geförderte Luftmenge / air delivery rate, air rate discharged, rate of air delivered
geforderte Verfügbarkeitszeit (QS) / required time
Gefriergerät *n* / food freezer, household food freezer
Gefüge *n* / structure *n*, texture *n* || **≗** (Mikrostruktur) / micro-structure *n* || **≗spannung** *f* / textural stress
geführt·er Betrieb (SPC) / SPC mode || **~er Druckknopf** (VDE 0660,T.201) / guided pushbutton (IEC 337-2) || **~e Drucktaste** (s. geführter Druckknopf) || **~er Sollwert** / controlled setpoint || **~es Stillsetzen** (SR-Antrieb) / controlled (o. synchronous) deceleration, ramp-down braking, stopping by set-point zeroing || **~e Verhältnisregelung** / variable ratio control
gefüllte, entladene Batterie / filled and discharged (secondary) battery (IEC 50(486)) || **~, geladene Batterie** / filled and charged (secondary) battery (IEC 50(486))
gegen Berührung geschützte Maschine / screen-protected machine || **~ Gase und Dämpfe dichte Maschine** / gas- and vapour-proof machine || **~ Tropfwasser und Berührung geschützte Maschine** / drip-proof, screen-protected machine || **~ unbefugte Eingriffe gesichert** / tamper-proof *adj* || **~ unbefugtes Verstellen gesichert** / tamper-proof *adj* || **~ Ungeziefer geschützte Maschine** / vermin-proof machine || **~ Verdrehen gesichert** / locked against rotation || **~ Wiedereinschalten sichern** / to immobilize in the open position, to provide a safeguard to prevent unintentional reclosing || **~ zufällige Berührung geschützt** / protected against accidental contact, screened *adj*
Gegenamperewindungen *f pl* / demagnetizing turns, back ampere-turns
Gegen·antriebsseite *f* (el. Masch.) / non-drive end, front *n* (US), B-end *n* || **≗betrieb** *m* (DÜ, FWT) / duplex transmission || **≗drehfeld** *n* / reverse field, backward rotating field || **Bremsung durch ≗drehfeld** / plug braking, plugging *n* || **≗drehmoment** *n* / counter-torque *n*, retrotorque *n*, reaction torque || **≗drehrichtung** *f* / reverse direction of rotation || **Lauf in der ≗-Drehrichtung** / reverse operation || **≗drehungsprüfung** *f* / reverse-rotation test
Gegendruck *m* / back-pressure *n* || **Anfahren mit vollem ≗** (Pumpe) / starting with discharge valve open, starting at full pressure || **≗satz** *m* / back-pressure set
Gegendurchflutung *f* / back ampere-turns
gegeneinander schalten / to connect back to back
Gegen·elektrode *f* / counter-electrode *n* || **~elektromotorische Kraft** / back electromotive force, counter-e.m.f. *n* || **≗-EMK** *f* / back-e.m.f. *n*, counter-e.m.f. *n* || **≗erregung** *f* / negative excitation, counter-excitation *n* || **≗erregungsversuch** *m* / negative excitation test || **≗feld** *n* / demagnetizing field, opposing field || **≗feldimpedanz** *f* / negative-sequence field impedance, negative phase-sequence impedance || **≗feldspule** *f* / field killing coil || **≗feldwiderstand** *m* / negative-sequence resistance || **≗flansch** *m* / mating flange, companion flange, butt flange || **≗gewicht** *n* / counter-weight *n*, balance weight || **≗hauptstromwicklung** *f* / differential series winding, differential compound winding || **≗impedanz** *f* (I. des Gegensystems) / negative-sequence impedance, negative-sequence field impedance || **≗impedanz** *f* (Kopplungsimpedanz) / mutual impedance || **≗induktion** *f* / mutual induction || **≗induktivität** *f* / mutual inductance, magnetizing inductance, useful inductance, mutual inductivity
gegeninduzierte Seite / conductor with counter-e.m.f.
Gegen·komponente *f* (Komponente des Gegensystems) / negative phase-sequence component, negative-sequence component || **≗komponente** *f* (Mehrphasenstromkreis) / negative component || **≗kompoundierung** *f* / differential compounding, differential excitation, counter-compounding *n* || **≗kompoundmaschine** (s. Gegenverbundmaschine) || **≗kompoundwicklung** (s. Gegenverbundwicklung) || **≗kontakt** *m* / mating contact, counter-contact || **≗kontakt** *m* (f. Einfahrkontakt; festes Trennschaltstück) / fixed contact, fixed isolating contact || **≗kontaktfeder** *f* / mating spring || **≗koordinate** *f* / negative-sequence co-ordinate || **≗koppelspannung** *f* / degenerative voltage || **≗kopplung** *f* / negative feedback, degenerative feedback || **≗kopplungsverstärker** *m* / negative-feedback amplifier || **≗lauf** *m* (der kinetischen Wellenbahn) / backward whirl
gegenläufig *adj* / in opposite directions, contra-rotating *adj* || **~e Balken** (Balkenanzeige) / inverse bars || **~e Bürstenverstellung** / contra-rotating brush shifting, backward brush shift || **~es Drehfeld** / negative-sequence field, contra-rotating field || **~er Drehfeldsinn** / reversed phase sequence || **~e Reaktanz** / negative-sequence reactance || **~es Spannungssystem** / negative phase-sequence voltage system || **~es System** / negative phase-sequence system, negative-sequence system || **~e Zeitstaffelung** / time grading in opposite directions, bidirectional time grading || **Messung bei ~em Drehfeld** / negative phase-sequence test
Gegen·laufkolben *m* (BK-Schalterantrieb) / counter-acting piston || **≗licht** *n* / counter light, back light || **≗lichtbeleuchtung** *f* / back lighting
gegenmagnetisierend·e Wicklung / anti-polarizing winding || **~e Windung** / demagnetizing turn
Gegenmagnetisierung *f* / reverse magnetization
Gegenmoment *n* / counter-torque *n*, retrotorque *n*, reaction torque || **≗** (Lastmoment) / load torque || **≗verlauf** *m* / load-torque characteristic
Gegenmutter *f* / lock nut, check nut, jam nut, prevailing-torque-type lock nut
Gegennebenschlußerregung, Motor mit ≗ /

differential-shunt motor

Gegen·nebenschlußwicklung *f* / differential shunt winding || **°~nebensprechen** *n* / far-end crosstalk || **°~nippel** *m* / lock nipple || **°~parallelschaltung** *f* (LE) / inverse-parallel connection, anti-parallel connection, back-to-back connection || **°~phase** *f* / opposite phase || **in °~phase** / in phase opposition, 180 degrees out of phase, opposite in phase || **°~phase** (s. Phasenopposition) || **~phasig** *adj* / in phase opposition, 180 degrees out of phase, in opposition || **°~platte** *f*(Wickelkopf) / heel plate || **°~prüfung** *f* / counter-check *n*, double check || **°~rad** *n* / mating gear, mate *n* || **°~reaktanz** *f* / negative-sequence reactance, inverse reactance, demagnetizing reactance || **°~reihenschluß-Kompensationswicklung** *f* / differential series compensating winding || **°~reihenschlußmaschine** *f* / differential series-wound machine || **°~reihenschlußwicklung** *f* / differential series winding, series stability winding, decompounding winding || **°~richtung** *f* / reverse direction, opposite direction || **°~schaltseite** *f*(el. Masch.) / back *n*

Gegenschaltstück *n* / mating contact, fixed contact || **°~** (Greifertrenner) / line contact, suspended contact bar, fixed contact || **°~** (festes Trennschaltstück) / fixed isolating contact

Gegenschaltung *f*(el. Masch.) / back-to-back connection || **°~** (BT) / duplex connection || **°~** (Absetzschaltung) / bucking connection || **Prüfung durch °~ zweier gleichartiger Maschinen** (s. Rückarbeitsverfahren) || **Zu- und °~** / boost and buck connection, reversing connection

Gegen·scheibe *f*(angetriebene Riemenscheibe) / driven pulley || **°~scheinleitwert** *m* / transadmittance *n* || **°~schlag** *m*(Kabel) / cross lay

gegenseitig·er Austauschkoeffizient (BT) / mutual exchange coefficient, configuration factor || **~e Beeinflussung** / mutual influence, interaction *n*, mutual effect || **~e Beeinflussung** (Kopplung) / cross coupling || **~e Impedanz** / mutual impedance || **~e Induktion** / mutual induction || **~e Induktivität** / mutual inductance, magnetizing inductance, useful inductance, mutual inductivity || **~e Reaktanz** / mutual reactance || **~e Verriegelung** (s. Verriegelung) || **~es Verspannen** (Lg.) / cross-location *n*

gegensinnig·e Erregung / inverse excitation, negative excitation || **~ geschaltet** / connected in opposition || **~e Kompoundierung** / differential compounding, counter-compounding *n*

Gegen·spannung *f* / back-e.m.f. *n*, counter-e.m.f. *n* || **°~spannung** *f*(Erregung) / negative field voltage || **°~sprechsystem** *n* / two-way intercom system

Gegenstand *m*(DIN 4000,T.1) / article *n* || **Meß~** *m* / measuring object || **Prüf~** *m* / test item

gegenständliches Prozeßmodell / physical process model

Gegenstands·gruppe *f*(DIN 4000, T.1) / group of articles, category *n*

Gegen·station *f* / remote station || **°~stecker** *m* / mating connector || **°~stelle** *f*(DÜ, PC) / partner *n* || **°~strahlfluter** *m* / reflection floodlight

Gegenstrom *m* / reverse current, counter-current *n*, current of negative phase-sequence system || **°~** (Erregung) / negative field current || **°~bremsen** *n* (durch Umpolen) / braking by plugging, plugging *n*, plug braking, braking by reversal || **°~bremsschaltung** *f* / plugging circuit || **°~bremsung** *f*(Asynchronmasch.) / braking by plugging, plugging *n*, plug braking, braking by reversal || **°~bremsung** *f*(Gleichstrommasch.) / regenerative braking, counter-current braking || **°~erregung** *f* / negative excitation, counter-excitation *n* || **°~kühler** *m* / counter-current heat exchanger || **°~kühlung** *f* / counter-flow cooling, counter-flow ventilation || **°~übertragung** *f* / differential current mode transmission || **°~wärmetauscher** *m* / counter-current heat exchanger

Gegen·stück *n*(StV) / complementary accessory, mating component || **°~system** *n* / negative phase-sequence system, negative-sequence network || **°~system-Leistung** *f* / negative-phase-sequence power, negative-sequence power

Gegentakt·ausgang *m* / push-pull output || **°~betrieb** *m* / push-pull operation || **°~-B-Verstärker** *m* / push-pull Class B amplifier || **°~eingang** *m* / push-pull input || **Betrieb mit °~eingang und Eintaktausgang** / push-push operation || **°~spannung** *f* / normal-mode voltage, series-mode (o.differential-mode) voltage || **°~-Störspannung** *f* / normal-mode interference voltage, series-mode (o. differential-mode) interference voltage || **°~störung** *f* / series-mode interference, normal-mode (o. differential-mode) interference || **°~transformator** *m* / push-pull transformer || **°~-Überspannung** *f* / normal-mode overvoltage, series-mode (o. differential-mode) overvoltage || **°~unterdrückung** *f* / normal-mode rejection, series-mode rejection || **°~unterdrückungsverhältnis** *n* / normal-mode rejection ratio (NMRR) || **°~verstärker** *m* / push-pull amplifier || **°~zerhacker** *m* / push-pull chopper

Gegenuhrzeigersinn *m* / anti-clockwise direction || **im °~** / counter-clockwise *adj*(CCW), anti-clockwise *adj*

Gegen·unwucht *f* / counter-weight *n* || **°~verbunderregung** *f* / differential excitation || **°~verbundmaschine** *f* / differential compound machine, differentially-wound machine, counter-compound machine, reverse-compound machine || **°~verbundwicklung** *f* / differential compound winding, counter-compound winding, reverse-compound winding

gegenwärtig, der ~e Stand der Technik / the present state of the art

Gegenwarts·wert der Verlustkosten / present value of cost of losses (GB), present worth of cost of losses (US)

Gegen·wicklung (s. Gegenverbundwicklung) || **°~windung** *f* / back-turn *n* || **°~wirkleitwert** *m* / transconductance *n* || **°~zelle** *f*(Batt.) / counter-cell *n*, counter-e.m.f. cell

geglätteter Ausgangswert / filtered (o. smoothed) output

gegurtete Bauteile (gS) / taped components

Gehalt an aromatisch gebundenem Kohlenstoff (Isolierflüssigk.) / aromatic carbon content || **°~ an aromatisch gebundenem Kohlenwasserstoff** (Isolierflüssigk.) / aromatic hydrocarbon content

Gehäuse *n* / housing *n*, enclosure *n*, case *n*, casing *n*, box *n* || **°~** (el. Masch.) / housing *n*, enclosure *n*, frame *n*, carcase *n* || **°~** (SK, IV, VDE 0660, T.500) / enclosure *n*(IEC 439-1) || **°~** (Schrank) / cabinet *n*, cubicle *n* || ≗ (Kasten) / box *n* || ≗ (elST-Geräte) / housing *n* || ≗ (IS) / package *n*, case *n* || ≗ (Fassung) / shell *n* || ≗ (Kondensator; VDE 0560,4) / container *n* (IEC 70) || ≗ (f. WZ-Maschinensteuerung; VDE 0113) / enclosure *n* (IEC 204), control enclosure || ≗ (Durchführung) / envelope *n* || ≗ (EN 50014) / enclosure *n* || ≗ (MG) / case *n* || ≗ (PC-Geräte, Baugruppenträger) / subrack *n* || ≗ (f. Halbleiterbauelemente u. IC's, DIN 41870) / outline *n*

Gehäuseabstrahlung *f* (EMV, IEC 50(161)) / cabinet radiation

Gehäuse·anschluß *m* (Kondensator) / container connection || **≗bauform** *f* (SK) / enclosed assembly (IEC 439-1) || **≗betriebstemperatur** *f* (HL) / case operating temperature || **≗fuß** *m* (el. Masch.) / frame foot, mounting foot || **≗gestell** *n* (el. Masch.) / skeleton frame || **≗kapazität** *f* (DIN 41745) / capacitance to frame || **≗kappe** *f* (EZ) / case front || **≗rücken** *m* (el. Masch.) / stator back, frame back || **≗schild** *n* (el. Masch.) / end shield, end plate || **≗schild** *n* (el. Masch., ohne Lager) / fender *n*, end guard || **≗-Schirm-Durchgangswiderstand** *m* (DIN 41640) / housing-shell contact resistance || **absolute ≗schwingungen** (Turbine) / absolute casing vibration || **≗stirnwand** *f* / end wall || **≗teilfuge** *f* (el. Masch.) / frame joint, frame split, frame parting line

Gehen-Buchung *f* / going (terminal) entry, departure entry, "out" entry

gehren *v* / bevel *v*, chamfer *v*

Gehrung *f* / mitre *n*, bevel *n*

Gehrungs·schweißen *n* / angle welding

Gehweg *m* / footway *n* (GB), pavement *n* (GB), sidewalk *n* (US)

Geiger-Müller-Bereich *m* / Geiger region || **≗-Schwelle** *f* / Geiger threshold

gekapselt *adj* (SG) / enclosed *adj*, clad *adj* || ~ (Blech) / metal-enclosed *adj* || ~ (Guß) / iron-clad *adj* || ~ (Isolierstoff) / insulation-enclosed *adj*, plastic-clad *adj* || ~ (Kunststoff) / plastic-enclosed *adj*, plastic-clad *adj* || ~ (vergossen) / encapsulated *adj* || **~e Lasereinrichtung** (VDE 0837) / embedded laser product (IEC 825) || **~e Maschine** / encapsulated machine || **~es Modul** (DIN IEC 44.43) / encapsulated module || **~er Positionsschalter** / enclosed position switch || **~e Sammelschiene** / enclosed busbar(s), metal-enclosed bus || **~e Sammelschiene mit abgeteilten Phasen** / segregated-phase bus || **~er Schalter** / enclosed switch || **~e Schaltgerätekombination** / enclosed assembly (of switchgear and controlgear) || **~er Schmelzeinsatz** / closed-fuse link || **~er Sicherungseinsatz** / closed-fuse link || **~e Wicklung** (el. Masch., VDE 0530, T.1) / encapsulated winding (IEC 34-1)

geketteter Betrieb (MMC) / chained mode

geklammertes Blechpaket / clamped laminated core

geklebtes Diagonalschnittgewebe / stuck bias-cut fabric

geklemmte Spannung / clamped voltage

gekonterte Zeichnung / reversed drawing

gekoppelt·er Betrieb (PC-Einheiten) / linked operation || **~e Bewegung** / coupled motion || **~e Schwingung** / coupled mode || **induktiv ~** / inductively coupled

gekreuzt·es Tragbild (Lg.) / cross bearing surface || **~e Wicklung** / retrogressive winding

gekröpft·e Anschlußklemme / offset terminal || **~e Ladebrücke** / depressed platform || **~er Leiter** (Maschinenwickl.) / cranked strand || **~e Spule** / cranked coil

gekühlte Abstellfläche / refrigerated shelf area

gekuppelt·er Schalter / ganged switch, linked switch || **elastisch ~** / flexibly coupled || **mechanisch ~** (SG) / ganged *adj*, linked *adj* || **starr ~** / solidly coupled, solid-coupled *adj*

Gel *n* / gel *n*

Gelände·oberfläche *f* / ground surface, grade *n* || **≗plan** *m* / plot plan || **Netz-≗plan** *m* / network map

Geländer *n* / railing *n*, handrail *n* || **≗leuchte** *f* / parapet luminaire

gelbe Doppellinie (LT) / yellow doublet

gelbchromatisieren *v* / yellow-passivize *v*

Gelb·filter *n* / yellow filter || **≗linie** *f* / yellow boundary

Gelchromatographie *f* / gel chromatography, gel permeation chromatography

gelegentliche Adaption (adaptive Reg.) / occasional adaptation

Gelenk *n* (Welle) / articulated joint, articulation *n* || **≗armroboter** *m* / jointed-arm robot, articulated-arm robot || **≗bolzen** *m* / joint pin, link pin, hinge pin, knuckle pin || **≗getriebe** *n* / link mechanism, linkage *n*

gelenkig·e Kupplung / flexible coupling

Gelenk·kette (s. Gelenkgetriebe) || **≗kupplung** *f* / articulated coupling, universal coupling || **Werkplatz-≗leuchte** *f* / bench-type adjustable luminaire || **≗punkt** *m* / hinge point, pivot *n*, (articulated) joint || **≗roboter** *m* / jointed-arm robot || **≗schere** *f* (Greifertrenner) / pantograph *n* (system), lazy-tongs system

gelenkt·e Instandhaltung / controlled maintenance

Gelenk·viereck *n* / four-bar linkage, link quadrangle || **≗welle** *f* / cardan shaft, articulated shaft

gelernter Arbeiter / skilled worker

Gelfett *n* / grease containing inorganic thickeners

gelieren *v* / gel *v*, gelatinize *v*

Gelier·punkt *m* / gel point || **≗zeit** *f* / gel time

gelöschtes Netz / resonant-earthed system, compensated system, ground-fault-neutralizer-grounded system, arc-suppression-coil-earthed system

gelötete Polspule / fabricated field coil

Gel-Permeations-Chromatographie *f* / gel permeation chromatography

Geltungs·bereich *m* (Norm) / scope *n* || **≗dauer** *f* / validity time

gemäßigt·es Klima / temperate climate || **~e Zone** / temperate region

gemeinsam·e Abnehmerleitung / common trunk (line) || **~e Aderumhüllung** (Kabel) / inner covering || **~er Betrieb von Stromversorgungsgeräten** (DIN 41745) / combined operation of power supplies || **~es Bezugspotential** (DIN IEC 381) / signal common || **~er Bleimantel** / common lead sheath || **~e Erdungsanlage** / common earthing system, interconnected grounding system || **~ geschirmtes Kabel** / collectively shielded cable || **~er Gleichstromanschluß** (LE) / common d.c.

terminal || ~e **Grundplatte** / common baseplate || ~es **Kommunikationsmedium** / shared communication medium || ~er **Rückleiter** / common return || ~ **schalten** / to operate in unison || ~ **vereinbarte Kennzeichnung** (Kabel, VDE 0281) / common marking || ~e **Wicklung** / common winding, shunt winding || ~er **Zweig** (Netzwerk) / common branch, mutual branch || **mehrpoliger Schalter in ~em Gehäuse** / multipole single-enclosure switch

Gemeinschafts·leitung *f* / party line || ²**verkehr** *m* (FWT) / multi-point traffic

gemessen·e Größe / measured quantity, measured variable || ~er **Überdruck** / gauge pressure || ~er **Wert** / measured value

gemietete Leitung / leased line

Gemisch·aufbereitung *f*(Kfz) / fuel/air mixing, fuel induction || ²**bildung** (s. Gemischaufbereitung)

gemischt·e Anordnung (Station) / mixed-phase layout || ~e **Axial- und Radialbelüftung** / mixed ventilation || ~es **Bremssystem** (Bahn) / combined braking system || ~e **Brücke** (SR) / non-uniform bridge || ~e **Einstellung (M-Einstellung)** (Trafo) / mixed regulation (m.r.) || ~e **Feldschwächung** / combined field weakening || ~er **Halbleiter** / mixed semiconductor || ~e **Reflexion** / mixed reflection || ~er **Schaltplan** / mixed diagram || ~e **Schaltung** (LE) (s. teilgesteuerte Schaltung) || ~er **Schwellwert** / mixed-mode threshold || ~e **Transmission** / mixed transmission || ~er **Verkehr** / mixed traffic || ~er **Wellentyp** / hybrid wave mode || ~e **Wellen- und Schleifenwicklung** / mixed wave and lap winding, retrogressive wave winding || ~e **Wicklung** / mixed winding, partly interleaved winding, composite winding

gemischtzelliger Schaumstoff / mixed-cell foam (material), expanded material

gemittelt *adj* / averaged *adj*

genähtes Diagonalschnittgewebe / sewn bias-cut fabric

Genau-Halt *m*(NC) / exact positioning (ISO 1056) || ², **Stufung 2** (mittel) (NC-Wegbedingung, DIN 66025, T.2) / positioning exact 2 (medium) (ISO 1056) || ², **Stufung 1** (fein) (NC-Wegbedingung, DIN 66025, T.2) / positioning exact 1 (fine) (ISO 1056)

Genauhaltgrenze *f*(NC, Toleranzbereich) / (exact) stop tolerance range

Genauigkeit *f* / accuracy *n*, exactness *n*, precision *n*, trueness *n* || ² (MG) / accuracy *n* || ² (Zahl, Präzision) / precision *n* || ² (QS, DIN 55350,T.13) / accuracy *n* || ² **im Beharrungszustand** (Reg.) / steady-state accuracy || **Regel~** / control precision

Genauigkeits·bohrung *f* / high-accuracy bore, precision bore || ²**grad** *m*(MG) / accuracy grade, accuracy rating || ²**grenze** *f*(MG) / accuracy rating || ²**grenzfaktor** *m* / accuracy limit factor || ²**grenzstrom** *m* / accuracy limit current || ²**klasse** *f*(MG, Rel., Wandler) / accuracy class || ²**klasse der Meßgrößenaufzeichnung** / accuracy class related to the measured quantity || ²**klasse für die Zeitaufzeichnung** (Schreiber) / time-keeping accuracy class, accuracy class related to time-keeping || ²**prüfung** *f* / accuracy test, test for accuracy || ²**verlust** *m* / loss of accuracy, lost significance

Genehmigung *f* / approval *n*

genehmigungs·pflichtiges Teil / component requiring approval || ²**verfahren** *n* / approval procedure || ²**zeichnung** *f* / approval drawing

geneigt·es Spannfeld (Freiltg.) / sloping span, inclined span || ~e **Spannweite** (Freiltg.) / sloping span length

General·abfrage *f* / general scan, general interrogation, general check || ²**abfragebefehl** *m* (FWT) / general interrogation command || ²**adresse** *f*(DÜ, DIN ISO 3309) / all-station address || ²**hauptschlüsselanlage** (s. Generalschließanlage) || ²**schalter** *m* / master switch || ²**schließanlage** *f* / passkey system || ²**überholung** *f* / general overhaul

Generator *m*(mech. Ausführungsformen: s.a. unter „Maschine") / generator *n*, alternator *n* || ² (zur Generierung von Programmen o. Anweisungsfolgen; DIN 44300) / generator *n* || ² (s. Lichtmaschine) || ² **am starren Netz** / generator on infinite bus || ² **im Alleinbetrieb** / generator in isolated operation || ² **im Inselbetrieb** (s. Generator im Alleinbetrieb) || ² **mit ausgeglichener Verbunderregung** / level-compounded generator, flat-compounded generator || ² **mit supraleitender Wicklung** / generator with superconducting winding, cryo-alternator *n*, cryogenic generator || ² **mit Überverbunderregung** / overcompounded generator || ² **mit Unterverbunderregung** / undercompounded generator || **aufgesattelter** ² (Bauform A 4) / engine-type generator || **Betrieb als** ² / generator operation, generating *n* || **digitaler Signal~** (Synthesizer) / frequency synthesizer

Generatorableitung *f* / generator leads, generator bus, generator connections

Generator·aggregat *n* / generating set, engine-generator set, motor-generator set || ²-**Ausgleichsgrad** *m* / generator self-regulation || ²**ausleitung** (s. Generatorableitung) || ²**betrieb** *m* / generator operation, generating *n* || ²**betrieb** *m* (LE, Energierückgewinnung) / regeneration *n* || ²**blech** *n* / electrical sheet steel, electric sheet, magnetic sheet steel || ²**bremsung** (s. generatorische Bremsung) || ²**feld** *n* / generator control panel || ²**feld** *n*(Schrank) / generator (control) cubicle

generatorferner Kurzschluß / remote short circuit, short circuit remote from generator terminals

Generator·grube *f* / generator pit, foundation pit || ²**gruppe** *f* / generating set, engine-generator unit

generatorisch·e Bremsung (ins Netz) / regenerative braking || ~e **Bremsung** (mit Widerstand) / rheostatic braking, dynamic braking

Generator·klemme *f* / generator terminal || ²**leistung** *f* / generator output, generator rating || ²**luftspaltspannung** *f* / rated voltage on generator air-gap line || ²-**Metadyne** *n* / metadyne generator || ²**nachbildung** *f* / equivalent generator

generatornaher Kurzschluß / short circuit close to generator terminals, close-up fault

Generatorprinzip, Hochspannungsmesser nach dem ² / generating voltmeter

Generator·satz *m* / generating set, generator set || ²**schalter** *m*(LS) / generator circuit-breaker ||

²schutzschalter *m* / generator (protection) circuit-breaker || ²seite *f*(Netz) / sending end || ²tafel *f* / generator control panel, generator panel
Generatorverfahren, Prüfung nach dem ² / dynamometric test
generieren *v* / generate *v*
genormt *adj* / standardized *adj*, standard *adj*, normalized *adj* || **~e Bemessungswerte** / standard ratings || **~e Bezugsspannungen** / standard reference voltages || **~er Isolationspegel Leiter gegen Erde** / standard phase-to-earth insulation level || **~er Isolationspegel Leiter gegen Leiter** / standard phase-to-phase insulation level || **~er Stoßstrom** (s. Vorzugs-Stoßstrom)
genulltes Netz / TN system, multiple-earthed system (GB), multiple-grounded sytem (US)
genutet *adj*(Blechp.) / slotted *adj* || **~er Anker** / slotted armature || **~e Welle** / shaft with keyway, splined shaft
geöffnete Stellung (SG) / open position
geographische Sichtweite / geographic(al) range
Geometrie·fehler *m*(BSG) / geometric distortion, picture geometric fault || **²verarbeitung** *f* / processing of geometric data || **²verzerrung** *f* (Osz.) / geometry distortion, geometry error || **²werte** *m pl*(NC) / geometrical data
geometrisch·e Addition / vector addition || **~e Angaben** (NC) / geometrical data || **~e Definition** / geometric definition || **~er Durchschnittswert** / root-mean-square value, r.m.s. value || **~er Fehler** / geometrical error || **~er Fluß** (s. geometrischer Leitwert) || **~e Lageinformation** (NC) / geometric positioning data || **~er Leitwert** (eines Strahlenbündels) / geometric extent || **~es Mittel** / geometric mean || **~er Mittelwert** / geometric mean || **~es Modellieren** / geometric (o. solid) modeling || **~e Orientierung** / geometrical orientation || **~er Ort** / geometrical locus || **~e Summe** / root sum of squares || **~ unbestimmt** / geometrically indeterminate || **~ unvollständig orientierter Gegenstand** / incompletely oriented object, geometrically speaking (ISO 1503) || **~e Verteilung** / geometric distribution || **~ vollständig orientierter Gegenstand** / fully oriented object, geometrically speaking (ISO 1503)
geopotentieller Normmeter / standard geopotential metre
geordnete Belastungskurve / ranged load curve, load duration curve
geothermisch·e Energie / geothermal energy || **~es Kraftwerk** / geothermal power station
Gepäckraumbeleuchtung *f*(Kfz) / luggage booth light
gepackt·e binär-codierte Dezimalzahl / packed binary coded decimal figure || **~e Säule** (Chromatograph) / packed column
gepanzerter Motor / armoured motor
geplant·e Leistung / design power, design rating || **~e Nichtverfügbarkeit** / scheduled outage, planned outage || **~e Nichtverfügbarkeitsdauer** / scheduled outage time, planned outage time, planned unavailability time || **~e Unterbrechung** / scheduled interruption || **~e Wartung** / scheduled maintenance
gepolt·er Kondensator / polarized capacitor || **~es Relais** / polarized relay, polar relay (US) || **~es Relais mit doppelseitiger Ruhelage** / side-stable relay || **~es Relais mit einseitiger Ruhelage** / magnetically biased polarized relay
gepreßt·er Aluminiummantel / extruded aluminium sheath || **~e gemeinsame Aderumhüllung** / extruded inner covering
geprüfte Anschlußzone (VDE 0101) / verified terminal (o. connection) zone
gepuffert *adj*(durch Batterie) / battery-backed *adj*, with battery back-up
gepulster Stromrichter / impulse-commutated converter
Gerade *f* / straight line, line *n*
gerade (noch) **zulässig** / just admissible
gerade·r Mast (Lichtmast) / post-top column || **~ Nut** / straight slot, unskewed slot, unspiraled slot || **~r Schienenkasten** / straight busway section, straight length (of busbar trunking) || **~ Spule** / straight coil || **~ Strecke** (NC) / linear path, linear span || **~s Thermoelement** / straight-stem thermocouple || **~ Verschraubung** / straight coupling || **~ Zeichenzahl** / even number of characters
Geradeaus·antrieb *m* / non-reversing drive, unidirectional drive || **²schaltung** *f*(Trafo) / linear connection, linear cycle || **²stecker** *m* / straight plug
Gerade·-Glied *n*(DIN 40700, T.14) / even element (IEC 117-15), parity element, even *n*(IEC 117-15) || **²-Kreisbogen** *m*(NC-Funktion) / straight-line-circle *n*, straight-circle *n*
Geraden·gleichung *f* / line equation, equation of a straight line || **²interpolation** *f*(NC) / linear interpolation || **²interpolator** *m*(NC) / linear interpolator || **²kennlinie** *f* / straight-line characteristic
geraderichten *v* / straighten *v*, align *v*
Geradheit *f* / straightness *n* || **² der Längskante** (Blech) / edge camber
geradlinig·e Bewegung / straight motion, linear motion, rectilinear motion || **~e Kommutierung** / linear commutation || **~er Leuchtdraht** / straight filament || **~e Ordinate** / rectilinear ordinate
geradstirnig·er Flachkeil / flat plain taper key || **~er Keil** / plain taper key || **~er Vierkantkeil** / square plain taper key
Geradstirnrad *n* / spur wheel
geradverzahnt·es Rad / straight-tooth gear wheel, straight gear, spur gear || **~es Stirnrad** / spur gear
Geradverzahnung *f* / spur toothing
geradzahlig·e Oberschwingung / even-order harmonic
geradzahniges Kegelrad / straight bevel gear
gerahmt·e Flachbaugruppe (s. gerahmte Steckplatte) || **~e Steckplatte** / framed printed-board unit, framed p.c.b. || **~e Steckplatte mit Blöcken** / framed printed-board unit with potted blocks
gerändelt *adj* / knurled *adj* || **~e Sicherungsmutter** (o. Kontermutter) / milled-edge lock nut
gerastet·er Druckknopf / latched pushbutton (IEC 337-2) || **~e Stellung** / latched position (IEC 337-2A)
Gerät *n*(Einzelgerät) / item of equipment (o. of apparatus) || **²** (Installationsgerät) / accessory *n*, device *n* || **²** (Haushaltgerät) / appliance *n* || **²** (Ausrüstung) / equipment *n*, apparatus *n*, gear *n* || **²**

(Teil einer Einheit eines Rechnersystems; kleinste von Programmen ansprechbare Komponente) / device *n* || ≗ **der Schutzklasse I** / class I appliance || ≗ **mit elektromotorischem Antrieb** / electric motor-driven appliance, electric motor-operated appliance, motor-driven appliance || ≗ **mit veränderlicher Leistungsaufnahme** (VDE 0860) / variable consumption apparatus (IEC 65) || ≗ **rücksetzen** (PMG) / device clear(ing) || **eigenständiges** ≗ / stand-alone unit *n*, self-contained unit || **Laser**~ (VDE 0837) / laser system (IEC 825)

Geräte *n pl* (Ausrüstung) / equipment *n*, apparatus *n*, gear *n* || ≗ (VDE 0660,T.101) / devices *pl* (IEC 157-1) || ≗**ankopplung** (PC) (s. Geräteanschaltung) || ≗**anschaltung** *f* (PC) / device interfacing *n*, unit interfacing || ≗**anschlußdose** *f* / outlet box, wall box with terminals

Geräteanschlußleitung *f* / unit (o. device) connecting cable, power cable, appliance cord || ≗ (HG, VDE 0700, T.1) / detachable flexible cable (o. cord) (IEC 335-1) || ≗ (m. Wandstecker u. Gerätesteckdose) / cord set (IEC 320) || ≗ (Büromaschine, VDE 0806) / detachable cord (IEC 380) || ≗ (Leuchte) / appliance coupler (IEC 598)

Geräte·anschlußschnur (s. Geräteanschlußleitung) || ≗**anschlußteil** *n* (am Gerät angebrachtes Teil eines steckbaren Kabelanschlusses) / bushing *n*, female connector || ≗**anzeige** *f* (PC) / device condition code

Geräteaufbau, zweizeiliger ≗ / two-tier configuration

Geräte·bereich *m* (GKS) / device space || ≗-**Betriebsjahre** *n pl* / unit-years *n pl* || ≗**bus** *m* (PC) / unit bus || ≗**darstellungsfeld** *n* (Bildschirm-Arbeitsplatz) / workstation viewport || ≗**disposition** *f* (auf Schalttafel) / panel layout || ≗**dispositionsplan** (s. Anordnungsplan) || ≗**dose** *f* (I) / switch and socket box, device box, switch box, wall box || ≗**einbaukanal** *m* (I) / wiring and accessory duct(ing), multi-outlet assembly || ≗**eingabepuffer** *m* (PC) / PC input buffer || ≗**einsatz** *m* (I-Schalter) / contact block (with mounting plate) || ≗**einsatz** *m* (IK) / accessory frame || ≗**einschub** *m* / withdrawable unit

Gerätefehler *m* / device error, controller error || ≗**meldung** *f* / device error message || ≗**meldung** *f* (FWT) / equipment failure information

Geräte·fenster *n* (Bildschirm-Arbeitsplatz) / workstation window || ≗**gehäuse** *n* (MG) / instrument case || ≗**gestell** *n* / apparatus rack || ≗**gruppen auslösen** (PMG, DIN IEC 625) / group execute trigger (GET) || ≗**handbuch** *n* (a. PC) / instruction manual || ≗**impedanz** *f* (VDE 0838, T.1) / appliance impedance || ≗**kanal** (s. Geräteeinbaukanal) || ≗**kasten** *m* (Leuchte, f. Vorschaltgeräte) / ballast enclosure, control gear enclosure (luminaire) || ≗**kennung** *f* / device code, device identifier || ≗**kennzeichen** *f* (PC) / device identifier || ≗**kennzeichnung** *f* / item designation (IEC 113-2) || ≗**kennzeichnung** *f* (vorwiegend kleine Geräte, I-Material) / device designation || ≗**klemme** *f* / appliance terminal || ≗**koordinate (GK)** (GKS) *f* / device coordinate || ≗**kopplung** (PC) (s. Geräteanschaltung) || ≗**nachricht** *f* (PMG, DIN IEC 625) / device-dependent message || ≗**schaltbild** (s. Geräteverdrahtungsplan) || ≗**schalter** *m* (VDE 0630) / appliance switch (CEE 24) || ≗**schaltplan** *m* / unit wiring diagram, unit terminal connection diagram || ≗**schnittstelle** *f* (PC) / device interface || ≗**schutzschalter (GSS)** *m* / circuit-breaker for equipment (CBE), appliance circuit-breaker || ≗**schutzsicherung** *f* (VDE 0820) / miniature fuse, fuse *n* || ≗**schutz- und Betätigungsschalter (GSB-Schalter)** / appliance protective and control switch || ≗**sicherung** (s. Geräteschutzsicherung) || ≗**stapelung** *f* (DIN 41494) / stacking of sets || ≗**steckdose** *f* / connector *n* || ≗**stecker** *m* / appliance inlet, connector socket || ≗**steckverbinder** *m* / appliance connector || ≗**steckvorrichtung** *f* / appliance coupler || ≗**steckvorrichtung für heiße (kalte) Anschlußstellen** / appliance coupler for hot (cold) conditions || ≗**steuerung** *f* (DV) / device control (DC) || ≗**steuerzeichen** *n* (DIN 44300) / device control character || ≗**stückliste** *f* / list of equipment, list of components

gerätetechnische Konfiguration (Hardware) / hardware configuration

Geräte·träger *m* (Chassis) / chassis *n* || ≗**träger** *m* (Leuchte) / ballast frame (o. support), control-gear support || ≗**träger** *m* (IV) / apparatus rack || ≗**transformation** *f* (Bildschirm-Arbeitsplatz) / workstation transformation || ≗**transformator** *m* (EN 60742) / associated transformer || ≗**treiber** *m* / device driver || ≗-**Verbindungsdose** *f* (I) / combined wall and joint box || ≗**verdrahtungsplan** *m* / unit wiring diagram, internal connection diagram || ≗**verdrahtungstabelle** *f* / unit wiring table || ≗**zuleitung** *f* / appliance cord || ≗**zuordnungsliste** *f* (PC) / device assignment list || ≗**zustand-Nachricht** *f* (PMG, DIN IEC 625) / individual status message (ist)

Geräusch *n* (Akust.) / audible noise, aucoustic noise, noise *n* || ≗ (unerwünschtes Signal, Rauschen) / noise *n* || ≗**abstrahlung** *f* / noise radiation, noise emission

geräuscharm *adj* / low-noise *adj* || ~**e Erde** / low-noise earth || ~**e Maschine** / quiet-running machine, low-noise machine

Geräusch·art *f* / noise quality || ≗**bekämpfung** *f* / noise control || ≗**beurteilungskurve** *f* / noise rating curve (n.r.c.) || ≗**bewertungszahl** *f* / noise rating number || ≗**dämmung** *f* / noise deadening (o. muffling), noise absorption || ~**dämpfend** *adj* / noise-damping *adj*, noise-deadening *adj*, noise-absorbing *adj*, silencing *n* || ≗**dämpfer** *m* / silencer *n*, noise suppressor || ≗**dämpfung** *f* / noise damping, noise deadening, noise absorption, silencing *n* || ≗**emission** *f* / noise emission || ≗-**EMK** *f* (VDE 0228) / psophometric e.m.f. || ≗**entwicklung** *f* / noise generation

geräuschfrei *adj* / noise-free *adj*, noiseless *adj* || ~**e Erde** / noiseless earth, clean earth

geräuschgedämpfter Schalter (LS) / silenced breaker

Geräusch·grenzwerte *m pl* / noise limits || ≗**kennwert** *m* / characteristic noise value || ≗**melder** *m* / noise detector || ≗**messer** *m* / noise-level meter || ≗**messung** *f* / noise measurement, noise test || ≗**minderung** *f* / noise reduction, noise dampening, noise abatement, noise muffling, silencing *n* || ≗**pegel** *m* / noise level || ≗**probe** *f* /

noise test || ≈**schlucker** (s. Geräuschdämpfer) || ≈**senkung** *f* / noise reduction, noise abatement || ≈**spannung** *f* (VDE 0228) / psophometric voltage, noise voltage, equivalent disturbing voltage || ≈**spannungsmesser** *m* / psophometer *n* || ≈**spektrum** *n* / noise spectrum || ≈**stärke** *f* / noise level, noise intensity || ≈**unterdrückung** *f* / noise suppression, noise abatement

geregelt·e Adaption (adaptive Reg.) / closed-loop adaptation || ~**er Antrieb** / variable-speed drive, closed-loop-controlled drive, servo-controlled drive || ~**er Betrieb** / automatic operation, operation under automatic control, automatic mode || ~**e Maschine** / automatically regulated machine, closed-loop-controlled machine || ~**es Netzgerät** (s. stabilisiertes Stromversorgungsgerät)

gerichtet·er Anteil (LT) / specular component, regular component || ~**e Beleuchtung** / direct illumination, directional lighting || ~**er Emissionsgrad** / directional emissivity || ~**er Erdschlußschutz** / directional earth-fault protection || ~**e Gerade** / oriented line || ~**es Leistungsrelais** / directional power relay, power direction relay || ~**er Ölumlauf** / forced-directed oil circulation || ~**e Probe** / directional sample, geometric sample || ~**e Reflexion** / specular reflection || ~**es Relais** / directional relay, directionalized relay || ~**er Schutz** / directional protection || ~**e Spannung** (mech.) / unidirectional stress || ~**e Transmission** / regular transmission, direct transmission || ~**er Überstromschutz** / directional overcurrent protection || ~**e Unterbrechung** / vectored interrupt

geriffelt *adj* / checkered *adj*, fluted *adj* || ~ (Stromform) / rippled *adj*, having a ripple

gerillt·es Rohr (IR) / corrugated conduit || ~**er Schleifring** / grooved slipring

geringfügiger Fehlzustand (IEC 50(191) / minor fault

geringstgewichtetes Bit (s. niederwertigstes Bit)

gerippt *adj* / ribbed *adj*, finned *adj* || ~**es Gehäuse** (el. Masch.) / ribbed frame, ribbed housing

Germanat-Leuchtstoff *m* / germanat phosphor

gerufene Station / called station

Gerüst *n* / framework *n*, rack *n*, supporting structure || ≈ (ET, DIN 43350 u. SK, VDE 0660, T.500) / supporting structure (IEC 439-1), skeleton *n* || ≈ (f. Montage) / scaffold *n*, temporary framework || **Stations**~ / substation structure || **19-Zoll-**≈ / 19 inch rack || ≈**schluß** *m* / short-circuit to frame

gesamt·e Gleichspannungsänderung (LE) / total direct voltage regulation || ~**e Produktion** (Lampentypen) (VDE 0715 T.2) / whole product (lamp types) (IEC 64) || ~**er systematischer Fehler** / total systematic error || ~**e Wickelstiftlänge** / total post length

Gesamtablaufzeit des Umschaltvorganges (Netzumschaltgerät) / total operating time

Gesamt·anordnung *f* / overall arrangement, general layout, schematic arrangement, schematic *n* || ≈**anschlußwert** *m* / total connected load || ≈**ausfall** *m* (DIN 40042) / blackout *n*, complete failure || ≈**auslösung** *f* (DÜ, DIN ISO 8208) / restart *n* || ≈**ausregelzeit** *f* / total transient recovery time || ≈**ausregelzeit** *f* (USV, VDE 0588, T.5) / recovery time (IEC 146-4) || ≈**ausschaltzeit** *f* (LS, VDE 0670) / total break time (IEC 50(15); ANSI C37.100), interrupting time (ANSI C37.100), clearing time || ≈**ausschaltzeit** *f* (Sich.) / total clearing time (IEC 50(441)), operating time || ≈**belastbarkeit** *f* (PC-Geräte) / total load capability, aggregate output rating || ≈**belastbarkeit** *f* (nach Abzug durch Verminderungsfaktor) / derated loading || ≈**belastung** *f* / total load, aggregate load || ≈**belastung** *f* (Neutronen/cm²) / total neutrons absorbed || **mögliche** ≈**belastung** (KW) / total capability for load || ≈**bewölkungsgrad** *m* / total cloud amount || ≈**bild** (s. Netzübersichtsbild) || ≈**bürde** *f* (Eigenbürde der Sekundärwicklung u. Bürde des äußeren Sekundärkreises) / total burden || ≈**dauer** *f* (Rechteckstrom) / virtual total duration || ≈**durchflutung** *f* / ampere-conductors *n pl*, ampere-turns *n pl* || ≈**durchmesser** *m* / overall diameter || ≈**-Ein-Ausschaltzeit** *f* (VDE 0670) / total make-break time, make-break time || ≈**einfügungsdämpfung** *f* / total (or primed) insertion loss || ≈**einlaufzeit** *f* (ESR) / total starting time || ≈**einstellzeit** *f* (Meßgerät) / total response time || ≈**emissionsvermögen** *n* / total emissivity || ≈**-Energiedurchlaßgrad** *m* / total energy transmittance || ≈**erdungswiderstand** *m* (VDE 0100, T.200) / total earthing resistance (IEC 364-4-41), combined ground resistance || ≈**fehler** *m* / composite error (instrument transformer), total error || ≈**fehler** *m* (NC, kumulierter Fehler, Kettenmaßfehler) / cumulative error || ≈**fehlergrenzen** *f pl* / limits of total error || ≈**gewicht** *n* / total weight, total mass || ≈**gleichmäßigkeit** *f* (BT) / overall uniformity ratio, total uniformity

Gesamtheit (Statistik, QS) (s. Grundgesamtheit)

gesamt-hörfrequenter Pegel / overall level

Gesamt·kapazität *f* (HL) / total capacitance || ≈**kohlenwasserstoff-Meßgerät** *n* / total hydrocarbon monitor || ≈**-Ladungsverschiebe-Wirkungsgrad** *m* / overall charge-transfer efficiency || ≈**länge** *f* / overall length || ≈**laufzeit** *f* (Masch.) / total running time || ≈**laufzeit** *f* (PC, Ausführungszeit) / total execution time || ≈**leistung** *f* (Antrieb, Bruttoleistung) / gross output || ≈**leistungsfaktor** *m* / total power factor || ≈**lichtstrom** *m* / total (luminous) flux || ≈**löschtaste** *f* / clear-all key || ≈**meßunsicherheit** *f* / total error || ≈**nachlaufweg** *m* / total overtravel || ≈**plattendicke** *f* (gS) / total board thickness || ≈**polradwinkel zwischen zwei Spannungsquellen** / angle of deviation between two e.m.f.'s (IEC 50(603)) || ≈**rauschzahl** *f* / overall average noise figure || ≈**reaktionszeit** *f* (Verstärker) / total response time || ≈**schaltplan** *m* / overall circuit diagram || ≈**schaltstrecke** *f* / length of break || ≈**schaltweg** *m* / total travel || ≈**schaltzeit** *f* / total operating time || ≈**schaltzeit „Aus"** / total break time (IEC 50(15); ANSI C37.100), interrupting time (ANSI C37.100), clearing time || ≈**schaltzeit „Ein"** / total make-time || ≈**schätzabweichung** *f* (DIN 55350,T.24) / total estimation error || ≈**schließzeit** *f* (VDE 0660) / total make-time || ≈**schnitt** *m* (Stanze) / compound die || ≈**schritt** *m* (Wickl.) / resultant pitch, total pitch || ≈**schwingweg** *m* / double amplitude, peak-to-peak value ||

≈störabweichungsbereich *m* (DIN 41745) / total combined effect band || **≈strahlung** *f* / total radiation || **≈strahlungspyrometer** *n* / total-radiation pyrometer || **≈strahlungstemperatur** *f* / full radiator temperature || **≈streuziffer** *f* / Heyland factor || **≈strom** *m* / total current || **≈stromdichte** *f* / total current density || **≈stromlaufplan** *m* / overall schematic diagram || **≈stromregler** *m* / total-current regulator || **≈überdeckungsgrad** *m* / total contact ratio || **≈übermittlungszeit** *f* (FWT) / overall transfer time || **≈überprüfung** *f* (letzte Prüf.) / check-out *n* || **≈ummagnetisierungsverlust** *m* (bezogen auf Masse) / total-loss/mass density || **≈ummagnetisierungsverlust** *m* (bezogen auf Volumen) / total-loss/volume density || **≈- und Überverbrauchszähler** / excess and total meter || **volumenbezogene ≈** (gleichförmig magnetisiertes Material) / total loss volume density || **≈verluste** *m pl* / total losses || **≈verlustleistung** *f* (a. HL) / total power loss || **≈verlustverfahren** *n* (Wirkungsgradbestimmung) / total-loss method, (determination of) efficiency from total loss || **≈verzögerungszeit** (Datenerfassung) (s. Erfassungszeit) || **≈weg** *m* / total travel || **≈widerstand** *m* (a. Batt.) / total resistance || **≈windungen** (s. Gesamtwindungszahl) || **≈windungszahl** *f* / total number of ampere-turns, total ampere-turns || **≈wirkung** *f* (Gewinde) / cumulative effect || **≈wirkungsgrad** *m* / overall efficiency || **≈zeichnung** *f* / general drawing || **≈zeit** *f* (Produktion, Herstellungszeit) / manufacturing time || **≈zeitkonstante** *f* / total time constant || **≈zustandsdaten** *plt* (PMG) / summary status data

gesättigt *adj* / saturated *adj*, saturable *adj* || **~e Logic** / saturated logic || **~er Stromwandler** / saturable current transformer

geschachtelt *adj* (DV; PC, NC) / nested *adj* || **~er Aufbau** (DV) / nested configuration || **~e Wicklung** / imbricated winding, interleaved winding

Geschäftsräume, Beleuchtung von ≈n / commercial lighting

Geschäftsstraße *f* / shopping street

geschaltet·er Betrieb (PC, Betrieb mit Peripheriebaugruppen) / switched-periphery mode || **~er Mittelleiter** (s. schaltbarer Neutralleiter)

geschätzt·e durchschnittliche Herstellerqualität / estimated process average || **~er Fertigungsmittelwert** (s. durchschnittliche Fertigungsqualität) || **~er mittlerer Fehleranteil der Fertigung** / estimated process average

gescherter Kern / gapped core

geschichtet *adj* / layered *adj*, stacked *adj*, laminated *adj* || **~e Stichprobe** / stratified sample

geschirmt·er Druckknopf (VDE 0660, T.201) / shrouded pushbutton (IEC 337-2) || **~er Eingang** (Verstärker, MG) / guarded input || **~es Kabel** / shielded cable || **~es Meßgerät** / screened instrument, shielded instrument || **~er Steckverbinder** / shielded connector || **~e Zündkerze** / shielded (o. screened) spark plug || **magnetisch ~** / screened against magnetic effects, astatic *adj*

Geschirrspülmaschine *f* / dish washing machine

geschlitzt *adj* (eingeschnitten) / slit *adj* || ~ (genutet) / slotted *adj* || **~er Kontakt** / bifurcated contact

geschlossen·es Band / looped tape || **~e Bauform** / enclosed type || **~e Bauform** (SK, VDE 0660, T.500) / enclosed assembly (IEC 439-1) || **~e Bremse** / applied brake || **~e Dämpferwicklung** / damper cage, interconnected damper winding, amortisseur cage || **~e elektrische Betriebsstätte** / closed electrical operating area || **~er Gaskreislauf** / closed gas circuit || **~e Heizungsanlage** / closed-type heating system || **~er Kreislauf** / closed circuit, closed cycle || **~er Kühlkreislauf** / closed-circuit cooling system, closed cooling circuit || **~es Kühlsystem** / closed-circuit cooling system || **~e Maschine** (s.a. „völlig geschlossene Maschine") / enclosed machine, totally enclosed machine || **~er Motor** (s.a. „völlig geschlossener Motor") / enclosed motor, totally enclosed motor || **~e Nut** (Blechp.) / closed slot || **~er Rahmen** (Trafo) / closed frame || **~er Raum** / closed area, closed operating area || **~e Regelschleife** / closed control loop, closed loop || **~es Regelsystem** / closed-loop system, feedback system || **~e Schaltanlage** (Schalttafel) / enclosed switchboard || **~e Schalteinrichtung** (f. Geräte in Zündschutzart „n") / enclosed break device || **~e Schaltgerätekombination** / enclosed assembly (of switchgear and controlgear) || **~e Schleife** (Lochstreifen) / looped tape || **~e Schleife** (s. geschlossene Regelschleife) || **~er Schmelzeinsatz** / enclosed fuse-link || **~e Sicherung** / enclosed fuse, fuse with enclosed fuse element || **~er Sicherungseinsatz** / enclosed fuse-link || **~e Stellung** (SG) / closed position || **~er Tiegel** (Flammpunkt-Prüfgerät) / closed flash tester, closed cup || **~er Transformator** (s. Hermetik-Transformator) || **~er Trockentransformator** / sealed dry-type transformer || **~es Verfahren** / integrated method || **~e Verzögerungsleitung** (DIN IEC 235, T.1) / re-entrant slow-wave structure || **~e Wicklung** / closed-circuit winding, closed-coil winding, re-entrant winding || **~er Wirkungsweg** (Regelschleife) / closed loop || **~e Zelle** (Batt., Zelle m. Entgasungsöffnung) / vented cell

geschlossenporig *adj* / closed-cell *adj*

geschlossenzellig·er Schaumgummi / expanded rubber || **~er Schaumstoff** / closed-cell plastic, expanded plastic

Geschmeidigkeit *f* / flexibility *n*, pliability *n*, ductility *n*

geschnitten·es Gewebe / slit fabric || **~es Gewinde** / cut thread || **~es Material** (Iso-Mat.) / slit material, tape *n*

Geschoß-Antwortspektrum *n* / floor response spectrum || **≈beschleunigung** *f* / floor acceleration

geschottet·e Sammelschiene / segregated-phase bus || **~e Schaltanlage** (VDE 0670, T.6) / compartmented switchgear (IEC 298), compartment-type switchgear (o. switchboard), compartmentalized switchgear (o. switchboard) || **~e Schaltanlage** (s. metallgeschottete Schaltanlagen)

geschrägt·e Ecke (Bürste) / bevelled corner || **~e Kopffläche** (Bürste) / bevelled top || **~e Kopfkante** (Bürste) / chamfered top, bevelled

edge || ~e **Nut** / skewed slot || **um eine Nutenteilung** ~ / skewed by a slot pitch
geschraubt *adj* (mit Mutter) / bolted *adj* || ~ (ohne Mutter) / screwed *adj*
geschützt·e Anlage im Freien (VDE 0100, T.200) / sheltered installation || ~**es Fach** (SK) / barriered sub-section || ~**es Feld** (SK) / barriered section || ~**er Kriechweg** / protected creepage distance || ~**e Leuchte** / dustproof luminaire || ~**e Maschine** / protected machine, screen-protected machine || ~**er Pol** (SG) / protected pole || ~**er Speicherbereich** (DIN 44300) / protected storage area || ~**e Zone** / protected zone
geschweißt·e Ausführung / welded construction, fabricated construction || ~**es Gehäuse** (el. Masch.) / fabricated housing, welded frame
Geschwindigkeit *f* (Drehzahl) / speed *n* || ≗ (linear) / velocity *n* || ≗ (Rate) / rate *n* || ≗ **am Ende einer Widerstandsfahrt** (Bahn) / speed at end of notching || ≗ **der Frequenzänderung** / sweep rate
geschwindigkeitsabhängige Servolenkung (Kfz) / speed-dependent power-assisted steering, variable-assistance power steering
Geschwindigkeitsabnahme *f* (Drehzahl) / speed reduction || ≗ (NC-Wegbedingung, DIN 66025,T.2) / deceleration *n* (ISO 1056) || ≗ (Vorschub) / feedrate reduction, deceleration *n*
Geschwindigkeits·algorithmus *m* / velocity algorithm || ≗**amplitude** *f* / amplitude of velocity || ≗**aufnehmer** *m* / velocity pickup || ≗**begrenzer** (Mot.) (s. Drehzahlbegrenzer) || ≗**bereich** (Mot.) (s. Drehzahlbereich) || ≗**durchflußmesser** *m* / velocity-type flowmeter || ≗**energie** *f* / (specific) kinetic energy, velocity energy || ≗**führung** *f* (NC, Rob.) / velocity control, rate control || ≗**-Leistungs-Produkt** *n* / speed-power product || ≗**messer** (s. Drehzahlmesser) || ≗**modulation** *f* / velocity modulation || ≗**regelbereich** (s. Drehzahlregelbereich) || ≗**regelung** *f* (Kfz) / automatic cruise control (ACC) || ≗**regelung** (s. Geschwindigkeitsführung) || ≗**regler** *m* (Kfz) / cruise controller || ≗**regler** (s. Drehzahlregler) || ≗**rückführung** *f* (NC) / velocity feedback || ≗**stoß** *m* / velocity shock || ≗**verstärkungsfaktor** *m* (Faktor K_v) / servo gain factor (K_v), multgain factor || ≗**zunahme** *f* (NC-Wegbedingung, DIN 66025,T.2) / acceleration *n* (ISO 1056)
gesehnte Wicklung / chorded winding, fractional-pitch winding
gesetzlich·e Auflagen / statutory requirements || ~**e Bestimmungen** / statutory regulations || ~**e Last** (Freiltg.) / legislative load (IEC 50(466)) || ~**es Ohm** / legal ohm, Board-of-Trade ohm (GB)
gesichert *adj* (durch Sicherungen) / fused *adj* || ~ (gegen Verdrehen) / locked *adj* || ~**er Ausgang** / fused output, protected output || ~**er Eigenbedarf** / essential auxiliary circuits || ~**e entladungsfreie Spannung** / assured discharge-free voltage || ~**e Leistung** / firm power, firm capacity || ~**er Schaltabstand** (NS) / assured operating distance || ~**e Steuerspannung** / secure control power supply, independent control-power supply || ~**e Systemverbindung** (DIN ISO 7498) / data link connection
Gesichts·empfindung *f* / visual sensation, retinal image || ≗**feld** *n* / visual field
gespaltene Wicklung / split winding
gespeicherte Energie / stored energy
gesperrt·er Ausgangskreis (Rel.; VDE 0435,T.110) / effectively non-conducting output circuit || ~**er Eingang** / inhibited input, blocked input || ~**e Einheit** (QS) / quarantined item || ~**e Flächen** (Flp.) / unserviceable areas
gespritzter Läuferkäfig / die-cast rotor cage
gestaffelt *adj* (mech.) / staggered *adj* || ~ (zeitlich) / graded *adj*, graded-time *adj*: || ~**e Anordnung** / staggered arrangement || ~**e Wiedereinschaltung** (Motoren) / sequence(d) starting
Gestalt·änderungsarbeit *f* / energy of deformation, strain energy of distortion || ≗**parameter** *m pl* / parameters of shape
Gestaltsänderung *f* / distortion *n*, deformation *n*
Gestänge *f* / linkage *n*, rodding *n* || ≗**antrieb** *m* (SG) / linkage mechanism || ≗**hebel** *m* / linkage lever || ≗**hebelantrieb** *m* (SG) / lever-operated linkage mechanism, linkage-lever mechanism, linkage-crank mechanism || ≗**isolator** *m* / linkage insulator
Gestell *n* (ET; DIN 43350) / rack *n* || ≗ (Rahmen) / frame *n*, framework *n*, rack *n* || **Gleichrichter**~ / rectifier frame || **Lampen**~ / lamp foot, lamp mount || ≗**drossel** *f* / earth-fault reactor (GB), ground-fault reactor (US) || ≗**erde** *f* / frame ground, chassis ground || ≗**erdschluß** *m* / frame earth fault, case ground fault || ≗**erdschlußschutz** *m* / frame leakage protection, frame ground protection, case ground protection || ≗**motor** *m* / frame-mounted motor, frame-suspended motor || ≗**oberrahmen** *m* (Trafo) / top clamping frame, top frame || ≗**rahmen** *m* (f. Geräteträger) / rack *n* || ≗**rahmen** *m* (Trafo) / structural framework, clamping frame(work) || ≗**reihe** *f* (DIN 43350) / rack row || ≗**reihenteilung** *f* / pitch of rack structure || ≗**schluß** *m* / short-circuit to frame, fault to frame, frame leakage || ≗**transformator** *m* (Erdungstrafo) / earthing transformer, ground-fault transformer || ≗**unterrahmen** *m* (Trafo) / bottom clamping frame, bottom frame
gesteuert·e Abschneidefunkenstrecke / controlled chopping gap || ~**es Abschneiden** (Stoßwelle) / controlled chopping || ~**e Adaption** (adaptive Reg.) / open-loop adaptation || ~ **adaptiver Regler** / externally tuned adaptive controller || ~**e Brückenschaltung** (LE) / controlled bridge || ~**e Durchführung** / capacitor bushing, condenser bushing (depr.) || ~**e Funkenstrecke** / graded spark gap, graded gap || ~**e Funkschaltröhre** / trigatron *n* || ~**e Leerlaufgleichspannung** (LE) / controlled no-load direct voltage || ~**e Spannungsquelle** / controlled voltage source || ~**e Station** (FWT) / controlled station || ~**e Taktgebung** (SR) / open-loop timimg-pulse control, open-loop-controlled clocking || ~**er Zweig** (LE) / controllable arm
gestört·er Betrieb / operation under fault conditions || ~**es Netz** / faulted system || **Prüfung bei** ~**em Betrieb** / test under fault conditions
gestreckt·er Kurvenverlauf / flat curve, flat characteristic || ~**e Länge** / developed length || ~**er Leuchtdraht** / straight filament
gestreut·e Beleuchtung / diffuse lighting, directionless lighting || ~**e Durchlassung** (s. gestreute Transmission) || ~**e Organisation** (v. Dateien) / random organisation || ~**e Reflexion** / diffuse reflection, spread reflection || ~**e**

Speicherung / random organisation || ~e Transmission / diffuse transmission || ~e Welle / scattered wave
gestrichelte Linie / broken line, dashed line
gestuft·e Isolation / graded insulation || ~e **Luftspaltdrossel** / tapped air-gap reactor
gestürzte Wicklung / continuous turned-over winding, continuous inverted winding
getaktet·es Netzgerät (s. getaktetes Netzteil) || ~es **Netzteil** / switched-mode power supply unit || ~e **Schaltung** / clocked circuit
getastet·e Linie (ESR) / pulsed line (IEC 151-14) || ~es **Signal** / sample signal || ~er **Zweikanalbetrieb** (Osz.) / chopped two-channel mode
getauchte Elektrode / dipped electrode
geteilt·e Bandage (Wickl.) / split banding, split bandage || ~er **Bildschirm** / split screen || ~er **Erdungsschalter** (VDE 0670,T.2) / divided-support earthing switch (IEC 129) || ~es **Feld** / split field || ~e **Gegenverbundwicklung** / split differential compound winding || ~es **Gehäuse** / split housing || ~e **konzentrische Wicklung** / split concentric winding || ~e **Nockenscheibe** / split cam || ~es **Ringlager** / split sleeve bearing || ~er **Schirm** (Osz.) / split screen || ~er **Ständer** (mehrere Teile) / sectionalized stator, sectionalized frame || ~er **Ständer** (2 Teile) / split stator, split frame || ~er **Trennschalter** (VDE 0670,T.2) / divided-support disconnector (IEC 129) || ~e **Wicklung** / split winding, split concentric winding, bifurcated winding || ~-**konzentrisches Kabel** / split concentric cable
Getränkeautomat *m* / drink vending machine
getränkt *adj* (m. Lack) / varnish-impregnated *adj*, varnished *adj* || ~e **Isolation** / impregnated insulation, mass-impregnated insulation || ~es **Isolierschlauchmaterial** / saturated sleeving || ~es **Papier** / impregnated paper
geträufelte Wicklung / fed-in winding, mush winding
getrennt aufbewahren (von zurückgewiesenen Einheiten) / quarantine *v* || ~e **Aufbewahrung** (von zurückgewiesenen Einheiten) / quarantine *n* || ~ **aufgestellte Kühlvorrichtung** / separately mounted circulating-circuit component || ~e **Erdung** / independent earthing (GB), independent grounding (US) || ~e **Erdungsanlage** / subdivided earthing system, separate grounding system || ~e **Klemmenzelle** / separate terminal enclosure || ~e **Phasen- und Käfigwicklung** / independent phase and cage winding || ~e **Selbsterregung** / separate self-excitation || ~e **Wicklungen** / separate windings
getreppte Wicklung / split-throw winding, split winding
Getriebe *n* / gearing *n*, gear unit, gearbox *n*, gear train, gears *n pl* || **elektronisches** ≗ (Kfz) / electronically controlled automatic gearbox || **stellbares** ≗ / torque variator, speed variator || ≗**einrücken** *n* / gear meshing || ≗-**Erregermaschine** *f* / geared exciter || ≗**gehäuse** *n* / gearbox *n*, gear case || ≗**generator** *m* / geared generator || ≗**kasten** *m* / gearbox *n*, gear case || ≗**kopf** *m* (TS) / operating head
getriebelos·er Motor / gearless motor, direct-drive motor || ~er **Motor** (Ringmotor) / ring motor, gearless motor, wrapped-around motor
Getriebe·motor *m* / geared motor, gearmotor *n*, motor reduction unit || ≗**pendelmaschine** *f* / geared dynamometer, gear dynamometer || ≗**schaltung** *f* (NC-Zusatzfunktion, DIN 66025,T.2) / gear change (ISO 1056) || ≗**schaltung** (s. Getriebeumschaltung) || ≗**schutzkasten** *m* / gear case || ≗**sperre** *f* (EZ) / gear ratchet || ≗**spiel** *n* / gear backlash || ≗**steuerung** *f* (Kfz) / (automatic) transmission control || ≗**stufe** *f* / speed *n*, reduction stage || ≗**turbine** *f* / geared turbine || ≗-**Turbogenerator** *m* / geared turbo-generator || ≗**umschaltung** *f* / gear speed change, gear change || ≗**verspannung** *f* / torque bias
getriggert·e Abschneidfunkenstrecke / triggered-type chopping gap || ~e **Zeitablenkeinrichtung** (Osz.) / triggered time base || ~e **Zeitablenkung** (Osz.) / triggered sweep
Getter *n* / getter *n* || ≗**gefäß** *n* / getter pot
Gewährleistungs·anspruch *m* / warranty claim || ≗**grenzen** *f pl* (Meßtechnik) / guaranteed limits of error
Gewaltbruch *m* / forced rupture
Gewebe *n* (Iso-Mat.) / fabric *n* || ≗**abtrennung** *f* (Leiterplatte) / crazing *n* || ≗**band** *n* (f. Kabel) / textile tape || ≗**riemen** *m* / fabric belt || ≗**schlauch** *m* / textile-fibre sleeving
gewellt *adj* (Stromform) / rippled *adj*, having a ripple || ~es **Kunststoffrohr** (IR) / corrugated plastic conduit || ~es **Rohr** (IR) / corrugated conduit || ~es **Stahlpanzerrohr** / corrugated steel conduit || ~es **Steckrohr** (s. gewelltes, gewindeloses Rohr) || ~es, **gewindeloses Rohr** (IR) / non-threadable corrugated conduit
gewendelt *adj* / spiralled *adj*
Gewerbe·ordnung *f* / trade and industrial code || ≗**tarif** *m* (StT) / commercial tariff
gewerblich genutzte Anlage / commercial installation || ~ **genutztes Gebäude** / commercial building
Gewicht des aktiven Teils (Trafo) / weight of core-and-coil assembly || ≗ **des heraushebbaren Teils** (Trafo) / untanking mass || **spezifisches** ≗ / specific gravity, density *n*, relative density
gewichtet·er Durchschnitt (s. gewichteter Mittelwert) || ~er **Mittelwert** / weighted average
gewichtigste Binärstelle / most significant bit (MSB)
Gewichts·antrieb *m* (SG) / weight-operated mechanism || ≗**durchfluß** *m* / mass flow (rate) || ≗**funktion** (s. Gewichtungsfunktion) || ≗**kraft** *f* / force due to weight || ≗**notbremse** *f* / weight-operated emergency brake || ≗**ordinate** *f* / weighted ordinate || ≗**prozent** *n* / percent by weight, mass fraction || ≗**spannweite** *f* (Freiltg.) / weight span || ≗**teil** *m* / part by mass || ≗**verlagerung** *f* / weight displacement, change in centre of gravity
Gewichtung *f* / weighting *n*
Gewichtungsfunktion *f* / weighting function
gewickelt *adj* / wound *adj*, provided with a winding || ~e **gemeinsame Aderumhüllung** (VDE 0281) / taped inner covering || ~e **Isolierung** (Kabel) / lapped insulation || ~er **Kern** / wound core || ~er **Läufer** / wound rotor || ~e **Spule** / wound coil
Gewinde mit feiner Steigung / fine thread || ≗ **mit grober Steigung** / coarse thread

Gewindeanschluß *m*(Ventil) / threaded end
Gewinde·auslauf *m* / run-out of thread || **≗bohren** *n* (a. NC-Wegbedingung; DIN 66025,T.2) / tapping *n*(ISO 1056) || **≗bohrung** *f* / tapped hole, tapped bore, threaded hole || **≗bolzen** *m* / stud bolt, threaded bolt || **≗buchse** *f* / threaded bush || **≗durchgangsbohrung** *f* / tapped through-hole || **≗flanke** *f* / flank of thread
gewindeformende Schraube / thread-forming tapping screw
Gewindefräsen *n* / thread milling
gewindefurchende Schraube / self-tapping screw
Gewinde·gang *m* / thread *n* || **≗grund** *m* / root *n* || **≗grundbohrung** *f* / tapped blind hole, closed tapped bore || **≗hülse** *f* / threaded sleeve, screw bush || **≗hülse** *f*(Fassung) / screwed shell || **≗kernloch** *n* / tapped hole || **≗lehrdorn** *m* / thread plug gauge || **≗lehre** *f* / thread gauge || **≗lehrring** *m* / thread ring gauge || **≗loch** *n* / tapped hole, tapped bore, threaded hole
gewindelos·es Rohr (IR; VDE 0605,1) / non-threadable conduit (IEC 23A-16), unscrewed conduit
Gewinde·muffe *f*(IR) / screwed coupler, threaded coupling || **≗nippel** *m*(IR) / externally screwed coupler, screwed nipple || **≗ring** *m* / threaded ring || **≗rohr** *n* / threaded tube, threaded pipe || **≗rohr** *n* (IR) / threadable conduit (IEC 614-1), screwed conduit, threaded conduit || **≗sackloch** *n* / tapped blind hole, closed tapped bore || **≗schleifen** *n* / thread grinding
Gewindeschneiden *n* / thread cutting, screw cutting, threading *n*, screwing *n* || ≗ (NC; CLDATA-Wort) / thread (NC; CLDATA word; ISO 3592) || **≗ mit gleichbleibender Steigung** / constant-lead (o. -pitch) thread cutting || **≗ mit konstant zunehmender Steigung** / thread cutting with increasing (o. progressive) lead || **≗ mit konstant abnehmender Steigung** / thread cutting with decreasing (o. degressive) lead || **≗ mit veränderlicher Steigung** / variable-lead thread cutting, variable-pitch screwing
gewindeschneidend·e Schraube / thread-cutting tapping screw
Gewinde·sockel *m* / screw cap, screw base || **≗spalt** *m*(EN 50018) / threaded joint (EN 50018)
Gewindesteigung *f*(eingängiges Gewinde) / thread lead || ≗ (mehrgängiges Gewinde) / thread pitch || ≗ (NC; CLDATA-Wort) / pitch (ISO 3592)
Gewindesteigungs·abnahme *f* / thread lead decrease, screw pitch decrease || **≗zunahme** *f* / thread lead increase, screw pitch increase
Gewindestift *m* / grub screw, setscrew *n*, threaded pin || **≗ mit Zapfen** / grub screw with full dog point
Gewinde·stopfen *m* / screw plug, plug screw || **≗strehlen** *n* / thread chasing || **≗tiefe** *f* / depth of thread, thread depth || **wirksame Länge der ≗verbindung** / effective length of screw engagement
Gewitter·häufigkeit *f* / isokeraunic level || **≗überspannung** *f* / overvoltage due to lightning, lightning surge, atmospheric overvoltage
gewogenes Mittel (s. gewichteter Mittelwert)
gewöhnlich·e Kraft / conventional force || **~e Leuchte** / ordinary luminaire || **~er Schalter** (I-Schalter, VDE 0632) / ordinary switch (CEE 14)
Gewölbe·kommutator *m* / arch-bound commutator || **≗wicklung** *f* / barrel winding
gewölbt *adj* / cambered *adj*, dished *adj*, concave *adj* || **~er Deckel** / domed cover || **~e Schraubkappe** / spherical screw cap, cambered screw cap
gewundene Biegefeder / coiled torsion spring, tangentially loaded helical spring
gewurzelt *adj*(Gruppierung der Ausgänge, Anschluß an gemeinsames Potential) / grouped *adj*, connected to common potential
gezahnte Federscheibe / tooth lock washer
Gezeiten·energie *f* / tidal energy || **≗kraftwerk** *n* / tidal power station
gezielt·er Abfragebefehl (FWT) / selective interrogation command || **~e Ölführung** / forced-directed oil circulation
gezogen·es Kupfer / drawn copper || **~er Übergang** (HL) (s. gezogener Zonenübergang) || **~er Zonenübergang** (HL) / grown junction
GFK (s. Glasfaserkunststoff) || ≗ (s. Glasfaserkabel)
G-Funktion *f*(NC-Wegbedingung) / preparatory function
Giaever-Tunneleffekt *m* / Giaever tunneling, Giaever normal electron tunneling
Gieren *n*(Rob., Kfz) / yawing *n*, yaw *n*
Gießen *n*(a. Kunststoff) / casting *n*
Gießharz *n* / cast resin, casting resin, moulding resin || **≗blockstromwandler** *m* / resin-encapsulated block-type current transformer, cast-resin block-type current transformer || **≗drosselspule** *f* / encapsulated-winding dry-type reactor || **≗durchführung** *f* / cast-resin bushing, cast insulation bushing || **≗-Füllstoff-Gemisch** *n* / cast-resin-filler mixture
gießharzisoliert *adj*(a. Trafo) / resin-encapsulated *adj*, resin-insulated *adj*, cast-resin-insulated *adj* || **~e Schaltwagenanlage** / resin-insulated truck-type switchboard
Gießharz·masse *f* / casting resin, casting plastic || **≗mischung** *f* / resin compound || **≗pol** *m* / resin-encapsulated (o. -insulated) pole || **≗spule** *f* / resin-encapsulated coil, moulded-resin coil || **≗stützer** *m* / cast-resin post insulator, synthetic-resin post insulator, resin insulator || **≗transformator** *m* / encapsulated-winding dry-type transformer (IEC 50(421)), resin-encapsulated transformer || **Transformator mit ≗-Vollverguß** / resin-encapsulated transformer, (resin-)potted transformer
Gießling *m* / casting *n*, cast moulding
Gipfel·punkt *m*(a. Diode, DIN 41856) / peak point || **≗spannung** *f* / peak voltage || **≗spannung** *f*(Diode, DIN 41856) / peak-point voltage || **≗strom** *m* (Diode, DIN 41856) / peak-point current || **≗-Tal-Stromverhältnis** *n*(Diode, DIN 41856) / peak-to-valley point current ratio || **≗wert** *m* / peak value, crest value, maximum value
Girlande *f* / festoon *n* || **Leitungs~** *f* / festooned cable
GIS (s. gasisolierte Schaltanlage)
Gitter *n*(HG-Ventil, ESR) / grid *n* || ≗ (Schutzgitter) / screen *n* || **Beugungs~** / diffraction grating || **Kristall~** / crystal lattice, crystal grating || **Meß~** (DMS) / rosette *n* || **optisches ≗** / optical grating || **Röhre mit ≗abschaltung** / aligned-grid tube || **≗eingangsleistung** *f* / grid input power || **≗eingangsspannung** *f* / grid input voltage, grid

driving voltage || ≈**fehlstelle** *f*(Kristall) / lattice defect

gittergesteuerte Bogenentladungsröhre / grid-controlled arc discharge tube

Gitter·impuls *m*(Hg-Ventil) / grid pulse || ≈**konstante** *f*(Kristall) / lattice constant, lattice parameter || ≈**lücke** *f*(HL) / vacancy *n* || ≈**mast** *m* / lattice tower || ≈**parameter** *m*(Kristall) / lattice parameter, lattice constant || ≈**platte** *f*(Batt.) / grid-type plate, pasted plate || ≈**punkt** *m*(NC, BSG, Raster) / grid point || ≈**schnittprüfung** *f* / cross hatch test, chipping test, cross-cut adhesion test || ≈**stab** *m*(Wickl.) / transposed bar, Roebel bar, transposed conductor || ≈**stabwicklung** *f* / transposed-bar winding, Roebel-bar winding || ≈**steuerleistung** *f* / grid driving power || ≈**steuerung** *f* / grid control || ≈**störung** *f*(Kristall) / lattice distortion || ≈**strom** *m*(ESR) / grid current || ≈**tür** *f* / screen door, wire-mesh door, trellised door || ≈**übertrager** *m* / grid transformer || ≈**übertrager** *m*(f. Zündimpulse) / (firing-) pulse transformer || ≈**vorspannung** *f* / grid bias (voltage)

GK (s. Gerätekoordinate)

GKB (s. Grundlastbetrieb mit zusätzlicher Kurzzeitbelastung)

GKS (s. grafisches Kernsystem) || ≈**-Bilddatei** *f* / GKS metafile || ≈**-Leistungsstufe** *f* / GKS level

Glanz *m*(einer Fläche) / gloss *n*(of a surface) || ≈**brenne** *f* / bright dip

glänzend·es Arbeitsgut / shiny material || ~**e Oberfläche** / glossy surface

Glanz·meßgerät *n* / glossmeter *n* || ~**verzinken** *v* / bright-galvanize *v*, bright-zinc-coat *v*, to electrogalvanize in a cyanide bath

Glas·band (s. Glasfaserband) || ≈**durchführung** *f* / glass bushing

Glasfaser *f* / glass fibre, fibre glass || ≈**band** *n* / glass-fibre tape, fibre-glass tape, glass tape || ≈**beflechtung** *f* / glass-filament braid || ≈**gespinst** *n* / spun fibreglass || ≈**kabel (GFK)** *n* / glass-fibre cable, fibre-optic cable || ≈**kunststoff (GFK)** *m* / glass-reinforced plastic (GRP), fibre-glass-reinforced plastic (FRP), glass-fibre laminate, glass-laminate || ≈**matte** *f* / glass-fibre mat || ≈**-Schichtstoff** *m* / glass-fibre laminate, glass laminate

glasfaserverstärkter Kunststoff / glass-fibre-reinforced plastic, glass-reinforced plastic

Glas·fritte *f* / fritted glass filter || ≈**garn** *n* / glass-fibre yarn || ≈**gewebe** *n* / glass fabric, woven glass, glass cloth || ≈**gewebeband** *n* / woven glass tape, glass-fabric tape || ≈**glocke** *f*(Leuchte) / glass dome || ≈**halbleiter** *m* / amorphous semiconductor

glasiert·er Drahtwiderstand / vitreous enamel wirewound resistor

Glaskeramik *f* / ceramic glass

glasklar *adj* / clear *adj*

Glas·kolben *m*(Leuchtstofflampe) / glass tube || ≈**kolbenleuchte** *f* / well-glass fitting || ≈**kordel** *f* / glass-fibre cord, fibre-glass cord || ≈**matte** (s. Glasfasermatte)

glasmattenverstärkte Polyester-Preßmasse / glass-fibre-mat-reinforced polyester moulding material

Glas·membranwiderstand *m* / glass diaphragm resistor || ≈**perle** *f* / glass bead *n* || ≈**schichtstoff** (s. Glasfaser-Schichtstoff) || ≈**seide** *f* / glass filament, glass silk

Glasseiden·beflechtung (s. Glasseidenbespinnung) || ≈**bespinnung** *f* / glass-filament braiding || ≈**garn** *n* / glass-filament yarn || ≈**-Spinnfaden** *m* / glass-filament strand || ≈**strang** *m* / glass-fibre roving

Glas·sockellampe *f* / glass-base lamp, capless lamp || ≈**thermometer** *n* / liquid-in-glass thermometer, mercury-in-glass thermometer

Glasur *f*(auf Keramik) / glaze *n* || ≈**fehler** *m* / glaze fault, glaze defect

glatt·er Anker / cylindrical armature, drum-type rotor || ~**er Deckel** / plain cover || ~**es Gewinderohr** (IR) / threadable plain conduit || ~**es Isolierstoffrohr** (IR) / plain insulating conduit || ~**es Kunststoffrohr** / plain plastic conduit, plain conduit of insulating material, plain non-metallic conduit || ~**er Leiter** (s. Leiter mit glatter Oberfläche) || ~**e Oberfläche** / plain surface, smooth surface || ~**es Rohr** (IR) / plain conduit || ~**e Rolle** / plain wheel || ~**es Stahlrohr** (IR) / plain steel conduit || ~**es Steckrohr** (IR) / non-threadable plain conduit || ~**e Welle** / plain shaft || ~**es, gewindeloses Rohr** (IR) / non-threadable plain conduit

Glattblechkessel *m*(Trafo) / plain steel-plate tank, plain tank

Glatteiswarner *m*(Kfz) / black ice alarm (device)

glätten *v*(Strom) / smooth *v*, filter *v* || ~ (schlichten) / smooth *v*, flatten *v*, planish *v*, dress *v*

Glätter *m*(f. Dichtungsbänder) / trueing device, trueing wheel

Glättungs·baugruppe *f* / smoothing module, filter module || ≈**baustein** *m*(PC) / smoothing block, filter block || ≈**drossel** *f* / smoothing reactor, filter choke || ≈**funktion** *f* / smoothing function, filter(ing) function || ≈**glied** *n* / smoothing element, filter element || ≈**kapazität** *f* / smoothing capacitance, smoothing capacitor, filter capacitor || ≈**kondensator** *m* / smoothing capacitor, filter capacitor || ≈**kreis** *m* / smoothing circuit, filter circuit, ripple filter || ≈**tiefe** *f*(DIN 4762,T.1) / depth of surface smoothness || ≈**zeitkonstante** *f* / time constant of smoothing capacitor, filter-element time constant, filter time constant

GLAZ (s. gleitende Arbeitszeit)

GLC (s. Gas-Flüssig-Chromatographie)

gleich (DIN 19239) / equal to || ~**e Polarität** / same polarity

Gleichanteil *m* / direct component, zero-frequency quantity

gleichberechtigt·er Spontanbetrieb (DÜ) / asynchronous balanced mode (ABM) || ~**es System** (Zugriffsberechtigung) / democratic system || ~**es Übermittlungsverfahren** (DIN ISO 7776) / balanced link access procedure

gleichbleibend·e Drehzahl / constant speed || ~**e Steigung** (NC, Gewindeschneiden) / constant lead

Gleichdrehzahlgetriebe *n* / constant-speed drive (CSD)

gleichfarbige Farbreize / isochromatic stimuli

Gleichfehlerstrom, pulsierender ≈ (VDE 0664, T.1) / pulsating d.c. fault current, a.c. fault current with (pulsating) d.c. component

Gleichfeld, magnetische Eigenschaften im ≈ / d.c. magnetic properties || **magnetisches** ≈ / direct-current magnetic field, constant magnetic field

Gleichfluß *m* / unidirectional flux
gleichförmig·e Belastung / uniform load, balanced loading || **~e Beleuchtung** / general diffused lighting, direct-indirect lighting || **~es Beschleunigen** (DIN IEC 68) / steady-state acceleration || **~e Eislast** (Freiltg.) / uniform ice load(ing) || **~er Farbenraum** / uniform colour space || **~e Farbtafel** / uniform-chromaticity-scale diagram (UCS diagram) || **~e Lichtverteilung** / general-diffused light distribution || **~e punktartige Strahlungsquelle** / uniform point source
Gleichförmigkeit der Leuchtdichte / luminance uniformity ratio
Gleichförmigkeitsgrad der Leuchtdichte der Strahlspur (Osz.) / stored luminance uniformity ratio
gleichgewichtiger Code / constant-weight code
Gleichgewichts·karte *f* / equilibrium chart || **≈punkt** *m* / equilibrium centre
Gleichgröße *f* / zero-frequency quantity
Gleichheits·-Eingang *m* / equal input || **≈fotometer** *n* / equality of brightness photometer || **≈zähler** *m* / comparator-counter *n* || **≈zeichen** *n* / equal-to sign, equality sign
Gleichinduktion *f* / aperiodic component of flux
Gleichlast *f* / steady load, balanced load || **≈-Eichverfahren** *n* / uniload calibration method || **≈-Eichzähler** *m* / rotating uniload substandard (meter)
Gleichlauf *m* / synchronism *n*, synchronous operation || **≈** (der kinetischen Wellenbahn) / forward whirl || **≈ herstellen** / synchronize *v*, to bring into synchronism || **aus dem ≈ fallen** / to pull out of synchronism, to fall out of step, to lose synchronism, pull out *v* || **im ≈** / synchronous *adj*, synchronized *adj*, in step || **≈baugruppe** *f* / synchronizing module, synchronous-action module || **≈betrieb** *m* / synchronous operation, operation in synchronism, operation at a defined speed ratio || **≈einrichtung** *f* / synchronizer *n*, synchronizing device || **≈empfänger** *m* / synchro receiver
gleichlaufend *adj* / running in synchronism, synchronous *adj*, synchronized *adj*, in time
Gleichlauf·fehler des Registrierpapiers / chart speed accuracy || **≈fräsen** *n* / climb milling, down-cut milling || **≈geber** *m* / synchro transmitter || **≈information** *f* (FWT) / synchronizing information || **≈regelung** *f* / synchro control, speed ratio control, multi-motor speed control || **≈schaltung** *f* (s.a. „elektrische Welle") / synchronizing circuit || **≈steuerung** *f* / synchro control, speed ratio control || **≈steuerung** *f* (LS, KU) / in-step control || **Kapazitäts-≈toleranz** *f* / capacitance tracking error || **≈verfahren** *n* (DÜ) / synchronous mode
gleichmäßig·e Ausleuchtung / uniform illumination, even illumination || **~er Hauptabschnitt** (Kabelsystem) / uniform major section || **~e Isolation** (Trafo) / uniform insulation (IEC 76-3), non-graded insulation || **~ isolierte Wicklung** / uniformly insulated winding || **~ streuendes Medium** (Lambert-Fläche) / Lambertian surface || **~e Streuung** / uniform diffusion || **~ verteilte Leitungskonstante** / distributed constant || **~ verteilte Wicklung** / uniformly distributed winding
Gleichmäßigkeit *f* (BT) / uniformity *n*, uniformity ratio
Gleichmäßigkeitsgrad *m* (BT) / uniformity ratio (of illuminance)
gleichnamig·e Pole / poles of same polarity, like poles
gleich·phasig *adj* / in phase, co-phasal *adj* || **≈pol-Feldmagnet** / homopolar field magnet || **~polig** *adj* / homopolar *adj*, unipolar *adj* || **≈polinduktion** *f* / homopolar induction || **≈polmaschine** *f* / homopolar machine, unipolar machine || **~prozentige Kennlinie** / equal-percentage characteristic || **≈richten** *n* / rectifying *n*, rectification *n*
Gleichrichter (GR) *m* / rectifier *n*, power rectifier || **≈** (Schallpegelmesser) / detector *n* || **≈** (Strömungsg.) / straightener *n*, flow straightener || **≈ in Brückenschaltung** / bridge-connected rectifier
Gleichrichteranlage *f* / rectifier station
Gleichrichter·betrieb *m* / rectifier operation, rectifying *n*, rectification *n* || **≈diode** *f* / rectifier diode || **≈erregung** *f* / rectifier excitation, brushless excitation || **≈gerät** *n* / rectifier assembly, rectifier equipment, rectifier unit, rectifier *n* || **≈gestell** *n* / rectifier frame || **≈gruppe** *f* (Gleichreichter u. Trafo) / rectifier-transformer unit, rectiformer *n* || **≈instrument** (s. Gleichrichter-Meßgerät) || **≈-Meßgerät** *n* / rectifier instrument || **≈-Meßverfahren** *n* / rectifier measuring method || **≈platte** *f* / rectifier plate || **≈rad** *n* / rotating rectifier assembly, rectifier hub || **≈röhre** *f* / rectifier tube || **≈röhre mit Quecksilberkathode** / pool rectifier tube || **≈satz** *m* / rectifier assembly || **≈säule** *f* / rectifier stack || **≈-Steuersatz (GRS)** *m* / rectifier trigger set, rectifier gate control set || **≈-Tachogenerator** *m* / brushless a.c. tachogenerator || **≈transformator** *m* / rectifier transformer || **≈-Transformatorgruppe** *f* / rectifier-transformer unit, rectiformer *n* || **≈vorschaltgerät** *n* / rectifier ballast, rectifier control gear (luminaire) || **≈werk** *n* / rectifier substation || **≈zelle** *f* / rectifier cell, rectifier valve
Gleichrichtgrad *m* / rectification factor
Gleichrichtung *f* / rectification *n*, power rectification
Gleichrichtungs·- und Anzeigeteil (Schallpegelmesser) / detector-indicator system
Gleichrichtwert *m* / rectified value, rectified mean value
Gleichschlag *m* (Kabel) / Lang lay, Lang's lay
gleichseitige Belastung / balanced load, symmetrical load
gleichsinnig·e Kompoundierung / cumulative compounding || **Messung durch ~e Speisung der Wicklungsstränge** / test by single-phase voltage applications to the three phases
Gleichspannung (GS) *f* / direct voltage
Gleichspannungs·abfall (s. Gleichspannungsfall) || **≈änderung** *f* (LE) / direct voltage regulation || **äußere ≈änderung** / direct voltage regulation due to a.c. system impedance || **≈änderung** (s. Gleichspannungsfall) || **≈beständigkeit** *f* (VDE 0281) / resistance to direct current (HD 21) || **≈-Blitzschutzkondensator** *m* / d.c. surge capacitor || **≈-Dämpfungsglied** *n* / d.c. damping circuit (IEC

633) || ≗**fall** *m* / direct voltage drop || ≗**festigkeit** *f* / electric strength in d.c. test, direct-current voltage endurance || ≗**hub** *m* / d.c. voltage range || ≗**meßgeber** *m* (Chopper-Wandler) / chopper-type voltage transducer || ≗**prüfung** *f* / d.c. voltage test || ≗**signal** *n* (DIN IEC 381) / direct voltage signal || ≗**teiler** *m* / d.c. resistive volt ratio box (v.r.b.), d.c. measurement voltage divider, d.c. volt box || ≗**trenner** *m* (Trennverstärker) / buffer amplifier, isolation amplifier || ≗**übersprechen** *n* / d.c. crosstalk || ≗**umformer** (s. Gleichspannungsumrichter) || ≗**umrichter** *m* / d.c.-d.c. voltage converter

Gleichspannungswandler *m* / d.c.-d.c converter || ≗ (Chopper) / chopper *n*, chopper-type transducer

Gleichspannungs·-Widerstandsteiler *m* / d.c. resistive volt ratio box || ≗**-Zwischenkreis** *m* / d.c. link

Gleichsperrspannung *f* (Thyr, DIN 41786) / continuous direct off-state voltage, continuous off-state voltage || ≗ (GR) / d.c. reverse voltage

Gleichspulwicklung *f* / diamond winding

Gleichstellen von Uhren (elektrisch) / resetting clocks electrically

Gleichstrom *m* / direct current, d.c. || ≗**anlage** *f* / d.c. system || ≗**anlasser** *m* / d.c. starter || ≗**anschluß** *m* (LE) / d.c. terminal || ≗**anschluß-Erde-Ableiter** *m* / d.c. bus arrester (IEC 633) || ≗**anteil** *m* / d.c. component, aperiodic component || ≗**-Ausgleichsmaschinensatz** *m* / d.c. balancer || ≗**-Außenpolmschine** *f* / d.c. stationary-field machine || ≗**beeinflussung** *f* / influence by d.c.

gleichstrombetätigt *adj* / d.c.-operated *adj*, d.c.-controlled *adj*, with d.c. coil

Gleichstrom·betätigung *f* / d.c. control, d.c. operation || ≗**bremsung** *f* / d.c. injection braking, d.c. braking, dynamic braking || ≗**-Doppelschlußmaschine** *f* / d.c. compound-wound machine || ≗**drossel** *f* / d.c. reactor || ≗**-Einheitssignal** *n* (DIN 19230) / upper limit of d.c. current signal || ≗**erreger** *m* / d.c. exciter

gleichstromerregt *adj* / d.c.-excited *adj*, with d.c. coil, d.c.-operated *adj*

Gleichstrom·erregung *f* (Schütz) / d.c. operation || ≗**filter** *n* / d.c. filter || ≗**-Formfaktor** *m* / d.c. form factor || ≗**generator** *m* / direct-current generator, d.c. generator, dynamo *n* || ≗**-Gleichspannungswandler** *m* / direct current-voltage converter || ≗**-Gleichstrom-Einankerumformer** *m* / dynamotor *n*, rotary transformer || ≗**-Gleichstrom-Kaskade** *f* (Verstärkermaschine) / Rapidyne *n* || ≗**-Gleichstrom-Umformer** *m* / rotary transformer, dynamotor *n* || ≗**glied** *n* / d.c. component, aperiodic component || ≗**größe** *f* / d.c. electrical quantity, aperiodic quantity || ≗**-Hauptschlußmaschine** (s. Gleichstrom-Reihenschlußmaschine) || ≗**-Kollektormotor** *m* / d.c. commutator motor || ≗**-Kommutatormaschine** *f* / d.c. commutator machine || ≗**komponente** *f* / d.c. component, aperiodic component || ≗**kreis** *m* / d.c. circuit || ≗**leistung** *f* / d.c. power || ≗**-Leistungsschalter** *m* / d.c. circuit-breaker, d.c. breaker || ≗**leitung** *f* / d.c. line || ≗**leitungsableiter** *m* / d.c. line arrester (IEC 633) || ≗**-Linearmotor** *m* / d.c. linear motor (DCLM) || ≗**-Magnetspule** *f* / d.c. coil, d.c. solenoid || ≗**-Magnetsystem** *n* / d.c. magnetic system || ≗**maschine (GM)** *f* / d.c. machine || ≗**meßgeber** *m* / d.c. transducer || ≗**meßgeber mit Feldplatten** / magnetoresistor current transformer || ≗**meßgenerator** *m* / d.c. measuring generator || ≗**motor** *m* / d.c. motor || **proportionalgesteuerter** ≗**motor** / d.c. servomotor || ≗**-Motorzähler** *m* / d.c. motor meter || ≗**-Nebenschlußmaschine** *f* / d.c. shunt-wound machine || ≗**netz** *n* / d.c. system || ≗**-Pendelmaschine** *f* / d.c. dynamometer || ≗**pfad** *m* / d.c. circuit || ≗**prüfung** *f* / d.c. test, direct-current test, linkage voltage test || ≗**-Reihenschlußmaschine** *f* / d.c. series-wound-machine, d.c. series machine

Gleichstromschalter *m* (LS) / d.c. circuit-breaker, d.c. breaker || **elektronischer** ≗ / electronic d.c. switch, electronic d.c. power switch || **leistungselektronischer** ≗ / electronic d.c. power switch

Gleichstrom·-Schnellschalter *m* / high-speed d.c. circuit-breaker, high-speed (low-voltage) d.c. power circuit-breaker (US, ANSI C37.100) || ≗**schütz** *n* / d.c. contactor

gleichstromseitig *adj* / on d.c. side, in d.c. circuit, d.c.-side *adj* || ~**es Filter** (LE) / d.c. filter

Gleichstrom·-Serienmschine (s. Gleichstrom-Reihenschlußmaschine) || ≗**signal** *n* (DIN 19230) / d.c. current signal (IEC 381), analog d.c. current signal || ≗**-Sparschaltung** *f* / d.c. economy circuit || ≗**spule** *f* / d.c. coil, d.c. solenoid || ≗**steller** *m* / d.c. chopper controller, d.c. chopper, d.c. chopper converter, direct d.c. converter || ≗**-Stellschalter** *m* / d.c. power controller || ≗**transformator** *m* / d.c. transformer || ≗**trenner** *m* / d.c. disconnector || ≗**-Trennschalter** (s. Gleichstromtrenner) || ≗**-Überlagerungssteuerung** *f* / d.c. bias control

Gleichstromübertragung *f*, **Hochspannungs-**≗ (HGÜ) / h.v. d.c. transmission (HVDCT)

Gleichstrom·-Überwachungsstufe *f* (elST, f. Stromversorgung) / d.c. power supply monitor || ≗**umrichten** *n* / d.c. conversion, d.c. power conversion

Gleichstromumrichter *m* / d.c. converter || ≗ (m. Zwischenkreis) / indirect d.c. converter, a.c.-link d.c. converter || ≗ (ohne Zwischenkreis) / direct d.c. converter, d.c. chopper converter || ≗ **mit Wechselstrom-Zwischenkreis** / a.c.-link d.c. converter

Gleichstrom·-Umrichtergerät *n* / d.c. converter equipment, d.c. converter || ≗**-Umrichtgrad** *m* / d.c. conversion factor || ≗**verhältnis** *n* (Transistor, DIN 41854) / static value of forward current transfer ratio || **inhärentes** ≗**verhältnis** / inherent forward current transfer ratio || ≗**verluste** *m pl* (el. Masch.) / I²R loss, copper loss with direct current || ≗**-Vormagnetisierung** *f* / d.c. biasing, d.c. premagnetization || ≗**wandler** *m* / d.c. converter, d.c. transformer || ≗**wandler** *m* (Transduktor) / d.c. measuring transductor || ≗**-Wattstundenzähler** *m* / d.c. watthour meter || ≗**-Wechselstrom-Einankerumformer** *m* / rotary inverter, d.c.-a.c. rotary converter, synchronous inverter || ≗**wert** *m* / d.c. value

Gleichstromwiderstand *m* / d.c. resistance, ohmic resistance, resistance *n* || ≗ **der Drehstromwicklung** / d.c. primary-winding resistance || ≈ **der Erregerwicklung** / d.c. field-winding resistance

Gleichstrom·zähler *m* / d.c. electricity meter, d.c. meter, d.c. watthour meter || ≈**-Zeitkonstante** *f* / aperiodic time constant || ≈**-Zeitkonstante** *f* (Anker) / armature time constant, short-circuit time constant of armature winding, primary short-circuit time constant || ≈**-Zeitkonstante der Wechselstromwicklung** / short-circuit time constant of primary winding || ≈**-Zugförderung** *f* / d.c. traction || ≈**-Zwischenkreis** *m* (LE) / d.c. link || ≈**-Zwischenkreis mit konstanter Spannung** (LE) / constant-voltage d.c. link || ≈**-Zwischenkreis mit variabler Spannung** (LE) / variable-voltage d.c. link

Gleichtakt·-Eingangsimpedanz *f* / common-mode input impedance || ≈**-Eingangsspannungsbereich** *m* / common-mode input voltage range || ≈**-Eingangsumschaltspannung** *f* / common-mode input triggering voltage || ≈**energie** *f* / common-mode output || ≈**feuer** *n* / isophase light || ≈**signal** *n* / common-mode signal, in-phase signal || ≈**signal-Eingangsspannung** *f* / common-mode input voltage || ≈**spannung** *f* / common-mode voltage (CMV), in-phase voltage || ≈**spannung des Ausgangskreises** / output common-mode interference voltage || ≈**-Spannungsverstärkung** *f* / common-mode voltage amplification || ≈**-Störspannung** *f* / common-mode parasitic voltage, common-mode interference voltage || ≈**-Störspannungseinfluß** *m* / common-mode interference || ≈**störung** *f* / common-mode interference, common-mode noise || ≈**überspannung** *f* / common-mode overvoltage || ≈**übersprechen** *n* / common-mode crosstalk || ≈**unterdrückung** *f* / common-mode rejection (CMR), in-phase rejection || ≈**unterdrückungsfaktor** *m* / common-mode rejection factor (CMRF) || ≈**unterdrückungsmaß** (s. Gleichtaktunterdrückungsverhältnis) || ≈**unterdrückungsverhältnis** *n* / common-mode rejection ratio (CMRR), in-phase rejection ratio || ≈**verstärkung** *f* / common-mode gain

Gleichungs·darstellung *f* (Impulsmessung) / equational format

Gleich·verteilung *f* (DIN 55350,T.22) / uniform distribution || ≈**wert** *m* / direct component, zero-frequency quantity || ≈**wert** (s. Gleichstromwert) || ≈**wertachse** *f* (einer Kurve) / axis for mean value equal zero

gleichwertig·er Dauerbetrieb (el. Masch., VDE 0530, T.1) / equivalent continuous rating (e.c.r.) (IEC 34-1) || ~**e Fläche** / ground plane || ~**e Synchronreaktanz** / effective synchronous reactance || ~**es Wicklungsschema** / equivalent winding diagram

Gleichwinkligkeit *f* / equiangularity *n*

gleichzeitig berührbare Teile (VDE 0100, T.200) / simultaneously accessible parts || ~**e Bewegung** (WZM) / simultaneous movement (o. motion), concurrent motion || ~**e Spannungs- und Frequenzabweichung** / combined variation in voltage and frequency || ~**e Zweiwegkommunikation** / two-way simultaneous communication

Gleichzeitigkeit *f* (NC) / concurrence *n* || ≈ **der Pole** / simultaneity of poles

Gleichzeitigkeitsfaktor *m* / simultaneity factor, coincidence factor (US) || ≈ (Bedarfsfaktor, Verhältnis des Leistungsbedarfs zur installierten Leistung) / demand factor

Gleit·bahn *f* (WZM-Support) / guideway *n*, slideways *n*, || ≈**bahn** *f* (Führung) / bedway *n*, track *n* || ≈**bahn** *f* (Schalter) / sliding track || ≈**bruch** *m* / shear fracture || ≈**eigenschaften** *f pl* (Lg.) / anti-friction properties, frictional properties

gleitend·e Arbeitszeit (GLAZ) / flexible working time, flexitime *n*, flextime *n* || ~**e Arbeitszeit mit Zeitsaldierung** / flexible working hours with carry-over of debits and credits || ~**e Dichtung** / sliding seal || ~**e Frequenz** / varying frequency, variable frequency || ~**er Netzkupplungsumformer** / variable-frequency system-tie converter || ~**e Reibung** / sliding friction, slipping friction || ~**er Schutzkontakt** (StV) / scraping earth || ~**e Verladung** / roll-on loading

Gleit·entladung *f* / creeping discharge, surface discharge || ≈**fläche** *f* / sliding surface, friction surface, bearing surface || ≈**frequenz** (s. gleitende Frequenz) || ≈**führung** *f* (WZM) / (plain) slideway

Gleitfunken *m* / creeping spark, creepage spark || **Kriechwegbildung durch** ≈ / spark tracking || ≈**durchschlag** *m* / creep-flashover *n* || ≈**einsatzspannung** *f* / creeping-spark inception voltage || ≈**entladung** *f* / creeping discharge, surface discharge || ≈**oberfläche** *f* / creepage surface

gleit·gelagerte Maschine / sleeve-bearing machine || ≈**geschwindigkeit** *f* (Flüssigk.) / slip velocity || ≈**geschwindigkeit der Welle** / journal peripheral speed, surface speed || ≈**komma** (s. Gleitpunkt) || ≈**kontakt** *m* / sliding contact, slide contact, transfer contact || ≈**kufe** *f* / skid *n* || ≈**lack** *m* / lubricating varnish, lubricant *n*

Gleitlager *n* / sleeve bearing *n*, journal bearing, plain bearing, friction bearing, sliding bearing || ≈ **mit Eigenschmierung** (s. Ringschmierlager) || ≈ **mit Festringschmierung** / disc-and-wiper-lubricated bearing || ≈ **mit Losringschmierung** / oil-ring-lubricated bearing || ≈ **mit Ringschmierung** / oil-ring-lubricated bearing, ring-lubricated bearing, oil-ring bearing || ≈**maschine** *f* / sleeve-bearing machine || ≈**schale** *f* / sleeve-bearing shell, bearing bush

Gleit·mittel *n* / lubricant *n*, anti-seize *n* || ≈**modul** *m* / shear modulus, modulus of rigidity || ≈**mutter** *f* / sliding nut, push-nut *n* || ≈**passung** *f* / slide fit, sliding fit

Gleitpunkt (GP) *m* / floating point (FP), floating decimal point || ≈**addition** *f* / floating-point addition || ≈**arithmetik** *f* / floating-point arithmetic

Gleitpunktdarstellung, Basis der ≈ / floating-point radix

Gleitpunkt·division *f* / floating-point division || ≈**multiplikation** *f* / floating-point multiplication || ≈**prozessor** *m* / floating-point processor (FPP) || ≈**radizierer** *m* / floating-point root extractor || ≈**rechnung** *f* / floating-point calculation, floating-point computation (o. arithmetic) || ≈**schreibweise** *f* / floating-point representation || ≈**subtraktion** *f* / floating-point subtraction ||

-zahl *f* / floating-point number
Gleit·reibung *f* / sliding friction, slipping friction || **-reibungszahl** *f* / coefficient of sliding friction || **-ringdichtung** *f* / mechanical seal, bearing ring seal || **-schaltstück** *n* / sliding contact, slide contact, transfer contact || **-schicht** *f*(Lg.) / liner *n*, lining *n* || **-schuh** *m* / sliding pad, skid *n* || **-schuh** *m*(Lg.) / shoe *n*, pad *n*, segment *n* || **-schutzeinrichtung** *f*(Bahn) / wheel slide protection device || **-sitz** *m* / slide fit || **leichter -sitz** / free fit || **enger -sitz** / snug fit || **-spannung** *f* / variable voltage || **-stehlager** *n* / pedestal-type sleeve bearing || **-stein** *m* / slide block || **-transformator** *m* / moving-coil regulator || **- und Festpunktrechenmöglichkeit** / floating and fixed-point arithmetic capability, floating and integer maths ability
Gleitung *f*(Kristallfehler) / slip *n*
Gleitverbindung *f*(Roboter) / prismatic joint
Gleitweganzeige, optische - (VASIS) / visual approach slope indicator system (VASIS)
Gleitwegsender (GPT) *m* / glidepath transmitter (GPT)
Gleitwinkelbefeuerung *f* / visual approach slope indicator system (VASIS) || **Standardsystem der -** / standard visual approach slope indicator system
Gleitwinkelfeuer *n*(VAS) / visual approach slope indicator (VAS)
Gleitwinkelführung *f* / visual approach slope guidance, approach slope guidance
Gleitzapfen *m*(Welle) / journal *n*, bearing journal
Gleitzeit *f* / flextime *n*, flexitime *n*, flexible working time || **-erfassung** *f* / flextime recording || **-saldo** *m* / time balance, current time balance
Glied *n*(Stromkreisg., Rel., Ausl.) / element *n* || **-** (Math.) / term *n* || **komplexes -** / complex element || **ODER--** / OR gate, OR *n* || **UND--** / AND gate, AND *n*
Glieder im Rückführzweig / feedback elements
Gliederheizkörper *m* / section radiator
Gliederstützer *m* / pedestal insulator
Gliederung *f*(Programm) / organization *n*, structure *n* || **- der Steuerung** / structure of control system (o. of controls)
Gliederungs·ebene *f*(Instandhaltung; IEC 50(191)) / indenture level || **-mittel** *n*(DIN 6763,T.1) / grouping mark || **-stelle** *f*(DIN 6763,T.1) / grouping position || **-zeichen** *n*(DIN 40719) / grouping mark
Gliederwelle *f* / articulated shaft
Glimm·aussetzspannung (s. Teilentladungs-Aussetzspannung) || **-einsatzprüfung** (s. Teilentladungs-Einsatzprüfung) / partial-discharge inception test || **-einsetzfeldstärke** (s. Teilentladungs-Einsetzfeldstärke) || **-einsetzspannung** (s. Teilentladungs-Einsetzspannung)
Glimmen (s. Teilentladung) || **-** (s. Korona)
Glimmentladung *f*(LT) / glow discharge, glow *n* || **-** (Teilentladung) / partial discharge, corona discharge
Glimmentladungsröhre *f* / glow discharge tube
Glimmer *m* / mica *n* || **-band** *n* / mica tape, integrated-mica tape || **-bandbewicklung** *f* / mica-tape serving || **-batist** *m* / mica cambric || **-blättchen** *n pl*(gr. als 1 cm²) / mica splittings || **-blättchen** *n pl*(kl. als 1 cm²) / mica flake || **-breitbahnhülse** *f* / mica wrapper || **-breitbahnmaterial** *n* / mica paper, integrated mica, mica-folium *n* || **-elektrophorese** *f* / electrophoretic mica deposition || **-erzeugnisse** *pl*(s. Spaltglimmererzeugnis) || **-erzeugnisse** (s. Spaltglimmererzeugnis IEC 5) || **-feingewebe** *n* / fine mica fabric || **-flitter** *m* / mica flake, mica splittings || **-folie** *f* / micafolium *n*, mica film, mica paper || **-fräsapparat** *m* / mica undercutting machine, mica undercutter || **-gewebeband** *n* / mica tape || **-glasgewebeband** *n* / mica glass-fabric tape || **-isolation** *f* / mica insulation || **-nut** *f* / mica-segment undercut || **-nutfräse** (s. Glimmerfräsapparat) || **-papier** *n* / mica paper || **-platte** *f* / mica board, mica slab, mica laminate || **-preßmasse** *f* / mica moulding material || **-säge** *f* / mica undercutting saw || **-schaber** *m* / mica undercutting tool || **-scheibe** *f*(Lampe) / deflector *n* || **-schichtstoff** *m* / mica laminate || **-streichmasse** *f* / pasted mica || **-zwischenlage** *f* (Komm.) / mica segment, mica separator
glimmfrei *adj*(Korona) / corona-free *adj*
Glimm·lampe *f* / negative-glow lamp, glow lamp, neon lamp || **-relaisröhre** *f* / trigger tube || **-schutz** *m*(Koronasch.) / corona shielding, corona grading || **-sicherung** *f* / telephone-type arrester, glow fuse || **-starter** *m* / glow starter, glow switch starter || **-zählröhre** *f* / cold-cathode counting tube
Glitch (s. Störimpuls) || **-** (s. Überschwingimpuls) || **-** (s. Wechselstörung) || **-erkennung** (s. Störimpulserkennung)
global·e Bezeichnung (DIN ISO 7498) / global title || **~e Daten** / global data, non-local data || **~e Peripherie** / global I/O
Globalbus (G-Bus) *m* / global bus
Global·datenbank *f* / global data base || **-datenbaustein** *m* / global data block, non-local data block || **-meldung** *f* / global message || **-speicher** *m* / global memory || **-strahlung** *f* / global solar radiation
Glocken·anker *m* / bell-type armature || **-bronze** *f* / bell metal || **-kessel** *m* / dome-type tank, domed tank || **-läufer** *m*(Außenläufer) / bell-shaped rotor || **-läufer** *m*(Innenläufer) / hollow rotor || **-taster** *m* / bell pushbutton, bell button || **-zählrohr** *n* / bell counter tube
Glüh·behandlung *f* / annealing *n* || **-birne** *f* / incandescent bulb, bulb *n*, incandescent lamp
Glühdornprobe *f* / hot-needle test, hot-mandrel test || **Wärmefestigkeit bei der -** / hot-needle thermostability
Glüh·drahtprüfung *f* / glow-wire test || **-drahtzünder** *m*(Lampe) / thermal starter, hot starter || **-emission** *f* / thermionic emission
Glühen *n*(Wärmebeh.) / annealing *n*, normalizing *n*, age-hardening *n* || **-** (thermische Emission optischer Strahlung) / incandescence *n*
Glüh·faden *m* / incandescent filament, filament *n* || **-fadenpyrometer** *n* / disappearing-filament pyrometer || **-kathode** *f* / hot cathode, incandescent cathode, thermionic cathode || **-kathodenlampe** *f* / hot-cathode lamp || **-kontaktprüfung** *f*(VDE 0632) / bad contact test (CEE 14) || **-lampe** *f* / incandescent lamp, filament lamp || **-lampenleuchte** *f* / incandescent lamp luminaire, incandescent lamp fitting, incandescent

luminaire || ≗licht *n* / incandescent light || ≗stabprüfung *f* / glow-bar test || ≗starter *m* / thermal starter, thermal switch || ≗startlampe *f* / preheat lamp, hot-start lamp || ≗zeitautomatik *f* (Kfz) / (automatic) preheat control || ≗zeitregelung *f* (Kfz) / preheating control || ≗zündung *f* / ignition by incandescence
Glut *f* / glowing fire, glow *n*, glow heat || **≗festigkeit** *f* / resistance to glow heat || **≗hitze** *f* / glow heat
GM (s. Gleichstrommaschine)
Goldplattierung *f* / gold plate
Goliathsockel *m* (E 40) / Goliath cap, mogul cap
Gong *m* (Türgong) / door chime
Gonio·meter *n* / goniometer *n* || **≗photometer** *n* / goniophotometer *n* || **≗radiometer** *n* / gonioradiometer *n*
Goß-Textur *f* / Goß texture, cubic orientation, cubex orientation
GP (s. Gleitpunkt)
GPT (s. Gleitwegsender)
GR (s. Gleichrichter)
Grad der diffusen Durchlässigkeit (s. Grad der gestreuten Transmission) || **≗ der Erkennbarkeit** (s. Sichtbarkeitsgrad) || **≗ der gerichteten Durchlässigkeit** (s. Grad der gerichteten Transmission) || **≗ der gerichteten Reflexion** / regular reflectance || **≗ der gerichteten Transmission** / regular transmittance || **≗ der gestreuten Reflexion** / diffuse reflectance, diffuse reflection factor || **≗ der gestreuten Transmission** / diffuse transmittance, diffuse transmission factor || **≗ der Hysterese** / degree of hysteresis || **≗ der Nichtverfügbarkeit** / non-availability rate || **≗ der Sichtbarkeit** / visibility factor || **≗ der Verfügbarkeit** / availability rate
Gradient *m* / gradient *n*
Gradienten·elution *f* / gradient elution || **≗faser** *f* (LWL) / graded-index optical waveguide || **≗grenze (GRDG)** (max. zulässige Gradiente eines Meßwertes; VDI/VDE 3695) *f* / rate of change limit || **≗methode** *f* (Optimierung) / hill-climbing method || **≗profil** *n* (LWL) / graded-index profile || **≗regler** *m* / hill-climbing controller || **≗relais** *n* / rate-of-change relay, d/dt Relais
grädig, n-~er Kühler / heat exchanger for a temperature difference of n
Grädigkeit *f* (Kühler) / temperature difference rating
Graduieren *n* (Teilen einer Skala) / graduation *n*
Grafik *f* (Darstellung) / graph *n*, graphic representation, chart *n* || **≗anzeige** (s. Grafikbild) || **≗arbeitsplatz (GA)** *m* / graphics workstation || **≗baugruppe** *f* / graphics board (o. module), graphics card || **≗betrieb** *m* / graphics mode || **≗bild** *n* / graphic display || **≗-Eingabe-/Ausgabesystem** *n* / graphics input/output system (GIOS)
grafikfähig *adj* (BSG) / with graphics capabilities
Grafik-Fotoplotter *m* / graphic film recorder, graphic photoplotter
Grafikgerät·-Betriebssystem *n* / graphics device operating system (GDOS)
Grafik·grundmuster *n* (Schablone) / template *n* || **≗plotter** *m* / printer-plotter *n* || **≗prozessor** *m* / graphics processor, pixel processor || **≗punkt** (s. Bildelement) || **≗sichtgerät** *n* / graphics display unit, graphics monitor, graphics terminal || **≗tablett** *n* / graphics tablet (o. panel) || **≗terminal** *n* / graphics terminal
grafisch·er Arbeitsplatz (s. Grafikarbeitsplatz) || **~es Bild** / graph *n*, graphical representation || **~es Bildelement** (s. grafisches Grundelement) || **~er Bildschirmarbeitsplatz** / display console || **~e Darstellung** / graphical representation, graph *n* || **~e Darstellung** (Grafikgerät) / display image || **~e Darstellung der Summenhäufigkeit** (DIN IEC 319) / probability paper plot || **~e Darstellung der Verteilung des prozentualen Merkmalanteils** (DIN IEC 319) / percentile plot || **~es Darstellungselement** / graphic primitive || **~e Datenverarbeitung** / computer graphics || **~es Grundelement** / graphic display element || **~ interaktiver Arbeitsplatzrechner** / interactive graphics workstation || **~es Kernsystem (GKS)** / graphical kernel system (GKS) || **~es Standardmodell** / standard graphic drawing primitive || **~es Symbol** / graphical symbol, graphic symbol (US)
Gramme·sche Wicklung / Gramme winding, ring winding || **≗scher Ring** / Gramme ring
Granat *m* (Silikat) / garnet *n*
Graphentheorie *f* / theory of graphs
Graphit·bürste *f* / graphite brush || **≗-Interkalationsverbindung** *f* / graphite intercalated compound || **≗papier** *n* / graphitized paper, graphite-treated paper || **~schwarz** *adj* / graphite-black *adj*
Grat *m* (Metallbearbeitung) / burr *n*
grau absorbierender Körper / neutral absorber, non-selective absorber, neutral filter || **~er Strahler** / grey body || **~ streuender Körper** / neutral diffuser, non-selective diffuser || **≗bild** (s. Grauwertbild) || **≗filter** *n* / neutral filter || **≗keil** *m* / neutral wedge || **≗stufenkeil** *m* / neutral step wedgc || **≗treppe** (s. Graustufenkeil)
Grauwert *m* / grey-scale value || **≗bild** *n* / grey-scale picture
gravimetrisches Verfahren / gravimetric method
Gray-Code *m* / Gray code, cyclic binary code || **≗-A-D-Umsetzer** *m* / Gray-code A/D converter, stage-by-stage converter
GRDG (s. Gradientengrenze)
Greifer *m* (Kran) / grab *n*, grab bucket || **≗** (Greifertrenner) / pantograph *n* || **≗** (Rob.) / gripper *n*
Greifer-Differential·-Endschalter *m* / grab differential limit switch
Greifer·trenner *m* / pantograph disconnector, pantograph isolator, vertical-reach isolator || **≗trennschalter** (s. Greifertrenner)
Greif·schelle *f* / grip saddle || **≗werkzeug** *n* / gripper *n*
Greinacher Kaskade / Greinach cascade || **≗ Schaltung** / half-wave voltage doubler
grell *adj* / glaring *adj* || **~e Farbe** / violent colour, crude colour || **~ leuchten** / glare *v*
Grelle *f* / glare *n*
Grellheit *f* / garishness *n*, crudeness *n*
Grenz·abmaße *n pl* / limit deviations || **≗abstand** *m* (Näherung; VDE 0228) / limit of the zone of exposure
Grenzabweichung *f* (Rel.; VDE 0435,T.110) / limiting error || **≗** (QS; DIN 55350,T.12) / limiting deviation || **≗ unter Bezugsbedingungen** (Rel.,

VDE 0435, T.110) / reference limiting error
Grenz·anteil (s. Grenz-Unterschreitungsanteil) || **≗apertur** *f*(Lasergerät) / limiting aperture || **≗auslösezeit** (Mindestauslösezeit) / minimum tripping time || **≗beanspruchung** *f*(DIN 40042) / maximum limit stress, tolerated stress || **≗bedingung** *f* / boundary condition || **≗belastung** *f* / critical load || **≗belastungsdiagramm** *n*(el. Masch.) / operating chart || **≗bereich** (s. Extrembereich) || **≗betrag** *m*(QS, DIN 55350, T.12) / upper limiting amount || **≗betriebsbedingungen** *f pl* / limit conditions of operation || **≗betriebsbereich** *m* / limit range of operation || **≗blende** (s. Grenzapertur) || **≗dauerstrom** *m*(Rel., eines Ausgangskreises) / limiting continuous current || **≗drehzahl** *f* / limit speed, critical speed || **≗-EMK** *f*(Wandler) / limiting e.m.f. || **≗erwärmung** *f* / temperature-rise limit, limit of temperature rise, limiting temperature rise || **≗erwärmungszeit** *f* / time to maximum permissible temperature, time to limit temperature
Grenzfläche *f* / boundary layer, interface *n* || ≗ (NC) / check surface || **PN-≗** (HL) / PN boundary
Grenzflächen·kapazität *f* / interface capacitance || **≗spannung** *f* / interfacial tension || **thermischer ≗widerstand** / thermal boundary resistance
Grenz-Folgestrom *m* / maximum follow current
Grenzfrequenz *f* / cut-off frequency (IEC 50(151)) || ≗ (kritische F.; DIN 19237) / critical frequency || ≗ (höchste Betriebsfrequenz) / maximum operating frequency || ≗ (Strahlungsenergie) / threshold frequency || **Anlauf~** (Schrittmot.) / maximum start-stop stepping rate || **Betriebs~** (Schrittmot.) / maximum slew stepping rate, maximum operating slew rate || **Dioden~** / diode limit frequency
Grenz·gebrauchsbedingungen *f pl* / limit conditions of operation || **≗gebrauchsbereich** *m* / limit range of use || **≗genauigkeitsfaktor** *m*(Wandler) / accuracy limit factor || **≗geschwindigkeit** *f* / limit speed, critical speed || **≗geschwindigkeit der Selbsterregung** / critical build-up speed || **≗gleichstrom** *m*(LE) / maximum d.c. current, maximum continuous direct forward current
Grenzkosten *plt*(StT) / marginal cost || **≗verfahren** *n*(StT) / marginal cost method
Grenz·kupplung *f* / slip clutch, torque clutch || **≗kurve** *f* / limit curve, limiting curve || **akustische ≗kurve** / noise rating curve (n.r.c.) || **≗-Kurzschluß-Ausschaltvermögen** *n* / ultimate short-circuit breaking capacity || **≗-Kurzzeitstrom** *m*(Rel., eines Ausgangskreises) / limiting short-time current || **≗lagenschalter** *m* / limit switch
Grenzlast *f*(EZ) / maximum rating, full load || **Bemessungs-** (Umbruchlast, Isolator) / rated cantilever strength || **Bemessungs-≗** (Freiltg.) / ultimate design load || **≗-Antwortspektrum** *n* / fragility response spectrum (FRS) || **≗einstellung** *f* / full-load adjustment || **≗integral** *n* / I^2t value || **≗pegel** *m* / fragility level || **≗spielzahl** *f* / cycles of limit-load stressing
Grenz·lehrdorn *m* / limit plug gauge, tolerance plug gauge || **≗lehre** *f* / limit gauge
Grenzleistung *f*(Masch.) / limit rating || **thermische ≗** / thermal burden rating, thermal limit rating
Grenz·leistungserzeugung *f* / marginal generation || **≗leistungsmaschine** *f* / limit-rating machine, limit machine || **≗leistungstransformator** *m* / limit-rating transformer, high-power transformer || **≗linie der Oberspannung** (mech.) / maximum stress limit || **≗linie der Unterspannung** (mech.) / minimum stress limit || **≗magnetisierung** *f* / limits of induction, magnetic limit || **≗maß** *n* / limit of size || **Anlauf~moment** *m*(Schrittmot.) / maximum start-stop torque || **≗nichtbetätigungszeit** *f*(SG) / limiting non-actuating time || **≗passung** *f* / limit fit || **≗-Plattentemperatur** *f*(GR, DIN 41760) / limiting plate temperature || **≗potential** *n*(Korrosion) / threshold potential || **≗punkt** *m*(Rel.) / cut-off point || **≗qualität** *f* / limiting quality || **≗quantil** *n* (Statistik, QS; DIN 55350, T.12) / limiting quantile || **≗reibung** *f* / boundary friction || **≗schalter** *m* / limit switch, maintained-contact limit switch, position switch, reset switch || **≗schaltschlupf** *m* (Parallelschaltgerät) / limiting operating slip
Grenzschicht *f* / boundary layer, interface *n* || **≗effekt** *m* / interface effect
Grenzschleife *f* / saturation hysteresis loop
Grenzsignal *n* / limit signal, threshold signal || **≗geber** *m*(DIN 19237) / limit transducer, maximum-minimum transmitter, limit(-value) transmitter || **≗glied** *n*(DIN 19237) / limit monitor, threshold value comparator || **≗glied** *n*(DIN 40700, T.14) / threshold detector (IEC 117-15), Schmitt trigger || **≗glied** *n*(PC-Funktionsbaustein) / limit signal generator
Grenzspaltweite *f*(zünddurchschlagsicherer Spalt) / maximum permitted gap
Grenzspaltweite, experimentell ermittelte ≗ (MESG) / maximum experimental safe gap (MESG)
Grenzspannung *f*(Korrosionsterm) / threshold stress || ≗ (U_L, „konventioneller" Wert) / conventional voltage limit
Grenzstelle *f*(NC) / terminal *n*, interrupt *n*
Grenzstrom *m* / limit current, maximum permissible current, maximum current || ≗ (EZ) / rated maximum current || ≗ **bei Selektivität** (LS) / selectivity limit current || ≗ **der Selbstlöschung** (größter Fehlerstrom, bei dem eine Selbstlöschung des Lichtbogens noch möglich ist) / limiting self-extinguishing current || **dynamischer ≗** (EN 50019) / dynamic current limit, instantaneous short-circuit current || **thermischer ≗** / thermal current limit (EN 50019), limiting thermal burden current, thermal short-time current rating || **≗kennlinie** *f*(Thyr, Diode, DIN 41786, DIN 41781) / limiting overload characteristic || **≗-Schnellauslösung** (s. Überstrom-Schnellauslösung) || **Schweiß~stärke** *f* / critical welding current || **sekundäre thermische ≗stärke** / secondary limiting thermal current
Grenz·taster *m* / momentary-contact limit switch, momentary-contact position switch, position switch, position sensor || **≗taster** (s. Positionsschalter) || **≗taster BERO** (s. induktiver Näherungsschalter BERO) || **≗temperatur** *f* / limiting temperature, temperature limit
grenzüberschreitende Leitung / international interconnection line

Grenz·übertemperatur *f* / temperature-rise limit, limit of temperature rise, limiting temperature rise || **≈-Unterschreitungsanteil** *m* (Statistik, QS; DIN 55350, T.12) / limiting proportion || **≈viskositätszahl** *f* / limiting viscosity index, intrinsic viscosity, internal viscosity, limiting viscosity number || **≈wellenlänge** *f* / cut-off wavelength

Grenzwert *m* (DIN 19237; Wert der Eingangsgröße eines Grenzsignalgliedes, bei dem sich dessen binäres Ausgangssignal ändert) / limit *n* || ≈ (QS; DIN 55350,T.12) / limiting value || ≈ (DIN 40200, Okt.81) / limiting value || **≈baugruppe** *f* (Vergleicher) / .comparator module

Grenzwerte bei Lagerung / limiting values for storage || ≈ **beim Transport** / limiting values for transport || ≈ **der zugänglichen Strahlung (GZS)** / accessible emission limit (AEL) || ≈ **einer Einflußgröße** (MG) / limiting values of an influencing quantity (IEC 51) || ≈ **für die Betätigung** (VDE 0660,T.104) / limits of operation (IEC 292-1), operating limits || ≈ **im Betrieb** (MG) / limiting values for operation

Grenzwert·geber *m* / (Schmitt) trigger, comparator *n* || **≈geber** (s. Grenzwertmelder) || **≈geber** (s. Grenzwertglied) || **≈glied** *n* (Schmitt-Trigger; Analog-Binär-Umsetzer) / Schmitt trigger, analog-to-binary converter || **≈glied** *n* (Vergleicher) / comparator *n* || **≈indikator** *m* (Vergleicher) / comparator *n* || **≈kontrolle** *f* / limit-value check || **≈meldebaugruppe** *f* / limit-value signalling module, out-of-limit alarm module

Grenzwertmelder *m* (Anzeigegerät m. Grenzwertmeldungseinrichtung) / limit monitoring indicator (o. instrument), limit monitor || ≈ (Grenzsignalglied) / limit monitor || ≈ (Komparator) / limit comparator, comparator *n* || ≈ (Schmitt-Trigger) / Schmitt trigger || ≈ (s. Grenzwertglied) || **Relais-≈** / comparator with relay output

Grenzwert·meldung *f* / limit value signal, limit signal, comparator signal || **≈meßumformer** *m* / limit transducer || **≈prüfung** *f* / marginal check (MC) || **≈prüfung** *f* (Isoliersystem, VDE 0302, T.1) / proof test (IEC 505)

Grenzwertregelung *f* / limit control || ≈ (adaptive Regelung mit Zwangsbedingungen) / adaptive control with constraints (ACC) || ≈ (s. Zweipunktregelung) || ≈ (s. Hoch-Tief-Regelung)

Grenzwert·schalter *m* / limit monitor || **≈schalter** *m* (Schmitt-Trigger) / Schmitt trigger || **≈überschreitung** *f* / off-limit condition, limit violation || **Gefahrmeldung bei ≈überschreitung** / absolute alarm || **≈überwachung** *f* / limit-value monitoring, limit monitoring, marginal check

Grenzwertverletzung *f* / limit violation, out of limit condition || ≈ (Meldung) / out-of-limit alarm, absolute alarm

Grenzwert-Vorkontrolle *f* / preliminary limit check

Grenzwiderstand *m* / critical resistance

Grenzwinkel *m* (Distanzschutz) / threshold angle || ≈ (Sehwinkel zu einer Laserquelle; VDE 0837) / limiting angle subtense || ≈ (der Reflexion) / critical angle

Grenzzeit *f* (Distanzschutz; Zeit der letzten Stufe o. Zone) / time limit (IEC 50(16))

Griff *m* / handle *n*, grip *n* || **≈bereich** *m* / arm's reach || **≈einsatz** *m* (Sicherungstrennleiste) / handle unit || **≈gelenk** *n* (Roboter) / wrist *n* || **≈heizung** *f* (Motorrad) / handlebar heating || **≈lasche** *f* (Sich.) / puller lug, grip lug

grob·e Stufen (Trafo) / coarse taps || **Gewinde mit ~er Steigung** / coarse thread

Grobabgleich *m* / coarse balance, coarse adjustment

Grob·ausrichten *n* / rough aligning, initial alignment || **≈bearbeitung** *f* / rough machining, roughing *n* || **≈blech** *n* / plate *n*, heavy plate || **≈einstellung** *f* / coarse adjustment, rough adjustment || **≈-Feinschaltung** *f* (Trafo) / coarse-fine connection, coarse-fine tapping arrangement || **≈filter** *n* / coarse filter || **≈folie** *f* / sheet *n*, sheeting *n* || **≈funkenstrecke** *f* / large-clearance spark gap || **~körnig** *adj* / coarse-grained *adj* || **≈leck** *n* / major leak, serious leak || **≈meßzeug** *n* / non-precision measuring and testing equipment || **≈paßfehler** *m* / coarse form error || **≈passung** *f* / coarse fit, loose fit || **≈positionieren** *n* (NC) / coarse positioning || **≈schaltung** *f* (Trafo) / coarse-step connection || **≈schnitt** *m* (WZM) / roughing cut || **≈staubfilter** *n* / coarse dust filter || **≈störgrad** *m* / coarse interference level || **≈struktur** *f* / macrostructure *n* || **≈strukturuntersuchung** *f* / macro-structure test || **≈stufe** *f* (Trafo) / coarse step, coarse-step tapping || **≈stufenwicklung** *f* (Trafo) / coarse-step winding || **≈synchronisieren** *n* / coarse synchronizing || **≈wähler** *m* (Trafo) / selector switch, change-over selector

groß·e letzte Stromschwingung / major final loop || **~er Pilzdruckknopf** / palm-type pushbutton, jumbo mushroom button || **~er Prüfstrom** (LSS, VDE 0641) / conventional tripping current (CEE 19) || **~er Prüfstrom** (Sich.) / conventional fusing current || **~e Schalthäufigkeit** (VDE 0630) / frequent operation (CEE 24)

Großbereichs·stromwandler *m* / extended-rating-type current transformer || **≈zähler** *m* / long-range meter, extended-range meter

Großbild *n* / rolling map || ≈ (Prozeßmonitor) / plant display, rolling-map display || **≈ausführung** *f* (BSG) / large-screen version || **≈schirmgerät** *n* / large-screen VDU

Groß·block *m* (elST) / maxiblock *n* || **≈buchstabe** *m* / capital letter, upper case letter (UC)

Größe *f* (Math.) / magnitude *n*, quantity *n* || ≈ (Reg.) / variable *n* || ≈ **der Nullpunktverschiebung** (MG) / zero displacement value || ≈ **des Einflußeffekts** / degree of variation || ≈ **des Leuchtflecks** / spot size || **meßbare** ≈ / measurable quantity || **Test~** (DIN 55350,T.24) / test statistic || **Wert einer** ≈ / value of a quantity || **zusammengesetzte** ≈ / multi-variable *n*

Größen·faktor der Schwankung (Netzspannung) / fluctuation severity factor || **≈ordnung** *f* / order of magnitude || **≈referenzlinie** *f* / magnitude reference(d) line || **≈referenzpunkt** *m* / magnitude reference(d) point || **≈ursprungslinie** *f* / magnitude origin line || **≈vergleicher** *m* / magnitude comparator || **≈wandler** *m* / quantizer *n*

größer als (DIN 19239) / greater than || ~ **gleich** (DIN 19239) / greater than or equal to || **≈-Kleiner-Vergleicher** *m* / larger-smaller comparator

Großfeld-Normvalenzsystem *n* / supplementary standard colorimetric system
Großflächen·beleuchtung *f* / large-area lighting, public lighting of large areas || **≗leuchte** *f* / large-area luminaire, large-surface luminaire || **≗-Spiegelleuchte** *f* / large-area specular-reflector luminaire || **≗strahler** *m* / large-area radiator
großflächig·e Leiterplatte (s. Großleiterplatte)
groß·integrierter Schaltkreis / large-scale-integrated circuit, LSI circuit || **≗leiterplatte** *f* / large-size p.c.b., large-format p.c.b. || **≗oberflächenplatte** *f*(Batt.) / Planté-plate *n* || **≗rad** *n*(Getriebe) / wheel *n* || **≗rahmen** *m*(ET, 19"-Rahmen) / 19 " rack || **≗raster-Einbauleuchte** *f* / large-grid recessed luminaire, louvered recessed luminaire || **≗rasterleuchte** *f* / large-grid luminaire, louvered luminaire || **≗raumbüro** *n* / open-plan office || **≗rechner** *m* / mainframe *n* || **≗schaltkreis** (s. großintegrierter Schaltkreis) || **≗serienfertigung** *f* / mass production, large batch production || **≗signal** *n* / large signal, high-level signal || **≗signal-Bandbreite** *f* / full-power bandwidth || **≗signalbetrieb** *m* / large-signal operation || **≗spannungsmesser** *m* / large-scale voltmeter || **≗stellung** *f*(max. Einstellwert) / high setting || **≗system** *n* / major system
größt·er Augenblickswert / peak value || **~er denkbarer Zeitfehler** / largest possible time error || **~er Durchhang** (Freiltg.) / sag *n* || **~er Durchschlupf** (s. maximaler Durchschlupf) || **~e dynamische Winkelabweichung** (Schrittmot.) / maximum stepping error || **~e Flankensteilheit der Ausgangsspannung** (Verstärker) / maximum rate of change of output voltage || **~er Haltestrom** / limiting no-damage current (IEC 50(15)) || **~er Kreis am Kegelrand** / crown circle || **~er Meßbereichs-Endwert** / upper range limit || **~es Montagegewicht** / heaviest part to be lifted, heaviest part to be assembled || **~er negativer Wert** / most negative value || **~er positiver Wert** / most positive value || **~e verkettete Spannung** / diametric voltage || **~es Versandgewicht** / heaviest part to be shipped, heaviest part shipped
Größtmaß *n*(DIN 7182, T.1) / maximum limit of size
Größtpassung *f*(DIN 7182, T.1) / maximum fit
Großtransformator *m* / high-rating transformer, large transformer
Größt·spiel *n*(DIN 7182,T.1) / maximum clearance || **≗transformator** *m* / very large transformer, limit-rating transformer || **≗übermaß** *n*(DIN 7182,T.1) / maximum interference || **≗wert** *m*(Spitzenwert) / peak value
Großwinkelgrenze *f*(Kristall) / large-angle grain boundary
GRP (s. Gruppenname)
GRS (s. Gleichrichter-Steuersatz)
Grübchen·bildung *f* / pitting *n* || **≗korrosion** *f* / pitting corrosion, pitting *n*
Grubenbau, schlagwettergefährdete ≗e (EN 50014) / mines susceptible to firedamp
Gruben·beleuchtung *f* / mine lighting || **≗leuchte** *f* / mine luminaire || **≗signalkabel** *n* / mine signal cable
Grund·ablaß *m*(WKW) / scour outlet || **≗abmaß** *n* (DIN 7182,T.1) / fundamental deviation || **≗abmessungen** *f pl* / main dimensions, principal dimensions, overall dimensions || **≗abschnitt** *m* (Kabelsystem) / elementary section
Grundabweichung, mittlere ≗ (Rel., DIN IEC 255, T. 1-00) / reference mean error (relay)
Grund·adresse *f* / base address || **≗anteil** *m* (Grundschwingungsanteil) / fundamental component || **≗ausbau** *m*(elST) / basic configuration || **≗ausführung** *f* / basic design, basic model || **≗ausrüstung** *f* / basic equipment || **≗ausstattung** *f* / basic complement || **≗baugruppe** *f* / basic assembly, basic module || **≗baugruppe** *f* (Leiterplatte) / basic board || **≗baustein** *m* / basic module || **≗befehl** *m* / basic instruction || **≗begriff** *m* / fundamental term, basic term || **≗belastung** *f* / base load || **≗beleuchtung** *f* / basic lighting, base lighting || **≗beschleunigung** *f*(Erdbebenprüf.) / zero-period acceleration (ZPA) || **≗bestückung** *f* (elST-Geräte) / basic complement || **≗betriebssystem (GBS)** *n* / basic operating system (BOS) || **≗bewegung** *f* / basic motion || **≗bildzeichen** *n* / basic symbol || **≗datei** *f* / primary file || **≗daten** *plt* / basic data, primary data || **≗datenverarbeitung** *f* / basic data processing || **≗drehzahl** *f* / base speed || **≗druck** *m* / priming pressure || **≗ebene** *f* / basic plane || **≗einheit** *f* / basic unit, basic module || **≗einheit** *f*(MG) / unscaled unit || **≗einheit** *f*(Geräteschrank) / basic unit || **≗einstellung** *f* / basic setting, preliminary setting || **grafisches ≗element** / graphic display element || **≗erregermaschine** *f* / pilot exciter || **≗erregung** *f* / basic excitation || **≗farbe** *f* / primary colour || **≗fehler** *m*(MG) / intrinsic error || **≗fehlergrenze** *f*(ADU, DAU) / basic error || **≗fläche** *f*(Bedarf f. Geräte) / floor area (required), ground area || **≗frequenz** *f* / fundamental frequency || **≗funktion** *f*(DIN 19237) / basic logic function || **≗funktionseinheit** *f* / basic function module || **≗funktionsglied** *n*(Logik) / basic logic element || **≗gas** *n* / carrier gas || **≗gerät** *n* / basic unit || **≗gerät** *n*(MC-System) / system unit || **≗gesamtheit** *f*(Statistik; Menge der in Betracht gezogenen Einheiten; DIN 55350, T.23) / population *n*, universe *n* || **dynamisches ≗gesetz** / fundamental law of dynamics || **magnetische ≗gesetze** / circuital laws || **≗gestell** *n*(f. el. Masch., Grundrahmen) / baseframe *n*, underbase *n* || **≗gestell** *n*(f. el. Masch., m. Lagerhalterung) / cradle base || **≗gestell** *n*(Rahmenwerk) / skeleton *n* || **≗helligkeit** *f* / background brightness || **≗isolierung** *f*(DIN IEC 536; vgl. „Betriebsisolierung") / basic insulation || **≗kennzeichnung** *f*(SR-Anschlüsse) / basic terminal marking || **≗körper** *m*(CAD) / primitive *n* || **≗ladung** *f*(Ladungsverschiebeschaltung) / bias charge, background charge || **≗lagenforschung** *f* / basic research
Grundlast *f* / base load || **≗betrieb** *m* / base-load duty || **≗betrieb mit zeitweise abgesenkter Belastung** (GAB) (VDE 0160) / base-load duty with temporarily reduced load || **≗betrieb mit zusätzlicher Kurzzeitbelastung** (GKB) (VDE 0160) / base-load duty with additional short-time loading || **≗generatorsatz** *m* / base-load set || **≗kraftwerk** *n* / base-load power station || **≗maschine** *f* / base-load machine
grundlegender Schutz (s. Schutz gegen elektrischen Schlag bei normaler Tätigkeit)
Grund·leiterplatte *f* / master board, mother board,

backplane *n* || **Anflug-~linie** *f* / approach base line || **~loch** *n* / blind hole, closed bore || **~loch mit Gewinde** / tapped blind hole, closed tapped bore || **~magnetisierung** *f* / bias *n* || **~maschine** *f* / basic machine || **~maschine** (s. Grundlastmaschine) || **~maß** *n* / basic size, basic dimension || **~material** *n* / base material, base *n* || **~modell einer Leuchte** / basic luminaire || **~nase** *f*(StV) / key *n* || **~nasennut** *f*(StV) / keyway *n* || **~norm** *f* / basic specification (IEC 512-1) || **~operation** *f* / basic operation || **~operationsvorrat** *m* / basic operation set || **~periode** *f* / primitive period || **~platine** (s. Grundleiterplatte)

Grundplatte *f* / baseplate *n*, bedplate *n* || **~** (Leuchte) / backplate *n* || **~** (Zählergehäuse) / case back || **~** (Leiterplatte) / mother board || **~** (Pilzgründung) / pad *n* || **Zähler~** / meter base

Grund·preis *m*(StT) / standing charge || **~preistarif** *m* / standing charge tariff || **~profil** *n*(Gewinde) / basic profile || **~programmpaket** *n* / basic program package || **~prüfung** *f*(DIN 51554) / basic test || **~rahmen** *m*(Masch.) / baseframe *n*, underbase *n* || **~rahmen** *m*(Gerät) / supporting frame *n* || **~rastermaß** *n* / basic grid dimension || **~rauschen** *n* / background noise || **~rechnungsart** *f* / fundamental operation of arithmetic || **~ring** *m* (W-Bauformen) / supporting ring || **~ring** *m* (Schleifring) / hub ring || **~riß** *m* / plan *n* || **~rißkarte** *f* / planimetric map || **~rißzeichnung** *f* / plan drawing, plan view

grundsätzlich·e Schaltung / basic circuit, single-line diagram

Grund·schalter *m*(LS) / basic breaker, basic unit || **~schalter** *m*(HSS) / basic switch, basic cell, contact block || **~schaltplan** *m* / basic circuit, schematics *n pl* || **Stromrichter-~schaltung** *f* / basic converter connection || **~schaltung** *f* / basic circuit || **~schaltung** *f*(LE) / basic connection || **~schaltzeichen** *n* / general symbol || **~-Scheinwiderstand** *m* / basic impedance || **~schicht** *f*(Anstrich) / priming coat || **~schwingung** *f* / fundamental component, fundamental, fundamental mode, dominant mode

Grundschwingungs·amplitude *f* / fundamental-wave amplitude || **~anteil** *m* / fundamental component || **~gehalt** *m*(VDE 0838; T.1) / fundamental factor (IEC 555-1), relative fundamental content || **~leistung** *f* / fundamental power || **~-Leistungsfaktor** *m* / power factor of the fundamental || **~strom** *m* / fundamental component of current, fundamental-frequency current

Grund·sollwert *m* / basic setpoint, reference setpoint || **~spanne** *f* / basic range

Grundstellung *f*(DIN 19237; Kippglied) / initial state, preferred state || **~** (Rel., Schutz) / normal position || **~** (Mittelstellung eines Stufenschalters) / centre position || **~** (PC) / initial state || **~** (Grundeinstellung) / basic setting || **~** (Status) / basic status || **~** (NC; CLDATA-Wort) / go home (ISO 3592)

Grundsteuerung (G-Steuerung) *f* / basic controller || **~** (LE) / basic control (equipment), primary control

Grundstoffindustrie *f* / basic industries

Grund·störpegel *m* / background noise level, background level || **~stückliste** *f* / master parts list (MPL) || **~takt** *m* / basic pulse rate, basic clock rate, elementary timing signal || **System-~takt** *m* (PC) / basic system clock frequency || **~teilung** *f* / pitch *n* || **~toleranz** *f*(DIN 7182,T.1) / fundamental tolerance || **~toleranzreihe** *f* / fundamental tolerance series || **~typ** *m* / basic type || **~typ** *m* (Schwingung) / fundamental mode

Gründung *f*(Fundament) / foundation *n*, footing *n* || **Bohr~** *f* / augered pile, bored pile

Grund·verarbeitung *f* / basic processing, initial processing || **~verdrahtung** *f* / basic wiring || **~verknüpfung** *f* / fundamental combination, fundamental connective || **~viskosität** *f* / limiting viscosity, intrinsic viscosity, internal viscosity || **~vorrat** *m*(v. Befehlen, Zeichen) / basic repertoire || **~welle** *f* / fundamental wave

Grundwellen·-Ausgangsleistung *f* / fundamental output power || **~-EMK** *f* / fundamental e.m.f., e.m.f. of fundamental frequency || **~frequenz** *f* / fundamental frequency || **~komponente** *f* / fundamental component || **~leistung** *f* / fundamental power || **~-Scheitelwert** *m* / peak value of fundamental wave || **~strom** *m* / fundamental current

Grundwicklung *f*(Mot.) / base-speed winding

Grundwiederholbarkeit, statistische ~ (Rel., DIN IEC 255, T. 1-00) / reference consistency (relay)

Grund·zeilenabstand *m*(BSG) / line spacing || **~zeit** *f*(kürzeste Kommandozeit des Distanzschutzes) / basic time, first-zone time || **~zeit** *f* (Werkstückbearbeitung, Bodenzeit) / floor-to-floor time || **~zustand** *m*(Elektronik-Bauelemente) / initial state

Gruppen·abfragebefehl *m* / group interrogation command || **~absicherung** *f* / group fusing || **~antrieb** *m* / group drive, sectional drive, multi-motor drive || **~anwahlsteuerung** *f* / common diagram control || **~aufruf** *m*(LAN) / (LAN) multicast *n* || **~auswahl** *f*(Statistik) / stratified sampling || **~auswechslung** *f*(Lampen) / group replacement || **~befehl** *m*(FWT) / group command || **~bild** *n*(Leitt.) / group display || **~bildung** *f* / grouping *n* || **~ebene** *f*(PLT) / group level || **~fertigung** *f* / group production, team production || **~führungsebene** *f* / group control level || **~geschwindigkeit** *f* (Signalgeschwindigkeit) / group velocity, envelope velocity || **~index** *m* (Lichtgeschwindigkeit/Gruppengeschwindigkeit einer homogenen Welle) / group index || **~kompensation** *f* / group p.f. correction

Gruppenlaufzeit *f* / envelope delay, group delay time || **~verzerrung** *f* / group delay distortion

Gruppen·leitebene *f* / group control level, group level || **~meldung** *f* / group signal || **~meldung** (s. Gruppenwarnmeldung) || **~name (GRP)** (VDI/VDE 3695) *m* / group title || **~protokoll** *n* (PLT) / group log || **~regelung** (SR) (s. Stromrichtergruppenregelung) || **~schalter** *m* (Schalter 4; VDE 0632) / two-way switch with two off positions (CEE 24), two-circuit double-interruption switch || **~schalter** *m*(f. Motorgruppe) / (motor) group control switch || **~schalter** *m*(Fernkopierer) / group selector || **Fahrmotoren-~schaltung** *f*(Bahn) / motor combination || **~schmierung** *f* / central lubrication || **~signalrahmen** *m* / group alarm (signalling)

frame || ≗steuergerät *n* / group control unit
Gruppensteuerung *f* / group control || ≗ (in einem Mehrbenutzersystem) / cluster controller
Gruppensteuerungs·baustein *m* / group (open-loop) control block || ≗**ebene** *f* / group control level
Gruppen·strahler *m* (Prüfkopf mit mehreren Wandlerelementen; DIN 54119) / array-type probe || ≗**technologie** *f* (Fabrik) / group technology (GT) || ≗**übersicht** *f* (PLT) / group overview || ≗**warnmeldung** *f* (FWT) / group alarm (IEC 50(371))
gruppenweise Potentialtrennung / grouping isolation || ~**s Anlassen** / group starting
Gruppenzeichnung *f* / group drawing
GS (s. Gleichspannung)
GSB-Schalter (s. Geräteschutz- und Betätigungsschalter)
G-Schiene *f* (EN 50035) / G-profile rail, G rail
G-Sicherungseinsatz *m* (VDE 0820) / cartridge fuse link, fuse link
GSP (s. Signalfeldbeleuchtung)
GSS (s. Geräteschutzschalter) || ≗ **mit Freiauslösung** / trip-free CBE
G-Steuerung (s. Grundsteuerung)
Guinier-Pulverkammer *f* / Guinier powder camera
Gültigkeits·bereich einer Bezeichnung (DIN ISO 7498) / title domain || ≗**kennung** *f* (PC) / validity identifier
Gumbel-Verteilung, Typ I (DIN 55350,T.22) / Gumbel distribution, type I, extreme value distribution
Gummi·aderleitung *f* / rubber-insulated wire (o. cable) || ≗**aderschnur** *f* / braided flexible cord || ≗**bandtechnik** *f* (CAD) / rubberbanding *n* || ≗**bolzenkupplung** *f* / rubber-bushed pin coupling, rubber-bushed coupling || ≗**dichtung** *f* / rubber gasket, rubber seal
gummiert·es Band / rubberized tape || ~**es Gewebeband** / proofed textile tape
Gummi·flachleitung *f* / flat rubber-insulated (flexible) cable || ~**isolierte Aufzugsteuerleitung** / rubber-insulated lift cable || ≗**-Leitungseinführung** *f* / rubber grommet, rubber gland || ≗**matte** *f* / rubber mat, rubber pad || ≗**membran** *f* / rubber diaphragm
Gummischlauchkabel *n* / rubber-insulated flexible cable, tough-rubber-sheathed cable (t.r.s. cable) || ≗ (m. Polychloroprenmantel) / polychloroprene-insulated cable || **leichtes** ≗ / ordinary tough-rubber-sheathed flexible cable
Gummischlauchleitung *f* / rubber-insulated flexible cable, tough-rubber-sheathed flexible cable (t.r.s. flexible cable) || ≗ (m. Polychloroprenmantel) / polychloroprene-sheathed flexible cable || ≗ **für leichte mechanische Beanspruchungen** / ordinary tough-rubber-sheated flexible cord || ≗ **für mittlere mechanische Beanspruchungen** / ordinary tough-rubber-sheathed cable || ≗ **für schwere mechanische Beanspruchungen** / heavy tough-rubber sheathed flexible cable
Gummi·stecker *m* / rubber plug || ≗**stopfen** *m* / rubber plug || ≗**tülle** *f* / rubber grommet
Gurt·antrieb *m* / belt drive || ≗**bandverpackung** *f* / tape packaging
gurtbetätigtes Zündabschaltsystem (Kfz) / seatbelt-operated ignition cutout system
Gurtbringer *m* (Kfz) / seatbelt presenter
Gürtel·isolierung *f* / belt insulation || ≗**kabel** *n* / belted cable || ≗**linse** *f* / belt lens
Gurt·geber (s. Gurtbringer) || ≗**-Schlüssel-Licht-Warnung** *f* (Kfz) / seatbelt, ignition lock and lights warning, seatbelt, key and light reminder || ≗**strammer** *m* (Kfz) / seat-belt tightening system
Gurtung von Bauteilen / packaging of components on continuous tapes
Gurtwarngong *m* (Kfz) / audible seat-belt warning
Guß-Abzweigdose *f* / cast-iron junction box
Gußeisen·widerstand *m* / cast-iron resistor (unit)
Guß·frontplatte *f* / cast-metal front plate || ≗**gehäuse** *n* (FSK) / cast-iron box || ≗**gehäuse** *n* (HSS) / cast-iron housing, cast-metal housing
gußgekapselt *adj* / iron-clad *adj*, cast-metal-clad *adj* || ~**e Schaltanlage** / iron-clad switchgear, cast-iron multi-box switchgear || ~**er Verteiler** / cast-iron multi-box distribution board, cast-iron box-type distribution board, cast-iron box-type FBA || ~**es Verteilersystem** / cast-iron multi-box distribution board system
gußstaubbeständig *adj* / immune to foundry dust
Guß·stück *n* / casting *n* || ≗**verteiler** (s. gußgekapselter Verteiler) || ≗**verteilersystem** (s. gußgekapseltes Verteilersystem) || ≗**verteilung** (s. gußgekapselter Verteiler)
Gut *n* (QS) / commodity *n*
guter Kontakt / good contact, intimate contact
Gutachten *n* / expert's report, expertise *n*, expert's opinion || ≗**zeichnung** *f* / appraisal drawing
Gutachter *m* / expert *n*
Güte *f* (QS, Ausführungsqualität) / quality of conformance || ≗**bestätigungsstufe** *f* / assessment level || ≗**bestätigungssystem** *n* / system of quality assessment || ≗**bestätigungsverfahren** *n* / quality assessment system || ≗**bewertung** *f* / quality appraisal
Gütefaktor *m* (Q) / quality factor, Q factor || ≗ (Schutz) / performance factor || ≗ (LM) / goodness factor || ≗ **der Abschaltung** (Verstärkerröhre, DIN IEC 235, T.1) / turn-off figure of merit || ≗ **der Steuerelektrode** / control electrode figure of merit || **magnetischer** ≗ / magnetic quality factor
Güte·funktion *f* (Statistik, QS, DIN 55350, T.24) / power function || ≗**gradverhältnis** (s. Wirkungsgrad) || ≗**index** *m* (Reg.) / performance index (PI) || ≗**klasse** *f* / quality class || ≗**klasse** *f* (Passung) / class of fit || ≗**kontrolle** *f* / quality inspection || ≗**kriterium** *n* (Reg.) / weighting criterion, performance index (PI) || ≗**merkmal** *n* / quality criterion || ≗**minderung** *f* (QS) / deterioration *n*, degradation of quality || ≗**produkt** $(BH)_{max}$ / maximum energy product, B-H product || **amtlicher** ≗**prüfer** / Quality Assurance Representative, QA representative (QAR) || ≗**prüfung** *f* / quality inspection, soundness test || ≗**prüfung** *f* (durch den öffentlichen Auftraggeber) / government quality assurance || ≗**sicherung** *f* / contractor's quality control (o. inspection) || ≗**stufenmotor** *m* / motor classified by a mechanical quality grade, precision-balanced motor || ≗**verhältnis** (s. Wirkungsgrad) || ≗**zahl** (s. Güteziffer) || ≗**zeichen** *n* / quality mark, quality symbol || ≗**ziffer** *f* / figure of merit
Gut·lehre *f* / GO gauge || ≗**lehrring** *m* / GO-gauge

ring || ~**seite** *f* (Lehre) / GO side, GO end || ~**zahl** (s. Annahmezahl)
Guy-Maschine *f* / Guy heteropolar machine, Guy machine
Gyrator *m* / gyrator *n*
gyromagnetisch *adj* / gyromagnetic *adj* || ~**es Filter** / gyromagnetic filter || ~**er Leistungsbegrenzer** / gyromagnetic power limiter || ~**es Medium** / gyromagnetic medium, gyromagnetic material || ~**e Resonanz** / gyromagnetic resonance || ~**er Resonator** / gyromagnetic resonator || ~**er Werkstoff** / gyromagnetic material, gyromagnetic medium
GZS (s. Grenzwerte der zugänglichen Strahlung)

H

Haar·kristall *n* / whisker *n* || ~**lineal** *n* / hairline gauge || ~**linie** *f* / hairline *n* || ~**nadelspule** *f* / hairpin coil || ~**riß** *m* / micro crack, hairline crack || ~**röhrchen** *n* / capillary tube || ~**schneidemaschine** *f* / hair clipper || ~**winkel** *m* / hairline set square, hairline square || ~**zirkel** *m* / hair compasses
Hackmoment *n* (el. Masch.) / pulsating torque, cogging torque
Hafenglas *n* / pot glass
Haftbild *n* / sticker *n*, adhesive label, preprinted self-adhesive transparency
haftend, Verfahren mit ~er Fremdschicht / solid-pollutant method
Haft·fähigkeit *f* / adhesion *n*, adherence *n*, adhesivity *n* || ~**festigkeit** *f* / adhesive strength, bond strength || ~**kraft** *f* / adhesive force || ~**lack** *m* / metal primer || ~**magnet** *m* / magnetic clamp || ~**maß** *n* / adhesion allowance || ~**masse** *f* (f. Kabel) / non-draining compound (nd compound) || ~**masseisolierung** *f* / mass-impregnated non-draining insulation || ~**massekabel** *n* / non-draining cable (nd cable) || ~**merker** *m* / retentive flag || ~**moment** *n* / holding torque || ~**reibung** *f* / static friction, friction of rest, stiction *n* || ~**reibung** *f* (Riementrieb) / frictional grip || ~**reibungsantrieb** *m* / adhesion drive || ~**reibungsbeiwert** *m* / adhesion coefficient || ~**relais** *n* / latching relay, magnetically latched relay, latching-type relay || ~**-Scherfestigkeit** *f* / adhesive shear strength || ~**sitz** *m* / wringing fit || ~**speicher** *m* / retentive memory || ~**stelle** *f* (HL) / trap *n*, deathnium centre || ~**tabulator** *m* / latch-out tabulator
Haftung, magnetische ~ / magnetic cohesion, magnetocohesion *n* || **magnetische** ~ (SG) / magnetic latching || **Riemen**~ *f* / belt grip
Haftverhalten *n* (el. Schaltelement) / latching properties || **Speicherung mit** ~ (DIN 19237) / permanent storage, non-volatile storage
Haft·vermögen *n* (Klebvermögen) / adhesive power, adhesiveness *n*, adherence *n*, adhesivity *n* || ~**vermögen** *n* (Riemen) / grip *n* || ~**-Zugfestigkeit** *f* / adhesive strength under tension
Hahn (s. Drehkegelventil) || ~**fassung** *f* (Lampe) / switch lamp-holder, switch lamp-socket
Haken·elektrode *f* (Glühlampe) / hook lead || ~**magnet** *m* / bracket-type magnet
hakfreier Lauf (Mot.) / non-cogging operation
Hakmoment *n* / cogging torque
halb·e Gegenparallelschaltung / half-bridge inverse-parallel connection, half-bridge connection of anti-parallel thyristors || ~**e relative Schwingweite** (Gleichstrom-Formfaktor) / d.c. form factor (IEC 50(551)) || ~**er Schaltzyklus** / half a cycle of operation || ~ **überlappt** / with a lap of one half, half-lapped *adj* || ~**addierer** *m* / half-adder *n*
halbautomatisch·e Steuerung / semi-automatic control || ~**es Umschalten** (VDE 0660,T.301) / semi-automatic changeover (IEC 292-3)
Halbaxialventilator *m* / semi-axial-flow fan
Halb·bild *n* (Grafikbildschirm, CAD) / interlaced display || ~**brücke** *f* / half-bridge *n* || ~**-Byte** *n* (4 Bit) / one-half byte, nibble *n*
Halbduplex *n* / half duplex (HDX) || ~**betrieb** *m* / half duplex operation || ~**nahtstelle** *f* / half-duplex interface, HDX interface || ~**übertragung** *f* / half-duplex transmission
halbdurchlässiger Spiegel / semi-transparent mirror
Halb·einschub *m* / half-width drawout unit, half-width plug-in chassis || ~**elastisch** *adj* / semi-elastic *adj* || ~**fabrikat** *n* / semi-finished product, semi-product *n*, product in process || ~**feld** *n* (ST) / panel half, half-section *n* || ~**filter** *n* / colour filter || ~**flüssige Reibung** / semi-fluid friction, boundary friction, mixed friction || ~**formspule** *f* / semi-preformed coil, partly preformed coil, hairpin coil
halbgeschlossen·e Maschine / semi-enclosed machine || ~**e Nut** / half-closed slot, semi-closed slot || ~**e Sicherung** / semi-enclosed fuse
halbgesteuert·e Schaltung (LE) / half-controlled (o. half-controllable) connection || ~**er Stromrichter** / half-controllable converter, half-controlled converter
halbhartes Kupfer / one-half-hard copper
Halbierungs·linie *f* / bisecting line, bisector *n* || ~**punkt** *m* (einer Strecke) / bisecting point, mid-point *n*
Halbkreis-Innenkontur-Bearbeitung *f* / machining of internal semicircle, semi-circle inner contour machining
Halbkugel *f* / half sphere || ~**förmig** *adj* / hemispherical *adj*, semi-spherical *adj*
Halbkugelradius, bezogener ~ (Akust.) / reference radius
halbkundenspezifische IS / semi-custom IC
Halblast *f* / half load, one-half load, 50 % load || ~**anlauf** *m* / half-load starting
halbleitend *adj* / semi-conductive *adj*, semi-conducting *adj* || ~**er Anstrich** / semiconducting coating || ~**er Belag** / semiconducting layer || ~**e Verbindung** (s. Verbindungshalbleiter)
Halbleiter *m* / semiconductor *n*, semiconductor component (o. element), solid-state component || ~**ausgang** *m* / semiconductor output || ~**bauelement** *n* / semiconductor device, semiconductor component || ~**diode** *f* / semiconductor diode || **PTC-**~**fühler** (s. Kaltleiterfühler) || ~**gerät** *n* / semiconductor device, solid-state device, static device || ~**gleichrichter** *m* / semiconductor rectifier || ~**gleichrichterdiode** *f* / semiconductor rectifier

diode || ˜**kamera** *f* / solid-state camera || ˜**laser** *m* / solid-state laser || ˜**lichtquelle** *f* / solid-state lamp || ˜**motorstarter** *m* / semiconductor motor starter, solid-state motor starter (US) || ˜**plättchen** *n* / chip *n* || ˜**schaltgerät** *n* / semiconductor switching device, solid-state switching device (US) || ˜**schütz** *n* / semiconductor contactor, solid-state contactor (US) || ˜**sicherung** *f* / semiconductor fuse || ˜**sicherungseinsatz** *m* / semiconductor fuse-link || ˜**speicher** *m* / semiconductor memory (SC memory) || ˜**stromrichter** *m* / semiconductor converter || ˜**thermoelement** *n* / semiconductor thermoelement || ˜**ventilbauelement** *n* / semiconductor valve device || ˜**wechselrichter** *m* / semiconductor inverter || ˜**wechselstromsteller** *m* / semiconductor a.c. power controller || ˜**zone** *f* / semiconductor region

Halbleitkitt *m* / semi-conductive cement

halblogarithmisch *adj* / semilogarithmic *adj* || ~**e Schreibweise** / variable-point notation, floating-point notation

halb·maschinelles Programmieren / semi-automatic programming || ~**offene Nut** (s. halbgeschlossene Nut)

Halbperiode *f* / half-period *n*, half-cycle *n*

Halb·radiallüfter *m* / mixed-flow fan || ~**räumlicher Emissionsgrad** / hemispherical emissivity || ˜**ringlampe** *f* / circlarc lamp || ˜**schale** *f* / half-shell *n*, shell *n* || ˜**schatten** *m* / shadowy light || ˜**schrittaste** *f* / half-space key || ˜**schwingung** *f* / half-wave *n*, half-cycle *n*, loop *n* || ˜**schwingungsstrom** *m* / half-wave current || ~**selbständige Entladung** / semi-self-maintained discharge || ˜**spannungsmotor** *m* / half-voltage motor || ˜**spule** *f* / half-coil *n* || ˜**spurbeschriftung** *f* / half-track recording

halbstarre Erdung / impedance earthing, impedance grounding, low-resistance earthing, low-resistance grounding, resonant earthing, resonance grounding, dead earth

halbsteuerbarer Stromrichter (s. halbgesteuerter Stromrichter)

Halbstreuwinkel *m* / one-half-peak divergence (GB), one-half-peak spread (US)

Halbstundenleistung *f* (StT) / half-hourly demand

halb·symmetrische Wicklung / semi-symmetrical winding || ~**synchroner Zähler** / semi-synchronous counter

Halbtags·arbeit *f* / half-day work, part-time work || ˜**kraft** *f* / part-time employee (o. worker)

Halbton-Speicherröhre *f* / half-tone storage CRT, half-tone tube

halbüberlappt bewickeln / to tape with a lap of one half, to tape half-lapped || ~**e Bewicklung** / half-lapped taping, taping with a lap of one half, half-overlap taping

halbverdeckt *adj* / semi-exposed *adj*

Halbwelle *f* / half-wave *n*

Halbwellen·dauer *f* / loop duration || ˜**-Differentialschutz** *m* / half-cycle differential protection, half-wavelength differential protection

Halbwert·ausdehnung *f* / half-value extension || ˜**breite (HWB)** *f* / half-value width, half width of peak

Halbwerts·länge *f* / half-value length || ˜**tiefe** *f* / half-value depth || ˜**winkel** *m* / half-value angle

Halbwertzeit *f* / halftime *n*, half-period *n* (of decaying material)

Halbzeitintervall (HIC) (IEC 50(212)) *n* / halving interval (HIC)

Halbzeug *n* / semi-finished products, semi-finishes *n pl*

halbzusammenhängende Darstellung (Stromlaufplan; DIN 40719,T.3) / semi-assembled representation

Hall (s. Nachhall)

Hall-Anschluß *m* (Hallgenerator) / Hall terminal (Hall generator)

Hall·-Beweglichkeit *f* / Hall mobility || ˜**-Effekt** *m* / Hall effect || ˜**-Effekt-Bauelement** *n* / Hall-effect device || ˜**-Effekt-Magnetometer** *m* / Hall-effect magnetometer || ˜**-Element** *n* / Hall-effect element

hallend *adj* / reverberant *adj*

Hallen·kran *m* / gantry crane || ˜**spiegelleuchte** *f* / high-bay reflector luminaire || ˜**vorfeld** *n* (Flp.) / hangar apron

Hall·feld *n* / reverberant field, diffuse field || ~**freier Raum** (s. Freifeldraum)

Hall-Geber *m* / Hall-effect sensor, Hall-effect pickup, Hall probe || ˜ (Näherungsschalter) / Hall-effect proximity switch

Hall-Generator *m* / Hall generator

halliger Raum / live room

Hall·-Koeffizient *m* / Hall coefficient || ˜**-Modulator** *m* / Hall modulator || ˜**-Multiplikator** *m* / Hall multiplier || ˜**-Plättchen** *n* / Hall plate

Hallraum *m* / reverberation room, reverberation chamber || ˜ (s. Hallfeld)

Hall·-Schalter *m* / Hall-effect switch || ˜**-Sonde** *f* / Hall probe || ˜**-Spannung** *f* / Hall voltage, Hall e.m.f. || ˜**-Wandler** *m* / Hall generator || ˜**-Winkel** *m* / Hall angle

Halo *m* / halo *n*, halation *n*

Halogen·glühlampe *f* / tungsten-halogen lamp || ˜**-Glühlampe in Quarzglasausführung** / quartz-tungsten-halogen lamp || ˜**lampe** *f* / halogen lamp, tungsten-halogen lamp || ˜**-Metalldampflampe** *f* / metal-halide lamp, halide lamp || ˜**zählrohr** *n* / halogen-quenched counter tube

Hals *m* (Lampe, ESR) / neck *n* || ˜**abschattung** *f* (ESR) / neck shadow || ˜**lager** *n* / neck bearing, locating bearing || ˜**rohr** *n* (Thermometer) / neck well, neck tube

Halt *m* / halt *n*, stop *n* || ˜ (NC; CLDATA-Wort) / stop (CLDATA word; ISO 3592) || **Betriebsart** ˜ (PC) / HOLD mode || **programmierter** ˜ (NC) / programmed stop, program stop (ISO 1056) || **Vorschub** ˜ (NC) / feed hold (IEC 550)

Haltbarkeit *f* / durability *n* || ˜ (Lagerfähigkeit) / storage life, shelf life, tin stability, package stability || ˜ (Batt.) / endurance *n*

Haltbarkeitsdauer *f* / expiration date, limiting period

Halte·abbild *n* (FWT) / retention image || ˜**bremse** *f* / holding brake || ˜**bremskraft** *f* / holding brake effort || ˜**bucht** *f* (Flp.) / holding bay || ˜**bügel** *m* / fixing bracket || ˜**bügel** *m* (IK) / clip *n* || ˜**bügel** *m* (Kleinrel.) / retainer *n* || ˜**eingang** *m* / holding input || ˜**-Eingangssignal** *n* / hold input signal (stopping the activity of a CPU) || ˜**erregung** *f* (Rel.) / specified non-drop-out value || **mit** ˜**erregung** (Schütz) / with hold-in coil || ˜**fahne** *f*

(EZ) / anti-creep yoke || ²feder f / retaining spring || ²frequenz f / holding frequency || ²futter n (Sich.) / liner n || ²glied n (DIN 19226) / holding element || ²glied n („Sample and Hold") / sample-and-hold (element) || ²glied-Steuerung f (DIN 19226) / holding element control || ²griff m / grip n, handle n || ²-Istwert m (Rel.) / just non-release value, measured non-release value (US) || ²kondensator m / hold capacitor || ²kontakt m / locking contact

Haltekraft f (Kontakte) / retention force (contacts) || ² **des Einsatzes** (StV) / insert retention (in housing) || ² **des Erdkontaktes** (StV) / earthing contact ring holding force (IEC 512-1)

Halte·-Kurzzeitstrom (s. Bemessungs-Kurzstromfestigkeit) || ²**last** f / holding load || ²**leistung** f / holding power || ²**moment** n / holding torque || ²**nase** f (StV) / lug n

Haltepunkt m (NC) / stop point || ² (Programmunterbrechungspunkt) / breakpoint n || ² (QS) / hold point

Halter m (Lampe, Leuchtdraht) / support n

Halte·rahmen m (ET) / retaining frame || ²**ring** m / supporting ring || ²**ring** m (Lg.) / retaining ring

Halterkasten (s. Bürstenhalterkasten)

Halterung f / support n, carrier n, clamp n, mount n || ² (StV-Kontakte) / retention system || **Isolations~** (EMB) / insulation grip || **Kontakt~** / contact retention system, contact retainer

Halte·schraube f / retaining screw, fastening screw, fixing screw || ²**sicherheitsfaktor** m (Rel.) / safety factor for holding || ²**signal** (s. Halt-Signal) || **Kollektor-Emitter-²spannung** f / collector-emitter sustaining voltage || ²**spannung** f (Stehspannung) / withstand voltage || ²**speicher** m / latch n, retention buffer || ²**spule** f (z.B. Auslöser) / holding coil, hold-on coil || ²**spule** f (Differentialschutzrelais) / bias coil, restraining coil || ²**stange** f (zum Halten u. Bewegen von Leitern u. anderen Bauteilen) / support pole || ²**stangensattel** m (f. Leitungsmontage) / support-pole saddle || ²**stelle** f (FFS, Palette) / docking point || ²**stift** m / locating pin, dowel n, alignment pin || ²**-Stoßspannung** f / impulse withstand voltage, impulse test voltage || ²**-Stoßstrom** (s. Bemessungs-Stoßstromfestigkeit) || ²**strahlerzeuger** m (ESR) / holding gun

Haltestrom m (Thyr) / holding current || ² (Stehstrom) / withstand current, no-damage current

Halte·-Verhalten n (Reg.) / holding action || ²**verstärker** m / sample-and-hold amplifier || ²**vorrichtung** f (vgl. „Festhaltevorrichtung") / retaining device, restraining device, arresting mechanism || ²**vorrichtung** f (Wickelverb.) / holding device || ²**-Wechselspannung** f / power-frequency withstand voltage, power-frequency test voltage || ²**wert** m (Rel.) / non-release-value, hold value, relay hold || ²**wert** m (Stehwert) / withstand value

Haltewicklung f / holding winding, holding-on coil || ² (el. Masch., Nebenschluß-Stabilisierungswicklung) / shunt stabilizing winding || ² (Differentialschutzrelais) / bias winding, restraining winding, bias coil

Haltewinkel m / retaining angle, fixing bracket

Haltewirkung f (Rel.) / bias n (relay) || **Relais mit** ² / biased relay

Halte·zeit f (Osz.) / retention time, save time || ²**zeit** f (Zeitdifferenz, die zwischen Signalpegeln gemessen wird; DIN IEC 147-1E) / hold time || ²**zone** f (a. RSA) / lock-in zone || ²**zunge** f (EZ) / creep stop, anti-creep tongue

Halt-Signal n / hold signal (stopping the activity of a CPU)

Hammer m (EZ) / striker n || ²**kopfnut** f / T-slot n, T-head slot || ²**kopfpol** m / T-head pole || ²**schlag** m (Zunder) / iron hammer scale, scale n || ²**schlaglackierung** f / hammer finish || ²**schlagprägung** (s. Hammerschlaglackierung) || ²**zeichen** n / hammer symbol

Hamming-Abstand m / Hamming distance, signal distance

Hand, Eingriff von ² / manual interference, manual intervention, manually initiated function, human intervention || **von** ² / by hand, manual *adj*

Handantrieb m (SG) / manually operated mechanism, hand-operated mechanism, hand drive || ² (Trafo-Stufenschalter) / manual drive of motor-drive mechanism (IEC 50(421))

Hand·aufzug m (Bauelement f. Kraftspeicherfeder) / hand-wound mechanism || ²**aufzug** m (Lift) / hand-driven lift, hand-driven elevator || **Uhrwerk mit** ²**aufzug** / hand-wound clockwork || ²**auslösevorrichtung** f / manual trip device, manual release || ²**-Automatik-Umschalter** m / manual-automatic selector switch || ²**-Automatik-Umschaltung** f / manual-automatic transfer, HAND-AUTO changeover

Handbediengerät n / hand-held controller, hand-held terminal

handbedienter Zyklus (NC) / manual cycle

Handbedienung f / manual operation, manual control

Handbereich m (VDE 0100, T.200) / arm's reach, normal arm's reach || **im** ² / within normal arm's reach

handbetätigt *adj* / manually operated (o. controlled), hand-operated *adj* || **~er Brandmelder** / manual call point, manual alarm box || **~er Hilfssteuerschalter** (zur Betätigung eines normalerweise motorbetätigten Schaltwerks) / standby hand control || **~er Hilfsstromschalter** (VDE 0660, T.200) / manual control switch (IEC 337-1), manually operated control switch || **~es Schaltwerk** (Bahn) / manual switchgroup

Handbetätigung f / manual control, hand control, hand operation, operation by hand, manual operation

Handbetrieb m / manual control, manual mode, manual operation

Handbuch n / manual n, instruction manual || ²**-Änderungsdienst** m / manual updating service

Hand·computer (HC) m / hand computer (HC), hand-held computer (HHC), pocket computer, briefcase computer || ²**dosierung** f (Chromatograph) / manual injection || ²**eingabe** f / manual input, manual data input, manual entry || ²**eingabebetrieb** m (NC) / manual data input (ISO 2806-1980) || ²**eingabesatz** m / manual input block (o. record) || **Daten-**²**eingabeschalter** m (NC) / manual data input switch || ²**eingriff** m / manual interference, manual intervention, manually

initiated function, human intervention || ≗**eingriff** *m*(NC) / manual override || ≗**einschaltsperre** *f* / manual lockout device
Handelsmarke *f* / trade mark
handelsüblich *adj* / commercial *adj*, standard *adj*, customary *adj* || ~**e Größe** / trade size
Hand·feuerlöscher *m* / portable fire extinguisher || ≗**fläche** *f* / palm *n* || ≗**flügelpumpe** *f* / semi-rotary hand pump
handgeführtes Elektrowerkzeug / hand-held electric tool, hand-held motor-operated tool
Handgerät *n*(VDE 0700,T.1) / hand-held appliance (IEC 335-1) || ≗ (Büromaschine) / hand-held machine || ≗**e** *n pl* / hand-held equipment
handgeschaltetes Getriebe / manually shifted transmission (o. gearbox)
handgestarteter Wiederanlauf / manual restart
handgesteuert·e NC (HNC) / hand numerical control (HNC) || ~**es Programm** / manually controlled program, manual program
Handhabe *f* / handle *n*, grip *n* || ≗ (s. Bedienteil) || **im Bereich der** ≗ / near the handle
Handhabung *f* / handling *n* || ≗ (Bedienung) / operation *n* || ≗ **und Lagerung** / handling and storing
Handhabungs·gerät *n* / manipulator *n* || ≗**system (HHS)** (Robotersystem) *n* / robot system, industrial handling || ≗**technik** *f*(Robotersysteme) / robotics *plt*
Handhebelstanze *f* / hand punch
Hand·knebel *m* / handle *n*, knob handle || ≗**kolbenpumpe** *f* / manual piston pump || ≗**-Konfiguriergerät** *n* / hand-held configuration controller || ≗**kurbel** *f* / hand crank, crank handle || ≗**lampe** *f* / hand lamp
Handlauf *m* / hand rail
Handleser *m*, **OCR-**≗ / hand-held OCR scanner
Hand·leuchte *f* / hand lamp, trouble lamp || ≗**leuchtentransformator** *m* / hand-lamp transformer || ≗**melder** (s. nichtautomatischer Brandmelder) || ≗**nachbildung** *f*(simuliert Impedanz des menschlichen Körpers zwischen einem Elektrohandgerät u. Erde) / artificial hand || ≗**presse** *f* / hand press || ≗**probe** *f* / manual test || ≗**programmiergerät** *n* / hand-held programmer || ≗**pumpe** *f* / hand pump, hand primer || ≗**rad** *n* / handwheel *n* || ≗**radantrieb** *m* / handwheel mechanism || ≗**radroutine** *f*(NC) / handwheel routine || ≗**rechner** *m* / hand computer (HC), hand-held computer (HHC), pocket computer, briefcase computer || ≗**regel** *f* / hand rule, Fleming's rule || ≗**regelung** *f* / manual regulation || ≗**-Regler-Schalter** / manual-automatic selector switch || ~**rückensicher** *adj* / safe from touch by the back of the hand || ≗**rückstellung** *f* / hand-reset (device), manual reset(ting)
Handschriften-Übertragungsgerät *n* / telewriter *n*
Handschweißbetrieb (HSB) *m* / hand welding, non-automatic (o. intermittent) welding || **Nenn-**≗ *m* / nominal intermittent duty
Handsender *m*(IR-Fernbedienungsgerät) / hand-held transmitter, hand-held controller
Handshake·quelle *f*(PMG, DIN IEC 625) / source handshake (SH) || ≗**-Quellenfunktion** *f*(PMG, DIN IEC 625) / source handshake (function) || ≗**-Senkenfunktion** *f*(PMG, DIN IEC 625) / acceptor handshake function || ≗**-Zyklus** *m*(DIN IEC 625) / handshake cycle
Hand·skizzentechnik *f*(CAD) / sketching *n* || ≗**spannkurbel** *f* / (spring) charging hand-crank, spring-winding hand-crank || ≗**speicherantrieb** *m* / manually operated stored-energy mechanism || ≗**sperre** *f* / manual lockout device || ≗**sprungantrieb** *m* / manually operated snap-action mechanism || ≗**stange** *f* / hand pole, hand stick || ≗**steuergerät** (s. Handbediengerät) || ≗**steuerung** *f* / manual control, hand control || ≗**-Strukturiergerät** *n* / hand-held configuration controller || ≗**teller** *m* / palm *n* || ≗**terminal** *n* / hand-held terminal, remote control set || ≗**transformator** *m* / hand-held transformer || ≗**ventil** *n* / manually actuated valve || ≗**vorschub** *m*(Manipulator) / wrist extension
handwerkliche Ausführung / workmanship *n*
Handwerkzeug, elektrisches ≗ / electric hand tool
Hand·wickel *m* / hand-wound tape serving, hand-wound banding || ≗**zähler** *m*(Zapfpistole) / pistol-grip meter || ≗**zange** *f*(Crimpwerkzeug) / crimping tool || ≗**zeichen** *n* / hand signal
Hänge·bügel *m*(IK) / hanger *n*, stirrup *n* || ≗**druckknopftafel** *f* / pendant station, pendant pushbutton station || ≗**drucktaster** (s. Hängedruckknopftafel) || ≗**fassung** *f* / suspension lampholder || ≗**isolator** *m* / suspension insulator || ≗**kette** *f*(Isolatorkette m. Armaturen; VDE 0446, T.1) / suspension (insulator) set, suspension assembly || ≗**leuchte** *f* / pendant luminaire, pendant *n*, pendant fitting, suspension luminaire, suspension fitting, catenary-suspended luminaire
Hängenbleiben *n*(Mot., beim Hochlauf; „Kleben") / cogging *n*
hängend·e Brennstellung (Lampe) / base up position || ~**er Schwimmer** / suspended float
Hänge·schelle *f*(IR) / suspension saddle, conduit hanger || ≗**stromschiene** *f* / overhead conductor rail
Hantelnutung *f*(el. Masch.) / dumb-bell slotting
Hantierungsbaustein *m*(PC) / data handling block
Hardware (HW) *f* / hardware *n* || ≗**-Baugruppe** *f* / hardware module || ~**gesteuerte Signalerkennung** / hardware-triggered strobe || ≗**-Konfiguration** (s. gerätetechnische Konfiguration)
harmonisch·e Reihe / harmonic series, harmonic progression || ~**e Resonanz** / harmonic resonance || ~**es Spektrum** / harmonic spectrum, Fourier spectrum || ~**e Synthese** / Fourier series || ~**e Teilschwingung** / harmonic component || ~**e Unterwelle** / subharmonic *n*
Harmonische *f* / harmonic *n*
Harnstoff-Formaldehyd-Harz *n* / urea-formaldehyde resin
hart·es Drehzahlverhalten / stiff speed characteristic, shunt characteristic || ~**er Motor** / motor with stiff speed characteristic, shunt-characteristic motor || ~**es Stillsetzen** / abrupt stopping, hard stopping (o. shutdown) || ~**er Supraleiter** / hard superconductor, type 2 superconductor
härtbar *adj*(Kunststoff) / hardening *adj*, hardenable *adj*, thermo-hardening *adj*, thermo-setting *adj* || ~ (Metall) / hardenable *adj* || ~**e flexible Glimmererzeugnisse** / curable flexible mica material

Härtbarkeit *f* / hardening ability, hardenability *n*, thermo-setting ability
hart-blankgezogenes Kupfer / hard bright-drawn copper
Hartblei *n* / hard lead, antimonial lead, pure antimonial lead
Härte *f* / hardness *n* || ≗ **einer Prüfung** / severity of test || ≗**eindruck** *m* / indentation *n* || ≗**grad** *m* / degree of hardness, grade of hardness || ≗**mittel** (s. Härtungsmittel)
härten *v* (Kunststoff) / cure *v*, set *v*, stove *v*, bake *v* || ~ (Metall) / temper *v*, harden *v*
Härteprofil *n* (Härteprüf.) / depth of indentation, indentation *n*
Härteprüfung *f* / hardness test || ≗ **nach Brinell** / Brinell hardness test || ≗ **nach Rockwell** / Rockwell hardness test, direct-reading hardness test || ≗ **nach Vickers** / Vickers hardness test, diamond pyramid hardness test
Härter *m* / hardener *n*, hardening agent
Härte·riß *m* / hardening crack, heat-treatment crack, quenching crack || ≗**sack** *m* / local hardness drop || ≗**spitze** *f* / hardness peak
Hartferrit *m* / hard ferrite
Hartgas·-Lastschalter *m* / gas-evolving switch, hard-gas switch, auto-blast interrupter switch (US) || ≗**-Leistungsschalter** *m* / gas-evolving circuit-breaker, hard-gas circuit-breaker, auto-blast interrupter (US) || ≗**schalter** *m* (s. Hartgas-Lastschalter) || ≗**schalter** (LS) (s. Hartgas-Leistungsschalter)
hartgelagerte Auswuchtmaschine / hard-bearing balancing machine
hartgesintert *adj* / vitrified *adj*
Hartgewebe (Hgw) *n* / fabric-base laminate
hartgezogenes Kupfer / hard-drawn copper
Hart·glas *n* / hard glass || ≗**glasgewebe** *n* / laminated glass fabric, glass-fibre laminate, laminated glass cloth || ≗**gummi** *n* / hard rubber, vulcanized rubber, ebonite *n*, vulcanite *n* || ≗**guß** *m* / chilled cast iron
Harting·-Steckverbindung *f* / Harting connector
Hart·kohle *f* / hard carbon || ≗**kupfer** *n* / hard-drawn copper || ≗**lot** *n* / hard solder, brazing solder, brazing spelter, brazing alloy
hartlöten *v* / hard-solder *v*, braze *v*
hartmagnetisch·es Material (s. magnetisch harter Werkstoff)
Hartmatte (Hm) *f* / glass-mat base laminate
Hartmetall *n* / carbide metal, cemented carbide, carbide *n* || ≗**-Drehmeißel** *m* / carbide-tipped cutting tool || ≗**-Gewindebohrer** *m* / carbide tap || ≗**schneide** *f* / carbide-tipped cutting edge || ≗**spitzen-Werkzeug** *n* / carbide-tipped tool
Hart·mikanit *n* / rigid mica material || ≗**papier (H-Papier)** *n* / paper-base laminate, laminated paper, bakelized paper, synthetic-resin-bonded paper (s.r.b.p.) || ≗**papierzylinder** *m* / cylinder of paper-base laminate, s.r.b.p. cylinder || ≗**-PVC** *n* / hard PVC || ≗**schaummaterial** *n* / rigid foam plastic
Härtung *f* / hardening *n*, curing *n*
Härtungs·mittel *n* / hardener *n*, hardening agent || ≗**temperatur** *f* (Isolierstoff) / curing temperature || ≗**zeit** *f* / curing time, setting time, hardening time
Hartverchromung *f* / hard chromium plating, hard chrome plating
Harz *n* / resin *n* || ≗ **im B-Zustand** / B-stage resin || ≗**bildnerprobe** *f* / oxidation stability test || ~**gefüllt** *adj* / resin-filled *adj*, resin-packed *adj* || ~**imprägniertes Papier** / resin-impregnated paper || ≗**masse zum Umgießen** / encapsulating resin || ≗**rauch** *m* / resin smoke || ≗**verschmierung** *f* / resin smear
Haube *f* (el. Masch.) / jacket *n*, cover *n* || ≗ (f. senkrechte Maschinen) / canopy *n* || ≗ (Lüfter) / cowl *n*, shroud *n* || ≗ (Batt.) / (battery) cover || **Schutz**~ / protective cover, protective hood, protective shell, cover *n*
Hauben·anschluß *m* (IK) / outlet cone, hood-type outlet || ≗**auslaß** *m* (IK) / hood outlet || ≗**deckel** *m* / hood-type cover, roof-type cover, domed cover || ≗**transformator** *m* / hood-type transformer, hooded transformer || ≗**verteilung** *f* / hood-type distribution board
hauch·artiger Überzug / very thin film || ~**vergoldet** *adj* / gold-flashed *adj*
Häufigkeit von Spannungsänderungen (VDE 0838, T.1) / rate of occurrence of voltage changes
Häufigkeits·dichte *f* (DIN 55350,T.23) / frequency density || ≗**dichtefunktion** *f* (DIN 55350,T.23) / frequency density function || ≗**faktor** *m* / frequency factor || ≗**gruppenverteilung** *f* / grouped frequency distribution || ≗**kurve** *f* / frequency distribution curve || ≗**summe** *f* (DIN 55350,T.23) / cumulative frequency || ≗**summenkurve** *f* (DIN 55350,T.23) / cumulative frequency curve || ≗**summenpolygon** *n* (DIN 55350,T.23) / cumulative frequency polygon || ≗**summentreppe** *f* (DIN 55350,T.23) / stepped cumulative frequency plot || ≗**summenverteilung** *f* (DIN 55350,T.23) / cumulative frequency distribution || ≗**verteilung** *f* (DIN 55350,T.23) / frequency distribution || **zweidimensionale** ≗**verteilung** / scatter *n*, bi-variate point distribution || ≗**zähler** *m* (f. Meldungen) / (event) frequency counter
häufigster Wert (DIN 55350, T.23) / mode *n*
Häufung von Kabeln / bundling of cables, grouping of cables || **Fehler**~ *f* / error burst || **Leitungs**~ *f* / cable bundling, cable grouping
Haupt·abmessungen *f pl* / main dimensions, principal dimensions, overall dimensions || ≗**abschnitt** *m* (Kabelsystem) / major section || ≗**achse** *f* / principal axis || ≗**achse** *f* (Bürste) / centre line || ≗**alarm** *m* / master alarm || ≗**anschlüsse** *m pl* (LE) / main terminals, principal terminals
Hauptanschluß·kasten *m* / main terminal box, master terminal box || ≗**klemme** *f* (IV, MCC) / main incoming line terminal, line terminal, main lug, busing terminal, mains *n* || ≗**leiter** *m* / main incoming line conductor
Hauptansteuerungsfeuer *n* (Flp.) / landfall light
Hauptantrieb *m* (motorischer A.) / main drive, master drive || ≗ (Führungsmotor) / master drive || ≗ (SG) / main mechanism
Haupt·anzapfung *f* (Trafo) / principal tapping (IEC 76-1) || ≗**ausdehnungsgefäß** *n* / main conservator (tank o. vessel), transformer conservator || ≗**ausfall** *m* / major failure || ≗**belastungszeit** *f* / peak period || ≗**betriebsart** *f* / main mode, main mode of operation || ≗**blindwiderstand** (s. Hauptreaktanz) || ≗**bürste** *f* / main brush || ≗**diagonale** *f* (Gittermast) / main bracing ||

~einflugzeichen (MMK) *n* / middle marker (MMK) || ~einspeiseklemme (s. Hauptanschlußklemme) || ~einspeisung *f* / main incoming supply || ~elektrode *f* / main electrode || ~entladungsstrecke *f*(zwischen Elektroden) / main gap (between electrodes) || ~erdungsklemme *f*(VDE 0100, T.200) / main earthing terminal, main ground terminal (US) || ~erdungsleiter *m* / main earth continuity conductor, main earthing conductor || ~erdungsschiene *f*(VDE 0100, T.200) / main earthing bar, ground bus (US), earth bus || ~erregermaschine *f* / main exciter || ~erregersatz *m* / main exciter set || ~fahrbahn *f* / main carriageway || ~fehler *m*(QS, DIN 55350, T.31) / major non-conformance || **Einheit mit einem oder mehreren ~fehlern** / major defective

Hauptfeld *n* / magnetizing field, main field, series field || ~ (FSK) / main section, master section || ~induktivität *f* / magnetizing inductance || ~-Längsreaktanz *f* / direct-axis magnetizing reactance, direct-axis armature reactance || ~-Querreaktanz *f* / quadrature-axis magnetizing reactance, quadrature-axis armature reactance || ~reaktanz *f* / magnetizing reactance, armature-reaction reactance, air-gap reactance || ~spannung *f* / steady-state internal voltage, internal e.m.f., synchronous internal voltage, excitation voltage || ~wicklung *f* / main field winding, torque field winding || ~-Zeitkonstante *f* / open-circuit field time constant

Haupt·fluß (s. Nutzfluß) || ~frequenz *f* / dominant frequency || ~generator *m* / main generator || ~impedanz *f* / magnetizing impedance, mutual impedance || ~induktivität *f* / magnetizing inductance, mutual inductance, useful inductance || ~isolation *f* / major insulation, main insulation || ~isolation *f*(rotierende el. Masch.) / ground insulation, slot armour, main insulation || ~isolierung (s. Hauptisolation) || ~kabel *n*(LAN) / trunk cable || ~kanal *m*(DÜ, DIN 44302) / forward channel || ~kennlinie *f*(HL) / principal characteristic || ~kette *f*(PC) / main sequencer || ~klemme *f*(el. Masch.) / main terminal, phase terminal || ~klemmenkasten *m* / main terminal box, master terminal box || ~klemmenkasten *m* (el. Masch.) / primary terminal box || ~klemmensatz *m* / main terminal kit || ~kontakt *m* / main contact || ~lager *n* / main bearing || ~längsreaktanz *f* / direct-axis magnetizing reactance || ~leistungsschalter *m* / main circuit-breaker, line breaker || ~leistungsschalter *m* (Bahn, Streckenschalter) / line circuit-breaker || ~leiter *m* / phase conductor, outer conductor, main conductor, supply-cable conductor || ~leitstand *m*(Pult) / supervisory console, main control console

Hauptleitung *f* / main line, mains *n*, trunk line || ~ (I-Ltg.) / mains *n* || ~ (Telefonltg.) / trunk line

Hauptleitungs·abzweig *m* / main branch circuit, lateral line, lateral *n*, sub-circuit *n* || ~satz *m*(Kfz) / main wiring harness || ~schacht *m* / main riser duct

Haupt·leuchtkörper *m*(Kfz-Lampe) / driving filament, driving beam filament || ~leuchtkörper *m*(Lampe) / major filament, main filament || ~luftspalt *m*(el. Masch.) / radial air gap || ~maschine *f*(antreibende M.) / driving machine, primary machine || ~melder *m*(Brandmelder) / fire alarm routing equipment (EN 54) || ~meldezentrale *f*(f. Brandmeldungen) / fire alarm receiving station || ~normal *n* / primary standard, master standard || ~normalzähler *m* / reference standard watthour meter || ~piste *f*(Flp.) / main runway, primary runway || ~platine *f* (Leiterplatte) / main board || ~pol *m* / main pole, field pole || ~polfeld *n* / main field || ~polwicklung *f* / field winding, main-pole winding || ~-Potentialausgleichsleiter *m* / main equipotential bonding conductor || ~produktionsplan *m* (Fabrik, CIM) / master production schedule (MPS) || ~programm *n* / main program, background program || ~-Querreaktanz *f* / quadrature-axis magnetizing reactance || ~reaktanz *f* / magnetizing reactance, armature-reaction reactance, air-gap reactance || ~regelgröße *f* / final controlled variable

Hauptreihe *f* / main series, basic range, basic line || ~ (Lampen) / standard rating(s) (lamps) || **Lampen der ~** / standard lamps

Haupt·resonanzfrequenz *f* / dominant resonant frequency || ~rückführpfad *m* / main feedback path || ~rückführung *f* / monitoring feedback || ~sammelschiene *f* / main busbar, power bus, main bus || ~sammelschiene *f*(MCC) / main bus (bar), common power bus, horizontal bus

Hauptsatz *m*(NC, PC) / reference block, main block || ~suche *f*(NC) / program alignment search, search for program alignment function || ~suchfunktion *f*(NC) / alignment function || ~zeichen *n*(NC; DIN 66025,T.1) / alignment character (NC; ISO/DIS 6983/1), alignment function character (ISO 2806-1980)

Hauptschale *f*(IK) / channel *n*, body *n*

Hauptschalter *m* / master switch, line switch, mains switch, isolating switch, disconnect switch, disconnecting means || ~ (LS) / main circuit-breaker, line circuit-breaker || ~ (Steuerschalter) / main control switch, master controller || ~ (elST, PC) / power switch, on/off switch || ~ (TS) / mains switch (GB), incoming disconnector, mains isolating switch || ~ **mit Sicherungen** / incoming disconnector-fuse, incoming-line fusible isolating switch (US)

Hauptschalt·gerät *n* / main switching device (BS 4727, G.06) || ~glied *n* / main contact element, main contact || ~strecke (s. Hauptunterbrecher) || ~stück *n* / main contact || ~tafel *f* / main switchboard

Haupt·scheinwerfer *m*(Kfz.) / headlight *n* || ~schenkel *m*(Trafo-Kern) / main leg, main limb || ~schleife *f* / major loop || ~schlüsselanlage *f* / master-key system, pass-key system || ~schlußerregung *f* / series excitation || ~schlußfeld *n* / series field || ~schlußlampe *f* / series lamp || ~schlußmaschine *f* / series-wound machine, series machine || ~schlußwicklung *f* / series winding, series field winding || ~schutz *m* / main protection, primary protection || ~schutzleiter *m* / main protective conductor || ~schwingung *f* / fundamental oscillation, dominant mode || ~segment *n*(LAN) / master segment || ~sicherung *f* / line fuse, main service fuse, main fuse || ~spannung *f*(HL) / principal voltage || ~**spannung** *f*(Primärspannung) / primary voltage || ~**spannung** *f*(mech.) / principal component of stress, principal stress || ~**speicher** *m* / main storage, primary storage || ~**spindel** *f* / main spindle, workspindle *n* || ~**spindelantrieb** *m* / main spindle drive || ~**startbahn** *f* / main take-off runway || ~**station** *f* / master station || ~-**Steigleitung** *f* / rising mains || ~-**Steigleitungssammelschiene** *f* / busbar rising main, rising main busbars || ~-**Steigleitungsschacht** *m* / main riser duct || ~**steller** *m*(LT) / master dimmer, master fader || ~**steller** *m*(Bühnen-BT) / main dimmer, main fader || ~**steuerschalter** *m* / master controller || ~**steuerventil** *n* / main control valve || ~**strahl** *m* (Blitz) / return stroke || ~**strahl** *m*(Schallstrahl) / beam axis

Hauptstrom *m* / primary current, current in series circuit, current in main circuit || ~ (HL) / principal current || ~**bahn** *f* / main circuit || ~**erregte Erregermaschine** / cascaded exciter || ~**feld** *n* / series field || ~**kreis** *m*(a. SG; VDE 0660,T.101) / main circuit (IEC 157-1) || ~**kreis** *m* (Leistungskreis) / power circuit, main circuit || ~**kreis** *m*(el. Masch., Reihenschlußkreis) / primary series circuit, series circuit || ~**motor** *m* / series-wound motor, series motor || ~-**Regelanlasser** *m* / series controller || ~**relais** *n* / primary relay, power relay, series relay

Haupt-Strom/Spannungs-Kennlinie *f*(HL) / principal voltage-current characteristic

Hauptstrom·steller *m* / series field rheostat, primary resistance starter, series controller || ~-**Steuerschalter** *m*(Bahn) / power switchgroup || **Kontrolle der** ~**verbindungen** (LE) / connection check (IEC 700) || ~**wandler** *m* / series transformer

Haupt·stückliste *f* / master parts list (MPL) || ~**system** *n*(a. FWT) / main system || ~**taktgeber** *m* / master clock (MCLK) || ~**teil** *m*(CLDATA-Satz, Hauptelement) / major element, major word || ~**teil** *m*(Leuchte, DIN IEC 598; Steckdose) / main part || ~**teil einer Nachricht** (PMG) / body of a message || ~**text** *m*(Formtext, Textschablone) / matrix document, invoking document, matrix *n* || ~**thyristor** *m*(LE) / principal thyristor, main thyristor || ~**trägheitsachse** *f* / principal inertia axis, mass axis, balance axis || ~**trägheitsmoment** *n* / principal moment of inertia || ~**tragseil** *n* (Fahrleitung) / main catenary || ~**transformator** *m* / main transformer || ~-**Trennkontakt** *m* / main isolating contact || ~**uhr** *f* / master clock, central clock, master transmitter || ~**unterbrecher** *m* / main interrupter || ~**ventil** *n*(LE) / main valve

Hauptverkehrsstraße *f* / trunk road (GB), major road (GB), major highway (US), arterial highway (US), major arterial || **innerstädtische** ~ / urban major arterial

Haupt·verteiler (s. Hauptverteilertafel) || ~**verteilerkanal** *m* / distributor main || ~**verteilerschrank** *m*(BV) / main distribution ACS || ~**verteilertafel** *f* / main distribution switchboard, main distribution board, main switchboard || ~**verteilung** *f* / distribution centre, main distribution board || ~**verteilung** (Tafel) (s. Hauptverteilertafel) || ~**verteilungsleitung** *f* / distribution mains, distribution trunk line, primary distribution line || ~**welle** *f* / main shaft || ~**wendel** *f* (Lampe) / major filament, main filament || ~**wendel** *f*(Kfz-Lampe) / driving filament, driving beam filament || ~**wicklung** *f*(Primärwickl.) / primary winding || ~**wicklung** *f*(Einphasenmot., Trafo) / main winding || ~**wort** *n*(NC-Programm) / major word || ~**zeichen** *n*(Schaltz.) / chief symbol

Hauptzeit *f*(Ausnutzungszeit) / utilization time

Haupt·zeit *f*(WZM, NC) / machining time, productive time, cutting time || ~**zweig** *m*(LE) / principal arm

Hausaggregat *n* / house set

Hausanschluß *m*(vgl. „Hausanschlußleitung") / supply service, service connection, line connection, house service, service entrance, service *n* || **Freileitungs-**~ *m* / overhead service || **Kabel-**~ *m* / underground service || ~**geräte** *n pl* / service equipment || ~**impedanz** *f*(VDE 0838, T.1) / service connection impedance || ~**kabel** *n* / service cable, service lateral, incoming service cable || ~**kasten** *m* / service entrance box, service panel (US), incoming main feeder box, service box || ~**leitung** *f* / service line, service lateral, service tap, service *n* || ~**leitung** *f*(Erdkabel) / service cable, incoming service cable, lateral service (US) || ~**leitung** *f*(Freileitung) / incoming-service aerial cable, service drop (US) || ~**muffe** *f* / service junction box, service box || ~**raum** *m* / service entrance equipment room || ~**sicherung** *f* / service fuse

Hauseinführung *f* / service entrance, supply intake, house entry || ~ (Kabel) / cable entry into building

Hauseinführungsleitung *f*(von Freileitung) / service entrance conductors (NEC), service conductors || ~ (von Kabelnetzen) / service entrance conductors, service entrance cable, service cable

Hauseingangsleuchte *f* / entrance luminaire

Häuserfront *f* / frontage of buildings

Hausgenerator *m* / house generator, station-service generator

Hausgerät, Elektro-~ (s. Elektro-Haushaltgerät)

Haushalt-Automat (s. Haushalt-Leitungsschutzschalter)

Haushaltgerät *n* / household appliance, domestic appliance, electrical appliance || **Elektro-**~ *n* / electrical appliance, household electrical appliance, (electrical) domestic appliance

Haushalt·-Leitungsschutzschalter (HLS-Schalter) *m* / miniature circuit-breaker for domestic purposes, miniature circuit-breaker for household use, household-type m.c.b. || ~**sicherung** *f* / fuse for domestic purposes, fuse for household use || ~**tarif** *m* / domestic tariff || ~**verbraucher** *m* / domestic consumer

Haus·installation *f*(VDE 0100, T.200) / domestic electrical installation, house wiring, house installation, building wiring system || ~**leitsystem** *n* / building services control (system), remote control of building services, building energy management system || ~**leittechnik** *f* / building services management system || ~**leitung** *f* (Telefon) / in-house line || ~**leitzentrale** *f* / central building-services control station, building automation control centre, energy management centre || ~**netz** *n* / in-house network || ~**nummernleuchte** *f* / house number luminaire, illuminated house number || ~**technik** *f* / building

installation practice, domestic electrical installation practice || **²transformator** *m* / house transformer, station-service transformer
Haut·riß *m* / surface crack || **²schutzsalbe** *f* / skin protective ointment || **²tiefe** *f* / skin depth, penetration depth || **²widerstand** *m* / film resistance || **²wirkung** *f* / skin effect, Heaviside effect, Kelvin effect
H-Bahn *f* / cabin taxi system, overhead cabin system
HC (s. Handcomputer)
HD-Lampe (s. Hochdrucklampe)
HE (s. Höheneinheit)
Heaviside-Funktion *f* / Heaviside unit step
Hebdrehwähler *m* / two-motion selector
Hebel·antrieb *m* (SG) / lever-operated mechanism, operating lever || **²antrieb** *m* (Stellantrieb) / lever-operating actuator || **²arm** *m* / lever arm, lever bar || **²armverhältnis** *n* / leverage ratio || **²bürstenhalter** *m* / lever-type brush holder, cantilever-type brush holder || **²dynamometer** *n* / lever dynamometer || **²einschalter** *m* / single-throw knife switch || **²endschalter** *m* / lever-operated limit switch || **²getriebe** *n* / lever mechanism || **²grenzschalter** *m* / lever-operated limit switch || **²moment** *n* / leverage *n* || **²schalter** *m* (Kipphebelschalter) / lever switch (IEC 131), toggle switch || **²schalter** *m* (Messerschalter) / knife switch || **²stein** *m* (EZ) / lever block, lever jewel || **²trenner** *m* / vertical-break disconnector, knife disconnector, knife isolator || **²trennschalter** (s. Hebeltrenner) || **²umschalter** *m* (vgl. „Hebelschalter") / double-throw knife switch, double-throw lever switch || **²verschluß** *m* / latch fastener || **²wirkung** *f* / leverage *n*
Hebemittel *n* / hoisting gear, hoisting tackle
Heben, Einrichtungen zum ² und Anfassen / lifting and handling devices
Hebe·öse *f* / eyebolt *n*, lifting lug || **²traverse** *f* / lifting beam || **²vorrichtung** *f* / lifting means, lifting fitting, lifting lug, jacking pad, eyebolt *n*
Hebezeug *n* / hoisting gear, lifting tackle, hoisting tackle, crane *n*, hoist *n* || **²motor** *m* / crane-type motor, hoist-duty motor, hoisting-gear motor
Heck·klappe *f* (Kfz.) / tail gate || **²licht** *n* (Positionslicht) / stern light || **²scheibenwischer** *m* (Kfz) / rear-window wiper
Heft·naht (s. Heftschweißnaht) || **²schweißen** *n* / tack-welding *n* || **²schweißnaht** *f* / tack weld
Heim·beleuchtung *f* / home lighting, domestic lighting || **²leuchte** *f* / domestic luminaire, domestic lighting fitting
heiß·e Lötstelle (Thermoelement) / hot junction || **~e Redundanz** (s. heiße Reserve) || **~e Reserve** (KW) / hot reserve || **~e Reserve** (Automatisierungsgeräte) / hot stand-by || **~e Verbindungsstelle** (Thermoelement) / hot junction || **~ zu vergießende Masse** / hot-pouring compound
Heißdampfzylinderöl *n* / superheated-steam cylinder oil
Heißfilm-Luftmassenmesser *m* / hot-film air-mass meter
heißgehende Elektrode / high-temperature electrode
heißgepreßter Tafelpreßspan / precompressed pressboard
heißhärtend *adj* / heat-hardening *adj*, hot-setting *adj*, heat-curing *adj*, thermo-setting *adj*
Heiß·isolation *f* / high-temperature insulation || **²lagerfett** *n* / high-temperature grease || **~laufen** *v* / to run hot, overheat *v*
Heißleiter *m* / NTC thermistor (NTC = negative temperature coefficient) || **²-Temperaturfühler** (s. NTC-Halbleiterfühler) || **²widerstand** *m* / NTC thermistor (resistor)
Heiß·luftverzinnung *f* (gS) / hot-air levelling || **²punkt** *m* / hot spot, hottest spot, heat concentration || **²punkttemperatur** *f* / hot-spot temperature, hottest-spot temperature || **²punkt-Übertemperatur** *f* / hot-spot temperature rise, temperature rise at winding hot spot || **²reserve** *f* (KW) / hot reserve || **²start** *m* (PC) / hot restart || **²stelle** *f* / hot spot, heat concentration || **²vergußmasse** *f* / hot-pouring compound
Heißwasser·erzeuger *m* / high-temperature water heating appliance || **²heizungsanlage** *f* / high-temperature water heating system
Heizband *n* / strip-type heater
heizbar·e Heckscheibe (Kfz) / heated rear window
Heiz·decke *f* / electric blanket || **²deckenschalter** *m* / blanket switch
Heizer *m* (ESR) / heater *n* || **²-Anheizzeit** *f* (ESR) / heater warm-up time || **²-Einschaltstrom** *m* (ESR) / heater starting current, filament starting current || **²gebläse** *n* / heater fan || **²-Kathoden-Isolationsstrom** *m* / heater-cathode insulation current, heater-cathode current
Heiz·faden *m* / heating filament || **²fläche** *f* / heating surface || **²generator** *m* (Bahn) / heating generator || **²gerät** *n* / heater *n* || **²kabel** *n* / heating cable || **²kammer** *f* (Zuckerkochapparat) / calandria *n* || **²kissen** *n* / heating pad
Heizkörper *m* / space heater, heater *n*, radiator *n* || **²** (HG, Büromaschine) / heating element (IEC 380) || **eingebauter ²** (HG) / incorporated heating element
Heiz·kraftwerk *n* / district heating power station || **²kupplung** *f* (Bahn) / heating jumper || **²leistung** *f* / heat output, heater rating || **²leiter** *m* / heating conductor || **²leitung** (s. Heizkabel) || **²mikanit** *n* / heater plate mica (IEC 50(212)), rigid mica material for heating equipment || **²platte** *f* / hot plate, heating plate || **²rohr** *n* / heater tube, tubular heater || **²spannung** *f* (indirekt geheizte Kathode) / heater voltage (CRT cathode) || **²spannung** *f* (ESR-Kathode) / filament voltage || **²spirale** (s. Heizspule) || **²spule** *f* / heater coil, heating coil || **²strom** *m* / heating current, heating power || **²strom** *m* (Lampe) / filament current || **²strom** *m* (indirekt beheizte Kathode) / heater current || **²stromkreis** *m* / heating circuit || **²transformator** *m* / heater transformer || **²transformator** *m* (Lampe) / filament transformer
Heizungs·-Fernschalter *m* / remote-control switch for heating systems || **²- *f*, Lüftungs- und Klimatechnik (HLK-Technik)** / heating, ventilation and air conditioning (technology) || **²-Reduktionsschema** *n* (DIN IEC 235, T.1) / heater schedule || **²regler** *m* (Programmschalter) / heating programmer || **²schütz** *n* / heating system contactor
Heiz·wechselprüfung *f* / heat cycling test || **²wendel** *m* / heater coil || **²widerstand** *m* / heating resistor ||

≗**-Wiederzündung** *f*(Lampe) / instantaneous restart, instant restart
HEL (s. Randbefeuerung für Hubschrauber-Landeplatz)
Helfer *m* / mate *n*, helper *n*
Helium·-Detektor (s. Helium-Lecksucher) || ≗-**Lecksucher** *m* / helium leakage detector || ≗-**Spüleinrichtung** *f*(RöA) / helium flushing device
hell *adj*(Körperfarbe) / light *adj* || ~ (Selbstleuchter) / bright *adj*
hellblank *adj* / light bright
Hellempfindlichkeitsgrad, spektraler ≗ / spectral luminous efficiency
Hellempfindlichkeitskurve, spektrale ≗ / spectral luminous efficiency curve
Helligkeit *f*(BSG) / brightness *n* || ≗ (einer Körperfarbe) / lightness *n* || ≗ (s. Leuchtkraft)
Helligkeits·abfall *m* / decrease in brightness || ≗**änderung** *f* / brightness variation || ≗**einsteller** *m* (BSG) / brightness control || ≗**flimmern** *n* / brightness flicker || ≗**-Kennwerte** *m pl*(ESR, DIN IEC 151, T.14) / luminance characteristics || ≗**regler** *m* / dimmer *n*, dimmer switch, mood setter
Helligkeitsregler mit Schieberegler / slide-type dimmer, sliding-dolly dimmer || ≗ **mit Zeitvorwahl** / timable dimmer, timed mood setter
Helligkeits·-Steuerelektrode *f*(Osz.) / intensity modulation electrode || ≗**steuerung** *f*(Osz.) / intensity modulation, Z-modulation *n* || ≗**steuerung** *f*(BT) / brightness control, dimmer control || ≗**stufe** *f* / brightness level, intensity level || ≗**verstärkung** *f* / brightness amplification
Hellschaltung *f*, **Synchronisier-**≗ / synchronizing-bright method
Hellsteuer·signal *n* / unblanking signal || ≗**spannung** *f*(ESR) / grid/cathode driving voltage, modulation voltage
Helltastsignal *n* / unblanking signal
Helltastung *f*(Osz.) / spot unblanking, trace unblanking, spot bright-up
hellweiß *adj* / bright white
Hellwiderstand *m* / resistance under illumination
Helpmaske (s. Hilfsmaske)
Hemeralopie *f* / hemeralopia, night blindness
hemitropische Wicklung / hemitropic winding, half-coiled winding
Hemm·fahne *f*(EZ) / braking vane || ≗**rad** *n* / escapement wheel, ratchet wheel, balance wheel || ≗**stoff** *m* / inhibitor *n*
Hemmungsrad (s. Hemmrad)
Hemmwerk *n* / escapement mechanism || **mechanisches** ≗ (Ausl.) / mechanical time-delay element
Heptode *f* / heptode *n*
herabbremsen *v* / brake *v*, slow down *v*
herabgesetzte Arbeitsweise (einen Systemausfall bei einem fehlerhaften Gerät verhindernd) / graceful degradation
Herabschaltung *f*(Schutz, Übergreifschaltung) / zone reduction (method)
Heraufschalten *n*(Kfz.) / gearing up
Herausdrehen, Drehmoment für das ≗ / removel torque
herausfahren *v*(des Schaltwagens) / withdraw *v*
herausgeführt *adj*(Leiter) / brought out *adj* || ~**er Sternpunkt** / brought-out neutral (point), neutral brought out
herausgehen (s. verlassen)
heraushebbarer Teil (Trafo) / untanking part, core-and-coil assembly
herausheben *v* / lift out *v*, untank *v*(transformer)
herausnehmbar *adj* / removable *adj*, detachable *adj*, withdrawable *adj* || ~**er Teil** (SA, VDE 0670, T.6) / removable part (IEC 298) || ~**er Teil** (Trafo) (s. heraushebbarer Teil)
Heraus·nehmen *n*(v. Programmteilen) / removal *n*, extracting *n* || ≗**trennen** *n*(m. SG) / (selective) isolation *n*, disconnection *n*
herausziehbar *adj* / withdrawable *adj*, retractable *adj*
Herdanschluß·dose *f* / cooker connector box (GB), range connection box || ≗**gerät** *n* / cooker control unit (GB), electric range control unit
Herkonrelais *n* / reed relay
Herkunfts·adresse *f*(DÜ) / source address (ISO 348), calling address (ISO 8208) || ≗**bezeichnung** *f* (Meldung) / origin (o. source) tag
Hermetik·-Drosselspule *f* / sealed reactor || ≗-**Kessel** *m* / hermetically sealed tank || ≗-**Transformator** *m*(IEC 50(421)) / sealed transformer
hermetisch abgedichtet (s. hermetisch abgeschlossen) || ~ **abgeschlossen** / hermetically sealed, air-tight *adj* || ~ **abgeschlossenes Relais** / hermetically sealed relay || ~ **dicht** / hermetically sealed || ~**e Dichtung** / hermetic seal || ~ **geschlossener Transformator** / hermetically sealed transformer || ~ **geschlossener Trockentransformator** / sealed dry-type transformer || ~**e Kapselung** (Ex h) / hermetically sealed enclosure || ~**er Steckverbinder** / hermetic connector
Herrichten der Leiter / preparation of conductors
Herstellen einer Zufallsordnung / randomization *n*
Hersteller *m* / manufacturer *n*, producer *n*, maker *n* || ≗**kennzeichen** *n* / manufacturer's identification mark
Herstellgrenzqualität *f* / manufacturing quality limit
Herstellqualität, wahre durchschnittliche 7 true process average
Herstellungs·breite *f* / production width || ≗**datum** *n* / date of manufacture || ≗**prozeß** *m* / production process, manufacturing process || ≗**toleranz** *f* / manufacturing tolerance || ≗**wert** *m*(QS) / objective value
herunter·fahren *v*(Mot.) / decelerate *v*, to bring to a stop, ramp down *v* || ~**klappbare Leiterplatte** / swing-down p.c.b. || ≗**schalten** *n*(Kfz.) / gearing down || ~**transformieren** *v* / step down *v*
Hervorheben *n*(a. BT) / highlighting *n*, emphasizing *n*
Hervorhebung, optische ≗ / visual emphasizing
Hervorhebungsbeleuchtung *f* / emphasis lighting, highlighting *n*
Herzkammerflimmer·schwelle *f* / threshold of non-fibrillation || ≗**strom** *m* / fibrillating current
heterochrom·e Farbreize / heterochromatic stimuli || ~**e Photometrie** / heterochromatic photometry
Heteropolarmaschine *f* / heteropolar machine
Heuristik *f* / heuristics *plt*
heuristischer Ansatz / heuristic approach
Heuslersche Legierung / Heusler alloy
Hexa-Code (s. Hexadezimalcode)

Hexadezimal·code *m* / hexadecimal code || ≗**-Dual-Umwandlung** *f* / hexadecimal-to-binary conversion || ≗**konstante** *f* / hexadecimal constant || ≗**muster** *n* / hexadecimal pattern || ≗**zahl** *f* / hexadecimal number (o. figure) || ≗**ziffer** *f* / hexadecimal digit
hexagonal·es Ferrit / hexagonally centered ferrite
Hexakonstante (s. Hexadezimalkonstante)
Hexode *f* / hexode *n*
Heyland·-Generator *m* / Heyland generator || ≗**-Kreis** *m* / Heyland diagram
HF (s. Hochfrequenz) || ≗**-Dämpfungswiderstand** *m* / RF shunt resistance || ≗**-Eingangsleistung** *f* / RF input power || **Prüfung der** ≗**-Güte** / RF resistance test || ≗**-Impuls** *m* / RF pulse || ≗**-Last** *f* / RF load
H-förmiger Mast (Freiltg.) / H support, H frame, portal support
HF-Rauschen *n* / parasitic RF noise
H-Frequenz (s. Horizontalfrequenz) || ≗ (s. Horizontalfrequenz)
HF-Störung *f* / RF interference, radio-frequency interference
HGK (s. Hochspannungs-Gleichstrom-Übertragungs-Kurzkupplung)
Hg-Stromrichter (s. Quecksilberdampfstromrichter)
HGÜ (Hochspannungs-Gleichstromübertragung) / HVDCT (high-voltage d.c. transmission) || ≗**-Fernübertragung** *f* / HVDC transmission system || ≗**-Kurzkupplung** *f* / HVDC back-to-back link, HVDC back-to-back station, HVDC coupling system || ≗**-Leitung** *f* / HVDC transmission line || ≗**-Leitungspol** *m* / HVDC transmission line pole || ≗**-Mehrpunkt-Fernübertragung** *f* / multi-terminal HVDC transmission system || ≗**-Pol** *m* / HVDC system pole, HVDC pole || ≗**-Station** *f* / HVDC substation || ≗**-Stationsregelung** *f* / HVDC substation control || ≗**-Stromrichtertransformator** *m* / HVDC converter transformer || ≗**-System** *n* / HVDC system || ≗**-Systemregelung** *f* / HVDC system control || ≗**-Transformator** *m* / HVDC transformer || ≗**-Übertragungsregelung** *f* / HVDC transmission control || ≗**-Verbindung** *f* / HVDC link || ≗**-Zweipunkt-Fernübertragung** *f* / two-terminal HVDC transmission system
Hgw (s. Hartgewebe)
HHS (s. Handhabungssystem)
HH-Sicherung *f* (Hochspannungs-Hochleistungssicherung) / h.v. h.b.c. fuse (high-voltage high-breaking-capacity fuse), h.v. h.r.c. fuse (high-voltage high-rupturing-capacity fuse)
HH-Sicherungseinsatz *m* / h.v. h.r.c. fuse link
Hi-B-Blech *n* / Hi-B sheet, high-induction magnetic sheet steel
HIC (s. Halbzeitintervall)
HID-Lampe *f* (HID = high-intensity discharge) / HID lamp, high-intensity discharge lamp
Hierarchie einer Regelung (o. Steuerung) / control hierarchy || ≗**ebene** *f* / hierarchical level
hierarchisch·e Bildnummer (BSG) / hierarchical display number || **~es Netz** / hierarchical network || **~e Ordnung** / hierarchical order || **~e Regelung** / hierarchical control
H-I-Lampe (s. Beck-Bogenlampe)
Hilfs·ader *f* (Schutz; Prüfader) / pilot wire || ≗**aderdreier** *m* / triple pilot || ≗**aderüberwachung** *f* / pilot supervision, pilot supervisory module, pilot-circuit supervision, pilot-wire supervisory arrangement || ≗**aggregat** *n* / auxiliary generating set, stand-by generator set || ≗**aggregate** *n pl* (KW) / common auxiliaries
Hilfsantrieb *m* (Motorantrieb) / auxiliary drive || ≗ (SG) / auxiliary operating mechanism, emergency operating mechanism || ≗ (SG, f. Wartung) / maintenance operating mechanism, maintenance closing device || ≗ **zum Bündigfahren** / micro-drive *n*
Hilfsauslöser *m* / shunt release, shunt trip, auxiliary release, remote trip
Hilfs·baustein *m* (PC, Programmbaustein) / auxiliary block || ≗**betriebe** *m pl* / auxiliaries *n pl* || ≗**betriebsart** *f* (DÜ, DIN ISO 3309) / non-operational mode || ≗**betriebsumformer** *m* (Generatorsatz) / auxiliary generator set || ≗**-Bezugsposition** *f* (NC) / sub-reference position || ≗**bürste** *f* / auxiliary brush, pilot brush || ≗**bürste** *f* (Rosenberg-Masch.) / quadrature brush, cross brush || ≗**einrichtungen** *f pl* / auxiliaries *n pl* || ≗**einrichtungen** *f pl* (SG, VDE 0670,2) / auxiliary equipment (IEC 129) || ≗**einschaltvorrichtung** *f* / maintenance closing device || ≗**energie** *f* / auxiliary power || ≗**entladung** *f* (Lampe) / keep-alive arc || ≗**erder** *m* / auxiliary earth electrode || ≗**erdungsklemme** *f* / auxiliary earth terminal, auxiliary ground terminal || ≗**erregermaschine** *f* / pilot exciter, auxiliary exciter || ≗**erregungsgröße** (s. Hilfsgröße) || ≗**funktion** *f* (a. NC) / auxiliary function || ≗**funktionen** *f pl* (Bussystem) / auxiliary functions, utilities *n pl* (MPSB) || ≗**generator** *m* / auxiliary generator, stand-by generator || ≗**geräte** *n pl* / auxiliary apparatus, auxiliary equipment, accessory hardware, auxiliary devices || ≗**geräteträger** *m* (ET) / auxiliary apparatus rack, auxiliary mounting frame || ≗**geschwindigkeit** *f* / inching speed, low speed || ≗**größe** *f* (Rel., Erregungsgröße; VDE 0435, T.110) / auxiliary energizing quantity || ≗**information** *f* (FWT) / auxiliary information || ≗**kabel** *n* (f. Schutz) / pilot cable || ≗**kabel** *n* (Steuerkabel) / control cable
Hilfskanal *m* (DÜ, DIN 44302) / backward channel || ≗**-Empfangsdaten** *pl* (DIN 66020, T.1) / received backward channel data || ≗**-Empfangsgüte** *f* (DIN 66020, T.1) / backward channel signal quality (detector) || ≗**-Sendedaten** *pl* (DIN 66020, T.1) / transmitted backward channel data
Hilfs·kathode *f* (Thyr) / auxiliary cathode || ≗**klemme** *f* / auxiliary terminal, control-circuit terminal || ≗**klemmenkasten** *m* / auxiliary terminal box || ≗**kontakt** *m* / auxiliary contact || ≗**kraft** *f* / mate *n*, helper *n* || ≗**kreis** *m* (Rel., VDE 0435, T.110) / auxiliary circuit || ≗**kreis** (s. Hilfsstromkreis) || ≗**leiter** *m* / auxiliary conductor, pilot wire, control-circuit conductor || ≗**leitgerät** *n* / auxiliary control unit || **Maß~linie** *f* / projection line, witness line || ≗**linie** *f* (a. CAD) / extension line || ≗**magnet** *m* / auxiliary magnet, auxiliary coil
Hilfsmaschine *f* / auxiliary machine, stand-by machine || **Prüfung mit geeichter** ≗ / calibrated driving machine test
Hilfs·maske *f* (BSG) / help form || ≗**maß** *n* (DIN 7182,T.1) / temporary size || ≗**merker** *m* (PC) / auxiliary flag || ≗**motor** *m* / auxiliary motor, starting motor || ≗**nase** *f* (StV) / auxiliary key ||

≗öffner (s. Hilfs-Öffnungskontakt) || **≗-Öffnungskontakt** *m* / normally closed auxiliary contact, auxiliary NC contact
Hilfsphase *f* / auxiliary phase, auxiliary winding, split phase || **Anlauf durch ≗** / split-phase starting, capacitor starting
Hilfs·phasengenerator *m* / monocyclic generator || **≗phasenwicklung** *f* / auxiliary winding, teaser winding || **≗pol** *m* / auxiliary pole, commutating pole || **≗polmotor** *m* / split-pole motor, shaded-pole motor || **≗programm** *n* / auxiliary program, utility program || **≗rechner** (s. Verarbeitungsrechner) || **≗-Regelgröße** *f* / secondary controlled variable, corrective variable
Hilfs-Reihenschlußwicklung *f* / stabilizing series winding || **Nebenschlußgenerator mit ≗** / stabilized shunt-wound generator
Hilfs·relais *n* / auxiliary relay (ANSI C37.100), slave relay || **≗relaisbaugruppe** *f* / auxiliary relay module || **≗-Ruhekontakt** *m* / normally closed auxiliary contact, auxiliary NC contact || **≗sammelschiene** *f* / reserve busbar, auxiliary busbar, stand-by bus || **≗schalter** *m* / auxiliary switch, control switch || **≗schalter-Anbausatz** *m* / auxiliary switch mounting kit || **≗schalterblock** *m* / auxiliary switch block (o. unit), auxiliary contact block || **≗schaltglied** *n* / auxiliary contact || **≗schaltstift** *m* / auxiliary contact pin, moving secondary contact || **≗schaltstrecke** *f* (m. Einschaltwiderstand) / resistor interrupter || **≗schaltstück** *n* / auxiliary contact || **≗schiene** *f* (Umgehungsschiene) / transfer bars || **≗schiene** (s. Hilfssammelschiene) || **≗-Schließkontakt** *m* / auxiliary make contact, normally open auxiliary contact, auxiliary NO contact || **≗schütz** *n* (VDE 0660, T.200) / contactor relay (IEC 337-1), control relay (depr.) || **≗sollwert** *m* / correcting setpoint || **≗spannung** *f* / auxiliary supply || **≗spannungsquelle** *f* / auxiliary source, auxiliary power source || **≗spannungstransformator** *m* / auxiliary transformer, control-power transformer || **≗speicher** *m* / auxiliary storage (o. memory), secondary storage, temporary storage, intermediate storage || **≗steuerbus** *m* / auxiliary controller bus (ACB)
Hilfssteuerschalter *m* / control switch || **handbetätigter ≗** (zur Betätigung eines normalerweise motorbetätigten Schaltwerks) / standby hand control
Hilfsstrom·bahn *f* (VDE 0660,T.101) / auxiliary circuit || **≗kreis** *m* / auxiliary circuit || **≗kreis** (s. Hilfskreis) || **≗schalter** *m* (VDE 0660 T.200) / control switch (IEC 337-1), auxiliary circuit switch (depr.) || **≗schalter** *m* (nicht handbetätigter H. als Begrenzer, Regler, Wächter) / pilot switch || **automatischer ≗schalter mit Pilotfunktion (PS-Schalter)** (VDE 0660,T.200) / pilot switch (IEC 337-1) || **≗schaltglied** *n* / auxiliary contact || **≗trenner** *m* (VDE 0660,T.200) / isolating control switch (IEC 337-1) || **≗versorgung** *f* / auxiliary supply
Hilfs·taktgeber *m* / auxiliary clock || **≗text** *m* / help text || **≗tragseil** *n* (Fahrleitung) / auxiliary catenary || **≗trenner** (s. Hilfstrennschalter) || **≗trennkontakt** *m* / auxiliary isolating contact || **≗trennschalter** *m* / auxiliary disconnector || **≗übertrag** *m* / auxiliary carry || **≗ventil** *n* / servo-valve *n* || **≗verdichter** *m* / auxiliary compressor || **≗wandler** *m* (Schutz; Anpassungswandler) / matching transformer
Hilfswicklung *f* / auxiliary winding, (Mot. auch:) starting winding || **≗** (Scott-Trafo) / teaser winding || **≗ für Erdschlußerfassung** / auxiliary winding for earth-fault detection, ground-leakage winding || **Einphasenmotor mit ≗** / split-phase motor
Hilfszweig *m* (LE) / auxiliary arm
Himmels·licht *n* / skylight *n* || **≗lichtanteil des Tageslichtquotienten** / sky component of daylight factor || **≗lichtquotient** *m* / sky factor, configuration factor || **≗strahlung** *f* / sky radiation
Hinauf·schaltung *f* (Schutz, Übergreifschaltung) / zone extension (method), zone reach extension || **~transformieren** *v* / step up *v*
Hindernis *n* (VDE 0100, T.200) / obstacle *n* || **≗befeuerung** *f* / obstruction lighting || **≗begrenzung** *f* / obstacle limitation || **≗begrenzungsfläche** *f* / obstacle limitation surface || **≗beschränkung** *f* / obstruction restriction || **≗beseitigung** *f* (Flugsicherung) / clearing of obstructions || **≗feuer** *n* / obstruction light, obstacle light || **≗-Freigrenze (OCL)** *f* / obstacle clearance limit (OCL)
„hinein-entworfene" Qualität / "designed-in" quality
Hineinlehre *f* / GO gauge
Hinkanal *m* (LAN) / forward (LAN) channel
hinten *adv* (im Betrachtungssystem) / behind *adv* (viewing system) || **nach ~** (Bewegung) / backwards *adv*
hintere Außenkette (Flp.) / upwind wing bar || **~er Standort** (Flp.) / upwind position || **~e Stirnfläche** (Bürste) / back face, back *n*
Hinterachsdifferential *n* (Kfz) / rear-axle differential
Hinterachskinematik, aktive ≗ (AHK) (Kfz) / all-wheel steering system
hinterdrehen *v* / relief-turn *v*, back off *v*
hintereinander schalten (in Reihe) / to connect in series || **~ schalten** (Kaskade) / cascade *v* || **≗schaltung** *f* (Reihenschaltung) / series connection, series circuit || **≗schaltung** *f* (Kaskade) / cascade connection, cascading *n*
Hintergrund *m* / background *n* || **≗bild** *n* (BSG) / background image || **≗farbe** *f* / background colour || **≗geräusch** *n* / background noise || **≗helligkeit** *f* / background brightness || **≗ladung** *f* / background charge, bias charge || **≗leuchtdichte** *f* / background luminance || **≗licht** *n* / ambient light || **≗netz** *n* („Backbone") / backbone ring || **≗rauschen** *n* / background noise || **≗schleier** *m* / background fog || **≗speicher** *m* / backup memory
Hinterkante *f* (Bürste, Pol) / trailing edge, leaving edge
hinterlegen *v* (Daten in einer Datei) / store *v* || **Signale ~** / to deposit signals
Hinterlicht(beleuchtung) *n (f)* (Rob.-Erkennungssystem) / rear illumination, backlighting *n*
Hintermaschine *f* (Kaskade) / regulating machine, secondary machine, Scherbius machine || **Scherbius-≗** *f* / Scherbius phase advancer
Hintermotor *m* (Walzw.) / rear motor
hinterschleifen *v* / relief-grind *v*

hinterschneiden *v* / undercut *v*
Hin- und Herbiegeversuch / reverse bend test, flexure test
Hin- und Rücklaufzeit (LAN) *f* / round trip propagation time
Hinweis·leuchte *f* / illuminated sign ‖ **~linie** *f* / leader *n* ‖ **~pfeil** *m* (Richtung) / direction arrow
hinzugefügte Ausgangsleistung (Diode) / added output power
Histogramm *n* / histogram *n*
Hitliste *f* (s. Trefferliste)
Hitzdraht·-Durchflußmesser *m* / hot-wire flowmeter ‖ **~instrument** *n* / hot-wire instrument
hitzebeständig *adj* / resistant to heat, heat-resistant *adj*, stable under heat ‖ **~e Aderleitung** / heat-resistant non-sheathed cable, heat-resistant insulated wire ‖ **~e Aderleitung mit zusätzlichem mechanischem Schutz** (m. Glasfaserbeflechtung) / glass-filament-braided heat-resistant (non-sheathed) cable ‖ **~e Schlauchleitung** / heat-resistant sheathed flexible cable (o. cord)
hitzehärtbar *adj* / heat-setting *adj*, thermo-setting *adj*, hot-setting *adj*, heat-curing *adj* ‖ **~er Kunststoff** / thermoplast *n*, thermosetting plastic
H-Kabel *n* / H-type cable, Höchstädter cable
HLI (s. Hubschrauberlandeplatzbeleuchtung)
HLK-Technik (s. Heizungs-, Lüftungs- und Klimatechnik)
HLS-Schalter (s. Haushalt-Leitungsschutzschalter)
Hm (s. Hartmatte)
HM (s. hydraulisch-magnetische Auslösung)
HNC (s. handgesteuerte NC)
H-Netz (s. Hausnetz)
hoch abgestimmt (Resonanz) / set to above resonance ‖ **ein Signal ~ setzen** / to initialize a signal to high ‖ **hohe Anforderungen** / exacting requirements, stringent requirements ‖ **hohes Beleuchtungsniveau** / high-level illumination ‖ **hoher Druckknopf** / extended-head button, long pushbutton ‖ **hoher Schutz** / high protection, high degree of protection ‖ **~abgestimmte Auswuchtmaschine** / above-resonance balancing machine
hochauflösend *adj* / high-resolution *adj* ‖ ~ (BSG) / high-definition *adj*
hochbocken *v* / jack up *v*, support *v*
Hochdruck·aufnehmer *m* / high-pressure pickup ‖ **~behälter** *m* / high-pressure receiver ‖ **~-Einschraub-Widerstandsthermometer** *n* / high-pressure screw-in resistance thermometer ‖ **~-Einschweiß-Widerstandsthermometer** *n* / high-pressure weldable resistance thermometer ‖ **~-Entladungslampe** *f* / high-pressure discharge lamp ‖ **~-Flüssigkeitschromatograph (HPLC)** *m* / high-pressure liquid chromatograph (HPLC) ‖ **~lampe (HD-Lampe)** *f* / high-pressure lamp ‖ **~öl** *n* / extreme-pressure oil (e.p. oil) ‖ **~-Ölkabel im Stahlrohr** / high-pressure oil-filled pipe-type cable, oilostatic cable ‖ **~pumpe** *f* / high-pressure pump ‖ **~schmiermittel** *n* / extreme-pressure lubricant (e.p. lubricant) ‖ **~-Wasserkraftwerk** *n* / high-head hydroelectric power station ‖ **~wirkstoff (EP-Zusatz)** *m* / extreme-pressure additive (e.p. additive)
hochempfindlicher Verstärker / high-sensitivity amplifier
hochfahren *v* / accelerate *v*, to run up to speed, run up *v* ‖ **Spannungs~** *n* / gradual increase of voltage
Hochfahrumrichter *m* / starting converter
Hochfeld-Supraleiter *m* / high-field superconductor
hochfest *adj* / high-strength *adj*, high-tensile *adj*, ultra-high-strength *adj*
hochflexibler Leiter / highly flexible conductor
Hochformat-Skale *f* / straight vertical scale
hochfrequent *adj* / high-frequency *adj*, of high frequency ‖ **~e Beeinflussung** (IEC 50(161)) / radio-frequency interference (RFI), RF interference ‖ **~es Rauschen** / RF noise, radio noise ‖ **~e Störung** / RF disturbance, radio disturbance
Hochfrequenz (HF) *f* / high frequency (HF), radio frequency (RF) ‖ **~-EMK** *f* / radio e.m.f. ‖ **~kabel** *n* (HF-Kabel) / radio-frequency cable (RF cable) ‖ **~kapazität** *f* (Kondensator) / high-frequency capacitance ‖ **~leistung** *f* (HF-Leistung) / radio-frequency power (RF power) ‖ **~prüfung** (elektron. Rel.) (s. Hochfrequenz-Störprüfung) ‖ **~schweißen** *n* / high-frequency pressure welding, HF welding, radio-frequency welding ‖ **~sperre** (s. TFH-Sperre) ‖ **~-Steckverbinder** *m* / radio-frequency connector ‖ **~-Störprüfung** *f* (Rel.) / high-frequency disturbance test, disturbance test (IEC 255) ‖ **~störung** *f* / radio-frequency interference (RFI), RF interference ‖ **~umformer** *m* / high-frequency changer set
Hochführung *f*, **Sammelschienen-~** / busbar riser
Hochgeschwindigkeits·-IS *f* / very-high-speed IC (VHSIC) ‖ **~kamera** *f* / high-speed camera ‖ **~-Umformverfahren** *n* / high-energy-rate forming
hoch·gestelltes Zeichen / superscript character ‖ **~gezogene Füße** (el. Masch.) / raised feet
Hochglanz *m* / full gloss, mirror brightness, mirror finish ‖ **~eloxiert** *adj* / high-gloss-anodized *adj*
Hochhaus *n* / high-rise building
hochkant *adj* / on edge, edgewise *adj* ‖ **~ biegen** / to bend edgewise ‖ **~ gewickelt** / wound on edge, edge-wound *adj*, wound edgewise ‖ **~ gewickelte Wicklung** / strip-on-edge winding, edge-wound winding
hochkoerziv *adj* / high-coercivity *adj*
hochladen (s. zurückladen)
Hochlauf *m* / acceleration *n*, running up ‖ **~ an der Strombegrenzung** / current-limit acceleration ‖ **~charakteristik** *f* / acceleration curve, ramp characteristic
Hochläufe, Anzahl der ~ hintereinander / number of starts in succession
Hochlaufen *n* (Magnetron, DIN IEC 235, T.1) / runaway *n*
Hochlauf·funktion *f* / ramp function ‖ **~geber** *m* / ramp-function generator, speed ramp, acceleration rate limiter ‖ **~geber mit Speicherverhalten** / latching-type ramp-function generator, latching ramp ‖ **~geber-Nachführung** *f* / ramp correction module (o. circuit) ‖ **~geschwindigkeit** *f* / rate of acceleration ‖ **~geschwindigkeit** *f* (Hochlaufgeber) / ramp-up rate ‖ **~integrator** *m* / ramp-function generator ‖ **~regler** *m* / acceleration control unit, ramp-function generator ‖ **~schaltung** *f* / ramp-up circuit, ramp-function circuit ‖ **~sicherheit** *f*

(nach Netzstörung) / recovery stability || **~steilheit** *f* / ramp steepness || **~steller** *m* (Erregung) / excitation build-up setter || **~überbrückung** *f* / acceleration-time suppression || **~umrichter (HU)** *m* / starting converter || **~versuch** *m* / running-up test, acceleration test, starting test || **~zeit** *f* / acceleration time || **~zeit** *f* (Anstiegsfunktion, „Rampe") / ramp-up time

hochlegiertes Elektroblech / high-alloy magnetic sheet steel

Hochleistungs·befeuerung *f* / high-intensity lighting || **~feuer** *n* / high-intensity beacon || **~leuchte** *f* / high-intensity luminaire || **~-Leuchtstofflampe** *f* / high-intensity fluorescent lamp, high-efficiency fluorescent lamp, high-output fluorescent lamp || **~-Lichtfluter** *m* / high-capacity floodlight || **~maschine** *f* / high-power machine, high-capacity machine, heavy-duty machine || **~motor** *m* / high-output motor, high-power motor, heavy-duty motor || **~öl** *n* / heavy-duty oil

Hochleistungsschalter *m* (LS) / heavy-duty circuit-breaker || **Transistor-~** *m* / high-power transistor switch

Hochleistungs·scheinwerfer *m* / high-capacity floodlight || **~sicherung** *f* / high-breaking-capacity fuse (HBC fuse), high-rupturing-capacity fuse (HRC fuse), high-interrupting-capacity fuse || **~synthetik** *f* / high-power synthetic circuit || **~verstärker** *m* / high-power amplifier (HPA)

Hochmast *m* / high mast, tall column || **~beleuchtung** *f* / high-mast lighting

hochohmig *adj* / high-resistance *adj*

Hochpaß (HP) *m* / high pass (HP), high-pass filter || **~-Filterkondensator** *m* / high-pass filter capacitor

Hoch·pegellogik *f* / high-level logic (HLL) || **~pegelsignal** *n* / high-level signal || **~permeabel** *adj* / high-permeability *adj* || **~polige Wicklung** (polumschaltbarer Mot.) / low-speed winding || **~präzisionszähler** *m* / high-precision meter || **~regal** *n* / high-bay racking || **~regallager** *n* / high-bay warehouse, stacker store, high-bay racking || **~reißen** *n* (Masch., Schwungradanlauf) / flywheel starting || **~rüstsatz** *m* / upgrade kit || **~schaltspannung** *f* / flashing voltage || **~schleppen** *v* (hochfahren über Anfahrstromrichter) / to accelerate synchronously, to pull up to speed || **~schmelzend** *adj* / high-melting *adj* || **~schulter-Kugellager** (s. Rillenkugellager) || **~setzsteller** *m* (LE) / step-up converter || **~siedend** *adj* / high-boiling *adj* || **~siliziertes Dynamoblech** / high-silicon electrical sheet steel, high-silicon magnetic sheet || **~skale** *f* / straight vertical scale || **~spannring** *m* / spring washer

Hochspannung (HS) *f* / high voltage (h.v.), high tension (h.t.), high potential

Hochspannungs·abnehmer *m* / h.v. consumer || **~anlage (HS-Anlage)** *f* / h.v. installation, h.v. system || **~anlage** (s. Hochspannungs-Schaltanlage) || **~anschluß** *m* (a. Wandler) / high-voltage terminal || **~aufnehmer** *m* / h.v. pickup || **~festigkeit** *f* / h.v. strength, h.v. endurance || **~-Gleichstrom-Übertragungstransformator** *m* (HGÜ- Transformator) / h.v. d.c. transmission transformer (HVDCT transformer) || **~-Gleichstrom-Übertragungs-Kurzkupplung (HGK)** *f* / HVDCT back-to-back link || **~-Gleichstromübertragung** *f* (HGÜ) / h.v. d.c. transmission (HVDCT) || **~-Hochleistungs-Sicherungseinsatz** *m* (HH-Sicherungseinsatz) / h.v. high-breaking-capacity fuse-link (h.v. h.b.c. fuse link), h.v. h.r.c. fuse-link || **~-Hochleistungs-Sicherung** *f* (HH-Sicherung) / h.v. high-breaking-capacity fuse (h.v. h.b.c. fuse), h.v. high-rupturing-capacity fuse (h.v. h.r.c. fuse) || **~kreis** *m* / h.v. circuit || **~-Lastschalter** *m* / h.v. switch || **~-Leistungsschalter** *m* / h.v. circuit-breaker, h.v. power circuit-breaker || **~messer nach dem Generatorprinzip** / generating voltmeter || **~-Meßimpedanz** *f* / h.v. measuring impedance || **~motor** *m* / h.v. motor, h.t. motor || **~motor mittlerer Leistung** / h.v. motor of medium-high rating || **~netz** *n* / h.v. system, primary network || **~pfeil** *m* / danger arrow || **~prüfer** *m* / h.v. detector || **~-Prüffeld** *n* / h.v. testing station || **~-Prüftechnik** *f* / h.v. test techniques || **~prüfung** *f* / h.v. test, high-potential test, dielectric test || **~prüfung** *f* (Rel.) / dielectric test (relay, IEC 255) || **~raum** *m* (Schrank) / h.v. compartment

Hochspannungs-Schaltanlage *f* / h.v. switching station, h.v. compound, h.v. switchgear || **isolierstoffgekapselte ~** (VDE 0670, T.7) / h.v. insulation-enclosed switchgear (IEC 466) || **metallgekapselte ~** (VDE 0670, T.8) / h.v. metal-enclosed switchgear (IEC 517)

Hochspannungs·-Schalteinheit *f* / h.v. switchgear assembly || **~-Schalteinheit** *f* (LS) / h.v. circuit-breaker unit || **~schalter** *m* (Lastsch.) / h.v. switch || **~schalter** *m* (LS) / h.v. circuit-breaker, h.v. power circuit-breaker || **~schalter** *m* (TS) / h.v. disconnector || **~-Schaltgeräte** *n pl* / h.v. switchgear and controlgear || **~-Schaltgerätekombination** *f* / h.v. switchgear assembly || **~seite** *f* / h.v. side, high side, h.v. circuit || **~seitig** *adj* / on h.v. side, in h.v. circuit, high-voltage *adj* || **~sicher** *adj* / surge-proof *adj*

Hochspannungssteuerung, Regeltransformator für ~ / h.v. regulating transformer

Hochspannungs·tarif *m* / h.v. tariff || **~teil** *m* (SA) / h.v. section, h.v. cubicle || **~transformator für Leuchtröhren** / luminous-tube sign transformer || **~-Transformator-Zündgerät** *n* / h.v. igniter || **~-Vakuumschütz** *n* / h.v. vacuum contactor || **~verteilung** *f* / h.v. distribution, primary distribution || **~verzögerungszeit** *f* (ESR) / h.v. delay time || **~wicklung** *f* / h.v. winding, higher-voltage winding || **~zuleitung** *f* (f. Gerät) / h.v. lead

hochsperrender Thyristor / high-blocking capability thyristor

Hochsprache *f* / high-level language

höchst·e Anlagenspannung / highest voltage for equipment || **~e anwendbare Temperatur (TMAX)** (DIN 2401,T.1) / maximum allowable temperature || **~er Arbeitsdruck (PAMAX)** (DIN 2401, T.1) / maximum operating pressure || **~e Arbeitstemperatur (TAMAX)** (DIN 2401,T.1) / maximum operating temperature || **~er Bemessungs-Durchgangsstrom** (Trafo, IEC 50(421)) / maximum rated through-current (IEC 214) || **~e Bemessungs-Stufenspannung** (Trafo, IEC 50(421)) / maximum rated step voltage || **~e**

Betriebsspannung eines Netzes / highest voltage of a system, system highest voltage, system maximum continuous operating voltage || ~e Dauerleistung / maximum continuous rating (m.c.r.) || ~e Entspannungstemperatur (Glas) / annealing temperature, annealing point || ~e Erregerspannung / exciter ceiling voltage || ~e lokale Schichttemperatur (DIN 41848) / hot-spot temperature || ~e nichtzündende Steuerspannung (Thyr, DIN 41786) / gate non-trigger voltage || ~er nichtzündender Steuerstrom (Thyr; DIN 41786) / gate non-trigger current || ~er Scheitelwert des unbeeinflußten Stroms (VDE 0660,T.101) / maximum prospective peak current (IEC 157-1) || ~e Segmentspannung (Kommutatormasch.) / maximum voltage between segments || ~e Spannung eines Netzes (VDE 0100, T.200) / highest system voltage, maximum system voltage, maximum voltage of network || ~e Spannung für Betriebsmittel (VDE 0111) / highest voltage for equipment (IEC 71, IEC 76) || ~e Versorgungsspannung / maximum power supply voltage || ~e zulässige netzfrequente Spannung / maximum power-frequency voltage || ~e zulässige Schwingungsbreite für die Ausgangsspannung (Verstärker) / maximum output voltage swing || ~e zulässige Überspannung (VDE 0670,T.3) / maximum permissible overvoltage (IEC 265), assigned maximum overvoltage

Hochstabläufer *m* / deep-bar rotor, deep-bar squirrel-cage motor

Höchstädter-Kabel *n* / Höchstädter cable, H-type cable

Höchst·anteil (s. Höchst-Unterschreitungsanteil) || **≗bedarf** *m* / maximum demand || **≗drehzahl** *f* / maximum speed, top speed || **≗druck** *m* / maximum pressure, extra-high pressure || **≗drucklampe** *f* / extra-high-pressure lamp, super-pressure lamp

Hochstellen *n* (Text) / superscribing *n* || ≗ (Formatsteuerfunktion) / partial line up

Hochsteller *m* (mech.) / raising gear

Hochsteller (s. Hochsetzsteller)

Höchst·frequenz *f* / extra-high frequency (e.h.f.) || **≗frequenztechnik** *f* / microwave engineering || **≗frequenzwelle** *f* / microwave *n* || **≗integrationsgrad** *m* (IS) / extra-large-scale integration (ELSI)

Höchstlast *f* / maximum load || **kurzzeitig gemittelte** ≗ / maximum demand || **≗anteil** *m* (StT) / effective demand || **≗anteilfaktor** *m* / peak responsibility factor || **≗anteilverfahren** *n* / peak responsibility method || **≗-Optimierungsrechner** *m* / peak-load optimizing computer, peak-load optimizer || **≗-Optimierungssystem** *n* („Energy Management") / energy management system

Höchstleistung *f* / maximum output, maximum power, peak output, maximum capacity || ≗ (StT) / maximum demand

Hoch-Stoßstrom *m* / high-current impulse, high current

Höchst·pegel *m* / maximum level || **≗quantil** *n* (Statistik, QS; DIN 55350, T.12) / upper limiting quantile

Hochstraße *f* / elevated road

Hochstrom *m* / high current, heavy current, extra-high current || **≗-Kohlebogenlampe** *f* / high-intensity carbon arc lamp || **≗kreis** *m* / high-current circuit, heavy-current circuit || **≗sammelschiene** *f* / high-current busbar, heavy-current bus || **≗schalter** (TS) (s. Hochstromtrennschalter) || **≗schiene** (SS) (s. Hochstromsammelschiene) || **≗trennschalter** *m* / heavy-current disconnector, heavy-duty disconnector

Höchstspannung *f* / extra-high voltage (e.h.v.), ultra-high voltage (u.h.v), very high voltage (v.h.v.) || ≗ (f. Gerät, Mot.) / maximum voltage || ≗ (Deckenspannung) / ceiling voltage

Höchstspannungs·netz *n* / e.h.v. system, supergrid *n* || **≗prüfhalle** *f* / extra-high-voltage testing station, e.h.v. laboratory || **≗schaltanlage** *f* / extra-high-voltage switchgear (e.h.v. switchgear) || **≗transformator** *m* / extra-high-voltage transformer (e.h.v. transformer) || **≗übertragung** *f* / e.h.v. transmission

Höchst-Unterschreitungsanteil *m* (Statistik, QS; DIN 55350,T.12) / upper limiting proportion

Höchstwert *m* / maximum value, peak value, crest value || ≗ (QS; DIN 55350, T.12) / upper limiting value || ≗ **der Rücklaufzeit** (s. maximale Rückkehrzeit) || ≗ **des begrenzten Stroms** (DIN 41745) / maximum limited current (IEC 478-1)

höchstwertig·es Bit / most significant bit (MSB) || **~e Ziffer** / most significant digit (MSD)

höchstzulässig *adj* / maximum permissible || **~e Formänderung** / maximum deformation || **~er Kurzschlußstrom** / maximum permissible short-circuit current, upper limit of overcurrent || **~e Spaltweite** (zünddurchschlagsicherer Spalt) / maximum permitted gap || **~e Überspannung einer Kondensatorbatterie** (VDE 0670,T.3) / assigned maximum capacitor bank overvoltage (IEC 265 A), maximum permissible capacitor bank overvoltage

Hochtarif (HT) *m* / high tariff, normal rate, on-peak tariff || **≗zählwerk** *n* / normal-rate register || **≗zeit** *f* / high-load hours, normal-rate period

Hochtemperatur-Druckaufnehmer *m* / high-temperature pressure pickup || **≗isolierung** *f* / high-temperature insulation || **≗kammer** *f* (Diffraktometer) / high-temperature cell || **≗-Röntgenbeugung** *f* / high-temperature X-ray diffration

Hoch-Tief-Regelung *f* / high-low control || **≗-Verhalten** *n* (Reg.) / high-low action

hochtourig *adj* / high-speed *adj*

Hochvakuum *n* / high vacuum, microvacuum *n* || **≗pumpe** *f* / high-vacuum pump || **≗-Ventilbauelement** *n* / high-vacuum valve device

hochverfügbar *adj* / high-availability *adj*, redundant *adj*, fault-tolerant *adj*, high-MTBF *adj* || **~es Automatisierungsgerät** / fault-tolerant (o. redundant) programmable controller || **~es Steuergerät** (m. einem 1-von-2-Aufbau) / hot standby controller || ~ **und fehlersicher** (Automatisierungssystem) / fault-tolerant and fail-safe, redundant and fail-safe

hoch·verknüpfte Funktionsgruppe / highly complex functional group || **~viskos** *adj* / high-viscosity *adj*, of high viscosity || **≗voltschaltung** *f* (IS) / high-threshold circuit (IC) || **~warmfest** *adj* /

high-temperature-resistant *adj*, heat-proof *adj* || ~**ziehen** *v* (Mot., beschleunigen) / to pull up to speed, accelerate *v*, run up *v* || ~**zugfest** *adj* / high-tensile *adj*

Hochzugrichtung *f* (CAD) / extrusion direction

Hoch-Zustand *m* (Signalpegel) / high state

Höcker·punkt *m* (Diode) / peak point || ≗**spannung** *f* (Diode) / peak-point voltage || ≗**strom** *m* (Diode) / peak-point current

Hofbildung *f* (a. Leiterplatte) / haloing *n*

Höhe *f* (geograph.) / altitude *n* || ≗ **des Überdrucks** / level of overpressure || ≗ **in nicht zusammengedrücktem Zustand** (Feder) / uncompressed height (spring) || **Ausrichten nach der** ≗ / aligning to correct elevation, alignment in the vertical plane

Höhen·ausgleichsrahmen *m* (IK) / height adjustment frame, adaptor frame || ≗**ausrichtung** *f* / vertical alignment, alignment in vertical plane || ≗**beanspruchung** *f* (DIN 40040) / altitude rating || ≗**einheit (HE)** (ET) *f* / height module, vertical module || ≗**kote** *f* (über Bezugslinie) / elevation *n* || ≗**kote** (Höhe über d. Meeresspiegel) / altitude *n* (above sea level) || ≗**lage** *f* / altitude *n*

Höhenlinie *f* / contour line, contour *n*

Höhenlinienkarte *f* / contour map

Höhen·marke *f* / bench mark || ≗**messer-Kontrollpunkt** *m* / pre-flight altimeter checkpoint || ≗**modul** *n* / height module, vertical module || ≗**reißer** *m* / height gauge, marking gauge, surface gauge || ≗**schnitt** *m* / vertical section || ≗**sonne** *f* / erythemal lamp || ≗**spiel** *n* (Lg.) / radial clearance || ≗**stand** *m* / level *n* || ≗**transformator** *m* / teaser transformer || ≗**unterschied** *m* / altitude difference, difference of level || ≗**unterschied** *m* (Freiltg.; senkrechter Abstand zwischen zwei horizontalen Ebenen durch die Leiterbefestigungspunkte) / difference in levels || ≗**verfahren** *n* (Chromatographie) / (peak) amplitude method

höhenverstellbar *adj* / adjustable for height, adjustable *adj*

höhere Meßbedingungen / tightened test conditions || ~**e Programmiersprache** / high-level language (HLL)

höherfrequent *adj* / higher-frequency *adj*

höherintegrierte Schaltung (MSI) / medium-scale integrated circuit (MSI)

höherrangiger Fehler / major fault

Höhersieder *m* / higher-boiling component (o. substance)

höherwertige Dekade / more significant decade, higher-order decade

Hohl·blockstein *m* / hollow block, cavity block || ≗**boden** *m* / cellular floor, rib-and-tile floor(ing system), hollow filler-block floor || ≗**boden-Installationssystem** *n* / cellular-floor raceway (system) || ~**bohren** *v* (Probe) / trepan *v* || ≗**bohrprobe** *f* / core specimen || ≗**decke** *f* / cellular floor, rib-and-tile floor(ing system), hollow filler-block floor

Höhleneffekt *m* / dungeon effect

hohl·gebohrte Welle (s. Hohlwelle) || ≗**isolator** *m* / hollow insulator || ≗**kastenbauweise** *f* / box-type construction || ≗**kathodenlampe** *f* / hollow-cathode lamp || ≗**keil** *m* / saddle key || ≗**körper** *m* / hollow body || ≗**kugel** *f* / hollow sphere

hohlkugelige Laufbahn / sphered raceway

Hohl·leiter *m* / hollow conductor, hollow-cored conductor, hollow-stranded conductor || ≗**leiter** *m* (Wellenleiter) / waveguide *n* || ≗**profil** *n* / hollow section

Hohlraum *m* / hollow space, hollow *n*, void *n*, cavity *n* || **Decken**~ *m* / ceiling plenum || ~**frei** *adj* / void-free *adj* || ≗**-Frequenzmesser** *m* / cavity frequency meter

Hohl·schiene *f* / hollow rail, (mounting) channel || ≗**seil** (s. Hohlleiter) || ≗**sog** *m* / cavitation *n* || ≗**stab** *m* / hollow bar, hollow rod || ≗**teilleiter** *m* / hollow strand

Höhlung *f* / cavity *n*, hollow *n*

Hohl·wand *f* / hollow wall, cavity wall || ≗**wandinstallation** *f* / wiring (o. installation) in hollow wall(s) || ≗**welle** *f* / hollow shaft, tubular shaft || **elastische** ≗**welle** / quill shaft, quill *n* || ≗**wellenantrieb** *m* / quill drive || ≗**wellenantrieb** (s. Ankerhohlwellenantrieb) || ≗**wellenmotor** *m* / hollow-shaft motor || ≗**zapfen** *m* (der Hohlwelle) / hollow shaft extension, hollow shaft

Holauftrag *m* / fetch request

holen *v* (aus einem Speicher) / fetch *v* || ~ (z.B. Bildschirmanzeige) / to get *v*

Holm *m* (waagrecht) / bar *n*, (top) rail, transom *n*, brace *n* || ≗ (senkrecht) / upright *n*, vertical *n*, side-piece *n*

Holtelegramm *n* / fetching message

Holzfaser *f* / wood fibre

Holz·hammer *m* / mallet *n* || ≗**mast** *m* / wood pole, (wood) column *n* || ≗**spanplatte** *f* / coreboard *n* || ≗**wasserwaage** *f* / wooden spirit level

Holzwolle *f* / excelsior *n*

homogen·e Baureihe (s. homogene Reihe) || ~**es Feld** / homogenous field, uniform field || ~**e Reihe** (Sich.) / homogeneous series || ~**e Zeit-Strom-Kennlinie** / homogenous time-current characteristic curve

homopolar *adj* / homopolar *adj*, unipolar *adj*, non-polar *adj* || ≗**komponente** *f* / homopolar component, zero component || ≗**maschine** *f* / homopolar machine || ≗**maschine mit Flüssigkeitskontakten** / liquid-metal homopolar machine

Hookescher Schlüssel / Hooke's coupling, Hooke's joint, cardan joint, universal joint

Hopkinsonscher Streufaktor / Hopkinson leakage coefficient

Hörbarkeit *f* / audibility *n*

hören *v* (PMG) / listen (ltn) (IEC 625) *v* || ~ **beenden** (PMG, DIN IEC 625) / unlisten (UNL) (IEC 625) *v*

Hörer *m* (PMG) / listener *n* || ≗**adresse** *f* (PMG) / listen address || ≗**funktion** *f* (PMG) / listener function (L function)

Hör·frequenz *f* / audio frequency (AF) || ≗**frequenzspektrum** *n* / audible frequency spectrum || ≗**grenze** *f* / limit of audibility

horizontal·e Anordnung (der Leiter einer Freiltg.) / horizontal configuration || ~**e Bauform** (el. Masch.) / horizontal type, horizontal-shaft type || ~**er Bilddurchlauf** (s. Bildverschiebung) || ~**e Lichtverteilung** / horizontal light distribution || ~**e Verzerrung** (BSG) / horizontal distortion || ~**e Verzerrung** (BSG) / horizontal distortion

Horizontalablenkung *f* (Osz.) / horizontal deflection

Horizontal·auflösung *f*(Osz.) / horizontal resolution || **≈beleuchtungsstärke** *f* / horizontal-plane illuminance

Horizontale *f* / horizontal *n*, horizontal position

Horizontal·feldstärke *f* / horizontal field strength || **≈frequenz** *f*(BSG) / horizontal frequency, line frequency || **≈krümmer** *m*(a. IK) / horizontal bend || **≈maßstab** *m* / horizontal scale || **≈rücklauf** *m* (BSG) / horizontal flyback || **≈tabulator (HT)** *m* / horizontal tabulator (HT), horizontal tab || **≈verstärker** *m*(Osz.) / horizontal amplifier, z amplifier

Horizont·-Flutleuchte *f* / cyclorama floodlight || **≈leuchte** *f* / cyclorama luminaire

Hör·melder *m* / audible signal device (IEEE Dict.), audible indicator, sounder *n* || **≈meldung** *f* / audible signal, audible alarm

Horn *n*(Signalh.) / horn *n*

Hörner·funkenstrecke *f* / horn spark gap, horn gap || **≈schalter** *m* / horn-gap switch, horn-break switch

Hör·pegel *m* / sensation level || **≈schall** *m* / audible sound || **≈schwelle** *f* / threshold of audibility, threshold of hearing, threshold of detectability

Hosenrohr *n* / Y-pipe *n*, wye *n*, breeches piece

Hostrechner (s. Verarbeitungsrechner)

Hp (s. Hartpapier)

HP (s. Hochpaß)

H-PAPI (s. Hubschrauberlande-PAPI)

H-Papier (s. Hartpapier)

H-Pegel *m*(Signal) / high level, high state

HPLC (s. Hochdruck-Flüssigkeitschromatograph)

H-Potential *n* / high potential

H-Profil *n* / H section, wide-flange section

HS (s. Hochspannung)

HS-Anlage (s. Hochspannungsanlage)

HSB (s. Handschweißbetrieb)

H-Signalpegel *m* / high signal level

H-Spannungsbereich *m* / high-state voltage range

H-Steg *m* / H section, wide-flange section

HT (s. Hochtarif) || ≈ (s. Horizontaltabulator)

HU (s. Hochlaufumrichter)

Hub *m*(Abweichung) / deviation *n* || ≈ (Bereich) / range *n* || ≈ (Exzenter) / throw *n* || ≈ (Kolben) / stroke *n* || ≈ (Ventil) / travel *n* || ≈ (PS) / travel *n*, total travel || ≈ (MSB) / levitation height, lift *n* || **Frequenz~** (bei Frequenzmodulation) / frequency deviation || **Spannungs~** (Prüf., Abweichung) / voltage excursion || **≈arbeitsbühne** *f* / aerial lift device || **≈-Bremskraft-Verhältnis** *n* / lift-to-drag ratio || **≈kolben** *m*(hydraul. Presse) / jacking piston, lifting cylinder || **≈kolben-Durchflußmesser** *m* / ball-prover flowmeter || **≈kolbenverdichter** *m* / piston compressor || **≈kraft** *f* / hoisting force, lifting force || **≈kraft** *f* (MSB) / levitation force, lift force || **≈magnet** *m* / solenoid *n*, solenoid actuator || **≈raum** *m*(Kfz) / swept volume, displacement *n*

Hubschrauber·lande-PAPI (H-PAPI) / heliport PAPI (H-PAPI) || **≈landeplatz** *m* / heliport *n* || **≈landeplatzbeleuchtung (HLI)** *f* / heliport lighting (HLI)

Hub·spindel *f* / jackscrew *n* || **≈tastentastatur** *f* (konventionelle Tastatur; vgl. Kurzhubtaste) / conventional keyboard || **≈- und Senkantrieb des Scherenstromabnehmers** / pantograph cylinder || **≈ventil** *n* / globe valve

Huckepack-Anordnung *f*(IS) / piggyback arrangement

Hufeisenmagnet *m* / horseshoe magnet

Hüllbedingung *f*(DIN 7182,T.1) / envelope condition

Hülle *f*(ESR) / envelope *n* || ≈ (Diskette, E DIN 66010) / jacket *n*

Hüll·flächenverfahren *n*(Akust.) / enveloping surface method, hemispherical surface method || **≈kolben** *m*(Lampe) / glass envelope, jacket *n* || **≈kreis** *m* / envelope circle, outer circle || **≈kurve** *f* / envelope curve, envelope *n* || **≈kurve des Pulsspektrums** / pulse spectrum envelope || **≈kurvenumformer** *m*(Meßwertumformer) / envelope-curve transducer || **≈kurvenumrichter** *m* / envelope converter, cycloconverter *n* || **≈maße** *n pl* / overall dimensions || **≈trieb** *m* / flexible drive

Hülse *f* / sleeve *n*, bush *n*, shell *n*, bushing *n* || ≈ (Wicklungsisol.) / cell *n*, armour *n*, trough *n*, wrapper *n* || ≈ (Reihenklemme) / sleeve *n* || ≈ (lötfreie Verbindung) / barrel *n* || ≈ (Lampensockel) / shell *n* || **Anschluß~** (Leiter) / conductor barrel

Hülsen·fassung *f*(Starterfassung) / sleeve socket || **≈klemme** *f* / sleeve terminal || **≈paßeinsatz** *m* (Sich.) / adaptor sleeve || **≈paßeinsatzschlüssel** *m* / adapter sleeve fitter, key for adapter sleeve || **≈sockel** *m*(Lampe) / shell cap

hundert·prozentiger Erdschlußschutz / one-hundred-percent earth-fault protection, unrestricted ground-fault protection || **≈prozentprüfung** *f* / one-hundred-percent inspection

Hupe *f* / hooter *n*, horn *n*, alarm horn

Hupen·abstellung *f* / hooter silencing || **≈anregung** *f* / hooter sounding, hooter operation || **≈signal** *n* / hooter alarm

Hut·profilschiene (s. Hutschiene) || **≈schiene** *f* / top-hat rail, DIN rail

Hüttenbetrieb, Geräte für ≈ / mill-rating equipment (MR equipment)

Hüttentechnik *f* / iron and steel industry

HW (s. Hardware)

HWB (s. Halbwertsbreite)

H-Welle *f* / TE wave, transverse electric wave

hybrid·es Datenerfassungssystem / hybrid data asquisition system (HDAS) || **~er USV-Schalter** / hybrid UPS power switch

Hybridantrieb *m* / hybrid drive

Hybrid·-Multimeter *n* / hybrid multimeter || **≈relais** *n* / hybrid relay || **≈schütz** *n* / hybrid semiconductor contactor || **≈station** *f*(DIN 44302) / combined station, balanced station || **≈system** *n* (m. analogen u. digitalen Teilsystemen) / hybrid system

Hydraulik·antrieb (s. hydraulischer Antrieb) || **≈speicher** *m* / hydraulic storage cylinder, hydraulic accumulator

hydraulisch·er Antrieb (SG) / hydraulic operating mechanism, hydraulic mechanism, electro-hydraulic operating mechanism || **~e Bürde** / hydraulic burden || **~er Druck** / hydraulic thrust || **~es Getriebe** / fluid power transmission, fluid drive, hydraulic transmission, hydraulic drive || **~er Kolbenantrieb** / hydraulic piston actuator || **~e Kupplung** / fluid clutch, fluid coupling, hydraulic clutch, hydraulic coupling || ~**e Presse** (Hebevorr.) / hydraulic jack || ~**e Reserve** (WKW) / hydraulic reserve || ~**er Speicher** / hydraulic accumulator || ~ **verzögerter Schutzschalter** / miniature circuit-breaker with hydraulic dashpot, m.c.b. with hydraulic delay feature || ~**-magnetische Auslösung (HM)** / hydraulic-magnetic tripping (HM)

Hydrierung *f*(a. Isolieröl) / hydrogen treatment

hydrodynamische Schmierung / hydrodynamic lubrication

hydrolisierbares Chlor (Askarel) / hydrolyzable chlorine

hydrolytisch·e Stabilität / hydrolytic stability

Hydro·meter *n* / hydrometer *n*, areometer *n* || ≗**motor** *m* / fluid motor, hydraulic motor

hydrostatisch angetriebenes Straßenfahrzeug / hydraulically driven road vehicle, fluid-power road vehicle, hydromotor road vehicle || ~**e Führung** (WZM) / hydrostatic slideway

Hyperbelrad *n* / hyperbolic gear, crossed-axis gear, skew-axes gear

hyperbolisch·e Auslösekennlinie / hyperbolic tripping characteristic || ~**e Skale** / non-linear contracting scale

hypergeometrische Verteilung (DIN 55350,T.22) / hypergeometric distribution

Hypoidrad *n* / hypoid gear

Hypozentrum *n*(Erdbeben) / hypocentre *n*

Hysterese *f* / hysteresis *n* || ≗**abweichung** *f*(DIN IEC 770) / hysteresis error || ≗**fehler** (s. Hystereseabweichung) || ≗**kernkonstante** *f* / hysteresis core constant || ≗**konstante** *f* / hysteretic constant, hysteresis material constant || ≗**kupplung** *f* / hysteresis coupling || ≗**-Materialkonstante** *f* / hysteresis material constant || ≗**moment** *n* / hysteretic drag || ≗**motor** *m* / hysteresis motor

Hystereseschleife *f* / hysteresis loop, magnetization loop || ≗ **bei überlagertem Gleichfeld** / incremental hysteresis loop

Hysterese·-Synchronmotor *m* / synchronous hysteresis motor || ≗**verhalten** *n* / hysteresis characteristic || ≗**verluste** *m pl* / hysteresis loss || ≗**verlustzahl** *f* / hysteresis coefficient || ≗**wärme** *f* / hysteretic heat

Hysteresis (s. Hysterese)

I

„i" (Kennbuchstabe für „Eigensicherheit", EN 50020) / "i" (classification letter for "intrinsic safety", EN 50020)

I-Anteil (s. Integralanteil)

I-Beiwert (s. Integrierbeiwert)

IBS (s. inneres Betrachtungssystem)

IC (s. integrierte Schaltung)

ICAM (A. f. „integrated computer-aided manufacturing" - integrierte, rechnergestützte Fertigungssteuerung o. Fertigungssteuerung im Datenverbund)

Icon (s. Ikon)

ideal·e Ausschaltung / ideal breaking || ~**e elastische Verformung** / ideal elastic deformation, instantaneous deformation, Hookean deformation || ~**er Kondensator** / ideal capacitor || ~**e Magnetisierungskurve** / anhysteretic curve, magnetization characteristic || ~**e Maschine** / ideal machine, idealized machine || ~**e Spule** / ideal inductor || ~**er Transformator** / ideal transformer || ~**er Widerstand** / ideal resistor

idealisiert·er Zustand (magnet.) / anhysteretic state

Ideal·kristall *m* / ideal crystal || ≗**linie** *f*(a. linearer ADU o. DAU) / ideal straight line

ideell·e Ankerlänge / ideal length of armature, equivalent length of armature || ~**e Eisenlänge** / ideal length of core || ~**e Gleichspannung** (theor. Leerlauf-Gleichsp. eines Gleichrichters o. Wechselrichters) (s. ideelle Leerlauf-Gleichspannung) || ~**e Gleichspannung bei Vollaussteuerung** (LE) / ideal no-load direct voltage || ~**e Kernlänge** / ideal length of core || ~**er Kurzschluß** / virtual short circuit || ~**e Leerlauf-Gleichspannung** (LE) / ideal no-load direct voltage || ~**er Polbogen** / ideal pole arc, equivalent pole arc || ~**e Spannweite** (Freiltg.) / ruling span, equivalent span

Identifikation *f*(a. adaptive Reg.) / identification *n*

identifizierende Kennzeichnung / identifying designation

Identifizierung *f*(DÜ) / identifier *n*

Identifizierungsnummer *f*(DIN 6763,T.1) / identification number

Identkarte *f*(QS) / identity card

Identnummer *f*(QS) / identity number || **Werkzeug-**≗ (NC; CLDATA-Wort) / tool number (NC; CLDATA word; ISO 3592)

Identograph *m* / identograph *n*

IDN (s. integriertes Datennetz)

ID-Regler *m* / ID controller, integral-derivative controller

IEC-Bus *m* / IEC bus

IEC-Schnittstellensystem *n* / IEC interface system, IEC bus

I-Element (ET) (s. I-Übergabeelement)

IF-Anweisung *f* / IF instruction, conditional jump instruction

I-Formstahl *m* / I-sections *n pl*

I-Gehäuse (s. Isolierstoffgehäuse)

IG-FET (s. Isolierschicht-Feldeffekttransistor)

I-Glied *n* / I element, integral-action element || ≗ (Reg.) / integral-action element

Ignitron *n* / ignitron *n*

I-Halbleiter *m* / I-type semiconductor, intrinsic semiconductor

Ikon *n*(Bildsymbol) / icon *n* || ≗**menü** *n* / icon menue

Ikonoskop *n* / iconoscope *n*

I-Kontakt (s. Impulskontakt)

ILAN (Industrial Local Area Network - lokales Industrie-Datennetz)

Ilgner-Maschine *f* / Ilgner machine, buffer machine || ≗**-Maschinensatz** *m* / Ilgner generator set, Ilgner system, Ilgner flywheel equalizing set, Ward-Leonard Ilgner set, equalized Ward-Leonard set || ≗**-Umformer** *m*(s.a. „Ilgner-Maschinensatz") / Ilgner system

Illuminations·kette *f* / decorative chain, decorative string || ≗**lampe** *f* / illumination lamp, decorative lamp

ILS (s. Instrumentenlandesystem)

im Gegenuhrzeigersinn / counter-clockwise *adj*

(CCW), anti-clockwise *adj* || ~ **Kreis geschaltete Verbindung** / circuit-switched connection || ~ **Uhrzeigersinn** / clockwise *adv*(CW) || ~ **Winkel** / square *adj*, at correct angles, in true angularity
Imaginärteil des spezifischen Standwerts (s. spezifische Schallreaktanz)
Im-Beton-Dose *f* / semi-flush box, box embedded in concrete
IMC (s. Instrumentenwetterbedingungen)
Imidpolyester *m* / imide polyester
Immersions-Strahlerzeuger *m* / immersed gun
Immission *f* / immission *n*, ground level concentration (of pollutants)
Immissions·grenzwert *m* / immission standard, ambient air quality standard || ≗**schutz-Meßgeräte** *n pl* / pollution instrumentation, measuring (o. monitoring) equipment for environmental protection
Immittanz *f* / immittance *n* || ≗**matrix** *f* / immittance matrix
IMOS (s. ionenimplantierte MOS-Schaltung)
Impaktdrucker (s. mechanischer Drucker)
Imparitäts-Element *n* / imparity element, odd element
IMPATT-Diode *f*(Lawinenlaufzeitdiode) / IMPATT diode (IMPATT = impact avalanche transit time)
Impedanz *f* / impedance *n* || ≗ **der Fehlerschleife** / earth-fault loop impedance, ground-fault loop impedance || ≗ **der Hausinstallation** (VDE 0838, T.1) / house wiring impedance || ≗ **der internen Installation** (IEC 50(161)) / installation wiring impedance || ≗ **der Wechselstromversorgung** (USV, VDE 0558, T.5) / supply impedance (IEC 146-4) || ≗ **des Gegensystems** / negative-sequence impedance, negative-sequence field impedance || ≗ **des Versorgungsnetzes** (VDE 0838, T.1) / supply-system impedance
Impedanzanregerelais *n* / impedance starting relay, impedance starter, underimpedance starter
Impedanz·anregung *f* / impedance starting || ≗**belag** *m* / impedance per unit length || ≗**erdung** *f* / impedance earthing, I-scheme *n* || ≗**kopplung** *f* / impedance coupling, common-impedance coupling || ≗**kreis** *m* / impedance circle || ≗**matrix** *f* / impedance matrix || ≗**relais** *n* / impedance relay || ≗**schutz** *m* / impedance protection || ≗**verhältnis** *n* / impedance ratio, system impedance ratio || ≗**waage** *f* / impedance balance relay, impedance differential relay
Impedanzwandler *m* / impedance transformer, impedance converter || ≗ (Kathodenfolger) / cathode follower || ≗ (Emitterfolger) / emitter follower
Implikation *f*(IF-THEN-Verknüpfung) / implication *n*, IF-THEN operation
implizierter Radixpunkt / implicit radix point
implizit·e Daten / implicit data || ~**er Dezimalpunkt** (NC; DIN 66025,T.1) / implicit decimal sign (NC; ISO/DIS 6983/1)
imprägnieren *v* / impregnate *v*, saturate *v*
Imprägnier·harz *n* / impregnating resin || ≗**mittel** *n* / impregnant *n*, impregnating compound, impregnating agent, impregnating medium
imprägniert·e Kohle / impregnated carbon || ~**e Papierisolierung** (Kabel) / impregnated paper insulation
Imprägnierung *f* / impregnation *n*
Impuls *m* / impuls *n*(IEC 50(101)), pulse *n*(IEC 235), pulsed quantity || ≗ **mit einer Richtung** / unidirectional impulse || ≗ **mit zwei Richtungen** / bidirectional impulse
Impulsabbild *n* / pulse waveshape
Impuls·abfallzeit *f* / pulse fall time || ≗**abfrage** *f* / pulse scanning, pulse scanner || ≗**amplitude** *f* / pulse amplitude || ≗**amplitudenmodulation (PAM)** *f* / pulse-amplitude modulation (PAM) || ≗**anfang** *m* / pulse start || **Steilheit des** ≗**anstieges** / pulse rate of rise || ≗**anstiegszeit** *f* / pulse rise time || ≗**antwort** *f*(DIN 19226) / impulse response, impulse-forced response || ≗**aufbereitung** *f* / pulse conditioning, pulse shaping || ≗**auswertung** *f* / pulse evaluation, pulse evaluator || ≗**befehl** *m* / pulse command || ≗**betrieb** *m* / pulse operation, pulsing *n* || ≗**bildung** *f*(Baugruppe, Impulsgenerator) / pulse generator, pulse generating module || ≗**bildung** *f*(LE-Baugruppe für Zündimpulse) / firing pulse generator || ≗**breite** *f* / pulse width, pulse duration || ≗**breitensteuerung** *f* / pulse duration control, pulse width control (depr.) || ≗**codemodulation (PCM)** *f* / pulse-code modulation (PCM) || ≗**dach** *n* / pulse top || ≗**daten** *n pl* / pulse characteristics || ≗**dauer** *f* / pulse duration || ≗**dauer** *f*(Lasergerät, VDE 0837) / pulse radiation (IEC 825) || ≗**dauermodulation (PDM)** *f* / pulse-duration modulation (PDM), pulse-width modulation (depr.) || ≗**dehner** *m* / pulse expander, pulse stretcher || ≗**dehnung** *f* / pulse stretching, pulse expansion || ≗**echo-Verfahren** *n* / pulse echo method (o. technique), pulse reflection method || ≗**ecke** *f* / pulse corner || ≗**-Ein-/Ausverhältnis** *n* / pulse duty factor || ≗**eingang** *m* / pulse input || ≗**einzelheit** *f* / pulse waveform feature || ≗**ende** *n* / pulse finish || ≗**energie** *f* / pulse energy || ≗**epoche** *f* / pulse epoch || ≗**erregung** *f*(Schwingkreis) / impulse excitation, shock excitation || ≗**-Fernzähler** *m* / impulse-type telemeter || ≗**flanke** *f* / pulse edge
Impulsfolge *f* / pulse train, pulsed quantity (IEC 50(101)), pulse string || ≗ **eines Sendezyklus** (RSA, VDE 0420) / message *n* || **Ton**~ / tone burst || ≗**frequenz** *f* / pulse repetition rate, pulse repetition frequency (PRF) || ≗**periode** *f* / pulse repetition period, pulse interval
Impuls·form *f* / pulse shape, pulse waveshape, pulse envelope || ≗**former** *m* / pulse shaper || ≗**formungsverfahren** *n* / pulse shaping process
Impulsfrequenz *f* / pulse frequency, pulse rate, pulse repetition frequency || ≗ (s. Impulsrate) || ≗**modulation** *f* / pulse-frequency modulation (PFM) || ≗**teiler** *m* / scaler *n* || ≗**wandler** *m* / pulse frequency changer
Impulsgeber *m* / pulse generator, pulser *m*, pulse initiator, pulse encoder (NC) || ≗ (EZ) / impulse device, impulsing transmitter, pulse transmitter, pulse initiator || ≗**zähler** *m* / impulsing meter, impulse meter
Impuls·generator *m* / pulse generator, pulse initiator || ≗**geräusch** *n* / impulse noise || ≗**gruppe** *f* / pulse run || ≗**gruppenanzahl** *f* / pulse run count || ≗**höhe** *f* / pulse height, pulse amplitude || ≗**höhenanalysator** *m* / amplitude analyzer || ≗**höhenanalyse (PHA)** *f* / pulse height analysis

(PHA), (pulse) amplitude analysis || ²höhendiskriminator m / pulse height discriminator, pulse amplitude discriminator, amplitude discriminator || ²intervallverfahren n / pulse interval method || ²kette (s. Impulsfolge) || ²koinzidenz f / pulse coincidence || ²konstante f / pulse constant || ²kontakt (I-Kontakt) m / impulse contact || ²lagenmodulation (PLM) f / pulse position modulation (PPM) || ²lampe f / pulsed lamp || ²länge f / pulse length, pulse duration || ²längenmodulation (PLM) f / pulse length modulation (PLM) || ²laser m / pulsed laser || ²leitung f(LE) / firing-circuit cable, control cable || ²löschung f / pulse suppression || ²löschung f(LE, Steuerimpulse) / trigger pulse suppression, firing-pulse turn-off (o. blocking) || ²lücke f / pulse gap, interpulse period || ²magnetron n / pulsed magnetron || ²meßmethode f(DIN IEC 469, T.2) / method of pulse measurement || ²messung f / pulse measurement || ²meßverfahren n(DIN IEC 469, T.2) / pulse measurement process || ²modulation f / pulse modulation (PM) || ²-Nichtkoinzidenz f / pulse non-coincidence || ²paketsteuerung f / burst firing control || ²pause f / interpulse period || ²-/Pausenverhältnis n(Rechtecksignal) / mark-to-space ratio || ²pegelanpassung f / pulse level adaptor || ²periodendauer f / pulse repetition period, pulse interval || ²permeabilität f / pulse permeability || ²phasenmodulation f / pulse phase modulation (PPM), pulse position modulation || ²plan m / pulse diagram || ²platz m / pulse position || ²quadrant m / pulse quadrant || PCM-²rahmen m / PCM frame || ²raster m / pulse code, ripple control code (sequence of a number of pulse positions in a ripple control system) || ²rate f / pulse rate || ²ratenmeter n / impulse rate meter || ²rauschen n / impulsive noise || ²reflektometer m / pulse reflectometer || optisches ²reflektometer / optical time-domain reflectometer || ²relais n / repeat time-delay relay, impulse relay || ²sammelschiene f / pulse bus, pulse highway || ²schalldruckpegel m / impulse sound-power level || ²schallpegel m / impulse sound level || ²schalter m(LS, Ölströmungssch.) / impulse circuit-breaker, impulse breaker || ²schreiber m / pulse recorder || ²schritt m / pulse interval || ²schwingung f / pulse oscillation || ²signal n / pulse signal, sampled signal || ²spannungsfestigkeit f / impulse withstand voltage || ²spektroskop n / pulse spectroscope || ²sperre f / pulse inhibitor || ²sperrhebel m(EZ) / pulse blocking rocker || ²spitze f / pulse overshoot || ²stabilität f / pulse stability || ²stabilität bei Fehlanpassung / pulse mismatch stability || ²stabilität bei Inbetriebnahme / pulse starting stability || ²startlinie f / pulse start line || ²startzeit f / pulse start time || ²stoplinie f / pulse stop line || ²stopzeit f / pulse stop time || ²störung f / impulse noise, impulsive disturbance || ²strom m / power pulse current || ²summierrelais n / totalizing pulse relay || ²technik f(DIN IEC 469, T.1) / pulse techniques || ²telegramm n(FWT) / pulse message || ²transformator (s. Impulsübertrager) || ²übersetzung f / pulse ratio || ²übertrager m / pulse transformer, gate pulse transformer || ²übertragerbaugruppe f / pulse transformer module (o. subassembly) || ²übertragungssystem n(LE) / pulse transmission system || ²umwerter m / pulse weight converter, pulse scaler || ²unterdrückung f / pulse suppression || ²untersetzer m / pulse scaler || ²verarbeitung f / pulse processing || ²verbreiterung f / pulse spreading || ²verhalten n / pulse response || ²verhältnis n / pulse ratio || ²verkürzung f / pulse shortening, pulse contraction || ²verlängerung f / pulse stretching, pulse expansion || ²verschleifen n / pulse rounding || ²verschleppung f / pulse distortion || ²verstärker m / pulse amplifier || ²verstärker m(LE, Steuerimpulse) / (trigger o. gate) pulse amplifier, firing pulse amplifier || ²verteiler m / pulse distributor || ²verteilerbaugruppe f(LE) / pulse distribution module, pulse distributor || ²verzerrung f / pulse waveform distortion, pulse distortion || ²verzögerungsdauer f / pulse delay interval || ²voreildauer f / pulse advance interval || ²vorlaufzeit f / set-up time (IEC 147) || ²wärmewiderstand m(HL, DIN 41862) / thermal impedance for one single pulse, thermal impedance under pulse conditions || ²weiche f / pulse separating filter, pulse distributor, pulse gate || ²welligkeit f / pulse ripple || ²wertigkeit f / pulse value, pulse significance, pulse weight, increment per pulse || ²zähler m / pulse counter, scaler n || schreibender ²zähler / pulse recorder || ²zähler (s. Impulsgeberzähler) || ²zahlprüfung f / pulse number check || ²zählspeicher m / pulse count store

Impulszeit f / pulse time, pulse duration || ² (Impulsrelais) / operate time || ²berechnung f / pulse time calculation, pulse time calculator || ²modulation f / pulse time modulation (PTM)

Imputz-Installation f / semi-flush installation, semi-recessed installation || ²-Steckdose f / semi-flush-type socket-outlet, semi-recessed receptacle || ²-Verbindungsdose f / semi-flush joint box, semi-recessed junction box

IMS (information management system - Informationsverwaltungssystem)

in beiden Richtungen zeitverzögerter Wechsler / changeover contact delayed in both directions || ~ **Bereitschaft** (IEC 50(191)) / standby state || ~ **Betrieb** (IEC 50(191)) / operating state || ~ **Brückenschaltung** / bridge-connected adj || ~ **Luft schaltend** / air-break adj || ~ **Metall bündig einbaubarer Näherungsschalter** / metal-embeddable proximity switch || ~ **Öl schaltend** / oil-break adj, oil-immersed break || ~ **Quadratur** / in quadrature || ~ **Sternschaltung** / star-connected adj, (..wye connected adj, Y-connected adj

INA (s. internationale Normalatmosphäre)

I-Naht f / square weld, square butt weld

inaktiv·es Teil / inactive part || ~**er Zutand der Systemsteuerung** (PMG, DIN IEC 625) / system control not active state (SNAS)

Inaktivitätsüberwachung f(Datennetz) / inactivity control

Inbetriebnahme f / startup n, commissioning n || ² (Automatisierungssystem; Rechneranlage) / system start-up, start-up procedure || ²adaption f (adaptive Reg.) / start-up adaptation || ²anleitung f / commissioning instructions, start-up manual ||

≗**hilfe** *f*(PC) / start-up aid || ≗**protokoll** *n*(el. Masch.) / commissioning report || ≗**prüfung** *f pl* / commissioning test
Inbetriebsetzung *f* / commissioning *n*, putting into service, putting into operation
Inbetriebsetzungs·ingenieur *m* / commissioning engineer, start-up engineer || ≗**ladung** *f*(Batt.) / initial charge
Inbus·schlüssel *m* / socket spanner, socket wrench, box spanner || ≗**schraube** *f* / socket-head cap screw
In-circuit-Emulator (s. Emulations- und Testadapter)
Index *m*(Inhaltsverzeichnis u. DV, DIN 44300) / index *n* || ≗ (Math.) / subscript *n* || ≗ ['] / prime *n* (subscript) || ≗ ["] / double-prime *n*(subscript) || ≗**datei** *f* / index file || ≗**nut** (s. Unverwechselbarkeits-Nut) || ≗**register** *n* / index register
indexsequentiell·er Zugriff / index-sequential access
Indextabelle *f*(DIN 44300) / index *n*
Indikator *m*(Datenelement, das abgefragt werden kann, um festzustellen, ob eine bestimmte Bedingung während der Programmausführung erfüllt worden ist) / indicator *n*(ISO 2382) || **Tor**~ *m* / gate monitor || ≗**lösung** *f* / indicator solution || ≗**-Meßgerät** *n*(zur annähernden Messung einer Größe und/oder des Vorzeichens der Größe) / detecting instrument || ≗**register** *n* / indicator register, condition-code register (contains the indicators resulting from operation of the ALU) || ≗**schaltung** *f* / indicator circuit || ≗**wort** *n* / indicator word, condition-code word
indirekt·es adaptives Regelsystem / indirect adaptive control system || ~ **angetriebenes Steuerschaltwerk** (s. motorisch angetriebenes Steuerschaltwerk) || ~**er Antrieb** / indirect drive || ~**e Aufzeichnung** / indirect recording || ~**er Auslöser** / indirect release, indirect trip, indirect overcurrent release || ~**e Auslösung** / indirect tripping, transformer-operated tripping || ~ **beeinflußte Regelstrecke** (o. Steuerstrecke) / indirectly controlled system || ~ **beheizter Heißleiter** (NTC-I-Thermistor) / indirectly heated NTC thermistor (NTC-I) || ~**e Beheizung** / indirect heating || ~**e Beleuchtung** / indirect lighting || ~**es Berühren** (VDE 0100, T.200) / indirect contact || ~**e Blendung** / indirect glare || ~**er Blitzeinschlag** / indirect lightning strike || ~**er Blitzschlag** / indirect stroke || ~**e Diagnose** (Off-line-Diagnose) / off-line diagnosis || ~**e Eigenerregung** / excitation from separately driven exciter || ~**es Einführen** (zu Anschlußstellen innerhalb eines Gehäuses) / indirect entry || ~**e Erdung** / indirect earthing || ~ **gekoppelte Rechnersteuerung** / off-line computer control || ~ **gekühlte Wicklung** (el. Masch., VDE 0530, T.1) / indirect cooled winding (IEC 34-1) || ~ **geschalteter Kontakt** / snap-action contact (element) (IEC 337-1), quick-make quick-break contact || ~**er Gleichstromumrichter** (s. Zwischenkreis-Gleichstromumrichter) || ~**es Kommutieren** (LE) / indirect commutation || ~**er Lichtstrom** / indirect (luminous) flux || ~**e Lichtzündung** (Thyr) / indirect light-pulse firing || ~ **luftgekühlte Maschine** / indirectly air-cooled machine, machine indirectly cooled by air || ~**e Parallelschaltung** (LE, von Kommutierungsgruppen) / multiple connection (of commutating groups) || ~**e Prozeßkopplung** / off-line process interface || ~**e Prüfung** / indirect inspection and testing || ~**er Spannungsregler** / indirect-acting voltage regulator || ~**er Steckverbinder** / two-part connector || ~**er Überstromauslöser** (VDE 0660,T.101) / indirect overcurrent release (IEC 157-1) || ~**er Wechselstromumrichter** (s. Zwischenkreis-Wechselstrom-Umrichter) || ~ **wirkender Schreiber** / indirect recording instrument || ~ **wirkender Überstromauslöser** / indirect overcurrent release || ~**e Wirkungsgradbestimmung** / determination of efficiency by summation of losses, (determination of) efficiency by indirect calculation
Indirektleuchte *f* / indirect lighting luminaire
Individualverkehr *m* / private motor traffic
indiziert·e Leistung / declared power, indicated horsepower (i.h.p.) || ~**er Wert** / subscribed value || ~**er Zugriff** / indexed access
Indizierung von Befehlen / command indexing
Inductosyn *n* / Inductosyn *n* || ≗**-Maßstab** *m* / Inductosyn scale || ≗**-Reiter** *m* / Inductosyn cursor
Induktanz *f* / inductance *n*, inductive reactance
Induktion *f* / induction *n*, magnetic induction, flux density || ≗ **aus der Kommutierungskurve** / normal induction
induktions·arm *adj* / low-inductance *adj* || ≗**belag** *m* / inductance per unit length || ≗**brücke** *f*(NC) / variable-inductance transducer || ≗**empfindlichkeit** *f*(Hallplättchen, DIN 41863) / induction sensitivity || ≗**fluß** *m* / magnetic flux, flux of magnetic induction
induktionsfreie Belastung / non-inductive load, non-reactive load
Induktions·-Frequenzumformer *m* / induction frequency converter || ≗**geber** *m*(a. Kfz-Zündschaltgerät) / induction-type pulse generator || ≗**generator** *m* / induction generator || ≗**gesetz** *n* / Faraday's law, second circuital law
induktionshärten *v* / induction-harden *v*
Induktions·heizung *f* / induction heating || ≗**instrument** (s. Induktionsmeßgerät) || ≗**koeffizient** *m* / coefficient of self-induction || ≗**konstante** *f* / permeability of free space, space permeability, permeability of the vacuum || ≗**kupplung** *f* / induction coupling, electromagnetic clutch || ≗**leuchte** *f* / induction luminaire || ≗**linearmotor** *m* / linear induction motor (LIM) || ≗**maschine** *f* / induction machine, asynchronous machine || ≗**meßgerät** *n* / induction instrument || ≗**meßverfahren** *n* (Leitfähigkeitsmessung) / induction (measuring) method, electrodeless measuring method || ≗**meßwerk** *n* / induction measuring element
Induktionsmotor *m* / induction motor, asynchronous motor || ≗ **mit gewickeltem Läufer** / wound-rotor induction motor || ≗ **mit Repulsionsanlauf** / repulsion-start induction motor || ≗**-Wattstundenzähler** *m* / induction-motor watthour meter, induction watthour meter || ≗**zähler** *m* / induction-motor meter, induction meter

Induktions·ofen *m* / induction furnace || **≗periode** *f* (Isolierflüssigk.) / induction period || **≗-Quotienten-Meßgerät** *n* / induction quotientmeter || **≗regler** *m* / induction regulator || **≗relais** *n* / induction relay || **≗spannung** *f* / induced voltage || **≗spule** *f* / induction coil, inductor *n*, Ruhmkorff coil || **≗spule** *f* (Flußmessung) / magnetic test coil, exploring coil, search coil || **≗spule mit Trennfunktion** / isolating inductor || **≗strom** *m* / induced current, induction current || **≗tachogenerator** *m* / induction tacho-generator || **≗triebsystem** *n* (EZ) / induction driving element || **≗verlagerungsfaktor** *m* / induction transient factor || **≗vermögen** *n* / inductivity *n* || **≗verteilung** *f* / flux distribution || **≗welle** *f* / flux-density wave, m.m.f. wave || **≗zähler** *m* / induction meter, induction motor meter || **≗zündung** *f* / induced ignition

induktiv *adj* / inductive *adj*, reactive *adj*, lagging *adj* || **~e Abschaltspannung** / voltage induced on circuit interruption || **~er Aufnehmer** / inductive pickup || **~es Aufnehmerpaar** / inductive pickup couple, pair of inductive sensors || **~er Ausschaltstrom** / inductive breaking current || **~e Beeinflussung** / inductive interference, inductive coupling || **~e Belastung** / inductive load, reactive load, lagging load || **~e Blindarbeit** / lagging reactive energy || **~e Blindleistung** / lagging reactive power || **~er Blindleitwert** / inductive susceptance || **~e Blindspannung** / lagging reactive voltage, reactive voltage || **~er Blindstrom** / reactive current || **~er Blindwiderstand** / inductive reactance, reactance *n*, inductance *n*, magnetic reactance || **~er Durchflußaufnehmer** / magnetic flow transmitter || **~e Einstreuungen** / inductive interference || **~e Entkopplung** / inductance decoupling, reactor decoupling || **~e Erdung** / impedance earthing (GB), reactance grounding (US), resonance grounding || **~e Erwärmung** / induction heating || **~ geerdet** / impedance-earthed *adj* (GB), reactance-grounded *adj* (US), resonant-grounded *adj*, resonant-grounded with Petersen coil || **~ gekoppelt** / inductively coupled || **~ geschaltete Leuchte** / luminaire with inductive circuit || **~e Gleichspannungsänderung** (LE) / inductive direct voltage regulation || **~e Komponente** / reactive component || **~er Koppler** / inductive coupler || **~e Kopplung** / inductive coupling, inductance coupling, electromagnetic coupling, inductive exposure || **~er Kopplungsgrad** / inductive coupling factor || **~e Last** / inductive load, reactive load || **~er Leistungsfaktor** / lagging power factor, lagging p.f. || **~e Mitkopplung** (s. induktive Kopplung) || **~er Näherungsschalter** / inductive proximity switch, inductive proximity sensor || **~er Nebenschluß** / inductive shunt || **~er Nebenschlußsteller** / induction regulator for shunt-field circuits || **~er Nebenwiderstand** / inductive shunt || **~es Potentiometer** / inductive potentiometer || **~e Restfläche** (Hallstromkreis) / effective induction area || **~e Schaltung** (L-Lampe) / lagging p.f. correction || **~es Schaltvermögen** / inductive breaking capacity || **~er Scheinwiderstand** / inductive impedance || **~er Spannungsabfall** / reactance drop, reactive voltage drop || **~er Spannungsregler** / induction voltage regulator, transformer-type voltage regulator || **~er Spannungswandler** / inductive voltage transformer, cascade potential transformer, electromagnetic voltage transformer || **~er Steller** / induction regulator, rotary regulator, variable transformer || **~e Störbeeinflussung** / inductive interference, inductive coupling || **~e Störspannung** / inductive interference voltage || **~er Stromkreis** / inductive circuit || **~er Teil** (kapazitiver Spannungswandler) / electromagnetic unit (e.m.v.) || **~es Vorschaltgerät** / inductive ballast || **~er Wandler** / inductive transformer, cascade transformer, electromagnetic transformer || **~er Wegabgriff** / inductive displacement pick-off, inductive position sensor || **~es Wegmeßgerät** / inductive displacement (o. position) sensing device, Inductosyn *n* || **~er Widerstand** / inductive reactance, reactance *n* || **~er Zweig** (Leuchtenschaltung) / lag circuit

Induktivimpuls-Umsetzung *f* / pulse conversion by inductance

Induktivität *f* / inductance *n*, inductivity *n*, inductive reactance || **≗** (Stromkreiselement) / inductor *n* || **≗ des Versorgungsnetzes** (bezogen auf einen SR) / supply inductance

induktivitäts·arm *adj* / low-inductance *adj* || **≗dekade** *f* / decade inductor || **≗faktor** *m* (IEC 50(221)) / inductance factor || **≗messer** *m* / inductance meter, inductance bridge || **≗wert** *m* / inductance factor

induktiv-kapazitives Netzwerk / inductance-capacitance network

Induktivkoppler (s. induktiver Koppler)

Induktor *m* / inductor *n*, induction coil || **≗** (Gen., Läufer) / generator rotor *n*, rotor *n* || **≗ballen** *m* (el. Masch.) / rotor body, inductor core || **≗-Dynamotor** *m* / inductor dynamotor || **≗-Frequenzumformer** *m* / inductor frequency converter || **≗generator** *m* / inductor generator || **≗kappe** *f* (el. Masch.) / rotor end-winding retaining ring, rotor end-bell || **≗kreis** *m* / rotor circuit, inductor circuit || **≗maschine** *f* / inductor machine || **≗pol** *m* / field pole || **≗-Synchronmotor** *m* / inductor-type synchronous motor

Induktosyn (s. Inductosyn)

Industrie·atmosphäre *f* / industrial atmosphere, industrial environment || **≗elektronik** *f* / industrial electronics

Industrieform, Prädikat „Die gute ≗" / industrial design award

Industrie·gelände *n* / industrial premises || **≗kraftwerk** *n* / industrial power station, captive power plant || **≗leuchte** *f* / industrial luminaire, industrial-type luminaire, industry-type lighting fitting, factory fitting

industrieluftbeständig *adj* / resistant to industrial atmospheres

Industrie·netz *n* / industrial system, industrial network || **≗relais** *n* / industry-type relay, industrial relay || **≗roboter (IR)** *m* / industrial robot || **≗-Steckvorrichtungen** *f pl* / plugs, socket-outlets and couplers for industrial purposes, industrial socket-outlets and plugs, industrial plugs and sockets || **≗steuerungen** *f pl* / industrial control systems || **≗strahler** *m* / industrial radiator, factory lamp || ≗**straße** *f* / commercial street || ≗**tarif** *m* / industrial tariff || ≗**verteiler** *m* / industry-type distribution board, distribution board for industrial purposes

induzieren *v* / induce *v*

induziert·er Blitzschlag / indirect stroke || ~**es Fremdfeld** / induction field || ~**e magnetische Anisotropie** / induced magnetic anisotropy || ~**e Masse** / effective mass || ~**e Restspannung** (Halleffekt-Bauelement, DIN 41863) / inductive residual voltage (IEC 147-0C) || ~**e Seite des Leiters** / active part of conductor || ~**e Spannung** / induced voltage, e.m.f. || ~**e Ständerspannung** / stator e.m.f. || ~**e Steuerspannung** (Halleffekt-Bauelement, DIN 41863) / induced control voltage (IEC 147-0C)

ineinandergewickelt·e Doppelspule / interleaved double coil, interwound coils, imbricated double coil || ~**e Stränge** / interleaved phase windings

ineinander·greifen *v* / mesh *v*, engage *v* || ≗**schieben** *n* / telescoping *n*

Infeldblendung *f* / direct glare

Inferenzen, erwartungsgesteuerte ≗ / expectation-driven reasoning

Inferenzmechanismus *m* / inference mechanism

Influenz *f*, **elektrische** ≗ / electrostatic induction, electric influence, electric induction phenomenon

influenziert·e Spannung (s. Influenzspannung)

Influenz·konstante *f* / absolute permittivity, specific inductive capacity || ≗**maschine** *f* / influence machine, continuous electrophorous, Wimshust machine, electrostatic generator, Pidgeon machine || **sektorlose** ≗**maschine** / Bonetti machine || ≗**spannung** *f* / influence voltage

Informatik *f* / computer science

Information *f* / information *n*

Informationsaustausch *m* / information exchange, exchange of information || ≗ **Maschine-Maschine** / machine-to-machine information exchange || ≗ **Mensch-Maschine** / man-to-machine information exchange

Informations·block *m* / information block, data block || ≗**byte** *n* / information byte, data byte || ≗**darbietung** *f* / presentation of information || ≗**darstellung** *f* / representation of information, data representation || ≗**elektroniker** *m* / data and control electronics fitter || ≗**feld** *n* / information field || ≗**fluß** *m* / information flow || ≗**flußüberwachung** *f* / communication control || ≗**geheimhaltung** *f* / information secrecy, non-disclosure of information || ≗**kapazität** *f* / information capacity || ≗**knoten** *m* / information node || ≗**kreis** *m* (f. Überwachungsaufgaben) / monitoring circuit || ≗**menge** *f* / quantity of information, amount of information, information set || ≗**parameter** (s. Signalparameter) || ≗**sicherung** *f* / information securing || ≗**technik** *f* / information technology (IT) || ≗**träger** *m* / information medium, information carrier || ≗**trennzeichen** *n* / information separator || ≗**übermittlung** *f* (FWT) / information transfer || ≗**übermittlungsrate** *f* (FWT) / information transfer rate

Informationsübertragung *f* / information transmission, information transfer || **Schutzsystem mit** ≗ / protection system associated with signalling system, pilot protection system

Informations·übertragungsrate *f* / information transfer rate || ≗**verarbeitung** *f* / information processing, data processing || ≗**verlustrate** *f* (FWT) / rate of information loss || ≗**verteiler** *m* (Multiplexer) / information multiplexer || ≗**verwaltungssystem** *n* / information management system (IMS) || ≗**vorbereitung** *f* (NC) / data preparation || ≗**wort** *n* / information word

infrarote Strahlung / infrared radiation (IR)

Infrarotabsorption *f* / infrared absorption

Infrarot·detektor *m* / infrared detector || ≗**extinktion** *f* / infrared absorbance || ≗**-Fernbedienungssystem** *n* / infra-red remote-control system || ≗**-Fernschalter** *m* / infrared controller || ≗**lampe (IR-Lampe)** *f* / infrared lamp || ≗**monochromator** *m* / infra-red monochromator (IR monochromator), monochromator for infrared radiation || ≗**spektroskopie** *f* / infrared spectroscopy || ≗**strahler** *m* / infrared radiator, infrared lamp, heat lamp || ≗**thermometer** *n* / infrared thermometer (IR thermometer) || ≗**-Zentralverriegelung** *f* (Kfz) / central locking system with IR remote control

Infraschallfrequenz *f* / infrasonic frequency, ultralow frequency

Inhalt der meßflächengleichen Halbkugelfläche / area of equivalent hemisphere || ≗ **der Zustandsverknüpfung** (PMG) / state linkage content || ≗ **des Datenfeldes** / data field content || **Befehls**~ *m* (DÜ) / meaning of command || **Merker**~ (PC) / flag contents

inhaltsadressierbarer Speicher (CAM) / contents-addressable memory (CAM)

Inhaltsverzeichnis *n* (Datenträger) / directory *n*

inhärent *adj* (IEC 50(191)) / intrinsic *adj*, inherent *adj* || ~**er Ausfall** / inherent weakness failure || ~**es Gleichstromverhältnis** / inherent forward current transfer ratio

inhibiertes Isolieröl / inhibited insulating oil

Inhibition *f* (DIN 44300) / exclusion *n*

inhomogenes Feld / inhomogenous field, non-uniform field, irregular field

Initialisierung *f* / initialization *n*

Initialisierungs-Befehlswort *n* / initialization command word (ICW)

Initiator *m* / initiator *n* || **Näherungs**~ *m* / proximity switch, proximity sensor

Initiierungskonflikt *m* (PC) / initiation conflict

Injektions·folgespannung *f* (Diode, DIN 41781) / post-injection voltage || ≗**strahlerzeuger** *m* / injection gun

inklusives ODER / inclusive OR, disjunction *n*

Inkraftsetzungsdatum *n* / effective date

inkremental·e Ausfallwahrscheinlichkeit (DIN 40042) / incremental probability of failure || ~**e Maßangaben** (NC, Bildzeichen) / incremental program (symbol) || ~**er rotatorischer Wegmeßgeber** / incremental rotary position encoder || ~**er Vorschub** / incremental feed || ~**er Wegmeßgeber** / incremental position (o. displacement) resolver, incremental encoder || ~**es Wegmeßsystem** (NC) / incremental position measuring system

Inkrementalbefehl *m* (FWT) / incremental

command

Inkrementalmaß·programmierung *f*(NC, DIN 66257) / incremental programming (ISO 2806-1980), incremental data input

Inkremental·-Meßsystem *n*(NC) / incremental measuring system || **≗steuerung** *f* / incremental control || **≗-Wegmeßgerät** *n* / incremental position measuring device, pulse-type transducer

inkrementell·e Permeabilität (IEC 50(221)) / incremental permeability || **~er Übersetzer** / incremental compiler

inkrementieren *v* / increment *v*

Inkrementmeldung *f*(FWT) / incremental information

innen erzeugte Steuerkreisspannung / internal control circuit voltage || **~ glattes Rohr** (IR) / internally plain conduit || **~ verkettete Zweiphasenschaltung** / internally linked two-phase four-wire connection || **~ verripptes Gehäuse** / internally ribbed housing

Innenanlage (s. Innenraumanlage)

Innen·bearbeitung *f*(WZM) / internal machining || **≗beleuchtung** *f* / interior lighting, lighting of interiors || **≗beleuchtung** *f*(Kfz) / courtesy light(s) || **≗druck** *m* / inner pressure || **≗durchmesser** *m* / inside diameter (i.d.), internal diameter

Inneneck (IK) (s. Inneneck-Winkelstück) || **≗winkelstück** *n*(IK) / inside angle (unit), internal angle (unit), forward elbow

Innen·faser *f* / inner surface, inner layer || **≗feinmeßgerät** *n* / inside calipers

Innengarnitur *f*, **Ventil-≗** / valve trim

Innengefüge *n* / subsurface structure

innengekühlt·e Maschine / machine with open-circuit cooling, enclosed ventilated machine || **~e, eigenbelüftete Maschine** / enclosed self-ventilated machine

Innen·gewinde *n* / internal thread, female thread || **≗gewinde-Schlitzklemme** *f* / female screw terminal || **≗impedanz** *f* / internal impedance || **≗interpolator** *m*(NC) / internal interpolator

Innen-Isolationswiderstand *m* / volume resistance, internal insulation resistance || **spezifischer ≗** / volume resistivity

Innenkabel *n*(Innenraumk.) / indoor cable, cable for indoor use

Innenkontur *f*(NC) / inside contour

Innenkontur-Bearbeitung *f*, **Halbkreis-≗** / machining of internal semicircle, inner contour machining of a semicircle

Innen·kühlmittel *n*(Primärkühlmittel) / primary coolant || **≗kühlung** *f* / inner cooling, internal cooling || **≗kühlung** *f*(rotierende el. Masch.) / open-circuit cooling, open-circuit ventilation, mixed ventilation, axial ventilation || **≗läufer** *m* / internal rotor || **≗laufring** *m*(Lg.) / inner bearing ring, inner ring, inner raceway, inner race || **≗leiter** *m* / inner conductor || **≗leuchtensystem** *n* / interior lighting system

innenliegend·er Fehler (s. innerer Fehler) || **~es Lager** / inboard bearing

Innen·lüfter *m* / internal fan || **≗mantel** *m*(Kabel) / inner sheath || **≗maß** *n* / inside dimension

innenmattierte Lampe / inside-frosted lamp, internally frosted lamp, pearl lamp

Innen·mikrometer *n* / inside micrometer || **≗muffe** *f* (Kabelmuffe) / inner sleeve

innenopalisierte Lampe / lamp with internal diffusing coating

Innen·polmaschine *f* / revolving-field machine, stationary-armature machine, internal-field machine || **≗profil** *n* / internal profile || **≗rad** *n* / internal gear || **≗radiustoleranz** *f* / tolerance of inside radius (t.i.r.)

Innenraumanlage *f*(VDE 0101) / indoor installation || ≗ (Station) / indoor station || ≗ (s. Innenraum-Schaltanlage)

Innenraum·aufstellung *f* / indoor installation, installation indoors || **≗beleuchtung** *f* / interior lighting, lighting of interiors || **≗durchführung** *f* / indoor bushing || **~eingetauchte Durchführung** / indoor-immersed bushing || **≗-Erdungsschalter** *m*(VDE 0670,T.2) / indoor earthing switch (IEC 129) || **≗-Kessel-Durchführung** *f* / indoor-immersed bushing || **≗klima** *n* / indoor environment || **≗-Lastschalter** *m*(VDE 0670,T.3) / indoor switch (IEC 265) || **≗-Leistungsschalter** *m* / indoor circuit-breaker, indoor power circuit-breaker || **≗-Schaltanlage** *f* / indoor switching station, indoor switchgear, indoor switchboard || **≗-Schaltanlagen nach dem Bausteinsystem** / modular indoor switchgear, modular indoor switchboards || **≗-Schaltgeräte** *n pl* / indoor switchgear and controlgear (IEC 694), indoor switchgear || **≗station** *f* / indoor substation || **≗transformator** *m* / indoor transformer || **≗-Trennschalter** *m*(VDE 0670,T.2) / indoor disconnector (IEC 129), indoor isolator

Innenreflektor *m* / internal reflector

Innenreflexionsanteil des Tageslichtquotienten / internally reflected component of daylight factor

Innen·ring *m*(Lg.) / inner ring, inner raceway || **≗rohrgenerator** *m* / bulb-type generator || **≗schaltanlage** (s. Innenraum-Schaltanlage)

innensiliziert *adj* / inside silica-coated, internally siliconized

Innen·spule *f* / inner coil || **≗taster** *m* / inside calipers || **≗toleranz** *f* / inside tolerance || **≗verdrahtung** *f* / internal wiring || **≗verpackung** *f* / primary container

innenverspiegelte Lampe / internal-mirror lamp, interior-reflected lamp

Innenviskosität *f* / intrinsic viscosity, internal viscosity, limiting viscosity index

innenweiße Lampe / inside white lamp, internally coated lamp

Innenwiderstand *m* / internal resistance, internal impedance || ≗ (Verhältnis Ausgangsspannungsänderung/ Ausgangsstromänderung bei Belastungsänderung; DIN 41785) / output resistance (IEC 478-1), output impedance || **Elektroden-≗** / electrode a.c. resistance || **scheinbarer ≗** (Batt.) / apparent internal resistance

Innenzahnrad *n* / internal gear

inner·e Anflugfläche / inner approach surface || **~es Betrachtungssystem (IBS)** / internal viewing system (VSI) || **~es Driftfeld** (HL) / internal drift-field || **~es elektrisches Feld** (HL) / internal electric field || **~e Elektrodenadmittanz** / electrode admittance || **~er Elektrodenblindwiderstand** / electrode reactance || **~er Elektroden-**

Gleichstromwiderstand / electrode d.c. resistance || ~e **Elektrodenimpedanz** / electrode impedance || ~er **Elektrodenwirkleitwert** / electrode conductance || ~e **EMK** (el. Masch.) / voltage behind stator leakage reactance || ~e **Energie** / internal energy || ~e **Entladung** / internal discharge || ~er **Erdschluß** (Fehler innerhalb einer Schutzzone) / internal earth fault, in-zone ground fault || ~er **Erdschluß** (Maschine; Gestellschluß) / winding-to-frame fault, short circuit to frame, frame leakage || ~e **Ersatztemperatur** (HL; DIN 41853, DIN 41786) / internal equivalent temperature, virtual temperature || ~er **Fehler** (Fehler innerhalb der Schutzzone) / internal fault, in-zone fault || ~er **Fehler** (mech.) / subsurface defect || ~er **Fotoeffekt** / internal photoelectric effect, internal photoeffect || ~e **Gleichspannungsänderung** (LE) / inherent direct voltage regulation || ~e **Horizontalfläche** (Flp.) / inner horizontal surface || ~e **Hystereseschleife** / minor hysteresis loop || ~e **Induktivität** / inner self-inductance || ~e **Isolation** (Trafo-Wickl.) / minor insulation || ~e **Isolierung** / internal insulation (IEC 265) || ~e **Kapselung** (el. Masch.) / inner frame || ~e **Kennlinie** / internal characteristic || ~er **Kurzschluß** / internal short circuit, short circuit to frame || ~er **Lagerdeckel** / inside bearing cap, inner cap || ~e **Leitschicht** (Kabel) / conductor screen || ~e **Mitkopplung** (Transduktor) / auto-self-excitation *n* (transductor), self-saturation *n* || ~es **Moment** / intrinsic moment || ~er **Polradwinkel** (Gen.) / internal angle || ~es **Produkt** / scalar product || ~e **Reaktanz** / internal reactance || ~e **Reflexion** / interflection *n*, inter-reflection *n*, multiple reflection || ~e **Reibung** / viscosity *n*, internal friction || ~er **Reibungskoeffizient** / dynamic viscosity, coefficient of viscosity || ~e **remanente Restspannung** (Halleffekt-Bauelement, DIN 41863) / internal remanent residual voltage (IEC 147-0C) || ~e **Rückführung** / inherent feedback || ~e **Schwärzung** / internal optical density || ~e **Selbstinduktion** / inner self-inductance || ~e **Spannung** / internal voltage || ~er **Spannungsabfall** / impedance drop, internal impedance drop || ~es **Spannungsverhältnis** (Transistor) / intrinsic stand-off ratio || ~e **Störfestigkeit** / internal immunity || ~er **Störlichtbogen** / internal arcing fault || ~e **Synchronspannung** / synchronous internal voltage || ~e **Temperatur** (HL) (s. innere Ersatztemperatur) || ~e **Transientspannung** / transient internal voltage || ~er **Überdruck** / pressurization level || ~e **Übergangsfläche** (Flp.) / inner transitional surface || ~e **Überspannung** (transiente Ü. in einem Netz, die von einer Schalthandlung oder einem Fehler herrührt) / internal overvoltage || ~es **Verbindungsloch** (gS) / buried via || ~e **Verdrahtung** / internal wiring || ~er **Wärmewiderstand** (HL, DIN 41858) / internal thermal resistance || ~er **Widerstand** / internal resistance, internal impedance, source resistance || ~e **Zwischenabschirmung** / internal interposing screen

innere Leitungen (s. innere Verdrahtung)

innerstädtische Hauptverkehrsstraße / urban major arterial

inniger Kontakt / intimate contact

Insassen-Rückhaltesystem *n* (Kfz) / passenger inertial restraint system, vehicle occupant restraint system

Insel *f* (dezentrales Automatisierungssystem) / island *n*, satellite *n*

Inselbetrieb *m* / isolated operation, solitary operation || **Generator im** ≗ / generator in isolated operation || **Übergang eines Blockes in** ≗ / isolation of a unit

Insel·bildung *f* (Netz) / network splitting, islanding *n* || ≗**netz** *n* / separate network

Inspektions·klappe *f* / hinged servicing cover || ≗**tür** *f* / servicing door

instabiler Bereich / unstable region

Instabilität *f* / instability *n* || ≗ (DIN 43745) / stability error (IEC 359) || ≗ **der Leuchtflecklage** (Osz.) / instability of spot position || **thermische** ≗ (Batt.) / thermal runaway

Instabilitätsfaktor *m* (der Permeabilität, IEC 50(221)) / instability factor

Installation *f* / installation *n*, wiring system, wiring *n* || ≗ (System, in Gebäuden) / wiring system || ≗ **in Gartenbaubetrieben** / horticultural installation

Installations·anlage *f* / wiring system || ≗**gerät** *n* (Schalter, Steckdose, Sicherung u.ä.) / accessory *n*, device *n* || ≗**geräte** *n pl* / installation equipment, wiring accessories || ≗**kabel** *n* / wiring cable || ≗**kanal** *m* / (prefabricated) trunking, (prefabricated) ducting, busway *n*, wireway *n* (US), raceway *n* || ≗**kanal** *m* (offen) / troughing *n*, cable tray, gutter *n* || ≗**-Kleinverteiler** *m* / small distribution board, consumer unit || ≗**leiste** *f* (IK) / strip-type trunking, strip ducting, miniature trunking || ≗**leitungen** *f pl* / building wires and cables, cables for interior wiring || ≗**material** *n* / wiring accessories, installation material || ≗**netz** *n* / wiring system, distribution system || ≗**plan** *m* (DIN 40719) / architectural diagram (IEC 113-1) || ≗**plan** *m* (VDE 0113) / installation drawing (IEC 204)

Installationsrohr *n* / wiring conduit, conduit *n* || ≗ **für leichte Druckbeanspruchung** / conduit for light mechanical stresses (IEC 614-1), conduit with light protection (CEE 23) || ≗ **für mittlere Druckbeanspruchung** / conduit for medium mechanical stresses (IEC 614-1), conduit with medium protection (CEE 23) || ≗ **für schwere Druckbeanspruchung** / conduit for heavy mechanical stresses (IEC 614-1), conduit with heavy protection (CEE 23) || ≗ **für sehr leichte Druckbeanspruchung** (IR) / conduit for very light mechanical stressing || ≗ **für sehr schwere Druckbeanspruchung** (IR) / conduit for very heavy mechanical stresses || ≗ **mit hohem Schutz** (IR) / conduit with high protection || ≗**-Armaturen** *f pl* / conduit fittings, conduit accessories || ≗**-Zubehör** *n* / conduit fittings, conduit accessories

Installations·schacht *m* / (vertical) wiring duct, (vertical) raceway || ≗**schalter (I-Schalter)** *m* / switch *n*, installation switch || ≗**technik** *f* / wiring practice, installation practice, installation engineering || ≗**verteiler (IV)** *m* / distribution board, consumer unit (GB), distribution board for domestic purposes, panelboard *n* (US) || ≗**verteiler mit Kleinselbstschaltern** / miniature circuit-breaker board, m.c.b. board (BS 5486) || **≗vorschriften** *f pl* / wiring regulations

installiert·e Leistung / installed load, installed capacity, installed power || **~e Leistung** (KW) / generating capacity || **~e Lichtleistung** / installed lighting load, installed lamp watts (o. kW) || **~er Lichtstrom** / installed luminous flux

Instandhaltbarkeit *f* / maintainability *n*

Instandhaltbarkeits·aufteilung *f* (IEC 50(191)) / maintainability apportionment || **≗konzept** *n* / maintainability concept || **≗nachweis** *m* / maintainability verification || **≗nachweisprüfung** *f* / maintainability demonstration || **≗vorhersage** *f* / maintainability prediction || **≗zuordnung** *f* (IEC 50(191)) / maintainability allocation

instandhalten *v* / maintain *v*, service *v*

Instandhaltung *f* / maintenance *n* (IEC 50(191)), servicing *n*, upkeep *n* || **≗ am Einsatzort** / field maintenance, on-site (o. in-situ) maintenance || **≗ außerhalb des Einsatzorts** / off-site maintenance || **≗ ohne Funktionseinschränkung** (IEC 50(191)) / function-permitting maintenance || **der ≗ unterzogene Einheit** (IEC 50(191)) / maintenance entity

Instandhaltungs·baum *m* / maintenance tree || **≗bereitschaft** *f* (IEC 50(191)) / maintenance support performance || **≗dauer** *f* (IEC 50(191)) / maintenance time , repair time || **≗dauer** (s. aktive Instandhaltungsdauer) || **≗element** *n* (IEC 50(191)) / elementary maintenance activity || **≗grundsätze** *pl* (IEC 50(191)) / maintenance policy || **≗konzept** *n* / maintenance concept || **≗-Mannstunden** *pl* / maintenance man-hours (MMH) || **≗systematik** *f* (IEC 50(191)) / maintenance philosophy || **≗vorgang** *m* / maintenance action

Instandsetzbarkeit *f* (DIN 40042) / restorability *n*

instandsetzen *v* / repair *v*, restore *v*, recondition *v*

Instandsetzung *f* (IEC 50(191)) / corrective maintenance

Instandsetzungs·dauer *f* (IEC 50(191)) / corrective maintenance time || **≗freiheit** *f* (DIN 40042) / freedom from repairs, hardware reliability || **≗rate** *f* / repair rate

Instanz *f* (Kommunikationssystem; Vermittlungsinstanz) / entity *n* || **≗dienst** (s. Programminstanzdienst)

instationär *adj* / non-steady *adj*, unsteady *adj*, non-stationary *adj*, transient *adj* || **~e Strömung** / unsteady flow, non-stationary flow

Instrument *n* / instrument *n* || **≗** (s. Meßgerät)

Instrumenten·anflugfläche *f* / instrument approach surface || **≗anflugpiste** *f* / instrument approach runway || **≗brett** *n* (Kfz) / dashboard *n*, instrument panel || **≗front** *f* / instrument front || **≗gehäuse** *n* / instrument case || **≗koffer** *m* / instrument case || **≗landesystem (ILS)** *n* / instrument landing system (ILS) || **≗tafel** *f* / instrument panel || **≗träger** *m* (MCC) / instrument panel || **≗wetterbedingungen (IMC)** *f pl* / instrument meteorological conditions (IMC)

Instrument-Nenn-Sicherheitsstrom *m* / rated instrument security current (I_{ps})

Intaktzeit, mittlere ≗ (MTBF) / mean time between failures (MTBF)

Integerzahl (s. ganze Zahl)

integral·er Linearitätsfehler / integral linearity error, integral non-linearity || **~ wirkender Regler** / integral-action controller || **≗anteil** *m* (Reg.) / integral-action component, amount of integral action || **≗-Differential-Regler** *m* / integral-and-derivative-action controller, integral-derivative controller, ID controller || **≗regelung** *f* / integral-action control || **≗regler** *m* / integral-action controller, I-controller *n* || **≗verhalten** (Reg.) (s. integrierendes Verhalten) || **≗wert** *m* (Meßwert) / integrated measurand || **≗wirkung** (Reg.) (s. integrierendes Verhalten) || **≗zeit** *f* / integral-action time

Integrations·dichte (IS) (s. Integrationsgrad) || **≗grad** *m* (IS) / integration level || **≗stufe** (IS) (s. Integrationsgrad) || **≗zeit** *f* / integration time || **≗zeit** *f* (Zeit über die eine veränderl. Größe gemittelt wird) / averaging time

Integrator (s. Integrierer)

Integrierbeiwert *m* (Reg.) / integral-action factor (ANSI C85.1), integral-action coefficient (IEC 546)

integrierend·es Meßgerät / integrating instrument || **~er Schreiber** / integrating recorder, integrating recording instrument (IEC 258) || **~es Verhalten** (Reg.) / integral action, floating action, continuous floating action || **~er Zähler** / integrating meter, meter *n*

Integrierer *m* / integrator *n*

Integriermotor *m* / integrating motor

integriert *adj* (auf Leiterplatte) / on-board *adj* || **~e Anpaßsteuerung** (NC) / integral interface control || **~e Anpassungsschaltung** (Schnittstellensch.) / interface integrated circuit || **~es Bauteil** (auf Leiterplatte, Chip) / on-board component (o. device), on-chip component (o. device) || **~es Datennetz (IDN)** / integrated data network (IDN) || **~e Dickschichtschaltung** / thick-film integrated circuit || **~e Digitalschaltung** / digital integrated circuit || **~e Dünnschichtschaltung** (o. Dünnfilmschaltung) / thin-film integrated circuit || **~e Fassung** (Lampe) / integral lampholder || **~e Halbleiterschaltung** / semiconductor integrated circuit || **~e Hybridschaltung** / hybrid integrated circuit || **~es Licht-Klima-System** / integrated light-air system || **~es Luft-/Kraftstoffsystem** (Kfz) / integrated air/fuel system (IAFS) || **~e Mikroschaltung** / integrated microcircuit || **~e Mikrowellenschaltung** / microwave integrated circuit (MIC) || **~er Multichip** / multichip integrated circuit || **~er Operationsverstärker** / IC operational amplifier || **~e Qualitätskontrolle (IQC)** (s. Qualitätssicherung) || **~es rechnergestütztes Fertigungssystem** / integrated computer-aided manufacturing system (ICAM) || **~e Reglerschaltung** / integrated-circuit regulator, IC regulator || **~es RS** / integrated control || **~e Schaltung (IS)** / integrated circuit (IC) || **~e Schichtschaltung** / film integrated circuit, integrated film circuit || **~e Schnittstellenschaltung** / interface integrated circuit (IIC) || **~e Speicherschaltung** / memory integrated circuit, integrated-circuit memory, IC memory

Integrier·verstärkung *f* (Reg.) / integral gain, integral action gain || **≗zeit** *f* (Reg.) / integral-action time (ANSI C85.1), integral-action time constant (IEC 50(351))

intelligent·e Baugruppe (PC, E/A-Baugruppe) /

intelligent I/O module || ~e **Klemme** (PC) / smart terminator || ~e **Peripheriebaugruppe (IP)** / intelligent I/O module, smart I/O card || ~er **Roboter** / intelligent robot, smart arm
intensiver Lichtfleck / hot spot
interaktiv *adj* / interactive *adj* || ~e **grafische Datenverarbeitung** / interactive graphics || ~e **Verarbeitung** / interactive mode, conversational mode
Interface (s. Schnittstelle)
Interferenz *f* / interference *n* || ²**motor** *m* / subsynchronous reluctance motor || ²**schwebung** *f* / interference beat || ²**schwund** *m* / interference fading
Interflexion *f* / interflection *n*, inter-reflection *n*, multiple reflection
Interflexionswirkungsgrad *m* / inter-reflection ratio
Interkalationsverbindung *f* / intercalated compound
interkristallin·e Korrosion / intercrystalline corrosion || ~e **Rißbildung** / intercrystalline cracking || ~e **Verschiebung** / intercrystalline slip
intermittierend·er Ausfall / intermittent failure || ~er **Betrieb** (s. Aussetzbetrieb) || ~e **Bogenentladung** (Schauerentladung) / showering arc || ~er **Erdschluß** / intermittent earth fault, intermittent arcing ground, arcing ground || ~er **Fehler** / intermittent fault || ~er **Fehlzustand** (IEC 50(191)) / intermittent (o. volatile o. transient) fault || ~er **Zyklus** / intermittent cycle
Intermodendispersion *f* (LWL) / multimode dispersion
Intermodulation *f* / intermodulation *n*
intern·e Systembeeinflussung (EMV, IEC 50(161)) / intra-system interference || ~e **Hilfsinformation** (s. anlageninterne Hilfsinformation) || ~e **Masse** (elST) / internal earth terminal, internal ground terminal, chassis terminal || ~e **Nachricht** (DIN IEC 625) / local message (IEC 625) || ~e **Stromversorgung** (VDE 0618,4) / self-contained power system || ~e **Synchronisierung** (Osz.) / internal synchronization || ~e **Triggerung** (Osz.) / internal triggering
Internationales Einheitensystem (SI) / International System of Units (SI)
international·es Normal / international standard || ~e **Normalatmosphäre (INA)** / international standard atmosphere (ISA)
Internationale Temperaturskala / International Practical Temperature Scale
internationales Zertifizierungssystem / international certification system
Interoperabilität *f* / interoperability *n*
Interpolations·feinheit *f* / interpolation resolution, interpolation sensitivity || ²**parameter** *m* (NC) / interpolation parameter
Interpolator *m* / interpolator *n*, director *n*
Interpreter (s. Interpretierer)
interpretierbar *adj* / interpretable *adj* || **nicht ~er Befehl** (PC) / illegal operation
interpretieren *v* (DIN 44300) / interpret *v*
interpretierende Sprache / interpretive language
Interpretierer *m* / interpreter *n*
Interrupt controller (s. Unterbrechungssteuerung) || ²**handler** (s. Unterbrechungsverwalter)
Intervall-Laden *n* (Batt.) / charging in intervals || ²**uhr** *f* / interval timer
Intervalluhr, programmierbare ² / programmable interval timer (PIT)
Intrinsicdichte (s. Eigenleitungsdichte)
Intritt·fallen *n* / pulling into step, locking into step, falling into step, pulling into synchronism, pulling in || ²**fallmoment** *n* / pull-in torque || ²**fallversuch** *m* / pull-in test || ²**ziehen** *n* / pulling into synchronism
Intrusionsschutzanlage *f* / intruder alarm system
invers·er Betrieb (Sperrschichttransistor) / inverse direction of operation || ~es **Drehfeld** / negative phase-sequence field, negative-sequence system || ~e **Fourier-Transformation** / inverse Fourier transform, Fourier integral || ~e **Funktion** / inverse function || ~e **Laplace-Transformation** / inverse Laplace transform
Inversimpedanz *f* / negative phase-sequence impedance, negative-sequence impedance
Inversions·bremsung (s. Gegenstrombremsung)
Invers·komponentenrelais *n* / inverse-characteristic relay || ²**reaktanz** *f* / negative phase-sequence reactance, negative-sequence reactance || ²**strom** *m* / negative phase-sequence current, negative-sequence current, inverse current || ²**stromrelais** *n* / negative-sequence relay || ²**widerstand** *m* / negative phase-sequence resistance, negative-sequence resistance
Inverter *m* / inverter *n*
invertierender Verstärker / inverting amplifier
invertierter Ausgang / negated output
Investitionsgüterindustrie *f* / capital-goods industry
Involution *f* / involution *n*
Inzidenzmatrix *f* / incidence matrix
Ionen·austausch-Chromatographie *f* / ion exchange chromatography || ²**falle** *f* / ion trap || ²**halbleiter** *m* / ionic semiconductor || ²**implantation** *f* / ion implantation
ionenimplantierte MOS-Schaltung (IMOS) / ion-implanted MOS circuit (IMOS)
Ionenleitung *f* / ionic conduction
ionensensitiv·er FET (ISFET) / ion-sensitive FET (ISFET)
Ionen·trennungselektrode *f* / ion-selective electrode || ²**-Ventilbauelement** *n* / ionic valve device, gas-filled valve device || ²**vervielfachung** *f* (in einem Gas) / gas multiplication || ²**wolke** *f* / corona cloud
Ionisation *f* / ionization *n*
Ionisations·detektor *m* / ionization detector || ²**einsetzspannung** *f* / ionization inception voltage || ²**erscheinung** *f* / ionization phenomenon || ²**feuermelder** *m* / ionization fire detector || ²**geschwindigkeit** *f* / ionization rate || ²**grad** *m* / ionization rate || ²**knick** *m* / ionization threshold, break of ionization curve || ²**löschspannung** *f* / ionization extinction voltage || ²**meßröhre** *f* / ionization tube || ²**rauchmelder** *m* / ionization smoke detector || ²**schwelle** *f* / ionization threshold || ²**wahrscheinlichkeit** *f* / ionization probability
ionisierend·e Strahlung / ionizing radiation || ~e **Verunreinigung** / ionizing impurity
Ionisierungsereignis *n* / ionizing event
IP (s. intelligente Peripheriebaugruppe)
I-Profil *n* / I section, I beam

IQC (s. integrierte Qualitätskontrolle)
IR (s. Industrieroboter)
IRDATA-Schnittstelle *f* / IRDATA interface (IRDATA = industrial robot data)
I-Regelung *f* / integral-action control
I-Regler *m* / I-controller *n*, integral-action controller
Irisblende *f* / iris diaphragm
IR-Lampe (s. Infrarotlampe)
irreführendes Licht / confusing light
Irrstrom *m* / stray current, parasitic current, tracking current
Irrung (s. Eingabe löschen)
IR-Schließsystem (s. Infrarot-Zentralverriegelung)
I²R-Verluste *m pl* / I²R loss, copper loss, load loss
IS (s. integrierte Schaltung) || **≗-Begrenzer** *m* (Stoßstrombegrenzer) / impulse-current limiter
I-Schalter (s. Installationsschalter)
ISDN (s. dienste-integrierendes digitales Netz)
Isentropenexponent *m* / isentropic exponent
ISFET (s. ionensensitiver FET)
ISM (industrial, scientific, medical - industrielle, wissenschafliche und medizinische Einrichtungen)
ISO-Abdeckung (s. Isolierstoffabdeckung)
Isoakuste *f* / isoacoustic curve
Isocandela-Diagramm *n* / isocandela diagram, isointensity diagram
isochrome Farbreize / isochromatic stimuli
Isochronregler *m* / isochronous governor
Isodromregler *m* / isodromic governor
Isodynregler *m* / isodynamic governor
ISO-Genauigkeitsgrad *m* (DIN 7182,T.1) / ISO tolerance grade || **≗-Grundtoleranzreihe** *f* (DIN 7182,T.1) / ISO fundamental tolerance series
Isolation *f* (Eigenschaft, Zustand; vgl. „Isolierung") / insulation *n* (property) || **≗ gegen geerdete Teile** / system voltage insulation || **≗ Phase-Erde** (Trafo) / phase-to-earth insulation || **≗ zwischen den Windungen** / interturn insulation
Isolations·abstufung (s. Isolationszuordnung) || **≗anzeige und -warnungseinrichtung** (VDE 0168, T.1) / insulation monitoring and warning device (IEC 71.4) || **≗anzeiger** (s. Isolationswiderstandsanzeiger) || **≗aufbau** *m* / insulation system, insulation structure || **≗beanspruchung** *f* / insulation stressing || **≗bemessung** *f* / insulation rating, design of insulation || **≗diffusion** *f* / isolation diffusion || **≗durchbruch** *m* / insulation breakdown, insulation puncture, insulation failure
isolationsdurchdringende Klemme / insulation piercing connecting device (i.p.c.d.)
Isolations·eigenschaften *f pl* / dielectric properties || **≗fehler** *m* / insulation fault, insulation failure, insulation breakdown || **≗fehler-Meßgerät** *n* / insulation-fault detecting instrument
Isolationsfestigkeit *f* / insulation resistance, dielectric strength, electric strength, disruptive strength, puncture strength, dielectric rigidity || **≗ nach Feuchteeinwirkung** / insulation resistance under humidity conditions || **Prüfung der ≗** / dielectric test, insulation test, voltage withstand insulation test, high-voltage test
Isolations·gruppe *f* / insulation group || **≗halterung** *f* (EMB) / insulation grip || **≗klasse** (s. Isolierstoffklasse) || **≗koordination** *f* / coordination of insulation, insulation coordination || **≗material** *n* / insulating material, insulation material, insulant *n* || **≗messer** (s. Isolationsmeßgerät) || **≗meßgerät** *n* / insulation resistance meter, insulation (resistance) tester, megger || **≗minderung** *f* / reduction of dielectric strength || **≗niveau** (s. Isolationspegel) || **≗pegel** *m* / insulation level || **≗prüfer** *m* / insulation tester, megohmmeter *n*, megger *n* || **≗prüfer** *m* (Kurbelinduktor) / megger *n*, megohmmeter *n* || **≗prüfpegel** *m* / dielectric test level || **≗prüfung** *f* / dielectric test, insulation test(ing), high-voltage test || **≗prüfung** *f* (Rel.) / dielectric test (relay, IEC 255) || **≗reihe** *f* / insulation rating, insulation level
Isolationsspannung *f* / insulation voltage || **≗** (Spannung zwischen Meßgerätekreis und Gehäuse, für welche der Stromkreis ausgelegt ist) / circuit insulation voltage
Isolations·strecke *f* / isolating distance, insulating clearance, clearance *n* (in air) || **≗strom** *m* / leakage current || **≗system** (s. Isoliersystem) || **≗-Überwachungseinrichtung** *f* (VDE 0615, T.4) / insulation monitoring device || **≗unterstützung** *f* (EMB) / insulation support, insulation barrel (depr.) || **≗verkohlung** *f* / insulation charring || **≗verstärker** (s. Trennverstärker) || **≗wächter** *m* / earth-leakage monitor, line isolation monitor
Isolationswiderstand *m* / insulation resistance, dielectric resistance, insulance *n*, leakage resistance || **Kehrwert des ≗es** / stray conductance, leakance *n*, leakage conductance, leakage permeance || **spezifischer ≗** / insulativity *n*, dielectric resistivity
Isolations·widerstandsanzeiger *m* / insulation resistance indicator || **≗widerstandsbelag** *m* / insulation resistance per unit length || **≗zuordnung** *f* / insulation coordination || **≗zustand** *m* / condition of insulation
Isolator *m* / insulator *n* || **≗** (LWL) / isolator *n* || **optischer ≗** / optical isolator, opto-isolator *n*, opto-coupler *n* || **≗abspannkette** *f* / tension insulator set, dead-end (insulator) assembly, tension set, strain insulator string || **≗anordnung** *f* (Kettenisolatoren) / insulator set
Isolatoren·gabel *f* / insulator fork
Isolator·kette *f* / insulator set (IEC 50(466)), insulator string || **≗scheibe** *f* / insulator shed, insulator disc || **≗stütze** *f* / insulator spindle, insulator support || **≗tragkette** *f* / suspension (insulator) set, suspension assembly
Isolier·abstand *m* / insulating clearance, clearance in air || **≗anstrich** *m* / insulating coating || **≗auskleidung** *f* / insulating lining || **≗band** *n* / insulating tape, friction tape || **≗eigenschaft** *f* / insulating property
isolieren *v* / insulate *v*
isolierend·e Abdeckung (f. Arbeiten unter Spannung) / insulating cover || **~e Arbeitshebebühne** / aerial lift device with insulating arm || **~er Ärmel** / insulating arm sleeve
Isolier·fähigkeit *f* / insulating ability, insulating power, insulating property || **≗festigkeit** (s. Isolationsfestigkeit) || **≗flüssigkeit** *f* / insulating liquid, liquid insulant, dielectric liquid, liquid dielectric || **≗folie** *f* / insulating foil, insulating film, insulating sheet || **≗gas** *n* / insulating gas, gaseous insulant || **≗gefäß** *n* (Trafo) / insulating tank ||

≗gehäuse *n* (Durchführung) / insulating envelope || **≗gewebe** *n* / insulating fabric || **≗hülle** *f* / insulating covering || **Wanddicke der ≗hülle** (Kabel) / thickness of insulation, insulation thickness || **≗hülse** *f* / insulating sleeve || **≗hülse** *f* (Wickl.) / slot cell, slot liner, armour *n* || **≗kasten** *m* (Batt.) / insulation box || **≗kitt** *m* / insulating cement, insulating compound || **≗koppel** *f* (SG) / insulating connecting rod, insulated coupler

Isolierkörper *m* / insulator *n*, insulating (o. insulator) body || ≗ (Stützisolator) / solid insulating material || ≗ (Klemme) / insulating base || ≗ **des Steckverbinders** / connector insert || ≗ **einer Fassung** / socket body

Isolier·kupplung *f* / insulated coupling || **≗lack** *m* / insulating enamel, insulating varnish || **≗manschette** *f* / insulating collar, insulating sleeve || **≗mantel** *m* / insulating wrapper || **≗masse** *f* / insulating compound, insulating paste || **≗material** *n* / insulating material, insulation material, insulant *n* || **≗matte** *f* / insulating mat || **≗mischung für Kabel** / insulating compound for cables || **≗mittel** *n* / insulant *n*, insulating material, insulating agent || **≗muffe** *f* (f. Kabel) / sectionalizing joint

Isolieröl *n* / insulating oil || ≗ **auf Mineralölbasis** / mineral insulating oil

Isolier·papier *n* / insulating paper || **≗perle** *f* / insulating bead || **≗preßstoff** *m* / moulded insulating material

Isolierrahmen *m*, **Polspulen-≗** / field-coil flange

Isolier·rohr (IR) (s. Isolierstoffrohr) || **≗rohrwelle** *f* / insulating tubular shaft || **≗schemel** *m* / insulating stool

Isolierschicht *f* / insulating layer || **≗-Feldeffekttransistor (IG-FET)** *m* / insulated-gate field-effect transistor (IG FET)

Isolier·schlauch *m* / insulation sleeving (IEC 684), insulating tube || **getränktes ≗schlauchmaterial** / saturated sleeving || **≗schwinge** *f* / insulated rocker (arm) || **≗spannung** *f* (DIN 41745) / isolation voltage || **≗stange** *f* / insulating pole, insulating stick || **≗stange mit Laufkatze** (f. Leitungsmontage) / trolley-pole assembly, trolley stick assembly

Isolierstoff *m* / insulating material, insulant *n*, insulator *n*, insulating compound || **≗abdeckung** *f* / insulating cover, plastic cover

isolierstoff-eingebettetes Bauteil / insulation-embedded component

Isolierstoff·-Fassung *f* / lampholder of insulating material (IEC 238) || **≗-Formteil** *n* / insulating moulding, moulded-plastic component || **≗gehäuse** *n* / insulating case, moulded case, enclosure made of insulating material || **≗gehäuse** *n* (Sich.) / moulded-plastic shell || **≗gehäuse** *n* (Leuchte; DIN IEC 598) / enclosure of insulating material

isolierstoffgekapselt·er Drucktaster / insulation-enclosed pushbutton, plastic-clad pushbutton, thermoplastic enclosed pushbutton || **~e Hochspannungs-Schaltanlage** (VDE 0670, T.7) / h.v. insulation-enclosed switchgear (IEC 466) || **~e Schaltanlagen** (VDE 0670, T.7) / insulation-enclosed switchgear and controlgear (IEC 466) || **~er Selbstschalter** / insulation-enclosed circuit-breaker, moulded-plastic-clad circuit-breaker || **~er Verteiler** / insulation-enclosed distribution board || **~es Verteilersystem** / insulation-enclosed modular distribution board system

Isolierstoff·kapselung *f* (VDE 0670,T.7) / insulation enclosure (IEC 466), insulating enclosure || **≗klasse** *f* / insulation class, class of insulation system, class rating || **≗rohr** *n* (IR) / insulating conduit (IEC 614-1), plastic conduit, non-metallic conduit || **≗-Sicherungskasten** *m* / moulded-plastic fuse box || **≗umhüllung** *f* / insulation enclosure (IEC 466), insulating enclosure

isolierstoffumschlossenes Gerät der Schutzklasse II (VDE 0730,1) / insulation-encased Class II appliance (CEE 10,1)

Isolierstoff·-Verteiler (s. isolierstoffgekapselter Verteiler)

Isolier·strecke *f* / isolating distance, insulating clearance, clearance *n* (in air) || **≗system** *n* / insulation system, dielectric circuit

isoliert aufgestellt / installed on insulating mountings, insulated from the base || **~er Freileitungsleiter** (IEC 50(461)) / bundle-assembled aerial cable || **~es Freileitungsseil** / insulated conductor for overhead transmission lines || ~ **geblecht** / made of insulated laminations || **~er Kopfeinsatz** (Bürste) / insulated top || **~er Leiter** / insulated conductor, insulated wire || **~er Mittelleiter** / isolated neutral, insulated neutral, insulated mid-wire || **~es Netz** / isolated-neutral system || **~e Starkstromleitungen** (VDE 0281,0282) / insulated cables and flexible cords for power installations || **~er Sternpunkt** / isolated neutral, insulated neutral || **~e Steuerelektrode** / floating gate || **~e Stromrückleitung** / insulated return system || **~es Thermoumformer-Meßgerät** / insulated thermocouple instrument || **~es Werkzeug** / insulated tool

Isolier·teppich *m* / insulating mat || **≗transformator** *m* / insulating transformer, isolating transformer, safety isolating transformer, one-to-one transformer || **≗-Trennwand** *f* (Phasentrennwand) / phase barrier || **~umhülltes Gerät** / insulation-encased apparatus || **≗umhüllung** *f* / insulation enclosure (IEC 466), insulating enclosure || **≗- und Tragzylinder** (Trafo) *m* / insulating and supporting cylinder, winding barrel

Isolierung *f* (Werkstoffe; vgl. „Isolation") / insulation *n* (material)

Isolier·unterlage *f* / insulating pad, insulating base, insulating layer, plastic base, insulating plate || **≗vermögen** *n* / insulating property, dielectric strength, insulation resistance || **Prüfung des ≗vermögens** / dielectric test, insulation test, voltage withstand insulation test, high-voltage test || **≗verstärker** (s. Trennverstärker) || **≗welle** *f* / insulating shaft, rotary insulator || **≗wickel** *m* / insulating serving || **≗zange** *f* / insulated tongs, insulated fuse puller || **≗zwischenlage** *f* / insulating layer, insulating spacer || **≗zylinder** *m* (weites Isolierrohr) / insulation cylinder

Isolux-Linie *f* / isolux curve, isoilluminance curve, isophot curve

Iso-NH·-Sicherung *f* / plastic-enclosed l.v. h.b.c. fuse || **≗-Sicherungseinsatz** *m* / moulded-plastic l.v. h.r.c. fuse-link

ISO·-Paßsystem *n* / ISO system of fits || **≗-Referenzmodell** *n* (f. Kommunikation offener Systeme) / ISO reference model

Isotherm-Regler *m* / isothermal controller
ISO·-Toleranzfaktor *m* (DIN 7182,T.1) / ISO standard tolerance unit || **≗-Toleranzfeld** *n* (DIN 7182,T.1) / ISO tolerance class || **≗-Toleranzkurzzeichen** *n* / ISO tolerance symbol
isotropes Magnetmaterial / magnetically isotropic material
Istabmaß *n* / actual deviation
I-Stahl *m* / I-sections *n pl*
Istanzeige *f* / true indication
Istarbeit *f* / actual energy
Istarbeitszeit *f* / actual working hours
Istdaten-Rückmeldung *f* / actual data feedback
Istdrehzahl *f* / actual speed
Istlage *f* / actual position
Istleistung *f* / actual power
Istmaß *n* / actual size, actual dimension
Istoberfläche *f* / actual surface
Ist-Sollwert-Vergleich *m* / comparison of actual and setpoint values, actual/setpoint comparison || ≗ **der Wegmessung** (NC) / comparison of actual and commanded position
Istspiel *n* / actual clearance
Istübermaß *n* / actual interference
Istwert *m* / actual value (IEC 50(351)), instantaneous value, measured value, real value || ≗ (Rückführwert) / feedback value || ≗ (Relaisprüf.) / just value || ≗ (QS, DIN 55350,T.12) / actual value || ≗ (Wert der Größe einer angezeigten MSR-Stelle in einer Prozeßführungsanlage) / process variable || ≗ **der Ausfallrate** / observed failure rate || ≗ **der Zeitverzögerung** (Rel., VDE 0435, T.110) / actual value of specified time || **Rückfall-≗** (Rel.) / just release value, measured dropout value (US) || **Weg-≗** (NC) / actual position || **≗anpassung** *f* / actual-value conditioner || **≗anzeige** *f* / actual-value indication, actual-value display (o. readout) || **≗anzeige** *f* (NC, Lage- o. Wegstellungsanzeige) / actual-position display (o. readout) || **≗bildner** *m* / actual-value calculator (o. generator), feedback signal generator, speed signal generator || **≗bildung** (Baugruppe) (s. Istwertbildner) || **≗geber** *m* / actual-value sensor, primary detector, pick-up *n*, detector *n* || **analoger ≗geber** (NC) / analog position feedback encoder || **≗glättung** *f* / smoothing (o. filtering) of actual-value signal || **≗gleichrichter** *m* (LE) / actual-value signal rectifier, speed signal rectifier || **≗speicher** *m* / actual-value memory
Istzeit *f* / real time || ≗ (Arbeitszeit) / clock hours
I^2t-Bereich *m* (eines Leistungsschalters, VDE 0660, T. 101) / I^2t zone (of a circuit breaker, IEC 157-1)
Iteration *f* / iteration *n*
Iterationen *f pl* (QS) / runs *n pl*
I^2t-Kennlinie *f* / I^2t characteristic
It-Material *n* / asbestos-base material
IT-Netz *n* (VDE 0100, T.300 A1) / IT system, IT protective system
I^2t-Wert *m* / I^2t value, Joule integral
I-Übergabeelement *f* (ET) / interface connector
IU-Kennlinie *f* (DIN 41745) / constant voltage/constant current curve (CVCC curve)
IV (s. Installationsverteiler)
I-Verhalten *n* / I-action *n*, integral action, integrating action, floating action || ≗ **mit einer festen Stellgeschwindigkeit** / single-speed floating action || ≗ **mit mehreren festen Stellgeschwindigkeiten** / multi-speed floating action
I-Zeit (s. Integralzeit)

J

Jahres·betriebsdauer *f* / operating time per year || **≗höchstleistung** *f* (StT) / annual maximum demand || **≗maximum** *n* (StT) / annual maximum demand || **≗schalter** *m* / twelve-month switch || **≗schaltuhr** *f* / twelve-month time switch, year time switch || **≗tarifumschaltung** *f* / annual price changing || **mittlere ≗temperatur** / mean temperature of the year, yearly mean temperature || **≗zeittarif** *m* / seasonal tariff
Jalousie *f* / louvre *n*, shutter *n*
„Ja-Nein"-Relais *n* / all-or-nothing relay
Jansenschalter *m* / Jansen on-load tap changer
Japan·papier (s. Japanseidenpapier) || **≗seidenpapier** *n* / Japanese tissue paper
jaulen *v* / whine *v*
JCPDS-Kartei *f* / JCPDS index (JCPDS = Joint Committee on Powder Diffraction Standards)
J(H)-Kurve *f* / J(H) curve || **≗-Schleife** / incremental J(H) loop
Jitter *m* (Impuls) (s. Zittern) || ≗ **der Zeitablenkung** (Osz.) / time-base jitter
JK-Kippglied *n* (mit Einflankensteuerung) / JK bistable element || ≗ **mit Zweiflankensteuerung** / bistable element of master-slave type, master-slave bistable element
Job *m* (vom DV-Benutzer erteilter Auftrag; DIN 44300) / job *n*
Joch *n* / yoke *n* || **≗balken** *m* / yoke section, side yoke || **≗blech** *n* / yoke lamination, yoke punching || **≗bürstenträger** *m* / yoke-type brushgear || **≗gestell** *n* / yoke frame || **≗ringläufer** *m* / floating-type solid-rim rotor
Jodglühlampe *f* / tungsten iodine lamp, iodine lamp, quartz iodine lamp
Johanssonmaß *n* / Johansson gauge, gauge block
Joker (s. Platzhalter)
Jordan·-Diagramm *n* / Jordan diagram || **≗sche Nachwirkung** / Jordan lag, Jordan magnetic after-effect
Joule·-Effekt *m* / Joule effect || **≗-Integral** *n* / Joule integral, I^2t value || **≗sche Wärme** / Joule heat, Joulean heat, resistance loss
jungfräulich·e Kurve / initial magnetization curve, normal magnetization curve, virgin curve, neutral curve || **~er Zustand** (Magnetismus) / virgin state, thermally neutralized state
Jupiterlampe *f* / Klieg lamp
Justierbereich *m* (Ultraschall-Prüfgerät; DIN 54119) / time-base range
justieren *v* / adjust *v*, re-adjust *v*, align *v*, trim *v* || ≗ *n* (MG) / adjustment *n*, adjusting *n* || ≗ (IS) / alignment *n*
Justier·gerät *n* / adjusting unit, aligning unit || **≗getriebe** *n* (Volumenzähler) / calibrating gear, gear-type calibrator, calibrator *n* || **≗körper** *m* / adjusting block || **≗lampe** *f* / adjustment lamp, adjustable lamp || **≗mikroskop** *n* / adjusting microscope || **≗potentiometer** *n* / trimming

potentiometer || ~**reflektor** *m* / calibration reflector || ~**schraube** *f* / adjusting screw, setting screw

Justierung der Nullage (MG) / readjustment of zero || ~ **des Auslösers** (LS) / calibration of release

Justierwiderstand *m* / trimming resistor

K

K, Faktor ~ (Läuferlänge/Durchmesser) / output factor

K, Maximumkonstante ~ / constant K of maximum-demand indicator

Kabel *n* / insulated cable, cable *n*, electric cable || ~ (Kabelleitung im Erdreich) / underground cable || ~ **für Erdverlegung** / direct-buried cable, cable for burial in the ground, buried cable || ~ **mit Erderwirkung** / cable acting as an earth electrode || ~ **mit konzentrischem Neutralleiter** / concentric-neutral cable

Kabelabdeckstein *m* / cable tile

Kabel·abfangschelle *f* / cable clamp, cable grip || ~**abfangung** *f*(StV) / cable clamp || ~**abgang** *m* / outgoing (feeder) cable || ~**abgang** *m*(Einheit) / outgoing cable unit || ~**abschirmung** (s. Kabelschirm) || ~**abschlußgarnituren** *f pl* / cable terminal fittings || ~**abstand** *m* / cable spacing || ~**abwickelgerät** *n* / cable dereeler || ~**abzweig** *m* / cable branch line, outgoing cable feeder, cable feeder || ~**abzweig** (SA-Einheit) (s. Kabelabgang) || ~**abzweigklemme** *f* / cable tapping block, branch terminal || ~**ader** *f* / strand *n*, wire *n* || ~**anpassung** *f*(Gerät f. Signalanpassung) / cable signal conditioner || ~**anschlußeinheit** *f* / incoming cable unit, cable end unit, cable terminal unit || ~**anschlußfeld** *n* / cable terminal panel (o. unit), incoming-cable panel || ~**anschlußkasten** *m* / cable terminal box, cable connection box, cable box, terminal box, pothead compartment || ~**anschlußraum** *m* / cable terminal compartment, cable compartment, main lug compartment || ~**anschlußstutzen** *m* / cable gland, cable sealing end, pothead *n*(US) || ~**armierung** *f* / cable armour || ~**aufteilungsarmatur** *f* / spreader box || ~**ausgang** *m*(StV) / cable outlet, cable adaptor || ~**ausgangs-Überwurfmutter** *f*(StV) / outlet nut || ~**auslesegerät** *n* / cable identifying unit || ~**ausschaltstrom** *m*(VDE 0670,T.3) / cable-charging breaking current (IEC 265) || ~**ausschaltvermögen** *n*(VDE 0670, T.3) / cable-charging breaking capacity (IEC 265), cable off-load breaking capacity || ~**bahn** *f* / cable raceway, cable rack, cable tray || ~**baum** *m* / wiring harness, cable harness, wiring loom, vehicle loom || ~**bett** *n* / cable bedding || ~**bewehrung** *f* / cable armour || ~**boden** *m* / cable basement, cable gallery || ~-**Brenngerät** *n* / cable burn-out unit || ~**dichtung** *f* / cable seal || ~**durchführung** *f* / bulkhead cable gland (IEC 117-5), cable penetration, cable bushing, cable gland || ~**durchführung** *f*(Stutzen) / cable gland || ~**durchschleifung** *f* / looping through of cables || ~**einführung** *f* / cable entry, cable entry fitting, cable inlet, cable lead-in || ~**einführungsarmatur** *f* / cable entrance fitting || ~**einführungsstutzen** *m* / cable entry gland || ~**einheit** (s. Kabelanschlußeinheit) || ~**einspeisekasten** *m* / supply cable terminal box, service box || ~**einziehkasten** *m* / pull box || ~**endverschluß** *m* / cable sealing end, cable entrance fitting, cable sealing box, pothead *n* (US), cable box || ~**endverschraubung** *f* / cable gland || ~**entzerrer** *m* / cable equalizer || ~**fehlerortung** *f* / cable fault locating || ~**fernsehanlage** *f* / cabled distribution TV system || ~**fernsehen** *n* / cable television (CATV) || ~**formstein** (s. Kabelkanal-Formstein) || ~**garnituren** *f pl* / cable fittings, cable accessories

kabelgebundenes Fernsehen / closed-circuit TV (CCTV)

Kabel·gerüst *n* / cable rack || ~**häufung** *f* / cable bundling, cable grouping || ~-**Hausanschluß** *m* / underground service || ~-**Hausanschlußkasten** *m* / cable service box, service cable entrance box

Kabelkanal *m*(geschlossen) / cable duct, cable trunking, wiring duct || ~ (offen) / cable trough; cable channel; ..troughing;n. || ~ (groß, begehbar) / cable gallery, cable tunnel || ~ (Rohr) / cable conduit || ~-**Formstein** *m* / cable duct block, duct block

Kabel·kasten *m* / cable terminal box || ~**keller** *m* / cable basement || ~**kerze** *f* / cable cone || ~**klemme** *f*(f. Zugentlastung) / cable clamp, cord grip, flex grip, strain relief clamp || ~**kupplung** *f* / cable coupler || ~**ladestrom** *m* / cable charging current || ~**leitung** *f* / underground line || ~**mantel** *m* / cable sheath, cable jacket (US) || ~**merkstein** *m* / cable marker || ~**messer** *n* / cable stripping knife || ~**meßwagen** *m* / cable test van, cable testing vehicle || ~**muffe** *f* / cable joint, cable junction box, cable box, splice box || ~**muffe** *f* (Maschinenanschluß) / cable coupler || ~**netz** *n* / cable system, underground network, cable network || ~**plan** (s. Verbindungsplan) || ~**pritsche** *f* / cable rack || ~**querschnitt** *m* / cable cross-sectional area, conductor area || ~**raum** *m* / cable compartment, cable terminal housing || ~**rinne** *f* / cable gutter, cable troughing, cable channel || ~**rohr** *n* / cable conduit, cable duct || ~**rolle** *f* / cable reel || ~**salat** *m* / spaghetti of cables, cable clutter, tangle of cables, mess of cables || ~**satz** *m* / cable set, cable harness || ~**schacht** *m* / cable pit, cable vault, cable jointing manhole || ~-**Schaltprüfung** *f* / cable switching test || ~**schelle** *f* / cable clamp, cable clip (o. cleat) || ~**schirm** *m* / cable shield || ~**schlag** *m* / cable lay || ~**schlaufe** *f* / cable loop || ~**schlinge** *f* / cable loop

Kabelschuh *m* / cable lug, terminal end || **vorisolierter** ~ / pre-insulated terminal end || ~**klemme** *f* / lug terminal

kabelschuhlos·er Anschluß / (terminal) connection without cable lug

Kabel·schutzrohr *n* / cable conduit || ~**seele** *f* / cable core assembly || ~**spleißstelle** *f* / cable splice || ~**spleißung** *f* / cable splice || ~**steckteil** *n* / male cable connector || ~**stollen** *m* / cable tunnel || ~**strecke** *f* / cable run || ~**stutzen** *m* / cable gland || ~**suchgerät** *n* / cable detecting device (o. unit), cable locator || ~**system mit isoliertem Schirm** / insulated-shield cable system || ~**text (KT)** *m* / cabletex *n* || ~**trageisen** *n* / cable bracket || ~**trägersystem** *n*(IK) / cable tray system ||

≗tragschiene *f* / cable support rail || ≗transformator *m* / cable transformer || ≗trasse *f* / cable route || ≗trenner *m* / cable disconnector (o. isolator), cable-circuit disconnector (o. isolator), cable-feeder disconnector || ≗trennschalter (s. Kabeltrenner) || ≗trennwand *f* / cable separator || ≗trommel *f* / cable drum || ≗umbauwandler *m* / cable-type current transformer, window-type current transformer || ≗- und Freileitungsausschaltvermögen unter Erdschlußbedingungen / cable and line charging breaking capacity under earth-fault conditions || ≗- und Leitungseinführung / cable entry || ≗- und Leitungssystem (o. -anlage) (VDE 0100, T.200) *n(f)* / wiring system || ≗verbinder *m* / cable coupler, cable coupling, cable connector

Kabelverbindung *f* / cable joint, cable splice, splice *n* || **Schutzsystem mit** ≗ / pilot-wire protection system

Kabel·verbindungsmuffe *f* / cable junction box, cable box, splice box || ≗**verlegung** *f* / cable laying || ≗**verschraubung** *f*(Stutzen) / cable gland || ≗**verteiler** *m*(Schrank) / cable distribution cabinet || ≗**verteilerraum** *m* / cable spreading room || ≗**verteilerschrank (KVS)** *m* / cable distribution cabinet || ≗**-Verteilungsanlage** *f* / cabled distribution system || ≗**-Vorratsschleife** *f* / (cable) compensating loop || ≗**wanne** *f* / cable tray, troughing *n*, cable gutter || ≗**weg** *m* / cable route || ≗**wirrwarr** *m* / cable clutter, tangle of cables || ≗**ziehstrumpf** *m* / cable grip || ≗**zubehörteile** *n pl* / cable accessories

Kabelzugentriegelung, Steckverbinder mit ≗ / lanyard disconnect connector

Kabelzugstein *m* / cable duct block, duct block

Kabine *f*(Aufzug) / cabin *n*(lift), car *n* || **Prüf~** *f* / test cell

Kachel *f*(Speicherbereich für eine Seite) / page frame

Käfer *m*(DIL-Baugruppe) / dual-in-line package (DIL, DIP)

Käfig *m*(Lg.) / cage *n* || ≗ (Wickl.) / squirrel-cage, cage *n* || **Batterie~** / battery cradle || ≗**anker** (s. Käfigläufer)

Käfigläufer (KL) *m* / squirrel-cage rotor, cage rotor || ≗ (s. Käfigläufermotor) || ≗**motor** *m*(KL) / squirrel-cage motor, cage motor || ≗**motor mit Anlauf- und Betriebswicklung** / double-deck squirrel-cage motor || ≗**motor mit getrennter Anlaufwicklung** (s. Käfigläufermotor mit Anlauf- und Betriebswicklung)

Käfig·motor (s. Käfigläufermotor) || ≗**mutter** *f* / captive nut, caged nut || ≗**wicklung** *f* / squirrel-cage winding, cage winding || ≗**zugklemme** *f* / cage clamp terminal, cage strain terminal

Kalender·uhr *f* / calender clock || ≗**werk** *n* / calendar unit

Kaliber *n*(Nenndurchmesser von Schlauchmaterial) / bore *n*

Kalibrator *m* / calibrator *n*

Kalibrier·anweisungen *f pl* / calibration instructions || ≗**dienst** *m* / calibration service || ≗**einrichtung für Durchflußmeßgerät** / prover flow measuring device

kalibrieren *v* / calibrate *v* || ~ (durch mech. Bearbeitung) / size *v*

Kalibrier·größe *f* / calibrating quantity || ≗**intervall** *n* / calibration interval || ≗**lizenz** *f* / calibration licence || ≗**matrix** *f* / calibrating matrix || ≗**nachweis** *m* / documented verification of calibration || ≗**normal** *n* / calibration standard || ≗**plakette** *f* / calibration label, calibration sticker || ≗**protokoll** *n* / calibration report || ≗**raum** *m* / calibration room || ≗**rotor** *m* / calibration rotor || ≗**stelle** *f* / calibration facility (US) || ≗**strom** *m* / calibration current || ≗**system** *n* / calibration system

Kalibrierung *f* / calibration *n* || **Nach~** *f*(MG) / readjustments;n.,pl.

Kalibrierungs·kurve *f* / calibration curve, calibrating plot || ≗**tabelle** *f* / calibration table || ≗**zyklus** *m* / calibration cycle

Kalibrier·vorschrift *f* / calibration specifications || ≗**werkzeug** *n* / sizing die || ≗**zustand** *m* / calibration status

Kalkmilchprobe *f* / liquid penetrant inspection, Zyglo test

Kalkseifenfett *n* / calcium-base grease

Kalkulationstabelle *f*(Programm) / spreadsheet *n*

kalorimetrisch·e Verlustmessung (VDE 0530, T.2) / calorimetric test (IEC 34-2) || ~**e Wirkungsgradbestimmung** / determination of efficiency by calorimetric method

Kalotte *f*(DT) / collar *n* || ≗ (Thyristor-Kühlkörper, Leuchtmelder) / spherical cap

kalt anfahren (Mot.) / to start with the motor at ambient temperature, to start up cold || ~ **aushärtend** (Kunststoff) / cold-setting *adj*, cold-hardening *adj*, cold-curing *adj* || ~**e Kathode** (s.Kaltkathode) || ~**es Licht** / cold light || ~**e Lötstelle** / dry joint || ~**e Lötstelle** (Thermoelement) / cold junction || ~**e Reserve** (KW) / cold reserve || ~**e Verbindungsstelle** (Thermoelement) / cold junction || ≗**auslagern** *n* / natural age hardening || ≗**brüchigkeit** *f* / low-temperature brittleness || ≗**dämpfung** *f* (Mikrowellenröhre) / cold loss || ≗**dämpfung ohne Vorionisierung** (Mikrowellenröhre) / cold (or unprimed) insertion loss || ≗**druck** *m* / cold pressure || ≗**druckfestigkeit** *f* / cold-crushing strength

Kälte *f*(Prüf.; DIN IEC 68) / cold (testing; IEC 68) || ≗**bad** *n* / cryogenic bath || ~**beständig** *adj* / non-freezing *adj*, cold-resisting *adj* || ≗**beständigkeit** *f* / cold resistance, cold check resistance || ≗**-Dehnungsprüfung** *f*(VDE 0281) / cold elongation test || ~**feste Leuchtstofflampe** / low-temperature fluorescent lamp || ≗**kompressor** *m* / refrigerating compressor

Kaltemission *f* / cold emission, autoelectronic emission

Kälte·mittel *n* / cryogen *n*, cryogenic fluid || ≗**öl** *n* / low-temperature oil || ≗**prüfstrom** *m* / low-temperature test current || ≗**rißbeständigkeit** *f* / resistance to low-temperature brittleness || ≗**risseprüfung** *f* / cold check test || ≗**-Schlagprüfung** *f*(Kabel) / cold impact test || ≗**technik** *f* / cryogenics *plt*, cryo-engineering *n* || ≗**verhalten** *n* / low-temperature characteristics || ≗**-Wickelprüfung** *f*(Kabel) / cold bending test || ≗**zentrale** *f* / refrigeration control centre

Kalt·festigkeit *f* / strength at low temperatures || ≗**fluß** *m* / cold flow, plastic flow || ≗**füllmasse** *f* / cold filling compound, cold pouring compound ||

~**gehärtet** *adj* / cold-hardened *adj*, cold-strained *adj* || ~**gehende Elektrode** / low-temperature electrode || ²**gerätestecker** *m* / inlet connector for non-heating apparatus (o. appliances) || ²**gerätesteckvorrichtung** *f* / appliance coupler for non-heating apparatus (o. appliances) || ~**gewalztes, kornorientiertes Blech** / cold-rolled, grain-oriented sheet (steel) || ~**gezogen** *adj* / cold-drawn *adj*, cold-reduced *adj* || ~**härtend** *adj* / cold-setting *adj*, cold-hardening *adj*, cold-curing *adj* || ²**härtung** *f* (Isolierstoff) / cold curing, cold setting

Kaltkathode *f* / cold cathode

Kaltkathoden·entladung *f* / cold-cathode discharge || ²**lampe** *f* / cold-cathode lamp || ²**-Meßgerät** *n* / cold-cathode gauge, magnetron gauge || ²**röhre** *f* / cold-cathode tube || ²**-Zählröhre** *f* / cold-cathode counting tube

Kalt·leiter *m* / PTC thermistor (PTC = positive temperature coefficient) || ²**leiterfühler** *m* / PTC thermistor detector || ²**lichtspiegel** *m* / cold-light mirror, cold mirror, dichroic mirror || ²**löten** *n* / cold soldering || ²**luftraum** *m* (el. Masch.) / cold-air space || ²**pressen** *n* (Kunststoff) / cold moulding || ²**preßstück** *n* (Metall) / cold pressing || ²**-Reflexionskoeffizient** *m* (DIN IEC 235, T.1) / cold reflection coefficient || ²**reserve** *f* (KW) / cold reserve || ²**riß** *m* / cold crack || ²**schlagen** *n* (Kunststoff) / impact moulding || ²**schlagen** *n* (Metall) / cold forging || ²**startlampe** *f* / cold-start lamp, instant-start lamp || ²**verfestigen** *n* (Kunststoff) / cold-setting *n* || ²**verfestigen** *n* (Metall) / strain-hardening *n*, work-hardening *n* || ²**verformen** *n* / cold working || ²**vergußmasse** *f* / cold filling compound, cold pouring compound || ²**verschweißen** *n* / cold welding || ²**walzen** *n* / cold rolling, cold reduction || ²**-Welligkeitsfaktor** *m* (DIN IEC 235, T.1) / cold reflection coefficient || ²**widerstand** *m* / cold resistance || ²**ziehen** *n* / cold drawing

Kalziumwolframat *n* / calcium tungstate

Kameraröhre *f* / camera tube, image pick-up tube

Kamm *m* (CAD) / ridge *n* || ² (Codiereinr.) / polarization comb assembly || **Drucklager**~ / thrust-bearing collar || **Zungen**~ (Zungenfrequenzmesser) / row of reeds || ~**artig ineinandergreifend** / interleaved *adj* || ²**aufhängung** *f* (Pol) / interlocked-comb attachment

kämmen *v* (Zahnräder) / mesh *v*, engage *v*, to be in mesh, gear *v* (into)

Kammer *f* (RöA, Kamera) / camera *n* || **Kontakt**~ *f* (StV) / contact cavity || **Transformator**~ *f* / transformer cell, transformer compartment || ²**rohr** *n* (LS) / tubular chamber || ²**schaltstück** *n* / female contact || ²**turbine** *f* / diaphragm-type turbine

Kamm·pol *m* / comb-shaped pole, comb-type pole || ²**relais** *n* / cradle relay || ²**ring** *m* / multi-lip sealing ring

Kanal *m* (Leitungskanal) / duct *n*, raceway *n*, trunking *n* || ² (IK) / trunking *n*, duct(ing) *n*, wireway *n*, busway *n*, raceway *n* || ² (Übertragungsk., PC, FET) / channel *n* || ² (Datenkanal, E/A-Anschlüsse einer MPU) / port *n* || ²**anschaltgerät** *n* / channel adapter || ²**anschlußstück** *n* (IK) / flanged connector, duct entry flange || ²**art** *f* (FWT) / type of channel || ²**bereich** *m* (PC) / channel area || ²**eigenschaften** *f pl* (FWT) / channel characteristics || ²**eintrag** *m* (PC) / channel entry || ²**gerät** *n* (FWT) / line control unit || ²**hülle** *f* (IK) / raceway enclosure, duct enclosure, duct shell || ²**kapazität** *f* (FWT) / channel capacity || ²**kopf** *m* (PC) / channel header || ²**kupplung** *f* (IK) / duct connector || ²**überwachung** *f* (FWT) / channel monitoring || ²**umsetzung** *f* (FWT) / channel translating || ²**verfahren** *n* (Akust.) / in-duct method || ²**verteiler** *m* (IK) / distribution duct (system), trunking *n* || ²**wähler** *m* (o. -wähleinrichtung) / channel selector (CS) || ²**wählersystem** *n* (FWT) / channel selecting (telecontrol) system, common diagram (telecontrol) system || ²**widerstand** *m* (Transistor, DIN 41858) / channel resistance

Kandidat *m* (eine Funktionsausführung wünschende Station) / candidate *n*

Kannlast *f* / load capability

kanonische Form der Eingabegeometrie (NC; CLDATA) / canonical form of input geometry

Kante *f* (a. CAD) / edge *n* || ² (Wickelverbindung) / corner *n*

Kanten brechen / to chamfer edges, to bevel edges || ²**bruch** *m* (Bürste) / chamfer *n*, bevel *n* || ²**echo** *n* / edge echo || ²**effekt** *m* / edge effect || ²**einreißfestigkeit** *f* / edge tearing resistance || ²**festigkeit** *f* / edge strength || ²**form** *f* / edge contour || ²**modell** (s. Drahtmodelldarstellung) || ²**pressung** *f* / edge loading || ²**radius** *m* / edge radius || ²**schutz** *m* / edge protector, edge protecting moulding, fairlead *n* || ²**schutzprofil** *n* / edge protection section (o. moulding), edge protector || ²**spannung** *f* / edge loading || ~**überlappt** *adj* / edge-lapped *adj*, with overlapping edges || ²**verfolgung** *f* (Rob.) / edge following

Kantholz *n* / square timber, beam *n*

Kaolin *m* / kaolin *n*

Kapazitanz *f* / capacitance *n*, capacitive reactance

Kapazität *f* (Kapazitanz, Kondensator) / capacitance *n* || ² (Stromkreiselement, Kondensator) / capacitor *n* || ² (Leistungsvermögen, Fabrik) / capacity *n* || ² (Fabrik, Betriebsmittel u. Arbeitskräfte) / manufacturing and human resources || ² (Batt.) / (battery) capacity, ampère-hour capacity || ² **bei hoher Frequenz** (Kondensator) / high-frequency capacitance || ² **einer Gleichrichterplatte** / rectifier plate capacitance || ² **gegen Erde** / capacitance to earth (GB), capacitance to ground (US) || ² **in Ah** / ampere-hour capacity, Ah capacity || ² **je Flächeneinheit** / unit-area capacitance || **Kehrwert der** ² / elastance *n* || **Prüfung der** ²**en** / capacitance test, capacity test (battery)

kapazitäts·arm *adj* / low-capacitance *adj*, anti-capacitance *adj*, low-capacity *adj* || ²**auslastung** *f* (Fabrik) / capacity (o. resources) utilization, capacity load || ²**bedarf** *m* (Fabrik, CIM) / manufacturing resources requirements || ²**bedarfsplanung** *f* (Fabrik) / capacity requirements planning (CRP) || ²**belag** *m* / capacitance per unit length || ²**dekade** *f* / decade capacitor || ²**diode** *f* / variable capacitance diode || ²**-Gleichlauftoleranz** *f* / capacitance tracking error || ≗meßbrücke *f* / capacitance bridge || ≗messer *m* / capacitance meter, capacitance bridge || ≗messung *f* / capacitance measurement || ≗planung *f*(Fabrik) / capacity planning, manufacturing resources planning || ≗prüfung *f* / capacitance test, capacity test (battery) || ≗steuerung *f* / capacitive control || ≗terminierung *f*(Fabrik) / capacity (o. resources) scheduling || ≗toleranz *f*(Kondensator) / capacitance tolerance || ≗variationsdiode *f* / variable capacitance diode

kapazitiv *adj* / capacitive *adj*, leading *adj* || ~er **Ausschaltstrom** / capacitive breaking current, capacitor breaking current || ~e **Belastung** / capacitive load, leading reactive load || ~e **Blindleistung** / leading reactive power || ~er **Blindwiderstand** / capacitive reactance, capacitance *n* || ~e **Einkopplungen** / capacitive coupling, capacitive interference || ~e **Erdschlußerfassung** / capacitive earth-fault sensing (o. measurement), earth-fault detection using line capacitance variation || ~e **Erdung** / capacitance earth (GB), capacitance ground (US) || ~e **Erwärmung** / dielectric heating || ~ **gepuffert** / with capacitor back-up || ~ **geschaltete Leuchte** / luminaire with capacitive circuit || ~ **gesteuerte Durchführung** / capacitance-graded bushing || ~e **Kopplung** / capacitive coupling, capacitance coupling || ~er **Ladesprung** / capacitive charging step || ~e **Last** / capacitive load, leading reactive load || ~er **Leistungsfaktor** / leading power factor, leading p.f. || ~e **Mitkopplung** (s. kapazitive Kopplung) || ~er **Näherungsschalter** / capacitive proximity switch || ~er **Prüfling** / capacitive test object || ~e **Pufferung** / capacitor back-up (unit o. module) || ~er **Reststrom** / capacitive residual current || ~e **Ruftaste** / capacitive call button, (capacitive) touch control || ~es **Schalten** / capacitive breaking, capacitor switching || ~e **Schaltung** (L-Lampe) / leading p.f. correction || ~es **Schaltvermögen** / capacitive breaking capacity, capacitor switching capacity || ~er **Spannungsteiler** / capacitor voltage divider || ~er **Spannungswandler** / capacitor voltage transformer, resonance capacitor transformer || ~er **Strom** / capacitive current, capacitance current || ~er **Stromkreis** / capacitive circuit || ~er **Teil** (Wandler) / capacitor unit, capacitor divider unit || ~er **Teiler** / capacitor voltage divider, capacitor divider || ~e **Verzögerung erster Ordnung** / first-order capacitive lag || ~er **Vorhalt 1. Ordnung** / first-order capacitive lead || ~es **Vorschaltgerät** / capacitive ballast, leading-p.f. ballast, capacitive control gear || ~er **Wandler** / capacitor transformer, resonance capacitor transformer || ~es **Wegmeßgerät** / capacitive position sensing device, capacitive position transducer || ~er **Widerstand** / capacitive reactance || ~er **Zweig** (Leuchtenschaltung) / lead circuit

Kapillar·riß *m* / hairline crack || ≗rohr *n* / capillary tube, restrictor tube || ≗säule *f*(Chromatograph) / capillary column || ≗trennsäule *f* / capillary separating column

Kapitaldienst der Anlagekosten / capacity cost || ≗ **der Anlagekosten für Spitzendeckung** / peak capacity cost

Kaplanturbine *f* / Kaplan turbine

Kappe *f* / cap *n*, cover *n*, end bell, hood *n* || ≗ (Läufer) / end bell || ≗ (Rel., EZ, StV) / cover *n* || ≗ (Zählergehäuse) / case front || ≗ (Komm.) / collar *n*, V-ring *n*

Kappen *n*(Abschneiden von Teilen einer Bildschirmdarstellung) / clipping *n*, scissoring *n*

Kappen-Endplatte *f*(Läufer) / end plate

Kappen·isolator *m* / cap-and-pin insulator || ≗mutter *f* / cap nut || ≗ring *m*(Läuferwickl.) / end-winding cover, retaining ring, supporting ring

Kappscher Vibrator (o. Phasenschieber) / Kapp vibrator

Kappspannung *f* / clamp(ing) voltage

Kapsel *f*(f. „Modul" o. Baugruppe; elST-Geräte) / module holder, (module) casing || ≗baugruppe *f* / encapsulated subassembly, encapsulated module || ≗baugruppenträger *m* / subrack with protective module casings || ≗federmeßwerk *n* / capsule-type element, diaphragm element

kapseln *v* / encapsulate *v*, enclose *v* || ~ (vergießen) / pot *v*, encapsulate *v*

Kapselung *f*(el. Masch.) / enclosure *n*, housing *n*, casing *n* || ≗ (SA, VDE 0670, T.6) / enclosure *n* (IEC 298) || ≗ (Vergußkapselung, SF_6-isolierte SG) / encapsulation *n*

Kardan·antrieb *m* / cardan-shaft drive || ≗gelenk *n* / cardan joint, universal joint || ≗welle *f* / cardan shaft, articulated shaft

kardinal·es Feuer / cardinal light || ~es **Zeichen** / cardinal mark

Karosserieelektronik *f*(Kfz) / vehicle body electronics, body electronics

Karte *f*(Lochk.) / card *n* || ≗ (gS, Schaltungskarte) / card *n*, (printed) board *n*

Kartei *f* / card file || **JCPDS-**≗ *f* / JCPDS index (JCPDS = Joint Committee on Powder Diffraction Standards)

Karten·darstellung *f*(Matrixformat zur Darstellung von Logikzuständen) / map *n* || ≗druckwerk *n* (Belegdrucker f. abgemessene Menge) / ticket printer || ≗führung *f*(Leiterplatte) / board (o. card) guide edge || ≗leser *m*(Lochkartenl.) / card reader (CR) || ≗locher *m* / card punch || ≗magazin (s. Baugruppenträger) || ≗prüfer *m*(Lochkartenp.) / (card) verifier || ≗relais *n* / printed-board relay, p.b.c. relay || ≗träger (BGT) (s. Baugruppenträger) || ≗-Ziehvorrichtung *f* / card (o. board) extractor

kartesisch·e Koordinate / cartesian coordinate || ~er **Schutzraum** / cartesian protected zone

Kaschierungskasten *m*(Leuchte) / box cover

Kaskade *f* / cascade *n* || ≗ (Maschinensatz) / cascaded machine set, cascade drive, cascade set || **Drehstrom-Gleichstrom-**≗ / cascaded induction motor and d.c. machine || **Drehstrom-Kommutator-**≗ / cascaded induction motor and commutator machine, Scherbius system, Scherbius motor control system || **Gleichstrom-Gleichstrom-**≗ (Verstärkermaschine) / Rapidyne *n* || **Krämer-**≗ / Kraemer system, Kraemer drive || **Krämer-Stromrichter-**≗ / static Kraemer drive || **Scherbius-**≗ / Scherbius system, Scherbius drive, Scherbius motor control system || **über- und untersynchrone Scherbius-**≗ / double-range Scherbius system

Kaskaden·anlasser *m* / cascade starter ||

~brückenschaltung *f* / bridges in cascade, cascaded bridges || **~hintermaschine** *f* / regulating machine, secondary machine, Scherbius machine || **~motor** *m* / cascade motor, concatenated motor || **~regelung** *f* / cascade control
Kaskadenschaltung *f* / cascade connection, concatenation *n*, cascade arrangement || ~ (von SR-Schaltungen) / series connection || **Maschinen in ~** / machines in cascade, machines in tandem, machines in concatenation
Kaskaden·spannungswandler *m* / cascade voltage transformer || **~stromrichter** *m* / cascade converter || **~-Synchrondrehzahl** *f* / cascade synchronism || **~umformer** *m* / motor-converter *n*, cascade converter, La Cour converter || **~umsetzer** *m* / cascade-type converter, propagation-type converter, stage-by-stage converter
Kaskadierbarkeit *f* / cascadability *n*
kaskadierter Übertrag / cascaded carry
Kaskadierung *f* / cascading *n*, concatenation *n*, cascade arrangement
Kaskode-Verstärker *m* / cascode amplifier
Kassette *f* (ET, DIN 43350) / sub-drawer *n* || ~ (Einschub, DIN IEC 547) / plug-in unit (IEC 547) || ~ (Magnetbandk.) / cartridge *n*, cassette *n*
Kassetten·decke *f* / coffered ceiling, casette ceiling, rectangular-grid ceiling || **~laufwerk** (s. Magnetbandkassettenlaufwerk) || **~leser** *m* / cassette reader
Kassiergerät *n* (EZ) / rent collector
Kasten *m* (Spule) / spool *n*, insulating frame || **~bauform** *f* (el. Masch.) / box-frame type || **~bauform** *f* (SK, VDE 0660, T.500) / box-type assembly (IEC 439-1) || **~bürstenhalter** *m* / box-type brush holder || **~feder** *f* (Klemme) / quick-connect terminal || **~form** (Bauform) (s. Kastenbauform) || **~gehäuse** *n* (el. Masch.) / box frame || **~heizkörper** *m* / box-type heater || **~klemme** *f* / box terminal || **~konstruktion** *f* / box-frame construction, box-type construction
kastenlos·e Spule / spoolless coil
Kasten·platte *f* (Batt.) / box plate, box negative plate || **~rahmen** *m* / box-type frame || **~reflektor** *m* / box-type reflector || **~schloß** *n* / rim lock || **~träger** *m* / box girder || **~wicklung** *f* / spool winding
katalogmäßig *adj* / standard *adj*
Katalysator *m* (Kfz) / catalytic converter (CC), catalyst *n*, converter *n*
katalytisch·es Gasanalysegerät / catalytic gas analyzer || **~e Verbrennung** / catalytic combustion, surface combustion
Kathoden·anheizgeschwindigkeit *f* / cathode heating rate || **~anheizzeit** *f* / cathode heating time || **~anschluß** *m* (HL) / cathode terminal || **~bogen** *m* / cathode arc || **~-Elektrolytkupfer** *n* / electrolytic cathode copper || **~emission** *f* / cathode emission || **~fall** *m* / cathode fall, cathode drop || **~fallableiter** *m* / valve-type arrester, valve-type surge diverter || **~folger** *m* / cathode follower || **~gebiet** *n* / cathode region || **~glimmlicht** *n* / cathodic glow, negative glow || **~glimmschicht** *f* / cathode sheath || **~halbbrücke** *f* / cathode half-bridge || **~lumineszenz** *f* / cathodoluminescence *n* || **~nähe** *f* / near-cathode region
kathodenseitig·er Gleichstromanschluß (LE) / cathode-side d.c. terminal || **~ steuerbarer Thyristor** / P-gate thyristor
Kathodenstrahl·-Ladungsspeicherröhre *f* / cathode-ray charge-storage tube || **~-Oszillograph** *m* / cathode-ray oscillograph (CRO) || **~-Oszilloskop** *n* / cathode-ray oscilloscope || **~röhre** *f* / cathode-ray tube (CRT) || **~-Speicherröhre** *f* / cathode-ray storage tube
Kathoden·verstärker *m* / cathode follower || **~vorheizung** *f* / cathode preheating || **~vorheizzeit** *f* / cathode preheating time || **~zerstäubung** *f* / cathode sputtering || **~zwischenschicht** *f* / cathode interface layer
kathodisch·e Bürste / cathodic brush, negative brush || **~er Korrosionsschutz (KKS)** / cathodic protection (CP) || **~e Reinigung** / cathodic cleaning || **~er Teilstrom** / cathodic partial current
Kathodolumineszenz *f* / cathodoluminescence *n*
Katzenauge *n* / rear red reflex reflector, reflex reflector
Kavitation *f* / cavitation *n*
Kavitationsangriff *m* / cavitation erosion
KB (s. Kurzzeitbetrieb)
KBZ (s. Kerbschlagzähigkeit)
Kegel·bremse *f* / cone brake || **~fallpunkt** *m* (nach Seger; VDE 0335, T.1) / pyrometric cone equivalent || **~getriebe** *n* / bevel gearing || **~kupplung** *f* / conical clutch, cone clutch || **~lehre** *f* / taper gauge || **~pfanne** *f* / conical socket, conical seat
Kegelrad *n* / bevel gear || **~ mit Achsversetzung** / hypoid gear || **~getriebe** *n* / bevel gearing, mitre gears
Kegelrand, größter Kreis am ~ / crown circle
Kegel·reibungskupplung *f* / cone friction clutch || **~rollenlager** *n* / tapered-roller bearing || **~rutschkupplung** *f* / conical safety coupling, safety slip clutch || **~scheitel** *m* / cone centre || **~scheitel bis Spindelnase** / apex to spindle nose || **~scheitel bis zur äußeren Kante des Kopfkegels** / cone apex to crown || **~schnitt** *m* / conic *n* || **~strahler** *m* (IR-Gerät) / narrow-angle transmitter || **~stumpf** *m* / frustrum of cone || **~ventil** *n* / plug valve || **~wicklung** *f* / tapered-overhang winding
Kehlnaht *f* / fillet weld, fillet joint || **~-Güteprüfung** *f* / fillet soundness test
Kehrverstärker (s. Umkehrverstärker)
Kehrwert der Kapazität / elastance *n* || **~ der Permeabilität** / reluctivity *n* || **~ der Steifigkeit** / compliance *n*, mobility *n* || **~ des Isolationswiderstandes** / stray conductance, leakance *n*, leakage conductance, leakage permeance || **~ des Verminderungsfaktors** (BT) / depreciation factor
Keil *m* / wedge *n*, key *n*, spline *n* || **~isolation** *f* (Trafo) / insulating key sector, insulating cone || **~kupplung** *f* / wedge coupling || **~lager** *n* / fluid-film bearing || **~meßebene** *f* / wedge measurement plane || **~nabe** *f* / splined hub, keyed hub || **~nut** *f* / keyway *n*, keyseat *n* || **~nut** *f* (Keilverzahnung) / spline *n* || **~relais** *n* (Wechselstrom-Gleichstromrelais) / a.c.-d.c. relay
Keilriemen *m* / V-belt *n* || **~rolle** (s. Keilriemenscheibe) || **~scheibe** *f* / V-belt pulley, V-belt sheave, V-groove pulley
Keilstabläufer *m* / tapered deep-bar cage rotor,

tapered deep-bar squirrel-cage rotor, keyed-bar cage rotor, deep-bar tapered-shoulder cage rotor
Keilstoßspannung *f* / linearly rising front chopped impulse || **Steilheit der** ≗ / steepness of ramp
Keil·stück *n* / wedge *n* || ≗**stück** *n* (am Nutausgang) / tapered packing block || ≗**treiber** *m* / key drift, key driver || ≗**verbinder** *m* / wedge-type connector || ≗**verbindung** *f* / keyed connection, keyed joint
Keilverzahnung *f* / splining *n* || **quadratische** ≗ / square splines
Keil·welle *f* / spline shaft, integral-key shaft, splined shaft || ≗**winkel** *m* / wedge angle
keimtötende Strahlung / germicidal radiation
Keller·speicher *m* / push-down storage, stack *n* || ≗**station** *f* / vault substation || ≗**stationstransformator** *m* / vault transformer
Kelvin-Brücke *f* / Kelvin bridge
Kenn·bit *n* / identifier bit, flag bit, condition code || ≗**buchstabe** *m* / letter symbol (IEC 27), distinctive letter, classification letter, code letter, identification letter || **Sachmerkmal-**≗**buchstabe** *m* (DIN 4000,T.1) / code letter of article characteristic || ≗**drehzahl** *f* / characteristic speed || ≗**faden** *m* (Kabel) / tracer thread, identification thread, marker thread || ≗**farbe** *f* / identification colour
Kennfeld *n* / family of characteristics, characteristic(s) *n*, ,pl), performance data || ≗ (der elektron. Kennfeldzündung) / ignition map, three-dimensional ignition map, engine characteristics map || **Motor**~ (Kfz) / engine operating map, engine characteristic map || ≗**zündung** *f* (Kfz) / ignition-map(-based) control, electronic ignition control with map
Kenn·feuer *n* / identification beacon (o. light), code beacon (o. light), character light || ≗**frequenz** *f* / characteristic frequency, undamped resonant frequency
Kenngröße *f* / parameter *n*, characteristic quantity, index quantity, characteristic *n* || ≗ (elektron. Meßeinrichtungen nach DIN 43745) / performance characteristic || ≗ (Statistik, DIN 55350, T.23) / statistic *n* || **beeinflussende** ≗ / influencing characteristic || **effektive** ≗**n eines magnetischen Kreises** / effective dimensions of a magnetic circuit || **spezifische** ≗ (a. Batt.) / specific characteristics || **Stichproben-**≗ (DIN 55350,T.23) / sample statistic, statistic *n* || **Zuverlässigkeits**~**n** *f pl* (DIN 40042) / reliability characteristics || **auf den Anfangsbestand bezogene** ≗**n** (DIN 40042) / reliability characteristics with regard to initials
Kenn·impedanz *f* / characteristic impedance || ≗**leuchte** *f* (Kfz) / outline marker light, marker light
Kennlinie *f* / characteristic curve, characteristic *n* || ≗ **der absoluten spektralen Empfindlichkeit** / absolute-spectral-sensitivity characteristic || ≗ **der relativen spektralen Empfindlichkeit** / relative-spectral-sensitivity characteristic || ≗ **der spektralen Empfindlichkeit** / spectral-sensitivity characteristic || ≗ **eines Regelungssystems** / control characteristic (of a controlled system) || ≗ **eines Systems** / inherent characteristic of a system || ≗ **für die stabilisierte Ausgangsgröße** (LE) / stabilized output characteristic || ≗ **mit Kennliniensprung** (LE) / jumping characteristic
Kennlinien·abweichung *f* (MG) / non-conformity *n*, conformity error || ≗**-Baugruppe** *m* (elST) / characteristic module || ≗**-Baugruppe** *f* (LE) / curve generating module, curve generator, characteristic generator || **Zeit-Strom-**≗**bereich** *m* / time-current zone || ≗**beständigkeit** *f* / consistency *n*
Kennlinienfeld *n* (BSG) / characteristics (display) field || ≗ (s. Kennlinienschar)
Kennlinien·fläche *f* / characteristic surface || ≗**maschine** *f* / booster *n*, droop exciter || ≗**-Oszilloskop** *n* / characteristic-curve tracer || ≗**regelung** *f* / function-generator control, predetermined control || ≗**schar** *f* / family of characteristics || ≗**steigung** *f* (Reg., P-Grad) / offset coefficient || ≗**steigung gleich Null** (Reg.) / absence of offset, zero offset
Kennlinienübereinstimmung *f* (Meßumformer, DIN IEC 770) / conformity *n* || ≗ **bei Grenzpunkteinstellung** (DIN IEC 770) / terminal-based conformity || ≗ **bei Anfangspunkteinstellung** (DIN IEC 770) / zero-based conformity || ≗ **bei Kleinstwerteinstellung** (DIN IEC 770) / independent conformity
Kennlinien·zone *f* (LS, LSS; Zeit-Strom-Zone, die von der Auslöse- und Nichtauslösekennlinie begrenzt ist) / operating zone
Kenn·loch im Papierstreifen / tape aligning hole || ≗**marke** *f* (Rel.) / target *n* || ≗**melder** *m* (Sich.) / indicator *n* || ≗**melderdraht** *m* (Sich.) / indicator wire || ≗**-Nummer** *f* / identification number, ident number
Kennsatz *m* (Datenträger, Datei) / label *n* || ≗**familie** *f* / label set
Kenn·schild *n* / nameplate *n* || ≗**schild** *n* (Rel.) / target *n*
Kennung *f* (DV, Kommunikationssystem) / identifier *n* || ≗ (EZ) / subindex *n* || ≗ (eines Leuchtfeuers o. Signals) / character *n* (of a beacon or light signal), characteristic *n* || ≗ **der Netzzugangsverbindung** (DIN ISO 8208) / logical channel identifier || ≗ **des Adressierungsbereichs** (DIN ISO 8348) / initial domain identifier (IDI) || **Zeit**~ / time code
Kennungs·feuer (s. Kennfeuer) || ≗**geber** *m* (Stationskennung) / station identification device
Kennwert *m* / characteristic value, characteristic *n* || ≗ (Lebensdauer eines Relais) / final endurance value || **statistischer** ≗ (s. statistische Kenngröße) || **Helligkeits-**≗**e** *m pl* (ESR, DIN IEC 151, T.14) / luminance characteristics
Kennwort *n* / key word, codeword *n*, reference *n*, project code (o. name)
Kennzahl *f* (EN 50005) / distinctive number (EN 50005) || ≗ (DIN 6763,T.1) / classification figure || ≗ (Trafo, VDE 0532, T.1) / phase angle (IEC 76-1) || ≗ (Stundenzahl) / clock-hour figure || ≗ **der Phasenwinkeldifferenz** (Trafo) / phase displacement index || **Ähnlichkeits**~ / similarity criterion, dimensionless group
Kennzeichen *n* (Schaltplanzeichen) / qualifying symbol || ≗ (QS) / identification *n* || ≗ (PC-Geräte) / identifier *n* || **Leistungs**~ (SR) / rating code designation || **Operanden**~ / operand identifier || **Takt**~ / clock qualifier || ≗**beleuchtung** *f* (Kfz.) /

number-plate lighting, licence-plate lighting || ≗**leuchte** *f*(Kfz) / number-plate light, licence-plate lamp, rear registration-plate light (US) || ≗**satz** *m*(binäre Schaltelemente) / label *n* || ≗**schema** *n* / classification code || ≗**system (KS)** *n* / classification system

kennzeichnen *v* / mark *v*, designate *v*, characterize *v*, qualify *v*

kennzeichnend·es Merkmal / characteristic feature, characteristic *n* || ~**e Werte** / characterizing values

Kennzeichner *m* / qualifier *n*.

Kennzeichnung *f* / identifying marking, identification *n*, marking *n*, designation *n* || ≗ (DIN 40719,T.2) / designation *n*(IEC 113-2) || ≗ (m. Schildern) / labelling *n* || ≗ **der Anlaufart** (PC, m. Merkern) / flagging the start-up mode || **Betriebsmittel-**≗ / item designation (IEC 113-2) || **MSR-**≗ **(MKZ)** (Prozeßführung, VDI/VDE 3695) / tag number || **Null**~ (Rechenoperation) / zero flag || **T-**≗ (VDE 0700, T.1) / T-marking *n*(IEC 335-1)

Kennzeichnungs·block *m*(DIN 40719,T.2) / block of designation (IEC 113-2), designation block || ≗**gruppe** *f* / designation group (IEC 113-2) || ≗**system für Stromrichterschaltungen** / identification code for converter connections

Kennzeit *f*(Kernzeit) / core time

Kennziffer *f*(f. Schutzarten) / characteristic numeral || ≗ (Code) / code number

Kenn·ziffer (s. Kennzahl) || ≗**zustand** *m* / significant state

Keramik *f* / ceramic *n* || ≗**-DIP-Gehäuse (CERDIP)** *n* / ceramic DIP (CERDIP) || ≗**durchführung** *f* / ceramic bushing || ≗**gehäuse** *n*(IS) / ceramic case, ceramic package

Keramikisolation, Motor mit ≗ / ceramic motor

Keramik·klemmenträger *m* / ceramic terminal support, ceramic terminal base || ≗**kondensator** *m* / ceramic capacitor (CERAPAC) || ≗**körper** *m* (Sich.) / ceramic cartridge || ≗**-Metall-Werkstoff (CERMET)** *m* / ceramic-metal material (CERMET) || ≗**sockel** *m*(Sich.) / ceramic fuse base, ceramic base, ceramic body

keramisch·e Glasur / ceramic glazing || ~**er Stützisolator** / ceramic post insulator

Kerbe *f* / notch *n*, dent *n*, score *n*

Kerb·einflußzahl *f* / notch factor || ≗**empfindlichkeit** *f* / notch sensitivity || ≗**grund** *m* / notch base, base of notch, root of notch, bottom of notch || ≗**kabelschuh** *m* / crimping cable lug || ≗**kraft** *f* / notching force, indentation strength || ≗**schlagprüfung** *f* / notched-bar impact test, impact notch test, Izod test, Charpy test || ≗**schlagzähigkeit (KBZ)** *f* / notched impact strength, impact strength, impact value || ≗**schlagzähigkeits-Temperaturkurve** *f* / notch toughness-temperature curve || ~**spröde** *adj* / notch-brittle *adj* || ≗**sprödigkeit** *f* / notch brittleness, notch-brittle behaviour, susceptibility to notch-brittle fracture || ≗**stelle** *f* / indentation *n*, notch *n* || ≗**stift** *m* / grooved dowel, grooved pin || ≗**verbinder** *m* / crimped connector, indented connector, notched connector, compression connector || ≗**zähigkeit** *f* / notch toughness || ≗**zähigkeitsprüfung** (s. Kerbschlagprüfung) || ≗**zahnwelle** *f* / serrated shaft, splined shaft || ≗**zange** *f*(Crimpwerkzeug) / crimping tool || ≗**zugfestigkeit** *f* / notched-bar tensile strength || ≗**zugprüfung** *f* / notched-bar tensile test

Kern *m*(Magnet, Trafo) / core *n*, iron core || ≗ (Kabel) / centre *n*(cable) || ≗ (Betriebssystem, Programm) / kernel *n* || ≗ **in Einzelblechschichtung** / (stacked) single-lamination core || ≗ **in Paketschichtung** / pack-stacked core

Kernanlenkung *f*(Trafo, Erdungsverbindung) / core grounding connection(s), core earthing

Kern·arbeitszeit *f* / core time || ≗**balken** *m* / yoke *n* || ≗**bandage** *f* / core bandage || ≗**bauform** *f*(Trafo) / core form, core type || ≗**blech** *n* / core lamination, core punching, core stamping || ≗**blech** *n* (Rohmaterial, ungestanzt) / core sheet, magnetic sheet steel || ≗**drosselspule** *f* / core-type reactor, iron-core reactor || ≗**durchmesser** *m* / core diameter

Kerneinlauf, zugentlasteter ≗ (Kabel) / strain-bearing centre (HD 360)

Kern·eisen *n* / core iron, core sheets, core laminations || ≗**energie** *f* / nuclear energy || ≗**faktor** C_1 / core factor C_1, cored inductance parameter || ≗**faktor** C_2 / core factor C_2, core hysteresis parameter || ≗**fenster** *n* / core window || ≗**fluß** *m* / core flux || ≗**flußdichte** *f* / core flux density, core induction || ≗**füllfaktor** *m* / core lamination factor, stacking factor || ≗**-Hystereseparameter** *m* / core hysteresis parameter, core factor C_2 || ≗**induktion** *f*(Trafo) / core induction, core flux density || ≗**induktion** *f*(Gen., Mot.) / armature induction || ≗**-Induktivitätsparameter** *m* / core inductance parameter, core factor C_1 || ≗**kraft** *f* / nuclear energy || ≗**kraftantrieb** *m* / nuclear drive, nuclear propulsion system || ≗**kraftwerk** *n* / nuclear power station || ≗**kreis** *m* / core circle || ≗**kreis-Füllfaktor** *m* / core-circle space factor || ≗**ladungszahl** *f* / atomic charge || ≗**loch** *n* / tap-drill hole, tap hole || ≗**lochbohrer** *m* / tap drill || ≗**loch-Durchmesser** *m* / tap-drill size, minor diameter of thread || ≗**magnet** *m* / core magnet, core-type magnet || ≗**mittelpunkt** *m*(LWL) / core centre || ≗**paket** *n* / core stack, core package || ≗**preßelemente** *n pl* (Trafo) / core clamps || ≗**pressung** *f* / core clamping, degree of core compression || ≗**querschnitt** *m* / cross-sectional area of core, core cross section || ≗**radius** *m* / core radius || ≗**resonanzspektrograph** *m* / nuclear magnetic resonance spectrograph || ≗**resonanzspektrometer** *n* / nuclear magnetic resonance spectrometer (NMRS) || ≗**resonanzspektrometrie** *f* / nuclear magentic resonance spectrometry || ≗**sättigung** *f* / core saturation

Kernschnitt *m*(Werkzeug) / blanking tool for core laminations || ≗ (s. Kernblech)

Kern·strahlung *f* / nuclear radiation || **grafisches** ≗**system** (GKS) / graphical kernel system (GKS) || ≗**transformator** *m* / core-type transformer, core-form transformer || ≗**zahl** *f* / number of cores || ≗**zeit** *f* / core time || ≗**zeitmeldung** *f* / illegal (terminal) entry during core time

Kerr-Effekt *m* / Kerr effect

Kerze *f*(Trafo-Durchführung) / bushing *n*

Kerzen·filter *n* / cartridge filter || ≗**lampe** *f* / candle lamp || ≗**schaftfassung** *f* / candle lampholder

Kessel *m*(Trafo) / tank *n* || **≗abschirmung** *f* / tank shielding || **≗boden** *m*(Trafo) / tank bottom (plate), tank floor || **≗bord** *m*(Trafo) / tank flange || **≗-Erdschlußschutz** *m* / frame leakage protection, frame ground protection, case ground protection || **≗-Kessel-Durchführung** *f* / completely immersed bushing

Kesselkühlfläche, wirksame ≗ / effective tank cooling surface

Kessel·-Leistungsschalter *m* / dead-tank circuit-breaker || **≗-Ölschalter** *m* / dead-tank oil circuit-breaker, bulk-oil circuit-breaker || **≗schalter** (s. Kessel-Leistungsschalter) || **≗verluste** *m pl* / tank losses || **≗wand** *f* / tank wall

Kette *f*(PC) / cascade *n*, sequencer *n* || ≗ (Folge) / sequence *n* || ≗ (s. Kaskade) || **Ablauf**~ / sequence cascade, sequencer *n* || **Illuminations**~ / decorative chain, decorative string || **Impuls**~ / pulse train || **Isolator**~ / insulator string || **Licht**~ *m* / lighting chain || **programmierbare logische** ≗ (PLA) / programmable logic array (PLA) || **Prüf**~ *f* / test chain || **Steuer**~ / open-loop control (system) || **Thermo**~ / thermocouple pile, thermopile *n*, series-connected thermocouples || **Wirkungs**~ (Reg.) / functional chain || **Zähl**~ / counting chain, counting decade || **Zeichen**~ (PMG) / string of digits, string *n*

Kettenablauf *m*(Ablaufkette) / sequence *n*, step sequence || **≗baustein** *m* / sequence block

Ketten·anfang *m*(Ablaufkette) / sequence start || **≗anfangsbaustein** *m* / sequence start block || **≗anwahl** *f*(PC) / sequencer selection || **≗aufhänger** *m* / chain hanger || **≗aufhängung** *f* / chain suspension || **≗aufzug** *m* / chain-driven lift (o. elevator) || **≗beleuchtung** *f* / catenary lighting || **≗bemaßung** *f*(CAD) / incremental dimensioning || **≗druck** *m* / chain printing || **≗element** *n*(PC) / sequencer element, (sequence) cascade element || **≗endbaustein** *m* / sequence end block || **≗ende** *n* (Ablaufkette) / sequence end || **≗flaschenzug** *m* / chain tackle, chain pulley block || **≗getriebe** (s. Kettentrieb) || **≗impedanz** *f* / iterative impedance || **≗isolator** *m* / string insulator || **≗leiter** *m* / iterative network, recurrent network, lattice network || **≗leiter** *m*(Ableiterprüfung) / distributed-constant impulse generator || **≗linie** *f*(Freileitungsseil) / catenary *n*, catenary curve || **≗linienparameter** *m* (Freiltg.) / catenary constant (IEC 50(466))

Kettenmaß *n*(NC) / incremental dimension, incremental coordinate || **≗eingabe** *f*(NC) / incremental dimension data input, incremental data input || **≗fehler** *m*(NC) / incremental error, cumulative error || **≗programmierung** *f* / incremental programming (ISO 2806-1980), incremental data input || **≗steuerung** *f* / incremental control || **≗system** *n*(NC) / incremental dimensioning (system), floating-zero system, delta dimensioning

Ketten·oberleitung *f* / overhead contact line with catenary, catenary-type overhead traction wire || **≗pendel** *n* / chain pendant

Kettenprioritierung *f* / daisy chain

Ketten·rad *n* / sprocket wheel, sprocket *n* || **≗rolle** *f* / chain pulley || **≗schaltung** *f* / ladder network, lattice network, iterative network, recurrent network

Kettenschritt *m*(Ablaufkette) / sequence step || **≗baustein** *m* / sequence step block

Kettenschutz *m* / chain guard

Kettenstich·probenplan *m* / chain sampling plan

Ketten·trieb *m* / chain drive, chain transmission || **≗verstärker** *m* / distributed amplifier || **≗verwaltung** *f*(PC) / cascade organization || **≗verzweigung** *f* / sequence branch || **≗verzweigungsbaustein** *m* / sequence branch block || **≗wicklung** *f* / chain winding, basket winding, lattice winding || **≗widerstand** *m* / iterative impedance

Kettenzug *m* / chain pulley block, chain hoist (block), chain tackle || **Elektro-**≗ *m* / electric chain pulley block

Kettenzugschalter *m* / chain-operated switch

Kettung *f* / link *n*, chaining *n* || ≗ (von Parametern) / chaining *n*, concatenation *n* || ≗ (s. Eingabekettung)

KF (s. Kriechwegfaktor)

K-Fachwerk *n*(Gittermast) / K bracing, K panel

KF-Einstellung *f*(Einstellung bei konstantem Fluß) / c.f.r. (constant-flux regulation)

KI (s. künstliche Intelligenz)

Kiellinienbauweise *f*(Station) / in-line arrangement

Kieselgel *n* / silica gel

Kieselgur *m* / infusorial earth, diatomaceous earth, kieselgur *n*

Kilowattstundenzähler *m* / kilowatt-hour meter, kWh meter

Kimme *f* / backsight *n*

Kinderschutzsicherung, Gerät mit ≗ / child-proof device, tamper-proof device

kinematisch·e Viskosität / kinematic viscosity, viscosity/density ratio || ~**er Zwang** / constraint *n*

kinetisch·e Energie / kinetic energy || ~**es Moment** / kinetic momentum || ~**e Pufferung** (SR) / flywheel back-up, kinetic back-up || ~**e Wellenbahn** / shaft orbit

Kino·lampe *f* / cinema lamp || **≗leinwand** *f* / cinema screen

Kiosk *m* / kiosk *n*

Kioskstation (s. Kompaktstation)

kippbarer Merker (PC) / invertible flag

kippbewegliches Lager / self-aligning bearing, spherically seated bearing

Kipp·diode *f* / break-over diode (BOD) || **≗drehzahl** *f* / breakdown-torque speed, pull-out speed || **≗dübel** *m* / gravity toggle

kippen *v*(durch Kopflastigkeit) / topple *v* || ~ (el. Masch.) / to pull out of step, to fall out of synchronism, pull out *v*, to become unstable || ~ (mech.) / tilt *v*, topple *v* || ≗ *n*(Synchronmasch.) / pulling out of step, pull-out *n* || ≗ (LE) (s. Kommutierungsfehler) || **ein Bit** ~ / to invert a bit || **Wechselrichter**~ / conduction-through *n*, shoot-through *n*

Kipp·fall und Umstürzen / drop and topple || **≗frequenz** *f*(Osz.) / sweep repetition rate || **≗frequenzgenerator** *m* / sweep frequency generator, sweep generator, swept-frequency signal generator || **≗fuß** *m* / tilting footplate, tilting foot || **≗generator** *m* / relaxation oscillator, sweep generator, sweep oscillator || **≗geschwindigkeit** *f* / sweep rate

Kippglied mit Zweizustandssteuerung / master-slave bistable element || **astabiles** ≗ (DIN 40700) /

astable element (IEC 117-15), multivibrator *n* || **bistabiles** ≗ / bistable circuit, bistable element (IEC 117-15), flipflop || **monostabiles** ≗ (DIN 40700) / monostable element (IEC 117), monoflop *n*, single shot || **monostabiles** ≗ (Multivibrator) / monostable multivibrator || **T-**≗ (s. Binäruntersetzer)

Kippgrenze *f* (el. Masch.) / stability limit || **Wechselrichter-**≗ *f* / limit of inverter stability, inverter stability limit

Kipp·hebel *m* (Schalterantrieb; Diesel) / rocker *n* (arm) || ≗**hebel** *m* (Kippschalter) / toggle *n*, tumbler *n* || ≗**hebelantrieb** *m* / toggle actuator, toggle mechanism || ≗**hebelschalter** *m* / lever switch (IEC 131), toggle switch || ≗**hebelverriegelung** *f* / toggle interlock || ≗**impedanz** *f* / balance point impedance || ≗**leistung** *f* (Synchronmasch.) / pull-out power || ≗**magnetverstärker** *m* / snap-action magnetic amplifier

Kippmoment *n* (Asynchronmot., VDE 0530, T.1) / breakdown torque (IEC 34-1), stalling torque || ≗ (Synchronmot., VDE 0530, T.1) / pull-out torque (IEC 34-1) || ≗ (Schrittmot.) / run-stall torque, pull-over torque || ≗ (Lg.) / tilting moment || **relatives** ≗ (el. Masch.) / breakdown factor

Kipp·relais *n* / balanced-beam relay, throw-over relay || ≗**relais** (s. Schaltrelais) || **Quecksilber-**≗**röhre** *f* / mercury tilt(ing) switch || ≗**rücklauf** *m* (Osz.) / flyback *n*, retrace *n* || ≗**schalter** *m* / tumbler switch, toggle switch || ≗**schaltung** *f* / flipflop *n*, toggle circuit, multivibrator *n* || ≗**schlupf** *m* / pull-out slip, breakdown slip || ≗**schlupffrequenz** *f* / pull-out slip frequency || ≗**schwingungen** *f pl* / relaxation oscillations || ≗**segment-Gleitlager** *n* / tilting-pad bearing, pivoted-pad bearing, pivoted segmental thrust bearing, Michell thrust bearing, Kingsburg thrust bearing

kippsicher *adj* (Reg., LE) / stable *adj* || ~**e Zelle** (Batt.) / unspillable cell

Kippsicherheit *f* / stability *n*

Kippspannung *f* / sweep voltage || ≗ (HL) / breakover voltage || ≗ (Spannung an der oberen Ansprechschwelle) / upper response threshold voltage || **Unsymmetrie der** ≗ (HL) / breakover voltage asymmetry

Kipp-Steuerknüppel *m* / displacement joystick

Kippstrom *m* (HL) / breakover current || ≗ (Mot.) / stalling current, stalled current || ≗ (Gen.) / pull-out current

Kipp·stufe *f* (Flipflop) / flip-flop *n* || ≗**taster** *m* / momentary-contact tumbler switch

Kippunkt *m* (Synchronmasch.) / pull-out point, stability limit || ≗ (Rel.) / trigger point || ≗ (HL) / breakover point || ≗ (Kennlinie) / step-change point || **Spannung im** ≗ (s. Kippspannung)

Kipp·verhalten *n* / triggering characteristic, bistable characteristic || ≗**verhalten** (NS) / snap action || ≗**verstärker** *m* / bistable amplifier || ≗**versuch** *m* (el. Masch.) / pull-out test, breakdown test || ≗**vorlauf** *m* / sweep advance || ≗**winkel** *m* / pull-out rotor angle || ≗**zeit** *f* (Monoflop, Zeitstufe) / delay time, operating time

Kissenverzeichnung *f* (ESR) / pin-cushion distortion

Kiste *f* / wooden case, box *n*

Kitt *m* (Bindemittel) / cement *n* || ≗ (Spachtelmasse) / filling compound, filler *n*, lute *n*, mastic *n*, putty *n*, paste filler

kittlos·er Isolator / cementless insulator || ~**er Lampensockel** / mechanical lamp base

K-Kanal (s. Kunststoffkanal)

K-Kasten (s. Kreuzkasten)

KKS (s. kathodischer Korrosionsschutz)

KL (s. Käfigläufer)

klaffen *v* / to gape open, to be forced apart

Klaffsicherheit *f* / parting strength

Klammer *f* (rund) / parenthesis *n*, round bracket || ≗ (eckig) / bracket *n* || ≗ (EMB) / clip *n* || ≗ **auf** / left bracket (o. parenthesis) || ≗ **zu** / right bracket (o. parenthesis)

Klammeranschluß *m* / clamp-type terminal || ≗ („Termi-Point") / termi-point connection

Klammer·anweisung *f* / parenthesized instruction || ≗**-Auf-Anweisung** *f* / left-parenthesized instruction || ≗**ausdruck** *m* / bracketed term (o. expression), parenthesized term (o. expression) || ≗**bildung** *f* (NC) / bracketing *n* || ≗**diode** *f* / clamping diode || ≗**ebene** *f* (PC, NC) / nesting level, level of nesting, bracketing level || ≗**entfernwerkzeug** *n* / unclipping tool

klammerfreie Schreibweise / parenthesis-free notation

Klammer·stackzeiger *m* / nesting stack pointer || ≗**stift** *m* / clip post || ≗**tiefe** *f* (Schachtelungstiefe) / nesting depth

Klammerung *f* / bracketing *n*

Klammer·verbinder *m* / terminal with connection by clip, clip-connected terminal || ≗**verbindung** *f* / spring-loaded connection || ≗**verbindung** *f* („Termi-point") / termi-point connection || ≗**-Zu-Anweisung** *f* / right-parenthesized instruction

Klang *m* / sound *n*, tone *n* || ≗**probe** *f* / sounding test, stethoscopic test

Klappanker *m* / clapper-type armature, hinged armature || ≗**-Magnetsystem** *n* / clapper armature system, hinged-armature magnet system || ≗**relais** *n* / clapper-type relay, attracted-armature relay || ≗**schütz** *n* / clapper-type contactor

klappbar·er Baugruppenträger / hinged subrack

Klappdeckel *m* (Steckdose) / hinged lid, spring flap cover

Klappe *f* / flap *n*, hinged cover, damper *n*, gate *n*, lid *n* || ≗ (Stellklappe) / butterfly valve || ≗ (einfache Klappe zur Zugregelung) / damper *n* || ≗ (Blende) / shutter *n* || ≗ (Buchholzrelais) / flap *n* || **Auf-Zu-**≗ / on-off butterfly valve, seating butterfly valve || **Rückschlag**~ / non-return valve, swing valve, clapper valve || **Stell**~ / butterfly control valve, wafer butterfly valve, butterfly valve

klappen *v* / swing *v*, fold *v*, tilt *v*

Klappenblatt *n* (Stellklappe) / (butterfly) disc *n*

Klappen·gestänge *n* / butterfly (actuating) linkage || ≗**ventil** *n* / flap valve || ≗**verschluß** *m* (Schaltwageneinheit) / automatic shutter

Klapp·fenster *n* / hinged window, trap window, swing-up transparent cover || ≗**muffe** *f* (Kabel) / hinged junction box || ≗**rolle** *f* / snatch block || ≗**scheinwerfersteuerung** *f* (Kfz) / headlamp raise-lower control || ≗**schraube** *f* / hinged bolt, latch screw, plain eyebolt

klar *adj* (Aussehen von Öl) / limpid *adj* || ~**er Himmel nach CIE** / CIE standard clear sky || ~**e Linse** / clear lens

Klarbrennen *n* (luftleerer Lampen) / flashing out
Klardauer *f* (IEC 50(191)) / up time
Klarglas *n* (Abdeckung) / clear glass (cover) ‖ °~**kolben** *m* / clear bulb, clear glass bulb ‖ °~**lampe** *f* / clear lamp
Klarschriftkodierer *m* / character encoder
Klarsicht·kappe *f* / transparent cover ‖ °~-**Kunstfolie** *f* / transparent plastic foil
Klartext *m* / plain text, plain language, clear text ‖ °~**ausgabe** *f* / plain text output, clear text output ‖ °~**meldung** *f* / plain-text message, alphanumeric text message ‖ °~**meldung** *f* (Anzeige) / plain-text display, alphanumeric text display ‖ °~**protokoll** *n* / plain text log, plain text and alphanumeric printout ‖ °~**telegramm** *n* / plain-text message, alphanumeric text message
Klar·vergußmodell *n* / transparent encapsulated model ‖ °~**zeit** *f* (fehlerfreie Zeit) / up time (UT) ‖ °~**zustand** *m* (IEC 50(191)) / up state
Klasse *f* (Genauigkeitsklasse) / accuracy class ‖ °~ (Statistik, DIN 55350, T.23) / class *n* (statistics), interval *n* ‖ °~ (nach Belastbarkeit) / overcurrent class ‖ °~ **des Nennbetriebes** (el. Masch.) / class of rating ‖ **Ansprech~** (Brandmelder) / response grade ‖ **Fremdschicht~** (Isolator) / pollution severity level, pollution level
Klassen·bildung *f* (DIN 55350, T.23) / classification *n* (statistics, QA) ‖ °~**breite** *f* (DIN 55350,T.23) / class interval ‖ °~**einteilung** *f* / classification *n* ‖ °~**genauigkeit** *f* / accuracy class rating ‖ °~**grenze** *f* (DIN 55350,T.23) / class limit, class boundary ‖ °~**kennzeichen** (s. Meldeklassenkennzeichen) ‖ °~**leistung** *f* / class rating ‖ °~**mitte** *f* (DIN 55350,T.23) / midpoint of class ‖ °~**zeichen** *n* (MG, EZ, Rel.) / class index, accuracy class index ‖ °~**zeichen der Meßgröße** / measuring class index ‖ °~**zeichen der Zeitaufzeichnung** / time-keeping class index
Klassieren *n* / classifying *n*
Klassierung *f* (DIN 55350, T.23) / grouping *n* (statistics), categorization *n*
Klassifikations·gesellschaft *f* / classification society ‖ °~**vorschrift** *f* / specifications of classification society, classification rules
klassifizieren *v* / classify *v*
Klassifizierungs·nummer *f* (DIN 6763,T.1) / classification number ‖ °~**system** *n* (DIN 6763,T.1) / classification system
klassische Konstruktion / orthodox design
Klauen·konstruktion *f* (el. Masch.) / claw-type construction, claw-field type ‖ °~**kupplung** *f* (ausrückbar) / jaw clutch, square-tooth clutch ‖ °~**öl** *n* / neat's-foot oil ‖ °~**polgenerator** *m* / claw-field generator, claw-pole generator
Klavier·saitendraht *m* / piano wire ‖ °~**taste** *f* / piano key
Klebe·band *n* / adhesive tape ‖ °~**blech** *n* (Rel.) / anti-freeze plate, residual plate ‖ °~**folie** *f* / adhesive film ‖ °~**folie** *f* (gS) / bonding sheet ‖ °~**fühler** *m* / stick-on sensor ‖ °~**kitt** *m* / bonding cement, cement *n*
Klebekraft, magnetische °~ / magnetic adhesion
Klebelack *m* / sizing varnish, sizing *n*
kleben *v* / cement *v*, bond *v* ‖ °~ *n* (Mot., Hängenbleiben beim Hochlauf) / cogging *n* ‖ °~ (Kontakte) / sticking *n* ‖ °~ (Relaisanker) / freezing *n* (relay) ‖ **Stillstands~** (Mot.) / standstill locking
Kleber *m* / adhesive *n*, glue *n*, bonding agent ‖ **Kontakt~** *m* / contact adhesive
Klebe·schicht *f* / adhesive coating (o. film) ‖ °~**schild** *n* / adhesive label, sticker *n* ‖ °~**spleiß** *m* (LWL) / glue splice ‖ °~**stelle** *f* / cemented joint, join *n* ‖ °~**stift** *m* (Rel.) / anti-freeze pin, residual stud
Kleb·freiheit *f* (Kontakte) / absence of sticking ‖ °~**fugenfläche** *f* / joint area ‖ °~**stoff** *m* / adhesive *n* ‖ °~**streifen** *m* / adhesive tape ‖ °~**vermögen** *n* / adhesiveness *n*
Kleeblattzapfen *m* / wobbler *n*
klein·er als (DIN 19239) / less than ‖ ~**er gleich** (DIN 19239) / less than or equal to ‖ ~**e Kontaktöffnungsweite** (VDE 0630) / micro-gap construction (CEE 24) ‖ ~**er Leistungsbereich** (PC-Geräte) / low-end performance level ‖ ~**e letzte Stromschwingung** / minor final loop ‖ ~**er Prüfstrom** (LSS, VDE 0641) / conventional non-tripping current (CEE 19) ‖ ~**er Prüfstrom** (Sich.) / conventional non-fusing current
Kleinanstrahler *m* / miniature spotlight, minispot *n*, baby spot
Klein·block *m* (elST) / miniblock *n*, miniature potted block ‖ °~**buchstabe** *m* / lower-case letter ‖ °~**drucktaster** *m* / mini-pushbutton *n* ‖ °~-**Einschraub-Widerstandsthermometer** *n* / small screw-in resistance thermometer ‖ °~**einschub** *m* / miniature withdrawable unit, withdrawable mini-unit ‖ °~**endschalter** (s. Klein-Positionsschalter) ‖ °~-**Gerätesteckdose** *f* / miniature connector ‖ °~**klima** *n* / micro-climate *n* ‖ °~**lampe** *f* / miniature lamp ‖ °~**lasteinstellung** *f* (EZ) / low-load adjustment ‖ °~**lastenaufzug** *m* / dumbwaiter *n*, goods lift ‖ °~**leistungs-Signaldiode** *f* / low-power signal diode ‖ °~**leiterplatte** *f* / miniature p.c.b. ‖ °~**leuchtmelder** *m* / miniature indicator light, miniature signal lamp ‖ °~**leuchtstofflampe** *f* / miniature fluorescent lamp ‖ °~**material** *n* / small accessories ‖ °~**motor** *m* / small-power motor, fractional-horsepower motor, f.h.p. motor, light-power motor, low-power motor ‖ °~-**Positionsschalter** *m* / miniature position switch, miniature momentary-contact limit switch ‖ °~**rad** *n* (Ritzel) / pinion *n* ‖ °~**relais** *n* / miniature relay ‖ °~**rundstecker** *m* / miniature round plug (o. connector) ‖ °~**schaltanlage** *f* (Tafel) / compact switchboard ‖ °~**schaltanlage** *f* (f. Netzstationen) / (compact) switchgear assembly, switchgear assembly for unit substations ‖ °~**schaltfeld** *n* / compact switchpanel ‖ °~**schaltrelais** *n* / miniature all-or-nothing relay ‖ °~**schaltuhr** *f* / miniature time switch ‖ °~**schütz** *n* / miniature contactor ‖ °~**selbstschalter** *m* / miniature circuit-breaker, miniature overcurrent circuit-breaker, m.c.b., A. ‖ °~**serienfertigung** *f* / small batch production, small-sized production, job lot production
Kleinsignal *n* / small signal, low-level signal ‖ °~-**Amplitudenfehler** *m* / small-signal amplitude error ‖ °~**kapazität** *f* (Diode, DIN 41853) / small-signal capacitance ‖ °~-**Kenngrößen** *f pl* / small-signal characteristics ‖ °~-**Kurzschlußstromverstärkung** *f* (Transistor) / small-signal short-circuit forward current transfer ratio ‖ °~**schaltung** *f* (Niederpegelsch.) / low-level circuit ‖ °~**verstärkung** *f* / small-signal gain ‖ °~**widerstand** *m* (Diode, DIN 41853) / small-signal resistance

Kleinspannung *f* / extra-low voltage (e.l.v.)
Kleinspannungs·beleuchtung *f* / extra-low-voltage lighting || **≗transformator** *m* / extra-low-voltage transformer || **≗wandler** *m* / extra-low-voltage transformer
kleinst·e adressierbare Bewegung (Plotter) / smallest programmable movement || **~er Augenblickswert** (Schwingung) / valley value || **~er Ausschaltstrom** I_{min} / minimum breaking current || **~e Leerlaufdrehzahl** / minimum idling speed || **~e Lötbandbreite** (gS) / minimum annular width || **~er negativer Wert** / least negative value || **~er positiver Wert** / least positive value || **~er Schmelzstrom** / minimum fusing current || **~e verkettete Spannung** / mesh voltage
Klein·station *f* (Unterstation) / packaged substation || **≗stecker** *m* / subminiature connector || **≗stellung** *f* / low setting || **≗steuergerät** *n* (PC) / mini programmable controller, mini-PC *n* || **≗steuerschalter** *m* / miniature control switch, control switch || **≗steuerung** *f* / small control system
Kleinst·lampe *f* / subminiature lamp || **≗lampenfassung** *f* / subminiature lampholder || **≗maß** *n* (DIN 7182,T.1) / minimum limit of size || **≗motor** *m* / sub-fractional-horsepower motor, sub-f.h.p. motor, miniature motor
Kleinstörgrad *m* / small interference level
Kleinst·passung *f* / minimum fit || **≗relais** *n* / subminiature relay
Kleinstromschalter *m* / light-duty switch
Kleinst·-Sicherungseinsatz *m* / subminiature fuse-link || **≗spiel** *n* / minimum clearance || **≗transformator** *m* / miniature transformer || **≗übermaß** *n* / minimum interference
Kleinstufenverfahren *n* (LT) / step-by-step method of heterochromatic comparison, cascade method of heterochromatic comparison
Kleinstwert *m* (Schwingung) / valley value
Kleinteile *n pl* / small accessories
Kleintiere, Einwirkung von ≗n / attack by small creatures
Klein·transformator *m* / small transformer, miniature transformer || **≗verbraucher** *m* / low-rating load, small load || **≗verteiler** *m* / small distribution board, consumer unit || **≗winkelgrenze** *f* (Kristall) / low-angle grain boundary
klemmbar·e Nennquerschnitte / range of nominal cross-sections to be clamped, wire range
Klemm·bereich der Anschlüsse / capacity of terminals || **≗block** (s. Klemmenblock) || **≗bolzen** (Stromanschluß) (s. Klemmenbolzen) || **≗bügel** *m* (Anschlußklemme) / wire clamp, terminal clamp || **≗bürstenhalter** *m* / clamp-type brush holder || **≗diode** *f* / d.c. clamp diode, d.c. restorer diode
Klemme *f* (el. Anschluß) / terminal *n* || **≗** (Freileitungsseil) / clamp *n* || **isolationsdurchdringende ≗** / insulation piercing connecting device (i.p.c.d.)
klemmen *v* (klammern) / clamp *v* || **~** (verklemmen; fressen) / jam *v*, to become stuck, bind *v* || **≗** (NC-Zusatzfunktion, DIN 66025,T.2) / clamp (NC miscellaneous function, ISO 1056)
Klemmenabdeckhaube *f* / shrouding cover
Klemmen·abdeckung *f* / terminal shrouding, terminal cover || **≗abstand** *m* / clearance between terminals || **≗anschluß** *m* / terminal connection || **≗anschlußplan** *m* / terminal diagram, terminal connection diagram || **≗belegung** *f* / terminal assignment || **≗belegungsplan** (s. Anschlußplan)
Klemmenbezeichnungen *f pl* / terminal markings || **≗, Prüfung der ≗** / verification of terminal markings
Klemmen·block *m* / terminal block, connection block || **≗block** (s. Reihenklemme) || **≗bolzen** *m* / stud terminal, terminal stud, binding post || **≗brett** *n* / terminal board, connecting terminal plate (IEC 23F.3) || **≗brücke** *f* / terminal link || **≗bügel** *m* (Brücke) / terminal link, link *n*, terminal clip || **≗bügel** *m* (U-Scheibe) / terminal clip, U-shaped terminal washer || **≗deckel** *m* / terminal cover, terminal shroud, terminal socket || **≗dom** *m* / terminal dome || **≗durchführung** *f* / terminal bushing, terminal gland || **≗einsatz** *m* / terminal insert || **≗erdschluß** *m* / terminal-to-earth fault, terminal-to-ground fault || **≗feld** *n* / terminal panel, terminal board || **≗folge** *f* / terminal sequence, phase sequence, terminal-phase association || **≗halter** *m* / terminal holder, terminal base || **≗isolator** *m* / terminal insulator || **≗kapazität** *f* / terminal capacitance
Klemmenkasten *m* / terminal box, connection box, terminal housing || **≗ mit abgeteilten Phasen** / phase-segregated terminal box || **≗ mit Druckentlastung** / pressure-relief terminal box || **≗ mit Luftisolation** / air-insulated terminal box || **≗ mit Phasenisolation** / phase-insulated terminal box || **≗ mit Phasentrennung** / phase-separated terminal box || **≗-Oberteil** *n* / top section of terminal box, terminal box cover || **≗-Unterteil** *n* / bottom section of terminal box, terminal-box base
Klemmen·kopf *m* / terminal top, terminal head || **≗körper** *m* / terminal carrier, terminal insulator || **≗kugel** *f* / spherical terminal || **≗kurzschluß** *m* / terminal fault, terminal short circuit, short-circuit between terminals || **≗kurzschlußleistung** *f* / terminal short-circuit power
Klemmenleiste *f* / terminal strip || **elektronische ≗** / electronic terminator
Klemmen·leistenplan (s. Anschlußplan) || **≗leistung** *f* / terminal power, output *n* || **≗nische** *f* / terminal compartment || **≗paar** *n* / pair of terminals, terminal pair || **≗plan** (s. Anschlußplan) || **≗platte** *f* / terminal board, connecting terminal plate (IEC 23F.3) || **≗raum** *m* / terminal compartment || **≗rohrschelle** *f* / conduit clip || **≗schiene** *f* / terminal rail || **≗schraube** *f* / terminal screw, binding screw || **≗sockel** *m* / terminal mounting || **≗spannung** *f* / terminal voltage, voltage across terminals
Klemmenspannung, unsymmetrische ≗ (V-Netznachbildung) / V-terminal voltage
Klemmen·stein *m* / terminal block, connector block, connector *n* || **≗stützer** *m* / terminal post insulator || **≗träger** *m* (Isolator) / terminal insulator || **≗träger** *m* (Brett) / terminal board || **≗träger** *m* (Batt.) / terminal strip || **≗vorsetzer** *m* / terminal block || **≗zelle** *f* / terminal enclosure || **≗zug** *m* (VDE 0670, T.2) / mechanical terminal load (IEC 129) || **≗zuleitung** *f* / terminal lead
Klemm·feder *f* / clamping spring || **≗kabelschuh** *m* / clamp-type cable lug || **≗körper** *m*

(Anschlußklemme) / clamping part || **²körper** *m* (Tragklemme) / body *n* || **²lasche** *f* (Anschlußklemme) / clamping lug, saddle *n* || **²leiste** (s. Klemmenleiste)

Klemmontage *f* / clip-on fixing, installation by retaining clips

Klemm·platte *f*(Anschlußklemme) / clamping plate, pressure plate || **²prüfspitze** *f* / clamp-type test prod || **²ring** *m* / clamping ring, clamp ring || **²rollenkupplung** *f* / grip-roller clutch, clamp-roller clutch || **²schalenkupplung** *f* / clamp coupling, muff coupling || **²schaltung** *f* / clamp circuit, clamp *n* || **²schelle** *f*(IR) / clip *n* || **²schraube** *f* / clamping screw, clamping nut, pinching screw, binding screw, setscrew *n* || **²schraube** (s. Klemmenschraube) || **²stein** (s. Klemmenstein) || **²stelle** *f*(Schraubklemme, VDE 0609, T.1) / clamping point, clamping unit (IEC 685-2-1) || **²stelle** (s. Anschlußstelle) || **²stelle** (s. Klemmenanschluß) || **²stück** *n* / clamp *n*, clamping piece || **²stück** *n*(Bürstenhalter) / clamp *n*

Klemmuffe *f*(IR) / clamp-type coupler

Klemmung *f*(Impulse) / clamping *n*(pulses)

Klemmutter *f* / lock nut || **²** (Anschlußklemme) / clamping nut

Klemmwirkung, Prüfung der ² (Leitungseinführung) / test of clamping

Kletterschutz *m*(Freileitungsmast) / anti-climbing guard

Klima für die Nachbehandlung (DIN IEC 68) / recovery conditions || **²aggregat** *n* / air conditioner || **²anlage** *f* / air conditioning system || **~beständig** *adj* / climate-proof *adj*, all-climate-proof *adj*, resistant to extreme climates || **²beständigkeit** *f* / climate-proofness *n*, resistance to climatic changes, resistance to extreme climates, climatic withstand capability || **²decke** *f* / air-handling ceiling, ventilated ceiling || **~fest** (s. klimabeständig) || **²festigkeit** (s. Klimabeständigkeit) || **²folge** *f* / climatic sequence || **²gerät** *n* / air conditioner || **²klasse** *f* / climatic category || **²laboratorium** *n* / environmental laboratory, climate testing laboratory || **²leuchte** *f* / air-handling luminaire, ventilated lighting fitting || **²prüfung** *f* / climatic test, climatic robustness test || **²regelung** *f* / air conditioning || **²schutz** *m* / weatherproofing *n*, tropicalization *n* || **²schutzverpackung** *f* / sealed weatherproofing packing || **²stutzen** *m* / breather *n*

klimatisch·e Beanspruchung / climatic stress || **~e Prüfklasse** / climatic category || **~e Prüfung** / climatic test, climatic robustness test

klimatisieren *v* / air-condition *v*

Klimatisierung *f* / air conditioning

Klimaunabhängigkeit (s. Klimabeständigkeit)

Klingel·anlage *f* / bell system || **²draht** *m* / bell wire, ringing wire

klingeln *v*(an der Tür) / to ring the bell, to ring at someones door || ~ (Kfz-Mot.) / knock *v*

Klingel·signal *n*(Kfz) / knocking signal || **²stegleitung** *f* / flat webbed bell wire(s) || **²taster** *m* / bell pushbutton, bell button || **²transformator** *m* / doorbell transformer, bell-ringing transformer, bell transformer || **²zeichen** *n* / bell signal

Klingerit *n* / Klingerit *n*, asbestos-base material

Klinke *f*(Buchsenkontakt) / jack *n*

Klinken·hebel *m* / latch *n* || **²rad** *n* / ratchet wheel || **²rolle** *f* / latch roller, pawl roller || **²sperre** *f* / pawl-type lock

Klinkwerk *n* / barring gear, ratchet gear

Klip-Menü *n* / pop-up menu

Klippen *n*(Entfernen von Teilen von Darstellungselementen) / clipping *n*

Klipper *m* / clipper *n*

klirrarm *adj* / low-distortion *adj*, of low harmonic factor

Klirren *n*(nichtlineare Verzerrung) / non-linear distortion

Klirr·faktor *m* / total harmonic distortion (THD), harmonic distortion || **²faktor-Meßbrücke** *f* / harmonic detector || **²verzerrung** *f* / amplitude distortion

Klopfen *n*(Kfz-Mot.) / knocking *n*

Klopf·grenze *f*(Kfz-Mot.) / knock limit || **²grenzregelung** *f*(Kfz) / knocking limit control || **²grenzsensor** *m*(Kfz.) / knocking limit sensor, knock sensor || **²regelung** *f*(Kfz) / knock control || **²regler** *m*(Kfz) / knock controller, anti-knock regulator || **²sensor** *m*(Kfz) / knocking sensor

Klöppel *m*(Isolator) / pin *n* || **²isolator** *m* / pin insulator

Klöppelung *f*(Kabel) / braid *n*, braiding *n*

Klotz·bremse *f* / shoe brake, block brake || **²lager** *n* / pad-type bearing, segmental thrust bearing

Klystron *n* / klystron *n* || **² mit ausgedehnter Wechselwirkung** / extended-interaction klystron

Knacken *n*(s. Knackstörung)

Knack·rate *f*(EMV) / click rate || **²störung** *f* / click *n*

Knagge *f*(Mastfundament) / cleat *n*(IEC 50(466))

knallartiges Geräusch / report-like noise, rip-rap noise

knattern *v* / rattle *n*

Knebel *m* / tommy bar, tommy *n*, crossbar *n*, cudgel *n* || **²** (Schaltergriff) / twist knob, knob *n*, grip *n* || **²antrieb** *m* / knob-operated mechanism, operating grip || **²griff** *m*(Knopfform) / knob *n* (handle), grip *n* || **²mutter** *f* / tommy nut, grip nut || **²schalter** *m* / knob-operated (control) switch, knob-operated rotary switch || **²taster** *m* / knob-operated momentary-contact control switch

Knet·legierung *f* / wrought alloy || **²masse** *f*(zum Abdichten) / sealing compound

Knick *m* / kink *n*, knee *n*, break *n*, bend *n*

Knickarmroboter *m* / buckling arm robot

Knickbeanspruchung *f* / buckling stress

Knickdrehzahl *f*, **Kommutierungs-²** / speed at safe commutation limit

knicken *v* / buckle *v*, kink *v* || ~ (Kabel) / kink *v*

Knick·festigkeit *f* / buckling strength, resistance to buckling || **²last** *f* / buckling load || **²punkt** *m* (Kurve) / break point, knee *n* || **²punkt-EMK** *f* / knee-point e.m.f. || **²punktspannung** *f* / knee-point voltage || **²schutztülle** *f* / anti-kink sleeve, reinforcing sleeve || **²schwingung** *f* / bending vibration || **²spannung** *f* / buckling stress || **²steifigkeit** *f* / buckling strength, resistance to buckling || **²verrundung** *f* / knee-point smoothing || **²versuch** *m* / buckling test, crippling test

Kniegelenk *n* / knuckle joint, hinged joint

Kniehebel·system *n* / toggle system || **²verschluß** *m* / toggle fastener, toggle clamp

Knie·kasten *m*(IK) / vertical bend, knee *n*, vertical elbow || **²punkt** *m*(Kurve) / knee point ||

≗punktspannung *f* / knee-point voltage || ≗spannung (s. Kniepunktspannung)

Knopf *m* (Drehknopf) / knob *n* || ≗ (Taste) / button *n* || ≗ (s. Drehknopfschalter) || **Markierungs~** (Straße) / road stud (GB), raised pavement marker || ≗**dreher** *m* / button key || ≗**kasten** *m* / pushbutton box || ≗**menü** *n* / button menue || ≗**zelle** *f* / button cell

Knoten *m* (Schwingung; Netz) / node *n* || **passiver** ≗ (Netz) / passive bus || **starrer** ≗ (Netz) / infinite bus || ≗**admittanzmatrix** *f* / admittance matrix, Y bus matrix || ≗**blech** *n* / gusset plate, junction plate || ≗**impedanzmatrix** *f* / bus impedance matrix, Z bus matrix || ≗**kette** *f* / bead chain, beaded chain || ≗**punkt** *m* / nodal point, node *n*, junction *n* || ≗**punktregel von Kirchhoff** / first Kirchhoff law, Kirchhoff's current law || ≗**station** *f* (FWT) / submaster station || ≗**-Zugfestigkeit** *f* / knotted tensile strength

Koaxial·buchse *f* / coaxial jack || ≗**-Doppelkupplung** *f* / barrel connector

Koaxialität *f* / concentricity *n*

Koaxial·kabel *n* / coaxial cable || ≗**paar** *n* / coaxial pair || ≗**stecker** *m* / coaxial connector, coaxial-entry plug

Kobalt·chlorür *n* / cobalt dichloride, cobalt (II) chloride || ≗**eisen** *n* / cobalt steel

Ko-Baum *m* / co-tree *n*

Köcher-Bürstenhalter *m* / cartridge-type brush holder, tubular brush holder

Kode (s. Code)

Kodierung (s. Codierung)

Koeffizient der Lastverschiebung (o. Lastaufteilung) / distribution factor

Koerzitiv·feldstärke *f* / coercive field strength, coercivity *n* (IEC 50(221)) || ≗**feldstärke bei Sättigung** / coercivity *n* || ≗**kraft** *f* / coercive force

Koffer *m* (f. Meßgeräte, Werkzeuge) / carrying case || **fahrbarer** ≗ / transport case with castors || ≗**bauweise** *f* / compact portable construction

kohärent·es Einheitensystem / coherent system of units || **~es Faserbündel** / coherent (fibre) bundle || **~e Strahlung** / coherent radiation

Kohärenz *f* / coherence *n*

Kohle·bogenlampe *f* / carbon arc lamp || ≗**bürste** *f* / carbon brush || ≗**druckregler** *m* / carbon-pile regulator || ≗**fadenlampe** *f* / carbon filament lamp, carbon lamp || ≗**faserbürste** *f* / carbon-fibre brush || ≗**graphitbürste** *f* / carbon-graphite brush || ≗**kraftwerk** *n* / coal-fired power station

Kohlen·klausel *f* (StT) / fuel cost adjustment clause || ≗**monoxid** *n* / carbon monoxide

Kohlensäurelampe *f* / carbon dioxide lamp

Kohlenstoff·analyse *f* (Isolieröl) / carbon-type analysis

Kohle·rolle *f* (Kontakt) / carbon contact roller || ≗**säulenregler** *m* / carbon-pile regulator || ≗**schichtwiderstand** *m* / carbon film resistor || ≗**staub** *m* (Bergwerk) / coal dust || ≗**staub** *m* (Bürste) / carbon dust

Koinzidenz·-Gatter *n* / coincidence gate || ≗**gerät** *n* (NC, Vergleicher) / comparator *n* || ≗**prüfung** *f* (NC) / coincidence check || ≗**punkt** *m* (NC) / point of intersection

Kokonisierung *f* / cocooning *n*, cocoonization *n*, cobwebbing *n*

Kolben *m* (Pumpe) / piston *n*, plunger *n* || ≗ (Lampe; Gefäß) / bulb *n* || ≗ (Lötk.) / bit *n* || ≗ *f* (ESR) / envelope *n* || **Meß~** *m* / metering piston, metering plug || ≗**antrieb** *m* (SG) / cylinder-operated mechanism || ≗**antrieb** *m* (Stellantrieb) / piston actuator || ≗**dichtung** *f* / piston ring || ≗**hals** *m* (Lampe) / bulb neck, lamp neck || ≗**käfig** *m* (Schrittmot.) / cylinder box || ≗**kammer** *f* (trennt Prozeßflüssigkeit vom Meßumformergehäuse ohne die Druckmessung zu beeinflussen) / seal chamber || ≗**kraftmaschine** *f* / internal-combustion engine, diesel engine, petrol engine || ≗**kuppe** *f* (Lampe) / bulb bowl || ≗**manometer** *n* / deadweight tester || ≗**maschinenfaktor** *m* / engine factor, compressor factor || ≗**membranpumpe** *f* / reciprocating diaphragm pump || ≗**ring** *m* / piston ring || ≗**stange** *f* / connecting rod, piston rod || ≗**stange** *f* (Pumpe) / pump rod || ≗**steg** *m* / piston land || ≗**überzug** *m* (Lampe) / bulb coating || ≗**verdichter** *m* / displacement compressor, reciprocating compressor

Kollapsprüfung *f* (IR; VDE 0615,1) / collapse test

Kollektiv *n* („Population") / population *n*

Kollektor *m* (el. Masch.; s.a. „Kommutator" u. „Schleifring") / collector *n*, collector ring, commutator *n* || ≗ (Transistor) / collector *n* || ≗**anschluß** *m* / collector terminal || ≗**bahnwiderstand** *m* / collector series resistance || ≗**-Basis-Gleichstromverhältnis** *n* / common-emitter forward current transfer ratio || ≗**-Basis-Reststrom** *m* / collector-base cut-off current || ≗**-Basis-Spannung** *f* / collector-base voltage || ≗**-Basis-Zonenübergang** *m* / collector junction || ≗**elektrode** *f* / collector electrode || ≗**-Emitter-Haltespannung** *f* / collector-emitter sustaining voltage || ≗**-Emitter-Reststrom** *m* / collector-emitter cut-off current || ≗**-Emitter-Spannung** *f* / collector-emitter voltage

kollektorgekoppelt·e Logik (CCL) / collector-coupled logic (CCL) || **~e Transistorlogik (CCTL)** / collector-coupled transistor logic (CCTL)

Kollektor·gleichstrom *m* / continuous collector current || ≗**leitschicht** *f* (Transistor) / buried layer

kollektorlos·er Gleichstrommotor / brushless d.c. motor, commutatorless d.c. motor

Kollektor·-Netz-Elektrode *f* (Osz.) / collector mesh electrode || ≗**-Reststrom** (s. Kollektor-Basis-Reststrom) || ≗**schaltung** *f* (Transistor) / common collector || ≗**sperrschicht** *f* / collector depletion layer, collector junction || ≗**sperrschichtkapazität** *f* / collector depletion layer capacitance || ≗**strom** *m* / collector current || ≗**tiefdiffusion** *f* / collector sink diffusion || ≗**übergang** *m* / collector junction || ≗**zone** *f* / collector region, collector *n*

Kollimation *f* / collimation *n*

Kollimator *m* / collimator *n*, collimating lens || ≗**linse** *f* / collimator (o. collimating) lens

Kollision *f* (LAN) / collision *n*

Kollisions·ausweitung *f* (LAN) / collision enforcement || ≗**bekräftigung** *f* (LAN) / collision enforcement || ≗**erkennung** *f* (Rob.) / hit detection || ≗**erkennung** *f* (LAN) / collision detect (CD) || ≗**prüfung** *f* (CAD/CAM) / collision check || ≗**verhinderung** *f* (LAN) / collision avoidance (CA)

Kolonne *f* (Schriftzeilen untereinander in einer Spalte) / column *n*

Kolonnenübersprung *m* / column skip
Kolophonium *n* / colophony *n*, rosin *n*
Koma *n* (Leuchtfleckverzerrung) / coma *n*
Kombi-Anschaltung *f* (MC-System; zwei Flachbaugruppen zum Anschluß von Speicherlaufwerken) / combined interface module
Kombileuchte *f* / combination luminaire, unitized luminaire
Kombination elektronischer Betriebsmittel für Niederspannung (VDE 0660, T.50) / assembly of l.v. electronic switchgear and controlgear (IEC 439)
Kombinations·abdeckplatte *f* (f. I-Schalter) / multi-gang plate || **≗glied** *n* (DIN 19237) / multi-function unit || **≗leuchte** *f* / combination luminaire, unitized luminaire || **≗schwingung** *f* / combination oscillation || **≗system** *n* / combination system, modular system || **≗vorwahl** *f* / combinative preselection
Kombinator *m*, **LWL-≗** / optical combiner
kombinatorische Schaltung / combinatorial circuit, combinatorial logic circuit
Kombinierer *m* (LWL) / combiner *n*
kombiniert·e Analog-/Digitalanzeige / semidigital readout || **~e Bremsung** (Bahn) / composite braking || **~es Ein-Ausschaltvermögen** (Rel.; DIN IEC 255) / limiting cycling capacity || **~er Meß- und Schutzspannungswandler** (s. Spannungswandler für Meß- und Schutzzwecke) || **~er Meßwandler** / combined instrument transformer, combined transformer || **~es Metall-Nichtmetall-Rohr** (IR) / composite conduit || **~er Nebenwiderstand** / universal shunt || **~es Prüfbild** (Leiterplatte) / composite test pattern || **~e Prüfungen** (DIN 41640) / combined tests (IEC 512) || **~er Schutz- und Neutralleiter** / combined protective and neutral conductor || **~e Sicherheits- und Funktionserdung** / combined protective and functional earthing || **~er Strom- und Spannungswandler** / combined instrument transformer || **~es Trag- und Führungslager** / combined thrust and guide bearing, Jordan bearing || **~er Überstrom-Rückleistungsschutz** / combined overcurrent and reverse-power protection (unit o. equipment) || **~e Wicklung** / mixed winding || **~er Zahnrad- und Haftreibungsantrieb** / combined rack and adhesion drive || **~e Zug- und Scherfestigkeit** / combined tensile and shear strength || **~e zweidimensionale Bewegung** / combined two-dimensional movement
Kombi·schutz *m* / combined protection || **≗-Wandler** (s. kombinierter Strom- und Spannungswandler)
komfortabel *adj* (bediener-, anwenderfreundlich) / operator-friendly *adj*, user-friendly
Komfort·ausführung *f* (MCC) / enhanced version || **≗elektronik** *f* (Kfz) / convenience electronics
Kommando *n* / command *n* || **≗ausführung** *f* / command execution || **≗auslöser** *m* (RSA, Relais) / load switching relay || **≗baustein** *m* / command block || **≗dauer** *f* / command duration, signal duration, pulse duration || **≗eingang** *m* / command input || **≗format** *n* (MPU) / command instruction format || **≗geber** *m* / command initiator, command output module || **≗geber-Baugruppe** *f* / command (output) module || **≗gerät** *n* / command unit || **≗karte** *f* / command p.c.b. || **≗modus** *m* (DIN 44300) / command mode || **≗raum** *m* (Schaltwarte) / control room || **≗relais** *n* / command relay || **≗relaisbaugruppe** *f* / command relay module || **≗sprache** *f* (DIN 44300) / command language || **≗stelle** *f* (Netz) / switching centre, remote control centre || **≗stufe** *f* (elST) / operating module || **≗stufe** *f* (f. Schaltungsabläufe) / sequential logic module (o. stage) || **≗stufe** *f* (f. Umkehrschaltungen) / auto-reversing module || **≗vollstreckung** *f* / command execution || **≗zeit** *f* (Schutzrelais, VDE 0435; Zeit vom Auftreten der Störung bis zur Alarmauslösung oder Abschaltung) / operating time, time to operate
kommen, auf Drehzahl ~ / to run up to speed, accelerate *v*
Kommen-Buchung *f* / coming (terminal) entry, "in" entry, arrival entry
Kommentar *m* / comment *n* || **≗baustein** *m* (PC) / comment block
Kommen-und-Gehen-Verhalten *n* (der Mitarbeiter) / arrival and leaving habits
Kommissioniereinrichtung *f* / order picking system
Kommissionierung *f* (v. Aufträgen in der Fertigungssteuerung) / order picking
Kommunikation offener Systeme / open systems interconnection (OSI)
Kommunikations·bus (C-Bus) *m* / communications bus (C bus) || **≗fähigkeit** *f* / communication capability, intercommunication capability (OSI) || **≗fähigkeit** *f* (von Rechnern u. DV-Geräten unterschiedlichen Fabrikats) / connectivity *n*
Kommunikationsnetz *n* / communications network || **≗** (s. offenes Kommunikationssystem)
Kommunikations·prozessor *m* / communications processor (CP) || **≗rechner** *m* / communication computer || **≗-Schnittstellendienst** *m* / communication interface service || **≗speicher** *m* / communication memory
Kommunikationssteuerungs·dienst *m* (DIN ISO 7498) / session service || **≗protokoll** *n* / session protocol || **≗schicht** *f* (DIN ISO 7498) / session layer
Kommunikations·überwachung *f* / communication control || **≗verbund** *m* / open communications network, internetworking *n*
Kommutation *f* / commutation *n*
Kommutator *m* / commutator *n*, collector *n*, pole changer || **≗ schleifen** / to grind a commutator, to resurface a commutator (by grinding) || **≗-Abdrehvorrichtung** *f* / commutator skimming rig, commutator resurfacing device || **≗-Abschleifvorrichtung** *f* / commutator grinding rig || **≗-Anschlußfahne** *f* / commutator riser || **≗belag** *m* / commutator segment assembly || **≗buchse** *f* / commutator shell, commutator sleeve, commutator hub || **≗bürste** *f* / commutator brush || **≗bürstenhalter** *m* / commutator brush holder || **≗-Bürstenpotential** *n* / commutator-brush potential || **≗-Drehschleifer** *m* / rotary commutator grinder || **≗-Drehstromerregermaschine** *f* / commutator-type phase advancer || **≗-Dreh- und Schleifvorrichtung** / commutator skimming and grinding rig || **≗-Druckring** *m* / commutator V-ring || **≗fahne** *f* / commutator riser, commutator lug, commutator connector || **≗-Festschleifer** *m* /

fixed-stone commutator grinder || **~feuer** *n* / commutator sparking, commutator flashing || **~-Fräsapparat** (s. Glimmerfräsapparat) || **~-Frequenzwandler** *m* / commutator-type frequency converter || **~haube** *f* / commutator cover, commutator enclosure || **~-Hintermaschine** *f* / cascaded commutator machine, Scherbius machine || **~hülse** *f* / commutator sleeve, commutator shell, commutator tube, commutator bush || **~-Isolierlamelle** *f* / commutator insulating segment, mica segment || **~kappe** *f* / commutator collar, V-ring *n* || **~kennziffer (KZ)** *f* / length of commutator || **~körper** *m* / commutator shell, commutator hub, commutator spider || **~lamelle** *f* / commutator segment, commutator bar || **~laufbahn** *f* / commutator brush-track diameter, tracked commutator surface, commutator contact surface || **~lauffläche** (s. Kommutatorlaufbahn)

kommutatorlos·e Maschine / commutatorless machine, brushless machine

Kommutator-Lufthaube *f* / ventilated commutator enclosure || **~manschette** *f* / commutator collar || **~maschine** *f* / commutator machine || **~mikanit** *n* / commutator mica material (IEC 50(212)), rigid mica material for commutator separators

Kommutatormotor *m* / commutator motor

Kommutator·nabe *f* / commutator shell, commutator hub, commutator spider || **~-Nebenschlußmotor** *m* / a.c. commutator shunt motor || **~patina** *f* / commutator oxide film, commutator skin, tan film || **~-Phasenschieber** (s. Kommutator-Drehstromerregermaschine) || **~preßring** (s. Kommutator-Druckring) || **~raum** *m* / commutator compartment || **~-Reihenschlußmotor** *m* / a.c. commutator series motor || **~ring** *m* / commutator ring || **~rundfeuer** *n* / commutator flashing || **~schalter** *m* (Anlasser) / commutator-type starter || **~schleifer** *m* / commutator grinder, commutator grinding rig || **~schleiffläche** (s. Kommutatorlaufbahn) || **~-Schmiermittel** *n* / commutator dressing || **~schritt** *m* / commutator pitch || **~-Schrumpfring** *m* / commutator shrink ring || **~segment** *n* / commutator segment, commutator bar || **~seite** *f* / commutator end || **~-Spannbolzen** *m* / commutator clamping bolt || **~-Spannring** *m* / commutator vee-ring, V-ring *n*, commutator shrink ring || **~stab** *m* / commutator bar, commutator segment || **~steg** *m* / commutator segment, commutator bar || **Prüfung zwischen ~stegen** / bar-to-bar test, segment-to-segment test || **~teilung** *f* / commutator pitch || **~töne** *m pl* / commutator ripple || **~tragkörper** *m* / commutator shell, commutator core || **~verschleißtiefe** *f* / wearing depth of commutator

kommutieren *v* / commutate *v*

kommutierende Wechselstrommaschine (s. Wechselstrom-Kommutatormaschine)

Kommutierung *f* / commutation *n* || **~** (SR) (s. Führung)

Kommutierungs·achse *f* / axis of commutation || **~-Beschleunigungsfeld** *n* / reversing field || **~blindleistung** *f* (LE) / commutation reactive power || **~drossel** *f* (LE) / commutating reactor, commutation inductor || **~einbruch** *m* (LE) / commutation notch || **~fähigkeit** *f* / commutation capability || **~fehler** *m* (LE) / commutation failure || **~feld** *n* / commutating field

Kommutierungsgrenzkurven *f pl* (el. Masch.) / black band || **Aufnahme der ~** / black-band test

Kommutierungs·gruppe *f* (LE) / commutating group || **~induktivität** *f* (LE) / commutation inductance || **~kennwert** *m* / commutation coefficient || **~-Knickdrehzahl** *f* / speed at safe commutation limit || **~kreis** *m* / commutation circuit

Kommutierungskurve *f* (Hystereseschleifen) / commutation curve, normal magnetization curve || **Induktion aus der ~** / normal induction

Kommutierungs·pol (s. Wendepol) || **~prüfung** *f* / commutation test || **~reaktanz** *f* / commutating reactance || **~spannung** *f* / commutation voltage || **~versager** *m* (LE) / commutation failure || **~winkel** *m* (LE) / commutation angle, angle of overlap || **~zahl** *f* (LE) / commutation number || **~zeit** *f* (el. Masch.) / commutating period, commutator short-circuit period || **~zeit** *f* (LE) / commutation interval (IEC 146) || **~zone** *f* / commutating zone, zone of commutation, reversing zone

kompakte Bauform (LS) / moulded-case type

Kompaktantrieb *m* / packaged drive

Kompakt·bauform *f* (elST, PC) / compact version || **~bauform** *f* (LS) / moulded-case type || **~baugruppe** *f* / compact subassembly || **~baugruppe** (s. Steckplatte) || **~block** *m* (Schaltgeräteeinheit) / compact switchgear unit (o. assembly) || **~gehäuse** *n* (elST, PC) / compact housing

Kompaktkammer *f*, **Kratky-~** / Kratky compact camera

Kompakt·leistungsschalter *m* / moulded-case circuit-breaker (m.c.c.b.) || **~leuchte** *f* / compact luminaire || **~plattenspeicher** *m* / compact-disk memory (CD memory), CD RAM || **~regler** *m* / compact (o. miniaturized) controller || **~relais** *n* / miniature relay || **~relais** *n* (f. gedruckte Schaltungen) / p.c.b.-type relay

Kompaktschaltanlage, metallgekapselte SF_6-~ / integrated SF_6 metal-clad switchgear

Kompakt·schaltanlagen *f pl* / compact switchgear assemblies, compact switch panels || **~schalter** (s. Kompakt-Leistungsschalter) || **~schaltfeld** *n* / compact switchpanel

Kompaktstation *f* / kiosk substation, packaged substation, integrated substation || **Transformator-~** *f* / kiosk (transformer) substation, packaged transformer substation, unit substation, integrated substation

Kompaktwarte *f* (Tafel) / miniaturized control board || **~** (Tafel m. Pultvorbau) / miniaturized benchboard || **~** (Pult) / miniaturized (control) console, miniaturized control desk

Kompaktwarten·feld *n* / control board (o. console) tile || **~pult** *n* / miniaturized control desk || **~system** *n* / miniaturized control-room system

kompandierender DAU / companding DAC

Komparator *m* / comparator *n* || **~** (Schmitt-Trigger) / Schmitt trigger

Kompartmentbauweise *f* (MCC) / compartment design

kompatibel *adj* / compatible *adj* || **kompatibler Steckverbinder** / compatible connector

Kompatibilität *f* (a. Kunststoffe u. Isolierstoffe) /

compatibility *n*
Kompatibilitätsregel *f* / compatibility rule
Kompensation *f* / compensation *n* || ≈ (von Blindleistung, Leistungsfaktorverbesserung) / reactive-power compensation, p.f. correction || **Blindleistungs~** / reactive-power compensation, power factor correction || **Erdschluß~** / earth-fault neutralization, ground-fault compensation
Kompensations·-Amperewindungen *f pl* / compensating ampere-turns || ≈**anlage** *f* (f. Blindleistung) / reactive-power compensation equipment, p.f. correction equipment || ≈**anzeiger** *m* / potentiometric indicator, servo-indicator *n* || ≈**aufschaltung** *f* (Schutz) / compensating current injection || ≈**bügel** *m* (Wickl.) / compensating connector || ≈**dose** *f* (MG) / compensating box, compensation unit || ≈**drosselspule (KpDr)** (VDE 0532,T.20) *f* / shunt reactor (IEC 289), shunt inductor || ≈**element** *n* / compensating element || ≈**element** *n* (Meßvorrichtung) / indirect-acting measuring element || ≈**farbe** *f* / complementary colour, additive complementary colour || ≈**glied** *n* / equalizer *n* (IEC 50(351)) || ≈**halbleiter** *m* / compensated semiconductor || ≈**kondensator** *m* / p.f. correction capacitor || ≈**leitung** *f* / compensating lead || ≈**magnet** *m* / compensating magnet || ≈**meßbrücke** *f* / self-balancing bridge
Kompensationsmeßgerät *n* / indirect-acting measuring instrument || ≈ **mit elektrischem Nullabgleich** / indirect-acting electrical balance instrument
Kompensations-Meßgerät mit mechanischem Nullabgleich / indirect-acting mechanical balance instrument
Kompensations·methode *f* (MG) / potentiometer method, servo-method *n* || ≈**prinzip nach Poggendorf** (Schreiber) / Poggendorf servo-principle || ≈**punktschreiber** *m* / servo-type dotted-line recorder || ≈**schreiber** *m* / indirect recording instrument, potentiometric recorder, servo-type recorder, servo-operated recorder || ≈**spule** *f* / compensating coil, neutralizing coil || ≈**spule** (s. Kompensationsdrosselspule) || ≈**transformator** *m* / neutralizing transformer || ≈**verfahren** *n* (LS) / two-part test
Kompensationswicklung *f* / compensating-field winding, compensating winding, neutralizing winding || **Einphasen-Reihenschlußmotor mit** ≈ / single-phase commutator motor with series compensating winding || **Motor mit** ≈ / compensated motor
kompensativ·e Farbe / complementary colour, additive complementary colour || **~e Wellenlänge** / complementary wavelength
Kompensator *m* (Spannungsmeßgerät, in dem die zu messende Spannung mit einer bekannten Spannung gleicher Wellenform, Frequenz und Größe verglichen wird) / measuring potentiometer || ≈ (Schwingungsisolierung) / compensator *n* || ≈ (kompensiertes Mehrfach-Meßgerät) / compensated multimeter || ≈ (f. Ausdehnung) / expansion fitting
kompensiert·er Halbleiter (s. Kompensationshalbleiter) || **~er Induktionsmotor** / compensated induction motor || **~e Leuchte** / corrected luminaire, p.f.-corrected luminaire || **~er Meßwandler** / compensated instrument transformer || **~er Motor** / compensated motor || **~es Netz** / compensated network || **~er Reihenschlußmotor** / compensated series-wound motor || **~er Repulsionsmotor mit feststehendem Einfachbürstensatz** / compensated repulsion motor with fixed single set of brushes, Eichberg motor || **~er Repulsionsmotor mit feststehendem Doppelbürstensatz** / compensated repulsion motor with fixed double set of brushes, Latour motor || **~e Verstärkermaschine** (s. Amplidyne)
Kompensograph *m* (Schreiber) / potentiometric recorder, indirect recorder, servo-operated recorder
kompilieren *v* / compile *v*
Kompilierer *m* / compiler *n*
komplementär·er Ausgang / complementary output || **~er Baum** / co-tree *n* || **~e Farbreize** / complementary colour stimuli || **~er Metalloxid-Schaltkreis (CMOS)** / complementary metal-oxide semiconductor circuit (CMOS) || **~e Wellenlänge** / complementary wavelength || **~er Zustand** (DIN 40700, T.14) / complementary state (IEC 117-15) || ≈**farbe** *f* / complementary colour, additive complementary colour || ≈**meßverfahren** *n* / complementary method of measurement, complementary measurement || ≈**-MOS** *m* (CMOS) / complementary MOS (CMOS)
komplett versandte Maschine / machine shipped completely assembled
Komplettierung, Überprüfung der ≈ (s. Vollständigkeitsüberprüfung)
Komplettlötung *f* / mass soldering
komplex·e Admittanz / complex admittance || **~es Amplitudenspektrum** / Fourier amplitude spectrum || **~e binäre Verknüpfung** / complex binary logic || **~e Brechungszahl** / complex refractive index || **~e Dielektrizitätskonstante** / relative complex dielectric constant, complex permittivity, complex capacitivity || **~es Glied** / complex element || **~e Größe** / complex quantity || **~er Koeffizient** / complexor *n* || **~e Kreisfrequenz** / complex angular frequency || **~e Leistung** / complex power, phasor power || **~er Leitwert** / vector admittance, complex admittance || **~e Permeabilität** / complex permeability || **~e Permittivität** / complex permittivity || **~es Sachmerkmal** (DIN 4000, T.1) / complex article characteristic || **~er Scheinleitwert** / complex admittance || **~er Scheinwiderstand** / complex impedance || **~es Schwingungsabbild** / complex waveform || **~e Synchronisierziffer** / complex synchronizing torque coefficient || **~er Widerstand** / vector impedance, complex impedance
Komplexitätsgrad *m* / degree of complexity
Komponente der Lastspannung mit Frequenz der Vielperiodensteuerung / cyclic operating frequency load voltage || ≈ **des Netzstroms mit Frequenz der Vielperiodensteuerung** / cyclic operating frequency line current
Komponenten·bauweise *f* / modular design (o. construction), unitized construction || ≈**netzwerk** *n* / network in terms of components
Kompounderregung *f* / compound excitation
kompoundieren *v* / compound *v*
kompoundiert gespeister statischer Erreger /

compound-source static exciter || ~**e Maschine** (s. Doppelschlußmaschine) || ~**e Nebenschlußmaschine** / stabilized shunt-wound machine || ~**er Stromwandler** (s. Stromwandler mit Zusatzmagnetisierung) || ~**er Stromwandler in Sparschaltung** (s. Stromwandler mit Selbstkompensation)

Kompoundierung *f* / compounding *n*

Kompoundierungs·einsteller *m* / compounding setter || ≗**kennlinien** *f pl* / compounding characteristics

Kompound·maschine (s. Doppelschlußmaschine) || ≗**wicklung** (s. Doppelschlußwicklung)

Kompressibilitätszahl *f* / compressibility factor

Kompression *f* (Kfz) / compression *n*, compression ratio || **magnetische** ≗ / pinch effect

Kompressions·kraft *f* / compressional force || ≗**welle** *f* / compressional wave

Kompressor *m* / compressor *n* || ≗**faktor** *m* / compressor factor

komprimiertes Volumen / compression volume

Kondensat *n* / condensate *n*, condensation water

Kondensations·druck *m* / condensation pressure || ≗**lötung** (s. Dampfphasenlötung)

Kondensationssatz *m* / condensing set || ≗ **mit Zwischenüberhitzung** / condensing set with reheat

Kondensator *m* (el.) / capacitor *n*, condenser *n* (depr.) || ≗ (Dampf) / condenser *n* || ≗ **der Klasse X** (VDE 0565, T.1) / capacitor of Class X (IEC 161) || ≗ **mit gemischtem Dielektrikum** (IEC 50(436)) / mixed dielectric capacitor || ≗ **mit metallisiertem Dielektrikum** / metallized capacitor || **im** ≗ **eingebaute Sicherung** / internal fuse || ≗**ankopplung** *f* / capacitor coupling, coupling by means of capacitors || ≗**anlage** *f* / capacitor installation || ≗**anlage** *f* (VDE 0560, T.4) / capacitor equipment (IEC 70)

Kondensatoranlauf, Motor mit ≗ / capacitor-start motor

Kondensator·auslöser *m* / capacitor release || ≗**-Ausschaltstrom** *m* (VDE 0670, T.3) / single-capacitor-bank breaking current (IEC 265) || ≗**-Ausschaltvermögen** *n* (VDE 0670,T.3) / single-capacitor-bank breaking capacity (IEC 265), capacitor-bank breaking capacity, capacitance switching rating || ≗**bank** (s. Kondensatorbatterie) || ≗**batterie** *f* / capacitor bank || ≗**baugruppe** *f* / capacitor unit || ≗**belag** *m* / capacitor foil || ≗**belastung** *f* / capacitive load || ≗**bremsung** *f* / capacitor braking || ≗**durchführung** *f* / capacitor bushing, condenser bushing (depr.) || ≗**einheit** *f* (VDE 0560, T.4) / capacitor unit || ≗**einschaltstrom** *m* / capacitor bank inrush making current || ≗**element** *n* / capacitor element, element *n* || ≗**energiespeicher** *m* / capacitor energy store || ≗**entladungsfeuer** *n* / condenser discharge light || ≗**erregung** *f* / capacitor excitation || ≗**feld** *n* / capacitor panel

Kondensatorgerät, Arbeitsstromauslöser mit ≗ (fc-Auslöser) / shunt release with capacitor unit, capacitor release

kondensatorgestützte Stromversorgung / capacitor back-up power supply

Kondensator-Hilfsphase *f* / capacitor auxiliary winding, capacitor starting winding || ≗**kette** *f* / capacitor chain || ≗**-Lastschalter** *m* (Lastschalter für Einzel-Kondensatorbatterien; VDE 0670,T.3) / single-capacitor-bank switch (IEC 265) || ≗**-Lastschalter für eingeschränkte Verwendung** (VDE 0670, T.3) / (single-capacitor-bank) switch for restricted application (IEC 265 A) || ≗**-Lastschalter für uneingeschränkte Verwendung** (VDE 0670,T.3) / (single-capacitor-bank) switch for universal application (IEC 265 A) || ≗**-Leistungspuffer** *m* / capacitor energy storage unit, capacitor power back-up unit || ≗**-Leistungsschalter** *m* / capacitor circuit-breaker, definite-purpose circuit-breaker || ≗**linse** *f* / condenser lens

Kondensatormotor *m* / capacitor motor || ≗ **mit abschaltbarem Kondensator in der Hilfsphase** / capacitor-start motor || ≗ **mit Anlauf- und Betriebskondensator** / two-value capacitor motor || ≗ **mit Kondensator für Anlauf und Betrieb** / capacitor-start-and-run motor (GB), permanent-split capacitor motor (US)

Kondensator-Notausschaltgerät *n* / capacitor-operated emergency tripping device (o. mechanism) || ≗**parallelausschaltstrom** *m* / back-to-back capacitor bank breaking current || ≗**-Parallelausschaltvermögen** *n* (E VDE 0670, T.302) / back-to-back capacitor bank breaking capacity || ≗**paralleleinschaltstrom** *m* (E VDE 0670, T.302) / capacitor bank inrush making current || ≗**puffer** *m* / capacitor energy store, capacitor back-up unit || ≗**-Regeleinheit** *f* / capacitor control unit, VAr control unit, automatic p.f. correction unit || ≗**säule** *f* (s. Kondensatorstapel || ≗**schalter** *m* (LS) / capacitor circuit-breaker, definite-purpose circuit-breaker || ≗**schütz** *m* / capacitor switching contactor || ≗**schütz mit Vorladungswiderständen** / capacitor switching contactor with precharging resistors (o. contacts) || ≗**speicher** *m* (Rechner) / capacitor store || ≗**speicher-Auslösegerät** *n* / capacitor release || ≗**stapel** *m* / capacitor stack, capacitor column || ≗**stromauslöser** *m* / capacitor release || ≗**teilkapazität** *f* / capacitor element || ≗**verluste** *f pl* / capacitor losses || ≗**verzögerung** *f* / capacitor-introduced delay || ≗**-Verzögerungsgerät** *n* (f. Auslöser) / capacitor (tripping) delay unit || ≗**wickel** *m* / capacitor element || ≗**wickel** *m* (Wickelkeule) / stress cone

Kondenswasser *n* / condensed water, condensate *n* || ≗**ablauf** *m* / condensate drain || ≗**heizung** *f* / space heater, anti-condensation heater || ≗**korrosion** *f* / corrosion by condensed water || ≗**loch** *n* / condensate drain hole

Konditionieren *n* (Impulse, DIN IEC 469, T.1) / conditioning *n* (IEC 469-1)

Konditionierung *f* (Prüfling, IEC 50(212)) / conditioning *n* || ≗ (Prüfling) (s. Vorbehandlung)

Konduktanz *f* / conductance *n*, equivalent conductance || ≗**kreis** *m* / conductance circle, mho circle || ≗**relais** *n* / conductance relay || ≗**schutz** *m* / mho protection, conductance protection

Konduktionsmotor *m* / conduction motor, single-phase series motor

Konduktions-Repulsionsmotor *m* / series repulsion motor, doubly fed motor

konfektionieren *v* (Kabel) / prepare *v*, to cut to length and terminate

konfektioniert·es Kabel / cable set, cable with

integral connectors (o. fittings), precut cable with connectors (o. plugs) || ~**er Kabelsatz** / preassembled cable assembly, cable harness || ~**er Stecker** (angeformter S.) / (integrally) moulded plug
Konferenzverkehr *m* (FWT) / conference traffic
Konfidenz·bereich (s. Vertrauensbereich) || ≗**intervall** (s. Vertrauensbereich)
Konfiguration *f* / configuration *n*
Konfigurationsbild *n* / configuration display
Konfigurator *m* (Schema) / configuration scheme
Konfigurieren (s. Strukturieren)
Konfiguriertastatur *f* / configuration keyboard
Konflikt·auflösung *f* (LAN) / contention control || ≗**buchung** *f* (GLAZ) / conflicting (terminal) entry
Konformitäts·zeichen *n* / mark of conformity, listing mark || ≗**zertifikat** *n* / certificate of conformity
Königswelle *f* / line shaft
konischer Läufer / conical rotor
konjugierte Pole / conjugate poles
Konjunktion *f* (UND-Verknüpfung) / AND operation
konkrete Syntax (s. darstellungsabhängige Syntax)
Konkurrenz·betrieb *m* (DÜ, DIN 44302) / contention mode || ≗**situation** *f* (LAN) / contention situation
konkurrierend *adj* (gleichzeitig) / concurrent *adj*, simultaneous *adj*
konsistent *adj* (Schmierst.) / thick *adj*, viscous *adj*, of high viscosity
Konsole *f* (Tragelement) / bracket *n*, support *n* || ≗ (Steuerpult) / console *n* || ≗ (BSG) / stand *n*
konstant abnehmende Steigung (NC, Gewindeschneiden, DIN 66025,T.2) / decreasing lead (ISO 1056) || ~**er Degressionsbetrag** (NC) / linear degression || ~**e Satzfolge** (NC) / fixed sequential, constant block sequence || ~**e Verluste** / fixed losses, constant losses || ~ **zunehmende Steigung** (NC, Gewindeschneiden, DIN 66025,T.2) / increasing lead (ISO 1056)
Konstant-Drehzahlantrieb *m* / constant-speed drive
Konstante *f* / constant *n* || ≗ (Parameter) / parameter *n* || ≗ **der inneren Reibung** / coefficient of viscosity, dynamic viscosity
Konstanthaltelast *f* / holding load
Konstanthalter *m* (Konstantspannungsregler) / stabilizer *n*, constant-voltage transformer || **Spannungs-**≗ *m* (Netz) / voltage regulator, IR drop compensator || **Spannungs-**≗ *m* (f. elektron. Geräte) / voltage stabilizer
Konstant·haltung *f* / stabilization *n* || ≗**ladungsgenerator** *m* / constant-charge generator
Konstantspannungs·geber *m* / constant-voltage source || ≗**generator** *m* / constant-voltage generator || ≗**gerät** *n* (Gen.) / constant-voltage unit, (constant-voltage) excitation and control unit || ≗**kennlinie** *f* (LE) / stabilized voltage characteristic || ≗**ladung** *f* / constant-voltage charge || ≗**netz** *n* (Parallelschaltsystem) / shunt (o. parallel) system of distribution || ≗**quelle** *f* / stabilized-voltage source, constant-voltage source || ≗**regler** *m* / voltage stabilizer, constant-voltage transformer || ≗**transformator** *m* / constant-voltage transformer (CVT) || ≗-**Verstärkermaschine** (s. Amplidyne) || ≗-**Zwischenkreis** *m* (LE) / constant-voltage link
Konstantstrom·generator *m* / constant-current generator || ≗**kennlinie** *f* (LE) / stabilized current characteristic || ≗**ladung** *f* / constant-current charge || **unkompensierte** ≗**maschine** (s. Metadyne) || ≗**netz** *n* (Reihenschaltsystem) / series system of distribution || ≗**quelle** *f* / constant-current source (CCS), stabilized power supply || ≗**regler** *m* / current stabilizer, constant-current regulator || ≗**system** *n* / constant-current system, Austin system || ≗-**Thyristorregler** *m* / thyristor current stabilizer, thyristor constant-current controller || ≗**transformator** *m* / constant-current transformer, Boucherot transformer || ≗-**Verstärkermaschine** (s. Metadyne)
Konstrukteur *m* / design engineer, designer *n*
Konstruktion *f* (v. Bildschirmdarstellungen) / (display) building *n* || **Überprüfung der** ≗ / design review
Konstruktions·abteilung *f* / design department || ≗**automatisierung (DA)** *f* / design automation (DA)
konstruktionsbedingt·er Ausfall / design failure || ~**er Fehlzustand** / design fault
Konstruktions·büro *n* / design office || ≗**druck** *m* / design pressure || ≗**durchsicht** (s. Konstruktionsüberprüfung) || ≗**element** *n* / structural element, component *n* || ≗**entwurf** *m* / design draft || **automatische** ≗**forschung** / automatic design engineering (ADE) || ≗**qualität** *f* / quality of design || ≗**richtlinie** *f* / design guide, design code || ≗**teile** *n pl* (z.B. SK) / structural parts || ≗**temperatur** *f* / design temperature || ≗**überprüfung** *f* / design review || ≗**überwachung** *f* / design control (AQAP) || ≗**zeichnung** *f* / design drawing, construction drawing
konstruktiv·er Aufbau / construction, mechanical construction, constructional details || ~**e Ausführung** (el. Gerät) / mechanical construction, mechanical details || ~**e Spaltweite** (Ex-, Sch-Geräte) / constructional gap
Konsument *m* / consumer *n*
Konsumenten·anschluß *m* / consumer's terminal || ≗**raum** *m* (im Zählerschrank) / consumer's compartment
Kontakt *m* (Zustand des gegenseitigen Berührens) / contact *n* || ≗ (Schaltstück; s.a. unter „Schaltstück") / contact piece, contact member, contact *n* || ≗ **für Frontentriegelung** / front-release contact || ≗ **für mittlere Belastung** / medium-load contact || ≗ **machen** / to make contact || ≗ **mit** (elektromagnetisch) **beschleunigter Abhebung** / repulsion-type contact || ≗ **öffnet** / contact opens, contact parts || ≗ **schließt** / contact closes, contacts make
Kontaktabbrand *m* / contact erosion, contact pitting
Kontaktabfrage *f* / contact interrogation
kontaktabhebende Kraft / contact repulsion
Kontakt·ablauf *m* (Kontakttrennung) / contact separation (movement) || ≗**abnutzung** *f* / contact wear || ≗**abstand** *m* / contact gap, clearance between open contacts || ≗**abwicklung** *f* / contact arrangement, operating sequence, contact configuration || ≗**anfressung** *f* / contact pitting, contact corrosion, crevice corrosion ||

~̊**anordnung** *f*(a. StV) / contact arrangement, contact configuration, insert arrangement (connector, depr.) || ~̊**anordnung** *f*(Steckdose) / arrangement of contact tubes || ~̊**apparat** *m* / contact system || ~̊**arm** *m* / wiper *n* || ~̊**auflage** *f* / contact facing || ~̊**auflauf** *m* / contact making (movement) || ~̊**ausgang** *m* / contact output, relay output || ~̊**-Ausziehkraft** *f* / contact extraction force || ~̊**bahn** *f* / contact deck || ~̊**bank** *f* / group of contacts, contact level, contact bank || ~̊**beben** *n* / contact vibration || ~**behaftet** *adj*(im Gegensatz zu einem statischen Gerät) / non-solid-state *adj*, conventional *adj*, with contacts || ~̊**belastbarkeit** *f* / contact rating || ~̊**belastung** *f* / contact load(ing), contact rating || ~̊**belegung** *f* / contact assignment(s) || ~̊**belegungsplan** *m*(Rel.) / terminal layout || ~̊**belichtung** *f*(GS) / contact printing || ~̊**-Bemessungsspannung** *f*(Rel., VDE 0435, T.110) / rated contact voltage || ~̊**bereich** *m* / contact zone (IEC 1-29), virtual contact width (IEC 50(581)) || ~̊**berührung** *f* / contact touch || ~̊**bestückung** *f* / contact complement, number of contacts (provided) || ~̊**block** *m* / contact block, contact unit || ~̊**bolzen** *m* / contact stud || ~̊**brücke** *f*(Rel.) / contact bridge, contact cross-bar || ~̊**buchse** *f* / (contact) tube *n*, jack *n* || ~̊**bügel** *m* (Rel.) / contact bridge, contact cross-bar || ~̊**codierer** *m* / contacting-type encoder, commutator-type encoder

Kontaktdichte, Steckverbinder hoher ~̊ / high-density connector

Kontakt·diffusion *f*(IS) / contact diffusion (IC) || ~̊**draht** *m* / contact wire || ~̊**druck** *m* / contact pressure || ~̊**druckfeder** *f* / contact pressure spring || ~̊**druckmesser** *m* / contact pressure gauge || ~̊**durchfederung** *f* / contact follow-through travel || ~̊**ebene** *f* / contact plane, contact level || ~̊**einführung** *f* / contact lead-in || ~̊**eingang** *m* (StV) / entry *n* || ~̊**einsatz** *m*(StV) / contact insert || ~̊**einsetzkraft** *f*(StV) / contact insertion force || ~̊**einstellung** *f* / contact gauging || ~̊**elektrizität** *f* / voltaic electricity || ~̊**element** *n* / contact *n* || ~̊**-EMK** *f* / contact e.m.f. || ~̊**entfestigung** *f* / contact softening || ~̊**feder** *f* / contact spring || ~̊**fehler-Suchgerät** *n* / contact fault locator || ~̊**festigkeit** *f* (gS) / bond strength || ~̊**finger** *m* / contact finger || ~̊**fingerkopf** *m* / contact finger tip || ~̊**fläche** *f* / contact surface, contact area || ~̊**fleck** *m*(IS) / bonding pad, bonding island || ~̊**freigabekraft** *f* / contact releasing force || ~̊**fürst** *m* / duke of contacts || ~̊**gabe** *f* / contact making, contact closure, contacting *n* || ~̊**gabewerk** *n*(EZ) / contact mechanism, retransmitting mechanism, contact making clock

kontaktgebend *adj* / contacting *adj* || ~**es Meßgerät** / instrument with contacts (IEC 51)

Kontaktgeber *m* / contact maker, contact mechanism, contactor *n* || ~̊ (Sensor mit Kontaktausgang) / sensor with contact(s) || ~̊ (EZ) (s. Kontaktgabewerk) || ~̊**zähler** (s. Impulsgeberzähler)

Kontakt·geometrie *f* / contact geometry || ~̊**gerät** *n* / contact device, contact-making device

kontaktgeschützter Steckverbinder / scoop-proof connector

Kontakt·glied *n*(SG, HHS) / contact member, contact element (relay) || ~̊**größe** *f* / contact size || ~̊**haltekraft** *f* / contact retention force || ~̊**halter** *m* / contact carrier, contact holder || ~̊**halterung** *f* / contact retention system, contact retainer || ~̊**hammer** *m* / trembler *n*, contact finger, hammer-type contact || ~̊**hub** *m* / contact travel || ~̊**hülse** *f* / contact tube || ~̊**hülse des Schutzkontakts** / earth contact tube, ground contact tube

Kontaktieren *n*(HL, IS, „Bonden") / bonding *n* || ~̊ (Kontaktgabe) / contacting *n*

Kontaktierungsschicht *f* / contact layer

Kontakt·instrument *n* / instrument with contacts || ~̊**kammer** *f*(StV) / contact cavity || ~̊**kleben** *n* / contact sticking || ~̊**klebstoff** *m* / pressure-sensitive adhesive || ~̊**klemme** *f* / contact clip || ~̊**kraft** *f* / contact force || ~̊**kreis** *m*(Rel.) / contact circuit || ~̊**lage nach Betätigung** / operated contact position || ~̊**lamelle** *f* / contact lamination || ~̊**last** *f* / contact load(ing), contact rating || ~̊**loch** *n*(IS) / contact hole (IC)

kontaktlos *adj* / contactless *adj*, non-contacting *adj*, static *adj*, solid-state *adj* || ~**e Baugruppe** (s. statische Baugruppe) || ~**er Kommutator** / electronic commutator || ~**es Schaltgerät** / solid-state switching device, static switching device, semiconductor switching device || ~**er Schnappschalter** / solid-state sensitive switch || ~**es Servosystem** (Schreiber) / contactless servo-system || ~**e Steuerung** / solid-state control, static control, contactless control || ~**e Zeit** / no-contact interval, dead time

Kontakt·lösekraft *f*(StV) / contact extraction force || ~̊**macher** *m* / contact making device, contacting device || ~̊**manometer** *n* / contact manometer, pressure gauge with contacts || ~̊**material** *n* / contact material || ~̊**messer** *n*(SG) / contact blade || ~̊**messer** *n*(Steckverbinder) / contact pin, pin *n* || ~̊**mitgang** *m* / contact follow, contact follow-through travel || ~̊**mittel** *n* / electro-lubricant *n*, electrolube *n* || ~̊**-Nennspannung** *f*(Rel., VDE 0435, T.110) / nominal contact voltage || ~̊**niet** *m* / contact rivet || ~̊**oberfläche** *f* / contact surface || ~̊**öffnung** *f* / contact gap, clearance between open contacts || ~̊**öffnung** *f*(IS) / contact hole (IC) || **normale** ~̊**öffnungsweite** (VDE 0630) / normal-gap construction (CEE 24) || **kleine** ~̊**öffnungsweite** (VDE 0630) / micro-gap construction (CEE 24) || ~̊**öffnungszeit** *f* / contact parting time || ~̊**papst** *m* / pope of contacts || ~̊**pflegemittel** *n* / contact cleaner || ~̊**plan (KOP)** (PC) *m* / ladder diagram (LAD) || ~̊**planprogrammierung** *f* / ladder-diagram programming, ladder programming || ~̊**plättchen** *n*(Lampenfassung) / contact plate, base eyelet || ~̊**potential** *n* / contact potential, contact potential difference || ~̊**potentialdifferenz** *f* / contact potential difference || ~̊**prellen** *n* / contact bounce, contact chatter || ~̊**prellzeit** *f* / contact bounce time || ~̊**punkt** *m* / point of contact || ~̊**rahmen** *m* (Klemme; DIN IEC 23F.3) / contact frame || ~̊**rauschen** *n* / contact noise || ~̊**reiben** *n* / contact wipe || ~̊**reibweg** *m*(StV) / electrical engagement length || ~̊**reiniger** *m* / contact cleaner || ~̊**reinigungsblech** *n* / contact burnisher || ~̊**röhre** *f* (Quecksilberröhre) / mercury contact tube, mercury switch || ~̊**rolle** *f* / contact roller || **Stangenstromabnehmer-**~̊**rolle** *f* / trolley wheel ||

²rollen *n* / contact roll || **²satz** *m* (Trafo-Stufenschalter; VDE 0532,T.30) / set of contacts (IEC 214) || **²satz** *m* (Rel.; VDE 0435,T.110) / contact assembly || **²schale** *f* / contact shell || **²schalter** *m* (berührungsempfindlicher Sch.) / touch-sensitive switch || **²scheibe** *f* / contact washer || **²schieber** *m* / contact slide || **²schiene** *f* / contact bar || **²schleifbügel** *m* / sliding contact arm || **²schraube** *f* (Anschlußklemme) / (wire) clamping screw, terminal screw

Kontaktschutz *m* / contact protection, protection against arcing, arc suppression || **mechanischer ²** / shroud *n* (IEC 50(581)) || **²fett** *n* / contact protective grease || **²modul** *n* / arc suppression module, RC element

Kontakt·seite *f* (Rel.) / contact side, contact circuit || **~sicher** *adj* / with high contact stability || **²sicherheit** *f* / contact stability (IEC 257), safe current transfer, good contact making || **²spalt** *m* / contact gap, clearance between open contacts || **²spannung** *f* (zwischen zwei Materialien) / contact potential difference || **²spiel** *n* / contact float || **²spitze** *f* / contact tip || **²stab** *m* / contact rod || **²stelle** *f* / point of contact || **²stift** *m* / pin *n*, contact pin, connector pin || **²stiftdiagramm** *n* / pinout diagram || **²störung** *f* (DIN 41640) / contact disturbance (IEC 512), contact defect || **²stück** *n* (Rel.; VDE 0435,T.110; vgl. „Schaltstück") / contact tip, contact point || **²stück eines Sicherungseinsatzes** / fuse-link contact || **²symbol** *n* / contact symbol || **²technik** *f* (Prüf.) / contact technique

Kontaktteil, gedrucktes ² / printed contact

Kontakt·thermometer *n* / contact-making thermometer, contact thermometer || **²träger** *m* / contact carrier || **²trennung** *f* / contact separation, contact parting || **²trennzeit** *f* / contact parting time || **²überdeckung** *f* (Überlappung) / contact overlap || **²überhub** *m* (Abbrandzugabe) / extra way of contact || **²überlappung** *f* / contact overlap, make-before-break feature, break-before-make feature || **²überschneidung** (s. Kontaktüberlappung) || **²umschaltzeit** *f* (Netzumschaltgerät) / contact transfer time || **²unterbrechung** *f* / contact separation, contact parting || **²unterbrechung** *f* (Kontaktstörung) / contact disturbance (IEC 512), contact defect || **²verhalten** *n* / contact performance, contact behaviour || **²verknüpfung** *f* (PC) / relay logic || **²verschweißen** *n* / contact welding || **²vervielfacher** *m* / contact multiplier || **²vervielfachung** *f* / contact multiplication || **²vorrichtung** *f* / contacting device, contact assembly || **²weg** *m* / contact travel || **²weg** *m* (StV) / electrical engagement length || **²werkstoff** *m* / contact material || **²widerstand** *m* / contact resistance || **²zapfen** *m* / contact stud, contact pin || **²zeigerthermometer** *n* / contact-making dial thermometer

Kontaktzeit *f* (Rel.) / contact time || **² „Aus"** / contact parting time, break time || **² „Ein"** / contact making time, make time || **²differenz** *f* (Rel.; VDE 0435,T.110) / contact time difference

Kontamination *f* / contamination *n*

Konter·fahrschaltung *f* / counter-torque travelling control || **²hubschaltung** *f* / counter-torque hoisting control || **²mutter** *f* / lock nut, check nut, jam nut, prevailing-torque-type lock nut

kontern *v* (Mot.) / plug *v*, reverse *v* || ~ (Schraube) / lock *v*, to lock with a lock nut, check *v* || ~ (Zeichnung) / reverse *v* || **²** *n* (Mot.) / plugging *n*, counter-torque control, counter-torque duty

Konter·schaltung *f* / plugging circuit, counter-torque control circuit || **²schutz** *m* / anti-plugging protection || **~sicher** *adj* / suitable for plugging, suitable for straight reversing

Kontingenztafel *f* (DIN 55350,T.23) / contingency table

kontinuierlich *adj* / continuous *adj*, uninterrupted *adj*, stepless *adj* || **~es Auskreuzen** (Kabelschirmverbindungen) / continuous cross-bonding || **~e Drehzahlverstellung** / stepless speed variation, continuous speed control || **~er Fehler** / progressive error || **~es Gasanalysegerät** / continuous gas analyzer || **~es Merkmal** (QS, DIN 55350, T.12) / continuous characteristic || **~er paralleler Erdungsleiter** / parallel earth-continuity conductor || **~e Regelung** / continuous control || **~er Regler (K-Regler)** / continuous controller, continuous-action controller || **~es Spektrum** *n* / continuous spectrum || **~e Steuerung** / continuous control, notchless control || **~es Verhalten** (Reg.) / continuous action (IEC 50(351)) || **~e Welle** / continuous wave (c.w.) || **~e Zufallsvariable** / continuous random variable

Kontinuitätskriterium *n* (Versorgungsnetz) / continuity criterion, supply continuity criterion

Kontinuum *n* (Math.) / continuum *n* || **²** (Spektrum) (s. kontinuierliches Spektrum)

kontrahierter Vakuumlichtbogen / constricted vacuum arc

Kontraktionsziffer *f* / contraction coefficient, Carter's coefficient

Kontrast *m* / contrast *n* || **²** (s. Zeichenkontrast) || **² des Speicherbildes** (Osz.) / storage contrast ratio || **²einsteller** *m* (BSG) / contrast control || **²empfindlichkeit** *f* / contrast sensitivity || **²empfindungsgeschwindigkeit** *f* / speed of contrast perception || **²fotometer** *n* / equality of contrast photometer || **²minderung durch Reflexe** / veiling reflections || **~reich** *adj* / high-contrast *adj* || **²sehen** *n* / visual contrast || **²übertragung** *f* (Strahlungsmodulationsgrad) / beam modulation percentage || **²verhältnis** *n* (Osz.) / (stored) contrast ratio || **²wiedergabe** *f* / contrast rendering || **²wiedergabefaktor** *m* / contrast rendering factor (CRF)

Kontrollampe *f* / repeater lamp, pilot lamp || **Fernlicht~** *f* / main beam warning lamp

Kontrollanlage *f*, **Wächter-²** / watchman's reporting system

Kontroll·befehl *m* / check command || **²bereich** *m* / controlled area || **²bohrung** *f* / reference hole, inspection hole || **²dorn** *m* / mandrel gauge || **²dorn** *m* (Blechp.) / stacking gauge

Kontrolle *f* / check *n*, inspection *n*, verification *n* || **²** (Überwachung; IEC 50(191)) / supervision *n*, monitoring *n* || **² der Hauptstromverbindungen** (LE) / connection check (IEC 700) || **² der Stoßstromfestigkeit** (LE) / fault current capability check (IEC 700) || **² des Einschalt- und Ausschaltverhaltens** (LE) / turn-on/turn-off check (IEC 700) || **rechnerische ²** / computational check

Kontrollehre *f* / standard gauge
Kontroll·empfänger *m* (RSA) / checkback receiver || **²frequenz** *f* / check-back frequency || **²funkenstrecke** *f* / tell-tale spark gap, auxiliary control gap
Kontrollgrenze, untere ² (QS) / lower control limit
kontrolliert·e Umgebungsbedingungen / controlled environment
Kontroll·karte für kumulierte Werte (QS) / consum chart || **²körper** *m* / calibration block || **²maß** *n* / reference dimension || **²messung** *f* / check measurement, gauging check, dimensional check || **²normalgerät** *n* (EZ) / substandard *n* || **²programm** *n* / supervisory routine, monitoring program, tracing program || **²prüfung** *f* / check test || **²punktmarke** *f* (Flp.) / checkpoint marking || **²punktzeichen** *n* (Flp.) / checkpoint sign || **²riß** *m* / reference marking, reference line || **²rückführung** *f* / monitoring feedback
Kontrollschalter *m* (I-Schalter m. Meldeleuchte) / switch with pilot lamp, switch with target-light indicator || **Wechsel-²** *m* / two-way switch with pilot lamp
Kontroll·signal *n* / check-back signal || **²stromkreis** *m* / calibration circuit || **²uhr** *f* / time recorder || **²versuch** (s. Kontrollprüfung) || **²zählung** *f* (Stromlieferung) / check metering || **²zählwerk** *n* / check register
Kontur *f* / contour *n*, outline *n*, contour line || **² der Eingriff-Stirnfläche** (Stecker) / outline of engagement face || **² wiederanfahren** (NC) / repositioning *n*, reposition *v* || **²abweichung** *f* (NC) / deviation from contour || **²anfang** *m* (NC) / contour start || **²drehen** *n* (NC) / contour turning, contouring *n* || **²element** *n* (NC) / contour element, span *n*, segment *n* || **²element** *n* (graf. DV) / outline element
konturenscharf *adj* (BSG) / high-definition *adj*
Konturen·stecker *m* / two-pole plug for Class II apparatus || **²treue** *f* (gS) / definition *n* || **²übergang** *m* / contour transition
Konturfräsen *n* / contour milling
Kontur-Kurzbeschreibung *f* (NC) / contour format shorthand || **²** (NC-Programmierung; Werte aus einer Zeichnung werden direkt ohne Umrechnung in die Steuerung eingegeben) / blueprint programming
Kontur·name *m* (NC; CLDATA-Satz) / contour identifier || **~parallel** *adj* / parallel to contour || **²verschiebung** *f* (NC) / contour shift, contour transfer
Konturzug *m* (NC) / contour definition, train of contour elements || **²** (graf. DV) / outline *n* || **Fase bei ²** (NC) / chamfer between two contour elements
Konus·klemme *f* / conical terminal || **²kupplung** *f* / cone clutch
Konvektions·strom *m* / convection current || **²zahl** *f* / coefficient of convection
konventionell·er Betrieb (NC) / manual mode of operation (NC, ISO 2806-1980), jog mode || **~es Fahren** (NC) / manually controlled traversing, traversing in jog mode || **~e Größen** / conventional quantities || **~e Leerlauf-Gleichspannung** (Gleichrichter o. Wechselrichter) / conventional no-load direct voltage || **~e maximale Blitzüberspannung** / conventional maximum lightning overvoltage || **~e maximale Schaltüberspannung** / conventional maximum switching overvoltage || **~e Meldeanlage** (festverdrahtete M.) / hard-wired annunciation (o. alarm) system || **² mit NC** / jog via NC || **² ohne NC** / jog independent of NC || **~er Pegelfaktor** (VDE 0111, T.1 A1) / conventional safety factor || **~e Pegelsicherheit** (s. konventioneller Pegelfaktor) || **~er Prüfstrom** / conventional test current || **~er richtiger Wert** / convential true value || **~ richtiger Wert** (s. bestimmungsgemäß richtiger Wert) || **~e Spannungsgrenze** (s. vereinbarte Grenze der Berührungsspannung) || **~e Steh-Blitzstoßspannung** / conventional lightning impulse withstand voltage || **~e Steh-Schaltstoßspannung** / conventional switching impulse withstand voltage || **~e Steh-Stoßspannung** / conventional impulse withstand voltage || **~er thermischer Bemessungsstrom** (VDE 0660, T.101, 107) / rated thermal current || **~er thermischer Strom in Luft** / conventional free-air thermal current || **~er thermischer Strom von gekapselten Geräten** / conventional enclosed thermal current || **~es thermisches Kraftwerk** / conventional thermal power station || **~e Zeit** (GSS, LSS) / conventional time || **auf den ~en Wert bezogene Abweichung** (Rel., DIN IEC 255, T. 1-00) / conventional error (relay)
Konvergenz *f* (BSG) / convergence *n* || **²abgleich** (s. Konvergenzkorrektur) || **²elektrode** *f* / convergence electrode || **²fläche** *f* / convergence surface || **²korrektur** *f* (Bildröhre) / convergence correction || **²magnet** *m* / convergence magnet
Konversionsrate *f* / conversion rate
Konzentrationsparameter *m* / parameter of concentration
Konzentrator *m* (DÜ) / concentrator *n*, data concentrator || **²** („Cluster Controller") / cluster controller || **²-Station** *f* (FWT) / concentrator station
konzentriert·er Entstörwiderstand / concentrated resistive suppressor || **~e Impedanz** / lumped impedance || **~e Kapazitäten** / lumped capacitances || **~e Konstante** / lumped constant || **~es Licht** / concentrated light || **~e Wicklung** / concentrated winding || **aus ~en Elementen aufgebauter Stromkreis** / lumped circuit
konzentrisch·er Außenleiter / concentric outer conductor, concentric conductor || **~er Kontakt** / concentric contact || **~er Leiter** / concentric conductor || **~er Neutralleiter** (Kabel) / concentric neutral (conductor) || **~er Schutzleiter** / concentric PE conductor, concentric neutral conductor || **~e Spule** / concentric coil, cylindrical coil || **~e Spulenwicklung** / concentric coil winding, concentric winding || **~e Wicklung** / concentric winding, unbifurcated winding || **~e Wicklungsanordnung** (Trafo) / concentric windings (IEC 50(421))
Konzentrizitätsfehler zwischen Kern und Mantel (LWL) / core/cladding concentricity error
Koordinate einer vektoriellen Größe / component of a vector quantity
Koordinaten·achse *f* / axis of coordinate || **²anfangspunkt** *m* / coordinate origin, coordinate datum || **²bemaßung** *f* (CAD) / coordinate

dimensioning, ordinate dimensioning || **~gitter** *n* / coordinate grid || **~grafik** *f* / coordinate graphics || **~maß-Befehl** *m* (NC, Wort) / coordinate dimension word || **~maße** *n pl* / coordinate dimensions || **~-Meßmaschine** *f* (NC) / coordinate inspection machine, coordinate gauging device, numerically controlled inspection machine || **~netz** *n* / coordinate grid || **~-Nullpunkt** *m* (NC) / coordinate basic origin || **~schreiber** *m* / plotter *n* || **~tisch** *m* (WZM, NC) / coordinate table, positioning table || **~transformation** *f* / coordinate transformation || **~ursprung (KU)** *m* / coordinate origin, coordinate datum || **~wandler** *m* / coordinate converter || **~wandler** *m* (Resolver) / resolver *n* || **~werte** *m pl* (NC) / coordinate values, coordinate dimensions

Koordinations·ebene *f* (DIN 30798, T.1) / coordination plane || **~gerade** *f* (DIN 30798, T.1) / coordination line || **~punkt** *m* (DIN 30798, T.1) / coordination point

Koordinator *m* (elST) / coordinator *n*, allocator *n*

koordinierende Stehspannung des Isolationspegels / coordinating withstand voltage of insulation level

Koordinierungs·merker *m* (PC) / coordination flag || **~prozessor** *m* / coordination processor || **~wort** *n* (PC) / coordination word

KOP (s. Kontaktplan)

Kopf *m* (Bürste) / top *n* || **~** (DÜ) / heading *n* || **~** (PMG-Nachricht, PC-Baustein) / header *n* || **über ~ zündender Thyristor** / break-over thyristor || **~aktivierungsmechanismus** *m* (Speicherlaufwerk) / head activating mechanism || **~ankerrelais** *n* / front-armature relay, end-on armature relay || **~ansatz** *m* (Bürste) / head *n* || **~armatur** *f* (Bürste; führend) / guide clip || **~armatur** *f* (Bürste; Verschleiß verhindernd) / finger clip, hammer clip || **~balken** *m* / top girder || **~bauweise** *f* (Strom- und Spannungswandler) / top-assembly type, top-winding type || **~beruhigungszeit** *f* (Speicherlaufwerk) / head settling time

Kopffläche *f* (Bürste) / top end, holder end || **teilweise geschrägte ~** (Bürste) / partly bevelled top

Kopf·information *f* (PC) / header information || **~kennung** *f* (PC) / header identifier || **~kontaktklemme** *f* / screw terminal || **~kreis** *m* (Zahnrad) / tip circle, addendum circle, crown circle || **~kreisdurchmesser** *m* / outside diameter || **~lager** *n* / top bearing, upper pivot || **~lampe** *f* / cap lamp || **~lastigkeit** *f* / top-heaviness *n* || **~leiste** *f* (Schrank) / top (bracing) rail, top brace || **~leuchte** *f* / cap lamp || **~mulde** *f* (Bürste) / top groove || **~niet** *m* / round-head rivet || **~nut** *f* (Bürste) / top slot || **~schräge** *f* (Bürste) / top bevel || **~schraube** *f* / machine screw, head screw, cap screw || **~schraubenklemme** *f* / screw terminal || **~schwenkung** *f* (WZM) / head rotation || **~schwenkung** *f* (NC; CLDATA-Wort) / rotate head (CLDATA word, ISO 3592) || **~spiel** *n* / crest clearance, tip clearance || **~station** *f* (LAN) / head-end *n* || **~stecker** *m* (elST) / jumper header || **~-Stromwandler** *m* / top-assembly current transformer, top-winding current transformer

Kopfstück *n* (Bürste) / head *n*, top *n* || **~** (Kopfleuchte) / head piece || **Bürste mit ~** / headed brush || **Spreizbürste mit ~** / split brush with wedge top

Kopf·stütze *f* (Kfz) / head restraint || **~winkel** *m* / addendum angle || **~zugversuch** *m* / U-tensile test, spot weld tensile test

Kopie *f* / copy *n* || **~** (Nachahmung eines Fabrikats) / clone *n*

Kopierdatenerfassung *f* / photocopier data recording

kopieren *v* (a. DV, DIN 44300) / copy *v*

Kopier·fehler *m* (Verstärker) / bounding error || **~fühler** *m* (WZM) / copying tracer, tracer *n* || **~gerät** (s. Fotokopiergerät) || **~steuerung** *f* (WZM, NC) / copying control, tracer control, copying system || **~verstärker** *m* / unity-gain amplifier || **~werkschalter** *m* (Nockenschaltwerk) / cam controller

Koppel *f* (Verbindungsstab) / connecting rod || **~** (Getriebe) / link *n*, linkage *n*, coupler *n*

Koppelbaugruppe *f* (Bussystem - Rechner) / interface module, interface card || **~** (s. Buskoppler)

Koppel·befehl *m* / coupling instruction || **~dämpfung** *f* (a. LWL) / coupling loss || **~diode** *f* / coupling diode || **~ebene** *f* (Schnittstelle) / interface level, process interface level || **optoelektronisches ~element** / optocoupler *n*, optical coupler, optical isolator || **~faktor** *m* / coupling factor || **Relais-~feld** *n* (Platine) / relay connector board || **~feld** *n* (Schaltmatrix) / switching matrix || **~gelenk** *n* / linkage *n*, coupler *n* || **~glied** *n* / coupling device, coupling element || **~impedanz** *f* / coupling impedance || **~kapazität** *f* / coupling capacitance || **~leitebene** *f* / interface (o. coupling) control level || **~merker** *m* (PC) / inter-processor communication flag

Koppeln (CLDATA-Wort) / couple (ISO 3592)

Koppel·netzwerk *n* (Rechner-Meßelektronik) / interface *n* || **~operation** *f* (PC) / interface operation || **~partner** (s. Kopplungspartner) || **~prozessor** *m* / interface (o. coupling) processor || **~rahmen** *m* (Prozeßleitsystem) / coupler frame || **~-RAM** *n* / communications RAM || **~relais** *n* / coupling relay, crosspoint relay, interposing relay || **~schnittstelle** (s. Schnittstelle) || **~-Schubgelenk** *n* / thrust linkage mechanism, prismatic-joint linkage || **~-Schubgelenk-Schaltsystem** *n* (Trafo) / thrust linkage tap changing system || **~schütz** *n* (Hilfsschütz) / contactor relay, control relay || **~schwingung** *f* / coupled mode || **~software** *f* / communication software, interfacing software (e.g., bus - computer), linking software

Koppelspeicher *m* / communications buffer || **~** („Mailbox") / mailbox *n* || **~modul** *n* (RAM) / communications RAM

Koppelstrecke *f* (Datennetze) / (data) link *n* || **~** (s. Übermittlungsabschnitt)

Koppel·treiber *m* / communications driver || **~trieb** *m* (Wickler) / double drag-link gearing || **~verluste** *m pl* / coupling loss || **~welle** *f* / coupling shaft || **~wirkungsgrad** *m* / coupling efficiency

Koppler *m* / coupler *n* || **~** (s. Buskoppler) || **LWL-~** / optical-fibre coupler

Kopplung *f* (von zwei unter normalen Bedingungen getrennten Stromkreisen mit der Möglichkeit der Energie- o. Signalübertragung) / coupling *n* || **~** (Anschaltung, Prozeß) / interfacing *n*, interface connection || ≗ (Rechner - Zentralgerät o. - Entwicklungssystem) / link-up *n* || ≗ (Datenverbindung) / data link || ≗ (v. Datennetzen) / internetworking *n* || ≗ **zwischen Stufen** / interstage coupling || **magnetische** ≗ / magnetic coupling, inductive coupling || **Moden~** / mode locking || **Prozeß~** / process interfacing || **Punkt-zu-Punkt-**≗ / point-to-point link(-up), peer-to-peer link || **sternförmige** ≗ (Anschlüsse) / point-to-point connection

Kopplungs·baugruppe *f*(Tischrechner-Automatisierungsgerät) / communications module (o. card), communicator *n* || ≗**dämpfung** *f* (Diode; DIN 41853) / isolation *n*(diode) || ≗**faktor** *m* / mode of coupling, coupling factor, coefficient of inductive coupling || ≗**grad** *m* / coupling factor, coefficient of inductive coupling || ≗**impedanz** *f* / mutual impedance || ≗**impedanz für Stoßwellen** / mutual surge impedance

Kopplungskapazität *f*, **Eingangs-**≗ / capacitance to source terminals

Kopplungs·kondensator *m* / coupling capacitor || ≗**kondensator** *m*(RSA) / injection capacitor || ≗**kontakt** *m* / coupling contact

kopplungskritische Drehzahl / combined critical speed

Kopplungs·messer *m* / unbalance test set || ≗**partner** *m*(Kommunikationsnetz) / peer *n* || ≗**pfad** *m* (EMV) / coupling path || ≗**programm** *n* / communication(s) program, communications software, interfacing program || ≗**programmpaket** *n* / communications software package || ≗**schnittstelle** *f*(PC) / network interface || ~**symmetrisches Zweitor** / reciprocal two-port network || ≗**transformator** *m* / coupling transformer || ≗**treiber** *m*(DÜ, PC) / link driver || ≗**verluste** (s. Koppelverluste) || ≗**vorrichtung** *f* / coupling device || ≗**vorrichtung für Trägerfrequenz** / carrier-frequency coupling device || ≗**widerstand** *m* / transfer impedance, surface transfer resistance (coaxial cable) || ≗**wirkungsgrad** (s. Koppelwirkungsgrad)

Korb *m*(einer Arbeitsbühne) / bucket *n* || ≗**leuchte** *f* / guarded luminaire, luminaire with basket guard || ≗**wicklung** *f* / chain winding, basket winding, lattice winding, diamond winding

Kordel·mutter *f* / knurled nut, milled nut || ≗**schraube** *f* / knurled thumb screw

Kordelung *f* / knurling *n*, diamond knurling

Korkenzieherregel *f* / corkscrew rule

Körner *n pl* / prick punch

Körnerschlag, durch ≗ **markieren** / prick-punch *v* || **durch** ≗ **sichern** / to lock by a punch mark

kornförmig *adj* / granular *adj* || **Schutz gegen ~e Fremdkörper** / protection against solid bodies greater than 1 mm

Korn·grenze *f* / grain boundary || ≗**grenzenausscheidung** *f* / separation at grain boundaries

Korngröße *f* / particle size, grain size, size of granules

Korngrößen·effekt *m* / particle size effect, composition effect || ≗**verteilung** *f* / particle distribution, grain size distribution

Korngruppe *f* / particle size group

körnige Mattierung / grainy frost

Korn·klasse *f* / particle category || ≗**korrosion** *f* / intercrystalline corrosion || ≗**korrosionsprüfung** *f* / intercrystalline corrosion test, weld decay test || ~**orientiert** *adj* / grain-oriented *adj* || ≗**orientierung** *f* / grain orientation || **Blech ohne** ≗**orientierung** / non-oriented (sheet) steel

Körnung (s. Korngrößenverteilung)

Kornverteilung *f* / particle distribution

Korona *f*(cf. „Teilentladung") / corona *n*, corona discharge, partial discharge || ≗-**Aussetzspannung** *f* / partial-discharge extinction voltage, corona extinction voltage || ≗**dämpfung** *f* / corona attenuation, corona damping || ≗-**Einsetzfeldstärke** *f* / partial-discharge inception field strength, corona inception field strength || ≗-**Einsetzspannung** *f* / partial-discharge inception voltage, corona inception voltage || ≗**entladung** *f* / corona discharge, corona conduction, corona *n* || ≗**entladungsröhre** *f* / corona discharge tube || ≗**erscheinung** *f* / corona effect, corona *n* || ≗**leistung** *f* / corona discharge power || ≗**oberwellen** *f pl* / corona harmonics || ≗**störspannung** *f* / corona interference voltage || ≗**verlust** *m* / corona loss || ≗**zündimpuls** *m* / initial corona pulse

Körper *m*(eines el. Betriebsmittels; VDE 0100, T.200) / exposed conductive part (IEC 50(826)) || ≗ (eines Leuchtmelders) / body *n*(of an indicator light) || ≗ (Festkörper) / solid *n* || ≗ (Rob.) / base *n* || **Dämpfungs~** / damping element || **Kontroll~** / calibration block || **Prüf~** / test block, test piece || **Vergleichs~** / reference block || ≗**erdung** *f* / frame earth (GB), frame ground (US) || ≗**farbe** *f* / non-self-luminous colour, surface colour, non-luminous colour || ≗**klemme** *f* / frame terminal || ≗**lage des Beobachters** / posture of observer || ≗**modell** *n*(CAD) / solid model || ≗**schall** *m* / structure-borne noise || ≗**schallabtaster** *m* / direct-contact vibration pickup || ~**schallisoliert** *adj* / insulated to prevent transmission of structure-borne noise || ≗**schallübertragung** *f* / transmission of structure-borne noise || ≗**schluß** *m*(VDE 0100, T.200) / short circuit to exposed conductive part, short circuit to frame, fault to frame || ≗**schluß mit Übergangswiderstand** / high-resistance fault to exposed conductive part, high-impedance fault to exposed conductive part

Körperstrom *m* / shock current, current flowing through the human body || ≗ (Strom zu Masse) / fault current to frame, leakage current || **gefährlicher** ≗ (VDE 0100, T.200) / shock current (IEC 50(826))

Körperströme, Schutz gegen gefährliche ≗ (DIN IEC 536) / protection against electric shock

Korrektion *f*(Impulsmessung) / correction *n*(pulse measurement)

korrektive Instandhaltung (IEC 50(191)) / corrective maintenance

Korrektur *f*(NC, automatisch) / compensation *n*, correction *n* || ≗ (NC, durch Handeingriff) / manual override, manual correction || **Programm~** / program patching, program debugging, program correction, program editing || ≗**betrag** *m*(NC) / amount of offset, offset *n* || ≗**block** *m*(NC) / compensation (data) block || ≗**daten** *plt*(NC) / compensation data, correction data || ≗-**DAU** *m* / correction DAC (C-DAC) || ≗**eingabe** *f*(NC) / compensating input

Korrekturen *f pl*(NC) / compensations and overrides
Korrektur·faktor *m* / correction factor, rating factor || **≗größe** *f* / correcting quantity || **≗maßnahmen** *f pl*(a. QS) / corrective action || **≗möglichkeit von Hand** (NC) / manual override (o. correction) feature || **≗position** *f*(NC) / compensation position, correction point || **≗rechner** *m*(f. Meßumformer) / correction-values calculator || **≗rechnung** *f* / corrective calculation || **≗richtung** *f*(NC) / direction of compensation || **≗satz** *m*(NC) / compensation (data) block || **≗schalter** *m*(NC) / offset switch, override switch || **≗speicher** *m*(NC) / compensation memory, tool compensation storage || **≗steuerung** *f*(NC) / compensating control, override control || **≗verfahren** *n* (Relaxationsmethode) / relaxation method || **≗wert** *m* / correction value || **≗wert** *m*(NC) / compensation value, offset value, offset *n* || **≗zeiger** *m*(Cursor) / cursor *n*
Korrelations·diagramm *n*(Statistik, QS) / scatter diagram || **≗funktion** *f* / correlation function || **≗koeffizient** *m*(DIN 55350, T.23) / coefficient of correlation
Korrespondenz·drucker *m* / letter quality printer || **~fähiges Schriftbild** / near-letter-quality print (NLQ)
korrigierbarer Fehler / recoverable error
korrigierte nutzbare Leistung (Verbrennungsmot.) / corrected effective output
korrosionsbeständig *adj* / non-corroding *adj*, corrosion-resistant, stainless *adj*
korrosions·beständiger Stahl / stainless steel || **≗beständigkeit** *f* / corrosion resistance, stain resistance || **≗element** *n* / corrosion cell || **≗ermüdung** *f* / corrosion fatigue || **~hemmend** *adj* / corrosion-inhibiting *adj* || **≗produkt** *n* / corrosion product
Korrosionsschutz *m* / corrosion protection, corrosion control || **kathodischer ≗ (KKS)** / cathodic protection (CP) || **elektrische ≗anlage (EKS)** / cathodic protection system || **≗anstrich** *m* / anti-corrosion coating || **≗farbe** *f* / anti-corrosion paint, anti-rust paint || **≗mittel** *n* / anti-corrosion agent, corrosion preventive || **≗wirkstoff** *m* / corrosion inhibitor
Korrosions·strom *m* / corrosion current || **≗-Zeitfestigkeit** *f* / fatigue strength under corrosion for finite life, resistance to corrosion fatigue
Korrosivität *f* / corrosivity *n*
Korund *n* / corundum *n* || **Sinter~** *m* / sintered alumina
Kosten der nicht gelieferten Energie / cost of kWh lost || **≗ für Reservevorhaltung** (StT) / standby charge || **≗formel** *f*(StT) / cost formula || **≗funktion** *f*(QS) / cost function || **≗verteilung** *f* (StT) / cost allocation
Kote *f*(Höhenk.) / altitude *n*, elevation *n*
Kovarianz *f*(DIN 55350, T.23) / covariance *n*
KpDr (s. Kompensations-Drosselspule)
Krachen *n*(Elektronenstrom) / crackling *n*
Krachstörung *f* / buzz *n*
Kraftantrieb *m*(SG) / power operated mechanism, power operating mechanism, powered mechanism
Kraft, Betätigung mit ≗antrieb / power operation || **Schließen durch abhängigen ≗antrieb** / dependent power closing || **~begrenzter Antrieb** (HSS) / limited drive (IEC 337-2) || **≗belag** *m* / force density per unit length || **≗belagsverteilung** *f* / force-density distribution || **~betätigt** *adj* / power-operated *adj* || **≗betätigung** *f* / power operation || **≗dichte im elektrischen Feld** / electric force density || **≗dichteverteilung** *f* / force-density distribution
Kräftepaar *n* / couple *n*
Kraftfahrzeug *n* / motor vehicle, automobile *n*, motorcar *n* || **≗beleuchtung** *f* / motorcar lighting (o. illumination), automobile lighting, vehicle lighting || **≗elektronik** *f* / automotive electronics, car electronics || **≗prüfstand** *m* / chassis dynamometer, automobile performance tester, road-test simulator || **≗verkehr** *m* / motorized traffic
Kraftfeld *n* / field of force || **≗röhre** (s. Kraftlinienröhre)
Kraftfluß *m*(magn.) / magnetic flux, induction flux || **≗dichte** *f* / magnetic flux density, magnetic induction || **≗-Meßgerät** *n* / flux meter
Kraft·gewinn *m* / mechanical advantage || **≗haus** *n* / powerhouse *n* || **≗installation** *f* / power circuit wiring, heavy-power wiring, motive-power wiring
Kraft-Kondensatorpapier *n* / kraft capacitor paper
Kraft·konstante *f* / force constant || **≗-Längenänderungs-Kurve** *f* / stress-strain curve || **≗leitung** *f*(Übertragungsleitung) / power line || **≗leitung** *f*(I) / power circuit, motive-power circuit || **≗-Licht-Steckdose** *f* / combined power and lighting socket-outlets
Kraftlinie *f* / magnetic line of force, line of force, line of induction || **≗** (im Eisen) / line of induction || **Anzahl der verketteten ≗n** / number of line linkages
Kraftlinien·bild *n* / magnetomotive force pattern, field pattern || **≗dichte** *f* / density of lines of force, flux density || **≗divergenz** *f* / fringing flux || **≗feld** *n* / field of force || **mittlere ≗länge** / mean length of magnetic path || **≗röhre** *f* / tube of force || **≗streuung** *f* / flux leakage || **≗weg** *m* / flux path, path of magnetic force || **≗zahl** *f* / number of lines of force
Kraft·maschine *f*(antreibende M.) / prime mover || **≗meßdose** *f* / load cell, force transducer || **≗messer** *m*(Dynamometer) / dynamometer *n* || **≗meßwaage** *f*(Dynamometer) / dynamometer *n* || **≗moment** *n* / moment of force || **≗-Momenten-Sensor** *m* / force-moment sensor || **≗netz** *n* / power system
Kraft-Papier *n* / kraft paper
Kraft·regelung *f*(Rob.) / force control || **≗röhre** (s. Kraftlinienröhre) || **≗schaltgerät** (s. Schütz-Umkehrsteller)
Kraftschluß *m*(Rad-Fahrbahn) / adhesion *n* || **≗beiwert** *m*(Kfz) / adhesion coefficient
kraftschlüssig befestigt / shrunk *adj*, mounted with an interference fit, friction-locked *adj* || **~ werden** / to become solid
Kraftsensor *m* / force sensor
Kraftspeicher *m* / energy store, energy storage mechanism || **≗antrieb** *m*(SG) / stored-energy mechanism || **≗antrieb** (s. Federantrieb) || **≗betätigung** *f*(SG, VDE 0670, T.3) / stored-

energy operation (IEC 265) || ≗-**Federbatterie** *f* / energy-storing spring assembly, operating spring assembly || ≗**rückstellung** *f*(Feder) / spring return
Kraftspeicherung *f* / energy storage
Kraftspeicher-Zustandsanzeiger *m* / stored-energy indicator
Kraft·steckvorrichtung *f* / power socket outlet and plug, motive-power socket outlet and plug || ≗**stellglied** *n* / power actuator
Kraftsteuerung *f*(Rob., in dauerndem Kontakt mit umliegenden Teilen) / compliance motion || ≗ (s. Kraftregelung)
Kraftstoff·dosierung *f*(Kfz) / fuel metering || ≗-**Luftgemisch** *n*(Kfz) / fuel/air mixture || ≗**pumpenrelais** *n*(Kfz) / fuel pump relay || ≗**steuerung** *f*(Kfz) / fuel management || ≗**zumessung** (s. Kraftstoffdosierung)
Kraftstrom *m* / electric power, motive power || ≗**anlage** *f* / electrical power installation, power installation, power system || ≗**kreis** *m* / power circuit, motive-power circuit || ≗**kreis für motorische Verbraucher** / motive-power circuit || ≗**verbraucher** *m* / power load, motive-power load || ≗**verteiler** *m* / power distribution board, power panelboard
Kraft·tarif *m* / motive-power tariff || ≗**übertragung** *f* / power transmission || ≗**unwucht** *f* / static unbalance || ≗**verbraucher** (s. Kraftstromverbraucher) || ≗**vergleichsverfahren** *n* / force-balance method || ≗**verstärkermotor** *m* / amplifier motor || ≗**verstärkung** *f* / mechanical advantage
Kraftverteilung, elektrische ≗ / electric power distribution
Kraft·waage *f* / force balance || ≗-**Wärme-Kopplung (KWK)** *f* / combined heat and power (c.h.p.), cogeneration *n*(of power and heat) || ≗**welle** *f* / force wave, electromagnetic force wave
Kraftwerk *n* / power station, electrical generating station, power plant
Kraftwerks·block *m* / power unit || ≗-**Eigenverbrauch** *m* / station-service consumption, power station internal consumption || ≗-**Einsatzplan** *m* / generation schedule || ≗-**Hilfsbetriebe** *m pl* / generating-station auxiliaries || ≗**park** *m* / generation system (power plant) || ≗**park-Prognose** *f* / generation mix forecast
Kraftzentrale (s. Kraftwerk)
Kragen *m* / collar *n* || ≗ (StV) / shroud *n* || ≗ (StV-Fassung) / skirt *n*, lower shield || ≗**steckdose** *f* / shrouded socket-outlet, shrouded receptacle || ≗**steckvorrichtung** *f* / shrouded plug and socket-outlet, plug and socket outlet with shrouded contacts
K-Rahmen *m*(Mastkopf) / K frame, fork *n*
Krallenbefestigung *f* / claw fixing
Krämer-Kaskade *f* / Kraemer system, Kraemer drive || ≗-**Maschine** (Dreifeldmasch.) (s. Dreifeldgenerator) || ≗-**Stromrichter-Kaskade** *f* / static Kraemer drive
Krampe *f* / cramp *n* || ≗ (Schloß) / staple *n*, catch *n* || ≗ **und Überwurf** / staple and hasp
Krampfschwelle *f*(Stromunfall) / freezing current
Kran·haken *m*(am Kran) / crane hook || ≗**haken** *m* (am zu hebenden Gerät) / lifting eye, eyebolt *n* || ≗**hakenhöhe** *f* / crane-hook clearance, minimum crane-hook lift for untanking (transformer), untanking height (transformer), headroom || ≗**traverse** *f* / lifting beam
Kranz *m*(Läufer eines Wasserkraftgen.) / rim *n*, spider rim
Krater *m* / crater *n* || ≗ (Narbe) / pinhole *n*, pock mark || ≗**bildung** *f* / pinholing *n*, pitting *n* || ≗**bildung** *f*(Lagerdefekt) / crater formation, pitting *n*
Kratky-Kompaktkammer *f* / Kratky compact camera
kratz·fest *adj* / mar-resistant *adj*, scratch-resistant *adj*, non-marring *adj* || ≗**festigkeit** *f* / mar resistance, scratch resistance || ≗**härte** *f* / scratch hardness, scoring hardness || ≗**probe** *f* / scratch test
Kräusel-EMK *f* / ripple e.m.f. || ≗**spannung** *f* / ripple voltage
Kreditkartenformat *n* / credit-card format
K-Regler (s. kontinuierlicher Regler)
Kreis *m*(Stromkreis, Kühlkreislauf) / circuit *n* || **im** ≗ **geschaltete Verbindung** / circuit-switched connection || **offener** ≗ (Steuerkreis ohne Rückführung) / open loop || **Qualitäts**~ *m*(DIN 55350, T.11) / quality loop || ≗**anfangspunkt** (NC, Bahn) (s. Kreisbahnanfangspunkt) || ≗**ausschnitt** *m* / sector *n* || ≗**bahn** *f*(WZM, NC) / circular path, circular span, circular element || ≗**bahnanfangspunkt** *m*(NC) / starting point of circular path || ≗**bahnprogrammierung** *f* / circular-path programming || ≗**bewegung** *f* / circular movement || ≗**bild** *n*(eines Regelkreises) / loop display
Kreisblatt *n*(Schreiber) / disc chart, disc *n* || ≗**schreiber** *m* / disc recorder, disc-chart recorder
Kreisbogen *m* / circular arc, arc *n*(CAD), circular element || ≗ **im Gegenuhrzeigersinn** (NC) / counter-clockwise arc (ccw) (ISO 2806-1980) || ≗ **im Uhrzeigersinn** (NC) / clockwise arc (cw) (ISO 2806-1980) || ≗-**Gerade** *f*(NC-Funktion) / circle-straight *n* || ≗-**Gerade-Kombination** *f*(NC) / circular arc-straight combination || ≗-**Kreisbogen** *m*(NC-Funktion) / circular arc-circular arc, circle-circle *n* || ≗**winkel** *m* / angle on circular arc
kreischen *v*(Bürsten) / screech *v*, shriek *v*
Kreisdiagramm *n* / circle diagram || ≗ (Graphikdarstellung) / pie diagram
Kreisel·anlasser *m* / centrifugal starter || ≗**moment** *n* / gyrostatic moment || ≗**pumpe** *f* / centrifugal pump, rotary pump
Kreisendpunkt *m*(NC) / circle end position || ≗**koordinate** *f*(NC) / end-position coordinate of circle
kreisförmig·e Leitfläche (NC) / circular drive surface || ~**e Schwingung** / circular vibration
Kreis·frequenz *f* / angular frequency, radian frequency, pulsatance *n* || ≗**gleichung** *f* / circle equation, equation of a circle || ≗**grafik** *f* / pie graphics || ≗**güte** *f* / circuit quality (factor) || ≗**impedanz** *f* / circuit impedance || ≗**interpolation** *f*(NC) / circular interpolation || ≗**interpolation im Gegenuhrzeigersinn** (NC-Wegbedingung, DIN 66025,T.2) / circular interpolation arc CWW (ISO 1056) || ≗**interpolation im Uhrzeigersinn** (NC-Wegbedingung, DIN 66025,T.2) / circular interpolation arc CW (ISO 1056) || ≗**interpolator** *m*(NC) / circular interpolator

Kreislauf *m* / circuit *n*, circulation *n* || **geschlossener** ≈ / closed circuit, closed cycle || ≈**belüftung** *f* / closed-circuit ventilation || ~**gekühlte Maschine** / closed-circuit-cooled machine || ≈**kühlung** *f* / closed-circuit cooling, closed-circuit ventilation
Kreis·messung *f* / cyclometry *n* || ≈**mittelpunkt** *m* / circle centre, centre of circle || ≈**parameter** *m* (NC) / circle parameter || ≈**programmierung** (NC, Bahn) (s. Kreisbahnprogrammierung) || ≈**punkt** *m* / point of a circle || ≈**radius** *m* / circle radius || ≈**rauschen** *n* / circuit noise, line noise || ≈**ring** *m* / annulus *n* || ≈**schaltung** *f*(Prüf., el. Masch.) / loading-back method || ≈**schaltung** *f*(Datenkreis) / circuit switching || ≈**schneider** *m* / circular cutter, hole cutter || ≈**sektorschaubild** *n* / sector chart || ≈**skale** *f* / circular scale
Kreisstrom *m* / circulating current, ring current || ~**behaftet** *adj* / carrying circulating current || ≈**drossel** *f* / circulating-current reactor || ~**freie Schaltung** (LE) / circulating-current-free connection, suppressed-half connection, connection without circulating-current control || ~**führende Schaltung** (LE) / connection carrying circulating current
Kreis·umfang *m* / circumference *n* || ≈**verstärkung** *f* / loop gain, closed-loop gain, operational gain || ≈**zylinder** *m* / regular cylinder
Kreppen *n* / creping *n*
Krepp·isoliermaterial *n* / creped insulating material || ≈**papier** *n* / crepe paper
Kreuz, Schrauben über ≈ **anziehen** / tighten bolts in diagonally opposite sequence || **Zähler**~ *n* / cross bar for meter mounting, meter cross support || ≈**dose** *f*(I) / four-way box, double-tee box, intersection box || ≈**eisen** *n* / cross iron
kreuzen *v* / cross *v*, transpose *v*
Kreuzfeld·röhre *f* / crossed-field tube, M-type tube || ≈**-Verstärkerröhre** *f* / crossed-field amplifier tube || ≈**-Verstärkerröhre mit in sich geschlossenem Strahl** / re-entrant beam crossed-field amplifier tube
kreuzförmig·e Ausstrahlung / cross-shaped radiation || ~**er Kern** / cruciform core
Kreuz·gelenk *n* / universal joint, Hooke's joint, cardan joint || ≈**griff** *m* / star handle || ≈**kasten (K-Kasten)** (IK) *m* / cross unit, cross *n*, crossover piece, double-T-member *n* || ≈**kern** *m* / cross core, X core || ≈**kompilierung** *f* / cross compiling || ≈**kopf** *m* / cross-head *n*, star head || ≈**kopf** (s. Kreuzgelenk) || ≈**kopplung** *f* / cross coupling || ≈**korrelationsfunktion** *f* / crosscorrelation function || ≈**profilstab** *m* / cross-section bar || ≈**ringwandler** *m* / crossed-ring-core transformer || ≈**schalter** *m*(Schalter 7; VDE 0632) / intermediate switch (CEE 24), two-way double-pole reversing switch
Kreuzschaltung *f* / cross connection || ≈ (m. Kreuzschalter) / intermediate switch circuit || **Zweitor in** ≈ / lattice network
Kreuz·schienenfeld *n* / pin-board matrix || ≈**schienenraster** *n* / cross-bar grid || ≈**schlag** *m* (Kabel) / ordinary lay, regular lay || ~**schraffieren** *v* / cross-hatch *v* || ≈**schraffur** *f* / cross-hatching *n*
Kreuzspul·instrument *n* / crossed-coil instrument
Kreuz·stab *m*(Stabwickl.) / crossed bar, transposed bar || ≈**stabstahl** *m* / cross-section bar || ≈**stück** *n* (IK) / cross unit, cross *n*, crossover piece, double-T-member *n*
Kreuzung *f*(Starkstromleitung/Fernmeldeleitung) / crossing *n* || ≈ (von Leitern mit elektrischer Verbindung) / double junction || ≈ (von Leitern ohne elektrische Verbindung) / crossing *n* || ≈ (Straßen) / crossroads *plt*
kreuzungs·freie Schienenführung (SS) / non-crossing bars || ≈**punkt** *m* / crossover *n*(point), intersection *n*
Kreuzverbindung *f* / cross coupling
kreuzweise schraffieren / cross-hatch *v* || **Schrauben** ~ **anziehen** / tighten bolts in diagonally opposite sequence
Kriech·anlasser *m* / slow-speed starter || ≈**drehzahl** *f* / creep speed
kriechen *v*(Masch.) / to run at crawl speed || ≈ *n* (Metall) / creep *n* || ≈ **der Abstimmeinrichtung** / tuner creep
kriechend·e Hysteresis / viscous hysteresis, magnetic creeping
Kriech·erholung *f* / recovery creep || ≈**festigkeit** *f* (Material) / creep strength || ≈**gang** *m*(WZM) / creep feed, creep feedrate, creep speed || ≈**geschwindigkeit** *f*(Material) / creep rate || ≈**geschwindigkeit** *f*(Drehzahl) / creep speed, crawl speed || ≈**grenze** *f* / creep limit || ≈**schutz** *m* / anti-creep device || ≈**spur** *f* / track *n*, creepage path || ≈**spurbildung** *f* / tracking *n* || ≈**spur-Ziehversuch** *m* / tracking test || ≈**strecke** *f* / creepage distance, leakage path || ≈**strecke unter der Schutzschicht** / creepage distance under the coating || ≈**streckenverlängerung** (s. Kriechwegverlängerung)
Kriechstrom *m* / leakage current, creepage current || ≈ **gegen Erde** / earth leakage current || ~**beständig** *adj* / non-tracking *adj*, anti-tracking *adj*, creepage-proof *adj* || ≈**beständigkeit** *f* / resistance to tracking, tracking resistance, resistance to creepage || ≈**beständigkeitsprüfung** *f* / tracking test || ~**fest** (s. kriechstrombeständig) || ≈**festigkeit** (s. Kriechstrombeständigkeit) || ≈**schutz** *m* / leakage current screen || ≈**zahl (KZ)** / comparative tracking index (CTI) || ≈**zeit** *f*(s. Zeit bis zur Kriechwegbildung)
Kriech- und Luftstrecken / creepage distances and clearances
Kriechweg *m* / creepage path, tracking path || ≈**bildung** *f* / tracking *n* || **Prüfzahl der** ≈**bildung** (VDE 0303, T.1) / proof tracking index (PTI) || ≈**bildung durch Gleitfunken** / spark tracking || ≈**bildung durch Lichtbogen** / arc tracking || ≈**faktor (KF)** *m* / creepage factor (c.f.) || ≈**länge** *f* / creepage distance || ≈**verlängerung** *f*(E DIN 41639, T.3) / insulation barrier
Kristall·gitter *n* / crystal lattice, crystal grating || ≈**glas** *n* / crystal glass || ≈**orientierung** *f* / crystal orientation, grain orientation || ≈**spektrometer** *n* / crystal spectrometer
Kriterien·analyse *f*(PC) / condition analysis || ≈**ausgang** *m*(PC) / condition output || ≈**textausgabe** *f*(PC) / criteria text display
kritisch·e Anodenzündspannung / critical anode voltage || ~**er Anschlußpunkt** (EMV) / common coupling || ~**er Ausfall** / critical failure || ~**er Ausschaltstrom** (VDE 0660,T.101) / critical breaking current (IEC 157-1) || ~**er Bereich** (a. Statistik, DIN 55350, T.24) / critical region || ~**e**

Drehzahl / critical speed, resonant speed, stalling speed || ~e **Drehzahl für die Auferregung** / critical build-up speed || ~**er Fehler** (QS, DIN 55350, T.31) / critical defect, critical non-conformance || ~**er Fehler** (s. kritischer Fehlzustand) || ~ **fehlerhafte Einheit** / critical defective || ~**er Fehlzustand** (IEC 50(191)) / critical fault || ~ **gedämpft** / critically damped || ~**e Mitkopplung** (Transduktor) / critical self-excitation || ~**er Schlupf** / maximum controllable slip || ~**e Selbsterregung** (el. Masch.) / critical self-excitation || ~**e Selbsterregung** (Transduktor) (s. kritische Mitkopplung) || ~**e Selbsterregungsdrehzahl** / critical build-up speed || ~**er Selbsterregungswiderstand** / critical build-up resistance || ~**e Spannungssteilheit** / critical rate of rise of voltage || ~**e Spannungssteilheit** (Thyr, DIN 41786) / critical rate of rise of off-state voltage || ~**er Strom** (SR-Schaltung) / transition current (converter connection) || ~**e Stromsteilheit** / critical rate of rise of current || ~**e Stromsteilheit** (Thyr, DIN 41786) / critical rate of rise of on-state current || ~**er Vergleichsdifferenzbetrag** (Statistik, QS; DIN 55350, T.13) / reproducibility critical difference || ~**er Wert** / critical value || ~**er Widerstand für die Auferregung** (s. kritischer Selbsterregungswiderstand) || ~**er Wiederholdifferenzbetrag** (Statistik, QS; DIN 55350, T.13) / repeatability critical difference || **Verfahren des ~en Wegs** (Netzplantechnik) / critical-path method (CPM)

Krokodilklemme *f* / alligator clip

Kronleuchter *m* / chandelier *n*, electrolier *n*

kröpfen *v* / offset *v*

Kröpfstelle *f* (Gitterstab) / crossover *n* (transposed bar)

Kröpfung *f* / offset *n*, crank *n*

Krümmer *m* / elbow *n*, bend *n*, knee *n*

Krümmung *f* (a. NC) / curvature *n*, curve *n*, bend *n*

Krümmungs·halbmesser *m* / radius of curvature, bending radius || ²**radius** (s. Krümmungshalbmesser)

Kryo·bearbeitung *f* / cryomachining *n* || ²**chemie** *f* / cryochemistry *n* || ²**flüssigkeit** *f* / cryogen *n* || ²**kabel** *n* / cryocable *n* || ²**leiter** *m* / cryoconductor *n*, hyperconductor *n* || ²**magnetspule** *f* / cryosolenoid *n*, cryocoil *n* || ²**maschine** *f* / cryomachine *n* || ²**motor** *m* / cryomotor *n* || ²**schutzmittel** *n* / cryoprotective agent || ²**sonde** *f* / cryoprobe *n* || ²**spule** *f* / cryocoil *n* || ²**technik** *f* / cryoengineering *n* || ²**treibstoff** *m* / cryogenic propellant || ²**-Turbogenerator** *m* / cryoturbogenerator *n*

Kryptobox *f* / cryptobox *n*

Kryptonlampe *f* / krypton-filled lamp, krypton lamp

KS (s. Kennzeichensystem)

KSO (s. Kurzschluß-Schutzorgan)

KS-System (s. Koppel-Schubgelenk)

KT (s. Kabeltext)

KU (s. Koordinatenursprung) || ² (s. Kurzunterbrechung)

KU-Auswahleinheit (s. Kurzunterbrecher-Auswahleinheit)

Kubik *f* / cubic curve

kubisch *adj* / cubic *adj* || ~**e natürliche Spline** / cubic natural spline || ~**e Spline** / cubic spline

Kuchendiagramm (s. Kreisdiagramm)

KU-Einrichtung (s. Kurzunterbrecher-Einrichtung)

Kufe *f* / skid *n*

Kufentransformator *m* / skid-mounted transformer

Kugel *f* (a. CAD) / sphere *n* || ²**abstand** *m* (Funkenstrecke) / sphere spacing || ²**druckhärte** *f* / ball indentation hardness || ²**druck-Prüfgerät** *n* / ball-pressure apparatus || ²**druckprüfung** *f* / ball thrust test, ball impression test || ²**druckprüfung nach Brinell** / Brinell hardness test || ²**eindruck** *m* / ball indentation || ²**endmaß** *n* / spherical-end gauge, spherical gauge block || ²**fallprobe** *f* / falling ball test || ²**fallviskosimeter** *n* / falling-ball viscometer, falling-sphere viscometer || ²**fläche** *f* (Lg.) / spherical seat || ²**fotometer** *n* / globe photometer || ²**funkenstrecke** *f* / sphere gap || ²**gelenk** *n* / spherical joint, S-joint *n*, ball-and-socket joint, ball joint || ²**gewinde** *n* / ball groove thread || ²**gewindetrieb** *m* / ball-and-screw spindle drive, ball screw || ²**glas** *n* (Leuchte) / glass globe || ²**gleitverbindung** *f* / spherical sliding joint || ²**graphitguß** *m* / ductile cast iron, nodular graphite cast iron, spheroidal graphite cast iron || ²**griff** *m* / ball handle, ball-lever handle || ²**hahn** *m* / ball valve

kugelig·es Auflager / spherical support seat || ~ **gelagertes Lager** / spherically seated bearing || ~**e Lagerhalterung** (s. kugeliges Auflager) || ~**er Sitz** / spherical seat || **Lager mit ~em Sitz** / spherically seated bearing

Kugel·käfig *m* / ball cage || ²**kalotte** *f* / spherical cup, calotte *n* || **Lampe mit** ²**kolben** / round bulb lamp || ²**koordinate** *f* / spherical coordinate || ²**kopfkabelschuh** *m* / spherical-head cable connector, spherical-receptable connector || ²**lager** *n* / ball bearing || ²**laufbahn** *f* (Lg.) / ball race || ²**leuchte** *f* / sphere luminaire, globe luminaire, bubble luminaire || ²**öler** *m* / ball-valve oiler, Winkley oiler || ²**paßfeder** *f* / ball key, spherical key || ²**pfanne** *f* / ball cup || ²**schmierkopf** *m* / ball oiler || ²**sitz** *m* / spherical seat || ²**spiegel** *m* (Leuchte) / spherical specular reflector || ²**spurzapfen** *m* / spherical spindle end || ²**steckgriff** *m* / detachable ball-lever handle || ²**steckverbinder** *m* / spherical connector || ²**stehlager** *n* / pedestal-type ball bearing, ball-bearing pillow block || ²**strahler** *m* / globe spotlight, spherical spotlight || ²**-Trübglas** *n* / opal glass globe || ²**umlaufspindel** *f* (WZM) / recirculating ball screw, ball screw || ²**ventil** *n* / ball valve, globe valve

Kühl·aggregat *n* / heat-exchanger unit, cooler *n*, radiator bank || ²**anlage** *f* / cooling system || ²**art** *f* / cooling method, method of ventilation || ²**einrichtung** *f* / cooling system || ²**element** (s. Kühlerelement)

Kühler *m* / cooler *n*, heat exchanger, radiator *n* || ² **mit mehrfachem Wasserfluß** / multi-pass heat exchanger, multi-pass cooler || ²**anbau** *m* (el. Masch.) / machine-mounted heat exchanger, integral cooler || ²**aufbau** *m* (el. Masch.) / top-mounted heat exchanger, machine-mounted cooler || ²**element** *n* / heat-exchanger element, cooler element, radiator *n* || ²**entlüftung** *f* / heat-exchanger vent, cooler venting device || ²**ventilator** *m* (Kfz) / radiator fan

Kühl·fahne *f* / cooling fin, ventilating vane || **≗falle** *f* / cold trap, cryotrap *n* || **≗flüssigkeit** *f* / cooling liquid, liquid coolant || **Versuch mit veränderlicher ≗gasdichte** / variable cooling gas density test || **≗gerät** *n* / refrigerator *n* || **≗kanal** *m* (el. Masch.) / ventilating duct, cooling-air duct || **≗kanal** *m* (Trafo) / cooling duct, oil duct || **≗körper** *m* (HL) / heat sink || **≗körperwärmewiderstand** *m* / thermal resistance of heat sink || **≗kreis** *m* / cooling circuit || **≗kreislauf** *m* / cooling circuit, cooling system, ventilation circuit || **geschlossener ≗kreislauf** / closed-circuit cooling system, closed cooling circuit || **zweiseitig symmetrischer ≗kreislauf** / double-ended symmetrical cooling circuit || **≗last** *f* / cooling load, heat load, heat gain || **≗leistung** *f* (Kühler) / heat-exchanger capacity, cooler efficiency, temperature difference rating || **≗leistung** *f* (KT) / heat removal capacity || **≗leistung** *f* (Lüfter) / cooling capacity, fan capacity || **≗luft** *f* / cooling air, air coolant || **≗luftbedarf** *m* / rate of cooling air required, cooling air requirement || **≗luftmenge** *f* / rate of cooling-air flow, cooling-air rate || **≗luftstrom** *m* / cooling air flow, cooling air flow rate || **≗luftweg** *m* / cooling-air passage, ventilating passage || **≗mantel** *m* / cooling jacket

Kühlmittel *n* / coolant *n*, cooling medium, cooling agent || **≗bewegung** *f* / coolant circulation, method of coolant circulation || **≗-Durchflußmenge** *f* / rate of coolant flow, coolant rate || **≗menge** (s. Kühlmittel-Durchflußmenge) || **≗strom** *m* / coolant flow, coolant (flow) rate || **≗temperatur** *f* / coolant temperature, temperature of cooling medium || **≗umlauf** *m* / coolant circulation || **≗umwälzung** *f* / coolant circulation

Kühl·reserve *f* (Trafo) / reserve cooling capacity || **≗rippe** *f* (Gehäuse) / cooling rib, cooling fin || **≗rippe** *f* (Rohr) / fin *n* || **≗schlange** *f* / cooling coil || **≗schlitz** *m* (el. Masch.) / ventilating duct, cooling duct, core duct, (Trafo auch:) oil duct || **≗schmiermittel** *n* / coolant *n* || **≗schrank** *m* / refrigerator *n* || **≗strom** *m* / coolant flow, coolant flow rate

Kühlsystem *n* / cooling system || **Verluste im ≗** / ventilating and cooling loss

Kühlung *f* (a. el. Masch., VDE 0530, T.1) / cooling *n*

Kühlungsart *f* / cooling method, method of ventilation

Kühlvorrichtung *f* (el. Masch.) / circulating-circuit component, heat exchanger || **aufgebaute ≗** (el. Masch.) / machine-mounted circulating-circuit component || **eingebaute ≗** (el. Masch.) / integral circulating-circuit component

Kühlwasser·abfluß *m* / cooling-water outlet, cooling-water discharge || **≗anschluß** *m* / cooling-water connection || **≗-Austrittstemperatur** *f* / cooling-water outlet temperature || **≗durchflußmenge** *f* / cooling-water rate, flow rate of cooling water || **≗-Eintrittstemperatur** *f* / cooling-water inlet temperature || **≗mantel** *m* / cooling-water jacket || **≗menge** (s. Kühlwasserdurchflußmenge) || **≗strom** *m* / cooling-water flow, cooling-water flow rate || **≗umwälzpumpe** *f* / cooling-water circulating pump || **≗zufluß** *m* / cooling-water inlet

Kühl·wertigkeit *f* / heat-transfer index, heat-transfer coefficient || **≗zahl** *f* / heat-transfer coefficient

Kulisse *f* (Steuerschalter) / gate *n* || **≗** (Verbindungselement) / link *n* || **≗** (Schalldämpfer) / silencer *n*

Kulissenscheinwerfer *m* / wing reflector

kumulativ·e Wahrscheinlichkeit / cumulative probability || **~e Wahrscheinlichkeitsfunktion** / cumulative probability function

Kumulativ-Anzeigevorrichtung *f* (EZ) / cumulative demand indicator

Kumulativzählwerk *n* (EZ) / cumulative demand register || **Maximumzähler mit ≗** / cumulative demand meter

kumulierte Beobachtungszeit / cumulated observation time

Kunde *m* (Anwender gelieferter el. Energie) / consumer *n*

kundenspezifisch·es Engineering (CAE) / customer application engineering (CAE) || **~e IS** / full-custom IC, dedicated IC

Kunst·faser *f* / man-made fibre, synthetic fibre || **≗gewebeband** *n* / synthetic-fabric tape

Kunstharz *n* / synthetic resin || **≗bindemittel** *n* / synthetic-resin binder || **≗bindung** *f* / synthetic-resin bond || **~gebundener Graphit** / resin-bonded graphite || **~getränkt** *adj* / synthetic-resin-impregnated *adj*, resin-impregnated *adj* || **≗lack** *m* / synthetic-resin varnish, synthetic resin lacquer || **≗tränkmittel** *n* / synthetic-resin impregnant

künstlich·e Alterung / artificial ageing, accelerated ageing, seasoning *n* || **~e Beleuchtung** / artificial lighting || **~ bewegte Luft** / forced air || **~es Dielektrikum** / artificial dielectric || **~e Erde** / counterpoise *n* || **~ erzeugter aktinischer Effekt** / artificially induced actinic effect || **~e Innenraumbeleuchtung** / artificial lighting of interiors || **~e Intelligenz (KI)** / artificial intelligence (AI) || **~e Kühlung** / forced cooling, artificial cooling, forced-air cooling, forced oil cooling || **~es Licht** / artificial light || **~er Magnet** / artificial magnet || **~e Netzstabilität** / conditional stability of power system || **~er Nullpunkt** / artificial neutral point || **~es Rauschen** (IEC 50(161)) / man-made noise || **~er Sternpunkt** / artificial neutral || **~e Verschmutzung** / artificial pollution

Kunst·licht (s. künstliches Licht) || **≗phase** *f* (el. Masch.; Hilfsphase) / auxiliary phase || **≗stab** *m* (Wickl.) / transposed bar, Roebel bar, composite conductor

Kunststoff *m* / plastic *n*, plastics material || **≗abdeckung** *f* / plastic cover || **≗-Aderleitung** *f* (HO7V) / thermoplastic single-core non-sheathed cable, PVC single-core non-sheathed cable || **≗aufsatz** *m* (Klemme) / plastic top || **~beschichtet** *adj* / plastic-coated *adj* || **≗gehäuse** *n* / enclosure of plastics material, plastic enclosure, plastic case, moulded case || **≗gehäuse** *n* (IS) / plastic package || **≗glas** *n* (Leuchte) / plastic diffuser || **≗glaswanne** *f* (Leuchte) / synthetic glass diffuser, plexiglass diffuser

Kunststoffilter *n* / plastic filter

Kunststoffindustrie, Faserstoff- und ≗ / paper, rubber and plastics industries (PRP industries)

Kunststoff·isolierung *f* / thermoplastic insulation, plastic insulation || **≗kabel** *n* / thermoplastic-insulated cable, plastic-insulated cable || **≗kanal (K-Kanal)** *m* / plastic duct, plastic trunking || **≗kondensator** *m* (IEC 50(436)) / film capacitor || **~lamellierter Werkstoff** / laminated plastic material

Kunststoffleitung *f* / thermoplastic-insulated cable, plastic-insulated cable, plastic-covered wire || **wetterfeste ≗** / thermoplastic-insulated weather-resistant cable

Kunststoff·leuchte *f* / plastic luminaire, all-plastic luminaire, sealed plastic luminaire || **≗-Lichtwellenleiter (KWL)** *m* / all-plastic optical fibre

Kunststoffolie *f* / plastic film, plastic sheet

Kunststoff·-Panzerrohr *n* (IR) / heavy-gauge plastic conduit, high-strength plastic conduit || **≗rohr** *n* (IR) / plastic conduit, non-metallic conduit, PVC conduit

Kunststoff-Schlauchleitung *f* / plastic-sheathed flexible cord, PVC-sheathed flexible cord

Kunststoff-Schlauchleitung, mittlere ≗ / ordinary plastic-sheathed flexible cord (o. cable)

kunststoff·überzogener Leiter / plastic-covered conductor || **≗-Verdrahtungsleitung** *f* (HO5V) / thermoplastic non-sheathed cable for internal wiring, PVC (single-core) non-sheathed cables for internal wiring

Kupfer für Leitzwecke / high-conductivity copper || **≗aufnahme** *f* (Komm.) / copper picking || **≗beilage** *f* / copper shim, copper pad || **≗boden** *m* (Thyr) / copper base || **≗dochtkohle** *f* / copper-cored carbon || **≗drahtseil** *n* / stranded copper conductor, copper cable, copper wire rope || **≗drahtumflechtung** *f* / copper wire braiding || **≗füllfaktor** *m* / copper space factor || **≗geflecht** *n* (Kabel, Beflechtung) / copper braid(ing)

kupferkaschiert *adj* / copper-clad *adj* || **~er Schichtpreßstoff** / copper-laminated plastic

Kupfer·kaschierung *f* / copper cladding, copper grid || **≗knetlegierung** *f* / wrought copper-base alloy || **≗-Konstantan-Thermoelement (Cu-Ko-Thermoelement)** *n* / copper-constantan thermocouple || **≗lackdraht** *m* / enamelled copper wire, varnished copper wire || **≗legierung** *f* / copper-base alloy, copper alloy || **≗manteldraht** *m* / copper-clad wire, bimetallic wire || **≗notierung (CU-Notierung)** *f* / copper quotation || **≗-Sandgußlegierung** *f* / sand-cast copper-base alloy || **≗schaltstück** *n* / copper contact piece || **≗schieben** *n* (Komm.) / copper dragging || **≗seil** *n* / stranded copper conductor, copper cable || **≗-Spritzgußlegierung** *f* / die-cast copper-base alloy || **≗-Stahl-Kabel** *n* / steel-reinforced copper cable (SRCC), copper cable, steel-reinforced (CCSR) || **≗streifenprüfung** *f* / copper strip test || **≗verluste** *m pl* / copper loss, load loss(es), I^2R loss || **≗-Wolfram-Sintermaterial** *n* / sintered tungsten-copper (material) || **≗zuschlag** *m* / copper surcharge

Kuppe *f* (Kurve) / crest *n* || **≗** (Lampe) / dome *n* || **Kolben~** (Lampe) / bulb bowl || **Straßen~** / hump *n*

Kuppel·bolzen *m* / coupling bolt, coupling pin || **≗feld** *n* (IRA) / coupler panel, bus coupler panel, bus-tie cubicle || **≗feld** *n* (FLA) / coupler bay, bus coupler bay, bus-tie bay || **≗flansch** *m* / coupling flange || **≗gestänge** *n* / linkage *n* || **≗kontakt** *m* / coupling contact || **≗leitung** *f* (Netz) / tie line

kuppeln *v* / couple *v* || **~** (mech. Kupplung) / engage *v*

Kuppel·schalter *m* (USV) / tie switch || **≗schalter** *m* (LS) / tie circuit-breaker, tie breaker, (bus) coupler circuit-breaker || **≗schiene** *f* (SS) / tie bus || **≗transformator** *m* / interconnecting transformer, coupling transformer, tie transformer, line transformer, network transformer, coupler *n* || **≗trenner** *m* / bus-coupler disconnector || **≗zapfen** *m* (Walzwerk) / wobbler *n*

Kuppen·stößel *m* (PS, EN 50047) / rounded plunger || **~verspiegelte Lampe** / silver-bowl lamp, lamp with mirror-finished dome

Kupplung *f* (nicht schaltbar) / coupling *n* || **≗** (schaltbar) / clutch *n* || **≗** (Verteiler) / coupler unit || **≗** (StV) / coupling *n* || **≗** (Netz) / tie *n*, connection *n*, interconnection *n*, interlinking *n* || **≗ mit axialer Spielbegrenzung** / limited-end-float coupling, limited-end-play coupling || **≗ mit Rücklaufsperre** / backstopping clutch || **elektrische ≗** (die Stromkreise von mechanisch gekuppelten Fahrzeugen verbindend) / electric coupler

Kupplungs·antrieb *m* / coupling drive || **≗belag** *m* / clutch lining, clutch facing || **≗bolzen** *m* / coupling pin, coupling bolt || **≗dose** *f* / connector *n*, portable socket-outlet || **nichtwiederanschließbare ≗dose** / non-rewirable portable socket-outlet || **≗drehmoment** *n* / coupling torque || **≗feld** (s. Kuppelfeld) || **≗flansch** *m* / coupling flange || **≗flansch** *m* (angeschmiedet) / integral coupling, integrally forged coupling flange || **≗glied** *n* / coupling element, link *n* || **≗hälfte** *f* / half-coupling *n*, coupling half, clutch half || **≗hülse** *f* / coupling bush, coupling sleeve || **≗kraft** *f* (Steckverbinder) / engaging force, connector mating and unmating force, separating force || **≗leistung** *f* / power at coupling, shaft horsepower || **≗leitung** *f* (zur el. Verbindung zwischen mechanisch gekuppelten Fahrzeugen) / jumper cable || **≗mantelfläche** *f* / lateral coupling surface || **≗muffe** *f* / coupling bush || **≗planfläche** *f* / coupling face || **≗ring** *m* (a. StV) / coupling ring || **≗schale** *f* / coupling box, coupling half || **≗seite** *f* (el. Masch.) / coupling end || **≗stange** *f* / coupling rod, connecting rod (o. bar) || **≗steckdose** *f* / portable socket-outlet, connector *n* || **≗stecker** *m* / coupler plug, plug *n* || **≗steckverbinder** *m* / coupler connector || **≗steckvorrichtung** *f* / cable coupler || **≗stelle** *f* / coupling point || **≗treffer** *m* / coupling driver, wobbler *n* || **≗verschalung** *f* / coupling guard, clutch guard || **≗vorrichtung für Endstück** (Roboter) / end effector device || **≗zapfen** *m* (Treffer) / wobbler *n* || **≗zapfen** *m* (Bolzen) / coupling pin

KU-Prüfeinheit (s. Kurzunterbrecher-Prüfeinheit)

Kurbel *f* / crank *n*, handcrank *n* || **≗antrieb** *m* / crank-operated mechanism, crank drive, crank mechanism || **≗gehäuse** *n* / crankcase *n* || **≗getriebe** *n* / crank mechanism, link mechanism, linkage *n*, crank drive || **≗halbmesser** *m* / crank radius || **≗induktor** *m* (f. Zündung) / magneto generator, magneto *n*, magneto inductor || **≗induktor** *m* (f. Isolationsmessung) / megger *n*, hand-driven generator, ductor *n* || **≗kette** (s. Kurbelgetriebe) || **≗stellung** *f* / crank position,

crank angle || ²trieb (s. Kurbelgetriebe) || ²viereck *n* / four-bar linkage, link quadrangle || ²wangenatmung *f* / crank-web deflection || ²welle *f* / crankshaft *n* || ²wellengeber *m* (Kfz) / crankshaft sensor || ²winkel *m* / crank angle
Kursivschrift *f* / italic type, italics *n pl*
Kurtosis *f* (DIN 55350,T.21) / kurtosis *n* (statistical distribution)
Kurve der rückläufigen Schleife / recoil curve, recoil line (o. loop) || ² **für den mittleren Stichprobenumfang** / average sample number curve (ASNC) || ² **gleicher Beleuchtungsstärke** / isoilluminance curve (GB), isoilluminance line (US), isolux curve (o. line) || ² **gleicher Bestrahlungsstärke** / iso-irradiance curve || ² **gleicher Lautstärke** / loudness contour, isoacoustic curve || ² **gleicher Leuchtdichte** / isoluminance curve || ² **gleicher Lichtstärke** / isointensity curve, isocandela curve || ² **löschen** (CAD) / decurve *v*
Kurven·anzeige (s. Kurvenbild) || ²**archiv** *n* / curve file, curve archive || ²**bild** *n* / graph *n*, plot *n* || ²**bild** *n* (am Bildschirm) / curve display, trend display || ²**-Bildschirmeinheit** *f* / curve display unit || ²**blatt** *n* / graph *n*, diagram *n* || ²**darstellung** (s. Kurvenbild) || ²**element** *n* (CAD) / curve entity || ²**feld** *n* (BSG) / curve display field
Kurvenform *f* (Wellenform) / waveform *n*, waveshape *n* || ² **der Netz-Wechselspannung** / waveform of a.c. supply voltage || ² **der Referenzschwingung** (DIN IEC 351, T.1) / reference waveform || ² **der Spannung** / voltage waveform || ² **der Spannungsschwankung** (VDE 0838, T.1) / voltage fluctuation waveform || **Aufnahme der** ² / waveform test || ²**änderung einer Spannung** (VDE 0558, T. 5) / subtransient voltage waveform deviation || ²**stabilisierung** *f* (DIN 41745) / waveform stabilization
Kurven·gängigkeit *f* / curve negotiability || ²**generator** *m* / curve generator || ²**gestaltparameter** *m pl* / parameters of shape || ²**knick** *m* / curve bend, break in curve, curve inflection || ²**lineal** *n* / spline *n*, curve *n* || ²**linie** *f* (CAD) / spline curve || ²**schar** *f* / family of curves, set of curves || ²**scheibe** *f* / cam disc, cam plate, cam *n* || ²**scheitelpunkt** *m* / peak of curve || ²**schreiber** *m* / graphic plotter, plotter *n* || ²**sichtgerät** *n* / curve display unit || ²**speicher** *m* / curve memory || ²**speicherbaugruppe** *f* / curve memory module || ²**strecke** *f* / chord *n*, link *n* || ²**stück** *n* / cam *n*, cam segment || ²**trommel** *f* / cam drum
Kurvenverlauf *m* / curve shape, characteristic *n*, curve *n* || ² (Wellenform) / waveshape *n*, waveform *n* || ²**recorder** *m* / waveform recorder
Kurvenwalze *f* / cam drum
Kurvenwiderstand, spezifischer ² (Bahn) / specific train resistance due to curves
Kurvenzug *m* (Osz.) / curve trace || **Planckscher** ² / Plankian locus
kurz·er Druckknopf (VDE 0660,T.201) / short button (IEC 337-2) || ~ **gemittelte Belastung** / demand *n* || ~**er Impuls** / short pulse || ~**e Taste** (s. kurzer Druckknopf)
Kurzadresse *f* / short address
Kurz·angabe *f* (Bestell-Nr.) / order code || ²**ausfall** *m* / transient failure || ²**ausschaltglied** *n* / passing break contact, fleeting NC contact || ²**balken** *m* (Flp.) / barrette *n*
Kurzbeschreibung *f* (NC) / shorthand notation
Kurz·betrieb (s. Kurzzeitbetrieb) || ²**bogenlampe** *f* / short-arc lamp, compressed-arc lamp, compact-source lamp || ²**einschaltglied** *n* (DIN 40713) / passing make contact (IEC 117-3), fleeting NO contact
kurzfristige Grenzkosten (StT) / short-run marginal cost
kurzgeschlossen *adj* / short-circuited *adj*, shorted *adj*, shunted out
Kurz·hubtaste *f* / short-stroke key || ²**impuls** *m* / short pulse, short-duration pulse
Kurzkupplung *f*, **HGÜ-**² / HVDC back-to-back link, HVDC back-to-back station, HVDC coupling system
Kurz·prüfung *f* / accelerated test || ~**schließen** *v* / short-circuit *v*, short *v*, shunt out *v* || ²**schließen** *n* / short-circuiting *n*, shorting *n*, shunting out || ²**schließer** *m* / short-circuiter *n* || ²**schließer** (s. Schnellerder) || ²**schließschaltung** *f* / shorting circuit || ²**schließstecker** *m* / short-circuiting plug, shorting plug || ²**schließung** (s. Kurzschließen)
Kurzschluß *m* / short circuit (s.c.), short *n* || ² (Netzfehler) / fault *n*, short circuit, shunt fault || ² **mit Lichtbogenbildung** / arcing short circuit || ² **mit Übergangswiderstand** / high-resistance fault, high-impedance fault || ² **zwischen Phasen** / phase-to-phase short circuit || **Einschalten auf einen** ² / fault throwing, making on a short circuit || **zweipoliger** ² / phase-to-phase fault, line-to-line fault, double-phase fault || ²**anker** (s. Käfigläufer) || ²**anzeiger** *m* / short-circuit indicator, fault indicator
Kurzschluß-Ausgangsadmittanz *f* / short-circuit output admittance || ² **bei kleiner Aussteuerung** / small-signal short-circuit output admittance || ² **in Emitterschaltung** / common-emitter short-circuit output admittance
Kurzschluß·auslöser *m* / short-circuit release, short-circuit trip || ²**-Ausschaltleistung** *f* / short-circuit breaking capacity (IEC 157-1), short-circuit interrupting rating, fault interrupting rating (US) || ²**-Ausschaltprüfung** *f* / short-circuit breaking test, short-circuit interrupting test || ²**-Ausschaltstrom** *m* / short-circuit breaking current, short-circuit interrupting current || ²**ausschaltung** *f* / short-circuit breaking (o. clearing), fault clearing || ²**-Ausschaltvermögen** *n* (VDE 0660,T.101) / short-circuit breaking capacity (IEC 157-1), short-circuit interrupting rating, fault interrupting rating (US) || ²**beanspruchung** *f* / short-circuit stress || ²**-Begrenzungsdrossel** *f* (cf. „Strombegrenzungs-Drosselspule") / current limiting reactor || ~**behaftet** *adj* / short-circuited *adj*, faulted *adj* || ²**belastung** *f* / short-circuit load, short-circuit stress || ²**berechnung** *f* / short-circuit calculation, fault-level analysis || ²**betrieb** *m* / short-circuit operation || ²**-Brandschutz** *m* / short-circuit fire protection || ²**bremse** *f* (Bremsen durch Umpolen) / plug brake || ²**bremsung** *f* (Bremsen durch Umpolen) / plug braking, braking by plugging || ²**brücke** *f* / short-circuiting link, shorting jumper || ²**buchse** *f* /

shorting jack || **≗bügel** *m* / short-circuiting link, shorting jumper || **≗charakteristik** *f* / short-circuit characteristic || **≗dauer** *f* / short-circuit time, short-circuit duration, overcurrent time || **≗-Dauerprüfung** *f* / sustained short-circuit test, heat run || **≗dorn** *m* (Magnet) / keeper bar || **≗-Draufschaltung** *f* / fault throwing, making on a short circuit || **≗dreieck** *n* (Potier-Dreieck) / Potier reactance triangle || **≗-Drosselspule** *f* / current limiting reactor

Kurzschluß-Eingangsadmittanz *f* / short-circuit input admittance || **≗ bei kleiner Aussteuerung** / small-signal short-circuit input admittance || **≗ in Emitterschaltung** / common-emitter short-circuit input admittance

Kurzschluß-Eingangsimpedanz *f* / short-circuit input impedance || **≗-Eingangsimpedanz bei kleiner Aussteuerung** / small-signal short-circuit input impedance || **≗-Eingangskapazität** *f* / short-circuit input capacitance || **≗-Einschaltstrom** *m* / short-circuit making current || **≗-Einschaltvermögen** *n* (VDE 0670,T.3) / short-circuit making capacity (IEC 265) || **≗-Erregerstrom** *m* (zum Ankerstrom) / excitation current corresponding to rated armature sustained short-circuit current, field current to produce rated armature current

kurzschlußfest *adj* (VDE 0100, T.200) / short-circuit-proof, mechanically short-circuit-proof, resistant to short circuits || ~ (Halbleiter-Bauelemente) / surge-proof *adj* || ~ (elST-Geräte, durch Strombegrenzung) / current-limited *adj* || **~er Ausgang** / short-circuit-proof output, surge-proof output || **~er Transformator** / short-circuit-proof transformer

Kurzschlußfestigkeit *f* (allg.; SG) / short-circuit strength, fault withstand capability, short-circuit rating, fault withstandability (IEE Dict.) || ≗ (Trafo) / short-circuit withstand capability, ability to withstand short circuits || ≗ (Netz) / short-circuit current capability (IEC 50(603)) || ≗ (f. ein Bauelement für eine bestimmte Dauer zulässiger Teilkurzschlußstrom) / short-circuit capability || **maximale** ≗ (Sicherungshalter) / peak withstand current (fuse-holder) || **Nachweis der** ≗ / verification of short-circuit strength || **Prüfung der** ≗ / short-circuit test || **thermische** ≗ / thermal short-circuit rating

Kurzschlußfortschaltung *f* (Abschaltung) / short-circuit clearing, fault clearing || ≗ (Kurzunterbrechung) / automatic reclosing (under short-circuit conditions), open-close operation

kurzschlußfremde Spannung (Schutz, Auslösespannung) / externally generated short-circuit tripping current

Kurzschlußgenerator *m* / short-circuit generator, lightning generator

kurzschlußgetreue Spannung (Schutz, Auslösespannung) / actual short-circuit (tripping) current

Kurzschluß-impedanz *f* / short-circuit impedance || **≗induktivität** *f* / short-circuit inductance || **≗käfig** (s. Käfigwicklung) || **≗kennlinie** *f* (Asynchronmasch.) / locked-rotor impedance characteristic || **≗kennlinie** *f* (Synchronmasch.) / short-circuit characteristic (s.c.c.), short-circuit saturation characteristic, synchronous impedance curve || **≗kraft** *f* / short-circuit force, electrodynamic short-circuit force, electromechanical short-circuit force || **≗kreis** *m* / shorted circuit || **≗lauf** *m* (el. Masch.) / run with winding(s) short-circuited, heat run || **≗läufer** (s. Käfigläufer) || **≗läufermotor** (s. Käfigläufermotor) || **≗leistung** *f* (Netz) / short-circuit power, fault power, fault level || **≗leistung** *f* (el. Masch.) / short-circuit power || **≗leistung** *f* (Schalter) / short-circuit capacity || **≗-Leistungsfaktor** *m* / short-circuit power factor, X-R ratio || **≗-Leistungskategorie** *f* (LS, VDE 0660,T.101) / short-circuit performance category (IEC 157-1) || **≗lichtbogen** *m* / short-circuit arc || **≗lichtbogenstrom** *m* / short-circuit arcing current || **≗moment** *n* / short-circuit torque, peak transient torque || **≗motor** (s. Käfigläufermotor) || **≗-Prüfleistung** *f* / short-circuit testing power || **≗-Prüftransformator** *m* / short-circuit testing transformer || **≗prüfung** *f* / short-circuit test || **≗punkt** *m* / short-circuit point || **≗reaktanz** *f* / short-circuit reactance

Kurzschlußring *m* (KL) / end ring, short-circuiting ring, cage ring || ≗ (Magnetschlußstück) / keeper ring || ≗ (Spaltpolmot.) / shading ring, shading coil || ≗ (SG) / short-circuiting ring || **aufgeschnittener** ≗ (KL) / end ring with gaps

Kurzschluß-Rückwirkungskapazität *f* / short-circuit feedback capacitance (FET) || **≗-Sanftanlaufschaltung** *f* / stator-resistance starting circuit || **≗-Schaltvermögen** *n* / short-circuit capacity, short-circuit breaking (o. interrupting) capacity

Kurzschluß-Scheinleistung *f* / short-circuit apparent power, apparent short-circuit power || ≗ (Drehstrom-Käfigläufermot.) / locked-rotor apparent power

Kurzschluß-Schnellauslöser *m* / instantaneous short-circuit release (o. trip) || **≗-Schnellauslöserelais** *n* / instantaneous short-circuit relay || **≗schutz** *m* / short-circuit protection, back-up protection || **≗-Schutzeinrichtung** *f* / short-circuit protective device (SCPD) || **≗-Schutzorgan (KSO)** *n* / short-circuit protective device (SCPD) || **≗seil** *n* / short-circuiting cable

kurzschlußsicher *adj* (VDE 0100, T.200) / inherently short-circuit-proof || ~ (elST-Geräte, durch Sicherungen) / fused *adj* || **~er Klemmenkasten** (Klemmenkasten m. Druckentlastung) / pressure-relief terminal box

Kurzschlußsicherung *f* / back-up fuse

Kurzschlußspannung *f* (Leistungstrafo) / impedance voltage, impedance drop, percent impedance, p.u. impedance || ≗ (Trenntrafo, Sicherheitstrafo, Wandler) / short-circuit voltage (EN 60742)) || **Bemessungs-**≗ (Trafo) / impedance voltage at rated current || **relative** ≗ / relative short-circuit voltage

Kurzschluß-sperre *f* / reclosing lockout, short-circuit lock-out || **≗stabilität** *f* / short-circuit stability || **≗stecker** *m* / shorting plug || **≗stellung** *f* (Bürsten) / live neutral position

Kurzschlußstrom *m* / short-circuit current, fault current || ≗ (Strom über die Kurzschlußstelle; vgl. „Teilkurzschlußstrom") / current in the short circuit (IEC 50(603)) || ≗ **an der Einbaustelle** / prospective short-circuit (o. fault) current || ≗ **bei festgebremstem Läufer** / locked-rotor current || ≗ **bei Verwendung eines Kurzschlußschutzes** / conditional short-circuit current || ≗**belastbarkeit** *f* / short-circuit current carrying capacity || ≗**dichte** *f* / short-circuit current density || ≗**empfindlichkeit** *f*(Diode; DIN 41853) / short-circuit current sensitivity || ≗**festigkeit** *f* / short-circuit current strength || ≗**festigkeit** (s. Kurzschlußfestigkeit) || ≗**tragfähigkeit** *f* / short-circuit current carrying capacity || ≗**verstärkung** *f* (bei kurzgeschlossenem Ausgang) / current amplification with output short-circuited || ≗**verstärkung** *f*(Transistor, DIN 41854) / short-circuit forward current transfer ratio || ≗**verstärkung bei kleiner Aussteuerung** (Transistor, DIN 41854) / small-signal short-circuit forward current transfer ratio

Kurzschlußtransformator (s. kurzschlußfester Transformator)

Kurzschluß-Übertragungsadmittanz *f* / short-circuit transfer admittance

Kurzschluß-Übertragungsadmittanz, rückwärts / short-circuit reverse transfer admittance

Kurzschluß-Übertragungsadmittanz, vorwärts bei kleiner Aussteuerung / small-signal short-circuit forward transfer admittance

Kurzschluß-Übertragungsadmittanz, rückwärts bei kleiner Aussteuerung / small-signal short-circuit reverse transfer admittance

Kurzschluß-Übertragungsadmittanz in Emitterschaltung / common-emitter short-circuit transfer admittance

Kurzschluß-Übertragungsadmittanz, vorwärts / short-circuit forward transfer admittance

Kurzschluß·unterbrechung *f* / short-circuit interruption, short-circuit breaking, fault clearing || ≗**verfahren** *n* / short-circuit method || **Bemessungslast-**≗**verhältnis** *n* / rated-load short-circuit ratio, full-load short-circuit ratio || ≗**verhältnis** *n* / short-circuit ratio (s.c.r.) || ≗**verluste** *m pl*(el. Masch.) / short-circuit loss, copper loss, load loss || ≗**verluste** *m pl*(Trafo, VDE 0532, T.1) / load loss (IEC 76-1), impedance loss, copper loss || ≗**verstärkung** *f* / closed-loop gain, operational gain || ≗**vorrichtung** *f* / short-circuiter *n* || ≗**-Wechselstrom** *m* / symmetrical short-circuit current, prospective symmetrical r.m.s. short-circuit current || **subtransienter** ≗**-Wechselstrom** / initial symmetrical short-circuit current || **Anfangs-**≗**-Wechselstromleistung** *f* / initial symmetrical short-circuit power || ≗**wicklung** *f*(KL) / squirrel-cage winding, cage winding || ≗**wicklung** *f*(Spaltpolmot.) / shading coil || ≗**widerstand** *m* / short-circuit impedance || ≗**widerstand** *m*(eines abgeschirmten Kabels; IEC 50(161)) / transfer impedance || ≗**windung** *f* / short-circuited turn || ≗**winkel** *m* / short-circuit angle, fault angle, line impedance angle || ≗**wischer** *m* / self-extinguishing fault || ≗**zeit** *f* / short-circuit time, short-circuit duration, overcurrent time

Kurzschluß-Zeitkonstante *f* / short-circuit time constant || ≗ **der Ankerwicklung** / short-circuit time constant of armature winding, primary short-circuit time constant || ≗ **der Dämpferwicklung in der Querachse** / quadrature-axis short-circuit damper-winding time constant || ≗ **der Dämpferwicklung in der Längsachse** / direct-axis short-circuit damper-winding time constant || ≗ **der Erregerwicklung** / direct-axis short-circuit excitation-winding time constant, direct-axis transient short-circuit time constant || ≗ **der Längsdämpferwicklung** / direct-axis short-circuit damper-winding time constant || ≗ **der Querdämpferwicklung** / quadrature-axis short-circuit damper-winding time constant

Kurz·schreibweise *f*(Programm) / shorthand notation, shorthand form || ≗**schritt** *m* (Signalelement) / short-duration signal element || ≗**spulenwicklung** *f* / short-coil winding || ≗**stab-Leuchtstofflampe** *f* / miniature fluorescent lamp || ≗**statortyp** *m*(LM) / short-stator type, short-primary type, long-secondary type || ≗**telegramm** *n*(FWT) / short message || ≗**telegrammliste** *f*(PC) / key message list

Kurzunterbrecher *m* / auto-recloser *n*, recloser *n* || ≗**-Auswahleinheit (KU-Auswahleinheit)** *f* / auto-reclosing selection module || ≗**-Einrichtung** *f* / automatic reclosing control equipment, automatic recloser || ≗**-Prüfeinheit (KU-Prüfeinheit)** *f* / auto-reclosing check module || ≗**relais** *n* / auto-reclose relay, auto-reclosing relay || ≗**sperre (KU-Sperre)** *f* / auto-reclose lockout

Kurz·unterbrechung (KU) *f* / automatic reclosing, auto-reclosing *n*, rapid auto-reclosure || ≗**unterbrechungsprüfung** *f* / auto-reclosing test || ≗**versuch** *m* / accelerated test

kurzverzögert·er Auslöser / short-time-delay release, short-time-delay trip element (ANSI C37.17) || **~er elektromagnetischer Überstromauslöser mit Verzögerung durch Zeitrelais** / relay-timed short-time delay overcurrent release, relay-triggered short-time delay overcurrent trip || **~er elektromagnetischer Überstromauslöser** (z-Auslöser) / short-time-delay electromagnetic release, short-delay electromagnetic release || **~er Überstromauslöser mit Verzögerung durch mechanisches Hemmwerk** / mechanically short-time-delayed overcurrent release || **~er Überstromauslöser** (z-Auslöser) / short-time-delay overcurrent release, definite-time-delay overcurrent release || **~e und einstellbare unverzögerte Überstromauslöser** (zn-Auslöser) / short-time-delay and adjustable instantaneous overcurrent releases

kurzwellig *adj* / short-wave *adj*

Kurzzeichen *n* / identification symbol, symbol *n*, composite symbol || **Toleranz~** *n* / tolerance symbol

Kurzzeit·beeinflussung *f*(VDE 0228) / short-time interference || ≗**belastbarkeit** *f* / short-time current (o. load) carrying capacity, short-time load rating || ≗**belastbarkeit** *f*(Rel.) / short-time withstand capability (o. value) || **thermische** ≗**belastbarkeit durch eine Erregungsgröße** (Rel.; E VDE 0435, T.110) / limiting short-time thermal withstand value of an energizing quantity || ≗**belastung** *f* / short-time loading

Kurzzeitbetrieb (KB) (S 2; el. Masch., VDE 0530, T.1) *m* / short-time duty (S 2, IEC 34-2) || ≗

(Schütz, Rel.) / temporary duty (IEC 158-1, IEC 255-4) || ≈ (VDE 0730) / short-time operation (CEE 10) || ≈ **S 2** (VDE 0530, T.1) / short-time duty-type (S 2)
Kurzzeit·drift *f* / short-term drift || ≈**einbruch** *m* / short-time dip, notch *n* || ≈**ermüdung** *f* / low cycle fatigue || ≈**faktor** *m* / short-time factor (s.t.f.) || ≈**funktion** *f* (Ausl.) / short-time function (release)
kurzzeitig *adj* / short-time *adj*, for short periods, transient *adj* || **~e Entladung** / snap-over *n* || **~ gemittelte Höchstlast** / maximum demand || **~ gemittelte Leistung** / demand *n* (IEC 50(25)) || **~e Kontaktgabe** / momentary contact making || **~e Störung** / transient disturbance || **~e Überlast** / short-time overload, momentary overload, transient overload || **~e Überspannungen** / transient overvoltages
Kurzzeit·leistung *f* / short-time rating || ≈**leistung in kVA** / short-time kVA rating || ≈**meldung** *f* (FWT) / fleeting information, fleeting indication, transient information || ≈**prüfung** *f* / short-time test, accelerated test || ≈**rückführung** *f* / short-time feedback || ≈**schalter** *m* (f. Lampen-Zündgeräte) / time limiting switch || ≈**stabilität** *f* / short-term (o. short-time) stability || ≈**-Stabilitätsfehler** *m* (MG) / short-term stability error
Kurzzeitstrom *m* (Relais-Kontaktkreis; DIN IEC 255) / limiting short-time current (of a contact circuit; IEC 255-0-20) || ≈ (VDE 0660,T.101) / short-time current, short-time withstand current (IEC 157-1) || **maximaler ≈ für eine Halbwelle** (HL-Schütz, VDE 0660, T. 109) / maximum on-state current for one half cycle || **Prüfung mit ≈** (Trafo; VDE 0532,T.20) / short-circuit current test (IEC 214) || ≈**festigkeit** *f* / short-time withstand current
Kurzzeit·stromprüfung *f* / short-time current test, thermal short-time current test || ≈**stufe** *f* (Auslöser) / instantaneous trip || ≈**stufe** *f* (Schutz, im Diagramm) / first-zone step, short-time step || ≈**stufe** *f* (Multivibrator) / short-delay monostable multivibrator || ≈**-Überlastbarkeit** *f* / short-time overload capacity || ≈**-Überlaststrom** *m* (a. Temperatursicherung) / transient overload current || ≈**uhr** *f* / timer *n* || **Stromversorgung mit ≈unterbrechung** / short-break power supply
kurzzeitverzögert·er Kurzschlußauslöser / short-time-delay short-circuit release
Kurzzeit-Wechselspannungsprüfung *f* / short-duration power-frequency test
KUSA-Schaltung (s. Kurzschluß-Sanftanlaufschaltung)
KU-Sperre (s. Kurzunterbrechersperre)
Küstenscheinwerfer *m* / coastal searchlight
kVArh-Zählwerk *n* / kVArh register
KVS (s. Kabelverteilerschrank)
kWh-Verbrauch *m* / kWh consumption
KWK (s. Kraft-Wärme-Kopplung)
KWL (s. Kunststoff-Lichtwellenleiter)
Kybernetik *f* / cybernetics *plt*
KZ (s. Kommutatorkennziffer) || ≈ (s. Kriechstromzahl)

L

L (Buchstabensymbol für Askarel) / L (letter symbol for askarel)
LA (s. Logikanalysator)
Laboratorium·-Bezugsnormal *n* / laboratory reference standard
Labor·-Oszilloskop *n* / laboratory oscilloscope, lab scope || ≈**prüfung** *f* / laboratory test
Labyrinth·dichtung *f* / labyrinth seal, labyrinth gland, labyrinth packing || ≈**filter** *n* / labyrinth filter || ≈**packung** *f* / labyrinth packing || ≈**ring** *m* / labyrinth ring, labyrinth gland || ≈**spalt** *m* / labyrinth joint
Lack *m* (Emaille; Drahtlack) / enamel *n* || ≈ (Ölbasis) / varnish *n* || ≈ (Schellack) / shellac *n* || ≈ (Zellulosebasis) / lacquer *n* || **Foto~** (gS) / photo-resist *n* || ≈**band** *n* / varnished-cambric tape, varnish-impregnated tape || ≈**draht** (s. lackisolierter Draht) || ≈**flachdraht** *m* / enamelled flat wire || ≈**gewebe** *n* / varnished fabric, varnish-impregnated cloth || ≈**gewebeband** *n* / varnish-impregnated tape, varnished tape, impregnated tape || ≈**glasband** *n* / varnished glass tape || ≈**glasgewebe** *n* / varnished glass fabric
lackierte Glasseidenbespinnung / varnish-impregnated glass-filament braiding
Lackisolation *f* / varnish insulation, enamel insulation
lackisolierter Draht / enamel-insulated wire, enamelled wire
Lack·leinen *n* / varnished cambric || ≈**leinenband** *n* / varnished cambric tape || ≈**papier** *n* / varnished paper || ≈**-Profildraht** *m* / enamelled section wire || ≈**-Runddrahtwicklung** *f* / enamelled round-wire winding || ≈**überzug** *m* / varnish coating, enamel coat
ladbar *adj* (programmierbar) / programmable *adj* || ~ (Programm) / loadable *adj*
Lade·aggregat *n* / charging set || ≈**art** *f* (Batt.) / charging method, method of charging || ≈**-Blindleistung** *f* / reactive charging power, charging kVAr || **gekröpfte ≈brücke** / depressed platform || **dielektrische ≈charakteristik** / dielectric absorption characteristic || ≈**druck** *m* (Turbo-Lader) / boost pressure || ≈**-Entladebetrieb** *m* (Batt.) / cycle operation (battery) || **~fähig** *adj* (Programm) / loadable *adj* || ≈**faktor** *m* (Batt.) / charge factor || ≈**funktion** *f* (DV) / load operation, loading function || ≈**grenzkennlinie** *f* / limiting charging characteristic || ≈**kennlinie** *f* / charging characteristic || ≈**kontrollampe** *f* (f. Batterieladung) / battery-charge warning lamp || ≈**leistung** *f* / charging power, charging capacity || ≈**maschine** *f* / charging generator || ≈**maß** *n* / loading gauge
laden *v* (el.) / charge *v* || ~ (m. einem Programm) / load *v* || ≈ *n* (Batt.) / charging *n* || **neu ~** (Programm) / bootstrap *v*
Ladentisch·beleuchtung *f* / counter lighting
Lade·operation *f* (DV) / loading operation || ≈**profil** *n* / loading gauge || ≈**rate** *f* (Batt.) / charge rate || ≈**schlußspannung** *f* (Batt.) / end-of-charge voltage, finishing rate || ≈**schlußstrom** (Batt.) / end-of-charge rate || ≈**schwingungen** *f pl* /

relaxation oscillations || ≈**spannung** *f* / charging voltage || ≈**sprung** *m* / charging step || ≈**steckdose** *f* / charging socket-outlet || ≈**stecker** *m* / charging plug || ≈**strom** *m* / charging current || ≈**strom** *m* (Isolation) / absorption current, charging current || **dielektrischer** ≈**strom** / dielectric absorption current || ≈**stromdrossel** *f* / shunt reactor || ≈**traverse** *f* / loading beam || ≈**verlauf** *m* / progress of charge || ≈**widerstand** *m* / charging resistor || ≈**-Wirkungsgrad** *m* (Batt.) / charge efficiency, ampère-hour efficiency || ≈**zeit** *f* (Feder, Speicherantrieb) / charging time, winding time || ≈**zustand der Batterie** / discharge degree of battery, charge of battery

Ladung *f* (el., Batt.) / charge *n* || ≈ (mech.) / load *n*, loading *n* || **längenbezogene** ≈ / linear electric charge density || **volumenbezogene** ≈ / volume charge density

Ladungs·ableiter *m* / charge bleeder || ≈**auffrischstufe** *f* / charge regeneration stage || ≈**aufnahme** *f* (Batt.) / charge acceptance || ≈**ausgleichsumsetzer** *m* / charge balancing converter, quantized-feedback converter || ≈**ausgleichsverfahren** *n* / charge balancing (method) || ≈**austauschumsetzung** *f* / charge-replacement conversion

Ladungsbelag, elektrischer ≈ / surface charge density

Ladungs·bild *n* (Osz.) / display (to be observed), recorded display || **elektrische** ≈**dichte** / electrical charge-density || ≈**dichtemodulation** *f* / charge-density modulation || ≈**erhaltung** *f* (Batt.) / charge retention, capacity retention || ≈**flußtransistor (CFT)** *m* / charge-flow transistor (CFT) || ~**gekoppeltes Bauelement** (CCD) / charge-coupled device (CCD) || ≈**kompensationsverfahren** *n* / charge compensation method || ≈**menge** *f* / charge *n* || ≈**menge** *f* (Elektrizitätsmenge) / quantity of electricity || ≈**-Meßgerät** *n* / coulometer *n* || ≈**paket** *n* / charge packet || ≈**speicherröhre** *f* / charge-storage tube, electrostatic memory tube || ≈**speicherröhre mit Schreibstrahl** / cathode-ray charge-storage tube

Ladungsstrom *m* / charging current || ≈ (Elektrisierungsstrom) / electrification current

Ladungsträger *m* / charge carrier, carrier *n* || ≈**beweglichkeit** *f* / charge carrier mobility || ≈**diffusion** *f* / charge carrier diffusion || ≈**injektion** *f* / charge carrier injection || ≈**laufzeit** *f* / charge transit time || ≈**speicherung** *f* / charge carrier storage, carrier storage

Ladungs·transport *m* / charge transfer || ≈**transportelement** (s. Ladungsverschiebungsschaltung) || ≈**übertragung** *f* / charge transfer || ≈**verschiebe-Bildabtaster** *m* / charge-transfer image sensor || ≈**verschiebeverlust** *m* / charge transfer loss || ≈**verschiebe-Wirkungsgrad** *m* / charge transfer efficiency (CTE) || ≈**verschiebung** *f* / charge transfer || ≈**verschiebungsschaltung** *f* (CTD) / charge transfer device (CTD) || ≈**verstärker** *m* / charge amplifier || ≈**zentrum** *n* / charge centre

Lage *f* (Wickl., gS, verseilter Leiter) / layer *n* || ≈ (Position) / position *f* || ≈ (Überzug) / coat *n*, layer *n* || ≈ (der Elemente in integrierten Schaltungen) / topology *n* || ≈**abweichung** *f* / positional variation, misalignment *n* || **zulässige** ≈**abweichung** / positional tolerance || ≈**beziehung** *f* / topology *n* || ≈**-Bezugspunkt** *m* (NC) / position reference point || ≈**differenz** *f* / positional deviation, misalignment *n* || ≈**einflußeffekt** *m* (MG) / variation due to position (IEC 51) || ≈**energie** *f* / potential energy || ≈**fehler** *m* / position error, position deviation || ≈**fehler** *m* (Regler) / attitude *n* (controller) || ≈**geber** *m* (NC, statisch) / position sensor, position encoder || ≈**genauigkeit** *f* (gS) / registration *n* || ≈**genauigkeit** *f* (NC) / positional accuracy, accuracy of position

Lageinformation, geometrische ≈ (NC) / geometric positioning data

Lage·-Istwert *m* / actual position || ≈**karte** *f* / situation map || ≈**meßgeber** (s. Lagemeßumformer) || ≈**meßgerät** *n* / position (o. displacement) measuring device, position (o. displacement) transducer || ≈**meßgerät** (s. Lagemeßumformer) || ≈**meßsystem** *n* (NC) / position measuring system || ≈**meßumformer** *m* / position transducer, displacement transducer || ≈**messung** *f* / position measurement, displacement measurement

Lagen·abstand *m* (Leiterplatte) / layer-to-layer spacing || ≈**auskreuzung** *f* (Wickl.) / layer transposition, crossover connection between layers, cross-connection of layers || ≈**bindungsfestigkeit** *f* / bonding strength || ≈**-Erdkapazität** *f* / layer-to-earth capacitance || ≈**isolation** *f* (Wickl.) / layer insulation, interlayer insulation, intercoil insulation || ≈**spannung** *f* (Wickl.) / voltage between layers, voltage per layer, interlayer voltage || ≈**spule** *f* / layered coil, wound coil || ≈**verbindung** *f* (a. gS) / interlayer connection

lagenverseilter Rundleiter / concentrically stranded circular conductor

Lagen·wicklung *f* / multi-layer winding, layer winding || ≈**wicklung in Doppellagenschaltung** (Trafo) / front-to-front, back-to-back-connected multi-layer winding, externally connected multi-layer winding || ≈**wicklung in Einzellagenschaltung** (Trafo) / back-to-front-connected multi-layer winding, internally connected multi-layer winding || ≈**zahl** *f* / number of layers

Lageparameter *n* / parameter of position

Lager *n* (Masch.) / bearing *n* || ≈ (Materiall.) / warehouse *n*, store *n* || ≈ **mit Dauerschmierung** / prelubricated bearing, greased-for-life bearing || ≈ **mit Dochtschmierung** / wick-lubricated bearing || ≈ **mit Druckölentlastung** / oil-lift bearing, oil-jacked bearing || ≈ **mit Druckölschmierung** / pressure-lubricated bearing, forced-lubricated bearing || ≈ **mit Federanstellung** / spring-loaded bearing || ≈ **mit festem Sitz** / straight-seated bearing || ≈ **mit Festringschmierung** / disc-and-wiper-lubricated bearing || ≈ **mit Fettschmierung** / grease-lubricated bearing || ≈ **mit kugeligem Sitz** / spherically seated bearing || ≈ **mit Nachschmiereinrichtung** / regreasable bearing || ≈ **mit Ölringschmierung** / oil-ring-lubricated bearing, ring-lubricated bearing || ≈ **mit Selbstölung** / self-oiling bearing, ring-lubricated bearing || ≈ **mit Selbstschmierung** / self-

lubricated bearing, ring-lubricated bearing || ≗ **mit Spülölschmierung** / flood-lubricated bearing || ≗ **mit verstärkter Spülölschmierung** / forced-lubricated bearing || ≗ **ohne Nachschmiereinrichtung** / prelubricated bearing, greased-for-life bearing
Lagerabnutzung *f* / bearing wear
Lager·abstand *m* / distance between bearings, bearing span || ≗**-Abziehwerkzeug** *n* / bearing extractor, bearing puller || ≗**armstern** *m* / bearing bracket || ≗**ausguß** (s. Lagerauskleidung) || ≗**ausgußmetall** *n* / lining metal, lining alloy, lining white-metal, Babbit metal || ≗**auskleidung** *f* / bearing lining, white-metal lining, Babbit lining || ≗**belastung** *f* / bearing load, bearing pressure
Lagerbestand *m* / stores inventory, inventory *n*
Lagerbeständigkeit *f* / storage stability, shelf life || ≗ (in Dosen) / tin stability, can stability
Lagerbock *m* / bearing pedestal, bearing block, pillow block, plummer *n* || ≗ (LS) / bearing block
Lager·bronze *f* / bearing bronze, gun metal || ≗**brücke** *f* (offener Lagerschild) / end bracket, bearing bracket || ≗**brücke** *f* (f. Zwischenwelle) / bridge support, A-frame *n* || ≗**buchse** *f* / bearing shell, bearing bush, bearing lining || ≗**bund** *m* / bearing collar, thrust collar
Lagerdauer *f* / storage life
Lager·deckel *m* (Stehlg.) / bearing cover, pedestal cap || ≗**deckel** *m* (Wälzlg.) / bearing cap || ≗**deckel** *m* (EZ) / end plate || ≗**dichtung** *f* / bearing seal, bearing gland || ≗**druck** *m* (Flächendruck) / bearing pressure, unit pressure
Lageregel·baugruppe *f* / positioning module || ≗**kreis** *m* (NC) / position control loop, position servo loop
Lage·regelung *f* (NC) / closed-loop position control, position servo control, position control || ≗**regler** *m* (NC) / position controller
Lager·einsatz *m* / bearing cartridge, active part of bearing, bearing *n* || ≗**einsatzring** *m* / bearing adapter ring || ≗**entlastung** (dch. Drucköl) (s. Druckölentlastung) || ≗**entlastung** (s. magnetische Lagerentlastung) || ≗**entlastungspumpe** *f* / oil-lift pump, jacking-oil pump
lagerfähig *adj* / storable *adj*
Lagerfähigkeit *f* / storage stability, storage life || ≗ (in Dosen) / tin stability, can stability, package stability
Lagerflächenpressung *f* / unit pressure, bearing pressure
lagerfreie Produktion / stockless production
Lager·fuß *m* / pedestal foot, bearing pedestal || ≗**futter** *n* / bearing lining || ≗**gehäuse** *n* / bearing housing, bearing cartridge || ≗**gleitfläche** *f* / bearing lining, bearing surface
Lagerhälfte, obere ≗ / top half-bearing || **untere** ≗ / bottom half-bearing
Lagerhals *m* / bearing neck
Lagerhaltung *f* (f. Ersatzteile) / spare-parts service, stocking of spare parts
Lager·haltungstheorie *f* / inventory theory || ≗**hinweisschild** *n* (f. Schmierung) / lubrication instruction plate
lagerichtig·e Anzeige / display in correct order || ~**e Darstellung** / topographical representation
Lager·isolierung *f* / bearing insulation || ≗**kopf** *m* / bearing head || ≗**korb** *m* / bearing carrier || ≗**körper** *m* (Lagerbock) / bearing block, pedestal body || ≗**körper** *m* (Lagergehäuse) / bearing housing, bearing cartridge || ≗**körper** *m* (Schale + Lagermetall) / bearing liner, bearing box || ≗**kranz** *m* / bearing ring || ≗**laufbahn** *f* / bearing race || ≗**lauffläche** *f* / bearing surface, bearing lining || ≗**luft** *m* (axial) / end float, end play, axial clearance || ≗**luft** *f* (innere) / bearing clearance || ≗**luft** *f* (radial) / radial clearance, crest clearance || ≗**metall** *n* / bearing metal, white metal, bearing brass, Babbit metal || ≗**metallausguß** *m* / bearing lining, white-metal lining, Babbit lining
lagern *v* (speichern) / store *v* || ~ (unterstützen) / support *v* || ~ (altern) / season *v*
Lager·nabe *f* / bearing hub || ≗**ölkühler** *m* / bearing-oil cooler || ≗**ölpumpe** *f* / bearing-oil pump || ≗**ölversorgungsanlage** *f* / bearing oil system || ≗**platte** *f* (EZ) / bearing plate || ≗**reibung** *f* / bearing friction || ≗**reibungsverluste** *m pl* / bearing friction loss || ≗**ring** *m* / bearing ring || ≗**rumpf** *m* / bearing block, pedestal body
Lagerschale *f* / bearing shell, bearing sleeve, liner backing
Lagerschalenhälfte, obere ≗ / top half-shell || **untere** ≗ / bottom half-shell
Lagerschalen·körper *m* / bearing shell, lining carrier, bearing bush || ≗**-Oberteil** *n* / top half-shell || ≗**-Übermaß** *n* / crush *n*, crush height || ≗**-Unterteil** *n* / bottom half-shell
Lagerschild *m* (geschlossen) / end shield, end housing || ≗ (Strebe) / bearing bracket, end bracket || ≗**zentrierung** *f* / endshield spigot
Lager·schulter *f* / bearing collar, bearing thrust face || ≗**sitz** *m* / bearing seat || ≗**sockel** *m* / bearing pedestal || ≗**sohlplatte** *f* / bearing rail, end rail || ≗**spiel** *n* / bearing clearance, bearing play || ≗**spiel** *n* (axial) / end float, end play, axial clearance || ≗**spiel** *n* (radial) / radial clearance, crest clearance || ≗**stein** *m* / bearing pad, bearing shoe || ≗**stein** *m* (EZ) / bearing jewel, jewel *n* || ≗**stelle** *f* (Lg.) / bearing *n* || ≗**stelle** *f* (Welle) / journal *n* || ≗**stern** *m* / bearing bracket || ≗**strom** *m* / shaft current, bearing current, circulating current
Lagertemperatur (s. Lagerungstemperatur)
Lager·träger *m* / bearing bracket || ≗**-Transportverspannung** *f* / bearing shipping brace, bearing block
Lagerückführung *f* (NC) / position feedback
Lagerumschlag *m* / stock turnover, inventory turnover
Lager- und Transportbedingungen / conditions of storage and transport
Lagerung *f* (Masch.) / bearing(s) *n (pl)*, bearing arrangement, bearing assembly
Lagerungs·prüfung *f* / storage test || ≗**temperatur** *f* / storage temperature || ≗**temperaturbereich** *m* / storage temperature range || ≗**umschlag** (s. Lagerumschlag) || ≗**- und Transportbedingungen** / storage and transportation conditions
Lager·verwaltung *f* / stores management, warehouse management, inventory management || ≗**weißmetall** (s. Lagermetall)
Lagerzapfen *m* / journal *n*, trunnion *n* || ≗ (EZ) / spindle end || ≗**achse** *f* / journal axis
Lage·sollwert *m* (NC) / position setpoint || ≗**sollwertglättung** *f* (NC) / position setpoint signal smoothing (o. filtering) || ≗**toleranz** *f* / positional

tolerance, tolerance of position || **²unabhängigkeit** *f* / position insensitivity || **²zusatzbetrag** *m* (NC) / position allowance

Lahn *m* (flacher Metalldraht) / tinsel *n* || **²leiter** *m* / tinsel conductor || **²litzenleitung** (s. Lahnleiter)

Laie *m* / layman *n*

Lambdasonde *f* / lambda probe

Lambert·fläche *f* (LT) / uniform diffuser || **²-Strahler** *m* / Lambertian source

Lamb-Welle *f* / Lamb wave

Lamelle *f* (Bremse, Kuppl.) / disc *n* || **²** (Komm.) / segment *n*, bar *n*

Lamellen·blenden *f pl* (Leuchte) / cross-louvre shielding || **²bremse** *f* / multiple-disc brake || **²dichtung** *f* / lamellar labyrinth seal, multi-disc labyrinth || **²-Federdruckbremse** *f* / multi-disc spring-loaded brake, multi-disc fail-to-safety brake || **²kontakt** *m* / laminated contact || **²kupplung** *f* / multiple-disc clutch || **²spannung** *f* (Komm.) / voltage between segments || **²teilung** *f* (Komm.) / segment pitch, commutator bar pitch, commutator pitch, unit interval at the commutator || **²verschluß** *m* / louvered shutter, bladed shutter || **²zeichnung** *f* (Komm.) / segment marking, bar marking

lamellieren *v* / laminate *v*

lamelliert·e Bürste / laminated brush || **~er Kern** / laminated core, core stack

laminare Strömung / laminar flow

laminiertes Hartpapier / paper-base laminate, resin-bonded paper

Lampe *f* / lamp *n* || **² für Starterbetrieb** / switch-start lamp, lamp operated with starter || **² mit eingebautem Vorschaltgerät** / self-ballasted lamp || **² mit Kugelkolben** / round bulb lamp

Lampen der Hauptreihe / standard lamps || **²anschlüsse** *m pl* / lamp terminations, lamp connections || **²blende** *f* / lamp shield, protective screen || **²fassung** *f* / lampholder *n*, lamp socket || **²fassung mit Edisongewinde** / Edison-screw lampholder || **²fassung mit Schalter** / switch lampholder || **²füllgas** *n* / lamp filling gas || **²fuß** *m* / lamp stand, stem *n* || **²gestell** *n* / lamp foot, lamp mount || **²greifer** *m* / lamp extractor, lamp grip(per), lamp installer || **²leistung** *f* / lamp wattage || **²leitsystem** *n* / lamp guidance system || **²lichtstrom** *m* / lumens per lamp || **²nachbildung** *f* (f. Meßzwecke) / dummy lamp

Lampenprüftaste *f* (DT) / push-to-test button (for lamp) || **Leuchtmelder mit ²** / push-to-test indicator light, push-to-test pilot light

Lampen·rückleitung *f* / lamp return || **²schirm** *m* / lamp shade, shade *n* || **²sockel** *m* / lamp cap, cap *n*, lamp base || **²stabilität** *f* / lamp stability || **²tableau** *n* / window annunciator, back-lighted window annunciator || **²träger** *m* (Leuchtstoffl.) / spine *n* || **²transformator** *m* / lamp transformer, handlamp transformer || **²treiber** *m* / lamp driver

Lampion *m* / Chinese lantern

LAN (A. f. „local area network" - Lokalbereichsnetz o. Lokaldatennetz)

Lande·bahn *f* / runway *n*, landing runway || **²bahnverlängerung-Randbefeuerung (ORE)** *f* / overrun edge lighting (ORE) || **²kurssender (LOC)** *m* / localizer (LOC) *n* || **²richtungsanzeiger (LDI)** *m* / landing direction indicator (LDI) || **²richtungsfeuer** *n* / range lights || **²scheinwerfer** *m* / landing light, board landing light || **²strecke** *f* / landing distance || **²-„T"** *n* / landing T

Landtransport, Verpackung für ² / packing for land transport, packing for shipment by road or rail

Landwirtschaftstarif *m* / farm tariff

lang·er Druckknopf (VDE 0660,T.201) / extended button, long button (IEC 337-2) || **~e Taste** (s. langer Druckknopf)

Langbogenlampe *f* / long-arc lamp

Länge der Verklebung (Spalt; EN 50018) / width of cemented joint || **² des zünddurchschlagsicheren Spalts** (IEC 50(426)) / length of flamproof joint, length of flame path, width of flameproof joint || **² eines Konturenelements** (NC) / length of contour element (o. segment), span length || **auf ² schneiden** / to cut to length || **elektrische ²** (Phasenverschiebung) / electrical length

Längen·-Ausdehnungskoeffizient *m* / coefficient of linear expansion || **²bemaßung** *f* (CAD) / linear dimensioning || **~bezogene Ladung** / linear electric charge density || **²dehnung** *f* / linear expansion || **²gewicht** *n* / weight per unit of length || **²inkrement** *n* (NC) / length increment, increment of length || **²korrektur** *f* (NC) / length compensation || **²maß** *n* / linear size || **²maßstab** *m* / linear scale, measuring scale, horizontal scale || **²meßsystem** *n* / length measuring system, linear measuring system || **²profil** *n* (Freiltg.) / longitudinal profile || **²verformung** *f* / longitudinal deformation || **~verstellbar** *adj* / adjustable for length || **²wort** *n* / length word

langfristig *adj* / long-term *adj* || **~e Arbeitszeitvereinbarung** / long-term working hours agreement || **~e Disposition** / long-term planning || **~e Grenzkosten** (StT) / long-run marginal cost

Langimpuls *m* / long pulse, long-duration pulse

Langloch *n* / oblong hole, elongated hole, slot *n*

Langpol *m* / oblong pole

Längs·abstand *m* / longitudinal distance || **²achse** *f* (el.) / direct axis, d-axis *n* || **²achse** *f* (mech.) / longitudinal axis

langsam·es Ansprechen / sluggish response, slow response || **~ anwachsende Spannung** (mech.) / creeping stress, creeping strain || **~es Blinken** / slow flashing, low-frequency flashing || **~e Dynamik** / slow response, slow characteristic || **~ fließende Elektrode** / slow-consuming electrode || **~ laufende Maschine** / low-speed machine || **~es Relais** / slow relay || **~es Rinnen** / seepage *n* || **~e störsichere Logik (LSL)** / slow noise-proof logic, high-level logic (HLL) || **~e Strecke** (Regelstrecke) / slow-response system || **~e Tonfolge** / slow-rate intermittent tone, slow-tone repetition rate || **²anlasser** *m* / slow-motion starter

Langsame, Trieb ins ² / speed reducing transmission, gear-down drive || **Übersetzung ins ²** / speed reduction, gearing down

Langsamläufer *m* / low-speed machine

Längs·anteil *m* (el. Masch., Längsachsenwert) / direct-axis component || **²antrieb** *m* (Bahn) / longitudinally arranged drive || **²-Außen-Bearbeitung** *f* / longitudinal external machining ||

≗beeinflussung *f*(Induktion) / longitudinal induction || **≗beeinflussung** *f*(Relaisprüf.) / longitudinal mode || **≗bewegung** *f*(WZM) / longitudinal motion, longitudinal travel || **≗-Blindwiderstand** *m*(Netz) / series reactance || **≗bruch** *m* / longitudinal crack || **≗bürste** *f* / direct-axis brush

Langschritt *m*(Dü, FWT) / long-duration signal element

Längsdämpferwicklung, Kurzschluß-Zeitkonstante der ≗ / direct-axis short-circuit damper-winding time constant || **Leerlauf-Zeitkonstante der ≗** / direct-axis open-circuit damper-circuit time constant || **Streufeld-Zeitkonstante der ≗** / direct-axis damper leakage time constant || **Streureaktanz der ≗** / direct-axis damper leakage reactance || **Widerstand der ≗** / direct-axis damper resistance

Längs·differentialschutz *m* / longitudinal differential protection, differential protection system || **≗drosselspule** *f* / paralleling reactor, bus-section reactor || **≗durchflutung** *f* / direct-axis component of m.m.f. || **≗durchschallen** *n* / longitudinal sound testing || **≗ebene** *f* / longitudinal plane || **≗-EMK** *f*(el. Masch.) / direct-axis component of e.m.f. || **≗-EMK** *f*(VDE 0228) / longitudinal e.m.f.

Längsfeld *n*(el. Masch). / direct-axis field || **≗** (LT) / paraxial field || **≗-Amperewindungen** *f pl* / direct-axis ampere turns || **≗dämpfung** *f* / direct-axis field damping || **≗durchflutung** *f* / direct-axis m.m.f. || **≗induktivität** *f* / direct-axis inductance || **≗komponente** *f* / direct-axis component || **≗reaktanz** *f* / direct-axis reactance

Längs·fluß *m* / direct-axis magnetic flux, direct-axis flux || **≗gleichmäßigkeit** *f*(BT) / lengthwise uniformity ratio, longitudinal uniformity || **≗größe** *f* / direct-axis quantity || **≗impedanz** *f*(Netz) / series impedance, longitudinal impedance || **≗induktion** *f* / longitudinal induction || **≗-Innen-Bearbeitung** *f* / longitudinal internal machining

Längskante, Geradheit der ≗ (Blech) / edge camber

Längs·kapazität *f* / series capacitance || **≗keil** *m* / key *n*, taper key || **≗kompensation** *f* / series compensation || **≗komponente** *f* / direct-axis component, longitudinal component || **≗kondensator** *m* / series capacitor

Längskuppel·feld *n*(IRA) / bus section panel (BS 4727, G.06), sectionalizer panel, bus-tie cubicle, bus sectionalizer cubicle || **≗feld** *n*(FLA) / bus sectionalizer bay, bus-tie bay || **≗schalter** *m*(LS) / sectionalizing circuit-breaker, bus-tie circuit-breaker || **≗-Schaltfeld** / bus sectionalizer panel

Längskupplung *f*(SS) / (bus) sectionalizing point, bus-tie *n* || **≗** (SA, Einheit) / bus section panel, bus sectionalizer unit, bus-tie cubicle || **Sammelschiene mit ≗** / switchable busbar

Längs·last *f* / straight load || **≗leitwert** *m* / series admittance || **≗magnetisierung** *f*(Blech) / solenoidal magnetization, circuital magnetization || **≗magnetisierung** *f*(el. Masch.) / direct-axis magnetization || **≗motor** *m*(Bahnmot., Welle parallel zum Gleis) / longitudinally mounted motor || **≗naht** *f* / longitudinal weld || **≗parität** *f* / longitudinal parity || **≗pendel** *n* / extensionally oscillating pendulum || **≗reaktanz** *f*(el. Masch.) / direct-axis reactance || **≗reaktanz** *f*(Netz) / series reactance || **≗-Redundanzprüfung** *f* / longitudinal redundancy check (LRC) || **≗regelung** *f* (Spannungsregelung mittels einer zusätzlichen, variablen und phasengleichen Spannungskomponente) / in-phase control, in-phase voltage control || **≗regler** *m* / in-phase booster, in-phase regulator, transformer with in-phase regulation || **≗rollenlager** (s. Axialrollenlager) || **≗schallen** *n* / longitudinal sound testing

Längsschalter *m*, **Sammelschienen-≗** / switched busbar circuit-breaker

Längs·schlupf *m*(Kfz) / longitudinal slip || **≗schnitt** *m* / longitudinal section || **Sammelschienen-≗schottung** *f* / busbar (phase) barriers, busbar phase separators || **≗schrumpfung** *f* / longitudinal shrinkage, axial contraction || **≗schruppen** *n* / longitudinal roughing || **≗schwingung** *f* / extensional vibration, longitudinal oscillation || **≗seite** *f* / long side || **≗spannung** *f*(el. Masch.) / direct-axis component of voltage, direct-axis voltage || **≗spannung** *f*(Stromkreis) / longitudinal voltage || **≗spule** *f* / longitudinal coil || **≗stabilisierungskreis** *m* / series stabilizing circuit || **≗steifigkeit** *f* / longitudinal rigidity, resistance to expansion || **≗streufeld** *n* / direct-axis stray field, direct-axis leakage field || **≗strom** *m*(el. Masch.) / direct-axis component of current, direct-axis current || **~symmetrischer Vierpol** / symmetrical two-terminal-pair network

Lang·stabisolator *m* / long-rod insulator || **≗statortyp** *m*(LM) / long-stator type, long-primary type, short-secondary type

Längs·thyristor *m* / series-arm thyristor, series thyristor || **≗tragseil** *n*(Fahrleitung) / longitudinal catenary || **≗transformator** *m* / in-phase booster, in-phase regulator, transformer with in-phase regulation || **≗transmission** *f* / line-shaft transmission, line shafting || **≗trenner** *m* (Lasttrenner) / sectionalizing switch-disconnector, bus-tie switch-disconnector || **≗trennklemme** *f* / sliding-link terminal

Längstrennschalter *m*, **Sammelschienen-≗** / busbar section disconnector, bus sectionalizer, bus sectionalizing switch, bus-tie disconnector, bus section switch

Längstrennung, Durchgangsklemme mit ≗ / sliding-link through-terminal || **Sammelschiene mit ≗** / disconnectable busbar, sectionalized busbar || **Sammelschienen-≗** *f*(Einheit) / bus-section panel, bus sectionalizing unit (o. cubicle), bus-tie unit

Längs·vergleichsschutz *m* / longitudinal differential protection, differential protection system || **≗vorschub** *m*(WZM) / longitudinal feed || **≗wälzlager** (s. Axialwälzlager) || **≗wasserdichtigkeit** *f*(Kabel) / longitudinal water tightness || **≗welle** *f*(s. longitudinale Welle) || **≗welle** *f*(mech.) / line shaft || **≗widerstand** *m*(el. Masch.) / direct-axis resistance || **≗widerstand** *m* (Netz) / series resistance || **≗-Wirkwiderstand** *m* / series resistance || **≗zapfen** *m*(mech. Welle) / locating journal, thrust journal || **≗zweig** *m* / series arm

Längung *f* / elongation *n*, expansion *n*

langverzögert·er Auslöser (thermischer Auslöser) / thermally delayed release, long-delay release ||

~**er Überstromauslöser** (thermisch o. stromabhängig verzögert) / thermally delayed overcurrent release, inverse-time overcurrent relase
Langwelle *f* / long wave, low-frequency wave
Langwellen·-Ableitstoßstrom *m* / long-duration discharge current, rectangular-wave discharge current || **≗-Ableitstoßstromprüfung** *f* / long-duration current impulse test || **≗-Stoßstrom** *m* / long-duration discharge current, rectangular-wave discharge current
lang·welliges Licht / long-wave light || **≗wort** *n* / long word (LWORD)
Langzeit·alterung *f* / ageing after long-time service || **≗beeinflussung** *f* (VDE 0228) / long-time interference, prolonged interference || **≗drift** *f* / long-term drift || **≗eigenschaft** *f* / endurance property || **≗fehler** *m* (Drift) / drift *n* || **≗festigkeit** *f* / endurance strength || **≗funktion** *f* (Ausl.) / long time function (release) || **≗instabilität der Genauigkeit** / accuracy long-term instability || **≗konstanz** *f* / long-term stability || **≗-Korrosionsschutz** *m* / durable anti-corrosion coating || **≗nachführung** *f* / long-delay feedback || **≗prüfung** *f* / long-duration test, long-duration creep rupture test, life test, long-run test, long-time creep test || **≗-Prüfwechselspannung** *f* / long-duration power-frequency test voltage || **≗rückführung** *f* / long-time feedback, delayed feedback || **≗schwund** *m* / long-term shrinkage || **≗stabilität** *f* / long-term stability || **≗-Stabilitätsfehler** *m* (MG) / long-term stability error || **≗überlast** *f* / sustained overload || **≗verhalten** *n* / endurance properties, long-time behaviour, endurance characteristic, behaviour under long-time test conditions || **thermisches ≗** / thermal endurance graph, Arrhenius graph || **≗-Warmfestigkeit** *f* / long-time thermal stability, thermal endurance || **≗-Wechselspannung** *f* / long-duration power-frequency voltage, sustained power-frequency voltage || **≗-Wechselspannungsprüfung** *f* / long-duration power-frequency test || **≗wirkung** *f* / long-time effect
LAN·-Hinkanal *m* / forward LAN channel || **≗-Netzübergangseinheit** *f* / LAN gateway || **≗-Rückkanal** *m* / reverse LAN channel || **≗-Sammelaufruf** *m* / LAN broadcast || **≗-Übergangseinheit** *f* / LAN bridge
Laplace·scher Operator / Laplacian *n* || **≗-Transformation** *f* / Laplace transform
läppen *v* / lap *v*
Lappen *m* (Textil) / rag *n*, piece of cloth || **≗** (mech.) / lug *n*, tab *n*, tongue *n*
Lappenschraube *f* / thumb screw
Läppscheibe *f* / lapping wheel
LARAM (s. linienadressierbarer Speicher mit wahlfreiem Zugriff)
Lärm *m* / noise *n* || **≗bekämpfung** *f* / noise control, noise abatement || **≗belästigung** *f* / offending noise || **≗belastung** *f* / noise pollution || **≗bewertungskurve** *f* / noise rating curve (n.r.c.) || **≗bewertungszahl** *f* / noise rating number || **≗emission** *f* / noise emission, noise radiation || **≗minderung** *f* / noise reduction, noise muffling, silencing *n* || **≗pegel** *m* / noise level || **≗schutz** *m* / noise control || **≗schutzhülle** *f* / acoustic enclosure || **≗schutzwall** *m* / noise protection embankment || **≗schutzwand** *f* / noise protection wall
Lasche *f* / clip *n*, lug *n*, strap *n*, link *n*, bond *n*, fish-plate *n*, tongue *n*, shackle *n* || **≗** (Umschaltlasche, Klemmenlasche) / link *n* || **≗** (Anschlußklemme) / saddle *n*
Laschen·klemme *f* / saddle terminal || **≗nietung** *f* / butt-joint riveting || **≗probe** *f* / strapped butt joint specimen || **≗verbindung** *f* / strap(ped) joint, butt joint
Laser *m* / laser *n* (light amplification by stimulated emission of radiation) || **≗-Abstandswarnsystem** *n* (Kfz.) / laser-based anti-collision system || **≗bereich** *m* (VDE 0837) / nominal ocular hazard area (NOHA) (IEC 825) || **≗-Beschriftungsanlage** *f* / laser-based labelling system || **≗-Diode (LD)** *f* / injection laser diode || **≗drucker** *m* / laser printer || **≗-Einrichtung** *f* (VDE 0837) / laser product (IEC 825) || **≗-Einrichtung der Klasse I** (VDE 0837) / Class I laser product || **≗-Energieversorgung** *f* / laser energy source || ~**gefährlicher Bereich** (VDE 0837) / laser hazard area (IEC 825) || **≗gerät** *n* (VDE 0837) / laser system (IEC 825) || **≗-Lesegerät** *n* / laser scanner || **≗strahlung** *f* / laser radiation || **≗strahlungsquelle** *f* / laser radiation source || **≗-Triangulation** *f* / laser-based triangulation || **≗-Überwachungsbereich** *m* / laser controlled area || **≗-Vermessungssystem** *n* (Rob.) / laser-based scanning and ranging system
Lässigkeit *f* / leakage *n*
Last *f* (s.a. „Belastung" u. Komposita) / load *n*, loading *n* || **≗** (Wandler) / burden *n* || **≗ abschalten** / to disconnect the load, to throw off the load, to shed the load || **≗ abwerfen** / to throw off the load, to shed the load || **≗ zuschalten** / to throw on the load, to connect the load || **unter ≗** / on load, under load
lastabhängig *adj* / load-dependent *adj*, load-variant *adj*, as a function of load, load-controlled *adj* || ~**e Verluste** / load losses (IEC 34-2), direct load loss || ~**e Zusatzverluste** / additional load losses (IEC 34-2), stray load loss
Lastabhängigkeit *f* (EZ) / influence of load variation, effect of load variation
Last·abnahme *f* / load decrease, load decrement || **≗abschaltung** *f* (SG) / load interruption, load breaking, disconnection under load || **≗abschaltung** *f* (Gen.) / load rejection, disconnection of load, load shedding || **≗abschaltvermögen** *n* / load-breaking capacity, load-break rating, interrupting rating || **≗abschaltversuch** *m* (Gen.) / load rejection test, load shedding test || **≗absenkung** *f* / load reduction || **≗abwurf** *m* / load shedding, load rejection, throwing off load || **≗abwurfautomatik** *f* / automatic load-shedding control equipment || **≗abwurfeinrichtung** *f* / load shedding equipment || **≗abwurfrelais** *n* / load disconnecting relay, load shedding relay, loss-of-load relay || **≗änderung** *f* / load variation, load change, load fluctuation || **≗anforderungsautomatik** *f* / automatic demand matching unit || **≗anlauf** *m* / start under full load || **≗annahmen** *f pl* / loading assumptions, design loads || **≗anstieg** *m* / load increase, load growth, load increment
Lastaufschaltung *f* / connection of load, throwing on of load || **Funktionsbildner für ≗** / load

compensator
Last·aufschaltungsglied *n* / load compensator || **≗aufteilung** *f* / load sharing, load division, load distribution || **≗ausgleich** *m* / load equalization, load balancing || **≗ausgleichsgerät** *n* / load equalizer || **≗ausgleichsregelung** *f* / load sharing control || **≗-Ausschaltstrom** *m* (VDE 0670,T.3) / load breaking current (IEC 265) || **≗-Ausschaltvermögen** *n* (VDE 0670,T.3) / mainly active load breaking capacity (IEC 265) || **≗bedämpfungskondensator** *m* / load damping capacitor || **≗begrenzung** *f* / load limitation, load limiting || **≗begrenzungsregler** *m* / load-limit changer || **≗berührungslinie** *f* (Lg.) / line of action || **≗dauerlinie** *f* (Netz) / load duration curve || **≗-Deckenspannung des Erregersystems** (el. Masch.) / excitation system on-load ceiling voltage || **≗diagramm** *n* / load diagram || **≗dichte** *f* / load density || **≗drehmoment** (s. Lastmoment) || **≗drehzahl** *f* / speed under load, load speed || **≗einfluß** *m* (EZ) / influence of load variation, effect of load variation || **≗einschwingzeit** *f* (IC-Regler) / load transient recovery time
Lasten·aufzug *m* / goods lift, freight elevator || **≗heft** *n* / specifications of work and services, tender specifications, specifications *n pl*
Last·erfassungsgerät *n* / load sensing facility || **≗erregerstrom** *m* / on-load excitation current, rated-load field current || **≗ersatzprüfung** *f* / equivalent load test, equivalent heat-run test
Lastfaktor *m* / load factor || **Ausgangs-≗** (s. Ausgangsfächerung) || **Eingangs-≗** (s. Eingangsfächerung)
Last·fall *m* (Kombination v. Lasten, die auf einen Bauteil einwirken) / loading case || **≗fluß** *m* / load flow, power flow || **≗flußrechnung** *f* / load flow calculation || **≗führung** *f* / load management, load control || **≗führung** *f* (LE) / load commutation || **≗ganglinie** *f* (Netz) / load curve
lastgeführter Stromrichter / load-commutated converter
last·gemäße Energie / in-demand energy || **~gesteuerter Stromrichter** (s. lastgetakteter Stromrichter) || **~getakteter Stromrichter** / load-clocked converter, load-commutated converter
Lastgrenzkurve *f* (Rel.) / limit curve
Last·impedanz *f* / load impedance || **≗induktivität** *f* / load inductance, load-circuit inductance || **≗kennlinie** *f* / load characteristic || **≗klemme** *f* / load terminal
lastkompensierte Dioden-Transistor-Logik (LCDTL) / load-compensated diode-transistor logic (LCDTL)
Last·kontrollrechner *m* / load control computer || **≗kreis** *m* / load circuit || **≗kurve** *f* / load curve || **≗laufschalter** *m* (Trafo) / reactor-type on-load tap changer, rotary load transfer switch || **≗leistung** *f* / load power || **≗maximum** *n* / peak load, maximum load || **≗meßdose** *f* / load cell || **≗moment** *n* / load torque || **≗nachbildung** *f* (Lastkreis) / equivalent load circuit, load circuit || **≗netzgerät** *n* (elST) / external power supply, load power supply unit || **≗probelauf** *m* / trial run under load || **≗prognose** *f* / load forecast || **≗punktschalter** *m* / load level (selector) switch || **≗rechner** *m* / load calculator || **≗regelfaktor** *m* (IC-Regler) / load regulation coefficient || **≗relais** *n* (Lastabwurfrelais) / load disconnecting relay, load shedding relay || **≗richtungswechsel** *m* / load reversal, reversal of stress || **≗rückwirkung** *f* / load reaction
Lastschaltanlage *f* (m. Lasttrenner) / switch-disconnector unit (o. assembly), load-break switchgear || **≗** (Einheit f. Ringkabelnetze) / ring-main unit
Lastschalteinheit *f* (Hartgasschalter) / hard-gas interrupter unit
Lastschalter *m* (VDE 0660, T.107) / switch *n* (IEC 408), mechanical switch, load interrupter switch (ANSI C37-100) || **≗** (Trafo) (s. Lastumschalter) || **≗** (Trafo) (s. Stufenschalter) || **≗ für begrenzte Anwendung** / limited-purpose switch || **≗ für Drosselspulen** (E VDE 0670, T.302) / shunt reactor switch (IEC 265-2) || **≗ für Mehrfach-Kondensatorbatterien** (E VDE 0670, T.302) / back-to-back capacitor bank switch (IEC 265-2) || **≗ für spezielle Anwendung** (E VDE 0670, T.302) / special-purpose switch (IEC 265-2) || **≗ für uneingeschränkte Verwendung** / switch for universal application || **≗ mit Sicherungen** (VDE 0660,T.107) / switch-fuse *n* (IEC 408) || **Transformator-≗** (Lastschalter für unbelastete Transformatoren; VDE 0670,T.3) / transformer off-load switch (IEC 265) || **USV-≗** / UPS interrupter || **Vakuum-≗** / vacuum switch, vacuum interrupter || **≗einheit** *f* / switch assembly, switch unit || **≗kessel** *m* (Trafo, f. Lastumschalter) / diverter-switch tank, diverter-switch container
Last·schaltrelais *n* / load switching relay || **≗schwankung** *f* / load fluctuation, load variation || **≗schwerpunkt** *m* / load centre, centre of distribution
lastseitig *adj* / load-side *adj*, in load circuit || **~er Leistungsfaktor** / load power factor, burden power factor || **~er Phasenwinkel** / load power-factor angle || **~er Stromrichter** / load-side converter, motor converter, output converter || **~er Verschiebungsfaktor** (SR) / output displacement factor, load displacement factor
Lastspannung *f* / load voltage, on-load voltage || **≗** (Batt.) / on-load voltage
Lastspiel *n* / load cycle, stress cycle || **≗** (VDE 0160) / duty cycle || **≗** (QS; Arbeitsspiel) / operational cycle || **≗** (VDE 0536) (s. Belastungsspiel) || **Tages~** (Kabel) / 24-hour load cycle, 24-hour cyclic load (o. load-current cycle) || **≗frequenz** *f* / frequency of load cycles, frequency of stress cycles, frequency of loading || **≗zahl** *f* (mech.) / number of stress cycles || **≗zahl-Verhältnis** *n* / cycle ratio
Last·spitze *f* (Höchstwert während einer angegebenen Zeit) / peak load, maximum demand || **≗sprung** *m* / step change in load, sudden load variation, load step || **≗stabilisierungsfaktor** *m* (IC-Regler) / load stabilization coefficient || **≗stabilität** *f* / load stability || **≗steuerung** *f* (Netzführung) / system demand control || **zentrale ≗steuerung** / centralized telecontrol of loads || **≗stoß** *m* / load impulse, shock load, load surge, sudden load change, suddenly applied load || **≗strom** *m* / load current, on-load current || **≗strom** *m* (NS) / operational current || **≗stromversorgungsbaugruppe** *f* (PC) / load power supply module || **≗stufenschalter** *m* (Trafo) / on-load tap changer, load tap changer (LTC),

under-load tap changer || ≗**tal** *n* / load trough
Lasttrenner *m* / switch-disconnector *n* (IEC 265; BS 4727), switch-isolator *n*, load-break switch (depr.), load interrupter, interrupter, interrupter switch || ≗ **in Luft** / air-break switch-disconnector || ≗ **mit Sicherungen** / switch-disconnector-fuse *n* || ≗**abgang** *m* / outgoing switch-disconnector unit, switch-disconnector (feeder) unit || ≗**abzweig** (s. Lasttrennerabgang) || ≗**-Einschubanlage** *f* (Gerätekombination, Einzelfeld) / withdrawable switch-disconnector assembly (o. unit o. panel) || ≗**-Einschubanlage** *f* (Tafel) / withdrawable switch-disconnector board || ≗**-Festeinbauanlage** *f* (nicht ausziehbare Gerätekombination, Einzelfeld) / non-withdrawable switch-disconnector assembly (o. unit o. panel) || ≗**-Festeinbauanlage** *f* (Tafel) / non-withdrawable switch-disconnector board || ≗**wagen** *m* / switch-disconnector truck
Lasttrennschalter *m* (VDE 0670,T.3) / switch-disconnector *n* (IEC 265; BS 4727), switch-isolator *n*, load-break switch (depr.), load interrupter, interrupter, interrupter switch, quick-break switch || ≗**feld** *n* / switch-disconnector panel, switch-disconnector cubicle
Last·trennumschalter *m* / reversing switch-disconnector, transfer switch-disconnector || ≗**trennverbinder** *m* / load-break connector || ≗**übernahme** *f* / connection of load, load transfer || ≗**umkehrung** *f* / load reversal
Lastumschalter *m* / load transfer switch, transfer circuit-breaker || ≗ (Trafo) / diverter switch, load transfer switch || ≗**-Ausdehnungsgefäß** *n* (Trafo) / diverter-switch oil conservator (compartment) || ≗**gefäß** *n* (Trafo) / diverter switch tank, diverter switch container
Lastumschaltung *f* / load transfer, power transfer || ≗ (Trafo) / on-load tap changing, power transfer
lastunabhängig *adj* / load-independent *adj*, load-insensitive *adj* || ~**e Verluste** / fixed losses, fundamental losses
Last·unabhängigkeitsbereich *m* / load insensitivity range || ≗**unsymmetrie** *f* / unbalanced load, load unbalance || ≗**verfolgung** *f* / load follow-up || ≗**verlagerung** *f* / load transfer || ≗**verluste** *m pl* / load losses || **Koeffizient der** ≗**verschiebung** (o. Lastaufteilung) / distribution factor || ≗**verstimmung** *f* (Änderung der Schwingfrequenz durch Änderung der Lastimpedanz; Frequenzziehen) / frequency pulling || ≗**verstimmungsmaß** *n* / pulling figure
Lastverteiler *m* (Energieverteilertafel) / power distribution board || ≗ (Person) / load control engineer || ≗ (s. Lastverteilerwarte) || ≗**warte** *f* / load control centre, load-dispatching centre
Lastverteilung *f* / load distribution, load sharing || ≗ (durch Lastverteiler) / load dispatching, load control || ≗ (Netzführung) / system capacity management || **wirtschaftliche** ≗ (Netz) / economic load schedule
Last·wähler *m* (Trafo) / selector switch || ≗**wechsel** *m* (el. Masch.) / load change, load variation, alternating load || ≗**wechsel** *m* (mech. Prüf.) / stress reversal, stress cycle || ≗**wechseleinrichtung** *f* (f. Zugbremse) / load compensator || ≗**wegfall** *m* / loss of load || ≗**widerstand** *m* (Impedanz) / load impedance || ≗**widerstand** *m* (Gerät) / load resistor || ≗**wiederkehr** *f* / load recovery
Lastwinkel *m* / load angle, power angle, torque angle || **dynamischer** ≗ (Schrittmot.) / dynamic lag angle || **statischer** ≗ (Schrittmot.) / angular displacement under static load || ≗**begrenzer** *m* / load-angle limiter
Last·zunahme *f* / load increase || ≗**zuschaltung** *f* / connecting the load, throwing on the load, load application || ≗**zustand** *m* / load(ing) condition
latent·er Fehlzustand / latent fault (IEC 50(191)) || ~**e Kühllast** / latent heat load
Latenzzeit *f* (DIN 44300) / latency *n*
laterales Zeichen (Seitenkennzeichnung eines Fahrwassers) / lateral mark
Laterne *f* / lantern *n* || ≗ (Anbauteil; Pumpe) / skirt *n*, intermediate bracket || **Erreger**~ / exciter dome
Latex *m* / latex *n*
Lattenverschlag *m* / crate *n*
Laue-Diagramm *n* / Laue pattern
Lauf *m* / run *n*, running *n*, operation *n*, motion *n*
Laufanzeige *f* / running indicator, operation indicator, "Run" display
Laufanzeige *f* (Trafo-Umsteller) / tap-change-in-progress indication
Laufbahn *f* (Lg.) / raceway *n* || ≗ (Komm.) (s. Kommutatorlaufbahn)
Lauf·brücke *f* / gangway *n*, footbridge *n* || ≗**buchse** *f* / bush *n*, liner *n* || ≗**eigenschaft** *f* (Schleifringe) / contact property, current-transfer performance || ≗**eigenschaften** *f pl* (Lg.) / performance *n*, running properties, antifriction performance || ≗**eigenschaften** *f;pl* (Fahrzeug) / riding quality
laufen *v* / run *v*, operate *v*, to be in operation, to be in motion
laufend·er Anschluß- und Netzkostenbeitrag (StT) / connection charge || ~**e Fertigung** / standard production || ~**e Nummer** (s. Zählnummer) || ~**e Prüfung** / routine test, routine inspection || ~**e Qualitätsprüfung** / continuous quality inspection || ~**e Satznummer** (NC) / block (o. record) sequence number, current block number || ~**e Satznummer** (NC; CLDATA-Wort) / sequence number (NC; CLDATA word; ISO 3592) || ~**e Wartung** / routine maintenance || ~**e Welle** (Wanderwelle) / travelling wave
Läufer *m* (el. Masch.) / rotor *n*, inductor *n* || ≗ (Gleichstromanker) / armature *n* || ≗**abstützung** (s. Transportverspannung) || ≗**anlasser** *m* / rotor starter, rotor resistance starter || ≗**ballen** *m* / rotor body, rotor forging || ≗**bandage** *f* / rotor banding, armature end-turn banding || ≗**blech** *n* / rotor lamination || ≗**blechpaket** *n* / laminated rotor core, rotor core, armature core || ≗**drehvorrichtung** *f* / rotor turning gear, barring gear || ≗**druckring** *m* / rotor clamping ring, rotor end ring || ≗**eisen** *n* / rotor core, armature core || ≗**-Erdschlußschutz** *m* / rotor earth-fault protection, rotor ground-fault protection
läufererregt·e Kommutatormaschine / commutator machine with inherent self-excitation || ~**e Maschine** / rotor-excited machine, revolving-field machine
Läuferfelderregerkurve *f* / rotor m.m.f. curve
läufergespeist·er Drehstrom-Nebenschlußmotor / rotor-fed three-phase commutator shunt motor, Schrage motor || ~**er kompensierter**

Induktionsmotor / self-compensated induction motor, rotor-fed self-compensated motor || ~**e Maschine** / inverted machine, rotor-fed machine || ~**er Nebenschluß-Kommutatormotor** / rotor-fed shunt-characteristic motor, a.c. commutator shunt motor with double set of brushes, Schrage motor

Läufer·haltevorrichtung *f*(Transportverspannung) / rotor shipping brace, shaft block || ≗**käfig** *m* / rotor cage, squirrel-cage winding || ≗**kappe** *f* / rotor end-bell || ≗**kappenring** *m* / rotor end-winding retaining ring, rotor end-bell || ≗**keil** *m* (Nutverschlußkeil) / rotor slot wedge || ≗**kennzahl k** *f* / characteristic rotor resistance || ≗**klasse** (KL) (s. Momentenklasse) || ≗**klemmenkasten** *m* / secondary terminal box, rotor terminal box || ≗**körper** *m*(s.a. „Tragkörper") / rotor body || ≗**kranz** *m* / rotor rim || ≗**kranzblech** *n* / rotor rim punching, rotor rim segment || ≗**kreis** *m* / rotor circuit, secondary circuit

läuferkritische Maschine / machine with thermally critical rotor

Läufer·lagegeber *m* / rotor position encoder, rotor position sensor (o. transducer) || ≗**marke** *f*(EZ) / rotor mark, disc spot || ≗**nabe** *f* / rotor spider, rotor hub || ≗**paket** (s. Läuferblechpaket) || ≗**querwiderstand** *m*(KL) / rotor interbar resistance, rotor cross resistance || ≗**scheibe** *f* / rotor disc || ≗**schütz** *n* / rotor contactor, rotor-circuit contactor || ≗**spannung** *f* / rotor voltage, secondary voltage || ≗**spindel** *f* / rotor shaft || ≗**stab** *m*(KL) / cage bar || ≗**starter** *m* / rotor starter, rotor resistance starter || ≗**steg** *m* / spider web || ≗**steller** *m* / rotor controller || ≗**stellungsgeber** *m* / rotor position encoder, rotor position sensor (o. transducer) || ≗**stern** *m* / rotor spider, field spider

Läufer-Stillstands·erwärmung *f* / locked-rotor temperature rise || ≗**prüfung** *f* / locked-rotor test || ≗**spannung** *f*(KL) / locked-rotor voltage || ≗**spannung** *f*(SL) / secondary open-circuit voltage, wound-rotor open-circuit voltage, secondary voltage, rotor standstill voltage

Läufer·stirn *f* / rotor (end) face || ≗-**Streublindwiderstand** *m* / rotor leakage reactance, secondary leakage reactance || ≗**stromkreis** *m* / rotor circuit || ≗**verfahren** *n*(EZ) / rotating substandard method (r.s.s. method) || ≗-**Vorwiderstand** *m* / rotor-circuit resistor, starting resistor || ≗**welle** *f* / rotor shaft || ≗**wicklung** *f* / rotor winding, secondary winding, inductor winding

lauffähig machen (Rechner, Prozessor) / cold booting

Lauffläche *f*(Lg.) / bearing surface || ≗ (Bürste) / contact surface, contact face, commutator end || ≗ (Riemenscheibe) / face *n*

Lauf·fläche (Komm.) (s. Kommutatorlaufbahn) || ≗**genauigkeit** *f* / running smoothness, freedom from unbalance, freedom from vibration || ≗**güte** *f* / balance quality, running smoothness, freedom from vibration || ≗**gütefaktor** *m* / vibrational quality factor, vibrational Q || ≗**gütemessung** (s. Laufgüteprüfung) || ≗**güteprüfung** *f* / vibration test, balance test || ≗**karte** *f* / routing card || ≗**katze** *f* / crab *n*, trolley *n* || ≗**kontakt** *m* / moving contact, movable contact || ≗**lager** *n* / rotor bearing || ≗**länge** *f*(Fernkopierer) / run length || ≗**lastschalter** *m*(Trafo) / reactor-type on-load tap changer, rotary load transfer switch || ≗**moment** *n* / running torque || ≗**moment** *n* (Stellantrieb) / positioning torque || ≗**parameter** (s. Laufzeitparameter) || ≗**probe** *f* / trial run, running test, routine test || ≗**prüfung** *f* / running test

Laufrad *n*(Pumpe) / runner *n*, impeller *n* || ≗**spalt** *m* / runner clearance

Lauf·richtung *f* / direction of travel, direction of motion || ≗**richtung** *f*(Drehr.) / direction of rotation, sense of rotation || ≗**rillen** *f pl*(Komm., einzelne Rillen) / threads *n pl*, threading *n* || ≗**rillen** *f pl*(Komm., über Bürstenbreite) / brush-track grooving

Laufring *m*(Kugellg.) / raceway *n*, race *n*, track *n* || ≗ (Traglg.) / runner ring, runner *n*, runner race || ≗ (am VS-Kontaktstück) / arcing ring

Lauf·rolle *f* / castor *n* || ≗**rolle** *f*(Hebez.) / running block || ≗**ruhe** *f*(umlaufende Masch.) / balance quality, running smoothness || ≗**ruheprüfung** *f* / balance test, vibration test || ≗**schuh** *m*(EZ) / follower *n*

Laufsitz *m* / running fit, clearance fit

Lauf·toleranz *f* / runout tolerance || ≗**unruhe** *f* / unsteady running, irregular running, unbalance *n* || ≗**wasserkraftwerk** *n* / run-of-river power station || ≗**weg** *m*(Schall) / sound path

Laufwerk *n*(Antrieb) / drive *n*, propulsion gear || ≗ (EZ) / timing gear, timing element || ≗ (Uhrwerk) / clockwork *n* || ≗ (Datenträger) / drive *n* || ≗**anschaltung** *f* / drive controller || ≗**chassis** *n* / drive chassis || ≗**steuerung** *f* / drive controller

Laufwinkel *m*(Ladungsträger) / transit angle

Laufzeit *f*(Masch.) / run(ning) time, operating time || ≗ (FWT) / delay *n*, transfer time (telecontrol) || ≗ (Ultraschall-Prüf.) / echo time || ≗ (Rel.) / operating time || ≗ (Signal) / propagation delay time, propagation time, propagation delay, transport delay || ≗ (Welle) / propagation time || ≗ (Trafo-Umsteller) / operating time || ≗ (Elektron) / transit time || ≗ (seit Start einer Steuerung) / operation time || ≗ (Reg.) / distance-velocity lag || ≗ (Hochlaufintegrator) / ramp time || ≗ (Chromatograph) / development time || ≗ (PC, Ausführungszeit) / execution time || ≗ (Programm) (s. Durchlaufzeit) || ≗ **des Papierantriebs** (Schreiber) / running time of chart driving mechanism || **Gruppen**~ (Verstärker) / envelope delay, group delay time || **Ladungsträger**~ / charge transit time || **Paar**~ (IS) / pair delay (IC) || **Phasen**~ / phase delay time || **Schritt**~ (PLT) / step running time || **Signal**~ / signal propagation delay, propagation delay, signal propagation time || **Stellglied**~ / actuating time, actuator operating time || **variable** ≗ (Signal) / adjustable signal duration || ≗**änderung** *f*(Signal; z.B. durch Temperatureinfluß) / signal duration drift || ≗**einstellung** *f*(Rel.) / operating time setting || ≗**fehler** (s. Laufzeitüberschreitung) || ≗**glied** (s. monostabiles Kippglied) || ≗**kette** *f* (Verzögerungsleitung) / delay line || ≗**normal** *n* (Ultraschallprüf.) / transit time standard || ≗**parameter** *m*(DV) / run-time parameter || ≗**relais** *n*(f. Trafo-Stufenschalter) / operating time monitoring relay || ≗**röhre** *f* / space-charge-wave tube || ≗**überschreitung** *f* / time-out *n*

Laufzeitüberwachung *f*(„Watchdog") / watchdog

timer || ≈ (Ausführungszeit) / execution time check

Laufzeit·unterschied *m* (Zeitdifferenz zwischen Eingangskanälen) / skew *n* || **≈verschiebung** (s. Laufzeitunterschied)

Lauge *f* (Anlasser) / electrolyte *n*, soda solution

Lautheit *f* / loudness *n*, loudness level

Lautsprecher·anlage *f* / loudspeaker system, public-address system || **≈stromkreis** *m* (f. Ansagen) / audio communication circuit

Lautstärke *f* / loudness level, sound level, loudness *n* || **Kurve gleicher ≈** / loudness contour, isoacoustic curve || **≈messer** *m* / sound-level meter, phonometer *n* || **≈pegel** *m* / loudness level

Lautstift *m* / audio pen, sonic pen

Lawinen·durchbruch *m* (HL) / avalanche breakdown || **≈durchbruchspannung** *f* / avalanche voltage || **durch ≈effekt ausgelöste Materialwanderung** / avalanche-induced migration (AIM) || **≈fotodiode (APD)** *f* / avalanche photodiode (APD) || **≈-Gleichrichterdiode** *f* / avalanche rectifier diode || **≈-Gleichrichterdiode mit eingegrenztem Durchbruchsbereich** / controlled-avalanche rectifier diode || **≈laufzeitdiode** *f* (IMPATT-Diode) / impact avalanche transit time diode (IMPATT diode)

LBG-Schweißen (s. Lichtbogenschweißen)

L-Bus (s. Lokalbus)

LC (s. Lerncomputer)

LCD (A. f. „liquid-crystal display" - Flüssigkristallanzeige)

LCDTL (s. lastkompensierte Dioden-Transistor-Logik)

LCL (s. Lichtschwerpunktabstand)

LCN (s. Tragfähigkeitszahl)

LD (s. Leuchtdiode) || ≈ (s. Laser-Diode)

LDA (s. verfügbare Landestrecke)

LDI (s. Landerichtungsanzeiger)

lebender Nullpunkt / live zero

Lebensdauer *f* / lifetime *n*, longevity *n*, life *n*, service life || ≈ (Standfestigkeit) / endurance *n* || ≈ (Zeit bis zum Ausfall) / time to failure (TTF) || ≈ (Lg.) / rating life (bearings) || **begrenzte** ≈ (im Lager) / limited shelf-life || **elektrische** ≈ / electrical endurance, voltage life, voltage endurance || **geforderte** ≈ (Isoliersystem, VDE 0302, T.1) / intended life (IEC 505) || **mechanische** ≈ / mechanical endurance, mechanical life || **mittlere** ≈ (s. mittlerer Ausfallabstand) || **Nachweis der elektrischen** ≈ / electrical endurance test || **Nachweis der mechanischen** ≈ / mechanical endurance test || **praktische** ≈ / useful life || **Prüfung der** ≈ (SG) / test of mechanical and electrical endurance, endurance test || **voraussichtliche** ≈ (Isoliersystem, VDE 0302, T.1) / estimated performance (IEC 505) || **≈erwartung** *f* / life expectancy || **≈gleichung** *f* / life formula || **≈perzentil Q** / Q-percentile life || **≈-Prüfmenge (LPM)** *f* / life test quantity (LTQ) || **≈prüfung** *f* / life test || **≈prüfung** *f* (HSS) / durability test || **≈-Richtwert** *m* (DIN IEC 434) / objective life, design life || **≈verbrauch** *m* / use of life, rate of using life || **spezifischer ≈verbrauch** / specific use of life || **relativer ≈verbrauch** / relative rate of using life || **≈verhalten** *n* (VDE 0715) / life performance (IEC 64)

Lebenserwartung *f* / life expectancy

Leblanc·sche Schaltung / Leblanc connection || **≈scher Phasenschieber** / Leblanc phase advancer, Leblanc exciter, recuperator *n*

Leck *n* / leak *n*, seepage *n* || ~ **sein** / leak *v*

lecken *v* / leak *v*

Leck·leistung *f* / leakage power || **≈leistung bei einem Zündelektrodenvorimpuls** / prepulsed leakage power || **≈luftfilter** *n* / make-up air filter || **≈luftstrom** *m* / leakage air rate || **≈mode** *m* (LWL) / leaky mode || **≈moden** *f pl* / leakage modes || **≈ölleitung** *f* / leakage oil tube || **≈rate** *f* / leakage rate || **≈ratenprüfung** *f* / leak rate test || **≈strom** *m* / leakage current || **≈strom im AUS-Zustand** (HL-Schütz, VDE 0660, T.109) / OFF-state leakage current || **≈stromdichte** *f* / leakage current density || **≈stromspitze** *f* / leakage current spike || **≈suchgerät** *n* / leakage detector || **≈verlust** *m* / leakage loss || **≈wasser-Überwachungsgerät** *n* / leakage-water detector || **≈welle** *f* (LWL) / leaky wave || **≈widerstand des Vorionisators** / primer (or ignitor) leakage resistance

LED (light-emitting diode - Leuchtdiode) || **≈-Anzeige** *f* / LED display || **≈-Bandanzeige** *f* / LED strip display || **≈-Feld** *n* / LED panel

leer·es Band (HL) / empty band || ~ **mitlaufende Reserve** / spinning reserve

Leeranlauf *m* / no-load starting, light start, starting at no load || **≈zeit** *f* / no-load acceleration time, no-load starting time

Leer·baustein *m* (Mosaikbaustein) / blank tile, module wrapper, module receptacle || **≈diskette** *f* / virgin diskette || **≈durchlauf** *m* (WZM) / idle pass, non-cutting pass || **≈durchlauf** *m* (Programm) / idle run || **≈einschub** *m* / withdrawable blanking section

leeren *v* (Speicher) / clear *v*

Leer·feld *n* (ST) / reserve panel, unequipped panel, reserve section || **≈feld** *n* (IK) / reserve section (o. unit), unequipped section (o. unit) || **≈folie** *f* (Tastatur) / blank overlay || **≈ganggetriebe** *n* / lost-motion gear || **≈gehäuse** *n* / empty enclosure, empty case (o. housing) || **≈kasten** *m* / reserve box, unequipped box, empty box || **≈kontakt** *m* / unwired contact || **≈last** *f* / no-load *n* || **≈lastanlauf** *m* / starting at no load, light start, no-load starting

Leerlauf *m* (Mot.) / running at no load, no-load operation, light run, idling *n* || ≈ (Gen.) / operation in open circuit, idling *n* || ≈ (el. Masch., VDE 0530, T.1) / no load (IEC 34-1) || ≈ (Trafo, Gerät) / no-load operation, operation in open circuit || ≈ (EZ) / running with no load, creep(ing) *n* || ≈ (elST) / idling *n* || ≈ (IEC 50(191)) / idle state, free state || **Ausgangsspannung bei** ≈ / no-load output voltage, open-circuit secondary voltage || **Erwärmungsprüfung im** ≈ (Trafo) / open-circuit temperature-rise test || **im** ≈ / at no-load, idling *adj*, in open circuit || **Spannung bei** ≈ (Gen.) / open-circuit voltage, no-load voltage || **Spannung bei** ≈ (Mot.) / no-load voltage || **≈-Anlaufhäufigkeit** *f* / no-load starting frequency || **≈-Ausgangsadmittanz** *f* / open-circuit output admittance || **≈-Ausgangsadmittanz bei kleiner Aussteuerung** / small-signal open circuit output admittance || **≈-Ausgangsimpedanz** *f* / open-circuit output impedance || **≈-Ausgangsimpedanz bei kleiner Aussteuerung** / small-signal open-circuit output impedance || ≈-

Ausgangsspannung *f*(Trafo) / no-load output voltage || **≈betrieb** *m*(el. Masch., VDE 0530, T.1) / no-load operation (IEC 34-1) || **≈betrieb** *m*(Netz) / open-line operation, operation with open line end || **≈charakteristik** (s. Leerlaufkennlinie)

Leerlaufdauer *f*(Dauer des betriebsfreien Klarzustands; IEC 50(191)) / idle time, free time

Leerlauf-Deckenspannung des Erregersystems (el. Masch.) / excitation-system no-load ceiling voltage || **≈drehzahl** *f* / no-load speed, idling speed || **≈-Eingangsimpedanz** *f* / open-circuit input impedance || **≈-Eingangsimpedanz bei kleiner Aussteuerung** / small-signal open-circuit input impedance || **≈-Eisenverluste** *m pl* / open-circuit core loss || **≈-EMK** *f* / open-circuit e.m.f., open-circuit voltage

leerlaufen *v* / to operate at no load, to run light, to run in open circuit, idle *v* || ~ (EZ) / creep *v*

leerlaufend *adj* / operating at no load, running light, idling *adj*, open-circuited *adj* || **~e Leitung** / unloaded line, open-ended line || **~e Maschine** / machine operating at no load, machine running idle, idling machine

Leerlauf-Erregerspannung *f* / no-load field voltage, open-circuit field voltage || **≈-Erregerstrom** (el. Masch.) / no-load field current || **≈erregung** *f* / open-circuit excitation, no-load excitation

leerlauffest *adj* / idling-proof *adj* || ~ (LE) / stable at no load

Leerlauf-festigkeit (s. Leerlaufschutz) || **≈-Gleichspannung** *f*(LE) / no-load direct voltage || **≈-Gleichspannung** *f*(Transistor, Schwebespannung) / floating voltage || **≈güte** *f* (Elektronenröhre, DIN IEC 235, T.1) / unloaded Q || **≈-Hauptfeldzeitkonstante** *f* / open-circuit field time constant || **≈impedanz** *f* / open-circuit impedance

Leerlaufkennlinie *f*(el. Masch.) / open-circuit characteristic (o.c.c.), no-load characteristic, no-load saturation curve, open-circuit saturation curve, magnetization characteristic || **Aufnahme der ≈** / no-load saturation test

Leerlauf-Kurzschlußverhältnis *n* / short-circuit ratio (s.c.r.) || **≈leistung** *f* / open-circuit power, no-load power || **≈leistung** *f*(Trenntrafo, Sicherheitstrafo, Wandler) / no-load input (EN 60742) || **≈-Magnetisierungsstrom** *m* / no-load magnetizing current || **≈messung** (s. Leerlaufprüfung) || **≈-Mittelspannung** *f* (Spannungsteiler) / open-circuit intermediate voltage || **≈-Nullimpedanz** *f* / no-load zero-sequence impedance || **≈prüfung** *f* / no-load test, open-circuit test || **≈prüfung** *f*(EZ) / no-load test, creep test || **≈reaktanz** *f* / synchronous reactance || **≈regelung** *f*(Kfz) / idle speed control || **≈rolle** *f* / idler pulley *n*, idler *n* || **≈schutz** *m* / open-circuit protection || **≈-Sekundärspannung** *f*(Wandler) / no-load output voltage (CEE 15)

Leerlaufspannung *f*(Gen.) / open-circuit voltage, no-load voltage || ≈ (Mot.) / no-load voltage || ≈ (Batt.) / open circuit voltage, off-load voltage || **mittlere ≈** (kapazitiver Spannungsteiler; IEC 50(436)) / open-circuit intermediate voltage

Leerlaufspannungsrückwirkung *f*(Transistor, DIN 41854) / open-circuit reverse voltage transfer ratio

Leerlaufspannungs-rückwirkung bei kleiner Aussteuerung / small-signal value of the open-circuit reverse voltage || **Differenz-≈verstärkung** *f* / open-loop gain || **≈verstärkung** *f* / voltage amplification with output short-circuited

Leerlaufsteller *m*(Kfz) / idle speed actuator || **≈öffnungsgrad** *m*(Kfz) / idle-speed actuator opening angle

Leerlauf-stellung *f*(Kfz-Getriebe) / neutral *n* || **≈steuerung** *f*(Kfz) / idling control

Leerlaufstrom *m* / no-load current, idle current, open-circuit current || ≈ (Trafo, VDE 0532, T.1) / no-load current (IEC 76-1), exitation current || ≈ (Versorgungsstrom, den ein IC-Regler ohne Ausgangslast aufnimmt) / standby current || ≈ (NS) / no-load supply current || **≈aufnahme** *f* / open-circuit power consumption

Leerlauf-Übersetzungsverhältnis *n* / no-load ratio || **≈-Umschalthäufigkeit** *f* / no-load reversing frequency || **≈verfahren** *n* / no-load method || **≈verluste** *m pl*(Gen., Mot.) / no-load loss, open-circuit loss || **≈verluste** *m pl*(Trafo, VDE 0532, T.1) / no-load loss (IEC 76-1), excitation losses, core loss, iron loss, constant losses || **≈verstärkung** *f* / open-loop gain, open-circuit gain || **≈verstärkung** *f*(ESR) / amplification factor || **≈versuch** *m*(Gen.) / open-circuit test || **≈versuch** *m*(Mot.) / no-load test || **≈weg** *m*(PS) / pre-travel *n*, release travel || **≈widerstand** (s. Leerlaufimpedanz) || **≈zeit** *f* / open-circuit time || **≈zeit** *f*(WZM, NC) / idle time, down time, non-cutting time

Leerlauf-Zeitkonstante *f* / open-circuit time constant, open-circuit transient time constant || **≈ der Dämpferwicklung in der Querachse** / quadrature-axis open-circuit damper-winding time constant || **≈ der Dämpferwicklung in der Längsachse** / direct-axis open-circuit damper-circuit time constant || **≈ der Erregerwicklung** / direct-axis open-circuit excitation-winding time constant, direct-axis transient open-circuit time constant || **≈ der Längsdämpferwicklung** / direct-axis open-circuit damper-circuit time constant || **≈ der Querdämpferwicklung** / quadrature-axis open-circuit damper-winding time constant

Leerlauf-Zwischenspannung *f* / open-circuit intermediate voltage

Leerleistungs-Steckverbinder *m* / dead-break disconnector

Leer-pult *n* / unequipped desk (o. console), steel structure (of desk) || **≈rohranlage** *f*(IR) / reserve conduit system || **≈rücklauf** *m*(WZM) / idle return travel || **≈schalter** *m* / off-load switch, low-capacity switch || **≈schalthäufigkeit** *f* / no-load operating frequency || **≈schaltung** *f* / no-load switching || **≈scheibe** (s. Losscheibe) || **≈schild** *n* (unbeschriftetes Bezeichnungsschild) / blank legend plate || **≈schnitt** (s. Leerdurchlauf) || **≈schrank** *m* / reserve cubicle, empty cabinet, unequipped cubicle || **≈schritt** *m*(Schreibschritt) / space *n*

Leerspannung *f*(a. DIN IEC 81) / open-circuit voltage (o.c.v.) || ≈ (Trafo) / no-load output voltage || **Nenn-≈** (Trafo) / no-load rated output voltage

Leerstelle *f* / blank *n*, blank space, space *n*

Leerstellen-taste *f* / spacer bar, spacer key ||

≈unterdrückung *f* / blank suppression, space suppression
Leer·tafel *f* / unequipped board, steel structure (of board) || **≈taste** (s. Leerstellentaste) || **≈trenner** *m* / off-load disconnector, off-load isolator, off-circuit disconnector, low-capacity disconnector || **≈trennschalter** (s. Leertrenner)
Leertrum *n* (Riementrieb) / slack side, slack strand
Leer·verluste (s. Leerlaufverluste) || **≈weg** *m* / lost motion, idle motion || **≈wegregister** *n* / compensating register || **≈wegvorrichtung** *f* / idle-motion mechanism || **≈zeichen** *n* / blank *n* || **≈zeichentaste** (s. Leerstellentaste) || **≈zeile** *f* / space line || **≈zeit** *f* / non-productive time, standstill period
Legende *f* / legend *n*
legiert·es Öl / inhibited oil, doped oil || **~er Schmierstoff** / doped (o. inhibited) lubricant || **~er Stahl** / alloyed steel || **~er Transistor** / alloyed transistor || **~er Zonenübergang** (HL) / alloyed junction
Legierungstechnik *f* (HL) / alloy technique
Lehnenverstellung *f* (Kfz) / seat-back tilt adjustment
Lehr·baukasten *m* / instruction kit || **≈dorn** *m* / gauge plug *n*, plug gauge, mandrel *n*
Lehre *f* (Meßlehre) / gauge *n* || **mit ≈ prüfen** / gauge *v*
Lehren·-Abmaß *n* / gauge deviation || **≈-Dickennummer** *f* / gauge number
lehrenhaltig *adj* / true to gauge
Lehren·maß *n* / gauge dimension || **≈-Sollmaß** *n* / nominal gauge size || **≈werkzeug** *n* (StV) / sizing tool
Lehr·ring *m* / gauge ring || **≈werkstatt** *f* / craft training centre
Leibungsdruck *m* / bearing pressure, bearing stress
leicht angezogen (Schraube) / finger-tight *adj* || **~ bearbeitbar** / easy to machine || **~er Betrieb** / light duty || **~ entflammbares Material** / readily flammable material || **~ entzündliches Material** (s. leicht entflammbares Material) || **~er Gleitsitz** / free fit || **~es Gummischlauchkabel** / ordinary tough-rubber-sheathed flexible cable || **~e Gummischlauchleitung** / ordinary tough-rubber-sheated flexible cord || **~e Kunststoff-Schlauchleitung** / light plastic-sheathed cord (o. cable) || **~er Lauf** / smooth running || **~er Laufsitz** / free clearance fit, free fit || **~e PVC-Mantelleitung** / light PVC-sheathed cable || **~e PVC-Schlauchleitung** (rund; HO3VV-F; VDE 0281) / light PVC-sheathed flexible cord (round) || **~e PVC-Schlauchleitung** (flach; HO3VVH2-F; VDE 0281) / light PVC-sheathed flexible cord (flat) || **~ trübes Glas** / translucent glass || **~ zugänglich** / easily accessible, easy of access || **~e Zwillingsleitung** (HO3VH-Y; VDE 0281) / flat twin tinsel cord || **~e Zwillingsleitung mit Lahnlitzenleiter** / flat twin tinsel cord || **≈benzin** *n* / low-boiling petrol
leichtgängige Taste / soft-touch button (o. control)
Leichtgängigkeit, auf ≈ prüfen / to check for easy movement
Leichtmetall *n* / light metal || **≈-Druckguß** *m* / die-cast light alloy || **≈gehäuse** *n* / light-alloy enclosure || **≈guß** *m* / cast light alloy, light-metal casting
leichtsiedend *adj* / low-boiling *adj*
Leihwerkzeuge *n pl* / tools on loan, tool rentals
Leinen *n* (Batist) / cambric *n*
Leiste *f* (Lasche) / strap *n* || ≈ (Streifen) / strip *n* || ≈ (Vorsprung) / ledge *n* || **Sachmerkmal-≈** (DIN 4000,T.1) / line of subject characteristic, tabular layout of article characteristics || **Schutz~** / barrier rail
leisten *v* (Mot.) / to be rated at, perform *v*
Leistung *f* (allg.) / performance *n*, capacity *n*, achievement *n* || ≈ (el.; allg.) / power *n*, energy *n*, output *n*, rating *n* || ≈ (Arbeit) / work *n*, work done || ≈ (abgegebene) / output *n*, power output || ≈ (aufgenommene) / input *n*, power input || ≈ (Betriebsverhalten; Leistungsfähigkeit) / performance *n* || ≈ (Ingenieursleistung; Dienstleistung) / service *n* || ≈ (EZ, StT) / demand *n* || ≈ (Lampe) / wattage *n*, lamp wattage || ≈ (Wirkungsgrad) / efficiency *n* || ≈ (Produktion) / output *n*, production *n*, production rate || ≈ (Lieferung) / delivery *n*, supplies *pl* || ≈ (Ausgabebaugruppe) (s. Ausgangsleistung) || **≈ abgeben** / to supply power || **≈ am Radumfang** / output at the wheel rim || **≈ am Zughaken** / output at the draw-bar || **≈ bei Aussetzbetrieb (AB-Leistung)** / periodic rating, intermittent rating || **≈ bei erzwungener Luftkühlung** / forced-air-cooled rating || **≈ bei erzwungener Ölkühlung** / forced-oil-cooled rating || **≈ bei Selbstkühlung** (Trafo) / self-cooled rating || **≈ bei Wasserkühlung** / water-cooled rating || **≈ im Dauerbetrieb** / continuous rating, continuous output || **≈ in Watt** / wattage *n* || **abgerufene ≈** / demand set up || **angeforderte ≈** (Grenzwert der von einem Einzelverbraucher geforderten Leistung) / maximum demand required || **angeforderte ≈** (Netz) / power demand (from the system), demand *n* || **angekündigte ≈** (Stromlieferung) / indicated demand || **Arbeits~** / performance *n* || **aufgenommene ≈** / power input *n*, input *n* || **aufgenommene ≈** (kWh) / power consumption || **aufgenommene ≈** (Lampe) / wattage dissipated || **aufgenommene ≈** (Sich.) (s. Leistungsaufnahme) || **Augenblickswert der ≈** / instantaneous power || **bereitgestellte ≈** / authorized maximum demand || **bestellte ≈** / subscribed demand || **betriebsbereite ≈** (KW) / net dependable capability || **Brutto~** (KW) / gross installed capacity || **Brutto~** (Generatorsatz) / gross output || **dauernd abführbare ≈** / continuous heat dissipating capacity, continuous rating || **eingespeiste ≈** (Netz) / input to network || **elektrische ≈** (Arbeit je Zeiteinheit) / electrical energy || **geplante ≈** / design power, design rating || **Gesamt~** (Antrieb, Bruttoleistung) / gross output || **gesicherte ≈** / firm power, firm capacity || **Heiz~** / heat output, heater rating || **in Anspruch genommene ≈** / demand set up || **indizierte ≈** / declared power, indicated horsepower (i.h.p.) || **installierte ≈** / installed load, installed capacity, installed power || **installierte ≈** (KW) / generating capacity || **kurzzeitig gemittelte ≈** / demand *n* (IEC 50(25)) || **natürliche ≈** (Netz) / natural load (of a line) || **Netto~** (KW, Netz, bei optimalen Betriebsbedingungen) / net capability, net output capacity || **Netto~** (KW, Netz, bei durchschnittlichen Betriebsbedingungen) / net

dependable capability || **Netto~** (Generatorsatz) / net output || **n-Minuten-~** (StT) / n-minute demand || **Rechen~** / computing power, computing capacity || **Schein~** / apparent power, complex power || **Seh~** / visual performance, visual power || **Soll-~** / setpoint power, desired power, design power, required power || **Strahlungs~** / radiant power, radiant flux, energy flux || **Stunden~** / one-hour rating || **Stunden~** (StT) / hourly demand || **tatsächliche ~ in Prozent der Solleistung** / efficiency rate || **Typen~** / unit rating, kVA rating || **übertragbare ~** / transmittable power, power capacity || **umgesetzte ~** (Trafo) / through-rating *n* || **verbrauchte ~** / power consumed || **Verdichter~** / compressor rating, delivery rate of compressor || **verfügbare ~** (KW) / available capacity, available power || **verfügte ~** / power produced, ultilized capacity, operating capacity || **Verlust~** / power loss, power dissipation, watts loss || **Vertrags~** (Stromlieferung) / subscribed demand || **Wirk~** / active power, real power, true power, effective power, watt output || **~-Geschwindigkeitprodukt** *n* (IS) / power-speed product, power-delay product

Leistung-/Gewicht-Verhältnis *n* / power/weight ratio

Leistung-Polradwinkelverhältnis *ns* (Synchronmasch.) / synchronizing coefficient

Leistungs·abgabe *f* / power output *n*, output *n* || **~abgabe** *f* (Sicherungseinsatz) / power dissipation (fuse-link) || **~abhängige Kosten** (StT) / demand-related cost || **~absenkung** *f* / power reduction || **~absenkung** *f* (DV, PC) / power down || **~abzug** *m* / output reduction, derating *n* || **~anschlüsse** *m pl* (LE) / power terminals

Leistungsaufnahme *f* / flat twin tinsel cord *n*, power input, power absorbed || **~** (Wattzahl) / wattage *n* || **~** (kWh) / power consumption || **~** (Sich.) / accepted power, power acceptance || **~ in kVA bei festgebremstem Läufer** / locked-rotor kVA

Leistungs·ausgang *m* / power output, actuator output, driver output || **~ausgang** *m* (BLE; VDE 0160) / power output terminal || **~ausnutzung** *f* (eines Generatorsatzes) / load factor (of a set) || **~baugruppe** *f* (LE) / power electronics assembly, power thyristor assembly

Leistungsbedarf *m* / power requirement(s), required power, power demand || **~** (VDE 0100, T.311) / maximum demand (IEC 64-311) || **~** (angetriebene Masch.) / drive power required, required drive power

Leistungsbedarfs·vorausschau *f* / (power) demand forecast (o. anticipation) || **~zahl** *f* / power coefficient

Leistungs·begrenzer *m* / power limiter || **~begrenzungsschutz nach unten** / under-power protection || **~begrenzungsschutz nach oben** / over-power protection || **~bereich** *m* / power range, range of ratings || **mittlerer ~bereich** (elST-Geräte) / medium performance level || **~betrieb** *m* (Gen.) / power operation, power regime, on-load running, on-load operation || **~bezogene Synchronisierziffer** / synchronizing power coefficient, per-unit synchronizing power coefficient || **~bremse** *f* / dynamometric brake, dynamometer *n* || **~diagramm** *n* / capability curve(s) || **~dichte** *f* / power density || **~dichtespektrum** *n* / power spectral density (PSD) || **~einheit** *f* (StT) / unit of demand, energy unit

Leistungselektronik *f* / power electronics || **~kondensator** *m* / power electronics capacitor

leistungselektronisch·er Gleichstromschalter / electronic d.c. power switch || **~es Schalten** / electronic power switching || **~er Schalter** / electronic power switch || **~er Wechselstromschalter** / electronic a.c. power switch

Leistungselement *n*, **NAND-~** / NAND buffer

Leistungs·endschalter (s. Leistungspositionsschalter) || **~ergebnis** *n* / output *n*

leistungsfähig *adj* / powerful *adj*, high-capacity

Leistungsfähigkeit *f* (Masch.) / performance *n*, capacity *n*, load capacity, working capacity || **~** (Vermögen, Zuverlässigkeit - IEC 50191)) / capability *n* || **~** (DIN IEC 351, T.1) / performance *n*

Leistungsfähigkeitsprüfung *f* / performance verification test

Leistungsfaktor *m* (cos φ) / power factor, p.f. *A* || **~** (Isol.) / dielectric power factor || **~ bei der Kurzschlußunterbrechung** / short-circuit breaking power factor || **~ der Grundwelle** / power factor of the fundamental || **~ der Last** / load power factor, burden power factor || **~ Eins** / unity power factor, unity p.f. || **~ im Kurzschlußkreis** / short-circuit power factor, X-R ratio || **~ Null** / zero power factor || **~messer** (s. Leistungsfaktor-Meßgerät) || **~-Meßgerät** *n* / power-factor meter, p.f. meter || **~regler** *m* / power-factor controller (p.f.c.) || **~schreiber** *m* / recording power-factor meter || **~verbesserung** *f* / power factor correction, power factor improvement

Leistungs·fluß *m* / energy flow, power flow || **~flußrichtung** *f* / direction of energy flow || **~-Frequenz-Charakterisitik** *f* / power/frequency characteristic || **~-Frequenz-Regelung** *f* / load frequency control || **~ganglinie** *f* / demand curve, load curve || **~garantie** *f* / performance guarantee || **~gatter** *n* / power gate

leistungsgepufferter Umrichter (Umr. m. Kondensatorspeicher) / converter with capacitor energy store

Leistungs·gewicht *n* / power/weight ratio, power-for-size ratio || **~-Gewichts-Verhältnis** *n* / power-to-weight ratio, capacity-to-weight ratio || **~gleichrichter** *m* / power rectifier || **~glied für Gleichspannung** (elST, Treiber) / d.c. driver || **~glied für Wechselspannung** (elST, Treiber) / a.c. driver || **~grad** *m* (Refa) / level of performance || **~gradabweichung** *f* / off-standard performance || **~gradschätzung** *f* (Refa) / performance rating || **~grenzschalter** (s. Leistungspositionsschalter) || **~halbleiter** *m* / power semiconductor (device) || **~herabsetzung** *f* / derating *n* || **~kategorie** *f* / performance category || **Kurzschluß-~kategorie** *f* (LS, VDE 0660,T.101) / short-circuit performance category (IEC 157-1) || **~kennlinie** *f* / performance characteristic || **~kennzeichen** *n* (SR) / rating code designation || **~klystron** *n* / high-power klystron || **~koeffizient eines Netzes**

/ regulation energy of a system, power/frequency characteristic || **≈kondensator** *m* / power capacitor, shunt capacitor (for a.c. power systems) || **≈konverter** *m* / power converter || **≈kreis** *m* / power circuit || **≈linie** *f* (el. Masch.) / output line || **≈mangel** *m* / power shortfall

leistungsmäßiger Mittelwert / power-rated average value

Leistungsmerkmal·e *n pl* / performance characteristics, performance criteria || **≈** *n* (DÜ, Datennetz, DIN ISO 7498 u. DIN 44302; Funktionen, die auf Anforderung des Benutzers bereitgestellt werden) / facility *n*, user facility || **≈anforderung** *f* (DIN 44302) / (user) facility request

Leistungs·messer *m* / wattmeter *n*, active-power meter || **≈meßkoffer** *m* / portable power-circuit analyzer || **≈meßrelais** *n* / power measuring relay || **≈minderung** *f* (durch Reduktionsfaktor) / derating *n* || **Zeit für ≈mittelung** / demand integration period || **≈mittelwert** *m* (StT) / average power demand, average demand (value) || **≈-NAND-Glied** *n* / NAND buffer || **≈-NOR-Stufe** *f* / NOR driver || **≈pendeln** *n* / power swing || **≈-Plattenspeichersteuerung** *f* / high-performance disk storage unit controller || **≈positionsschalter** *m* / power-circuit position switch || **≈preis** *m* / demand rate, price per kilowatt, price per kilovoltampere || **≈preissumme** *f* / demand charge, fixed charge || **≈preistarif** *m* / demand tariff || **≈produkt** *n* (B-H) / energy product, B-H product || **≈profil** *n* (MCC-Geräte) / performance profile || **≈prüfung** *f* / performance test || **≈prüfung am Aufstellungsort** / site performance test, field performance test || **Kondensator-≈puffer** *m* / capacitor energy storage unit, capacitor power back-up unit || **≈rauschen** *n* / power noise || **≈regelung** *f* (Antrieb) / (automatic) load regulation || **≈regelungskoeffizient** *m* (einer Last) / power-regulation coefficient || **≈regler** *m* / output regulator || **≈relais** *n* / power relay || **≈reserve** *f* / power reserve, power margin, reserve capacity || **≈richtungsrelais** *n* / directional power relay, power direction relay || **≈richtungsschutz** *m* / directional protection || **≈-Richtwirkungsgrad** *m* (Diode) / detector power efficiency (IEC 147-1) || **≈rückgewinnung** *f* / power recovery, regeneration *n*, power reclamation

Leistungsschalter *m* (VDE 0660,T.101) / circuit-breaker (c.b.) (IEC 157-1) *n*, power circuit-breaker (US), power breaker || **≈ für Kurzunterbrechung** / auto-reclosing circuit-breaker || **≈ mit angebauten Sicherungen** / integrally fused circuit-breaker (IEC 157-1) || **≈ mit bedingter Freiauslösung** / conditionally trip-free c.b. || **≈ mit bedingter Auslösung** (VDE 0660,T.101) / fixed-trip circuit-breaker (IEC 157-1) || **≈ mit Einschaltsperre** (VDE 0660,T.101) / circuit-breaker with lock-out preventing closing (IEC 157-1) || **≈ mit elektrischer Freiauslösung** / electrically release-free circuit-breaker, electrically trip-free circuit-breaker || **≈ mit Freiauslösung** (VDE 0660; T.101) / trip-free circuit-breaker (IEC 157-1), release-free circuit-breaker || **≈ mit integrierten Sicherungen** (VDE 0660,T.101) / integrally fused circuit-breaker (IEC 157-1) || **≈ mit Kessel an Erdpotential** / dead-tank circuit-breaker || **≈ mit Kessel an Hochspannungspotential** / live-tank circuit-breaker || **≈ mit magnetischer Blasung** / magnetic blow-out circuit-breaker || **≈ mit mechanischer Freiauslösung** / mechanically release-free circuit-breaker, mechanically trip-free circuit-breaker || **≈ mit Mehrfachunterbrechung** / multiple-break circuit-breaker || **≈ mit selbsttätiger Wiedereinschaltung** / automatic reclosing circuit-breaker || **≈ mit Sicherungen** / fused circuit-breaker || **≈ mit stromabhängig verzögertem Auslöser** / inverse-time circuit-breaker || **≈ mit Wiedereinschaltvorrichtung** / automatic reclosing circuit-breaker || **≈ mit zwei magnetischen Auslösern** / dual magnetic circuit-breaker || **≈ nach dem Bausteinprinzip** / modular circuit-breaker || **≈ ohne Sicherungen** / unfused circuit-breaker || **elektronischer ≈** / electronic power switch || **USV-≈** / UPS interrupter || **≈abgang** *m* / outgoing circuit-breaker unit || **≈fall** *m* / circuit-breaker tripping || **≈-Festeinbauanlage** *f* (Übergriff, Anlage) / non-withdrawable circuit-breaker switchgear, switchboard with non-withdrawable circuit-breakers, stationary-mounted circuit-breaker switchboard || **≈-Festeinbauanlage** *f* (Gerätekombination, Einzelfeld) / non-withdrawable circuit-breaker assembly, non-withdrawable circuit-breaker panel, stationary-mounted circuit-breaker assembly || **≈kombination** *f* (Bahn, zur Herstellung von Verbindungen des Hauptstromkreises) / power switchgroup || **≈-Kompaktstation** *f* / compact circuit-breaker station (o. assembly) || **≈modul** *n* / module *n* (of a pole of a circuit-breaker) || **≈raum** *m* / circuit-breaker compartment || **≈träger** *m* / circuit-breaker frame || **≈-Wagenanlage** *f* (Überbegriff, Anlage) / truck-type circuit-breaker switchgear, switchgear with truck-mounted breakers || **≈-Wagenanlage** *f* (Gerätekombination, Einzelfeld) / truck-type circuit-breaker assembly (o. cubicle o. unit)

Leistungs·-Schaltgeräte *n pl* / power switchgear, (mechanical) switching devices for power circuits || **≈schiene** *f* (Kontaktplan) / power rail || **≈schild** *n* / rating plate, nameplate *n* || **≈schildangaben** *f pl* / rating plate markings, nameplate marking, rating-plate data || **≈schutz** *m* / power protection || **≈schütz** *n* / power contactor || **≈schwankung** *f* / power fluctuation || **≈selbstschalter** *m* / circuit-breaker (c.b.), automatic circuit-breaker || **≈spektrum** *n* / power spectrum || **≈spitze** *f* / power peak || **≈sprung** *m* / sudden power variation || **≈sprungrelais** *n* / sudden-power-change relay

leistungsstark *adj* / powerful *adj*, high-capacity *adj*

Leistungs·steller *m* / power controller, power controller unit || **≈steuerung** *f* (E VDE 0838, T.101) / power control || **automatische ≈steuerung** (Kfz) / automatic performance control (APC) || **≈stromkreis** *m* (SK, VDE 0660, T.50) / power circuit (IEC 439)

Leistungsstufe *f* / rating class || **≈** (elST, Treiber) / driver *n* || **≈** (Ausgangsglied einer Steuerung) / power output element || **GKS-≈** / GKS level

Leistungs·-Synchro *n* / torque-synchro *n* || **≈tarif** *m*

/ demand tariff || ≗teil *m* (SR, BLE) / power section || ≗teil *m* (Stromkreis) / power circuit, power circuitry || ≗transduktor *m* / power transductor, power amplifier || ≗transformator (LT) *m* / power transformer || ≗transistor (LTR) *m* / power transistor || ≗trenner *m* / non-automatic circuit-breaker, load interrupter, circuit interrupter, load interrupter switch || ≗trenner mit Sicherungen / power circuit protector || ≗trennschalter (s. Leistungstrenner) || ≗tunneldiode *f* / tunnel power diode || ≗umformer *m* / power converter || ≗umformer *m* (Meßumformer) / power transducer || ≗umkehr *f* / power reversal || ≗-Umkehrsteller *m* / reversing power controller || ≗vektor *m* / power vector || ≗verbrauch *m* / power consumption || ≗vergleich *m* (Kfz-Motortester) / power comparison || ≗verhältnis *n* (SR) / power ratio || ≗verhältnis im Abstimmbereich (Oszillatorröhre, DIN IEC 235. T.1) / tuning-range power ratio || ≗verlauf *m* / power characteristic, power variation curve || ≗verlust *m* / power loss, energy loss || ≗verluste *m pl* (Netz) / power losses || ≗verlustkurve (s. Leistungsverminderungskurve) || ≗verminderung *f* (durch Reduktionsfaktor) / derating *n* || ≗verminderungskurve *f* / derating curve || ≗vermögen *n* / capacity *n*, power capability

Leistungsverstärker *m* / power amplifier || ≗ (s. Leistungskonverter)

Leistungs·verstärkung *f* / power gain || ≗verzeichnis *n* / specifications of work and services, tender specifications, specifications *n pl* || ≗-Verzögerungs-Produkt *n* (IS) / power delay product (IC) || ≗vorausschau (s. Energiebedarfsvorausschau) || ≗wächter *m* (Maximumwächter) / maximum-demand monitor || ≗wicklung *f* / power winding || ≗zähler *m* / demand meter, energy meter || ≗zweig *m* (LE) / power arm, principal arm

Leit·aluminium (EC-Aluminium) *n* / electrical conductor grade aluminium (EC aluminium), high-conductivity aluminium || ≗anlage *f* (PLT) / control system, instrumentation and control system || ≗anlage (s. Leitsystem) || ≗anlage (s. Prozeßleitsystem) || ≗apparat *m* (WKW) / guide-vane system || ≗bake *f* (Verkehrsleitsystem) / guide beacon || ≗band (s. leitendes Band)

Leitblech *n* (f. Luft) / air guide, baffle *n* || **Lichtbogen-**≗ *n* / arc runner, arc splitter

Leit·daten *plt* / control data || ≗datenverarbeitung *f* / control data processing

Leitebene *f* / management level, coordinating level, command level || ≗ (s. Prozeßleitebene) || **Fertigungs~** / production (o. plant) management level, operations management level || **Unternehmens~** / corporate management level

Leit·eingriff *m* (PLT) / control action, operator's input || ≗einrichtung *f* (System) / controlling system

leiten *v* (el.) / conduct *v* || ≗ *n* (z.B. Prozeß) / control *n* || **Wärme ~** / to conduct heat

leitend *adj* / conductive *adj*, conducting *adj* || **~es Band** (Kabel) / conductive tape, semi-conductive tape || **~er Belag** / conductive layer, conductive facing || **~es Erdreich** / conductive mass of soil || **~e Folie** / conductive foil || **~ mit dem Netz verbundenes Teil** / part conductively connected to supply mains

Leiter *m* (el.) / conductor *n* || ≗ (Station, die einen Daten-Highway leiten kann) / manager *n* || ≗ **mit direkter Kühlung** / inner-cooled conductor, direct-cooled conductor || ≗ **mit glatter Oberfläche** / segmental coil conductor, locked-coil conductor

Leiterabstand *m* (a. gS) / conductor spacing

Leiter·abstand *m* (Freiltg.) / phase-to-phase spacing (IEC 50(466)) || ≗anordnung *f* (Freiltg.) / conductor configuration || ≗anschluß *m* / conductor connection(s), conductor terminal(s) || ≗anschluß *m* (Klemme) / terminal *n* || ≗anschluß *m* (Netz, Trafo; VDE 0532, T.1) / line terminal (IEC 76-1) || ≗-Ausziehkraft *f* / conductor tensile force, conductor pull-out force || ≗bahn *f* (gedruckte Schaltung; EN 50020) / circuit-board conductor, printed conductor || ≗bahn *f* (Induktosyn) / bar *n* || ≗bereich *m* / wire range || ≗bereich der Dichtung / grommet wire range || **Prüfung auf** ≗berührung / test for the absence of short circuits || ≗bett *n* / matrix *n* || ≗bild *n* (Leiterplatte, CAD) / conductor layout || ≗bild *n* (gS) / conductive pattern || ≗bildgalvanisieren *n* / pattern plating || ≗breite *f* (a. gS) / conductor width || ≗bruchschutz *m* / phase-failure protection, open-phase protection || ≗bruchsicherung *f* / broken-wire interlock || ≗bruchüberwachung *f* / open-circuit monitoring || ≗bündel *n* / conductor bundle, conductor assembly || ≗durchhang *m* / conductor sag

Leiter-Erde, Abstand ≗ / phase-to-earth clearance, phase-to-ground clearance || ≗-**Impedanz** *f* / phase-to-earth impedance || ≗-**Isolation** *f* / phase-to-earth insulation || ≗-**Isolation** *f* (el. Masch) / main insulation || ≗-**Kapazität** *f* / capacitance between conductor and earth, phase-to-earth capacitance || ≗-**Spannung** *f* / phase-to-earth voltage, line-to-ground voltage (US) || ≗-**Überspannung** *f* / phase-to-earth overvoltage, line-to-ground overvoltage (US) || **relative** ≗-**Überspannung** (s. relative Außenleiter-Erde-Überspannung)

Leiterfolge *f* / phase sequence, polarity *n*

Leiterfunktion *f* (aktive Leitstation) / manager function

Leiter·isolierung *f* / conductor insulation || ≗kapazität gegen Erde / phase-to-earth capacitance || ≗lehre *f* / conductor gauge

Leiter-Leiter, Abstand ≗ / phase-to-phase clearance || ≗-**Isolation** *f* / phase-to-phase insulation || ≗-**Isolationskoordination** *f* / phase-to-phase insulation coordination || ≗-**Kapazität** *f* / capacitance between conductors, phase-to-phase capacitance || ≗-**Netzspannung** *f* / phase-to-phase system voltage, line-to-line system voltage || **relative** ≗-**Überspannung** (s. relative Außenleiter-Überspannung)

Leiternetzwerk *n* / ladder network

Leiterpaar, verdrilltes ≗ / twisted-pair wires

Leiterplatte *f* / printed board, printed-circuit board (PCB), card *n* || ≗ **mit Leiterbild auf einer Seite** / single-sided printed board || ≗ **mit Leiterbildern auf beiden Seiten** / double-sided printed board || **bestückte** ≗ / printed board assembly

Leiterplattenentflechtung *f* (CAD) / routing *n* || ≗ (s. Schaltplanentflechtung)

Leiterplatten·entwicklung *f* / board design || **˜lage** *f* / (printed-board) layer *n* || **˜steckverbinder** *m* / printed-board connector
Leiterquerschnitt *m* / conductor cross section, cross-sectional area of conductor, conductor area
Leiterquerschnitt, anschließbare ˜e / wire range, connectable (conductor) cross-sections
Leiter·raum *m* (Anschlußklemme) / conductor space || **˜rohr** *n* / conductor tube, tubular conductor || **˜schleife** *f* / conductor loop || **˜schluß** *m* (durch einen Fehler entstandene leitende Verbindung zwischen spannungsführenden Leitern wenn im Fehlerstromkreis ein Nutzwiderstand liegt, z.B. eine Glühlampe; VDE 0100, T.200) / conductor fault, conductor-to-conductor short circuit || **˜schwingung** *f* (Freiltg.) / conductor vibration
Leiterseil *n* / cable *n*, stranded conductor, (bare) copper cable || ˜ (Freiltg.) / overhead conductor || ˜ **mit Tragseil** / messenger-supported cable
Leiterseillehre *f* / conductor gauge
Leiter·spannung *f* (Spannung Phase-Phase) / phase-to-phase voltage, line-to-line voltage || **˜spannung** *f* (Phasensp.) / phase voltage || **˜spannung gegen Erde** / line-to-earth voltage, line-to-ground voltage (US), phase-to-earth voltage || **˜-Sternpunktspannung** *f* / line-to-neutral voltage, phase-to-neutral voltage, voltage to neutral || **˜tanzen** *n* / conductor galloping || **˜teilung** *f* / conductor splitting || **˜verband** *m* / conductor assembly, strand group || **˜verbindung** *f* / conductor connection || **˜zahl** *f* / number of conductors, number of conductor strands || **˜zug** (s. Leiterbahn) || **˜-Zugfestigkeitskraft** *f* (DIN 41639) / conductor tensile force, conductor pull-out force
leitfähig *adj* / conductive *adj*, electroconductive *adj* || **~e Schutzkleidung** / conductive clothing || **~es Teil** / conductive part
Leitfähigkeit *f* / conductivity *n*, specific conductance, conductance *n* || **dielektrische** ˜ / permittivity *n*, inductivity *n* || **magnetische** ˜ / permeability *n*
Leitfähigkeits·-Aufnehmer *m* / conductivity sensor || **˜kupfer** *n* / high-conductivity copper || **˜-Meßeinrichtung für niedrige Konzentrationen** / conductivity measuring system for low concentrations || **˜-Meßeinrichtung für hohe Konzentrationen** / conductivity measuring system for high concentrations || **˜-Meßgerät** *n* / conductivity meter || **˜messung** *f* / electric conductivity measurement, conductivity measurement || **˜modulation** *f* (HL) / conductivity modulation
leitfähigkeitsmoduliert·er Feldeffekttransistor / conductivity-modulated field-effect transistor (COMFET) || **~e Schaltung** / conductivity-modulated device (CMD)
Leitfeld *n* (Steuerfeld einer Tafel) / control panel || ˜ (BSG, zur Bildkonstruktion) / control field || ˜ (Kompaktwarte) / control tile
Leit·feuer *n* / leading light || **˜feuer** *n* (f. eine Richtung) / direction light || **˜fläche** *f* (NC, DIN 66215, T.1) / drive surface (ISO 3592) || **˜frequenz** *f* / primary frequency, pilot frequency || **˜frequenzgeber (LFG)** *m* / pilot frequency generator || **˜frequenzsteuerung** *f* / primary frequency control || **˜gabel** *f* (f. Riementrieb) / belt guide, belt fork
Leitgerät *n* (DIN 19226) / control station || ˜ (Automatik-/Handbetrieb) / AUTOMATIC/MANUAL station (A/M station), manual/automatic control-station || ˜ (PLT) / manual/automatic control station, M/A control station, control station
Leit·gerät *n* (Rechner-/Automatik-/Handbetrieb) / computer auto-manual station || **˜kitt** *m* / conductive cement, semi-conductive cement || **˜lack** *m* / conducting varnish, semi-conducting varnish || **˜maschine** (s. Wellenleitmaschine) || **˜motor** *m* / master motor, master drive || **˜platz** *m* („Workstation") / workstation *n* || **˜programm** *n* / executive routine, coordinating program, control program
Leitrad-Servomotor *m* / guide-vane servomotor
Leitrechner *m* / master computer, supervisory computer || ˜ („Host") / host computer
Leit·rolle *f* (Riementrieb) / idler pulley, jockey pulley || **˜sätze** *m pl* (VDE) / directives *n pl* || **˜schicht** *f* (Kabel, zur Steuerung der elektrischen Felder in der Isolierung) / screen *n*, semi-conducting layer || **äußere ˜schicht** (Kabel) / outer semi-conductive layer, screen *n* || **˜schiene** *f* (Bus) / control bus || **˜sollwert** *m* / reference input variable (IEC 27-2A), reference variable (IEC 50(351)), command variable || **˜spannung** *f* / master reference voltage || **˜spindel** *f* (WZM) / leadscrew *n* || **˜spindelsteigung** *f* / leadscrew pitch
Leitstand *m* (Raum) / control room || ˜ (Pult) / control desk, console *n* || ˜ (Tafel) / control board || ˜ (FFS) / control centre || ˜ **und Dispatcher** (in der Fabrik; Fertigungssteuerung) / shopfloor control office || **Prozeß~** / process engineer's console || **˜fahrer** *m* / control-room attendant, control-room engineer, shift engineer, operator *n*
Leitstation *f* / master terminal, supervisory terminal || ˜ (Unterwerk) / master substation || ˜ (DÜ, DIN 44302) / control station || ˜ (zur Steuerung eines Datennetzes) / director *n*
Leitstelle *f* (Kompaktwartenbaustein) / control tile || ˜ (FWT) / control centre (telecontrol) || **Netz~** / system (o. network) control centre, load dispatching centre || **regionale** ˜ / district control centre
Leitstellensystem *n* (Netzautomatisierung, FWT) / centralized control system, supervisory control system
Leitsteuerung *f* (DIN 19237) / coordinating control || ˜ (DÜ) / primary control
Leitstrahl *m* (Blitz) / leader stroke, pilot leader
Leitsystem *n* / control system || ˜ (z.B. Hausleittechnik) / management system || ˜ (Flp.) / guidance system || ˜ **für Gebäudeheizung** / fuel cost management system (FMS) || **Fahrer-˜** (Kfz) / navigation and travel control system, guidance system || **Gebäude~** / building services control system || **Park~** / car-park routing system || **Prozeß~** / process control system || **Verkehrs-˜** / traffic guidance system
Leittechnik *f* (Prozeß) / control and instrumentation technology, instrumentation and control (I&C) || ˜ **für Schaltanlagen (LSA)** / substation control and protection system ||

Gebäude~ / building services management system || **mikroprozessorgeführte ~** (f. Schaltanlagen) / microprocessor-based (integrated) protection and control || **Netz~** / power system management, power system control || **Produktions~** / production management || **Sicherheits~** (KW) / (reactor) safety instrumentation and control, safety I&C

Leittechnikfehler *m* / control system fault, I&C fault || **~meldung** *f* / control system fault message, I&C fault message, control system alarm, I& C alarm || **~protokoll** *n* / control system fault log, I&C fault log || **~zustandsprotokoll** *n* / control system fault status log, I&C fault status log

Leittechnik·funktionsfehler *m* / control system malfunction, I&C malfunction, (Meldung:) control system malfunction alarm, I&C malfunction alarm || **~meldetelegramm** *n* / control system message, I&C message || **~-Sammelstörungsanzeige** *f* / control system group alarm display, I&C centralized alarm display

Leittechnikstörung (s. Leittechnikfehler) || **~** (s. Leittechnikfunktionsfehler)

leittechnische Anlage / control system, instrumentation and control system

Leit·terminal (s. Leitstation) || **~- und Datenerfassungsebene** (Fertigungssteuerung) *f* / production management and data acquisition level

Leitung *f* (Energieübertragungsleitung) / electric line, line *n* || **~** (Speiseltg.) / feeder *n*, supply line || **~** (Fortleitung) / conduction *n*, transmission *n* || **~** (isoliert; Kabel) / cable *n*, lead *n* || **~** (Leiter) / conductor *n*, lead *n*, wire *n* || **~** (isolierter Leiter) / insulated wire || **~** (flexibel, z.B. PVC-Schlauchleitung) / cord *n* || **~** (Stromkreis) / circuit *n*, line *n* || **~ in Gas** / gas conduction || **elektrische ~** / electric line || **HGÜ-~** / HVDC transmission line

Leitungen auf Putz / surface wiring, wiring on the surface, exposed wiring || **~ unter Putz** / concealed wiring, underplaster wiring, embedded wiring, wiring under the surface || **äußere ~** (a. f. Leuchten) / external wiring (IEC 598)

Leitungs·abbauzeit *f* (DÜ) / release delay, connection clearance time || **~abfrage** *f* (LAN) / carrier sense || **~abgleich** *m* (MG) / line compensation || **~abschnitt** *m* / line section || **~anfang** *m* (Übertragungsleitung) / sending end || **~anschluß** *m* / line terminal *n* || **~anschluß** *m* (Ausgang) / outgoing line terminal, output terminal, load terminal || **~anschluß** *m* (Eingang) / incoming line terminal, input terminal, supply terminal || **~antwortzeit** *f* (Meßeinrichtung) / lead response time || **~aufbauzeit** *f* / (connection) establishment delay || **~ausführung** *f* (Wickl.) / end lead (arrangement), terminal lead, brought-out lead || **~band** *n* (HL) / conduction band || **~bruchüberwachung** *f* / open-circuit monitoring (o. detection) || **~brücke** *f* / cable link || **~dämpfung** *f* / line attenuation || **~differentialschutz** *m* / line differential protection (system o. relay), feeder differential protection, pilot-wire differential protection || **~durchführung** *f* / bulkhead cable gland (IEC 117-5), cable penetration, cable bushing, cable gland || **~einführung** *f* / cable entry, entry fitting, cable gland (o. bushing) || **Gummi-~einführung** *f* / rubber grommet, rubber gland || **~elektron** *n* / conduction electron || **~empfänger** *m* / line receiver || **~empfänger** *m* (PMG, DIN IEC 625) / receiver *n*

Leitungsende *n* / line end, cable end, lead end, conductor end, cable termination || **~** (Empfangsseite) / receiving end || **~** (einer Stichleitung) / tail *n* || **~ mit Spannungsüberwachung** / voltage-monitored line end || **~ mit Synchronüberwachung** / synchro-checked line end || **freies ~** / lead tail, free lead end

Leitungs·entladungsklasse *f* / line discharge class || **~entladungsprüfung** *f* / line discharge test || **~erdschluß** *m* / line-to-earth fault, line-to-ground fault || **~-Erdungsschalter** *m* / line earthing switch, line grounding switch || **~fehler** *m* / line fault || **~führung** *f* (I) / wiring arrangement, wiring and cabling, conductor arrangement || **~führung** *f* (Weg) / conductor routing, cable routing || **in der ~führung eingebaut** (Wandler) / fitted in the conductor (run), fitted on the busbar || **~gebilde** *n* / line configuration

leitungsgebundene Störung (s. leitungsgeführte Störung)

leitungsgeführt·e Störung / mains-borne disturbance, conducted interference

Leitungs·geräusch *n* / line noise || **~girlande** *f* / festooned cable || **~halter** *m* / cable holder, cable bracket, cable clip, cable grip, cable stay || **~haltesteg** *m* / wire locator || **~häufung** *f* / cable bundling, cable grouping || **~kanal** *m* (VDE 0113; vgl. „Kabelkanal") / duct *n* (IEC 204), raceway *n*, cable duct, cable way, wireway *n* || **~kanal** *m* (elST-Geräte) / wiring duct || **~klemme** *f* / line terminal, circuit terminal || **~knoten** *m* / line node || **~konfiguration** *f* / line configuration

Leitungskonstante *f* / circuit constant || **gleichmäßig verteilte ~** / distributed constant || **punktförmig verteilte ~** / lumped constant

Leitungs·kupplung (s. Kabelkupplung) || **~kurzschluß** (s. Abstandskurzschluß) || **~monteur** *m* / lineman *n* || **~nachbildung** *f* / equivalent line || **~netz** *n* / network *n* (IEC 50(25)), conductor system, supply system || **~netz** *n* (Installationsnetz) / wiring system || **~pol** *m* / transmission line pole, line pole || **~protokoll** *n* / line protocol || **~rahmen** *m* / line frame || **~rohr** *n* / conduit *n* || **~roller** *m* / cord reel(er) || **~satz** *m* / cable set, cable harness, wiring harness || **~satz** (s. Geräteanschlußleitung) || **~schalter** *m* (LS) / feeder circuit-breaker, line circuit-breaker || **~schaltung** *f* (Kommunikationssystem, LAN) / circuit switching || **~schnittstelle** *f* / line interface || **~schnur** *f* / cord *n*, flexible cord || **~schuß** *m* (IK) / trunking section, busway section || **~schutz** *m* / line protection || **~schutzrohr** *n* / conduit *n*

Leitungsschutzschalter *m* / circuit-breaker *n*, miniature circuit-breaker, m.c.b. || **~ mit Differenzstromauslöser (LS/DI-Schalter)** / r.c.d.-operated circuit-breaker, residual-current-operated circuit-breaker || **~ mit Freiauslösung** / trip-free circuit-breaker (IEC 157-1), release-free circuit-breaker

Leitungs·schutzsicherung *f* / fuse *n* || **~schwingung** *f* / line oscillation, line transient || **~seil** *n* / stranded conductor

leitungsseitiges Ende / line end
Leitungs·stecker *m* / cable connector, connector *n*, cord connector, cable-attached connector || **≗stecker** *m* (an Leiterplatte) / front plug || **≗strecke** *f* / line section, line run || **≗strom** *m* / conduction current || **≗stromdichte** *f* / conduction current density || **≗stutzen** *m* / conductor gland || **≗sucher** *m* / line detector, cable locator
Leitungssystem *n* (I) / wiring system || **≗ mit geerdetem konzentrischem Außenleiter** / earthed concentric wiring system, grounded concentric wiring system || **Kabel- und ≗** (o. -anlage) (VDE 0100, T.200) *n(f)* / wiring system
Leitungs·träger *m* (Freil.) / conductor support || **≗träger** *m* (I) / cable cleat, cable hanger || **≗trasse** *f* / transmission route, right of way || **≗treiber** *m* / line driver, line transmitter, output driver || **≗trenner** (s. Leitungstrennschalter) || **≗trennschalter** *m* / feeder disconnector, line disconnector || **≗trosse** *f* / trailing cable || **≗tülle** *f* / cable grommet, wire grommet || **≗-Überlastschutzsystem** *f* / feeder overload protection system || **≗umkehrung** *f* (Informationsübertragung) / line turnaround || **≗unterbrechung** *f* / line interruption, open circuit, wire breakage || **≗verlust** *m* (Stromdurchleitung) / conduction loss || **≗verluste** *m pl* (Übertragungsleitung) / line losses, transmission losses || **~vermittelnde Verbindung** (DÜ) / circuit-switched connection || **≗vermittlung** *f* (DÜ, DIN 44302) / circuit switching || **≗verzweigung** *f* (DIN 40717) / junction of conductors (IEC 117-1) || **≗vorsatz** *m* / line adaptor || **≗wächter** *m* / earth-leakage monitor || **≗wanne** *f* / cable gutter, wiring gutter, cable trough || **≗wasser** *n* / tap water, water from the main || **≗winkel** *m* (Winkeländerung in der Richtung einer Freileitung) / line angle || **≗winkel** *m* (auf Leitungsimpedanz bezogen) / line impedance angle || **≗zug** *m* / wiring run, cable run || **≗zug** *m* (SS) / busbar run || **≗zugriffsteuerung** *f* / line access control
Leitvermögen (s. Leitfähigkeit)
Leitwarte *f* (Raum) / control room || **≗** (Pult) / supervisory console
Leitweg *m* (DÜ) / route *n* || **≗bestimmung** *f* / routing *n*
Leitwerk *n* (DIN 44300) / control unit (part of a CPU, ISO 2382), instruction control unit
Leitwert *m* (Scheinleitwert) / admittance *n* || **≗** (spezifischer) / conductivity *n* || **≗** (Wirkleitwert) / conductance *n* || **geometrischer ≗** (eines Strahlenbündels) / geometric extent || **Luftspalt~** / air-gap permeance || **magnetischer ≗** / permeance *n* || **≗belag** *m* / per-unit admittance || **≗zahl der Streuung** (s. Streuleitwert)
Leitzahl *f* (Stadtplan) / digital reference || **≗** (s. Kennzahl) || **Temperatur~ des Bodens** (thermische Diffusivität) / soil thermal diffusivity
Leitzentrale *f* / supervisory control room, control room
Leitzwecke, Kupfer für ≗ / high-conductivity copper
LEMP (A. f. „lightning electromagnetic impulse" - elektromagnetischer Impuls des Blitzes)
Lenkeinschlag *m* (Kfz) / steering angle
lenken *v* (Licht) / concentrate *v*, focus *v* || **≗** *n* (Kfz) / steering *n*
Lenk·hilfe *f* (Kfz) / steering aid || **≗säule** *f* (Kfz) / steering column || **≗stockhebel** *m* (Kfz) / drop arm
Lenkung *f* (Kfz, Bauteile) / steering assembly || **≗** (s. Lenken) || **≗ der Dokumentation** (QS-Begriff) / document control || **≗ fehlerhafter Einheiten** (QS) / control of non-conforming items
Lenkungsausschuß *m* (CENELEC) / Council *n*
Lenkwinkelsensor *m* (Kfz) / steer angle sensor
Leonard·antrieb *m* / Ward-Leonard drive, Ward-Leonard system || **≗schaltung** *f* / Ward-Leonard control system || **≗-Schwungradumformer** *m* / Ward-Leonard-Ilgner set || **≗umformer** *m* / Ward-Leonard set, Ward-Leonard converter
lern·fähiges System / adaptive system || **≗prozeß** *m* / learning process
lesbare und dauerhafte Kennzeichnung / legible and durable marking
Lesbarkeit *n* / readability *n*
Lese·aufforderung *f* / read request || **≗auftrag** (s. Leseaufforderung) || **≗dauer** *f* (Osz., durch den Speicher) / persistence *n* || **≗erholzeit** *f* / sense recovery time || **≗fehler** *m* / read(ing) error, read parity error || **Laser-≗gerät** *n* / laser scanner || **≗gerät** *n* / reader unit, reader *n* || **≗geschwindigkeit** *f* / reading speed, reading rate, characters per second (cps) V || **≗lampe** *f* / reading lamp
lesen *v* (a. DV) / read *v* || **≗** *n* / reading *n*, read mode || **≗ mit modifiziertem Rückschreiben** / read-modify-write mode
Lesen-Schreiben *n* / read-write mode
Leser *m* / reader *n*, reading device || **≗** (OCR-Handleser) / scanner *n* || **Strichcode~** / bar-code scanner, bar-code reader || **≗-Stanzer-Einheit** *f* / reader-punch unit
Lese·-/Schreib-Speicher *m* / read/write memory (RWM) || **≗-/Schreibzyklus** *m* / read/write cycle || **≗signal** *n* / read signal, memory read (signal) || **≗stift** *m* (f. Strichcode) / reading wand || **≗strahlerzeuger** *m* (Osz.) / reading gun || **≗strom** *m* / read current || **≗telegramm** *n* / read message || **≗verstärker** *m* (integrierte Schaltung, die auf eine Spannung in einem bestimmten Spannungsbereich reagiert und ein digitales Ausgangssignal abgibt) / sense amplifier, memory sense amplifier || **≗zeit** *f* / reading time || **≗zeit** *f* (Osz.) / reading time, display time || **≗zeit** (s. Lesedauer) || **≗zugriffszeit** *f* / read access time || **≗zyklus** *m* / read cycle
letzt·er Basispunkt (Impulsepoche) / last base point || **~er Satz** (NC) / termination record, last block || **~öffnender Pol** / last pole to clear || **~schließender Pol** / last pole to close
Letztübergangsdauer *f* (Impulsabbild, DIN IEC 469, T.1) / last transition duration
Letztverbraucher *m* / ultimate consumer
Leucht·anzeige *f* (durch Leuchtdioden) / LED display || **≗bake** *f* / ground light || **≗balken** *m* / luminous bar || **≗balken-Meßgerät** *n* / shadow-column instrument || **≗band** *n* / continuous row of luminaires, line of fluorescent luminaires, long row of luminaires, lighting trunking || **≗bandanzeiger** *m* / light-strip indicator || **≗baustein** *m* (Mosaikbaustein) / illuminated tile || **≗boje** *f* / lighted buoy || **≗decke** *f* / luminous ceiling, over-all luminous ceiling

Leuchtdichte *f* / luminance *n* || ² (durch Flicker erzeugt) / fluctuating luminance || ² (LWL) / radiant luminance || ² (s. spezifische Ausstrahlung) || ² **der gespeicherten Strahlspur** (Osz.) / stored luminance || ² **des Leuchtschirm-Hintergrundes** (Osz.) / background luminance || **Kurve gleicher** ² / isoluminance curve || **spektraler** ²**anteil** / colorimetric purity || ²**faktor** *m* / luminance factor || ²**gleichmäßigkeit** *f* / luminance uniformity || ²**grenzkurve** *f* / luminance limiting curve || ²**koeffizient** *m* / luminance coefficient || ²**koeffizient bei Retroreflexion** / coefficient of retroreflective luminance || ²**kontrast** *m* / illuminance contrast || ²**meßgerät** *n* / luminance meter, photometer *n* || ²**meßgerät nach IEC** (DIN IEC 351, T.2) / CIE standard photometric observer || ²**niveau** *n* / luminance level || ²**verfahren** *n* / luminance method || ²**verhältnis** *n* / illuminance contrast || ²**verteilung** *f* / luminance distribution || ²**verteilungsfaktor (LVF)** *m* / obscuring power factor (OPF)

Leuchtdiode (LD) *f* / light-emitting diode (LED)

Leuchtdioden·anzeige *f* / LED display || ²**band** *n* / LED strip || ²**kette** *f* / LED array

Leucht·draht *m* (Lampe) / (lamp) filament *n* || ²**druckknopf** (s. Leuchttaster) || ²**drucktaste** / illuminated key || ²**drucktaster** (s. Leuchttaster)

Leuchte *f* / luminaire *n*, lighting fitting, light fixture (US), fitting || ² (an Lichtmast) / lantern *n* (EN 40) || ² (Pyrometermeßflächenl.) / (target) illuminator *n* || ² **der Schutzklasse 0** / Class 0 luminaire || ² **für Allgemeinbeleuchtung** / general-purpose luminaire || ² **für Hochleistungslampen** / high-intensity luminaire || ² **für hohe mechanische Beanspruchungen** / rough-service luminaire || ² **für rauhen Betrieb** / rough-service luminaire || ² **mit Vorschaltgerät** / ballasted luminaire, luminaire with control gear || ² **ohne Vorschaltgerät** / uncorrected luminaire, gearless luminaire || **Signal**~ / signal light, signal lamp

Leuchten·anordnung *f* / luminaire arrangement, luminaire configuration || ²**anschluß** *m* (Lichtmast) / lantern fixing (EN 40) || ²**anschlußdose** *f* / luminaire outlet box with terminals, luminaire outlet box || ²**aufhänger** *m* / luminaire hanger || ²**band** *n* / continuous row of luminaires, line of fluorescent luminaires, long row of luminaires, lighting trunking || ²**befestigungsgerät** *n* / hickey *n* || ²**bestückung** *f* / lamp complement (of luminaire), number of lamps per luminaire || ²**betriebswirkungsgrad** (s. Leuchtenwirkungsgrad)

leuchtend·e Fläche (Elektronenröhre) / luminous area (IEC 151-14)

Leuchten·einsatz *m* (Lichtleiste) / basic batten, base unit || ²**gehäuse** *n* / luminaire housing || ²**glocke** *f* / globe *n* || ²**höhe** *f* / luminaire mounting height, mounting height || ²**klemme** *f* / luminaire terminal || ²**mast** *m* / luminaire post, luminaire column || ²**schale** *f* / luminaire bowl || ²**schirm** *m* / lamp shade, shade *n* || ²**wanne** *f* / luminaire trough || ²**wirkungsgrad** *m* / (luminaire) light output ratio, luminaire efficiency

Leuchtfeld *n* (Mosaiktechnik, Kompaktwarte) / backlit tile, luminous tile

Leuchtfeuer *n* / beacon *n*, beacon light, lighthouse beacon, light signal || **Luftfahrt**~ *n* / aeronautical beacon

Leuchtfleck *m* (Osz.) / spot *n*, light spot || ²**geschwindigkeit** *f* / spot speed, spot velocity || ²**helligkeit** *f* / spot brightness || ²**lage** *f* / spot position || ²**verzerrung** *f* / spot distortion

Leucht·floß *n* / lighted float || ²**fontaine** *f* / illuminated fountain || ²**knebel** *m* / illuminated knob || ²**kondensator** *m* (Elektrolumineszenzquelle) / electroluminescent source || ²**körper** *m* / luminous element, filament *n* || ²**körperabstand** *m* / filament centre length || ²**kraft** *f* / luminosity *n* || ²**meldeeinheit** *f* / illuminated indicator module, illuminated annunciator module

Leuchtmelder *m* (VDE 0660,T.205) / indicator light (IEC 337-2C), illuminated indicator, pilot light || ² **für direkten Anschluß** / full-voltage indicator light, full-voltage pilot light || ² **mit eingebauter Einrichtung zur Spannungsreduzierung** (VDE 0660,T.205) / indicator light with built-in voltage-reducing device (IEC 337-2C) || ² **mit Lampenprüftaste** / push-to-test indicator light, push-to-test pilot light || ² **mit Transformator** / transformer-type indicator light

Leucht·mitte *f* / light centre || ²**pilz** *m* / luminous mushroom, illuminated mushroom (button) || ²**pilztaster** *m* / luminous mushroom pushbutton, illuminated mushroom pushbutton || ²**platte** *f* / electroluminescent panel || ²**punkt-Suchvorrichtung** *f* (Osz.) / beam finder || ²**röhre** *f* / neon tube, tubular discharge lamp, fluorescent tube || ²**röhrenleitung** *f* / neon lighting cable, fluorescent tube cable || ²**röhrentransformator** *m* / transformer for tubular discharge lamps, neon transformer || ²**säule** *f* / illuminated bollard, guard post || ²**schaltbild** *n* / illuminated mimic diagram || ²**schalter** *m* / illuminated switch, illuminated control switch || ²**schaltwarte** *f* / (illuminated) mimic-diagram control board || ²**schild** *n* / illuminated sign

Leuchtschirm *m* / luminescent screen, fluorescent screen, screen *n* || ²**betrachtung** *f* (RöA) / roentgenoscopy *n*, fluoroscopy *n*, fluoroscopic examination || ²**bild** *n* / fluorescent image, screen display || ²**fotografie** *f* (RöA) / photofluorography *n*, photoroentgenography *n* || **Leuchtdichte des** ²**-Hintergrundes** (Osz.) / background luminance

Leucht·schrifttafel *f* / luminous annunciator panel || ²**spur** *f* (Osz.) / trace *n* || ²**steuertaste** (s. Leuchttaster)

Leuchtstoff *m* / fluorescent material, luminescent material, phosphor *n* || **Quecksilberdampf-Hochdrucklampe mit** ² / colour-corrected high-pressure mercury-vapour lamp || ~**beschichtete Lampe** / fluorescent-coated lamp || ²**beschichtung** *f* / fluorescent coating || ²**-Halbringlampe** *f* / circlarc fluorescent lamp || ²**lampe (L-Lampe)** *f* / fluorescent lamp (FL) || ²**lampe für Fluoreszenzanregung** / indium-amalgam fluorescent lamp || ²**lampe für Starterbetrieb** / switch-start fluorescent lamp || ²**lampe in Stabform** (s. stabförmige Leuchtstofflampe) || ²**lampenbeleuchtung** *f* / fluorescent lighting || ²**lampen-Dimmer** *m* / dimmer for fluorescent lamps || ²**lampenflimmern** *n* / fluorescent flicker || ²**lampenleuchte** *f* / fluorescent luminaire, fluorescent fitting, fluorescent fixture (US) || ≗**lampenlicht** *n* / fluorescent light || ≗**mischung** *f* / phosphor blend || ≗**röhre** *f* / fluorescent tube, tubular fluorescent lamp

Leucht·taste *f* / illuminated key || ≗**taster** *m* (VDE 0660,201) / illuminated pushbutton (IEC 337-2), luminous pushbutton (IEC 117-7), lighted pushbutton switch || ≗**tastschalter** (s. Leuchttaster) || ≗**technik** (s. Lichttechnik) || ≗**tonne** *f* / lighted buoy || ≗**turm** *m* / lighthouse *n* || ≗**vorsatz** *m* / lens assembly, indicator light || ≗**wanne** *f* / trough luminaire, trough fitting || ≗**warte** *f* / (illuminated) mimic-diagram control board || ≗**weitenregelung** *f* (Kfz) / headlamp beam adjustment || ≗**zeit** *f* (reine Brennzeit) / lighted time || ≗**zifferblatt** *n* / illuminated dial

Leuchtziffernanzeige *f* / illuminated digital display, electroluminescent digital display, LED digital display

LFG (s. Leitfrequenzgeber)

Licht *n* / light *n*, visible radiation

licht·er Abstand / clearance *n* || ~**e Breite** / inside width, clear width || ~**er Durchmesser** / inside diameter || ~**e Einbautiefe** (in Wand) / depth of wall recess || ~**e Höhe** (Innenhöhe) / inside height || ~**e Höhe** (zum Anheben) / headroom *n* || ~**e Weite** / inside width, clear width

Licht werfen (auf) / to shed light upon

Licht·abfall *m* / drop in light output || ≗**abfallkurve** *f* / lumen maintenance curve || ≗**ablenkung** *f* / deflection of light || ≗**art** *f* / illuminant *n* || ≗**aufnehmer** *m* / light sensor || **Norm-Vergleichs-**≗**ausbeute** *f* / standard comparison efficiency (SCE) || ≗**ausbeute** *f* / luminous efficacy, luminous efficiency || ≗**ausbeute während der Lebensdauer** / efficiency during life (EDL) || ≗**ausbreitung** *f* / light propagation, propagation of light || ≗**ausstrahlung** *f* / light radiation, light output || **spezifische** ≗**ausstrahlung** / luminous excitance, luminous emittance || ≗**ausstrahlungswinkel** *m* / light radiation angle, angle of light emission || ≗**austrittsfläche** *f* / effective reflex surface || ≗**band** *n* / continuous row of luminaires, line of fluorescent luminaires, long row of luminaires, lighting trunking || ≗**band** *n* (in der Decke versenkt) / troffer *n* || ≗**band** *n* (rings um die Raumdecke angeordnet) / perimeter lighting || ~**beständig** *adj* / resistant to light, photostable *adj*, fast to light || ≗**beständigkeit** *f* / light resistance, photostability *n*

Lichtblitzstroboskop *n* / discharge-tube stroboscope

Lichtbogen *m* / arc *n*, electric arc || ≗**abfall** *m* / arc drop || ≗**ansatzpunkt** *m* / root point of arc || ≗**arbeit** *f* / arc energy || ≗**aureole** *f* / arc flame || ≗**-Ausblasraum** *m* / arcing space || ≗**barriere** *f* / arc barrier || ~**beständig** *adj* / arc-resistant *adj*, arcing-resistant *adj* || ≗**beständigkeit** *f* / arc resistance || ≗**bildung** *f* / arcing *n* || **magnetische** ≗**blasung** / magnetic blowout || ≗**blende** *f* / arc barrier || **Plasma-**≗**brenner** *m* / plasma torch || ≗**dauer** *f* / arcing time || ≗**einsatz** *m* / initiation of arcing || ≗**energie** *f* / arc power || ≗**entladung** *f* / arc discharge, electric arc || ≗**entwicklungszeit** *f* / pre-arcing time || ≗**-Erdschluß** *m* / arc-over earth fault, arcing ground || ≗**fenster** *n* / arc window || ~**fest** *adj* / arc-resistant *adj*, arcing-resistant *adj* || ≗**festigkeit** *f* / arc resistance || ≗**grenzkurve** *f* (Rel.) / limit curve for arc-free operation || ≗**horn** *n* / arcing horn || ≗**intervall** *n* / period of arcing || ≗**kamin** *m* / arc flue || ≗**kammer** *f* / arc chute, arcing chamber, extinction chamber, arc control pot || ≗**kontakt** (s. Abbrennschaltstück) || ≗**kurzschluß** *m* / short circuit through an arc || ≗**länge** *f* / arc length || ≗**-Leitblech** *n* / arc runner, arc splitter || ≗**-Leitfähigkeit** *f* / arc conductivity || ≗**-Löschblech** *n* / arc splitter, deion plate || ≗**-Löschblechkammer** *f* / arc splitter chamber || ≗**-Löschdüse** *f* / arc quenching nozzle || ≗**-Löscheinrichtung** *f* / arc control device, arc quenching system || ≗**löscher** *m* / arc quencher || ≗**-Löschmantel** *m* / arc-quenching sleeve || ≗**-Löschmittel** *n* / arc extinguishing medium, arc quenching medium || ≗**-Löschtopf** *m* / arc control pot || ≗**löschung** *f* / arc extinction, arc quenching || ≗**löschung durch Gasbeblasung** / gas-blast arc extinction || ≗**-Löschvermögen** *n* / arc control capability, arc quenching capability || ≗**-Löschzeit** *f* / arcing time, arc extinction time || ≗**messer** *n* / arcing blade || ≗**plasma** *n* / arc plasma || ≗**prüfung** *f* / arcing test, arc test || ≗**reserve** *f* / arcing reserve || ≗**ring** *m* / arcing ring || ≗**-Rückzündung** *f* / arc-back *n* || ≗**schaltstück** *n* / arcing contact || ≗**-Schneidemaschine** *f* / arc cutting machine || ≗**schutz** *m* / arc barrier, flash barrier

Lichtbogen-Schutzarmatur *f* (Schutzring) / guard ring

Lichtbogen·-Schutzdecke *f* / horizontal arc barrier || ≗**schweißen** *n* / arc welding || ≗**-Schweißgenerator** *m* / arc-welding generator || ≗**-Schweißtransformator** *m* / arc-welding transformer || ≗**-Schweißumformer** *m* / arc-welding set || ≗**spannung** *f* / arc voltage, arc-drop voltage, arc drop || ≗**spannung** *f* (Spitzenwert) / peak arc voltage || ≗**spur** *f* / arc trace || ≗**-Stehzeit** *f* / arcing time || ≗**strecke** *f* / arc gap || ≗**strom** *m* / arc current, arcing current, current in arc || ≗**-Trennwand** *f* / arc barrier || ≗**überschlag** *m* / flashover *n*, arc flashover || ≗**umlauf** *m* / arc revolution || ≗**verluste** *m pl* / arc-drop losses || ≗**wächter** *m* / arc monitor (o. detector) || ≗**wärme** *f* / arc heat, heat due to arcing || ≗**widerstand** *m* / arc resistance || ≗**-Wiederzündung** *f* / arc restriking || ≗**zeit** *f* / arcing time || ≗**zündung** *f* / arc initiation, striking of an arc

lichtbrechend·e Fläche / refracting surface || ~**er Körper** / refractor *n*

Licht·bündel *n* / light beam, beam of light || ≗**bus** (s. Lichtwellenleiterbus) || ≗**decke** *f* / luminous ceiling, over-all luminous ceiling || ~**dicht** *adj* / light-proof *adj* || ≗**drücker** *m* / light button

lichtdurchlässig *adj* / light-transmitting *adj*, transparent *adj*, translucent *adj* || ~**e Abdeckung** (Leuchte) / translucent cover

Lichtdurchlässigkeitszahl *f* / light transmission value

lichtecht *adj* / fast to light

Lichteffektgenerator *m* / light effects generator

Lichteinfall *m* / light incidence, incidence of light || ≗**ebene** *f* / incident light plane || ≗**winkel** *m* / angle of light incidence || ≗**winkel** *m* (eines Rückstrahlers) / entrance angle

Licht·einheit *f* (Primärnormal) / primary standard of light || ≗**eintrittsfenster** *n* / window *n*, skylight *n*

lichtelektrisch·es Abtastgerät / photoelectric scanner || ~**er Effekt** / photoelectric effect || ~**er Empfänger** / photoreceiver *n*, photo-detector *n*, photoelectric detector || ~**es Fotometer** / photoelectric photometer || ~**e Prüfung** / photoelectric test, stroboscopic test
Licht·empfänger *m* / opto-receiver *n* || ~**empfindlich** *adj* / light-sensitive *adj*, sensitive to light, photo-sensitive *adj* || ≗**empfindlichkeit** *f* / sensitivity to light, luminous sensitivity, photo-sensitivity *n*
Lichtfarbe *f* / luminous colour, luminous perceived colour, colour of light
Licht·feld *n* / light field || ≗**fleck** *m* / light spot, spot of light, spot *n* || ≗**flimmern** *n* / light flicker, flicker *n* || ≗**fluter** *m* / floodlight *n* || ≗**fühler** *m* / photo-sensor *n*, photo-electric cell || ≗**geschwindigkeit** *f* / velocity of light, light velocity, speed of light || ~**gesteuert** *adj* / light-activated *adj*, light-controlled
Lichtgriffel *m* / light pen, stylus input device || ≗**ablage** *f* / lightpen holder || ≗**eingabe** *f* / light-pen hit, light-pen detection || ≗**erkennung** *f* / light-pen detection
Lichthof *m* (s. Reflexionslichthof) *n*, halo *n*
Licht·hupe *f* / flash light || ≗**kegel** *m* / light cone, cone of light || **asymmetrischer** ≗**kegel** (Kfz) / asymmetrical beam || ≗**kette** *m* / lighting chain || **integriertes** ≗**-Klima-System** / integrated light-air system || ≗**kreis** *m* / circle of light || ≗**leiste** *f* / batten luminaire
Lichtleistung *f* / light output (ratio) || ≗ (LWL) (s. Lichtstärke) || ≗ (s. Lichtausbeute) || **installierte** ≗ / installed lighting load, installed lamp watts (o. kW)
Lichtleitbündel *n* / fibre optic, optical fibre
Lichtleiter *m* (zu Beleuchtungszwecken; vgl. „Lichtwellenleiter" zur optischen Nachrichtenübertragung) / light guide, light pipe || ≗**-Fernbus** *m* / fibre-optic data highway
Licht·leitkabel (s. Lichtwellenleiterkabel) || ≗**leitstab** *m* / rigid optical fibre rod || ≗**leitung** (s. Beleuchtungsstromkreis)
lichtlenkend·es System / optical system || ~**e Umkleidung** / optical controller
Lichtlenkung *f* / light directing
Lichtmarke *f* (Osz.) / light spot, spot *n* || ≗ (s. Schreibmarke)
Lichtmarken·-Galvanometer *n* / optical-index galvanometer, optical-pointer galvanometer || ≗**-Meßgerät** *n* / instrument with optical index (IEC 50(302)), light-spot instrument
Licht·maschine *f* (Bahn) / lighting dynamo, train lighting generator || ≗**maschine** *f* (Kfz) / generator *n*, electric generator || ≗**maß** *n* / inside dimension, clear dimension || ≗**mast** *m* / lighting column, lamp pole, lighting pole || ≗**mastempfänger** *m* (RSA, VDE 0420) / street lighting receiver || ≗**menge** *f* / quantity of light || ≗**meßtechnik** *f* / photometry and colorimetry || ≗**messung** *f* / photometry *n*, photometric measurement, light measurement || ≗**netz** *n* / lighting system (o. mains) || ≗**pause** *f* / photocopy *n*, blueprint *n* || ≗**pauslampe** *f* / photocopying lamp, blueprinting lamp, copying lamp || ≗**punkt** (s. Leuchtfleck) || ≗**punktabtaströhre** *f* / flying-spot scanner tube || ≗**punkthöhe** *f* (Montagehöhe f. Leuchten) / mounting height (of luminaire), suspension height || ≗**quant** *n* / photon *n*, light quantum || ≗**quelle** *f* / light source
Lichtraum *m* (Bahn) / structure gauge
Lichtraumprofil *n* / obstruction gauge || ≗ **für Oberleitung** / overhead system gauge || ≗ **für Stromabnehmer** / pantograph clearance gauge || ≗ **für Stromschienen** / conductor rail gauge
Licht·reflex *m* / reflected glare || ≗**reflexionsgrad** *m* / luminous reflectance || ≗**regie** *f* / lighting control || ≗**regieplatte** *f* / lighting control tableau || ≗**regiepult** *n* / lighting control console, stage lighter's console || ≗**reiz** *m* / light stimulus || ≗**relais** (s. fotoelektrisches Relais) || ≗**richtung** *f* / direction of light, direction of lighting || ≗**rohrsystem** *n* / tubetrack system || ≗**rufanlage** *f* / luminous call system, visual call system || ≗**schacht** *m* / lighting well || ≗**schalter** *m* / light switch || ≗**schiene** *f* / luminaire track, supply track system for luminaires, lighting busway, lighting trunking
Lichtschnitt-Verfahren *n* / split-beam method
Licht·schranke *f* / photoelectric barrier, light barrier, opto-electronic machine guard, light-beam curtain || ≗**schreiber** *m* / light-spot recorder || ≗**schutzfilter** *n* / safelight filter || ≗**schwerpunkt** *m* / light centre || ≗**schwerpunktabstand (LCL)** *m* / light centre length (LCL) || ≗**sender** *m* / opto-transmitter *n* || ≗**signal** *n* / light signal || ≗**signal** *n* (Meldeleuchte) / signal lamp, pilot lamp || ≗**signal** (s. Leuchtmelder) || ≗**spur** *f* (Lichtschreiber) / light-spot trace || ~**stark** *adj* / high-intensity *adj*
Lichtstärke *f* / luminous intensity, light intensity, intensity *n* || ≗ (in Candela) / candlepower (CP) *n* || ≗ (LWL) / emissivity *n* || **Kurve gleicher** ≗ / isointensity curve, isocandela curve || ≗**normal** *n* / intensity standard, standard lamp for luminous intensity || ≗**regelung** *f* / (light) intensity control || **Natriumlampe mit** ≗**steuerung** / dimmable sodium lamp, sodium lamp with intensity control || ≗**verteilung** *f* / luminous (o. light) intensity distribution || ≗**verteilungsdiagramm** *n* / polar diagram of light distribution || ≗**verteilungsfläche** *f* / surface of luminous intensity distribution || ≗**verteilungskörper** (s. Lichtstärkeverteilungsfläche) || ≗**verteilungskurve** *f* / luminous intensity distribution curve
Licht·stellanlage *f* / lighting control system || ≗**steller** *m* / dimmer *n*, fader *n* || ≗**stellwarte** *f* / lighting console || ≗**steueranlage** *f* / lighting control system || ≗**steuergerät** *n* / dimmer *n*, fader *n* || ≗**stift** *m* / light pen, stylus input device || ≗**stimmung** *f* / lighting scene, lighting cue || ≗**strahl** *m* / light beam, beam of light || ≗**strahl-Galvanometerschreiber** *m* / light-beam galvanometric recorder || ≗**strahl-Oszillograph** *m* / light-beam oscillograph
lichtstreuend·e Leuchte / diffuser luminaire, diffusing fitting || ~**es Medium** / diffuser *n* || ~**er Reflektor** / dispersive reflector || ~**er Überzug** / diffusing coating
Lichtstreuung *f* / diffusion of light, light scatter
Lichtstrom *m* / luminous flux, light flux, lumens *n pl* || **Lampen**~ *m* / lumens per lamp || ≗**abfallkurve** *f* / lumen maintenance curve || ≗**abnahme** *f* / light depreciation, degradation *n* || ≗**anteil** *m* / luminous

flux fraction || **angegebener ²faktor** / declared light output || **²gewinn** *m* / luminous flux gain, lumen gain || **²kreis** *m* / lighting circuit, lighting sub-circuit || **²lenkung** *f* / concentration of luminous flux, luminous flux focussing || **²messer** *m* / integrating photometer || **²verfahren** *n* / luminous-flux method, lumen method || **²verhältnis** *n* / lumen maintenance, luminous flux ratio

Licht·system (s. Stromschienensystem für Leuchten) || **²tarif** *m* / lighting tariff || **²taster** *m* / light pushbutton || **²technik** *f* / lighting engineering, lighting technology

lichttechnisch·e Anfangswerte / initial luminous characteristics || **~e Eigenschaften** / luminous characteristics || **~e Größe** / photometric quantity

Lichttransformator *m* / lighting transformer

lichtundurchlässiges Medium / opaque medium

lichtunempfindlich *adj* / insensitive to light

Licht·vektor *m* / illuminance vector || **²verhalten** *n* (einer Lampe während der Lebensdauer) / lumen maintenance, lumen output || **²verhalten** (s. Lichtstromverhältnis) || **²verhältnis** *n* / lumen maintenance, luminous flux ratio || **²verhältnisse** *n pl* / lighting conditions || **²verlust** *m* / light depreciation, degradation *n* || **²verstärkung** *f* / light amplification || **²verteiler** *m* / lighting distribution board, lighting panelboard (US) || **²verteilerkasten** *m* / lighting distribution box, lighting distribution unit

Lichtverteilung *f* / light distribution || **²** (Installationssystem) / lighting distribution system || **²** (Tafel) / lighting distribution board, lighting panelboard

Lichtverteilungs·kurve *f* (LVK) / light distribution curve (LDC), polar curve (p.c.) || **²meßgerät** *n* / goniophotometer *n*

Lichtverzögerung *f* (Kfz-Innenbeleuchtung) / courtesy light delay

Lichtwellenleiter (LWL) *m* / optical fibre, optical waveguide || **Schutzsystem mit ²** / optical-link pilot wire system || **²bus** *m* / fibre-optic bus, optical bus || **²-Fernsprechkabel** *n* (LWL-Fernsprechkabel) / optical fibre telephone cable || **²kabel** *n* (LWL-Kabel) / optical-fibre cable, fibre-optics cable || **²-LAN** *n* / fibre-optic LAN || **²system** *n* / optical waveguide system || **²-Übertragungssystem** *n* / fibre-optic transmission system (FOTS)

Lichtwellenleitung (s. Lichtwellenleiterkabel)

Licht·welligkeit *f* / luminous ripple, fluctuation of luminous intensity || **²würfel** *m* / light cube, light box || **²wurflampe** *f* / projector lamp, projection lamp || **²zeichenmaschine** *f* / photoplotter *n*, (graphic) film recorder || **²zeiger** *m* / light pointer || **²zeiger** *m* (Osz., Schreibstrahl) / recording beam || **²zündung** *f* (Thyr) / light pulse firing

Lieferantenbeurteilung *f* (laufende Bewertung der Qualitätsfähigkeit des Lieferanten; DIN 55350,T.11) / vendor rating || **²** (durch Prüfung durch den Abnehmer im Herstellerwerk; DIN 55350,T.11) / vendor inspection || **²** (Qualitätsfähigkeit des Lieferanten vor Auftragserteilung; DIN 55350,T.11) / vendor appraisal

Lieferantenqualitätssicherung, Überwachung der ² / quality control surveillance

Lieferantenrisiko *n* (DIN 55350, T.31) / producer's risk

Liefer·druck *m* (Pumpe) / delivery pressure, discharge pressure || **²druck** *m* (Trafo) / as-supplied pressure, pressure in transformer as supplied || **²grad** (Pumpe) (s. volumetrischer Wirkungsgrad) || **²menge** *f* (Gas, Öl) / total quantity supplied || **²menge** *f* (Pumpe) / delivery rate || **²qualität** *f* / delivery quality || **²rückstand** *m* / delivery backlog || **²treue** *f* / delivery dependability, supplier's reliability

Lieferung *f* (von Strom) / supply (o. export) of power || **²** (QS) / consignment *n*

Lieferungsbeurteilung *f* (QS) / consignment appraisal

Lieferzeichnung *f* / delivery drawing, as-delivered drawing, as-made drawing

liegende Maschine / horizontal machine, horizontal-shaft machine

Liegezeit *f* (ablaufbedingte o. störungsbedingte Unterbrechung beim Verändern u. Prüfen von Arbeitsgegenständen) / idle time

LIFO (A. f. „last-in first-out" - f. Stapelspeicher o. Kellerspeicher)

Ligatur *f* / ligature *n*

Lineal *n* (Richtlatte) / straight-edge *n* || **²** (Maßstab) / rule *n*, ruler *n*

linear abnehmende Steigung (Gewinde) / linearly degressive lead || **~e Ankerbelastung** (s. Strombelag) || **~ ansteigende Steigung** (Gewinde) / linearly progressive lead || **~er Anstiegsvorgang** / unit ramp || **~er Asynchronmotor** (s. Asynchron-Linearmotor) || **~e elektrische Maschine** / linear-motion electrical machine (LEM) || **~er Funktionsdrehmelder** (induktiver Steller) / inductive potentiometer (IPOT) || **~er Interpolator** (NC) / linear interpolator || **~e Mehrphasengröße** / polyphase linear quantity || **~e Messung** (NC) / linear measurement, direct measurement || **~es Schaubild** / rectilinear graph || **~e Schwebemaschine** / linear levitation machine (LLM) || **~e Schwebemaschine nach dem Prinzip der magnetischen Abstoßung** / repulsion-type linear levitation machine || **~e Schwebemaschine nach dem Prinzip der magnetischen Anziehung** / attraction-type linear levitation machine || **~e Schwingung** / rectilinear vibration, linear vibration || **~es Stromkreiselement** / linear circuit element || **~es System** / linear system || **~e Wärmedehnzahl** / coefficient of linear thermal expansion

Linearantrieb *m* / linear-motion drive, linear drive

Linear·bewegung *f* (WZM) / linear motion, straight motion || **²-Inductosyn** *n* / linear Inductosyn || **²-Induktionsmotor** (s. Induktionslinearmotor) || **²interpolation** *f* / linear interpolation

Linearisierungstoleranz *f* (NC; a. CLDATA-Wort) / linearization tolerance

Linearität *f* / linearity *n* || **² bei Festpunkteinstellung** (MG) / terminal-based linearity (the closeness to which the calibration curve of a device can be adjusted to approximate the specified straight line so that the upper and the lower range values of both input and output curves coincide) || **² bei Nullpunkteinstellung** (MG) / zero-based linearity || **² bei**

Toleranzbandeinstellung (MG) / independent linearity (the closeness to which the calibration curve of a device can be adjusted so that the maximum deviation is minimized) || ≈ **der Verstärkung** / gain linearity, gain constancy || **Ablenk~** (Osz., DIN IEC 151, T.14) / deflection uniformity factor (IEC 151-14)

Linearitäts·fehler *m* / linearity error, non-linearity *n*, error of linearity || ≈**fehler bezogen auf eine beste Gerade** / best-straight-line linearity error || ≈**reserve** *f* (Überlastfaktor; IEC 50(902)) / overload factor

Linear·kern *m* / linearized core, linear-characteristic core || ≈-**Magnetschwebemaschine** *f* / linear levitation machine (LLM) || ≈**maschine** *f* / linear-motion machine, linear machine || ≈**maßstab** *m* / linear scale, measuring scale, horizontal scale || ≈**meßsystem** *n* (NC) / linear measuring system || ≈**motor** *m* / linear motor || ≈**programm** *n* / linear program || ≈**programm mit Wiederholung** / linear program with rerun || ≈**regler** *m* / linear controller || ≈-**Reluktanzmotor** (s. Reluktanz-Linearmotor) || ≈-**Schrittmotor** *m* / linear stepper motor || ≈**spektrometer** *n* / linear spectrometer || ≈**strahlröhre** *f* / linear-beam tube, O-type tube || ≈-**Synchron-Homopolarmotor** (s. Synchron-Homopolar-Linearmotor) || ≈**umsteller** *m* (Trafo) / linear-motion tapping switch || ≈**wandler** *m* / linear-characteristic transformer, linear coupler

Linie (Hystereseschleife, „rückläufige Schleife") (s. Kurve der rückläufigen Schleife)

linienadressierbarer Speicher mit wahlfreiem Zugriff (LARAM) / line-addressable random-access memory (LARAM)

Linien·aufdruck *m* (Registrierpapier) / chart lines || ≈**bezifferung** *f* (Registrierpapier) / chart numbering || ≈**breite** *f* (CAD) / line weight || ≈**breite** *f* (spektrale Breite des abgestrahlten Lichts) / line width || ≈**dichte** *f* (CAD) / wire density || ≈**dichte je Längeneinheit** („Raumfrequenz") / spatial frequency || ≈**einschub** *m* (Feuermeldeanl.) / (withdrawable) zone module || ≈**element** *n* (GKS) / line primitive

linienförmiger Leuchtkörper / line filament

Linienformtoleranz *f* (DIN 7184, T.1) / profile tolerance

Linien·geber *m* (GKS) / stroke device || ≈**grafik** *f* / line graphics, coordinate graphics || ≈**integral** *n* / line integral || ≈**kamera** (s. Zeilenkamera) || ≈**konfiguration** *f* (FWT) / multipoint partyline network, partyline network || ≈**koppler** *m* (Brandschutzanl.) / line coupler, coupling unit || ≈-**Lasttrenner** *m* / in-line switch-disconnector || ≈**messung** *f* (RöA) / line measurement || ≈**modell** (s. Drahtmodelldarstellung) || ≈**netz** (s. Linienkonfiguration) || ≈**rasterentflechter** *m* / line-search router, line-probe router || ≈**schreiber** *m* / continuous-line recorder, continuous-line recording instrument (IEC 258) || ≈**speicher** *m* (RöA) / line store || ≈**spektrum** *n* / line spectrum || ≈**stärke** *f* (CAD) / line weight || ≈**strom** *m* (Peripheriegeräte) / current loop || ≈**strom-Schnittstelle** *f* / current-loop interface || ≈**struktur** (s. Bustopologie) || ≈**trenner** *m* / in-line disconnector, linear-action disconnector (o. sectionalizer) || ≈**trennschalter** (s. Linientrenner) || ≈**überlagerung** *f* (RöA) / overlapping of lines || ≈-**Untergrund-Verhältnis** *n* (RöA) / line-to-background ratio || ≈**verbindung** *f* (FWT) / partyline link || ≈**verbindungen mit Gemeinschaftsverkehr** (FWT) / partyline system with multi-point traffic || ≈**verkehr** *m* (FWT) / partyline traffic || ≈**verteiler** *m* / busbar trunking (system), overhead busbar trunking, busway (system), bus duct (system)

Linienzug *m* (GKS) / polyline *n* || **Zwei-Parameter-**≈ *m* / two-parameter reference line || ≈**bündeltabelle** *f* (GKS) / polyline bundle table

Linke-Hand-Regel *f* / left-hand rule, Fleming's left-hand rule

links schieben (Befehl) / shift left (SL) || **nach** ~ (Bewegung) / to the left

Linksantrieb *m* / left-hand drive

linksbündig *adj* / left-justified *adj* || ~ **machen** / to justify to the left margin

linksdrehend *adj* / rotating anti-clockwise, counter-clockwise *adj* || ~**es Feld** / anti-clockwise rotating field, anti-clockwise phase sequence

Linksdrehung *f* / left-hand rotation, anti-clockwise rotation

linksgängig *adj* / left-handed *adj*, anti-clockwise *adj*, counter-clockwise *adj* || ~**es Gewinde** (s. Linksgewinde) || ~**e Wicklung** / left-handed winding

Links·gewinde *n* / left-hand thread || ≈**kreisbewegung** *f* / left-hand circular movement || ≈**kurvenbewegung** *f* / left-hand movement in a curve || ≈**lauf** *m* / anti-clockwise rotation, counter-clockwise rotation || ≈**schlag (S-Schlag)** (Kabelverseilung) *m* / left-hand lay || ≈**schraubbewegung** *f* / left-hand screw motion || ≈**system** *n* / anti-clockwise rotating system || ≈**system** *n* (NC) / left-handed system || ~**umlaufende Wicklung** / left-hand winding || ~**wendiges System** / left-handed system || ≈**wicklung** *f* / left-hand winding

Linse (Leuchtmelder) / lens *n*

Linsen·halterung *f* (Leuchtmelder; VDE 0660, T.205) / lens bezel, bezel *n* (IEC 337-2C) || ≈**scheinwerfer** *m* / lens spotlight

Lippendichtung *f* / lip seal

Liste *f* / list *n*, listing *n* || ≈ (DV, Verarbeitungsergebnisse) / report *n*

Listengenerator *m* (DV) / report generator

listenmäßig·es Erzeugnis (s. Serienfabrikat)

listenmäßige Ausführung / standard type

Literal *n* (Programmiersprache) / literal *n*

literale Sprache / literal language

Lithium·batterie *f* / lithium battery || ≈**chlorid-Feuchteaufnehmer** *m* / lithium-chloride humidity detector || ~**verseiftes Fett** / lithium-soap grease

lithographische Vervielfältigungsmaschine / lithographic duplicator

Litze *f* / litz wire, flexible lead, flexible *n* || ≈ (Bürste) / shunt *n*, pigtail lead, flexible lead || **Faser~** / fibre bundle

Litzenleiter *m* / litz wire, stranded conductor

L-Kasten *m* (IK) / horizontal right-angle bend, horizontal bend, horizontal angle (unit)

L-Lampe (s. Leuchtstofflampe)

LLC (logical link control - logisches Steuerungsverfahren im Übermittlungsabschnitt)

L-Leiter *m* / L-conductor *n*

LOC (s. Landekurssender)

Loch *n* (HL) / hole *n* || **≗abstand** *m* / distance between hole centres, fixing centres, hole spacing, hole pitch || **≗band** (s. Lochstreifen)

Lochbarkeit *f* / punching quality

Loch·bild *n* / hole pattern || **≗blech** *n* / perforated sheet, perforated plate || **≗blende** *f* (LT) / aperture plate || **≗blendenkammer** *f* / pinhole camera, apertured-diaphragm camera || **≗boden** *m* (Kühler) / tube plate, tube sheet || **≗drosselkörper** *m* / multi-orifice restriction plate, perforated restriction plate || **≗eisen** *n* / hollow punch

lochen *v* / perforate *v*, punch *v* || ~ (stanzen) / pierce *v*

lochendes Maximumwerk / punching maximum-demand mechanism

Locher *m* / hole punch, punch *n*

Löcher·halbleiter *m* / hole semiconductor, P-type semiconductor || **≗leitfähigkeit** *f* (HL) / hole-type conductivity, P-type conductivity || **≗leitung** *f* / hole conduction, P-type conduction

Loch·fraß *m* / pitting *n* || **≗fraßpotential** *n* / pitting potential || **≗grund** *m* / base of hole

Lochkarte *f* / punched card , punchcard *n*

Lochkarten·leser *m* / card reader (CR)

Loch·korrosion *f* / pitting corrosion || **≗kreis** *m* / hole circle, bolt pitch circle || **≗kreisdurchmesser** *m* / hole-circle diameter || **≗leibung** *f* / bearing stress || **≗leibungsdruck** *m* / bearing pressure, bolt bearing pressure, bearing stress || **≗prüfer** (Lochkartenp.) (s. Kartenprüfer) || **≗schablone** *f* / hole template || **≗scheibe** *f* (Kuppl.) / holed coupling half, hole half || **≗schnitt** *m* / piercing tool || **≗stein** *m* (EZ) / bearing jewel, jewel *n*

Lochstreifen *m* (gestanzt) / punched tape, punched paper tape || ≗ (ungestanzt) / paper tape, tape *n* || **≗ausgabe** *f* (NC) / tape output || **≗eingabe** *f* (NC) / tape input || **≗ende** *n* (a. NC-Zusatzfunktion nach DIN 66025) / end of tape || **≗-Fallschacht** *m* / tape tumble box || **~gesteuert** *adj* / tape-controlled *adj* || **≗leser** *m* / paper tape reader (PTR), punched-tape reader, tape reader || **≗locher** *m* / paper tape punch, tape punch, keyboard perforator

lochstreifenlos·e numerische Steuerung / tapeless numerical control

Lochstreifen·rücklauf *m* / tape rewind || **≗stanzer** (s. Lochstreifenlocher) || **≗steuerung** *f* / tape control || **≗wickler** *m* / tape winder || **≗zeichen** *n* / tape character

Loch·teilung *f* / hole spacing, hole pitch || **≗teilungsmaß** (s. Lochteilung) || **≗wandreinigung** *f* (gS) / hole cleaning

locker werden / to work loose, to become slack

lockern *v* (Passung, Sitz) / ease *v* || ~ (Schraube) / slacken *v*, loosen *v* || **sich** ~ / to work loose, to become slack

Lockerungsschutz, Anschlußklemme mit ≗ / locked terminal, self-locking terminal

Logarithmierer *m* (Baugruppe) / logarithmation module, log module

logarithmisch·es Amplitudenverhältnis / logarithmic gain || **~er Digital-Analog-Umsetzer (LOGDAC)** / logarithmic digital-to-analog converter (LOGDAC) || **~e Normalverteilung** (DIN 55350,T.22) / log-normal distribution || **~e Spirale** / logarithmic spiral || **~e Teilung** / logarithmic scale

LOGDAC (s. logarithmischer Digital-Analog-Umsetzer)

Logik *f* / logic *n*, logics *n*, logic circuit (o. circuity) || ≗ **mit hoher Störschwelle** / high-threshold logic (HTL) || ≗ **mit Stromsteuerung** / current-mode logic (CML) || ≗ **mit variabler Schwelle** / variable-threshold logic (VTL) || **Algebra der** ≗ / logical algebra || **pneumatische** ≗ (Fluidik) / fluidic logic, fluidics *pl* || **≗ablaufplan** *m* / logic sequence diagram, logic flow chart || **≗analysator (LA)** *m* / logic analyzer (LA) || **≗baugruppe** *f* / logic module || **≗-Bedienungstafel** *f* (NC) / logic control panel || **≗glied** *n* / logic element, logic operator || **≗komponente** *f* / logic component, logic section || **≗konverter** (s. Logikwandler) || **≗modul** *n* / logic module || **≗polarität** *f* / logic polarity || **≗raster** *m* / logic grid || **≗schaltung** *f* / logic circuit, logic array || **≗wandler** *m* / logic converter || **≗werk** *n* / logic module, logic unit || **≗werk** *n* (Decodierer) / logic decoder

logisch·es Eingabegerät / logical input device || **~ eins** / logical one || **~e Grundfunktion** *f* / basic logic function || **~e Kette** (Operationspfad) / operation path || **~e Masse** (Erde) / logic earth, logic ground (IEC 625) || **~e Masse-Rückleitung** / logic earth return, logic ground return || **~e Prüfung** / logic test, logical test || **~er Schaltplan** / logic diagram || **~e Schaltung** / logic circuit, logic array || **~e Schaltung, unspezifische** ≈ / uncommitted logic array || **~e Schnittstelle** (CP-Schnittstelle) / CP interface || **~e Steuerung** / logic control || **~es System** / logic system || **~e Verknüpfung** / logic operation || **~e Verknüpfungskette** / sequence of logic operations, logic operations sequence || **~er Zustand** / logic state, signal logic state || **~es Zweigende** / logic branch end

Logistik·betriebsmittel *pl* / logistical resources || **≗leistung** *f* / logistical output (o. performance)

logistisch·e Kette (CIM) / integrated logistic services

Lognormalverteilung *f* (DIN 55350,T.22) / log-normal distribution

lokal·es Bedienen und Beobachten / local operator control and process monitoring (O&M) || **~e Bezeichnung** (Kommunikationsnetz; DIN ISO 7498) / local title || **~es Datennetz** (LAN) / local area network (LAN) || **~es Industrie-Datennetz** / industrial local area network (ILAN) || **~es Netz** (s. lokales Datennetz) || **~es Niveau** (s. örtliches Niveau) || **~ operierendes Netz (LON)** / locally operating network (LON) || **~e Probe** / spot sample || **~er Wert** (Welle) / local value (of a wave)

Lokalbus (L-Bus) *m* / local bus

Lokal·datennetz (s. lokales Datennetz) || **≗element** *n* (Korrosionselement) / local cell || **≗feld** *n* / local field

Lokalisierer *m* (GKS-Eingabeelement) / locator device

Lokomotiv·leuchte *f* / locomotive headlight || **≗transformator** *m* / locomotive transformer

LON (s. lokal operierendes Netz)

longitudinal·e Last (Freiltg.) / longitudinal load || **~e Welle** / longitudinal wave

Lorentz·-Konstante *f* / Lorentz number || **≗-Kraft** *f* / Lorentz force, electrodynamic force || **≗sches**

Lokalfeld / Lorentz local field
Los *n* / lot *n*, batch *n*
lösbar *adj* (abnehmbar) / detachable *adj*, removable *adj* || **~e Flachsteckverbindung** / flat quick-connect termination || **~e Kupplung** / clutch *n*
Losbrechdrehmoment (s. Losbrechmoment)
Losbrechen *n* / breakaway *n*
Losbrechmoment *n* / breakaway torque, friction torque at standstill
Löschanlage *f* (Feuerlöschanl.) / extinguishing system
löschbar·er programmierbarer Festwertspeicher (EPROM) / erasable programmable read-only memory (EPROM) || **~es PROM** (EPROM) / erasable PROM (EPROM) || **~er Speicher** / erasable memory, UV-erasable store || **~er Thyristor** / turn-off thyristor
Lösch·beschaltung *f* / quenching circuit, suppressor circuit || **Lichtbogen-≗blech** *n* / arc splitter, deion plate || **Lichtbogen-≗blechkammer** *f* / arc splitter chamber || **≗dauer** (s. Löschzeit) || **≗diode** *f* / suppressor diode, anti-surge diode || **≗drossel** *f* (LE, Kommutierungsdrossel) / commutating reactor || **Lichtbogen-≗düse** *f* / arc quenching nozzle
Löscheigenschaften *f pl* (Lichtbogenlöschung) / arc-extinguishing properties, arc control characteristics
Löscheingang (s. Rücksetzeingang)
Löscheinrichtung *f* (Speicher) / erasing facility || **UV-≗** *f* / UV eraser
Löscheinsatzsteuerung *f* (LE) / turn-off phase control, termination phase control
löschen *v* (Lichtbogen) / extinguish *v*, quench *v* || ~ (Anzeige) / cancel *v*, acknowledge *v* || ~ (Zähler; rückstellen) / reset *v* || ~ (Daten auf Datenträger) / erase *v* || ~ (Bildschirmanzeige) / clear *v* || ~ (Text) / delete *v* || ~ (CAD-Befehl) / undefine *v* || ~ (Impuls) / suppress *v* || ≗ *n* (Thyr, LE) / turning off *n*, turn-off *n* || ≗ (Strom) / extinction *n* (of current) || ≗ (s. Rücksetzen) || **den Speicherinhalt ~** / to delete the store contents, to erase the store contents || **Eingabe ~** / clear entry (CE) || **Kurve ~** (CAD) / decurve *v*
löschendes Lesen / destructive readout (DRO)
Löschfunkenstrecke *f* / spark gap, quench gap, series gap
Lösch·gas *n* / quenching gas, arc extinguishing gas || **≗geschwindigkeit** *f* (Speicher) / erasing speed || **≗gleichrichter** *m* / quench-circuit rectifier || **≗glied** *n* (Sicherung) / fuse *n* || **≗grenze** *f* / extinction limit || **≗grenze für den Fehlerstrom** / self-extinguishing current limit || **≗hub** *m* (LS) / extinction stroke || **≗impuls** *m* (LE) / turn-off pulse || **≗-I²t-Wert** *m* / clearing I²t || **≗kammer** *f* (LS) / arcing chamber, arc-chute *n*, extinction chamber, arc control pot || **≗kammerblech** *n* / de-ion plate || **≗kondensator** *m* (LE) / turn-off capacitor || **≗kondensator** *m* (f. Spannungsspitzen) / surge absorbing capacitor || **≗kopf** *m* (Magnetkopf) / erasing head || **Lichtbogen-≗mantel** *m* / arc-quenching sleeve || **≗mittel** *n* (Sich.) / arc extinguishing medium, fuse filler || **≗papier** *n* / blotting paper || **≗phase** *f* (Lichtbogen) / arc-quenching phase || **≗rohrableiter** *m* / expulsion-type arrester, expulsion-tube arrester || **≗rohrsicherung** *f* / expulsion fuse || **≗schieber** *m* (LS) / (sliding) contact separator, arc interrupting slide || **≗signal** *n* (Speicher) / erase signal, delete (o. deleting) signal || **≗spannung** *f* / extinction voltage || **≗spannung** *f* (Abl.) / rated voltage, reseal voltage || **≗spitze des Schalters** / arc-quenching peak of breaker || **≗spule** *f* / arc suppression coil, arc extinction coil, earth-(o. ground-)fault neutralizer || **Erdschluß~spule (ESp)** (VDE 0532, T.20) *f* / arc suppression coil (IEC 289), earth-fault neutralizer, ground-fault neutralizer (US), arc extinction coil || **Netz mit über ≗spule geerdetem Sternpunkt** / earth-fault-neutralizer-grounded system, ground-fault-neutralizer-grounded system, system earthed through an arc-suppression coil, resonant-earthed system || **≗stellung** *f* (NC) / reset position , reset state || **≗steuerung** (LE) (s. Löscheinsatzsteuerung) || **≗strom** *m* / extinction current || **≗taste** *f* / cancelling button, cancelling key || **≗thyristor** *m* (Thyr. im Löschzweig; vgl. „Abschaltthyristor") / gate turn-off thyristor (g.t.o.) || **Lichtbogen-≗topf** *m* / arc control pot || **≗transformator** *m* / neutral autotransformer, neutral earthing transformer
Löschvermögen *n*, **Lichtbogen-≗** / arc control capability, arc quenching capability
Lösch·verzögerung *f* (elST, Ablaufglieder) / resetting delay || **≗winkel** *m* (LE) / extinction angle, margin angle, margin of commutation || **≗winkelregelung** *f* (LE) / extinction-angle control || **≗zeichen** *n* (NC, E DIN 66257) / delete character (NC, ISO 2806-1980) || **≗zeit** *f* (Lichtbogen, Sich.) / arcing time, arc extinction time || **≗zeit** *f* (Abschaltthyristor, DIN 41786) / gate-controlled turn-off time || **≗zeit** *f* (Speicher, Löschgeschwindigkeit) / erasing rate, time rate of erasing || **≗zweig** *m* (LE) / turn-off arm
Lose *f* / backlash *n*, internal clearance || ≗ (s. Torsionsspiel)
loser Schmierring / oil-ring *n*, ring oiler
Loseausgleich *m* (NC) / blacklash compensation, reversal error compensation
Losekompensation (s. Loseausgleich)
Löse·kraft *f* (DIN 7182, T.3) / releasing force || **≗kraft** *f* (Steckverbinderkontakte) / extraction force || **≗moment** *n* (DIN 7182, T.3) / release torque
lösen *v* (abnehmen) / detach *v*, undo *v* || ~ (el. Verbindg.) / disconnect *v* || ~ (Bremse) / release *v* || ~ (Schraube; Befestigung) / slacken *v*, loosen *v*, undo *v*, untie *v* || ≗ (NC, Zusatzfunktion, DIN 66025, T.2) / unclamp (NC miscellaneous function, ISO 1056)
Lösewerkzeug *n* / extraction tool, extractor *n*
Losflansch *m* / loose flange
Losgröße *f* / lot size
Loslager *n* (axial nicht geführt) / floating bearing, non-locating bearing, guide bearing || ≗ (Einstellager) / self-aligning bearing
Loslaßschwelle *f* (Körperstrom) / releasing current, let-go current
Losmenge *f* / batch quantity
Lospunkt *m* (Auflager) / sliding support
Losring *m* (Schmierring) / oil-ring *n*, ring oiler
Losringschmierung *f* / oil-ring lubrication, ring oiling, ring lubrication
Losscheibe *f* / idler pulley
Losumfang *m* / lot size
Lösungsmittel·beständigkeit *f* / solvent resistance ||

~**frei** *adj* / solventless *adj*, solvent-free *adj*
losweise Prüfung / lot-by-lot inspection
Lot *n* (Lötung) / solder *n* || ≗ (Senklot) / plumb bob, plummet *n*, bob *n*
Lötabdecklack *m* / solder resist
Lotabweichung *f* / plumb-line deviation, deviation from the vertical
Löt·anschluß *m* / solder termination (IEC 603-1), soldered connection || ≗**anschluß** *m* (Klemme) / solder terminal, solder lug terminal || ≗**anschluß für gedruckte Schaltungen** / printed-circuit pin terminal || **Ausgleich des** ≗**auftrags** (gS) / solder levelling || ≗**auge** *n* / soldering eyelet
lötaugenloses Loch (gS) / landless hole
Lötbad *n* / solder bath
lötbar *adj* / solderable *adj*, suitable for soldering
Lötbarkeit *f* / solderability *n*, suitability for soldering
Lötbarkeits·prüfung *f* / soldering test
Löt·bein *n* / soldering post || ≗**brücke** *f* / soldering jumper
löten *v* / solder *v*, soft-solder *v* || ~ (Sich.) / rewire *v*
Lötfahne *f* / soldering tag, solder lug
lötfrei·er Verbinder / solderless connector || ~**e Verbindung** / solderless connection, wrapped connection, wire-wrap *n* || ~**e Wickelverbindung** / solderless wrapped connection
Löt·hülse *f* / soldering sleeve || ≗**kontakt** *m* / solder contact || ≗**kugel** *f* / soldering globule || ≗**lasche** *f* / soldering lug, soldering tag || ≗**leiste** *f* / solder tag strip, tag block, tag-end connector block || ≗**leistenplan** (s. Anschlußplan)
lötlos·e Verbindung (s. lötfreie Verbindung)
Löt·mittel *n* / soldering flux || ≗**muffe** *f* / wiping gland, wiping sleeve || ≗**öse** *f* / soldering tag, soldering tab, solder lug || ≗**ösenbaugruppe** *f* (Leiterplatte) / bare module board || ≗**ösenbrett** *n* / tagboard *n* || ≗**ösenleiste** (s. Lötleiste) || ≗**plombe** *f* (Verbindung Kabelmantel- Kabeleinführung) / wiped solder joint || ≗**prüfung** *f* / soldering test || ≗**randbreite** *f* (gS) / annular width || ≗**randunterbrechung** *f* (gS) / hole breakout
lotrecht *adj* / truly vertical, perpendicular *adj* || ~ **ausrichten** / to align vertically, to align perpendicularly
Lotrechte *f* / vertical *n* (line), plumb line
Lotrichtung *f* / plumb-line direction, perpendicular direction
Löt·scheibe *f* / soldering disc || ≗**schuh** *m* / soldering lug, sweating thimble || ≗**seite** *f* / solder side, soldering side || ≗**sicherung** *f* / rewirable fuse || ≗**sockel** *m* (Rel.) / soldering base, soldering socket
Lötstelle *f* / soldered joint, soldered connection || ≗ (Thermoelement) / soldered junction, junction *n*
Löt·stellenprüfung *f* / soldered joint inspection || ≗**stift** *m* / solder(ing) pin || ≗**stopplack** *m* / solder resist || ≗**streifen** (s. Lötleiste) || ≗**stützpunkt** *m* / solder tag, soldering terminal
Lötung, freie ≗ (Verdrahtung) / point-to-point soldered wiring
Löt·verbinder *m* / solder connector || ≗**verbindung** *f* / soldered connection, solder(ing) joint, soldering terminal
Lotverfahren *n* (Chromatographie) / perpendicular method
Löt·verteiler *m* / tag block, solder tag distributor || ≗**verteilerplan** (s. Anschlußplan) || ≗**wärmebeständigkeit** *f* / resistance to soldering heat || ≗**zinn** *m* / tin-lead solder, tinman's solder
L-Pegel *m* (Signal) / low level, low state || **auf** ≗ **setzen** / to drive to low level, to drive low
L-Pegel-Ladung *f* / low-level charge, fat zero
LPM (s. Lebensdauer-Prüfmenge)
L-Potential *n* / low potential
LQ (s. rückzuweisende Qualitätsgrenzlage)
LQL (s. rückzuweisende Qualitätsgrenzlage)
LQ-Wert (s. Rückweis-Grenzqualität)
LSA (s. Leittechnik für Schaltanlagen)
L-Schaltung, Zweitor in ≗ / L-network *n*
LS/DI-Schalter (s. Leitungsschutzschalter mit Differenzstromauslöser)
LSI (A. f. „large-scale integration" - Großintegration o. hoher Integrationsgrad v. integrierten Schaltungen)
L-Signalpegel *m* / low signal level
LSL (s. langsame störsichere Logik)
L-Spannungsbereich *m* / low-state voltage range
LS-Schalter (s. Leitungsschutzschalter)
L-System (s. Linienverteiler)
LT (s. Leistungstransformator)
LTR (s. Leistungstransistor)
Lückbetrieb *m* (Gleichstrom) / intermittent flow, pulsating d.c. operation
Lücke *f* (Energielücke) / gap *n* || ≗ (s. Gitterlücke)
lückender Gleichstrom *m* / pulsating d.c., intermittent d.c., rippled d.c.
lückenlos *adj* (ohne Trennung; DV-Speicher) / contiguous *adj* || ~**er Nachweis** / full evidence, complete evidence
lückfreier Gleichstrom / ripple-free d.c., filtered d.c.
Lückstrom *m* / pulsating current, intermittent current || **Stromregler mit** ≗**anpassung** / pulsating-current-compensating current controller || ≗**prüfung** *f* (LE) / intermittent direct current test (IEC 700)
Lückverhalten *n* (SR) / pulsating characteristic
Luft (s. Spiel) || **in** ≗ **angeordnet** / installed in free air, externally mounted, exposed *adj* || **in** ≗ **schaltend** / air-break *adj* || **Schaltstücke in** ≗ / air-break contacts (BS 4752), contacts in air (IEC 129), contact pieces in air || ≗**abstand** *m* / clearance *n*, clearance in air || ≗**abzugshaube** *f* / air extraction hood || ≗**-Ampèrewindungen** *f pl* / air-gap ampere turns || ≗**anschluß** *m* (luftisolierte Kabeleinführung einer Schalteinheit) / air-insulated termination
Luftaustritt *m* / air outlet, air discharge || ≗**seite** *f* / air outlet end, exhaust side
Luftaustritts·öffnung *f* / air outlet opening, air outlet, air exhaust, air discharge || ≗**stutzen** *m* (el. Masch.) / air discharge adaptor
Luftbedarf *m* (f. Kühlung) / air rate required
luftdicht *adj* / air-tight *adj*, hermetically sealed, hermetic *adj* || ~ **abgeschlossener Transformator** / hermetically sealed transformer || ~**er Abschluß** / hermetical seal
Luftdichte *f* / air density || ≗ **in Meereshöhe** / sea level atmospheric density || ≗**-Korrekturfaktor** *m* / air-density correction factor
Luftdrosselspule *f* / air-core(d) reactor, air-core inductor
Luftdruck in Meereshöhe / sea level atmospheric pressure || ≗**bremse** *f* / air brake, pneumatic brake || ≗**minderer** *m* / air pressure reducer

Luft·durchflußmenge *f* / rate of air flow, air flow rate, air rate || **≈durchsatz** (s. Luftdurchflußmenge) || **≈einlaß** (s. Lufteintritt) || **≈einschluß** *m* / air inclusion, air void, air pocket || **≈eintritt** *m* / air inlet, air intake, air port

luftelektrisch·es Feld / electric field in air || **~es Potential** / electric potential in air

Luftentfeuchter *m* / dehydrating breather, air drier, dessicant breather

Lüfter *m* / fan *n* || **≈abdeckhaube** *f* / fan cowl, fan shroud, fan cover || **≈aggregat** *n* / fan set (o. unit) || **≈baugruppe** *f* / fan unit, fan subassembly (PC hardware) || **≈charakteristik** *f* / square-law torque characteristic, square-law characteristic, fan characteristic || **≈flügel** *m* / fan blade, blower blade || **≈gehäuse** *n* / fan housing || **≈geräusch** *n* / fan noise || **≈haube** *f* / fan cowl, fan shroud || **≈jalousie** *f* / fan louvre || **≈kragen** *m* / fan shroud || **≈kranz** *m* / fan impeller || **≈rad** *n* / fan impeller || **≈schaufel** *f* / fan blade || **≈schrank** *m* / fan control cabinet || **≈steuerung** *f* / fan control, fan control gear || **≈stutzen** (s. Lüfterhaube) || **≈überwachung** *f* (Gerät) / fan monitor || **≈wirkung** *f* (Läufer) / fanning action || **≈zeile** *f* (ET, elST) / fan subassembly

Luftfahrt·bodenfeuer *n* / aeronautical ground light || **≈leuchtfeuer** *n* / aeronautical beacon

Luftfahrzeug *n* / aircraft *n* || **≈-Abstellplatz** *m* / aircraft parking position || **≈-Standplatz** *m* / aircraft stand

Luft-Feststoff-Isolierung *f* / air-and-solid insulation

Luftfeuchte-Korrekturfaktor *m* / humidity correction factor

Luft·feuchtigkeit *f* / air humidity, atmospheric humidity || **≈filter** *n* / air filter || **≈filter** *n* (Kfz) / air cleaner || **≈fördermenge** *f* / air discharge rate

luftfrei *adj* (Isol.) / free from air inclusions, air-free *adj* || **~ machen** / evacuate *v*, to suppress air voids

Luftführung *f* (Luftkreislauf) / air circuit, ventilation circuit || **≈** (mech. Teil) / air guide

Luftführungs·blech *n* / air guide, air baffle, air baffle plate || **≈haube** *f* (m. Kühler) / air inlet-outlet housing, heat-exchanger enclosure || **≈mantel** *m* (el. Masch.) / air housing, air jacket, air-circuit enclosure || **≈ring** *m* / air guide ring, air baffle ring || **≈schild** *m* / air shield || **≈wand** *f* / air guide wall

Luftfunkenstrecke *f* / spark gap in air

luftgefüllte Maschine / air-filled machine

luftgekühlt *adj* / air-cooled *adj*, ventilated *adj*

Luft·geräusch *n* / air noise, aerodynamic noise, windage noise, fan noise || **≈geschwindigkeit** *f* / air velocity || **≈gütesensorsystem** *n* (Kfz) / air quality sensor system || **≈hose** *f* (el. Masch.) / intake air shield, air shield || **≈hose** *f* (Luftstutzen) / air-duct adaptor || **≈induktion** (s. Luftspaltinduktion)

luftisoliert *adj* / air-insulated *adj* || **~er Kondensator** / air capacitor || **~e Schaltanlage mit Vakuum-Leistungsschaltern** / air-insulated vacuum-breaker switchgear, air-insulated switchpanels with vacuum circuit-breakers || **~er Schalter** (LS) / air-insulated breaker

Luft·kabel *n* / aerial cable || **≈kalometrie** *f* / air calometry || **~kalorimetrisches Verfahren** / air-calorimetric method || **≈kanal** *m* / air duct, ventilating duct || **Maschine für ≈kanalanschluß** / duct-ventilated machine || **≈kasten** *m* (Leuchte) / boot *n* || **≈kennlinie** (s. Luftspaltkennlinie) || **≈kernspule** *f* / air-core(d) reactor, air-core inductor || **≈kissen** *n* / aircushion || **≈klappe** *f* / air damper || **≈klappenschalter** *m* / air-vane relay || **≈kondensator** *m* / air capacitor || **≈korrosion** *f* / atmospheric corrosion || **≈kreislauf** *m* / air circuit, ventilation circuit || **≈kühler** *m* / air cooler, radiator *n* || **≈kühler** (s. Luft-Luft-Wärmetauscher) || **≈kühlung** *f* / air cooling, ventilation *n*, air natural cooling || **≈lager** *n* / air-cushion bearing, air-lubricated bearing || **≈-Lasttrenner** *m* / air-break switch-disconnector || **≈-Lasttrennschalter** (s. Luft-Lasttrenner) || **≈-Leistungsschalter** *m* / air circuit-breaker, air-break circuit-breaker, power air circuit-breaker || **≈leitblech** *n* / air guide, air baffle || **≈leitblech** *n* (Lüfter) / cowl *n*, shroud *n* || **≈leiter** *m* / aerial conductor, aerial *n* || **≈leitfläche** *f* / air guide || **≈leitung** *f* / air duct, air pipe || **≈linie** *f* / air line, bee line || **≈-Luft-Wärmetauscher** *m* / air-to-air heat exchanger, air-to-air cooler || **≈menge** (s. Luftdurchflußmenge) || **≈meßnetz** *n* / air pollution monitoring system || **≈presser** *m* / air compressor, compressor *n* || **≈pressersatz** *m* / compressor unit || **≈querschnitt** (s. Luftspaltquerschnitt) || **≈rauschen** *n* / windage noise, fan noise || **≈reibung** *f* / windage *n* || **≈reibungsverluste** *m pl* / windage loss || **≈reinhaltung** *f* / air pollution control || **≈ringkühlung** *f* / closed-circuit air cooling, closed-circuit ventilation || **≈rohr** *n* / air tube

Luftsack *m* (Kfz.) / airbag *n* || **≈steuergerät** *n* / airbag collision safety system

Luft·sammelkammer *f* / air collector || **≈säule** *f* / air column || **≈schacht** *m* / (vertical) air duct || **≈schall** *m* / air-borne noise || **≈schalter** *m* (LS) / air-break circuit-breaker, air circuit-breaker, power air circuit-breaker || **≈schleuse** *f* / air lock || **≈schlitz** *m* (Blechp.) / ventilating duct, air duct

Luftschütz *n* / air-break contactor || **≈-Anlasser** *m* / contactor-type starter, contactor starter || **≈-Sterndreieckschalter** *m* / contactor type star-delta starter

Luft·seite *f* (WKW) / downstream side, tailwater side || **≈-Selbstkühlung** *f* / air natural cooling, natural air cooling, cooling by natural convection

Luftspalt *m* (el. Masch.) / air gap, gap *n* || **≈** (s. Lagerluft) || **≈abstufung** *f* / air-gap grading || **≈breite** *f* / width of air gap, air-gap clearance || **≈drossel** *f* / air-gap reactor || **≈durchflutung** *f* / ampere turns across air gap, air-gap m.m.f. || **≈-Erregerspannung** (el. Masch.) / air-gap field voltage || **≈-Erregerstrom** *m* (el. Masch.) / air-gap field current || **≈faktor** *m* / air-gap factor, fringing coefficient || **≈feld** *n* / air-gap field || **EMK des ≈felds** / Potier e.m.f. || **≈fluß** *m* / air-gap flux || **≈flußdichte** *f* / air-gap flux density, gap density || **≈-Flußdichteverteilung** *f* / air-gap flux-density distribution, gap density distribution || **≈gerade** *f* / air-gap line || **≈induktion** *f* / air-gap induction, air-gap flux density || **mittlere ≈induktion** / magnetic loading || **≈kennlinie** *f* / air-gap characteristic || **≈kerndrossel** *f* / gapped-core inductor || **≈lehre** *f* / air-gap gauge || **≈leistung** *f* / air-gap power, rotor power input, secondary power input || **≈leitwert** *m* / air-gap permeance || **≈linie** (s. Luftspaltkennlinie)

luftspaltlos·er Magnetkreis / closed magnetic

circuit
Luftspalt·magnetometer *n* / flux-gate magnetometer || **≗querschnitt** *m* / air-gap area || **magnetische ≗spannung** / magnetic potential difference across air gap || **≗streufluß** *m* / air-gap leakage flux || **≗streuung** *f* (s.a. „doppelt verkettete Streuung" u. „Oberwellenstreuung") / gap leakage, circumferential gap leakage, peripheral dispersion, main leakage || **≗widerstand** *m* / air-gap reluctance, gap reluctance
Luftspeicherkraftwerk *n* / compressed-air power station
Luft·spule (s. Luftkernspule) || **≗stickstoff** *m* / atmospheric nitrogen
Luftstrecke *f* / clearance *n*, clearance in air || **≗ zur Erde** (VDE 0660, T.101) / clearance to earth (IEC 157-1) || **≗ zwischen den Polen** (VDE 0660, T.101) / clearance between poles (IEC 157-1) || **≗ zwischen offenen Schaltstücken** (VDE 0660, T.101) / clearance between open contacts (IEC 157), (contact) gap *n*
Luftstrom *m* / air flow, air stream, air flow rate
Luft·strömungsmelder *m* / air-flow indicator || **≗strömungswächter** *m* / air-flow indicator, air-flow monitor, air-flow proving switch || **≗stutzen** *m* (IPR 44) / air-trunking adaptor, air-duct adaptor, air-pipe connector || **≗transformator** *m* / air-core transformer || **≗transformator** *m* (luftgekühlt) / air-cooled transformer || **≗trenner** (s. Luft-Trennschalter) || **≗-Trennschalter** *m* / air-break disconnector || **≗trennwand** *f* / air guiding partition || **~trocknend** *adj* / air-drying *adj* || **≗trockner** *m* / air drier || **≗überwachung** *f* (Umweltschutz) / air pollution monitoring, air quality monitoring || **Meßeinrichtungen zur ≗überwachung** / air pollution instrumentation || **≗umwälzung** *f* / forced air circulation, air circulation || **≗-Umwälz-Wasserkühlung (LUW)** *f* / closed-circuit air-water cooling, recirculating air-to-water cooling || **≗- und Lagerreibungsverluste** / friction and windage loss
Lüftung *f* / ventilation *n*, air cooling
Lüftungs·dach *n* / venting roof || **≗schlitz** *m* / ventilation slot, venting slot || **≗verluste** *m pl* / windage loss, internal windage loss || **≗zentrale** *f* / ventilation control centre
Luft·verdichter *m* / air compressor, compressor *n* || **≗verkehr** *m* / air traffic, air transport || **≗verschmutzung** (s. Luftverunreinigung)
luftverunreinigender Stoff / air pollutant, air-polluting substance
Luft·verunreinigung *f* / air pollution || **≗vorrat** *m* / stored air volume, air reserve || **≗wandler** *m* / air-core transformer, air-insulated transformer || **≗-Wasser-Wärmetauscher** *m* / air-to-water heat exchanger, air-to-water cooler || **≗wechsel pro Stunde** / air changes per hour || **≗weg** *m* (el. Masch.) / ventilating passage, ventilating path || **≗widerstand** *m* / air resistance || **≗widerstandsbeiwert** *m* (Kfz) / coefficient of drag || **≗zerlegung** *f* / air fractionation, air separation || **≗zuführungskanal** *m* / air supply duct, air inlet duct
Lumen *n* / lumen *n* || **≗sekunde** *f* / lumen-second *n*
Lumineszenz *f* / luminescence *n* || **≗ausbeute** *f* / quantum efficiency, quantum yield, luminescence efficiency || **≗diode** *f* / luminescent diode, light emitting diode (LED) || **≗-Emissionsspektrum** *n* / luminescence emission spectrum || **~emittierende Diode** (LED) / light emitting diode (LED) || **≗leuchte** *f* / self-luminous sign
Luminiphor *m* (lumineszierendes Material) / luminiphor *n*, phosphor *n*, fluorophor *n*
Lünette *f* (WZM) / steady *n*, steadyrest *n*, end support
Lunker *m* / shrink hole, contraction cavity, shrinkage cavity, cavity *n* || **~frei** *adj* / free from shrink holes
Lupen·darstellung *f* (BSG) / zoom-in *n* (representation), close-up *n*, detail representation || **≗funktion** *f* (Grafikbildschirm) / detail function, zoom-in function || **≗wirkung** *f* / magnifying effect
Lüsterklemme *f* / lamp-wire connector
LUW (s. Luft-Umwälz-Wasserkühlung)
Lux *n* (Lumen je Quadratmeter) / lux *n* (lumen per square metre) || **≗meter** *n* / illumination photometer, illumination meter || **≗sekunde** *f* / lux-second *n*
LVF (s. Leuchtdichteverteilungsfaktor)
LVK (s. Lichtverteilungskurve)
LWL (s. Lichtwellenleiter) || **≗-Absorber** *m* / optical-fibre absorber || **≗-Kombinator** *m* / optical combiner || **≗-Koppler** *m* / optical-fibre coupler || **≗-Reflektometer** *n* / fibre-optic reflectometer || **≗-Schweißverbindung** *f* / fused fibre splice
LWL-Spleiß *m* / optical-fibre splice || **mechanischer ≗** / mechanical splice
LWL·-Spleißverbindung *f* / fibre splice || **≗-Steckverbinder** *m* / optical-fibre connector
LWU-Kühlung (s. Umluft-Wasserkühlung)
Lydallmaschine *f* / Lydall machine, Siemens-Lydall machine
Lyra-Kontakt *m* / contact clip, lyre contact

M

„m" (Kennbuchstabe für „Vergußkapselung", EN 50028) / "m" (classification letter for "encapsulation", EN 50028)
M (s. Merker)
m aus n-Glied (korrekte Schreibweise: (m aus n)-Glied) / m and only m (correct notation: (m and only m))
M, nach ≗ schaltend / current-sinking *adj*
M, nach ≗ schaltende Logik (s. stromziehende Schaltungstechnik)
mäanderförmiger konzentrischer Aluminiumleiter / wave-form concentric aluminium conductor
MAC (medium access control - Mediumzugriffssteuerung)
Macht *f* (eines Tests; Statistik, QS) / power *n* || **≗funktion** (s. Gütefunktion)
MAC-Übergangseinheit *f* / bridge *n*
Magazin (BGT) (s. Baugruppenträger)
mageres Gemisch (Kfz.) / lean mixture
magisches Auge / magic eye
Magnet *m* / magnet *n* || **≗** (Betätigungsspule) / coil *n*, solenoid *n*, magnet *n* || **≗** (s. Elektromagnet) ||

≈**abgriff** *m* / magnetic pickup || ≈**abscheider** *m* / magnetic separator || ≈**-Amperewindungszahl** *f* / number of exciting ampere turns || ≈**anker** *m* / magnet armature, armature *n* || ≈**antrieb** *m* (SG) / electromagnetically operated mechanism, solenoid-operated mechanism || ≈**antrieb** *m* (Stellantrieb) / solenoid actuator

Magnetband *n* / magnetic tape || ≈**aufzeichnung** *f* / tape recording || ≈**auswerter** *m* / magnetic tape evaluator (o. analyzer) || ≈**gerät** *n* / magnetic tape recorder || ≈**kassette (MBK)** *f* / magnetic tape cassette, tape cartridge || ≈**kassettenlaufwerk** *n* / cartridge-tape drive, magnetic tape cassette drive || ≈**laufwerk** *n* / magnetic-tape drive

Magnet·blasenspeicher *m* / magnetic bubble memory (MBM), bubble memory || ≈**blasenspeichersteuerung** *f* / bubble memory controller (BMC) || ≈**blasschalter** *m* / air magnetic circuit-breaker, magnetic blowout circuit-breaker, de-ion air circuit-breaker || ≈**blech** *n* / magnetic sheet steel, magnetic steel sheet, electrical sheet steel, electrical steel || ≈**bremslüfter** *m* / brake releasing magnet, magnetic brake thrustor || ≈**durchflutung** *f* / ampere turns, magnetomotive force (m.m.f.), magnetic potential || ≈**eisen** *n* (Kern) / magnet core || ≈**eisen** (s. Magneteisenstein) || ≈**eisenstein** *m* / magnetite *n*

magnetelektrisch·er Generator / magneto-electric generator

Magnet·erregung *f* / electromagnetic excitation || ≈**etalon** *m* / standard magnet

Magnetfeld *n* / magnetic field || **~abhängiger Widerstand** / magnetoresistor *n* || ≈**dichte** *f* / magnetic flux density, magnetic induction || ≈**glühen** *n* / magnetic annealing || ≈**linie** *f* / magnetic line of force || ≈**sonde** *f* / magnetic field probe, magnetic test coil || ≈**stärke** *f* / magnetic field strength, magnetic field intensity, magnetizing force || ≈**verlauf** *m* / magnetic field distribution || ≈**verteilung** *f* (s. Magnetfeldverlauf)

Magnet·fluß *m* / magnetic flux || ≈**flußzähler** *m* / fluxmeter *n* || ≈**gestell** *n* (el. Masch.) / magnet frame, field frame, frame yoke || ≈**griffel** *m* / magnetic pen || ≈**halterung** *f* / magnetic mount || ≈**induktor** *m* / magneto-inductor *n*

magnetisch *adj* / magnetic *adj* || **~e Ablenkung** / magnetic deflection || **~er Abschirmeffekt** / magnetic screening effect || **~e Abschirmung** / magnetic shielding, magnetic screen || **~e Abstoßung** / magnetic repulsion || **~e Abstoßungskraft** / force of magnetic repulsion || **~e Achse** / magnetic axis || **~e Alterung** / magnetic ageing || **~ angetriebenes Gerät** / magnetically driven appliance || **~ anisotrope Substanz** / magnetically anisotropic substance || **~e Anisotropie** / magnetic anisotropy || **~er Antrieb** (s. Magnetantrieb) || **~e Anziehung** / magnetic attraction || **~e Anziehungskraft** / force of magnetic attraction, magnetic pull || **~e Arbeitsgerade** / magnetic load line || **~e Aufhängung** (EZ) / magnetic suspension (assembly) || **~e Aufnahmefähigkeit** / (magnetic) susceptibility *n*, magnetisability *n* || **~er Auslöser** (s. elektromagnetischer Auslöser) || **~e Auslösung** / magnetic tripping || **~er Bandkern** / strip-wound magnetic core || **~e Beanspruchung** / magnetic loading || **~e Beblasung** / magnetic blow-out || **~e Beeinflussung** / magnetic effects || **~ betätigt** / solenoid-operated *adj* || **~es Blasfeld** / magnetic blow(out) field || **~es Brummen** / magnetic hum || **~er Dipol** / magnetic dipole, magnetic doublet, magnetic doublet radiator || **~es Dipolmoment** / magnetic dipole moment || **~es Drehfeld** / rotating magnetic field || **~er Drehschub** / magnetic tangential force || **~e Drehung** / magnetic rotation || **~er Durchflußmeßumformer** / magnetic flow transducer || **~e Durchflutung** / ampere turns, magnetomotive force, magnetic potential || **~er Durchgang** / magnetic continuity || **~e Durchlässigkeit** / permeability *n* || **~es Eigenmoment** / intrinsic magnetic moment || **~e Eigenschaft** / magnetic property || **~e Eigenschaften im Gleichfeld** / d.c. magnetic properties || **~er Einfluß** / magnetic influence, magnetic interference || **~er Einschnüreffekt** / pinch effect || **~e Einschnürung** / magnetic pinch, magnetic contraction || **~e Empfindlichkeit** (Halleffekt-Bauelement, DIN 41863) / magnetic sensitivity (IEC 147-0C) || **~e Energie** / magnetic energy || **~e Energiedichte** / density of magnetic energy || **~e Entkopplung** / magnetic decoupling || **~ entlastetes Lager** / magnetically floated bearing || **~e Entlastung** (Lg.) / magnetic flotation || **~es Erdfeld** / geomagnetic field || **~es Feld** / magnetic field, electro-magnetic field || **~es Feldbild** / magnetic figure || **~e Feldenergie** / magnetic energy || **~e Feldkonstante** / magnetic constant || **~e Feldkraft** / magnetic force acting in a field || **~e Feldlinie** / magnetic line of force, line of induction || **~e Feldstärke** / magnetic field strength, magnetic field intensity, magnetic force, magnetic intensity, magnetizing force, H-vector *n* || **~e Flächendichte** / magnetic surface density || **~e Flächenladung** / magnetic surface charge || **~er Fluß** / magnetic flux || **~e Flußdichte** / magnetic flux density, magnetic induction || **~es Flußquant** / fluxon *n* || **~e Fokussierung** / magnetic focusing || **~es Fremdfeld** / external magnetic field, magnetic field of external origin, external magnetic induction || **~es Geräusch** / magnetic noise || **~ geschirmt** / screened against magnetic effects, astatic *adj* || **~es Gleichfeld** / direct-current magnetic field, constant magnetic field || **~e Grundgesetze** / circuital laws || **~er Gütefaktor** / magnetic quality factor || **~e Güteziffer** / magnetic figure of merit || **~es Haftrelais** / magnetically latched relay || **~e Haftung** / magnetic cohesion, magnetocohesion *n* || **~e Haftung** (SG) / magnetic latching || **~ harter Werkstoff** / magnetically hard material || **~e Hysteresis** / magnetic hysteresis || **~e Idealisierung** (IEC 50(221)) / magnetic conditioning || **~e Induktion** / magnetic induction, magnetic flux density || **~er Induktionsfluß** / magnetic flux, flux of magnetic induction || **~e Induktionslinie** / magnetic line of induction, line of induction || **~er Informationsträger** / magnetic information medium || **~ isolierte Stelle** / magnetic discontinuity || **~ isotrope Substanz** / magnetically isotropic substance || **~er Isthmus** / magnetic isthmus || **~er Kern** / magnetic core || **~e Klebekraft** / magnetic adhesion || **~e Kompression** / pinch effect || **~e Konditionierung**

(s. magnetische Idealisierung) || ~e **Kopplung** / magnetic coupling, inductive coupling || ~er **Kraftfluß** / magnetic flux, induction flux || ~e **Kraftlinien** / magnetic lines of force || ~e **Kraftliniendichte** / magnetic flux density, magnetic induction || ~e **Kraftröhre** / magnetic tube of force || ~er **Kreis** / magnetic circuit || ~e **Kupplung** / magnetic clutch || ~e **Ladung** / magnetic charge || ~e **Lagerentlastung** / magnetic bearing flotation || ~e **Leistung** / magnetic power || ~e **Leitfähigkeit** / permeability *n* || ~er **Leitwert** / permeance *n* || ~e **Lichtbogenblasung** / magnetic blowout || ~e **Luftspaltspannung** / magnetic potential difference across air gap || ~er **Luftspaltwiderstand** / air-gap reluctance, gap reluctance || ~e **Menge** / magnetic mass || ~e **Mißweisung** / magnetic declination || ~e **Mitnahme** / magnetic coupling || ~e **Mitte** / magnetic centre || ~es **Moment** / magnetic moment, magnetic couple || ~es **Moment** (Ampèresches) / magnetic area moment || ~es **Moment** (Coulombsches) / magnetic dipole moment || ~es **Moment pro Volumeneinheit** / magnetic moment per unit volume, magnetic moment density || ~e **Nachwirkung** / magnetic after-effect || ~er **Nebenschluß** / magnetic shunt || ~ **neutraler Zustand** / neutral state || ~er **Nordpol** / north magnetic pole, magnetic northpole || ~er **Nutverschluß** / magnetic slot seal || ~er **Nutverschlußkeil** / magnetic slot wedge || ~er **Phasenschieber** / magnetic phase shifter || ~er **Pol** / magnetic pole || ~e **Polarisation** / magnetic polarization, polarization *n* || ~e **Polspannung** (el. Masch.) / magnetic potential difference across poles and yoke || ~e **Polstärke** / magnetic pole strength, magnetic mass || ~e **Potentialdifferenz** / magnetic potential difference || ~e **Prüfung** / magnetic testing, magnetic inspection, non-destructive magnetic testing || ~er **Pulverkern** / magnetic powder core || ~er **Punktpol** / magnetic point pole || ~e **Randspannung** (s. magnetische Umlaufspannung) || ~e **Raststellung** (Schrittmot.) / magnetic rest position || ~es **Rauschen** / magnetic noise || ~e **Reibungskupplung** / magnetic friction clutch || ~e **Relaxation** / magnetic relaxation || ~e **Remanenz** / magnetic remanence || ~e **Remanenzflußdichte** / remanent flux density, remanent magnetic polarization, remanent magnetization || ~e **Remanenzpolarisation** / remanent magnetic polarization, remanent flux density, remanent magnetization || ~es **Restfeld** / remanent magnetic field || ~e **Rückleitung** (s. magnetischer Rückschluß) || ~er **Rückschluß** / magnetic return path, magnet yoke || ~er **Rückschluß** (LM) / magnetic keeper || ~e **Sättigung** / magnetic saturation || ~e **Sättigungspolarisation** / saturation magnetic polarization || ~e **Scherung** / magnetic shearing, anisotropy of form || ~er **Schirm** / magnetic screen || ~e **Schirmung** / magnetic screen || ~e **Schleppe** / magnetic drag || ~er **Schub** / magnetic thrust, tangential thrust || ~e **Schubkraft** (Tangentialkraft) (s. magnetischer Drehschub) || ~e **Schwebung** / magnetic levitation, electrodynamic suspension || ~er **Schweif** / magnetic drag || ~er **Schwund** / magnetic decay || ~e **Setzung** / core seasoning || ~e **Spannung** / magnetic potential, magnetic potential difference || ~es **Spannungsgefälle** / magnetic potential difference, magnetic field-strength || ~er **Speicher** / magnetic storage || ~e **Steifigkeit** / magnetic rigidity || ~er **Stellantrieb** / solenoid actuator || ~es **Störfeld** / magnetic interference field, stray magnetic field || ~e **Störung** / magnetic interference || ~er **Streufaktor** / magnetic leakage factor || ~es **Streufeld** / stray magnetic field || ~e **Streuung** / magnetic leakage || ~er **Streuweg** / magnetic leakage path || ~er **Streuwiderstand** / reluctance of magnetic path || ~er **Südpol** / south magnetic pole || ~e **Suszeptibilität** / magnetic susceptibility || ~e **Textur** / magnetic texture || ~e **Trägheit** / magnetic viscosity, viscous hysteresis, magnetic creeping || ~er **Überlastauslöser** / magnetic overload release || ~e **Umlaufspannung** / magnetic potential difference along a closed path, line integral of magnetic field strength along a closed path || ~e **Unterbrechung** / magnetic discontinuity || ~e **Variabilität** (IEC 50(221)) / magnetic variability || ~es **Vektorpotential** / magnetic vector potential || ~e **Verkettung** / magnetic linkage || ~e **Verklinkung** (SG) / electromagnetic latching || ~er **Verlust** / magnetic loss || ~e **Verluste** / magnetic losses || ~er **Verlustfaktor** / magnetic loss factor || ~er **Verlustwiderstand** / magnetic loss resistance || ~er **Verlustwinkel** / magnetic loss angle, hysteresis loss angle || ~e **Verlustziffer** / hysteresis loss coefficient || ~e **Verschiebung** / magnetic displacement, magnetic bias || ~e **Viskosität** / magnetic viscosity || ~e **Vorzugsrichtung** / preferred direction of magnetization, easy axis of magnetization || ~er **Weg** / magnetic path || ~ **weicher Werkstoff** / magnetically soft material || ~er **Werkstoff** / magnetic material, magnetic *n* || ~er **Widerstand** / reluctance *n*, magnetic resistance || ~er **Widerstand** (Feldplatte) / magnetoresistor *n* || ~e **Zahnspannung** / magnetic potential difference along teeth || ~es **Zeitrelais** / magnetic time-delay relay || ~er **Zug** / magnetic pull, magnetic drag || ~e **Zugkraft** / magnetic tractive force, magnetic pulling force || ~e **Zustandskurve** / magnetization curve, B-H curve

magnetisierbar *adj* / magnetizable *adj*

Magnetisierbarkeit *f* / magnetizability *n*, susceptibility *n*

magnetisieren *v* / magnetize *v*

magnetisierendes Feld / magnetizing field

Magnetisierung *f* / magnetization *n*

Magnetisierungs·arbeit *f* / magnetization energy || ≈**-Blindleistung** *f* / magnetizing reactive power, magnetizing VA (o. kVA) || ≈**charakteristik** (s. Leerlaufkennlinie) || ≈**dichte** *f* / volume density of magnetization || ≈**feld** *n* / magnetizing field, magnetization field || ≈**feldstärke** *f* / magnetizing force || ≈**fluß** *m* / magnetizing flux || ≈**geräusch** *n* / magnetic noise || ≈**kraft** *f* / magnetizing force

Magnetisierungskurve *f* / magnetization curve, magnetization characteristic || **ideale** ≈ / anhysteretic curve, magnetization characteristic || **normale** ≈ / commutation curve, normal magnetization curve

Magnetisierungs·leistung *f* / magnetizing power || ≈**reaktanz** *f* / magnetizing reactance, mutual reactance, air-gap reactance || **˜richtung** *f* / direction of magnetization || **˜schleife** *f* / hysteresis loop, B-H loop, magnetization loop || **˜stärke** *f* / magnetization intensity, intrinsic induction || **˜stoßstrom** *m* (Trafo) / magnetizing inrush current || **˜strom** *m* / magnetizing current, exciting current || **˜stromstoß** *m* / magnetizing inrush || **˜verlust** *m* / magnetic loss || **˜windungen** *f pl* / magnetizing ampere-turns || **˜zustand** *m* / state of magnetic flux saturation

Magnetismus *m* / magnetism *n* || **˜** (Lehre) / magnetics *plt*

Magnetit *m* / magnetite *n*

Magnetjoch *n* / magnet yoke

Magnetkarte *f* / magnetic card

Magnetkartenausweis *m* / magnetic stripe identity card || **˜leser** *m* / magnetic stripe ID card reader

Magnet·kern *m* / magnet core || **˜kern** *m* (Speicher) / magnetic core || **˜kissen** *n* / magnetic cushion || **˜kissenverfahren** *n* / electromagnetic levitation || **˜körper** *m* / magnet body, magnet *n* || **˜kraft** *f* / magnetic force, magnetic field strength || **˜kreis** *m* / magnetic circuit || **˜kupplung** *f* / magnetic clutch, magnetic coupling || **˜lager** *n* (a. EZ) / magnetic suspension bearing, magnet bearing || **˜läufer-Synchronmotor** *m* / permanent-magnet synchronous motor || **˜legierung** *f* / magnetic alloy || **˜motorzähler** *m* / commutator motor meter || **˜nest** *n* / residual local magnetic field || **˜nockenschütz** *n* / cam-operated contactor, contactor with coil-operated cam mechanism || **˜oberlager** *n* (EZ) / top magnet bearing

magnetodynamisches Relais / magneto-electric relay

magnetohydrodynamisch·er Generator / magnetohydrodynamic generator (MHD generator) || **~es Kraftwerk (MHD-Kraftwerk)** / magnetohydrodynamic thermal power station (MHD thermal power station)

magnetomechanische Hysteresis / magnetomechanical hysteresis, magnetoelastic hysteresis

Magnetometer *n* / magnetometer *n*, magnetic tester

magnetomotorisch·e Kraft (MMK) / magnetomotive force (m.m.f.)

magneto·optisch *adj* / magneto-optic *adj* || **~plasmadynamischer Generator** / magnetoplasmadynamic generator (m.p.d. generator) || **˜stabilität** *f* / magnetic stability, magnetostability *n*

magnetostatisch *adj* / magnetostatic *adj* || **~es Potential** / scalar magnetic potential

Magnetostriktion *f* / magnetostriction *n*

magnetostriktiv·er Effekt / magnetostrictive effect || **~e Verlängerung** / magnetic elongation || **~er Wandler** / magnetostrictive transducer

magnetothermische Stabilität / magneto-thermal stability

Magneto·widerstandseffekt *m* / magnetoresistive effect || **˜widerstandskoeffizient** *m* / magnetoresistive coefficient

Magnet·periode *f* / magnetic period || **˜pfad** *m* / magnetic path || **˜platte** *f* / magnetic disc || **˜pol** *m* / magnet pole, main pole, pole of a magnet || **˜polfläche** *f* / magnet pole face, pole face of magnet coil || **˜pulver** *n* / magnetic powder, ferromagnetic powder, ferrous powder || **˜pulverkupplung** *f* / magnetic-particle coupling || **˜pulverprüfung** *f* / magnetic-particle test, magnetic-particle inspection, magnetic testing, magnetic inspection, electromagnetic testing || **˜rad** *n* (Läufer, Polrad) / rotor *n*, magnet wheel, pole wheel || **˜relais** *n* / magnetic relay, electromagnetic relay

Magnetron *n* / magnetron *n* || **˜ mit Spannungsdurchstimmung** / voltage-tunable magnetron, injected-beam magnetron || **˜-Injektionsstrahlerzeuger** *m* / magnetron injection gun

Magnetrührer *m* / magnetic stirrer (o. agitator)

Magnetschalter *m* / electromagnetic switch, solenoid-operated switch, contactor *n* || **˜** (LS) / electromagnetic circuit-breaker, magnetic circuit-breaker || **˜** (betätigt beim Vorbeiführen eines Magneten) / magnet-operated switch, magnet-operated proximity switch || **˜** (s. berührungsloser Positionsschalter)

Magnet·scheibe *f* / magnet disc || **˜schenkel** *m* / pole piece, pole *n* || **˜schlußstück** *n* / keeper *n* || **˜schnellschalter** *m* (LS) / high-speed air magnetic breaker || **˜schütz** *n* / electro-magnetic contactor, magnetic contactor, solenoid contactor, contactor *n* || **˜schwebebahn** *f* / magnetic-levitation transport system, MAGLEV transportation system || **˜schwebefahrzeug** *n* / magnetically levitated vehicle, MAGLEV vehicle || **˜schwebesystem** *n* / magnetic levitation system || **˜spule** *f* / magnet coil, solenoid *n* || **˜stab** *m* / magnetic bar || **˜stahl** *m* / magnet steel || **˜ständer** *m* (Masch.) / magnet frame || **˜ständer** *m* (f. Meßuhr) / magnetic mounting adaptor, magnet bracket || **˜stativ** *n* / magnetic mount || **˜streufeld** *n* / stray magnetic field || **˜system** *n* / magnetic system || **˜tauchsonde** *f* / magnetic plunger probe || **˜träger** *m* (EZ) / magnet holder || **˜trommel** *f* / magnetic drum || **˜umformung** *f* / magnetic forming || **˜unterlager** *n* (EZ) / bottom magnet bearing || **˜ventil** *n* / solenoid valve, electromagnetic valve || **˜verstärker-Spannungsregler** *m* / magnetic-amplifier voltage regulator || **˜wicklung** (s. Feldwicklung) || **˜zünder** *m* / magneto *n*

Majoritäts·glied *n* (DIN 40700, T.14) / majority *n* (IEC 117-15) || **˜träger** *m* / majority carrier || **˜wechsel** *m* / majority transition

Makro·ätzung *f* / macro-etching *n* || **˜aufnahme** *f* / photo-macrograph *n*, macrograph *n* || **˜befehl** *m* / macro-instruction *n*, programmed instruction || **˜bibliothek** *f* / macro-library *n* || **˜biegung** (s. Makrokrümmung) || **˜element** *n* (Korrosionselement) / macrocell *n* || **˜impuls** *m* / macropulse *n* || **˜krümmung** *f* / macro-bending *n*

makropräparative Chromatographie / macro-preparative chromatography

Makro·programmierung *f* / macroprogramming *n* || **˜prüfung** *f* / macro-examination *n* || **˜schliffbild** *n* / macrosection *n*, macrograph *n*

makroskopische Prüfung / macroscopic test

Makrostruktur *f* / macrostructure *n*

MAK-Wert *m* (maximale Arbeitsplatzkonzentration) / MAC value (maximum allowable concentration), TLV (threshold limit value) at place of work

Maltesergetriebe *n* / Geneva gearing

MAN (metropolitan area network - Datennetz im städtischen Bereich)

Mangel *m* (s. Energiemangel) || ≈ *m* (QS, DIN 55350, T.11) / deficiency *n* || ≈ (s. Qualitätsmangel)

Mängel beheben (QS) / to correct deficiencies || ≈**bericht** *m* (QS) / non-conformance report, defect report (o. note)

Mangelleitung *f* (HL) / hole conduction, P-type conduction

Mängelrüge *f* / notification of defects, notification of deficiencies, notification of non-conformance

Manilapapier *n* / manila paper

männlicher Kontakt / male contact, pin contact

Mannloch *n* / manhole *n*, inspection opening || ≈**fahren** *n* / manhole positioning, inching *n*

Manometer *n* / manometer *n*, pressure gauge || **McLeod-**≈ *m* / McLeod vacuum gauge || ≈**-Prüfpumpe** *f* / pressure-gauge test pump

Mano-Tachometer *m* / manometric tachometer

Manschettendichtung *f* / cup packing, U packing ring || ≈ (Lg.) / lip seal

Mantel *m* (Gehäuse) / housing *n*, enclosure *n* || ≈ (Kabel) / sheath *n*, jacket *n* (US) || ≈ (LWL) / cladding || ≈ (Einbaumot.) / shell *n* || ≈ (StV-Fassung) / skirt *n*, lower shield || ≈ (Zylinder) / envelope *n*, lateral surface || ≈**bauform** *f* (Trafo) / shell form, shell type || ≈**blech** *n* (el. Masch.) / jacket plate, shell plate || ≈**drosselspule** *f* / shell-type reactor || ≈**druckkabel** *n* / self-contained pressure cable || ≈**durchmesser** *m* (LWL) / cladding diameter || ≈**elektrode** *f* (Lampe) / sheathed electrode || ≈**elektrode** *f* (Schweißelektrode) / coated electrode || ≈**fläche** *f* / lateral surface || ≈**gewinde** *n* / barrel thread || ≈**keilklemme** *f* / tapered mantle terminal || ≈**kern** *m* / sleeve core, M-core *n* || ≈**klemme** *f* / mantle terminal || **Maschine mit** ≈**kühlung** / ventilated totally enclosed machine, double-casing machine

Mantelleitung *f* / light plastic-sheathed cable, non-metallic-sheathed cable || **leichte PVC-**≈ / light PVC-sheathed cable

Mantel·linie *f* (NC) / side line || ≈**magnet** *m* / shell-type magnet || ≈**mischung** *f* (f. Kabel) / sheathing compound || ≈**mittelpunkt** *m* (LWL) / cladding centre || ≈**moden-Abstreifer** *m* (LWL) / cladding-mode stripper || ≈**polmaschine** (s. Vollpolmaschine) || ≈**prüfgerät** *n* / sheath testing unit || ≈**rohr** *n* (Rohrleiter) / enclosing tube, tubular jacket || ≈**schneidzange** *f* / sheath cutter || ≈**-Thermoelement** *n* / sheathed thermocouple || ≈**transformator** *m* / shell-type transformer, shell-form transformer || ≈**verluste** *m pl* (el. Masch.) / can loss || ≈**verlustfaktor** *m* (Kabel) / sheath loss factor (IEC 287) || ≈**wicklung** *f* / cylindrical winding, concentric winding

Mantisse *f* (Logarithmusnotierung) / mantissa *n* || ≈ (in Radixschreibweise dargestellte Zahl) / fixed-point part

Mantissenziffer *f* / mantissa digit

manuell·er Betrieb (NC) / manual mode of operation (NC, ISO 2806-1980) || **~e Dateneingabe** / manual data input (MDI) || **~er Eingriff** (NC) / manual override, override *n* || **~ programmierbar** / manually programmable, keystroke-programmable *adj* || **~e Programmierung** / manual programming || **~es Übersteuern der automatischen Funktionen** / manual overriding of automatic control function

MAP (manufacturing automation protocol - Netzprotokoll für Fertigungsautomatisierung)

Marke *f* (Bürste) / type *n*, grade *n* || ≈ (Bezeichner von Datenobjekten, die in Speichern abgelegt wurden; DIN 44300) / label *n*, tag *n* || ≈ (Flp.) / marking *n* || ≈ (GKS) / marker *n* || **Läufer~** (EZ) / rotor mark, disc spot || **Zeit~** (Osz.) / time mark

Marken·geber *m* (Schreiber) / marking generator || ≈**generator** (s. Markengeber) || ≈**öl** *n* / trade-marked oil, branded oil

Marker *m* (Flp.) / marker *n*

markieren *v* / mark *v*, earmark *v*

Markier·koppler *m* (Osz.) / marking coupler || ≈**motor** *m* (EZ) / prefix-printing motor || ≈**system** *n* (Schreiber) / marking system

Markierung *f* / marking *n*, mark *n* || ≈ (FWT) / identification *n* || ≈ (Datenidentifizierung) / label *n* || ≈ (Merker) / flag *n* || ≈ (QS, v. Proben, z. B. Fünfermarkierung) / score *n*, tally *n* || **Tarif~** / tariff identifier, tariff code

Markierungen *f pl* (Schreiber, Punktmarkierungen) / point impressions

Markierungs·bit (s. Merkerbit) || ≈**hilfe** *f* (Flp.) / marking aid || ≈**knopf** *m* (Straße) / road stud (GB), raised pavement marker

Martens, Wärmefestigkeit nach ≈ / Martens thermostability

Masche *f* (Netzwerk, CAD) / mesh *n*

Maschen·erder *m* / grid-type earth electrode, mesh earth electrode || ≈**impedanzmatrix** *f* / mesh impedance matrix

Maschennetz *n* / meshed system, meshed network || ≈**auslöser** *m* (fc-Auslöser) / capacitor-delayed shunt release for network c.b., shunt release with capacitor unit || ≈**relais** *n* (Schutzrelais f. Maschennetzschalter) / network master relay (ANSI C37.100) || ≈**schalter** *m* / circuit-breaker for mesh-connected systems, network c.b., network protector, circuit-breaker with time-delayed shunt release || ≈**transformator** *m* / network transformer

Maschen·regel *f* (v. Kirchhoff) / Kirchhoff's voltage law || ≈**schaltung** *f* / mesh connection || ≈**strom** *m* / mesh current || ≈**weite** *f* / mesh size

Maschine für eine Drehrichtung / non-reversing machine || ≈ **für indirekten Antrieb** / indirect-drive machine || ≈ **für Luftkanalanschluß** / duct-ventilated machine || ≈ **für Rohranschluß** / pipe-ventilated machine || ≈ **für zwei Drehrichtungen** / reversible machine, reversing machine || ≈ **in senkrechter Anordnung** / vertical machine, vertical-shaft machine || ≈ **mit abgedichtetem Gehäuse** / canned machine || ≈ **mit abgedichteten Bauteilen** / canned machine || ≈ **mit abgestuftem Luftspalt** / graded-gap machine || ≈ **mit ausgeprägten Polen** / salient-pole machine || ≈ **mit belüftetem Rippengehäuse** / ventilated ribbed-surface machine || ≈ **mit belüftetem, abgedecktem Gehäuse** (s. Maschine mit Mantelkühlung) || ≈ **mit Berührungsschutz** / screen-protected machine || ≈ **mit Durchzugsbelüftung** (IP 23) / open-circuit air-cooled machine, enclosed ventilated machine || ≈ **mit Durchzugsbelüftung** (IPR 44) / duct-ventilated machine, pipe-ventilated machine || ≈ **mit Durchzugskühlung** (Ex p) (s. Maschine mit innerem Überdruck) || ~ **mit Eigenerregung** / machine with direct-coupled exciter, self-excited machine || ~ **mit Eigenkühlung durch Luft in geschlossenem Kreislauf** / closed air-circuit fan-ventilated air-cooled machine || ~ **mit Eigen- und Fremdbelüftung** / machine with combined ventilation || ~ **mit feldschwächender Verbunderregung** / differential-compounded machine || ~ **mit Flüssigmetallkontakten** / liquid-metal machine || ~ **mit Fremderregung** / separately excited machine || ~ **mit Fremderregung und Selbststeuerung** / compensated self-regulating machine, compensated regulated machine || ~ **mit Fremdkühlung durch Luft in geschlossenem Kreislauf** / closed-air-circuit separately fan-ventilated air-cooled machine || ~ **mit geschlossenem Luftkreislauf und Rückkühlung durch Wasser** / closed-air-circuit water-cooled machine || ~ **mit geschlossenem Luftkreislauf** / closed-air-circuit machine || ~ **mit innerem Überdruck** / pressurized machine || ~ **mit konischem Läufer** / conical-rotor machine || ~ **mit Mantelkühlung** / ventilated totally enclosed machine, double-casing machine || ~ **mit Nebenschlußerregung** / shunt-wound machine, shunt machine || ~ **mit Plattenschutzkapselung** / flange-protected machine || ~ **mit Reihenschlußerregung** / series-wound machine, series machine || ~ **mit Rippengehäuse** / ribbed-surface machine, ribbed-frame machine || ~ **mit Selbsterregung** / self-excited machine || ~ **mit Selbstkühlung** / non-ventilated machine, machine with natural ventilation || ~ **mit Selbststeuerung** / self-regulated machine || ~ **mit senkrechter Welle** / vertical-shaft machine, vertical machine || ~ **mit Strahlwasserschutz** / hose-proof machine || ~ **mit Umlaufkühlung** / closed air-circuit-cooled machine, machine with closed-circuit cooling || ~ **mit Umlaufkühlung und Wasserkühler** / closed air-circuit water-cooled machine, water-air-cooled machine, air-to-water-cooled machine || ~ **mit Umlaufkühlung und Luft-Luft-Kühler** / closed air-circuit air-to-air-cooled machine, air-to-air-cooled machine || ~ **mit Verbunderregung** / compound-wound machine, compound machine || ~ **mit vergossener Wicklung** / encapsulated machine || ~ **mit zusammengesetzter Erregung** / compositely excited machine || ~ **mit zwei Wellenenden** / double-ended machine || ~ **mittlerer Leistung** / machine of medium-high rating

Maschine ohne Wendepole / non-commutating-pole machine

Maschine, belüftete ~ / ventilated machine || **bürstenbehaftete** ~ / machine with brushgear, commutator machine, slipring machine || **dicht gekapselte** ~ / sealed machine || **druckfest gekapselte** ~ / flameproof machine (GB), explosion-proof machine (US) || **durchzugsbelüftete** ~ / open-circuit air-cooled machine, enclosed-ventilated machine || **eigenbelüftete** ~ / self-ventilated machine || **eigenerregte** ~ / machine with direct-coupled exciter, self-excited machine || **eigengekühlte** ~ / self-ventilated machine, self-cooled machine || **eine** ~ **fahren** / to run a machine, to operate a machine || **entdämpfte** ~ / machine with a laminated magnetic circuit, machine designed for quick-response flux change || **explosionsgeschützte** ~ (druckfest) / flameproof machine (GB), explosion-proof machine (US) || **explosionsgeschützte** ~ (erhöhte Sicherheit) / increased-safety machine || **flüssigkeitgefüllte** ~ / liquid-filled machine || **fremdbelüftete** ~ (m. Überdruck) (s. Maschine mit innerem Überdruck) || **fremdbelüftete** ~ (m. angebautem Lüfter) / externally ventilated machine || **fremdbelüftete** ~ (Lüfter getrennt) / separately ventilated machine, separately air-cooled machine || **fremdbelüftete** ~ (m. Rohranschluß) / pipe-ventilated machine, duct-ventilated machine || **gasdichte** ~ / gas-proof machine, vapour-proof machine || **gegen Berührung geschützte** ~ / screen-protected machine || **gegen Gase und Dämpfe dichte** ~ / gas- and vapour-proof machine || **gegen Tropfwasser und Berührung geschützte** ~ / drip-proof, screen-protected machine || **gegen Ungeziefer geschützte** ~ / vermin-proof machine || **gekapselte** ~ / encapsulated machine || **geschlossene** ~ (s.a. „völlig geschlossene Maschine") / enclosed machine, totally enclosed machine || **halbgeschlossene** ~ / semi-enclosed machine || **innengekühlte** ~ / machine with open-circuit cooling, enclosed ventilated machine || **kommutatorlose** ~ / commutatorless machine, brushless machine || **kreislaufgekühlte** ~ / closed-circuit-cooled machine || **langsam laufende** ~ / low-speed machine || **läufererregte** ~ / rotor-excited machine, revolving-field machine || **läufergespeiste** ~ / inverted machine, rotor-fed machine || **leerlaufende** ~ / machine operating at no load, machine running idle, idling machine || **liegende** ~ / horizontal machine, horizontal-shaft machine || **luftgefüllte** ~ / air-filled machine || **oberflächenbelüftete** ~ / totally enclosed fan-cooled machine, t.e.f.c. machine, fan-cooled machine, frame-cooled machine, ventilated-frame machine || **offene** ~ / open machine, open-type machine, non-protected machine || **permanenterregte** ~ / permanent-field machine, permanent-magnet machine || **rotorgespeiste** ~ (s. läufergespeiste Maschine) || **schlagwettergeschützte** ~ / flameproof machine (GB), explosion-proof machine (US), firedamp-proof machine || **selbstbelüftete** ~ / non-ventilated machine || **spritzwassergeschützte** ~ / splash-proof machine || **staubdichte** ~ / dust-proof machine || **strahlwassergeschützte** ~ / hose-proof machine || **teilgeschlossene** ~ / guarded machine, partially enclosed machine, semi-guarded machine, semi-enclosed machine || **tropfwassergeschützte** ~ / drip-proof machine || **überflutbare** ~ / deckwater-tight machine, submersible machine || **überflutungssichere** ~ (s. überflutbare Maschine) || **umgekehrte** ~ / inverted machine || **unbelüftete** ~ / non-ventilated machine || **ungeschützte** ~ / non-protected machine || **ventilierte** ~ (s. belüftete Maschine) || **vollgeblechte** ~ / machine with a laminated magnetic circuit || **völlig geschlossene** ~ **mit Luft-Wasser-Kühlung** / totally-enclosed air-to-water-cooled machine || **völlig geschlossene** ~

mit Fremdbelüftung / totally-enclosed separately fan-ventilated machine || **völlig geschlossene ≗ mit Eigenkühlung durch Luft** / totally-enclosed fan-ventilated air-cooled machine || **völlig geschlossene ≗ mit Fremdkühlung durch Luft** / totally-enclosed separately fan-ventilated air-cooled machine || **völlig geschlossene ≗** / totally-enclosed machine || **völlig geschlossene ≗ mit Rohranschluß** / totally enclosed pipe-ventilated machine || **völlig geschlossene ≗ mit Eigenlüftung** / totally-enclosed fan-ventilated machine || **völlig geschlossene ≗ mit äußerer Eigenbelüftung** (s. völlig geschlossene, oberflächengekühlte Maschine) || **völlig geschlossene, selbstgekühlte ≗** / totally enclosed non-ventilated machine (t.e.n.v. machine) || **völlig geschlossene, oberflächengekühlte ≗** / totally enclosed fan-cooled machine, t.e.f.c. machine, ventilated-frame machine || **waagrechte ≗** / horizontal machine, horizontal-shaft machine || **wasserdichte ≗** / watertight machine, impervious machine || **wassergefüllte ≗** / water-filled machine || **wasserstoffgekühlte ≗** / hydrogen-cooled machine || **wettergeschützte ≗** / weather-protected machine || **zünddurchschlagsichere ≗** / flameproof machine, dust-ignitionproof machine

maschinell·e Bearbeitbarkeit / machinability *n* || ~ **bearbeiten** / machine *v* || ~ **bearbeitete Fläche** / machined surface || **~e Bearbeitung** / machining *n* || **~es Entfetten** / mechanical degreasing, machine-degreasing *n* || ~ **fertigbearbeiten** / finish-machine *v* || **~e Programmierung** / computer programming || ~ **vorbearbeiten** / premachine *v*

Maschinen in Kaskadenschaltung / machines in cascade, machines in tandem, machines in concatenation || **≗ableiter** *m* / machine arrester, lightning arrester, surge diverter || **≗adresse** *f* / machine address || **≗alarm** *m*(NC) / machine alarm || **≗auslastung** *f* / machine utilization || **≗ausnutzung** *f*(WZM, NC) / machine utilization || **≗baustahl** *m* / machine steel || **≗bedienungselemente** *n pl* / machine controls || **≗belastung** *f* / machine load, machine loading || **≗beschreibung** *f*(NC) / machine description, machine specification || **≗bett** *n* / machine base || **≗buch** *n* / machine logbook || **≗datenerfassungsstation (MDE Terminal)** *f* / machine data acquisition terminal (MDAT) || **≗datenspeicher** *m*(NC) / machine data memory || **≗fußschraube** *f* / holding-down bolt

maschinengeführter Stromrichter / machine-commutated converter, load-commutated converter

Maschinengehäuse *n* / machine frame, machine housing

maschinengetakteter Stromrichter / machine-clocked converter, machine-commutated converter

Maschinen·-Glasthermometer *n* / industry-type liquid-in-glass thermometer, straight-stem mercury thermometer || **≗griff** (s. Maschinenhandgriff) || **≗halle** *f* / machine hall, machine room || **≗handgriff** *m*(Steuerschalter) / machine-tool handle, ball handle, ball-lever handle || **≗haube** *f* / machine jacket, machine cover || **≗haus** *n*(KW) / power house || **≗konstante** *f*(el. Masch.) / output constant || **≗körper** *m* / machine frame || **≗laufzeit** *f* / machine run time, machine utilization time

maschinenlesbare Fabrikatebezeichnung (MLFB) / machine-readable product designation

maschinennah·es Bedienen und Beobachten / local operator control and (process) monitoring || **~er Bereich** (Fabrik) / plant-floor environment, industrial control environment

Maschinen·-Nullpunkt *m*(NC) / machine datum, machine origin, machine zero point, machine zero || **≗-Nullpunkt** (NC; CLDATA-Wort) / origin (ISO 3592) || **≗nummer** *f*(Fabrik-Nr.) / serial number, serial No.

maschinenorientiert *adj*(NC) / machine-oriented *adj* || **~e Programmiersprache** / computer-oriented language, machine-oriented language

Maschinen·programm *n* / machine program, machine-code program, computer program || **≗-Referenzpunkt** *m*(NC) / machine reference point, machine home position || **≗satz** *m* / machine set, machine unit, set *n*, unit *n*, composite machine || **Wasserkraft-≗satz** *m* / hydroelectric set || **≗schlosser** *m* / machinery fitter || **≗schraube** *f* / machine screw, machine bolt || **≗schutz** *m* / machine protection, generator-transformer protection || **≗seite** *f*(A- oder B-Seite) / machine end

maschinenseitiger Stromrichter / load-side converter, output (o. motor) converter

Maschinen·-Sicherheitssignal *n*(NC) / machine safety signal || **≗sockel** *m* / machine base, machine pedestal || **≗sperre** *f*(NC) / machine lock, machine lockout || **≗sprache (MC-Sprache)** *f* / machine language, machine code (MC), computer language, object language || **≗steuertafel** *f* / machine control panel || **≗teil** *n* / machine part, machine component, machine element || **≗telegraf** *m*(Schiff) / engine-room telegraph || **≗transformator** *m* / generator transformer || **≗umformer** *m* / motor-generator set || **≗unterbau** *m* / machine base || **≗wort** *n* / computer word, machine word || **≗zeit** *f*(Rechnerzeit) / computer time, processing time || **≗zyklus** *m* / machine cycle (sequence of operations in a CPU)

Maser *m* / maser *n*(microwave amplification by stimulated emission of radiation)

Masern *n*(gS) / measling *n*

Maske *f* / mask *n* || ≗ (Bildschirm) / (screen) form *n* || ≗ (IC) / mask *n*, photomask *n*

Masken·dialogsystem *n* / interactive forms system || **≗element** (BSG) / form element || **≗feld** *n*(BSG) / mask field || **~programmierbar** *adj* / mask-programmable *adj* || **~programmierter Festwertspeicher (MPROM)** / mask-programmed read-only memory (MPROM) || **≗programmierung** *f* / mask programming || **≗vorlage** *f*(IS) / mask pattern

maskieren *v*(DV) / mask *v*

Maß *n*(Maßgröße) / measure *n* || ≗ (Abmessung) / dimension *n* || ≗ (Lehre) / gauge *n* || ≗ (Toleranzsystem, Größenangabe; DIN 7182,T.1) / size *n* || **≗abweichung** *f* / dimensional deviation, deviation *n*, measured error (IEC 770) || **≗analyse** *f* / dimensional analysis || **≗angabe** *f*(NC) / dimensional notation, size notation || **≗angaben** *f*

pl / dimensions *n pl*, dimensional details || **relative ²angaben** (NC-Wegbedingung, DIN 66025,T.2) / incremental dimensions (ISO 1056), incremental program data || **²-Befehl** *m* (NC, Wort) / dimension word || **²beständigkeit** *f* / dimensional stability, thermostability *n* || **²bezeichnung** *f* / dimension symbol || **²bezugsfläche** *f* / reference surface || **²bild** *n* / dimension drawing, dimensioned drawing, dimension diagram, outline drawing || **²blatt** (s. Maßbild)
Masse *f* (Gerüst; Erdung) / frame *n*, chassis *n*, earth *n*, ground *n* || ² (Bezugspotential) / reference potential, zero potential || ² (PC-Geräte) / chassis ground, zero V reference potential || ² (s. Körper) || **aktive** ² (Batt.) / active material || **an** ² **legen** / to connect to frame, to connect to ground || **Bezugs**~ / earth (o. ground) reference || **interne** ² (elST) / internal earth terminal, internal ground terminal, chassis terminal || **logische** ² (Erde) / logic earth, logic ground (IEC 625) || **Meß**~ / signal ground || **mit** ² **vergießen** / to fill with compound, to seal with compound, seal *v*
Masseanschluß *m* / (electrical) bonding, bonding to frame (o. chassis) || ² (Klemme) / frame terminal, chassis terminal, frame earth terminal
massearme Isolierung / mass-impregnated and drained insulation
Masse·band *n* (Erdungsb.) / earthing (o. grounding) strip || **~bezogene Scheinleistungsdichte** / apparent power mass density || **~bezogene Spannung** / voltage to ground, voltage to reference bus || **~frei** *adj* (nicht geerdet) / floating-ground *adj*, floating *adj*, unearthed *adj* || **~getränktes papierisoliertes Kabel** / mass-impregnated paper-insulated cable || **~imprägnierte Papierisolierung** / mass-impregnated paper insulation
Maßeinheit *f* / unit *n*, unit of measurement
Masse·isolation *f* (Isolation gegen Masse) / ground insulation, main insulation || **²isolation** (s. Masseisolierung) || **²isolierung** *f* (massegetränkt) / mass-impregnated insulation
Massekabel *n* / paper-insulated mass-impregnated cable || ² (Erdungsk.) / earthing (o. grounding) cable, chassis (o. frame) grounding cable
Massen·absorptionskoeffizient *m* (RöA) / mass absorption coefficient || **²achse** *f* / mass axis, principal inertia axis, balance axis || **²anteil** *m* / mass fraction, mass by mass || **²behang** *m* / mass per unit length || **²belag** *m* / mass per unit area || **²druck** *m* / inertial force || **²durchfluß** *m* / mass rate of flow || **²fertigung** *f* / mass production, quantity production, large-scale production || **²fluß** (s. Massenstrom) || **²gütertransport** *m* / bulk transport and handling || **²konzentration** *f* / mass concentration, concentration by mass, mass abundance || **²kraft** *f* / inertial force || **²mittelpunkt** *m* / centre of mass, centre of gravity || **²moment** (s. Massenträgheitsmoment) || **²punkt** *m* / mass point, material point || **²schluß** *m* / short-circuit to frame || **²schwächungskoeffizient** *m* (RöA) / mass attenuation coefficient || **²speicher** *m* / bulk storage (device), mass storage || **²spektrometer** *m* / mass spectrometer || **²spektrometrie** *f* / mass spectrometry || **²streukoeffizient** *m* (RöA) / mass scattering coefficient || **²strom** *m* / mass flow || **²trägheit** *f* / mass inertia || **²trägheitsmoment** *n* / moment of inertia, mass moment of inertia || **²voltameter** *n* / weight voltameter
Masse·potential *n* / frame potential || **²-Rückleitung** *f* (Erdrückleitung) / earth return, ground return || **²schiene** *f* (Erdungssch.) / earthing (o. grounding) bar || **²schluß** *m* / short circuit to ground, short circuit to chassis (o. to frame) || **²verbindung** *f* (Chassis) / chassis earth connection, chassis ground
Masseverlust *m* / weight loss, material consumption (by corrosion) || **²prüfung** *f* (VDE 0281) / weight loss test || **²rate** *f* (Korrosion) / material consumption rate
Maßfertigung *f* / custom-made design, tailor-made model
maßgeblich·e Richtlinien / authoritative guidance
Maß·gedeck *n* / place setting || **²genauigkeit** *f* / dimensional accuracy, accuracy to size
maßgerecht (s. maßhaltig)
Maßgröße *f* (Wahrscheinlichkeitsrechnung) / measure *n* (IEC 50(191)
maßhaltig *adj* / dimensionally correct, dimensionally true, true to size || ~ (formbeständig) / dimensionally stable, thermostable *adj* || **nicht** ~ / off gauge
Maßhaltigkeit *f* (Maßgenauigkeit) / dimensional accuracy, accuracy to size, trueness *n* || ² (s. Formbeständigkeit)
Maßhilfslinie *f* / projection line, witness line
massiv *adj* (stabil) / strong *adj*, rugged *adj* || ~ (volles Material) / solid *adj* || **~es Joch** / solid yoke, unlaminated yoke || **~er Stift** (Stecker) / solid pin || **~e Welle** / solid shaft
Massivbürste *f* / solid brush
Massiv·gehäuse *n* (el. Masch.) / solid frame || **²läufer** *m* / solid rotor, solid-iron rotor, unlaminated rotor, solid-rotor machine || **²leiter** *m* / solid conductor || **²pol** *m* / solid pole || **²pol-Synchronmotor** *m* / solid-pole synchronous motor || **²ringläufer** *m* / solid-rim rotor || **²silberauflage** *f* (Kontakte) / solid-silver facing || **²stab** *m* (Wickl.) / solid bar
Maß·kontrolle *f* / dimensional inspection, dimensional check || **²linie** *f* / dimension line
Maßnahmen *f pl* (QS-Verfahrensanweisung) / actions *n pl* (QA procedure)
Maß·ordnung *f* / dimensional coordination || **²pfeil** *m* / (dimension) arrowhead *n*, dimension-line arrow || **²protokoll** *n* / dimension certificate || **²prüfung** *f* / dimensional inspection, dimensional check || **²reihe** *f* (Lg.) / dimension series || **~schlagen** *v* (stanzen) / size *v* || **²skizze** *f* / dimensioned sketch, dimension sketch || **²sprung** *m* / dimensional increment, dimensional unit
Maßstab *m* (einer Zeichnung) / scale *n* || ² (Meterstab) / rule *n* || ² (WZM, NC) / graduated scale, divided scale, scale *n* || **²änderung** *f* (NC) / scaling *n* || **²faktor** *m* (MG) / scale factor
maßstabgerecht *adj* / true to scale || **~es Modell** / scale model || ~ **vergrößern** / scale up *v* || **~e Zeichnung** / drawing to scale, scale drawing
Maßstableiste *f* / bar scale
maßstäblich *adj* / to scale, true to scale || ~ **gezeichnet** / drawn to scale || **nicht** ~ / not to scale (n.t.s.), out of scale
Maßstab·raster *m* (NC) / grating *n* || **²teilung** *f* (NC)

/ grating pitch, line structure of grating || ²verhältnis *n* / fractional scale || ²verzerrung *f* / scale error

Maß·teilung *f* / graduation *n*, division *n* || ²**toleranz** *f* / dimensional tolerance, size tolerance || ²**- und Gewichtsprüfung** / examination of dimensions and mass || ²**verkörperung** *f* / material measure || ²**wert** *m* (eines logischen Eingabegeräts) / measure || **aktueller** ²**wert** (logischer Eingabewert) / current value of measure || ²**zahl** *f* / dimension *n* || **statistische** ²**zahl** (s. statistische Kenngröße) || ²**zeichnung** *f* / dimensioned drawing, dimension drawing || ²**zugabe** *f* / dimensional allowance, size allowance

Mast *m* (Holz, Stahlrohr, Beton) / pole *n*, column *n*, post *n* || ² (Lichtmast) / column *n* || ² (Stahlgitterm.) / tower *n*, steel tower, lattice(d) tower || **einstieliger** ² / pole *n* || ²**anker** *m* / stay *n* (tower, pole) || ²**ansatzleuchte** *f* / side-entry luminaire, slip-fitter luminaire || ²**aufsatzleuchte** *f* / post-top luminaire || ²**aufsatz-Spiegelleuchte** *f* / post-top specular-reflector luminaire || ²**aufsatzstück** *n* / column socket

Mastausteilung *f* (Auswählen der Standorte von Freileitungsmasten) / tower spotting

Master *m* (Funktionseinheit zur Einleitung von Datenübertragungen) / master *n* || ²**anforderung** *f* / master request || ²**lizenz** *f* (Programme) / master licence

Masterschafts·übergabe *f* (Bussystem) / master transfer

Master-Slave-Betrieb *m* / master-slave operation || ²**-Subsystem** *n* / master subsystem

Mast·fundament *n* (Gittermast) / tower footing || ²**fuß** *m* (Verbindung Eckstiel-Gründung) / stub *n* || ²**hörnerschalter** *m* / pole-type horn-gap switch || ²**kopf** *m* (Gittermast) / top hamper || ²**licht** (s. Topplicht) || ²**schaft** *m* (Gittermast) / tower body || ²**schaft** *m* (einstieliger Mast) / pole shaft, column shaft || ²**schalter** *m* / pole-mounted switch || ²**station** *f* (m. Trafo) / pole-mounted transformer || ²**transformator** *m* / pole-type transformer, tower-mounted transformer || ²**verlängerung** *f* (Freileitungsmast) / (tower) body extension || ²**zopf** *m* / column spigot

Material des Aufzeichnungsträgers / recording medium || ²**bahn** *f* / web *n* || ²**bedarfsplanung** *f* / materials requirements planning (MRP) || **Maximum-**²**-Bedingung** *f* / maximum material condition || ²**bestand** *m* / material inventory, stock *n* (of materials) || ²**dispersionsparameter** *m* / material dispersion parameter || ²**ermüdung** *f* / fatigue *n*, fatigue phenomenon || ²**erweichung** *f* / softening of material || ²**fehler** *m* / defect of material || ²**fluß** *m* / flow of material || ²**flußsteuerung** *f* / material flow control || ²**konstante** *f* / matter constant || ²**liste** *f* / list of material, bill of materials, material specification || **Maximum-**²**-Maß** *n* (DIN 7182) / maximum material size || ²**prüfanstalt** *f* / material testing institute || ²**prüfung** *f* / testing of material, materials testing, materials inspection || ²**- und Teilewirtschaft** / materials and parts management || ²**verdrängung** *f* (Stanzen) / crowding *n* || ²**wanderung** *f* / material transfer, material migration, creep *n* || ²**wesen** *n* / materials management || ²**wirtschaft** *f* / materiels management || ²**zerrung** *f* / strain on material

Matrix *f* / matrix *n*, matrix array, array *n* (sensor) || ² (Punktm.) / dot matrix || **Sensor**~ / sensor array || **Zell**~ (Darstellungselement) / cell array || ²**ausgabe** *f* (Gerät) / matrix output unit || ²**baugruppe** *f* / matrix module || ²**drucker** *m* / matrix printer, dot-matrix printer || ²**einfluß** *m* (Matrix = Umgebung, in der sich eine zu analysierende Substanz während der Analyse befindet) / matrix effect || ²**-Nadeldrucker** *m* / impact matrix printer || ²**-Tintendrucker** *m* / ink-jet matrix printer || ²**zeichen** *n* / matrix sign

Matrize *f* (Vervielfältigungsm.) / stencil *n* || ² (Stanzwerkz.) / female die, bottom die

Matrizenrechnung *f* / matrix calculus

matt *adj* / dull *adj*, matt *adj*, lusterless *adj*, flat *adj*

Matte *f* (Isoliermaterial) / mat *n*

Matten·isolierung *f* / blanket-type insulation, insulation matting || ²**verdrahtung** *f* / mat wiring

Mattglas *n* / frosted glass, depolished glass || ²**scheibe** *f* / frosted-glass pane, frosted-glass window

mattiert·er Kolben (Lampe) / frosted bulb || ~**e Lampe** / frosted lamp || ~**e Oberfläche** (a. gS) / matt finish

MAU (medium attachment unit - Medium-Anschlußeinheit in einem LAN)

Mauer·durchführung *f* / wall penetration, wall bushing || ²**einputzkasten** *m* / (wall-)recessed case, wall box

Maulklemme *f* / claw-type terminal

Maulwurf-Motor *m* / mole motor

Maus *f* (Bildschirmeingabegerät zur Schreibzeigersteuerung) / mouse *n*

maximal·e Änderungsgeschwindigkeit (der Ausgangsspannung eines Stromreglers) / slewing rate || ~**e Anlauffrequenz** (Schrittmot.) / maximum start-stop stepping rate (at no external load) || ~**e Arbeitsplatzkonzentration** (MAK-Wert) / maximum allowable concentration (MAC), threshold limit value at place of work (TLV) || ~**e Ausgangsfrequenz** (A-D-Umsetzer) / full-scale output frequency || ~**es Ausgangssignal** / maximum signal output (IEC 147-1E) || ~**e Ausgangsstrahlung** (Lasergerät, VDE 0837) / maximum output (IEC 825) || ~**er Bemessungs-Dauerstrom** (LS) / rated maximum uninterrupted current || ~**e betrieblich zugelassene Gleichtakt-Störspannung** / maximum operating common-mode voltage || ~**er Betriebsdruck** / maximum operating pressure || ~**e Betriebsfrequenz** (Schrittmot.) / maximum slew rate (at no external load) || ~**es Drehmoment bei Anschlag der Abstimmeinrichtung** / maximum tuner stop torque || ~**er Durchschlupf** (DIN 55350, T.31) / average outgoing quality limit (AOQL) || ~**e Erregung** (el. Masch.) / maximum field || ~**e Kurzschlußfestigkeit** (Sicherungshalter) / peak withstand current || ~**er Kurzzeitstrom für eine Halbwelle** (HL-Schütz, VDE 0660, T. 109) / maximum on-state current for one half cycle || ~ **mögliche Leistung** (KW) / maximum capacity, maximum electric capacity || ~**e Oberflächentemperatur** (explosionsgeschützte Geräte) / maximum surface temperature || ~**er Pulsjitter** (s. maximales Pulszittern) || ~**es Pulszittern** / peak-to-peak pulse jitter || ~**er**

Speicherausbau / maximum memory configuration, maximum memory capacity || ~**e Stromstärke in Abhängigkeit vom Leiterquerschnitt** / cross section/current relationship || ~**e Übermittlungszeit** (FWT) / maximum transfer time || ~**er unbeeinflußter Stoßstrom** (VDE 0670,T.2) / maximum prospective peak current (IEC 129) || ~ **zulässige Bestrahlung (MZB)** / maximum permissible exposure (MPE) || ~ **zulässige Betriebsspannung** (Meßkreis) / nominal circuit voltage || ~ **zulässige Betriebsspannung** (Meßwiderstand, Kondensator) / temperature-rise voltage || ~ **zulässige Nenn-Ansprechtemperatur des Systems** (max. TFS) / maximum permissible rated system operating temperature (max. TFS) || ~ **zulässige Umgebungstemperatur** / maximum ambient temperature || ~ **zulässiger Stoßstrom** (ESR-Elektrode) / surge current

Maximalausbau *m* (elST) / maximum complement, ultimate configuration

Maximal·ausschlag *m* / maximum deflection || **≗melder** *m* (Brandmelder, EN 54) / static detector (EN 54) || **≗-Minimalrelais** *n* / over-and-under...relay || **≗permeabilität** *f* / maximum permeability || **≗relais** *n* / over...relay || **≗schalter** *m* / excess-current circuit-breaker || **≗-Verlustleistung** *f* (EB; VDE 0160) / maximum power loss (EE)

maximieren *v* / maximize *v*

Maximum *n* (EZ, StT) / maximum demand (m.d.) || **≗ausblendung** *f* / maximum-demand bypass || **≗auslöser** *m* / maximum-demand trip || **≗drucker** *m* / maximum-demand printer || **≗einrichtung** *f* / maximum-demand element || **≗erfassung** *f* / maximum-demand metering || **≗konstante K** / constant K of maximum-demand indicator || **≗kontakt** *m* / maximum-demand contact || **≗-Laufwerk** *n* / maximum-demand timing element, maximum-demand timer || **≗-Material-Bedingung** *f* / maximum material condition || **≗-Material-Maß** *n* (DIN 7182) / maximum material size || **≗-Meßperiode** *f* (EZ) / demand integration period || **≗-Meßrelais** *n* / maximum measuring relay || **≗messung** *f* / maximum-demand measurement (o. metering) || **≗rechner** *m* / maximum-demand calculator || **≗register** *n* / maximum-demand register || **≗relais** *n* / maximum-demand relay || **≗relais** (Meßrelais f. Schutz) (s. Maximum-Meßrelais) || **≗rolle** *f* / maximum-demand drum || **≗-Rückstelleinrichtung** *f* / maximum-demand zero resetting device || **≗-Rückstellung** *f* / maximum-demand zero resetting, maximum-demand resetter || **≗schalter** *m* / maximum-demand resetting switch, maximum-demand switch (MD switch) || **≗scheibe** *f* / maximum-demand dial || **≗-Schleppzeiger** *m* / maximum indicator || **≗skale** *f* / maximum-demand scale || **≗speicher** *m* / maximum-demand memory || **≗tarif** *m* / demand tariff || **≗-Überwachungsanlage** *f* / maximum-demand monitoring system || **≗-Umschaltkontakt** *m* / maximum-demand changeover contact || **≗wächter** *m* / maximum-demand monitor, maximum-demand indicator || **Energie-≗wächtersystem** *n* („Energy Management") / energy management system

Maximumwerk *n* / maximum-demand mechanism, maximum-demand element || **≗** (elektron.) / maximum-demand module (o. unit), maximum-demand calculator (o. module)

Maximumzähler *m* / maximum-demand meter, demand meter, kilowatt maximum-demand meter || **≗ mit Kumulativzählwerk** / cumulative demand meter || **schreibender ≗** / recording maximum-demand meter, meter with maximum-demand recorder

Maximumzeiger *m* / maximum-demand pointer, friction pointer of demand meter (depr.)

Maxi-Termi-Point *m* / maxi-termi-point *n*

Maxwellsch·e Einflußzahl / influence coefficient || **≗e Spannung** / Maxwell stress

MB (s. Merker-Byte)

MBK (s. Magnetbandkassette)

MC (s. Mikrocomputer)

μC (s. Mikrocomputer)

MCB (s. Mikrocomputer-Platine)

MCC (A. f. „motor control centre" - fabrikfertige Motorschalttafel)

MCC-Einschub *m* / MCC withdrawable unit, MCC drawout unit

McLeod-Manometer *m* / McLeod vacuum gauge

MCO (s. meteorologisches Wolkenhöhen-Meßgerät)

MC-Sprache (s. Maschinensprache)

MD (s. Merker Datum)

MDE Terminal (s. Maschinendatenerfassungsstation) || **≗-Leitstation** *f* / MDA master terminal

Measling (s. Masern)

Mechanik *f* (SG) / mechanical system || **≗ mit Aufhebung des Auslösemechanismus** (DT) / cancelling release mechanical system || **≗ mit Doppelbetätigungsauslösung** (DT) / double-pressure locking mechanical system || **≗ mit gegenseitiger Auslösung** (DT) / inter-dependent mechanical system || **≗ mit gegenseitiger Sperrung** (DT) / locking mechanical system || **blockierende ≗** / blocked mechanical system || **Druckknopfschalter-≗** / mechanical system of a pushbutton switch || **Rast~** (DT) / single-pressure maintained mechanical system (IEC 50(581)) || **Tast~** / momentary mechanical system, single-pressure non-locking mechanical system || **unverriegelte ≗** (DT) / independent mechanical system

Mechaniker *m* / fitter *n*

mechanisch·er Abgleich (MG) / mechanical balance || ~**e Antriebsleistung** / mechanical input || ~**e Arbeit** / mechanical work || ~**er Aufbau** / mechanical design, mechanical construction || ~**e Aufbauten** (MSR-Geräte) / constructional hardware || ~ **austauschbar** / intermountable *adj* || ~**e Bruchkraft** (VDE 0446, T.1) / mechanical failing load (IEC 383) || ~**e Bürde** / mechanical burden || ~**e Dauerfestigkeit** / mechanical endurance, time-load withstand strength || ~**e Dauerprüfung** / mechanical endurance test || ~**er Drucker** / impact printer || ~**es Druckverfahren** (Fernkopierer) / impact recording || ~**er Durchstimmbereich** / mechanical tuning range || ~**e Empfangseinrichtung** (EZ) / mechanical receiving device || ~**e Endbegrenzung** (Trafo-Stufenschalter) / mechanical end stop (IEC 214) ||

~e **Festigkeit** (Material) / mechanical strength || ~e **Festigkeit** (Gerät) / mechanical stability || ~e **Freiauslösung** / mechanical release-free mechanism, mechanical trip-free mechanism || ~e **Funktionsprüfung** / mechanical operation test, verification of mechanical operation || ~ **gekuppelt** (SG) / ganged *adj*, linked *adj* || ~es **Hemmwerk** (Ausl.) / mechanical time-delay element || ~er **Impulsgeber** (EZ) / mechanical impulse device, contact mechanism || ~er **Kontaktschutz** / shroud *n* (IEC 50(581)) || ~e **Lebensdauer** / mechanical endurance, mechanical life, mechanical durability || ~er **Leitungsschutzschalter** / mechanical circuit-breaker || ~er **LWL-Spleiß** / mechanical splice || ~e **Mindest-Bruchfestigkeit** / specified mechanical failing load || ~er **Nullpunkt** (MG) / mechanical zero || ~er **Nullpunkteinsteller** (MG) / mechanical zero adjuster || ~es **Rückarbeitsverfahren** / mechanical back-to-back test, pump-back method || ~er **Schalter** / mechanical switch || ~es **Schaltgerät** / mechanical switching device || ~es **Schaltgerät mit bedingter Auslösung** / fixed-trip mechanical switching device || ~es **Schaltgerät mit Freiauslösung** / trip-free mechanical switching device || ~e **Sperre** (SG) / mechanical lockout, mechanical latch || ~e **Standfestigkeit** / mechanical endurance || ~e **Trägheit** / mechanical inertia || ~es **Übertragungselement** (WZM) / mechanical transmission element || ~er **USV-Schalter** / mechanical UPS power switch (MPS) || ~e **Verklinkung** / mechanical latch(ing) || ~e **Verriegelung** / mechanical interlock || ~ **verzögerter Auslöser** / mechanically delayed release || ~es **Wärmeäquivalent** / mechanical equivalent of heat || ~e **Widerstandsfähigkeit** / robustness *n*, mechanical endurance || ~e **Widerstandsfähigkeit der Anschlüsse** (DIN IEC 68) / robustness of terminations || ~e **Wiedereinschaltsperre** / mechanical reclosing lockout || ~e **Winkelgeschwindigkeit** / angular velocity of rotation || ~e **Wirkverbindungslinie** / mechanical linkage line || ~e **Zeitkonstante** (a. Anzeigegerät) / mechanical time constant || ~es **Zeitrelais** / mechanically timed relay || ~e **Zündsperre** (EN 50018) / stopping box (EN 50018) || ~e **Zündsperre mit Vergußmasse** / stopping box with setting compound || ~-**elektrisches Bauteil** (s. elektrisch-mechanisches Bauelement)

mechanisierte Prüfung / remote-controlled testing

Median *m* (Statistik, DIN 55350, T.23) / median *n* || ≈ (Bereich zwischen dem proximalen und distalen Bereich, DIN IEC 469, T.1) / mesial *n* || ≈**linie** *f* (DIN IEC 469, T.1) / mesial line || ≈**punkt** *m* (DIN IEC 469, T.1) / mesial point || ≈**wert** *m* / median value, median *n* || ≈**wert einer Stichprobe** (QS) / sample median

Medium·-Anschlußeinheit *f* (LAN) / medium attachment unit (MAU) || ≈**-Schnittstelle** *f* (LAN) / medium-dependent interface

Meeres·höhe *f* / altitude above sea level || ≈**wärme-Kraftwerk** *n* / ocean (or sea) temperature gradient power station || ≈**wellenenergie** *f* / wave energy

Mehrachsantrieb *m* (Bahn) / coupled axle drive, multiple-axle drive

Mehrachsen·-Bahnsteuerung *f* (NC) / multi-axis continuous-path control, multi-axis contouring control || **Angaben für** ≈**bewegung** (NC) / multi-axis information set || ≈**steuerung** *f* (NC) / multi-axis control || ≈**-Streckensteuerung** *f* (NC) / multi-axis straight-line control

Mehraderkabel (s. mehradriges Kabel)

mehradrig·es Flachkabel / flat multi-core cable

mehradriges Kabel / multi-strand cable

Mehrankermotor *m* / multi-armature motor

Mehr·anodenventil *n* / multi-anode valve || ≈**anoden-Ventilbauelement** *n* / multi-anode valve device || ~**bahniges Schieberegister** / multi-channel shift register || ≈**benutzersystem** *n* / multi-user system, shared-resources system || ≈**bereichs-Meßgerät** *n* / multi-range instrument || ≈**bereichsöl** *n* / multigrade oil

mehrdimensional·e Bahnsteuerung (NC) / multi-dimensional continuous-path control, multi-motion contouring control || ~e **Steuerung** (NC) / multi-dimensional control, 3D control

mehrdrähtiger Leiter / stranded conductor

Mehr·drahtnachricht *f* (DIN IEC 625) / multiline message || ≈**ebenen-Prozeßführung** *f* / multi-level process control || ≈**einheiten-Schalter** *m* (HSS) / multi-cell switch

mehrfach geschlossene Wicklung / multiplex winding || ~ **gespeistes Netz** / multiply fed system, multi-end-fed system || ~es **Messen** (DIN 41640) / repetition of measurements (IEC 512) || ~ **parallelgeschaltete Wicklung** / multiplex parallel winding || ~ **programmierbarer Festwertspeicher** (REPROM) / reprogrammable read-only memory (REPROM) || ~e **Schleifenwicklung** / multiplex lap winding || ~ **stabilisiertes Relais** / multi-restraint relay || ~ **verseilter Leiter** / multiple stranded conductor || ~e **Wellenwicklung** / multiplex wave winding || ~ **wiedereintretende Wicklung** / multiply re-entrant winding || ~e **Wiederzündung** (SG) / multiple restrikes

Mehrfachanregung *f* / multiple excitation

Mehrfach·anschaltung *f* / multiple interfacing, multi-channel interface, multiple-interface module || ≈**anschlag** *m* (WZM) / multi-position stop || ≈**anweisung** *f* / compound statement || ≈**ausfall** *m* / multiple failures || ≈**bestimmung** *f* / multiple analysis || ≈**betätigung** *f* (Eingabetastatur) / rollover *n* || ≈**bild** *n* (gS) / multiple pattern || ≈**blitz** *m* / multiple lightning stroke || ≈**blitzentladung** *f* / multiple-stroke flash || ≈**bürstenhalter** *m* / multi-brush holder || ≈**dekadenwiderstand** *m* / multi-decade resistor || ≈**drehwiderstand** *m* / multi-gang rotary resistor || ≈**durchführung** *f* / multiple bushing || ≈**-End-End-Konfiguration** *n* (FWT) / multiple point-to-point configuration || ≈**erdschluß** *m* / multiple fault, cross-country fault || ≈**erregung** *f* / multiple excitation || ≈**getriebe** *n* / multi-stage gearing || ≈**käfigläufermotor** *m* / multi-cage motor || ≈**-Kastenbauform** *f* (SK, VDE 0660, T.500) / multi-box-type assembly (IEC 439-1) || ≈**kette** *f* (Isolatoren) / multiple (insulator) string || ≈**kondensator** *m* / ganged capacitor || ≈**-Kondensatorbatterie** *f* (VDE 0670,T.3) / multiple capacitor bank (IEC 265) || ≈**koppler** *m* /

multiplexer (MUX) *n* || ²kopplung *f*(FWT) / multilink *n*(module) || ²-**Kurzunterbrechung** (s. mehrmalige Kurzunterbrechung) || ²**leitung** *f*(s. Mehrfachsystemleitung) || ²**leuchtmelder** *m* / multiple indicator light, multi-element indicator light, annunciator unit || ²-**Meßgerät** *n* / multiple instrument || ²-**Meßumformer** *m* / multi-section transducer || ²**motor** *m*(mehrere Anker) / multiple-armature motor || ²-**Nebenwiderstand** *m* / universal shunt || ²**nutzen** *m*(gS) / multiple printed panel || ²**nutzen-Druckwerkzeug** *n* / multiple image production master || ²-**Oszilloskop** *n* / multirace oscilloscope || ²**potentiometer** *n* / ganged potentiometer || ²-**Primärausfall** *m* / common-mode failure || ²**programm** *n* / multiple program || ²-**Programmiergerät** *n* / gang programmer || ²-**Prozeßrechnersystem** *n* / multiple-computer system || ²-**Punkt-zu-Punkt-Netz** *n*(FWT) / multiple point-to-point configuration || ²**quelle** *f* (E VDE 0165, T.102) / multi-grade source of release || ²**rechneranlage** *f* / multi-computer configuration (o. installation) || ²**rechner-Überwachungssystem** *n* / multi-computer monitoring system || ²**reflexionen** *f pl* / interreflection (GB);n., interflection *n*(US), multiple reflections || ²**regelung** *f*(Mehrgrößenr.) / multi-variable control || ²**sammelschiene** *f* / multiple busbars || ²**schalter** *m*(mech. gekuppelter Sch.) / ganged switch || ²**schalter** (Vielfachschalter, s. „Vielfachschalter") || ²-**Schrankbauform** *f*(VDE 0660, T.500) / multi-cubicle-type assembly, multi-cabinet type || ²**schreiber** *m* / recording multiple-element instrument, multi-channel recorder, multicorder *n*, multi-record instrument || ²**speisung** *f* / multiple-feeder system || ²**spule** *f* / multi-section coil, multiple coil || ²**steckdose** *f* / multiple socket-outlet, multiple receptacle || ²**stecker** *m* / multiway adaptor, multiple plug, cube tap (US), plural tap (US) || ²**steckverbinder** *m* / multiway connector, multiple connector || ²**steuerung** (Mehrplatzsystem) (s. Gruppensteuerung) || ²**stichprobenentnahme** *f* / multiple sampling || ²**stichprobenprüfplan** *m* / multiple sampling plan || ²**stichprobenprüfung** *f* / multiple sampling inspection || ²**system** *n*(Schutz) / redundant system || ²**tarif** *m* / multiple tariff || ²**tarifzähler** *m* / multi-rate meter || ²-**Triplett** *n*(NC) / multiple triplet || ²**übertragung** *f*(DÜ) / multiple transmission || ²**unterbrechung** *f*(SG) / multiple break (operation), multiple break feature || ²**ventil** *n*(LE) / multiple valve unit (IEC 633) || ²**verbindung** *f*(Verbundnetz) / multiple transmission link, multiple link || ²**verseilung** *f* / multiple stranding || ²**widerstand** *m* / multiple resistor || ²-**Wiedereinschaltung** (s. mehrmalige Kurzunterbrechnung || ²**zeitglied** *n*(Monoflop) / multi-function monoflop || ²**zugriffverfahren mit Trägerabfrage und Kollisionserkennung** (CSMA-CD) / carrier sense multiple-access/collision detect (CSMA/CD)

Mehrfarbenscheinwerfer *m* / multi-colour floodlight

mehrfarbiges Sichtgerät / colour monitor

Mehrflächen-Gleitlager *n* / sectionalized-surface sleeve bearing || ~**flutiger Kühler** / multi-pass heat exchanger || ~**frequent** *adj* / multi-frequency *adj*

mehrgängig gewickelt / wound interleaved || ~**es Gewinde** / multiple thread, multiple-start thread, multi-thread *n* || ~**e Labyrinthdichtung** / multiple labyrinth seal || ~**e Parallelwicklung** / multiplex parallel winding, multiple parallel winding || ~**e Schleifenwicklung** / multiplex lap winding || ~**e Wellenwicklung** / multiplex wave winding, multiplex two-circuit winding || ~**e Wicklung** / multi-strand winding, interleaved winding, multiplex winding

Mehrgängigkeit *f*(Wickl.) / multiplicity *n*

mehrgipflige Verteilung / multimodal distribution

mehrgliedrig·er Tarif / multi-part tariff

Mehr·größenregelung *f* / multi-variable control, multi-input/multi-output control || **entkoppelte** ²**größenregelung** / non-interacting control

Mehrheitsbewertung *f*(redundantes System) / voter function, voter-basis evaluation

Mehrkammerklystron *f* / multi-cavity klystron

Mehrkanal·betrieb *m* / multi-channel mode (o. operation) || ²**register** *n* / multiport register || ²**rohr** *n*(IR) / multiple-duct conduit || ²-**Röntgenanalysegerät** *n* / multi-channel X-ray analyzer, multi-stream X-ray analyzer || ²-**Röntgenspektrometer (MRS)** *m* / multi-channel X-ray spectrometer

Mehrkern-Stromwandler *m* / multi-core-type current transformer, multi-core current transformer

Mehrlagen·-Leiterplatte *f* / multi-layer printed board, multi-layer board (MLB) || ²**verdrahtung** *f* (IS) / multi-layer metallization

mehrlagig·e Spule / multiple-layer coil, multi-layer coil || ~**e Wicklung** / multiple-layer winding, multi-layer winding

mehrlampige Leuchte / multi-lamp luminaire

Mehrleiter·-Abzweigstromkreis *m* / multi-wire branch circuit || ²**kabel** *n* / multi-conductor cable, multiple-conductor cable || ²**stromkreis** *m* / multi-wire circuit, multi-wire branch circuit

mehrlösige Bremse / graduated brake

mehrmalige Kurzunterbrechung / multiple-shot reclosing, automatic multi-shot reclosing

Mehrmodenfaser *f* / multi-mode fibre

Mehrmotoren·antrieb *m* / sectional drive, multi-motor drive || ²-**Auslösegerät** *n* / multi-motor tripping unit, multi-motor control unit || ²-**Schutzschalter** *m*(LS) / multi-motor circuit-breaker assembly || ²-**Schutzschalter** *m* (Schütze) / multi-motor contactor assembly || ²-**Steuertafel** *f* / multi-motor control centre, motor control centre (MCC)

Mehrphasen·knoten *m* / polyphase node || ²**maschine** *f* / polyphase machine || ²**schreiber** *m* / recording polyphase instrument || ²-**Spannungsquelle** *f* / polyphase voltage source || ²-**Stromkreis** *m* / polyphase circuit, m-phase circuit || ²**system** *n* / polyphase system, m-phase system || ²**tor** *n* / polyphase port

mehrphasig *adj* / polyphase *adj*, multi-phase *adj*, m-phase *adj* || ~**es Meßgerät** / polyphase instrument || ~**es Meßgerät für symmetrisches Netz** / balanced-load polyphase instrument || ~**es Mitsystem** / positive-sequence polyphase system

Mehrplatzsystem *n* / shared-resources system,

multi-user system, cluster *n*
Mehrpol *m* / n-terminal circuit
mehrpolig *adj* / multipole *adj*, multi-polar *adj*, multi-way *adj* || **~e Darstellung** / multi-line representation || **~er Leistungsschalter** / multipole circuit-breaker || **~er Schalter in gemeinsamem Gehäuse** / multipole single-enclosure switch || **~er Schalter mit getrennten Polen** / multi-enclosure switch || **~es Schaltgerät** / multipole switching device || **~er Steckverbinder** / multipole (o. multiway o. multi-pin) connector
Mehrpol·-Netzwerk *n* / n-terminal network, n-port network
Mehrprogrammbetrieb *m* / multiprogramming *n*, multi-job operation
Mehrprozessor *m* / multiprocessor *n* || **≗-Datenübertragungszusatz** *m* / multiprocessor communications adapter (MCA) || **≗steuerung** *f* (MPST) / multiprocessor-based control || **≗system** *n* / multiprocessor *n* (system)
Mehrpunktezug *m* (NC) / multi-point definition, multi-point cycle
Mehrpunkt· *f*, **HGÜ-≗-Fernübertragung** / multi-terminal HVDC transmission system || **≗melder** *m* / multi-point detector || **≗regelung** *f* / multi-step control || **≗regler** *m* / multi-position controller, multi-step controller || **≗schreiber** *m* / multi-point recorder
Mehrpunktverbindung *f* / multi-point connection || **≗** (DIN ISO 7498) / multi-endpoint connection || **≗ mit zentraler Steuerung** (DIN ISO 7498) / centralized multi-endpoint connection || **≗ ohne zentrale Steuerung** (DIN ISO 7498) / decentralized multi-endpoint connection
Mehrpunkt·verhalten *n* (Reg.) / step control action, multi-step action, multi-level action
Mehr·quadrantenantrieb *m* / multi-quadrant drive || **≗quadrantenbetrieb** *m* (SR-Antrieb; NC) / multi-quadrant operation || **≗rahmensystem** *n* / multi-crate system (IEC 552) || **≗rechnersystem** *n* / multicomputer system || **≗rechner-Überwachungssystem** *n* / multicomputer monitoring system
mehrreihiger Steckverbinder / multi-row connector
Mehr·röhren-Oszilloskop *n* / multi-tube oscilloscope || **≗scheibenkupplung** *f* / multiple-disc clutch, multi-plate clutch
Mehrschicht·-Isolierstoff *m* / combined insulating material || **≗-Leiterplatte** (s. Mehrlagen-Leiterplatte) || **≗wicklung** *f* / multiple-layer winding, multi-layer winding
mehrschleifige Regelung / multi-loop feedback control
Mehr·schneiden-Dichtungsring *m* / multi-lip sealing ring || **~seitig gespeistes Netz** / multiply fed system, multi-end-fed system || **≗sichtfenstertechnik** *f* / multi-window technique *X* (o. display) || **≗signal-Meßgerät** *n* / multiple-channel instrument || **≗spannungsanschluß** *m* / multi-voltage mains connection || **≗spannungsnetzgerät** *n* / multi-voltage power supply unit || **≗spannungstransformator** *m* / multi-voltage transformer || **≗stellenschalter** *m* / multi-position switch, multiway switch || **≗stellen-TE-Eichung** *f* / multi-terminal PD calibration || **≗stellen-TE-Messung** *f* / multi-terminal PD measurement
mehrstellig *adj* (Ziffernanzeige) / multi-digit *adj*
mehrstieliger Mast (Freiltg.) / tower *n*
Mehr·stofflegierung *f* / multi-compound alloy || **≗strahler** (s. Mehrstrahl-Oszilloskop) || **≗strahl-Oszilloskop** *n* / multi-beam oscilloscope, multi-trace oscilloscope
Mehrstrahlröhre *f* / multi-beam tube || **≗** (mit einem Elektronenstrahlerzeuger) / split-beam cathode-ray tube, double-beam CRT || **≗** (mit getrennten Elektronenstrahlerzeugern) / multiple-gun CRT
mehrsträngig *adj* (mehrphasig) / multi-phase *adj*, polyphase *adj*
Mehr·strecken-Stabilisatorröhre *f* / multi-electrode voltage stabilizing tube || **≗strom-Generator** *m* / multiple-current generator || **≗stückläufer** *m* / built-up rotor, sectionalized flywheel
mehrstufig·e Kurzunterbrechung (s. mehrmalige Kurzunterbrechung) || **~e Probeentnahme** / multi-stage sampling || **~es Relais** / multi-step relay || **~e Stichprobenentnahme** / multi-stage sampling, nested sampling
Mehrsystem·leitung *f* / multiple-circuit line || **≗-Meßumformer** *m* / multi-element transducer
Mehr·tarifzähler *m* / multi-rate meter, variable-tariff meter || **≗tastenausblendung** (s. Mehrtastensperre) || **≗tastensperre** *f* (Eingabetastenverriegelung) / n-key lockout || **≗tastentrennung** *f* / n-key rollover (NKRO)
mehrteilig·er Ständer / sectionalized stator
Mehrtor *n* / n-port network
Mehrwege·-Schieberventil *n* / multiway slide valve
Mehrwegschalter *m* / multiway switch
mehrwertig *adj* / multi-valued *adj* || **~e Logik** / majority logic
Mehr·wicklungstransformator *m* / multi-winding transformer || **≗wortbefehl** *m* / multi-word instruction
mehrzeilig *adj* (ET; IV) / multi-tier *adj*
mehrzügiger Kanal / multiple-duct conduit, multiple-compartment trunking
Mehrzweck·anlage *f* / multi-purpose system || **≗baustein** *m* (Chip) / multi-purpose chip || **≗-Lastschalter** *m* (VDE 0670,T.3) / general-purpose switch (IEC 265) || **≗leuchte** *f* / multi-purpose luminaire || **≗-Meßgerät** *n* / multi-purpose instrument
M-Einstellung (s. gemischte Einstellung)
Meißel *m* (WZM, Schneidstahl) / cutting tool || **≗halter** *m* (WZM) / tool holder
Meister *m* (Werkstattmeister) / foreman *n* || **≗funktion** *f* (Bus) / master function || **≗schalter** *m* (VDE 0660,T.201) / master controller || **≗schalter** *m* (mit mehr als zwei Betätigungsstellungen, die verschiedenen Betätigungsrichtungen zugeordnet sind) / joy-stick selector (IEC 337-2) || **≗walze** *f* / drum-type master controller
Melamin *n* / melamine *n* || **≗-Glashartgewebe** *n* / melamin-glass-fibre laminated fabric
Meldeanlage *f* / signalling system, event signalling system, event signalling and annunciation system, alarm (annunciation) system
Melde·anreiz *m* (DÜ, PC) / signal prompting || **≗anreiz** *m* (FWT) / change-of-state announcement || **≗baugruppe** *f* / signalling module, alarm module

Meldebaustein *m* / event (o. alarm) signalling block, alarming block || ≗ (PC) / annunciator block

Melde·bereichsbild *n* (Prozeßmonitor) / event area display || ≗**bildausgabe** *f* / mimic diagram output || ≗**diode** *f* / signalling diode || ≗**drucker** *m* / event recorder || ≗**druckersystem** *n* / event recording system, sequential events recording system (SERS) || ≗**eingang** *m* / signal input, message input, indicator input || ≗**einheit** *f* / signalling module, indicator module || ≗**einrichtung** *f* / annuciator *n*, signalling device || ≗**entfernung** *f* / signalling distance

Meldefeld *n* / annunciator panel, indicator panel || ≗ (Prozeßmonitor) / alarm display field, event display field || ≗ (Mosaiktechnik, Kompaktwarte) / signalling tile

Melde·folge (s. Meldungsfolge) || ≗**folgespeicher** *m* / sequence-of-events memory, wrap-around list (in which the most recent event replaces the oldest one) || ≗**-Funktionsbaustein** *m* (PC) / signalling function block || ≗**gerät** *n* / signalling unit || ≗**getriebe** *n* (Stellantrieb; Untersetzungsgetriebe f. Meldeelement) / speed reducer for position signalling device || ≗**gruppenbild** (Prozeßmonitor) / event group display || ≗**kabel** *n* / signalling cable, communications cable || ≗**kennzeichen** *n* / alarm tag, event tag || ≗**klassenkennzeichen** *n* / event class tag || ≗**knopf** *m* (Sich.) / indicator button || ≗**kombination** *f* / signalling combination, indicator unit || ≗**kontakt** *m* / signalling contact || ≗**kontakt** *m* (Warnung) / alarm contact || ≗**koppelempfangsbaustein** *m* / signal linking and receiver block || ≗**koppelsendebaustein** *m* / signal linking and transmitter block || ≗**lampe** *f* / signal lamp, pilot lamp

Meldeleitung *f*, **Netzausfall-**≗ (Treiber; MPSB) / a.c. fail driver

Melde·leuchte *f* / indicator light, pilot lamp, signalling light || ≗**liste** *f* (Rundsteueranlage) / information list, signal list || ≗**logik** *f* / signal logic, alarm logic

Melden *n* / signalling *n*, event signalling, alarming *n*

Melde·-Nahtstelle *f* / message interface || ≗**organ** *n* / indicating device, annunciator element

meldepflichtig·e Abweichung (QS) / reportable nonconformance

Melde·protokoll *n* / event log, alarm log, event listing, message listing, report *n* || ≗**puffer** *m* (PLT) / message buffer, event (o. alarm) buffer

Melder *m* (Brandmelder, automatisch) / detector *n* || ≗ (Brandmelder, handbetätigt) / call point || **akustischer** ≗ / audible signal device (IEEE Dict.), audible indicator, sounder *n* || **Luftströmungs**~ / air-flow indicator || **Strömungs**~ / flow indicator || ≗**austauscher** *m* (Brandmeldeanl.) / exchanger *n*

Melde·relais *n* / pilot relay, signalling relay, annunciator relay, alarm relay || ≗**richtung** *f* (FWT) / monitoring direction

Melder·linie *f* (Brandmeldeanl.) / detector zone || ≗**sockel** *m* (Brandmelder) / detector base || ≗**system** *n* (Brandmeldeanl.) / detector system

Melde·schalter *m* / pilot switch || ≗**schalter** *m* (Alarmsch.) / alarm switch || ≗**spannung** *f* / signalling-circuit voltage, pilot voltage, indicator power supply || ≗**status** *m* / signalling status, state of signalling contacts || ≗**steuerung** *f* / signalling system || ≗**stromkreis** *m* / signalling circuit (IEC 439; IEC 204), indication (o. indicator) circuit, pilot circuit || ≗**system** *n* (PLT., PC) / signalling system, event signalling system || **druckendes** ≗**system** / event recording system || ≗**tafel** *f* / annunciator panel, annunciator *n* || ≗**teil** *m* (ET) / signalling section || ≗**telegramm** *n* / message *n*

Meldetext *m* / message text || ≗ (s. Meldungstext) || ≗**ausgabe** *f* / message text display

Melde·vervielfachungsrelais (MV-Relais) *n* / signal multiplication relay || ≗**wort** *n* (PC) / signal word || ≗**zählwerk** *n* (Impulsz.) / impulsing register || ≗**zeile** *f* (BSG) / message line || ≗**zentrale** *f* (Brandmeldungen) / (fire alarm) receiving station || ≗**zustand** (s. Meldungszustand)

Meldung *f* (Anzeige) / indication *n*, annunciation *n* || ≗ (Signal) / signal *n* || ≗ (mit Textinhalt, Nachricht) / message *n* || ≗ (FWT) / monitored information, information *n* || ≗ (FWT; Überwachungsinformation beim Fernanzeigen) / monitored binary information || ≗ (Alarm) / alarm *n*, alarm signal, alarm display || ≗ (des Zustands o. der Zustandsänderung, DIN 19237) / status signal || ≗ (Ereignis, a. Zustandsänderung) / event *n*, event signal, event display || ≗ (DÜ, DIN ISO 3309) / response *n* || ≗ (aus einem System o. Rechner an den Bediener) / message *n* || ≗ **ohne Folgenummer** (DÜ, DIN ISO 3309) / unnumbered response (U response) || **allgemeine** ≗ (Prozeßleitsystem) / broadcast message || **asynchrone** ≗ / sporadic message || **Global**~ / global message || **quittierungspflichtige** ≗ *adj* / alarm requiring acknowledgement

Meldungs·anzeige *f* (Prozeßmonitor) / event display, alarm display || ≗**art** *f* (FWT; Kennzeichnung der Behandlung einer Meldung im Fernwirksystem) / type of monitored binary information || ≗**ausgabe** *f* (FWT) / information output, information display || ≗**ausgabe** *f* (DÜ, PC) / message output || ≗**ausgabe** *f* (zum Bildschirm u. Drucker) / event display and recording || ≗**block** *m* (DÜ, DIN ISO 3309) / response frame || ≗**dauer** *f* (FWT) / duration of binary information || ≗**erfassung** *f* / event-signal collection, event (o. alarm) acquisition || ≗**erzeugung** *f* (PLT.) / alarm generation

Meldungsfolge *f* / event sequence, alarm sequence || ≗**anzeige** *f* / sequence-of-event display, sequential event display || ≗**protokoll** *n* / sequence-of-events log, sequential event log, last-in first-out listing

Meldungs·inhalt *m* (FWT) / meaning of binary information || ≗**protokoll** *n* / event log || ≗**schauer** *m* / burst of messages, event-signal burst || ≗**telegramm** (s. Meldetelegramm) || ≗**text** *m* (FWT) / information text || ≗**übersicht** *f* (PC, PLT) / message overview || ≗**unterdrückung** *f* / signal suppression || ≗**verarbeitung** *f* / event processing, signal processing || ≗**verarbeitung** (s. Alarmverarbeitung) || ≗**verknüpfung** *f* / signal logic, event (o. alarm) logic || ≗**verzweigung** *f* (FWT) / information sorting

Meldungszustand *m* / event status, alarm status

Meldungszustands·anzeige *f* / event status display, alarm status display || ≗**protokoll** *n* / event status log, alarm status log, non-acknowledged alarm log

Membran·antrieb *m* / diaphragm actuator || **≗dichtung** *f* / diaphragm seal || **≗-DMS** *m* / diaphragm strain gauge || **≗filter** *n* / diaphragm filter || **≗manometer** *n* / diaphragm pressure gauge || **≗meßwerk** *n* / diaphragm element || **≗pumpe** *f* / diaphragm pump || **≗schwingungsdämpfer** *m* / diaphragm vibration damper || **≗schwingungsdämpfer** *m* (Kfz) / diaphragm pressure damper || **≗ventil** *n* / diaphragm valve

Mendelsohnsches Schwammodell / Mendelsohn sponge model

Menge *f* (Math.) / set *n* || ≗ (Stoffmenge) / amount of substance || **Informations~** / quantity of information, amount of information, information set || **magnetische ≗** / magnetic mass || **Wert~** / set of values

Mengen·durchfluß *m* / mass rate of flow || **≗durchsatz** (s. Massendurchfluß) || **≗einstellwerk** *n* / quantity preset counter || **≗fluß** *m* (Massenfluß) / mass flow || **≗gerüst** *n* (mengenmäßig detaillierter Planungsumfang) / quantified project scope, volume of project data

mengenmäßig bestimmen / quantify *v*

Mengen·messer (s. Durchflußmesser) || **≗messung** (s. Durchflußmessung) || **≗register** *n* / totalized-delivery register, quantity register || **≗regler** *m* / rate regulator || **≗strom** *m* / mass flow || **≗stromdichte** *f* / mass velocity || **≗strommessung** *f* / flow-rate measurement || **≗voreinsteller** *m* / volume preset register || **≗zähler** *m* / volumetric meter || **≗zählwerk** *n* / volume flow counter, totalizing register, summator *n*

menschliches Versagen / human error (IEC 50(191)), human fallibility, mistake *n*

Mensch-Maschine, Informationsaustausch ≗ / man-to-machine information exchange || **≗-Dialog** *m* / man-machine dialog || **≗-Kommunikation** *f* / man-machine communication (MMC) || **≗-Schnittstelle (MMS)** *f* / man-machine interface (MMI)

Menü·datei *f* / menue file || **≗dateiabschnitt** *m* / menue file section || **≗feld** *n* (BSG) / menue field || **~geführt** *adj* / menue-assisted *adj* || **≗raster** *m* / menue lattice || **≗-Verfahren** *n* / menue method

Meridionalstrahl *m* / meridional ray

Merkbaustein *m* (Mosaikb.) / marker tile

Merker (M) (Steuerbit, Zustandsbit) *m* / flag (F) *n*, marker *n* || **≗ Datum (MD)** (PC) / flag data (FD) || **Fehler~** (Register) / error flag register || **remanenter ≗** (PC) / retentive flag, retentive latch (o. marker) || **≗abbild** *n* / flag image || **≗abfrage** *f* (PC) / flag scan(ning) || **≗belegung** *m* (PC) / flag assignment(s) || **≗bereich** *m* (PC) / flag area, flag address area || **≗bit** *n* / flag bit || **≗-Byte (MB)** (PC) *n* / flag byte (FB) || **≗-Doppelwort** *n* (PC) / flag double word || **≗feld** *n* / flag field, indicator *n* || **≗inhalt** *m* (PC) / flag contents || **≗kapazität** *f* (PC) / number of flags || **≗speicher** *m* (PC) / flag memory || **≗wort (MW)** *n* / flag word (FW) || **≗zelle** *f* / flag location

Merkmal *n* (DIN 4000,T.1; DIN 55350,T.12) / characteristic *n* || **Güte~** *n* / quality criterion || **kennzeichnendes ≗** / characteristic feature, characteristic *n* || **qualitatives ≗** / qualitative characteristic, attribute *n*

Merkmals·fehler *m* (QS) / defect *n* || **≗wert** *m* (QS) / characteristic value

Merkscheibe *f* / dial *n*

Merkstein *m* (Kabel) / (cable) marker *n*, marker block

MES (s. Mikrocomputer-Entwicklungssystem) || ≗ (s. Mikroprozessor-Entwicklungssystem)

Mesa-Technik *f* / mesa technique

Mesatransistor *m* / mesa transistor

MESFET (Metall-Halbleiter-Feldeffekttransistor o. Metallelektrode-Feldeffekttransistor) / MESFET (metal-semiconductor field-effect transistor o. metal-gate field-effect transistor)

MESG (s. experimentell ermittelte Grenzspaltweite)

mesopisches Sehen / mesopic vision

Meß·abstand *m* / test distance || **≗abweichung** *f* (a. Statistik, QS) / error of measurement || **≗achse** *f* (EZ) / metering shaft, metering spindle

Meßanfang *m* (Skalenanfang) / start of scale || ≗ (s. Anfangswert)

Meß·anlage *f* / measuring system, measurement system (US) || **≗anordnung** *f* / measuring set-up, measuring arrangement, measuring system || **≗anordnung für die elektrische Messung nichtelektrischer Größen** / electrically operated measuring equipment || **≗anschlußleitungen** *f pl* / measuring leads, test leads || **≗anzapfung** *f* / measuring tap || **≗apertur** *f* (Lasergerät) / aperture stop || **≗auslöser** *m* / sensor-operated release, measuring release

meßbar *adj* / measurable *adj*, detectable *adj* || **~e Größe** / measurable quantity

Meß·batterie *f* / test battery || **≗baustein** *m* / measuring module, metering module || **≗bedingungen** *f pl* / measurement conditions || **≗belag** *m* / tapping layer

Meßbereich *m* (MG, Effektivbereich) / effective range (IEC 51, 258) || ≗ (allg., Meßumformer) / measuring range (IEC 688-1), instrument range || ≗ (Bildschirm, Skale) / measuring area || ≗ (Rel.) (s. Bemessungsmeßbereich) || **Bezugs~** / reference range || **primärer ≗** (DIN IEC 651) / primary indicating range

Meßbereichs·-Anfangswert *m* (DIN 43781, T.1) / lower limit of effective range (IEC 51) || **≗-Endwert** *m* (DIN 43781, T.1) / upper limit of effective range (IEC 51) || **≗-Endwert** *m* (in Einheiten der Meßgröße; DIN 43782) / rating *n* (IEC 484) || **größter ≗-Endwert** / upper range limit || **≗grenzen** *f pl* / limits of measuring range || **≗schalter** *m* / range selector switch, scale switch

Meßbereich·umfang *m* (DIN 43782) / span *n*

Meß·blättchen *n* / feeler blade || **≗blende** *f* / orifice *n*, orifice plate || **≗blende** (s. Meßapertur) || **≗brücke** *f* / measuring bridge || **≗buchse** *f* / measuring socket, test socket || **≗bürste** *f* / pickup brush || **≗dauerhaftigkeit** *f* / long-term measuring (o. metering) accuracy, long-term accuracy || **Bodenwiderstands-≗dose** *f* / soil-box *n* || **≗draht** *m* (zu Instrument) / instrument wire (o. lead) || **≗draht** *m* (Lehre) / gauging wire, measuring wire || **≗düse** *f* (Durchflußgeber) / flow nozzle || **≗ebene** *f* / measurement plane || **≗ebene** *f* (LT) / reference surface || **≗eingang** *m* / measurement input || **≗einheit** *f* / unit of measurement, unit *n* || **≗einheit** *f* (ST) / metering unit, metering cubicle (o. cabinet), metering section

Meßeinrichtung *f* / measuring device || ≗ (BV, EN

60 439-4) / metering unit || **elektrische ≗ für nichtelektrische Größen** / electrically operated measuring equipment (IEC 51)
Meßeinrichtungen für Garagen- und Tunnelüberwachung / monitoring equipment for garages and tunnels || ≗ **zur Luftüberwachung** / air pollution instrumentation || ≗ **zur Wasserüberwachung** / water pollution instrumentation
Meß·einsatzlänge *f* (Widerstandsthermometer) / (measuring) element length || ≗**elektrode** *f* / measuring electrode
messen *v* / measure *v* || ~ (m. Lehre) / gauge *v* || ≗ *n* / measuring *n*, measurement *n* || ≗ **in Prozessen** / process measurement || ≗ **während der Fertigung** / in-process measurement || **mehrfaches** ≗ (DIN 41640) / repetition of measurements (IEC 512)
messende Stichprobenprüfung / sampling inspection by variables
Meßende *n* (Skalenende) / full scale || ≗ (s. Endwert)
Meßentfernung *f* / test distance, measuring distance
Messer *n* (SG) / blade *n*, knife *n*
Meß·erdanschluß *m* / measuring earth terminal || ≗**ergebnis** *n* / result of a measurement, measurement result, test result
Messer·kontakt *m* (a. an Steckverbinder) / blade contact || ≗**kontaktstück** *n* / blade contact, knife-blade contact || ≗**leiste** *f* / plug connector, male multipoint connector, male connector, multiple plug || ≗**lineal** *n* / hairline gauge || ≗**schalter** *m* / knife switch || ≗**trennklemme** *f* / isolating blade terminal
Meß·fehler *m* / measuring error || ≗**fehlerkompensation der Achsen** (NC) / axis recalibration , axis calibration || ≗**feinheit** *f* (NC) / resolution *n* || ≗**feld** *n* / metering panel, busbar metering panel, metering section || ≗**feld** *n* (Pyrometrie) / target *n*
Meßfläche *f* (Akustik) / measuring surface, test hemisphere || ≗ (LT) / reference surface || ≗ (Oszilloskop) / measuring area (IEC 351) || ≗ (auf Folienmaterial) / measuring face
meßflächen·gleiche Halbkugelfläche / equivalent hemisphere || ≗**inhalt** *m* (Akust.) / area of measuring surface, surface of test hemisphere, area of prescribed measuring surface || ≗**leuchte** *f* (Pyrometer) / target illuminator || ≗**maß** *n* (Akust.) / level of measuring surface, measuring-surface level || ≗**-Schalldruckpegel** *m* / measuring-surface sound-pressure level
Meß·folge *f* / measurement sequence || ≗**folge** *f* (Messungen pro Zeiteinheit) / reading rate || ≗**fühler** *m* / detecting element *n*, sensor *n*, detector *n* || **schaltender** ≗**fühler** (Drehmasch.) / touch trigger probe || ≗**funkenstrecke** *f* / measuring spark gap, measuring gap, standard gap || ≗**gas** *n* / measuring gas, gas to be analyzed, sampled gas
Meßgeber *m* (NC, Codierer) / encoder *n* || ≗ (s. Meßwertgeber) || ≗ (s. Meßwertaufnehmer) || ≗ (s. Meßwertumformer)
Meß·gefäß *n* / graduated vessel || ≗**gegenstand** *m* / measuring object || ≗**gelände** *n* / test site || ≗**genauigkeit** *f* / measuring accuracy || **Gleichstrom~generator** *m* / d.c. measuring generator
Meßgerät *n* / measuring instrument, meter *n* || ≗ **für eine Meßgröße** / single-function instrument (IEC 51) || ≗ **für Schalttafelmontage** / panel-mounting measuring instrument || ≗ **mit Abgriff** (s. kontaktgebendes Meßgerät) || ≗ **mit Abschirmung** (s. Meßgerät mit magnetischer Schirmung) || ≗ **mit analoger Ausgabe** / analog measuring instrument || ≗ **mit beweglicher Skale** / moving-scale instrument || ≗ **mit elektrisch unterdrücktem Nullpunkt** / instrument with electrically suppressed zero (IEC 51) || ≗ **mit elektrischem Nullabgleich** / electrical balance instrument || ≗ **mit elektromechanischer Rückführung** / mechanical feedback instrument || ≗ **mit elektrostatischer Schirmung** / instrument with electric screen || ≗ **mit magnetischer Schirmung** / instrument with magnetic screen, astatic instrument || ≗ **mit mechanisch unterdrücktem Nullpunkt** / instrument with mechanically suppressed zero (IEC 51) || ≗ **mit mechanischem Nullabgleich** / mechanical balance instrument || ≗ **mit mehreren Skalen** / multi-scale instrument || ≗ **mit Reihenwiderstand** / instrument used with series resistor || ≗ **mit Signalgeber** / measuring instrument with circuit control devices (IEC 50(301)) || ≗ **mit Spannungsteiler** / instrument used with voltage divider || ≗ **mit Totzeit** / measuring instrument with dead time || ≗ **mit unterdrücktem Nullpunkt** / suppressed-zero instrument || ≗ **mit Zeigerarretierung** / instrument with locking device || ≗ **mit Ziffernanzeige** / digital meter || **anzeigendes** ≗ / indicating instrument, indicator *n* || **elektrisches** ≗ / electrical measuring instrument (IEC 51) || **Oberschwingungs-**≗ / harmonic analyzer, wave analyzer || **programmierbares** ≗ (DIN IEC 625) / programmable measuring apparatus || **schreibendes** ≗ / recording instrument, recorder *n* || **Temperatur~** / temperature meter, thermometer *n* || **zählendes** ≗ / metering instrument, integrating instrument, meter *n*
Meßgeräte *n pl* / measuring instruments, instrumentation *n* || ≗**front** *f* / instrument front || ≗**wagen** *m* / instrument trolley
Meßgetriebe *n*, **Drehmelder-**≗ / resolver gearbox
Meß·gitter *n* (DMS) / rosette *n* || ≗**glied** *n* / measuring element, element *n* || ≗**glied** *n* (Meßkette, VDI/VDE 2600) / measuring chain || ≗**glied** *n* (Schutz) / discriminating element (IEC 50(16)) || ≗**größe** *f* / measured quantity, measured variable || **Klassenzeichen der** ≗**größe** / measuring class index || ≗**größenaufzeichnung** *f* / recorded measured quantity, measured quantity || ≗**gut** *n* / measuring object, material to be analyzed, material under analysis || ≗**impedanz** *f* / measuring impedance
messinglöten *v* / braze *v*
Meßinstrument (s. Meßgerät)
Meß·kammer *f* (Gasanalysegerät) / measuring cell, measuring chamber || ≗**kanal** *m* / measuring channel, signal channel || ≗**kette** *f* / measuring chain || ≗**klemme** *f* / test terminal, measuring terminal || ≗**koffer** *m* / portable testing set || **NF-**≗**koffer** *m* (Nachrichtenmessung) / AF portable telecommunications test set || ≗**kolben** *m* / metering piston, metering plug || ≗**kondensator** *m* / measuring capacitor || ≗**konstante** *f* / constant of

measuring instrument, measuring-instrument constant || ≗**kontakter** *m* / measuring instrument with contacts, contacting instrument || ≗**kreis** *m* / measuring circuit, instrument circuit || ≗**kreisdurchschaltung** *f* / measuring-circuit multiplexing || ≗**kreisprozessor** *m* (NC) / measuring-circuit processor || ≗**krümmer** *m* (Durchflußgeber) / flow elbow || ≗**kugelfunkenstrecke** *f* / measuring sphere gap, standard sphere gap || ≗**länge** *f* / measuring length, measured length || ≗**länge** *f* (Lehre) / gauge length || ≗**latte** *f* / surveyor's staff, surveyor's rod || ≗**lehre** *f* / gauge *n* || ≗**leistung** *f* (Eigenverbrauch, VDI/VDE 2600) / intrinsic consumption || ≗**leitung** *f* / instrument (o. measuring) lead, measuring circuit || ≗**marke** *f* / measuring mark || ≗**maschine** *f* / measuring machine, inspection machine || **Koordinaten-≗maschine** *f* (NC) / coordinate inspection machine, coordinate gauging device, numerically controlled inspection machine || ≗**masse** *f* / signal ground || ≗**matrix** *f* / measuring matrix

Meßmittel, Prüf- und ≗ / measuring and test equipment

Meß·motor *m* / integrating motor *n*, messmotor *n* || ≗**-Nebenwiderstand** *m* / measuring shunt || ≗**netz** *n* / measuring network, monitoring network || ≗**normale** *f* / standard measure || ≗**objekt** *n* / device under test || ≗**objekt** *n* (Pyrometrie) / target *n*, radiating surface || ≗**ort** *m* / measuring point, measuring place, monitoring point || ≗**ort der Regelgröße** / point of measurement of controlled variable || ≗**öse** *f* / hook gauge || ≗**-Oszilloskop** *n* / measuring oscilloscope

Meßperiode *f* (NC, Drehmelder, Induktosyn) / cyclic pitch || ≗ (EZ) / integration period, demand integration period

Meßperioden·takt *m* / demand interval clock signal || ≗**zähler** *m* / integration period counter || ≗**-Zeitlaufwerk** *n* / integration period timer (o. timing element)

Meß·pfad *m* (Akust.) / measuring path, prescribed path || ≗**pistole** *f* / test gun || ≗**platte** *f* (NS) / target *n* || ≗**platte** *f* (EZ) / meter-element board || ≗**platz** *m* / measuring station, measuring apparatus || ≗**platz** *m* (Prüfplatz) / test stand, test bench || ≗**preis** *m* (StT) / meter rent || ≗**protokoll** *n* / test record, test certificate || ≗**punkt** (s. Meßstelle) || ≗**rahmen** *m* / measuring rack || ≗**raumklima** *n* / laboratory environment || ≗**reihe** *f* / series of measurements

Meßrelais *n* / measuring relay || ≗ **mit abhängiger Zeitkennlinie** / dependent-time measuring relay || ≗ **mit einer Eingangsgröße** / single-input-energizing-quantity measuring relay || ≗ **mit mehreren Eingangsgrößen** / measuring relay with more than one input energizing quantity || ≗ **mit unabhängiger Zeitkennlinie** / independent-time measuring relay || ≗ **zum Schutz gegen thermische Überlastung** (E VDE 0435,T.110) / thermal electrical relay

Meß·richtung *f* / direction of measurement || ≗**röhre** *f* / measuring tube || ≗**säule** *f* / gauging column, measuring column || ≗**schaltung** *f* / measuring circuit, measuring arrangement || ≗**scheibe** *f* (Blende) / orifice plate || ≗**schleife** *f* / measuring loop || ≗**schleifring** *m* / auxiliary slipring, slipring for measuring circuit || ≗**schnur** *f* / instrument cord, instrument leads || ≗**schrank** *m* / metering cubicle, metering cabinet || ≗**schraube** *f* / micrometer (screw) || ≗**schreiber** *m* / recording instrument *n* || ≗**schritt** *m* / measuring step, measuring pitch || ≗**sender** *m* (Signalgenerator) / signal generator || ≗**sicherheit** *f* / measuring accuracy || ≗**spanne** *f* / measuring span, span *n* || ≗**spannenfehler** *m* / span error || ≗**spannenverschiebung** *f* / span shift || ≗**spannung** *f* / measuring-circuit voltage || ≗**-Spannungsteiler** *m* / measurement voltage divider, voltage ratio box (v.r.b.), volt box || ≗**-Spannungswandler** *m* / measuring voltage transformer, measuring potential transformer || ≗**-Sparwandler** *m* / instrument autotransformer || ≗**stange** *f* / measuring pole, measuring rod

Meßstelle *f* / measuring point, metering point, monitoring point, gauging point || ≗ (Fühler) / sensor *n*, detector *n* || ≗ (Thermopaar) / measuring junction

Meßstellen·-Steckbrief *m* / measuring-point identifier (o. tag) || ≗**umschalter** *m* (DIN 43782) / external measuring-circuit selector, measuring-point selector || ≗**wähler** *m* / measuring-point selector (switch) || ≗**wähler** *m* („Scanner") / scanner *n*

Meß-, Steuer- und Regelgeräte (MSR-Geräte) / measuring and control equipment

Meßsteuerung *f* (NC) / measurement control, size control, dimensional control

Meß-, Steuerungs- und Regelungstechnik (MSR-Technik) / measuring and control technology, instrumentation and control engineering

Meß·stoff *m* / measured medium || ≗**strecke** *f* / measuring distance, measured distance || ≗**strecke** *f* (Probe) / gauge length || ≗**strecke** *f* (Durchflußmessung; Rohr m. Blende o. Düse) / metering pipe (with orifice plate or flow nozzle) || ≗**-Streubreite** *f* / measuring scatterband || ≗**strom** *m* (gemessener Strom) / measured current || ≗**stromkreis** *m* / measuring circuit, instrument circuit || ≗**-Stromwandler** (s. Stromwandler für Meßzwecke) || ≗**stück** *n* / gauge block, gauge rod || ≗**stutzen** *m* / instrument gland

Meßsystem *n* / measuring system, measurement system (US) || ≗ (Meßumformer) / measuring element || ≗**feinheit** *f* / resolution of measuring system || ≗**-Nullpunkt** *m* / zero point of measuring system

Meß·tafel *f* / instrument panel || ≗**taster** *m* (NC) / (touch) probe *n*, tracer *n*

Meßtechnik *f* / measurement technique(s), metrology *n* || **Licht~** *f* / photometry and colorimetry

meßtechnische Eigenschaften / metrological characteristics

Meß·tisch *m* / plane table || ≗**transduktor** *m* / measuring transductor || ≗**transformator** (s. Meßwandler) || ≗**trennklemme** *f* / disconnect test terminal, isolating measuring terminal || ≗**übertrager** *m* / measuring transformer || ≗**uhr** *f* / dial gauge, clock gauge, dial indicator || ≗**uhrständer** *m* / dial-gauge mounting adaptor, dial-gauge bracket

Meßumformer *m* / measuring transducer, transducer *n*, transmitter *m* || ≗ **mit fester**

Ausgangsbürde / fixed-output-load transducer || ≗ **mit veränderlicher Ausgangsbürde** / variable-output-load transducer || ≗ **mit Verdrängerkörper** / displacer-type transducer || **Drehwinkel-≗** / angle resolver, angle-of-rotation transducer, shaft encoder, position sensing transducer

Meßumsetzer *m* / measuring converter

Meß- und Prozeßtechnik *f* / instrumentation and process control engineering

Meß- und Prüfeinrichtungen / measuring and test equipment

Messung *f* / measurement *n*, measuring *n*, test *n* || ≗ (angezeigter Wert) / reading *n* || ≗ (umfassende M. im Sinne von Prüfung) / test *n* || ≗ **bei ausgebautem Läufer** / applied-voltage test with rotor removed || ≗ **bei gegenläufigem Drehfeld** / negative phase-sequence test || ≗ **der Schadstoffanteile im Abgas** / determination of exhaust-gas pollutants, determination of harmful exhaust-gas emission || ≗ **des Wicklungswiderstands mit Gleichstrom** / direct-current winding-resistance measurement || ≗ **durch gleichsinnige Speisung der Wicklungsstränge** / test by single-phase voltage applications to the three phases || ≗ **durch Nullabgleich** / null measurement (IEC 50(301)), null method of measurement || ≗ **mechanischer Schwingungen** / vibration test || ≗ **mit einstellbarem Läufer** / applied-voltage test with rotor in adjustable position || ≗ **mit nicht einstellbarem Läufer** / applied-voltage test with rotor locked || ≗ **während der Bearbeitung** (NC) / in-process measurement (o. gauging) || **orientierende** ≗ / rough measurement

Meß·unsicherheit *f* / measurement uncertainty (IEEE Dict.), uncertainty in measurement || ≗**valenzen** *f pl* (LT) / matching stimuli, instrumental stimuli, primaries *n pl* || ≗**vektor** *m* / measuring vector || ≗**verfahren** *n* / method of measurement || ≗**verfahren mit schmalem Spalt** / narrow-slit method || ≗**verkörperung** (s. Maßverkörperung) || ≗**verstärker** *m* / instrument amplifier, measuring amplifier || ≗**verstärker-Einschub** *m* / instrument amplifier plug-in || ≗**vierpol** *m* / measuring four-terminal network || ≗**vorbereitungszeit** *f* / pre-conditioning time || ≗**vorsatz** *m* / measuring adapter || **Umweltschutz-**≗**wagen** *m* / laboratory van for pollution and radiation monitoring, mobile laboratory for pollution monitoring || ≗**wagen** *m* (Fahrzeug) / test van, laboratory van || ≗**wagen** *m* (SA) / instrument-transformer truck

Meßwandler *m* / instrument transformer || ≗ (s. Meßwertumformer) || ≗ **in Sparschaltung** / instrument autotransformer || **Elektrizitätszähler für** ≗**anschluß** / transformer-operated electricity meter || ≗**zähler** *m* / transformer-operated electricity meter

Meßwarte *f* (Tafel) / instrument board || ≗ (Raum) / control room, instrument room

Meß·welle *f* (EZ) / metering shaft, metering spindle || ≗**werk** *n* (EZ) / energy element || ≗**werk** *n* (MG) / measuring element, measurement mechanism (US) || ≗**werkträger** *m* (EZ) / meter frame || ≗**werkzeug** *n* / measuring tool, gauge *n*, measuring device

Meßwert *m* (zu messender Wert) / measurand *n* || ≗ (gemessener Wert) / measured value, indicated value || ≗ (vom Meßgerät angezeigter Wert) / indication *n* (IEC 50(301)) || ≗**anpassung** *f* / measured-value (signal) conditioning || ≗**auflösung** *f* / measured-value resolution || ≗**aufnehmer** *m* / pickup *n*, (electrical) measuring sensor || ≗**begrenzer** *m* / measured-value limiter || ≗**darstellung** *f* / measured-value representation, measured-value display || ≗**erfassung** *f* / measured-value acquisition *n*, measured-data acquisition || ≗**erfassungsgerät** *n* / measured-value logger || ≗**geber** *m* / sensor *n*, detecting element, detector *n*, pick-up *n*, measured-value transmitter, transducer *n*, scanner *n*, feedback device || ≗**geber** (s. Meßwertaufnehmer) || ≗**geber** (s. Meßwertumformer) || ≗**linearisierer** *m* / measured-value linearizer || ≗**linien** *f pl* / chart scale lines || ≗**protokoll** *n* / measured-data log || ≗**streuung** *f* / scattering of measured values || ≗**telegramm** *n* (FWT) / measured-value message, telemeter message || ≗**übergabe** *f* (an einen Bus) / measured-data transfer || ≗**umformer** *m* / measuring transducer, transducer *n*, transmitter *m* || ≗**verarbeitung** *f* / measured-value processing || ≗**-Vergleichsschutz** *m* / differential protection (scheme), differential relay system || ≗**verstärker** *m* / measuring amplifier || ≗**wandler** *m* (Umformer) / measuring transducer, transducer *n*

Meß·wicklung *f* / measuring winding || ≗**widerstand** *m* (Shunt) / measuring shunt, shunt *n* || ≗**widerstand** *m* (DIN IEC 477) / laboratory resistor || ≗**zeit** *f* (EZ, Meßperiode) / integration period, demand integration period || ≗**zelle** *f* / measuring cell || ≗**zeug** *n* / measuring tools and gauges || ≗**zusatz** *m* / measurement adapter || **Spannungswandler für** ≗**zwecke** / measuring voltage transformer, measuring potential transformer

Metadyne *n* / metadyne *n*

Metadyn·generator *m* / metadyne generator || ≗**maschine** *f* / metadyne machine, cross-field machine || ≗**umformer** *m* / metadyne converter, metadyne transformer

Metall·anlasser *m* / rheostatic starter, resistor starter || ≗**armatur** *f* (Isolator) / metal part || ~**bearbeitende Maschine** / metal-working machine || ~**beschichteter Leiter** / metal-coated conductor || ≗**bewehrung** *f* (Beton) / metallic reinforcement || ≗**bügel** *m* (Bürste) / metal top || ≗**bürste** *f* / metal brush || ≗**dampf** *m* / metal vapour || ≗**dampfbogen** *m* / metal vapour arc || ≗**dampfbogenentladung** *f* / metal-vapour arc discharge || ≗**dampflampe** *f* / metal-vapour lamp || ≗**dampfplasma** *n* / metal-vapour plasma, conductive metal vapour || ≗**dochtkohle** *f* / metal-cored carbon || ≗**drahtlampe** *f* / metal-filament lamp || ≗**-Elektrode-Feldeffekttransistor** *m* (MES-FET) / metal-gate field-effect transistor (MES FET) || ≗**faltenbelag** *m* / metal bellows || ≗**filmwiderstand** *m* / metallic-film resistor || ≗**folie** *f* / metal foil || ≗**folienkondensator** *m* / metal foil capacitor || ≗**gehäuse** *n* / metallic enclosure

metallgekapselt *adj* / metal-clad *adj*, metal-enclosed *adj*, metal-encased *adj* || ~**e Betriebsmittel** (DIN IEC 536) / metal-encased equipment || ~**e gasisolierte Schaltanlage** / metal-enclosed gas-filled switchgear (IEC 517, A2) || ~**e Hochspannungs-Schaltanlage** (VDE 0670, T.8) / h.v. metal-enclosed switchgear (IEC 517) || ~**es RS** / metal-encased control || ~**e Schaltanlagen** (VDE 0670,T.6) / metal-enclosed switchgear and controlgear (IEC 298), metal-enclosed cubicle switchgear or controlgear (BS 4727, G.06) || ~**es Schaltfeld** / metal-enclosed switchpanel || ~**e Schaltwagenanlage** / metal-enclosed truck-type switchgear || ~**e SF_6-isolierte Schaltanlage** / SF_6 metal-enclosed switchgear, SF_6 metal-clad substation || ~**e SF_6-Kompaktschaltanlage** / integrated SF_6 metal-clad switchgear

metallgeschottete Schaltanlagen (VDE 0670,T.6) / metal-clad switchgear and controlgear (IEC 298)

Metallgewebeeinlage, Bürste mit ≗ / metal-gauze-insert brush

Metall·graphit-Bürste *f* / metal-graphite brush, metallized brush || ≗**gummischiene** *f* / metal-rubber rail || ≗**-Halbleiter-FET** *m* / metal-semiconductor FET (MESFET)

metallhaltig·e Bürste / metallized brush, metal-graphite brush

metallhinterlegter Schirm (o. Leuchtschirm) / metallized screen

metallimprägnierter Graphit / metal-impregnated graphite

Metall-Inertgas-Verfahren (MIG-Verfahren) *n* / metal-inert-gas method

metallisch blank / bright *adj* || ~**er Kurzschluß** / dead short circuit, bolted short circuit || ~**e Umhüllung** (Kabel) / metal covering

Metallisieren *n* (gS) / plating *n*, plating up

metallisiert·e Kohlefaserbürste / metal-plated carbon-fibre brush || ~**er Kondensator** (IEC 50(436)) / metallized capacitor || ~**es Loch** (gS) / plated-through hole, plated hole

Metallisierung *f* / metallic coating, metallizing *n*

Metall·-Isolator-Halbleiter-FET *m* / metal-insulator-semiconductor FET (MISFET) || ≗**kapsel** *f* (f. elST-Baugruppen) / metal casing, die-cast metal casing || ≗**kapselung** *f* / metal enclosure || ~**kaschiertes Basismaterial** / metal-clad base material || ≗**keramik** *f* / powder metallurgy

Metallkern·-Basismaterial *n* (gS) / metal-core base material || ≗**-Leiterplatte** *f* / metal-core printed board

Metall·kohlebürste *f* / compound brush || ≗**kompensator** *m* / metal bellow-type compensator || ≗**-Lichtbogen** *m* / metallic arc || ≗**mantelkabel** *n* / metal-sheathed cable, metal-clad cable || ≗**mast** *m* (Lichtmast) / metal column

Metall-Nichtmetall-Rohr, kombiniertes ≗ (IR) / composite conduit

Metall-Nitrid-Oxid-Halbleiterspeicher *m***p** (MNOS-Speicher)**p** / metal-nitride-oxide semiconductor memory (MNOS memory)

Metalloxidableiter (MO-Ableiter) *m* / metal-oxide (surge) arrester

Metall-Oxid-Halbleiterspeicher mit schwebendem Gate und Lawineninjektion (FAMOS-Speicher) / floating-gate avalanche-injection metal-oxide semiconductor memory (FAMOS memory)

Metalloxid·schicht-Halbleiterschaltung *f* (MOS) / metal-oxide semiconductor circuit (MOS) || ≗**-Varistor (MOV)** *m* / metal-oxide varistor (MOV) || ≗**-Varistor-Ableiter** *m* / metal-oxide-varistor (surge) arrester

Metall·papier *n* / metallized paper || ≗**papierdruckwerk** *n* / metallized-paper printer || ≗**-Papier-Kondensator** *m* / metallized-paper capacitor || ≗**raster** *m* (Leuchte) / metal louvre || ≗**rohr** *n* (IR) / metal conduit || ≗**rohr mit beständigen elektrischen Leiteigenschaften** / conduit with electrical continuity || ≗**rohr ohne beständige elektrische Leiteigenschaften** / conduit without electrical continuity || ≗**rohr-Federmanometer** *n* / metal-tube spring-type pressure gauge || ≗**schichtwiderstand** *m* / metal film resistor, metal foil resistor || ≗**schirm** *m* / metal screen || ≗**schlauch** *m* / flexible metal tube (o. tubing), metal tube, metal tubing

metallumhüllt·es Gerät / metal-encased apparatus || ~**er Leiter** / metal-clad conductor || ~**e zusammendrückbare Dichtung** / metal-clad compressible sealing gasket

metallumschlossen·es Gerät / metal-encased apparatus || ~**es Gerät der Schutzklasse II** / metal-encased Class II appliance

Metall·wendel *f* / helical metal spring || ≗**widerstand** *m* / metallic resistor || ≗**winkel** *m* (Bürste) / metal clip, metal top || **Bürste mit überstehendem ≗winkel** / cantilever brush || **überstehender ≗winkel** (Bürste) / cantilever top

Metamagnetismus *m* / metamagnetism *n*

metamere Farbreize / metameric colour stimuli, metamers *plt*

Meta-System *n* / expert system shell

meteorologisch·e Meßwertaufnehmer / meteorological sensors and gauges || ~ **optische Sichtweite** / meteorological optical range || ~**es Wolkenhöhen-Meßgerät (MCO)** / meteorological ceilometer (MCO)

Methode der Grenzkosten (StT) / marginal cost method

Methylalkohol *m* / methylated spirit

Metrisch-Zoll-Umschaltung *f* (NC) / metric-inch (input) changeover

Metrologie *f* / metrology *n*

MF (s. Mittelfrequenz)

μ-Faktor *m* (ESR) / voltage factor (EBT), mu factor

MHD-Kraftwerk (s. magnetohydrodynamisches Kraftwerk)

M(H)-Kurve *f* / M(H) curve

MHO·-Kreis *m* / mho circle, conductance circle || ≗**-Relais** *n* / mho relay, admittance relay || ≗**-Schutz** *m* / mho protection

M(H)-Schleife *f* / M(H) loop || ≗**-Schleife bei überlagertem Gleichfeld** / incremental M(H) loop

MIC (s. Mikrocomputer) || ≗ (s. Mindestzündstrom)

Midiwickeltechnik *f* / midi-wire-wrap technique

Mietleitung *f* / leased line, private-wire circuit

Mignon·-Schraubfassung *f* / miniature screw holder || ≗**sockel** *m* (E 14) / small cap

MIG-Verfahren (s. Metall-Inertgas-Verfahren)

Mikafolium *n* / mica folium, mica foil

Mikanit *n* / micanite *n*, reconstituted mica, reconstructed mica, built-up mica || ≗ **mit wärmehärtendem Bindemittel** / heat-bondable

mica material
Mikanitgewebe *n* / mica-backed fabric
Mikartit *n* / micarta *n*
Mikro·abschaltung *f* / micro-disconnection *n* || **~ampèremeter** *n* / micro-ammeter || **~analyse** *f* / microanalysis *n*, micro-chemical analysis || **~aufnahme** *f* / photo-micrograph *n*, micrograph *n* || **~baustein** *m* (Chip) / micro-chip *n* || **~baustein** (s. zusammengesetzte Mikroschaltung) || **~befehl** *m* / micro-instruction *n* || **~biegung** (s. Mikrokrümmung) || **~bogen** *m* / micro-arc *n*
Mikrocomputer (MC) *m* / microcomputer (MC) *n* || **~-Entwicklungssystem** *n* (MES) / microcomputer development system (MDS) || **~-Platine** *f* (MCB) / microcomputer board (MCB)
Mikro·elektronik *f* / micro-electronics *plt* || **~härte** *f* / micro-hardness *n* || **~krümmung** *f* (LWL) / micro-bending *n* || **~legierungstechnik** *f* / micro-alloy technique || **~legierungstransistor** *m* / micro-alloy transistor || **~lunker** *m* / micro-shrinkhole *n*
Mikrometer *n* / micrometer *n*, micrometer calipers || **~nachstellung** *f* / micrometer adjustment
Mikro·motor *m* / micromotor *n* || **~phonie** *f* / microphony *n*, microphonic effect || **~programm** *n* / microprogram *n* || **~programmgesteuert** *adj* / microprogrammed *adj*, micro-coded *adj* || **~programmierbare Steuerung (MPS)** / microprogrammable control (MPC) || **~programmiert** *adj* / microprogrammed *adj*, micro-coded *adj* || **~programmspeicher** *m* / microprogram memory, control read only memory (CROM), control memory
Mikroprozessor (MP) *m* / microprocessor (MP) *n* || **~-Betriebssystem** *n* / microprocessor operating system (MOS) || **~einheit** *f* (MPU) / microprocessor unit (MPU) || **~-Entwicklungssystem (MES)** *n* / microprocessor development system (MDS) || **~geführte Leittechnik** (f. Schaltanlagen) / microprocessor-based (integrated) protection and control || **~-Meßgerät** *n* / microprocessor-based measuring instrument || **~-Motorsteuerung** *f* (Kfz) / microprocessor-based electronic engine control || **~-Programmiersprache** *f* (MPL) / microprocessor language (MPL) || **~steuerung** *f* / microprocessor-based control || **~-Systembus (MPSB)** *m* / microprocessor system bus (MPSB)
Mikro·prüfung *f* / micro-examination *n* || **~rechner** *m* / microcomputer (MC) *n* || **~rille** *f* / microgroove *n* || **~riß** *m* / microcrack *n* || **~schalter** *m* / microswitch *n*, micro-gap switch, mini-gap switch || **~schalter** (s. Schnappschalter)
Mikroschaltung *f* (DIN 41848) / microcircuit *n* || **zusammengesetzte ~** (DIN 41848) / micro-assembly *n*
Mikro·schliffbild *n* / microsection *n*, micrograph *n* || **~-Schnappschalter** *m* / sensitive micro-switch
mikroskopisch·e Prüfung / microscopic inspection
Mikro·sonde *f* / microprobe *n* || **~streifenleitung** *f* / microstrip line || **~strömungsfühler** *m* / microflow sensor || **~struktur** *f* / microstructure *n* || **~taster** *m* (Druckknopf, Taste) / micro pushbutton, micro key || **~umgebung** *f* / micro-environment *n* || **~-Umschalter** *m* / micro changeover switch || **~-Unterbrechung** *f* / micro-interruption *n*
Mikrovoltbereich, elektrischer Durchgang im ~ / circuit continuity at microvolt level
Mikrowellen·erkennungssystem *n* / microwave reader system || **~-Gyrator** *m* / microwave gyrator || **~-Isolator** *m* / microwave isolator || **~laser** *m* / maser *n* (microwave amplification by stimulated emission of radiation) || **~röhre** *f* / microwave tube, microwave valve
MIK-Wert *m* / TLV (threshold limit value) in the free environment, MAC (maximum allowable concentration) in the free environment
Millimeter Quecksilbersäule / millimetres of mercury || **~papier** *n* / millimetre-square graph paper
Millivoltmethode *f* / millivolt level method, millivolt method
Millmotor *m* / mill motor, armoured motor
min⁻¹ (Notierung für Umdrehungen pro Minute) / rev/min., r.p.m.
Mindergüte *f* / substandard grade
Minderungsfaktor *m* / reduction factor, derating factor
Mindest·abnahmeklausel *f* (StT) / minimum payment clause || **~abschaltspannung** *f* (Thyr, DIN 41786) / gate turn-off voltage || **~abschaltstrom** *m* (Abschaltthyristor, DIN 41786) / gate turn-off current || **~abschirmwinkel** *m* / minimum cut-off angle
Mindestabstand gegen Erde (Außenleiter-Erde) / phase-to-earth clearance, phase-to-ground clearance || **~ in Luft** / minimum clearance in air || **~ von benachbarten Bauteilen** / minimum clearance from adjacent components
Mindest·-Anfangskraft *f* (HSS-Betätigung, VDE 0660, T.201) / minimum starting force (IEC 337-2) || **~-Anfangsmoment** *n* (HSS-Betätigung, VDE 0660,T.201) / minimum starting moment (IEC 337-2) || **~-Annahmewahrscheinlichkeit** *f* / minimum (value of) probability of acceptance || **~anteil** (s. Mindest-Unterschreitungsanteil) || **~anteil** (s. Mindest-Unterschreitungsanteil (Statistik, QS; DIN 55350, T.12)) || **~-Ausschaltstrom** *m* / minimum breaking current || **~-Betätigungskraft** *f* (HSS, VDE 0660, T.201) / minimum actuating force (IEC 337-2) || **~-Betätigungsmoment** *n* (VDE 0660,T.201) / minimum actuating moment (IEC 337-2) || **~-Betriebsdichte des Isoliergases** / minimum operating density of insulating gas || **~-Betriebsdruck** *m* / minimum operating pressure || **~-Betriebsspannung** *f* (Starterprüfung) / stability voltage (starter) || **mechanische ~-Bruchfestigkeit** / specified mechanical failing load || **~-Bruchkraft** *f* / specified failing load || **Befehls~dauer** *f* / minimum command time || **~druck** *m* / minimum pressure || **~drucksperre** *f* / minimum-pressure lockout || **~druckverriegelung** (s. Mindestdrucksperre) || **~forderungen** *f pl* / minimum requirements || **~gebrauchsdauer** (s. Standfestigkeit) || **~-Haltewert** *m* / minimum withstand value
Mindestlast *f* / minimum load || **Betrieb mit ~** (KW) / minimum stable operation
Mindest·laststrom *m* / minimum load current || **~laststrom** *m* (NS) / minimum operational current || **~leerspannung** *f* (Lampe) / minimum open-circuit voltage
Mindestleistung *f* (StT) / minimum demand || **Betrieb eines Blocks mit ~** / minimum safe

running of a unit || **technische** ≗ (KW) / minimum stable capacity, minimum stable generation
Mindest·quantil *n* (Statistik, QS; DIN 55350, T.12) / lower limiting quantile || ≗**schaltabstand** *m* (NS) / minimum operating range || ≗**schaltdruck** *m* / minimum switching pressure || ≗**sicherheitshöhe** *f* (EN 50017) / minimum safe height (EN 50017) || ≗**signalzeit** *f* / minimum pulse time || ≗**spannung** *f* / minimum voltage || ≗**stromrelais** *n* / minimum-current relay || ≗**-Unterschreitungsanteil** *m* (Statistik, QS; DIN 55350, T.12) / lower limiting proportion || ≗**wert** *m* (QS; DIN 55350,T.12) / lower limiting value || ≗**zahlungsklausel** *f* (StT) / minimum payment clause || ≗**zündstrom (MIC)** *m* / minimum ignition current (MIC)
mineralisolierte Leitung / mineral-insulated cable
Mineral·isolierung *f* / mineral insulation || ≗**öl** *n* / mineral oil
miniaturisieren *v* / miniaturize *v*
Miniaturisierung *f* / miniaturization *n*
Miniatur-Leuchtstofflampe *f* / miniature fluorescent lamp || ≗**schalter** *m* / micro-switch *n*, miniature switch || ≗**sockel** *m* / miniature cap || ≗**stecker** *m* (D-Reihe) / (subminiature) Cannon connector
Mini·blockrelais *n* / miniblock relay || ≗**computer** *m* / minicomputer *n* || ≗**diskette** *f* / mini-diskette *n*, mini-floppy *n* (disk) || ≗**floppy** (s. Minidiskette)
minimal·er Abstand zu Objekten (Freiltg., IEC 50(466)) / clearance to obstacles || ~**er Abstand zwischen Teilen unter Spannung und geerdeten Teilen** (Freiltg.) / phase-to-earth clearance (IEC 50(466)) || ~**e Anfangskraft** (s. Mindest-Anfangskraft) || ~**es Anfangsmoment** (s. Mindest-Anfangsmoment) || ~**er Bodenabstand** (Freiltg.) / ground clearance (IEC 50(466)) || ~**er Bodenabstand** (Freiltg., IEC 50(466)) / ground clearance || ~**e Erregung** (el. Masch.) / minimum field || ~**er Schutzwinkel** (Freiltg., IEC 50(466)) / minimum angle of shade, minimum shielding angle || ≗**-/Maximal-Auswahl** *f* (PC) / minimum/maximum selection || ≗**relais** *n* / under...relay || ≗**spannungsauslöser** *m* / undervoltage release (IEC 157-1), undervoltage opening release, low-volt release
minimieren *v* / minimize *v*
Minimotor *m* / miniature motor, minimotor *n*
Minimum·-Bedingung *f* (DIN 7184,T.1) / minimum condition || ≗**-Material-Maß** *n* (DIN 7182,T.1) / minimum material size || ≗**-Meßrelais** *n* / minimum measuring relay || ≗**phasen-Netzwerk** *n* / minimum-phase network
Mini·polrelais *n* / subminiature polarized relay || ≗**-Stromzange** *f* / miniature clip-on current transformer || ≗**technik** (s. Miniwickeltechnik) || ≗**wickeltechnik** *f* / mini-wire-wrap technique
Minoritätsträger *m* / minority carrier
Minuend *m* / minuend *n* || ≗ **L-Wort** / minuend low word
Minus·abweichung *f* / negative deviation || ≗**anzapfung** *f* (Trafo) / minus tapping || ≗**pol** *m* / negative pole || **Bewegung in** ≗**richtung** (NC-Zusatzfunktion, DIN 66025,T.2) / motion - (NC miscellaneous function, ISO 1056) || ≗**toleranz** *f* / negative tolerance || ≗**zeichen** *n* / minus sign, negative sign
Minuten·scheibe *f* (Zeitschalter) / minute dial || ≗-**Stehspannung** *f* / minute value of electric strength
mischbar *adj* / miscible *adj*
Mischbarkeit *f* / miscibility *n*
Misch·bestückung *f* (Chips) / chip mix || ≗**betrieb** *m* (DÜ) / asynchronous balanced mode (ABM) || ≗**bruch** *m* / mixed fracture || ≗**bruch** *m* (Kerbschlag) / intermediate case of fracture || ≗**dämpfung** *f* (Diode; DIN 41853) / conversion loss (diode) || ≗**diode** *f* / mixer diode || ≗**einfügungsdämpfung** *f* / conversion insertion loss || ≗**eingangswandler** *m* / input summation current transformer, input mixing transformer
mischen *v* (gleichartig geordnete Datenobjekte in einer geordneten Menge vereinigen; DIN 44300) / merge *v* || ~ (Daten, mit gleichzeitigem Trennen; DIN 66001) / collate *v*
Misch·fällung *f* / mixed precipitation || ≗**-Federleiste** *f* / hybrid socket connector || **SF_6/N_2-**≗**gasschalter** *m* / SF_6/N_2 circuit-breaker || ≗**größe** *f* / pulsating quantity || ≗**impedanz** *f* / modified impedance || ≗**klappe** *f* (Kfz) / mixing valve || ≗**konfiguration** *f* (FWT) / hybrid configuration || ≗**kristall** *m* / mixed crystal || ≗**last** *f* / mixed load
Mischleiste *f* / hybrid connector
Mischleisten·-Federleiste *f* / hybrid socket connector || ≗**-Messerleiste** *f* / hybrid plug connector || ≗**-Prüfadapter** *m* / hybrid adaptor || ≗**-Steckverbinder** *m* / hybrid connector
Misch·leistungsrelais *n* / arbitrary phase-angle power relay || ≗**lichtlampe** *f* / mixed-light lamp, blended lamp, self-ballasted mercury lamp, mercury-tungsten lamp, incandescent-arc lamp || ≗**potential** *n* / mixed potential || ≗**reibung** *f* / mixed friction, semi-fluid friction || ≗**restdämpfung** (s. Mischeinfügungsdämpfung) || ≗**röhre** *f* / mixer tube || ≗**schaltung** *f* / hybrid circuit || ≗**schaltung** (LE) (s. teilgesteuerte Schaltung) || ≗**schmierung** *f* / mixed lubrication, semi-fluid lubrication || ≗**spannung** *f* / pulsating voltage, undulating voltage || ≗**steilheit** *f* / conversion transconductance || ≗**strahlung** *f* / complex radiation || ≗**strom** *m* / pulsating current, undulating current, pulsating d.c., rippled d.c. || ≗**strommotor** *m* / pulsating-current motor, undulating-current motor || ≗**übertrager** (s. Mischwandler) || ≗**- und Oszillatorröhre** / frequency-converter tube
Mischung (s. Mantelmischung)
Mischungs·typ *m* (Kabel; VDE 0281) / type of compound, class of compound
Misch·ventil *n* / mixing valve || ≗**verdrahtung** *f* / combined wiring || ≗**wandler** *m* / summation current transformer, mixing transformer || ≗**widerstand** (s. Mischimpedanz) || ≗**zustand** *m* / mixed state
mißbrauchsicher *adj* / tamper-proof *adj*
Mißweisung, magnetische ≗ / magnetic declination
mitarbeiterspezifische Parole / specific password
Mitblindwiderstand (s. Mitreaktanz)
Mitgang *m* (Kontakte) / contact follow, follow-through travel
mitgeführter Schutzleiter (i. Kabel) / protective conductor incorporated in cable, earth continuity conductor incorporated in cable(s)
mitgeltende Norm / reference standard
mitgerissener Staub / entrained dust

mitgeschleppt·e Achse (WZM) / coupled axis, axis under coupled motion || **~er Fehler** / inherited error, inherent error || **~es Gas** / entrained gas
Mitimpedanz *f* / positive-phase-sequence impedance, positive-sequence impedance
Mitkomponente *f* / positive-sequence component, positive component
mitkompoundierende Wicklung / cumulative compound winding
Mitkompoundierung *f* / cumulative compounding
Mitkopplung *f* (Reg.) / positive feedback, direct feedback || **äußere ≗** (Transduktor) / separate self-excitation || **innere ≗** (Transduktor) / auto-self-excitation *n* (transductor), self-saturation *n* || **kritische ≗** (Transduktor) / critical self-excitation (transductor)
Mitlaufbetrieb *m* (PLT.) / operator guide mode
mitlaufend·e Reserve (KW) / spinning reserve || **~e Reserve mit langsamer Lastaufnahme** / slow-response spinning reserve || **~e Reserve mit schneller Lastaufnahme** / quick-response spinning reserve || **~es System** / positive phase-sequence system, positive-sequence system || **~e Triggerquelle** (Osz.) / tracked trigger source
Mitlauffilter *n* / tracking filter
mitläufig·e Bürste / trailing brush || **~e Bürstenverschiebung** / forward brush shift
Mitlauftransformator *m* / trailer transformer, follower transformer
Mit-Leistung (s. Mitsystem-Leistung)
Mitlesen *n* / passive monitoring
Mitnahme *f* (Schwingung) / harmonic excitation || **magnetische ≗** / magnetic coupling || **Schalter~** *f* / breaker intertripping, transfer tripping || **≗gerät** *n* (Schutzauslösung) / intertripping unit, transfer trip device || **≗relais** *n* / transfer trip relay || **≗schaltung** *f* (Schutz) / permissive underreaching transfer-tripping scheme, intertripping connection (o. scheme), transfer trip scheme || **≗schaltung mit HF** / intertripping carrier scheme
Mitnehmer *m* / driver *n*, driver pin, driver ring, dog *n*, catch *n* || **≗** (EZ) / driving element, driver *n* || **≗-Rückstelleinrichtung** *f* (EZ) / driver restoring element, driver resetting mechanism || **≗scheibe** *f* (EZ) / driver (o. driving) disc, follower disc || **≗zeiger** *m* / drive pointer
Mitreaktanz *f* / positive phase-sequence reactance, positive-sequence reactance
Mitschleppen *n* (WZM, NC) / coupled motion || **≗ von Gas** / gas entrainment
Mitschreib·betrieb *m* / shadow mode || **≗diskette** *f* / shadow diskette
Mitschreiben *n* (Protokollieren) / (real-time) logging *n*
Mitschreibschleife *f* (DÜ, PC) / echo loop
mitschwingen *v* / resonate *v*
Mitsystem *n* / positive phase-sequence system, positive-sequence system, positive-sequence network || **mehrphasiges ≗** / positive-sequence polyphase system
Mitsystem-Leistung *f* / positive-sequence power, power of positive-sequence system
Mittagspause *f* / lunch break
Mittel *n* (QS) / mean *n*, mean value || **≗abgriff** (s. Mittelanzapfung) || **≗abschirmung** *f* (StV) / centre shield || **≗anschluß** *m* (LE, eines Zweigpaares) / centre terminal || **≗anzapfung** *f* (Trafo) / centre tap, mid-tap *n* || **Drosselspule mit ≗anzapfung** / centre-tapped reactor
mittelbar·er Antrieb (SG, Kraftspeicherantrieb) / stored-energy (operating) mechanism || **~e Betriebserdung** (VDE 0100, T.200) / indirect functional earthing || **~e Erdung** / indirect earthing || **~ gespeister Kommutatormotor** / rotor-excited commutator motor
mittelbündig *adj* / centered *adj*
Mittelfrequenz (MF) *f* / medium frequency (MF), medium-high frequency || **≗generator** *m* / medium-frequency generator || **≗umformer** *m* / medium-frequency motor-generator set, medium-frequency converter
mittelfristig *adj* / medium-term *adj*
Mittel·kontakt *m* (Fassung) / central contact (lampholder) || **≗kontakt** *m* (Rel.) / mid-position contact || **≗lager** *n* / centre bearing || **≗länge** *f* (GKS) / halfline *n*
mittellanger Impuls / medium pulse
Mittellast-Generatorsatz *m* / controllable set (IEC 50(603))
Mittelleistungsfeuer *n* / medium-intensity light
Mittelleistungstransformator *m* / medium-power transformer
Mittelleiter *m* (Neutralleiter) / neutral conductor, neutral *n* || **≗** (Gleichstrom) / middle conductor, M conductor, third wire, inner main || **≗** (mit Schutzfunktion) / protective neutral conductor, PEN conductor, combined protective and neutral conductor || **≗** (ohne Schutzfunktion) / neutral conductor, N conductor || **≗** (SR-Schaltung) / mid-wire conductor || **≗-Abgangsklemme** *f* / neutral branch terminal, secondary neutral terminal || **≗kontakt** *m* / neutral contact || **≗-Kontaktstift** *m* / neutral pin || **≗schiene** *f* / neutral bar || **≗-Trennklemme** *f* / isolating neutral terminal
Mittellinie *f* (a. GKS-System) / centre line
Mittellinien·feuer *n* (Flp.) / centre-line light || **≗führung** *f* (Flp.) / centre-line guidance || **≗-Kurzbalken** *m* (Flp.) / centre-line barrette || **≗marke** *f* (Flp.) / centre-line marking || **≗-Unterflurbefeuerung** *f* / centre-line flush-marker lighting
Mittel·maschine *f* / machine of medium-high rating, medium-size machine || **≗maß** *n* / mean size, mean dimension
mitteln *v* / average *v*
Mittel·oberfläche *f* / mean surface || **≗potential** *n* / mid-potential *n* || **≗profil** *n* / medium section
Mittelpunkt *m* (Sternpunkt) / neutral point, star point, neutral *n* || **≗** (geometr.) / centre point, midpoint *n* (CAD) || **≗bahn** *f* (WZM-Werkzeug) / centre-point path || **≗leiter** (s. Neutralleiter) || **≗schaltung** *f* (LE, ein- o. zweipulsig) / centre-tap connection || **≗schaltung** *f* (LE, mehrpulsig) / star connection
Mittelpunkts·farbart (s. Mittelpunktsvalenz) || **≗valenz** *f* / basic stimulus
Mittelpunkt·-Transformator *m* / static balancer || **≗-Verlagerungsdrossel** *f* / (earth current limiting) neutral displacement reactor, zero-sequence reactor
Mittel·rauhtiefe *f* / centre-line average (c.l.a.) || **≗schenkel** *m* (Trafo-Kern) / centre limb, center leg || **≗schnelläufer** *m* / medium-high-speed

machine || ~schnelle Informationsverarbeitung / medium-fast information processing
Mittelspannung *f*(el.) / medium voltage (MV), medium-high voltage, (primary) distribution voltage || ≈ (mech.) / mean stress || ≈ (Spannungsteiler) / intermediate voltage || ≈ **einer Gruppenspannung** / volt centre
Mittelspannungs·abnehmer *m* / medium-voltage consumer || ≈**kondensator** *m*(Spannungsteiler) / intermediate-voltage capacitor || ≈-**Leistungsschalter** *m* / distribution-voltage circuit-breaker, medium-voltage circuit-breaker || ≈**netz** *n* / primary distribution network, medium-voltage system (US, 1 - 72.5 kV), high-voltage system || ≈-**Schaltanlage** *f* / primary distribution switchgear, medium-voltage switchgear || ≈**seite** *f* (Trafo) / intermediate-voltage circuit || ≈**tarif** *m* / medium-voltage tariff || ≈**wicklung (MS-Wicklung)** (Trafo) *f* / intermediate-voltage winding
Mittelstellung *f*(SG) / centre position, neutral position || ≈ (Trafo-Stufenschalter) / centre tap, mid-tap *n*
Mittelstellungs·kontakt *m* / centre-position contact, centre contact, neutral contact || ≈**relais** *n* / centre-stable relay || ≈**spannung** *f*(Trafo) / mid-tap voltage
Mittel·streifen *m*(Autobahn) / central reservation || ≈**stromschiene** *f* / centre conductor rail
mittelträge Sicherung (VDE 0820, T.1) / medium time-lag fuse (IEC 127)
Mitteltransformator *m* / medium-power transformer, medium-rating transformer
mitteltrübes Glas / opalescent glass
Mittelungs·pegel *m*(des Schalldrucks) / time-average sound pressure level, equivalent continuous sound-pressure level || ≈**schaltung** *f* / averaging circuit || ≈**zeit** *f* / averaging time
mittelviskos *adj* / of medium-high viscosity
Mittelwert *m* / mean value, average *n*, mean *n*, arithmetic mean || ≈ (mech. Wechsellast) / mean stress || ≈ **der Abweichung** (Rel.) / mean error || ≈ **der Abweichung** (s. mittlere Abweichung) || ≈ **der Abweichung unter Bezugsbedingungen** (Rel., VDE 0435, T.110) / reference mean error || ≈ **der Leistung** / mean value of power || ≈ **der Stichprobe** / sample mean || ≈ **des Eingangsruhestroms** / average bias current, mean input bias current || ≈ **des Fehlers** (Rel.) (s. Mittelwert der Abweichung) || ≈ **des gleichgerichteten Eingangssignals** / rectified mean || ≈ **einer Zufallsgröße** (DIN 55350,T.21) / mean value of a variate || **gewichteter** ≈ / weighted average || **leistungsmäßiger** ≈ / power-rated average value || **quadratischer** ≈ / root-mean-square value (r.m.s. value), virtual value || **zeitlicher** ≈ / time average
Mittelwertbaustein *m* / averaging block
Mittelwert·bilder *m* / averaging unit (o. device) || ≈**bildung** *f* / averaging *n*, mean-value generation || ≈**bildungs-Baustein** *m*(PC) / averaging block || ≈**detektor** *m*(IEC 50(161)) / average detector || ≈**drucker** *m* / average-demand printer, printometer *n* || ≈-**Gleichrichterkreis** *m*(s. Mittelwertdetektor) || ≈**messer** *m* / ratemeter *n* || ≈**register** *n* / average register || ≈**umformer** *m* (Meßwertumformer) / mean-value transducer
mittelzugfest *adj* / of medium-high tensile strength *adj*
Mitten·abstand *m*(DIN 43601) / centreline spacing, centre-to-centre distance, distance between centres || ≈**anriß** *m* / centre marking, centreline marking || ≈**bereich** *m*(statistische Tolerierung) / mean range || ≈**einspeisung** *f* / centre infeed || ≈**frequenz** *f* / centre frequency, mid-frequency *n* || ≈**inhalt** *m*(statistische Tolerierung) / mean population || ≈**maß** *n*(DIN 7182,T.1) / mean size || ≈**rauhigkeit** (s. Mittelrauhtiefe) || ≈**rauhwert** *m* / mean roughness index, average roughness || ≈**schutzkontakt** *m* / centre earthing contact, (central) earthing pin || ≈**spiel** *n*(DIN 7182,T.1) / mean clearance || ≈**übermaß** *n*(DIN 7182,T.1) / mean interference || ≈**umsteller** *m*(Trafo) / bridge-type off-load tap changer, middle-of-line tapping switch, centre off-load tap changer || ≈**versatz** *m* / eccentricity *n*, centre offset, off-centre condition
Mittigkeit *f* / centricity *n*, concentricity *n*
Mittigkeitsabweichung *f* / eccentricity *n*
mittler·er Absolutwert (DIN IEC 469, T.1) / average absolute || ~**e Abweichung** / mean deviation || ~**e Abweichung** (s. Mittelwert der Abweichung) || ~**er Abweichungsbetrag** (Statistik, DIN 55350, T.23) / mean deviation || ~**e addierte Unklardauer** (IEC 50(191)) / mean accumulated down time (MADT) || ~**e administrative Verzugsdauer** (IEC 50(191)) / mean administrative delay (MAD) || ~**e Anzahl der Arbeitszyklen bis zum Ausfall** / mean cycles between failures (MCBF) || ~**es Arbeitsvermögen** (KW) / mean energy capability || ~**e Aufenthaltszeit** (QS) / mean abode time (MAT) || ~**er Ausfallabstand** (DIN 40042) / mean time between failures (MTBF) || ~**e Ausfalldauer** (s. mittlere Unklardauer) || ~**e Ausfalldichte** (IEC 50(191)) / mean failure intensity || ~**e Ausschaltdauer** (s. mittlere Dauer des ausgeschalteten Zustands) || ~**e Außenabmessungen** (Leitungen; VDE 0281) / average overall dimensions || ~**e Außenkette** (Flp.) / middle wing bar || ~**e Bearbeitungszeit** (WZM, NC) / average machining time || ~**e Bearbeitungszeit** (Programme) / average processing time || ~**e Belastung** / average load, mean load, medium load || ~**e Beleuchtungsstärke** / mean illuminance || ~**e beobachtete Zeit zwischen zwei Ausfällen** / observed mean time between failures || ~**e Betriebsdauer zwischen zwei Ausfällen** (IEC 50(191)) / mean operating time between failures (MOBF) || ~**e Bezugsleistung** / mean power demand || ~**e Dauer des ausgeschalteten Zustands** (Netz) / equivalent interruption duration, load-weighted equivalent interruption duration || ~**e Dauerleistung** / mean continuous output || ~**er Drehschub** / specific tangential force || ~**e Durchlaßverlustleistung** (Diode, DIN 41781) / mean conducting-state power loss || ~**e Durchlaßverlustleitung** (Thyr, DIN 41786) / mean on-state power loss || ~**e Entladespannung** (Batt.) / mean (o. average) discharge voltage || ~**e Erregungsgeschwindigkeit** / excitation response ratio || ~**e Erzeugung eines Kraftwerks** / mean energy production of a power station || ~**e Fahrbahnleuchtdichte** / average maintained

road-surface luminance || ~er **Fehler** (s. Mittelwert der Abweichung) || ~er **Fehleranteil der Fertigung** / process average defective || ~e **fehlerfreie Betriebszeit** / mean time between failures (MTBF) || ~e **Flankensteilheit der Ausgangsspannung** (Verstärker) / average rate of change of output voltage || ~e **Grundabweichung** (Rel., DIN IEC 255, T. 1-00) / reference mean error (relay) || ~e **Gummischlauchleitung** / ordinary tough-rubber-sheathed cable || ~e **horizontale Lichtstärke** / mean horizontal intensity || ~e **Instandsetzungsrate** / mean repair rate || ~e **Intaktzeit** (MTBF) / mean time between failures (MTBF) || ~er **Integrationsgrad** (IS) / medium-scale integration (MSI) || ~e **Jahrestemperatur** / mean temperature of the year, yearly mean temperature || ~e **Klardauer** (IEC 50(191)) / mean up time (MUT) || ~e **Kraftlinienlänge** / mean length of magnetic path || ~e **Kunststoff-Schlauchleitung** / ordinary plastic-sheathed flexible cord (o. cable) || ~e **Ladespannung** (Batt.) / mean charging voltage || ~er **Ladungsverschiebe-Wirkungsgrad** / average charge-transfer efficiency || ~er **Laufsitz** / medium clearance fit, medium fit || ~e **Lebensdauer** (DIN 40042) / mean life, average life (IEC 64) || ~e **Lebensdauer** (s. mittlerer Ausfallabstand) || ~e **Leckstromdichte** / average leakage-current density || ~e **Leerlaufspannung** (kapazitiver Spannungsteiler; IEC 50(436)) / open-circuit intermediate voltage || ~e **Leistung** / mean power, average output, average power || ~er **Leistungsbereich** (elST-Geräte) / medium performance level || ~e **logistische Verzugsdauer** (IEC 50(191)) / mean logistic delay (MLD) || ~e **Luftspaltinduktion** / magnetic loading || ~es **Molekulargewicht in Meereshöhe** / sea level mean molecular weight || ~er **Polkraftlinienweg** (s. mittlere Kraftlinienlänge) || ~e **Positioniergenauigkeit** (NC) / normal positioning accuracy || ~er **Prüfumfang** / average amount of inspection || ~e **PVC-Schlauchleitung** (HO5VV; VDE 0281) / ordinary PVC-sheathed flexible cord || ~e **quadratische Abweichung** / root-mean-square deviation (r.m.s.d.) || ~e **Quadratwurzel** (s. quadratischer Mittelwert) || ~e **Qualitätslage** (DIN 55350, T.31) / process average || ~e **Rauhtiefe** (s. Mittelrauhtiefe) || ~e **räumliche Lichtstärke** / mean spherical intensity, mean spherical candle power || ~er **Rauschfaktor** / average noise factor || ~e **Rauschzahl** / average noise figure || ~e **Reparaturdauer** / mean time to repair (MTTR) || ~e **Rückwärtsverlustleistung** (Diode, DIN 41781) / mean reverse power dissipation || ~e **Segmentspannung** (Kommutatormasch.) / mean voltage between segments || ~e **Spannung** (Batt.) / mean voltage || ~e **Spannweite** (QS) / mean range || ~e **sphärische Lichtstärke** / mean spherical luminous intensity || ~er **Stichprobenumfang** (DIN 55350, T.31) / average sample number || ~e **Tagestemperatur** / mean temperature of the day, daily mean temperature, diurnal mean of temperature || ~er **Temperaturkoeffizient der Ausgangsspannung** (Halleffekt-Bauelement, DIN 41863) / mean temperature coefficient of output voltage (IEC 147-0C) || ~e **Tendenz** / central tendency || ~e **Übermittlungszeit** / average transfer time || ~e **Unklardauer** (IEC 50(191)) / mean down time (MDT) || ~e **veranschlagte Zeit zwischen zwei Ausfällen** / assessed mean time between failures || ~e **Verfügbarkeit** / mean availability || ~e **Verzögerungszeit** (IS, elST) / propagation delay || ~e **Vorwärtsverlustleistung** (Diode, DIN 41781) / mean forward power loss || ~e **Wartedauer** (auf einen Dienst; IEC 50(191)) / mean service provisioning time || ~e **Windungslänge** / mean length of turn || ~e **Zeit bis zur Wiederherstellung** / mean time to restoration (MTTR), mean time to recovery (MTTR) || ~e **Zeit zur Wiederherstellung des betriebsfähigen Zustands** / mean time to restore (MTTR) || ~e **Zeit zwischen Wartungsarbeiten** / mean time between maintenance (MTBM) || ~e **Zeit zwischen zwei Ausfällen** / mean time between failures (MTBF) || ~e **Zeitspanne bis zum Ausfall** / mean time to failure (MTTF) || ~e **Zeitspanne bis zum ersten Ausfall** / mean time to first failure (MTTFF)

Mitverbunderregung *f* / cumulative compound excitation

Mitwiderstand *m* / positive phase-sequence resistance, positive-sequence resistance

Mitwindteil *m* (Flp.-Markierung) / downwind leg

MKL-Kondensator *m* (metallisierte Kunststoffolie u. Lackfolie) / metallized-plastic capacitor

MKV-Kondensator *m* (metallisiertes Papier, Kunststoffdielektrikum, verlustarm) / low-loss metallized-dielectric capacitor, metallized-dielectric capacitor

MKZ (s. MSR-Kennzeichnung)

M-Leiter *m* / reference conductor, reference bus

MLFB (s. maschinenlesbare Fabrikatebezeichnung)

MM (s. Multimodul)

MMC (s. Multimikrocomputer) || **≗-Rahmen** *m* / MMC rack

MMK (s. Haupteinflugzeichen) || ≗ (s. magnetomotorische Kraft)

MMS (s. Mensch-Maschine-Schnittstelle)

MMU (s. Speicherverwaltungseinheit)

mnemotechnisch·er Code / mnemonic code || ~er **Gerätenamen** / mnemonic device designation

MNOS-Speicher *m* (Metall-Nitrid-Oxid-Halbleiterspeicher) / MNOS memory (metal-nitride-oxide semiconductor memory)

MNS-FET (Feldeffekttransistor mit Metall-Nitrid-Halbleiter-Aufbau) / MNS FET (metal-nitride semiconductor field-effect transistor)

MO-Ableiter (s. Metalloxidableiter)

mobile Phase / moving phase, mobile phase

modal·e Anweisung / modal instruction || ~er **Aufruf** / modal call || ~e **Regelung** / modal control || **≗wert** *m* (DIN 55350,T.21) / mode *n* (statistics)

Modell *n* (Muster) / model *n* || ≗ (Gießmuster) / pattern *n* || **≗einsatz** *m* (Sich.) / dummy fuse link

Modelleistung *f* (Trafo) / frame rating

Modellnetz *n* / model network

Modellösung *f* / model solution

Modell·prüfung *f* / prototype test || **≗schaltung** *f* / modelling circuit || **≗theorie** *f* / theory of models || **≗zeichnung** *f* / pattern drawing

Modem *m* (Modulator/Demodulator) / modem *n*

(modulator/demodulator), data set
Moden·dispersion *f*(LWL) / multimode dispersion || **≗filter** *n*(LWL) / mode filter || **≗gleichverteilung** *f* (LWL) / fully filled mode distribution || **≗kopplung** *f* / mode locking || **≗mischer** *m*(LWL) / mode scrambler || **≗rauschen** *n* / modal noise || **≗-Scrambler** (s. Modenmischer) || **≗verteilung** *f* / mode distribution || **≗verteilungsrauschen** *n* / mode partition noise
Modifikation *f*(adaptive Reg.) / modification *n*
Modifikator *m* / modifier *n*
Modifizierfaktor *m* / modifier *n*
modifiziert·e Konstantspannungsladung (Batt.) / modified constant-voltage charge || **~e Wickelverbindung** / modified wrapped connection
Mod-Instabilität *f* / moding *n*
Modmitte *f* / mode centre, mode tip
Modul *m*(Baugruppe; DIN 30798, T.1) / module *n* || **≗** (absoluter Wert einer komplexen Zahl) / modulus *n*, absolute value || **≗** (QS-Programm) / module *n* || **≗** *n*(z. B. EPROM) / submodule *n*
modular·er Flächenraster (DIN 30798, T.1) / modular surface-area grid || **~er Raster** (DIN 30798, T.1) / modular grid || **~er Raumraster** / modular space grid
Modularität *f* / modularity *n*
Modulation der Ausgangsspannung (SR, periodische Spannungsabweichung, VDE 0558, T.2) / periodic output voltage modulation (IEC 411-3)
Modulations·grad *m* / modulation depth || **≗spannung** *f* / modulation voltage || **≗spannung** (ESR) (s. Hellsteuerspannung) || **≗übertragungsfunktion** *f* / modulation transfer function, square-wave response characteristic || **≗verhalten** *n*(Reg.) / modulating action
Modulator *m* / modulator *n* || **Motor~** *m* (Pyrometer) / motor-driven modulator, motor-driven chopper, rotating modulator (o. chopper)
Modul·breite *f* / module width || **≗gewinde** *n* / module thread, module pitch thread || **≗maß** *n* / module width, module size, module *n*
Modulo-N-Zähler *m* / modulo-n counter
Modul·ordnung *f*(DIN 30798, T.1) / modular coordination || **≗technik** *f* / modular construction (o. design)
Modus *m*(a. LWL) / mode *n* || **≗** (NC; CLDATA-Wort) / mode (ISO 3592)
möglich·er Erdungspunkt (VDE 0168, T.1) / earthable point (IEC 71.4) || **~e Gesamtbelastung** (KW) / total capability for load || **~e Sonnenscheindauer** / possible sunshine duration || **~e Zündquelle** / potential ignition source || **Anzahl der ~en Stellungen** (Trafo-Stufenschalter; VDE 0532,T.30) / number of inherent tapping positions (IEC 214)
Moiré *f*(Störungsmuster) / moiré *n* || **≗-Muster** *n* / moiré fringes
Molekular·filter *n* / molecular filter || **≗gewicht** *n* / molecular weight
Molykotpaste *f* / MOLYKOTE grease
Moment *m*(zeitlich) / instant *n* || **≗** *n* / moment *n*, momentum *n* || **≗** (s. Drehmoment) || **≗ der Ordnung q** (DIN 55350, T.23) / moment of order q || **≗ der Ordnung q bezüglich a** (DIN 55350, T.23) / moment of order q about an origin a || **≗ der Ordnungen q_1 und q_2** (DIN 55350, T.23) / joint moment of orders q_1 and q_2 || **≗ der Ordnungen q_1 und q_2 bezüglich a, b** (DIN 55350, T.23) / joint moment of orders q_1 and q_2 about an origin a, b || **≗ der Unwuchtkraft** / unbalance moment || **≗ einer Wahrscheinlichkeitsverteilung** (DIN 55350,T.21) / moment of a probability distribution
momentan·er Arbeitspunkt / instantaneous operating point || **~e Nichtverfügbarkeit** (IEC 50(191)) / instantaneous unavailability || **~e Probe** / spot sample || **~e Verfügbarkeit** (IEC 50(191)) / instantaneous availability
Momentanwert *m* / instantaneous value
Momentaufnahme *f*(Osz.) / one-shot display
momentenbildend *adj* / torque-producing *adj*, determining the torque
Momenten·klasse *f* / torque class || **≗kupplung** *f* / torque clutch || **≗motor** *m* / torque motor || **≗richtung** *f*(SR-Antrieb) / torque direction, driving direction || **≗schlüssel** *m* / torque spanner, torque limiting wrench || **≗umkehr** *f* / torque reversal, reversal of torque direction || **≗unwucht** *f* / couple unbalance || **≗verlauf** (s. Drehmomentverlauf) || **≗waage** *f* / dynamometer *n*, torque meter
momentgeschaltete Kupplung / limit-torque clutch, torque clutch
Moment·kontakt *m* / momentary contact || **≗relais** *n* / instantaneous relay, non-delayed relay, high-speed relay
monatliche Tarifzeitumschaltung / monthly maximum-demand resetting
Monats·höchstleistung *f*(StT) / monthly maximum demand || **≗maximum** *n*(StT) / monthly maximum demand || **≗menge** *f* / monthly quantity, monthly rate (o. delivery), total rate (o. delivery) per month || **≗-Rückstellschalter** *m* / monthly resetter || **≗-Rückstellzeitlaufwerk** *n* / monthly resetting timer
Monitor *m*(BSG) / monitor *n*, CRT unit || **≗** (Funktionseinheit zur Überwachung von Abläufen) / monitor *n* || **≗anschaltbaugruppe** *f* / monitor interface module || **≗bedienfeld** *n* / monitor control panel || **≗lader** *m* / monitor loader
monochrom (s. einfarbig)
monochromatisch·e Strahlung / monochromatic radiation
Monochromator *m* / monochromator *n*
Monochrom-Sichtgerät *n* / monochrome video display unit, monochrome CRT
Mono-Filament *n* / mono filament
monolithisch·e integrierte Halbleiterschaltung / semiconductor monolithic integrated circuit || **~ integrierte Schaltung** / monolithic integrated circuit (MIC), integrated circuit
Monomasterfähigkeit *f* / monomaster capability (o. facility)
Monomode-Faser (s. Einmodenfaser)
monomolekulare Schicht / monolayer *n*
monopolar·es HGÜ-System / monopolar (o. unipolar) HVDC system || **~e Leitung** (s. einpolige Leitung)
Mono·schaltung *f*(1 Trafo in Kraftwerksblock) / single-transformer circuit || **≗schicht** *f* / monolayer *n*, monomolecular layer || **≗skop** *n* / monoscope *n*
monostabil·es Kippglied (DIN 40700) / monostable

element (IEC 117), monoflop *n*, single shot || ~**es Kippglied** (Multivibrator) / monostable multivibrator || ~**es Kippglied mit Verzögerung** / delayed monostable element, delayed single shot || ~**er Multivibrator** / monostable multivibrator || ~**es Relais** / monostable relay || ~**e Speicherröhre** / half-tone storage CRT, half-tone tube

Monotonie *f* (DIN 44472) / monoticity *n*, monotony *n*

Montage *f* / installation *n*, assembly *n*, erection *n*, mounting *n* || ≗ (große Konstruktionen u. Maschinen) / erection *n* || ≗ (IS) / assembly *n* (IC) || ≗ (QS) / construction *n* || ≗ **am Einbauort** / field mounting, installation at site || ≗ **nebeneinander** / mounting side by side, butt mounting || ≗ **untereinander** / mounting one above the other, stacked arrangement || ≗**abstand** *m* / installation clearance, working clearance, safe working clearance || ≗**anleitung** *f* (für Aufbau) / installation instructions, erection instructions || ≗**anleitung** *f* (für Zusammenbau) / assembly instructions || ≗**arbeit** *f* (für Aufbau) / installation work, erection work || ≗**arbeit** *f* (für Zusammenbau) / assembly work || ≗**ausschnitt** *m* (ST) / panel cutout || **Dichtung am** ≗**ausschnitt** (ET, ST) / panel seal || ≗**band** *n* / assembly conveyor, assembly line || ≗**bock** *m* / assembly support, horse *n*, jackstay *n*, assembly stand, support *n* || ≗**bühne** *f* / assembly platform || ≗**deckel** *m* / assembly opening cover, hinged assembly cover, servicing cover || ~**fertige Baugruppe** / ready-to-fit assembly, preassembled unit || ≗**folge** *f* / assembly sequence, sequence of erection operations || ≗**freiraum** *m* / working clearance || ~**freundlich** *adj* / easy to install || ≗**gerüst** *n* / scaffold *n*, temporary framework || **größtes** ≗**gewicht** / heaviest part to be lifted, heaviest part to be assembled || ≗**grube** *f* / assembly pit || ≗**hilfsmittel** *n* / assembly aids, auxiliary devices || ≗**ingenieur** *m* / field engineer || ≗**material** *n* / installation material, fitting accessories, erection material || ≗**ort** *m* / site of installation, installation site, erection site, place of installation, site *n* || ≗**plan** *m* / erection schedule, installation schedule || ≗**platte** *f* / supporting plate, mounting plate || ≗**platz** *m* / assembly area, assembly bay || ≗**protokoll** *n* / erection inspection certificate || ≗**raster** *m* (f. Leiterplatten) / drilling plan (f. printed-circuit boards) || ≗**revision (MRV)** *f* / assembly inspection, inspection of completed installation (o. erection) work || ≗**roboter** *m* / assembly robot || ≗**schiene** *f* / mounting rail, mounting rack (PC units) || ≗**schiene** *f* (f. Leuchten) / mounting channel, trunking *n* || ≗**schrift** *f* / installation instructions || ≗**steuerung** *f* (in der Fabrik) / assembly control || **schwerstes** ≗**stück** / heaviest part to be lifted, heaviest component to be assembled || ≗**system** *n* (Einbausystem) / rack system, packaging system, assembly system, assembly and wiring system

montagetechnische Auswechselbarkeit / intermountability *n*

Montage- und Bedienungsanleitungen / installation and operating instructions

Montage·verbrauchsmaterial *n* / expendable material, expendables *n pl* || ≗**vorrichtung** *f* / fitting device, assembly appliance, mounting device || ≗**wagen** *m* / assembly trolley || ≗**werkstatt** *f* / assembly shop || ≗**werkzeug** *n* / assembly tool || ≗**zeichnung** *f* / assembly drawing, erection drawing

Monteur *m* / fitter *n*, mechanic *n*

montieren *v* (aufbauen) / install *v*, erect *v*, set up *v*, mount *v* || ~ (zusammenbauen) / assemble *v*, fit *v* || ~ (Text) / to cut and paste

Moorelichtlampe *f* / Moore lamp (o. tube)

MOPS (million operations per second - Millionen Operationen pro Sekunde)

MOS (A. f. „metal-oxide semiconductor" - Metalloxid-Halbleiter) || ≗ **hoher Dichte** / high-density MOS (HMOS)

Mosaik·baustein *m* / mosaic tile || ≗**-Befehlsgerät** *n* / mosaic-type pilot device, mosaic-type control switch || ≗**bild** (s. Mosaik-Blindschaltbild) || ≗**-Blindschaltbild** *n* / mosaic(-type) mimic diagram || ≗**druck** *m* / dot-matrix print || ≗**drucker** *m* / matrix printer, dot-matrix printer || ≗**-Kunststoffsystem** *n* / plastic mosaic tile system || ≗**-Leuchtschaltbild** *n* / mosaic-type illuminated mimic diagram || ≗**-Leuchtschaltwarte** *f* / mosaic-type mimic-diagram control board || ≗**-Meldetafel** *f* / mosaic annunciator board, mosaic display panel || ≗**-Rastereinheit** *f* / mosaic standard square || ≗**-Schaltwarte** *f* (Tafel) / mosaic control board || ≗**stein** *m* / mosaic tile || ≗**steinbild** *n* / mosaic diagram, mosaic mimic diagram || ≗**steintechnik** *f* / mosaic tile (type of) construction, mosaic tile design || ≗**-Steuerquittierschalter** *m* / mosaic-panel control-discrepancy switch || ≗**-Steuertafel** *f* (groß) / mosaic control board || ≗**-Steuertafel** *f* (klein) / mosaic control panel

MOS-FET (Feldeffekttransistor mit Metalloxid-Halbleiteraufbau) / MOS FET (metal-oxide semiconductor field-effect transistor) || ≗**-Kapazitätsdiode** *f* / MOS variable-capacitance diode || ≗**-Ladungsspeicher** *m* / MOS electrostatic memory || ≗**-Schaltkreis** *m* / MOS integrated circuit

MOST (s. MOS-Transistor)

MOS-Transistor (MOST) *m* / MOS transistor (MOST)

Motor *m* (el.; mech. Ausführungsformen: s.a. unter „Maschine"; el. Ausführungen: s.a. unter „Einphasenmotor") / motor *n* || ≗ (Verbrennungsmot.) / engine *n* || ≗ **für Achsaufhängung** / axle-hung motor || ≗ **für allgemeine Zwecke** / general-purpose motor || ≗ **für bestimmte Zwecke** / definite-purpose motor || ≗ **für eine Drehrichtung** / non-reversing motor || ≗ **für Luftkanalanschluß** / duct-ventilated motor || ≗ **für Sonderzwecke** / special-purpose motor || ≗ **für zwei Drehrichtungen** / reversing motor, reversible motor || ≗ **mit angebautem Getriebe** / geared motor, gearmotor *n* || ≗ **mit Anlaufkondensator** / capacitor-start motor || ≗ **mit beiderseitigem Abtrieb** / motor for double-ended drive || ≗ **mit Doppelschlußverhalten** / compound-characteristic motor || ≗ **mit Drehzahleinstellung** / adjustable-speed motor, variable-speed motor || ≗ **mit Drehzahleinstellung** (n etwa konstant) / adjustable-constant-speed motor || ≗ **mit Drehzahleinstellung** (n veränderlich) / multi-varying-speed motor || ≗ **mit Drehzahlregelung** /

variable-speed motor, adjustable-speed motor || ≗ **mit Drosselanlasser** / reactor-start motor || ≗ **mit einseitigem Abtrieb** / motor for single-ended drive || ≗ **mit eisenloser Wicklung** / motor with ironless winding, moving-coil motor || ≗ **mit elektronischem Kommutator** / electronically commutated motor, electronic motor || ≗ **mit fast gleichbleibender Drehzahl** (Nebenschlußverhalten) / shunt-characteristic motor || ≗ **mit freitragender Wicklung** / motor with ironless winding, moving-coil motor || ≗ **mit geblechtem Gehäuse** / laminated-frame motor || ≗ **mit Gegennebenschlußerregung** / differential-shunt motor || ≗ **mit gleichbleibender Drehzahl** / constant-speed motor || ≗ **mit kapazitiver Hilfsphase** (s. Motor mit Kondensatoranlauf) || ≗ **mit Keramikisolation** / ceramic motor || ≗ **mit Kompensationswicklung** / compensated motor || ≗ **mit Kondensatoranlauf** / capacitor-start motor || ≗ **mit konstanter Drehzahl** / constant-speed motor || ≗ **mit konstanter Leistung** / constant-power motor, constant-horsepower motor || ≗ **mit mehreren Drehzahlen** / multi-speed motor || ≗ **mit mehreren Drehzahlstufen** / change-speed motor, multi-speed motor || ≗ **mit mehreren konstanten Drehzahlen** / multi-constant-speed motor || ≗ **mit mehreren Nenndrehzahlen** (n etwa konstant) / multi-constant-speed motor || ≗ **mit mehreren Nenndrehzahlen** (n veränderlich, z.B. SL) / multi-varying-speed motor || ≗ **mit mehreren veränderlichen Drehzahlen** / multi-varying-speed motor || ≗ **mit Nebenschlußverhalten** / shunt-characteristic motor || ≗ **mit Nebenschlußwicklung** / shunt-wound motor, shunt motor || ≗ **mit Polumschaltung** (s. polumschaltbarer Motor) || ≗ **mit rechteckigem Gehäuse** / square-frame motor || ≗ **mit Reihenschlußverhalten** / series-characteristic motor, inverse-speed motor || ≗ **mit Reihenschlußwicklung** / series-wound motor, series motor || ≗ **mit schwacher Verbundwicklung** / light compound-wound motor || ≗ **mit Spindellagerung** / spindle-drive motor || ≗ **mit stark veränderlicher Drehzahl** (Reihenschlußverhalten) / varying-speed motor, series-characteristic motor || ≗ **mit stellbaren konstanten Drehzahlen** / adjustable-constant-speed motor || ≗ **mit stellbaren veränderlichen Drehzahlen** / adjustable-varying-speed motor || ≗ **mit stellbarer Drehzahl** / adjustable-speed motor || ≗ **mit Untersetzungsgetriebe** / back-geared motor || ≗ **mit veränderlicher Drehzahl** (Drehz. einstellbar) / adjustable-speed motor, variable-speed motor || ≗ **mit veränderlicher Drehzahl** (Drehz. regelbar) / variable-speed motor || ≗ **mit veränderlicher Drehzahl** (Reihenschlußverhalten) / varying-speed motor || ≗ **mit Verbundwicklung** / compound-wound motor, compound motor || ≗ **mit Vordertransformator** / motor with main-circuit transformer || ≗ **mit wenig veränderlicher Drehzahl** (Doppelschlußverhalten) / compound-characteristic motor || ≗ **mit Widerstandsanlasser** / resistance-start motor || ≗ **mit Winkelgetriebe** / right-angle gear motor || ≗ **mit Zwischentransformator** / motor with rotor-circuit transformer

Motorabgang *m* (Stromkreis) / motor circuit, motor feeder || ≗ (Steuereinheit) / motor control unit, combination motor control unit

Motor·abgangsschalter *m* / motor-circuit switch, disconnect switch || ≗**abzweig** *m* / motor branch circuit, motor circuit, motor feeder || ≗**abzweigverteiler** *m* (Feld) / motor control panel || ≗**abzweigverteiler** *m* (Tafel) / motor control board, motor control centre || ≗**anlasser** *m* (s.a. u. „Motorstarter") / motor starter, starter *n* || ≗**anschlußkasten** *m* (f. Leitungsschutzrohr) / motor junction box || ≗**anschlußklemmen** *f pl* / motor terminals || ≗**anschluß- und Steuerkasten** / motor control box || ≗**anschluß- und Steuerkastenkombination** / motor control unit

Motorantrieb *m* (el. Antrieb f. Arbeitsmaschine) / motor drive || ≗ (SG) / motor-operated mechanism || ≗ (Trafo-Stufenschalter; VDE 0532,T.30) / motor-drive mechanism (IEC 214) || ≗ (Verbrennungsmaschine) / engine drive, engine prime mover || **mit** ≗ / motor-driven *adj*, motorized *adj*, motor-operated *adj*, motor-actuated *adj*, powered *adj*

Motor·antriebsgehäuse *n* (Trafo) / motor-drive cubicle (IEC 214) || ≗**aufhängung** *f* / motor suspension || **Antrieb mit** ≗**aufzug** (SG) / motor-loaded mechanism || ≗**auslaufverfahren** *n* / retardation method || ≗**beleuchtung** *f* (Kfz) / underhood light || ~**betätigter Steuerschalter** (Bahn) / motor-driven switchgroup || ≗**betrieb** *m* / motor operation, motoring *n* || ~**betriebenes Gerät** / motor-driven apparatus || **Umschalter für** ≗**-/Bremsbetrieb** / power/brake changeover switch || ≗**bremse** *f* (Kfz, Auspuffb.) / exhaust brake, exhaust brake control || ≗**-Bremsgerät** *n* / motor braking unit || ≗**drehmoment** *n* / motor torque || ≗**drehzahl** *f* / motor speed || ≗**drücker** *m* (hydraulischer Bremslüfter) / centrifugal thrustor, thrustor *n* || ≗**drücker** *m* (elektro-mechanischer Bremslüfter) / centrifugal brake operator || ≗**einschaltstrom** *m* / motor starting current, motor inrush current || ≗**elektronik** *f* (Kfz) / engine electronics

Motorenergiesparer *m* (elektron. Leistungsfaktorregler) / power-factor controller (p.f.c.)

Motorette *f* / motorette *n*

Motor·gehäuse *n* / motor housing, motor enclosure, motor frame, motor casing || ≗**-Generator** *m* / motor-generator set, m.-g. set, converter set || **synchroner** ≗**-Generator** / synchronous converter || ≗**gestell** *n* / motor frame || ≗**-Getriebe-Management** *n* (Kfz) / engine-gearbox management || ≗**haube** *f* / motor jacket, motor cover || ≗**indiziereinrichtung** *f* (Kfz.) / engine indicator system

motorisch angetrieben / motor-driven *adj*, motorized *adj*, motor-operated *adj*, motor-actuated *adj* || ~ **angetriebenes Nockenschaltwerk** / motor-driven camshaft equipment || ~ **angetriebenes Steuerschaltwerk** / motor-driven controller || ~**er Antrieb** (s. Motorantrieb) || ~**es Relais** / motor-driven relay, induction relay || ~**er Sollwertgeber** (Potentiometer) / motorized potentiometer || ~**es**

Sollwertpotentiometer / motorized setpoint potentiometer || **~er Stellantrieb** / control-motor actuator, motorized actuator || **~er Steuerschalter** (s. motorbetätigter Steuerschalter) || **~er Verbraucher** / motive-power load || **~es Zeitrelais** / motor-driven time-delay relay, motor-driven time (o. timing) relay

Motor·kennfeld *n* (Kfz) / engine operating map, engine characteristic map || **°~klemmenkasten** *m* / motor terminal box || **°~kondensator** *m* / motor capacitor, motor starting capacitor || **°~-Lastschalter** *m* (VDE 0670,T.3) / motor switch (IEC 265) || **°~leistung** *f* / motor output, motor rating, motor output rating, motor power || **elektronische °~leistungsregelung** (Kfz) / electronic engine management, electronic engine power control || **°~modulator** *m* (Pyrometer) / motor-driven modulator, motor-driven chopper, rotating modulator (o. chopper) || **°~moment** (s. Motordrehmoment) || **°~nennleistung** *f* / rated motor output, motor rating || **°~potentiometer** *n* / motor-actuated potentiometer, motorized potentiometer || **°~prüfstand** *m* (Kfz-Mot.) / engine test bed || **°~raum** *m* (Kfz) / engine compartment || **°~relais** *n* / motor-driven relay, induction relay || **°~satz** *m* / motor set || **°~-Schaltanlage** *f* (MCC) / motor control centre || **°~schalter** *m* (f. Abschalten der Betriebsüberlast) / motor-circuit switch, on-load motor isolator || **°~schalter** *m* (Steuerschalter) / motor control switch || **°~schalter** (s. Motorschutzschalter) || **°~schaltgeräte** *n pl* / motor control gear || **°~schaltschrank** *m* / motor control centre (MCC) || **°~schutz** *m* / motor protection || **°~schutz** *m* (am Schalter) / integral overcurrent protection, integral short-circuit protection, motor protection feature || **°~schütz** *n* / motor contactor, contactor-type starter || **Schütz mit °~schutz** / contactor with (integral) motor overload protection, contactor with integral short-circuit protection || **°~schutzrelais** *n* / motor protective relay || **°~schutzschalter** *m* / starting circuit-breaker, motor protecting switch (CEE 19), motor circuit-breaker || **°~seite** *f* (A- oder B-Seite) / motor end || **°~-Speicherantrieb** *m* / motor-charged stored-energy mechanism || **°~speiseleitung** *f* / motor feeder || **°~sperre** *f* / motor lockout, motor blocking circuit || **°~sprungantrieb** *m* (SG) / motor-charged spring operating mechanism, motor-operated snap-action mechanism || **°~stabilitätssensor** *m* (Kfz) / engine stability sensor

Motorstarter *m* (VDE 0660,T.104) / starter *n* (IEC 292-1), motor starter || **°~ mit Druckluftantrieb** (VDE 0660,T.104) / pneumatic starter (IEC 292-1) || **°~ mit elektrisch betätigtem Druckluftantrieb** / electro-pneumatic starter || **°~ mit elektromagnetischem Antrieb** / electromagnetic starter || **°~ mit Freiauslösung** / trip-free motor starter || **°~ mit Handantrieb** / manual starter || **°~ mit Lichtbogenlöschung in Luft** / air-break starter || **°~ mit Lichtbogenlöschung in Öl** / oil-immersed-break starter || **°~ mit Motorantrieb** / motor-operated starter || **°~ zum direkten Einschalten** / direct-on-line starter, full-voltage starter || **°~ zur Drehrichtungsumkehr** / reversing starter

Motor·steller *m* / motorized rheostat, motor-actuated rheostat || **°~steuergerät** *n* / motor control unit, combination motor control unit || **°~steuerschalter** *m* / motor control switch || **°~steuerschrank** *m* / motor control centre (MCC) || **°~steuer- und Verteilertafel** / motor control and distribution board, motor control and distribution centre, control centre || **°~steuerung** *f* (Kfz, eletron.) / engine management || **°~steuerung** *f* (Geräteeinheit) / motor control unit, motor starter combination || **Mikroprozessor-°~steuerung** *f* (Kfz) / microprocessor-based electronic engine control || **°~steuerungen** *f pl* (Geräte) / motor control gear || **°~synchronisieren** *n* (Intrittziehen durch Erregen) / motor synchronizing || **°~tester** *m* (Kfz-Mot.) / engine tester || **°~topf** *m* / motor can || **°~trenner** *m* / motor disconnector, (motor) disconnect switch, on-load motor isolator || **°~überlastschutz** *m* / motor overload protection || **°~- und Antriebssteuerung** *f* / engine and powertrain control || **°~verfahren** *n* / input-output test || **°~verteiler** *m* (Feld) / motor control panel || **°~verteiler** *m* (Tafel) / motor control board, motor control centre || **°~-Vollschutz** *m* (m. Thermistoren) / thermistor-type motor protection || **°~wächter** *m* (Kfz) / engine monitor || **°~welle** *f* / motor shaft || **°~zähler** *m* / motor meter

MOV (s. Metalloxid-Varistor)

MP (s. Mikroprozessor)

MPBS (s. Multiprozessor-Betriebssystem)

Mp-Durchführung (s. Sternpunktdurchführung)

m-Phasen·-Polygonschaltung *f* / polygon(-connected) m-phase winding || **~-Spannungsquelle** *f* / m-phase voltage source || **~-Sternschaltung** *f* / star-connected m-phase winding || **~stromkreis** *m* / m-phase circuit, polyphase circuit

MP-Kondensator *m* / metallized-paper capacitor

MPL (s. Mikroprozessor-Programmiersprache)

Mp-Leiter (s. Neutralleiter)

MPROM (s. maskenprogrammierter Festwertspeicher)

MPS (s. mikroprogrammierbare Steuerung)

MPSB (s. Mikroprozessor-Systembus)

Mp-Schiene (s. Mittelleiterschiene)

MPST (s. Mehrprozessorsteuerung)

Mp-Trennklemme (s. N-Trennklemme)

MPU (s. Mikroprozessoreinheit)

MRS (s. Mehrkanal-Röntgenspektrometer)

MRV (s. Montagerevision)

M-Schiene *f* / reference bus

M-Schluß (s. Masseschluß)

MSI (A. f. „medium-scale integration" - mittlerer Integrationsgrad o. höherintegrierte Schaltung)

MSIC (A. f. „medium-scale integrated circuit" - höherintegrierte Schaltung)

MSR·-Geräte (s. Meß-, Steuer- und Regelgeräte) || **°~-Kennzeichnung (MKZ)** (Prozeßführung, VDI/VDE 3695) *f* / tag number || **°~-Stellen-Name** *m* (Prozeßführung, VDI/VDE 3695) / tag identification

MSR-Technik (s. Meß-, Steuerungs- und Regelungstechnik) || **°~** (s. Leittechnik)

MS-Wicklung (s. Mittelspannungswicklung)

M-Typ-Röhre *f* / M-type tube, crossed-field tube

Muffe *f* / sleeve *n*, bush *n* || **°~** (Kabelverbindung) /

joint *n*, junction box, splice box || ≗ (IR) / coupler *n*, coupling *n*, bushing *n* || ≗ (Steckverbinder) / boot *n* || ≗ (Rohrverb.) / (pipe) coupling, union *n* || ≗ **mit Deckel** (IR) / inspection coupling || ≗ **mit Innengewinde** (IR) / internally screwed coupler
Muffen·bunker *m* / cable pit, cable vault, cable jointing manhole || ≗**gehäuseisolierung** *f* (Kabelmuffe) / joint-sleeve insulation || ≗**kupplung** *f* / sleeve coupling || ≗**rohrverbindung** *f* / spigot joint || ≗**transformator** *m* / joint-box transformer || ≗**verbindung** (Rohr) (s. Muffenrohrverbindung)
Mulde *f*(Höhlung) / cavity *n*, depression *n*, hollow *n*, trough *n* || ≗ (Lagerdefekt) / cavity *n* || ≗ (Narbe) / crater *n*, pit *n* || **Potential**~ / potential well
Mulden *f pl*(DIN 4761) / pits *pl* || ≗**bildung** *f* (Komm.) / grooving *n* || ≗**reflektor** *m* / troffer *n*
Multicast (s. Gruppenaufruf)
Multi·chip *m* / multichip *n* || ≗**funktionseinheit** *f* / multifunction unit
multimasterfähiger Bus / bus with multi-master capability
Multi·meter *n* / multimeter *n*, multi-function instrument, circuit analyzer || ≗**mikrocomputer (MMC)** *m* / multi-microcomputer *n*(MMC) || ≗**mikroprozessor** *m* / multi-microprocessor *n*
multimodale Verteilung (QS) / multimodal distribution
Multimode·-Faser (s. Mehrmodenfaser) || ≗**-Lichtwellenleiter** *m* / multimode fibre || ≗**-Wellenleiter** *m* / multimode waveguide
Multi·modul (MM) (DIN 30798, T.1) *n* / multimodule (MM) *n* || ≗**nomialverteilung** *f*(DIN 55350,T.22) / multinomial distribution || ≗**partikelschicht** *f* / multi-particle layer
multiple Wiederzündung (s. mehrfache Wiederzündung)
Multiplex·-Adressierung *f* / multiplexed addressing || ≗**betrieb** *m* / multiplex operation
Multiplexer *m* / multiplexer (MUX) *n*
Multiplikand *m* / multiplicand *n*
multiplikativer DAU (s. multiplizierender DAU)
Multiplikator *m* / multiplier *n* || ≗**aggregat** *m* / booster set
multiplizierender DAU / multiplying DAC
Multiplizier·er *m* / multiplier *n*
Multiprocessing *n* / multiprocessing *n*
Multiprogrammbetrieb (s. Mehrprogrammbetrieb)
Multiprozessor *m* / multiprocessor *n* || ≗**-Betriebssystem (MPBS)** *n* / multiprocessor operating system (MPOS)
Multitasking-Betriebssystem *n* / multi-tasking operating system (MOS)
multivariat·e diskrete Wahrscheinlichkeitsverteilung (DIN 55350,T.22) / multivariate discrete probability distribution || **~e stetige Wahrscheinlichkeitsverteilung** (DIN 55350,T.22) / multivariate steady probability distribution || **~e Wahrscheinlichkeitsverteilung** (DIN 55350,T.21) / multivariate probability distribution
Multivibrator *m* / multivibrator (MV) *n*
MUMETALL *n*(Nickeleisen) / nickel iron
Muntzmetall *n* / Muntz metal
Münz·-Betätigungselement *n* / coin-slot actuator (o. operator) || ≗**zähler** *m* / prepayment meter, slot meter
Muskovit *n*(Aluminium-Kalium-Glimmer) / muscovite *n*(aluminium-potash mica)
Muß-Anweisung *f* / mandatory instruction, MUST instruction
Muster *n*(Modell) / pattern *n* || ≗ (QS) / specimen *n* || **Moiré-**≗ / moiré fringes || ≗**entflechter** *m*(CAD, Schaltungsentwurf) / pattern router || ≗**erkennung** *f* / pattern recognition || ≗**identifikation** *f*(Bildauswertesystem) / pattern identification || ≗**los** *n* / pilot lot || ≗**treue** *f* / quality of manufacture || ≗**wiederholung** *f*(NC) / pattern repetition
Mutter·maske *f*(IS) / master mask || ≗**rolle** *f* / parent reel, parent roll || ≗**scheibe** *f* / washer *n*, plain washer || ≗**schraube** *f* / bolt *n*, stud *n*, gudgeon *n* || ≗**-Tochter-Leiterplatte** *f* / mother-daughter board || ≗**uhr** *f* / master clock
m-von-n-Struktur *f*(redundantes System) / m-out-of-n configuration
MV-Relais (s. Meldevervielfachungsrelais)
MW (s. Merkerwort)
MZB (s. maximal zulässige Bestrahlung)

N

N (Buchstabensymbol für natürliche Kühlmittelbewegung) / N (letter symbol for natural coolant circulation)
N (s. Neutralleiter)
Nabe *f* / hub *n*, nave *n* || ≗ (Läufer einer el. Masch.) / spider *n*
Nabel-Steckverbinder *m* / umbilical connector
Naben·arm *m*(Maschinenläufer) / spider arm, hub arm, spoke *n* || ≗**stern** *m*(Maschinenläufer) / hub spider, spider *n* || ≗**zylinder** *m* / hub cylinder, shell *n*
N-Abgangsklemme *f* / neutral branch terminal, secondary neutral terminal
Nabhängigkeit (s. Negations-Abhängigkeit)
nach Bedarf gebaute Schaltgerätekombination für Niederspannung (CSK) (E VDE 0660, T.61) / custom-built assembly of l.v. switchgear and controlgear (CBA) (IEC 431) || ~ **hinten** (Bewegung) / backwards *adv* || ~ **links** (Bewegung) / to the left || ~ **M schaltend** / current-sinking *adj* || ~ **oben** (Bewegung) / upwards *adv* || ~ **P schaltend** / current-sourcing *adj* || ~ **rechts** (Bewegung) / to the right || ~ **UND verknüpfen** / AND *v* || ~ **unten** (Bewegung) / downwards *adv*(movement) || ~ **vorn** (Bewegung) / forwards *adv*(movement)
Nachahmung *f*(eines Fabrikats) / clone *n*
nacharbeiten *v* / re-work *v*, re-finish *v*, remachine *v*, correct *v*, dress *v*
Nachaudit *n* / re-audit *n*
Nachbardiagramm *n*, **Zustands-**≗ / adjacency table
Nachbau·maschine *f* / duplicate machine || ≗**prüfungen** *f pl* / duplicate tests
Nachbehandlung *f* / post-treatment *n*, after-treatment *n* || ≗ (Prüfling, DIN IEC 68) / recovery *n*
Nach·beschleunigung *f*(Osz.) / post-deflection

acceleration (PDA) || **≈beschleunigungselektrode** *f* / post-deflection accelerator, intensifier electrode (US) || **≈beschleunigungsverhältnis** *n* (Osz.) / post-deflection acceleration ratio

nachbilden *v* / emulate *v* || ~ (einen Zustand o. Fehler) / simulate *v*

Nachbildung *f* (Ersatzschaltbild) / equivalent circuit || ≈ (Netzwerk) / simulating network || ≈ (f. Impedanzen) / impedance simulating network, balancing network || ≈ (Emulation) / emulation *n* || ≈ **eines Fehlers** / fault simulation || **definierte ≈ der Belastungen** / defined simulation of the stresses || **Erwärmungsprüfung mit ≈ durch Widerstände** / temperature-rise test using heating resistors with an equivalent power loss || **Hand~** / artificial hand || **Last~** (Lastkreis) / equivalent load circuit, load circuit || **Netz~** / artificial mains network, line impedance stabilization network, standard artificial mains network || **Sammelschienen-≈** / analog of busbar || **Sammelschienen-Spannungs-≈** / bus voltage simulator, bus voltage replicator

Nachblaseeinrichtung *f* (CO_2 Feuerschutz) / delayed discharge equipment, follow-up device

nachbohren *v* / rebore *v*

nachdrehen *v* (Komm.) / to resurface by skimming, skim *v*

nachdrücken, Öl ~ / to top up (oil) by pumping

nacheichen *v* / recalibrate *v*

nacheilen *v* / lag *v*, to lag behind || ≈ **der Phase** / lag of phase

nacheilend *adj* / lagging *adj*, inductive *adj*, reactive *adj* || **~er Hilfsschalter** / late (closing o. opening) auxiliary switch, lagging auxiliary switch || **~e Kontaktgabe** / late closing, lagging contact operation || **~er Leistungsfaktor** / lagging power factor, lagging p.f., reactive power factor || **~er Öffner** / late opening NC contact (LONC contact)

Nacheilung *f* / lagging *n*, lag *n*

Nacheilwinkel *m* / angle of lag || **Phasen~** *m* / lagging phase angle, phase lag

Nachentladestrom *m* / discharge current

nachfolgende Nullen / trailing zeros

Nachfolgetyp *m* / replacement type

Nachforderung *f* (FWT, Telegrammn.) / repeat command

Nachformieren *n* (Kondensator, Gleichrichterplatte) / reforming *n*

Nachformsteuerung *f* / copying control, tracer control, copying system

Nachfrageprognose *f* / demand forecast, sales forecast

Nachführ·betrieb *m* (NC, PC) / follow-up operation (o. mode), follow-up control || **≈eingang** *m* (PC) / follow-up input

Nachführen *n* (graf. DV) / tracking *n* || **auf den Sollwert ~** / to correct to the setpoint || **den Sollwert ~** / to correct the setpoint, to match the setpoint

Nachführ·geschwindigkeit *f* (Reg.) / slewing rate, rate of change (of output signal) || **≈regelung** *f* / compensating control, follow-up control || **≈regler** *m* / compensating controller, follow-up controller

Nachführung *f* (Spannung, Frequenz) / correction *n*, adjustment *n*, compensation *n* || ≈ (NC) / tracking *n* || ≈ (Reg.) / compensator *n*, follow-up (control) || **Frequenz~** / frequency adjustment, frequency correction || **Quelldaten~** / source-data updating || **Stromregler-≈** / current-controller correcting circuit (o. module)

Nachführwert *m* (Reg.) / compensating value, follow-up value, correction value

nachfüllen *v* / top up *v*, refill *v*, make up *v*

Nachfüllmenge *f* / make-up quantity

nachgebende Rückführung / elastic feedback

nachgehend·e Uhr / slow clock

nachgeordnete Sicherung / downstream fuse

nachgeschaltet *adj* (in Reihe) / connected in series, series-connected *adj* || ~ (nachgeordnet) / downstream *adj*

Nachgeschichte *f*, **Ereignis-≈** / post-event history

nachgiebig *adj* (Kuppl.) / flexible *adj*, compliant *adj* || **~er Rotor** / flexible rotor

Nachgiebigkeit *f* (Kehrwert der Steifigkeit) / compliance *n*, mobility *n*

Nach·glimmen *n* / after-glow *n* || **≈glühen** *n* / after-glow *n*

Nachhall *m* / reverberation *n*

nachhallend *adj* / reverberant *adj*

nachhallfrei·er Raum / anechoic room

Nachhall·kurve *f* / echo characteristic || **≈raum** *m* / reverberation chamber, reverberation room || **≈zeit** *m* / reverberation time

Nach·härtung *f* / after-curing *n*, post-hardening *n* || **~imprägnieren** *v* / re-impregnate *v* || **≈impuls** *m* (Zählrohr; Impuls, der einen unerwünschten Zählimpuls erzeugt) / re-ignition *n* || **≈installation** *f* (im Gebäude) / rewiring *n*, extension of (wiring) system || **~justieren** *v* / re-adjust *v*, reset *v*,

nachkalibrieren *v* / recalibrate *v* || ~ (mech., auf Maß bringen) / size *v*

Nachkalibrierung *f* / recalibration *n* || ≈ (MG) / readjustments *n pl*

Nachkalibrierungs·bereich *m* / recalibration range || **≈wert** *m* (a. Meßumformer) / recalibration value

Nach·kühler *m* / after-cooler *n* || **≈ladeimpuls** *m* / re-charging pulse || **≈ladestrom** *m* / absorption current, capacitive charging current || **≈ladezahl** *f* (Polarisationsindex) / polarization index

Nachlauf *m* (Mot.) / slowing down, coasting *n* || ≈ (HSS, Bedienteil, Schaltglied; VDE 0660, T.200) / overtravel *n* || ≈ (Rel.) / overtravel *n* (ANSI C37.90), overshoot *n* || ≈ (linear) / overriding *n*, overtravel *n* || ≈ (Dieselsatz) / running on *n*, dieseling *n*, after-run *n* || ≈ (Chem., Rückstandsfraktion) / tail fraction, tails *pl* || ≈ (v. Material beim Dosieren) / dribbling *n* || ≈ **des Bedienteils** (VDE 0660,T.201) / overtravel of actuator (IEC 337-2) || **≈-ADU** *m* / tracking ADC || **≈betrieb** *m* (DIN 41745) / slave tracking operation

Nachlaufen *n* (Dieselmot., „Dieseln") / running on, dieseling *n*

Nachlauf·gerät *n* (NC) / automatic curve follower, curve follower, line tracer || **≈grenze** *f* (PS) / overtravel limit position || **≈-Halte-Umsetzer** *m* / track-and-hold converter || **≈-Halte-Verstärker** *m* / track-and-hold amplifier || **≈regelung** *f* / servo-control *n* || **≈rückführsystem** *n* / servo feedback system || **≈schalter** *m* (Zeitrel. f. einstellbare Mindest-Betriebszeit) / operating

time relay || ²schalter *m* (Zeitrel. f. Diesel) / after-run timing relay || ²system *n* (Netz) / automatic compensator || ²umsetzer *m* / tracking converter || ²wandler (s. Nachlaufumsetzer) || ²weg (Schaltglied) (s. Nachlauf) || **Sender-²zeit** *f* (RSA) / transmitter reset time || ²zeit *f* (Rel., HSS) / overtravel time (ANSI C37.90), overshoot time
Nach·leitfähigkeit *f* / post-arc conductivity || ²leuchtdauer *f* (Bildschirm, Osz.) / time of persistence, persistence *n* || ²leuchten *n* (LT, abklingende Lumineszenz) / after-glow *n* || ²leuchten *n* (Bildschirm, Osz.) / persistence *n* || ²leuchtkennlinie *f* (Bildschirm, Osz.) / persistence characteristic, decay characteristic || ²leuchtzeit (s. Nachleuchtdauer)
nachmessen *v* / check *v*, re-measure *v*
Nach·pendeln *n* (el. Masch.) / back-swing *n*, oscillating after shutdown || ~pressen *v* (Trafo-Kern) / re-clamp *v*
Nachprojektieren *n* (PLT., automatischer Ablauf früher gespeicherter Eingaben) / auto-design *n* || ² (Neukonfigurieren) / reconfiguration *n*, reconfiguring *n*
Nach·prüfung *f* / retest *n*, check test, verification *n* || ~rechnen *v* / re calculatc *v*, to check the calculation || ²rechner *m* / back-end computer || ~regeln *v* / re-adjust *v*, correct *v* || ~reiben *v* (m. Reibahle) / re-ream *v*, finish-ream *v*
Nachricht *f* / message *n* || ² **„an alle"** (s. Sammelaufruf)
nachrichten *v* / re-align *v*
Nachrichtenaufgeber *m* / originator *n*
Nachrichten·aufnehmer *m* („Hörer") / listener *n* (station accepting messages over a data highway) || ²beantworter *m* / responder *n* (station transmitting a specific response to a message received over a data highway) || ²codierung *f* (PMG) / message coding || ²einheit *f* (PMG) / message unit || ²format *n* / message format || ²gerätemechaniker *m* / communication equipment electrical fitter || ²inhalt *m* (PMG) / message content || ²leiter *m* / initiator *n* (station which can nominate and ensure data transfer to a responder over a data highway) || ²meßgerät *n* / telecommunications test set, communications testing unit || ²satellit *m* / communication satellite || ²system *n* / communication system || ²technik *f* / telecommunications engineering, communications engineering || ²übermittlung (s. Nachrichtenübertragung)
Nachrichtenübertragung *f* / telecommunication *n*, information transmission, message transmission
Nachrichtenübertragungs·leitung *f* / telecommunication line || ²vorschriften *f pl* / message transfer conventions || ²weg *m* (PMG, DIN IEC 625) / message route
Nachrichten·umschaltung *f* / message switching || ²verschlüsselung *f* / message coding || ²weg *m* / (tele)communication link || ²weg *m* / message path || **²wege bei Fern-/Eigensteuerung** (PMG) / remote/local message paths || ²ziel *n* / destination *n* (station which is the data sink of a message)
Nach·rüstsatz *m* / add-on kit, retrofit assembly || ²satz *m* / trailer *n* || ²schaltanlage *f* / secondary switchgear, load-side switchgear, distribution switchgear || ~schalten *v* / to connect on load side, to connect in outgoing circuit, to connect in series || ²schaltung *f* (Zeitschalter) / resetting *n* || ²schleuszeit *f* (Verdichter) / repressurizing time
Nachschmiereinrichtung *f* (Lg.) / regreasing device, relubricating device || **Lager mit ²** / regreasable bearing || **Lager ohne ²** / prelubricated bearing, greased-for-life bearing
nach·schmieren *v* (Lg.) / regrease *v*, relubricate *v* || ²schmierfrist *f* / regreasing interval, relubrication interval
nachschneiden *v* (stanzen) / shave *v* || ² *n* (Gewinde) / (thread) finishing *n*
Nach·schneidewerkzeug *n* / shaving die || ²schrumpfung *f* / after-shrinkage *n* || ²schwindung *f* / after-shrinkage *n* || ²schwingen *n* (Impuls) / post-pulse oscillation || ²schwingen *n* (Schwingungsverzerrung) / ringing *n* (waveform distortion) || ²schwingzeit *f* (Schalldruckamplitude) / reverberation time || **²setzen der Elektroden** / electrode slipping || ²setzlüfter *m* / make-up fan
Nachsetz-, Elektroden-² und Regulierbühne / electrode slipping and regulating floor
Nach·setzzeichen *n* / suffix *n* || ²spann (s. Nachsatz)
nachspannen *v* (Blechp.) / re-tighten *v*, re-clamp *v* || ~ (Schrauben) / retighten *v* || ~ (Feder eines SG-Antriebs) / re-wind *v*, re-charge *v*
Nachspann·schraube *f* (Trafo-Kern) / pressure adjusting screw, reclamping bolt || ²vorrichtung *f* (Trafo-Kern) / retightening (o. reclamping) device
nachstellbar·es Lager / adjustable bearing
Nachstell·bewegung *f* (WZM, DIN 6580) / corrective motion || ²potentiometer *n* / trimming potentiometer, resetting potentiometer || ²zeit *f* (Reg.) / reset time, integral-action time
Nach·strom *m* (SG, nach Lichtbogen) / post-arc current || ²strömeinrichtung *f* / delayed-discharge device || ²stromgebiet *n* / period of post-arc current || ²stromleitfähigkeit *f* / post-arc conductivity
nächstwertige Ziffer / next significant digit (NSD)
Nacht·belastung *f* / off-peak load || ²blindheit *f* / night blindness, hemeralopia *n*
nachträglich·e Änderung (am Einbauort) / field modification || **~e Automatisierung** / retro-automation *n* || **~er Einbau** / retro-fitting *n*, installation at site (o. by customer) || **~ isolierte Verbindung** / post-insulated connection
nachtriggern *v* / retrigger *v*
Nachtriggerung *f* / retriggering *n*, post-trigger *n*
Nachtriggerzeit *f* / retrigger time
Nachtrocknung *f* / after-drying *n*, post-drying *n*
Nacht·sehen *n* / scotopic vision || ²speicherheizung *f* / off-peak storage heating, night storage heating || ²strom *m* / off-peak power || ²tarif *m* / night tariff || ²verbrauch *m* / night consumption || ²warnbefeuerung *f* / night warning light
Nach·verknüpfung *f* / subsequent logic operation || ²verstärkung *f* / post-amplification *n*
Nachvollziehbarkeit der Eichung (o. Kalibrierung) / calibration traceability
Nachweis *m* / verification *n*, test *n*, detection *n*, proof *n*, evidence *n* || **² der elektrischen Standfestigkeit** / electrical endurance test || **² der Festigkeit gegen äußere elektrische Störgrößen** / verification of ability to withstand external electrical influences || **² der Isolationsfestigkeit** /

verification of dielectric properties, dielectric test || ≗ **des Schaltvermögens** (HSS; VDE 0660,200) / switching performance test || **Qualifikations~** / qualification statement, qualification records
Nachweisbarkeit *f* (durch Analyse) / detectability *n*
Nachweisempfindlichkeit *f* / detection sensitivity
nachweisen *v* / substantiate *v*, verify *v*, detect *v*, demonstrate *v* || **neu** ~ (QS) / re-prove *v*, re-test *v*
Nachweis·grenze *f* / verifiable limit, detection limit, detectability *n*, limit of detectability, minimum detectable quantity || **~pflichtig** *adj* / requiring verification || **≗prüfung** *f* (IEC 50(191)) / compliance test || **≗punkt** *m* (QS) / witness point || **≗wirkungsgrad** *m* / detection efficiency
Nachwirkung *f* / after-effect *n* || ≗ **der Permeabilität** / time decrease of permeability, magnetic disaccommodation || **dielektrische** ≗ / dielectric fatigue, dielectric absorption, dielectric remanence || **elastische** ≗ / creep recovery *v*, elastic hysteresis || **Jordansche** ≗ / Jordan lag, Jordan magnetic after-effect || **magnetische** ≗ / magnetic after-effect, magnetic creep, magnetic viscosity || **Richtersche** ≗ / Richter lag, Richter's residual induction
Nachwirkungs·beiwert *m* (der Restinduktion) / coefficient of residual induction || **≗permeabilität** *f* / remanent permeability || **≗verlust** *m* / remanence loss, residual-induction loss || **dielektrischer ≗verlust** / dielectric residual loss
nachwuchten *v* / re-balance *v*
Nachzieheffekt *m* (BSG) / smearing effect
nachziehen *v* (Schrauben) / re-tighten *v*
Nachziehen *n* (BSG) / tracking *n*
nachzuweisende Qualifikation / verifiable qualification
Nadel *f* (Impulsabbild) / spike *n* || **Proben~** *f* / sample syringe || **≗drucker** *m* / wire matrix printer, wire printer, needle printer, impact printer || **≗druckkopf** *m* / matrix print head, needle print head || **≗druck-Schreibkopf** (s. Nadeldruckkopf) || **≗druckwerk** *n* / wire matrix printing mechanism, needle printing element || **≗flammenprüfung** *f* / needle-flame test || **≗impuls** *m* / needle pulse, spike *n* || **≗kranz** *m* (Lg.) / needle-roller assembly || **≗kristall** *n* / whisker *n* || **≗lager** *n* / needle bearing, needle-roller bearing || **≗loch** *n* (HL, gS) / pinhole *n* || **≗schreiber** *m* / stylus recorder || **≗stichbildung** *f* / pinholing *n*, pitting *n* || **≗zählrohr** *n* / needle counter tube
Nadir *m* / nadir *n*
Nagel·-Abzweigdose *f* / nail-fixing junction box || **≗-Doppelschelle** *f* / nailing saddle || **≗kopfbildung** *f* (gS) / nail heading || **≗-Schalterdose** *f* / nail-fixing switch box || **≗schelle** *f* / nailing clip, nailing cleat
nah·e Prüfschleife (DÜ) / local loopback || **≗ansicht** *f* / close-up view || **≗bereich** *m* (PC) / local range || **≗bereich** *m* (Gerätebereich) / hardware environment, local environment || **≗bereichsnetz** *n* (LAN) / local area network (LAN)
Nahbus *m* / local bus || ≗ (20 - 1OO m) / hardware bus, cabinet bus, panel bus, module bus || **≗anschaltbaugruppe** *f* / local bus interface module, hardware bus interface module || **≗anschaltung** (s. Nahbusschnittstelle) || **≗kabel** *n* / drop cable || **≗schnittstelle** *f* / local bus interface, hardware bus interface
Nah·einschlag *m* (Blitz) / close-up strike || **≗-Entstörung** *f* / short-distance interference suppression
Näherung *f* (VDE 0228, Anordnung Starkstromleitung/Fernmeldeleitung) / exposure *n* || ≗ (Math.) / approximation *n* || **parallele** ≗ (von Leitern, deren Abstand um nicht mehr als 5% schwankt) / parallelism *n*
Näherungs·abschnitt *m* (VDE 0228) / elemental section of an exposure || **≗abstand** *m* (VDE 0228) / distance between lines, separation *n* (of lines) || **≗effekt** *m* (Stromverdrängung durch benachbarte Leiter) / proximity effect || **≗ende** *n* / extremity of exposure || **≗folge** *f* (VDE 0228) / series of exposures || **≗fühler** *m* / proximity sensor || **≗funktion** *f* / approximation function || **≗geschwindigkeit** *f* / approach speed || **≗initiator** *m* / proximity switch, proximity sensor || **≗länge** *f* (VDE 0228) / exposure section, length of exposed section || **≗schalter** *m* / proximity switch || **≗sensor** *m* / proximity sensor || **≗wert** *m* / approximate value
Nahewirkungstheorie *f* / proximity theory, Maxwell theory
Nahezu·-Dauerstörung *f* / semi-continuous noise
Nah·feld *n* / near field || **≗feldlänge** *f* / near field length || **≗kanalselektion** *f* / adjacent channel selectivity || **≗kurzschluß** *m* / short-line fault, close-up fault, short circuit close to generator terminals || **≗-Modem** *m* / local modem, short-range modem || **≗reflektor** *m* / proximity reflector
Nahrungs- und Genußmittelindustrie *f* / food, beverages and tobacco industries
Nah·steuereinrichtungen *f pl* / centralized local control equipment || **≗steuerung** *f* / centralized local control (system), local control, station control || **≗steuerung** *f* (Stationsleitebene) / station control || **≗steuerwarte** *f* / local control centre, local control room
Naht (s. Schweißnaht)
nahtloses Diagonalschnittgewebe / seamless bias-cut fabric
Nahtstelle *f* (NC, FWT) / interface *n*, control interface || ≗ **zur Anpaßsteuerung** (NC) / NC interface, connections to interface control
Nahtstellen·beschreibung *f* (NC) / interface description, description of control interface || **≗diagnose** *f* (NC) / interface diagnosis || **≗umsetzer (NSU)** (NC) *m* / interface converter
Naht·verfolgung *f* (Schweißrob.) / weld following, seam tracking
Nah·wirktechnik *f* / centralized local control || **≗wirkungseffekt** *m* / proximity effect
Name des Gültigkeitsbereichs einer Bezeichnung (DIN ISO 7498) / title domain name || ≗ **des Konturelements** (NC; CLDATA-Satz) / contour identifier
NAMUR-Verstärker *m* (NAMUR = Normenausschuß für Meß- und Regelungstechnik) / NAMUR amplifier
NAND *n* / NAND *n*, non-conjunction *n* || **≗-Glied** *n* / NAND element, NAND *n* || **≗-Leistungselement** *n* / NAND buffer || **≗-Tor** *n* / NAND gate || **≗-Torschaltung** *f* / NAND gate || **≗-Verknüpfung** *f* / NAND operation, NAND function, Sheffer function
NAP (s. Netzwerkanalyseprogramm)
Narbe *f* / pock mark, pinhole *n*

Narbenkorrosion *f* / tuberculation *n*, honeycombing *n*
Nase *f*(Ansatz) / lug *n*, nose *n* || ≗ (Wickl.) / end loop
Nasenkeil *m* / gib-head key
naß gewickelt / wet-taped *adj*, wet-wound *adj* || **nasse Bewicklungsart** / wet method of taping || **nasser Raum** / wet location
Naßbetrieb *m* / wet operation
Naß·festigkeit *f* / wet strength || ≗**filter** *n* / viscous filter, wet filter || ~**gemahlener Glimmer** / wet-ground mica, water-ground mica || ≗**läufermotor** *m* / wet-rotor motor || ≗**prüfung** *f* / wet test || ≗**schneewalze** *f*(auf Freileitung) / wet-ice coating || ≗**thermometer** *n* / wet-bulb thermometer || ≗**überschlagsprüfung** *f* / wet flashover test
NAT (s. Bemessungs-Ansprechtemperatur des Fühlers)
nationales Normal / national standard
Natrium·dampf-Hochdrucklampe *f* / high-pressure sodium(-vapour) lamp || ≗**dampflampe** *f* / sodium-vapour lamp, sodium lamp || ≗**dampf-Niederdrucklampe** *f* / low-pressure sodium-vapour lamp, low-pressure sodium lamp || ≗**-Entladungslampe** *f* / sodium discharge lamp || ≗**lampe mit Lichtstärkesteuerung** / dimmable sodium lamp, sodium lamp with intensity control || ≗**licht** *n* / sodium light || ≗**-Schwefel-Batterie** *f* / sodium-sulphur battery, beta battery || ~**verseiftes Fett** / sodium-soap grease
Natronseifenfett (s. natriumverseiftes Fett)
natur·gegebene Funkstörung (s. natürliches Rauschen) || ≗**glimmer** *m* / natural mica, block mica || ≗**graphitbürste** *f* / natural-graphite brush
natürlich·er aktinischer Effekt / natural actinic effect || ~**er Auslauf** (Mot.) / coasting *n*, unbraked deceleration || ~**e Belüftung** / natural ventilation || ~**e Beschleunigung** / inherent acceleration || ~ **bewegtes Kühlmittel** / naturally circulated coolant || ~**e Bewegung** (Kühlmittel) / natural circulation || ~**e dynamische Stabilität** / inherent transient stability || ~**er Erder** (VDE 0100, T.200) / fortuitous earth electrode, natural earth electrode, structural earth || ~**e Erregung** / natural excitation || ~**e Kennlinie** (LE) / natural characteristic || ~**e Kommutierung** (LE) / natural commutation, phase commutation || ~**e Leistung** (Netz) / natural load || ~**er Logarithmus** / natural logarithm, Napierian logarithm || ~**e Luftbewegung** / natural air circulation || ~**e Luftkühlung** / natural air cooling || ~**e Luftumwälzung** / natural air circulation || ~**er Magnet** / natural magnet || ~**e Netzstabilität** / inherent stability of power system || ~**er Nulldurchgang** / natural zero || ~**e Ölströmung** / natural oil flow (o. circulation) || ~**er Ölumlauf** / natural oil circulation || ~**es Rauschen** (IEC 50(161)) / natural noise || ~**e Spannungsregelung** / inherent voltage regulation || ~**e Stabilität** / natural stability
N-Aufreihklemme *f* / channel-mounting neutral terminal, neutral-bar-mounting terminal
n-Auslöser *m*(Siemens-Typ; nichtverzögerter Überstromauslöser o. festeingestellter unverzögerter Überstromauslöser) / n-release *n* (Siemens type; instantaneous overcurrent release o. non-adjustable overcurrent release)
Navigations·system (s. Zielführungssystem) || ≗**zeichen** *n* / navigation mark
n-Bit-Zeichen *n* / n-bit character, binary word
Nb3Sn-Gasphasenband *n* / vapour-deposited Nb3Sn tape
NBÜ (s. netzgebundene bidirektionale Übertragung)
NC (s. numerische Steuerung)
NC-Maschine (s. numerisch gesteuerte Maschine)
NC-Prozessor *m*(NC, DIN 66257) / general-purpose processor (NC, ISO 2806-1980)
NC-Zentralprozessor *m* / NC central processor
NDC-Modus *m*(NDC = normalized device coordinate - normierte Gerätekoordinate) / NDC mode
NDIR (s. nichtdispersive Infrarotabsorption)
ND-Lampe (s. Niederdrucklampe)
nd-Masse (s. Haftmasse)
NDUV (s. nichtdispersive Ultraviolettabsorption)
Nebel·leuchtdichte *f* / fog luminance || **Durchführung aus** ≗**porzellan** / bushing with anti-fog sheds || ≗**scheinwerfer** *m* / front fog light, fog headlight, adverse-weather lamp || ≗**schlußleuchte** *f* / rear fog light || ≗**schmierung** *f* / oil-mist lubrication || ≗**sichtweite** *f* / visibility in fog
Neben·achse *f*(NC) / secondary axis || ≗**ausfall** *m* / minor failure || ≗**bandaussendung** *f*(EMB) / out-of-band emission || ≗**bedingung** *f* / secondary condition, constraint *n*
nebeneinander schalten / to connect in parallel, shunt *v* || **Montage** ~ / mounting side by side, butt mounting
Neben·einflüsse *m pl*(Prüf.) / disturbances *n pl* || ≗**einrichtungen** *f pl* / auxiliaries *n pl*, secondary equipment || ≗**einspeisung** *f* / subfeeder *n* || ≗**element** *n*(NC-Satz) / minor element || ≗**fehler** *m*(DIN 55350, T.31) / minor non-conformance || ≗**fehlereinheit** *f* / minor defective || ≗**gebäude** *n* / outbuilding *n* || ≗**kopplung** *f* / stray coupling
nebenlaufend·e Verarbeitung / concurrent processing, multitasking *n*, multijob operation
Neben·läufigkeit *f*(DV) / concurrence *n* || ≗**leitstand** *m*(Tafel, m. Pultvorbau) / auxiliary control board, auxiliary benchboard || ≗**leitungssatz** *m*(Kfz) / secondary wiring harness || ≗**leuchtkörper** *m* / auxiliary filament, minor filament
Nebenlicht *n*(Umgebungslicht einer techn. Lichtquelle, z.B. optischer Näherungsschalter) / ambient light
Neben·luft *f* / draft *n*, secondary air || ≗**melderzentrale** *f*(Brandmelderzentrale) / control and indicating equipment (EN 54) || ≗**reihe** *f* / parallel range, secondary series
nebensächlich·er Fehler / incidental defect
Neben·satz *m*(DV, NC) / subordinate block, sub-block *n*(NC) || ≗**scheinwerfer** *m*(Kfz) / supplementary driving lamp || ≗**schleife** *f* / minor loop || ~**schließen** *v* / shunt *v*
Nebenschluß *m* / shunt *n*, shunt circuit, parallel connection || **im** ≗ **liegen** / to be connected in parallel, to be shunt-connected, shunted *adj* || **im** ≗ **liegend** / shunt-connected *adj*, shunted *adj*, parallel *adj* || ≗**-Bogenlampe** *f* / shunt arc lamp || ≗**-Drosselspule** *f* / shunt reactor || ≗**-Erregerwicklung** *f* / shunt field winding ||

²erregung *f* / shunt excitation || **Maschine mit ²erregung** / shunt-wound machine, shunt machine || **²feld** *n* / shunt field || **²-Feldschwächung** *f* / field shunting || **²generator** *m* / shunt-wound generator, shunt generator || **²generator mit Hilfs-Reihenschlußwicklung** / stabilized shunt-wound generator || **²-Kommutatormotor** *m* / a.c. commutator shunt motor || **läufergespeister ²-Kommutatormotor** / rotor-fed shunt-characteristic motor, a.c. commutator shunt motor with double set of brushes, Schrage motor || **²-Konduktionsmotor** *m* / shunt conduction motor || **²kreis** *m* / shunt circuit, parallel circuit || **²leitung** *f*(Ölsystem) / bypass line || **²maschine** *f* / shunt-wound machine, shunt machine || **²maschine mit Stabilisierungswicklung** / stabilized shunt-wound machine || **²motor** *m* / shunt-wound motor, shunt motor || **reiner ²motor** / straight shunt-wound motor, plain shunt motor || **²motor mit Hilfs-Reihenschlußwicklung** / stabilized shunt-wound motor || **²regelung** *f* / shunt control, shunt regulation || **²regelwerk** *n*(BT) / shunt arc regulator || **²relais** *n* / shunt relay || **²schaltung** *f* / shunt circuit, parallel connection, parallel circuit, shunting *n* || **²spule** *f* / shunt coil || **²steller** *m* / field diverter rheostat, shunt-field rheostat || **²-Übergangsschaltung** *f* / shunt transition || **²umschaltung** *f* / shunt transition || **²verhalten** *n* / shunt characteristic || **Motor mit ²verhalten** / shunt-characteristic motor || **²verhältnis** *n* / shunt ratio, ratio of shunt to total ampere turns || **²verlust** (s. Einfügungsdämpfung) || **²wicklung** *f* / shunt winding, parallel winding || **Motor mit ²wicklung** / shunt-wound motor, shunt motor || **²widerstand** *m* / shunt resistor, diverter resistor, shunt *n*

Neben·schnittfläche *f*(DIN 658) / secondary cut surface || **²schwingung** *f* / spurious oscillation, parasitic oscillation || **²speiseleitung** *f* / subfeeder *n* || **²sprechen** *n* / crosstalk *n*, feedover *n* || **elektronische ²stelle** (zur Fernbedienung eines elektron. Schalters) / electronic extension unit

Nebenstraße *f* / minor road (GB), minor highway (US), local street

Neben·stromkreis *m* / auxiliary circuit, shunt circuit || **²teil** *m*(NC-Satz) / minor element || **²uhr** *f* / slave clock, secondary dial || **²verluste** *m pl* / stray loss, stray load loss, additional loss, non-fundamental loss || **²viererkopplung** *f* / quad-to-quad coupling || **²weg** *m*(LE) / by-pass path || **²wegpaar** *n*(LE) / by-pass pair || **²wegschalter** *m* / bypass switch || **²wegschalter** *m*(LS) / bypass circuit-breaker || **²wegventil** *n*(LE) / by-pass valve || **²wegzweig** *m*(LE) / by-pass arm || **²wellenaussendung** *f*(Sender) / spurious emission || **²wendel** *f* / auxiliary filament, minor filament || **Mehrfach-²widerstand** *m* / universal shunt || **Meß-²widerstand** *m* / measuring shunt || **²widerstand** *m* / shunt resistor, diverter resistor, shunt *n* || **²zeit** *f* / down time, non-productive time || **²zeit** *f*(WZM, NC; Leerlaufzeit) / idle time, non-cutting time, non-productive time

Néel-Punkt *m* / Néel point, Néel temperature || **²-Temperatur** (s. Néel-Punkt) || **²-Wand** *f* / Néel wall

Negation *f* / negation *n* || **²** (logische N.) / logic negation

Negationsabhängigkeit *f* / negate dependency, N-dependency *n*

Negativ *n* / negative *n* || **~e Ansprech-Schaltstoßspannung** / negative let-through level || **~es Bild** (gS) / negative pattern || **~e Binomialverteilung** (DIN 55350,T.22) / negative binomial distribution || **~er Blindverbrauch** / lagging reactive-power consumption || **~e Flanke** (Impuls) / negative edge (pulse) || **~e Logik** / negative logic || **~e Platte** (Batt.) / negative plate || **~er Pol** / negative pole || **~er Pol** (Batt.) / negative terminal || **~e Quittung** / negative acknowledgement (NAK) || **~e Rückkopplung** / negative feedback, degenerative feedback || **~e Rückmeldung** (s. negative Quittierung) || **~er Scheitel** / negative peak || **~e Scheitelsperrspannung** (s. Rückwärts-Scheitelsperrspannung) || **~es Skalenende** / negative full scale || **~e Spannung** (Thyr, Diode) (s. Rückwärtsspannung) || **~e Sperrspannung** (Thyr) (s. Rückwärts-Sperrspannung) || **~er Sperrstrom** (Thyr) / negative off-state current || **~e Spitzensperrspannung** (s. periodische Rückwärts-Spitzensperrspannung) || **~e Stirn-Ansprech-Schaltstoßspannung** / negative 1.3 overvoltage sparkover voltage || **~er Stoß** / negative impulse || **~e Stoßspitzenspannung** (s. Rückwärts-Stoßspitzenspannung) || **~er Strom** (Thyr, Diode) (s. Rückwärtsstrom) || **~es Vorzeichen** *n* / negative sign || **~er Winkel der Kopfschräge** (Bürste) / negative top bevel angle || **~er Wolke-Erd-Blitz** / negative downward flash || **²-Impedanz-Wandler** *m* / negative impedance converter (NIC) || **²lack** *m*(gS) / negative resist || **²spannungsdauer** (s. Rückwärts-Sperrzeit)

negierender Verstärker (DIN 40700, T. 14) / amplifier with negation indicator (IEC 117-15)

Neigekonsole *f*(BSG) / tilting stand

Neigung *f* / inclination *n*, gradient *n*, slope *n* || **² des Eckstiels** (Gittermast) / leg slope

Neigungs·toleranz *f* / angularity tolerance || **²winkel** *m* / angle of inclination, slope angle || **²winkel** *m* (Bürste) / contact bevel angle || **²winkel des Leuchtenanschlusses** (Lichtmast) / lantern fixing angle (EN 40)

NE-Metall (s. Nichteisenmetall)

NEMP (s. nuklearer elektromagnetischer Impuls)

Nenn·... (s. auch Bemessungs..., vgl. DIN 40200) || **²-Abmaß** *n* / nominal deviation, nominal allowance || **²-Anlaufzeit** *f*(el. Masch.) / nominal acceleration time || **²arbeit** *f*(KW) / nominal generation, nominal production || **²-Arbeitspunkt** *m* / nominal working point || **²-Ausgangsbereich** *m* / nominal output range || **²-Ausgangsspannung** *f*(Trenntrafo, Sicherheitstrafo, EN 60742) / rated output voltage || **²-Ausgangsstrom** *m* (Trenntrafo, Sicherheitstrafo, EN 60742) / rated output current || **²bedingungen** (MG) (s. Referenzbedingungen) || **²beginn** *m*(Stoßwelle) / virtual origin || **²-Beleuchtungsstärke** *f* / service illuminance, average working plane illuminance, nominal illuminance || **²bereich** *m* / nominal range || **²-Betriebsdauer** *f*(HG, VDE 0700, T.1) / nominal operating time || **²-Betriebsdruck** *m* / nominal operating pressure || **²-Betriebspunkt** *m* / nominal working point || **²-Blitzstoßspannung**

(s. Bemessungs-Blitzstoßspannung) || ≈-**Bohrzyklus** *m*(DIN 66025) / standard drilling cycle || ≈**breite eines Leiters** (gS) / design width of conductor || ≈**-cos** φ / nominal p.f. || ≈**dichte** *f* / nominal density || ≈**dicke** *f* / nominal thickness || ≈-**Drehmoment** *n*(EZ) / basic torque || ≈**drehzahl** *f* (EZ) / basic speed || ≈**drehzahleinstellung** *f*(EZ) / basic speed adjustment, full-load adjustment || ≈**druck (PN)** (DIN 2401,T.1) *m* / nominal pressure (PN) || ≈**druck der Druckgasversorgung für die Betätigung** / nominal pressure of compressed-gas supply for operation, nominal operating air pressure || ≈**-Durchschlagfestigkeit** *f* / specified puncture voltage || ≈**-Eingangsspannung** *f* (Trenntrafo, Sicherheitstrafo; EN 60742) / rated supply voltage || ≈**-Eingangsspannungsbereich** *m*(Trenntrafo, Sicherheitstrafo; EN 60742) / rated supply voltage range || ≈-**Erregergeschwindigkeit** *f* / nominal exciter response, main exciter response ratio || ≈**festigkeit** *f* / nominal strength || ≈**frequenz** *f* / nominal frequency || ≈**frequenz** *f*(Kondensator, IEC 50(436); **Trenntrafo, Sicherheitstrafo, EN 60742)** / rated frequency || ≈**-Frequenzbereich** *m* / nominal frequency range || ≈**-Gebrauchsbereich** *m* / nominal range of use || ≈**-Gleichspannung** *f* (LE, VDE 0558) / nominal direct voltage || ≈-**Gleichsperrspannung** *f*(GR) / nominal d.c. reverse voltage || ≈**-Gleichstrom** *m*(LE, VDE 0558) / nominal direct current || ≈**grädigkeit** *f* (Wärmeaustauscher) / temperature difference rating

Nenngröße *f* / nominal quantity, nominal value, rated quantity || ≈ **(NG)** (mech. Teil) / nominal size

Nenn-Handschweißbetrieb *m* / nominal intermittent duty || ≈**höhe** *f*(a. Lichtmast) / nominal height || ≈**-HSB** (s. Nenn-Handschweißbetrieb) || ≈**hub** *m*(Ventil) / rated travel || ≈**-Isolationspegel** (s. Bemessungs-Isolationspegel)

Nenn-Isolationsspannung *f*(MG) / nominal circuit voltage, circuit insulation voltage

Nennkapazität *f*(Batt.) / nominal capacity || ≈ (Kondensator, IEC 50(436)) / rated capacitance

Nennkennlinie *f*(MG) / specified characteristic curve, nominal characteristic || ≈**-Kurzzeit-Wechselspannung** (s. Bemessungs-Kurzzeit-Wechselspannung)

Nennlast *f*(mech.) / nominal stress || ≈-**Ausschaltstrom** *m*(VDE 0670, T.3) / rated mainly active load breaking capacity (IEC 265) || ≈**betrieb** *m*(bei Beanspruchung in Zuverlässigkeitsprüf.) / operation at nominal stress || ≈**-Ersatzwiderstand** *m*(Trafo) / normal-load equivalent resistance

Nenn--Leerlauf-Zwischenspannung *f*(Trafo) / nominal open-circuit intermediate voltage || ≈-**Leerspannung** *f*(Trafo) / no-load rated output voltage

Nennleistung *f*(DIN 40200) / nominal power, nominal output || ≈ (Kondensator, IEC 50(436); **Trenntrafo, Sicherheitstrafo, EN 60742)** / rated output || ≈ (KW, el. Anlage) / nominal capacity || ≈ (Lampe) / nominal wattage || ≈ (Rel., eines Erregungskreises; VDE 0435, T.110) / nominal power, nominal burden || ≈ (s. Bemessungsleistung)

Nenn-Leistungsfaktor *m* / nominal power factor, nominal p.f. || ≈ (Leistungs-Meßgerät; DIN 43782) / rated active power factor (IEC 484)

Nenn-Lichtstrom *m* / nominal luminous flux, nominal flux, nominal lumens || ≈**maß** *n*(DIN 7182,T.1) / nominal size, basic size || ≈**maß der Oszilloskop-Röhre** (DIN IEC 351, T.1) / cathode-ray tube size (IEC 351-1) || ≈**maßbereich** *m*(DIN 7182,T.1) / range of nominal sizes

Nenn-Netzspannung *f* / system nominal voltage || ≈ (Speisespannung) / nominal supply voltage

Nenn-Nullwiderstand *m*(DIN 43783, T.1) / nominal residual resistance (IEC 477) || ≈**punkt** (s. Nenn-Arbeitspunkt) || ≈**querschnitt** *m*(el. Leiter) / nominal cross-sectional area, nominal cross section, nominal conductor area, nominal area || ≈**-Querschnittsbereich** *m*(Leiter) / range of nominal areas || ≈**-Schaltweg** *m* / nominal travel || ≈**-Sicherheitsstrom für Meßgeräte** / rated instrument security current (I_{ps}) || ≈-**Signalbereich** *m* / nominal signal range

Nennspannung *f*(el.) / nominal voltage || ≈ (Kondensator, IEC 50(436); **Trenntrafo, Sicherheitstrafo, EN 60742)** / rated voltage || ≈ (EZ) / reference voltage || ≈ (mech.) / nominal stress || ≈ **eines Netzes** (VDE 0100, T.200) / system nominal voltage

Nenn-Spannungsabfall *m* / nominal voltage drop

Nennspannungsbereich *m* / nominal voltage range

Nenn-Spannungsfall *m* / nominal voltage drop

Nenn-Speisespannung *f* / nominal supply voltage

Nenn-Sperrspannung *f*(Diode, DIN 41781) / recommended crest working reverse voltage, recommended nominal crest working voltage || ≈ (Thyr) / nominal crest working off-state voltage || ≈ (GR, DIN 4176) / nominal reverse voltage

Nennstand des Elektrolyten / normal electrolyte level

Nenn-Steh-Salzgehalt *m* / specified withstand salinity || ≈**-Schichtleitfähigkeit** *f* / specified withstand layer conductivity

Nennsteilheit der Wellenfront / nominal steepness of wavefront || ≈**-Stoßstrom** (s. Nenn-Stoßwert) || ≈**-Stoßwert** *m*(Rel., einer Eingangsgröße; DIN IEC 255, T.1-00) / limiting dynamic value

Nennstrom *m* / nominal current || ≈ (Kondensator, IEC 50(436); **Trenntrafo, Sicherheitstrafo, EN 60742)** / rated current || ≈ (Diode, DIN 41781) / nominal value of mean forward current, nominal recommended value of mean forward current || ≈ (GR, DIN 41760) / nominal forward current || ≈ (EZ) / basic current || ≈**stärke** (s. Nennstrom)

Nenntemperatur *f* / nominal temperature || ≈**temperatur** *f*(EZ) / reference temperature || ≈-**Temperaturklasse** *f*(a. Kondensator; IEC 50(436)) / rated temperature category || ≈-**Tragweite** *f*(eines Feuers) / nominal range || ≈-**Überdruck der Druckgasversorgung** (LS) / nominal pressure of compressed gas supply || ≈**übersetzung** *f*(Wandler) / rated transformation ratio || ≈**-Überstromfaktor** (s. Nenn-Überstromziffer) || ≈**-Überstromziffer** *f* (Wandler) / rated accuracy limit factor, rated overcurrent factor, rated saturation factor || ≈-**Versorgungsspannung** *f* / nominal supply voltage || ≈**weite (DN)** (DIN 2402) *f* / nominal size, nominal diameter

Nennwert *m*(DIN 40200, Okt.81) / nominal value || ≈

(Bezugsgröße im per-Unit-System) / base value || ≗ (Isolator, VDE 0446, T.1) / specified characteristic (IEC 383) || ≗ **der Erregungsgeschwindigkeit des Erregersystems** (el. Masch.) / excitation system nominal response || ≗ **einer Erregungsgröße** (Rel.; VDE 0435,T.110) / nominal value of an energizing quantity || ≗**-Prüfmenge (NPM)** (VDE 0715,2) *f* / rating test quantity (RTQ) (IEC 64) || ≗**prüfung** *f* (Lampe) / rating test

Nenn·-Wirkleistung *f* / nominal active power, nominal power || ≗**-Wirkleistungsfaktor** *m* / nominal active-power factor || ≗**zeit** *f* (Summe aus Verfügbarkeits- und Nichtverfügbarkeitszeit) / reference period || ≗**-Zuverlässigkeit** *f* (DIN 40042) / nominal reliability

Neonanzeigeröhre *f* / neon indicator tube

Netto·daten *plt* / net data || ≗**erzeugung** *f* (KW) / net generation, electricity supplied || ≗**fallhöhe** *f* / net head || ≗**information** *f* / net information || ≗**intensität** *f* (RöA) / net intensity || ≗**intensität der Linie** (RöA) / net line intensity || ≗**istwert** *m* / net present value (NPV) || ≗**kapazität** *f* (Datenspeicher) / formatted capacity || ≗**leistung** *f* (KW, Netz, bei optimalen Betriebsbedingungen) / net capability, net output capacity || ≗**leistung** *f* (KW, Netz, bei durchschnittlichen Betriebsbedingungen) / net dependable capability || ≗**leistung** *f* (Generatorsatz) / net output || ≗**leistung** (s. Nutzleistung) || ≗**wertzählung** *f* / net registering

Nettowirkungsgrad, thermischer ≗ (KW) / net thermal efficiency (of a set)

Netz *n* (el.) / system *n*, network *n*, power system, grid *n*, line *n*, a.c. line || ≗ (Gesamtheit der Einrichtungen zur Erzeugung, Übertragung und Verteilung el. Energie) / electrical power system, electricity supply system, electrical power network || ≗ (Versorgungsnetz) / supply system, supply line, mains *n*, power mains || ≗ **mit Erde als Rückleitung** / earth return system, ground return system (US) || ≗ **mit Erdschlußkompensation** / resonant-earthed system, system earthed through an arc-suppression coil, ground-fault-neutralizer-grounded system || ≗ **mit geerdetem Sternpunkt** / earthed-neutral system, grounded-neutral system (US) || ≗ **mit isoliertem Sternpunkt** (o. Nullpunkt o. Mittelpunkt) / isolated-neutral system || ≗ **mit nicht wirksam geerdetem Sternpunkt** / system with non-effectively earthed neutral, non-effectively earthed neutral system || ≗ **mit niederohmiger Sternpunkterdung** / impedance-earthed system || ≗ **mit starrer Sternpunkterdung** / system with solidly earthed (o. grounded) neutral, solidly earthed (o. grounded) system || ≗ **mit über Löschspule geerdetem Sternpunkt** / earth-fault-neutralizer-grounded system, ground-fault-neutralizer-grounded system, system earthed through an arc-suppression coil, resonant-earthed system || ≗ **mit wirksam geerdetem Sternpunkt** / effectively earthed neutral system, system with effectively earthed neutral || **Speicher**~ (Osz.) / storage mesh || **vom** ≗ **trennen** / to isolate from the supply, to disconnect from the supply || ≗**abschaltung** *f* (Abschaltung des Netzes) / line disconnection, network shutdown || ≗**abschaltung** *f* (Abschaltung vom Netz) / disconnection from line, disconnection from supply || ≗**adapter** *m* / line adapter, line adapter connector

Netzaderbildung *f* / checking *n*

Netzanalyse *f* / network analysis

Netzanschluß *m* / supply connection, connection to supply system, connection to power supply, mains connection, system connection || ≗ (Klemme) / mains terminal, line terminal || **mit** ≗ / mains-operated *adj* || ≗**gerät** *n* / power pack, power supply unit || ≗**klemme** *f* / mains terminal, line terminal || ≗**klemme** *f* (HG) / terminal for external conductors || ≗**leitung** *f* (z.B. f. Trenntrafo, Sicherheitstrafo; EN 60742) / power supply cord || ≗**spannung** *f* / supply voltage, system voltage, mains voltage || ≗**teil für batteriebetriebene Geräte** (VDE 0860) / battery eliminator (IEC 65)

Netzauftrennung (s. Inselbildung)

Netzausfall *m* / mains failure, power failure, supply failure, powerfail *n* (computer system) || ≗**-Meldeleitung** *f* (Treiber; MPSB) / a.c. fail driver || ≗**prüfung** *f* (USV) / a.c. input failure test || ≗**schutz** *m* / power failure protection || ≗**überbrückung** *f* / mains buffering

Netz·ausläufer *m* / dead-end feeder || ≗**ausschaltablauf** *m* (MPSB) / power-down sequence || ≗**-Ausschaltvermögen** (s. Netzlast-Ausschaltvermögen) || ≗**automatisierung** *f* / network automation || ≗**bedingungen** *f pl* / system conditions || ≗**beeinflussung** (s. Netzrückwirkung) || ≗**benutzungsgebühr** *f* / transit charge || ≗**berechnung** *f* / network calculation || ≗**betreiber** *m* (Kommunikationsnetz) / operating agency

netzbetrieben *adj* / mains-operated *adj*

Netz·betriebsführung *f* / power system management, network control || ≗**bilddarstellung** *f* / network representation || ≗**brummen** *n* / system hum || ≗**drossel** *f* / line reactor, compensating reactor, input reactor || ≗**drossel** *f* (LE) / line reactor, a.c. reactor || ≗**ebene** *f* / network level || ≗**einbruch** *m* / system voltage dip, supply voltage dip, system voltage depression || ≗**einschaltablauf** *m* (MPSB) / power-up sequence || ≗**einschub** *m* / plug-in (o. withdrawable) power-supply module || ≗**einspeisung** *f* (ins Netz eingespeiste Leistung) / input to network || ≗**elektrode** *f* / mesh electrode, field mesh || ≗**entkopplungsfaktor** *m* / mains decoupling factor || ≗**entkopplungsmaß** *n* (s. Netzentkopplungsfaktor)

Netzentstörung *f* / interference suppression

Netz·erdungspunkt *m* / source earth, power system earthable point || ~**erregtes Relais** / mains-held relay || ≗**ersatzaggregat** *n* / stand-by generating set, emergency generating unit || ≗**filter** *n* / mains filter, network filter || ≗**flußtheorie** *f* / network flow theory || ≗**form** *f* / network configuration, system configuration

netzfrequent *adj* / at system frequency, power-frequency *adj*, line-frequency *adj* || ~**e Einschaltdauer** / ON time at power frequency || ~**e Komponente der Netzspannung** (DIN IEC 22B(CO)40) / line-frequency line voltage || ~**e Komponente des Netzstroms** (DIN IEC 22B(CO)40) / line-frequency line current || ~**er Nennstrom** / nominal power-frequency current, nominal current at system frequency || ~**e**

wiederkehrende Spannung / power-frequency recovery voltage, normal-frequency recovery voltage || ~**e Zusatzverluste** / fundamental-frequency stray-load loss

Netzfrequenz *f* / system frequency, line frequency, power-line frequency, power frequency || ≗**abhängigkeit** *f*(Rel.) / line-frequency sensitivity, frequency sensitivity || ≗**abweichung** *f*(zul. Normenwert) / variation from rated system frequency

Netzführung *f* / power system management, network control || ≗ (LE) / line commutation, natural commutation

Netzführungs·planung *f* / management forecast of a system (IEC 50(603))

Netz·gebilde *n* / network configuration, system configuration || ~**gebundene bidirektionale Übertragung (NBÜ)** / two-way mains signalling || ~**geführter Stromrichter** / line-commutated converter, phase-commutated converter || ≗-**Geländeplan** *m* / network map || ~**gelöschter elektronischer Schalter** / line-commutated electronic switch (LCE)

Netzgerät *n* / power pack, power supply unit || **geregeltes** ≗ (s. stabilisiertes Stromversorgungsgerät) || **getaktetes** ≗ (s. getaktetes Netzteil)

netzgespeist *adj* / mains-operated *adj* || ~**er statischer Erreger** / potential-source static exciter

Netz·impedanz *f* / system (o. network) impedance, supply impedance || ≗**kapazität** *f* / system capacitance || ≗**klemme** *f* / line terminal, supply terminal || ≗**knoten** *m* / network node, network junction, node *n* || ≗**kommandostelle** *f* / system control centre || ≗**kommutierung** *f*(LE) / line commutation, natural commutation || ≗**kommutierungsdrossel** *f*(LE) / line-side commutation reactor || ≗**konfiguration** *f* / network configuration, system configuration || ≗**konstante** *f* / system constant || ≗**koppler** *m*(zur Verbindung verschiedenartiger Systeme) / gateway *n* || ≗**kopplungsmaß** *n* / mains coupling factor || ≗**kostenbeitrag** *m*(StT) / capital contribution to network costs || ≗**kuppelleitung** *f* / tie-line *n*, interconnection line || ≗**kuppelschalter** *m*(LS) / system-tie circuit-breaker, mains tie circuit-breaker, tie-point circuit-breaker || ≗**kuppeltransformator** *m* / system interconnecting transformer, network interconnecting transformer, line transformer, grid coupling transformer, grid coupler || ≗**kupplung** *f* / system tie, network interconnection, system interconnection || ≗**kupplungsstelle** *f* / tie point || ≗**kupplungsumformer** *m* / system-tie frequency converter || ≗**kurzschlußleistung** *f* / system fault level, network short-circuit power, fault level || ≗**ladeleistung** *f* / line charging capacity || ≗**lampe** *f* (f. eingeschaltetes Netz) / POWER-ON lamp || ≗**last** *f* / load in a system, system load || ≗**last** *f* (überwiegend Wirklast, VDE 0670,T.3) / mainly active load (IEC 295) || ≗**last-Ausschaltvermögen** *n*(VDE 0670, T.3) / mainly active load breaking capacity (IEC 265)

netzlastgeführte Rundsteueranlage / system-load-sensitive ripple control

Netz·leiter *m*(Anschlußkabel) / supply-cable conductor, phase conductor || ≗**leitrechner** *m* / network control computer || ≗**leitstelle** *f* / power system control centre, system (o. network) control centre, load dispatching centre || ≗**leittechnik** *f* / power system management, power system control || ≗**leitung** *f* / mains cable, power cable || ≗**löschung** *f*(LE, Kommutierung) / line commutation

Netzmittel (s. Benetzungsmittel)

Netzmodell *n* / network analyzer || **dynamisches** ≗ / transient network analyzer (TNA), transient analyzer

Netz·modul *n* / mains module, power pack || ≗**nachbildung** *f* / artificial mains network, line impedance stabilization network, standard artificial mains network || ≗-**Parallellauf** *m* / operation in parallel with system || ≗**parameter** *m* / system parameter || ≗**pendeln** *n* / power swing || ≗**plan** *m* / network plan, network diagram || **topologischer** ≗**plan** / topological diagram of network || ≗**plantechnik (NPT)** *f* / network planning technique || ≗**planung** *f* / power system planning || ≗**protokoll** (s. Netzwerkprotokoll) || ≗**protokoll für Fertigungsautomatisierung** / manufacturing automation protocol (MAP) || ≗**prüfer** *m* / mains tester (o. analyzer) || ≗**rahmen** (s. Netzwerkrahmen) || ≗**rechner** (s. Netzleitrechner) || ≗**regler** *m* / system regulator || ≗**rückschalteinheit (NRE)** (USV) *n* / static bypass switch (SBS)

Netzrückspeisung, Bremsung mittels ≗ (SR-Antrieb) / regenerative braking

Netzrückspeisungsunterwerk *n* / receptive substation

Netzrückwirkung *f* / system perturbation, reaction on system, mains pollution, phase effect || ≗ (durch Mot.-Einschaltung) / starting inrush

Netz·schalter *m* / mains switch, line switch, mains breaker, main switch || ≗**schalter** *m*(am Gerät) / power switch || **allpoliger** ≗**schalter** (VDE 0860) / all-pole mains switch (IEC 65) || **Betriebs**-≗**schema** *n* / system operational diagram || ≗**schema** *n* / system diagram || ≗**schnittstellensteuerung** *f* / network interface controller (NIC) || ≗**schutz** *m* / power system protection, line protection || ≗**schütz** *n* / line contactor, mains contactor || ≗**seite** *f* / line side, supply side, input end

netzseitig·er Stromrichter / supply converter, line-side converter, input converter || ~**er Verschiebungsfaktor** (LE) / input displacement factor || ~**e Wicklung** (SR-Trafo; VDE 0558,T.1) / line winding (IEC 146)

Netzsicherheit *f* / system (o. grid o. network) security, supply continuity

Netzspannung *f* / system voltage, line voltage, mains voltage, supply voltage || ≗ (vorwiegend im Zusammenhang mit LE-Geräten) / line voltage, a.c. line voltage || **periodischer Spitzenwert der** ≗ / repetitive peak line voltage (U_{LRM})

Netzspannungs·abfall *m* / system voltage drop, line drop || ~**abhängige Auslösung** / tripping dependent on line voltage || ~**abhängiger Fehlerstromschutzschalter (DI-Schalter)** / r.c.c.b. functionally dependent on line voltage || ≗**abweichung** *f*(zul. Normenwert) / variation

from rated system voltage || ²ausfall *m* / power failure, mains failure || ²konstanthalter *m* / mains voltage stabilizer || ~**unabhängige Auslösung** / tripping independent of line voltage || ~**unabhängiger FI-Schutzschalter** / r.c.c.b. functionally independent on line voltage
Netz·-Speicher-Röhre *f*(Osz.) / mesh storage tube || ²**stabilisiergerät** *n* / power system stabilizer || ²**stabilität** *f* / power system stability || ²**statik** *f* / droop of system
Netzstation *f* / substation *n*, unit substation || ² **mit niederspannungsseitiger Selektivität** / secondary selective substation || ² **mit oberspannungsseitiger Selektivität** / primary selective substation
Netz·steckdose *f* / mains socket-outlet, power receptacle || ²**stecker** *m* / mains plug, power plug || ²**sternpunkt** *m* / system neutral || ²**störfestigkeit** *f* / mains immunity || ²**störfestigkeitsfaktor** *m* / mains-interference immunity factor, mains-interference ratio || ²**störung** *f* / system disturbance, line fault, system trouble || ²**störung** *f* (Störung, die zu einem totalen oder teilweisen Ausfall eines Netzes führt) / system incident || ²**strom** *m* (vorwiegend im Zusammenhang mit LE-Geräten) / line current || ²**stromwandler** *m* / line current transformer || ²**struktur** (s. Netzform) || ²**-Strukturelement** *n* / system pattern || ~**synchrone Uhr** / synchronous clock, synchronous motor clock || **Schalt~teil** *n* / switched-mode power supply (SMPS), chopper-type power supply unit || ²**teil** *n* (Netzanschlußgerät) / power supply unit, power pack || **getaktetes** ²**teil** / switched-mode power supply unit || ²**topologie** *f* / network topology || ²**transformator** *m* / transmission transformer, mains transformer, power transformer, line transformer || ²**transformator** *m* (Haupttransformator) / main transformer || ²**transformator** *m* (Maschennetz) / network transformer || ²**übergangseinheit** *f*(LAN) / gateway *n* || ²**übersichtsbild** *n* / network overview map, system overview display || ²**umschalter** *m* / system selector switch, load transfer switch (o. breaker) || ²**umschaltgerät** *n* (E VDE 0660, T.114) / transfer switching device, transfer switch || ²**umschaltsteuergerät** *n* / transfer control device || ²**umschaltung** *f* / system transfer || ²**umwandlung** *f* / network conversion, network transformation || ²**variable** *f* / system state variable || ²**verbund** *m* / network (o. system) interconnection, internetworking *n* || ²**verluste** *m pl* / network losses, system losses, transmission and distribution losses || ²**versorgung** *f*(USV, VDE 0558, T.5) / prime power || ²**versuch** *m* (Hochspannungs-Lastschalter) / field test (high-voltage switches) || ²**wächter** *m* / line monitor || ²**warte** *f* / system (o. network) control centre || ²-**Wechselspannung** *f* / a.c. supply voltage
netzweiter Dateizugriff / remote file access
Netzwerk *n* / network *n* || ² (CAD) / mesh *n* || ² **mit vier Klemmen** / four-terminal network || ²**analyse** *f* / network analysis || ²**analyseprogramm (NAP)** *n* / network analysis program (NAP) || ²**-Entwicklungssystem** *n* / network development system (NDS) || ²**protokoll** *n* / network protocol || ²**rahmen** *m* / network frame || ²**synthese** *f* / network synthesis || ²**technik** *f* / network technology, network engineering || ²**theorie** *f* / network theory
Netz·wicklung *f*(Trafo) / line winding, power-system winding, primary winding || ²**wiederkehr** *f* / resumption of power supply, system recovery, restoration of supply (o. power) || ²**wischer** *m* / transient system fault || ²**zugangsverbindung** *f* (DIN ISO 8208) / logical channel || ²**zusammenbruch** *m* / system collapse, blackout *n* || ²**zusammenschluß** *m* / network (o. system) interconnection || ²**zweig** *m* / network branch, system branch
neu ausgießen (Lg.) / re-line *v*, re-metal *v* || ~ **auswuchten** / re-balance *v* || ~ **belegen** (Komm.) / replace the segment assembly || ~ **eingeben** / re-enter *v* || ~**e Isolierflüssigkeit** / unused insulating liquid || ~ **laden** (Programm) / bootstrap *v* || ~ **nachweisen** (QS) / re-prove *v*, re-test *v* || ~ **schreiben** / re-write *v* || ~ **wickeln** / re-wind *v* || ~ **zeichnen** / redraw *v*
Neuanlauf *m*(PC) / cold restart
Neu·bescheinigung *f* / re-certification *n* || ²**einschreiben** *f* / re-write *n* || ²**grad** *m* / gon *n* || ²**initialisierung** *f* / re-initialization *n* || ²**konstruktion** *f* / re-design *n* || ²**kurve** *f* / initial magnetization curve, virgin curve || ²**metall** *n* / virgin metal || ²**öl** *n* / unused oil, new oil || ²**positionierung** *f* / repositioning *n* || ²**seite** *f* (Bildschirm) / new page || ²**silber** *n* / German silver || ²**start** *m*(NC, PC) / cold restart
neutral *adj* / neutral *adj* || ~ (s. ungepolt) || ~**e Faser** / neutral axis || ~**e Raumladung** / neutral space charge, zero space charge || ~**es Relais** / non-polarized relay, neutral relay, non-directional relay || ~**e Schicht** / neutral plane, neutral surface, neutral layer || ~**e Stellung** (Bürsten) / neutral position || ~ **streuender Körper** / neutral diffuser, non-selective diffuser || ~**e Zone** (a. Kommutatormasch.) / neutral zone, neutral plane || ~**e Zone** (HL) / neutral region || ~**er Zustand** / neutral state
Neutralfilter *n* / neutral filter
Neutralisationszahl *f* / neutralization value, neutralization number
neutralisieren *v* / neutralize *v*
Neutralleiter (N) *m* / neutral conductor, neutral *n* || ² **mit Schutzfunktion** / protective neutral conductor
Neutralleiter-Trennklemme *f* / isolating neutral terminal
Neutrallinie *f*(Magnet) / neutral line (IEC 50(221))
neutral·weiß *adj* / intermediate white, intermediate *adj*
Neu·wertmeldung *f* / new-value message (o. signal) || ²**zündung** *f* / re-ignition *n*(IEC 56-1) || ²**zuordnung** *f*(DÜ) / reassignment *n*
Newtonsche Flüssigkeit / newtonian liquid
NF (s. Niederfrequenz) || ²**-Bereich** *m* (Tonfrequenzbereich) / AF range || ²**-Generator** (s. Niederfrequenzgenerator)
N-FID (s. stickstoffselektiver Flammenionisationsdetektor)
NFI-Schalter (s. Nulleiter-Fehlerstromschutzschalter)
NF·-Kanal (s. Niederfrequenzkanal) || ²**-Meßkoffer** *m*(Nachrichtenmessung) / AF portable

telecommunications test set || ≗-**PCM-Meßgerät** *n* / VF PCM test set || ≗-**Pegelmesser** *m* / AF level meter || ≗-**Pegelsender** *m* / AF level oscillator || ≗-**Strom** (s. Niederfrequenzstrom)

NFU-Schalter (s. Nulleiter-Fehlerspannungsschutzschalter)

NG (s. Nenngröße)

NGH-Schaltung *f* (nach N.G. Hingorani) / NGH scheme

n-grädiger Kühler / heat exchanger for a temperature difference of n

N-Halbleiter *m* / N-type semiconductor, electron semiconductor

NH-Sicherung *f* (Niederspannungs-Hochleistungssicherung) / l.v. h.b.c. fuse (low-voltage high-breaking-capacity fuse), l.v. h.r.c. fuse (low-voltage high-rupturing-capacity fuse) || ≗-**Sicherungseinsatz** *m* / l.v. h.b.c. fuse-link, l.v. h.r.c. fuse-unit || ≗-**System** *n* (Niederspannungs-Hochleistungs-Sicherungssystem) / l.v. h.b.c. fuse system (low-voltage high-breaking-capacity fusegear system)

nicht abdruckbares Zeichen / non-printable (o. non-printing) character || ~ **abgestufte Isolation** / non-graded insulation || ~ **abgestuft isolierte Wicklung** / non-graded-insulated winding, uniformly insulated winding || ~ **abnehmbar** *adj* / non-detachable *adj* || ~ **aktive Bedingungen** / non-active conditions || ~ **anlaufen** (Mot.) / to fail to start || ~ **ausführbare Anweisung** / non-executable statement || ~ **austauschbares Zubehör** / non-interchangeable accessory || ~ **ausziehbarer Leistungsschalter** / non-withdrawable circuit-breaker (BS 4777), non-drawout circuit-breaker || ~ **begrenzter Stoßkurzschlußstrom** / prospective symmetrical r.m.s. let-through current || ~ **begrenzter Strom** / prospective current (of a circuit; IEC 265), available current (US) || ~ **begrenzter Strom** (s. unbeeinflußter Strom) || ~ **beschichteter Gewebeschlauch** / uncoated textile-fibre sleeving || ~ **brennbares Material** / non-combustible material || ~ **bündig einbaubarer Näherungsschalter** / non-embeddable proximity switch || ~ **decodierbarer Befehl** (PC) / statement not decodable || ~ **definierter Zustand** (FWT-Meldung) / indeterminate state (telecontrol message) || ~ **einstellbarer Auslöser** / non-adjustable release || ~ **fabrikfertige Schaltgerätekombination** (s. nach Bedarf gebaute Schaltgerätekombination für Niederspannung) || ~ **fabrikfertiger Verteiler** / custom-built distribution board || ~ **funkend** (Lüfter) / non-sparking *adj* || ~ **gelieferte Energie** (E., die das Elektrizitätsversorgungsunternehmen wegen und während des ausgeschalteten Zustands nicht liefern konnte) / energy not supplied || ~ **in Betrieb** (IEC 50(191)) / non-operating state || ~ **interpretierbarer Befehl** (PC) / illegal operation || ~ **kippbarer Merkerzustand** (PC) / non-invertible flag || ~ **kurzschlußfester Transformator** / non-short-circuit-proof transformer || ~ **maßhaltig** / off gauge || ~ **maßstäblich** / not to scale (n.t.s.), out of scale || ~ **normgerecht** / non-standard *adj*, not to standards || ~ **potentialbezogener Ausgang** (Mikroschaltung, DIN 41855) / output not referred to a potential || ~ **potentialbezogener Eingang** (Mikroschaltung, DIN 41855) / input not referred to a potential || ~ **schlußgeglühter, weichmagnetischer Stahl** (IEC 50(221)) / semi-processed electrical steel || ~ **selbsthaltendes Lager** / separable bearing || ~ **selbstmeldender Fehler** / not self-reporting fault, not self-signalling fault, latent fault || ~ **selbsttätig rückstellender Schutz-Temperaturbegrenzer** (VDE 0700, T.1) / non-self-resetting thermal cut-out (IEC 335-1) || ~ **selbsttätig zurückstellender Temperaturbegrenzer** (EN 60742) / non-self-resetting thermal cut-out || ~ **sinusförmig** / non-sinusoidal *adj* || ~ **stabilisiertes Differentialrelais** / unbiased differential relay, unrestrained differential relay || ~ **stabilisiertes Stromversorgungsgerät** / non-stabilized power supply unit || ~ **starre Sternpunkterdung** / non-solid earthing (GB), non-solid grounding (US) || ~ **steuerbarer Stromrichterzweig** / non-controllable converter arm || ~ **temperaturkompensiertes Überlastrelais** / overload relay not compensated for ambient temperature || ~ **umkehrbarer Motor** / non-reversible motor, non-reversing motor || ~ **verriegelbar** / non-interlocking *adj* || ~ **verstopfend** / non-clogging *adj* || ~ **verwendungsfähig** / unfit for use || ~ **wahrnehmbar** / unnoticeable *adj* || ~ **wertbarer Ausfall** (s. nicht zu wertender Ausfall) || ~ **zerlegbares Lager** / non-separable bearing || ~ **zu wertender Ausfall** (IEC 50(191)) / non-relevant failure || ~ **zulässiger Baustein** (PC) / illegal block || ~ **zusammenhängendes Netzwerk** / unconnected network || ~ **zwangsläufiger Antrieb** (HSS) / limited drive (IEC 337-2)

nichtabklemmbar·er Schnurschalter (VDE 0630) / non-rewirable cord switch (CEE 24) || ~**er Stecker** / non-rewirable plug, attachment plug

nicht·abnehmbarer Melder (Brandmelder) / non-detachable detector || ~**abschaltbare Steckdose** / unswitched socket-outlet || ≗**abwurfspannung** *f* (Rel.) / non-reverse-operate voltage || ~**agressive Flüssigkeit** / non-corrosive liquid || ≗**anlauf** *m* / failure to start

Nichtansprech·erregung *f* (Rel.) / specified non-pickup value, non-pickup value || ≗-**Prüfwert** *m* (Rel.) / must non-operate value, specified non-pickup value (US) || ≗-**Schaltstoßspannung** *f* / switching impulse voltage sparkover withstand, minimum switching-impulse sparkover voltage || **Prüfung der** ≗-**Schaltstoßspannung** / minimum switching-impulse voltage sparkover test || ≗-**Stoßspannung** *f* / minimum sparkover level || ≗-**Wechselspannung** *f* / minimum power-frequency sparkover voltage || ≗**wert** *m* (Rel.) / non-operate value, non-pickup value (US)

Nicht·antriebsseite *f* / non-drive end, N-end *n*, front *n* (US) || ~**antriebsseitig** *adj* / non-drive-end *adj*, N-end *adj*, front-end *adj* || ≗**anzugsspannung** *f* (Rel.) / non-pickup voltage, non-operate voltage || ≗**arbeitswert** (s. Nichtansprechwert) || ~**atmend** *adj* / non-breathing *adj*

Nichtauslöse·fehlerstrom *m* (FI-Schutzschalter) / residual non-operating current || ≗**kennlinie** *f* / non-tripping characteristic || ≗**spannung** *f* / non-tripping voltage, non-operating voltage || ≗**strom**

m (VDE 0660,T.101) / non-tripping current, conventional non-tripping current (IEC 157-1), non-operating current || **≗-Überstrom** *m* / non-operating overcurrent || **≗zeit** *f* / non-tripping (o. non-operating) time, non-actuating time
nicht·austauschbar *adj* / non-interchangeable *adj* || **≗austauschbarkeit** *f* / non-interchangeability *n* || **~ausziehbare Einheit** / non-drawout unit, stationary-mounted assembly, fixed unit
nichtautomatisch·er Brandmelder / manual call point, manual alarm box || **~er Motorstarter** (VDE 0660,T.104) / non-automatic starter (IEC 292-1) || **~er Nebenmelder** / manual call point, manual alarm box || **~es Umschalten** (VDE 0660,T.301) / non-automatic changeover (IEC 292-3)
nicht·begrenzte Einwirkung (HSS, über eine Verbindung zwischen Bedienteil und Schaltglied) / positive drive || **~beherrschte Fertigung** / process out of control || **≗benetzen** *n* (Lötung) / non-wetting *n* || **≗bereitzustand der Senke** (PMG, DIN IEC 625) / acceptor not ready state (ANRS) || **~betätigt** *adj* / unoperated *adj* || **≗betriebsdauer** *f* (IEC 50(191)) / non-operating time || **~bewehrtes Kabel** / non-armoured cable || **~busgekoppelt** *adj* / unbused *adj*
nichtdispersiv·e Infrarotabsorption (NDIR) / non-dispersive infrared absorption (NDIR) || **~e Ultraviolettabsorption (NDUV)** / non-dispersive ultraviolet absorption (NDUV)
nichteigensicher *adj* / non-intrinsically safe
nichteindeutiger Fehlzustand (IEC 50(191)) / indeterminate fault
nichteinstellbar·er Auslöser / non-adjustable release (o. trip), fixed-setting release (o. trip) || **~e Verzögerung** (Schaltglied; VDE 0660,T.203) / fixed delay (contact element; IEC 337-2B), non-adjustable delay || **~e Wicklung** (Trafo) / untapped winding
Nichteisenmetall (NE-Metall) *n* / non-ferrous metal
nichtelastisch *adj* / non-elastic *adj* || **~e Verformung** / plastic deformation, permanent set
nichtelektrisch *adj* / non-electric(al) *adj* || **~es Kompensationsmeßgerät** / indirect-acting instrument actuated by non-electrical energy || **elektrische Meßeinrichtung für ~e Größen** / electrically operated measuring equipment (IEC 51)
NICHT-Element *n* / negator *n*, inverter *n*
nicht·entarteter Halbleiter / non-degenerate semiconductor || **≗erfüllung** *f* (a. QS, DIN 55350,T.11) / non-compliance *n* || **~explosionsgefährdeter Bereich** / non-hazardous area || **~fasernd** *adj* / non-linting *adj* || **~fluchtend** *adj* / misaligned *adj*
nichtflüchtig·es RAM / non-volatile RAM (NVRAM) || **~er Speicher** / non-volatile memory (NVM)
Nicht-·FSK (s. nach Bedarf gebaute Schaltgerätekombination für Niederspannung) || **~funkender Lüfter** / non-sparking fan || **~funkengebendes Betriebsmittel** (Ex nA) / non-sparking apparatus
nicht-funktionsbeteiligte Redundanz / passive redundancy, non-functional redundancy, stand-by redundancy
Nichtfunktions·prüfung *f* / non-operating test || **≗spannung** *f* / non-operate voltage
nichtfusselnd *adj* / non-linting *adj*
nichtgefährdeter Bereich / non-hazardous area
nichtgeführt·er Druckknopf (VDE 0660,T.201) / free pushbutton (IEC 337-2) || **~e Drucktaste** (s. nichtgeführter Druckknopf) || **~e Lagerstelle** / floating journal, non-located journal
nichtgeladener Baustein (PC) / unprogrammed block
nichtgerichtet·e Ölführung / non-directed oil circulation || **~er Stromschutz** / non-directional current protection
nichtgesteuerte Schaltung (LE) / non-controllable connection, uncontrolled connection
nichtgezündete Röhre / unfired tube
NICHT-Glied *n* / NOT element, NOT *n* (IEC 117-15)
nichtharmonisch *adj* / anharmonic *adj*
nichtharzend *adj* / non-resinifying *adj*, non-gumming *adj* || **~es Öl** / non-gumming oil
Nicht·hinein-Lehre *f* / NO-GO gauge || **~idealer Regler** / actual controller || **~inhibiertes Isolieröl** / uninhibited insulating oil || **~intelligent** *adj* (z.B. Datenendstation, Datensichtgerät) / dumb *n* || **~interpolierende Steuerung** (NC) / non-interpolation control (system) || **~invertierender Verstärker** / non-inverting amplifier || **~kornorientiertes Elektroblech** / non-oriented magnetic steel sheet || **~korrigierbarer Fehler** / non-recoverable error, unrecoverable error
nichtleitend *adj* / non-conductive *adj*, non-conducting *adj* || **~er Raum** / non-conducting location || **~er Zustand** (HL-Ventil) / non-conducting state
Nichtleiter *m* / dielectric *n* || **≗bild** *n* (gS) / non-conductive pattern
nichtlinear·e Funktionsbaugruppe / non-linear (o. translinear) function module || **~e gedrängte Skale** / non-linear contracting scale || **~e Umsetzung** / non-linear conversion || **~e Verzerrung** / non-linear distortion, harmonic distortion
Nichtlinearität *f* / non-linearity *n* || **≗ der elektronischen Abstimmung** / electronic tuning non-linearity
nicht·listenmäßig *adj* / special *adj*, non-standard *adj* || **~-logische Verbindung** / non-logic connection || **~löschendes Lesen** / non-destructive read-out (NDRO) || **~lückender Betrieb** (Gleichstrom) / continuous flow || **~magnetisch** *adj* / non-magnetic *adj* || **~mechanischer Impulsgeber** (EZ) / non-mechanical impulse device || **~metallisch** *adj* / non-metallic *adj* || **≗metall-Rohr** *n* (IR) / non-metallic conduit
nichtminimalphasige Strecke (Reg.) / nonminimum-phase (type of) process
nicht·monoton *adj* / non-monotonic *adj* || **≗monotonie** *f* / non-monoticity *n*, non-monotony *n* || **~motorischer Verbraucher** / non-motor load || **≗negativitätsbedingung** *f* / non-negativity condition || **~-netzfähig** *adj* (Bussystem) / without network(ing) capacity
nicht-netzfrequent·er Anteil / non-line-frequency content || **~er Gehalt** / relative non-line-frequency content || **~e Komponenten** / non-line-frequency components

nicht-normalisierte Mantisse mit Vorzeichen / signed non-normalized mantissa
NICHT-Operator *m* / NOT operator
nicht·parametrisch *adj* / non-parametric *adj*, distribution-free *adj* || **~parametrischer Test** (DIN 55350,T.24) / distribution-free test
nichtperiodisch *adj* / non-periodic *adj*, aperiodic *adj*, non-repetitive *adj* || **~e Sperrspannung** (s. Stoßspitzenspannung) || **~er Spitzenwert der Netzspannung** ((DIN IEC 22B(CO)40) / non-repetitive peak line voltage (|| **~e Überspannung** / transient overvoltage || **~er Vorgang** / non-periodic phenomenon, transient *n*, transient phenomenon
nichtpolarisiert *adj* / non-polarized *adj*
nicht·rekursives System („endliche Stoßantwort") / finite impulse response (FIR) || **~remanenter Merker** / non-retentive flag
nichtreziprok·er Polarisationsrotator / non-reciprocal polarization rotator, non-reciprocal wave rotator
nicht·reziproker Phasenschieber / non-reciprocal phase shifter || **~rostend** *adj* / rustproof *adj*, non-rusting *adj*, stainless *adj* || **~rostender Stahl** / stainless steel || **≗rücksetzzustand** *m* (PMG, Systemsteuerung) / clear not active state (IEC 625) || **≗rücksetzzustand der Systemsteuerung** (PMG, DIN IEC 625) / system control interface clear not active state (SINS)
nichtrückstellbarer Melder (EN 54) / non-resettable detector
nichtschaltbar·e Kupplung / permanent coupling, fast coupling || **~e Steckdose** / unswitched socket-outlet
nichtschaltend *adj* / non-switching *adj*
Nichtschaltseite *f* (el. Masch.) / back end, back *n*
nicht·schäumend *adj* / non-foaming *adj* || **~schleifende Dichtung** / non-rubbing seal || **~schneidende Wellenanordnung** / non-intersecting shafting || **~selbstheilende Isolierung** (VDE 0670, T.2) / non-self-restoring insulation (IEC 129) || **~selbstmeldender Fehler** / non-self-revealing fault
nichtselektiv absorbierender Körper / neutral absorber, non-selective absorber, neutral filter || **~streuender Körper** / non-selective diffuser, neutral diffuser
nicht·selektiver Strahler (s. aselektiver Strahler) || **~sinusförmig** *adj* / non-sinusoidal || **~speichernder Befehl** / non-holding instruction, non-latching instruction
nichtstationär *adj* / non-steady *adj*, transient *adj*, varying with time || **~e Strömung** / unsteady flow, non-stationary flow || **~er Zustand** / transient condition
nicht·steuerbare Schaltung (LE) / non-controllable connection || **~störanfälliges Bauteil** / infallible component || **~strombegrenzender Schalter** / non-current-limiting switch || **~synchroner Betrieb** / non-synchronous operation || **~tangentialer Bahnübergang** (NC) / acute change of contour, atangent path transition
NICHT-Tor *n* / NOT gate
nicht·tragend *adj* / non-load-bearing *adj* || **~überlappender Kontakt** / non-shorting contact, break before make contact || **~überspannungsgefährdetes Netz** (E VDE 0660, T.105) / non-exposed installation || **~umkehrbar** *adj* / non-reversible *adj* || **~umkehrbarer Phasenschieber** / non-reciprocal phase shifter
Nichtverfügbarkeit *f* / unavailability *n*, non-availability *n*, outage *n* || **geplante ≗** / scheduled outage, planned outage || **störungsbedingte ≗** / forced outage
Nichtverfügbarkeitsdauer *f* / down duration, outage duration || **wartungsbedingte ≗** / maintenance duration
Nichtverfügbarkeits·rate *f* / outage rate || **≗zeit** *f* / unavailability time, non-availability time, outage time, down time
NICHT-Verknüpfung *f* / NOT function
nichtverlagerter Kurzschluß / symmetrical short circuit
nichtverzögert (s. unverzögert)
nichtwärmeabgebender Prüfling / non-heat-dissipating specimen
nichtwiederanschließbar·e Drehklemme / non-reusable t.o.c.d. || **~e Kupplungsdose** / non-rewirable portable socket-outlet || **~e Schneidklemme** / non-reusable i.p.c.d. || **~er Stecker** / non-rewirable plug, attachment plug
Nicht·wiederansprechwert *m* (Rel.) / non-revert-reverse value || **≗wiederrückfallwert** *m* (Rel.) / non-revert value || **≗wiederschließspannung** *f* (Lampe) / non-reclosure voltage (lamp)
nichtzerstreuendes Infrarot-Gasanlysegerät / non-dispersive infra-red gas analyzer (NDIR)
nichtzündend·e Spannung (Thyr) / non-trigger voltage || **~er Steuerstrom** (Thyr) / non-trigger current, gate non-trigger current
nicht·zundernd *adj* / non-scaling *adj* || **~-zündfähiges Bauteil** / non-incentive component || **≗-Zwangsläufigkeit** (s. begrenzte Einwirkung)
Nickel·-Cadmium-Akkumulator *m* / nickel-cadmium battery || **≗-Eisen-Akkumulator** *m* / nickel-iron battery || **≗-Eisen-Blech** *n* / nickel-iron sheet, nickel-alloyed sheet steel || **≗-Zink-Akkumulator** *m* / nickel-zinc battery
Nicken *n* (Rob., Kfz) / pitching *n*, pitch *n*
Niederbrennen *n* (Kabelfehler) / burning out
Niederdruck·behälter *m* / low-pressure receiver, low-pressure tank || **≗-Einschraub-Widerstandsthermometer** *n* / low-pressure screw-in resistance thermometer || **≗-Entladungslampe** *f* / low-pressure discharge lamp || **≗lampe (ND-Lampe)** *f* / low-pressure lamp, low-pressure discharge lamp || **≗säule** *f* / low-pressure column || **≗-Wasserkraftwerk** *n* / low-head hydroelectric power station
Niederfeldmagnet *m* / low-field magnet
niederfrequent *adj* / low-frequency *adj*
Niederfrequenz *f* (NF) (Audiofrequenz) / audio frequency (AF) || **≗ (NF)** / low frequency || **≗bereich** *m* (Audiofrequenz) / audio-frequency range, AF range || **≗generator (NF-Generator)** *m* / low-frequency generator || **≗kanal (NF-Kanal)** *m* / audio-frequency channel || **≗strom (NF-Strom)** *m* / low-frequency current (LF current) || **≗-Überschlagspannung** *f* / low-frequency flashover voltage
Niederleistungs·befeuerung *f* / low-intensity lighting || **≗teil** *m* (BT) / low-intensity section
niederohmig *adj* / low-resistance *adj* || **~e Erdung** / impedance earthing, impedance grounding, low-

resistance earthing, low-resistance grounding, resonant earthing, resonance grounding, dead earth || ~e **Kathode** / low-resistance cathode || ~er **Widerstand** / low-value resistor

Niederpegel·schaltung *f* / low-level circuit || ≗**signal** *n* / low-level signal

niederpolige Wicklung (polumschaltbarer Motor) / high-speed winding, lower-pole winding

niederrangiger Fehler / minor fault

Niederschlag *m* (Ablagerung) / deposit *n* || ≗ (elektrolytischer) / electrodeposit *n*, electroplated coating || ≗ (Kondensation) / condensate *n*, precipitate *n* || ≗ (Regen) / rain *n*, rainfall *n* || ≗-**Meßgerät** *n* / rainfall gauge

Niederspannung (NS) *f* / low voltage (l.v.), low tension (l.t.), low potential, secondary voltage

Niederspannungs·abnehmer *m* / l.v. consumer || ≗**anlage** *f* / l.v. system, l.v. installation || ≗**anlage** (SA) (s. Niederspannungs-Schaltanlage) || ≗**anschluß** *m* / l.v. terminal || ≗**anschlußklemme** *f* / l.v. terminal || ≗**anschlußraum** *m* / l.v. terminal compartment, l.v. compartment || ≗-**Hauptverteilungsleitung** *f* / l.v. distribution mains, secondary distribution mains || ≗-**Hauptverteilung** *f* (Tafel) / l.v. main distribution board, l.v. main distribution switchboard, l.v. distribution centre || ≗-**Hochleistungssicherung** *f* (NH-Sicherung) / low-voltage high-breaking-capacity fuse (l.v. h.b.c. fuse), low-voltage high-rupturing-capacity fuse (l.v. h.r.c. fuse) || ≗**kreis** *m* / l.v. circuit || ≗**lampe** *f* / low-volt lamp, l.v. lamp, l.t. lamp || ≗-**Leistungsschalter** *m* / l.v. circuit-breaker, l.v. power circuit-breaker || ≗-**Leistungsschalter mit angebauten Sicherungen** / l.v. integrally fused circuit-breaker || ≗**raum** *m* (Schrank) / l.v. compartment, compartment for l.v. equipment

Niederspannungs-Schaltanlage *f* / l.v. switchgear, l.v. switching station || ≗ (FSK) / l.v. switchgear assembly || ≗ (Tafel) / l.v. switchboard, l.v. distribution switchboard || ≗**n** *f pl* / l.v. switchgear and controlgear, 1.v. switchgear

Niederspannungs·-Schaltgeräte *n pl* / l.v. switchgear and controlgear, l.v. switchgear, l.v. controlgear || ≗-**Schaltgerätekombination** *f* (VDE 0660, T.500) / l.v. switchgear assembly, l.v. controlgear assembly || ≗-**Speiseleitung** *f* / l.v. feeder, secondary feeder || ≗-**Steckvorrichtung** *f* / l.v. connector || **Regeltransformator für** ≗**steuerung** / l.v. regulating transformer || ≗**tarif** *m* / l.v. tariff || ≗**teil** *m* (ST) / l.v. section, l.v. cubicle || ≗-**Versorgungsnetz** (s. Niederspannungs-Verteilungsnetz) || ≗**verteiler** *m* / l.v. distribution board, l.v. distribution unit, l.v. distribution cabinet, secondary distribution board || ≗**verteiler** *m* (Installationsverteiler) / distribution board, consumer unit, panelboard *n* (US) || ≗**verteilerschrank** *m* / l.v. distribution cabinet, consumer unit, panelboard *n* || ≗-**Verteilersystem** *n* (IV, ST) / factory-built l.v. distribution boards, modular system of l.v. distribution boards || ≗-**Verteilertafel** *f* / l.v. distribution board || ≗**verteilung** *f* / l.v. distribution, secondary distribution || ≗**verteilung** *f* (einer Netzstation) / outgoing unit, outgoing section || ≗**verteilung** (s. Niederspannungsverteiler) || ≗-**Verteilungsleitung** *f* / l.v. distribution line, secondary distribution mains || ≗-**Verteilungsnetz** *n* / l.v. distribution network, l.v. distribution system, secondary distribution network || ≗**wandler** *m* (A, V) / l.v. instrument transformer || ≗-**Wechselstrom-Motorstarter** *m* (VDE 0660,T.106) / l.v. a.c. starter (IEC 292-2) || ≗**wicklung** *f* / l.v. winding || ≗**zweig** *m* (z.B. Spannungsteiler) / l.v. arm

Niedertarif (NT) *m* / white tariff, low tariff, off-peak tariff || ≗**maximum** *n* / white-tariff maximum (demand), low-tariff maximum (demand) || ≗**zählwerk** *n* / white-tariff register || ≗**zeit** *f* / low-load hours

niedertourige Maschine / low-speed machine

niederviskos *adj* / low-viscosity *adj*, of low viscosity, low-bodied *adj*

Niedervolt·bogen *m* / l.v. arc || ≗**lampe (NV-Lampe)** *f* / low-volt lamp, l.v. lamp, l.t. lamp || ≗-**Linsenscheinwerfer** *m* / low-volt lens spotlight || ≗-**Schaltkreis** *m* (IS) / low-threshold circuit

niederwertig·e Dekade / less significant decade, low(er)-order decade || ~e **Ziffer** / low-order digit

niederwertigst·es Bit / least significant bit (LSB) || ~e **Ziffer** / least significant digit (LSD)

niedrig·e Hilfsgeschwindigkeit / inching speed || ~er **Integrationsgrad** (IS) / small-scale integration (SSI) || **Oberwellen** ~er **Ordnung** / low-order harmonics

niedrigsiedend *adj* / low-boiling *adj*

niedrigsiliziertes Stahlblech / low-silicon sheet steel

niedrigst·er Arbeitsdruck (PAMIN) (DIN 2401,T.1) / minimum operating pressure || ~e **Betriebspannung eines Netzes** / lowest voltage of a system || ~e **Entspannungstemperatur** (Glas) / strain temperature || ~e **Versorgungsspannung** / minimum power supply voltage

Niedrigstfrequenz *f* / very low frequency (v.l.f.), extremely low frequency (e.l.f.)

Niedrigstlast *f* (Grundlast) / base load

Niedrig-Zustand *m* (Signalpegel) / low state

Nietkontakt *m* / stake contact || ≗ (Bürste) / riveted connection

Niobium-Zinn-Gasphasenband *n* / vapour-deposited niobium-tin tape

Nippel·fassung *f* / nipple lampholder || ≗**gewinde** *n* / nipple thread || ≗**mutter** *f* / female nipple

Nische *f* / recess *n*, niche *n*, wall recess, cavity *n*

Nischen·beleuchtung *f* / niches lighting || ≗-**Zählerverteiler** *m* / recessed meter distribution board

Nitridpassivierung *f* / nitride passivation

niveaugleicher Bahnübergang (Straße - Bahnlinie) / level crossing, grade crossing

Niveaumessung *f* / level measurement

Niveau·regelung *f* (Kfz) / ride-height control, levelling control (system), self-levelling suspension || ≗**regler** *m* / level controller, liquid-level controller || ≗**schaltgerät** *n* (Kfz) / ride-height control unit || ≗**schema** (s. Energieniveauschema) || ≗**wächter** *m* / level switch, float switch, liquid-level switch

Nivellementfestpunkt *m* / bench mark

nivellieren *v* / level *v*

Nivellier·gerät *n* / levelling instrument || ≗**laser** *m* / levelling laser product (IEC 825) || ≗**latte** *f* / levelling staff, levelling rod || ≗**spindel** *f* / levelling

spindle, levelling screw
NK (s. normierte Koordinate)
N-Kanal-Feldeffekttransistor *m* / N-channel field-effect transistor, N-channel FET
N-Klemme *f* / neutral terminal
n-Klemmenpaar *n* / n-terminal-pair network
N-leitendes Silizium / N-type silicon
N-Leiter *m* / N-conductor *n*
N-Leitfähigkeit *f* / N-type conductivity, electron conductivity
N-Leitung *f* (HL) / N-type conduction, electron conduction
n-Minuten-Leistung *f* (StT) / n-minute demand
NMOS (n-channel metal-oxide semiconductor - N-Kanal Metalloxidhalbleiter)
Nocken·antrieb *m* / cam-operated mechanism, cam-operated control || **≈bahn** *f* / cam track || **≈-Endschalter** *m* / cam limit switch, rotating-cam limit switch, cam-operated limit switch || **≈-Fahrschalter** *m* / cam controller, camshaft controller || **≈-Fahr-Steuerschalter** *m* / cam-operated master controller || **≈klemme** *f* / lug-type terminal || **≈-Meisterschalter** *m* / cam-operated master controller || **≈schaltelement** *n* / cam-operated switching element, camshaft switch, cam switch (unit) || **≈schalter** *m* / cam-operated switch || **≈schalter** *m* (Schütz) / cam contactor, camshaft contactor || **≈schalter** *m* (Fahrschalter, Meisterschalter) / cam-operated controller, camshaft controller || **≈schaltwerk** *n* / cam-operated switchgroup, cam group, cam-contactor group || **≈schaltwerk** (s. Nockensteuerschalter) || **≈scheibe** *f* / cam disc, cam plate, cam *n* || **geteilte ≈scheibe** / split cam || **≈schütz** *n* / cam contactor, camshaft contactor || **≈segment** *n* / cam segment || **≈steuerschalter** *m* / cam controller, camshaft controller || **≈steuerung mit Hilfsmotor** / motor-driven camshaft equipment || **≈trieb** (Kfz) *m* / cam drive (assembly) || **≈weg** *m* (Betätigungsweg) / dwell angle, cam angle, dwell *n* (cam)
Nockenwelle *f* / camshaft *n*
Nockenwellen·geber *m* (Kfz) / camshaft sensor || **≈schütz** *n* / camshaft contactor || **≈steller** *m* (Kfz) / camshaft actuator
nominal·er Schrittmittenwert (ADU) / nominal midstep value || **~er Skalenendwert** / nominal full-scale value || **~er voller Skalenbereich** / nominal full scale range
Nominalgröße (s. Nenngröße)
Nominalmerkmal *n* (Statistik, QS; DIN 55350,T.12) / nominal characteristic
Nomogramm *n* / nomogram *n*, chart diagram, alignment chart, straight-line chart
Nonius *m* / vernier *n*, vernier scale || **≈skale** *f* / vernier scale, vernier dial
NOP (s. Nulloperation)
NOP-Befehl (s. Nulloperationsbefehl)
Nordpol *m* / north pole, north-seeking pole, marked pole || **magnetischer ≈** / north magnetic pole, magnetic northpole || **≈fläche** *f* / north pole face
NOR-Glied *n* / NOR element, NOR *n* || **≈ mit einem negierten Eingang** / NOR with one negated input
Norm *f* / standard *n*, standard specifications || **≈ für Prüfmaßnahmen** / test procedure standard
Normal *n* / measurement standard, standard *n*
normal·, für ~e Beanspruchung / for normal use || **~e atmosphärische Bedingungen** / standard atmospheric conditions || **~er Bajonettsockel** (B 22) / normal bayonet cap || **~es Band** (HL) / normal band || **~es Belastungsspiel** / normal cyclic duty || **~er Betrieb** (s. Normalbetrieb) || **~e Betriebsbedingungen** / normal operating conditions, useful service conditions || **~e Betriebslast** / normal running load (n.r.l.) || **~e B(H)-Schleife** / normal B(H) loop || **~ entflammbares Material** / normally flammable material || **~e Gebrauchsbedingungen** (VDE 0660,T.200) / normal conditions of use || **~e Genauigkeitsklassen** / standard accuracy classes || **~e Hystereseschleife** / normal hysteresis loop || **~e Kontaktöffnungsweite** (VDE 0630) / normal-gap construction (CEE 24) || **~e Magnetisierungskurve** / commutation curve, normal magnetization curve || **~e Prüfung** (QS) / normal inspection || **~e Schalthäufigkeit** (VDE 0630) / infrequent operation (CEE 24) || **~e Speicher-Schreibgeschwindigkeit** (Osz.) / normal stored writing speed || **~e Summenverteilung** / cumulative normal distribution
Normal, amtliches ≈ / standard of authenticated accuracy, nationally recognized standard
Normal·achse *f* / normal axis || **≈arbeitszeit** *f* / regular working hours
Normalatmosphäre *f* (physikalische A.) / standard atmosphere, International Standard Atmosphere (ISA) || **≈** (Bezugsatmosphäre, z.B. in VDE 0432, T.1) / standard reference atmosphere || **internationale ≈ (INA)** / international standard atmosphere (ISA)
Normalbedingungen *f pl* (Betriebsbedingungen) / normal service conditions, standard conditions of service, standard conditions || **atmosphärische ≈** / standard atmospheric conditions
Normal·belastung *f* / standard load, nominal loading || **≈beleuchtung** *f* / standard lighting || **fotometrischer ≈beobachter** / standard photometric observer || **≈beschleunigung** *f* / normal acceleration, centripedal acceleration
Normalbetrieb *m* / normal operation, normal service, normal duty, operation under normal conditions || **Gerät für ≈** / standard-duty device
Normalbogen *m* (IR) / normal bend
Normaldruck und -temperatur / normal temperature and pressure (n.p.t.)
Normale *f* (Math.) / normal *n*
Normal·einheitsvektor *m* / perpendicular unit vector || **≈element** *n* / standard cell || **≈-EMK** *f* / standard electromotive force, standard e.m.f.
Normalen·länge *f* (Kurve) / length of normal
Normal·-Fallbeschleunigung *f* / gravity constant || **≈faltversuch** *m* / normal bend test, face bend test || **≈farbe** *f* / standard colour || **≈flußsystem** *n* (MSB) / normal-flux system || **≈format** *n* / standard format || **≈gerät** *n* (Eichgerät) / standard *n*
Normalien·-Stelle *f* / standards laboratory, calibration facility
Normalinstrument *n* / standard instrument
normalisieren *v* / normalize *v*
normalisiert·e Größe (p.u.-System) / per-unit quantity || **~e Koordinate** (s. normierte Koordinate)
Normalisierungs·transformation *f* / normalization

transformation
Normal·klima *n* / standard atmospheric conditions, standard atmosphere || **²kraft** *f* / normal force || **²lampe** *f* / standard lamp || **²last** *f* / normal load, primary load (electric line) || **²lehre** *f* / standard gauge || **²leistung** *f* (Refa) / normal performance
normalleitend *adj* / normal-conducting *adj*
Normal·leiter *m* / normal conductor || **²lichtarten** *f pl* / standard illuminants || **²lichtquelle** *f* / standard light source || **²null** *n* (Bezugslinie) / datum line, reference line || **²null** *n* (Seehöhe) / mean sea level, sea level || **²pflicht-Zyklusprüfung** *f* / standard operating duty cycle test || **²probe** *f* / standard-size specimen, standard test specimen || **²profil** *n* / standard section || **²prüffinger** *m* / standard test finger || **Schwankungsspannung im ²punkt** / gauge-point fluctuation voltage || **²reihe** *f* / standard range || **²schaltung** *f* / standard circuit (arrangement) || **²schmieröle** *n pl* / standard-viscosity lubricants || **²schrift** *f* / standard print || **²schwingung** *f* / normal mode || **²spannungswandler** *m* / standard voltage transformer || **²spektralwerte** *m pl* (CIE) / CIE spectral tristimulus values || **²stellung** *f* (Hauptkontakte eines Netzumschaltgerätes) / normal position || **²störgrad** *m* / normal interference level || **²strahler** *m* / standard radiator || **²tarif** *m* (StT) / normal tariff, published tariff || **²valenzsystem** *n* / standard colorimetric system || **²verteilung** *f* (DIN 55350,T.22) / normal distribution || **²werte der Fehlergrenzfaktoren** / standard accuracy limit factors || **²widerstand** *m* / standard resistor, measurement standard resistor (IEC 477) || **²zähler** *m* / standard meter, standard watthour meter, substandard meter, substandard *n* || **²zähler** *m* (m. Ferrariswerk) / rotating substandard || **²zeit** *f* / standard time
Norm·antrieb *m* (PS) / standard actuator || **²baustein** *m* / standard module, standardized assembly, standard subassembly || **²bedingungen** *f pl* / standard conditions, rated operating conditions || **²beleuchtung** *f* / standard lighting || **²-Betätigungsplatte** *f* (NS) / standard target || **²-Bezugswert** *m* / standard reference value || **²blende** *f* / standard orifice || **²druck** *m* / standard pressure || **²düse** *f* / standard flow nozzle
normen *v* / standardize *v* || **²büro** *n* / standards office
Normeneinhaltung, Prüfung auf ² / conformance test
Normentwurf *m* / draft standard
Normenvorschrift (s. Normvorschrift)
Norm-Farbwertanteile, CIE-² / CIE chromaticity coordinates
Normfarbwerte *m pl* / tristimulus values
normgerecht *adj* / conforming to standards, in conformance with standards || **nicht ~** / non-standard *adj*, not to standards
Norm·-Grenzgenauigkeitsfaktoren *m pl* / standard accuracy limit factors || **²-Grenzwert** *m* / standard limiting value || **²-Grenzwert des Nichtauslösestroms** (E VDE 0664, T.100) / preferred limiting value of non-operating current
normieren *v* / normalize *v*, standardize *v*
normiert·e äquivalente Leitfähigkeit / normalized equivalent conductance || **~e Bestückung** / standardized complement || **~e Busschnittstelle** / standard bus interface || **~e Darstellung** (BSG) / standardized display || **~e Detektivität** (Strahlungsempfänger) / normalized detectivity || **~e Frequenz** / normalized frequency || **~e Frequenz** (LWL) / fibre characteristic term || **~er Frequenzgang** / normalized frequency response || **~e Gleitpunktzahl** / normalized floating-point number || **~e Größe** (bezogene G. im „per-unit"-System) / per-unit quantity || **~er Impuls** / standard pulse || **~e Komponenten** / normalized components || **~e Koordinate (NK)** (GKS) / normalized device coordinate (NDC) || **~e Kraft** / normalized force || **~e Schnittstelle** / standardized interface || **~e Spannung** / standardized voltage, nominal voltage || **~e symmetrische Komponenten** / symmetrical normalized components
Normierung *f* (Analog-Digital-Umsetzung) / scaling *n* || ² (s. Normung)
Normierungs·prozedur *f* (Kommunikationssystem) / reset procedure || **²transformation** *f* / normalization transformation
Norm·-Kathodenkreis *m* / standard cathode circuit || **²-Kugelfunkenstrecke** *f* / standard sphere gap || **²lichtart** *f* / standard illuminant, colorimetric standard illuminant || **²lichtquelle** *f* / standard source
Normmeter, geopotentieller ² / standard geopotential metre
Norm·motor *m* / standard-dimensioned motor, standard motor || **²profilschiene** *f* / standard mounting rail || **²profilschiene** *f* (Hutschiene) / top-hat rail, DIN rail || **²prüfung** *f* / review for conformance with standards || **²-Rauschtemperatur** *f* / standard noise temperature || **²spaltweite** *f* (IEC 50(426)) / maximum experimental safe gap (MESG) || **²spannungen** *f pl* / standard voltages || **²spektralwertfunktionen** *f pl* (CIE) / CIE colour matching functions || **²teil** *n* / standard part, standard component || **²toleranz** *f* / standard tolerance
Normung *f* / standardization *n*
Norm·valenz-System *n* / standard colorimetric system || **²-Venturidüse** *f* / standard venturi tube || **²-Vergleichs-Lichtausbeute** *f* / standard comparison efficiency (SCE) || **²vorschrift** *f* / standard *n*, standard specification || **²wert** *m* / standard value || **²wert der Gesamtausschaltzeit** (E VDE 0664, T. 100) / preferred value of maximum break time || **²wert des Nenn-Einschalt- und Ausschaltvermögens** (E VDE 0664, T.100) / preferred value of rated making and breaking capacity || **²zahl (NZ)** (DIN 323,T.1) *f* / preferred number || **²zustand** *m* / standard state || **²zustand** *m* (Normaltemperatur und -druck) / normal temperature and pressure (n.t.p.), standard temperature and pressure (s.t.p.)
NOR·-Stufe *f* / NOR gate || **²-Tor** *n* / NOR gate || **²-Torschaltung** *f* / NOR gate || **²-Verknüpfung** *f* / NOR operation, NOR function, Peirce function
Not·abschaltsystem *n* / emergency shutdown system (ESD) || **²abschaltung** *f* / emergency stop, emergency shutdown
Not-Aus·-Drucktaste *f* / emergency stop button || **²-Einrichtung** *f* / emergency OFF device, emergency stopping device
Notausgang *m* / emergency exit

Not-Aus·-Kreis *m*(VDE 0168,4) / emergency stop(ping) circuit
Notauslösung *f*(Trafo-Stufenschalter) / emergency tripping device
Not-Aus·-Rasttaster *m* / latched emergency stop button || ≈**-Schalteinrichtungen** *f pl*(VDE 0168,4) / emergency devices
Not·ausschalter *m* / emergency stop switch, emergency stop button || ≈**ausschaltgerät** *n*(f. SG) / emergency tripping device, emergency operating mechanism
Not-Aus·-Schleife *f* / emergency stop(ping) circuit || ≈**-Taster** *m*(DT) / emergency stop button
Not·befeuerung *f* / emergency lighting || ≈**beleuchtung** *f* / emergency lighting || ≈**betrieb** *m* / emergency operation || ≈**betrieb** *m*(Trafo) / emergency loading, emergency operation || ≈**bremsschalter** *m* / emergency braking switch || ≈**bremsung** *f* / emergency braking || ≈**-Druckknopfschalter** *m* / emergency pushbutton switch || ≈**einschalten** *n* / emergency closing, manual closing (under emergency conditions) || ≈**-Endschalter** *m* / emergency limit switch, emergency position switch || ≈**fahreigenschaft** *f* (Kfz) / limp-home capability || ≈**fahrprogramm** *n* (Kfz) / limp-home program, fail-soft mode || ≈**generator** (s. Notstromgenerator) || ≈**-Halt** *m* / emergency stop(ping) || ≈**-Halt-Schalter** *m* / emergency stopping switch
Notiz·blockspeicher *m* / scratchpad memory || ≈**feld** *n*(Prozeßmonitor) / memo field
Not·kühlung *f* / standby cooling, emergency cooling || ≈**lauf** *m*(Masch.) / operation under emergency conditions, operation after failure of lubricant supply || ≈**laufeigenschaften** *f pl*(Lg.) / anti-seizure performance, performance after failure of lubricant supply || ≈**lauffähigkeit** (s. Notfahreigenschaft) || ≈**laufschmierung** *f* / emergency lubrication (after oil supply failure) || ≈**leistung** *f* / emergency rating || ≈**leuchte** *f* / emergency luminaire, danger lamp || ≈**licht** *n* / emergency light || ≈**lichtfassung** *f* / emergency lampholder || ≈**lichtleuchte** *f* / emergency luminaire, danger lamp || ≈**-Schalteinrichtung** *f* (VDE 0100, T.46) / emergency switching device || ≈**schalter** *m* / emergency switch || ≈**schalter** *m* (DT) / emergency pushbutton || ≈**signal** *n* / alarm signal || ≈**steuereinrichtung** *f* / stand-by control system
Notstrom·aggregat *n* / emergency generating set, stand-by generating set || ≈**batterie** *f* / emergency battery || ≈**erzeugung** *f* / emergency generation, stand-by generating duty || ≈**generator** *m* / emergency generator, stand-by generator || ≈**schiene** *f* / emergency supply bus, stand-by bus || ≈**versorgung** *f* / emergency power supply, stand-by power supply
notwendiges Arbeiten (Schutz) / necessary operation
Notzugentriegelung, Steckverbinder mit ≈ / snatch-disconnect connector, break-away connector
Not-Zurück-Taste *f* / emergency return button
NPM (s. Nennwert-Prüfmenge)
n-polig *adj*(StV) / n-pole *adj*, n-way *adj*, n-pin *adj*
n-Pol-Netzwerk *n* / n-terminal network, n-port network
NPT (s. Netzplantechnik)
NRE (s. Netzrückschalteinheit)
NRZ-code *m* / NRZ code (NRZ = non-return to zero)
NRZ-Schrift (s. Wechselschrift)
NS (s. Niederspannung)
N-Scheibenthyristor *m* / N-type flat-pack thyristor
N-Schiene *f* / neutral bar
NSD (A. f. „nitrogen-selective detector" - stickstoffselektiver Detektor)
N-Seite *f*(Thyr) / N side, cathode side
n-stellig *adj* / n-digit *adj*
NSU (s. Nahtstellenumsetzer)
NT (s. Niedertarif)
NTC-Halbleiterfühler *m*(NTC = negative temperature coefficient) / NTC thermistor detector
NTC-Widerstand (s. Heißleiter)
n-te Harmonische / nth harmonic
n-tes Oberschwingungsverhältnis / nth harmonic ratio
N-Thyristor *m* / N-gate thyristor
n-Tor *n* / n-port network
N-Trennklemme *f* / neutral isolating terminal
nuklearer elektromagnetischer Impuls (NEMP) / nuclear electromagnetic pulse (NEMP)
Nullabgleich *m*(DIN 43782) / balance *n* || **Meßgerät mit elektrischem** ≈ / electrical balance instrument || **Messung durch** ≈ / null measurement (IEC 50(301)), null method of measurement || ≈**methode** *f* / null method, zero method
Nullachse *f* / zero axis
Nullage *f* / zero position || ≈ (MG) / zero *n* || ≈ (PS) / position of rest || ≈ (Schreibmarke) / home position
Nullastrelais *n* / underpower relay
Nulldurchgang *m*(Strom) / zero crossing, passage through zero, current zero || ≈ (NC) / zero crossing || ≈ **der Spannung** / voltage zero
Null·ebene *f* / datum level || ≈**effekt** *m*(Zählrate bei Abwesenheit der Strahlung, für deren Messung ein Zählrohr ausgelegt ist) / background *n* || ≈**einsteller** (s. Nullpunkteinsteller) || ≈**einstellung** *f* / zero setting
Nulleistung *f* / zero power, homopolar power
Nulleiter *m*(PEN; direkt geerdeter Leiter) / PEN conductor, directly earthed conductor || ≈ (s. Neutralleiter) || ≈**-Fehlerspannungsschutzschalter (NFU-Schalter)** *m* / voltage-operated neutral-monitoring e.l.c.b., (voltage-operated) neutral ground fault circuit interrupter (US) || ≈**-Fehlerstromschutzschalter (NFI-Schalter)** *m* / current-operated neutral monitoring e.l.c.b., residual-current neutral-monitoring circuit-breaker || ≈**klemme** *f* / neutral terminal || ≈**-Kontakthülse** *f* / neutral contact-tube
Null·feld-Restspannung *f* / zero-field residual voltage || ≈**flußsystem** *n* / null-flux system || ≈**gas** *n* (zum Justieren des Nullpunkts eines Gasanalysegeräts) / zero gas || ≈**hypothese** *f*(DIN 55350,T.24) / null hypothesis || ≈**impedanz** *f* / zero phase-sequence impedance, zero-sequence impedance, zero-sequence field impedance || ≈**indikator** *m* / null indicator, null detector

Nullinie *f*(Bezugslinie) / datum line || ≗ (neutrale L.) / neutral line, neutral axis, elastic axis || ≗ (DIN 7182,T.1) / zero line
Null·kapazität *f*(GR, DIN 41760) / zero capacitance || ≗**kapazität** *f*(Eigenk.) / self-capacitance *n* || ≗**kennzeichnung** *f*(Rechenoperation) / zero flag || ≗**komponente** *f*(Mehrphasenstromkreis) / zero component, homopolar component || ≗**komponente** *f*(Nullsystem) / zero-sequence component || ≗**-Kontakt** *m* / zero contact || ≗**-Ladung** *f*(Ladungsverschiebeschaltung) / empty zero (CTD), real zero (CTD) || ≗**marke** *f* / zero reference mark, zero mark || ≗**methode** *f* / null method, zero method || ≗**operation (NOP)** (DIN 19239) *f* / no-operation (NOP) *n*, do-nothing operation || ≗**operationsbefehl (NOP-Befehl)** *m* / no-operation instruction (NOP instruction), skip instruction, blank instruction || ≗**pegel** *m* / zero level || ≗**periodenbeschleunigung** *f* / zero period acceleration (ZPA) || ≗**phasenwinkel** *m* / zero phase angle || ≗**potential** *n* / zero potential
Nullpunkt *m* / zero point, zero *n* || ≗ (Sternpunkt) / neutral point, star point, neutral *n*, zero point of star || ≗ (MG) / zero scale mark (IEC 51), zero mark, instrument zero || ≗ (NC, Koordinatensystem) / zero reference point, datum *n* || ≗ (QS) / origin *n* || ≗ (Ausgangssignal bei Meßwert Null) / zero output || **elektrischer** ≗ (MG) / electrical zero || **Koordinaten-**≗ (NC) / coordinate basic origin || **Maschinen-**≗ (NC) / machine datum, machine origin, machine zero point, machine zero || **Maschinen-**≗ (NC; CLDATA-Wort) / origin (ISO 3592) || **mechanischer** ≗ (MG) / mechanical zero || **Programm**~ (NC) / program start || **Skalen**~ / zero scale mark || **Steuerungs-**≗ / control zero || ≗**abweichung** *f*(MG) / residual deflection (IEC 51) || ≗**abweichung** *f*(IS, Offsetfehler) / offset error || **bleibende** ≗**abweichung** (MG, DIN 43782) / residual deflection (IEC 484) || ≗**abweichung** (s. Nullpunktfehler) || ≗**anhebung** *f* / zero elevation || ≗**anschluß** (s. Sternpunktanschluß) || ≗**bildner** *m* / neutral earthing transformer (GB), grounding transformer (US) || ≗**drift** *f* / zero drift, zero shift || ≗**durchführung** *f* / neutral bushing || ≗**einsteller** *m* (MG) / zero adjuster (IEC 51) || ≗**fehler** *m*(MG) / zero error || ≗**korrektur** *f*(NC) / zero offset || ~**löschender Leistungsschalter** / current-zero cut-off circuit-breaker || ≗**löscher** *m*(SG) / zero-current interrupter || ≗**prüfung** *f* / zero check || ≗**spannung** *f* / neutral voltage || ≗**synchronisierung** *f*(NC) / zero synchronization || ≗**tangente** (s. Luftspaltgerade) || ≗**unterdrückung** *f* / zero suppression, range suppression || ≗**verschiebung** *f*(MG) / zero displacement, zero shift || ≗**verschiebung** *f*(NC) / zero shift (IEC 550), zero offset, datum offset || ≗**wanderung** *f* / zero shift (IEC 351-1)
Null·-Rad *n*(ohne Profilverschiebung) / gear with equal-addendum teeth, unmodified gear, standard gear || ≗**raumladung** *f* / zero space charge, neutral space charge || ≗**reaktanz** *f* / zero phase-sequence reactance, zero-sequence reactance || ≗**referenzpunkt** *m*(NC) / zero reference point || ≗**rückstellung** *f*(NC) / zero reset || ≗**schicht** *f* / neutral plane, neutral surface, neutral layer || ≗**schiene** *f* / neutral bar || ≗**serie** *f*(DIN 55350,T.11) / pilot lot, experimental lot || ≗**setzen** *n* / setting to zero, zeroing *n*, resetting *n* || ≗**setzen beim Einschalten der Stromversorgung** / power-on reset
Nullspannung *f* / zero voltage, zero potential || ≗ (Spannung des Nullsystems) / zero-sequence voltage
Nullspannungs·auslöser *m* / no-volt release, undervoltage release || ≗**auslösung** *f* / no-volt tripping, undervoltage tripping
nullspannungsgesichert *adj*(Speicher) / non-volatile *adj* || ~**er Merker** (s. Haftmerker) || ~**e Steuerung** / retentive-memory control, non-volatile control
Nullspannungs·pfad *m*(Schutzwandler) / residual-voltage circuit || ≗**relais** *n* / zero-sequence voltage relay || ~**sicher** *adj*(Zeitrel.) / non-resetting on voltage failure, holding on supply failure
Null·stellen *n* / setting to zero, zeroing *n*, resetting *n* || ≗**stellen des Zählers** / resetting the counter, counter reset || ≗**stellung** *f* / zero position, neutral position, home position, OFF position || ≗**stellung** *f*(Bürsten) / dead neutral position
Nullstrom *m* / zero current || ≗ (Strom des Nullsystems) / zero phase-sequence current, zero-sequence current || ≗ (Wandler) / residual current || ≗ (Differentialstrom) / zero residual current
Nullstromerfassung, Stromwandler für ≗ / residual current transformer
Nullstrompfad *m*(Schutzwandler) / residual-current circuit
Nullsystem *n* / zero phase-sequence system, zero-sequence network || ≗**schutz** *m* / zero-sequence protection
nullter Schall / zeroth sound
Nullung *f* / TN system, protective multiple earthing, neutralization *n* || **schnelle** ≗ / fast TN scheme
Null·verschiebung (s. Nullpunktverschiebung) || ≗**verstärker** *m* / null-balance amplifier
Nullwiderstand *m*(Nullsystem) / zero phase-sequence resistance, zero-sequence resistance || ≗ (DIN 43783,T.1) / residual resistance (IEC 477) || **Nenn-**≗ (DIN 43783, T.1) / nominal residual resistance (IEC 477)
Null·zelle *f*(zur Parametrierung eines Eingangs mit Null) / zero cell || ≗**zone** *f* / neutral zone || ≗**zweig** *m* / idle circuit, dead branch
Numeral *n* / numeral *n*
numerieren (s. benummern)
Numerierung *f* / numbering *n*
Numerik-Maschine *f*(s. numerisch gesteuerte Maschine)
numerisch *adj* / numeric *adj*, numerical *adj* || ~**es Addierwerk** / numerical adder || ~**e Apertur** (LWL) / numerical aperture || ~**e Apertur der Einkopplung** (LWL) / launch numerical aperture || ~**er Code** / numeric code, numerical code || ~**e Darstellung** / numerical representation (NR) || ~ **gesteuerte Maschine (NC-Maschine)** / numerically controlled machine (NC machine), NC machine || ~ **gesteuerte Meßmaschine** / numerically controlled inspection machine, NC gauging device, coordinate inspection machine || ~ **gesteuerte Prüfung** / numerically controlled inspection || ~ **gesteuerter Werkzeugwechsel** / numerically controlled tool change, tool-change

NC system || ~ **gesteuertes Bearbeitungszentrum** / NC machining centre || ~**e Information** / numeric information, digital information || ~**es Meßverfahren** / numerical measuring system || ~**e Nummer** / numerical number || ~**e Ortskennzeichnung** (DIN 40719,T.2) / numeric location (IEC 113-2) || ~**es Rechenwerk** / arithmetic unit, digital computer || ~**er Schalter** / numeric switch || ~**e Steuerung (NC)** / numerical control || ~**e Tastatur** / numerical keyboard || ~**es Tastenfeld** / numerical keypad, numerical pad

Nummer *f* / number *n*

Nummern·bereich *m* (DIN 6763,T.1) / range of numbers || ≗**kreis** (s. Nummernbereich) || ≗**plan** *m* (DIN 6763,T.1) / numbering plan || ≗**protokoll** *n* / numerical printout (o. log) || ≗**protokollgerät** *n* (Drucker) / numerical log printer || ≗**schema** *n* (DIN 6763,T.1) / numbering scheme || ≗**schlüssel** *m* (DIN 6763,Bl.1) / code *n* || ≗**serie** (s. Nummernbereich) || ≗**stelle** *f* (DIN 6763,T.1) / number position || ≗**system** *n* (DIN 6763,T.1) / numbering system || ≗**teil** *m* (DIN 6763, T.1) / part of number

Nummerung *f* (DIN 6763,T.1) / numbering *n*

Nummerungs·objekt *n* (DIN 6763,T.1) / numbering object || ≗**technik** *f* (DIN 6763,T.1) / numbering technique

nur hören (PMG) / listen only (lon) (IEC 625)

Nurglas-Deckenleuchte *f* / all-glass ceiling luminaire

Nur-hören-Betrieb *m* (PMG) / "listen only" mode || ≗**-Lese-Speicher** *m* (ROM) / read-only memory (ROM), read-only storage (ROS)

Nußisolator *m* / strain insulator

Nut *f* (Blechp.) / slot *n* || ≗ (Keil) / keyway *n* || **Ölsammel~** / oil collecting groove, oil collecting flute || ≗**ausgang** *m* (Wickl.) / slot end || ≗**auskleidung** *f* (Wickl.) / slot liner, slot lining, slot cell, trough *n* || ≗**austritt** (s. Nutausgang) || ≗**beilage** *f* (Wickl.) / slot packing || ≗**brücke** *f* (Wickl.) / slot bridge

Nuten pro Pol und Phase / slots per pole per phase || ≗**anker** *m* / slotted armature || ≗**beilage** *f* / slot packing || ≗**drehen** *n* / slot turning, keyway turning || ≗**fenster** *n* / slot opening || ≗**füllstück** *n* / slot packing || ≗**grundzahl** *f* / fundamental number of slots || ≗**harmonische** (s. Nutoberschwingungen)

nutenlos·er Anker / unslotted armature (o. rotor)

Nuten·meißel *m* / keyseating chisel || ≗**querfeld** *n* / slot cross field, slot quadrature field || ≗**schritt** *m* / slot pitch || ≗**schritt** *m* (Spulenweite in Nutteilungen) / coil pitch || ≗**streufluß** (s. Nutstreufluß) || ≗**streuung** (s. Nutstreuung) || ≗**thermometer** (s. Nutthermometer) || ≗**zahl pro Pol und Strang** / number of slots per pole and phase

Nut·feder *f* (f. Blechpaketnut) / resilient corrugated packing strip || ≗**frequenz** *f* / tooth pulsation frequency || ≗**füllfaktor** *m* / slot space factor, coil space factor || ≗**füllstreifen** *m* / slot packing strip || ≗**füllung** *f* / conductor assembly in slot || ≗**füllung** *f* (Querschnittsbild) / slot cross section || ≗**grund** *m* / slot bottom, slot base || ≗**grundstreifen** *m* / slot-bottom packing strip, bottom strip || ≗**gruppe** *f* / slot group || ≗**hülse** *f* / slot cell, slot armour, trough *n* || ≗**kasten** (s. Nuthülse) || ≗**keil** (s. Nutverschlußkeil) || ≗**kopf** *m* / slot end, slot top || ≗**kopfeinlage** *f* / slot-top packing || ≗**kopffeder** *f* / corrugated top locking strip || ≗**leitwert** *m* / slot permeance || ≗**nachbildung** *f* / slot model, slot form || ≗**oberschwingungen** *pl* / slot harmonics, slot ripple || ≗**oberwellen** (s. Nutoberschwingungen) || ≗**öffnung** *f* / slot opening || ≗**querfeld** *n* / slot cross field, slot quadrature field || ≗**querfeldspannung** *f* / slot cross-field voltage, slot quadrature-field voltage || ≗**raumentladung** *f* / slot discharge || ≗**raumentladungsmesser** *m* / slot-discharge analyzer || ≗**schenkel** *m* / coil side || ≗**schlitz** *m* / slot opening || ≗**schlitzfaktor** *m* / slot factor, fringing coefficient || ≗**schnitt** *m* / slot die || ≗**schrägung** *f* / slot skewing || ≗**schrägungsfaktor** *m* / slot skewing factor || ≗**seite** *f* (Spule) / coil side, slot portion of coil || ≗**streufluß** *m* / slot leakage flux || ≗**streuinduktivität** *f* / slot leakage inductance || ≗**streuleitfähigkeit** *f* / slot leakage conductance, slot leakance || ≗**streuleitwert** *m* / slot leakage coefficient || ≗**streuung** *f* / slot leakage || **Reaktanz der** ≗**streuung** / slot leakage reactance || ≗**strombelag** *m* / ampere conductors per slot || ≗**teil** *m* (Spule) / slot portion, coil side, slot section || ≗**teilung** *f* / tooth pitch, slot pitch || ≗**temperaturfühler** *m* / embedded temperature detector || ≗**thermometer** *n* / embedded thermometer, slot thermometer || ≗**tiefe** *f* (el. Masch.) / slot depth

Nutung *f* / slotting *n*

Nutungs·faktor *m* / fringing coefficient, contraction coefficient, Carter's coefficient

Nutverdrehung *f* / slot twist

Nutverschluß *m* / slot seal, slot wedge || ≗**feder** *f* / preloading slot closing strip || ≗**kappe** *f* / slot cap || ≗**keil** *m* / slot wedge, retaining wedge || ≗**stab** *m* / slot closing strip || ≗**streifen** *m* / slot cap

Nut·voreilung *f* / slot skew factor || ≗**wand** *f* / slot side || ≗**wandbelastung** *f* / slot-side loading, magnetic loading of slot side || ≗**wellen** (s. Nutoberschwingungen) || ≗**wicklung** *f* / slot winding || **mit** ≗**wicklung** / slot-wound *adj*

Nutz·- zu Rausch-Signal-Verhältnis / signal-to-noise ratio (SNR), noise margin

Nutzahlverhältnis *n* / stator/rotor slot number ratio

Nutz·arbeit *f* / useful work || ≗**arbeitsraum** *m* (Roboter) / application working space

nutzbar·er Bildschirmbereich / effective screen area || ~**e Feldhöhe** (MCC) / useful section height || ~**e Leistung** (Verbrennungsmot.) / effective output || ~**e Lesezeit** / usable reading time || ~**e Schreibgeschwindigkeit** / usable writing speed || ~**e Skale** / effective scale || ~**e Überlastleistung** (Verbrennungsmot.) / overload effective output

Nutz·blindwiderstand (s. Hauptreaktanz) || ≗**bremse** *f* / regenerative brake || ≗**bremsung** *f* / regenerative braking || ≗**brenndauer** *f* / useful life (lamp) || ≗**daten** *plt* / user data || ≗**dauer** (s. Nutzungsdauer) || ≗**drehmoment** *n* / useful torque, working torque, net torque || ≗**ebene** *f* (LT) / working plane, work plane

Nutzeffekt *m* / efficiency *n* || **optischer** ≗ / optical efficiency

Nutzen *m* (gS) / panel *n*

Nutzenergie *f* / useful energy, net energy

Nutzenmaßstab *m* / utility measure, measure of utility

Nutz·feldspannung *f* / voltage due to net air-gap flux, virtual voltage, voltage behind leakage reactance || **²fluß** *m* / useful flux, working flux || **²frequenz** *f* / fundamental frequency || **²last** *f* (Bahn; Zuladung) / payload *n* || **²last** *f* (Statik) / useful load, live load || **²lebensdauer** *f* / economic life || **²leistung** *f* (Antrieb) / effective output, useful power, useful horsepower, brake horsepower || **²leistung** *f* (Ausgangsleistung, die an die Last abgegeben und von dieser nicht reflektiert wird) / useful output power, load power || **²lichtstrom** *m* / utilized flux, effective luminous flux || **²moment** *n* / useful torque, net torque, working torque || **²pegel** *m* (Signale) / useful signal level || **²raum** *m* (Prüfkammer; DIN IEC 68) / working space (IEC 68) || **²raum eines Speichers** (Pumpspeicherwerk) / useful water capacity of a reservoir || **²-/Rauschsignal-Verhältnis** *n* / signal-to-noise ratio || **²reaktanz** (s. Hauptreaktanz) || **²schaltabstand** *m* (NS) / usable operation distance, usable sensing distance || **²-/Störsignal-Verhältnis** *n* / signal-to-disturbance ratio || **²strombremsung** *f* / regenerative braking || **²tiefe** *f* / useful depth

Nutzung elektrischer Energie / utilization of electrical energy

Nutzungs·dauer *f* / service life || **technische ²dauer** / physical life || **durchschnittliche ²dauer** / average life || **voraussichtliche ²dauer** / expected life || **~invariant** *adj* (Programm, Prozedur) / reusable *adj* || **²rate** *f* / utilization rate || **²zeit** *f* (Refa) / machine time

Nutzzone *f* (BT) / working section

nv-Auslöser *m* (Siemens-Typ; nichtverzögerter Auslöser mit [mechanischer] **Wiedereinschaltsperre)** / nv-relase *n* (instantaneous release with (mechanical) reclosing lockout

NV-Lampe (s. Niedervoltlampe)

NW (Nennweite; siehe „DN")

N-Wächter *m* (Netzw.) / line monitor

Nylosring *m* / NYLOS radial sealing ring

Nyquist·-Ortskurve *f* / Nyquist plot || **²-Theorem** *n* / Nyquist theorem

NZ (s. Normzahl)

O

„o" (Kennbuchstabe für „Ölkapselung", EN 50015) / "o" (classification letter for "oil immersion", EN 50015)

O (Buchstabensymbol für Mineralöl) / O (letter symbol for mineral oil)

OA (OA cooling; Ölkühlung mit natürlicher Luftumwälzung) / OA (oil-air cooling)

OA/FA (OA/FA-cooling; natürliche Öl-Luftkühlung mit zusätzlicher erzwungener Luftkühlung) / OA/FA (oil-air/forced-air cooling)

OA/FA/FA (oil-air/forced-air/forced-air cooling; natürliche Öl-Luftkühlung mit zweistufiger erzwungener Luftkühlung; f. Transformatoren mit 3 Leistungsstufen) / OA/FA/FA (oil-air/forced-air/forced-air cooling)

OA/FA/FOA (oil-air/forced-air/forced-oil-air cooling; Öl-Luft-Selbstkühlung mit zusätzlicher zweistufiger erzwungener Luft- und Öl-Luft-Kühlung; f. Transformatoren mit 3 Leistungsstufen) / OA/FA/FOA (oil-air/forced-air/forced-oil-air cooling)

OA/FOA/FOA (oil-air/forced-oil-air/forced-oil-air cooling; ähnlich OA/FA/FOA; mit zweistufiger erzwungener Öl- und Luftkühlung; f. Transformatoren mit 3 Leistungsstufen) / OA/FOA/FOA (oil-air/forced-oil-air/forced-oil-air cooling)

O-Anordnung *f* (Lg.; paarweiser Einbau) / back-to-back arrangement

OB (s. Organisationsbaustein) || **²** (oil natural/air-blast cooling; Kühlung durch natürlichen Ölumlauf mit zusätzlicher Anblasekühlung) / OB (oil natural/air-blast cooling)

oben *adv* (im Betrachtungssystem) / above *adv*, up *adv* || **nach ~** (Bewegung) / upwards *adv*

Obenprobe *f* / top sample

ober·es Abmaß / upper deviation || **~e Bemessungs-Grenzfrequenz** (Schreiber) / rated upper limit of frequency response || **~e Bereichsgrenze** (Signal, DIN IEC 381) / upper limit (IEC 381) || **~e Entscheidungsgrenze** (QS) / upper control limit || **~e Explosionsgrenze (OEG)** (E VDE 0165, T.102) / upper explosive limit (UEL) || **~e Gefahrengrenze** (Leitt.) / upper alarm limit || **~e Grenzabweichung** (QS; DIN 55350,T.12) / upper limiting deviation || **~e Grenze des Vertrauensbereichs** / upper confidence limit || **~e Grenzfrequenz des Proportionalverhaltens** / high-frequency cut-off of proportional action || **~es Grenzmaß** / high limit of size, upper limit || **~er Grenzwert** (QS) / upper (o. maximum) limiting value || **~er Grenzwert des Nenn-Gebrauchsbereichs** / upper limit of nominal range of use || **~er halbräumlicher Lichtstrom** / upward flux, upper hemispherical luminous flux || **~e Kriechdrehzahl** / high creep speed || **~e Lagerhälfte** / top half-bearing || **~e Lagerschalenhälfte** / top half-shell || **~er Leistungsbereich** (elST-Geräte) / high performance level || **~er Schaltpunkt** / upper limit (value) || **~er Schaltpunkt** (Reg.) / higher switching value || **~er Stoßpegel** / upper impulse insulation level, chopped-wave impulse insulation level, chopped-wave impulse level || **~e Toleranzgrenze** / upper tolerance limit || **~e Toleranzgrenze** (QS) (s. oberer Grenzwert) || **~er Totpunkt (OT)** (Kfz-Mot.) / top dead centre (TDC) || **~er Totpunktmarkensensor** (OT-Sensor) / TDC sensor || **~e Warngrenze** (PLT) / upper warning limit

Oberarm *m* (Rob.) / upper arm

Oberbegriff *m* / generic term

Oberbeleuchtung *f* / overhead lighting

Oberdeckmotor (s. deckwassergeschützter Motor)

Oberfeld (s. Oberwellenfeld)

Oberflächen·band *n* (HL) / surface band || **²-Bearbeitungszeichen** *n* / surface finish symbol, finish mark || **²behandlung** *f* / surface treatment || **~belüftete Maschine** / totally enclosed fan-cooled machine, t.e.f.c. machine, fan-cooled machine, frame-cooled machine, ventilated-frame machine || **²belüftung** *f* / surface ventilation

Oberflächenbestückung, Bauelement für ² /

surface-mounting device (SMD)
Oberflächen-Blindwiderstand *m* / surface reactance || **≗dichte des Stroms** / surface current density || **≗einheit** *f* / unit area, unit surface || **≗entladung** *f* / surface discharge || **≗erder** *m* / conductor earth electrode, strip electrode, conductor electrode || **≗fehler** *m* / surface imperfection || **≗feldstärke** *f* / surface field intensity || **≗fühler** *m* / surface sensor (o. probe) || **~gasdicht** *adj* / gas-tight *adj*, sealed *adj* || **~gekühlter Motor** / totally enclosed fan-cooled motor, t.e.f.c. motor, fan-cooled motor, frame-cooled motor, fan-cooled air-over motor, ventilated-frame motor
Oberflächenglanz *m* (auf Papier o. Pappe) / glaze *n*
Oberflächen·güte *f* / surface quality, quality of surface finish || **≗-Gütezeichen** *n* / surface quality symbol || **≗-Isolationswiderstand** *m* / surface insulation resistance || **≗kanal** *m* (Ladungsverschiebeschaltung) / surface channel (CTD) || **≗koppelung** *f* (LWL) / surface coupling || **≗kühlung** *f* (s.a. „oberflächengekühlte Maschine") / surface cooling, surface ventilation || **≗ladung** *f* / surface charge || **≗ladungsdichte** *f* / surface charge density || **≗ladungstransistor** *m* / surface-charged transistor (SCT) || **≗leckstrom** *m* / surface leakage current || **≗leitung** *f* / surface conduction || **≗-Leitwert** *m* / surface conductance || **≗marken** *f pl* (Flp.) / surface markings || **~montierbares Bauelement** / surface-mounting device (SMD) || **≗niveau** *n* (HL) / surface level || **≗passivierung** *f* / surface passivation || **≗rauheit** *f* / surface roughness *n*, surface texture || **≗rauhtiefe** *f* / peak-to-valley height, height of cusp || **≗reaktanz** *f* / surface reactance || **≗reibung** *f* / skin friction, surface friction || **≗-Reibungsverluste** *m pl* (el. Masch.) / windage loss || **≗rekombination** *f* (HL) / surface recombination || **≗-Rekombinationsgeschwindigkeit** *f* / surface recombination velocity || **≗riß** *m* / surface crack || **≗schicht** *f* (Fremdschicht) / surface layer || **≗-Schlußbearbeitung** *f* / surface finishing, finishing *n* || **≗schnitt** *m* (DIN 4760) / surface section || **≗schutz** *m* / surface protective coating || **≗segment** *n* (CAD) / surface patch || **≗spannung** *f* / surface tension || **≗spiegel** *m* / front-surface mirror, first-surface mirror || **≗strom** *m* / surface current || **≗temperatur** *f* / surface temperature || **maximale ≗temperatur** / maximum safe temperature || **~trocken** *adj* (Anstrich) / surface-dry *adj*, print-free *adj* || **≗überschlag** *m* / surface flashover || **≗überzug** *m* / surface coating, sealing coat || **≗-Vergleichsnormal** *n* / standard surface || **~vergoldet** *adj* / gold-plated *adj* || **≗verluste** *m pl* (el. Masch.) / surface loss, loss due to slot harmonic fields, can loss || **≗-Wärmetauscher** *m* / surface-type heat exchanger || **≗welle** *f* / surface wave || **≗welligkeit** *f* / texture waviness, secondary texture waviness
Oberflächenwiderstand *m* / surface resistance, surface insulation resistance || **Prüfung des ≗s** (EN 50014) / insulation resistance test (EN 50014) || **spezifischer ≗** / surface resistivity, specific surface insulation resistance
oberflächlich·e Rißbildung / checking *n* || **Beständigkeit gegen ~e Beschädigungen** / mar resistance
oberirdische Leitung / overhead line, overhead power transmission line, open line
Oberkante *f* / top edge, upper edge || **≗** (Bahnschiene) / top *n* (of rail)
Oberlager *n* (a. EZ) / top bearing, upper bearing
Oberlänge *f* (Buchstabe) / ascender *n*
Oberleitung *f* / overhead line (o. system) || **≗** (Fahrleitung) / overhead contact line, overhead traction wire, overhead trolley wire
Oberlicht *n* / skylight *n*, rooflight *n*, overhead light || **≗** (Bühne) / border light || **≗rampe** *f* / overhead lighting batten
Obermotor *m* (Walzwerk) / top-roll motor, upper motor
Oberrahmen *m* (Trafo) / top frame, upper end frame
Oberschale *f* (Lg.) / top bearing shell, top shell half, top shell
Oberschicht *f* (Wickl.) / top layer, outer layer
Oberschwingung *f* / harmonic *n*, harmonic component
Oberschwingungs·analysator *m* / harmonics analyzer, wave analyzer, Fourier analyzer || **≗anteil** *m* / harmonic component, harmonic content || **≗anteile** (s. Summe der Oberschwingungen) || **≗feld** *n* / harmonic field || **≗gehalt** *m* (Klirrfaktor, VDE 0838, T.1) / total harmonic distortion (THD) || **Ermittlung des ≗gehalts** / harmonic test || **≗kompensation** *f* / harmonic compensation, harmonic suppression || **≗leistung** *f* / harmonic power, distortive power || **≗-Meßgerät** *n* / harmonic analyzer, wave analyzer || **≗quarz** *n* / overtone-mode crystal || **≗spannung** *f* / voltage harmonic content, harmonic e.m.f., harmonic voltage || **≗spektrum** *n* / harmonic spectrum, harmonic components || **≗strom (OS-Strom)** *m* / harmonic current || **≗verhältnis** *n* (VDE 0838, T.1) / harmonic ratio || **≗-Zusatzverluste** *m pl* / harmonic loss, higher-frequency stray-load loss
Oberspannung (OS) (Trafo) *f* / high voltage, higher voltage, high tension || **≗** (mech.) / maximum stress || **Grenzlinie der ≗** (mech.) / maximum stress limit
Oberspannungs·anschluß *m* / h.v. terminal || **≗anzapfung (OS-Anzapfung)** *f* / h.v. tap(ping) || **≗durchführung** *f* / h.v. bushing || **≗klemme** *f* / h.v. terminal || **≗kondensator** *m* (kapazitiver Spannungsteiler) / high-voltage capacitor || **≗-Kondensatordurchführung (OS-Kondensatordurchführung)** *f* / h.v. condenser bushing || **≗seite** *f* / h.v. side, high side, h.v. circuit || **~seitig** *adj* / on high-voltage side, in high-voltage circuit, high-voltage *adj* || **≗-Stammwicklung** *f* / h.v. main winding || **≗-Sternpunktdurchführung (OS-Mp-Durchführung)** *f* / h.v. neutral bushing || **≗-Stufenwicklung** *f* / h.v tapped winding, h.v. regulating winding || **≗wicklung (OS-Wicklung)** *f* / h.v. winding, higher-voltage winding
oberste Ölschicht (Trafo) / top oil
Oberstab *m* (Wickl.) / top bar, outer bar
oberständiger Generator / overtype generator
Oberstrom (s. Oberschwingungsstrom)
Oberteil *n* (Ventil) / bonnet *n*
Oberwasser (OW) *n* / headwater *n*, head race
oberwasserseitig *adj* / on headwater side, upstream *adj*
Oberwelle *f* / harmonic *n*, harmonic wave || **≗** (s.

Oberschwingung) || ≗ **des Strombelags** / m.m.f. harmonic || ≗ **dritter Ordnung** / third harmonic, triplen *n* || **Anteil an ≗n** / harmonic content

Oberwellen höherer Ordnung / high-order harmonics, harmonics of higher order, higher harmonics || ≗ **niedriger Ordnung** / low-order harmonics || ≗**analysator** *m* / harmonics analyzer, wave analyzer, Fourier analyzer || ≗**anteil** *m* / harmonic component, harmonic content || ≗-**Ausgangsleistung** *f* / harmonic output power || ≗-**Drehmoment** *n* / harmonic torque, distortive torque, parasitic torque, stray-load torque || ≗**echo** *n* / harmonic echo || ≗**feld** *n* / harmonic field || ≗**filter** *n* / harmonic filter, harmonic absorber, ripple filter || ~**frei** *adj* / harmonic-free *adj* || ≗**freiheit** *f* / freedom from harmonics || ≗**generator** *m* / harmonic generator || ≗**leistung** *f* / harmonic power, distortive power || ≗**moment** (s. Oberwellen-Drehmoment) || ≗**sieb** (s. Oberwellenfilter) || ≗**spannung** *f* / harmonic m.m.f., harmonic voltage, voltage harmonic content, ripple voltage || ≗**sperre** *f* / harmonic suppressor, harmonic absorber || ≗**stabilisierung** *f* (Schutz) / harmonic restraint || ≗-**Streufaktor** *m* / harmonic leakage factor || ≗**streuung** *f* (s.a. „doppelt verkettete Streuung" u. „Spaltstreuung") / harmonic leakage || **Reaktanz der ≗streuung** / harmonic leakage reactance || ≗**strom** (s. Oberschwingungsstrom) || ≗**unterdrückung** *f* / harmonics suppression, harmonic control, harmonics neutralization, harmonic cancellation || ≗**verhältnis** *n* / harmonic ratio || ≗**verluste** *m pl* / harmonic loss || ≗**zerlegung** *f* / harmonic analysis || ≗-**Zusatzmoment** (s. Oberwellen-Drehmoment) || ≗-**Zusatzverluste** *m pl* / harmonic loss, higher-frequency stray-load loss

Oberwelligkeit *f* / harmonic content, ripple content

Oberwertkontakt *m* / upper-limit contact, "Maximum" contact

Objekt *n* (CAD, Zeichnungso.) / entity *n* || ≗ (DIN 4000,T.1) (s. Gegenstand) || ≗-**Boden-Potential** *n* (KKS) / structure-to-soil potential || ≗**codeprogramm** *n* / object code program, program in object code || ≗**erzeugung** *f* (CAD) / entity generation

Objektiv *n* / objective *n*, lens system

Objekt·leuchtdichte *f* / luminance of object || ≗**leuchte** *f* / spotlight *n*

obligatorisch *adj* / mandatory *adj*

OC-Kurve (s. Annahmekennlinie) || **50-%-Punkt der** ≗ / point of control

OCL (s. Hindernis-Freigrenze)

OCR (s. optische Zeichenerkennung) || ≗-**Handleser** *m* / hand-held OCR scanner

ODAF (oil directed air forced; Kühlung durch gezielte Ölführung und erzwungene Luftkühlung

ODER·-Abhängigkeit *f* / OR dependency, V-dependency *n* || ≗-**Aufspaltung** *f* (DIN 19237) / OR branch || ≗-**Baustein** *m* / OR function block, ORing block || ≗-**Eingang** *m* / OR input || ≗-**Eingangsstufe** *f* / OR input converter || ≗-**Funktion** *f* / OR function

ODER-Glied *n* / OR element, OR *n* || ≗ **mit negiertem Ausgang** / OR with negated output, NOR *n* || ≗ **mit negiertem Sperreingang** / OR with negated inhibiting input || ≗ **mit Sperreingang** / OR with inhibiting input

ODER·-Matrix *f* / OR matrix || ≗-**NICHT-Verknüpfung** *f* / NOR logic, negated OR operation, NOR gate || ≗-**Operator** *m* / OR operator

Oder-Schaltung *f* / OR element, OR gate

ODER·-verknüpfte Worterkennung / OR'd word recognition || ≗-**Verknüpfung** *f* / OR operation, OR logic, ORing *n* || ≗-**Verknüpfungsfunktion** *f* / OR binary gating operation || ≗-**Verzweigung** (s. ODER-Aufspaltung) || ≗-**Vorsatz** *m* (elST, m. Diode) / diode OR input gate || ≗-**vor-UND-Verknüpfung** *f* / OR-before-AND logic

OEG (s. obere Explosionsgrenze)

OFAF (oil-forced, air-forced; erzwungene Öl- und Luftkühlung) / OFAF (oil-forced, air-forced cooling)

OFB (forced-oil/air-blast cooling; Öl-Zwangskühlung mit Anblasekühlung) / OFB (forced-oil/air-blast cooling)

Ofentransformator *m* / furnace transformer, arc furnace transformer

offen·e Ankerwicklung / open-coil armature winding, open-circuit armature winding || ~**e Ausführung** / open type, non-enclosed type, open-type of construction || ~**er Ausgang** / open-circuit output || ~**e Bauform** (SK, VDE 0660, T.500) / open-type assembly (IEC 439-1) || ~**e Brückenschaltung** / open bridge connection || ~**e Dämpferwicklung** / non-connected damper winding || ~**e Drehstrom-Brückenschaltung** / open three-phase bridge connection || ~**e Dreieckschaltung** / open delta connection, V-connection *n* || ~**e Heizungsanlage** / open type heating system || ~**e Installation** (Leitungsverlegung) / exposed wiring || ~**es Kommunikationssystem** / open system (ISO 7498) || ~**er Kreis** (Steuerkreis ohne Rückführung) / open loop || ~**er Kreislauf** / open circuit, open cycle || ~**er Kühlkreis** / open cooling circuit || ~**e Leitungsverlegung** / exposed wiring || ~**e Leitungsverlegung mit Schellenbefestigung** / cleat wiring || ~**es Licht** / naked light || ~**e Maschine** / open machine, open-type machine, non-protected machine || ~**e Regelschleife** / open loop || ~**e Schaltanlagen** / open-type switchgear || ~**e Schaltung** / open connection || ~**es Schütz** / open-type contactor, non-enclosed contactor || ~**e Sicherung** / open-wire fuse || ~**e Spule** / open-ended coil || ~**e Stellung** (s. geöffnete Stellung) || ~**er Sternpunkt** / open star point, open neutral point, open neutral || ~**er Trockentransformator** / non-enclosed dry-type transformer || ~**er Verstärker** / amplifier without feedback || ~**e Wicklung** / open winding || ~**e Wicklung** (abgeschaltete W.) / open-circuit winding || ~**er Wirkungsweg** (Steuerkreis) / open loop || ~**e Zelle** (Batt.) / open cell, open-type cell

Offener-Eingang-Effekt *m* / floating input effect

Offen-Stellung (s. geöffnete Stellung)

öffentlich·e Beleuchtung / public lighting || ~**es Fernsprechnetz** / public (switched) telephone network || ~**e Straße** / all-purpose road || ~**e Stromversorgung** / public electricity supply || ~**e Versorgungsbetriebe** / public services, public utilities (US) || ~**es Versorgungsunternehmen** / public supply undertaking, public utility company

|| ~es **Wählnetz** / public switched system
offenzelliger Schaumstoff / plastic sponge material, open-cell material
Off-line-Betrieb *m* / off-line operation (o. mode) || **≗-Rechnersteuerung** *f* / off-line computer control
Öffnen *n* (mechanisches SG) / opening operation
öffnende Temperatursicherung / normally closed thermal link (NCTL)
Öffner *m* (VDE 0660,T.200) / break contact, break contact element (IEC 337-1), b-contact, normally closed contact, NC contact || ≗ **mit Doppelunterbrechung** / double-gap break contact (element) || ≗ **mit Einfachunterbrechung** / single-gap break contact (element) || ≗ **mit zeitverzögerter Schließung** / break contact delayed on closing || **≗funktion** *f* (NS) / break function || **Ausgangskreis mit ~funktion** (Rel.; E VDE 0435, T.110) / output break circuit || **≗-vor-Schließer** *m* / break-before-make contact
Öffnung *f* (CAD) / aperture *n*
Öffnungs·begrenzer *m* (WKW) / load limiter || **≗bewegung** *f* (SG) / opening operation || **zwangsläufige ~bewegung** (VDE 0660, T.200) / positive opening operation, positive opening || **≗druck** *m* / opening pressure || **≗fehler** (Fokussierungsfehler) (s. sphärische Aberration) || **≗grad** *m* (Leerlaufsteller) / opening angle || **≗hub** *m* / opening stroke || **≗kegel** *m* (LWL) / acceptance cone || **≗kennlinie** (s. Ventilkennlinie) || **≗kontakt** (s. Öffner) || **≗schaltung** *f* (EZ) / break circuit, closed-circuit-to-reset arrangement || **≗temperatur** *f* / opening temperature || **≗unsicherheit** *f* (IS) / aperture uncertainty, aperture jitter || **≗verhältnis** *n* (Meßblende) / orifice ratio || **≗verzögerungszeit** *f* (IS) / aperture delay time || **≗verzug** *m* (von Befehlsgabe bis zum Beginn des Öffnens der Schaltstücke) / time to contact parting, contact parting time || **≗weg** *m* (Kontakte) / opening travel, parting travel || **≗weite** *f* (Kontakthülse) / maximum opening (contact tube)
Öffnungswinkel *m* (LWL) / acceptance angle || ≗ **der Einkopplung** (LWL) / launch numerical angle || **Strahl~** / beam angle || **Tür~** / door opening angle, door swing
Öffnungszeit *f* (LS, LSS; VDE 0660, VDE 0641) / opening time (IEC 50(441); ANSI C37.100) || ≗ (Auslösezeit) / tripping time || ≗ (IS) / aperture time
Öffnungszittern *n* / aperture jitter
Offset *n* (Versatz, DIN IEC 469, T.1) / offset *n* (IEC 469-1) || **≗-Fehler des Abtast-Halte-Verstärkers** / sample-to-hold offset error || **≗spannung** (s. Fehlspannung)
OFWF (forced-oil/forced-water cooling; Kühlung durch erzwungenen Ölumlauf mit Öl-Wasserkühler) / OFWF (forced-oil/forced-water cooling)
Ohmmeter *n* / ohmmeter *n*
ohmsch *adj* / ohmic *adj*, resistive *adj* || **~e Beeinflussung** / resistive interference, conductive coupling || **~e Belastung** / resistive load, ohmic load, non-inductive load, non-reactive load, purely resistive load || **~e Erdschlußerfassung** / wattmetric earth-fault detection || **~e Gleichspannungsänderung** (LE) / resistive direct voltage regulation || **~e Komponente** / resistive component || **~er Kontakt** / ohmic contact || **~e Kopplung** / resistive coupling || **~e Last** (s. ohmsche Belastung) || **~er Shunt** / shunt resistor, diverter resistor, shunt *n* || **~er Spannungsabfall** / ohmic voltage drop, IR drop, ohmic drop, resistance drop || **~er Spannungsfall** (Trafo, VDE 0532, T.1) / resistance voltage (IEC 76-1) || **~er Spannungsteiler** / potentiometer-type resistor || **~er Streuspannungsabfall** / resistance voltage drop || **~er Stromkreis** / resistive circuit || **~er Teiler** / resistor divider, resistive volt ratio box || **~er Verlust** / I^2R loss, ohmic loss, resistance loss || **~e Verluste** / ohmic loss || **~er Widerstand** / ohmic resistance, resistance *n* || **~er Widerstand des Mitsystems** / positive phase-sequence resistance, positive-sequence resistance
Ohm-Wert *m* / Ohm-value *n*, ohmage *n*, resistance value
ohne Bewertung (Bedingung, unter der das Eingangssignal auf einen Kanal für einen bestimmten Zweck nicht berücksichtigt wird) / don't care (DC) || ~ **Unterbrechung schaltend** / bridging (contact) operation || ~ **Unterbrechung schaltende Kontakte** / bridging contacts
Oilostatic-Kabel *n* (Hochdruck-Ölkabel im Stahlrohr) / oilostatic cable
Oktal·zahl *f* / octal number || **≗ziffer** *f* / octal digit
Oktav·mittenfrequenz *f* / octave mid frequency, midfrequency of octave band, octave centre frequency || **≗-Schalldruckpegel** *m* / octave sound-pressure level
Oktettreihung *f* / octet string
Oktode *f* / octode *n*
Öl, in ~ schaltend / oil-break *adj*, oil-immersed break
Ölabfluß *m* / oil discharge, oil outlet, oil drain
Öl·ablaß *m* / oil drain, oil outlet || **≗ablaßbohrung** *f* / oil discharge hole (o. port) || **≗ablaßhahn** *m* / oil drain cock, oil drain valve || **≗ablaßschraube** *f* / oil drain plug || **≗ablaßventil** *n* / oil drain valve || **≗ablaßvorrichtung** *f* / oil drain device, oil drain || **≗ablaufbohrung** *f* / oil drain hole || **≗absaugvorrichtung** *f* / oil extraction device || **≗abschluß** *m* (Trafo) / tank-and-conservator system, oil seal, (method of) oil preservation || **≗abstreifer** *m* / oil wiper, oil retainer || **≗anlasser** *m* / oil-cooled starter, oil-immersed starter || **≗anlaßwalze** *f* / oil-immersed drum starter
ölarmer Leistungsschalter / small-oil-volume circuit-breaker (s.o.v.c.b.), low-oil-content circuit-breaker, minimum-oil-content circuit breaker
Öl·aufbereitung *f* / oil treatment, oil conditioning || **≗aufbereitungsanlage** *f* / oil treatment plant (o. unit), oil conditioning equipment || **≗auffanggrube** *f* / oil sump || **≗auffangkammer** *f* / oil trap || **≗auffangwanne** *f* / oil sump, oil collecting trough || **≗aufnahme** *f* / oil absorption, oil absorption value, oil absorption number || **≗auge** *n* / oil gauge glass, gauge glass, oil sight glass || **≗ausdehnungsgefäß** / oil conservator, oil expansion vessel || **Stellmotor mit ~ausgleich** / balanced-flow servomotor || **≗auslaß** *m* / oil outlet, oil drain || **≗austausch** *m* / oil change || **≗austritt** *m* / oil discharge, oil outlet || **≗austritt** *m* (durch Leck) / oil leakage || **≗bad-Luftfilter** *n* /

oil-bath air filter || ≗**badschmierung** *f* / oil-bath lubrication, bath lubrication || ≗**belüfter** *m* / oil breather
ölbenetztes Filter / viscous filter, oil-wetted filter
Ölberieselung, Schmierung durch ~ / flood lubrication, cascade lubrication
Öl·beruhigungswand *f* / oil distributor || ~**beständig** *adj* / oil-resisting *adj*, resistant to oil || ≗**bremse** *f* / dashpot *n* || ≗**büchse** *f* / oil cup || ≗**dampf** *m* / oil vapour, oil fume
öldicht *adj* / oil-proof *adj*, oil-tight *adj* || ~**er Drucktaster** (VDE 0660,T.201) / oil-tight pushbutton (IEC 337-2)
Öl·dichtung *f* / oil seal || ≗**dichtungsring** *m* / oil sealing ring, oil retainer || ≗**drosselspule** *f* / oil-imersed reactor, oil-immersed type reactor (IEC 50(421)), oil-filled inductor
Öldruck·-Ausgleichsgefäß *n* (Kabel) / oil expansion tank, compensator *n* || ≗**kabel** *n* / oil pressure cable, pressure-assisted oil-filled cable || ≗**leitung** *f* / oil pressure line, oil pressure pipe || ≗**-Rohrkabel** *n* / oil-pressure pipe-type cable || ≗**wächter** *m* / oil-pressure switch
Öl·dunst *m* / oil vapour, oil fume || ≗**dunstabsaugung** *f* / oil vapour extraction, oil fume extraction || ≗**durchflußmenge** *f* / oil flow rate || ≗**einfüllflansch** *m* / oil filler flange || ≗**einfüllrohr** *n* / oil filler tube || ≗**einfüllschraube** *f* / oil-filler plug || ≗**einfüllstutzen** *m* / oil filler, oil-filling stub || ≗**einspritzschmierung** *f* / oil jet lubrication || ≗**entlüfter** *m* / oil breather
Öler *m* / oiler *n*, lubricator *n*, oil cup
Ölfang·kragen *m* / oil thrower, oil slinger, oil retaining collar || ≗**ring** *m* / oil retainer ring || ≗**schale** *f* / oil pan, oil tray, oil collecting tray || ≗**wanne** *f* / oil collecting trough
ölfest *adj* / oil-resisting *adj*, resistant to oil
Öl·film *m* / oil film || ≗**filter** *n* / oil filter || ≗**filterkühler** *m* / combined oil filter and cooler || ≗**förderbohrung** *f* / oil-pumping hole || ≗**förderpumpe** *f* / oil pump || ≗**förderscheibe** *f* / disc oiler, oiling disc
ölgefüllt *adj* / oil-filled *adj*, oil-immersed *adj* || ~**er Transformator** (s. Öltransformator)
ölgekühlt *adj* / oil-cooled *adj* || ~ (Trafo) / oil-immersed *adj* || ~**er Motorstarter** *m* / oil-cooled starter, oil-immersed starter
öl·geschwängerte Luft / oil-laden air || ~**gesteuerter Regler** / oil-relayed governor || ~**getränkt** *adj* / oil-impregnated *adj*, oil-saturated *adj* || ≗**gewicht** *n* (Trafo) / mass of (insulating) oil || ≗**-Hochdruck-Kabel** *n* / high-pressure oil-filled cable
Öligkeit *f* / oiliness *n*
ölimprägniertes Papier / oil-impregnated paper
Öl·inhalt *m* / oil content, oil volume, oil filling || ~**isoliert** *adj* / oil-insulated *adj*, oil-immersed *adj*, oil-filled *adj* || ≗**kabel** *n* / oil-filled cable || ≗**kammer** *f* / oil-well *n* || ≗**kanal** *m* / oil duct, oil channel, oil flute || ≗**kanal** *m* (Kfz) / main gallery || ≗**kapselung „o"** (EN 50015) *f* / oil immersion "o" || ≗**kesselschalter** (s. Kessel-Ölschalter) || ≗**kochprobe** *f* / boiling-oil penetrant inspection, oil-and-whiting inspection, liquid-penetrant test || ≗**kohlebildung** *f* / carbonized-oil formation || ≗**kondensator** *m* / oil-impregnated capacitor || ≗**kühler** *m* / oil cooler || ≗**lager** *n* / oil-lubricated bearing || ≗**-Leistungsschalter** *m* / oil circuit-breaker, oil power circuit-breaker, oil-break circuit-breaker, oil-immersed breaker || ≗**leitblech** *n* / oil baffle || ≗**leitring** *m* / oil retainer || ≗**leitung** *f* / oil tubing, oil line || ≗**-Luft-Kühler** *m* / oil-to-air heat exchanger, oil-to-air cooler || ≗**-Luft-Wärmetauscher** *m* / oil-to-air heat exchanger || ≗**menge** *f* (stehend) / oil quantity, oil volume || ≗**menge** *f* (Durchflußmenge) / rate of oil flow, oil flow rate, oil rate || ≗**mengen-Reduzierventil** *n* / oil-flow regulating valve || ≗**meßstab** *m* / dipstick *n*
ölmodifiziert *adj* / oil-modified *adj*
Öl·nebel *m* / oil mist, oil spray || ≗**nebelschmierung** *f* / oil-mist lubrication || ≗**nut** *f* (Lg.) / oil groove, oil flute || ≗**papier** *n* / oil-impregnated paper || ≗**-Papier-Dielektrikum** *n* / oil-impregnated paper dielectric, oil-paper dielectric || ~**papierisoliert** *adj* / oil-paper-insulated *adj*, insulated with oil-impregnated paper || ≗**preßpumpe** *f* (Lg.) / oil-lift pump, oil jacking pump, jacking pump || ≗**-Preßspan-Dielektrikum** *n* / oil-pressboard dielectric || ≗**preßverfahren** (s. Druckölverfahren) || ≗**probe** *f* / oil sample || ≗**probe** (s. Ölkochprobe) || ≗**probenentnahme** *f* / oil sampling || ≗**probenentnahmeventil** *n* / oil sampling valve || ≗**probenventil** *n* / oil sampling valve || ≗**-Prüftransformator** *m* / oil-immersed testing transformer || ≗**pumpe** *f* / oil pump, lubricating-oil pump, lubricating pump || ≗**rauch** *m* / oil smoke || ≗**raum** *m* (Lg.) / oil well, oil reservoir || ≗**reinigungsanlage** *f* / oil purifying equipment, oil purifier, oil conditioning plant || ≗**ringschmierung** *f* / oil-ring lubrication, ring lubrication || **Lager mit** ~**ringschmierung** / oil-ring-lubricated bearing, ring-lubricated bearing || ≗**-Rohrdruckkabel** *n* / oil-filled pipe-type cable || ≗**rückkühler** *m* / oil cooler || ≗**rückkühlung** *f* / oil cooling || ≗**rücklauf** *m* / oil return || ≗**rücklaufleitung** *f* / oil return line || ≗**rückstände** *m pl* / oil residues || ≗**sammelgrube** *f* / oil collecting pit, oil sump || ≗**sammelnut** *f* / oil collecting groove, oil collecting flute || ≗**säule** *f* / oil column || ≗**schalter** *m* (LS) / oil circuit-breaker, oil power circuit-breaker, oil-break circuit-breaker, oil-immersed breaker || ≗**schauglas** *n* / oil sight glass, oil-level sight glass, oil-level gauge glass, oil gauge || **unterste** ~**schicht** (Trafo) / bottom oil || ≗**schlamm** *m* / oil sludge, oily deposit || ≗**schleuderring** *m* / oil thrower, oil slinger, flinger *n* || ≗**schlitz** *m* / oil duct, oil port || ≗**schmierung** *f* / oil lubrication || ≗**-Schnell-Lastumschalter** *m* (Trafo) / oil-filled spring-operated diverter switch, oil-filled high-speed diverter switch || ≗**schutzwand** *f* / oil retaining wall || ≗**schwall** *m* / oil surge || ≗**schwenktaster** *m* / oil-immersed twist switch || ≗**schwingung** *f* / oil whip || ≗**senke** *f* (EZ) / oil cone || ≗**sichttopf** *m* / oil-leakage indicating pot, oil sight glass || ≗**sieb** *n* / oil strainer || ≗**sorte** *f* / oil grade || ≗**sperre** *f* / oil barrier || ≗**spiegel** *m* / oil level || ≗**stand** *m* / oil level || ≗**standsanzeiger** *m* / oil level indicator, oil level gauge, oil gauge || ≗**standsauge** *n* / oil-level lens || ≗**standsglas** *n* (s.a. „Ölstandanzeiger") / oil gauge glass || ≗**standsmarke** *f* / oil level mark || ≗**standsmelder** *m* / oil level monitor || ≗**stand-Warnkontakt** *m* / oil level alarm contact || ≗**steignut** *f* / oil feed groove || ≗**stein** *m* / oilstone *n*

|| ²strahler *m*(Lg.) / oil injector || ²strahlschmierung *f* / oil splash lubrication || ²strom *m* / oil flow || ²strom *m*(l/min) / oil flow rate

Ölströmung, natürliche ~ / natural oil flow (o. circulation)

Ölströmungs·anzeiger *m* / oil flow indicator || ²melder *m* / oil flow indicator || ²schalter *m* / oil-blast circuit-breaker || ²wächter *m* / oil-flow monitor (o. indicator)

Öl·stutzen *m* / oil filler || ²sumpf *m* / oil sump || ²tasche *f*(Lg.) / oil distribution groove, oil flute || ²tauchschmierung *f* / oil splash lubrication || ²topf *m* / oil pot, oil reservoir

Öltransformator *m* / oil-immersed transformer, oil-imersed type transformer (IEC 50(421)), oil-filled transformer, oil-insulated transformer || ² **mit erzwungener Ölkühlung und Wasser-Öl-Kühler** (Kühlungsart FOW) / oil-immersed forced-oil-cooled transformer with forced-water cooler (Class FOW) || ² **mit erzwungener Ölkühlung mit Öl-Luftkühler** (Kühlungsart FOA) / oil-immersed forced-oil-cooled transformer with forced-air cooler (Class FOA) || ² **mit natürlicher Luftkühlung** / oil-immersed self-cooled transformer (Class OA) || ² **mit natürlicher Öl-Luftkühlung und zweistufiger erzwungener Luftkühlung** (Kühlungsart OA/FA/FA; Transformator mit 3 Leistungsstufen) / oil-immersed self-cooled/forced-air-cooled/forced-air-cooled transformer (Class OA/FA/FA) || ² **mit Selbstkühlung und zweistufiger Luft- und Öl-Luftkühlung** (Kühlungsart OA/FA/FOA; Transformator mit 3 Leistungsstufen) / oil-immersed self-cooled/forced-air-cooled/forced-oil-cooled transformer (Class OA/FA/FOA) || ² **mit Selbstkühlung und zweistufiger erzwungener Öl- und Luftkühlung FOA/FOA/FOA)/(Kühlungsart OA/FOA/FOA; Transformator mit 3 Leistungsstufen)** / oil-immersed self-cooled/forced-air, forced-oil-cooled/forced-air, forced-oil-cooled transformer (Class OA/FOA/FOA || ² **mit Selbstkühlung und zusätzlicher Zwangskühlung durch Luft** (Kühlungsart OA/FA) / oil-immersed self-cooled/forced-air-cooled transformer (Class OA/FA) || ² **mit Wasserkühlung** (Kühlungsart OW) / oil-immersed water-cooled transformer (Class OW) || ² **mit Wasserkühlung und Selbstkühlung durch Luft** (Kühlungsart OW/A) / oil-immersed water-cooled/self-cooled transformer (Class OW/A) || ² **mit Wasserkühlung und Ölumlauf** (Kühlungsart FOW) / oil-immersed forced-oil-cooled transformer with forced-water cooler (Class FOW) || **selbstgekühlter** ~ (Kühlungsart OA) / oil-immersed self-cooled transformer (Class OA)

Öl·trocknung *f* / oil drying || ²trocknungsanlage **(OTA)** *f* / oil drying system || ²trocknungs- und **Entgasungsanlage** *f* / oil drying and degassing system || ²tropfapparat (s. Tropföler) || ²übertemperatur *f* / temperature rise of oil || ²übertemperatur in der obersten Schicht / top oil temperature rise

Ölumlauf *m* / oil circulation || **Wasserkühlung mit** ~ / forced-oil water cooling || ²filter *n m* / circulating-oil filter || ²pumpe *f* / oil circulating pump, forced-oil pump || ²schmierung *f* / circulating-oil lubrication, forced oil lubrication, forced-circulation oil lubrication, closed-circuit lubrication, circulatory lubrication || ²-**Wasserkühlung** *f*(OUW-Kühlung) / closed-circuit oil-water cooling (COW)

Ölumwälzung *f* / oil circulation

öl- und schneidflüssigkeitsdichter Drucktaster (VDE 0660,T.201) / oil- and cutting-fluid-tight pushbutton (IEC 337-2)

Öl·verdrängung *f* / oil displacement || ²verschmutzung *f* / oil contamination || ²verteilernut *f* / oil distributing flute, oil distributing groove || ²vorlage *f* / head of oil, oil seal || ²vorlauf *m* / oil supply (circuit) || ²walze *f* / oil-immersed drum controller || ²wanne *f* / oil tray, oil pan || ²wanne *f*(Trafo) / oil sump || ²-**Wasserkühler** *m* / oil-to-water cooler || ²-**Wasser-Wärmetauscher** *m* / oil-to-water heat exchanger || ²wechsel *m* / oil change || ²zahl *f* / oil absorption value, oil absorption number || ²-**Zellulose-Dielektrikum** *n* / oil-cellulose dielectric || ²zersetzung *f* / oil decomposition || ²zufluß *m* / oil inlet, oil supply tube || ²zuflußkanal *m* / oil inlet duct, oil supply duct || ²zulauf *m* / oil inlet, oil supply (connection) || ²zuleitung *f* / oil supply line, oil supply tube (o. pipe) || ²-**Zwangsumlauf** *m* / forced-oil circulation

OMK (s. Voreinflugzeichen)

Omnibus-Konfiguration *f*(FWT) / omnibus configuration

ONAF (oil-natural, air-forced; natürliche Ölkühlung mit erzwungener Luftkühlung) / ONAF (oil-natural, air-forced cooling)

ONAN (oil-natural, air-natural cooling; natürliche Öl- und Luftkühlung) / ONAN (oil-natural, air-natural cooling)

On-line·-Betrieb *m* / on-line operation (o. mode) || ²-**Prozeßgaschromatograph** *m* / on-line process gas chromatograph || ²-**Rechnersteuerung** *f* / on-line computer control

Opal·glas *n* / opal glass || ²glaskolben *m* / opal bulb || ²lampe *f* / opal lamp || ~**überfangen** *adj* / flashed-opal *adj*

Operand *m* / operand *n* || ² (Parameter) / parameter *n* || ² (s. Steuerungsanweisung)

Operanden·bereich *m* / operand area || ²kennzeichen *n* / operand identifier || ²teil *m* (DIN 19237) / operand field, operand part

Operations·ausführung *f* / operation execution || ²-**Befehlswort** *n* / operation command word (OCW) || ²charakteristik *f*(DIN 55350, T.31) / operating characteristic curve || ²code *m* / operation code, opcode *n* || ²code-Decoder *m* / operations code decoder, opcode decoder

Operationsleuchte *f* / surgical luminaire

Operations·pfad *m*(DIN 40042) / operation path || ²teil *m*(Teil eines Befehlsworts o. einer Steuerungsanweisung, DIN 44300 u. 19237) / operation part || ²übersicht *f*(PC) / summary (o. overview) of operations || ²verstärker **(OPV)** *m* / operational amplifier (OPA) || ²verstärker mit **einstellbarer Vorwärtssteilheit** / operational transconductance amplifier (OTA) || ²vorrat *m* / operation set, operation repertoire || ²zahl *f* /

operation number || ²**zeit** *f*(DV, PC) / operation execution time, statement (o. instruction) execution time || ²**zeit** *f*(NC) / action time, processing time
operativer Regelkreis (logistischer R.) / logistic control loop
Operator *m* (eine Operation beschreibendes Symbol) / operator *n* || ² (Math.) / operator *n*, complexor *m*, phasor *m* || ² (s. Bediener)
Operatoren·rechnung *f* / operator calculus
Operatorimpedanz *f* / operational impedance
Optik *f* / optics *plt* || ² (Linsensystem) / optical system || **Rückstrahl~** / retro-reflecting optical unit
optimal·e Ausgangsleistung (ESR) / optimum output power || **~er Belastungswiderstand** (Halleffekt-Element, DIN 41863) / optimum load resistance (IEC 147-0C) || **~e Regelung und Steuerung** / optimal control
Optimalfarbe *f* / optimal colour stimulus
optimieren *v* / optimize *v*
Optimierung *f* / optimization *n*
optisch·er Abgriff / optical sensor, optical scanner || **~e Abtastung** / optical scanning || **~er Codierer** / optical encoder || **~e Dichte** / transmission density, transmission optical density || **~e Dichte bei Reflexion** / reflection optical density || **~es Gitter** / optical grating || **~e Gleitweganzeige** (VASIS) / visual approach slope indicator system (VASIS) || **~e Hervorhebung** / visual emphasizing || **~e Hilfen** / visual aids || **~er Impulsgeber** / optoelectronic impulsing transmitter || **~es Impulsreflektometer** / optical time-domain reflectometer || **~er Isolator** / optical isolator, opto-isolator *n*, opto-coupler *n* || **~e Kontrolle** (s. Sichtkontrolle) || **~er Koppler** / optical coupler, optocoupler *n*, optical isolator || **~es Lokalbereichsnetz** / fibre-optic local-area network || **~e Markierung** / visual marking || **~e Meldung** / visual indication || **~er Näherungsschalter** / photoelectric proximity switch || **~er Nutzeffekt** / optical efficiency || **~es Pyrometer** / optical pyrometer, disappearing-filament pyrometer, brightness pyrometer || **~e Qualitätskontrolle** / optical quality control || **~er Raster** / optical grating || **~er Rauchmelder** / optical smoke detector || **~er Sensor** / optical sensor, vision sensor, robot optical sensor (ROS) || **~es Signal** (s. visuelles Signal) || **~e Spannungsmessung** / optical strain measurement || **~e Täuschung** / visual illusion, optical illusion || **~es Vermessen** (NC) / optical gauging || **~e Weglänge** / optical path length || **~er Wirkungsgrad** / optical light output ratio, optical efficiency || **~e Zeichenerkennung (OCR)** / optical character recognition (OCR)
optoelektrischer Wandler / optoelectric receiver
Optoelektronik *f* / optoelectronics *plt*
optoelektronisch·es Koppelelement / optocoupler *n*, optical coupler, optical isolator || **~e Sicherungsüberwachung** / optoelectronic fuse monitor
Optokoppler *m* / optocoupler *n*, optical coupler, optical isolator
OPV (s. Operationsverstärker)
Orangelinie *f* / orange boundary
Ordinalmerkmal *n* (Statistik, QS; DIN 55350, T.12) / ordinal characteristic
Ordinate *f* / ordinate *n*
ordnen *v* (PC, Programmbausteine) / sort *v*
Ordnung *f* (a. DV) / order *n*
Ordnungs·zahl *f* / ordinal number || ²**zahl** *f* (Chem.) / atomic number || ²**zahl der Oberschwingung** / harmonic number, order of harmonic component, harmonic order, mode number || ²**ziffer** *f* (EN 50005) / sequence number (EN 50005), identification number || ²**ziffer** *f* (f. Kontakte) / contact designator
ORE (s. Landebahnverlängerung-Randbefeuerung)
ORG (s. Organisationsprogramm)
Organisationsbaustein (OB) (PC) *m* / organization(al) block (OB), executive block (EB) || ²**-Aufruf** *m* (PC) / organizational block call
Organisationsprogramm (ORG) *n* / executive control program, executive program
organisatorisch·er Aufruf / executive call routine || **~e Ausfallrate** / organizational failure rate || **~e Funktion** (PC) / organizational function, executive function || **~e Operation** (PC) / organizational operation, executive operation || **~e Sicherheitsmaßnahmen** (VDE 0837) / administrative control (IEC 825)
organisch·es Chip / bio-chip *n* || **~er Ester** / organic ester || **~e Isolierstoffe** / organic insulating materials
Organometallverbindung *f* / organometallic compound, metallocene *n*, metalorganic compound
orientierende Messung / rough measurement
orientiert·e Gerade (s. gerichtete Gerade) || **~er Halt** (NC) / oriented stop || **~er Spindel-Halt** (NC) / oriented spindle stop (ISO 1056)
Orientierung *f* (a. StV) / orientation *n* || ² **durch Verdrehen des Einsatzes** (StV) / orientation by alternative insert position
Orientierungs·beleuchtung *f* / pilot lighting || ²**interpolation** *f* (NC, Roboter) / orientation interpolation || ²**lampe** *f* / locating lamp, locator *n*, pilot light || ²**polarisation** *f* / molecular polarization, orientation polarization || ²**system** *n* (Flp.) / guidance system
Original *n* (Zeichnung) / original *n* (drawing) || **~breites Material** / full-width material || ²**sprache** *f* / source language
O-Ring *m* / O-ring *n*
Ornamentglas *n* (Leuchte) / decorative glass, figured glass
Ort *m* (DIN 40719,T.2) / location *n* (IEC 113-2), location of item || **geometrischer** ² / geometrical locus || **Prüf~** *m* (QS) / place of inspection || **Steuerung vor** ² / local control || ²**beton** *m* / in-situ concrete
Orten von Störungen / fault localization, fault tracing
Ort-Fern·-Umschalter *m* / local-remote selector (switch) || ²**-Umschaltung** *f* / local-remote changeover (o. selection)
Orthikon *n* / orthicon *n*
Orthoferrit *n* / orthoferrite *n*
Orthogonalitätsfehler *m* (Osz.) / orthogonality error
örtlich·e Bedingungen / local conditions, environmental conditions, environment *n* || **~e Berechtigung** (ZKS) (s. Ortsberechtigung) || **~e**

Betätigung / local control || ~**er Leitstand** / local control station || ~**es Niveau** (HL) / local level || ~**er Reserveschutz** (in der Station) / substation local back-up protection (IEC 50(448)), local back-up protection || ~**er Reserveschutz** (im Feld) / circuit local back-up protection (IEC 50(448)), local back-up protection || ~ **rückstellbarer Melder** (EN 54) / locally resettable detector || ~**e Schwerpunktverlagerung** / local mass eccentricity || ~**e Steuerung** / local control || ~**e technische Belüftung** (IEC 50(426)) / local artificial ventilation || ~**er Wert** (Welle) / local value

Orts·auflösung *f* / resolution *n*, high-sensitivity resolution || ²**batterie** *f* / local battery (LB) || ²**berechtigung** *f*(ZKS) / location authorization, authorization to enter a particular location || ²**beton** (s. Ortbeton) || ~**beweglich** *adj* / transportable *adj*, portable *adj*, mobile *adj* || ~**empfindlicher Detektor** / precision-sensitive detector (PSD) || ²**erde** *f* / building ground, station earth, chassis ground || ²**fahrbahn** *f* / service road (GB), frontage road (US)

ortsfest *adj* / stationary *adj*, permanently installed || ~**e Batterie** / stationary battery || ~**e Betriebsmittel** (VDE 0100, T.200) / stationary equipment (IEC 50(826)) || ~**e Büromaschine** / stationary office machine || ~**e elektrische Betriebsmittel** / stationary electrical equipment || ~**e elektrische Installation** / fixed electrical installation || ~**es Gerät** / stationary appliance, fixed apparatus || ~**e Leitung** (VDE 0100, T.200) / fixed wiring, permanently installed wiring || ~**e Leuchte** / fixed luminaire || ~**e Schaltgerätekombination** (VDE 0660, T.500) / stationary assembly (IEC 439-1) || ~**e Steckdose** / fixed socket-outlet, fixed receptacle || ~**er Transformator** / stationary transformer

Ortskennzeichen *n* (DIN 40719) / location designation (o. code)

Ortskennzeichnung, alphanumerische ² (DIN 40719, T.2) / alphanumeric location (IEC 113-2) || **numerische** ² (DIN 40719,T.2) / numeric location (IEC 113-2)

Ortskurve *f* / circle diagram, locus diagram || ² **des Frequenzganges** / frequency response locus, polar plot || **Nyquist-**² / Nyquist plot

Orts·leuchte *f*(Grubenl.) / face luminaire || ²**netz** *n* / secondary distribution network, urban network || ²**netzstation** *f* / secondary (unit) substation, h.v./l.v. transforming station || ²**netztransformator** *m* / distribution transformer

Ortssteuer·gerät *n* / local control station || ²**schalter** *m* / local control switch || ²**schrank** *m* / local control cabinet || ²**stelle** *f* / local control station

Ort·-Stahlbeton *m* / in-situ reinforced concrete || ²**steuerung** *f* / local control

Ortsumgehungsstraße *f* / ring road (GB), belt highway (US)

ortsveränderbare Schaltgerätekombination (VDE 0660, T.500) / movable assembly (IEC 439-1), transportable FBA

ortsveränderlich *adj* / portable *adj*, mobile *adj* || ~**e Betriebsmittel** (VDE 0100, T.200) / portable equipment (IEC 50(826)) || ~**e Büromaschine** / portable office machine || ~**e elektrische Betriebsmittel** / portable electrical equipment, movable electrical equipment || ~**es Gerät** (VDE 0700, T.1) / portable appliance (IEC 335-1) || ~**er Transformator** / transportable transformer (power transformer), portable transformer (small transformer, EN 60742) || ~**es Unterwerk** / mobile substation || ~**e Verteilungsleitung** (VDE 0168, T.1) / movable distribution cable (IEC 71.4)

Ortung *f*(Fehler, Erdschluß) / localization *n*, locating *n*

Ortungs·gerät *n* / locator *n*, detector *n* || ²**hilfen** *f pl* / aids to location

OS (s. Oberspannung) || ²**-Anzapfung** (s. Oberspannungsanzapfung)

Öse *f* / eye *n*, ring *n*, loop *n*

Ösen·mutter *f* / lifting eye nut, eye nut || ²**schraube** *f* / eye-bolt *n*, ring-bolt *n*, eyelet bolt

OSI (open systems interconnection - Kommunikation offener Systeme) || ²**-Betriebsmittel** *n pl* / OSI resources

OS-Kondensatordurchführung (s. Oberspannungs-Kondensatordurchführung)

Osmiumlampe *f* / osmium lamp

OS-Mp-Durchführung (s. Oberspannungs-Sternpunktdurchführung)

Ossannasches Kreisdiagramm / Ossanna's circle diagram

OS-Strom (s. Oberschwingungsstrom)

Ost-West-Verzerrung *f*(BSG) / horizontal distortion

OS-Wicklung (s. Oberspannungswicklung)

Oszillator *m* / oscillator *n* || ²**röhre mit ausgedehnter Wechselwirkung** / extended-interaction oscillator tube

oszillierend·er Linearmotor / linear oscillating motor (LOM) || ~**er Zähler** / oscillating meter

Oszillograph *m* / oscillograph *n*

Oszilloskop *n* / oscilloscope *n* || ² **mit radialer Ablenkung** / radial-deflecton oscilloscope || ²**-Röhre** *f* / cathode-ray tube (CRT)

OT (s. oberer Totpunkt)

OTA (s. Öltrocknungsanlage)

OT-Sensor *m* / OT sensor

O-Typ-Röhre *f* / O-type tube, linear-beam tube

OUW-Kühlung (s. Ölumlauf-Wasserkühlung)

Ovalität *f* / ellipticity *n* || ² (Unrundheit) / out-of-round *n*

Oval·leuchte *f*(Wandleuchte) / bulkhead luminaire, bulkhead unit || ²**rad-Durchflußmesser** *m* / oval-wheel flowmeter || ²**relais** *n* / oval-core relay || ²**rohr** *n*(IR) / oval conduit || ²**spiegelleuchte** *f* / oval specular reflector luminaire || ²**spule** *f* / oval coil

OW (s. Oberwasser) || ² (oil-water cooling; Wasserkühlung mit natürlichem Ölumlauf) / OW (oil-water cooling; water cooling with natural circulation of oil)

OW/A (oil-water/air cooling; Wasserkühlung mit natürlichem Öl- und Luftumlauf) / OW/A (oil-water/air cooling; water cooling with natural circulation of oil and air)

OW-Verzerrung (s. Ost-West-Verzerrung)

Oxidations·inhibitor *m* / oxydation inhibitor, anti-oxidant additive, anti-ageing dope, anti-oxidant *n* || ²**inhibitor** *m* / antioxydant *n*, oxydation inhibitor || ²**inhibitor** *m* / oxidation inhibitor, anti-oxidant additive, anti-ageing dope, anti-oxidant *n* ||

˜katalysator *m*(Kfz) / oxidation catalytic converter, oxidation catalyst || ˜stabilität *f* / oxidation stability
Oxid·isolation *f* / oxide isolation || **~isolierte Schaltung** / oxide-isolated circuit || **˜kathode** *f* / oxide cathode, oxide-coated cathode || **˜maskierung** *f* / oxide masking || **˜patina** *f* (Komm.) / oxide skin, oxide film, tan film || **˜schicht** *f* / oxide film, oxide layer || **˜schichtkathode** *f* / oxide-coated cathode, oxide cathode || **~verstärkter Verbundwerkstoff** / oxide-reinforced compound material
O-Zustand *m* / O state

P

„p" (Kennbuchstabe für „Überdruckkapselung", EN 50016) / "p" (classification letter for "pressurized apparatus", EN 50016)
P, nach ˜ schaltend / current-sourcing *adj*
P, nach ˜ schaltende Logik / current-sourcing logic
PA (s. Arbeitsdruck) || **˜** (s. Potentialausgleich)
PAA (s. Prozeßabbild der Ausgänge)
PA-Anschlußklemme *f* / terminal for potential equalizing circuit, bonding terminal
Paar *n*(StV) / mated set || **˜bildung** *f*(HL) / pair production, pair generation
paarig verseilte Adern / twisted-pair wires || **~ verseiltes Kabel** / paired cable, non-quadded cable
Paarlaufzeit *f*(IS) / pair delay
Paarung *f*(DIN 7182,T.1) / mating *n*
Paarungs·abmaß *n* / mating deviation, mating allowance || **˜maß** *n* / mating size
paarverseilt·es Kabel / paired cable, non-quadded cable
paarweise überlappt / overlapped in pairs
P-Abweichung *f* / P offset, proportional offset
PACCO-Schalter *m* / PACCO control switch, packet-type switch, rotary packet switch || **˜-Umschalter** *m* / packet-type selector switch
Packdorn *m*(Blechp.) / building bar, stacking mandrel
Packungsdichte *f* / packing density || **˜** (IS) / component density || **˜** (LWL) / packing fraction
Packungs·einheit *f* / packing unit
Packvorrichtung *f*(Blechp.) / building jig, core building frame, stacking frame
P-Ader *f* / P potential core
PAE (s. Prozeßabbild der Eingänge)
Pagodenspiegel *m*(Leuchte) / pagoda reflector
Paket *n*(Kern, Blechp.) / packet *n*, pack *n*, stack *n*, laminated core || **˜** (Daten u. Steuerbits) / packet *n* || **Ladungs~** / charge packet || **Programm~** / program package || **Schwingungs~** (sinusförmig amplitudenmodulierte Sinusschwingung) / sine beat || **˜aufrechnung** *f*(Datenpakete) / packet sequencing || **˜betriebsart** *f* / packet mode
Paketier-Depaketierung(seinrichtung)i *f (n)i* (Datenpakete)i / packet assembly/disassembly (PAD)
paketieren *v* / pack *v*, stack *v*
Paketierung *f*(Datenpakete) / packet assembly
Paket·schalter *m* / packet-type switch, rotary packet switch, ganged control switch, gang switch || **Kern in ˜schichtung** / pack-stacked core || **˜-Umschalter** *m* / packet-type selector switch || **~vermittelndes Datennetz** / packet switching data network || **˜vermittlung** *f* (Datenpakete) / packet switching || **˜vermittlungsprotokoll** *n*(DIN ISO 8208) / packet level protocol (PLP) || **˜vermittlungssystem** *n* / packet switching system (PSS)
PAL (s. Potentialausgleichsleiter)
Palette *f* / pallet *n*
Paletten·lager *n*(FFS) / pallet store, fixture store || **˜wechsel** *m* / pallet changing
Palettieren *n* / palleting *n*
PAM (s. Impulsamplitudenmodulation)
PAMAX (s. höchster Arbeitsdruck)
PAMIN (s. niedrigster Arbeitsdruck)
PAM-Schaltung *f* / PAM circuit (pulse amplitude modulation circuit)
Panchrongenerator *m* / panchronous generator
Paneelleuchte *f* / strip ceiling luminaire
Panik-Druckknopf *m* / panic button
Panne *f* / breakdown *n*, fault *n*, disturbance *n*
Panoramierung *f*(Kamera) / panning *n*, traversing *n*
Pantal *n* / wrought aluminium-manganese-silicon alloy
P-Anteil (s. Proportionalanteil)
Panzer·muffe (s. Panzerrohrmuffe) || **˜platte** *f*(Batt.) / iron-clad plate, tubular plate
Panzerrohr *n*(PVC) / hard PVC conduit || **˜** (IR) / heavy-gauge conduit, high-strength conduit, conduit for heavy mechanical stresses || **Kunststoff-˜** (IR) / heavy-gauge plastic conduit, high-strength plastic conduit || **Stahl-˜** / heavy-gauge steel conduit || **˜gewinde (Pg)** *n* / heavy-gauge conduit thread, conduit thread || **˜muffe** *f* / heavy-gauge conduit coupler
Papier *n* / paper *n* || **˜** (f. Schreiber) / chart paper, chart *n* || **˜ablage** *f*(Drucker) / (paper) stacker *n* || **˜ablagekorb** *m*(Drucker) / paper stacker || **˜antrieb** *m*(Schreiber) / chart driving mechanism || **˜auflage** *f*(Drucker) / paper support plate || **˜aufwickelwerk** *n*(Schreiber) / chart winding mechanism, chart take-up || **˜breite** *f*(Schreiber) / chart width || **˜chromatographie** *f* / paper chromatography || **˜decklage** *f* / paper top layer, paper facing || **˜einlage** *f*(IR) / paper liner || **˜geschwindigkeit** *f*(Schreiber) / chart speed || **˜-Haftmasseisolierung** *f* / mass-impregnated non-draining paper insulation || **˜-Harz-Laminat** *n* / resin-bonded paper
papierisoliert *adj* / paper-insulated *adj* || **~es Bleimantelkabel** / paper-insulated lead-sheathed cable, paper-insulated lead-covered cable (PILC cable)
papierkaschierter Kunststoff-Lochstreifen / paper-backed plastic tape
Papierklemmfeder *f*(Schreiber, EZ) / chart holding spring, chart clip
Papier·kondensator *m* / paper capacitor || **˜kopie** *f* („hard copy") / hard copy || **˜-Masse-Kabel** *n* / paper-insulated mass-impregnated cable || **˜pappe** *f* / paper board, board *n* || **˜pelz** *m* / paper fleece || **˜rolle** *f*(f. Drucker) / paper roll || **˜spannbügel** *m*(Schreiber, EZ) / chart tightening

roll || ≗**streifen** *m* / papertape *n* || ≗**transport** *m* (Drucker) / paper transport, paper feed || ≗**transportwalze** *f* (Schreiber, EZ) / chart feed roll, chart advancing roll || ≗-**Vorschubgeschwindigkeit** *f* (Schreiber) / chart speed || ≗**wickel** *m* / paper wrapper
PAPI-System (s. Präzisionsanflugwinkelsystem)
Pappe *f* / paper board, board *n*
Parabel·abschnitt *m* (NC) / parabolic span || ≗**interpolation** *f* (NC) / parabolic interpolation
Parabol·reflektor *m* / parabolic reflector || ≗**rinnenspiegel** *m* (Leuchte) / parabolic fluted reflector || ≗**spiegel** *m* (Leuchte) / parabolic specular reflector || ≗**spiegelkörper** *m* / parabolic reflector body || ≗**spiegellampe** *f* / parabolic specular reflector lamp
paraelektrisch *adj* / paraelectric *adj*
paraffinbasisches Isolieröl / paraffinic insulating oil
paraffiniert·es Papier / paraffin paper
Paraffinwachs *n* / paraffin wax
Paragraph *m* (Vorschrift) / clause *n*
parallaxefreie Linse (o. Lupe) / anti-parallax lens
parallel *adj* (Ablauf von mehreren Prozessen) / parallel *adj* || ~**e Adressierung** / parallel addressing || ~**e Bemaßung** (CAD) / parallel dimensioning || ~ **gewickelt** / parallel-wound *adj* || ~**e Näherung** (von Leitern, deren Abstand um nicht mehr als 5% schwankt) / parallelism *n* || ~ **versetzt** (Maschinenwellen) / in parallel misalignment
Parallelabfrage *f* (PMG, DIN IEC 625) / parallel poll (pp) || ≗ **abbauen** (PMG, DIN IEC 625) / parallel poll unconfigure (PPU) || ≗ **fordern** (PMG, DIN IEC 625) / request parallel poll (rpp) || ≗ **sperren** (PMG, DIN IEC 625) / parallel poll disable (PPD) || ≗-**Antwort** *f* (PMG) / parallel poll response || ≗-**Wartezustand der Steuerfunktion** (PMG, DIN IEC 625) / controller parallel poll wait state (CPWS) || ≗**zustand der Steuerfunktion** (PMG, DIN IEC 625) / controller parallel poll state (CPPS)
Parallel·abtastung *f* (NC) / parallel scanning || ≗-**ADU** *m* / parallel-type ADC, flash ADC || ≗**ankopplung** *f* (RSA) / parallel coupling, parallel injection || ≗**betrieb** *m* (Netz, Masch.) / parallel operation, operation in parallel, parallel running || ≗**betrieb** *m* (DV) / parallel operation || ≗**bogen** (s. Parallelkante) || ≗**darstellung** *f* / parallel representation || ≗**drossel** *f* / shunt inductor || ≗-**E/A** *m* / parallel input/output (PIO) || ≗**eingabe** *f* / parallel input || ≗**einspeisung** *f* (RSA) / parallel injection, parallel coupling || ≗**ektrode** *f* / dynode *n* || ≗**endmaß** *n* / parallel gauge block, gauge block, slip gauge, Johansson gauge || ≗**epiped** *n* / parallelepiped || ≗**erder** *m* / parallel-contact earthing switch || ≗-**Erdungsschalter** (s. Parallelerder) || ≗-**Ersatzkapazität** *f* / equivalent parallel capacitance || ≗-**Ersatzwiderstand** *m* / equivalent parallel resistance || ≗**flach** (s. Parallelepiped) || ≗-**Funkenstrecke** *f* (Funkenhorn) / arcing horn || ~**geschaltet** *adj* / connected in parallel, parallel *adj*, shunt-connected *adj*, shunted *adj* || ≗**impedanz** *f* / shunt impedance, leak impedance || ≗**induktivitätskoeffizient** *m* / parallel reactance coefficient
Parallelität *f* / parallelism *n*
Parallelitäts·fehler *m* (a. Osz.) / parallelism error || ≗**toleranz** *f* / parallelism tolerance
Parallel·kante *f* / parallel edge || ≗**kapazität** *f* / parallel capacitance, shunt capacitance || ≗**kompensation** *f* (Netz) / shunt compensation || ≗**kompensation** *f* (Leistungsfaktor) / parallel p.f. correction, shunt p.f. correction || ≗**kondensator** *m* / shunt capacitor || ≗-**Kondensatorbatterie** *f* (VDE 0670,T.3) / parallel capacitor bank (IEC 265) || ≗**kreis** *m* / parallel circuit || ≗**kreiskopplung** *f* (RSA) / parallel coupling, parallel injection
Parallellauf *m* / parallel operation || **Netz-**≗ *m* / operation in parallel with system || ≗-**Drosselspule** *f* / load-sharing reactor (IEC 289), paralleling reactor (ANSI C37.12) || ≗**einrichtung** *f* (Trafo-Stufenschalter; VDE 0530,T.30) / parallel control device (IEC 214)
Parallelläufer *m* (Trafo) / transformers operating in parallel, parallel transformer
Parallellauf·relais *n* / paralleling control relay || ≗**steuerung** *f* / paralleling control, paralleling *n* || ≗-**Überwachung** *f* (DIN 41745) / parallel operation monitoring
Parallel·-Manipulator *m* / master-slave manipulator || ≗**muster** *n* (Staubsauger) / parallel pattern || ≗**nahtstelle** *f* / parallel interface || ≗-**Nummernsystem** *n* (DIN 6763,T.1) / parallel numbering system
Paralleloeder *m* / parallelohedron *n*
Parallelotop *n* / parallelotope *n*
Parallel·profil *n* (Freiltg.) / offset profile (IEC 50(466)), side slope at X metres || ≗**rechner** *m* / parallel computer || ~**redundante USV** / parallel-redundant UPS || ≗**register** *n* / parallel register || ≗**reißer** *m* / surface gauge || ≗**resonanz** *f* / parallel resonance || ≗**resonanzkreis** *m* / parallel resonant circuit
parallelschalten *v* / parallel *v*, to connect in parallel, shunt *v* || ≗ *n* / paralleling *n*, connection in parallel, shunting *n* || ≗ (Synchronisieren und Zusammenschalten) / synchronize and close, paralleling *n* || **angenähertes** ≗ / random paralleling
Parallel·schaltgerät *n* / automatic synchronizer, check synchronizer, automatic coupler, synchro-check relay, check synchronizing relay, paralleling device || ≗**schaltrelais** *n* / synchro check relay, check synchronizing relay || ≗**schaltsperre** *f* / paralleling lockout || ≗**schaltsystem** *n* / shunt (o. parallel) system of distribution || ≗**schaltung** *f* / parallel connection, connection in parallel, shunt connection, shunting *n* || ≗**schlag** *m* (Kabel) / equal lay || ≗**schnittgewebe** *f* / straight-cut fabric || ≗**schnittstelle** *f* / parallel interface || ≗-**Schutzwiderstand** *m* / protective shunt resistor || ≗**schwingkreis** *m* / anti-resonant circuit, rejector *n* (depr.) || ≗-**Serien-Umsetzer** *m* / parallel-serial converter, serializer *n* || ≗-**Serien-Umsetzung** *f* / parallel-serial conversion || ≗**steuerung** *f* / paralleling control, paralleling *n* || ≗**stromkreis** *m* / parallel circuit, shunt circuit || ≗**stück** *n* / parallel block || ≗**übergabe** *f* (DÜ, DIN 44302) / parallel transmission || ≗**übertrag** *m* / carry lookahead || ≗**übertragung** *f* / parallel transmission || ≗**übertragungssignal** *n* (DIN 19237) / parallel

transfer signal || ≗**umsetzer** *m* / parallel-type converter, flash converter || ≗**umsetzung** *f* (ADU) / parallel conversion, flash conversion || ≗**-USV** *f* / parallel UPS || ≗**verarbeitung** *f* / parallel processing || ≗**verbinder** *m* / parallel-conductor coupling || ≗**verlagerung** *f* / parallel misalignment, non-parallelism *n* || ≗**wandler** (s. Parallelumsetzer) || ≗**wicklung** *f* / parallel winding, shunt winding || ≗**wicklung** *f* (Spartransformator, VDE 0532, T.1) / common winding (IEC 76-1) || ≗**widerstand** *m* (Gerät) / shunt resistor; ..diverter resistor; ..shunt;n. || ≗**widerstandskoeffizient** *m* / parallel resistance coefficient || ≗**zweig** *m* / parallel circuit || ≗**zweig** *m* (PC) / parallel branch

paramagnetisch·es Sauerstoffanalysegerät / paramagnetic oxygen analyzer || ~**er Werkstoff** / paramagnetic material

Paramagnetismus *m* / paramagnetism *n*

Parameter *m* / parameter *n* || ≗ (einer Anweisung) (PC) / operand *n* (of a statement) || ≗ **der Grundgesamtheit** (Statistik, QS) / population parameter || ≗ **der Kernhysteresis** / core hysteresis parameter, core factor C_2 || ≗ **der Kerninduktion** / core inductance parameter, core factor C_1

parameter-adaptives Regelsystem / parameter-adaptive control system

Parameter·bedienung *f* / operators parameter input, parameter assignment (by operator) || ≗**empfindlichkeit** *f* (Reg.) / parameter sensitivity || ≗**feld** *n* / parameter field

parameterfrei *adj* / non-parametric *adj*

Parameter·rechnung *f* / parameter calculation || ≗**schreibweise** *f* (NC, Programmierung) / parametric programming, parameter programming || ≗**substitution** *f* / substitution of parameters || ≗**verknüpfung** *f* / parameter linking || ≗**versorgung** (s. Versorgung mit Parametern)

Parametervorgabe, adaptive ≗ / adaptive parameter entry

Parametrieradresse *f* / parameter address

parametrierbar *adj* / parameterizable *adj* || ~ (PC, beim „Projektieren") / configurable *adj* || ~ (programmierbar) / programmable *adj*

Parametrier·baugruppe *f* / parameterization module, parameter assignment (o. input) module || ≗**baustein** *m* (PC) / parameter assignment block

parametrieren *v* / parameterize, to assign (o. input) parameters || ≗ *n* / parameterization *n*, parameter assignment (o. input)

Parametrier-Software *f* / parameterization software

parametrisch·er Test (DIN 55350, T.24) / parametric test || ~**er Verstärker** / parametric amplifier (PARAMP)

Parametron (s. parametrischer Verstärker)

parasitär·e Elemente / parasitics *plt* || ~**e Schwingung** (IEC 50(161)) / parasitic oscillation

paratisäre Kopplung / stray coupling

Paritäts·baugruppe *f* / parity-check module || ≗**bit** *n* / parity bit || ≗**-Element** *n* / parity element, EVEN element || ≗**fehler** *m* / parity error (PE) || ≗**generator/-Prüfer** *m* / parity generator/checker || ≗**prüfung** *f* / parity check, odd-even check || ≗**ziffer** *f* / parity digit

Park·flächenbeleuchtung *f* / parking area lighting || ≗**leitsystem** *n* / car-park routing system || ≗**leuchte** *f* / parking light (o. lamp) || ≗**platz** *m* / parking area, parking lot (GB), car park (US)

Park-Transformation *f* / Park transformation, synchronously rotating reference-frame transformation, d-q transformation

Parole *f* / password *n*

Partial·druck *m* / partial pressure || ≗**schwingung** *f* / harmonic *n*

Partiekontrolle durch Stichproben / batch inspection by samples

partiell·er Fehlzustand (IEC 50(191)) / partial fault || ~ **typgeprüfte Niederspannungs-Schaltgerätekombination (PTSK)** (VDE 0660, T.500) / partially type-tested l.v. switchgear (or controlgear) assembly

partikel·durchschlagsichere Kapselung (s. druckfeste Kapselung) || ≗**sperre** *f* / particle barrier || ~**zünddurchschlagsicher** *adj* / flameproof for safety from particle ignition, dust-ignitionproof *adj*

Partner *m* (redundantes PC-Gerät) / partner *n* || ≗ (Kommunikationssystem) / peer *n* || ≗**instanz** *f* (DIN ISO 8348) / peer entity

Partyline (s. Gemeinschaftsleitung) || ≗**-Bussystem** *n* / party-line bus system

PAS (Programmable Automation System - programmierbares o. speicherprogrammierbares Automatisierungssystem)

Paßbolzen *m* / reamed bolt, fitted bolt, barrel bolt

Paßeinsatz *m* (Sich.) / gauge piece

Paß·feder *f* / featherkey *n*, parallel key, fitted key, spline *n* || ≗**federnut** *f* / featherkey way, keyway *n* || ≗**fehler** *m* / form error || ≗**fläche** *f* / fit surface, fitting surface, mating surface

passiv·er Basisableitwiderstand (TTL-Schaltung) / passive pull-down || ~**er Bereitschaftsbetrieb** (USV) / passive standby operation || ~**er Busteilnehmer** („Slave") / slave *n* || ~**es Ersatznetz** / passive equivalent network || ~**er Fehler** / passive fault || ~**es Filter** / passive filter, multiple passive filter || ~**er Knoten** (Netz) / passive bus || ~**e Linienstromschnittstelle** / passive current loop interface || ~**es Netz** / passive network || ~**e Redundanz** / passive redundancy || ~**e Sicherheit** / passive safety || ~**er Stromkreis** / passive circuit || ~**es Stromkreiselement** / passive circuit element || ~**er Teilnehmer** (Bussystem, „Slave") / slave *n* || ~**e Übertragung** (PMG) / passive transfer || ~ **wahr senden** (PMG) / to send passive true || ~**er Zustand** (System) / passive status

Passivator *m* (zur Erhöhung der Alterungsbeständikeit) / passivator *n*

passiviertes Isolieröl / passivated insulating oil

Passivierung *f* / passivation *n*

Passivierungs·mittel *n* / passivator *n*

Passivzustand (s. passiver Zustand)

Paß·lehre *f* / setting gauge || ≗**maß** *n* (DIN 7182,T.1) / size of fit || ≗**pfropfen** *m* (Sich.) / adaptor plug (fuse) || ≗**ring** *m* / gauge ring || ≗**ring** *m* (Sich.) / adaptor ring (fuse) || ≗**schraube** *f* / fit bolt, reamed bolt, fitting screw || ≗**schraube** *f* (Sich.) / adaptor screw (fuse) || ≗**schraubenschlüssel** *m* (Sich.) / adaptor screw fitter || ≗**sitz** *m* / snug fit, machined seat || ≗**stift** *m* / dowel pin, alignment pin, locating pin, dowel *n*, fitted pin, prisoner *n*, set-pin *n* || ≗**system** (s. Passungssystem) || ≗**teil** *n* (DIN 7182,T.1) / fit component || ≗**toleranz** *f* / fit

tolerance
Passung *f* / fit *n*
Passungs·grundmaß *n* / basic size || ≗**klasse** *f* / class of fit || ≗**länge** *f* / fitting length || ≗**rost** *m* / fretting rust || ≗**system** *n* / system of fits, fit system
Paßwort *n* / password
Paternoster *m* / paternoster *n*
Patina *f*(Komm.) / skin *n*, oxide film, tan film, film *n*
Patrone *f*(Sich.) / cartridge *n*
Patronen·anlasser *m* / cartridge starter || ≗**sicherung** *f* / cartridge fuse
Pauschaltarif *m*(StT) / fixed payment tariff
Pause *f*(el. Masch., VDE 0530, T.1) / machine at rest and de-energized || ≗ (Verzögerung) / delay *n*, time delay || ≗ (Lichtpause) / print *n* || ≗ (Arbeitszeit) / break *n* || ≗ (in einem Dienst; IEC 50(191)) / break *n* || ≗ (CAD) / delay *n* || **Impuls**~ / interpulse period || **spannungslose** ≗ / dead time, dead interval, idle period, (KU a.): ..reclosing interval
pausen *v* / blueprint *v*, copy *v* || ~ (durchzeichnen) / trace *v* || ≗ *n*(Blaup.) / blueprinting *n* || ≗ (m. Kohlepapier) / tracing *n*, copying *n* || ≗ (NC) / tracing *n*
Pausenzeit *f* / time interval, rest period, dead time, idle time, off period || ≗ (bei Kurzunterbrechung) / dead time || ≗ **zwischen Blitzentladungen** / inter-stroke interval || ≗**glied** *n* / dead timer
pausfähige Zeichnung / reproducible drawing, transparent drawing
PB (s. zulässiger Betriebsüberdruck) || ≗ (s. Programmbaustein)
P-Beiwert (s. Proportionalbeiwert)
P-Bereich *m* / proportional band
PBT (s. Prozeßbedientastatur)
PC (A. f. „programmable controller" - programmierbares Steuergerät o. Automatisierungsgerät) || ≗ (s. Polycarbonat)
PCB (s. polychlorierte Biphenyle)
PCM (s. Impulscodemodulation) || ≗-**Bitfehlerquoten und Codeverletzungsmesser** / PCM bit error rate and code violation meter
PC-Meßgerät *n*(PC hier: Personal Computer) / PC-based measuring instrument
PCM·-Impulsrahmen *m* / PCM frame || ≗**-Meßplatz** *m* / PCM test set || ≗**-System-Analysator** *m* / PCM system analyzer || ≗**-Übertragungsstrecke** *f* / PCM transmission link, PCM link
PCS·-Faser *f* / PCS fibre (PCS = plastic-coated silicon)
PC-Zentraleinheit *f* / PC central unit
PDE (s. Personendatenerfassung)
PDE-Terminal (s. Prozeßdaten-Erfassungsstation)
PD-Glied *n* / PD element, proportional-plus-derivative-action element
PDM (s. Impulsdauermodulation)
PDO (s. Prozeßdatenorganisation)
PD·-Regelung *f* / PD control, proportional-plus-derivative control, rate-action control || ≗**-Regler** *m* / PD controller, proportional-plus-derivative controller, rate-action controller
PDV (s. Prozeßdatenverarbeitung)
PD-Verhalten *n* / PD action, proportional-plus-derivative action
PE (Erdung mit Schutzfunktion, Schutzerde) / PE (protective earth) || ≗ (s. Polyethylen)
Peak·erkennung *f*(Chromatographie) / peak detection || ≗**fenster** *n*(Chromatographie) / peak window || ≗**fläche** *f* / peak area || ≗**höhe** *f* / peak height, peak amplitude || ≗**trennung** *f* / peak separation, time of peak maxima
PE·-Aufreihklemme *f* / channel-mounting PE (o. earth) terminal || ≗**-Baustein** *m* / PE module
Pedalwertgeber *m*(Kfz) / pedal sensor
Pedestalisolator *m* / pedestal insulator
Pegel *m* / level *n* || ≗**abnahme** *f*(Schalldruck) / decay rate || ≗**anpaßstufe** *f* / level adaptor || ≗**arbeitsweise** *f*(Schaltnetz) / fundamental mode || ≗**bildgerät** *n* / level tracer || ≗**faktor** *m*(VDE 0111, T.1) / protective ratio || ≗**funkenstrecke** *f* / coordinating spark gap, standard sphere gap || ≗**linearität** *f* / level linearity || ≗**messer** *m* / level meter || ≗**meßplatz** *m* / level measuring set, level meter || ≗**messung** *f* / level measurement || ≗**schwankung** *f* / level fluctuation || ≗**sender** *m* / level oscillator || ≗**sicherheit** (s. Pegelfaktor) || ≗**-Streckenmessung** *f* / end-to-end level measurement || ≗**umsetzer** *m* / (signal) level converter, level shifter
Peil·antenne *f* / direction-finding aerial || ≗**stelle** *f* (Flp.) / direction-finding station
Peirce-Funktion *f* / Peirce function, NOR operation
Peitschen·ausleger *m* / davit arm, upsweep arm || ≗**mast** *m* / davit arm column, whiplash column
PE·-Klemme *f* / PE terminal || ≗**-Kreis** *m* / PE circuit || ≗**-Leiter** *m*(geerdeter Schutzleiter) / PE conductor (protective earth conductor)
Peltier-Effekt *m* / Peltier effect
Pelton-Turbine *f* / Pelton turbine
Pendel *n*(Leuchte) / pendant *n*, stem *n* || ≗**aufhänger** *m*(Leuchte) / stem hanger || ≗**ausschlag** *m* (SchwT) / width of weaving || ≗**bremse** (s. Pendelgenerator) || ≗**dämpfer** *m*(Netz) / power system stabilizer (PSS), oscillation suppressor || ≗**dämpfung** *f*(Netz) / oscillation damping, power stabilization || ≗**-EMK** *f* / e.m.f. of pulsation || ≗**generator** *m*(Drehmomentmessung) / cradle dynamometer, swinging-frame dynamometer, swinging-stator dynamometer, dynamometric dynamo || ≗**generator** *m*(Turb.-Regler) / governor generator, pendulum generator || ≗**hemmung** *f*(Uhrwerk) / pendulum escapement || ≗**kugellager** *n* / self-aligning ball bearing || ≗**lager** *n* / self-aligning bearing || ≗**leuchte** *f* / pendant luminaire, pendant fitting, pendulum luminaire, suspended luminaire || ≗**moment** *n*(el. Masch.) / oscillating torque, pulsating torque || ≗**montage** *f* (Leuchte) / pendant mounting, stem mounting || ≗**montageschiene** *f* / pendant mounting channel (o. rail), pendant track || ≗**motor** *m* / governor motor, pendulum motor
Pendeln *n*(Netz) / power swing || ≗ (Synchronmasch.) / hunting *n*, oscillation *n* || ≗ (zur Überwindung der Anlaufreibung) / dithering *n* || ≗ (Schleifscheibe) / oscillating *n* || ≗ (Schweißroboter) / reciprocating *n*, reciprocation *n* || ≗ (Schweißgerät) / weaving *n* || ≗ (s. Pendelung) || ≗ **um die Nenndrehzahl** / phase swinging || **Spindel**~ (NC, zum Einrücken des Getriebes) / spindle-gear meshing (movement)
pendelnd aufgehängtes Gehäuse (Pendelmasch.) / swinging frame, cradle-mounted frame
Pendel·oszillator *m* / self-quenching oscillator,

squegging oscillator, squegger *n* || ~**reaktanz** *f* / reactance of pulsation, internal reactance || ~**regler** *m* / centrifugal governor || ~**rollenlager** *n* / self-aligning roller bearing, spherical roller bearing || ~**schlaggerät** *n* / spring-operated impact test apparatus, impact tester, pendulum impact testing machine || ~**schleifen** *n* / swing-frame grinding || ~**schnur** *f* (Leuchte) / pendant cord, pendant *n* || ~**schutz** *m* (Außertrittfallsch.) / out-of-step protection || ~**schweißen** *n* / wash welding, weaving *n* || ~**sperre** *f* (Netz) / out-of-step blocking device, anti-hunt device || ~**sperre** *f* (Spannungsreg.) / anti-hunt device

Pendelung *f* (Reg.) / hunting *n* || ~ (s. Pendeln) || **freie** ~ / free oscillation

Pendelungen, selbsterregte ~ / hunting *n* || **Spannungs**~ *f pl* / voltage oscillations

Pendelungskurve (s. Schwingkurve)

Pendel·werkzeug *n* / floating tool || ~**winkel** *m* / swing angle || ~**zähler** *m* / pendulum meter

Penetrieröl *n* / oil penetrant

Penetrometer *n* / penetrometer *n*

PEN·-Klemme *f* / PEN terminal || ~**-Leiter** *m* (VDE 0100, T.200; geerdeter Leiter, der die Funktionen des Schutzleiters und des Neutralleiters erfüllt) / PEN conductor (conductor combining the functions of both protective and neutral conductor; protecting neutral)

Pensky-Martens, Flammpunktprüfgerät nach ~ (geschlossener Tiegel) / Pensky-Martens closed flash tester

Pentode *f* / pentode *n*

Perchlorethylen *n* / perchlorethylene *n*, tetrachloroethylene *n*

Periode *f* (Schwingungen) / cycle *n*, period *n* || ~ **außerhalb der Spitzenzeit** / off-peak period || ~ **der Eigenschwingung** / natural period of oscillation || ~ **konstanter Ausfallrate** / constant failure-rate period

Periodendauer *f* / period *n*, period of oscillation || ~ **der Netzspannung** / line period || ~ **der Vielperiodensteuerung** / cyclic operating period || ~ **eines Pulsbursts** / pulse burst repetition period

Perioden·frequenz *f* / frequency *n* || ~**genau** *adj* / accurate within one cycle || ~**wandler** (s. Frequenzumformer) || ~**zahl** *f* / frequency *n* || ~**zähler** *m* / cycle counter

periodisch *adj* (IEC 50(101)) / periodic *adj* || ~ **abgetastete Echtzeitdarstellung** (Impulsmessung, DIN IEC 469, T.2) / periodically sampled real-time format || ~**e Ausgangsspannungsmodulation** / periodic output voltage modulation || ~ **aussetzender Betrieb** (mit gleichbleibender Belastung) / intermittent periodic duty || ~**es automatisches Umschalten** / commutation *n* || ~**e Betätigung** (HSS) / cyclic actuation || ~**er Betrieb** / periodic duty || ~**e Ein-Aus-Steuerung** (VDE 0838, T.1) / cyclic on/off switching control || ~**e EMK** / periodic e.m.f. || ~**e Frequenzmodulation** / periodic frequency modulation, frequency modulation || ~**e Größe** / periodic quantity || ~**e Kontrollen** / periodic inspection || ~**e Rückwärts-Spitzensperrspannung** (Thyr, DIN 41786) / repetitive peak reverse voltage, maximum recurrent reverse voltage || ~**e Rückwärts-Spitzensperrspannung** (am Zweig) / circuit repetitive peak reverse voltage || ~**e Schwankung** / periodic variation || ~**e Spitzen-Rückwärtsverlustleistung** (Lawinen-Gleichrichterdiode, DIN 41781) / repetitive peak reverse power dissipation || ~**e Spitzenspannung in Rückwärtsrichtung** / repetitive peak reverse voltage, maximum recurrent reverse voltage || ~**e Spitzensperrspannung in Vorwärtsrichtung** / repetitive peak forward off-state voltage || ~**e Spitzensperrspannung** (Diode, DIN 41781) / repetitive peak reverse voltage || ~**e Spitzensperrspannung** (Thyr, DIN 41786) / repetitive peak off-state voltage || ~**er Spitzenstrom** (Thyr, DIN 41786) / repetitive peak on-state current || ~**er Spitzenstrom** (Diode, DIN 41781) / repetitive peak forward current || ~**er Spitzenwert der Netzspannung** / repetitive peak line voltage || ~**e und/oder regellose Abweichungen** / periodic and/or random deviations (PARD) || ~**e Vorwärts-Spitzenspannung des Stromkreises** / circuit repetitive peak off-state voltage || ~**e Vorwärts-Spitzensperrspannung** (Thyr, DIN 41786) / repetitive peak forward off-state voltage || ~ **zulässiger Einschaltstrom für RC-Entladung** (Thyr) / repetitive turn-on current with RC discharge

peripher·e Einheit (DIN 44300) / peripheral unit || ~**e Einrichtungen** (s. Peripheriegeräte) || ~**er Schnittstellenadapter** / peripheral interface adapter (PIA) || ~**er Speicher** / pheripheral storage

Peripherie *f* (periphere Einheiten eines Rechnersystems) / peripherals *n pl* || ~ (Schnittstellensystem, Prozeßperipherie) / interface system || ~ (E/A-Baugruppen) / I/O modules, I/Os || **erweiterte** ~ (PC) / extendend I/O memory area || **globale** ~ / global I/O || **Warten**~ / control-room interface equipment, control-room peripherals

Peripherieadapter *m* (Bus, LAN) / I/O adapter

Peripherieadressierung *f* / I/O addressing

Peripherie·baugruppe *f* (Schnittstellenb.) / interface module, I/0 module || ~**baugruppe** *f* (E/A-B.) / I/O module || ~**bearbeitung** (s. Peripherie-Datenaustauschprogramm) || ~**bereich** *m* (E/A-B.) / I/O area || ~**bus** *m* / I/O bus, peripheral bus, interface bus || ~**byte** *n* / periphery byte, I/O byte || ~**-Datenaustauschprogramm** *n* / peripheral interchange program (PIP) || ~**gerät** *n* (PC, E/A-Gerät) / peripheral I/0 rack || ~**geräte** *n pl* / peripheral equipment (o. devices), peripherals *plt* || ~**kopplung** *f* (NC) / periphery (o. peripheral) link, I/O interface || ~**schnittstelle** *f* / periphery interface

Peripheriespeicher *m* / peripheral storage, I/O memory, add-on memory || ~**anschaltung** *f* / peripheral storage controller

Peripherie-Speicher-Umschaltung (PESP)g *f* / memory I/O select

Peripherie·stecker *m* (Rückwandkarte) / non-bus edge connector || ~**steckplatz** *m* (PC) / I/O slot (o. location) || ~**treiber** *m* / peripheral driver, interface driver

Perl·feuer *n* (Bürsten) / brush sparking, slight sparking || ~**gemustert** *adj* / bead-patterned *adj*,

beaded *adj* || ≗**glas** *n* / pearl glass || ≗**wand** *f* / pearl screen, glass-beaded screen, beaded screen
permanent·er Fehlzustand (s. bleibender Fehlzustand) || ~**erregte Maschine** / permanent-field machine, permanent-magnet machine || ≗**magnet** *m* / permanent magnet (PM) || ≗**pol** *m* / permanent-magnet pole || ≗**pol-Maschine** *f* / permanent-magnet machine, permanent-field machine || ≗**strom** *m* (SuL) / persistent current
Permeabilität *f* / permeability *n* || ≗ **der rückläufigen Schleife** / recoil permeability || ≗ **des leeren Raums** / permeability of free space, space permeability, permeability of the vacuum || ≗ **des Vakuums** (s. Permeabilität des leeren Raums) || **Kehrwert der** ≗ / reluctivity *n*
Permeabilitätsabfall, zeitlicher ≗ / time decrease of permeability, disaccommodation of permeability
Permeabilitäts·anstieg *m* (s. Anstiegsfaktor der Permeabilität) || ≗**konstante** *f* / electric constant, permittivity *n*, capacitivity of free space, .permittivity of the vacuum || ≗**tensor** *m* / tensor permeability || ≗**tensor für ein magnetostatisch gesättigtes Medium** / tensor permeability for a magnetostatically saturated medium
Permeabilitätszahl *f* (IEC 50(221)) / relative permeability
Permeameter *n* / permeameter *n*
Permeanz *f* / permeance *n*
Permittivität *f* / permittivity *n*, absolute permittivity (IEC 50(212))
Permittivitäts·-Verlustfaktor *m* (IEC 50(212)) / dielectric dissipation factor, loss tangent || ≗**zahl** *f* / relative permittivity
Personal·daten *plt* / personnel data, human-based data || ≗**datenerfassung** *f* / personnel data recording || ≗**datenerfassungssystem** *n* (ZKS) / attendance and security access control system, human-based data acquisition system || ≗**datensatz** *m* / personnel data record || ≗**nummer** *f* / employee number, personal number || ≗**stammdaten** *plt* / personnel master data
Personenaufzug *m* / passenger lift, passenger elevator (US)
Personen·-Ausweis-System *n* (ZKS) / personnel badge system || ≗**datenerfassung (PDE)** *f* / personal data acquisition (PDA) || ≗**nummer** *f* (DIN 6763,T.1) / personal identity number || ≗**rufanlage** *f* / paging system || ≗**sicherheit** *f* (Betriebspersonal) / operator safety || ≗**suchanlage** *f* / staff locating system || ≗**wärme** *f* / heat loss from man, heat from occupants
persönliche Bergmannsleuchte / miner's personal lamp
perspektivische Ansicht / perspective view
Perveanz *f* / perveance *n*
Perzentile *f* / percentile *n*
Perzentilwert *m* / percentile *n*
PESP (s. Peripherie-Speicher-Umschaltung)
PETP (s. Polyethylenterephtalat)
Petri-Netz-Methode *f* / Petri's network method
Petrolatbeständigkeit *f* / resistance to petrolatum
Petroleum *n* / kerosene *n*
PF (s. Profilfaktor)
Pfad *m* (Schaltplan) / circuit *n* || ≗ (Wickl.) / circuit *n*, phase *n* || **Spannungs**~ (MG) / voltage circuit, shunt circuit || **Strom**~ / current path, current circuit, series circuit
Pfahl mit Birne (Bohrpfahl) / bulb pile, underreamed pile, expanded pile || ≗**gründung** *f* / pile foundation
Pfeifpunkt *m* / singing point
Pfeil *m* (Warnsymbol) / flash *n* || ≗**rad** *n* / double helical gear, herringbone gear || **Ansicht in** ≗**richtung** / view in direction of arrow || ≗**schnitt** *m* / pointed mitre cut || ≗**taste** *f* / arrow key || ≗**verzahnung** *f* / double helical gearing, herringbone gearing
Pferdestärke *f* / horsepower (h.p.) *n* || ≗ (PS) / metric horsepower
P-FID (s. phosphorselektiver Flammenionisationsdetektor)
Pflanzenbestrahlungslampe *f* / plant-growth lamp
Pflegbarkeit *f* (Programme) / maintainability *n*
pflegen *v* / service *v*, maintain *v*, tend *v* || **einen Programmbaustein** ~ / to update (o. maintain) a program block
Pflichtanforderung für die Implementierung (GKS) / implementation mandatory || **Arbeitsplatz-**≗ *f* / workstation mandatory
Pflicht-Arbeitszeit *f* / mandatory attendance
Pfropfen *m* (Probe) / trepanned plug, plug *n* || ≗**entnahme** *f* (Probe) / trepanning *n* || ≗**probe** *f* / trepanned plug test
PG (s. Programmiergerät)
Pg (s. Panzerrohrgewinde)
PG-Anschaltung *f* (PC, Baugruppe) / PU interface module
Pg-Einführung (s. Einführung mit Panzerrohrgewinde)
P-Glied *n* / P element, proportional-action element
P-Grad (s. Statik) || ≗ **der Regelung** / offset coefficient || ≗ **gleich Null** / absence of offset, zero offset
PHA (s. Impulshöhenanalyse)
P-Halbleiter *m* / P-type semiconductor, hole semiconductor
Phantom·echo *n* / phantom echo || ≗**kreis** *m* (Kabel; VDE 0816) / phantom circuit (cable), superimposed circuit || ≗**kreis mit Erdrückleitung** / earth phantom circuit, ground phantom circuit || ≗**licht** *n* / sun phantom || ≗**-ODER** *n* / wired OR, dot OR || ≗**-ODER-Verknüpfung** *f* (DIN 40700, T.14) / distributed OR connection (IEC 117-15), dot OR, wired OR || ≗**-Schaltung** *f* / distributed connection, phantom circuit || ≗**-UND** *n* / wired AND, dot AND || ≗**-UND-Verknüpfung** *f* (DIN 40700, T.14) / distributed AND connection (IEC 117-15), dot AND, wired AND || ≗**-Verknüpfung** *f* / distributed connection, phantom circuit
Phase *f* / phase *n* || ≗ **konstanter Ausfalldichte** (IEC 50(191)) / constant failure intensity period || ≗ **konstanter Ausfallrate** (IEC 50(191)) / constant failure rate period || **außer** ≗ / out of phase || **in** ≗ **sein** / to be in phase, to be in step
Phase-Erde·-Ableiter *m* / phase-to-earth arrester || ≗**-Isolation** *f* / phase-to-earth insulation
Phase-Mittelleiter-Schleife *f* / phase-neutral loop
Phasen R, S, T / phases L1, L2, L3, phases R (red), Y (yellow), B (blue) || ≗**abgleich** *m* (EZ) / quadrature adjustment, quadrature compensation, quadrature correction, inductive-load adjustment, phase-angle adjustment || ≗**abgleich**

m(Leistungsfaktoreinstellung) / power-factor adjustment ‖ **°~abgleichklasse** *f*(EZ) / quadrature compensation class ‖ **°~abgleichspule** *f*(EZ) / quadrature coil ‖ **°~abgleichung auf 90°**(EZ) / quadrature adjustment, quadrature compensation ‖ **°~abstand** *m* / clearance between phases, (Freiltg.:) phase spacing ‖ **°~abweichung** *f* / phase displacement, phase difference ‖ **°~analyse** *f* (Verfahren der Röntgendiffraktometrie) / phase analysis ‖ **°~anordnung** *f* / phase grouping ‖ **°~anpassung** *f*(Relaiseinstellung) / phase-angle adjustment ‖ **°~anschnittsteuerung** (s. Anschnittsteuerung)

phasenausfallempfindlich·er Überlastauslöser (VDE 0660, T.104) / phase failure sensitive overload release (IEC 292-1) ‖ **~es Überlastrelais** (VDE 0660,T.104) / phase failure sensitive thermal overload relay (IEC 292-1)

Phasen·ausfallrelais *n* / open-phase relay, phase-failure relay ‖ **°~ausfallschutz** *m* / phase-failure protection, open-phase protection ‖ **°~ausgleich** *m*(Leistungsfaktorverbesserung) / power-factor correction, phase compensation ‖ **°~auswahlrelais** *n* / phase selection relay ‖ **°~baustein** *m*(LE) / phase module ‖ **°~beziehung** *f* / phase relationship ‖ **°~bruch** *m* / phase open-circuit, phase failure ‖ **°~bruchrelais** (s. Phasenausfallrelais) ‖ **°~defokussierung** *f* / debunching *n* ‖ **°~defokussierung durch Raumladung** / space-charge debunching ‖ **°~dehnung** *f* / phase stretching ‖ **°~differenz** *f* / phase difference ‖ **~drehendes Glied** / phase displacing (o. shifting) element ‖ **°~dreher** *m* / phase shifter ‖ **°~drehung** *f* / phase rotation, phase displacement ‖ **°~ebene** *f* / phase plane ‖ **°~einstellung** *f* / phasing *n* ‖ **°~-Erde-Kapazität** *f* / phase-to-earth capacitance ‖ **°~faktor** *m*(Trafo, VDE 0532, T.1) / phase factor (IEC 76-1) ‖ **°~fokussierung** *f* / bunching *n*

Phasenfolge *f* / phase sequence, sequential order of phases ‖ **Einfluß vertauschter °~** / influence of reversed phase sequence ‖ **Prüfung der °~** / phase-sequence test ‖ **°~anzeiger** *m* / phase-sequence indicator, phase-rotation indicator ‖ **°~löschung** *f* (LE) / interphase commutation ‖ **°~relais** *n* / phase-sequence relay, phase rotation relay ‖ **°~überwachung** *f* / phase-sequence monitoring ‖ **°~-Umkehrschutz** *m* / phase-sequence reversal protection

Phasen·-Frequenzgang *m* / phase-frequency response ‖ **°~gang** *m* / phase response, phase-frequency characteristic ‖ **°~geschwindigkeit** *f* / phase velocity ‖ **~getrennt** *adj* / phase-separated *adj*, phase-segregated *adj* ‖ **~gleich** *adj* / cophasal *adj*, in phase ‖ **°~gleichheit** *f* / in-phase condition, phase coincidence ‖ **°~gleichheit** *f*(Klemme-Phasenleiter) / correct terminal-phase association, correct terminal-phase connections ‖ **Prüfung auf °~gleichheit** (Anschlüsse) / verification of terminal connections ‖ **°~grenze** *f* / interface *n* ‖ **°~größe** *f* / phase quantity ‖ **°~gruppierung** *f* / phase grouping, phase-coil grouping ‖ **°~hub** *m* / (maximum) phase-angle deviation ‖ **°~isolation** *f*(Wickl.) / interphase insulation, phase-coil insulation ‖ **Klemmenkasten mit °~isolation** / phase-insulated terminal box ‖ **°~jitter** (s. Phasenzittern) ‖ **°~klemme** *f* / line terminal ‖ **°~kompensator** (s. Phasenschieber) ‖ **~kompensierter Asynchronmotor** / all-Watt motor ‖ **°~konstante** *f* / phase-change coefficient, phase constant ‖ **°~kopf** *m*(Rezeptverarbeitung) / phase header ‖ **°~kurve** *f* / phase-plane diagram, state-phase diagram ‖ **°~kurzschluß** *m* / phase-to-phase short circuit, line-to-line fault ‖ **°~lage** *f* / phase angle, phase relation ‖ **°~lampe** *f*(Synchronisierlampe) / synchronizing lamp ‖ **°~laufzeit** *f* / phase delay time ‖ **°~leiter** *m* / phase conductor, outer conductor, L conductor ‖ **°~maß** *n* / phase difference ‖ **°~meßgerät** *n* / phasemeter *n* ‖ **°~mitte** *f* / phase centre ‖ **°~modulation (PM)** *f* / phase modulation (PM) ‖ **°~nacheilung** *f* / phase lag, lagging phase angle, lag *n* ‖ **°~nacheilwinkel** *m* / lagging phase angle, phase lag ‖ **°~opposition** *f* / phase opposition ‖ **°~prüfer** *m* / phasing tester ‖ **°~rand** *m* / phase margin ‖ **°~raum** *m* / phase space ‖ **°~regelkreis** *m* / phase-locking loop ‖ **automatische °~regelung** / automatic phase control (APC) ‖ **°~regler** *m*(Phasenschieber) / phase shifter ‖ **°~regler** *m*(EZ) / quadrature correction device, inductive-load adjustment device, phase-angle adjustment device ‖ **~reiner Widerstand** / ohmic resistance ‖ **°~reserve** *f*(Reg.) / phase margin

phasenrichtig *adj* / in-phase *adj*, in correct phase relation, in correct phase sequence ‖ **~ anschließen** / to connect in correct phase sequence (o. phase relation)

Phasenschieben *n* / phase shifting, phase advancing, power-factor correction

Phasenschieber *m* / phase shifter, compensator *n*, phase advancer, phase modifier ‖ **°~** (asynchrone Blindleistungsmasch.) / asynchronous condenser, asynchronous compensator, asynchronous phase modifier ‖ **°~** (synchrone Blindleistungsmasch.) / synchronous condenser, synchronous compensator, synchronous phase modifier ‖ **Kappscher °~** / Kapp vibrator ‖ **Leblancscher °~** / Leblanc phase advancer, Leblanc exciter, recuperator *n* ‖ **°~-Drehtransformator** *m* / rotatable phase-shifting transformer ‖ **°~kondensator** *m* / power-factor correction capacitor ‖ **°~röhre** *f* / phase shifter tube ‖ **°~transformator** *m* / phase-shifting transformer, quadrature transformer ‖ **°~umrichter (PHU)** *m* / phase-shifting converter ‖ **°~wicklung** *f* / phase-shifting winding ‖ **°~-Zirkulator** *m* / phase-shift circulator

Phasen·schluß *m* / inter-phase short circuit, phase-to-phase short circuit, phase-to-frame short circuit ‖ **°~schnittkreisfrequenz** *f*(Reg.) / phase crossover frequency ‖ **°~schnittpunkt** *m* / phase intersection point ‖ **°~schottung** *f* / phase segregation, phase-seperating partition, phase barrier ‖ **°~schreiber** *m* / recording phasemeter ‖ **°~schwankungen** *f pl*(„Jitter") / phase jitter ‖ **°~schwenkung** *f* / phase shifting, phase change ‖ **°~sicherheit** (s. Phasenrand) ‖ **°~spannung** *f* (Strangspannung) / phase voltage ‖ **°~spannung** (s. verkettete Spannung) ‖ **°~spannung gegen Erde** / line-to-earth voltage, line-to-ground voltage (US), phase-to-earth voltage ‖ **°~spektrum** *n* / phase spectrum, Fourier phase spectrum

Phasensprung *m* / sudden phase change ‖ **°~** / phase shift ‖ **°~** (el. Masch., Wickl.) / belt pitch, phase-coil

interface || ≗**isolation** *f* / phase-coil insulation
phasenstarrer Oszillator / phase-locked oscillator
phasensynchronisiert·e Regelschleife / phase-locked control loop (PLCL) || ~**e Schleife (PLL-Schaltung)** / phase-locked loop (PLL)
Phasen·teiler *m* / phase splitter || ≗**trenner** *m* (Wickl.) / phase separator
Phasentrennung *f* (Klemmenkasten, SS) / phase separation, phase segregation || ≗ (Wickl.) / phase separator, inter-phase insulation || ≗ (s. Phasenschottung)
Phasen·trennwand *f* / phase barrier || ≗**überwachung** *f* / open-phase protection, phase-failure protection || ≗**überwachung beim Anlauf** / starting open-phase protection || ≗**überwachungsrelais** *n* / phase monitoring relay, phase-failure relay || ≗**umformer** *m* / phase converter, phase splitter, phase transformer, phase modifier || ≗**umkehr** *f* / phase reversal, phase inversion || ≗**umkehrschutz** *m* / phase reversal protection || ≗**umrichter** (s. Phasenzahlumrichter) || ≗**umwandlung** *f* (Chem.) / phase transformation || ≗**ungleichheit** *f* / phase unbalance || ≗**ungleichheit** *f* (Phasenwinkelverschiebung) / phase-angle displacement || ≗**unsymmetrierelais** *n* / phase unbalance relay || ≗**unterschied** *m* / phase difference || ≗**unterspannungsschutz** *m* / phase undervoltage protection || ≗**vergleich** *m* / phase comparison || ≗**vergleichs-Distanzschutz** *m* / phase-comparison distance protection || ≗**vergleichsrelais** *n* / phase comparator relay || ≗**vergleichsschutz** *m* / phase comparison protection || ≗**verhältnis** *n* / phase relationship || ≗**verlauf** *m* / phase response, phase angle || ~**verriegelt** *adj* / phase-locked *adj*
Phasenverschiebung *f* / phase displacement, phase shift(ing), phase angle || ≗ **um 90°** / phase quadrature || ≗ **um 180°** / phase opposition || **dielektrische** ≗ / dielectric phase angle || **Einstellung der** ≗ (Relaisabgleichung) / phase angle adjustment
Phasenverschiebungs·differenz (eines nichtreziproken Phasenschiebers; IEC 50(221)) / differential phase shift || ≗**faktor** *m* / phase differential factor, phase displacement factor, phase factor || ≗**winkel** *m* / phase difference (IEC 50(101)), phase displacement angle, phase angle, power factor angle
phasenverschoben *adj* / out of phase || ~**er Impuls** / phase-displaced pulse || **um 90°** ~ / in quadrature, by 90° out of phase || **um 180°**~ / in phase opposition
Phasen·vertauschung *f* / phase transposition || ≗**verzerrung** *f* / phase distortion || ≗**verzögerung** *f* / phase lag, lagging phase angle || ≗**voreilung** *f* / phase lead, leading phase angle, lead *n* || ≗**voreilwinkel** *m* / phase-angle lead, phase lead *n* || ≗**wandler** *m* / phase converter, phase transformer || ≗**wechsel** *m* / phase reversal, phase change || ≗**wicklung** *f* / phase winding
Phasenwinkel *m* / phase angle, phase *n* (IEC 50(101)), phase displacement angle, power-factor angle, electrical angle || ≗ **der Last** / load power-factor angle || ≗ **der Last** (Wechselstromsteller) / characteristic angle of output load || ≗**messer** *m* / phase-angle meter || ≗**meßumformer** *m* / phase-angle transducer || ≗**spektrum** *n* / Fourier phase spectrum, phase spectrum || ≗**stabilisierung** *f* (DIN 41745) / phase-angle stabilization || ≗**vergleichsschutz** *m* / phase comparison protection
Phasen·zahl *f* / number of phases || ≗**zahlumrichter** *m* / phase converter || ≗**zittern** *n* / phase jitter || ≗**zyklus** *m* (Prozeßführung, VDI/VDE 3695) / number of phase cycles
Phase-Phase-Ableiter *m* / phase-to-phase arrester
pH-Durchlaufarmatur *f* / flow-type pH electrode assembly
pH-Elektrodenbaugruppe *f* / pH electrode assembly
Phenol·aldehydharz *n* / phenol-aldehyde resin || ≗**formaldehyd** *n* / phenol-formaldehyde *n* || ≗**-Furfurol-Harz** *n* / phenol-furfural resin || ≗**harz** *n* / phenolic resin, phenol-aldehyde resin || ≗**harzkleber** *m* / phenolic cement
PHG (s. programmierbares Handhabungsgerät) || ≗ (s. Programmier-Handgerät)
Phlogopit *n* (Aluminium-Magnesium-Kalium-Glimmer) / phlogopite *n* (aluminium-magnesium-potash mica)
pH-Meßgerät *n* / pH meter
Phonzahl *f* / noise level in phons
phosphatieren *v* / phosphatize *v*, phosphor-treat *v* || ~ (bondern) / bonderize *v*
Phosphorbronze *f* / phosphor-bronze *n*
Phosphoreszenz *f* / phosphorescence *n*
phosphorselektiver Flammenionisationsdetektor (P-FID) / phosphorus-selective flame ionization detector (P-FID)
Photo-... (s.u. „Foto-")
Photon *n* / photon *n*
Photonenausstrahlung, spezifische ≗ / photon excitance
Photonen·bestrahlung *f* / photon exposure || ≗**strahlstärke** *f* / photon intensity || ≗**strom** *m* / photon flux || ≗**zähler** *m* / photon counter
Phthalat-Ester *m* / phthalic ester
PHU (s. Phasenschieberumrichter)
physikalisch aktive Schnittstelle / physically active interface || ~**e Atmosphäre** / standard atmosphere, International Standard Atmosphere (ISA) || ~**e Einheit** (der Größe einer MSR-Stelle; VDI/VDE 3695) / engineering unit || ~**er Empfänger** / physical receptor || ~ **passive Schnittstelle** / physically passive interface || ~**e Schicht** (s. Bitübertragungsschicht) || ~**e Schnittstelle** / physical interface
physiologische Blendung / disability glare
PI (s. Polyimid)
Picker *m* (logisches GKS-Eingabegerät) / pick device || ≗**kennzeichnung** *f* / pick identifier
Pick-Vorschub *m* (WZM, NC) / peck feed, Woodpecker feed
PID-Geschwindigkeitsalgorithmus *m* / PID velocity algorithm, PID control velocity algorithm || ≗**-Regelalgorithmus** *m* (PID = Proportional-Integral-Differentialverhalten) / PID control(ler) algorithm || ≗**-Regelung** *f* / PID closed-loop control, proportional-plus-integral-plus-derivative-action control || ≗**-Regler** *m* / PID controller, proportional-plus-integral-plus-derivative controller || ≗**-Schrittregler** *m* / PID step controller || ≗**-Verhalten** *n* / PID action,

proportional-plus-integral-plus-derivative action
Pierce-Strahlerzeuger *m* / Pierce gun
piezoelektrisch *adj* / piezoelectric *adj* || **~er Aufnehmer** / piezoelectric pickup || **~e Drucktaste** / piezoelectric switch, piezoelectric control, piezoelectric pushbutton || **~er Druckwandler** (o. Druckaufnehmer) / piezoelectric pressure transducer || **~er Effekt** / piezoelectric effect || **~e Ruftaste** / piezoelectric call button || **~er Taster** / piezoelectric switch, piezoelectric control, piezoelectric pushbutton || **~er Wandler** / piezoelectric transducer
piezokeramisch *adj* / piezoceramic *adj* || **~er Schwinger** / piezoceramic oscillator
Piezo·-Ruftaste (s. piezoelektrische Ruftaste) || **≗taster** (s. piezoelektrische Drucktaste) || **≗widerstandseffekt** *m* / piezoresistive effect
PIGFET (s. P-Kanal-Feldeffekt-Transistor)
Pilgerschrittschweißen *n* / step-back welding
Pilot *m* (Pilotsignal) / pilot signal || **automatischer Hilfsstromschalter mit ≗funktion (PS-Schalter)** (VDE 0660,T.200) / pilot switch (IEC 337-1) || **≗generator** *m* / pilot generator || **≗kontakt** *m* / pilot contact, pilot *n* || **≗leitung** *f* / pilot *n* || **≗signal** *n* / pilot signal || **≗zelle** *f* (Batt.) / pilot cell
Pilz (DT) (s. Pilzdruckknopf) || **≗befall** *m* / attack by fungi || **≗druckknopf** *m* (VDE 0660, T.201) / mushroom button (IEC 337-2) || **großer ≗druckknopf** / palm-type pushbutton, jumbo mushroom button || **≗druckknopf mit Rastung** / latched mushroom button, mushroom button with latch || **≗druckknopf mit Schloß** / locking-type mushroom button || **≗druckknopfschalter** *m* / mushroom-head pushbutton switch || **≗drucktaster** *m* / mushroom-head pushbutton switch || **≗formlampe** *f* / mushroom-shaped lamp || **≗gründung** *f* (Freileitungsmast, IEC 50(466)) / spread footing with pier, pad-and-chimney foundation || **≗-Notdrucktaster** *m* / mushroom-head emergency pushbutton || **≗-Schlagtaster** *m* / mushroom-head emergency pushbutton, mushroom-head slam button || **≗taste** (s. Pilzdruckknopf) || **≗taster** *m* / mushroom button (IEC 337-2)
Pinch-Effekt *m* / pinch effect
PIN-Diode *f* / PIN diode (PIN = positive-intrinsic-negative)
pinkompatibel *adj* / pin-compatible *adj*
Pinselpatrone *f* / brush cartridge
PIP (s. programmierbarer integrierter Prozessor)
Pipelineregister *n* / pipeline register
Pirani-Druckmesser *m* / Pirani vacuum gauge
PI-Regelung *f* (PI = Proportional-Integralverhalten) / PI control, proportional-plus-integral control, reset-action control
PI-Regler *m* / PI controller, proportional-plus-integral controller
Piste *f* (Flp.) / runway *n*
Pisten·befeuerung *f* / runway lighting || **≗bezeichnungsmarke** *f* / runway designation marking || **≗endbefeuerung** *f* / runway end lighting || **≗ende (RWE)** *n* / runway end (RWE) || **≗feuer** *n* / runway light || **≗grundlänge** *f* / runway basic length || **≗-Hochleistungsfeuer** *n* / high-intensity runway light || **≗-Mittelleistungs-Randbefeuerung (REM)** *f* / runway edge lighting medium-intensity (REM) || **≗mittellinie (RCL)** *f* / runway centre line (RCL) || **≗mittellinienbefeuerung** *f* / runway centre-line lighting || **≗mittellinienmarke** *f* / runway centre-line marking || **≗rand** *m* / runway edge || **≗randfeuer** *n* / runway edge light(s) || **≗rand-Hochleistungsbefeuerung (REH)** *f* / high-intensity runway edge lighting (REH) || **≗randmarkierung** *f* / runway edge markings || **≗rand-Niederleistungsbefeuerung (REL)** *f* / low-intensity runway edge lighting (REL) || **≗richtungsanzeiger** *m* / runway alignment indicator || **≗schulter** *f* / runway shoulder || **≗seitenlinienmarke** *f* / runway side stripe marking || **≗sichtweite (RVR)** *f* / runway visual range (RVR) || **≗streifen** *m* / runway strip
Pitot-Rohr *n* / Pitot tube
PI-Verhalten *n* / PI action, proportional-plus-integral action
PIWS (s. programminterne Warteschlange)
Pixel (s. Bildelement)
P-Kanal·-Feldeffekttransistor *m* / P-channel field effect transistor, P-channel FET || **≗-Feldeffekt-Transistor (PIGFET)** *m* / P-channel isolated-gate field-effect transistor (PIGFET) || **≗-MOS (P-MOS)** *m* / P-channel MOS (P-MOS) || **≗-Transistor mit niedriger Schwelle** / low-threshold P-channel transistor
PL (s. Potentialausgleichsleiter)
Plakatschrift *f* / large-character print
Plan *m* (Anordnung) / layout *n* || ≗ (Entwurf) / plan *n*, design *n* || ≗ (Planung) / plan *n*, scheme *n*, schedule *n* || ≗ (Projekt) / project *n*, scheme *n* || ≗ (Zeitplan) / schedule *n*, time table || ≗ (Zeichnung) / drawing *n*
plan *adj* / plane *adj*, even *adj*, flat *adj*
Planannteil der Nichtverfügbarkeitszeit / scheduled outage time, planned outage time, planned unavailability time
planar·er Graph / planar graph || **≗struktur** *f* (HL) / planar structure || **≗technik** *f* (HL) / planar technique || **≗transistor** *m* / planar transistor
Plan·-Außenbearbeitung *f* / transverse external machining || **~bearbeiten** *v* / face *v*, surface *v* || **≗bewegung** *f* (WZM) / cross travel, transverse motion
Planck·sches Gesetz / Planck's law || **≗scher Kurvenzug** / Planckian locus || **≗scher Strahler** / Planckian radiator
Planeten·getriebe *n* / planetary gearing, epicyclic gearing
Plan·fläche *f* / plane surface, end face, face *n* || **≗gewinde** *n* / transversal thread
Planheit *f* / planeness *n*, flatness *n*
planieren *v* (stanzen) / planish *v*
Planimeter *m* / planimeter *n*
Plan-Innen-Bearbeitung *f* / transverse internal machining
Planlaufabweichung *f* (Maschinenwelle) / axial eccentricity, axial runout
planmäßige Instandhaltung / scheduled maintenance
planparallel *adj* / plane-parallel *adj*
Plan·rad *n* / contrate gear, face gear || **≗scheibe** *f* / face plate || **≗schieber** *m* (WZM) / cross slide, facing slide || **≗schlag** *m* / axial eccentricity, axial runout || **≗schlitten** *m* (WZM) / cross slide, facing

slide || ²schnitt *m*(WZM) / facing cut, transverse cut || ²schruppen *n* / rough facing, transverse roughing || ²senken *n* / spot facing || ²spiegel *m* / plane mirror
Planté-Platte *f* / Planté plate
Planum *n* / finished grade, subgrade *n*
Planungs·faktor *m*(BT) / depreciation factor || **²qualität** *f*(DIN 55350) / quality of planning || **²theorie** *f* / planning theory || **²- und Dispositionsebene** / planning level || **²- und Dispositionsrechner** / planning computer || **²wert der Beleuchtungsstärke** / design illuminance
Planvorschub *m*(WZM) / transverse feed, cross feed
Plasma·ätzung *f* / plasma etching || **²bildschirm** *m* / gas plasma panel, plasma panel || **~dynamischer Generator** / magnetoplasmadynamic generator (m.p.d. generator) || **²-Lichtbogenbrenner** *m* / plasma torch || **²schneiden** *n* / plasma arc cutting || **²strahl** *m* / plasma jet, plasma beam || **²strömung** *f* / plasma flow || **²-Wanderfeldröhre** *f* / extended-interaction plasma tube
Plast *m*(Kunststoff) / plastic *n*, plastic material
Plastikgehäuse *n*(IS) / plastic case, plastic encapsulation
plastisch·e Formgebung / plastic shaping, reforming *n* || **~e Verformung** / plastic deformation, permanent set || **~-elastische Verformung** / plasto-elastic deformation
Plateau·-Schwellenspannung *f* / plateau threshold voltage || **²steilheit** *f*(Zählrate/Volt) / plateau slope
Platine *f*(Leiterplatte) / board *n*, printed circuit board, card *n* || ² (Vielfachschalter) / wafer *n* || ² (EZ) / platen *n* || **Bus~** / bus p.c.b., wiring backplane
platinieren *v* / platinize *v*
Platin·-Meßwiderstand *m* / platinum resistance element || **²-Rhodium-Thermoelement (PtRh-Thermopaar)** *n* / platinum-rhodium thermocouple || **²-Widerstandsthermometer (Pt-Widerstandsthermometer)** *n* / platinum resistance thermometer
Platte *f*(Kunststoff) / board *n*, sheet *n* || ² (Batt.) / plate *n* || ² (Speicher) / disc *n* || **Schutz~** (f. Monteur) / barrier *n*
Platten·anode *f* / plate anode || **²bandförderer** *m* / apron conveyor (o. feeder) || **²betriebssystem** *n* / disk operating system (DOS) || **²block** *m*(Batt.) / plate pack || **²dicke** *f*(gS) / board thickness || **²elektrode** *f* / plate electrode || **²erder** *m* / earth plate, ground plate || **²fahne** *f*(Batt.) / current-carrying lug
Plattenfeder·antrieb *m* / diaphragm actuator || **²manometer** *n* / diaphragm pressure gauge || **²meßwerk** *n* / diaphragm element || **²-Stellantrieb** *m* / spring diaphragm actuator
Platten·funkenstrecke *f* / plate-type series gap || **²füßchen** *n*(Batt.) / bottom lug || **²gitter** *n*(Batt.) / plate grid || **²glimmer** *m* / mica slab, mica laminate || **²-Grundbetriebssystem** *n* / basic disk operating system (BDOS) || **²heizkörper** *m* / panel-type radiator || **²läufer** *m* / disc-type rotor, disc rotor || **²paar** *n*(Batt.) / plate pair, plate couple || **²rahmen** *m*(Batt.) / plate frame || **²satz** *m*(Batt.) / plate group || **²schluß** *m*(Batt.) / short-circuit between plates || **Maschine mit ²schutzkapselung** / flange-protected machine
Plattenspeicher *m* / disk storage, magnetic disk storage || **²laufwerk** *n* / disk memory drive || **²steuerung** *f* / disk storage controller
Platten·temperatur *f*(GR) / plate temperature || **²welle** *f* / Lamb wave
Platz *m*(auf Leiterplatte) / location *n* || ² (Baugruppenträger) / position *n* || **²bedarf** *m* / space requirements, space required, floor area required || **²beleuchtung** *f* / local lighting, localized lighting || **²halter** *m*(DV) / wildcard *n* || **~kompatibel** *adj*(elektron. Geräte, MG-Einheiten) / interchangeable *adj* || **²nummer** *f* (Bildschirmaufteilung) / tag number, location number || **²runden-Führungsfeuer** *n* / circling guidance lights || **~sparend** *adj* / space saving, compact *adj*
Plausibilitäts·prüfung *f* / plausibility check, validity check || **²untersuchung** *f* / plausibility analysis (o. check)
PLC (programmable logic controller - programmierbare Verknüpfungssteuerung o. speicherprogrammierbare Anpaßsteuerung)
P-Leitfähigkeit *f* / P-type conduction, hole-type conduction
P-Leitung *f*(HL) / P-type conduction, hole conduction || ² (s. P-Ader)
Pleuelstange *f* / connecting rod
Plexiglas *n* / plexiglass *n*, perspex *n* || **²scheibe** *f* / plexiglass panel || **²wanne** *f*(Leuchte) / plexiglass diffuser
PLL-Schaltung (s. phasensynchronisierte Schleife)
PLM (s. Impulslagenmodulation) || ² (s. Impulslängenmodulation)
Plombe *f* / lead seal, seal *n* || **Zähler~** *f* / meter seal
Plombendraht *m* / seal wire
plombierbarer Zähler / sealable (o. sealed) meter
Plombierschraube *f* / sealing screw || ² (EZ) / sealed terminal cover screw
Plotspuler *m* / plot spooler
Plotter *m* / plotter *n* || **² mit Reibungsantrieb** / friction-drive plotter || **Foto~** / film recorder, photoplotter *n*, graphic film recorder
plötzlich·e Änderung / sudden change, step change || **~er Lastabwurf** / sudden load rejection
PLT (s. Prozeßleittechnik)
Plus·-Anzapfung *f* / plus tapping || **²-Minus-Anzeige** *f* / display with sign, bidirectional readout || **Bewegung in ²richtung** (NC-Zusatzfunktion, DIN 66025,T.2) / motion + (NC miscellaneous function, ISO 1056) || **²-Sammelschiene** *f* / positive busbar || **²toleranz** *f* / positive tolerance || **²-und-Minus-Programmierung** *f*(NC) / plus-and-minus programming, four-quadrant programming || **²zeichen** *n* / plus sign, positive sign
PM (s. Phasenmodulation)
P-MOS (s. P-Kanal-MOS)
PN (s. Nenndruck)
pneumatisch·e Bürde / pneumatic burden || **~er Empfänger** / pneumatic receptor || **~er Kolbenantrieb** / pneumatic piston actuator || **~e Logik** (Fluidik) / fluidic logic, fluidics *pl* || **~er Repetierantrieb** (MG) / pneumatic repeater drive || **~er Rückmelder** / pneumatic indicator || **~er Speicher** (Druckgefäß) / gas receiver || **~er Stellantrieb** / pneumatic actuator, piston actuator

|| **~er Stellungsregler** / pneumatic positioner || **~e Steuerung** / pneumatic control || **~es Zeitrelais** / pneumatic time-delay relay || **~-hydraulischer Antrieb** (LS) / pneumohydraulic operating mechanism
PN-FET (Feldeffekttransistor mit PN-Übergang; Sperrschicht-Feldeffekttransistor) / PN FET (junction-gate field-effect transistor)
PN-Grenzfläche *f* (HL) / PN boundary
PN-Übergang *m* / PN junction
PN-Übergang, Feldeffekttransistor mit ~ (PN-FET) / junction-gate field-effect transistor (PN FET)
PO (s. Polyolefin)
Pöckchen *n* / pock mark, pinhole *n*
Pockels-Effekt *m* / Pockels effect
Podest *n* / platform *n*
Poisson·sche Konstante / Poisson's ratio || **~verteilung** *f* / Poisson distribution
Pol *m* (el. Masch.) / pole *n*, field pole || ~ (SG) / pole *n*, pole unit || ~ (Netzwerk) / terminal *n*, port *n* || ~ (Batt. u. Anschlußpunkt eines Stromkreises) / terminal *n* || **Transformator~** (einpolige Trafoeinheit) / single-phase transformer
Polabstand (s. Polmittenabstand)
Pol·achse *f* / polar axis || **~amplitudenmodulation** *f* / pole-amplitude modulation (p.a.m.) || **~amplituden-modulierte Wicklung** / pole-ampitude-modulated winding, PAM winding
polares Trägheitsmoment / polar moment of inertia
Polarisation *f* / polarization *n*
Polarisations·dispersion *f* (LWL) / polarization dispersion || **~erhaltende Faser** (LWL) / polarization-maintaining fibre || **~grad** *m* / polarization factor || **~ladung** *f* / polarisation charge || **~rotator** *m* / polarization rotator, wave rotator || **~scheinwerfer** *m* / polarized headlight || **~strom** *m* / polarization current || **~widerstand** *m* / polarization resistance || **~zahl** *f* / polarization index || **Bestimmung der ~zahl** / polarization index test
Polarisierbarkeit *f* / polarisability *n*
polarisiert *adj* / polarized *adj* || **~er Kondensator** / polarized capacitor || **~es Relais** / polarized relay, polar relay (US) || **~e Strahlung** / polarized radiation
Polarität *f* / polarity *n*
Polaritäts·anzeiger *m* / polarity indicator || **~indikator** *m* / polarity indicator || **~umkehr** *f* / polarity reversal || **~wechsel** *m* / polarity reversal || **Fehler durch ~wechsel** (ADU) / roll-over error
Polar·koordinate *f* / polar coordinate
Pol·ausgleichblech *n* / pole shim || **~bedeckungsfaktor** *m* / pole-pitch factor || **~bedeckungsverhältnis** *n* / pole arc/pole pitch ratio || **~blech** *n* (el. Masch.) / pole lamination, pole punching, pole stamping || **~bogen** *m* / pole arc, pole span, polar arc, pole-pitch percentage || **~breite** *f* (Polbogen) / width of pole-face arc || **~brücke** *f* (Batt.) / strap *n*, jumper *n* || **~dehnung** *f* / pole stretching
Polderscher Permeabilitätstensor / Polder's tensor permeability
Poldichte, Steckverbinder hoher ~ (s. Steckverbinder hoher Kontaktdichte)
Poleisen *n* / pole core
polen *v* / polarize *v*, pole *v*
Pol·ende *n* / pole tip || **~endplatte** *f* / pole end plate || **~faktor** *m* (VDE 0670, T.101) / first-pole-to-clear factor (IEC 56-1) || **~fläche** *f* / pole face || **~flächenabschrägung** *f* / pole-face bevel || **~flächenkrümmung** *f* / pole-face shaping || **~gehäuse** *n* / field frame || **~gestell** *n* / yoke frame || **~gitter** *n* / pole damping grid || **~gruppierung** *f* / pole grouping, pole-coil grouping || **~höhe** *f* (Viskositätsindex) / pole height || **~horn** *n* / pole horn, pole tip
polig *adj*, **n-~** (StV) / n-pole *adj*, n-way *adj*, n-pin *adj*
Pol·kern *m* / pole core, pole body || **~körper** *m* / pole body
Polkraftlinienweg, mittlerer ~ (s. mittlere Kraftlinienlänge)
Polleistung *f* / power per pole
Poller *m* (zum Anheben) / lifting post
Pol·lücke *f* / pole gap, magnet gap || **Achse der ~lücke** / quadrature axis, q-axis *n*, interpolar axis || **~lückenmagnet** *m* / pole-space magnet || **~magnet** *m* / pole magnet, direct-axis magnet || **~mittenabstand** *m* (SG) / phase spacing (ANSI C37.100), distance between pole centres, pole centres || **~modulation** *f* / pole modulation || **~-Nullstellung** *f* (Schallpegelmesser) / pole zero || **~paar** *n* / pair of poles, pole pair || **~paarverhältnis** *n* / pole-pair ratio, pole ratio || **~paarversetzung** *f* / pole-pair staggering || **~paarzahl** *f* / number of pole pairs || **Produkt aus Drehzahl und ~paarzahl** / speed-frequency *n* || **~prüfer** *m* / pole indicator
Polrad *n* / rotor *n*, magnet wheel, inductor *n* || **~-EMK** *f* / field e.m.f. || **~fluß** *m* / field-linked direct-axis flux || **~kranz** *m* / rotor rim || **~lagegeber** *m* / rotor position encoder, rotor position sensor (o. transducer) || **~nabe** *f* / rotor hub, magnet-wheel hub || **~pendelung** *f* / phase swinging || **~spannung** *f* / synchronous generated voltage, synchronous internal voltage, internal voltage, field e.m.f. || **~stern** *m* / rotor spider, field spider, magnet-wheel spider || **~wicklung** *f* / field winding
Polradwinkel *m* / rotor displacement angle, load angle || **elektrischer** ~ / electrical rotor angle, rotor electrical angle || **Gesamt~ zwischen zwei Spannungsquellen** / angle of deviation between two e.m.f.'s (IEC 50(603)) || **innerer** ~ (Gen.) / internal angle || **~änderung** *f* / angular variation, angular pulsation || **~begrenzer** *m* / load-angle limiter || **~-Kennlinie** *f* / load-angle characteristic || **~-Meßeinrichtung** *f* / rotor angle detection system || **~pendelung** *f* / angular pulsation, swing *n*, oscillatory component of rotor angle
Pol·regelung *f* (HGÜ) / pole control || **~relais** *n* / polarized relay, polar relay (US) || **~säule** *f* / pole column, pole turret, pole pillar || **~schaft** *m* / pole shaft, pole body, pole shank || **~scheitelpunkt** *m* / pole-face vertex, pole tip || **~schenkel** *m* / pole shank, pole core || **~schlüpfen** *n* / pole slipping || **~schlußring** *m* / pole keeper ring || **~schrägung** (s. Polflächenabschrägung) || **~schraube und Polmutter** (Batt.) / connection screw || **~schritt** *m* / pole pitch
Polschuh *m* / pole shoe || **~faktor** *m* / pole-face factor || **~fläche** *f* / pole face || **~linse** *f* / pole-piece lens || **~schrägung** *f* / pole-face bevel, pole-shoe

skewing || ²streuung *f* / peripheral air-gap leakage
Polspannung *f*(SG) / pole voltage, voltage across a pole || **magnetische** ² (el. Masch.) / magnetic potential difference across poles and yoke || **wiederkehrende** ² (SG) / recovery voltage across a pole, phase recovery voltage
Polspannungsfaktor *m*(SG) / first-pole-to-clear factor (IEC 56-1)
Pol·spitze *f* / pole tip, pole horn || **²spule** *f* / field coil || **²spulen-Isolierrahmen** *m* / field-coil flange || **²spulenträger** *m* / field spool || **²stärke** *f* / pole strength, quantity of magnetism, magnetic mass || **²stärkeeinheit** *f* / unit magnetic mass
Polster *n*(Kabel) / bedding *n* || **Stickstoff~** *n* / nitrogen blanket, nitrogen cushion
Polstern *m* / field spider
Pol·streuung *f* / peripheral air-gap leakage || **²stück** *n*(Feldpol) / field pole || **²stück** *n* (Polunterlegblech) / pole piece || **²teilung** *f*(el. Masch.) / pole pitch || **²teilung** (SG) (s. Polmittenabstand) || **²träger** *m*(SG) / pole support, pole base || **²überdeckungsverhältnis** *n* / pole arc/pole pitch ratio || **²umgruppierung** *f* / pole regrouping, pole-coil grouping || **²umkehr** *f* / polarity reversal
polumschaltbar·er Dreiphasenmotor nach Auinger / Auinger three-phase single-winding multispeed motor || **~er Motor** / pole-changing motor, change-pole motor, pole-changing multi-speed motor, change-speed motor || **~er Motor mit einer Wicklung** / single-winding multi-speed motor, single-winding dual-speed motor || **~er Spaltpolmotor** / pole-changing shaded-pole motor || **~e Wicklung** / pole-changing winding, change-pole winding, change-speed winding || **dreifach ~er Motor** / three-speed pole-changing motor
Pol·umschalter *m* / pole changing switch, change-pole switch, pole changer || **²umschalter für drei Drehzahlen** / three-speed pole-changing switch || **²umschalter für zwei Drehzahlen** / two-speed pole-changing switch || **²umschaltschütz** *n* / pole-changing contactor, contactor-type pole changer (o. pole-changing starter) || **²umschaltschützkombination** *f* / pole-changing contactor combination, contact-type pole-changing starter || **²umschaltung** *f* / pole-changing *n*, pole-changing control, pole reconnection || **Motor mit ²umschaltung** (s. polumschaltbarer Motor)
Polung *f* / polarization *n*, poling *n*, polarity *n*
Pol·unterlegblech *n* / pole shim, pole piece || **~unverwechselbar** *adj* / non-reversible *adj*, polarized *adj* || **²verhältnis** *n* / pole-number ratio, speed ratio || **²verstellwinkel** (s. Polradwinkel) || **²wahlschalter** (s. Polumschalter) || **²wechsel** *m* (Polzahl) / pole changing || **²wechsler** *m*(Polzahl) / pole changer, pole-changing switch, change-pole controller || **²wechsler** *m*(Umpolung) / polarity reverser || **²wender** (s. Polwechsler) || **²wicklung** *f*(einzelner Pol) / pole winding || **²wicklung** *f*(Erregerwickl.) / field winding || **²wicklungsstütze** *f* / field coil support, field winding brace || **²windungszahl** *f* / number of field turns
Polyamid·harz *n* / polyamide resin
Polycarbonat (PC) *n* / polycarbonate *n*
polychloriert·e Benzole / polychlorinated benzenes || **~e Biphenyle (PCB)** / polychlorinated biphenyls (PCB)
Polyeder *m* / polyhedron *n* || **²ecke** *f* / polyhedral angle
Polyester *m* / polyester *n* || **²band** *n* / polyester film tape (PETP) || **²glas** *n* / glass-fibre-reinforced polyester || **²harz** *n* / polyester resin || **~harzgetränkt** *adj* / polyester-resin-impregnated *adj* || **²harzmatte** *f* / polyester-resin-impregnated prepreg || **²urethan** *n* / polyester urethane || **²vlies** *n* / polyester fleece
Polyethylen (PE) *n* / polyethylene (PE) *n* || **²folie** *f* / polyethylene sheet(ing) || **²terephtalat (PETP)** *n* / polyethylene-terephthalate (PETP) *n*
polygonal·e Auslösecharakteristik / polygonal tripping characteristic, quadrilateral characteristic, quadrilateral polar characteristic || **~e Auslösefläche** / polygonal tripping area, quadrilateral tripping area
Polygon·charakteristik *f*(PC) / polygon characteristic || **²charakteristik** *f*(Schutz) / quadrilateral characteristic || **²masche** *f*(CAD) / polygon mesh || **²netz** *n* / polygon mesh || **²schaltung** *f* / polygon connection, mesh connection || **m-Phasen-²schaltung** *f* / polygon(-connected) m-phase winding || **²schutz** *m* / transverse differential protecion
Polygonzug *m*(graf. DV) / polygon *n*, polyline *n* || **²baustein** *m* / (polygon-based) interpolation block
Polyhydantoin *n* / polyhydantoin *n*, polyimidazoledione *n*
Polyimid (PI) *n* / polyimide (PI) *n*
Polylinie *f* / polyline *n*
Polymarke *f*(graph. Darstellungselement) / polymarker *n*
Polymarkenbündeltabelle *f* / polymarker bundle table
Polymerisationsgrad *m* / degree of polymerization
Polymethacrylat *n* / polymethacrylate *n*
Polynom *n* / polynominal *n* || **²code** *m* / polynominal code
Polynomsicherung (s. zyklische Blockprüfung)
Poly·olefin (PO) *n* / polyolefin oil || **²propylen (PP)** *n* / polypropylene (PP) *n* || **²silizium-Sicherung** *f* / polysilicon fuse || **²solenoidmotor** *m* / round-rod linear motor
Polystyrol *n* / polystyrene *n* || **²harz** *n* / polystyrene resin
Poly·terephthalat *n* / polyterephthalate *n* || **²tetrafluoräthylen** *n* / polytetrafluoroethylene *n*
Polyurethan *n* / polyurethane *n*
Polyvinyl·acetal *n* / polyvinyl acetal || **²acetat** *n* / polyvinyl acetate || **²chlorid (PVC)** *n* / polyvinyl chloride (PVC)
Pol·zacke *f* / pole tip, pole horn || **²zahl** *f* / number of poles, pole number || **²zwickel** *m* / interpolar gap
Ponymotor *m* / pony motor, starting motor
Poolverwaltungssystem *n* / pool management system
Poroloy *n* / poroloy *n*
Porositätsprüfung *f* / porosity test
Port (MPU) (s. Kanal)
Portabilität (Programme) (s. Übertragbarkeit)
Portal *n* / portal *n*, gantry *n* || **²kran** *m* / gantry crane

|| ≗**roboter** *m* / gantry robot || ≗**scheinwerfer** *m* (Bühnen-BT) / proscenium bridge spotlight || ≗**stützpunkt** *m* (Freiltg.) / portal support, H frame, H support

Porzellan·durchführung *f* / porcelain bushing || ≗**halter** *m* / porcelain support

Positionier·achse *f* / positioning axis || ≗**baugruppe** *f* / position control module, positioning module || ≗**bereich** *m* / positioning range

Positionieren *n* / positioning *n* || ≗ (Läufer einer el. Masch.) / inching *n* || ≗ **aus einer Richtung** (NC) / unidirectional positioning

Positionier·fehler *m* / positioning error || ≗**genauigkeit** *f* (NC) / positioning accuracy || ≗**steuerung** *f* / positioning control, point-to-point control || ≗**stück** *n* (Crimpwerkzeug) / positioner *n* || **Zeiger-≗taste** *f* / cursor control key || ≗**taste** (f. Positionier- o. Schreibmarke) / cursor key || ≗**tisch** *m* / positioning table || ≗**toleranz** *f* / positioning tolerance, positioning accuracy

Positionierung *f* (Speicherlaufwerk) / seek *n*

Positionierzeit *f* (NC u. Schreib- o. Leseeinrichtung eines Speichers) / positioning time

Positions·fehler *m* (NC) / position error, position deviation || ≗**geber** *m* (graf. DV) / locator *n* || ≗**-Istwert** *m* (NC) / actual position (value) || ≗**laterne** (Schiff) (s. Positionslicht)

Positionslicht *n* (Schiff, Flugzeug) / navigation light

Positionsmarke *f* (Bildschirm) / cursor *n*

Positionsschalter *m* (VDE 0660,T.200) / position switch (IEC 337-1) || ≗ **mit Schutzrohrkontakt** / sealed-contact position switch || ≗ **mit Sicherheitsfunktion** (IEC 50(441)) / limit switch || ≗ **mit Zwangsöffnung** / position switch with positive opening operation

Positions-Sollwert, programmierter ≗ (NC) / programmed position

Positions·steuerung (s. Positioniersteuerung) || ≗**toleranz** *f* (DIN 7184,T.1) / positional tolerance, tolerance of position || ≗**überwachung** *f* (Rob.) / position alarm || ≗**zeiger** *m* (Cursor) / cursor *n*

Positiv *n* (a. gS) / positive *n* || ~**e Ansprech-Schaltstoßspannung** / positive let-through level || ~**es Bild** (gS) / positive pattern || ~**er Blindleistungsverbrauch** / leading reactive-power consumption || ~**e Flanke** (Impuls) / positive edge || ~**er Flankenwechsel** / positive-going edge (of signal) || ~**e ganze Zahl** / positive integer || ~**es Kriechen** (HL, des Sperrstroms) / positive creep || ~**e Logik** / positive logic || ~**e Platte** (Batt.) / positive plate || ~**er Pol** (Batt.) / positive terminal || ~**e Rückkopplung** / positive feedback, direct feedback || ~**er Scheitel** / positive peak, positive crest || ~**e Spannung** (Thyr, Diode) (s. Vorwärtsspannung) || ~**e Sperrspannung** (Thyr, DIN 41786) / positive off-state voltage || ~**e Sperrspannung** (s. Vorwärts-Sperrspannung) || ~**er Sperrstrom** (s. Vorwärts-Sperrstrom) || ~**e Spitzensperrspannung** (s. periodische Vorwärts-Spitzensperrspannung) || ~**e Stirn-Ansprech-Schaltstoßspannung** / positive 1.3 overvoltage sparkover || ~**e Stoßspitzenspannung** (s. Vorwärts-Stoßspitzenspannung) || ~**es Vorzeichen** / positive sign || ~**er Winkel der Kopfschräge** (Bürste) / positive top bevel angle || ~**er Wolke-Erde-Blitz** / positive downward flash || ≗**-Impedanz-Wandler** *m* / positive impedance converter (PIC) || ≗**lack** *m* (gS) / positive resist || ≗**-Negativ-Dreipunktverhalten** *n* (Reg.) / positive-negative three-step action || ≗**-Negativ-Verhalten** *n* (Reg.) / positive-negative action

Postanschlußkasten (s. Telefonanschlußkasten)

Posten *m* (Fertigungslos) / lot *n*, batch *n*

Postleitung *f* / post office line

Postoptimalitätsanalyse *f* / postoptimality analysis

Postprozessor *m* / postprocessor *n* || ≗**-Anweisung** *f* (NC) / postprocessor instruction || ≗**-Ausdruck** *m* (NC; a. CLDATA-Wort) / postprocessor print || ≗**-Zeichnung** *f* (NC; a. CLDATA-Wort) / postprocessor plot (ISO 3592)

Potential, elektrisches ≗ / electric potential

Potentialanschluß *m* / potential connection, potential tap || ≗ (Leiter f. Potentialausgleich) / bonding lead

Potentialausgleich (PA) (VDE 0100, T.200) *m* / equipotential bonding || ≗ **ohne Erdungsanschluß** / non-earthed equipotential bonding, earth-free equipotential bonding || **erdfreier** ≗ / earth-free (o. non-earthed) equipotential bonding || **Erdung mit** ≗ / equipotential earthing (o. grounding)

Potentialausgleichs·leiter (PL) (VDE 0100, T.200) *m* / equipotential bonding conductor, bonding conductor || ≗**prüfung** *f* / bonding-conductor test || ≗**schiene** *f* / equipotential bonding strip, bonding jumper, earth-circuit connector || ≗**verbindung** *f* / equipotential bonding (o. connection), bonding *n* || ≗**vorrichtung** *f* / potentializer *n*, equalizer *n* || ≗**zone** *f* / equipotential zone

Potentialbarriere *f* / potential barrier

potentialbezogen·er Ausgang (DIN 41855) / output referred to a potential || ~**er Eingang** (DIN 41855) / input referred to a potential

Potential·bindungsmodul *n* / non-isolating submodule || ≗**ebene** *f* / ground plane || ≗**fläche** *f* / potential surface, equipotential surface

potentialfrei *adj* / floating *adj*, potential-free *adj*, voltageless *adj* || ~**er Ausgang** / isolated output, floating output || ~**er Eingang** / isolated input, floating input || ~**er Kontakt** / floating contact || ~ **messen** / measure in an isolated circuit || **Element zur ~en Übertragung der Steuerimpulse** / element to isolate the firing-pulse circuit

Potentialfreiheit des Signals (DIN IEC 381,T.2) / signal isolation

potentialgebunden *adj* / non-floating *adj*, non-isolated *adj*

Potential·gefälle *n* / potential gradient || ~**getrennt** *adj* / isolated *adj* || ≗**gleichheit** *f* / potential equality, equalized potential || ≗**gradient** (s. Potentialgefälle) || ≗**knoten** *m* (Netz) / slack bus || ≗**kraft** *f* / potential force, conservative force || ≗**kurve** *f* / potential curve, potential-energy curve || **Teilstromdichte-**≗**kurve** *f* / partial current density/potential curve || ≗**leitung** *f* (Leiter) / potential lead || ≗**mulde** *f* / potential well || ≗**ring** *m* (potentialsteuernd) / grading ring || ≗**sattel** *m* / potential saddle || ≗**schiene** *f* (ET) / voltage bus || ≗**schritt** *m* (Wickl.) / equipotential pitch || ≗**schwelle** *f* / potential threshold, minimum potential || ≗**schwelle** *f* (HL) / potential barrier || ≗**steuerring** *m* / grading ring, static ring

Potentialsteuerung *f* / voltage grading, potential grading, potential control || ≗ **mit hohem**

Widerstand / resistance grading || Schirm zur ≗ / grading screen
Potentialtrenner *m* / buffer *n*, isolator *n*, buffer amplifier
Potentialtrennung *f* / electrical isolation, isolation *n*, control-to-load isolation, galvanic isolation || ≗ **der Steuerkreise** / control-to-load isolation || **Eingang mit** ≗ / isolated input, floating input || **gruppenweise** ≗ / grouping isolation
Potentialtrennungs·baugruppe *f* / isolating module, galvanic isolation module || ≗**modul** *n* / isolating submodule
Potential·verbindung (s. Potentialausgleichsverbindung) || ≗**verlauf** *m* / potential profile || ≗**verschleppung** *f* / potential transfer, accidental energization, formation of vagabond (o. parasitic) voltages || ≗**wall** *m* (HL) / potential barrier
potentielle Energie *n* / potential energy
Potentiometer *n* / potentiometer *n* || ≗**-Meßgerät** *n* / potentiometric instrument || ≗**regler** *m* / potentiometer-type rheostat || ≗**schleifer** *m* / potentiometer slider, wiper *n*
Potenzierung *f* / exponentiation *n*, involution *n*, raising (a quantity) to a power
Potenzprofil *n* (LWL) / power-law index profile
Potier, Umrechnungsfaktor nach ≗ / Potier's coefficient of equivalence || ≗**-Dreieck** *n* / Potier reactance triangle, Potier diagram || ≗**-EMK** *f* / Potier e.m.f. || ≗**-Reaktanz** *f* / Potier reactance
Pourpoint *m* (IEC 50(212)) / pour point || ≗**-Erniedriger** *m* (IEC 50(212)) / pour point depressor
Poyntingscher Vektor / Poynting vector
PP (s. Polypropylen) || ≗ (s. Prüfdruck)
PPS (s. Produktions-Planung und -Steuerung)
PQ-Knoten *m* (Netz) / PQ bus
PR (s. Berechnungsdruck) || ≗ (s. Prozeßrechner)
Präambel *f* / preamble *n*
Prädikat „Die gute Industrieform" / industrial design award
Präfix *n* / prefix *n*
prägen *v* (stanzen) / emboss *v*
praktisch·es Einheitensystem / practical system of units || ~**e elektrische Einheiten** / practical electrical units || ~**e Lebensdauer** / useful life || ~**er Referenzimpuls** (DIN IEC 469, T.2) / practical reference pulse waveform || ~ **sinusförmig** / substantially sinusoidal, practically sinusoidal
Prall·blech *n* / baffle plate || ≗**sack** (s. Luftsack)
Präparateträger *m* / specimen holder
Präparationschromatograph *m* / preparative chromatograph
präparative Chromatographie / preparative chromatography, fraction collecting chromatography
Prasseln *n* (Rauschen) / noise *n*
Pratze *f* (el. Masch., Bauform IM B 30) / pad *n*
Pratzenanbau *m* (el. Masch., Bauform IM B 30) / pad-mounting *n*
Präzessionskammer *f* / precession camera
Präzision *f* (a. QS, DIN 55350,T.13) / precision *n*
Präzisions·anflug *m* / precision approach || ≗**anflugbefeuerung** *f* / precision approach lighting || ≗**anflugpiste** *f* / precision approach runway || ≗**anflugradar (APR)** *m* / precision approach radar (APR) || ≗**anflugwinkelsystem (PAPI-System)** *n* / precision approach path indicator system (PAPI system) || **digitale** ≗**schaltuhr** / precision-type digital time switch || ≗**zähler** *m* / precision meter, precision-grade meter
Precompiler (s. Vorkompilierer)
Prefocus·-Lampe *f* / prefocus lamp || ≗**-Sockel** *m* / prefocus cap, prefocus base
P-Regelung *f* / proportional control, proportional-action control
P-Regler *m* / P controller, proportional-action controller
Preis *m* (StT) / rate *n*, price *n* || ≗ **für Reserveleistung** (StT) / standby charge || ≗**änderungsklausel** (s. Preisanpassungsklausel) || ≗**anpassungsklausel** *f* (a. StT) / price adjustment clause
Preisregelung *f* (StT) / tariff *n*, tariff for electricity || ≗ **für die Industrie** (StT) / industrial tariff || ≗ **für die Spitzenzeit** (StT) / peak-load tariff, on-peak tariff || ≗ **für Hochspannung** (StT) / h.v. tariff || ≗ **für hohe Benutzungsdauer** (StT) / high-load-factor tariff || ≗ **für Mittelspannung** (StT) / medium-voltage tariff || ≗ **für Niederspannung** (StT) / l.v. tariff || ≗ **für niedrige Benutzungsdauer** (StT) / low-load-factor tariff || ≗ **für Reserveversorgung** (StT) / standby tariff || ≗ **für Sonderzwecke** (StT) / catering tariff || ≗ **für Zusatzversorgung** (StT) / supplementary tariff
Prell·bock *m* / buffer stop, bumper *n* || ≗**dauer** (s. Prellzeit)
Prellen *n* (Kontakte) / bouncing *n*, bounce *n*, chatter *n* (relay) || ≗ (Relaisanker) / rebound *n*
prell·frei *adj* / bounce-free *adj* || ≗**prüfung** *f* / bounce test || ≗**schwingung** *f* / chatter vibration || ≗**unterdrückung** *f* / bounce suppression || ≗**zeit** *f* / bounce time, chatter time (relay)
Premix *n* (Isolierung) / premix *n*
Prepreg *n* (gS) / prepreg *n*, preimpregrated material
preß·blanke Oberfläche (gS) / plate finish || ≗**bolzen** *m* / clamping bolt, tie-bolt *n* || ≗**duktor** *m* / pressductor *n* || ≗**einrichtung** (s. Preßkonstruktion) || ≗**fuge** *f* / interference interface || ≗**gestell** *n* (Trafo) / clamping frame, end frame, constructional framework
Preßglas·-Autoscheinwerferlampe *f* / sealed-beam headlamp || ≗**reflektor** *m* / pressed-glass reflector || ≗**-Scheinwerferlampe mit Reflektorkolben** / sealed beam lamp
Preß·-Härtetechnik *f* / pressure-hardening technique || ≗**hülsen-Verbindungstechnik** *f* / termi-point wiring (technique) || ≗**kabelschuh** *m* / compression-type socket, crimping cable lug || ≗**konstruktion** *f* (Trafo) / clamping structure, constructional framework, supporting and clamping structure, (bracing and) clamping frame || ≗**kupplung** *f* / compression clutch || ≗**loch** *n* (Trafo-Preßkonstruktion) / clamping hole, tie-bolt hole || ≗**masse** *f* / moulding material, moulding compound || ≗**passung** *f* / interference fit || ≗**passung** *f* (enger Treibsitz) / tight fit, driving fit || ≗**platte** *f* (Trafo-Kern) / clamping plate, end plate, thrust plate || ≗**rahmen** *m* (Trafo) / clamping frame, end frame, constructional framework || ≗**span** *m* / pressboard *n*, presspan *n* || ≗**spanplatte** *f* / pressboard *n*, presspan board, strawboard *n*, Fuller board || ≗**stoff** *m* / moulded material,

moulded plastic || ²stofflager *n* / moulded-plastic bearing, plastic bearing
Pressung *f*(Trafokern) / clamping *n*, compression *n*, compaction *n*, degree of compression || **Amplituden~** *f* / amplitude compression
Preß·verband *m*(DIN 7182) / interference fit || **²verbinder** *m* / pressure connector, pressure wire connector || **²verbindung** *f*(Leiterverb.) / compression connection
Pretrigger (s. Vortrigger)
primär·e Bemessungs-Fehlergrenzstromstärke (Schutzwandler) / rated accuracy limit primary current || **~e Bemessungsspannung** / rated primary voltage || **~er Bemessungsstrom** / rated primary current || **~e Bemessungsstromstärke** (Wandler) / rated primary current || **~er Fehlergrenzstrom** / accuracy limit primary current || **~er Genauigkeitsgrenzstrom** / accuracy limit primary current || **~ getaktetes Netzgerät** / primary switched-mode power supply unit || **~es Kriechen** / initial creep, primary creep || **~es Kühlmittel** (el. Masch., VDE 0530, T.1) *n* / primary coolant (IEC 34-1) || **~e Last** (Freiltg.) / primary load, normal load || **~er Meßbereich** (DIN IEC 651) / primary indicating range
Primär-Ampèrewindungen *f pl* / primary ampere-turns, primary turns
Primär·anschluß *m* / primary terminal, line terminal, input terminal || **²anschlußspannung** *f* / primary terminal voltage, primary voltage, supply voltage || **²ausfall** *m* / primary failure || **²auslöser** *m*(VDE 0670, T.101) / direct overcurrent release (IEC 56-1), direct release || **²batterie** *f* / primary battery || **²befehlsgruppe** *f*(PMG, DIN IEC 625) / primary command group (PCG) || **²druck** *m* / inlet pressure || **²elektronenemission** *f* / primary electron emission || **²element** *n* / primary cell || **²energie** *f* / primary energy || **²frequenz** *f* / primary frequency, input frequency || **²klemme** *f* / primary terminal, input terminal, main terminal || **²kreis** *m* / primary circuit || **²kühlmittel** (s. primäres Kühlmittel) || **²last** (s. primäre Last) || **²leiter** *m* / primary conductor, primary *n* || **²lichtquelle** *f* / primary light source, primary source || **²normal** *n* / primary standard || **²prüfung** (Schutz) / primary test || **²prüfung durch Fremdeinspeisung** (Schutz) / primary injection test || **²quelle** *f*(E VDE 0165, T.102) / primary grade || **²regelung** *f*(der Drehzahl v. Generatorsätzen) / primary control || **²relais** *n* (VDE 0435,T.110) / primary relay || **²schaltregler** *m* / primary switched-mode regulator || **²seite** *f* / primary side, primary circuit, input side, primary *n* || **~seitig** *adj* / primary *adj*, in primary circuit, input-end *adj* || **²spannung** *f* / primary voltage, input voltage || **²strahler** *m* / primary radiator || **²strom** *m* / primary current, input current || **²stromauslöser** *m* / direct overcurrent release (IEC 56-1), direct release || **²target** *n*(RöA) / primary target || **²valenzachsen** *f pl* / colour axes || **²valenzen** *f pl* / reference (colour) stimuli || **²versuch** *m*(Schutz) / primary test, primary-injection test, staged-fault test || **²wicklung** *f* / primary winding
Primzahl *f* / prime number
Print (s. Steckplatte) || **²** (s. Leiterplatte) || **²platte** (s. Leiterplatte)
Print-Recorder (s. druckender Schreiber)
Prinzip des gefahrlosen Ausfalls / fail safe || **²schaltbild** *n*(Blockdiagramm) / block diagram || **²schaltbild** (s. Übersichtsschaltplan) || **²schaltplan** *m*(einpolig) / single-line diagram || **²skizze** *f* / schematic sketch
Prioritäts·auflösung *f* / priority resolution || **²baustein** (programmierbare Unterbrechungssteuerung) / programmable interrupt controller || **²ebene** (s. Vorrangebene) || **²entschlüßler** *m* / priority resolver || **~gesteuerte Unterbrechung** / priority interrupt control (PIC) || **²kette** *f*(Buszuteilung) / daisy chain || **²staffelung** *f* / priority grading || **²verarbeitung** *f* / priority processing, priority scheduling || **²verkettung** *f* / daisy chaining || **²verschlüßler** *m* / priority encoder || **²verwalter** *m*(MPSB) / priority arbiter || **²zuordnung** *f* / priority assignment, priority scheduling
prioritieren *v* / prioritize *v*, to assign priorities
Prioritierung *f* / prioritization *n*, priority assignment, priority scheduling
Prioritierungslogik *f* / prioritization logic
Prisma *n*(Batt.) / mudribs *n pl*
prismatische Zelle / prismatic cell
Prismen·bock *m* / V-support *n* || **²brilliantwanne** *f* (Leuchte) / prismatic decorative diffuser || **²glasleuchte** *f* / dispersive fitting || **²scheibe** *f* (Leuchte) / prismatic panel diffuser || **²wanne** *f* (Leuchte) / prismatic diffuser
Pritsche *f*(f. Kabel) / rack *n*
Privatleitung *f* / private line
probabilistisches Modell / probability model
Probe *f*(Materialprobe) / sample *n*, test specimen, test unit, specimen *n*, coupon *n* || **²** (Prüfung) / test *n*, trial *n* || **eine ² entnehmen** / to take a sample || **²belastung** *f* / load test, test loading || **²betrieb** *m* / trial operation, trial run, test run || **²druck** *m* / component test pressure || **²entnahme** (s. Probenentnahme) || **²entnehmer** (s. Probenentnehmer) || **²fahrt** *f* / running test || **²installation** *f* / installation test || **²körper** *m* / test specimen, specimen *n* || **²lauf** *m* / trial run, trial operation, test run, run-in test || **²lauf** *m*(NC) / dry run, trial operation || **²lauf-Vorschub** *m*(NC) / dry run feed(rate) || **²montage** *f* / installation test || **²muster** *n* / sample *n*, test specimen, test unit, specimen *n*, coupon *n* || **²nahme** (s. Probenentnahme)
Proben·aufbereitung *f* / sample conditioning, sample preparation || **²aufbereitungseinrichtung** *f* / sample conditioner || **²aufgabe** *f* (Chromatograph) / sample injection
Probenentnahme *f* / sampling *n* || **² mit Rückstellung** / sampling with replacement || **²öffnung** *f* / sampling port
Proben·entnehmer *m* / sampler *n*, sampling device || **²heber** *m* / thief *n* || **²magazin** *n*(RöA) / sample (o. specimen) magazine || **²meßhahn** *m*(Entnahme v. Flüssigkeitsproben u. Zählung der Entnahmemenge) / volumetric sampler || **²nadel** *f* / sample syringe || **²stecher** *m* / thief *n* || **²teilung** *f* / sample division || **²verkleinerung** *f*(QS) / sample reduction || **²vorbereitung** *f* / sample preparation || **²wechsler** *m*(RöA) / sample (o. specimen) changer || **²-Zwischenbehälter** *m* / intermediate sampling cylinder

Probe·schalten *n* / trial operation, test operation || **²schweißung** *f* / test weld, trial weld || **²spule** *f* / test coil || **²stab** *m* / test bar || **²werkstück** *n* / test workpiece, test component
problemorientierte Programmiersprache / problem-oriented language
Produkt aus Drehzahl und Polpaarzahl / speed-frequency *n* || **²beobachtung** *f*(nach Ablieferung) / product monitoring || **²haftung** *f* / product liability
Produktion auf Abruf / just-in-time production (JIT) || **² ohne Zwischenlager** / stockless production
Produktions·automat *m* / automatic production machine || **²kapazität** (s. Fertigungskapazität) || **²leistung** *f*(Menge/Zeit) / production rate || **²leitebene** *f* / production management level, plant management level
Produktionsleittechnik *f* / production management || **²** (CIM) / computer-integrated manufacturing (CIM)
Produktions·-Planung und -Steuerung (PPS) / manufacturing (o. materials) requirements planning (MRP) || **²straße** *f* / production line, series production line || **²zelle** *f* / production cell, manufacturing cell || **²zellensteuerung (PZS)** *f* / production cell control (PCC)
Produkt·kurve B x H / B-H curve || **²relais** *n* / product relay, product measuring relay || **²sicherheit** *f* / product safety || **²sicherung** *f* / product assurance || **²sicherungsmaßnahme** *f* / product assurance measure
produktspezifische QS-Dokumentation / product-specific quality documentation
Produktsteuerung *f* / product control
Profil *n* / profile *n*, section *n*, shape *n* || **²** (Stahl) / section *n*, shape *n* || **²** (s. Ladeprofil) || **²beleuchtung** *f* / outline lighting || **²darstellung** *f* (BSG) / profile display, profile view (CAD) || **²dichtung** *f* / formed gasket || **²dispersion** *f* (LWL) / profile dispersion || **²draht** *m* / section wire, shaped wire || **²drahtwicklung** *f* / section-wire winding, shaped-wire winding || **²einschränkung** *f*(Ladeprofil) / loading gauge restriction, gauge limitation || **²eisen** *n* / sectional steel, structural steel, structural shapes || **²erder** *m* / section-rod (earth) electrode || **²faktor (PF)** (Isolator) *m* / profile factor (PF) || **~gängig** *adj* / meeting the railway clearances || **²glas** *n* / figured glass || **²instrument** *n* / straight-scale instrument, edgewise instrument || **²leiter** *m* / shaped conductor || **²parameter** *m*(LWL) / index profile parameter || **²projektor** *m* / profilometer *n* || **²raster** *m*(Leuchte) / profiled louvre, figured louvre || **²sammelschiene** *f* / rigid busbar || **²scheinwerfer** *m* / profile spotlight, profile spot || **²schiene** *f*(Tragschiene) / mounting channel, channel *n* || **²schnitt** *m* / profile section, section *n* || **²schnitt außerhalb der Ansicht** / removed section || **²schnitt innerhalb der Ansicht** / revolved section || **²skale** *f* / straight scale, horizontal straight scale || **²staberder** *m* / section-rod (earth) electrode || **²stahl** *m* / sectional steel, steel sections, steel shapes, structural steel, structural shapes || **²träger** *m* / (sectional) girder *n*, beam *n* || **²übergangskasten** *m*(IK) / change-face unit || **²verfahren** *n*(CAD) / sweep operation || **Rad ohne ²verschiebung** / gear with equal-addendum teeth, unmodified gear, standard gear
Prognose *f* / forecast *n*
prognosegestütztes Lastführungssystem / forecast-based load control (o. management) system
Programm *n* / program *n* || **² ändern** (NC-Bildzeichen) / program edit || **² einer Steuerung** / controller program || **ein ² ändern** / to edit a program || **ein ² spiegeln** / to mirror a program || **²abbruch** *m* / program abort, discontinuation of program
Programmablauf *m*(DIN 44300) / program flow || **²** (s. Programmausführung) || **²** (s. Programmbearbeitung) || **²** (s. Programmdurchlauf) || **²plan** *m* / program flowchart
Programm·abschnitt *m* / program section || **²änderung** *f* / program editing, program modification || **²anfang** *m* / program start || **²anfang-Zeichen** *n* / program start character || **²anweisung** *f* / statement *n* || **²anweisung** *f*(NC, CLDATA) / source statement (ISO 3592) || **²archiv** *n* / program library || **²archivierung** *f* / program archiving, storing in program library, program filing || **²aufbau** *m* / program structure || **²aufbau mit variabler Satzlänge** (NC) / variable-block format || **²aufbau mit variabler Satzlänge auf Lochstreifen** (NC) / punched-tape variable-block format || **²ausführung** *f* / program execution || **²ausgabe** *f* / program output, program listing || **²ausrüstung** *f* / software *n*(SW) || **²baustein** *m*(DIN 44300) / program module || **²baustein (PB)** (PLT, PC) *m* / program block (PB) || **²bearbeitung** *f* / program processing, program execution || **~bedingter Fehlzustand** (IEC 50(191)) / program-sensitive fault || **²befehl** *m* (FWT) / function command || **²betrieb** *m* / scheduled operation || **²betrieb** *m*(NC) / program operation, program control || **²betrieb** (s. Belastungsprüfung) || **²datei** *f*(Textverarb.) / non-document file || **²dokumentation** *f* / program documentation || **²durchlauf** *m* / program run, computer run || **²eingriff** *m*(Unterbrechung) / program interruption || **²einschub** *m* / program patch || **²element** *n* / program element || **²ende** *n* (DIN 19239) / end of program, "End program", program end || **²ende, bedingt** / conditional program end, "End program conditionally" || **²ende-Meldung** *f* / end-of-program signal || **²entwicklungswerkzeug** *n* / program development tool || **²erstellung** *f* / program generation (o. preparation o. development) || **²folge** *f* / program sequence || **²gang** *m* / program cycle || **²geber** *m*(Zeitplangeber) / program set station (PSS) || **²geber** *m*(f. Analysengeräte) / programmer *n*
programmgesteuert·e E/A / program-controlled I/O (PCI/O)
Programm·gliederung *f* / program organization || **²haltepunkt** *m* / breakpoint *n*
Programmier·adapter *m*(PC) / programming adapter || **²anleitung** *f* / programming instructions
programmierbar *adj* / programmable *adj* || **~er Adressengenerator** / programmable address generator || **~e Anpaßsteuerung** (PLC) / programmable logic controller || **~e Datenstation**

/ intelligent station || ~**e E/A** / programmable I/O (PIO) || ~**er Festwertspeicher (PROM)** / programmable read-only memory (PROM) || ~**es Handhabungsgerät (PHG)** / programmable manipulator (PM), programmable robot || ~**er integrierter Prozessor (PIP)** / programmable integrated processor (PIP) || ~**e Intervalluhr** / programmable interval timer (PIT) || ~**e logische Kette** (PLA) / programmable logic array (PLA) || ~**es logisches Feld** (PLA) / programmable logic array (PLA) || ~**e Mehrfachanschaltung (PROMEA)** / programmable multiple interface (module) || ~**es Meßgerät** (DIN IEC 625) / programmable measuring apparatus || ~**e parallelle E/A-Einheit** / programmable parallel I/0 device (PIO) || ~**er Regler** / programmable controller || ~**e Schnittstelleneinheit** / programmable interface unit (PIU) || ~**es Steuergerät** (DIN 19237) / programmable controller , stored-program controller || ~**e Tastatur** / programmable keyboard, user-defined keyboard, softkey pad || ~**er Textautomat** / programmable word processing equipment || ~**er Unterbrechungs-Steuerbaustein** / programmable interrupt controller (PIC) || ~**e Verknüpfungssteuerung** / programmable logic controller (PLC) || ~**er Verstärker** / programmable-gain amplifier (PGA) || ~**er Zähler** / programmable counter || ~**er Zeitgeber** / programmable timer (PTM) || ~**es Zeitintervallglied** / programmable interval timer (PIT)

Programmierbarkeit *f* / programmability *n*

Programmierdiode *f* / matrix diode

Programmierer *m* / programmer *n*

Programmierfibel *f* / programming primer

Programmiergerät (PG) *n* / programmer *n*, programming unit (PU), programming terminal, program panel

Programmiergeräte-Anschaltung *f* (Baugruppe) / programmer interface module, PU interface module

Programmier·griff *m* (zum Steuern, „Teach-in" u. Programmieren v. mehrachsigen Robotern) / spacestick *n* || ≗**-Handgerät (PHG)** *n* / hand-held programmer || ≗**interpreter** *m* / program interpreter || ≗**komfort** *m* / ease of programming

Programmierplatz *m* / programming console, programming terminal || ≗ (s. Programmiergerät) || **rechnergestützter** ≗ (NC) / computer-aided part programmer

Programmier·sprache *f* / programming language || ≗**system** *n* / programming system

programmiert·er Halt (NC) / programmed stop, program stop (ISO 1056) || ~**er Positions-Sollwert** (NC) / programmed position || ~**er wahlweiser Halt** (NC) / programmed optional stop

Programmier- und Diagnosegerät *n* / programming and debugging tool (PADT) || ≗**- und Testeinrichtung (PuTE)** *f* / programming and diagnostic unit (PDU), programming and testing facility

Programmierung durch Definition des Zwecks / goal-directed programming

Programmier·unterstützung *f* / programming support, provision of programming aids

Programm·inbetriebnahme *f* / program startup || ≗**instanzdienst** *m* / program invocation service || ~**interne Warteschlange (PIWS)** / internal program queue || ≗**kennzeichnung** *f* / program identifier || ≗**korrektur** *f* / program patching, program debugging, program correction, program editing || ≗**korrekturspeicher** *m* / program editing memory || ≗**nullpunkt** *m* (NC) / program start

Programmodul *n* (QS) / program module

Programm·paket *n* / program package || ≗**prüfen** *n* / program testing, program checking || ≗**quelltext** *m* / program source text || ≗**-Rangierliste** *f* (PC) / program assignment list || ≗**regelung** *f* / programmed control || ≗**satz** *m* / program block || ≗**schalter** *m* / programmer *n* || ≗**schalter** *m* (Wähler) / program selector || ≗**schaltwerk** *n* / program controller, program clock, microcontroller *n* || ≗**schleife** *f* / program loop || ≗**sicherung** *f* / program security, program saving || ≗**speicher** *m* / program memory

Programmsprung *m* / program jump, program branch

Programm·sprungadresse *f* / program jump address, program branch address || ≗**stecker** *m* / coded plug, program plug || ≗**steuern** *n* (DIN 41745) / control by sequential program || ≗**steuerung** *f* / programmed control || ≗**steuerung** (s. Ablaufsteuerung) || ~**technische Ausstattung** / software complement || ≗**teil** *m* / program section, program part || ≗**test** *m* / program test(ing), program debugging || ≗**träger** *m* / program medium || ≗**umwandler** *m* (NC) / autocoder *n* || ≗**unterbrechung** *f* / program interruption, program stop || ≗**verdrahtung** *f* / program wiring || ≗**verkettung** *f* / program chaining || ≗**verwirklichung** *f* / program implementation || ≗**verzweigung** *f* / program branching || ≗**vorlauf** *m* / program advance || ≗**zähler** *m* / program counter || ≗**zustandswort** *n* / program status word (PSW) || ≗**zyklus** *m* / program cycle

Progressionskennfeld *n* / progression characteristic

Projektabwicklung *f* / project management

projektierbar *adj* (vom Anwender konfigurierbar) / user-configurable *adj*

projektieren *v* / project *v*, plan *v*, design *v*, configure *v* || ~ (PC-System) / design *v* (at the planning stage), configure *v* || ≗ *n* (Konfigurieren von Hardware) / configuring *n*

Projektier·platz *m* (Programmieren, Konfigurieren) / programming terminal (o. workstation), configuration terminal || ≗**station** *f* (PC,PLT) / configuring station

Projektierung *f* / project planning, planning and design, configuring *n*

Projektierungs·fehler *m* (Konfigurierung) / configuration error || ≗**handbuch** *n* / project planning guide || ≗**hilfen** *f;pl* (PC) / configuring aids, design aids || ≗**hinweise** *m pl* (PC) / configuring aids || ≗**menü** *n* / configuration menu || ≗**programm** *n* (PC) / configuration program || ≗**schema** *n* (PC) / configuration schematic, system configuration diagram || ≗**software** *f* (PC, PLT) / configuring software || ≗**sprache** *f* / configuration language

Projektions·abstand *m* / projection distance ||

²belichtung *f*(gS) / projection printing || **²lampe** *f* / projector lamp, projection lamp || **²röhre** *f* / projection tube || **²schirm** *m* / screen *n* || **²winkel** *m* / angle of projection

Projektwirtschaft *f*(E DIN 69902) / project controlling

projizierter Gipfelpunkt (o. Höckerpunkt) (Diode, DIN 41856) / projected peak point

Pro-Kopf-Verbrauch *m* / per capita consumption

PROM (s. programmierbarer Festwertspeicher)

PROMEA (s. programmierbare Mehrfachanschaltung)

Pronyscher Zaum / Prony brake, brake dynamometer

Propellermotor *m*(Schiff) / propeller motor, propulsion motor

proportional·e Rückführung / proportional feedback || **~es Verhalten** (s. Proportionalverhalten) || **²abweichung** *f*(Reg.) / proportional offset, P offset || **²anteil** *m*(Reg.) / proportional component, P component

Proportionalbeiwert *m*(Reg.) / proportional-action coefficient, proportional coefficient, proportional constant || **²** (Verstärkung) / proportional gain

Proportional·bereich *m*(Reg., DIN 19226) / proportional band || **²bereich** *m* (Elektronenröhre) / proportional region (electron tube) || **²-Differential-Verhalten** *n*(Reg.) / proportional-plus-derivative action, PD action || **~-differential-wirkender Regler** / proportional-plus-derivative controller, PD controller, rate-action controller || **~gesteuerter Gleichstrommotor** / d.c. servomotor || **²-Integral-Differential-Verhalten** *n*(Reg.) / proportional-plus-integral-plus-derivative action, PID action || **~-integral-differential-wirkender Regler** / proportional-plus-integral-plus-derivative controller, PID controller || **²-Integral-Regelung** *f* / proportional-plus-integral control, PI control, reset-action control || **²-Integral-Verhalten** *n* / proportional-plus-integral action, PI action || **~-integral-wirkender Regler** / proportional-plus-integral controller, PI controller || **²regelung** *f* / proportional control, proportional-action control || **²regler** *m* / proportional controller, proportional-action controller || **²rückführung** *f* / proportional feedback || **²schrift** *f* / proportional type || **²sprung** *m* / proportional step change, P step change || **²-Temperaturregler** *m* / proportional temperature controller || **²verhalten** *n*(Reg.) / proportional action, P-action *n* || **²verstärkung** *f* / proportional gain || **~wirkender Regler** / proportional-action controller, P controller || **²-Zählrohr** *n* / proportinal counter tube

prospektiv·er Kurzschlußstrom, prospective short-circuit current || **~er Strom** / prospective current || **~er Stromscheitelwert** / prospective peak current

Protokoll *n*(Ausdruck) / log *n*, listing *n*, report *n* || **²** (Satz von Regeln, mit dem die Wechselwirkungen zwischen Einheiten mit dem gleichen Protokollaufbau in zwei oder mehr Stationen eines Kommunikationssystems bestimmt werden) / protocol || **²** (QS) / report *n* || **E/A-Bus-²** / I/O bus protocol || **²abwickler** *m* / protocol handler || **²abwicklung** *f* / protocol handling

Protokollage (s. Protokollschicht)

Protokoll·aufbau *m*(Generierung) / log generation || **²aufbereitung** (s. Protokolldatenaufbereitung) || **²ausgabe** *f*(Druck) / log printout || **²ausgabebaustein** *m* / log output block || **²datenaufbereitung** *f* / log data conditioning || **²dateneinheit** *f* / protocol data unit || **²drucker** *m* / logging printer, logger *n* || **²element** *n* / protocol element || **²handler** (s. Protokollabwickler)

Protokollieren *n* / logging *n*, listing *n*, printing out

Protokolliergerät *n* / listing device (o. unit) || **²** (Blattschreiber) / pageprinter *n*

Protokollierung *f*(DV, elST) / logging *n*, (data) listing || **²** (QS) / recording *n*(of results), certification *n*

Protokoll·initiierbaustein *m* / log initiating block || **²kennung** *f* / protocol identifier || **²kopfbaustein** *m* / log-heading block || **²schicht** *f*(DIN ISO 7498) / protocol layer || **²textausgabebaustein** *m* / log text output block || **²umsetzer** *m* / gateway *n* || **²wandler** *m* / protocol converter

Protonen·strahl *m* / proton beam || **²synchrotron** *n* / proton synchrotron

provisorisch·e Erdung / temporary earth || **~es Unterwerk** (transportables U.) / transportable substation

PROWAY (s. Prozeßdatenbus)

proximaler Bereich (DIN IEC 469, T.1) / proximal region

Proximallinie *f* / proximal line

Proximity-Effekt (s. Näherungseffekt)

Prozedur *f* / procedure *n* || **²anweisung** *f* / procedure statement || **²fehler** *m* / procedure error || **~-orientierte Sprache** / procedure-oriented language

Prozent·-Differentialrelais *n* / percentage differential relay, percentage-bias differential relay, biased differential relay || **²quadratminute** *f* / percent squared minute || **²relais** *n* / percentage relay, percentage-bias relay, biased relay || **²satz fehlerhafter Einheiten** / percent defective

prozentual·er Fehler / percentage error || **~e Impulsverzerrung** / percent pulse waveform distortion || **~er Referenzgrößenwert** / percent reference magnitude || **~es Rückfallverhältnis** (Rel.; VDE 0435,T.110) / resetting percentage, returning percentage (depr.) || **~es Verhältnis der Schaltwerte** (beim Rückfallen) (s. prozentuales Rückfallverhältnis) || **~e Verzerrung einer Impulseinzelheit** / percent pulse waveform feature distortion

Prozentvergleichsschutz *m* / biased differential protection, percentage differential protection

Prozeß *m* / process *n*

Prozeßabbild *n* / process image, process I/O image || **² der Ausgänge (PAA)** / process output image (PIO) || **² der Eingänge (PAE)** / process input image (PII)

Prozeßabschaltsystem *n* / process shutdown system (PSD)

Prozeßalarm *m* / process alarm || **²** (Unterbrechung) / process interrupt

Prozeß·anbindung (s. Prozeßkopplung) || **²ankopplung** (s. Prozeßkopplung) || **²anschlußmodul** *n*(Klemmenbrett) / process-signal terminal module || **²ausgabesperre** *f* / control output inhibit || **²bedienfehler** *f* / operator input error, operator control error || ∼**bedientastatur (PBT)** *f* / process control keyboard || ∼**bedienung** *f* / operator process control || ∼**bedienungsprotokoll** *n* / operator activity log, operator input listing

Prozeßbeobachtung *f* / process monitoring, process visualization || ∼ **und -bedienung** *f* / operator-process monitoring and control

Prozeß·bild *n* (am Bildschirm) / process display, plant display || ∼**bus** (s. Prozeßdatenbus) || ∼**busschnittstelle** *f* / process data highway interface || ∼**chromatograph** *m* / process chromatograph

Prozeßdaten *plt* / process data || ∼**bus (PROWAY)** *m* / process data highway (PROWAY) || ∼**-Erfassungsstation (PDE-Terminal)** *f* / process data acquisition terminal (PDA terminal) || ∼**organisation (PDO)** *f* / process data organization (PDO) || ∼**verarbeitung (PDV)** *f* / process data processing (PDP)

Prozeß-E/A *m* / process I/O || ∼**ebene** *f* / process level || ∼**einheit** *f* (periphere Einheit mit der Steuerung des Datenverkehrs und Prozeßsignalformern zur Ein- und Ausgabe von Prozeßsignalen) / process I/O unit || **Rundsteuer-**∼**element** *n* / ripple-control process interface module || ∼**element** *n* (E/A-Element) / I/O element

prozeßfähig·e Produktgestaltung / producible product design

Prozeß·fähigkeit *f* (QS-Begriff) / process capability || ∼**fehlererkennung** *f* / process malfunction (o. fault) detection, process fault recovery

Prozeßführung *f* / process management, process control || ∼ (durch den Leitstandfahrer) / operator control, process manipulation, operator-process communication

Prozeßführungs·ebene *f* / process management level, process control level

Prozeß·gas *n* / process gas || ∼**gaschromatograph** *m* / process gas chromatograph || ∼**geführt** *adj* / process-controlled *adj* || ∼**größe** *f* / process variable || ∼**informationssystem** *n* / process information system || ∼**kopplung** *f* / process interfacing || ∼**kriterium** (s. Weiterschaltbedingung) || ∼**leitanlage** (s. Prozeßleitsystem) || ∼**leitebene** *f* / process control level, process management level || ∼**leitstand** *m* / process engineer's console || ∼**leitsystem** *n* / process control system, process control and instrumentation system || ∼**leittastatur** *f* / process control terminal

Prozeßleittechnik (PLT) *f* / process control engineering, process control and instrumentation technology, process instrumentation and control engineering, process instrumentation and control (process I&C), industrial process measurement and control || ∼ (rechnergeführte Anlage) / computer-integrated process control, computer-based process control

Prozeß·meldung *f* / process signal, process event signal, process alarm || ∼**modell** *n* / process model || ∼**monitor** *m* / process monitor

prozeßnah·e Bedienung / local operator control, local operator communication || ∼**er Bereich** / process environment, plant-floor environment, industrial control environment || ∼**es Messen** (NC) / direct measurement || ∼**es Messen** (s. Messen während der Fertigung) || ∼**e Peripherie** (z.B. Sensoren, Stellglieder) / field devices || ∼**e Regelkreise** / control loops in process environment, plant-floor control loops

Prozessor *m* / processor *n* || ∼**baugruppe** *f* (CPU) / central processor unit, CPU *A* || ∼**-E/A** *m* / processor I/O (PIO) || ∼**falle** *f* / processor trap

prozeßorientierte Baugruppe / process-oriented module (o. PCB)

Prozessor-Statuswort *n* / processor status word (PSW)

Prozeßperipherie *f* / process peripherals, process interface system || ∼ (E/A) / process I/O

Prozeßprüfung *f* (DIN 55350,T.11) / process inspection, in-process inspection

Prozeßrechner (PR) *m* / process computer, process control computer, host computer || ∼ **für direkte Prozeßführung** / process control computer || ∼**gestützte Automatisierung** / process-computer-aided automation || ∼**-Kommandogerät** *n* / process-computer-based command unit || ∼**system** *n* / process computer system

Prozeßregelung *f* / closed-loop process control, process control, on-line process control || **rechnergeführte** ∼ / computer-based process control

Prozeß·schema *n* / process schematic, process flow chart (o. mimic diagram) || ∼**schnittstelle** *f* / process interface || ∼**schreiber** *m* / process-variable recorder

prozeßsicher·e Fertigungsverfahren / controlled production methods

Prozeß·signalformer *m* / process interface module, I/O module, receiver element || ∼**steuerung** *f* / process control

Prozeßstörung / process disturbance, process malfunction || ∼ (s. Prozeßstörungsmeldung)

Prozeß·störungsmeldung *f* / process alarm || ∼**toleranz** *f* (DIN 55350,T.12) / process tolerance || ∼**überwachung** *f* / process supervision

Prozeßwarte *f* (Raum) / process control room || ∼ (Pult) / process operator's console

Prozeß·wiederherstellung *f* / process recovery || ∼**zustandsprotokoll** *n* / process status log (o. listing)

P-Rückführung (s. Proportionalrückführung)

Prüf·ablauf *m* / inspection and test sequence || ∼**ablaufplan** *m* (DIN 55350, T.11) / inspection schedule, inspection and test plan (ITP) || ∼**abschnitt** *m* / testing section || ∼**abschnitt** *m* (gS) / test coupon, coupon *n* || ∼**abstand** *m* / test distance || ∼**adapter** *m* / test adaptor || ∼**ader** *f* / pilot wire || ∼**anlage** *f* / testing station, test bay || ∼**anordnung** *f* / test set-up, test arrangement || ∼**anschluß** *m* (Isolator, Durchführung) / test tapping || ∼**anschlüsse** *m pl* / test connections

Prüf-Ansprechwert (Rel.) (s. Ansprech-Prüfwert)

Prüf·anstalt *f* / testing institute, testing laboratories || ∼**antrag** *m* / test application || ∼**-Antwortspektrum** *n* / test response spectrum (TRS) || ∼**anweisung** *f* (DIN 55350,T.11) / inspection instruction || ∼**anzeige** *f* (PC) / diagnostic display, diagnostic lamp (o. light) || ∼**anzeigeeinrichtung** *f* (NC) / check indicator || ∼**aufbau** *m* / mounting arrangement for tests, test setup, test-bed assembly || ∼**aufkleber** *m* /

inspection sticker || ²aufzeichnung *f* / inspection and test records || ²automat *m* / automatic inspection and test unit, automatic tester, automatic testing machine || ²bahn *f*(Weg des Prüfkopfes) / scanning path || ²baustein *m* / test block

Prüfbedingungen, allgemeine ² (DIN 41640) / standard conditions for testing (IEC 512-1)

Prüf·befehl *m*(FWT) / check command || ²**belastung** *f* / test load || ²**bericht** *m* / test report, inspection record, record of performance || ²**bescheinigung** *f* / test certificate, inspection certificate || ²**bestätigung** *f* / test certificate, inspection certificate || ²**betrieb** *m* / test(ing) operation, test duty || ²**-Biegekraft** *f*(Isolator, Durchführung) / cantilever test load || ²**bild** *n*(gS) / test pattern || ²**bit** *n* / check bit, parity bit || ²**-Blitzstoßspannung** *f* / lightning impulse test voltage || ²**bohrung** *f* / inspection hole || ²**buch** *n* / inspect and test log book || ²**buchse** *f* / test socket || ²**bürde** *f* / test burden || ²**bürste** *f* / pilot brush || ²**-Checkliste** *f* / inspection checklist || ²**draht** (s. Prüfader) || ²**druck** *m*(DIN 43691) / system test pressure (design pressure) || ²**druck (PP)** (DIN 2401, T.1) *m* / test pressure || ²**druckfaktor** *m* / standard test pressure factor (IEC 517 A2) || ²**einrichtungen** *f pl* / testing equipment, inspection and test equipment || **systemeigener** ²**emulator** / in-circuit emulator (ICE)

prüfen *v* / test *v*, check *v*, inspect *v*, examine *v*, verify *v*, review *v*, investigate *v* || ~ (mit Lehre) / gauge *v* || ~ (nachprüfen) / check *v*, verify *v*, prove *v* || ~ (überprüfen) / review *v*, verify *v* || ~ (untersuchen) / investigate *v*, examine *v*, scrutinize *v* || ~ (visuell) / inspect *v*

Prüfer *m* / inspector *n*, test engineer

Prüf·feld *n* / test bay, testing station, test floor, testing laboratory, test berth || ²**feldaufbau** *m* / test-bay assembly, machine assembled for test || ²**fläche** *f* / testing surface, testing area || ²**flüssigkeit** *f* / test liquid || ²**folge** *f* / test sequence || ²**gas** *n* / calibration gas || ²**gebühr** *f* / test fee || ²**gegenstand** *m* / test item || ²**gemisch** *n* / test mixture || ²**geräte-Entwicklungsprogramm** *n* / inspection and test equipment development program || ²**geschwindigkeit** *f* / testing rate || ²**gleichspannung** *f* / d.c. test voltage || ²**größe** *f* (DIN 55350, T.24) / test statistic || ²**hilfsmittel** *n* / auxiliary measuring and test equipment || ²**information** *f*(FWT) / check information || ²**intervall** *n* / inspection interval || ²**kabine** *f* / test cell || ²**kennzeichen** *n* / test mark || ²**kette** *f* / test chain || ²**klasse** *f*(DIN 41650) / category *n*(IEC 603-1) || **klimatische** ²**klasse** / climatic category || ²**klemme** *f* / test terminal || ²**klima** *n* / conditioned test atmosphere, test environment || ²**koffer** *m* / portable test set || ²**kopf** *m*(elektroakust. Wandler) / probe *n* || ²**kopfschuh** *m* / probe shoe || ²**körper** *m* / test block, test piece || ²**kreis** *m* / test circuit || ²**laboratorium** *n* / testing laboratory || ²**länge** *f*(Oberflächenrauhheit) / sampling length || ²**last** *f* / test load, dummy load || ²**lehre** *f*(f. fertige Teile) / inspection gauge || ²**lehre** *f*(f. Lehren) / check gauge || ²**leistung** *f*(el.) / testing power || ²**leistung** *f*(Prüflinge/Zeiteinheit) / testing capacity, number of units tested per unit time || ²**lesen** *n* / verification *n* || ²**leser** *m* / verifier *n*

Prüfling *m* / test specimen, test piece, test object, part (o. machine o. transformer) under test || ² (EMV-Terminologie) / equipment under test (EUT)

Prüf·liste *f* / check list || ²**liste** (s. Prüf-Checkliste) || ²**loch** *n* / inspection hole || ²**los** *n* / inspection lot || ²**maschine** *f* / testing machine, tester *n* || ²**maschine** *f*(f. HSS) / operating machine || ²**masse** *f* / test mass, weight *n* || ²**menge** *f* / test quantity || **Lebensdauer-**²**menge (LPM)** *f* / life test quantity (LTQ) || ²**merkmal** *n*(QS, DIN 55350,T.12) / inspection characteristic

Prüfmittel *f* / inspection, measuring and test equipment, testing apparatus and instruments || ²**überwachung** *f*(QS, E DIN 55360, T.16) / control of inspection, measuring and test equipment

Prüf·muster *n* / sample *n*, test specimen, test unit, specimen *n*, coupon *n* || ²**niveau** *n*(QS) / inspection level || ²**ort** *m*(QS) / place of inspection || ²**pegel** *m* / test level, impulse test level || ²**pflichten** *f pl* / test requirements || ~**pflichtig** *adj* / requiring (official) approval || ²**plakette** *f* / inspection sticker || **Stichproben**~**plan** *m* / sampling inspection plan || ²**plan** (QS) (s. Prüfablaufplan) || ²**plan für kontinuierliche Stichprobenentnahme** / continuous sampling plan || ²**planung** *f*(DIN 55350,T.11) / inspection planning, inspection and test planning || ²**platte** *f* (gS) / test board || ²**platz** *m* / test bench, testing station, inspection station || ²**probe** *f* / test sample || ²**programm** *n* / inspection and test program, test program || ²**protokoll** *n* / test report, inspection record, record of performance || ²**protokoll** *n* (EZ) / calibration report || ²**raum** *m* / test room, view room, test location || ²**raumprüfung** *f* / view-room inspection || ²**reihe** *f* / test series || ²**reihenfolge** *f* / test sequence || ²**rotor** *m* / proving rotor, test rotor || ²**routine** *f* / test routine || **selbsttätige** ²**routine** / self-checking routine || ²**-Sachverständiger** *m* / authorized inspector || ²**schaltfolge** *f* / test duty || ²**-Schaltstoßspannung** *f* / switching impulse test voltage || ²**schaltung** *f* / test circuit, synthetic circuit || ²**schaltungen** *f pl*(Trafo; VDE 0532,T.30) / simulated test circuits (IEC 214)

Prüfschärfe *f* / severity of test, test level, degree of inspection || **Auswahl der** ² / applicability of normal, tightened or reduced inspection, procedure for normal, tightened and reduced inspection

Prüf·schein *m* / test certificate, inspection certificate || ²**schiene** *f* / test bus || ²**schienen-Trenner** *m* / test bus disconnector, test bus isolator || ²**schild** *n* / test label || ²**schleife** *f*(DÜ) / loopback *n*, test loop || **nahe** ²**schleife** (DÜ) / local loopback || ²**serie** *f* / test series || ²**sicherheitsfaktor** *m* / test safety factor || ²**-Sicherungsunterteil** *n* / test rig (test fuse base) || ²**sockel** *m*(Lampenfassung, DIN IEC 238) / test cap || ²**sockel** *m*(Sich., VDE 0820) / test fuse-base || ²**sonde** *f* / probe *n*, test probe || ²**spaltweite** *f* / test gap

Prüfspannung *f* / test voltage

Prüfspannung *f*(Isolierstoff, IEC 50(212)) / proof voltage, withstand voltage

Prüfspannung *f*(f. Isolationsprüf. eines MG) /

insulation test voltage

Prüf·spezifikation *f*(DIN 55350,T.11) / inspection specification || **≗spitze** *f* / test prod, test probe || **≗spitzensicherung** *f* / test-probe proof || **≗spule** *f* / magnetic test coil, search coil, exploring coil || **≗stab** *m*(VDE 0281) / dumb-bell test piece

Prüfstand *m* / test stand, test bay, test bench || **Kraftfahrzeug~** *m* / chassis dynamometer, automobile performance tester, road-test simulator

Prüf·status *m*(QS) / inspection and test status || **≗stecker** *m* / test plug || **≗steckhülse** *f* / test socket, test jack (o. receptacle) || **≗stelle** *f* / testing agency, testing laboratory || **A-≗stelle** *f* / A-level calibration facility || **≗stellung** *f*(SG-Einschub; VDE 0660, T.500) / test position (IEC 439-1) || **≗stempel** *m* / inspection stamp || **≗stift** *m* / test probe || **≗stoß** *m* / test impulse || **≗-Stoßpegel** *m* / impulse test level, test level || **≗-Stoßspannung** *f* / impulse test voltage || **≗-Stoßstrom** *m* / impulse test current || **≗strecke** *f*(VDE 0278) / test section

Prüfstrom, großer ≗ (LSS, VDE 0641) / conventional tripping current (CEE 19) || **großer ≗** (Sich.) / conventional fusing current || **kleiner ≗** (LSS, VDE 0641) / conventional non-tripping current (CEE 19) || **kleiner ≗** (Sich.) / conventional non-fusing current

Prüf·stück *n* / test specimen, part under test || **≗stufe** *f* / inspection level || **≗summer** *m* / growler *n* || **≗taktfrequenz** *f* / testing clock frequency || **≗taktsignal** *n* / test clock signal || **≗taste** *f* / test key, test button || **Lampen~taste** *f*(DT) / push-to-test button (for lamp) || **≗technik** *f* / test engineering, test techniques || **≗telegramm** *n* / test message || **Standard-≗temperatur** *f* / standard temperature for testing (IEC 70) || **≗tisch** *m* / test bench || **≗transformator** *m* / testing transformer || **≗transformator** *m*(geprüfter T.) / transformer under test, transformer tested || **≗trennschalter** *m* / test disconnector, test isolator || **≗turnus** *m* / inspection interval || **≗umfang** *m* / scope of inspection, amount of inspection || **≗umschalter** *m* / test selector switch || **≗- und Kontrollpunkt** (QS) / inspection and test point || **≗- und Meßmittel** / measuring and test equipment

Prüfung *f*(s.a. unter „Nachweis" u. „Messung") / test *n*, check *n*, inspection *n*, verification *n*, trial *n*, investigation *n* || **≗** (QS) / inspection and testing || **≗ bei abgestufter Beanspruchung** (QS) / step stress test || **≗ bei Erdschlußbetrieb** / testing under ground-fault conditions || **≗ bei gestörtem Betrieb** / test under fault conditions || **≗ bei Kälte und trockener Wärme** / cold and dry heat test || **≗ bei Schwachlast** / light-load test || **≗ der 100%-Ansprech-Blitzstoßspannung** / standard lightning impulse voltage sparkover test || **≗ der Abmessungen** / verification of dimensions || **≗ der Ansprech-Stoßspannung** / impulse sparkover test, let-through level test, let-through test || **≗ der Ansprech-Wechselspannung** / power-frequency voltage sparkover test || **≗ der Einschaltbedingungen** (Mot.) / preconditional check || **≗ der Erweichungstemperatur** (Lackdraht) / cut-through test || **≗ der Isolationsfestigkeit** / dielectric test, insulation test, voltage withstand insulation test, high-voltage test || **≗ der Kurzschlußfestigkeit** / short-circuit test || **≗ der mechanischen Bedienbarkeit** / mechanical operating test || **≗ der mechanischen Festigkeit** / mechanical strength test || **≗ der mechanischen Lebensdauer** / mechanical endurance test || **≗ der Nichtansprech-Schaltstoßspannung** / minimum switching-impulse voltage sparkover test || **≗ der Nichtansprech-Stoßspannung** / minimum sparkover level test || **≗ der Nichtansprech-Wechselspannung** / minimum power-frequency sparkover test || **≗ der Nichtzugänglichkeit** / non-accessibility test || **≗ der Phasenfolge** / phase-sequence test || **≗ der Restspannung bei Schaltstoßspannung** / switching residual voltage test || **≗ der Spannungsfestigkeit** / voltage proof test || **≗ der Stirn-Ansprech-Stoßspannung** / front-of-wave voltage impulse sparkover test || **≗ der Unverwechselbarkeit** (StV) / polarizing test || **≗ der Wicklungen gegeneinander** / winding-to-winding test || **≗ der Widerstandsfähigkeit gegen Chemikalien** / chemical resistance test || **≗ des elektrischen Durchgangs und Durchgangswiderstands** / electrical continuity and contact resistance test || **≗ des Isoliervermögens** / dielectric test, insulation test, voltage withstand insulation test, high-voltage test || **≗ des Schaltvermögens** (VDE 0531) / breaking capacity test (IEC 214) || **≗ des Wasserschutzes** / test for protection against the ingress of water || **≗ durch den Lieferanten** / vendor inspection || **≗ durch Gegenschaltung zweier gleichartiger Maschinen** (s. Rückarbeitsverfahren) || **≗ durch Strom-Spannungsmessung** / ammeter-voltmeter test || **≗ im Beisein des Kundenvertreters** / witnessed test || **≗ im magnetischen Störfeld** / magnetic interference test || **≗ im Prüfraum** / view-room inspection || **≗ in der Anlage** (EZ) / in-service test || **≗ mit abgeschnittener Steh-Blitzstoßspannung** / test with lightning impulse, chopped on the tail, chopped-wave impulse test || **≗ mit abgeschnittener Stoßspannung** / chopped-wave impulse voltage withstand test || **≗ mit angelegter Spannung** (Trafo) / separate-source voltage-withstand test, applied-voltage test, applied-potential test, applied-overvoltage withstand test || **≗ mit angelegter Steh-Wechselspannung** / separate-source power-frequency voltage withstand test || **≗ mit aufgehängtem Läufer** / suspended-rotor oscillation test || **≗ mit dynamisch-mechanischer Beanspruchung** / dynamic stress test || **≗ mit einer schlechten Verbindung** / bad connection test || **≗ mit einstellbarer Überspannung** / controlled overvoltage test || **≗ mit festgebremstem Läufer** / locked-rotor test || **≗ mit Flammen** / flame test, flammability test || **≗ mit Fremdspannung** / separate-source voltage-withstand test, applied-voltage test, applied-potential test, applied-overvoltage withstand test || **≗ mit geeichter Hilfsmaschine** / calibrated driving machine test || **≗ mit induzierter Steh-Wechselspannung** / induced overvoltage withstand test || **≗ mit Spannungsbeanspruchung** / voltage stress test || **≗ mit stufenweiser Beanspruchung** / step stress test || **≗ mit voller Steh-Blitzstoßspannung** / full-wave lightning impulse test || ~ **mit voller Stoßspannung** / full-wave impulse-voltage withstand test, full-wave impulse test, full-wave test || ~ **mit voller und abgeschnittener Stoßspannung** / full-wave and chopped-wave impulse voltage withstand test, impulse-voltage withstand test including chopped waves || ~ **nach dem Belastungsverfahren** (el. Masch.) / dynamometer test, input-output test || ~ **nach dem Bremsverfahren** / braking test || ~ **nach dem Generatorverfahren** / dynamometric test || ~ **unter künstlicher Verschmutzung** / artificial pollution test || ~ **unter umgebungsbedingter Beanspruchung** / environmental testing || ~ **zwischen Kommutatorstegen** / bar-to-bar test, segment-to-segment test || **eine** ~ **aushalten** / to stand a test || **indirekte** ~ / indirect inspection and testing || **losweise** ~ / lot-by-lot inspection || **zerstörende** ~ / destructive test || **zerstörungsfreie** ~ / non-destructive test

Prüfungen am Aufstellungsort / site tests

Prüfungs·-Ableseverhältnis *n* / test-readings ratio || ~**abteilung** *f* / test department, inspection department || ~**beamter** *m* / inspector *n*, inspecting officer || ~**grad** *m* (QS) / degree of inspection || ~**planung** (s. Prüfplanung) || ~**urkunde** *f* / test certificate, inspection certificate

Prüf·unterlagen *f pl* / inspection and test documents || ~**verfahren** *n* / test procedure, inspection and test procedure, test method, inspection procedure || ~**verfahren mit vorgeschriebenem Strom** / specified test current method || ~**volumen** *n* / test volume, testing volume || ~**vorbereitung** (s. Prüfplanung) || ~**vorgang** *m* / inspection and test operation || ~**vorschrift** *f* / test code, test specifications || ~**wechselspannung** *f* / power-frequency test voltage, power-frequency impulse voltage, a.c. test voltage

Prüfwert *m* / test value || ~ (Zahlenwert der Betriebs- o. Umwelteinflußgrößen) / test severity || ~ (Rel.) (s. Sollwert) || ~**geber** *m* / test value generator

Prüf·widerstand *m* / testing resistor, proving resistor || ~**zahl der Kriechwegbildung** (VDE 0303, T.1) / proof tracking index (PTI)

Prüfzähler *m* (EZ) / substandard meter, reference meter, substandard *n*, rotating substandard, rotating standard || ~ (m. Ferrariswerk) / rotating substandard (r.s.s.) || ~**verfahren** *n* / substandard method, reference-meter method, rotating substandard method || ~**verfahren** *n* (Prüfzähler m. Ferrariswerk) / rotating substandard method

Prüfzeichen *n* / mark of conformity, approval symbol || ~ (DIN 6763,T.1) / testing character || **VDE-**~ / VDE mark of conformity

Prüf·zeichnung *f* / inspection drawing || ~**zertifikat** *n* / test certificate, inspection certificate || ~**zustand** *m* (SK, VDE 0660, T.500) / test situation (IEC 439-1) || ~**zustand** *m* (QS) / inspection and test status (ISO 9001), inspection status (CSA Z 299) || ~**zuverlässigkeit** *f* (DIN 40042) / test reliability

P-Schalter *m* / current-sourcing switch

P-Seite *f* (Thyr) / P side, anode side

Pseudo-Befehl *m* / dummy command

Pseudocode *m* / pseudo-code *n* || ~ (s. mnemotechnischer Code)

Pseudo·dezimale *f* / pseudo-decimal digit || ~**parameter** *m* / dummy parameter || ~**vektor** *m* / pseudo-vector *n*, axial vector

Psophometer *n* / psophometer *n*

P-Sprung *m* / P step change, proportional step change

PS-Schalter (s. automatischer Hilfsstromschalter mit Pilotfunktion)

psychologische Blendung / discomfort glare

PTC·-Halbleiterfühler (s. Kaltleiterfühler) || ~**-Widerstand** (s. Kaltleiter)

P-T$_1$-Glied (s. Verzögerungsglied erster Ordnung)

P-T$_2$-Glied (s. Verzögerungsglied zweiter Ordnung)

P-Thyristor (s. kathodenseitig steuerbarer Thyristor)

PtRh-Thermopaar (s. Platin-Rhodium-Thermoelement)

PTSK (s. partiell typgeprüfte Niederspannungs-Schaltgerätekombination)

Pt-Widerstandsthermometer (s. Platin-Widerstandsthermometer)

Puffer *m* (DV-Speicher) / buffer *n* || ~ (s. Pufferbatterie) || **Kondensator**~ / capacitor energy store, capacitor back-up unit

Pufferbatterie *f* (Stromversorgung) / back-up battery || ~ (in Gleichstromversorgungskreis zur Verminderung der Schwankungen der Entnahme aus der Stromquelle) / buffer battery || ~ (s. Batterie im Erhaltungsladebetrieb)

Puffer·baustein *m* (Batterie) / battery back-up module || ~**bestand** *m* (Fabrik) / buffer inventory || ~**betrieb** (Batt.) (s. Erhaltungsladebetrieb) || ~**datenbaustein** *m* / buffer data block || ~**einheit** *f* (Batterie) / battery back-up unit, back-up battery unit || ~**lager** *n* (Fabrik) / buffer store, buffer inventory || ~**lösung** *f* / buffer solution || ~**modul** *n* (Speicher) / buffer (memory) module, buffer submodule || ~**register** *n* / buffer register || ~**spannung** *f* (v. Batterie) / back-up (battery) voltage, battery voltage, back-up supply || ~**speicher** *m* / buffer storage (o. memory), buffer *n*, FIFO (first in, first out) || **schneller** ~**speicher** / cache *n* || ~**überlauf** *m* / buffer overflow

Pufferung *f* (bei Netzausfall) / standby supply, backup supply || ~ (Ersatzstrom von Batterie) / battery standby supply, battery backup || ~ (m. Kondensatoren) / stored-energy standby supply || ~ (Batt.) (s. Erhaltungsladebetrieb) || **aussetzende** ~ (Batt.) / intermittent re-charging || **dauernde** ~ (Batt.) / trickle charging || **kapazitive** ~ / capacitor back-up (unit o. module)

Pufferungs·baugruppe *f* (Speicher) / buffer(-store) module, sequential memory || ~**zeit** *f* (Batteriepufferung) / back-up time, data support time

Pufferverwaltung *f* (Speicher) / buffer management

Pufferzeit (s. Überbrückungszeit) || ~ (s. Pufferungszeit)

PU-Leiter *m* (nicht geerdeter Schutzleiter) / PU conductor

Pull-down-Widerstand *m* / pull-down resistor

Pull-up-Widerstand *m* / pull-up resistor

Puls *m* (kontinuierlich sich wiederholende Folge von Impulsen, DIN IEC 469, T.1) / pulse train (IEC 469-1) || ~ (s.a. unter „Impuls") / pulse *n* || ~**amplitudenmodulation** (s.

Impulsamplitudenmodulation)
Pulsations·drossel *f*(Druckmesser) / pulsation dampener || **≗verluste** *m pl* / pulsation loss
Pulsator·waschmaschine *f* / pulsator-type washing machine
Puls·betrieb *m*(LE) / pulse control operation || **≗bewertung** (s. Impulswertigkeit) || **≗bewertungskurve** *f* / pulse response characteristics || **≗bewertungsmesser** *m* / quasi-peak detector || **≗breite** (s. Impulsbreite) || **≗breitenmodulation** (s. Impulsdauermodulation) || **≗burst** *m* / pulse burst || **≗burstabstand** *m* / pulse burst separation || **≗burstdauer** *f* / pulse burst duration || **≗burstfrequenz** *f* / pulse burst repetition frequency || **≗codemodulation** (s. Impulscodemodulation) || **≗dauermodulation** (s. Impulsdauermodulation) || **≗dauer-Vektorrechner** *m* / pulse-duration vector calculator || **≗diagramm** *n* / timing diagram (giving a complete set of signals which show the operation of each mode of a circuit) || **≗drehrichter** (s. Dreiphasen-Pulswechselrichter) || **≗epoche** *f* / pulse train epoch || **≗folgesteuerung** *f*(LE) / pulse frequency control || **≗former-Elektronik** *f* / pulse shaping electronics || **≗frequenz** (s. Impulsfrequenz) || **≗frequenzmodulation** (s. Impulsfrequenzmodulation) || **≗geber** (s. Impulsgeber)
pulsierend *adj* / pulsating *adj*, oscillating *adj* || **~es Drehmoment** / pulsating torque, oscillating torque || **~er Gleichfehlerstrom** (VDE 0664, T.1) / pulsating d.c. fault current, a.c. fault current with (pulsating) d.c. component || **~e Leistung** / fluctuating power || **~e Spannung** / pulsating voltage || **~er Strom** / pulsating current
Pulsigkeit *f*(LE, Pulszahl) / pulse number
Puls·jitter *m*(s. Pulszittern) || **≗-Magnetron** *n* / pulsed magnetron || **≗modulation** (s. Impulsmodulation) || **≗-/Pausenverhältnis** (s. Impuls-/Pausenverhältnis) || **≗signal** *n*(s. Abtastsignal) || **Hüllkurve des ≗spektrums** / pulse spectrum envelope || **≗-Spitzenausgangsleistung** *f* / peak pulse output power || **≗steuersatz** *m*(LE) / pulse control trigger set || **≗steuerung** *f*(LE) / pulse control, chopper control || **≗umrichter** *m* / pulse-controlled a.c. converter, sine-wave converter || **≗umwertung** *f* / pulse re-weighting || **Aussteuerung nach dem ≗verfahren** (LE) / pulse control, chopper control || **≗wärmewiderstand** *m* (HL, DIN 41862) / thermal impedance under pulse conditions || **≗wechselrichter** *m* / pulse-controlled inverter, pulse-width-modulation inverter || **≗wertigkeit** (s. Impulswertigkeit) || **≗wertmesser** (s. Pulsbewertungsmesser) || **≗widerstand** *m*(LE, gepulster W.) / pulsed resistor, chopper resistor || **Bremsung mittels ≗widerstand** / pulsed resistance braking || **≗zahl** *f* (LE) / pulse number || **≗zählverfahren** *n* / pulse count system || **≗zittern** *n* / pulse jitter
Pult *n* / desk *n*, console *n* || **≗aufsatz** *m* / raised rear section, instrument panel, vertical desk panel || **≗bauform** *f*(SK, VDE 0660, T.500) / desk-type assembly (IEC 439-1) || **≗gerüst** *n* / desk frame || **≗verkleidung** *f* / desk enclosure || **≗vorbau** *m* / desk section
Pulverbeschichtung *f*, **Epoxidharz-≗** / epoxy resin powder coating
Pulver·beugungskammer *f* / powder camera, X-ray powder camera || **≗beugungsverfahren** *n* / powder diffraction method, Debye-Scherrer method || **≗diffraktometer** *m* / powder diffractometer || **≗kammer** *f*(Guinier-Kammer) / powder camera, X-ray powder camera || **magnetischer ≗kern** / magnetic powder core || **≗metallurgie** *f* / powder metallurgy || **≗verfahren** (s. Pulverbeugungsverfahren)
Pumpen·laterne *f* / pump skirt || **≗satz** *m* / pump set, pump unit || **≗-Turbine** *f* / pump-turbine *n*
Pump·maschine *f* / exhaust machine || **≗rohr** *n* / exhaust tube || **≗speicherkraftwerk** *n* / pumped-storage power station, pumping power station || **≗speicherung** *f* / pumped storage || **≗spitze** *f* (ESR-Kolben) / tip *n*(EBT), pip *n*(EBT) || **≗stengel** *m* / exhaust tube
Punkt *m*(Leuchtfleck) / spot *n* || **≗ des energiegleichen Spektrums** / equal energy point || **≗ des unendlichen Schlupfs** / point of infinite speed || **≗ im Stichprobenraum** / sample point || **50-%-≗ der OC-Kurve** / point of control || **≗abweichung** *f*(ESR) / spot displacement, spot misalignment || **~artige Strahlungsquelle** / point source || **≗diagramm** *n* / dot diagram || **≗diagrammschreiber** *m*(Chromatogramm) / peak picker || **≗drucker** *m* / dot matrix printer || **≗folge** *f* / dot sequence || **≗folge** (s. Punktfolgezeit) || **≗folgezeit** *f*(Schreiber) / time per point
punktförmig·er Melder (EN 54) / point detector || **~verteilte Leitungskonstante** / lumped constant
punkt·genaues Orten / pin-point locating, precise location || **~gesteuerte Maschine** (NC) / point-to-point machine || **≗gleichrichter** *m* / point-contact rectifier || **≗helle** *f* / point brilliance || **≗helligkeit** *f*(Osz.) / spot brightness
punktieren *v* / dot-line *v*
punktiert·e Linie / dotted line
Punktier·zeit *f* / dotting time
Punkt·kontakt *m*(HL) / point contact || **≗kurve** *f* / dotted curve || **≗lage** *f*(Osz.) / spot position || **≗lagenverschiebung** *f*(Osz.) / spot displacement || **≗last** *f* / concentrated load, stationary load || **≗lichtlampe** *f* / point-source lamp, dot-lit lamp || **≗matrix** *f* / dot matrix || **≗matrixanzeige** *f* / dot matrix display || **≗muster** *n*(NC) / point pattern || **≗paar** *n*(CAD) / dotted pair || **≗pol** *m* / point pole || **≗produkt** *n* / dot product, scalar product || **≗raster** *m* / dot matrix || **≗rasterverfahren** *n* / dot scanning method || **≗rauschen** *n* / spot noise || **≗rauschfaktor** *m* / spot noise factor || **≗schreiber** *m* / dotted-line recorder, dotted-line recording instrument (IEC 258) || **≗schweißen** *n* / spot welding || **≗sehen** *n* / point vision || **≗steuerung** *f* (NC) / positioning control, point-to-point control (PTP), point-to-point positioning control, coordinate positioning control || **≗steuerung** *f* (NC-Wegbedingung, DIN 66025,T.2) / point-to-point positioning (ISO 1056) || **≗strahler** *m* / spotlight *n*
punktsymmetrisch *adj* / centrosymmetric *adj*
Punkt·- und Streckensteuerung (NC) / combined point-to-point and straight-cut control || **≗verfahren** *n* / point-by-point method || **≗wolke** *f* / bi-variate point distribution, scatter *n* || **≗zeichengenerator** *m* / dot matrix character

generator || ≗**-Zeit-Folge** (s. Punktfolgezeit)
Punkt-zu-Punkt-Kopplung *f* / point-to-point link(-up), peer-to-peer link || ≗**-Prüfung** *f* / point-to-point test || ≗**-Steuerung** *f* / point-to-point control (PTP), point-to-point path control, point-to-point positioning control
Punkt-zu-Punkt-Verbindung *f* (DÜ, DIN 44302) / point-to-point connection || ≗ (Verdrahtung) / point-to-point connections || ≗ (s. End-End-Konfiguration)
Punkt-zu-Punkt-Verkehr *m* (FWT) / point-to-point traffic
Punktzykluszeit *f* (Schreiber) / duration of cycle
Punze *f* (Werkzeug) / embossing tool, chasing tool
Punzhammer *m* / boss hammer
punzieren *v* (bossieren) / emboss *v* || ~ (ziselieren) / chase *v*, engrave *v*
pupinisierte Leitung / coil-loaded line
Pupinspule *f* / loading coil, Pupin coil
Purpurfarbe *f* / purple stimulus || ≗**gerade** (s. Purpurlinie) || ≗**linie** *f* / purple boundary
Push-pull-Kupplung *f* / push-pull coupling || ≗**-Steckverbinder** *m* / push-pull connector
PuTE (s. Programmier- und Testeinrichtung)
Putz, im ≗ **verlegt** / semi-flush-mounted *adj* || **Verlegung auf** ≗ / surface mounting (o. installation), surface wiring, exposed wiring || **Verlegung unter** ≗ / concealed installation, installation under the surface, installation under plaster || ≗**ausgleich** *m* / adjustment to plaster surface || ≗**holz** *n* (a.f. EZ) / burnishing stick
PVC (s. Polyvinylchlorid) || ≗**-Aderleitung** *f* (VDE 0281) / PVC-insulated single-core non-sheathed cable || ≗**-Flachleitung** *f* (VDE 0281) / flat PVC-sheathed flexible cable || ≗**-isolierte Starkstromleitungen** (VDE 0281) / PVC-insulated cables and flexible cords || ≗**-Mantelleitung** *f* (VDE 0281) / light PVC-sheathed cable (HD 21) || ≗**-Mischung** *f* / PVC compound || ≗**-Rohr** *n* (IR) / PVC conduit || ≗**-Schlauchleitung** *f* (VDE 0281) / PVC-sheathed flexible cord || ≗**-Schlauchleitung für leichte mechanische Beanspruchungen** / light PVC-sheathed flexible cord (round; HO3VV-F) || ≗**-Schlauchleitung für mittlere mechanische Beanspruchungen** / ordinary PVC-sheathed flexible cord (HO5VV) || ≗**-Verdrahtungsleitung** *f* (VDE 0281) / PVC non-sheathed cables for internal wiring
P-Verhalten *n* (Reg.) / P action, proportional action
P-Verstärkung *f* / P gain, proportional gain
PV-Knoten *m* (Netz) / voltage-controlled bus (IEC 50(603))
Pylon *m* / pylon *n* || ≗ (Vekehrsmarkierung) / traffic cone
pyroelektrischer Empfänger / pyroelectric detector
Pyrolysator *m* / pyrolizer oven
Pyrolysechromatographie *f* / pyrolysis chromatography
PZS (s. Produktionszellensteuerung)

Q

„q" (Kennbuchstabe für „Sandkapselung", EN 50017) / "q" (classification letter for "sand filling")
QE (s. Qualitätselement)
Q-H-Kennlinie (s. Druck-Volumen-Kennlinie)
QIL (s. Quad-In-Line-Gehäuse)
Q-Planung (s. Qualitätsplanung)
QS (s. Qualitätssicherung) || ≗**-Dokumentation** (s. Qualitätsdokumentation)
QS-Dokumentation (s. Qualitätssicherungsdokumentation)
QS-Handbuch *n* / QA manual || ≗**-Programm-Abschnitt** *m* / QA program section (CSA Z 299) || ≗**-Programm-Modul** *n* / QA program module (CSA Z 299)
QSS (s. Qualitätssicherungssystem) || ≗**-Bewertung** *f* / quality system review
QS-Verfahrensanweisungen *f pl* / quality procedures || ≗**-Verfahrens-Handbuch** *n* / QA procedures manual (CSA Z 299) || ≗**-Zuständigkeit** *f* / quality management responsibility
Quader *m* / cuboid *n*, rectangular parallelepiped || ≗ (CAD-Befehl) / box || **~förmig** *adj* / cuboidal *adj* || ≗**umgebung** *f* / parallelepipedal neighbourhood
Quad-In-Line-Gehäuse (QIL) *n* / quad-in-line package (QIL)
Quadranten-Elektrometer *n* / quadrant electrometer || ≗**programmierung** *f* (NC) / quadrant programming
Quadrantskale *f* / quadrant scale
quadratisch degressive Zustellung (NC) / squared degressive infeed || **~er Drehmomentverlauf** / square-law torque characteristic || **~es Gegenmoment** / square-law load torque || **~e Keilverzahnung** / square splines || **~er Mittelwert** / root-mean-square value (r.m.s. value), virtual value || **~e Regelabweichung** / r.m.s. deviation || **~ zunehmendes Lastmoment** (s. quadratisches Gegenmoment)
Quadratmittel (s. quadratischer Mittelwert) || ≗**wurzel** *f* / square root
Quadrierstufe *f* / squaring element, squaring circuit
quadrithermisch *adj* / quadrithermal *adj*
Quad-slope-Wandler (s. Vierflankenumsetzer)
Qualifikationsforderung *f* / qualification requirement || ≗**lebensdauer** *f* / qualified life || ≗**nachweis** *m* / qualification statement, qualification records || ≗**norm** *f* / qualification standard || ≗**prüfung** *f* / qualification test
Qualimetrie *f* / qualimetry *n*
Qualität *f* / quality *n* || ≗ (Blech, Bürste) / grade *n*
qualitative Bestimmung / qualitative determination || **~es Merkmal** / qualitative characteristic, attribute *n*
Qualitätsanforderungen *f pl* / quality requirements || ≗**audit** *n* (DIN 55350,T.11) / quality audit || ≗**aufzeichnungen** *pl* / quality records || ≗**beanstandung** *f* / non-conformance report (CSA Z 299), defect report (o. note) || ≗**bericht** *m* / quality report || ≗**berichterstattung** *f* / quality reporting || ≗**bewußtsein** *n* / quality awareness || ≗**dokumentation** *f* / quality documentation || ≗**dokumentation** (s. Qualitätssicherungsdokumentation) || ≗**einbuße** *f* /

impairment of quality || ≗**element (QE)** *n* / quality element || ≗**fähigkeit** *f*(DIN 55350,T.11) / quality capability || ≗**fähigkeitsbestätigung** *f* / quality verification || ≗**förderung** *f*(DIN 55350, T.11) / quality improvement || **rückzuweisende** ≗**grenzlage** (DIN 55350, T.31) / limiting quality level (LQL), rejectable quality level (RQL) || ≗**ingenieur** *m* / quality assurance engineer || ≗**kontrolle** (s. Qualitätsprüfung) || ≗**kontrolle** (s. Qualitätslenkung) || ≗**kontrollstelle** *f*(in Fertigungsbetrieben) / quality control department (in manufacturing plants) || ≗**kosten** *plt*(DIN 55350, T.11) / quality-related costs || ≗**kreis** *m* (DIN 55350, T.11) / quality loop, quality spiral || ≗**lage** *f* / quality level

Qualitätslenkung *f*(DIN ISO 9000) / quality control || ≗ **bei mehreren Merkmalen** / multi-variate quality control || ≗ **in der Fertigung** / in-process quality control, process control

Qualitäts·management *n*(DIN ISO 9000) / quality management || ≗**mangel** *m* / quality defect || ≗**merkmal** *n* / quality characteristic || ≗**minderung** *f* / impairment of quality || ≗**-Nachweisführung** (s. Qualitätssicherungs-Nachweisführung) || ≗**ordnung** *f* / quality principles || ≗**planung (Q-Planung)** (DIN 55350, T.11) *f* / quality planning (Q planning) || ≗**politik** *f* / quality policy || ≗**prüfstelle** *f* / quality inspection and test facility || ≗**prüfung** *f*(Q-Prüfung) (DIN 55350, T.11) / quality inspection (Q inspection), quality inspection and testing || ≗**regelung** (s. Qualitätslenkung) || ≗**revision** *f* / quality audit

Qualitätssicherung (QS) (DIN ISO 9000) *f* / quality assurance || ≗ **in Entwurf und Konstruktion** / design assurance (CSA Z 299)

Qualitätssicherungs·abteilung *f* / quality assurance department || ≗**auflagen** *f pl* / quality assurance requirements || ≗**beauftragter** *m* / Quality Assurance Representative, QA representative (QAR) || ≗**dokumentation (QS-Dokumentation)** *f* / quality documentation || ≗**-Handbuch** *n*(QS-Handbuch) / quality manual || ≗**-Nachweisforderung** *f*(DIN 55350, T.11) / quality assurance requirements || ≗**-Nachweisführung** *f* (DIN 55350, T.11) / quality assurance || ≗**plan** *m* / quality plan || ≗**system (QSS)** (DIN ISO 9000) *n* / quality system

Qualitäts·stand *m* / quality status || ≗**standard** *m* / quality level || ≗**steuerung** (s. Qualitätslenkung) || ≗**technik** *f*(DIN 55350, T.11) / quality engineering || ≗**überwachung** *f* / quality surveillance || ≗**ziele** *pl* / quality objectives

Quant *n* / quantum *n*

Quanten·ausbeute *f* / quantum efficiency, quantum yield || ≗**wirkungsgrad** *m* / quantum efficiency

quantifizieren *v* / quantify *v*

Quantifizierung *f* / quantification *n*

Quantil *n*(DIN 55350,T.21) / quantile *n*, fractile of a probability distribution || ≗ (Verteilung v. Zufallsgrößen; IEC 50(191)) / p-fractile *n* || ≗ **der Instandhaltungsdauer** / p-fractile repair time || ≗ **einer Verteilung** (DIN 55350,T.21) / quantile of a probability distribution

quantisieren *v* / quantize *v* || ~ (digitales Meßgerät) / digitize *v*

Quantisierer *m* / quantizer *n*

quantisiertes Signal / quantized signal

Quantisierung *f* / quantization *n*, quantizing *n*

Quantisierungs·-Eigenfehler *m* / inherent quantization error || ≗**fehler** *m* / quantizing error, quantization uncertainty || ≗**rauschen** *n* / quantization noise, quantizing noise || ≗**stufe** *f* / quantizing level || ≗**verzerrung** *f* / quantizing distortion

quantitativ·e Bestimmung / quantitative determination || **~es Merkmal** (QS, DIN 55350, T.11) / quantitative characteristic

Quantum *n* / quantum *n*

Quartik *f* / quartic curve

Quartile *f* / quartile *n*

Quartilwert (s. Quartile)

Quarz·generator *m* / quartz oscillator, crystal oscillator || **~gesteuert** *adj* / quartz-controlled *adj*, quartz-crystal-controlled *adj*, crystal-controlled (CC) *adj* || ≗**glas** *n* / silica glass, transparent quartz || ≗**glas-Halogenglühlampe** *f* / quartz-tungsten-halogen lamp || ≗**-Jodglühlampe** *f* / quartz-iodine lamp, iodine lamp || ≗**kristall-Druckaufnehmer** *m* / quartz pressure pickup || **~mehlgefülltes Epoxidharz** / quartz-powder-filled epoxy resin || ≗**oszillator** *m* / quartz oscillator, crystal oscillator || ≗**schwinger** *m* / quartz oscillator, crystal oscillator || ≗**taktgeber** *m* / quartz clock, crystal clock || ≗**uhr** *f* / crystal-controlled clock, quartz clock

quasi·-eindimensionale Theorie / quasi-one-dimensional theory || ≗**-Impulsrauschen** *n* / quasi-impulsive noise || ≗**-Impulsstörung** *f* / quasi-impulsive disturbance || **~-kontinuierlicher Regler** / quasi-continuous controller || **~-periodische Änderung** / pseudo-periodic change || ≗**-Scheitelpunkt** *m* / quasi-peak *n* || ≗**-Scheitelwert** *m* / quasi peak value

quasi-stationär·e Spannung / quasi-steady voltage || **~er Zustand** / quasi-static state

quasi-statisch·er Druck / quasi-static pressure || **~es Rauschsignal** / pseudo-random noise signal || **~e Unwucht** / quasi-static unbalance

quasi·-stetiges Stellgerät / quasi-continuous-action final controlling device || **~-unabhängige Handbetätigung** (VDE 0660,107) / quasi-independent operation || ≗**-Zufallsfolge** *f* / pseudo-random sequence

quecksilber·benetzter Kontakt / mercury-wetted contact || ≗**bogen** *m* / mercury arc

Quecksilberdampf·-Entladungsröhre *f* / mecury-vapour tube || ≗**gleichrichter** *m* / mercury-arc rectifier || ≗**-Hochdrucklampe** *f* / high-pressure mercury-vapour lamp, high-pressure mercury lamp || ≗**-Hochdrucklampe mit Leuchtstoff** / colour-corrected high-pressure mercury-vapour lamp || ≗**-Höchstdrucklampe** *f* / extra-high-pressure mercury-vapour lamp, super-pressure MVL || ≗**lampe** *f* / mercury-vapour lamp (MVL) || ≗**lampe mit Leuchtstoff** / mercury-vapour lamp with fluorescent coating || ≗**-Mischlichtlampe** *f* / mercury-vapour mixed-light lamp || ≗**-Niederdruck-Entladungslampe** *f* / low-pressure mercury discharge lamp || ≗**-Niederdrucklampe** *f* / low-pressure mercury-vapour lamp, low-pressure mercury lamp || ≗**stromrichter (Hg-Stromrichter)** *m* / mercury-arc converter || ≗**ventil** *n* / mercury-arc valve || ≗**-Ventilelement** *n* / mercury-arc valve device

Quecksilber-Federthermometer *n* / mercury pressure-spring thermometer || **≗filmkontakt** *m* / mercury-wetted contact || **≗filmrelais** *n* / mercury-wetted relay || **≗-Glasthermometer** *n* / mercury-in-glass thermometer || **Gleichrichterröhre mit ≗kathode** / pool rectifier tube || **≗-Kippröhre** *f* / mercury tilt(ing) switch || **≗-Kontaktthermometer** *n* / mercury contact-making thermometer, mercury contact thermometer || **≗-Niederdrucklampe** *f* / low-pressure mercury lamp, low-pressure mercury-vapour lamp || **≗-Niederdruck-Leuchtstofflampe** *f* / low-pressure mercury fluorescent lamp || **≗röhre** *f* / mercury tube, mercury switch

Quecksilbersäule *f* / barometric column, mercury column || **Millimeter ≗** / millimetres of mercury

Quecksilberschalter *m* / mercury switch, mercury tilt switch || **≗-Schaltröhre** *f* / mercury contact tube, mercury switch || **≗zähler** *m* / mercury motor meter

Quelladresse *f* / source address || **≗anweisung** *f* / source statement || **≗baustein** *m* / source block || **≗code** *m* / source code

Quelldatenbaustein *m* (PC) / source data block || **≗nachführung** *f* / source-data updating

Quelle *f* (Transistor; „Source") / source *n*

Quellendichte *f* / density of source distribution || **≗energie** *f* / source energy || **≗erde** *f* / source earth || **~erregte Schwingung** / forced oscillation || **~freies Feld** / zero-divergence field || **Handshake-≗funktion** *f* (PMG, DIN IEC 625) / source handshake (function) || **≗impedanz** *f* / source impedance || **≗kraft** *f* / source force || **≗programm** (s. Quellprogramm) || **≗spannung** *f* / source e.m.f., source voltage || **≗sprache** (s. Quellsprache) || **≗stärke** *f* / source strength || **≗widerstand** *m* / source resistance

Quelle-zu-Senke-Fehlerprüfung *f* / source-to-sink error check

Quellgrad *m* (E VDE 0165, T.102) / grade of source of release || **≗impedanz** *f* / source impedance || **≗programm** *n* / source program || **≗speicher** *m* / source memory || **≗sprache** *f* / source language || **≗station** *f* (Prozeßleitsystem) / originator *n* || **≗-/Ziel-Datenblock** *m* / source/destination data block

Querachse *f* (el.) / quadrature axis, q-axis *n*, interpolar axis || **≗achse** *f* (mech.) / transverse axis || **≗achsenreaktanz** (s. Querreaktanz) || **≗admittanz** *f* / shunt admittance || **≗-Ampèrewindungen** *f pl* / cross ampere-turns || **≗anteil** *m* (Querfeldkomponente) / quadrature-axis component || **≗balken** *m* (Flp.) / cross bar || **≗beanspruchung** *f* / transverse stress, transverse load, lateral stress || **Festigkeit bei ≗beanspruchung** / transverse strength || **≗beeinflussung** *f* (Relaisprüf.) / transversal mode || **≗belastung** *f* / lateral load, transverse load || **≗bewegung** *f* (WZM) / transverse travel, transverse motion, cross traverse (o. motion) || **≗bürste** *f* (el. Masch.) / quadrature-axis brush

Querdämpferwicklung, Kurzschluß-Zeitkonstante der ≗ / quadrature-axis short-circuit damper-winding time constant || **Leerlauf-Zeitkonstante der ≗** / quadrature-axis open-circuit damper-winding time constant || **Streufeld-Zeitkonstante der ≗** / quadrature-axis damper leakage time constant || **Streureaktanz der ≗** / quadrature-axis damper leakage reactance || **Widerstand der ≗** / quadrature-axis damper resistance

Querdehnung *f* / lateral expansion || **≗differentialschutz** *m* / transverse differential protection || **≗drosselspule** *f* / reactor *n* || **≗durchflutung** *f* / quadrature-axis component of magnetomotive force, cross ampere-turns || **≗ebene** *f* / transverse plane || **≗-EMK** *f* / quadrature-axis e.m.f. || **≗empfindlichkeit** *f* (Gasanalysegerät) / cross sensitivity, selectivity ratio || **≗fahrt** *f* / transverse travel || **≗faltversuch** *m* / side bend test || **≗faser** *f* / transverse fiber

Querfeld *n* / quadrature-axis field, quadrature field, cross field || **≗achse** *f* / quadrature axis, q-axis *n*, interpolar axis || **≗-Ampèrewindungen** *f pl* / cross ampere-turns || **≗dämpfung** *f* / quadrature-axis field damping || **≗durchflutung** *f* / quadrature-axis m.m.f. || **≗erregung** *f* / quadrature excitation || **≗generator** *m* / cross-field generator, metadyne generator || **≗induktivität** *f* / quadrature-axis inductance || **≗komponente** *f* / quadrature-axis component || **≗maschine** *f* / cross-field machine, cross-flux machine, armature-reaction-excited machine || **≗motor** *m* / cross-field motor || **≗reaktanz** (s. Querreaktanz) || **≗spannung** *f* / quadrature-axis voltage || **≗spule** *f* (Flußmessung) / magnetic test coil, search coil, exploring coil || **≗umformer** *m* / metadyne *n* || **≗-Verstärkermaschine** *f* / amplidyne *n* || **≗wicklung** *f* / cross-field winding, auxiliary field winding

Querfluß *m* / quadrature-axis magnetic flux, quadrature-axis flux, cross flux, transverse flux || **≗flußbildung** *f* / cross fluxing || **≗fluß-Linear-Inkuktionsmotor** *m* / transverse-flux linear induction motor (TFLIM) || **≗format-Skale** *f* / straight horizontal scale || **≗gleichförmigkeit** *f* (BT) / transverse uniformity ratio, transverse uniformity || **≗größe** *f* / quadrature-axis quantity || **≗holm** *m* / cross member || **≗impedanz** *f* / quadrature-axis impedance || **≗joch** *n* / transverse yoke (member), side yoke || **≗kapazität** *f* (HL, DIN 41856) / case capacitance || **≗keil** *m* / cotter *n* || **≗keilkupplung** *f* / radially keyed coupling || **≗keilverbindung** *f* / cottered joint || **≗kompensation** *f* / shunt compensation || **≗komponente** (s. Queranteil) || **≗kondensator** *m* / parallel capacitor || **≗kontraktion** *f* / transverse contraction || **≗kontraktionszahl** *f* (Poisson-Zahl) / Poisson's ratio || **≗kopplung** *f* / cross coupling

Querkraft *f* / lateral force, shearing force, transverse force || **≗** (Riemen) / cantilever force, overhung belt load || **≗linie** *f* / shear line || **≗mittelpunkt** *m* / shear centre, flexural centre

Querkuppelfeld *n* (IRA) / bus coupler panel (BS 4727, G.06), bus-tie cubicle || **≗kuppelfeld** *n* (FLA) / bus coupler bay, bus tie bay || **≗kuppelschalter** *m* (LS) / bus coupling breaker, bus-tie breaker || **≗kuppelschalter** *m* (TS) / bus coupling disconnector, bus-tie disconnector, bus coupler || **≗kuppelschiene** *f* (SS) / tie bus

Querkupplung *f*, **Sammelschienen-≗** / bus coupling || **Sammelschienen-≗** *f* (Einheit) / bus coupler unit, bus-tie cubicle

Querlager *n* / radial bearing, guide bearing ||

~lamellenraster *m*(Leuchte) / cross louvre || ~-Längslager *n* / combined thrust and radial bearing, radial-thrust bearing || ~last *f* / cross-load *n*, transverse load || ~leitfähigkeit *f* / transverse conductivity || ~leitwert *m* / transverse conductance || ~lochwandler *m* / window-type current transformer || ~magnetisieren *v* / cross-magnetize *v* || ~magnetisierung *f*(Blech) / lamellar magnetization || ~magnetisierung *f*(el. Masch.) / cross magnetization, quadrature-axis magnetization || ~nachgiebige Kupplung / flexible coupling, coupling compensating parallel misalignments || ~neigung *f* / transverse slope || ~parität *f* / vertical parity, character parity || ~paritätsprüfung *f* / vertical redundancy check (VRC) || ~preßpassung *f* / transverse interference fit || ~profil *n* / transverse section, cross-member *n* || ~profil *n*(Freiltg.) / transverse profile (GB), section profile (US) || ~reaktanz *f* / quadrature-axis reactance || ~regelung *f*(Spannungsregelung mittels einer zusätzlichen und um π/2 phasenverschobenen Spannungskomponente) / quadrature control, quadrature voltage control, quadrature boosting || ~regler *m* / quadrature regulator, transformer with regulation in quadrature, quadrature booster || ~riegel *m* (Freileitungsmast) / cross block || ~schieber *m* (WZM) / cross slide, facing slide || ~schliff *m* (Schliffbild) / micrograph *n*

Querschlitten *m*(WZM) / cross slide, facing slide

Querschlupf *m*(Kfz) / transverse slip

Querschnitt *m* / cross section, section *n*, profile *n* || **Durchfluß~** *m* / flow area || **Leiter~** *m* / conductor cross section, cross-sectional area of conductor, conductor area || **wirksamer ~** (Zählrohr) / useful area

Querschnitts·bereich *m*(Anschlußklemmen) / wire range || **Nenn-~bereich** *m*(Leiter) / range of nominal areas || **~fläche** *f* / cross-sectional area, area *n* || **~schwächung** *f* / reduction of cross section

Querschottung *f*, **Sammelschienen-~** / bus transverse (o. end) barriers

Quer·schub *m* / transverse shear || **~schwingung** *f* / lateral vibration, flexural oscillation || **~schwingungskritische Drehzahl** / lateral critical speed || **~skale** *f* / straight horizontal scale || **~spannung** *f*(el. Masch.) / quadrature-axis component of voltage, cross voltage, perpendicular voltage || **~spannung** *f*(Schutz) / transverse voltage || **~straße** *f* / cross-road *n* || **~streifen** *m*(Flp.) / transverse stripe || **~streufeld** *n* / quadrature-axis stray field, quadrature-axis leakage field || **~streufluß** *m* / quadrature-axis leakage flux, cross leakage flux

Querstrich, Signalname mit ~ / overlined signal name

Querstrom *m*(el. Masch.) / quadrature-axis component of current, cross current || **~** (KL) / cross current, interbar current || **~** (Schutz) / transverse current, crossover current || **~lüfter** *m* / radial-flow fan, centrifugal fan

Quer·summe *f* / cross-check sum, checksum *n* || **~symmetrischer Vierpol** / balanced two-terminal-pair network || **~thyristor** *m* / shunt-arm thyristor, shunt thyristor || **~träger** *m*(a. Freileitungsmast) / crossarm *n* || **~transformator** *m* / quadrature booster, quadrature transformer, quadrature regulator || **~trennklemme** *f* / cross-connect/disconnect terminal || **~verband** *m* (Gittermast) / plan bracing, diaphragm *n* || **~verbinder** *m*(Reihenklemme) / cross connection link || **~verdrahtung** *f* / cross wiring || **~vergleichsschutz** *m* / transverse differential protection || **~verkehr** *m*(Netze) / internetwork traffic || **~verkehr** *m*(Bussystem) / lateral communication, internode communication || **~verschiebung** *f*(der Wellen) / parallel offset || **~verstellung** *f*(WZM, Schlitten, Querverschiebung) / transverse displacement, transverse adjustment, cross adjustment

Querverweis *m* / cross reference || **~liste** *f* / cross-reference list

Quer·vorschub *m*(WZM) / transverse feed, cross feed || **~wasserdichtigkeit** *f*(Kabel) / lateral watertightness || **~welle** *f* / transverse wave || **~wicklung** *f* / transverse winding, quadrature-axis winding || **~widerstand** *m*(KL) / inter-bar resistance, cross resistance, bar-to-bar resistance || **~widerstand** (s. Nebenschlußwiderstand)

Query·-Dialog (s. Abfragedialog)

Querzweig *m* / shunt arm

Quetsch·faltprüfung *f* / flattening test || **~grenze** *f* / yield point || **~hülse** *f* / ferrule *n* || **~kabelschuh** *m* / crimping cable lug || **~schraube** *f* / pinching screw

Quetschung *f*(Lampe) / pinch *n*

Quetschungstemperatur *f*(Lampe) / pinch temperature

Quetsch·verbinder *m* / crimp connector, pressure connector || **~verbindung** *f* / crimped connection, crimp connection, crimp *n* || **~versuch** *m* / flattening test

Quibinärcode *m* / quibinary code

quietschen *v* / squeal *v*, screech *v*

quinquethermisch *adj* / quinquethermal *adj*

Quirlwinkel *m*(Rob.) / twist angle, roll angle

quittieren *v* / accept *v*, acknowledge *v*

Quittiermerker (s. Quittierungsmerker)

Quittierschalter *m* / discrepancy switch, accept switch

Quittierungsmerker *m*(PC) / acknowledgement flag

quittierungspflichtige Meldung *adj* / alarm requiring acknowledgement

Quittierzeit *f* / acknowledgement time

Quittung *f*(DÜ, FWT) / acknowledgement *n*

Quittungs·abfrage *f* / acknowledgement query, acknowledgement scan || **~anforderung** *f* / acknowledgement request || **~anforderungsfeld** *n* (BSG) / acknowledgement request field || **~austausch** *m* / handshaking *n* || **~betrieb** *m* / handshaking *n* || **~signal** *n* / acknowledgement signal || **~signal** *n*(„Bereit"-Signal) / ready signal || **~verkehr** *m* / handshake procedure || **~verzug (QVZ)** *m* / acknowledgement delay, no acknowledgement (NAK), time-out

Quotienten·anregung *f*(Schutz) / ratio starting || **~geber** *m*(Schutz) / quotient element, ratio element || **~messer** (s. Quotienten-Meßgerät) || **~-Meßgerät** *n* / quotientmeter *n* || **~relais** *n* / quotient relay, quotient measuring relay

QVZ (s. Quittungsverzug)

R

R-Abhängigkeit (s. Rücksetz-Abhängigkeit)
Rachenlehre *f* / external gauge, snap gauge
Rad ohne Profilverschiebung / gear with equal-addendum teeth, unmodified gear, standard gear
Radar-Abstandswarnsystem *n* (Kfz) / anti-collision radar
Raddrehzahlensor *m* (Kfz) / wheel speed sensor
Räder·kasten *m* (WZM) / gearbox *n* || **≈paar** *n* (a. EZ) / gear pair
radial·e Blechpakettiefe / depth of core || **~e magnetische Feldstärke** / radial magnetic field || **~er Wellenvergang** (s. Radialspiel)
Radialabstand *m* / radial clearance
Radial-Axiallager *n* / combined radial and thrust bearing, combined journal and thrust bearing || **≈belüftung** *f* / radial ventilation || **≈bürste** *f* / radial brush || **≈bürstenhalter** *m* / radial brush holder || **≈dichtring** *m* / sealing ring, shaft packing || **≈dichtung** *f* / radial seal
Radialfeld·kabel *n* / radial-field cable || **≈kontakt** *m* (V-Schalter) / radial-field contact || **≈stärke** *f* / radial field strength
Radial·gleitlager *n* / radial sleeve bearing, sleeve guide bearing || **≈-Kegelrollenlager** *n* / radial tapered-roller bearing, tapered roller bearing || **≈-Kugellager** *n* / radial ball bearing, annular ball bearing || **≈lager** *n* / radial bearing, guide bearing, non-locating bearing || **≈luft** *f* / radial play, radial internal clearance || **≈lüfter** *m* / radial-flow fan, centrifugal fan || **≈maß** *n* / radial dimension || **≈nut** *f* / radial slot || **≈-Pendelkugellager** *n* / self-aligning radial ball bearing || **≈-Pendelrollenlager** *n* / radial self-aligning roller bearing, spherical-roller bearing, radial spherical-roller bearing, barrel bearing || **≈schlag** *m* / radial eccentricity, radial runout || **≈-Schrägkugellager** *n* / radial angular-contact ball bearing || **≈spiel** *n* / radial play, radial clearance, crest clearance || **≈steg** *m* (Polrad, zwischen Nabe u. Kranz) / spider web || **≈straße** *f* / radial road (GB), radial highway (US) || **≈verkeilung** *f* / radial keying || **≈versatz** *m* / radial eccentricity, radial runout || **≈wälzlager** *n* / radial rolling-contact bearing, floating anti-friction bearing || **≈wicklungsschema** *n* / radial winding diagram || **≈zylinderrollenlager** *n* / radial cylindrical-roller bearing, parallel-roller bearing, straight-roller bearing
Radiator *m* / radiator *n* || **≈batterie** *f* / radiator bank, radiator assembly || **≈kessel** *m* / tank with radiators
Radienbemaßung *f* (CAD) / radial dimensioning
Radiermaschine *f* / eraser *n*
Radikand *m* / radicand *n*
Radio·lumineszenz *f* / radioluminescence *n* || **≈meter** *n* / radiometer *n* || **≈metrie** *f* / radiometry *n* || **≈skalenlampe** *f* / radio panel lamp
Radium-Parabollampe *f* / parabolic radium lamp
Radius·lehre *f* / radius gauge || **≈maßeingabe** *f* (NC) / radius input
Radix·punkt *m* / radix point || **≈schreibweise** *f* / radix notation
Radizierbaustein *m* / square-root extractor block
radizieren *v* / to extract the root (of) || **≈** *n* / root extraction, square-root extraction
Radizier·er *m* / root extractor, sqare-root element, binary root extractor
Rad·körper *m* (Rohling) / gear blank, blank *n* || **≈körper** *m* (Tragkörper) / wheel hub || **≈kranz** *m* / wheel rim, shroud *n* || **≈mittenabstand** *m* / wheel centre distance || **≈nabe** *f* / wheel hub, hub *n*, nave *n* || **≈platte** *f* / wheel supporting plate, wheel carrier || **≈reifen** *m* / tyre *n* || **≈satz** *m* / wheel set || **≈schutzkasten** *m* / gear case || **≈weg** *m* / cycle track (GB), bicycle path (US)
Raffungsfaktor *m* (Statistik, QS) / acceleration factor, time acceleration factor
Rahmen *m* / frame *n*, framework *n*, skeleton *n* || **≈** (Einbaurahmen) / mounting frame || **≈** (Gerüst) / rack *n* || **≈** (Skelett) / skeleton *n*, framework *n* || **≈** (Wissensdarstellung) / frame *n* || **≈** (Geräteträger) / rack *n*, subrack *n* || **≈belegung** *f* (Steckplätze im Geräteträger) / slot assignment || **≈bescheinigung** *f* / master certificate || **≈formatfehler** *m* / frame size error || **≈kern** *m* (Trafo) / shell-form core, frame-type core || **≈klemme** *f* / box terminal || **≈kopplung** *f* (a. FWT) / frame linking, subframe connection, frame (o. subframe) connection module || **≈methode** *f* (Bildauswertung) / frame grabbing || **≈norm** *f* (DIN 41640) / generic specification (IEC 512-1) || **≈steuerung** *f* (CAMAC) / crate controller || **≈struktur** *f* (DV, elST) / frame structure || **≈synchronisation** *f* / frame synchronization || **≈synchronisationsfehler** *m* / frame synchronization error || **≈system** *n* (CAMAC) / crate system (IEC 552) || **≈-Verteiler** *m* / frame-type distribution board, skeleton-type distribution board
Rahmungsfehler *m* / framing error
RALU (s. Register-Arithmetik-Logik-Einheit)
RAM (A. f. „random-access memory" - Speicher mit wahlfreiem Zugriff o. Direktzugriffspeicher)
Rammpfahl *m* / driven pile
Rampe *f* (Kennlinie, DAU) / ramp *n*, slope *n* || **≈** (DIN IEC 469, T.1) / ramp *n* (IEC 469-1)
Rampen·einschwingzeit *f* / settling time to steady-state ramp delay || **≈licht** *n* / footlight *n* || **≈verzögerung** *f* / ramp delay, steady-state ramp delay
Rand·abstand *m* (a. gS) / edge distance || **≈ausgleich** *m* (Text) / margin justification || **≈befeuerung für Hubschrauber-Landeplatz (HEL)** / heliport edge lighting (HEL) || **≈effekt** *m* / edge effect || **≈effektwelle** *f* / end-effect wave
Rändel·knopf *m* / knurled knob || **≈mutter** *f* / knurled nut
rändeln *v* / knurl *v*
Rändelschalter *m* / thumbwheel switch, edgewheel switch
Rand·feld *n* / fringing field, edge field, marginal field || **≈feldstärke** *f* / marginal field intensity || **≈feuer** *n* / boundary lights
randgelocht *adj* / margin-perforated *adj*, edge-perforated *adj*
Randkapazität *f* / fringing capacitance
Randkontakte, gedruckte ≈ / edge board contacts
Rand·lochung *f* / margin perforation, edge perforation || **≈marker** *m* (Flp.) / edge marker || **magnetische ≈spannung** (s. magnetische Umlaufspannung) || **≈strahl** *m* / marginal ray || **≈strahl** *m* (Schallstrahl) / edge ray || **≈strahlen** *m pl* (LWL) / skew rays || **≈streifen(Batt.)** / edge

insulator (IEC 50(486)) || **≗verteilung** *f*(DIN 55350,T.21) / marginal distribution || **≗wert** *m* / boundary value, limiting value || **≗wertprüfung** *f* / marginal check (MC) || **≗wulst** *m* / bead *n* || **≗zeile** *f* (ET, BGT) / bezel panel, spacer panel || **≗zeit** *f* / fringe time

Ranggröße *f*(Statistik, DIN 55350, T.23) / order statistic

rangierbar *adj*(umklemmbar) / reconnectable *adj* || ~ (programmierbar) / (software-)programmable || **der Ausgang ist** ~ (mit Strombrücken) / the output can be jumpered

Rangierbaugruppe *f*(Signalrangierer) / (signal) routing (o. allocation) module || ≗ (s. Matrixbaugruppe)

Rangier·baustein *m*(Signalzuweisung) / signal allocation (o. routing) block || **≗datenbaustein** *m* (PC) / interface data block || **≗draht** *m* / jumper wire, strapping wire

Rangieren *n*(Signale) / allocation *n*, routing *n* || ≗ (m. Strombrücken) / jumpering *n*, strapping *n*

Rangierer *m*(Funktionsbaustein) / allocation block, routing block, router *n* || ≗ (s. Rangierbaugruppe)

Rangier·fahrschalter *m*(Bahn) / manoeuvring controller || **≗feld** *n* / jumpering panel, strapping panel || **≗feld** *n*(Schaltbrett) / patchboard *n*, patch panel, patch bay || **≗karte** *f* / jumpering card || **≗klemmenleiste** *f* / terminal block with strapping options

Rangierliste *f* / allocation table, assignment list, interface list || ≗ (s. Anschlußplan) || **E/A-≗** (s. E/A-Zuweisungsliste) || **Programm-≗** (PC) / program assignment list

Rangier·plan (s. Anschlußplan) || **≗raum** *m*(in ST) / jumpering (o. strapping) compartment, wiring compartment || **≗tabelle** (s. Anschlußplan)

Rangierung *f*(Verdrahtungselement) / wiring block, cabinet wiring block || ≗ (Brückenanordnung) / jumpering *n*, strapping *n* || ≗ **der Bedienungstasten** / allocating the operator keys || **Adreß~** / address decoding || **Signal~** / signal allocation (o. routing)

Rangierverdrahtung *f* / distribution wiring, jumper wiring

Rangierverteiler *m*(Klemmenblock) / terminal block || ≗ (Schaltbrett) / terminal board (with strapping options) || **≗plan** (s. Anschlußplan)

Rang·ordnungswert (s. Rangwert) || **≗reihenfolge für Unterbrechungen** / interrupt priority system || **≗wert** *m*(Statistik, DIN 55350, T.23) / value of order statistic || **≗wert** (s. Bemessungswert) || **≗zahl** *f*(Statistik, DIN 55350, T.23) / rank *n*

Rapidstart·lampe *f* / rapid-start lamp, instant-start lamp || **≗schaltung** *f* / rapid-start circuit, instant-start circuit

Rasier·apparat *m* / shaver *n* || **≗steckdose** *f* / shaver socket-outlet || **≗steckdosen-Transformator** *m* / shaver transformer

rasseln *v*(Bürsten) / clatter *v*, chatter *v*

rastbare Taste / latch-down key

Raste *f*(Steuer- o. Fahrschalterstellung) / notch *n*

Rast-Einbaufassung *f* / self-locking lampholder || **≗einrichtung** *f*(SG) / latching mechanism || **≗einrichtung** *f*(Steuerschalter, Stellungsrasterung) / notch(ing) mechanism

Rasten *n*(SG; vgl. „Rastung") / latching *n*, notching *n* || ≗ (Dauerkontaktgabe) / maintained-contact control

rastend·er Schlagtaster / latching emergency pushbutton, stayput slam button

Rasten·feder *f* / latching spring, notching spring, locating spring || **≗hebel** *m* / latching lever, notching lever, detent lever || **≗klinke** *f*(EZ) / notching latch || **≗kupplung** *f*(EZ) / spiral-jaw clutch || **≗scheibe** *f* / latching disc, notching disc, detent disc, star wheel

Raster *m* / grid *n*, grid system, mounting grid, raster *n* || ≗ (Leuchte) / louvre *n*, spill shield || ≗ (Bildschirm) / grid *n*, raster *n* || ≗ (NC, Zoll-Inkrement) / increment *n* || ≗ (Einbauplätze je Baugruppe) / slots per module (SPM) || ≗ *n*(Osz.) / graticule *n*(oscilloscope) || **Amplituden~** *m* / amplitude grid || **Bit-≗** (Wort) / bit word || **Decodier~** / decoder matrix || **Fang~** (CAD) / snap setting || **Impuls~** / pulse code, ripple control code (sequence of a number of pulse positions in a ripple control system) || **Logik~** / logic grid || **Menü~** / menue lattice || **modularer ≗** (DIN 30798, T.1) / modular grid || **optischer ≗** / optical grating || **Punkt~** / dot matrix || **Verdrahtungs~** / wiring grid || **Zeichnungs~** / coordinate system || **Zeit~** / time reference, timing code || **Zeit~** (s. Zeitbasis) || **≗abstand** *m*(DIN 66233, T.1) / grid element spacing || **≗aufdruck** *m* / printed grid pattern || **≗bild** *n*(CAD) / raster image || **≗bildschirm** *m* / raster screen || **≗blende** *f* (Leuchte) / louvre-type shield || **≗decke** *f* / louvered ceiling, louverall ceiling, grid ceiling || **≗deckenleuchte** *f* / luminaire for louvered (o. grid) ceiling || **≗dehnung** *f*(Leuchtschirm) / raster expansion, expanded raster || **≗-Einbauleuchte** *f* / louvered recessed luminaire || **≗einheit** *f* / grid spacing, standard square || **Mosaik-≗einheit** *f* / mosaic standard square || **≗einheit** *f* (Graphikbildschirm) / raster unit || **≗elektronenmikroskop (REM)** *n* / scanning electron microscope (SEM) || **≗element** *n* (Leuchte) / louvre cell || **≗feld** (s. Rasterkoordinatensystem) || **~freie Einbauten** / equipment without grid coordinate system || **~gebundenes Einbausystem** / grid-oriented packaging system || **≗grafik** *f* / raster graphics || **≗koordinate** *f* / grid coordinate || **≗koordinate** *f* (Grafikgerät) / raster coordinate (RC) || **≗koordinatensystem** *n* / grid coordinate system || **≗leuchtdecke** *f* / louvered luminous ceiling || **≗leuchte** *f* / louvered luminaire || **≗linie** *f*(Osz.) / graticule line || **≗maß** *n*(Steckverbinder, Kontaktabstand) / contact spacing || **≗maße** *n pl* (ET) / grid dimensions || **≗modus** (s. Fangmodus)

rastern *v* / rasterize *v*

Raster·plotter *m* / raster plotter || **≗punkt** (s. Bildelement) || **≗schalter** *m*(Fernkopierer) / resolution selector (facsimile unit) || **≗system** *n* (ET) / grid system || **≗technik 72** *f* / 72 x 72 mm modular (o. mosaic) system, 72 x 72 mm standard-square system || **≗teilung (RT)** *f* / basic grid dimension (BGD) || **Anschlüsse in 2,5 mm ≗teilung** (Rel.) / contact-pin arrangement in a 2.5 mm grid || **≗tiefstrahler** *m* / concentrating louvered high-bay luminaire (o. down-lighter)

Rasterung *f*(Modulbreite) / module width, module *n* || ≗ (Schrittmot.) / positional memory

Rasterungsfaktor *m*(Plotter) / grid factor

Rast·feder *f* / locating spring || ≗**haken** *m* / locking hook, locating hook || ≗**mechanik** *f*(DT) / single-pressure maintained mechanical system (IEC 50(581)) || ≗**mechanismus** *m*(HSS; VDE 0660, T.202) / locating mechanism (IEC 337-2A), indexing mechanism || ≗**mechanismus mit Fremdauslösung** (DT) / accumulative latching mechanical system || ≗**schalter** *m* / maintained-contact switch, latched switch
Raststellung *f*(LS, Schütz) / latched position || ≗ (HSS; VDE 0660,202) / position of rest (IEC 337-2A), maintained position, stayput *n*(position) || ≗ (Steuerschalter, Fahrschalter, Betätigungselement) / notched position || ≗ (Lampenfassung) / locked position || **magnetische** ≗ (Schrittmot.) / magnetic rest position
Rasttaster *m* / latched pushbutton (IEC 337-2)
Rastung *f* / latching *n*, locating *n*, detent *n* || ≗ (in einer Stellung eines Drehschalters) / indexing *n*, notching *n*
Rastwerk *n* / locating mechanism (IEC 337-2A), indexing mechanism || ≗ (Drehmelder) / indexing mechanism
Rattermarke *f*(Bürste) / chatter mark
rattern *v*(Bürsten, Schütz) / chatter *v*, rattle *v*
Ratterschwingung *f* / chatter vibration, rattling *n*, chattering *n*
Rauchdichte-Meßgerät *n* / smoke density meter
Rauch·gas *n* / flue gas || ≗**gas-Widerstandsthermometer** *n* / flue-gas resistance thermometer || ≗**glas** *n* / smoked glass || ≗**melder** *m* / smoke detector
rauh·er Betrieb / rough service, rough usage || ~**e Betriebsbedingungen** / rough service conditions || ~**e Industrieumgebung** / hostile industrial environment || ~**es Klima** / inclement climate
Rauhigkeit *f* / roughness *n*, surface roughness, rugosity *n* || ≗ (Kontakte) / asperity *n*
Rauhigkeits·höhe *f* / peak-to-valley height, height of cusp
rauh·planieren *v*(stanzen) / diamond-planish *v* || ≗**planierstanze** *f* / diamond-planishing die || ≗**reif** *m* / hoar frost || ≗**reifauflage** *f* / hoar-frost layer || ≗**tiefe** *f* / peak-to-valley height, height of cusp
Raum·ausdehnung *f* / volumetric expansion, cubic dilatation || ≗**ausnutzungsfaktor** *m* / space factor || ≗**bedarf** *m* / overall space required, space required || ≗**beleuchtung** *f* / interior lighting, lighting of interiors || ≗**beständigkeit** *f* / volume constancy || ≗**bestrahlung** *f*(in einem Punkt für eine gegebene Zeitdauer) / radiant spherical exposure || ≗**bestrahlungsstärke** *f* / spherical irradiance, radiant fluence rate || ≗**dichte** (s. Rohdichte) || ≗**faktor** *m*(BT) / utilance *n*, room utilization factor (depr.)
räumfest *adj*(Zentrifugenmot.) / suitable for ploughing duty
Raum·feuchteaufnehmer *m* / room humidity sensor || ≗**frequenz** *f* / spatial frequency || ≗**frequenzmethode** *f*(DIN IEC 151, T.14) / spatial frequency response method || ≗**geometrie** *f* / solid geometry, space geometry, stereometry *n* || ≗**gewicht** *n* / weight by volume || ≗**harmonische** *f* / space harmonic, spatial harmonic || ≗**harmonische der Durchflutungswelle** / m.m.f. space harmonic || ≗**heizgerät** *n* / space heater || ≗**index** *m*(BT) / room index, installation index || ≗**inhalt** *m* / volume *n*, capacity *n*, cubage *n* || ≗**integral** *n* / space integral, volume integral || ≗**klima** *n* / indoor environment (o. atmosphere) || ≗**klimagerät** *n* / room air conditioner || ≗**kurve** *f* / three-dimensional curve, space curve, non-planar curve || ≗**ladung** *f* / space charge
raumladungs·begrenzter Transistor (SCLT) / space-charge-limited transistor (SCLT) || ≗**dichte** *f* / volume density of charge, (electrical) space charge density || ≗**gebiet** (s. Raumladungszone) || ~**gesteuerte Röhre** / space-charge-controlled tube || ≗**wellenröhre** *f* / space-charge-wave tube || ≗**zone** *f* / space charge region || ≗**zustand** *m* / space-charge limited state
räumlich·e Lichtstärkeverteilung / spatial distribution of luminous intensity || ~**e Orientierung** / three-dimensional orientation || ~**e Verteilung** / spatial distribution
Raum·luft *f* / ambient air, room air || ≗**luft** *f*(KT) / conditioned air || ≗**maß** *n* / cubic measure, solid measure
Räummoment *n*(Zentrifugenmot.) / ploughing torque
Raumpunkt (s. Werkzeugarbeitspunkt)
Raumraster, modularer ≗ / modular space grid
Raum·rückwirkung *f*(Akust.) / effect of environment, influence of test room || ~**sparend** *adj* / space-saving *adj*, compact *adj* || ≗**sparschrift** *f* / condensed minitype || ≗**teiler** *m* / room divider || ≗**temperatur** *f* / ambient temperature, room temperature || ≗**temperatur-Ausgleichsstreifen** *m* / temperature compensating strip || ≗**temperaturregler** *m* / (room) thermostat || ≗**vektor** (s. Raumzeiger) || ≗**welle** *f* / spatial wave || ≗**widerstand** *m* / volume resistance || **spezifischer** ≗**widerstand** / volume resistivity || ≗**winkel** *m* / solid angle || ≗**winkeleinheit** *f*(Steradian) / steradian *n* || ≗**wirkungsgrad** *m*(BT) / utilance *n*, room utilization factor (depr.) || ≗**zeiger** *m* / space vector, representative sinor || ≗**zeigerdiagramm** *n* / sinor diagram || ~**zentriert** *adj* / body-centered *adj*
rauschäquivalent·e Eingangsgröße / noise-equivalent input || ~**e Leistung** / noise-equivalent power || ~**e Strahlung** / equivalent noise irradiation
rauscharm *adj* / low-noise *adj*
Rauschdiode *f* / noise-generator diode
Rauschen *n* / noise *n* || ≗ **in der Impulspause** / interpulse noise || ≗ **während des Impulses** / intrapulse noise || **HF-**≗ / parasitic RF noise || **Luft**~ / windage noise, fan noise
Rausch·faktor *m* / noise factor || ≗**faktoränderung** *f* / noise factor degradation || ≗**fenster** *n* / noise window
rauschförmiges Schwingen / random vibration
rausch·frei *adj* / noiseless *adj*, clean *adj* || ≗**impuls** *m* / burst *n* || ≗**kennwerte** *m pl* / noise characteristics || ≗**normal** *n* / noise standard || ≗**pegel** *m* / noise level, background noise level, background level || ≗**röhre** *f* / noise generator (plasma) tube || ≗**spannung** *f* / noise voltage || ≗**störung** *f* / noise *n*, random noise || ≗**temperatur** *f* / noise temperature || ≗**temperaturverhältnis** *n* / noise temperature ratio || ≗**unterdrückungsfaktor** *m* / noise rejection ratio || ≗**widerstand** *m* / noise resistance || ≗**zahl** *f* / noise figure (NF), noise factor

r-Auslöser *m* (Siemens-Typ; Unterspannungsauslöser) / r-release *n* (Siemens type; undervoltage release)
Rawcliffe-Wicklung *f* / Rawcliffe winding, pole-amplitude-modulated winding, p.a.m. winding
Rayleigh·-Abstand *m* (LWL) / Rayleigh distance || **≗-Bereich** *m* / Rayleigh region
rc-Auslöser *m* (Siemens-Typ; Unterspannungsauslöser mit Verzögerung) / rc-release *n* (Siemens type; delayed unvervoltage release)
RC-Beschaltung *f* / RC circuit, RC elements
RC-Glied *n* / RC element, RC snubber circuit
RC-Kopplung *f* / RC coupling, resistance-capacitance coupling
RCL (s. Pistenmittellinie)
RCL-Meßbrücke *f* / RCL measuring bridge, resistance-capacitance-inductance measuring bridge
RCL-Netzwerk *n* / RCL network, resistance-capacitance-inductance network
RCM (robot control multiprocessor system - Mehrprozessor-Robotersteuerung)
RC-Meßgerät *n* / RC meter, resistance-capacitance meter
RC-Modus *m* (RC = raster coordinate) / RC mode
RCTL (s. Widerstands-Kondensator-Transistor-Logik)
RDL (s. Widerstands-Dioden-Logik)
Reagens *n* / reagent *n*
Reaktanz *f* / reactance *n* || ≗ **der Nutstreuung** / slot leakage reactance || ≗ **der Oberwellenstreuung** / harmonic leakage reactance || ≗ **der zweiten Harmonischen** / second-harmonic reactance, reluctive reactance || ≗ **des Bohrungsfelds** / reactance due to flux over armature active surface (with rotor removed) || ≗ **in Querstellung** (s. Querreaktanz) || **≗belag** *m* / reactance per unit length || **≗relais** *n* / reactance relay || **≗-Richtungsschutz** *m* / directional reactance protection (system o. scheme) || **≗schutz** *m* / reactance protection || **≗spannung der Kommutierung** / reactance voltage of commutation || **≗transduktor** *m* / transductor reactor
reaktionsbezogene Meldelogik / operator-reaction-dependent alarm logic
Reaktions·bürstenhalter *m* / reaction brush-holder || **≗generator** *m* / reaction generator || **≗harzmasse** *f* / solventless polymerisable resinous compound || **≗leistung** *f* (el. Masch.) / reluctance power || **≗maschine** *f* / reaction machine || **≗meldung** *f* (PC) / response message || **≗moment** *n* (el. Masch.) / reluctance torque, reaction torque, torque reaction || **≗schicht** *f* / reaction film || **≗schiene** *f* (LM) / reaction rail || **≗teil** *m* (LM) / reaction rail, reaction plate, secondary *n* || **≗teil** *m* (PC) / response part || **≗telegramm** *n* / response message || **≗turbine** *f* / reaction-type turbine || **≗verhalten** *n* (Isoliergas) / compatibility *n* || **≗verhältnis** *n* / ratio of reaction || **≗wirkleistung** *f* / reluctance power
Reaktionszeit *f* (Reg., PC) / response time, reaction time || ≗ (Rel.) (s. Ansprechzeit) || ≗ **bei azyklischer Bearbeitung** / interrupt reaction time
real·er Schaltabstand (s. Realschaltabstand) || **≗gasfaktor** *m* / compressibility factor
Realisierbarkeit *f* / feasibility *n*
realisieren *v* / to put into effect, implement *v*, achieve *v*
Realschaltabstand *m* (NS) / effective operating distance
Realteil *m* / real part || ≗ **des spezifischen Standwerts** (s. spezifische Schallresistanz)
Realzeit·uhr *f* / real-time clock (RTC) || **≗verarbeitung** *f* / real-time processing
Rechen·anlage *f* (DIN 44300) / computer *n* || **≗baugruppe** *f* / arithmetic module, calculation card || **≗baustein** *m* / arithmetic block || **zentrale ≗einheit** (Prozessor) / central processor (CP) || **≗feinheit** *f* / computational resolution || **≗funktion** *f* (PC) / arithmetic function, mathematical function || **≗gerät** *n* / computing element, arithmetic unit || **≗gerät** *n* (Hardware) / computing hardware || **≗größe** *f* (Operand) / operand *n* || **≗kapazität** *f* / arithmetic capability || **≗leistung** *f* / computing power, computing capacity || **≗maschine** *f* / calculating machine, calculator *n* || **≗operation** *f* / arithmetic operation, computer operation || **≗system** *n* (DIN 44300) / computer system || **≗- und Steuereinheit** / arithmetic and control unit || **≗verstärker** *m* (Operationsv.) / operational amplifier || **≗werk** *n* / arithmetic unit (AU), arithmetic and logic unit (ALU) || **≗werk** *n* (ALU) / arithmetic-logic unit (ALU) || **≗zentrum** *n* / computer centre
Rechnen *n* / computing *n*, calculating *n*
Rechner *m* / computer *n* || ≗ (Baugruppe, Rechengerät) / computing element, arithmetic unit, calculator *n* || **≗anschaltung** *f* / computer interface (o. interfacing) || **≗anschluß** *m* / computer link, computer interface
rechnergeführt·e Prozeßregelung / computer-based process control || **~e Steuerung** / computer-based control system
rechnergeführte numerische Steuerung (CNC) / computerized numerical control (CNC), softwired numerical control
rechnergesteuert *adj* / computer-controlled *adj*, computerized *adj*
rechnergesteuerte NC (CNC) (s. rechnergestützte Steuerung)
rechnergestützt·es Engineering (CAE) / computer-aided engineering (CAE) || **~er Entwurf** (CAD) (s. rechnergestützte Konstruktion) || **~e Fertigungssteuerung** (CAM) / computer-aided manufacturing (CAM) || **~e Fertigungs- und Prüfplanung** (CAP) / computer-aided planning (CAP) || **~es Konstruieren** (CAD) / computer-aided design (CAD) || **~es Konstruieren und technisches Zeichnen** (CADD) / computer-aided design and drafting (CADD) || **~es Programm** / computer-assisted program || **~er Programmierplatz** (NC) / computer-aided part programmer || **~e Programmierung** / computer-aided programming || **~es Prüfen** (CAT) / computer-aided testing (CAT) || **~er Reparaturdienst** / computer-aided repair (CAR) || **~es Software-Engineering** / computer-aided software engineering (CASE)
rechnerisch·e Kontrolle / computational check
Rechner·koppeleinheit *f* / computer interfacing unit, computer communication unit || **≗kopplung** *f* / computer link, computer interface (o.

interfacing) || ≗telegramm *n* / computer message || ≗zeit *f* / computer time
Rechnungsgröße *f* / operand quantity
Rechteckgenerator *m* / square-wave generator (o. oscillator), square-wave rate generator, step-voltage pulse generator
rechteckig·er Steckverbinder / rectangular connector || **Motor mit ~em Gehäuse** / square-frame motor
Rechteck·impuls *m* / square-wave pulse || **≗instrument** *n* / edgewise instrument || **≗kern** *m* / rectangular core || **≗modulation** *f* / square-wave modulation, rectangular-wave modulation || **≗modulationsgrad** *m* / square-wave response, amplitude response || **≗-Modulationsübertragungsfunktion** *f* / square-wave response characteristic, modulation transfer function || **≗pol** *m* / rectangular pole || **≗raumfrequenz** *f* / square-wave spatial frequency || **≗schwingung** *f* / square wave || **≗signal** *n* / rectangular(-pulse) signal || **≗spannung** *f* / square-wave voltage || **≗spule** *f* / rectangular coil || **≗ständer** *m* / box-type stator, rectangular stator || **≗stoß** *m* / rectangular impulse || **≗stoßantwort** *f* / square-wave step response || **≗stoßstrom** *m* / rectangular impulse current || **≗strom** *m* / rectangular current, rectangular impulse current || **≗welle** *f* / square wave || **≗wellen-Wiedergabebereich** *m* (Schreiber) / square-wave response
Rechte-Hand-Regel *f* / right-hand rule, Fleming's right-hand rule
rechts schieben (Befehl) / shift right (SR) || **nach ~** (Bewegung) / to the right
rechtsbündig *adj* / right-justified *adj* || **~ machen** / to justify to the right margin
rechtsdrehend *adj* / rotating clockwise, clockwise *adj* || **~es Feld** / clockwise rotating field, clockwise phase sequence || **~es Koordinatensystem** / right-handed coordinate system
Rechts·drehfeld (s. rechtsdrehendes Feld) || **≗drehung** *f* / right-hand rotation, clockwise rotation
rechtsgängig·es Gewinde (s. Rechtsgewinde) || **~e Phasenfolge** / clockwise phase sequence || **~e Wicklung** / right-handed winding
Rechts·gewinde *n* / right-hand screw thread, right-hand thread || **≗kreisbewegung** *f* / right-hand circular movement || **≗kurvenbewegung** *f* / right-hand movement in a curve || **≗lauf** *m* / clockwise rotation || **~läufige Wicklung** / right-handed winding
Rechts-Links·-Schieberegister *n* / bidirectional shift register, right-left shift register
Rechts·schlag (Z-Schlag) (Kabelverseilung) *m* / right-hand lay || **≗schraubbewegung** *f* / right-hand screw motion || **≗sinn** *m* / clockwise direction || **≗system** *n* (a. NC) / right-handed system
rechtsverbindliche Norm / mandatory standard
rechtswendiges System / right-handed system
Rechtswicklung *f* / right-handed winding
rechtwinkelig *adj* / rectangular *adj*, right-angled *adj*, perpendicular *adj* || **~e Wellenanordnung** / right-angle shafting
Recht·winkligkeit *f* / rectangularity *n*, perpendicularity *n* || **≗winkligkeitstoleranz** *f* / perpendicularity tolerance
Reckalterung *f* / strain ageing
recken *v* / stretch *v*, elongate *v*
Redox·elektrodenbaugruppe *f* / redox electrode assembly || **≗potential** *n* / oxidation-reduction potential (ORP), redox potential || **≗potential-Meßgerät** *n* / ORP meter, redox potential meter
Reduktions·faktor *m* / reduction factor, derating factor || **≗faktor** *m* (Leitungsbeeinflussung; kompensierender Einfluß von benachbarten Stromkreisen) / screening factor || **≗getriebe** (s. Untersetzungsgetriebe) || **≗katalysator** *m* (Kfz) / reduction catalytic converter || **Heizungs-≗schema** *n* (DIN IEC 235, T.1) / heater schedule
redundant·e USV / redundant UPS || **~e USV in Bereitschaftsbetrieb** / standby redundant UPS
Redundanz *f* / redundancy *n* || **≗ einer Nachricht** (FWT) / message redundancy || **diversitäre ≗** / diversity *n* || **heiße ≗** (s. heiße Reserve) || **≗faktor** *m* / redundancy factor || **≗gruppe** *f* / redundancy group
reduzierend·er Leiter (störungsreduzierender L.) / shielding conductor, interference reducing conductor
Reduzier·hülse *f* / adapter sleeve, reducer *n* || **thermischer ≗koeffizient** (HL, DIN 41858) / thermal derating factor || **≗kupplung** *f* / reducer coupling || **≗muffe** *f* / reducing coupling, adapter *n* || **≗punkt** *m* (NC, Drehzahlverminderungspunkt) / speed reducing point || **≗stück** *n* (IR) / reducer *n*, adaptor *n*
reduziert·er Betrieb / reduced service || **~e Prüfung** / reduced inspection
Reduzier·ventil *n* / pressure reducing valve, reducing valve || **≗verschraubung** *f* / reducing coupling, adaptor coupling, reducer *n*
Reed·-Kontakt *m* / reed contact, dry-reed contact || **≗-Relais** *n* / reed relay || **≗-Schalter** *m* / dry-reed switch, reed switch
reell·er Sternpunkt / real neutral point || **~er Widerstand** (s. ohmscher Widerstand) || **~e Zahl** / real number
re-entrant (s. eintrittsinvariant)
Referenz·bedingungen *f pl* (MG) / reference conditions || **≗bedingungen der Einflußgrößen** / reference conditions of influencing quantities (o. factors) || **≗bereich** *m* (MG) / reference range || **≗datenspeicher** *m* / reference data memory || **≗diode** *f* / reference diode, voltage reference diode || **prozentualer ≗größenwert** / percent reference magnitude || **≗impuls** *m* / reference pulse, reference pulse waveform (IEC 469-2) || **≗knoten** (s. Bezugsknoten) || **≗kurvenform** *f* / reference waveform || **≗lage** *f* (MG) / reference position || **≗linie** *f* (DIN 44472) / reference line
Referenzmodell *n*, **ISO-≗** (f. Kommunikation offener Systeme) / ISO reference model
Referenzpunkt *m* (NC) / reference point, home position, reference position || **≗abfrage** *f* (NC) / reference point interrogation (o. check) || **≗anfahren** *n* (NC) / approach to reference point, go to home position || **≗fahren** *n* (PC) / search for reference || **≗-Koordinaten** *f pl* (NC) / reference point coordinates || **≗schalter** *m* (NC) / reference point switch, home position switch || **≗verschiebung** *f* (NC) / reference point shift, zero offset

Referenz·quelle *f* / reference source || **sinusförmige ²schwingung** / reference sine-wave || **Kurvenform der ²schwingung** (DIN IEC 351, T.1) / reference waveform || **²spannung** *f* / reference voltage, reference potential
Referenzspeicher *m* / reference memory || ² (s. Referenzdatenspeicher)
Referenz·tafel *f* (f. MG) / reference panel || **²-Vorschaltgerät** *n* / reference ballast || **²wert** *m* (MG; vgl. „Bezugswert") / reference value || **²wert** (s. Bezugswert (Rel., einer Einflußgröße o. eines Einflußfaktors))
reflektierende Ebene / reflecting plane, reflecting surface
reflektiert·er Lichtstrom / reflected flux || **~e Welle** / reflected wave
Reflektions·faktor (s. Reflexionsfaktor) || **²oberwellen** *f pl* / reflected harmonics
Reflektometer *n* / reflectometer *n*
Reflektometrie *f*, **Zeitbereich-²** / time-domain reflectometry (TDR)
Reflektor *m* / reflector *n* || **²glühlampe** *f* / incandescent reflector lamp || **²lampe** *f* / reflector lamp, mirrored lamp || **²leuchte** *f* / reflector luminaire || **²wanne** *f* / reflector trough
Reflex *m* / reflex *n* || **~armes Glas** / anti-glare glass || **²blendung** *f* / reflected glare || **~freie Beleuchtung** / anti-glare illumination
Reflexion *f* / reflection *n*
reflexionsarmer Raum (Akust.) / dead room
Reflexionsbedingungen, Braggsche ² / Bragg's reflection conditions, Bragg's law
Reflexions·dämpfung *f* / return loss || **²faktor** *m* / reflectance factor, reflection coefficient, mismatch factor || **~freier Abschluß** (Koaxialkabel) / matching *n* (of coaxial cables) || **~freier Raum** / free-field room, anechoic room || **²grad** *m* / reflectance *n*, reflection factor || **²grad der Decke** / ceiling reflectance || **²grad des Fußbodens** / floor reflectance || **²koeffizient** *m* (Transistor, s-Parameter) / s-parameter *n* || **²lichthof** *m* / halation *n*, halo *n* || **²meßtechnik** *f* / reflectometry *n* || **²ordnung** *f* / order of reflection, reflection order || **²topographie** *f* / reflection topography || **²vermögen** *n* / reflectivity *n*, reflecting power || **²winkel** *m* / reflecting angle, angle of reflection
Reflex·klystron *n* / reflex klystron || **²schicht** *f* / reflector layer || **²schichtlampe** *f* / reflector-fluorescent lamp, lamp with reflector layer || **²stoff** *m* / retro-reflecting material (o. medium)
Refraktion *f* / refraction *n*
Refraktor *m* / refractor *n*
Regallager *n* / high-bay racking, high-density store
Regel·abschaltung *f* / normal shut-down || **²abweichung** *f* / system deviation (IEC 50(351)), deviation *n* (ANSI C85.1) || **Gefahrmeldung bei unzulässiger ²abweichung** / deviation alarm || **bleibende ²abweichung** / steady-state deviation, offset *n* || **²algorithmus** *m* / control algorithm, controller algorithm || **²anlasser** *m* / automatic starter, controller *n* || **²antrieb** *m* / variable-speed drive, servo-drive *n*
regelbar *adj* (einstellbar) / adjustable *adj* || ~ (steuerbar) / controllable *adj*, variable *adj*, regulable *adj* || **~er Antrieb** / variable-speed drive || **~er Generator** / variable-voltage generator || **~er Verbraucher** / load-controlled consumer || **~er Widerstand** / rheostat *n* || **~er Zusatztransformator** / induction voltage regulator
Regelbefehl *m* / control command, regulation instruction
Regelbereich *m* / control range, control band || ² (Drehzahl) / speed control range, speed range || **Wirkleistungs-²** (Generatorsatz) / control range (IEC 50(603)), active-power control band
Regel·betrieb *m* / closed-loop control || **²differenz** *f* / system deviation, negative deviation || **²differenz** *f* (Signal) / error signal (IEC 50(351)) || **²drossel** *f* / regulating inductor
Regeleinheit *f*, **Kondensator-²** / capacitor control unit, VAr control unit, automatic p.f. correction unit
Regel·einrichtung *f* (DIN 19226) / controlling system, controlling equipment || **²ergebnis** *n* / control-action result || **²erzeugung eines Kraftwerks** / mean energy production of a power station || **²feinheit** *f* / controller resolution || **²fläche** *f* (CAD) / ruled surface || **²genauigkeit** *f* / control precision || **²geräte** *n pl* / automatic control equipment || **²geschwindigkeit** *f* / control rate, correction rate || **²getriebe** *n* / variable-speed gearing || **²glieder im Vorwärtszweig** / forward controlling elements || **²größe** *f* / controlled variable, directly controlled variable, controlled condition || **²güte** *f* / control quality || **²kaskade** *f* / cascaded speed-regulating set
Regelkreis *m* / control loop, closed-loop control circuit, feedback control circuit, servo loop || ² (Trafo; Stellwicklung) / regulating circuit, tapping circuit (o. arrangement)
regelkreisorientierter Datenbaustein (PC) / loop-oriented data block
Regel·leistung *f* (KW) / controlling power range || **²lichtraum** *m* / standard loading gauge, structure gauge
regellos·e Abweichungen / random deviations || **~e Schwingung** / random vibration || **~ verteilt** / randomly distributed || **~e Verteilung** / random distribution
Regelmagnetventil *n* / graduable magnet valve
regelmäßige Prüfung / periodic inspection
Regelmäßigkeit *f* / regularity *n*
Regelmotor *m* (regelnd) / servo-motor *n*, pilot motor, motor operator, compensating motor || ² (regelbar) / variable-speed motor
regeln *v* / control *v*, to control automatically, regulate *v*, vary *v*, govern *v*, adjust *v* || ² *n* / closed-loop control, feedback control, automatic control
Regeln (Vorschriften) *f pl* / regulations *n pl*, rules *n pl*
Regeln und Steuern von Prozessen / process control
Regel·parameter *m* / control parameter, controller parameter || **²relais** *n* / regulating relay || **²röhre** *f* (raumladungsgesteuerte R. zur Änderung der Leerlaufverstärkung o. Steilheit) / variable-μ tube, remote cut-off tube || **²satz** *m* (Kaskade) / speed regulating set || **²satz** *m* (Frequenzumformer) / variable-frequency converter || **²schalter** (Trafo) (s. Stufenschalter) || **²scheibe** *f* (Lg.) / grease slinger || **²schleife** *f* /

closed loop, loop *n* || ≗**schleifringläufer** *m* / variable-speed slipring motor || ≗**schrank** *m* / automatic control cubicle (o. cabinet), control cabinet || ≗**sinn** *m* / control direction, direction of corrective action, ..correction direction

Regelstrecke *f* / controlled system (IEC 50(351)), directly controlled member (IEC 27-2A), plant, process *n*, system *n* || ≗ **mit Ausgleich** / self-regulating process || **Zeitkonstante der** ≗ / system time constant, plant time constant

Regel·system mit geschlossenem Kreis / closed loop system, feedback system || **automatisches** ≗**system mit Rückführung** / automatic feedback control system || ≗**systemerde** *f* / control system earth (o. ground)

Regeltransformator *m* (allg.; Stelltransformator) / regulating transformer, variable transformer, variable-voltage transformer || ≗ (mit Stufenschalter) / tap-changing transformer, variable-ratio transformer, regulating transformer, variable-voltage transformer, voltage regulating transformer || ≗ **für Hochspannungssteuerung** / h.v. regulating transformer || ≗ **für Niederspannungssteuerung** / l.v. regulating transformer || ≗ **für Umstellung unter Last** / on-load tap-changing transformer, under-load tap-changing transformer, load ratio control transformer || ≗ **für Umstellung im spannungslosen Zustand** / off-circuit tap-changing transformer, off-voltage tap-changing transformer || ≗ **in Sparschaltung** / regulating autotransformer, auto-connected regulating transformer

Regel- und Steuergerät (RS) (HG) *n* / automatic electrical control (AEC)

Regelung *f* / feedback control (IEC 50(351)), closed-loop control, automatic control, servo-control *n*, control *n* || ≗ (s. Regelungssystem) || ≗ **durch Änderung der Frequenz** / frequency control, frequency regulation || ≗ **durch Änderung der Spannung** / variable-voltage control || ≗ **durch Polumschaltung** / pole changing control || ≗ **im Zustandsraum** / state control || ≗ **mit äquidistanten Steuerimpulsen** / equidistant firing control || ≗ **mit Beobachtung** / observer-based control || ≗ **mit Bereichsaufspaltung** / split-range control || ≗ **mit gleichem Steuerwinkel** / equal delay angle control || ≗ **mit Gleichstromsteller** / chopper control || ≗ **mit Hilfsenergie** / power-assisted control || ≗ **mit Hilfstransformator** / auxiliary transformer control || ≗ **mit P-Grad gleich Null** / astatic control || ≗ **mit Sollwerteingriff** / set-point control (SPC) || ≗ **mit Störgrößenaufschaltung** / feedforward control || ≗ **mit Überwachungseingriff** / supervisory control || ≗ **mit Unempfindlichkeitsbereich** / neutral zone control || ≗ **mit verteilten Rückführungen** / distributed feedback control || ≗ **mit Zusatztransformator** / auxiliary transformer control || ≗ **ohne Hilfsenergie** / self-operated control

Regelungs·algorithmus *m* / control algorithm || ≗**art** *f* / control mode || ≗**ausgangsgröße** *f* / controller output || ≗**baustein** *m* (PC) / control-loop block || ≗**funktion** *f* / closed-loop control function, control function || ≗**genauigkeit** *f* / control precision || ≗**matrix** *f* / control matrix || ≗**prozessor (R-Prozessor)** *m* / loop processor || ≗**system** *n* / feedback control system, closed-loop control system, control system (IEC 50(351)), controlling system || ≗**technik** *f* / automatic control engineering, control engineering || ≗**teil** *m* (LE) / trigger and control section || ≗**- und Steuerungstechnik** / automatic control science and technology || ≗**verfahren** *n* (LE) / control mode

Regel·ventil *n* / control valve, positioning valve, servo-valve *n* || ≗**verhalten** *n* / control response || ≗**verhalten** *n* (Gen.) / dynamic performance, transient behaviour || ≗**verstärker** *m* / control amplifier || ≗**verstärkermaschine** *f* / control exciter || ≗**verstärkung** *f* / controller gain || ≗**vorgang** *m* / control process || ≗**weg** *m* (FWT) / standard route || ≗**wicklung** *f* / regulating winding, tapped winding || ≗**widerstand** *m* / regulating resistor, rheostat *n* || ≗**zeit** *f* / (controller) acting time, recovery time

Regenerator *m* / regenerator *n*, reconditioner *n* || ≗ (LAN) / repeater *n*

Regenerierung *f* (Isolierflüssigk.) / reclaiming *n* (IEC 50(212)) || ≗ (Lampe) / recovery *n*

regengeschützte Leuchte / rainproof luminaire

Regen·haube *f* / canopy *n* || ≗**menge** *f* / precipitation rate || ≗**messer** *m* / rainfall gauge || ≗**prüfung** *f* / wet test || ≗**-Wechselspannungsprüfung** (s. Wechselspannungsprüfung unter Regen)

regional·e Leitstelle / district control centre || ~**es Zertifizierungssystem** / regional certification system

Register *n* (DV, MPU) / register *n* || ≗ (Inhaltsverzeichnis) / index *n* || ≗ **mit Datenauswahlschaltung** (DIN 40700, T.14) / register with an array of gated D bistable elements (IEC 117-15) || ≗**-Arithmetik-Logik-Einheit (RALU)** *f* / register arithmetic logic unit (RALU) || ≗**block** *m* (MPU) / register set || ≗**inhalt** *m* / register contents || ≗**länge** *f* / register length

Registrier·baustein *m* / recording module || ≗**einrichtung** *f* / recording system

registrieren *v* / register *v*, record *v*, log *v* || ≗ *n* (EZ) / registering *n* || ≗ (m. Schreiber) / recording *n* || ≗ (Protokollieren) / logging *n*, printing out

registrierend·es Maximumwerk / recording maximum-demand mechanism

Registrier·gerät *n* (Schreiber) / recording instrument, recorder *n* || ≗**grenze** *f* (DIN 54119) / registration level || ≗**kasse** *f* / cash register || ≗**-Oszillograph** *m* / oscillographic recorder, recording oscillograph || ≗**papier** *n* / recorder chart paper, chart paper, recording paper || ≗**periode** *f* (EZ, StT)**T** / demand integration period

Registrierung *f* (EZ) / registering *n* || ≗ (m. Schreiber) / recording *n* || ≗ (Protokollierung) / logging *n*, printing out

Registriervorrichtung *f* (Schreiber) / marking device (IEC 258), recording device

Regler *m* (el.) / controller *n*, loop controller || ≗ (mech. Drehzahlregler) / governor *n*, speed governor || ≗ **mit direkter Wirkungsrichtung** / direct-acting controller || ≗ **mit regeldifferenzabhängiger Stellgeschwindigkeit** / floating controller || ≗ **mit stufenweiser**

regeldifferenzabhängiger Stellgeschwindigkeit / multiple-speed floating controller || ~ **mit umgekehrter Wirkungsrichtung** / inverse-acting controller || ~ **ohne Hilfsenergie** / self-operated controller, regulator *n*

Regleranfang *f*(PC-Funktion) / controller start

Regler·auflösung *f* / controller resolution || ~**baugruppe** *f* / controller module, closed-loop control module || ~**baustein** *m* / controller block, closed-loop control block || ~**feld** *n* (Mosaiktechnik, Kompaktwarte) / controller tile || ~**pendelmotor** *m* / governor pendulum motor, governor motor || **integrierte** ~**schaltung** / integrated-circuit regulator, IC regulator || ~**scheibe** *f*(Lg.) / grease slinger || ~**selbsteinstellung** *f* / controller self tuning, controller optimization || ~**sperrbefehl** *m* / controller inhibit command || ~**sperre** *f* / controller inhibit

Reglerstruktur *f*(PI, PD, PID) / controller type || ~ (PC) / closed-loop control structure

Reglerverhalten *n* / controller response

Regressions·fläche *f*(DIN 55350, T.23) / regression surface || ~**funktion** (s. Regressionsgleichung) || ~**gleichung** *f* / regression equation || ~**kurve** *f* (DIN 55350, T.23) / regression curve

Regulier·anlasser *m* / controller *n* || ~**bühne** *f* / regulating platform || ~**drehzahl** *f* / governed overspeed, speed rise on load rejection || ~**flügel** *m*(EZ) / low-load wing || ~**geschwindigkeit** *f* / correction rate, response *n* || ~**hebel** *m* / adjusting lever || ~**kurve** *f* / regulation curve || ~**-Schleifringläufermotor** *m* / slip-regulator slipring motor || ~**-Schwungmoment** *n* / balancing moment of inertia

REH (s. Pistenrand-Hochleistungsbefeuerung)

Reib·antrieb *m* / friction drive || ~**belag** *m* / friction lining

Reiben *n*(Kontakt) / wiping *n*, wipe *n*

Reib·federanker *m*(Rel.) / friction spring armature || ~**festigkeit** (s. Abriebfestigkeit) || ~**kegel-Sicherheitskupplung** *f* / conical friction clutch, slip coupling || ~**korrosion** *f* / fretting corrosion, chafing fatigue || ~**kupplung** *f* / friction clutch || ~**radgetriebe** *n* / friction wheel drive, friction gearing, friction drive || ~**radtacho** *m* / friction-wheel tachogenerator || ~**rost** *m* / friction rust || ~**schweißen** *n* / friction welding || ~**schwingung** *f* / stick-slip *n* || ~**trieb** *m* / friction drive, friction-wheel drive

Reibung, flüssige ~ / fluid friction, liquid friction, hydrodynamic friction, viscous friction || **Konstante der inneren** ~ / coefficient of viscosity, dynamic viscosity

Reibungs·arbeit *f* / friction energy, work of friction, frictional work || ~**ausgleich** *m* / friction compensation || ~**behaftete Strömung** / viscous flow || ~**bremse** *f* / friction brake || ~**elektrische Spannung** / triboelectric e.m.f. || ~**elektrizität** *f* / triboelectricity *n*, frictional electricity || ~**koeffizient** *m* / coefficient of friction || **innerer** ~**koeffizient** / dynamic viscosity, coefficient of viscosity || ~**kraft** *f* / friction force || ~**kupplung** *f* / friction clutch || ~**leistung** *f* / friction power, friction h.p. || ~**moment** *n* / friction moment || ~**moment** *n*(Drehmoment) / friction torque, frictional torque || ~**plotter** (s. Plotter mit Reibungsantrieb) || ~**schluß** *m* / frictional locking || ~**verluste** *m pl* / friction loss || ~**wärme** *f* / frictional heat || ~**winkel** *m* / friction angle || ~**zahl** *f* / coefficient of friction, friction factor || ~**zugkraft** *f* / tractive effort in relation to adhesion

Reib·verschleiß *m* / frictional wear || ~**versuch** *m* / wipe test || ~**wert** (s. Reibungszahl)

Reichweite *f*(Rob.) / reachable space || ~ (Kfz) / range *n*, tank limit

Reifbildung (s. Rauhreif)

Reihe *f*(Folge) / sequence *n* || ~ (Isolationspegel) / insulation level, basic insulation level (BIL) || ~ (math.) / series *n*, progression *n* || ~ (Serie; Baureihe) / series *n*, range *n* || ~ (s. Bemessungs-Isolationsspannung) || **in** ~ (el.) / in series || **in** ~ **geschaltet** / connected in series, series-connected *adj* || **in** ~ **schalten** / to connect in series || **Schaltstrecke in** ~ (LS) / series break

Reihen·abstand *m*(BGT, Verteiler) / tier spacing || ~**aufstellung** *f*(Schränke, Gehäuse) / en-suite mounting, multiple-cubicle arrangement, side-by-side mounting, assembly in switchboard form || ~**betrieb** (s. Serienbetrieb) || ~**drosselspule** *f* / series reactor, series inductor || ~**endschild** *n* (Klemmenleiste) / terminal block marker || ~**entwicklung** *f*(einer Gleichung) / series expansion || ~**-Ersatzinduktivität** *f* / equivalent series inductance || ~**-Ersatzwiderstand** *m* / equivalent series resistance

Reihenfolge *f* / sequence *n* || ~ (Montage) / sequence *n*(of operations), order *n*(of assembly) || ~ **der Leiter** / sequence of conductors

Reihen·funkenstrecke *f* / series gap || ~**-Grenztaster** *m* / multi-position switch || ~**induktivität** *f* / series inductor || ~**kapazität** *f* (Kondensator) / series capacitor || ~**klemme** *f* / terminal block, modular terminal block || ~**klemme** (Einzelklemme einer Reihe) (s. Anreihklemme) || ~**kompensation** *f*(Netz) / series compensation || ~**kompensation** *f*(Leuchte) / series p.f. correction || ~**kondensator** *m* / series capacitor || ~**motor** (s. Reihenschlußmotor)

Reihen-Parallel·-Anlasser *m* / series-parallel starter || ~**anlauf** *m* / series-parallel starting || ~**schaltung** *f* / series-parallel connection (o. circuit) || ~**steuerung** *f* / series-parallel control || ~**wicklung** *f* / series-parallel winding

Reihen·-Positionsschalter *m* / multi-position switch || ~**resonanzkreis** *m* / series resonant circuit || ~**schaltsystem** *n*(Netz) / series system of distribution || ~**schaltung** *f* / series connection, connection in series, series circuit || ~**schaltung** *f* (Kaskadierung) / cascade connection, cascading *n* || ~**scheinwiderstand** *m* / series impedance || ~**schelle** *f*(IR) / multiple saddle, multi-conduit saddle, line-up saddle (o. cleat)

Reihenschluß·-Erregerwicklung *f* / series field winding || ~**erregung** *f* / series excitation || **Maschine mit** ~**erregung** / series-wound machine, series machine || ~**feld** *n* / series field || ~**-Kommutatormotor** *m* / a.c. commutator series motor || ~**-Konduktionsmotor** *m* / series conduction motor || ~**lampe** *f* / series lamp || ~**maschine** *f* / series-wound machine, series machine || ~**motor** *m* / series-wound motor, series motor || ~**motor mit geteiltem Feld** / split-field series motor, split series motor || ~**spule** *f* / series coil || ²verhalten *n* / series characteristic || **Motor mit ²verhalten** / series-characteristic motor, inverse-speed motor || **²wicklung** *f* / series winding || **Motor mit ²wicklung** / series-wound motor, series motor

Reihen·schwingkreis *m* / series resonant circuit || **²spannung** (s. Bemessungs-Isolationsspannung) || **²spulenwicklung** *f* / series-connected coil winding, crossover coil winding, bobbin winding || **²stichprobenprüfplan** *m* / sequential sampling plan || **²stichprobenprüfung** *f* / sequential sampling inspection || **²stromkreis** *m* / series circuit || **²transformator** *m* / series transformer || **²wicklung** *f* / series winding || **²zündung** *f* (Lampen) / series triggering

Reihung *f* (Menge mit einer Reihenfolge) / sequence *n* || ² (Bit, Zeichen) / string *n*

rein·er Binärcode / straight binary code || **~e Flüssigkeitsreibung** / true fluid friction, complete lubrication || **~er Gleichstrom** / pure d.c., ripple-free d.c. || **~e induktive Belastung** / pure inductive load, straight inductive load || **~er logischer Schaltplan** / pure logic diagram || **~er Nebenschlußmotor** / straight shunt-wound motor, plain shunt motor || **~e ohmsche Belastung** / pure resistive load, straight resistive load || **~e positive Ansaughöhe** / net positive suction head (n.p.s.h.) || **~es Schweißgut** / all-weld-metal *n* || **~e Wechselstromgröße** / sinusoidal periodic quantity, balanced periodic quantity || **~e Widerstandsbelastung** (s. reine ohmsche Belastung)

Reinabsorptionsgrad *m* / internal absorptance, internal absorption factor

R-Eingang *m* / R input, forcing static R input (IEC 117-15), resetting input

Reinheits·faktor *m* (Sinuswelle) / deviation factor || **²grad** *m* / percentage purity

Reinigen *n* (HL, Zonenreinigen) / refining *n*

Reinigungs·anlage *f* (Öl) / purifying equipment, purifier *n* || **²öffnung** *f* / cleaning opening, servicing opening || **²zusatz** *m* (Schmierst.) / detergent *n*

Reinkohlebogenlampe *f* / carbon arc lamp

Rein·luft *f* / filtered air || **²raum** *m* / clean room

Reinst·aluminium *n* / ultra-pure aluminium, super-purity aluminium || **²kupfer** *n* / ultra-pure copper, high-purity copper || **²wasser** *n* / high-purity water

Reintransmissionsgrad *m* / internal transmittance, internal transmission factor

Reintransmissionsmodul *m* / transmissivity *n*

Rein·wasser *n* / purified water, high-purity water, treated water || **²zeichnung** *f* / fair drawing

Reiß·brett *n* / drawing board || **²feder** *f* / drawing pen

reißfest *adj* / tear-resistant *adj*

Reiß·festigkeit *f* / tearing strength, tear resistance, tenacity *n* || **²länge** *f* (Papier) / breaking length || **²lehre** *f* / marking gauge, scribing block || **²leinenschalter** *m* / pull-wire switch, pull-wire stop control || **²maß** *n* / marking gauge || **²naht** *f* / rupture joint, pressure-relief joint || **²schiene** *f* / T-square *n*

Reiter *m* / rider *n*, jockey *n* || ² (Inductosyn) / cursor *n* || **²klemme** *f* / bus-mounting terminal, bar-mounting terminal (block), channel-mounting terminal || **²klemmen** *f pl* (Klemmenblock) / channel-mounting terminal block || **²sicherungssockel** *m* / bus-mounting fuse base, bar-mounting fuse base || **²sicherungsunterteil** *n* / bus-mounting fuse base, bar-mounting fuse base

Reit·keil *m* / rider key, top key || **²stock** *m* (WZM) / tailstock *n* || **²stockpinole** *f* / tailstock quill, tailstock spindle sleeve

Reizschwelle *f* / threshold of feeling, threshold of tickle

Reklamation *f* / complaint *n*, claim *n*, objection *n*, protest *n*

Reklamebeleuchtung *f* / sign lighting, advertizing lighting

reklamieren *v* / to raise a claim, complain about *v*, object *v*, protest *v*

Rekombinations·geschwindigkeit *f* (HL) / recombination velocity || **²koeffizient** *m* (HL) / recombination rate

Rekonditionierzeit *f* (Chromatograph) / reconditioning period

Rekonfiguration *f* (Neustrukturierung) / reconfiguration *n*

rekursiv *adj* (Programm) / recursive *adj*

rekursives System (Impulsantwort) / infinite impulse response (IIR)

REL (s. Pistenrand-Niederleistungsbefeuerung)

Relafaktor (s. Realgasfaktor)

Relais *n* / relay *n*, electrical relay || ² **mit Abfall- und Anzugsverzögerung** / relay with pickup and dropout delay, slow-operating and slow-releasing relay (SA relay) || ² **mit Abfallverzögerung** / dropout-delay relay, OFF-delay relay, relay with dropout delay, slow-releasing relay (SR relay) || ² **mit Anzugsverzögerung** / on-delay relay, time-delay-after-energization relay (TDE), slow-operating relay (SO relay) || ² **mit Einschaltstromstabilisierung** / harmonic restraint relay || ² **mit festgelegtem Zeitverhalten** (DIN IEC 255, T.1-00) / specified-time relay || ² **mit Gedächtnisfunktion** / memory-action relay || ² **mit gestaffelter Laufzeit** / graded-time relay || ² **mit Haltewirkung** / biased relay || ² **mit Selbstsperrung** / hand-reset relay || ² **mit teilweiser Gedächtnisfunktion** / relay with partial memory function || ² **mit voller Gedächtnisfunktion** / relay with total memory function, memory-action relay || ² **mit Vormagnetisierung** / biased relay || ² **mit Zusatz-Wechselerregung** / vibrating relay || ² **ohne festgelegtes Zeitverhalten** (DIN IEC 255, T.1-00) / non-specified-time relay || ² **ohne Selbstsperrung** / self-reset relay, auto-reset relay

Relais-Anlagenbildsteuerung *f* / relay-type mimic-diagram control

Relais·-Anpaßsteuerung *f* (NC) / relay-type interface control || **²baugruppe** *f* / relay module || **²-Blinkeinheit** *f* / relay flashing module || **²einbauort** *m* (Schutzsystem) / relaying point || **²einschub** *m* / relay plug-in || **²-Grenzwertmelder** *m* / comparator with relay output || **²gruppe** *f* / relay group || **²häuschen** *n* / relay kiosk, relay building || **²kombination** *f* / relay set || **²kontakt** *m* (DIN IEC 255) / contact assembly (IEC 255-0-20) || **²-Kontaktplan (R-KOP)** *m* / relay ladder diagram (R-LAD) || ²-

Koppelfeld *n*(Platine) / relay connector board || **≗nahtstelle** *f* / relay interface || **≗ort** *m* (Schutzsystem) / relaying point || **≗raum einer Station** / substation relay room || **≗röhre** *f* / trigger tube || **≗satz** *m* / relay group || **≗steuerung** *f* / relay control, relaying *n* || **≗-Symbolik** *f* / relay symbology || **≗tafel** *f* / relay board || **≗treiber** *m* / relay driver || **≗-Umkehrsteller** *m* / relay-type reversing controller || **≗zeit** *f* / relay time

Relationsmerkmal *n*(DIN 4000,T.1) / relation characteristic

relativ·er Ablenkkoeffizient (Osz., bei Nachbeschleunigung) / post-deflection acceleration factor || **~e Auslastung** / utilization factor || **~e Außenleiter-Erde-Überspannung** / phase-to-earth overvoltage per unit, phase-to-earth per-unit overvoltage || **~e Außenleiter-Überspannung** / phase-to-phase overvoltage per unit, phase-to-phase per-unit overvoltage || **~er Bestand** (QS; DIN 40042) / relative survivals || **~e Dämpfung** / damping ratio || **~e Dämpfungsziffer** (el. Masch.) / per-unit damping-torque coefficient || **~e Dielektrizitätskonstante** / relative dielectric constant, relative capacitivity, relative permittivity || **~e Einschaltdauer (ED)** (el. Masch., VDE 0530, T.1) / cyclic duration factor (c.d.f.) (IEC 34-1), load factor || **~e Einschaltdauer** (Trafo) / duty ratio (IEC 50(15)) || **~e Einschaltdauer** (Schütz, VDE 0660, T.102) / on-load factor (OLF) (IEC 158-1) || **~e Einschaltdauer** (Rel.) / operating factor || **~e Einschaltdauer** (s. Tastverhältnis) || **~e Empfindlichkeit** (Strahlungsempfänger) / relative responsivity || **~e Farbreizfunktion** / relative colour stimulus function || **~er Fehler** / relative error || **~e Feuchte** / relative humidity || **~er Gleichlauf** / controlled speed relationship || **~e Größe** (per-unit-System) / per-unit quantity || **~e Häufigkeit** (DIN 55350,T.23) / relative frequency || **~e Häufigkeitssumme** (DIN 55350,T.23) / cumulative relative frequency || **~er Hub** (Ventil) / relative travel || **~es Kippmoment** (el. Masch.) / breakdown factor || **~e Kontrastempfindlichkeit** / relative contrast sensitivity (RCS) || **~e Kurzschlußspannung** / relative short-circuit voltage || **~er Lebensdauerverbrauch** / relative rate of using life || **~e Leiter-Erde-Überspannung** (s. relative Außenleiter-Erde-Überspannung) || **~e Leiter-Leiter-Überspannung** (s. relative Außenleiter-Überspannung) || **~e Luftfeuchtigkeit** / relative air humidity || **~es Maß** (NC) / incrementral dimension , incremental coordinate || **~e Maßangaben** (NC-Wegbedingung, DIN 66025,T.2) / incremental dimensions (ISO 1056), incremental program data || **~e Neigung der Annahmekennlinie** / relative slope of operating-characteristic curve || **~e Permeabilität** (s. Permeabilitätszahl) || **~e Reaktanz** (per-unit-System) / per-unit reactance || **~e resultierende Schwankungsspannung** / relative resultant gauge-point fluctuation voltage || **~e Schwankungsspannung im Normalpunkt** / relative gauge-point fluctuation voltage || **~e Schwingungsweite** (Welligkeitsanteil) / relative peak-to-peak ripple factor (IEC 411-3) || **~e Spannungsänderung** (VDE 0838, T.1) / relative voltage change || **~e Spannungssteilheit** / relative rate of rise of voltage (RRRV) || **~e spektrale Empfindlichkeit** / relative spectral responsivity (o. sensitivity) || **~e spektrale Strahldichteverteilung** / relative spectral energy (o. power) distribution || **~e spektrale Verteilung** / relative spectral distribution || **~e Sprungadresse** (PC) / relative jump address || **~e Standardabweichung** / coefficient of variation, variation coefficient || **~e Stärke der Teilentladungen** / relative intensity of partial discharge(s) || **~er Temperaturindex (RTI)** / relative temperature index (RTI) || **~e Trägheitskonstante** / inertia constant || **~e Unwucht** / specific unbalance || **~e Viskosität** / relative viscosity, viscosity ratio || **~er Wicklungsschritt** / winding pitch (IEC 50(411))

Relativbewegung des Werkzeugs gegenüber dem Werkstück / tool movement relative to the workpiece

Relativ·dehnung *f* / relative expansion || **≗druckaufnehmer** *m* / relative pressure pickup || **≗maßeingabe** *f*(NC) / incremental dimension data input, incremental data input || **≗meßverfahren** *n*(NC, Inkrementverfahren) / incremental measuring method || **~-selektives Schutzsystem** (s. Schutzsystem mit relativer Selektivität)

Relaxation, magnetische ≗ / magnetic relaxation

Relaxationsschwingung *f* / relaxation oscillation

Reluktanz *f* / reluctance *n*, magnetic reluctance || **≗generator** *m* / reluctance generator || **≗-Linearmotor** *m* / linear reluctance motor (LRM) || **≗moment** *n* / reluctance torque || **≗motor** *m* / reluctance motor || **≗synchronisieren** *n* / reluctance synchronizing

REM (s. Rasterelektronenmikroskop) || **≗** (s. Pisten-Mittelleistungs-Randbefeuerung)

remanent·e Erregung / residual excitation, residual field || **~e Flußdichte** / remanent flux density || **~e magnetische Polarisation** / residual magnetic polarization || **~er Magnetisierung** / remanent magnetization, residual magnetization || **~er Merker** / retentive flag

Remanenz *f*(magn.) / remanence *n* || **≗** (Merker) / retention *n* || **scheinbare ≗** / magnetic retentivity, retentivity *n* || **wahre ≗** / retentiveness *n* || **≗flußdichte** *f* / remanent flux density, remanent magnetization || **≗-Hilfsschütz** *n* / remanence contactor relay || **≗induktion** *f* / remanent induction, remanent flux density || **≗magnetisierung** *f* / remanent magnetization, remanent flux density, remanent magnetic polarization || **≗polarisation** *f* / remanent polarization, remanent flux density || **≗relais** *n* / remanence relay, retentive-type relay || **≗schütz** *n* / remanence contactor, magnetically held-in contactor, magnetically latched contactor || **≗spannung** *f* / remanent voltage, residual voltage || **≗verhalten** *n*(SG) / magnetic latching

Remissionsgrad (s. Leuchtdichtefaktor)

Remittanz *f*(Transistor) / reverse transfer admittance || **≗ bei kleiner Aussteuerung** / small-signal short-circuit reverse transfer admittance

Remontage *f* / re-installation *n*, re-fitting *n*

Renk·fassung *f* / bayonet holder || **≗kappe** *f*(Sich.) / bayonet fuse carrier || **≗ring** *m* / bayonet ring || **≗verschluß** *m* / bayonet lock, bayonet catch,

bayonet joint
Rentabilität *f* / profitability *n*
Reparatur *f* / repair *n*
Reparaturdauer, mittlere ≗ / mean time to repair (MTTR)
Reparatur·dienst *m* / repair service || **≗einheit** (s. Reparatursatz) || **System mit ≗möglichkeit** / repairable system || **≗satz** *f*(Sich.) / refill unit || **≗service** (s. Reparaturdienst) || **≗sicherung** *f* / renewable fuse || **≗spirale** *f*(Freiltg.) / patch rods || **Dauer der ≗tätigkeit** / active repair time || **≗verbinder** *m*(Freiltg.) / repair sleeve || **≗werkstatt** *f* / repair shop || **≗zeit** *f*(KW; geplante Nichtverfügbarkeitszeit) / planned unavaiability time, planned outage time
reparierbarer Fehleranteil (IEC 50(191)) / repair coverage
reparieren *v* / repair *v*, overhaul *v*, remedy *v*, recondition *v* || ~ (Farbanstrich) / touch up *v*
Repetenz *f* / repetency *n*, wave number
Repetierantrieb, pneumatischer ≗ (MG) / pneumatic repeater drive
Repetierbarkeit (s. Wiederholgenauigkeit) || ≗ (s. Wiederholbarkeit)
repetierend·e Taste / auto-repeat key
Repetiersteuerung *f*(NC, Playback-Verfahren) / playback method
Repetitions-Stoßgenerator *m* / recurrent-surge generator (RSG)
Replikation *f* / replication *n*
Repos-Verschiebung (s. Wiederanfahrverschiebung)
repräsentativ·e Prüfung / representative test || **≗probe** *f* / representative sample || **≗sinor** *m* / representative sinor
Reproduzierbarkeit *f*(Messungen; vgl. „Wiederholbarkeit") / reproducibility *n* (IEC 50(301)) || ≗ (NS) / repeat accuracy, consistency *n*, repetition accuracy || ≗ (QS) (s. Vergleichbarkeit)
Reproduzierbarkeitsfehler *m* / reproducibility error || ≗ (Messungen) / repeatability error
REPROM (A. f. „reprogrammable read-only memory" - wiederprogrammierbarer Festwertspeicher)
Repulsions·anlauf *m* / repulsion start || **Induktionsmotor mit ≗anlauf** / repulsion-start induction motor || **≗-Induktionsmotor** *m* / repulsion induction motor
Repulsionsmotor *m* / repulsion motor || **≗ mit Doppelbürstensatz** / repulsion motor with double set of brushes, Déri motor || **einfach gespeister ≗** / singly fed repulsion motor, single-phase commutator motor || **kompensierter ≗ mit feststehendem Einfachbürstensatz** / compensated repulsion motor with fixed single set of brushes, Eichberg motor || **kompensierter ≗ mit feststehendem Doppelbürstensatz** / compensated repulsion motor with fixed double set of brushes, Latour motor
Reserve, in ≗ stehen / stand by *v* || **mitlaufende ≗** (KW) / spinning reserve
Reserveabgang *m*(IV) / spare way
Reserve·aggregat *n*(Motor-Generator) / stand-by generating set || **≗batterie** *f* / reserve battery || **≗einbauplatz** *m*(I) / future point || **≗einbauplatz** *m*(PC-Geräte) / spare module location, spare slot || **≗generator** *m* / stand-by generator, emergency generator || **≗-Handsteuerschalter** *m* / standby hand control switch || **≗kanal** *m*(DÜ) / spare channel || **≗kühlergruppe** *f* / stand-by radiator assembly
Reserveleistung *f*(Netz) / reserve power || ≗ (KW) / reserve capacity || **Preis für ≗** (StT) / standby charge
Reserve·regler *m* / back-up controller, stand-by controller || **≗sammelschienen** *f pl* / reserve busbars
Reserveschutz *m* / back-up protection || **stationszugeordneter ≗** / substation local back-up protection, local back-up protection || **stromkreiszugeordneter ≗** / circuit local back-up protection, local back-up protection || **≗zone** *f* / back-up protection zone
Reserve·system *n* / back-up system, stand-by system || **≗teil** *n* / spare part, spare *n*, replacement part || **≗versorgung** *f* / back-up supply, standby supply || **Preisregelung für ≗versorgung** (StT) / standby tariff || **Kosten für ≗vorhaltung** (StT) / standby charge || **≗zeit** *f*(Schutz) / back-up time, second (3rd-, 4th-)zone time || **≗zustand** *m* (Teilsystem) / stand-by status
reserviert·er Bereich (Speicher) / dedicated area || **~e Sätze** (NC) / proprietary records
Reset-Stellung (s. Rücksetzstellung)
Reset-Taste (s. Rücksetztaste)
Resistanz *f* / resistance *n*, equivalent resistance || **≗relais** *n* / resistance relay || **≗schutz** *m* / resistance protection
Resistivität *f* / resistivity *n*
Resolver *m* / resolver *n*
Resonanz, auf ≗ abstimmen / to tune to resonance || **in ≗ sein** / to be in resonance, resonate *v*
Resonanzanordnung *f* / resonant structure
Resonanz·anregung *f* / resonance excitation || **≗auswuchtmaschine** *f* / resonance balancing machine || **≗bremswächter** *m* / zero-speed resonance plugging switch || **≗drehzahl** *f* / resonance speed, critical speed || **≗drossel** *f* / resonance reactor || **≗erscheinung** *f* / resonance phenomenon || **≗faktor** *m* / resonance factor, magnification factor || **≗form** *f* / resonance mode || **≗frequenzbereich** *m* / resonant frequency range || **≗isolator** *m*(s. Resonanz-Richtungsleitung) || **≗kreis** *m* / resonant circuit || **≗lage** *f* / resonant range || **≗linie** *f* / resonance line || **≗meßverfahren** *n* / resonance method (of measurement) || **≗nebenschluß** *m* / resonant shunt || **≗-Richtungsleitung** *f* / resonance absorption isolator, resonance isolator || **≗schärfe** *f* / resonance sharpness, frequency selectivity || **≗schwingungen** *f pl* / sympathetic oscillations || **≗-Shunt** / resonant shunt || **≗sperre** *f* / resonance filter || **≗stelle** *f* / point of resonance || **≗suche** *f* / resonance search || **≗suchprüfung** *f* / resonance search test || **≗überhöhung** *f* / resonance sharpness, magnification factor || **≗überhöhung der Amplitude** / peak value of magnification, resonance ratio || **≗überspannung** *f* / resonant overvoltage, overvoltage due to resonance || **≗untersuchung** *f* / resonance search
Rest gleich Null / remainder equals zero
Restbelegungen *f pl*(Chromatographie) / tailing *n*, tails *pl*
Rest·beschleunigungskraft *f* / residual acceleration

|| ²bild n(Osz.) / residual display || ²bruch m / residual fracture || ²durchflutung f / residual ampere-turns || ²durchlässigkeit f / off-peak transmission || ²durchlaufzahl f(NC) / number of remaining passes || ²federweg m / residual spring excursion || **statischer ²fehler** (Reg.) / offset n || ²fehlerrate f(DÜ, FWT) / residual (o. undetected) error rate || ²fehlerwahrscheinlichkeit f / residual error probability || ²feld n / residual magnetic field, residual field || ²feldumschaltung f / reversal against a residual field || **induktive ²fläche** (Hallstromkreis) / effective induction area || ²gas n / residual gas || ²gas-Strom m (Vakuumröhre) / gas current (vacuum tube) || ²induktivität f / residual inductance || ²informationsverlustrate f(FWT) / rate of residual information loss || ²ionisation f / residual ionisation || **²komponente des Fernsprech-Störfaktors** / residual-component telephone-influence factor || ²leitfähigkeit (s. Nachleitfähigkeit) || ²lichtstrom m / lumen maintenance figure, lumen maintenance value || ²magnetismus m / residual magnetism, remanent magnetism, remanence n || ²moment n (Schrittmot.) / detent torque, positional memory || **²-Querkapazität** f(HL, DIN 41856) / case capacitance || ²reaktanz f / saturation reactance || **²seitenband (RSB)** n / vestigial sideband

Restspannung f(el.) / residual voltage, remanent voltage || ² (Abl.) / discharge voltage || ² (mech.) / locked-up stress, residual stress || ² (Transistor) (s. Sättigungsspannung) || **² bei Blitzstoß** / residual lightning voltage || **² bei Magnetfeld Null** (Halleffekt-Bauelement, DIN 41863) / zero-field residual voltage (IEC 147-0C), residual voltage for zero magnetic field || **² bei Schaltstoßspannungen** / switching residual voltage || **² bei Steuerstrom Null** (Halleffekt-Bauelement, DIN 41863) / zero-control-current residual voltage (IEC 147-0C), residual voltage for zero control current || **äußere remanente ²** (Hallgenerator, DIN 41863) / external remanent residual voltage (IEC 147-0C)

Restspannungs-/Ableitstoßstrom-Kennlinie f / lightning residual-voltage/discharge-current curve || ²kennlinie f / residual-voltage/discharge-current curve, discharge voltage-current characteristic || ²prüfung f / residual voltage test || ²wandler (s. Spannungswandler zur Erfassung der Verlagerungsspannung) || ²wicklung (s. Wicklung zur Erfassung der Verlagerungsspannung)

Reststrom m / residual current || ² (Transistor) / cut-off current || ² (NS) / off-state current || **Ausgangs-²** (Leitungstreiber) / output leakage current || **Eingangs-²** (Treiber) / input leakage current || **Emitter-²** / emitter-base cut-off current, cut-off current (transistor) || **Kollektor-Emitter-²** / collector-emitter cut-off current || ²wandler m / residual current transformer

Rest·unwucht f / residual unbalance || ²verluste m pl / residual losses, secondary losses || ²wärmefaktor m / residual heat factor || ²weg m(WZM, NC) / residual distance, distance to go, residual path || ²welligkeit f / residual ripple || ²widerstand (Transistor) (s. Sättigungswiderstand)

resultierender Schritt (Wickl.) / resultant pitch, total pitch

Resynchronisierung f(Synchronmasch.) / synchronism restoration (IEC 50(603)), resynchronization n, resynchronizing n

retardierter Ausgang / postponed output

Retentionszeit f / retention time

Retikel n(gS) / reticle n

Retortenkohle f / homogeneous carbon, plain carbon

Retro·reflektor m / retro-reflector n || ²reflexion f / retro-reflection n, reflex reflection

Rettdatei f / save file, retrieval file

retten v(z.B. CAD-Zeichnung) / recover v || ² n (PC-Funktion) / save n || ~ (s. sicherstellen)

Rettungs·leuchte f(f. Grubenwehrmannschaften) / mine rescue luminaire || ²weg m / escape route || ²wegbeleuchtung f / escape lighting

Rettzeit (s. Archivierungszyklus)

reversibel adj / reversible adj || **reversibler Maschinensatz** (WKW) / reversible hydroelectric set || **reversible Permeabilität** / reversible permeability

Reversier·anlasser (s. Wendestarter) || ²betrieb m / reversing duty

Reversieren n / reversing n || ² (Gegenstrombremsen) / plugging n

Reversiermotor m / reversing motor, reversible motor

Revision f(Wartung) / inspection n || ² (QS) / inspection and testing updating

Revisions·öffnung f / inspection opening || ²prüfung f / service test || ²zeichnung f / inspection drawing || ²zeit f / inspection interval, maintenance interval

Revisor m / inspector n

Revolverkopf m(WZM) / tool turret, turret head, turret n || ² (NC; CLDATA-Wort) / turret (NC; CLDATA word; ISO 3592)

Reynoldszahl f / Reynolds number

Rezept·abschnitt m / recipe phase || ²kopf m / recipe header || ²verwaltung f / recipe handling, batch recipe handling

reziprok abhängiges Zeitrelais / inverse time-delay relay, inverse time-lag relay || **~es Zweitor** / reciprocal two-port network

RFA (s. Röntgenfluoreszenzanalyse)

rf-Auslöser m pl(Siemens-Typ; Unterspannungsauslöser und Arbeitsstromauslöser) / rf-releases pl(Siemens type; undervoltage release and shunt release)

RGB-Farbmonitor m(RGB = Rot, Grün, Blau) / RGB colour monitor

RG-Erregermaschine f(RG = rotierender Gleichrichter) / brushless exciter, rotating-rectifier exciter

RG-Erregung f / brushless excitation system, rotating-rectifier excitation

R-Glied n / resistor n(element)

RI (s. Richtimpuls)

Richt·bake f / leading mark || ²betrieb (Netz) (s. Ringbetrieb) || ²charakteristik f(Mikrophon) / directional characteristic || ²charakteristik f (Schallgeber) / directivity n, directivity pattern || ²draht m / alignment wire

richten v(geraderichten) / straighten v

Richter·sche Nachwirkung / Richter lag, Richter's residual induction

Richt·feuer *n* / leading light, directing light || **~funknetz** *n* / radio relay system || **Schutzsystem mit ~funkverbindung** / micro-wave protection system

richtig·es Arbeiten / correct operation || **~er Wert** (Statistik, QS) / conventional true value || **~er Wert von Maßverkörperungen** / true value of material measures

„richtiger Anflug"-Signal / "on-slope" signal

Richtigkeit *f* (QS; DIN 55350,T.13) / trueness *n*, accuracy of the mean

Richtigkeitsprüfung *f* (Verifizierung) / verification *n* || **~** (s. Genauigkeitsprüfung)

Richt·impuls (RI) (DIN 19237) *m* / initializing pulse (IP) || **~impulsgeber** *m* / initializing pulse generator || **~kraft** *f* (magn.) / directive force, versorial force, verticity *n* || **~latte** *f* / straight-edge *n* || **~lebensdauer** (s. Lebensdauer-Richtwert) || **~leistungswirkungsgrad** (s. Leistungs-Richtwirkungsgrad) || **~linien** *f pl* / guidelines *n pl* || **~magnet** *m* / control magnet || **~maß** *n* / guide dimension, recommended dimension || **~moment** *n* / restoring torque || **~platte** *f* / levelling plate, aligning plate, surface plate, marking table || **~strahlfeuer** *n* / directional light || **~symbol** *n* (auf Darstellungsfläche) / aiming symbol, aiming circle, aiming field

Richtung *f* (DÜ) / route *n*, route destination

richtungsabhängig·es Arbeiten (Schutz) / directional operation || **~e Endzeitstufe** / directional back-up time stage || **~er Erdschlußschutz** / directional earth-fault protection || **~es Relais** / directional relay, directionalized relay || **~er Schutz** / directional protection || **~er Überstromschutz** / directional overcurrent protection

Richtungs·anzeiger *m* (Flp.) / alignment indicator || **~betrieb** *m* (DÜ) / simplex transmission || **~betrieb** (Netz) (s. Ringbetrieb) || **~blinker** *m* (Kfz) / flashing indicator, direction indicator flasher || **~charakteristik** *f* / directional characteristic || **~empfindlichkeit** *f* / directional sensitivity || **~entscheid** *m* (Schutz) / direction decision, directional control || **~führung** *f* (Flp.) / alignment guidance || **~gabel** *f* / circulator *n* || **~geber** (s. Richtungsglied)

Richtungsglied *n* (Rel.) / directional unit, directional element, direction sensing element || **~ für die Rückwärtsrichtung** / reverse-looking directional element (o. unit) || **~ für die Vorwärtsrichtung** / forward-looking directional element (o. unit)

Richtungs·isolator *m* / wave rotation isolator, rotation isolator || **~kontakt** *m* / direction contact || **~koppler** *m* (LWL) / directional coupler || **~kriterion** *n* (DÜ) / route criterion || **~leitung** *f* / one-way attenuator, isolator *n* || **~, ..aus konzentrierten Elementen aufgebaute ~leitung** / lumped-element isolator || **~leitung aus diskreten Elementen** (IEC 50(221)) / lumped-element isolator || **~meßbrücke** *f* / direction sensing bridge || **~messung** *f* (Schutz) / determination of direction, direction detection (o. sensing) || **~pfeil** *m* / direction arrow || **~relais** *n* / directional relay, directionalized relay || **~schalter** *m* / reverser *n*, forward-reverse selector || **~scharf** *adj* / highly directional || **~schild** *n* / direction sign || **~schrift** *f* (binäres Schreibverfahren) / non-return to-zero recording || **~signal** *n* / directional signal || **~taktschrift** *f* (binäres Schreibverfahren) / phase encoding || **~taste** *f* (NC) / direction key, jog direction key || **~umkehr** *f* (WZM, NC) / reversal of direction of movement, reversal *n* || **Abfrage mit ~umkehr** (MPU) / line reversal technique (MPU)

richtungsunabhängig·e Endzeitstufe / non-directional back-up time stage || **~er Erdschlußschutz** / non-directional earth-fault protection || **~er Überstromschutz** / non-directional overcurrent protection

richtungsveränderlich·e Laserstrahlung (VDE 0837) / scanning laser radiation (IEC 825)

Richtungs·vergleich *m* / direction comparison || **~vergleichsschutz** *m* / direction (o. directional) comparison protection (system) || **~verkehr** *m* (DÜ) / simplex transmission || **~vorgabe** *f* / direction select (DS) || **~wahl** *f* (DÜ) / route selection || **~walze** (s. Umkehrwalze) || **~wechsel** *m* (Modem) / turnaround *n* || **~weiche** *f* / directional gate (switch) || **~weisender Pfeil** (Bildzeichen) / directional information arrow || **~wender-Trennschalter** *m* / disconnecting switch reverser || **~zeichen** *n* (DÜ) / route signal || **~zusatz** *m* (Schutzeinr.) / directional element

Richtverhältnis *n* (s. Spannungsrichtverhältnis)

Richtwert *m* / guide value, guidance value, recommended value, approximate value || **~** (QS; DIN 55350,T.12) / standard value || **~** (Herstellungswert) / objective value || **Lebensdauer-~** (DIN IEC 434) / objective life, design life

Richtwirkungsgrad *m* (Diode, DIN 41853) / detector efficiency (IEC 147-1)

Riefe *f* (Vertiefung; Furche) / groove *n*, channel *n*, furrow *n*

riefen *f pl*, **Bearbeitungs~** / machining marks, tool marks

Riefenbildung *f* (Komm.; starke) / threading *n* || **~** (Lg.) / brinelling *n*, scoring *n* || **~** (Komm.; schwache) / ribbing *n*

riefig *adj* / threaded *adj*, scored *adj*, ribbed *adj*

Riegel *m* (Bolzen) / bolt *n*, locking bar || **~** (Falle) / catch *n*, latch *n* || **~** (eines Einsystemmastes, IEC 50(466)) / beam gantry, bridge *n*, girder *n* || **~schloß** *n* / bolt lock, deadlock *n*

Riemen·antrieb *m* / belt drive, belt transmission || **mit ~antrieb** / belt-driven *adj* || **~ausrücker** *m* / belt shifter, belt striker || **~fett** *n* / belt grease || **~gabel** *f* / belt guide, belt fork || **~haftung** *f* / belt grip || **~kralle** *f* / claw-type belt fastener, belt claw, belt fastener || **~leitrolle** *f* / idler pulley, idler *n*, jockey pulley || **~schalter** (s. Riemenausrücker) || **~scheibe** *f* / belt pulley *n*, sheave *n*, pulley *n* || **~scheibenkranz** *m* / pulley rim, sheave rim || **~schloß** *n* / belt fastener, belt joint || **~schlupf** *m* / belt creep, belt slipping || **~schutz** *m* / belt guard || **~spannrolle** *f* / belt tightener, belt adjuster, jockey pulley || **~trieb** *m* / belt drive, belt transmission || **~verbinder** *m* / belt fastener, belt joint || **~wachs** *n* / belt dressing || **~zug** *m* (die Welle beanspruchend) / overhung belt load, cantilever load

Riffel·bildung *f* / washboard formation || **~bildung** *f* (Kontakte) / corrugation *n* || **~blech** *n* / chequer plate || **~faktor** *m* / ripple factor, peak-to-average

ripple factor
Rille *f*(DIN 4761) / groove *n*
Rillenabstand *m*(Rauheit; DIN 4762, T.1) / roughness width
Rillenbildung *f*(Komm.; einzelne Rillen) / threading *n* || ≗ (Komm.; feine Rillen in Bändern) / grammophoning *n*, chording *n* || ≗ (Komm.; über Bürstenbreite) / brush-track grooving
Rillen·blende *f*(Leuchte) / fluted shield || **≗kugellager** *n* / deep-groove ball bearing, Conrad bearing || **≗läufer** *m* / grooved rotor || **≗muffe** *f*(IR) / corrugated coupler || **≗pol** *m* / grooved pole || **≗profil** *n*(DIN 4761) / groove profile || **≗verlauf** *m*(DIN 4761) / groove track || **≗welle** *f* / splined shaft, grooved shaft
rillig *adj* / grooved *adj*, threaded *adj*, scored *adj*, notched *adj*
Ring *m*(in einem Netz) / ring feeder || ≗ (Armstern) / rim *n*, spider rim || ≗ (CAD, ausgefüllter Ring o. Kreis) / doughnut *n*, donut *n*
Ringanker *m* / ring armature, Gramme ring, Pacinotti ring
Ring·auftrennung *f*(Netz) / ring opening || **≗-Ausschaltstrom** *m*(VDE 0670,T.3) / closed-loop breaking current (IEC 265) || **≗-Ausschaltvermögen** *n*(VDE 0670,T.3) / closed-loop breaking capacity (IEC 265) || **≗betrieb** *m* (Netz) / ring operation || **≗bildung** *f*(Netz) / ring closing || **≗bus** *m* / ring bus || **≗dichtung** *f* / ring seal, sealing ring || **Prüfung der ≗-Ein und -Ausschaltlast** / closed-loop breaking-capacity test || **≗einspeisung** *f* / incoming ring-feeder unit || **≗erder** *m* / ring earth electrode, conductor (earth) electrode around building
ringförmig betriebenes Netz / ring-operated network || **~er Näherungsschalter** / ring proximity switch, ring-form proximity switch || **~es Netz** (LAN) / ring network
Ringgebläse *n* / centrifugal blower, ring-type blower
Ringkabel *n* / ring cable, ring-main cable || **≗abzweig** *m* / ring-cable feeder || **≗station** *f* / ring-main unit
Ring·kammer *f*(Meßblende) / annular slot || **≗kathode** *f* / annular cathode || **≗kern** *m* / toroidal core, annular core || **≗kernpermeabilität** *f* / toroidal permeability || **≗kern-Stromwandler** *m* / toroidal-core current transformer || **≗kolbenzähler** *m* / cylindrical-piston meter || **≗konfiguration** *n*(FWT) / multipoint-ring configuration || **≗kugellager** *n* / radial ball bearing || **≗lager** *n* / sleeve bearing, journal bearing || **≗lampe** *f* / ring lamp, circular lamp, toroidal lamp || **≗lampenfassung** *f* / circline lampholder || **≗last** *f* (VDE 0670,T.3) / closed-loop load || **≗lehre** *f* / ring gauge, female gauge
Ringleitung *f*(Netz) / ring feeder, ring main, loop feeder, loop service feeder || ≗ (I) / ring circuit, ring final circuit || ≗ (Wickl.) / phase connector, ring circuit || ≗ (Ölsystem) / ring line || ≗ (Rohr) (s. Ringrohrleitung)
Ringleitungs·abzweig *m*(I) / spur *n*(GB), branch circuit || **≗-Abzweigdose** *f* / spur box (GB), individual branch-circuit box, branch-circuit box || **≗verteiler** *m*(zum sternförmigen Anschluß von Stationen eines Kommunikationsnetzes) / wiring concentrator
Ring·leuchtstofflampe *f* / annular fluorescent lamp || **≗-Montageplatz** *m* / ring fitting station || **≗motor** *m* / ring motor, gearless motor, "wrapped-around" motor || **≗mutter** *f* / ring nut, lifting eye nut || **≗mutterschlüssel** *m* / ring nut wrench (o. spanner)
Ringnetz *n* / ringed network, ring system || ≗ (LAN) / ring network || ≗ (s. Ringkonfiguration) || **≗ mit Sendeberechtigungsmarkierung** (LAN) / token ring || **≗station** *f* / ring-main unit, distributed-network-type substation
Ring·nut *f* / annular slot, ring groove || **≗öffnung** *f* (Netz) / ring opening || **≗-Parallelwicklung** *f* / parallel ring winding || **≗puffer** (s. Ringpufferspeicher) || **≗pufferspeicher** *m* / ring buffer store || **≗raster** *m*(Leuchte) / spill ring, ring louvre, concentric louvre || **≗-Reihenwicklung** *f* / series ring winding || **≗-Rillenlager** *n* / single-row deep-groove ball bearing || **≗rohrleitung** *f* / ring main, ring header || **≗sammelschiene** *f* / ring bus, meshed bus || **≗sammelschiene mit Längstrennern** / sectionalized ring-busbar (system) || **≗sammelschienen-Station** *f* / ring substation || **≗sammelschienen-Station mit Leistungsschaltern** / mesh substation
Ringschaltung *f*(SR) / polygon connection || ≗ (Wickl.) / ring connection, mesh connection || **Betriebsmittel in ≗** / mesh-connected device
Ring·schiene (s. Ringsammelschiene) || **≗schluß** (s. Ringbildung) || **≗schmierlager** *n* / oil-ring-lubricated bearing, ring-lubricated bearing, oil-ring bearing || **≗schmierung** *f* / oil-ring lubrication, ring oiling, ring lubrication || **≗schräglager** *n* / angular-contact ball bearing || **≗schraube** *f* / eye-bolt *n*, lifting eye-bolt || **≗segmentkontakt** *m* / ring segment contact || **≗spalt** *m* / annular clearance, annular gap || **≗spalt-Löschkammer** *f* / annular-gap arcing chamber || **≗spannung** *f*(mech., Tangentialspannung) / tangential stress, hoop stress || **≗speiseleitung** *f* / ring feeder, ring main, loop feeder, loop service feeder || **≗spule** *f* / ring coil || **≗station** (s. Ringsammelschienen-Station) || **≗statortype** *f*(el. Mot.) / ring-stator type || **≗stelltransformator** *m* / rotary variable transformer, toroidal-core variable-voltage transformer || **≗stellwiderstand** *m* / toroidal rheostat, ring-type rheostat || **≗straße** *f* / ring road (GB), belt highway (US) || **≗streureaktanz** *f* / end-ring leakage reactance || **≗stromkreis** *m* / ring final circuit (IEE WR), ring circuit || **≗stromwandler** *m* / ring-type current transformer || **≗stütze** *f* / support ring || **≗system** *n* (Wickl.) / ring-connected system || **≗-Tonnenlager** *n* / radial spherical-roller bearing, spherical-roller bearing, barrel bearing || **≗-Trennschalter** *m* / mesh opening disconnector || **≗-Umlaufzeit** *f*(LAN) / ring latency || **≗verdichter** *m* / side-channel compressor || **≗versuch** *m* / pooled test || **≗verteiler** *m*(LE, Impulsverteiler) / pulse distributor || **≗waage** *f* (Manometer) / ring-balance manometer, ring balance || **≗wandler** *m* / ring-type transformer, toroidal-core transformer || **≗wicklung** *f* / ring winding, solid-conductor helical winding, Gramme winding || **≗zähler** *m* / ring counter || **≗-Zylinderlager** *n* / cylindrical-roller bearing,

parallel-roller bearing, straight-roller bearing, plain-roller bearing
Rinnen·reflektor *m* / trough reflector || **²spiegel** *m* (Leuchte) / fluted reflector, channelled reflector
Rippe *f* / rib *n*, fin *n*, gill *n*, vane *n* || ² (Keilwelle) / spline *n*, integral key
Rippengehäuse *n* (el. Masch.) / ribbed frame, ribbed housing || **Maschine mit** ² / ribbed-surface machine, ribbed-frame machine
Rippen·glas *n* / ribbed glass || **²isolator** *m* / ribbed insulator || **²rohr** *n* / finned tube, gilled tube, ribbed tube || **²rohrkühler** *m* / finned-tube cooler || **²schwinge** *f* (Isolator) / ribbed-insulator rocker || **²stützer** *m* / ribbed insulator || **²welle** *f* / spider shaft
Ripple-Zähler *m* / ripple counter
Risiko des Fehlers erster Art (DIN 55350,T.24) / type I risk || ² **des Fehlers zweiter Art** (DIN 55350,T.24) / type II risk
Riß *m* / crack *n*, fissure *n*, flaw *n* || **²bildung** *f* / cracking *n*, fissuring *n* || **oberflächliche ²bildung** / checking *n* || **interkristalline ²bildung** / intercrystalline cracking || **²detektor** *m* / flaw detector, crack detector || **²fortpflanzungsgeschwindigkeit** *f* / crack propagation rate, crack growth rate || **²geschwindigkeit** (s. Rißfortpflanzungsgeschwindigkeit) || **vorkritisches ²wachstum** / subcritical crack growth || **²zähigkeit** *f* / fracture toughness, stress intensity factor || **²zone** *f* / cracked zone
Ritzel *n* / pinion *n* || **²antrieb** *m* / pinion drive || **²welle** *f* / pinion shaft
Ritzen *n* (IS) / scribing *n* (IC)
Ritz·härte *f* / scratch hardness, scoring hardness || **²härteprüfung** *f* / scratch hardness test || **²härteskala** *f* / Mohs' scale || **²prüfung** *f* / scratch test
RJE (remote job entry - Fernstapelverarbeitung)
R-Karte (s. Spannweiten-Kontrollkarte)
RKG (s. Rundsteuer-Kommandogerät)
R-KOP (s. Relais-Kontaktplan)
RLC-Schaltung *f* / RLC circuit, resistance-inductance-capacitance circuit (o. network)
RL-Meldeeinheit (s. Ruhiglicht-Meldeeinheit)
RL-Schaltung *f* / RL circuit, resistance-inductance circuit (o. network)
RLT (s. rückwärts leitender Thyristor)
ROB (s. Flughafen-Drehfeuer)
Röbelstab *m* / Roebel bar, transposed conductor
Röbelung *f* / Roebel transposition
Roboter·arbeitsplatz *m* / robotic workcell || **²technik** *f* / robotics *plt*
Robustbauform *f* / ruggedized model, A-version *n* (PC)
Rockwell·-Härte *f* / Rockwell hardness || **²-Härtenummer** *f* / Rockwell hardness number || **²versuch** *m* / Rockwell hardness test
Roebelstab (s. Röbelstab)
roh *adj* (unbearbeitet) / unfinished *adj*, unmachined *adj* || ~ (unbehandelt) / untreated *adj*
Rohdaten *plt* / raw data
Roh·datum *n* (PC) / raw data || **²decke** *f* / unfinished ceiling, unfinished floor (slab) || **²dichte** *f* / bulk density || **²energie** *f* / crude energy
Rohling *m* (z.B. Zahnrad) / blank *n*
Roh·materialbestand (s. Rohstoffbestand) || **²mauerwerk** *n* / unfinished masonry walls
Rohr *n* / pipe *n*, tubing *n* || ² (hochwertiges Stahlrohr; Nichteisenmetall; Kunststoff) / tube *n* || ² (IR; s.a. „Installationsrohr") / conduit *n*, wiring conduit || ² **auf Putz** (IR) / surface-mounted conduit, exposed conduit || ² **unter Putz** (IR) / embedded conduit || **Kabel~** / cable conduit, cable duct || **²ableiter** *m* / expulsion-type arrester, expulsion-tube arrester || **²adapter** *m* (IR) / conduit adaptor || **Maschine für ²anschluß** / pipe-ventilated machine || **²anschlußstutzen** *m* (IPR 44-Masch.) / duct adapter, pipe adapter || **²armaturen** *f pl* / pipe fittings, tube fittings, valves and fittings || **²armaturen** *f pl* (IR) / conduit fittings, conduit accessories || **²biegegerät** *n* (IR) / conduit bender, hickey *n* || **²boden** *m* / tube plate, tube sheet
Rohrbogen *m* / pipe bend, bend *n*, elbow *n* || ² (IR) / conduit bend || ² **mit Außengewinde** (IR) / externally screwed conduit bend || ² **mit Deckel** (IR) / inspection bend || ² **mit Gewinde** (IR) / screwed conduit bend
Rohrbündel *n* / tube bundle, tube nest, nest of pipes
Röhrchenplatte *f* (Batt.) / tubular plate
Rohr·dose *f* (I) / conduit box || **²draht** *m* / hard-metal-sheathed cable, metal-clad wiring cable, armoured wire || **umhüllter ²draht** / sheathed metal-clad wiring cable, sheathed armoured cable || **²druckkabel** *n* / pipe-type cable
Röhre *f* (elektron.) / electronic valve, tube *n* || ² (Wickl.) / cylinder *n*, tube *n*, column *n* || ² **mit Gitterabschaltung** / aligned-grid tube || ² **ohne Regelkennlinie** / sharp cut-off tube
Rohreinführung *f* (IR) / conduit entry
Röhren·beschichtung *f* (BSG) / tube coating || **²fassung** *f* (elektron. Röhre) / tube holder
röhrenförmig·e Entladungslampe / tubular discharge lamp || **~e Lampe** / tubular lamp || **~e Leuchtstofflampe** / tubular fluorescent lamp
Röhren·fuß *m* / tube base || **²gehäuse** *n* (Schaltröhre) / interrupter tube housing (o. enclosure), interrupter housing || **~gekühlter Motor** / tube-cooled motor, tube-type motor || **²kapazität** *f* / interelectrode capacitance || **²kessel** *m* / tubular tank || **²kühler** *m* / tubular radiator, tubular cooler || **²kühlung** *f* / tube cooling || **²lampe** *f* (s. röhrenförmige Lampe) || **²rauschen** *n* / tube noise || **²spule** *f* / cylindrical coil, concentric coil || **²wicklung** *f* / cylindrical winding, multi-layer winding || **²wirkungsgrad** *m* / tube efficiency
Rohrerder *m* / earth pipe
Rohrfeder *f* / Bourdon spring, Bourdon tube || **²-Druckaufnehmer** *m* / Bourdon pressure sensor || **²-Druckmesser** *m* / Bourdon pressure gauge || **²-Meßwerk** *n* / Bourdon-tube element, Bourdon-spring element
Rohr·generator *m* / bulb-type generator, bulb generator || **²gewinde** *n* / pipe thread (p.t.) || **²haken** *m* / crampet *n*, pipe hook || **²hängeschelle** *f* (IR) / conduit hanger || **²harfe** *f* (Kühler) / tubular radiator, tubular cooler || **²harfenkessel** *m* / tubular tank || **²heizkörper** *m* / tubular heater || **²hülse** *f* / pipe jointing sleeve, tube sleeve || **²kabel** (s. Rohrdruckkabel) || **²kabelschuh** *m* / tubular cable socket, barrel lug, tubular cable lug || **²kerbzugversuch** *m* / notched-tube tensile test ||

~klemmleiste *f* / pipe block || ~**krümmer** *m* / pipe bend, elbow *n* || ~**kühler** *m* / tubular radiator, tubular cooler || ~**leiter** *m* / tubular conductor
Rohrleitung *f* / pipeline *n*, tubing *n*, piping *n*
Rohrleitungen *f pl* / piping *n* || ~ (f. Luft) / ducting *n*
Rohrleitungs·einführung *f*(IR) / conduit entry || ~**plan** *m*(gegenständlich) / piping drawing, pipework drawing || ~**plan** *m*(schematisch) / piping diagram, pipe diagram, tube diagram
Rohr·mast *m* / tubular pole, tubular column || ~**muffe** *f* / pipe coupling, union *n* || ~**muffe** *f*(IR) / conduit coupling, coupler *n*, bushing *n* || ~**nippel** *m*(IR) / conduit nipple, externally screwed conduit coupler || ~**postanlage** *f* / tube conveyor system, pneumatic tube conveyor system || ~**post-Weichenanlage** *f* / full-intercommunication (pneumatic) tube conveyor system
Rohrrauhheit, Einfluß der ~ / roughness criterion
Rohr·register *n* / tube set, tube bundle || ~**sammelschiene** *f* / tubular busbar || ~**schelle** *f* / pipe clamp, tube clip || ~**schelle** *f*(IR) / conduit saddle, conduit cleat, conduit clip || **SF6-isolierte** ~**schiene** / SF6-insulated tubular bus duct, SF6-insulated metal-clad tubular bus || ~**schiene** (s. Rohrsammelschiene) || ~**schiene** (Sammelschienenkanal) (s. Rohrschienenkanal) || ~**schienenkanal** *m* / tubular bus duct || ~**stromschiene** (s. Rohrsammelschiene) || ~**stutzen** *m*(Anschlußstück) / pipe socket, connecting sleeve, tube connector || ~**stutzen** *m* (Rohrende) / pipe stub, tube stub || ~**system** *n* (Lichtrohrs.) / tubetrack system || ~**turbinensatz** *m* / bulb-type unit || ~**umsteller** *m*(Trafo) / tube-type off-load tap changer, linear-motion tapping switch, barrel-type tap changer || ~**verbinder** *m* / pipe coupling (o. union), tube coupling || ~**verschraubung** *f* / pipe union, pipe coupling || ~**verschraubung** *f*(IR) / conduit union, conduit coupling || ~**zubehör** *n*(IR) / conduit fittings, conduit accessories
Rohstoffbestand *m* / raw material inventory
Rohteil *n* / rough part *n*, blank *n* || ~**beschreibung** *f* (NC) / rough-part description, description of blank
Roh·wasser *n* / raw water || ~**wert** *m*(nicht linearisierter W.) / non-linearized value
Rollbahn *f*(Lg.) / track *n*, race *n* || ~ (Flp.) / taxiway *n* || ~**befeuerung** *f* / taxiway lighting || ~**feuer** *n* / taxiway light || ~**marke** *f* / taxiway marking || ~**mittellinie (TXC)** *f* / taxiway centre line (TXC) || ~**mittellinienbefeuerung** *f* / taxiway centre line lighting || ~**mittellinienfeuer** *n* / taxiway centre line lights || ~**mittellinienmarke** *f* / taxiway centre line marking || ~**orientierungssystem (TGS)** *n* / taxiing guidance system (TGS) || ~**rand** *m* / taxiway edge || ~**randbefeuerung (TXE)** *f* / taxiway edge lighting (TXE) || ~**randfeuer** *n* / taxiway edge light || ~**vorfeldbefeuerung (TXA)** *f* / taxiway apron lighting (TXA)
Rollband·-Bürstenhalter (s. Rollfeder-Bürstenhalter) || ~**feder** *f* / coiled-strip spring, coil spring
Roll·betrieb *m*(BSG) / rolling-map operation || ~**bildspeicher** *m* / rolling-map memory
Rolle *f*(Fahrrolle) / roller *n*, castor *n*, wheel *n* || ~ (Rollenzählwerk) / drum *n*, roller *n* || ~ (s. Riemenscheibe) || ~ **für zwei Fahrtrichtungen** / bidirectional wheel
Rolleitsystem (s. Rollbahnorientierungssystem)
rollen *v*(Bildschirmanzeige) / roll *v*, roll up *v*, roll down *v* || ~ (stanzen) / curl *v* || ~ *n*(Kontakt) / roll *n*, rolling *n* || **zeilenweises** ~ (BSG) / racking up
Rollenausweichgetriebe *n* / intermittent roller gear(ing)
Rollen·biegemaschine *f* / roller bending machine || ~**bock** *m* / roller-mounted support
rollend·es Bild / rolling map
Rollen·hebel *m*(PS) / roller lever actuator, roller lever || ~**käfig** *m*(Lg.) / roller cage || ~**kette** *f* / roller chain || ~**kontakt** *m* / roller-type contact || ~**kupplung** *f* / roller coupling || ~**lager** *n* / roller bearing || ~**laufring** *m*(Lg.) / roller race || ~**papier** *n*(Drucker) / continuous rollpaper || ~**preßspan** *m* / presspaper *n* || ~**prüfstand** *m*(Kfz.) / chassis dynamometer || ~**schaltwerk** *n*(m. Zählwerk f. Stellantriebe) / roller-type counting and switching mechanism || ~**stößel** *m*(PS) / roller plunger actuator, roller plunger, plunger with roller || ~**zählwerk** *n*(EZ) / drum-type register, roller register, roller cyclometer, cyclometer register, cyclometer index, cyclometer *n*
Roll·feder-Bürstenhalter *m* / coil-spring brush holder || ~**feld** *n*(Flp.) / manoeuvring area || ~**haltemarke** *f*(Flp.) / taxi-holding position marking || ~**halteort** *m*(Flp.) / taxi-holding position || ~**haltezeichen** *n*(Flp.) / taxi-holding position sign || ~**körper** *m*(Wälzlg.) / rolling element || ~**kugel** *f*(Positioniergerät f. Schreibmarke) / roller ball, track ball || ~**membran** *f* / roller diaphragm || ~**moment** *n* / rolling momentum, roll moment || ~**reibung** *f* / rolling friction, elastic rolling friction || ~**scheinwerfer** *m* (Flp.) / taxiing light
Rollspeicher (s. Rollbildspeicher) || ~**baugruppe** *f* / rolling map memory module
Roll·stanze *f* / curling die || ~**treppe** *f* / escalator *n*, electric stairway || ~**widerstand** *m* / rolling resistance
ROM (read-only memory - Nur-Lese-Speicher o. Festspeicher)
Ronde *f*(Blechp.) / circular lamination, ring punching, integral lamination
röntgen *v* / X-ray *v*, to radiograph by X-rays, radiograph *v*
Röntgenanalyse *f* / X-ray analysis
Röntgen·analysegerät *n* / X-ray analyzer || ~**beugung** *f* / X-ray diffraction || ~**beugungsanalyse** *f* / X-ray diffraction analysis || ~**bild** *n* / X-ray radiograph, X-ray image, exograph *n* || ~**diffraktion** *f* / X-ray diffraction || ~**diffraktometer** *n* / X-ray diffraction analyzer || ~**diffraktometrie** *f* / x-ray diffractometry || ~**durchstrahlung** *f* / X-ray examination, X-ray test, radiographing *n* || ~**feinstrukturuntersuchung** *f* / micro-structure X-ray examination || ~**fluoreszenzanalyse (RFA)** *f* / X-ray fluorescence analysis || ~-**Fluoreszenzanalysegerät** *n* / X-ray fluorescence analyzer || ~**generator** *m* / X-ray generator || ~**goniometer** *n* / X-ray goniometer, Weissenberg camera || ~**grobstrukturuntersuchung** *f* / macro-structure X-ray test || ~**leuchtschirm** *m* / fluorescent X-ray screen || ~**quant** *m* / X-ray quantum || ~**röhre** *f* / X-ray tube || ~**spektrometer**

n / X-ray spectrometer || ~~spektrometrie *f* / X-ray spectrometry || ~~strahlabschirmung *f* / X-ray shielding

Röntgenstrahlen *m pl* / X-rays *n pl* || **~brechung** *f* / X-ray diffraction

Röntgen·strahler *m* / X-ray tube, X-ray source || **~topographie** *f* / X-ray topography || **~-Weitwinkelmessung** *f* / X-ray wide-angle measurement

ROR (release on request - Freigabe auf Anforderung) || **~-Anforderer** *m* / ROR requester

rosa Rauschen / pink noise, 1/f noise

Rosenberg-Generator *m* / Rosenberg generator, Rosenberg variable-speed generator

Rosette *f* / rosette *n*, rose *n* || ~ (Taster) / collar *n*, bezel *n*

Rost *m* (Eisenoxyd) / rust *n*

Rost *m* (Gitter) / grate *n*, grating *n*

rostbeständig *adj* / rustproof *adj*, rust-resisting *adj*, non-rusting *adj*

Rost·bildung *f* / rusting *n*, rust formation || **~entfernungsmittel** *n* / rust remover

rostfrei *adj* / rustfree *adj*, rustless *adj*, non-rusting *adj*, stainless *adj* || ~ (Stahl) / stainless *adj*

rost·geschützt *adj* / protected against rust, rust-proofed *adj* || **~grad** *m* / rustiness *n*

rostig *adj* / rusty *adj*, rusted *adj*

Rostnarben *f pl* / pitting *n*

Rostschutz *m* / rustproofing *n*, rust control, rust prevention || **~anstrich** *m* / rust-inhibitive coating || **~farbe** *f* / rust-preventive paint, anti-corrosion paint || **~fett** *n* / rust preventing grease || **~grundierung** *f* / anti-corrosion priming coat

rost·sicher (s. rostfrei) || **~umwandler** *m* / wash-primer *n*, etch primer

roter Bereich (LT) / red band

Rotameter *n* / rotameter *n*

Rotanteil *m* (LT) / red ratio

Rotation, vektorielle ~ / vector rotation, curl *n*

Rotations·... (s.a. unter „Dreh...") || **~-EMK** *f* / rotational e.m.f. || **~energie** *f* / kinetic energy of rotation || **~fläche** *f* / revolved surface || **~fläche** *f* / surface of revolution, revolved surface || **~freies Feld** / non-rotational field || **~frequenz** *f* / rotational frequency, speed frequency || **~hysterese** *f* / rotational hysteresis || **~hystereseverluste** *m pl* / rotational hysteresis losses || **~-Inductosyn** *n* / rotary Inductosyn || **~kompressor** *m* / rotary compressor || **~körper** *m* / solid of revolution || **~körper** *m* (Rotameter) (s. Schwebekörper) || **~parabolischer Spiegel** / axially parabolic reflector || **~-Schwingungsenergie** *f* / vibration-rotation energy

rotationssymmetrisch *adj* / rotationally symmetric || **~e Ausstrahlung** / rotational-symmetry (light) distribution, axially symmetrical distribution || **~e Lichtstärkeverteilung** / rotational-symmetry luminous intensity distribution, symmetrical (luminous) intensity distribution

Rotations·trägheit *f* / rotational inertia || **~verdichter** *m* / rotary compressor || **~wächter** *m* / "run" monitor, zero-speed monitor || **~winkel** *m* / angle of rotation

rotatorisch·es Lagemeßsystem (NC) / rotary position measuring system || **~er Wegmeßgeber** / rotary position encoder, rotary encoder || **~es Wegmeßgerät** (Meßwertumformer) / rotary position transducer || **~es Wegmeßsystem** (NC) / rotary position measuring system || **~e Werkstückverschiebung** (a. NC-Zusatzfunktion, DIN 66025,T.2) / angular workpiece shift (ISO 1056)

Rot·filter *n* / red filter || **~gehalt** *m* (LT) / red content || **~glühend** *adj* / red hot || **~glut** *f* / red heat

rotierend·e Aushärtung / rotating curing process || **~e Auswuchtmaschine** / rotational balancing machine, centrifugal balancing machine || **~es Feld** / rotating field, revolving field, rotary field || **~e Reserve** (KW) / spinning reserve || **~er Stellantrieb** / rotary actuator || **~er Umformer** / motor-generator set, m.-g. set, rotary converter || **~e Wirbelstrombremse** / rotating eddy-current retarder

Rotlinie *f* / red boundary

Rotor *m* (el. Masch.) / rotor *n*, inductor *n* || ~ (Vektorfeld) / curl *n*

Rot-Orange-Bereich *m* / red-orange region

rotorgespeiste Maschine (s. läufergespeiste Maschine)

Rotorlagegeber (s. Läuferstellungsgeber) || ~ (s. Wellenlagegeber)

Rotosyn-System *n* / rotosyn system

Rotwarmbiegeprobe *f* / hot bend test

Routine *f* (a. QS) / routine *n*

Roving *n* / roving *n*

RPROM (A. f. „reprogrammable PROM" - wiederprogrammierbares PROM)

R-Prozessor (s. Regelungsprozessor)

RS (s. Regel- und Steuergerät) || **~ der Schutzklasse I** / class I control

RSB (s. Restseitenband)

RS·-Flipflop *n* / RS flipflop, set-reset flipflop || **~-Kippglied** *n* / RS bistable element || **~-Kippglied mit Zustandssteuerung** / RS bistable element with input affecting two outputs || **~-Kippglied mit Zweizustandssteuerung** / RS master-slave bistable element || **~-Schaltung** (s. Rapidstartschaltung) || **~-Speicherglied** *n* (Flipflop) / RS flipflop || **~-Speicherglied mit Grundstellung** / RS flipflop with preferred state

RS-Taste (s. Rücksetztaste)

RT (s. Rasterteilung)

RTI (s. Schwellenblitzfeuer) || ~ (s. relativer Temperaturindex)

RTL (s. Widerstands-Transistor-Logik)

Rubin *m* / ruby *n*

Rück·ansicht *f* / rear view || **~arbeit** *f* / reverse energy || **~arbeitsbremsung** *f* / regenerative braking || **~arbeitsdiode** *f* / regenerating(-circuit) diode

Rückarbeitsverfahren *n* (el. Masch., VDE 0530, T.2) / mechanical back-to-back test (IEC 34-2) || **~ parallel am Netz** (el. Masch., VDE 0530, T.2) / electrical back-to-back test (IEC 34-2) || **mechanisches ~** / mechanical back-to-back test, pump-back method

ruckartig *adj* / jerky *adj*, by jerks, intermittent *adj*, sudden *adj*

Rückätzen *n* / etch-back *n*

Ruckbegrenzung *f* / rate-of-change limiting, torque dampening

Rück·dokumentation *f* (PLT) / feedback documentation, documentation updating,

uploaded configuration display (o. logging) || **²drehmoment** *n* / counter-torque *n*, retrotorque *n*, reaction torque || **²drehsperre** *f*(HSS) / reversing block || **²drehsperre** (s. Rücklaufsperre)
Rückdruckfeder *f* / return spring, restoring spring
Rücken *m*(Blechp.) / outside diameter, back *n* || ² (Stoßspannungswelle) / tail *n* || **im ² abgeschnittene Stoßspannung** / impulse chopped on the tail
Rücken-an-Rückenaufstellung, Schalttafel für ² / dual switchboard, back-to-back switchboard, double-fronted switchboard
Rücken·bildung *f*(Komm.) / ridging *n* || **²blech** *n* (Schrank) / rear panel
ruckendes Gleiten / stick-slip *n*
Rücken·halbwertdauer *f* / time to half-value (on wave tail), virtual time to half-value on tail || **²halbwertzeit** (s. Rückenhalbwertdauer) || **²kegel** *m* / back cone || **²zeitkonstante** *f*(Stoßwelle) / tail time constant
Rückfahr·bewegung *f*(NC) / return motion (o. movement) || **²scheinwerfer** *m*(Kfz.) / reversing light (GB), back-up light (US)
Rückfalleigenzeit (s. Rückfallzeit)
rückfallen *v*(Rel., VDE 0435, T.110) / release *v*
Rückfall·erregung *f*(Rel.) / specified release value || **²-Istwert** *m*(Rel.) / just release value, measured dropout value (US) || **²-Sollwert** *m*(Rel.) / must release value, specified dropout value (US)
Rückfallverhältnis *n*(Rel.; VDE 0435, T.110) / resetting ratio || **prozentuales ²** (Rel.; VDE 0435,T.110) / resetting percentage, returning percentage (depr.)
rückfallverzögert·es additives Zeitrelais (VDE 0435, T.110) / cumulative delay-on-release time-delay relay || **~es Zeitrelais** / delay-release time-delay relay, off-delay relay, time-delay-after-deenergization relay (TDD)
Rückfallverzögerung (s. Rücklaufzeit)
Rückfallwert *m*(Rel., Wert der Erregungsgröße bei dem das Relais rückfällt; VDE 0435,T.110) / release value || ² (Rel., Schaltwert beim Rückfallen; VDE 0435,T.110) / disengaging value || ² (HSS; VDE 0660, T.204) / return value (IEC 337-2B)
Rückfallzeit *f*(Rel.; VDE 0435,T.110) / release time || ² (Rel., für einen bestimmten Kontakt) / time to stable open condition || **² eines Öffners** (Rel., VDE 0435, T.110) / closing time of a break contact || **² eines Schließers** (Rel., VDE 0435, T.110) / opening time of a make contact || **effektive ²** / time to stable open condition
Rückfederung *f* / resilience *n*, elastic recovery
Rückflußdämpfung *f*(Verstärkerröhre) / operating loss || ² (Verstärker) / return loss
Rückfragebetrieb *m*(FWT) / transmission method with negative acknowledgement information
rückführbare Änderung (DIN 40042) / restorable change
Rückführ·beschaltung *f* / feedback network || **²feder** *f*(pneumat. Stellungsregler) / feedback spring || **²größe** *f* / feedback variable || **²größe** *f* (Signal) / feedback signal || **²pfad** *m*(Reg.) / feedback path || **²signal** *n* / feedback signal
Rückführung *f*(Rückkopplung) / feedback *n*, feedback loop || ² (Rückführzweig) / feedback path || ² (Wälzkörper im Lg.) / recirculation *n* || ² (Pfad) / return path
Rückführungs·eingang *m*(PC) / checkback input || **²kreis** (s. Rückführungsschleife)
rückführungslose Steuerung / open-loop control (system)
Rückführungsschleife *f*(Rückkopplung) / feedback loop
Rückführ·wert *m* / feedback value || **²zeit** *f*(EZ) / resetting time || **²zweig** *m*(Reg.) / feedback path || **Glieder im ²zweig** / feedback elements
Rückgang *m*(Rel.) / return *n* || **Frequenz~** *m* / frequency reduction || **Spannungs~** *m*(relativ geringes Absinken der Betriebsspannung) / voltage reduction
Rückgangs·relais *n* / under...relay || **²verhältnis** (s. Rückkehrverhältnis)
rückgehen (Rel.) (s. rückkehren)
rückgekoppelt·es System / feedback system || **~e Taktgebung** / closed-loop controlled clocking
Rückgewinnung *f*(v. Energie) / recovery *n*
Rückgrat-Ring *m*(zur Verbindung heterogener Datennetze) / backbone ring
Rückhalte·system *n*(Kfz.) / restraining system || **²zeit** *f* / retention time
Rückheilungseffekt *m*(Speicherchip, bei zu schwachem Programmimpuls) / grow-back *n*
Rückhol·einrichtung *f* / restoring device, return device || **²feder** *f* / restoring spring, return spring, resetting spring
Rückhub *m* / return stroke
Rückkanal *m*(LAN) / reverse LAN channel
Rückkehr nach Null-Schreibverfahren / return-to-zero recording (RZ recording), polarized return-to-zero recording || **² vom Referenzpunkt** (NC) / departure from reference point (o. from home position) || **² zur Grundmagnetisierung** (binäres Schreibverfahren) / return to bias (RB), return to reference recording
rückkehren *v*(Rel., VDE 0435, T.110) / reset *v*
Rückkehr·wert *m*(Rel.; VDE 0435,T.110) / resetting value || **²zeit** *f*(Spannung nach Netzausfall) / recovery time || **²zeit** *f*(Rel.) / resetting time
Rück·kippen *n*(a. Verstärker) / reset *n* || **²kippunkt** *m*(NS) / release point, reset point || **²kippwert** *m* (Verstärker) / reset value, negative threshold || **²kippzeit** *f* / reset time
Rückkopplung *f*(Transduktor) / self-excitation *n* || ² (Reg.) / feedback *n*, feedback loop
Rückkopplungs·-Fühlspannung *f*(IC-Regler) / feedback sense voltage || **²kreis** (s. Rückkopplungsschleife) || **²schleife** *f* / feedback loop || **²system** *n* / feedback system || **geschlossenes ²system** / closed loop system, feedback system || **²verstärker** *m* / broad-band feedback amplifier || **²wandler** *m* / feedback transducer || **²wert** *m* / feedback value || **²wicklung** *f*(Transduktor) / self-excitation winding
Rückkühler (s. „Wärmeaustauscher" u. „Kühler")
Docklade·diode *f* / charge reversal diode || **²widerstand** *m*(LE) / charge reversal resistor
Rücklauf *m*(WZM) / return motion, reverse movement, return *n* || ² (Masch.; Verzögerung) / deceleration *n*, slowing down || ² (Masch.; umgekehrte Drehricht.) / reverse running || ² (Band, Rückspulen) / rewind *n* || ² (Flüssigk.) /

return flow, recirculation *n* || ≈ (Rückhub) / return stroke || ≈ (BSG, Bildr., Zeilenr.) / flyback *n* || ≈ **zum Programmanfang** (NC) / rewind to program start || **Lochstreifen~** / tape rewind || **Schaltpunkt bei** ≈ (PS) / reset contact position (PS) || ≈**diode** (s. Freilaufdiode)

rücklaufen *v* (Zeitrel.; Übergang von Wirkstellung in Ausgangsstellung; DIN IEC 255-1-00) / return *v*

rücklaufend·e Welle / reflected wave || **~e Wellenwicklung** / retrogressive wave winding

Rücklaufgeschwindigkeit *f* (WZM) / return speed || ≈ (Rückspulen) / rewind speed || ≈ (Hochlaufgeber) / ramp-down rate

rückläufig·e Kennlinie / fold-back characteristic || **~e Schleife** (Hystereseschleife) / recoil loop, recoil line, recoil curve || **~e Strombegrenzung** / fold-back current limiting || **Kurve der ~ Schleife** / recoil curve, recoil line (o. loop)

Rücklauf·leitung *f* (Rohrl.) / return line, return pipe || ≈**öl** *n* / returned oil, recirculated oil

Rücklaufsperre *f* / backstop *n*, non-reverse ratchet, rollback lock || ≈ (EZ) / reversal preventing device, reverse running stop, escapement mechanism || **Kupplung mit** ≈ / backstopping clutch

Rücklauf·stop (s. Rückspulstop) || **Wagen~taste** *f* / (carriage) return key || ≈**weg** *m* (Betätigungselement, Steuerschalter) / release travel

Rücklaufzeit *f* (Mot.) / deceleration time || ≈ (z.B. Poti) / resetting time || ≈ (Hochlaufgeber) / ramp-down time || ≈ (Rel., DIN IEC 255-1-00) / returning time (IEC 255-1-00)

Rücklauf·zweig *m* (LE) / regenerative arm

Rückleistungsschutz *m* / reverse-power protection

Rückleiter *m* (Dü-Systeme, DIN 66020, T.1) / common return || ≈ (VDE 0168, T.1) / return conductor (IEC 71.4), return wire, return line || **gemeinsamer** ≈ / common return || ≈**feld** *n* / return-line panel || ≈**kabel** *n* / return-line cable

Rückleitung *f* / return circuit, return line, return system || ≈ (s. Rückleiter) || **Netz mit Erde als** ≈ / earth return system, ground return system (US)

Rückleitungs·kabel *n* / return cable || ≈**schiene** *f* / return conductor rail

Rückleseeingang *m* / readback input

Rückmagnetisierung *f* / remagnetization *n*, reverse magnetization

Rückmelde·eingang *m* / checkback input || ≈**einheit** *f* / check-back module || ≈**geber** *m* / check-back signal transmitter, status signal transmitter || ≈**information** *f* / feedback *n* || ≈**kreis** *m* / retransmitting circuit, indicating circuit, check-back circuit || ≈**kreis** *m* (vgl. „Rückmeldung") / check-back circuit, status signalling circuit || ≈**luft** *f* / indicator operating air

Rückmelder *m* / indicator unit, indicator *n*, check-back signalling unit || ≈ (f. Schalterstellungen) / repeater *n*

Rückmeldesignal *n* / check-back signal || ≈ (f. Zustand eines gesteuerten Elements) / status signal

Rückmelde·tafel *f* / indicator board || ≈**ventil** *n* / indicator valve

Rückmeldung *f* / check-back signal, check-back indication, indication *n* || ≈ (FWT) / return information || ≈ (PLT, Zustandssignal) / status signal, status signal display || ≈ (Quittierinformation) / acknowledgement *n* || ≈ (Information) / feedback *n* || **Istdaten-**≈ / actual data feedback || **negative** ≈ (s. negative Quittierung)

Rückmeldungs·verarbeitung *f* (Zustandssignale) / status signal processing

Rück·nahmebefehl *m* (FWT) / cancel command || ≈**positionieren** *n* (WZM) / repositioning *n*, retract *n*

Rückschalter (s. Rückstellschalter)

Rückschalt·kraft *f* / release force || ≈**punkt** *m* / release position || ≈**temperatur** *f* (Wärmefühler) / reset temperature || ≈**zeit** *f* (Netzumschaltgerät) / return transfer time

Rückschlag·klappe *f* / non-return valve, swing valve, clapper valve || ≈**ventil** *n* / non-return valve, stop valve, check valve

Rückschluß *m* (magn. Fluß) / magnetic return, return *n*, return path || **magnetischer** ≈ / magnetic return path, magnet yoke || **magnetischer** ≈ (LM) / magnetic keeper || ≈**bügel** *m* (EZ) / tongue piece || ≈**schenkel** *m* / return limb, yoke *n*

rückschreiben *v* / re-write *v* || **Lesen mit modifiziertem** ≈ / read-modify-write mode

Rück·schwingthyristor *m* / ring-back thyristor || ≈**schwingzweig** *m* (LE) / ring-back arm

rückseitig·er Anschluß / back connection, connection at the rear, rear connection, rear cable entry || **~er Antrieb** (SG) / rear operating mechanism, rear-operated mechanism || **~ befestigt** / back-mounted *adj*, rear-mounted *adj* || **~ entriegelbarer Kontakt** / rear-release contact || **~e Leitungseinführung** / rear cable entry, rear connection || **~e Verdrahtungsplatte** / backplane p.c.b.

Rücksetz·-Abhängigkeit *f* / reset dependency, R-dependency *n* || ≈**auslöser** *m* (EZ) / resetting trip || ≈**befehl senden** (PMG, DIN IEC 625) / to send interface clear (sic) || ≈**eingang** *m* / resetting input, reset input, R-input *n*, clear input

rücksetzen *v* / reset *v*, unlatch *v* || ≈ *n* (DIN 19237) / reset *n* || ≈ (Magnetband) / backspace *n* || **Ausgang ~** (PC) / unlatch output || **Gerät ~** (PMG) / device clear(ing) || **Schnittstelle ~** (PMG) / interface clear(ing) || **speichernd ~** / unlatch *v*

Rücksetz·funktion *f* (PMG, DIN IEC 625) / device-clear function || ≈**impuls** *m* / reset(ting) pulse || ≈**mechanismus** *m* / return mechanism (IEC 50(581)) || ≈**-Ruhezustand der Systemsteuerung** (PMG, DIN IEC 625) / system control interface clear idle state (SIIS) || ≈**stellung** *f* / reset position || ≈**taste (RS-Taste)** *f* / reset key, reset button || ≈**wert** *m* (Rel.) / release value (IEC 50(446))

Rück·spannung *f* / reverse voltage || ≈**spannung** *f* (Rückkopplung) / feedback voltage || ≈**spannungsschutz** *m* / reverse voltage protection || ≈**speisetransformator** *m* / energy recovery transformer, feedback transformer || ≈**speiseumformer** *m* / converter for slip-power recovery, energy recovering m.-g. set || ≈**speisung der Schlupfleistung** / slip-power recovery || ≈**speisung von Energie** / energy recovery, energy reclamation || ≈**speisungsunterwerk** *n* / receptive substation

Rücksprung *m* (z. Programmanfang o. in einen

Baustein) / return *n*
rückspulen *v* / rewind *v* || ≗ *n* / rewinding *n*, rewind *n* || ≗ (NC; CLDATA-Wort) / rewind (ISO 3592)
Rückspülen *n* (Chromatograph) / backflushing *n*
Rückspulen zum Programmanfang (NC) / rewind to program start
Rückspul·geschwindigkeit *f* / rewind speed || ≗**stop** *m* / rewind stop
Rückstand *m* (Aufträge, Arbeit) / backlog *n*
Rückstands·fraktion *f* / tail fraction, tails *pl*
Rückstau *m* / back-pressure *n*
Rückstellabfrage *f*, **Sägezahn-**≗ (LE) / saw-tooth voltage reset detector
rückstellbar *adj* / resettable *adj* || ~**er Melder** (EN 54) / resettable detector || ~**er Temperaturbegrenzer** / non-self-resetting thermal cutout
Rückstell·drehfeder *f* / resetting torsion spring (o. bar), restoring torsion spring || ≗**druckknopf** *m* / reset push-button || **Feder**~**einrichtung** *f* / spring return device || ≗**einrichtung** *f* (SG) / reset (o. resetting) device || ≗**einrichtung** *f* (EZ; VDE 0418,1) / restoring element (IEC 211) || ≗**einrichtung** *f* (EZ, Maximum-R.) / zero resetting device, resetter *n* || **Mitnehmer-**≗**einrichtung** *f* (EZ) / driver restoring element, driver resetting mechanism
rückstellen *v* (a. Rel.) / reset *v*
Rückstell·feder *f* / resetting spring, restoring spring, return spring || ≗**impuls** *m* / reset(ting) pulse || ≗**knopf** *m* / reset button, resetting button || ≗**kraft** *f* (a. HSS, VDE 0660, T.200) / restoring force || ≗**kraft** *f* (Rel., Schnappsch.) / reset force || ≗**moment** *n* (SG, VDE 0660, T.200) / restoring moment (IEC 337-1) || ≗**moment** *n* (Synchronmasch.) / synchronizing torque || ≗**moment** *n* (Feder) / restoring torque || ≗**periode** *f* (EZ) / resetting period || ≗**schalter** *m* / resetting switch, resetter *n* || ≗**temperatur** *f* / restoring temperature, reset temperature
Rückstellung *f* / resetting *n*, reset *n*, return *n* || **Drucktaster mit verzögerter** ≗ (VDE 0660, T.201) / time-delay pushbutton (IEC 337-2) || **Maximum-**≗ *f* / maximum-demand zero resetting, maximum-demand resetter || **Probenentnahme mit** ≗ / sampling with replacement || **selbsttätige** ≗ (PS) / automatic return
Rückstell·-Vorlaufweg *m* / resetting overtravel || ≗**vorrichtung** *f* / resetting device || ≗**weg** *m* (WZM-Werkzeug, Teilweg zwischen zwei Schnitten) / retract distance || ≗**zählwerk** *n* / resettable register || ≗**zeit** *f* / resetting time, reset time || **Monats-**≗**zeitlaufwerk** *n* / monthly resetting timer || ≗**ziffer** *f* (el. Masch., f. synchronisierendes Moment) / synchronizing torque coefficient
Rückstrahl·aufnahme *f* (RöA) / back-reflection photogram, back-reflection photograph, back-reflection pattern || ≗**charakteristik** *f* / echo characteristic || ≗**diagramm** *n* / back-reflection pattern
Rückstrahler *m* (Oberfläche o. Körper mit Retroreflexion) / retro-reflector *n* || ≗ (Kfz) / rear red reflex reflector, reflex reflector
Rückstrahl·optik *f* / retro-reflecting optical unit || ≗**verfahren** *n* (RöA) / back-reflection method, back-reflection photography || ≗**wert** *m* / coefficient of retroflective luminous intensity || **spezifischer** ≗**wert** / coefficient of retroreflection
Rück·streudämpfung *f* / backscatter attenuation || ≗**streumeßplatz** *m* / optical time-domain reflectometer || ≗**streuung** *f* (LT, LWL) / backscattering *n*
Rückstrom *m* (a. Thyr) / reverse current || ≗**auslöser** *m* (VDE 0660,T.101) / reverse-current release (IEC 157-1) || ≗**relais** *n* / reverse-current relay || ≗**schutz** *m* / reverse-current protection || ≗**spitze** *f* (Thyr, Diode) / peak reverse recovery current
Rück·transformation *f* / inverse transformation || ~**treibendes Moment** (el. Masch.) / restoring torque, synchronizing torque || ≗**trieb** *m* (EZ) / backward creep || ~**übersetzen** *v* / recompile *v*, retranslate *v*, decompile *v* || ≗**umformer** (s. Rückspeiseumformer) || ~**umsetzen** *v* / reconvert *v* || ≗**umsetzung** *f* / reconversion *n*
Rückverfolgbarkeit *f* (QS) / traceability *n*
Rückverfolgung *f* / tracing *n*
Rückwand *f* (ST) / rear panel || ≗**-Bussystem** *n* / backplane bus system
Rückwandecho *n* / back-wall echo, back echo
rück·wandeln *v* / reconvert *v* || ≗**wanderecho** *n* / vibrations reflected from edge, reflected beam, back reflection
Rückwand·karte *f* / backplane *n* || ≗**karten-Verbindungssystem** *n* / backplane interconnect system
Rückwandlung *f* / reconversion *n*
Rückwand·platine (s. Rückwandkarte) || ≗**verdrahtungsplatte** *f* / wiring backplane
rückwärtig·er Abstandskurzschluß / source-side short-line fault || ~**er Überschlag** / back flashover
rückwärts leitend (HL) / reverse conducting || ~ **leitender Thyristor (RLT)** / reverse conducting thyristor, asymmetric silicon-controlled rectifier (ASCR) || ~ **rollen** (Bildschirm) / roll down *v* || ~ **sperrend** (HL) / reverse blocking, inverse blocking || ~ **takten** (Zähler) / down counting
rückwärtsblättern *v* (am Bildschirm) / page down *v*
Rückwärts·diode *f* / backward diode, unitunnel diode || ≗**-Durchlaßkennlinie** *f* (Thyr) / reverse conducting-state characteristic || ≗**-Durchlaßspannung** *f* (Thyr) / reverse conducting voltage || ≗**-Durchlaßstrom** *m* (Thyr) / reverse conducting current || ≗**-Durchlaßwiderstand** *m* (Thyr, DIN 41786) / reverse conducting resistance || ≗**-Durchlaßzustand** *m* (Thyr) / reverse conducting state || ≗**durchschlag** *m* (HL) / reverse breakdown || ≗**-Erholzeit** *f* (Schaltdiode) / reverse recovery time || ≗**führung** *f* (Reg.) / feedback control || ≗**-Gleichspannung** *f* (Diode, DIN 41781) / continuous direct reverse voltage, continuous reverse voltage || ≗**-Gleichsperrspannung** *f* / direct reverse voltage, direct off-state voltage || ≗**kanal** *m* / backward channel || ≗**kennlinie** *f* (HL, DIN 41853) / reverse voltage-current characteristic
Rückwärtslauf *m* / run-back *n* || ≗ (Lochstreifenleser) / rewind *n* || ≗ (WZM) (s. Rücklauf)
Rückwärts·programmierung *f* (NC) / return programming, reverse programming || ≗**richtung** *f* (a. HL) / reverse direction || ≗**richtung** (Schutz) (s. Sperrichtung) || ≗**-Richtungsglied** *n* / reverse-

looking directional element (o. unit) || ≗-**Scheitelsperrspannung** *f*(am Zweig) / circuit crest working reverse voltage || ≗-**Scheitelsperrspannung** *f*(Thyr, DIN 41786) / peak working reverse voltage, crest working reverse voltage || ≗-**Schiebeeingang** *m* / right-to-left shifting input, bottom-to-top shifting input || ~**schreitender Wicklungsteil** / retrogressive winding element || ≗**schritt** *m* (Wickl.) / backward pitch || ≗**schritt** *m* (Formatsteuerfunktion; NC) / backspace *n* || ≗**spannung** *f*(Thyr, Diode) / reverse voltage || ≗-**Sperrfähigkeit** *f*(Thyr, Diode) / reverse blocking ability || ≗-**Sperrkennlinie** *f*(Thyr) / reverse blocking-state characteristic || ≗-**Sperrspannung** *f*(Thyr) / reverse blocking voltage || ≗-**Sperrstrom** *m*(Thyr) / reverse blocking current || ≗-**Sperrwiderstand** *m*(Thyr) / reverse blocking resistance || ≗-**Sperrzeit** *f* / reverse blocking interval, inverse period || ≗-**Sperrzeit des Stromkreises** / circuit reverse blocking interval || ≗-**Sperrzustand** *m* / reverse blocking state || **periodische** ≗-**Spitzensperrspannung** (Thyr, DIN 41786) / repetitive peak reverse voltage, maximum recurrent reverse voltage || ≗-**Spitzensteuerspannung** *f*(Thyr) / peak reverse gate voltage || ≗**steilheit** *f*(HL) / reverse transfer admittance || ≗-**Steuerspannung** *f*(Thyr) / reverse gate voltage || ≗-**Steuerstrom** *m*(Thyr) / reverse gate current || ≗**steuerung** *f*(DÜ, DIN 44302) / backward supervision || ≗-**Stoßspitzenspannung** *f*(Thyr, DIN 41786) / non-repetitive peak reverse voltage || ≗-**Stoßspitzenspannung des Stromkreises** / circuit non-repetitive peak reverse voltage || ≗**strich** *m*(Staubsauger) / return stroke || ≗**strom** *m*(Thyr, Diode) / reverse current || ≗-**Stromverstärkung** *f* / reverse current transfer ratio, inverse current transfer ratio || ≗-**Suchlauf** *m* / backward search || ≗-**Übertragungskennwerte** *m pl*(DIN IEC 147,T.1E) / reverse transfer characteristics || ≗-**Übertragungskoeffizient** *m*(Transistor, DIN 41854,T.10) / reverse s-parameter || ≗**verkettung** *f* (vom Ziel ausgehende V.) / backward chaining || ≗**verlust** (Diode) (s. Rückwärtsverlustleistung) || ≗**verlustleistung** *f*(Diode) / reverse power dissipation, reverse power loss

Rückwärtswelle *f* / backward wave

Rückwärtswellen·oszillator *m* / backward-wave oscillator (BWO) || ≗-**Oszillatorröhre** *f* / backward-wave oscillator tube || ≗-**Oszillatorröhre vom M-Typ** / M-type backward-wave oscillator tube (M-type BWO) || ≗**röhre** *f* / backward-wave tube (BWT) || ≗**verstärker** *m* / backward-wave amplifier (BWA) || ≗-**Verstärkerröhre** *f* / backward-wave amplifier tube || ≗-**Verstärkerröhre vom M-Typ** / M-type backward-wave amplifier tube (M-type BWA)

Rückwärts·-Zähleingang *m* / counting-down input, decreasing counting input || ~**zählen** *v* / count down *v* || ≗**zählen** *n* / countdown *n*, counting down || ≗**zähler** *m* / down counter || ≗**zählimpuls** *m* / down-counting pulse || ≗**zeiger** *m* / backpointer *n* || ≗**zeit** (s. Rückwärts-Zeitglied) || ≗-**Zeitglied** *n* / decrementing timer

Rückwattschutz *m* / reverse-power protection

Rückweise·wahrscheinlichkeit *f*(QS, DIN 55350, T.31) / probability of rejection || ≗**wert** (s. Rückweisezahl) || ≗**zahl** *f*(QS) / rejection number

Rückweis-Grenzqualität (s. rückzuweisende Qualitätsgrenzlage)

Rückweisung *f*(QS, DIN 55350, T.31) / rejection *n*

Rückweisungsdatenpaket *n* / reject packet

Rückwerfwert *m*(Rel., VDE 0435,T110) / release value

Ruckwert *m* / jerk rate, rate of rate-of-change

Rückwickelvorrichtung *f*(Lochstreifenleser) / pay-off reel

Rückwirkung *f*(allg.) / effect *n*, reaction *n* || ≗ (Netz) / disturbances *n pl*, perturbation *n*, reaction *n*(on system), phase effect || ≗ (mech.; Last, Moment) / reaction *n* || ≗ (leitungsgebundene Störung) / conducted interference || **Netz**~ / system perturbation, reaction on system, mains pollution, phase effect || **Netz**~ (durch Mot.-Einschaltung) / starting inrush || **Spannungs**~ (Transistor, DIN 41854) / reverse voltage transfer ratio || ≗**en in Stromversorgungsnetzen** / disturbances in electricity supply networks

Rückwirkungsadmittanz *f* / reverse transfer admittance

rückwirkungsfrei *adj*(entkoppelt) / isolated *adj*, decoupled *adj* || ~ (Reg.; DIN 19226) / non-interacting *adj*

Rückwirkungskapazität *f*, **Kurzschluß**≗ / short-circuit feedback capacitance (FET)

Rückwirkungs·-Zeitkonstante *f*(Transistor) / transfer time factor

Rück·wurf *m*(Reflexion) / reflection *n* || ~**ziehende Kennlinie** / fold-back characteristic

Rückzug *m*(durch Feder) / spring return || ≗ (Taster) / resetting *n*(feature) || ≗ (WZM) / return *n*, return motion, retraction *n* || ≗ (NC; CLDATA-Wort) / retract (CLDATA word; ISO 3592) || **Werkzeug**~ (NC) / tool withdrawal, tool retract(ing), backing out of tool || ≗**feder** *f* / restoring spring, return spring, resetting spring

Rückzugs·wicklung *f*(Rel.) / resetting coil

Rückzug·weg *m*(WZM-Werkzeug) / retract distance || ≗**weg** *m*(WZM, NC) / return travel, retract travel (o. distance) || ≗**zyklus** *m*(WZM, NC) / return cycle, retract cycle

rückzündfreies Schalten / switching (o. circuit interruption) without restriking

Rückzündung *f*(VDE 0670,T.3) / restrike *n*(IEC 265) || ≗ (LE-Ventil o. -Zweig) / backfire *n* || ≗ (Ionenventil) / arc-back *n* || ≗ (Schweißbrenner) / sustained backfire, backfire *n* || **Lichtbogen**-≗ / arc-back *n*

rückzündungsfreier Leistungsschalter / restrike-free circuit-breaker

rückzuweisende Qualitätsgrenzlage (DIN 55350, T.31) / limiting quality level (LQL), rejectable quality level (RQL)

Ruf·abweisung *f*(DÜ, DIN 44302) / call not accepted || ≗**anlage** *f* / call system || ≗**annahme** *f* (DÜ, DIN 44302) / call accepted || ≗**anweisung** *f* / call statement

rufend·e Station / calling station

Ruf·funktion *f*(PMG) / service request function || ≗**lampe** *f* / call lamp, calling lamp

ruflos·er Zustand der Ruffunktion (PMG, DIN IEC 625) / negative poll response state (NPRS)

Ruf·melder *m* / call button unit || ≗**nummer** *f*(DÜ,

Datennetz) / address signal
rufpflichtiger Punkt (QS) / call point
Ruf·taste *f* / call button (o. key) || **~umleitung** *f* / call redirection || **~zusammenstoß** *m* / call collision || **~zustand der Ruffunktion** (PMG, DIN IEC 625) / service request state (SRQS)
Ruhe·bereich *m* (Schutz) / region of non-operation || **~geräusch** *n* / background noise || **~kontakt** *m* / break contact, break contact element (IEC 337-1), b-contact, normally closed contact, NC contact
Ruhelage *f* (vgl. „Ruhestellung") / position of rest, neutral position || **~** (PS, Betätigungselement) / free position || **~** (Rel.) / normal position || **~** (PS, Kontakte) / normal contact position || **~** (Schutz) / quiescent state
Ruhe·last *f* / permanent load, deadweight load || **~lichtmeldung** *f* / steady-light indication
ruhend·er Anker / stationary armature, fixed armature || **~e Belastung** / steady load || **~e Dichtung** / static seal || **~e elektrische Maschine** / static electrical machine || **~es Feld** / stationary field, fixed field, steady-state field
Ruhe·pause *f* / rest period || **~penetration** *f* / unworked penetration || **~potential** *n* (freies Korrosionspotential) / open-circuit potential || **~punkt** *m* (HL, Verstärker) / quiescent point || **~reibung** *f* / static friction, friction of rest, stiction *n* || **~spannung** *f* (Leerlaufspannung) / open-circuit voltage || **~spannung** *f* (mech.) / stress at rest || **~spannungssystem** *n* / closed-circuit system
Ruhestellung *f* („Aus"-Stellung) / "off" position || **~** (PS) / free position || **~** (Nullstellung) / neutral position, home position, zero position || **~** (Rel.) / normal position, normal condition (relay), de-energized position || **~** (Schütz) / position of rest || **~** (s. Trennstellung) || **Wechsler mit mittlerer ~** / changeover contact with neutral position
Ruhestrom *m* / closed-circuit current, bias current (IC), quiescent current (electron tube), zero-signal current || **Eingangs-~** *m* (HL, IS) / input bias current || **~-Alarmgerät** *n* / closed-circuit alarm device || **~-Auslösekreis** *m* / closed-circuit trip circuit || **~auslöser** *m* / closed-circuit shunt release, undervoltage release || **~auslöser** (s. Unterspannungsauslöser) || **~betrieb** *m* (FWT) / closed-circuit working || **~bremse** *f* / fail-safe brake || **~kreis** *m* / closed circuit, break circuit || **~schaltung** *f* / closed-circuit connection (o. arrangement), circuit opening connection, idling-current connection, circuit closed in standby position, circuit on standby || **~schaltung** *f* (EZ) / break circuit, closed-circuit-to-reset arrangement || **~schleife** *f* / closed current loop || **~system** *n* / closed-circuit system || **~überwachung** *f* / closed-circuit protection, fail-safe circuit
Ruhe·verlustleistung *f* (IS) / quiescent dissipation power || **~wartezustand** *m* (PMG) / idle wait state || **~wartezustand der Quelle** (PMG, DIN IEC 625) / source idle wait state (SIWS) || **~wert** *m* (Einschwingvorgang eines Verstärkers) / quiescent value
Ruhezustand *m* (Datennetz, DIN ISO 8348) / idle state || **~** (Rel.) / release condition, release state (US) || **~** (HL) (s. Ruhepunkt) || **~ der Auslösefunktion** (PMG, DIN IEC 625) / device trigger idle state (DTIS) || **~ der Parallelabfrage** (PMG, DIN IEC 625) / parallel poll idle state (PPIS) || **~ der Quelle** (PMG, DIN IEC 625) / idle state of source, source idle state (SIDS) || **~ der Rücksetzfunktion** (PMG, DIN IEC 625) / device clear idle state (DCIS) || **~ der Senke** (PMG, DIN IEC 625) / acceptor idle state (AIDS) || **~ der Steuerfunktion** (PMG, DIN IEC 625) / controller idle state (CIDS) || **~ des erweiterten Hörers** (PMG, DIN IEC 625) / listener primary idle state (LPIS) || **~ des erweiterten Sprechers** (PMG, DIN IEC 625) / talker primary idle state (TPIS) || **~ des Hörers** (PMG, DIN IEC 625) / listener idle state (LIDS) || **~ des Sprechers** (PMG, DIN IEC 625) / talker idle state (TIDS)
ruhig·es Brennen / smooth burning, even burning || **~er Lauf** (leise) / silent running, quiet running || **~er Lauf** (rund laufend) / smooth running, concentric running || **~er Lichtbogen** / silent arc
Ruhiglicht *n* / steady light || **~-Meldeeinheit (RL-Meldeeinheit)** *f* / steady-light indicator module
Ruhmkorff-Spule *f* / Ruhmkorff coil, induction coil
Rumpf *m* (PC-Baustein) / body *n*
rund·e Klammer / parenthesis *n*, round bracket || **~er Steckverbinder** / circular connector
Rundachse *f* (WZM, Drehachse) / rotary axis
Rund·aluminium *n* / round-bar aluminium || **~anschlußklemme** *f* / stud terminal || **~befehl** *m* (FWT) / broadcast command || **~dichtung** *f* (O-Ring) / O-ring *n* || **~dose** *f* (I) / circular box
Runddraht·armierung (s. Runddrahtbewehrung) || **~bewehrung** *f* (Kabel) / round-wire armour(ing) || **~-Spulenwicklung** *f* / wire-wound coil winding || **~wicklung** *f* / round-wire winding, mush winding
Rund·drücken *n* (Blechp.) / concentricity correction || **~drückwerkzeug** *n* (f. Kabel) / compression tool
runden *v* (Zahl) / round *v*
Rundfeuer *n* (Bürsten-Kommutator) / flashover *n* || **~-Löscheinrichtung** *f* / flash suppressor
Rundfunk·entstörung *f* / radio interference suppression || **~störspannung** *f* / radio interference voltage (RIV), radio noise voltage || **~störstelle** *f* / source of radio interference
Rundgewinde *n* / knuckle thread
Rundheit *f* / roundness *n*, circularity *n*, concentricity *n*
Rundheits·toleranz *f* / circularity tolerance
Rund·-Induktosyn *n* / rotary Inductosyn || **~kabel** *n* / round cable || **~keil** *m* / round key || **~kerbe** *f* / semi-circular notch, U-notch *n* || **~kern** *m* (Trafo) / circular core || **~kupfer** *n* / round-bar copper
Rundlauf *m* / true running, smooth running, concentricity *n* || **~** (hakfrei; nicht klebend) / non-cogging operation || **~abweichung** *f* / radial eccentricity, radial runout
rundlaufen *v* / to run true, to rotate concentrically
rundlaufend *adj* / running true, concentric *adj*
Rundlauf·fehler (s. Rundlaufabweichung) || **~genauigkeit** *f* / rotational accuracy, truth of rotation, concentricity *n*, trueness *n* || **~prüfung** *f* / balance test, out-of-true test
Rund·leiter *m* / circular conductor || **~nut** *f* (geschlitzt) / partly closed round slot, half-closed round slot, semi-closed round slot || **~nut** *f* (geschlossen) / round slot || **~passung** *f* / cylindrical fit || **~pol** *m* / round pole || **~relais** *n* /

round relay, circular relay || ≈**schleifmaschine** *f* / cylindrical grinding machine, cylindrical grinder || ≈**schnitt** *m* (Stanzwerkzeug) / circular blanking die || ≈**schnurdichtung** *f* / cord packing || ≈**sicherung** *f* (Schmelzsich.) / cylindrical fuse || ≈**sicherung** *f* (Spannring) / circlip *n*

Rundsichtradar *m*, **Flughafen-**≈ (ASR) / airport surveillance radar (ASR)

Rund·stab *m* / round bar, rod *n* || ≈**stahl** *m* / round steel bar(s), bar stock, steel bars, rounds *n pl* || ≈**stahldrahtbewehrung** *f* / round steel-wire armour || ≈**stecker** *m* / circular plug, circular connector || ≈**stecker** *m* (Bürste) / pin terminal || ≈**steckverbinder** *m* / circular connector

Rundsteuer·anlage *f* / ripple control system, centralized telecontrol system, centralized ripple control system || ≈**befehl** (s. Rundsteuersignal) || ≈**einkopplung** *f* (System, Gerät) / ripple-control injection system (o. unit), ripple-control coupling || ≈**einkopplung** (Signal) (s. Rundsteuersignaleinspeisung) || ≈**empfänger** *m* / ripple-control receiver || ≈**-Kommandogerät (RKG)** *n* / ripple-control command unit || ≈**-Prozeßelement** *n* / ripple-control process interface module || ≈**-Prozeßrechner** *m* / ripple-control process computer || ≈**-Resonanzshunt** *m* / resonant shunt for ripple control || ≈**sender** *m* / ripple-control transmitter || ≈**sendung** *f* / ripple-control transmission || ≈**signal** *m* / ripple-control signal, centralized telecontrol signal || ≈**signaleinspeisung** *f* / ripple-control signal injection, centralized telecontrol signal injection

Rundsteuerung *f* / ripple control, centralized ripple control, centralized telecontrol

Rund·stift *m* (Stecker) / round pin || ≈**strahlfeuer** *n* / omni-directional light (o. beacon) || ≈**strahlrefraktor** *m* / omni-directional refractor || ≈**tisch** *m* (WZM) / rotary table, rotating table, circular table

Rundum·isolation *f* / all-round insulation || ~**isoliert** *adj* (vgl. „schutzisoliert") / all-insulated *adj*, with total insulation || ≈**schaltung** *f* (HSS) / round-the-clock actuation || ≈**verstärkung** *f* / closed-loop gain, operational gain

Rundung (s. Verrundung)

Rundungsfehler *m* (Zahlen) / rounding error

Rund·zelle *f* (Batt.) / cylindrical cell || ≈**zugprobe** *f* / circular tensile test specimen

Rush·-Stabilisierung *f* / rush stabilization, inrush compensation || ≈**-Stabilisierung** *f* (Rel.) / harmonic restraint (function), current restraint (function) || ≈**-Stabilisierungsrelais** *n* / harmonic restraint relay || ≈**-Strom** *m* / rush current, starting inrush current || ≈**-Unterdrückung** *f* / inrush restraint (feature), harmonic restraint

Ruß *m* (f. Kunstst.) / carbon black, channel black || ≈**gehalt** *m* (PE-Kabelmantel) / carbon-black content || ≈**koks** *m* / lampblack coke

Rüstzeit *f* (WZM) / setting-up time

rutschen *v* (Riemen) / slip *v*, creep *v*

Rutsch·kraft *f* / slip force || ≈**kupplung** *f* / slipping clutch, slip clutch, slip coupling, torque clutch, friction clutch || ≈**moment** *n* / slip torque, torque causing slip || ≈**reibung** *f* / slip friction, sliding friction || ≈**streifen** *m* (Wickl.) / drive strip, chafing strip

Rüttel·beanspruchung *f* / vibration stress, vibratory load || ~**fest** *adj* / vibration-resistant *adj*, vibrostable *adj*, immune to vibrations || ≈**festigkeit** *f* / resistance to vibration, vibration resistance, vibrostability *n*, immunity to vibration || ≈**kraft** *f* / vibratory force, vibromotive force, oscillating force

rütteln *v* / vibrate *v*, rock *v*, jolt *v*, knock *v*

Rüttel·prüfung *f* / vibration test, bump test || ≈**schwingung** *f* / vibration *n* || ~**sicher** (s. rüttelfest) || ≈**sicherheit** (s. Rüttelfestigkeit) || ≈**tisch** *m* / vibration table

RVR (s. Pistensichtweite)

RWD (release when done - Freigabe nach Ausführung) || ≈**-Anforderer** *m* / RWD requester

RWE (s. Pistenende)

RWM (s. Schreib-/Lesespeicher)

RZ·-Code *m* / RZ code (RZ = return to zero) || ≈**-Verfahren** (s. Rückkehr nach Null-Schreibverfahren)

S

S (Buchstabensymbol für feste Isolierstoffe) / S (letter symbol for solid insulants)

S (alte Bezeichnung für Selbstkühlung; entspricht dem Kennbuchstaben N)

Saal·beleuchtung *f* / hall lighting || ≈**-Lichtsteuergerät** *n* / hall lighting control unit

S-Abhängigkeit (s. Setz-Abhängigkeit)

Sachbereich *m* / group of articles, category *n*

Sache (s. Gegenstand)

Sachgruppe *f* / classification group

sachlich ausgewählte Untergruppe / rational sub-group

Sachmerkmal *n* (DIN 4000,T.1) / article characteristic || ≈**-Ausprägung** *f* (DIN 4000, T-1) / article characteristic value || ≈**-Benennung** *f* (DIN 4000,T.1) / designation of article characteristic || ≈**-Daten** *plt* (DIN 4000,T.1) / data of subject characteristics || ≈**-Kennbuchstabe** *m* (DIN 4000,T.1) / code letter of article characteristic || ≈**-Leiste** *f* (DIN 4000,T.1) / line of subject characteristic, tabular layout of article characteristics || ≈**-Schlüssel** *m* (DIN 4000,T.1) / key of subject characteristics || ≈**-Verzeichnis** *n* / article characteristic list || ≈**wert** *m* / article characteristic value

Sachnummer *f* (DIN 6763,T.1) / object number, item number, part number

Sachverständigenabnahme *f* / acceptance by an authorized inspector

Sachverständiger *m* / expert *n* || ≈ **des Werkes** (Prüfsachverständiger) / factory-authorized inspector || **amtlicher** ≈ / official referee, officially appointed expert || **Prüf-**≈ / authorized inspector

Sachverzeichnis *n* / subject index, index *n*

Sack·bohrung *f* / blind hole || ≈**filter** *n* / bag filter || ≈**loch** *n* / blind hole || ≈**loch mit Gewinde** / tapped blind hole, closed tapped bore || ≈**rohr** *n* / siphon *n*

SAE-Element (s. Schrankanschlußelement)

Sägezahn·bildung *f* / saw-tooth (pulse) generation || ~**förmig** *adj* / saw-tooth *adj* || ≈**generator** *m* / saw-tooth voltage generator || ≈**kurve** *f* / saw-tooth curve, saw-tooth waveshape (o. waveform)

|| ~-**Rückstellabfrage** *f*(LE) / saw-tooth voltage reset detector || ~**spannung** *f* / saw-tooth voltage

Saisontarif *m* / seasonal tariff || ~ **mit Zeitzonen** / seasonal time-of-day tariff

Saiten-Galvanometer *n* / string galvanometer

Saldierung *f*(EZ) / balancing *n*, import-export balancing

Saldo *m*(GLAZ) / credit/debit balance (working time), (time) balance || **Zähler**~ *m* / counter (o. meter) balance || ~**anzeige** *f*(GLAZ) / credit/debit readout || ~**auskunft** *f*(GLAZ) / time credit/debit information, credit/debit information || ~**auskunftsterminal** *n*(GLAZ) / credit/debit information terminal

Salzgehalt *m* / salt content, salinity *n* || **Vorzugs-**~ *m* (Isolationsprüf.) / reference salinity

salzhaltige Luft / salt-laden atmosphere

Salzmenge, äquivalente ~ (Fremdschichtprüfung) / equivalent salt deposit density (ESDD) (IEC 507)

Salz·nebel-Prüfverfahren *n* / saline fog test method, salt-fog method || ~**sprühprüfung** *f* / salt spray test

Sammel·alarm *m* / group interrupt || ~**anzeige** *f* / central(ized) indication || ~**anzeige** (s. Sammelzustandsanzeige) || ~**aufruf** *m*(LAN) / (LAN) broadcast *n* || ~**auftrag** *m*(PC, Anforderung) / group request || ~**befehl** (FWT) (s. Rundbefehl) || ~**erder** *m* / earthing bus, ground bus || ~**interrupt** *m* / group interrupt, general interrupt || ~**kabel** *n* / bus cable, trunk cable || ~**leiter** *m* (Erd-Sammelleiter) / earth continuity conductor || ~**leitung** (s. Busleitung) || ~**leitung** (s. Sammelrohr) || ~**leitungssystem** *n* (Signalleitungen) / group signal line

Sammelmeldung *f* / centralized alarm, group signal (o. alarm) ..centralized annunciation || ~ (FWT) / group information || ~ (s. Summenmeldung)

Sammel·probe *f*(DIN 51750) / composite sample || ~**probenentnahme** *f* / bulk sampling || ~**ring** *m* (Wickl.) / bus-ring *n* || ~**rohr** *n* / manifold *n*, header tube || ~**schaltung** *f* / omnibus circuit

Sammelschiene *n* / busbar *n(pl)*, busbars *pl*, omnibus bus, bus *n* || ~ **mit Längskupplung** / switchable busbar || ~ **mit Längstrennung** / disconnectable busbar, sectionalized busbar || **Daten**~ *f* / data bus, data highway || **Zug**~ (Heizleitung) / heating train line

Sammelschienen auftrennen / to split the busbars || ~**abgriff** *m* / busbar connection || ~**abschnitt** *m* / busbar section, bus section || ~**anlage** *f* / busbar system, bus system || ~-**Anschlußraum** *m* / bus terminal compartment || ~**ausschaltvermögen** *n* (E VDE 0670, T.302) / busbar charging breaking capacity (IEC 265-2) || ~**behälter** *m*(SF_6-isolierte Anlage) / bus(bar) chamber || ~**binder** *m* / busbar bracing element, bus brace || ~-**Differentialschutz** *m* / busbar differential protection, balanced busbar protection || ~**erder** *m* / busbar earthing switch, bus grounding switch || ~-**Erdungsschalter** (s. Sammelschienenerder) || ~**fehler** *m* / busbar fault || ~**führung** *f* / busbar arrangement || ~**halter** *m* / busbar support || ~-**Hochführung** *f* / busbar riser || ~**kanal** *m* / busbar trunking, bus duct, metal-enclosed bus || ~-**Kraftwerk** *n* / range-type power station, common-header power plant || ~-**Kuppelfeld** *n* / bus coupler panel || ~-**Kuppelschalter** *m*(LS) / bus coupler circuit-breaker, bus-tie breaker, bus coupler (breaker) || ~**kupplung** *f* / bus tie, bus coupling || ~-**Längskuppelfeld** *n* / bus section panel (BS 4727, G.06) || ~-**Längskuppelschalter** *m*(LS) / bus-section circuit-breaker, bus sectionalizing circuit-breaker, bus-tie circuit-breaker || ~-**Längskuppelschalter** *m*(TS) / bus-section disconnector, bus sectionalizing switch, bus sectionalizer, bus-tie disconnector || ~-**Längskupplung** *f* / bus tie || ~-**Längskupplung** *f* (Einheit) / bus section panel, bus tie unit || ~-**Längsschalter** *m* / switched busbar circuit-breaker || ~-**Längsschottung** *f* / busbar (phase) barriers, busbar phase separators || ~-**Längstrenner** (s. Sammelschienen-Längstrennschalter) || ~-**Längstrennschalter** *m* / busbar section disconnector, bus sectionalizer, bus sectionalizing switch, bus-tie disconnector, bus section switch || ~-**Längstrennung** *f* / bus sectionalizing, bus tie || ~-**Längstrennung** *f* (Einheit) / bus-section panel, bus sectionalizing unit (o. cubicle), bus-tie unit || ~**leiter** *m* / busbar *n*, bus(bar) conductor || ~**leitungszug** *m* / busbar run, bus run || ~-**Lichtbogenbarriere** *f* / busbar arc barrier, arc barrier in busbar compartment || ~-**Meßaufsatz** *m* / (top-mounted) busbar metering compartment || ~-**Meßfeld** *n* / busbar metering panel || ~-**Meßraum** *m* / busbar metering compartment || ~-**Nachbildung** *f* / analog of busbar || ~-**Nachbildung** *f*(v. Spannung) / bus voltage replicator || ~-**Parallellauf** *m* / operation in parallel with bus || ~-**Querkupplung** *f* / bus coupling || ~-**Querkupplung** *f*(Einheit) / bus coupler unit, bus-tie cubicle || ~-**Querschottung** *f* / bus transverse (o. end) barriers || ~-**Quertrenner** *m* / bus-tie disconnector, bus coupler || ~-**Quertrennung** *f* / bus coupling || ~-**Quertrennung** *f*(Einheit) / bus coupler panel, bus coupler unit (o. cubicle) || ~**raum** *m* / busbar compartment || ~**schaltung** *f*(Schutztechnik) / direct generator-line (o. -bus) connection || ~**schottung** *f* / busbar segregation, busbar barriers (o. partitions) || ~-**Spannungsdifferentialschutz** *m* / voltage-biased bus differential protection || ~-**Spannungs-Nachbildung** *f* / bus voltage simulator, bus voltage replicator || ~-**Stromwandler** *m* / busbar current transformer || ~**system** *n* / busbar system, bus system || ~**trenner** (s. Sammelschienen-Trennschalter) || ~-**Trennschalter** *m* / bus disconnector, bus isolator (depr.) || ~-**Trennschalter** *m*(bei Mehrfachsammelschienen) / bus selector switch-disconnector || ~-**Überführung** *f* / busbar crossover || ~-**Umschalter** *m* / busbar selector switch || ~-**Umschalttrenner** *m* / busbar selector disconnector || ~**umschaltung** *f* / busbar selection, bus transfer || ~**umschaltung im abgeschaltetem Zustand** / off-load busbar selection || ~-**Unterführung** *f* / busbar crossunder || ~**zug** *m* / busbar run, bus run

Sammelsignal *n*(Einzelmeldungen zu einem Gruppensignal zusammengefaßt) / group signal, group alarm, centralized alarm || ~**speicher** *m* (Flip-Flop) / group signal flip-flop

Sammel·status *m*(Prozeßleitt.) / common status || ~**steuerung** *f*(Aufzug) / collective control, bank control || ~**störmeldung** *f* / centralized fault indication, centralized alarm || ≈störungsanzeige *f* / group alarm indication (o. display), centralized fault indication || ≈straße *f* / collector road, distributor road, collector *n* || ≈zeichnung *f* / collective drawing || ≈zustand *m* (Prozeßleitt.) / common status || ≈zustandsanzeige *f* (PLT) / common-status display

Sammlung *f* (Programmablaufplan) / join *n*

Sample-and Hold-Verstärker (s. Abtast-Halteverstärker)

Sampling-Oszilloskop (s. Abtast-Oszilloskop)

sandgefüllte Sicherung / sand-filled fuse

Sandgußlegierung *f*, **Aluminium-≈** / sand-cast aluminium alloy

Sandkapselung „q" (IEC 50(426)) *f* / sand filling "q"

Sanftanlauf *m* / soft start, reduced-voltage starting, cushioned start, smooth start || ≈**anlasser** *m* / soft starter || ≈**einrichtung** *f* / controlled-torque starting circuit, cushioned-start device, acceleration-rate controller || ≈**kupplung** *f* / centrifugal clutch, dry-fluid coupling

satt anliegend / tight-fitting *adj*, resting snugly (against), snug || ~**er dreipoliger Kurzschluß** / dead three-phase fault, three-phase bolted fault || ~**er Erdschluß** / dead short circuit to earth, dead fault to ground, dead earth (o. ground) fault || ~**er Körperschluß** / dead short circuit to exposed conductive part, dead fault to exposed conductive part || ~**er Kurzschluß** / dead short circuit, dead short, bolted short-circuit

Sattel *m* (Klemme) / saddle *n* || ≈ **mit Drehgelenk** (Montagevorrichtung) / platform pivot attachment || ≈**gleitlager** *n* / cradle-type sleeve bearing, bracket-mounted sleeve bearing || ≈**keil** *m* / saddle key || ≈**klemme** *f* / saddle terminal || ≈**moment** *n* (Mot., VDE 0530, T.1) / pull-up torque (IEC 34-1) || ≈**motor** *m* (Ringmot.) / ring motor, "wrapped-around" motor, gearless motor || ≈**motor** *m* (fliegend angeordnet) / overhung motor || ≈**punkt** *m* / dip *n*

sättigbare Drossel / saturable reactor, saturable-core reactor

Sättigung *f* / saturation *n* || **Koerzitivfeldstärke bei** ≈ / coercivity *n*

Sättigungs-Ausgangssignal *n* / saturation output signal || ≈**bereich** *m* / saturation region || ≈**-B(H)-Schleife** *f* / saturation B(H) loop || ≈**dampfdruck** *m* / saturated vapour pressure || ≈**drossel** *f* / saturable reactor, saturable-core reactor || ≈**-Eingangssignal** *n* / saturation input signal || ≈**faktor** *m* / saturation factor || ~**frei** *adj* / non-saturated *adj* || ≈**gebiet** *n* / saturation region || ≈**gleichrichter** *m* / auto-self-excitation valve || ≈**hystereseschleife** *f* / saturation hysteresis loop || ≈**induktion** *f* / saturation induction || ≈**induktivität** *f* / saturation inductance || ≈**-J(H)-Schleife** *f* / saturation J(H) loop || ≈**kennlinie** *f* / saturation characteristic, saturation curve || ≈**ladung** *f* (Ladungsverschiebeschaltung) / full-well capacity (CTD) || ≈**leistung** *f* / saturation power || ≈**leitwert** *m* (der Fremdschicht auf einem Isolator; VDE 0448, T.1) / reference layer conductivity || ≈**magnetisierung** *f* / saturation magnetization || ≈**-M(H)-Schleife** *f* / saturation M(H) loop || ≈**polarisation** *f* / saturation polarization || ≈**reaktanz** *f* / saturation reactance || ≈**spannung** *f* (Transistor) / saturation voltage (transistor) || ≈**steuerung** *f* (Asynchronmasch.) / saturistor control || ≈**stromwandler** *m* / saturable current transformer || ≈**verstärkung** *f* / saturation gain || ≈**wert** *m* / saturated value || ≈**widerstand** *m* (Transistor, DIN 41854) / saturation resistance || ≈**zustand** *m* (Rel.) / relay soak || ≈**zustand** *m* (ESR) / saturation state, temperature-limited state

Satz *m* (DÜ, FWT) / sentence *n* || ≈ (Datensatz, digitale Daten, PMG) / record *n* || ≈ (NC) / block *n*, record *n* || ≈ (NC; CLDATA-System) / logical record (ISO 3592) || ≈ (LE-Ventilelemente) / assembly *n* || ≈ **fahren** (NC) / block mode || ≈ **fester Länge** / fixed-length record || ≈ **veränderlicher Länge** / variable-length block || **Dokumentier~** / documentation package || **Ventilbauelement-≈** (LE) / valve device assembly

Satzabbruch *m* / block abort

Satz·adresse *f* (NC) / block address, record address || **Eingabeformat in** ≈**adreßschreibweise** / (input in) fixed block format || ≈**anfang** *m* (NC) / block start || ≈**anfangssignal** (NC) / block start signal, start-of-block signal || ≈**anzeige** *f* (NC) / block number display, record number display, sequence number display || ≈**art** *f* (Daten-Bauart) / record type || ≈**aufbau** *m* (NC) / block format || ≈**aufruf** *m* (NC) / block call

Satzende *n* (NC) / block end, end of block, end of record || ≈**zeichen** *n* (PMG) / record delimiter || ≈**zeichen** *n* (NC) / end-of-block character, end-of-record character

Satzfolge, konstante ≈ (NC) / fixed sequential, constant block sequence || ≈**betrieb** *m* (NC, DIN 66257) / automatic mode (NC, ISO 2806-1980) || ≈**kennung (SFK)** *f* / block sequence number, record sequence number (NC, ISO 3592), sequence number || ≈**nummer** *f* (NC) / block sequence number, record sequence number (NC, ISO 3592), sequence number

Satzformat *n* (NC) / block format, record format || **festes** ≈ (NC) / fixed-block format (ISO 2806-1980) || **variables** ≈ (NC) / variable block format

Satz·gruppe *f* (DIN 44300) / record set || ≈**koinzidenz** *f* (NC) / block coincidence || ≈**länge** *f* (NC) / block length, record length || ≈**leser** *m* / block reader || ≈**leser** *m* (NC) / block reader

Satznummer *f* (NC) / sequence number, block number, record number

Satznummern·anzeige *f* (NC) / block number display, record number display, sequence number display || ≈**suche** *f* (NC) / block number search

Satz·parameter *m* (NC) / block parameter || ≈**parität** *f* / block parity || **feste** ≈**schreibweise** (s. festes Satzformat) || ≈**suchlauf** *n* (NC) / block search || ≈**typ** *m* (NC; CLDATA-System) / record type (ISO 3592) || ≈**übergang** *m* (NC) / block transition || ≈**überlesen** *n* / optional block skip, block skip, block delete || ≈**unterdrückung** *f* (NC) / optional block skip, block skip, block delete || ≈**-Untertyp** *m* (NC, CLDATA) / record subtype || ≈**vorlauf** (s. Satzsuchlauf) || ≈**wechselpunkt** *m* (NC) / block change position

satzweise·s Einlesen / block-by-block input || ~ **Programmeingabe** / block-by-block program input, block-serial (program) input || ~ **Verarbeitung** / block-by-block processing, block-serial processing || **vorwärts** ~ (NC) /

forward block by block
Satz·weiterschaltung *f*(NC) / block relaying || **²zähler** *m*(NC) / block counter, record counter || **²zeichnung** *f* / set drawing
saubere Umgebung / clean situation
Sauerstoffanalysegerät *n* / oxygen analyzer
sauerstoffreies Kupfer hoher Leitfähigkeit / oxygen-free high-conductivity copper (OFHCC)
Saug·drossel *f* / interphase transformer, balance coil || **²drosselschaltung** *f* / interphase transformer connection || **²druck** *m* / inlet pressure, intake pressure || **²fähigkeit** *f* / absorptive capacity, absorptivity *n* || **²fähigkeit** *f*(keramischer Isolierstoff) / porosity *n* || **²kreis** *m* / series resonant circuit || **²leistung** *f*(Pumpe) / intake capacity || **²leitung** *f* / suction line (o. pipe), intake line || **²lüfter** *m* / suction fan, induced-draft fan || **²luftfilter** *n* / suction air filter, intake air filter || **²rohr** *n*(WKW) / draft tube || **²rohreinspritzung** *f* (Kfz) / intake manifold injection || **²rohrunterdruck** *m*(Kfz) / induction manifold pressure || **²schlitz** *m* / intake port || **²schrubber** *m* / water suction cleaning appliance || **²seite** *f* (Pumpe) / inlet side, suction side || **²transformator** *m* / booster transformer, draining transformer || **²ventil** *n* / suction valve, intake valve || **²zug** *m* / induced draft || **²zugbrenner** *m* / induced-draft burner || **²zuglüfter** *m* / induced-draft fan
Säule *f*(GR) / stack *n* || **²** (Chromatograph) / column *n* || **Pol~** / pole column, pole turret, pole pillar || **Steuer~** / control pedestal || **thermoelektrische ²** / thermoelectric pile, thermopile *n*
Säulen·diagramm *n* / bar diagram, bar chart, bar graph || **²füllung** *f*(Chromatograph) / column packing || **²konsole** *f*(BSG) / supporting column || **²ofen** *m*(Chromatograph) / column oven || **²-Stelltransformator** *m* / pillar-type variable-voltage transformer || **²transformator** *m* / pillar-type transformer, feeder-pillar transformer || **²verteiler** *m* / distribution pillar
Säure·behandlung *f* / acid treatment || **~beständig** *adj* / acid-resisting *adj*, acid-proof *adj*, acid-resistant *adj* || **²dämpfe** *m pl* / acid fumes || **~frei** *adj* / acid-free *adj*, acidless *adj*, non-corrosive *adj* || **²gehalt** *m* / acidity *n* || **²grad** *m* / acidity *n* || **~haltige Luft** / acid-laden atmosphere
saurer Regen / acid rain
Säurezahl *f* / acid number
S-Automat (s. Sicherungsautomat)
sb (s. Stilb)
SB (s. Seitenband) || **²** (s. Schrittbaustein)
SBC (A. f. „single-board computer" - Einplatinenrechner)
S-Bus (s. serieller Bus)
Scanning-Oszillator-Technik (SOT) *f* / scanning oscillator technique (SOT)
Scan-Schlitten *m*(Diffraktometer) / scan slide
Scavenger *m*(Additiv f. IsolierflÜssigk.; IEC 50(212)) / scavenger *n*
Schablone *f*(Form) / template *n* || **²** (Schrift) / stencil *n* || **²** (Wickl.) / former *n* || **Tastatur~** / keyboard overlay || **Text~** / matrix document, matrix *n*, invoking document
Schablonen·datei *f*(CAD) / template file || **²spule** *f* / former-wound coil, preformed coil, diamond coil || **²wicklung** *f* / former winding, preformed winding
Schacht *m*(senkrechter Leitungskanal) / vertical raceway, vertical trunking || **Aufzug~** *m* / lift well, lift shaft, hoistway *n* || **Licht~** *m* / lighting well || **Steigleitungs~** *m* / riser duct
schachtelbar, zweifach ~ (Programm) / nestable to a depth of two
schachteln *v*(Programm) / nest *v* || **~** (Wickl.) / interleave *v*, imbricate *v* || **²** *n*(Blechp.) / interleaved stacking
Schachteltiefe (s. Schachtelungstiefe)
Schachtelung *f*(Programm) / nesting *n* || **zweifache ²** (Programm) / nesting to a depth of two
Schachtelungstiefe *f* / nesting depth
Schacht·ring *m*(WKW) / shaft-top supporting ring || **²-Signalkabel** *n* / shaft signal cable
Schaden *m* / damage *n*, defect *n*, fault *n*, breakdown *n*
Schadenfolge, Fehler mit ² / damage fault || **Fehler ohne ²** / undamage fault
schadstoffarm *adj*(Kfz) / low-emmission *adj*
Schadstoff·emission *f* / pollutant emission || **²konzentration** *f* / pollutant (o. contaminant) concentration
Schaft *m*(Mastgründung) / chimney *n*(IEC 50(466)), pier *n* || **²** (einteiliger Mast) / shaft *n* || **²** (Gittermast) / body *n* || **²achse** *f*(Welle) / shaft axis || **²länge ohne Kopf** (Schraube) / length of screw under the head
Schale *f*(Wickl.) / shell *n*
Schalen·gehäuse *n* / shell-type casing, shell *n* || **²kern** *m*(Magnetkern) / pot-type core || **²kupplung** *f* / muff coupling, box coupling, ribbed-clamp coupling, clamp coupling || **²magnet** *m* / shell-type magnet || **²modell** *n* (MCC-Geräte) / shell diagram
Schall *m* / sound *n* || **² empfangen** / to receive sound, to receive an ultrasonic signal || **² senden** / to transmit sound, to emit an ultrasonic signal || **²absorption** *f* / acoustical absorption, sound absorption || **²abstrahlungsvermögen** *n* / sound radiating power, ability to radiate sound (o. noise) || **²aufnehmer** *m* / sound probe, sound receiver
Schallaufweg *m* / sound path
Schallaufzeit *f* / sound propagation time
Schall·ausbreitung *f* / sound propagation || **²ausschlag** *m* / particle displacement || **²austrittspunkt** *m*(Ultraschall-Prüfkopf; DIN 54119) / probe index || **²beugung** *f* / sound diffraction || **²bündel** *n* / sound beam || **~dämmend** *adj* / sound absorbing, sound deadening || **²dämmhaube** *f* / noise insulating cover, noise reducing cover, sound-damping hood || **²dämm-Maß** *n* / sound reduction index || **²dämmung** *f* / sound insulation, sound deadening, sound-proofing *n*, sound attenuation || **²dämmwand** *f* / sound absorbing wall || **~dämpfend** *adj* / sound deadening, sound insulating, sound absorbing, noise damping, silencing *n* || **²dämpfer** *m* / silencer *n*, muffler *n*, sound absorber, exhaust silencer || **²dämpfung** *f* / sound dampening, sound attenuation, sound reduction || **²dämpfungskonstante** *f* / sound absorption coefficient || **~dicht** *adj* / sound-proof *adj* || **²diffusor** *m*(Schallpegelmesser) / random-incidence corrector || **²dissipationsgrad** *m* / acoustic dissipation factor || **²druck-Bandpegel** *m* / band sound-pressure level || **²druckpegel** *m* /

sound pressure level || ²eintrittspunkt *m* (DIN 54119) / beam index

Schalleistung *f* / sound power, acoustic power

Schalleistungs·pegel *m* / sound power level, acoustic power level

Schall·empfindung *f* / sound sensation || ²**energie** *f* / sound energy || ²**erzeugung** *f* / sound generation || ²**feld** *n* / sound field, sonic field || ²**gemisch** *n* / complex sound || ²**geschwindigkeit** *f* / sound velocity || ²**impedanz** *f* / acoustic impedance || ²**impuls** *m* / acoustic pulse, sound pulse, sonic pulse || ²**intensität** *f* / sound intensity || ²**isolationsmaß** *n* / sound reduction index || ²**isolierung** *f* / sound-proofing *n*, sound insulation || ²**keule** *f* / sound cone || ²**meßraum** *m* / anechoic room, free-field room || ²**pegel** *m* / sound level || ²**pegelmesser** *m* / sound level meter || ²**prüfung** *f* / stethoscopic test, sound test || ²**reaktanz** *f* / acoustic reactance || ²**reflexionsgrad** *m* / sound reflection coefficient || ²**resistanz** *f* / acoustic resistance || ²**rückstrahlung** *f* / reverberation *n* || ²**schatten** *m* / acoustic shadow || ~**schluckend** *adj* / sound absorbing, sound deadening || ²**schluckgrad** *m* / acoustical absorption coefficient, sound absorptivity || ²**schluckhaube** *f* / noise absorbing cover, sound deadening cover || ²**schluckraum** *m* / anechoic chamber, free-field environment || ²**schnelle** *f* / particle velocity || ²**schwächung** *f* / sound attenuation || ²**schwächungskoeffizient** *m* / sound attenuation coefficient || ²**schwingung** *f* / acoustic oscillation, sonic vibration || ²**spektrum** *n* / sound spectrum || ²**stärke** *f* / sound intensity || ²**strahl** *m* / sound ray || ²**strahler** *m* / acoustic radiator || ²**strahlung** *f* / acoustic (o. sound) radiation || ²**strahlungsdruck** *m* / acoustic radiation pressure || ²**strahlungsimpedanz** *f* / acoustic (o. sound) radiation impedance || ²**streuung** *f* / sound scattering || ²**tiefe** *f* (Ultraschallprüf.) / ultrasonic penetration || ~**toter Raum** / anechoic chamber (o. room) || ²**transmissionsgrad** *m* / acoustical transmission factor || ²**übertragung** *f* / sound transmission, noise transmission || ²**wand** *f* / noise baffle || ²**weg** *m* / sonic distance || ²**wellenwiderstand** *m* / characteristic impedance (acoustics) || ²**widerstand** *m* / acoustic resistance

Schalt·ablauf *m* / operating sequence (IEC 337-1, IEC 56-1) || ²**ablauf** *m* (Trafo-Stufenschalter) / tap-changing cycle, tapping sequence || ²**abstand** *m* (NS) / operating distance, sensing distance || ²**abstand** *m* (Schaltuhr) / switching interval || ²**abstandsbereich** *m* (NS) / range of operating distances || ²**abwicklung** (s. Kontaktabwicklung) || ²**algebra** *f* / logic algebra, boolean algebra

Schaltanlage *f* (Geräte) / switchgear *n* || ² (Station) / switching station, substation *n*, switchgear *n*, switching centre, switchplant *n* || ² (Freiluft) / (outdoor) switching station, switchyard *n*, substation *n*, (outdoor) switchplant, (outdoor) switchgear || ² (Schaltgerätekombination, Schalteinheit) / switchgear assembly, switchgear unit || ² (Tafel) / switchboard *n* || ² (FSK) / switchgear assembly || ² **in Einschubbauweise** (s. Schaltanlage mit ausziehbaren Geräten) || ² **mit ausziehbaren Geräten** / withdrawable switchgear (BS 4727, G.06), switchboard with drawout units || ² **mit festeingebauten Geräten** / non-withdrawable switchgear (BS 4727, G.06), switchgear with non-withdrawable units, switchgear with stationary-mounted equipment || ² **mit SF6-isolierten Geräten** / SF6 metal-enclosed switchgear, SF6 metal-clad substation || **Motor-**² (MCC) / motor control centre

Schaltanlagen *f pl* (Sammelbegriff f. Gerätearten) / switchgear and controlgear || ² **für Energieverbrauch** (IEC 50(441)) / controlgear *n* || ² **für Energieverteilung** (IEC 50(441)) / switchgear *n* || ²**-Endverschluß** *m* / switchgear termination || ²**feld** *n* (einer Schalttafel) / panel *n*, vertical section, switchpanel *n*, switchgear panel || ²**feld** *n* (FLA) / switchgear bay, switchbay *n*, bay *n* || ²**leittechnik** (s. Leittechnik für Schaltanlagen)

Schalt·antrieb *m* (WZM) / indexing mechanism || ²**anzeige** *f* (Kfz) / shift indication || ²**art** *f* (Trafo-Stufenschalter) / tapping arrangement, tap-changing method || ²**art-Kennzahl** *f* (Trafo) / characteristic connections number, tap-changer code || ²**aufgabe** *f* / switching duty || ²**augenblick** *m* / switching instant, operating instant || ²**ausrüstung** *f* / switchgear *n*, controlgear *n*, switchgear and controlgear || ²**automatik** *f* (Gerät) / automatic switching unit, automatic control unit || ²**automatik** *f* (zur Steuerung eines Schaltprogramms in einer Schaltanlage) / automatic switching control equipment

schaltbar *adj* / switchable *adj*, switched *adj* || ~**e Klemme** / isolating terminal || ~**er neutraler Pol** / switched neutral pole || ~**er Neutralleiter** / switched neutral, separating neutral || ~**e Steckdose** / switch socket-outlet, switched receptacle || ~**e Steckvorrichtung** / switched connector (o. coupler)

Schalt·befehl *m* (FWT) / switching command || ²**bemessungsspannung** (s. Bemessungs-Schaltspannung) || ²**bemessungsstrom** (s. Bemessungs-Schaltstrom) || ²**bereich** (NS) (s. Schaltabstandsbereich) || ²**-Betätigungskraft** *f* / actuating force (IEC 337-1), operating force (IEC 512) || **Transistor im** ²**betrieb** / switched-mode transistor || ²**betriebsdruck** *m* / switchgear operating pressure, operating pressure

Schaltbild *n* (vereinfachte Darstellung einer Anordnung mit Schaltzeichen) / diagram *n* || ² (s. Übersichtsschaltplan) || ² (s. Schaltplan) || ² (s. Verdrahtungsplan)

Schalt·blitzstoßprüfung *f* / switching and lightning impulse test || ²**blitzstoßspannung** *f* / switching lighting impulse voltage, lighting impulse voltage switched || ²**block** *m* (HSS) / contact unit, contact element || ²**brett** *n* / patchboard *n*, plug board || ²**buch** *n* / wiring manual, circuit manual, circuit documentation || ²**bügel** *m* (Strombrücke) / terminal link, link *n*, jumper *n* || ²**diagramm** *n* (VDE 0660,T.202) / operating diagram (IEC 337-2A) || ²**diagramm** *n* (f. Schaltbrett- o. Steckfeldsteuerung) / plugging chart || ²**differenz** *f* (Rel.; Hysterese) / differential *n*, hysteresis *n* || ²**differenz** *f* (Reg., Differenz zwischen dem oberen und unteren Umschaltwert) / differential gap || ²**diode** *f* / switching diode || ²**draht** *m* / interconnecting wire, equipment wire, hook-up wire, jumper wire || ²**drehzahl** *f* / operating speed || ²**druck** *m* / switching pressure

Schalteinheit *f* / switchgear unit, switchgear

assembly || ≗ (Schaltereinheit einer dreipol. Kombination) / circuit-breaker pole unit, breaker unit || ≗ (DT) / basic cell || ≗ (HSS; VDE 0660, T.202) / contact unit (IEC 337-2A), contact block, switch element

Schalteinrichtung, geschlossene ≗ (f. Geräte in Zündschutzart „n") / enclosed break device

Schaltelektrode *f* (FET) / source/drain electrode

Schaltelement *n* (LS, VDE 0670, T.101) / making/breaking unit (IEC 56-1), unit *n* || ≗ (HSS) / contact unit (IEC 337-2A), switching element (IEC 17B(CO)138), contact block, switch element || ≗ (s. Schaltereinsatz) || ≗ **in Tandemanordnung** / tandem contact block || **binäres** ≗ / binary-logic element

schalten *v* / switch *v* || ~ (betätigen) / operate *v*, actuate *v*, control *v* || ~ (verdrahten; anschließen) / wire *v*, wire up *v*, connect *v* || ~ (Rel., beim Ansprechvorgang) / switch *v* || ~ (Rel., beim Rückfallvorgang) / disengage *v* || ~ (Getriebe) / shift *v*, to change gear || ~ (Kupplung) / clutch *v*, engage *v*, disengage *v* || ≗ (Betätigen eines Schaltgerätes) *n* / operation *n* || ≗ (WZM) (s. Teilen) || ≗ **ohmscher Last** / switching of resistive loads (IEC 512), making and breaking of non-inductive loads (IEC 158) || ≗ **unter Last** / switching under load, load switching || ≗ **von Kondensatoren** / capacitor switching || **auf Eigensteuerung** ~ (PMG) / to go to local || **betriebsmäßiges** ≗ (VDE 0100, T.46) / functional switching, normal switching duty || **gegeneinander** ~ / to connect back to back || **gemeinsam** ~ / to operate in unison || **hintereinander** ~ (in Reihe) / to connect in series || **hintereinander** ~ (Kaskade) / cascade *v* || **leistungselektronisches** ≗ / electronic power switching || **nebeneinander** ~ / to connect in parallel, shunt *v*

schaltend·er Meßfühler (Drehmasch.) / touch trigger probe || **~es Stellgerät** / discontinuous-action final controlling device || **~er Wärmefühler** / switching-type thermal detector || **in Luft** ~ / air-break *adj*

Schaltende *n* (Wickl.) / free end, winding termination

Schalter *m* / switch *n*, mechanical switching device || ≗ (VDE 0660,T.107) / mechanical switching device (IEC 408) || ≗ (im Gegensatz zu „Taster") / maintained-contact switch || ≗ (TS) (s. Trennschalter) || ≗ (LS) (s. Leistungsschalter) || ≗ **für Hausinstallationen** / switch for domestic installations (o. purposes) || ≗ **für manuellen Eingriff** (NC) / manual override switch || ≗ **für Normalbetrieb** / standard-duty-type switch || ≗ **für Schalttafeln** / panel-type switch || ≗ **für zweiseitigen Anschluß** / front-and-back-connected switch || ≗ **mit Freiauslösung** / trip-free mechanical switching device, release-free mechanical switching device || ≗ **mit Freiauslösung** (LS) (s. Leistungsschalter mit Freiauslösung) || ≗ **mit magnetischer Blasung** (LS) / magnetic blow-out circuit-breaker || ≗ **mit magnetischer Fernsteuerung** (VDE 0632) / magnetic remote control switch (CEE 14) || ≗ **mit normaler Kontaktöffnung** / switch of normal gap construction || ≗ **mit Platte** (I-Schalter) / plateswitch *n* || ≗ **mit Schutzgaskontakt** / dry-reed switch, reed switch || ≗ **mit Wiedereinschaltvorrichtung** (LS) / automatic reclosing circuit-breaker || ≗ **ohne Gehäuse** / unenclosed switch || ≗ **ohne Sicherungen** / non-fusible switch || **elektronischer USV-**≗ / electronic UPS power switch (EPS) || **elektronischer** ≗ / electronic power switch, electronic switch, solid-state switch || **Thermo**~ / thermostatic switch || **Thermo**~ (Thermostat) / thermostat *n*

Schalterabdeckplatte *f* (I-Schalter) / switch-plate *n*

Schalter·antrieb *m* / operating mechanism, switch mechanism, breaker mechanism || ≗**ausfallschutz** *m* (LS) / circuit-breaker failure protection || ≗**baugröße** *f* (LS) / breaker size || ≗**-Baum** *m* / switch tree || ≗**baustein** *m* (Mosaikbaustein) / control tile || ≗**-Bemessungsbetriebsdruck** *m* / switchgear rated operating pressure || ≗**betrieb** *m* (Wechselstromsteller) / switching mode || ≗**betriebsdruck** *m* / switchgear operating pressure || ≗**dose** *f* (I) / switch box || ≗**dosenempfänger** *m* (IR-Fernbedienung) / switch unit with integrated receiver, receiver switch || ≗**ebene** *f* (Vielfachsch.) / wafer *n* || ≗**einbaudose** (s. Schalterdose) || ≗**einheit** *f* (LS) / circuit-breaker unit, breaker unit || ≗**einsatz** *m* (HSS) / basic switch, switch module, basic unit, basic cell, contact block || ≗**einsatz** *m* (LS) / basic breaker || ≗**fall** *m* (LS) / breaker tripping || ≗**fall** *m* (Trafo-Lastumschalter) / switch opening, switch operation || ≗**fallmeldung** *f* / "Breaker tripped" indication (o. signal), breaker tripping signal || ≗**fassung** *f* (Lampenf.) / switch lamp-holder, switch lamp-socket || ≗**gehäuse** *n* (LS) / breaker enclosure, breaker chamber || ≗**gerüst** *n* (LS) / breaker frame || ≗**-Grundschaltung** *f* (LE) / basic switch connection || ≗**-Hauptzweig** *m* (LE) / switch arm || ≗**kammer** *f* (Trafo-Lastumschalter) / diverter-switch compartment || ≗**kasten** *m* / switch box || ≗**kessel** *m* (LS) / breaker tank || ≗**kessel** (Trafo) (s. Lastschalterkessel) || ≗**kombination** *f* (Bahn, zur Herstellung verschiedener Verbindungen) / switchgroup *n* || ≗**kopf** *m* (PS) / actuator *n*

Schaltermitnahme *f* / breaker intertripping, transfer tripping || ≗ **mit HF** / intertripping carrier scheme || **direkte** ≗ / intertripping *n*

Schalter·öl *n* / switchgear oil, breaker oil || ≗**öl** *n* (f. Trafo-Stufenschalter) / tap-changer oil || ≗**platte** (I-Schalter) / switch-plate *n* || ≗**pol** *m* (LS) / circuit-breaker pole, breaker pole || ≗**rückzündung** *f* / breaker arc-back, breaker restrike (o. restriking) || ≗**-Schaltung** *f* (LE) / switch connection || ≗**-Sicherungs-Einheit** *f* (VDE 0660,T.107) / fuse combination unit (IEC 408) || ≗**steckdose** *f* / switched socket-outlet, switch socket-outlet || ≗**-Steckdosenkombination** *f* / switch-socket *n* (unit o. block) || ≗**stellung** *f* / position *n*, switch position, breaker position || ≗**stellung** *f* (Fahrschalter) / notch *n*, controller notch || ≗**stellungsmeldung** *f* / switch position indication, breaker position indication || ≗**versagerschutzsystem** *n* / circuit-breaker failure protection system || ≗**wagen** *m* / switch(gear) truck || ≗**wagen** *m* (m. Leistungsschalter) / breaker truck || ≗**wagen** *m* (m.

Lastschalter) / switch truck || ≗**zeit** *f*(LS) / breaker operating time || ≗**zweig** *m*(LE) / switch arm

Schaltfehler *m*(WZM, Teilfehler) / indexing error || ≗**schutz (SFS)** *m* / switchgear interlocking (SI), interlocks to prevent maloperation || ≗**schutzgerät** *n* / switchgear interlock unit

Schaltfeld *n*(einer Schalttafel) / panel *n*, vertical section, switchpanel *n*, switchgear panel || ≗ (FLA) / switchgear bay, switchbay *n*, bay *n* || ≗ (Funktionseinheit einer Schaltanlage; metallgekapselte HS-Schaltanlage nach VDE 0670, T.6) / functional unit (IEC 298) || ≗ (MCC) / section *n* || ≗ (Schrank) / switchgear cubicle, section *n*

Schaltfolge *f*(VDE 0660, T.200, VDE 0670, T.101) / operating sequence (IEC 337-1, IEC 56-1) || **Prüf**~ *f* / test duty || **Prüfung der** ≗ (Trafo) / sequence test (IEC 214) || ≗**diagramm** *n*(DIN 40719,T.11) / switching sequence chart, operation sequence chart || ≗**tabelle** *f*(E DIN 19266, T.3) / state transition table || ≗**tafel** *f* / sequence table (o. chart)

Schaltfrequenz *f*(EN 50032, DIN IEC 147-1D) / operating frequency, frequency of operation, switching rate

Schalt·funkenstrecke *f* / switching spark gap, relief gap || ≗**funktion** *f*(DIN 43300) / switching function || ≗**funktion** *f*(logische F.) / logic function || ≗**genauigkeit** *f*(PS, NS; Wiederholgenauigkeit) / repeat accuracy, consistency *n* || ≗**genauigkeit** *f* (Parallelschaltgerät) / accuracy *n*(of operation) || ≗**genauigkeit** (WZM, Teilapparat) (s. Teilgenauigkeit)

Schaltgerät *n*(VDE 0660,T.101) / switching device (IEC 157-1), mechanical switching device

Schaltgeräte *n pl* / switchgear *n*, controlgear *n* || ≗ **für Energieverbrauch** / controlgear *n* || ≗ **für Energieverteilung** / switchgear *n* || ≗**kasten** *m* / switchbox *n*, control box

Schaltgerätekombination (SK) (f. Energieverteilung) *f* / switchgear assembly, power switchgear assembly (US) || ≗ (f. Energieverbrauch, z.B. VDE 0113) / controlgear assembly || ≗ **für Freiluftaufstellung** (VDE 0660, T.500) / assembly for outdoor installation (IEC 439-1) || ≗ **für Innenraumaufstellung** (VDE 0660, T.500) / assembly for indoor installation (IEC 439-1) || **fabrikfertige** ≗ (SFK) / factory-built assembly (of l.v. switchgear and controlgear) (FBA) || **nach Bedarf gebaute** ≗ **für Niederspannung** (CSK) (E VDE 0660, T.61) / custom-built assembly of l.v. switchgear and controlgear (CBA) (IEC 431) || **Niederspannungs-**≗ (VDE 0660, T.500) / l.v. switchgear assembly, l.v. controlgear assembly

Schaltgeräteschutz·-Sicherung *f* / switchgear fuse || ≗**-Sicherungseinsatz** *m* / switchgear fuse-link

Schalt·geräusch *n* / operating noise || ≗**gerüst** *n* / switch rack, switching structure, switchgear rack || ≗**geschwindigkeit** *f*(SG; vgl. „Betätigungsgeschwindigkeit") / operating speed || ≗**geschwindigkeit** *f*(elST) / speed of operation, response time || ≗**getriebe** *n*(WZM) / indexing mechanism

Schaltglied *n* / contact element || ≗ (in zusammengesetzten Termini, z.B. Hilfsschaltglied) / contact *n* || ≗ (im Sinne von Schaltgerät) / switching device || ≗ (Logikschaltung) / logic element, gate *n* || ≗ **mit Doppelunterbrechung** (VDE 0660,T.200) / double-gap contact element, double-break contact element || ≗ **mit Einfachunterbrechung** (VDE 0660,T.200) / single-gap contact element || ≗**ausführung** *f*(S, Ö) / contact type, contact arrangement || ≗**öffnungsweg** *m* / contact parting travel

Schalt·griff *m* / (operating) handle || ≗**größe** *f*(Reg.) / switching variable || ≗**gruppe** *f*(Trafo) / connection symbol (IEC 50(421)), vector group || ≗**gruppenziffer** *f*(Trafo) / numerical index of vector group || ≗**handlung** *f* / switching operation

Schalthäufigkeit *f* / operating frequency, frequency of operating, switching rate || ≗ (Rel.) / duty rating (ASA C37.1) || ≗ (Mot.) / permissible number of operations per hour, starting frequency, frequency of operations || ≗ (s. Schaltfrequenz) || ≗ (s. Schaltzahl) || ≗ **unter Last** (HSS, VDE 0660, T.200) / frequency of on-load operating cycles (IEC 337-1), number of on-load operating cycles per hour || **große** ≗ (VDE 0630) / frequent operation (CEE 24) || **normale** ≗ (VDE 0630) / infrequent operation (CEE 24)

Schalt·hebel *m* / operating lever || ≗**hebel** *m*(Kfz) / shift lever || ≗**hub** *m*(Kontakthub) / contact travel || ≗**hysterese** *f* / switching hysteresis || ≗**hysterese „H"** (NS) / differential travel "H", on-off differential, hysteresis *n*, differential *n* || ≗**ingenieur** *m* / control engineer, dispatcher *n* || ≗**jahr** *n* / leap year || ≗**kabel** *n*(f. Schaltanlagen) / switchboard cable, switchboard cord

Schaltkammer *f*(Lichtbogenkammer) / arcing chamber || ≗ (Unterbrecherkammer) / interrupter chamber, interrupting chamber || **Vakuum-**≗ / vacuum interrupter chamber || ≗**-Leistungsschalter** *m* / live-tank circuit-breaker || ≗**schalter** (s. Schaltkammer-Leistungsschalter)

Schalt·kasten *m* / switchbox *n*, control box || ≗**kasten** *m*(f. Kabel, m. Laschenverbindern) / link box || ≗**kenngrößen** *f pl*(Schalttransistor) / switching characteristics || ≗**klinke** *f*(EZ) / advancing pawl, pusher *n* || ≗**kombination** *f* (Schalter-Sicherungs-Einheit) / fuse combination unit || ≗**kombination** *f*(Schaltgerätekombination) / switchgear assembly, circuit-breaker unit || ≗**kondensatorfilter** *n* / switched-capacitor filter || ≗**konstante** *f* / switching constant || ≗**kontakt** *m* / switching contact, switch contact || ≗**kontakt** *m* (bewegl. Schaltstück) / moving contact || ≗**kontakt** *m*(Hauptkontaktstück) / main contact || ≗**kontakte** *m pl*(Trafo; VDE 0532,T.30) / main switching contacts (IEC 214) || ≗**kopf** *m* / interrupter head, breaker head, operating head || ≗**kraft** *f* / actuating force (IEC 337-1), operating force (IEC 512)

Schaltkreis *m* / electric circuit, switching circuit, circuit *n* || ≗ (IC) / integrated circuit (IC) || **MOS-**≗ / MOS integrated circuit || **elektronisches** ≗**system** / electronic switching system, solid-state switching system, static switching system

Schaltkreistechnik *f* / circuit technology || ≗ (s. Schaltungstechnik)

Schalt·kupplung *f* / clutch *n* || ≗**kurbel** *f* / operating crank || ≗**kurzzeichen** (s. Schaltzeichen) || ≗**last** *f* / load switched || ≗**last** *f*(Auslegungswert f. Relaiskontakte) / contact rating

Schaltleistung *f*(s.a. „Schaltvermögen", „Ausschaltleistung", „Einschaltvermögen") / switching capacity, making and breaking capacity, make-break capacity || ≈ (Ausschalten) / breaking capacity, rupturing capacity, interrupting capacity || ≈ (Einschalten) / making capacity || ≈ (Sich., StV) / breaking capacity, rupturing capacity || ≈ **der Kontakte** / contact rating
Schaltleistungs·prüfung *f*(Trafo; VDE 0532,T.20) / switching test (IEC 214)
Schalt·leitung *f*(Kommandostelle im Verbundnetz) / system control centre || ≈**lichtbogen** *m* / arc *n* || ≈**litze** *f* / (stranded) interconnecting wire || ≈**magnet** *m* / actuating magnet, operating coil, solenoid *n* || ≈**matrix** *f* / switching matrix || ≈**mechanismus** *m*(WZM, Teilapparat) / indexing mechanism || ≈**messer** *n* / contact blade, switch blade || ≈**modell** *n* / patchboard *n* || ≈**moment** *n*(el. Masch.; Drehmoment beim Schaltvorgang) / switching torque || ≈**netz** *n*(DIN 44300) / combinational circuit || ≈**netzteil** *n* / switched-mode power supply (SMPS), chopper-type power supply unit || ≈**nocken** *m* / operating cam, cam *n*
Schaltplan *m*(DIN 40719,T.2) / diagram (IEC 113-2), circuit diagram || ≈ (CAD-Verfahren) / schematic *n* || ≈**aufnahme** *f*(CAD) / schematic capture || ≈**entflechtung** *f* / artwork design, artworking || ≈**erfassung** *f*(CAD) / schematic capture
Schalt·platine *f*(Vielfachschalter) / contact wafer || ≈**platte** *f*(Schaltbrett) / plugboard *n*, patchboard *n* || ≈**programm** *n* / control program, switching sequence || ≈**programm** *n*(Kfz) / shift program, operating program || ≈**prüfung** (Trafo) (s. Schaltleistungsprüfung) || ≈**prüfung unter Asynchronbedingungen** / out-of-phase switching test || ≈**pult** *n* / control desk, (control) console *n*
Schaltpunkt *m* / operating point, switching point, instant of snap-over || ≈ (Reg., f. ein Mehrpunktglied; jeder Wert der Eingangsgröße, bei dem sich der Wert der Ausgangsgröße ändert) / switching value || ≈ (Temperatur) / operating temperature || ≈ (Zeit) / switching instant, operating instant || ≈ (s. Schaltzeitpunkt) || ≈ **bei Rücklauf** (PS) / reset contact position (PS) || **oberer** ≈ / upper limit (value) || **wegabhängiger** ≈ (NC) / slow-down point || ≈**abwanderung** *f*(EN 50047) / drift of operating point (EN 50047), repeat accuracy deviation (US) || ≈**abweichung** *f* (NS) / repeat accuracy deviation || ≈**änderung** (s. Schaltpunktabwanderung) || ≈**bestimmungs-Baugruppe** *f*(Parallelschaltgerät) / synchronism check module, synchro-check module || ≈**genauigkeit** *f*(Wiederholgenauigkeit) / repeat accuracy, consistency *n*, repeatability *n*(US)
Schalt·rad *n* / ratchet wheel || ≈**rad** *n*(EZ) / switch-actuating wheel (o. gear) || ≈**raum** *m* / switchroom *n* || ≈**regler** *m* / switching controller, on-off controller || ≈**regler** *m*(m. Zerhacker) / chopper-type regulator, chopper regulator, switched-mode regulator || ≈**reihe** *f*(Folge von festgelegten Schaltungen u. Pausenzeiten) / operating sequence, sequence of operation || ≈**reiter** *m* / control rider, rider *n*
Schaltrelais *n* / all-or-nothing relay || ≈ **mit beabsichtigter Verzögerung** (s. Relais mit festgelegtem Zeitverhalten) || ≈ **ohne beabsichtigtes Zeitverhalten** (s. Relais ohne festgelegtem Zeitverhalten)
Schalt·richtung *f*(Thyr) / triggered direction || ≈**richtung** (s. Betätigungsrichtung) || ≈**ring** *m* (Wickl.) / connector ring || ≈**rohr** *n* (Schaltstückrohr) / contact tube || ≈**rohr** (VS) (s. Schaltröhre)
Schaltröhre *f*(VS, Unterbrecher) / vacuum interrupter, interrupter *n* || ≈ (Trafo) / tapped cylindrical winding, tap-changing winding || **Elektronenstrahl-**≈ / beam deflection tube || **Quecksilber-**≈ / mercury contact tube, mercury switch
Schaltröhren·gehäuse *n*(VS) / interrupter tube housing (o. enclosure), interrupter housing || ≈**träger** *m*(VS) / interrupter support
Schaltsäule *f* / control pillar *n*(o. pedestal)
Schaltschema *n*(s. Stromlaufplan, Übersichtsschaltplan, Verdrahtungsplan) || ≈ (s. Übersichtsschaltplan) || ≈ (s. Stromlaufplan) || ≈ (s. Verdrahtungsplan)
Schalt·schloß *n*(LS) / latching mechanism, breaker mechanism || ≈**schlüssel** *m* / operating key
Schaltschrank *m* / switchgear cubicle, switchgear cabinet || ≈ (Steuerschrank) / control cubicle, control cabinet || ≈ **mit ausfahrbaren Schaltgeräten** / withdrawable-switchgear cubicle, truck-type switchgear cubicle || ≈ **mit festeingebauten Schaltgeräten** / non-withdrawable switchgear cubicle || **für** ≈**einbau** / for mounting in cubicle, for enclosed mounting, cubicle-mounting (type), enclosed-mounting (type) || ≈**gruppe** *f* / multi-cubicle arrangement (o. switchboard), group of (switchgear) cubicles, switchboard
Schalt·schritt *m*(Wickl.) / front span || ≈**schütz** *n* / contactor *n*, power contactor || ≈**schütz** (s. Hilfsschütz) || ≈**schutzpegel** *m* / switching protective level || ≈**schwelle** *f* / operating point || ≈**schwimmer** *m* / control float, float *n* || ≈**schwimmer** (s. Schwimmerschalter) || ≈**schwinge** *f* / rocker *n*, rocker arm || ≈**seite** *f*(el. Masch., Wickl.) / connection end, front end, front *n* || ≈**skizze** *f* / sketched circuit diagram
Schaltspannung *f* / switching voltage, voltage switched, switching impulse voltage || **Eingangs-**≈ *f*(IS) / input threshold voltage
Schaltspannungs·festigkeit *f* / switching impulse strength, switching surge strength || ≈**prüfung** *f* / switching impulse voltage test, switching impulse test || ≈**stoß** *m* / switching impulse, switching surge
Schaltsperre *f* / lockout device, lockout *n* || ≈ (Anti-Pump-Vorrichtung) / anti-pump device
Schaltspiel *n* / operating cycle || ≈ (RSA-Empfänger, VDE 0420) / operation *n* || ≈ (eines Schaltglieds; VDE 0660, T.200) / switching cycle (IEC 337-1) || ≈ (Bedienteil, HSS) (s. Betätigungsspiel) || **ein** ≈ **ausführen** (Rel.; DIN IEC 255, T.1-00) / cycle *v*(relay) || **Schaltvermögen bei** ≈**en** (Rel.) / limiting cycling capacity || ≈**dauer** *f* / cycle time || ≈**zahl** *f* / (permissible) number of make-break operations, (permissible) number of operating cycles, operating frequency || ≈**zähler** *m* / operations

counter
Schalt·spule *f*(Trafo) / tapping coil, tapped coil || **≗stab** *m*(Wickl.) / connector bar, connector *n*, inversion bar || **≗stange** *f* / switch stick, hand pole, hand stick, switch hook || **≗stange** *f* (Betätigungshebel am Schalter) / drive rod, operating lever || **~stangenbetätigt** *adj* / stick-operated *adj* || **≗station** *f* / switching substation || **≗stecker** *m* / switched plug || **≗stecker** *m*(zum Kurzschließen) / short-circuiting plug || **≗stecker** (s. Schaltsteckverbinder) || **≗steckverbinder** *m* (zum Schalten und Unterbrechen stromführender Kreise) / load-break connector || **≗stelle** *f* / control point, switching point || **≗stelle** *f*(Wickl.) / connection point
Schaltstellung *f* / position *n* || **≗ „ungedrückt"** / normal OFF position || **die ≗ ändern** (Rel.; E VDE 0435,T.110) / change over *v*(relay)
Schaltstellungs·anzeiger *m* / position indicating device (IEC 129), contact position indicator (ANSI C37.13), ON-OFF indicator, position indicator || **≗anzeiger** *m*(Balkenanzeiger) / semaphore *n* || **≗geber** *m*(VDE 0670,T.2) / position signalling device (IEC 129) || **≗melder** *m* / switch (o. breaker) position signalling device || **≗melder** (s. Schaltstellungsanzeiger) || **≗wechsel** *m* / changeover *n*
Schaltsteuerung *f*, **Ein-Aus-** 7 on-off switching control
Schalt·stift *m*(Schaltstück) / moving contact, contact finger, contact pin, contact rod || **≗stift** *m* (Betätigungselement) / operating pin, actuating stud || **≗stiftgehäuse** *n* / contact-pin housing, contact-pin tube || **≗stiftkopf** *m* / moving-contact tip, contact-pin tip || **≗stoßprüfung** *f* / switching impulse test
Schaltstoßspannung *f* / switching impulse voltage, switching impulse || **≗ unter Regen** / wet switching impulse voltage || **Ansprechkennlinie der ≗** / switching-impulse sparkover-voltage/time curve, switching voltage/time curve || **Ansprechpegel der ≗** / switching(-impulse) voltage sparkover level || **schwingende ≗** / oscillatory switching impulse (voltage)
Schaltstoßspannungs·festigkeit *f* / switching impulse strength, switching surge strength || **≗prüfung** *f* / switching impulse voltage test, switching impulse test || **≗prüfung unter Regen** / wet switching impulse withstand voltage test || **≗prüfung, trocken** / switching impulse voltage dry test (IEC 517), dry swithing impulse withstand voltage test (IEC 168)
Schaltstrecke *f*(VDE 0670,T.3) / clearance between open contacts (IEC 265), breaker gap, arc gap, gap *n*, break *n* || **≗** (HSS, PS, VDE 0660,T.200) / contact gap (IEC 337-1), break distance (ICS 2-225) || **≗** (Unterbrechereinheit eines LS) / interrupter *n*, interrupter assembly || **≗ in Reihe** (LS) / series break
Schalt·strom *m* / current switched, switched current, breaking current, interrupting current, switching impulse current || **≗strom** *m*(Trafo; VDE 0532,T.30) / switched current (IEC 214) || **≗stromkreis** *m* / switching circuit || **≗strom-Spitzenwert** *m* / peak switching current
Schaltstück *n* / contact piece, contact member (US), contact || **≗abbrand** *m* / contact erosion, contact pitting || **≗abstand** *m* / contact gap, clearance between open contacts || **≗anfressung** *f* / contact pitting, contact corrosion, crevice corrosion || **≗auflage** *f* / contact facing || **≗-Durchdruck** *m* / contact spring action, contact resilience
Schaltstücke in Luft / air-break contacts (BS 4752), contacts in air (IEC 129), contact pieces in air || **≗ in Öl** / oil-break contacts, contacts in oil
Schaltstück·einstellung *f* / contact gauging || **≗lage nach Betätigung** / operated contact position || **≗lebensdauer** *f* / contact life || **≗material** *n* / contact material || **≗prellen** *n* / contact bounce, contact chatter || **≗träger** *m* / contact carrier || **≗weg** *m* / contact travel || **≗werkstoff** *m* / contact material
Schalt·summenstrom *m* / total switching current || **≗symbol** *n* / graphical symbol, graphic symbol (US) || **binäres ≗system** / binary-logic system || **≗tabelle** *f*(Reg.) / state table || **≗tabelle** (s. Schaltfolgetafel)
Schalttafel *f* / switchboard *n*, control board || **≗** (klein) / panel *n*, control panel || **≗** (Steuertafel) / control board, control panel || **≗ für Doppelfrontbedienung** / dual switchboard, back-to-back switchboard, double-fronted switchboard || **≗ für Einfrontbedienung** / single-fronted switchboard, front-of-board design, vertical switchboard || **≗ für Rücken-an-Rückenaufstellung** / dual switchboard, back-to-back switchboard, double-fronted switchboard || **≗ mit Pult** / benchboard *n* || **für ≗aufbau** / for surface-mounting on dead-front type, for panel surface mounting || **≗ausschnitt** *m* / panel cutout || **für ≗einbau** / panel-mounting *adj* || **≗einbauöffnung** *f* / panel output || **≗-Meßinstrument** *n* / switchboard measuring instrument, panel-mounting measuring instrument || **≗schalter** *m* / panel-type switch || **≗-Steckdose** *f* / panel-type socket-outlet
Schalt·temperatur *f*(Temperatursicherung) / functioning temperature || **≗tisch** *m*(WZM) / indexing table || **≗transistor** *m* / switching transistor || **≗trieb** *m*(EZ) / switch drive || **≗überspannung** *f* / switching overvoltage, switching surge, switching transient || **≗überspannungs-Schutzfaktor** *m* / protection ratio against switching impulses || **≗überspannungs-Schutzpegel** *m* / switching impulse protective level || **≗uhr** *f* / time switch, clock timer, clock relay
Schalt- und Steuergeräte (VDE 0100, T.200) / switchgear and controlgear
Schaltung *f*(Stromkreis) / circuit *n*, circuit arrangement, circuitry *n* || **≗** (eines Geräts, LE) / connection *n* || **≗** (Schalthandlung, Betätigung) / switching operation *n*, switching *n*, operation *n* || **≗** (Verdrahtung) / wiring *n*, wiring and cabling || **≗** (Verbindung) / connection *n*, wiring *n* || **≗** (Kontaktbewegung von einer Schaltstellung zu einer anderen) / operation *n*, switching operation || **≗ aus konzentrierten idealen Elementen** / lumped circuit || **≗ aus örtlich verteilten** (idealen) **Elementen** / distributed circuit || **≗ der Brücken** / arrangement of links (o. jumpers) || **≗ der Wicklung** / winding connections || **≗ mit diskreten Bauteilen** / discrete circuit || **Anzahl**

der ≗**en** / number of operations || **Erweiterungs~** (IS) / expander *n* (IC), extender *n* (IC) || **logische** ≗ / logic circuit, logic array

Schaltungs·algebra *f* / circuit algebra, switching algebra, Boolean algebra || ≗**anordnung** *f* / circuit configuration, circuit arrangement || ≗**art** *f* / method of connection (IEC 117-1) || ≗**aufbau** *m* / circuit design, circuit arrangement || ≗**beispiel** *n* / typical circuit || ≗**buch** (s. Schaltbuch) || ≗**element** *n* / circuit element || ≗**entwicklung** *f* (gS) / circuit design || ≗**faktor** *m* / duty factor || ≗**glied** *n* / circuit element || ≗**lehre** *f* / circuit theory || ≗**nummer** *f* (I-Schalter) / pattern number || ≗**programmierer** *m* / circuit programmer

Schaltungstechnik *f* / circuit engineering || ≗ (Logik) / circuit logic, logic *n* || **stromliefernde** ≗ / current sourcing logic || **stromziehende** ≗ / current sinking logic

Schaltungs·topologie *f* / circuit topology || ≗**- und Schaltgruppenbezeichnung** (Trafo) / vector-group symbol || ≗**unterlagen** *f pl* / circuit documentation, diagrams, charts and tables || ≗**winkel** *m* / circuit angle

Schalt·variable *f* / switching variable || ≗**verbindung** *f* (Stromkreis; Gerät) / circuit connection, connection *n*, connector *n*, link *n* || ≗**verbindung** *f* (Wickl.) / coil connector, connector *n* || ≗**verbindungen** *f pl* (Verdrahtung) / wiring *n* || ≗**verhalten** *n* / switching performance || ≗**verluste** (Diode, Thyr) (s. Schaltverlustleistung) || ≗**verlustleistung** *f* (Diode, Thyr) / switching losses, switching power loss

Schaltvermögen *n* / switching capacity, breaking capacity, making and breaking capacity || ≗ (Ausschaltleistung) / breaking capacity || ≗ (Ein-Ausschaltleistung) / make-break capacity || ≗ (Kontakte) / contact rating || ≗ (elST-Geräte) / switching capacity || ≗ **bei Schaltspielen** (Rel.) / limiting cycling capacity || ≗ **der Kontakte** / contact rating || **Kurzschluß-**≗ / short-circuit capacity, short-circuit breaking (o. interrupting) capacity || **Nachweis des** ≗**s** (HSS; VDE 0660,200) / switching performance test || **Prüfung des** ≗**s** (VDE 0531) / breaking capacity test (IEC 214)

Schalt·verstärker *m* / switching amplifier || ≗**verzögerung** *f* / operating delay, delay *n* || ≗**vorgang** *m* / switching operation || ≗**vorrichtung** *f* (WZM) / indexing mechanism, dividing head || ≗**vorrichtung** *f* (Betätigungsvorrichtung) / operating device, actuator *n* || **elektromechanische** ≗**vorrichtung** / electromechanically operated contact mechanism

Schaltwagen *m* / switch(gear) truck || ≗**anlage** *f* / truck-type switchgear, truck-type switchboard || ≗**einheit** *f* / truck-type switchgear unit, truck-mounted breaker unit || ≗**feld** *n* / switch truck panel, breaker truck cubicle || ≗**raum** *m* / truck compartment || ≗**verriegelung** *f* / truck interlock

Schalt·walze *f* / drum controller, drum starter || ≗**warte** *f* / control room, control centre || ≗**wärter** *m* / shift engineer, switching engineer || ≗**weg** *m* (Kontakte) / contact travel || ≗**weg** *m* (PS, Betätigungselement) / (actuator) travel, total travel || ≗**welle** *f* / actuating shaft, operating shaft

Schaltwerk *n* (Bahn-Steuerschalter) / switchgroup *n* || ≗ (I-Schalter) / switch mechanism, contact mechanism || ≗ (Trafo) / tap-changer mechanism || ≗ (Zeitschalter) / commutation mechanism || ≗ (DIN 44300, Funktionseinheit zum Verarbeiten von Schaltvariablen) / sequential circuit || ≗ (Prozessor) / processor *n* || ≗ (Geräteschalter, VDE 0630) / contact mechanism, (switch) mechanism || ≗ (s. Schaltstation) || **Ablauf~** (DIN 19237) / sequence processor || **Brems~** (Bahn) / braking switchgroup, braking controller || **handbetätigtes** ≗ (Bahn) / manual switchgroup || **Nocken~** / cam-operated switchgroup, cam group, cam-contactor group || **Programm~** / program controller, program clock, microcontroller *n* || **Sprung~** (LS) / independent manual operating mechanism, spring-operated mechanism, release-operated mechanism || **Sprung~** (HSS) / snap-action (operating) mechanism || **Stufen~** (Trafo) / tap-changing gear, tap changer || **synchrones** ≗ (Rechner) / synchronous sequential circuit || **Tages~** / twenty-four-hour commutation mechanism || **Verriegelungs~** (Bahn) / interlocking switchgroup || **Walzen~** / drum controller || **Wochen~** / seven-day switch, week commutating mechanism || **Zeit~** (Schaltuhr) / timing element, commutating mechanism || **Zeit~** (Reg.) / timer *n*, sequence timer

Schaltwert *m* (a. Rel., beim Ansprechen) / switching value || ≗ (Rel., beim Rückfallen) / disengaging value || ≗**verhältnis** *n* (Rel., beim Rückfallen) / disengaging ratio

Schalt·widerstand *m* (f. LS) / switching resistor || ≗**winkel** *m* / switching angle || ≗**winkel** *m* (PS, Betätigungselement) / actuating angle, operating angle || ≗**winkel** *m* (WZM, NC) / indexing angle || ≗**wippe** *f* / operating rocker, rocker *n* || ≗**zahl** *f* / number of operations (per unit time), permissible number of operations (per unit time) || ≗**zahl** (s. Schaltspielzahl) || ≗**zählwerk** *n* / operations counter || ≗**zeichen** *n* / graphical symbol, graphic symbol (US) || ≗**zeichen für Binärschaltungen** / logic symbol || ≗**zeichenkombination** *f* / array of elements (graphical symbol) || ≗**zeichnung** (s. Schaltplan)

Schaltzeit *f* (SG) / operating time, total operating time || ≗ (elST) / switching time || ≗ (Verzögerung durch Anstiegs- und Abfallzeiten der Signale) / delay time, propagation delay || ≗ (NC, Transistor) / switching time

Schaltzeitpunkt *m* / switching instant, operating instant

Schalt·zelle *f* / (switchgear) cell *n*, switchgear cubicle || ≗**zentrale** *f* (Netz) / system (o. network) control centre, load dispatching centre || ≗**zustand** *m* / circuit state, control state || ≗**zustand** *m* (NS) / output state || ≗**zustandsanzeiger** *m* (NS) / output indicator || ≗**zustandsgeber** *m* (Sich.) / fuse monitor || ≗**zyklus** *m* (Trafo; VDE 0532,T.30) / cycle of operation (IEC 214) || ≗**zyklus** (s. Schaltspiel)

Schälung *f* (Lagerdefekt) / flaking *n*

Schälwerkzeug *n* (f. Kabel) / skiver *n*, skiving tool

Schar *f* (Kurven) / family *n*, set *n*

scharf *adj* (Stromkreis) / alert *adj* || **~e Anforderungen** / exacting requirements, stringent demands || **~ begrenzter Übergang** / sharp transition || **~e Kante** / sharp edge, sharp

corner || ~e **Meßbedingungen** / tightened test conditions
Schärfe *f*(Statistik, QS, DIN 55350, T.24) / power *n* || ≗ **der Prüfung** / severity of inspection (o. test) || **Schwing~** / vibrational severity, vibration severity
Schärfegrad *m*(Prüf.) / severity *n*
Schärfentiefe *f*(Optik) / depth of focus
scharf·gängiges Gewinde / triangular thread, V-thread *n*, Vee-thread *n* || ~**kantig** *adj* / sharp-edged *adj* || ≗**kerbe** *f* / acute-V notch
scharfzeichnend *adj*(Bildröhre) / high-definition *adj*
Scharnier *n* / hinge *n* || ≗**zapfen** *m* / hinge pin
Schatten werfen / to cast shadows || ≗**bild** *n* / shadow image, shadow pattern, radiographic shadow, radiographic image || ≗**gitter** *n* / shadow grid || ≗**grenze** *f* / shadow border
schattenlos·e Beleuchtung / shadowfree lighting
Schattenwirkung *f* / shadow effect
Schattierung *f*(a. CAD) / shading *n*
Schattierungsmodell *n*(CAD) / shading model
Schattigkeit *f*(Ausdehnung, Anzahl u. Dunkelheit von Schatten, durch die Lichtrichtung bestimmt) / modelling *n*
Schätz·fehlervektor *m*(Reg.) / vector of estimation errors || ≗**funktion** *f*(DIN 55350, T.24) / estimator *n*(statistics)
Schätzung *f*(a. Statistik; DIN 55350, T.24) / estimation *n* || ≗ **des Parameters** / parameter estimate
Schätzwert *m*(DIN 55350, T.24) / estimate *n* (statistics)
Schauauge *n* / inspection lens, window *n*
Schaubild *n* / graph *n*, chart *n*
Schauer·entladung *f* / showering arc, shower discharge || ≗**zeit** *f*(Meldungsschauer) / burst time
Schaufenster·beleuchtung *f* / shop window lighting, display window lighting
Schau·glas *n* / inspection window, sight-glass *n*, inspection glass || ≗**glas** *n*(Relaiskappe) / glass front || ≗**glas-Ölstandsanzeiger** *m* / oil-level sight glass || ≗**kasten** *m* / showcase *n*, shopcase *n* || ≗**loch** *n* / eye *n*, inspection hole
Schaum·dämpfungsmittel *n* / anti-foam additive || ~**frei** *adj* / foamless *adj*, non-foaming *adj* || ≗**gummi** *n* / foam rubber || ≗**neigung** *f*(Öl) / foaming property || ≗**stoff** *m* / cellular plastic, foam plastic, expanded plastic
Schauscheibe *f* / window *n*
Sch-Ausführung *f*(Bergwerksausrüstung) / mine type, hazardous-duty type
Schau·tafel *f* / visual aid chart, chart *n* || ≗**zeichen** *n* / flag indicator, target indicator, indicator *n*, indicating target, target *n* || ≗**zeichen** *n*(EZ) / target *n* || ≗**zeichenrelais** *n* / flag relay
Scheckkartenformat *n* / cheque card format
Scheibe *f*(HL) / wafer *n* || ≗ (EZ-Läufer) / disc *n*, rotor *n* || ≗ (Riementrieb) / pulley *n*, sheave *n* || ≗ (Nocken) / cam *n* || **Isolator~** / insulator shed, insulator disc
Scheiben·anker *m* / disc-type armature || ≗**bremse** *f* / disc brake || ≗**heizung** *f*(Kfz) / defroster *n*, demister *n* || ≗**isolator** *m* / disc insulator || ≗**kommutator** *m* / disc commutator, radial commutator || ≗**kupplung** *f*(starr) / flanged-face coupling, flange coupling, compression coupling || ≗**kupplung** *f*(schaltbar) / disc clutch || ≗**läufer** *m* / disc-type rotor, disc rotor || ≗**läufermaschine** *f* / disc-rotor machine || ≗**magazin** *n* / circular tool magazine || ≗**magnetläufer** *m* / permanent-magnet disc-type rotor || ≗**motor** *m* / pancake motor, disc-type motor || ≗**paßfeder** *f*(Woodruff-Keil) / Woodruff key, Whitney key || ≗**prüfung** *f* (HL) / wafer probing || ≗**radgenerator** *m* / disc-type generator, disc alternator || ≗**revolverkopf** *m* / rotary-plate turret || ≗**röhre** *f* / disc-seal tube || ≗**rollenlager** (s. Axialrollenlager) || ≗**schwingmühle** *f* / vibrating-disc mill || ≗**spule** *f* / disc coil, pancake coil || ≗**spulenwicklung** (s. Scheibenwicklung) || ≗**stapel** *m*(Trafo) / disc stack || ≗**strom** *m*(EZ) / rotor eddy current || ≗**thyristor** *m* / disc-type thyristor, flat-pack thyristor || ≗**welle** *f* / disc-type shaft || ≗**wicklung** *f* / disc winding, sandwich winding, pancake winding, slab winding || ≗**wicklungsanordnung** *f*(Trafo) / sandwich windings (IEC 50(421))
Scheibenwischermotor *m* / windscreen wiper motor
Scheibenzelle (Thyr) (s. Scheibenthyristor)
Scheider *m*(a. Batt.) / separator *n*
Scheinarbeit *f* / apparent energy, apparent work || ≗ (VAh) / apparent power demand, volt-ampere per unit time, volt-ampere per hour, kVAh || **elektrische** ≗ / apparent amount of electric energy
scheinbar·e Ankereisenweite / apparent core width || ~**es Bild** / virtual image || ~**e Größe** / apparent magnitude || ~**e Helligkeit** / apparent brightness, luminosity *n* || ~**er Innenwiderstand** (Batt.) / apparent internal resistance || ~**e Kapazität** / apparent capacitance || ~**e Ladung** / apparent charge, nominal apparent PD charge || ~**e Masse** / apparent mass, effective mass || ~**e Permeabilität** / apparent permeability || ~**e Remanenz** / magnetic retentivity, retentivity *n*
Scheinleistung *f* / apparent power, complex power
Scheinleistungs·dichte *f* / apparent power density || ≗**faktor** *m* / apparent power factor || ≗**-Meßgerät** *n* / volt-ampere meter, VA meter, apparent-power meter || ≗**verlust** *m* / apparent power loss
Schein·leitfähigkeit *f* / apparent conductivity || ≗**leitwert** *m* / admittance *n* || ≗**permeabilität** *f*(s. scheinbare Permeabilität) || ≗**phasenwinkel** *m* / apparent phase angle || ≗**strom** *m* / apparent current || ≗**verbrauchszähler** *m* / volt-ampere-hour meter, VAh meter, apparent-energy meter
Scheinwerfer *m* / projector *n*, searchlight *n*, spotlight *n* || ≗ (Kfz) / headlight *n*, headlamp *n* || ≗ **für Schienenfahrzeuge** / railcar headlight || **Dreh~** / rotating beacon, revolving beacon || ≗**lampe** *f* / projector lamp || ≗**reinigung** *f*(Kfz) / headlamp cleaning || ≗**wischer** *m*(Kfz) / headlamp wiper
Scheinwiderstand *m* / impedance *n*
Scheitel *m* / crest *n*, peak *n* || ≗**dauer** *f* / time above 90 % || ≗**dauer eines Rechteckstoßstromes** / virtual duration of peak of a rectangular impulse current || ≗**faktor** *m* / peak factor || ≗**punkt** *m* (eines Winkels) / vertex *n* || ≗**spannung** *f* / peak voltage, crest voltage || ≗**spannungsabweichung** *f* (s. Änderung des Spannungsscheitelwerts) || ≗**spannungsmesser** *m* / peak voltmeter
Scheitelsperrspannung *f*(Diode, DIN 41781) / crest

working reverse voltage, peak working reverse voltage || ≗ (Thyr, DIN 41786) / crest working off-state voltage, peak working off-state voltage || ≗ **in Rückwärtsrichtung** (Thyr) / peak working reverse voltage, crest working reverse voltage || ≗ **in Vorwärtsrichtung** / peak working off-state forward voltage, crest working forward voltage
Scheitel·spiel *n* / diametral clearance || **≗-Stoßspannung** *f* / impulse crest voltage || **≗strom** *m* / peak current || **≗welligkeit** *f*(Riffelfaktor) / ripple factor || **≗welligkeit** *f*(DIN 19230) / ripple content (IEC 381)
Scheitelwert *m* / peak value, crest value || ≗ **der Netzspannung** / crest working line voltage || ≗ **der Überlagerung** (überlagerte Wechselspannung) / ripple amplitude || ≗ **des Einschaltstroms** / peak making current || ≗ **des unbeeinflußten Stroms** / prospective peak current (IEC 129) || **wirklicher** ≗ / virtual peak value || **≗messer** *m* / peak voltmeter
Scheitelzeit *f* / time to crest
Scheitel-zu-Scheitel / peak-to-peak
Schellack·-Mikafolium *n* / shellaced micafolium || **≗papier** *n* / shellac-impregnated paper
Schelle *f*(IR, m. 1 Befestigungspunkt oder Lappen) / cleat *n*, clip *n* || ≗ (IR, geschlossen o. m. 2 Lappen) / saddle *n* || **Anschluß~** (f. Rohrleiter) / terminal clamp, connection clamp || **Rohr~** / pipe clamp, tube clip
Schellenbefestigung, offene Leitungsverlegung mit ≗ / cleat wiring
Schellenklemme *f* / clamp-type terminal, saddle terminal
Schema *n* / scheme *n*, schematic *n*, diagrammatic representation
schematisch·e Ansicht / diagrammatic view || **~e Darstellung** / schematic representation, diagrammatic representation, schematic layout, chart *n* || **~er Grundriß** / schematic plan view || **~es Schaltbild** / schematic diagram, schematic wiring diagram || **~e Zeichnung** / schematic drawing, diagrammatic drawing
Schema-Zeichnung *f* / schematic drawing
Schenkel *m*(Trafo-Kern) / limb *n*, leg *n* || ≗ (Spule) / side *n* || ≗ (Pol) / shank *n* || **≗blech** *n*(Trafo-Kern) / core-limb lamination || **≗bürstenhalter** *m* / cantilever-type brush holder, arm-type brush holder || **≗feder** *f* / leg spring, torsion spring, spiral spring
Schenkeligkeit *f*(Schenkelpolmaschine) / saliency *n*
Schenkel·kern *m*(Trafo) / limb-type core || **≗pol** *m* / salient pole || **≗polmaschine** *f* / salient-pole machine || **≗polwicklung** *f* / salient-pole winding, salient-field winding || **≗wicklung** *f*(el. Masch.) / pole-piece winding || **≗wicklung** *f*(Trafo) / limb winding, leg winding
Scherbius-Hintermaschine *f* / Scherbius phase advancer
Scherbius-Kaskade *f* / Scherbius system, Scherbius drive, Scherbius motor control system
Scherbius-Kaskade, über- und untersynchrone ≗ / double-range Scherbius system || **untersynchrone** ≗ / single-range Scherbius system, subsynchronous Scherbius system
Scherbius·-Maschine *f* / Scherbius machine || **≗-Phasenschieber** *m* / Scherbius phase advancer
Scher·bolzen *m* / shear pin, breaker bolt, safety bolt || **≗buchse** *f* / shear bushing
Schere *f*(Greifertrenner) / pantograph *n*
Scherenarm·-Wandleuchte *f* / extending wall luminaire
Scheren·bürstenhalter *m* / scissors-type brush holder || **≗stromabnehmer** *m* / pantograph *n* || **≗trenner** *m* / pantograph disconnector, pantograph isolator, vertical-reach isolator
Scher·festigkeit *f* / shear strength, shearing strength || **≗kraft** *f* / shear force, lateral force, transverse force || **≗kupplung** *f* / shear-pin coupling || **≗modul** *m* / shear modulus, modulus of rigidity || **≗schwinger** *m* / shear-mode transducer || **≗schwingung** *f* / shear vibration || **≗spannung** *f* / shear stress, shearing stress || **≗stabilität** *f* / shear stability
Scherung *f*(magn. u. mech.) / shear *n* || ≗ (Drehimpuls) / angular momentum || ≗ (Kern) / gapping *n*
Scherungs·gerade *f*(magn.) / load line
Scherversuch *m* / shearing test, shear test
scheuern *v*(reiben) / chafe *v*, gall *v*
Schibildung *f*(Walzw.) / formation of turn-ups
Schicht *f*(Lage) / layer *n*, ply *n* || ≗ (Wickl.) / layer *n* || ≗ (Arbeitsschicht) / shift *n* || ≗ (ISO-OSI-Referenzmodell) / layer || **transparente** ≗ (graf. DV, eines Bildes) / transparent overlay || **≗arbeiter** *m* / shift worker || **≗bock** *m*(f. Blechp.) / building stand, stacking stand || **≗bürste** *f* / sandwich brush, laminated brush || **≗bürste aus zwei Qualitäten** / dual-grade sandwich brush, dual-grade laminated brush || **≗dicke** *f*(Plattierung) / plate thickness || **≗dorn** *m*(f. Blechp.) / building bar, stacking mandrel || **≗-Drehwiderstand** *m* / non-wire-wound potentiometer
schichten *v*(Blechp.) / stack *v*, build *v*, pack *v*
Schichtenmanagement *n*(DIN ISO 7498) / layer management
Schichtenströmung *f* / laminar flow
Schicht·feder *f* / laminated spring || **≗festigkeit** *f* / interlaminar strength, delamination resistance || **≗folie** *f* / laminated sheet || **≗führer** *m*(Netzwarte) / senior shift engineer || **≗höhe** *f*(Blechp., Stapelhöhe) / stack height || **≗kern** *m* / laminated core, core stack || **≗kondensator** *m* / film capacitor || **≗läufer** *m* / segmental-rim rotor, laminated-core rotor
Schichtleiter *m*(Leitsystem) / shift engineer || **≗platz** *m* / shift engineers console
Schicht·leitfähigkeit *f* / layer conductivity || **≗leitwert** *m* / layer conductance
Schichtler (s. Schichtarbeiter)
Schicht·meldung *f* / shift report || **≗plan** *m*(Blechp.) / lamination scheme, building scheme || **≗polrad** (s. Schichtläufer) || **≗potentiometer** *n* / film potentiometer || **≗preßholz** *n* / compregnated laminated wood, compreg *n* || **≗preßstoff** *m* / laminate *n* || **≗schaltung** *f* / film circuit, film integrated circuit || **integrierte ≗schaltung** / film integrated circuit, integrated film circuit || **≗spaltung** *f* / delamination *n*, cleavage *n*
schichtspezifischer Parameter (DIN ISO 8471) / layer parameter
Schicht·-Stehspannung *f* / layer withstand voltage, withstand layer voltage || **≗stoff** (s. Schichtpreßstoff) || **≗stoffbahn** *f* / laminated sheet

Schichtung *f*(Statistik, QS; Unterteilung einer Gesamtheit) / stratification *n*(statistics, QA)
Schichtvereinbarung *f*(Arbeitszeit) / shift agreement
Schichtwiderstand *m*(IS) / sheet resistance
Schiebebetrieb *m*(Kfz) / overrun(ning) *n*
Schiebedach *n*(Kfz) / sliding roof, sliding sunroof || **≗antrieb** *m*(Kfz) / sliding-roof actuator
Schiebeeingang *m* / shifting input || **≗, rückwärts** / shifting input, right to left (o. bottom to top) || **≗, vorwärts** / shifting input, left to right (o. top to bottom)
Schiebe·frequenz *f* / shift frequency || **≗kontakt** *m* / sliding contact, slide contact, transfer contact || **≗lager** *n*(a. EZ) / sliding bearing || **≗leiter** *f* / extending ladder || **≗modul** *m* / shear modulus, modulus of rigidity
Schieben *n*(Impulse, DIN IEC 469, T.1) / shifting *n* || ≗ (s. Verschieben)
Schiebeoperation *f* / shift operation
Schieber *m*(Ventil) / slide valve, gate valve, valve *n* || ≗ (Widerstand, Poti) / slide *n*
Schiebe·register *n* / shift register (SR) || **≗registerzähler** *m* / shift register counter || **≗regler** *m* / linear-gate regulator, linear regulator, sliding-dolly regulator
Schieberführung *f*(Bürste) / guide clip
Schiebe·schalter *m* / slide switch, sliding-dolly switch || **≗sitz** *m* / sliding fit || **enger ≗sitz** / close sliding fit, wringing fit || **≗widerstand** *m* / slide resistor, variable resistor
Schiebung *f*(Scherungswinkel) / angle of shear
Schieds·klima *n* / referee atmosphere || **≗messung** *f* (DIN IEC 68) / referee test || **≗prüfung** *f* / referee test
schief·e Ebene / inclined plane || **~e Verteilung** (Statistik, QS) / skewed distribution
Schiefe *f*(Statistik, DIN 55350, T.21) / skewness *n* (statistics)
Schiefhang *m*(EZ) / oblique suspension
Schieflast *f* / load unbalance, unbalanced load, unsymetrical load || **≗belastbarkeit** *f* / load unbalance capacity, maximum permissible unbalance || **≗faktor** *m* / unbalance factor, asymmetry factor || **≗grad** (s. Schieflastfaktor) || **≗relais** *n* / phase unbalance relay, unbalance relay, negative-sequence relay || **≗schutz** *m* / load unbalance protection, phase unbalance protection, unbalance protection
Schief·lauf *m*(Fernkopierer) / skew *n*, skewing *n* || **~laufen** *v*(Förderband) / to go askew, to go off line, to run unevenly || **≗laufschalter** *m* (Förderband) / true-run switch, belt skewing switch || **≗laufwächter** *m*(Förderband) / belt skewing monitor || **≗stellung** *f*(Welle) / misalignment *n*
Schielwinkel *m*(DIN 54119) / squint angle
Schiene *f*(allg.; Bahn) / rail *n* || ≗ (SS) / busbar *n*, bus *n* || ≗ (Montagegerüst) / section *n*, rail *n* || **Software-≗** / software pool || **vertikale ≗** (ET) / vertical member, upright *n*
Schienen·ableitung *f*(Gen.) / bar-type generator connections || **≗anschluß** *m* / flat-bar terminal, bus connection, bar connection || **≗bremse** *f* / track brake, rail brake, shoe brake || **≗bremsschalter** *m* / track brake switch(group), rail brake switch || **≗-Drehtrenner** *m* / rotary bar-type disconnector, rotary bus isolator || **≗führung** (SS) (s. Sammelschienenführung) || **≗halter** *m*(SS) / busbar support, busbar grip, bar holder || **≗kanal** *m* / bus duct, busbar trunking, busway *n* || **≗kanal** *m*(f. Generatorableitung) / generator-lead trunking o. duct || **≗kasten** *m*(IK) / trunking unit, busway section, bus-duct housing || **gerader ≗kasten** / straight busway section, straight length (of busbar trunking) || **≗kastenverbinder** *m* / busway connector || **≗leuchte** *f* / track-mounted luminaire, track-suspended luminaire, channel-mounting luminaire, trunking luminaire || **≗oberkante (SO)** *f* / top of rail, upper surface of rail || **≗platte** *f*(MSB) / sheet track, slab track || **≗rückleitung** *f* / track return system || **≗schalter** *m* / track switch || **≗stromwandler** *m* / bar-primary current transformer || **≗transport** *m* / transport by rail, rail(way) transport || **≗verbinder** *m*(Bahn) / rail joint bond, rail bond
Schienenverteiler *m*(VDE 0660, T.500) / busbar trunking system (IEC 439-2), busway system (US) || **≗ mit fahrbarem Stromabnehmer** / trolley busway, busbar trunking system with trolley-type tap-off facilities (IEC 439-2) || **≗ mit N-Leiter halben Querschnitts** / half-neutral busduct || **≗ mit N-Leiter vollen Querschnitts** / full-neutral busduct || **≗ mit Stromabnehmerwagen** (VDE 0660,T.502) / trolley busway, busbar trunking system with trolley-type tap-off facilities (IEC 439-2) || **≗ mit veränderbaren Abgängen** (VDE 0660,T.502) / plug-in busbar trunking (system) (IEC 439-2), plug-in busway (system)
Schiffahrtszeichen *n* / marine navigational aid
Schiffs·fernmeldekabel *n* / shipboard telecommunication cable, ship communications cable || **≗kabel** *n* / shipboard cable, ship wiring cable || **≗klassifikationsgesellschaft** *f* / classification society || **≗positionslaterne** *f* / ship's navigation light || **≗schaltanlage** *f* / marine switchgear, marine switchboard || **≗schalter** *m* (LS) / circuit-breaker for marine applications, circuit-breaker for use on ships || **≗scheinwerfer** *m* / naval searchlight || **≗transport** *m* / sea transport, transport by ship
Schild *m*(Maschinengehäuse, ohne Lg.) / fender *n*, guard plate || ≗ (Schutzschild) / shield *n*, barrier *n*, guard plate || ≗ *n*(Bezeichnungssch.) / label *n*, marker *n* || ≗ (Anschlußbezeichnung, Reihenklemme) / tag *n*, label *n*, marker *n* || ≗ (Typensch.; Firmensch.) / plate *n* || **≗bürstenträger** *m* / shield-mounted brushgear
Schildkröte *f*(Straßenleuchte) / button light
Schildlager *n* / end-shield bearing, plug-in-type bearing, bracket bearing
Schimmel *m* / fungus *n*, mould *n*, fungoid growth, mildew *n* || **≗befall** *m* / fungi attack, fouling by fungi || **≗beständigkeit** *f* / mould resistance, resistance to mildew, mildew-proofness *n*, fungus resistance, mould-proffness *n* || **≗wachstum** *n* / mould growth
Schimmer *m* / loom *n*(of light)
Schirm *m*(Kabel) / shield *n* || ≗ (mech.) / shield *n*, skirt *n*, weather shield || ≗ (EB, VDE 0160) / shield *n* || ≗ (Schutz gegen Störbeeinflussung) / screen *n* (IEC 50(161)) || ≗ (Isolator) / shed *n* || ≗ (Leuchte) / reflector *n*, shade *n* || ≗ (ESR, f. Steuergitter) / shield grid || ≗ (s. Bildschirm) || **≗ zur**

Potentialsteuerung / grading screen || **elektromagnetischer** ≈ / electromagnetic screen || **magnetischer** ≈ / magnetic screen

Schirmausladung *f*(Isolator) / shed overhang

Schirmbild *n* / screen image, display image, screen display

Schirm·blende *f* / visor *n* || ≈**durchverbindung** *f* (StV.) / screen continuity || ≈**einbrand** *m* / screen burn || ≈**faktor** *m*(VDE 0228) / screening factor, electrostatic shielding factor || ≈**folie** *f* / foil screen || ≈**geflecht** *n* / braided screen || ≈**generator** *m* / umbrella-type generator || ≈**gitter** *n* / screen grid || ≈**leuchte** *f* / reflector luminaire, shade(d) luminaire || ≈**raum** *m*(EMV) / shielded enclosure, screened room || ≈**reflektor** *m* / visor *n* || ≈**ring** *m* (zur Potentialsteuerung) / grading ring, static ring || ≈**schiene** *f* / screen bus, shielding bus || ≈**schiene** *f*(zum Anschließen v. Kabelschirmen) / shield bus || ≈**spannung** *f*(Kabel) / shield standing voltage || ≈**spannungsbegrenzer** *m*(Kabel) / shield voltage limiter || ≈**-Speicher-Röhre** *f* / screen storage cathode-ray tube, screen storage tube || ≈**trägerring** *m*(Leuchte) / shade holder ring

Schirmung *f* / screening *n*, shielding *n* || ≈ (gegen Korona) / corona shield || **elektrostatische** ≈ / electrostatic screening (o. shielding) || **magnetische** ≈ / magnetic screen

Schirmverbindung *f*(Kabel) / shield bonding || **feste** ≈ (Kabel) / solid bond

Schirm·verbindungsleitung *f*(Kabel) / shield bonding lead || ≈**wicklung** *f* / shielding winding || ≈**wirkung** *f* / screening effect, shielding effectiveness

Schlackenwolle *f* / slag wool, cinder wool, mineral wool

Schlag *m*(Kabel) / lay *n*, twist *n* || ≈ (unrunder Lauf) / runout *n*, eccentricity *n*, out-of-round *n* || **elektrischer** ≈ / electric shock

schlagartig·es Durchzünden (LE) / crowbar firing

Schlag·beanspruchung *f* / impact load, impact stress || ≈**beständigkeitsprüfung** *f*(VDE 0281) / impact test || ≈**biegefestigkeit** *f* / impact bending strength || ≈**bohrmaschine** *f* / hammer drill || ≈**bolzen** *m* / hammer *n* || ≈**bolzenkopf** *m* / hammer head || ≈**buchstaben** *m pl* / letter stamp, letter embossing tool || ≈**druckknopf** *m* / emergency button, palm button

schlagen *v*(Riemen) / whip *v*, flap *v* || ~ (Welle) / wobble *v*

Schlagenergie *f* / impact energy

schlag·fest *adj* / impact-resistant *adj*, high-impact *adj*, unbreakable *adj* || ≈**festigkeit** *f* / impact strength, impact resistance, resistance to shock, shockproofness *n* || ≈**festigkeitsprüfung** *f* / blow-impact test, falling-weight test

schlagfrei *adj*(Rundlauf) / free from radial runout, true *adj*, concentric *adj* || ~**er Lauf** / true running, concentric running, smooth running || ~ **laufen** / to run true, to run concentrically, to run smoothly

Schlag·freiheit *f* / freedom from runout, concentricity *n*, trueness *n* || ≈**gewicht** *n* / striking weight, impact drift || ≈**hammerprüfung** *f* / striking-hammer test, high-impact shock test || ≈**kappe** *f*(Lg.) / mounting dolly || ≈**-Knickversuch** *m* / impact buckling test || ≈**länge** *f*(Kabel) / length of lay || ≈**länge der verseilten Ader** / pitch of laid-up core || ≈**längenverhältnis** *n*(verseilter Leiter) / lay ratio, lay factor || ≈**lot** *n* / brazing spelter || ≈**marke** *f*(Lagerdefekt) / dent *n* || ≈**meßuhr** *f* / eccentricity dial gauge, runout gauge || ≈**pilz** *m* / palm button || ≈**pressen** *n* / impact moulding || ≈**prüfmaschine** *f* / impact testing machine || ≈**prüfung** *f* / impact test || ≈**richtung** *f*(verseilter Leiter) / direction of lay || ≈**schatten** *m* / umbra shadow || ≈**schelle** *f* / hammering clip (o. cleat) || ≈**schlüssel** *m* / hammering spanner, wrench hammer, impact wrench || ≈**schrauber** *m* / hammering screwdriver, impact screwdriver || ≈**stift** *m*(Sich.) / striker pin, striker *n* || ≈**taster** *m* / emergency pushbutton, emergency button, slam button, panic button || ≈**taster** *m*(m. Pilzdruckknopf) / mushroom-head emergency button, palm button switch || ≈**taster mit Drehentriegelung** / emergency stop button with turn-to-reset feature || ≈**trenner** *m* / vertical-break disconnector || ≈**vorrichtung** *f*(Sich.) / striker *n*, fuse-link striker || ≈**vorrichtungs-Sicherung** *f* / striker fuse

Schlagweite *f* / clearance *n*, flashover distance, arcing distance, flashover path, striking distance, arc length || ≈ **zur Erde** / clearance to earth (IEC 157-1) || ≈ **zwischen den Polen** / clearance between poles (IEC 157-1) || ≈ **zwischen offenen Schaltstücken** (VDE 0670,T.2) / clearance between open contacts (IEC 129)

Schlagwetter *n* / firedamp *n*

schlagwettergefährdet·e Atmosphäre / firedamp atmosphere || ~**e Grubenbaue** (EN 50014) / mines susceptible to firedamp

schlagwettergeschützt *adj* / flameproof *adj*(GB), explosion-proof *adj*(US), firedamp-proof *adj*, mine-type *adj* || ~**e Grubenleuchte** / permissible luminaire || ~**e Maschine** / flameproof machine (GB), explosion-proof machine (US), firedamp-proof machine

Schlagwetterschutz *m* / protection against firedamp, flameproofing *n*, flameproofness *n*, mine-type construction || ≈**kapselung** *f* / flameproof enclosure (GB), explosion-proof enclosure (US)

Schlag·wort *n* / descriptor *n*, indexing term || ≈**zähigkeit** *f* / impact strength || ≈**zugversuch** *m* / notched-bar test, notched-bar tensile test, Charpy test

Schlamm *m*(Isolierflüssigk., Öl) / sludge *n* || ≈**abscheider** *m* / sediment separator || ≈**bildung** *f* / sludge formation, sludging *n* || ≈**gehalt** *m*(Öl) / total sludge || ≈**prüfung** *f* / check on sludge

Schlangenfederkupplung *f* / steel-grid coupling, grid-spring coupling, Bibby coupling

schlank·e Ausführung / slim-line type (o. construction), narrow style || ~**e Produktion** / lean production

Schlappseilschalter *m* / slack-rope switch

Schlauch *m*(IR) / tube *n*, tubing *n* || ≈ (flexibles Isolierrohr) / sleeving *n* || ≈ (Wasserschl.) / hose *n*

Schlauchleitung *f* / flexible sheathed cable, sheathed cable, flexible cord || ≈ **mit Polyurethanmantel** / polyurethane-sheathed flexible cable || **Kunststoff-**≈ / plastic-sheathed flexible cord, PVC-sheathed flexible cord || **leichte PVC-**≈ (rund; HO3VV-F; VDE 0281) / light PVC-sheathed flexible cord (round; HO3VV-F) || **PVC-**≈ (VDE 0281) / PVC-sheathed

flexible cord
Schlauch·/Rohr-Verbinder *m* / flexible-tube/conduit coupler, flexible-rigid-tube connector || **≗schelle** *f*(IR) / tube clip, tube cleat || **≗schelle** *f*(Wasserschl.) / hose clip || **≗verschraubung** *f*(IR) / tube coupler, tube union || **≗wasserwaage** *f* / hydrostatic level
Schlaufe *f* / loop *n*, sling *n* || ≗ (s. Stromschlaufe)
Schlaufenverdrahtung *f* / loop wiring
schlecht·e Ausrichtung / misalignment *n* || **~e Sicht** / poor visibility || **~e Verbindung** / bad connection, poor connection
Schlechtgrenze *f*(QS) / limiting quality
Schleich·drehmoment *n* / crawling torque || **≗drehzahl** *f*(s.a. „Schleichen") / crawl speed, creeping speed, inching speed
schleichen *v*(Mot.) / crawl *v*, to run at crawl speed, creep *v* || ≗ *n*(Asynchronmot., nı/7) / crawling *n* || ≗ (GM) / creeping *n*
schleichend·er Erdschluß / earth leakage, ground leakage || **~e Wicklung** / creeping winding
Schleich·funktion *f*(PS; EN 50047) / slow make and break function || **≗gang** *m*(WZM) / creep feed, creep feedrate, creep speed || **≗kontakt** (s. Schleichschaltglied) || **≗schaltglied** *n* / slow-action contact, slow-motion contact || **abhängiges ≗schaltglied** (Geschwindigkeit der Kontaktbewegung von der Betätigungsgeschwindigkeit abhängig) / dependent-action contact element
Schleier·blendung *f* / veiling glare || **≗leuchtdichte** *f* / veiling luminance
Schleife *f*(Netzwerk u. Programmablaufplan) / loop *n*
schleifen, Kommutator ~ / to grind a commutator, to resurface a commutator (by grinding)
Schleifenanweisung *f* / do statement
schleifende Dichtung / rubbing seal
Schleifen·-Durchlaufzeit *f* / iteration time || **≗impedanz** *f*(VDE 0100, T.200) / loop impedance, earth-loop impedance, earth-fault loop impedance, faulted-circuit impedance
Schleifenleitung *f* / loop lead || ≗ (LAN) / lobe *n*
Schleifenleitungs·überbrückung *f*(LAN) / lobe bypass
Schleifenoszillogramm *n* / loop vibrator oscillogram
Schleifenwicklung *f* / lap winding, multi-circuit winding, multiple winding
Schleifenwiderstand *m* / loop resistance, loop impedance, earth-loop impedance || ≗ (s. Schleifenimpedanz)
Schleifenwiderstands·-Meßgerät *n* / loop resistance measuring set, loop impedance measuring instrument || **Prüfung durch ≗messung** / earth-loop impedance test || **≗prüfer** *m* / earth-loop impedance tester
Schleifer *m*(Poti) / slider *n*, wiper *n*
Schleif·kontakt *m* / sliding-action contact, sliding contact || **≗kontakt** *m*(Poti, Widerstand) / wiper *n* || **≗leitung** *f* / collector wire, contact conductor (US), overhead collector wire
Schleifring *m* / slipring *n*, collector ring || **≗abdeckung** *f* / slipring cover || **≗anlasser** *m* / slipring starter, rotor starter || **≗bolzen** *m* / slipring terminal stud || **≗bürste** *f* / slipring brush, collector-ring brush || **≗kapsel** *f* / slipring enclosure, collector-ring cover || **≗körper** *m* / slipring assembly, collector *n* || **≗kupplung** *f* / slipring clutch
Schleifringläufer (SL) (Rotor) *m* / slipring rotor (GB), wound rotor (US) || ≗ (s. Schleifringläufermotor) || **≗motor (SL)** *m* / slipring motor, wound-rotor motor
Schleifringleitung *f* / slipring lead(s), field lead(s), collector-ring lead(s)
schleifringlos·er Drehmelder / brushless resolver || **~e Lamellenkupplung** / stationary-field electromagnetic multiple-disc clutch, slipringless multi-disc clutch || **~e Maschine** / brushless machine
Schleifring·motor *m* / slipring motor, wound-rotor motor || **≗motor mit Anlaufkondensator** / slipring capacitor-start motor || **≗nabe** *f* / slipring bush, collector-ring bush, slipring hub || **≗raum** *m* / slipring compartment || **≗sockel** *m* / slipring platform || **≗-Tragkörper** *m* / slipring body, collector-ring hub || **≗zuleitung** *f* / slip-ring lead(s), field lead(s), collector-ring lead(s)
Schleif·riß *m* / grinding crack || **≗scheibe** *f* / grinding wheel, grindstone *n*, abrasive wheel, abrasive disc || **≗schlamm** *m* / grinding sludge, swarf *n* || **≗schuh** *m*(Stromabnehmer) / contact slipper || **≗staub** *m* / abrasive dust, grinding dust, grit *n*, swarf *n* || **≗stein** *m* / grindstone *n*, abrasive stone || **≗vorrichtung** *f* (f. SL u. Komm.) / grinding rig
Schleppabstand *m*(NC) / following error
Schleppe, magnetische ≗ / magnetic drag
Schlepp·fehler *m*(NC) / contouring error || **≗kabel** (s. Trommelkabel) || **≗leistung** *f* / motoring reverse power, motoring power || **≗leitung** *f* / trailing cable || **≗lötung** *f* / drag soldering || **≗schalter** *m* / ganged control switch || **≗zeiger** *m* / slave pointer, non-return pointer
Sch-Leuchte *f*(druckfest) / flameproof lighting fitting, explosion-proof luminaire
Schleuder·bunker *m* / overspeed test tunnel || **≗drehzahl** *f* / overspeed test speed || **≗drehzahl** *f* (Zentrifugenmot.) / spinning speed || **≗grube** *f* / overspeed testing pit, balancing pit || **≗gußbronze** *f* / centrifugally cast bronze || **≗halle** *f* / overspeed testing tunnel, balancing tunnel || **≗kraft** *f* / centrifugal force
schleudern *v*(Schleuderprüf.) / overspeed-test *v*
Schleuder·prüfung *f* / overspeed test || **≗rad** *n* / impeller *n* || **≗scheibe** *f*(Lg.) / grease slinger, oil slinger || **≗schutz** *m* / overspeed protection || **≗schutzbremse** *f*(Bahn) / anti-slip brake || **≗schutzeinrichtung** *f*(Bahn) / anti-slip device || **≗wirkung** *f* / centrifugal action
Schleuse *f* / lock *n*, air lock
Schleusenspannung *f*(Diode, Thyr,) / threshold voltage
Schlichtaufmaß *n* / finishing allowance, final machining allowance
schlichten *v* / finish *v*, dress *v* || ≗ *n*(WZM) / finish-machining *n*, finish-cutting *n*, finish-turning *n*, finishing cut
Schlieren *f pl* / striae *pl*, schlieren *pl* || **≗aufnahme** *f* / schlieren photograph
Schließ·anlage *f* / master-key system, pass-key system || **≗band** *n* / hasp *n* || **≗druck** *m* / closing pressure
schließen *v*(Bremse) / apply *v* || ≗ *n*(SG; VDE 0660,T.101) / closing operation (IEC 157-1),

closing *n* || ≈ **durch abhängigen Kraftantrieb** / dependent power closing || ≈ **durch unabhängige Handbetätigung** / independent manual closing || ≈ **mit abhängiger Kraftbetätigung** (s. Schließen durch abhängigen Kraftantrieb) || ≈ **mit Kraftspeicherbetätigung** / stored-energy closing, spring closing || ≈ **mit verzögertem Öffnen** / close-time delay-open operation (CTO)
schließende Statistik (DIN 55350,T.24) / analytical statistics
Schließer *m* (VDE 0660,T.200) / make contact, make contact element (IEC 337-1), a-contact, normally open contact, NO contact || ≈ **mit Doppelunterbrechung** / double-gap make contact (element) || ≈ **mit Einfachunterbrechung** / single-gap make contact (element) || ≈ **mit zeitverzögerter Schließung** / make contact delayed on closing
Schließerfunktion *f* (NS) / make function || **Ausgangskreis mit** ≈ (Rel.; E VDE 0436,T.110) / output make circuit
Schließer-vor-Öffner *m* / make before break contact
Schließ·kontakt (s. Schließer) || ≈**kraft** *f* (Ventil, Schubkraft) / seating thrust || ≈**-Öffnungszeit** *f* / close-open time || ≈**spannung** *f* (magnetisch betätigtes Gerät) / seal voltage || ≈**stellung** *f* (SG) / closed position
Schließung *f* (Schloß, Schlüsselsch.) / tumbler arrangement
Schließ·verhältnis *n* (Kfz) / dwell ratio || ≈**verzug** (s. Schließzeit) || ≈**vorrichtung** *f* (DT) / locking attachment || ≈**winkel** *m* (Nocken) / dwell angle, cam angle, dwell *n* (cam)
Schließzeit *f* (SG) / closing time, closing operating time || ≈ (Einschaltzeit; VDE 0712,101) / closed time || **Gesamt~** (VDE 0660) / total make-time || ≈**steuerung** *f* (Kfz-Mot.) / dwell-time control
Schließzylinder *m* / lock barrel
Schliff·bild *n* / micrograph *n* || ≈**verbindung** *f* / ground joint
Schlinger·bewegung *f* / rolling motion || **~fest** *adj* / resistant to rolling (motion), unaffected by rolling || ≈**festigkeit** *f* / resistance to rolling
Schlingfederkupplung *f* / grid-spring coupling, overrunning spring clutch
Schlitten *m* (WZM) / slide *n* || ≈ (Bettschlitten, Drehmaschine) / saddle *n*, carriage *n* || ≈ (Schleifmasch.) / saddle *n* || ≈**bezugspunkt** *m* (WZM, NC) / slide (o. saddle) reference point
Schlitz *m* (f. Installationsleitungen) / chase *n* || **Schlagen von** ≈**en** (f. Installationsleitungen) / chasing *n* || ≈**bandeisen** *n* / slotted steel strip || ≈**blende** *f* / slotted diaphragm || ≈**initiator** *m* (NS) / slot-type initiator, slot proximity switch || ≈**kerbe** *f* / U-notch *n* || **Innengewinde-**≈**klemme** *f* / female screw terminal || **Außengewinde-**≈**klemme** *f* / tubular screw terminal || ≈**klemme** *f* / slot terminal, slotted-post terminal || ≈**leitung** *f* / slotline *n* || ≈**leser** *m* / slot reader || ≈**maskenröhre** *f* / slotted shadow mask tube || ≈**-Näherungsschalter** *m* / slot proximity switch, slot-form proximity switch, slot initiator || ≈**- und Rundkerbprüfung** / keyhole impact test || ≈**zeit** *f* (LAN) / slot time
Schloß mit Zuhaltungen / tumbler-type lock, tumbler lock || **Schalt~** *n* (LS) / latching mechanism, breaker mechanism || ≈**riegel** *m* / lock bolt, bolt *n*, fastener *n* || ≈**schalter** *m* (schlüsselbetätigter Hilfs- o. Steuerschalter) / key-operated control switch, key-operated maintained-contact switch, locking-type control switch || ≈**schalter** *m* (Schalter m. Schaltschloß) / automatic switching device, mechanically latched switching device, release-free circuit-breaker || ≈**taster** *m* (DT) / locking-type pushbutton (switch) || ≈**taster** *m* (schlüsselbetätigter Drehschalter) / key-operated momentary-contact switch, key-operated rotary (o. control) switch
Schluck·grad *m* / absorption coefficient || ≈**widerstand** *m* / absorption resistance
Schlupf *m* (Asynchronmasch.) / slip *n* || ≈ (Riemen) / creep *n*, slip *n* || ≈ (Drift) / drift *n* || **Punkt des unendlichen** ≈**s** / point of infinite speed || **~arm** *adj* / low-slip *adj* || ≈**drehzahl** *f* / slip speed, asynchronous speed
schlüpfen *v* / slip *v*
schlupffrei *adj* / non-slip *adj*
Schlupffrequenz *f* / slip frequency
Schlupf·gerade *f* / slip line || ≈**kupplung** *f* / slipping clutch, slip clutch || ≈**leistung** *f* / slip power || ≈**leistungsrückgewinnung** *f* / slip-power recovery, slip-power reclamation || ≈**maßstab** *m* / scale of slip || ≈**moment** *n* / slip torque, torque causing slipping || **Antriebs~regelung** *f* (Kfz) / traction control || ≈**regler** *m* / slip regulator || ≈**reibung** *f* / slip friction || ≈**relais** *n* / slip relay
Schlüpfrigkeit *f* / oiliness *n*, lubricity *n*
Schlupf·spannung *f* / slip-frequency voltage || ≈**spule** *f* / cranked coil, bent coil || ≈**stabilisator** *m* (zur Dämpfung von Wirkleistungspendelungen im Netz) / power system stabilizer (PSS) || ≈**steller** *m* / slip regulator || ≈**variable** *f* (Reg.) / slack variable || ≈**verluste** *m pl* / slip loss || ≈**wächter** *m* / slip monitor || ≈**widerstand** *m* / slip resistor || ≈**zeit** *f* (Reg., Netzwerk) / slack time
Schluppe *f* (Hebezeug) / lifting sling
Schluß *m* (Kurzschluß) / short *n*, short circuit
Schlüssel *m* (Code) / code *n* || ≈ (Bezeichner v. digitalen Daten) / key *n* || ≈ (StV, Führungsnase) / key *n* || ≈**antrieb** *m* / key actuator || ≈**antrieb mit Zylinderschloß** / cylinder-lock actuator (o. operator) || ≈**diskette** *f* / key diskette || ≈**-Drehschalter** *m* (VDE 0660,T.202) / key-operated rotary switch (IEC 337-2A) || ≈**entriegelung** *f* (SG) / interlock deactivation by means of key, key defeating || ≈**entriegelung** (s. Entriegelungsschlüssel) || **~fertiges System** / turnkey system || ≈**länge** *f* (Datensatzschlüssel) / key length || ≈**plan** *m* / master reference plan || ≈**schalter** *m* / key-operated switch, lockswitch *n*, keylock switch || ≈**sender** *m* (IR-Schließsystem) / coded transmitter || ≈**sperre** *f* / key interlock || ≈**stück** *n* (StV) / polarization piece || ≈**taster** *m* (Drucktaster; VDE 0660,T.201) / key-operated pushbutton (IEC 337-2) || ≈**-Wahlschalter** *m* / key-operated selector switch, key selector || ≈**wort** *n* / code word || ≈**zahl** *f* (Code) / code number || ≈**zahl für Vorschubgeschwindigkeiten** / feedrate number (FRN)
schlußgeglüht, nicht ~er, weichmagnetischer Stahl (IEC 50(221)) / semi-processed electrical steel

Schluß·leuchte *f* (Kfz) / taillight *n*, tail lamp, rear light (o. lamp) || **≈licht** (s. Schlußleuchte) || **≈resonanzuntersuchung** *f* / final resonance search
Schmalband *n* / narrow band (NB) || **≈-Antwortspektrum** *n* / narrow-band response spectrum || **≈-Betriebsmittel** *n* / narrow-band device || **≈filter** *n* / narrow-band pass filter || **≈geräusch** *n* / narrow-band noise
schmalbandig *adj* / narrow-band *adj* || **~e Aussendung** / narrow-band emission
Schmalband·-Rauschzahl *f* / spot noise figure
Schmal·keilriemen *m* / V-rope *n* || **≈profilskale** *f* / narrow straight scale || **≈schrank** *m* / narrow-type cubicle (o. cabinet) || **≈schrift** *f* / compressed print
schmelzbar *adj* / fusible *adj*
Schmelz·charakteristik *f* (Sich.) / prearcing time/current characteristic || **≈dauer** (s. Schmelzzeit) || **≈draht** *m* (Sich.) / fusible wire, fusible link, fusible element || **≈einsatz** *m* / fuse-link *n*, cartridge fuse-link, fuse-unit *n* || **≈einsatz** (s. Schmelzleiter) || **≈einsatz mit zylindrischen Kontaktflächen** / cylindrical-contact fuse-link || **≈faktor** *m* (Sich.) / fusing factor || **≈-I²t-Wert** *m* (Sich.) / pre-arcing I²t || **≈körper** *m* (Sich., Anzeigevorrichtung) / fusible indicator || **≈körper** *m pl* (f. Wärmeprüfungen) / melting particles || **≈leiter** *m* (Sich.) / fuse-element *n*, fusible element || **≈lotglied** *n* / fusible link, fusible element || **≈perle** *f* / bead of molten metal || **≈punkt** *m* / melting point || **≈schweißen** *n* / fusion welding || **≈sicherung** *f* / fuse *n*, fusible link, fusible cutout || **Barriere mit ≈sicherungsschutz** / fuse-protected barrier || **≈spannung** *f* / melting voltage || **≈spleiß** *m* (LWL) / fusion splice || **≈strom** *m* (Sich.) / fusing current || **≈unterbrecher** *m* / fusible interrupter, fusible shunt || **≈wärme** *f* / heat of fusion
Schmelzzeit *f* (Sich.) / melting time, pre-arcing time || **≈-Kennlinie** *f* / melting characteristic, minimum melting curve
Schmerzschwelle *f* / threshold of pain
Schmidt-Lorentz-Generator *m* / Schmidt-Lorentz heteropolar generator
Schmiede·fehler *m* / forging defect || **≈stück** *n* / forging *n*
Schmiegungs·ebene *f* / osculating plane || **≈kreis** *m* / osculating circle
Schmier·bereich *m* (Speicher) / scratchpad area, scratch region || **≈büchse** *f* (Öler) / oil cup, oiler *n* || **≈büchse** *f* (Staufferbüchse) / screw pressure lubricator, grease cup, Stauffer lubricator || **≈bund** *m* / collar oiler
schmieren *v* / lubricate *v*, grease *v*, oil *v* || **≈** *n* (Lagerdefekt) / wiping *n*
Schmier·fähigkeit *f* / lubricating property, lubricity *n* || **≈fähigkeitsverbesserer** *m* / oiliness additive, lubricity additive || **≈fett** *n* / lubricating grease, grease *n* || **≈film** *m* / lubricant film, oil film || **≈frist** *f* / relubrication interval || **≈keil** *m* / wedge-shaped oil film || **≈kopf** *m* / lubricating nipple, grease nipple, oiler *n* || **≈lötverbindung** *f* / wiped joint || **≈merker** *m* / scratch flag
Schmiermittel *n* / lubricant *n* || **≈** (Komm.) / dressing agent, commutator dressing || **≈-Ausschwitzen** *n* / lubricant exudation || **≈dichtung** *f* / lubricant seal
Schmier·nippel *m* / greasing nipple, grease nipple, lubricator *n* || **≈nut** *f* / oil groove, oil flute, oilway *n*
Schmieröl *n* / lubricating oil, lube oil || **≈filter** *n* / lubricating-oil filter || **≈rückstände** *m pl* / gum *n*, carbon deposits, oil residues || **≈-Spaltfilter** *n* / plate-type lubricating-oil filter
Schmier·plan *m* / lubrication schedule, lubrication chart || **≈plombe** *f* / wiped joint || **≈polster** *n* / oil film || **≈presse** *f* / grease gun || **≈pumpe** *f* / lubricating pump, lubricating oil pump, oil pump || **≈reibung** *f* / friction of lubricated parts
Schmierring *m* / oil-ring *n*, lubricating ring, ring oiler || **fester ≈** / disc-and-wiper lubricator, collar oiler || **loser ≈** / oil-ring *n*, ring oiler || **≈führung** *f* / oil-ring retainer || **≈schloß** *n* / oil-ring lock, ring-oiler joint
Schmier·schicht *f* / lubricant film, oil film || **≈schild** *n* / lubrication instruction plate || **≈spalt** *m* / clearance filled by oil film || **≈stelle** *f* / lubricating point, grease nipple || **≈stoff** *m* / lubricant *n* || **≈stoffverbesserer** *m* / lubricant improver || **≈tasche** *f* (Lg.) / oil distribution groove, lubricating recess
Schmierung *f* / lubrication *n* || **≈ durch Ölberieselung** / flood lubrication, cascade lubrication
Schmier·vorrichtung *f* / lubricator *n* || **≈vorschrift** *f* / lubricating instructions || **≈wirkdauer** *f* / grease service life, relubrication interval
Schmitt-Trigger *m* / Schmitt trigger, threshold detector || **≈ mit binärem Ausgangssignal** / threshold detector (IEC 117-15), Schmitt trigger
Schmorperle *f* / bead of molten metal
Schmutz·ablagerung *f* / dirt deposit || **≈anhaftungsbeständigkeit** *f* / dirt collection resistance || **≈fänger** *m* / dirt trap, strainer *n*, filter *n* || **≈fängernetz** *n* / strainer *n*, debris collecting net || **≈filter** *n* / filter *n* || **≈schicht** *f* / dirt deposit
Schnabel *m* (am Schnabelwagen) / cantilever *n* (section), gooseneck *n* || **≈wagen** *m* / Schnabel (rail) car, cantilever-type two-bogie car
Schnapp·befestigung *f* / snap-on mounting (o. fixing), clip-on mounting || **≈-Drehriegel** *m* / spring-loaded espagnolette (lock) || **≈feder** *f* / catch spring || **≈gerät** *n* / snap-on device, snap-fit device, clip-on device || **≈kontakt** *m* / snap-action contact (element) (IEC 337-1), quick-make quick-break contact || **≈schalter** *m* (DIN 42111) / sensitive switch (IEC 163), sensitive micro-switch, quick-make-quick-break switch || **≈schiene** *f* / snap-on rail, clip-on rail || **≈schloß** *n* / catch lock, snap lock, spring lock || **≈taster** (s. Schnappschalter) || **≈-Tragschiene** (s. Schnappschiene) || **≈verschluß** *m* / catch lock, snap lock, spring lock
Schnecke *f* / worm *n*, screw *n*
Schnecken·feder *f* / spiral spring || **≈getriebe** *n* / worm gear, worm drive || **≈rad** *n* / worm wheel, screw gear || **≈radgetriebe** *n* / worm gear, screw gearing, worm drive || **≈trieb** *m* / worm drive
Schneidbarkeit *f* / cutting capability
Schneidbrenner *m* / flame cutter, cutting torch, oxygen cutter || **≈** (NC; CLDATA-Wort) / pierce (ISO 3592)
Schneide *f* (Dichtung) / lip *n*, edge *n*
Schneideisen *n* (Stanzwerkzeug) / cutting die
schneiden *v* (kreuzen) / intersect *v*
schneidend·e Wellenanordnung / intersecting shafting

Schneiden·ebene *f*(DIN 6581) / cutting edge plane || **≗ecke** *f*(DIN 6581) / cutting edge corner || **≗einstellgerät** *n* / tool setting station || **≗gelenk** *n* / knife-edge pivot || **≗geometrie** *f*(WZM) / cutting edge geometry, tool geometry || **≗lagerrelais** *n* / knife-edge relay || **≗lagerung** *f* / knife-edge bearing || **≗mittelpunkt** *m*(WZM) / tool nose centre, cutting edge centre || **≗radiuskompensation** *f*(NC) / cutter radius compensation (miller), tool nose radius compensation (lathe) || **≗winkel** *m*(WZM) / cutting edge angle, cutting tool angle || **≗winkel** *m* (DIN 6581) / side cutting edge angle

Schneidflüssigkeit *f* / cutting fluid

schneidflüssigkeitsdichter Drucktaster (VDE 0660,T.201) / cutting-fluid-tight pushbutton (IEC 337-2), coolant-proof pushbutton

Schneid·klemme *f*(E VDE 0613,T.4) / insulation piercing connecting device (i.p.c.d.) || **≗-Klemm-Steckverbinder** *m* / insulation displacement connector (i.d.c.) || **≗ring** *m* / cutting ring || **≗schraube** *f* / self-tapping screw || **≗stanze** *f* / cutting die || **≗werkzeug** *n* / cutting tool

schnell·es Ansprechen / fast response, high-speed response, fast operation || ~ **ansprechender Spannungsregler** / high-response-rate voltage regulator || ~**es Blinklicht** / quick flashing light, fast flashing || ~ **fließende Elektrode** / fast consuming electrode, fast running electrode || ~**e Nullung** / fast TN scheme || ~**er Pufferspeicher** / cache *n* || ~**es Relais** / high-speed relay, fast relay || ~**er Schutz** / high-speed protection (system) || ~**e Speicher-Schreibgeschwindigkeit** (Osz.) / fast stored writing speed || ~**e Strecke** (Regelstrecke) / fast-response (controlled) system || ~**e transiente Störgröße** (IEC 50(161)) / burst *n* || ~**er Übertrag** / high-speed carry, ripple-through carry

Schnellabrollbahn *f*(Flp.) / high-speed exit taxiway

Schnellabschaltung *f* / quick breaking, instantaneous tripping, rapid shutdown || ≗ (Mot.) / quick stopping, overspeed tripping || ≗ (Turbine) (s. Schnellschlußauslösung) || ≗ (s. Schnellschluß)

Schnellabwurf (s. Schnell-Lastabwurf)

Schnelladung *f*(Batt.) / boost charge, quick charge, high-rate charging

Schnell·anlauf *m* / fast start, quick start, rapid start || **≗anschluß(klemme)** *m;f* / quick-connect terminal || **≗antrieb** *m* / high-speed drive

Schnellastumschalter *m*, **Widerstands-≗** (Trafo) / high-speed resistor diverter switch

schnellaufend *adj* / high-speed *adj*

Schnelläufer *m* / high-speed machine || **≗motor** *m* / high-speed motor

Schnell·-Aus-Knopf *m* / emergency-stop button || **≗auslöser** *m* / instantaneous release (IEC 157-1) || **≗auslöserelais** *n* / instantaneous tripping relay || **≗auslösung** *f* / instantaneous tripping || **≗ausschalter** / quick-break switch

Schnellausschaltung *f* / quick-break *n*(operation), snap-action opening || ≗ (Fehlerabschaltung) / high-speed fault clearing

Schnell·befehl *m*(FWT) / priority command || **≗befestigung** *f* / quick fastening, clip-on mounting, snap-on fixing, rail mounting || **≗blinklicht** *n* / quick flashing light, fast flashing || **≗bremsung** *f* / emergency braking, quick stopping || **≗distanzrelais** *n* / high-speed distance relay || **≗drucker** *m* / high-speed printer (HSP)

Schnelle *f* / velocity *n* || **Trieb ins ≗** / speed-increasing transmission, step-up gearing || **Übersetzung ins ≗** / gearing up

Schnelleinschaltung *f* / quick make (operation), high-speed closing, snap-action closing

Schnellentkupplung, Steckverbinder mit ≗ / quick disconnect connector

Schnell·entregung *f* / high-speed de-excitation, high-speed field suppression, field forcing || **≗erder** *m* / fault initiating switch, high-speed grounding switch, make-proof earthing switch || **≗erregung** *f* / fast-response excitation, high-speed excitation, field forcing

Schnellgang *m*(Mot.) / high-speed step || **≗taste** *f* (Bedienungstastatur) / high-speed key

Schnellhalt *m*(Mot.) / quick stopping || ≗ (NC) / quick stop, fast positioning || ≗ (NC-Wegbedingung, DIN 66025,T.2) / positioning fast (NC preparatory function, ISO 1056)

Schnelligkeit *f*(a. Reg.) / velocity *n*

Schnell·-Lastabwurf *m* / rapid load shedding, fast throw-off || **≗-Lastumschalter** *m*(Trafo) / high-speed diverter switch, spring-operated diverter switch || **≗meldung** *f*(FWT) / priority state information || **≗montage-Schienenleuchte** *f* / snap-on track-mounting luminaire || **≗montage-Schienensystem** *n* / snap-on track system, clip-on mounting-channel system || **≗regler** *m* / quick-acting regulator, fast-response regulator, fast regulator || **≗reinigungsausführung** *f*(MG) / quick-cleaning model || **≗rückmeldung** *f*(FWT) / priority return information || **≗schalteinrichtung** *f* / quick-motion mechanism, spring-operated mechanism

schnellschaltender Leistungsschalter (s. Schnellschalter)

Schnell·schalter *m*(LS) / high-speed circuit-breaker || **≗schaltglied** *n* / instantaneous element || **≗schaltschütz** *n* / high-speed contactor

Schnellschluß *m*(Turbine) / emergency trip(ping) || **≗auslösung** *f*(Turbine) / turbine trip || **≗bremse** *f* / quick-acting brake || **≗deckel** *m* / quick-release cover || **≗einrichtung** *f*(Turbine) / turbine trip gear

schnellschreibendes Meßgerät / high-speed recording instrument

Schnellschütz *n* / high-speed contactor

Schnell·spanneinrichtung *f*(WZM) / quick-change clamping device, quick-action chuck || **≗start** *m* / fast start, quick start, rapid start || **≗start** *m* (Zeitrel.) / rapid start, instantaneous start || **≗starter** *m* / rapid starter || **≗startschaltung** *f* / rapid-start circuit, instant-start circuit || **≗start-Vorschaltgerät** *n* / rapid-start ballast || **≗straße** *f* / motor highway, express road || **≗stufe** *f*(Schutz; Zone) / instantaneous zone || **≗stufe** *f* (Relaiselement; Ausl.) / instantaneous trip (or release) || **≗synchronisierung** *f* / high-speed synchronizing || **≗umschaltgerät** *n* / high-speed transfer unit || **≗umschaltung** *f*(Lastumschaltung) / rapid (load) transfer || **≗verbinder** *m* / quick-disconnect connector || **≗verdrahtung** *f* / quick wiring, prefabricated-wiring system || **≗verkehr** *m* / fast traffic || **≗verkehrsstraße** *f* / express road, expressway *n* || **≗verschluß** *m* / quick-release lock || **≗vorschub** *m*(WZM, NC) / rapid feed ||

~**wechselfutter** *n*(WZM) / quick-change chuck || ~**wiedereinschaltung** *f*(KU) / high-speed reclosing, rapid reclosure

Schnellzeit *f*(Schutzrel., VDE 0435; kürzeste erreichbare Kommandozeit der ersten Stufe; „Grundzeit") / first-zone time, basic time || ~ (Schnellstufe) (s. Schnellzeitbereich) || **Abschaltung in** ~ (Distanzschutzrelais) / undelayed tripping, instantaneous tripping, first-zone tripping || ~**bereich** *m* / instantaneous zone, high-speed zone || ~**stufe** *f*(Ausl.) / instantaneous trip || ~**stufe** *f*(Zone) / instantaneous zone

Schnellzone *f*(Schutz) / instantaneous zone

Schnitt *m*(Kreuzung) / intersection *n* || ~ (Querschnitt) / section *n* || ~ (Stanzwerkz.) / punch and die set || **45-~** (Kernbleche) / 45°corner cut, 45°mitre || ~**ansicht** *f* / sectional view || ~**aufteilung** *f*(NC) / cut segmentation, cut sectionalization || ~**bahn** *f*(WZM) / cutting path || ~**bandkern** *m* / cut strip-wound core || ~**bild** *n* / sectional view, cutaway view || ~**breite** *f* / width of cut || ~**diagramm** *n* / cutaway diagram || ~**ebene** *f* (CAD) / cutting plane

Schnitteil·anordnung *f* / blanking layout

Schnittelement *n*(CAD) / intersected entity

Schnittfläche *f*(DIN 6580) / cut surface || ~ (Zeichnung) / sectioned area

Schnitt·fläche (s. Schnittebene) || ~**fugenbreite** *f* (DIN 2310,T.1) / kerf width || ~**generierung** *f* (CAD) / cut generation || ~**geschwindigkeit** *f* (WZM) / cutting speed, surface speed, cutting rate || ~**geschwindigkeit** *f*(NC-Wegbedingung, DIN 66025,T.2) / constant cutting speed (NC preparatory function, ISO 1056), constant surface speed (ISO 1056) || ~**größe** *f*(DIN 6580) / cutting variable

Schnittiefe *f*(WZM) / cutting depth, depth of cut

Schnitt·linie *f* / line of intersection || ~**linienabweichung** *f* / deviation from shearing line || ~**menge** *f*(DIN IEC 50, T.131) / cut-set *n*

Schnittpunkt *m* / point of intersection, intersection *n* || ~**-Fräserradius-Bahnkorrektur** *f*(NC) / intersection cutter radius compensation || ~**strom** (s. Übernahmestrom)

Schnittrichtung *f*(WZM) / cutting direction, direction of cut

Schnittstelle (SST) *f* / interface *n* || ~ **rücksetzen** (PMG) / interface clear(ing)

Schnittstellen·baugruppe *f* / interface module || ~**baustein** *m*(Chip) / interface chip || ~**belegung** *f* / interface assignments, interface allocation || ~**belegung der Busplatine** (PC) / pin assignment(s) of wiring backplane || ~**belegungszeit** *f* / interface runtime, interface operating time || ~**bus** *m* / interface bus (IB) || **Kommunikations-~dienst** *m* / communication interface service || ~**funktion rücksetzen** (PMG, DIN IEC 625) / interface clear (IFC) || ~**handler** (s. Schnittstellenverwalter) || ~**leitung** *f*(DÜ, DIN 44302) / interchange circuit || ~**merker** *m*(PC) / interface flag || ~**nachricht** *f*(PMG) / interface message || ~**operation** *f*(PC) / interface operation || ~**protokoll** *n* / interface protocol *n* || ~**-Signalleitung** *f* / interface signal line || ~**-Steuerbus** *m* / interface management bus || ~**system** *n*(DIN IEC 625) / interface system || ~**übertrager** *m*(„Transceiver") / interface transceiver || ~**vervielfacher** *m* / multi-transceiver *n*, fan-out module (o. unit) || ~**verwalter** *m* / interface handler

Schnitt·vektor *m*(NC) / cut vector || ~**verlauf** *m* (WZM, NC) / cutting sequence, sequence of cutting movements || ~**vorschub** *m*(WZM) / cutting feed || ~**weg** *m*(WZM) / cutting travel, cutting distance || ~**werte** *m pl*(NC) / cutting parameters || ~**zeichnung** *f* / sectional drawing || ~**zeit** *f*(WZM) / cutting time || ~**zerlegung** *f*(NC) / cut segmentation, cut sectionalization || ~**zustellung** *f*(WZM, NC) / infeed *n*(of cutting tool), machining infeed

Schnur *f* / string *n*, cord *n* || ~ (Anschlußkabel) / cord *n*, flex *n*(US) || ~**bandage** *f* / cord lashing || ~**gerüst** *n* / batter boards

schnurlos *adj*(ohne Anschlußkabel) / cordless *adj*

Schnürnadel *f* / tying needle, winder's needle

Schnurpendel *n*(Leuchte) / pendant cord, pendant *n*

Schnurschalter *m*(VDE 0630) / flexible cord switch (CEE 24), cord switch

Schock, elektrischer ~ (s. elektrischer Schlag)

Schocken *n*(DIN IEC 68) / shock test *n*, shock *n*

Schock·festigkeit *f* / shock resistance, impact resistance || ~**prüfung** *f* / shock test || ~**strom** *m* (physiologisch gefährlicher Körperstrom; VDE 0168, T.1) / shock current (physiologically dangerous current)

Schonbuchse *f* / wearing sleeve, wearing bush

Schönschrift *f* / letter-quality print || ~**drucker** *m* / letter quality printer

Schonzeit *f*(LE) / hold-off interval

Schott·blech *n* / partition plate, partition *n*, barrier *n* (plate) || ~**durchführung** *f* / bulkhead bushing || ~**fach** *n* / compartment *n*

Schottky-Barriere *f* / Schottky barrier || ~**-Diode** *f* / Schottky barrier diode, Schottky diode || ~**-Effekt** *m* / Schottky effect || ~**-Transistor** *m* / Schottky clamped transistor

Schott·platte *f* / barrier *n*, partition *n* || ~**raum** *m* (VDE 0670,T.6) / compartment *n*(IEC 298)

Schottung *f*(SA, Unterteilung in Teilräume) / compartmentalization *n*, division into compartments (IEC 517) || ~ (von Leitern) / separation *n* || ~ (SS) / phase segregation, (busbar) barriers o. partitions || ~ (Trennwand, Schottplatte) / partition(s) *n(pl)*, barrier(s) *n*, l) || **Phasen~** / phase segregation, phase-seperating partition, phase barrier || **Trenn~** (von Leitern, VDE 0670, T.6) / segregation *n*(IEC 298)

Schott·verschraubung *f* / bulkhead gland || ~**wand** *f* / partition plate, partition *n*, barrier *n*(plate)

schraffieren *v* / hatch *v*

Schraffur *f* / hatching *n*, hatched area || ~**muster** *n* (CAD) / hatch pattern

schräg *adj*(abfallend) / sloping *adj* || ~ (abgefast) / chamfered *adj*, bevelled *adj* || ~ (geneigt) / inclined *adj*, tilted *adj* || ~ (abgeschrägt) / bevelled *adj*, tapered *adj* || ~ (schief) / skew *adj*, canted *adj* || **~e Ebene** / inclined plane, oblique plane || **~e Lauffläche** (Bürste) / bevelled contact surface, bevelled contact face || **~er Lichteinfall** / oblique light incidence, obliquely incident light || **~e Näherung** (Anordnung Starkstromleitung - Fernmeldeleitungen) / oblique exposure || **~e Nut** / skewed slot || **~e Welle** / inclined shaft, tilted shaft

Schrägaufzug *m* / inclined lift, inclined elevator
Schräg·belastung *f* / angular load, unbalanced load || **²bürstenhalter** *m* (Bürsten entgegen der Drehrichtung geneigt) / reaction brush holder || **²bürstenhalter** *m* (Bürsten in Drehrichtung geneigt) / trailing brush holder
Schräge *f* (Fase) / chamfer *n*, bevel *n* || **²** (Impulsdach) / tilt (pulse top)
Schrägeinfall *m* / oblique incidence
Schrägeinstellung der Spannung / phase-angle adjustment of voltage
schrägen *v* (Nuten) / skew *v*
Schräg·fußverlängerung *f* (Freileitungsmast) / hill-side extension, leg extension || **~geschnittenes Kernblech** / mitred core lamination, laminations with a 45°corner cut || **~gestellte Polkante** / skewed pole tip || **²kugellager** *n* / angular-contact ball bearing || **²lamelle** *f* (Leuchte) / inclined louvre blade
Schräglauf·probe *f* / inclined-position test
Schräg·rad (s. Schrägzahnrad) || **²raster** *m* (Leuchte) / cut-off louvre, angle louvre || **²regelung** *f* (Trafo) / phase-angle regulation || **²rohrmanometer** *n* / inclined-tube manometer || **²schnitt** *m* / oblique section || **²schnitt** *m* (Trafo-Blech, an den Stoßstellen) / mitred cut, 45°cut || **²schrift** *f* / italic type, italics *n pl*
schrägstellen *v* (kippen) / tilt *v* || ~ (neigen) / incline *v*
Schräg·stollen *m* / inclined tunnel || **²strahler** *m* / angle luminaire || **²strahlung** *f* (LT) / asymmetric distribution
Schrägung *f* (Nut; Polschuh) / skewing *n* || **Streureaktanz der ²** / skew leakage reactance
Schrägungs·faktor *m* (Wickl.) / skew factor || **²verlust** *m* (Wickl.) / skew leakage loss || **²winkel** *m* / angle of inclination, bevel *n* || **²winkel** *m* (Wickl.) / angle of skew
schrägverzahntes Wälz-Stirnrad / parallel helical gear, twisted spur gear, helical gear
Schrägverzahnung *f* / helical teeth, skew bevel gearing
Schrägzahn·-Kegelrad *n* / skew bevel gear, spiral bevel gear || **²rad** *n* / helical gear, skew bevel gear || **²-Stirnrad** *n* / single-helical gear, helical gear, spiral gear, screw spur gear
Schrämstation *f* / cutter chain station
Schrank *m* (f. Starkstromgeräte, ST) / cubicle *n* || **²** (Elektronikgeräte) / cabinet *n* || **²** (Baustromverteiler) / cabinet *n*, housing *n* || **²anschlußelement (SAE-Element)** *n* / cabinet wiring block, cabinet terminal block || **²bauform** *f* (SK, VDE 0660, T.500) / cubicle-type assembly (IEC 439-1) || **²bauform** *f* (FBV) / cabinet type (IEC 439-3)
Schranke *f* (f. Zugangskontrolle) / turnstile *n*, barrier *n* || **Licht~** *f* / photoelectric barrier, light barrier, opto-electronic machine guard, light-beam curtain
Schrankeinbau, für ² / (for) cubicle mounting, (for) cabinet mounting
Schrankeinspeisungseinheit (SES) *f* / cabinet power supply unit
schränken *v* (Wicklungsstäbe) / transpose *v*
Schrank·form (FBV) (s. Schrankbauform) || **²gerüst** *n* / cubicle frame(work), cabinet frame, skeleton *n* || **²-Kleinverteiler** *m* / cabinet-type consumer unit, cabinet-type distribution board (o. panelboard) || **²reihe** *f* / cubicle suite, multi-cubicle arrangement, cubicle row || **²reihe** (s. Mehrfach-Schrankbauform) || **²schaltanlage** *f* / cubicle switchgear || **²schalttafel** *f* / multi-cubicle switchboard, cubicle-type switchboard
Schränkstab *m* / transposed bar, Roebel bar, transposed conductor
Schranksystem *n* (SA) / modular enclosure system, cubicle system, packaging system
Schränktechnik *f* (el. Anschlüsse) / twist-lock technique
Schränkung *f* (Röbelstab) / transposition *n*
Schrank·ventilatorbaugruppe *f* / cabinet (o. cubicle) fan unit || **²verkleidung** *f* / cubicle covers, cabinet covers, cubicle cladding || **²verteiler** *m* / cabinet-type distribution board
Schraub·-Abstandsschelle *f* / screw hanger || **²anschluß** (s. Schraubklemme) || **²anschlußleiste** *f* / screw-terminal connector || **²automat** (s. Einschraub-Sicherungsautomat) || **²befestigung** *f* / screw fixing, bolt-on fixing || **²bewegung** *f* / screw motion || **²buchse** *f* / threaded bush, screwed bush || **²deckel** *m* / screw-down cover || **²deckel** *m* (StV) / screwed cap
Schraube *f* (Durchsteckschraube mit Mutter) / bolt *n* || **²** (ohne Mutter) / screw *n*
Schrauben über Kreuz anziehen / tighten bolts in diagonally opposite sequence || **²bolzen** *m* / screw bolt, male screw, stud *n* || **²druckfeder** *f* / helical compression spring || **²feder** *f* / helical spring, spiral spring || **~förmig** *adj* / helical *adj*, spiral *adj* || **²kopf** *m* / bolt head, screw head || **²kopfklemme** *f* / screw terminal || **²linie** *f* / helix *n*, spiral *n*, helical curve || **²linieninterpolation** *f* (NC) / helical interpolation, spiral interpolation
schraubenlos·e Befestigung / screwless fixing || **~e Klemme** / screwless terminal || **~e Klemme mit Betätigungselement** / screwless terminal with actuating element || **~e Klemme mit Druckstück** / indirect-pressure screwless terminal, screwless terminal with pressure piece || **~e Klemme ohne Druckstück** / direct-pressure screwless terminal, screwless terminal without pressure piece
Schrauben·lüfter *m* / propeller fan || **²rad** *n* / spiral gear, helical gear, single-helical gear || **²sicherung** *f* / screw locking element, lock washer || **²sicherungslack** *m* / screw locking varnish || **²wicklung** *f* / spiral winding || **²zugfeder** *f* / helical tension spring
Schraub·fassung *f* (Lampe) / screwed lamp-holder, screwed lamp-socket || **²kappe** *f* / screw cap, screwed cap || **Bürstenhalter-²kappe** *f* / screw-type brush cap || **²-Kegelrad** *n* / hypoid gear || **²kern** *m* / screw core || **²klemme** *f* / screw-type terminal, screw terminal || **Anschlußklemme mit ²klemmung** / screw-clamping terminal || **²kupplung** *f* (EMB) / threaded coupling || **²lehre** *f* / micrometer gauge || **²linse** *f* / screw-in lens, screwed lens || **²nippel** *m* / screwed nipple || **²-Paßeinsatz** *m* (Sich.) / screw-in gauge ring || **²pol** *m* / bolt-on pole || **²ring** *m* / threaded retaining ring, ring nut || **²ring** *m* (StV) / screwed union ring || **²sicherung** *f* / D-type fuse-link, screw-in fuse-link || **²sockel** *m* / screw cap, screw base || **²-Stirnrad** / crossed helical gear, spiral gear || **²stopfbuchse** *f* / screwed gland || **²stopfen** *m* /

screw plug || ≗**stutzen** *m* / screwed gland || ≗**thyristor** *m* / stud-type thyristor, stud-mounting thyristor, stud-casing thyristor || ≗**verbindung** *f* / screwed connection, bolted joint, screwed joint || ≗**zelle** (Thyr) (s. Schraubthyristor)

Schreib·arm *m* (Schreiber) / stylus carrier, pen carrier || ≗**breite** *f* (Registrierpapier) / recording width, chart scale length || ≗**breite** *f* (Drucker) / print width || ≗**dichte** *f* / type density || ≗**einrichtung** *f* / recording system || ≗**elektrode** *f* / recording electrode

schreiben *v* (a. DV) / write *v* || ≗ *n* (m. Schreiber) / recording *n* || ≗ (DV) / writing *n*, write mode

schreibend·er Impulszähler / pulse recorder || **~er Maximumzähler** / recording maximum-demand meter, meter with maximum-demand recorder || **~es Meßgerät** / recording instrument, recorder *n*

Schreiber *m* / recorder *n*, recording instrument || ≗**holzeit** *f* / write recovery time || ≗**streifen** *m* / papertape *n* || ≗**tafel** *f* / recorder panel, recorder board

Schreib·feder *f* (Schreiber) / recording pen, pen *n* || ≗**flüssigkeit** *f* / recording fluid || ≗**freigabe** *f* / write enable (WE) || ≗**geschwindigkeit** *f* (a. Osz.) / writing speed, recording speed || ≗**geschwindigkeit** (s. Druckgeschwindigkeit) || ≗**geschwindigkeitsverhältnis** *n* (Osz.) / ratio of writing speeds || ≗**impulsbreite** *f* / write pulse width

Schreibkopf *m* / write head, writing head || ≗ (Plotter) (s. Zeichenkopf)

Schreib-/Lese·register *n* / read/write register || ≗**speicher (RWM)** *m* / read/write memory (RWM) || ≗**zyklus** *m* / write/read cycle, read-modify-write (cycle)

Schreib·marke *f* (BSG) / cursor *n* || ≗**rad** (s. Typenrad) || ≗**richtung** *f* / character path || ≗**richtung** *f* (GKS) / text path || ≗**schritteinstellung** *f* / pitch control || ≗**schutz** *m* / write protection || ≗**spur** *f* / recorded trace, record *n* || ≗**spurabstand** *m* / record spacing || ≗**station** *f* (PC) / keyboard printer terminal || ≗**stelle** *f* / character position, digit position || ≗**stelle** (s. Nummernstelle) || ≗**stellenzahl** *f* / number of character (o. digit) positions

Schreibstift *m* (Schreiber) / stylus *n*, pen *n* || ≗**anhebung** *f* (Plotter) / pen lift

Schreibstrahl *m* (Osz.) / writing beam || ≗ (Flüssigkeitsstrahl) / recording jet, fluid jet || ≗**erzeuger** *m* (Osz.) / writing gun

Schreibstreifen *m* / strip chart

Schreibstrom *m* / write current || ≗ (magn. Datenträger) / recording current

Schreibsystem (Osz.) (s. Schreibstrahlerzeuger)

Schreibtisch·leuchte *f* / desk luminaire, desk fitting

Schreib·verfahren *n* (magn. Datenträger) / recording mode || ≗**walze** *f* / feed platen, platen *n*

Schreibweise *f* (z.B. Dezimalschreibweise) / notation *n* || ≗ (NC-Programm; Format) / format *n* || ≗ **mit implizitem Dezimalpunkt** (NC) / implicit decimal sign format mode || **Parameter~** (NC, Programmierung) / parametric programming, parameter programming

Schreib·zeiger *m* (Osz.) / recording beam || ≗**zeiger** *m* (im Programm) / write pointer || ≗**zeiger** (s. Schreibmarke) || ≗**zeile** *f* (Fernkopierer) / recording line || ≗**zeit** *f* (a. Osz.) / writing time || ≗**zyklus** *m* / write cycle

Schrieb *m* (Ausdruck) / printout *n*, listing *n*, record *n*

Schrift·art *f* / font *n*, character font, type style || ≗**einlage** *f* (DT) / insertable legend plate || ≗**feld** *n* (Zeichn.) / title block || ≗**form** *f* / letter type, character *n* || ≗**fuß** (s. Schriftfeld) || ≗**größe** *f* / type size || ≗**grundlinie** *f* / base line || ≗**höhe** *f* / font size

schriftlich belegte Überwachung / documented control || **~e Freigabe** (zur Ausführung v. Arbeiten) / permit to work

Schrift·linie *f* (GKS) / baseline *n* || ≗**qualität** *f* (Bildschirmdarstellung) / text precision || ≗**zeichen** *n* / graphic character

Schritt *m* (Nuten; Wickl.) / pitch *n* || ≗ (DIN 19237, Ablaufschritt u. Schrittmot.) / step *n* || ≗ (DÜ, DIN 44302) / signal element || ≗ (Inkrement, modulare Teilung) / increment *n* || **Ziffern~** (Skale) / numerical increment || **Ziffern~** (kleinste Zu- oder Abnahme zwischen zwei aufeinanderfolgenden Ausgangswerten; DIN 44472) / representation unit

Schrittakt *m* (DÜ, DIN 44302) / signal element timing

Schritt·antrieb *m* / step switching mechanism || ≗**anzeigestufe** *f* (elST) / step display module || ≗**baugruppe** *f* (PC) / sequence module, sequencer *n*, stepping module || ≗**baustein (SB)** (PLT, PC) *m* / sequence block (SB) || **digitale** ≗**dauermodulation** (s. digitale Impulsdauermodulation) || ≗**einstellung** (s. Schreibschritteinstellung)

Schrittelement *n* (Signale) / signal element || ≗ (Telegraphie) / unit element || ≗ (Ablaufkette) / sequence step, sequencer step

Schritt·fehler *m* (Wickl.; Teilungsfehler) / pitch error || ≗**fehler** *m* (Schrittmot.) / stepping error || ≗**fehler** *m* (DÜ, FWT) / signal element error || ≗**folge** *f* (NC) / step sequence || ≗**fortschaltung** *f* (PC) / step sequencing, progression to next step || ≗**frequenz** *f* (Schrittmot.) / stepping frequency, slew rate || ≗**-für-Schritt-Verfahren** *n* / step-by-step method || ≗**genauigkeit** *f* (Schrittmot.) / step integrity

Schrittgeschwindigkeit *f* (Schrittmot.) / stepping rate || ≗ (DÜ, DIN 44302) / modulation rate

schritthaltend·e Qualitätssicherung durch Rechnerunterstützung (CAQA) / computer-aided quality assurance (CAQA)

Schritt·höhe *f* (DA) / step height || ≗**kette** *f* (PC, Grafikstation) / sequencer *n* || ≗**länge** *f* (Signalelement, DÜ) / signal element length || ≗**länge** *f* (Telegraphie) / significant interval || ≗**laufzeit** *f* (PLT) / step running time

Schrittmaß *n* (NC, Kettenmaß) / incremental dimension || ≗ (s. Schrittvorschub) || ≗ **fahren** / incremental mode

Schritt·merker *m* / step flag || ≗**mittenwert** *m* (ADU) / midstep value || ≗**motor** *m* / stepping motor, stepper motor, stepper *n*, pulse motor || ≗**motor** *m* (Schreiber) / impulse-driven motor || ≗**optimierungsverfahren** *n* / hill-climbing method *n* || ≗**programm** *n* / step-by-step program || ≗**puls** *m* (DIN 44302) / clock (pulse)

Schrittregler (S-Regler) *m* / step-action controller, step controller, multi-step controller || ≗ (Schaltregler) / switching controller

Schritt·relais *n* / stepping relay || ≗**schaltbefehl** *m*

(FWT) / regulating step command || ²**schaltbefehl** (s. Inkrementalbefehl) || ²**schaltbetrieb** *m* (NC) / incremental jog control || ²**schaltbetrieb** *m* (Diffraktometer) / step scan(ning) || ²**schalter** *m* / stepping switch, uniselector *n* || ²**schaltröhre** *f* / stepping tube, hot-cathode stepping tube || ²**schaltung** *f* (Tippbetrieb) / jog control, inching *n*, jogging *n* || ²**schaltwerk** (s. Ablaufschaltwerk) || ²**setzen** *n* (DIN 19237) / step setting || ²**spannung** *f* / step voltage, pace voltage || ²**steuern** *n* / step control, step-by-step control || ²**steuern vorwärts** (PC) / "step forward", "activate step forward" || ²**steuerung** *f* / step-by-step control, step control || ²**stufe** (s. Schrittbaugruppe) || ²**synchronisierung** *f* (FWT) / pulse synchronization || ²**vektor** *m* (graf. DV) / incremental vector

schrittverkürzte Wicklung / short-pitch winding, chorded winding, fractional-pitch winding

Schrittvorschub *m* (NC) / incremental feed

schrittweise Annäherung / successive approximation || ~**s Durchschalten** (PC-Funktionen) / stepping through (the functions) || ~**s Verfahren** / step-by-step method || ~**r Vorschub** (NC) / pick feed

Schritt·weite *f* / increment *n*, step size || ²**weite** *f* (DAU) / step width || ²**wert** *m* (DAU) / step value || ²**winkel** *m* (Schrittmot.) / step angle || ²**winkelteiler** *m* (Schrittmot.) / gear head || ²**zähler** *m* (DÜ) / signal element counter

Schrot·effekt *m* / shot effect || ²**rauschen** *n* / shot noise

Schrottwert *m* / salvage value

Schrumpf *m* (Sitz) / shrink fit, shrinking dimension || ²**beilage** *f* / shrinkage pad, shrinking shim

schrumpfen *v* (aufschrumpfen) / shrink on *v* || ~ (einschrumpfen) / shrink *v*, wrinkle *v*

Schrumpf·maß *n* / degree of shrinkage, shrink rule, degree of contraction, shrinkage allowance || ²**maß** *n* (in der Form) / mould shrinkage || ²**passung** *f* / shrink fit || ²**raster-Verfahren** *n* (DIN IEC 151, T.14) / shrinking raster method || ²**ring** *m* / shrink ring, shrunk-on ring || ²**ringkommutator** *m* / shrink-ring commutator || ²**riß** *m* / shrinkage crack, contraction crack, check crack, cooling crack || ²**spannung** *f* / shrinkage stress, contraction strain || ²**verbindung** *f* / shrink fit, shrink joint, contraction connection || ²**versuch** *m* / shrinkage test, volume change test || ²**zugabe** *f* / shrinkage allowance

Schruppen *n* (WZM) / roughing *n*, rough-cutting *n*, rough-machining *n*

Schrupp·schnitt *m* / roughing cut || ²**schnittverlauf** *m* / roughing cut path || ²**spantiefe** *f* / depth of roughing cut

Schub *m* (quer) / shear *n*, transverse force || ² (axial) / thrust *n* || **Vertikal**~ (LM) / vertical force || ²**abschaltung** *f* (Kfz) / overrun fuel cutoff, fuel cutoff on deceleration (o. on overrun) || ²**antrieb** *m* / linear actuator, linear-motion actuator, thrustor *n* || ²**beanspruchung** *f* (axial) / thrust load || ²**beanspruchung** *f* (quer) / shear stress || ²**festigkeit** *f* / shear strength, transverse strength || ²**gelenk** *n* / toggle link mechanism, thrust linkage, prismatic joint || ²**kasten** *m* / drawer *n* || ²**kondensator** *m* / booster capacitor, adjustable capacitor

Schubkraft *f* (axial) / thrust *n* || ² (Quer- o. Scherkraft) / shear force, transverse force || ² (magn., Tangentialkraft) (s. Drehschub) || **magnetische** ² (Tangentialkraft) (s. magnetischer Drehschub)

Schub·kreis *m* (Schutz) / offset circle characteristic || ²**kurbelgetriebe** *f* / crank gear || ²**-Lasttrenner** (s. Schub-Lasttrennschalter) || ²**-Lasttrennschalter** *m* / in-line switch-disconnector || ²**mittelpunkt** *m* / shear centre, flexural centre || ²**modul** *m* / shear modulus, modulus of rigidity || ²**sitz** *m* / push fit || ²**spannung** *f* / shear stress, tangential stress || ²**spannungshypothese** *f* / maximum shear stress theory || ²**stange** *f* / push rod || ²**stange** (s. Kolbenstange) || ²**traktor** *m* (Drucker) / tractor feed || ²**transformator** *m* / moving-coil regulator || ²**trenner** *m* / linear-travel disconnector, in-line disconnector, linear-action disconnector, sliding-type disconnector || ²**trennschalter** (s. Schubtrenner) || ²**vorrichtung** *f* (SA, zur Verriegelung) / lock-and-release device || ²**wicklung** *f* / leakage suppression winding

SCHUKO·-Steckdose (s. Schutzkontakt-Steckdose) || ²**-Stecker** (s. Schutzkontakt-Stecker)

Schulter *f* / shoulder *n*, collar *n* || ² (Flp.) / shoulder *n* || ²**gelenk** *n* (Rob.) / shoulder joint || ²**kugellager** *n* / separable ball bearing || ²**ring** *m* / thrust collar

schuppenförmige Wicklung / mesh winding, imbricated winding

Schuppenglimmer *m* / mica splittings

Schüssel *f* (CAD) / dish *n*

Schütt·dichte *f* / bulk density, apparent density, loose bulk density || ²**drossel** *f* / scrap-core reactor

Schüttel·festigkeit *f* / resistance to vibration, vibration strength, vibration resistance, vibrostability *n*, immunity to vibration || ²**prüfung** *f* / vibration test, shake test, bump test || ²**resonanz** *f* / vibration resonance || ²**- und Stoßprüfung** / vibration and shock test

Schüttgutkatalysator *m* (Kfz) / pellet catalytic converter

Schüttvolumen *n* / apparent volume

Schutz *m* / protection *n* || ² (System) / protection system, protective system, protective relaying (system)

Schütz *n* / contactor *n* || ² (mechanisch) (VDE 0660,T.102) / contactor *n* (mechanical) (IEC 158-1)

Schutz bei indirektem Berühren (VDE 0100, T.200) / protection against indirect contact, protection against shock in the case of fault || ² **bei Überflutung** / protection against conditions on ships' deck || ² **beim Eintauchen** / protection against the effects of immersion || ² **beim Untertauchen** / protection against the effects of continuous submersion || ² **des Verbrauchers** (DIN 41745) / protection of load || ² **durch Abstand** / protection by placing out of reach, protection by provision of adequate clearances (IEC 439) || ² **durch Anbringen von Hindernissen** / protection by the provision of obstacles || ² **durch automatische Abschaltung** / protection by automatic disconnection of supply || ² **durch Begrenzung der Entladungsenergie** /

protection by limitation of discharge energy || ≗ **durch Begrenzung der Spannung** / protection by limitation of voltage || ≗ **durch selbsttätiges Abschalten der Spannung** / protection by automatic disconnection of supply || ≗ **durch Vorsicherungen** / back-up protection

Schütz für Walzwerkbetrieb / mill-duty contactor

Schutz gegen Annäherung an unter Spannung stehende Teile / protection against approach to live parts || ≗ **gegen das Eindringen von Fremdkörpern** / protection against ingress of solid foreign bodies || ≗ **gegen direktes Berühren im normalen Betrieb** / protection against shock in normal service || ≗ **gegen direktes Berühren** (VDE 0100, T.200) / protection against direct contact || ≗ **gegen elektrischen Schlag** / protection against electric shock || ≗ **gegen elektrischen Schlag im Fehlerfalle** (VDE 0168, T.1) / protection against shock in case of a fault (IEC 439) || ≗ **gegen elektrischen Schlag bei normaler Tätigkeit** (VDE 0168, T.1) / protection against shock in normal service || ≗ **gegen gefährliche elektrische Schläge** / protection against accidental electric shock || ≗ **gegen gefährliche Körperströme** (DIN IEC 536) / protection against electric shock || ≗ **gegen große Fremdkörper** / protection against solid bodies greater than 50 mm || ≗ **gegen innere Fehler** / internal fault protection || ≗ **gegen kornförmige Fremdkörper** / protection against solid bodies greater than 1 mm || ≗ **gegen mittelgroße Fremdkörper** / protection against solid bodies greater than 12 mm || ≗ **gegen schräg fallendes Tropfwasser** / protection against water drops falling up to 15° from the vertical || ≗ **gegen senkrecht fallendes Tropfwasser** / protection against dripping water falling vertically || ≗ **gegen Spritzwasser** / protection against splashing water || ≗ **gegen Sprühwasser** / protection against spraying water || ≗ **gegen Staubablagerung** / protection against dust || ≗ **gegen Strahlwasser** / protection against water jets || ≗ **gegen Überfahren** (Bearbeitungsmaschine) / travel limitation || ≗ **gegen unbeabsichtigten Wiederanlauf** (nach Netzausfall) / protection against automatic restart (after supply interruption) || ≗ **gegen zu hohe Berührungsspannung** / protection against electric shock, shock-hazard protection, shock protection || ≗ **gegen zu hohe Berührungsspannung im Fehlerfall** / protection against shock in case of a fault (IEC 439) || ≗ **gegen zu hohe Erwärmung** / protection against undue temperature rise || ≗ **mit Drahtverbindung** / pilot-wire protection, pilot protection

Schütz mit Druckluftantrieb (VDE 0660,T.102) / pneumatic contactor (IEC 158-1) || ≗ **mit elektrisch betätigtem Druckluftantrieb** (VDE 0660,T.102) / electro-pneumatic contactor (IEC 158-1) || ≗ **mit elektromagnetischem Antrieb** (VDE 0660,T.102) / electromagnetic contactor (IEC 158-1) || ≗ **mit Freiauslösung** / release-free contactor, trip-free contactor

Schutz mit Funkverbindung / radio-link protection || ≗ **mit Hilfsader** / pilot-wire protection, pilot protection

Schütz mit Kurzschlußschutz / contactor with integral short-circuit protection || ≗ **mit Motorschutz** / contactor with (integral) motor overload protection, contactor with integral short-circuit protection || ≗ **mit Relais** / automatic tripping contactor

Schutz mit Trägerfrequenzverbindung / carrier-current protection

Schütz ohne Motorschutz / contactor without motor overload protection

Schutz über Signalverbindungen / communication-aided protection (system), protection through communication link || ≗ **vor Umpolen der Versorgungsspannung** / reverse supply voltage protection

Schutzabdeckung *f* (SK, VDE 0660, T. 50) / barrier *n* (IEC 439)

Schütz·abgang *m* (Einheit) / outgoing contactor unit, contactor unit || ≗**abgang** *m* (Stromkreis) / contactor-controlled feeder, contactor feeder

Schutzabstand *m* (VDE 0105, T.1) / safe clearance, clearance to barrier || ≗ (f. Arbeiten in der Nähe spannungsführender Teile) / working clearance (IEC 50(605)) || ≗ (Frequenzband) / guard band || ≗ (EMV, IEC 50(161)) / protection ratio || **Arbeiten mit** ≗ / safe-clearance working, hot-stick working (US)

Schutz·ader *f* / pilot wire || ≗**aderüberwachung** *f* / pilot supervision, pilot supervisory module, pilot-circuit supervision, pilot-wire supervisory arrangement

Schützanlasser *m* / contactor starter, magnetic motor starter

Schutz·anregung *f* / response of protective device || ≗**anstrich** *m* / protective coating || ≗**anzug** *m* / protective suit || ≗**armatur** *f* (Freiltg.) / insulator protective fitting, protective fitting || **Lichtbogen-**≗**armatur** *f* (Schutzring) / guard ring || ≗**art** *f* / degree of protection (IEC 50(426))

Schutzart des Gehäuses (IEC 50(426) / degree of protection provided by enclosure

Schutz·auslösung *f* / tripping on faults || ≗**automat** *m* / miniature circuit-breaker (m.c.b.)

Schützbaugruppe *f* / contactor assembly

Schutz·beauftragter *m* / safety officer || ≗**befehl** *m* / protection command || ≗**bekleidung** (s. Schutzkleidung)

Schutzbereich *m* / zone of protection, protection zone, protected zone, area of protection, cone of protection (lightning protection) || ≗ (NC) / protected range || ≗ (s. Schutzvorrichtungsabstand)

Schutzbeschaltung *f* (LE, TSE-Beschaltung) / suppressor circuit (o. network), RC circuit, suppressor *n*, snubber (circuit) || **Überspannungs**~ *f* / suppressor circuit, surge suppressor, snubber *n* (circuit)

Schutz·blech *n* / guard *n*, shield *n*, protective screen, protective sheet, protective plate || ≗**brille** *f* / protective goggles, goggles *pl*, protective glasses, safety goggles || ≗**charakteristik** *f* / protection characteristic || ≗**dach** *n* (el. Masch.) / canopy *n* || ≗**dach** *n* (FSK) / protective roof(ing) || **Erdstrom-**≗**drossel** *f* / earthing reactor

Schutzeinrichtung *f* (Gerätegruppe) / protection equipment, protective equipment || ≗ (el., kleines Gerät) / protective device || ≗ (mech., DIN 31001) / safety device

Schütz·einschub *m* / withdrawable contactor unit || **≗-Einschubanlage** *f* / withdrawable contactor assembly

Schutz·elektrode *f* / protective electrode || **≗erde** *f* / protective earth (PE), protective ground (US), safety earth || **≗erdung** *f* / protective earthing, TT protective system, equipment earth, frame earth

Schutzfaktor *m* / protection factor || **Schaltüberspannungs-≗** *m* / protection ratio against switching impulses

Schutz·fassung *f* (Lampe) / protected lampholder || **≗filmverfahren** *n* (gS) / tenting *n* || **Licht~filter** *n* / safelight filter || **≗funkenstrecke** *f* / protective spark gap, protective gap

Schutzgas *n* / protective gas, inert gas || ≗ (Ex-Masch.) / pressurizing gas, pressurizing medium || **≗atmosphäre** *f* / inert-gas atmosphere, inert atmosphere || **≗kontakt** *m* (Reed-Kontakt) / reed contact, sealed contact || **≗kontaktrelais** *n* / reed relay || **≗kontaktschalter** *m* / dry-reed switch, reed switch || **≗relais** (s. Schutzgaskontaktrelais) || **≗schweißen** *n* / inert-gas-shielded welding, gas-shielded welding

Schutz·gehäuse *n* / protective housing, protective casing || **≗geländer** *n* / guard rail || **≗geräte** *n pl* / protective gear, protection equipment || **≗gitter** *n* / protective screen, safety screen, guard *n* || **≗gitter** *n* (Leuchte) / guard *n* || **≗grad** *m* / degree of protection

Schützgruppe *f* / contactor group

Schutz·güte *f* / protective quality, protective and safety quality || **≗haube** *f* / protective cover, protective hood, protective shell, cover *n* || **≗haube** *f* (Lüfter) / fan hood || **≗helm** *m* / safety helmet || **≗höhe** *f* (EN 50017) / protective height || **≗hülle** *f* (a. EZ) / protective wrapping || **≗hülle** *f* (Kabel) / oversheath *n*, outer sheath || **≗hülle** (s. Hülle) || **≗hülse** *f* (Wickl.) / protective wrapper, insulating cell || **≗hülse** *f* (f. Kabel) / fair-lead *n* || **≗impedanz** *f* (DIN IEC 536) / safety impedance, protective impedance || **≗isolation** (s. Schutzisolierung)

schutzisoliert *adj* / totally insulated, all-insulated *adj* || **~es Gerät** / Class II appliance (o. equipment), totally insulated equipment (o. appliance)

Schutz·isolierung *f* (VDE 0100, T.200) / total insulation, protection by use of Class II equipment || **Getriebe~kasten** *m* / gear case || **≗kegel** *m* (Blitzschutz) / cone of protection, zone of protection || **≗kennlinie** *f* / protective characteristic, selectivity characteristic || **≗kern** *m* / protection core || **≗klasse** *f* / class of protection *n*, class *n*, safety class || **Transformator der ≗klasse I** / Class I transformer

Schutzkleidung *f* / protective clothing

Schutz·kleinspannung *f* (VDE 0100, T.200) / safety extra-low voltage (SELV) || **≗kleinspannungssystem** *n* / separated extra-low-voltage system || **≗-Kleinverteiler** *m* (m. Leitungsschutzschaltern) / m.c.b. distribution board

Schützkombination *f* / contactor combination, contactor group || ≗ (Anlaßschütz m. handbetätigtem Hauptschalter) / combination starter

Schutzkondensator *m* / protective (o. protection) capacitor

Schutzkontakt *m* (Erdungskontakt) / earthing contact, ground contact (US), earth contact || ≗ (gekapselter K.) / sealed contact || **gleitender ≗** (StV) / scraping earth || **≗buchse** *f* / earthing contact tube, earthing socket || **≗prüfer** *m* / earthing-contact tester || **≗-Steckdose** *f* / socket outlet with earthing contact, two-pole-and-earth socket-outlet, grounding-type receptacle (US), grounding outlet (US) || **≗-Stecker** *m* / earthing-pin plug, two-pole and earthing-pin plug, grounding-type plug, grounding plug || **≗-Stecker für 2 Schutzkontaktsysteme** / two-pole plug with dual earthing contacts || **≗-Steckverbinder** (s. Steckverbinder mit Erdanschluß) || **≗stift** *m* / earthing pin, grounding pin || **≗stück** *n* / earthing contact, ground contact (US), earth contact

Schutz·korb *m* (Leuchte) / basket guard || **≗kragen** *m* / protective shroud, shroud *n* || **≗kreis** *m* / protective circuit || **≗leiste** *f* / barrier rail

Schutzleiter (SL) (VDE 0100, T.200) *m* / protective conductor, equipment grounding conductor (US) || ≗ (PE) / PE conductor, protective earth conductor, safety earth conductor, earth continuity conductor || ≗ (PE-Bus) / PE bus || **mitgeführter ≗** (i. Kabel) / protective conductor incorporated in cable, earth continuity conductor incorporated in cable(s) || **≗anschluß** *m* / protective-conductor terminal || **≗anschluß** *m* (Erdungsanschluß) / safety earth terminal, PE terminal, earth terminal, ground terminal || **≗klemme** *f* / protective-conductor terminal, PE terminal, safety earth terminal (IEC 65), earth terminal, ground terminal || **≗schiene (SL-Schiene)** *f* / protective conductor bar, PE bar || **≗-Stromkreis** *m* / protective-conductor circuit, PE circuit, earthing circuit || **≗system** *n* (VDE 0113) / protective circuit (IEC 204) || **≗überwachung** *f* / protective conductor supervision, earth continuity monitoring

Schutz·leitungssystem *n* / protective-conductor system, IT system || **≗maßnahme** *f* / protective measure, protective arrangement, precaution *n* || **≗maßnahmen** *f pl* (VDE 0100, T.470) / protective measures for safety (IEC 364), protective measures, protective provisions || **≗maßnahmen** *f pl* (QS) / protective action, preservation action || **≗meldeanlage** *f* / protection signalling system || **≗meldung** *f* / protection signal || **≗muffe** *f* (Kabelmuffe) / protective sleeve || **≗organ** *n* / protective device || **Schalt~pegel** *m* / switching protective level || **Blitz~pegel** *m* / lightning protective level || **≗pegel** *m* / protection level, protective level || **≗platte** *f* (f. Monteur) / barrier *n*

Schütz-Polumschalter *m* / contactor-type pole-changer, pole-changing contactor

Schutz·potential *n* (DIN 50900) / protection potential || **kartesischer ≗raum** / cartesian protected zone || **≗relais** *n* / protective relay, protection relay || **≗ring** *m* (Isolator, Lichtbogenschutz) / arcing ring, guard ring || **≗ring-Schottky-Diode** *f* / guard-ring Schottky diode

Schutzrohr *n* (IR) / conduit *n* || ≗ (f. Kabel) / cable conduit, conduit *n* || ≗ (Thermometer) / protective tube, protecting sheath, protecting well, sheath *n* || **≗kontakt** *m* / sealed contact || **≗kontaktrelais** *n* / sealed-contact relay

Schutzschalter *m*(LS) / circuit-breaker *n*, protective circuit-breaker, current-limiting circuit-breaker, excess-current circuit-breaker || ≗ (Kleinselbstschalter) / miniature circuit-breaker (m.c.b.), circuit-breaker *n* || ≗ (FI, FU) / earth-leakage circuit-breaker (e.l.c.b.), ground-fault circuit interrupter (g.f.c.i.) || ≗ (Kompaktschalter) / moulded-case circuit-breaker (m.c.c.b.) || ≗ (Schütz) / contactor *n* (with overload protection) || ≗ **mit hohem Schaltvermögen** / heavy-duty circuit-breaker, high-capacity circuit-breaker || ≗ **mit Strombegrenzung** / current-limiting circuit-breaker || ≗**baugruppe** *f*(m. Kleinselbstschaltern) / m.c.b. assembly || ≗**kombination** *f* / miniature-circuit-breaker assembly, m.c.b. assembly

Schützschaltwerk *n* / contactor combination

Schutzschicht *f* / protective film, protective coating || **Kriechstrecke unter der** ≗ / creepage distance under the coating

Schutzschiene *f*(Barriere) / barrier rail

Schutzschirm *m* / protective screen, baffle *n* || ≗ (Metallschirm) / metal screen || ≗ (Gesichtsschutz) / face shield || ≗ (gegen Störbeeinflussungen) / guard *n*

Schutz·schlauch *m*(f. el. Leitungen) / flexible tube, flexible tubing, tube *n*, tubing *n* || ≗**schuhe** *m pl* / safety shoes || ≗**signalübertragung** *f* / protection signalling || ≗**spannung** *f* / protection potential || ≗**spannungswandler** (s. Spannungswandler für Schutzzwecke) || ≗**spirale** *f*(Freiltg.) / armour rods

Schützspule *f* / contactor coil

Schutzstaffelung *f* / protective grading, grading of protective devices

Schütz·-Stern-Dreieckkombination (s. Schütz-Sterndreieckschalter) || ≗**-Sterndreieckschalter** *m* / contactor-type star-delta starter || ≗**-Steuerstromkreis** *m* / contactor control circuit || ≗**steuerung** *f* / contactor control || ≗**steuerung** *f* (Geräte) / contactor equipment

Schutz·stiefel *m pl* / safety boots || ≗**stoff** *m*(Öl, Fett) / inhibitor *n* || ≗**strecke** *f* / clearance *n* || ≗**strecke** *f* (Abschnitt einer Oberleitung, der beiderseitig mit einer Trennstelle versehen ist) / neutral section || ≗**stromkreis** *m* / protective circuit || ≗**-Stromwandler** (s. Stromwandler für Schutzzwecke)

Schutzsystem *n* / protection system, protective system || ≗ **mit absoluter Selektivität** / absolutely selective protection system (IEC 50(448)), unit protection system || ≗ **mit Freigabeverfahren** / permissive protection system (IEC 50(448)) || ≗ **mit Informationsübertragung** / protection system associated with signalling system, pilot protection system || ≗ **mit Kabelverbindung** / pilot-wire protection system || ≗ **mit Lichtwellenleiter** / optical-link pilot wire system || ≗ **mit relativer Selektivität** / relatively selective protection system (IEC 50(448)), non-unit protective system || ≗ **mit Richtfunk** / microwave pilot protection system (IEC 50(448)) || ≗ **mit Sperrverfahren** / blocking protection system (IEC 50(448)) || ≗ **mit TFH** / power-line carrier pilot protection system || ≗**-Fehlerereignis** *n* / protection system failure event

Schutz·technik *f*(Netzschutz, Maschinenschutz) / protective relaying, protection practice || ≗**-Temperaturbegrenzer** *m*(VDE 0700, T.1) / thermal cut-out (IEC 335-1)

Schützträger *m* / contactor support, contactor frame

Schutz·transformator *m*(Trenntrafo) / isolating transformer || ≗**trennschalter** *m* / (protective) disconnector *n*, (protective) isolator *n* || ≗**trennung** *f*(VDE 0100, T.200) / protective separation, safety separation (of circuits), protection by electrical separation, electrical separation || **Stromkreis mit** ≗**trennung** / safety-separated circuit || ≗**überzug** *m* / protective coating

Schutzumfang, Erdschlußschutz mit 100 % ≗ / one-hundred-percent earth-fault protection, unrestricted earth-fault protection

Schütz-Umkehrsteller *m* / contactor-type reversing controller, contactor(-type) reverser

Schutz·- und Überwachungsbeleuchtung / safety lighting || ≗**verbindung** *f*(el. Verbindung von Körpern zum Anschluß an den äußeren Schutzleiter; E VDE 0106, T.1) / protective bonding || ≗**verkleidung** *f* / protective covering, guard *n* || ≗**verriegelung** *f* / protective interlocking, protective logic || ≗**versager** *m* / failure to operate || ≗**verteiler** *m*(Steckdosen m. FI-Schalter) / e.l.c.b.-protected socket-outlet unit || ≗**vorrichtung** *f*(el.) / protective device || ≗**vorrichtung** *f*(mech. Barriere) / guard *n*, barrier *n* || ≗**vorrichtungsabstand** *m* / clearance to barrier

Schütz-Wendeschalter *m* / contactor-type reverser, contactor reverser || ≗ **mit Motorschutz** / contactor reverser with integral short-circuit protection (o. overcurrent protection)

Schutzwerte *m pl*, **Ableiter-**≗ / protective characteristics of arrester

Schutz·wicklung *f* / protection winding, protective-circuit winding || ≗**wicklung** *f*(Trafo) / wire screen || ≗**widerstand** *m* / protective resistor, non-linear bypass resistor || **Parallel-**≗**widerstand** *m* / protective shunt resistor || **spannungsabhängiger** ≗**widerstand** / non-linear protective resistor || ≗**winkel** *m*(zwischen Erdseil und Leiter einer Freileitung) / angle of shade, shielding angle || ≗**zeichen** *n*(Erdungszeichen) / earth symbol || ≗**zeichen** *n*(Warenz.) / trade mark || ≗**zeit** *f* / protection time || ≗**zone** *f* / zone of protection, protection zone, protected zone, area of protection, cone of protection (lightning protection) || ≗**zone** *f*(NC) / protected range || ≗**zone** *f*(NC; um ein Werkzeug) / forbidden area || ≗**zündbaugruppe** *f*(LE) / protective firing module (o. assembly)

Schutzzwecke *m*, **Stromwandler für** ≗ / protective current transformer

Schutz-Zwischenisolierung (s. doppelte Isolierung)

schwach brennen / to burn low || **~es Feld** / weak field, feeble field || ~ **induktive Last** / slightly inductive load || **~es Netz** / low-power system, weak system || **~e Verbundwicklung** / light compound winding

Schwachlast *f* / light load || ≗**periode** *f* / light-load period, off-peak period, low-load period || ≗**tarif** *m* / off-peak tariff, low-load tariff || ≗**zeit** *f* / low-load period, off-peak period

schwach·leitendes Polymer / low-conductivity polymer || **~motorig** *adj* / low-powered *adj*, under-powered *adj*
Schwachstelle *f* / weak point, weakest point
Schwachstellenanalyse *f* / weak-point analysis
schwachstellenbedingt·er Ausfall / weakness failure || **~er Fehlzustand** / weakness fault
Schwachstellenprüfung *f* / weakest-point test
Schwachstrom *m* / light current, weak current || **≗kontakt** *m* / light-duty contact, low-level contact, dry contact || **≗kreis** *m* / light-current circuit, weak-current circuit, communications circuit || **≗relais** *n* / light-duty relay, communications-type relay || **≗-Steuerkopfkombination** *f* / light-current m.c.b. assembly || **≗steuerung** *f* / light-current control, weak-current control, pilot-wire control || **≗technik** *f* / light-current engineering, weak-current engineering, communications engineering
Schwächungs·grad *m* (Feld einer el. Masch.) / field weakening ratio || **≗koeffizient** *m* (LT) / linear attenuation coefficient, linear extinction coefficient || **spektraler ≗koeffizient** / spectral linear attenuation coefficient
Schwaden *f pl* / steam-laden emissions, mists *n pl*, fumes *n pl* || **~sichere Kapselung** / restricted breathing enclosure || **≗sicherheit** *f* (Zündschutzart „n") / restricted breathing || **≗sicherheitsfaktor** *m* (Zündschutzart „n") / restricted breathing factor
schwalbenschwanz·förmig *adj* / dovetailed *adj* || **≗keil** *m* / dovetail key || **≗kommutator** *m* / arch-bound commutator || **≗pol** *m* / dovetail pole
Schwall *m* / surge *n*, wave *n*
Schwallötkontakt *m* / dip-solder contact, flow-solder contact
Schwallötung *f* / flow soldering, dip soldering
Schwallseite *f* / flow-soldered side
schwallwassergeschützt *adj* / deckwater-tight *adj*
Schwammfett *n* / sponge grease
Schwammodell, Mendelsohnsches ≗ / Mendelsohn sponge model
schwankend *adj* / fluctuating *adj*, varying *adj*
Schwankung *f* (Spannung) / fluctuation *n* || ≗ (Schwingungsbreite) / peak-to-valley value, peak-to-peak displacement, double amplitude || **Größenfaktor der** ≗ (Netzspannung) / fluctuation severity factor || **periodische** ≗ / periodic variation || **Signallaufzeit~** (Fotovervielfacher) / transit-time jitter (photomultiplier) || **systematische** ≗ (Statistik) / systematic variation (statistics)
Schwankungs·spannung *f* / fluctuation voltage || **≗spannung im Normalpunkt** / gauge-point fluctuation voltage || **≗welligkeit** *f* (einer Mischspannung oder eines Mischstroms) / peak-ripple factor, peak distortion factor
Schwappschutz *m* (Batt.) / baffle *n*
schwarz·er Halo / black halo || **~er Kasten** / black box || **~es Rauschen** / black noise || **~er Strahler** / blackbody radiator, Planckian radiator, full radiator || **~e Temperatur** / radiance temperature, luminance temperature || **~er Temperaturstrahler** / blackbody radiator, Planckian radiator, full radiator
Schwarzglaslampe *f* / black light lamp, Wood's lamp
Schwarzlichtlampe *f* / black light lamp
Schwarzstart *m* (nach „blackout") / black start
Schwärzung *f* / blackening *n*, darkening *n* || ≗ (LT) / transmission density, transmission optical density || **≗ bei Reflexion** / reflection optical density
Schwärzungs·dichteumfang *m* / tonal range || **≗messer** *m* / opacimeter *n*, densitometer *n* || **≗wert** *m* / density value
Schwarz-Weiß·-Bildröhre *f* / black-and-white picture tube, monochrome CRT || **≗-Fernsehen** *n* / black-and-white TV, monochrome TV || **≗-Monitor (SW-Monitor)** *m* / black-and-white monitor, monochrome monitor || **≗-Sichtgerät** *n* / black-and-white VDU, monochrome monitor, monochrome CRT unit
Schwebe·-Drehstrommotor *m* / amplitude-modulated three-phase synchronous induction motor || **≗fahrzeug** *n* (MSB) / magnetically levitated vehicle, levitation vehicle, MAGLEV vehicle || **≗höhe** *f* (MSB) / levitation height, clearance *n* || **≗körper** *m* (Rotameter) / float *n*, plummet *n*, metering float || **≗körper-Durchflußmesser** *m* / variable-area flowmeter || **≗körper-Durchflußmesser** *m* (Rotameter) / rotameter *n* || **≗maschine** *f* / levitation machine
schwebend·es Diffusionsgebiet / floating region || **~e Spannung** (s. Schwebespannung)
Schwebe·spannung *f* (HL) / floating voltage
Schwebstoffe *m pl* / suspended matter
Schwebung *f* (Schwingungen) / beat *n* || ≗ (MSB) / levitation *n*, electrodynamic suspension
Schwebungs·bauch *m* / beat antinode || **≗frequenz** *f* / beat frequency (BF) || **≗gütefaktor** *m* (MSB) / levitation goodness factor || **≗kurve** *f* / beat curve || **≗null** *f* / zero beat || **≗periode** *f* / beat cycle
Schwedendiagramm *n* / Swedish phasor diagram, Swedish diagram
Schwefel·dioxid-Meßeinrichtung *f* / sulphur dioxide measuring equipment, SO_2 analyzer || **≗hexafluorid** *n* (SF_6; zusammengesetzte Begriffe siehe u. „SF_6") / sulphur hexafluoride (SF_6) || **≗wasserstoffdampf** *m* / hydrogen-sulphide vapour
Schweif, magnetischer ≗ / magnetic drag
Schweißbarkeit *f* / weldability *n*
Schweiß·biegeversuch *m* / root bend test || **≗bogen** *m* / welding arc || **≗brenner** *m* / welding torch || **≗draht** *m* / welding wire, filler wire, filler rod, welding rod || **≗drossel** *f* / welding regulator, welding reactor || **≗dynamo** *m* / d.c. welding generator || **≗eisen** *n* / wrought iron, weld iron || **≗elektrode** *f* / welding electrode
schweißen *v* / weld *v* || **≗ in Zwangslagen** / positional welding
Schweißende *n* (Ventil) / welded end
Schweißerei *f* / welding shop, welding department
Schweißer·hammer *m* / chipping hammer, slag hammer
Schweiß·fahne *f* / welding lug || **~festes Schaltstück** / non-welding contact || **≗festigkeit** *f* / resistance to welding || **≗gas** *n* / welding gas, oxy-acetylene gas, oxy-gas *n* || **≗generator** *m* / welding generator || **≗grat** *m* / flash *n* || **≗grenzstromstärke** *f* / critical welding current || **≗gruppen-Zeichnung** *f* / welded assembly drawing || **≗gut** *n* / deposited metal, filler metal || **reines ≗gut** / all-

weld-metal *n* || ≗**gutprobe** *f* / all-weld-metal test specimen || ≗**kolben** *m* / electrode holder || ≗**konstruktion** *f* / fabricated construction, welded construction || ≗**kraft** *f* (a. Kontakte) / welding force || ≗**lehre** *f* / welding jig || ≗**leitung** *f* / welding cable, welding electrode cable || ≗**linie** (s. Schweißnaht) || ≗**löten** *n* / braze welding || ≗**mutter** *f* / welding nut || ≗**naht** *f* / welded seam, weld *n* || ≗**nahtfestigkeit** *f* / weld strength || ≗**nahtriß** *m* / weld-metal crack || ≗**nahtwertigkeit** *f* / weld efficiency, ratio of weld strength to parent-metal strength || ≗**perlen** *f pl* / spatter *n*, splatter *n*, spitting *n* || ≗**pistole** *f* / welding gun || ≗**plan** *m* / welding procedure sheet (WPS) || ≗**plattieren** *n* / cladding *n* || ≗**poren** *f pl* / gas pores, gas pockets || ≗**position** *f* / welding position || ≗**preßdruck** *m* / welding pressure || ≗**preßkraft** *f* / welding force || ≗**profil** *n* / weld cross section || ≗**prüfeinrichtung** *f* / weld tester || ≗**prüfung** *f* / weld test || ≗**pulver** *n* / flux powder, granulated flux || ≗**punkt** *m* / spot weld, spot *n* || ≗**raupe** *f* / bead *n*, run *n*, pass *n* || ≗**riß** *m* / weld crack, fusion-zone crack || ≗**rissigkeit** *f* / weld cracking, fusion-zone cracking || ≗**rissigkeitsprüfung** *f* / weld cracking test || ≗**schlagprüfung** *f* / repeated-blow impact test, vertically dropping tup impact test || ≗**spritzer** *m* / welding splash || ≗**stab** *m* / electrode *n*, filler rod || ≗**stahl** *m* / wrought iron, weld iron || ≗**stelle** *f* / weld *n*, welding point, junction *n* || ≗**stelle** *f* (Thermoelement) / welded junction || ≗**stoß** *m* / welding joint, welded joint

Schweißstrom *m* / welding current || ≗**generator** (s. Schweißgenerator)

Schweiß·stutzen *m* / welding stub, welded pipe adaptor || ≗**takt** *m* / welding cycle || ≗**taktgeber** *m* / welding timer || ≗**transformator** *m* / welding transformer || ≗**tropfen** *m* / penetration bead || ≗**umformer** *m* / motor-generator welding set, m.g. welding set

Schweißung *f* / weld *n*, welding *n* || ≗ **mit Spalt** / open joint || ≗ **ohne Spalt** / closed joint

Schweiß· *f*, **LWL-≗verbindung** / fused fibre splice || ≗**verbindung** *f* / welded connection (conductor, IEC 50(581)), welded joint || ≗**wurzel** *f* / root of weld || ≗**zange** *f* / electrode holder

schwelen *v* / smoulder *v*

schwelend·e Änderung / gradual change || ~**e Belastung** / cyclic load

Schwellbelastung *f* / pulsating load

Schwellbereich, Biegedauerfestigkeit im ≗ / fatigue strength under repeated bending stresses, pulsating bending strength

Schwelle (THR) (Flp.) *f* / threshold (THR) *n*

Schwellen·anzeige *f* (Flp.) / threshold indication || ≗**befeuerung** *f* (Flp.) / (runway) threshold lighting || ≗**beleuchtungsstärke** *f* (beim Punktsehen) / threshold for illuminance, visual threshold || ≗**blitzfeuer (RTI)** *n* / runway threshold identification light (RTI) || ≗**feld** *n* / threshold field || ≗**feuer** *n* (Flp.) / (runway) threshold light(s) || ≗**fundament** (s. Schwellengründung) || ≗**gründung** *f* / grillage foundation || ≗**höhe** *f* / threshold elevation || ≗**kennfeuer** *n* / runway threshold identification lights || ≗**kontrast** *m* / visual contrast threshold || ≗**kontrastbalken** *m* / threshold contrast bar || ≗**leuchtdichte** *f* / threshold luminance || ≗**marke** *f* (Flp.) / threshold marking || ≗**spannung** *f* (a. Hl) / threshold voltage

Schwellenwert *m* (DIN 55350,T.24) / critical value || ≗ (s. Schwellwert) || ≗ **des Lichtstroms** / threshold luminous flux

Schwell·feldmaschine *f* / heteropolar machine || ≗**festigkeit** *f* / endurance limit at repeated stress, natural strength, fatigue strength under pulsating stress, pulsating fatigue strength || ≗**kraftwerk** *n* / pondage power station || ≗**spannung** (s. Schwellenspannung) || ≗**versuch** *m* / pulsating fatigue test

Schwellwert *m* / threshold value, threshold *n* || ≗ **des Feldes** / threshold field || **Eingang mit zwei** ≗**en** / bi-threshold input || ≗**bereich** *m* / threshold range || ≗**bildung** *f* / thresholding *n* (binary image) || ≗**detektor** *m* (binäres Schaltelement) / bi-threshold detector, Schmitt-Trigger *n* || ≗**element** *n* (binäres Schaltelement) / logic threshold element || ≗**erhöhung** *f* (LT) / threshold increment (TI) || ≗**fehler** *m* / threshold error || ≗**glied** *n* / logic threshold *n* (IEC 117-15), trigger *n*, threshold element || ≗**logik** *f* / threshold logic || ≗**operation** *f* / thresholding *n* (binary image) || ≗**schalter** *m* / trigger *n*

Schwenk·anker *m* / pivoted armature, hinged armature || ≗**antrieb** *m* / slewing-motion actuator, part-turn actuator, rotary actuator || ≗**antrieb** *m* (Kran) / slewing drive || ≗**ausleger** *m* / hinged cantilever

schwenkbar·er Ausleger (f. Leitungsmontage) / swivel boom || ~**er Deckel** / hinged cover || ~**e Einheit** / swing-out unit, hinged unit || ~**er Leuchtenkopf** / rotatable lamp head || ~**e Rolle** / omnidirectional castor, castor *n*, bidirectional wheel || ~**e Tafel** / swing panel, swing-out panel

Schwenk·bewegung *f* (Schwenkantrieb) / slewing motion, turning motion, rotating motion || ≗**bügel** *m* / twist clip

Schwenken *n* (Kamera, Scheinwerfer, Bildverschiebung am Graphikbildschirm) / panning *n*, traversing *n*

Schwenk·fuß *m* (BSG) / swivel base || ≗**hebel** *m* (Steuerschalter) / wing handle, twist handle, knob handle || ≗**hebel** *m* (PS, Rollenhebel) / roller lever, roller-lever actuator || ≗**hebel** *m* (zur Verriegelung ausfahrbarer Einheiten) / lock-and-release lever || ≗**rahmen** *m* (DIN 43 350) / hinged bay, swing frame || ≗**rolle** *f* / castor *n* || ≗**schalter** *m* / maintained-contact rotary control switch, maintained-contact twist switch, twist switch, control switch || ≗**taster** *m* / momentary-contact rotary control switch, momentary-contact twist switch, twist switch, control switch

Schwenkung der Phasenlage / phase shifting

Schwenkwicklung *f* / phase-shifting winding

Schwenkwinkel *m* (Tür) / opening angle, swing *n* || ≗ (Schwenkantrieb) / slewing angle, angular travel || ≗ (el.) / displacement angle, angle of rotation

schwer·e Belastung / heavy load, high-inertia load || ~**er Betrieb** / heavy-duty operation, rough service, onerous operating conditions || ~**e Betriebsbedingungen** / heavy-duty operating conditions, onerous service conditions || ~ **entflammbar** / flame-retardant *adj*, slow-burning *adj*, flame-inhibiting *adj*, non-flame-propagating *adj* || ~**e Gummischlauchleitung** / heavy tough-rubber sheathed flexible cable || ~**e**

Gummischlauchleitung (m. Polychloroprenmantel) / heavy polychloroprene-sheathed flexible cable || **~e Hochspannungs-Gummischlauchleitung** / heavy-duty high-voltage tough-rubber-sheathed (t.r.s.) flexible cable || **~e See, gegen ~~geschützte Maschine** / machine protected against heavy seas
Schweranlauf *m* / heavy starting, high starting duty, high-inertia starting, starting against high-inertia load || **Überstromrelais für ²** / overcurrent relay for heavy starting, restrained overcurrent relay
schweranlaufend·e Maschine / high-inertia machine, flywheel load
Schwerbrennbarkeit *f* / flame retardant property, slow-burning (o. flame-inhibiting) property
Schwere *f* / gravity *n*, force of gravity || **²achse** *f* / axis of gravity, centroid axis || **²faktor** *m* / severity factor || **²feld** *n* / field of gravity
Schwer·entflammbarkeit *f* / flame retardant property, slow-burning (o. flame-inhibiting) property || **~gängig** *adj* / sluggish *adj*, tight *adj* || **²gas** *n* / heavy gas || **²gewichtsmauer** *f* / gravity dam
Schwerkraft *f* / gravitational force, force of gravity || **²belag** *m* / gravitational force density per unit length
Schwerlast·anlauf *m* / heavy starting, high-inertia starting, starting against high-inertia load || **²betrieb** *m* / heavy-duty service, heavy-duty operation || **²wagen** *m* / heavy load carrier
Schwerpunkt *m* / centre of gravity, centre of mass || **Last~** *m* / load centre, centre of distribution || **²achse** *f* / axis of gravity, centroid axis || **²exzentrizität** (s. Schwerpunktverlagerung) || **²fehler** *m* / centre-of-gravity displacement, static unbalance || **²station** *f* / load-centre substation, unit substation || **²verlagerung** *f* / mass eccentricity
schwersiedend *adj* / high-boiling *adj*
schwerst·e Betriebsbedingungen / severest operating conditions, stringent operating conditions, exacting service conditions || **~es Montagestück** / heaviest part to be lifted, heaviest component to be assembled
schwimmend befestigter Steckverbinder / float-mounting connector || **~er Kontakt** / floating contact || **~e Lagerstelle** / floating journal
Schwimmer *m* / float *n* || **²-Niveaumeßgerät** *n* / float level measuring device || **²-Niveaumeßgerät mit Seilzug** / float-and-cable level measuring device || **²schalter** *m* / float switch, liquid-level switch || **²ventil** *n* / float valve || **²wächter** (s. Schwimmerschalter)
Schwimm·körper *m* / float *n* || **²reibung** *f* / fluid friction, liquid friction, hydrodynamic friction, viscous friction || **²vermögen** *n* / buoyancy *n*
schwinden *v* / shrink *v*
Schwind·maß *n* / degree of shrinkage, mould shrinkage, shrinkage dimension || **²maßstab** *m* / shrink rule || **²riß** *m* / shrinkage crack, contraction crack, check crack, cooling crack
Schwindung *f* / shrinkage *n*, curing shrinkage
Schwing·... s.a. unter „Schwingungs..." || **²amplitude** *f* / amplitude *n* || **²beschleunigung** *f* / vibration acceleration, acceleration *n* || **²bewegung** *f* / oscillatory motion
Schwinge *f* (Hängeisolator) / dropper *n*, swinging bracket || **²** (Wippe) / rocker *n* || **Schalt~** / rocker *n*, rocker arm
schwingen *v* (el.) / oscillate *v*, pulsate *v*, swing *v* || ~ (mech.) / vibrate *v*, oscillate *v*, rock *v*, swing *v* || ~ (pendeln) / hunt *v*, pulsate *v*, oscillate *v*
schwingend·es Feld / oscillating field || **~e Leitung** / resonant line || **~er Linearmotor** / linear oscillating motor (LOM) || **~e Schaltstoßspannung** / oscillatory switching impulse (voltage) || **~e Stoßwelle** / oscillatory impulse, oscillatory surge
Schwinger *m* / oscillator *n*, vibrator *n*, ultrasonic generator || **²** (elektroakustischer Wandler) / (electro-acoustic) transducer *n*
Schwing·erreger (s. Schwingungserreger) || **~fähiger Kreis** / resonant circuit, oscillatory circuit || **²feldmaschine** *f* / heteropolar machine || **²festigkeit** *f* / vibrostability *n*, vibration performance
Schwingfrequenz *f* / oscillation frequency || **²** (Transistor) / frequency of oscillation
Schwing·güte *f* (rotierende Masch.) / balance quality, vibrational Q || **²hebel** *m* / rocker arm, rocker *n* || **²kondensatorverstärker** *m* / vibrating-capacitor amplifier || **²kraft** *f* / vibratory force, vibromotive force, oscillating force || **²kreis** *m* / oscillating circuit, resonant circuit, tuned circuit || **²kreis-Wechselrichter** *m* / parallel-tuned inverter || **²kurve** (Kurve der Netzvariablen über der Zeit nach Eintritt der Störung) / swing curve (IEC 50(603)) || **²leistung** *f* / oscillatory power || **²metall** *n* / rubber-metal anti-vibration mounting, rubber-metal vibration damper || **²metallaufhängung** *f* / metal-elastic mounting, anti-vibration mounting || **²motor** *m* / motor with reciprocating movement || **²schärfe** *f* / vibrational severity, vibration severity || **²spannung** *f* / cyclic stress || **²stärke** *f* / vibrational severity, vibration severity || **²stärkestufe** *f* / vibration severity grade
Schwingung *f* / oscillation *n* || **²** (mech.) / vibration *n*, rocking motion, oscillation *n* || **²** (Impuls) / wave *n* || **² erster Art** / oscillation of the first kind || **Messung mechanischer ²en** / vibration test
Schwingungs·abbild *n* (DIN IEC 469, T.1) / waveform *n* || **²achse** *f* / axis of oscillation || **²alterung** *f* / vibration ageing || **²analysator** *m* (Voltmeter zur Messung v. Signalamplituden in einem einstellbaren Frequenzband) / wave analyzer || **²analyse** *f* / wave analysis, modal analysis || **²anregung** *f* / excitation of vibrations, excitation of oscillations || **~armer Motor** / precision-balanced motor || **²art** *f* / mode of vibration, mode of motion, mode *n* || **²aufnehmer** *m* / vibration pick-up, vibration sensor || **²ausschlag** *m* / amplitude of vibration || **²bauch** *m* / antinode *n*, loop of oscillation, vibration loop || **²beanspruchung** *f* / vibration strain, oscillating load, vibratory load || **²bewegung** *f* / oscillatory motion || **²breite** *f* / peak-to-valley value, peak-to-peak displacement, double amplitude || **²breite der Brummspannung** / peak-to-peak ripple voltage || **²bruch** *m* / fatigue failure || **~dämpfend** *adj* / vibration-damping *adj*, vibration-absorbing *adj* || **²dämpfer** *m* / vibration damper, anti-vibration mounting, vibration absorber || **²dämpfer** *m* (Freiltg.) / anti-vibration jumper, vibration damper || **²dauer** *f* / period of oscillation

|| ~einsatz *m* / self-excitation *n* || ~einsatzpunkt *m* / singing point
schwingungselastisch gelagert / installed on anti-vibration mountings
Schwingungs·energie *f* / vibrational energy || **~entkopplung** *f* / vibration isolation || **~entregung** *f* / oscillatory de-excitation, under-damped high-speed demagnetization || **~erregend** *adj* / vibromotive *adj* || **~erreger** *m* (el.) / exciter of oscillations, oscillator *n* || **~erreger** *m* (mech.) / vibration generator, vibration exciter || **~erregung** *f* / excitation of vibrations, excitation of oscillations
schwingungsfähig·es Gebilde / oscillator *n* || **~es System** / oscillating system
schwingungs·fest *adj* / vibration-resistant *adj*, vibrostable *adj*, immune to vibrations || **~festigkeit** *f* / resistance to vibration, vibration strength, vibration resistance, vibrostability *n*, immunity to vibration
schwingungsfrei *adj* / free from vibrations, non-vibrating *adj*, non-oscillating *adj* || **~e Befestigung** / anti-vibration mounting || **~er Transformator** (gegen Stoßwellen geschützt) / non-resonating transformer || **~er Vorgang** / non-oscillatory phenomenon, aperiodic phenomenon
Schwingungs·gehalt *m* / harmonic content || **~gehalt** *m* (Mischspannung) / pulsation factor || **bewerteter ~gehalt** (Telephonformfaktor) / telephone harmonic factor (t.h.f.) || **~geschwindigkeit** *f* / vibration velocity, velocity *n* || **~gleichung** *f* / oscillation equation || **~größe** *f* / oscillating quantity || **~-Grundtyp** *m* / fundamental mode, fundamental oscillation || **~isolator** *m* / vibration isolator
schwingungsisoliert aufgebaut / installed on anti-vibration mountings
Schwingungs·isolierung *f* / vibration isolation || **~knoten** *m* / node *n*, nodal point
schwingungsmechanische Entkopplung / vibration isolation
Schwingungs·messer *m* / vibration meter, vibrometer *n* || **~modell** *n* / transient network analyzer (TNA), transient analyzer || **~paket** *n* (sinusförmig amplitudenmodulierte Sinusschwingung) / sine beat || **~paketsteuerung** *f* (s. Impulspaketsteuerung) || **~schreiber** *m* / vibrograph *n*, vibration recorder || **~streifen** *m* / striations *n pl*, stria *n* || **~system** *n* / oscillatory system || **~typ** *m* / mode of vibration, mode of motion, mode *n* || **vorherrschender ~typ** / dominant mode || **~verhalten** *n* / vibration response, oscillatory characteristics || **~wächter** *m* / vibroguard *n* || **~weite** *f* / vibration amplitude, amplitude *n* || **halbe relative ~weite** / d.c. form factor || **relative ~weite** (Welligkeitsanteil) / relative peak-to-peak ripple factor (IEC 411-3) || **~weitenverhältnis** *n* (Mischstrom) / d.c. ripple factor || **~widerstand** *m* / surge impedance, oscillation impedance || **~zahl** *f* / oscillating frequency, frequency of vibration, vibration frequency || **~zeichner** *m* / vibrograph *n*, vibration recorder
Schwing·weg *m* / vibration displacement, (vibration) excursion (o. deflection) || **~wegamplitude** *f* / vibration displacement amplitude, excursion (o. deflection) amplitude || **halbe relative ~weite** (Gleichstrom-Formfaktor) / d.c. form factor (IEC 50(551)
Schwitzwasser *n* / condensation water, condensate *n* || **~heizung** *f* / space heater, anti-condensation heater || **~korrosion** *f* / corrosion by condensed water
Schwund *m* / shrinkage *n* || **magnetischer ~** / magnetic decay
schwundfrei *adj* / non-shrinking *adj*
Schwundmeldeeinrichtung *f* (CO_2-Anlage) / leakage warning device
Schwung *m* / swing *n* || **~** (Moment) / momentum *n* || **~ausnutzung** *f* / momentum utilization, exploitation of momentum || **~energie** *f* / kinetic energy || **~kraft** *f* / centrifugal force || **~kraftreserve** *f* (im Schwungrad) / flywheel energy storage || **~masse** *f* / centrifugal mass, rotating mass || **~masse** *f* (Schwungrad) / flywheel *n* || **~massenantrieb** *m* / drive for high-inertia load, centrifugal-load drive || **~massenlast** *f* / flywheel load, high-inertia load, centrifugal load || **~moment** *n* (GD^2) / flywheel effect || **äußeres ~moment** / load flywheel effect, load Wk^2
Schwungrad *n* / flywheel *n* || **~abdeckung** *f* / flywheel guard || **~anlasser** *m* / inertia starter || **~antrieb** *m* / flywheel drive || **~generator** *m* / flywheel generator || **~kranz** *m* / flywheel rim || **~läufer** *m* / flywheel rotor || **~umformer** *m* / flywheel motor-generator set, flywheel m.-g. set
Schwungring *m* / flywheel *n*
Schwungscheibe *f* / flywheel *n* || **~** (EZ) / centrifugal disc
SCLT (s. raumladungsbegrenzter Transistor)
Scott-Schaltung *f* / Scott connection
Scott-Schaltung, Transformatorgruppe in ~ / Scott-connected transformer assembly
Scott-Transformator *m* / Scott transformer, Scott-connected transformer, Scott-connected transformer assembly
SD (s. Systemdaten)
SDS (s. serielle digitale Schnittstelle)
Sealed-Beam·-Lampe *f* / sealed-beam lamp || **~-Scheinwerfer** *m* / sealed-beam headlamp
sechsdekadischer Zähler / six-decade meter
Sechsfach·-Bürstenschaltung mit einfachem Bürstensatz / six-phase connection with single set of brushes || **~schreiber** *m* / six-channel recorder
Sechs·phasenschaltung *f* / six-phase circuit || **~phasig** *adj* / six-phase *adj*, hexaphase *adj* || **~pol** *m* / six-terminal network
sechspolig *adj* / six-pole *adj*, six-way *adj* || **~e Klinke** / six-way jack
Sechs·puls-Brückenschaltung *f* / six-pulse bridge connection || **~pulsiger Stromrichter** / six-pulse converter || **~stelliges Zählwerk** / six-digit register
Sedezimalziffer *f* / sexadecimal digit
Seebeck·-Effekt *m* / Seebeck effect
Seekabel *n* / submarine cable
seeklimafest *adj* / resistant to maritime climate
Seele *f* (Kabel, Verbundleiter) / core *n*
Seelen·elektrode *f* / flux-cored electrode
seeluftfest (s. seeklimafest)
seemäßig verpackt / packed seaworthy, packed for export
seewasser·beständig *adj* / seawater-resistant *adj* ||

≗**beständigkeit** *f* / resistance to seawater
Seezeichen *n* / sea mark, navigational aid || ≗**beleuchtung** *f* / sea marks lighting || ≗**lampe** *f* / beacon lamp
S-Effekt *m* (ESR) / S effect *n*, surface-charge effect
Segment *n* (Drucklg.) / segment *n*, pad *n*, shoe *n* || ≗ (Komm.) / segment *n*, bar *n* || ≗ (Kontaktplan; Darstellungselemente) / segment *n*, rung *n* || ≗ (Programmteil) / segment *n* (ISO 2382) || ≗ (LAN) / segment *n* || ≗ (CAD) / patch *n* || ≗**adresse** *f* / segment address || ≗**anzeige** *f* / segment display, stick display || ≗**attribut** *n* (GKS) / segment attribute || ≗**blende** *f* / segmental orifice plate || ≗**-DAU** *m* / segment DAC *n* || ≗**-Drucklager** *n* / segmental thrust bearing, pad-type bearing, Michell bearing, Kingsbury thrust bearing || ≗**-Generator** *m* / segment generator || ≗**leiter** *m* / Milliken conductor, segmental conductor || ≗**priorität** *f* (GKS) / segment priority || ≗**spannung** *f* (Kommutatormasch.) / voltage between segments, bar-to-bar voltage || ≗**transformation** *f* (Darstellungselemente) / segment transformation
Seh·abstand *m* / viewing distance || ≗**arbeit** *f* / visual task || ≗**aufgabe** *f* / visual task
Sehen *n* / vision *n*, seeing *n*, sight *n*
Seh·geschwindigkeit *f* / speed of seeing || ≗**komfort** *m* / visual comfort || ≗**leistung** *f* / visual performance, visual power
Sehne *f* / chord *n*, chord line || ≗ (Netzwerk) / link *n*
Sehnen·länge *f* (a. CAD) / length of chord || ≗**spule** *f* / short-pitch coil, coil of chorded winding || ≗**wicklung** *f* / short-pitch winding, chorded winding, fractional-pitch winding
Sehnung *f* (Wickl.) / short-pitching *n*, chording *n*
Sehnungs·faktor *m* (Wickl.) / pitch factor, pitch differential factor, chording factor
Seh·objekt *n* / visual object || ≗**organ** *n* / organ of vision, visual organ || ≗**schärfe** *f* / visual acuity, visual resolution, sharpness of vision || ≗**strahl** *m* / collimator ray || ≗**vermögen** *n* / vision *n* || ≗**winkel** *m* (a. BSG) / angle of vision
Seiden·glimmer *m* / sericite *n* || ~**matt** *adj* (Leuchtenglas) / satin-frosted *adj* || ≗**papier** *n* / wrapping tissue paper
Seigerung *f* / segregation defect
Seil *n* (Leiterseil) / cable *n*, stranded conductor || ≗**aufhänger** *m* (f. Oberleitung) / catenary hanger, span-wire suspension fitting || ≗**aufhängung** *f* / catenary suspension || ≗**bremse** *f* / rope brake || ≗**durchhang** *m* (Freiltg.) / conductor sag || ≗**erder** *m* / conductor earthing electrode || ≗**riß** *m* (Freiltg.) / conductor failure || ≗**rolle** *f* / rope pulley, rope sheave || ≗**sammelschiene** *f* / flexible busbar, cable-type bus || ≗**scheibe** (s. Seilrolle) || ≗**schlagmaschine** *f* / strander *n* || ≗**schlaufe** *f* (Kabel) / cable loop || ≗**schwingungen** *f pl* (Freiltg.) / conductor vibration || ≗**spreize** *f* / rope spreader || ≗**strang** *m* / rope strand || ≗**trieb** *m* / rope drive || ≗**winde** *f* / cable winch, rope winch
Seilzug *m* (Freiltg.) / cable pull, conductor pull || ≗ (Bowdenzug) / Bowden wire, Bowden control || ≗ (s. Flaschenzug) || ≗**antrieb** *m* / cable-operated mechanism || ≗**-Notschalter** *m* / cable-operated emergency switch, conveyor trip switch || ≗**schalter** *m* / cable-operated switch, trip-wire switch
S-Einbauautomat (s. Sicherungs-Einbauautomat)
S-Eingang *m* / S input, forcing static S input (IEC 117-15), set input
seismisch·e Beanspruchung / seismic stress || ~**e Beanspruchung** (f. Prüfung) / seismic conditioning || ~**e Beanspruchungsklasse** / seismic stress class || ~**e Einflüsse** / earthquake vibrations and shocks || ~**e Einwirkungen** / seismic effects || ~**er Schwingungsaufnehmer** / seismic vibration pick-up
Seite *f* (el. Masch., A- oder B-Seite) / end *n* || ≗ (a. Block von digitalen Daten, Speicherseite) / page *n*
Seiten·adressierung *f* / page addressing, mapping *n* || ≗**ansicht** *f* / side view, side elevation || ≗**anzeige** *f* (Textverarb.) / page-break display || ≗**auslenkung** *f* / lateral deflection || ≗**band (SB)** *n* / sideband *n* (SB) || ≗**band-Ionenrauschen** *n* / sideband ion noise || ≗**binder** *m* (Schrank) / sheet-steel side wall || ≗**blende** *f* (Schrank) / side shutter || ≗**fensterverstellung** *f* (Kfz) / quarter vent adjustment || **zugewandte** ≗**fläche** (Bürste) / inner side, winding side || ≗**flächen** *f pl* (Bürste) / sides *n pl* || ≗**führungskraft** *f* (Kfz) / lateral traction || ≗**füllstreifen** *m* (Wickl.) / side packing strip || ≗**holm** *m* (Schrank) / lateral upright || ≗**kontakt** *m* (Lampenfassung) / side contact || ≗**kraft** *f* / lateral force, transverse force || ≗**kraft** *f* (MSB; Führungskraft) / guidance force || ≗**kraft durch den transversalen Randeffekt** / transverse edge-effect force || ≗**licht** *n* (Positionslicht) / sidelight *n* || ≗**linienmarke** *f* (Flp.) / side stripe marking || ≗**numerierung** *f* (Textverarb.) / page numbering, pagination *n* || ≗**rahmen** *m* (ST) / side frame, end frame || ≗**reihe** *f* (Flp.) / side row || ≗**riß** *m* / side elevation || ≗**schlag** *m* (Lg.) / radial runout, lateral runout || ≗**schneider** *m* / diagonal cutter || ≗**segment** *n* (LAN) / side segment || ≗**spiegel** *m* (Leuchte) / side reflector || ≗**spiel** *n* / lateral clearance, float *n* || ≗**streifen** *m* (Straße) / road shoulder, shoulder *n*
seitensymmetrisch *adj* / concentric *adj*, centric *adj*
Seiten·teil *n* (Baugruppenträger, Leuchte) / side panel || ≗**umbruch** *m* / pagination *n*, page make-up || ≗**verhältnis** *n* (a. CAD) / aspect ratio || ≗**wand** *f* / side wall, side panel || ≗**wandeffekt** *m* / side-wall effect || ≗**wange** *f* / side flange
seitenweise·r Betrieb / page mode || ~**s Lesen** / page read mode || ~**s Schreiben** / page write mode
seitlich aneinanderreihbar / buttable side to side || ~**e Annäherung** (NS) / lateral approach, slide-by mode
Sektionsbauweise *f* / sectional(ized) construction
Sektor·feuer *n* / sector light || ≗**leiter** *m* / sector-shaped conductor
sektorlos·e Influenzmaschine / Bonetti machine
Sektor·motor *m* / bow-stator motor, arc-stator motor, sector motor || ≗**skale** *f* / sector scale
sekundär·e Bemessungsspannung / rated secondary voltage || ~**er Bemessungsstrom** / rated secondary current || ~**e Bemessungsstromstärke** (Wandler) / rated secondary current || ~**er Erregerstrom** (Wandler) / exciting current (IEC 50(321)) || ~**er Genauigkeitsgrenzstrom** / accuracy limit secondary current || ~ **geregelter Betrieb** (Generatorsatz) / secondary power control operation (IEC 50(603)) || ~ **getaktetes Netzgerät**

/ secondary switched-mode power supply unit, secondary chopper-type power supply unit || ~**es Kriechen** / secondary creep, second-state creep || ~**es Kühlmittel** (el. Masch., VDE 0530, T.1) / secondary coolant (IEC 34-1) || ~**e thermische Grenzstromstärke** / secondary limiting thermal current

Sekundäranschluß(klemme) *m;f* / secondary terminal, output terminal

Sekundär·ausfall *m* (IEC 50(191)) / secondary failure || ≗**auslöser** *m* (VDE 0670, T.101) / indirect overcurrent release (IEC 56-1), indirect release (o. trip) || ≗**auslösung** *f* / indirect tripping, transformer-operated tripping || ≗**batterie** *f* / secondary battery, rechargeable battery, storage battery || ≗**block** *m* (Schutzsystem) / secondary package, sub-block *n* || ≗**druck** *m* / secondary pressure || ≗**elektronenemission** *f* / secondary electron emission || ≗**elektronenstrom** *m* / secondary electron emission current || ≗**elektronenvervielfacher** (s. Sekundäremissionsvervielfacher)

Sekundärelement, galvanisches ≗ / electric storage battery

Sekundäremission *f* / secondary emission

Sekundäremissions·faktor *m* / secondary electron emission factor || ≗**-Fotozelle** *f* / secondary emission photocell || ≗**vervielfacher (SEV)** *m* / secondary-emission multiplier, secondary-emission-tube, multiplier phototube

Sekundär·energie *f* / secondary energy, derived energy || ≗**fachwerk** *n* (Gittermast) / redundant bracings, secondary bracings || ≗**-Grenz-EMK** *f* / secondary limiting e.m.f. || ≗**klemme** *f* / secondary terminal, output terminal || ≗**klemmenkasten** *m* / secondary terminal box || ≗**kreis** *m* / secondary circuit || ≗**kühlmittel** (s. sekundäres Kühlmittel) || ≗**leerlaufspannung** *f* (SL) / secondary open-circuit voltage, secondary voltage || ≗**leistung** *f* / output *n* || ≗**leitung** *f* / secondary circuit, sub-circuit *n* || ≗**lichtquelle** *f* / secondary light source, secondary source || ≗**-Nennkurzschlußstrom** *m* / secondary short-circuit current rating || ≗**-Nennspannung** *f* / rated secondary voltage || ≗**-Nennstrom** *m* / rated secondary current || ≗**normal** *n* / secondary standard, substandard *n* || ≗**normallampe** *f* / substandard lamp || ≗**platte** *f* / secondary sheet, sheet secondary || ≗**prüfung** *f* (Schutz) / secondary test || ≗**prüfung durch Fremdeinspeisung** / secondary injection test || ≗**regelung** *f* (der Wirkleistung in einem Netz) / secondary control || ≗**relais** *n* (VDE 0435,T.110) / secondary relay || ≗**-Restspannung** *f* / secondary residual voltage || ≗**seite** *f* / secondary side, secondary circuit

sekundärseitig *adj* / secondary *adj*, in secondary circuit

Sekundärspannung *f* / secondary voltage, output voltage || ≗ **bei Belastung** (Wandler) / output voltage under load

Sekundär·standard *m* / substandard *n* || ≗**strom** *m* / secondary current, output current || ≗**stromauslöser** *m* / indirect overcurrent release, indirect release (o. trip) || ≗**target** *n* (RöA) / secondary target

Sekundärwicklung *f* / secondary winding, secondary *n* || **Wandler mit einer** ≗ / single-secondary transformer || **Wandler mit zwei** ≗**en** / double-secondary transformer

Sekundärzählwerk *n* / secondary register

Sekundenmesser *m* / seconds counter

selbst wiedereinschaltender thermischer Unterbrecher (VDE 0806) / self-resetting thermal cutout (IEC 380)

selbstabgleichend·es elektrisches Kompensations-Meßgerät / indirect-acting electrical measuring instrument || ~**es, nichtelektrisches Kompensations-Meßgerät** / indirect-acting measuring instrument actuated by non-electrical energy

selbstabstimmend *adj* / self-tuning *adj*, self-balancing *adj*

selbstadaptiver Regler / self-adapting controller

selbständig·e Baugruppe / self-contained component || ~**er Betrieb** (Automatisierungssystem einer dezentralen Anlage) / stand-alone operation || ~**e Entladung** / self-maintained discharge || ~**e Leitung in Gas** / self-maintained gas conduction || ~**er Lichtbogen** / self-sustained arc || ~ **weiterbrennende Flamme** / self-sustaining flame || ~ **zurückstellender Temperaturbegrenzer** / self-resetting thermal cut-out, self-resetting thermal release

selbstanhebende Scheibe / self-releasing washer, spring-loaded washer

Selbst·anlasser *m* / automatic starter, auto-starter *n* || ≗**anlauf** *m* / self-starting *n*, automatic start

selbstanlaufend *adj* / self-starting *adj* || ~**er Synchronmotor** / self-starting synchronous motor, auto-synchronous motor, synaut motor

Selbst·anregung *f* / self-excitation *n* || ~**auslösender Drehmomentschlüssel** / self-releasing torque spanner || ~**ausrichtend** *adj* / self-aligning *adj* || ~**belüftete Maschine** / non-ventilated machine || ≗**belüftung** *f* / natural air cooling

selbstdichtender Würgenippel / self-sealing grommet

selbsteinstellender Regler / self-tuning controller

Selbst·entladung *f* / spontaneous discharge || ≗**entladung** *f* (Batt.) / self-discharge *n*, local action || ≗**entmagnetisierung** *f* / self-demagnetization *n* || ≗**entmagnetisierungsfeldstärke** *f* / self-demagnetization field strength || ≗**entregung** *f* / self-deexcitation *n* || ~**entzündbar** *adj* / self-igniting *adj* || ≗**entzündung** *f* / self-ignition *n*, spontaneous ignition || ≗**entzündungstemperatur** *f* / auto-ignition temperature || ≗**erregerwicklung** *f* / self-excitation winding

selbsterregt·e Maschine / self-excited machine || ~**e Pendelungen** / hunting *n*

Selbsterregung *f* / self-excitation *n* || **Aufbau der** ≗ / build-up of self-excited field || **direkte** ≗ (Transduktor) / auto-self-excitation *n* (transductor), self-saturation *n* || **kritische Drehzahl für die** ≗ / critical build-up speed || **Maschine mit** ≗ / self-excited machine || **Transduktor mit direkter** ≗ / auto-self-excited transductor

Selbsterregungs·drehzahl *f* / build-up speed || ≗**-Starthilfe** *f* / field flashing (device) || ≗**widerstand** *m* / build-up resistance

Selbst·führung *f* (LE) / self-commutation *n* || ~**geführter Stromrichter** / self-commutated

converter
selbstgekühlt·e Maschine (unbelüftete M.) / non-ventilated machine || ~**e Maschine mit Rippengehäuse** / non-ventilated ribbed-surface machine || ~**er Öltransformator** (Kühlungsart OA) / oil-immersed self-cooled transformer (Class OA) || ~**er Transformator** / self-cooled transformer || ~**er, geschlossener Trockentransformator** (Kühlungsart GA) / self-cooled sealed dry-type transformer (Class GA)
selbstgelöschter elektronischer Schalter / self-commutated electronic switch (SCE)
selbstgesteuert·e Maschine / self-regulated machine || ~**er Stromrichter** (s. selbstgetakteter Stromrichter)
selbstgetakteter Stromrichter / self-clocked converter
selbsthaftend *adj* / self-adherent *adj*, pressure-sensitive *adj*, self-stick *adj*
Selbsthalte·kontakt *m* / self-holding contact, seal-in contact || ≗**moment** *n* / detent torque
selbsthaltend·es Lager / non-separable bearing || **nicht ~es Lager** / separable bearing
Selbsthalte·relais *n* (mech. verklinkt) / latching relay || ≗**relais** *n* (m. Dauermagnet) / lock-up relay || ≗**schaltung** *f* / seal-in circuit
Selbsthaltung *f* (SG) / locking *n*, sealing in, sealing home || ≗ (Signale) / latching *n* || **Aufheben der** ≗ / de-sealing *n* || **Befehl mit** ≗ (FWT) / maintained command || **in** ≗ **gehen** / to remain locked in, to be sealed home
selbstheilend·e Isolierung / self-restoring insulation || ~**er Kondensator** / self-healing capacitor, self-sealing capacitor
Selbstheilprüfung *f* / self-healing test
selbsthemmend *adj* / self-locking *adj*, irreversible *adj* || ~**es Gelenk** / self-locking hinge, self-arresting pivot
Selbstinduktion *f* / self-induction *n*, self-inductance *n* || ≗ **des Erregerfelds** / field self-inductance
Selbstinduktions·koeffizient *m* / coefficient of self-induction || ≗**reaktanz** *f* / self-reactance *n* || ≗**spannung** *f* / self-induction e.m.f., self-induced e.m.f. || ≗**spannung** (s. Stromwendespannung)
Selbst·induktivität *f* / self-inductance *n*, coefficient of self-induction || ~**justierend** *adj* (IS) / self-aligning *adj* || ~**kalibrierend** *adj* / self-calibrating *adj*
selbstklebend *adj* / self-adherent *adj*, pressure-sensitive *adj*, self-stick *adj* || ~**es Isolierband** / pressure-sensitive adhesive tape
Selbst·kommutierung (LE) (s. Selbstführung) || **Stromwandler mit** ≗**kompensation** / auto-compound current transformer || ≗**kontrolle** *f* (QS) / operator control
selbstkonvergierend *adj* (BSG) / self-converging *adj*
Selbstkühlung *f* (el. Masch.) / natural cooling, natural ventilation || ≗ (Trafo) / natural cooling, self-cooling *n* || **Leistung bei** ≗ (Trafo) / self-cooled rating || **Maschine mit** ≗ / non-ventilated machine, machine with natural ventilation
selbst·leuchtend *adj* / self-luminous *adj*, luminescent *adj* || ≗**leuchter** *m* / primary radiator, primary light source || ≗**leuchterfarbe** *f* / self-luminous colour || ≗**lockern** *n* / accidental loosening, working loose || **gegen** ≗**lockern sichern** / to lock (to prevent accidental loosening)
selbstlöschend·er Fehler / self-extinguishing fault || ~**er Kurzschluß** / self-extinguishing fault || ~**es Zählrohr** / self-quenched counter tube
Selbst·löschgrenze *f* / self-extinction limit || ≗**löschung** *f* (LE) / self-commutation *n* || ≗**löschung** *f* (Lichtbogen) / self-extinguishing *n* || **Grenzstrom der** ≗**löschung** (größter Fehlerstrom, bei dem eine Selbstlöschung des Lichtbogens noch möglich ist) / limiting self-extinguishing current
Selbstmagnetisierung *f* / spontaneous magnetization, intrinsic magnetization
selbst·meldender Fehler / self-reporting fault, self-revealing fault, self-signalling fault, obvious fault || **Fehler ohne** ≗**meldung** / non-self-revealing fault || ≗**mordschaltung** *f* / suicide control || ~**nachstellende Kupplung** / self-adjusting clutch || ~**nachziehende Schraube** / self-tightening screw || ≗**neutralisierungsfrequenz** *f* / self-neutralization frequency || **Lager mit** ≗**ölung** / self-oiling bearing, ring-lubricated bearing || ~**optimierend** *adj* / self-optimizing *adj* || ~**prüfend** *adj* / self-checking *adj* || ≗**prüfung** *f* (QS) / operator control
selbstregelnd *adj* / self-regulating *adj*, self-adjusting *adj* || ~**er Generator** / self-regulating generator || ~**er Transformator** / regulating transformer, automatic variable-voltage transformer
selbst·reinigender Kontakt / self-cleaning contact || ≗**sättigung** *f* / self-saturation *n* || ≗**sättigungsgleichrichter** *m* / auto-self-excitation valve
Selbstschalter *m* / automatic circuit-breaker, circuit-breaker *n* || ≗ (Kleinselbstsch.) / miniature circuit-breaker (m.c.b.) || ≗**abgang** *m* / outgoing circuit-breaker unit, m.c.b. way
selbst·schmierendes Lager / self-lubricating bearing || ~**schneidende Schraube** / (self-)tapping screw
selbstschwingend·e Zeitablenkung (Osz.) / free-running time base
selbstsperrendes Schneckengetriebe / self-locking worm gear(ing)
Selbstsperrung *f* / self-locking action || ≗ (Rel., Handrückstelleinrichtung) / hand-reset (feature), manual reset(ting device) || **Relais mit** ≗ / hand-reset relay || **Relais ohne** ≗ / self-reset relay, auto-reset relay
Selbststarterlampe *f* / self-starting lamp
Selbststeuerung *f* / automatic control || **Fahrstuhl mit** ≗ / automatic self-service lift (o. elevator) || **Maschine mit Fremderregung und** ≗ / compensated self-regulating machine, compensated regulated machine || **Maschine mit** ≗ / self-regulated machine
Selbst·strukturierung (s. Eigenstrukturierung) || ~**synchronisierend** *adj* (Eigentaktung) / self-clocking *adj* || ≗**synchronisierung** *f* / self-synchronization *n*
selbsttätig *adj* / automatic *adj* || ~ **abgleichende Regelung** / self-adaptive control || ~ **arbeitende Vorrichtung** / automatic device || ~**e Ausschaltung** (LE-Gerät) / automatic switching off || ~**er Berührungsschutz** (Klappenverschluß einer Schaltwageneinheit) / automatic shutter || ~**e**

Einschaltung (LE-Gerät) / automatic switching on || ~er **Feldregler** / automatic field rheostat, automatic rheostat || ~e **Feldschwächung** / automatic field weakening || ~ **geregelt** / automatically controlled, automatically regulated || ~e **Prüfroutine** / self-checking routine || ~e **Regelung** / automatic control, closed-loop control, feedback control || ~es **Regelungssystem** / automatic control system || ~es **Rückstellen** (o. Rücksetzen) / self-resetting *n* || ~ **rückstellender Melder** (EN 54) / self-resetting detector || ~ **rückstellender Schutz-Temperaturbegrenzer** (VDE 0700, T.1) / self-resetting thermal cut-out (IEC 335-1) || ~e **Rückstellung** (PS) / automatic return || ~es **Steuerungssystem** / automatic control system || ~er **Wiederanlauf** / automatic restart || ~es **Wiederschließen** (LS, VDE 0670, T.101) / auto-reclosing *n*, automatic reclosing, rapid auto-reclosure || ~ **zurückstellender Temperaturbegrenzer** (EN 60742) / self-resetting thermal cut-out

Selbsttest *m* / self-test *n*, confidence test || ²**programm** *n* / self testing routine

selbsttragend·es Fernmelde-Luftkabel / self-supporting telecommunication aerial cable || ~es **Luftkabel** / self-supporting aerial cable || ~er **Stützpunkt** (Freiltg.) / self-supporting support

selbst·überwachend *adj* / self-monitoring *adj*, self-supervisory *adj*, fail-safe *adj*, failing to safety || ²**überwachung** *f* / self-monitoring *n*, self-supervision *n* || ²**überwachung** *f* (rechnergesteuerte Anlage) / self-diagnosis *n*, self-diagnostics *plt* || ~**unterhaltende Flamme** / self-sustaining flame || ~**verlöschend** *adj* / self-extinguishing *adj* || ~**verschweißendes Band** / self-bonding tape || ~**verzehrende Elektrode** / consumable electrode || ~**zündende Lampe** / self-starting lamp || ²**zündung** *f* / self-ignition *n*, spontaneous ignition || ~**zuteilender Bus** / self-arbitrating bus

Selektions·kurve *f* / selectivity curve || ²**tor** *n* / select gate

selektiv·er Angriff (Korrosion) / selective attack || ~er **Empfänger** (f. optische Strahlung) / selective detector || ~e **Erdschlußmessung** / selective earth-fault measurement || ~es **Erdschlußrelais** / discriminating earth-fault relay || ~e **Kommutierung** / selective commutation || ~es **Löschen** (von gespeicherten Informationen) / selective erasing || ~er **Pegelmesser** / selective level meter (SLM) || ~e **Prüfung** / screening test || ~e **Staffelung** (Schutz) / selective grading || ~er **Strahler** / selective radiator || ~e **Zuordnung** (Sich.) / selective coordination

Selektivität *f* / selectivity *n* (protection system), discrimination *n* || ² (Sich.) / overcurrent discrimination

Selektivitätsverhältnis *n* / discrimination ratio

Selektiv·schalter *m* / non-current-limiting switch || ²**schutz** *m* (VDE 0435, T.110) / protection *n*, selective protection, discriminative protection || ²**schutzschalter** *m* / selective circuit-breaker, discriminative breaker, fault discriminating circuit-breaker

Selektor *m* (Datenobjekte) / selector *n*

Selen·ableiter *m* / selenium arrester, selenium diverter || ²**-Überspannungsableiter** *m* / selenium overvoltage protector

seltene Erde / rare-earth element

SELV-E (s. geerdetes Schutzkleinspannungssystem)

Semantik *f* / semantics *plt*

Semaphor *n* / semaphore *n*

Semiadditiv-Verfahren *n* (gS) / semi-additive process

Semigrafik *f* / semi-graphics *n*, character graphics

semigrafische Darstellung / semigraphic display, character-graphics display

semi-horizontale Anordnung (der Leiter einer Freiltg.; IEC 50(466)) / semi-horizontal configuration

Sende·abruf (s. Sendeaufruf) || ²**anforderung** (s. Sendeaufforderung) || ²**antenne** *f* / sending aerial || ²**aufforderung** *f* / request to send (RTS) || ²**aufforderung** *f* / transmission request || ²**aufforderung** (s. Sendeaufruf) || ²**aufruf** *m* (DÜ, DIN 44302) / polling *n*, poll *n* || ²**aufruf ohne Folgenummer** / unnumbered poll (UP) || ²**auftrag** (s. Sendeaufforderung)

sendeberechtigt·e Station („Token-passing"-System) / token holding station || ~er **Teilnehmer** (Master in einem Bussystem) / master *n*

Sende·berechtigung *f* („Token-passing"-System) / token holding || ²**berechtigungsmarke** *f* („Token") / token *n* || ~**bereit** *adj* / clear to send (CTS), ready to send || ²**bereitschaft** *f* / clear to send (CTS), ready for sending || ²**daten** *pl* (DIN 66020, T.1) / transmitted data || ²**-Empfänger-Prüfkopf (SE-Prüfkopf)** *m* / transceiver probe (TR probe) || ²**fach** *n* („Mailbox") / send mailbox || ²**fenster** *n* (DÜ) / transmit window || ²**frequenzlage** *f* (DÜ, DIN 66020) / transmit frequency || ²**gerät** *n* / transmitter *n* || ²**impuls** *m* (elektrischer Impuls, der in einem Schwinger in einen akustischen Impuls umgewandelt wird; DIN 54119) / initial pulse || ²**leistung** *f* / transmitter power, output power

senden *v* / send *v*, transmit *v* || **falsch** ~ (PMG) / to send false || **Schall** ~ / to transmit sound, to emit an ultrasonic signal || **wahr** ~ (PMG) / to send true

sendend·e Station (FWT) / transmitting station, initiating station

Sende·pegel *m* / transmission level || ²**pegel** *m* (Meßplatz) / output level || ²**programm** *n* (FWT) / transmit program

Sender *m* / transmitter *n* || ² (NS) / emitter *n* || ² („Master" eines Bussystems) (s. Master) || ²**-Empfänger** *m* / transceiver *n*, transmitter-receiver *n* || ²**-Nachlaufzeit** *f* (RSA) / transmitter reset time || ²**sperrröhre** *f* / anti-transmit/receive tube (AT/R tube) || ²**-Vorlaufzeit** *f* (RSA) / transmitter setup time

Sende·schrittakt *f* / transmitter signal element timing || ²**schritt-Takt** *m* / transmitted signal element timing, transmitter clock (TC) || ²**schwinger** *m* / transmitting probe || ²**station** *f* (DÜ) / master station || ²**stromschleife** *f* / current loop transmit || ²**telegramm** *n* / transmission message, message transmitted || ²**wunsch** *m* / line bid || ²**zähler** *m* (s. Impulsgeberzähler) || ²**zeitüberwachung** *f* (LAN) / jabber control

Senk·bremse *f* / dynamic lowering brake, lowering brake || ²**bremsschaltung** *f* / dynamic lowering circuit

Senke *f*(PMG) / acceptor *n* || ≗ (Transistor, „Drain") / drain *n* || ≗ (s. Störsenke) || **Daten~** / data sink || **Öl~** (EZ) / oil cone || **Strom~** / current sink
Senken, elektrochemisches ≗ / electro-chemical machining (e.c.m.), electro-forming *n*, electro-erosion machining
Senk·kraftschaltung *f* / power lowering circuit || ≗**lot** *n* / plumb bob, plummet *n*, bob *n*, lead *n*
senkrecht·e Bauform (el. Masch.) / vertical-shaft type, vertical type || **~e Stütze** (BGT) / vertical supporting member, vertical *n* || **Maschine mit ~er Welle** / vertical-shaft machine, vertical machine
Senkrechtbewegung *f*(WZM) / vertical motion, vertical travel
Senkrecht·einfall *m* / perpendicular incidence || ≗**prüfkopf** *m* / straight-beam probe || ≗**schnitt** *m* (DIN 4760) / normal section
Sensibilisierung *f* / sensitization *n*
sensible Kühllast / sensible heat load
Sensor *m* / sensor *n* || ≗**-Bildschirm** (s. Tast-Bildschirm) || ≗**dimmer** *m* / touch dimmer
Sensorik *f*(Sensortechnologie) / sensor technology
Sensor·matrix *f* / sensor array || ≗**-Taste** *f* / touch control, sensor control
SEP (s. Standard-Einbauplatz)
SE-Prüfkopf (s. Sende-Empfänger-Prüfkopf)
sequentiell *adj* / sequential *adj* || **~e Stichprobenprüfung** (DIN 55350, T.31) / sequential sampling inspection || **~e Triggerung** / sequential triggering
Sequenz·-Röntgenspektrometer (SRS) *m* / sequential X-ray spectrometer || ≗**-Spektrometer** *m* / sequential spectrometer
seriell·er Addierer / serial adder, ripple-carry adder || **~e Adressierung** / serial addressing || **~e Anschaltung** (s. serielle Schnittstelle) || **~er Betrieb** / serial operation || **~er Bus (S-Bus)** / serial bus || **~e Datenschnittstelle** / serial data interface || **~e digitale Schnittstelle (SDS)** / serial digital interface (SDI) || **~e Eingabe** / serial input || **~e Kopplung** / serial link, serial interface || **~e Meldeanlage** / serial signalling system || **~e Nahtstelle** (s. serielle Schnittstelle) || **~e Netzschnittstelle** / serial network interface (SNI) || **~e Schnittstelle** / serial interface || **~es Taktsignal** / serial clock (SERCLK) || **~e Übertragung** / serial transmission
Seriell-Parallel-Adressierung *f* / serial-parallel addressing
Serienabfrage *f*(PMG) / serial poll || ≗ **freigeben** (PMG, DIN IEC 625) / serial poll enable (SPE) || ≗ **sperren** (PMG, DIN IEC 625) / serial poll disenable (SPD) || ≗**-Ruhezustand** *m* (des Sprechers) (PMG, DIN IEC 625) / serial poll idle state (SPIS) || ≗**-Vorbereitungszustand** *m* (des Sprechers) (PMG, DIN IEC 625) / serial poll mode state (SPMS) || ≗**zustand** *m*(PMG) / serial poll state
Serien·abtastung *f* / serial scanning, serial reading || ≗**ankopplung** *f*(RSA) / series coupling, series injection || ≗**betrieb** *m* (v. Stromversorgungsgeräten, deren Ausgänge in Reihe geschaltet sind) / series operation, slave series operation || ≗**brief** *m* / customized form letter || ≗**eingabe** *f* / serial input || ≗**einspeisung** *f* (RSA) / series injection, series coupling || ≗**fabrikat** *n* / standard product || ≗**fertigung** *f* / series production, batch production, mass production || ≗**heizung einer Kathode** / series cathode heating (o. preheating) || ≗**inbetriebnahme** *f*(NC) / standard system start-up || ≗**induktivität** *f*(a. Diode, DIN 41856) / series inductance || ≗**kreiskopplung** *f* / series coupling, series injection || ≗**lampe** *f* / series lamp || ≗**-Leiterplatte** *f* / production board
serienmäßig *adj* / standard *adj*
Serien·motor (s. Reihenschlußmotor) || ≗**nummer** *f* / serial number
Serien-Parallel·-Schalter *m* / series-parallel switch || ≗**-Umschaltung** *f* / series-parallel switching || ≗**-Umsetzer** *m* / serial-parallel converter, staticizer *n* || ≗**-Umsetzung** *f* / serial-parallel conversion
Serien·programmierung *f* / serial programming || ≗**prüfung** *f* / batch testing || ≗**rechner** *m* / serial computer || ≗**register (SR)** *n* / serial register (SR) || ≗**schalter** *m* (I-Schalter) / two-circuit single-interruption switch, two-circuit switch, two-circuit switch with common incoming line || ≗**schaltsystem** *n* / series system of distribution || ≗**schaltung** *f* / series connection, connection in series, series circuit || ≗**schaltung von zwei L-Toren** / ladder network || ≗**schwingkreis** *m* / resonant circuit, acceptor *n* (depr.) || ≗**-Störspannung** (s. Serientakt-Störspannung)
Serientakt·spannung *f* / series-mode voltage || ≗**-Störsignaleinfluß** *m* / series-mode interference || ≗**-Störspannung** *f* / series-mode parasitic (o. interference) voltage || ≗**-Störspannung im Ausgangskreis** / output series-mode interference voltage || ≗**unterdrückungsmaß** *n* / series-mode rejection ratio (SMRR)
Serien·übergabe *f*(DÜ, DIN 44302) / serial transmission || ≗**übertragssignal** *n*(DIN 19237) / serial transfer signal || ≗**übertragung** *f* / serial transmission || ≗**widerstand** *m* / series resistor, series resistance, external resistance, starting resistor
serpentinenförmige Aufzeichnung / serpentine recording
Service·feld *n*(PC) / service panel || **~freundlich** *adj* / easy to service || ≗**gerät** *n*(elST) / service unit || ≗**-Ingenieur** *m* / field engineer || ≗**-Regler** *m* (Haupt-Druckregler in der Druckluftversorgung für eine Gruppe von pneumatischen Geräten) / service regulator
Servo·antrieb *m* / servo drive, servo feed drive, actuator *n* || ≗**antrieb** (s. Stellantrieb) || **~betätigter Stellantrieb** / servo-actuator *n* || **~geregelter Antrieb** / servo-controlled drive || ≗**lenkung** *f* (Kfz) / power-assisted steering, variable-assistance power steering || **~mechanischer Impulsgeber** (EZ) / servo-mechanical impulse device || ≗**mechanismus** *m* / servo-mechanism *n*, servo-system *n* || ≗**motor** *m* / servomotor *n*, pilot motor || ≗**regelung** *f* / servo-control *n* || ≗**stabilität** *f* / servo-stability *n* || ≗**steuerung** *f* / servo-control *n* || ≗**system** *n* / servo-system *n* || ≗**ventil** *n* / servo-valve
SES (s. Schrankeinspeisungseinheit)
Setz-Abhängigkeit *f* / set dependency, S-dependency
setzbar·er Ausgang (PC, vom PG aus steuerbar) / forcible output

Setzeingang *m* / set input, S input
setzen *v*(von Parametern) / set *v*, input *v* || ≈ (S) (PC) / set (S) || ≈ (s. Zwangssetzen) || **auf L-Pegel** ~ / to drive to low level, to drive low || **Ausgang** ~ (PC) / latch output, set output || **ein Signal hoch** ~ / to initialize a signal to high || **speichernd** ~ / latch *v* || **unter Spannung** ~ / energize *v*
Setz·funktion *f*(PC) / setting function, forcing function || ≈**impulsdauer** *f* / set pulse duration || ≈**operation** *f* / setting operation, forcing operation || ≈**-Rücksetzoperation** *f* / setting/resetting operation || ≈**stock** *m*(WZM) / steady *n* || ≈**taste** *f* / setting (push)button, setting key || ≈**zeit** *f*(Vorbereitungszeit) / set-up time
SEV (s. Sekundäremissionsvervielfacher)
Sextett *n*(NC) / sextet *n*
SFK (s. Satzfolgekennung)
SFL (s. Blitz)
SFS (s. Schaltfehlerschutz)
SF_6 (Schwefelhexafluorid) / SF_6 (sulphur hexafluoride) || ≈**-Anschluß** *m* / SF_6 connection system || ≈**-BK-Schalter** (s. SF_6-Blaskolbenschalter) || ≈**-Blaskolben-Druckgas-Schnellschalter** *m* / SF_6 high-speed puffer circuit-breaker || ≈**-Blaskolbenschalter** *m* / SF_6 puffer circuit-breaker, SF_6 single-pressure circuit-breaker || ≈**-Druckgasschalter** *m* / SF_6 compressed-gas circuit-breaker || ≈**-Durchführung** *f* / SF_6-insulated bushing || ≈**-Eindruckschalter** *m* / SF_6 single-pressure circuit-breaker, SF_6 puffer circuit-breaker || ≈**-gasisolierte Schaltanlagen** / SF_6 gas-insulated switchgear || ≈**-Hochspannungsschalter** *m* / SF_6 high-voltage circuit-breaker, SF_6 h.v. breaker || ≈**-Höchstspannungs-Leistungsschalter** *m* / SF_6 extra-high-voltage circuit-breaker, SF_6 e.h.v. breaker
SF_6-isoliert·e, metallgekapselte Schaltanlagen / SF_6-insulated metal-enclosed switchgear || ≈**e Rohrschiene** / SF_6-insulated tubular bus duct, SF_6-insulated metal-clad tubular bus || ≈**er Überspannungsableiter** / SF_6-insulated surge diverter
SF_6·, metallgekapselte ≈**-Kompaktschaltanlage** / integrated SF_6 metal-clad switchgear || ≈**-Lecksuchgerät** *n* / SF_6 leakage detector || ≈**-Leistungsschalter** *m* / SF_6 circuit-breaker || ≈**/N_2-Mischgasschalter** *m* / SF_6/N_2 circuit-breaker || ≈**-Plasma** *n* / SF_6 plasma || ≈**-Rohrschiene** *f* / SF_6-insulated tubular bus duct || ≈**-Schalter** *m*(LS) / SF_6 circuit-breaker || ≈**-Überwachungseinheit** *f* / SF_6 pressure monitoring unit || ≈**-Unterbrecher** *m* / SF_6 interrupter || ≈**-Unterbrechereinheit** *f* / SF_6 interrupter unit (o. module) || ≈**-Zweidruckschalter** *m* / SF_6 dual-pressure breaker
Sheffer-Funktion *f* / Sheffer function, NAND operation
Sherardisierung *f* / sherardizing *n*, diffusion zinc plating
Shore-Härte *f* / Shore hardness
SH-Schnittstellenfunktion *f*(Handshake-Quellenfunktion; DIN IEC 625) / SH interface function (source handshake function; IEC 625)
Shunt *m*(Meßwiderstand) / shunt *n*, shunt resistor || ≈**faktor** *m*(MG) / shunt factor || ≈**schalter** *m*(LS) / shunt circuit-breaker || ≈**wandler** *m* / d.c./d.c. converter (o. transducer), shunt converter || ≈**widerstand** *m* / shunt resistor, shunt *n*
Shutter, Steckdose mit ≈ / shuttered socket-outlet
S/H-Verstärker (s. Abtast-Halteverstärker)
SH-Zustandsdiagramm *n* / SH function state diagram
SI (A. für „Système International" - Internationales Einheitensystem) / SI (A. for "Système International" - International System of Units)
Si-Alox-Spiegel *m* / Si-Alox specular reflector
SI-Basiseinheit *f* / SI base unit
SiC-Ableiter (s. Siliziumkarbidableiter)
Sichel *f*(Bürstenträger) / (sickle-shaped) brush-stud carrier || ≈ (Wickl.) / end loop, sickle-shaped connector || ≈**verbinder** *m* / sickle-shaped connector
sicher·er Ausfall / safe failure || ~**er Bereich** / safe area || ~**e Betätigung** (der Kontakte) / positive operation || ~**e elektrische Trennung** (s. Schutztrennung) || ~**e Entfernung** / safe distance
Sicherheit *f* / safety *n*, security *n* || **Kontakt**~ *f* / contact stability (IEC 257), safe current transfer, good contact making || **Versorgungs**~ *f* / security of supply, service security || **Verstärkungs**~ *f* / gain margin
Sicherheitsabschaltung *f* / safety shutdown
Sicherheitsabstand *m* / safety clearance || ≈ (EMV, IEC 50(161)) / protection ratio || ≈ (NC) / clearance distance || ≈ (v. Laserstrahlungsquelle, VDE 0837) / nominal ocular hazard distance (NOHD) (IEC 825) || ≈ (s. Schutzabstand)
Sicherheits·anlage *f* / security system, security and surveillance system || ≈**ausgang** *m* / safety output || ≈**barriere** *f* / safety barrier, intrinsic safety barrier || ≈**barriere** *f*(f. Meßumformer in explosionsgefährdeten Räumen) / safety barrier, Zener barrier, series-shunt limiting device || ≈**barriere mit Dioden** / diode safety barrier
Sicherheitsbeleuchtung *f* / emergency lighting || ≈ (für die Überwachung von Industrieanlagen) / protective lighting || ≈ (Flp.) / security lighting || ≈ (f. Arbeitsplätze) / safety lighting || ≈ **für Rettungswege** / escape lighting || ≈ **in Dauerschaltung** / maintained emergency lighting
Sicherheits·bereich *m* / restricted area, security area || ≈**bestimmungen** *f pl*(VDE) / safety requirements, requirements for safety || ≈**bremse** *f* / fail-safe brake || ≈**dienst** *m*(LAN) / security service || ≈**drehzahl** *f*(NC, Drehzahlgrenze) / speed limit || ≈**ebene** *f*(NC, DIN 66215,T.1) / clearance plane (ISO 3592) || ≈**eingang** *m* / safety input || ≈**einrichtung** *f* / safety device || ≈**erdbeben** *n* / safe shutdown earthquake (SSE) || ≈**erdung** *f* / protective earthing, safety grounding || ≈**-Fahrschaltung (SIFA)** *f* / dead man's circuit
Sicherheitsfaktor *m* / safety factor, security factor, reserve factor || ≈ (Expertensystem) / certainty factor || ≈ **für Meßinstrumente** / instrument security factor
Sicherheits·farbe *f* / safety colour || ≈**fläche** *f*(Flp.) / safety area || ≈**fläche** *f*(NC, DIN 66215,T.1) / clearance surface (ISO 3592) || ≈**fläche am Pistenende** / runway end safety area
sicherheitsgerechtes Errichten von elektrischen Anlagen / installation of electrical systems and equipment to satisfy safety requirements
sicherheitsgerichtete Steuerung / fail-safe control

(system), safety-oriented (o. safety-related) control
Sicherheits·glas *n* (Leuchte) / safety glass cover || **≗-Grenztaster** (s. Sicherheits-Positionsschalter) || **≗gurt** *m* (f. Monteure) / safety belt, body belt || **≗gurt** *m* (Kfz) / seatbelt *n* || **≗-Handlauf** *m* / safety rail || **≗höhe** *f* / safe height || **≗ingenieur** *m* / safety engineer, safety supervisor, safety coordinator || **≗-Kleinspannung** (s. Schutzkleinspannung) || **≗-Klemmenkasten** *m* (m. Druckentlastung) / pressure-relief terminal box || **≗kreis** *m* (VDE 0168, T.1) / safety circuit (IEC 71.4) || **~kritisch** *adj* / critical with regard to safety || **≗kupplung** (s. Fliehkraftkupplung) || **≗kupplung** (s. Rutschkupplung) || **≗kupplung mit Reibkegel** / conical friction clutch, slip clutch || **Davysche ≗lampe** / Davy lamp || **≗leittechnik** *f* (KW) / (reactor) safety instrumentation and control, safety I&C || **≗leuchte** *f* / emergency lighting luminaire, emergency luminaire . || **≗leuchte in Dauerschaltung** / sustained luminaire || **≗leuchte mit Einzelbatterie** / battery-operated emergency luminaire || **≗licht** *n* / emergency light || **≗licht-Versorgungsgerät** *n* / emergency light supply unit || **organisatorische ≗maßnahmen** (VDE 0837) / administrative control (IEC 825)
sicherheitsorientierte Steuerung (s. sicherheitsgerichtete Steuerung)
Sicherheits·position *f* (NC, a. CLDATA-Wort) / safe position (ISO 3592) || **≗-Positionsschalter** *m* / position switch for safety purposes || **≗programm** *n* (PC) / safety program || **≗prüfung** *f* / safety test, test for safety || **≗prüfwert** *m* / safety test value || **≗schalter** *m* / safety switch || **≗schaltung** *f* / protective circuit, fail-safe circuit, interlocking circuit || **≗schleuse** *f* / safety lock, air lock || **≗shunt** *m* / safety shunt || **≗signal** *n* (NC) / safety signal || **≗-Spannungswandler** *m* / isolating voltage transformer, safety isolating transformer || **≗starter** *m* (Leuchte) / safety starter (switch) || **≗-Steckdose** *f* (m. FI-Schalter) / e.l.c.b.-protected socket-outlet || **≗stecker** *m* (m. FI-Schalter) / e.l.c.b.-protected plug || **≗stellglied** *n* / safety actuator, safe actuator || **≗steuerung** (s. sicherheitsgerichtete Steuerung)
Sicherheitsstrom *m* / security current || **≗ für Meßinstrumente** / instrument security current || **Nenn-≗ für Meßgeräte** / rated instrument security current (I_{ps}) || **≗kreis** *m* / safety circuit, circuit for safety purposes || **≗quelle** *f* / safety power source, safety source
Sicherheitsstufe *f* / security level
sicherheitstechnisch·e Anforderungen / safety requirements || **~e Geräte** (MSR-Geräte) / safety hardware || **~es Gestalten** / design satisfying safety requirements || **~e Maßnahmen** / safe practice measures
Sicherheits·temperaturbegrenzer *m* / safety temperature cutout (o. limiter) || **≗transformator** *m* / safety isolating transformer || **≗trenner** *m* / safety isolator || **≗trenner** *m* (VDE 0860) / safety switch (IEC 65, 348) || **≗umhüllende** *f* (NC) / clearance envelope || **≗ventil** *n* / safety valve, pressure relief valve, relief valve || **≗ventil** *n* (Überlaufventil) / overflow valve, bypass valve || **≗verriegelung** *f* (mech. o. el.; VDE 0806) / safety interlock || **ausfallsichere ≗verriegelung** (VDE 0837) / fail-safe interlock (IEC 825) || **≗vorrichtung** *f* / safety device || **≗vorrichtung** *f* (Überdruck) / pressure relief device || **≗vorschriften** *f pl* / safety rules, safety code, regulations for the prevention of accidents || **≗vorschriften** *f pl* (f. Bauteile u. Systeme) / product safety standards || **≗zeit** *f* (Staffelzeit) / grading margin || **≗zuschlag** *m* / safety allowance, safety margin
Sicherheitszwecke, elektrische Anlage für ≗ (E VDE 0100, T.35) / safety supply system
sichern *v* (Schrauben) / lock *v* || **gegen Wiedereinschalten ~** / to immobilize in the open position, to provide a safeguard to prevent unintentional reclosing
sicherstellen *v* (Daten, Programm) / save *v*
Sicherung *f* (Schmelzsicherung) / fuse *n*, fusible link, fusible cutout || **≗ der mittleren Qualität** / average quality protection || **≗ einer Qualität je Los** / lot quality protection || **≗ mit Unterbrechungsmelder** / indicating fuse || **≗ zum Gebrauch durch ermächtigte Personen** / fuse for use by authorized persons || **≗ zum Gebrauch von Laien** / fuse for use by unskilled persons || **Informations~** / information securing || **Programm~** / program security, program saving
Sicherungen, mit ≗ / fused *adj*, fusible *adj*
Sicherungs·abgang *m* / fused outgoing circuit, fuseway *n* || **≗abzweig** *m* / fused branch circuit, fused outgoing circuit, fused circuit || **≗anbau** *m* (Wandler) / fuse assembly, integral fuse gear || **≗-Aufsteckgriff** *m* / (detachable) fuse handle, fuse puller || **≗ausfall** *m* (Durchbrennen der Sicherung) / blowing of fuse(s) || **≗ausfallrelais** *n* / fuse failure relay || **≗auslöser** *m* (LS) / open fuse trip device (ANSI C37.13) || **≗automat** *m* / miniature circuit-breaker (m.c.b.), automatic circuit-breaker || **≗automatenverteiler** *m* / miniature circuit-breaker board, m.c.b. board (BS 5486) || **≗baugruppe** *f* (m. Schmelzsicherungen) / fuse module || **≗clip** *m* (Schmelzsich.) / fuse clip || **≗datei** *f* / back-up file
Sicherungsdienst *m* (DIN ISO 7498) / data link service
Sicherungs·draht *m* / locking wire || **≗draht** *m* (Schmelzsich.) / fuse wire || **≗-Einbauautomat** *m* / flush-mounting m.c.b., panel-mounting m.c.b. || **≗einrichtung** *f* (m. Schmelzsicherung) / fusing device
Sicherungseinsatz *m* / fuse-link *n*, cartridge fuse-link, fuse-unit *n* || **≗ mit zylindrischen Kontaktflächen** / cylindrical-contact fuse-link || **≗ unter Öl** / oil-immersed fuse-link, oil-filled fuse-link, oil fuse-link || **Kontaktstück eines ≗es** / fuse-link contact || **≗halter** *m* / fuse-carrier *n* || **≗halter-Kontakt** *m* / fuse carrier contact || **≗-Kontakt** *m* / fuse-link contact || **Sicherungsunterteil mit ≗träger** (IEC 50(441), 1974) / fuse-holder *n* || **≗träger** (s. Sicherungseinsatzhalter)
Sicherungs·-Einschraubautomat (s. Einschraub-Sicherungsautomat) || **≗element** (s. Schmelzleiter) || **≗fall** *m* (Meldung) / fuse blown, fuse tripped || **≗feld** *n* (m. Schmelzsich.) / fuse panel || **≗geräte** *n pl* (Schmelzsich.) / fusegear *n* || **≗halter** *m* (Kombination Sicherungsunterteil-Sicherungseinsatzträger) / fuse holder || **≗kammer**

f / fuse box || ≗**kasten** *m* / fuse box || ≗**kennung** *f* (Datenträger) / protection code || ≗**klemme** *f* / fuse terminal, fuse contact || ≗**kontaktstück** *n* / fuse contact, fuse clip, fuse terminal
Sicherungskopie *f* / back-up copy
Sicherungs-Lastschalter *m* (VDE 0660,T.107) / fuse-switch *n* (IEC 408) || ≗**-Lasttrenner** *m* / fuse switch-disconnector, fused interrupter || ≗**-Lasttrennerabgang** *m* / outgoing fuse switch-disconnector unit (o. circuit) || ≗**-Lasttrennleiste** *f* / in-line fuse switch-disconnector, strip-type fuse switch-disconnector || ≗**-Lasttrennschalter** (s. Sicherungs-Lasttrenner) || ≗**-Leertrenner** *m* / low-capacity fuse-disconnector, no-load fuse-disconnector || ≗**-Leertrennschalter** (s. Sicherungs-Leertrenner) || ≗**leiste** *f* / fuse block, three-pole fuse-base assembly, triple-pole fuse base || ≗**-Leistungsschalterkombination** *f* / fuse-circuit-breaker combination || ≗**-Leistungstrenner** *m* / power service protector || ≗**-Motortrenner** *m* / motor fuse-disconnector
Sicherungsmutter *f* / lock nut, check nut, jam nut, prevailing-torque-type lock nut
Sicherungs·patrone *f* / cartridge fuse-link || ≗**plan** *m* (Schrauben) / bolt locking scheme (o. plan) || ≗**platte** *f* / locking plate
Sicherungsprotokoll *n* (DIN ISO 7498) / data link protocol
Sicherungs·ring *m* / retaining ring, guard-ring *n* || ≗**ring** (s. Sprengring) || ≗**schalter** *m* (Lastschalter) / fuse-switch *n* || ≗**schalter** *m* (Trenner) / fuse-disconnector *n*, fuse-isolator *n* || ≗**-Schalterkombination** *f* / fuse combination unit (IEC 408) || ≗**schaltung** *f* (f. Speicherinhalt) / save *n* || ≗**schicht** *f* (Kommunikationsnetz; DIN ISO 7498) / data link layer || ≗**sockel** *m* / fuse-base *n*, fuse-mount *n* || ≗**-Spannungswandler** *m* / fused potential transformer, fuse-type voltage transformer || ≗**starter** *m* (Leuchte) / fused starter || ≗**steckdose** *f* / fused socket-outlet, fused receptacle || ≗**stecker** *m* / fused plug || ≗**stift** *m* / locking pin, locating dowel, safety pin || ≗**streifen** *m* (Schmelzsich.) / fuse-element strip, fuse strip || ≗**stromkreis** *m* (Verteiler) / fuseway *n* || ≗**tafel** *f* (m. Schmelzsich.) / fuse-board *n* || ≗**technik** *f* / safety and security system(s) || ≗**teil** *n* (Schmelzsich.) / fuse component || ≗**träger** (s. Sicherungseinsatzhalter) || ≗**trenner** (s. Sicherungs-Trennschalter) || ≗**-Trennleiste** *f* / fuse-disconnector block || ≗**-Trennschalter** *m* (VDE 0660, T.107) / fuse-disconnector *n* (IEC 408), fuse-isolator *n* (depr.), fuse disconnecting switch (US) || ≗**überwachung** *f* / fuse monitoring, fuse monitor, fuse monitoring circuit || ≗**überwachungsrelais** *n* / fuse failure relay || ≗**- und Automatenverteiler** / fuse and m.c.b. distribution unit (o. panel o. board)
Sicherungsunterteil *n* / fuse-base *n*, fuse-mount *n* || ≗ **mit Sicherungseinsatzträger** (IEC 50(441), 1974) / fuse-holder *n* || ≗**-Kontakt** *m* / fuse-base contact, fuse-mount contact
Sicherungs·verteiler *m* / distribution fuse-board, section fuse-board || ≗**verteilung** (Tafel) (s. Sicherungsverteiler) || ≗**wagen** *m* / fuse truck || ≗**widerstand** *m* / fusing resistor || ≗**zange** *f* / fuse tongs
Sicht *f* / sight *n*, visibility *n* || **die** ≗ **trüben** / to dim the sight || **schlechte** ≗ / poor visibility || ≗**abstand** *m* / visibility distance
Sichtanflug·fläche *f* / non-instrument approach area || ≗**piste** *f* / non-instrument runway
Sicht·anzeige *f* / display *n*, read-out *n* || ≗**ausgeber** *m* (VDI/VDE 2600) / sight receiver
sichtbar *adj* / visible *adj* || ~ (freiliegend) / exposed *adj* || ~**e Signalverzögerung** (Osz.) / apparent signal delay || ~**es Spektrum** / visible spectrum || ~**e Strahlung** / visible radiation, light *n* || ~**e Trennstrecke** / visible break, visible isolating distance
Sichtbarkeit *f* / visibility *n*
Sichtbarkeitsgrad *m* / visibility factor
Sicht·blende *f* / masking plate, trimming plate || ≗**bohrung** *f* / inspection hole || ≗**deckel** *m* / transparent cover || ≗**fenster** *n* / inspection window || ≗**fläche** *f* (Bildschirm) / view surface
Sichtgerät *n* / display device, monitor *n*, CRT monitor (o. unit), visual display unit (VDU) || ≗ (s. Bildschirmkonsole) || ≗ (s. Datensichtgerät) || ≗**arbeitsplatz** (s. Bildschirm-Arbeitsplatz)
Sichtgeräte·anschaltung *f* (PC-Baugruppe) / CRT interface module || ≗**operation** *f* (PC) / CRT operation || ≗**steuerung** *f* / CRT controller (CRTC)
Sicht·kontrolle *f* / visual inspection, visual examination || ≗**melder** *m* / visual signal device (IEEE Dict.), visual indicator || ≗**meldung** *f* / visual indication || ≗**-Prüfmenge (SPM)** *f* / inspection test quantity (ITQ) || ≗**prüfung** *f* / visual inspection, visual examination || ≗**scheibe** *f* / viewing window, window *n*
Sichtsensor *m* (Rob.) / vision sensor || ~**geführt** *adj* (Rob.) / vision-guided *adj* || ≗**- und Abstandmeßsystem** (Rob.) *n* / vision and ranging system
Sicht·speicherröhre *f* / viewing storage tube, display storage tube || ≗**system** *n* (Robotersystem) / vision system, visual system || ≗**verhältnisse** *n pl* / visibility *n*
Sichtweite *f* / visibility distance, range of visibility || ≗ (bezogen auf ein Objekt) / visual range || ≗ **im Nebel** / visibility in fog || **geographische** ≗ / geographic(al) range
Sichtwert *m* (atmosphärischer Durchlaßgrad) / atmospheric transmissivity
Sichtwetterbedingungen (VCM) *f pl* / visual meteorological conditions (VCM)
Sicke *f* (Randwulst) / bead *n*
Sicken·rand *m* (Tropfrand) / drip rim || ≗**werkzeug** *n* / beading die
Sickerstelle *f* / seepage *n*, leak *n*
Sieb·drossel *f* / filter reactor || ≗**druck** *m* / screen printing
sieben *v* (Oberwellen) / filter *v*, suppress *v*
Sieben-Schichten-Modell *n* (OSI) / seven-layer model
Sieben-Segmentanzeige *f* / seven-segment display, seven-bar segmented display
siebenstellig·es Zählwerk / seven-digit register
Sieb·glied *n* / filter *n* || ≗**kondensator** *m* / filter capacitor || ≗**kreis** *m* / filter circuit, filter network
Siebung *f* (Filtern v. Oberwellen) / filtering *n*
Siede·bereich *m* / boiling range || ≗**rohr** *n* / boiler tube, seamless steel tube
SI-Einheit *f* / SI unit

Si-Einschraubautomat (s. Einschraub-Sicherungsautomat)
Siemens-Doppel-T-Anker *m* / Siemens H-armature || **≗-Mikrocomputer-Entwicklungssystem (SME)** *n* / Siemens microcomputer development system || **≗-Qualitätsdaten- und Informationssystem (SIQUIS)** / Siemens Quality Data and Information System (SIQUIS)
SIFA (s. Sicherheits-Fahrschaltung) || **≗-Knopf** *m* / dead man's button
SIFLA-Leitung *f* / SIFLA flat webbed cable
Signal *n* / signal *n* || **ein ≗ hoch setzen** / to drive (o. initialize) a signal to high || **≗abfrage** *f* / signal scan, signal scanner || **≗abstand** *m* / signal distance
signaladaptives Regelsystem / signal-adaptive control system
Signal·ader *f* / signal core, pilot core || **≗anpassung** *f* / signal matching, signal conditioning || **≗art** *f* / type of signal || **≗aufbereitung** *f* / signal conditioning || **≗auflösung** *f* / signal resolution || **≗ausfall** *m* / (signal) drop-out *n*, missing pulse || **≗ausgabe** *f* / signal output || **≗ausgang** *m* / signal output || **≗-Ausgangswandler** *m* (VDE 0860) / load transducer (IEC 65) || **≗austausch** *m* / signal exchange, signal transfer || **≗auswahl-Baugruppe** *f* / signal selector || **≗begrenzung** *f* / signal contraction || **≗bildung** *f* / signal generation, signal formation || **≗bündelung** *f* / signal clustering || **≗deckel** *m* / inspection cover || **≗diode** *f* (DIN 41853) / signal diode || **≗diode kleiner Leistung** / low-power signal diode
Signale hinterlegen / to store (o. deposit) signals || **ausgelegte ≗** (Flp.) / signal panels
Signal·eingabe *f* / signal input || **≗eingang** *m* / signal input || **≗-Eingangswandler** *m* (VDE 0860) / source transducer (IEC 65) || **≗elektrode** *f* / signal electrode || **≗element** *n* / signal element || **≗entkopplung** *f* / signal isolation || **≗erde** *f* / signal earth, signal ground || **≗erfassung** *f* / signal acquisition, signal collection || **softwaregesteuerte ≗erkennung** / software-triggered strobe || **≗farbe** *f* / signal colour || **≗feld** *n* / signal area || **≗feldbeleuchtung (GSP)** (Flp.) *f* / ground signal panel (GSP) || **≗flanke** *f* / signal edge || **≗flankenauswertung** *f* / pulse-edge evaluation
Signalfluß *m* / signal flow, information flow (IEC 117-15) || **≗anzeige** *f* (f. durchgeschaltetes System) / power-flow indication || **≗plan** *m* (DIN 19221) / functional block diagram (IEC 27-2A), signal flow diagram, block diagram
Signal·folge *f* / signal sequence || **~formender Wiederholer** / regenerative repeater || **≗former** *m* / signal conditioner, process signal converter, signal interface module, process signal I/O device || **≗former** *m* (PC, Schnittstellenbaugruppe) / process interface module || **≗former** *m* (E/A-Baugruppe) / I/O module || **≗formqualität** *f* / signal waveshape quality
Signalformung *f* / signal shaping, signal forming || **≗** (Aufbereitung) (s. Signalaufbereitung)
Signalgeber *m* (erstes Element eines Meßkreises) / primary detector (ANSI C37.100), initial element, sensing element, transducing sensor, sensor-switch *n* || **≗** (Meßumformer, DIN 19237) / transducer *n* || **≗** (Sensor) / sensor *n* || **Meßgerät mit ≗** / measuring instrument with circuit control devices (IEC 50(301))
Signal·generator *m* (f. Meßzwecke) / signal generator || **digitaler ≗generator** (Synthesizer) / frequency synthesizer || **≗geräte** *n pl* (Flp.) / signalling devices || **≗horn** *n* / alarm horn, horn *n*
Signalisierung *f* / signalling *n*
Signal·konditionierung *f* / signal conditioning || **≗kontakt** *m* / signalling contact, sensor contact || **≗ladung** *f* / signal charge || **≗lampe** *f* / signal lamp, pilot lamp || **≗laufzeit** *f* / signal propagation delay, propagation delay, signal propagation time || **≗laufzeit** *f* (ESR) / signal transit time || **Streuung der ≗laufzeit** (ESR) / transit-time spread || **≗laufzeitschwankung** *f* (Fotovervielfacher) / transit-time jitter (photomultiplier) || **≗leitung** *f* / signal line, signalling circuit || **≗leitung** *f* (Leiter) / signal lead || **≗leuchte** *f* / signal light, signal lamp || **≗logik** *f* / signal logic || **≗masse** *f* (Erde) / signal ground || **≗name mit Querstrich** / overlined signal name || **≗parameter** *m* (DIN 44300) / signal parameter || **≗pegel** *m* / signal level || **≗pegelumsetzer** *m* / signal level converter || **≗qualität** *f* / signal quality || **≗quelle** *f* / signal source, signal generator || **≗rahmen** *m* (FWT) / alarm signalling frame, group alarm frame || **≗rangierung** *f* / signal allocation (o. routing) || **≗-Rausch-Verhältnis** *n* / signal-to-noise ratio (SNR), noise margin || **≗reflexionen** *f pl* / signal reflections || **≗regenerierung** *f* / signal regeneration || **~rot** *adj* / aviation red || **≗scheinwerfer** *m* / light gun, signalling lamp || **≗sequenz** *f* / signal sequence || **≗spannung** *f* / signal voltage || **≗speicher** *m* / signal latch || **≗speicherröhre** *f* / signal storage tube || **≗sprache** *f* / signal convention || **≗-Störabstand** *m* / signal-to-noise ratio (SNR), noise margin || **≗strom** *m* / signal current || **≗stromkreis** *m* / signal circuit || **≗tafel** *f* / annunciator *n* || **≗übergang** *m* / signal transition || **≗übergangsbereich** *m* / signal transfer range || **≗übergangszeit** *f* (Schnappsch.) / transit time || **≗übertragungssystem** (LE) (s. Impulsübertragungssystem) || **≗umformer** *m* / signal converter, signal conditioner || **≗umformung** *f* / signal conversion, signal conditioning || **≗umsetzer** *m* / signal transducer, signal converter || **≗umsetzer** (s. Codeumsetzer) || **≗umsetzung** *f* / signal conversion || **≗-Untergrundverhältnis** *n* / signal-to-background ratio, peak-to-background ratio || **≗unterteilung** *f* / signal subdivision
signalverarbeitend·es Glied / signal processing element (o. module)
Signal·verarbeitung *f* / signal processing || **Distanzschutzsystem mit ≗verbindungen** / communication-aided distance protection system, distance protection system with communication link || **≗vergleich** *m* / signal comparison || **≗vergleicher** *m* / signal comparator || **≗verlängerung** *f* / signal stretching || **≗verschiebe-Wirkungsgrad** *m* / signal transfer efficiency || **≗verstärker** *m* / signal amplifier || **≗verteiler** *m* / signal distributor || **≗verteilung** *f* / signal distribution, signal routing || **≗vervielfachung** *f* (Ausgangsfächerung) / fan-out *n* || **≗verzerrung** *f* / signal distortion || **sichtbare ≗verzögerung** (Osz.) / apparent signal delay ||

≗verzögerungsbereich *m* / signal delay range || **≗verzweigung** *f*(Ausgangsfächerung) / fan-out *n*
signalvorverarbeitend·e Baugruppe (PC, E/A-Baugruppe) / intelligent I/O module, smart card
Signal·vorverarbeitung *f* / signal preprocessing || **≗wandler** *m* / signal converter, signal transducer (depr.) || **≗wechsel** *m* / signal change, output change || **≗wert** *m* / signal value
Signalzustand *m* / signal state (o. status) || **≗** (s. Signalpegel)
Signaturanalysator *m* / signature analyzer
signifikant·e Stelle (Zahlen) / significant digit || **~es Testergebnis** (DIN 55350,T.24) / significant test result
Signifikanz *f*(QS) / significance *n* || **≗niveau** *n*(DIN 55350, T.24) / significance level || **≗test** *m*(DIN 55350,T.24) / test of significance
Signum *n*(IEC 50(101)) / signum *n*
Silber·auflage *f* / silver facing || **≗-Cadmium-Akkumulator** *m* / silver-cadmium battery || **≗graphit-Bürste** *f* / silver-graphite brush || **~löten** *v* / silver-solder *v* || **~plattiert** *adj* / silver-plated *adj* || **≗-Sintermaterial** *n* / silver-sponge material || **≗streifenmethode** *f* / silver strip method || **≗-Zink-Akkumulator** *m* / silver-zinc battery || **≗-Zuschlag** *m* / silver surcharge
Silicontransformator (s. silikongefüllter Transformator)
Si-Li-Detektor (s. Silizium-Lithium-Detektor)
Silikagel·-Luftentfeuchter *m* / silicagel dehydrator || **≗-Lufttrockner** *m* / silicagel breather
Silikatglas *n* / silica glass
Silikon·-Aderleitung *f* / silicone-rubber-insulated non-sheathed cable || **≗-Aderschnur** *f* / silicone-rubber-insulated flexible cord || **≗dichtung** *f* / silicone gasket || **≗fett** *n* / silicone grease || **≗flüssigkeit** *f* / silicone liquid || **~gefüllter Transformator** / silicone-liquid-filled transformer, silicone transformer, silicone-fluid-immersed transformer || **≗-Gummiaderleitung** *f* / silicone-rubber-insulated flexible cable (o. cord) || **≗kautschuk** *m* / silicone rubber || **≗lack** *m* / silicone varnish || **≗öl** *n* / silicone oil || **≗öl** (s. Silikonflüssigkeit) || **≗paste** *f* / silicone paste, silicone lubricant || **≗-Schlauchleitung** *f* / silicone-rubber-insulated flexible cable || **≗-Trennmittel** *n* / silicone stripping agent
Silit *n* / silit *n*
silizieren *v* / siliconize *v*, silicone-coat *v*
siliziertes Eisen / siliconized steel
Silizium auf Saphir (SOS) / silicon on sapphire (SOS) || **≗karbidableiter (SiC-Ableiter)** *m* / silicon carbide (surge) arrester || **≗karbid-Varistor** *m* / silicon-carbide varistor || **≗kupfer** *n* / silicon-alloyed copper || **≗-Leistungs-FET** *n* / power silicon FET (PSIFET) || **≗-Lithium-Detektor (Si-Li-Detektor)** *m* / silicon-lithium detector (Si-Li detector) || **≗-Planar-Thyristor** *m* / silicon planar thyristor || **≗stahl** *m* / silicon-alloy steel, silicon steel || **≗-Steuerelektrode** *f* / silicon gate (SG)
Silospeicher *m* / pushup storage
Silumin *n* / silumin *n*, aluminium-silicon alloy, alpax *n*, Wilmin *n* || **≗guß** *m* / cast silumin, cast aluminium silicon alloy
Simmerring *m* / sealing ring
Simplex·betrieb *m* / simplex operation || **≗/Duplex-Modem** *m* / simplex/duplex modem
Simulation eines Fehlers / fault simulation
Simulator *m* / simulator *n*
Simulierer *m*(Programm) / simulator program
Simultanbewegung *f*(WZM) / simultaneous movement (o. motion), concurrent motion
Simultansteuerung *f* / simultaneous control || **≗** (Diesel-Gen.) / simultaneous control of fuel injection and generator field
SINEC (Siemens Network Communication System; ein Bussystem / lokales Datennetz)
singender Lichtbogen / singing arc
Single-Slope-Wandler (s. Einrampenumsetzer)
Sinnbild *n*(Schaltzeichen) / graphical symbol
Sinter·bronzelager *n* / porous-bronze bearing || **≗buchse** *f*(Lg.) / porous bearing bushing || **≗elektrode** *f* / sintered electrode, self-baking electrode || **≗folienplatte** *f*(Batt.) / sintered foil plate || **≗kontaktwerkstoff** *m* / powdered-metal contact material || **≗korund** *m* / sintered alumina || **≗lager** *n* / porous bearing || **≗metallurgie** *f* / powder metallurgy || **≗platte** *f*(Batt.) / sintered plate
Sinus·antwort *f*(Reg.) / sinusoidal response, sine-forced response || **≗feldlamelle** *f* / pole piece, flux corrector
Sinusform *f* / sine-wave form, sinusoidal shape, sinusoid *n* || **Abweichung von der ≗** / departure from sine-wave, deviation from sinoid, deviation factor || **prozentuale Abweichung von der ≗** / deviation factor
sinusförmig *adj* / sinusoidal *adj*, sine-wave *adj* || **~e Größe** / sinusoid *n*, sinusoidal quantity, simple harmonic quantity || **~er Halbschwingungsstrom** / sinusoidal half-wave current || **~e Referenzschwingung** / reference sine-wave || **~e Schwingung** / sinusoidal oscillation, simple harmonic motion || **~e Schwingung** (Klirrfaktor kleiner als 5 %) / substantially sinusoidal waveform || **~e Spannung** / sinusoidal voltage, sine-wave voltage || **~e Spannungsschwankung** / sinusoidal voltage fluctuation || **~er Strom** / sinusoidal current, simple harmonic current || **praktisch ~** / substantially sinusoidal, practically sinusoidal
Sinus·funktion *f* / sine function, sinusoidal function || **≗generator** *m* / sine-wave generator || **≗gesetz** *n* / sine law, sinusoidal law || **≗größe** *f* / sinusoid *n*, sinusoidal quantity, simple harmonic quantity || **≗halbwelle** *f* / sinusoidal half-wave || **≗kurve** *f* / sine curve || **≗modulation** *f* / sine-wave modulation || **≗schwebung** *f* / sine beats || **≗schwingung** *f* / sinusoidal oscillation, simple harmonic motion || **≗signal** *n* / sinusoidal signal || **≗spannung** *f* / sinusoidal voltage, sine-wave voltage || **≗strom** *m* / sinusoidal current, simple harmonic current || **≗umrichter** *m* / sine-wave converter, a.c. inverter || **~verwandte Schwingung** / quasi-sinusoidal oscillation || **≗welle** *f* / sinusoidal wave, sine wave || **≗wellengenerator** *m* / sine-wave generator
SIPASS (Siemens-Personen-Ausweissystem) / SIPASS (Siemens personnel badge system)
SIPMOS (Siemens-Leistungs-MOS) / SIPMOS (Siemens power MOS)
SIPMOSFET (Siemens-Leistungs-MOS-FET) / SIPMOSFET (Siemens power MOS FET)

SIQUIS (s. Siemens-Qualitätsdaten- und Informationssystem)
Situationskarte *f* / planimetric map
Sitz *m* (Passung) / fit *n* || ≗ (Sitzfläche) / seat *n*, seating *n* || ≗**leckage** *f* (Ventil) / seat leakage || ≗**pult** *n* / desk for seated operation, console *n* || ≗**schaltpult** *n* / control desk, console for seated operation || ≗**- und Stehpult** / desk for seated or standing operation
Sitzung *f* (DIN ISO 7498) / session *n*, session connection
Sitzungs·synchronisation *f* (DIN ISO 7498) / session connection synchronization
Sitz·ventil *n* / seat valve, metal-to-metal valve || ≗**verstellmotor** *m* (Kfz) / seat adjusting motor
SK (s. Schaltgerätekombination)
skalar·e Größe / scalar quantity || ~**es Linienintegral** / scalar line integral || ~**es magnetisches Potential** / scalar magnetic potential || ~**e Permeabilität für zirkular polarisierte Felder** / scalar permeability for circularly polarized fields || ~**es Produkt** / scalar product
Skale *f* / scale *n*, dial *n*
Skalen·anfangswert *m* / lower limit of scale || **voller** ≗**bereich** / full scale range || ≗**bezifferung** *f* / scale numbers || ≗**blech** *n* / scale plate, scale *n*
Skalenende *n* (a. ADU, DAU) / full scale || ≗**-Unsymmetrie** *f* (DAU) / full-scale asymmetry
Skalen·endwert *m* / full-scale value, upper limit of scale || ≗**intervall** *n* / scale interval || ≗**konstante** *f* (DIN 1319, T.2) / scale factor || ≗**lampe** *f* / dial lamp || ≗**länge** *f* / scale length, total scale length || ≗**lehre** *f* / dial gauge, clock gauge || **Drift bei** ≗**mitte** / midscale drift || ≗**null** *n* / zero scale || ≗**nullpunkt** *m* / zero scale mark || ≗**platte** (s. Skalenscheibe) || ≗**scheibe** *f* / dial *n* || ≗**teil (Skt)** *m* / scale division || ≗**teilstrich** *m* / scale marking || ≗**teilstrichabstand** *m* / length of a scale division || ≗**teilung** *f* / scale marks || ≗**träger** *m* / scale plate || ≗**wert** *m* / scale interval
Skalieren *n* / scaling *n* || **dynamisches** ≗ (graf. DV) / zooming *n*
Skalierungsfaktor *m* / scaling factor
S-Kanal (s. Stahlblechkanal)
Skelett *n* / skeleton *n*, framework *n*, frame *n*, supporting structure, structural framework || ≗ **und Umhüllung** (FSK) / frame and covers (FBA)
Skineffekt *m* / skin effect, Heaviside effect, Kelvin effect
Skizzentechnik *f* (CAD) / sketching *n*
skotopisches Sehen / scotopic vision
Skt (s. Skalenteil)
SL (s. Schleifringläufermotor) || ≗ (s. Schutzleiter) || ≗ (s. Schleifringläufer)
Slack *m* (Netz) / slack bus
Slave *m* (MPSB) / slave *n* || ≗**-Subsystem** *n* / slave subsystem
SL-Baustein *m* (PE) / PE module
Slivering *n* (DIN IEC 469, T.1) / slivering *n*
SL/Mp-Leiter (s. PEN-Leiter)
SL-Schiene (s. Schutzleiterschiene)
SME (s. Siemens-Mikrocomputer-Entwicklungssystem)
Smearing-Effekt (s. Nachzieheffekt)
SME·-Editierprogramm *n* / SME editor program || ≗**-Platz** *m* / SME terminal (o. station)
SMR (s. statisches Meßrelais)
SNC (s. speicherprogrammierbare NC)
SNV (s. stahlblechgekapselter Niederspannungsverteiler)
SO (s. Schienenoberkante)
Sockel *m* (LS-Schalter, Steckdose) / base *n* || ≗ (Lampe) / cap *n* (GB), base *n* (US) || ≗ (Lampenfassung) / backplate *n* || ≗ (Rel., Stecksockel) / socket *n*, pin base, receptacle *n* || ≗ (Rel.; Befestigungs- u. Trägerteil) / frame *n* || ≗ (Isolator) / pedestal *n*, base *n* || ≗ (IS) / header *n* || ≗ (f. el. Masch.) / base *n*, substructure *n*, platform *n* || ≗ (DIN IEC 23F.3) / base *n* || ≗ (dynamischer Versetzungsfehler infolge eines Umschaltvorgangs eines ADU) / pedestal *n* || ≗ (Holzmast) / stub *n* || ≗ **für Soffittenlampe** / festoon cap || ≗ **mit hochgezogenem Glasstein** / glas-lined cap || ≗ **mit niedrigem Sockelstein** / unlined cap || ≗ **mit vertieft eingelassenen Kontakten** / recessed-contact cap || ≗ **„R"** (s. Sockel mit vertieft eingelassenen Kontakten) || ≗**automat** *m* (Kleinselbstschalter) / base-mounting m.c.b. || ≗**fassung** *f* (Lampe) / backplate lampholder || ≗**-/Fassungssystem mit vollem Berührungsschutz** / fully safe cap/holder fit || ≗**hülse** *f* (Lampe) / cap shell, base shell || ≗**isolator** *m* / pedestal insulator || ≗**kanal** *m* (IK) / dado trunking || ≗**kitt** *m* (Lampe) / capping cement || ≗**lehre** *f* (f. Lampensockel) / cap gauge || ≗**leiste** *f* / skirting *n* || ≗**leiste** *f* (Schrank) / kickplate *n*, plinth *n* || ≗**leistenkanal** *m* / skirting trunking, skirting duct
sockellos·e Lampe / capless lamp || ~**e Lampe** (m. heraushängenden Stromzuführungen) / wire terminal lamp
Sockel·rand *m* (Lampe) / cap edge (GB), base rim (US) || ≗**schalter** *m* / socket switch || ≗**stein** *m* (Lampensockel) / base insulator || ≗**stift** *m* (Lampe) / base pin, cap pin, contact pin || ≗**temperatur an frei brennenden Lampen** / free air cap temperature || ≗**wulst** *m* (Lampe) / cap skirt
Soffitten·kappe *f* / shell cap, festoon cap || ≗**lampe** *f* / tubular lamp, double-capped tubular lamp, tubular filament lamp, festoon lamp
sofort schaltender Ausgang / instantaneous output
Sofortausdruck *m* / instant printout
Sofort·auslösestrom *m* / instantaneous tripping current || ≗**bereitschaftsaggregat** *n* / no-break stand-by generating set, uninterruptible power set || ≗**bereitschaftsaggregat mit Kurzzeitunterbrechung** / short-break standby generating set, short-break power set
sofortig·er Eingriff / prompt action
Sofort·-Nichtauslösestrom *m* / instantaneous non-tripping current || ≗**protokollierung** *f* / instant printout || ≗**startlampe** *f* / instant-start lamp || ≗**start-Vorschaltgerät** *n* / instant start ballast || ≗**wechsler** *m* / instantaneous change-over contact || ≗**-Wiederzündung** *f* (Lampe) / instantaneous restart, instant restart || ~**zündende Lampe** / instant-start lamp, snap-start lamp
Soft-Sectoring (s. Weichsektorierung)
Software (SW) (DIN 44300) *f* / software *n* (SW) || ≗**-Baustein** *m* / software module, software block || ≗**-Entwicklungsarbeitsplatz** *m* / software development workstation || ≗-

Erstellungsumgebung *f* / software engineering environment || ~**gesteuerte Signalerkennung** / software-triggered strobe || ≗-**Koppler** *m* / software interface unit || ≗-**Schiene** *f* / software pool || ≗**schlüssel** *m* / access code || ≗**weiche** *f* / software switch || ≗-**Werkbank** *f* / software engineering tool (SET)

Sohle, emittierende ≗ (ESR) / emitting sole

Sohlen·winkel *m* / set-square *n*, square *n*

Sohlplatte *f* (Maschinenfundament) / rail *n*, soleplate *n*

Solar·konstante *f* / solar constant || ≗**zelle** *f* / solar cell

Solenoidbremse *f* / solenoid brake

Soll·arbeitszeit *f* (pro Tag) / required (daily) working hours || ≗**bruchstelle** *f* / rupture joint, pressure-relief joint || ≗**daten** *plt* / scheduled data || ≗-**Endwert** *m* (Bildschirmfläche, Skale) / rated scale

Soller·spalt *m* (Kollimator) / Soller slit

Soll·form *f* / design form || ≗-/**Ist-Überwachung** *f* / differential signal monitor || ≗-/**Ist-Vergleich** (s. Soll-Istwert-Vergleich) || ≗-**Istwert-Vergleich** *m* / setpoint/actual-value comparison || ≗-**Leistung** *f* / setpoint power, desired power, design power, required power || ≗-**Lichtverteilung** *f* / specified light distribution || **Lehren-**≗**maß** *n* / nominal gauge size || ≗**maß** *n* (DIN 7182,T.1) / desired size, design size, specified dimension || ≗**oberfläche** *f* / design surface, design form of surface || ≗**position** *f* (NC) / set position || ≗**schmelzstelle** *f* / pseudo-fuse *n*

Sollwert *m* (gewünschter Wert einer Größe zu einem bestimmten Zeitpunkt unter bestimmten Bedingungen) / desired value || ≗ (eingestellter Wert der Führungsgröße) / setpoint *n*, setpoint value || ≗ (vorgeschriebener Wert) / specified value || ≗ (Relaisprüf.) / must value, test value, specified value || ≗ (QS; DIN 55350,T.12) / desired value || ≗ (s. Zielwert) || ≗ **der Ablenkung** (Osz.) / rated deflection || **den** ≗ **nachführen** / to correct the setpoint, to match the setpoint || ≗**abweichung** *f* / deviation from setpoint (o. desired value), deviation *n* || ≗**anpassung** *f* (Signal) / setpoint (signal) matching || ≗**aufschaltung** *f* / setpoint feedforward, setpoint injection || **Funktionsbildner für** ≗**aufschaltung** / set-point compensator || ≗**aufschaltungsglied** *n* / set-point compensator || ≗**ausblendung** *f* (Baugruppe) / setpoint suppressor || ≗-**Ausgabebaustein** *m* (PC) / setpoint output block || ≗**ausgang** *m* / setpoint output || ≗**bereich** *m* / setpoint range, program band || ≗**bildung** *f* / setpoint generation || **Regelung mit** ≗**eingriff** / set-point control (SPC) || ≗**einsteller** *m* / setpoint adjuster, setpoint setter, schedule setter, setpoint device || ≗**einsteller** *m* (Poti) / setpoint potentiometer, speed setting potentiometer || ≗**freigabe** *f* / setpoint (signal) enabling || ≗**führung** *f* / setpoint control (SPC) || ≗**führungsbaugruppe** *f* / setpoint control module, supervisory setpoint module || ≗**geber** *m* / setpoint generator, schedule setter, setpoint device || ≗**hochlauf** *m* (Anfahrrampe) / ramp-up *n* || ≗-**Istwert-Überwachung** *f* / error-signal device || ≗-**Istwert-Vergleich** *m* / setpoint/actual-value comparison || ≗**kaskade** *f* / setpoint cascade, cascaded setpoint modules, cascaded setpoint potentiometers || ≗**kette** *f* (s. Sollwertkaskade) || ≗**obergrenze** *f* / upper setpoint limit || ≗**potentiometer** *m* / setpoint potentiometer || ≗**rücklauf** *m* („Rampe") / ramp-down *n* || ≗**sprung** *m* / setpoint step-change || ≗-**Stellbefehl** *m* (FWT) / setpoint command || ≗**steller** *m* (PC, Generator) / setpoint generator || ≗**steller** (s. Sollwerteinsteller) || ≗**steller-Baustein** *m* / setpoint generator module, setpoint adjustment module || ≗**stoß** (s. Sollwertsprung) || ≗**untergrenze** *f* / lower setpoint limit || ≗**verzögerung** *f* (Baugruppe) / S-line function generator || ≗**vorgabe** *f* / setpoint input, setpoint entry, setpoint assignments || ≗**vorgabe** *f* (Anwahl) / setpoint selection

Sonde *f* / probe *n*

Sonder·abnehmer *m* / special-tariff customer || ≗**ausführung** *f* / special version, special design, special model, custom-made model || **in** ≗**ausführung** / of special design, non-standard *adj* || **Transformator für** ≗**betrieb** / specialty transformer || ≗**erregung** (s. Fremderregung)

Sonderfreigabe *f* (QS, f. geprüfte Einheiten; DIN 55350, T.11) / concession *n* || ≗ (QS, vor der Realisierung von Einheiten; DIN 55350,T.11) / production permit, deviation permit

Sonder·-Gummiaderleitung *f* / special rubber-insulated cable || ≗-**Gummischlauchleitung** *f* / special-duty tough-rubber-sheathed (t.r.s.) flexible cord || ≗**lampe** *f* / special-service lamp || ≗**last** *f* (Freiltg.) / special load || ≗**maschine** *f* / special machine, custom-built machine, special-purpose machine || ≗**prüfung** *f* / special test || ≗**prüfung** (s. Auswahlprüfung) || ≗**schaltung** *f* / special circuit (arrangement) || ≗**schutzart** *f* / special type of protection, special enclosure || ≗**verschluß** *m* (EN 50014) / special fastener || ≗**verschluß** *f* (f. explosionsgefährdete Geräte; IEC 50(426)) / click *n*

Sonderzeichen *n* (DIN 44300) / special character

Sonderzwecke, Motor für ≗ / special-purpose motor || **Transformator für** ≗ / special-purpose transformer, specialty transformer

Sonnen·batterie *f* / solar cell || ≗**bestrahlung** *f* / solar irradiation, exposure to solar radiation || ≗**energie** *f* / solar energy || ≗**faktor** *m* / solar factor || ≗**fühler** *m* (Kfz) / solar sensor || ≗**kraftwerk** *n* / solar power station || ≗**licht** *n* / sunlight *n* || ≗**rad** *n* / sun wheel || ≗**scheindauer** *f* / sunshine duration || ≗**strahlung** *f* / solar radiation

Sorbens *n* / sorbent *n*

Sorptionsmittel *n* / sorbing agent, sorbent *n*, sorptive material

Sorten·einteilung *f* / grade classification || ≗**zeichnung** *f* / variant drawing

sortieren *v* (a. DV) / sort *v* || ≗ *n* (VDI/VDE 2600) / assorting *n*

Sortierprüfung *f* / screening test (o. inspection)

Sortiment *n* / assortment *n*, complement *n*

SOS (s. Silizium auf Saphir)

SOT (s. Scanning-Oszillator-Technik)

Source *f* (Transistor, DIN 41858) / source *n* || ≗-**Anschluß** *m* (Transistor) / source terminal || ≗-**Elektrode** *f* (Transistor) / source electrode || ≗-**Schaltung** *f* (Transistor, DIN 41858) / common source || ≗-**Strom** *m* (Transistor) / source current || ≗-**Texter** *m* / source texter || ≗-**Zone** *f* (FET) /

source region
Spacestick (s. Programmiergriff)
Spalt *m* (s.a. unter „Luftspalt") / gap *n* || ≗ (Ex-, Sch-Geräte; EN 50018) / joint *n* || ≗ **ohne Gewinde** (EN 50018) / non-threaded joint || **Schweißung mit** ≗ / open joint || **Schweißung ohne** ≗ / closed joint || **Zeit~** (Schutz) / reclaim time || **zünddurchschlagsicherer** ≗ / flameproof joint
Spaltbreite *f* / width of gap, gap length || ≗ (s. Spaltlänge) || ≗ (s. Spaltweite)
Spalte *f* (Leiterplatte u. DIN 44300) / column *n*
Spalten·addresse-Übernahmesignal *n* (MPU) / column address strobe (CAS) || ≗**adreßauswahl** *f* / column address select (CAS) || ≗**adresse** *f* / column address || ≗**leitung** *f* (MPU) / column circuit || ≗**vektor** *m* / column vector
Spalt·festigkeit *f* / interlaminar strength, bond strength, ply adhesion || ≗**filter** *n* / plate-type filter || ≗**fläche** *f* / gap surface || ≗**fläche** *f* (Ex-, Sch-Geräte; EN 50018) / surface of joint (EN 50018)
Spaltglimmer *m* / mica laminae || ≗ (bis 1 cm²) / mica flakes
Spalt·glimmer *m* (über 1 cm²) / mica splittings || ≗**glimmererzeugnis IEC 50(212))** *n* / built-up mica || ≗**kern** *m* / split core || ≗**kraft** *f* / delamination force || ≗**länge** *f* / gap length || ≗**länge** *f* (zünddurchschlagsicherer Spalt) / length of flameproof joint, length of flame path, width of flameproof joint || ≗**last** *f* / maximum bond strength, stress load || ≗**leiterschutz** *m* / divided-conductor protection, split-pilot protection || ≗**löten** *n* / close-joint soldering || ≗**phasenmotor** *m* / split-phase motor || ≗**pol** *m* / split pole, shaded pole, shielded pole || ≗**polmotor** *m* / split-pole motor, shaded-pole motor || ≗**polumformer** *m* / split-pole rotary converter || ≗**rohr** *n* (Kollimator) / collimator tube, collimator *n* || ≗**rohrmotor** *m* / canned motor, split-cage motor || ≗**strahl-Oszilloskop** *n* / split-beam oscilloscope || ≗**streuung** (s. Luftspaltstreuung) || ≗**versuch** *m* / delamination test || ≗**weite** *f* (IEC 50(426)) / gap *n* (of flameproof joint) || **konstruktive** ≗**weite** (Ex-, Sch-Geräte) / constructional gap
Span *m* / chip *n*, sliver *n*
spanabhebend·e Bearbeitung / cutting *n*, machining *n*, cutting operation
Spanabhebung *f* / metal cutting, cutting *n*
Späne *m pl* / chips *n pl*, shavings *n pl*, swarf *n* || ≗ **brechen** (WZM) / chip breaking
spanend·e Bearbeitung (s. spanabhebende Bearbeitung)
Spanfläche *f* (DIN 6581) / face *n*
spanlose Bearbeitung / non-cutting shaping, working *n*, processing *n*
Spann·bandinstrument *n* / taut-band instrument || ≗**bandlagerung** *f* (MG) / taut-band suspension || ≗**bolzen** *m* / clamping bolt, building bolt, tension bolt || ≗**bolzenkommutator** *m* / tension-bolt commutator || ≗**bügel** *m* / latch fastener || ≗**draht** *m* (f. Fahrleitung) / span wire || ≗**draht** *m* (Abspannd.) / guy wire || ≗**draht-Hängeleuchte** *f* / catenary-wire luminaire, catenary-suspended luminaire
Spanne *f* (algebraische Differenz zwischen dem oberen und unteren Grenzwert eines Bereichs) / span *n*
spannen *v* (deformierend) / strain *v* || ~ (dehnen) / tension *v* || ~ (elastisch) / stress *v* || ~ (strecken) / stretch *v* || ~ (z.B. Riemen) / tighten *v* || ~ (Feder) / wind *v*, charge *v*, load *v*
Spannenmitte *f* (Statistik, QS, DIN 55350, T.23) / mid-range *n*
Spann·feder *f* / tension spring || ≗**feld** *n* (Freileitung) / span *n* || ≗**futter** *n* (WZM) / chuck *n* || ≗**getriebe** *n* / (spring) charging mechanism, winding gear || ≗**hülse** *f* / clamp sleeve, clamp collar || ≗**hülse** *f* (Lg.) / adapter sleeve || ≗**kopf** *m* (Federhammer) / cocking knob || ≗**kreuz** *n* / diagonal bracing, clamping spider || ≗**kurbel** *f* (SG) / (spring) charging crank, hand crank || ≗**lasche** *f* / clamping strap || ≗**leiste** *f* / clamping bar, strap *n* || ≗**mittel** (NC; CLDATA-Wort) / chuck || ≗**mutter** *f* / clamping nut || ≗**mutter** *f* (Lg.) / adapter nut, lock nut || ≗**plan** *m* (WZM) / clamping plan, fixture configuration || ≗**platte** *f* / clamping plate, end plate || ≗**platz** *m* (FFS) / load-unload station || ≗**rad** *n* (Uhr) / click wheel || ≗**ring** *m* / clamping ring, clamping collar, expanding collar || ≗**ring** *m* (Komm.) / V-ring *n*, clamp ring || ≗**rolle** *f* (Riementrieb) / idler pulley, belt tightener, idler *n*, jockey pulley || ≗**scheibe** *f* / strain washer, conical spring washer, dished washer || ≗**schiene** *f* (el. Masch.) / slide rail || ≗**schloß** *n* / turnbuckle *n* || ≗**schraube** *f* / clamping bolt, clamping screw, building bolt || ≗**schraube** *f* (f. Spannschiene) / tightening bolt, tensioning bolt
Spannung *f* (el.) / voltage *n*, electromotive force, e.m.f. *A*, tension *n*, potential *n*, potential difference || ≗ (magn.) / potential difference || ≗ (mech.; dehnend) / tension *n* || ≗ (mech.; deformierend) / strain *n* || ≗ (mech.; elastisch) / stress *n* || ≗ **am projizierten Gipfelpunkt** (Diode, DIN 41856) / projected peak point voltage || ≗ **anlegen an** / to apply voltage to, to impress a voltage to || ≗ **bei Ausgleichsvorgängen** / transient voltage || ≗ **bei Belastung** / on-load voltage || ≗ **bei Leerlauf** (Gen.) / open-circuit voltage, no-load voltage || ≗ **bei Leerlauf** (Mot.) / no-load voltage || ≗ **erhöhen** / to raise (o. increase) the voltage, to boost the voltage, boost *v* || ≗ **gegen den Sternpunkt** / voltage to neutral || ≗ **gegen Erde** / voltage to earth (GB), voltage to ground (US) || ≗ **im Abschneidezeitpunkt** / voltage at instant of chopping || ≗ **im Kippunkt** (s. Kippspannung) || ≗ **in Flußrichtung** (s. Vorwärtsspannung) || **an** ≗ **legen** / energize *v*, to connect to the supply || **Aufbau der** ≗ / build-up of voltage || **bezogene** ≗ (mech.) / unit stress || **die** ≗ **kehrt wieder** / the voltage recovers, the supply is restored || **freie** ≗ / transient voltage || **Maxwellsche** ≗ / Maxwell stress || **spezifische** ≗ (mech.) / unit stress || **unter** ≗ **stehen** / to be live, to be alive, to be under tension, to be energized || **unter** ≗ / live *adj*, energized *adj* || **unter** ≗ **setzen** / energize *v*
Spannung-Dehnung-Schaubild *n* / stress-strain diagram
spannungs *f*, **Leerlauf~rückwirkung** (Transistor, DIN 41854) / open-circuit reverse voltage transfer ratio
Spannungsabfall *m* / voltage drop || ≗ (Änderung der Sekundärsp. in % Nennwert) / regulation *n* || ≗ (Leerlauf-Vollast) (s. Spannungsänderung bei Belastung) || ≗ (Leitung) (s. Spannungsfall) || ≗ **am Widerstand** / voltage drop across resistor || ≗ **für**

zwei Bürsten in Reihe / total brush drop per brush pair || ≈ **in der Bürste** / internal brush drop || ≈ **über Schuh und Litze** / lead drop || ≈ **zwischen Litze und Bürste** / connection drop || **innerer** ≈ / impedance drop, internal impedance drop || **ohmscher** ≈ / ohmic voltage drop, IR drop, ohmic drop, resistance drop

Spannungs·abgleich *m* / voltage adjustment, voltage balancing || ≈**abgleicher** *m* / voltage balancer, voltage adjuster

spannungsabhängig *adj* / voltage-dependent *adj*, as a function of voltage, voltage-controlled *adj*, voltage-sensitive *adj* || ~ (Widerstand) / non-linear *adj* || ~**er Schutzwiderstand** / non-linear protective resistor || ~**er tan δ-Anstiegswert** / tan δ tip-up value per voltage increment, tan δ increase as a function of voltage || ~**er Widerstand** / non-linear resistor, non-linear series resistor

Spannungsabhängigkeit *f*(MG, EZ) / effect of voltage variation, inaccuracy due to voltage variations || ≈ (s. Spannungseinfluß)

Spannungsabsenkung *f* / voltage depression, voltage reduction

Spannungsabweichung *f* / voltage deviation || ≈ (Abweichung vom Normenwert) / variation from rated voltage || **Effektivwert-**≈ (VDE 0558,5) / r.m.s. voltage variation || **zulässige** ≈ (Rel.) / allowable variation from rated voltage (ASA C37.1)

Spannungsänderung *f* / voltage variation, regulation *n* || ≈ (VDE 0838, T.1) / voltage change || ≈ (Δu_n) / rated voltage regulation || ≈ (Trafo, bei einer bestimmten Belastung; IEC 50(421)) / voltage drop or rise (for a specified load condition), voltage regulation (for a specified load condition) || ≈ (Änderung der Sekundärsp. in % Nennwert) / regulation *n* || ≈ **bei Belastung** (el. Masch.) / regulation "down", regulation *n* || ≈ **bei Belastung** (Trafo) / voltage drop, voltage variation for a specified load condition || ≈ **bei Entlastung** (el. Masch.) / regulation "up", regulation *n* || ≈ **bei Entlastung** (Trafo) / voltage rise, voltage regulation || ≈ **bei gleichbleibender Drehzahl** / inherent regulation || ≈ **bei Lastwechsel** / voltage regulation *n*, regulation *n* || **Amplitude einer** ≈ (EN 50006) / magnitude of a voltage change || **relative** ≈ (E VDE 0838, T.101) / relative voltage change, relative regulation || **statische** ≈ / steady-state regulation || **zyklische** ≈ (langsame, quasi-periodische Änderungen in einem Netzpunkt im Tages- Wochen- oder Jahresrhythmus) / cyclic voltage variation (IEC 50(604)) || **Häufigkeit von** ≈**en** (E VDE 0838, T.101) / rate of occurrence of voltage changes || ≈**en je Minute** / number of voltage changes per minute

Spannungsänderungs·bereich *m* / voltage variation range || ≈**geschwindigkeit** *f* / rate of voltage variation, voltage response, voltage-time response || ≈**intervall** *n*(EMV, IEC 50(161)) / voltage change interval || ≈**relais** *n* / voltage rate-of-change relay || ≈**zeit** *f* / duration of a voltage change || ≈**zeit** (s. Spannungsänderungsintervall)

Spannungsanstieg *m*(du/dt) / rate of voltage rise || ≈ (u_A) / voltage rise, voltage regulation || ≈ (Vollast-Leerlauf) (s. Spannungsänderung bei Entlastung)

Spannungs·anzapfung *f* / voltage tapping || ~**arm** *adj*(mech.) / with minimum stress, stress-relieved *adj* || ≈**art** *f* / type of voltage wave || ≈**aufteilung** *f* / voltage sharing

Spannungsausfall *m* / power failure, voltage failure, mains failure, supply failure, loss of voltage || ≈**relais** *n* / loss-of-voltage relay || ≈**schutz** *m* / no-volt protection || ≈**wächter** *m* / no-volt monitor, supply failure monitor

Spannungs·ausgleich *m*(mech.) / stress relief || ≈**auslöser** *m* / shunt release || ≈**auslösung** *f* / shunt tripping || ≈**band** *n* / voltage band, voltage range || ≈**beanspruchung** *f* / voltage stress, electrical stress || **Prüfung mit** ≈**beanspruchung** / voltage stress test || ≈**begrenzer** *m* / voltage limiter || ≈**begrenzer** *m*(Klemmschaltung) / voltage clamping device || ≈**begrenzung** *f* (Klemmschaltung) / voltage clamping || ≈**bereich** *m* / voltage range, voltage spread || ≈**bereich** *m* (DAU) / voltage compliance || ≈**bereich mit Meßkennlinie** / tracking voltage range || ≈**betrag** *m* / voltage modulus || ≈**bild** *n* / voltage diagram || ≈**-Blindleistungs-Regelung** *f* / reactive-power voltage control || ≈**brücke** *f* / voltage bridge || ≈**-Dauerfestigkeit** *f* / voltage endurance, voltage life

Spannungs-Dauerstand·prüfung *f* / voltage endurance test, voltage life test

Spannungs·-Dehnungs-Diagramm *n* / stress-strain diagram || ≈**-Dehnungs-Kurve** *f* / stress-strain curve || ≈**differentialrelais** *n* / voltage balance relay, voltage differential relay || ≈**differentialschutz** *m* / voltage balance protection, balanced-voltage protection || ≈**differenzsperre** *f* / differential voltage blocking unit (o. device) || ≈**dreieck** *n* / voltage triangle || ≈**durchschlagsicherung** *f* / overvoltage protector || ≈**durchstimmung** *f* / voltage tuning || **Magnetron mit** ≈**durchstimmung** / voltage-tunable magnetron, injected-beam magnetron || ≈**dynamik des Erregers** / exciter voltage-time response || ≈**ebene** *f* / voltage level || ≈**effektivwert** *m* / r.m.s. voltage || ≈**einbruch** *m* / voltage dip || ≈**einfluß** *m*(MG) / voltage influence (ANSI C39.1), voltage effect, effect of voltage variation, inaccuracy due to voltage variation || ≈**einstellung** *f*(Trafo) / voltage adjustment (by tap changing) || ≈**einstellung im Zwischenkreis** (Trafo) / tap changing in intermediate circuit, intermediate circuit adjustment, regulation in intermediate circuit || ≈**eisen** *n*(EZ) / volt magnet, voltage electromagnet, potential magnet || ≈**entlastung** *f*(mech.) / stress relief || **zeitweilige** ≈**erhöhung** (VDE 0109) / temporary overvoltage (IEC 664A) || ≈**erregergrad** *m* / field voltage ratio || ≈**-Erregerstromkennlinie bei konstantem Blindstrom** / zero power-factor characteristic || ≈**fahrt** (s. Spannungshochfahren)

Spannungsfall *m* / voltage drop || ≈ (Leitung) / line voltage drop || **ohmscher** ≈ (Trafo, VDE 0532, T.1) / resistance voltage (IEC 76-1)

Spannungs·fehler *m*(Spannungswandler) / voltage error || ≈**feld** *n*(mech.) / stress field

spannungsfest *adj* / of high electric strength, surge-proof *adj*

Spannungsfestigkeit *f* / electric strength, dielectric strength, voltage endurance, voltage proof || ≈

(Isolierstoff, IEC 50(212)) / withstand voltage, proof voltage || ~ **der Schaltstrecke** / dielectric strength of break || **betriebsfrequente** ~ / power-frequency withstand voltage || **Nachweis der** ~ / verification of dielectric properties || **Prüfung der** ~ / voltage proof test

Spannungs·flicker *f* / voltage fluctuation (flicker range) || ~**folger** *m* / isolation amplifier, buffer *n* || ~**form** *f* / voltage waveform, voltage waveshape

spannungsfrei *adj* (el.) / de-energized *adj*, dead *adj*, off circuit, off load || ~ (mech.) / free of stress, free from strain || ~ **geglüht** / stress-relief-annealed *adj*, stress-relieved *adj* || ~ **machen** / isolate *v*, to disconnect from the supply, de-energize *v*, to make dead

Spannungsfreiglühen *n* / stress relieving, stress-relief annealing

Spannungsfreiheit feststellen (VDE 0105) / to verify the (safe) isolation from supply

Spannungs·/Frequenzbegrenzung *f* (zur Vermeidung der Übermagnetisierung von Synchronmasch. und Transformatoren) / volts per hertz limiter || ~**-/Frequenzfunktion** *f* (SR) / voltage/frequency function (IEC 411-1) || ~**-Frequenz-Umsetzer** *m* / voltage-frequency converter (VFC), voltage-to-frequency converter || ~**-Frequenz-Wandler** (s. Spannungs-Frequenz-Umsetzer)

spannungsführend *adj* / live *adj*, alive *adj*, energized *adj*, under tension, in circuit || ~**er Leiter** / live conductor

Spannungs·geber *m* (Sensor) / voltage sensor || ~**geber-Baugruppe** *f* / voltage-sensor module || ~**gefälle** *n* / potential gradient || ~**-Gegensystem** *n* / negative-sequence voltage system

Spannungsgenauigkeit *f* / voltage tolerance, permissible voltage variation || **statische** ~ / steady-state regulation

spannungsgeregelt·er Motor / variable-voltage motor || ~**e Steuerung** / variable-voltage control

spannungsgesteuert·er Oszillator / voltage-controlled oscillator (VCO) || ~**e Stromanregung** (Schutz) / voltage-restrained current starting || ~**e Stromquelle** / voltage-controlled current source (VCCS)

Spannungs·gleichhalter (s. Spannungs-Konstanthalter) || ~**haltung** *f* / voltage stability, relative voltage stability || ~**harmonische** (s. Spannungsoberschwingungen) || ~**hochfahren** *n* / gradual increase of voltage || ~**hochlauf** *m* (elST) / power up || ~**hub** *m* (Bereich) / voltage range || ~**hub** *m* (Prüf., Abweichung) / voltage excursion || ~**impuls** *m* / voltage pulse || ~**klemme** *f* / voltage terminal, potential terminal || ~**klemmschaltung** *f* / voltage clamp || ~**komparator** *m* / voltage comparator || ~**-Konstanthalter** *m* (Netz) / voltage regulator, IR drop compensator || ~**-Konstanthalter** *m* (f. elektron. Geräte) / voltage stabilizer || ~**konstanz** *f* / voltage stability || ~**-Kontrollrelais** *n* / voltage monitoring relay, voltage and phase-sequence monitoring relay || ~**konzentration** *f* (mech.) / stress concentration || ~**korrosion** *f* / stress corrosion || ~**kreis** *m* / voltage circuit, potential circuit || ~**kurve** *f* (Wellenform) / voltage waveform, waveshape *n* || **Aufnahme der** ~**kurve** / waveform test || ~**kurvenform** *f* / voltage waveform, waveshape *n* || ~**-Lastspiel-Schaubild** *n* / stress-number diagram (s.-n. diagram), stress-cycle diagram || ~**leerbetrieb** *m* (EZ) / creep (on no-load)

spannungslos *adj* / de-energized *adj*, dead *adj*, off circuit, off load || ~ **bedienen** / to operate under off-circuit conditions, to operate with the equipment disconnected || ~ **machen** / isolate *v*, to disconnect from the supply, de-energize *v*, to make dead || ~**e Pause** / dead time, dead interval, idle period, reclosing interval (circuit-breaker, recloser) || ~ **umklemmbar** (Trafo) / reconnectable on de-energized transformer

Spannungslosigkeit *f* / loss of voltage

Spannungs·lupe *f* / expanded-scale section (of voltmeter), expanded-scale voltmeter || ~**-Magnetisierungsstrom-Kennlinie** *f* / saturation characteristic || ~**maßstabfaktor** *m* / voltage scale factor || ~**meßdiffraktometer** *n* / stress measuring diffractometer || ~**messer** *m* (el.) / voltmeter *n* || ~**messer** *m* (mech.) / strain gauge, extensometer *n* || ~**messer-Umschalter** *m* / voltmeter selector switch, voltmeter-phase selector || ~**meßgoniometer** *n* / strain goniometer || ~**meßumformer** *m* / voltage transducer || ~**messung** *f* (mech.) / strain measurement || **optische** ~**messung** / optical strain measurement || ~**meßwerk** *n* / voltage measuring element || ~**-Mitsystem** *n* / positive-sequence voltage system || ~**modell** *n* / voltage model || ~**nachführung** *f* / voltage correction, voltage control || ~**-Nulldurchgang** *m* / voltage zero, zero crossing of voltage wave || ~**oberschwingungen** *f pl* / voltage harmonics || ~**optik** *f* / photoelasticity *n*

spannungsoptisch·es Streifenbild / photoelastic fringe pattern || ~**e Untersuchung** / photoelastic investigation

Spannungs·pegel *m* / voltage level || ~**pendelungen** *f pl* / voltage oscillations || ~**pfad** *m* (MG) / voltage circuit, shunt circuit || ~**plan** *m* (Darstellung der Spannungen an den Hauptknoten eines Netzes) / voltage map || ~**polung** *f* / voltage polarization || ~**prüfer** *m* / no-voltage detector, voltage detector, voltage disappearance indicator, live-line tester

Spannungsprüfung *f* / voltage test, high-voltage test, dielectric test || ~ (VDE 0730) / electric strength test || ~ (Trafo; VDE 0532,T.30) / dielectric test (IEC 214) || ~ (s. Wicklungsprüfung) || ~ **mit Netzfrequenz** / power-frequency voltage test

Spannungs·quelle *f* / voltage source, power supply unit || ~**referenzdiode** *f* / voltage reference diode || ~**regelung** *f* / voltage control (IEC 50(603)), closed-loop voltage control || **natürliche** ~**regelung** / inherent voltage regulation

Spannungsregler *m* / voltage regulator (VR) || ~ (f. Netzspannungsabfall) / line drop compensator || ~ (f. ohmschen Spannungsabfall) / IR drop compensation transformer || ~ (als Transformator) / voltage regulating transformer

Spannungsreihe *f* (Isol.) / insulation rating, circuit voltage class (IEEE Std. 32-172) || **galvanische** ~ / electro-chemical series of metals, electromotive series || **thermoelektrische** ~ / thermoelectric series

Spannungs·relais *n* / voltage relay || ~**richtverhältnis** *n* (Diode, DIN 41853) / detector voltage efficiency || **≗riß** *m* / stress crack, crack due to internal stress || **≗rißbildung** *f* / stress cracking || **≗risse** *m pl* / season cracking || **≗rißkorrosion** *f* / stress corrosion cracking, stress-crack corrosion || **≗rißpotential** *n* / stress corrosion cracking potential || **≗rückführung** (s. Spannungsrückkopplung)

Spannungsrückgang *m* (relativ geringes Absinken der Betriebsspannung) / voltage reduction

Spannungsrückgangs·auslöser *m* / undervoltage release (IEC 157-1), undervoltage opening release, low-volt release || **≗geber** *m* / undervoltage sensor (o. module) || **≗relais** *n* / undervoltage relay, no-volt relay || **≗schutz** *m* / undervoltage protection || **≗-Zeitrelais** *n* / undervoltage-time relay || **≗-Zeitschutz** *m* / undervoltage-time protection (system o. relay), definite-time undervoltage relay

Spannungs·rückkehr *f* / voltage recovery, resumption of power supply, restoration of supply || **≗rückkopplung** *f* / voltage feedback, shunt feedback

Spannungsrückwirkung *f* (Transistor, DIN 41854) / reverse voltage transfer ratio

Spannungs·sack *m* (Batt.) / transient voltage drop, coup de fouet (IEC 50(486)) || **≗-Sättigungsstrom** *m* / voltage saturation current || **≗schaltung** *f* / voltage circuit, potential circuit || **≗schleife** *f* / voltage loop, voltage element || **≗schreiber** *m* / recording voltmeter || **≗schritt ΔU** / voltage interval ΔU || **≗schutz** *m* / voltage protection

Spannungsschwankung *f* (VDE 0838, T.1) / voltage fluctuation || ≗ (Veränderung o. Abfallen der Spannung im normalen Versorgungsnetz; E VDE 0660, T.114) / voltage supply deviation || ≗ (s. zyklische Spannungsänderung) || **flickeräquivalente ≗** / equivalent flicker-voltage fluctuation || **flickerverursachende ≗** / flicker voltage range (IEC 50(604)) || **Kurvenform der ≗** (VDE 0838, T.1) / voltage fluctuation waveform || **sinusförmige ≗** / sinusoidal voltage fluctuation

Spannungs·schwellenschalter *m* / voltage-sensitive trigger, trigger *n* || **≗schwingbreite** *f* (mech.) / range of stress || **≗sicherung** *f* / overvoltage protector || **≗-Spannungs-Umsetzer** *m* / voltage-to-voltage converter (VVC) || **≗spitze** *f* (el.) / voltage peak, peak voltage || **≗spitze** *f* (Glitchimpuls) / glitch *n* || **≗spitze** *f* (mech.) / peak stress, peak strain || **Einschalt~spitze** *f* (Schaltdiode) / forward transient voltage (IEC 147-1)

Spannungssprung *m* / sudden voltage change, voltage jump || ≗ (plötzliche Änderung des Spannungsabfalls einer Glimmentladungsröhre) / voltage jump || **≗relais** *n* / sudden-voltage-change relay

Spannungs·spule *f* (EZ) / voltage coil, shunt coil || **≗stabilisator** *m* / voltage stabilizer, voltage corrector || **≗stabilisatordiode** *f* / voltage regulator diode || **≗stabilisatorröhre** *f* / voltage stabilizing tube, voltage regulator tube (US), stabilizing tube || **≗stabilisierung** *f* (Schutz) / voltage restraint, voltage bias || **≗staffelung** *f* / voltage grading || **≗statik** *m* / droop *n* (machine set, network) || **≗statikeinrichtung** (s. Statisierungseinrichtung) || **≗-Stehwellenverhältnis** *n* / voltage standing-wave ratio (VSWR), standing-wave ratio || **≗steigerung** (Vollast-Leerlauf) (s. Spannungsanstieg) || **≗steigerungsgeber** *m* / rise-in-voltage sensor, voltage rise module || **≗steigerungsrelais** *n* / rise-in-voltage relay, overvoltage relay || **≗steigerungsschutz** *m* / rise-in-voltage protection || **≗steilheit** *f* / rate of rise of voltage (RRV) || **kritische ≗steilheit** (Thyr, DIN 41786) / critical rate of rise of off-state voltage || **~steuernder Transduktor** / voltage controlling transductor || **≗steuerung** *f* (Isol.) / potential grading || **≗steuerung** *f* (zur Änderung der Motordrehzahl) / variable-voltage control || **≗stoß** *m* / voltage impulse, voltage surge || **≗stoß** *m* (elST) / line surge || **≗-Strommeßverfahren** *n* / voltmeter-ammeter method || **≗stufe** *f* / voltage step, voltage level || **≗stufenregler** *m* / step-voltage regulator || **≗stützung** *f* / voltage back-up, voltage buffering || **≗stützung** *f* (Gerät) / voltage stabilizer, back-up supply unit || **≗symmetrie** *f* / voltage symmetry, voltage balance

Spannungssystem *n* / voltage system, voltage set || **mitlaufendes ≗** / positive phase-sequence voltage system, positive-sequence system

Spannungs·tastteiler *m* / voltage divider probe || **≗teil** *m* (Wandler) / voltage-transformer section, potential-transformer section, voltage-circuit assembly

Spannungsteiler *m* / voltage divider, potential divider, volt box, static balancer || **Meß-≗** *m* / measurement voltage divider, voltage ratio box (v.r.b.), volt box || **ohmscher ≗** / potentiometer-type resistor || **≗kondensator** *m* / capacitor voltage divider || **≗kreis** *m* (LE) / voltage grading circuit

Spannungs·transformator *m* (f. Erregung) / excitation voltage transformer || **≗transformator** (s. Spannungswandler) || **≗trichter** *m* (Erdung) / resistance area, potential gradient area || **≗typ** *m* / type of voltage wave || **≗überhöhung** *f* / voltage rise, voltage overshoot || **≗überlagerung** *f* (synthet. Prüfung) / voltage injection (synthetic testing) || **≗überschwingweite** *f* / voltage overshoot || **≗übersetzung** *f* / voltage transformation, voltage transformation ratio || **≗übersetzungsverhältnis** *n* / voltage ratio || **fehlerbedingter ≗übertritt** / accidental voltage transfer || **≗überwachung** *f* (Gerät) / voltage monitor

spannungsumschaltbar·er Motor / multi-voltage motor, dual-voltage motor, two-voltage motor || **~er Transformator** (2 Spannungen) / dual-voltage transformer

Spannungs·umschalter *m* / voltage selector switch, dual-voltage switch || **≗umschalter** *m* (Trafo-Stufenwähler) / tap selector || **≗umschaltung im spannungsfreien Zustand** (Trafo) / off-circuit tap changing || **≗umschaltung unter Last** (Trafo) / on-load tap changing || **≗umsetzer** *m* / voltage converter || **≗umsteller** (s. Stufenschalter)

spannungsunabhängiger Merker (s. Haftmerker)

Spannungs·- und Strommessermethode / voltmeter-ammeter method || **≗unsymmetrie** *f* / voltage unbalance || **≗verdopplerschaltung** *f* / voltage doubler connection || **≗vergleicherschaltung** *f* / voltage comparator connection || **≗vergleichsrelais** *n* / voltage balance relay, voltage differential relay || **~verhalten** *n* / voltage response || **~verhältnis** *n* / voltage ratio || **~verlagerung** *f* / voltage displacement || **~verlauf** *m* / voltage shape, voltage waveshape, voltage characteristic || **~verlust** *m* / loss of voltage, voltage failure || **~verschleppung** *f* / accidental energization, formation of vagabond (o. parasitic) voltages || **~versorgung** (s. Stromversorgung) || **~verstärkung** *f* / voltage amplification, voltage gain || **~verteilung** *f* / voltage distribution, potential grading || **~verteilung** *f*(mech.) / strain distribution || **~vervielfacherschaltung** *f* / voltage multiplier connection || **~verzerrung** *f* / voltage distortion, distortion of voltage waveshape || **~vortrieb** *m*(EZ) / forward creep || **~wähler** *m* (Geräte nach VDE 0860) / voltage setting device || **~wahlschalter** *m* / voltage selector (switch)

Spannungswandler *m* / voltage transformer, potential transformer || **~ für Meß- und Schutzzwecke** / dual-purpose voltage transformer || **~ für Meßzwecke** / measuring voltage transformer, measuring potential transformer || **~ für Schutzzwecke** / protective voltage transformer || **~ mit Sicherungen** / fused potential transformer, fuse-type voltage transformer || **~ mit zwei Sekundärwicklungen** / double-secondary voltage transformer || **~ zur Erfassung der Verlagerungsspannung** (IEC 50(321)) / residual voltage transformer || **~-Schutzschalter** *m* / circuit breaker for voltage transformers || **~teil** *n* / voltage-transformer section, potential-transformer section

Spannungs·welligkeit *f* / voltage ripple || **~welligkeit der Gleichspannungs-Stromversorgung** / d.c. power voltage ripple || **~wicklung** *f* / voltage winding, potential winding || **~widerstandseffekt** *m* / tensoresistive effect || **~wiederkehr** *f* / voltage recovery, resumption of power supply, restoration of supply || **~wischer** *m* / transient earth fault, transient voltage

Spannungs-Zeit-Charakteristik *f*(mech.) / stress-life characteristic || **~-Fläche** *f* / voltage-time area, time integral || **~flächen-Änderung** *f*(z.B. in VDE 0558, T.5) / voltage-time integral variation || **~standsprüfung** *f* / voltage endurance test || **~-Umformung** *f*(elST) / dual-slope method || **Erreger-~verhalten** *n* / exciter voltage-time response

Spannungszuführung *f* / power supply (circuit), voltage circuit

Spannungszusammenbruch *m* / voltage collapse, voltage depression || **Zeitdauer des ~s einer abgeschnittenen Stoßspannung** / virtual time of voltage collapse during chopping

Spannungszustand, einachsiger ~ / single-axial stress, mono-axial stress

Spannungszwischenkreis, variabler ~ (LE) / variable-voltage link || **~-Stromrichter** *m* / voltage-source converter, voltage-link a.c. converter, voltage-controlled converter

Spann·vorrichtung *f* / clamping device, clamping fixture, holding device || **~vorrichtung** *f*(f. Feder) / (spring) charging device, winding device || **~weite** *f*(Freileitung) / span length || **~weite** *f*(Statistik, QS) / range *n* || **~weiten-Kontrollkarte (R-Karte)** (QS) *f* / range chart || **~weitenmitte** *f*(Statistik, QS) / mid-range *n* || **~welle** *f*(f. Feder) / (spring) charging shaft, winding shaft

Spannzeit *f*(Feder, Speicherantrieb) / charging time, winding time

Span·platte *f* / chip board, pressboard *n* || **~tiefe** *f* / depth of cut

Spanungs·breite *f* / width of cut || **~dicke** *f*(DIN 6580) / chip thickness || **~größe** *f* / machining variable || **~querschnitt** *m*(DIN 6580) / cross-sectional area of cut

Spanwinkel *m*(DIN 6581) / rake angle

Spar·betrieb *m* / throttled operation, economy operation || **~düse** *f* / economizer nozzle || **~regeltransformator** *m* / regulating autotransformer, auto-connected regulating transformer || **~schalter** *m* / economy switch

Sparschaltung *f* / economy connection || **~** (BT) / dimmer switching || **Meßwandler in ~** / instrument autotransformer || **Regeltransformator in ~** / regulating autotransformer, auto-connected regulating transformer || **Transduktor in ~** / autotransductor *n*

Spartransduktor (s. Transduktor in Sparschaltung)

Spartransformator (SpT) *m* / autotransformer *n*, compensator transformer, compensator *n*, variac *n* || **Anlasser mit ~** / autotransformer starter || **Anlauf mit ~** / autotransformer starting

Spar·wicklung *f*(Trafo) / autotransformer winding, auto-connected winding || **~widerstand** *m* / economy resistor, auto-resistor *n*

spät, nach ~ verstellen (Kfz-Mot.) / retard *v*

Spätausfall *m* / wear-out failure || **~phase** *f* / wear-out failure period

Spätdienst *m* / late working time, late duty

Spätwendung *f* / under-commutation *n*

SPC-Betrieb *m*(SPC = setpoint control - Regelung mit Sollwerteingriff) / SPC operation

Speiche *f* / spoke *n*, arm *n*

Speichenradläufer *m* / spider-type rotor

Speicher *m*(Druckl.; Hydraulik) / receiver *n*, storage cylinder || **~** (DV) / storage *n*, memory *n*, storage device || **~** (Chromatograph) / trap *n* || **~ einer Steuerung** / controller memory || **~ mit indexsequentiellem Zugriff** / index-sequential storage || **~ mit sequentiellem Zugriff** / sequential access storage || **~ mit seriellem Zugriff** / serial-access memory || **~ mit wahlfreiem Zugriff** (RAM) / random-access memory (RAM) || **Ausgangs~** / output latch || **hydraulischer ~** / hydraulic accumulator || **pneumatischer ~** (Druckgefäß) / gas receiver || **Zeit~** (Register) / time register

Speicherabbild *n* / memory map

Speicherabzug *m* / memory dump || **~ nach Störungen** / post-mortem dump

Speicher·adresse *f* / memory address || **~anordnung** *f*(ESR) / storage assembly || **~antrieb** *m*(SG) / stored-energy mechanism || **~aufteilung** *f* / memory mapping, memory paging, memory page allocation || **~ausbau** *m* / memory capacity, memory configuration || **~baugruppe** *f* / memory module, memory submodule || **~baustein** *m*(Chip) / memory chip || **~belegung** *f* / memory allocation, storage (o. memory) area allocation || **~belegung** (Plan) (s. Speicherbelegungsplan) || **~belegungsfaktor** *m* / memory allocation factor, memory availability factor

Speicherbelegungsplan *m* / memory map
Speicherbereich *m* / memory area, storage area
Speicherbereichs·abbild *n* / memory map || ~**orientierte E/A** / memory-mapped I/O
Speicher·bereiniger *m* / garbage collector || ≈**betrieb** *m*(PC, NC) / memory mode || ≈**bild** *n* (Osz.) / stored display, stored trace || ≈-**Bildaufnahmeröhre** *f* / storage camera tube || ≈-**Bildröhre** (Osz.) (s. Speicherröhre) || ≈**bildschirm** *m* / storage display screen || ≈**block** *m* / memory array || ≈**breite** *f* / memory width || ≈**chip** *m* / memory chip || ≈**datei** *f* / file *n* || ≈**dauer** *f*(Osz.) / holding time
Speicherdichte *f* / packing density, storage density || ≈ (s. Aufzeichnungsdichte)
Speicher·dosierung *f*(s. speichernde Dosiereinrichtung) || ≈**druck** *m*(Druckluft) / storage pressure, receiver pressure || ≈**druckanlage** *f* / receiver-type compressed-air system || ≈**einheit** *f* / memory unit (MU) || ≈**einrichtung** *f*(Roboter) / memorizing device || ≈**elektrode** *f*(Osz.) / storage target || ≈**element** *n* / storage element, memory cell, memory element || ≈**element** *n*(ESR) / storage element, target element || ≈-**Entflechter** *m*(CAD) / memory router || ≈**erweiterung** *f* / memory extension, memory expansion || ≈**erweiterungsbaugruppe** *f* / memory expansion module || ≈**fähigkeit** *f*(a. Osz.) / storage capability || ≈**fehler** *m* / storage error || ≈-**Flipflop** *n* / latching flipflop, latch *n* || ≈**füllungsgrad** *m*(Pumpspeicherwerk) / reservoir fullness factor || ≈**funktion** *f* / memory function || ≈**funktionen** *f pl*(PC, Signalspeicherung- u. Rücksetzung) / latching/unlatching functions || ≈-**Gateelektrode** *f* / storage gate electrode || ≈**glied** *n* / storage element, flipflop *n*, memory cell, latch *n* || ≈**glied** *n*(Flipflop) / flipflop *n* || **RS-**≈**glied** *n* (Flipflop) / RS flipflop || ≈-**Halteplatte** *f*(Osz.) / storage target || ≈**heizung** *f* / storage heating || ≈**inhalt** *m*(DV) / memory contents, storage contents || ≈**inhaltverlust** *m* / loss of memory contents || ≈**kapazität** *f* / memory capacity, storage capacity || ≈**kassette** *f* / memory cassette || ≈**kassette** *f*(f. Lochstreifen) / tape magazine || ≈**kennung** *f* / memory identifier
Speicherlaufwerk *n*(Plattenspeicher) / disk storage drive, disk drive
Speicherlaufwerk (s. Diskettenlaufwerk)
Speicherlaufwerk·anschaltung *f* / disk drive controller
Speicher·matrix *f*(MPU) / memory cell matrix || **E²PROM-**≈**modul** *m* / EEPROM submodule || ≈**modul** *m* / memory submodule
speichern *v*(DV) / store *v*
speichernd *adj*(elST, PC) / holding *adj*, latching *adj* || ~**e Dosiereinrichtung** (Chromatograph) / trapping and injection apparatus || ~**e Einschaltverzögerung** (PC) / latching ON delay || ~ **rücksetzen** / unlatch *v* || ~ **setzen** / latch *v*
Speicher·netz *n*(Osz.) / storage mesh || ≈**nutzinhalt** *m*(Pumpspeicherwerk) / useful water reserve of a reservoir || ≈**ofen** *m* / storage heater || ≈**operation** *f* / memory operation, setting/resetting operation || ~**orientierte E/A** / memory-mapped I/O || ≈**ort** *m* / memory location || ≈-**Oszillograph** *m* / storage oscillograph || ≈-**Oszilloskop** *n* / storage oscilloscope || ≈**paar** *n* / pair of memories || ≈**platte** *f*(ESR) / storage target, target *n*
Speicherplatz *m* / main memory location, memory location, memory unit || ≈**zuteilung** *f* / memory allocation
speicherprogrammierbar·e Anpaßsteuerung (PLC) / programmable logic controller || ~**es Automatisierungsgerät** / programmable controller , stored-program controller (SPC) || ~**es Automatisierungssystem** / programmable automation system (PAS), programmable controller system || ~**e NC (SNC)** / programmable NC, stored-program NC (SNC) || ~**es Steuergerät** / programmable controller , stored-program controller (SPC) || ~**e Steuerung** / programmable controller
speicherprogrammiert *adj* / stored-program *adj*, programmable *adj*, programmed *adj* || ~**e Steuerung (SPS)** (DIN 19237) / programmable controller , stored-program controller
Speicher·pufferzeit *f*(durch Batterie) / memory back-up time || ≈**relais** *n*(f. Speicherheizung) / storage heating relay, control relay for storage heating systems || ~**resident** *adj* / memory-resident *adj* || ≈**röhre** *f*(Osz.) / storage tube, storage CRT, direct-view storage tube (DVST) || ≈**röhre mit Schreibstrahl** / cathode-ray storage tube || ≈**säule** *f*(Chromatograph) / trapping column, trap *n* || ≈**schaltdiode** *f* / snap-off diode || ≈**schalter** *m*(f. Speicherheizung) / storage heating control switch, control switch for storage heating || **integrierte** ≈**schaltung** / memory integrated circuit, integrated-circuit memory, IC memory || ≈**schicht** *f*(ESR) / target coating, storage surface || ≈**schieben-Abbruch** *m* / memory shift abort || ≈-**Schreibgeschwindigkeit** *f*(Osz.) / stored writing speed || ≈**schreibmaschine** *f* / memory typewriter || ≈**schutz** *m* / storage protection, memory protection || ≈**scope** (s. Speicher-Oszilloskop)
Speicherseite *f* / memory page
Speicherseiten·abbild *n* / memory map || ~**orientierte E/A** / memory-mapped I/O || ≈**verfahren** *n* / memory-mapped method, memory-mapped I/O
Speicher·sicherung *f* / memory protection, storage protection || ≈**tiefe** *f* / memory depth || ≈**transferbefehl** *m* / memory transfer instruction || ≈**treiber** *m* / memory driver || ≈**typ** *m* / storage type || ≈**überlauf** *m* / storage overflow
Speicherung *f*(DV, PC, NC) / storage *n* || ≈ (Chromatograph) / trapping *n* || ≈ **mit Haftverhalten** (DIN 19237) / permanent storage, non-volatile storage
Speicher·verhalten *n*(DIN 19237) / storage properties, latching properties || ≈**verwaltungseinheit (MMU)** *f* / memory management unit (MMU) || ≈**volumen** *n* (Druckluft) / storage capacity || ≈**werk** *n*(Register, interner Speicher eines MPU) / register array || ≈**wirkung** *f* / memory effect || ≈**wort** *n* / memory word
Speicherzeit *f* / storage time || ≈ (Transistor) / carrier storage time || ≈ (Chromatograph) / trapping time, retention time || ≈ (Speicherröhre) / retention time || ≈ (s. Speicherdauer)
Speicher·zelle *f*(DIN 44300) / storage location, memory location || ≈**zone** *f* / storage zone ||

≗zugriff *m* / memory access ‖ **≗zugriffsfreigabe** *f* (Signal) / memory select (MEMSEL) ‖ **≗zugriffssteuerung** *f* / memory access controller ‖ **≗zykluszeit** *f* / memory cycle time

Speise·freileitung für Fahrleitungen (VDE 0168, T.1) / overhead traction distribution line (IEC 71.4) ‖ **≗leistung** *f* / supply-system power, line kVA ‖ **≗leitung** *f* / supply line, feeder *n*

speisen *v* / supply *v*, feed *v*

Speise·netz *n* / supply system, supply mains, power supply system ‖ **≗punkt** *m* / feed point, feeding point, distributing point, origin *n* ‖ **≗punkt einer elektrischen Anlage** (VDE 0100, T.200) / origin of an electrical installation, service entrance (US) ‖ **≗quelle** *f* / power source

Speisespannung *f* / supply voltage ‖ ≗ (elST, DIN 19237) / input terminal voltage

Speisespannungs·überwachung *f* (elST, Bussystem) / power monitor ‖ **≗unterdrückung** (s. Versorgungsspannungsunterdrückung)

Speisung mit Kalibrierstrom (Meßwertumformer) / calibration current excitation ‖ **≗ mit Konstantstrom** (Meßwertumformer) / constant-current excitation

spektral·er Absorptionsgrad / spectral absorption factor (GB), spectral absorptance (US) ‖ **~er Absorptionsindex** / spectral absorption index ‖ **~er Absorptionskoeffizient** / spectral linear absorption coefficient ‖ **~e Absorptivität** / spectral absorptivity ‖ **~es dekadisches Absorptionsmaß** / spectral internal transmittance density, spectral absorbance ‖ **~e Dichte** / spectral concentration ‖ **~er Durchlaßgrad** / spectral transmission factor, spectral transmittance ‖ **~er Emissionsgrad** / spectral emissivity ‖ **~e Empfindlichkeit** / spectral responsivity, spectral sensitivity ‖ **~e Empfindlichkeitskurve** / spectral response curve, spectral sensitivity curve ‖ **~er Farbanteil** / excitation purity ‖ **~e Farbdichte** / colorimetric purity ‖ **~er Farbreiz** / spectral stimulus, monochromatic stimulus ‖ **~er Hellempfindlichkeitsgrad** / spectral luminous efficiency ‖ **~e Hellempfindlichkeitskurve** / spectral luminous efficiency curve ‖ **~e Leistungsdichte** / power spectral density (PSD) ‖ **~er Leuchtdichteanteil** / colorimetric purity ‖ **~er Massenschwächungskoeffizient** / spectral mass attenuation coefficient ‖ **~er natürlicher Absorptionskoeffizient** / Naperian spectral absorption coefficient ‖ **~es natürliches Absorptionsmaß** / Naperian spectral internal transmittance density, Naperian absorbance ‖ **~e optische Dicke** / spectral optical thickness ‖ **~e optische Tiefe** / spectral optical depth ‖ **~er Reflexionsgrad** / spectral reflection factor (GB), spectral reflectance (US) ‖ **~er Reintransmissionsgrad** / spectral internal transmittance ‖ **~er Remissionsgrad** / spectral luminance factor ‖ **~er Schwächungskoeffizient** / spectral linear attenuation coefficient ‖ **~e spezifische Ausstrahlung** / spectral radiant emittance ‖ **~e Strahldichteverteilung** / spectral radiated energy distribution, spectral power distribution, spectral energy distribution ‖ **~e Strahlungsmeßtechnik** / spectrometry *n*, spectro-radiometry *n* ‖ **~e Strahlungstemperatur** / radiance temperature, luminance temperature ‖ **~er Streukoeffizient** / spectral linear scattering coefficient ‖ **~e Transmissivität** / spectral transmissivity ‖ **~e Verteilung** / spectral distribution

Spektralbereich *m* / spectral range, spectral region

Spektral·farbenzug *m* / spectrum locus ‖ **≗fotometer** *n* / spectrophotometer *n*, spectral photometer ‖ **~fotometrisch** *adj* / spectrophotometric *adj* ‖ **≗gebiet** *n* / spectral range, spectral region ‖ **≗lampe** *f* / spectroscopic lamp, spectral lamp ‖ **≗linie** *f* / spectrum line, spectral line ‖ **≗maskenverfahren** *n* / dispersion and mask method ‖ **≗verteilung** *f* / spectral distribution ‖ **≗werte** *m pl* / spectral tristimulus values, distribution coefficients ‖ **≗wertfunktion** *f* / colour-matching function ‖ **≗wertkurve** *f* / colour-matching curve

Spektro·fotometer *n* / spectrophotometer *n*, spectral photometer ‖ **≗meter** *m* / spectrometer *n* ‖ **≗meterwinkel** *m* (Abtastwinkel) / scanning angle ‖ **≗metrie** *f* / spectrometry *n*, spectro-radiometry *n* ‖ **≗radiometer** *n* / spectroradiometer *n* ‖ **≗skop** *n* / spectroscope *n*

Spektrum *n* / spectrum *n*

Spektrumanalysator *m* / spectrum analyzer

spekulativer Bestand / hedge inventory

Sperrad *n* (a. EZ) / ratchet wheel

Sperr·adresse *f* (DÜ) / no-station address ‖ **≗band** *n* / stop band ‖ **≗bedingungen** *f pl* (elST, LE) / inhibiting (o. blocking) criteria ‖ **≗bereich** *m* (Schutz; Nichtauslösebereich) / non-operating zone, non-trip zone, blocking zone, restraint region ‖ **≗bereich** *m* (HL) / blocking-state region, off-state region ‖ **≗bolzen** (Codierstift) (s. Codierbolzen) ‖ **≗dämpfung** *f* (Rel.) / reverse attenuation ‖ **≗datei** *f* / lock(ed) file ‖ **≗differential** *n* (Kfz) / limited-slip differential ‖ **≗druck** *m* / blocking pressure

Sperre *f* (LS, KU) / lock-out device, lock-out *n* ‖ ≗ (Osz.) / hold-off *n* ‖ ≗ (SG) / lock-out *n* (element), blocking device, latch *n* (assembly)

„Sperre höher" (PC) / "disable higher"

Sperre in beiden Richtungen (SG) / bidirectional lockout (o. blocking) device ‖ **≗ in einer Richtung** (SG) / unidirectional lockout (o. blocking) device

„Sperre tiefer" (PC) / "disable lower"

sperre *f*, Ablenk~ (Osz.) / sweep lockout ‖ **Ausgabe~** *f* (elST) / output inhibit ‖ **mechanische ≗** (SG) / mechanical lockout, mechanical latch ‖ **Trigger~** *f* (Osz.) / trigger hold-off ‖ **Umlauf~** *f* / stop *n* (to prevent rotation)

Sperreingang *m* / disable input, inhibit input ‖ **≗ mit Negation** / negated inhibiting input

Sperrelais *n* / blocking relay ‖ ≗ (Differentialschutz) / restraining relay, biased relay

sperren *v* (el., Stromkreis) / block *v*, lock out *v*, inhibit *v*, disable *v* ‖ ~ (LS) / lock out *v*, block *v* ‖ ~ (mech.) / block *v*, arrest *v*, lock *v* ‖ ~ (QS) / hold *v*, to bar for further use ‖ ~ (Ein- oder Ausgang) / disable *v* ‖ ≗ *n* (HL, Stromfluß in Vorwärtsrichtung) / blocking *n*, reverse biasing ‖ **≗ der Stromrichtergruppe** / converter blocking ‖ **≗ des Ventils** (LE) / valve blocking ‖ **Alarm ~** (PC) / disable interrupt

Sperr·fähigkeit *f* (Thyr, Diode) / blocking ability ‖ **≗filter** *n* / stop filter, rejection filter, band elimination filter ‖ **≗flüssigkeit** *f* / sealing liquid ‖

≈flüssigkeitsdichtung *f* / liquid seal || **≈frist** *f*(QS) / quarantine period || **≈getriebe** *n* / locking gear, blocking gear || **≈gitter** *n* / barrier grid || **≈gleichspannung** *f* / direct reverse voltage (diode), direct off-state voltage (thyristor) || **≈glied** *n*(Schutz) / blocking element, blocking relay

Sperrichtung *f*(Thyr u. SR-Zweig) / non-conducting direction || ≈ (Diode) / reverse direction || ≈ (Schutz) / inoperative direction || **Elektrodenstrom in** ≈ / reverse electrode current, inverse electrode current (US)

sperrig *adj* / bulky *adj*, voluminous *adj*

Sperrkennlinie *f*(GR, DIN 41760) / reverse characteristic || ≈ (Thyr, DIN 41786) / off-state characteristic, blocking-state characteristic || ≈ (Diode, DIN 41781) / blocking-state voltage-current characteristic || ≈ **für die Rückwärtsrichtung** (Thyr) / reverse blocking-state characteristic || ≈ **für die Vorwärtsrichtung** (Thyr) / forward blocking-state characteristic

Sperr·kennwerte *m pl*(GR, DIN 41760) / characteristic reverse values || **≈klinke** *f* / retaining pawl, locking pawl, ratchet *n*, pawl *n*, catch *n* || **≈lager** *n* / quarantined store, restricted store, hold store, salvage department, holding area || **≈luft** *f* / sealing air || **≈luftdichtung** *f*(Lg.) / oil-fume barrier, sealing-air arrangement || **≈luftkammer** *f* / sealing-air compartment, sealing-air annulus || **≈luftring** *m* / sealing-air gland ring || **≈magnet** *m* / restraining magnet, lock-out coil, blocking magnet || **≈muffe** *f*(Kabel) / stop joint || **≈nocken** *m* / blocking cam

Sperröhre *f* / blocking tube

Sperr·schaltung *f* / lock-out circuit, blocking circuit, interlocking circuit, inhibit(ing) circuit || **≈schaltung** *f*(Osz.) / hold-off circuit

Sperrschicht *f*(HL) / barrier junction, depletion layer, junction *n* || **≈-Berührungsspannung** *f* / punch-through voltage, reach-through voltage, penetration voltage || **≈-Durchschlag** *m* / junction breakdown || **≈-Feldeffekttransistor** *m* / junction-gate field-effect transistor (PN FET) || **≈-Fotoeffekt** *m* / photovoltaic effect || **≈kapazität** *f* / junction capacitance || **≈temperatur** *f*(HL) / junction temperature || **≈transistor** *m* / junction transistor

Sperrschwinger *m* / blocking oscillator

Sperrspannung *f*(Diode, DIN 41781) / reverse voltage || ≈ (Thyr, DIN 41786) / off-state voltage, blocking voltage || ≈ (ESR) / cut-off voltage (IEC 151-14) || ≈ **in Rückwärtsrichtung** (Thyr) / reverse blocking voltage || **Rückwärts-**≈ (Thyr) / reverse blocking voltage

Sperrspule *f*(SG) / lock-out coil

Sperrstrom *m*(Diode, DIN 41781) / blocking-state current, reverse current || ≈ (Thyr, DIN 41786) / off-state current || ≈ (Strom bei Polung eines PN-Übergangs in Sperrichtung) / leakage current || ≈ (Schutz) / restraining current || ≈ **in Rückwärtsrichtung** (Thyr) / reverse blocking current || ≈ **in Vorwärtsrichtung** (Thyr) / off-state forward current, off-state current || **stationärer** ≈ (Thyr, Diode, DIN 41786, DIN 41853) / resistive reverse current

Sperr·tabelle *f*(Chromatogramm-Auswertung) / inhibit table || **≈trägheit** *f*(Thyr, DIN 41786) / recovery effect || **≈-UND-Glied** *n* / inhibiting AND gate

Sperrung *f*(QS) / quarantining *n*, holding *n*

Sperrungs·blitzfeuer *n*(Flp.) / flashing unserviceability light || **≈feuer** *n*(Flp.) / unserviceability light || **≈kegel** *m*(Flp.) / unserviceability cone || **≈marke** *f*(Flp.) / closed marking || **≈marker** *m*(Flp.) / unserviceability markers || **≈markierungstafel** *f*(Flp.) / unserviceability marker board

Sperrverlust *m*(GR, DIN 41760) / reverse power loss || ≈ (Thyr) (s. Sperrverlustleistung) || ≈ (Diode) (s. Sperrverlustleistung) || **≈leistung** *f* (Thyr, DIN 41786) / off-state power loss || **≈leistung** *f*(Diode, DIN 41781) / blocking-state power loss

Sperrvermerk *m*(QS) / hold tag

Sperrverzögerungs·ladung *f*(Thyr, Diode, DIN 41786, DIN 41853) / recovery charge, recovered charge || **≈strom** *m*(Thyr, Diode, DIN 41786, DIN 41781) / reverse recovery current || **≈stromspitze** *f* (Thyr, Diode, DIN 41786, DIN 41853) / peak reverse recovery current || **≈zeit** *f*(Thyr, Diode, DIN 41786, DIN 41781) / reverse recovery time

Sperrwandler *m* / isolating transformer || ≈ (f. Schaltnetzteil) / flyback converter

Sperrwiderstand *m*(Diode, DIN 41853) / reverse d.c. resistance || ≈ (Thyr, DIN 41786) / off-state resistance || ≈ **in Rückwärtsrichtung** (Thyr) / reverse blocking resistance || ≈ **in Vorwärtsrichtung** (Thyr) / forward blocking resistance

Sperrzahn-Flachkopfschraube *f* / flat-headed self-locking screw

Sperrzeit *f*(SG) / blocking time, lock-out time || ≈ (Thyr, Diode) / blocking interval, off-state interval, idle interval || ≈ (KU) / reclaim time, blocking time || ≈ (StT) / off-peak period || ≈ (Gasentladungsröhre) / idle period, off period || ≈ (ZKS) / lockout time || **≈tarif** *m* / off-peak tariff

Sperrzustand *m*(Diode, DIN 41781) / blocking state, reverse blocking state || ≈ (Thyr, DIN 41786) / off state || ≈ (Impulsmessung) / "Off" period conditions || ≈ **in Rückwartsrichtung** / reverse blocking state || ≈ **in Vorwärtsrichtung** / forward blocking state, off state

Spezial·motor *m* / special-purpose motor || **≈-Schirmverbindung** *f*(Kabelanl., IEC 50(461)) / special bonding of shields

spezieller Farbwiedergabeindex / special colour rendering index

spezifisch·e Ausstrahlung / radiant excitance, radiant emittance || **~e Belastung** / unit load || **~er Beleuchtungswert** / specific lighting index || **~er Beleuchtungswirkungsgrad** / reduced utilization factor (lighting installation) || **~er Bodenwiderstand** (s. spezifischer Erdwiderstand) || **~e Dämpfung** / attenuation constant || **~er Durchgangswiderstand** / volume resistivity, mass resistivity, specific internal insulation resistance || **~er Durchgangswiderstand bei Gleichstrom** / volume d.c. resistivity || **~e Eisenverluste** / iron loss in W/kg, total losses in W/kg, W/kg loss figure || **~er Erdbodenwiderstand** (s. spezifischer Erdwiderstand) || **~er Erdwiderstand** (VDE 0100, T.200) / soil resistivity, earth resistivity || **~er Fahrwiderstand** (Bahn) / specific train resistance

|| ~e **Flächenbelastung** / load per unit area || ~e **Formänderungsarbeit** / resilience per unit volume || ~e **Gesamtverluste** (Ummagnetisierungsverluste) / specific total loss, total loss mass density || ~es **Gewicht** / specific gravity, density *n*, relative density || ~e **Heizleistung** / specific heat output || ~er **Innen-Isolationswiderstand** / volume resistivity || ~er **Isolationsstrom** / specific leakage current || ~er **Isolationswiderstand** / insulativity *n*, dielectric resistivity || ~e **Kenngrößen** (a. Batt.) / specific characteristics || ~er **Kraftstoffverbrauch** / specific fuel consumption || ~e **Kriechweglänge** / specific creepage distance || ~er **Kurvenwiderstand** (Bahn) / specific train resistance due to curves || ~er **Lebensdauerverbrauch** / specific use of life || ~e **Leistung** / specific power || ~er **Leitwert** / conductivity *n* || ~e **Lichtausstrahlung** / luminous excitance, luminous emittance || ~er **Lichtstrom der installierten Lampen** / installed lamp flux density, installation flux density || ~er **magnetischer Leitwert** / absolute permeability || ~er **magnetischer Widerstand** / reluctivity *n* || ~er **Nenn-Kriechweg** / nominal specific creepage distance || ~e **Nenn-Kriechweglänge** / nominal specific creepage distance || ~er **Oberflächenwiderstand** / surface resistivity, specific surface insulation resistance || ~e **Photonenausstrahlung** / photon excitance || ~er **Raumwiderstand** / volume resistivity || ~er **Raumwirkungsgrad** (BT) / reduced utilance || ~er **Rückstrahlwert** / coefficient of retroreflection || ~e **Sättigungsmagnetisierung** / specific saturation magnetization || ~e **Schallimpedanz** / specific acoustic impedance, unit-area acoustic impedance || ~e **Schallreaktanz** / specific acoustic reactance, unit-area acoustic reactance || ~e **Schallresistanz** / specific acoustic resistance, unit-area acoustic resistance || ~e **Scheinleistung** / specific apparent power || ~e **Spannung** (mech.) / unit stress || ~er **Standwert** (s. spezifische Schallimpedanz) || ~e **Strombelastung** (A/mm^2) / current per unit area || ~e **Unwucht** / specific unbalance || ~e **Verluste** (Blech) (s. spezifische Eisenverluste) || ~e **Viskositätszahl** / limiting viscosity, intrinsic viscosity, internal viscosity || ~e **Wärme** / specific heat, heat capacity per unit mass || ~e **Wärmekapazität** / specific thermal capacity || ~er **Wärmewiderstand** / thermal resistivity || ~er **Wärmewiderstand des Erdbodens** / thermal resistivity of soil || ~er **Widerstand** / resistivity *n* || ~er **Wirkstandwert** (s. spezifische Schallresistanz)

spezifizieren *v* / specify *v*, itemize *v*

sphärisch·e Aberration / spherical aberration || ~e **Lichtstärke** / spherical luminous intensity

Sphäroguß *m* / ductile cast iron

Spiegel *m* (Leuchte) / specular reflector, reflector *n*, mirror *n* || ≗ (Gleitlg.) / bedding area || ≗**achse** *f* (NC) / mirror axis

Spiegelbild *n* / mirror image, mirrored part

spiegelbildlich *adj* / mirror-image *adj*, mirrored *adj*, homologous *adj*, reflected *adj* || ~e **Achssteuerung** (NC) / axis control in mirror-image mode || ~e **Bearbeitung** (WZM, NC) / mirror-image machining

Spiegelbild·schalter *m* (NC) / mirror-image switch || ≗**schaltung** *f* (NC) / mirror-image switching, symmetrical switching

Spiegel·einsatz *m* (Leuchte) / specular insert || ≗**frequenz-Unterdrückungsfaktor** *m* / intermediate-frequency rejection ratio || ≗**glätte** *f* (Komm.) / glazing *n* || ≗**körper** *m* (Leuchte) / reflector body || ≗**leuchte** *f* / specular-reflector luminaire

spiegeln *v* (NC, CAD) / mirror *v* || ≗ *n* (NC) / mirror image, mirror-image machining || ≗ **der Weginformationen** (NC) / mirror image of position data || ≗ **der X-Achse** (NC) / mirror image across X-axis || ≗ **von Prüfbefehlen** / retransmission of check commands || **ein Programm** ~ / to mirror a program

spiegelnd·e Reflexion / specular reflection

Spiegel·optik *f* / specular optics || ≗**optikleuchte** *f* / specular optics luminaire || ≗**raster** *m* (Leuchte) / specular louvre (unit) || ≗**reflektor** *m* / specular reflector || ≗**schale** *f* (Leuchte) / reflector bowl, reflector shell, reflector section || ≗**scheinwerfer** *m* / reflector spotlight, mirror spotlight || ≗**symmetrie** *f* (NC) / mirror symmetry || ≗**system** *n* (Leuchte) / reflector system

Spiegelung *f* (NC) / mirror image || ≗ (Reflex) / reflex *n* || ≗ **der Weginformation** / mirror image of position data || ≗ **von Punktmustern** (NC) / reflection of point patterns, inversion of point patterns || **Strom**~ / current balancing (circuit)

spiegelunterlegt *adj* (MG) / mirror-backed *adj*

Spiegelwellendämpfung *f* / reflected-wave rejection, back-wave rejection

Spiel *n* (mech.; s.a. „Axialspiel", „Luft", „Radialspiel") / play *n*, clearance *n* || ≗ (Zyklus) / cycle *n*, duty cycle || ≗ („Luft") / clearance *n*, play *n* || ≗ (s. Lose) || **Kontakt**~ / contact float || ≗**ausgleich** *m* (NC, Loseausgleich) / backlash compensation, unidirectional positioning || **Kupplung mit axialer** ≗**begrenzung** / limited-end-float coupling, limited-end-play coupling || ≗**dauer** *f* / cycle duration, duty cycle time || ≗**flächenbeleuchtung** *f* (Theater) / acting-area lighting || ≗**flächenleuchte** *f* (Theater) / acting-area luminaire

spielfrei *adj* / without play, non-floating *adj*, close *adj* || ~ (frei von Lose) / backlash-free *adj*, free from backlash || ~ **angestelltes Lager** / zero-end-float spring-loaded bearing || ~ **einpassen** / to fit without clearance, to fit tightly

Spielpassung *f* / clearance fit || ≗ (enger Gleitsitz) / snug fit || ≗ (leichter Laufsitz) / free fit || ≗ (mittlerer Laufsitz) / medium fit || ≗ (weiter Laufsitz) / loose fit

Spiel·raum *m* / margin *n* || ≗**theorie** *f* / game theory || ≗**unterbrechungsschaltung** *f* / anti-repeat circuit || ≗**zeit** *f* / cycle time

Spielzeugtransformator *m* / transformer for use with toys, toy transformer

Spindel *f* (WZM) / spindle *n* || ≗ (Gewindespindel) / screw spindle || ≗ (WZM, Leitspindel) / leadscrew *n* || ≗ (WZM, Vorschubspindel) / feed screw || ≗ (Bürstenträger) (s. Bürstenhalterspindel) || ≗ **Ein, mit Arbeitsvorschub** (NC-Wegbedingung, DIN 66025) / start spindle feed (NC preparatory function, ISO 1056) || ≗ **Halt** (NC-Zusatzfunktion, DIN 66025,T.2) / spindle stop (ISO 1056) || ≗ **im**

Gegenuhrzeigersinn (NC-Zusatzfunktion, DIN 66025,T.2) / spindle CCW (NC miscellaneous function, ISO 1056) || ≈ **im Uhrzeigersinn** (NC-Zusatzfunktion, DIN 66025,T.2) / spindle CW (NC miscellaneous function, ISO 1056) || ≈**antrieb** *m* / spindle drive, spindle mechanism || **Einschubführung mit** ≈**antrieb** (LS, ST) / guide frame with contact engagement spindle || ≈**drehrichtung** *f* / direction of spindle rotation

Spindeldrehzahl *f*(WZM) / spindle speed || ≈ (NC-Funktion, DIN 66257) / spindle speed function (NC, ISO 2806-1980) || ≈**bereich** *m*(a. NC-Zusatzfunktion nach DIN 66025,T.2) / spindle speed range (ISO 1056) || ≈**korrektur** *f*(NC, automatisch) / spindle speed compensation || ≈**korrektur** *f*(von Hand) / spindle speed override

Spindel·durchbiegung *f*(WZM, NC) / spindle deflection || ≈**-Halt in bestimmter Winkellage** (NC) (s. orientierter Spindel-Halt) || ≈**-Halt mit definierter Endstellung** (NC-Zusatzfunktion, DIN 66025,T.2) / oriented spindle stop (ISO 1056) || **Motor mit** ≈**lagerung** / spindle-drive motor || **Kegelscheitel bis** ≈**nase** / apex to spindle nose || ≈**pendeln** *n*(NC, zum Einrücken des Getriebes) / spindle-gear meshing (movement) || ≈**potentiometer** *n* / spindle-operated potentiometer || ≈**rücklauf** *m*(WZM) / spindle return motion

Spindelsteigung *f*(WZM, Leitspindel) / leadscrew pitch (o. lead)

Spindelsteigungsfehler *m*(WZM, NC; Leitspindel) / leadscrew error || ≈**-Kompensation** *f*(WZM, NC; Leitspindel) / leadscrew error compensation

Spindelverriegelungssystem *n*(EMB) / jack-screw system

Spinne *f*(IS, Systemträger) / lead frame

Spinnfaden *m*, **Glasseiden-**≈ / glass-filament strand

Spinn·motor *m* / spinning-frame motor || ≈**topfmotor** *m* / spinning-spindle motor, spinning-centrifuge motor, spinning-can motor || ≈**turbine** *f* / spinning rotor || ≈**webverfahren** *n* / cocoonization *n*, cocooning *n*, cobwebbing *n*, spray webbing

Spion *m* / feeler gauge

Spirale *f* / spiral *n*, volute *n*, helix *n*

Spiralen·-Rillenlager *n* / spiral-groove bearing

Spiralfeder *f* / spiral spring, coiled spring, helical spring

spiralförmig genuteter Schleifring / helically grooved slipring

spiral·förmige Nut (s. Spiralnut) || ≈**gehäuse** *n* / scroll casing || ≈**kabel** *n* / coiled cable || ≈**kegelrad** *n* / spiral bevel gear || ≈**nut** *f* / spiral groove, helical groove || ≈**wicklung** *f* / spiral winding, helical winding || ≈**zahnrad** *n* / helical gear

spitz·e Klammer / angle bracket || ~**er Winkel** / acute angle

Spitze *f*(Achsende eines Meßinstruments) / pivot *n* || ≈ (Störgröße) / kick *n*

Spitzenausgangsleistung *f*, **Puls-**≈ / peak pulse output power

Spitzen·begrenzer *m*(Clipper) / clipper *n* || ≈**dämpfung** *f* / peak attenuation || ≈**diode** *f* / point-contact diode || ≈**drehmoment** *n* / peak torque || ≈**drehmoment** *n*(Betriebsmoment) / maximum running torque || ≈**energieerzeugung** *f* / peaking generation, peak-lopping generation || ≈**faktor** *m* / crest factor || ≈**kontakt** *m*(HL) / point contact || ≈**kontaktdiode** *f* / point-contact diode || ≈**kraftwerk** *n* / peak-load power station, peak-lopping station || ≈**lager** *n* / toe bearing || ≈**lagerung** *f*(MG) / pivot bearing(s), jewel hearing(s)

Spitzenlast *f* / peak load, maximum demand || ≈**betrieb** *m* / peak-lopping operation, peak-load operation, peaking *n*, peak shaving || ≈**deckung** *f* / peak-load supply || ≈**generator** *m* / peak-load generator, peaking machine, peak-lopping generator, peak-shaving generator || ≈**-Generatorsatz** *m* / peak-load set || ≈**-Optimierungsanlage** *f*(„Energy Management") / energy management system || ≈**zeit** *f* / peak-load hours, peak hours || **Belastung außerhalb der** ≈**zeit** / off-peak load

Spitzen·leistung *f* / maximum output, peak power, maximum capacity || ≈**mikrometer** *n* / micrometer with pointed noses || ≈**moment** (s. Spitzendrehmoment) || ≈**moment** (s. Stoßmoment) || ≈**radius** *m*(WZM, Werkzeug) / tool nose radius, nose radius, tip radius || ≈**-Rückwärtsspannung** *f*(Diode) / peak reverse voltage || ≈**-Rückwärtsverlustleistung** *f*(Diode) / peak reverse power dissipation || ≈**spannung** *f* / peak voltage, maximum voltage || **Eingangs~spannung** *f*(SR) / supply transient overvoltage (IEC 411-3) || ≈**spannungserzeuger** *m* / transient surge voltage generator, transient generator || ≈**spannungsprüfung** *f* / surge voltage test || ≈**speicher** *m* / peak memory || ≈**sperrspannung** *f*(Thyr, DIN 41786) / peak off-state voltage || ≈**sperrspannung** *f*(Diode, DIN 41781) / peak reverse voltage (PRV), peak inverse voltage (PIV) || ≈**spiel** *n* / crest clearance || **Vorwärts-**≈**steuerspannung** *f*(Thyr) / peak forward gate voltage || **Vorwärts-**≈**steuerstrom** *m* (Thyr) / peak forward gate current || ≈**strom** *m* / peak current || **periodischer** ≈**strom** (Thyr, DIN 41786) / repetitive peak on-state current || **periodischer** ≈**strom** (Diode, DIN 41781) / repetitive peak forward current || ≈**tarifzeit** *f* / peak-load hours, on-peak period || ≈**triggerung** *f* / peak triggering || ≈**-Vorwärtsstrom** *m*(Diode) / peak forward current || ≈**welligkeit** *f*(DIN IEC 381) / ripple content (IEC 381)

Spitzenwert *m* / peak value || ≈ **des Pegels** / peak level || ≈**bildung** *f* / peaking *n* || ≈**detektor** *m* / peak detector || ≈**-Gleichrichter** *m*(s. Spitzenwertdetektor) || ≈**-Meßgerät** *n* / peak measuring instrument || ≈**speicher** *m*(f. Strahlungspyrometer) / peak memory, peak follower

Spitzen·wicklung *f* / winding of coils with long and short sides || ≈**zähler** *m* / excess-energy meter, load-rate meter, load-rate credit meter

Spitzenzeit *f* / potential peak period, peak-load period || **außerhalb der** ≈ / off-peak *adj* || ≈**tarif** *m* / peak-load tariff, on-peak tariff

Spitze-Spitze / peak-to-peak || ≈**-Funkenstrecke** *f* / rod-rod gap || ≈**-Messung** *f* / peak-to-peak measurement

Spitze-zu-Spitze-Wert *m* / peak-to-peak value

Spitz·gewinde *n* / triangular thread, V-thread *n*, Vee-thread *n* || ≈**kerbprobe** *f* / V-notch specimen

|| ≗**kontakt** *m* / point contact || ≗**licht** *n* / spotlight *n* || **mit** ≗**licht anstrahlen** / spotlight *v* || ≗**lichtbeleuchtung** *f* / spot lighting, high-light illumination || ~**winkelig** *adj* / acute-angled *adj*

Spleiß·stelle *f* / splice *n* || **LWL-**≗**verbindung** *f* / fibre splice || ≗**verbindung** *f* / spliced joint, splice *n* || ≗**verlust** *m* / splice loss

Spline, kubische natürliche ≗ / cubic natural spline

Splint *m* / split pin, cotter pin, cotter *n*

Split·-Dip-Gehäuse *n* / split DIP package || ≗**-Gerät** *n* (s. Split-Klimagerät) || ≗**-Klimagerät** *n* / split-type air conditioner

splittersichere Lampe / shatterproof lamp

SPM (s. Sicht-Prüfmenge)

SP-Netz *n* / SP network (SP = Sync Poll)

Spongiose *f* / graphitic corrosion

spontan·es Fernwirksystem (s. Fernwirksystem mit Spontanbetrieb) || ~**e Magnetisierung** / spontaneous magnetization || ~**e Übertragung** (FWT) / spontaneous transmission

Spontanbetrieb *m* (DÜ, DIN 44302) / asynchronous response mode (ARM) || ≗ (FWT) (s. spontane Übertragung) || **Fernwirksystem mit** ≗ / quiescent telecontrol system || **gleichberechtigter** ≗ (DÜ) / asynchronous balanced mode (ABM)

Spontan·meldung *f* (FWT) / spontaneous message, spontaneous binary information || ≗**telegramm** *n* / spontaneous telegram

Sportstättenbeleuchtung *f* / sports lighting, stadium lighting

Sprachantwort *f* (DÜ) / voice answer

Sprache *f* / language *n* || **Signal**~ *f* / signal convention

Sprach·ebene *f* / language layer || ≗**eingabe** *f* / voice data entry (VDE) || ≗**erkennung** *f* / voice recognition || ~**gesteuert** *adj* / voice-controlled *adj*, voice-actuated *adj* || ≗**mittel** *n pl* / process language, language resources, language aids || ≗**raum** *m* / language subset || ≗**regelung** *f* / linguistic conventions || ≗**schale** *f* (GKS) / language binding || ≗**schicht** *f* / language layer

Spratzprobe *f* / crackle test

Spraydose *f* / spray tin, aerosol can

Sprecher *m* (Funktionselement zum Informationsaustausch; DIN IEC 625) / talker *n* || ≗**adresse** *f* (PMG) / talk address

Sprechfrequenz *f* / voice frequency (VF)

Spreiz·bürste *f* / split brush || ≗**bürste mit Kopfstück** / split brush with wedge top || ≗**dübel** *m* / expansion plug, expansion bolt, straddling dowel

Spreizen der Kabeladern / fanning out of the cable cores, spreading out of the cable cores

Spreiz·kontakt *m* / split contact || **Ader**~**kopf** *m* / dividing box || ≗**kopf** *m* (Kabel) / dividing head (or box) || ≗**krallenbefestigung** *f* / claw fixing || ≗**länge** *f* (Kabeladern) / spread length || ≗**ringkupplung** *f* / expanding clutch || ≗**schwingung** *f* / bending vibration

Spreizung *f* (BT) / spread *n*, distribution *n*

Spreng·ring *m* / snap ring, circlip *n*, spring ring || ≗**trenner** *m* / cartridge disconnector

springen *v* (PC, NC) / jump *v*, branch *v*

Springerprinzip *n* (Redundanz) / one-out-of-n redundancy

Springstarter *m* (Lampe) / snap starter, snap-action starter (switch)

Spritzen (s. Spritzgießen)

Spritz·feuer *n* / sparking *n* || ≗**gerät** *n* (Prüf.) / splash apparatus || ~**gießen** *v* (Kunststoff) / injection-mould *v* || ~**gießen** *v* (Metall) / to pressure die-cast, die-cast *v* || ≗**gießen** *n* (Kunststoff) / injection moulding || ≗**gießen** *n* (Metall) / die-casting *n*, pressure die-casting

Spritzgußlegierung *f*, **Aluminium-**≗ / die-cast aluminium alloy || **Kupfer-**≗ *f* / die-cast copper-base alloy

Spritz·gußteil *n* / injection-moulded part || ≗**ring** *m* (Lg.) / oil retainer, oil thrower || ≗**verkupfern** *n* / copper spray plating || ~**verzinken** *v* / spray-galvanize *v* || ≗**wasser** *n* / splashing water, splashwater *n* || ~**wassergeschützte Maschine** / splash-proof machine

Sprödbruch *m* / brittle failure, brittle fracture

sprödbrüchig *adj* / liable to brittle failure, susceptible to brittle failure

Sprödbruch·prüfung *f* / brittle fracture test

spröde *adj* / brittle *adj*

Sprödigkeit *f* / brittleness *n*

Sprödigkeitspunkt *m* / brittle temperature

Sprosse *f* (Rahmenkonstruktion) / crossbar *n*

Sprühbüschel *n* (Korona) / corona discharge, corona *n*

Sprühen *n* (Teilentladung) / corona *n*

Sprüh·entladung *f* / corona discharge, partial discharge || ≗**gerät** *n* / spray apparatus || ≗**getter** *n* / spray getter || ≗**kugel** *f* / corona sphere || ≗**öl** *n* / spray oil || ≗**ölkühlung** *f* / spray-oil cooling || ≗**schirm** *m* / corona shield || ≗**schutz** *m* / corona shielding, corona protection || ≗**spannung** *f* / partial-discharge voltage || ≗**strom** *m* / corona discharge current, corona current || ≗**verlust** *m* / corona loss || ≗**wasser** *n* / spray-water *n*, spraying water

sprühwassergeschützt *adj* / spray-water-protected *adj*, rain-water-protected *adj*

Sprung *m* (plötzliche Änderung) / step change, sudden change || ≗ (Riß) / crack *n*, flaw *n*, crevice *n*, fissure *n* || ≗ (Wickl.) / throw *n* || ≗ (DV, PC) / jump (JP) *n*, branch *n*, transfer *n*, skip *n* || ≗**, bedingt** (DIN 19239) / jump, conditional || **Last**~ / step change in load, sudden load variation, load step || **Phasen**~ / phase shift || **Phasen**~ (el. Masch., Wickl.) / belt pitch, phase-coil interface || **Strom**~ / current step, current step change, step change of current, sudden current variation || ≗**, unbedingt** (DIN 19239) / jump, unconditional || **Vorwärts**~ (Programm; NC, PC) / forward skip || **Wicklungs**~ / winding throw || **Zonen**~ (Wickl.) / phase-belt pitch, belt pitch, phase-coil interface

Sprungabstand *m* (Ultraschallprüfung) / full skip distance || ≗ (s. Sprungdistanz)

Sprung·adresse *f* (NC, PC) / jump address, branch address, transfer address || ≗**amplitude** *f* / step-input amplitude, amplitude of step-change signal || ≗**antrieb** *m* (SG) / snap-action (operating) mechanism, high-speed (operating) mechanism || **Einheits-**≗**antwort** *f* / unit step response, indicial response || ≗**antwort** *f* (DIN 19226) / step response (IEC 50(351)), step-forced response (ANSI C81.5) || ≗**anweisung** *f* (DIN 19237) / jump instruction, branch instruction, GO TO statement

sprungartig *adj* / abrupt *adj*, by snap action, sudden *adj* || ~**e Änderung** / abrupt change, sudden variation

Sprung·ausfall *m* / sudden failure || **~bedingung** *f* / jump condition || **~befehl** *m* / jump instruction, branch instruction || **~deckel** *m* / spring-action lid || **~distanz** *f* / jump displacement || **~-Einschaltung** *f* / closing by snap action, spring closing || **~element** *n* / jump element || **Einheits-~funktion** *f* / unit step, Heaviside unit step || **~funktion** *f* / jump function || **~generator** *m* / step generator

sprunghaft·e Änderung / abrupt change, sudden variation || ~ **auftretender Vollausfall** (s. Sprungvollausfall)

Sprung·kontakt *m* / snap-action contact (element) (IEC 337-1), quick-make quick-break contact || **~lastschalter** *m* (Trafo-Lastumschalter) / spring-operated diverter switch || **~liste** (s. Sprungzielliste) || **~marke** *f* (PC) / jump label || **~nocken** *m* / snap-action cam || **~operation** *f* / jump operation, branch operation, transfer operation || **~punkt** *m* (SuL) / transition point || **Stichprobenplan mit ~regel** / skip lot sampling plan || **~schalter** *m* / quick-break switch (ANSI C37.100), spring-operated switch, switch with independent manual operation || **~schalter** *m* (HSS) / snap-action switch, snap-acting switch || **~schaltglied** *n* (VDE 0660,T.200) / snap-action contact (element) (IEC 337-1), quick-make quick-break contact || **~schaltung** *f* / independent manual operation, snap-action operation, spring operation || **~schaltwerk** *n* (LS) / independent manual operating mechanism, spring-operated mechanism, release-operated mechanism || **~schaltwerk** *n* (HSS) / snap-action (operating) mechanism || **~spannung** *f* / surge voltage, step voltage change, initial inverse voltage, transient reverse voltage || **~taste** *f* / skip key || **~taster** *m* / snap-action switch, snap-acting switch || **~temperatur** *f* / transition temperature, critical temperature || **~verteiler** *m* / branch distributor || **~vollausfall** *m* (IEC 50(191)) / catastrophic failure, cataleptic failure || **~vorschub** *m* (NC) / intermittent feed || **~weite** *f* / jump displacement || **~welle** *f* / steep-front wave, surge wave || **~wellenprüfung** *f* / interturn impulse test, surge test || **~wert** *m* (Reg.) / level-change value

Sprungziel *n* / jump destination, branch destination || **~** (Adresse) / jump address || **~liste** *f* / branch (o. jump) destination list

Sprungzustellung *f* (NC) / intermittent feed

SPS (s. speicherprogrammierte Steuerung)

SpT (s. Spartransformator)

Spule *f* / coil *n* || **~** (Betätigungsspule) / coil *n*, solenoid *n* || **~** (Drossel) / reactor *n*, inductor *n*, choke *n* || **~** (Induktor) / inductor *n* || **~** (Lochstreifen, Magnetband) / reel *n* (tape) || **~ mit einer Windung** / single-turn coil || **ideale ~** / ideal inductor

spülen *v* / flush *v*, rinse *v*, scavenge *v*, purge *v*

spulen *v* (Lochstreifen) / wind *v*, rewind *v* || **~abstand** *m* / coil spacing || **~abstützung** *f* / coil support || **~anker** *m* / coil armature || **~draht** *m* / magnet wire || **~fluß** *m* / flux linking a coil || **~gruppe** *f* / coil group, phase belt || **~gruppierung** *f* / coil grouping || **~hälfte** *f* / half-coil *n*, coil side || **~halter** *m* / coil holder || **~isolation** *f* / coil insulation, intercoil insulation || **~kante** *f* / coil edge, coil end || **~kasten** *m* / field spool, spool *n*, coil insulating frame || **~kopf** *m* / coil end, end turn, end winding || **~kopfstreuung** *f* (s.a. „Stirnstreuung") / coil-end leakage, overhang leakage || **~körper** *m* / bobbin *n* || **~körper** *m* (Form) / coil form, coil former, former *n* || **~-Nennspannung** *f* / rated coil voltage || **~potentiometer** *m* / inductive potentiometer || **~rahmen** *m* / coil former || **~satz** *m* (ESR, zur Erzeugung der Magnetfelder f. Fokussierung, Ausrichtung u. Ablenkung) / yoke assembly || **~schenkel** *m* / coil side || **~schwinger** *m* / loop vibrator, loop oscillator || **~seite** *f* / coil side || **~seiten je Nut** / coil sides per slot || **~seitenteilung** *f* / unit interval || **~seiten-Zwischenlage** *f* / coil-side separator || **~teilung** *f* / unit interval || **~tisch** *m* (Trafo) / coil platform || **~träger** *m* / field spool, coil insulating frame || **~verband** *m* / coil assembly || **~verbindung** *f* / coil connection, coil connector, end connection || **~weite** *f* (in Nutteilungen) / coil pitch, slot pitch || **~weite** *f* (räumlich) / coil span || **~wickelmaschine** *f* / coil winding machine, coil winder || **~wickler** *m* / coil winder || **~wicklung** *f* / coil winding || **~zieher** *m* / coil puller

Spül·gas *n* / purging gas || **~luft** *f* / purging air || **~mittel** *n* / rinsing agent || **~öl** *n* / flushing oil, flushing filling, spray oil || **~ölpumpe** *f* / oil circulating pump || **~ölschmierung** *f* / flood lubrication, gravity-feed oil lubrication, gravity lubrication || **Lager mit ~ölschmierung** / flood-lubricated bearing

Spur *f* (Straße) / lane *n* || **~** (Datenträger) / track *n* || **~** (Osz.) / trace *n* || **~abfrage** *f* / track scan

Spürbarkeitsschwelle *f* / perception threshold

Spur·breite *f* (Staubsauger) / track width || **~dichte** *f* (magn. Datenträger) / track density || **~element** *n* (Datenträger) / track element

Spuren·elementanalyse *f* / trace element analysis || **~verunreinigungen** *f pl* / trace impurities

Spur·führungseinrichtung *f* (MSB) / guidance system || **~gebundenes System** / wheel-rail system, track-bound system, tracked system

Spürgerät (s. Gasspürgerät)

Spur·kennbit *n* (PC) / track ID bit (ID = identifier) || **~kraft** *f* (MSB) / guidance force || **~kranz** *m* / wheel flange, rim *n* || **~kranzrad** *n* / flanged wheel || **~kranzrolle** *f* / flanged wheel || **~lage** *f* / track position || **~lager** *n* / thrust bearing, locating bearing || **~platte** *f* (EZ) / track plate, guide plate || **~ring** *m* / runner ring, thrust ring, runner *n* || **~weite** *f* (Bahn) / track gauge, gauge *n* || **Kugel~zapfen** *m* / spherical spindle end || **~zapfen** *m* (Welle) / located journal

SR (s. Serienregister)

SRAM (s. statisches RAM)

S-Regler (s. Schrittregler)

SRS (s. Sequenz-Röntgenspektrometer)

S-Schlag (s. Linksschlag)

SST (s. Schnittstelle)

S-Station (s. Schwerpunktstation)

ST (s. Systemtransferdaten)

Stab *m* (Stabwickl.) / bar *n* || **~** (Lampenfuß) / stud *n*, arbor *n* || **~bündel** *n* (Stabwickl.) / bar bundle, composite bar conductor || **~diagramm** *n* / bar diagram, bar chart, bar graph || **~element** *n* (Wickl.) / half-coil *n* || **~erder** *m* / earth rod, ground rod, buried earth electrode || **Leuchtstofflampe in ~form** (s. stabförmige Leuchtstofflampe)

stabförmig·e Glühlampe / linear incandescent lamp, tubular incandescent lamp || ~**e Lampe** / linear lamp || ~**er Leiter** / bar-type conductor || ~**e Leuchtstofflampe** / linear fluorescent lamp, tubular fluorescent lamp

stabil·er Arbeitspunkt / stable operating point || ~**er Bereich** / stable region || ~**er Betrieb** (el. Masch.) / stable operation, steady-state balanced operation

Stabilisator *m* (a. Isolierstoff) / stabilizer *n* || ≗**diode** *f* / regulator diode, voltage regulator diode || ≗**röhre** (s. Spannungsstabilisatorröhre)

stabilisierend·e Rückführung / monitoring feedback || ~**e Wirkung** (Differentialschutz) / restraining effect (differential protection)

stabilisiert·es Differentialrelais / biased differential relay, percentage differential relay, percentage-bias differential relay || ~**er Differentialschutz** / biased differential protection, percentage differential protection || ~**er Längs-Differentialschutz** / biased longitudinal differential protection || ~**es Relais** / biased relay, restrained relay || ~**er Stromdifferentialschutz** / biased current differential protection || ~**e Stromversorgung** (DIN 41745) / stabilized power supply || ~**es Stromversorgungsgerät** / stabilized power supply unit || ~**er Zustand** (magnet.) / cyclic magnetic condition

Stabilisierung *f* (DIN 41745) / stabilization *n* || ≗ (Schutz) / biasing *n* (feature), bias *n*, electrical restraint || ≗ **durch Regelung** (DIN 41745) / closed-loop stabilization || ≗ **durch Steuerung** (DIN 41745) / open-loop stabilization || ≗ **gegen Einschaltströme** („Rush-Unterdrückung") / inrush restraint, harmonic restraint

Stabilisierungs·art *f* (DIN 41745) / mode of stabilization || ≗**faktor** *m* (DIN 41745) / stabilization factor || ≗**grad** *m* (Differentialrel.; Verhältnis Differenzstrom/Stabilisierungsstrom) / restraint percentage || ≗**größe** *f* (Differentialschutz) / biasing quantity, restraining quantity || ≗**spannung** *f* (Differentialschutz) / biasing voltage, restraining voltage || ≗**spule** *f* (Differentialschutzrel.) / bias coil, restraining coil || ≗**spule** *f* (f. Einschaltstromstabilisierung) / current restraint coil, restraining coil || ≗**strom** *m* (Differentialschutz) / restraint current, biasing current || ≗**wandler** *m* (Differentialschutz) / biasing transformer || ≗**wicklung** *f* / stabilizing winding, series stabilizing winding || ≗**wicklung** *f* (Differentialschutzrel.) / bias winding, bias coil || **Nebenschlußmaschine mit** ≗**wicklung** / stabilized shunt-wound machine || ≗**widerstand** *m* / stabilizing resistor || ≗**wirkung** *f* (Schutzrel.) / restraint *n*, bias *n* || ≗**zeit** *f* (Mikrowellenröhre) / warm-up time, starting time

Stabilität *f* (System) / stability *n* || ≗ **bei äußeren Fehlern** (Differentialschutz) / through-fault stability, stability on external faults || ≗ **bei dynamischen Vorgängen** / transient stability, dynamic stability || ≗ **bei Fehlanpassung** / mismatch stability || ≗ **der Ausgangsleistung** (Verstärkerröhre, DIN 235, T.1) / power stability || ≗ **der Erregeranordnung** / excitation-system stability || ≗ **im stationären Betrieb** / steady-state stability || **dynamische** ≗ / transient stability, dynamic stability || **statische** ≗ / steady-state stability

Stabilitäts·abweichung *f* / stability error (IEC 359) || ≗**bedingung** *f* (Nyquist) / stability criterion (of Nyquist) || ≗**bereich** *m* (Netz) / stability zone || ≗**fehler** *m* / stability error (IEC 359) || ≗**gebiet** *n* / stability region || ≗**grenze** *f* / stability limit || **dynamische** ≗**grenze** / transient stability limit || ≗**karte** *f* / stability-limit plot || ≗**marge** *f* / stability margin

Stab·isolierung *f* / bar insulation || ≗**leiter** *m* / bar-type conductor || ≗**leuchtstofflampe** *f* / linear fluorescent lamp, tubular fluorescent lamp || ≗**magnet** *m* / magnetic bar || ≗**-Platte-Funkenstrecke** *f* / rod-plane gap || ≗**-Schleifenwicklung** *f* / bar-type lap winding || ≗**sicherung** *f* / pin-type fuse || ≗**-Stab-Funkenstrecke** *f* / rod-rod gap || ≗**stromwandler** *m* / bar-primary-type current transformer, bar-primary current transformer || ≗**temperaturregler** *m* / stem-type thermostat, immersion-type thermostat || ≗**-Verteilung** *f* (Siemens-Typ) / STAB distribution board, metal-enclosed distribution board || ≗**wähler** *m* (Trafo) / rod selector || ≗**wandler** *m* / bar-primary transformer || ≗**welle** *f* / bar wave || ≗**wicklung** *f* / bar winding || **verschränkte** ≗**wicklung** / cable-and-bar winding || ≗**zahl** *f* („Ankerdrahtzahl") / number of armature conductors || ≗**zahl** *f* (Stabwähler) / number of rods

Stack (s. Stapelspeicher)

Stadiumbeleuchtung *f* / stadium illumination

Stadt·autobahn *f* / urban freeway || ≗**licht** *n* (Kfz) / dipped beam (GB), meeting beam (GB), lower beam (US), passing beam (US) || ≗**straße** *f* / street *n*

Staffel *f* (v. Antrieben) / group *n*, sequence *n*

Staffelläufer *m* (versetzte Nuten) / staggered-slot rotor || ≗ (versetztes Blechp.) / staggered split-core cage rotor

staffeln *v* (Bürsten) / stagger *v*, fit in a staggered arrangement

Staffel·plan *m* (Schutz) / time grading schedule, selective tripping schedule || ≗**plan** (s. Zeitablaufdiagramm) || ≗**schalter** *m* / local control and interlock bypass switch || ≗**stück** *n* (Bürstenhalter) / spacer *n* || ≗**tarif** *m* / step tariff

Staffelung *f* (gestaffelte Anordnung; Staffelung von Bürsten) / stagger *n*, circumferential stagger, staggering *n* || ≗ (zeitlich; Schutz) / grading *n*, time grading || ≗ **der Bremswirkung** / graduating of brake action || **Aufruf**~ (PC) / call distribution, call grading || **Strom**~ / current grading || **Überstrom-Schutz-**≗ / overcurrent protective coordination || **Vertikal**~ (Flp.) / vertical separation

Staffelungs·winkel *m* (Bürsten) / stagger angle

Staffelzeit *f* (Schutz) / grading time, selective time interval

Stahl·-Aluminium-Leiter *m* / steel-cored aluminium conductor (SCA), aluminium cable, steel-reinforced (ACSR) || ≗**bandarmierung** (s. Stahlbandbewehrung) || ≗**bandbewehrung** *f* (Kabel) / steel-tape armour || ≗**bauarbeiten** *f pl* / structural steel work || ≗**bauprofil** *n* / structural-steel section, structural shape || ≗**binder** *m* / steel frame, steel truss || ≗**binderbauweise** *f* (ST) / steel-frame(d) structure, skeleton-type structure

Stahlblech *n* (dick) / steel plate || ≗ (dünn) / sheet steel, steel sheet || ≗**gehäuse** *n* / sheet-steel

enclosure, sheet-steel cabinet
stahlblechgekapselt *adj* / metal-enclosed *adj*, sheet-steel-enclosed *adj* || ~**er Niederspannungsverteiler (SNV)** / metal-enclosed l.v. distribution board || ~**e Sammelschiene** / metal-enclosed bus || ~**e Schalttafel** / metal-enclosed switchboard || ~**e Steuertafel** / metal-enclosed control board || ~**er Verteiler** / metal-enclosed distribution board
Stahlblech·kanal (S-Kanal) *m* / sheet-steel duct, steel trunking || ≗**kapselung** *f* / sheet-steel enclosure, metal enclosure || ≗**-Kleinstation** *f* / metal-enclosed packaged substation || ≗**-Leitstand** *m* (Tafel) / metal-enclosed control board || ≗**-Schalttafel** *f* / metal-enclosed switchboard
Stahl·einlage *f* (Sohlplatte) / rail *n* || ≗**federbalg** *m* / steel spring bellows || ≗**fundament** *n* / steel base || ≗**fundament** *n* (Stahltisch) / steel platform
Stahlgitter·mast *m* / latticed steel tower, steel tower || ≗**widerstand** *m* / steel-grid resistor
Stahl·ortbeton (s. Ort-Stahlbeton) || ≗**panzerrohr** *n* / heavy-gauge steel conduit, high-strength steel conduit, steel conduit || ≗**panzerrohrgewinde** *n* / heavy-gauge steel conduit thread, steel conduit thread || ≗**panzer-Steckrohr** *n* / non-threadable heavy-gauge steel conduit, unscrewed high-strength steel conduit || ≗**platte** *f* / steel plate
Stahlrohr *n* / steel tube, steel pipe || ≗ (IR) / steel conduit || **Gasaußendruckkabel im** ≗ / pipeline compression cable
Stahl·schiene *f* (flach) / steel bar || ≗**schiene** *f* (Profil) / steel rail || ≗**schmiedestück** *n* / steel forging || ≗**seil** *n* / steel-wire rope, steel cable || ≗**sorte** *f* / steel grade || ≗**-Stahl-Lager** *n* / steel-on-steel bearing || ≗**tisch** *m* (Maschinenfundament) / steel platform || ≗**unterlage** *f* (Fundament) / steel base, steel bedplate, steel baseplate || ≗**wellmantel** *m* / corrugated steel sheath
Stalum-Draht (s. aluminiumummantelter Stahldraht)
Stamm·daten *plt* / master data || ≗**datenverwaltung** *f* / master data management || ≗**wicklung** *f* / main winding || ≗**zeichnung** *f* / master drawing || ≗**zelle** *f* (Batt.) / main cell
Stampfkontakt *m* (Bürste) / tamped connection
Stand, auf den neuesten ≗ **bringen** / update *v* || ≗**-alone-Betrieb** (s. Einzelbetrieb)
Standard *m* (Qualitätsniveau) / (factory-stipulated) quality level
Standardabweichung *f* / standard deviation, r.m.s. deviation || ≗ **einer Zufallsgröße** (DIN 55350,T.21) / standard deviation of a variate || **relative** ≗ / coefficient of variation, variation coefficient
Standard·bedienung *f* / standard operator routine || ≗**befehl** *m* / standard instruction, standard statement || ≗**belastung** *f* / standard load || ≗**belegung** *f* (PC) / standard assignment(s) || ≗**bestückung** *f* / standard complement || ≗**-Betätigungsplatte** *f* (NS) / standard target || ≗**bild** *n* (Bildschirm) / standard display || ≗**buchung** *f* (ZKS) / standard terminal entry, normal entry || ≗**-Einbauplatz (SEP)** *m* / standard plug-in station (SPS), standard mounting station || ≗**eingang** *m* / standard input || ≗**farbe** *f* (Lampe) / standard colour || ≗**fehler** *m* (QS) / standard error || ≗**feld** *n* (ST) / standard panel section || ≗**feld** *n* (Verteiler; MCC) / standard section || ≗**-Funktionsbaustein** *m* (PC) / standard function block || ≗**gesamtheit** *f* / standard population || ≗**-Gesamt-Rauschzahl** *f* / standard overall average noise figure || ≗**-Glühlampe** *f* (mech. Ausführung) / standard incandescent lamp
standardisieren *v* / standardize *v*
standardisiert·e bivariate Normalverteilung (DIN 55350,T.22) / standardized bivariate normal distribution || ~**e Normalverteilung** (DIN 55350,T.22) / standardized normal distribution || ~**e Zufallsgröße** (DIN 55350,T.21) / standardized variate
Standardisierung *f* / standardization *n*
Standard·kombinationsglied *n* (DIN 19237) / standard multi-function unit || ≗**lampe** *f* / secondary standard lamp, secondary standard of light, secondary standard || ≗**last** *f* / standard load || ≗**modell** *n* (Grafik) / graphics drawing primitive (GDP) || ≗**-Niederspannungs-Schaltanlage** *f* / standard l.v. switchgear || ≗**peripherie** *f* / standard peripherals || ≗**-Plotdatei** *f* / default plotfile || ≗**-Prüftemperatur** *f* / standard temperature for testing (IEC 70) || ≗**-Rauschfaktor** *m* / standard noise factor || ≗**-Rauschzahl** *f* / standard noise figure || ≗**schalter** *m* (Steuerschalter) / standard control switch || ≗**schnittstelle** *f* / standard interface || ≗**schrift** *f* / standard (o. normal) print || ≗**system der Gleitwinkelbefeuerung** / standard visual approach slope indicator system || ≗**textbefehl** *m* (FWT) / instruction command, standard command || ≗**-Überwachungsprogramm** *n* (PC) / standard monitoring program || ≗**-Wasserstoffpotential** *n* / standard hydrogen potential || ≗**zustand** *m* (Druck, Temperatur) / standard conditions, standard reference conditions, metric standard conditions
Standdruck *m* / static pressure
Ständer *m* (el. Masch., Stator) / stator *n*, frame *n* || ≗ (Stativ; Gestell) / stand *n*, mount *n*, tripod *n* || **verschiebbarer** ≗ / end-shift frame || ≗**anker** *m* / stationary armature || ≗**anlasser** *m* / primary starter, reduced-voltage starter, stator-circuit starter || ≗**anlasser** *m* (mit Widerständen) / stator resistance starter, stator inductance starter || ≗**anlasser mit Drossel** / primary reactance starter || ≗**anschlüsse** *m pl* / stator terminals, stator connecting leads, end leads of stator winding || ≗**anschnittsteuerung** *f* / stator(-circuit) phase-angle control || ≗**blech** *n* / stator lamination, stator punching || ≗**blechpaket** *n* / laminated stator core, stator core || ≗**bohrung** *f* / stator bore, inside diameter of stator core || ≗**eisen** *n* / stator iron, stator core || ≗**erdschlußschutz** *m* / stator earth-fault protection (GB), stator ground-fault protection (US) || ~**erregte Maschine** / stator-excited machine, stationary-field machine || ≗**gehäuse** *n* / stator housing, stator frame, frame *n*, carcase *n* || ~**gespeist** *adj* / stator-fed *adj* || ~**gespeister Drehstrom-Nebenschlußmotor** / stator-fed three-phase a.c. commutator shunt motor || ≗**hebevorrichtung** *f* / stator lifting device || ≗**joch** *n* / stator yoke, yoke *n* || ≗**klemmenkasten** *m* / primary terminal box, stator-circuit terminal box || ≗**kreis** *m* / stator circuit, primary circuit ||

~leuchte *f* / standard lamp (GB), floor lamp (US), floor standard lamp || **~paket** (s. Ständerblechpaket) || **~rücken** *m* / stator back || **~rückwirkung** *f* / secondary armature reaction || **~schalter** *m* (LS) / stator circuit-breaker || **~schütz** *n* / stator contactor, stator-circuit contactor || **~sohlplatte** *f* / stator rail, stator soleplate || **~stab** *m* / stator winding bar || **~-Streublindwiderstand** *m* / stator leakage reactance, primary leakage reactance || **~teilfuge** *f* / stator joint || **~umschalter** *m* / primary reverser, stator-circuit reversing contactor || **~verschiebevorrichtung** *f* / stator shifting device || **~wicklung** *f* / stator winding || **~-Widerstandsanlasser** *m* / primary resistor starter || **~-Windungsschluß-Schutz** *m* / stator interturn fault protection

Standfernkopierer *m* / free-standing facsimile unit

standfest *adj* / stable *adj*, firm *adj*

Standfestigkeit *f* (allg.; mech.) / stability *n*, stability under load || **~** (früher „Lebensdauer" eines el. Geräts o. „Mindestgebrauchsdauer") / endurance *n* || **elektrische ~** / electrical endurance, voltage life, voltage endurance || **Nachweis der elektrischen ~** / electrical endurance test || **Nachweis der mechanischen ~** / mechanical endurance test || **Prüfung der ~** (SG) / test of mechanical and electrical endurance, endurance test

Stand·fläche *f* (Gerät) / base *n* || **~fläche** *f* (v. Personen) / standing surface || **~fuß** *m* (BSG) / stand *n* || **~gerät** *n* (elST) / upright unit

standhalten, einem Druck ~ / to withstand pressure

ständig·e Adaption (adaptive Reg.) / perpetual adaptation || **~ aktive Überwachung** / permanently active monitoring function, permanently active checks || **~ besetzte Station** / permanently manned substation || **~ frei verfügbar** (Programmteile) / permanently unassigned || **~e Last** / permanent load, deadweight load || **~ wirksame Begrenzung** (NC) / continuously active limiting function

Stand·keil *m* / fixed key, base key || **~länge** *f* (Bohrmasch.) / holes per grind || **~leitung** *f* / dedicated line, leased line || **~melder** *m* (Brandmelder) / pillar-type call point || **~menge** *f* (Schleifmasch.) / output (o. parts) per grind || **~menge** *f* (Stanzmasch.) / die life || **~messung** *f* / level measurement

Standort des Beobachters / location of observer || **~-Isolationsmessung** *f* / standing-surface insulation testing || **~isoliert** *adj* / with insulated standing surface || **~isolierung** *f* / standing surface insulation, insulating standing surface, fitter's insulating mat || **~kriterien** *n pl* / site criteria

Standplatz *m*, **Luftfahrzeug-~** / aircraft stand

Standprofil *n* / upright *n*

Standprüfung *f* / withstand test, proof test || **~** (am stehenden Fahrzeug) / stationary test

Stand·regler *m* / level controller, liquid-level controller || **~riefen** *f pl* / brinelling *n*, scoring *n* || **~rohr** *n* / standpipe *n* || **~rohr** *n* (Fangleiter) / elevation pipe, elevation rod || **~schrank** *m* / self-supporting cubicle, floor-mounting cabinet, free-standing cabinet || **~sicherheit** *f* / stability *n*, stability under load || **~spur** *f* (Autobahn) / emergency lane

Standverbindung *f* / point-to-point circuit, dedicated circuit || **Daten~** *f* (DIN ISO 3309) / non-switched data circuit

Stand·versuch *m* (el.) / proof test, withstand test || **~versuch** *m* (mech.) / time-rupture test || **~verteiler** *m* / cubicle-type distribution unit, floor-mounted distribution board (o. unit)

Standwert, spezifischer ~ (s. spezifische Schallimpedanz)

Standzeit *f* (Fett; Lagerung) / stability time || **~** (Gebrauchsdauer; Kunststoff) / pot life, spreadable life || **~** (Nutzzeit) / useful life, life *n*, endurance *f* || **~** (Werkz.) / tool life || **~** (Trafo, nach Ölfüllung) / unenergized time || **Werkzeug-~** / tool life

Stangen·antrieb *m* (Mehrachsantrieb über einen aus Stangen und Kurbeln bestehenden Mechanismus) / rod drive || **~antrieb** *m* (PS) / rod actuator || **~bearbeitung** *f* / bar work || **~hebel** *m* (PS; EN 50041) / roller lever arm (EN 50041), rod actuator || **~hebeltaster** (s. Taumelstabschalter) || **~klemme** *f* (f. Isolatorketten) / pole clamp, stick clamp || **~rohr** *n* (IR) / rigid conduit || **~schloß** *n* (Drehriegel) / espagnolette lock || **~stromabnehmer** *m* / trolley collector || **~stromabnehmer-Kontaktrolle** *f* / trolley wheel

Stanzbarkeit *f* / punching quality

stanzen *v* / punch *v*, stamp *v* || **~** (ausschneiden) / blank *v* || **~** (lochen) / pierce *v*, perforate *v*

Stanzer *m* (f. Lochstreifen) / punch *n* || **~-Anschaltung** *f* (NC-Steuergerät) / tape punch connection

Stanzerei *f* / punching shop

Stanz·matrize *f* / punching die || **~qualität** *f* / punching quality || **~stempel** *m* / punch *n*, die *n* || **~teil** *n* / punching *n*, stamping *n* || **ausgeschnittenes ~teil** / blank *n* || **~werkzeug** *n* / punching die, blanking die

STAP (s. Störungsablaufprotokoll)

Stapel *m* (Kern) / stack *n*

stapelbar *adj* / stackable *adj*

Stapel·betrieb *m* (DV) / batch mode, batch processing || **~dorn** *m* (Blechp.) / building mandrel, stacking bolt || **~faktor** *m* (eines geblechten o. gewickelten Kerns, IEC 50(221)) / lamination factor || **~faser** *f* / staple fibre || **~fernverarbeitung** *f* / remote batch processing

stapeln *v* / stack *v*

Stapel·programmierung *f* / batch programming || **~register** *n* / stack register || **~speicher** *m* / stack *n*, pushdown storage || **~verarbeitung** *f* / batch processing, batch mode || **~verband** *m* / stacked assembly || **~vorrichtung** *f* (Blechp.) / building jig, core building frame, stacking frame || **~zeiger** *m* (Stapelspeicher) / stack pointer, stack indicator

stark·e Kompoundierung / heavy compounding || **~es Netz** / constant-voltage, constant-frequency system, high-power system, powerful supply system || **~ streuend** (LT) / highly diffusing || **~e Verschmutzung** / severe pollution

Stärke *f* (Dicke) / thickness *n*, gauge *n* || **~** (Intensität) / intensity *n*, strength *n*, level *n* || **Draht~** / wire size

Starkladung *f* (Batt.) / boost charge

Starklastzeit *f* / potential peak period, peak-load period

starkleitendes Polymer / high-conductivity

polymer

Starkstrom *m* / heavy current, power current, power *n* || ≗**abteil** *n* (IK) / power service duct (o. compartment) || ≗**anlage** *f* (VDE 0100, T.200) / electrical power installation, power installation, power system || ≗**beeinflussung** *f* / exposure to power lines || ≗**-Freileitung** *f* / overhead power line || ≗**kabel** *n* / power cable || ≗**kabelgarnituren** *f pl* / power cable accessories, power cable fittings || ≗**kontakt** *m* / heavy-duty contact || ≗**kreis** *m* / power circuit || ≗**leitung** *f* / power line || ≗**leitung** *f* (Kabel) / power cable || ≗**leitungen** *f pl* / cables and flexible cords for power installations, power cables || ~**nah** *adj* / in the vicinity of power circuits, susceptible to interference || ~**nahe Ausführung** (Industrieelektronik) / direct relay replacement, direct contactor replacement, design suitable for industrial environment, industrial-standard type || ≗**netz** *n* / power system || ≗**-Schaltanlagen** *f pl* / power switchgear || ≗**-Schaltgeräte** *n pl* / power switchgear, (mechanical) switching devices for power circuits || ≗**-Steuerkopfkombination** *f* / m.c.b. assembly for power circuits, heavy-current m.c.b. assembly || ≗**steuerung** *f* / power-level control, heavy-current control || ≗**technik** *f* / power engineering, heavy-current engineering

starr *adj* / rigid *adj* || ~**e Arbeitszeit** / fixed working time, fixed working hours || ~**e Drehzahlregelung** / stiff speed control || ~**e Erdung** / solid earthing (GB), solid grounding (US), direct earthing || ~**er Frequenzumformer** / fixed-output frequency converter || ~ **geerdet** / solidly earthed (GB), solidly grounded (US), directly earthed, effectively earthed (o. grounded) || ~ **gekuppelt** / solidly coupled, solid-coupled *adj* || ~**er Generator** / constant-voltage, constant-frequency generator || ~**es Getriebe** / solid gearing || ~**er Knoten** (Netz) / infinite bus || ~**es Kunststoffrohr** / rigid non-metallic conduit, rigid plastic conduit || ~**e Kupplung** *f* / solid coupling, friction coupling, rigid coupling || ~**es Lager** / rigid bearing, non-aligning bearing || ~**e Leiterplatte** / rigid printed board || ~**e Leiterplatte mit Leiterbild auf einer Seite** / rigid single-sided printed board || ~**e Leiterplatte mit Leiterbildern auf beiden Seiten** / rigid double-sided printed board || ~**es Netz** / stiff system, constant-voltage constant-frequency system, infinite bus || ~**es Rohr** (IR) / rigid conduit || ~**er Rotor** / rigid rotor || ~**e Rückführung** / rigid feedback, proportional feedback || ~**es Stahlrohr** (IR) / rigid steel conduit || ~ **werden** (Kuppl.) / to become solid || ~**e Zeitstaffelung** (Schutz) / definite time grading || ~**-flexible Leiterplatte** / flex-rigid printed board

starr-flexible Leiterplatte mit Leiterbildern auf beiden Seiten / flex-rigid double-sided printed board || ~ **Mehrlagen-Leiterplatte** / flex-rigid multilayer printed board

Starrschmiere *f* / cup grease

Start für Weiterverarbeitung (NC) / continuation start || ≗**- und Landebahnbefeuerung** (s. Pistenbefeuerung) || ≗**abbruchstrecke** *f* (s. Startlaufabbruchstrecke) || ≗**bahn** *f* / take-off runway, runway *n* || ≗**befehl** *m* (a. FWT) / starting command || ≗**bit** *n* (DIN 44302) / start element || ≗**bit** *n* (PC) / start bit

starten *v* (Rel.; E VDE 0435,T.110) / start *v* || ~ **einer Zeit** (PC) / to start a timer

Starter *m* (Anlasser f. Elektromotor) / starter *n*, motor starter || ≗ (Kfz) / starter *n*, starting motor || ≗ (Lampe) / starter *n*, starter switch || ≗ (Elektrode) (s. Starterelektrode) || ≗ **für direktes Einschalten** / direct-on-line starter, full-voltage starter, across-the-line starter, line starter || ≗ **mit n Einschaltstellungen** / n-step starter

Starterbetrieb, Leuchtstofflampe für ≗ / switch-start fluorescent lamp

Starter·elektrode *f* / starting electrode, trigger electrode || ≗**entladungsstrecke** *f* / starter gap || ≗**fassung** *f* / starter holder, starter socket || ≗**feld** *n* / starter panel, starter unit || ≗**-Generator** *m* (Kfz) / starter-generator *n* || ≗**hülse** *f* / starter canister

starterlos·e Leuchtstofflampe / starterless fluorescent lamp, cold-starting fluorescent lamp || ~**es Vorschaltgerät** / starterless ballast

Starter·motor *m* / starting motor, starter motor || ≗**schutzschalter** *m* / motor-circuit protector (MCP), starter circuit-breaker || ≗**stellung** *f* / starter notch, starter position || ≗**übernahmestrom** *m* / starter transfer current

Start· *f*, **Selbsterregungs-**≗**hilfe** / field flashing (device) || ≗**hilfe** *f* / starting aid || ≗**impuls** *m* / start pulse

Startlauf *m* (Flugzeug) / take-off run || ≗**abbruchstrecke** *f* / accelerate-stop distance || ≗**strecke** *f* (Flp.) / take-off run distance

Start·leistung *f* (Batt.) / starting capability || ≗**-Merker** *m* (PC) / start flag || **Vorschub-**≗**punkt** *m* / feed start position || ≗**punkt** *m* (NC) / starting position || ≗**schritt** *m* (DÜ) / start element, start bit || ≗**schritt** *m* (Laufzeit o. Zeitspanne seit Start einer Steuerung) / operation time || ≗**schritt** (PC, Bit) (s. Startbit) || ≗**selektor** *m* (Osz.) / start selector, trigger selector

Start-Stop·-Automatik *f* (Kfz.) / automatic start-stop control || ≗**-Fernwirkübertragung** *f* / start-stop telecontrol transmission || ≗**-Information** *f* / start-stop information || ≗**-Übertragung** *f* / start-stop transmission

Start·strecke *f* (Flp.) / take-off distance || ≗**taste** *f* / start button (o. key) || ≗**- und Abstellautomatik** / automatic start-up and shutdown control, automatic start-stop control || ≗**- und Landebahn** / runway *n* || ≗**verhalten** *n* / starting performance || ≗**versuch** *m* / starting attempt || ≗**vorrichtung** *f* (Leuchte) / starting device (luminaire) || ≗**wert** *m* (Rel.) / starting value || ≗**wiederholung** *f* / repetition of start, repeated start || ≗**zeit** *f* (Steuerung) / starting time

Statik *f* (Maschinensatz, Netz) / droop *n* || ≗ (Spannungsregler) / drooping characteristic, droop *n*, drooping-voltage/KVAr characteristic, quadrature droop || ≗ (bleibende Drehzahlabweichung) / speed droop, offset *n*, load regulation || ≗ (Bau, statische Berechnung) / statics *n pl*, stress analysis || ≗**ausgleich** *m* / reactive-current compensation, droop compensation || ≗**ausgleicher** *m* / reactive-current compensator || ≗**baustein** *m* / reactive-current compensator module, quadrature-droop module || ≗**einrichtung** *f* / reactive-current compensator, quadrature-droop circuit, cross-current compensator || ≗**wandler** *m* / current transformer for quadrature droop circuit ||

≗widerstand *m* / droop resistor
Station *f* (Unterwerk) / substation *n* || ≗ (Schaltanlage) / switching station, substation *n* || ≗ (Datenendgerät) / terminal *n* || ≗ (Prozeßleiteinrichtung) / station *n* || ≗ **in metallgekapselter gasisolierter Bauweise** / gas-insulated metal-clad substation || ≗ **in offener Bauweise** / open-type substation || ≗ **mit doppelter Einspeisung** / doubly fed station, double-circuit station || **HGÜ-≗** / HVDC substation
stationär *adj* / stationary *adj*, steady-state *adj* || **~er Betrieb** / steady-state operation, steady operation, steady-state balanced operation || **~er Endwert** (Reg.) / final steady-state value || **~es Feld** / steady-state field, stationary field || **~es Geräusch** / stationary noise || **~er Kurzschlußstrom** / steady-state short-circuit current || **~e Lastkennlinie** / steady-state load characteristic || **~e Modenverteilung** / equilibrium mode distribution || **~e Phase** / stationary phase || **~er Primärversuch** (Schutz) / steady-state primary-injection test || **~es Rauschen** / stationary noise || **~e Schwingung** / steady-state vibration || **~er Sperrstrom** (Thyr, Diode, DIN 41786, DIN 41853) / resistive reverse current || **~e Stromversorgungsbedingungen** / steady-state power conditions || **~er symmetrischer Betrieb** / steady-state balanced operation || **~e Verfügbarkeit** / steady-state availability || **~es Verhalten** / steady-state behaviour, steady-state characteristics || **~es Zufallsrauschen** / stationary random noise || **~er Zustand** / steady state || **~er Zustand des Reglers** / controller output balance || **Stabilität im ~en Betrieb** / steady-state stability || **unter ~en Bedingungen** / during steady-state conditions, under steady-load conditions
Stations·abfragebefehl *m* (FWT) / station interrogation command || ≗**ableiter** *m* / station-type arrester || ≗**aufforderung** *f* (DIN 44302) / interrogation *n* || ≗**batterie** *f* / substation battery || ≗**bedarf** *m* (Eigenbedarf einer Unterstation) / substation auxiliaries power (o. system) || ≗**ebene** *f* (Fertigungssteuerung, CAM-System) / station level || ≗**erde** *f* / station earth || ≗**gerüst** *n* / substation structure || ≗**kennung** *f* / station identification || ≗**leitebene** *f* / station control level || ≗**leitgerät** *n* / station control unit || ≗**pol** *m* / substation pole
Stationsregelung *f*, **HGÜ-≗** / HVDC substation control
Stations·-Schaltanlage (s. Stations-Schaltschrankanlage) || ≗**schalter** *m* (LS) / station circuit-breaker || ≗**-Schaltschrankanlage** *f* / station-type cubicle switchgear || ≗**stützer** *m* (Isolator) / station post insulator || ≗**transformator** *m* / substation transformer, station-type transformer
statisch abmagnetisierter Zustand / statically demagnetized state, statically neutralized state || **~e Abschirmung** / static screen(ing) || **~e Abweichung** / steady-state deviation, offset *n* || **~er Ausgang** / solid-state output, semiconductor output || **~es Auswuchten** / static balancing, single-plane balancing || **~e Auswuchtmaschine** / static balancing machine || **~e Baugruppe** / static module || **~e Belastung** (s. statische Kraft) || **~e Belastung** (s. statische Last) || **~e Berechnung** (Bau) / stress analysis || **~e B(H)-Schleife** / static B(H) loop || **~er Blindleistungskompensator** / static Var compensator (SVC), static reactive-power compensator, static compensator || **~e Charakteristik** (Transduktor) / static characteristic, transfer curve (transductor) || **~e Drehzahländerung** / steady-state speed regulation || **~er Druck** / static pressure || **~e Druckhöhe** / pressure head, head *n*, static head || **~e Durchbiegung** / static deflection || **~e Eigenschaften** (MG) / static properties || **~er Eingang** (DIN 40700, T.14) / static input (IEC 117-15) || **~e Elektrizität** / static electricity, frictional electricity || **~er Elektrizitätszähler** / solid-state electricity meter || **~er Erreger** / static exciter || **~e Erregung** (el. Masch.) / static excitation, brushless excitation || **~e Festigkeit** / static strength || **~e Feuchte-Hitze-Prüfung** / static damp-heat test || **~es Gerät** / static device, solid-state device, semiconductor device, electronic device || **~e Hystereseschleife** / static hysteresis loop, static B-H loop || **~e Kennlinie** / static characteristic, transfer curve || **~e Kennlinie** (Rel., VDE 0435, T.110) / steady-state characteristic || **~e Kennlinie** (s. Leerlaufkennlinie) || **~e Kippleistung** / steady-state pull-out power || **~er Kompensator** / static compensator || **~e Kraft** / static force || **~e Last** / static load || **~er Lastwinkel** (Schrittmot.) / angular displacement under static load || **~e Magnetisierungskurve** / static magnetization curve || **~es Meßrelais (SMR)** / static measuring relay, solid-state measuring relay || **~e Netzstabilität** / steady-state stability of power system, steady-state power system stability || **~ neutralisierter Zustand** / statically neutralized state || **~e Prüfung** / static test || **~es RAM (SRAM)** / static RAM (SRAM) || **~es Relais** / static relay, solid-state relay (SSR) || **~er Restfehler** (Reg.) / offset *n* || **~es Schaltgerät** / solid-state switching device || **~er Schreib-/Lese-Speicher** / static read/write memory || **~e Spannung** (mech.) / static stress || **~e Spannungsänderung** / steady-state regulation || **~e Spannungsgenauigkeit** / steady-state regulation || **~e Spannungstoleranz** / steady-state voltage tolerance || **~er Speicher** / static memory || **~er Speicherabzug** / post-mortem dump || **~e Stabilität** / steady-state stability || **~e Tragzahl** / basic static load rating, static load rating || **~es Überlastrelais** / static overload relay, solid-state overload relay || **~e Überspannung** / static overvoltage || **~es Überstromrelais** / static overcurrent relay || **~er Wattstundenzähler** / static watthour meter || **~e Wellendurchbiegung** / static deflection of shaft || **~er Zähler** / static (electricity) meter || **~es Zeitrelais** / static time-delay relay, solid-state time-delay relay, electronic timer
Statisierung *f* (Spannungsregler) / reactive-current compensation, quadrature-current compensation, cross-current compensation, quadrature droop compensation, droop adjustment
Statisierungseinrichtung *f* / reactive-current compensator, quadrature-droop circuit, cross-current compensator
Statistikrechner *m* / statistics computer

statistisch·e Abweichungsgrenze (s. Grenzabweichung) || **~er Anteilsbereich** (DIN 55350,T.24) / statistical tolerance interval || **~es Ausfallrisiko** / statistical failure risk || **~e Bewertung** / statistical assessment || **~e Blitzüberspannung** / statistical lightning overvoltage || **~er Fehler** / random error || **~e Kenngröße** / statistic *n* || **~er Kennwert** (s. statistische Kenngröße) || **~e Maßzahl** (s. statistische Kenngröße) || **~es Moment** / statistical moment || **~er Pegelfaktor** (VDE 0111, T.1 A1) / statistical safety factor || **~e Pegelsicherheit** (s. statistischer Pegelfaktor) || **~e Qualitätslenkung** (DIN 55350, T.11) / statistical quality control || **~e Qualitätsprüfung** (DIN 55350,T.11) / statistical quality inspection || **~es Rauschen** / random noise || **~e Schaltüberspannung** / statistical switching overvoltage || **~e Schwankungen** / statistical variations || **~e Sicherheit** (s. Vertrauensniveau) || **~e Steh-Blitzstoßspannung** / statistical lightning impulse withstand voltage || **~e Steh-Schaltstoßspannung** / statistical switching impulse withstand voltage || **~e Steh-Stoßspannung** / statistical impulse withstand voltage || **~e Streubereichsgrenzen** / statistical tolerance limits || **~er Test** (DIN 55350,T.24) / statistical test, significance test || **~ verteilt** / randomly distributed || **~e Verteilung** / statistical distribution

Stativ *n* / stand *n*, tripod *n*

Stator *m* / stator *n*

Status *m* / status *n*, state *n* || **≗abfrage** *f* / status interrogation, status check || **≗anzeige** *f* / status display || **≗bearbeitung** *f* / status processing || **≗meldung** (s. Zustandsmeldung) || **≗register** *n* / status register || **≗übergang** *m* / state transition

Staub·ablagerung *f* / dust deposit, dust accumulation || **~abweisend** *adj* / dust-repellent *adj* || **≗ansatz** *m* / dust deposit, dust accumulation || **explosionsfähige ≗** / explosive dust atmosphere || **≗aufnahmevermögen** *n* (Staubsauger) / dust removal capacity || **≗bekämpfung** *f* / dust control

staubdicht *adj* / dust-tight *adj*, dust-proof *adj* || **~e Leuchte** / dust-tight luminaire || **~e Maschine** / dust-proof machine || **~e, wassergeschützte Kapselung** / dust-tight waterprotected enclosure (d.t.w.p.)

Staub·dichtigkeit *f* / dustproofness *n* || **≗dichtung** *f* / dust seal || **≗filter** *n* / dust filter, dust collector || **~freier Raum** / clean room || **~geschützt** *adj* / dust-protected *adj* || **~geschützt** (s. staubdicht) || **≗konzentrations-Meßeinrichtung** *f* / dust-concentration measuring equipment

Staublende *f* (Lg.) / restrictor plate, restrictor *n*

Staub·meßgerät nach dem Betastrahlenabsorptionsverfahren / suspended-particle analyzer using the beta-radiation absorption method || **≗meßgerät nach dem Streulichtverfahren** / dust monitor using the scattered-light method || **≗nut** *f* / dust groove || **≗sauger** *m* / vacuum cleaner || **≗sauger für Tierpflege** / vacuum cleaner for animal grooming || **≗schutz** *m* / protection against dust || **≗sicherheit** *f* / dustproofness *n*

stauchen *v* / compress *v*, upset *v*

Stauch·festigkeit *f* / compressive offset strength || **≗grenze** *f* / compressive yield point, upset limit || **≗kraft** *f* / compressive force, pressure force, thrust *n* || **≗motor** *m* (Walzwerk) / scale-breaker motor || **≗spannung** *f* / compressive offset stress

Staudruck *m* / dynamic pressure, stagnation pressure || **≗** (Gegendruck) / back-pressure *n* || **≗** (am Pitot-Rohr) / impact pressure, head pressure || **≗beiwert** *m* / velocity head coefficient, pressure head coefficient || **≗messer** *m* / Pitot tube, impact-pressure gauge

Stauffer·büchse *f* / grease cup, Stauffer lubricator, screw pressure lubricator || **≗fett** *n* / cup grease

Stau·klappe *f* / baffle plate, damper *n* || **≗punkt** *m* / stagnation point || **≗scheibe** *f* (Lg.) / splash plate || **≗scheiben-Durchflußmesser** *m* / target flowmeter || **≗scheiben-Durchflußmeßumformer** *m* / target flow transducer || **≗steg** *m* (Lg.) / retaining lip

Stauungs·anzeiger *m* (f. Anzeige ausgetretener Meßstoffmengen) / leakage volume meter, leakage meter (o. indicator)

Stau·werk *n* / dam *n* || **≗ziel** *n* (WKW) / top level

STB (s. Stoppbarren)

StB (s. Sternpunktbildner)

Steatit *n* / steatite *n*, soapstone *n*

Stechheber *m* / thief *n*

Steckanschluß *m* (Klemme) / clamp-type terminal, push-lock terminal || **≗** (m. Stecker) / plug-and-socket connection, plug-in connection || **≗** (Kabel) (s. steckbarer Endverschluß) || **≗ für Flachsteckverbindungen** (DIN 42028) / tab-and-receptacle connector || **≗klemme** *f* / clamp-type terminal, push-lock terminal

steckbar *adj* (Steckverbindung) / pluggable *adj* || **~er Abgangskasten** (IK) / plug-in tap-off unit || **~er Anschluß** / plug-and-socket connection, plug-in connection || **~es Bauelement** / plug-in component || **~e Brücke** / plug-in jumper, push-on strap || **~e Durchführung** / plug-in bushing || **~e Einheit** / plug-in unit || **~er Endverschluß** (Kabel) / plug-in termination, separable termination || **~er Fernschalter** / disconnectable remote-control switch || **~e Leiterplatte** / plug-in p.c.b., plug-in board || **~er Zeitschalter** / disconnectable t.d.s.

Steckbarkeit *f* / intermateability *n*

Steck·baugruppe *f* / plug-in module || **≗baugruppe** *f* (Leiterplatte) / plug-in board, plug-in card || **≗blende** *f* / detachable orifice plate, flange-mounting orifice plate || **≗block** *m* (DIN 43 350) / plug-in package, sub-unit *n* || **≗bogen** *m* (IR) / slip-type coupling bend, non-threadable bend, unscrewed bend || **≗brett** *n* / plugboard *n*

Steckbrief *m*, **Meßstellen-≗** / measuring-point identifier (o. tag)

Steck·brücke *f* / plug-in jumper, push-on jumper || **≗buchse** *f* / socket-contact *n*, receptacle *n*

Steckdose *f* / socket-outlet *n*, receptacle outlet (US), receptacle, convenience outlet, outlet *n* || **≗** (an einem Elektroherd zum Anschluß von Küchengeräten) / appliance outlet (US) || **≗ für Durchgangsverdrahtung** / socket-outlet for looped-in wiring || **≗ mit Festhaltevorrichtung** / restrained socket-outlet || **≗ mit Schalter** / switched socket-outlet, switch socket-outlet || **≗ mit Shutter** / shuttered socket-outlet || **≗ mit Sicherung** / fused socket-outlet, fused receptacle || **≗ ohne Schutzkontakt** / socket-outlet without earthing contact, non-grounding-type receptacle

Steckdosen-Abzweigleitung *f* / socket-outlet branch circuit, socket-outlet spur, receptacle branch circuit, outlet spur || **≗-Einbaudose** *f* / socket-outlet box, receptacle box || **≗empfänger** *m* (IR-Fernbedienung) / plug-in socket receiver, plug-in switch || **≗leiste** *f* / multiple socket outlet, triple (socket) outlet, multiple receptacle block (o. cube) || **≗leiste** *f* (IK) / multi-outlet assembly || **≗-Ringleitung** *f* / outlet ring circuit, receptacle ring circuit || **≗säule** *f* / outlet pillar || **≗-Stichleitung** *f* / socket-outlet spur, outlet spur

Steckdosenverteiler *m* / multi-outlet distribution unit || ≗ (m. FI-Schalter) / e.l.c.b.-protected socket-outlet unit || ≗ (BV, EN 60 439-4) / socket outlet ACS || **≗kasten** *m* / multi-outlet distribution box

Steck·einheit *f* / plug-in unit || **≗einsatz** *m* (Gerät) / plug-in unit || **≗einsatz** *m* (Steckschlüssel) / socket inset

stecken *v* (Stecker, Baugruppe) / plug in *v*, insert *v*

Stecker *m* / plug *n*, attachment plug, plug connector, plug cap, cap *n* || ≗ (Steckverbinder) / connector *n* || ≗ **für den Hausgebrauch** / plug for household purposes || ≗ **mit angeformter Zuleitung** / cord set || ≗ **mit Festhaltevorrichtung** / restrained plug || ≗ **mit seitlicher Einführung** / side-entry plug, angle-entry plug || ≗ **mit Verpolschutz** / polarized plug, non-interchangeable plug || ≗ **mit zentraler Einführung** / coaxial-entry plug || **Cannon-≗** / Cannon connector || **Schalt~** (s. Schaltsteckverbinder) || **≗abzugskraft** *f* / plug withdrawal force || **≗belegung** *f* / connector pin assignment || **≗bolzen** *m* (Verbindungsmuffe) / plug connector || **≗buchse** *f* / socket *n*, receptacle *n* || **≗fassung** *f* / plug socket || **≗feld** *n* / plug panel || **~fertiges Gerät** / plug-in device, accessory with integral plug || **≗kennung** *f* (PC) / connector identifier || **≗ladegerät** *n* / plug-in charger || **≗leiste** *f* / plug connector || **≗leiste** *f* (Klemmenleiste) / push-on terminal strip || **≗netzteil** *n* / plug-in power supply unit || **≗satz** *m* / connector set || **≗schaft** *m* / plug shaft || **≗seite** *f* (Leiterplatte) / rear edge || **≗sicherung** *f* / plug fuse || **≗stift** *m* / plug pin, contact pin || **≗träger** *m* / plug carrier || **≗verbindungsplan** (s. Anschlußplan) || **≗vielfach** *n* / male connector block, programming panel

Steck·fassung *f* (Lampe) / plug-in lampholder || **≗feld** *n* / pinboard *n*, patchboard *n* || **≗garnitur** *f* (Kabel) / separable accessory, plug-in accessory || **≗gehäuse** *n* (DIP) / dual-in-line package (DIP) || **≗griff** *m* / attachable handle, detachable handle || **≗häufigkeit** *f* / frequency of insertions || **≗hebel** *m* / detachable lever || **≗hebelantrieb** *m* / detachable lever mechanism

Steckhülse *f* (Kontaktbuchse) / receptacle *n*, jack *n*, terminal socket || ≗ (Aufsteckh.) / push-on sleeve || ≗ (Aufsteckkontakt) / push-on contact, quick-connect terminal || ≗ (AMP) / receptacle *n* || ≗ **für seitlichen Leiteranschluß** / flag receptacle || ≗ **mit Flachstecker** / receptacle with tab || ≗ **mit Rastung** / snap-on contact

Steck·kabel *n* / plug-in cable || **≗kabel** (s. Steckschnur) || **≗kappe** *f* (Sich.) / fuse carrier || **≗karte** *f* / plug-in card, printed wiring card || **≗karte** (s. Steckplatte) || **≗klemme** *f* / clamp-type terminal, plug-in terminal, push-lock terminal || **≗knebel** *m* / detachable knob || **≗kontakt** *m* / plug-in contact || **≗kontaktleiste** *f* / multipole connector || **≗kraft** *f* / insertion force

steckkraftloses Bauelement / zero-insertion-force component

Steck·kupplung *f* / plug-in connector || **≗lager** *n* / plug-in bearing || **≗lampe** *f* / jack lamp, plug-in lamp || **≗leitung** *f* / slip-on lead, slip-on jumper

Steckleitung *f* (Bussystem) / drop cable

Steckleitung *f* (s. Steckschnur)

Steckleitung *f* (Verbindungsleitung) / connecting cable

Steck·linie *f* (IK) / plug-in busway || **≗linse** *f* / plug-in lens, insertable lens

stecklos·e Verbindung / plugless (o. pinless) connection

Steck·matrix *f* (Rangierverteiler) / patching matrix || **≗muffe** *f* (IR) / plain coupler, slip-type coupler, plain coupling || **≗part** (s. Steckblock) || **≗platte** *f* (DIN 43 350) / pluggable printed-board assembly, plug-in p.c.b.

Steckplatz *m* / module location, slot *n*, receptacle *n* (for submodules), plug-in station, module slot, module position, rack position, mounting station, mounting location || ≗ (Leiterplatte) / board slot, slot *n* || **≗adresse** *f* / slot address, module location address || **~codiert** *adj* / slot-coded *adj*, location-coded *adj* || **≗kennung** *f* / slot identifier, module location identifier || **~unabhängig** *adj* / for random module insertion *adj*, slot-independent *adj*

Steck·rahmen (BGT) (s. Baugruppenträger) || **≗rohr** *n* (IR) / non-threadable conduit (IEC 23A-16), unscrewed conduit || **≗schiene** *f* (MCC) / vertical busbar, vertical plug-on bus, plug-on riser bus || **≗schlüssel** *m* / socket spanner, socket wrench, box spanner || **≗schlüsselantrieb** *m* (SG) / key operator, key-operated actuator || **mit ≗schlüsselantrieb** / key-operated *adj* || **≗schnur** *f* (f. Schaltungsänderungen auf Schaltbrett) / patchcord *n* || **≗-Schränktechnik** *f* / slip-on-and-twist-lock technique || **≗seite** *f* / mating side

Stecksockel *m* / socket *n*, receptacle *n* || ≗ (Rel.) / pin base || ≗ (Lampe) / plug-in cap || **≗relais** *n* / plug-in relay

Steck·stutzen *m* / push-in gland, plug-in gland || **≗tafel** *f* / pinboard *n*, patchboard *n* || **≗teil** *n* (eines steckbaren Kabelanschlusses) / male connector || **≗-T-Stück** *n* (IR) / slip-type Tee, unscrewed Tee, non-threadable Tee || **≗tür** *f* / detachable panel || **≗- und Ziehkraft** / insertion and withdrawal force

Steckverbinder *m* / connector *n*, plug-in connector || ≗ *m pl* (Sammelbegriff) / plugs and sockets, connectors *n pl* || ≗ **für direktes Stecken** (Leiterplatte) / edge-socket connector, edge-board connector, edge connector || ≗ **für gedruckte Schaltung** / printed-board connector || ≗ **für Leiterplattenmontage** / board-mounted connector || ≗ **für Mutter-Tochter-Leiterplatte** / mother-daughter board connector || ≗ **hoher Kontaktdichte** / high-density connector || ≗ **hoher Poldichte** (s. Steckverbinder hoher Kontaktdichte) || ≗ **mit Drehkupplung** / twist-on connector || ≗ **mit Drehverriegelung** (s. Steckverbinder mit Drehkupplung) || ≗ **mit Erdanschluß** / earthing connector, grounding connector || ≗ **mit Kabelzugentriegelung** /

lanyard disconnect connector || ~ **mit männlichen Kontakten** / plug *n*, plug assembly || ~ **mit Notzugentriegelung** / snatch-disconnect connector, break-away connector || ~ **mit Schnellentkupplung** / quick disconnect connector || ~ **mit versetzter Kontaktanordnung** / staggered-contact connector || ~ **mit weiblichen Kontakten** / receptacle *n*, receptacle assembly || **LWL-~** *m* / optical-fibre connector || **~-Abschirmung** *f* / connector shield || **~-Ausführung** *f* (DIN IEC 50, T.581) / connector variant || **~-Bauart** *f* / connector type || **~-Bauform** *f* / connector style || **~buchse** *f* / connector jack || **~dose** *f* / connector socket, (connector) receptacle || **~-Einsatz** *m* / connector insert || **~-Federleiste** *f* / socket connector || **~feld** *n* / connector section || **~gehäuse** *n* / connector housing, connector shell (depr.) || **~körper** *m* / connector body || **~paar** *n* / mated set of connectors || **~satz** *m* / connector mated set, connector pair (depr.) || **~-Stirnflächen** *f pl* / connector interface || **~-Variante** (s. Steckverbinder-Ausführung) || **~-Vorderseite** *f* / connector front

Steck·verbindung *f* / plug-and-socket connection, plug-in connection, connector *n* || **~verteiler** *m* / push-on plug distributor || **~vorrichtung** *f* / plug-and-socket device, plug and socket-outlet || **~vorrichtungen** *f pl* / plugs, socket-outlets and couplers || **~winkel** *m* (IR) / plain elbow || **FASTON-~zunge** *f* / FASTON tab

Steg *m* (Komm.) / segment *n*, bar *n* || ~ (Speichenläufer, Profilstahl) / web *n* || **Kolben~** / piston land || **~abstand** *m* (SchwT) / root gap, root spacing || **~blech** *n* / web plate || **~höhe** *f* (Schweißtechnik) / root-face height || **~leitung** *f* / ribbon-type webbed building wire, flat webbed building wire, flat webbed cable || **~naht** *f* (Schweißnaht) / root-face joint || **~profil** *n* (I-Profil) / I-section *n* || **~profil** *n* (V-Profil) / channel *n* (section) || **~spannung** *f* (Komm.) / voltage between segments, voltage between bars || **~welle** *f* / spider shaft

Steh-Blitzstoßspannung *f* / lightning impulse withstand voltage || ~ **, naß** / wet lightning impulse withstand voltage || **~, trocken** / dry lightning impulse withstand voltage

Stehbolzen *m* / stud *n*, stay-bolt *n* || **~anschluß** *m* / stud terminal

stehenbleiben *v* (Mot.) / stall *v*

stehend·e Brennstellung (Lampe) / base down position || **~er Kurzschluß** / permanent fault || **~e Luft** / quiet air || **~e Reserve** (KW) / standby reserve || **~e Schwingung** / standing vibration, stationary vibration || **~e Welle** / standing wave || **~e Welle** (Masch.) / vertical shaft

Steh·festigkeit *f* / withstand strength || **~feuer** (s. Stehlichtbogen) || **~-Gleichspannung** *f* / d.c. withstand voltage || **~-Gleitlager** *n* / pedestal-type sleeve bearing || **~-Kurzzeitstrom** *m* / short-time withstand current

Stehlager *n* / pedestal bearing, pillow-block bearing || **zweiteiliges -** / pillow-block bearing, plummer-block bearing || **~deckel** *m* / bearing pedestal cap

Steh·lampe *f* / standard lamp (GB), floor lamp (US), floor standard lamp || **~leuchte** (s. Stehlampe)

Stehlichtbogen *m* / sustained arc, maintained arc, prolonged arc

Steh·lichtprojektor *m* / slide projector, still projector || **~-Prüfspannung** *f* / withstand test voltage || **~-Prüfwechselspannung** *f* / power-frequency withstand voltage, power-frequency test voltage

Stehpult *n* / desk for standing operation

Steh·-Regenprüfung *f* / wet withstand test || **~-Salzgehalt** *m* / withstand salinity

Steh-Schaltstoßspannung *f* / switching impulse withstand voltage || **~, naß** (o. unter Regen) / wet switching impulse withstand voltage || **~, trocken** / dry switching impulse withstand voltage

Steh·-Schaltstoßspannungspegel *m* / basic switching impulse insulation level (BSL), switching impulse insulation level || **~-Schichtleitfähigkeit** *f* / withstand layer conductivity

Stehspannung *f* / withstand voltage || ~ **bei Netzfrequenz** / power-frequency withstand voltage, power-frequency test voltage

Stehspannungsprüfung *f* / voltage withstand test || ~ **mit Wechselspannung** (VDE 0670,T.2) / power frequency voltage withstand test (IEC 129)

Steh·-Stoßspannung *f* / impulse withstand voltage, impulse test voltage || **~-Stoßspannung bei abgeschnittener Welle** / chopped-wave withstand voltage, withstand chopped-wave impulse voltage || **~-Stoßstrom** *m* / peak withstand current (IEC 265) || **~-Stoßstromprüfung** *f* / current impulse withstand test || **~strom** *m* / withstand current, withstand current surge || **~vermögen** *n* / withstand capability || **~-Verschmutzungsgrad** *m* (Isolatoren) / severity withstand level || **~wahrscheinlichkeit** *f* / withstand probability

Steh-Wechselspannung *f* / power-frequency withstand voltage, power-frequency test voltage || **~, naß** (o. unter Regen) / wet power-frequency withstand voltage || **~, trocken** / dry power-frequency withstand voltage

Steh·welle *f* / standing wave, stationary wave || **~wellenverhältnis** *n* / standing wave ratio (SWR)

Stehzeit *f*, **Lichtbogen-~** / arcing time

steifer Leiter / rigid conductor

Steife (s. Steifigkeit)

Steifigkeit *f* / stiffness *n*, rigidity *n* || ~ (Feder) / rigidity *n*, spring constant || **Kehrwert der ~** / compliance *n*, mobility *n*

Steigbügel·antrieb *m* / stirrup-operated mechanism || **~griff** *m* / stirrup handle

steigend·e Flanke (s. ansteigende Flanke) || **~e Kennlinie** / rising characteristic, ascending curve

Steigerungsfaktor *m* (BT) / enhancement factor, enhancement ratio

Steig·fähigkeit *f* (Bahn) / climbing ability || **Haupt-~leitung** *f* / rising mains || **~leitung** *f* (im Gebäude) / rising main(s), rising main busbar(s) || **~leitungsschacht** *m* / riser duct || **~naht** *f* / vertical-up weld || **~nut** *f* (Lg.) / feed groove || **~rad** *n* / escapement wheel, ratchet wheel, balance wheel || **~radachse** *f* / escapement wheel shaft (o. spindle) || **~schacht** *m* / riser duct, riser-mains trunking

Steigung *f* (Gewinde, Ganghöhe) / lead *n*, pitch *n* || ~ (Teilung; Feder) / pitch *n* || ~ (Kurve) / ascent *n*, slope *n*, gradient *n* || ~ (Neigung) / slope *n*, slope

angle, inclination *n*, incline *n* || ≈ (Math.) / divided difference
Steigungs·abnahme *f* (Gewinde, WZM, NC) / lead decrease || **≈änderung** *f* (Gewinde, WZM, NC) / lead change || **≈ausgleicher** *m* (Trafo-Wickl.) / pitch equalizer || **≈fehler** *m* (Gewinde, WZM, NC) / lead error, pitch error || **≈verhältnis** *n* / tangent of lead angle, tangent of helix angle || **≈winkel** *m* / angle of lead, helix angle || **≈zunahme** *f* (Gewinde, WZM, NC) / lead increase
steil·e Wellenstirn / steep wave front || **~er Zusammenbruch** / rapid collapse
Steilgewinde *n* / steep-lead-angle thread, extra-coarse-pitch thread
Steilheit *f* / steepness *n*, rate of rise || ≈ (FET u. ESR, reelle Komponente der Übertragungsadmittanz) / transconductance *n* || ≈ (ESR, Übertragungswirkleitwert zwischen Ausgangselektrode und Steuerelektrode) / mutual conductance || ≈ (Stoßwelle) / virtual steepness || ≈ (ESR, Bezugselektrode) / transadmittance *n* || ≈ **der Abfallflanke** / falling edge rate || ≈ **der Anstiegsflanke** / rising edge rate || ≈ **der Einschwingspannung** / rate of rise of TRV, transient recovery voltage rate || ≈ **der Keilstoßspannung** / steepness of ramp || ≈ **der Verstärkungsänderung** / gain slope || ≈ **der Wellenfront** / steepness of wave front || ≈ **der wiederkehrenden Spannung** / rate of rise of TRV, transient recovery voltage rate || ≈ **des Impulsanstieges** / pulse rate of rise || ≈ **des Kennlinienanstiegs** / steepness of ascending curve, slope of curve || ≈ **des Spannungsanstiegs** / rate of voltage rise || ≈ **des Spannungszusammenbruchs** / rate of voltage collapse || ≈ **einer OC** / slope of an operating characteristic curve || **Misch~** / conversion transconductance
steilheits·gesteuerter Operationsverstärker / operational transconductance amplifier (OTA) || **≈kennlinie** *f* (ESR) / transfer characteristic, mutual characteristic || **≈relais** *n* / rate-of-change relay, d/dt Relais
Steilwelle *f* / steep-fronted wave
Stein *m* (EZ, Lagerstein) / jewel *n* || **≈anker** *m* / stone anchor, rag bolt || **≈lager** *n* (EZ) / jewel bearing || **≈pfanne** *f* (EZ) / jewel cup, sapphire cup || **≈schraube** *f* / rag bolt, stone bolt
Stellantrieb *m* / actuator *n* (IEC 50(351)), electric actuator, servo-drive *n*, positioner *n*, pilot motor || **magnetischer** ≈ / solenoid actuator
Stellantriebsfamilie *f* / generic actuator group
stellbar *adj* / adjustable *adj*, variable *adj* || **~es Getriebe** / torque variator, speed variator
Stellbefehl *m* / control command, positioning command, actuating signal, correcting signal, actuator (operating) signal || ≈ (FWT) / adjusting command || **Sollwert-≈** (FWT) / setpoint command || **Stufen~** (FWT) / step-by-step adjusting command
Stellbereich *m* (Reg.) / manipulating range, correcting range
Stellbereich *m* (Drehzahl) / speed range
Stellbereich *m* (des Stellglieds) / operating range
Stelle *f* (einer Zahl) / digit position || ≈ (innerhalb einer Zeichenfolge) / position *n* || ≈ (im CLDATA-Wort) / character item (ISO 3592) || ≈ (in Typenbez.) / place *n*, character *n* || **signifikante** ≈ (Zahlen) / significant digit || **Wort~** / word location
Stelleigenschaften *f pl* (Reg.) / final controlling device characteristics
Stelleingriff *m* / control action
Stellen *n* (Reg.) / actuating *n*, controlling *n*, varying *n*, correction *n*, actuator control, control (o. correction) by actuator || ≈ **der Drehzahl** / speed variation, speed control, speed adjustment || ≈ **durch elektronischen Widerstand** / electronic power resistor control
Stellenkomplement *n* (Numerale; DIN 44300) / diminished radix complement
Stellenname *m* (Prozeßmonitor) / tag *n*
Stellenschreibweise *f* / positional notation, positional representation
Stellenwert *m* / positional weight || **Ziffer mit dem höchsten** ≈ / most significant digit (MSD) || **Ziffer mit dem niederwertigsten** ≈ / least significant digit (LSD)
Steller *m* (Betätigungselement, Stellantrieb) / actuator *n* || ≈ (el.) / controller || ≈ (Einsteller) / setter *n*, potentiometer *n* || ≈ (Lichtsteller) / dimmer *n*, fader *n* || ≈ (Poti) / potentiometer *n* || ≈ (Steuerschalter) / controller *n* || ≈ (Stellwiderstand) / rheostat *n*, rheostatic controller || ≈ (Stellglied) / actuator *n*, servo-motor *n*, final control element || ≈ (Stellungsregler) / positioner *n* || **Drehfeld~** (el. Welle) / synchro motor || **Gleichstrom~** / d.c. chopper controller, d.c. chopper, d.c. chopper converter, direct d.c. converter || **Leistungs~** / power controller, power controller unit || **Licht~** / dimmer *n*, fader *n* || **Überblend~** / cross-fader *n* || **Wechselstrom~** / a.c. power controller || **≈betrieb** *m* (Wechselstromsteller) / control mode (a.c. power controller) || **≈element** *n* (Wechselstromsteller) / basic control element (a.c. power controller)
stellergespeister Motor / a.c.-controller-fed motor
Steller·satz *m* (BT) / dimmer group, fader group
Stellfaktor (s. Stellverhältnis)
Stellgerät *n* / actuator *n*, positioner *n*, final controlling element || ≈ **mit Speicherverhalten** / final controlling device with storage (o. latching) properties || ≈ **ohne Speicherverhalten** / final controlling device without storage (o. latching) properties || **schaltendes** ≈ / discontinuous-action final controlling device || **stetiges** ≈ / continuous-action final controlling device
Stell·geschwindigkeit *f* / positioning rate, correcting rate, actuator speed || **≈geschwindigkeit** *f* (Ventil) / stroking speed, positioning rate || **Kraft~glied** *n* / power actuator || **≈glied** *n* / final controlling element (IEC 50(351)), actuator *n* (IEC 50(151)), electric actuator (IEC 50(151)) || **≈gliedlaufzeit** *f* / actuating time, actuator operating time || **≈größe** *f* (DIN 19226) / manipulated variable (ANSI C85.1) || **≈hub** *m* / stroke *n* || **≈impuls** *m* / actuating pulse, control pulse || **≈impulsbildung** *f* / setting pulse generation || **≈inkrement** *n* / correction increment, positioning increment || **≈inkrement** *n* (Signal) / incremental control signal || **≈klappe** *f* / butterfly control valve, wafer butterfly valve, butterfly valve || **≈kraft** *f* / positioning force,

actuating force || ²**kraft** *f*(Schub) / thrust *n* || ²**matrix** *f*(Reg.) / manipulating matrix || ²**moment** *n* / actuating torque, positioning torque || ²**motor** *m* / positioning motor, motor actuator, servomotor *n*, pilot motor, motor operator, correcting motor, compensator motor || ²**motor** (stellbarer Mot.) (s. drehzahlveränderlicher Motor) || ²**motor mit Ölausgleich** / balanced-flow servomotor || ²**mutter** *f* / adjusting nut || ²**organ** *n* (z.B. Potentiometer) / regulating unit || ²**ort** *m* (Reg.) / manipulation point || ²**ring** *m* / setting collar, set-collar *n*, setting ring, cursor *n* || ²**-Rückstell-Flipflop** *n* / set-reset flipflop, RS flipflop

Stellschalter *m* / power controller, controller *n* || ² (Widerstandssteller) / rheostatic controller || ² (Schalter ohne Rückzugkraft) / maintained-contact switch, latching-type switch, stayput switch || **Gleichstrom-**² / d.c. power controller || **Wechselstrom-**² (s. Wechselstromsteller)

Stell·schraube *f* / adjusting screw, setscrew *n* || ²**signal** *n* / actuating signal (ANSI C81.5) || ²**system** *n* / servo-system *n* || ²**transformator** *m* / variable transformer, variable-ratio transformer, variable voltage transformer, slide transformer, voltage regulating transformer

Stellung *f*(SG) / position *n* || ² (Anlasser) / notch *n*, position *n* || ² (Trafo-Stufenschalter) / tapping position || ² (bistabiles Relais) / condition *n* || ² (Rob.) / pose *n* || ² („Status", Regler) / status *n*

Stellungsanzeige *f*(Trafo-Stufenschalter) / tap position indication || ² (SG) / position indication, indication of position

Stellungsanzeiger *m* (SG) / position indicator, ON-OFF indicator || ² (Trafo-Stufenschalter) / tap position indicator, position indicator, tap indicator || ² (StV) / engagement indicator

Stellungsfehlermeldung *f*(Meldung eines nicht definierten Zustands eines Betriebsmittels, der über die festgelegte Stellzeit hinaus andauert) / faulty state information

Stellungs·fernanzeiger *m* (Trafo) / remote tap indicator || ²**geber** *m* / position sensor, position transmitter (o. transducer) || ²**lichter** *n pl* / position lights, aircraft navigation lights || ²**melder** *m* / position indicator, position transmitter, position transducer || ²**regler** *m* / positioner *n*, actuator *n* || ²**rückmelder** *m* / repeater || ²**vergleich** *m* (Trafo-Stufenschalter) / tap comparison || ²**zahl** (Trafo-Stufenschalter) (s. Anzahl der Stufenschalter-Stellungen)

Stell·vektor *m* (Reg.) / manipulated vector || ²**ventil** *n* / control valve, servo-valve *n* || ²**verhältnis** *n* (Ventil) / rangeability *n* || ²**verlust** *m* (Motorsteuerung) / loss on speed variation, rheostat loss || **Licht~warte** *f* / stage lighting console, lighting console || ²**warte** *f* / console *n* || ²**weg** *m* / actuator travel *n*, positioning travel, opening travel, closing travel || ²**weg** *m* (Ventil) / travel *n*, stroke *n*, closing travel, opening travel

Stellwert *m* / value of manipulated variable || ² (Ausgangswert einer Prozeßregelung) / output *n*, control output || ² (s. Stellgröße) || ²**-Nachführung** *f* / control output correction || ²**obergrenze** *f* / upper output limit || ²**untergrenze** *f* / lower output limit

Stell·wicklung *f*(Mot.) / control winding, control field winding, regulating winding || ²**wicklung** *f* (Trafo) / regulating winding, tapped winding || ²**widerstand** *m* / rheostat *n* || ²**winkel** *m* (Stellklappe) / disc angle, disc opening || ²**zeit** *f* / actuating time, manipulating time, specified time || ²**zeit** (s. Regelzeit)

Stelzenboden *m* / false floor

Stempel·berechtigter *m* (QS) / stamp holder || ²**berechtigung** *f*(QS) / stamp authorization || ²**überwachung** *f*(QS) / stamp control

Steppnaht *f* / stitch weld

Stereo·grafie *f* / stereographics *plt* || ²**paar** *n* (CAD) / stereo pair || ²**-Röntgenaufnahme** *f* / X-ray stereogram || ²**-Röntgentopographie** *f* / X-ray stereo topography

Stern, in ² **geschaltet** / connected in star, star-connected *adj*, wye-connected *adj*

Sternbus *m* / star bus || ²**übertragung** *f* / star-bus transmission

Stern-Dreieck·-Anlassen *n* / star-delta starting, wye-delta starting || ²**-Anlasser** *m* / star-delta starter (IEC 292-2), wye-delta starter || ²**-Anlasser für direktes Einschalten** / direct-on-line star-delta starter, full-voltage star-delta starter || ²**-Anlauf** *m* / star-delta starting, wye-delta starting || ²**-Schaltautomat** *m* / automatic star-delta starter || ²**-Schalter** *m* / star-delta switch, star-delta starter || ²**-Schalter mit Bremsstellung** / star-delta starter with braking position || ²**-Schaltung** *f* / star-delta connection, wye-delta connection, star-delta control || ²**-Starter** *m* (VDE 0660,T.106) / star-delta starter (IEC 292-2), wye-delta starter || ²**-Starter für direktes Einschalten** / direct-on-line star-delta starter, full-voltage star-delta starter || ²**-Zeitrelais** *n* / star-delta time-delay relay

Stern·erder *m* / star-head earthing switch || ²**erdungsschalter** (s. Sternerder)

sternförmig·e Kopplung (Anschlüsse) / point-to-point connection || **~es Netz** (LAN) / star network

stern·geschaltet *adj* / star-connected *adj*, wye-connected *adj* || ²**konfiguration** *n* (FWT) / multipoint-star configuration || ²**koppler** *m* (LWL) / star coupler || ²**kopplung** (s. Sterntopologie)

Sternnetz *n* / star-type network || ² (LAN) / star network || ² (s. Sternkonfiguration)

Sternpunkt *m* / neutral point, star point, neutral *n* || **den** ² **auftrennen** / to separate the neutral connections, to open the star point || **freier** ² / isolated neutral, floating neutral, unearthed neutral (o. star point) || **isolierter** ² / isolated neutral, insulated neutral || **künstlicher** ² / artificial neutral || **offener** ² / open star point, open neutral point, open neutral

Sternpunktanschluß *m* (Trafo) / neutral terminal

Sternpunkt·anzapfung *f* / neutral-point tapping || ²**ausführung** *f*(Trafo-Stufenschalter) / neutral-end type || ²**behandlung** *f* / neutral-point connection, method of neutral-point connection || ²**belastbarkeit** *f* / neutral loading capacity

Sternpunktbildner (StB) (VDE 0532,T.20) *m* / neutral electromagnetic coupler, three-phase electromagnetic coupler and earthing transformer (IEC 289), neutral earthing transformer, neutral grounding transformer (US), neutral autotransformer, neutral compensator ||

≗-**Drosselspule** *f* / three-phase neutral reactor (IEC 50(421)) || ≗-**Transformator** *m* / three-phase earthing transformer (IEC 50(421)), grounding transformer

Sternpunkt·bildung *f* / star-point connection || ≗**brücke** *f* / neutral bridge || ≗-**Drosselspule** (s. Sternpunkt-Erdungsdrosselspule) || ≗**durchführung (Mp-Durchführung)** *f* / neutral bushing || ≗**erder** (s. Sternpunkt-Erdungsschalter) || ≗-**Erde-Spannung** *f* / neutral-to-earth voltage, neutral-to-ground voltage || ≗**erdung** *f* / neutral earthing || **nicht starre** ≗**erdung** / non-solid earthing (GB), non-solid grounding (US) || **starre** ≗**erdung** / solid earthing (GB), solid grounding (US) || ≗-**Erdungsdrosselspule (EDr)** *f* / neutral earthing reactor, single-phase neutral earthing reactor (IEC 289), neutral grounding reactor (US) || ≗-**Erdungsschalter** *m* / neutral earthing switch, neutral grounding switch || ≗**kasten** *m* / star-point terminal box, neutral-point terminal box, neutral box || ≗**klemme** *f* / star-point terminal, neutral terminal || ≗**lasche** *f* / neutral link, star-point link || ≗-**Lastumschalter** *m* / neutral-point diverter switch || ≗**leiter** *m* / neutral conductor, neutral lead || ≗**schaltung** *f* / star connection, neutral-end tap changing || ≗**schiene** *f* / neutral busbar

sternpunktseitig *adj* / neutral-end *adj* || ~**es Ende** / neutral end || ~**es Wicklungsende** / neutral winding end

Sternpunkt·spannung *f* (Spannung zwischen dem reellen o. virtuellen Sternpunkt u. Erde) / neutral-point displacement voltage || ≗-**Stufenschalter** *m* / neutral-end tap changer || ≗**trenner** *m* / neutral disconnector || ≗**wähler** *m* (Trafo) / neutral-end selector || ≗**wandler** *m* (Strom) / star-point current transformer, neutral current transformer

Sternschaltung *f* / star connection, wye connection, Y-connection *n* || **in** ≗ / star-connected *adj*, (..wye connected *adj*, Y-connected *adj*

Stern·schütz *n* / star contactor || ≗**spannung** *f* / phase-to-neutral voltage, star voltage, line-to-neutral voltage, Y-voltage *n* || ≗-**Stern-Schaltung** *f* / double-star connection, double three-phase star connection, duplex star connection || ≗**struktur** *f* (LAN) / star topology || ≗**topologie** *f* / star topology || ≗**trenner** *m* / star-head disconnector (o. isolator) || ≗**verzweiger** (s. Sternkoppler) || ≗-**Vieleck-Umwandlung** *f* / star-polygon conversion, star-polygon transformation || ≗-**Vierer** *m* / star-quad *n*, spiral quad || ≗-**Zickzack-Schaltung** *f* / star-interconnected-star connection

stetig *adj* / steady *adj*, continuous *adj*, stepless *adj* || ~**e Auslösekennlinie** / continuous-curve tripping characteristic || ~ **einstellbar** / infinitely variable, continuously variable, steplessly adjustable || ~**es Merkmal** (Statistik, QS) / continuous characteristic || ~**e Regelung** / continuous-(action) control || ~**er Regler** / continuous-action controller || ~**er Servoantrieb** / continuous servo drive || ~**e Spannungsregelung** / stepless voltage variation, smooth voltage variation || ~**er Spannungsregler** / continuously acting voltage regulator || ~**es Stellgerät** / continuous-action final controlling device || ~**er Übergang** (NC) / smooth transition || ~**es Verhalten** (Reg.) / continuous action (IEC 50(351)) || ~ **verteilter Entstörwiderstand** / distributed resistance || ~**e Zufallsgröße** (DIN 55350, T.22) / continuous variate

Stetigbahnsteuerung *f* (NC) / contouring control system, contouring control, continuous-path control (CP control)

Steuer-Abhängigkeit *f* / control dependency, C-dependency *n* || ≗**ader** *f* / pilot wire, control core, pilot core || ≗**adresse** *f* / internal control address (PC) || ≗**anschluß** *m* (Thyr) / gate electrode, gate *n* || ≗**anschlüsse** *m pl* (Hall-Generator) / control current terminals || ≗**anschlußsteuerung** *f* (Thyr) / gate control || ≗**anweisung** *f* / embedded command || ≗**ausgang** *m* / control output

steuerbar *adj* / controllable *adj* || ~**es Gleichrichter-Vorschaltgerät** / controlled-current rectifier ballast || ~**er Halbleiter** / controlled-conductivity semiconductor || ~**er Stromrichter** / controllable converter, controlled converter || ~**er Zweig** (LE) / controllable arm

Steuerbarkeit *f* / controllability *n*

Steuer·baugruppe *f* (f. Schnittstellen) / (interface) control module || ≗**baugruppe** (s. Steuerungsbaugruppe) || ≗**baustein** *m* (PC) / open-loop control block || ≗**baustein** *m* (PC, f. Stellglied) / actuator driver || ≗**befehl** *m* / control command, control instruction || ≗**belag** *m* / grading layer

Steuerbereich *m* / control range || ≗ (Drehzahl) / speed control range, speed range || ≗ (SR) / phase control range, control range || ≗ (s. Stellbereich)

Steuer·betrieb *m* / open-loop control || ≗**bit** *n* / control bit || ≗**blindleistung** *f* (LE) / phase control reactive power || **Ventil-**≗**block** *m* / valve block || ≗**block** *m* (DIN 40700, T.14) / common control block || ≗**bus** *m* / control bus || **Schnittstellen-**≗**bus** *m* / interface management bus || ≗**bus** (s. Zuteilungsbus)

Steuerdaten *pl t* / control data || ≗**baustein** *m* / control data block

Steuer·direktor *m* (NC) / director *n* || ≗**druck** *m* / control pressure || ≗**ebene** *f* / control level, control tier || ≗**eingang** *m* / control input

Steuereinheit *f* / control unit (CU) || ≗ (ein o. mehrere Hilfstromschalter in der gleichen Schalttafel o. in einem Gehäuse) / control station || ≗ (LE, Steuersatz) / trigger unit, gate control unit, trigger set || ≗ (PMG, DIN IEC 625) / controller *n* (IEC 625)

Steuereinrichtung *f* (im Signalflußplan; DIN 19221) / forward controlling elements (IEC 27-2A) || ≗ (DIN 19226) / controlling system, controlling equipment || ≗ **für automatische Brandschutzeinrichtungen** / control for automatic fire protection equipment (EN 54)

Steuer·elektrode *f* (Thyr, FET) / gate electrode, gate *n* || ≗**elektrode** *f* (Erder) / control electrode || ≗**elektronik** *f* / control electronics || ≗**entfernung** *f* / distance to final control element || ≗**erder** *m* (VDE 0100, T.200) / grading earth electrode, potential grading ground electrode || ≗**faktor** *m* (Elektronenröhre, Steilheit der Zündkennlinie in einem gegebenen Punkt) / control ratio || ≗**feld** *n* (Steuerbitstellen in einem Rahmen) / control field || ≗**feld** *n* (Mosaiktechnik, Kompaktwarte) / control tile || ≗**frequenz** *f* (Schrittmot.) / drive input pulse frequency || ≗**funktion** *f* (PMG) /

controller function (PMG, IEC 625) || **≗funktion** *f* (PMG, C-Schnittstellenfunktion) / controller interface function (C function) || **≗funktion** *f* (PC-Programmiergerät) / force facility || **≗funktion im Einsatz** (PMG, die jeweils aktive Steuerfunktion) / controller in charge || **≗generator** *m* (Leonard-Gen.) / Ward-Leonard generator, variable-voltage generator

Steuergerät *n* (Befehlsgerät) / control station || ≗ (Steuereinheit, Leitgerät) / control unit || ≗ (Regler) / controller *n* || ≗ (VDE 0113) / control device (IEC 204) || ≗ (VDE 0660,T.102) / controlgear *n* (IEC 158) || ≗ (zur Steuerung, Signalausgabe, Verriegelung; E VDE 0660, T.200) / control-circuit device || **speicherprogrammierbares** ≗ / programmable controller, stored-program controller (SPC) || **Typ A-**≗ / mark A control unit || **≗e** *n pl* / controlgear *n*

Steuer·gitter *n* / control grid || **≗glieder im Vorwärtszweig** / forward controlling elements || **≗größe** *f* / controlled variable

Steuerimpuls *m* / control pulse || ≗ (Thyr) / gate pulse (IEC 633), (gate) trigger pulse, firing pulse || ≗ (Schrittmot.) / drive input pulse || ≗ (RSA-Empfänger, VDE 0420) / information pulse || **≗folge** *f* / control pulse train || **≗leitung** *f* (LE) / firing-circuit cable

Steuer·kabel *n* / control cable || **≗kabel** *n* (Lokomotive) / cab cable || **≗kasten** *m* / control box || **≗kasten** *m* (Befehlsgerät) / control station || **≗kennlinie** *f* / control characteristic, performance characteristic

Steuerkette *f* (DIN 19226) / open control loop || ≗ (Gesamtheit der Steuerelemente) / forward controlling elements || ≗ (Folge v. Steuerungsvorgängen) / control sequence, cascade *n*

Steuer·knüppel *m* / joy-stick *n*, paddle *n* || **≗kondensator** *m* / grading capacitor || **≗konsole** *f* / control console || **≗kontakt** *m* / control contact

Steuerkopf *m* (Schutzschalterbaugruppe) / miniature-circuit-breaker assembly, m.c.b. assembly || **≗baustein** *m* (Bedienbaustein f. Folgesteuerung) / operator communication block for sequence (o. cascade) control

Steuer·kreis *m* / control circuit, servo loop || **≗kugel** *f* (Bildschirm-Eingabegerät) / control ball, track ball || **≗leistung** *f* / control power, driving power (CRT) || **verfügbare ≗leistung** (DIN IEC 235, T.1) / available driving power || **≗leiter** *m* / control wire, pilot wire, pilot *n* || **≗leiterklemme** *f* / control-circuit terminal, pilot-wire terminal || **≗leitung** *f* / control wire, pilot wire, control lead || **≗leitung** *f* (Fahrschalter o. Steuerschalter verbindend) / control line || **≗leitung** (s. Steuerkabel) || **≗leitungssicherung** *f* / control-circuit fuse || **≗lochstreifen** *m* / control tape, punched tape || **≗marke** (s. Taktmarke) || **≗motor** *m* (s.a. „Stellmotor") / servomotor *n*, motor operator

steuern *v* / control *v* || ≗ *n* (PC, Zwangssetzen) / forcing *n* || ≗ (im Vergleich zu „Regeln") / open-loop control, control *n*, controlling *n* || **betriebsmäßiges** ≗ (VDE 0100, T.46) / functional control

Steuer·platte *f* (Leiterplatte) / control p.c.b-., open-loop control p.c.b. || **≗polgenerator** *m* / controlled-pole generator || **E/A-≗programm** *n* / I/O handler || **≗programm** *n* / control program, machine program, executive routine || **≗pult** *m* / control desk, (control) console *n* || **≗quittierschalter** *m* / control-discrepancy switch || **≗register** *n* (PC) / control register, system control register || **≗ring** (s. Potentialsteuerring) || **≗-ROM (CROM)** *m* / control ROM (CROM) || **≗satz** *m* (LE) / trigger equipment (IEC 146) || **≗säule** *f* / control pedestal

Steuerschalter *m* (HSS) / control switch, pilot switch || ≗ (Stellschalter, Fahrschalter) / controller *n* || ≗ (Bahn) / control switchgroup, master controller || **Hauptstrom-**≗ (Bahn) / power switchgroup

Steuer·schaltglied *n* / control contact || **≗schaltwalze** *f* / drum-type controller, pilot controller || **≗scheibe** (s. Nockenscheibe) || **≗schiene** *f* / control bus, control power bus || **≗schrank** *m* / control cubicle, control cabinet || **≗schütz** *n* / control contactor, contactor relay || **≗sicherung** *f* / control-circuit fuse || **≗signal** *n* / control signal (CS) || **≗spannung** *f* / control voltage, control-circuit voltage, control supply voltage || **gesicherte ≗spannung** / secure control power supply, independent control-power supply || **≗spannungsschiene** *f* / control bus, control power bus || **≗spannungsversorgung** *f* / control power supply || **≗speisespannung** *f* / control supply voltage || **≗spule** *f* / control coil, restoring coil || **≗stelle** *f* / control station || **≗strecke** *f* / controlled system (IEC 50(351)), directly controlled member (IEC 27-2A), plant, process *n*, system *n*

Steuerstrom *m* / control current || ≗ (Ableiter) / grading current || **≗bahn** *f* (VDE 0660, T.101) / control circuit (IEC 157-1) || **≗empfindlichkeit** *f* (Halleffekt-Bauelement, DIN 41863) / control current sensitivity (IEC 147-0C) || **≗kreis** *m* / control circuit (IEC 157-1) || **≗verriegelung** *f* / control circuit interlock

Steuer·system (s. Steuerungssystem) || **≗tafel** *f* / control board (BS 4727), control switchboard (ANSI C37.100) || **≗tafel** *f* (klein) / control panel || **≗tafel mit Pultvorsatz** / benchboard *n* || **≗taktgenerator** *m* / control-pulse clock, control-pulse generator || **≗teil** *m* (BLE; VDE 0160) / control section || **≗transformator** *m* / control-power transformer || **≗umrichter** *m* / cycloconverter *n* || **≗- und Regelelektronik** / control electronics || **≗- und Regelteil** (LE) / control section (o. equipment) || **≗- und Schutzgerät** / control and protective unit || **≗- und Überwachungszentrale** / control centre

Steuerung *f* (im Vergleich zu „Regelung") / open-loop control *n*, control *n* || ≗ (Funktionseinheit, Gerät) / controller *n* || ≗ (logische S.) / logic control || ≗ (Ableiter; Potentialsteuerung) / grading *n* || ≗ (Steuerungsgerät) (s. Regler) || ≗ (s. Steuerungssystem) || ≗ **asynchron übernehmen** (PMG, DIN IEC 625) / to take control asynchronously (tca) || ≗ **durch Polumschaltung** / pole-changing control || ≗ **in beiden Richtungen** (LE, Stellerelement) / bidirectional control || ≗ **mit Gleichstromsteller** / chopper control || ≗ **synchron übernehmen** (PMG, DIN IEC 625) / to take control synchronously (tcs) || ≗ **übergeben**

(PMG, DIN IEC 625) / to pass control || ≗ **übernehmen** (PMG, DIN IEC 625) / to receive control, to take control || ≗ **vor Ort** / local control || **feinstufige** ≗ (Entladung) / finely stepped potential grading || **Fertigungs~** / production control || **nichtinterpolierende** ≗ (NC) / non-interpolation control (system) || **Stabilisierung durch** ≗ (DIN 41745) / open-loop stabilization || **Ventil~** (Kfz) / valve timing gear

Steuerungs·algorithmus *m* / control algorithm || ≗**anweisung** *f*(PC) / instruction *n* || ≗**aufbausystem** *n* / control rack system, control packaging system || ≗**baugruppe** *f* / open-loop control module || ≗**befehl** *m* / command *n*, control command || ≗**ebene** *f*(Fertigung) / process measurement and control level, shopfloor control level, machine-oriented control level || ≗**elektronik** *f* / control electronics || ≗**-Nullpunkt** *m* / control zero || ≗**prozessor** *m* / control processor, boolean processor || ≗**rahmen** *m* / control frame || ≗**richtung** *f*(a. FWT) / control direction || ≗**schrank** *m* / control cubicle, control cabinet || ≗**sprache** *f* / control language || ≗**stelle** *f* (FWT) / location with commanding master station(s) || ≗**-Subsystem** *n*(MPSB) / controller subsystem || ≗**system** *n*(vgl. „Regelungssystem") / open-loop control system, controlling system, control system || ≗**technik** *f* / control engineering, control technology || ≗**übergabe** *f* / control transfer || ≗**- und Regelungsbaugruppe** / open-loop and closed-loop control module || ≗**- und Regelungsbaugruppe** (LE, Leiterplatte) / control and trigger p.c.b. || ≗**- und Regelungsebene** (PC) *f* / machine-oriented control level

Steuerungsverfahren für den Mediumzugriff (LAN) / medium access control procedure (MAC procedure) || ≗ **für Übermittlungsabschnittsbündel** (DIN ISO 7776) / multilink procedure (MLP) || ≗ **für Vielfachzugriff mit Aktivitätsüberwachung und Kollisionserkennung** (CSMA/CD) / carrier sense multiple access with collision detection procedure (CSMA/CD) || ≗ **im Übermittlungsabschnitt** (LAN) / logical link control (LLC) || ≗ **mit Sendeberechtigungsmarke** (LAN) / token passing procedure

Steuerungs·verstärker *m* / control amplifier || ≗**vorgang** *m* / control process

Steuer·ventil (s. Stellventil) || ≗**verstärker** *m* / control amplifier || ≗**wagen** *m* / driving trailer || ≗**warte** *f* / control room, control centre || ≗**welle** *f* / cam shaft

Steuerwerk *n*(Rechner, FWT) / control unit, controller *n* || ≗ (Prozessor) / processor *n* || ≗ (Folgeregler) / sequencer *n*

Steuer·wert *m*(PC) / forced value || ≗**wicklung** *f* (Mot.) / control winding, control field winding, regulating winding || ≗**wicklung** *f*(Trafo, f. Steuerkreise) / control-power winding || ≗**wicklung** *f*(Transduktor) / control winding, control turns || ≗**widerstand** *m* / control resistor || ≗**widerstand** *m*(Ableiter) / grading resistor || ≗**winkel** *m*(LE, Zündverzögerungswinkel) / delay angle || ≗**winkelbildung** *f*(LE, Baugruppe) / delay angle generator || ≗**wort** *n* / control word || ≗**wort** *n* (Byte) / command byte || ≗**zähler** *m* / control pulse counter || ≗**zeichen** *n* / control character || ≗**zeichenfolge** *f* / control character string || ≗**zwischenrelais** *n*(FWT) / command interposing relay

Stich·anschluß *m* / radial-line connection, stub terminal, spur terminal || ≗**bahn** *f* / spur line, spur *n* || ≗**betrieb** *m*(eines Teilnetzes) / radial operation || ≗**kabel** *n* / radial cable, stub-feeder cable (US) || ≗**kanal** *m* / radial duct, branch duct

Stichleitung *f*(Netz) / spur line, spur *n*, single feeder, dead-end feeder, radial feeder, stub-end feeder, tap line, line tap || ≗ (I, Ringleitungsabzweig) / spur *n*(GB), individual branch circuit (US), branch circuit || ≗ (Meßsystem) / individual line || **über** ≗ **angeschlossenes Netz** / spur network

Stich·leitungsdose *f* / spur box (GB), individual branch-circuit box, branch-circuit box || ≗**maß** *n* (Innentaster) / inside caliper

Stichprobe *f* / sample *n*, random sample || ≗ (s. Stichprobenprüfung)

Stichproben·abweichung *f*(DIN 55350,T.24) / sampling error || ≗**anweisung** *f* / sampling plan || ≗**anweisung mit Überspringen von Losen** / skip lot sampling plan || ≗**einheit** *f* / sample unit

Stichprobenentnahme *f* / sampling *n* || ≗ **aus Massengütern** / bulk sampling || ≗ **für Abnahmeprüfung** / acceptance sampling || **mehrstufige** ≗ / multi-stage sampling, nested sampling || ≗**abstand** *m* / sampling interval || ≗**anweisung** *f* / sampling instruction

Stichproben·fehler (s. Stichprobenabweichung) || ≗**-Kenngröße** *f*(DIN 55350,T.23) / sample statistic, statistic *n* || ≗**-Kenngrößenverteilung** *f* / sampling distribution || ≗**-Kennwert** *m*(DIN 55350,T.23) / (sample) statistic value || ≗**-Medianwert** *m* / sample median || ≗**-Mittelwert** *m* / sample mean || ≗**plan** *m* / sampling scheme || ≗**plan mit Sprungregel** / skip lot sampling plan || ≗**prüfplan** *m* / sampling inspection plan || ≗**prüfung** *f* / sampling test, random test, random sample test, spot check || ≗**prüfung** *f*(DIN 43782) / batch test || **messende** ≗**prüfung** / sampling inspection by variables || ≗**raum** *m* / sample space || **Punkt im** ≗**raum** / sample point

Stichprobensystem *n* / sampling system || ≗ **nach einem qualitativen Merkmal** / variable sampling system || ≗ **nach einem quantitativen Merkmal für eine endliche Partie** / attribute sampling system for a finite batch

Stichproben·umfang *m*(DIN 55350,T.23) / sample size || **Kurve für den mittleren** ≗**umfang** / average sample number curve (ASNC) || ≗**verteilung** *f* / sampling distribution || ≗**-Zentralwert** *m* / sample median

Stichwortverzeichnis *n* / glossary *n*

Stickoxidanalysator *m* / nitrogen oxide (o. dioxide) analyzer, NO_x analyzer

Stickstoff·flasche *f* / nitrogen cylinder, nitrogen bottle || ≗**lampe** *f* / nitrogen lamp || ≗**-Nachfüllvorrichtung** *f* / nitrogen refilling device || ≗**oxid-Analysator** *m* / nitrogen oxide analyzer || ≗**polster** *n* / nitrogen blanket, nitrogen cushion

stickstoffselektiv·er Detektor (NSD) / nitrogen-selective detector (NSD) || **~er Flammenionisationsdetektor (N-FID)** / nitrogen-selective flame ionization detector (N-

FID)

Stickstofffüllung *f* / nitrogen filling, nitrogen charge || **Transformator mit ≗** / nitrogen-filled transformer, inertair transformer

Stickstoff-Vorfülldruck *m* / nitrogen priming pressure

Stiel *m* (Gerüstbauteil) / strut *n*, pillar *n*, upright *n*

Stift *m* (StV) / pin *n* || ≗ (Verdrahtungsstift) / post *n* || ≗ (Lampensockel) / pin *n*, post *n* || ≗ (zum Fixieren) / pin *n*, dowel *n*, alignment pin || **≗abstand** *m* / pin spacing || **≗anschluß** *m* / pin connection || **≗belegung** *f* (Steckverbinder) / pin assignment || **≗bolzen** *m* / stud bolt, stud *n* || **≗etage** *f* / tier of pins, layer of pins || **≗fußsockel** *m* (Lampe, Zweistifts.) / bipost cap (GB), bipost base (US) || **≗kabelschuh** *m* / plug connector, terminal pin, pin-end connector || **≗kontakt** *m* / pin contact, male contact || **≗leiste** *f* / plug connector || **≗öler** *m* / pin lubricator || **≗plotter** *m* / pen plotter || **≗schaltglied** *n* / pin contact || **≗schraube** *f* / stud bolt, stud *n* || **≗schreiber** *m* / stylus recorder || **≗sockel** *m* / pin cap, pin base, prong cap || **≗sockellampe** *f* / pin-type socket lamp || **≗stecker** *m* / male connector

Stil *m* (a. Text) / style *n*

Stilb (sb) *n* / stilb (sb) *n*

stiller Alarm / silent alarm, visual alarm

Stilleuchte *f* / styled luminaire

stillsetzen *v* / shut down *v*, stop *v*, to stop operation || **geführtes ≗** (SR-Antrieb) / controlled (o. synchronous) decelleration, ramp-down braking, stopping by set-point zeroing

Stillsetzsteuerung *f* / stop control

Stillsetzung *f* / shutdown *n*, stopping *n*, stoppage *n* || ≗ (Anlage, erzwungene S.) / outage *n* || **erzwungene ≗** / forced outage

Stillstand *m* / standstill *n*, rest *n*, stoppage *n* || **im ≗** / at rest, at standstill || **im ≗ und abgeschaltet** (el. Masch.) / at rest and de-energized || **zum ≗ bringen** / shut down *v*, stop *v*, stall *v* || **zum ≗ kommen** / to come to a rest, to come to a standstill, to coast to rest

Stillstands·heizung *f* / space heater, anti-condensation heater || **≗kette** *f* (PC) / shutdown cascade || **≗kleben** *n* (Mot.) / standstill locking || **≗moment** *n* / static torque, stall torque, static stall torque

Stillstandspannung *f* / open-circuit voltage, voltage at standstill || ≗ (s. Läufer-Stillstandsspannung)

Stillstands·überwachung *f* / zero-speed control || **≗verriegelung** *f* (LE) / idling interlock, standstill interlocking || **≗wächter** *m* / zero-speed relay, zero-speed switch || **≗zeit** *f* / period of rest || **≗zeit** *f* (WZM) / down-time *n*, idle time || **≗zeitüberwachung** *f* (NC) / down-time monitoring

stillstehend *adj* / at rest, stationary *adj*

stimmungsbetonende Beleuchtung / mood creating lighting

Stirn *f* (Welle) / front *n*, wave front || **in der ≗ abgeschnittene Stoßspannung** / impulse chopped on the front || **positive ≗-Ansprech-Schaltstoßspannung** / positive 1.3 overvoltage sparkover || **negative ≗-Ansprech-Schaltstoßspannung** / negative 1.3 overvoltage sparkover voltage || **≗-Ansprechspannung** (s. Stirn-Ansprech-Stoßspannung) || **≗-Ansprech-Stoßspannung** *f* / front-of-wave impulse sparkover voltage || **Prüfung der ≗-Ansprech-Stoßspannung** / front-of-wave voltage impulse sparkover test || **≗bereich** *m* (Wickl.) / end section || **≗blech** *n* / end plate || **≗dauer** *f* (einer Stoßspannung) / front duration || **≗druckkontakt** *m* / end-pressure contact

Stirnfläche *f* / end face, face *n*, frontal area || ≗ (Bürste) / face *n* || **hintere ≗** (Bürste) / back face, back *n* || **vordere ≗** (Bürste) / front face, front *n*

Stirnflächen *f pl*, **Steckverbinder-≗** / connector interface || **≗abstand** *m* / air gap, opening *n* || **≗dichtung** *f* / interfacial seal, contact barrier seal (depr.) || **≗kopplung** *f* (LWL) / butt joint || **≗nut** *f* (Lg.) / face groove

Stirn·gerade *f* (Welle) / wave-front line || **≗kehlnaht** *f* / transverse fillet weld || **≗kontakt-Steckverbinder** *m* / butting connector || **≗lager** *n* / end-journal bearing || **≗lauffehler** *m* / face runout || **≗leuchte** *f* (Triebfahrzeug) / headlamp *n* || **≗magnet** *m* / face magnet || **≗naht** *f* / edge weld || **≗platte** *f* / front plate, end plate || **≗rad** *n* / spur gear || **≗radgetriebe** *n* / spur gearing, spur-gear unit, parallel-axes gearing || **≗radvorgelege** *n* / spur gearing, spur-gear speed reducer

Stirnscherversuch *m* / transverse shear test

Stirn·schlag *m* (Welle) / axial wobble, end float || **≗seite** *f* (Wickl.) / overhang *n*, end winding, coil ends || **≗seite** *f* (Kessel) / end *n*, end face, small side || **≗seitenauskeilung** *f* / overhang packing, overhang wedge bracing || **~seitig aneinanderreihbar** / buttable end to end || **≗stehstoßspannung** *f* / front-of-wave withstand voltage || **≗stehstoßspannungsprüfung** *f* / front-of-wave impulse test || **≗steilheit** *f* / front steepness, virtual steepness of front || **≗stoß** *m* / edge joint || **≗streuinduktivität** *f* (el. Masch.) / coil-end leakage inductance, end leakage inductance || **≗streuung** *f* (el. Masch.) / end leakage, overhang leakage, brow leakage, coil-end leakage || **≗verbinder** *m* (el. Masch.) / end connector || **≗verbindung** *f* (el. Masch.) / end connection || **≗verluste** *m pl* (el. Masch.) / end losses || **≗versteifung** *f* (Wickl.) / overhang packing block, coil-end bracing, end-turn bracing, end-turn wedging

stirnverzahnte Kupplung / toothed coupling, gear coupling

Stirn·wand *f* / end wall || **≗zapfen** *m* (Welle) / thrust journal, journal for axial load || **≗zeit** *f* (T_1) / front time, virtual duration of wavefront

stochastisch·es adaptives Regelsystem / stochastic adaptive control system || **~ definierte Grenze** / probability limit || **~er Prozess** / stochastic process || **~e zyklische Änderung** / random cyclic change

Stocherblech *n* / prodproofing guard, prod guard

stochersicher *adj* / prodproof *adj*

stöchiometrische Zusammensetzung / stochiometric composition

stocken *v* / thicken *v*, liver *v*, feed *v*, body up *v*

Stockpunkt *m* / pour point, solidification point || **≗bestimmung** *f* / pour-point test || **≗erniedriger** (s. Stockpunktverbesserer) || **≗verbesserer** *m* / pour-point depressor

Stockwerk *n* / floor *n*, storey *n* || ≗ (Trafo-Wickl.) / tier *n* || **≗druckknopf** *m* (Fahrstuhl) / landing call button

Stockwerks·verteilung *f* / storey distribution board (o. unit), floor panelboard

Stockwinde *f* / rack-and-pinion jack, ratchet jack

Stoff·menge *f* / amount of substance || **≗trennung** *f* / separation of substances

Stollen *m* (Tunnel) / tunnel *n* || ≗ (Verpackung) / batten *n* || **Einlauf~** (WKW) / inlet tunnel || **Kabel~** / cable tunnel

Stop bei Adressengleichheit (PC) / stop with breakpoints

Stop-Anweisung *f* (PC) / stop statement

Stopbit *n* (DÜ, DIN 44302) / stop bit, stop element

Stopbremse *f* / quick-stopping brake

Stopfbuchse *f* / stuffing box, packing gland, packing box, compression gland || ≗ (Kabeleinführung, EN 50014) / gland *n* || ≗ (Ventil) / packing box

Stopfbuchsenbrille *f* / gland follower, gland *n* || ≗ (Leitungseinführung) / clamp *n*

stopfbuchsenlos *adj* / glandless *adj*, packless *adj* || **~es Ventil** / packless valve

Stopf·buchsverschraubung *f* / compression gland, packed gland, bonding gland, screw gland || **≗dichte** *f* / bulk density, apparent density, loose bulk density

Stopfen *m* / plug *n*, stopper *n*

Stopfschraube *f* / screw plug, pipe plug, stopper *n*

Stopkennung *f* (PC) / stop identifier

Stopmotor *m* (m. eingebauter Bremse) / brake motor || ≗ (Verschiebeankermot.) / sliding-rotor motor

Stopp·auslöser *m* / stop trip || **≗bahn** *f* (Flp.) / stopway *n* || **≗bahnbefeuerung** *f* / stopway lighting || **≗bahnfeuer** *n* / stopway light || **≗bahnmarker** *m* / stopway day markers || **≗bahnrand** *m* / stopway edge || **≗bahnrandmarker** *m* / stopway edge marker || **≗balken** *m* / stop bar || **≗balkenfeuer** *n* / stop bar light || **≗barren (STB)** *m* / stop bar (STB) || **≗befehl** *m* (a. FWT) / stop command || **≗fläche** (s. Stoppbahn) || **≗licht** (s. Bremsleuchte) || **≗-Telegramm** *n* / STOP message || **≗uhr** *f* / stopwatch *n*, seconds counter || **≗zustand** *m* (PC) / stop status , stop condition

Stöpsel *m* (Steckerelement) / (telephone) plug, bridging plug, plug *n* || **Telefon~** *m* / telephone plug

Stör·ablaufprotokoll (s. Störungsablaufprotokoll) || **≗ablaufprotokollierung** *f* / post-mortem review || **≗abschaltung** *f* / shut-down on faults, disconnection on faults || **≗abstand** *m* / noise ratio, signal-to-noise ratio, noise margin || **dynamischer ≗abstand** / dynamic noise immunity || **≗abstrahlung** *f* / noise radiation, noise emission || **≗abweichung** *f* (Änderung im Beharrungswert der stabilisierten Ausgangsgröße eines Stromversorgungsgeräts) / output effect || **≗abweichungsbereich** *m* (DIN 41745) / output effect band (IEC 478-1), effect band || **≗analyse** *f* / fault analysis || **~anfällig** *adj* / vulnerable *adj*, susceptible to faults

Störanfälligkeit *f* / vulnerability *n*, susceptibility to faults || ≗ (durch Fremdfelder, elektrostat. Entladungen, Überspannung zwischen Erdverbindungen) (s. Störempfindlichkeit)

Störanregung *f* (PLT, KW-Leittechnik, Zustandsmeldung) / status discrepancy alarm

Störanregungs·frequenz *f* / spurious response frequency || **≗kraft** *f* (MSB) / deflecting force || **≗-Unterdrückungsfaktor** *m* / spurious response rejection ratio

Stör·anzeige *f* (Anzeige, die von Störungen außerhalb eines Prüfsystems hervorgerufen wird) / disturbance indication || **≗ausblendung** *f* / interference suppression || **≗aussendung** *f* (EMB, VDE 0870) / emitted interference || **≗beeinflussung** *f* (durch Fremdspannungen) / interference *n*, electrical interference, disturbing influence || **≗beobachtung** *f* (Reg.) / disturbance estimation || **≗bereich** *m* (Reg., zulässiger Bereich der Störgrößen) / admissible range of disturbances || **≗bereich** *m* (Reg.; DIN 19226) / range of disturbance variable || **≗bewertung** (s. Störgewicht) || **≗blindwiderstand** *m* / spurious reactance, parasitic reactance || **≗einkopplung** *f* / disturbance(-signal) injection, interference(-signal) injection || **≗empfindlichkeit** *f* / susceptibility *n*, electromagnetic susceptibility, interference susceptibility

störend·er Eindruck (Flicker) / visual discomfort || **~es Geräusch** / offending noise

Störfall *m* / incident *n*, fault *n*, malfunction *n*, accident *n* || **≗protokoll** (s. Störungsprotokoll)

Störfeld *n* / disturbance field, interference field, noise field || **magnetisches ≗** / magnetic interference field, stray magnetic field || **Prüfung im magnetischen ≗** / magnetic interference test || **≗abstand** *m* / field-to-noise ratio || **≗-Meßgerät** *n* / disturbance-field measuring set || **≗stärke** *f* / disturbance-field strength, interference-field strength, noise-field intensity

Störfestigkeit *f* / noise immunity, immunity *n*, immunity to interference, interference immunity factor

Störfestigkeits·bereich *m* (IEC 50(161)) / immunity margin || **≗grenzwert** *m* (IEC 50(161)) / immunity limit || **≗pegel** *m* / immunity level

Stör·fleck *m* (ESR) / picture blemish, blemish *n* || **≗frequenz** *f* / interference frequency, parasitic frequency || **≗generator** *m* / noise generator || **≗geräusch** *n* / interference noise, disturbing noise || **≗gewicht** *n* (VDE 0228) / weighting factor of frequency, noise weighting, weighted harmonic content || **≗gleichspannung** *f* / d.c. component of fault voltage || **≗grad** *m* / interference level || **≗grenze** *f* (Flicker; E VDE 0838, T.101) / limit of irritation

Störgröße *f* (Reg., DIN 19226) / disturbance *n* || ≗ (elektromagn. S.; EMB) / interference *n* || ≗ (Geräusch) / noise quantity || ≗ (Einflußgröße) / influencing quantity || **elektrische ≗** (äußere Störung) / electrical transient || **schnelle transiente ≗** (IEC 50(161)) / burst *n*

Störgrößen·aufschaltung *f* / feedforward control || **≗beobachter** *m* / disturbance observer || **≗schreiber** *m* / disturbance recorder || **≗sprung** *m* (DIN 41745) / (disturbance) step change

Störhalbleiter (s. Störstellenhalbleiter)

Störimpuls *m* / disturbing pulse, spurious pulse || ≗ (Glitch) / glitch *n* || **≗erkennung** *f* (Glitch-Erkennung) / glitch recognition || **≗filter** *n* / glitch filter || **≗speicher** *m* (Glitch-Speicher) / glitch memory || **≗-Triggerung** *f* (Glitch-Triggerung) / glitch trigger

Störladung *f*, **Teilentladungs-**≗ / partial-discharge charge, nominal apparent PD charge
Störlage (SG) (s. Störstellung)
Störleistung *f* / distrubance power, noise power, interference power || ≗ (HL) / spurious output power || ≗ (s. Funkstörleistung)
Störleuchtdichte *f* / unacceptable reflected luminance
Störlichtblende *f* / shield *n*
Störlichtbogen *m* / accidental arc, arcing fault, internal fault || **innerer** ≗ / internal arcing fault || ≗**festigkeit** *f* / resistance to accidental arcs, resistance to internal faults, fault withstand capability, short-circuit strength || ~**geprüft** *adj* / tested for resistance to accidental arcing, tested for resistance to internal faults || ≗**prüfung** *f* / internal arc test (IEC 157), accidental arc test, arc test, internal fault test || ≗**schutz** *m* / protection against internal arcs
Störmelde·auswertung *f* (Baugruppe) / fault alarm evaluator, fault alarm evaluating module || ≗**relais** *n* / alarm relay || ≗**tableau** *n* / alarm annunciator
Störmeldung *f* / fault signal, fault indication, alarm indication (o. display), alarm || ≗ (FWT) / malfunction information
Stör·merker *m* (PC) / fault flag || ≗**meßgerät** *n* / noise measuring set, circuit-noise meter, noise level meter || ≗**modenschwingungen** *f pl* / spurious-mode oscillations || ≗**moment** *n* / disturbing torque, harmonic torque, parasitic torque || ≗**niveau** (s. Störstellenniveau) || ≗**ort** *m* (DIN 19226) / point of disturbance
Störpegel *m* / background noise level, noise level, disturbance level, radio interference level || ≗**messer** *m* / psophometer *n*
Störprotokoll (s. Störungsprotokoll)
Störprüfung, Hochfrequenz-≗ (Rel.) / high-frequency disturbance test, disturbance test (IEC 255)
Stör·quelle *f* (EMB, VDE 0870, T.1) / source of interference, distrubing source, interference source || ≗**reaktanz** *f* / spurious reactance, parasitic reactance || ≗**resonanz** *f* / parasitic resonance || ≗**schutz** *m* / interference suppression (device) || ≗**schutzfilter** *n* / interference suppressor filter || ≗**schutzkondensator** *m* / anti-interference capacitor, interference suppression capacitor || ≗**schutztransformator** *m* / noise protection transformer (NPT)
Störschwelle *f* (Lärm) / threshold of discomfort || ≗ (Licht) / threshold of irritability || ≗ (EMV, IEC 50(161)) / limit of disturbance, interference threshold || **Logik mit hoher** ≗ / high-threshold logic (HTL)
Stör·schwingung (s. parasitäre Schwingung) || ≗**schwingungen** *f pl* / parasitic oscillations, spurious oscillations || ≗**senke** *f* (EMB, VDE 0870, T.1) / potentially susceptible equipment (o. device)
störsicher *adj* (störspannungsfrei, geräuschfrei) / noise-free || ~ (s. störungssicher) || ~**er Eingang** / noise-proof input, noise-immune input || ~**e Logikschaltung** / high-noise-immunity logic (HNIL), noise-proof logic, noise-immune logic, high-level logic (HLL), high-threshold logic (HTL)
Störsicherheit *f* (gegen el. Beeinflussung) / interference immunity || ≗ (QS) / reliability *n* || ≗ (Fremdspannung) (s. Störfestigkeit)
Störsignal *n* / unwanted signal, undesired signal, interference signal, parasitic signal, spurious signal, noise signal || ≗ (Rauschen) / noise *n* (signal) || ≗ (magn. Datenträger, Lesespannung) / drop-in *n*, extra pulse
Störspannung *f* (el., Fremdspannung) / interference voltage, psophometric interference voltage, noise voltage, parasitic voltage || ≗ (Verlagerungsspannung) / displacement voltage || ≗ (EMV, Schutz) / disturbance voltage || ≗ (mech.) / discontinuity stress || ≗ (s. Funkstörspannung) || **Gleichtakt-**≗ / common-mode parasitic voltage, common-mode interference voltage
Störspannungseinfluß *m*, **Gleichtakt-**≗ / common-mode interference
Störspannungs·faktor *m* / parasitic voltage interference factor || ≗**festigkeit** *f* / noise immunity, interference immunity, interference rejection || ~**frei** *adj* / noise-free *adj*, noiseless *adj* || ≗**messer** *m* / interference voltage meter || ≗**prüfung** *f* (VDE 0670, T.104) / radio interference voltage test (RIV test) (IEC 56-4), radio interference test (IEC 168), radio influence voltage test (NEMA SG 4) || ~**sicher** *adj* / immune to interference
Stör·spektrum *n* (Rauschspektrum) / noise spectrum || ≗**sperre** *f* / interference suppressor || ≗**spitze** *f* / spurious peak || ≗**spitze** *f* (Glitchimpuls) / glitch *n* || ≗**spitze** *f* (EMB) / spike *n*
Störstelle *f* (Kristallgitter) / imperfection *n* (crystal lattice) || ≗ (HL) / impurity *n*
Störstellen·aktivierungsenergie *f* / impurity activation energy || ≗**atom** *n* / impurity atom, impurity *n* || ≗**band** *n* / impurity band || ≗**dichte** *f* / impurity concentration || ≗**-Haftstelle** *f* / impurity trap || ≗**halbleiter** *m* / extrinsic semiconductor || ≗**kompensation** *f* / impurity compensation || ≗**leitung** *f* / extrinsic conduction || ≗**niveau** *n* / impurity level || ≗**übergang** *m* / junction *n*
Stör·stellung *f* (SG, Zwischenstellung) / intermediate position, intermediate state, off-end position || ≗**stellungsunterdrückung** *f* / faulty state information suppression, intermediate state information suppression, (switchgear) operating delay suppression || ≗**stoff** *m* (HL) / impurity *n* || ≗**strahlung** *f* / radiated noise, interfering radiation, perturbing radiation, spurious radiation || ≗**strahlungsfestigkeit** *f* / immunity to radiated noise || ≗**strom** *m* (Fremdstrom) / interference current, parasitic current || ≗**strom** *m* (Schutz, Strom infolge Fehlanpassung der Wandler) / spill current || ≗**strom** *m* (Fehlerstrom, Wandlerfehlerstrom) / error current, current due to transformer error || ~**- und zerstörfeste Logik (SZL)** / high-noise-immunity and surge-proof logic, high-level logic (HLL)
Störung *f* / disturbance *n*, trouble *n*, fault *n*, malfunction *n*, failure *n*, breakdown *n* || ≗ (Rauschen) / noise *n*, interference *n* || ≗ (VDE 0228) / disturbance *n* || ≗ (DIN 40042) / malfunction *n* || ≗ **durch Zündfunken** / ignition interference || **Fernwirk**~ / malfunction *n* (of telecontrol equipment) || **Hochfrequenz**~ / radio-frequency interference (RFI), RF interference || **magnetische** ≗ / magnetic interference
Störungsablauf *m* / incident history || ≗**protokoll**

(STAP) *n* / incident review log (IRL)
Störungsanfälligkeit (s. Störanfälligkeit) || ² (s. Störempfindlichkeit)
Störungsanlaß *m* / incident *n* (IEC 50(604))
Störungsanzeige *f* / malfunction indication, fault indicator || ² (FWT) / trouble indication || ² (Automatisierungssystem) / malfunction indication (o. display), alarm indication (o. display) || **²logik** *f* (Automatisierungssystem) / malfunction (o. alarm) display logic
Störungsaufklärung *f* / fault diagnosis || **² und -beseitigung** *f* / fault recovery
Störungs·aufzeichnungsgerät *n* / disturbance recorder, perturbograph *n* || **²auswirkung** *f* (FWT) / effect of malfunction
störungsbedingt·e Nichtverfügbarkeit / forced outage || **~e Nichtverfügbarkeitsdauer** / forced outage duration
Störungsbehebung (s. Störungsbeseitigung)
Störungsbeseitigung *f* / correction of disturbances, trouble shooting, remedying faults, debugging *n* || ² (Netz) / fault clearance || ² (Störspannung) / noise cancellation, interference suppression
Störungsdauer *f* (Netz) / disturbance time || ² (Netz, Zeitspanne zwischen Eintritt u. Beseitigung eines Fehlers) / fault clearance time || ² (QS, DIN 40042) / malfunction time
störungsfrei *adj* / trouble-free *adj*, faultless *adj*, healthy *adj* || ~ (störspannungsfrei) / noise-free *adj*, interference-free *adj*, clean *adj*
Störungs·gebiet *n* / disturbance region, interference field || **²kontrolle** *f* (FWT) / discontinuity check || **²meldung** (s. Störmeldung) || **²muster** *n* / interference pattern || **²protokoll** *n* / malfunction log (o. printout) || **²schreiber** *m* / fault recorder, disturbance recorder || **²schwund** *m* / interference fading
störungssicher *adj* (ausfallsicher) / fail-safe *adj*
Störungs·signalisierung *f* (LAN) / jam signal || **²suche** *f* / fault locating, trouble shooting || **²sucher** *m* / troubleshooter *n*, trouble man || **²tabelle** *f* / fault diagnosis chart, troubleshooting guide || **~unempfindlich** *adj* (gegen Rauschen) / immune to noise, noise-immune *adj* || **²unterdrückung** *f* / interference rejection, interference suppression, noise rejection || **²ursache** *f* (FWT) / cause of malfunction || **²zeit** *f* (Netz) / disturbance time
Stör·unterdrückung (s. Störungsunterdrückung) || **²welle** *f* / transient wave
Störwert·drucker *m* / alarm printer || **²erfassung** *f* / fault monitoring (o. detection)
Störzählimpuls *m* / spurious count
Stoß *m* (Stoßwelle) / impulse *n*, surge *n* || ² (mech.) / shock *n*, impact *n*, jerk *n* || ² (Impuls) / pulse *n* || ² (Fuge) / butt joint, joint *n* || **Einheits~** (Dirac-Funktion) / unit pulse, unit impulse (US) || **Schweiß~** / welding joint, welded joint || **²amplitude** *f* / surge amplitude || **²antwort** *f* / step response || **~artige Änderung** / impulsive variation, abrupt change || **²beanspruchung** *f* (mech. Stoß) / impact load, sudden load change || **²beginn** O_1 *m* / virtual origin O_1, virtual zero, virtual time zero || **²belastbarkeit** *f* / impulse-load capacity, impact-load capacity, peak-load rating || **²belastung** *f* / impulse load, surge load, impact load, shock load, transient peak load || **²bewegung** *f* / shock motion || **²charakteristik** *f* / starting surge characteristic, surge characteristic || **²dämpfer** *m* / shock absorber, (SG:) dashpot *n* || **²durchbruch** (s. Stoßdurchschlag) || **²durchschlag** *m* / impulse breakdown || **²durchschlagfestigkeit** *f* / impulse breakdown strength, impulse electric strength || **²durchschlagspannung** *f* / impulse breakdown voltage
Stößel *m* / tappet *n*, plunger *n* || ² (PS) / plunger *n*, push rod || **²betätiger** *m* / plunger actuator || **²endschalter** (s. Stößel-Positionsschalter) || **²grenztaster** (s. Stößel-Positionsschalter) || **²-Positionsschalter** *m* / plunger-operated position switch
stoßen *v* (prüfen m. Stoßspannung) / impulse-test *v*
Stoß·energie *f* (mech.) / impact energy || **²entladungsprüfung** *f* (VDE 0560,4) / discharge test (IEC 70) || **²erregung** *f* / superexcitation *n*, high-speed excitation, field forcing, fast-response excitation, field flashing || **²erregung** (Schwingkreis) (s. Impulserregung) || **²erregungsbegrenzer** *m* / field-forcing limiter || **²erregungsfaktor** *m* / field-forcing factor || **²erscheinung** *f* / surge phenomenon || **²faktor** *m* (Festigkeitsanstieg mit Stoßsteilheit) / volt-time turn-up || **²faktor** *m* (Verhältnis Stoß-Wechselspannungsfestigkeit) / impulse-to-a.c.-strength ratio, withstand ratio
stoßfest *adj* (el.) / surge-proof *adj* || ~ (mech.) / shockproof *adj*, impact-resistant *adj* || **~e Leuchte** / impact-resistant luminaire, vandal-proof luminaire
Stoßfestigkeit *f* (el.) / impulse strength, surge withstand capability (SWC), surge strength || ² (mech.) / shock resistance, impact resistance
Stoß·formen *f pl* (el. Stoßprüf.) / impulse waveshapes || **~freie Umschaltung** / bumpless transfer (o. changeover) || **²frequenz** *f* / impulse frequency, shock frequency, surge frequency || **²fuge** *f* / butt joint, joint *n* || **²funktion** *f* / impulse function || **Repetitions-²generator** *m* / recurrent-surge generator (RSG) || **²generator** *m* / impulse generator, surge generator, short-circuit generator, lightning generator || **²haltespannung** *f* / withstand impulse voltage || **²impuls** *m* / shock pulse || **²isolator** *m* / shock isolator || **²kapazität** *f* / surge capacitance, impulse capacitance || **²kennlinie** *f* / impulse voltage-time curve, impulse volt-time characteristic || **²klinke** *f* / driving pawl || **²kraft** *f* / impulsive force, impact force
Stoßkurzschluß *m* / sudden short circuit || **²-Drehmoment** *n* / peak transient torque, torque on sudden short circuit || **²-Gleichstrom** *m* / d.c. component of initial short-circuit current, d.c. component of sudden short-circuit current || **²prüfung** *f* / sudden short-circuit test || **²reaktanz** *f* / transient reactance || **²strom** *m* / peak short-circuit current, sudden short-circuit current || **²strom** *m* (I_s) / maximum asymmetric short-circuit current || **nicht begrenzter ²strom** / prospective symmetrical r.m.s. let-through current || **²verhältnis** (s. Leerlauf-Kurzschlußverhältnis) || **²versuch** *m* / sudden short-circuit test || **²-Wechselstrom** *m* (I_{sw}) / initial symmetrical short-circuit current,

subtransient short-circuit current || ≈-**Zeitkonstante** *f* / time constant of sudden short circuit
Stoß·längsreaktanz (s. Subtransient-Längsreaktanz) || ≈**last** *f* / impulse load, impact load, shock load, surge load
Stoßleistung *f* / surge power
Stoßleistungs·generator *m* / surge-power generator, impulse generator, short-circuit generator || ≈**transformator** *m* / short-circuit transformer || ≈**-Umformersatz** *m* / surge-power m.g. set
Stoß·linie *f* / line of impact || ≈**maschine** (s. Stoßprüfmaschine) || ≈**moment** *n* (Höchstwert) / peak transient torque, short-circuit torque || ≈**moment** *n* (plötzliche Momentenänderung) / impulse torque, suddenly applied torque, transient torque || ≈**oszilloskop** *n* / impulse oscilloscope || ≈**pegel** *m* / impulse test level, impulse level, impulse insulation level || ≈**platz** *m* / impulse testing station || ≈**prüfmaschine** *f* / shock testing machine, shock machine
Stoßprüfung *f* (el.) / impulse test, impulse voltage test || ≈ (mech.) / impact test, test for resistance to impact || ≈ (mech., Schockprüfung) / shock test
Stoß·prüfung (s. Stoßspannungsprüfung) || ≈-**Querreaktanz** (s. Subtransient-Querreaktanz) || ≈**reaktanz** (s. subtransiente Reaktanz) || ≈**relais** *n* / rate-of-change relay, d/dt Relais || ≈-**Rückwärtsverlustleistung** *f* (Lawinen-Gleichrichterdiode, DIN 41781) / surge reverse power dissipation, non-repetitive reverse power dissipation
Stoßspannung *f* / impulse voltage, voltage impulse, surge voltage, transient voltage, impulse *n* || ≈ (Prüfspannung) / impulse test voltage
Stoßspannungs·anlage *f* / impulse voltage testing station || ≈**beanspruchung** *f* / impulse voltage stress, impulse stress || ≈**charakteristik** *f* / impulse flashover voltage-time characteristic || ~**fest** *adj* / surge-proof *adj* || ≈**festigkeit** *f* / impulse strength, surge withstand capability (SWC), surge strength || ≈**generator** *m* / impulse generator, surge generator, short-circuit generator, lightning generator || ≈**messer** *m* / impulse voltmeter, crest voltmeter || ≈**pegel** (s. Stoßpegel) || ≈**prüfung** *f* / impulse voltage test, impulse test, surge withstand capability test (SWC test) || ≈-**Schutzpegel** *m* / impulse protective level || ~**sicher** *adj* / surge-proof *adj* || ≈**übertragung** *f* / surge transfer || ≈**verlauf** *m* / impulse shape || ≈**verteilung** *f* / surge voltage distribution, impulse voltage distribution || ≈**welle** *f* / voltage surge, impulse wave
Stoßspitzenspannung *f* (Diode, DIN 41781) / non-repetitive peak reverse voltage || ≈ (Thyr, DIN 41786) / non-repetitive peak off-state voltage || ≈ **in Rückwärtsrichtung** (Thyr) / non-repetitive peak reverse voltage || ≈ **in Vorwärtsrichtung** (Thyr) / non-repetitive peak forward off-state voltage, non-repetitive peak forward voltage
Stoßstelle *f* (mech.) / joint *n*, abutting surface || ≈ (Wellenwiderstand) / transition point || ≈ **im magnetischen Kreis** / magnetic joint
stoßstellenfrei *adj* / jointless *adj*
Stoßstreuspannung *f* / transient leakage reactance, transient leakage reactance drop, transient reactance drop
Stoßstrom *m* / impulse current, peak current, peak withstand current (IEC 157-1), surge current || ≈ (Scheitelwert der ersten großen Teilschwingung während des Ausgleichsvorgangs) / peak current || ≈ (Prüfstrom) / impulse test current || ≈ (Thyr) / surge on-state current || ≈ (Diode) / surge forward current, non-repetitive forward current || ≈ (s. Einschaltstoßstrom) || **Bemessungs-**≈ (2,5 x Kurzzeitstrom)) / rated peak withstand current (IEC 265) || **maximal zulässiger** ≈ (ESR-Elektrode) / surge current (EBT-electrode) || **maximaler unbeeinflußter** ≈ (VDE 0670,T.2) / maximum prospective peak current (IEC 129) || **unbeeinflußter** ≈ (VDE 0670,T.2) / prospective peak current (IEC 129) || ≈**begrenzer** *m* / impulse-current limiter || ~**fest** *adj* / surge-proof *adj* || ≈**festigkeit** *f* / surge (withstand) strength, impulse withstand strength || **Kontrolle der** ≈**festigkeit** (LE) / fault current capability check (IEC 700) || ≈-**Grenzwert** *m* (Thyr, DIN 41786) / maximum rated surge on-state current || ≈-**Grenzwert** *m* (Diode, DIN 41781) / maximum rated surge forward current || ≈**kondensator** *m* / surge capacitor || ≈**prüfung** *f* / impulse test || ≈**prüfung** *f* (LE) / fault current test (IEC 700) || ≈**schalter** (s. Stromstoßschalter)
Stoß·transformator *m* / impulse testing transformer, impulse transformer || ≈**transformator** (s. Stoßleistungstransformator) || ≈**überlastbarkeit** *f* / impulse strength, surge withstand capability (SWC), surge strength || ≈**überschlag** *m* / impulse flashover || ≈**überschlagsprüfung** *f* / impulse flashover test, impulse sparkover test || ≈**überschlagsspannung** *f* / impulse flashover voltage, impulse sparkover voltage || ≈**überschlagsverzögerung** *f* / time to impulse flashover || ≈**überspannung** *f* / transient overvoltage || ≈**verbinder** *m* / connector *n* || ≈**voltmeter** (s. Stoßspannungsmesser) || ≈**vorgang** *m* (Elektronen) / collision process || ≈**wechselstrom** *m* / impulse alternating current
stoßweise Übertragung / burst transmission
Stoßwelle *f* / impulse wave, transient wave || **Kopplungsimpedanz für** ≈**n** / mutual surge impedance || **schwingende** ≈ / oscillatory impulse, oscillatory surge
Stoßwert *m* / impulse value || **Nenn-**≈ (Rel., einer Eingangsgröße; DIN IEC 255, T. 1-00) / limiting dynamic value (of an energizing quantity)
Stoß·winkel *m* (Aufschlagwinkel) / angle of impact || ≈**zeit** *f* / impulse time, surge-wave duration
straff *adj* (Riemen) / tight *adj*
Strafpunkte *m pl* (QS) / penalty *n*
Strahl *m* (Licht) / beam *n*, ray *n* || ≈ (Osz.) / trace *n*, beam *n* || ≈ (Wasser) / jet *n*
Strahlabbildung *f* (Osz.) / trace *n*
Strahl·abschwächer *m* / beam attenuator || ≈**aufweiter** *m* / beam expander || ≈**ausrichtung** *f* / beam alignment || ≈**austastung** *f* (Osz.) / trace unblanking
Strahldichte *f* / radiance *n* || **zeitliches Integral der** ≈ (VDE 0837) / integrated radiance (IEC 825) || ≈**faktor** *m* / radiance factor || ≈**koeffizient** *m* / radiance coefficient || **relative spektrale** ≈**verteilung** / relative spectral energy (o. power) distribution || **spektrale** ≈**verteilung** / spectral radiated energy distribution, spectral power

distribution, spectral energy distribution
Strahl·divergenz *f* / beam divergence || **˜drehung** *f* (Osz.) / beam rotation || **˜düse** *f* / nozzle *n*
Strahlen·aufhellung *f*(Osz.) / trace bright-up || **˜austritt** *m* / emission of radiation || **˜belastung** *f* / radiation burden, radiation load, dose absorbed || **˜belastung** *f*(rd/h) / dose rate, dose absorbed per hour || **˜beständigkeit** *f* / radiation resistance || **Gaußsches ˜bündel** / gaussian beam || **˜bündelung** *f* / beam focussing || **˜büschel** *n* (Entladung) / aigrette *n* || **˜erder** *m* / star-type earth electrode, radial counterpoise, crow-foot earth electrode
strahlenförmig betriebenes Netz / radially operated network || **~es Netz** / radial network, radial system
Strahlen·gang *m* / beam path, path of beams, optical path || **˜netz** *n* / radial network, radial system || **˜netzstation** *f* / radial-type substation
Strahler *m* / radiator *n* || **˜** (Lampe) / reflector lamp, lamp *n* || **˜** (Anstrahler) / spotlight *n*, spot *n* || **˜** (IR-Gerät) / transmitter *n* || **˜** (Reflektor) / reflector *n* || **akustischer ˜** / noise radiating body || **Lambert-˜** / Lambertian source || **˜fläche** *f*(a. Pyrometer) / radiator area, target area || **˜lampe** *f* (Reflektorlampe) / reflector lamp || **˜leuchte** *f* (DIN IEC 598) / spotlight *n* || **˜strom** *m* / radiation source current
Strahl·erzeuger *m*(ESR) / electron gun, gun *n* || **˜fänger** *m*(Lasergerät) / beam stop || **˜leistung** *f* / radiant power || **˜öffnungswinkel** *m* / beam angle || **˜richtung** *f* / beam direction || **˜rücklauf** *m* (Osz.) / flyback *n*, retrace *n* || **˜spur** *f*(Osz.) / trace *n* || **Leuchtdichte der gespeicherten ˜spur** (Osz.) / stored luminance || **˜stärke** (s. Strahlungsstärke) || **˜strom** *m* / beam current || **˜sucher** *m* / beam finder || **˜teiler** *m*(LWL) / beam splitter || **˜tetrode** *f* / beam-power tube || **˜transmission** (s. Elektronenstrahltransmission) || **˜umschaltung** *f* (Osz.) / beam switching
Strahlung *f* / radiation *n* || **˜** (Lichtverteilung) / (light) distribution
Strahlungsäquivalent, fotometrisches ˜ / luminous efficacy of radiation
strahlungsarmer Bildschirm / low-radiation screen
Strahlungs·ausbeute *f* / radiant efficiency, radiant yield || **˜bilanz** *f* / radiation balance || **˜bolometer** *n* / bolometer *n* || **˜diagramm** *n* / radiation pattern || **˜dichte** *f* / radiant energy density, radiation density || **˜druck** *m* / radiation pressure, pressure of radiation || **˜empfänger** *m* / radiation detector, radiation receptor || **˜empfindlichkeit** *f* / radiation sensitivity || **˜energie** *f* / radiant energy || **˜energie-Thermometer** *n* / radiant-energy thermometer || **~feste integrierte Schaltung** / radiation-hardened IC || **˜fluß** *m* / radiant flux, radiant power, energy flux || **˜flußdichte** *f* / radiant flux density || **˜funktion** (s. relative spektrale Verteilung) || **˜gefährdung** *f* / radiation hazards || **˜heizung** *f* / radiant heating || **˜leistung** *f* / radiant power, radiated power, radiant flux, energy flux || **˜leistung** *f*(EMV, IEC 50(161)) / radiated power || **˜melder** *m*(Flammendetektor) / flame detector || **˜menge** *f* / radiant energy || **spektrale ˜meßtechnik** / spectrometry *n*, spectro-radiometry *n* || **˜messung** *f* / radiometry *n* || **˜modulationsgrad** *m* / beam modulation percentage || **˜ofen** *m* / radiant heating oven || **˜pyrometer** *n* / radiation pyrometer || **˜quant** *n* / photon *n*, radiation quantum || **˜quelle** *f* / radiation source, source of radiation || **˜-Sättigungsstrom** *m* / irradiation saturation current || **˜schutzring** *m* (zur Potentialsteuerung) / grading ring, static ring || **˜sicherheit** *f* / radiation safety || **˜stärke** *f* / radiant intensity || **spektrale ˜temperatur** / radiance temperature, luminance temperature || **˜thermoelement** *n* / radiation thermocouple || **˜thermometer** *n* / radiation thermometer, radiant-energy thermometer || **˜thermosäule** *f* / radiation thermopile || **˜träger** *m*(RöA) / radiation substrate || **˜wärme** *f* / radiant heat || **˜zählrohr** *n* / radiation counter tube
Strahl·verdichtungsfaktor *m*(Osz.) / beam compression factor, electron gun convergence ratio (GB), electron gun density multiplication (US) || **˜verdunkelung** *f*(Osz.) / beam blanking || **˜verfolgung** *f*(CAD) / ray tracing || **˜wasser** *n* / hose-water *n*, jet-water *n*
strahlwassergeschützt *adj* / jet-proof *adj*, hose-proof *adj* || **~e Leuchte** / jet-proof luminaire || **~e Maschine** / hose-proof machine
Strahl·weg *m* / beam path || **˜zerleger** *m* / beam splitter
Strang *m*(eines Mehrphasenstromkreises) / phase *n* || **˜** (Wickl.) / phase *n*, winding phase || **˜** (Vorgarn) / roving *n* || **˜ einer Isolatorkette** / insulator string || **˜drossel** *f*(LE) / phase reactor, line reactor
Stränge, ineinandergewickelte ˜ / interleaved phase windings
Strang·größe *f*(Phase) / phase quantity || **˜gußprofil** *n* / continuously cast section, extruded section || **˜klemme** *f* / phase terminal, line terminal
strangpressen *v* / extrude *v*
Strangpreßprofil *n* / press-drawn section
Strang·sicherung *f* / phase fuse, line fuse || **˜spannung** *f* / phase voltage || **~verschachtelte Wicklung** / imbricated winding || **˜wicklung** *f* / phase winding || **˜-Windungszahl** *f* / number of turns per phase || **˜zahl** *f* / number of phases
strapazieren *v* / strain *v*, stress *v*
strapazierfähig *adj* / heavy-duty *adj*, hard-wearing *adj*
Straße *f* / road *n*, street *n*
Straßen·abschnitt *m* / length of road || **˜bake** *f* / marker post || **˜beleuchtung** *f* / road lighting, street lighting, traffic lighting || **˜beleuchtung** *f* (Stadtstraße) / street lighting || **˜kreuzung** *f* / crossroads *plt* || **˜kuppe** *f* / hump *n* || **˜lage** *f*(Kfz) / road holding || **˜leuchte** *f* / street lighting luminaire, street lighting fixture, street luminaire || **˜markierung** *f* / road marking || **˜reflektometer** *n* / road-surface reflectometer || **˜transport** *m* / road transport || **˜verkehrs-Signalanlage (SVA)** *f* / road traffic signal system
Streamer-Laufwerk *n* / streamer drive
Strebbeleuchtung *f* / coal-face lighting
Strebe *f* / brace *n*, strut *n*
Strebstillsetzeinrichtung *f* / face shutdown device
streckbar *adj*(Metall) / ductile *adj*, malleable *adj*
Streckbarkeit *f* / ductility *n*
Strecke *f*(Diagramm) / chord *n*, link *n* || **˜** (FWT) / route *n* || **˜** (FWT, Kanal) / channel *n* || **˜** (DÜ, FWT, Verbindung) / link *n* || **˜** (Regelstrecke) / (controlled) system, plant *n* || **˜** (Bergwerk) /

gallery *n*, gate *n*, heading *n* || ≈ (graf. DV) / line *n*, line segment || ≈ **einer Straße** / stretch of road || **Förder~** / conveyor section || **gerade** ≈ (NC) / linear path, linear span || **Kabel~** / cable run || **Leitungs~** / line section, line run || **Lichtbogen~** / arc gap
strecken *v* / lengthen *v*, stretch *v*, flatten *v*
strecken *v* (CAD) / stretch *v* || ≈**beleuchtung** *f* (Bergwerk) / gateway lighting || ≈**bild** *n* (FWT) / route diagram || ≈**dämpfung** *f* (LAN) / path attenuation || ≈**feld** *n* / section feeder panel
streckengesteuerte Maschine (WZM) / straight-cut machine
Strecken·kabel *n* / section cable (feeder) || ≈**leuchte** *f* (Grubenl.) / haulageway luminaire || ≈**leuchte** (s. Lokomotivleuchte) || ≈**messung** *f* / end-to-end line measurement || ≈**prüfeinrichtung** *f* / section testing device, line testing device || ≈**schalter** *m* / line sectionalizer, sectionalizer *n* || ≈**schalter** *m* (LS) / line circuit-breaker, section circuit-breaker
Streckenschutz *m* (Distanzschutz mit Drahtverbindung) / pilot-wire protection, wire-pilot protection, pilot protection || ≈ **mit direktem Vergleich** / pilot protection with direct comparison || ≈ **mit Hilfsleitung** / pilot-wire protection, pilot protection || ≈ **mit indirektem Vergleich** / pilot protection with indirect comparison
Strecken·steuerung *f* (NC) / line motion control system (ISO 2806-1980), straight-cut control, point-to-point control || ≈**trenner** *m* / section disconnector, section isolator, line disconnector, sectionalizer *n* || ≈**trennung** *f* (Fahrleitung; Trennstelle als Überlappung der Enden von angrenzenden Abschnitten) / insulated overlap || ≈**typ** *m* (Regelstrecke) / type of process (controlled) || ≈**verstärkung** *f* / controlled system gain, system gain || ≈**zeitkonstante** *f* (Regelstrecke, Regelkreis) / system time constant, loop time constant || ≈**zug** *m* (Graphikdarstellung) / set of connected lines
Streck·festigkeit *f* / tensile strength, yield strength || ≈**formen** *n* (Kunststoff) / drape forming || ≈**formen** *n* (Metall) / stretch forming || ≈**grenze** *f* / yield point, tensile yield strength || ≈**last** *f* / proof stress || ≈**metall** *n* / expanded metal || ≈**spannung** *f* / tensile stress, stress by pulling
Streckung *f* / elongation *n*
Streckungsfaktor *m* / stretch factor
Streifen *m* (Einbausystem; senkrechte Teilung) / vertical subdivision || **spannungsoptisches** ≈**bild** / photoelastic fringe pattern || ≈**bildung** *f* (Komm.) / lining *n*, streaking *n*
streifend·er Einfall (Schallwelle) / glancing incidence, grazing incidence
Streifen·drucker *m* / tape printer, strip printer || ~**gesteuert** *adj* / tape-controlled *adj* || ≈**gitter** *n* / grating *n* || ≈**leiter** *m* („Stripline") / stripline *n*, strip transmission line || ≈**leiter** *m* (ET, elST, Sammelschienenleiter) / bus strip || ≈**leiterbereich** *m* (ET) / bus strip assembly area || ≈**leitung** *f* / strip transmission line, stripline *n* || ≈**locher** *m* / paper tape punch, tape punch || ≈**schreiber** *m* / strip chart recorder, strip chart recording instrument (IEC 258), chart recorder
Streif·licht *n* / sided light || ≈**spuren** *f pl* / score marks, chafing marks

strenge Anforderungen / exacting requirements, stringent demands
Streu·band *n* / spread *n*, scatter band, variation range || **Frequenz-**≈**bereich** *m* / frequency spread || ≈**bereich** (s. Streuband) || **statistische** ≈**bereichsgrenzen** / statistical tolerance limits || ≈**bild** *n* / scatter diagram || ≈**blindwiderstand** *m* (s.a. unter „Streureaktanz") / leakage reactance || **Meß-**≈**breite** *f* / measuring scatterband || ≈**breite** (s. Streuband) || ≈**diagramm** *n* / scatter diagram || ≈**emission** *f* / stray emission || ≈**-EMK** *f* / spurious e.m.f., stray e.m.f.
streuend·e Lichtverteilung / diffusing light distribution || ~**es Medium** / diffuser *n*
Streufaktor *m* / leakage factor, coefficient of dispersion, Hopkinson factor, circle coefficient
Streufeld *n* / stray field, leakage field || ≈**energie** *f* / stray-field energy || ≈**generator** *m* / diverter-pole generator, stray-field generator || ≈**stärke** *f* / leakage field intensity (o. strength) || ≈**transformator** *m* / high-reactance transformer, high-leakage-reactance transformer
Streufeld-Zeitkonstante *f* / leakage time constant || ≈ **der Dämpferwicklung** / damper leakage time constant || ≈ **der Dämpferwicklung in der Querachse** (s. Streufeld-Zeitkonstante der Querdämpferwicklung) || ≈ **der Dämpferwicklung in der Längsachse** (s. Streufeld-Zeitkonstante der Längsdämpferwicklung) || ≈ **der Längsdämpferwicklung** / direct-axis damper leakage time constant || ≈ **der Querdämpferwicklung** / quadrature-axis damper leakage time constant
Streu·fluß *m* / leakage flux, stray flux, magnetic dispersion || ≈**flußdichte** *f* / leakage flux density || ≈**glas** *n* (Leuchte) / diffusing glass cover || ≈**grad** (s. Streuziffer) || ≈**grenzen** *f pl* (QS) / limits of variation || ≈**impedanz** *f* / leakage impedance || ≈**indikatrix** *f* / indicatrix of diffusion, scattering indicatrix || ≈**induktivität** *f* / leakage inductance || ≈**kapazität** *f* / stray capacitance, leakage capacitance, distribution capacitance
Streukoeffizient *m* (RöA) / scattering coefficient, mass scattering coefficient || ≈ (LT) / diffusion coefficient || ≈ (Transistor, s-Parameter) / s-parameter *n* || **spektraler** ≈ / spectral linear scattering coefficient
Streu·kopplung *f* / stray coupling || ≈**läufer** *m* / high-leakage rotor || ≈**leitwert** *m* / stray conductance, leakance *n*, leakage conductance, leakage permeance
Streulicht *n* / scattered light, parasitic light || ≈ (ESR) / stray illumination || ≈ (eines Scheinwerfers) / spill light || ≈**melder** *m* / scattered-light detector
Streu·linien *f pl* (magn.) / leakage flux lines || ≈**modul** *m* (LT) / diffusion coefficient || ≈**nut** *f* / leakage slot || ≈**optik** *f* / diffuser *n* || ≈**pfad** *m* / leakage path || ≈**polwicklung** *f* / diverter-pole winding, stray-field winding || ≈**probe** *f* (el. Masch.) / applied-voltage test with rotor removed, flux test
Streureaktanz *f* / leakage reactance || ≈ **der Dämpferwicklung** / damper leakage reactance || ≈ **der Erregerwicklung** / field leakage reactance || ≈ **der Längsdämpferwicklung** / direct-axis damper leakage reactance || ≈ **der**

Querdämpferwicklung / quadrature-axis damper leakage reactance || ≈ **der Schrägung** / skew leakage reactance || ≈**spannung** *f* / leakage reactance voltage

Streu·resonanz *f* / leakage resonance || ≈**scheibe** *f* (BT) / diffusing panel, diffusing screen, diffuser *n* || ≈**scheibenreinigung** *f* (Kfz) / lens cleaning || ≈**schirm** *m* / diffusing screen, diffuser *n* || ≈**spannung** *f* / leakage reactance voltage, reactance voltage, reactance drop, percent reactance || ≈**spannung** *f* (Trafo, VDE 0532, T.1) / reactance voltage (IEC 76-1) || ≈**spannungsabfall** *m* / leakage reactance drop, reactance voltage drop || **ohmscher** ≈**spannungsabfall** / resistance voltage drop || ≈**strahlung** *f* / scattered radiation, stray radiation || ≈**strom** *m* / stray current || ≈**strom** *m* (Fremdstrom) / interference current, parasitic current || ≈**transformator** *m* / high-reactance transformer

Streuung *f* (Diagramm) / scatter *n*, spread *n* || ≈ (magn.) / leakage *n*, dispersion *n* || ≈ (LT) / diffusion *n*, scattering *n* || ≈ (Schutz; Streuband) / scatter band || ≈ (Impulsmessung) / dispersion *n* || ≈ **der Kommandozeit** / scatter band of operating time || ≈ **der Kontaktzeiten** (Rel.) / contact time difference || ≈ **der Signallaufzeit** (ESR) / transit-time spread || ≈ **der Verteilung** (Statistik, QS) / variance of distribution || ≈ **innerhalb einer Charge** / batch variation

Streu·verluste *m pl* (LT) / scattering losses || ≈**vermögen** *n* (LT) / diffusion power, scattering power, diffusion factor || ≈**weg** *m* / leakage path || ≈**wert-Diagramm** *n* (DIN IEC 319) / scattergram plot || **magnetischer** ≈**widerstand** / reluctance of magnetic path || ≈**widerstand** (s. Streublindwiderstand) || ≈**winkel** *m* (LT) / angle of diffusion, angle of divergence, scattering angle || ≈**zahl** (s. Streuziffer) || ≈**zeit** *f* (Schutz; Streuband der Auslösezeit) / scatter band of operating time, error in operating time || ≈**zeit** *f* (Schutz; Zeitfehler) / time error limits || ≈**ziffer** *f* (magn.) / leakage factor, leakage coefficient, coefficient of dispersion, Hopkinson coefficient

Strich (Skale) (s. Teilstrich) || ≈**breite** *f* (Staubsauger) / stroke width

Strichcode *m* / bar code || ≈**-Durchzugleser** *m* / bar-code push-through reader || ≈**leser** *m* / bar-code scanner, bar-code reader || ≈**-Lesestift** *m* / bar-code reading wand || ≈**schild** *n* / bar-code label

Strich·diagramm *n* / bar diagram || ≈**eingabegerät** *n* (GKS) / stroke device

stricheln *v* / dash-line *v*

Strich·endmaß *n* / hairline gauge block || ≈**gitter** *n* / grating *n* || **fotoelektrisches** ≈**gitter** / optical grating || ≈**kurve** *f* / dotted-line curve || ≈**länge** *f* (Staubsauger) / stroke length || ≈**marke** *f* / line mark, hairline *n* || ≈**maß** *n* / line standard || ≈**muster** *n* (Staubsauger) / stroke pattern

strichpunktiert·e Linie / chain-dotted line, dot-and-dash line

Strich·rasterverfahren *n* / line scanning method || ≈**zeichengenerator** *m* / stroke character generator

String (s. Zeichenreihung)

Strippeinrichtung *f* / stripping device

Strobe-Impuls *m* (DIN IEC 469, T.1) / strobe pulse

Strobing *n* (DIN IEC 469, T.1) / strobing *n* (IEC 469-1)

Stroboskop *n* / stroboscope *n* || ≈**impuls** *m* / strobe pulse

stroboskopisch·er Drehzahlgeber / scroboscopic speed pickup || ~**er Effekt** / stroboscopic effect || ~**e Läuferscheibe** (EZ) / stroboscopic meter disc || ~**e Prüfung** / stroboscopic test

Stroboskoplicht *n* / stroboscopic light

Strom *m* (el.) / current *n* || ≈ (Fluß) / flow *n* || ≈ **bei festgebremstem Läufer** / locked-rotor current

Stromabbau *m* / current decay, current suppression

Stromabführung (Gen.) (s. Generatorableitung)

Stromabgabe, Zähler für ≈ / meter for exported kWh

stromabhängig *adj* / current-dependent *adj*, current-responsive *adj*, current-sensitive *adj*, current-controlled *adj*, as a function of current, inverse-time *adj* || ~**e Auslösung** / inverse-time automatic tripping, inverse-time tripping, long-time-delay tripping || ~**e Ausschaltung** / inverse-time tripping || ~**e Kompensation** (f. Spannungsregler einer Synchronmasch.) / load-current compensator || ~**e Staffelung** (Schutz) / inverse-time grading || ~**er Steuerkreis** / current-dependent control circuit || ~**er Überstrom-Zeit-Schutz** / inverse-time overcurrent protection, inverse-time-lag overcurrent protection || ~**e Verluste** / I^2R loss, ohmic loss, heat loss due to current, direct load loss || ~ **verzögert** / inverse-time *adj*, with inverse time lag || ~ **verzögerte Auslösung** (VDE 0660, T.101) / inverse time-delay operation (IEC 157-1) || ~ **verzögerte und einstellbare unverzögerte Überstromauslöser** (an-Auslöser) / inverse-time and adjustable instantaneous overcurrent releases || ~ **verzögerte und festeingestellte unverzögerte Überstromauslöser** (an-Auslöser) / inverse-time and non-adjustable instantaneous overcurrent releases || ~ **verzögerte und stromunabhängig verzögerte Überstromauslöser** (az-Auslöser) / inverse-time and definite-time overcurrent releases || ~ **verzögerte, stromunabhängig verzögerte und festeingestellte unverzögerte Überstromauslöser** (azn-Auslöser) / inverse-time, definite-time and non-adjustable overcurrent releases || ~ **verzögerter Überstromauslöser** / inverse time-delay overcurrent release (IEC 157-1), inverse-time overcurrent release || ~**e Verzögerung** / inverse time lag || ~**e Zusatzverluste** / additional I^2R losses, current-dependent stray-load losses

Strom·abklingversuch *m* (Feldstrom einer el. Masch.) / field-current decay test || ≈**ableitung** *f* (Wicklungsende) / main lead(s), end lead(s) || ≈**ableitung** (Gen.) (s. Generatorableitung)

Stromabnehmer *m* / current collector, collector *n* || ≈ (Trafo-Stufenschalter) / moving contact || ≈**arm** *m* (Trafo-Stufenschalter) / moving-contact arm || ≈**bürste** *f* / current collecting brush || ≈**schiene** *f* / contact rail || ≈**wagen** *m* (Schienenverteiler) / trolley-type tap-off facility || **Schienenverteiler mit** ≈**wagen** (VDE 0660,T.502) / trolley busway, busbar trunking system with trolley-type tap-off facilities (IEC 439-2)

Strom·abriß *m* / current chopping || ≈**änderungsgeschwindigkeit** *f* / rate of current change || ≗anregung *f*(Rel.) / current starting (element) || ≗anstieg *m* / current rise, rate of current rise || ≗anstiegsauslöser *m* / rate-of-rise-of-current release, rate-of-current-rise release, rise-in-current release || ≗anstiegsgeschwindigkeit *f* / rate of current rise, rate of rise of current || ≗anstiegsrelais *n* / rate-of-rise-of current relay, rate-of-rise relay || ≗art *f* / kind of current, type of current, nature of current || ≗artenumschalter *m*(Bahn) / system changeover switch || ≗aufnahme *f* / current input, power consumption, power input, current consumption || ≗ausfall *m* / power failure, supply failure, power loss, interruption *n*(to a consumer) || ≗ausfalldauer *f* / interruption duration || ≗ausgleich *m* / current compensation, current balancing || ~ausgleichende Drosselspule / current-balancing reactor || ≗austausch (s. Energieaustausch) || ≗austrittszone *f*(Streustrom) / anodic area || ≗bahn *f*(SG) / conducting path *n*, pole *n*(assembly) || ≗band *n* / flexible connector, flexible strip, link *n* || ≗beanspruchung *f* / current stress || ≗bedarf (s. Leistungsbedarf)

strombegrenzend·er Kompaktschalter / current-limiting m.c.c.b., repulsion-contact m.c.c.b. || **~er Leistungsschalter** / current-limiting circuit-breaker, excess-current circuit-breaker || **~e Sicherung** / current-limiting fuse

Strombegrenzer *m* / current limiter, step-back relay || **Transduktor-≗** *m* / transductor fault limiting coupling

Strombegrenzung *f* / current limiting || **Hochlauf an der ≗** / current-limit acceleration || **rückläufige ≗** / fold-back current limiting || **Schutzschalter mit ≗** / current-limiting circuit-breaker || **Stromkreis mit ≗** (VDE 0806) / limited current circuit (IEC 380)

Strombegrenzungs·drossel *f* / current-limiting reactor || **≗-Drosselspule** *f*(f. Sammelschienen) / bus reactor || **≗-Drosselspule** *f*(f. Speiseleitungen) / feeder reactor || **≗-Kennlinien** *f;pl*(Sich.) / peak let-through current chart, peak let-through current versus prospective symmetrical r.m.s. fault current characteristics || **≗klasse** *f*(FI/LS-Schalter) / current limiting class, discrimination class || **≗leistung** *f* / current limiting power, current limiting rating || **≗regler** *m* / current limiting controller, current limiter || **≗spannung** *f* / current limiting voltage || **≗widerstand** *m* / current limiting resistor

Strombelag *m* / electric loading, average ampere conductors per unit length, average ampere conductors per cm of air-gap periphery, effective kiloampere conductors, specific loading || **Amplitude des ≗s** / amplitude of m.m.f. wave || **Oberwelle des ≗s** / m.m.f. harmonic

Strombelagswelle *f* / m.m.f. wave

Strombelastbarkeit *f* / current carrying capacity, permissible current loading, ampacity *n* || ≗ (Kabel, VDE 0298, T.2) / current carrying capacity, ampacity *n* || ≗ **bei zyklischem Betrieb** (Kabel) / cyclic current rating || ≗ **im Notbetrieb** (Kabel) / emergency current rating

Strombelastbarkeitskurve *f*(zeigt Betriebsstromverminderung bei erhöhten Umgebungstemperaturen) / derating curve

Strombelastung, Erwärmungsprüfung mit ≗ aller Bauteile / temperature-rise test using current on all apparatus || **spezifische ≗** (A/mm²) / current per unit area

Strombereich *m* / current range || ≗ (DAU) / current compliance

Strombezug, Zähler für ≗ / meter for imported kWh

Strom·brücke *f*(Schaltbrücke) / jumper *n*, link *n* || **≗brücke** *f*(Meßbrücke) / current bridge || **≗dämpfungsläufer** *m* / high-torque squirrel-cage rotor, high-resistance cage rotor || **≗dämpfungsläufermotor** *m* / high-torque squirrel-cage motor, high-resistance cage motor || **≗diagramm erster Art** (el. Masch.) / loci of stator current at constant excitation and varying load angle || **≗dichte** *f* / current density || **≗dichte bei Dauerkurzschluß** / short-circuit current density || **≗dichtefeld** *n* / steady-state electric field || **≗dichtemodulation** *f* / current-density modulation || **≗diebstahl** *m* / unauthorized power tapping, energy theft || **≗differentialrelais** *n* / current differential relay, balanced current relay, current balance relay || **≗differentialschutz** *m* / current differential protection, current balance protection, circulating-current protection

stromdurchflossener Leiter / current-carrying conductor

Strom·durchführung *f*(Wickl.) / end-lead bushing, bushing *n* || **≗durchgang** *m* / conductive continuity, continuity *n* || **≗einprägung** *f*(Prüf.) / current injection || **≗-Einstellbereich** *m*(VDE 0660,T.101) / current setting range (IEC 157-1) || **≗-Einstellwert** *m* / current setting || **≗eisen** *n*(EZ) / current magnet, current electromagnet, current core || **≗eisenpaket** *n*(EZ) / current lamination pack || **≗element** *n*(für einen zylindrischen Leiter kleinen Querschnitts) / current element || **≗engegebiet** *n* / high-current-density region || **≗erregergrad** *m* / field current ratio || **≗erzeuger** *m* / electric generator, generator *n* || **≗erzeugung** *f* / generation of electrical energy, generation of electricity, power generation || **≗erzeugungsaggregat** *n* / generating set || **≗erzeugungsanlage** *f* / generating plant || **≗fahne** *f*(Batt.) / current-carrying lug || **≗fehler** *m*(Trafo, Wandler) / current error, ratio error

Stromfluß *m* / current flow, flow of current || **≗dauer** *f* / duration of current flow || **≗dauer** (LE) (s. Stromführungszeit) || **≗logik (CML)** *f* / current-mode logic (CML) || **≗melder** *m*(LE) / conduction monitor, on-state indicator || **≗richtung** *f*(LE) / conduction direction || **≗überwachung** *f*(LE, Baugruppe) / conduction monitor || **≗verhältnis** *n* (LE) / conduction ratio || **≗zeit** *f*(LE) / conduction interval, conducting interval, on-state interval

Stromform *f* / current waveform

stromführend *adj* / conducting *adj*, current-carrying *adj*

Stromführungs·bolzen *m*(Anschlußb.) / terminal stud || **≗rolle** *f* / contact roller || **≗zeit** *f*(LE) / conduction interval, conducting interval, on-state interval

Strom·geber *m* / current sensor, current detector, current comparator || **≗geber-Baugruppe** *f* / current-sensor module || **≗glättung** *f* / current smoothing, current filtering || **≗harmonische** (s. Oberschwingungsstrom) || **≗impuls** *m* / current pulse || **Prüfung mit ~impulsen** / pulse current test || **~istwertanpassung** *f* / (actual) current signal adapter || **~istwerterfassung** *f* / actual-current measuring circuit || **~istwerterfassung** *f* (Baugruppe) / actual-current sensing module (o. subassembly), current actual value calculator || **~klemme** *f* / current terminal || **~kompensator** *m* / current comparator || **~kompensator** (s. Stromwandler) || **~kosten** *plt* / energy costs, power costs || **~kraft** *f* / electrodynamic force, Lorentz force, electro-mechanical force

Stromkreis *m* / electric circuit, circuit *n* || **~ mit Schutztrennung** / safety-separated circuit || **~ mit Strombegrenzung** (VDE 0806) / limited current circuit (IEC 380) || **~aufteilung** *f* / circuit-phase distribution, distribution of phase loads, circuit phasing, phase splitting || **~element** *n* / circuit element || **~kenngrößen** *f pl* / circuit characteristics || **~konstante** *f* / circuit constant || **~länge** *f* / circuit length || **~parameter** *m* / circuit parameter || **~rauschen** *n* / circuit noise || **~verteiler** *m* / sub-circuit distribution board, branch-circuit panelboard

Stromlaufplan *m* / schematic diagram, circuit diagram, elementary diagram

stromleitende Wicklung / electrically continuous winding

Strom·leitung *f* / current conduction || **~leitung** *f* (Leiter) / current lead || **~leitung in Gas** / gas conduction || **~leitverfahren** *n* (Drehzahlreg.) / current-controlled speed limiting system, closed-loop speed control with inner current control loop

stromliefernd·e austauschbare Logik / compatible current-sourcing logic || **~e Schaltungstechnik** / current sourcing logic

Stromlieferung *f* / electricity supply

Stromlieferungsvertrag *m* / supply agreement

Stromlinie *f* (Kabelkanal) / plug-in cable bus

stromlos *adj* / de-energized *adj*, dead *adj*, at zero current || **~ machen** / de-energize *v*, isolate *v*, to make dead || **~e Pause** / dead (o. idle) interval || **~es Schalten** / no-load switching, off-circuit switching || **~es Schalten, annähernd -** / switching of negligible currents, making or breaking of negligible currents || **~e Zeit** (LE) / idle interval, non-conducting interval

Strom·lückbefehl *m* (LE) / intermittent current command, pulsating current command || **~marke** *f* (Verletzung durch el. Lichtbogen oder Stromfluß durch den Körper) / electric mark || **~menge** *f* / quantity of electricity, electric charge || **~mengenmessung** *f* / (electric) charge measurement || **~messer** *n* / ammeter *n*, amperemeter *n* || **~messer-Umschalter** *m* / ammeter selector switch || **~meßumformer** *m* / current transducer || **~meßwandler** (s. Stromwandler) || **~meßwerk** *n* / current measuring element || **~meßwiderstand** *m* / shunt *n* || **~netz** *n* / network *n* || **~-Nulldurchgang** *m* / current zero, zero crossing of current wave || **~nullerfassung** *f* / current zero sensing, zero current detection || **~oberschwingung** *f* / current harmonic || **~pendelung** *f* / current pulsation

Strompfad *m* / current path, current circuit, series circuit || **~** (im Schaltplan) / circuit *n*, diagram section || **~** (MG) / current circuit, series circuit || **~** (Kontaktplan) / rung *n*, ladder diagram line

Strom·polung *f* / current polarization || **~quelle** *f* / power source, current source || **~quelle begrenzter Leistung** / restricted power source || **~quellenausgang** *m* / source-mode output || **~quellenerde** *f* / source earth || **~quellenseitiger Anschluß** (LE) / supply-side terminal || **~rechnung** *f* / electricity bill || **~regelröhre** *f* (Leuchte) / ballast tube, constant-current tube || **unterlagerte ~regelung** / secondary current control, inner current control loop || **~regler** *m* / current controller, current regulator || **~regler mit Lückstromanpassung** / pulsating-current-compensating current controller || **~regler-Nachführung** *f* / current-controller correcting circuit (o. module) || **~relais** *n* / current relay || **~richten** *n* (LE) / power conversion, electronic power conversion, conversion *n*

stromrichtendes Element / electronic controlling element for current IEC 50(351))

Stromrichter *m* / electronic power converter *n*, semiconductor converter, power converter, static converter || **~ mit natürlicher Kommutierung** (s. netzgeführter Stromrichter) || **~anlage** *f* / converter installation || **~antrieb** *m* / converter drive, static converter drive, converter-fed drive, thyristor drive || **~brücke** *f* / converter bridge || **~brückenschaltung** *f* / bridge converter connection || **~erregung** *f* (Mot.) / static excitation || **~gerät** *n* / converter equipment, converter assembly, converter *n* || **~gerät** *n* (NC-System, Servo-Verstärker) / servo-amplifier *n* || **~gespeister Antrieb** / converter-fed drive, cycloconverter-fed drive || **~-Grundschaltung** *f* / basic converter connection || **~gruppe** *f* / converter unit (IEC 633) || **~gruppen-Ablaufsteuerung** *f* / converter unit sequence control || **~gruppenregelung** *f* / converter unit control || **~-Hauptzweig** *m* / converter arm

Stromrichterkaskade *f* / static converter cascade, static Kraemer drive, converter cascade, slip-power reclamation drive with static converter || **umschaltbare ~** / converter cascade with series-parallel inverter, static Kraemer drive with series-parallel converter || **untersynchrone ~** (USK) / subsynchronous converter cascade, slip-power reclamation drive with static converter, static Kraemer drive

Stromrichter·kreis *m* / converter circuit || **~motor** *m* / converter-fed motor, thyristor-controlled motor, inverter motor, cycloconverter-fed motor || **~satz** *m* / converter assembly || **~schalter** *m* (LS) / converter circuit-breaker || **~schaltung** *f* / converter connection || **~schrank** *m* / converter cubicle || **~transformator** *m* / converter transformer || **~zweig** *m* / converter arm

Stromricht·fehler *m* / converter fault || **~grad** *m* / conversion factor (IEC 146)

stromrichtungs·abhängiger Auslöser / directional current release || **~abhängiges Element** (asymmetrisches Zweipol-Stromkreis- element) / asymmetric element, asymmetric-characteristic circuit element || **~umkehr** *f* / current reversal || **~unabhängiges Element** (symmetrisches Zweipol-Strom- kreiselelement) / symmetric element, symmetric-characteristic circuit element

Strom·rolle *f* / current transfer roller, contact roller || **≗rückgangsrelais** *n* / undercurrent relay || **≗rückleitungskabel** *n* / return cable || **≗rückleitungsschiene** *f* / return conductor rail || **≗sammelring** *m* / collector ring || **≗sammlung** *f* / current collection || **~schaltende Transistorlogik** / current-mode transistor logic (CMTL) || **≗schalter** *m* / current switch || **≗schaltung** *f* / current circuit || **prospektiver ≗scheitelwert** / prospective peak current || **≗schicht** *f* / current sheet

Stromschiene *f* / conductor bar, conductor rail, busbar *n*, contact rail || ≗ (SS) / busbar *n* || ≗ (Anschlußschiene) / terminal bar, conductor bar || ≗ (Stromabnehmerschiene) / conductor rail, live rail, contact rail || ≗ (Kontaktplan) / power rail || ≗ **für Leuchten** / luminaire track, supply track system for luminaires, lighting busway, lighting trunking

Stromschienen·aufhängung *f* (VDE 0711,3) / track suspension device (IEC 570), busway hanger || **≗system für Leuchten** / supply track system for luminaires, lighting busway, lighting trunking system

Strom·schlaufe *f* (Freiltg.) / jumper *n* || **≗schlaufe** (s. Leiterschleife) || **≗schlaufenanschluß** *m* (s. Anschlußfahne für Stromschlaufe) || **≗schleife** *f* / current loop, current element || **≗schreiber** *m* / recording ammeter || **≗schutz** *m* / current protection

Stromschwingung, große letzte ≗ / major final loop || **kleine letzte** ≗ / minor final loop

Stromschwingungen *f pl* / current oscillations, current pulsations

Strom·selektivität *f* / current discrimination, current grading || **≗senke** *f* / current sink || **≗senkenausgang** *m* / sink-mode output || **≗sichel** *f* (Bürstenapparat) / sickle-shaped brush-arm carrier, brush-holder-stud carrier || **≗sicherung** *f* / fuse *n*, fusible link, fusible cutout || **≗sollwertgeber** *m* / current setpoint generator

Strom-Spannungs·-Kennlinie *f* / current-voltage characteristic, ampere-volt characteristic, I/E characteristic || **≗-Kennlinie** *f* (LE) / characteristic curve (of a converter; IEC 50(551)) || **Prüfung durch ≗messung** *f* / ammeter-voltmeter test || **≗-Umformer** *m* / current-to-voltage converter (CVC)

Strom·spiegelung *f* / current balancing (circuit) || **≗spitze** *f* / current peak, crest *n* (of current wave) || **≗spitze** *f* (HL) / current spike || **≗sprung** *m* / current step, current step change, step change of current, sudden current variation || **≗spule** *f* / current coil, series coil || **≗stab** *m* (Lasttrenner) / main current-carrying tube, current-carrying rod, live rod || **≗stabilisierung** *f* (Schutz) / current restraint, current bias || **≗staffelung** *f* / current grading || **≗stärke** *f* / current intensity, amperage *n*, current *n* || **≗steilheit** *f* / rate of current rise, rate of rise of current || **~steuernder Transduktor** / current controlling transductor || **Logik mit ≗steuerung** / current-mode logic (CML)

Stromstoß *m* / current impulse, current surge, current rush || ≗ (beim Einschalten) / current inrush, current rush || **Überlastungs~** (ESR-Elektrode) / fault current (EBT-electrode) || **≗prüfung** *f* / impulse test || **≗prüfung** *f* (VDE 0670,T.3) / peak withstand current test (IEC 295) || **≗schalter** *m* (Fernschalter) / remote-control switch

Strom·stufe *f* / current step, current step change, step change of current, sudden current variation || **≗stützung** *f* (el. Masch.) / current forcing, current compounding || **≗summe** *f* / summated current, total current || **≗system** *n* / distribution system (IEC 117-1) || **≗tarif** *m* / tariff for electricity, electricity tariff || **≗teil** *m* (Wandler) / current transformer section, current-circuit assembly || **≗teiler** *m* / current divider, current balancer || **≗teilerdrossel** *f* / current dividing reactor, transition coil || **≗tor** *n* / thyratron *n* || **≗torkommutator** *m* / thyratron commutator || **≗tormotor** *m* / thyratron motor || **≗tragfähigkeit** *f* / current carrying capacity, ampacity *n* || **≗transformator** *m* / current transformer || **≗transformator** *m* (f. Erregung) / excitation current transformer || **≗triebeisen** *n* (EZ) / current magnet, current electromagnet, current core || **≗übergang** *m* / current transfer || **≗übergangsverluste an den Bürsten** / brush contact loss, electrical losses in brushes || **≗überlagerung** *f* (synthet. Prüfung) / current injection || **≗übernahme** *f* / current transfer || **≗übernahme** *f* (LE u. Kommutieren bei einer Gasentladung) / commutation *n* || **≗übersetzung** *f* / current transformation, current transformation ratio || **≗übersetzungsverhältnis** *n* / current transformation ratio, current ratio || **≗übertragung** *f* / current transfer || **≗überwachungsrelais** *n* / current monitoring relay, current comparator relay || **≗umschlag** *m* / evolving fault, evolved fault

stromunabhängig *adj* / current-independent *adj* || **~er Auslöser** / definite-time release (o. trip) || **~e Auslösung** / definite-time tripping || **~es Relais** / definite-time relay || **~e Strömung** / forced flow || **~e Verluste** / fixed loss, constant losses || **~ verzögerte Auslösung** (VDE 0660, T.101) / definite-time-delay operation (IEC 157-1) || **~ verzögerte und festeingestellte unverzögerte Überstromauslöser** (zn-Auslöser) / definite-time and non-adjustable instantaneous overcurrent releases, short-delay and non-adjustable instantaneous overcurrent releases || **~ verzögerter Überstromauslöser** / definite-time-delay overcurrent release (IEC 157-1) || **~e Verzögerung** / definite-time delay, definite-time lag

Strömung *f* / flow *n*, fluid motion, flow rate || ≗ (s. Strömungsmenge)

Strömungs·anzeiger *m* / flow indicator || **≗element** *n* (Fluidikelement) / fluidic device || **≗gerät** *n* (Fluidikgerät) / fluidic unit || **≗geschwindigkeit** *f* / flow velocity || **≗geschwindigkeit der Luft** (Kühlluft aus einer el. Masch.) / exit velocity of air || **≗gleichrichter** *m* / flow straightener, straightener *n*, straightening device || **≗kupplung** *f* / fluid clutch, fluid coupling, hydraulic coupling, hydrokinetic coupling || **≗melder** *m* / flow indicator || **≗menge** *f* / flow rate || **≗mengenmesser** *m* / flow meter, flow indicator || **≗messer** *m* / flow meter, flow-rate meter, rate meter || **≗messung** *f* / flow measurement, flow-rate measurement || **≗rauschen** *n* / flow-generated noise || **≗relais** *n* /

flow relay || ≗richtung *f* / flow direction || ≗schutz *m* (Relais) / flow relay || ≗verlust *m* (in Leitungen) / system loss, friction loss || ≗versuch *m* / flow test || ≗wächter *m* / flow indicator, flow monitoring device, flow relay || ≗widerstand *m* / flow resistance, resistance to flow, system resistance

Stromunterbrechung, Anlauf über Spartransformator ohne ≗ / closed-transition autotransformer starting (GB), closed-circuit transition autotransformer starting (US) || **Anlauf über Spartransformator mit** ≗ / open-transition autotransformer starting (GB), open-circuit transition autotransformer starting (US)

Strom·verbindung *f* / connector *n*, lead *n* || ≗**verbrauchsmittel** *n pl* / current-using equipment, electrical utilization equipment, current consuming apparatus || ≗**verdrängung** *f* / current displacement || ≗**verdrängungseffekt** *m* / skin effect, Heaviside effect, proximity effect || ≗**verdrängungsläufermotor** *m* / deep-bar squirrel-cage motor, high-torque cage motor, current-displacement motor, eddy-current cage motor || ≗**verdrängungsverlust** *m* / current displacement loss, loss due to skin effect || ≗**vergleicher** *m* / current comparator || ≗**vergleichsrelais** *n* / current comparator relay, current balance relay || ≗**vergleichsschutz** *m* / current differential protection, current balance protection, circulating-current protection || ≗**verhältnis** *n* / current ratio || ≗**verrechnung** *f* / electricity accounting

Stromversorgung *f* / power supply, electricity supply || ≗ (Gerät) / power supply unit || ≗ **mit Kurzzeitunterbrechung** / short-break power supply

Stromversorgungs·anlage *f* / power supply installation, power supply system, electricity supply system || ≗**baugruppe (SV)** *f* / power supply module || ≗**einheit (SVE)** *f* / power supply unit (PSU) || ≗**einschub** *m* (Chassis) / power supply chassis || ≗**gerät** *n* / power supply unit (PSU) || ≗**netz** *n* / electricity supply system (o. network), power supply system, electrical power system (o. network) ..power system || ≗**teil** *m* / power supply unit || ≗**überwachung (SV-Überwachung)** (PC) *f* / power supply watchdog || ≗**vertrag** *m* / supply agreement

Strom·verstärkung *f* / current gain, current amplification || ≗**verstärkungsfaktor** *m* / current amplification factor, current ratio || ≗**verstärkungsfaktor** (Transistor) (s. Kurzschlußstromverstärkung) || ≗**verstimmung** *f* (Änderung der Schwingfrequenz bei Änderung des Elektrodenstroms) / frequency pushing || ≗**verstimmungsmaß** *n* / pushing figure || ≗**verteiler** *m* (Tafel) / distribution board

Stromverteilung *f* / current distribution || ≗ (Energieverteilung) / distribution of electrical energy, power distribution

Stromverteilungs·baugruppe *f* (zum Zuordnen von Geber-Ausgangssignalen auf verschiedene Kanäle) / current-signal routing (o. allocation) module || ≗**rauschen** *n* / partition noise

Stromverteilungszeile (SV-Zeile) *f* / power distribution tier || ≗ (BGT, Chassis) / power distribution subrack (o. chassis)

Strom·verzögerungswinkel *m* / delay angle || ≗**volumen** (s. Strombelag) || ≗**volumen der Nut** (s. Nutstrombelag) || ≗**waage** *f* / current weigher || ≗**waage** *f* (Differentialrel.) / residual-current relay, differential relay || ≗**waage** *f* (elektrodynam. Waage) / electrodynamic balance

Stromwandler *m* / current transformer || ≗ **für Meßzwecke** / measuring current transformer || ≗ **für Nullstromerfassung** / residual current transformer || ≗ **für Schutzzwecke** / protective current transformer || ≗ **mit erweitertem Meßbereich** / extended-rating-type current transformer || ≗ **mit Selbstkompensation** / auto-compound current transformer || ≗ **mit stromproportionaler Zusatzmagnetisierung** (s. Stromwandler mit Selbstkompensation) || ≗ **mit Verbundwicklung** (s. Stromwandler mit Zusatzmagnetisierung) || ≗ **mit Zusatzmagnetisierung** / compound-wound current transformer || ≗ **mit zwei Sekundärwicklungen** / double-secondary current transformer || ≗**-Anschlußkasten** *m* / current transformer terminal box || ≗**kasten** *m* / current-transformer casing, current-transformer terminal box || ≗**teil** *m* / current-transformer section

Strom·wärme *f* / Joule heat, Joulean heat || ≗**wärmeverluste** *m pl* / I^2R loss, ohmic loss, heat loss due to current, direct load loss || ≗**wärmeverluste in der Erregerwicklung** (VDE 0530, T.2) / excitation winding I^2R losses (IEC 34-2) || ≗**welligkeit** *f* / current ripple || ≗**wender** *m* (s.a. „Kommutator") / commutator *n* || ≗**wendermaschine** *f* / commutator machine || ≗**wendespannung** *f* / reactance voltage of commutation || ≗**wendung** *f* (s.a. „Kommutierung") / commutation *n* || ≗**wicklung** *f* (EZ) / current-coil winding, current coil || ≗**zähler** *m* / electricity meter, integrating meter, meter *n*, supply meter || ≗**zange** *f* (IEC 50(161)) / current probe || ≗**-Zeit-Geber** *m* / current-time sensor || ≗**-Zeit-Geber** *m* (Einsteller) / current-time setter || ≗**-Zeit-Kennlinien** *f pl* / current-time characteristics || ≗**-Zeit-Verhalten** *n* / current-time response

stromziehend·e austauschbare Logik / compatible current-sinking logic (CCSL) || ~**e Logik** / current-sinking logic (CSL) || ~**e Schaltung** / current sink || ~**e Schaltungstechnik** / current sinking logic

Stromzufuhr *f* / power supply || **die** ≗ **abschalten** / to disconnect the power

Stromzuführung *f* / power supply, power supply circuit, supply leads, feeder *n* || ≗ (zu einem Gerät) / lead-in wire, leading-in cable, leads *n pl* || ≗ (VS-Schaltröhre) / contact terminal

Stromzweig *m* / branch circuit, sub-circuit *n*, final circuit

Stromzwischenkreis·-Stromrichter *m* / current-source converter, current-controlled converter || ≗**-Umrichter** *m* / current-source inverter

Strossen·kabel *n* / stope cable || ≗**leitung** *f* / stope cable

Struktogramm *n* / structured chart, structogram *n* || ≗**-Editor** *m* / structogram editor, structure chart editor

Struktur *f* (Aufbau; Gefüge) / structure *n*, constitution *n* || ≗ (Oberfläche) / texture *n* || ~**adaptives Regelsystem** / structure-adaptive control system || ≗**bild** *n* / structure diagram, block diagram || ≗**brücke** *f* / configuration jumper, configuring strap || ≗**diagramm** *n* / structured chart, structogram *n* || **Netz-≗element** *n* / system pattern

strukturell·es Licht / structured light

Strukturerkennung *f* / structure recognition

Strukturieranweisung *f* / configuration instruction

strukturierbar *adj* (vgl. „Strukturieren") / configurable *adj*

Strukturierbedienung *f* / operators configuration entry (o. input) || ≗ **und -beobachtung** / operator configuration and monitoring

Strukturier·brücke *f* / configuration jumper, configuring strap || ≗**daten** *plt* / configuration data

Strukturieren *n* (PLT, Parametrieren u. Verschalten von Funktionsbausteinen) / configuration *n*, configuring *n*

Strukturierfehlanzeige *f* / configuration error display

strukturiert *adj* / textured *adj*, structured *adj* || ~**e Daten** / structured data || ~**e Programmierung** / structured programming

Strukturier·tastatur *f* / configuration keyboard || ≗**- und Bedienfehleranzeige** (PLT) *f* / configuration and operator-input error display

Strukturierung *f* (Programm, Daten) / structuring *n*

Struktur·oberfläche *f* / textured finish || ≗**parameter** *m* / structural parameter || ≗**plan** *m* (PC) / structure diagram, configuration *n* || ≗**prüfung** *f* (Daten) / structure check || ≗**schalter** *m* (Prozeßregler) / tuning switch, function selector || ≗**stückliste** *f* / structure bill of materials, indented bill of materials, indented explosion || ≗**transformator** *m* (zur Erzeugung v. Struktogramm-Dateien) / structure transformer || ~**umschaltender Regler** / variable-structure controller || ≗**umschalter** *m* (PC) / structure selector || ≗**viskosität** *f* / intrinsic viscosity, structural viscosity

Strunk *m* (Isolator) / core *n*

Stück·liste *f* / bill of materials, list of components || ≗**prüfung** *f* / routine test

Studentsche t-Verteilung / Student's t-distribution

Studio·fluter *m* / studio floodlight || ≗**lampe** *f* / studio spotlight || ≗**leuchte** *f* / studio luminaire

Stufe *f* (Wickl.) / plane *n*, tier *n*, range *n* || ≗ (Schaltstellung) / position *n*, step *n*, notch *n* || ≗ (Verdichter) / stage *n* || ≗ (Modul, Baugruppe) / module *n* || ≗ (Überstromschutzorgan) / class *n* || ≗ (LE, einer Reihenschaltung) / stage *n* || **grobe ≗n** (Trafo) / coarse taps || **in ≗n einstellbar** / adjustable in steps

Stufen·abschwächer *m* / step attenuator || ≗**anlasser** *m* / step starter, multi-position starter, increment starter || **Transformator-≗anzeige** *f* / transformer tap position indication || ≗**-Distanzschutz** *m* / stepped-type distance protection, multi-zone distance protection || ≗**drehschalter** *m* / rotary wafer switch || ≗**faser** (LWL) (s. Stufenlichtleiter)

stufenförmiger Impuls / stair-step pulse

Stufen·kennlinie *f* / stepped characteristic || **Distanzschutz mit ≗kennlinie** / distance protection with stepped distance-time curve, stepped-curve distance-time protection || ≗**leitstrahl** *m* (Blitz) / stepped leader || ≗**lichtleiter** *f* / step-index optical waveguide || ≗**linsenscheinwerfer** *m* / Fresnel spotlight, Fresnel spot

stufenlos·e Drehzahleinstellung / stepless speed variation || ~ **einstellbar** / infinitely adjustable (o. variable), steplessly adjustable (o. variable) || ~**es Getriebe** / infinitely variable speed transmission, fully adjustable speed drive, stepless drive || ~ **regelbar** / steplessly variable, infinitely variable, continuously controllable || ~**e Spannungsregelung** / stepless (o. smooth) voltage variation

Stufen·motor *m* / two-speed motor, change-speed motor || ≗**potentiometer** *n* / stepping potentiometer, thumbwheel potentiometer || ≗**profil** *n* (LWL) / step index profile || ≗**räder** *n pl* / cone of gears, gear cone, cone *n* || ≗**reflektor** *m* / stepped reflector || ≗**regeltransformator** *m* / tap-changing transformer, variable-ratio transformer || ≗**regelung** *f* (Trafo) / tap-changing control, control by tap changing, step-by-step control || ≗**regler** (Trafo) (s. Stufenschalter) || ≗**reichweite** *f* (Rel.) / reach *n*

Stufenschalter *m* / step switch, stepping switch, step switching mechanism, multiple-contact switch || ≗ (Trafo, IEC 50(421)) / on-load tap changer, load tap changer, tap changer, tapping switch || ≗ (Zahleneinsteller) / thumbwheel switch || ≗ (Bahn) / resistance cut-out switchgroup || ≗ (Vielfachsch.; Drehsch.) / wafer switch, rotary wafer switch || ≗ (VDE 0630) / regulating switch (CEE 24) || ≗ **für Betätigung unter Last** (Trafo) / on-load tap changer, load tap changer (LTC), under-load tap changer || ≗ **für Deckelbefestigung** (Trafo) / tap changer for cover mounting, cover-mounted tap changer || ≗ **in Dickfilmtechnik** / thick-film thumbwheel switch || ≗ **in Öl** (Trafo) / oil-immersed tap changer || ≗ **mit Überbrückungs-Drosselspule** (Trafo) / inductor-transition tap changer || **Thyristor-≗** (Trafo) / thyristor tap changer, electronically controlled tap changer || **Viertakt-≗** (VDE 0630) / four-position regulating switch (CEE 24) || ≗**-Antrieb** *m* (Trafo) / tap-changer driving mechanism || ≗**-Ausdehnungsgefäß** *n* (Trafo) / tap-changer oil conservator, LTC oil expansion tank || ≗**-Bemessungsstrom** *m* (Trafo) / rated through-current (IEC 214) || ≗**kammer** *f* (Trafo, Teilkammer) / tap-changer compartment || ≗**kessel** *m* (Trafo) / tap-changer tank, tap-changer vessel || ≗**kopf** *m* (Trafo) / tap-changer top section, tap-changer top || ≗**regelung der Stromrichtergruppe** / converter unit tap changer control || ≗**säule** *f* (Trafo) / tap-changer pillar, tap-changer column || ≗**schrank** *m* (Trafo) / tap-changer cubicle, tap-changer control panel || ≗**stellung** *f* (Trafo) / tapping position || ≗**-Transformator** (s. Regeltransformator)

Stufen·schaltung *f* (Trafo) / tap-change operation, tap changing || **Widerstands-≗schaltwerk** *n* / resistance switchgroup || ≗**schaltwerk** *n* (Trafo) / tap-changing gear, tap changer || ≗**scheibe** *f* / cone pulley, speed cone || ≗**scheibentrieb** *m* / cone pulley drive || ≗**schmelzleiter** *m* / stepped fuse wire || ≗**schütz** *n* (Starter) / step contactor || ≗**schütz** *n* (Trafo) / tapping contactor

Stufenspannung *f* / step voltage || ≗ (Stoßspannungsgenerator) / stage voltage (rating)

|| **höchste** ≗ (Trafo; VDE 0532, T.30) / maximum rated step voltage (IEC 214)
Stufen·spannungsregler *m* / step-voltage regulator || ≗**spiegel** *m* (Leuchte) / stepped reflector || ≗**stellbefehl** *m* (FWT) / step-by-step adjusting command || ≗**transformator** *m* / tapped transformer || ≗**transformator** (s. Regeltransformator) || ≗**umstellung** *f* (Trafo) / tap changing || ≗**verstärker** *m* / step-by-step repeater || ≗**verstellung** (Trafo) (s. Stufenumstellung) || ≗**wähler** *m* (Trafo) / tap selector || ≗**wählerschalter** *m* (Trafo) / tap selector switch || ≗**wandler** (s. Treppenspannungsumsetzer)
stufenweise *adv* / in steps, stepwise *adj*, step by step, gradual *adj* || ~ **Annäherung** / successive approximation || ~ **Belastung** / stepwise loading, progressive loading || ~ **einstellbar** / adjustable in steps || ~ **Prüfung** / step by step test (s.s.t.)
Stufen·welle *f* (rotierende Masch.) / profiled shaft, stepped shaft, taper shaft, shouldered shaft || ≗**wicklung** *f* / stepped winding, split-throw winding || ≗**wicklung** *f* (Trafo) / tapped winding || ≗**zahl** *f* (Trafo-Stufenschalter) / number of tapping positions || ≗**zeit** *f* (Schutz) / zone time || ≗**ziehen** *n* (HL) / rate growth
Stufung *f* (Relaisschutz) / grading *n*, stepping *n*
Stummel *m* (Welle) / shaft end, stub *n*, axle neck
Stumpf *m* (Welle) / shaft end *n*, stub *n*
stumpf aneinanderfügen / butt *v* || ~**es Spitzgewinde** / stub V-thread || ~**es Trapezgewinde** / stub acme thread || ~**e Verbindung** / butt joint || ~**er Winkel** / obtuse angle || **Verfahren der ~en Rohrverbindung** / butt-joint technique || ~**gestoßen** *adj* / butt-jointed *adj* || ≗**schweißen** *n* / butt welding || ≗**schweißnaht** *f* / butt weld || ≗**stoß** *m* / butt joint || ~**winkelig** *adj* / obtuse-angled *adj* || ≗**zähne** *m pl* / stub teeth
Stunden·betrieb *m* / one-hour duty || ≗**leistung** *f* / one-hour rating || ≗**leistung** *f* (StT) / hourly demand || ≗**menge** *f* / hourly quantity, hourly rate (o. delivery), total hourly rate (o. delivery) || ≗**mittel** *n* / hourly average || ≗**übertrag** *m* / hours carried over, carry-over hours || ≗**zähler** *m* / hours meter, elapsed-hour meter || ≗**zeiger** *m* / hour hand
stündliche Erzeugungskosten / hourly cost of generation
Sturzwicklung *f* / continuous turned-over winding, continuous inverted winding
Stütz·abstand *m* / support spacing || ≗**batterie** *f* / back-up battery
Stütze *f* / support *n*, brace *n*, bracket *n* || **Isolator~** *f* / insulator spindle, insulator support
Stützeinrichtung *f* (Kondensator- o. Batteriepuffer) / back-up supply unit, back-up energy store
stutzen *v* (CAD, verkleinern) / trim *v*
stützen *v* (A; V) / boost *v*, force *v*
Stutzen *m* (Kabeleinführung) / gland *n* || ≗ (Abzweigdose) / spout *n* || ≗ (Rohrende) / stub *n* || ≗ (Rohranschlußstück) / pipe socket, connecting sleeve, tube connector
Stützenisolator *m* (VDE 0446, T.1) / pin insulator (IEC 383)
Stutzenverschraubung *f* / screw gland, gland locking nut, compression gland
Stützer *m* (Isolator) / post insulator, insulator *n* || ≗ (f. Freiltg.) (s. Freileitungsstützer) || ≗ (f. Stationen) (s. Stationsstützer) || **Klemmen~** / terminal post insulator || ≗**drehlager** *n* / insulator bearing || ≗**isolator** (s. Stützisolator) || ≗**kopf** *m* / post insulator head
Stützerregung *f* (el. Masch.) / exciter boosting, field forcing
Stützer·säule *f* / insulator column || ≗**stromwandler** *m* / support-type current transformer || ≗**wandler** *m* / insulator-type transformer
Stütz·isolator *m* / post insulator || ≗**isolator** *m* (Glocke m. Stütze) / pin(-type) insulator || ≗**isolatorelement** *n* / post insulator unit || ≗**isolatorsäule** *f* / post-insulator assembly, complete post insulator || ≗**kondensator** *m* / back-up capacitor, energy storage capacitor || ≗**lager** *n* / one-direction thrust bearing, single thrust bearing, foot bearing || ≗**länge** *f* (Freiltg.) / span *n* || ≗**leiste** *f* / (horizontal) support bar, support *n* || ≗**polygon** *n* / smallest convex polygon
Stützpunkt *m* (Freiltg.) / support *n*, supporting structure || ≗ (am Interpolationspolygon) / interpolation point || **Löt~** / soldering tag, soldering terminal
Stützpunktepaar *n* (Interpolationspolygon) / pair of interpolation points
Stützpunkt·platte *f* / grouping block || ≗**stift** *m* / wiring post (o. pin) || ≗**verdrahtung** *f* / point-to-point wiring
Stütz·scheibe *f* (Batt.) / supporting plate || ≗**steg** *m* (f. Kühlschlitz im Blechp.) / duct spacer, vent finger || ≗**-Traglager** *n* / combined thrust and radial bearing, radial-thrust bearing
Stützzapfen *m* (Welle) / thrust journal, journal for axial load || ≗**lager** *n* / pivot bearing
Styroflex *n* / polystyrene *n*
Styrol *n* / styrene *n*
Styrolisierung *f* / styrenation *n*
Styropor *n* / expanded polystyrene || ≗**platte** *f* / expanded polystyrene board
subharmonisch *adj* / subharmonic *adj*
Subharmonische *f* / subharmonic *n*
subjektive Lautstärke / equivalent loudness
Subjunktion (s. Implikation)
Subkollektor *m* (Transistor) / buried layer (transistor)
Subminiaturrelais *n* / subminiature relay
Subroutine *f* / subroutine *n*, subprogram *n* (ISO 2806-1080)
Substitutions·befehl *m* (PC) / substitution operation || ≗**meßverfahren** *n* / substitution method of measurement, substitution measurement
Substrat *n* / substrate *n* || ≗**strom** *m* (FET, DIN 41858) / substrate current
Subsystem *n* / subsystem *n*
Subtangente *f* / subtangent *n*
Subtrahierer *n* / subtractor *n*
Subtrahierwerk *n* / subtractor *n*
Subtraktions·rad *n* / subtraction wheel, subtraction gear || ≗**zählwerk** *n* / subtracting register
Subtraktiv-Verfahren *n* (gs) / subtractive process
subtransient *adj* (s.a. unter „Subtransient-...") / subtransient *adj* || ~**e Hauptfeldspannung** / subtransient internal voltage, internal voltage behind subtransient impedance || ~**er Kurzschluß-Wechselstrom** / initial symmetrical

short-circuit current || ~e **Längsspannung** (s. Subtransient-Längsspannung) || ~e **Reaktanz** / subtransient reactance || ~**er Vorgang** / subtransient condition, subtransient phenomenon || ~**e Zeitkonstante** / subtransient time constant

Subtransient-Kurzschluß-Zeitkonstante *f* / subtransient short-circuit time constant

Subtransient-Kurzschluß-Zeitkonstante der Längsachse / direct-axis subtransient short-circuit time constant

Subtransient-Kurzschluß-Zeitkonstante der Querachse / quadrature-axis subtransient short-circuit time constant

Subtransient·-Längs-EMK *f* / direct-axis subtransient e.m.f. || **≗-Längsimpedanz** *f* / direct-axis subtransient impedance || **≗-Längsreaktanz** *f* / direct-axis subtransient reactance || **≗-Längsspannung** *f* / direct-axis subtransient voltage

Subtransient-Leerlauf-Zeitkonstante *f* / subtransient open-circuit time constant

Subtransient-Leerlauf-Zeitkonstante der Querachse / quadrature-axis subtransient open-circuit time constant

Subtransient-Leerlauf-Zeitkonstante der Längsachse / direct-axis subtransient open-circuit time constant

Subtransient·-Quer-EMK *f* / quadrature-axis subtransient e.m.f. || **≗-Querimpedanz** *f* / quadrature-axis subtransient impedance || **≗-Querreaktanz** *f* / quadrature-axis subtransient reactance || **≗-Querspannung** *f* / quadrature-axis subtransient voltage || **≗reaktanz** *f* / subtransient reactance || **≗reaktanz der Längsachse** (s. Subtransient-Längsreaktanz) || **≗reaktanz der Querachse** (s. Subtransient-Querreaktanz)

subtransitorisch (s. subtransient)

Such·begriff *m* / search key || **≗betrieb** *m* / search mode

suchen, einen Fehler ~ / to locate a fault, to trace a fault

Suchgerät *n* (z.B. f. Kabel) / detecting device, locator *n*

Suchgeschwindigkeit *f* (Lochstreifenleser) / slewing speed

Suchlauf *m* (NC, PC) / search run, search *n*, browning *n* || **≗ rückwärts** / backward search, search backwards || **≗ vorwärts** / forward search

Such·prüfung *f* / search test || **Erdschluß~schalter** *m* / fault initiating switch, high-speed grounding switch, fault throwing switch || **≗scheinwerfer** *m* / adjustable spot lamp (o. light) || **≗spule** *f* / search coil, magnetic test coil, exploring coil || **≗strom** *m* / detection current || **Leuchtpunkt-≗vorrichtung** *f* (Osz.) / beam finder

Südpol *m* / south pole, unmarked pole || **magnetischer ≗** / south magnetic pole || **≗fläche** *f* / south pole face

Suezkanal-Scheinwerfer *m* / Suez canal searchlight

SU-Kennlinie *f* (DIN 41745) / foldback current limiting curve (FCL curve)

SU-Kühlung *f* (alte Bezeichnung für „Kühlung durch Selbstlüftung"; entspricht der Kühlart AN)

sukzessive Approximation (s. schrittweise Annäherung)

Summand *m* / addend *n*, summand *n*

Summandenwerk (s. Summierwerk) || ≗ (s. Summandenzählwerk)

Summandenzählwerk *n* / collating summator, channel register, circuit register, addend register, summator *n*

Summationspunkt (Reg.) (s. Summierstelle)

Summe aller Ausfälle / accumulated number of failures (IEC 319) || **≗ der Oberschwingungen** (VDE 0838, T.1) / harmonic content || **geometrische ≗** / root sum of squares

Summen·differenz *f* / balance *n*, net value || **≗differenzzählung** *f* / net registering, summation balance metering, net positive/net negative totalizing || **≗fehler** *m* / sumcheck error, parity check error || **≗fernzählgerät** *n* / duplicating summation meter || **≗fernzählwerk** *n* / duplicating summator || **≗getriebe** *n* / summation gear (train)

Summenhäufigkeit *f* / cumulative frequency || **grafische Darstellung der ≗** (DIN IEC 319) / probability paper plot

Summenhäufigkeits·linie *f* / cumulative frequency polygon || **≗verteilung** *f* / cumulative frequency distribution

Summen·impulsausgang *m* / summated pulse output || **≗impulslöschung** *f* (LE) / common trigger-pulse suppression || **≗impulszähler** *m* / impulse summation meter || **≗kontaktgabewerk** *n* (EZ) / retransmitting contact mechanism || **≗kraftverteilung** *f* / cumulative force-density distribution || **≗kurve** (s. Häufigkeitssummenkurve) || **≗kurzschlußstrom** *m* / total fault current || **≗ladespannung** *f* / total charging voltage, summated charging voltage || **≗linie** (s. Summenhäufigkeitslinie) || **≗löschung** *f* (LE) / common turn-off || **≗maximum** *n* (EZ) / totalized maximum demand

Summenmeldung *f* (alle Einzelmeldungen zusammengeführt anzeigend vgl. „Gruppenmeldung") / common signal || ≗ (s. Summenwarnmeldung)

Summenmessung, Meßgerät zur ≗ organischer Stickstoffverbindungen / instrument for measuring the total content of organic nitrogen compounds

Summen·prüfung *f* / summation check || **≗relais** (s. Summierrelais) || **≗steller** *m* (BT) / master fader || **≗strom** *m* / total current, resultant current, net current || **≗strom** *m* (Reststrom) / residual current || **≗stromrelais** *n* / residual current relay

Summenstromwandler *m* / summation current transformer, totalizing current transformer || ≗ (Schutz) / core-balance transformer

Summen·toleranz *f* / cumulative tolerance || **≗toleranzfehler** *m* / tolerance buildup || **≗verteilung** *f* / cumulative distribution, cumulative frequency function || **normale ≗verteilung** / cumulative normal distribution || **≗wahrscheinlichkeit** *f* / cumulative probability || **≗warnmeldung** *f* (FWT; alle Einzelmeldungen zusammengeführt anzeigend) / common alarm (IEC 50(371)) || **≗zähler** *m* / summator *n* || **≗zählgerät** *n* / summating meter, totalizing counter, summator *n* || **≗zählung** *f* / summation metering, totalizing *n* || **≗zählwerk** *n* / summating register, totalizing register, summator *n*

Summer *m* / buzzer *n*

summierendes Meßgerät / summation instrument,

totalizer *n*
Summierer *m* / summer *n*, summing unit, totalizer *n* || ≗ **mit bewerteten Eingängen** / weighted summing unit
Summier·gerät *n* / summator *n*, totalizer *n*, summation instrument || ≗**getriebe** *n* / summator gear train || ≗**glied** *n* (DIN 19226) / summing element, summator *n* || ≗**relais** *n* / totalizing relay || ≗**stelle** *f* (Reg.) / summing point
Summierung *f* / summation *n*, totalizing *n*
Summier·verstärker *m* / summing amplifier, integrating amplifier || ≗**wandler** *m* / summation transformer || ≗**werk** *n* / summator *n*, summation element, summation register
Sumpf·kathode *f* / pool cathode || ≗**schmierung** *f* / sump lubrication, bath lubrication
„Super-de-Luxe"-Leuchtstofflampe *f* / super-de-luxe fluorescent lamp
super·flinke Sicherung (VDE 0820, T.1) / very quick acting fuse (IEC 127), high-speed fuse || ~**hohe Frequenz** / super-high frequency (SHF)
Superikonoskop *n* / image iconoscope
Superorthikon *n* / image orthicon
superträge Sicherung (VDE 0820, T.1) / long time-lag fuse (IEC 127)
supra·fluides Medium / superfluid *n* || ≗**flüssigkeit** *f* / superfluid *n* || ≗**isolation** *f* / superinsulation *n* || ≗**leck** *n* / superleak *n*
supraleitend *adj* / superconducting *adj* || ~**er Magnet** / superconducting magnet, supermagnet *n* || ~**e Maschine** / superconducting machine, cryomachine *n* || ~**e Spule** / superconducting coil, cryocoil *n* || ~**e Wicklung** / superconducting winding, cryowinding *n*
Supraleiter *m* / superconductor *n*, hyperconductor *n* || ≗ **ohne Energielücke** / gapless superconductor
Supraleiter-Quanteninterferometer *n* / superconducting quantum interference device (SQUID)
supra·leitfähig *adj* / super-conductive *adj*, superconducting *adj* || ≗**leitfähigkeit** *f* / superconductivity *n* || ≗**leitung** *f* / superconductivity *n* || ≗**leitungselektronen** *f pl* / super-electrons *n pl* || ≗**schall** *m* / ultrasound *n*
Survolteur (s. Zusatzmaschine)
Suszeptanz *f* / susceptance *n*
Suszeptibilität *f* / susceptibility *n*, magnetizability *n*
SV (s. Stromversorgungsbaugruppe)
SVA (s. Straßenverkehrs-Signalanlage)
SVC (Static Var Compensator - statischer Blindleistungskompensator)
SVE (s. Stromversorgungseinheit)
S-Verzeichnung *f* (ESR) / S distortion *n*
SV-Überwachung (s. Stromversorgungsüberwachung)
SV-Zeile (s. Stromverteilungszeile)
SW (s. Software)
Swagelock-Anschluß *m* / Swagelock joint (o. connection)
Swan-Sockel *m* / bayonet cap (B.C. lamp cap), bayonet base, B.C. lamp cap
SW-Monitor (s. Schwarz-Weiß-Monitor)
S-Wort *n* (S für Spindel) / S word (S for spindle)
Sy-Matrixeinheit (s. Synchronisier-Matrixeinheit)
Symbol *n* (DIN 44300) / symbol *n* || ≗**adresse** *f* / symbolic address || ≗**baustein** *m* (Mosaikb.) / symbol tile || ≗**feld** *n* (BSG) / symbol field
Symbolik *f*, **Relais-**≗ / relay symbology
symbolisch·e Adresse / symbolic address
Symbol·konstruktion *f* / symbol building || ≗**parameter** *m* / symbolic parameter || ≗**satz** *m* / symbol set || ≗**tafel** *f* (f. Bildkonstruktion am Bildschirm) / symbol chart
Symmetrierglied *n* (IEC 50(161)) / balun *n*
Symmetrierung *f* (in einem Verteilernetz) / balancing *n*
Symmetrierwiderstand *m* / balancing resistor
symmetrisch·er Ausgang / symmetrical output || ~**er Ausgang** (Gegentaktausg.) / push-pull output || ~**er Ausschaltstrom** / symmetrical breaking current, symmetrical r.m.s. interrupting current || ~**e Belastung** / balanced load, symmetrical load || ~**er Betrieb** / balanced operation || ~ **betriebene Mehrphasenquelle** / balanced polyphase source || ~**e Doppelstrom-Schnittstellenleitung** / balanced double-current interchange circuit || ~**er Eingang** / symmetrical input || ~**er Eingang** (Gegentakteing.) / push-pull input || ~**es Element** / symmetric element, symmetric-characteristic circuit element || ~**e Erdschlußprüfung** / balanced earth-fault test || ~**er Erdschlußschutz** / balanced earth-fault protection || ~**e Funkstörspannung** / symmetrical terminal interference voltage || ~ **gebaut und betriebenes Mehrphasensystem** / balanced polyphase system (IEC 50(131A)) || ~ **gebauter Mehrphasenstromkreis** / symmetrical polyphase circuit || ~ **gegen Erde** / balanced to earth, balanced to ground || ~ **gepoltes Relais** / centre-stable relay || ~**e Komponente k-ter Ordnung** / symmetrical component of order k || ~**e Komponenten** / symmetrical components, Fortescue components || ~**er Kurzschluß** / symmetrical fault || ~**er Kurzschlußstrom** / symmetrical short-circuit current, prospective symmetrical r.m.s. short-circuit current || ~**e Lichtstärkeverteilung** / symmetrical luminous intensity distribution || ~**e Mehrphasen-Spannungsquelle** / symmetrical polyphase voltage source || ~**e Nenn-Dreieckspannung** / rated three-phase line-to-line balanced voltage || ~**e Schaltung** / balanced circuit, symmetrical circuit || ~**e Spannung** (EMV, IEC 50(161)) / symmetrical voltage, differential-mode voltage || ~**e Steuerung** (VDE 0838, T.1) / symmetrical control || ~ **strahlender Spiegel** (Leuchte) / symmetric specular reflector || ~**er Stromkreis** / balanced circuit, symmetrical circuit || ~**es System** / balanced system, symmetrical system || ~**er Vierpol** / symmetrical two-terminal-pair network || ~**e Wimpelschaltung** (Trafo) / symmetrical pennant cycle || ~**e Zündeinsatzsteuerung** (LE) / symmetrical turn-on phase control || ~**er Zustand** (eines mehrphasigen Netzes) / balanced state || ~**e, halbgesteuerte Brückenschaltung** (LE) / symmetric half-controlled bridge
Synchro·-Empfänger *m* / synchro-receiver *n*, synchro-motor *n* || ≗**-Geber** *m* / synchro-transmitter *n*, synchro-generator *n*
Synchromat *m* / automatic synchronizer, check synchronizer, automatic coupler, synchro-check relay, check synchronizing relay, paralleling device

synchron *adj* (s.a. unter „Synchron-...") / synchronous *adj*, in step *adj* || ~**er Anlauf** / synchronous starting || ~ **anlaufendes und anhaltendes astabiles Kippglied** / synchronously starting and stopping astable element || ~**er Betrieb** / synchronous operation || ~**er Betrieb** (DV, MG) / synchronous mode || ~**e Datenübertragungssteuerung** / synchronous data link control (SDLC) || ~**es Drehmoment** / synchronous torque || ~**es Drehmoment** (s. synchrones Zusatzdrehmoment) || ~**e Drehzahl** / synchronous speed || ~**e EMK** / synchronous e.m.f. || ~**er Impulsgenerator** / synchronous pulse generator (SPG) || ~**es Kippmoment** / pull-out torque || ~**e Längsfeldreaktanz** (s. Synchron-Längsreaktanz) || ~**e Längsimpedanz** (s. Synchron-Längsimpedanz) || ~**e Längsreaktanz** (s. Synchron-Längsreaktanz) || ~**er Lauf** / synchronous operation || ~ **laufen** / to run in synchronism, to operate in synchronism, to run in step || ~**es Moment** (s. synchrones Drehmoment) || ~**er Motor-Generator** / synchronous converter || ~**e periodische Überlagerungen** (DIN 41745) / synchronous periodic deviations || ~**er Phasenschieber** (s. Synchron-Phasenschieber) || ~**e Querfeldreaktanz** (s. Synchron-Querreaktanz) || ~**e Querreaktanz** (s. Synchron-Querreaktanz) || ~**es Schaltwerk** (Rechner) / synchronous sequential circuit || ~**e Spannung** / synchronous voltage, in-phase voltage || ~**e Steuerung** / clocked control || ~**e Übertragung** / synchronous transmission || ~**er Widerstand der Drehstromwicklung** / positive-sequence armature winding resistance || ~**er Zähler** / parallel counter || ~**es Zusatzdrehmoment** / synchronous harmonic torque

Synchronadmittanz *f* / synchronous admittance

Synchron-Asynchron-Umformer *m* / synchronous-induction motor-generator || °~**betrieb** *m* (Synchronmasch., Netz) / synchronous operation || °~-**Blindleistungsmaschine** *f* / synchronous condenser, synchronous compensator, synchronous capacitor, phase advancer || °~**draufschalter** *m* / timer-controlled make breaker, synchronized test breaker || °~-**Frequenzumformer** *m* / synchronous frequency converter || °~**generator** *m* / synchronous generator, alternator *n* || °~**geschwindigkeit** *f* / synchronous velocity || °~**geschwindigkeit** *f* (LM) / synchronous speed || °~-**Hauptuhr** *f* / synchronous master clock || °~-**Homopolar-Linearmotor** *m* / linear synchronous homopolar motor (LSHM) || °~**impedanz** *f* / synchronous impedance, equivalent impedance, short-circuit impedance || °~-**Induktionsmotor** *m* / synchronous induction motor, synduct motor

Synchronisation *f* / synchronization *n*

Synchronisations·erkennung *f* (MPU) / synchronization detect (SYNDET) || °~**fehler** *m* / synchronization error || °~**fehler der Uhr** / clock synchronization error

Synchronisator *m* / synchronizer *n*

Synchronisier-Ansprechschwelle *f* (Osz.) / synchronization threshold || °~**baugruppe** *f* / synchronizing (o. synchronization) module || °~**bereich** *m* (IMPATT-Diode) / injection locking range || °~**bereich** (s. Synchronisier-Frequenzbereich) || °~-**Drosselspule** *f* / synchronizing reactor || °~-**Dunkelschaltung** *f* / synchronizing-dark method, dark-lamp synchronizing || °~**einheit** *f* (DÜ, DIN 44302) / timing generator || °~**einrichtung** *f* / synchronizer *n*, synchronizing gear

synchronisieren *v* / synchronize *v* || °~ *n* / synchronizing *n*, synchronization *n*, phasing in *n*

synchronisierend·e Leistung / synchronizing power || ~**es Moment** / synchronizing torque, pull-in torque || ~**er Strom** / synchronizing current

Synchronisier-Frequenzbereich *m* (Osz.) / synchronization frequency range || °~-**Hellschaltung** *f* / synchronizing-bright method || °~-**Impulsgeber** *m* / parallelling pulse generator, parallelling unit || °~**lampen** *f pl* / lamp synchroscope, synchronizing lamps || °~-**Matrixeinheit (Sy-Matrixeinheit)** *f* / synchronizing matrix module || °~-**Nullspannungsabfrage** *f* (LE) / synchronizing zero-voltage detector || ~**pflichtiger Abzweig** / feeder requiring synchronizing || °~-**Relaiseinheit (Sy-Relaiseinheit)** *f* / synchronizing relay module || °~**schalter** *m* / synchronizing switch, paralleling switch || °~**sender** *m* / synchronizing transmitter || °~**speicher** *m* (Flipflop) / synchronizing flipflop

synchronisiert *adj* / synchronized *adj*, in synchronism *adj*, synchronous *adj*, in step *adj* || ~**er Asynchronmotor** / synchronous induction motor, synchronized induction motor, auto-synchronous motor, synduct motor || ~**e Schwingungspaketsteuerung** (s. synchronisierte Vielperiodensteuerung) || ~**e Vielperiodensteuerung** / synchronous multicycle control || ~**e Zeitablenkung** (Osz.) / synchronized sweep, locked sweep

Synchronisierung *f* / synchronization *n*

Synchronisierungs·schiene *f* / synchronizing bus-bar, paralleling bus

Synchronisier·vorrichtung *f* / synchronizer *n*, synchronizing device || °~**wandarm** *m* / synchronizer bracket || °~**wandler** *m* / synchronizing transformer || °~-**Wartezustand der Steuerfunktion** (PMG, DIN IEC 625) / controller synchronous wait state (CSWS)

Synchronisierziffer *f* / synchronizing coefficient || **drehmomentbezogene** °~ / synchronizing torque coefficient, per-unit synchronizing torque coefficient || **komplexe** °~ / complex synchronizing torque coefficient || **leistungsbezogene** °~ / synchronizing power coefficient, per-unit synchronizing power coefficient

Synchronismus *m* / synchronism *n* || **aus dem** °~ **fallen** / to pull out of synchronism, to fall out of step, to lose synchronism, pull out *v* || **im** °~ **laufen** / to run in synchronism, to operate in synchronism, to run in step || **im** °~ **sein** / to be in synchronism, to be in step || **in den** °~ **kommen** / to pull into step, to lock into step, to fall into step, pull in *v*

Synchron·-Kippmoment *n* / synchronous pull-out torque (GB), pull-out torque (US) || °~**kupplung** *f* / synchronous coupling || °~-**Längsimpedanz** *f* / direct-axis synchronous impedance || °~-**Längsreaktanz** *f* / direct-axis synchronous reactance || °~**laufwerk** *n* / synchronous timer || °~-**Linearmotor** *m* / linear synchronous motor

(LSM) || ≗**maschine** *f* / synchronous machine || **selbstanlaufender** ≗**motor** / self-starting synchronous motor, auto-synchronous motor, synaut motor || **erregungsloser** ≗**motor** (s. Reluktanzmotor) || ≗**motor mit asynchronem Anlauf** / self-starting synchronous motor, induction-type synchronous motor || ≗**motor mit Dämpferkäfig** / cage synchronous motor

Synchronoskop *n* / synchroscope *n*, synchronism indicator

Synchron·-Phasenschieber *m* / synchronous condenser, synchronous compensator, synchronous capacitor, synchronous phase modifier || ≗**prüfverfahren** *n* (Zählerprüf.) / synchronous method, run-off method, rotating substandard method || ≗**-Querimpedanz** *f* / quadrature-axis synchronous impedance || ≗**-Querreaktanz** / quadrature-axis synchronous reactance || ≗**reaktanz** *f* / synchronous reactance || ≗**reaktanz der Längsachse** (s. Synchron-Längsreaktanz) || ≗**riemenantrieb** *m* / synchronous belt drive || ≗**schaltuhr** *f* / synchronous time switch || ≗**schlußkontrolle** *f* (FWT) / pulse number check || ≗**spannung** *f* / synchronous voltage, in-phase voltage || ≗**-Tarifschaltuhr** *f* / synchronous multi-rate time switch, synchronous multi-rate tariff switch || ≗**überwachung** *f* / synchro-check *n* || ≗**uhr** *f* / synchronous clock, synchronous motor clock || ≗**uhrmotor** *m* / synchronous time motor || ≗**umformer** *m* / synchronous converter, synchronous-synchronous motor-generator || ≗**umschaltung** *f* (USV) / synchronous transfer || ≗**verfahren** (Zählerprüf.) (s. Synchronprüfverfahren) || ≗**verstärkung** *f* / synchronous gain || ≗**widerstand** *m* / primary-winding resistance, armature resistance

Synchronzeit *f* / synchronous time || ≗**abweichung** *f* / deviation of synchronous time

Synchrotron-Strahlung *f* / synchrotron radiation

Syntax *f* (Daten) / (data) syntax *n* || ≗**prüfung** *f* / syntax check

synthetisch·e Prüfmethode (Serien-Parallel-Methode) / series-parallel method of testing || ~**e Prüfschaltung** / synthetic test circuit || ~**e Prüfung** / synthetic test || ~**e Schaltung** / synthetic circuit

Sy-Relaiseinheit (s. Synchronisier-Relaiseinheit)

System der bezogenen Größen (el. Masch.) / per-unit system || ≗ **der Einheitsbohrung** / basic-hole system, unit-bore system, standard-hole system, hole-basis system of fits || ≗ **der Einheitswelle** / basic shaft system, standard shaft system, shaft basis system of fits || ≗ **mit einem Freiheitsgrad** / single-degree-of-freedom system || ≗ **mit mehreren Freiheitsgraden** / multi-degree-of-freedom system || ≗ **mit Reparaturmöglichkeit** / repairable system || ≗ **mit zwei stabilen Zuständen** / bistable system, two-state system || ≗ **ohne Reparaturmöglichkeit** / non-repairable system || ≗ **zweiter Ordnung** (Reg.) / system with second-order lag || **Aufbau**~ / rack system, packaging system, assembly system, assembly and wiring system

systemanalytischer Ansatz / systems approach

Systemanlauf *m* / system start-up

systematisch·e Abweichung der Schätzfunktion (DIN 55350, T.24) / bias of estimator || ~**er Ausfall** (IEC 50(191)) / systematic failure, reproducible failure || ~**e Ergebnisabweichung** (Statistik, QS) / systematic error of result, bias of result || ~**er Fehler** / systematic error || ~**e Schwankung** (Statistik) / systematic variation (statistics) || ~**e Stichprobe** / systematic sample || ~**e Stichprobenentnahme** / systematic sampling

System·baustein *m* / system module, hardware module || ≗**bedienung** *f* / operator-system communication, operator control (of system) || ≗**beeinflussung** *f* / system interference || **externe** ≗ (EMV) / inter-system interference || **interne** ≗ (EMV, IEC 50(161)) / intra-system interference || ≗**bereich** (s. Systemdatenbereich) || ≗**daten (SD)** (PC) *plt* / system data (SD) || ≗**datenbereich** *m* (PC) / system data area

systemeigener Prüfemulator / in-circuit emulator (ICE)

System·element *n* (FWT) / system element || ≗**entwurf** *m* / system engineering || ≗**erfassungsstromkreis** *m* / supply detection circuit || ~**fähig** *adj* / system-compatible *adj* || ≗**fehlermeldung** *f* / system fault signal, system alarm, system alarm display

systemgeeignetes Meßgerät / system-compatible measuring apparatus (o. instrument)

System·gehäuse *n* / modular housing, housing of unitized system || ≗**generator** *m* / system generator

systemgerecht *adj* / system-compatible *adj*, compatible *adj*

System-Grundtakt *m* (PC) / basic system clock frequency

systeminternes Signal / in-system signal

System·kennwerte *m pl* (FWT) / system characteristics || ≗**kern** *m* (SW) / system kernel || ≗**management** *n* (DIN ISO 7498) / systems management || ≗**masse** *f* (Erde) / system ground || ≗**meldung** *f* (PC) / system message || ≗**meldungs-Baustein** *m* (PC) / system message block || ≗**meldungs-Warteschlange** *f* / system message queue || ≗**operation** *f* (PC) / system operation || ≗**organisation** *f* / system organization || ≗**programm** *n* / system program, executive program || **CNC-**≗**programm** *n* / CNC executive program || ≗**prüfung** *f* (elST, PC) / system checkout || ≗**prüfung** *f* (Emulation) / emulation *n* || ≗**rahmen** *m* / system environment || **HGÜ-**≗**regelung** *f* / HVDC system control || ≗**schaltplan** *m* / system diagram || ≗**schrank** *m* / standard cubicle

Systemsoftware *f* (Betriebssystem) / operating system software || ≗ (Konfigurierprogramme) / system configuration software

System·speicher *m* (PC) / system memory || ≗**stabilität** *f* (DIN 40042) / system dependability

Systemsteuerung fordern (PMG, DIN IEC 625) / request system control (rsc) || **Zustand der** ≗ (PMG, DIN IEC 625) / system control state

System·takt *m* / system clock, internal clock || ~**technische Entwicklung** / systems engineering development || **Zähler-**≗**träger** *m* / meter frame || ≗**träger** *m* (IS) / lead frame || ≗**transferdaten (ST)** (PC) *plt* / system transfer data (ST) || ≗**transferdatenbereich** *m* (PC) / system transfer data area || ≗**transferdatenspeicher** *m* / system

transfer data memory || ²umgebung *f* / system environment || ~**unverwechselbar** *adj* (StV) / polarized *adj*, non-reversible *adj* || ²**verhalten** *n* / system performance || ²**verträglichkeit** *f* (DIN IEC 625) / compatibility *n* || ²**wirksamkeit** *f* (DIN 40042) / system effectiveness
szenische Beleuchtung / scenic lighting
Szintillation *f* / scintillation *n*
Szintillationszähler *m* / scintillation counter
SZL (s. stör- und zerstörfeste Logik)

T

T (s. Zeit)
T (s. Zeitgeber)
„T", volles ~ (Flp.) / full "T"
TA (s. Arbeitstemperatur)
Tabelle *f* / table *n* || ² **über die Verteilung von Häufigkeitsgruppen** (DIN IEC 319) / grouped frequency distribution table
Tabellenkalkulationsprogramm *n* / spreadsheet *n*
TAB-Funktion (s. Tabulatorfunktion)
Tableau *n* (Anzeiget.) / annunciator *n* || ² (Verteiler) / distribution board, panelboard *n*
Tablett *m* (Eingabegerät) / gain point, digitizer tablet || ² *n* (Tastenfeld) / tablet *n*, keypad *n*, keyboard *n*
Tablette *f* (HL) / wafer *n*, pellet *n*
Tablettenpresse *f* (f. Materialproben) / pelleting press, specimen (o. sample) press
Tabulator·funktion (TAB-Funktion) *f* / tabulator function (TAB function) || ²**schreibweise** *f* (NC) / tab sequential format || ²**zeichen** *n* / tabulating character, TAB character
T-Abzweigklemme *f* / branch terminal
Tacho (s. Tachogenerator) || ² (s. Tachometer) || ²**duktor** *m* / tachoductor *n* || ²**dynamo** (s. Tachogenerator) || ²**generator** *m* / tachometer generator, tacho-generator *n*, pilot generator
Tachometer *m* / tachometer *n* || ²**maschine** (s. Tachogenerator)
Tafel *f* (ST) / board *n*, panel *n* || ² (Hartpapier, Preßspan) / panel *n* || ² (Kunststoff-Bahnmaterial) / sheet *n*, sheeting *n* || ²**ausschnitt** *m* / panel cutout || ²**bauform** *f* (SK, FSK; VDE 0660, T.500) / dead-front assembly (IEC 439-1) || ²**feld** *n* (ST) / panel *n*, section *n*, vertical section || **Diagonalschnittgewebe in** ² / panel-form bias-cut fabric || ²**front** *f* / panel front, fascia *n* || ²**preßspan** *m* / pressboard *n*
Tagebau *m* / open-cut mine, open-cast mine
Tagebuch *n* (Tagesprotokoll) / daily log
Tages·höchstleistung *f* (StT) / daily maximum demand || ²**-Istarbeitszeit** *f* / actual daily working hours || ²**kennziffer** *f* / day code || ²**lastspiel** *n* (Kabel) / 24-hour load cycle, 24-hour cyclic load (o. load-current cycle)
Tageslicht *n* / daylight *n*, natural daylight
„Tageslicht de Luxe", Lichtfarbe ~ / daylight de luxe
Tageslicht im Innenraum / interior daylight || ²**anteil** *m* / daylight component || ²**art** *f* / daylight illuminant || ²**beleuchtung** *f* / daylighting *n*, natural lighting || ²**-Ergänzungsbeleuchtung** *f* / permanent supplementary artificial lighting (PSAL) || ²**fluoreszenzfarbe** *f* / daylight fluorescent colour || ²**kassette** *f* / daylight-loading cassette || ²**kurvenzug** *m* / daylight plot || ²**lampe** *f* / daylight lamp || ²**öffnung** *f* / daylight opening || ²**projektor** *m* / daylight projector || ²**quotient** *m* / daylight factor || ~**weiß** *adj* / cool white || ²**wirkung** *f* / effectiveness in daylight || ²**-Zusatzbeleuchtung** (s. Tageslicht-Ergänzungsbeleuchtung)
Tages·markierung *f* (Flp.) / day marking (aid) || ²**maximum** (s. Tageshöchstleistung) || ²**menge** *f* / daily quantity, daily rate (o. delivery), total daily rate (o. delivery) || ²**protokoll** *n* / daily log || ²**schalter** *m* / twenty-four-hour switch || ²**schaltwerk** *n* / twenty-four-hour commutation mechanism || ²**scheibe** *f* / 24-hour dial || ²**sehen** *n* / photopic vision || ²**-Sollarbeitszeit** *f* / required daily working hours || **mittlere** ²**temperatur** / mean temperature of the day, daily mean temperature, diurnal mean of temperature || ²**verbrauch** *m* (StT) / normal-rate consumption || ²**zeitschaltuhr** *f* / one-day time switch
Taille *f* (Gittermast) / waist *n*
Takt *m* (DIN 19237; Periode des pulsförmigen Taktsignals) / clock pulse || ² (Fertigung, Mot.) / cycle *n*, phase *n*, step *n* || **außer** ² / out of step, out of time || **Schritt**~ (DÜ) / signal element timing || **Schweiß**~ / welding cycle
taktabhängiges Speicherglied / triggered flipflop
Takt·betrieb *m* (Osz., „Chopped-Betrieb") / chopping operation || ²**diagramm** *n* (PC) / timing diagram || ²**eingang** *m* / clock input (C input) || ²**eingang mit Flankensteuerung** / edge-triggered clock input || ²**einrichtung** *f* / clock system
takten *v* / clock *v*, time *v*, cycle *v*, to operate in the switching mode || **vorwärts** ~ (Zähler) / up counting
Takt·feuer *n* / rhythmic light || **Wechselfarben-**²**feuer** *n* / alternating light || ~**flankengesteuertes Flipflop** / edge-triggered flipflop || ²**flankensteuerung** *f* / edge triggering, transition control
Taktfrequenz *f* (elST; DIN 19237) / clock frequency || ² (LE) / elementary frequency (IEC 50(551)), pulse frequency || ² (Osz., „Chopping-Frequenz") / chopping rate || ² (s. Taktrate)
Taktgeber *m* / clock generator (CG), clock-pulse generator (CPG), clock || **Schweiß**~ *m* / welding timer
Taktgebung, feste ² (LE; SR-Antrieb) / fixed-frequency clocking || **rückgekoppelte** ² / closed-loop controlled clocking
Takt·generator (s. Taktgeber) || ~**gesteuertes Flipflop** / clocked flipflop || ²**gewinnung** *f* / clock-pulse generation, timing extraction
taktil·e Berührungserkennung / tactile perception || ~**er Sensor** / tactile sensor
Taktimpuls *m* / clock pulse (CP) || ²**dauer** *f* / clock pulse duration || ²**generator** *m* / clock pulse generator (CPG), clock generator
Takt·kennzeichen *n* / clock qualifier || ²**leitung** *f* / clockline *n* || ²**leitung** *f* (DÜ) / timing circuit, signal element timing circuit || ²**marke** *f* / timing mark || ²**pause** *f* / clock-pulse space || ²**periode** *f* (LE) / elementary period (IEC 50(551)) || ²**puls** (s.

Taktimpuls) || ≗**raster** *m* / clock grid || ≗**rate** *f* / clock-pulse rate

Taktsignal *n* / clock signal, clock pulse || **serielles** ≗ / serial clock (SERCLK) || ≗**verzögerung** *f*(zum Ausgleich von Laufzeiten) / clock skew

Taktsteuerung (s. Ablaufsteuerung)

taktsynchron *adj* / clocked *adj*, synchronous *adj* || ~**e Steuerung** / clocked control || ~**er Zähler** / clocked counter

Takt·system *n*(elST) / clock (pulse) system, timing system || ≗**treiber** *m* / clock driver || ≗**untersetzung** *f* / (clock-)pulse scaling || ≗**versorgung** *f* / clock-pulse supply || ≗**versorgung** *f*(IS) / clockline *n* || ≗**verstärker** *m* / clock pulse amplifier || ≗**zeit** *f* / clock time || ≗**zeit** *f*(NC, Zykluszeit; Fertigung) / cycle time, machining period

taktzustandgesteuertes Flipflop / pulse-triggered flipflop, DC flipflop

Tal·punkt *m*(Diode, DIN 41856) / valley point || ≗**spannung** *f*(Diode, DIN 41856) / valley point voltage || ≗**strom** *m*(Diode, DIN 41856) / valley point current || ≗**wert** *m*(Schwingung) / valley value

TAMAX (s. höchste Arbeitstemperatur)

TAMIN (s. tiefste Arbeitstemperatur)

tan δ (s. Permittivitäts-Verlustfaktor)

tan δ**-Anfangswert** *m* / tan δ initial value || ~**-Anstiegswert** *m* / tan δ value per voltage increment, tan δ angle-time increment, tan δ tip-up value, Δ tan per step of U_n || ~**-Differenzmessung** *f*(„tip-up") / power-factor tip-up test || ~**-Prüfung** *f* / loss-tangent test, dissipation-factor test || ~**-Spannungscharakteristik** *f* / tan δ voltage characteristic || ~**-Verlauf** *m* / tan δ curve || ~**-Verlustwinkel** *m* / tan δ of loss angle, tangent of complement of power factor angle

Tandem·bürste *f* / tandem brush, paired brushes || ≗**bürste in V-Stellung** / V-tandem brush || ≗**bürstenhalter** *m* / tandem brush holder || ≗**motor** *m* / tandem motor || ≗**-Rollfeder-Bürstenhalter** *m* / tandem coiled-spring brush holder || ≗**technik** *f*(Prüf.) / tandem technique || ≗**-Van-de-Graaff-Generator** *m* / tandem electrostatic generator

Tangens des Verlustwinkels (tan δ) / tangent of loss angle (tan δ), loss tangent || ≗**funktion** *f* / tangent function

Tangentenverfahren *n*(Chromatographie) / tangent method

tangential·er Übergang (NC) / tangential transition || ≗**beschleunigung** *f* / tangential acceleration || ≗**druckdiagramm** *n* / indicator diagram || ≗**kraft** *f* / tangential force || ≗**maß** *n* / tangential dimension || ≗**schnitt** *m* / tangential section || ≗**schnittlinie** *f* / line of tangential section || ≗**schub** *m* / tangential thrust, magnetic tangential force || ≗**schubkraft** *f* / tangential force, tangential couple || ≗**spannung** *f* / tangential stress, hoop stress || ≗**versteifung** *f* / tangential bracing

Tangentkeilnut *f* / tangential keyway

Tank·entlüftungssystem *n*(Kfz) / fuel-tank venting system || ≗**klappe** *f*(Kfz) / filler flap || ≗**stelle** *f* / filling station, service station, gas station

Tantal-Elektrolytkondensator *m* / tantalum electrolytic capacitor || ≗**kondensator** *m* / tantalum capacitor

tanzen *v*(Leiter einer Freileitung) / gallop *v*

Taragewicht *n* / tare weight

tarieren *v*(auswuchten) / balance *v*

Tarier·gewicht *n* / balancing weight || ≗**maschine** *f* (Auswuchtmaschine) / balancing machine || ≗**nut** *f* / groove for balancing weights || ≗**scheibe** *f* / balancing disc || ≗**vorrichtung** *f* / balancing device

Tarif *m*(StT) / tariff *n*, tariff rate, rate *n*, price *n* || ≗**angestellter** *m* / scale-paid employee || ≗**auslöser** *m* / tariff relay, rate changing trip || ≗**kreis** *m*(Angestellte) / scale-paid employees || ≗**markierung** *f* / tariff identifier, tariff code || ≗**programm** *n* / tariff rate program || ≗**relais** *n* / tariff relay, rate changeover relay, price changeover relay || ≗**schaltkreis** *m* / rate changeover circuit || ≗**schaltuhr** *f* / multi-rate tariff switch, price changing time switch || ≗**umschaltung** *f* / rate changing (device), price changing (device) || **monatliche** ≗**zeitumschaltung** / monthly maximum-demand resetting

Taschen·bürstenhalter *m* / box-type brush holder || ≗**filter** *n* / bag filter || ≗**lampe** *f* / battery lamp, pocket lamp, hand lantern || ≗**meßgerät** *n* / pocket measuring instrument || ≗**platte** *f*(Batt.) / pocket-type plate || ≗**rechner** *m* / pocket computer, briefcase computer

Tastatur *f* / keyboard *n*, keypad *n* || ≗ **mit Folienschaltern** (E DIN 42115) / keyboard with membrane-switch arrays || ≗**block** *m* / keypad *n* || ≗**eingabe** *f* / keyboard entry, key entry, typed entry || ≗**folie** *f* / keyboard overlay || ≗**schablone** *f* / keyboard overlay || ≗**verwaltung** *f* / keyboard management

Tast·betrieb *m*(Mot., Vorrücken) / inching duty, inching *n*, jogging *n* || ≗**-Bildschirm** *m* / touch-sensitive screen, touch-sensitive CRT, touch screen || ≗**-Dimmer** *m* / touch dimmer, pushbutton dimmer

Taste *f*(Druckknopf) / button *n* || ≗ (einer Tastatur) / key *n* || ≗ (s. Wippe)

Tasteingabe *f*(Bildschirm) / touch input

Tasten *n*(Betätigung eines Geräts mittels Tastschalter) / momentary-contact control, pushbutton control

Tastenbelegung *f* / key assignment (o. allocation)

Tasten·feld *n* / keypad *n*, keyboard *n* || ≗**feldsender** *m* / keyboard transmitter || ≗**folge** *f* / key(-stroke) sequence || ≗**gruppe** *f* / key group || ≗**kappe** *f* / key top || ≗**kappe** *f*(DT) / cap *n*, lens cap || ≗**knopf** *m* / keytop *n* || ≗**reihe** *f* / key row || ≗**satz** *m* / keyset *n* || ≗**sperre** *f* / key lock || ≗**werk** *n* / keyboard *n*, keypad *n*

Taster *m*(Druckknopf) / pushbutton *n*, momentary-contact pushbutton || ≗ (Drehschalter) / momentary-contact control switch, contol switch || ≗ (Tastschalter) / momentary-contact (control) switch || ≗ (Betätigungsglied) / momentary-contact actuator || ≗ (Fühler) / feeler *n*, probe *n* || ≗ (NC, Kopierfühler) / tracer *n*, touch probe || ≗ (mech. Abtaster f. Prüfstücke) / stylus *n* || ≗ (s. Tastzirkel) || ≗ **mit Stangenhebel** (s. Taumelstabschalter) || **elektronischer** ≗ / electronic momentary-contact switch || ≗**belegung** (s. Tastenbelegung) || ≗**betätigung** (Betätigung eines Geräts mittels Tastschalter) / momentary-contact control, pushbutton control || ≗**einsatz** *m*(I-Schalter) / contact block (with

mounting plate) || ²feld (s. Tastenfeld) || ²steuerung *f*(NC) / tracer control
Tast·feld *n*(BSG) / touch panel || **²finger** *m* / test finger || **²fläche** *f*(auf dem Tastenknopf) / keytop touch area
Tastgrad *m*(Verhältnis Impulsdauer/Pulsperiodendauer) / duty factor (IEC 469-1)
Tast·hebel *m*(DT) / push rod || **²hebel** *m*(PS) / wobble stick || **²kopf** *m* / probe *n* || **²mechanik** *f* / momentary mechanical system, single-pressure non-locking mechanical system || **²relais** *n* (tasterbetätigtes Rel.) / pushbutton-controlled relay || **²schalter** *m* / momentary-contact switch || **²sensor** *m* / tactile sensor || **²spitze** *f* / prod *n* || **²stift** *m* / feeler *n* || **²teiler** *m* / (voltage) divider probe
Tastung *f*(Bildung von Signalen durch Schalten eines Gleichstroms o. einer Schwingung) / keying *n* || **Amplituden~** *f* / amplitude change signalling || **Hell~** *f*(Osz.) / spot unblanking, trace unblanking, spot bright-up
Tastverhältnis *n*(Verhältnis zwischen der Summe der Impulsdauern zur Pulsperiode o. Integrationszeit) / pulse duty factor, mark-space ratio, duty factor || **² bei Pulsbreitensteuerung** / pulse control factor || **² bei Vielperiodensteuerung** (LE) / multicycle control factor
Tastzirkel *m* / caliper compasses, caliper *n*
Tätigkeit *f*(QS) / activity *n*
Tätigkeits·beschreibung *f* / job description || **²kennziffer** *f* / job code(number) || **²nachweis** *m* (QS) / proof of action || **²- und Fehlerbericht** (QS) / status report
tatsächlich·er Bedarf / effective demand || **~e Dauer** / virtual duration || **~e Leerlauf-Gleichspannung** (LE) / real no-load direct voltage || **~e Leistung in Prozent der Solleistung** / efficiency rate || **~er Luftspalt** / actual air gap || **~er Polbogen** / real pole arc || **~es Übersetzungsverhältnis** (Trafo) / actual transformation ratio, true transformation ratio, true ratio || **~er Wert** / actual value, virtual value
Tatzen·abzweigklemme *f* / claw-type branch terminal || **²lager** (s. Tatzlager)
Tatzlager *n* / nose bearing || **²motor** *m* / axle-hung motor, nose-suspended motor
Tau *m* / dew *n*, moisture condensation
tauchen *v* / immerse *v*, dip *v* || **² bei Unterdruck** / immersion at low air pressure
Tauch·entfettung *f* / immersion degreasing, dip degreasing || **~fähig** *adj* / immersible *adj*, submersible *adj* || **~fester Steckverbinder** / submersible connector || **²isolierung** *f* / dip encapsulation || **²kern** *m* / plunger core || **~löten** *v* / dip-solder *v* || **²lötkontakt** *m* / dip-solder contact || **²motor** *m* / submersible motor, wet-rotor motor || **²pol** *m* / plunger pole || **²pumpenmotor** *m* / submersible-pump motor || **²schmierung** *f* / splash lubrication, splash-feed lubrication, pick-up lubrication || **²spule** *f* / plunger coil, plunger electromagnet || **²technik** *f*(Prüf.) / immersion technique || **²verkupferung** *f* / copper plating by immersion || **²verzinken** *n* / hot galvanizing, hot-dip galvanizing, hot dipping || **²zählrohr** *n* / liquid-flow counter tube
tauen *v*(a. CAD) / thaw *v*
Tauglichkeitsanerkennung *f* / capability approval
Taumel·fehler *m* / couple unbalance || **²kreis** *m* / circle of throwout
taumeln *v* / wobble *v*, stagger *v*
Taumel·scheibenzähler *m* / nutating-disc (flow) meter, wobble meter || **²schwingung** *f* / wobbling *n*, wobble *n* || **²stabschalter** *m* / wobble stick
Taupunkt *m* / dew point || **²korrosion** *f* / dew point corrosion || **²temperatur** *f* / dew-point temperature || **²unterschreitung** *f* / cooling below dew point
Tauwasser *n* / condensate *n*(from dew)
TB (s. zulässige Betriebstemperatur)
TBS (s. Teilnehmerbetriebssystem)
T-Bus *m* / T bus
T-Dose *f* / Tee box, three-way box
TDZ (s. Aufsetzzone)
TE (s. Teilentladung) || **²** (s. Elektronikerdung) || **²** (s. Teilungseinheit) || **²** (s. Testeinrichtung)
Technik *f*(angewandt) / engineering *n* || **²** (Verfahren, Praxis) / engineering practice, practice *n*, technique *n*, art *n*, method *n* || **²** (Wissenschaft) / technology *n*, technical science || **der gegenwärtige Stand der ²** / the present state of the art
technisch·e Änderung (Fertigung) / engineering change || **~e Angaben** / technical details, specifications *pl* || **~e Anlage** (DIN 66201) / plant *n* || **~e Ausfallrate** / technical failure rate || **~ beherrschtes Fertigungsverfahren** / technically controlled production process || **~e Belüftung** (Explosionsschutz) / artificial ventilation || **~e Betriebsführung** / engineering management || **~e Daten** / technical data, specifications *pl* || **~es Erzeugnis** / technical product || **~e Frequenz** / industrial frequency || **~e Funkstörung** / man-made noise || **~e Mindestleistung** (KW) / minimum stable capacity, minimum stable generation || **~e Nutzungsdauer** / physical life || **~er Prozeß** / technical process || **~e Vorschrift** / technical regulation
Technischer Überwachungsverein (TÜV) / (German) Technical Inspectorate
Technologie (s. Verfahrenstechnik) || **²baugruppe** *f* („intelligente" E/A-Baugruppe) / intelligent I/O module || **²baugruppe** (s. prozeßorientierte Baugruppe) || **²schema** *n*(s. Prozeßschema)
technologisch·e Daten (Prozeßsteuerung) / process data || **~e Funktion** / technological function, process function, process-related function
Teichkathode *f* / pool cathode
Teil·ableiter *m* / arrester section, pro-rated section (depr.) || **²abschnitt** *m*(LAN) / segment *n* || **²anlage** *f*(Prozeß) / plant section, subsystem || **²ansicht** *f* / partial view || **²antrieb** *m* / section drive, section motor
Teilapparat *m*(WZM) / dividing unit, dividing attachment, dividing head
Teil·aufgabe *f*(DV) / task *n* || **²ausfall** *m*(DIN 40042) / partial failure || **driftend auftretender ²ausfall** / degradation failure || **²ausrüstung einer Funktion** (PMG, DIN IEC 625) / function subset || **²aussteuerung** *f*(LE) / reduced control-factor setting || **~automatisch** *adj* / semi-automatic *adj*
teilbar·e Klemmenleiste / separable terminal block, sectionalizing terminal block || **~e Längen** /

multiple lengths
Teilbelastung *f* / partial load
Teilbereich *m* (DIN ISO 8348) / subdomain *n*
Teilbereichs·batterie *f* / dedicated battery || **≗schutz** *m* / back-up protection || **≗sicherung** *f* / back-up fuse
Teil·betriebsdauer *f* (DIN 40 042) / partial operating time || **≗bild** *n* / subfigure *n*, subimage *n* || **≗bild** *n* (Graphik, Segment) / segment *n* || **≗blitz** *m* / lightning stroke component || **≗blitzintervall** *n* / time interval between strokes
Teilchen·ausschlag *m* / particle displacement || **≗erosion** *f* / particle erosion || **≗geschwindigkeit** *f* / particle velocity || **≗größe** *f* / particle size, grain size
Teildruck *m* / partial pressure
teildurchlässiger Spiegel / partially transmitting mirror, semi-transparent mirror
Teile·beschreibung *f* / part description || **≗familie** *f* / parts family, family of parts || **≗geometrie** *f* / part geometry || **≗gruppe** *f* / subassembly *n*
Teil·einheit (s. Teilungseinheit) || **≗einsatz** (s. Kassette) || **≗einschub** (s. Kassette)
teilen *v* (a. CAD) / divide *v* || ≗ *n* (WZM) / indexing *n*, dividing *n*
Teilentladung (TE) *f* / partial discharge (PD), ionization discharge (IEC 70), corona || ≗ (Ionisation) / ionization *n*
Teilentladungs·-Aussetzspannung *f* / partial-discharge extinction voltage || **≗-Einsatzprüfung** *f* / partial-discharge inception test || **≗-Einsetzfeldstärke** *f* / partial-discharge inception field strength, corona inception field strength || **≗-Einsetzspannung** *f* / partial-discharge inception voltage || **≗-Folgefrequenz** *f* / partial-discharge repetition rate || **~frei** *adj* / not producing partial discharges || **≗freiheit** *f* / freedom from partial discharges || **≗-Funkstörspannung** *f* / partial-discharge radio noise voltage || **≗größe** *f* / partial-discharge magnitude || **≗impuls** *m* / partial-discharge pulse || **≗intensität** *f* / partial-discharge intensity || **≗-Isolationsmessung** *f* / partial-discharge test || **≗leistung** *f* / partial discharge power || **≗messung** *f* / partial-discharge measurement || **≗pegel** *m* / partial-discharge inception level || **≗prüfung** *f* / partial-discharge test, ionization test (IEC 70) || **≗spannung** *f* / partial-discharge voltage || **≗stärke** *f* / partial-discharge intensity || **≗-Störgröße** *f* / partial-discharge quantity || **≗-Störladung** *f* / partial-discharge charge, nominal apparent PD charge || **≗-Störstelle** *f* / partial-discharge location || **≗-Stoßhäufigkeit** *f* / partial-discharge pulse rate || **≗strom** *m* / partial-discharge current || **≗wert** *m* / partial-discharge quantity
Teilentlastung *f* (Netz) / partial loss of load
Teileprogramm *n* (NC) / part(s) program || **≗-Anweisung** *f* (NC, CLDATA) / part program instruction, original source statement
Teileprogrammierer *m* (NC) / parts programmer
Teileprogrammspeicher *m* / part program memory
Teiler *m* (Dividierer, Spannungsteiler) / divider *n* || ≗ (Impulsfrequenzt., Untersetzer) / scaler *n* || ≗ (Math.) / divisor *n* || **Bit~** / bit scaler || **Dekaden~** / decade scaler || **dezimaler** ≗ / decimal scaler || **Schrittwinkel~** (Schrittmot.) / gear head || **≗kette** *f* / scaler chain || **≗verhältnis** *n* / divider ratio
Teilevielfalt *f* / part variety
Teilewirtschaft, Material- und ≗ / materials and parts management
Teilfehler *m* (WZM) / indexing error
Teilfehlerstrom *m* (Strom an einem bestimmten Netzpunkt infolge eines Kurzschlusses an einer anderen Stelle des Netzes) / fault current (IEC 50(603))
Teilfeld·schwingung *f* (Freiltg.) / subspan oscillation
Teil·fläche *f* (Blechp.) / joint surface, joint face || **≗fläche** *f* (Grafikbildschirm, CAD) / patch *n* || **≗flankenwinkel** *m* / flank angle || **≗formspule** *f* / partly preformed coil
Teilfuge *f* (el. Masch.) / joint *n*, parting line, parting *n*
Teilfugen·beilage *f* / joint pad, joint shim || **≗bolzen** *m* / joint bolt, flange bolt || **≗dichtung** *f* / joint seal, joint packing || **≗platte** *f* (Flansch) / joint flange || **≗schraube** *f* / joint bolt, flange bolt || **≗spule** *f* / stator-joint coil, joint coil || **≗stab** *m* / stator-joint winding bar, joint bar
Teil·funkenstrecke *f* / gap section || **≗funktion** *f* / subfunction *n*, individual function
Teilgenauigkeit *f* (WZM, NC) / indexing accuracy
Teil·gerät *n* (PC) / subunit *n* || **≗gesamtheit** *f* (DIN 55350,T.23) / sub-population *n*
teilgeschlossen·e Maschine / guarded machine, partially enclosed machine, semi-guarded machine, semi-enclosed machine || **~e Nut** / partly closed slot, semi-closed slot || **~es Relais** / partially enclosed relay
teilgeschottete Schaltanlagen (VDE 0670, T.6) / cubicle switchgear and controlgear (IEC 298), metal-enclosed cubicle switchgear or controlgear (BS 4727,G.06)
teilgesteuerte Schaltung (LE) / non-uniform connection
Teilgetriebe *n* (WZM) / indexing gearing, indexing mechanism, dividing gear
Teil·härtung *f* / flash hardening || **≗induktivität** *f* / partial inductance || **≗isolierung** *f* (Steckerstift) / insulating collar, insulating sleeve
Teilkäfig-Dämpferwicklung *f* / discontinuous damper winding, discontinuous amortisseur winding
Teil·kammer *f* (Trafo-Stufenschalter/Umsteller) / compartment *n*, tap-changer compartment || **≗kapazität** *f* (Kondensator) / (capacitor) element *n*, element capacitance || **≗kegelwinkel** *m* / pitch angle || **≗knoten** *m* / partial node || **≗kollektiv** *n* (DIN 55350, T.23) / sub-population *n*
Teilkopf *m* (WZM) / dividing head, indexing head
Teilkreis *m* (Kreisteilung) / graduated circle, divided circle || ≗ (Zahnrad) / pitch circle, reference circle, rolling circle || **≗durchmesser** *m* / pitch diameter || **≗kegel** *m* / pitch cone || **≗kegelwinkel** *m* / pitch-cone angle
Teilkurzschlußstrom *m* (Strom in einem bestimmten Netzpunkt, hervorgerufen durch einen Kurzschluß in einem anderen Punkt dieses Netzes) / short-circuit current (IEC 50(603)), transferred short-circuit current
Teil·ladung *f* (Batt.) / boosting charge || **≗last** *f* / partial load, part-load *n*, underload *n* || **≗lastbetrieb** *f* (bei Beanspruchung in Zuverlässigkeitsprüf.) / operation at partial stress
Teilleiter *m* / strand *n*, conductor element, component conductor || ≗ (eines Bündelleiters) /

sub-conductor *n* || ≗**isolation** *f* / strand insulation || ≗**schluß** *m* / inter-strand short-circuit || ≗**verband** *m* / strand assembly, conductor assembly

Teil·lichtbogen *m* / partial arc || ≗**lochwicklung** *f* / fractional-slot winding || ≗**menge** (s. Untermenge) || ≗**motor** *m* / section motor

Teilnehmer *m* (Bussystem, LAN) / station *n*, user *n* || ≗ (LAN, Knoten) / node *n* || **aktiver** ≗ (Bussystem, „Master") / master *n* || **passiver** ≗ (Bussystem, „Slave") / slave *n* || **Verkehrs**~ / road user || ≗**adresse** (s. Anwenderadresse) || ≗**betriebssystem (TBS)** *n* / time-sharing operating system (TSOS) || ≗**gruppe mit gemeinsamer Adresse** (DIN ISO 8208) / hunt group || ≗**verbindung** *f* (DIN ISO 8072) / transport connection || ≗**verbindung** *f* (DIN ISO 8072) / transport connection

Teilnetz *n* (DÜ, Kommunikationssystem) / subnetwork *n* || ≗**anschluß** *m* (DIN ISO 8348) / subnetwork point of attachment (SNPA) || ≗**anschlußadresse** *f* (DIN ISO 8348) / subnetwork point of attachment address || ≗**betrieb** *m* (Energieübertragungsnetz) / separate network operation || ~**spezifisches Anpassungsprotokoll** (DIN ISO 8473) / subnetwork-dependent convergence protocol (SNDCP) || ~**übergreifendes Protokoll** (DIN ISO 8648) / internetworking protocol || ~**weise Anpassung** (DIN ISO 8648) / hop-by-hop harmonization || ≗-**Zugangsprotokoll** *n* (DIN ISO 8473) / subnetwork access protocol (SNAcP)

Teilnummer (s. Nummernteil)

teilortsveränderliche FSK / semi-fixed FBAC

Teil·paket *n* (Blechp.) / core packet, core section, packet *n* || ≗**parallel-USV** *f* / partial-parallel UPS || ≗**prozeß** *m* / subprocess *n* || ≗**raum** *m* (Schaltschrank) / compartment *n* || ~**redundante USV** / partial-redundant UPS || ≗**redundanz** *f* / partial redundancy || ≗**rezept** *n* / subrecipe *n* || ≗**satz** *m* (Kabelsatz) / harness module, loom module || ≗**schaltplan** *m* / component circuit diagram || ≗**schicht** *f* (Kommunikationsnetz; DIN ISO 7498) / sublayer *n* || ≗**schmierung** *f* / semi-fluid lubrication, boundary lubrication, mixed lubrication || ≗**schnitt-Zeichnung** *f* / part sectional drawing || ≗**schritt** *m* (Wickl.) / fractional pitch || ≗**schrittanlasser** *m* / increment starter || ≗**schwingung** *f* / half-wave *n*, loop *n*, harmonic component || **harmonische** ≗**schwingung** / harmonic component || ≗**selektivität** *f* (LS-Auslöser) / partial discrimination, partial selectivity

Teilspannungs·anlasser *m* / reduced-voltage starter || ≗**anlauf** *m* / reduced-voltage starting || ≗**anlauf nach der Drei-Schalter-Methode** / reduced-voltage starting by Korndorfer method || ≗**starter** *m* / reduced-voltage starter

Teil·speicherheizung *f* / combined storage/direct heating || ≗**spule** *f* / coil section || ≗**stab** *m* (Stabwickl.) / strand *n* || ≗**standard-Schaltungsunterlage** *f* / partially standardized circuit documentation || ≗**steuerung** *f* (PLT, der Einzelsteuerung überlagert, der Untergruppensteuerung unterlagert) / partial subgroup control, coordinating loop control || ≗**strahlungspyrometer** *n* (Schmalbandp.) / narrow-band pyrometer || ≗**strecke einer Leitung** / section of a line || ≗**strich** *m* (Skale) / graduation mark, mark *n* || ≗**strichabstand** *m* (Skale) / scale spacing || **anodischer** ≗**strom** / anodic partial current || ≗**stromdichte-Potentialkurve** *f* / partial current density/potential curve || ≗**stromrichter** *m* (eines Doppelstromrichters) / converter section || ≗**system** *n* (Automatisierungssystem u. Kommunikationsnetz) / subsystem *n* || ≗**tisch** *m* (WZM) / indexing table

Teilung *f* (Gestellreihen u. DIN 43 350, theoret. Abstand der Teilungslinien, Teil einer im Raster eingeteilten Koordinatenstrecke) / pitch *n* || ≗ (Nuten, Komm., Zahnrad) / pitch *n* || ≗ (in Abstände, Lochteilung) / spacing *n*, pitch *n* || ≗ (Bausteinbreite) / module width, module *n*, modular width || ≗ (Skale; Graduierung) / division *n*, graduation *n* || ≗ (2.54 mm-Raster) / pitch *n* || **Gestellreihen**~ / pitch of rack structure || **Raster**~ **(RT)** / basic grid dimension (BGD) || **vertikale** ≗ / vertical increment

Teilungs·einheit *f* (Registrierpapier) / chart division || ≗**einheit (TE)** *f* / pitch *n*, modular spacing, module *n* || ≗**fehler** *m* / pitch error || ≗**intervall** *n* (Skale) / scale division || ≗**linien** *f pl* (ET) / datum lines || ≗**maß** *n* (Modulmaß) / module width, module size, module *n* || ≗**maß** *n* (Reihenklemmen) / spacing *n*, pitch *n* || ≗**maß** *n* (Felder o. Schränke von HS-SA) / panel width, cubicle width || ≗**schritt** *m* / increment *n* || ≗**verhältnis** *n* / division ratio, ratio of frequency division

Teilvorrichtung *f* (WZM) / indexing mechanism, dividing head

teilweise besetztes Band (HL) / partially occupied band || ~ **entlasten** / reduce the load || ~ **Gedächtnisfunktion** (Rel.) / partial memory function || ~ **geschrägte Kopffläche** (Bürste) / partly bevelled top || ~**r Schutz** / partial protection

Teil·wicklungsanlasser *m* / part-winding starter || ≗**wicklungsanlauf** *m* / part-winding starting || ≗**wicklungsschritt** *m* / back and front pitch of winding || ≗**windung** *f* / fractional turn || ≗**zeichnung** *f* / part drawing, component drawing

Teilzeichnung *f* (Detail) / detail drawing

Teilzeit·beschäftigter *m* / part-timer *n*, part-time employee, part-time worker || ≗**beschäftigung** *f* / part-time work(ing) || ≗**kräfte** *f pl* / part-time staff

Teilzirkel *m* / dividers *n pl*

Teil·zusammenbau *m* / unit assembly, subassembly *n* || ≗**zusammenstellungszeichnung** *f* / unit-assembly drawing || ≗**zylinder** *m* / pitch cylinder

T-Eingang *m* (DIN 40700, T.14) / T input (IEC 117-15)

Telefon·anschlußdose *f* / telephone outlet (box), telephone cord outlet || ≗**anschlußkasten** *m* / telephone service box || ≗-**Formfaktor** (s. Fernsprech-Formfaktor) || ≗**lampe** *f* / call lamp, calling lamp || ≗**stöpsel** *m* / telephone plug || ≗-**Störfaktor** (s. Fernsprech-Störfaktor)

Telegramm *n* (FWT, Leitt.) / message *n* || ≗**anforderung** *f* / message request || ≗**aufbau** *m* / message format, message structure || ≗**auftrag** (s. Telegrammanforderung) || ≗**erneuerung** *f* / message updating || ≗**fehlermeldung** *f* (FWT) / transmission error alarm || ≗**länge** *f* / message length || ≗**puffer** *m* / message buffer || ≗**sicherung** *f* / message protection (block) || ≗**speicher** *m*

(Puffer) / message buffer || ≗struktur *f* / message structure || ≗verkehr *m* (DÜ) / message interchange || ≗wiederholungsspeicher *m* / message repetition buffer
Telegraphen·relais *n* / telegraph relay
Telekopierer (s. Fernkopierer)
TELEPERM M Language (TML) (Programmiersprache des Prozeßleitsystems TELEPERM M von Siemens)
Teleservice (TS) *m* / teleservice (TS) *n*
Teleskop·presse *f* (Hebevorr.) / telescopic jack || **≗schiene** *f* / telescopic guide support
Teletex *n* (Bürofernsachreiben) / teletex *n*
Teletype (TTY) *n* / teletype (TTY) *n* || **≗-Stanzer** *m* / teletype punch
Telexanlage *f* / telex system
Teller·anode *f* / plate anode || **≗feder** *f* / cup spring, disc spring, Belleville spring || **≗federpaket** *n* / cup-spring assembly (o. pack), laminated cup spring || **≗rohr** *n* (Lampenfuß) / stem tube || **Abstand ≗unterkante bis Leuchtkörpermitte** / flange to light centre length || **≗ventil** *n* / mushroom valve, poppet valve
Temperatur am heißesten Punkt / hot-spot temperature || **≗ der direkt umgebenden Luft** / fluid environment temperature || **≗ in Meereshöhe** / sea level temperature
Temperaturabfall nach Strom Null / post-zero temperature decay
temperaturabhängig *adj* / temperature-dependent *adj*, temperature-controlled *adj*, as a function of temperature || **~er Widerstand** / thermistor *n*
Temperaturabhängigkeit *f* / temperature sensitivity, effect of temperature, temperature dependance, variation due to temperature changes || ≗ („Drift") / drift *n* || ≗ (EZ) (s. Temperatureinfluß)
Temperatur·abstrahlung (s. Wärmeabstrahlung) || **≗änderungsgeschwindigkeit** *f* / rate of temperature change || **≗anstieg** *m* / temperature rise || **≗anstiegsgeschwindigkeit** *f* / rate of temperature rise || **≗anstiegsgeschwindigkeit bei festgebremstem Läufer** / locked-rotor temperature-rise rate || **≗aufnehmer** *m* / temperature sensor, thermal detector || **≗ausgleichsblech** *n* (EZ) / temperature compensating piece || **≗ausgleichsstreifen** *m* / temperature compensating strip || **~bedingte Änderung** / temperature-caused change || **≗begrenzer** *m* / thermal cut-out, thermal relay, thermal release || **≗beiwert des Widerstands** / temperature coefficient of resistance || **zulässiger ≗bereich** / allowable temperature limits || **~beständig** *adj* / heat-resistant *adj*, heat-proof *adj*, heat-stable *adj*, stable under heat, thermostable *adj* || **≗beständigkeit** *f* (Material) / thermostability *n*, thermal stability, heat stability, resistance to heat || **≗beständigkeit** *f* (Gerät) / thermal endurance
Temperaturbestimmung nach dem Widerstandsverfahren / resistance method of temperature determination, self-resistance method (of temperature determination), rise-of-resistance method (of temperature determination) || **≗ nach dem Thermopaarverfahren** / thermocouple method of temperature determination || **≗ nach dem Thermometerverfahren** / thermometer method of temperature determination
Temperatur-Bezugsbereich *m* / reference range of temperature || **≗blitz** *m* / thermal flash
Temperatureinfluß *m* (Rel.) / ambient temperature sensitivity || ≗ (EZ) / influence of ambient temperature, temperature effect, inaccuracy due to temperature variation || **≗effekt** *m* / effect of temperature
temperatur·empfindlich *adj* / temperature-sensitive *adj*, temperature-responsive *adj* || **≗empfindlichkeit** *f* / temperature sensitivity || **≗erhöhung am Sockel** (Lampe) / cap temperature rise || **≗faktor** *m* (Hallspannung) / temperature coefficient || **≗faktor** *m* (Änderung der Reluktivität infolge einer Temperaturänderung) / temperature factor || **≗fehler** (s. Temperaturabhängigkeit) || **≗feld** *n* / temperature field || **≗-Fernmessung** *f* / remote temperature sensing || **~fest** *adj* / heat-resisting *adj*, thermostable *adj*
Temperaturfühler *m* / temperature detector, thermal detector, temperature sensor || **≗ für Warnung und Abschaltung** / temperature detectors for alarm and shutdown || **≗ mit Schalter** (VDE 0660, T.302) / switching-type thermal detector || **≗ mit Sprungverhalten** (VDE 0660, T.302) / abrupt-characteristic thermal detector || **≗ mit veränderlichem Verhalten** (VDE 0660, T.302) / characteristic-variation thermal detector
Temperatur·gang *m* / response to temperature changes, temperature sensitivity, temperature coefficient || **≗geber** *m* / temperature transmitter, temperature sensor || **~geregelt** *adj* / thermostat-controlled *adj* || **~gesteuerter Zeitschalter** / thermal time-delay switch || **≗gleichgewicht** *n* / thermal equilibrium || **≗index (TI)** *m* / temperature index (TI) || **≗kennzeichnung** *f* (Büromaschine) / T-marking *n* || **≗klasse** *f* / temperature class, temperature category
Temperaturkoeffizient der elektromotorischen Kraft (Batt., IEC 50(486)) / temperature coefficient of open circuit voltage || **≗ der Kapazität** (Bat., IEC 50(486)) / temperature coefficient of capacity || **≗ des Verstärkungsfehlers** / gain temperature coefficient, gain tempco
Temperatur·kompensationswert (TK-Wert) *m* / temperature-compensation value (t.c. value) || **~kompensiertes Überlastrelais** / temperature-compensated overload relay, overload relay compensated for ambient temperature || **≗lauf** *m* / heat run, temperature-rise test || **≗-Leitfähigkeitsmesser** *m* / thermal-conductivity gauge || **≗leitzahl des Bodens** (thermische Diffusivität) / soil thermal diffusivity || **tragbare ≗meßeinrichtung** / portable temperature measuring set || **≗messer** (s. Temperaturmeßgerät) || **≗meßfarbe** *f* / temperature-sensitive paint || **≗meßgerät** *n* / temperature meter, thermometer *n* || **≗regler** *m* / temperature controller, thermostat *n* || **≗schalter** *m* (Thermostat) / thermostat *n* || **≗schutz** *m* / thermal protection, overtemperature protection || **≗sicherung (TS)** *f* / thermal link (TL) || **Internationale ≗skala** / International Practical Temperature Scale || **≗spannung** *f* (HL, DIN

41852) / voltage equivalent of thermal energy || ≗**spiel** *n* / thermal-mechanical cycling || ≗**sprung** *m* / temperature jump || ≗**strahler** *m* / thermal radiator || **schwarzer ≗strahler** / blackbody radiator, Planckian radiator, full radiator || ≗**strahlung** *f* / thermal radiation, heat radiation || ≗**sturzprüfung** *f* (VDE 0674,1) / thermal shock test (IEC 168) || ≗**-Tastkopf** *m* / temperature probe || ≗**überwachung** *f* / temperature monitoring, thermal protection || ≗**überwachung** *f* (Gerät) / temperature monitoring unit, thermostat *n* || ≗**-/Unterdruckprüfung** *f* / temperature/low-air-pressure test || ≗**unterschied** *m* (Thermoschalter) / offset temperature || ≗**veränderungsstrom** *m* / thermal deviation current || ≗**vergleichsstelle** *f* (Thermopaar) / reference junction || ≗**verhalten** *n* / thermal characteristic || ≗**-Verteilungsfaktor** *m* (VDE 0660, T.61) / temperature distribution factor (IEC 439) || ≗**-Vollschutzeinrichtung** *f* (m. Thermistoren) / thermistor-type thermal protection || ≗**wächter** *m* / thermal release, thermal protector, temperature relay, temperature detector, thermostat *n* || ≗**wechsel** *m* / change of temperature || ≗**wechselbeanspruchung** *f* / thermal cycling

temperaturwechselbeständiges Glas / thermal glass

Temperatur·wechselfestigkeit *f* / resistance to cyclic temperature stress || ≗**wechselprüfung** *f* / temperature cycle test || ≗**zeichen** *n* / temperature symbol, T symbol || ≗**-Zeitkonstante** *f* / thermal time constant

Temperguß *m* / malleable cast iron

Temperiergerät *n* (RöA, Temperaturkonstanthalter) / temperature stabilizer

tempern *v* / anneal *v*, temper *v*, malleableize *v*

Tempomat *m* (Kfz) / cruise controller

temporär·e Ausfallhäufigkeit (DIN 40042) / temporary failure frequency || ~**e Ausfallwahrscheinlichkeit** (DIN 40042) / conditional probability of failure

TEM-Zelle *f* (IEC 50(161)) / TEM cell

Teraohmmeter *n* / teraohmmeter *n*

Terephthalsäureester *m* / terephthalic acid ester

Termin *m* / deadline *n*, due date

Terminal *n* (Datenendstation) / terminal *n*, data terminal, terminal unit || ≗**drucker** *m* / keyboard printer || ≗**gruppe** *f* / terminal group || ≗**gruppenverletzung** *f* / terminal group violation

Terminierung *f* / scheduling *n*, deadline planning

Termin·planung *f* / time scheduling, scheduling || ≗**überwachung** *f* (Produktion) / deadline monitoring, schedule supervision

termiten·abweisend *adj* / termite-repellent *adj* || ~**fest** *adj* / termite-proof *adj*

tertiäres Kriechen / tertiary creep

Tertiärwicklung *f* / tertiary winding, tertiary *n*

Terz·band *n* / third-octave band, third band || ≗**filter** *n* / third-octave filter, one-third octave filter

Tesla-Transformator *m* / tesla transformer

Tesselationslinie *f* (CAD) / tesselation line

Test·, Emulations- und ≗adapter (ETA) / in-circuit emulator (ICE) || ≗**aufruf** *m* / test call || ≗**aufrufzähler** *m* / test call counter || ≗**baugruppe** *f* / test(ing) module || ≗**baustein** *m* (Leitt., PC) / test block || ≗**betrieb** *m* (a. PC) / testing mode, test mode, testing *n* || ≗**bild** *n* / test pattern || ≗**einrichtung (TE)** (PC) *f* / testing module, diagnostic unit (o. module)

Testergebnis, signifikantes ≗ (DIN 55350,T.24) / significant test result

Testfarbe *f* / test colour

Testfeld *n* / test(ing) panel || ≗**anschaltung** *f* / test panel interface || ≗**anschaltung** *f* (Baugruppe) / test panel interface module || ≗**-Bedien- und Anzeigevorrichtung** *f* / test panel control and display device

Test·größe *f* (DIN 55350,T.24) / test statistic || ≗**hilfe** *f* (Rechnersystem, PC) / testing aid, debugger *n* || ≗**körper** *m* / test block, test piece || ≗**laufeinrichtung** *f* (Fernkopierer) / selftest device || ≗**probe** *f* / test sample || ≗**programm** *n* („Debugger") / debugger *n* || ≗**rotor** *m* / proving rotor, test rotor || ≗**routine** *f* / test routine || ≗**sperre** *f* (PC) / test inhibit || ≗**vorgabe** *f* / test specifications || ≗**wert** *m* (DIN 55350,T.24) / test value

Tetrade *f* / tetrad *n*

Tetraeder *m* / tetrahedron *n*

Tetrode *f* / tetrode *n*

Text *m* (a. DÜ) / text *n* || ≗ (Zeichenfolge) / (character) string *n* || ≗ (NC; CLDATA-Wort) / letter (ISO 3592) || ≗**anzeige** / text display || ≗**aufbereitung** *f* / text composing and editing || ≗**aufbereitungsprozessor** *m* / compose-edit processor || ≗**automat** *m* (DIN 2140) / word processing equipment || ≗**baustein** *m* / standard text || ≗**bearbeitung** *f* / text editing || ≗**bearbeitungsprogramm** *n* / text editor || ≗**befehl** *m* (FWT) / instruction command || ≗**bild** (s. Textanzeige) || ≗**block** *m* / block of text || ≗**block-Schaltplan** *m* / block text diagram || ≗**bündelindex** *m* / text bundle index || ≗**bündeltabelle** *f* (Text-Darstellungselemente) / text bundle table || ≗**-Darstellungselement** *n* / text primitive || ≗**datei** *f* / text file, document file || ≗**feld** *n* (BSG) / text field || ≗**geber** *m* (GSK-Eingabegerät) / string device || ≗**gestaltung** *f* (Formatieren) / (text) formatting

Textil·beflechtung *f* (Kabel) / textile braid || ≗**beilauf** *m* (Kabel) / textile filler || ≗**bewicklung** *f* (Kabel) / textile wrapping || ≗**riemen** *m* / fabric belt || ≗**-Zwickelfüllung** *f* (Kabel) / textile filler

Text·prozessor *m* / word processor || ≗**schablone** *f* / matrix document, matrix *n*, invoking document || ≗**sprache** *f* / textual language

Textur·blech *n* / textured sheet

Text·variable *f* / text variable || ≗**verarbeitung** *f* / text processing, word processing

tE-Zeit (s. Zeit tE)

TF (s. Tonfrequenz) || ≗ (s. Trägerfrequenz)

TF-FET (s. Dünnschicht-Feldeffekttransistor)

TFH-Kanal (s. Trägerfrequenzkanal auf Hochspannungsleitungen) || ≗**-Sperre** *f* / carrier-current line trap, line trap || ≗**-Übertragung** (s. Trägerfrequenzübertragung auf Hochspannungsleitungen)

TFH-Verbindung, Schutzsystem mit ≗ / carrier protection system

TF-Kanal (s. Trägerfrequenzkanal)

TF-Leistung (s. Tonfrequenzleistung)

T-Flipflop *n* / T-flipflop *n*, trigger flipflop

TF-Pegelmeßplatz *m* / carrier-frequency level test set
TFS (s. Bemessungs-Ansprechtemperatur des Systems)
TF-System (s. Trägerfrequenzsystem)
TGS (s. Rollbahnorientierungssystem)
theoretischer logischer Schaltplan / theoretical logic diagram
Theorie der Zustandsgrößen / state-variable theory
thermionisch·er Detektor / thermionic detector || **~er Lichtbogen** / thermionic arc
thermisch·es Abbild / thermal replica, thermal image || **~es Abbild** (Trafo, Anzeigegerät) / winding temperature indicator || **~ abmagnetisierter Zustand** / thermally demagnetized state || **~es Altern** / thermal ageing || **~e Alterung** / thermal ageing, thermal deterioration || **~e Auslegung** / thermal rating || **~er Auslöser** / thermal release, thermal trip || **~e Auslösung** / thermal tripping || **~e Beanspruchung** / thermal stress || **~er Beharrungszustand** / thermal equilibrium || **~e Belastbarkeit** / thermal loading capacity, thermal rating || **~e Belastung** / thermal stress || **~er Bemessungs-Dauerstrom** / rated continuous thermal current, continuous thermal current rating || **~er Bemessungs-Kurzzeitstrom** / rated short-time thermal current, thermal short-time current rating || **~e Bemessungs-Kurzzeitstromstärke** (Wandler) / rated short-time thermal current || **~er Bemessungsstrom** / rated thermal current || **~er Bemessungsstrom im Gehäuse** / rated enclosed thermal current || **~e Bemessungsstromstärke** (Wandler) / rated continuous thermal current || **~e Beständigkeit** (Material) / thermostability *n*, thermal stability, heat stability, resistance to heat || **~e Beständigkeit** (Gerät) / thermal endurance || **~e Beständigkeitseigenschaften** / thermal endurance properties || **~es Beständigkeitsprofil** (VDE 0304,T.21) / thermal endurance profile (IEC 216-1) || **~er Brutto-Wirkungsgrad** / gross thermal efficiency (of a set) || **~e Dauerbeanspruchung** / continuous thermal stress || **~e Dauerbelastbarkeit** (Rel., durch eine Erregungsgröße; VDE 0435, T.110) / limiting continuous thermal withstand value || **~er Dauerstrom** / continuous thermal current || **~er Durchbruch** (HL) / thermal breakdown, thermally initiated breakdown || **~er Durchschlag** (s. thermischer Durchbruch) || **~e Elektronenemission** / thermionic emission || **~er Empfänger** / thermal detector, thermal receptor || **~e Ersatzschaltung** (HL, DIN 41862) / equivalent thermal network || **~e Ersatzzeitkonstante** (VDE 0530, T.1) / thermal equivalent time constant (IEC 34-1) || **~er Grenzflächenwiderstand** / thermal boundary resistance || **~e Grenzleistung** / thermal burden rating, thermal limit rating || **~er Grenzstrom** / thermal current limit (EN 50019), limiting thermal burden current, thermal short-time current rating || **~er Grenzwert des Kurzzeitstroms** / limiting thermal value of short-time current || **~e Instabilität** (Batt.) / thermal runaway || **~es Kraftwerk** (s. Wärmekraftwerk) || **~e Kurzschlußfestigkeit** / thermal short-circuit rating || **~e Kurzzeitbelastbarkeit** (Rel., durch eine Erregungsgröße, VDE 0435, T.110) / limiting short-time thermal withstand value || **~er Kurzzeitstrom** / thermal short-time current rating || **~e Langzeiteigenschaften** / thermal endurance properties || **~es Langzeitverhalten** (IEC 50(212)) / thermal endurance || **~es Langzeitverhaltensdiagramm** / thermal endurance graph, Arrhenius graph || **~er Lichtbogen** / thermal arc || **~er Maschinensatz** / thermal generating set || **~e Nachwirkung** / Jordan lag || **~er Nettowirkungsgrad** (KW) / net thermal efficiency || **~e Nullpunktverschiebung** / thermal zero shift || **~es Rauschen** / thermal noise || **~er Reduzierkoeffizient** (HL, DIN 41858) / thermal derating factor || **~e Reserve** (KW) / thermal (plant) reserve || **~e Restspannung** (Halleffekt-Bauelement, DIN 41863) / thermal residual voltage (IEC 147-0C), zero-field thermal residual voltage || **~e Rückkopplung** / thermal feedback || **~er Runaway** (s. thermische Instabilität) || **~e Schockprüfung** / thermal shock test || **~er Schreiber** / thermal recorder || **~ stabil** / thermostable *adj*, heat-resistant *adj* || **~ stimulierte Lumineszenz** / thermally activated luminescence, thermoluminescence *n* || **~er Strahlungsempfänger** / thermal detector of radiation, thermal radiation detector || **~er Überlastauslöser** (VDE 0660, T.101) / thermal overload release (IEC 157-1) || **~e Überlastbarkeit** / thermal overload capacity || **~es Überlastrelais** / thermal overload relay, thermal electrical relay || **~e Überlastung** / thermal overload, overheating *n* || **~er Überstromauslöser** (s. thermisch verzögerter Überstromauslöser) || **~er Unterbrecher** (VDE 0806) / thermal cutout (IEC 380) || **~ verzögerte und kurzverzögerte Überstromauslöser** (s. stromabhängig verzögerte und stromunabhängig verzögerte Überstromauslöser) || **~ verzögerter Auslöser** / thermally delayed release, thermal release, inverse-time release || **~ verzögerter Überstromauslöser** (a-Auslöser) / thermally delayed overcurrent release || **~ verzögertes Überstromrelais** / thermally delayed overcurrent relay, thermal overcurrent relay || **~e Wechselbeanspruchung** / thermal cycling || **~er Widerstand** / thermal resistance || **~ wirksamer Kurzzeitstrom** / harmful short-time current, detrimental short-time current || **~e Zeitkonstante** / thermal time constant || **~er Zeitschalter** / thermal time-delay switch || **~-magnetische Auslösung (TM)** / thermal-magnetic tripping (TM) || **~-magnetischer Schutzschalter** / m.c.b. with combined thermal and electromagnetic release
Thermistor *m* / thermistor *n* || **≗-Motorschutz** *m* / thermistor motor protection
Thermoanalysegerät *n*, **Differential-≗** / differential thermo-analyzer
Thermo·-Auslöser *m* / thermal release, thermal trip || **≗batterie** (s. Thermosäule) || **≗bimetall** *n* / thermostatic bimetal || **≗blinkrelais** *n* / thermal flasher relay || **≗drucker** *m* / thermal printer, thermal matrix printer, electrothermal printer
thermoelektrisch *adj* / thermoelectric *adj* || **~er Effekt** / thermoelectric effect, Seebeck effect ||

~er Generator / thermoelectric generator || ~e Kraft / thermoelectric power || ~e Säule / thermoelectric pile, thermopile *n* || ~e Spannung / thermal e.m.f., thermoelectric e.m.f. || ~e Spannungsreihe / thermoelectric series || ~e Verbindungsstelle / thermo-junction *n*

Thermo·elektrizität *f* / thermoelectricity *n* || **≗element** *n* (Thermopaar) / thermocouple *n*, thermocouple assembly || **≗element** *n* (HL) / thermoelement *n* || **≗element-Strahlungsempfänger** *m* / thermocouple-type radiation receiver || **≗fühler** *m* / temperature detector, temperature sensor || **≗fühler** *m* (Thermistor) / thermistor *n* || **≗geber** (s. Temperaturfühler)

thermographisch·es Abbildungsverfahren / thermographic imaging || **~es Aufzeichnen** / thermal recording

Thermo·kette *f* / thermocouple pile, thermopile *n*, series-connected thermocouples || **≗kompensator** *m* (thermoelektr. Meßgerät) / compensated thermoelectric meter || **≗kompressionskontaktierung** *f* (IS) / thermo-compression bonding || **≗kompressionsschweißen** *n* / thermo-compression welding || **≗kraft** (s. thermoelektrische Kraft) || **~lackieren** *v* / stove-enamel *v*, stove *v*, bake *v* || **≗lumineszenz** *f* / thermoluminescence *n*

Thermometer *n* / thermometer *n* || **≗bohrung** *f* / thermometer well, thermometer hole || **≗faden** *m* / thermometric column, mercury thread || **≗kugel** *f* / thermometer bulb || **≗tasche** *f* / thermometer well, thermometer pocket || **≗verfahren** *n* (VDE 0530, T.1) / thermometer method

Thermo·paar *n* / thermocouple *n* || **≗papier** *n* (Schreiber) / temperature-sensitive paper, heat-sensitive paper

Thermoplast *m* / thermoplastic *n*

Thermo·relais *n* / thermal relay, thermo-electric relay || **≗säule** *f* / thermopile *n*, thermoelectric pile, thermocouple pile

Thermoschalter *m* / thermostatic switch || **≗** (Thermostat) / thermostat *n* || **festeingestellter ≗** / non-adjustable thermostatic switch

Thermo·schockprüfung *f* / thermal shock test || **≗schreiber** (s. thermischer Schreiber) || **≗set** *n* / thermoset *n*, thermosetting resin, thermohardening resin, heat-curing resin || **≗sicherung** *f* (VDE 0860) / thermal release (IEC 65) || **≗spannung** *f* / thermal e.m.f., thermo-electromotive force, thermoelectric e.m.f.

thermostabilisiert *adj* / thermostabilized *adj*

Thermo·stat *m* / thermostat *n* || **≗stift** *m* (Schreiber) / thermal stylus || **≗transferdrucker** *m* / thermal transfer printer

Thermoumformer *m* / thermal converter || **≗** (s. Thermoumformer-Meßgerät) || **≗instrument** (s. Thermoumformer-Meßgerät) || **≗-Meßgerät** *n* / thermocouple instrument

Thermo·waage *f* / thermo-balance *n*, thermo-gravity balance || **≗wächter** *m* / thermostat *n*, thermal cutout, thermal protector, temperature relay

Thomson·-Brücke *f* / Thomson bridge || **≗-Effekt** *m* / Thomson effect || **≗-Repulsionsmotor mit geteilten Bürsten** / Thomson's repulsion motor with divided brushes || **≗-Zähler** *m* / Thomson meter

thorierte Wolframkathode / thoriated-tungsten cathode

THR (s. Schwelle)

Thuryregler *m* / Thury regulator

Thyratron *n* / thyratron *n*

Thyristor *m* / thyristor *n*, silicon-controlled rectifier (SCR) || **≗antrieb** *m* / static-converter drive, thyristor drive || **≗baustein** *m* / thyristor module || **≗block** *m* / thyristor module || **≗diode** *f* / diode thyristor || **≗-Doppelbaustein** *m* / two-thyristor module, twin (o. double) thyristor module || **≗gerät** (s. Thyristor-Stromrichter) || **~gespeist** *adj* / thyristor-fed *adj*, converter-fed *adj* || **≗-Lastumschalter** *m* / thyristor load transfer switch || **≗satz** *m* / thyristor assembly, thyristor stack || **≗säule** *f* / thyristor stack || **≗schalter** *m* / thyristor switch || **≗-Spannungsregler** *m* / thyristor voltage regulator, electronic voltage regulator || **≗-Speisegerät** *n* / static power converter, thyristor power unit || **≗speisung** *f* / static converter supply || **≗starter** *m* / thyristor starter || **≗steller** *m* / thyristor controller, thyristor power controller || **≗-Stromrichter** *m* / thyristor converter, thyristor power unit (TPU) || **≗-Stufenschalter** *m* (Trafo) / thyristor tap changer, electronically controlled tap changer || **≗tablette** *f* / thyristor wafer || **≗tetrode** *f* / tetrode thyristor || **≗triode** *f* / triode thyristor || **≗-Umkehrsteller** *m* / thyristor reversing controller || **≗ventil** *n* / thyristor valve || **≗-Wechselstromsteller** *m* / thyristor a.c. power controller, a.c. thyristor controller || **≗-Zeitstufe** *f* / thyristor timer

TI (s. Temperaturindex) || **≗** (A. f. „threshold increment" - Schwellenwerterhöhung)

tief abgestimmt (Resonanz) / set to below resonance

tiefabgestimmte Auswuchtmaschine / below-resonance balancing machine

Tiefbau·rahmen *m* (I-Verteiler) / extra-deep frame (o. rack) || **≗träger** *m* (I-Verteiler) / extra-deep rack

Tiefdiffusion *f* / sink diffusion

Tiefe des Kellerspeichers / depth of push-down store, stack depth || **Fallregister mit variabler ≗** / variable-depth FIFO register

Tiefen·erder (s. Staberder) || **≗maß** *n* / depth gauge, depth micrometer || **≗meßvorrichtung** *f* / depth gauge || **≗mikrometer** *n* / depth micrometer

Tief·entladeanzeiger *m* / battery warning indicator || **~entladene Batterie** / exhausted battery || **≗entladeschutz** *m* (Batt.) / exhaustive discharge protection (o. monitoring), flat-battery monitor || **≗entladung** *f* (Batt.) / exhaustive discharge

Tiefenzuwachs *m* (NC) / depth increase, depth inrement

Tiefgarage *f* / underground garage

tiefgekühlter elektrischer Leiter / cryoconductor *n*, hyperconductor *n*

tiefgestelltes Zeichen / subscript character

Tiefkühl·gerät *n* / frozen-food cabinet || **≗konzentrierung** *f* / cryoconcentration *n* || **≗technik** *f* / cyro-engineering *n* || **≗truhe** *f* / food freezer, household food freezer

Tieflade·fahrzeug *n* / flat-bottomed vehicle, low loader || **≗wagen** *m* / flat car, well wagon,

depressed-platform car
Tieflochbohren *n* / deep-hole drilling, deep-hole boring
Tiefnutläufer *m* / deep-bar cage motor
Tiefpaß *m* / low pass (LP) ‖ **~filter** *n* / low-pass filter
tiefschwarz *adj* / jet black
tiefst·e anwendbare Temperatur (TMIN) (DIN 2401,T.1) / minimum allowable temperature ‖ **~e Arbeitstemperatur (TAMIN)** (DIN 2401,T.1) / minimum operating temperature
Tiefstellen *n* (Text) / subscribing *n* ‖ **~** (Formatsteuerfunktion) / partial line down
Tiefstlast *f* (Grundlast) / base load
tief·strahlend *adj* / downlighting *adj*, narrow-angle *adj* ‖ **~strahler** *m* / narrow-angle luminaire, low-bay reflector, downlighter *n*, narrow-beam reflector ‖ **~temperatur-Leuchtstofflampe** *f* / low-temperature fluorescent lamp
Tiefung *f* (Prüf. metallischer Werkstücke) / cup depth, cupping ductility
Tiefungs·bruch *m* / cup fracture ‖ **~gerät nach Erichsen** / Erichsen tester, Erichsen film distensibility meter ‖ **~mittelwert** *m* / average cupping value ‖ **~versuch** *m* / cupping test, cup test, cup test for ductility ‖ **~wert** *m* / cupping value
Tiegel, geschlossener ~ (Flammpunkt-Prüfgerät) / closed flash tester, closed cup
Tierpflege, Staubsauger für ~ / vacuum cleaner for animal grooming
Tilgung *f* (von Fluoreszenz) / quenching *n*
Tilgungseffekt *m* / quench effect
Time-sharing-Betriebssystem (s. Teilnehmerbetriebssystem)
Tinten·behälter *m* (Schreiber) / ink well ‖ **~drucker** (s. Tintenstrahldrucker) ‖ **~druckwerk** (s. Tintenstrahldruckwerk) ‖ **~griffel-Aufzeichnungsverfahren** *n* / ink-pen recording ‖ **~papier** *n* / ink(able) paper ‖ **~registrierung** *f* / ink recording ‖ **~schreiber** *m* / pen recorder
Tintenstrahl·drucker *m* / ink-jet printer ‖ **~druckkopf** *m* / ink-jet print head ‖ **~druckwerk** *n* / ink-jet printing element ‖ **~schreiber** *m* / ink-jet recorder, ink recorder, liquid-jet recorder
Tippbetrieb *m* / inching mode, inching *n*, jogging *n* ‖ **~** (Kommandogabe solange die Taste gedrückt wird) / non-maintained command mode
Tippdrehzahl *f* / inching speed, jogging speed
Tippen *f* (elektrisches Drehen) / inching, jogging *n* ‖ **~ vorwärts** / inch (o. jog) forward
Tipp·schaltung *f* / jog control, inching control ‖ **~taste** *f* (NC) / jog key
Tirrill-Spannungsregler *m* / Tirrill voltage regulator, vibrating-type voltage regulator, vibrating-magnet regulator
Tisch *m* (Trafo, Spulent.) / (coil) platform *n* ‖ **~** (WZM) / table *n* ‖ **~aufsatz** *m* (Prüftisch) / bench instrument panel, back upright ‖ **~drehung** *f* (WZM) / table rotation ‖ **~drehung** (NC; CLDATA-Wort) / rotate table (CLDATA word; ISO 3592) ‖ **~fernkopierer** *m* / desk-top facsimile unit ‖ **~fundament** *n* (f. Masch.) / machine platform, steel platform ‖ **~gehäuse** *n* (MC) / desk-top casing ‖ **~gerät** *n* / table-top unit, desk-top unit, bench unit (o. model) ‖ **~klemmung** *f* (WZM) / table locking, table clamping (mechanism)
Tischler·platte *f* / coreboard *n*
Tisch·leuchte *f* / table lamp, table standard lamp ‖ **~plotter** *m* / desk plotter, desk-top plotter ‖ **~plotter** *m* (Flachbettp.) / flat-bed plotter ‖ **~rechner** *m* / desk computer, desk calculator ‖ **~schalter** *m* / table-type switch ‖ **~steckdose** *f* / table-type socket-outlet, bench-type receptacle
Titanatkeramikmaterial *n* / titanate ceramic material
T-Kasten *m* (IK) / tee unit, tee *n*
T-Kennzeichnung *f* (VDE 0700, T.1) / T-marking *n* (IEC 335-1)
T-Kippglied *n* / T bistable element, binary divider, complementing element ‖ **~** (s. Binäruntersetzer)
T-Klemme *f* / T-clamp *n*, branch terminal
T-Koppler *m* (LWL) / tee coupler
TK-Wert (s. Temperaturkompensationswert)
TM (s. thermisch-magnetische Auslösung)
T-Mast *m* / T-tower *n*
TMAX (s. höchste anwendbare Temperatur)
TMIN (s. tiefste anwendbare Temperatur)
TML (s. TELEPERM M Language) ‖ **~-Anschlußbaustein** *m* / TML adapter block ‖ **~-Anweisung** *f* / TML instruction ‖ **~-Befehl** *m* / TML instruction ‖ **~-Befehlseingabe** *f* / TML instruction input
T-Muffe *f* (f. Kabel) / tee joint ‖ **~** (Rohr) / T-coupler *n*, T-adaptor *n*
TN-C-Netz *n* (VDE 0100, T.300 A1) / TN-C system
TN-C-S-Netz *n* (VDE 0100, T.300 A1) / TN-C-S system
TNF (s. Bemessungs-Ansprechtemperatur des Fühlers)
TN-Netz *n* (VDE 0100, T.300 A1) / TN system
TN-S-Netz *n* (VDE 0100, T.300 A1) / TN-S system
Tochteruhr *f* / secondary clock, outstation clock
TODA (s. verfügbare Startstrecke)
tödlicher elektrischer Schlag / electrocution *n*
Toggelfrequenz *f* / toggle frequency
Token (s. Sendeberechtigungsmarke) ‖ **~ Bus** (s. Busnetz mit Sendeberechtigungsmarkierung) ‖ **~ Passing** (s. Steuerungsverfahren mit Sendeberechtigungsmarke) ‖ **~ Ring** (s. Ringnetz mit Sendeberechtigungsmarkierung)
Toleranz *f* / tolerance *n*, limit *n*
Toleranzband *n* / tolerance band
Toleranz·bereich *m* (DIN 41745, DIN 55350) / tolerance zone, tolerance band ‖ **~einheit** (s. Toleranzfaktor) ‖ **~faktor** *m* (DIN 7182,T.1) / standard tolerance unit ‖ **~feld** *n* (DIN 7182,T.1; DIN 55350,T.11) / tolerance zone ‖ **~grenzen** *f pl* (QS) / tolerance limits , limiting values ‖ **~grenzwert oben** (s. obere Toleranzgrenze) ‖ **~kurzzeichen** *n* / tolerance symbol ‖ **~lage** *f* (DIN 7182,T.1) / tolerance zone position ‖ **~lehre** *f* / go and not-go gauge ‖ **~messer** *m* / tolerance meter ‖ **~mikrometer** *n* / limit micrometer ‖ **~plan** *m* / tolerance plan ‖ **~raum** *m* / tolerance space ‖ **~reihe** *f* (DIN 7182,T.1) / tolerance series ‖ **~schwankung** *f* / tolerance variation ‖ **~stufe** *f* / tolerance grade ‖ **~system** *n* (DIN 7182,T.1) / tolerance system ‖ **~zone** *f* / tolerance zone
tolerieren *v* / tolerance *v*
toleriertes Maß / toleranced size
Tolerierung *f* / tolerancing *n*
Ton *m* (Farbe) / hue *n*
tönend·er Funke / singing spark ‖ **~er Lichtbogen** /

singing arc
Tonerde *f* / aluminium oxide, active alumina
Tonfolge *f* (Hörmelder, DIN 19235) / intermittent tone, normal (tone) repetition rate
tonfrequent *adj* / audio-frequency *adj* || ~**er Bemessungsstrom** / rated voice-frequency current, rated current at voice frequency || ~**e Einschaltdauer** / ON time at voice frequency
Tonfrequenz (TF) (15 - 20 000 Hz) *f* / audio frequency (AF) || ≈ (Sprechfrequenz, 200 - 3500 Hz) / voice frequency (VF) || ≈**bereich** *m* / audio-frequency range, AF range || ≈**-Drosselspule (AFR)** *f* / AF reactor (AFR) || ≈**generator** *m* / AF generator || ≈**leistung (TF-Leistung)** *f* / AF power, VF power || ≈**pegel** *m* / AF level, AF signal level, VF signal level || ≈**pegelschreiber** *m* / AF level recorder || ≈**-Rundsteueranlage (TRA)** *f* / audio-frequency remote control system (AF remote control), audio-frequency ripple control system (AF ripple control system) || ≈**-Rundsteuerresonanzshunt** *m* / resonant shunt for AF ripple control || ≈**sender** *m* / AF transmitter, AF oscillator || ≈**signal** *n* / AF signal, VF signal || ≈**spannung** *f* / AF (o. VF) signal voltage || ≈**transformator (AFT)** *m* / audio-frequency transformer (AFT)
Ton·geber *m* / tone generator, audio oscillator || ≈**gemisch** *n* / complex sound || ≈**generator** *m* / tone generator, audio oscillator || ≈**impulsfolge** *f* / tone burst || ≈**motor** *m* / capstan motor
Tonne *f* (Boje, Schiffahrtszeichen) / buoy *n*
Tonnen·anordnung *f* (der Leiter einer Freiltg.; IEC 50(466)) / semi-vertical configuration || ≈**anordnung einer Doppelleitung** (IEC 50(466)) / double-circuit semi-vertical configuration || ≈**rollenlager** *n* / spherical-roller bearing || ≈**verzeichnung** *f* / barrel distortion || ≈**wicklung** *f* / barrel winding
Tonsäule *f* / loudspeaker column
Tonwertkorrektur *f* / tonal value correction
Topf·gehäuse *n* (Meßwandler) / pot-type casing || ≈**kern** *m* / cup-type core || ≈**kontakt** *m* (VS) / cup-shaped contact, hollow contact || ≈**magnetrelais** *n* / induction cup relay || ≈**motor** *m* / canned motor || ≈**rad** *n* / cup wheel || ≈**wandler** *m* / insulator-type transformer || ≈**zeit** *f* / pot life, working life, spreadable life
Topologie *f* / topology *n*
topologischer Netzplan / topological diagram of network
Topplicht *n* / mast-head light
Tor *n* (Netzwerk) / port *n*, terminal pair || ≈ (Datennetz) / port *n* || ≈ (Chromatographie) (s. Peakfenster) || ≈ (Grenzwerte, zwischen denen die Kennwerte liegen müssen) / gate *n*
TORA (s. verfügbare Startlaufstrecke)
Torindikator *m* / gate monitor
Torkeln *n* / staggering *n*, staggering motion || ≈ (Darstellen der Rotation von Darstellungselementen um eine Achse) / tumbling *n*
Törnvorrichtung *f* / turning gear
Torschaltung *f* / gate circuit, gate *n*
Torsions·dynamometer *n* / torsion dynamometer, transmission dynamometer || ≈**feder** *f* / torsion spring, torsion bar || ≈**federrohr** *n* / torsion-spring tube || ≈**federung** *f* / torsional compliance || ≈**festigkeit** *f* / torsional strength, torsional shear strength, torsional resistance || ≈**kraft** *f* / torsional force
torsionskritische Drehzahl / critical torsional speed
Torsions·messer *m* / torsion meter || ≈**momentenmesser** *m* / torque meter, torsiometer *n* || ≈**schallschwingung** *f* / torsional sound vibration || ≈**-Scherversuch** *m* / torsion shear test, combined torsion and shear test || ≈**schwingung** *f* / torsional vibration, rotary oscillation || ≈**-Schwingungsdämpfer** *m* / torsional vibration isolator || ≈**-Schwingungsfestigkeit** *f* / torsional vibration resistance || ≈**spannung** *f* / torsional stress || ≈**spiel** *n* (WZM) / windup *n* (relative movement due to deflection under load) || ≈**versuch** *m* / torsion test || ≈**viskosimeter** *n* / torsion viscometer, torque viscometer, torsional viscometer || ≈**wechselprüfung** *f* / fatigue torsion test, torsion endurance test || ≈**welle** *f* / torsion wave
Torsteuerung *f* / gate control
Tortendiagramm *n* / pie diagram
Torzeit *f* (Chromatographie, Peakzeit) / peak time
tot·er Gang / lost motion, windup *n*, backlash *n* || ~**er Gang der Abstimmeinrichtung** / tuner backlash || ~**e Masse** (Auswuchtmasch.) / parasitic mass || ~**er Wicklungsraum** / unutilized winding space || ~**e Windung** / dummy turn, idle turn || ~**e Zone** (s. Totzone)
total·er Leistungsfaktor (s. Gesamtleistungsfaktor) || ~**er Strahlöffnungswinkel** (NS) / total beam angle
Totalausfall *m* / complete failure
total·isoliert *adj* / totally insulated, with total insulation || ≈**isolierung** *f* / total insulation || ≈**reflexion** *f* / total reflection
Totband *n* / dead band
Totbereich *m* / dead zone, dead band
Totem-Pole-Endstufe *f* / totem-pole output
Totlast *f* / dead load, dead weight
Totmann·knopf *m* / dead man's button || ≈**-Pedalschalter** *m* / pedal-operated dead man's switch || ≈**schaltung** *f* / dead man's circuit
Totpunkt *m* (mech.) / dead centre || **oberer** ≈ **(OT)** (Kfz-Mot.) / top dead centre (TDC) || ≈**lage** *f* / dead-centre position || **oberer** ≈**markensensor** (OT-Sensor) / TDC sensor
Totzeit *f* / dead time, delay *n* || ≈**glied** *n* (DIN 19226) / lag element
Totzone *f* / dead band, neutral zone
Touch-Screen (s. Tast-Bildschirm)
Touren·dynamo (s. Tachogenerator) || ≈**zahl** *f* / number of revolutions || ≈**zahl pro Minute** / revolutions per minute || ≈**zähler** *m* / tachometer *n*, revolutions counter, r.p.m. counter, rev counter
Toxizität *f* / toxicity *n*
Toxizitätsverhältnis *n* / toxicity ratio
TPL (s. Wendeschleifenbefeuerung)
TPM (s. Typprüfmenge)
TR (s. Berechnungstemperatur)
TRA (s. Tonfrequenz-Rundsteueranlage)
Trabantenstation *f* (DÜ, DIN 44302) / tributary station
Track-and-Hold-Wandler (s. Nachlauf-Halte-Umsetzer)
Tracking-ADU (s. Nachlauf-ADU)

Tracking-Wandler (s. Nachlaufumsetzer)
Trafo (s. Transformator)
Traganteil *m* / percentage bearing area, contact area ratio
tragbar·es Gerät / portable applicance, portable apparatus || **~es Meßgerät** / portable instrument || **~e Temperaturmeßeinrichtung** / portable temperature measuring set || **~er Transformator** / portable transformer
Trag·bild *n* (Lg.) / appearance of bearing surface after bedding in || **≗blech** *n* / mounting plate, support(ing) plate || **≗bügel** *m* / bracket *n* || **≗bügel** *m* (Griff) / handle *n* || **≗draht** *m* (Luftkabel) / supporting messenger, bearer wire, catenary wire, messenger *n*
träge·s Gas / inert gas, rare gas || **~ Sicherung** / time-lag fuse, slow fuse, slow-blowing fuse (s.b. fuse), time-delay fuse, type T fuse || **~r Sicherungseinsatz** / slow fuse-link, time-delay fuse-link, type T fuse-link || **chemisch ~** / chemically inert
Trageisen *n* / supporting section, steel support
tragend·e Fläche / bearing surface || **~e Höhenlinie** / carrying contour
Träger *m* (Balken) / beam *n*, girder *n*, joist *n* || **≗** (Halterung) / support *n*, holder *n*, bracket *n*, carrier *n*, mount *n* || **≗** (Unterzug) / girder *n* || **≗** (Isolationsmat.) / carrier material, carrier *n* || **≗** (HL, Ladungsträger) / carrier *n*, charge carrier || **≗** (Trägerschwingung) / carrier *n* || **≗** (der Strahlung; RöA) / substrate *n* (of radiation) || **≗ der Klebeschicht** / backing *n*, backing material, n., base material || **Batterie~** / battery crate || **Informations~** / information medium, information carrier || **Skalen~** / scale plate || **≗band** *n* / carrierband *n* || **≗diffusion** *f* / carrier diffusion || **≗folie** *f* / carrier foil (o. sheet)
Trägerfrequenz (TF) *f* / carrier frequency (CF) || **≗kanal (TF-Kanal)** *m* / carrier channel || **≗kanal auf Hochspannungsleitungen (TFH-Kanal)** / powerline carrier channel (PLC) || **≗-Kopplungseinrichtung** *f* / carrier-frequency coupling device || **≗-LAN** *n* / carrierband LAN, broadband LAN || **≗sperre** *f* / carrier-current line trap, line trap || **≗system (TF-System)** *n* / carrier-frequency system, carrier system || **≗telegraphie** *f* / carrier telegraphy || **≗übertragung auf Hochspannungsleitungen (TFH-Übertragung)** / power line carrier transmission (PLC transmission) || **Schutz mit ≗verbindung** / carrier-current protection || **≗verschiebung** *f* / carrier-frequency shift || **≗verstärker** *m* / carrier amplifier
Träger·gas *n* / carrier gas || **≗gewebe** *n* / fabric carrier, textile carrier || **≗gruppenrahmen** *m* / rack assembly frame || **≗hohlschiene** *f* / support channel, mounting channel || **≗injektion** *f* / carrier injection || **≗leiterplatte** *f* / mother board || **≗material** *n* / carrier material, carrier *n*, base *n*, facing *n* || **≗material** *n* (RöA) / substrate material || **≗platte** *f* (Osz.) / target *n* || **≗-Rausch-Abstand** *m* / carrier-to-noise ratio (CNR) || **≗rohr** *n* (IR) / rigid conduit (for large fixing-point spacings) || **≗schiene** (s. Tragschiene) || **≗schwingung** *f* (DIN 45021) / carrier *n* || **≗speichereffekt (TSE)** (LE) *m* / hole storage effect || **≗speichereffekt-Beschaltung** *f* (TSE-Beschaltung) / surge suppressor (circuit o. network), anti-hole storage circuit, RC circuit, snubber *n* || **≗staueffekt** (s. Trägerspeichereffekt) || **≗welle** *f* / carrier wave (CW)
Tragfähigkeit *f* (Lg.) / load rating, load carrying capacity || **≗** (Kran; Seil) / carrying capacity, safe load || **≗** (Rob.) / payload *n*, load capacity, handling capacity || **Kurzschlußstrom~** / short-circuit current carrying capacity
Tragfähigkeits·zahl (LCN) *f* / load classification number (LCN)
Tragfläche *f* / supporting surface, mounting surface
träg-flinker Sicherungseinsatz / discriminating fuse-link
Trag·fuß *m* / supporting foot, mounting foot, lug *n* || **≗gerüst** *n* / supporting structure, rack *n*, skeleton *n*
Traggestell *n* (SK, VDE 0660, T.500) / mounting structure (IEC 439-1) || **≗** (f. Isolatorketten) / insulator cradle
Trägheit *f* / inertia *n* || **≗** (ESR, Verschmieren des Ausgangsstroms) / lag *n*, smearing *n* || **magnetische ≗** / magnetic viscosity, viscous hysteresis, magnetic creeping
trägheits·arm *adj* / low-inertia *adj* || **≗durchmesser** *m* / diameter of gyration || **≗faktor** *m* / inertia factor || **~frei** *adj* / inertialess *adj*, instantaneous *adj* || **≗grad** *m* (Auslöserkennlinie; Sich.) / time-lag class, standard time-current characteristic || **≗halbmesser** *m* / radius of gyration
Trägheitskonstante *f* / inertia constant || **≗** (H) / stored-energy constant || **≗ der angetriebenen Massen** / load stored-energy constant || **≗ des Motors** / motor stored-energy constant
Trägheitskraft *f* / inertial force
trägheitslos *adj* / inertialess *adj* || **~** (ansprechend) / instantaneous *adj*
Trägheitsmittelpunkt *m* / centre of mass, centre of gravity
Trägheitsmoment *n* / moment of inertia (m.i.), mass moment of inertia, inertia torque, dynamic moment of inertia || **≗ der Last** / load moment of inertia, load inertia || **äquatoriales ≗** / equatorial moment of inertia, axial moment of inertia || **äußeres ≗** / load moment of inertia, external moment of inertia || **polares ≗** / polar moment of inertia
Trägheits·radius (s. Trägheitshalbmesser) || **≗welle** *f* / inertial wave || **≗zeichen** *n* (Sich.) / time-lag symbol
Trag·holm *m* / transom *n*, supporting bar || **≗isolator** *m* (Hängeisolator) / suspension insulator
Tragklemme *f* (Leiter-Hängeisolator) / suspension clamp || **≗ mit Gelenk** (Freiltg.) / pivot-type suspension clamp
Trag·koffer *m* / carrying case || **≗konsole** *f* / bracket *n*, support *n* || **≗konstruktion** *f* / supporting structure || **≗kopf** *m* (WKW) / thrust block || **≗körper** *m* (Komm.) / commutator shell, hub *n*, spider *n*, core *n* || **≗körper** *m* (Generator-Speichenläufer) / spider *n*, field spider || **≗körper** *m* (Turboläufer; massiv) / rotor body
Traglager *n* (Axiallg.) / thrust bearing || **≗** (s. Radiallager) || **≗laufring** *m* / thrust-bearing runner || **≗segment** *n* / thrust-bearing pad, segment *n*, shoe *n* || **≗stein** *m* / thrust-bearing pad, bearing shoe
Trag·last *f* / (mechanical) load, carrying load ||

≗leiste *f* / mounting bar, bracket *n* || **≗mast** *m* (Freil.) / straight-line tower, suspension tower || **≗organ** (Luftkabel) (s. Tragseil) || **≗platte** *f* / mounting plate, support(ing) plate || **≗platte** *f* (Lg.) / bearing plate || **≗profil** *n* (Montageschiene) / mounting rail, supporting channel || **≗rahmen** *m* (a. EZ) / supporting frame

Trägregler *m* (Thury-Spannungsregler) / Thury regulator

Trag·ring *m* (Läufer; Lg.) / retaining ring || **≗sattel** *m* (f. Leitungsmontage) / lift-type saddle || **≗säule** *f* (f. el. Masch.) / (supporting) pedestal *n* || **≗schiene** *f* (EN 50022) / mounting rail, mounting channel, supporting rail || **≗schienenverbinder** *m* / (mounting) rail connector, channel connector || **≗schnabel** *m* (Schnabelwagen) / cantilever *n* (section), gooseneck *n* || **≗schnabelwagen** *m* / Schnabel (rail) car, cantilever-type two-bogie car || **≗segment** *n* (Lg.) / thrust-bearing segment, pad *n*, shoe *n* || **≗seil** *n* (Luftkabel) / supporting messenger, bearer wire, catenary wire, messenger *n* || **Leiterseil mit ≗seil** / messenger-supported cable || **≗sicherheit** *f* (Lg.) / loading ratio || **≗spiegel** *m* (Lg.) / bedding area || **≗stern** *m* (WKW) / bearing bracket || **≗stiel** *m* / supporting pillar, upright *n* || **≗stutzen** *m* (Mastleuchte) / spigot *n*, slip-fit spigot, slip-fitter *n* || **≗stützer** *m* / support insulator || **≗-Stützlager** *n* / combined thrust and radial bearing, radial-thrust bearing || **≗stützpunkt in gerader Linie** (Freiltg.) / intermediate support, tangent support || **≗teller** *m* / supporting pan || **≗weite** *f* (Lichtsignal) / luminous range || **≗werk** *n* (Leitungsträger) / (conductor) support || **≗zahl** *f* (Lg.) / basic load rating, load rating || **≗zapfen** *m* (Welle) / thrust journal, journal for axial load || **≗zylinder** *m* (Trafo-Kern) / supporting cylinder, barrel *n*

Traktionsleistung *f* / traction output

Traktorantrieb *m* (Drucker) / tractor drive

Tränk·anlage *f* / impregnating plant || **≗bad** *n* / impregnating bath

tränkbar *adj* / impregnable *adj*, saturable *adj*

tränken *v* / impregnate *v*, saturate *v*, soak *v*, steep *v*

Tränk·flüssigkeit *f* / impregnating liquid, impregnant *n* || **≗form** *f* / impregnating mould || **≗harz** *n* / impregnating resin || **≗harzmasse** *f* / impregnating resin compound || **≗lack** *m* / impregnating varnish || **≗masse** *f* / impregnating compound, impregnant *n* || **≗mittel** *n* / impregnant *n*, impregnating material

Tränkung *f* / impregnation *n*, saturation *n*

Transduktor *m* / transductor *n* || **≗ in Parallelschaltung** / parallel transductor || **≗ in Reihenschaltung** / series transductor || **≗ in Sparschaltung** / autotransductor *n* || **≗ mit direkter Selbsterregung** / auto-self-excited transductor || **≗drossel** *f* / half-cycle transductor || **≗element** *n* / transductor element || **≗-Regler** *m* / transductor regulator, transductor controller || **≗-Spannungsregler** *m* / transductor voltage regulator || **≗-Strombegrenzer** *m* / transductor fault limiting coupling || **≗-Verstärker** *m* / transductor amplifier, magnetic amplifier || **≗-Wandler** *m* / measuring transductor

Transfer·fehler *m* / transfer error || **≗funktion** *f* (PC-Operation) / transfer operation || **≗funktion** (s. Übertragungsfunktion) || **≗geschwindigkeit** *f* (DÜ) / transfer rate, data transfer rate || **≗operation** *f* / transfer operation || **≗-Speicherröhre** *f* / transfer storage-cathode tube || **≗straße** *f* / transfer line

Transformation *f* (NC; CLDATA-Wort) / translate (ISO 3592)

Transformations·-EMK *f* / transformer e.m.f. || **≗impedanz** *f* / transformation impedance || **≗konstante** *f* / transformation constant

Transformator *m* / transformer *n* || **≗ der Schutzklasse I** / Class I transformer || **≗ für allgemeine Zwecke** / general-purpose transformer || **≗ für Freiluftaufstellung** / outdoor transformer || **≗ für Innenraumaufstellung** / indoor transformer || **≗ für Sonderbetrieb** / specialty transformer || **≗ für Sonderzwecke** / special-purpose transformer, specialty transformer || **≗ für Unterputzmontage** / flush-type transformer || **≗ mit Anblasekühlung** / air-blast transformer, forced-air-cooled transformer || **≗ mit beweglicher Sekundärwicklung** / moving-coil regulator || **≗ mit erzwungener Luftkühlung** / forced-air-cooled transformer, air-blast transformer || **≗ mit geschlossenem Kern** / closed-core transformer || **≗ mit getrennten Wicklungen** / separate-winding transformer || **≗ mit Gießharz-Vollverguß** / resin-encapsulated transformer, (resin-)potted transformer || **≗ mit hohem Leistungsfaktor** / high-p.f. transformer || **≗ mit Stickstoffüllung** / nitrogen-filled transformer, inertair transformer || **≗ mit Stufenschalter** / tap-changing transformer || **≗ mit veränderlichem Übersetzungsverhältnis** / variable-ratio transformer

Transformatorabgang *m* / outgoing transformer unit, transformer feeder || **≗** (IK) / transformer tap

Transformator·abzweig *m* / outgoing transformer feeder, outgoing transformer circuit, transformer feeder, transformer circuit || **≗anzapfung** *f* / transformer tap || **≗-Ausschaltstrom** *m* (VDE 0670,T.3) / transformer off-load breaking current (IEC 265) || **≗-Ausschaltvermögen** *n* (VDE 0670, T.3) / no-load transformer breaking capacity (IEC 265-2), transformer off-load breaking capacity || **≗bank** (s. Transformatorgruppe) || **≗blech** *n* / transformer magnetic sheet steel, transformer lamination(s) || **≗brücke** *f* / transformer bridge || **≗einspeisung** *f* / transformer feeder (unit)

Transformatoren·aggregat *n* / transformer set, transformer combination || **≗bühne** *f* / transformer platform, transformer floor || **≗schalter** *m* (LS) / transformer circuit-breaker || **≗station** *f* / transformer substation, substation *n*

Transformator·-Erdschlußschutz *m* / transformer-tank earth-fault protection || **≗feld** *n* (FLA) / transformer feeder bay, transformer bay || **≗feld** *n* (IRA) / transformer feeder panel, transformer cubicle, transformer unit || **≗gruppe** *f* / three-phase transformer bank || **≗gruppe in Scott-Schaltung** / Scott-connected transformer assembly || **≗haus** *n* / transformer house, substation building

transformatorisch·e EMK (s. Transformations-EMK) || **~ induzierte Spannung** (s. Transformations-EMK) || **~e Rückkopplung** / transformer feedback || **~e Spannung** / induced voltage

Transformator·kammer *f* / transformer cell, transformer compartment || **≗kern** *m* / transformer core || **≗kerze** *f* (Durchführung) / transformer bushing || **≗kessel** *m* / transformer tank || **≗kiosk** *m* / transformer kiosk || **≗-Kleinstation** *f* / packaged transformer substation, unit substation, packaged substation || **≗-Kompaktstation** *f* / kiosk (transformer) substation, packaged transformer substation, unit substation, integrated substation || **≗kopplung** *f* / transformer coupling || **≗-Lastschalter** *m* (Lastschalter für unbelastete Transformatoren; VDE 0670,T.3) / transformer off-load switch (IEC 265) || **≗-Netzstation** *f* / packaged transformer substation || **≗pol** *m* (einpolige Trafoeinheit) / single-phase transformer || **≗rückkopplung** *f* / transformer feedback || **≗schalter** (s. Transformatorenschalter) || **≗schrank** *m* (BV) / transformer ACS || **≗-Schwerpunktstation** *f* / transformer load-centre substation, secondary unit substation || **≗-S-Station** (s. Transformator-Schwerpunktstation) || **≗stufe** *f* / transformer tap || **≗-Stufenanzeige** *f* / transformer tap position indication || **≗verstärker** *m* / transformer amplifier || **≗wächter** *m* (gasbetätigtes Relais) / transformer protector, trafoscope *n* || **≗zelle** *f* / transformer cell, transformer compartment || **≗-Zündgerät** *n* (Leuchte) / transformer-type igniter || **≗-Zusatzregler** *m* / transformer booster

transformiert·er Blindwiderstand / transformed reactance || **~e Impedanz** / reflected impedance || **~es Netz** / network in terms of components || **~er Polradwiderstand** / transformed rotor resistance || **~es Stromkreiselement** / circuit element in terms of components || **~e Zufallsgröße** (DIN 55350,T.21) / transformed variate

Transformierte *f* / transform *n* || **≗ der Ausgangsgröße** / output transform || **≗ der Eingangsgröße** / input transform

Transformierung elektrischer Energie / transformation of electrical energy, transformation of electricity

transient *adj* (s.a. unter „Transient-...") / transient *adj* || **~er Anfangs-Spannungsabfall** / initial transient reactance drop || **~e Hauptfeldspannung** / transient internal voltage, internal voltage behind transient impedance || **~e innere Spannung** (s. transiente Hauptfeldspannung) || **~er Kurzschlußwechselstrom** / transient short-circuit current || **~e Kurzschlußzeitkonstante** / transient short-circuit time constant || **~e Längsfeldinduktivität** / direct-axis transient inductance || **~e Längsfeldreaktanz** (s. Transient-Längsreaktanz) || **~e Längsimpedanz** (s. Transient-Längsimpedanz) || **~e Längsspannung** / direct-axis transient voltage || **~e Lastkennlinie** / transient load characteristic || **~e Netzstabilität** / transient stability of power system || **~e Querfeldreaktanz** (s. Transient-Querreaktanz) || **~e Querimpedanz** (s. Transient-Querimpedanz) || **~e Querspannung** (s. Transient-Querspannung) || **~e Reaktanz** (s. Transient-Reaktanz) || **~e Stabilität** / transient stability || **~e Störungen der Stromversorgung** / transient power disturbances || **~e Überspannung** / transient overvoltage || **~er Wärmewiderstand** (Thyr, DIN 41786) / transient thermal impedance || **~e wiederkehrende Spannung** / transient recovery voltage (TRV) || **~er Zustand** (eines Netzes) / transient state

Transienten·-Rekorder *m* / transient recorder || **≗-Startselektor** *m* / transient start selector

Transient·faktor *m* (Wandler) / transient factor || **≗-Induktivität** *f* / transient inductance || **≗-Kurzschluß-Zeitkonstante der Längsachse** / direct-axis transient short-circuit time constant || **≗-Kurzschluß-Zeitkonstante der Querachse** / quadrature-axis transient short-circuit time constant || **≗-Längs-EMK** *f* / direct-axis transient e.m.f. || **≗-Längsimpedanz** *f* / direct-axis transient impedance || **≗-Längsreaktanz** *f* / direct-axis transient reactance || **≗-Leerlauf-Zeitkonstante der Querachse** / quadrature-axis transient open-circuit time constant || **≗-Leerlauf-Zeitkonstante der Längsachse** / direct-axis transient open-circuit time constant || **≗-Quer-EMK** *f* / quadrature-axis transient e.m.f. || **≗-Querimpedanz** *f* / quadrature-axis transient impedance || **≗-Querreaktanz** *f* / quadrature-axis transient reactance || **≗-Querspannung** *f* / quadrature-axis transient voltage || **≗-Reaktanz** *f* / transient reactance

Transistor *m* / transistor *n* || **≗ im Schaltbetrieb** / switched-mode transistor || **≗-Ersatzschaltung** *f* / transistor equivalent circuit || **≗-Hochleistungsschalter** *m* / high-power transistor switch

transistorisiert·e Steuerung / transistorized control || **~es Vorschaltgerät** (Leuchte) / transistorized ballast, transistor control gear

Transistor·schalter *m* / transistor switch || **≗tetrode** *f* / tetrode transistor || **≗-Transistor-Logik (TTL)** *f* / transistor-transistor logic (TTL) || **≗triode** *f* / triode transistor || **≗umrichter** *m* / transistorized converter, transistorized frequency converter || **≗vorschaltgerät** *n* / transistorized ballast, transistor control gear (luminaire) || **≗-Wechselrichter-Vorschaltgerät** *n* / transistorized inverter ballast || **≗-Widerstands-Logik (TRL)** *f* / transistor-resistor logic (TRL) || **≗-Zeitrelais** *n* / transistorized time-delay relay

Transitfrequenz *f* (Transistor) / transition frequency

transitorisch (s. transient)

Transit·-Station *f* (FWT) / transit station || **≗system** *n* (DIN ISO 7498) / intermediate system, relay system || **≗verkehr** *m* / transit traffic

transkristalline Korrosion / transcrystalline corrosion, transgranular corrosion

translatorisch·e Bewegung / translatory movement || **~e Bewegung** (geradlinige B.) / straight motion, linear motion, rectilinear motion || **~e Werkstückverschiebung** (a. NC-Zusatzfunktion nach DIN 66025,T.2) / linear workpiece shift (ISO 1056) || **~e Werkzeugverschiebung** (a. NC-Zusatzfunktion nach DIN 66025,T.2) / linear tool shift (ISO 1056)

Translieren (s. Verschieben)

transliterieren *v* / transliterate *v*

Transmission *f* (Antriebstechnik) / transmission *n*, transmission gear(ing) || **≗** (Längswelle) / line shaft, transmission shafting || **≗** (BT) / transmission *n*

Transmissions·bereich *m* / transmission range || **≗faktor** *m* (atmosphärischer Durchlaßgrad) /

atmospheric transmissivity || ²gatter *n* / transmission gate || ²grad *m* / transmittance *n* || ²topographie *f* / transmission topography || ²wärme *f* / conducted heat || ²wärmegewinn *m* / transmission heat gain, heat gain by transmission || ²wirkungsgrad des Elektronenstrahls / electron beam transmission efficiency

Transmissivität *f*(LT) / transmissivity *n*

Transmittanz *f*(Transistor) / forward transfer admittance || ² **bei kleiner Aussteuerung** / small-signal short-circuit forward transfer admittance

Transnormmotor *m* / trans-standard motor

transparente Schicht (graf. DV, eines Bildes) / transparent overlay

transpassive Korrosion / transpassive corrosion

transportable Batterie / portable battery

transportabler BV / transportable ACS

Transport·behälter *m* / transport container, container *n* || ²**beilage** *f*(f. Welle) / shaft block

Transportdienst *m*(DIN ISO 8072) / transport service || ²**benutzer** *m*(DIN ISO 8307) / transport service user || ²**zugangspunkt** *m*(DIN ISO 8072) / transport service access point (TSAP)

Transport·ebene (s. Transportschicht) || ²**einheit** *f* / transport unit (IEC 439), transportable assembly (IEC 298), transportable unit, shipping block || ²**einheit** *f*(QS) / consignment *n* || ~**fest** *adj* / handling-resistant *adj*, transportable *adj* || ²**festigkeit** *f* / handling resistance, transportability *n* || ²**fuge** *f* / shipping split || ²**gewicht** *n* / transportation mass, shipping weight || ²**griff** *m* / carrying handle, lifting handle || ²**hilfen** *f pl* / handling aids, transit facilities, mechanical aids for package handling || ²**instanz** *f* (DIN ISO 8348) / transport entity, transport layer entity || ²**käfig** *m* / shipping crate, transport cage || ²**klinke** *f*(EZ) / advancing pawl, pusher *n* || ²**koffer** *m* / carrying case || ²**lagerschale** *f* / temporary bearing shell || **Wärme~mittel** *n* / heat transfer medium, coolant *n* || ²**netz** *n* / transmission network (o. system) || ²**protokoll** *n* (DIN ISO 7498) / transport protocol || ²**rad** *n*(EZ) / advancing wheel || ²**rolle** *f* / castor *n*, wheel *n*, roller *n* || ²**schäden** *m pl* / shipping damage, damage incurred during transit || ²**schicht** *f*(DIN ISO 7498) / transport layer || ²**seil** *n*(Kran) / crane rope, lifting rope || ²**sicherung** (s. Transportverspannung) || ²**strom** *m* / transport current || ²**temperatur** *f*(DIN 41858) / storage temperature || ²**-Trennstelle** *f* / shipping split || ²**-und Lagertemperatur** *f* / transport and storage temperature, non-operating temperature || ²**verbindungsverwalter** *m* / transport service handler || ²**verspannung** *f*(f. Maschinenläufer) / shipping brace, shaft block, rotor locking arrangement, bearing block || ²**versteifung** (s. Transportverspannung) || ²**verzögerung** *f*(Signal) / transport delay || ²**vorrichtungen** *f pl* / handling facilities || ²**wagen** *m* / trolley *n* || ²**walze** *f* / drive sprocket

transversal·e Last (Freiltg.) / transverse load || ~**er Randeffekt** / transverse edge effect || ~**e Welle** / transverse wave

Transversalschwingung *f* / lateral vibration

Transversalwelle *f*(s. transversale Welle)

Trap (HL) (s. Haftstelle) || ² (s. Fangstelle)

Trapez·feldwicklung *f* / winding producing a trapezoidal field || ~**förmig** *adj* / trapezoidal *adj* || ²**gewinde** *n* / acme thread, tetragonal thread || ²**impuls** *m* / trapezoidal pulse || ²**kennlinie** *f* (Schutz) / trapezoidal impedance characteristic || ²**paßfeder** *f* / Barth key || ²**pol** *m* / tapered-body pole, trapezoidal pole || ²**regel** *f* / trapezoid rule || ²**spule** *f* / trapezoidal coil || ²**verzeichnung** *f* (ESR) / trapezium distortion || ²**welle** *f* / trapezoidal wave || ²**wicklung** (s. Trapezfeldwicklung)

Trasse *f* / route *n*, transmission route, right of way || **Kabel~** *f* / cable route

Trassen·breite *f* / width of right of way || ²**länge** *f* / route length, transmission route length || ²**suchgerät** *n* / cable route locating unit

Träufel·harzmasse *f* / trickle resin || ²**imprägnierung** *f* / trickle impregnation || ²**lack** *m* / impregnating varnish

träufeln *v*(Wickl.) / feed in *v*, drop *v*

Träufel·spule *f* / mush-wound coil || ²**wicklung** *f* / fed-in winding, mush winding

Traverse *f*(Schrankbauteil) / cross-arm *n*, cross-rail *n*, cross-member *n* || ² (Kran) / lifting beam || ² (Trafo, Preßkonstruktion) / tie bar, cross member || ² (Freileitungsmast) / cross-arm *n*

T-Reduzierverschraubung *f* / T reducer, T reducing coupling

Treffer *m*(Kuppl.) / driver *n*, wobbler *n* || ² (DV) / hit *n* || ²**liste** *f* / hit list

Treffgenauigkeit *f*(Statistik, QS) / accuracy of the mean

Treibachse *f* / drive axle, drive shaft

Treiben *n* / driving *n*

treibend·e Kupplungshälfte / driving coupling half || ~**es Rad** / driving gear, driver gear, driver *n* || ~**e Riemenscheibe** / driving pulley || ~**e Spannung** / electromotive force, e.m.f., source voltage

Treiber *m* / driver *n* || ² **mit offenem Kollektor** / open-collector driver || ²**baustein** *m* / driver block || ²**entwicklungsbibliothek** *f* / driver development library || ²**schaltung** *f* / driver circuit, driver *n* || ²**stufe** *f* / driver (stage)

Treib·rad *n* / driving wheel || ²**riemen** *m* / transmission belt, belt *n* || ²**scheibe** *f* (Riemenscheibe) / driving pulley || ²**schieberzähler** *m* / sliding-vane meter || ²**sitz** *m* / driving fit

Treidelbürste *f* / trailing brush

Trend·anzeige *f* / trend display || ²**baustein** *m* / trend block || ²**schreiber** *m* / trend recorder || ²**schrieb** *m* / trend record

Trennbarkeit *f*(Chem., Chromatographie) / separability *n*

Trenn·bedingungen *f pl*(el. Netz) / isolating requirements || ²**blech** *n* / partition *n*, barrier *n*, separator *n* || ²**bruch** *m* / brittle fracture, brittle failure, crystalline fracture || ²**brücke** *f* / disconnecting link (BS 4727), isolating link || ²**bündel** *n*(DIN IEC 50, T.131) / cut-set *n* || ²**einrichtung** *f*(SG) / disconnecting device || ²**einrichtung** *f*(LS) / interrupter *n* || ²**einschub** *m* / withdrawable part

trennen *v*(abschalten) / isolate *v*, disconnect *v*, interrupt *v* || ~ (Phasen) / segregate *v*, separate *v* || ~ (StV) / disengage *v* || ~ (NC, DIN 66001) / extract *v* || ~ (stanzen) / part *v* || ² *n*(m. SG, Unterbrechen der Stromzufuhr) / isolation *n*, disconnecting *n*, disconnection *n* || ² (StV) / disengagement *n* || ² (Fertigungstechnik, Chem.) / separating *n*, separation *n* || ² (Kommunikationsnetz, DIN ISO 7498) / separation *n* || **chromatographisches** ² / chromatographic separation || **vom Netz** ~ / to isolate from the supply, to disconnect from the supply

Trenner *m* (Trennschalter) / disconnector *n*, isolator *n* (depr.), disconnect *n* || ² (Entkoppler) / isolator *n*, buffer *n*, isolating (o. buffer) amplifier || ² **mit Sicherungen** (VDE 0660,T.107) / disconnector-fuse *n* (IEC 408) || **Gleichspannungs**~ (Trennverstärker) / buffer amplifier, isolation amplifier || **Sicherheits**~ (VDE 0860) / safety switch (IEC 65, 348) || ²**abgang** *m* (Stromkreis) / disconnector-controlled feeder (o. outgoing circuit) || ²**abgang** *m* (Einheit) / outgoing disconnector unit

Trenn·-Erder *m* / combined disconnector and earthing switch, disconnector with grounding switch || ²**-Erdungsschalter** (s. Trenn-Erder)

Trenner·einheit *f* / disconnector unit, disconnector cubicle || ²**getriebekopf** *m* / disconnector operating head || ²**kupplung** *f* / disconnector tie

Trenn·fähigkeit *f* (v. Leitungen) / separability *n* || ²**fläche** *f* (zwischen zwei Medien) / interface *n* || ²**gerät** *n* (LWL) / cleaving device || ²**geschwindigkeit** *f* (Chem., Chromatographie) / separation rate || ²**kammer** *f* (LS) / interrupter chamber, interrupting chamber || ²**klemme** *f* / disconnect terminal, isolating terminal

Trennkontakt *m* / isolating contact, disconnect contact || ² (s. Öffner) || **Zuleitungs-**² / incoming isolating contact, stab connector || ²**leiste** *f* / isolating plug connector || ²**stift** *m* / isolating contact pin, isolating pin, disconnect contact pin || ²**vorrichtung** *f* / disconnecting device, primary disconnecting device

Trenn·kraft *f* / separating force || ²**kupplung** *f* (mech.) / disconnect-type clutch, clutch *n* || ²**kupplung** *f* (StV) / disconnector *n* || ²**lasche** *f* / disconnecting link (BS 4727), isolating link || ²**leistung** *f* (Chromatograph) / separating capacity, separating power, column efficiency || ²**membran** *f* / separating diaphragm || ²**messer** *n* / disconnecting blade, isolating blade || **Silikon-**²**mittel** *n* / silicone stripping agent || ²**mittel** *n pl* (IK) / separators *n pl*, barriers *n pl* || ²**organ** *n* (SG) / disconnecting means, disconnect *n* || ²**relais** *n* / isolating relay, air-gap relay, cut-off relay || ²**säule** *f* (Chromatograph) / separating column, subtractor column || ²**säulen-Umschaltung** *f* (Chromatograph) / column switching

Trennschalter (TS) (VDE 0670, T.2) *m* / disconnector *n* (IEC 129), isolator *n* (depr.), isolating switch (depr.), disconnecting switch, disconnect switch, disconnect || ² **in Luft** / air-break disconnector || ² **mit Sicherungen** / disconnector-fuse *n* (IEC 408) || **geteilter** ² (VDE 0670,T.2) / divided-support disconnector (IEC 129) || **Richtungswender-**² / disconnecting switch reverser || ²**einheit** *f* / disconnector unit, disconnector cubicle

Trenn·schaltstück *n* / isolating contact, disconnect contact || ²**schärfe** *f* (QS) / power *n* || ²**schärfe** *f* (Empfänger) / selectivity *n* || ²**scheibe** *f* (Reihenklemme) / insulation plate (terminal block) || ²**schicht** *f* (Kabel) / separator *n* || ²**schichtmessung** *f* / interface detection || ²**schieber-Löschkammer** *f* / contact-separator-type arcing (o. quenching) chamber || ²**schottung** *f* (von Leitern, VDE 0670, T.6) / segregation *n* (IEC 298) || ²**schütz** *n* / contactor disconnector, air-gap contactor || ²**schutzschalter** *m* (Fehlerstrom-Schutzschalter) / earth-leakage circuit-breaker, ground-fault circuit-interrupter || ²**sicherung** *f* / fusible cutout, dropout fuse || ²**stab** *m* (Batt.) / separating rod

Trennstelle *f* (el.) / isolating point, safe clearance, disconnect *n*, gap *n*, break *n* || ² (Blitzschutzleiter) / inspection joint, test joint || ² (mech., Schnittstelle) / joint *n*, cut *n* || ² (Fahrleitung) / sectioning point || **Transport-**² / shipping split

Trenn·stellung *f* (SA, eines Trenneinschubs, VDE 0660, T.500) / disconnected position (IEC 439-1), isolated position || ²**strecke** *f* (Schalterpol, Sich.) / isolating distance || ²**strecke** *f* (Elektronenstrahl) / circuit sever || ²**stufe** *f* (zur rückwirkungsfreien Verbindung zweier Schaltkreise) / buffer stage *n*, buffer *n*, isolating amplifier || ²**stufe** *f* (Trenntrafo) / isolating transformer || ²**symbol** *n* / separator *n* || ²**teil** *m* (herausnehmbarer Teil einer Schaltanlage, VDE 0670, T.6) / withdrawable part (IEC 298) || ²**transformator** *m* / isolating transformer || ²**übertrager** *m* / isolating transformer || ²**- und Schaltgeräte** / devices for isolation and switching

Trennung *f* (kürzester Abstand, durch festes Isoliermaterial gemessen, zwischen zwei spannungsführenden Teilen) / separation *n* || ² (VDE 0100, T.46) / isolation *n* (IEC 64(CO)80) || ² (s. Trennsymbol) || ² **der Netzstromversorgung** / supply isolation || ² **vom Netz** / disconnection from supply, isolation from supply || ² **zwischen den Anschlußteilen** / separation of connection facilities || **Block**~ (KW) / disconnection of generating unit || **elektrische** ² (Schutztrennung, VDE 0100) / electrical separation || **galvanische** ² / electrical isolation, metallic isolation, isolation *n* || **galvanische** ² (Kontakte) / contact separation || **Mehrtasten**~ / n-key rollover (NKRO) || **Phasen**~ (s. Phasenschottung) || **Potential**~ / electrical isolation, isolation *n*, control-to-load isolation, galvanic isolation || **Schutz**~ (VDE 0100, T.200) / protective separation, safety separation (of circuits), protection by electrical separation, electrical separation || **Zweitasten**~ / two-key rollover

Trennungs·muster *n* (PC) / boundary pattern || ²**weiche** *f* / separating filter

Trenn·vermögen *n* (Bildschirm) / resolution *n* || ²**verstärker** *m* / isolation amplifier, buffer amplifier || ²**vorlage** *f* (außenliegender Aufnehmer f. Meßumformer) / filter-type sensor (o. pickup), trap-type sensor (o. pickup) || ²**vorrichtung** *f* (SG) / disconnecting device || ²**wagen** *m* / disconnector truck, isolating truck

Trennwand *f* (SK, VDE 0660, T.500) / partition *n* (IEC 439-1) || ² (Gebäude) / partition wall, partition *n* || ² (SS, Sich.) / barrier *n*, phase barrier || ² (Reihenklemme) / partition plate || ² (IK, f. Kabel) / cable separator, separator *n*, barrier *n*

Trennwandler *m* / isolating transformer

Trennwandmarkierung *f*(IK) / separator marking
Trennzeichen *n*(Informationsverarbeitung) / separator *n* || ≗ (s. Gliederungsmittel)
Trennzustand *m*(Schaltanlageneinheit) / disconnected situation
Treppe *f*(Impulse; Folge von Sprüngen; DIN IEC 469, T.1) / staircase *n*
Treppenabsatz *m* / landing *n*
treppenförmige Ablenkung (Osz.) / stair-step sweep
Treppenhaus·lichtautomat *m* / staircase lighting time(-delay) switch, staircase lighting timer || ≗**schalter** *m* / landing switch
Treppen·impuls *m* / stair-step pulse || ≗**licht-Zeitschalter** *m* / staircase lighting time(-delay) switch, staircase lighting timer || ≗**muster** *n* (Impulse) / staircase *n*(pulses) || ≗**signal** *n* / staircase signal || ≗**spannungsumsetzer** *m* / staircase converter || ≗**wicklung** *f* / split-throw winding, split winding || ≗**zug** *m* / stepped characteristic
Tresorschloß *n* / vault-type lock
Tret·kontakt *m* / foot contact, pedal *n* || ≗**schutz** *m* / tread guard
Triac *m* / Triac *n*, bidirectional triode thyristor
Triangulation *f*, **Laser-**≗ / laser-based triangulation
Triaxialkabel *n* / triaxial cable
Tribo·elektrizität *f* / triboelectricity *n*, frictional electricity || ≗**lumineszenz** *f* / triboluminescence *n*
trichromatisches System / trichromatic system, colorimetric system
Trichtermodell *n* / funnel model
Trieb *m* / transmission *n*, drive *n* || ≗ **ins Langsame** / speed reducing transmission, gear-down drive || ≗ **ins Schnelle** / speed-increasing transmission, step-up gearing || ≗**achse** *f* / driving axle || ≗**achse** *f*(EZ) / drive shaft || ≗**drehgestell** *n*(Bahn) / motor bogie || ≗**fahrzeug** *n* / motor vehicle, traction vehicle || ≗**feder** *f* / clockwork spring || ≗**gestell** *n* (Lokomotive) / bogie *n* || ≗**kopf** *m*(SG-Antrieb) / operating head
Triebrad *n* / driving gear, driver *n*, pinion *n*
Trieb·scheibe *f*(Riemenscheibe) / driving pulley || ≗**strang** (s. Antriebsstrang) || ≗**system** *n*(EZ) / (meter) driving element || ≗**system** *n*(Rel., Schütz) / operating element, coil *n*(circuit)
Triebwerk *n* / driving gear, propulsion unit || ≗ (Kran) / driving unit, travelling gear || ≗ (EZ) / drive mechanism
Triebzapfen *m* / driving axle
Trigger (s. Starterelektrode) || ≗**-Ansprechschwelle** *f*(Osz.) / triggering threshold
triggerbar·er Zeitgeber (programmierbarer Z.) / programmable one-shot
Trigger·bereich (s. Trigger-Frequenzbereich) || ≗**elektrode** *f* / triggering electrode || ≗**entladungsstrecke** *f* / trigger gap || ≗**ereignis** *n* / trigger event || ≗**fenster** *n* / trigger window || ≗**flanke** *f* / trigger pulse edge || ≗**-Flipflop** *n* / trigger flipflop, T-flipflop *n* || ≗**-Frequenzbereich** *m*(Osz.) / triggering frequency range || ≗**funkenstrecke** *f* / triggering spark gap || ≗**-Kennzeichner** *m* / trigger qualifier
Triggern *n*(DIN IEC 469, T.1) / triggering *n*(IEC 469-1)
Trigger·niveau *n*(Osz.) / trigger level || ≗**quelle** *f* (Osz.) / trigger source || ≗**signalauskopplung** *f* (Entnahme der Signalleistung aus dem Leistungskreis) / tapping of trigger-signal power, trigger-signal supply tapping || ≗**sperre** *f*(Osz.) / trigger hold-off || ≗**sperre** *f*(digitales Meßgerät) / arming *n* || ≗**zange** *f*(Kfz-Prüf.) / clip-on trigger sensor
trigonometrische Funktion / trigonometric function
Trimmschaltung *f*(NC) / trimming circuit, coordinate trimming system
Triode *f* / triode *n*
Triplett *n*(NC) / triplet *n*
Tristate·-Logik (TSL) *f* / tristate logic (TSL) || ≗**-Treiber** *m* / tristate driver, three-state driver || ≗**-Verhalten** *n* / tristate characteristic, three-state action
Tritt, außer ≗ **fallen** / to pull out of synchronism, to fall out of step, pull out *v*, to loose synchronism || **in** ≗ **fallen** / to pull into step, to lock into step, to fall in step, to pull into synchronism, pull in *v* || **Wechselrichter-**≗**grenze** (s. Wechselrichter-Kippgrenze) || ≗**schall** *m* / impact sound || ≗**schallpegel** *m* / impact sound level
TRL (s. Verkehrszeichen) || ≗ (s. Transistor-Widerstands-Logik)
trocken·e Bewicklungsart / dry method of taping || ~**e Lötstelle** / dry joint || ~**e Räume** (VDE 0100, T.200) / dry locations, dry situations || ~**e Reibung** / dry friction, solid friction || ~**e Wärme** / dry heat || ~**e, geladene Batterie** / dry, charged battery
Trockenbeutel *m* / desiccant bag, dehydrating bag
Trocken·drosselspule *f* / dry-type reactor || ≗**drosselspule ohne Gießharzisolierung** / non-encapsulated-winding dry-type reactor (IEC 50(421))
trockene, entladene Batterie / dry discharged battery
Trocken·eis *n* / solid CO_2 || ≗**filter** *n* / dry filter || ≗**gehalt** *m* / dry content || ≗**gewicht** *n* / dry weight || ≗**gleichrichter** *m* / metal rectifier || ≗**kondensator** *m* / dry(-type) capacitor || ≗**lampe** (s. Trocknungslampe)
trockenlaufen *v* / to run dry
Trocken·ofen *m* / drying oven, baking oven || ≗**patrone** *f* / desiccant cartridge || ≗**prüfung** *f* / dry test
trockenschaltender Kontakt / dry-circuit contact
Trocken·schichtfilter *n* / dry laminated filter || ≗**schmiermittel** *n* / dry-film lubricant, solid lubricant || ≗**schreiber** *m* / dry-stylus recorder || ≗**thermometer** *n* / dry-bulb thermometer
Trockentransformator *m* / dry-type transformer || ≗ **mit erzwungener Luftkühlung** (Kühlungsart AFA) / dry-type forced-air-cooled transformer (Class AFA) || ≗ **mit natürlicher Luftkühlung** (Kühlungsart AA) / dry-type self-cooled transformer (Class AA) || ≗ **mit offener Wicklung** / open-winding dry-type transformer || ≗ **mit Selbstkühlung durch Luft und zusätzlicher erzwungener Luftkühlung** (o. Anblasekühlung) (Kühlart AA/FA) / dry-type self-cooled/forced-air-cooled transformer (Class AA/FA) || ≗ **mit vergossener Wicklung** / encapsulated-winding dry-type transformer || ≗ **ohne Gießharzisolierung** / non-encapsulated-winding dry-type transformer (IEC 50(421)) || **unbelüfteter** ≗ **mit Selbstkühlung** (Kühlungsart

ANV) / dry-type non-ventilated self-cooled transformer (Class ANV)
Trocken·wandler *m* / dry-type (instrument) transformer || **~-Wechselspannungsprüfung** (s. Wechselspannungsprüfung, trocken)
trocknen *v* / dry *v*, cure *v*
Trocknungs·lampe *f* / drying lamp, heat ray lamp || **~mittel** *n* / desiccant *n*, siccative *n*
Trog *m* / trough *n*, tub *n*, tank *n* || **Batterie~** *m* / battery tray || **elektrolytischer ~** / electrolytic tank
trogförmiger Reflektor (Leuchte) / trough reflector
Trommel·anker *m* / drum-type armature, cylindrical armature || **~bahnanlasser** *m* / drum starter, drum controller || **Fernkopierer-~gerät** *n* / drum-type facsimile unit || **~kabel** *n* / drum cable || **~kamera** *f* / drum camera || **~läufer** *m* / drum-type rotor, cylindrical rotor, non-salient-pole rotor || **~läufermaschine** *f* / cylindrical-rotor machine || **~leitung** (s. Trommelkabel) || **~motor** *m* (Außenläufer) / friction-drum motor || **~plotter** *m* / drum plotter || **~-Reihenwicklung** *f* / series drum winding || **~schreiber** *m* / drum recording instrument (IEC 258), drum recorder || **~speicher** *m* / magnetic drum storage, drum storage || **~triebwerk** *n* / drum drive || **~waschmaschine** *f* / drum-type washing machine || **~wicklung** *f* / drum winding || **~zähler** *m* / drum-type meter, drum meter
Trompeteneinführung *f* / flared gland, bell-type gland, flared bushing
Tropen·ausführung *f* / tropicalized type, tropical finish || **~fest** *adj* / tropicalized *adj*, tropic-proof *adj* || **~festigkeitsprüfung** *f* / tropicalization test, tropic-proofing test || **~isolation** *f* / tropical insulation || **mit ~isolation** / tropically insulated, tropicalized *adj*
Tropfdach *n* / canopy *n*
Tropfenlampe *f* / round bulb lamp, drop-shaped lamp
tropfenweise Imprägnierung / trickle impregnation
Tropf·öler *m* / drip-feed oil lubricator, drop-feed oiler, drop-oiler *n*, gravity-feed oiler || **~punkt** *m* (Fett) / melting point || **~rand** *m* / drip rim || **~schale** *f* (f. Öl) / oil pan, oil tray, oil collecting tray
Tropfwasser, gegen ~ und Berührung geschützte Maschine / drip-proof, screen-protected machine || **Schutz gegen schräg fallendes ~** / protection against water drops falling up to 15° from the vertical || **Schutz gegen senkrecht fallendes ~** / protection against dripping water falling vertically || **~bildung** *f* / dripping moisture
tropfwassergeschützt *adj* / drip-proof *adj*
Tropfwasser·prüfung *f* / drip-water test || **~schutz** *m* / protection against dripping water, drip-water protection
Trosse (s. Leitungstrosse)
trüben, die Sicht ~ / to dim the sight
Trübglas *n* / opal glass || **~kolben** *m* / opal bulb
Trübung *f* / cloudiness *n*, turbidity *n*
Trübungs·faktor *m* (LT) / turbidity *n* || **~meßgerat** *n* / turbidimeter *n*, turbidity meter, nephelometer *n* || **~meßgerät** *n* (f. Messung des Tyndall-Effekts in Lösungen) / nephelometer *n* || **~punkt** *m* / cloud point || **~versuch** *m* (Öl) / cloud test || **~zahl** *f* / turbidity number

Trum *n* (Riementrieb) / strand *n*, side *n*
Trumkraft *f* / strand force, strand pull
TS (s. Teleservice) || **~** (s. Trennschalter) || **~** (s. Temperatursicherung)
T-Schalter *m* (LS, ursprüngl. „Tellerfederschalter") / T-breaker *n*, spring-operated breaker
T-Schaltung, Wicklung in ~ / T-connected winding || **Zweitor in ~** / T-network *n*
TSE (s. Trägerspeichereffekt) || **~-Beschaltung** *f* / surge suppressor (circuit o. network), anti-hole storage circuit, RC circuit, snubber *n* || **~-Kondensator** *m* / (surge) suppression capacitor, snubber capacitor, capacitor of suppressor circuit
TSK (s. typgeprüfte Niederspannungs-Schaltgerätekombination)
TSL (s. Tristate-Logik)
T.S.-Note *f* / thermal severity number (t.s.n.)
T-Stahl *m* / T-sections *n pl*, Tees *n pl*
T-Stoß-Biegeversuch *m* / T-bend test, tee-bend test
T-Stück *n* (Rohr) / tee *n* || **~** (IK) / tee unit, tee *n* || **~ mit Deckel** (IR) / inspection tee
TTL (s. Transistor-Transistor-Logik) || **~-Pegel** *m* / TTL level
TT-Netz *n* / TT system
TTY (s. Teletype) || **~-Blattschreiber** *m* / TTY keyboard printer || **~-Koppelstrecke** *f* / TTY link || **~-Schnittstelle** *f* / TTY interface
Tülle *f* (EMB, Kabeltülle) / support sleeve, sleeve *n* || **~** (Leitungseinführung) / bush *n*, grommet *n*
Tüllenmutter *f* / grommet nut
Tulpenschaltstück *n* / tulip contact, contact cluster
Tunnel *m* (HL) / tunnel *n* || **~diode** *f* / tunnel diode || **~durchbruch** *m* (HL) / tunnel breakdown || **Giaever-~effekt** *m* / Giaever tunneling, Giaever normal electron tunneling || **~effekt** *m* (HL) / tunnel effect || **~lager** *n* / tunnel bearing || **~leuchte** *f* / tunnel luminaire
Tunnelüberwachung, Meßeinrichtungen für Garagen- und ~ / monitoring equipment for garages and tunnels
Tunnelung (s. Tunnelvorgang)
Tunnel·vorgang *m* (HL) / tunnel action || **~wahrscheinlichkeit** *f* / tunneling probability
Tür *f* (a. SK, VDE 0660, T.500) / door *n* || **~anschlag** *m* (Scharnier) / door hinge || **~antrieb** *m* (SG) / door-mounted (operating) mechanism
Turas *m* / tumbler *n*
Türausschnitt *m* / door cutout, door opening
Turbine *f* / turbine *n*
Turbinen·-Durchflußgeber *m* / turbine flowmeter transmitter || **~-Durchflußmesser** *m* / turbine flowmeter || **~-Durchflußmeßumformer** *m* / turbine flow transducer || **~-Mengengeber** (s. Turbinen-Durchflußgeber) || **~schacht** *m* / turbine pit || **~seite** *f* (Gen.) / turbine end, drive end
turbo-elektrischer Antrieb / turbo-electric drive, steam turbine-electric drive
Turbo·-Fräser *m* / turbo-miller *n* || **~-Generator** *m* (nach Antrieb) / turbine-driven generator, turbo-alternator *n* || **~-Generator** *m* (nach Läuferart) / cylindrical-rotor generator || **~-Generatorsatz** *m* / turbine-generator unit || **~-Läufer** *m* / turbine-type rotor, cylindrical rotor, round rotor || **~-Umformer** *m* / turbine-driven converter, turbo-converter *n*
turbulente Strömung / turbulent flow

Tür·gong *m* / door chime || **˜kontaktschalter** *m* / door contact switch || **˜kupplungs-Drehantrieb** *m* (ST) / door-coupling rotary mechanism
Turm·scheinwerfer *m* / tower spotlight || **˜station** *f* / masonry-enclosed rural substation
Turnhallenleuchte *f* / gymnasium-type luminaire
turnusmäßig *adj* / at regular intervals, periodically *adj*
Tür·öffner *m* / door opener || **˜öffnungswinkel** *m* / door opening angle, door swing || **˜rahmenkanal** *m* / architrave trunking || **˜rahmenschalter** *m* / architrave-type switch || **˜rahmensteckdose** *f* / architrave-type socket-outlet || **˜schalter** *m* / door switch, door-operated switch || **˜schalter** (s. Türverriegelungsschalter) || **˜verriegelungsschalter** *m* / door interlock switch
Tusche *f* / drawing ink || **˜-Zeichnung** *f* / ink drawing
Tuschierabdruck *m* (Paßflächenkontrolle) / blueing mark(s)
tuschieren *v* (Paßflächenkontrolle) / blue *v*, ink *v*, to make rubbings || **˜** *n* / blueing *n*, inking *n*, marking *n*
Tuschier·paste *f* / blueing paste, inking paste || **˜platte** *f* / gauge plate, surface plate
Tüte *f* (Lunker) / shrinkage cavity, pinhole *n*
TÜV (s. Technischer Überwachungsverein)
T-VASIS (VASIS = visual approach slope indicator system - optische Gleitwinkelanzeige) / T-VASIS
T-Verbinder *m* / tee connector
T-Verbindung *f* / tee coupling
t-Verteilung *f* (DIN 55350,T.22) / t-distribution *n*
TW (s. Zeitwert)
Twistlänge *f* / twist pitch
TXA (s. Rollbahnvorfeldbefeuerung)
TXC (s. Rollbahnmittellinie)
TXE (s. Rollbahnrandbefeuerung)
Typ *m* / type *n* || **˜ A-Fühler** (PTC-Halbleiterfühler) / mark A detector || **˜ A-Steuergerät** / mark A control unit || **˜bezeichnung** *f* / type designation, marking *n* (IEC 204)
Typen·bereinigung *f* / standardization *n* || **˜beschränkung** *f* / type restriction, standardization *n* || **˜bezeichnung** (s. Typbezeichnung) || **˜-Gleichstrom** *m* / rated d.c. current || **˜leistung** *f* / unit rating, kVA rating || **˜leistung** *f* (Trafo; dem Zweiwicklungstrafo entsprechende halbe Summe der Leistungen der verschiedenen Wicklungen) / equivalent two-winding kVA rating || **˜prüfung** (s. Typprüfung) || **˜rad** *n* / type-wheel *n*, print-wheel *n*, daisywheel *n* || **˜raddrucker** *m* / daisy-wheel printer, petal printer || **˜reihe** *f* / standard range, type series || **˜schild** *n* / rating plate, nameplate *n* || **˜schlüssel** *m* / type number key, type code || **˜wert** (SR) (s. Bemessungswert) || **˜zulassungsverfahren** *n* / type approval procedure
typgeprüft *adj* / type-tested *adj* || **~e Niederspannungs-Schaltgerätekombination (TSK)** (VDE 0660, T.500) / type-tested l.v. switchgear and controlgear assembly (TTA) (IEC 439-1)
typischer Wert / representative value
typisiert *adj* / type-coded *adj*, standardized *adj*
Typ·prüfbericht *m* / type test report || **˜prüfmenge (TPM)** *f* / type test quantity (TTQ) || **˜prüfmuster** *n* / type test sample || **˜prüfung** *f* / type test, type verification and test || **˜prüfungsprotokoll** *n* / type test report || **˜wert** (Stromrichtersatz) (s. Bemessungswert)

U

UB (s. Übergabebereich)
Ubbelohde-Tropfpunkt *m* / Ubbelohde melting point
über Kopf zündender Thyristor / break-over thyristor
Überaltern *n* / over-ageing *n*
Überbeanspruchung *f* / overstressing *n*, overloading *n*
Überbelastbarkeit (s. Überlastbarkeit)
Überbereich (Schutz) (s. Übergreifen)
Überbereichsschutz (s. Übergreifschutz)
Überblenden *n* (BT) / cross-fading *n*
Überblender *m* / cross-fader *n*
Überblendsteller *m* / cross-fader *n*
überbrücken *v* (el.) / short-circuit *v*, short *v*, shunt out *v*, jumper *v*, to connect by a link, link *v* || **˜** *n* (eines Teils o. Geräts f. Erdung o. Potentialausgleich) / jumpering *n*, bonding *n* || **˜ der Isolation** (bei Fehlern) / short-circuit across insulation
überbrückt *adj* (durch Strombrücke) / jumpered *adj*, short-circuited *adj*, shunted out *adj*
Überbrückung *f* (durch Strombrücke) / bonding *n*, jumpering *n* || **˜** (Kurzschließen) / short-circuiting *n*, shunting *n* (out) || **˜** (Umgehung) / bypass *n*, overriding *n*
Überbrückungs·adapter *m* (f. Direktdurchschaltung von Signalen ohne Zwischenwandler) / direct-transmission adapter || **˜baustein** *m* (IR-Fernbedienung) / link module || **˜dauer** (s. Überbrückungszeit) || **˜-Drosselspule** *f* / transition reactor (IEC 214), transition inductor, bridging inductor, bridging reactor, centre-tapped reactor || **Stufenschalter mit ~-Drosselspule** (Trafo) / inductor-transition tap changer || **˜gabel** *f* / shunting fork || **˜impedanz** *f* / bridging impedance, transition impedance || **˜kabel** *n* / jumper cable || **˜kamm** *m* (Reihenklemme) / comb-shaped link || **˜lasche** *f* (Reihenklemme) / plain link || **˜leiter** *m* / by-pass jumper, jumper *n*, link *n* || **˜leiter mit Sicherungen** / fused by-pass jumper || **˜logik** *f* / overriding logic || **˜schiene** *f* / bonding bar, shorting link || **˜schiene** *f* (LS) / by-pass link || **˜trennschalter** (s. Umgehungstrennschalter) || **˜widerstand** *m* / bridging resistance, transition resistor, bridging impedance, transition impedance || **˜zeit** *f* (UVS; bei Netzausfall) / stored energy time
überdacht·e Anlage / sheltered installation || **~er Parkplatz** / covered car park || **~er Raum** / sheltered area
Überdachung *f* / roofing *n*
Überdämpfung *f* / overdamping *n*, super-critical damping
Überdeckung *f* (Kontakte) / coverage *n*, degree of coverage || **˜** (Schraubverbindung) / engagement

n || ≗ (Kontakte) (s. Überlappung)
Überdeckungsgrad *m* (Zahnrad) / engagement factor, contact ratio
überdimensionieren *v* / overdimension *v*, overrate *v*
überdrehen *v* (Komm.) / skim *v*, to resurface by skimming || ~ (Mot.) / overspeed *v*, overrev *v*
Überdrehzahl *f* / overspeed *n* || ≗**auslöser** *m* / overspeed trip, overspeed relay || ≗**begrenzer** *m* / overspeed limiter || ≗**probe** *f* / overspeed test
Überdruck *m* (über d. atmosphärischen Druck) / gauge pressure, pressure above atmospheric || ≗ (übermäßiger D.) / excess pressure, overpressure *n* || ≗ (Überdruckkapselung) / overpressure *n* || **innerer** ~ / pressurization level || **unter inneren** ~ **setzen** / pressurize *v*
Überdruckabschalter *m* (Kondensator; IEC 50(436)) / overpressure disconnector
Überdruckbelüftung *f* / pressurization *n*
überdrucken *v* / overprint *v*
überdruckgekapselt *adj* / pressurized *adj*
Überdruckhaltung *f* / pressurization *n*
Überdruckkapselung *f* (Ex p; EN 50016) / pressurized enclosure || ≗ **mit Ausgleich der Leckverluste** / pressurization with leakage compensation || ≗ **mit dauernder Durchspülung** / open-circuit pressurized enclosure || ≗ **mit ständiger Durchspülung von Zündschutzgas** / pressurization with continuous circulation of the protective gas
Überdruck-Klimaanlage *f* / plenum system || ≗**membran** *f* / relief diaphragm, pressure relief diaphragm, rupture diaphragm || ≗**meßgerät** *n* / pressure gauge || ≗**prüfung** *f* (EN 50018) / overpressure test || ≗**schutz** *m* (Trafo) / gas- and oil-pressure protection, pressure relief device, overpressure relief device || ≗**schutz** *m* (Ableiter) / pressure relief device || ≗**sicherung** *f* / pressure relief device, pressure relief diaphragm, explosion vent || ≗**sicherung** *f* (Sicherheitsventil f. Druckmesser) / safety valve, cut-off valve || ≗-**Überwachungsgerät** *n* (SG) / high-pressure interlocking device || ≗**ventil** *n* / pressure relief valve
übereinander wickeln / to wind one (turn) over another
Übereinstimmung *f* (DÜ) / conformance *n* (ISO 3309)
übererregt *adj* / overexcited *adj*
Übererregung *f* / overexcitation *n*
Übererregungs·begrenzer *m* / overexcitation limiter || ≗**schutz** *m* (Gen.) / overexcitation protection, maximum-excitation protection || ≗**schutz** *m* (Trafo) / overfluxing protection || ≗**versuch** *m* (el. Masch., VDE 0530, T.2) / zero power-factor test (IEC 34-2), overexcitation test
Übererwärmung *f* / excessive temperature rise, overheating *n*
Überfahren *n* (PS) / actuation *n* || ≗ (WZM) / overrun *n*, overtravel *n*, overshoot, n., dynamic overshoot || ≗ **der Achsenendlage** (NC) / axis overtravel || ≗ **der Endstellung** / overrunning (o. overriding) of end position || **die Endstellung** ~ / to override the end position || **Schutz gegen** ~ (Bearbeitungsmaschine) / travel limitation
Überfahrgeschwindigkeit *f* (NS) / target speed || ≗ (PS) / actuating speed
Überfahrschutz *m* (WZM, NC) / overrun limit protection (IEC 550)
Überfall·schloß *n* / staple-and-hasp lock, hasp lock, clasp lock || ≗**wehr** (s. Überlauf-Durchflußmesser)
Überfangglas *n* / flashed glass || ≗**glocke** *f* (o. -kugel) / flashed glass globe
Überflur-Anflugfeuer *n* / elevated approach light || ≗**belüftung** *f* / above-floor ventilation || ≗**feuer** *n* / elevated light
überflutbare Maschine / deckwater-tight machine, submersible machine
Überflutung, Schutz bei ~ / protection against conditions on ships' deck
überflutungssichere Maschine (s. überflutbare Maschine)
Überfrequenz·relais *n* / overfrequency relay || ≗**schutz** *m* / overfrequency protection
Überführung *f*, **Sammelschienen-**~ / busbar crossover
Überführungs·elektrode *f* / guide electrode, transfer electrode || ≗**funktion** *f* / transition function || ≗**funktion** (s. Übertragungsfunktion)
Überfunktion *f* (Schutzeinrichtung) / unwanted operation
Übergabe der Steuerung (PMG) / control passing || ≗**baugruppe** *f* (MC-System) / termination panel
Übergabebereich (UB) (PC) *m* / transfer area
Übergabe·blindleistung *f* / interchange reactive power || ≗**elektrode** *f* (ESB) / carry electrode || ≗**element** *n* (ET) / interface element, periphery element || ≗**feld** *n* (Längskuppelfeld für Sammelschiene mit doppelter Einspeisung) / bus sectionalizer panel (o. cubicle), bus tie breaker panel (o. cubicle) || ≗**leistung** *f* / interchange power || ≗**leistungsregelung** *f* / interchange power control || ≗**leistungsschalter** *m* / tie circuit-breaker, tie breaker, (bus) coupler circuit-breaker || ≗**schnittstelle** *f* / transfer interface || ≗**speicher** *m* / transfer memory || ≗**station** *f* / utilities substation, supply company's substation, main substation || ≗**stecker** *m* / adapter connector, interface connector, periphery connector || ≗-**Steckverbinder** *m* (Peripherieelement) / periphery connector, interface connector || ≗**stelle** *f* (DÜ) / interchange point || ≗**stelle** *f* (Netzpunkt, für den die Kenndaten der an den Kunden zu übergebenden Energie festgelegt sind) / point of supply, supply terminals || ≗**steuerbus** *m* (DIN IEC 625) / transfer control bus || ≗**verteiler** *m* (ET) / interface terminal block || ≗**zustand der Steuerfunktion** (DIN IEC 625) / controller transfer state (CTRS) || ≗**zyklus** *m* / transfer cycle
Übergang *m* (HL, Zonenübergang) / junction *n* || ≗ (Reg., Impuls) / transition *n* || ≗ (Kennlinie) / crossover *n* || ≗ **eines Blockes in Inselbetrieb** / isolation of a unit || ≗ **von Konstantspannungs- zu Konstantstrombetrieb** / constant voltage/constant current crossover || ≗ **zwischen Gerade und Kreisbogen** (NC) / transition between line and arc || ≗ **zwischen logischen Zuständen** / transition between logic states || **Konturen**~ / contour transition || **PN-**~ / PN junction
Übergangs·abbild *n* (Impulsmessung) / transition waveform || ≗**bedingung** *f* (Reg.) / transition condition || ≗**bereich** *m* (DIN 41745) / cross-over area (IEC 478-1) || ≗**dauer** *f* (Impulse) / transition

duration || ≈**dose** *f*(I) / junction box || ≈**drehzahl** *f* / transition speed

Übergangseinheit *f*(MAC; LAN) / bridge *n* || ≈ (DIN ISO 8348) / interworking unit (IWU) || ≈ (s. Netzübergangseinheit)

Übergangs·element *n*(Anpaßelement; ET) / adapter element, interface element, input adapter || ≈**element** *n*(Chem.) / transition element, transition metal || ≈**-EMK** *f* / transient e.m.f. || ≈**erscheinung** *f*(transiente E.) / transient phenomenon, transient reaction, transient *n*, initial response, response *n* || ≈**federleiste** *f* / adapter socket connector || ≈**fläche** *f*(CAD) / surface fillet || ≈**fläche** *f*(Flp.) / transition surface, transition level || ≈**form** *f*(Impulse) / transition shape || ≈**frequenz** *f* / transition frequency || ≈**funktion** *f* / transient function, unit step response || ≈**funktion** (s. Übertragungsfunktion) || ≈**glied** *n* / transition element || ≈**kasten** *m*(f. Kabel) / cable junction box, junction box || ≈**kasten** *m*(IK) / adapter unit, busway adapter, change-face unit || ≈**kopf** *m*(Leitungseinführung) / lead-in bell, weatherhead *n* || ≈**kriechen** *n* / transient creep || ≈**kurve** *f*(Komm.) / commutation curve || ≈**-Kurzschlußwechselstrom** *m* / transient short circuit current || ≈**metall** *n* / transition metal, transition element || ≈**muffe** *f*(f. Kabel) / transition joint, transition sleeve || ≈**passung** *f* / transition fit || ≈**radius** *m* / transition radius || ≈**reaktanz** (s. Transient-Reaktanz) || ≈**schalter** *m*(Bahn) / transition switchgroup || **Nebenschluß-~schaltung** *f* / shunt transition || ≈**schaltung** *f* / transition control || ≈**schütz** (s. Überschaltschütz) || ≈**schwingung** *f* / transient vibration || ≈**sehen** *n* / mesopic vision || ≈**sektor** *m* (Flp.) / transition sector || ≈**spannung** *f*(Bürste) / contact voltage || ≈**stecker** *m* / adapter plug, socket adapter, plug adapter, intermediate accessory || ≈**steckvorrichtung** *f* / conversion adapter, adapter *n* || ≈**stelle** *f*(Ablaufplan, DIN 66001) / connector *n* || ≈**stellung** *f*(HSS; VDE 0660,T.202) / transit position (IEC 337-2A) || ≈**stutzen** *m* / adapter *n* || ≈**tabelle** *f* / transition table || ≈**tafel** *f*(Schaltnetz) / transition table, transition matrix || **antiferromagnetische ~temperatur** / antiferromagnetic Curie point, Néel temperature || ≈**typ** *m*(Impulse) / transition type || ≈**variable** *f*(Schaltnetz) / next-state variable || ≈**vektor** *m*(Schaltnetz) / next-state vector || ≈**-Verbindungsmuffe** (s. Übergangsmuffe) || ≈**verhalten** *n* / transient response, dynamic performance, transient *n* || ≈**verluste** *m pl* / contact loss

Übergangswiderstand *m*(Kontakte, Bürsten) / contact resistance || ≈ (Trafo, Überschaltwiderstand) / transfer resistor || **Erd~** / earth contact resistance (IEC 364-4-41), earth-leakage resistance || **Kurzschluß mit ~** / high-resistance fault, high-impedance fault

Übergangs·zeit *f*(Signale, Schaltdiode) / transition time || ≈**-Zeitkonstante** (s. transiente Kurzschlußzeitkonstante) || ≈**zone** *f*(HL) / transition region || ≈**zone der Störstellendichte** / impurity concentration transition zone || ≈**zustand** *m* / transient condition

übergeben, Steuerung ~ (PMG, DIN IEC 625) / to pass control

übergehen, in einen Zustand ~ (PMG-Funktion) / to enter a state

übergeordnet·er Baustein / primary module || **~er Parameter** / higher-order parameter || **~er Rechner** / higher-level computer || **~e Regelung** / master control || **~e Richtlinie** / authoritative guideline || **~er Schutz** / general protection || **~e Schutzeinrichtung** / upstream protective device || **~e Steuerung** (s. Leitsteuerung) || **~es System** / higher-level system || **~e Zuordnung** (DIN 40719,T.2) / higher-level assignment (IEC 113-2)

Übergeschwindigkeitsbegrenzer (s. Überdrehzahlbegrenzer)

Übergreifen *n*(Schutz) / overreach *n*, overreaching *n*, transient overreach || **Distanzschutzsystem mit ~** / overreach distance protection system

übergreifend·e Spulen / crossed coils

Übergreif·schaltung *f*(Schutz) / overreaching connection, zone extension, extension of zone reach || ≈**schutz** *m* / overreaching protection || ≈**staffelung** *f*(Schutz) / overreach grading, extended zone grading

Überhandschuhe *m pl* / insulating glove covers

Überhang *m*(gS) / overhang *n*

überhängendes Wellenende / overhanging shaft extension

Überhitzung *f* / overheating *n*, excessive heating

überhöhte Eingangsgröße / excessive input

Überhöhung || **Druck~** *f* / pressure piling || **Resonanz~** *f* / resonance sharpness, magnification factor || **Spannungs~** *f* / voltage rise, voltage overshoot || **Verstärkungs~** *f* / peaking *n*(amplifier)

Überhöhungsfaktor *m*(Resonanz) / magnification factor, resonance factor

überholen *v*(instandsetzen) / overhaul *v*

Überhol·getriebe *n*(EZ) / overrun gears, ratchet-and-pawl unit || ≈**kupplung** *f* / overrunning clutch || ≈**sichtweite** *f*(Kfz-Verkehr) / passing sight distance

Überholung *f*(Revision) / overhaul *n*

Überholungskupplung *f* / overrunning clutch

Überhörfrequenz *f* / ultrasonic frequency

Überhub *m*(Ventil) / overtravel *n* || **Kontakt~** *m* (Abbrandzugabe) / extra way of contact

überkippen *v* / topple *v*

Überkommutierung *f* / over-commutation *n*

Überkompensation *f* / over-compensation *n*

überkompoundiert *adj* / over-compounded *adj*

Überkompoundierung *f* / over-compounding *n*, over-compound excitation

Überkreuzung *f*(v. 2 Leitern u. IS) / crossover *n* || ≈ (Wickl., Röbelstab) / transposition *n*, crossover *n*

überkritisch·e Drehzahl / speed above critical || **~ fehlerhafte Einheit** / critical defective

Überladung *f*(Batt.) / overcharge *n*

überlagern *v* / superimpose *v*, superpose *v*

überlagert·es Automatisierungssystem / higher-level automation system || **~e Bremsung** (Bahn) / blended braking || **~es Feld** / superposed field, harmonic field || **~e Gleichspannung** / superimposed d.c. voltage || **~er Gleichstromanteil** / standing d.c. component || **~er Schutz** / back-up protection || **~e Schwingungen** / superimposed oscillations || **~e Steuerung** (s. Leitsteuerung) || **~e**

Wechselspannung / ripple voltage || ~**e Welligkeit** (%) / ripple percentage, ripple content || ~**er Zyklus** (FWT) / superimposed cycle
Überlagerung *f* / superimposition *n*, superposition *n* || ² (LAN-Kollision) / collision *n* || ² (Programm) / overlay *n* || **Scheitelwert der** ~ (überlagerte Wechselspannung) / ripple amplitude || **Zeichnungs~** (NC; a. CLDATA-Wort) / overplot *n* (ISO 3592)
Überlagerungen *f pl* (DIN 41745) / periodic and/or random deviations (PARD) || ² (Welligkeit, Oberschwingungen) / ripple *n*, harmonics *n pl* || ² **auf einer Gleichspannung** (DIN 41745) / PARD on d.c. || ² **auf einer Wechselspannung** (DIN 41745) / PARD on a.c. || **synchrone periodische** ~ (DIN 41745) / synchronous periodic deviations
Überlagerungs·faktor *m* (DIN 41745) / relative harmonic amplitude || ²**faktor** *m* (Welligkeitsfaktor) / ripple factor || ²**frequenz** *f* / heterodyne frequency, beat frequency || ²**frequenzmesser** *m* / heterodyne frequency meter || ²**kanal** *m* / super-audio channel || ²**permeabilität** *f* (s. inkrementelle Permeabilität) || ²**prinzip** *n* / superposition principle || ²**prinzip** *n* (synthet. Prüfung) / injection method || ²**satz** *m* / superposition theorem, Laplace transformation || ²**schwingung** *f* / superposed oscillation, harmonic oscillation || ²**-Starter-Zündgerät** *n* / superimposed-pulse igniter || **Gleichstrom-~steuerung** *f* / d.c. bias control || ²**störung** *f* / heterodyne interference || ²**strom** *m* (synthet. Prüfung; cf. „Stromüberlagerung") / injection current, superimposed current, high-frequency oscillating current || ²**telegraphie** *f* / super-audio telegraphy || ²**verfahren** *n* (zur Messung der Übertemperatur von Wechselstromwicklungen; VDE 0530, T.1) / superposition method (IEC 34-1) || ²**-Zündgerät** *n* / superimposed-pulse ignitor
überlappen *v* / overlap *v*, lap *v*
überlappend·e Elektrode (Gate) / overlapping gate || ~**e Schaltglieder** / overlapping contacts || ~**e Schaltglieder** (Öffnen vor Schließen) / open-before-close contact elements || ~**e Schaltglieder** (Schließen vor Öffnen) / close-before-open contacts || ~**e Verarbeitung** / concurrent processing, multitasking *n*, multijob operation || ~**er Vorwähler** (Trafo) / change-over selector || **dachziegelartig** ~ / imbricated *adj*, interleaved *adj*
überlappt geschichtet / lapped-stacked *adj*, stacked with an overlap || ~ **geschichtete Bleche** / overlapping laminations || ~**e Spule** / lap coil || **doppelt** ~ / double-lapped *adj*, with double overlap || **einfach** ~ / single-lapped *adj* || **halb** ~ / with a lap of one half, half-lapped *adj*
Überlappung *f* / overlap *n*, overlapping *n*, lapping *n*, lap *n* || ² (Kontakte) / overlap *n*, overlapping *n* || ² (Kontakte; Öffner-vor-Schließer) / break-before-make arrangement (o. feature) || ² (Kontakte; Schließer-vor-Öffner) / make-before-break arrangement (o. feature) || ² (beim Versuch mehrerer Datenstationen, über einen gemeinsamen Kanal zu senden) / contention *n* || **Wechsler mit** ~ / make-before-break changeover contact (element) || **Wechsler ohne** ~ / break-before-make changeover contact (element)
Überlappungs·punkt *m* (Akust.) / crossover point || ²**schweißen** *n* / lap-welding *n* || ²**winkel** *m* (a. LE) / angle of overlap, overlap angle, commutation angle || ²**zeit** *f* (Wechsler eines Relais) / bridging time || ²**zeit** *f* (LE, VDE 0558) / overlap interval (IEC 146)
Überlast *f* (el.) / overload *n* || ²**auslöser** *m* (VDE 0660, T.101) / overload release (IEC 157-1), thermal overload release, overload relay || ²**auslöser mit Phasenausfallschutz** / phase-failure-sensitive overload release || ²**auslösung** *f* / overload tripping
Überlastbarkeit *f* / overload capability, overload capacity
Überlast·bereich *m* (MG, Zustand, bei dem der Wert des Eingangsignals außerhalb des Meßbereich liegt) / overrange *n* || ²**betrieb** *m* (bei Beanspruchung in Zuverlässigkeitsprüf.) / operation at overstress
überlasten *v* / overload *v*
Überlastfaktor *m* / overload factor || ² (el. Masch.) / service factor || ² (s. Überlastungsfaktor)
überlastfester Ausgang / overload-proof output
Überlastfestigkeit *f* / overload withstand capability, ability to withstand overload currents || **Nachweis der** ~ / verification of ability to withstand overload currents
Überlast·grenze *f* (MG, max. Eingangsgröße, die noch keine Zerstörung o. bleibende Veränderung hervorruft) / overrange limit || ²**kennlinie** *f* / overload characteristic, overload curve || ²**leistung** *f* (KW) / overload capacity || **nutzbare** ~**leistung** (Verbrennungsmot.) / overload effective output || ²**-Leistungsschalter** *m* / overload circuit-breaker || ²**moment** *n* / peak-load torque || ²**prüfung** *f* / overload test
Überlastrelais *n* / overload relay, thermal electrical relay || ² **mit Phasenausfallschutz** / phase-failure-sensitive thermal overload relay || ² **mit teilweiser Gedächtnisfunktion** / thermal electrical relay with partial memory function || ² **mit vollständiger Gedächtnisfunktion** / thermal electrical relay with total memory
Überlast·schalter *m* / cutout *n* || ²**schaltvermögen** *n* / overload performance || **Nachweis des** ~**schaltvermögens** / verification of overload performance
Überlastschutz *m* / overload protection || ² (Relaiseinheit) / overload relay || ² (Trafo; VDE 0532,T.30) / overcurrent blocking device (IEC 214) || ² (MG) / overrange protection
Überlast-Schutzeinrichtung *f* / overload protective device || ²**-Schutzorgan** (s. Überlast-Schutzeinrichtung) || **Leitungs-~schutzsystem** *f* / feeder overload protection system || ²**strom** *m* / overload current || ²**- und Kurzschlußschutz** (Gerät) / overload and short-circuit protection unit
Überlastung *f* / overloading *n*
Überlastungs·faktor *m* (z.B. eines Meßempfängers, IEC 50(161)) / overload factor || ²**schutz** (s. Überlastschutz) || ²**stromstoß** *m* (ESR-Elektrode) / fault current
Überlauf *m* (DV, Zeichenfolge) / overflow *n* || ² (WKW) / spillway *n* || ² (WZM, Überfahren) / overshoot *n*, overtravel *n* || ²**anzeige** *f* (MG) /

overrange indication, off-scale indication || ²-**Durchflußmesser** *m* / weir-type flowmeter
überlaufen *v* (Programmteil) / skip *v*
Überlauf·fehler *m* (MPU) / overrun error (OE) || ²**kammer** *f* / overflow compartment || ²**kanal** *m* (WKW) / spillway *n* || ²**kante** *f* (Lg.) / oil retainer || ²**kessel** *m* / overflow tank, spill tank || ²**rohr** *n* / overflow pipe || ²**sperre** *f* (Trafo-Stufenschalter) / (timed) overrun block || ²**ventil** *n* / overflow valve, bypass valve || ²**verarbeitung** *f* / overflow processing
Überlebens·wahrscheinlichkeit *f* (IEC 50(191)) / reliability *n* || ²**wahrscheinlichkeit** *f* (DIN 40042) / probability of survival, survival probability || ²**wahrscheinlichkeitsverteilung** *f* / survival probability distribution
Überleistung *f* (Verbrennungsmot.) / marginal output
überlesen *v* (Satz, Wort) / skip *v* || **Satz~** *n* / optional block skip, block skip, block delete || **wahlloses ~** (NC; a. CLDATA-Wort) / optional skip (ISO 3592)
Übermaß *n* (Bearbeitung) / oversize *n* || ² (Passung, DIN 7182, T.1) / interference *n* || **bezogenes ~** / specific interference || **Lagerschalen-~** / crush *n*, crush height
Übermaßpassung *f* / interference fit
Übermetallisierung *f* (DIN 40804) / overplate *n*
Übermitteln von Daten / communication of data
Übermittlung *f* (FWT) / transfer *n*
Übermittlungsabschnitt *m* (DÜ, DIN 44302) / data link || ² **mit gleichberechtigter Steuerung** (DIN ISO 3309) / balanced data link || ² **mit zentraler Steuerung** (DIN ISO 3309) / unbalanced data link
Übermittlungs·abschnittsbündel *n* / multilink *n* || ²**einheit** *f* (Modem) / modem *n*, data set || ²**fehlerwahrscheinlichkeit** *f* (FWT) / residual error probability (telecontrol) || ²**rate** *f* (FWT) / transfer rate || ²**system** *n* / communication system || ²**vorschrift** *f* (DÜ, DIN 44302) / link protocol || ²**zeit** *f* (FWT) / transfer time (telecontrol)
Übernahme der Information / acceptance of information, transfer of information || ² **durch den Kunden** / taking over by customer, acceptance by customer || **Strom~** (LE u. Kommutieren bei einer Gasentladung) / commutation *n* || ²**strom** *m* (VDE 0660,T.101) / take-over current (IEC 157-1) || ²**strom** *m* (Gasentladungsröhre) / transfer current || ²**taste** *f* / transfer key, execute key || ²**zeit** *f* (Gasentladung) / transfer time || ²**zyklus** *m* (MPU, „Fetch"-Zyklus) / fetch cycle
übernehmen, Daten ~ / to accept data || **Steuerung ~** (PMG, DIN IEC 625) / to receive control, to take control
überprüfbare Angaben / auditable data
Überprüfung *f* / check test, review *n*, check *n* || ² **der Komplettierung** (s. Vollständigkeitsüberprüfung) || ² **der Konstruktion** / design review || ² **durch die Unternehmungsführung** / management audit || **endgültige ~** (einer Anlage) / precommissioning checks
Überprüfungen vor der Inbetriebnahme / precommissioning checks
Überprüfungsschalter *m* (Dreischaltermethode) / "run" breaker
Überrahmen *m* (ET) / bin *n* || ² (BGT) (s. Baugruppenträger)
überregionales Netz / supraregional network
Überreichweite *f* (Schutz) / overreach *n*, overreaching *n*, transient overreach
Über...relais *n* / over...relay
Überrollstrecken-Randbefeuerung (s. Landebahnverlängerung-Randbefeuerung)g
Überschall *m* / ultrasound *n* || ²-**Durchflußmesser** *m* / ultrasonic flow meter || ²**prüfung** (s. Ultraschallprüfung)
Überschalt-Drosselspule *f* (Trafo) / transition reactor (IEC 214), transition inductor, bridging inductor, bridging reactor, centre-tapped reactor
Überschalten *n* (Trafo) / transfer *n*, load transfer || ² (Bahn) / transition control
Überschalt·impedanz *f* (Trafo) / transition impedance (IEC 76-3), bridging impedance || ²**schütz** *n* / transition contactor || ²**transformator** *m* / preventative autotransformer
Überschaltung *f* / transfer *n*, load transfer
Überschalt·widerstand *m* / transition resistance, transition resistor, transfer resistor, bridging impedance || ²**zeit** *f* / transition time, transition period, transfer time
überschaubare Anordnung / clear layout, easily traceable arrangement
Überschießen *n* / overshoot *n*
Überschlag *m* (an der Oberfläche eines Dielektrikums in gasförmigen oder flüssigen Medien) / flashover *n* || ² (in gasförmigen oder flüssigen Dielektrika) / sparkover *n* || ² (ESR) / flash-arc *n*, Rocky-Point effect || **rückwärtiger ~** / back flashover
Überschlag-Blitzstoßspannung *f* / lightning-impulse flashover voltage || **50 %-~, trocken** / 50 % dry lightning impulse flashover voltage
Überschläge *m pl* (Mikrowellenröhre) / arcing *n*
Überschlag·feldstärke (s. Überschlagfestigkeit) || ²**festigkeit** *f* / dielectric strength, electric strength || ²**prüfung** *f* / flashover test
Überschlag-Schaltstoßspannung *f* / switching impulse flashover voltage || **50 %-~, trocken** / 50 % dry switching impulse flashover voltage || **50 %-~ unter Regen** / 50 % wet switching impulse flashover voltage
Überschlag·spannung *f* / flashover voltage, sparkover voltage, arc-over voltage || **50-%-~spannung** *f* / 50% flashover voltage || ²**strom** *m* / flashover current || ²**wahrscheinlichkeit** *f* / flashover probability
Überschlag-Wechselspannung *f* / power-frequency flashover voltage || ² **unter Regen** / wet power-frequency flashover voltage || ², **trocken** / dry power-frequency flashover voltage
überschleifen *v* (Komm., SL) / to resurface by grinding, to true by grinding, true *v*
überschneidende Kontaktgabe (Schließer-vor-Öffner) / make-before-break contacting (o. feature)
Überschneidung (Kontakte) (s. Überlappung)
Überschreiben *n* / overwriting *n*
Überschreibmodus *m* (Textverarb.) / write-over mode
Überschreibungsaufnahme *f* / overwritten exposure
Überschreitung *f* (des Meßbereichs) / overrange *n*
Überschrift *f* (Netzwerk) / header *n*

Überschuß·elektron *n* / excess electron || **²energie** *f* / excess energy || **²ladungsträger** *m* / excess carrier || **²leistung** *f* / excess power || **²leitung** *f* (HL, Elektronenleitung) / electron conduction || **²rauschleistung** *f* / excess noise power || **²rauschverhältnis** *n* / excess noise ratio || **²träger** *m* / excess carrier

Überschwingen *n* / overshoot *n*, overswing *n*

Überschwing·faktor *m* (Verstärker) / overshoot factor || **²faktor** *m* (Schwingung) / amplitude factor || **²impuls** *m* („Glitch") / glitch *n* || **²spannung** *f* / voltage overswing || **²sperre** *f* / anti-overshoot device

überschwingungs·frei *adj* (MG) / dead-beat *adj*

Überschwing·weite *f* / overshoot *n*, overshoot amplitude || **²winkel** *m* (Schrittmot.) / overshoot angle || **²zeit** *f* / overshoot time

Überseetransport, Verpackung für ~ / packing for shipment overseas

übersehnte Wicklung / long-chord winding, long-pitch winding

übersetzen *v* (a. DV) / translate *v*

Übersetzer *m* / translator *n* || **²** (Rechnersystem) / compiler *n*

Übersetzung *f* (Strom- u. Spannungswandler) / actual transformation ratio (IEC 50(321)) || **²** (Verhältnis, Trafo) (s. Übersetzungsverhältnis) || **²** (Getriebe) (s. Übersetzungsgetriebe) || **²** (Verhältnis, Getriebe) (s. Übersetzungsverhältnis) || **² auf den Anzapfungen** / voltage ratio corresponding to tappings || **² ins Langsame** / speed reduction, gearing down || **² ins Schnelle** / gearing up || **Anzapfungs~** (Trafo) / tapping voltage ratio

Übersetzungs·anweisung *f* / directive *n* || **²faktor** *m* (Gleichstromumrichter) / transfer factor (d.c. converter) || **²fehler** *m* (Trafo, Wandler) / ratio error || **²getriebe** *n* / speed-transforming gear, speed-transforming transmission || **²getriebe ins Langsame** / speed reducer, step-down gearing || **²getriebe ins Schnelle** / speed-increasing gear unit, step-up gearing || **²korrekturfaktor** *m* (Trafo) / ratio correction factor (RCF) || **²liste** *f* (PC) / compiler list || **²messer** *m* / ratiometer *n* || **²programm** *n* / compiler *n* || **²rad** *n* / gear wheel || **²stufe** *f* (Kfz-Getriebe) / gear step, transmission step || **²tafel** *f* (f. Adressenseiten) / address paging table, address mapping table

Übersetzungsverhältnis *n* (Trafo) / transformation ratio, ratio *n* || **²** (kapazitiver Spannungsteiler) / voltage ratio || **²** (Getriebe) / transmission ratio, gear ratio, speed ratio, ratio *n* || **²** (Kraftgewinn) / mechanical advantage || **² Eins** (Trafo) / one-to-one ratio

Übersicht *f* / overview *n*, survey *n*, summary *n* || **²** (s. Übersichtsschaltplan)

übersichtliche Anordnung / straightforward arrangement, easily traceable arrangement

Übersichtsbild *n* (Prozeßmonitor) / overview display || **²** (s. Netzübersichtsbild)

Übersichts·feld *n* (Programmiergerät) / graphics field || **²feld** *n* (Prozeßmonitor) / overview field || **²karte** *f* / general map || **²plan** *m* / layout plan, general plan || **²plan** (s. Übersichtsschaltplan) || **²schaltbild** *n* (Blockschaltbild) / block diagram || **²schaltbild** *n* (einpolige Darstellung) / one-line diagram, single-line diagram || **²schaltbild** (s. Übersichtsschaltplan) || **²schaltplan** *m* / block diagram, survey diagram (Rev. IEC 113-1)

Überspannung *f* / overvoltage *n*, overpotential *n*, surge *n* || **² einer Kondensatorbatterie** (VDE 0670,T.3) / capacitor bank overvoltage (IEC 265) || **² zum Sternpunkt einer Kondensatorbatterie** (VDE 0670,T.3) / capacitor bank overvoltage to neutral point (IEC 265) || **² zwischen den Leitern einer Kondensatorbatterie** (VDE 0670,T.3) / capacitor bank overvoltage between lines (IEC 265) || **äußere ~** (transiente Ü. in einem Netz infolge einer Blitzentladung oder eines elektromagnetischen Induktionsvorgangs) / external overvoltage

Überspannungs·ableiter *m* / lightning arrester, surge voltage protector (SVP), surge diverter, surge arrester || **²auslöser** *m* / overvoltage release || **²begrenzer** *m* / overvoltage limiter, surge limiter, surge voltage protector (SVP), surge absorber, surge diverter, surge suppressor || **Eingangs~energie** *f* (SR) / supply transient energy (IEC 411-3) || **²faktor** *m* / overvoltage factor || **²kategorie** *f* / overvoltage category

Überspannungsschutz *m* / overvoltage protection || **²** (Vorrichtung) / surge suppressor, overvoltage protector || **²beschaltung** *f* / suppressor circuit, surge suppressor, snubber *n* (circuit) || **²gleichrichter** *m* / semiconductor overvoltage protector || **²kondensator** *m* / surge capacitor

Überspannungs·schutzvorrichtung *f* (Kondensator) / overvoltage protector || **²sicherheit** *f* / impulse strength, surge strength || **²sicherung** *f* / breakdown fuse || **²sperre** *f* / overvoltage blocking device (o. unit) || **²-Wanderwelle** *f* / travelling surge

Überspeichern *n* / overstoring *n*, superimposition *n* (of functions)

überspielen *v* (auf Datenträger) / transcribe *v*

Überspinnung *f* / braiding *n*

Übersprechen *n* / crosstalk *n* || **²** („Durchgriff") / feedthrough *n*, feedover *n*

Übersprech-Güteziffer *f* / crosstalk figure of merit

Überspringbefehl *m* / skip instruction, blank instruction

überspringen *v* (Programmteil, Befehl) / skip *v*

Überspringen der Funken / sparking over

Übersprung (Entladung; „Quasi-Überschlag") *m* / snap-over *n* || **Kolonnen~** *m* / column skip

Überstaffelung (Schutz) (s. Übergreifstaffelung)

Überstand *m* (Maßhilfslinie, CAD) / overshoot *n*

überstehend·er Glimmer (Komm.) / proud mica, high mica || **~er Metallwinkel** (Bürste) / cantilever top

Übersteiger *m* (Spule) / cranked strand, cranked coil

übersteuern *v* / override *v* || **~** (Verstärker) / overdrive *v* || **manuelles ~ der automatischen Funktionen** / manual overriding of automatic control function

Übersteuerung *f* (Überlastbarkeit) / overload capability

Übersteuerungs·anzeige *f* (MG) / overload detector || **²bereich** *m* (MG) / overrange *n*

überstreichen *v* (Text) / overscore *v*

Überstrom *m* / overcurrent *n*, excess current || **²** (Diode, DIN 41781) / overload forward current, overload current || **²** (Thyr, DIN 41786) / overload on-state current, overload current || **Einschalt~**

(Kondensator) / inrush transient current || ≗ableiter *m* / overcurrent diverter, current arrester (US) || ≗anregerelais *n* / overcurrent starting relay || ≗anregung *f* / overcurrent starting || ≗auslöser *m* (VDE 0660,T.101) / overcurrent release, overcurrent trip || ≗auslösung *f* / opening by overcurrent release, overcurrent tripping || ≗belastbarkeit *f* / overcurrent capability, overload capability || ≗erfassung *f* / overcurrent detection || ≗faktor (s. Überstromziffer)

Überströmkanal *m* / overflow passage

Überstrom-Kennziffer (s. Überstromziffer) || ≗klasse *f* / overcurrent class || ≗relais *n* / overcurrent relay, excess-current relay || ≗relais für Schweranlauf / overcurrent relay for heavy starting, restrained overcurrent relay || ≗relais mit Phasenausfallschutz / overcurrent and phase-failure protection relay, overcurrent relay with phase-failure protection || ≗-Richtungsrelais *n* / directional overcurrent relay || **kombinierter ~-Rückleistungsschutz** / combined overcurrent and reverse-power protection (unit o. equipment) || ≗schalter *m* (LS, Hauptschalter zum Trennen von Bahnmotoren bei Überstrom) / line circuit breaker, line breaker || ≗-Schnellauslöser *m* / instantaneous overcurrent release, high-speed overcurrent trip || ≗-Schnellauslösung *f* / instantaneous overcurrent tripping || ≗-Schnellrelais *n* / instantaneous overcurrent relay, non-delayed overcurrent relay || ≗-Schutzeinrichtung *f* / overcurrent protective device || ≗-Schutzorgan *n* / overcurrent protective device || ≗-Schutzschalter *m* / excess-current circuit-breaker || ≗-Schutz-Staffelung *f* / overcurrent protective coordination || ≗-Sekundärrelais *n* / overcurrent secondary relay, secondary-type overcurrent relay || ≗selektivität *f* / overcurrent discrimination || ≗sperre *f* / overcurrent lock-out || ≗überwachung *f* (VDE 0100, T.200) / overcurrent detection || ≗verhalten *n* / overcurrent characteristics, overload performance, behaviour under overcurrents || ≗-Zeitrelais *n* / time-overcurrent relay, overcurrent-time-lag relay || ≗-Zeitschutz *m* / time-overcurrent protection, overcurrent-time protection || ≗ziffer *f* (Wandler) / overcurrent factor, rated accuracy limit factor, saturation factor

Überstunden-Übertrag *m* / overtime hours carry-over

übersynchron *adj* / oversynchronous *adj*, supersynchronous *adj*, hypersynchronous *adj* || **~e Bremsung** / oversynchronous braking, regenerative braking || **~e Stromrichterkaskade** / oversynchronous static converter cascade, supersynchronous thyristor Scherbius system

Übertemperatur *f* (Erwärmung) / temperature rise || ≗ (übermäßige T.) / overtemperature *n*, excess temperature, overheating *n* || ≗ **des Gehäuses** (Kondensator; VDE 0560,4) / container temperature rise (IEC 70) || ≗schutz *m* / overtemperature protection, thermal protection

Übertrag *m* (Zähler) / carry (CY) *n* || ≗ **rückwärts** / carry down || ≗ **vorwärts** / carry up || **Parallel~** / carry lookahead || **Überstunden-~** / overtime hours carry-over

übertragbar·es Drehmoment / transmittable torque, torque capacity || **~e Leistung** / transmittable power, power capacity || **~e Zeit** (GLAZ) / carry-over hours

Übertragbarkeit *f* (Drehmoment) / transmissibility *n* || ≗ (Programme) / portability *n*

übertragen·es Drehmoment / transmitted torque, running torque || ≗ **von Daten** / transmission of data || **Wärme ~** / to transfer heat, to transmit heat

Übertrager *m* / transformer *n* || ≗ (Übersetzungsverhältnis Eins) / one-to-one transformer || ≗ (Telefon) / repeating coil || ≗baugruppe *f* (LE, Impulsübertragerb.) / gate (o. trigger) pulse transformer subassembly || ≗brücke *f* / transformer bridge || ≗drossel *f* (Erdungsd.) / earthing reactor, grounding reactor || ≗kern *m* / transformer core || ≗kopplung *f* / transformer coupling

Übertrags·ausgang *m* / carry-out output, ripple-carry output || ≗eingang *m* / carry-in input || ≗generator *m* (binäres Schaltelement) / look-ahead carry generator

Übertragung auf Abfrage (FWT) / transmission on demand || ≗ **elektrischer Energie** / transmission of electrical energy, transmission of electricity || ≗ **mit Empfangsbestätigung** (FWT) / transmission with decision feedback || **aktive ~** (DIN IEC 625) / active transfer

Übertragungs· *f*, **Kurzschluß-~admittanz** / short-circuit transfer admittance || ≗admittanz *f* / transfer admittance, transadmittance *n* || ≗admittanz rückwärts / reverse transfer admittance || ≗admittanz vorwärts / forward transfer admittance || ≗art *f* / transmission method || ≗beiwert *m* (Meßtechnik) / transfer coefficient || ≗bereich *m* (Verstärker) / output range (amplifier) || ≗bereitschaft *f* (DÜ) / ready for data || ≗block *m* (LAN) / transmission frame || ≗diagramm *n* / transfer diagram || ≗eigenschaften *f pl* (MG) / transfer characteristics || ≗eigenschaften *f pl* (Trafo) / transformation characteristics || ≗einrichtung für Störungsmeldungen (EN 54) / fault warning routing equipment || ≗einrichtungen für Brandmelder / fire alarm routing equipment || **mechanisches ~element** (WZM) / mechanical transmission element || ≗ende *n* / end of transmission (EOT) || ≗fähigkeit *f* (einer Netzverbindung) / transmission capacity (of a link)

Übertragungsfaktor *m* (Wellenleiter) / transmission coefficient || ≗ (Übertragungsfunktion mit 2 dimensionsgleichen Signalen) / transfer ratio (IEC 50(131)) || ≗ (Übertragungsmaß; Verhältnis Eingangsspannung/Ausgangsspannung o. -strom) / gain *n* || ≗ **im diffusen Feld** (DIN IEC 651) / diffuse-field sensitivity

Übertragungs·fehler *m* / transmission error || ≗fehler *m* (Wandler) / transformation error || ≗fehler (s. Übersetzungsfehler) || ≗format *n* / (data) transfer format || ≗-Freileitung *f* / overhead power transmission line || ≗-Frequenzgang *m* / frequency response || ≗funktion *f* / transfer function || ≗funktion des offenen Regelkreises / open-loop transfer function

Übertragungsgeschwindigkeit *f* / data signalling rate, transmission speed, transmission rate, signalling rate, line speed || ≗ (in Bit, Baud) / bit

rate, baud rate || **Daten-~** / data rate, data signalling rate
Übertragungsgeschwindigkeitsgeber *m* / rate generator
Übertragungsglied *n* / transfer element, transmission element || ² (s. Koppler)
Übertragungs·immittanz *f* / transfer immittance || **²impedanz** *f* / transfer impedance || **²kanal** *m* / transmission channel, channel *n* || **²kennlinie** *f* / transfer characteristic, mutual characteristic || **²kennlinie** *f*(Beleuchtungsstärke/Signalstrom) / light signal transfer characteristic || **²kennwert** *m* (Verstärker) / transfer characteristic || **²koeffizient** *m*(Transistor, s-Parameter) / s-parameter *n* || **²-Leistungsverstärkung** *f* / transducer gain || **²leitung** *f*(Energieübertragung) / transmission line || **²leitung** *f*(DÜ) / transmission line, data line, data transmission line || **²maß** *n* (DIN IEC 651) / transfer constant, transmission factor || **²maß** *n*(Frequenzgang) / frequency response || **²maß** (s. Übertragungsfaktor)
Übertragungsmedium *n* / transmission medium, medium *n* || ² (DIN ISO 7498) / physical medium
Übertragungs·netz *n* / transmission network, transmission system || **~orientiertes Verarbeitungsprotokoll** (MAP) / transaction-oriented processing protocol || **²qualität** *f* (Kontakte) / transfer quality || **²qualität** *f* (Kommunikationsnetz) / transmission performance || **²rate** *f* / transfer rate || **²rate** *f*(in Baud, Bit) / baud rate, bit rate || **HGÜ-~regelung** *f* / HVDC transmission control || **²sicherheit** *f* / transmission reliability || **²signal** *n*(DIN 19237) / transfer signal || **²spannung** *f* / transmission voltage || **²steilheit** *f* / transconductance *n* || **²steuerzeichen** *n* / transmission control character || **²steuerzeichenfolge (ÜSt-Zeichenfolge)** (DÜ, DIN 44302) *f* / supervisory sequence
Übertragungsstrecke *f* / transmission link, transmission length (bus system) || **PCM-~** *f* / PCM transmission link, PCM link
Übertragungstransformator *m*, **Hochspannungs-Gleichstrom-~** (HGÜ- Transformator) / h.v. d.c. transmission transformer (HVDCT transformer)
Übertragungs·- und Verteilungsverluste (Netz) *m pl* / transmission and distribution losses || **²verhalten** *n*(Meßeinrichtung) / response *n* || **²verhalten** *n*(Ansprech- o. Einstellverhalten) / response characteristic, response *n* || **²verluste** *m pl*(Netz) / transmission losses, transmission and distribution losses, system losses || **²vorlage** *f* (Fernkopierer) / document *n*(to be transmitted) || **²vorschriften** *f pl*(f. Nachrichten) / (message) transfer conventions
Übertragungsweg *m* / transmission path || ² (PMG) / communication path (IEC 625), message route || ² (FWT) / transmission route
Übertragungs·wirkleitwert *m* / transconductance *n* || **²zeichenfolge** *f*(DÜ, DIN 44302) / information message || **²zeit** *f*(DÜ, Kommunikationssystem) / transfer time interval, transit delay (ISO 8208), transmit delay || **²zustand der Quelle** (PMG, DIN IEC 625) / source transfer state (STRS)
Übertrittspannung *f* / overspill *n*(voltage)
Über- und Unter...relais / over-and-under...relay || **~ und untersynchrone Scherbius-Kaskade** / double-range Scherbius system
Überverbrauchs·tarif *m* / load-rate tariff || **²werk** *n* / load-rate meter element || **²zähler** *m* / excess-energy meter, load-rate meter, load-rate credit meter
Überverbunderregung *f* / over-compounding *n*, over-compound excitation || **Generator mit ~** / overcompounded generator
Überwachen *n* / monitoring *n*, supervision *n*, surveillance *n*, controlling *n*
überwacht·es Regelsystem / monitored control system || **~e Station** (FWT) / remote station || **~e Versorgungsschwankung** / monitored supply deviation
Überwachung *f*(Steuer- u. Überwachungsfunktionen, einschl. Maßnahmen, die Zuverlässigkeit u. Betriebssicherheit gewährleisten) / monitoring *n* || ² (Beobachten des Betriebsablaufs eines Systems durch Messungen, um ordnungsgemäßen Betrieb festzustellen o. fehlerhaften Betrieb zu erkennen) / supervision *n* || ² (Beaufsichtigung) / surveillance *n*, supervision *n* || ² (PC, „Watchdog") / watchdog *n* || **² der Dokumentation** (s. Lenkung der Dokumentation (QS-Begriff)) || **² der Qualitätssicherung des Lieferanten** / quality assurance surveillance || **² der Signalqualität** / signal quality detection || **² von Prüf- und Meßmitteln** / control of inspection, measuring and test equipment || **Fehler~** (DÜ, DIN 44302) / error control procedure || **Positions~** (Rob.) / position alarm || **Überstrom~** (VDE 0100, T.200) / overcurrent detection
Überwachungs·baugruppe *f*(„Watchdog") / watchdog module || **Schutz- und ~beleuchtung** / safety lighting || **Laser-~bereich** *m* / laser controlled area
Überwachungseingriff, Regelung mit ~ / supervisory control
überwachungs· *f*, **Fehler~einheit** (DÜ, DIN 44302) / error control unit || **²einheit** *f*(„Watchdog") / watchdog unit || **Isolations-~einrichtung** *f*(VDE 0615, T.4) / insulation monitoring device || **²gang** *m* / inspection gangway, inspection aisle || **²gerät** *n* / monitoring hardware, monitoring device || **²gerät** *n*(„Watchdog") / watchdog *n* || **Überdruck-~gerät** *n*(SG) / high-pressure interlocking device || **²kreis** *m* / monitoring circuit, protective circuit || **²leiter** *m*(Schutz) / pilot wire || **²logik** *f* / monitoring logic || **²meldung** *f*(FWT) / monitoring information, monitored information || **²nachweis** *m*(QS) / evidence of control || **²ort** *m* / monitoring point, measuring point || **²prozessor** *m* / supervisory processor || **²rechner** *m* / supervisory computer || **²richtung** *f* (FWT) / monitoring direction || **²schiene** *f* / monitoring bus || **²schleife** *f* / monitoring loop || **²signal** *n* / monitoring signal, supervisory signal || **²stelle** *f*(FWT) / location with monitoring master || **²stelle** *f*(QS) / inspection agency || **²stufe** *f* (Schaltkreiselement) / monitoring element, monitor *n* || **²system** *n*(a. FWT) / monitoring system || **²system** *n*(Reg., QS) / supervisory system || **²verfahren** *n*(QS) / control system , monitoring procedure || **²zeit** *f*(elST, DIN 19237) / monitoring time, check time || **²zeit** *f*(nach der eine nicht ausgeführte Anweisung eines

Prozeßführungssystems gemeldet wird; VDI/VDE 3695) / check time || ²zeitgeber *m* / watchdog timer
Überwärmung *f* / excessive temperature rise, overheating *n*
Überwuchs *m* (gS) / outgrowth *n*
Überwurf *m* (Schloß) / hasp *n*
Überwurfmutter *f* / union nut, screwed cap, female union, box nut, cap nut, spigot nut || **Kabelausgangs-~** *f* (StV) / outlet nut
überzähliger Stab (Stabwickl.) / odd bar
Überziehen, galvanisches ~ / electro-plating *n*, plating *n*
Überziehmuffe *f* / ferrule *n*
Überzug *m* (Anstrich) / coating *n*, topcoat *n*, finishing coat || ² (galvan.) / plating *n*, plate *n*, electrodeposit *n* || ²**lack** *m* / varnish *n*, finishing varnish
U-Bügel *m* / U-bolt *n*
UCS-Farbtafel *f* (uniform-chromaticity-scale diagram - gleichförmige Farbtafel) / UCS diagram, uniform-chromaticity-scale diagram
UEG (s. untere Explosionsgrenze)
U-Element *n* (ET) / U interface element, U input connector
U/f-Begrenzung (zur Vermeidung der Übermagnetisierung von Synchronmasch. u. Transformatoren) / volts per hertz limiter || ²-**Schutz** *m* / U/f protection, overfluxing protection
UGS (s. Untergruppensteuerung)
UHF (s. Ultrahochfrequenz)
Uhr *f* / time-keeping instrument, clock *n*, watch *n*
Uhren·anlage *f* / clock system || ²**gehäuse** *n* / clock case || ²**getriebe** *n* / clock gears, clockwork *n* || ²**linie** *f* / dial circuit, time circuit || ²**motor** *m* / time motor || ²**tafel** *f* / clock board
Uhrwerk *n* / clockwork *n* || ² **mit elektrischem Aufzug** / electrically wound clockwork || ² **mit Handaufzug** / hand-wound clockwork || ² **mit Pendelhemmung** / clockwork with pendulum escapement
Uhrzeigersinn *m* / clockwise direction || **entgegen dem** ² / anti-clockwise *adj*, counter-clockwise *adj* || **im** ² / clockwise *adv* (CW) || **Kreisinterpolation im** ² (NC-Wegbedingung, DIN 66025,T.2) / circular interpolation arc CW (ISO 1056)
Uhrzeigerstellung *f* (StV) / clock-hour position
Uhrzeit *f* / time *n*, time of day || ²**abweichung** (s. Synchronzeitabweichung) || ²**anzeige** *f* / time-of-day display || ²**bildung** *f* / time-of-day generation || ²**fehler** (s. Synchronzeitabweichung) || ²**führung** *f* / clock control || ²**geber** *m* / clock *n* || ²**sender** *m* (Echtzeitübertragung) / real-time transmitter || ²**synchronisierung** *f* / time synchronization || ²**zelle** *f* / time-of-day location
UK (s. Unterkante)
UKW (s. Ultrakurzwelle) || ²-**Bereich** *m* / VHF range || ²-**Drehfunkfeuer (VOR)** *n* / VHF omnidirectional radio range (VOR) || ²-**Peilstelle (VDF)** *f* / VHF direction finding station (VDF)
ULA (s. unspezifische logische Schaltung)
U-Lampenfassung *f* / lampholder for U-shaped fluorescent lamps
UL-Ausführung *f* (UL = Underwriters Laboratories) / design to UL requirements
Ulbrichtsche Kugel / Ulbricht sphere, integrating sphere
Ultra·hochfrequenz (UHF) *f* / ultra-high frequency (UHF) || ²**hochspannung** *f* / extra-high voltage (e.h.v.), ultra-high voltage (u.h.v), very high voltage (v.h.v.) || ²**hochvakuum** *n* / ultra-high vacuum || ²**kurzwelle (UKW)** *f* / ultra-short wave (USW), VHF (very high frequency)
Ultraschall (US) *m* / ultrasound *n* || ²**frequenz** *f* / ultrasonic frequency || ²**impuls** *m* / pulse of ultrasonic energy || ²**kontaktierung (US-Kontaktierung)** (IS) *f* / ultrasonic bonding (IC) || ²-**Näherungsschalter** *m* / ultrasonic proximity switch || ²**prüfung** *f* / ultrasonic test, ultrasonic inspection || ²**reinigung** *f* / ultrasonic cleaning, ultrasound cleaning || ²**sensor** *m* / ultrasonic sensor, ultrasonic proximity switch || ²**wandler** *m* / ultrasonic transducer
ultraviolett·e Strahlung (UV-Strahlung) / ultraviolet radiation (UR) || ²-**Dunkelstrahler** *m* / black light lamp, black light non-illuminant lamp || ²-**Lampe** *f* / ultraviolet lamp
umbandeln *v* / tape *v*
Umbandelung *f* (Wickl.) / tape serving, taping *n*
Umbandelungsmaschine *f* / taping machine
umbauen *v* / modify *v*, convert *v*, rebuild *v*
Umbaumotor *m* / ring motor, gearless motor, "wrapped-around" motor
umbauter Raum / enclosed space
umbenennen *v* / rename *v*
umbenummern *v* / to change numbers
Umbiegeversuch *m* / reverse bend test, flexure test
Umbruchfestigkeit *f* / cantilever strength
Umbruchkraft *f* / cantilever force
Umbügelung *f* (Isol.) / hot-ironed sleeving
umcodieren *v* / convert *v* (into another code), transliterate *v* || ~ (umnummern) / to change numbers
Umcodierung *f* / code conversion
Umdrehung *f* / revolution *n* || ²**en pro Arbeitseinheit** (EZ) / revolutions per energy unit (r.p.u.) || ²**en pro Minute (U/min)** / revolutions per minute (r.p.m.), rev/min
Umdrehungs·frequenz *f* / rotational frequency, speed frequency || ²**vorschub** *m* (WZM, NC) / feedrate per revolution, revolutional feedrate, feedrate in mm/rev || ²**zahl** *f* / revolutions per unit time, number of revolutions (per unit time), speed || ²**zähler** (s. Drehzahlmesser) || ²**zeit** *f* / rotation period, period of one revolution
Umfallen *n* (Mast) / overturning *n*
Umfang *m* / circumference *n* || ² (Größe) / extent *n*, size *n*, scope *n* || ² (Körper) / periphery *n*, perimeter *n* || ² (Kreis) / circumference *n* || ² **der Charge** / batch size || ² **der Grundgesamtheit** (DIN 55350,T.23) / population size || ²**lösekraft** *f* (DIN 7182) / circumferential releasing force
Umfangs·auflage *f* (Lg.) / peripheral contact area || ²**dichtung** *f* / peripheral seal || ²**geschwindigkeit** *f* / peripheral speed, circumferential speed, circumferential velocity || ²**geschwindigkeit** *f* (Lüfter) / tip speed || ²**kraft** *f* / peripheral force, circumferential force || ²**last** *f* / rotating load || ²**spannung** *f* (mech.) / peripheral stress || ²**spiel** *n* / circumferential play
Umfeld *n* / environment *n* || ² (LT) / surround of a comparison field || ²**beleuchtung** *f* / ambient lighting, ambient illumination || ²**blendung** *f* /

indirect glare

Umflechtung *f*(Kabel) / braid *n*, braiding *n*

umflochten·e Elektrode / braided electrode || ~**er Leiter** / braided conductor

Umformen *n*(el.) / conversion *n*, converting *n* || ≗ (Met.; plastische Formgebung) / reforming *n*

Umformer *m*(rotierend) / rotary converter, motor-generator set || ≗ (SR, Signalumformer) / converter *n* || ≗ (Meßumformer) / transducer *n* || ≗ **mit fester Frequenz** / fixed-frequency converter || **Phasen~** / phase converter, phase splitter, phase transformer, phase modifier || ≗**gruppe** (s. Umformersatz) || ≗**-Metadyne** *n* / metadyne converter || ≗**satz** *m* / motor-generator set, converter set, composite machine || ≗**station** *f* / converter substation || ≗**werk** *n*(f. Gleichrichtung) / rectifier substation

Umformung elektrischer Energie / conversion of electrical energy, conversion of electricity

Umgang *m*(Wickl.) / convolution *n*

Umgebung *f* / environment *n*

umgebungsbedingte Beanspruchung (DIN 40042) / environmental stress

Umgebungsbedingungen *f pl* / environmental conditions, local conditions || ≗ (Betriebsbedingungen) / environmental operating conditions, service environment || ≗ **bei feuchter Verschmutzung** / wet-dirty situation || ≗ **bei üblicher Verunreinigung** / normal pollution situation || ≗ **bei Verschmutzung** / dirty situation || **unmittelbare** ≗ (VDE 0109) / micro-environment *n*(IEC 664A)

Umgebungs·beleuchtung *f* / environmental lighting || ~**bezogen** *adj*(Bemessung von Bauelementen) / ambient-rated *adj* || ≗**druck** *m* / ambient pressure || **Fehler durch** ≗**einflüsse** / environmental error || ≗**helligkeit** *f* / ambient luminosity || ≗**licht** *n* / ambient lighting, ambient illumination || ≗**luft** *f* / ambient air, surrounding air, ambient atmosphere

Umgebungstemperatur *f* / ambient temperature, ambient air temperature || ≗ **der Luft** / ambient air temperature || **zulässige** ≗ (SG) / ambient temperature rating, (extreme values of) ambient temperature || **zulässige** ≗ (Bereich) / ambient temperature range, ambient temperature rating || ≗**abhängigkeit** *f* / variation with ambient temperature, ambient-temperature dependence, temperature coefficient || ~**gesteuerter Thermoschalter** / ambient thermostatic switch || ~**kompensiertes Überlastrelais** / temperature-compensated overload relay, overload relay compensated for ambient temperature || ~**unabhängiger, temperaturgesteuerter Zeitschalter** / temperature-compensated thermal time-delay switch

Umgebungsvariable *f*(CAD) / environment variable

Umgebungswerte *m pl*(logisch verknüpfte Werte) / logically linked values

Umgehen einer Verriegelung / bypassing (o. overriding o. defeating) an interlock

Umgehung *f*(a. USV) / bypass *n*

Umgehungs·-Drehschalter *m* / rotary bypass switch || ≗**rohr** *n* / bypass tube || ≗**sammelschiene** *f* / transfer busbar, transfer bus || ≗**schalter** *m* / bypass switch || ≗**schalter** *m*(LS) / bypass circuit-breaker || ≗**schiene** (s. Umgehungssammelschiene) || ≗**schienentrenner** *m* / bypass bus disconnector || ≗**spannung** *f*(USV) / bypass voltage || ≗**trennschalter** *m* / bypass disconnector || ≗**versorgung** *f*(USV, VDE 0558, T.5) / bypass power

umgekehrt·e Drehrichtung / reverse direction of rotation || ~**e Maschine** / inverted machine || ~**proportional** / inversely proportional || ~**e Wirkungsrichtung** (Reg.) / reverse action

umgerissene Isolation (Trafo) / flanged insulation

umgesetzte Leistung (Trafo) / through-rating *n*

Umgießen *n*(Isolierstoff) / encapsulating *n*

Umgrenzungs·feuer *n*(Flp.) / boundary lights || ≗**marker** *m*(Flp.) / boundary marker || ≗**markierung** *f*(Flp.) / boundary marking || ≗**schnitt** *m* / blanking cut || ≗**tagesmarkierung** *f* (Flp.) / boundary day marking

Umgruppierung (s. Polumgruppierung)

Umhängegurt *m* / shoulder carrying strap

Umhüllende *f* / envelope *n*, envelope curve

umhüllt·e Elektrode / coated electrode, covered electrode || ~**er Rohrdraht** / sheathed metal-clad wiring cable, sheathed armoured cable

Umhüllung *f*(VDE 0100, T.200; a. Gehäuse einer SK) / enclosure *n* || ≗ (Wickl.) / wrapping *n*, tape serving || ≗ (Kabel) / serving *n*, covering *n* || ≗ (gS) / conformal coating || ≗ (isolierende o. schützende Beschichtung auf einer Metalloberfläche) / protective coating || ≗ (Schweißelektrode) / coating *n* || **äußere** ≗ (Kabel) / serving *n* || **äußere** ≗ **einer Verpackung** / overwrap *n* || **metallische** ≗ (Kabel) / metal covering || **Skelett und** ≗ (FSK) / frame and covers (FBA)

Umhüllungswiderstand *m* / envelope resistance

U/min (s. Umdrehungen pro Minute)

Umkehr *f*(Drehrichtung) / reversal *n* || ≗ (WZM, NC) / movement reversal || ≗**addierer** *m* / adder-subtracter *n* || ≗**anlasser** *m* / reversing starter, starter-reverser || ≗**antrieb** *m* / reversing drive, reversible drive || ≗**auslöser** *m* / reversible release, reversible tripping device

umkehrbar·e Änderung (DIN 40042) / reversible change || ~**er Ausgangsstrom** / reversible output current || ~**er Motor** / reversible motor

Umkehr·betrieb *m* / reversing duty || ≗**funktion** *f* / inverse function || ≗**getriebe** *n* / reversing gearbox || ≗**gruppe** *f*(Pump-Turbine) / reversible pump-turbine || ≗**-HGÜ** *f* / reversible HVDC system || ≗**kupplung** *f* / reversing clutch || ≗**motor** *m* / reversing motor, reversible motor || ≗**-Negativ-Impedanzwandler** *m* / inverting negative impedance converter (INIC) || ≗**punkt** *m* (Bewegung) / reversal point, inversion point || ≗**schalter** *m* / reversing switch, reversing controller, reverser *n* || ≗**schaltung** *f*(LE) / reversible connection, reversing connection || ≗**schütz** *n* / reversing contactor || ≗**spanne** *f*(MG) / reversal error || ≗**spanne** *f*(Hysterese) / range of inversion || ≗**spanne** *f*(NC, Lose bei Umkehr) / backlash on reversal || ≗**stab** *m* / inversion bar || ≗**starter** *m* / reversing starter, starter-reverser || ≗**stellantrieb** *m* / reversible actuator || **Thyristor-**≗**steller** *m* / reversing thyristor controller || **Schütz-**≗**steller** *m* / reversing contactor-type controller || ≗**steuerung** *f* / reversing control || ≗**stromrichter** (s. Zwei-Energierichtung-Stromrichter) || ≗**stufe** *f* / inverter *n* || ≗-

Trennschalter *m* / reverser-disconnector *n*, disconnecting switch reverser
Umkehrung *f*(Drehricht.) / reversal *n*, reversal of motion || ≈ (der Ein-/Ausgabe) / redirection *n*, redirecting *n* || ≈ **von Punktmustern** (NC) / inversion of point patterns || **Leitungs~** (Informationsübertragung) / line turnaround
Umkehr·verstärker *m* / inverting amplifier, sign-reversing amplifier || ≈**walze** *f* / reversing drum || ≈**-Walzmotor** *m* / reversing mill motor || ≈**zähler** *m* / reversible counter, up/down counter
umklemmbar *adj* / reconnectable *adj*
umklemmen *v* / reconnect *v*, to reverse the terminal connections
Umkonstruktion *f* / re-design *n*
Umkreis *m* / circumcircle *n*, circumscribed polygon
Umlauf *m*(Flüssigkeit, Kühlmittel) / circulation *n* || ≈ (Umgehung) / bypass *n* || ≈ (Wickl.) / convolution *n* || ≈ (Netzwerk) / loop *n* || ≈ (Schirmbild) / wraparound *n* || ≈**aufzug** *m* / paternoster *n* || ≈**bestand** *m*(Fabrik) / work-in-progress (WIP) *n* || ≈**biegeversuch** *m* / rotating bending fatigue test
umlaufen *v* / rotate *v*, revolve *v*, circulate *v* || ≈ *n* (Darstellung v. Elementen auf dem Graphikbildschirm) / wraparound *n*
umlaufend *adj*(rotierend) / rotating *adj*, rotary *adj* || **~e elektrische Maschine** / electrical rotating machine || **~er Erreger** / rotating exciter || **~es Feld** / rotating field, revolving field || **~e Maschine** / rotating machine, rotary machine || **~e Naht** / continuous welded seam || **~e Nut** (Lg.) / circumferential groove || **~er Vektor** / rotating vector, phasor *n*
Umlauf·frequenz *f* / rotational frequency, speed frequency || ≈**geschwindigkeit** *f* / speed of rotation, speed *n* || ≈**getriebe** *n* / planetary gearing, epicyclic gearing || ≈**integral** *n* / circulation *n*
Umlaufkühlung *f* / closed-circuit cooling, closed-circuit ventilation || **Maschine mit ≈ und Luft-Luft-Kühler** / closed air-circuit air-to-air-cooled machine, air-to-air-cooled machine || **Maschine mit ≈** / closed air-circuit-cooled machine, machine with closed-circuit cooling || **Maschine mit ≈ und Wasserkühler** / closed air-circuit water-cooled machine, water-air-cooled machine, air-to-water-cooled machine
Umlauf·liste *f*(Bussystem, LAN) / polling list || ≈**öl** *n* / circulating oil, oil circulated || ≈**puffer** *m* / cyclic buffer (memory), circulating buffer || ≈**rad** *n* / ring gear || ≈**rad** *n*(Planetenrad) / planet wheel || ≈**schaltung** *f*(Synchronisierlampen) / three-lamp circuit || ≈**schmierung** *f* / circulating-oil lubrication, forced-circulation oil lubrication, forced oil lubrication, closed-circuit lubrication, circulatory lubrication || ≈**spannung** *f* / rotational voltage, potential difference along a closed path, line integral of electric field strength along a closed path || **magnetische ≈spannung** / magnetic potential difference along a closed path, line integral of magnetic field strength along a closed path || ≈**speicher** *m* / cyclic storage, circulating storage || ≈**sperre** *f* / stop *n*(to prevent rotation) || ≈**weg** *m*(Integration) / integration path || ≈**wicklung** *f* / wave winding, two-circuit winding || ≈**zahl** (s. Drehzahl)
Umlaufzeit *f* / circulation time, cycle time || ≈ (NC) / rotation time || ≈ (Buszykluszeit) / (bus) cycle time || **Ring-≈** (LAN) / ring latency
umlegen *v*(falzen) / fold *v*, bead *v* || ≈ **der Windungen** (verstürzte Wickl.) / re-arranging the turns, tucking up the turns
Umleitung *f*(el. Masch., Wickl.) / connector *n* || ≈ (Bypass) / bypass *n* || ≈ (Trafowickl.) / back-to-front connection, external connection || **Ruf~** / call redirection
Umlenkantrieb *m*(SG) / articulated-shaft mechanism, ball-jointed-shaft mechanism
Umlenker *m* / diverter *n*
Umlenk·getriebe *n* / corner gears || ≈**rolle** *f* (Riementrieb) / idler pulley, guide pulley || ≈**rolle** *f* (Fahrrolle) / guide roller, guide pulley
Umlenkung *f*(Umlenkantrieb) / offset *n*(drive)
Umluft *f*(a. KT, DIN 1946) / circulating air, return air || ≈**-Wasserkühlung (LWU-Kühlung)** *f* / closed-circuit air-water cooling (CAW)
Ummagnetisierung *f* / reversal of magnetization, magnetic reversal
Ummagnetisierungs·frequenz *f* / remagnetizing frequency || ≈**verlust** *m*(IEC 50(221)) / total loss mass density, specific total loss || ≈**verluste** *m pl* (Hysteresev.) / hysteresis loss, hysteresis and eddy-current loss
ummantelte Elektrode / sheathed electrode
umnumerieren (s. umnummern)
umnummern *v* / to change numbers
umpolbar *adj* / reversible *adj*
umpolen *v* / to reverse the polarity, reverse *v* || ≈ *n* / polarity reversal || ≈ (Mot., Kontern) / plugging *n*, (straight) reversing *n* || ≈ **der Versorgungsspannung** / supply reversal || **Schutz vor ≈ der Versorgungsspannung** / reverse supply voltage protection
Umpoler *m* / plugging switch, polarity reverser
Umpolspannung *f* / polarity reversal voltage
Umpolung *f* / polarity reversal, reversion *n*, reversal *n*, plugging *n* || ≈ (Batt.) / reversal *n*
Umpressung *f*(DIN 7732,T.1) / laminated moulded section || ≈ (Wicklungsisolation) / pressed-on sleeving, ironed-on sleeving
Umpressungsmaterial *n*(Wickl.) / sleeving material
umprogrammierbares Steuergerät (o. Automatisierungsgerät) / reprogrammable controller
Umrangierung *f*(DV, PC) / relocation *n*
Umrechnungsfaktor *m* / conversion factor || ≈ **nach Potier** / Potier's coefficient of equivalence
Umrichten *n*(el. Leistung) / conversion *n*, converting *n*
Umrichter *m* / converter *n* || ≈ (Gleichstrom) / d.c. converter || ≈ (Wechselstrom) / a.c. converter || ≈**antrieb** *m* / converter drive, inverter-fed drive, thyristor drive || ≈**antrieb** *m*(m. Hüllkurven- o. Frequenzumrichter) / cycloconverter drive || **Gleichstrom-≈gerät** *n* / d.c. converter equipment, d.c. converter
umrichtergespeist·er Motor / converter-fed motor, inverter-fed motor || **~er Motor** (m. Hüllkurven- o. Frequenzumrichter) / cycloconverter-fed motor
Umrichterspeisung *f* / static converter supply, converter feed
Umrichtgrad *m*(LE) / conversion factor
Umriß *m* / outline *n*, contour *n* || ≈**beleuchtung** *f* / outline lighting || ≈**drehen** *n* / contour turning ||

≗fräsen *n* / contour milling, profile milling || **≗zeichnung** *f* / outline drawing
umrollen *v*(Papier) / rewind *v*
umrüsten *v* / convert *v*, modify *v*, retrofit *v* || ~ (WZM) / reset *v*
Umrüst·satz *m* / conversion kit || **≗teile** *n pl* / conversion parts, retrofitting parts || **≗zeit** *f* (WZM) / resetting time, setting-up time
Umschaltautomatik *f* / automatic transfer gear, automatic reverser
umschaltbar *adj*(Mot.) / reversible *adj* || ~ (Trafo) / reconnectable *adj*, with ratio selection (feature) || ~ (MG) / multi-range *adj* || ~ (m. Schalter wählbar) / switch-selectable *adj* || **~er Motor** (Drehricht.) / reversible motor || **~er Motor** (2 Spannungen) / dual-voltage motor || **~e Stromrichterkaskade** / converter cascade with series-parallel inverter, static Kraemer drive with series-parallel converter || **~er Transformator** (m. Stufenschalter) (s. Regeltransformator) || **~es Vorschaltgerät** / reconnectable ballast
Umschaltbetrieb *m*(Batt.) / changeover operation, switch operation (battery) || ≗ (Sicherheitsbeleuchtung) / maintained changeover system
Umschaltekontakt (s. Umschaltkontakt)
umschalten *v* / change over *v*, switch over *v*, throw over *v* || ~ (Drehrichtung) / reverse *v* || ~ (Getriebe) / shift *v*, to change gears || ~ (Last) / transfer *v* || ~ (kommutieren) / commutate *v* || ~ (Trafo) / tap-change *v* || ~ (umklemmen) / reconnect *v*, to reverse the (terminal) connections || ≗ *n*(Ein-Aus) / changeover *n*, transfer *n*(US), switchover *n* || ≗ (Drehrichtungsumkehr) / reversing *n*, reversal *n* || ≗ (Kommutieren) / commutation *n* || ≗ (Last) / transfer *n* || ≗ (Trafo) / tap changing || ≗ (Umklemmen) / reconnection *n*, reversal of terminal connections || **periodisches automatisches ≗** / commutation *n*
Umschalter *m* / changeover switch, transfer switch, double-throw switch, throw-over switch || ≗ (Bahn) / transfer controller, transfer switchgroup || ≗ (Schalter m. 2 Stellungen, Hebelsch.) / double-throw switch || ≗ (Lastumschalter) / load transfer switch, transfer circuit-breaker || ≗ (Wahlschalter) / selector switch, selector *n* || ≗ (Wender, Drehrichtungsu.) / reverser *n*, reversing switch || ≗ (LS; Sammelschienenanlage, Lastumschalter) / transfer circuit-breaker || ≗ (f. Einphasenmot.) / transfer switch || **≗ für Motor-/Bremsbetrieb** / power/brake changeover switch || **≗ mit Nullstellung** / changeover switch with zero position || **≗ ohne Nullstellung** / changeover switch without zero position || **einpoliger ≗** / single-pole double-throw switch (SPDT) || **End~** / travel-reversing switch, reversing position switch || **Hand-Automatik-≗** / manual-automatic selector switch || **Pol~** / pole changing switch, change-pole switch, pole changer || **Sammelschienen-≗** / busbar selector switch || **Spannungs~** / voltage selector switch, dual-voltage switch || **Spannungs~** (Trafo-Stufenwähler) / tap selector || **USV-≗** / transfer switch
Umschalt·frequenz *f*(Mehrfachoszilloskop) / switching rate || **≗-Gleichtaktspannung** *f* / common-mode triggering voltage || **≗glied** *n* / changeover contact, changeover contact element (IEC 337-1), two-way contact (depr.) || **≗hahn** *m* / multiway cock (o. valve) || **≗häufigkeit** *f*(Mot.) / reversing frequency || **≗kontakt** *m* / changeover contact, double-throw contact, transfer contact, reversing contact || **≗kontakt mit neutraler Stellung** (s. Wechsler mit mittlerer Ruhestellung) || **≗lasche** *f* / (reconnecting) link *n* || **≗logik** *f* (Motor-SR) / reversing logic || **≗pause** *f* / dead interval on reversing || **≗prüfung** *f*(USV) / transfer test || **≗regelung** *f* / switch control || **≗schieber** *m* / changeover valve || **Pol~schütz** *n* / pole-changing contactor, contactor-type pole changer (o. pole-changing starter) || **Eingangs~spannung** *f* / input triggering voltage || **≗-Spannungseinbruch** *m* (SR-Kommutierung) / commutation notch || **≗speicher** *m*(Flipflop) / changeover flipflop, transfer flipflop || **≗stellung** *f*(Hauptkontakte eines Netzumschaltgerätes) / off position || **≗stromverhältnis bei Sättigung** (o. bei Übersteuerung; Transistor) / transient current ratio in saturation || **≗taste** *f*(Tastatur) / shift key || **≗trenner** *m* / transfer disconnector, selector disconnector
Umschaltung *f*(Netz) / (system) transfer *n* || ≗ (s. Umschalten) || ≗ (s. Umschaltvorgang) || **≗ mit Unterbrechung** / open-circuit reversing (control) || **Datenübertragungs~** / data link escape (DLE) || **Getriebe~** / gear speed change, gear change || **Hand-Automatik-≗** / manual-automatic transfer, HAND-AUTO changeover || **Nachrichten~** / message switching || **Nebenschluß~** / shunt transition || **Paket~** (Datenpakete) / packet switching || **Pol~** / pole-changing *n*, pole-changing control, pole reconnection || **Spannungs~ im spannungsfreien Zustand** (Trafo) / off-circuit tap changing || **Synchron~** (USV) / synchronous transfer || **Trennsäulen-≗** (Chromatograph) / column switching (chromatograph) || **Widerstands-Schnell~** (Trafo) / high-speed resistor transition
Umschalt·vorgang *m*(Umschaltung von einer Motorgruppe auf eine andere ohne vollständige Unterbrechung der Motorströme) / transition || **≗vorgang** *m*(Trafo) / tap-changing operation || **≗wert** *m* / switching value
Umschaltzeit *f* / switch-over time, reversing time, transfer time || ≗ (USV) / transfer time || **Kontakt~** (Netzumschaltgerät) / contact transfer time
umschlagen *v*(Rel., Kippstufe) / change over *v*, snap over *v*, transfer *v*
Umschlag·prüfung *f*(el. Masch., Läufer) / check by re-positioning, check by reversal || **≗störung** *f* / evolving fault, evolved fault || **≗temperatur** *f* (Thermo-Farbe) / reaction temperature, critical temperature || **≗zeit** *f*(Umschalter, Rel.) / transit time
Umschlingungswinkel *m*(Riementrieb) / angle of grip, angle of wrap, arc of contact, angle of contact
umschlossener Sicherheitstransformator / enclosed safety isolating transformer
umschlüsseln *v* / convert *v*(into another code), transliterate *v* || ~ (umnummern) / to change numbers
Umschlüsselung *f* / code conversion
Umschnürung *f* / cord lashing

umschriebenes Polygon / circumscribed polygon, circumcircle *n*
Umschwingdrossel *f*(LE) / ring-around reactor
Umschwingen *n*(Polarität) / polarity reversal || ≃ (Thyr.) / ring-around *n*
Umschwing·kreis *m*(LE) / ring-around circuit || ≃**thyristor** *m* / ring-around thyristor || ≃**zweig** *m* (LE) / ring-around arm
umsetzbar *adj*(Rollen; f. 2 Fahrrichtungen) / bidirectional *adj*
umsetzen *v*(umstellen) / re-position *v*, re-arrange *v*, reverse *v* || ~ (el.) / convert *v* || ~ (Fahrrollen) / re-position *v* || ~ (Datensätze) / transpose *n* || ≃ *n* (Übertragungsleitungen) / rerouting *n*
Umsetzer *m*(el. Wandler) / converter *n*, conversion unit, changer *n* || ≃ (NC, Direktor) / director *n* || ≃ (Daten, Signale; DIN 44300) / converter *n* || ≃ (TV) / transposer *n* || **Pegel**~ / level converter, level shifter
Umsetz·fehler *m* / conversion error || ≃**funktion** (s. Übertragungsfunktion) || ≃**prinzip** *n* / conversion principle || ≃**schaltung** *f* / conversion circuit (o. circuitry)
Umsetzung von Impuls in Impulsabbild / pulse-to-pulse waveform conversion
Umsetzungs·code *m*(ADU, DAU) / conversion code || ≃**-Ende-Ausgang** *m* / end-of-conversion output (EOC output), status output || ≃**fehler** *m* (DIN 44472) / digitization error, digitalization error || ≃**geschwindigkeit** *f* / conversion rate || ≃**koeffizient** *m*(DIN 44472) / conversion factor || ≃**rate** *f* / conversion rate
Umsetzzeit *f*(A-D-, D-A-Umsetzer) / conversion time
Umspannanlage *f* / transforming station, substation *n*
Umspanner *m* / transformer *n*
Umspannstation *f* / transformer substation, substation *n*
Umspannung elektrischer Energie / transformation of electrical energy, transformation of electricity
Umspannwerk (s. Umspannstation)
umspeichern *v* / re-store *v*, relocate *v*
Umspeicher·puls *m* / re-storing pulse, transfer pulse || ≃**routine** *f* / relocation routine
Umspinnung *f*(Kabel) / braiding *n*
umspulen *v* / rewind *v*
umsteckbar *adj*(Rollen) / bidirectional *adj*, rearrangeable *adj* || ~**er Schwenkhebel** (PS) / adjustable roller lever
Umstecken der Schaltglieder / conversion (o. rearrangement) of contacts
Umsteckrad *n* / change gear, interchangeable wheel, pick-off gear
umstellen *v*(Achsen u. Rollen) / re-position *v* || **Anzapfungen** ~ / tap-change *v*
Umsteller *m*(Trafo) / off-circuit tap changer, off-load tap changer, tap changer for de-energized operation (TCDO), off-voltage tap changer, off-circuit ratio adjuster, tapping switch || ≃**antrieb** *m* (Trafo) / tap-changer driving mechanism || ≃**kessel** *m* / tap-changer tank, tap-changer container || ≃**-Teilkammer** *f* / tap-changer compartment
Umstellung *f*(Trafo-Anzapfungen) / tap changing || ≃ **von rastend auf tastend** / conversion from maintained-contact to momentary contact (operation)
Umsternen *n* / interchange the star-point and winding-end connections
umsteuerbarer Motor / reversing motor
umsteuern *v*(vgl. „umschalten") / reverse *v*
Umsteuerung *f*(WZM, NC) / movement reversal
Umsturzprüfung *f* / push-over test
Umtastung *f*(Frequenz, Amplitude) / shift keying
Umverteilung *f*(Last) / redistribution *n*
Umwälzpumpe *f* / circulating pump
Umwälzung *f*(Flüssigkeit, Kühlmittel) / circulation *n*
Umwälzventilator *m* / ventilating fan
Umwandeln von Festpunkt- in Gleitpunktzahl / fixed-point/floating-point conversion
Umwandler (s. Programmumwandler) || ≃ (s. Umformer)
Umwandlung *f* / conversion *n* || ≃ (Impulsmessung, „Transduktion") / transduction *n* || ≃ **von Energie** / energy conversion || **alphanumerische** ≃ / alphanumeric conversion
Umwandlungs·funktion *f* / conversion function || ≃**operation** *f* / conversion operation || ≃**rate** *f* / conversion rate || ≃**temperatur** *f* / transformation temperature || ≃**verhältnis** *n* / conversion ratio
Umwehrung *f*(DIN 31001) / safety fencing
Umwelt *f* / environment *n* || ≃**beanspruchung** *f* (Prüfling; DIN IEC 68) / environmental conditioning || ≃**bedingungen** *f pl* / environmental conditions || ≃**beeinflussung** *f* / environmental influence, impact on environment || ≃**belastung** *f* / environmental pollution || ~**beständig** *adj* / environment-resistant *adj* || ≃**-Chromatograph** *m* / chromatograph for pollution monitoring, environmental chromatograph || ≃**einflüsse** *m pl* / environmental conditions || ≃**einflußgröße** *f* / environmental parameter || ≃**erprobung** (s. Umweltprüfung) || ~**freundlich** *adj* / environmentally compatible, environmentally acceptable, non-polluting *adj* || ≃**freundlichkeit** *f* / environmental compatibility, environmental acceptability || ≃**größe** *f* / environmental parameter || ≃**prüfung** *f* / environmental test || ≃**schutz-Meßwagen** *m* / laboratory van for pollution and radiation monitoring, mobile laboratory for pollution monitoring || ≃**überwachungsnetz** *n* / environmental pollution monitoring system
Umwerter *m* / weight converter, scaler *n*
umwickeln *v*(mit Band) / tape *v*, to wrap with tape, to provide with a tape serving || ~ (neu wickeln) / re-wind *v*
Umwicklung *f* / wrapping *n*, tape serving
UMZ-Relais (s. unabhängiges Maximalstrom-Zeitrelais)
unabhängig·er Antwortbetrieb (DÜ) / set asynchronous response mode (SARM) || ~**er Ausfall** / primary failure || ~**er Auslöser** / definite-time release (o. trip) || ~**e Auslösung** / definite-time tripping || ~**e Beheizung** (temperaturgesteuerter Zeitschalter) / independent heating || ~**er Betrieb** (PC) / stand-alone operation || ~**es Bussignal** / broadcast bus signal || ~**es Gerät** / self-contained unit (o. component) || ~**e Handbetätigung** (SG, VDE 0660, T.101) / independent manual operation (IEC

157-1) || ~**er Kraftantrieb** / independent power-operated mechanism || ~**e Kraftbetätigung** / independent power operation || ~**e Kühlvorrichtung** / independent circulating-circuit component || ~**es Maximalstrom-Zeitrelais (UMZ-Relais)** / definite-time overcurrent-time relay || ~**es Schaltglied** / independent contact element || ~**es Sprungschaltglied** / independent snap-action contact element || ~**e Stromquelle** / independent current (o. power) source || ~**er Transformator** / independent transformer || ~**es Überstromrelais** / definite-time overcurrent relay, independent-time overcurrent relay || ~**es Überstrom-Zeitrelais** / definite-time overcurrent-time relay, independent-time overcurrent-time relay || ~**er Überstrom-Zeitschutz** / definite-time overcurrent-time protection (system o. relay) || ~**verzögerter Überstromauslöser** (VDE 0660,T.101) / definite-time-delay overcurrent release (IEC 157-1) || ~**e Verzögerung** / definite-time delay, definite-time lag || ~**es Vorschaltgerät** / independent ballast || ~**er Wartebetrieb** (DÜ) / asynchronous disconnected mode (ADM) || ~**e Wicklung** / separate winding, independent winding || ~**es Zeitrelais** / independent time-delay relay, independent time-lag relay

Unabhängigkeitsprinzip *n* (DIN 7182,T.1) / principle of independence

unadressiert·er Zustand (PMG) / unaddressed state, unaddressed to configure state || ~**er Zustand der Parallelabfrage** (PMG, DIN IEC 625) / parallel poll unaddressed to configurate state (PUCS)

unangepaßter Steckverbinder / unmatched connector

unaufgefüllte Impulskette / non-interleaved pulse train

unaufgelöste Wicklung (s. unaufgeschnittene Wicklung)

unaufgeschnittene Wicklung / closed-circuit winding, winding without subdivision

Unauslöschbarkeit *f* / indelibility *n*

unbeabsichtigt·e Betätigung / accidental operation || ~**es Einschalten** (VDE 0100, T.46) / unintentional energizing || ~**er Wiederanlauf** / unintentional restart, automatic restart

unbearbeitet *adj* / unfinished *adj*, unmachined *adj*

unbedient *adj* / unattended *adj*, unmanned *adj* || ~**es Empfangen** / unattended receiving (o. reception) || ~**es Senden** / unattended transmission

unbedingt·er Aufruf / unconditional call || ~**kurzschlußfester Transformator** / inherently short-circuit-proof transformer || ~**er Maschinenhalt** (NC) / absolute machine stop || ~**er Sprung** / unconditional jump

unbeeinflußt·er Ausschaltstrom / prospective breaking current || ~**er Bemessungs-Kurzschlußstrom** / rated prospective short-circuit current || ~**er Einschaltstrom** / prospective making current || ~**e Einschwingspannung** / prospective transient recovery voltage, prospective TRV || ~**er Erder** / separated earth electrode, separated ground electrode || ~**er Fehlerstrom** / prospective fault current, available fault current (US) || ~**er Kurzschlußstrom** (VDE 0100, T.200) / solid short-circuit current || ~**er Stoßstrom** (VDE 0670,T.2) / prospective peak current (IEC 129) || ~**er Strom** (eines Stromkreises; VDE 0670,T.3) / prospective current (IEC 265), available current (US) || ~**er symmetrischer Strom** / prospective symmetrical current

unbefestigte Startbahn / unpaved runway, unsurfaced runway

unbefugt, gegen ~e Eingriffe gesichert / tamper-proof *adj*

Unbefugter *m* / unauthorized person

unbegrenzt, für ~e Dauereinschaltung / continuously rated

Unbehaglichkeitsschwelle *f* / threshold of discomfort

unbelastet *adj* / unloaded *adj*, off-load *adj*, idling *adj*

unbelegte Klemme / unassigned terminal

unbelüftet·e Maschine / non-ventilated machine || ~**er Trockentransformator mit Selbstkühlung** (Kühlungsart ANV) / dry-type non-ventilated self-cooled transformer (Class ANV)

unbemannte Fabrik / unmanned factory

unbeschalteter Eingang / unused input, open-circuited input

unbesetzte Station / unmanned substation, unattended substation

unbestimmt, geometrisch ~ / geometrically indeterminate

unbewehrtes Kabel / unarmoured cable

unbewertet *adj* / unweighted *adj*

unbezogene Farbe / unrelated colour

Unbrauchbarkeit *f* (IEC 50(191)) / disabled state, outage *n* || ≈ **wegen externer Ursachen** (IEC 50(191)) / external disabled state || ≈ **wegen interner Ursachen** (IEC 50(191)) / internal disabled state, down state

Unbrauchbarkeitsdauer *f* (IEC 50(191)) / disabled time

unbrennbar *adj* / non-inflammable *adj*, non-flammable *adj*, incombustible *adj*

unbunt *adj* / achromatic *adj* || ~**e Farbe** / achromatic colour, perceived achromatic colour || ~**er Farbreiz** / achromatic stimulus || ~**e Farbvalenz** / psychophysical achromatic colour, achromatic colour || ~**es Licht** / achromatic light stimulus || ≈-**Bereich** *m* / achromatic locus

UNC-Gewinde *n* / unified coarse thread, UNC thread

UND, nach ≈ verknüpfen / AND *v* || ≈-**Abhängigkeit** *f* / AND dependency, G-dependency *n* || ≈-**Aufspaltung** *f* (DIN 19237) / AND branch || ≈-**Baustein** *m* / AND-function block, ANDing block || ≈-**Eingangsstufe** *f* / AND input converter || ≈-**Funktion** *f* / AND operation || ≈-**Glied** *n* / AND element, AND *n* || ≈-**Glied mit negiertem Ausgang** / AND with negated output, NAND *n*

undicht *adj* / untight *adj*, leaky *adj* || ~**e Stelle** / leak *n*

Undichtheit *f* / leak *n*, leakage *n*

UND-NICHT-Verknüpfung *f* / NAND logic, negated AND operation, NAND gate || ≈-**/ODER-Weiterschaltmatrix** *f* / AND/OR progression matrix || ≈-**Operator** *m* / AND operator || ≈-**Tor** *n* / AND gate || ≈-**Torschaltung** *f* / AND gate

undurchlässig *adj* / impermeable *adj*, impervious *adj*, tight *adj*

undurchsichtig *adj* / opaque *adj*, non-transparent *adj*
UND-Verknüpfung *f* / AND operation, AND relation, ANDing *n* || **≗-Verknüpfungsfunktion** *f* / AND binary gating operation || **≗-Verzweigung** (s. UND-Aufspaltung) || **≗-vor-ODER-Verknüpfung** *f* / AND-before-OR logic
uneben *adj* / uneven *adj*, not even, not flat
Unebenheit *f* / out-of-flatness *n*, unevenness *n*, irregularity *n* || ≗ (Kontakte; Rauhheit) / asperity *n*
unecht·er Nullpunkt / untrue zero || **~er Wellengenerator** / generator coupled to prime-mover front
Unedelmetall *n* / non-precious metal
uneingeschränkte Verwendung / universal application
unelastischer Stoß / inelastic impact
Unempfindlichkeit *f* / insensitivity *n* || **≗ der Ventilsteuerung** (LE) / control insensitivity
Unempfindlichkeits·bereich *m* / dead band, neutral zone || **Regelung mit ≗bereich** / neutral zone control || **≗fehler** *m* (MG) / dead-band error
unendlich große Verstärkung / infinite gain || **~ kleine Schwingung** / infinitesimal vibration
unerkannt verlorene Nachricht (FWT) / undetected lost message
unerregt *adj* (el. Masch.) / non-excited, unexcited *adj* || **~er Zustand** (Rel.) / unenergized condition
unerwünscht·es Ansprechen / spurious response || **~e Schwingungen** / unwanted oscillations
Unfallverhütungsvorschriften *f pl* / accident prevention regulations, rules for the prevention of accidents
UNF-Gewinde *n* / unified fine thread, UNF thread
unformiert *adj* (Batt.) / unformed *adj*
ungeblecht *adj* / unlaminated *adj*, solid *adj*
ungedämpft·er Magnetmotorzähler / undamped commutator-motor meter || **~e Schwingung** / free oscillation, sustained oscillation
„ungedrückt"-Stellung *f* / normal OFF position
ungeerdet *adj* / unearthed *adj*, ungrounded *adj*, non-earthed *adj* || **~es Netz** / non-earthed system, unearthed system || **~er Sternpunkt** / unearthed star point, isolated neutral, unearthed neutral
ungefährlicher Fehler / non-fatal fault, harmless fault
Ungefährmaß *n* / approximate size, approximate dimension
ungefiltert *adj* / unfiltered *adj*
ungekapselt *adj* / unenclosed *adj*
ungekoppelte Schwingung / uncoupled mode
ungekreuzte Wicklung / progressive winding
ungelernter Arbeiter / unskilled worker
ungelochter Lochstreifen / blank tape
ungelöschtes Netz / non-earthed system, unearthed system
Ungenauigkeit *f* (MG) / inaccuracy *n*
ungenutzt·e Energie (KW) / unavoidable energy || **~e Verfügbarkeitszeit** / free time
ungepolt / non-polarized || **~es Relais** / non-polarized relay
ungerade Zahl / odd number
Ungerade-Glied *n* (DIN 40700, T.14) / odd element (IEC 117-15), imparity element, odd *n*
ungeradzahlig *adj* / odd-numbered *adj*, odd *adj* || **~e Oberwelle** / odd-order harmonic
ungerahmt·e Flachbaugruppe (s. ungerahmte Steckplatte) || **~e Steckplatte** / unframed printed-board unit, unframed p.c.b.
ungeregelt·er Antrieb / uncontrolled drive, fixed-speed drive || **~es Netzgerät** (s. nicht stabilisiertes Stromversorgungsgerät) || **~e Stromversorgung** / non-stabilized power supply, unregulated power supply
ungerichtet *adj* (Schutzeinrichtung) / non-directional *adj*
ungesättigt *adj* / unsaturated *adj*, non-saturated *adj*
ungeschichtete Zufallsstichprobe / simple random sample
ungeschirmtes Kabel / unshielded cable
ungeschottet *adj* / non-compartmented *adj*, non-segregated *adj*, without partitions
ungeschützt·e Anlage im Freien (VDE 0100, T.200) / unsheltered outdoor installation, unprotected outdoor installation || **~e Maschine** / non-protected machine || **~er Pol** / unprotected pole || **~es Rohr** (IR) / unprotected conduit || **~e Verlegung** / exposed installation
ungesehnte Wicklung / full-pitch winding
ungesichert·er Eigenbedarf / non-essential auxiliary circuits || **~e Systemverbindung** (DIN ISO 7498) / physical connection
ungespannte Federlänge / unloaded spring length
ungesteuert·e Schaltung (LE) / non-controllable connection, uncontrolled connection || **~er Zustand** (Halbleiterschütz) / inactive state
ungestört·es Netz / healthy system || **~es Schallfeld** / undisturbed sound field
ungeteilt *adj* / unsplit *adj*, non-sectionalized *adj*, solid *adj* || **~e Nockenscheibe** / solid cam
UN-Gewinde *n* / unified screw thread, unified thread
ungewollt·es Auslösen / nuisance tripping, spurious tripping || **~e Funktion** / unwanted operation || **~es Schalten** / unintended operation, accidental operation
Ungeziefer, gegen ≗ geschützte Maschine / vermin-proof machine
ungiftiges Gas / non-toxic gas
ungleich·e Belastung / unbalanced load || **~e Eislast** (Freiltg.) / non-uniform ice loading
ungleichartige Spulen / dissimilar coils
ungleichförmige Drehbewegung / rotational irregularity
Ungleichförmigkeit *f* (der Rotation) / cyclic irregularity || ≗ (Steuerschalter) / notching ratio
Ungleichförmigkeitsgrad *m* (rotierende Masch.) / cyclic irregularity
Ungleichheit *f* / inequality *n*
ungleichnamig·e Elektrizität / electricity of opposite sign || **~e Pole** / unlike poles, opposite poles, antilogous poles
Ungleichung *f* / inequality *n*
Ungleichwinkligkeit *f* / unequal angularity
ungültig·er Empfang (DÜ, DIN 44302) / invalid reception || **~e Zahl** (DV, PC) / illegal number
Ungültigkeitsmeldung *f* / notification of invalidity
ungünstigst, Auslegung für den ~en Betriebsfall / worst-case design
unhörbar tiefe Frequenz / infrasonic frequency, ultralow frequency
unidirektionaler Bus (DIN IEC 625) / unidirectional bus
Unijunction-Transistor *m* / unijunction transistor

(UJT)
unimodale Verteilung / unimodal distribution
unipolar *adj* / unipolar *adj*, homopolar *adj* || ~**e Baugruppe** / unipolar module || ~**er Binärcode** / straight binary code || ~**er DAU** / unipolar ADC || ~**e Induktion** / unipolar induction || ~**es Signal** / unipolar signal || ≗**maschine** *f* / homopolar machine, acyclic machine || ≗**transistor** *m* / unipolar transistor
unisoliert *adj* / uninsulated *adj*
unithermisch *adj* / unithermal *adj*
Unitunnel·diode *f* / unitunnel diode, backward diode
univariate Wahrscheinlichkeitsverteilung (DIN 55350,T.21) / univariate probability distribution
universaler Schnittstellenbus / general-purpose interface bus (GPIB)
Universalbaugruppe *f* (Mehrfunktionsb.) / multi-function module
Universal·befehl *m* (PMG) / universal command || ≗**-C-tan δ-Meßbrücke** *f* / universal C-tan-δ measuring bridge || ≗**-Entwicklungsschnittstelle** *f* / universal development interface (UDI) || ≗**-Experimentiermaschinensatz** *m* / universal experimental machine set || ≗**gelenk** *n* / cardan joint, Hooke's coupling, Hooke's joint, universal joint || ≗**gerät** *n* (SR) / universal unit, multi-purpose unit || ≗**messer** (s. Vielfach-Meßgerät) || ≗**motor** *m* / universal motor, a.c.-d.c. motor, plain series motor || ≗**-Prüfbild** *n* (Leiterplatte) / composite test pattern || ≗**register** *n* / general-purpose register (ISO 2382) || ≗**regler** *m* / multi-function controller || ≗**verstärker** *m* / multi-purpose amplifier
universell·e Beleuchtung / universal lighting, versatile lighting || ~**e Gaskonstante** / universal gas constant || ~**er synchroner/asynchroner Empfänger/Sender (USART)** / universal synchronous/asynchronous receiver/transmitter (USART)
Unklardauer *f* (IEC 50(191)) / down time
Unklarzustand *m* (IEC 50(191)) / down state, internal disabled state
unkompensiert·e Konstantstrommaschine (s. Metadyne) || ~**e Leuchte** / low-power-factor luminaire (LPF luminaire), uncorrected luminaire, p.f. uncorrected luminaire
Unkontrollierbarkeit *f* / noncontrollability *n*
unkontrollierte Bewegung / uncontrolled movement
unkritisch·er Ausfall / non-critical failure || ~**er Fehler** (s. unkritischer Fehlzustand) || ~**er Fehlzustand** (IEC 50(191)) / non-critical fault
unlegiert *adj* / unalloyed *adj*, plain *adj* || ~**er Kohlenstoffstahl** / plain carbon steel
unlösbar·e Ganzmetallrohrverbindung / permanent metal-to-metal joint || ~**e Verbindung** / permanent connection, permanent joint || ~ **verbundener Stecker** (VDE 0625) / non-rewirable plug (IEC 320)
unmagnetisch *adj* / non-magnetic
unmittelbar·er Anschluß (EZ) / whole-current connection, direct connection || ~**e Auslösung** / direct tripping || ~**e Betriebserdung** (VDE 0100, T.200) / direct functional (o. operational) earthing || ~**er Blitzeinschlag** (s. direkter Blitzeinschlag) || ~**er Blitzschlag** (s. direkter Blitzschlag) || ~**er Druckluftantrieb** (SG) / direct-acting pneumatic operating mechanism || ~**e Erdung** / direct connection to earth, direct earthing, solid connection to earth || ~ **gespeister Kommutatormotor** / stator-excited commutator motor || ~ **gesteuerter Kontakt** (Rel.) / armature contact || ~**er Handantrieb** (SG) / direct-acting manual operating mechanism || ~ **mit dem Netz verbundenes Teil** / part directly connected to supply mains || ~**e Umgebung** (EN 60742) / micro-environment *n* || ~**e Umgebungsbedingungen** (VDE 0109) / micro-environment *n* (IEC 664A)
unnötiges Arbeiten (Schutz) / unnecessary operation
Unparallelität *f* / non-parallelism *n*
unplanmäßige Instandhaltung / unscheduled maintenance
unrichtiges Arbeiten (Schutz) / incorrect operation, false operation
Unruh *f* (Uhr) / balance *n*, balance wheel || ≗**hemmung** *f* / balance escapement
unruhiger Lauf / irregular running, uneven running
unrund·es Drehfeld / displaced rotating field, distorted rotating field || ~**er Lauf** / untrue running || ~ **laufen** / to run out of true, to run out of round || ~ **werden** / to get out of true, to become eccentric
Unrundheit *f* (Maschinenwelle o. -läufer) / out-of-roundness *n*, out-of-round *n*, eccentricity *n*, ovality *n* || ≗ (LWL-Mantel) / non-circularity *n*
unsachgemäße Handhabung / improper handling
unscharf *adj* (Bild) / blurred *adj* || ~ (ungenau fokussiert) / out of focus || ~**e Logik** / fuzzy logic
Unschärfe der Spektrallinien / unsharpness of lines, line unsharpness, diffuseness of lines
unsegmentierter Werkzeugweg / unsegmented tool path
unselbständig·e Entladung / non-self-maintained discharge || ~**e Leitung in Gas** / non-self-maintained gas conduction
unsicherer Ausfall / unsafe failure
Unsicherheit *f* (Messung) / uncertainty *n* || **Öffnungs**~ *f* (IS) / aperture uncertainty, aperture jitter
Unsicherheitsfaktor *m* / factor of uncertainty
unsichtbar machen (graf. DV) / blank *v*
unspezifische logische Schaltung (ULA) / uncommitted logic array (ULA)
unstabilisiertes Stromversorgungsgerät (s. nicht stabilisiertes Stromversorgungsgerät)
unstetig *adj* / unsteady *adj*, discontinuous *adj* || ~**e Beeinflussung** / discontinuous interference || ~**er Übergang** (NC) / irregular transition, acute transition
Unsymmetrie *f* / asymmetry *n*, dissymmetry *n*, unbalance *n* || ≗ **der Kippspannung** (HL) / breakover voltage asymmetry || ≗ **der Last** / load unbalance || ≗**faktor** (s. Unsymmetriegrad) || ≗**grad** *m* (SR) / unbalance ratio (IEC 411-3) || ≗**grad** *n* (Drehstromnetz) / unbalance factor || ≗**relais** *n* / phase balance relay || ≗**schutz** *m* / load unbalance protection, phase unbalance protection, unbalance protection || ≗**strom** *m* / unbalance current || ≗**verhältnis** (s. Unsymmetriegrad)
unsymmetrisch *adj* / asymmetric *adj*, asymmetrical *adj*, unsymmetric *adj*, unbalanced *adj* || ~**e Anschnittsteuerung** (s. unsymmetrische Zündeinsetzsteuerung) || ~**er Ausgang** / asymmetrical output || ~**er Ausschaltstrom** /

unsymmetrical breaking current || ~e **Belastung** / unbalanced load, asymmetrical load || ~er **Eingang** / asymmetrical input || ~e **Funkstörspannung** (V-Netznachbildung) / V-terminal voltage || ~er **Kurzschlußstrom** / asymmetric short-circuit current || ~e **Lichtstärkeverteilung** / asymmetrical intensity distribution || ~e **Schnittstellenleitung** (DÜ) / unsymmetrical interchange circuit || ~e **Steuerung** (VDE 0838, T.1) / asymmetrical control || ~e **Störspannung** (s. unsymmetrische Klemmenspannung) || ~er **Strom** / unbalanced current || ~e **Wicklung** / asymmetrical winding || ~e **Wimpelschaltung** / asymmetrical pennant cycle (IEC 214) || ~e **Zündeinsetzsteuerung** / asymmetrical phase control || ~er **Zustand** (eines mehrphasigen Netzes) / unbalanced state

unten *adv* (im Betrachtungssystem) / below *adv*, down *adv* || **nach** ~ (Bewegung) / downwards *adv* (movement)

unter Druck setzen / to put under pressure, pressurize *v* || ~ **Federvorspannung** / spring-biased *adj* || ~ **Last** / on load, under load || ~ **Last anlassen** / to start under load || ~ **Spannung** / live *adj*, energized *adj* || ~ **Spannung setzen** / energize *v* || ~ **Spannung stehen** / to be live, to be alive, to be under tension, to be energized || ~ **stationären Bedingungen** / during steady-state conditions, under steady-load conditions || ~, **Ausschalten** ~ **Last** / disconnection under load, load breaking || ~, **Schalten** ~ **Last** / switching under load, load switching

unter·es Abmaß / lower deviation, minus allowance || ~e **Bereichsgrenze** (Signal, DIN IEC 381) / lower limit (IEC 381) || ~er **Betriebswirkungsgrad** (Leuchte) / downward light output ratio || ~e **Explosionsgrenze (UEG)** (VDE 0165, T.102) / lower explosive limit (LEL) || ~e **Gefahrengrenze** (Prozeßführung) / lower alarm limit || ~e **Grenzabweichung** (QS; DIN 55350,T.12) / lower limiting deviation || ~e **Grenze des Vertrauensbereichs** / lower confidence limit || ~es **Grenzmaß** / lower limit of size, lower limit || ~er **Grenzwert** (QS, DIN 55350,T.12) / minimum limiting value , lower limiting value || ~er **halbräumlicher Lichtstrom** / downward flux, lower hemispherical luminous flux || ~er **halbräumlicher Lichtstromanteil** / downward flux fraction || ~e **Kontrollgrenze** (QS) / lower control limit || ~e **Lagerhälfte** / bottom half-bearing || ~e **Lagerschalenhälfte** / bottom half-shell || ~er **Leistungsbereich** (elST) / lower-end performance level || ~er **Schaltpunkt** (Reg.) / lower switching value, lower limit (value) || ~er **Stoßpegel** / basic impulse insulation level (BIL), basic lightning impulse insulation level, basic impulse level, full-wave impulse level || ~e **Toleranzgrenze** (QS) / minimum limiting value , lower limiting value || ~e **Warngrenze** (Prozeßführung) / lower warning limit || ~er **Zonenlichtstromanteil** / cumulated downward flux proportion

Unterablauf *m* (NC, DIN 66001) / predefined process

Unter·adresse *f* / sub-address *n* || ≗**ansicht** *f* / bottom view || ≗**arm** *m* (Rob.) / forearm *n*

unterätzen *v* / undercut *v*

Unterbau *m* / substructure *n*, supporting structure, base *n* || **Wicklungs**~ *m* (Trafo) / winding support(s), winding base

unterbauen *v* (aufbocken) / jack *v*, support *v*

Unter·baugruppe *f* / subassembly *n* || ~**belasten** *v* / to operate at low load || ≗**belastung** *f* / underloading *n*, underload *n* || ~**bemessen** *adj* / underrated *adj* || ≗**bereich** *m* / sub-range *n*, sub-band *n* || ≗**betriebsart** *f* / sub-mode *n*, secondary mode

Unterbildtechnik *f* / inset technique

unterbliebenes Arbeiten (Schutz) / missing operation, failure to operate

Unterboden·-Installationsleiste *f* / underfloor strip-type trunking (o. ducting) || ≗**kanal** *m* / underfloor trunking, underfloor duct(ing), underfloor raceway || ≗**-Kanalsystem** *n* / underfloor trunking system, underfloor ducting (system), underfloor raceway system

unterbrechbare Last / interruptible load

unterbrechen *v* (el.) / interrupt *v*, isolate *v*, disconnect *v*

Unterbrecher *m* (steuert Unterbrechungsanforderungen, z.B. in einem Bussystem) / interrupter *n* || ≗ (LS) / interrupter *n* || ≗ (Kfz) / contact breaker || ≗ **mit zwei Schaltstrecken** / double-break interrupter || **thermischer** ≗ (VDE 0806) / thermal cutout (IEC 380)

Unterbrechereinheit *f* (LS) / interrupter unit, interrupter assembly, interrupter module, interrupter *n*

Unterbrecher·kammer *f* (LS) / interrupter chamber, interrupting chamber || ≗**kontakte** *m pl* (Kfz) / contact-breaker points, distributor contact points, breaker points || ≗**schalter** *m* / cut-out switch, interrupter *n*

Unterbrechung *f* (SG) / interruption *n* || ≗ (el. Leiter) / open circuit, break *n* || ≗ (einer Phase) / phase failure, open phase || ≗ (Programm; Anhalten eines Prozesses, bewirkt durch einen Vorgang außerhalb des Prozesses, damit ein anderer vorrangiger Prozeß ablaufen kann) / interrupt *n* || ≗ (NC, Lochstreifen; CLDATA-Wort) / break *n* (ISO 3592) || ≗ (eines Dienstes; IEC 50(191)) / interruption *n*, break *n* || ≗ **bei Umschaltung** / interruption on changeover, break before make || **mit** ≗ **schaltende Kontakte** / non-bridging contacts || **mit** ≗ **schaltend** / non-bridging (contact) operation || **ohne** ≗ **schaltende Kontakte** / bridging contacts || **ohne** ≗ **schaltend** / bridging (contact) operation || **prioritätsgesteuerte** ≗ / priority interrupt control (PIC) || **Programm**~ / program interruption, program stop || **Wechsler mit** ≗ / changeover break-before-make contact, break-before-make changeover contact, non-bridging contact (depr.) || **Wechsler ohne** ≗ / changeover make-before-break contact, make-before-break changeover contact, bridging contact (depr.)

Unterbrechungs·abstand *m* (IEC 50(191)) / time between interruptions || ≗**adressenspeicher** *m* / interrupt base (INTBASE) (MPU register) || ≗**anforderung** *f* / interrupt request (IRQ) || ≗**anzeige** *f* (PC) / interrupt condition code || ≗**anzeigemaske** *f* (PC) / interrupt condition-code mask || ≗**anzeigewort** *n* / interrupt condition-code word || ≗**baustein** *m* (PC) / interrupt block ||

≗**bereich** *m*(MG) / gap range || ≗**dauer** *f*(Netz; a. eines Dienstes nach IEC 50(191)) / interruption duration || ≗**ebene** *f*(DV) / interrupt level || ≗**feuer** *n* / occulting light

unterbrechungsfrei·er Betrieb / uninterrupted duty || ~**er Betrieb** („Non-stop"-Betrieb, a. PC) / non-stop operation || ~**e Spannungseinstellung** (Trafo) / no-break voltage adjustment, on-load tap changing || ~**e Stromversorgung** (USV, VDE 0558, T.5) / uninterruptible power system (UPS), no-break power supply

Unterbrechungs·freigabe *f*(rechnergesteuerte Anlage, MPU) / interrupt enable (INTE) || ≗**freiheit** (der Verbraucherspannung) (s. beständige Versorgung) || ≗**lichtbogen** *m* / cut-off arc || ≗**maske** *f* / interrupt mask || **Sicherung mit** ≗**melder** / indicating fuse || ≗**programm** *n*(MPU) / interrupt routine || ≗**punkt** *m*(NC) / interruption position || ≗**punkt** *m*(Programm) / breakpoint *n* || ≗**quittung** *f* / interrupt acknowledge (IACK) || ≗**sammlerbaugruppe** *f* / interrupt collector module || ≗**satz** *m*(NC) / interruption block || ≗**schalter** *m*(elST) / interrupt initiation switch || ≗**schalter** (s. Unterbrecherschalter) || ≗**-Serviceprogramm** *n* / interrupt service routine (ISR) || ≗**stack (U-STACK)** *n* / interrupt stack (I stack) || ≗**stelle** *f*(Programm) / breakpoint *n* || ≗**steuerung** *f* / interrupt controller || ≗**system** *n* (DV, FWT) / interrupt system, interrupt handling system || ≗**überlauf (U-Überlauf)** *m* / interrupt overflow || ≗**verwalter** *m*(MPSB) / interrupt handler

Unterbrechungszeit *f*(Stromkreis) / open-circuit time, circuit interruption time, break time, dead time, dead interval || ≗ (USV) / interrupting time || ≗ (LS, bei selbsttätigem Wiederschließen) / dead time

Unterbrechungs·zeitglied *n*(KU) / dead timer || ≗**zielsteuerung** *f* / interrupt vectoring

unterbrochen·er Arbeitsablauf (NC, intermittierender Zyklus) / intermittent cycle || ~**er Arbeitsvorschub** (NC-Wegbedingung, DIN 66025) / intermittent feed (ISO 1056) || ~**es Feuer** / occulting light || ~**e Kehlnaht** / intermittent fillet weld || ~**e Wendel** / space winding

Unter·dämpfung *f* / underdamping *n*, sub-critical damping || ≗**drehzahl** *f* / underspeed *n*

Unterdruck *m* / low air pressure, (partial) vaccuum || **Tauchen bei** ≗ / immersion at low air pressure

unterdrücken *v* / suppress *v* || ≗ *n*(der Darstellung v. Elementen o. Teilbildern) / blanking *n*

Unterdruck·manometer *n* / vacuum gauge, vacuometer *n* || ≗**prüfung** *f*(DIN IEC 68) / low air pressure test

unterdrückt·er Nullpunkt (MG) / suppressed zero || ~**e Zündung** (Kfz) / shorted ignition (circuit) || **Meßgerät mit ~em Nullpunkt** / suppressed-zero instrument

Unterdruck-Überwachungsgerät *n*(SG) / low-pressure interlocking device

Unterdrückung der Nullpunktverschiebung (NC) / suppression of zero offset || ≗ **der Wirkung von Versorgungsspannungsänderungen** / supply voltage rejection ratio || ≗ **von Funkstörungen** / radio interference suppression || **Satz~** *f*(NC) / optional block skip, block skip, block delete

Unterdrückungs·bereich *m*(MG) / suppression range || **Störanregungs-**≗ *m* / spurious response rejection ratio || ≗**verhältnis** *n*(MG) / suppression ratio

Unterdruckversteller *m*(Kfz) / vacuum advance mechanism

untereinander, Montage ~ / mounting one above the other, stacked arrangement

Untereinheit *f* / sub-unit *n*

untererregt *adj* / underexcited *adj*

Untererregung *f* / underexcitation *n*

Untererregungs·begrenzer *m* / underexcitation limiter || ≗**schutz** *m* / underexcitation protection

Unterfamilie *f*(DIN 41640, T.1) / sub-family *n*(IEC 512)

Unterflur·belüftung *f* / underfloor ventilation || ≗**feuer** *n*(Flp.) / flush light, flush-marker light || ≗**-Hochleistungsfeuer** *n*(Flp.) / high-intensity flush-marker light || ≗**-Installationskanal** (s. Unterbodenkanal) || ≗**kanal** *m* / underfloor trunking, underfloor duct(ing), underfloor raceway || ≗**-Mittelleistungsfeuer** *n*(Flp.) / medium-intensity flush-marker light || ≗**motor** *m* (am Fahrzeugrahmen befestigt) / underframe-mounted motor || ≗**station** *f* / underground substation || ≗**system** *n*(IK) / underfloor trunking system, underfloor ducting (system), underfloor raceway system || ≗**transformator** *m* / underground transformer

Unterfolge *f*(DÜ) / subsequence *n*

Unterfrequenz·relais *n* / underfrequency relay || ≗**schutz** *m* / underfrequency protection

Unter· *f*, **Sammelschienen-**≗**führung** / busbar crossunder || ≗**führung** *f*(Straße, Weg) / underpass *n* || ~**füttern** *v* / pack *v*, shim *v* || ~**geordnete Einheit** / sub-unit *n*

Untergestell *n* / supporting structure, support(ing) frame, base *n* || ≗ (B3/D5; Rahmen ohne Lagerhalterung) / baseframe *n*, subframe *n* || ≗ (B3/D5; m. Lagerhalterung) / cradle base

Untergrund *m*(Fußbodenbelag) / sub-floor *n* || ≗**kennzahl** *f*(RöA) / background coefficient, background characteristic || ≗**rauschen** (s. Hintergrundrauschen) || ≗**strahlung** *f* / background radiation, natural background radiation

Untergruppe *f* / subgroup *n* || **sachlich ausgewählte** ≗ / rational sub-group

Untergruppen·steuerung (UGS) *f* / subgroup control (SGC) || ≗**steuerungsbaustein** *m* / subgroup (open-loop) control block

Untergurt *m* / girder *n*

Unterhaltbarkeit *f*(DIN 40042) / maintainability *n*

Unterhaltung *f* / maintenance *n*, servicing *n*, upkeep *n*

Unterhaltungselektronik *f* / consumer electronics

unterharmonisch *adj* / subharmonic *adj*

Unterharmonische *f* / subharmonic *n*

Unterimpedanz·-Anregerelais *n* / underimpedance starting relay, underimpedance starter || ≗**anregung** *f* / underimpedance starting, impedance starting

unterirdisch·e Leitung / underground line

Unter·kante (UK) *f* / bottom edge, lower edge || ≗**kette** *f*(PC) / secondary sequencer || ≗**kommutierung** *f* / under-commutation *n* || ≗**kompensation** *f* / under-compensation *n*

unterkritische Dämpfung / sub-critical damping,

underdamping *n*

Unterlage *f*(Auflage) / base *n*, support *n*

Unterlagen *f pl*(schriftliche) / documentation *n*, documents *n pl*, (technical) data, specifications and drawings, source material || °~ (gS) / artwork *n* || **°~generierung** *f* / document generation || **°~nummer** *f*(DIN 6763,T.1) / document number || **°~verwaltung** *f* / document management || **°~verzeichnis** *n*(a. PC) / document register

Unterlager *n*(a. EZ) / lower bearing

unterlagert·e Ankerstromregelung / secondary armature-current control, inner armature-current control loop || **~er Baustein** (PC) / subordinate block, secondary block || **~er Handbetrieb** / subordinate manual control, secondary manual control || **~e Regelung** (E DIN 19 266, T.4) / underlayed control || **~e Stromregelung** / secondary current control, inner current control loop || **~er Zyklus** / subordinate cycle

Unterlagerungs·kanal *m* / sub-audio channel || **°~telegraphie** *f* / sub-audio telegraphy

Unterlänge *f*(Buchstabe) / descender *n*

Unterlast *f* / underload *n*, low load

Unter-Last-Betrieb *m* / on-load operation

Unterlastrelais *n* / underpower relay

Unter-Last-Schaltung *f* / switching under load, on-load tap changing (transformer)

Unterlastung *f*(QS; DIN 40042) / derating *n*

Unterlastungsgrad *m*(QS) / derating factor

Unterleg·blech *n* / shim *n* || **°~eisen** *n*(Masch.-Fundament) / levelling plate, packing plate || **°~scheibe** *f*(f. Schraube) / washer *n*, plain washer || **°~scheibe** *f*(z. Ausrichten) / shim *n* || **°~schild** *n* (HSS, f. Schaltstellungsanzeige) / (clamped) legend plate, dial plate

Unter·maß *n* / undersize *n* || **°~menge** *f* / subset *n* || **°~modell** *n*(CAD) / submodel *n*

Untermotor *m*(Walzw.) / bottom-roll motor, lower motor || °~ **vorn, Obermotor hinten angeordnet** / bottom front, top rear arrangement

untermotorisiert *adj* / under-powered *adj*

Unternehmens·forschung *f* / operations research (OR) || **~interne Vorschrift** / company specification(s) || **°~leitebene** *f* / corporate management level || **°~planung** *f* / corporate planning

unter-netzfrequente Komponenten / sub-line-frequency components

Unter-Öl·-Gerät *n* / oil-immersed apparatus || **°~-Motor** *m* / oil-immersed motor

Unterprogramm (UP) *n* / sub-program *n*(ISO 2806-1980), subroutine *n* || **°~aufruf** *m* / subroutine call || **°~bibliothek** *f* / subroutine library || **°~-Durchlaufzahl** *f*(NC) / subroutine-controlled number of passes, number of subroutine repetitions || **°~ebene** *f* / subroutine level || **°~kennung** *f* / subroutine identifier, subroutine designation || **°~sprung** *m* / subroutine jump

Unter-Pulver-Schweißen *n* / submerged-arc welding

Unterputz·dose *f* / flush-type box || **°~einbaudose** *f* (für Schalter) / flush-mounting box || **°~installation** *f* / concealed wiring, underplaster wiring, embedded wiring, wiring under the surface || **°~schalter (UP-Schalter)** *m* / flush-type switch, flush-mounting switch || **°~steckdose** *f* / flush-type socket-outlet, sunk socket-outlet || **°~transformator** (s. Transformator für Unterputzmontage) || **°~-Verbindungsdose** *f* / flush-type joint box, flush-mounting junction box

Unterrahmen *m* / baseframe *n*, subframe *n*, underframe *n*

Unter...relais *n* / under...relay

Unterrichts·raum *m* / classroom *n*

Unterschale *f*(Lg.) / bottom bearing shell, lower half-shell, bottom shell

Unterscheidungsvermögen, zeitliches °~ (FWT) / separating capability, discrimination *n* (telecontrol)

Unter·schere *f*(Scherentrenner) / lower pantograph || **°~schicht** *f*(Wickl.) / bottom layer, inner layer || **°~schichtprobe** *f*(DIN 51750,T.1) / lower sample

Unterschieds·empfindlichkeit (s. Kontrastempfindlichkeit) || **°~empfindungsgeschwindigkeit** (s. Kontrastempfindungsgeschwindigkeit)

Unterschiedsschwelle *f*(LT) / difference threshold, differential threshold || °~ **für Leuchtdichten** / luminance difference threshold

Unterschneidung *f*(Fundamentgrube) / undercut *n*, bell *n*

unterschnitten *adj* / undercut *adj*, underreamed *adj* || **~er Pfahl** (Bohrpfahl) / underreamed pile, expanded pile, bulb pile

unterschreiten *v* / to fall below, to be less than, undershoot *v*

Unterschreitung (s. Bereichunterschreitung)

Unter·schwingen *n* / undershoot *n* || **°~schwingung** *f* / subharmonic *n* || **°~schwingweite** *f* / undershoot amplitude

untersetzen *v*(Getriebe) / gear down *v*, step down *v* || ~ (Impulse) / scale *v*

Untersetzung *f*(Getriebe, Verhältnis) / reduction ratio || °~ (WZM, Vorschubuntersetzung) / feedrate reduction || °~ (s. Untersetzungsgetriebe) || **Takt~** / (clock-)pulse scaling

Untersetzungsfaktor *m* / reducing factor, reduction ratio

Untersetzungsgetriebe *n* / speed reducer, gear reducer, reduction gearing, step-down gearing || **Motor mit** °~ / back-geared motor

Untersetzungs·verhältnis *n* / reduction ratio, speed reduction ratio || **°~werk** *n*(MG, Getriebe) / reduction gearing

Untersicht (s. Unteransicht)

Unterspannung *f*(zu niedrige Spannung) / undervoltage *n* || °~ **(US)** (Trafo, Spannung auf der US-Seite) / low voltage, lower voltage, low-voltage rating || **Grenzlinie der** °~ (mech.) / minimum stress limit

Unterspannungs·anschluß *m* / low-voltage terminal || **°~anschlußklemme** *f*(kapazitiver Spannungsteiler) / intermediate-voltage terminal || **°~auslöser** *m* / undervoltage release (IEC 157-1), undervoltage opening release, low-volt release || **°~auslöser** *m*(Ansprechspannung 35 - 10 % der Netzspannung) / no-volt release (IEC 157-1) || **°~auslöser mit Verzögerung** (rc-Auslöser) / time-lag undervoltage release (IEC 157-1), capacitor-delayed undervoltage releasc, time-delay undervoltage release || **°~auslösung** *f* / undervoltage tripping, opening by undervoltage release || **°~durchführung (US-Durchführung)** *f* /

low-voltage bushing || **≗klemme** *f* / low-voltage terminal || **≗kondensator** *m* (kapazitiver Spannungsteiler) / intermediate-voltage capacitor || **≗-Kondensatordurchführung** *f* / low-voltage condenser bushing || **≗relais** *n* / undervoltage relay, no-volt relay || **≗schutz** *m* / undervoltage protection || **≗seite** *f* / low-voltage side, low side, low-voltage circuit || **~seitig** *adj* / on low-voltage side, in low-voltage circuit, low-voltage *adj* || **≗sperre** *f* / undervoltage blocking device (o. unit) || **≗überwachung** *f* (Baugruppe) / undervoltage monitor || **≗wicklung (US-Wicklung)** (Trafo) *f* / low-voltage winding, lower-voltage winding
unterst·e Ölschicht (Trafo) / bottom oil
Unter·stab *m* (Stabwickl.) / bottom bar, inner bar, bottom conductor || **~ständiger Generator** / undertype generator, inverted generator
Unterstation *f* (Energieversorgungsnetz) / substation *n* || ≗ (FWT) / outstation *n* || ≗ (von einer Leitstation aus fernbediente Station) / satellite substation || ≗ (Prozeßleitsystem; wird zum Datenempfang von Hauptstation angewählt) / slave station
Unterstelle *f* (FWT) / location with outstation(s)
unterstreichen *v* (Text) / underscore *v*, underline *v*
Unterstrom·auslöser *m* / undercurrent release || **≗relais** *n* / undercurrent relay || **≗schutz** *m* / undercurrent protection
Unterstützung *f* (techn. U. f. den Programmierer) / support *n*
Untersuchung *f* / investigation *n*, examination *n*, inspection *n*, test *n* || ≗ **der Kurvenform** (Wellenform) / waveform measurement
Untersuchungs·befund *m* / findings *n pl* || **≗-Zeichnung** *f* / study drawing
untersynchron *adj* / subsynchronous *adj*, hyposynchronous *adj* || **~e Drehstrom-Konterhubschaltung** / subsynchronous three-phase counter-torque hoisting control || **~e Resonanz** / subsynchronous resonance || **~e Scherbius-Kaskade** / single-range Scherbius system, subsynchronous Scherbius system || **~e Stromrichterkaskade (USK)** / subsynchronous converter cascade, slip-power reclamation drive with static converter, static Kraemer drive || **≗-Reluktanzmotor** *m* / subsynchronous reluctance motor
Untersystem *n* / subsystem *n* || ≗ (Master-Slave-Anordnung) / slave system
Untertauchen, Schutz beim ≗ / protection against the effects of continuous submersion
Unterteil *n* (Sich.) / holder *n*
unterteilen *v* / subdivide *v*, sectionalize *v*, split *v*
unterteilt·es Auskreuzen (Kabelschirmverbindungen) / sectionalized cross-bonding || **~er Leiter** / stranded conductor || **~e Spule** / multi-section coil, multiple coil || **~e Tafel** (ST) / sectionalized board || **~e Wicklung** / split winding, subdivided winding
Unter·teilung in Teilräume (metallgekapselte Schaltanlage) / division into compartments (IEC 517), compartmentalization *n* || **≗tonanregung** *f* / harmonic excitation || **≗träger** (s. Zwischenträger)
Untertyp *m*, **Satz-**≗ (NC, CLDATA) / record subtype
Unterverbunderregung *f* / under-compounding *n* || **Generator mit** ≗ / undercompounded generator
Unter·verteiler *m* / sub-distribution board, sub-main distribution board, branch-circuit distribution board || **≗verteilung** *f* / sub-distribution *n*, sub-main distribution || **≗verteilung** (Tafel) (s. Unterverteiler)
Unterwasser *n* (WKW) / tailwater *n*, tailrace *n* || **≗beleuchtung** *f* / underwater lighting, underwater floodlighting || **≗leitung** *f* / submarine line || **≗leuchte** *f* / underwater luminaire || **≗motor** *m* / submersible motor || **≗scheinwerfer** *m* / underwater floodlight || **≗seite** *f* (WKW) / downstream side, tailwater side || **~seitig** *adv* (WKW) / on tailwater side, downstream *adv*
Unterwelle (s. Unterschwingung)
Unterwerk *n* / substation *n*, transformer substation
Unterwertkontakt *m* / low-limit contact, "minimum" contact
unterwiesene Person / instructed person
Unter·windgebläse *n* / forced-draft fan || **≗zug** *m* / girder *n*
ununterbrochen·er Betrieb (el. Masch.) / continuous-operation duty || **~er Betrieb** (SG) / uninterrupted duty || **~er Betrieb mit nichtperiodischer Last- und Drehzahländerung** (S 9, VDE 0530, T.1) / duty with non-periodic load and speed variations (S 9, IEC 34-1) || **~er periodischer Betrieb mit Last-/Drehzahländerung** (S 8, VDE 0530, T.1) / continuous-operation periodic duty with related load/speed changes (S 8, IEC 34-1) || **~er periodischer Betrieb mit elektrischer Bremsung** (S 7, VDE 0530, T.1) / continuous-operation periodic duty with electric braking (S 7, IEC 34-1)) || **~er periodischer Betrieb mit Aussetzbelastung** (S 6, VDE 0530, T.1) / continuous-operation periodic duty (S 6, IEC 34-1)
unverbindlich, die Maße sind ~ / the dimensions are subject to change
unverbrauchte Energie / undissipated energy
unverdrehbar *adj* / locked *adj* (to prevent turning)
Unverdrehbarkeitsnase *f* / locating boss
Unverfügbarkeit *f* / non-availability *n*
unvergossene Wicklung / non-encapsulated winding, open winding
unverkettet·er Fluß / unlinked flux || **~es symmetrisches Zweiphasensystem** / open symmetrical two-phase system || **~e Zweiphasenwicklung** / open two-phase winding
unverklinkt *adj* / unlatched *adj*
unverlierbar *adj* (Speicherinhalt) / non-volatile *adj*, non-erasable *adj* || **~e Schraube** / captive screw
unverriegelte Mechanik (DT) / independent mechanical system
unverschachtelt *adj* (Wickl.) / non-interleaved *adj*
Unversehrtheit *f* (Daten) / integrity *n*
unverseifbar *adj* / unsaponifiable *adj*
unverstellbar *adj* (Trafo) / fixed-ratio *adj*
unverträglich *adj* / incompatible *adj*
unverwechselbar *adj* (StV) / non-interchangeable *adj*, non-reversible *adj*, polarized *adj* || **~e Schlüsselsperre** / non-interchangeable key interlock || **~e Sicherung** / non-interchangeable fuse
Unverwechselbarkeit *f* / non-interchangeability *n* || ≗ (Steckverbinder; DIN 41650,1) / polarization *n*,

polarization method (IEC 603-1) || **Prüfung der ~** (StV) / polarizing test
Unverwechselbarkeits-Nut *f* / polarizing slot
unverwischbar *adj* / indelible *adj*
Unverwischbarkeit *f* / indelibility *n*
unverzinnt *adj* / untinned *adj*
unverzögert *adj* / undelayed *adj*, non-delayed, instantaneous *adj* || **~er Auslöser** / instantaneous release (IEC 157-1) || **~er Auslöser mit Wiedereinschaltsperre** (nv-Auslöser) / instantaneous release with reclosing lockout || **~er elektromagnetischer Überstromauslöser** / instantaneous electromagnetic overcurrent release || **~es Hilfsschütz** (VDE 0660, T.200) / instantaneous contactor relay (IEC 337-1) || **~es Kurzschlußauslöserelais** / instantaneous short-circuit relay || **~es Relais** / instantaneous relay, non-delayed relay, high-speed relay || **~er Überstromauslöser** (n-Auslöser) / instantaneous overcurrent release, high-speed overcurrent trip
unvollkommen·er Erdschluß / high-resistance fault to earth, high-impedance fault to ground || **~er Körperschluß** / high-resistance fault to exposed conductive part, high-impedance fault to exposed conductive part || **~er Kurzschluß** / high-resistance fault, high-impedance fault
unvollständige Brückenschaltung / incomplete bridge connection
unvorbereiteter Leiter / unprepared conductor
unwesentliche Abweichung (QS) / insignificant nonconformance
unwichtiger Verbraucher / interruptible load, non-vital load, non-essential load, secondary load
Unwucht *f* / unbalance *n*, out-of-balance *n* || **~** (als Vektor) / unbalance vector || **~betrag** *m* / amount of unbalance, unbalance *n* || **~frei** *adj* / balanced *adj*, free from unbalance, true *adj*
unwuchtig *adj* / out of balance, unbalanced *adj*
Unwucht·kraft *f* / unbalance force, out-of-balance force, out-of balance pull || **Moment der ~kraft** / unbalance moment || **~kräftepaar** *n* / unbalance couple || **~masse** *f* / unbalance mass || **~paar** *n* / couple unbalance || **~-Reduktionsverhältnis** *n* / unbalance reduction ratio || **~winkel** *m* / angle of unbalance
unzerbrechlich *adj* / unbreakable *adj*
unzulässig *adj* / unpermissible *adj*, non-permissible *adj*, unacceptable *adj* || **~** (Eingabe) / illegal *adj* || **~e Funktionswahl** (PC) / invalid (o. illegal) function selection || **~e Gebrauchsbedingungen** (DIN 41745) / non-permissible conditions of operation
UP (s. Unterprogramm)
Upm (s. Drehzahl pro Minute)
UP-Schalter (s. Unterputzschalter)
Urdaten *plt* / source data, original data
Ureingabe, durch ~ laden / bootstrap *v*
Urfarbe *f* / unitary (o. unique) hue
Urformen *n* (DIN 8580) / creative forming
Urheber *m* (DÜ) / originator *n*
Urkunde *f* (Prüfungsu.) / certificate *n*
urladen *v* / bootstrap *v*, initial program loading, to load to the IPL || **~** *n* / bootstrap loading, initial program loading, loading to the IPL
Urlader *m* / initial program loader (IPL)
Urlehre *f* / master gauge, standard gauge
Urlöschen (s. Urrücksetzen)
U-Rohr *n* / U-tube *n*, syphon *n* || **~-Manometer** *n* / U-tube manometer
Urrücksetzen *n* / overall reset, general reset
ursachenbezogene Untergruppe (QS) / rational sub-group
Urspannung *f* / electromotive force, e.m.f. *A*
Ursprung *m* (CAD, QS) / origin *n* || **Koordinaten~ (KU)** *m* / coordinate origin, coordinate datum
ursprünglich·es Feld / parent field || **~e Unwucht** (s. Urunwucht)
Ursprungsdaten *plt* / source data || **~** (s. Rohdaten)
Ursprungs·erzeugnisse *pl* / original manufacturer's equipment (OME) || **~festigkeit** *f* / endurance limit at repeated stress, natural strength, fatigue strength under pulsating stress, pulsating fatigue strength || **~programm** *n* / source program, original program || **~zeichen** *n* / mark of origin, maker's name, trademark *n*
Urtyp *m* / prototype *n*
Urunwucht *f* / initial unbalance
Urwaldklima *n* / damp tropical climate
Urzeichnung *f* / original *n* (drawing)
US (s. Ultraschall) || **~** (s. Unterspannung)
USART (s. universeller synchroner/asynchroner Empfänger/Sender)
US-Durchführung (s. Unterspannungsdurchführung)
USK (s. untersynchrone Stromrichterkaskade)
US-Kontaktierung (s. Ultraschallkontaktierung)
U-Spule *f* / hairpin coil
U-STACK (s. Unterbrechungsstack)
ÜSt-Zeichenfolge (s. Übertragungssteuerzeichenfolge)
USV (A. f. unterbrechungsfreie Stromversorgung, VDE 0558, T.5) / UPS (A. f. uninterruptible power system) || **~-Block** *m* / UPS unit || **~-Komponente** *f* / UPS functional unit || **~-Lastschalter** *m* / UPS interrupter || **~-Leistungsschalter** *m* / UPS interrupter || **~-Schalter** *m* / UPS switch || **~-Umschalter** *m* / transfer switch
US-Wicklung (s. Unterspannungswicklung)
U-Übergabeelement *n* / U interface element, U input connector
U-Überlauf (s. Unterbrechungsüberlauf)
UV-beständig *adj* / resistant to ultraviolet rays
U-Verteiler (s. gußgekapselter Verteiler)
UV·-Lichtschreiber *m* / UV light-spot recorder || **~-löschbar** *adj* / UV-erasable *adj* || **~-Löscheinrichtung** *f* / UV eraser, UV erasing facility || **~-Papier** *n* / UV-sensitive paper

V

V-Abhängigkeit (s. ODER-Abhängigkeit)
V-Abtastung *f* (a. NC) / V-scanning *n*
vagabundierender Strom / stray current
Vakuum·-Ableiter *m* / vacuum arrester || **~bedampft** *adj* / vacuum-deposited *adj* || **~bedampfung** *f* / vacuum deposition || **~behandlung** *f* / vacuum treatment || **elektrisch gesteuerte ~bremse** / electro-vacuum brake
vakuumdicht *adj* / vacuum-tight *adj*, hermetically sealed || **~e Einschmelzung** / vacuum-tight seal
Vakuum·dichtung *f* / vacuum seal || **~-**

Diffusionspumpe *f* / vacuum diffusion pump, diffusion pump || **~durchführung** *f* / vacuum penetration || **~einschmelzung** *f* / vacuum seal || **~-Entgasungskessel** *m* / vacuum degassing tank || **~faktor** *m* (Ionen-Gitterstrom/Elektronenstrom) / vacuum factor, gas-content factor || **~fest** *adj* / vacuum-proof *adj*, vacuum-tight *adj* || **~festigkeit** *f* / vacuum withstand (IEC 76-1) || **~fluoreszenzanzeige** *f* / vacuum fluorescent display || **~-Fotozelle** *f* / vacuum photoelectric cell || **~goniometer** *n* / vacuum goniometer || **~-Hochspannungsschütz** *n* / h.v. vacuum contactor || **~kessel** *m* / vacuum tank || **~lampe** *f* / vacuum lamp || **~-Lastschalter** *m* / vacuum switch, vacuum interrupter || **~-Lastschalter** *m* (Trafo, Lastumschalter) / vacuum diverter switch || **~-Leistungsschalter** *m* / vacuum circuit-breaker || **~-Meßgerät** *n* / vacuum gauge, vacuum tester || **~metallisierung** *f* / vacuum plating, vapour depositing || **~permeabilität** *f* / permeability of free space, space permeability, permeability of the vacuum || **~-Prüfgerät** *n* / vacuum tester || **~prüfung** *f* / vacuum test || **~pumpe** *f* / vacuum exhauster, exhauster *n* || **~röhre** *f* / vacuum tube || **~röhre** (s. Vakuum-Schaltröhre)

Vakuumschalter *m* / vacuum switch, vacuum circuit-breaker || **~** (f. Vakuumüberwachung) / vacuum-operated switch || **~** (s. Vakuum-Lastschalter) || **~** (LS) (s. Vakuum-Leistungsschalter)

Vakuum-Schaltkammer *f* / vacuum interrupter chamber || **~-Schaltröhre** *f* / vacuum interrupter || **~schutz** *m* / loss-of-vacuum protection, low vacuum protection || **~schütz** *n* / vacuum contactor || **~schütz-Schaltanlage** *f* / vacuum-contactor controlgear, vacuum-contactor panel(s), vacuum-contactor board || **~-Thermoelement** *n* / vacuum thermocouple || **~-Thermosäule** *f* / vacuum thermopile || **~tränkung** *f* / vacuum impregnation, impregnation under a vacuum || **~trocknung** *f* / drying under vacuum || **~verguß** *m* / vacuum moulding, potting under vacuum, vacuum casting || **~zelle** *f* / vacuum photoelectric cell

Valenzband *n* (HL) / valence band || **~elektron** *n* / valence electron

van-de-Graaff-Generator *m* / van de Graaff generator

Vaporphase-Trocknung *f* / vapour-phase drying || **~-Verfahren** *n* / vapour-phase method (o. process)

Vaportherm-Verfahren *n* / vapourtherm method (o. process)

variabel *adj* / variable *adj*, adjustable *adj* || **variables Blockformat** (s. variables Satzformat) || **variable Laufzeit** (Signal) / adjustable signal duration || **variables Satzformat** (NC) / variable block format || **variable Satzschreibweise** (s. variables Satzformat) || **variable Servolenkung** / variable-assistance power steering || **variabler Spannungszwischenkreis** (LE) / variable-voltage link || **variables Verzögerungsglied** / variable delay element || **variables Vorzeichen** / reversible sign, variable sign || **variable Wortlänge** / variable word length

Variabilität *f* (QS) / variability *n* || **magnetische ~** (IEC 50(221)) / magnetic variability

Variable *f* (a. QS) / variable *n*

Variablen·dienst *m* / variable (access) service || **~prüfung** *f* / inspection by variables

Variante *f* / variant *n*

Varianz *f* (Statistik, DIN 55350, T.23) / variance *n* || **~ einer Wahrscheinlichkeitsverteilung** (s. Varianz einer Zufallsgröße) || **~ einer Zufallsgröße** (DIN 55350,T.21) / variance of a variate

Variationskoeffizient *m* (DIN 55350,T.21) / coefficient of variation, variation coefficient

Vario-Spiegelsystem *n* / variable reflector system

Varistor *m* / varistor *n*

Varley-Schleifenprüfung *f* / Varley loop test

Varstundenzähler *m* / varhour meter, VArh meter, reactive volt-ampere meter

VAS (A. f. „visual approach slope indicator" - Gleitwinkelfeuer)

VASIS (A. f. „Visual Approach Slope Indicator System" - optische Gleitwinkelanzeige o. Gleitwinkelbefeuerung) / VASIS (Visual Approach Slope Indicator System)

Vater-und-Sohn-Anlage *f* / man-and-lad system, father-and-son plant

VC (s. Videocomputer)

VCM (s. Sichtwetterbedingungen)

VDE (s. verallgemeinertes Darstellungselement)

VDE-Prüfzeichen *n* (VDE = Verband Deutscher Elektrotechniker) / VDE mark of conformity

VDF (s. UKW-Peilstelle)

VDK (s. Viskositäts-Dichte-Konstante)

V-Durchschallung *f* / V transmission

Vektor *m* / vector *n*, phasor *n*, complexor *n*, sinor *n* || **~adresse** *f* / vector address || **~bahnsteuerung** *f* (NC) / contouring system with velocity vector control, velocity vector control contouring system || **~bildschirm** *m* / stroke-writing screen || **~diagramm** *n* / vector diagram || **~diagramm** *n* (s. Zeigerdiagramm) || **~dreher** *m* / vector rotator || **~drehung** *f* / vector rotation, vector circulation, vector circuitation || **~feld** *n* / vector field, vectorial field

vektoriell *adj* / vectorial *adj* || **~e Größe** / phasor quantity, vector quantity || **~e Größe** (s. Vektorgröße) || **~e Größe** (s. Vektorgröße) || **~es Produkt** / vector product || **~e Rotation** / vector rotation, curl *n*

vektororientierter Wiederholbildschirm / stroke-writing refreshed-display screen

Vektor·potential *n* / vector potential || **~raum der Farben** / colour space || **~rechner** *m* / vector computer, array computer || **~register** *n* / vector register || **~schreibweise** *f* / vector notation || **~skop** *n* / vectorscope *n* || **~summe** *f* / vector sum, phasor sum || **~zerleger** *m* / (vector) resolver *n*

Ventil mit Entlastungskolben / self-balanced valve || **~ableiter** *m* / valve-type arrester, autovalve arrester, non-linear-resistor-type arrester || **~ableiter** *m* (f. ein HL-Ventil) / valve arrester || **~ansteuerung** *f* / valve control || **~ansteuerungsbaugruppe** *f* / valve control module || **~antrieb** *m* / valve actuator

Ventilationsverluste *m pl* / windage loss

Ventilator *m* / fan *n*, ventilator *n* || **~baugruppe** (s. Lüfterbaugruppe) || **~flügel** *m* / fan blade || **~rad** *n* / fan impeller, fan wheel

Ventilbasis *f* / valve base

Ventilbauelement *n* (LE) / valve device, electronic

valve device || ≗**-Baugruppe** *f*(Säule) / valve device stack || ≗**-Satz** *m*(LE) / valve device assembly
Ventil·-Beschaltung *f*(zur Dämpfung hochfrequenter transienter Spannungen, die während des Stromrichterbetriebs auftreten) / valve damping circuit (IEC 633), valve voltage damper || ≗**beschaltungskondensator** *m*(LE) / valve snubber capacitor, snubber capacitor || ≗**block** *m* / valve block || ≗**drossel** *f* / valve reactor || ≗**durchschlag** *m* / valve breakdown || ≗**element** (s. Ventilbauelement) || ≗**element-Satz** (s. Ventilbauelement-Satz) || ≗**hub** *m* / valve lift
ventiliert·e Maschine (s. belüftete Maschine)
Ventil·-Innengarnitur *f* / valve trim || ≗**kegel** *m* / valve plug || ≗**kennlinie** *f* / valve characteristic || ≗**koeffizient** *m*(kv-Wert) / valve flow coefficient || ≗**kugel** *f* / valve sphere, valve ball || **freier** ≗**querschnitt** / effective cross-sectional area of valve || ≗**satz** *m* / valve block
ventilseitig·e Leerlaufspannung (LE) / valve-side no-load voltage || ~**e Wicklung** (SR-Trafo, VDE 0558,T.1) / cell winding (IEC 146), valve-side winding
Ventil·spannungsteiler *m* / valve voltage divider || ≗**sperrung** *f* / valve blocking || ≗**spule** *f* / valve solenoid, valve coil || ≗**stange** *f* / valve stem || ≗**-Stellantrieb** *m* / valve actuator, valve positioner, valve operator || ≗**stellungsregler** *m* / valve positioner || ≗**-Steuerblock** *m* / valve block || ≗**steuereinrichtung** *f*(LE, VDE O558, T.1) / trigger equipment (IEC 146) || ≗**steuerung** *f*(Kfz) / valve timing gear || ≗**steuerungsbaustein** *m* / valve control block || ≗**teller** *m* / valve disc || ≗**wicklung** (s. ventilseitige Wicklung) || ≗**zweig** *m* (SR) / valve arm, valve leg
Venturi·düse *f* / venturi nozzle || ≗**rohr** *n* / venturi tube
verallgemeinertes Darstellungselement (VDE) / generalized drawing primitive (GDP)
veränderbares Nachleuchten (Osz.) / variable persistance
Veränderbarkeit der magnetischen Eigenschaften (s. magnetische Variabilität)
veränderlich·er Betrieb / varying duty || ~**e Steigung** (Gewinde) / variable lead, variable pitch || ~ **weiß** / variable white || **Betrieb mit** ~**er Belastung** / intermittent duty || **Motor mit** ~**er Drehzahl** (Drehz. einstellbar) / adjustable-speed motor, variable-speed motor || **Versuch mit** ~**er Kühlgasdichte** / variable cooling gas density test
Veränderung *f*(IEC 50(191)) / modification *n*
verankern *v* / anchor *v*, to fix to foundation, stay *v*
Verankerung *f* / fixing point, anchoring arrangement, stay *n*, holding-down point on foundation || ≗ (Flußlinien) / pinning *n*
verantwortlich *adj*(QS, rechenschaftspflichtig) / accountable *adj* || ~ (QS, zuständig) / responsible *adj* || ~ (QS, weisungsbefugt) / authorized *adj* || ~ **und zuständig sein** / to have the authority and responsibility (for)
Verarbeitbarkeit *f* / working properties, processibility *n*
verarbeiten *v*(Programm) / process *v* || ~ (Eingangssignale) / condition *v*
Verarbeitung nach Prioritäten / priority processing, priority scheduling
Verarbeitungs·baugruppe *f* / processing module || ≗**baustein** *m* / processing block || ≗**breite** *f* / processing width || ≗**einheit** *f*(MC) / processing module || ≗**geschwindigkeit** *f* / processing speed, throughput *n* || ≗**leistung** *f* / processing capacity, processor capacity || ≗**maschine** *f* / processing machine, production machine || ≗**operation** *f* / processing operation || ≗**programm** *n* / processing program || ≗**rechner** *m* / host computer || ≗**routine** *f* / processing routine || ≗**schicht** (s. Anwendungsschicht) || ≗**temperatur** *f* / processing temperature || ≗**tiefe** *f*(DIN 19237) / processing depth || ≗**zeit** *f*(Kunststoff) / application time, spreading time, pot life
Verarmungs·betrieb *m*(HL) / depletion mode || ≗**-IG-FET** (s. Verarmungs-Isolierschicht-Feldeffekttransistor) || ≗**-Isolierschicht-Feldeffekttransistor** *m* / depletion-type field-effect transistor, depletion-type IG FET || ≗**typ-Transistor** *m* / depletion mode transistor
verbacken *v* / bake *v*, to bake into a solid mass
Verband *m*(Passungen) / fit *n* || ≗ (Math.) / lattice *n* || **boolescher** ≗ / Boolean lattice
Verbauung *f*(LT) / obstruction *n*
verbinden *v*(anschließen) / connect *v*, link *v* || ~ (koppeln) / couple *v* || ~ (zusammenfügen) / join *v*, assemble *v* || ~ (CAD) / join *v*
Verbinder *m*(el.) / connector *n* || ≗ (Stromschienensystem, VDE 0711,3) / coupler *n* || ≗ (mech.) / coupler *n*, coupling *n*, connector *n*
verbindlich *adj*(QS) / mandatory *adj* || ~**es Maßbild** / certified dimension drawing || ~**e Werte** / mandatory values || ~**e Zeichnung** / certified drawing || ~**es Zertifizierungssystem** / mandatory certification system
Verbindung *f*(el.; Leiterverbindung) / connection *n* || ≗ (mech.; Fuge) / joint *n* || ≗ (Netz, Fernwirk-V., DÜ) / link *n* || ≗ (Kommunikationsnetz; E DIN ISO 7498) / connection *n* || **durchgehende elektrische** ≗ / electrical continuity, continuity *n*, electrical bonding || **eine** ≗ **abbauen** (DÜ) / to release (o. clear) connection, disconnect *v* || **eine** ≗ **aufbauen** (DÜ) / to establish a connection || **elektrisch leitende** ≗ / electrically conductive connection, bond *n*, bonding *n* || **halbleitende** ≗ (s. Verbindungshalbleiter) || **Schirm**~ (Kabel) / shield bonding
Verbindungs·abbau *m*(DÜ) / connection release, connection clearance || ≗**abbauanforderung** *f* (DÜ) / disconnect request || ≗**abhängigkeit** *f* / interconnection dependency (IEC 617-12), Z-dependency || ≗**anforderung** *f*(Datennetz) / connection request
Verbindungsaufbau *m*(DÜ) / establishment of a connection || ≗ (zwischen 2 Partnern, „Handshake") / handshake procedure || ≗**anforderung** *f*(Datennetz) / connect request || ≗**antwort** *f* / connect response || ≗**verzug** *m* (Anrufer) / access delay
Verbindungsaufspaltung *f*(Kommunikationsnetz) / splitting *n*
Verbindungsbestätigung der DEE / call accepted || ≗ **der DÜE** / call connected
Verbindungsdose *f*(I) / joint box, junction box, conduit box
Verbindungsendpunkt *m*(Kommunikationsnetz) / connection endpoint || ≗**-Kennung** *f* / connection

endpoint identifier

Verbindungs·fahne *f*(Komm.) / riser *n*, lug *n* || **≈halbleiter** *m* / compound semiconductor || **≈kabel** *n*(PC) / interconnecting cable, cable connector || **≈kanal** *m*(IK) / duct connector, adaptor section || **≈kappe** (s. Drehklemme) || **≈kennung** *f*(DIN ISO 7498) / service connection endpoint identifier || **≈klemme** *f*(VDE 613) / connecting terminal unit (IEC 23F.3), connector *n*, connecting terminal

Verbindungslasche *f*(Brücke) / link *n*, connecting plate, jumper *n* || ≈ (IK) / connector *n*, duct connector || ≈ (f. Schienen) / fishplate *n*, strap *n*

Verbindungsleitung *f*(zwischen Kraftwerken o. Kraftwerk u. Unterstation) / trunk feeder || ≈ (VDE 0806) / interconnecting cable (IEC 380), interconnecting cord || ≈ (Schaltdraht) / connecting lead(s), interconnecting wire, connecting line || ≈ (Strombrücke) / jumper *n*, link *n* || ≈ (Rohr) / connecting tube, connecting line || **Schirm~** (Kabel) / shield bonding lead

Verbindungs·linie *f* / connecting line || **≈linie** *f* (CAD) / air line, interconnect *n* || **≈liste** *f*(CAD) / net list || **≈loch** *n*(Leiterplatte) / via *n*, via hole

verbindungslos *adj*(Kommunikationssystem) / connectionless *adj*, connectionless mode

Verbindungs·material *n*(VDE 0613) / connecting devices (IEC 23F.3), terminal accessories || **≈muffe** *f*(Kabel) / straight joint, junction sleeve, joint box || **≈muffe** *f*(IR) / coupler *n*, coupling *n*, bushing *n* || **≈netz** *n* / interconnecting network

verbindungsorientiert *adj* / connection-oriented *adj*(ISO 8602), connection-mode *adj*(150 8348) || **~er Vermittlungsdienst** (DIN ISO 8473) / connection-mode network service (CONS)

Verbindungsplan *m*(DIN 40719) / interconnection diagram (IEC 113-1), external connection diagram

verbindungsprogrammiert *adj* / wired-program *adj*, hard-wired *adj* || **~es Steuergerät (VPS)** / hard-wired programmed controller, wired-program controller

Verbindungs·punkt *m*(Verdrahtung) / tie point || **≈punkt** *m*(SR-Zweige) / interconnection point || **≈rückweisung** *f*(Datennetz) / connection refusal || **≈sackloch** *n*(Leiterplatte) / blind hole, semi-buried via || **≈schicht** (s. Sicherungsschicht) || **≈schiene** *f* / connecting bar || **≈schiene** *f*(BGT) / cross-member *n* || **≈schnur** *f* / cord *n*, flexible cord || **≈schweißung** *f* / joint welding

Verbindungsstelle *f*(Anschlußstelle) / connecting point, terminal connection || ≈ (el. Leiter; I) / junction *n*, joint *n* || ≈ (Thermometer) / thermo-junction *n* || ≈ (Naht, Klebestelle) / join *n*

Verbindungs·steuerung *f*(DÜ) / end-to-end controller || **≈steuerungsverfahren** *n*(DÜ) / call control procedure || **≈straße** *f* / collector road, distributor road, collector *n* || **≈stück** *n* / connector *n*, link *n*, adaptor *n*, connecting element, coupling *n*, coupling element, fitting *n* || **≈welle** *f* / dumb-bell shaft, spacer shaft || **≈zeichen** (s. Gliederungsmittel) || **≈zweig** *m*(Netzwerk) / link *n*

verbleibende Beschleunigungskraft / residual acceleration

Verblitzung *f*(Entzündung des Auges durch UV-Strahlung eines Lichtbogens) / electro-ophthalmia

Verblock·relais *n* / blocking relay, interlocking relay || **≈ventil** *n* / blocking valve

verborgen·er Fehler / latent fault || **~e Kühllast** / latent heat load || **~er Mangel** / hidden defect, latent defect

verbotenes Band (HL) / forbidden band, energy gap

Verbotsschild (s. Verbotszeichen)

Verbotszeichen *n* / prohibitive sign, prohibition sign || **≈ „Zugang verboten"** / "No Trespassing" sign

Verbrauch *m* / consumption *n* || **≈ außerhalb der Spitzenzeit** / off-peak consumption || **≈ während der Spitzenzeit** / on-peak consumption

Verbraucher *m*(allg., „Last") / load *n* || ≈ (Anwender von Gebrauchsenergie) / consumer *n*, ultimate consumer || **motorischer ≈** / motive-power load || **regelbarer ≈** / load-controlled consumer || **Schutz des ≈s** (DIN 41745) / protection of load || **unwichtiger ≈** / interruptible load, non-vital load, non-essential load, secondary load || **wichtiger ≈** / non-interruptible load, essential load, vital load, critical load || **≈-Abgangsleitung** *f* / load feeder || **≈anlage** *f* / consumer's installation || **≈feld** *n* / load feeder panel, feeder cubicle || **≈klemme** *f* / consumer's terminal, load terminal || **≈kreis** *m* / load circuit || **≈netz** *n* / secondary distribution system || **≈schwerpunkt** (s. Lastschwerpunkt) || **≈spannung** *f* / utilization voltage, load voltage || **≈steuerung** *f* / load control, consumer load control

Verbraucherstromkreis *m* / load circuit, final sub-circuit, utilization circuit || ≈ (I, f. 1 Gerät) / individual branch circuit, spur *n* || ≈ (f. mehrere Anschlüsse) / general-purpose branch circuit, branch circuit || ≈ (s. Abzweigstromkreis)

Verbraucher·verteiler *m* / consumer distribution board, consumer unit, consumer panelboard || **≈-Zählpfeilsystem** *n* / load reference arrow system

Verbrauchs·anzeige *f*(Kfz) / (fuel) consumption indication || **≈faktor** *m* / demand factor || **≈material** *n* / expendable material, expendables *n pl*, consumable material, consumables *n pl* || **≈messung** *f*(Kfz) / (fuel) consumption measurement

Verbrauchsmittel, elektrische ≈ (VDE 0100, T.200) / current-using equipment, electrical utilization equipment, current consuming apparatus

Verbrauchsspitze *f* / demand peak, peak consumption

verbrauchte Leistung / power consumed

Verbrennung, elektrische ≈ / electric burn || **katalytische ≈** / catalytic combustion, surface combustion

Verbrennungs·gas *n* / combustion gas || **≈kraftmaschine** *f* / internal-combustion engine (i.c. engine) || **≈kraftwerk** *n* / fossil-fuelled power station || **≈maschinensatz** *m* / internal-combustion set || **≈produkt** *n* / combustion product

Verbund *m*(Übertragungsnetze) / interconnection *n*(of power systems) || **≈betrieb** *m*(Netz) / interconnected operation

Verbunderregung *f* / compound excitation || **≈ für gleichbleibende Spannung** (s. Flachverbunderregung) || **Maschine mit ≈** / compound-wound machine, compound machine

Verbund·glimmer *m* / reconstituted mica,

reconstructed mica, micanite *n* || ≗gruppen-Zeichnung *f* / composite assembly drawing || ≗**lampe** *f* / mixed-light lamp, blended lamp, self-ballasted mercury lamp, mercury-tungsten lamp, incandescent-arc lamp || ≗**leiter** *m* / reinforced conductor || ≗**leitung** *f* / interconnection line || ≗**maschine** *f* / compound-wound machine, compound machine || ≗**material** *n* / composite material, laminate material, sandwich material || ≗**metall** *n* / sintered metal || ≗**netz** *n* / interconnected system, interconnected network, grid *n* || ≗**netz** *n* (Nachrichtenvermittlung, DIN 44331) / mixed network || ≗**-Nummernsystem** *n* (DIN 6763,T.1) / compound numbering system || ≗**röhre** *f* / multiple tube || ≗**seil** *n* / reinforced conductor || ≗**span** (s. flexibler Mehrschicht-Isolierstoff) || ≗**spule** *f* / compound coil || ≗**system** *n* (Licht-Klima-Deckensystem) / integrated light-air system || ≗**technik** *f* (Licht-Klima-Deckensystem) / integrated (light-air) design || ≗**werkstoff** *m* / composite material, laminate material, sandwich material || ≗**werkzeug** *n* (Stanzen) / compound die

Verbundwicklung *f* / compound winding || **Motor mit** ≗ / compound-wound motor, compound motor || **Motor mit schwacher** ≗ / light compound-wound motor

Verdampfereinsatz *m* (Chromatograph) / vaporizer block

Verdampfungsverlust *m* / evaporation loss, loss by evaporation

verdeckt *adj* / covered *adj*, concealed *adj* || ~**es Lichtband** / cornice lighting || ~**e Linie** (Graphik) / hidden line

Verdeckung *f* (DIN 31001) / guard *n* || ≗ (Akust.) / masking *n*

verdichten *v* (Daten, Datei) / condense *v*, compress *v*

Verdichter *m* / compressor *n* || ≗**leistung** *f* / compressor rating, delivery rate of compressor || ≗**satz** *m* / compressor unit || ≗**station** *f* / compressor station

verdichteter Leiter / compacted conductor

Verdichtung *f* (Kfz) / compression *n*, compression ratio

Verdichtungs·verhältnis *n* / compression ratio || ≗**welle** *f* / compressional wave

Verdickung *f* / thickening *n*, thick spot

Verdickungsmittel *n* / thickening agent, thickener *n*

Verdoppelungsfunktion *f* / duplicating function

Verdoppler *m* / doubler *n* || ≗**getriebe** *n* / duplex gearbox || ≗**schaltung** *f* (LE) / doubler connection, voltage doubler connection

verdrahten *v* / wire *v*, wire up *v*, hard-wire *v*

verdrahtet·e Elektroniksteuerung / hard-wired electronic control || ~**es Programm** / hard-wired program, wired program

Verdrahtung *f* / wiring *n*, wiring and cabling, circuitry *n* || ≗ (IS) / interconnection *n*

Verdrahtungs·einsatz *m* (vorverdrahtete Platine f. Flachbaugruppen zum Einbau in einen Baugruppenträger) / backplane *n* || ≗**feld** *n* (Rückwandverdrahtungsplatte) / wiring back-plane, backplane *n* || ≗**kanal** *m* / wiring duct, wireway *n*, wire trough || ≗**leitung** *f* / wiring cable, (non-sheathed) cable for internal wiring || **Kunststoff-**≗**leitung** *f* (HO5V) / thermoplastic non-sheathed cable for internal wiring, PVC (single-core) non-sheathed cables for internal wiring || ≗**maske** *f* (IS) / interconnection mask || ≗**öffnung** *f* / wiring port || ≗**plan** *m* (DIN 40719) / wiring diagram (IEC 113-1), connection diagram (US)

verdrahtungsprogrammiertes Steuergerät (o. Automatisierungsgerät) / hard-wired programmed controller, wired-program controller

Verdrahtungs·prüfautomat *m* / automatic wiring test unit || ≗**prüfung** *f* / wiring test(ing) || ≗**raster** *m* / wiring grid || ≗**raum** *m* (Verteiler) / wiring space || ≗**rinne** *f* / wiring gutter || ≗**seite** *f* / wiring plane || ≗**tabelle** *f* / wiring table || ≗**tester** *m* / wiring tester, circuit analyzer || ≗**zubehör** *n* / wiring accessories

Verdränger·körper *m* / displacer *n*, float *n*, piston *n*, plummer *n* || ≗**-Meßwerk** *n* / displacer element, displacer measuring element

verdrängtes Volumen / displacement volume

Verdrängungs·-Durchflußmesser *m* / positive-displacement flowmeter || ≗**kühlung** *f* / cooling by relative displacement || ≗**zähler** *m* / positive-displacement meter

verdrehen *v* / twist *v* || **gegen** ≗ **gesichert** / locked against rotation

Verdreh·festigkeit *f* / torsional strength, torsion resistance, torque strength || ≗**kraft** *f* / torsional force, torque force || ≗**schutz** *m* / anti-rotation element || ≗**schwingung** *f* / torsional vibration, rotary oscillation

verdrehsichere Scheibe / locked washer

Verdrehsicherung *f* / anti-rotation element, locking element, grip *n* || ≗ (Lg.; schneidenförmig) / shell locking lip, locating lip || ≗ (Lg.; laschenförmig) / shell locking strip, locating strap

Verdrehung *f* / torsion *n*, twist *n*

Verdrehungs·beanspruchung *f* / torsional stress || **Festigkeit bei** ≗**beanspruchung** / torsional strength || ≗**festigkeit** (s. Verdrehfestigkeit) || ≗**messer** *m* / torsion meter || ≗**moment** *n* / torsional moment, moment of torsion, torsion torque, torque moment || ≗**prüfung** *f* / torsion test, torque test || ≗**prüfung** *f* (Kabel) / non-twisting test || ≗**sicherung** (s. Verdrehsicherung) || ≗**spannung** *f* / torsional stress || ≗**steifigkeit** *f* / torsional stiffness, torsional rigidity || ≗**welle** *f* / torsional wave || ≗**winkel** *m* / torsion angle, angle of twist, torque-angle of twist || ≗**winkel** *m* (Rotationswinkel) / rotation angle

Verdreh·versuch *m* / torsion test || ≗**welle** *f* / torque shaft || ≗**winkel** *m* (des Rotors) / angle of rotation

verdrillen *v* / twist *v*, transpose *v* || ~ (s. auskreuzen (Wickl.))

verdrillt *adj* / twisted *adj*, twisted together || ~**e Doppelleitung** / twisted pair cable || ~**es Kabel** / twisted-conductor cable || ~**er Leiter** (ausgekreuzter o. geschränkter L.) / transposed conductor || ~**es Leiterpaar** / twisted-pair wires || ~**e Leitung** (Freiltg.) / bundle-assembled aerial cable

Verdrillung *f* (Auskreuzen o. Schränken v. Leitern) / transposition *n*

Verdrillungs·abschnitt *m* (Leiter) / transposition interval || ≗**stützpunkt** *m* (Freiltg.) / transposition support

verdrosselter Kondensator / inductor-capacitor

unit
Verdrückung *f* / deformation *n*
verdunkeln *v* / darken *v*, black out *v*
Verdunklung *f*(von Lichtquellen) / obscuration *n*
Verdünnungsmittel *n* / thinner *n*, diluent *n*, reducer *n*
Verdunstungs·geschwindigkeit *f* / evaporation rate || **≗zahl** *f* / evaporation value, volatility number
Vereinbarkeit *f*(z.B. Programme) / compatibility *n*
vereinbart·er Ansprechstrom (einer Schutzeinrichtung; VDE 0100, T.200) / conventional operating current || **~e Ersatzgröße** (DIN ISO 8208) / non-standard default size || **~e Grenze der Berührungsspannung** (VDE 0100, T.200) / conventional touch voltage limit || **~e Prozeßschnittstelle** / specified process interface || **~e Stirndauer** (Stoßspannung) / virtual front duration (IEC 50(604)) || **~es Toleranzband** / specified tolerance band || **~er wahrer Wert** / conventionally true value
Vereinbarung *f*(DV) / declaration *n*
vereinfacht·e T-VASIS (AT-VASIS) *n* / abbreviated T-VASIS (AT-VASIS) *n* || **~es Wicklungsschema** / reduced (o. simplified) winding diagram
vereinheitlichen *v* / standardize *v*, unificate *v*
Vereinheitlichung *f* / standardization *n*, unification *n*
Vereinigen *n*(Kommunikationsnetz, DIN ISO 7498) / recombination *n*
vereinigt·e Phasen- und Käfigwicklung / combined phase and cage winding || **~e Stern-Dreieck-Schaltung** / combined star-delta connection
Vereinigung *f*(Boolesche Operation) / union *n*
Vereisung *f* / icing *n*
Vereisungsprüfung *f* / ice test
verengen *v* / narrow *v*, reduce *v*, restrict *v*, contract *v*
verengter Kontakteingang (StV) / restricted entry
Verengung *f* / constriction *n*, necking *n*, narrowing *n*, throat *n* || ≗ (LWL-Faser) / taper *n*
Verfahr·anweisung *f*(NC) / traversing instruction, positioning (o. motion) statement || **≗befehl** *m* (Positionierbefehl) / positioning command || **≗bereich** *m*(WZM) / traversing range, travelling range, positioning range || **≗bereichsbegrenzung** *f*(WZM) / traversing range limitation, travel limitation || **≗bereichsgrenze** *f* / traversing limit, limit of travel (IEC 550) || **≗bewegung** *f*(WZM) / travel *n*, traversing movement
verfahren *v*(WZM) / traverse *v* || ~ (WZM, Werkzeug) / move *v*
verfahren *v*(vorgehen) / proceed *v*
Verfahren *n*(Verfahrensgang; Prozeß; Methode; Praxis) / procedure *n*, process *n*, method *n*, practice *n*
Verfahren *n*(WZM) / traversing *n*, travel(ling) *n*, positioning *n*, motion *n*
Verfahren der stumpfen Rohrverbindung / butt-joint technique || ≗ **des kritischen Wegs** (Netzplantechnik) / critical-path method (CPM)
Verfahren in Schrittmaßen (NC) (s. Vorschub in Schrittmaßen)
Verfahren mit fließender Fremdschicht / saline fog test method, salt-fog method || ≗ **mit geeichter Hilfsmaschine** (VDE 0530, T.2) / calibrated driving machine test (IEC 34-2) || ≗ **mit haftender Fremdschicht** / solid-pollutant method || ≗ **zur Ermittlung der Wahrscheinlichkeitsverteilung** / multiple-level method || ≗ **zur Konformitätszertifizierung** / conformity certification || **festgelegtes** ≗ (QS) / routine *n*
Verfahrensanlage *f* / process plant
Verfahrensanweisungen *f pl*, **QS-≗** / quality procedures
Verfahrenshandbuch *n*(QS) / procedures manual
Verfahrenskette *f*(CAD - CAM) / integrated system || **durchgehende** ≗ / computer-integrated system, computer-integrated manufacturing system (CIM)
Verfahrens·prüfung *f*(QS) / process inspection and testing || **≗technik** *f* / process engineering || **~technischer Prozeß** / industrial process, process *n*
Verfahr·geschwindigkeit *f*(WZM) / traversing speed, traversing rate || **≗inkrement** *n* / traversing increment || **≗-Logik** *f*(NC) / traversing logic || **≗programm** *n*(NC, PC) / traversing program || **≗richtung** *f* / traversing direction || **≗strecke** *f* / travel path || **≗weg** *m*(WZM) / distance traversed, traversed distance, traverse path, distance to be traversed (or travelled), distance to go, travel || **≗weggrenze** *f*(o. -begrenzung) / limit of travel (IEC 550), travel limit
verfälschen *v* / invalidate *v*, corrupt *v*(data)
Verfärbung *f* / discoloration *n*
verfestigen *v* / solidify *v*, set *v*
Verfestigung (der Schaltstrecke) (s. Wiederverfestigung)
Verfestigungs·maß *n* / solidified dimension || **≗mittel** *n* / reinforcing agent, reinforcing filler
Verflüssiger *m*(KT) / condenser *n*
Verfolgeeigenschaften *f pl*(BT) / follow-spot characteristic
verfolgen *v* / follow up *v*, track *v*
Verfolger *m* / tracer *n*
Verfolgescheinwerfer *m* / follow spot(light)
Verfolgung *f*(Rob., Kante, Naht) / (edge, weld) following *n*, tracking *n*
verformbar *adj*(Kunststoff) / mouldable *adj*, plastic *adj* || ~ (Metall) / workable *adj*, deformable *adj*
Verformbarkeit *f* / workability *n*, deformability *n*, plasticity *n* || ≗ (Streckbarkeit, Geschmeidigkeit) / ductility *n*
verformen *v*(bearbeiten) / shape *v*, work *v* || ~ (deformieren) / deform *v*
Verformung *f* / deformation *n* || ≗ (spanende) / machining *n* || ≗ (spanlose) / shaping *n*, forming *n*
Verformungs·prüfung *f* / ductility test, deformation test || **≗rest** *m* / permanent set || **≗vermögen** *n* / deformability *n*, plasticity *n*, ductility *n*
verfügbar·e Landestrecke (LDA) / landing distance available (LDA) || **~e Leistung** (KW) / available capacity, available power || **~e Leistungsverstärkung** / available power gain || **~e Startlaufabbruchstrecke (ASDA)** / accelerate-stop distance available (ASDA) || **~e Startlaufstrecke (TORA)** / take-off run (distance) available (TORA) || **~e Startstrecke (TODA)** / take-off distance available (TODA) || **~e Steuerleistung** (DIN IEC 235, T.1) / available driving power || **frei** ~ (Anschlußklemmen,

Kontakte) / unassigned *adj*
Verfügbarkeit *f* / availability *n*
Verfügbarkeits·analyse *f* / availability analysis || **≗dauer** *f* / up duration || **≗faktor** (s. Verfügbarkeitsgrad) || **≗grad** *m* / availability factor || **≗konzept** *n* / availability concept || **≗zeit** *f*(KW) / availability time || **≗zeit** *f*(QS) / up time
verfügte Leistung / power produced, ultilized capacity, operating capacity
Verfügung *f*(QS) / disposition *n* || **zur ≗ gehaltene Leistungsreserve** / power reserve held available
Verfügungsfrequenz *f* / assigned frequency
Verfüllung *f*(einer Gründung) / backfill *n*
Vergang *m* / clearance *n*, backlash *n*, play *n*
Vergangenheitswerte *m pl* / historical values, previous values || **≗** (Prozeß) / historical process data
vergießbarer Kabelstutzen / cable gland for compound filling
vergießen *v* / embed *v*, pot *v* || **≗** *n*(Einbetten) / embedding *n* || **≗** (Isolierstoff) / encapsulating *n* || **≗ in verlorener Form** / potting *n* || **≗ mit Beton** / concrete grouting || **mit Beton ~** / to grout with concrete, to pack with concrete || **mit Masse ~** / to fill with compound, to seal with compound, seal *v*
Vergießmasse (s. Vergußmasse)
Vergilbung *f* / yellowing *n*
vergilbungsfrei *adj* / non-yellowing *adj*
Vergleich auf gleich / compare for equal to || **≗ auf größer-gleich** / compare for greater than or equal to || **≗ auf kleiner** / compare for less than || **≗ auf kleiner-gleich** / compare for less than or equal to || **≗ auf ungleich** / compare for not equal to
Vergleichbarkeit *f*(DIN 55350,T.13) / reproducibility *n*
vergleichende Methode / comparative method
Vergleicher *m*(DIN 19237) / comparator *n*, comparing element || **≗** (Schmitt-Trigger) / Schmitt trigger || **≗baugruppe** *f* / comparator module || **≗routine** *f* / comparison routine
Vergleichs·ausgang *m* / compare output || **≗bedingungen** *f pl*(Statistik, QS) / reproducibility conditions || **≗betrieb** *m* / compare mode || **≗differenzbetrag** *m*(QS) / reproducibility difference || **≗feld** *n*(LT) / comparison surface || **≗funktion** *f*(PC) / comparison operation, relational operation || **≗gas** *n* / reference gas || **≗gerät** *n*(EZ) / reference standard, reference substandard, substandard *n* || **≗glied** *n* / comparing element, comparator *n*, error detector || **≗grenze** *f* (Statistik, QS) / reproducibility limit || **≗kammer** *f* (Gasanalysegerät) / reference cell || **≗körper** *m* / reference block || **≗lampe** *f* / comparison lamp || **Amplituden~linie** *f*(Osz.) / amplitude reference line || **≗maßstab** *m* / equivalent scale, scale of comparison, yardstick *n* || **≗meßstelle** (s. Vergleichsstelle) || **≗messung** *f* / comparison measurement, calibration *n* || **≗normal** *n* / comparison standard, reference standard || **≗normalzähler** *m* / reference standard watthour meter || **≗oberfläche** *f* / reference surface || **≗operation** *f* / comparison operation, relational operation, comparison *n* || **≗präzision** *f*(Statistik, QS) / reproducibility *n* || **≗probe** *f* / reference specimen || **≗prüfung** *f* / comparability test || **≗relais** *n* / comparator relay || **≗schaltung** *f* / differential connection || **≗schutz** *m* (Differentialschutz) / differential protection || **≗schutz** *m*(Phasenvergleichsschutz) / phase comparison protection || **≗spannungsröhre** *f* / voltage reference tube || **≗standardabweichung** *f* / reproducibility standard deviation || **≗stelle** *f* (MG) / reference point || **≗stelle** *f* (Thermoelement) / reference junction || **≗stelle** (s. Summierstelle) || **≗stellenkorrektur** *f*(MG) / reference point correction || **≗stellenthermostat** *m* / reference junction thermostat || **≗stoß** *m* / comparative impulse || **≗strom** *m* / reference current, error current || **≗wert** *m*(MG) / comparison value || **≗zahl der Kriechwegbildung** (VDE 0303, T.1) *f* / comparative tracking index (CTI) || **≗zähler** *m* / reference meter, reference standard watthour meter, substandard meter || **≗zählerverfahren** *n* / reference meter method, substandard meter method
verglimmern *v* / to coat with mica, mica-coat *v*
Verglimmerung, elektrophoretische ≗ / electrophoretic mica deposition
Vergnügungsstätte *f* / place of public entertainment
vergoldet *adj* / gold-plated *adj*
vergossen·er Baustein / potted module, encapsulated module || **~er Stromkreis** / encapsulated circuit || **~er Transformator** / encapsulated transformer, moulded transformer || **~e Wicklung** / encapsulated winding || **Maschine mit ~er Wicklung** / encapsulated machine
vergraben·er Kanal (IS) / buried channel || **~e Schicht** (Kollektorleitschicht) / buried layer
vergrößern, maßstabgerecht ~ / scale up *v*
Vergrößerungs·faktor (s. Verstärkungsfaktor) || **≗funktion** *f* / magnification function || **≗lampe** *f* / enlarger lamp || **≗vorsatz** *m* / magnifier *n*
Verguß *m* / encapsulation *n*, potting *n*, casting compound || **Abstand im ≗** / distance through casting compound || **≗beton** *m* / grouting concrete || **≗form** *f* / potting mould, potting form (depr.) || **≗kapselung** *f*(Ex m; EN 50028) / encapsulation *n* || **≗masse** *f* / casting compound (EN 50020), potting compound || **≗masse** *f*(f. Kabelgarnituren) / setting compound, sealing compound, filling compound, flooding compound
Vergütungszähler *m* / rebate meter
Verhaken *n* / mechanical sticking
Verhalten *n* / performance *n*, behaviour *n*, performance characteristics, characteristics *n pl* || **≗ bei Überlast** / overload performance || **≗ mit fester Stellgeschwindigkeit** / single-speed floating action || **≗ mit mehreren Stellgeschwindigkeitswerten** / multiple-speed floating action || **direktes ≗** (Reg.) / direct action || **Schalt~** / switching performance || **wirkungsmäßiges ≗** (Reg.) / control action, type of action || **zusammengesetztes ≗** (Reg.) / composite action
Verhaltensfunktion *f* (Wahrscheinlichkeitsverteilung) / probability distribution function
Verhältnis *n*(Verhältniszahl, Übersetzungsverhältnis) / ratio *n* || **≗** (Beziehung) / relationship *n*, relation *n* || **≗** (Bedingung) / condition *n* || **≗** (Proportion) / proportion *n* || **≗ der Schaltwerte** (Rel.) (s. Schaltwertverhältnis) || **≗ der Schreibgeschwindigkeit** (Osz.) / ratio of

writing speeds || ≗ **des Nutz- zum Rauschsignal** / signal-to-noise ratio || ≗ **des Nutz- zum Störsignal** / signal-to-disturbance ratio
Verhältnisbaustein *m* / ratio block
verhältnis·bildendes Meßgerät / ratiometer *n* || ≗**mengen** *f pl* / ratio set || ≗**pyrometer** *n* / ratio pyrometer || ≗**regelung** *f* / ratio control || ≗**regler** *m* / ratio controller
Verhältnisse am Aufstellungsort / field service conditions, operating conditions
Verhältniszahl *f* / ratio *n*
verharzen *v* / resinify *v*, gum *v* || ≗ *n* (Schmieröl) / gumming *n*, gum formation
Verharzungsprobe *f* / gum test
Verhütung von Vogelschäden / bird hazard reduction
Verkabelung *f* / cabling *n*, installation of cable system
verkadmet *adj* / cadmium-plated *adj*
verkanten *v* / cant *v*, to fit askew || **sich** ~ / to become skewed, to become canted
Verkaufstisch-Beleuchtung *f* / counter down lighting
Verkehr *m* (Straßenv.) / traffic *n* || **Daten**~ *m* / data communication, data traffic || **Ein-/Ausgabe-**≗ *m* / input/output operation, I/O operation || **Telegramm**~ *m* (DÜ) / message interchange
verkehren *v* (DV, DÜ) / communicate *v*
Verkehrs·ampel *f* / traffic light(s), traffic signal || ≗**art** *f* (FWT) / traffic mode || ≗**artensteuerung** *f* (FWT) / traffic mode control (o. selection) || ≗**aufkommen** *n* / traffic volume || ≗**bake** *f* / traffic bollard || ≗**beleuchtung** *f* / traffic lighting || ≗**dichte** *f* / traffic intensity || ≗**fähigkeit** *f* (IEC 50(191)) / trafficability performance || ≗**last** *f* (DIN 1055,T.4) / live load || ≗**-Leitsystem** *n* / traffic guidance system || ≗**lichtzeichen** *n* / traffic light, traffic signal || ≗**säule** *f* / traffic bollard || ≗**schild** *n* / traffic sign || ≗**signal** (s. Verkehrslichtzeichen) || ≗**signal für Fußgänger** / pedestrian crossing lights || ≗**steuerungsanlage** *f* / traffic control system || ≗**steuerzentrale** *f* / centralized traffic control room, traffic control room
Verkehrstechnik *f* / traffic engineering || ≗ (Unternehmensbereich) / transportation systems
Verkehrs·teilnehmer *m* / road user || ≗**wege** *m pl* / traffic ways || ≗**zeichen** *n* / traffic sign || ≗**zeichen (TRL)** (Flp.) *n* / traffic light (TRL)
verkeilen *v* / wedge *v*, chock *v*, key *v*
verkeilter Kommutator / wedge-bound commutator
Verkeilung *f* / wedging *n*, chocking *n*, keying *n* || ≗ (Keilverbindung) / keyed connection, keyed joint, keying *n*
Verketten *n* (Kommunikationsnetz, DIN ISO 7498) / concatenation *n*
verkettet *adj* (magn.) / interlinked *adj*, linked *adj* || ~**er Fluß** / interlinked flux, linkage flux || ~**e Produktionsautomaten** / linked automatic production machines || ~**e Spannung** / line-to-line voltage, phase-to-phase voltage, voltage between phases || ~**er Stichprobenplan** (s. Kettenstichprobenplan) || ~**er Streufluß** / interlinked leakage flux, linkage stray-flux || **größte** ~**e Spannung** / diametric voltage || **kleinste** ~**e Spannung** / mesh voltage
Verkettung *f* (magn.) / interlinking *n*, linkage *n* || ≗ (s. Prioritätsverkettung) || **Programm**~ / program chaining
Verkettungs·faktor *m* (LWL) / concatenation factor || ≗**zahl** *f* (magn.) / interlinking factor, number of line linkages
verkitten *v* / cement *v*, seal *v*, lute *v*
verkleben *v* / cement *v*, bond *v*
verklebter Spalt / cemented joint
Verklebung, Länge der ≗ (Spalt; EN 50018) / width of cemented joint
Verklebungsschicht *f* (getränkte Wickl.) / impregnant bonding coat
Verkleidung *f* / covering *n*, fairing *n*, enclosure *n*, masking *n* || ≗ (SK, ET; VDE 0660, T.500 u. DIN 43350) / cover *n* (IEC 439-1) || ≗ (DIN 31001) / safety enclosure || **Pult**~ / desk enclosure
verkleinert·er Maßstab / reduced scale || ~**es Modell** / scale model
Verkleinerungsmaßstab *m* / reduction scale
verklinken *v* / latch *v*, lock *v*, catch *v*, engage *v* || ~ (SG) / latch *v*
verklinkt·er Drucktaster (VDE 0660,T.201) / latched pushbutton (IEC 337-2) || ~**es Schütz** (VDE 0660,T.102) / latched contactor (IEC 158-1) || ~**e Stellung** (VDE 0660, T.202) / latched position (IEC 337-2A)
Verklinkung *f* / latching *n*, latch *n* || ≗ (s. verklinkte Stellung)
Verklinkungseinrichtung *f* / latching device, latching mechanism
verknüpfen *v* (Signale) / combine *v*, gate *v* || ~ (Logik) / gate *v*, combine *v* || **nach UND** ~ / AND *v*
Verknüpfung *f* (Logik) / logic *n*, logic circuit, logic operation || ≗ (NC, geometrische Elemente) / linking *n* (NC, geometric elements), link *n* || ≗ (logische V.) / logic operation || ≗ (von Zuständen; DIN IEC 625) / linkage *n* || **binäre** ≗ / binary logic operation, binary logic || **Bit**~ / bit combination || **bit-breite** ≗ / bit-wide operation || **boolesche** ≗ / boolean operation || **Digital**~ / digital logic operation || **Grund**~ / fundamental combination, fundamental connective || **Kontakt**~ (PC) / relay logic || **logische** ≗ / logic operation || **NAND-**≗ / NAND function || **NOR-**≗ / NOR operation, NOR function, Peirce function || **ODER-**≗ / OR function, ORing *n*, OR relation || **Parameter**~ / parameter linking || **Phantom-**≗ / distributed connection, phantom circuit || **UND-**≗ / AND relation, ANDing *n*, AND function || **Zustands**~ (a. PMG) / state linkage, state interlinkage
Verknüpfungs·anweisung *f* / logic instruction || ≗**baugruppe** *f* (Logikbaugruppe) / logic module || ≗**baustein** *m* / logic operations block || ≗**bedingung** *f* / logic condition || ≗**befehl** *m* / logic instruction || ≗**element** *n* / logic element, logic operator, gate *n* || ≗**ergebnis (VKE)** *n* / result of logic operation (RLO), boolean result, logic result || ≗**feld** *n* / gating section, logic unit || ≗**funktion** *f* / logic function, binary gating function, binary logic function || ≗**funktion** *f* (Boolesche V.) / boolean function || **digitale** ≗**funktion** / digital logic function || ≗**gerät** *n* (VDI/VDE 2600) / computing element for several quantities || ≗**glied** *n* / logic element, combinative element, logic module, logic gate, gate *n* || **binäres** ≗**glied** / binary-logic element || ~**intensiv** *adj* / logic-intensive *adj* || **logische** ≗**kette** / sequence of logic gating

operations, logic operations sequence || **≗operation** *f* / logic operation
Verknüpfungspunkt *m* (von zwei oder mehr Lasten im Versorgungsnetz) / point of common coupling (PCC) || ≗ (Knoten v. Strompfaden) / node *n*
Verknüpfungs·schaltung *f* / logic circuit, combinational logic system || **≗schaltung** *f* (Reaktorschutz) / safety logic assembly || **≗steuerung** *f* / logic control, logic controller || **programmierbare ≗steuerung** / programmable logic controller (PLC) || **boolesche ≗tafel** / boolean operation table, truth table || **≗tiefe** *f* / logic nesting depth || **≗- und Ablaufsteuerungen** / logic and sequence controls
verkohlen *v* / carbonize *v*, char *v*
Verkohlung *f* (Isolation) / charring *n*
Verkörperung (s. Maßverkörperung)
verkupfern *v* / copper-plate *v*
verkürzen *v* (Zeichnung) / foreshorten *v*
verkürzt·e Ansicht / foreshortened view || **~er Wicklungsschritt** / shortened winding pitch || **Wicklung mit ~em Schritt** / short-pitch winding, fractional-pitch winding
Verkürzungs·faktor *m* (Kabel) / velocity factor || **≗glied** *n* (DIN 19237) / pulse-contracting element, pulse-contracting monoflop
Verlade·breite *f* / loading width, shipping width || **≗schild** *n* / shipping plate, handling instruction plate
verlagerbar, zeitlich ~e Last / deferrable load
verlagern *v* / displace *v*, shift *v*, relocate *v*, dislocate *v*
verlagert·er Kurzschluß / asymmetrical short circuit, offset short circuit || **~er Kurzschlußstrom** / asymmetrical short-circuit current
Verlagerung *f* / displacement *n*, shifting *n*, relocation *n* || ≗ (Ausrichtungsfehler) / misalignment *n* || **Last~** / load transfer
Verlagerungsdrossel *f*, **Mittelpunkt-≗** / (earth current limiting) neutral displacement reactor, zero-sequence reactor
Verlagerungsfaktor *m* (Wandler) / transient factor || **Induktions~** *m* / induction transient factor
Verlagerungsspannung *f* / displacement voltage, neutral displacement voltage || ≗ (Wandler) / residual voltage (IEC 50(321))
verlängert·er Impuls / expanded pulse, extended pulse || **~er Lichtbogen** / prolonged arc || **~e Werkbank** (von Fremdfirmen gekaufte Kapazität(en)) / purchased capacity || **Wicklung mit ~em Schritt** / long-pitch winding
Verlängerungs·glied *n* (DIN 19237) / pulse-stretching element, pulse-stretching monoflop || **≗leitung** *f* / extension cord, extension cable || **≗leitung mit Stecker und Kupplung** / extension cord set || **≗schnur** *f* / extension cord, extension flex || **≗stößel** *m* / extension plunger || **≗welle** *f* (Hilfswelle f. Montage) / extension shaft || **≗welle** *f* (Zwischenwelle) / jack shaft
verlangsamen *v* / decelerate *v*, slow down *v*
verlassen *v* (ein Programm) / quit *v*, exit *v* || **einen Zustand ~** / to leave a state, to exit a state
Verlauf *m* (Kurve) / shape *n*, form *n*, waveform *n*, characteristic *n* || ≗ (Vorgang) / characteristic *n*, response *n*, variation *n* || **Phasen~** / phase response, phase angle || **Potential~** / potential profile
verlegen *v* (Kabel) / install *v*, lay *v*, run *v* || ~ (versetzen) / relocate *v*, transfer *v*, move *v*, shift *v*
Verlegung *f* (Kabel) / (cable) installation *n*, (cable) laying *n* || ≗ **auf Putz** / surface mounting (o. installation), surface wiring, exposed wiring || ≗ **in Erde** / underground laying, direct burial, burying in the ground || ≗ **in Luft** / installation in free air || ≗ **unter Putz** / concealed installation, installation under the surface, installation under plaster
Verletzbarkeit *f* / vulnerability *n*
verletzen *v* (z. B. Code) / violate *v*
Verlöschen *n* (LE, Aufhören der Stromleitung ohne Kommutierung) / quenching *n*
Verlöschspannung *f* (LE) / quenching voltage
verlöten *v* (hart) / hard-solder *v*, braze *v* || ~ (weich) / solder *v*
Verlust *m* / loss *n*, losses *pl* || ≗ **in Rückwärtsrichtung** / reverse loss || ≗ **in Vorwärtsrichtung** / forward loss || **≗anisotropie** *f* / loss anisotropy || **≗arbeit** *f* / kW/h loss, heat loss, loss due to heat || **~arm** *adj* / low-loss *adj* || **~behaftetes Dielektrikum** / imperfect dielectric || **≗bremsung** *f* / non-regenerative braking, rheostatic braking
Verluste durch gyromagnetische Resonanz / gyromagnetic resonance loss || ≗ **im Dielektrikum** / dielectric loss || ≗ **im Erregerkreis** / excitation losses, excition-circuit loss || ≗ **im Kühlsystem** / ventilating and cooling loss || ≗ **im Stellwiderstand** / rheostat loss || ≗ **im Stellwiderstand des Haupterregerkreises** / main rheostat loss || ≗ **in der Erregermaschine** / exciter losses
Verlustenergie *f* / energy loss, energy dissipation, heat loss || **Ausschalt-≗** *f* (Thyr, DIN 41786) / energy dissipation during turn-off time || **Einschalt-≗** *f* (Thyr) / energy dissipation during turn-on time
Verlustfaktor *m* / dissipation factor, loss factor, loss tangent || ≗ **tan δ** (VDE 0560, T.4) / tangent of loss angle (IEC 70) || **dielektrischer ≗** (tan δ) / dielectric dissipation factor, loss tangent || **≗kennlinie** *f* / power-factor-voltage characteristic || **≗messung** *f* / loss-tangent test (GB), dissipation-factor test (US)
verlust·frei *adj* / lossless *adj*, loss-free *adj*, no-loss *adj*, non-dissipative *adj* || **≗funktion** *f* / loss function || **≗grad** *m* / loss factor || **≗konstante** *f* (Dämpfung) / attenuation constant || **≗kosten** *plt* / cost of losses
Verlustleistung *f* / power loss, power dissipation, watts loss || ≗ (dch. Streuung) / leakage loss, leakage power || ≗ (Wärmeverlust) / heat loss, loss due to heat || ≗ (Kondensator; VDE 0560, T.4) / capacitor losses (IEC 70) || ≗ (durch Ableitströme) / leakage power || **abzuführende ≗** (Wärme) / (amount of) heat to be dissipated || **Ausschalt-≗** (Diode, Thyr.) / turn-off loss, turn-off dissipation || **Elektroden~** / electrode dissipation
Verlustleistungsspitze *f*, **Ausschalt-≗** (Thyr) / peak turn-off dissipation
verlustlos *adj* / no-loss *adj*, non-dissipative *adj* || **~es Dielektrikum** / no-loss dielectric, perfect dielectric || **~e Induktivität** / pure inductance || **~e Kapazität** / pure capacitance || **~e Prüfung** / wattless test
Verlust·maßstab *m* / loss measure || **≗strom** *m*

(Leckstrom) / leakage current || ≗**stundenzahl** *f* (Quotient aus Arbeitsverlusten und dem Spitzenwert der Leistungsverluste innerhalb einer betrachteten Zeitspanne) / utilization time of power losses (IEC 50(603)) || ≗**trennungsverfahren** *n* / segregated-loss method || ≗**verhältnis** *n* / loss ratio || ≗**wärme** *f* / heat loss || **magnetischer** ≗**widerstand** / magnetic loss resistance || ≗**winkel** *m* / loss angle || **dielektrische** ≗**zahl** / dielectric loss index || ≗**zähler** *m* / loss meter || ≗**zeit** *f* / lost time || ≗**ziffer** *f* (Blech) / loss coefficient, loss index, figure of loss, specific iron loss, specific core loss || **magnetische** ≗**ziffer** / hysteresis loss coefficient
vermascht betriebenes Netz / mesh-operated network || ~**es Netz** / meshed network, mesh-connected system || ~**es Netz** (s. Sterntopologie)
Vermaschung *f* (Netz) / meshing *n*, system meshing || ≗ (QS; DIN 40042) / intermeshing *n* || ≗ **der Leiterbahnen** / interconnection of conductors
Vermaßungsnullpunkt *m* / datum point
vermeidbare Kosten (StT) / avoidable costs
Vermessen *n* (der Maschinenachsen) / setting out *n* || **optisches** ≗ (NC) / optical gauging
vermessingen *v* / brass-plate *v*, brass *v*
Vermessung *f* (Rob., 3-dimensionale Objekte) / scanning *n*, scanning and ranging || **Werkzeug**~ *f* / tool gauging || **Werkzeugkorrektur**~ *f* / measurement (o. determination) of tool offset
Vermessungslaser *m* (VDE 0837) / alignment laser, surveying laser, alignment laser product (IEC 825)
Vermessungssystem *n*, **Laser-**≗ (Rob.) / laser-based scanning and ranging system
Verminderungsfaktor *m* / reduction factor, derating factor || ≗ (BT) / light loss factor, maintenance factor || **Kehrwert des** ≗**s** (BT) / depreciation factor
vermischte Vernetzung / hybrid network(ing)
Vermittlung *f* (Kommunikationsnetz) / switching *n*
Vermittlungsadresse *f* (Kommunikationsnetz) / network address
Vermittlungsdienst (Kommunikationssystem) / network service || ≗**benutzer** *m* (Kommunikationssystem) / network service user (NS user) || ≗**element** *n* / network service primitive || ≗**-Vorrangdateneinheit** *f* (DIN ISO 8348) / expedited network service data unit || ≗**zugangspunkt** *m* / network service access point (NSAP)
Vermittlungsinstanz *f* / network entity (ISO 8348), network layer entity (ISO 8888)
Vermittlungs·instanzenverbindung *f* (DIN ISO 7498) / subnetwork connection || ≗**protokoll** *n* (offenes Kommunikationssystem) / network protocol || ≗**protokollkennung** *f* / network layer identifier || ≗**schicht** *f* (Kommunikationsnetz; DIN ISO 7498) / network layer
vernachlässigbarer Strom (VDE 0670, T.2) / negligible current (IEC 129)
vernetzbar *adj* (z. B. durch ein LAN) / suitable for networking, linkable *adj*, interconnectable *adj*
vernetzen *v* (z. B. durch ein LAN) / network *v*
vernetztes Polyäthylen (VPE) / cross-linked polyethylene (XLPE)
Vernetzung *f* / networking *n* || ≗ (Kunstst.) / cross-linking *n* || ≗ (v. mehreren Datennetzen) / internetworking *n*
Vernetzungsmittel *n* / cross-linking agent
vernichten, Energie ~ / to dissipate energy
verölen *v* / to become fouled with oil
Verölung *f* / fouling by oil
Verpackung für Landtransport / packing for land transport, packing for shipment by road or rail || ≗ **für Überseetransport** / packing for shipment overseas
Verpackungs·boden *m* / packing base || ≗**einheit** *f* / unit pack || ≗**gewicht** *n* / packed weight, packing weight || ≗**- und Versandschutz** / packaging and shipping preservation || ≗**-Zeichnung** *f* / packing drawing
Verpolschutz *m* / polarity reversal protection, non-interchangeability *n*, polarization *n*, keying *n* || **mit** ≗ / polarized *adj*, keyed *adj*, non-interchangeable *adj*, non-reversible *adj* || **Stecker mit** ≗ / polarized plug, non-interchangeable plug
verpolsicher (s. verpolungssicher)
Verpolung *f* / (polarity) reversal
Verpolungsschutz *m* (DIN 41745) / reverse voltage protection
verpolungssicher *adj* / polarized *adj*, keyed *adj*, non-interchangeable *adj*, protected against polarity reversal
verpreßter Bohrpfahl / pressure-injected pile
Verpuffung *f* / deflagration *n*, flash *n*
Verpuffungsgeschwindigkeit *f* / deflagration rate
verquellen *v* (verschalten v. Funktionsbausteinen) / interconnect *v*, link *v*
verrastbarer Drucktaster / latching pushbutton
verrasten *v* (SG) / latch *v*
verrastender Druckknopf / latching(-type) button
verrauschtes Signal / noisy signal
Verrechnung, zur ≗ **zugelassen** (Wandler) / approved for electricity accounting
Verrechnungs·leistung *f* / chargeable demand || ≗**periode** *f* (StT) / billing period || ≗**stelle** *f* (Zählstelle für Stromlieferung) / billing point || ≗**tarif** *m* / tariff *n*, rate *n* || ≗**zähler** *m* / demand billing meter, billing meter || ≗**zählsatz** *m* / supply company's billing meter || ≗**zählung** *f* / utility billing metering, metering for invoicing || ≗**zeitraum** *m* (StT) / demand assessment period
verriegelbar *adj* / interlocking *adj*, lockable *adj*
verriegeln *v* / interlock *v*, lock *n* || ~ (m. Schloß) / lock *v* || ~ (feststellen) / lock *v*, locate *v*, restrain *v*, arrest *v*, retain *v* || ~ (verklinken) / latch *v*
verriegelnder Fernschalter / latching remote-control switch
verriegelt·er Drucktaster (VDE 0660,T.201) / locked pushbutton (IEC 337-2) || ~**e Steckdose** (DIN 40717) / socket outlet with interlocking switch (IEC 117-8), interlocked socket outlet, receptacle outlet with interlocking switch || ~**e Stellung** (VDE 0660,T.202) / locked position (IEC 337-2A)
Verriegelung *f* (el.) / interlock *n*, lock-out *n* || ≗ (mech.) / locking *n*, bolting *n* (device), barring *n* (device) || ≗ (Vorrichtung) / interlocking device || ≗ (kontaktlose Steuerung; Sperrfunktion) / inhibiting *n*, interlocking *n* || **eine** ≗ **aufheben** / to defeat an interlock, to cancel an interlock
Verriegelungs·baustein *m* / interlocking module || ≗**einrichtung** *f* (SG; VDE 0660,T.101) / interlocking device (IEC 157-1), interlocking facility, interlock *n* || ≗**kreis** *m* / interlocking circuit || ≗**magnet** *m* / interlocking electromagnet

|| ≗**melder** *m* / lockout indicator || ≗**schalter** *m* / interlocking switch || ≗**schaltwerk** *n* (Bahn) / interlocking switchgroup || ≗**schiene** *f* / locking bar || ≗**signal** *n* / interlock signal, inhibiting signal || ≗**steuerung** *f* / interlocking control, interlocking logic control || ≗**stromkreis** *m* / interlock(ing) circuit

Verriegelungsvorrichtung *f* (Festhaltevorr.) / locking device || ≗ (mech., f. DT) / locking attachment || ≗ (SG) / interlocking device (IEC 157-1), interlocking facility, interlock *n*

verrippt *adj* / ribbed *adj*, ribbed-surface *adj*

Verrundung *f* (CAD) / fillet *n*

Verrundungsfläche *f* (CAD) / fillet surface

Verrußung *f* / sooting *n*

versagen *v* / fail *v*, break down *v*, malfunction *v* || ≗ **der Isolation unter elektrischer Beanspruchung** / electrical breakdown of insulation || **menschliches** ≗ / human fallibility, mistake *n*

Versagenslast *f* (a. Freiltg.) / failure load

Versalhöhe *f* (Schrift) / capline *n*

Versand·gewicht *n* / shipping weight || **größtes** ≗**gewicht** / heaviest part to be shipped, heaviest part shipped || ≗**kontrolle** *f* / shipping inspection || ≗**probe** *f* / shipping sample || ≗**revision** *f* / shipping inspection

Versandschutz, Verpackungs- und ≗ / packaging and shipping preservation

Versandzeichnung *f* / despatch drawing

Versatz *m* / misalignment *n*, offset *n* || ≗ (zwischen Signalen o. Bits) / skew *n* || ≗ (NC) / offset *n*, shift *n* || ≗ (LWL) / lateral offset, lateral displacement || **Werkzeug**~ (s. Werkzeugverschiebung) || ≗**koppler** *m* / lateral-offset-type coupler, four-port coupler, lateral-displacement-type branching element

verschachteln *v* / interleave *v*, imbricate *v* || ≗ (s. Schachtelung)

verschachtelt *adj* / interleaved *adj*, imbricated *adj*, interwound *adj*

Verschachtelungstiefe (s. Schachtelungstiefe)

verschalten *v* / wire up *v*, connect up *v*, wire *v*, interconnect *v* || ≗ **von Bausteinen** (PC) / interconnection of blocks

Verschaltungsangaben *f pl* (Automatisierungsbausteine) / interconnection data, configuration data

Verschalung *f* (f. Beton) / shuttering *n*, forming *n*, boarding *n* || ≗ (Verkleidung) / fairing *n*, covering *n*

verschärft·er AQL-Wert / reduced AQL value || ~**e Prüfung** (QS) / tightened inspection

verschiebbar·er Code / relocatable code || ~**es Gehäuse** (el. Masch.) / end-shift frame

Verschiebe·ankermotor *m* / sliding-rotor motor || ≗**elektrode** *f* / transfer gate electrode, transfer electrode, transfer gate || ≗**-Gate** (s. Verschiebeelektrode) || ≗**kanal** *m* (Ladungsverschiebeschaltung) / transfer channel || ≗**kraft** *f* / displacement force, thrust *n*

verschieben *v* / shift *v*, displace *v*, relocate *v* || ≗ *n* (Scheinwerfer) / panning *n*, traversing *n* || ≗ (GKS-Funktion) / shift *n* || ≗ (CAD, Änderung der Lage von Geometrieelementen) / translation *n* || ≗ **von Programmteilen** / relocation of program sections

Verschiebung *f* (NC-Wegbedingung, DIN 66025,T.2) / linear shift (ISO 1056) || ≗ (NC; Nullpunkt, Bahn) / shift *n*, offset *n* || **dielektrische** ≗ / dielectric displacement, electrostatic induction || **interkristalline** ≗ / intercrystalline slip

Verschiebungs·amplitude *f* / displacement amplitude || ≗**bereich** *m* (NC) / offset range, shift range || **dielektrische** ≗**dichte** / dielectric displacement density, dielectric flux density

Verschiebungsfaktor *m* / displacement factor, displacement power factor || **lastseitiger** ≗ (SR) / output displacement factor, load displacement factor || **netzseitiger** ≗ (LE) / input displacement factor

Verschiebungs·fluß *m* / displacement flux, dielectric flux || ≗**konstante** *f* / absolute dielectric constant, absolute capacitivity || **dielektrische** ≗**polarisation** (s. dielektrische Verschiebung) || ≗**satz** *m* / displacement law || ≗**strom** *m* / displacement current || ≗**stromdichte** *f* / displacement current density || **Phasen**~**winkel** *m* / phase difference (IEC 50(101)), phase displacement angle, phase angle, power factor angle || ≗**zahl** (s. Verschiebungskonstante)

verschieden lange Stifte (Bajonettsockel) / odd pins

verschiedenfarbig *adj* / heterochromatic *adj* || ~**e Farbreize** / heterochromatic stimuli

Verschiedenheitsfaktor *m* / diversity factor (IEC 50(691))

Verschlag *m* (Verpackung) / crate *n*, crating *n*

Verschleierung, äquivalente ≗ (s. äquivalente Schleierleuchtdichte)

Verschleifen des Impulses / pulse rounding

Verschleiß *m* / wear *n*, wear and tear, rate of wear || **dem** ≗ **unterworfene Teile** / parts subject to wear

verschleißarm *adj* / with low rate of wear

Verschleiß·ausfall *m* (DIN 40042) / wear-out failure || ≗**ausfallperiode** *f* / wear-out failure period || ≗**ausgleich** *m* / wear compensation || ≗**betrag** *m* / amount of wear

verschleißen *v* / wear *v*, wear out *v*

verschleiß·fest *adj* / wear-resistant *adj*, resistant to wear || ≗**festigkeit** *f* / resistance to wear, wear resistance || ≗**geschwindigkeit** *f* / wear rate || ≗**grenze** *f* / wear limit || ≗**korrektur** *f* (NC) / wear compensation || ≗**teil** *n* / wearing part, part subject to wear || ≗**tiefe** *f* / wearing depth || ≗**überwachung** *f* / wear monitoring || ≗**überwachungskontakt** *m* / limit-wear contact || ≗**verhalten** *n* / wear performance || **Werkzeuglängen-**≗**wert** *m* / tool length wear value *n*

Verschleppung *f* (s. Potentialverschleppung) / accidental energization, formation of vagabond (o. parasitic) voltages || ≗ (s. Impulsverschleppung)

verschlossene Zelle (Batt. IEC 50(486)) / gas-tight sealed cell

Verschluß *m* (einfache Verriegelung) / fastener *n* || **unter** ≗ **gehaltenes Lager** / bonded storage

verschlüsselte Kennzeichnung eines Isoliersystems (VDE 0302, T.1) / insulation system code (IEC 505)

Verschlüsselung *f* / coding *n*, encoding *n*, code *n*

Verschlüsselungsgerät *n* („Kryptobox") / cryptobox *n*

Verschluß·flansch *m* / cover flange plate || ≗**kappe** *f*

/ cap plug, screw cap || **≗klappe** *f* / hinged cover, shutter *n*
Verschlüßler *m* / encoder *n*
Verschluß·platte *f* / blanking plate || **≗plombe** *f* / lead seal, seal *n* || **≗schieber** *m* (SK, VDE 0660, T.500) / shutter *n* (IEC 439-1) || **≗schraube** *f* / screw plug || **≗stopfen** *m* / plug *n*, sealing plug, stopper *n*
Verschmelzungs·energie *f* / fusion energy || **≗frequenz** *f* (LT) / fusion frequency, critical flicker frequency
Verschmieren des Ausgangsstroms (ESR) / smearing (o. lag) of output current
verschmierung *f*, **Harz~** / resin smear
verschmutzen *v* / contaminate *v*, pollute *v*, foul *v*, to become fouled
Verschmutzung *f* / pollution *n* || **Beständigkeit gegen ≗** (Wickl.) / dirt collection resistance
Verschmutzungsgrad *m* / pollution severity || **≗** (der Umgebung) / pollution degree || **≗** (KT) / fouling factor || **Steh-≗** (Isolatoren) / severity withstand level || **zugeordneter ≗** (Isolatoren) / reference severity
Verschmutzungsprüfung *f* / pollution test
Verschnitt *m* (Stanzabfall) / blanking waste
Verschnürung *f* / cording *n*, tying *n*, lashing *n*, lacing *n*
verschoben, um 90° ~ / by 90° out of phase, in quadrature
verschränkt·er Stab (Wickl.) / transposed bar, Roebel bar || **~e Stabwicklung** / cable-and-bar winding
Verschränkung *f* (Röbelstab) / transposition *n*
verschrauben *v* (mit Mutter) / bolt *v* || **~** (ohne Mutter) / screw *v*
Verschraubung *f* (Gewindeverbindung) / threaded joint || **≗** (mit Schraube ohne Mutter) / screwed joint || **≗** (mit Schraube und Mutter) / bolted joint || **≗** (Rohrkupplung) / coupling *n*, union *n* || **≗** (Kabel, PG-Rohr) / screwed gland, compression gland, union *n* || **Aufschraub-≗** / female coupling
verschrotten *v* / scrap *v*
Verschrottungsbeleg *m* (QS) / repudiate voucher
Verschwächungsgrad *m* / degree of weakening (o. of contraction)
Verschweißbarkeit *f* (Metall) / weldability *n* || **≗** (Elektrode) / usability *n*
Verschweißen *n* (Kontakte) / welding *n*, contact welding || **≗** (Verschleiß) / fusion welding
verschweißfest *adj* (Kontakte) / weld-resistant *adj*
verschwelen *v* / carbonize *v*
verseifbar *adj* / saponifiable *adj*
verseifen *v* / saponify *v*
Verseifung *f* / saponification *n*
Verseifungs·basis *f* / soap base || **≗grad** *m* / saponification factor || **≗zahl** *f* / saponification number, saponification value
Verseil·element *n* / stranded element, stranding element || **≗faktor** *m* (Kabel) / lay ratio || **≗maschine** *f* / strander *n*
verseilt·e Ader / laid-up core || **~er Leiter** / stranded conductor
Verseilung *f* (Kabel) / stranding *n*, laying up *n*, cabling *n*
versenkt angeordneter Griff / countersunk handle, shrouded handle (o. knob), recessed handle || **~ angeordneter Knebel** (m. Schutzkragen) / shrouded knob || **~er Druckknopf** (VDE 0660,T.201) / recessed button (IEC 337-2) || **~er Einbau** / sunk installation, recess(ed) mounting, cavity mounting || **~er Keil** / sunk key || **~er Leiter** (gS) / flush conductor || **~e Schraube** / countersunk screw || **~e Taste** (s. versenkter Druckknopf)
versetzt anordnen / stagger *v* || **~e Bürsten** / staggered brushes || **~e Kontur** (NC) / offset contour || **~er Nullpunkt** / offset zero, live zero || **~e Schwelle** (Flp.) / displaced threshold || **~es Schwingungsabbild** (DIN IEC 469, T.1) / offset waveform (IEC 469-1) || **~e Stifte** (Lampensockel) / offset pins
Versetzung *f* (Bürsten) / axial stagger, stagger *n* || **≗** (Fluchtfehler) / offset *n*, misalignment *n* || **≗** (CAD, ADU) / offset *n* || **≗** (Kristallfehler) / dislocation *n*
Versetzungs·abgleich *m* (ADU, DAU) / offset adjustment || **≗fehler** *m* (ADU, DAU) / offset error || **≗punkt** *m* (ADU, DAU) / offset point
versiegeltes Modul (DIN IEC 44.43) / sealed module
versilbert *adj* / silver-plated *adj*
Version *f* (SW) / version *n* || **≗** (s. Ausgabestand)
Versionsführung *f* / version management
versorgen *v* / supply *v* (with), feed *v* || **mit Parametern ~** / to initialize with parameters
Versorgung *f* (Elektrizitätsv.) / supply *n* (of electrical energy) || **≗ mit Parametern** (PC) / parameter assignment, initialization *n* || **≗kreis** (s. Hilfskreis)
Versorgungs·anlagen in Gebäuden / building services || **≗ausfall** *m* / supply failure, interruption *n* (to a consumer) || **≗ausfalldauer** *f* / interruption duration || **≗bereich** *m* / region supplied || **öffentliche ≗betriebe** / public services, public utilities (US) || **≗freileitung** *f* (VDE 0168, T.1) / overhead distribution line, overhead feeder || **≗gerät** *n* / power supply unit, supply apparatus, power pack || **≗größe** (s. Hilfsgröße) || **≗kanal** *m* / service duct(ing) || **≗kontinuität** *f* / continuity of supply || **≗kreis** *m* / supply circuit || **≗leitung** *f* / supply line, feeder *n* || **≗netz** *n* / supply system, supply network || **≗qualität** *f* / quality of supply || **≗schacht** *m* / service riser duct, vertical service duct || **≗schnittstelle** *f* (PC) / supply interface, supply terminals || **≗schwankung** *f* / supply deviation || **≗sicherheit** *f* / security of supply, service security || **≗spannung** *f* / supply voltage, power supply voltage || **≗spannungsüberwachung** *f* (DV, elST) / power fail circuit || **≗spannungsunterdrückung** *f* / supply voltage rejection ratio || **≗- und Hilfsleitungen** (Bussystem) *f pl* / utilities *n pl* || **≗unterbrechung** *f* / interruption of supply, supply interruption, interruption to a consumer || **≗unterbrechungskosten** *plt* / supply interruption costs || **≗unternehmen** *n* / supply undertaking, utility company || **≗zuverlässigkeit** *f* / service reliability
verspannen *v* (beanspruchen) / strain *v* || **~** (verstreben) / brace *v* || **~** (mit einer Spannung) / bias *v*, displace *v* || **gegenseitiges ≗** (Lg.) / cross-location *n*
Verspannung *f* (Getriebe, dch. Drehmoment im Stillstand) / torque bias || **≗** (Versteifung) / bracing *n*, lock *n*
verspannungsfrei *adj* / free from distortion

Verspannungsschaubild *n* / load-extension diagram
verspiegeln *v* / metallize *v*, metal-coat *v*, mirror *v* || ~ (m. Aluminium) / aluminize *v* || ~ (m. Platin) / platinize *v*
verspiegelte Lampe / metallized lamp, metal-coated lamp, mirrored lamp, mirror-coated lamp
verspratzen *v* / spatter *v*
Versprödung *f* / embrittlement *n*, embrittling effect
Versprödungs·bruch *m* / brittle fracture, fracture due to brittleness || ≗**temperatur** *f* / brittle temperature
Verständigung *f* (Dialog, Kommunikation) / dialog *n*, communication *n* || ≗ („Handshake"-Funktion) / handshake procedure
Verständigungsdatei *f* / communications file
verstärken *v* (el.) / amplify *v* || ~ (mech.) / reinforce *v*, strengthen *v* || ~ (Druck) / boost *v*, increase *v*
Verstärker *m* (el.) / amplifier *n* || ≗ (hydraul., pneumat.) / booster *n*
Verstärkermaschine *f* / rotary amplifier, amplifying exciter, rotating regulator, control exciter || **Konstantspannungs-**≗ (s. Amplidyne) || **Konstantstrom-**≗ (s. Metadyne)
Verstärker·motor *m* / amplifier motor, servo-motor *n*, booster motor || ≗**röhre** *f* / amplifier tube || ≗**röhre** *f* (Bildverstärker) / intensifier tube || ≗**ventil** *n* (f. Stellantrieb) / booster *n*, booster relay, amplifying air relay || ≗**wicklung** *f* / amplifying winding
verstärkt·e Alterung / forced ageing || ~**e Durchzugsbelüftung durch Fremdlüfter** (Schrank) / forced through-ventilation by fans || ~**es Feld** / forced field || ~ **isolierte Eingangsspule** / line-end coil with reinforced insulation || ~**e Isolierung** (VDE 0700, T.1) / reinforced insulation (IEC 335-1) || ~**er Kunststoff** / reinforced plastic || ~**e Luftkühlung** / forced-air cooling, air-blast cooling || ~**e NOR-Stufe** / high-power NOR gate || ~**er Signalausgang** / amplified signal output || ~**e Spülölschmierung** / forced oil lubrication, forced lubrication
Verstärkung *f* (Verstärker) / gain *n* || ≗ (Netz) / reinforcement *n* || ≗ **der Rückkopplungsschleife** / loop gain || ≗ **des geschlossenen Regelkreises** / closed-loop gain, operational gain || ≗ **des offenen Regelkreises** / open-loop gain
Verstärkungs·abgleich *m* / gain adjustment || **Steilheit der** ≗**änderung** / gain slope || ≗**-Bandbreite-Produkt** *n* / gain-bandwidth product || ≗**-DAU** *m* / gain DAC (G-DAC) || ≗**differenz in einem Frequenzbereich** / gain flatness || ≗**drift** *f* / gain droop || ≗**einstellung** *f* / gain adjustment
Verstärkungsfaktor *m* (Verstärker) / gain *n* || ≗ (Schwingungen) / magnification factor, amplitude factor, resonance sharpness || ≗ (ESR) / amplification factor || ≗ (Leuchte) / magnification ratio || ≗ (s. Leerlaufverstärkung) || **Geschwindigkeits**~ (Faktor K_v) / servo gain factor (K_v), multgain factor
Verstärkungs·fehler *m* / gain error, scale factor error || ≗**feld** *n* (Verstärkerröhre) / gain box || ≗**grad** *m* (Verstärker) / gain *n* || ≗**-Kalibrierungssteller** *m* / gain calibration adjuster || ≗**kennlinie des offenen Regelkreises** / open-loop gain characteristic || ≗**leitung** *f* (Freileitung parallel zu einer Oberleitung zur Erhöhung des Querschnitts) / line feeder || ≗**-Linearitätsfehler** *m f* (o. -Nichtlinearität) / gain non-linearity || ≗**sicherheit** *f* / gain margin || ≗**überhöhung** *f* / peaking *n* || ≗**zahl** *f* (Leuchte) / magnification ratio (luminaire)
verstarren *v* (Kuppl.) / to become solid
versteifen *v* / brace *v*, stiffen *v*, strut *v*
Versteifung *f* / bracing *n*, stiffening element || ≗ (Wickl.) / bracing *n*, packing element, packing *n*
Versteifungs·klotz *m* (Wickl.) / packing block, bracing block || ≗**lasche** *f* (Wickl.) / bracing clamp || ≗**ring** *m* (Ständer) / frame ring || ≗**ring** *m* (Wickelkopf) / overhang support ring || ≗**ringisolation** *f* (el. Masch., Isolation zwischen Wickelkopf u. Bandage) / banding insulation || ≗**rippe** *f* / reinforcing rib, bracing rib
verstellbar *adj* / adjustable *adj*, variable *adj*
Verstellbarkeit *f* / adjustability *n*, variability *n*
Verstellbereich *m* (a. EZ) / range of adjustment
verstellen *v* (neu einstellen) / reset *v*, re-adjust *v*
Versteller *m* / actuator *n*
Verstell·motor *m* / actuating motor, servomotor *n*, positioning motor || ≗**motor** *m* (f. Bürsten) / brush-shifting motor, pilot motor || ≗**schraube** *f* / setting screw, adjusting screw || ≗**spindel** *f* / adjusting spindle, positioning spindle
verstemmen *v* / caulk *v* || **durch** ≗ **sichern** / to lock by caulking
verstiften *v* / pin *v*, to locate by dowels, cotter-pin *v*
Verstimmung *f* / detuning *n* || ≗ (Synchronmasch.) / unbalance *n* || ≗ (Resonanzeinstellung) / off-resonance setting (o. adjustment) || **Last**~ (Änderung der Schwingfrequenz durch Änderung der Lastimpedanz; Frequenzziehen) / frequency pulling || **Strom**~ (Änderung der Schwingfrequenz bei Änderung des Elektrodenstroms) / frequency pushing
verstopfen *v* / clog *v*, choke *v*, block up *v*
verstreben *v* / brace *v*, strut *v*, stay *v*
verstürzen *v* (Trafo-Wickl.) / turn over *v*, tuck up *v*, invert *v*, re-arrange *v*
verstürzt·e Spule / continuously wound turned-over coil || ~**e Wicklung** / continuous turned-over winding, continuous inverted winding
Versuch *m* (Experiment) / experiment *n* || ≗ (Prüf.) / test *n* || ≗ **mit Leistungsfaktor Eins** / unity power-factor test || ≗ **mit symmetrischem Dauerkurzschluß** (allpolig) / sustained three-phase short-circuit test || ≗ **mit unsymmetrischem zweipoligem Dauerkurzschluß** / line-to-line sustained short-circuit test || ≗ **mit veränderlicher Kühlgasdichte** / variable cooling gas density test || **einen** ≗ **fahren** / to conduct a test, to carry out a test
Versuchs·anordnung *f* / test set-up, test arrangement, experimental set-up || ≗**anstalt** *f* / laboratory *n* || ≗**aufbau** *m* / experimental set-up, test set-up || ≗**bohrung** *f* / trial bore || ≗**feld** *n* (s.a. „Prüffeld") / experimental test bay, experimental station || ≗**felderprobung** *f* / test bay trials, test rig trials || ≗**gelände** *n* / testing ground, test site || ≗**länge** *f* (Zugversuch) / gauge length || ≗**lauf** *m* / trial run, test run || ≗**maschine** *f* / experimental machine || ≗**modell** *n* (VDE 0302, T.1) / test model (IEC 505) || ≗**planung** *f* (QS) / experimental design || ≗**probe** *f* / specimen *n* || ≗**reihe** *f* / series of

experiments, test series || ≗**schweißung** *f* / test weld || ≗**serie** *f* / pilot lot, experimental lot
Versuchsstraße *f*, **Beleuchtungs-**≗ / experimental lighting road
vertauschen *v* (Phasen) / interchange *v*, reverse *v* || ~ (Klemmenanschlüsse) / reverse *v*
Verteerungszahl *f* / tarring value, tarring number
Verteiler *m* (Tafel) / distribution board, panelboard *n*, distribution switchboard || ≗ (Schrank) / distribution cabinet, panelboard *n* || ≗ (Klemmenleiste) / terminal block || ≗ (auf Schriftstücken) / distribution list, distribution *n*, recipients *n pl* || ≗ **für ortsveränderliche Stromverbraucher** / distribution cabinet for temporary sites || **Informations**~ (Multiplexer) / information multiplexer
Verteileranlage *f* (System) / distribution system || ≗ (Gerätekombination) / distribution assembly || ≗ (Tafel) / distribution board, distribution centre
Verteiler·dose (s. Aufteilungsdose) || ≗**gehäuse** *n* / distribution-board housing (o. enclosure), cabinet *n* (of distribution unit) || ≗**kanal** *m* / header duct || ≗**kasten** *m* / distribution box || ≗**kasten** *m* (f. Kabel) / distributor box || ≗**koffer** *m* / portable distribution unit || ≗**leitung** *f* / distribution line, distribution mains, distribution trunk line || ≗**netz** *n* / distribution system, distribution network || ≗**plan** (s. Anschlußplan) || ≗**punkt** *m* / distributing point || ≗**punkt für die Versorgung logischer Schaltkreise** (VDE 0806) / logic power distribution point (IEC 380) || ≗**rahmen** *m* / distribution frame || ≗**raum** *m* (in ST) / distribution compartment || ≗**sammelschiene** *f* / distribution bus || ≗**säule** *f* / distribution pillar || ≗**schalter** *m* (LS) / distribution circuit-breaker || ≗**schalttafel** *f* / distribution switchboard || ≗**schiene** *f* (FIV) / multi-terminal busbar
Verteilerschrank *m* / distribution cabinet, distribution board || ≗ (BV) / distribution ACS
Verteiler·schutzschalter *m* (m. a- u. n-Auslöser) / distribution circuit-breaker, distribution breaker || ≗**station** *f* / distribution substation || ≗**system** *n* (Netz) / distribution system || ≗**system** *n* (ST) / modular distribution switchgear system, distribution switchgear system || ≗**tafel** *f* / distribution board, distribution switchboard, panelboard *n* (US) || ≗**tafel für Beleuchtungs- und Gerätestromkreise** / lighting and appliance branch-circuit distribution board (o. panelboard) || ≗**tafel mit aufgeteilten Sammelschienen** / split-bus panelboard (US) || ≗**unternehmen** *n* / distribution undertaking
Verteil·kabine *f* (Kiosk) / kiosk *n* || ≗**kasten** *m* (f. Kabel, m. Laschenverbindern) / link box
verteilt·e Datenverarbeitung / distributed data processing || ~**es System** / distributed system || ~**e Wicklung** / distributed winding
Verteilung *f* / distribution *n* || ≗ (Verteiler, s. „Verteiler") || ≗ (Statistik) / distribution *n*, probability distribution || ≗ **der leistungsabhängigen Kosten nach Abnehmergruppen** / non-coincident peak method || ≗ **elektrischer Energie** / distribution of electrical energy, distribution of electricity, power distribution || **Kosten**~ (StT) / cost allocation || **Magnetfeld**~ (s. Magnetfeldverlauf) || **Quantil einer** ≗ (DIN 55350,T.21) / quantile of a probability distribution (EOQC)
Verteilungs·anlage *f* / distribution system || ≗**chromatographie** *f* / partition chromatography || ≗**dosenempfänger** *m* (IR-Fernbedienung) / junction-box receiver || ≗**druck** *m* / distribution pressure
verteilungsfrei *adj* (Statistik, QS) / distribution-free *adj*, non-parametric *adj* || ~**er Test** (DIN 55350,T.24) / distribution-free test
Verteilungs·funktion *f* (Statistik) / distribution function, cumulative distribution || ≗**funktion der Normalverteilung** (s. normale Summenverteilung) || ~**gebundener Test** (DIN 55350,T.24) / parametric test || ≗**koeffizient** *m* (Chromatographie) / distribution coefficient, partition coefficient || ≗**kurve** *f* (Statistik, QS) / distribution curve
Verteilungsleitung *f* / distribution line || **Haupt-**~ *f* / distribution mains, distribution trunk line, primary distribution trunk line || **Niederspannungs-**≗ *f* / l.v. distribution line, secondary distribution mains || **ortsveränderliche** ≗ (VDE 0168, T.1) / movable distribution cable (IEC 71.4)
Verteilungs·maß *n* (Impulsmessung) / measure of dispersion || ≗**netz** *n* / distribution system, distribution network || ≗**netzstation** *f* / distribution substation, primary unit substation || ≗**parameter** *n* (DIN 55350,T.21) / parameter *n* || ≗**raum** (s. Verteilerraum) || ≗**schiene** (s. Verteilerschiene) || ≗**schwerpunkt** *m* / centre of distribution || ≗**stromkreis** *m* (VDE 0100, T.200) / distribution circuit || ≗**system** *n* / distribution system, distribution network || ≗**temperatur** *f* (LT) / distribution temperature || ≗**transformator** *m* / distribution transformer || ≗**unternehmen** *n* / distribution undertaking || ≗**verluste** *m pl* (Netz) / distribution losses
Verteil·ventil *n* (Dreiwegeventil) / three-way valve || ≗**zeit** *f* (Refa) / unproductive time || ≗**zeitzuschlag** *m* (Refa) / allowance *n*
vertiefte Isolation (Komm.) / undercut mica
Vertiefung *f* / depression *n*, impression *n*, indentation *n*, pocket *n* || ≗ (gS) / indentation *n*
vertikal·e Anordnung (der Leiter einer Freiltg.) / vertical configuration || ~**e Beleuchtungsstärke** / vertical-plane illuminance, vertical illuminance || ~**er Bilddurchlauf** / rolling *n*, scrolling *n* || ~**e Last** (Freiltg.) / vertical load || ~**e Lichtstärkeverteilung** / vertical light intensity distribution, vertical intensity distribution || ~**e Lichtverteilung** / vertical light distribution || ~**e Schiene** (ET) / vertical member, upright *n* || ~**es Synchronsignal (VSYNC)** / vertical synchro signal (VSYNC) || ~**e Teilung** / vertical increment
Vertikalablenkung *f* (Osz.) / vertical deflection
Vertikal·beleuchtung *f* / vertical illumination || ≗**frequenz** *f* (BSG) / vertical frequency, field frequency || ≗**hebelantrieb** *m* (SG) / vertical-throw (handle) mechanism || ≗**krümmer** *m* (IK) / vertical bend || ≗**schub** *m* (LM) / vertical force || ≗**staffelung** *f* (Flp.) / vertical separation || ≗**tabulator (VT)** *m* / vertical tabulator (VT), vertical tab || ≗**umsteller** *m* (Trafo) / vertical tapping switch
verträglich *adj* / compatible *adj*
vertraglich geregelter Energieaustausch / contractual energy exchange

Verträglichkeit, elektromagnetische ≗ **(EMV)** / electromagnetic compatibility (EMC)
Verträglichkeitsbereich, elektromagnetischer ≗ / electromagnetic compatibility margin || **elektromagnetischer** ≗ / electromagnetic compatibility level
Vertrags·leistung *f* (Stromlieferung) / subscribed demand || ≗**preis** *m* (StT) / contract price
Vertrauensbereich *m* (DIN 55350,T.24) / confidence interval || ≗ **der Abweichung** (Rel., VDE 0435, T.110) / consistency *n* || ≗ **der Abweichung unter Bezugsbedingungen** (Rel., VDE 0435, T.110) / reference consistency || **obere Grenze des** ≗**s** / upper confidence limit || **untere Grenze des** ≗**s** / lower confidence limit
Vertrauensgrenze *f* (DIN 55350,T.24) / confidence limit || ≗ **der Ausfallrate** / assessed failure rate || ≗ **der Erfolgswahrscheinlichkeit** / assessed reliability || ≗ **der mittleren Zeit bis zum Ausfall** / assessed mean time to failure || ≗ **der mittleren Lebensdauer** / assessed mean life || ≗ **des mittleren Ausfallabstandes** / assessed mean time between failures || ≗ **eines Lebensdauer-Perzentils Q** / assessed Q-percentile life
Vertrauens·intervall *n* / confidence interval || ≗**niveau** *n* (DIN 55350,T.24) / confidence level, confidence coefficient
verunreinigen *v* / contaminate *v*, pollute *v*, foul *v*
verunreinigender Stoff / pollutant *n*, contaminant *n*
Verunreinigung *f* (in Isolierflüssigk.) / contaminant *n* (IEC 50(212)) || **ionisierende** ≗ / ionizing impurity || **Luft**~ *f* / air pollution
Verunreinigungen *f pl* (HL) / impurities *n pl*
Verunreinigungsatom *n* / impurity atom, impurity *n*
Verursacherprinzip *n* / polluter-pays principle
vervielfachen, Zeit ~ (PC-Funktion) / repetitive timer function
Vervielfacher *m* (Ausgänge) / fan-out module (o. unit) || ≗ (Eingänge) / fan-in module (o. unit) || ≗ (ET, PC) / grouping block || ≗ (Oberwellengenerator) / harmonic generator || **Kontakt**~ / contact multiplier || **Schnittstellen**~ / multi-transceiver *n*, fan-out module (o. unit) || ≗**element (VFE)** (Multiplexer) *n* / multiplexer (MPX) *n* || ≗**leiste** *f* / multiplier connector, connector block || ≗**schaltung** *f* (LE) / multiplier connection, voltage multiplier connection
Vervielfältigung *f* / reproduction *n*
Vervielfältigungsmaschine *f* / duplicator *n*, copier *n*
verwalten *v* / manage *v*, organize *v* || ~ (PC, Funktion eines Programmbausteins) / organize *v*
Verwalter (s. Zuteiler)
Verwaltung *f* (DV, DÜ) / management *n*
Verwaltungs·daten *plt* / housekeeping data || ≗**verfahren** *n* (QS) / administrative procedure
verwechslungs·frei / unambiguously marked || ≗**schutz** *m* / mechanical coding || ~**sicher** *adj* (elektron. Baugruppen) / mechanically coded, polarized *adj*, with mechanical coding
Verweil·zeit *f* / dwell time, retention time || ≗**zeit** *f* (NC) / dwell time, dwell *n* || ≗**zyklus** *m* (NC) / dwell cycle
Verweis *m* (in einem Datenobjekt ein Bezeichner für ein anderes Objekt) / reference *n*
Verwendbarkeitsmerkmal *n* (DIN 4000,T.1) / application characteristic
Verwendung elektrischer Energie / utilization of electrical energy
Verwendungs·ort *m* / site of installation, installation site, erection site, place of installation, site *n* || ≗**zweck** *m* / application *n*, purpose *n*, duty *n*
Verwerfen *n* (Zurückweisung) / final rejection
Verwerfung *f* (Verformung) / warping *n*, warpage *n*, buckling *n*, deformation *n* || **Frequenz**~ *f* / shift in frequency
Verwindezahl *f* / number of twists
Verwindung *f* (gS) / twist *n*
verwindungssteif *adj* / torsionally rigid, distortion-resistant *adj*
Verwirklichung des Programms / implementation of program, program implementation
verwölben, sich ~ / to become warped
Verwurf *m* (QS) / refusal *n*
verwürgter Leiter / bunched conductor
Verzahnung *f* (Getriebe) / gear teeth, gearing *n*
verzapft geschichtete Bleche / overlapping laminations || ~**e Stoßstelle** (Trafokern) / interleaved joint, overlapping joint
Verzeichnis *n* (DV) / directory *n* || **Programm-**≗ *n* / program schedule || **Sachmerkmal-**≗ *n* / article characteristic list
Verzeichnung *f* (BSG, ESR) / distortion *n*
verzerren *v* / distort *v*, skew *v*
verzerrt·e Prüfung / biased test || ~**e Stichprobe** / biased sample || ~**e Welle** / distorted wave
Verzerrung *f* (Wellenform) / distortion *n* || ≗ (QS) / bias *n* || ≗ **der Schätzfunktion** (s. systematische Abweichung der Schätzfunktion || ≗ **einer Impulseinzelheit** / pulse waveform feature distortion || **Farb**~ / illuminant colour shift || **farbmetrische** ≗ / illuminant colorimetric shift, colorimetric shift || **Spannungs**~ / voltage distortion, distortion of voltage waveshape
Verzerrungsfaktor *m* (Oberschwingungen) / distortion factor, harmonic distortion factor
verzerrungsfrei *adj* / distortion-free *adj*, non-distorting *adj* || ~**e Schätzfunktion** (DIN 55350, T.24) / unbiased estimator
Verzerrungs·leistung *f* / distortive power, harmonic power || ≗**meßplatz** *m* / distortion measurement set, distortion analyzer || ≗**strom** *m* / distortion current || ≗**zeit** *f* / distortion time
Verzichtsdauer *f* (LAN) / backoff *n*
Verzichtswahrscheinlichkeit *f* (Dienstbenutzer; IEC 50(191)) / service user abandonment probability || ≗ (auf eine Belegung; IEC 50(191)) / call abandonment probability
Verzichtszeit, ermittelte ≗ (LAN) / backoff *n*
verziehen, sich ~ / to become distorted, warp *v*, buckle *v*, shrink *v*
verzinken *v* / zinc-plate *v*, zinc-coat *v*, galvanize *v*
verzinktes Blech / galvanized sheet metal, galvanized sheet
Verzinkung *f* / zinc coating
Verzinkungsprüfung *f* / galvanizing test
verzinnen *v* / tin-plate *v*, tin-coat *v tin v*
verzinnter Leiter / tinned conductor
Verzitterung *f* (Fernkopierer) / judder *n*
Verzögerer (s. Verzögerungsbaustein)
verzögern *v* / delay *v* || ~ (Mot.) / decelerate *v*, slow down *v*
verzögernde Zeitablenkung (Osz.) / delaying sweep

verzögert·es Hilfsschaltglied / time-delayed auxiliary contact element || **~es Hilfsschütz** (VDE 0660, T.200) / time-delay contactor relay (IEC 337-1) || **~e Kommutierung** / under-commutation *n* || **~es magnetisches Überlastrelais** / time-delay magnetic overload relay || **~es monostabiles Kippglied** / delayed monostable element, delayed single shot || ~ **öffnender Öffner** / break contact delayed when operating, delayed-break NC contact || ~ **öffnender Schließer** / make contact delayed when releasing, delayed-break make contact || **~es Relais** / delayed relay, time-delay relay, time-lag relay || **~es Schaltglied** / delayed operating contact, time-delayed contact || **~es Schaltrelais** / time-lag all-or-nothing relay (BS 142) || ~ **schließender Öffner** / break contact delayed when releasing, delayed-make break contact || ~ **schließender Schließer** / make contact delayed when operating, delayed-make make contact || **~es Schreiben** / delayed write mode || **~er Unterspannungsauslöser** (rc-Auslöser) / time-lag undervoltage release (IEC 157-1), capacitor-delayed undervoltage release, time-delay undervoltage release || **~er Wechsler** / delayed changeover contact, lagging changeover contact || **~e Wiedereinschaltung** / delayed (automatic) reclosing, low-speed reclosing || **~e Zeitablenkung** (Osz.) / delayed sweep

Verzögerung *f* (VDE 0660, T.203) / time delay (IEC 337-2B), delay *n* || ≗ (Zeitschalter) / delay time || ≗ (Rel., Zeitverhalten) / specified time || ≗ (Mot., WZM) / deceleration *n*, retardation *n*, slowdown *n* || ≗ (Rel.) (s. Zeitverzögerung) || ≗ **„d"** (Schaltglied; VDE 0660, T.203) / d-delay *n* (IEC 337-2B) || ≗ **durch dynamisches Bremsen** / dynamic slowdown || ≗ **„e"** (Schaltglied; VDE 0660,T.203) / e-delay *n* (contact element; IEC 337-2B) || ≗ **erster Ordnung** (Reg.) / first-order time delay, first-order lag, linear lag || ≗ **höherer Ordnung** (Reg.) / higher-order time delay, higher-order lag || ≗ **zweiter Ordnung** (Reg.) / second-order time delay, second-order lag, quadratic lag || **Taktsignal~** (zum Ausgleich von Laufzeiten) / clock skew

Verzögerungs·anweisung *f* (NC) / deceleration instruction || ≗**ausgang** *m* / delay(ed) output || ≗**baustein** *m* / time-delay block, delay block || ≗**dauer** *f* (Impuls) / delay interval || ≗**einrichtung** *f* (Zeitschalter) / delay device || ≗**-Flipflop** *n* / delay flipflop, latch flipflop || ≗**gerät** *n* / time-delay device (o. element) || ≗**geschwindigkeit** *f* (Mot., WZM) / deceleration rate

Verzögerungsglied *n* / time-delay element, delay element, delay monoflop || ≗ **erster Ordnung (P-T1-Glied)** / first-order time-delay element, first-order lag element || ≗ **höherer Ordnung** / higher-order delay element || ≗ **mit Abgriffen** / tapped delay element || ≗ **mit Ausschaltverzögerung** / delay monoflop with switch-off delay || ≗ **mit Einschalt- und Ausschaltverzögerung** / delay monoflop with switch-on and switch-off delay || ≗ **mit Einschaltverzögerung** / delay monoflop with switch-on delay || ≗ **mit einstellbarer Einschaltverzögerung** / delay monoflop with adjustable switch-on delay || ≗ **zweiter Ordnung (P-T2-Glied)** / second-order delay element, delay element of second order

Verzögerungs·kondensator *m* / time-delay capacitor || ≗**kraft** *f* (rotierende Masch.) / deceleration force, retardation force || ≗**kreis** (s. Verzögerungsschaltung) || ≗**leitung** *f* / delay line (DL) || ≗**leitung** *f* (zur Leitung elektromagnetischer Wellen, DIN IEC 235, T.1) / slow-wave structure || **geschlossene** ≗**leitung** (DIN IEC 235, T.1) / re-entrant slow-wave structure || ≗**moment** *n* / retardation torque, deceleration torque || ≗**relais** *n* (NC) / dwell timer, time-delay relay || ≗**schaltung** *f* / time-delay circuit || ≗**schaltung** *f* (Monoflop) / monoflop *n*, one-shot multivibrator || ≗**stufe** *f* / time-delay module (o. stage), timer *n* || ≗**stufe** *f* (Relais) / time-delay relay, timing relay || ≗**ventil** *n* / delay valve

Verzögerungszeit *f* / delay time, time lag, time delay, delay *n* || ≗ (Reg.; Totzeit) / dead time || ≗ (DIN 41745) / transient delay time (IEC 478-1) || **Durchlaß~** (HL, DIN 41781) / forward recovery time || **mittlere** ≗ (IS, elST) / propagation delay || **Sperr~** (Thyr, Diode, DIN 41786, DIN 41781) / reverse recovery time || ≗**konstante** *f* (Reg.) / time constant of time delay

Verzögerungs·zustand der Quelle (PMG, DIN IEC 625) / source delay state (SDYS) || ≗**zyklus** *m* (Zeitschalter) / delay-time cycle

Verzug *m* (Verzögerung) / delay *n*, delay time, operating time || ≗ (Formänderung) / distortion *n* || **Ausschalt~** (s. Öffnungszeit) || **Eingabe~** / input time-out || **Zünd~** (Lampe) / starting delay

Verzugsdauer *f* / delay *n*

verzugsfrei *adj* / non-distorting *adj*, warp-free *adj* || **~er Stahl** / shrink-free steel

Verzugszeit (s. Verzögerungszeit)

Verzunderung *f* / scaling *n*

verzurren *v* / lash *v*, tie *v*

Verzweiger *m* (LAN) / splitter *n* || ≗ (s. Gabel) || **Stern~** (s. Sternkoppler)

verzweigtes Netz (Strahlennetz mit Abzweigleitungen an den Stichleitungen) / tree'd system

Verzweigung *f* (von Leitern) / junction *n* || ≗ (Programmablaufplan) / branch *n* || ≗ (NC-Sinnbild) / decision *n* || ≗ **nach** (MPU) / branch go to (BRA) || **Meldungs~** (FWT) / information sorting || **Signal~** (Ausgangsfächerung) / fan-out *n* || **UND-**≗ (s. UND-Aufspaltung)

Verzweigungs·befehl *m* (Sprungbefehl) / branch instruction, jump instruction || ≗**zirkulator** *m* / junction circulator, Y-circulator *n*, T-circulator *n*

VFE (s. Vervielfacherelement)

VF-Einstellung *f* (Einstellung bei veränderlichem Fluß) / VFVV (variable-flux voltage variation)

V-Frequenz (s. Vertikalfrequenz)

Vh-Zähler *m* / Vh meter

Vibrations·festigkeit *f* / resistance to vibration, vibration strength, vibration resistance, vibrostability *n*, immunity to vibration || ≗**-Galvanometer** *n* / vibration galvanometer || ≗**instrument** *n* / vibrating-reed instrument || ≗**meßwerk** *n* / vibrating-reed measuring element || ≗**regler** *m* / vibrating-type voltage regulator, Tirrill voltage regulator, vibrating-magnet regulator || ≗**relais** *n* / vibrating relay

Vibrieren *n* / vibrating *n*

Vicat, Wärmefestigkeit nach ≗ / Vicat thermostability

Vickershärte *f* / Vickers pyramid hardness, diamond pyramid hardness, Vickers hardness
Video·computer (VC) *m* / video computer (VC) ‖ **≗erde** *f* / video earth (o. ground) ‖ **≗schnittstelle** *f* / video interface, video port ‖ **≗schnittstelle** *f* (Anschluß, „Port") / video port ‖ **≗-Sichtgerät** *n* / video display unit (VDU), CRT unit (o. monitor) ‖ **≗text** *m* / broadcast videotex, teletext *n*
Vidikon *n* / vidicon *n*
Vielachsensteuerung *f* (NC) / multi-axis control
vieladriges Kabel / multi-core cable
Vielbereichs·schreiber *m* / multi-range recorder, multi-channel recorder ‖ **≗-Zeitrelais** *n* / multi-range time-delay relay
Viel-Ebenen-Auswuchten *n* / multi-plane balancing
Vieleckschutz *m* / transverse differential protecion
Vielfach·dichtung *f* / grommet *n* ‖ **≗erdung** *f* / multiple earthing ‖ **≗messer** (s. Vielfach-Meßgerät) ‖ **≗-Meßgerät** *n* / multi-function instrument, multimeter *n*, circuit analyzer ‖ **≗-Meßinstrument** (s. Vielfach-Meßgerät) ‖ **≗-Sammelschiene** *f* / multiple bus (system) ‖ **≗schalter** *m* / maintained-contact multi-circuit switch, multi-circuit switch, multi-unit switch, pilot switch, ganged control switch ‖ **≗schaltung** (LE) (s. indirekte Parallelschaltung) ‖ **≗schreiber** (s. Mehrfachschreiber) ‖ **≗steuerung** *f* / multicontrol *n* ‖ **≗steuerung** *f* (Bahn) / multiple-unit control ‖ **≗taster** *m* / momentary-contact multi-circuit switch, multi-circuit switch, (momentary-contact) pilot switch
Vielkanalanalysator *m* / multi-channel analyzer, multi-stream analyzer
Vielkeil·verzahnung *f* / splining *n* ‖ **≗welle** *f* / multiple-spline shaft
Vielkernleiter *m* / multi-filament conductor, composite conductor
Vielkontaktrelais *n* / multi-contact relay
Vielkristallhalbleiter-Gleichrichter *m* / polycristalline semiconductor rectifier, semiconductor rectifier
Vielperiodensteuerung *f* (LE) / multi-cycle control ‖ **Frequenz der ≗** / cyclic operating frequency
vielpolig *adj* / multi-pole *adj*, multiway *adj* ‖ **~e Reihenklemmen** (DIN IEC 23F.3) / multiway terminal block (IEC 23F.3)
Vielpunkt-Verbindung *f* / multi-point connection
Vielschichtkondensator *m* / multi-layer capacitor
Vielschirmisolator *m* / multi-shed insulator
Vieltyp·-Lichtwellenleiter *m* / multimode fibre ‖ **≗-Wellenleiter** *m* / multimode waveguide
Vierbündelleiter *m* / four-bundle conductor
vierdekadischer Zähler / four-decade counter
Vierdrahtleitung *f* / four-wire line
Vierdrahtleitung (Kabel) (s. Vierleiterkabel)
Vierer *m* (Adervierer) / quad *n* ‖ **≗baum** *m* / quadtree *n* ‖ **≗block** *m* (Steckverbinder) / four-connector block ‖ **≗bündel** *n* / quad bundle, four-conductor bundle, quadruple conductor ‖ **≗messung** *f* / four-point measurement, four-point alignment ‖ **einfache ≗verdrillung** / twist system
vierfach parallelgeschaltete Wellenwicklung / four-circuit wave winding ‖ **~ polumschaltbarer Motor** / four-speed pole-changing motor ‖ **~e Schachtelungstiefe** / nesting to a depth of four ‖ **~es Untersetzungsgetriebe** / quadruple-reduction gear unit ‖ **≗-Multiplexer** *m* / quad multiplexer ‖ **≗-Operationsverstärker** *m* / quad operational amplifier ‖ **≗-Sammelschiene** *f* / quadruple bus ‖ **≗schreiber** *m* / four-channel recorder
Vierflankenumsetzer *m* / quad slope converter
viergängig·es Gewinde / quadruple thread
Vier·gelenkarm *m* / four-bar linkage member (o. arm) ‖ **≗gelenkgetriebe** *n* / four-bar linkage, four-bar equivalent mechanism ‖ **~gliedriges Kurbelgetriebe** / four-bar linkage, link quadrangle
Vierkanalverstärker *m* / four-channel amplifier
Vierkant·revolverkopf *m* / square turret, four-way toolholder ‖ **≗verschluß** *m* / square-socket-key lock ‖ **≗welle** *f* / square shaft (end), square-ended shaft ‖ **≗zapfen** *m* / square *n*
Vierkreis-Gleichstrommotor *m* / four-circuit d.c. motor
Vierleiter·-Drehstrom-Blindverbrauchszähler *m* / three-phase four-wire reactive volt-ampere meter, four-wire polyphase VArh meter ‖ **≗-Drehstrom-Wirkverbrauchszähler** *m* / three-phase four-wire watthour meter ‖ **≗-Drehstromzähler** *m* / three-phase four-wire meter ‖ **≗kabel** *n* / four-conductor cable, four-core cable ‖ **≗netz** *n* / four-wire system ‖ **≗-Sammelschiene** *f* / quadruple bus
Vierlochwicklung *f* / four-slots-per-phase winding
Vierphasen-Spannungsquelle *f* / four-phase voltage source
vierphasig *adj* / four-phase *adj*
Vierpol *m* / quadripole *n*, four-terminal network ‖ **≗-Ersatzschaltung** *f* / four-pole equivalent circuit
vierpolig *adj* / four-pole *adj*, quadrupole *adj* ‖ **~e Klinke** / four-way jack ‖ **~er Leistungsschalter** / four-pole circuit-breaker
Vierpol-Netzwerk *n* / four-terminal network, four-terminal-pair network, four-port network
Vierquadranten·antrieb *m* / four-quadrant drive, reversing/regenerating drive ‖ **≗betrieb** *m* (SR-Antrieb) / four-quadrant operation, reversing/regenerating duty ‖ **≗programmierung** *f* (NC) / four-quadrant programming, plus-and-minus programming
Vier-Quadrant-Stromrichter *m* / four-quadrant converter
vierreihiger Verteiler / four-tier distribution board
Vier·-Schalter-Ringsammelschienen-Station *f* / four-switch mesh substation ‖ **≗-Schalter-Ringsammelschienen-Station mit Ring-Trennschaltern** / four-switch mesh substation with mesh opening disconnectors ‖ **≗schenkeltransformator** *m* / four-limb transformer, four-leg transformer ‖ **≗schichtmaterial** *n* / quadruplex material ‖ **~seitige Belüftung** / combined axial and radial ventilation ‖ **~stellig** *adj* / four-digit *adj* ‖ **≗stufenkennlinie** *f* / four-step characteristic ‖ **≗stufenkern** *m* / four-stepped core ‖ **~stufiger binärer Vorwärts-Rückwärts-Zähler** / four-stage bidirectional counter (with parallel loading and common reset)
vierter Schall / fourth sound
Viertakt·-Stufenschalter *m* (VDE 0630) / four-position regulating switch (CEE 24)

Vier·tarif *m* / four-rate tariff || **˜tarifzählwerk** *n* / four-rate register || **˜teilkreisprogrammierung** *f* (NC) / quadrant programming
Viertel·einschub *m* / quarter-width chassis || **˜jahreshöchstleistung** *f* / quarterly maximum demand || **˜stundenleistung** *f* / quarter-hourly demand || **~überlappte Umbandelung** / quarter-lapped taping || **˜wellen-Sperrfilter** *n* / quarter-wave stop filter
Viertor-Koppler *m* / four-port coupler
Vierwege·schalter *m* / four-way switch
vierzeiliger Aufbau (ET, elST) / four-tier configuration
Villari-Umkehrpunkt *m* / Villari reversal
virtuell *adj* / virtual *adj* || **~e Ausschaltzeit** (Sich.) / virtual operating time || **~es Bild** / virtual image || **~e Geräteschnittstelle** / virtual device interface (VDI) || **~e Schmelzzeit** (Sich.) / virtual prearcing time || **~er Speicher** / virtual storage (VS), virtual memory (VM) || **~er Sternpunkt** / virtual neutral point || **~e Zeit** (Sich.) / virtual time
Visier *n* / sight *n*
Visieren *n* / sighting *n*
Visier·gerüst *n* / sight rail || **˜kimme** *f* / V-aim *n* || **˜korn** *n* / front sight || **˜optik** *f* (Pyrometer) / eyepiece and sighting lens system, sighting lens system || **˜rohr** *n* (Pyrometer) / sighting tube, target tube
viskoelastische Deformation / viscoelastic deformation
viskos·e Dämpfung / viscous damping || **~e Hysteresis** / viscous hysteresis, magnetic creep || **~e Strömung** / viscous flow || **~er Verlust** / viscous loss
Viskosimeter *n* / viscometer *n*
Viskosität nach dem Auslaufbecher-Verfahren / viscosity by cup, flow cup viscosity, efflux cup consistency
Viskositäts·-Dichte-Konstante (VDK) *f* / viscosity-gravity constant || **˜indexverbesserer (VI-Verbesserer)** *m* / viscosity index improver (VI improver) || **˜koeffizient** *m* / coefficient of viscosity, dynamic viscosity || **˜polhöhe** *f* / viscosity pole height || **˜verhältnis** *n* / viscosity ratio, relative viscosity || **˜zahl** *f* / viscosity index, viscosity number, reduced viscosity || **spezifische ˜zahl** / limiting viscosity, intrinsic viscosity, internal viscosity
Visualisierungs·prozessor *m* / visualization processor || **˜system** *m* (Anzeigen) / sighting aid || **˜system** *n* (Anzeigen) / visual display system
visuell·es Fotometer / visual photometer || **~e Fotometrie** / visual photometry || **~e Führung** / visual guidance || **~er Nutzeffekt** / luminous efficiency, visual efficiency || **~er Sensor** / vision sensor || **~es Sensor- und Abstandmeßsystem** (Rob.) / vision and ranging system || **~es Signal** / visual signal
VI-Verbesserer (s. Viskositätsindexverbesserer)
VKE (s. Verknüpfungsergebnis)
V-Kerb-Probe *f* / V-notch test
V-Kurve *f* / V-curve characteristic, V-curve *n*, phase characteristic
Vlies *n* / fleece *n* || **˜band** *n* / fleece tape || **˜-Glimmerband** *n* / mica fleece tape || **˜-Verbundmaterial** *n* / composite fleece material
VME·bus *m* / VME bus || **˜-Subsystem (VMS)** *n* / VME subbus system (VMS) || **˜-Subsystembus (VSB)** *m* / VME-subsystem bus (VSB)
VMS (s. VME-Subsystem)
V-Naht *f* / V-weld *n*, single-V butt joint
V-Netznachbildung *f* / V-network *n*
Vogelschäden, Verhütung von ˜ / bird hazard reduction
Vogel·schlaggefahr *f* / bird hazard || **˜schutzgitter** *n* / bird screen
voll·e Abschaltung / full disconnection || **~e Blitzstoßspannung** / full lightning impulse, full-wave lightning impulse (voltage) || **~ dialogfähig** / capable of full interactive communication || **~er Eingangsbereich** (IS, D-A-Umsetzer) / full-scale range (FSR), span *n* || **~ erregt** / fully energized || **~e Erregung** (el. Masch.) / full field || **~e Selektivität** (LS-Auslöser) / total selectivity || **~er Skalenbereich** / full scale range || **~e Stoßspannung** / full-wave impulse || **~es „T"** (Flp.) / full "T" || **~e Welle** (s. Vollwelle) || **auf ~en Touren laufen** / to run at full speed
Volladdierer *m* / full adder
Volladezustand *m* (Batt.) / fully charged state
Volladung *f* (Batt.) / full charge
Vollast *f* / full load, nominal load, 100 % load || **˜abschaltung** *f* / full-load rejection, full-load shedding || **˜anlauf** *m* / full-load starting || **˜betrieb** *m* / full-load operation, operation under full-load conditions || **˜-Erregerstrom** *m* / full-load field current || **˜leistung** *f* / full-load power, full-load output || **˜spannung** *f* / full-load voltage || **˜strom** *m* / full-load current
Vollausfall *m* / complete failure, blackout *n* || **sprunghaft auftretender** 7 catastrophic failure || **sprunghaft auftretender ˜** (s. Sprungvollausfall)
Vollausschlag *m* (MG) / full-scale deflection (f.s.d.)
Vollaussteuerung *f* (LE) / unity control-factor setting, zero delay-angle setting || **˜** (elektroakust. Übertragungsglied) / maximum volume || **˜ des Bandes** / maximum recording level of tape || **Ausgangsleistung bei ˜** (LE) / zero-delay output || **ideelle Gleichspannung bei ˜** (LE) / ideal no-load direct voltage
vollautomatisch·er Betrieb / fully automatic operation
Voll·bereichsicherung *f* / general-purpose fuse || **˜bereichssignal** *n* / full-scale output (FSO) || **˜betriebszeit** *f* (DIN 40042) / full operating time || **˜bild** *n* (Grafikbildschirm, CAD) / non-interlaced display || **˜blechtechnik** *f* (Blechp.) / fully laminated construction || **˜blechtür** *f* / sheet-steel door || **˜drehzahl** *f* / full speed, full-load speed, maximum speed
Vollduplex *n* / full duplex (FDX) || **˜-Nahtstelle** *f* / full-duplex interface
Volleinsatz (BGT) (s. Baugruppenträger)
Volleiter *m* / solid conductor
Vollemitter *m* / washed emitter
vollen, Abspanen aus dem - / cutting from solid stock || **aus dem - gearbeitet** / machined from the solid, made in one piece
Vollentlastung *f* (Netz) / total loss of load
vollgeblecht·er magnetischer Kreis / fully laminated magnetic circuit, fully laminated field || **~e Maschine** / machine with a laminated magnetic circuit
vollgesteuerte Schaltung (LE) / fully controllable

connection
Vollgrafik *f* / pixel graphics, full graphics || **≗-Rastersystem** *n* / full-graphics raster system
vollgrafisch·e Darstellung / full graphics display, pixel-graphics display, vector-graphics display
Voll·gummistecker *m* / solid rubber plug, all-rubber plug || **≗hubventil** *n* / full-stroke valve
völlig geschlossene Maschine / totally-enclosed machine || ~ **geschlossene Maschine mit Eigenkühlung durch Luft** / totally-enclosed fan-ventilated air-cooled machine || ~ **geschlossene Maschine mit Luft-Wasser-Kühlung** / totally-enclosed air-to-water-cooled machine || ~ **geschlossene Maschine mit Fremdkühlung durch Luft** / totally-enclosed separately fan-ventilated air-cooled machine || ~ **geschlossene Maschine mit Rohranschluß** / totally enclosed pipe-ventilated machine || ~ **geschlossene Maschine mit Eigenlüftung** / totally-enclosed fan-ventilated machine || ~ **geschlossene Maschine mit Fremdbelüftung** / totally-enclosed separately fan-ventilated machine || ~ **geschlossene Maschine mit äußerer Eigenbelüftung** (s. völlig geschlossene, oberflächengekühlte Maschine) || ~ **geschlossene, oberflächengekühlte Maschine** / totally enclosed fan-cooled machine, t.e.f.c. machine, ventilated-frame machine || ~ **geschlossene, selbstgekühlte Maschine** / totally enclosed non-ventilated machine (t.e.n.v. machine) || ~ **geschlossener Motor** / totally enclosed motor
voll·imprägnierte Isolierung / fully impregnated insulation || **≗imprägnierung** *f* / impregnation by complete immersion, post-impregnation *n*
vollisoliert *adj* / all-insulated *adj*, totally insulated, fully insulated || ~ (s. schutzisoliert) || **~er Aufsteckstromwandler** / bus-type current transformer (IEC 50(321)) || **~e Schaltanlage** / totally insulated switchgear, all-insulated switchgear || **~er Stromwandler** / fully insulated current transformer
Voll·kern *m* / unsplit core || **≗kohlebürste** *f* / single-carbon brush
vollkommen ausgewuchtet / perfectly balanced || ~ **diffuse Reflexion** / uniform diffuse reflection || **~er dreiphasiger Kurzschluß** / dead three-phase fault, three-phase bolted fault || **~er Erdschluß** (VDE 0100, T.200) / dead short circuit to earth, dead fault to ground, dead earth (o. ground) fault || ~ **geschlossene Bauart** (Trafo) / sealed-tank type || ~ **gestreute Reflexion** / uniform diffuse reflection || ~ **gestreute Transmission** / uniform diffuse transmission || **~er Körperschluß** (VDE 0100, T.200) / dead short circuit to exposed conductive part, dead fault to exposed conductive part || **~er Kurzschluß** / dead short circuit, dead short, bolted short-circuit || **~er Kurzschlußstrom** (VDE 0100, T.200) / solid short-circuit current || ~ **matte Fläche** (Lambert-Fläche) / Lambertian surface || ~ **mattweiße Fläche** / perfect diffuser || ~ **mattweißes Medium bei Reflexion** / perfect reflecting diffuser || ~ **streuender Körper** / uniform diffuser || **~e Streuung** (LT) / perfect diffusion || ~ **verschweißte Ausführung** (Trafo) / sealed-tank type
Voll·komplement *n* (DIN 44300) / radix complement || **≗kreis** *m* / full circle || **≗kreisbauweise** *f* (el. Mot.) / ring-stator type || **≗kreisprogrammierung** *f* (NC) / full circle programming || **~kugelig** *adj* (Lg.) / cageless *adj*, crowded *adj*
Vollmacht *f* (QS) / authority *n*
Vollmaterial *n* / solid stock, solid material
Vollochwicklung *f* / integral-slot winding, integer-slot winding
Voll-PE (PE = Erdung mit Schutzfunktion) / solid PE
Vollpol *m* / non-salient pole || **≗läufer** *m* / cylindrical rotor, drum-type rotor, non-salient-pole rotor, round rotor || **≗maschine** *f* (vgl. „Vollpolläufer") / cylindrical-rotor machine
Voll·prüfung *f* / one-hundred-percent inspection || **~rollig** *adj* (Lg.) / cageless *adj*, crowded *adj* || **≗rotor** (s. Vollpolläufer) || **≗schmierung** *f* / fluid lubrication, hydrodynamic lubrication, complete lubrication || **≗schnitt** *m* (WZM, NC) / full cut || **≗schottung** *f* / complete compartmentalization (o. segregation) || **≗schutzeinrichtung** *f* (Temperaturschutz m. Thermistoren) / thermistor-type protective system || **≗schwingung** *f* / full wave || **≗spannungsmotor** *m* / full-voltage motor || **≗spule** *f* / former-wound coil
vollständig·er Abschluß (durch Gehäuse) / complete enclosure || **~e Brückenschaltung** / complete bridge connection || **~er Code** / perfect code || **~e Dämpferwicklung** (s. geschlossene Dämpferwicklung) || ~ **eingetauchte Durchführung** / completely immersed bushing || **~er Fehlzustand** (IEC 50(191)) / complete fault, function-preventing fault || **~e Gedächtnisfunktion** (Rel.) / total memory function || ~ **geschlossener Trockentransformator** / totally enclosed dry-type transformer || **~er Schutz** / complete protection || ~ **staubfreier Raum** / white room
Vollständigkeits·bedingung *f* / completeness condition || **≗überprüfung** *f* / check for completeness
vollstatisch *adj* (elektronisch) / all-electronic *adj*, solid-state *adj*
vollsteuerbare Schaltung (LE, VDE 0558) / fully controllable connection
Vollstoß (Stoßwelle) (s. Vollwellenstoß)
Vollstreckung eines Befehls / execution of a command
Voll·subtrahierer *m* / full subtractor || **≗tränkung** *f* / impregnation by complete immersion, post-impregnation *n* || **≗transformator** *m* / separate-winding transformer || **≗trommelmaschine** (s. Vollpolmaschine) || **≗verguß-Blockstromwandler** *m* / encapsulated block-type current transformer, potted block-type current transformer
vollverlagert·er Kurzschluß / fully asymmetrical short circuit, fully offset fault || **~er Kurzschlußstrom** / fully asymmetrical short-circuit current
Voll·verlagerung *f* (Kurzschluß) / complete asymmetry (of fault) || **≗verzahnung** *f* / full-depth tooth system
Vollwelle *f* / full wave || ≗ (mech.) / solid shaft || **1/40 µs ≗** / 1 by 40 µs full wave, 1/40 µs full wave
Vollwellen·-Prüfspannung *f* / full-wave test

voltage || ≗**steuerung** *f*(LE) / full-wave control || ≗**stoß** *m* / full-wave impulse || ≗**-Stoßpegel** *m* / full-wave impulse test level || ≗**-Stoßspannung** *f* / full-wave impulse voltage, full-wave impulse

Vollzugsmeldung *f* / confirmation (o. acknowledgement) of operation

vollzyklischer Betrieb (FWT) / completely cyclic mode

Vollzylinder *m* / solid cylinder

Voltameter *n* / voltameter *n*

Volt-Ampère·-Meßgerät *n* / volt-ampere meter, VA meter || ≗**-Stundenzähler** *m* / volt-ampere-hour meter, VAh meter, apparent-energy meter

Volta·-Spannung *f* / contact potential

Volt·lupe *f* / expanded-scale voltmeter || ≗**meter** *n* / voltmeter *n* || ≗**quadrat-Stundenzähler** *m* / volt-square-hour meter || ≗**stundenzähler** *m* / volt-hour meter, Vh meter

Volumen *n* / volume *n* || ≗**ausdehnung** *f* / volumetric expansion

volumenbezogen·e elektromagnetische Energie / volume density of electromagnetic energy || ~**e Gesamtverlustdichte** (gleichförmig magnetisiertes Material) / total loss volume density || ~**e Ladung** / volume charge density || ~**e Scheinleistungsdichte** / apparent power volume density || ~**e Wärmekapazität** / heat capacity per unit volume

Volumen·durchfluß *m* / volume rate of flow, volume flow rate || ≗**durchflußmesser** *m* / volumetric flowmeter || ≗**faktor** *m* / bulk volume factor, bulk factor || ≗**fluß** (s. Volumenstrom) || ≗**gewicht** *n* / weight by volume || ≗**integral** *n* / volume integral || ≗**konzentration** *f* / volumetric concentration, volume concentration, concentration by volume, bulk concentration || ≗**lebensdauer** *f*(HL) / bulk lifetime || ≗**leitfähigkeit** *f* / volume conductivity, bulk conductivity || ≗**meßgerät** (s. Durchflußmesser) || ≗**modell** *n*(CAD) / volume model || ≗**modeller** *m* / volume modeler || ≗**prozent** *n* / percent by volume, volume percentage || ≗**schnelle** *f* / volume velocity || ≗**strahler** *m* / whole volume radiator, volume radiator, volume radiating source || ≗**strom** *m* / volume rate of flow, volumetric flow || ≗**strom** *m* (el.) / bulk current || ≗**teil** *m* / part by volume || ≗**voltameter** *n* / volume voltameter || ≗**zähler** *m* / volumetric meter

volumetrischer Wirkungsgrad / volumetric efficiency

von außen bedienbar / externally operated || ~ **Hand** / by hand, manual *adj* || ~ **vorn entriegelbarer Kontakt** / front-release contact

VOR (s. UKW-Drehfunkfeuer)

Vorab-Beurteilung *f*(QS) / initial evaluation (QA; CSA Z 299)

Vorabeinlesen *n* / pre-reading in *n*

Vorabfühlung *f* / pre-sensing *n*

Vorabgleich *m* / preliminary adjustment

Voralarm *m* / pre-alarm *n*

voraltern *v* / season *v*

Voralterung, zeitraffende ≗ (durch Einbrennen) / burn-in *n*

Vorarbeit *f* / preparatory work

Vorarbeiter *m* / foreman *n*

vorausberechnet·e Ausfallrate / predicted failure rate || ~**es Lebensdauer-Perzentil Q** / predicted Q-percentile life || ~**e mittlere Instandhaltungsdauer** (einer komplexen Betrachtungseinheit) / assessed mean active maintenance time

Vorausschau *f*(Prognose) / forecast *n*

vorausschauender Übertrag / look-ahead carry

Voraussetzung *f*(Math.) / premise *n*, supposition *n* || ≗**en zum Einschalten** / closing preconditions

voraussichtlich·e Aufteilung der Ausfälle auf die Parameter (DIN IEC 319) / failure distribution parameter estimate || ~**es Ausfallperzentil** / predicted Q-percentile life || ~**e Berührungsspannung** (s. zu erwartende Berührungsspannung) || ~**e Erfolgswahrscheinlichkeit** (Statistik, QS) / predicted reliability || ~**e Lebensdauer** (Isoliersystem, VDE 0302, T.1) / estimated performance (IEC 505) || ~**e Nutzungsdauer** / expected life

voraussichtliche mittlere Instandhaltungsdauer / predicted mean active maintenance time

Vorauswertung *f* / pre-evaluation *n*

Vorbeanspruchung *f* / prestressing *n*

Vorbearbeiten *n*(WZM) / roughing *n*, rough-machining *n*, premachining *n*, rough-cutting *n*

Vorbearbeitungs-Zeichnung *f* / pre-machining drawing, pre-operation drawing

Vorbedingung *f* / prerequisite *n*, precondition *n*

Vorbefehl *m*(DÜ, FWT) / preselect command

vorbehandelte Ölprobe / dried and filtered oil sample

Vorbehandlung *f* / pretreatment *n*, preparatory treatment, preliminary treatment || ≗ (Prüfling, DIN IEC 68) / preconditioning *n*, burn-in *n*

Vorbelastung *f* / preloading *n*, prestressing *n*, initial load, base load, bias *n* || ≗ (LS, Ausl.) / previous load, bias *n* || ≗ (Umweltbelastung) / initial level of pollution

vorbelegen *v*(zuweisen) / pre-assign *v*

Vorbelegung (s. Vorbesetzung)

vorberegnen *v* / pre-wet *v*

vorbereiteter Leiter / prepared conductor

Vorbereitung *f*(Speicherröhre; Aufladen von Speicherelementen) / priming *n* || ≗ (DV, Programm) / initialization *n*

Vorbereitungs·betrieb *f*(DÜ) / initialization mode (IM) || ≗**eingang** *m*(logische Schaltung) / set-up input || ≗**geschwindigkeit** *f*(Speicherröhre) / priming speed || ≗**satz** *m*(NC; CLDATA) / preparation block (o. record)

Vorbereitungszeit *f* / preparatory time || ≗ (NC, Zeit von der Ausgabe der Zeichnung bis zum Beginn der Bearbeitung) / lead time || ≗ (Speicherröhre) / priming rate || ≗ (Zeitdifferenz zwischen bestimmten Signalpegeln) / set-up time (IEC 147) || **Adreß-**≗ / address setup time || **Meß**~ / pre-conditioning time

Vorbereitungszustand *m*(PMG, DIN IEC 625) / mode state (DIN IEC 625-1) || **Serienabfrage-**≗ *m* (des Sprechers) (PMG, DIN IEC 625) / serial poll mode state (SPMS)

Vorbesetzung *f*(m. Standardwerten) / default selection, default input || ≗ **der Kanäle** / presetting of channels, channel presets

Vorbesetzungs·abbruch *m* / preset abort || ≗**baustein** *m*(PC) / presetting block

Vorbetriebsprüfung (s. Überprüfungen vor der

Inbetriebnahme)
vorbeugend·e Instandhaltung / preventive maintenance (IEC 50(191)) || **~e Prüfung** / preventive inspection || **~e Wartung** / preventive maintenance
Vorblatt (s. Formular)
vorbohren *v* (m. Bohrstahl) / rough-bore *v*, prebore *v* || ~ (m. Spiralbohrer) / rough-drill *v*, predrill *v*
Vorbühnenbeleuchtung *f* / proscenium lighting, front-of-house lighting
vorder·e Außenkette (Flp.) / downwind wing bar || **~e Begrenzungsleuchte** (Kfz) / sidelight *n* (GB), side-marker *n* (US), front position light || **~e Feuereinheit** (Flp.) / downwind light unit || **~er Standort** (Flp.) / downwind position || **~e Stirnfläche** (Bürste) / front face, front *n*
Vorderansicht *f* / front view
Vorderfläche *f* / front face, face *n*
Vorderflanke *f* (Impuls) / leading edge
Vordergrund·bild *n* / foreground image || **≈speicher** *m* / foreground memory
Vorderkante *f* (NS, Bürste) / leading edge
Vordermotor *m* (Walzw.) / front motor
Vorderrad·antrieb *m* (Kfz) / front-wheel drive || **≈kupplung** *f* (Kfz) / front-wheel clutch
Vorderseite *f* / front *n*, front end, front face || ≈ (Bauteilseite einer Leiterplatte) / front *n*, component side || **Steckverbinder-≈** / connector front
vorderseitig·er Anschluß / front connection || **~e Montage** / front mounting || **~e Tür** (ST) / front door, hinged front panel
Vordertransformator *m* / series transformer || ≈ (f. Mot.) / main-circuit transformer
Vordruck *m* / form *n*, standard form || **≈-Zeichnung** *f* / preprinted drawing, drawing form
Vordurchschlag *m* / pre-breakdown *n*
Voreildauer *f* (Impuls) / advance interval
Voreilen der Phase / lead of phase
voreilend *adj* / leading *adj*, capacitive *adj* || **~er Hilfsschalter** / leading auxiliary switch || **~e Phase** / leading phase || **~er Schließer** / leading make contact, early closing NO contact (ECNO)
Voreilwinkel *m* (LE) / angle of advance (IEC 633) || **Phasen~** *m* / phase-angle lead, phase lead *n*
Voreinflugzeichen (OMK) *n* / outer marker (OMK)
voreinstellbarer Zähler / presetting counter
Voreinstellung *f* / presetting *n*, preset *n*, preset option || ≈ (s. Vorbesetzung)
Vorelektrode *f* / pilot electrode
Vorentladung *f* / pre-discharge *n*, minor discharge, (Blitz:) leader (stroke)
Vorentladungsstrom *m* / pre-discharge current
Vorentwurf *m* / design study, preliminary design
Vorerregung *f* (el. Masch., aus einer Batterie) / pre-excitation *n*
Vorfeld *n* (Flp.) / apron *n* || **≈beleuchtung** *f* (o.-befeuerung) **(ALI)** / apron lighting (ALI)
Vorfertigung *f* / parts production, preproduction *n*
Vorfertigungsrevision *f* / parts inspection
Vorfilter *n* / coarse filter, ante-filter *n*
Vorfluten *n* (Thyristor-SR) / (current) biasing
Vorfülldruck *m* / priming pressure
Vorgabe *f* (QS) / handicap *n* || ≈ (Forderung) / stipulation *n*, requirement *n* || ≈ (Eingabe) / input *n*, entry *n* || ≈ (v. Sollwerten; Wahl, Eingabe) / (setpoint) selection *n*, (setpoint) entry (o. input) || **Zeit~** (Zeitbasis) / time base || **≈maß** *n* / specified dimension || **≈wert** *m* (DV) / default value || **≈wert** (s. Sollwert) || **≈winkel** *m* (Parallelschalten) / advance angle || **≈zeit** *f* (Schalter; beim Parallelschalten) / advance time, handicap *n* || **≈zeit** *f* (NC, geplante Bearbeitungszeit) / (planned) machining cycle time || **≈zeit** *f* (Fertigung) / standard time, time standard
Vorgang *m* (QS) / function *n*
Vorgängerbild *n* / previous display
Vorgarn *n* / roving *n*
vorgeben *v* (vgl. „Vorgabe") / input *v*, select *v*, preselect *v*, enter *v*, stipulate *v*, specify *v*
vorgefertigter Kabelsatz / (preassembled) cable set, cable harness
vorgegeben·er Referenzimpuls / defined reference pulse || **~er Sollwert** / preset setpoint, selected setpoint, available setpoint
vorgeheizte Kathode / preheated cathode
vorgehende Uhr / fast clock
vorgekerbte Biegeprobe / nick-bend specimen, notch-break specimen
Vorgelege *n* / transmission gear(ing), back gear, gear train
vorgeordneter Schutz / back-up protection
vorgeprägte Öffnung / knockout (k.o.) *n*
vorgeschaltet *adj* / series-connected *adj*, line-side *adj*, in incoming circuit, incoming *adj*, upstream *adj* || **~er Funktionsbaustein** (PC) / upstream function block || **~e Sicherung** / line-side fuse, upstream fuse, back-up fuse || **~er Widerstand** / series resistor
Vorgeschichte *f* / history *n*, pre-event history || **Ereignis-≈** *f* / pre-event history
vorgeschrieben *adj* / specified *adj*, stipulated *adj* || ~ (obligatorisch) / mandatory *adj* || **~er Haltepunkt** (QS) / mandatory hold point (QA, CSA Z 299) || **~er Prüfstrom** / specified test current
vorgesehene Gebrauchsbedingungen / intended conditions of use
vorgespannt *adj* / prestressed *adj*, preloaded *adj* || **~e Feder** / preloaded spring || **~es Glas** / toughened glass
vorgestaltete Darstellung (BSG) / preformated display
vorgesteuertes Magnetventil / servo-assisted solenoid valve
vorgezogenes Befehlsholen / pre-fetching *n*
Vorglühen *n* (Diesel) / warming up *n*, preheating *n*
Vorgriff *m* (auf Speicher) / look-ahead *n*, fetch-ahead *n*
Vorhalt (Reg.) (s. Vorhaltverhalten) || **kapazitiver ≈ 1. Ordnung** / first-order capacitive lead
Vorhalte-Baugruppe *f* (f. kapazitiven Vorhalt 1. Ordnung) / lead module
Vorhaltepunkt *m* (NC) / anticipation point || **≈-Steuerung** *f* (NC) / command point anticipation
Vorhaltezeit *f* (Reg.) / rate time, derivative action time || ≈ (Signalverarbeitung) / set-up time || ≈ (LS, beim Parallelschalten) / lead time
Vorhalt·regler *m* / rate-action controller, rate controller, differential-action controller || **≈steuerung** (NC) (s. Vorhaltepunkt-Steuerung) || **≈verhalten** *n* / derivative action, rate action || **≈verstärkung** *f* / derivative-action gain || **≈-/Verzögerungsbaugruppe** *f* / lead/lag module
vorhandener Lagerbestand / stock-on-hand *n*

Vorhängeschloß *n* / padlock *n* || **mit einem ≗ verschließen** / padlock *v*
Vorhangleistenbeleuchtung *f* / valance lighting, pelmet lighting
Vorhärten *n* / precuring *n*
Vorheiz·strom *m* (a. Lampe) / preheating current || **≗stromkreis** *m* (a. Lampe) / preheating circuit || **≗zeit** *f* / preheating time, warm-up period
vorhergesagt *adj* / predicted *adj*
vorherrschender Schwingungstyp / dominant mode
Vorhersage *f* / prediction *n*
Vorimpedanz *f* / series impedance, source impedance, external impedance
vorimprägnieren *v* / preimpregnate *v*
vorimprägnierter Werkstoff / pre-impregnated material, prepreg *n*
Vorimpuls *m* / pilot pulse
Vorionisator *m* (ESR) / primer electrode, keep-alive electrode, primer *n*, ignitor *n* || **≗strom** *m* / primer (or ignitor) current
Vorionisierung *f* (ESR) / primer ignition
Vorionisierungs·rauschen *n* / primer noise, ignitor noise || **≗wechselwirkung** *f* / primer (or ignitor) interaction || **≗zeit** *f* / primer (o. ignitor) ignition period
vorisolieren *v* / pre-insulate *v*
Vorkammer *f* (Lg.) / sealing grease compartment
Vorkompilierer *m* / precompiler *n*
Vorkondensator *m* / series capacitor
vorkonfektioniert·er Funktionsbaustein / standard function block || **~e Leitungen** / prefabricated wiring, cable harness
Vorkontakt *m* / preliminary contact, early contact, leader contact || **≗** (Abbrennschaltstück) / arcing contact || **≗** (Pilotk.) / pilot contact
Vorkontrolle *f* / preliminary check
VOR-Kontrollpunktmarke *f* (Flp.) / VOR checkpoint marking
Vorkopf *m* (DV, PC) / pre-header *n*
vorkritisches Rißwachstum / subcritical crack growth
vorladen *v* / precharge *v*
Vorladungswiderstände, Kondensatorschütz mit ≗n / capacitor switching contactor with precharging resistors (o. contacts)
Vorlage *f* (IS-Maske) / pattern *n* || **≗** (zur Trennung der Prozeßflüssigkeit vom Meßumformergehäuse) / interface *n* || **Öl~** / head of oil, oil seal
Vorlast *f* / previous load || **Auslösekennlinie mit ≗** (Überlastrelais, DIN IEC 255, T.8) / hot curve || **Auslösekennlinie ohne ≗** (Überlastrelais, DIN IEC 255, T.8) / cold curve || **≗faktor** *m* (Überlastrel., DIN IEC 255, T.17) / previous load ratio || **≗strom** *m* (Überlastrel.) / previous load current, previous current
Vorlauf *m* (HSS; Bedienteil, Schaltglied; VDE 0660, T.200) / pre-travel *n* || **≗** (EZ) / no-load creep || **≗** (WZM) / forward motion, forward travel || **≗** (WZM, Werkzeug) / advance *n*, forward stroke, approach *n* || **≗** (NC; CLDATA-Wort; Vorspannlänge des Lochstreifens) / leader (ISO 3592) || **≗ auf einen Satz** (NC) / block search || **Band~** (Lochstreifen) / forward tape wind, tape wind || **Programm~** (NC) / program advance
Vorläufer *m* (Puls) / overshoot *n*
Vorlauf·faser *f* (LWL) / launching fibre || **~freier Antrieb** (HSS) / direct drive || **≗geschwindigkeit** *f* (WZM) / forward speed, speed of forward stroke || **≗strecke** *f* (Schallweg zur Prüfstrecke) / delay path || **≗temperatur** *f* / inlet temperature, cooling-water inlet temperature || **≗weg** (Schaltglied) (s. Vorlauf) || **≗zeiger** (s. Schreibmarke)
Vorlaufzeit *f* (Zeit zwischen Produktentwurf und Fertigung) / lead time || **Impuls~** *f* / set-up time (IEC 147) || **Sender-≗** *f* (RSA) / transmitter setup time
Vorlichtbogen·bildung *f* / pre-arcing *n* || **≗dauer** *f* / pre-arcing time (IEC 291), melting time (ANSI C37.100)
vormagnetisiert·e Drossel / biased reactor || **~e Regeldrossel** (Transduktor) / transductor *n*
Vormagnetisierung *f* / premagnetization *n*, magnetic bias, bias *n*
Vormagnetisierungs·feld *n* / polarizing field || **≗strom** *m* / magnetic biasing current, biasing current || **≗wicklung** (Transduktor) (s. Vorstromwicklung)
Vormontage *f* / preassembly *n*, preassembling *n*
vormontieren *v* / preassemble *v*
vorn *adv* (im Betrachtungssystem) / in front (viewing system) || **nach ~** (Bewegung) / forwards *adv* (movement) || **von ~ entriegelbarer Kontakt** / front-release contact
Vornorm *f* / draft standard, tentative standard
Vor-Ort-·Auslösung *f* / hand tripping, local tripping || **≗Steuerung** *f* / local control
Vorortung *f*, **Fehler-≗** / approximate fault locating
vorprägen *v* / pre-cut *v*, pre-mould *v*
Vorprägung *f* / knockout (k.o.) *n*
Vorpreßkraft *f* (Trafo-Kern) / initial clamping force
Vorpressung *f* (ausbrechbare Öffnung) / pre-moulded knockout, knock-out *n* || **≗** (Trafo-Kern) / initial clamping
vorprojektieren *v* (Bildschirmdarst.) / preformat *v*, predefine *v*
Vorprüfung *f* / pre-acceptance inspection, preliminary test
Vorprüfungsprotokoll *n* / pre-acceptance inspection report
Vorpuffer *m* (Ausgabep.) / output buffer
Vorpumpe *f* / roughing pump, backing pump
Vorrangdaten *plt* / expedited data || **≗anzeige** *f* (DIN ISO 8208) / interrupt *n* || **≗bestätigung** *f* (DIN ISO 8208) / interrupt confirmation || **≗paket** *n* (DIN ISO 8208) / interrupt packet || **≗übertragung** *f* / expedited-data transmission
Vorrang·-Dienstdateneinheit *f* (DIN ISO 7498) / expedited service data unit || **≗ebene** *f* / level of priority, priority level || **≗schalter** *m* (I) / priority switch || **≗schaltung** *f* / priority circuit || **≗transportdienst** *m* / expedited transport service || **≗unterbrechung** *f* (DV) / preemption *n* || **≗verarbeitung** *f* / priority processing, priority scheduling || **≗zuordnung** *f* / priority assignment, priority scheduling
Vorrat *m* (Zeichenv., Befehlsv.) / set *n*, repertoire *n*
Vorrats·kathode *f* / dispenser cathode || **Kabel-≗schleife** *f* / (cable) compensating loop || **≗wasserheizer** *m* / storage water heater
Vorreaktanz *f* / series reactance, external reactance
Vorrechner *m* / back-up computer
Vorreiber *m* / fastener *n*

vorrichten *v* (ausrichten) / prealign *v*
Vorrichtung *f* / device *n*, facility *n*, jig *n*, mechanism *n*, tackle *n*, fixture *n* ‖ ≗ (zur Bearbeitung mit Werkzeugführung) / jig *n* ‖ ≗ (zur Bearbeitung ohne Werkzeugführung) / fixture *n* ‖ **Montage**~ / fitting device, assembly appliance, mounting device
Vorrücken *n* (el. Drehen) / inching *n*, jogging *n*
Vorsatzlinse *f* / auxiliary lens
Vorsäule *f* (Chromatograph) / pre-column *n*
Vorschalt·anlage *f* / primary switchgear, line-side switchgear ‖ ≗**drossel** *f* / series reactor, series inductor ‖ **Anlauf über** ≗**drossel** / reactor starting, reactance starting
vorschalten *v* / to connect in incoming circuit, to connect on line side, to connect in series
Vorschaltgerät *n* (Leuchte) / ballast *n*, control gear ‖ ≗ **für einen kapazitiven und einen induktiven Zweig** / lead-lag ballast ‖ ≗ **für Instant-Start-Lampen** / instant start ballast ‖ ≗ **für Leuchtstofflampen mit Starterbetrieb** / preheat ballast ‖ ≗ **für Rapidstartlampen** / rapid-start ballast ‖ **mit** ≗ / ballasted *adj*, self-ballasted *adj*
Vorschaltgeräte·raum *m* / ballast compartment, control-gear compartment
Vorschalt·glied *n* / series element ‖ ≗**glied** *n* (Leuchte) / ballast element ‖ ≗**induktivität** *f* / series inductance ‖ ≗**kondensator** *m* / series capacitor ‖ ≗**sicherung** *f* / line-side fuse, line fuse, back-up fuse ‖ ≗**transformator** *m* / series transformer ‖ ≗**widerstand** *m* / series resistor ‖ ≗**widerstand** *m* (Leuchte) / ballast resistor
Vorschrift *f* (Norm) / standard *n*, standard specification ‖ **Prüf**~ *f* / test code, test specifications ‖ **technische** ≗ / technical regulation
Vorschub *m* (NC) / feed *n*, feed function (ISO 2806-1980) ‖ ≗ (Geschwindigkeit, Rate) / feedrate *n* ‖ ≗ **Halt** (NC) / feed hold (IEC 550) ‖ ≗ **in Schrittmaßen** (NC) / incremental feed ‖ **Hand**~ (Manipulator) / wrist extension ‖ ≗**antrieb** *m* / feed drive ‖ ≗**bereich** *m* (a. NC-Zusatzfunktion nach DIN 66025,T.2) / feed range (ISO 1056) ‖ ≗**betrag** *m* / feed increment, path increment ‖ ≗**bewegung** *f* (WZM, NC) / feed motion (o. movement) ‖ **Papier-**≗**geschwindigkeit** *f* (Schreiber) / chart speed ‖ ≗**geschwindigkeit** *f* (WZM, NC) / feedrate *n*, rate of feed ‖ ≗**geschwindigkeit bei „Konventionell"** (NC) / feedrate in jog mode ‖ ≗**korrektur** *f* (NC) / feedrate override (ISO 2806), feedrate bypass ‖ ≗**-Korrekturschalter** *m* / feedrate override switch ‖ ≗**programmierung** *f* / feedrate programming, feedrate data input ‖ ≗**regelung** *f* / feedrate control ‖ ≗**richtungswinkel** *m* / angle of feed direction ‖ ≗**spindel** *f* (WZM) / feed screw ‖ ≗**-Startpunkt** *m* / feed start position ‖ ≗**stufe** *f* / feed step ‖ ≗**untersetzung** *f* (NC) / feedrate reduction ratio ‖ ≗**weg** *m* (DIN 6580) / feed travel ‖ ≗**zahl** *f* / feedrate number (FRN)
Vorschweißflansch *m* / blanking flange, weld-on flange
Vorschwingen *n* (Impulse) / preshoot *n*
Vorserie *f* / pre-production batch, pilot series
Vorsicherung *f* / back-up fuse
„Vorsicht"-Signal *n* / "Caution" signal
Vorsichtsmaßnahme *f* / safety precaution, precaution *n*
Vorspann *m* (Programm) / leader *n* ‖ ≗ (s. Präambel)
Vorspannung *f* (el.) / bias *n* ‖ ≗ (mech.) / initial stress, prestressing *n* ‖ ≗ **in Sperrichtung** / reverse bias (RB)
Vorsperröhre *f* / pre-transmit/receive tube, pre-T/R tube
Vorspülung *f* (eines überdruckgekapselten Gehäuses mit Schutzgas) / purging *n*
Vorstabilisierungszeit *f* / previous stabilization time
vorstehend·er Glimmer (Komm.) / high mica, proud mica, high insulation ‖ ~**e Lamelle** (Komm.) / high segment, high bar
Vorstell·blech *n* / protective plate, barrier plate ‖ ≗**tür** *f* / cover door
Vorsteuerung *f* / pilot control, precontrol *n*
Vorsteuerventil *n* / pilot valve
Vorstreichfarbe *f* / priming paint, primer *n*, ground-coat paint
Vorstrom *m* (Thyristor-SR) / biasing current ‖ ≗**wicklung** *f* (Transduktor) / bias winding
Vortaste *f* (Funktionstaste) / function select key, shift key
Vortäuschung eines Fehlers / fault simulation
Vorteiler *m* (Frequenzteiler) / prescaler *n*
vortränken *v* / pre-impregnate *v*
Vortrieb *m* (EZ, Leerlauf) / forward creep
Vortriebs·kraft *f* (Kfz) / tractive power, drive traction
Vortriebsystem *n* (Kfz-Triebstrang) / power-train system
Vortrigger *m* (Osz.) / pretrigger *n*
vorübergehend *adj* (transient) / transient *adj*, transitory *adj* ‖ ~**e Abweichung** / transient deviation, transient *n* ‖ ~**e Änderung** (zwischen zwei Beharrungszuständen) / transient *n* ‖ ~**er Betrieb** / temporary operation ‖ ~**er Erdschluß** / transient earth fault, temporary ground fault ‖ ~**er Fehler** (Fehler, den eine KU zum Verschwinden bringt) / transient fault, non-persisting fault, temporary fault ‖ ~ **fest montierter BV** / semi-fixed ACS ‖ ~**er Kurzschluß** / transient short-circuit, transient fault, non-persisting fault ‖ ~**e Sollwertabweichung** / transient deviation from setpoint ‖ ~**e Überschwingspannung am Ausgang** (IC-Regler) / output transient overshoot voltage ‖ ~**e Überspannung** / transient overvoltage, transitory overvoltage (US)
Vorüberschlag *m* (SG) / prearcing *n*
Vorumschaltung *f* (NC, zum Schutz gegen Überfahren) / anticipation control
vor- und nacheilend / leading and lagging
Vorverarbeitung *f* (Daten) / preprocessing *n*
Vorverdichtung *f* / precompression *n*
vorverdrahten *v* / prewire *v*
Vorverknüpfung *f* / preceding logic operation
Vorverstärker *m* / pre-amplifier *n*, head amplifier
vorwählen *v* / preselect *v*, select *v*
Vorwähler *m* / selector *n*, presetter *n*, selector switch ‖ ≗ (Trafo) / change-over selector
Vorwählgetriebe *n* (Trafo) / change-over selector gearing, selector gear unit
Vorwahl·speicher *m* / preselection store ‖ ≗**zähler** *m* / presetting counter
vorwärmen *v* / preheat *v*
Vorwarnsignal *n* / prewarning signal, early warning alarm
vorwärts kontinuierlich (NC) / forward, continuous

|| ~ **rollen** (BSG) / roll up *v* || ~ **satzweise** (NC) / forward block by block, forward in block mode
vorwärtsblättern *v* (am Bildschirm) / page up *v*, page forward
Vorwärtsdokumentation *f* (PLT) / feedforward documentation
Vorwärtsdrehung *f* / forward rotation || ≗ **mit Arbeitsvorschub** (NC, DIN 66025) / forward spindle feed (ISO 1056)
Vorwärts·-Durchlaßkennlinie *f* (Thyr) / forward on-state characteristic || ≗**-Durchlaßspannung** *f* (Thyr) / forward on-state voltage || ≗**-Durchlaßstrom** *m* (Thyr) / forward on-state current || ≗**-Durchlaßzustand** *m* (Thyr) / forward conducting state, on-state *n* || ≗**durchschlag** *m* (HL) / forward breakdown || ≗**-Ersatzwiderstand** *m* (Diode, DIN 41781) / forward slope resistance || ≗**führung** *f* (Reg.) / feedforward control || ≗**-Gleichsperrspannung** *f* (Thyr, DIN 41786) / continuous direct forward off-state voltage || ≗**kanal** *m* / forward channel || ≗**kennlinie** *f* (HL, DIN 41853) / forward voltage-current characteristic, forward characteristic || ≗**kopplung** *f* (Reg.) / feedforward *n* || ≗**lauf** *m* (WZM) / forward motion, forward movement || ≗**optimierung** *f* / feedforward optimization || ≗**pfad** *m* (Reg.) / forward path || ≗**regelung** *f* / feedforward control || ≗**richtung** *f* (a. HL) / forward direction || ≗**richtung** (Schutz, Auslöser) (s. Auslöserichtung) || ≗**-Richtungsglied** *n* / forward-looking directional element (o. unit) || ≗**-Rückwärts-Schieberegister** *n* / bidirectional shift register || ≗**-Rückwärtszähler (V-R-Zähler)** *m* / up-down counter, reversible counter, bidirectional counter || ≗**-Scheitelsperrspannung** *f* (Thyr, DIN 41786) / peak working off-state forward voltage, crest working forward voltage || ≗**-Scheitelsperrspannung am Zweig** / circuit crest working off-state voltage || ≗**-Schiebeeingang** *m* / left-to-right shifting input, top-to-bottom shifting input || ~**schreitender Wicklungsteil** / progressive winding element || ≗**spannung** *f* (Thyr, Diode) / forward voltage || ≗**-Sperrfähigkeit** *f* (Thyr, Diode) / forward blocking ability || ≗**-Sperrkennlinie** *f* (Thyr) / forward blocking-state characteristic || ≗**-Sperrspannung** *f* (Thyr) / off-state forward voltage, off-state voltage || ≗**-Sperrstrom** *m* (Thyr) / off-state forward current, off-state current || ≗**-Sperrwiderstand** *m* (Thyr) / forward blocking resistance || ≗**-Sperrzeit** *f* / off-state interval, circuit off-state interval || ≗**-Sperrzustand** *m* (Thyr) / forward blocking state, off state || ≗**-Spitzenspannung am Zweig** / circuit non-repetitive peak off-state voltage || ≗**-Spitzensperrspannung** *f* (Thyr) / peak forward off-state voltage || ≗**-Spitzensteuerspannung** *f* (Thyr) / peak forward gate voltage || ≗**-Spitzensteuerstrom** *m* (Thyr) / peak forward gate current || ≗**sprung** *m* (Programm; NC, PC) / forward skip || ≗**-Steuerspannung** *f* (Thyr) / forward gate voltage || ≗**-Steuerstrom** *m* (Thyr) / forward gate current || ≗**steuerung** *f* (LE) / unidirectional control || ≗**steuerung** *f* (DÜ) / forward supervision || ≗**-Stoßspitzenspannung** *f* (Thyr, DIN 41786) / non-repetitive peak forward off-state voltage, non-repetitive peak forward voltage || ≗**strich** *m* (Staubsauger) / forward stroke || ≗**strom** *m* (Thyr, Diode) / forward current || ≗**strom** (s. Durchlaßstrom) || ≗**strom-Effektivwert** *m* (Diode, DIN 41781) / r.m.s. forward current || ≗**strom-Mittelwert** *m* (Diode, DIN 41781) / mean forward current || ≗**-Suchlauf** *m* / forward search || ~**takten** *v* (Zähler) / up counting || ≗**-Übertragungskennwerte** *m pl* (DIN IEC 147,T.1E) / forward transfer characteristics || ≗**-Übertragungskoeffizient** *m* (Transistor, DIN 41854,T.10) / forward s-parameter || ≗**verkettung** *f* (Anfangssituation - Endsituation) / forward chaining || ≗**verlust** (Diode) (s. Vorwärts-Verlustleistung) || ≗**-Verlustleistung** *f* (Diode, DIN 41781) / forward power loss
Vorwärtswelle *f* / forward wave
Vorwärtswellen·röhre *f* / forward-wave tube || ≗**-Verstärkerröhre** *f* / forward-wave amplifier tube (FWA) || ≗**-Verstärkerröhre vom M-Typ** / M-type forward-wave amplifier tube (M-type FWA)
Vorwärts·-Zähleingang *m* / counting-up input || ~**zählen** *v* / count up *v* || ≗**zähler** *m* / up counter, non-reversible counter || ≗**zählimpuls** *m* / up-counting pulse || ≗**zeit** (s. Vorwärts-Zeitglied) || ≗**-Zeitglied** *n* / incrementing timer || ≗**zweig** *m* (Reg.) / forward path || **Regelglieder im** ≗**zweig** / forward controlling elements
Vorwiderstand *m* / series resistor, series resistance, external resistance, starting resistor || ≗ (MG) / series resistor, series impedance
vorwiegend direkte Beleuchtung / semi-direct lighting || ~ **direkte Leuchte** / semi-direct luminaire || ~ **indirekte Beleuchtung** / semi-indirect lighting
Vorzählerwert *m* / intermediate counter value
Vorzeichen *n* (Math.) / sign *n* || ≗ (Bezeichnungssystem; DIN 40719,T.2) / qualifying symbol (IEC 113-2) || **Darstellung mit** ≗ / signed representation || **Darstellung ohne** ≗ / unsigned representation || **Zahl mit** ≗ / signed number || ≗**auswertung** *f* / sign evaluation || ≗**umkehr** *f* / sign inversion || ≗**umschaltung** *f* / sign reversal, sign reverser || ≗**wechsel** *m* / change of sign, polarity reversal || ≗**ziffer** *f* / sign digit
Vorzugs·abmessungen *f pl* / preferred dimensions || ≗**-AQL-Werte** *m pl* / preferred acceptable quality levels || ≗**-Blitzstoßspannung** *f* (VDE 0432, T.2) / standard lightning impulse (IEC 60-2)
vorzugsgerichtet *adj* (Magnetwerkstoff) / oriented *adj*, grain-oriented *adj*
Vorzugs·lage *f* (IS) / preferred state || ≗**leistung** *f* / preferred rating || ≗**liste** *f* (f. bevorzugte Lieferanten) / select list || ≗**-Nennmaße** *n pl* / preferred nominal dimensions || ≗**passung** *f* / preferred fit || **magnetische** ≗**richtung** / preferred direction of magnetization, easy axis of magnetization || ≗**-Salzgehalt** *m* (Isolationsprüf.) / reference salinity || ≗**-Schaltstoßspannung** *f* (VDE 0432, T.2) / standard switching impulse (IEC 60-2) || ≗**-Stoßstrom** *m* (VDE 0432, T.2) / standard impulse current (IEC 60-2) || ≗**wert** *m* / preferred value
Vorzünden *n* (Lichtbogen) / pre-arcing *n*
Vorzündzeit *f* / pre-arcing time (IEC 291), melting time (ANSI C37.100)
Voter-Funktion (s. Mehrheitsbewertung)

Voutenbeleuchtung *f* / cove lighting, cornice lighting
V-Parameter *m* (LWL) / fibre characteristic term
VPE (s. vernetztes Polyäthylen)
VPS (s. verbindungsprogrammiertes Steuergerät)
V-R-Zähler (s. Vorwärts-Rückwärtszähler)
VSB (s. VME-Subsystembus)
V-Schalter (s. Vakuumschalter)
V-Schaltung *f* / V-connection *n*, Vee connection, open-delta connection || **Wicklung in** ≗ / V-connected winding
VSYNC (s. vertikales Synchronsignal)
VT (s. Vertikaltabulator)
Vulkanfiber *f* / vulcanized fibre || ≗**platte** *f* / vulcanized-fibre board
Vulkanisat *n* / vulcanized rubber, vulcanizate *n*
vulkanisieren *v* / vulcanize *v*, cure *v*

W

W (Buchstabensymbol für Wasser) / W (letter symbol for water)
Waage *f* / balance *n*, scales *pl* || **Druck~** *f* / dead-weight tester, manometric balance || **in** ≗ / level *adj*, truly horizontal
Waagebalken *m* / balance beam || ≗ (Hebez.) / lifting yoke || ≗**relais** *n* / balanced-beam relay
waagrecht·e Bauform (el. Masch.) / horizontal type, horizontal-shaft type || **~e Maschine** / horizontal machine, horizontal-shaft machine
Waben·kühler *m* / honeycomb radiator || ≗**raster** *n* / honeycomb grid || ≗**spule** *f* / honeycomb coil, lattice-wound coil
Wachsamkeitseinrichtung *f* (Triebfahrzeug) / vigilance device
wachsen *v* (sich ausdehnen) / expand *v*, creep *v*
Wächter *m* / monitor *n*, monitoring device, watchdog *n*, detector *n*, protective device, indicator *n* || ≗ (Person) / watchman *n* || ≗ (PS-Schalter) (s. automatischer Hilfsstromschalter mit Pilotfunktion) || **Drehzahl~** (el.) / tachometric relay, speed monitor, tacho-switch *n* || **Drehzahl~** (mech., Turbine) / overspeed trip, overspeed governor, emergency governor || **Flammen~** / flame detector || **Strömungs~** / flow indicator, flow monitoring device, flow relay || **Temperatur~** / thermal release, thermal protector, temperature relay, temperature detector, thermostat *n* || **Thermo~** / thermostat *n*, thermal cutout, thermal protector, temperature relay || **Wasser~** / water detector
Wächter-Kontrollanlage *f* / watchman's reporting system
Wächter-Kontrolluhr *f* / time recorder for watchman's rounds
Wackelkontakt *m* / intermittent electrical contact, loose contact, poor terminal connection
wackeln *v* / shake *v*, rock *v*
Wackelschwingung *f* / shaking *n*, rocking *n*
Wägemethode *f* (ADU, schrittweise Näherung) / successive approximation method
Wagen *m* (Schalterwagen) / truck *n*
Wagenanlage (s. Schaltwagenanlage) || **Leistungsschalter-**≗ *f* (Gerätekombination, Einzelfeld) / truck-type circuit-breaker assembly (o. cubicle o. unit)
Wagen·beleuchtung *f* (Bahn) / coach lighting || ≗**rücklauf** *m* / carriage return (CR) || ≗**rücklauftaste** *f* / (carriage) return key || ≗**stellung** *f* (Schalterwagen) / truck position
Wägezelle *f* / load cell, force transducer
Wahl des Aufstellungsorts / siting *n* || **Blech erster** ≗ / first-grade sheet (o. plate) || ≗**aufforderung** *f* (DÜ, DIN 44302) / proceed to select
wählbar *adj* / selectable *adj*
wählen *v* / select *v*, dial *v*
Wahlendezeichen *n* (DÜ, DIN 44302) / end of selection signal
Wähler *m* / selector *n*, selector switch || ≗ (f. Trafo-Anzapfungen) / tap selector
wahlfrei *adj* (DÜ, Datenleitung) / optional *adj* || **~e Adresse** / random address || **~e Funktion** (Kommunikationssystem) / option *n* || **~er Zugriff** / random access
Wählleitung *f* (DÜ) / switched line, dial line, dialup line
wahlloses Überlesen (NC; a. CLDATA-Wort) / optional skip (ISO 3592)
Wählnetz, öffentliches ≗ / public switched system
Wählrelais *n* / selector relay
Wahlschalter *m* / selector switch || ≗ (Drehknopf) / selector knob || ≗ **für Motor-/Bremsbetrieb** / power/brake changeover switch
Wähl·scheibe *f* / dial *n* || ≗**scheibeneingabe** *f* / dialled input
Wahltaste *f* / selector button, selector key
wahlweiser Halt (NC) / optional stop
Wählzeichenfolge *f* (DÜ) / selection signal sequence
wahr *adj* (a. in IEC 50(191)) / true *adj* || **~e durchschnittliche Herstellqualität** / true process average || **~e Ladung** / free charge || **~er mittlerer Fehleranteil der Fertigung** (s. wahre durchschnittliche Herstellqualität) || **~e Remanenz** / retentiveness *n* || **~ senden** (PMG) / to send true || **~e Triggerung** / true trigger || **~er Wert** / true value
Wahrheits·tabelle (s. Wahrheitswertetafel) || ≗**wertetafel** *f* / truth table
wahrnehmbar *adj* / perceptible *adj*, noticeable *adj* || **~er Frequenzbereich** / audio frequency band
Wahrnehmbarkeit *f* / perceptibility *n*
Wahrnehmbarkeitsschwelle *f* (kleinster Strom, der bei Stromfluß durch den Körper noch fühlbar ist) / threshold current || **Flicker-**≗ (s. Flicker-Bemerkbarkeitsschwelle)
Wahrnehmung *f* / perception *n*
Wahrnehmungs·abstand *m* / perceptibility distance || ≗**geschwindigkeit** *f* / speed of perception || ≗**schwelle** *f* / perception threshold || ≗**schwelle** *f* (LT) / luminance threshold || **absolute** ≗**schwelle** (LT) / absolute threshold of luminance
wahrscheinliche Lebensdauer / probable life
Wahrscheinlichkeit des Fehlers zweiter Art (DIN 55350, T.24) / type II risk || ≗ **des Fehlers erster Art** (DIN 55350, T.24) / type I risk || ≗ **des Informationsverlustes** (FWT) / probability of information loss || ≗ **des Restinformationsverlustes** (FWT) / probability of residual information loss || ≗ **für fehlerhafte Gebührenabrechnung** (IEC 50(191)) / billing

error probability
Wahrscheinlichkeits·berechnung *f* / probability analysis || **~dichte** *f* / probability density || **~dichteverteilung** *f* / probability density distribution || **~funktion** *f* / probability function || **~grenzen** *f pl* / probability limits || **~grenzen für einen Verteilungsanteil** / statistical tolerance limits || **~modell** *n* / probability model || **~theorie** *f* / theory of probability
Wahrscheinlichkeitsverteilung *f* (DIN 55350,T.21) / probability distribution, cumulative distribution || **~ des Bestands** (s. Überlebenswahrscheinlichkeitsverteilung) || **Verfahren zur Ermittlung der ~** / multiple-level method || **Varianz einer ~** (s. Varianz einer Zufallsgröße)
Walk·arbeit *f* (Schmierfett) / churning work, churning *n* || **~arbeitsverlust** *m* / churning loss || **~penetration** *f* / worked penetration
Walzdraht *m* / wire rod
Walzen·anlasser *m* / drum-type starter, drum controller || **~läufer** (s. Vollpolläufer) || **~lüfter** *m* (Fliehkraftlüfter) / centrifugal fan || **~schalter** *m* / drum controller || **~schaltwerk** *n* / drum controller
Wälzfläche *f* / pitch surface
Walzfolge *f* / stock headway
Wälz·fräsen *n* / hobbing *n*, gear hobbing || **~führung** *f* (WZM) / roller slideway || **~getriebe** *n* / non-crossed gears, rolling-contact gears, parallel gears, parallel-axes gearing
Walzhaut *f* / mill scale
Wälz·kegelrad *n* / bevel gear || **~kontakt** *m* / rolling contact, rolling-motion contact || **~körper** *m* (Wälzlg.) / rolling element
Walzkraft *f* / roll separating force, rolling load
Wälzkreis *m* / pitch circle, reference circle, rolling circle
Wälzlager *n* / rolling-contact bearing, anti-friction bearing, rolling bearing, rolling-element bearing || **~fett** *n* / rolling-contact bearing grease, anti-friction bearing grease || **~kopf** *m* / cartridge-type bearing || **~maschine** *f* / machine with rolling-contact bearings, machine with antifriction bearings
Walzmotor (s. Walzwerkmotor)
Wälz·rad *n* / non-crossed gear, rolling-contact gear || **~regler** *m* / rocking-contact voltage regulator, Brown-Boveri voltage regulator || **~reibung** *f* / rolling friction
Walz·richtung *f* / rolling direction, grain of the metal || **~stahl** *m* / rolled steel
Walzwerkbetrieb, Schütz für ~ / mill-duty contactor
Walzwerkmotor *m* / rolling-mill motor, mill motor
Wälzzahnrad *n* / non-crossed gear, rolling-contact gear
WAN (wide-area network - Weitverkehrsnetz)
Wand·abstand *m* / distance to walls || **für ~anbau** / for placing against a wall, wall-mounting *adj* || **~arm** *m* / wall bracket || **für ~aufbau** / for surface-mounting (on walls) || **~aufladung** *f* / wall charge || **für ~aufstellung** / for placing against a wall
Wandausleger *m* / bracket *n*
Wand·dicke der Isolierhülle (Kabel) / thickness of insulation, insulation thickness || **~dose** *f* / wall box || **~durchbruch** *m* / wall cutout, wall opening || **für ~einbau** / for flush-mounting in walls, for wall-recess mounting, adj., cavity-mounting *adj*
wandelbarer Aufbau / flexible arrangement
Wandelung *f* / conversion *n*
Wander·echo *n* / migrant echo || **~fähig** *adj* / transportable *adj*, mobile *adj* || **~feld** *n* / travelling magnetic field, moving field || **~feldklystron** *f* / extended-interaction klystron || **~feldmotor** *m* / travelling-field motor, linear motor || **~kontrolle** (s. Wanderprüfung)
wandern *v* (Lg.) / creep *v*, expand *v*, to become dislocated
wandernd·e Eins / walking one || **~es Feld** (s. Wanderfeld)
Wander·prüfung *f* / patrol inspection || **~schnecke** *f* / sliding (o. travelling) worm gear || **~transformator** *m* / mobile transformer
Wanderungsgeschwindigkeit *f* / migration rate || **~** (Drift) / drift velocity
Wanderwelle *f* / travelling wave || **Überspannungs-~** *f* / travelling surge
Wanderwellen·strom *m* / travelling-wave current, surge current || **~verstärker** *m* / travelling-wave amplifier (TWA)
Wand·-Ferndimmer *m* / remote control wall dimmer || **~fluter** *m* / wall floodlight || **~friestafel** *f* / wall-frieze board || **~gehäuse** *n* / wall box, wall-mounting case || **~ladung** *f* / wall charge
Wandler *m* (Trafo) / instrument transformer, transformer *n* || **~** (Meßwandler) / measuring transformer, instrument transformer || **~** (Meßumformer) / transducer *n* || **~** (Spannung) / voltage transformer, potential transformer || **~** (Strom) / current transformer || **~** (Umsetzer) / converter *n* || **~ mit doppelter Isolierung** / double-insulated transformer || **~ mit einem Übersetzungsverhältnis** / single-ratio transformer || **~ mit einer Sekundärwicklung** / single-secondary transformer || **~ mit mehreren Übersetzungsverhältnissen** / multi-ratio transformer || **~ mit zwei Sekundärwicklungen** / double-secondary transformer || **Drehzahl~** / speed variator || **elektroakustischer ~** / electro-acoustical transducer || **optoelektrischer ~** / optoelectric receiver || **Transduktor-~** / measuring transductor || **~kupplung** *f* (Kfz) / converter clutch
Wandlerstrom·auslöser *m* / indirect release, transformer-operated trip, series release || **~auslösung** *f* / series tripping, indirect tripping
Wandlerverlust·ausgleich *m* / transformer-loss compensation || **~kompensator** *m* / transformer-loss compensator
Wandleuchte *f* / wall luminaire, wall-mounting luminaire, wall bracket, wall fitting, bulkhead unit
Wandlung *f* / conversion *n*
Wandlungs·rate *f* / conversion rate
Wand·reflexionsgrad *m* / wall reflectance, wall reflection factor || **~schalter** *m* / wall switch || **~sender** *m* (IR-Fernbedienung) / wall-mounted transmitter, wall-mounted controller || **~sockelkanal** *m* / dado trunking || **~stativ** *n* / wall bracket || **~steckdose** *f* / wall-mounting socket-outlet, fixed socket-outlet (o. receptacle) || **~tafelmodell** *n* / blackboard model || **~uhr** *f* / wall clock
Wange *f* (Durchladeträgerwagen) / side girder
Wangen·fundament *n* / string foundation, raised

foundation || ≗wagen (s. Durchladeträgerwagen)
Wanne *f* / trough *n*, tub *n*, tank *n* || ≗ (Leuchte) / troffer *n*, bowl *n*, trough *n*, diffuser *n*, coffer *n*
Wannen·-Einbauleuchte *f* / recessed diffuser luminaire || **Einbau-≗leuchte** *f* / troffer luminaire || **≗reflektor** *m* / trough reflector
Ward-Leonard·-Steuerung *f* / Ward-Leonard system || **≗-Umformer** *m* / Ward-Leonard set
Waren·aufzug *m* / goods lift, freight elevator || **≗eingangsprüfung** *f* / incoming inspection || **≗zeichen** *n* / trade mark
warm aufziehen / shrink on *v*, shrink *v* || ~ **aushärtend** (Kunststoff) / thermosetting *adj* || ~ **behandeln** / heat-treat *v*
Warmauslagern *n* / elevated-temperature age hardening
Warm·beständigkeit (s. Wärmebeständigkeit) || **≗biegeversuch** *m* / hot bend test || **≗bruch** *m* / hot crack, solidification shrinkage crack || **≗brüchigkeit** *f* / hot-shortness *n*, red-shortness *n*
Wärme abgeben / to give off heat, to dissipate heat || ≗ **aufnehmen** / to absorb heat || ≗ **leiten** / to conduct heat || ≗ **übertragen** / to transfer heat, to transmit heat || **≗abbild** (s. thermisches Abbild) || **≗abführgeschwindigkeit** *f* / heat dissipation rate || **≗abführleistung** *f* / heat removal capacity || **≗abführung** *f* / heat dissipation, removal of heat || **≗abführvermögen** *n* / heat transfer capability, heat removal property, heat dissipation capability || **≗abgabe** *f* / heat transfer, heat dissipation || **≗abgabefähigkeit** (s. Wärmeabführvermögen)
wärmeabgebend *adj* / heat-dissipating *adj* || ~**er Prüfling** / heat-dissipating specimen
Wärme·ableitung *f* / heat discharge, heat dissipation, heat removal || **angemessene ≗ableitungsbedingungen** (VDE 0700, T.1) / conditions of adequate heat discharge (IEC 335-1) || **≗abschirmung** *f* / heat shield || **≗abstrahlung** *f* / heat emission, heat radiation || **≗alterung** *f* / thermal ageing || **≗äquivalent** *n* / equivalent of heat || **≗aufnahme** *f* / heat absorption || **≗aufnahmefähigkeit** *f* / heat absorptivity, heat capacity || **≗ausbreitung** *f* / heat propagation || **≗ausdehnung** *f* / thermal expansion || **≗ausdehnungskoeffizient** *m* / coefficient of thermal expansion || **≗ausgleicher** *m* / compensator *n* || **≗auskopplung** *f* (f. Fernheizung) / heat supply from cogeneration || **≗austausch** *m* / heat exchange || **≗austauscher** *m* / heat exchanger || **≗austauschgrad** *m* / heat-exchanger efficiency, cooler rating || **≗beanspruchung** *f* / thermal stress || **≗behandlung** *f* / heat treatment, annealing *n* || **≗belastung** *f* / thermal load || **≗belastung** *f* (durch Abwärme) / thermal pollution
wärmebeständig *adj* / heat-resistant *adj*, heat-proof *adj*, heat-stable *adj*, stable under heat, thermostable *adj* || ~**e Aderleitung** / heat-resistant non-sheathed cable, heat-resistant insulated wire || ~**e Anschlußleitung** (AVMH) / heat-resistant wiring cable || ~**e Schlauchleitung** / heat-resistant sheathed flexible cable (o. cord)
Wärmebeständigkeit *f* (Material) / thermostability *n*, thermal stability, heat stability, resistance to heat || ≗ (Gerät) / thermal endurance
Wärme·bilanz *f* / heat balance || **≗bindung** *f* / heat absorption || ~**dämmend** *adj* / heat-insulating *adj* || **≗dämmung** *f* / thermal insulation || **≗dehnung** *f* / thermal expansion || **≗dehnungszahl** *f* / coefficient of thermal expansion || **≗dichte** *f* / heat density || **≗differentialmelder** *m* / rate-of-rise detector || **≗-Druckprüfung** *f* (VDE 0281) / hot pressure test || **≗durchgang** *m* / heat transmission, heat transfer || **≗durchgangswiderstand** *m* / heat transfer resistance, reciprocal of heat transfer coefficient || **≗durchgangszahl** *f* / heat transfer coefficient || **≗durchgangszahl** *f* (k-Zahl) / coefficient of heat transmission || ~**durchlässig** *adj* / diathermal *adj*, heat-transmitting *adj* || **≗durchlaßzahl** (s. Wärmedurchgangszahl) || **≗durchschlag** *m* / thermal breakdown, series tansformer (US) || **≗einflußzone** *f* / heat-affected zone || **≗einheit** *f* / thermal unit, heat unit || **≗einleitungsverlust** (s. Wärmeübergangsverlust) || **≗einwirkung** *f* / action of heat, thermal effect || ~**elastisch** *adj* / thermo-elastic *adj* || ~**elektrisch** *adj* / thermo-electric *adj* || **≗entbindung** *f* / heat release, heat generation || **≗entwicklung** *f* / heat generation, development of heat
Wärmefestigkeit *f* / thermal stability, thermostability *n* || ≗ **bei der Glühdornprobe** / hot-needle thermostability || ≗ **nach Martens** / Martens thermostability || ≗ **nach Vicat** / Vicat thermostability
Wärme·fluß *m* / heat flow, heat flow rate || **≗formänderung** *f* / deformation under heat, thermal deformation || **≗fortleitung** *f* / heat conduction, thermal conduction || **≗fühler** (s. Temperaturfühler) || **≗gefälle** *n* / thermal gradient || **≗gerät** *n* / heating appliance || **≗gewinn** *m* / heat gain
Wärmegleichgewicht *n* / thermal equilibrium || **Prüfung auf** ≗ / thermal stability test
wärme·härtbar *adj* / thermo-setting *adj* || **≗härtung** *f* / hot hardening, hot curing || **≗haushalt** *m* / heat balance || **≗isolierung** *f* / thermal insulation || **≗isolierung** *f* (Rohre) / lagging *n* || **≗kapazität** *f* / thermal capacity, heat capacity, heat storage capacity, thermal absorptivity || **≗kapazität** *f* (HL, DIN 41862) / thermal capacitance || **≗kegel** *m* / thermal cone || **≗klasse** *f* / temperature class || **≗kraftmaschine** *f* / heat engine, steam engine || **≗kraftmaschinensatz** *m* / thermo-electric generating set || **≗kraftwerk** *n* / thermal power station || **≗kreislauf** *m* / thermal circuit, heat cycle || **≗kriechen** *n* / thermal creep || **≗last** *f* (KT) / heat load, cooling load
wärmeleitend *adj* / heat-conducting *adj*
Wärmeleitfähigkeit *f* / thermal conductivity
Wärmeleitfähigkeits·detektor *m* (WLD) / thermal-conductivity detector (TCD) || **≗-Gasanalyse** *f* / thermal-conductivity gas analysis || **≗-Gasanalysegerät** *n* / thermal-conductivity gas analyzer
Wärmeleit·paste *f* / heat transfer compound, thermo-lubricant *n*, thermolube *n*
Wärmeleitung *f* / heat conduction, thermal conduction
Wärmeleit·vermögen *n* / thermal conductivity || **≗weg** *m* / heat conducting path, heat path || **≗wert** (s. Wärmeleitzahl) || **≗zahl** *f* / coefficient of thermal conductivity, thermal conductance
Wärme·melder *m* / heat-sensitive detector || **≗melder mit hoher Ansprechtemperatur** / high-temperature heat detector || **≗menge** *f* / quantity

of heat || ≈**mengenzähler** *m* / heat meter, calorimetric meter || ≈**messer** *m* / calorimeter *n* || ≈**messung** *f* / temperature measurement, calorimetry *n* || ≈**nest** *n* / heat concentration, hot spot || ≈**niveau** *n* / thermal level || ≈**prüflampe** *f* / heat test source lamp (H.T.S. lamp) || ≈**prüfung** (s. Erwärmungsprüfung) || ≈**pumpe** *f* / heat pump || ≈**quellennetzwerk** *n* / heat-source plot || ≈**rauschen** *n* / thermal noise, thermal agitation noise || ≈**relais** (s. Thermorelais) || ≈**riß** *m* / heat crack, thermal check || ≈**rißbildung** *f* / heat cracking || ≈**scheinwiderstand** *m* / thermal impedance || **Prüfung des** ≈**schockverhaltens** (VDE 0281) / heat shock test || ≈**schrank** *m* / heating cabinet || ≈**schrumpfung** *f* / thermal contraction

Wärmeschutz *m* (Gebäude) / thermal insulation || ≈ (el. Masch.) / thermal protection (TP) || ≈**gefäß** *n* (Lampe) / vacuum jacket, vacuum flask || ≈**gerät** *n* / thermal protector || ≈**gerät mit automatischer Rückstellung** / automatic-reset thermal protector || ≈**gerät mit Handrückstellung** / manual-reset thermal protector || ≈**glas** *n* / heat absorbing glass, vacuum jacket

Wärme·senke *f* / heat sink || ≈**speichervermögen** *n* / heat storage capacity || ≈**spiel** *n* / thermal cycle || ~**stabilisiert** *adj* / thermally stabilized || ≈**stabilität** *f* / thermostability *n*, thermal endurance || ≈**standfestigkeit** *f* / thermal endurance || ≈**stau** *m* / heat concentration, heat accumulation || ≈**staustelle** *f* / heat concentration, hot spot || ≈**strahler** *m* / thermal radiator || ≈**strahler** *m* (Lampe) / radiant heat lamp || ≈**strahlgerät** *n* / electric radiator || ≈**strahlung** *f* / thermal radiation, heat radiation || ≈**strom** *m* / heat flow, heat flux, heat flow rate || ≈**stromdichte** *f* / heat flow density || ≈**strömung** *f* / heat flow || ≈**tarif** *m* / heating tariff || ≈**tauscher** *m* / heat exchanger || ≈**tönung** *f* (Gasanalysegerät) / catalytic combustion, catalytic effect || ≈**tönungsverfahren** *n* / heat-tone method || ≈**träger** *m* / heat carrier, heat transfer medium, coolant *n* || ≈**trägheit** *f* / thermal inertia, thermal lag || ≈**transport** *m* / heat transfer || ≈**transportmittel** *n* / heat transfer medium, coolant *n* || ≈**übergang** *m* / heat transfer, convection *n* || ≈**übergangsverlust** *m* / heat transfer loss || ≈**übergangswiderstand** *m* / heat transfer resistance || ≈**übergangszahl** *f* / heat transfer coefficient || ≈**übertragung** *f* / heat transfer, heat transmission || ≈**übertragungsflüssigkeit** *f* / heat transfer liquid || ≈**übertragungsmittel** *n* / heat exchanging medium, heat transfer medium, cooling medium, coolant *n* || ≈**unbeständigkeit** *f* / thermal instability || ~**undurchlässig** *adj* / heat-tight *adj*, adiathermic *adj* || ≈**verbrauchszähler** *m* / heat meter, calorimetric meter || ≈**verhalten** *n* / behaviour under exposure to heat, thermal stability || ≈**verluste** *m pl* / heat loss, energy lost as heat, dissipation *n* || ≈**wächter** *m* (Relais) / thermal relay || ≈**wächter** *m* (in Wickl.) / embedded temperature detector, thermal protector, thermostatic overload protector || ≈**wächter** (s. Temperaturwächter)

Wärmewiderstand *m* (a. HL) / thermal resistance || ≈ (spezifischer W.) / thermal resistivity || ≈ (s. Wärmescheinwiderstand) || ≈ **zwischen Sperrschicht und Gehäuse** (HL) / junction-to-case thermal resistance || **spezifischer** ≈ **des Erdbodens** / thermal resistivity of soil || **transienter** ≈ (Thyr, DIN 41786) / transient thermal impedance

Wärme·zeitkonstante *f* / heating time constant, time constant of heat transfer || ≈-**Zeitstandsverhalten** *n* / thermal endurance, heat endurance, thermal life || ≈**ziffer** *f* / heat transfer factor || ≈**zufuhr** *f* / heat input

Warmfaltversuch *m* / hot bend test

warmfest *adj* / heat-resistant *adj*, thermostable *adj* || ~**er Stahl** / high-temperature steel

Warmfestigkeit *f* / thermal stability, resistance to heat, thermostability *n*

Warm·geräte-Steckvorrichtung *f* / appliance coupler for hot conditions || ~**gewalzt** *adj* / hot-rolled *adj* || ≈**härtbarkeit** *f* / thermosetting ability || ~**härtend** *adj* / thermo-setting, heat-setting *adj*, heat-curing *adj* || ≈**lauf** *m* (Kfz-Mot.) / warm-up *n*, warming-up *n*

Warmluft *f* / hot air, warmed air || ≈**abzug** *m* / hot-air outlet, warmed-air discharge || ≈**ofen** *m* / hot-air oven

Warm·pressen *n* (Kunststoff) / compression moulding || ≈**pressen** *n* (Metall) / hot pressing || ≈**riß** *m* / hot crack, solidification shrinkage crack || ≈**rißprobe** *f* / hot cracking test || ≈**rundlaufprobe** *f* / hot out-of-true test || ≈**schrumpfschlauch** *m* / heat-shrinkable sleeving (IEC 684)

Warmstart *m* (thermischer Maschinensatz) / hot start || ≈ (PC) / warm restart || ≈**lampe** *f* / preheat lamp, hot-start lamp

Warmstreckgrenze *f* / elevated-temperature yield point

„Warmton de Luxe", Lichtfarbe ~ / warm white de luxe

Warm·verpressen (s. Warmpressen) || ≈**walzdraht** *m* / hot-rolled rod

warmweiß *adj* / warm white *adj*

Warmweiß-Leuchtstofflampe *f* / warm white fluorescent lamp

Warm·zeitstands-Bruchfestigkeit *f* / creep rupture strength at elevated temperature || ≈**zugversuch** *m* / elevated-temperature tensile test

Warn·befeuerung *f* / warning lighting, obstruction and hazard lighting || ≈**blinklicht** *n* (Kfz) / hazard warning light || ≈**fackel** *f* / flare pot || ≈**grenze** *f* (Leitt., QS) / warning limit || ≈**kontakt** *m* / alarm contact || ≈**licht** *n* / warning light || ≈**meldung** *f* / alarm indication, warning signal, alarm signal || ≈**schild** *n* / warning notice || ≈**schild** *n* (auf Gehäusen, Geräten) / warning label, warning sign || ≈**schwimmer** *m* / alarm float || ≈**signal** *n* / warning signal, alarm signal || ≈**temperatur** *f* / alarm (initiating) temperature

Warnungs·pfeil *m* / danger arrow

Warnzeichen *n* / warning symbol

wartbar *adj* / maintainable *adj*, serviceable *adj*

Wartbarkeit *f* (DIN 40042) / maintainability *n*

Warte *f* (Raum) / control room

Wartebetrieb *m* (DÜ) / disconnected mode (DM)

Wartedauer *f* (auf einen Dienst; IEC 50(191)) / service provisioning time

warten *v* (instandhalten) / maintain *v*, service *v*, service and maintain, attend *v*

Warten·ausrüstung *f* / control-room equipment ||

≗**peripherie** *f* / control-room interface equipment, control-room peripherals || ≗**pult** *n* / control-room console, control desk
Wartenraum *m* / control room || ≗ **einer Station** / substation control room
Wartentafel *f* / control board, control-room board
Wärter *m* / attendant *n*
Warteschlange (WS) *f* / queue *n*
Warteschlangen·bearbeitung *f* / queue processing || ≗**theorie** *f* / queueing theory
Warte·-Signal *n* / wait signal || ≗**station** *f*(DÜ) / passive station || ≗**steuerung** *f* / wait control
Wartezeit *f*(NC) / delay *n*, waiting time || ≗ (DIN 19237) / waiting time || ≗ (Verzögerung) / delay *n*
Wartezustand (s. Wartebetrieb) || ≗ **der Quelle** (PMG, DIN IEC 625) / source wait for new cycle state (SWNS) || ≗ **der Senke** (PMG, DIN IEC 625) / acceptor wait for new cycle state (AWNS)
Wartung *f* / maintenance *n*, servicing *n*, upkeep *n* || ≗ (vorbeugende Instandhaltung; IEC 50(191)) / preventive maintenance
Wartungs·anleitung *f* / maintenance instructions, maintenance manual, maintenance instruction book || ≗**anschluß** *m* / service connection || ≗**anschluß** *m*(Flansch) / service flange || ~**arm** *adj* / minimum-maintenance *adj*, low-maintenance, requiring little maintenance || ~**bedingte Nichtverfügbarkeitsdauer** / maintenance duration || ≗**dauer** *f* / maintenance time, preventive maintenance time (IEC 50(191)) || ≗**diskette** *f* / maintenance diskette || ≗**faktor** *m* / maintenance factor || ≗**faktor** *m*(Lg.) / relubrication factor || ≗**feld** *n* / maintenance panel, engineering test panel, engineer's panel || ≗**feld** *n* (NC, Baugruppe) / service module || ~**frei** *adj* / maintenance-free *adj*, requiring no maintenance, minimum-maintenance *adj* || ≗**freiheit** *f* / freedom from maintenance || ~**freundlich** *adj* / easy to maintain, easy to service, simple to maintain, without maintenance problems, with minimum maintenance requirements || ≗**frist** *f* / maintenance interval || ≗**gang** *m*(VDE 0660, T.500) / maintenance gangway (IEC 439-1), maintenance aisle || ~**gerecht** (s. wartungsfreundlich) || ≗**handbuch** *n* / maintenance manual || ≗**hilfe** *f* / maintenance aid(s) || ≗**hinweise** *m pl* / recommendations for maintenance, maintenance instructions || ≗**intervall** *n* / maintenance interval, mean time between maintenance (MTBM), maintenance period || ≗**intervall nach Schalthäufigkeit bestimmt** / maintenance period in terms of number of operations || ≗**intervall nach Zeit bestimmt** / maintenance period in terms of time || ≗**nahtstelle** *f*(PC) / maintenance interface || ≗**öffnung** *f* / servicing opening || ≗**personal** *n* / maintenance personnel, maintenance staff || ≗**plan** *m* / maintenance schedule, servicing diagram (Rev. IEC 113-1) || ≗**rückmeldung** *f*(PC) / maintenance check-back signal || ≗**- und Revisionsplan** / maintenance and inspection schedule || ≗**vorschrift** *f* / maintenance instructions || ≗**zeit** *f* / maintenance time, servicing time || ≗**zeitraum** *m* / maintenance interval, mean time between maintenance (MTBM), maintenance period
Warze *f* / projection *n*, boss *n*, lug *n*
Warzen·blech *n* / ribbed sheet metal, button plate || ≗**schweißung** *f* / projection welding
Wasch·beton *m* / exposed-aggregate concrete || ~**dichtes Relais** / washable relay
Wascherpumpe *f*(Kfz) / washer pump
Wäscheschleuder *f* / spin extractor
Wasch·flasche *f*(f. Meßgas) / washing bottle (o. cylinder) || ≗**maschine** *f* / washing machine
Wasser, im ≗ **verlegte Leitung** / submarine line
Wasserablaß *m* / water outlet, water drain
Wasser·ablaßventil *n* / water drain valve, drain valve || ≗**abscheider** *m* / water separator || ~**abweisend** *adj* / water-repellent *adj* || ~**anziehend** *adj* / hygroscopic *adj* || ≗**aufnahme** *f* / water absorption || ≗**aufnahmefähigkeit** *f* / water absorption capacity || ≗**austritt** *m* / water outlet, water leakage || ≗**bäumchen** *n*(im Kabel) / water tree || ~**beständig** *adj* / resistant to water, water-resisting *adj*
Wasserdampf *m* / steam *n*, water vapour || ≗**alterung** *f* / steam ageing || ≗**durchlässigkeit** *f* (Isolierstoffprobe) / water vapour permeability
wasserdicht *adj* / waterproof *adj*, watertight *adj*, impermeable *adj*, submersible *adj* || ~**e Maschine** / watertight machine, impervious machine || ~**e Steckdose** / watertight socket-outlet, watertight receptacle
Wasserdichtheit, Prüfung auf ≗ / test for watertightness
Wasser·druckprüfung *f* / water pressure test, hydrostatic test || ≗**druckversuch** (s. Wasserdruckprüfung) || ≗**durchlässigkeit** (s. Wasserpenetration) || ≗**einlaß** *m* / water inlet || ≗**falldiagramm** *n* / cascade diagram, three-dimensional map || ~**fest** *adj* / resistant to water, water-resisting *adj* || ≗**fühler** *m* / water sensor, water monitor || ~**gefüllte Maschine** / water-filled machine || ~**gekühlt** *adj* / water-cooled *adj*
wässerige Phase / aqueous phase, water phase
Wasser·kalorimetrie *f* / water calorimetry || ~**kalorimetrisches Verfahren** / water-calorimetric method || ≗**kammer** *f*(Kühler) / water box
Wasserkraft *f* / hydraulic energy || ≗**anlage** *f* / hydro-electric installation || ≗**generator** *m* / waterwheel generator, hydro-electric generator, hydro-generator *n*, hydro-alternator *m* || ≗**-Generatorsatz** *m* / hydro-electric generating set || ≗**-Maschinensatz** *m* / hydro-electric set || ≗**werk** *n* / hydro-electric power plant
Wasser·kühler *m*(Luft-Wasser) / air-to-water heat exchanger, air-to-water cooler || ≗**kühler** *m* (Wasser-Wasser) / water-to-water heat exchanger, water cooler || **Leistung bei** ≗**kühlung** / water-cooled rating || ≗**kühlung mit Ölumlauf** / forced-oil water cooling || ≗**landebahnfeuer** *n* / channel light || ≗**laufanzeiger** *m* / water flow indicator || ~**löslich** *adj* / water-soluble *adj* || ≗**mangelsicherung** *f* / water-failure safety device, water shortage switch || ≗**mantel** *m* / water jacket || ≗**mengenanzeiger** *m* / water flow rate indicator, water flow indicator || ≗**-Öl-Wärmetauscher** *m* / water-to-oil heat exchanger || ≗**penetration** *f* / water penetration || ≗**rad** *n* / waterwheel *n* || ≗**rohrnetz** *n* / water pipe system, water service || ≗**rollbahnfeuer** *n* / taxi-channel lights || ≗**rückkühler** *m* / water-cooled heat exchanger || ≗**sackrohr** *n* / siphon *n* || ≗**sammeltasche** *f* / water

well || ~**sauger** *m* / water suction cleaning appliance || ~**säule (WS)** *f* / water gauge (w.g.), water column || ~**schalter** *m* (LS) / water circuit-breaker, expansion circuit-breaker || ~**schloß** *n* / surge tank, surge shaft || ~**schub** *m* / hydraulic thrust || ~**schutz** *m* / protection against water, protection against the ingress of water || **Prüfung des ~schutzes** / test for protection against the ingress of water || ~**schutzgebiet** *n* / protected water catchment area || ~**seite** *f* / water side, water circuit || ~**spardüse** *f* / economizer nozzle
Wasserstand *m* / water level || ~**schalter** *m* / water-level switch
Wasserstoff·brüchigkeit *f* / hydrogen embrittlement || ~**dicht** *adj* / hydrogen-proof *adj* || ~**gekühlte Maschine** / hydrogen-cooled machine || ~**generator** *m* / hydrogen generator || **Standard-~potential** *n* / standard hydrogen potential || ~**sprödigkeit** *f* / hydrogen embrittlement
Wasser·strömungsmelder *m* / water flow indicator || ~**turbine** *f* / hydraulic turbine, water turbine, water wheel || ~**überwachung** *f* (Umweltschutz) / water pollution monitoring || **Meßeinrichtungen zur ~überwachung** / water pollution instrumentation || ~**umlauf-Wasserkühlung (WUW-Kühlung)** *f* / closed-circuit water-water cooling (CWW) || ~**waage** *f* / water level, spirit level || ~**wächter** *m* / water detector || ~**-Wasser-Wärmeaustauscher** *m* / water-to-water heat exchanger, water-to-water cooler || ~**widerstand** *m* / liquid resistor, water rheostat, water resistor || ~**wirbelbremse** *f* / fluid-friction dynamometer, Froude brake, water-brake *n*, hydraulic dynamometer
wäßrig·er filmbildender Schaum / aqueous film forming foam (AFFF) || ~**e Lösung** / aqueous solution
wattmetrisch·e Erdschlußerfassung / wattmetric earth-fault detection || ~**es Relais** / wattmetrical relay
Wattreststrom *m* / residual resistive (o. ohmic) current
Wattstunden·verbrauch *m* / watthour consumption, Wh consumption || ~**zähler** *m* / watthour meter, Wh meter, active-energy meter || ~**zählwerk** *n* / watthour registering mechanism, Wh register
Wattzahl *f* / wattage *n*
WDI (s. Windrichtungsanzeiger)
WDM (s. Wellenlängenmultiplexen)
W-Durchschallung *f* / W transmission
Webstuhl·motor *m* / loom motor || ~**schalter** *m* / loom control switch
Wechselanteil *m* / alternating component, ripple content || ~ **der Spannung** / ripple voltage
Wechsel·beanspruchung *f* / alternating stress, cyclic load, reversed stress, alternating tension and compression || **thermische ~beanspruchung** / thermal cycling || ~**belastung** (s. Wechsellast) || ~**betrieb** *m* (DÜ) / half duplex transmission || ~**biegebeanspruchung** *f* / alternating bending stress || ~**blinklicht** *n* / reciprocating lights || ~**durchflutung** *f* / alternating m.m.f. || ~**-EMK** *f* / alternating e.m.f. || ~**farben-Taktfeuer** *n* / alternating light || ~**fehler** *m* / changing fault, relocated fault || ~**fehlerstrom** *m* (VDE 0664, T.1) / (pure) a.c. fault current
Wechselfeld *n* / alternating field, pulsating field || ~**-Koerzivfeldstärke** *f* (IEC 50(221)) / cyclic coercivity || ~**maschine** *f* / alternating-flux machine
wechsel· *f*, **Temperatur~festigkeit** / resistance to cyclic temperature stress || ~**festigkeit** *f* / endurance limit at complete stress reversal || ~**feuer** *n* / alternating light, changing light || ~**fluß** *m* / alternating flux || ~**funktion** *f* / alternating function || ~**funktion** *f* (NC, Werkzeugwechsel) / interchange function || ~**getriebe** *n* / speed-change gearbox, change-speed gearing
Wechselgröße *f* / periodic quantity || **sinusförmige ~** / sinusoidal quantity
Wechsel·induktion *f* / a.c. component of flux, sinusoidal component of flux || ~**kassette** *f* (Plattenspeicher) / exchangeable cartridge || ~**klappe** *f* / butterfly valve || ~**-Koerzitivfeldstärke** (s. Wechselfeld-Koerzitivfeldstärke) || ~**kolbenpumpe** *f* / reciprocating pump || ~**kontakt** (s. Wechsler) || ~**-Kontrollschalter** *m* / two-way switch with pilot lamp || ~**lager** *n* / two-direction thrust bearing
Wechsellast *f* (el. Masch.) / varying load, alternating load, cyclic load, fluctuating load || ~ (mech.) / alternating load, alternating stress, reversed stress, alternating tension and compression || ~**betrieb** *m* (WLB) (VDE 0160) / varying load duty || ~**festigkeit** *f* / stability under alternating load || ~**grenze** *f* / limit of alternating load || ~**verhalten** *n* / behaviour under alternating load
Wechsel·lichtschranke *f* / pulsating-light unit || ~**magnetisierung** *f* / alternating magnetization || ~**moment** *n* / pulsating torque, oscillating torque
wechselnd·e Betauung / varying conditions of condensation || ~**e Drehzahl** / varying speed || ~**er Einsatzort** / changeable site || ~**e Last** (s. Wechsellast) || ~**e Zweiwegkommunikation** / two-way alternate communication
Wechsel·nutung *f* / staggered slotting || ~**objektiv** *n* / interchangeable lens || ~**platte** *f* (Speicher) / exchangeable disc, cartridge disc || ~**plattenspeicher** *m* / exchangeable disk storage (EDS), moving-head disk unit
Wechselpol-Feldmagnet *m* / heteropolar field magnet || ~**induktion** *f* / heteropolar induction || ~**maschine** *f* / heteropolar machine
Wechsel·prüfspannung (s. Prüfwechselspannung) || ~**rad** *n* / change gear, change wheel, interchangeable gear, pick-off gear || ~**relais** *n* / centre-zero relay || ~**richten** *n* / inverting *n*, inversion *n*
Wechselrichter *m* / inverter *n* (o. invertor), power inverter || ~**-Abschnittssteuerung** *f* (LE) / inverter termination control || ~**anlage** *f* / inverter station || ~**betrieb** *m* / inverter operation, inverting *n*, inverter duty || ~**gerät** *n* / inverter equipment, inverter unit, inverter *n* || ~**kippen** *n* / conduction-through *n*, shoot-through *n* || ~**-Kippgrenze** *f* / limit of inverter stability, inverter stability limit || ~**-Steuersatz (WRS)** *m* / inverter trigger set || ~**-Trittgrenze** (s. Wechselrichter-Kippgrenze)
Wechselrichtgrad *m* / inversion factor
Wechselschalter *m* (Schalter 6; VDE 0632) / two-way switch || ~ (Umkehrschalter) / reversing switch || ~ (Umschalter) / changeover switch
Wechsel·schaltung *f* (I) / two-way circuit || ~**schrift** *f* / change-on-ones recording, non-return-to-

zero recording (NRZ recording)
wechselseitig·e Datenübermittlung (DIN 44302) / two-way alternate communication, either-way communication || ~**e Erregung** / reciprocal excitation
Wechselspannung (WS) (el.) *f* / alternating voltage, a.c. voltage, power-frequency voltage || ≗ (Einphasen-W.) / single-phase a.c. || ≗ (mech.) / alternating stress || **Effektivwert der** ≗ / r.m.s. power-frequency voltage || **Prüfung mit** ≗ / power-frequency test (IEC 185), a.c. test (IEC 70), power-frequency voltage test, power-frequency withstand voltage test
Wechselspannungs·anteil *m* / a.c. component, ripple content || ≗**anteil der Stromversorgung** / power supply ripple || ≗**-Durchschlagprüfung** *f* / power-frequency puncture voltage test || ≗**festigkeit** *f* / power-frequency voltage strength, power-frequency electric strength, a.c. voltage endurance || ≗**-Isolationsprüfung** *f* / power-frequency dielectric test, high-voltage power-frequency withstand test || ≗**kaskade** *f* / power-frequency cascade || ≗**komponente** *f* / a.c. component, ripple content || ≗**kondensator** *m* / a.c. capacitor || ≗**-Prüfanlage** *f* / power-frequency testing station || ≗**prüfung** *f* / power-frequency test (IEC 185), a.c. test (IEC 70), power-frequency voltage test, power-frequency withstand voltage test || ≗**prüfung unter Regen** / wet power-frequency test (IEC 383), wet power-frequency withstand voltage test, power-frequency voltage wet test || ≗**prüfung, naß** (s. Wechselspannungsprüfung unter Regen) || ≗**prüfung, trocken** / dry power-frequency test (IEC 383), dry power-frequency withstand voltage test, power-frequency voltage dry test, short-duration power-frequency voltage dry test (IEC 466) || ≗**stabilisierung** *f* (DIN 41745) / alternating voltage stabilization || ≗**übersprechen** *n* / a.c. crosstalk || ≗**umrichter** *m* / a.c. voltage converter
Wechsel·sprechsystem *n* / intercom system || ≗**spulinstrument** *n* / change-coil instrument || ≗**stabläufer** *m* / staggered-slot rotor || ≗**stellungsvergleich** *m* / alternate position comparison
Wechselstörung *f* („Glitch") / glitch *n*
Wechselstörungs·energie *f* / glitch energy || ≗**fläche** *f* / glitch area
Wechselstoß *m* / doublet *n*
Wechselstrom *m* / alternating current, a.c. *A* || ≗ (Einphasen-Wechselstrom) / single-phase a.c. || ≗**anlage** *f* / a.c. system || ≗**anschluß** *m* (a. LE) / a.c. terminal || ≗**anteil** *m* / a.c. component || ≗**anteil** *m* (Gleichstrom) / ripple content, ripple effect || ~**betätigt** *adj* / a.c.-operated *adj*, a.c.-powered *adj*, with a.c. coil || ≗**betätigung** *f* / a.c. operation || ≗**bogen** *m* / a.c. arc || ≗**-Direktumrichter** *m* / direct a.c. (power) converter || ≗**-Elektrolytkondensator** *m* / a.c. electrolytic capacitor || ≗**-Erdungsschalter** *m* (VDE 0670,T.2) / a.c. earthing switch (IEC 129) || ≗**erreger** *m* / a.c. exciter
Wechselstromerreger mit rotierenden Gleichrichtern / a.c. exciter with rotating rectifiers || ≗ **mit ruhenden Gleichrichtern** / a.c exciter with stationary rectifiers
Wechselstrom·-Ersatzwiderstand *m* / equivalent a.c. resistance || ≗**feld** *n* / alternating field, pulsating field || ≗**generator** *m* / a.c. generator, alternator *n* || ≗**generator** *m* (Hauptgenerator eines dieselelektrischen Antriebs) / main generator || ≗**gerät** *n* (Einphaseng.) / single-phase appliance
Wechselstrom-Gleichstrom·-Einankerumformer *m* / rotary converter, synchronous converter, genemotor *n* || ≗**-Umformer** *m* (rotierend) / inverted rotary converter, rotary converter || ≗**-Umformer** *m* (statisch) / a.c.-d.c. converter
Wechselstrom·glied *n* / a.c. component, periodic component, ripple component, harmonic component || ≗**größe** *f* / a.c. electrical quantity, periodic quantity || ≗**-Hochspannungs-Leistungsschalter** *m* / a.c. high-voltage circuit-breaker || ≗**-Kollektormaschine** (s. Wechselstrom-Kommutatormaschine) || ≗**-Kommutatormaschine** *f* / a.c. commutator machine || ≗**kreis** *m* / a.c. circuit || ≗**kreis** *m* (Einphasenkreis) / single-phase a.c. circuit || ≗**lehre** *f* / theory of alternating currents || **Anfangs-Kurzschluß-**≗**leistung** *f* / initial symmetrical short-circuit power || ≗**leitung** *f* / a.c. line || ≗**lichtbogen** *m* / a.c. arc || ≗**magnet** *m* (Spule) / a.c. coil, a.c. solenoid
Wechselstrommaschine *f* / a.c. machine || ≗ (Einphasenmasch.) / single-phase machine, single-phase a.c. machine
Wechselstrom-Meßwiderstand *m* (DIN IEC 477,T.2) / laboratory a.c. resistor
Wechselstrommotor *m* / a.c. motor || ≗ (Einphasenmot.) / single-phase motor, single-phase a.c. motor || ≗ **mit abschaltbarer Drosselspule in der Hilfsphase** / reactor-start motor || ≗ **mit Hilfswicklung** / split-phase motor || ≗ **mit Widerstandshilfsphase** / resistance-start motor
Wechselstrom·-Motorstarter *m* (VDE 0660,T.106) / a.c. motor starter (IEC 29c-2) || ≗**netz** *n* / a.c. system || ≗**permeabilität** *f* / a.c. permeability, incremental permeability || ≗**prüfung** *f* / a.c. test, power-frequency test || ≗**schalter** *m* (LS) / a.c. circuit-breaker, single-phase (a.c.) breaker || **leistungselektronischer** ≗**schalter** / electronic a.c. power switch || ≗**-Schaltgeräte** *n pl* (VDE 0670, T.2) / a.c. switchgear (IEC 129) || ≗**schütz** *n* / a.c. contactor || ≗**-Spannungsabfall** *m* / impedance drop || ≗**spule** *f* / a.c. coil, a.c. solenoid || ≗**stabilisierung** *f* (DIN 41745) / a.c. stabilization || ≗**-Stehspannung** (s. Steh-Wechselspannung)
Wechselstromsteller *m* / a.c. power controller || ≗**gerät** *n* / controller equipment || ≗**satz** *m* / controller assembly || ≗**strom** *m* / controller current || ≗**strom im ausgeschalteten Zustand** / off-state controller current
Wechselstrom·-Stellschalter (s. Wechselstromsteller) || ≗**tastung** *f* / a.c. keying || ≗**-Telegraphie** *f* / voice-frequency telegraphy (VFT), voice-frequency multi-channel telegraphy || ≗**-Telegraphiegerät (WT-Gerät)** *n* / voice-frequency telegraphy unit (VFT unit) || ≗**-Telegraphiekanal (WT-Kanal)** *m* / voice-frequency telegraphy channel (VFT channel) || ≗**-Trennschalter** *m* (VDE 0670,T.2) / a.c. disconnector (IEC 129), a.c. isolator (depr.) ||

≈umrichten *n* / a.c. conversion, a.c. power conversion, electronic a.c. conversion || ≈umrichter *m* / a.c. converter, a.c. power converter, electronic a.c. converter || ≈umrichter *m* (m. Zwischenkreis) / indirect a.c. converter, d.c.-link a.c. converter || ≈umrichter *m* (ohne Zwischenkreis) / direct a.c. converter || ≈-Umrichtgrad *m* / a.c. conversion factor || ≈versorgung *f* (USV) / a.c. input || ≈-Vorschaltgerät *n* / a.c. ballast, a.c. control gear || ≈widerstand *m* / a.c. resistance, impedance *n* || ≈widerstand *m* (Gerät) / a.c. resistor || ≈zähler *m* / a.c. meter, a.c. kWh meter || ≈zähler *m* (Einphasenz.) / single-phase meter || ≈-Zwischenkreis *m* (LE) / a.c. link

Wechsel·taktschrift *f* / two-frequency recording || **≈übertragung** *f* (DÜ) / half-duplex transmission

Wechselweg·kommunikation *f* / either-way communication || **≈paar** *n* (LE) / pair of antiparallel arms || **≈schaltung** *f* (LE) / bidirectional control element, bidirectional connection

Wechselwirkung *f* / interaction *n*, reciprocal action, reciprocal effect || ≈ **mit der Gerätefunktion** (PMG) / device function interaction || **Vorionisierungs~** / primer (or ignitor) interaction

Wechselwirkungs·raum *m* (ESR) / interaction region || **≈spalt** *m* (ESR) / interaction gap

Wechsler *m* (VDE 0660,T.200; E VDE 0435,T.110) / changeover contact, changeover contact element (IEC 337-1), two-way contact (depr.) || ≈ (I-Schalter, Wechselschalter) / two-way switch || ≈ **mit Doppelunterbrechung und vier Anschlüssen** / double-gap make-break four-terminal changeover contact (element) || ≈ **mit Einfachunterbrechung und drei Anschlüssen** / single-gap make-break three-terminal changeover contact (element) || ≈ **mit mittlerer Ruhestellung** / changeover contact with neutral position || ≈ **mit Überlappung** / make-before-break changeover contact (element) || ≈ **mit Unterbrechung** / changeover break-before-make contact, break-before-make changeover contact, non-bridging contact (depr.) || ≈ **ohne Überlappung** / break-before-make changeover contact (element) || ≈ **ohne Unterbrechung** / changeover make-before-break contact, make-before-break changeover contact, bridging contact (depr.)

Wechslerfunktion *f* (NS) / changeover function

Weck·alarm *m* (PC) / time interrupt || **≈alarmbearbeitung** *f* (PC) / time interrupt processing || **≈baustein** *m* (PC) / time interrupt block || **≈bearbeitungsfehler** *m* (PC) / prompt error

Wecker *m* / alarm bell, bell *n* || ≈ (elektron. Systeme) / prompter *n*, interval timer || ≈ (Unterbrechungen) / interrupt timer || **Zeit~** / time interrupt || **≈alarm** (s. Weckalarm)

Weck·fehler *m* / time interrupt error, interrupt collision, collision of two time interrupts || **≈funktion** *f* / time interrupt function

Wedeln *n* (Hin- und Herdrehen des Prüfkopfes, DIN 54119) / swivelling *n*

Weg *m* (SG; Betätigungselement; VDE 0660,T.200) / travel *n* (IEC 337-1) || ≈ (WZM, NC) / traverse *n*, travel *n*, path *n*, displacement *n* || **Nachrichten~** (PMG) / message path (IEC 625) || **Schall~** / sonic distance || **Vorschub~** (DIN 6580) / feed travel

Wegabgriff, induktiver ≈ / inductive displacement pick-off, inductive position sensor

wegabhängig·er Schalter / position switch, limit switch || **~er Schaltpunkt** (NC) / slow-down point

Weg·adresse *f* (NC) / path address || **≈amplitude** *f* / displacement *n* || **≈aufnehmer** *m* / position pickup, position encoder, displacement sensor || **≈bedingung** *f* (NC; DIN 66025, T.2) / preparatory function (NC; ISO 1056) || **≈einheit** *f* (PROWAY) / path unit || **≈element** *n* (NC) / path increment || **≈endschalter** *m* / limit switch || **≈endtaster** *m* / (momentary-contact) limit switch

Wegerecht *n* / right of way

Wegerfassung *f* / position detection (o. sensing), displacement measurement || ≈ (Decodierer) / position decoder

Wegerfassungs·baugruppe *f* (PC) / position decoder module

Wege·schalter *m* / position switch || **2/2-≈ventil** *n* / two/two-way valve || **≈wahl** *f* (DÜ) / routing *n*

Wegfahren *n* (WZM-Werkzeug) / withdrawal *n*, backing out || ≈ **von der Kontur** (NC) / departure from contour

Wegfall des Feldes / field failure || **Last~** *m* / loss of load

Weg·fühler *m* / position sensor, displacement sensor, displacement pick-up || **≈geber** *m* (NC) / position encoder || **≈geber** (s. Wegaufnehmer) || **≈informationen** *f pl* (NC) / position(al) data, dimensional data, position information || **≈-Istwert** *m* (NC) / actual position

wegkippen *v* (Mot.) / pull out *v*

Weglänge, optische ≈ / optical path length

weglaufen *v* (Spannung) / drift *v*

Wegmaß *n* (NC) / displacement *n*

Wegmeßgeber *m* / position (o. displacement) encoder, position (o. displacement) resolver

Wegmeßgerät *n* (NC) / position (o. displacement) measuring device, displacement measuring device, position sensor, position (o. displacement) transducer || ≈ (s. Wegmeßumformer) || **rotatorisches** ≈ (Meßwertumformer) / rotary position transducer

Weg·meßumformer *m* / displacement transducer, position transducer || **≈messung** *f* (NC) / displacement measurement, position measurement || **≈plansteuerung** *f* / position-scheduled control || **≈protokoll** *n* (PROWAY) / path protocol || **≈rahmen** *m* (PROWAY) / path frame

wegschalten *v* (Kurzschluß, Fehler) / clear *v*

Weg·schalter (s. Wegendschalter) || **≈schnittstelle** *f* (PROWAY) / path interface (PROWAY) || **≈signalgeber** *m* / displacement transducer, position transducer

wegsynchrone Aufzeichnung (Osz., meßwertsynchrone A.) / synchronous recording

Wegvergleichsverfahren *n* / motion-balance method

Wegwerf·teil *n* / throw-away part, disposable part, single-use part

Wegzuwachs *m* (NC) / path increment

weiblicher Kontakt / female contact, socket contact (depr.)

Weibull-Verteilung, Typ III (DIN 55350,T.22) / Weibull distribution, type III, extreme value distribution

weich·es Anlaufen / smooth starting || ~**e Aufhängung** / flexible suspension || ~**er Kunststoff** / non-rigid plastic || ~**e Kupplung** / high-flexibility coupling, compliant coupling || ~**er Motor** / motor with compliant speed characteristic, series-characteristic motor || ~**er Stahl** / mild steel || ~**es Stillsetzen** / smooth stopping (o. shutdown), cushioned stop || ~**er Supraleiter** / soft superconductor, type 1 superconductor || ≗**dichtung** *f* / compressible seal, compressible packing

Weiche *f*(Impulsw.) / separating filter || **Software**~ *f* / software switch

Weich·eisen *n* / soft iron, mild steel || ≗**eisendraht** *m* / soft-iron wire || ~**elastisch** *adj* / highly flexible || ~**federnd** *adj* / highly flexible, compliant *adj* || ≗**folie** *f* / flexible sheet, non-rigid sheeting || ~**geglühtes Kupfer** / soft-annealed copper || ~**gelagerte Auswuchtmaschine** / soft-bearing balancing machine || ~**gezogener Draht** / soft-drawn wire

Weichhaltungsmittel *n* / plasticizer *n*

Weichheitszahl *f* / softness index

Weich·kupfer *n* / soft copper || ≗**lot** *n* / soft solder, wiping solder, plumber's solder || ~**löten** *v* / soft-solder *v*, solder *v* || ≗**macher** *m* / plasticizer *n* || ≗**macherwanderung** *f* / plasticizer migration

weichmagnetischer Stahl / electrical steel (IEC 50(221))

weichmagnetischer Werkstoff (s. magnetisch weicher Werkstoff)

Weich·metall *n* / soft metal || ≗**papier** *n* / soft paper, non-metallized paper || ≗**sektorierung** *f* / soft sectoring || ≗**stoffpackung** *f* / compressible packing || ≗**strahler** *m* / umbrella-type reflector

weichzeichnend *adj* / soft-focussing *adj*, soft-contouring *adj* || ~**er Lichtkreis** / soft-contoured circle of light

Weichzeichner *m*(Linse) / soft-focus lens || ≗ (Scheinwerfer) / soft-focus spotlight, softlight *n* || ≗ (Vergrößerungsgerät) / diffusion screen

Weihnachtskette *f* / lighting set for Christmas trees, Christmas tree candle chain

„Weiß de Luxe", Lichtfarbe ~ / de luxe cool white

weiß durchscheinend / white translucent || ~**es Licht** / achromatic light stimulus || ~**es Rauschen** / white noise, gaussian noise

„Weiß", Lichtfarbe ~ / cool white

Weißanteil *m* / whiteness *n*

„Weiß-de-Luxe"-Leuchtstofflampe *f* / white de luxe fluorescent lamp

Weiße *f* / whiteness *n*

weißemailliert *adj* / white-stoved *adj*

Weissenberg-Kammer *f* / Weissenberg camera

weißerstarrend *adj* / solidifying to white (cast iron)

Weiß·glühen *n* / incandescence *n* || ~**glühend** *adj* / incandescent *adj* || ≗**licht** *n* / incandescent light || ≗**linie** *f* / white boundary || ≗**metall** *n* / white metal, babbitt metal, babbitt *n*, bearing metal, antifriction metal || ≗**metallausguß** *m* / white-metal lining, Babbit lining

Weißscher Bereich / Weiss' domain

Weißstandard *m* / white reference standard, white reflectance standard

weit·er Laufsitz / loose clearance fit, loose fit || ~**er Sitz** / loose fit

Weitbereichs·-Prüfzähler *m* / long-range substandard meter || ≗**wicklung** *f* / varying-voltage winding || ≗**zähler** *m* / long-range meter, extended-range meter

Weite des zünddurchschlagsicheren Spalts / gap of flameproof joint

Weitenfaktor *m*(CAD) / width factor

weiterbrennend, selbständig ~e Flamme / self-sustaining flame

Weiterlaufen beim Abstimmen / tuner over-run

weiterleiten *v*(Signale) / route *v*, relay *v*

Weiterschalt·bedingung *f*(DIN 19237) / step enabling condition, stepping condition, progression condition || ≗**befehl** *m*(nach Bedienanforderung) / continue command

weiterschalten *v*(kommutieren) / commutate *v* || ~ (Trafo-Stufen) / to select (the next tap) || ≗ *n* (elST) / step enabling, stepping *n*, progression *n* || ≗ **der Anzeige** (NC-Gerät) / advancing (o. paging) of display || ≗ **des Programms** / automatic switching of program, program processing

Weiterschaltmatrix *f* / progression matrix

Weiterverarbeitung, Start für ≗ (NC) / continuation start

weitester Sitz / loosest fit

weitläufige Bewicklungsart / spaced method of taping

Weitverkehrsnetz *n* / wide-area network (WAN)

Weitwinkelmessung *f*, **Röntgen-**≗ / X-ray wide-angle measurement

Wellblech *n* / corrugated sheet steel, corrugated sheet iron || ≗**kasten** *m* / corrugated steel case || ≗**kessel** *m*(Trafo) / corrugated tank

Welle *f*(mech.) / shaft *n* || ≗ (DIN 7182,T.1) / cylindrical shaft, shaft *n* || ≗ (Schwingung) / wave *n* || **1/50 µs** ≗ / 1 by 50 µs wave, 1/50 µs wave || **elektrische** ≗ / synchro system, synchro-tie *n*, self-synchronous system, selsyn system, selsyn *n*

Wellenabspaltung *f* / wave splitting

Wellenachse *f* / shaft axis

Wellenanteil *m* / wave component

Wellenantrieb *m*(SG) / shaft-operated mechanism

Wellenart *f* / type of wave, wave mode

Wellenausschlag *m*(mech.) / shaft displacement

Wellenbahn, kinetische ≗ / shaft orbit

Wellenbauch *m* / antinode *n*

Wellenberechnung *f*(Maschinenwelle) / calculation of shaft dimensions, stress analysis of shaft

Wellenberg *m* / wave crest

Wellenbewegung *f*(mech.) / shaft motion

Wellen·bohrungsisolation *f* / up-shaft insulation (GB), bore-hole lead insulation (US) || ≗**bund** *m* / shaft shoulder, thrust collar

Wellendämpfer *m* / attenuator *n*, vibration absorber

Wellen·dämpfung *f* / wave attenuation || ≗**dauer** *f* / virtual duration of peak || ≗**dichte** *f* / wave number, repetency *n*

Wellendichtung *f* / shaft seal, shaft packing

Wellen·durchbiegung *f* / shaft deflection || ≗**durchführung** *f* / shaft gland

Wellenende *n* / shaft end, shaft extension || **am** ≗ **angebaute Erregermaschine** / shaft-end-mounted exciter || **Maschine mit zwei** ≗**n** /

double-ended machine
Wellenform *f* / waveform *n*, wave shape || **≗verzerrung** *f* / waveform distortion
Wellenfront *f* / wave front || **≗geschwindigkeit** *f* / wave-front velocity || **≗winkel** *m* / wave tilt
Wellenführung *f* (Wellenanordnung) / shaft arrangement, shafting *n* || **axiale ≗** / axial restraint of shaft, axial location of shaft
Wellengenerator *m* (Schiff) / shaft generator || ≗ (f. Erregung) / main-shaft-mounted auxiliary generator || **unechter ≗** / generator coupled to prime-mover front
Wellen·-Gleitlagersitz *m* / journal *n* || **≗hebevorrichtung** *f* / shaft lifting device || **≗höhe** *f* (mech.) / shaft height || **≗höhe** *f* (Schwingung) / wave height || **≗höhe** *f* (Elektroblech) / height of wave || **≗kamm** *m* / wave crest
Wellenkeil *m* / shaft key, taper key, spline *n*
Wellen·knoten *m* / node *n* || **≗kopf** *m* / wave front
Wellenkupplung *f* / shaft coupling, coupling *n*
Wellen·lagegeber *m* / shaft position encoder || **≗lager** *n* / shaft bearing
Wellenlänge *f* (Schwingung) / wavelength *n* || ≗ (Elektroblech, DIN 50642) / length of wave
wellenlängendispersiv *adj* / wave-length-dispersive *adj*
Wellenlängenmultiplexen (WDM) *n* / wavelength division multiplexing (WDM)
Wellenleistung *f* / shaft output, shaft horsepower
Wellen·leiter *m* / waveguide *n* || **≗leiterdispersion** *f* / waveguide dispersion
Wellenleitmaschine *f* / master synchro, master selsyn
Wellen·lüfter *m* / shaft-mounted fan || **≗maschine** *f* / synchro *n*, selsyn machine || **~mechanisch** *adj* / wave-mechanical *adj* || **≗mittellinie** *f* / shaft axis
Wellennatur des Lichts / wave characteristic of light
Wellen·nut *f* / keyway *n*, keyseat *n* || **≗pferdestärke** *f* / shaft horsepower
Wellenprofil *n* / waveshape *n*, waveform *n*
Wellen·-PS (WPS) *f* / shaft h.p. (s.h.p.) || **≗pumpe** *f* / main-shaft-driven pump, shaft pump
Wellenrücken *m* / wave tail
Wellen·scheitel *m* / wave crest || **≗schema** *n* / harmonic spectrum
Wellenschlag *m* / shaft eccentricity, shaft runout
Wellenschlucker *m* / surge absorber
Wellenschulter *f* / shaft shoulder
Wellenschutzkappe *f* / shaft-end guard
Wellenschwanz *m* / wave tail
Wellenschwingung *f* / shaft vibration
Wellensieb *n* / wave filter
Wellenspannung *f* (in d. Maschinenwelle) / shaft voltage || ≗ (Welligkeit) / ripple voltage
Wellensperre *f* / wave trap
Wellenspiegel *m* / shaft end face
Wellen·steilheit *f* / wave steepness, steepness of wave front || **≗stirn** *f* / wave front
Wellenstopfbüchse *f* / shaft gland
Wellen·strang *m* (Maschinensatz) / shaft assembly, shafting *n* || **≗strang** *m* (Transmission) / line shaft, transmission shafting || **≗strom** *m* / shaft current || **≗stummel** *m* / shaft end, shaft extension, shaft stub || **≗stumpf** *m* / shaft butt, shaft stub, shaft end
Wellentheorie *f* / wave theory
Wellentyp *m* / type of wave, wave mode || **≗umwandlung** *f* / mode conversion
Wellenumwandlung (s. Wellentypumwandlung)
Wellenverband *m* / shaft assembly
Wellenvergang, axialer ≗ (s. Axialspiel) || **radialer ≗** (s. Radialspiel)
Wellen·verlagerung *f* (axial) / shaft displacement || **≗verlagerung** *f* (Fluchtfehler) / shaft misalignment || **≗versatz** *m* (parallel) / parallel shaft misalignment || **≗versatz** *m* (winklig) / angular shaft misalignment
Wellenwicklung *f* / wave winding, two-circuit winding
Wellen·widerstand *m* / surge impedance, self-surge impedance, characteristic (wave) impedance || **≗widerstand** *m* (Vierpol) / image impedance || **≗zahl** *f* / wave number, repetency *n*
Wellenzapfen *m* (Lagerstelle) / journal *n*
Wellen·zapfen *m* (überstehendes Wellenende) / shaft extension || **≗zentrierung** *f* (Zentrierbohrung) / tapped centre hole, lathe centre
wellige Gleichspannung / pulsating d.c. voltage
Welligkeit *f* (el.) / ripple *n*, ripple content, ripple factor || ≗ (LT) / amplitude of fluctuation of luminous intensity || ≗ (Oberfläche) / waviness *n*, texture waviness, secondary texture waviness || ≗ (s. Stehwellenverhältnis) || **≗ der Verstärkung** / gain ripple || **≗ des Gleichstroms** / ripple content of d.c. || **Anteil der ≗** / ripple content, ripple percentage || **effektive ≗** / r.m.s. ripple factor, ripple content
Welligkeitsfaktor *m* / ripple factor, r.m.s. ripple factor, pulsation factor || ≗ (Stehwellenverhältnis) / (voltage) standing wave ratio || **Kalt-≗** (DIN IEC 235, T.1) / cold reflection coefficient
Welligkeits·grad *m* / ripple percentage, percent ripple
Well·mantel *m* (Kabel) / corrugated sheath || **≗mantelrohr** *n* (IR) / corrugated conduit || **≗schlauch** *m* / corrugated tube
Wellung *f* / waviness *n* || ≗ (Riffelung) / corrugation *n*
Wellwandkessel *m* / corrugated tank
Weltkoordinate *f* / world coordinate
weltweites Steckvorrichtungssystem / world-wide plug and socket-outlet system
Wende·-Amperewindungen *f pl* / commutating ampere-turns || **≗anlasser** *m* / reversing starter, starter-reverser || **≗einheit** *f* (LE) / reversing unit || **≗-Einphasen-Anlaßschalter** *m* / single-phase reversing starter || **≗feld** *n* / commutating field, reversing field, commutating-pole field, compole field, interpole field || **≗feldspannung** *f* / compole voltage || **≗feldwicklung** (s. Wendepolwicklung) || **≗getriebe** *n* / reversing gearbox
Wendel *f* (Spirale) / helix *n*, spiral *n* || ≗ (Lampe) / filament *n*, single-coil filament, coil *n* || ≗ (Poti) / turn *n* || **≗ für Leuchtstofflampen** / fluorescent coil || **≗ende** *n* (Lampe) / filament tail, coil leg || **≗feder** *f* / cylindrical helical spring, helical spring
wendeln *v* / spiral *v*, to wind helically
Wendel·wicklung *f* / spiral winding, helical winding
Wendemotor *m* / reversible motor
Wendepol *m* / commutating pole, interpole *n*, compole *n*, auxiliary pole || **Maschine ohne ≗e** / non-commutating-pole machine || **≗beschaltung** *f* (m. Nebenwiderstand) / auxiliary pole shunting ||

~durchflutung *f* / commutating-pole ampere turns || **~feld** *n* / commutating-pole field, compole field, commutating field || **~nebenschluß** *m* / auxiliary pole shunt || **~shunt** (s. Wendepolnebenschluß)
Wende-Polumschalter *m* / reversing pole-changing switch
Wendepolwicklung *f* / commutating winding, interpole winding, commutating-field winding, compole winding
Wender *m* (Wendeschalter) / reverser *n*, reversing switch || **~maschine** (s. Kommutatormaschine)
Wende·schalter *m* / reversing switch, reversing controller, reverser *n* || **~schleifenbefeuerung (TPL)** (Flp.) *f* / turn loop lighting (TLP) || **~schütz** *n* / reversing contactor || **~schütz-Kombination** *f* / contactor-type reversing starter combination, contactor-type reverser || **~starter** *m* / reversing starter, starter-reverser || **~-Sterndreieckschalter** *m* / reversing star-delta switch || **~tangente** *f* / inflectional tangent || **~turm** *m* / pylon *n* || **~vorrichtung** *f* / turning tackle || **~zahn** *m* / commutating tooth || **~zone** *f* (Kommutierung) / commutating zone
WENN-Anweisung *f* / if statement || **~-DANN-Verknüpfung** *f* / if-then operation, conditional implication operation
Werfen *n* (Verziehen) / warping *n*, warpage *n*, buckling *n* || **Licht ~** (auf) / to shed light upon || **Schatten ~** / to cast shadows
Werk *n* (Unterstation) / substation *n* || **~** (Fabrik) / manufacturing plant, works *plt* || **~nummer** *f* / job number, works order number || **~platz-Gelenkleuchte** *f* / bench-type adjustable luminaire || **~prüfung** *f* / manufacturer's inspection, works test, workshop test, bench test, factory test
Werksbescheinigung *f* / certificate of compliance with order
werkseitig verdrahtet / factory-wired *adj*
Werks·fertigung *f* / in-plant production || **~garantie** *f* / manufacturer's warranty || **~gelände** *n* / works area, factory premises
werksinterne Vorschrift / works specification
Werks·kontrolle *f* / manufacturer's quality control || **~norm** *f* / company standard || **~nummer** *f* / job number, works order number || **~nummer** (s. Werkstattnummer) || **~planung** *f* / factory (o. plant) layouting || **~prüfprotokoll** *n* / works test report || **~prüfzeugnis** *n* / manufacturer's test certificate, works test certificate || **~sachverständiger** *m* (Prüfsachverständiger) / factory-authorized inspector || **~seriennummer** *f* / factory serial number, serial number
Werkstatt *f* / workshop *n*, shop *n* || **~** (Kfz) / service garage, service centre || **~auftrag** *m* / shop order
Werkstattbestand *m* / shop inventory, floor inventory || **auftragsbezogener ~** / work-in-progress *n* (WIP), in-process inventory
Werkstatt·meister *m* / shop foreman || **~muster** *n* / shop sample || **~nummer** *f* / shop order number
werkstattorientiert·e Produktionsunterstützung (WOP) / workshop-oriented production support (WOP) || **~e Programmierung (WOP)** / workshop-oriented programming (WOP)
Werkstatt·programmierung *f* / shopfloor programming || **~prüfung** *f* / workshop test, shop test || **~steuerung** *f* / shopfloor control || **~zeichnung** *f* / workshop drawing, shop drawing, working drawing, assembly drawing
Werkstoff *m* / material *n*, stock *n* || **~abnahme** *f* / stock removal || **~abschälung** *f* / peeling-off of material || **~beanspruchung** *f* / material stress || **~beschreibung** *f* (NC) / material description || **~dämpfung** *f* / damping capacity of materials || **~eigenschaften** *f pl* / material properties || **~kunde** *f* / material technology || **~nummer** *f* / material number || **~paarung** *f* / material pairs || **~prüfprotokoll** *n* / materials test certificate || **~prüfung** *f* / testing of materials, materials testing || **~technik** *f* / materials application technology
werkstofftechnisches Qualitätsmerkmal / material quality feature
Werkstück *n* / workpiece *n*, work *n*, part *n* || **~aufnahme** *f* (WZM) / workholder *n*, workpiece fixture, workholding device || **~aufspannung** *f* / workpiece clamping, workpiece setup || **~beladung** (s. Werkstückladen) || **~beschreibung** *f* / workpiece description, part description || **~bezogene Korrektur** (NC) / part-oriented compensation || **~-Bezugspunkt** *m* (NC) / workpiece reference point, workpiece datum || **~einspannung** *f* / workpiece clamping || **~geometrie** *f* / workpiece geometry, part geometry || **~halter** *m* (WZM) / workholder *n*, workpiece fixture, workholding device || **~kontur** *f* / workpiece contour || **~konturbeschreibung** *f* (NC) / workpiece contour description || **~laden** *n* / workpiece loading || **~meßsteuerung** *f* (NC) / in-process measurement (o. gauging) || **~-Nullpunkt** *m* (NC) / workpiece zero, workpiece datum || **~-Referenzpunkt** (s. Werkstück-Bezugspunkt) || **~umriß** *m* / workpiece contour || **~verschiebung** *f* / workpiece shift || **~wechsel** *m* (a. Wegbedingung nach DIN 66025, T.2) / workpiece change || **~zeichnung** *f* / workpiece drawing, part drawing
werks·überholt *adj* / factory-rebuilt *adj* || **~zeugnis** *n* / works test certificate, quality-control report, works test report
Werkzeug *n* / tool *n* || **~** (nicht spanabhebend) / non-cutting tool || **~** (spanabhebend) / cutting tool, cutter *n* || **~** (Stanzmasch., Schmiede) / die *n* || **~** (Programmentwicklung) / tool *n*, toolkit *n*
Werkzeugabhebebewegung *f* / tool retract(ing movement), tool withdrawal movement
Werkzeug·abnutzung *f* / tool wear || **~achsenvektor** *m* / tool axis vector || **~angaben** *f pl* (CLDATA) / cutter information || **~ansteuerung** *f* / tool selection || **~anzeige** (NC) (s. Werkzeugnummernanzeige) || **~arbeitspunkt** *m* / tool centre point (TCP) || **~aufruf** *m* (NC, E DIN 66257) / tool function (NC, ISO 2806-1980) || **~auswahl** *f* / tool selection || **~auswahl** (NC; CLDATA-Wort) / select tool (NC; CLDATA word; ISO 3592) || **~bahn** *f* / tool path, cutter path, cutter travel || **~bahnkorrektur** *f* (NC) / tool (o. cutter) path compensation || **~beschreibung** *f* (NC) / tool description || **~besteck** *n* / tool kit || **~bestückung** *f* (WZM) / tooling *n*
werkzeugbezogene Korrektur (NC) / tool-oriented compensation
Werkzeug·bezugspunkt *m* (NC) / tool reference point, tool control point || **~bruch** *m* / tool breakage, tool failure || **~durchbiegung** *f* / tool

deflection || ²durchmesserkorrektur f / tool (o. cutter) diameter compensation || ²durchmesserkorrektur f(NC, Korrekturwert) / tool diameter offset || ²einspannung f / tool clamping || ²gang m(Abnutzung) / tool wear || ²geometriewerte m pl(NC) / tool geometry values, tool geometrical data || ²halter m / tool holder || ²-Identnummer (NC; CLDATA-Wort) / tool number (NC; CLDATA word; ISO 3592) || ²kartei f / tool file || ²kasten m / tool box, tool kit || ²kompensation f(NC; a. CLDATA-Wort) / cutter compensation (ISO 3592), tool compensation

Werkzeugkorrektur (WK) (NC) f / tool compensation, cutter compensation || ² (NC, Korrekturbetrag, Wegbedingung nach DIN 66025,T.2) / tool offset, cutter offset || **², negativ** (NC-Wegbedingung, DIN 66025,T.2) / tool offset, negative (ISO 1056) || **², positiv** (NC-Wegbedingung, DIN 66025,T.2) / tool offset, positive (ISO 1056) || **²block** m(NC) / tool compensation (data) block || **²nummer** f(NC) / number of tool compensation || **²paar** n(NC) / tool compensation pair || **²schalter** m / tool correction switch, tool offset switch || **²speicher** m(NC-Adresse; DIN 66025,T.1) / second tool function (NC address; ISO/DIS 6983/1) || **²vermessung** f / measurement (o. determination) of tool offset || **²wert** m / tool offset

Werkzeug·laden n(WZM) / tool loading || **²laden** (NC; CLDATA-Wort) / load tool (ISO 3592) || **²lageanzeiger** m / tool position indicator || **²lagenkorrektur** f(NC) / tool position compensation || **²längenkorrektur** f(NC) / tool length compensation || **²längenkorrektur** f(NC, Korrekturwert) / tool length offset || **²längen-Verschleißwert** m / tool length wear value || **²magazin** n / tool magazine || **²maschine** f / machine tool || **²mittelpunktbahn** f / tool centre-point path || **²nummernanzeige** f / tool number read-out || **²position** f / tool position, relative tool position || **²positionsdaten** plt(CLDATA) / cutter location data (CLDATA) || **²radiuskorrektur** f (NC) / tool radius compensation || **²radiuskorrektur** f(NC, Korrekturwert) / tool radius offset || **²revolverkopf** m / tool turret || **²rückzug** m(NC) / tool withdrawal, tool retract(ing), backing out of tool || **²schneidenradius-Korrektur** f / tool tip radius compensation || **²schneidenradius-Korrektur** f (Korrekturwert) / tool tip radius offset || **²schneidenwinkel** m / cutter edge angle, tool cutting edge angle || **²-Schutzbereich** m(NC) / forbidden area || **²speicher** m / tool storage, tool magazine || **²spitze** f(WZM) / tool tip || **²-Standzeit** f / tool life || **²vermessung** f / tool gauging || **²versatz** (s. Werkzeugverschiebung) || **²verschiebung** f(WZM, NC) / tool offset, tool shift || **²verwaltung** f / tool management || **²voreinstellung** f / tool presetting || **²wechsel** m / tool change || **²wechseleinrichtung** f / tool changer || **²wechselposition** m / tool change position || **²wechselzeit** f / tool changing time || **²wechsler** m / tool changer || **²weg** m / tool path, cutter path, cutter travel

Wert einer Größe / value of a quantity || **Skalen~** m / scale interval || **²analyse** f / value analysis

wertbar·er Ausfall (s. werten, zu -der Ausfall) || **nicht ~er Ausfall** / non-relevant failure || **nicht ~er Ausfall** (s. nicht zu wertender Ausfall)

Werte·bereich m / range of values || **²bereich** m (Betriebs- o. Umwelteinflußgrößen) / severity class || **²geber** m / valuator n

werten, zu ~der Ausfall (IEC 50(191)) / relevant failure

Werte·referenzlinie f(s. Größenreferenzlinie) || **²speicher** m(PC) / time and data register || **²tabelle** f(DIN IEC 319) / primary data (IEC 319) || **²tabelle geordnet nach der Häufigkeitsverteilung** (DIN IEC 319) / table of frequency distribution || **²versorgung** (s. Versorgung mit Parametern) || **adaptive ²vorgabe** (PC) (s. adaptive Parametervorgabe) || **²zuweisung** f(NC) / value assignment

Wertgeber m(Eingabegerät für reelle Zahlen) / valuator device

Wertigkeit f(chem.) / valency n, valence n || ² (s. Impulswertigkeit)

Wert·kontinuum n / continuum of values || **²menge** f / set of values

wesentlich·e Abweichung (QS) / significant nonconformance || **~er Fehlzustand** (IEC 50(191) / major fault

Wettbewerbssystem n(LAN) / contention system

wetterbeständig adj / weather-resistant adj, weather-proof adj || **~er Anstrich** / weather-resisting coating, weatherproofing coat

wetterfeste Kunststoffleitung / thermoplastic-insulated weather-resistant cable

wettergeschützt adj / weather-protected adj || **~er Einsatzort** / sheltered location (IEC 654-1) || **~e Maschine** / weather-protected machine

Wetter·lampe f / safety lamp || **²schutz** m (Abdeckung) / weather shield, canopy n || **²schutzanstrich** (s. wetterbeständiger Anstrich)

Wheatstone-Brücke f / Wheatstone bridge

Whisker m / whisker n

Whitworth-Gewinde n / Whitworth thread

wichtig·e Rollbahnbefeuerung / essential taxiway lights || **~er Verbraucher** / non-interruptible load, essential load, vital load, critical load

Wickel m(Spule, Wicklung) / coil n, roll n || ² (Bandumwicklung) / tape serving || ² (Umhüllung) / wrapper n, wrapping n, sleeving n, serving n || ² (Kondensator) / capacitor element || ² („Wire-wrap"-Verbindung) / wrapping n, wrapped wire || ² (Windung) / turn n || **Isolier~** / insulating serving || **²angaben** f pl / winding data, winding specifications || **²anschluß** m(„Wire-wrap") / wrap termination || **²automat** m / automatic winding machine || **²draht** m / winding wire || **²draht** m(f. „Wire-wrap"-Verbindungen) / wrapping wire

Wickelei f / winding shop, winding department

Wickel·einsatz m(Wickelverb.) / bit n || **²form** f / former n, winding form || **²haken** m / taping needle || **²kasten** m / former n || **²kerntransformator** m / wound-core transformer || **²keule** f / stress cone || **²kontakt** m / wrap contact

Wickelkopf m(el. Masch.) / winding overhang, end turns, end winding, overhang winding || **²abdeckung** f / end-winding cover, overhang cover || **²abstützung** f / end-winding support, coil-end bracing, overhang bracket || **≈ausladung** *f* / overhang *n*, end-turn projection, end-winding overhang, winding overhang || **≈bandage** *f* / end-turn banding || **≈-Distanzstücke** *n pl* / overhang packing || **≈-Distanzstücke in Umfangsrichtung** / belt insulation || **≈-Haltering** *m* / overhang supporting ring || **≈isolation** *f* / overhang insulation, end-turn insulation, end-winding insulation || **≈kappe** *f* / overhang shield, end bell || **≈konsole** *f* / overhang bracket, overhang support || **≈-Korrekturfaktor** *m* / overhang correction factor || **≈kreuzung** *f* / overhang crossover || **≈packung** *f* / overhang packing, end-winding wedging block || **≈raum** *m* / overhang space, end-winding cavity || **≈schutz** *m* / overhang cover, end-winding cover || **≈-Streuleitwert** *m* / end-winding leakage permeance || **≈streuung** *f* / coil-end leakage, overhang leakage || **≈stütze** *f* / overhang bracket, overhang support || **≈verdrillung** *f* / end-turn transposition || **≈verschalung** *f* / end-winding cover || **≈verschnürung** *f* / coil-end tying, overhang lashing || **≈verstärkung** *f* / overhang bracing, end-turn bracing || **≈versteifung** *f* / overhang packing block, coil-end bracing, end-turn bracing, end-turn wedging

Wickel·lage *f* / winding layer, serving *n* || **≈länge** *f* (Wickelverb.) / wrapping length || **≈maschine** *f* / winding machine, coil winder

wickeln *v* / wind *v* || **neu ~** / re-wind *v* || **übereinander ~** / to wind one (turn) over another

Wickel·plan *m* / winding diagram || **≈prüfung** *f* (Draht) / wrapping test || **≈prüfung** *f* (Kabel) / bending test || **≈raum** *m* / winding space || **≈schablone** *f* / former *n* || **≈schema** (s. Wicklungsschema) || **≈sinn** *m* / winding direction, winding sense || **≈spannung** *f* („Wire-wrap"-Verbindung) / hoop stress || **≈stift** *m* (f. „Wire-wrap"-Verbindung) / wrap post, wrapping post || **≈stiftlänge** *f* / post length (wire-wrap termination) || **≈stromwandler** *m* / wound-primary(-type) current transformer || **≈technik** (s. Drahtwickeltechnik) || **≈träger** *m* / winding support || **≈verbindung** *f* („wrapping") / wire-wrap connection, wrapped connection || **≈wandler** *m* / wound instrument transformer, wound-primary transformer || **≈werkzeug** *n* (f. „Wire-wrap"-Verbindungen) / wrapping tool || **≈zylinder** *m* / insulating cylinder, winding barrel, coil supporting cylinder

Wickler *m* / winder *n*

Wicklung *f* / winding *n* || **≈** (Isolation innerhalb einer Kabelgarnitur) / lapping *n* || **≈ für Erdschlußerfassung** / earth-leakage current measuring winding || **≈ in Einzelspulenschaltung** / winding with crossover coils || **≈ in geschlossenen Nuten** / threaded-in winding, tunnel winding || **≈ in T-Schaltung** / T-connected winding || **≈ in V-Schaltung** / V-connected winding || **≈ mit dachziegelartig überlappendem Wickelkopf** / imbricated winding || **≈ mit einer Spule je Pol** / whole-coiled winding || **≈ mit einer Windung je Phase und Polpaar** / half-coiled winding || **≈ mit Formspulen** / preformed winding || **≈ mit freien Enden** / open-circuit winding || **≈ mit gleichen Spulen** / diamond winding || **≈ mit konzentrischen Spulen** / concentric winding || **≈ mit parallelen Zweigen** / divided winding || **≈ mit Teilformspulen** / partly preformed winding || **≈ mit Umleitungen** / externally connected winding || **≈ mit verkürztem Schritt** / short-pitch winding, fractional-pitch winding || **≈ mit verlängertem Schritt** / long-pitch winding || **≈ ohne Anzapfungen** / untapped winding || **≈ zur Erfassung der Verlagerungsspannung** (Wandler, IEC 50(321)) / residual voltage winding

Wicklungs·abdeckung *f* / winding cover, winding shield, end-winding cover || **≈abschnitt** *m* / winding section || **≈abstützung** *f* / winding support, coil support, winding bracing || **≈anfang** *m* / line end of winding, start of winding, lead of winding || **≈anordnung für Linearschaltung** (Trafo) / linear-tapping winding arrangement || **≈anordnung für Zu- und Gegenschaltung** (Trafo) / reverse tapping winding arrangement, buck-and-boost winding arrangement || **≈anschluß** *m* / winding termination || **≈anschlußleiter** *m* (Primärwickl.-Klemme) / main lead || **≈aufbau** *m* / winding construction, winding arrangement || **≈bandage** *f* / winding bandage || **≈bild** *n* / winding diagram || **≈block** *m* / winding assembly || **≈durchschlag** *m* / winding breakdown, winding puncture || **≈element** *n* / coil section, coil *n*, winding element || **≈ende** *n* / end of winding || **freie ≈enden** / loose leads || **≈erwärmung** *f* / winding temperature rise || **≈faktor** *m* / winding factor || **≈gesetz** *n* / winding rule || **≈gruppe** *f* / winding group || **≈-Heißpunkttemperatur** *f* / winding hot-spot temperature || **≈-Heißpunktübertemperatur** *f* / temperature rise at winding hot spot || **≈isolierung** *f* / winding insulation, coil insulation || **≈kapazität** *f* / winding capacitance || **≈kappe** *f* / winding shield || **≈kopf** (s. Wickelkopf) || **≈körper** *m* / winding assembly || **≈kraft** *f* / force acting on winding || **≈kurzschluß** *m* / interwinding fault || **≈leiter** *m* / winding conductor

wicklungslos·er Läufer / unwound rotor

Wicklungs·mitte *f* / winding centre || **≈paar** *n* / pair of windings || **≈pfad** *m* / winding circuit || **≈plan** *m* / winding diagram || **≈pressung** *f* / winding clamping, degree of winding compression, winding compaction || **≈prüfung** *f* / high-voltage test, high-potential test, overvoltage test || **≈prüfung** *f* (mit Fremdspannung) / separate-source voltage-withstand test, applied-voltage test, applied-potential test, applied-overvoltage withstand test || **≈prüfung bei niedriger Frequenz** / low-frequency high-voltage test || **≈querschnitt** *m* / cross-sectional area of winding || **≈raum** (s. Wickelraum) || **≈richtung** *f* / winding direction, winding sense || **≈röhre** *f* / winding cylinder || **≈schablone** *f* / coil form, winding form || **≈schale** *f* / winding shell || **≈schaltbild** *n* / winding connection diagram || **≈schaltung** *f* / winding connections || **≈schema** *n* / winding diagram || **≈schild** *m* (el. Masch.) / winding shield, end-winding cover || **≈schluß** *m* (Kurzschluß zwischen Leitern verschiedener Wicklungen) / interwinding fault || **≈schluß** *m* (Kurzschluß Wicklung-Gehäuse) / winding-to-frame short circuit

Wicklungsschritt *m* / winding pitch, coil span || **≈** (Gegen-Schaltseite) / back span || **≈** (Schaltseite) /

front span || ≈ (Spulenweite) / coil span (GB), coil pitch (US) || **relativer ≈** / winding pitch (IEC 50(411))

Wicklungs·schutz *m* / winding shield, winding cover || **≈sinn** *m* / winding sense || **≈sprung** *m* / winding throw || **≈stab** *m* / bar *n* (of winding), half-coil *n* || **≈strang** *m* (Trafo, VDE 0532, T.1) / phase winding (IEC 76-1), winding phase || **≈strom** *m* / current per winding || **≈stütze** *f* / winding brace || **≈tabelle** *f* / winding table || **≈tafel** (s. Wicklungstabelle) || **≈teil** *n* / winding section || **≈teilung** *f* / winding pitch || **≈thermometer** *n* / embedded thermometer || **≈träger** *m* / winding support, winding carrier || **≈übertemperatur** *f* / winding temperature rise || **≈unterbau** *m* (Trafo) / winding support(s), winding base || **≈verluste** *m pl* / I^2R loss, winding losses || **≈verteilung** *f* / winding distribution, pole-coil distribution || **≈widerstand** *m* / winding resistance || **≈zug** *m* / winding path || **≈zweig** *m* / winding branch (circuit), winding path

Widerspruchsfreiheit *f* (QS) / consistency *n*

Widerstand *m* (Wirkwiderstand) / resistance *n* || ≈ (Scheinwiderstand) / impedance *n* || ≈ (Gerät) / resistor *n*, rheostat *n* || **≈ der Erregerwicklung** / field resistance || **≈ der Längsdämpferwicklung** / direct-axis damper resistance || **≈ der Querdämpferwicklung** / quadrature-axis damper resistance || **induktiver ≈** / inductive reactance, reactance *n* || **magnetischer ≈** / reluctance *n*, magnetic resistance || **magnetischer ≈** (Feldplatte) / magnetoresistor *n* || **ohmscher ≈** / ohmic resistance, resistance *n* || **phasenreiner ≈** / ohmic resistance || **reeller ≈** (s. ohmscher Widerstand)

Widerstands·ableiter *m* / resistance-type arrester || **≈abschluß** *m* (a. PMG) / resistive termination || **≈anlasser** *m* / rheostatic starter (IEC 292-3), resistor starter, impedance starter || **~arm** *adj* / low-resistance *adj* || **~arme Erdung** / impedance earthing, impedance grounding, low-resistance earthing, low-resistance grounding, resonant earthing, resonance grounding, dead earth || **~behafteter Fehler** / resistive fault || **≈belag** *m* / resistance per unit length || **≈belastung** *f* / resistive load || **reine ≈belastung** (s. reine ohmsche Belastung) || **≈bremse** *f* / dynamic brake || **≈bremsregler** *m* / rheostatic braking controller || **≈bremsung** *f* / rheostatic braking, dynamic braking || **≈dekade** *f* (DIN 43783,T.1) / decade resistor, resistance decade || **≈-Dioden-Logik (RDL)** *f* / resistor-diode logic (RDL) || **≈dreieck** *n* / impedance diagram || **≈element** *n* / resistor element || **≈erdung** *f* / resistive earthing (GB), resistive grounding (US)

widerstandsfähig *adj* / resistant *adj*, resisting *adj*

Widerstandsfähigkeit *f* / resistance *n*, robustness *n*, toughness *n* || **≈ gegen außergewöhnliche Wärme** (VDE 0711,3) / resistance to ignition (IEC 507) || **≈ gegen Chemikalien** / resistance to chemicals, chemical resistance || **mechanische ≈** / robustness *n*, mechanical endurance

Widerstands·-Fernthermometer *n* / resistance telethermometer || **≈geber** *m* / resistance-type sensor, decade resistor || **≈gefälle** *n* / resistance gradient || **≈gerade** *f* / resistance line, load line (electron tube) || **≈gerade** *f* (el. Masch.) / field resistance line, field resistance characteristic || **≈gerät** *n* / resistor unit, resistor bank, resistor block, resistor box || **≈gruppe** *f* / resistor bank || **≈-Hilfsphase** *f* / auxiliary starting winding, high-resistance auxiliary phase || **Einphasenmotor mit ≈-Hilfsphase** / resistance-start motor || **≈-Hilfswicklung** *f* / auxiliary starting winding || **≈-Induktivitäts-Kapazitäts-Schaltung** *f* / resistance-inductance-capacitance circuit (o. network), RLC circuit || **≈-Induktivitäts-Schaltung** *f* / resistance-inductance circuit (o. network), RL circuit (o. network) || **≈-Kapazitäts-Schaltung** *f* / resistance-capacitance circuit, RC circuit (o. network) || **≈kasten** *m* / resistor box (o. case) || **≈koeffizient einer Feldplatte** / magnetoresistive coefficient || **≈kommutator** *m* / resistance commutator || **≈kommutierung** *f* / resistance commutation || **≈-Kondensator-Transistor-Logik (RCTL)** *f* / resistor-capacitor-transistor logic (RCTL) || **≈kontakte** *m pl* (Trafo; VDE 0532,T.30) / transition contacts (IEC 214) || **≈kopplung** *f* / resistive coupling, impedance coupling || **≈last** *f* / resistive load || **≈-Lastumschalter** *m* (Trafo) / resistor diverter switch || **≈läufer** *m* / high-resistance squirrel-cage rotor, high-resistance cage motor, high-torque cage motor, high-reactance rotor || **≈-Läuferanlasser** *m* (VDE 0660,T.301) / rheostatic rotor starter (IEC 292-3) || **≈leiter** *f* / resistor ladder || **≈leiter-Netzwerk** *n* / resistor ladder network, ladder resistor network

widerstandslos·e Erdung / direct connection to earth, direct earthing, solid connection to earth || **~er Kurzschluß** / dead short circuit, dead short, bolted short-circuit

Widerstands·meßbrücke *f* / resistance measuring bridge || **≈messer** (s. Widerstands-Meßgerät) || **≈-Meßgerät** *n* / ohmmeter *n*, resistance meter || **≈-Meßgerät mit linearer Skale** / linear-scale ohmmeter || **≈messung** *f* / resistance test || **≈methode** *f* / rise-of-resistance method, resistance method || **≈moment** *n* (gegen Biegung, Verdrehung) / section modulus, elastic modulus, moment of resistance || **≈moment** (s. Lastmoment) || **≈netzwerk** *n* / resistor network || **≈normal** *n* / standard resistance || **≈ofen** *m* / resistance furnace || **≈operator** *m* / resistance operator, complex impedance || **≈rahmen** *m* / resistor frame || **≈rauschen** *n* / thermal noise, circuit noise || **≈regelung** *f* / rheostatic control || **≈regler** *m* (Stellwiderstand) / rheostatic controller, rheostat *n* || **≈regler** (s. Widerstands-Spannungsregler) || **≈relais** *n* / resistance relay, impedance relay || **≈-Restspannung** *f* (Halleffekt-Bauelement, DIN 41863) / zero-field resistive residual voltage (IEC 147-0C) || **≈rohr** *n* / resistance tube || **≈satz** *m* / resistor set || **≈schalten** *n* / resistance switching || **≈schalter** *m* / resistor interrupter || **≈-Schnellastumschalter** *m* (Trafo) / high-speed resistor diverter switch || **≈-Schnellschalter** (s. Widerstands-Schnellastumschalter) || **≈-Schnellumschaltung** *f* (Trafo) / high-speed resistor transition || **≈schreiber** *m* / recording ohmmeter || **Barriere mit ≈schutz** / resistor-protected barrier || **≈schweißen** *n* / resistance welding || **≈-Spannungsregler** *m* / rheostatic voltage regulator || **≈stabilisierung** *f* (Schutz) / resistance restraint, impedance bias || **≈stapel** *m* /

resistor stack || ≈starter *m* / rheostatic starter (IEC 292-3), resistor starter, impedance starter || ≈steller *m* / rheostatic controller || ≈steuerung *f* / rheostatic control || ≈-Stufenschaltwerk *n* / resistance switchgroup || ≈teiler *m* (DIN IEC 524) / resistor divider, resistive volt ratio box || ≈-**Temperaturaufnehmer** *m* / resistance temperature sensor || ≈-**Temperaturfühler** *m* / resistance temperature detector (r.t.d.), thermistor *n* || ≈**thermometer** *n* / resistance thermometer || ≈-**Transistor-Logik (RTL)** *f* / resistor-transistor logic (RTL) || ≈**umschalter** *m* (Trafo) / resistor-type tap changer || ≈-**Unterbrechereinheit** *f* / resistor interrupter || **Temperaturbestimmung nach dem** ≈**verfahren** / resistance method of temperature determination, self-resistance method (of temperature determination), rise-of-resistance method (of temperature determination) || ≈**verhältnis einer Feldplatte** / magnetoresistive ratio || ≈**verlauf einer Feldplatte** / magnetoresistive characteristic curve || ≈**verluste** *m pl* / rheostatic loss || ~-**zeitabhängiger Schutz** / impedance-time-dependent protection (system) || ≈-**Zündkerze** *f* / suppressed spark plug || ≈**zylinder** *m* / resistor core, resistor cylinder

Wiederanfahren an die Kontur (NC) / repositioning *n*, return to contour, re-approach to contour

Wiederanfahrverschiebung *f* (NC) / repositioning offset

Wiederanlauf *m* / restart *n* || ≈ (PC, NC) / warm restart || ≈ **nach Netzspannungsausfall** / restart on supply restoration, warm restart after power recovery, restart on resumption of (power) supply

wiederanlaufen *v* / re-start *v*, re-accelerate *v*

Wiederanlauf·sperre *f* (elST) / restart inhibit || ≈**zeit** *f* (FWT) / restart time

wiederanschließbar·e Drehklemme / reusable t.o.c.d. || ~**e Kupplungsdose** / rewirable portable socket-outlet, rewirable connector || ~**e Schneidklemme** / reusable i.p.c.d. || ~**er Stecker** / rewirable plug

wieder·anschließen *v* / reconnect *v* || ~**ansprechen** *v* / re-operate *v* || ~**ansprechen** *v* (Rel.; durch Übererregung; VDE 0435,T.110) / to revert reverse || ≈**ansprech-Istwert** *m* (Rel.) / just revert-reverse value || ≈**ansprechwert** *m* (Rel.) / revert-reverse value || ~**auffinden** *v* (Daten) / retrieve *v* || ~**aufladbar** *adj* / rechargeable *adj* || ≈**aufladezeit** *f* (Batt.) / recharging time || ≈**aufladezeit** *f* (USV) / restored energy time || ≈**aufladung** *f* / re-charging *n*, re-charge *n* || ≈**aufsetzen** *n* (Datennetz) / resynchronization *n* || ≈**bereitschaftszeit** *f* (Rel.; VDE 0435,T.110) / recovery time || ~**betätigen** *v* / re-operate *v* || ≈**einbau** *m* / re-installation *n*, re-fitting *n*

Wiedereinschalt·automatik *f* (KU) / automatic reclosing control equipment, automatic recloser || ≈-**Eigenzeit** *f* (vgl. „Wiedereinschaltzeit") (LS, E VDE 0670, T.101) / reclosing time

wiedereinschalten *v* (SG, KU) / reclose *v* || ~ (Mot.) / re-start *v* || ≈ *n* (SG) / reclosing *n* || ≈ (Mot.) / restart *n*, restarting *n* || ≈ (Rücksetzen) / resetting *n* || **automatisches** ≈ (KU) / automatic reclosing, auto-reclosing *n*, rapid auto-reclosure || **automatisches** ≈ (Rücksetzen) / self-resetting *n* || **Einbruchalarm** ~ / to reactivate the burglar alarm || **einen Verbraucher** ~ / to reconnect a load, to restore a load || **gegen** ≈ **sichern** / to immobilize in the open position, to provide a safeguard to prevent unintentional reclosing

wiedereinschaltend·er Temperaturbegrenzer / self-resetting thermal cut-out, self-resetting thermal release

Wiedereinschalt·freigabe *f* (LS) / reclosing lockout defeater (o. resetter), (reclosing lockout) resetting device || ≈**spannung** *f* / reclosure voltage (IEC 158)

Wiedereinschaltsperre *f* (SG) / reclosing lockout || ≈ (KU) / auto-reclosure lockout, reclosing lockout || ≈ (Anti-Pump-Einrichtung) / anti-pumping device, pump-free device || ≈ (Mot.) / restart lockout, safeguard preventing unintentional restarting || ≈ (elST) / restart inhibit || ≈ (Handrückstelleinrichtung am Relais) / hand-reset device (o. feature)

Wiedereinschaltung *f* (SG, KU) / reclosure;n.; ..automatic reclosing *n*, automatic reclosing || ≈ (Mot.) / re-start *n*, re-starting *n* || **automatisch verzögerte** ≈ (Netz) / delayed automatic reclosing

Wiedereinschalt·versuch *m* / reclosure attempt || ≈**zeit** *f* (bei einem Aus-Ein-Schaltspiel; vgl. Wiedereinschalt-Eigenzeit) / re-make time

Wiedereinstellbarkeit *f* / resettability *n*

Wiedereinstellgenauigkeit *f* / resettability *n*

wiedereintretend·e Wicklung / re-entrant winding || **einfach** ~**e Wicklung** / singly re-entrant winding

Wieder·eintritt der Wicklung / re-entry of winding || ≈**eintrittsgrad** *m* / degree of re-entrancy

Wiedergabe *f* (BT) / rendition *n*, rendering *n* || ≈ (CAD, Pull-down-Menü) / replay *n* || **Rechteckwellen-**≈**bereich** *m* (Schreiber) / square-wave response || ≈**datei** *f* (CAD) / rendering file || ≈**einrichtung** *f* (f. Inf.-Daten auf Bandkassette) / playback equipment || ≈**faktor** *m* (BT) / rendition factor || ≈**kopf** *m* / reproducing head, magnetic reproducing head || ≈**taste** *f* / playback key || ≈**treiber** *m* (CAD) / rendering hardcopy driver || ≈**verhalten** *n* (Osz.) / response *n*

Wiederherstellung *f* (DÜ) / recovery procedure || ≈ (IEC 50(191)) / restoration *n*, recovery *n* || ≈ **mit Hilfe der Zeitüberwachung** (DIN ISO 3309) / time-out recovery || ≈ **nach Fehlern** (Rechnersystem, Datennetz) / error recovery || **Bild**~ / display regeneration

Wiederhochlauf *m* / re-acceleration *n*

Wiederhol·antrieb *m* (SG) / adaptor mechanism, duplicate mechanism, duplex drive || ≈**antrieb** *m* (SG, Türkupplung) / door coupling (of mechanism) || ≈**anweisung** *f* / repeat statement

wiederholbarer Versuch / repetitive experiment

Wiederholbarkeit *f* / repeatability *n* || **statistische** ≈ (Rel., DIN IEC 255, T. 1-00) / consistency *n* (relay)

Wiederhol·bedingungen *f pl* (a. MG) / repetition conditions || ≈**bedingungen** *f pl* (Statistik, QS) / repeatability conditions || ≈**bildröhre** *f* / refreshed-raster CRT || ≈**bildschirm** (s. Bildwiederholschirm) || ≈**differenzbetrag** *m* (QS) / repeatability difference

Wiederholen *n* (DÜ, Kommunikationssystem) / replay *n*

Wiederholer *m* / repeater *n*

Wiederhol·faktor *m* (Rechenoperation, Programmteil) / iteration factor, repeat factor || **²fertigung** *f* / repeat jobs || **²frequenz** *f* / repetition rate, repetition frequency || **²frequenz** *f* (Bildelemente pro Zeiteinheit) / refresh rate

Wiederholgenauigkeit *f* (Messung, Reg.) / repeatability *n*, repeat accuracy || **²** (NS) / repeat accuracy, repeatability *n* (US) || **²** (QS) (s. Präzision)

Wiederholgenauigkeits·abweichung *f* / repeat accuracy deviation

Wiederhol·grenze *f* (Statistik, QS) / repeatability limit || **²häufigkeit** *f* / repetitiveness *n* || **²präzision** *f* (Statistik, QS) / repeatability *n* || **²speicher** *m* / rerun memory, refresh memory (o. storage) || **²-Standardabweichung** *f* / repeatability standard deviation || **²start** *m* (NC) / repeat start, hot restart || **²stößel** *m* / repeat plunger

wiederholt·e Adresse / revisit address || **~ programmierbarer Festwertspeicher** (s. wiederprogrammierbarer Festwertspeicher)

Wiederholteil *m* / common part || **²liste** *f* / common parts bill

Wiederholung *f* (QS) / replication *n* || **²** (s. Iteration) || **² der Übertragung** / retransmission *n* || **² von Datenpaketen** / packet retransmission || **Linearprogramm mit ²** / linear program with rerun

Wiederholungs·druckknopf *m* / repeat pushbutton, duplicate pushbutton || **²faktor** (s. Wiederholfaktor) || **²fehler** *m* / repeatability error || **²lauf** *m* (WZM, NC) / rerun *n* || **²messung** *f* / repetitive measurement || **²probe** *f* / retest specimen || **²prüfung** *f* / repeat test, retest *n*, requalification test || **einer ²prüfung unterziehen** / re-prove *v*, re-test *v* || **²qualifikation** *f* / requalification *n* || **²rate** *f* / repetition rate || **²schleife** *f* (PC) / repeat loop || **²sperre** *f* / anti-repeat circuit || **²zähler** *m* / repeating counter

Wiederhol·zahl *f* (NC, Anzahl der Durchgänge) / number of (repeated) passes || **²zeit** *f* (BSG) / refresh time

Wiederinbetriebnahme *f* / recommissioning *n*, restart *n*

Wiederkehr der Spannung / voltage recovery, restoration of supply

wiederkehrend·e Dauergleichspannung / d.c. steady-state recovery voltage || **~e Polspannung** (SG) / recovery voltage across a pole, phase recovery voltage || **~e Spannung** / recovery voltage, restored voltage || **Steilheit der ~en Spannung** / rate of rise of TRV, transient recovery voltage rate

Wiederkehr·frequenz *f* (Rückzündung) / frequency of restrike || **²spannung** (s. wiederkehrende Spannung)

wiederladen *v* (Programm) / reload *v*

wiederprogrammierbarer Festwertspeicher (REPROM) / reprogrammable read-only memory (REPROM)

wieder·rückfallen *v* (Rel., durch Übererregung; VDE 0435,T.110) / revert *v* || **²rückfallwert** *m* (Rel.) / revert value

Wiederschließen *n* / reclosing *n* || **selbsttätiges ²** (LS, VDE 0670, T.101) / auto-reclosing *n*, automatic reclosing, rapid auto-reclosure

Wiederschließspannung *f* (VDE 0712,101) / reclosure voltage (IEC 158)

Wiederstart *m* / restart *n*, warm restart || **² nach Netzausfall** (Rechnersystem, elST) / power-fail restart (PFR) || **²fähigkeit** *f* (Magnetron) / restarting ability

wiedersynchronisieren *v* / re-synchronize *v*

Wieder·vereinigung *f* (DIN ISO 8073) / re-assembling *n* || **²verfestigung** *f* (der Schaltstrecke) / dielectric recovery || **²verfestigung** *f* (mech.) / strength recovery || **²verfüllung** *f* (Fundamentgrube) / backfill *n* || **~verklinken** *v* / relatch *v* || **~verwendbar** *adj* / re-usable *adj* || **~verwenden** *v* / re-use *v* || **²vorstellen** *n* (QS, Prüflos) / resubmission *n* (of inspection lot)

wiederzünden *v* (Lichtbogen) / re-ignite *v*, restrike *v* || **~** (Lampe) / restart *v*, restrike *v*

Wiederzündung *f* (SG, VDE 0670, T.3) / re-ignition *n* (IEC 265) || **²** (Lampe) / restart *n*, restriking *n*

Wiegedynamometer *n* / cradle dynamometer

wild·e Schwingung / spurious oscillation, parasitic oscillation || **~gewickelt** *adj* / random-wound *adj* || **²verdrahtung** *f* / point-to-point wiring || **²wicklung** *f* / random winding

willkürlich·e Betätigung / manual control, override control, operator control || **~e Einheit** / arbitrary unit || **~ verteilt** (Meßergebnisse) / scattered at random

Wimpelschaltung *f* (Trafo; VDE 0532,T.30) / pennant cycle (IEC 214)

Winchesterplatte *f* / Winchester disc

Wind·druck *m* / wind pressure || **²energie** *f* / wind energy

winderregt·e Schwingung / aeolian vibration

Wind·fahnenrelais *n* / air-vane relay || **²geschwindigkeit** *f* / wind speed, wind velocity || **²kraftgenerator** *m* / wind-driven generator, wind-energy generator (WEG) || **²kraftwerk** *n* / wind power station, wind farm, wind park || **²last** *f* / wind load || **²richtungsanzeiger (WDI)** *m* / wind direction indicator (WDI), wind indicator || **²spannweite** *f* (Freiltg.) / wind span

Windung *f* (Wickl.) / turn *n*

Windungsabgleich *m* / turns correction

Windungsbelag *m*, **Ampère-²** / ampere-turns per metre, ampere-turns per unit length

Windungs·dichte (s. Windungszahl) || **²durchschlagprüfung** *f* / interturn breakdown test || **²durchschlagsspannung** *f* / interturn breakdown voltage || **²ebene** *f* / plane of turn || **²faktor** *m* / turns factor || **²fläche** *f* / area turns || **²fluß** *m* / flux linking a turn || **²isolation** *f* / interturn insulation, turn insulation || **²korrektur** (s. Windungsabgleich) || **²länge** *f* / length of turn || **²prüfung** *f* / interturn test (GB), turn-to-turn test (US) || **²prüfung** *f* (mit induzierter Spannung) / induced overvoltage withstand test, induced-voltage test

Windungsschluß *m* / interturn fault, turn-to-turn fault, fault between turns || **²prüfung** (s. Windungsprüfung) || **²schutz** *m* / interturn short-circuit protection, turn-to-turn fault protection, interturn protection, interturn fault protection || **²schutz** *m* (durch Mittelanzapfung) / mid-point protection

Windungs·spannung *f* / turn-to-turn voltage, voltage per turn || **²spannungsfestigkeit** *f* / interturn dielectric strength || **²verhältnis** *n* / turn ratio || **²zahl** *f* / number of turns per unit length, number of turns per centimetre || **²zwischenlage** *f* / turn separator

Winkel *m* (Befestigungswinkel) / fixing angle || **²** (Tragkonsole) / bracket *n* || **² der Kopfschräge** (Bürste) / top bevel angle || **² in elektrischen Graden** / electrical angle || **² mit Vorzeichen** (NC) / signed angle || **im ²** / square *adj*, at correct angles, in true angularity || **²abbild** *n* (Schutz; Parallelschaltgerät) / phase-angle replica module

winkelabhängige Impedanzanregung / (phase-)angle-dependent impedance starting

Winkel·-Abspannmast *m* / dead-end angle tower || **²abstand** *m* / angular distance || **²abweichung** *f* / angular displacement, angular variation, phase displacement || **größte dynamische ²abweichung** (Schrittmot.) / maximum stepping error || **²-Abzweigdose** *f* / angle tapping box || **²-Abzweigdose mit Tangentialeinführung** / tangent-entry angle box || **²bereich** *m* (a. Diffraktometer) / angular range || **²bereich** *m* (BT) / angular dimension || **²beschleunigung** *f* / angular acceleration || **²codierer** *m* (Absolutwertgeber) / absolute shaft encoder || **²dispersion** *f* / angular dispersion

winkeldispersive Diffraktometrie / angular-dispersion diffractometry

Winkel·dose *f* (IK) / angle box, right-angle unit || **²-Einschraubverschraubung** *f* / male elbow coupling || **²eisen** *n* / angle iron, corner iron, angle section, L-section *n* || **²erder** *m* / right-angle earthing switch || **²erdungsschalter** (s. Winkelerder) || **²fehler** *m* (Phasenwinkel) / phase-angle error, phase displacement

winkelförmig·es Thermoelement / angled-stem thermocouple

Winkel·frequenz *f* / angular frequency, radian frequency, pulsatance *n* || **²funktion** *f* / trigonometric function || **²geber** *m* (Parallelschaltgerät) / phase-angle sensor, phase-angle checking module || **²geschwindigkeit** *f* / angular velocity

winkelgetreuer Gleichlauf / accurate synchronism, operation in perfect synchronism

Winkelgetriebe *n* / bevel gears, mitre gears, right-angle gear || **Antrieb mit ²** / right-angle drive

Winkel·grad *m* / angular degree || **²größe** *f* / angular size || **²halbierende** *f* / bisector *n*, bisectrix *n* || **²hebel** *m* / angle lever, rectangular lever, toggle lever, crank lever || **²hebel** *m* (BK-Schalter) / bell-crank lever || **²kabelschuh** *m* / angle socket || **²kasten** *m* (IK) / angle unit, elbow *n*, right-angle unit || **²kodierer** *m* / absolute shaft-angle encoder || **²koordinate** *f* / angular coordinate || **²lage** *f* / angular position || **²lehre** *f* / angle gauge || **²maß** *n* (a. NC) / angular dimension || **²maß** *n* (mit Anschlag) / back square || **²mast** *m* (Freileitung) / angle tower, angle support || **²messer** *m* / angulometer *n*, protractor *n* || **²meßgerät** *n* (WZM, Winkelstellungsgeber) / angular position transducer (o. encoder) || **²meßsystem** *n* (NC) / angular position measuring system || **²minute** *f* / angular minute || **²muffe** *f* / angle connector, elbow *n*

winkelnachgiebige Kupplung / flexible coupling

Winkel·pendelung *f* / angular pulsation, angular variation || **²profil** *n* / angle section, corner section, L-section *n*

winkelproportionales Signal / angle-proportional signal, phase-angle signal

Winkel·prüfkopf *m* / angle-beam probe, angle probe || **~recht** *adj* / square *adj*, at correct angles, in true angularity || **²reflektor** *m* / corner reflector || **²ring** *m* (Trafo-Wicklungsisol.) / flange ring || **²rollenhebel** *m* (PS) / roller crank || **²schiene** *f* / set-square *n* || **²schritt** *m* / angular increment || **²schrittgeber** *m* / incremental shaft encoder, shaft-angle encoder, shaft-angle digitizer || **²sekunde** *f* / angular second || **²sperre** *f* (Schutzrel.) / phase-angle block || **²sperrventil** *n* / angle-type valve, angle valve || **²spiegel** *m* / corner reflector || **²spiegeleffekt** *m* / corner effect || **²stahl** *m* / angle steel, angle section(s), L-bars *n*, l, angles *n pl* || **²steckanschluß** (s. Winkelsteckverbinder) || **²stecker** *m* / right-angle plug, elbow plug, angle-entry plug || **²steckverbinder** *m* / right-angle connector, elbow connector, angle connector || **²stellungsgeber** *m* / angular position transducer, absolute shaft encoder

Winkelstück *n* (Rohr) / elbow *n*, bend *n*, ell *n* || **²** (IK) / angle unit, right-angle unit, L-member *n*, L-box *n* || **²** (IR) / elbow section, elbow *n* || **² mit Deckel** (IR) / inspection elbow

Winkel·stützpunkt *m* (Freiltg.) / angle support || **²tragstützpunkt** *m* (Freiltg.) / flying angle support, running angle support || **²trenner** *m* / right-angle disconnector, right-angle isolator (depr.) || **²trennerder** *m* / combined right-angle disconnector and earthing switch || **²trennschalter** (s. Winkeltrenner)

winkeltreu *adj* (Phasenwinkel) / in correct phase relationship || **~er Gleichlauf** / operation in perfect synchronism

Winkel·trieb *m* / angular drive, right-angle drive || **²verlagerung** *f* (der Wellen) / angular misalignment || **²verschraubung** *f* / elbow coupling

Winkligkeit *f* / angularity *n*

Winterschmieröl *n* / low-temperature lubricating oil, winter oil

Wippbewegung *f* / seesaw movement

Wippe *f* (I-Schalter) / rocker *n*, rocker dolly, dolly *n*, rocker button

Wippen·schalter *m* (VDE 0632) / rocker switch (CEE 24), rocker-dolly switch

Wippschalter (s. Wippenschalter)

Wirbel *m* / eddy *n*, whirl *n* (arc), vortex *n* || **²durchflußmesser** *m* / vortex velocity flowmeter, vortex shedding flowmeter || **²feld** *n* / curl field || **²feld** (s. Wirbelstromfeld)

wirbelfreies Feld / irrotational field, non-rotational field, lamellar field

wirbelnd·e Strömung / turbulent flow

Wirbel·schichtisolation *f* / fluidized-bed insulation || **²sinterbeschichten** *n* / fluidized-bed coating || **²sinterisolation** (s. Wirbelschichtisolation) || **²stabilisierung** *f* (Lichtbogen) / whirl stabilization (arc)

Wirbelstrom *m* / eddy current, Foucault current || **²auslöser** *m* / eddy-current release || **²bremse** *f* / eddy-current brake (o. retarder) || **²dämpfung** *f* / eddy-current damping || **²feld** *n* / circuital vector field || **²kupplung** *f* / eddy-current coupling ||

≈**läufer** *m* / deep-bar squirrel-cage rotor, deep-bar cage motor || ≈**scheibe** *f*(Arago-Scheibe) / Arago's disc || ≈**verluste** *m pl* / eddy-current loss

Wirk·abfall *m* / resistive loss || ≈**anteil** *m* / effective component, active component, watt component, resistive component, co-phase component, energy component || ≈**arbeit** *f* / active energy || ≈**arbeit** *f*(Wh) / active power demand, kWh || ≈**arbeitszählwerk** *n* / watthour registering mechanism, kWh register || ≈**bereich** *m*(Rel.) / effective range || ≈**bewegung** *f*(DIN 6580) / effective motion || ≈**-Bezugsebene** *f*(DIN 6581) / effective reference plane || ≈**druck** *m* / differential pressure, pressure differential || ≈**druck-Durchflußmesser** *m* / head flowmeter, differential-pressure flowmeter || ≈**druckgeber** *m* / differential pressure transducer || ≈**druckleitung** *f* / pressure pipe (o. tube), differential-pressure tube || ≈**druckverfahren** *n* / differential-pressure method || ≈**energie** *f* / active energy || ≈**faktor** *m* / power factor || ≈**fuge** *f*(DIN 8580) / action interface || ≈**komponente** (s. Wirkanteil) || ≈**last** *f* / active-power load, resistive load

Wirkleistung *f* / active power, real power, true power, effective power, watt output

Wirkleistungs·abgabe *f* / active-power output || ≈**aufnahme** *f* / active-power input || ≈**faktor** *m* / active power factor || ≈**fluß** *m* / active-power flow || ≈**messer** *m* / wattmeter *n*, kW meter || ≈**meßumformer** *m* / active-power transducer || ≈**-Regelbereich** *m*(Generatorsatz) / control range (IEC 50(603)), active-power control band || ≈**relais** *n* / active-power relay || ≈**schreiber** *m* / recording wattmeter || ≈**verstärkung** *f* / power gain || ≈**zähler** *m* / active-energy meter, watthour meter, Wh meter, kWh meter

Wirkleitwert *m* / conductance *n*, equivalent conductance

wirklich·er Scheitelwert / virtual peak value

Wirk·medium *n*(DIN 8580) / action medium || ≈**-Nebenschlußdämpfung** *f* / rated insertion loss || ≈**paar** *n*(DIN 8580) / action pair || ≈**richtung** *f* (DIN 6580) / effective direction || ≈**richtungswinkel** *m*(DIN 6580) / angle of effective direction

wirksam abgeschirmte Anlage / effectively shielded installation || ~**e Begrenzung** (NC) / active limiting function || ~**e Dosis** / effective dose || ~**e Drahtlänge** (Lampenwendel) / exposed filament length || ~**es Eisen** / active iron || ~**er Eisenquerschnitt** / active cross section of core || ~ **geerdet** / effectively earthed (o. grounded) || ~**e Kesselkühlfläche** / effective tank cooling surface || ~**e Kühlfläche** / effective cooling surface || ~**e Länge der Gewindeverbindung** / effective length of screw engagement || ~**e Lichtstärke** / effective intensity || ~**er Luftspalt** / effective air gap || ~**e Masse** (s. aktive Masse) || ~**er Massefaktor** (s. Faktor der effektiven Masse) || ~**e Permeabilität** (s. effektive Permeabilität) || ~**er Querschnitt** (Zählrohr) / useful area || ~**es Volumen** (Zählrohr) / sensitive volume || ~**e Windungen je Phase** / effective turns per phase || ~**e Zeitkonstante** / virtual time constant

Wirksamkeit *f*(IEC 50(191)) / effectiveness *n*

Wirk·schaltplan (s. Stromlaufplan) || ≈**schema** *n* / block diagram

Wirksinn *m*(Reg.) / direction of control action

Wirkspalt *m*(DIN 8580) / action interstice

Wirkspannung *f* / active voltage, in-phase voltage

Wirkspanungs·breite *f*(DIN 6580) / effective width of cut || ≈**dicke** *f*(DIN 6580) / effective chip thickness || ≈**querschnitt** *m*(DIN 6580) / effective cross-sectional area of cut

Wirkstandwert, spezifischer ≈ (s. spezifische Schallresistanz)

Wirkstellung *f*(Rel.; DIN IEC 255-1-00) / operated condition

Wirkstoff *m*(Schmierst.) / agent *n*, inhibitor *n*, improver *n* || ≈**öl** *n* / inhibited oil, doped oil

Wirkstrom *m* / active current, in-phase current, energy component of current, watt component of current, wattful current || ≈**last** *f* / active-power load, resistive load || ≈**rechner** *m* / active-current calculator || ≈**verbraucher** (s. Wirkstromlast) || ≈**verluste** *m pl* / I^2R loss

Wirkungs·bereich *m*(NS, metallfreie Zone) / metal-free zone || **aktinische** ≈**funktion** / actinic action spectrum

Wirkungsgrad *m* / efficiency *n* || ≈ (abgegebene optische Leistung/aufgenommene elektrische Leistung) / power efficiency || ≈ (BT) / utilization factor, coefficient of utilization || ≈ **der Kraftübertragung** / transmission efficiency || ≈ **der thermischen Emission** / thermionic-emission efficiency || ≈ **der USV** / UPS efficiency || ≈ **für hinzugefügte Leistung** / power-added efficiency || **Leuchten**~ / (luminaire) light output ratio, luminaire efficiency || **Zonen**~ (LT) / zonal-cavity coefficient

Wirkungsgradbestimmung *f* / determination of efficiency, efficiency measurement || ≈ **aus den Gesamtverlusten** / (determination of) efficiency from total loss || ≈ **aus den Einzelverlusten** / (determination of) efficiency from summation of losses, conventional efficiency measurement

Wirkungs·größe *f*(HSS-Betätigung, VDE 0660, T.204) / actuating quantity (IEC 137-2B) || ≈**größe** (Rel.) (s. charakteristische Größe) || ≈**kette** *f*(Reg.) / functional chain

Wirkungslinie *f* / line of action, action line || ≈ (Signalblock, VDI/VDE 2600) / signal flow path || ≈ (Funktionsplan) / flow line

wirkungsmäßiges Verhalten (Reg.) / control action, type of action

Wirkungsplan *m*(Signalflußplan; Schema der funktionellen Beziehungen eines Systems, dargestellt durch Funktionsblöcke) / block diagramm

Wirkungsrichtung *f*(VDI/VDE 2600) / line of action || ≈ (Reg.) / direction of control action || ≈ (Funktionsplan) / signal flow direction || **direkte** ≈ (Reg.) / direct action || **umgekehrte** ≈ (Reg.) / reverse action

Wirkungs·schema *n* / function diagram || ≈**weg** *m* (Reg.) / control loop, path of action || **offener** ≈**weg** (Steuerkreis) / open loop || ≈**weise** *f* / method of operation, mode of functioning || ≈**weise** *f*(Reg.) / type of action, action *n*

Wirkverbindungslinie, mechanische ≈ / mechanical linkage line

Wirkverbrauch *m* / active-power consumption, active-power input || ≈ (EZ, StT) / watthour consumption, Wh consumption

Wirkverbrauchszähler *m* / active-energy meter, watthour meter, Wh meter, kWh meter ‖ ≗ **für eine Energierichtung** / kWh meter for one direction of power flow ‖ ≗ **für zwei Energierichtungen** / kWh meter for two directions of power flow
Wirk·verlust *m* / active-power loss ‖ ≗**vorschub** *m* (DIN 6580) / effective feed ‖ ≗**weg** *m* (WZM, DIN 6580) / effective travel ‖ ≗**widerstand** *m* / resistance *n*, equivalent resistance ‖ ≗**widerstandsbelag** *m* / resistance per unit length ‖ ≗**zeit** *f* (KU) / operative time
Wirrfaser·matte *f* / chopped-strands mat
Wirrmattenfilter *n* / chopped-strands mat filter
wirtschaftlich·e Auslastung (Netz) / economic loading schedule (IEC 50(603)) ‖ ~**e Belastung** (Netz) / optimum load ‖ ~**e Lebensdauer** / economic life ‖ ~**e Losmenge** / economic batch quantity (EBQ) ‖ ~**e Qualität** / economic quality
Wirtschaftlichkeit *f* / economic efficiency
Wirtschafts·aufzug *m* / kitchen lift (o. elevator) ‖ ≗**klausel** *f* (StT) / revision clause
Wischer *m* (Kontakt; VDE 0660,T.200) / pulse contact element, fleeting contact (element), passing contact ‖ ≗ (Impuls) / spurious pulse ‖ ≗ (vorübergehender Kurzschluß) / transient fault ‖ ≗ (Kfz) / wiper *n*, windscreen wiper ‖ ≗ (kurzzeitige Entladung) / snap-over *n* ‖ **Erdschluß**~ / transient earth fault, transient ground ‖ **Kurzschluß**~ / self-extinguishing fault ‖ ≗**-Intervallschaltung** *f* (Kfz) / intermittent wiper control ‖ ≗**meldung** *f* / fleeting indication ‖ ≗**meldung** *f* (DÜ, FWT) / transient information ‖ ≗**motor** *m* / wiper motor ‖ ≗**-Wascher-Intervallschaltung** *f* (Kfz) / intermittent wiper-washer control
Wisch·festigkeit *f* / wipe resistance ‖ ≗**impuls** *m* / momentary impulse, single-current pulse, unidirectional pulse
Wischkontakt *m* / passing contact, fleeting contact ‖ ≗**röhre** *f* / impulsing mercury tube ‖ ≗**verhalten** *n* (elST) / impulse relay function
Wisch·relais *n* / interval time-delay relay ‖ ≗**-Wasch-Automatik** *f* (Kfz) / automatic wash/wipe control ‖ ≗**zeit** *f* / impulse time, wiping time
wissensbasiertes Expertensystem / knowledge-based expert system
witterungsbeständig *adj* / weather-resistant *adj*, weather-proof *adj*
WK (s. Werkzeugkorrektur)
WLB (s. Wechsellastbetrieb)
WLD (s. Wärmeleitfähigkeitsdetektor) ‖ ≗**-Betrieb** *m* (Chromatograph) / TCD operation (TDC = thermal-conductivity detector), operation with TCD ‖ ≗**-Verstärker** *m* / TCD amplifier
Wobbel·amplitude *f* / sweep amplitude ‖ ≗**bandbreite** *f* / sweep width ‖ ≗**frequenz** *f* / sweep frequency, wobbler frequency ‖ ≗**generator** *m* / sweep frequency generator, sweep generator, swept-frequency signal generator ‖ ≗**hub** *m* / sweep width ‖ ≗**meßgerät** *n* / swept-frequency measuring set ‖ ≗**meßplatz** *m* / sweep generator, sweep oscillator, sweeper *n* ‖ ≗**periode** *f* / sweep time ‖ ≗**sender** *m* / sweep signal transmitter ‖ ≗**ton** *m* / warble tone
Wobbler (s. Wobbelgenerator)
Wochen·höchstleistung *f* / weekly maximum demand ‖ ≗**protokoll** *n* / weekly log ‖ ≗**schaltwerk** *n* / seven-day switch, week commutating mechanism ‖ ≗**scheibe** *f* / seven-day dial, week dial
Wöhler-Kurve *f* / stress-number diagram (s.-n. diagram), stress-cycle diagram
Wohn·block *m* / block of flats ‖ ≗**einheit** *f* / dwelling unit ‖ ≗**gebäude** *n* / residential building ‖ ≗**straße** *f* / residential street
Wohnungs·verteilung *f* / consumer control unit, tenant's distribution board, apartment panelboard ‖ ≗**vorsicherung** *f* / consumer's main fuse
Wölbung *f* / camber *n*, crowning *n*, curvature *n* ‖ ≗ (Riemenscheibe) / crowning *n* ‖ ≗ (gS) / bow *n* ‖ ≗ (Statistik, Wahrscheinlichkeitsverteilung; Kurtosis) / kurtosis *n*
Wolframat *n* / tungstate *n*
Wolfram·bandlampe *f* / tungsten-ribbon lamp ‖ ≗**bogenlampe** *f* / tungsten-arc lamp ‖ ≗**karbid** *n* / tungsten carbide ‖ ≗**röhre** *f* / tungsten tube, tungsten source ‖ ≗**wendel** *f* / tungsten filament
Wolke-Erde-Blitz *m* / downward flash
Wolkenhöhen-Meßgerät, meteorologisches ≗ **(MCO)** / meteorological ceilometer (MCO)
Wommelsdorf-Maschine *f* / Wommelsdorf machine
Woodruffkeil *m* / Woodruff key, Whitney key
WOP (s. werkstattorientierte Programmierung) ‖ ≗ (s. werkstattorientierte Produktionsunterstützung)
Wort *n* / word *n* ‖ ≗ (NC; CLDATA-System) / logical word (ISO 3592), word *n* ‖ **ein** ≗ **ändern** (NC-Funktion) / to edit a word ‖ ≗**anzeige** *f* (PC) / word condition code ‖ ≗**betrieb** *m* / word mode ‖ ≗**eingabespeicher** *m* / word input memory ‖ ≗**erkenner** *m* / word recognizer ‖ ≗**erkennung** *f* / word recognition
Wortfolgeschreibweise, Eingabeformat in fester ≗ (NC) / (input in) fixed sequential format
Wortlänge *f* / word length
wortorganisierter Speicher / word-organized storage
wortorientierte Organisation / word-oriented organization
Wortprozessor *m* / word processor ‖ ≗ (Byteprozessor) / byte processor ‖ ≗**baugruppe** *f* (Platine) / word (o. byte) processor board ‖ ≗**bus (WP-Bus)** (PC) *m* / byte P bus
Wort·register *n* / word register ‖ ≗**stelle** *f* / word location ‖ ≗**umbruch** *m* / word wrap ‖ ≗**verarbeitung** *f* / word processing
wortweise *adv* / (in) word mode, word by word
WP-Bus (s. Wortprozessorbus)
WPS (s. Wellen-PS)
Wrap-Kontakt *m* (s. Wickelkontakt)
Wringen *n* / wringing *n*
WRS (s. Wechselrichter-Steuersatz)
WS (s. Wassersäule) ‖ ≗ (s. Wechselspannung) ‖ ≗ (s. Warteschlange) ‖ ≗**-Austrag** *m* / queue entry removal (o. cancel) ‖ ≗**-Eintrag** *m* / queue entry ‖ ≗**-Element** *n* / queue element ‖ ≗**-Kopf** *m* / queue header
WT-Gerät (s. Wechselstrom-Telegraphiegerät) ‖ ≗**-Kanal** (s. Wechselstrom-Telegraphiekanal)
Wuchskonstante *f* / build-up constant
Wucht·bank *f* / balancing table, balancing platform ‖ ≗**ebene** *f* / correction plane, balancing plane
wuchten *v* / balance *v*

Wucht·fehler *m* / unbalance *n* || **˜gewicht** *n* / balancing weight || **˜güte** *f* / balance quality || **˜lauf** *m* / balancing run || **˜nocken** *m* / balancing lug || **˜nut** *f* / balancing groove || **˜prüfung** *f* / balance test || **˜qualität** *f* / balance quality, grade of balance || **˜zustand** *m* / balance *n*
WU-Kennlinie *f*(Stromversorgungsgerät, DIN 41745) / automatic current limiting curve (ACL curve)
WU-Kühlung *f*(alte Bezeichnung für „Wasserkühlung mit Ölumlauf"; entspricht der Kühlart FOW)
Wulst *m* / bulge *n*, bead *n* || **˜naht** *f* / convex weld || **˜randkondensator** *m* / rim capacitor
Würfel *m* / cube *n* || **˜flächenorientierung** *f* / cubic orientation, cubex orientation
Wurf·erder *m* / line killer || **˜erdung** *f* / line killing
Würge·klemme *f*(DIN IEC 23F.6) / terminal with twisted joint || **˜litze** *f* / bunched conductor || **˜nippel** *m* / self-sealing grommet || **˜sitz** *m* / wringing fit || **˜stutzen** *m* / self-sealing gland, (push-in) sealing bush
Wurmschraube *f* / headless setscrew, grub screw, setscrew *n*
Wurzel *f*(Math.) / root *n* || **˜biegeprobe** *f* / root bend test || **˜ort** *m* / root locus
Wurzelung *f*(Anschließen an gemeinsames Potential) / connection to common potential || **˜** (Gruppierung von Ein- und Ausgängen) / grouping *n* || **4-er-˜** / group of four
WUW-Kühlung (s. Wasserumlauf-Wasserkühlung)

X

X-Ablenkung *f* / x-deflection *n*
X-Anordnung *f*(Lg.; paarweiser Einbau) / face-to-face arrangement
x-%-Durchschlagspannung *f* / x% disruptive discharge voltage
Xenon·-Hochdrucklampe *f* / high-pressure xenon lamp || **˜-Hochdruck-Langbogenlampe** *f* / high-pressure long-arc xenon lamp || **˜-Kurzbogenlampe** *f* / xenon short-arc lamp || **˜lampe** *f* / xenon lamp
X-Kern *m* / X core, cross core
X-Naht *f* / double-V butt joint
X-Nut *f* / double-V groove
XOR (s. exklusives ODER) || **˜-Glied** *n* / XOR element
X-t-Schreiber *m* / X t recorder
X-Verdrahtung *f* / point-to-point wiring
X-Wachs *n* / X-wax *n*
X-Wert des Kreismittelpunkts / X coordinate of centre of circle
X-Y-Schreiber *m* / XY recorder

Y

YAG (s. Yttrium-Aluminium-Granat)
Y-Aufhängung *f*(Fahrleitung) / stitched catenary suspension
Y-Muffe *f*(f. Kabel) / Y joint, breeches joint
Y-Punktlage *f*(Osz.) / y spot position
Y-Seil *n* / stitch wire
Yttrium·-Aluminium-Granat (YAG) *m* / yttrium aluminium garnet (YAG) || **˜-Eisen-Granat-Schaltung** *f* / yttrium-iron-garnet device (YIG device)
Y-Verstärker *m* / vertical amplifier

Z

Z-Abhängigkeit (s. Verbindungs-Abhängigkeit)
Zackenrandläufer *m* / toothed-rim rotor, rotor with polar projections
zäh *adj*(viskos) / viscous *adj*, thick *adj*, of high viscosity || ~ (Metall) / tough *adj*, ductile, adj., tenacious *adj* || **~e Reibung** / viscous friction || **~e Strömung** / viscous flow
Zähbruch *m* / ductile fracture, ductile failure
zäh·elastisch *adj* / tough *adj* || **~fest** *adj* / tenacious *adj*, tough *adj* || **˜festigkeit** *f* / tenacity *n*, toughness *n* || **~flüssig** *adj* / viscous *adj*, thick *adj*, of high viscosity
zähgepolt·es Elektrolytkupfer / electrolytic tough-pitch copper (e.t.p. copper) || **~es Kupfer** / tough-pitch copper
Zähigkeit *f*(Metall) / toughness *n*, ductility *n*, tenacity *n* || **˜** (Viskosität) / viscosity *n*
Zähigkeits·beiwert *m* / coefficient of viscosity, dynamic viscosity || **˜messer** *m* / viscometer *n* || **˜-Temperaturkurve** *f*(Metall) / toughness-temperature curve || **˜verhalten** *n*(Metall) / ductility *n* || **˜verlust** *m* / viscous loss || **˜widerstand** *m*(Flüssigk.) / viscous resistance
Zahl *f* / number *n*, figure *n* || **˜ mit Vorzeichen** / signed number || **˜ ohne Vorzeichen** / unsigned number || **einstellige ˜** / digit *n*
Zähl·ablauf *m* / counter operation || **˜ader** *f* / meter wire, M-wire *n* || **˜baugruppe** *f*(PC) / counter module || **˜bereich** *m* / counting range, counter capacity || **˜bereich** *m*(EZ) / register range || **˜dekade** *f* / decade counter || **˜eingang** *m* / counting input || **˜eingang, rückwärts** / counting-down input, decreasing counting input || **˜eingang, vorwärts** / counting-up input || **˜einrichtung** *f*(integrierendes Meßgerät) / register *n*
Zählen *n*(integrierend) / metering *n* || **˜** (nicht integrierend) / counting *n*
Zahlen·code *m* / numeric code, numerical code || **˜darstellung** *f* / number notation, numerical representation
zählendes Meßgerät / metering instrument, integrating instrument, meter *n*
Zahlen·einsteller *m* / thumbwheel setter, edge-wheel switch, numerical setter, multi-switch *n* || **˜komparator** *m* / magnitude comparator || **˜maßstab** *m* / numerical scale || **˜reihe** *f* / series of numbers || **˜rolle** *f*(EZ) / number drum, digit drum || **˜rollensteller** *m* / digital thumbwheel switch, thumbwheel setter || **˜speicher** *m* / numerical memory || **˜überlauf** (s. Zählerüberlauf)
Zahlenwert *m* / numerical value
Zahlenwertgleichung *f* / numerical value equation,

measure equation
zahlenwertrichtige Anpassung / weighting *n*
Zähler *m* (EZ, integrierend) / meter *n*, electricity meter || ≗ (nicht integrierend) / counter *n*, meter *n* || ≗ (Math.) / numerator *n* || ≗ (f. Schaltungen) / operations counter || ≗ (s. zählendes Meßgerät) || ≗ **für direkten Anschluß** / whole-current meter, meter for direct connection, transformeter *n* || ≗ **für Meßwandleranschluß** / transformer-operated (electricity) meter || ≗ **für Stromabgabe** / meter for exported kWh || ≗ **für Strombezug** / meter for imported kWh || ≗ **für unmittelbaren Anschluß** / whole-current meter || ≗ **mit Maximumzeiger** / meter with demand indicator || **asynchroner** ≗ / asynchronous counter, ripple counter || **synchroner** ≗ / parallel counter || **taktsynchroner** ≗ / clocked counter
Zählerableser *m* / meter reader
Zähler·ablesung *f* / meter reading || ≗**anzeige** *f* (EZ) / meter registration, meter reading || ≗**baugruppe** *f* / counter module || ≗**block** (s. Zählerbaugruppe) || ≗**einbaugehäuse** *n* / meter mounting box, meter wrapper || ≗**einbauteil** *m* (EZ) / meter mounting unit, meter support, meter wrapper || ≗**fehler in Prozent** / percentage error (of meter) || ≗**feld** *n* / meter section, meter panel || ≗**fortschaltung** *f* / counter advance, meter advance || ≗**gehäuse** *n* / meter case || ≗**grundplatte** *f* / meter base || ≗**justierung** *f* / meter adjustment || ≗**kappe** *f* / meter cover || ≗**kasten** *m* / meter box || ≗**konstante** *f* / meter constant || ≗**konstante** *f* (Wh pro Umdrehung) / watthour constant || ≗**kreuz** *n* / cross bar for meter mounting, meter cross support || ≗**läufer** *m* / meter rotor, meter disc || ≗**leerlauf** *m* / meter creep || ≗**löschung** *f* / counter reset || ≗**platz** *m* / meter mounting board || ≗**plombe** *f* / meter seal || ≗**plombierung** *f* / meter sealing || ≗**prüfeinrichtung** *f* (Prüfbank) / meter test bench, meter testing array || ≗**prüfeinrichtung** *f* (tragbar) / (portable) meter testing unit || ≗**prüfplatz** *m* / meter test bench, meter bench || ≗**raum** *m* (im Verteiler) / meter compartment || ≗**rückstellung** *f* / counter reset || ≗**saldo** *m* / counter (o. meter) balance || ≗**schaltuhr** *f* / meter time switch, meter changeover clock || ≗**scheibe** *f* / meter disc, meter rotor || ≗**schleife** *f* / meter loop || ≗**schrank** *m* / meter cabinet || ≗**-Spannungspfad** *m* / meter voltage circuit
Zählerstand *m* / counter content, count *n* || ≗ (EZ) / meter registration, meter reading || **Adreß~** / address counter status
Zähler·strom *m* / meter current, current through meter || ≗**-Strompfad** *m* / meter current circuit || ≗**synchronisierung** *f* (Baugruppe) / counter synchronising module || ≗**-Systemträger** *m* / meter frame || ≗**tafel** *f* / meter board, meter panel || ≗**tafelschrank** *m* / meter board cabinet || ≗**tarif** (s. Einheitstarif) || ≗**tragplatte** *f* / meter support plate, meter base || ≗**tragrahmen** *m* / meter frame || ≗**triebsystem** *n* / meter driving element || ≗**überlauf** *m* / counter overflow || ≗**-Verteilungsschrank** *m* / meter (and) distribution cabinet || ≗**vorlauf** *m* / meter no-load creep || ≗**vorsicherung** *f* / (line-side) meter fuse || ≗**vortrieb** *m* / meter creep || ≗**wandler** *m* / metering transformer || ≗**wert** *m* / meter reading || ≗**wert (ZW)** (PC) *m* / count *n* || ≗**zelle** *f* / counter location
Zähl·frequenz *f* / counting (o. counter) frequency, counting rate || ≗**geschwindigkeit** *f* / counting rate || ≗**glied** *n* / counter *n*
Zählimpuls *m* / counting pulse, meter pulse, integrating pulse, totalizing pulse || ≗ (registrierter Ausgangsimpuls) / count *n*
Zähl·kern *m* / metering core || ≗**kette** *f* / counting chain, counting decade || ≗**nummer** *f* (DIN 40719,T.2) / number *n* (of item) || ≗**nummer** *f* (DIN 6763,T.1) / serial number || ≗**pfeil** *m* / reference arrow
Zählpfeilsystem *n*, **Erzeuger-**≗ / generator reference-arrow system || **Verbraucher-**≗ *n* / load reference arrow system
Zähl·rate *f* / counting rate || ≗**ratenmesser** *m* / counting ratemeter || ≗**reihe** *f* (Zählgeschwindigkeit) / counting rate || ≗**relais** *n* / counter relay || ≗**rohr** *n* / counter tube || ≗**rohr mit Fremdlöschung** / externally quenched counter tube || ≗**rohr mit organischen Dämpfen** / organic-vapour-quenched counter tube || ≗**satz** *m* / metering unit || ≗**schauzeichen** *n* / counting indicator, counting operation indicator || ≗**sinn „rechts"** / counting in clockwise direction || ≗**speicher** *m* / integrated-demand memory, pulse count store, memorizing meter (o. counter)
Zählung *f* (integrierend) / metering *n* || ≗ (nicht integrierend) / counting *n* || ≗ (Ergebnis des Zählens) / count *n*
Zähl·verfahren *n* (Pulszählverfahren) / pulse-count method (o. system) || ≗**wandler** *m* / metering transformer
Zählwerk *n* (EZ) / register *n*, registering mechanism, counting mechanism || ≗ (Trafo-Stufenschalter) / operation counter (IEC 214) || ≗**ansteuerung** *f* (EZ) / register selection (o. selector) || ≗**baugruppe** *f* / register module || ≗**konstante** *f* / register constant || ≗**stand** *m* / register reading, register count || ≗**übersetzung** *f* / register ratio || ≗**umschalteinrichtung** *f* / register changeover device
Zählwert *m* / count *n*, count value || ≗ (DÜ) / counted measurand, metered measurand || ≗ (Verbrauch je Meßperiode) / meter reading (per integrating period), count *n* || **einen** ≗ **laden** (PC) / to load a counter || ≗**-Protokoll** *n* / meter-reading log || ≗**-Protokollanlage** *f* / meter-registration logging system
Zähl·wicklung *f* / metering winding || ≗**wirkungsgrad** *m* / counting efficiency || ≗**-Wort** *n* (PC) / counter word || ≗**zelle** *f* (PC) / counter location
Zahn *m* (Blechp.) / tooth *n*
Zahnband·riemen *m* / flat-tooth broad belt
Zahn·breite *f* (Blechp.) / tooth width || ≗**breite** *f* (Zahnrad) / face width || ≗**eingriff** *m* / meshing *n* || ≗**flanke** *f* / tooth flank, tooth surface || ≗**flankenlinie** *f* / tooth trace || ≗**flußdichte** *f* / tooth flux density, tooth density || ≗**form** *f* / tooth shape, tooth profile || ≗**fuß** *m* / tooth root || ≗**fußhöhe** *f* (Zahnrad) / dedendum *n* || ≗**grund** *m* (Zahnrad) / bottom land, tooth gullet || ≗**höhe** *f* (Blechp.) / tooth height, depth of tooth || ≗**höhe** *f* (Zahnrad) / whole depth of tooth, tooth depth || ≗**kette** *f* / inverted-tooth chain

Zahnkopf *m* (Blechp.) / tooth tip || ~**breite** *f* (Blechp.) / width of tooth tip || ~**fläche** *f* (Blechp.) / tooth crest, tooth face || ~**fläche** *f* (Zahnrad) / top land || ~**höhe** *f* (Zahnrad) / addendum *n* || ~**streuung** *f* (s.a. „doppelt verkettete Streuung") / tooth-top leakage, zig-zag leakage
Zahn·kranz *m* / ring gear, girth gear, annular gear || ~**kupplung** *f* / gear clutch, tooth(ed) clutch, gear coupling || ~**länge** *f* (Blechp.) / depth of tooth || ~**lücke** *f* / tooth space, slot *n*, gash *n* || ~**profil** *n* / tooth profile, tooth shape, tooth contour || ~**pulsation** *f* / tooth ripple, tooth pulsation
Zahnrad *n* / gear wheel *n*, gear *n*, wheel *n*, toothed wheel, cogwheel *n* || ~**antrieb** *m* / gear drive || ~**getriebe** *n* / gear train, gearbox *n*, gearing *n*, gears *n pl*, gear transmission || ~**getriebe mit Zwischenrad** / intermediate-wheel gearing || ~**kasten** *m* / gearbox *n*, gear case || ~**paar** *n* / gear pair || ~**pumpe** *f* / gear pump || ~**segment** *n* / gear segment || ~**vorgelege** *n* / transmission gear(ing), back gear, gear train
Zahnriemen *m* / toothed belt
Zahnscheibe *f* / toothed lock washer, serrated lock washer || ~ (Drehzahlgeber) / toothed disc
Zahnspannung, magnetische ~ / magnetic potential difference along teeth
Zahn·spitze *f* / tooth tip || ~**spule** *f* / tooth-wound coil
Zahnstange *f* / gear rack, rack *n*
Zahnstangen·antrieb *m* / rack-and-pinion drive, rack drive || ~**winde** *f* / rack-and-pinion jack, rack jack, ratchet jack
Zahn·teilung *f* / tooth pitch || ~**tiefe** *f* / depth of tooth
Zange *f* (Rob.) / pince *n*, hand *n*
Zangen·meßgerät *n* / clip-on measuring instrument || ~**strommesser** *m* / clip-on ammeter || ~**stromwandler** *m* / split-core-type current transformer, split-core current transformer
Zapfen *m* (Achsende eines Meßinstruments) / pivot *n* || ~ (Welle) / journal *n* || ~ (Bolzen) / gudgeon *n*, pin *n*, bolt *n* || ~**bohrung** *f* (Kuppl.) / coupling-pin hole || ~**getriebe** *n* / trunnion-mounted gear || ~**kupplung** *f* / pin coupling, pin-and-bushing coupling, stud coupling || ~**lager** *n* / chock *n* || ~**schlüssel** *m* / pin spanner || ~**schraube** *f* / shoulder screw, headless shoulder screw
Zapfsäule *f* (IK) / floor service box, outlet box || ~ (Tankstelle) / petrol pump, gas pump
Zapfschienenverteiler *m* / plug-in busway system
Zaponlack *m* / cellulose lacquer
ZAS (s. zentrale Anschlußstelle)
z-Auslöser *m* (Siemens-Typ; stromabhängig verzögerter o. kurzverzögerter Überstromauslöser) / z-release *n* (Siemens type; inverse-time or short-time-delay overcurrent release)
ZB (s. Zentralbaugruppe)
Z-Barriere *f* (Zener-Barriere)
Z-Diode *f* (Zener-Diode)
ZE (s. Zentraleinheit) || ~ (s. Zentralerweiterungsgerät)
Zebramuster *n* / streaking *n*
Zehner·block *m* (Klemmen) / ten-terminal block, block of ten || ~**logarithmus** *m* / common logarithm || ~**tastatur** *f* / numeric keyboard (o. keypad)
Zehngangpotentiometer (s. Zehnwendelpotentiometer)
Zehntel·streuwinkel *m* / one-tenth peak divergence (GB), one-tenth peak spread (US)
Zehnwendelpotentiometer *n* / ten-turn potentiometer
Zeichen *n* (Prüfzeichen; Kennzeichnung) / mark *n* || ~ (DV u. Bildschirmdarstellung) / character *n* || ~ **pro Sekunde** / characters per second (CPS) || **Matrix**~ / matrix sign || **Navigations**~ / navigation mark || **Prüf**~ / mark of conformity, approval symbol || **Schiffahrts**~ / marine navigational aid || **See**~ / sea mark, navigational aid || **Verkehrs**~ / traffic sign || **Verkehrs**~ **(TRL)** (Flp.) / traffic light (TRL) || **Zwischenraum**~ (NC; CLDATA-Wort) / blank *n* (ISO 3592)
Zeichenabstand *m* / character spacing || ~ (s. Zeichenzwischenraum) || ~ (s. Zeichendichte)
Zeichen·antrag *m* / marks application || ~**anzeigeröhre** *f* / character indicator tube || ~**aufwärtsrichtung** *f* / character up vector || ~**ausgabebaustein** *m* / character output block || ~**ausrichtung** *f* / character (o. text) alignment || ~**begrenzung** *f* (Bildelement) / character boundary || ~**betrieb** *m* / character mode || ~-**Bildschirmeinheit** *f* / alphanumeric display unit || ~**breite** *f* / character width || ~**breitenfaktor** *m* (GKS) / character expansion factor || ~**code** *m* / character code
Zeichendichte *f* / character density, recording density || ~ (magn. Datenträger) / data density
Zeichen·ende *n* / end of character (EOC) || ~**erkennung** *f* / character recognition || ~**erklärung** *f* (Legende) / legend *n* || ~**folge** (s. Zeichenreihung)
zeichengenauer Stop / stop with character accuracy
Zeichen·genehmigung *f* / marks licence || ~**generator** *m* / character generator || ~**geschwindigkeit** *f* (Plotter) / plotting rate (o. speed) || ~**grafik** *f* / character graphics || ~**größe** *f* / character size || ~**hervorhebung** *f* / character highlighting || ~**kette** *f* (PMG) / string of digits, string *n* || ~**kette** (s. Zeichenreihung) || ~**kontrast** *m* (BSG) / (character) contrast to background || ~**kopf** *m* (Plotter) / plotting head || ~**körper** *m* / character body || ~**länge** *f* (im Telegramm) / signal element length
zeichenmarkierte Meldung / character-tagged alarm
Zeichenmaschine *f* / drawing machine, drafting machine, plotter *n*
Zeichen·maßstab *m* / plotting scale || ~**mittenabstand** *m* / character spacing || ~**parität** *f* / character parity, vertical parity || ~**prüfung** *f* / marks licence test
Zeichenrahmen *m* / character frame || ~**fehler** *m* / character frame error
Zeichen·registrierung *f* / marks registration || ~**reihung** *f* / character string || ~**satz** *m* / character set || ~**spitze** *f* (Plotter) / plotting stylus, drawing stylus || ~**stelle** *f* / character position
Zeichenstift heben (NC; CLDATA-Wort) / pen up (ISO 3592) || ~ **senken** (NC; CLDATA-Wort) / pen down (ISO 3592) || **elektronischer** ~ (s. Lichtgriffel) || ~**plotter** *m* / pen plotter
Zeichen·string (s. Zeichenreihung) || ~**takt** *m* (DÜ) / byte timing || ~**vergrößerungsfaktor** *m* /

character expansion factor || ²**verzugszeit (ZVZ)** *f* / character (o. digit) delay time || ²**vorrat** *m* / character set || ²**zahl** *f* / number of characters || ²**zeiger** *m* / character pointer || ²**zwischenraum** *m* / character distance
Zeichnen (NC; CLDATA-Wort) / draft (ISO 3592)
Zeichnung *f* / drawing *n* || ² (v. Plotter) / plot *n* || **Postprozessor-**² (NC; a. CLDATA-Wort) / postprocessor plot (ISO 3592)
Zeichnungs·ausschnitt *m* / window *n* || ²**datei** *f* (CAD) / drawing file, plotfile *n* || ²**element** *n* (CAD) / drawing entity || ²**erläuterung** *f* / legend *n* || ²**format** *n* (Plotter) / plotting format || ²**kopf** *m* / title block || ²**meßmaschine** *f* / drawing measuring machine || ²**objekt** *n* (CAD) / drawing entity
Zeichnungsprogramm *n*, **CAD-**² / CAD plotting program
Zeichnungs·raster *m* / coordinate system || ²**satz** *m* / set of drawings || ²**überlagerung** *f* (NC; a. CLDATA-Wort) / over-plot *n* (ISO 3592) || ²**vordruck** *m* / drawing form
Zeige·balken *m* (CAD) / slide bar || ²**gerät** *n* / pointing device
Zeiger *m* (MG) / index *n*, pointer *n*, needle *n* || ² (Uhr) / hand *n*, pointer *n* || ² (komplexe Größe) / phasor *n* || ² (DV-Speicher) / pointer *n* || ² (Bildschirmanzeige; Vorlaufzeiger) / cursor *n* || ² (PC, Datenbaustein) / pointer *n* || ²**anschlag** *m* / pointer stop || **Meßgerät mit** ²**arretierung** / instrument with locking device || ²**bearbeitung** *f* / pointer processing || ²**bild** (s. Zeigerdiagramm) || ²**diagramm** *n* / phasor diagram || ²**fernthermometer** *n* / dial telethermometer || ²**festhaltevorrichtung** *f* / pointer locking device || ²**frequenzmesser** (s. Zeiger-Frequenz-Meßgerät) || ²**-Frequenz-Meßgerät** *n* / pointer-type frequency meter || ²**galvanometer** *n* / pointer galvanometer
zeigergesteuert *adj* / vectored *adj* (interrupt control)
Zeiger·information *f* / vector information || ²**instrument** *n* / pointer instrument, pointer-type instrument || ²**melder** *m* (Balkenanzeiger) / semaphore *n* || ²**register** *n* (MPU) / pointer register || ²**rückführung** *f* / pointer return || ²**thermometer** *n* / dial thermometer || ²**zählwerk** *n* / pointer-type register, dial-type register
Zeile *f* (Druckzeile, DV, Bildelemente) / line *n* || ² (BGT, Verteiler) / tier *n* || ² (Leiterplatte) / row *n* || **Einschub**~ (MCC) / row of withdrawable units, tier *n*
Zeilen pro Minute / lines per minute (LPM) || ²**abstand** *m* / line spacing || ²**abstand** *m* (BGT, Verteiler) / tier spacing || ²**abtasten** *n* / line scanning, row scanning || ²**abtastverfahren** *n* / line scanning method || ²**abtastzeit** *f* / line scanning period || ²**adreßauswahl** *f* / row address select (RAS) || ²**adresse** *f* / row address || ²**adresse-Übernahmesignal** *n* (MPU) / row address strobe (RAS) || ²**anwahl** *f* (Anzeige) / display line selection, line selection || ²**dichte** *f* (Fernkopierer) / scanning density || ²**drucker** *m* / line printer (LP) || ²**ende-Zeichen** *n* (NC) / end-of-line character || ²**endsignal** *n* / end-of-line signal (o. indicator), line end signal || ²**format** *n* / line format || ²**format** *n* (Drucker) / characters per line || ²**frequenz** *f* (BSG) / line frequency, horizontal frequency
Zeilengehäuse *n* (ET) / single-tier subrack, single-height wrapper, single-height subrack
Zeilen·kamera *f* / line scan(ning) camera, line camera, linear-array camera || ²**leitung** *f* (MPU) / row circuit || ²**rücklauf** *m* (BSG) / line flyback, horizontal flyback || ²**schalttaste** *f* / line space key || ²**schritt** *m* (Formatsteuerfunktion) / line feed || ~**sequentiell** *adj* / line-sequential *adj* || ²**sprungverfahren** *n* (graf. DV) / interlacing method || ²**umbruch** *m* / justification *n* (of ragged lines) || ²**vektor** *m* / row vector || ²**vorschub** *m* / line feed (LF) || ²**vorschub mit Wagenrücklauf** (NC; DIN 66025,T.1) / new line (NC; ISO/DIS 6983/1)
zeilenweises Rollen (BSG) / racking up
Zeit *f* / time *n*, time of day || ² **(T)** (PC, Timer) / timer (T) *n* || ² **bis zum Abschneiden** (Stoßwelle) / time to chopping || ² **bis zum Ausfall** / time to failure (TTF) || ² **bis zum ersten Ausfall** / time to first failure (TTFF) || ² **bis zur Kriechwegbildung** (IEC 50(212)) / time-to-track *n* || ² **für Leistungsmittelung** / demand integration period || ² **geringer Belastung** / light-load period || ² **tE** / time tE, safe locked-rotor time || ² **vervielfachen** (PC-Funktion) / repetitive timer function || **eine** ² **rücksetzen** (PC) / to reset a timer || **eine** ² **starten** (PC) / to start a timer || ²**abbruch** *m* / time-out *n*
zeitabhängig *adj* / time-dependent *adj*, as a function of time, time-variant *adj* || ~**e Ablaufsteuerung** / time-oriented sequential control || ~**e Größe** / time-dependent quantity (IEC 27-1) || ~ **verzögert** (Auslöser, Schutz) / inverse-time *adj*
Zeitablauf *m* (Steuerung) / timing *n* || ² (Zeitrel.) / timing period (o. interval) || ² (Ablauf des Zeitglieds) / timer operation || ² (Überschreitung) (s. Zeitüberschreitung) || ²**diagramm** *n* / time sequence chart || ²**glied** *n* / sequence timer || ²**plan** (s. Zeitablaufdiagramm) || ²**tabelle** *f* / time sequence table
Zeitablenkeinrichtung *f* (Osz.) / time base
Zeitablenkgeschwindigkeit *f* / sweep speed
Zeitablenkung *f* / time-base sweep || ² (s. Zeitablenkeinrichtung) || **einmalige** ² (Osz.) / single sweep, one shot
Zeit·abschaltung *f* (PC) / time-out *n* || ²**abstand** *m* / interval *n* || ²**abstandzähler** *m* / interval counter || ²**achse** *f* / time axis, time base || ²**alarm** *m* (PC) / time interrupt || ²**analysator** *m* / timing analyzer || ²**anstoß** *m* / time trigger
Zeitaufzeichnung *f* (Schreiber) / time-keeping *n*
Zeitauslösung *f* (eingestelltes Intervall, nach dem ein Signal erzeugt wird, wenn bis dahin noch keine Triggerung erfolgt ist) / time-out *n*
Zeitautomatik *f* / automatic timing
Zeitbasis *f* / time base (TB) || ²**geber** *m* / time-base generator || ²**schalter** *m* / time base (selector) switch
Zeit·baugruppe *f* (elST) / timer module || ²**baugruppenblock** *m* (PC) / timer module block || ²**beanspruchung** *f* / time-for-rupture tension, time-for-rupture stress || ²**bearbeitung** *f* (Führung v. Datum u. Uhrzeit; Ausgabe der Informationen an den Anwender) / real-time management || ²**bearbeitung** (s. Echtzeitbearbeitung) || ²**bedarf** *m* (DV) / time

overhead || ≗**begrenzung** *f*(Begrenzung der Verfügbarkeit o. Aufrufbarkeit eines Geräts o. einer Funktion) / time-out *n* || ≗**beiwert** *m* / time coefficient || ≗**berechtigung** *f*(ZKS) / authorized access time
Zeitbereich *m* / time range || ≗ (Zeitrel.) / delay range, time(d) interval || ≗**-Reflektometrie** *f* / time-domain reflectometry (TDR)
Zeitbereichs·schalter *m* / time range selector
Zeitbewertung *f* / time weighting, time weighting characteristic
zeitbezogen·e Aufzeichnung / synchronous recording, recording as a function of time || ~**er quadratischer Wert** / quadratic rate
Zeit·bildung *f* / timing generation || ≗**bildung** *f* (Zeitgeberfunktion) / timer function, timing *n* || ≗**bruch** *m* / fatigue fracture || ≗**charakteristik** *f* / time response, characteristic with respect to time || ≗**darstellung** *f*(Impulsmessung) / time format
Zeitdauer des Spannungszusammenbruchs einer abgeschnittenen Stoßspannung / virtual time of voltage collapse during chopping || ≗ **des thermischen Ausgleichs** (DIN 41745) / settling time (IEC 478-1)
Zeit·dehngrenze *f* / creep limit || ≗**diagramm** *n* (MPSB) / timing diagram || ≗**dienstanlage** *f* / time distribution system (IEC 50(35)) || ~**diskret** *adj* / time-discrete *adj*, discrete-time *adj* || ≗**eichung** *f* / time calibration, timing *n*, time base || ≗**eingangsstufe** *f* / delay input converter *n* || ≗**einstellbarkeit** *f*(Zeitrel.) / delay adjustability || ≗**einstellbereich** *m* / time setting range, timing range || ≗**einstellung** *f* / time setting *n*, timing *n* || ≗**einstellung** *f*(Zeitrel.) / delay adjustment || ≗**einstellwert** *m* / time setting
Zeiten *f pl*(einstellbare Zeiten) / timing *n*
Zeit·erfassung (s. Arbeitszeiterfassung) || ≗**erfassung mit zentral geführter Absolutzeit** (FWT) / centralized absolute chronology (IEC 50(371))
Zeitfehler *m* / timing error || ≗ (Überschreitung) / time-out *n*
Zeitfestigkeit *f* / endurance limit, fatigue limit
zeitfolgerichtige Verarbeitung / processing in correct time order, chronological processing
Zeit·funktion *f* / timing function || ≗**funktion** *f* (Funktion des Zeitglieds) / timer function || ≗**funktionsbaugruppe** *f* / time(r) function module || ≗**gang** (s. Zeitverhalten)
Zeitgeber (T) *m* / time generator *n*, timer *n*, timing element, timing module, clock *n* || ≗ (s. Echtzeituhr) || ≗ **für Bestätigungswiederholung** (Datennetz, E DIN 66324, T.3) / window timer || **triggerbarer** ≗ (progammierbarer Z.) / programmable one-shot || ≗**baugruppe** *f* / timer module
zeitgeführt *adj* / timed *adj*, timer-controlled *adj*, time-oriented *adj*, as a function of time || ~**e Ablaufsteuerung** (s. zeitabhängige Ablaufsteuerung)
zeitgenau *adj* / accurately timed, accurate-timing *adj*
Zeitgenauigkeit *f*(Zeitrel.) / timing accuracy
zeitgeraffte Prüfung / accelerated test
Zeitgerät *n*(VDI/VDE 2600) / time function element
zeitgesteuert·e Bearbeitung (NC) / timed machining || ~**e Bearbeitung** (elST) / time-controlled processing, time-driven processing
zeitgestufte Prüfung mit stufenweise erhöhter Spannung / graded-time step-voltage test
Zeit·glied *n* / timer *n*, timing element || ≗**glied** *n* (Monoflop) / (timer) monoflop *n* || ≗**guthaben** *n* (GLAZ) / time credit || ≗**gutschrift** *n*(GLAZ) / time credit || ≗**haftstelle** *f*(HL) / trap *n* || ≗**impulsgeber** *m* / timer *n*, clock *n* || ≗**integral** *n* / time integral || ≗**interruptsteuerung** *f* / time-interrupt control || ≗**intervallgeber** *m* / interval timer || ≗**kenngrößen** *f pl* / time parameters || ≗**kennung** *f* / time code || ≗**koeffizient** *m* / time coefficient || ≗**kondensator** (s. Verzögerungskondensator)
Zeitkonstante *f* / time constant, time factor || ≗ **der Regelschleife** / loop time constant || ≗ **der Regelstrecke** / system time constant, plant time constant || ≗ **des Gleichstromgliedes** (s. Gleichstrom-Zeitkonstante)
zeit·kontinuierliche Regelung / continuous control || ≗**konto** *n*(GLAZ) / time account || ≗**kontoführung** *f* / time account updating || ≗**kontostand** *m* / time balance || ≗**kontrolle** *f*(NC) / time check, timing check || ≗**koordinate** *f*(Osz.) / time coordinate, z coordinate
zeitkritisch *adj* / time-critical *adj*, critical with respect to time
Zeit·lastprüfung *f* / time-loading test || ≗**laufwerk** *n* / timing mechanism, timing gear, clock *n* || ≗**-Leistungs-Läuferverfahren** *n*(EZ) / wattmeter-and-stopwatch method
zeitlich·er Abstand / interval *n* || ~**e Auflösung** (a. FWT) / time resolution, limit of accuracy of chronology || ~**es Integral der Strahldichte** (VDE 0837) / integrated radiance (IEC 825) || ~**er Mittelwert** / time average || ~**er Permeabilitätsabfall** / time decrease of permeability, disaccommodation of permeability || ~**es Unterscheidungsvermögen** (FWT) / separating capability (IEC 50(371)), discrimination *n* || ~**es Verhalten** (s. Zeitverhalten) || ~ **verlagerbare Last** / deferrable load || ~**er Verlauf** / time characteristic, characteristics as a function of time, time lapse || ~**er Verlauf** (Trend) / trend *n* || ~**e Verschiebung um 90°** / time quadrature || ~ **verzögert** / time-delayed *adj*, delayed *adj* || ~**es Zittern** / time jitter
Zeit·linien *f pl* / chart time lines || ≗**lizenz** *f* (Software) / follow-up licence
Zeitmarke *f*(Osz.) / time mark || ≗ (s. Taktmarke)
Zeitmarken·geber *m*(Osz., Schreiber) / time marker, time marker generator || ≗**generator** *m* / time marker generator || ≗**schreiber** *m* / chart recorder
zeitmarkierte Meldung / time-tagged alarm
Zeitmaßstab *m* / time scale || ≗**faktor** *m* / time scale factor
Zeit·messer *m* / time piece, timer *n* || ≗**meßverfahren** *n*(EZ) / stopwatch method
Zeitmultiplex (ZMX) *n* / time-division multiplex (TDM) || ≗**-Abtastregelung** *f* / time-shared control
zeitmultiplexe Übertragung / time-division multiplex transmission, transmission by time-division multiplexing
Zeitmultiplex·kanal *m* / time-derived channel || ≗**system** *n* / time-division multiplex system

Zeit-Nichtverfügbarkeit *f* / unavailability factor, unavailability time ratio || **≗normal** *n* / time standard, horological standard || **≗operation** *f* / timer (o. timing) operation

Zeitplan *m* (Reg.) / time program (IEC 50(351)), time schedule || ≗ (Terminplan) / schedule *n* || **≗geber** *m* / (time) scheduler || **≗geber** (s. Programmgeber) || **≗regelung** *f* / time-scheduled closed-loop control, time-program control, programmed control || **≗steuerung** *f* / time-scheduled open-loop control, time-program control

Zeit·programm *n* (a. Zeitrelais) / time program, timing mode || **≗programmierstufe** *f* / time programmer || **≗prozessor** *m* / timing processor, timing control processor || **≗punkt** *m* / instant *n*

zeitraffend·e Prüfung / accelerated test || **~e Voralterung** (durch Einbrennen) / burn-in *n*

Zeitraffung *f* / acceleration *n*

Zeitraffungsfaktor *m* / time acceleration factor || **≗ für die Ausfallrate** / failure-rate acceleration factor

Zeitrampe *f* / time slope

Zeitraster *m* / time reference, timing code || ≗ (s. Zeitbasis) || **≗folge** *f* (MPSB) / round robin sequence (RRS)

zeitraubend *adj* / time-consuming *adj*

Zeit·referenzlinie *f* (DIN IEC 469, T.1) / time reference line || **≗referenzpunkt** *m* (DIN IEC 469, T.1) / time referenced point || **≗relais** *n* / time-delay relay (TDR), timing relay

zeitreziproke Vorschubverschlüsselung (NC, DIN 66025, T.2) / inverse-time feed rate (ISO 1056)

Zeitsaldierung, gleitende Arbeitszeit mit ≗ / flexible working hours with carry-over of debits and credits

Zeit·saldo *m* / time balance, current time balance || **≗schalter** *m* / time-delay switch (t.d.s.) (IEC 512-2), time switch, clock-controlled switch, time-lag relay switch (CEE 14) || **≗schaltuhr** *f* / time switch || **≗schaltwerk** *n* (Reg.) / timer *n*, sequence timer || **≗schaltwerk** *n* (Schaltuhr) / timing element, commutating mechanism || **≗scheibe** *f* / time dial || **≗scheibe** *f* (DV) / time slice || **≗schuld** *f* / time debit || **≗schwingfestigkeit** *f* / fatigue life

zeitselektiv *adj* / time-discriminating *adj*, time-grading *adj*

Zeit·selektivität *f* / time discrimination, time grading || **≗sollwert** *m* / time setpoint || **≗spalt** *m* (Schutz) / reclaim time

Zeitspanne *f* / time interval, time *n*, period *n* || **≗ bis zum Ausfall** (IEC 50(191)) / time to failure (TTF) || **≗ bis zum ersten Ausfall** (IEC 50(191)) / time to first failure (TTFF) || **≗ bis zur Wiederherstellung** (IEC 50(191)) / time to restoration (o. recovery)

zeitsparend *adj* / time-saving *adj*

Zeit·speicher *m* (Register) / time register || **≗sperre** *f* (PC) / time-out *n* || **≗staffelbetrieb** *m* (FWT) / time-graded transmission || **≗staffelschutz** *m* / time-graded protection (system o. scheme), non-unit protection || **≗staffelung** *f* / time grading || **≗standfestigkeit** *f* / endurance strength, creep rupture strength, stress rupture strength || **≗standprüfung** *f* / endurance test, long-duration test, long-time test, time-for-rupture tension test, creep rupture test || **≗standprüfung mit Zugbelastung** / tensile creep test || **≗start** *m* / timer start || **≗steller** *m* / timer *n*

Zeit-Strom·-Abhängigkeit (s. Zeit-Strom-Kennlinie) || **≗-Auslösekennlinie** *f* / time/current operating (o. tripping) characteristic || **≗-Bereich** *m* (Sich.) / time-current zone || **≗-Bereichsgrenzen** *f pl* (Sich.) / time-current zone limits || **≗-Kennlinie** *f* / time-current characteristic || **≗-Kennlinienbereich** *m* / time-current zone

Zeit·studie *f* / time study, time-and-motion study || **≗stufe** *f* (Bauelement) / timer *n*, timer module || **≗stufe** *f* (Monoflop) / monoflop *n* || **≗stufe** *f* (Multivibrator) / monostable multivibrator || **≗synchronisation** (s. Uhrzeitsynchronisierung) || **≗taktabfrage** *f* / clock scan || **≗taktsteuerung** *f* / clocked control, time cycle control

Zeittaktverteiler (ZTV) *m* / clock distributor (CD), time slice distributor

„Zeittaktverteiler", Funktionsbaustein ~ (PC) / "Clock distribution" function block

Zeitüberbrückung zwischen DÜ-Blöcken / inter-frame time fill

Zeitüberschreitung *f* / time-out *n*

Zeit·übertrag *m* (GLAZ) / carry-over of (time) credits and debits || **≗überwachung** *f* / time monitoring || **≗überwachungsbaugruppe** / time-out module || **≗überwachungsstufe** *f* / time watchdog, watchdog timer

zeitunabhängig *adj* / time-independent *adj*, time-invariant *adj*, non-timing *adj*

zeitunkritisch *adj* / non-time-critical *adj*, not critical with respect to time

Zeitursprungslinie *f* (DIN IEC 469, T.1) / time origin line

zeitvariant *adj* / time-variant *adj*, varying with time

Zeit·verarbeitung *f* / time processing || **≗verfahren** *n* (EZ) / stopwatch method || **≗verfügbarkeit** *f* (Verhältnis Verfügbarkeitsdauer/Betrachtungsdauer) / availability time ratio, availability factor

Zeitverhalten *n* / time response, dynamic behaviour (o. response), transient response || ≗ (Rel., bei einer gegebenen Funktion; DIN IEC 255, T.1-00) / specified time || ≗ (Trend) / trend *n* || **≗ bei abtastenden Meßverfahren** (VDI/VDE 2600) / time response when sampling || **Relais ohne festgelegtes ≗** (DIN IEC 255, T.1-00) / non-specified-time relay

Zeitverlauf *m* / time characteristic, characteristics as a function of time, time lapse || ≗ (Schwingungen, Erdbeben) / time history

Zeit·versatz *m* (Signale, Impulse) / skew *n* || **≗verzögerer** *m* / time-delay block, delay block

zeitverzögert·e Fehlerstromschutzeinrichtung / time-delay residual-current device || **~es Hilfsschaltglied** / time-delayed auxiliary contact element || **~er Schalter** (VDE 0632) / time-lag relay switch (CEE 14) || **~er Überstromauslöser** (spricht an nach einer Stromflußdauer, die umgekehrt proportional zum Überstrom ist) / inverse time-delay overcurrent release

Zeitverzögerung *f* / time delay, delay *n* || ≗ (eingestelltes Zeitintervall, in dem ein Signal nicht erkannt wird) / time-in *n* || ≗ (Rel., festgelegtes Zeitverhalten) / specified time

Zeit·vielfach *n* / time-division multiplex (TDM) || **≗vorgabe** *f* (Reg.) / rate setting || **≗vorgabe** *f*

(Zeitbasis) / time base || ²waage *f* / timing machine || ²wächter *m* / timer *n*, time-delay relay || ²wecker *m* / time interrupt
zeitweilig·e Spannungserhöhung (VDE 0109) / temporary overvoltage (IEC 664A) || ~**e Überspannung** / temporary overvoltage
zeitweise besetzte Station / attended substation
Zeitwert *m* / time value, time *n* || ² **(TW)** (PC, Parametername) / time || **einen** ² **laden** (PC) / to load a time (o. timer) || **Löschen der** ²**e** (PC) / resetting the times (o. timers) || ²**speicher** *m* / time register (TR)
Zeit·-Wort *n* (PC) / timer word || ²**zähler** *m* / time meter, hours meter || ²**zähler** *m* (DÜ, RSA) / time counter || ²**-/Zählerbaugruppe** *f* / timer/counter module || ²**zeiger** *m* (Vektor) / time vector || ²**zelle** *f* / timer location, time-of-day location || ²**zentrale** *f* / central time unit || **Saisontarif mit** ²**zonen** / seasonal time-of-day tariff || ²**zonentarif** *m* / time-of-day tariff, multiple tariff || ²**zuordnerstufe** *f* / time coordinator
Zelle *f* (Batt.) / cell *n* || ² (Schaltzelle) / cubicle *n* || ² **beschreiben** (PC) / to write into location || **Datum**~ / data location || **Speicher**~ (DIN 44300) / storage location || **Transformator**~ / transformer cell, transformer compartment
Zellen·deckel *m* (Batt.) / (cell) lid *n* || ²**gefäß** *n* (Batt.) / cell container || ²**gerüst** *n* (Schaltzelle) / cubicle frame(work) || ²**konzeptbaustein** *m* / cell-based IC || ²**netzwerk** *n* / cell network || ²**rechner** *m* (einer Fertigungszelle) / cell computer || ²**ventil** *n* (Batt.) / vent valve || ²**verbinder** *m* (Batt.) / intercell connector
Zell·horn *n* / celluloid *n* || ²**kautschuk** *m* / cellular caoutchouc, expanded rubber || ²**matrix** *f* (Darstellungselement) / cell array
Zelluloid *n* / celluloid *n*
Zellulose·acetat (CA) *n* / cellulose acetate (CA) || ²**-Öl-Dielektrikum** *n* / cellulose-oil dielectric || ²**papier** *n* / cellulosic paper || ²**triacetat (CTA)** *n* / cellulose triacetate (CTA)
Zementation *f* (Stahloberfläche) / case hardening
Zener·-Barriere *f* / Zener barrier || ²**-Diode** *f* / Zener diode || ²**-Durchbruch** *m* (HL) / Zener breakdown || ²**-Durchschlag** (s. Zener-Durchbruch) || ²**-Spannung** *f* / Zener voltage || ²**-Widerstand** *m* / Zener resistance
zentral·e Anschlußstelle (ZAS) (ET) / main connector block || ~**er Aufbau** (PLT, PC) / centralized configuration || ~**e Baugruppe** (s. Zentralbaugruppe) || ~**es Bedienen und Beobachten** / central operator control and monitoring || ~**e Buszuteilung** (Master-Slave-Verfahren) / fixed-master method, master-slave method || ~**e Hauptträgheitsachse** / central principal inertia axis || ~**es Hauptträgheitsmoment** / central principal moment of inertia || ~**es Laden** / downloading *n* || ~**e Laststeuerung** / centralized telecontrol of loads || ~**e Lebensdauer** (DIN 40042) / median life || ~**e Leittechnik (ZLT)** / central(ized) instrumentation and control || ~**es Meldesystem** / central (event) signalling system || ~**es Moment der Ordnung q** (DIN 55350, T.23) / central moment of order q || ~**es Moment der Ordnungen** q_1 **und** q_2 (DIN 55350, T.23) / joint central moment of orders q_1 and q_2 || ~**e Recheneinheit** (Prozessor) / central processor (CP) || ~**e Steuerung** (a. DÜ) / centralized control, central control (CC) || ~**er Taktgeber** / central clock generator (CCG)
Zentralabschirmung *f* (StV) / centre shield
Zentralanschlußkasten *m* (IK) / centre feed unit
Zentralantrieb *m* (Motorantrieb) / centre drive, axial drive || ² (SG) / direct-operated mechanism || **mit** ² (SG) / direct-operated *adj*
Zentral·batterie *f* / central battery (CB), common battery || ²**baugruppe** *f* (Regler) / central controller module || ²**baugruppe (ZB)** (elST, CPU) *f* / central processing unit (CPU) || ²**-Baugruppenträger** *m* (PC) / controller rack || ²**bus** *m* / central bus, main bus || ²**differential** *n* (Kfz) / main differential || ²**druckersystem** *n* (Textsystem) / shared-printer system
Zentrale *f* (Kraftwerk) / power station || ² (Leitstelle, Schaltzentrale) / control centre, supervisory control centre, load dispatching centre, control room || ² (FWT-Station) / master station || ² (FWT-Leitstelle) / supervisory control centre || ² (Abstand zwischen zwei parallelen Achsen) / gear centre distance || **Brandmelder**~ / control and indicating equipment (EN 54) || **Hausleit**~ / central building-services control station, building automation control centre, energy management centre || **Schalt**~ (Netz) / system (o. network) control centre, load dispatching centre
Zentral·ebene *f* (Fertigungssteuerung, CAM-System) / central level || ²**einheit (CPU)** *f* / central processing unit (CPU), central processor || ²**einspeisung** *f* (IK) / centre feed unit || ²**einspritzung** *f* (Kfz) / single-point injection, central fuel injection || ²**element** *n* (MPU) / central processing element (CPE) || ²**erweiterungsgerät (ZE)** (PC) *n* / controller expansion unit (CEU) || ²**gerät (ZG)** (elST, Steuergerät) *n* / central controller (CC) || ²**kompensation** *f* / central(ized) p.f. correction || ²**-Prozeßelement (CPE)** *n* / central processing element (CPE) || ²**prozessor (CP)** *m* / central processing unit (CPU), central processor (CP) || ²**schmierung** *f* / central lubrication system, central lubrication || ²**speicher** *m* (DIN 44300) / central storage || ²**station** *f* (FWT) / master station, control centre || ²**stelle** *f* (FWT) / location with master station(s) || ²**steuertafel** *f* / main control board, control-room board, control centre || ²**steuerung** (s. zentrale Steuerung)
zentralsymmetrisch *adj* / centrosymmetric *adj*
Zentral·uhrenanlage *f* / electrical time-distribution system (IEC 50(35)) || ²**verriegelung** *f* / master interlock || ²**verriegelung** *f* (Kfz) / central locking system || ²**verteilung** *f* / distribution switchboard, motor control centre, multi-compartment switchboard || ²**wert** *m* / central value *n*, median *n* || ²**wert einer Stichprobe** / sample median
Zentrier·ansatz *m* (Motorgehäuse) / spigot *n* || ²**bohrung** *f* (Welle) / centre hole, tapped centre hole, lathe centre || ²**bund** *m* / centring collar, bell *n* || ²**eindrehung** *f* / centring recess, spigot recess
zentrieren *v* / centre *v*, true *v*, to adjust concentrically
Zentrier·lager *n* / locating bearing || ²**nase** *f* / key *n* || ²**nut** *f* / keyway *n* || ²**ring** *m* / centring ring ||

∻senkung *f* / centring counterbore || **∻stück** *n* (Crimpwerkzeug) / positioner *n*
zentriert *adj* (DV, Text) / centre-justified *adj* || **~er Beobachtungswert** (DIN 55350,T.23) / modified observed value || **~e Zufallsgröße** (DIN 55350,T.21) / centred variate
Zentrierung *f* / centring *n*, centring fit, centring recess, centring spigot, centring face || ∻ (Ring) / centring ring || ∻ (Bohrung) / centre hole, tapped centre hole || **Lagerschild**~ / endshield spigot
Zentrierungsterm *m* / anti-drift term
Zentrier·vorrichtung *f* (f. Montage) / pilot fit, spigot fit || **∻winkel** *m* / centre square || **∻zapfen** *m* / spigot *n*
Zentrifugal·anlasser *m* / centrifugal starter || **∻kraft** *f* / centrifugal force || **zusammengesetzte ∻kraft** / compound centrifugal force, Coriolis force || **∻kupplung** *f* / centrifugal clutch || **∻moment** *n* / product of inertia
Zentripetal·beschleunigung *f* / centripetal acceleration || **∻kraft** *f* / centripetal force
zentrisch *adj* / centric *adj*, centrical *adj*, concentric *adj* || ~ **ausrichten** / align centrically, align concentrically || **~e Symmetrie** / centrosymmetry *n*
Zerbrechlichkeit *f* / fragility *n*
Zerfallsrate *f* / decay rate
Zerhacken *n* / chopping *n*
Zerhacker *m* / chopper *n* || **∻verstärker** *m* / chopper amplifier
zerlegbar *adj* / demountable *adj*, capable of being dismantled, separable *adj* || **~es Lager** / separable bearing || **~e Leuchte** / demountable luminaire (o. fitting) || **nicht ~es Lager** / non-separable bearing
zerlegen *v* / dismantle *v*, disassemble *v*, demount *v*, to take apart, separate *v* || ~ (Math.) / split up *v*, analyze *v*
Zerleger *m* (s. Strahlzerleger)
Zerlegung in Teilschwingungen / harmonic analysis || **Bahn**~ *f* (NC) / contour segmentation || **Schnitt**~ *f* (NC) / cut segmentation, cut sectionalization
Zerreiß·festigkeit *f* / tearing strength, tear resistance, tenacity *n* || **∻maschine** *f* (Zugprüfmasch.) / tensile testing machine || **∻prüfung** *f* / tension test, tensile test, rupture test, breaking test
Zerrung *f* / strain *n*, distortion *n*
Zersetzung *f* / decomposition *n*
Zersetzungsprodukte *n pl* / dissociation products, products of decomposition, decomposition products
zerspanbar *adj* / machinable *adj*
Zerspanbarkeit *f* / machinability *n*
zerspanen *v* / to cut by stock removal, machine-cut *v*, to shape by cutting
Zerspanungs·eigenschaft *f* / cutting property || **∻vorgang** *m* / cutting operation, cutting process
Zerstäuben *n* (Leuchtkörper) / spattering off
Zerstäubung *f* (Elektroden) / sputter *n*, sputtering *n*
Zerstäubungsniederschlag *m* (Lampen) / age coating
zerstörend·es Auslesen (s. löschendes Lesen) || **~e Prüfung** / destructive test
Zerstör·festigkeit *f* (el.) / surge immunity, immunity to surges || **∻grenze** *f* / destruction limit || **∻messer** *n* (f. Lichtbogenunterbrechung) / rupturing knife
zerstörsicher *adj* (el.) / surge-proof *adj* || ~ (bruchfest) / vandal-proof *adj*, unbreakable *adj* || **~e Leuchte** / vandal-proof luminaire || **~e Logik** / surge-proof logic || **~e Telephonzelle** / vandal-proof telephone cabin (o. booth)
Zerstörstellung *f* (PS) / overtravel limit position
zerstörungsfrei·es Auslesen (s. nichtlöschendes Lesen) || **~e Prüfung** / non-destructive test
zerstreuendes Infrarot-Gasanlysegerät / dispersive infra-red gas analyzer
zerstreutes Licht / spread light
Zerteilen *n* (DIN 8580, Trennen eines Werkstücks) / dividing *n*
Zertifikat *n* / certificate *n*
Zertifizierung *f* / certification *n*
Zertifizierungs·programm für Einzelprodukte / certification scheme (GB), certification program (US) || **∻stelle** *f* / certification body
ZF (s. Zwischenfrequenz) || **∻-Anschlußimpedanz** *f* (Diode; DIN 41853) / IF terminal impedance || **∻-Verstärker** *m* / IF amplifier
ZG (s. Zentralgerät) || **∻-Anschaltung** *f* (PC) / CC interface module, I/0 rack
Zickzack·muster *n* / zigzag pattern || **∻schaltung** *f* / zigzag connection, interconnected star connection || **∻wendel** *f* / zigzag filament, bunch filament, vee filament || **∻wicklung** *f* / zigzag winding, interconnected star winding
Zieh·bügel *m* (Einschubgerät; Chassis) / pulling hoop || **∻draht** *m* (f. Leiter) / fishing wire, fish tape, snake *n*
ziehen *v* (Stecker) / withdraw *v* || ~ (stanzen) / draw *v* || ∻ *n* (graf. DV) / dragging *n* || ∻ **der Baugruppe** / withdrawing the module || ∻ **von Kristallen** / growing of crystals || **einen Funken** ~ / to strike a spark || **Frequenz**~ / frequency pulling
ziehend·es Trum (Riementrieb) / tight strand, tight side
Zieh·keil *m* / driving key, sliding key, plunger *n* || **∻kraft** *f* (StV) / withdrawal force || **∻strumpf** *m* (f. Kabel) / cable grip
Ziehwerkzeug *n* / extraction tool, extractor *n* || ∻ (Blechbearbeitung) / drawing die
Ziel *n* (a. CAD u. QS) / target *n* || ∻ (eines Sprungs) / destination *n* (o. address) || ∻ (s. Aufgabe) || **Nachrichten**~ / destination *n* (station which is the data sink of a message) || **∻adresse** *f* (DIN ISO 8208) / destination address, called address || **∻anweisung** *f* (DIN 44300) / object statement || **∻bremsung** *f* / spot braking || **∻-Datenbaustein** *m* (PC) / destination data block, destination DB || **∻führungssystem** *n* (Kfz, „Navigationssystem") / navigation system, travel control system || **∻koordinate** *f* (NC) / target coordinate || **∻marke** *f* / collimator mark || **∻netz** *n* (Netzmodell zur Deckung eines langfristig vorhersehbaren Energiebedarfs) / target system || **∻ort** *m* (DIN 40719) / destination *n* || **∻position** *f* (NC) / target position || **∻programm** *n* (DIN 44300) / object program || **∻-/Quell-Datenblock** *m* / destination/source data block || **∻rechner** *m* / target computer || **∻schritt** *m* / target step || **∻-Slave** *m* / destination slave || **∻sprache** *f* (DV, DIN 44300) / object language || **∻sprache** *f* (Übersetzungen) / target language || **∻strahl** *m* / collimator ray || **∻symbol** *n* (auf Darstellungsfläche) / aiming symbol, aiming

circle, aiming field || °~**wert** *m* (NC) / target position || °~**zeichen** *n* (DIN 40719) / destination symbol, target code

Zier·blende *f* / trim section, moulding *n*, trim strip || °~**lampe** *f* / decorative lamp

Ziffer *f* (Zahl) / figure *n*, digit *n* || °~ (Zahlenwertzeichen; DV) / digit *n* || °~ (Zahlenzeichen) / numeral *n*, figure *n* || °~ **mit dem höchsten Stellenwert** / most significant digit (MSD) || °~ **mit dem niederwertigsten Stellenwert** / least significant digit (LSD)

Zifferblatt *n* / dial *n*, dial plate

Ziffern·anzeige *f* / digital display (DD) || **Meßgerät mit** °~**anzeige** / digital meter || °~**code** *m* / numeric code, numerical code || °~**eingabe** *f* / numerical input (o. entry) || °~**element** *n* (Anzeigeeinheit) / figure element || °~**erkennung** *f* (Code) / code number recognition || °~**folge** *f* / string of digits || °~**röhre** *f* / digit tube, number tube || °~**rolle** *f* (EZ) / number drum, digit drum || °~**rollenzählwerk** *n* / drum-type register, roller register, roller cyclometer, cyclometer register, cyclometer index, cyclometer *n* || °~**scheibe** *f* / dial *n* || °~**scheibeneingabe** *f* / dialled input || °~**schritt** *m* (Skale) / numerical increment || °~**schritt** *m* (kleinste Zu- oder Abnahme zwischen zwei aufeinanderfolgenden Ausgangswerten; DIN 44472) / representation unit || °~**skale** *f* / number scale || °~**summe** *f* / sum of digits || °~**tastatur** *f* / digital keyboard

Zink·auflage *f* / zinc coating || °~**druckguß** *m* / zinc die-casting || °~**oxid-Varistor-Ableiter** *m* / zinc-oxide varistor (surge) arrester

Zinnlot *n* / tin solder

Zirkonium·dioxid-Meßzelle *f* / zirconium dioxide measuring cell

Zirkonlampe *f* / circonium lamp

zirkular·e Interpolation (NC) / circular interpolation || ~ **polarisiert** / circularly polarized || °~**interpolator** *m* / circular interpolator

Zirkulator *m* / circulator *n* || °~ **aus diskreten Elementen** / lumped-element circulator || °~ **mit Faraday-Rotator** (IEC 50(221)) / wave rotation circulator, rotation circulator

Zischen *n* (Rauschen) / hiss *n*

Zitronen·lager *n* / oval-clearance bearing || °~**spiel** *n* / oval clearance

Zittern *n* (Impuls) / jitter *n* || °~ (Fernkopierer) / judder *n* || °~ **aufeinanderfolgender Impulse** / pulse-to-pulse jitter || °~ **der Impulsdauer** / duration jitter

zivilisationsbedingte Ursachen (v. Fehlerereignissen) / man-made causes

Z-Koordinate *f* (Osz.) / z coordinate, time coordinate

Z-Lager *n* / deep-groove ball bearing with sideplate

ZLT (s. zentrale Leittechnik)

ZMD-Speicher *m* (ZMD = zylindrische magnetische Domäne) / magnetic bubble memory (MBM)

Z-Modulation *f* (Osz.) / z-modulation *n*

ZMX (s. Zeitmultiplex)

zn-Auslöser *m* (Siemens-Typ; stromabhängig verzögerter und festeingestellter unverzögerter Überstromauslöser o. kurzverzögerter und einstellbarer unverzögerter Überstromauslöser) / zn-releases (Siemens type; inverse-time and non-adjustable instantaneous overcurrent releases o. short-time-delay and adjustable instantaneous overcurrent release)

Zoll *m* / inch *n*

Zoll-Gerüst *n*, **19-**°~ / 19 inch rack

Zollgewinde *n* (Whitworth) / Whitworth thread

Zoll-System *n* / inch system, British system of measures, Imperial system

Zollverschluß, unter °~ **gehaltenes Lager** / bonded storage

Zone *f* (Wickl.) / phase belt, phase band || °~ (HL) / region *n*, zone *n* || °~ **0** (dauerndes Vorhandensein einer explosionsfähigen Gasatmosphäre; IEC 50(426)) / zone 0 || **Speicher~** / storage zone

Zonen·änderung *f* (Wickl.) / interspersing *n* || °~**breite** *f* (Wickl.) / belt spread, phase spread, phase belt || °~**einteilung** *f* (Häufigkeit und Dauer des Auftretens explosionsfähiger Atmosphäre; E VDE 0165, T.102) / zonal classification || °~**faktor** *m* (Wickl.) / spread factor, belt factor, breadth factor, distribution factor, belt differential factor || °~**folge** *f* (HL) / sequence of regions || °~**lichtstrom** *m* / cumulated (luminous) flux, zonal flux || **unterer** °~**lichtstromanteil** / cumulated downward flux proportion || °~**lichtstromverfahren** *n* / zonal-cavity method, zonal method || °~**nivellieren** *n* (HL) / zone levelling || °~**reinigen** *n* (HL) / zone refining || °~**schmelzen** *n* (HL) / zone melting || °~**sprung** *m* (Wickl.) / phase-belt pitch, belt pitch, phase-coil interface || °~**streufluß** *m* (Wickl.) / belt leakage flux || °~**streuung** *f* (Wickl.) / belt leakage, bolt leakage, double-linkage leakage || °~**tarif** *m* / block tariff || °~**übergang** *m* (HL) / junction *n* || °~**verfahren** *n* (LT) / zonal method, zonal-cavity method || °~**wirkungsgrad** *m* (LT) / zonal-cavity coefficient || °~**ziehen** *n* (HL) / zone refining

Zopf·durchmesser *m* (Mastleuchte) / spigot diameter || °~**packung** *f* / cord packing

Z-Profil *n* / Z-section *n*, Z-bar *n*, Zee *n*

Z-Ring *m* („Token-Ring") / token ring

ZSB (s. Zweiseitenband)

Z-Schlag (s. Rechtsschlag)

Z-Tiefe *f* (Digitalisieroperation) / Z depth

Z-Transformation *f* / Z-transform *n*

ZTV (s. Zeittaktverteiler)

zu erwartende Berührungsspannung (VDE 0100, T.200) / prospective touch voltage || ~ **erwartender Strom** / prospective current (of a circuit; IEC 265), available current (US)

Zubehör *n* / accessories *n pl*, appurtenances *n pl* || °~ (für IR) / fittings *n pl*, accessories *n pl* || °~ (Aufbauzubehör einer Röhre, DIN IEC 235, T.1) / mount *n* || °~ **mit begrenzter Austauschbarkeit** / accessory of limited interchangeability || °~**transformator** *m* (EN 60742) / transformer for specific use

Zubringerbus *m* (Feldbus) / field bus

Züchtung durch Ziehen (Einkristall) / growing by pulling

zufällig *adj* / random *adj* || ~**er Anfangszeitpunkt** (Wechselstromsteller) / random starting instant || ~**es Berühren** / accidental contact, inadvertent contact (with live parts) || ~**e Ergebnisabweichung** (Statistik, QS) / random error of result || ~**er Fehler** / random error || ~**e Ursachen** / chance causes || ~ **verteilt** / randomly

distributed || ~e **Verteilung** / random distribution || ~e **Zuordnung** / randomization *n* || **gegen ~e Berührung geschützt** / protected against accidental contact, screened *adj*
Zufälligkeit der Stichproben / sample randomness
Zufalls·ausfall *m* (DIN 40042) / random failure || **≗ereignis** *n* / random phenomenon || **≗fehler** *m* / random error || **≗fehler** *m* (NC, PC) / accidental error || **≗folge** *f* / random sequence || **≗generator** *m* / random-check generator || **≗größe** *f* (DIN 55350,T.21) / random variable, variate *n* || **Herstellen einer ≗ordnung** / randomization *n* || **≗prozeß** *m* / random process, stochastic process || **≗rauschen** *n* / random noise || **≗stichprobe** *f* (DIN 55350,T.23) / random sample || **≗stichprobenuntersuchung** *f* / random sampling, accidental sampling || **≗streuung** *f* / chance variation || **≗ursachen** *f pl* / chance causes || **≗variable** *f* (DIN 55350,T.21) / random variable, variate *n* || **≗variation** *f* / chance variation || **≗vektor** *m* (DIN 55350,T.21) / random vector || **≗zahl** *f* / random number
zuförderndes Band / feeding conveyor
zuführen *v* / supply *v*, feed *v*
Zuführung *f* (el. Leiter) / lead wire || ≗ (Vorschub) / feed *n*
Zug *m* / way *n*, duct *n*
Zug *m* (Beanspruchung) / tension *n*, tensile force || ≗ (Kraft) / pull *n*, tensile force, pulling force || ≗ (magn.) / (magnetic) pull, (magnetic) drag || ≗ (nach oben; Fundamentbelastung) / upward pull || **magnetischer ≗** / magnetic pull, magnetic drag
Zugabe *f* / allowance *n*
zugänglich *adj* / accessible *adj*
Zugänglichkeit *f* / accessibility *n*
Zugangs·berechtigung *f* / access authorization, authorized access, authorized entry || **≗berechtigungszeitraum** *m* / period of authorized access, authorized-access period || **≗bereich** *m* / access zone || **≗ebene** *f* (VDE 113) / servicing level (IEC 204) || **≗klemme** *f* / line terminal, input terminal, incoming-circuit terminal || **≗kontrolle** *f* / access control, security access control || **≗kontrollvereinbarung** *f* / access control agreement || **≗loch** *n* (gS) / access hole || **Vermittlungsdienst~punkt** *m* / network service access point (NSAP) || **≗weg** *m* / access route
Zug·anker *m* / tie-bolt, tensioner *n*, tie-rod *n* || **≗anker** *m* (Thyr) / tie-rod *n* || **≗beanspruchung** *f* / tensile stress, tensile strain || **≗belastung** *f* / tensile load
Zugbeleuchtung *f* / train lighting (system)
Zugbeleuchtungs·dynamo *m* / train lighting dynamo, train lighting generator || **≗lampe** *f* / traction lamp
Zug·bügel *m* (Klemme) / strain-relief clamp || **≗deckplatte** *f* / tensioning cover plate || **≗dehnung** *f* / tensile deformation, tensile strain || **≗-Dehnungs-Diagramm** *n* / tensile stress-strain curve || **≗dose** *f* / draw-box *n*, pulling box
Zug-Druck·-Dauerfestigkeit *f* / tension-compression fatigue strength, endurance tension-compression strength || **≗-Lastwechselversuch** *m* / reversed-bending fatigue test || **≗-Wechselfestigkeit** *f* / reversed-bending fatigue strength
Zugdynamometer *n* / traction dynamometer
zugeführt·es Drehmoment / impressed torque, applied torque || ~e **Leistung** / input *n*, power input, power supplied || ~e **Spannung** / applied voltage, voltage supplied, injected voltage || ~es **Verfüllmaterial** (Fundamentgrube) / imported backfill
zugehöriges elektrisches Betriebsmittel (EN 50020) / associated electrical apparatus
Zugehörigkeitskennzeichnung *f* / match-marking *n*
zugelassen·er Ausweis (ZKS) / accepted badge || ~e **Belastungen** (el. Gerät) / approved ratings
Zugelastizität *f* / tensile elasticity
zugentlasteter Kerneinlauf (Kabel) / strain-bearing centre
Zugentlastung *f* / strain relief, strain relief device, cord grip, cable grip
Zugentlastungs·klemme *f* / cable clamp, cord grip, flex grip, strain relief clamp || **≗-Prüfgerät** *n* / strain-relief test apparatus || **≗schelle** *f* (Kabel) / cord grip, flex grip || **≗vorrichtung** *f* (Kabel) / cord anchorage, strain relief device, cord grip
zugeordneter Verschmutzungsgrad (Isolatoren) / reference severity
zugeschaltet *adj* (Kfz-Antrieb) / engaged *adj*
zugeteilte Frequenz / assigned frequency
zugewandte Seitenfläche (Bürste) / inner side, winding side
zugewiesen·e Übertragungsleitung / dedicated transmission line
Zug·faser *f* / fibre in tension || **äußerste ≗faser** / extreme edge of tension side || **≗feder** *f* / tension spring, extension spring || **≗federwaage** *f* / spring scale
zugfestes Kabel / cable for high tensile stresses
Zugfestigkeit *f* / tensile strength, resistance to tensile stress
Zugfestigkeits·grenze *f* / ultimate tensile strength || **Leiter-≗kraft** *f* (DIN 41639) / conductor tensile force, conductor pull-out force || **≗prüfung** *f* / tensile test, tension test, pull test || **≗prüfung** *f* (Anschlußklemme) / pull test
Zugförderung mit Industriefrequenz / industrial-frequency traction || **elektrische ≗** / electric traction
zugfrei *adj* (Luftzug) / free from air draught
Zug·gelenk *n* / articulated joint || **≗gurtrahmen** *m* / tension beam frame || **≗haken** *m* / tow-hook *n* || **≗haken** *m* (Lokomotive) / draw-bar *n*, coupling hook
Zugheizgenerator *m* / train heating generator
Zughub *m* / hoisting tackle, tackle block
zügiges Schalten / speedy operation, uninterrupted operation, operation in one swift action
Zugkilometer *m pl* / train-kilometres *m pl*, kilometres travelled
Zugkraft *f* / tensile force, pull *n*, tractive force || ≗ (Bahn) / tractive effort || ≗ (magn.) / pulling force || **≗messer** *m* / tension dynamometer, tractive-force meter
Zug·lasche *f* / hauling lug, towing eye || **≗leuchte** *f* (Deckenl.) / rise-and-fall pendant
Zuglichtmaschine *f* / train lighting dynamo, train lighting generator
Zug·messer *m* (Federwaage) / spring balance || **≗messer** (s. Zugkraftmesser) || **≗mittelgetriebe** *n* / flexible drive || **≗modus** *m* (CAD) / drag mode ||

²öse *f* / pulling eyebolt, pulling lug, hoisting lug || ²**preßplatte** *f* / clamp(ing) plate, self-locked clamping plate || ²**prüfmaschine** *f* / tensile test machine || ²**prüfung** *f* / tensile test, tension test
Zugriff *m* (zu einem Speicher) / access *n*
Zugriffs·anforderung *f* / access request (ACRQ) || ²**berechtigung** *f* (Bussystem, LAN) / right to access, assignment of access (to control of bus o. network) || ²**freigabe** *f* / access enable (ACEN) || ²**freigabe** *f* (LAN) / token passing || ²**freigabe** (LAN) (s. Berechtigungsweitergabe) || ²**konflikt** *m* / access contention (o. conflict)
Zugriffszeit *f* / access time
Zug·sammelschiene *f* (Heizleitung) / heating train line || ²**sammelschienenkupplung** *f* (Heizleitung) / heating jumper
Zugschalter *m* (VDE 0632) / cord-operated switch (CEE 24), pull switch || ² (Taster, VDE 0660,T.201) / pull-button *n* (IEC 337-2)
Zugscherfestigkeit *f* / combined tensile and shear strength
Zugschlußleuchte *f* / paddy lamp, tail (o. rear) light
Zug·schwellfestigkeit *f* / tensile strength under alternating load || ²**seite** *f* (mech. Prüf.) / tension side, side in tension || ²**spannung** *f* / tensile stress || ²**stab** *m* / tension rod, tie-rod, bar in tension || ²**stange** *f* (SG-Betätigungselement) / pull rod || ²**stange** *f* (Bau) / tension bar, tie-rod, tension member || ²**taster** *m* (VDE 0660,T.201) / pull-button *n* (IEC 337-2) || ²**taster „Ein"** / pull-to-start button || ²**versuch** *m* / tensile test, tension test, pull test || ²**zone** *f* / tension side
Zuhaltung *f* (Schloß) / tumbler *n*
zukunftsichere Installation / installation with provision for extension
zulässig *adj* (erlaubt) / permissible *adj*, admissible *adj* || ~ (sicher) / safe *adj* || ~**er Abstand zwischen Metallteilen unter Spannung und geerdeten Teilen** / live-metal-to-earth clearance || ~**e Abweichung** (Toleranz) / tolerance *n* || ~**e Ausfallmenge** (VDE 0715) / qualifying limit (IEC 64) || ~**e Aussteuerung** (max. Ausgangsspannung) / maximum continuous output (voltage) || ~**e Aussteuerung** (Dauerbelastbarkeit des Eingangs) / maximum continuous input || ~**e Belastung** (Kran) / safe load || ~**e Bereichsüberschreitung der Meßgröße** (DIN IEC 688, T.1) / overrange of measured quantity || ~**e Betriebstemperatur (TB)** (DIN 2401,T.1) / maximum allowable working temperature || ~**er Betriebsüberdruck (PB)** (DIN 2401,T.1) / maximum allowable working pressure || ~**er Betriebsüberdruck der Kapselung** (gasisolierte SA) / design pressure of enclosure || ~**e Dauer des Kurzschlußstroms** / permissible duration of short-circuit current || ~**er Dauertemperaturbereich** (VDE 0605, T.1) / permanent application temperature range (IEC 614-1) || ~**er Druckbereich** / allowable pressure limits || ~**e Folgeanläufe** / permissible number of starts in succession || ~**e Formabweichung** / form tolerance || ~**e Grenzen der Einflußeffekte** / permissible limits of variations || ~**e Lageabweichung** / positional tolerance || ~**e Spannung** (el.) / permissible voltage, maximum permissible voltage || ~**e Spannung** (mech.) / permissible stress, safe stress || ~**e Spannungsabweichung** (Rel.) / allowable variation from rated voltage (ASA C37.1) || ~**e Steckhäufigkeit** / permissible frequency of insertions || ~**er Temperaturbereich** / allowable temperature limits || ~**e Überlast** / maximum permissible overload, overload capacity || ~**e Umgebungstemperatur** (SG) / ambient temperature rating, extreme values of ambient temperature || ~**e Umgebungstemperatur** (Bereich) / ambient temperature range, ambient temperature rating
Zulässigkeitsgrenze *f* (QS) / acceptance level, acceptability limit
Zulassung *f* / approval *n*, certification *n*
Zulassungs·bescheinigung *f* / approval (o. conformity) certificate || ²**status** *m* / approval status || ²**zeichen** *n* / certification mark, conformity symbol, certification reference
Zuleitung *f* (Leiter) / supply conductor, supply lead, lead wire || ² (Speiseleitung) / feeder *n*, incoming line, incoming cable
Zuleitungen *f pl* (MG) / instrument leads || ² (Leiter) / supply conductors
Zuleitungs·kabel *n* / incoming cable, feeder cable || ~**seitig** *adj* / in incoming circuit, incoming *adj* || ²-**Trennkontakt** *m* / incoming isolating contact, stab connector
Zuluft *f* / supply air || ²**kanal** *m* / inlet air duct, air intake duct, fresh-air duct || ²**leistung** *f* / supply air (flow) rate, air supply rate || ²**öffnung** *f* / inlet air opening, air intake opening || ²**raum** *m* / air-inlet space || ²**verteiler** *m* / air supply diffuser
zumessen *v* / proportion *v*, dose *v*
Zumeßschnecke *f* / proportioning feed screw, feed screw
Zündabschaltsystem, gurtbetätigtes ² (Kfz) / seatbelt-operated ignition cutout system
Zündaussetzer *m* (LE) / firing failure || ² (Kfz) / misfiring *n*
zünddichte Kapselung (s. druckfeste Kapselung)
Zünd·draht *m* (Lampe) / igniter wire, igniter filament || ²**drehmoment** *m* (Verbrennungsmot.) / firing torque || ²**drehzahl** *f* (Verbrennungsmot.) / firing speed, (starting-air) cutoff speed (diesel) || ²**durchschlag** *m* / transmission of internal ignition, transmission of igniting flame, spark ignition
zünddurchschlagfähigstes Gemisch / most incentive mixture
Zünddurchschlagprüfung *f* / test for non-transmission of internal ignition
zünddurchschlagsichere Maschine / flameproof machine, dust-ignitionproof machine || ~**er Spalt** / flameproof joint
Zünd·eigenschaften *f pl* (Lampe) / starting characteristics || ²**einsatzsteuerung** *f* (LE, VDE 0838, T.1) / phase control (IEC 555-1) || ²**elektrode** *f* / starting electrode
zünden *v* (Lichtbogen, Funken) / strike *v* || ~ (Thyr) / fire *v*, trigger *v* || ~ (Lampe) / start *v*, ignite *v* || ² *n* (HL-Ventil) / firing *n*, triggering *n*, ignition *n*
Zünd·endstufe *f* (Kfz) / ignition power module || ²**energie** *f* / ignition power
Zunder *m* / scale *n* || ²**bildung** *f* / scaling *n* || ~**fest** *adj* / non-scaling *adj* || ~**frei** *adj* / free of scale, non-scaling *adj*
Zündfaden *m* (Lampe) / igniter wire, igniter filament

zündfähiges Gasgemisch / explosive gas-air mixture
Zünd·fehler *m*(LE) / false firing, firing failure || **˜folie** *f*(Lampe) / ignition foil || **˜funkenstörung** *f* / ignition interference || **˜gerät** *n*(Lampe) / starting device, ignition device, starter *n*, igniter *n* || **˜gitter** *n*(Sich.) / priming grid || **˜grenzen** *f pl* (Gas) / flammability limits, explosion limits || **˜grenzkurve** *f* / minimum ignition curve || **˜gruppe** (s. Temperaturklasse) || **˜hilfe** *f*(Lampe) / starting aid (lamp) || **˜hilfselektrode** *f* / auxiliary ignition electrode || **Korona~impuls** *m* / initial corona pulse || **˜impuls** *m*(LE) / firing pulse, (gate) trigger pulse, gating pulse || **˜impulsverlängerung** *f*(LE, Baugruppe) / firing pulse stretching module || **˜kennfeld** *n*(Kfz) / ignition map, three-dimensional ignition map, engine characteristics map || **˜kennlinie** *f*(Gasentladungsröhre) / control characteristic (electron tube) || **˜kerze** *f* (Kfz) / spark plug, sparking plug
Zündkreis *m* / ignition circuit || **˜** (Luftsack) / triggering circuit || **˜prüfer** *m* / ignition circuit tester
Zünd·leistung *f* / firing power || **˜maschine** *f* / ignition magneto, magneto *n* || **˜pille** *f*(Luftsack) / ignitor *n* || **˜prüfung** *f*(Lampe) / starting test (lamp) || **˜punkt** *m*(Gas) / ignition point || **mögliche ˜quelle** / potential ignition source || **˜schaltgerät** *n*(Kfz) / ignition trigger, ignition trigger box || **˜schaltung** *f*(BT) / starter circuit, ignition circuit
Zündschutzart *f*(EN 50014) / type of protection || **˜ druckfeste Kapselung** / flameproof type of protection, explosion-proof type of protection, flameproof enclosure, explosion-proof enclosure || **˜ erhöhte Sicherheit** / increased-safety type of protection, increased-safety enclosure
Zünd·schutzgas *n* / protective gas || **˜schwingungen** *f pl* / starting oscillations || **˜sicherung** *f* / ignition fuse
Zündspannung *f* / igniting voltage || **˜** (Thyr) / gate trigger voltage || **˜** (Lampe) / starting voltage
Zündspannungs·stoß *m* / striking surge
Zünd·sperrbaugruppe *f*(LE) / firing-pulse blocking module || **mechanische ˜sperre** (EN 50018) / stopping box (EN 50018) || **˜sperrung** *f*(LE, Ventilsperrung) / valve blocking || **˜spitze** *f* / ignition peak || **˜spitze des Schalters** / re-ignition peak of breaker || **˜spule** *f*(Lampe) / starter coil, ignition coil || **˜spule** *f*(Kfz) / ignition coil || **˜spule** *f*(Luftsack) / ignitor capsule || **˜spulenzündung** *f* / coil ignition || **˜startschalter** *m*(Kfz) / ignition switch || **˜stegschmelzleiter** *m* / priming-grid fuse element || **˜steuergerät** *n*(Kfz) / ignition control unit
Zündsteuerung *f*(LE, VDE 0558, T.1) / trigger phase control, trigger control || **˜** (Kfz) / ignition control, ignition management
Zünd·stift *m*(ESR) / igniter *n* || **˜stoß** *m*(Lampe) / starting kick || **˜streifen** (s. Zündstrich) || **˜strich** *m* (Lampe) / starting strip, ignition strip, conductive strip || **˜strom** *m* / igniting current || **˜strom** *m* (Thyr) / gate trigger current || **˜strom** *m*(Lampe) / starting current || **˜temperatur** *f*(EN 50014) / ignition temperature || **˜transformator** *m* / ignition transformer
Zündung *f*(HL-Ventil) / firing *n*, triggering *n*, ignition *n* || **˜** (in einem gasförmigen Medium) / ignition *n* || **˜** (Lichtbogen) / striking *n*(of an arc) || **˜** (Thyr) / firing *n*, (gate) triggering *n* || **˜** (Lampe) / starting *n*, ignition *n* || **˜** (Elektronenröhre) / firing *n* || **˜** (Kfz) / ignition *n*, firing *n*, ignition system || **Reihen~** (Lampen) / series triggering (lamps)
Zündungs·tester *m*(Kfz) / ignition tester
Zünd·unterbrecher *m*(Kfz) / contact breaker || **˜versager** *f*(LE) / firing failure || **˜verstellung** *f* (Kfz) / firing-point advance/retard adjustment, ignition timing adjustment, spark advance || **˜verstellung** (Kfz) (s. Zündzeitpunktverstellung) || **˜verteiler** *m*(Kfz) / ignition distributor, distributor *n* || **˜verzögerungswinkel** *m*(LE) / delay angle
Zündverzug *m*(Thyr, DIN 41786) / gate-controlled delay time || **˜** (Lampe) / starting delay || **˜** (Gasentladungsröhre) / firing time || **˜** (ESR) / statistical delay of ignition
Zünd·vorrichtung *f*(Lampe) / starting device, ignition device, starter *n*, igniter *n* || **˜widerstand** *m*(Lampe) / starting resistor
zündwilligstes Gemisch (IEC 50(426)) / most easily ignitable mixture
Zündwinkel *m*(Kfz) / ignition angle, firing angle, timing angle || **˜-Kennfeldzündung** *f*(Kfz) / ignition map control || **˜messung** *f*(Kfz) / ignition angle measurement || **˜steuerung** *f* / ignition angle control
Zündzeit *f*(Thyr, DIN 41786) / gate-controlled turn-on time || **˜** (Gasentladungsröhre) / ignition time || **˜** (Lampe) / warm-up time || **˜punkt** *m* (Kfz) / ignition point, firing point || **˜punktverstellung** *f*(Kfz) / ignition timing adjustment, firing-point advance/retard adjustment, spark advance
Zunge *f*(MG) / reed *n* || **FASTON-˜** *f* / FASTON tab
Zungen·frequenzmesser (s. Zungen-Frequenz-Meßgerät) || **˜-Frequenz-Meßgerät** *n* / vibrating-reed frequency meter, reed-type frequency meter || **˜kamm** *m* (Zungenfrequenzmesser) / row of reeds
zuordenbare Ursache / assignable cause
Zuordner *m*(elST) / coordinator *n*, allocator *n*
Zuordnung *f* / assignment *n*, allocation *n*, association *n*, coordination *n* || **˜** (DÜ, Datenleitung) / assignment *n* || **˜** (v. Speicherplatzen) / allocation *n* || **Adressen~** / address assignment || **selektive ˜** (Sich.) / selective coordination
Zuordnungsliste *f* / assignment list || **˜** (Querverweisl.) / cross-reference list
Zuordnungstabelle *f*(Wahrheitstafel) / truth table
Zurröse *f* / lashing lug
zurückarbeiten *v*(ins Netz) / regenerate *v*, to recover energy
zurückbleibend·e Induktion / residual induction, residual flux density || **~e Magnetisierung** / remanent magnetization
zurückfedern *v* / spring back *v*
Zurückkoppeln *n*(Kommunikationssystem) / loopback *n*
zurückladen *v*(zum Rechner) / upload *v*
zurück·nehmen *v*(Befehl, Anweisung) / cancel *v*, remove *v* || **˜nehmen der Betriebsart** (PC) /

resetting the operating mode || ≗**pendeln** *n* (Synchronmasch.) / back swing, angular back swing || ~**schalten** *v* / switch back *v*, return *v* || ~**springen** *v* (Programm) / to jump back (to)
zurückstehend·er Glimmer / low mica || ~**e Lamelle** (Komm.) / low segment, low bar
Zurück·stellung *f* (LAN) / deference *n* || ~**weisen** *v* / reject *v* || ≗**weisung** (s. Rückweisung) || ≗**weisungswahrscheinlichkeit** (s. Rückweisewahrscheinlichkeit)
Zurückziehen / withdrawal *n*, backing out
Zusammenbau *m* / assembling *n*, assembly *n*
Zusammenbauanleitung *f* / assembly instructions
zusammenbauen *v* / assemble *v*
Zusammenbau-Zeichnung *f* / assembling drawing
zusammenbrechen *v* / break down *v*, collapse *v*
Zusammenbruch der Spannung / voltage collapse, voltage failure || ≗ **des Feldes** / collapse of field, field failure || **Netz**~ *m* / system collapse, black-out *n*
Zusammendrehen der Leiter / twisting of conductors
zusammendrückbare Dichtung / compressible gasket
zusammenfügen *v* / join *v*, assemble *v* || ~ (v. Texten u. Daten) / merge *v* || ≗ *n* (Kommunikationsnetz; DIN ISO 7498) / reassembling *n*
Zusammenführung *f* (DÜ, NC) / junction *n*
zusammengefaßte Darstellung / assembled representation
zusammengesetzt·e Beanspruchung / combined stress, combined load || ~**er Datentyp** / structured data type || ~**e Durchführung** / composite bushing || ~**e Erregung** / composite excitation || ~**e Größe** / multi-variable *n* || ~**e Hypothese** (DIN 55350,T.24) / composite hypothesis || ~**e Isolation** / composite insulation || ~**e Kennlinie** / composite characteristic || ~**e Konfiguration** (FWT) / composite configuration || ~**er Läufer** / fabricated rotor, assembled rotor || ~**er Leiter** / composite conductor || ~**e Mikroschaltung** (DIN 41848) / micro-assembly *n* || ~**er Multichip** / multichip assembly, multichip micro-assembly || ~**e Prüfung** (DIN IEC 68) / composite test || ~**e Schwingung** / complex oscillation || ~**es Schwingungsabbild** (DIN IEC 469, T.1) / composite waveform || ~**er Spalt** (EN 50018) / spigot joint || ~**e Strahlung** / complex radiation || ~**es Verhalten** (Reg.) / composite action || ~**e Zentrifugalkraft** / compound centrifugal force, Coriolis force
zusammenhängend·e Darstellung (Stromlaufplan; DIN 40719,T.3) / assembled representation || ~**es Netzwerk** / connected network || ~**e Wicklung** / continuous winding
zusammen·kuppeln *v* / couple *v* || ≗**legen** *n* (DIN 8580) / assembling *n* || ~**passend** *adj* / compatible *adj* || ~**schalten** *v* / to connect together, interconnect *v*, couple *v* || ~**schrauben** *v* / to bolt together, to screw together || ~**setzen** *v* / assemble *v* || ≗**setzen** *n* / assembling *n*, assembly *n* || ~**steckbarer Verbinder** / intermateable connector
Zusammenstellung *f* (Montage) / assembly *n*
Zusammenstellungszeichnung *f* / assembly drawing
Zusammenstoßwarnlicht *n* / anti-collision light
Zusammentreffen von Nachrichten (PMG) / concurrence of messages
zusammenziehen *v* (schrumpfen) / contract *v*, shrink *v* || ~ (verengen) / constrict *v*
Zusatz *m* (Beimengung) / admixture *n*, additive *n* || ≗ (s. Zusatzbaugruppe) || ≗**aggregat** *n* / booster set || ≗**anleitung** *f* / supplementary instructions || ≗**antrieb** *m* (Schiff) / accessing drive || ≗**baugruppe** *f* / supplementary module (or unit), supplementary (sub)assembly, extension assembly || ≗**baustein** *m* / supplementary module, expansion module
Zusatzbeleuchtung *f* / additional lighting, supplementary lighting || **Tageslicht-**≗ *f* / permanent supplementary artificial lighting (PSAL)
Zusatz·bescheinigung *f* / supplementary certificate || ≗**bestimmungen** *f pl* / supplementary specifications, particular requirements || ≗**betätiger** *m* / auxiliary actuator || **Lage**~**betrag** *m* (NC) / position allowance
Zusatzdrehmoment *n* / harmonic torque, parasitic torque, stray-load torque, stray torque || **asynchrones** ≗ / harmonic induction torque
Zusatz·einrichtung *f* / supplementary device, complementary device, additional feature || ≗**feld** *n* / harmonic field || ≗**funktion** *f* (NC, DIN 66025, T.2) / miscellaneous function || ≗**funktion** *f* (PC) / special function || ≗**-HF-Rauschleistung** *f* / excess RF noise power || ≗**isolierung** (s. zusätzliche Isolierung) || ≗**kompensation** *f* (NC) / supplementary compensation || ≗**kreis** *m* (EZ) / auxiliary circuit || ≗**länge** (NC, Werkzeugkorrektur) (s. additive Werkzeuglängenkorrektur) || ≗**leiterplatte** *f* / daughter board
zusätzlich·e Amperewindungen / additional ampere turns, excess ampere turns || ~**es Drehmoment** (s. Zusatzdrehmoment) || ~**er Erdschlußschutz** / stand-by earth-fault protection, back-up earth-fault protection || ~**e Isolierung** (VDE 0530, T.1, VDE 0700, T.1) / supplementary insulation (IEC 34-1, IEC 335-1) || ~**e Kurzschlußverluste** / stray load loss(es), additional load loss(es) || ~**er Potentialausgleich** / supplementary equipotential bonding || ~**es Trägheitsmoment** (äußeres Trägheitsmoment) / load moment of inertia || ~**e Trocknung** (DIN IEC 68) / assisted drying
Zusatzmagnetisierung, Stromwandler mit stromproportionaler ≗ (s. Stromwandler mit Selbstkompensation)
Zusatz·maschine *f* / positive booster, booster *n* || ≗**maschine mit Differentialerregung** / differential booster || ≗**moment** (s. Zusatzdrehmoment) || ≗**permeabilität** *f* (s. inkrementelle Permeabilität) || ≗**prüfung** *f* / additional test || ≗**prüfung** *f* (QS) / penalty test || **Transformator-**≗**regler** *m* / transformer booster || ≗**schaltung** *f* / supplementary circuit, booster circuit || ≗**schild** *n* (zum Typenschild) / supplementary data plate, special data plate, lubrication instruction plate || ≗**schwungmasse** *f* (Schwungmasse der Last) / load flywheel || ≗**sockel** *m* (B 3/D 5) / exciter platform, slipring platform || ≗**sollwert** *m* / additional setpoint, correcting setpoint || ≗**spannung** *f* (des einstellbaren Transformators) / additional voltage

|| ≗**stellung** *f*(Trafo) / boost position, positive boost position || ≗**strom** *m* / boosting current, regulating current, correcting current, field forcing current || ≗**transformator** *m* / booster transformer, series transformer (US)
Zusatzverluste *m pl* / stray loss, stray load loss, additional loss, non-fundamental loss || ≗ *pl* (Trafo) / supplementary load loss (IEC 50(421))
Zusatzversorgung, Preisregelung für ≗ (StT) / supplementary tariff
Zusatz·verstärker *m* / booster amplifier, booster *n* || ≗**wicklung** *f* / booster winding, auxiliary winding || ≗**zelle** *f*(Batt.) / end cell
Zuschaltbetrieb *m*(DIN 41745) / add-on operation
zuschalten *v*(Gen.) / to connect (to the system), to bring onto load, parallel *v* || ~ (Gerät) / cut in *v*, connect *v*, switch in *v*, to bring into circuit || ~ (Last) / connect *v*, throw on *v* || ~ (Mot.) / start *v*, to connect to the system || ~ (Rel., Erreichen der Wirkstellung; DIN IEC 255-1-00) / switch *v*(IEC 255-1-00) || ~ (Trafo) / connect *v*, to connect to the system, to connect to the supply || ~ (Ausgang) / enable *v* || ~ (Kfz-Antrieb) / engage *v*
Zuschaltung *f*(vgl. „zuschalten") / connection *n*, connection to supply, connection to system, connection to load, start-up *n*
Zuschlag *m*(Zugabe) / allowance *n* || ≗ (Auftrag) / award *n*(of contract) || ≗ (Zuschlagstoff, Schotter) / aggregate *n*
Zuschlagmittel *n*(Schweißmittel) / filler metal, flux *n*
Zusetzregelung *f* / boost control
Zusetz- und Absetzmaschine / reversible booster, boost-and-buck machine
Zustand der rückläufigen Schleife (IEC 50(221)) / recoil state || ≗ **der Schnittstellenfunktion** (PMG) / interface function state || ≗ **der Systemsteuerung** (PMG, DIN IEC 625) / system control state || **1-**≗ *m* / 1 state || **einen** ≗ **verlassen** / to leave a state, to exit a state || **idealisierter** ≗ (magnet.) / anhysteretic state || **in einen** ≗ **übergehen** (PMG-Funktion) / to enter a state
zuständig *adj*(QS, maßgebend) / appropriate *adj* || ~ (QS, befugt) / competent *adj* || ~ (QS, verantwortlich) / responsible *adj* || ~ **und verantwortlich sein** / to have the authority and responsibility (for), to be competent and responsible (for)
Zuständigkeit *f*, **QS-**≗ / quality management responsibility
Zustands·abbild *n* / status image || ≗**analysator** *m* / state analyzer || ≗**änderung** *f*(a. FWT) / change of state, state change || ≗**änderung** (s. Zustandswechsel) || ≗**anzeige** *f* / status display, state indication || ≗**beobachter** *m* / state observer || ≗**bild** (s. Zustandsabbild) || ≗**bit** *n* / status bit, flag *n* || **SH-**≗**diagramm** *n* / SH function state diagram || ≗**diagramm** *n* / state diagram, function state diagram
zustandsgesteuerter Eingang / level-operated input
Zustands·graph *m*(Reg., eines Schaltwerks) / state graph || ≗**größe** *f*(DIN 19229) / internal state variable, state variable || **Theorie der** ≗**größen** / state-variable theory || **Auswahl der** ≗**gruppe** / status group select (SGS) || **magnetische** ≗**kurve** / magnetization curve, B-H curve || ≗**meldung** *f*(a. FWT) / state information || ≗**meldung** *f*(PLT) / status signal, status display || ≗**menü** *n* / state menue || ≗**-Nachbardiagramm** *n* / adjacency table || ≗**raum** *m* / state space || ≗**register** *n*(MPU) / state register || ≗**rückführung** *f* / state feedback || ≗**schätzung** *f*(Reg., Netz) / state estimation || **RS-Kippglied mit** ≗**steuerung** / RS bistable element with input affecting two outputs || ≗**übergang** *m* / state transition || ≗**übergangsdiagramm** *n* / state transition diagram || ≗**übergangszeit** *f*(PMG) / state transition time || ≗**verknüpfung** *f*(a. PMG) / state linkage, state interlinkage || ≗**wechsel** *m* (Kippglied) / changeover *n*, state change || ≗**wort** *n* (Byte) / status (o. state) byte
Zustell·achse *f*(WZM) / feed axis, infeed axis || ≗**betrag** *m*(WZM, Inkrement) / infeed increment || ≗**bewegung** *f*(WZM, DIN 6580) / infeed motion || ≗**bewegung** *f*(Zylinderschleifmaschine) / plunge-feed motion || ≗**tiefe** *f*(Vorschub pro Schnitt) / infeed per cut || ≗**tiefe** *f*(Schleifmaschine) / plunge-grind feed, plunge-feed per pass
Zustellung *f*(WZM) / infeed *n*, infeed per cut, feed *n* || ≗ (WZM, Einstellung) / infeed adjustment, feed setting, adjustment *n*
Zustellwinkel *m* / angle of infeed
Zuteiler *m*(Bussystem) / arbiter
Zuteilungs·bus *m* / arbitration bus (AB) || ≗**prioritätskette** *f*(Bussystem) / grant daisy-chain line || ≗**stelle** *f*(DIN ISO 8348) / authority *n* || ≗**system** *n*(LAN) / allocation system, token-passing system
Zuteilungsverfahren *n*(Bussystem) / arbitration *n* || ≗ (Token-Verfahren) / token passing system
Zuteilungszeit *f*(Bus) / arbitration time
Zutritt *m* / access *n*
Zutritts·berechtigung *f* / access authorization || ≗**kontrolle** *f* / access control, security access control || ≗**versuch** *m* / attempted entry
Zu- und Absetzschaltung / boost and buck circuit, reversible booster circuit || ≗ / boost and buck connection, reversing connection
Zu- und Gegenschaltung / boost and buck connection, reversing connection || **Wicklungsanordnung für** ≗ (Trafo) / reverse tapping winding arrangement, buck-and-boost winding arrangement
zuverlässig *adj* / reliable *adj* || ~ (fehlertolerant) / fault-tolerant *adj*
Zuverlässigkeit *f* / reliability *n*, dependability *n*
Zuverlässigkeits·abschätzung *f* / reliability estimation || ≗**angaben** *f pl* / reliability data || ≗**-Audit** *n*(IEC 50(191)) / reliability and maintainability audit || ≗**aufteilung** *f* / reliability apportionment || ≗**bestimmungsprüfung** *f* / reliability determination test || ≗**bewertung** *f* / reliability assessment, reliability analysis || ≗**blockdiagramm** *n* / reliability block diagram || ≗**funktion** *f*(DIN 40042) / reliability function || ≗**grad** *m* / reliability level || ≗**kenngrößen** *f pl* (DIN 40042) / reliability characteristics || ≗**lenkung** *f*(IEC 50(191)) / reliability and maintainability control || ≗**management** *n*(IEC 50(191)) / reliability and maintainability management || ≗**merkmal** *n*(DIN 55350,T.11) / reliability characteristic || ≗**modell** *n*(IEC 50(191)) / reliability model || ≗**nachweisprüfung** *f* / reliability compliance test || ≗**programm** *n*(IEC

50(191)) / reliability and maintainability program || **≗prüfung unter Laborbedingungen** / laboratory reliability test || **≗prüfung unter Einsatzbedingungen** / field reliability test || **≗sicherung** *f*(IEC 50(191)) / reliability and maintainability assurance || **≗sicherungsplan** *m* (IEC 50(191)) / reliability and maintainability plan || **≗überwachung** *f*(IEC 50(191)) / reliability and maintainability surveillance || **≗verbesserung** *f* / reliability improvement || **≗wachstum** *n* / reliability growth

Zuwachs *m*(Inkrement) / increment *n* || **≗bemaßung** *f* / incremental dimensioning || **≗kosten** *pl*(KW) / incremental cost (of generation), marginal cost || **≗kostenverfahren** *n*(StT) / marginal cost method || **≗permeabilität** *f*(s. inkrementelle Permeabilität) || **≗verfahren** *n*(NC, Pulszählverfahren) / pulse count system || **≗verluste** *m pl* / incremental losses

zuweisen *v* / assign *v*, allocate *v*

Zuweisungs·-Anfangadresse *f*(PC) / assignment starting address || **≗befehl** *m* / assignment statement

Zuweisungsliste *f*(PC) / assignment list || **E/A-≗** *f* / I/O allocation table (controls input and output data relative to channel number and address index position), traffic cop

Zuweisungszeiger *m*(PC) / assignment pointer

Z-Verstärker *m*(Osz.) / z amplifier, horizontal amplifier

Z-Verteiler (s. Zapfschienenverteiler)

ZVZ (s. Zeichenverzugszeit)

ZW (s. Zählerwert)

Zwangs·bedingung *f* / constraint *n* || **~belüftet** *adj* / forced-ventilated *adj*, forced-air-cooled *adj* || **≗belüftung** *f* / forced ventilation, forced-air cooling || **≗führung** *f*(Kontakte) / positively driven operation || **≗führung** *f*(PC, des Bedieners) / operator prompting

zwangsgeführtes Schaltglied / positively driven contact, positive-action contact

Zwangs·gleichlauf *m*(LS-Betätigung) / synchronized pole-unit operation || **≗kommutierung** (LE) (s. Selbstführung)

Zwangslage, Schweißen in ≗n / positional welding

zwangsläufig·er Antrieb (Motorantrieb) / positive drive, geared drive, non-slip drive, positive no-slip drive || **~er Antrieb** (HSS) / positive drive (IEC 337-2) || **~e Betätigung** (Kontakte) / positive operation, positive opening (operation) || **~es Öffnen** (HSS) / positive opening || **~e Öffnungsbewegung** (VDE 0660, T.200) / positive opening operation, positive opening || **~es Trennen** (vom Netz) / automatic disconnection, disconnection through interlock circuit

Zwangsläufigkeit (s. nichtbegrenzte Einwirkung)

zwangsöffnender Positionsschalter (VDE 0660, T.206) / position switch with positive opening operation

Zwangsöffnung *f*(Hauptkontakte eines LS) / positive opening operation

Zwangsöffnungs·kraft *f*(HSS) / positive opening force || **≗weg** *m*(HSS) / positive opening travel

Zwangs·schaltung *f* / positive operation, positive opening operation || **≗setzen** *n*(PC, manuelles Setzen von Ein- o. Ausgängen unabhängig vom Prozeßzustand) / forcing *n* || **≗signal** *n* / compulsory signal || **≗steuern** *n*(PC) / permanent forcing, sustained forcing || **≗steuerung beenden** / force release, force disable || **≗synchronisation** *f* (NC) / controlled synchronization || **≗trennung** (s. zwangsläufiges Trennen) || **≗trennung** (s. zwangsläufiges Öffnen) || **≗umlauf** *m* / forced circulation || **≗umwälzung** *f* / forced circulation

zweckgebunden / committed *adj*, dedicated *adj*

zwei Bürsten in Reihe / brush pair

Zweiachsen·-Bahnsteuerung *f*(NC) / two-axis contouring control, two-axis continuous-path control || **≗theorie** *f*(el. Masch.) / two-reaction theory, direct- and quadrature-axis theory, two-axis theory, double-reactance theory

zweiachsig·e Prüfung (Erdbebenprüf.) / biaxial testing

Zweiankermotor *m* / double-armature motor

zweibahniger Wähler (Trafo) / two-way selector, double-system selector

Zwei·bahnkommutator *m* / two-track commutator || **≗beinschaltung** *f*(Leitungsschutz) / two-end pilot-wire scheme || **≗bereichsrelais** *n* / double-range relay || **≗bereichs-Stromwandler** *m* / dual-range current transformer

Zweibettkatalysator *m* / dual-bed catalytic converter

Zwei·bildschirmsystem *n* / dual-screen configuration || **≗-Dekaden-Wurzel** *f* / two-decade root

zweidimensional·e Bahnsteuerung (NC) / two-dimensional contouring control, two-dimensional continuous-path control || **~e Häufigkeitsverteilung** / scatter *n*, bi-variate point distribution || **~e Kontur** (NC) / two-dimensional contour

Zwei·draht-Näherungsschalter *m* / two-wire proximity switch || **≗-Druck-Schalter** *m*(LS) / dual-pressure circuit-breaker, two-pressure breaker || **≗-Druck-System** *n* / dual-pressure system, two-pressure gas system || **≗ebenenauswuchten** *n* / two-plane-balancing *n*, dynamic balancing || **≗ebenenwicklung** *f* / two-plane winding, two-tier winding, two-range winding

zweiebeniger Leuchtkörper / biplane filament

Zweieinhalb·achsensteuerung *f*(NC) / two-and-a-half axis control

Zwei·-Elektroden-Ventil *n* / two-electrode valve, diode *n* || **≗-Energierichtung-Stromrichter** *m* / reversible converter, double-way converter

Zweierbündel *n* / twin bundle, two-conductor bundle

Zweier-Komplement *n* / two's complement, complement on two || **≗-Darstellung** *f* / two's-complement representation

Zweietagenwicklung *f* / two-tier winding, two-range winding || **≗ mit gleichen Spulen** / skew-coil winding

zweifach drehzahlumschaltbarer Motor / two-speed motor || **~ eingespeiste Station** / doubly fed station, double-circuit station || **~ gelagerter Läufer** / two-bearing rotor, rotor running in two bearings || **~ geschlossene Wicklung** / duplex winding || **~ gespeister Motor** / doubly fed motor || **~e Leiterteilung** / double conductor splitting || **~ parallelgeschaltete Wicklung** / duplex winding || **~ polumschaltbarer Motor** / two-speed pole-changing motor || **~ schachtelbar** (Programm) /

nestable to a depth of two || ~ **schachteln** (Programm) / to nest to the depth of two || ~**e Schachtelung** (Programm) / nesting to a depth of two || ~**e Schleifenwicklung** / duplex lap winding, double-lap winding || ~ **unterbrechender Leistungsschalter** / double-interruption breaker, two-break circuit-breaker, double-break circuit-breaker || ~**es Untersetzungsgetriebe** / double-reduction gear unit || ~**e Wellenwicklung** / duplex wave winding || ~**er Wickelkopf** / two-plane overhang, two-tier overhang || ~ **wiedereintretende Wicklung** / doubly re-entrant winding || ≗**-Befehlsgerät** *n* / dual control station, two-unit control station, twin control station || ≗**-Bürstenhalter** *m* / twin brush holder, double-box brush holder || ≗**-Durchgangsdose** *f* / twin through-way box || ≗**-Flachstecker** *m* / twin flat-pin connector, duplex tag connector || ~**redundant** *adj* / double-redundancy *adj* || ≗**röhre** *f* / double tube || ≗**-Rollfederbürstenhalter** *m* / tandem coiled-spring brush holder || ≗**sammelschiene** *f* / duplicate busbar(s), double busbar, duplicate bus || ≗**tarif** *m* (StT) / two-rate time-of-day tariff, day-night tariff || ≗**tarifzähler** *m* / two-rate meter || ≗**trenner** (s. Zweifach-Trennschalter) || ≗**-Trennschalter** *m* / double-break disconnector || ≗**unterbrechung** *f* (Kontakte) / double break (DB) || ≗**untersetzung** *f* / double reduction || ≗**versorgung** *f* (Einspeisung über 2 Verbindungen) / duplicate supply || ≗**zähler** *m* / dual counter

zweifeldriger Kommutator / two-part commutator

zweifelhaft·es Arbeiten (Schutz) / doubtful operation

Zweiflächenbremse *f* / double-disc brake, twin-disc brake

Zweiflanken-ADU *m* / dual-slope ADC

zweiflankengesteuert·es Flipflop / clock-skewed flipflop || ~**es JK-bistabiles Element** / data lock-out JK bistable element

Zweiflankensteuerung, JK-Kippglied mit ≗ / bistable element of master-slave type, master-slave bistable element

Zwei-Flüssigkeiten-Modell *n* / two-fluid model

zweiflutiger Kühler / double-pass heat exchanger

Zweifrontschalttafel *f* / dual switchboard, back-to-back switchboard, double-fronted switchboard

Zweig *m* (LE, Spannungsteiler) / arm *n* || ≗ (Stromkreis, Netzwerk) / branch *n* || ≗ (Wickl.) / path *n*, branch *n* || ≗ (Kontaktplan) (s. Strompfad) || **Parallel**~ / parallel circuit || **Verbindungs**~ (Netzwerk) / link *n*

zweigängig·es Gewinde / double thread || ~**e Schleifenwicklung** / duplex lap winding, double-lap winding || ~**e Wicklung** / two-strand winding, duplex winding

Zweigdrossel *f* (LE) / arm reactor

Zweigende, logisches ≗ / logic branch end

zweigipflig·e Wahrscheinlichkeitsverteilung / bimodal probability distribution

Zweigleitung *f* / branch line, branch feeder

zweigliedriger Tarif / two-part tariff

Zweigpaar *n* (LE) / pair of arms

zweigpaar-halbgesteuerte Zweipuls-Brückenschaltung / single-pair controllable two-pulse bridge connection

Zweig·sicherung *f* / branch fuse || ≗**sicherung** *f* (LE) / arm-circuit fuse, arm fuse || ≗**strom** *m* / branch-circuit current || ≗**strom** *m* (SR) / current of an arm

Zweihand·bedienung *f* / two-hand operation || ≗**schaltung** *f* / two-hand control

Zweikanal·anlage *f* (KT) / dual-conduit system || ≗**auswahl** *f* / one-of-two channel selection (o. selector) || ≗**einschub** *m* (LAN-Komponente) / two-channel module

zweikanalig *adj* (m. 2 „Ports") / dual-port *adj* || ~**er Aufbau** (PC, zweifachredundanter A.) / double-redundancy combination || ~**er Regler** / two-loop controller

Zweikanal·-Oszilloskop *n* / dual-trace oscilloscope || ≗**-Relaissteuerung** *f* / two-channel relay control || ≗**-Speicheroszilloskop** *n* / dual-trace storage oscilloscope

Zweikomponenten·-Beleuchtung *f* / two-component lighting, two-component illumination || ≗**-Meßeinrichtung** *f* / two-component measuring system

Zwei-Koordinaten-Instrument / XY instrument

zweikränzig·er Tachogenerator / two-system tacho-generator

Zweikreisgoniometer *n* / two-circle goniometer, theodolite goniometer

zweikreisiges LC-Filter / double-tuned-circuit LC filter

Zweilagenverdrahtung *f* (IS) / two-layer metallization

zweilagig·e Wicklung (s. Zweischichtwicklung)

Zweilampen-Vorschaltgerät *n* / twin-lamp ballast, twin-tube ballast

zweilampige Leuchte / twin-lamp luminaire

zweilappige Rohrschelle / conduit saddle, saddle *n*

Zweilaufcompiler *m* / two-pass compiler

Zwei-Leistungsschalter-Anordnung *f* / two-breaker arrangement

Zweileiter·anschluß *m* / two-wire connection || ≗**-Gleichstromkreis** *m* / two-conductor d.c. circuit, two-wire d.c. circuit || ≗**-Gleichstromzähler** *m* / d.c. two-wire meter || ≗**netz** *n* / two-wire system || ≗**schaltung** *f* / two-wire connection, two-wire circuit || ≗**zähler** *m* / two-wire meter

Zweilochwicklung *f* / two-slots-per-phase winding

zweimalig·e Kurzunterbrechung / double-shot reclosing

Zwei·mantelkabel *n* / two-layer-sheath cable || ≗**metallkontakt** *m* / bimetal contact || ≗**motorenantrieb** *m* / dual-motor drive, twin motor drive || ≗**motoren-Stellantrieb** *m* / dual-motor actuator

zweiohriges Hören / binaural sensation

Zwei-Parameter·-Hüllkurve *f* / two-parameter envelope || ≗**-Linienzug** *m* / two-parameter reference line

Zweiperiodenschalter *m* / two-cycle breaker

Zweiphasen·-Dreileiternetz *n* / two-phase three-wire system || ≗**-Dreileiterwicklung** *f* / two-phase three-wire winding || ≗**maschine** *f* / two-phase machine, double-phase machine || ≗**schaltung** *f* / two-phase circuit || **außen verkettete** ≗**schaltung** / externally linked two-phase three-wire connection || **innen verkettete** ≗**schaltung** / internally linked two-phase four-wire connection || ≗**-Spannungsquelle** *f* / two-phase voltage source || ≗**-Spannungsquelle mit** $\pi/2$ **Phasenverschiebungswinkel** / quarter-phase voltage source || ≗**-Vierleiternetz** *n* / two-phase four-wire system || ≗**-Vierleiterwicklung** *f* / two-phase four-wire winding || ≗**-Wechselstrom-Wirkverbrauchszähler** *m* / two-phase kWh meter

zweiphasig *adj* / two-phase *adj*, double-phase *adj* || ~**e Bahnsteuerung** (NC) / contouring system with velocity vector control || ~**er Erdschluß** / double-phase-to-earth fault, two-line-to-ground fault, double-line-to-earth fault, phase-earth-phase fault, double fault || ~**er Fehler** (s. zweiphasiger Kurzschluß) || ~**er Kurzschluß** / phase-to-phase fault, line-to-line fault, double-phase fault || ~**er Kurzschluß mit Erdberührung** / two-phase-to-earth fault, line-to-line-grounded fault, phase-to-phase fault with earth, double-phase fault with earth || ~**er Kurzschluß ohne Erdberührung** / phase-to-phase fault clear of earth, line-to-line ungrounded fault || ~**er Stoßkurzschlußstrom** / maximum asymmetric two-phase short-circuit current

Zweipol *m* / two-terminal network, two-port (network) || ≗**element** *n* / two-terminal component

zweipolig *adj* / two-pole *adj*, double-pole (DP) *adj*, bipolar *adj* || ~**er Ausschalter** (Schalter 1/2, VDE 0630) / double-pole one-way switch (CEE 24) || ~**er Erdschluß** / double-phase-to-earth fault, two-line-to-ground fault, double-line-to-earth fault, phase-earth-phase fault, double fault || ~**e HGÜ** / bipolar HVDC system || ~**es HGÜ-System** / bipolar HVDC system || ~**e HGÜ-Verbindung** / bipolar HVDC link, bipolar d.c. link || ~ **isolierter Spannungswandler** / unearthed voltage transformer (IEC 50(321)), ungrounded potential transformer || ~**er Kurzschluß** / phase-to-phase fault, line-to-line fault, double-phase fault || ~**er Kurzschluß mit Erdberührung** / two-phase-to-earth fault, double-line-to-ground fault, line-to-line grounded fault || ~**er Kurzschluß ohne Erdberührung** / phase-to-phase fault clear of earth, line-to-line ungrounded fault || ~**er Leistungsschalter** / two-pole circuit-breaker || ~**e Leitung** / bipolar line || ~**er Leitungsschutzschalter** / two-pole circuit-breaker, double-pole m.c.b. || ~**e Steckdose mit Schutzkontakt** / two-pole-and-earth socket-outlet || ~**er Stecker mit Schutzkontakt** / two-pole-and-earthing-pin plug || ~**er Umschalter** / double-pole double-throw switch (DPDT) || ~**er Wechselschalter** (Schalter 6/2, VDE 0632) / double-pole two-way switch (CEE 24), two-way double-pole switch || ~**er Wechselstrom-Wirkverbrauchszähler** (s. Zweiphasen-Wechselstrom-Wirkverbrauchszähler)

Zweipol·kondensator *m* / two-terminal capacitor || ≗**maschine** *f* / two-pole machine, bipolar machine || ≗**netzwerk** *n* / two-terminal network || ≗**-Stufenschalter** *m* (Trafo) / two-pole tap changer

Zweipuls·-Brückenschaltung *f* (LE) / two-pulse bridge connection || ≗**-Mittelpunktschaltung** *f* (LE) / double-pulse centre-tap connection || ≗**-Verdopplerschaltung** *f* (VDE 0556) / two-pulse voltage doubler connection (IEC 119) || ≗**-Vervielfacherschaltung** *f* (VDE 0556) / two-pulse voltage multiplier connection (IEC 119)

Zwei-Punkte-Zug *m* (NC) / two-point cycle (o. definition)

Zweipunkt-Fernübertragung *f*, **HGÜ-**≗ / two-terminal HVDC transmission system

Zweipunkt·regelung *f* / two-step control, two-level control, bang-bang control, on-off control, high-low control || ≗**regler** *m* / two-position controller, two-state controller, bang-bang controller || ≗**signal** *n* / binary signal || ≗**verhalten** *n* / two-step action (IEC 50(351)), two-level action

Zwei·quadrantenantrieb *m* / two-quadrant drive, driving and braking drive || ≗**-Quadrant-Stromrichter** *m* / two-quadrant converter || ≗**rampen-ADU** *m* / dual-slope ADC

zweireihig·e Anordnung (ET) / two-tier arrangement || ~**es Lager** / double-row bearing || ~**er Steckverbinder** / two-row connector, double-row connector

Zweirichtungs·anzeige *f* (NC) / bidirectional readout || ≗**bus** *m* / bidirectional bus || ≗**-HGÜ-System** *n* / reversible HVDC system || ≗**thyristor** *m* / bidirectional thyristor || ≗**-Thyristordiode** *f* / bidirectional diode thyristor, Diac *n* || ≗**-Thyristortriode** *f* / bidirectional triode thyristor, Triac *n* || ≗**transistor** *m* / bidirectional transistor

Zwei-Richtung-Stromrichter *m* / reversible converter, double-way converter

Zweirichtungs·ventil *n* (LE) / bidirectional valve, bidirectional electronic valve || ≗**verkehr** *m* (FWT) / bidirectional traffic || ≗**zähler** *m* / reversible counter, bidirectional counter

Zwei·säulen-Trennschalter *m* (VDE 0670,T.2) / two-column disconnector (IEC 129) || ≗**schenkelkern** *m* (Trafo) / two-limb core, two-leg core

Zweischicht·-Faßspulenwicklung *f* / double-layer barrel winding || ≗**material** *n* / duplex material || ≗**wicklung** *f* / double-layer winding, two-layer winding, two-coil-side-per-slot winding

Zwei·schrittladung *f* (Batt.) / two-step charge, two-rate charge || ≗**schrittverfahren** *n* (A/D-Wandler) / dual slope method || ≗**schwimmer-Buchholzrelais** *n* / two-float Buchholz relay, double-float Buchholz protector || ≗**seitenband (ZSB)** *n* / double sideband (DSB) || ≗**seitenbandübertragung** *f* / double sideband transmission

zweiseitig·es Abmaß / bilateral tolerance || ~**er Antrieb** / bilateral drive (o. transmission) || ~**e Belüftung** / double-ended ventilation || ~**e Einspeisung** / dual feeder, two-way supply, dual service || ~ **geführtes Ventil** / top-and-bottom-guided valve || ~ **gesockelte Lampe** / double-ended lamp || ~ **gesockelte Soffittenlampe** / double-capped tubular lamp || ~ **gespeister Fehler** / fault fed from both ends || ~ **gespeiste Leitung** / doubly fed line, dual-feeder mains || ~**es Getriebe** / bilateral gear(ing) || ~**er Linear-Induktionsmotor** / double-sided linear induction motor (DSLIM) || ~**er Linearmotor** / double-sided linear motor || ~ **symmetrischer Kühlkreislauf** / double-ended symmetrical cooling circuit || ~ **wirkendes Lager** / two-direction thrust bearing

Zwei·stabwicklung *f* / double-layer bar winding || ≗**stiftsockel** *m* / two-pin cap, bi-pin cap, bipost cap

zweistöckiger Lüfter / two-tier fan

Zweistofflegierung *f* / two-element alloy
Zweistrahler (s. Zweistrahl-Oszilloskop)
zweistrahlig·es Feuer / bi-directional light
Zweistrahl·-Oszilloskop *n* / two-beam oscilloscope, dual-trace oscilloscope || **≗röhre** *f* (mit getrennten Elektronenstrahlerzeugern) / double-gun CRT
zweisträngig *adj* (zweiphasig) / two-phase *adj*, double-phase *adj* || **~er Kurzschluß** (s. zweiphasiger Kurzschluß) || **~e Wicklung** / two-phase winding
Zweistufen·anlasser *m* / two-step starter || **≗-Druckölverfahren** *n* / stepped-seat oil-injection expansion method || **≗kupplung** *f* / two-speed clutch || **≗relais** *n* / two-step relay || **≗sitz** *m* / two-step seating || **≗-Stromwandler** (s. Zweibereichs-Stromwandler) || **≗wicklung** *f* / two-range winding, double-tier winding
zweistufig·er Erdschlußschutz / two-step earth-fault protection || **~e Kurzunterbrechung** (s. zweimalige Kurzunterbrechung) || **~e Pumpe** / two-stage pump || **~es Untersetzungsgetriebe** / double-reduction gear unit
Zweistützer-Drehtrenner *m* / two-column disconnector, centre-break rotary disconnector
Zweisystemleitung *f* / double-circuit line
zweit·e Bewegung parallel zur X-Achse (NC-Adresse; DIN 66025,T.1) / secondary dimension parallel to X (NC; ISO/DIS 6983/1) || **~er Durchbruch** (HL) / second breakdown || **~er Schall** / second sound || **~er Vorschub** (NC; DIN 66025,T.1) / second feed function (NC; ISO/DIS 6983/1) || **~e Wahl** (Blech) / second grade || **≗adresse** *f* (PMG) / secondary address
Zweitarif·auslöser *m* / two-rate price-changing trip, two-rate trip || **≗einrichtung** *f* / two-rate price-changing device || **≗-Summenzählwerk** *n* / two-rate summator || **≗zähler** *m* / two-rate meter
Zweitastentrennung *f* / two-key rollover
zweiteilig *adj* / two-part *adj*, split *adj*, made in two parts || **~es Gehäuse** / split housing, split frame || **~er Kommutator** / two-part commutator || **~er Ständer** / split stator, split frame || **~er Steckverbinder** / two-part connector || **~es Stehlager** („Deckellager") / pillow-block bearing, plummer-block bearing
Zweitimpuls·bildung *f* (LE) / second-pulse generation || **≗löschung** *f* (LE) / second-pulse suppression (o. inhibition)
Zweitluft *f* / secondary air
Zweitor *n* / two-port network || **≗ in Kreuzschaltung** / lattice network || **≗ in L-Schaltung** / L-network *n* || **≗ in T-Schaltung** / T-network *n* || **≗ in überbrückter T-Schaltung** / bridged-T network
Zweitraffination *f* (Isolierflüssigk.) / re-refining *n*
Zweit·wicklung *f* / secondary winding
Zweiwattmeterschaltung *f* / two-wattmeter circuit
Zweiweg·kommunikation (s. beidseitige Datenübermittlung) || **≗-RAM** *n* / dual-port RAM || **≗schaltung** *f* (SR) / double-way connection (converter), two-way connection || **≗schließer** *m* / two-way make contact || **≗-Stromrichter** *m* / reversible converter, double-way converter || **≗tafel** *f* (DIN 55350,T.23) / two-way table || **≗übertragung** *f* / duplex transmission
Zweiwicklungs·-Synchrongenerator *m* / double-wound synchronous generator || **≗transformator** *m* / two-winding transformer
zweizeilig *adj* (BGT, IV) / two-tier *adj* || ~ (a. LCD-Anzeigefeld) / two-line *adj* || **~er Geräteaufbau** / two-tier configuration
Zweizonen-Transistor *m* / unijunction transistor (UJT)
zweizügig·er Kanal / two-duct trunking, twin-compartment duct(ing)
zweizustandsgesteuertes Element / pulse-triggered element
Zweizustandssteuerung, Kippglied mit ≗ / master-slave bistable element
zweizweigige Wicklung / two-circuit winding
Zwerg·lampe *f* / pygmy lamp, miniature lamp || **≗polrelais** *n* / sub-miniature polarized relay
Zwickel *m* (s. Polzwickel) || **≗-Endenabschluß** *m* / spreader-head sealing end || **≗füllung** *f* (Kabel) / filler *n* || **≗ölkabel** *n* / ductless oil-filled cable
Z-Widerstand *m* / zener resistance
Zwielichtsehen (s. Dämmerungssehen)
Zwillings·aggregat *n* / twin set || **≗antrieb** *m* / twin drive, dual drive || **≗bürste** *f* / split brush || **≗bürste aus zwei Qualitäten** / dual-grade split brush || **≗bürste mit Metallwinkel** / split brush with metal clip || **≗-Doppelantrieb** *m* / double twin drive || **≗ebene** *f* (Kristall) / twin plane || **≗kabel** *n* / twin cable (BS 4727, Group 08) || **≗kontakt** *m* / twin contact || **≗leiter** *m* / twin conductor || **≗leitung** *f* / twin cord, twin tinsel cord || **≗leitung** *f* (HO3HV-H; VDE 0281) / flat twin flexible cord || **leichte ≗leitung** (HO3VH-Y; VDE 0281) / flat twin tinsel cord || **≗öffner** *m* (DIN 40713) / contact with two breaks (IEC 117-3) || **≗schließer** *m* (DIN 40713) / contact with two makes (IEC 117-3) || **≗stiftverbindung** *f* / twin-post connection || **≗-Umkehrwalzmotor** *m* / twin reversing mill motor
Zwinge *f* (el. Verbinder) / ferrule *n*, clamp *n*
zwingend notwendige Information / mandatory information
Zwischen·abschirmung *f* (E VDE 0168,T.2) / interposing screen || **≗anschluß** *m* (LE) / intermediary terminal || **≗anstrich** *m* / intermediate coat || **≗behälter** *m* (Druckluftanlage) / receiver *n* || **≗bestand** *m* (QS, DIN 40 042) / intermediate survivals || **auf einen ≗bestand bezogene Ausfallgrößen** (DIN 40042) / failure characteristics with regard to intermediate survivals
Zwischenbürsten·generator *m* / cross-field generator, amplidyne generator || **≗maschine** *f* / cross-field machine, metadyne *n*, amplidyne *n* || **≗umformer** *m* / metadyne transformer || **≗-Verstärkermaschine** *f* / amplidyne *n*
Zwischen·code *m* / pseudo-code || **≗decke** *f* / false ceiling || **≗dose** *f* / through-way box, through-box *n* || **≗echo** *n* / intermediate echo || **≗elektrode** *f* / intermediate electrode || **≗fassung** *f* / lamp-cap adaptor || **≗flansch** *m* / adapter flange || **≗form** *f* (Werkstück) / intermediate form
Zwischenfrequenz (ZF) *f* / intermediate frequency (IF) || **≗-Unterdrückungsfaktor** *m* / intermediate-frequency rejection ratio || **≗verstärker** *m* / intermediate-frequency amplifier (IFA)
Zwischen·geschoß *n* / mezzanine floor, semi-basement floor || **≗getriebe** *n* / interposed gearing, intermediate gears || **≗getriebe** *n* (BK-Schalter) /

bell-crank mechanism || ≗**größe** *f* / intermediate size || ≗**größe** (s. Zustandsgröße) || ≗**hochlaufzeit** *f* / inter-cycle re-acceleration time || ≗**joch** *n* / intermediate yoke, magnetic shunt yoke || ≗**klemme** *f* / intermediate terminal, distribution terminal (block) || ≗**klemmenkasten** *m* / auxiliary terminal box

Zwischenkreis *m* (Trafo) / intermediate circuit || ≗ (LE) / link *n* || ≗**drossel** *f* (LE, i. Gleichstromzwischenkreis) / d.c.-link reactor || ≗**einstellung** *f* (Trafo) / tap changing in intermediate circuit, intermediate circuit adjustment, regulation in intermediate circuit || ≗**führung** *f* (LE) / (converter) link commutation || ≗**-Gleichrichter** *m* / indirect rectifier || ≗**-Gleichstromumrichter** *m* / indirect d.c. converter, a.c.-link d.c. converter || ≗**regelung** *f* (LE, Gleichstromzwischenkreis) / (closed-loop) d.c. link control

Zwischenkreis-Stromrichter *m* (m. Gleichstromzwischenkreis) / d.c. link converter, indirect converter || ≗ (m. Wechselstromzwischenkreis) / a.c. link converter || ≗ **mit eingeprägtem Strom** (s. Stromzwischenkreis-Stromrichter) || ≗ **mit eingeprägter Spannung** (s. Spannungszwischenkreis-Stromrichter)

Zwischenkreis·taktung *f* (LE, Gleichstromzwischenkreis) / d.c. link pulsing, d.c. link control || ≗**umrichter** *m* / indirect converter, d.c. link converter, a.c. link converter || ≗**-Wechselstrom-Umrichter** *m* / indirect a.c. (power) converter, d.c. link converter

Zwischen·kühler *m* / inter-cooler *n*, intermediate cooler || ≗**kühlkreis** *m* / intermediate cooling circuit

Zwischenlage *f* / intermediate layer, interlayer *n*, separating layer || ≗ (Wickl., Zwischenschieber) / separator *n* || ≗ (Abstandhalter) / spacing layer, spacer *n*

Zwischenlager *n* / intermediate bearing

Zwischen·merker *m* (PC) / intermediate flag, connector *n* || ≗**messung** *f* (a. QA) / intermediate measurement || ≗**modulation** *f* / intermodulation *n* || ≗**phase** *f* / interphase *n* || ≗**platte** *f* / adaptor plate || ≗**platte** *f* (Reihenklemmen) / barrier *n* || ≗**platte** *f* (Steckdose) / intermediate plate || ≗**platte** *f* (Trennstück) / separator *n*, barrier *n* || ≗**prüfung** *f* / interim test, intermediate test || ≗**prüfung** *f* (in der Fertigung) / in-process inspection, in-process inspection and testing, line inspection || ≗**punkt** *m* (NC) / intermediate point || ≗**rad** *n* / idler gear, idler *n*, intermediate gear || **Zahnradgetriebe mit** ≗**rad** / intermediate-wheel gearing

Zwischenraum *m* / clearance *n*, interspace *n*, spacing *n*, gap *n*, distance *n*, interval *n*

Zwischenraumzeichen *n* (NC; CLDATA-Wort) / blank *n* (ISO 3592) || ≗ **innerhalb eines Felds** / embedded space

Zwischen·revision *f* / intermediate inspection || ≗**ring** *m* / spacing ring, intermediate ring || ≗**rohr** *n* (Kuppl.) / spacer tube || ≗**schaltverstärkung** (s. Einfügungsverstärkung)

Zwischenschicht *f* (Isol.) / interlayer insulation, interlayer *n* || ≗ (Kabel; Polster) / bedding *n* || ≗ (ESR-Kathode) / interface layer, cathode interface layer || ≗ (Anstrich) / intermediate coat

Zwischenschieber *m* (Wickl.) / separator;n.

Zwischenspannung *f* / intermediate voltage || ≗ **bei offenem Stromkreis** (Wandler) / open-circuit intermediate voltage

Zwischenspannungs·anschluß *m* (a. Wandler) / intermediate-voltage terminal || ≗**kondensator** *m* (kapazitiver Spannungswandler) / intermediate-voltage capacitor || ≗**wandler** *m* / voltage matching transformer

Zwischenspeicher *m* / buffer storage, buffer *n*, temporary storage || ≗ *n* (Signalspeicher, Speicher-Flipflop) / latch *n*

zwischen·speichern *v* / buffer *v*, to store temporarily || ≗**speicherung** *f* (PC, NC) / temporary storage, storage in buffer || ≗**stecker** *m* / adapter plug, socket adapter, plug adapter, intermediate accessory || ≗**stellung** *f* (Schalter, Störstellung) / intermediate position, off-end position || ≗**stellungsmeldung** *f* (Meldung eines nicht definierten Zustands eines Betriebsmittels, z.B. Trenner, während einer festgelegten Stellzeit) / intermediate state information || ≗**streifen** *m* (Wickl.) / separator *n* || ≗**stromwandler** *m* / current matching transformer || ≗**stück** *n* / adapter *n* || ≗**stück** *n* (Wickl., Abstandsstück) / packing element, spacer *n* || ≗**summe** *f* / sub-total *n* || ≗**system** (s. Transitsystem) || ≗**ton** *m* (Farbton) / binary hue || ≗**träger** *m* / subcarrier *n* || ≗**träger-Frequenzmodulation** *f* / subcarrier frequency modulation || ≗**transformator** *m* / matching transformer, adapter transformer, interposing transformer, interstage transformer || ≗**transformator** *m* (f. Mot.) / rotor-circuit transformer || **Kondensationssatz mit** ≗**überhitzung** / condensing set with reheat || ≗**verstärker** *m* (Übertragungsstrecke) / repeater *n* || ≗**wand** *f* (FSK) / partition *n* || ≗**wandler** *m* / matching transformer, interposing transformer

Zwischenwelle *f* / spacer shaft, intermediate shaft || ≗ (Bahn) / quill shaft || ≗ (m. eigenem Lg.) / jack shaft || ≗ (SG) / intermediate shaft

Zwischen·wert *m* / intermediate value || ≗**zähler** *m* / section meter, submeter *n* || ≗**zählung** *f* (EZ) / submetering *n* || ≗**zeile** *f* (ET, BGT) / spacer panel || ≗**zustand** *m* / intermediate state

Zwitter-Kontakt *m* / hermaphroditic contact || ≗**-Steckverbinder** *m* / hermaphroditic connector

Zwölfpunktschreiber *m* / twelve-channel dotted-line recorder

zyklisch·es Abtasten / scanning *n* || ~**er Betrieb** (FWT) (s. zyklische Übertragung) || ~**e Bevorzugung** (Schutzauslösung) / cyclic priority || ~**e Blockprüfung (CRC)** / cyclic redundancy check (CRC) || ~**er Code** / cyclic code || ~ **freilaufende Abfrage** / cyclic asynchronous scan || ~**e Programmbearbeitung** / cyclic program processing || ~**e Spannungsänderung** (langsame, quasi-periodische Änderungen in einem Netzpunkt im Tages- Wochen- oder Jahresrhythmus) / cyclic voltage variation (IEC 50(604)) || ~**e Übertragung** (FWT) / cyclic transmission || ~**er Umsetzer** / cyclic converter, stage-by-stage converter

zyklisch/absolutes Meßverfahren / cyclic/absolute measuring system

Zykloidenverzahnung *f* / cycloidal gearing, cycloidal gear teeth, cycloidal teeth

Zyklus *m* (a. in IEC 50(101)) / cycle *n* || **≗ für Lesen mit modifiziertem Rückschreiben** / read-modify-write cycle || **≗ für seitenweisen Betrieb** / page mode cycle || **≗kontrollgerät** *n* (MSR-Systeme) / cycle watchdog || **Normalpflicht-≗prüfung** *f* / standard operating duty cycle test
zyklussynchron *adj* / in cyclic synchronism
Zyklus·überlastung *f* / cycle overload || **≗überwachung** *f* (PC, Abfrageüberwachung) / scan monitor
Zykluszeit *f* / cycle time || **≗** (zykl. Abtasten) / scan time || **≗überschreitung** *f* / time-out *n*, scan time exceeded || **≗überwachung** *f* (PC) / scan time monitor
Zylinder *m* (Tragzylinder f. Trafo-Wickl.) / barrel *n*, cylinder *n* || **≗formtoleranz** *f* / cylindricity tolerance || **≗füllungssteller** *m* (Kfz) / cylinder charge actuator || **≗füllungssteuerung** *f* (Kfz) / cyclinder charge control, charging system control || **≗funktion** *f* / Bessel function || **≗inhalt** (s. Hubraum) || **≗kammer** *f* (Debye-Scherrer-Kammer) / powder camera, Debye-Scherrer camera || **≗kern** *m* / cylinder core || **≗lager** (s. Zylinder-Rollenlager) || **≗läufer** *m* / cylindrical rotor, drum-type rotor, non-salient-pole rotor, round rotor || **≗-Linear-Induktionsmotor** *m* / tubular linear induction motor (TLIM) || **≗mantel** *m* / cylinder envelope, lateral cylinder surface || **≗-Rollenlager** *n* / cylindrical-roller bearing, parallel-roller bearing, straight-roller bearing, plain-roller bearing || **≗schloß** *n* / cylinder lock, barrel lock, safety lock || **≗-Schneckengetriebe** *n* / cylindrical worm gears || **≗spule** *f* / cylindrical coil, concentric coil || **~symmetrisch** *adj* / cylindrically symmetric || **≗wicklung** *f* / concentric winding, cylindrical winding, helical winding
zylindrisch·e Bauform (el. Masch.) / cylindrical-frame type, round-frame type || **~e Beleuchtungsstärke** / cylindrical illuminance, mean cylindrical illuminance || **~e Bestrahlung** / radiant cylindrical exposure || **~e Bestrahlungsstärke** / cylindrical irradiance || **~es Gewinde** / straight thread, cylindrical thread || **~er Gewindespalt** (EN 50018) / cylindrical threaded joint (EN 50018) || **~er Kopfansatz** (Bürste) / cylindrical head || **~er Lagersitz** / straight bearing seat || **~e Schraubenfeder** / cylindrical helical spring, helical spring || **~er Spalt** (EN 50018) / cylindrical joint (EN 50018) || **~er Stützisolator** / cylindrical post insulator